Internal Combustion Engine Fundamentals 2nd Edition

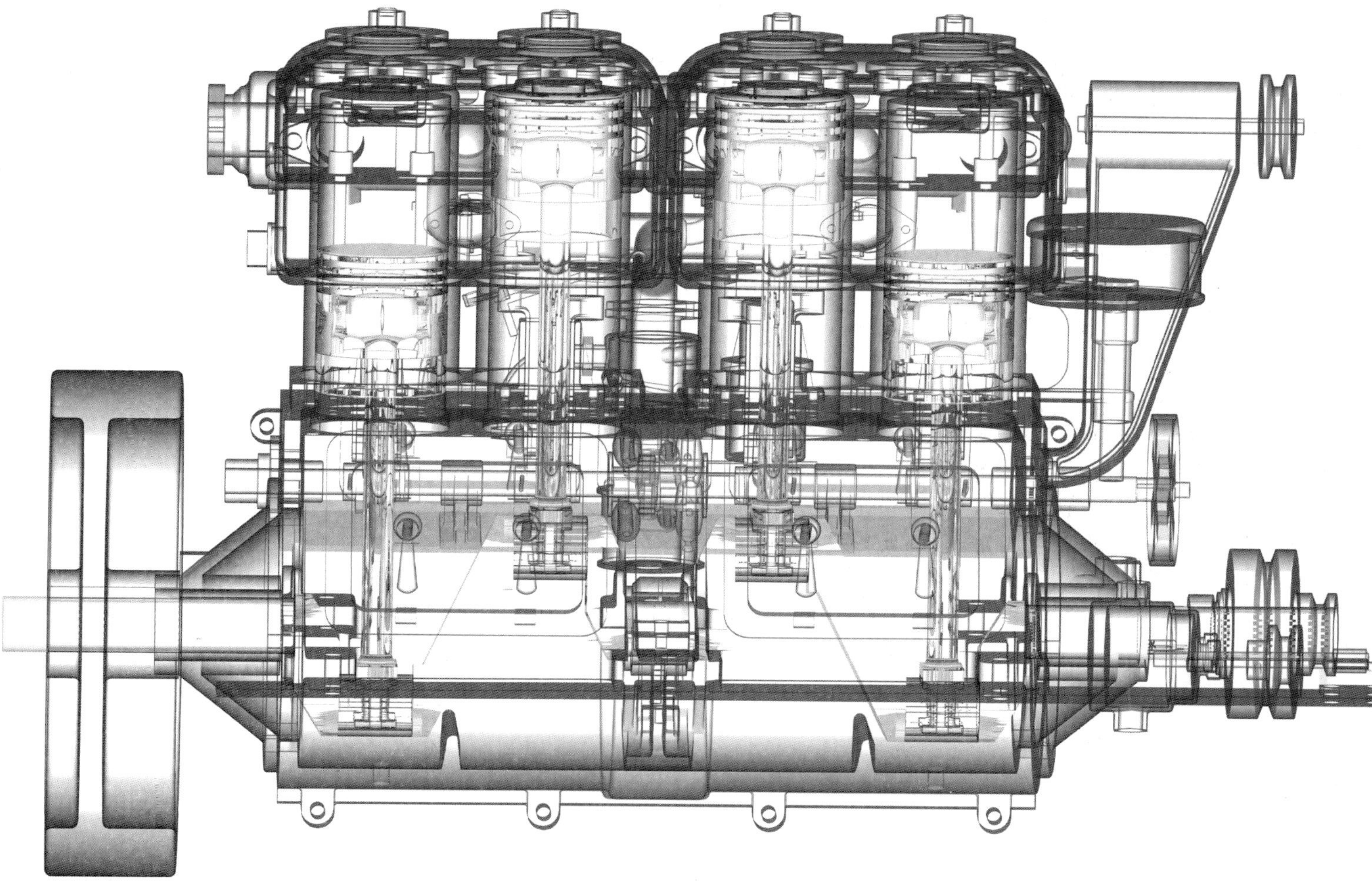

Heywood 내연기관의 기본원리

John B. Heywood 지음 | 전광민 • 박수한 옮김

McGraw Hill

TEXTBOOKS 텍스트북스

Internal Combustion Engine Fundamentals, 2nd Edition

1 2 3 4 5 6 7 8 9 10 TB 20 20

Original: Internal Combustion Engine Fundamentals, 2nd Edition © 2018
By John B. Heywood
ISBN 978-1-260-11610-6

This authorized Korean translation edition is published by Textbooks Co. in arrangement with McGraw-Hill Education Korea, Ltd. This edition is authorized for sale in the Republic of Korea.

This book is exclusively distributed by Textbooks.

When ordering this title, please use ISBN 978-89-93543-91-9
Printed in Korea

내연기관의 기본원리 2nd Edition

Internal Combustion Engine Fundamentals

발행일 2020년 10월 5일
저자 John B. Heywood **역자** 전광민, 박수한
발행인 이한성 **발행처** 텍스트북스 **주소** 서울특별시 마포구 독막로 320, 데시앙 오피스텔 803호
전화 02-702-5725, 6 **팩스** 02-702-5727 **웹사이트** www.textbooks.co.kr
등록번호 제2018-000190호

ISBN 978-89-93543-91-9 93550
정가 40,000원

Heywood 내연기관의 기본원리 2nd Edition

Internal Combustion Engine Fundamentals

저자 서문

현재 세계에서 약 20억 대의 내연기관이 사용되고 있다. 이 엔진들은 자동차를 움직이고 전기를 생산하며 여러 가지 도구에 기계적인 동력을 제공하여 우리의 일상생활을 가능하게 한다. 엔진의 원조는 니콜라우스 오토(Nicolaus Otto)가 스파크 점화기관을 개발한 1876년과 루돌프 디젤(Rudolf Diesel)이 압축 점화기관을 만든 1892년으로 거슬러 올라간다. 그로부터 엔진 과정에 대한 이해가 깊어지고 새로운 기술이 개발되며 시장과 규제가 요구하는 정도가 강화될수록 엔진의 유용성은 계속 개선되었다. 지구 온난화에 대항하기 위해 시급하게 더 나은 엔진과 연료를 개발하고 대안을 찾아야 한다는 요구가 강하게 대두되었다. 엔진의 파워 밀도와 효율을 높이고 배기 오염을 줄이는 것이 중요한 목표이다. 엔진과 연료에 대한 지식이 깊어지고 있는데 이들을 효과적으로 사용하는 것이 매우 중요하다.

1988년에 나온 이 책의 초판은 30년간 교과서와 전문가들의 참고서로 사용되었다. 1988년부터 점차 엔진의 성능은 개선되었고, 연료 소비는 감소하였으며, 공기 오염물질 배출을 줄이는 배기 저감 기술이 개발되었고, 원유에서 생산된 연료의 질을 높였고, 지구 온난화 물질의 배출을 줄이기 시작했다. 당연히 지난 30년 동안 엔진과 연료에 대한 공학 지식은 확대되었다. 이 개정판의 목적은 새로운 지식을 포함하고 기존의 지식기반을 최신화하여 좀 더 현대적이고 넓고 유용한 교과서와 참고서의 기능을 하도록 하는 것이다.

내연기관에 관한 이론적이나 실험적인 자료는 한 권의 책에 담기에 너무나 방대하다. 이 책에서는 내연기관의 작동과 설계를 지배하는 물리적, 화학적 과정을 강조하고 있다. 이 과정에는 내연기관 내에서의 에너지 변화에 관한 열역학, 연소과정을 지배하는 물리와 화학, 연료 요구조건, 유체역학, 열전달, 마찰과 윤활 과정과 엔진의 동적 거동이 포함된다. 이 모든 것이 내연기관의 성능과 효율과 배기를 결정한다.

내연기관은 스파크 점화기관과 디젤로 나눌 수 있다. 이 책의 내용은 어떻게 엔진 실린더 안에서 연료와 공기가 혼합되고 점화되는가에 의해서 나누어진다. 점화 방식으로부터 엔진의 운전 사이클, 맞춤법검사기 결과 영역 연료 요구 조건, 혼합물 준비 방식, 연소과정, 연소실 형상, 맞춤법검사기 결과 영역 부하조정 방법, 대기 오염물질 생성과 제어방식, 성능과 효율 특성, 그리고 지구 온난화 물질 배출이 결정된다. 이 두 가지 방식의 엔진에 유사한 과정도 있지만 점화 방식이 근본적으로 다르다. 이 차이가 이 책의 구성하는 바탕 요인이다.

이 책은 네 부분으로 구성되어 있다. 첫 번째 부분(1~5장까지)에서는 스파크 점화기관과 압축 점화기관(디젤 엔진)의 운전 특성에 대해 소개하면서 개괄적으로 살펴보며, 엔진 운전 특성을 나타내는 파라미터를 정의하고, 엔진 작동에 대한 양적인 해석을 위해 필요한 열역학과 연소 이론을 소개한다. 마지막으로 내연기관 운전 사이클에 대한 이상적인 모델을 해석하는 방법에 대해 종합적으로 다룬다.

두 번째 부분(6~8장까지)에서는 엔진 유동현상에 대해 다룬다. 4-행정 사이클에서의 흡기와 배기 과정, 2-행정 사이클에서 소기과정 등의 가스교환 과정과 터보차징이나 수퍼차징 같은 흡기 압축방법에 대해 설명한다. 스파크 점화기관에 관한 몇몇 연료공급방식에 대해 알아본다. 그리고 실린더 내 유동장 형성의 특성에 대해 설명한다. 이 유동장(흡기압축 정도와 함께)은 엔진으로 들어가는 공기량을 조정하며 엔진의 출력과 실린더 내부 연료공기 혼합물의 연소 속도를 결정한다.

세 번째 부분은 엔진의 연소 현상에 대해 다룬다. 이 9장에서 11장까지는 엔진의 부드럽고 견고한 운전에 특히 중요하다. 연소 과정에서 연료의 화학 에너지가 실린더 내에서 방출되고 점차로 일로 바뀐다. 일로 바뀌는 연료 에너지 비율은 연소 과정이 어떻게 일어나느냐에 따라 달라진다. 스파크 점화기관(9장)과 압축 점화기관(10장)의 연소 과정은 엔진의 모든 면에 영향을 준다. 공기 오염물질은 연소 과정의 바람직하지 않은 부산물이다. 엔진 내에서의 오염물질 생성에 관한 넓은 지식과 이들 오염물질을 어떻게 제어할 수 있는가에 대해 11장에서 검토한다.

책의 마지막 부분에서는 이들 엔진의 운전 특성에 대해 집중한다. 먼저, 12장과 13장에서 엔진의 성능을 낮추는 엔진 열전달과 마찰의 기초가 설명된다. 14장에서 엔진의 유동과 연소 현상에 대한 실제에 가까운 모델에 기초를 두고 중요 엔진 과정과 전체적인 엔진 거동을 예측할 수 있는 방법에 대해 설명한다. 지난 수십 년간 열역학과 유체역학에 기초를 둔 컴퓨터 코드가 개발되어 엔진의 연구, 개발, 설계에 넓게 사용되고 있으므로, 이들의 기초 구조와 능력에 대해 아는 것이 중요하다. 그리고 15장에서 스파크 점화기관과 디젤 기관의 출력, 효율, 배기 같은 중요 특성들이 엔진 설계와 운전의 주요 변수에 어떻게 의존하는지가 설명된다. 이 두 장에서 해석에 기초를 둔 이해와 개별 엔진 과정에 대한 실제적인 지식이 효과적으로 종합되어 스파크 점화기관과 압축 점화기관의 거동을 묘사하고 설명한다.

이 책은 엔진 설계와 운전에 대해 현장에서 일하는 사람들을 위해 매우 상급의 내용을 포함하고 있으나, 주요 주제는 기초부터 설명되어 있고 좀 더 복잡한 장들도 소개하는 부분부터 시작해서 학부 과정에도 이용할 수 있다. 각 장들은 서로 자주 인용하고 색인되어 있다. 각 장은 삽화가 충분하고 참고 도서가 잘 정리되어 있으며 학부와 대학원 과정을 위한 문제들을 포함한다.

John B. Heywood

역자 서문

먼저 이 책의 저자이신 Heywood 교수님과의 인연을 돌이켜본다. 1983년에 한국의 산업에 도움이 되는 지식을 배우겠다는 청운의 꿈을 품고 M.I.T.에 유학을 가서 지도 교수님을 찾아다녔다. Heywood 교수님이 워낙 성품에 관한 평도 좋고 전공분야도 한국에는 그때까지 자체 기술이 별로 없던 내연기관 기술이어서 박사과정 제자로 받아달라고 부탁드렸다. 그랬더니 엔진에 대해 무엇을 아느냐고 하셔서 실제 후드도 열어본 적이 없지만 가장 어려운 학문에 도전하고 싶고 한국 산업에 기여하고 싶다고 말씀드렸다. 몇 달 버티고 기다려 그 분이 주관하는 Sloan Laboratory에 들어가서 5년 연구를 하였다.

Heywood 교수님이 1988년에 처음 이 책을 출간하셨을 때 많은 사람들이 일단 책의 두께에 놀라고 다음에는 포함된 내용이 방대함에 한 번 더 놀랐다. 내연기관의 넓은 분야에 대해 그렇게 깊이 있게 자세히 이해하고 기술할 수 있는 분은 전 세계에 몇 분 안될 듯 하다. 박사 과정 중일 때 Heywood 교수님은 이 책을 쓰시면서 그 일부를 복사해서 나누어 주고 공부하게 하셨고, 그 후에는 선생님의 강의를 돕기도 했다. 이 책에는 제가 연구 중에 작성한 열역학 물성치 그래프와 열방출 해석 결과 등이 포함되어 있다. 출간 직전에는 학생들에게 문제를 낼 수 있는 기회를 주셔서 저도 몇 문제를 낸 기억이 난다.

이 책의 출간 후 1990년경 한국에 오셔서 아주대학교에서 엔진 분야에서 일하는 분들을 상대로 강의를 하셨는데, 그 때도 이 책의 번역에 관한 이야기가 나왔지만 필요성을 별로 느끼지 못하고 책이 너무 두꺼워 포기한 기억이 난다. 그런데 작년에 2판이 나온 후 텍스트북스의 강찬일 이사님이 번역을 제안하셨다. 각 분야의 주요 서적을 번역하겠다는 야심을 듣고 감동해서 그 제안을 받아들였다. 이 번역은 저서가 워낙 양이 방대하여 감히 혼자서 번역에 도전하기 어려웠는데 전남대학교 박수한 교수님께 같이 번역하자고 제안했더니 흔쾌히 번역하겠다고 해서 번역을 시작하였다. 박수한 교수님과의 인연은 박사학위 논문심사에서 발표를 들을 때 성실하고 열정적인 인상을 받았고 그 후로 계속 연락을 하는 사이였다.

이 책의 번역은 역시 쉽지 않았다. 처음부터 많은 엔진 전문 단어의 번역부터 힘들었고 Heywood 교수님의 자세하고 긴 문장을 우리말로 옮기기는 전문 번역인이 아닌 사람이 하기에 벅찬 일이었다. 그래도 박수한 교수님이 많이 도와주었고(원래 제가 맡았던 부분까지 일부 번역하였음) 저도 워낙 어릴 때부터 책을 손에서 놓지 않던 사람이라 다행하게도 무사히 마치고 역자의 글을 쓰고 있다. 어떻게 마쳤는지 돌이켜보면 감개가 무량하다. 은퇴하는 시점에 기념비적인 작품을 낸 셈이고 박수한 교수님은 새 꿈을 높이 펼치는 데 도움이 되지 않을까 싶다.

2020년 6월 연세대 송도 국제 캠퍼스에서

RC교육원장을 맡고 있는 전광민 씀

차례

CHAPTER 3

연료-공기 혼합물의 열화학 71

CHAPTER 4

작동 유체의 물성치 101

CHAPTER 5

엔진 사이클에 대한 이상 모델 147

CHAPTER 6

가스 교환 과정 183

CHAPTER 7

SI 엔진의 혼합기 준비 259

CHAPTER 8

실린더 내 차지 유동 309

CHAPTER 9

스파크 점화기관에서의 연소 *355*

CHAPTER 10

압축 점화기관의 연소 *465*

CHAPTER **11**

오염물질 생성 및 제어 541

CHAPTER **12**

엔진의 열전달 643

CHAPTER 13

엔진 마찰과 윤활 689

CHAPTER 14

실제 엔진의 유동과 연소 과정 모델링 739

CHAPTER 15

엔진 운전 특성 801

저자 소개

John B. Heywood는 1968년부터 Massachusetts Institute of Technology의 교수이며 기계공학과의 선재 석좌교수와 Sloan Automotive Laboratory 소장을 역임했다. 그의 관심 분야는 내연기관과 그 연료에 집중되어 있고, 더 넓게는 미래 수송 기술, 정책, 연료 공급 옵션, 차량 공기 오염물질과 지구 온난화 가스 배출이다. 그는 기술 논문을 230편 이상 발표했고 이 책을 포함해서 5권의 책을 저술했다. Heywood 박사는 미국 기계학회와 영국 기계학회, 그리고 자동차 공학인회(SAE)의 펠로우이다. 그는 그의 업적에 대해 여러 상을 받았는데, 1996년에 선행 자동차 연구와 개발상을 미국 교통부로부터, 1999년에 미국 기계학회로부터 소이치 혼다 메달을, 2008년에 자동차공학인회(SAE)로부터 자동차 정책에 기여한 공로로 상을 받았다. 그는 또 미국 국립 엔지니어 아카데미의 회원이고 미국 예술과 과학 아카데미 펠로우이다. Heywood 박사는 MIT 기계공학과 Ph.D.(1965), 연구에 대한 공로로 받은 케임브리지 대학의 Sc.D(1983), 스웨덴 Chalmers 대학의 명예 기술 박사(1999), 런던 시티 대학의 명예 D.Sc.(2004) 등을 소유하고 있다.

역자 소개

전광민 교수는 1988년 5월에 미국 M.I.T.에서 이 책의 저자 John B. Heywood의 지도하에 스파크 점화기관의 노킹에 대한 연구로 박사학위를 취득하고, 1989년 3월부터 연세대학교 기계공학부에서 교수로 재직하다 2020년 8월에 정년 퇴직하였다. 초기의 스파크 점화기관 연구에서 2000년대에는 압축 점화기관으로 분야를 넓히고 주로 배기 후처리 분야의 연구를 수행하며 100여명의 석사와 박사들을 배출하였다. 한국자동차공학회에서 활동하였고, 2013년 1년간 회장으로 봉사하였으며, 세계 자동차공학회의 연합인 FISITA에서 KSAE 대표로서 다년간 일하였고, 2016년 부산에서 FISITA 2016 World Automotive Congress 조직위원장을 맡아서 성공적으로 행사를 이끌었다. 정부에서는 산업자원부, 환경부, 국토교통부에서 여러 위원회에서 일하였으며, 그 공로로 2009년 5월 대통령 표창을 받았다. 2018년부터 연세대학교 국제캠퍼스에서 Residential College 교육원장을 맡아 1학년 학생들의 생활 교육을 이끌고 있고, 2020년 8월에 녹조근정훈장을 받고 퇴직하였다.

박수한 교수는 2011년 한양대학교에서 이창식 교수의 지도하에 대체연료를 적용한 디젤 엔진의 연소 성능 개선 및 배기 배출물 저감 연구로 박사학위를 취득하고, 2012년부터 Argonne National Laboratory에서 X-ray를 이용한 인젝터 내부 거동 및 분무 구조 가시화와 분석 연구를 수행하였다. 2014년 3월 전남대학교 기계공학부에 임용되어 현재 교수로 재직 중이다. 주된 연구 분야는 인젝터 개발, 노즐 내부 및 외부 유동 특성, 연료의 분무와 미립화, 엔진 성능 및 배출물 저감이다. 한국자동차공학회 국문 및 영문 학술지의 편집위원, Editor로 활동하고 있으며, 한국분무공학회 편집이사, 한국연소학회 편집위원 등으로 기계공학 및 자동차 유관 학회에서 활발한 활동을 하고 있다. 2018년 한국연소학회 젊은 과학자상과 환경부 표창을 받은 바 있다.

자주 사용되는 심볼, 아래 첨자와 약자[a]

심볼

심볼	의미
a	가속
	크랭크 반경
	음속
	단위 질량당 유용성
A	면적
A_C	밸브 커튼 면적
A_{ch}	실린더 헤드 면적
A_e	배기 포트 면적
A_E	유동 저항의 유효 면적
A_i	흡기 밸브 면적
A_p	피스톤 크라운 면적
A_v	밸브 열린 면적
B	실린더 직경
	정상–유동 유용성
c	피스톤의 상사점으로부터의 거리
	비열
c_p	정압 비열
c_s	수트 농도(질량/부피)
c_v	정적 비열
C	절대 가스 속도
C_D	유량 계수
	차량 저항 계수
C_s	스월 계수
D	직경
	확산 계수
D_d	액적 직경
D_{SM}	사우터 액적 평균 직경
D_v	밸브 직경
e	복사 발광 파워
	단위 질량당 에너지
E_A	활성화 에너지
f	마찰 계수
	연료 질량 분율
F	힘
g	중력 가속도
	단위 질량당 깁스 자유에너지
G	깁스 자유 에너지
h	틈새 높이
	오일막 두께
	단위 질량당 엔탈피
h_c	열전달계수
h_p	포트 열린 높이
h_s	단위 질량당 현열 엔탈피
H	엔탈피
I	관성모멘트
J	플럭스
k	열전도계수
	난류운동에너지
k_i^+, k_i^-	i번째 반응의 정방향과 역방향 반응상수
K	상수
K_c	농도로 표현된 평형상수
K_p	분압으로 표현된 평형상수
l	특성 길이 척도
	커넥팅 로드 길이
l_T	난류화염의 특성 길이 척도

[a] 각 부분이나 장에만 해당하는 명명법은 그 부분이나 장에 표시되어 있음.

L	피스톤 행정
L_I	소리 강도 수준
$\tilde{L}_{\mathrm{LO}}$	정규화한 분무 리프트-오프 길이
L_n	연료-분사-노즐 오리피스 길이
L_v	밸브 리프트
m	질량
$\dot{m}$	질량 유동율
m_r	잔류가스 질량
M	마하수
	분자량
n	몰수
	폴리트로픽 지수
n_c	실린더 수
n_R	파워 행정 당 크랭크 회전 수
N	크랭크축 회전 속도
	수트 입자 수밀도
	터보차저 축 속도
P	실린더 압력
$\dot{q}$	단위 면적당 열전달율
	유체 단위 질량당 열전달율
Q	열전달
$\dot{Q}$	열전달율
Q_{ch}	연료 화학 에너지 방출 또는 총 열방출
Q_{HV}	연료 발열량
Q_n	순 열방출
r	반경
r_c	압축비
R	커넥팅 로드 길이/크랭크 반경
	가스 상수
	반경
R^+, R^-	한 방향 반응 상수
R_s	스월 비
s	크랭크 축에서 피스톤 핀까지의 거리
	단위 질량당 엔트로피
S	엔트로피
	분무 관통 거리
S_b	난류 연소 속도
S_L	층류 화염 속도

S_p	피스톤 속도
t	시간
T	온도
	토크
u	비내부에너지
	속도
u'	난류 강도
u_s	단위 질량당 현열 내부에너지
u_T	특성 난류 속도
U	압축기/터빈 임펠러 접선 속도
	유동 속도
	내부에너지
v, υ	비체적
	속도
v_{ps}	밸브 유사-유동 속도
v_{sq}	스퀴시 속도
V	실린더 부피
	부피
V_c	틈새 부피
V_d	배기 실린더 부피
w	상대 가스 속도
	수트 표면 산화 속도
W	일전달
W_c	사이클 당 일
W_p	펌핑 일
x, y, z	공간 좌표
x	질량 분율
$\tilde{x}$	몰 분율
x_b	연소 질량 분율
x_r	잔류 질량 분율
y	연료의 H/C 비
	부피 분율
Y_α	단위 질량 당 알파 원소의 농도
z	피스톤 크라운에서 실린더 헤드까지의 거리
Z	입구 마하 인덱스
α(알파)	각
	열확산계수(ρc)
β(베타)	각
γ(감마)	비열비 c_p/c_v
Γ_c(감마$_c$)	전하의 각운동량

δ(델타) 경계층 두께
δ_L(델타$_L$) 층류 화염 두께
$\Delta h^\circ_{f,i}$(델타$h^\circ_{f,i}$) i원소의 몰생성엔탈피
$\Delta\theta_b$(델타세타$_b$) 급속 연소 각
$\Delta\theta_d$(델타세타$_d$) 화염 발달 각
ε(입실론) 연료의 H/C 비=4/(4+y):y
난류 운동에너지 소산율
ζ(체타) 연료 분무 안으로 빨려 들어온 화학양론비 공기의 퍼센트
η_a(이타$_a$) 유용성 변환 효율
η_c(이타$_c$) 연소 효율
η_{ch}(이타$_{ch}$) 급기 효율
η_f(이타$_f$) 연료 변환 효율
η_T(이타$_T$) 터빈 등엔트로피 효율
η_{tr}(이타$_{tr}$) 급기 효율
η_v(이타$_v$) 체적 효율
θ(세타) 크랭크 각
λ(람다) 상대 공기/연료비
Λ(람다) 공급비
μ(뮤) 동점성계수
μ_i(뮤$_i$) i원소의 화학포텐셜
ν(누) 동점성계수
ν_i(누$_i$) i원소의화학양론비 계수(μ/ρ)
ξ(시) 유동 마찰계수
ρ(로우) 밀도
$\rho_{a,0}$(로우$_{a,0}$) 표준 상태 입구 조건에서의 공기 밀도
σ(시그마) 수직응력
표준편차
스테판-볼츠만 상수
표면장력
τ(타우) 특성 시간
유도 시간
전단응력
τ_{id}(타우$_{id}$) 점화 지연 기간
ϕ(피) 연료/공기 당량비
Φ(피) 유동 압축 함수 [Eq. (c.11)]
등엔트로피 압축 함수
ψ(프사이) N/O 몰비
Ψ(프사이) 등엔트로피 압축 함수
ω(오메가) 각속도
주파수

아래 첨자

a	공기
b	연소 가스
c	냉각수
	실린더
C	압축 행정
	압축기
cr	크레비스
e	평형
	배기
E	팽창 과정
f	화염
	마찰
	연료
g	가스
i	도시
	흡기
	원소 i
ig	총 도시
in	순 도시
l	액체
L	층류
p	피스톤
	포트
P	부실
r, θ, z	r, θ(세타), z 성분
R	기준 값
s	등엔트로피
T	노즐이나 오리피스 목

	터빈	w	벽
	난류	x, y, z	x, y, z 좌표
u	미연소	0	기준 값
v	밸브		정체 값

표기

Δ(델타)	차이	{ }	질량 분율
–	평균값)	.	시간에 따른 변화율
~	몰당 값	**u**	굵은 활자, 벡터(예, 속도)
[ ]	농도, 몰/부피		

약자

(A/F)	공기/연료비	(G/F)	가스/연료 비
BC, ABC, BBC		gimep	총 도시 평균 유효 압력
	하사점 크랭크 위치, BC전, BC후	IPC, IPO	흡기 포트 닫힘, 열림
bmep	제동 평균 유효 압력	IVC, IVO	흡기 밸브 닫힘, 열림
CN	연료의 세탄가	mep	평균 유효 압력
Da	DamkÖhler number τ_T/τ_L	nimep	순 도시 평균 유효 압력
EGR	배기 재순환	Nu	누셀 수$(h_c l/k)$
EI	배기 인덱스	ON	연료의 옥탄가
EPC, EPO		Re	레이놀즈 수$(\rho ul/\mu)$
	배기 포트 닫힘, 열림	sfc	비연료소비율
EVC, EVO		TC, ATC, BTC	
	배기 밸브 닫힘, 열림		상사점 크랭크 위치, TC 후, TC 전
(F/A)	연료/공기비	We	Weber number $\rho_l u^2 D/\sigma$

CHAPTER 1

내연기관 종류와 작동

Engine Design and Operating Parameters

1.1 서론과 역사적 배경 _*Introduction and Historical Perspective*

내연기관의 목적은 연료에 저장된 화학에너지를 기계적인 동력으로 바꾸는 것이다. 외연 기관과 달리 내연기관에서는 기관의 내부에서 연료가 연소 또는 산화되는 과정을 통해 에너지가 방출된다. 연소하기 전의 연료와 공기의 혼합물이나 연소 후의 연소가스가 실제 작동 유체이다. 필요한 동력을 공급하는 일 전달은 이 작동 유체와 내연기관의 기계적 요소 사이에서 직접 발생한다. 이 책에서 다루는 내연기관은 스파크 점화(SI)기관(오토 엔진, 가솔린 엔진이라고도 부르지만 다른 연료도 사용됨)과 압축 점화(CI)기관(디젤 엔진이라고도 부름)으로 나뉜다.[a] 내연기관은 단순함, 튼튼함, 무게 대비 높은 출력, 낮은 가격 때문에 수송(육지, 바다, 하늘 등)과 발전의 동력원으로 넓게 사용된다. 내연기관에서는 일을 발생시키는 연소가 기관의 내부에서 일어난다는 사실이 다른 타입의 기관과 설계와 운전특성에서의 큰 차이이다.

동력발생기관은 두 세기 반에 걸쳐 인류에 기여해 왔다. 처음 150년 동안은 연료의 연소에 의해 만들어진 연소 가스와 일을 만들어내는 피스톤-실린더 기구 사이에 증기로 바뀐 물이 작동 유체로 사용되었다. 1860년이 되어서야 내연기관은 실용화되었다.[1,2] 초기 상업용으로 개발된 기관은 압축 과정 없이 대기압에서 석탄 가스와 공기의 혼합물을 연소시켜 사용하였다. 르노와르(J.J. E. Lenior, 1822~1900)가 처음으로 이런 기관을 시장에 내놓았다. 피스톤 행정 초기 절반까지 가스와 공기가 실린더 내로 흡입되었다. 스파크에 의해 점화된 후 압력이 증가하고 나머지 절반 행정에서 일이 피스톤에 전달되었다. 배기 과정에 의해 이 사이클이 완성되었다. 1860~1865년까지 약 500대의 기관이 생산되었는데 그 출력은 최대 6마력 정도였고, 효율은 높아야 5% 정도였다.

좀 더 성공적인 기관은 오토(Nicholaus A. Otto, 1832~1891)와 랑겐(Eugene Langen, 1833~1895)에 의해 개발되었는데, 연료/공기 혼합물의 연소에서 발생하는 압력을 이용하여 자유 피스톤과 랙(rack)의 조립 부품을 바깥으로 가속시키고 이 모멘텀에 의해 실린더 내에 진공을 만들었다. 대기압이 피스톤을 안으로 밀 때 롤러 클러치에 연결된 랙에 의해 출력 축으로 동력이 전달되었다. 5,000대 정도 생산된 기관은 열효율이 11%에 달했다. 흡기는 슬라이드 밸브에 의해 점화는 가스 화염에 의해 이루어졌고 다음에 배기가 이루어졌다.

이 기관의 낮은 효율과 너무 큰 덩치와 무게를 극복하기 위해 오토가 4개의 피스톤 행정으로 구성된 기관 사이클을 제안하였다: 흡기 행정, 점화 전의 압축 행정, 일이 크랭크 샤프트로 전달되는 팽창 또는 출력 행정, 그리고 배기 행정이다. 그는 실용화되지는 않았지만 연료

[a] 이 정의에 의하면 가스 터빈도 "내연기관"에 속한다. 그러나 전통적으로 이 단어는 스파크 점화와 압축 점화기관에 사용된다, 가스 터빈의 작동 원리는 근본적으로 다르고 이 책에서는 다루지 않는다.

표 1.1 오토의 초기 4-행정 사이클과 오토-랑겐 엔진 비교[2]

	오토와 랑겐	오토 4-행정
제동 마력	2	2
무게, lb, 근삿값	4000	1250
피스톤 배기량, in^3	4900	310
1분당 파워 행정	28	80
축 속도, rev / min	90	160
기계 효율, %	68	84
전체 효율, %	11	14
팽창비	10	2.5

와 공기가 균일하게 혼합되지 않은 성층 흡기를 제안하기도 했다. 1876년에 그의 첫 번째 프로토 타입 기관이 운전되었다. 표 1.1에 그의 기관과 다른 대기압 타입 기관의 비교가 있는데 기관의 크기와 부피가 대폭 감소한 것을 볼 수 있다. 이 획기적인 개선이 내연기관 산업의 기초가 되었다. 이 기관이 1890년까지 유럽과 미국에서 5만대 정도가 팔렸다.

1884년에, 이미 1862년에 프랑스 로야스(Alphonse Beau de Rochas, 1815~1893)에게 4-행정 원리에 대한 특허가 부여되었음이 발견되었다. 이 발견 때문에 오토 발명의 유효성에 대해 의문이 제기되었고 독일에서는 무효가 선언되었다. 로야스는 또 내연기관에서 성능과 효율이 최대가 되는 조건을 기술하였다. 그것은

1. 최소 경계 면적에서의 최대 실린더 부피
2. 최대 가능 작동 속도
3. 최대 가능 팽창비
4. 팽창 초기의 최대 가능 압력

첫 번째 조건은 내부 가스로부터의 열전달 손실을 최소화하는 것이다. 두 번째 조건은 주어진 기관 크기에서 출력을 최대화하는 것이다. 세 번째 조건은 연소 후 팽창이 커질수록 발생일도 많아진다는 것이다. 네 번째 조건은 초기 압력이 높을수록 팽창을 더 많이 할 수 있고, 또 팽창과정에서의 압력이 높아지므로, 이 두 가지에 의해 일이 많이 발생한다는 것이다. 비록 로야스의 발표되지 않은 글이 오토를 앞섰다 하더라도 그는 실제로 만들어 보지 않았다. 그래서 오토는 넓은 의미에서 우리가 아는 내연기관의 창시자라고 할만하다.

오토가 이룬 업적의 효과가 명백해지면서 기술이 빠르게 발전했다. 1880년대까지 몇 명의 엔지니어[예를 들어 영국의 Dugald Clerk (1854~1913), James Robson (1833~1913), 독일의 Karl Benz (1844~1929)]가 배기와 흡기 과정이 파워 행정 말기부터 압축 행정 초기에 걸쳐 이루어지는 2-행정기관을 성공적으로 개발하였다. 영국의 아킨슨(James Atkinson, 1846~1914)은 팽창 행정이 압축행정보다 긴 기관을 만들었는데, 효율은 좋았지만 기계적 약점이 있었다. 팽창비가 효율에 직접적인 영향을 주는 것은 알았지만 그 때의 연료로는 노킹 때문에 압축비를 4 이상으로 올리기 어려웠다. 캬브레터와 점화장치에 대한 개발 요구가 컸고, 승용차에 쓰일 수 있는 고속의 휘발유기관이 나오기 전에, 이들이 1880년대 후반에 개발되었다. 정치형기관도 계속 발전했다. 1890년대 말에 직경 1.3 m의 용광로가스를 사용하는 대형 단기통기관의 출력은 90 rpm에서 600 hp에 달했다. 영국에서는 법적인 제약 때문에 휘발성 연료 대신 등유가 사용되었다. 가스 기관에 비견할 만큼 효율이 높은(14에서 18%) 저

압축비 "오일" 기관이 개발되었는데 외부 연료가열기와 전기 점화장치를 이용했다. Hornsby-Ackroyd 기관이 영국에서 가장 인기 있는 오일 기관이었는데 미국에서도 다량 생산되었다.[2]

1892년에 독일의 디젤(Rudolf Diesel, 1858~1913)이 새로운 형식의 내연기관을 그의 특허에서 설명하였다. 압축에 의해 온도가 높아진 공기에 액체연료를 분사하여 연소를 시작하는 그의 개념은 다른 내연기관에 비해 두배의 효율을 가졌다. 노킹 없이 압축비와 팽창비를 훨씬 높일 수 있게 된 것이다. 그렇지만 실용화하기까지는 디젤과 Ausburg에 위치한 M.A.N. 사의 5년에 걸친 노력이 필요하였다.

그 이후로 그렇게 근본적인 변화는 아니지만 점차 내연기관 시장의 확대를 가져오는 데 중요한 역할을 한 기관 개발이 계속되었다.[2-4] 기관의 기하학적 구조가 실린더 안의 피스톤, 커넥팅 로드, 크랭크 샤프트로 구성된 표준 형태와 다른 기관에 대한 관심이 계속 있었다. 특히 회전 내연기관에 대한 관심이 있었다. 그동안 실험적 회전 기관에 대한 제안이 있었지만,[5] 최초의 회전 기관인 Wankel 기관은 1957년에야 나왔다.[6, 7] 이 기관은 독일 발명가 Felix Wankel의 설계에 기초를 두고 수년간에 걸친 연구개발을 거쳐 만들어졌다. Wankel 기관의 컴팩트하고 부드러운 운전에도 불구하고 높은 제작 비용 때문에 일부 좁은 시장에서만 사용되었다.

연료도 기관 개발에 큰 영향을 주었다. 초기 기계적 출력을 내던 기관들은 가스 연료를 사용하였다. 휘발유와 원유의 가벼운 성분들은 1800년대 후반에 와서야 사용할 수 있었고 다양한 캬브레터가 연료를 증발시키고 공기와 섞기 위해 개발되었다. 1905년 전에는 비록 노킹을 피하기 위해 압축비는 낮았지만(4 또는 그 이하) 증발을 잘 해서 시동이 잘 걸리고 추운 날씨에도 문제가 없었던 휘발유에 별 이슈가 없었다. 그렇지만 심각한 원유공급부족과 1907년부터 1915년까지 5배로 증가한 수요 때문에 원유에서 생산하는 양의 증가가 필요했다. William Burton과 인디아나주의 Standard Oil 사의 동료들의 노력에 의해 더 무거운 오일들이 압력하에서 가열되어 보다 단순하고 증발을 잘하는 원소로 바뀌는 열분해공정이 개발되었다. 열분해공정에 의해 생산된 휘발유는 수요는 만족하였으나 증발 온도가 높아 시동 문제가 발생했다. 다행히 전기에 의해 움직이는 시동기가 1912년에 때맞춰 개발되었다.

농장에서는 난방과 조명에 사용되는 등유가 내연기관 연료로서 적합하였다. 많은 농장에서 사용되는 기관들은 가열된 캬브레터 또는 증발기가 이용되었다.

1차 세계대전 후에 연료가 어떻게 연소에 영향을 주는지 특히 노킹 문제에 대해 엄청난 지식의 발달이 있었다. 4에틸납이 노킹 방지에 효과가 있음을 GM에서 발견하였고,[4] 1923년에는 미국에서 휘발유 첨가제로 쓰이기 시작했다. 1930년대 후반에 Eugene Houdry가 증발된 오일을 450~480 °C 구간에서 활성화된 촉매에 공급함으로써 열분해공정에 비해 훨씬 대량으로 고급의 휘발유를 생산할 수 있었다. 이런 발전에 의해 안티노크성이 높은 연료가 대량으로 생산되었고 압축비가 증가하였으며 출력과 효율이 증가하였다.

지난 수십년 동안 새로운 변수가 기관의 설계나 운전에 지대한 영향을 끼치게 되었다. 이 변수는 첫째 도시 대기 오염에 끼치는 영향을 제어하는 것이고 둘째는 차량의 연료소비를 대폭 개선하는 것이다.

차량의 대기오염 문제는 1940년 LA 분지에서 나타났다. 1952년이 Haagen-Smit 교수에 의해 스모그 문제가 대기중 햇빛 하에서 질소산화물과 탄화수소 화합물의 반응에 의한 것임이 밝혀졌다.[8] 점차로 자동차가 탄화수소와 질소산화물의 중요 배출원이고 도시에서 높은 일산화탄소의 원인임이 명백해졌다. 디젤 엔진이 작은 수트 또는 스모그 입자와 탄화수소와

표 1.2 자동차 도시 공기-오염 문제: 대표적 차량 배기오염물질 *

			자동차 배기오염물질 SI 엔진		트럭 배기오염물질 CI 엔진	
오염물질	영향	수송부문 원인 배기오염물질, 전체의 %†	제어 전 차량 g/km‡	최근 차량 g/km	제어 전 차량 g/kWh	최근 g/kWh
질소산화물(NO와 NO_2)	광화학 스모그; NO_2는 독성 물질	50~60	2.0	0.03	21	0.25
일산화탄소(CO)	독성 물질	60	60	2	~ 20	low
미연소 탄화수소 (HC, 여러 탄화수소 복합물)	광화학 스모그 반응 물질	25	10	0.05	~ 1	low
입자상물질 (수트, 탄화수소, 황산염)	HC 일부는 발암물질; 시야를 방해함	5–10	0.5§	0.007§	1	0.02

* 국가마다 변화함, 미국, 캐나다, 서유럽, 일본은 다른 정도의 엄격함을 가짐. 미국과 유럽과 일본은 다른 시험 방식을 가짐. 기준은 미국과 일본에서 제일 엄격함.

† 도시 지역과 근원 종류 구성에 따라 다름. 근사적인 퍼센트

‡ 도시와 고속도로 주행을 모사하는 미국의 시험 방식을 이용하여 측정한 1968년 이전 배기 정화 장치가 없었을 때의 평균

§ 디젤 엔진 차량에만 적용됨. 스파크 점화기관의 입자상물질 배출은 상대적으로 적음

질소산화물의 주요 원인이다. 표 1.2에 문제의 범위가 정리되어 있다. 이런 발견에 따라 먼저 캘리포니아에 자동차 배출허용기준이 도입되고 1960년대부터 미국에 전국적으로 퍼졌다. 일본과 유럽에서도 점차 이를 도입했다. 대폭적인 배기오염물질 저감이 SI 엔진과 CI 엔진에서 이루어졌다. SI 엔진 배기오염물질 저감에 쓰이는 촉매와 납 자체의 독성 때문에 대부분의 휘발유가 무연휘발유로 다시 대체되었다. 이 배기오염물질 제어 요구와 연료의 특성 변화가 내연기관의 설계와 운전 특성을 크게 변화시켰다.

내연기관은 또 소음의 주요한 원인이다. 기관 소음은 다음과 같은 원인에서 나온다: 배기 시스템, 흡기 시스템, 냉각용 팬, 기관 블록 표면 등. 소음은 공기역학적인 효과나 연소 때문에 발생하는 힘이나 회전이나 왕복운동하는 기관 부품이 원인이 될 수 있다. 주변에(결과적으로 사람들에게) 미치는 차량의 소음을 줄이기 위한 규제가 1970년대에 처음으로 도입되었다.

1970년대에 원유 가격이 1970년 가격의 몇 배로 뛰어올랐다. 1980년대에는 원유 가격이 떨어져 낮은 수준에서 변동하다가 2000년대 초기에 1970년 후반 가격으로 올랐다. 그리고 급격히 감소했다가 다시 올랐다. 앞으로는, 개발도상국가의 오일 수요증가, 기존 유전에서의 미래 생산 및 새 유전의 발견에 대한 불확실성, 몇몇 국가에 국한된 원유의 불균일한 저장량 분포 때문에 세계 오일 생산과 수송 연료 수요의 균형이 수십 년간 아슬아슬할 것이다. 이 장기적인 원유에 기반을 둔 연료의 공급에 대한 불안이 내연기관의 효율 개선에 대한 압박을 강하게 하고 있다(모든 기관의 다양한 사용에서). 휘발유나 경유가 아닌 대체 연료를 공급하고 사용하는 데 대한 다양한 노력이 경주되었다. 원유에서 생산되지 않은 연료 중 천연가스, 메탄올(메틸 알코올), 에탄올 같은 바이오매스 연료와 바이오디젤이 특히 관심을 끌고 있다. 합성 휘발유와 경유가 타르(오일) 샌드로부터 생산되고 셰일오일이나 석탄에서 생산될 수도 있다. 수소가 장기적으로는 탄소가 없는 연료로 고려되고 있다.

표 1.3 여러 연료와 에너지 소스로부터의 단위 화학 에너지당 CO_2 배출

	gCO_2 / MJ
가솔린	93
디젤(연료 오일)	99
천연가스	74
액체 석유 가스	86
에탄올*	34~73
바이오디젤	45~73
수소†	100~200
전기‡	90~160

* 바이오매스 공급원료와 가공 방법에 따라 달라짐

† 천연가스를 증기 개질하거나(저급) 전기분해(고급)

‡ 전기 생산 시스템 방식 조합에 의존함(특히 석탄 화력이 차지하는 비율)

화석연료 사용의 증가는 연료의 이송과 사용에서 배출되는 온실가스(GHG)가 지구온난화를 가져온다는 우려를 낳았다. 앞으로 수십 년간 이산화탄소와 다른 온실가스—메탄, 질소산화물, 세 그룹의 불소가스(sulfur hexafluoride, hydrofluoro carbon, perfluorocarbons), 오존—들은 대폭 감소되어야 한다. 그래서 좀 더 효율적이고 온실가스 배출이 적은 내연기관이 개발되어 원유에 기반을 둔 연료—휘발유와 경유—의 사용을 대폭 줄여야 한다. 수송 분야는 세계 온실가스 배출의 대략 사분의 일 정도를 차지한다.

표 1.3에 수송분야에서 사용될 수 있는 여러 연료나 에너지 소스의 이산화탄소 배출이 나타나 있다. 나열된 다양한 화석연료로부터의 배출은 두 배 정도 차이가 난다. 바이오 연료로부터의 배출은 바이오매스 공급 원료, 생산된 연료, 생산하는 데 사용된 프로세스에 따라 달라지지만 일반적으로 화석연료보다 낮다(매우 낮을 수도 있다).[b]

(탄소를 포함하지 않은) 수소의 더 낮은 값은 현재의 산업 수소 생산 방식—천연가스를 수증기 개질에 의해 얻는—을 택했을 경우의 값이다. 전기의 이산화탄소 배출 값은 전기를 생산하기 위해 사용되는 석탄, 천연가스, 원자력, 수력, 풍력과 태양 에너지의 혼합 비율에 달려 있다. 나라마다 전기 생산 혼합 비율이 달라지는데, 석탄과 천연가스가 주된 역할을 하는 것이 일반적이다.

이런 연료 변화가 내연기관에 미치는 영향은 무엇일까? 적절한 기관 설계와 운전 변화가 있으면 표 1.3에 있는 천연가스와 액체연료들은 사용될 수 있고 실제로 이미 사용되고 있다. 수소가 주된 수송 연료로 사용되기 위해서는 매우 효율이 높은 연료전지가 대량으로 사용되어야 한다는 조건이 있지만 적절하게 설계된 내연기관의 연료로는 사용될 수 있다. 차량의 추진 시스템의 전동화는 이미 하이브리드 전기자동차(HEV)—배터리, 전기 모터, 내연기관과 발전기의 조합—를 통해 일어나고 있다. 자동차의 전동화 다음 단계는 배터리의 에너지 저장 능력을 키우고 전기 그리드를 이용해서 재충전(일부)하는 것인데, 이런 플러그인 하이브리드(PHEV)는 이미 시장에 진출했다. HEV와 PHEV 추진 시스템은 효율을 높이기 위해 특정한 특성을 갖는 내연기관을 사용한다(Sec. 1.7.2 참조). 일부 사람들은 순수 배터리전기 자동차가 최종 단계라고 생각한다. 지금은 과연 완전한 전동화가 이루어질지 또 얼마나 이루

[b] 바이오매스 소스의 탄소가 CO_2로 변화되는 것은 "탄소 중립"적이라고 자주 여겨진다. 왜냐하면 탄소가 대기중의 CO_2로부터 왔기 때문이다. 이 주제는 진행중인 연구 주제이다.

어질지 확실하지 않다.

다시 문제는 내연기관으로 돌아온다. 한 세기가 넘게 개발되어온 내연기관은 최고점에 도달했고 개선할 수 있는 부분이 별로 남아있지 않다고 생각할 수 있다. 사실은 그렇지 않다. 스파크 점화기관과 디젤 엔진 기술이 발달하면서 효율, 출력 밀도, 배기 제어, 작동 범위 면에서 중요한 개선이 이루어지고 있다. 기관의 운전과 설계가 점차 변화하면서 넓은 의미에서 엔진 성능이 개선되고 있다. 새로운 재료가 사용 가능하게 되었고, 좀 더 지식에 기반한 설계를 통해 기관의 출력 대비 무게, 크기, 가격을 줄이는 것이 가능하고 좀 더 효율이 높은 내연기관이 가능해졌다. 기관과 배기 시스템 관련 배기 제어 기술이 점점 효과적이고 강건해졌다. 가변 밸브 제어가 고정 밸브 제어를 대신해서 성능과 효율을 개선하고 있다. 포트 분사식 기관에 비해 더 좋은 동적 제어를 할 수 있는 직접 분사식 기관이 대량으로 생산된다. 이 기술들에 의해 높게 부스트한 터보차저 가솔린 엔진과 디젤 엔진의 보급이 활발해졌다. 미래를 보건대 엔진 개발의 기회는 충분히 많다. 자동차 엔지니어들에게 큰 도전이지만 엔진의 프로세스에 대한 지난 수십 년간 보아온 지식의 팽창에 의해 극복할 수 있을 것이다.

1.2 기관 분류 _*Engine Classifications*

내연기관의 종류는 매우 다양하다. 다음과 같이 분류할 수 있다.

1. *용도*. 자동차, 트럭, 버스, 기관차, 경량 비행기, 배, 휴대용 파워 시스템, 발전
2. *기본 기관 모양*. 왕복동 기관(실린더 배치에 따라 인라인, V, 방사형, 대향형), 회전 기관(Wankel과 기타 형상들)
3. *작동 사이클*. 4-행정 사이클: 자연 흡기식(대기 흡입), 수퍼차저(미리 압축 후 흡입), 터보차저(배기 터빈에 의해 구동된 압축기에 의해 압축 후 흡입), 2-행정 사이클:크랭크케이스 소기, 수퍼차저, 터보차저
4. *밸브나 포트 설계와 위치*. 4-행정 사이클: 오버헤드(또는 I 헤드) 밸브, 언더헤드 밸브(또는 L 헤드), 실린더당 2,3,4 밸브, 고정 또는 가변형 밸브 제어(시기, 열림 닫힘 시기, 리프트), 회전 밸브. 2-행정 기관: 크로스 소기(cross-scavenged: 흡기와 배기 포트가 실린더 다른 쪽에서 마주 보는), 루프 소기(loop-scavenged: 흡기와 배기포트가 같은 쪽에 있는), 스루(through) 또는 유니플로우 소기(uniflow-scavenged:흡기 또는 배기 포트나 밸브가 실린더 다른 쪽에 있는)
5. *연료*. 휘발유(gasoline 또는 petrol), 경유(fuel oil or diesel fuel), 천연가스, LPG (Liquid Petroleum Gas), 알코올(메탄올, 에탄올), 수소, 2종 연료
6. *혼합물 준비 방법*. 카브레터 또는 스로틀 전방에서 싱글 포인트 연료 분사, 흡기 포트에서 연료 분사, 실린더 내로의 직접분사
7. *점화방식*. 실린더 내의 혼합기가 균일하거나 또는 성층화된 혼합기에 강제점화; 디젤 엔진의 압축점화, 천연가스 혼합기에 디젤 연료 분사 점화
8. *연소실 설계*. 오픈 챔버(다양한 모양: 디스크, 쐐기, 반구, pent-roof, bowl-in-piston), 분리된 챔버(작거나 큰 부실; 다양한 설계: 예를 들면 스월 챔버, 프리 챔버)
9. *부하 조절 방법*. 혼합물의 농도가 변하지 않도록 연료와 공기를 조절하는 방법, 연료량만 조절, 또는 두 가지 방법의 혼합
10. *냉각 방법*. 액체 냉각, 공기 냉각, 무냉각(자연 대류와 복사 이용)

이 모든 구별은 중요하고 이들은 기관 설계의 다양함을 보여준다. 이 책에서는 내연기관의 운전과 배기 특성에 대해 기본적인 관점에서 접근하기 때문에 점화 방법을 가장 주요한 구분 방식으로 채택했다. SI나 CI[c]같은 점화 방식에 따라 사용되는 연료, 혼합기 준비 방법, 부하 제어 방법, 연소실 설계, 연소의 세세한 과정, 기관 배기 그리고 운전 특성이 결정된다. 이 기본 분류에 더해 다른 분류가 하위 분류 방식으로 채택된다. 4-행정 또는 2-행정 사이클 분류가 다음으로 중요하다: 다음에서 두 사이클에 대해 기술한다.

1.3 엔진 작동 사이클 _*Engine Operating Cycles*

이 책의 대부분은 그림 1.1에 보인 것 같은 피스톤이 실린더 내에서 앞뒤로 움직이면서 실린더 내의 고압 고온 가스로부터 받은 출력을 커넥팅 로드와 크랭크 기구에 의해 출력 축에 전달하는 *왕복 기관*에 관한 것이다. 크랭크의 회전 운동은 피스톤의 사이클 운동을 만들어낸다. 피스톤은 실린더 내 부피가 각각 최소와 최대가 되는 상사점(top-center, TC)과 하사점

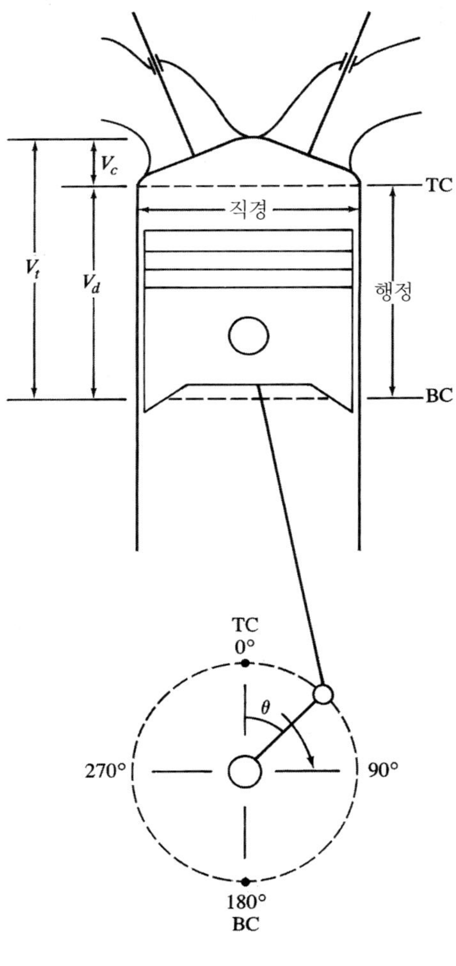

그림 1.1 왕복 운동 내연기관의 기본 형상. V_c, V_d, V_t는 각각 간극체적, 배기량, 전체 체적을 의미함.

[c] 이 책의 나머지 부분에서 이들 단어는 SI와 CI로 간단히 쓴다.

(bottom-center, BC)에서 멈춘다.[d] 최소 부피는 간극 체적(clearance volume) V_c라고 한다. 최대 또는 전체 체적 V_t와 간극 체적 V_c 차이는 피스톤이 움직인 부피인데, 배기량(displaced volume 또는 swept volume) V_d라고 한다. 최소 체적에 대한 최대 체적의 비를 압축비 r_c라고 한다. r_c 값은 SI 엔진은 8에서 12 정도이고 CI 엔진의 경우에는 14에서 22 정도이다.

대부분의 왕복 기관은 *4-행정 사이클*로 작동한다. 한 사이클당 하나의 파워 행정을 만들기 위해 각 실린더는 크랭크축의 2회전에 해당하는 피스톤의 4-행정이 필요하다. SI와 CI 엔진은 다음의 행정을 이용한다(그림 1.2):

1. *흡기 행정*, 피스톤이 TC에 있을 때 시작하여 BC에 도달하면 끝난다. 신기나 연료 공기 혼합물을 빨아들인다. 좀 더 많은 양을 빨아들이기 위해 흡기 밸브는 이 행정이 시작하기 조금 전에 열리고 이 행정이 끝나고 조금 후에 닫힌다.
2. *압축 행정*, 피스톤이 BC에 있을 때 시작해서 TC에서 끝나는 과정으로 실린더 내에 있는 혼합물을 초기 부피에 비해 훨씬 작은 부피로 압축하는 과정이다. 압축 과정 말기에 연소가 시작하고 실린더 내 압력이 빠르게 증가한다.
3. *파워 행정*, 또는 팽창 행정은 TC에서 시작해서 BC에서 끝나는데 고온 고압의 가스가 피스톤에 아래 방향으로 힘을 작용해서 크랭크 축을 돌린다. 파워행정에서 압축행정에 비해 다섯 배 정도의 일이 발생한다. 피스톤이 BC에 다가갈 때 배기 밸브가 열리면서 배기 과정이 시작되고 실린더 내의 압력은 배기 시스템 압력과 유사한 정도로 떨어진다.
4. *배기 행정*은 피스톤이 BC에서 TC로 움직이는 과정인데 남은 연소가스가 빠져나간다: 처음에는 실린더 내 압력이 배기 압력보다 매우 높아서 나가고 그 다음에는 피스톤이 TC로 움직이면서 밀어낸다. 피스톤이 TC에 다가갈 때 흡기 밸브가 열리고 TC 지나자 마자 배기 밸브가 열린다. 그리고 사이클이 반복된다.

처음으로 이 원리에 의해 작동하는 엔진을 만든 니콜라우스 오토를 기념하여 자주 오토

[d] 이 크랭크 위치는 top-dead-center(TDC)와 bottom-dead-center(BDC)라고 한다.

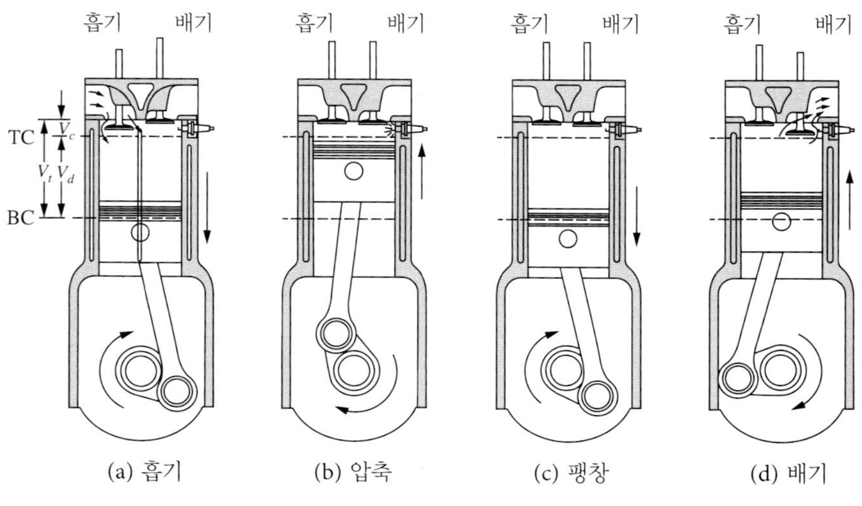

그림 1.2 4-행정 작동 사이클.[12]

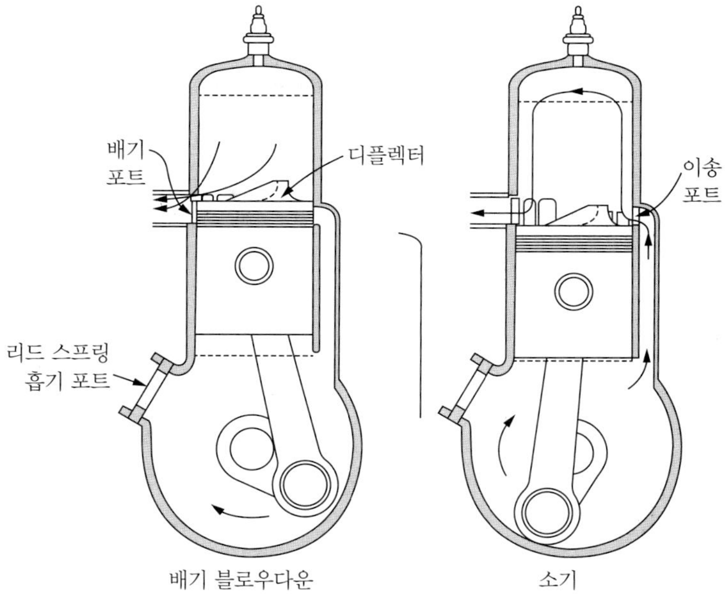

그림 1.3 2-행정 작동 사이클. 크랭크 케이스 소기 엔진.[12]

사이클이라고 불리지만 이 책에서는 4-행정 사이클을 선호한다.

4-행정 사이클은 각 엔진 실린더에서 파워 행정 하나를 만들기 위해 크랭크 샤프트 2 회전이 필요하다. 주어진 엔진 크기에서 더 높은 출력을 만들어 내기 위해 *2-행정 사이클*이 개발되었다. 2-행정 사이클은 SI와 CI 엔진에 모두 적용된다.

그림 1.3에 가장 간단한 2-행정 기관 설계의 예가 있다. 실린더 라이너의 포트들은 피스톤 운동에 의해 BC 근처에서 열리고 닫히면서 연소가스를 내 보내고 신기를 빨아들인다. 2-행정은:

1. *압축 행정*, 신기 포트가 닫히고 다음에 배기 포트가 닫히면서 시작되는데 흡입 리드 밸브를 통해 신기를 빨아들이고 피스톤이 실린더 위로 올라가면서 압축한다. 피스톤이 TC에 가까이 갈 때 연소가 시작된다.
2. *파워 또는 팽창 과정*, 피스톤이 BC에 다가갈 때까지 4-행정 사이클과 유사하다가 배기 포트가 먼저 열리고 이송 포트(transfer port)가 열린다(그림 1.3). 배기 블로우다운 과정에서 대부분의 연소가스는 빠져 나간다. 이송 포트가 열리면 크랭크 케이스에서 압축된 신기가 실린더 내로 들어온다. 피스톤과 포트들의 모양은 들어오는 신기의 방향을 조정해서 직접 배기 포트로 나가지 않도록 되어 있어서 신기에 의해 효과적으로 남은 연소가스를 대체한다.

각 엔진 사이클에서 크랭크 샤프트 한 회전에 파워 행정이 한 번 발생한다. 그렇지만 배기량 부피를 신기로 완전히 채우기 어렵고 일부 신기가 직접 실린더 밖으로 나간다.[e] 위 그림의 예는 *크로스 소기*(cross scavenge) 설계이고 다른 예로는 *루프 소기*(loop scavenge)와 *유니플로우 소기*(uniflow scavenge)가 있다(6.6장절 참조)

[e] 2-행정 기관이 불리한 주요한 원인이다. 빠져 나가는 신기가 연료와 공기를 포함하고 있기 때문이다.

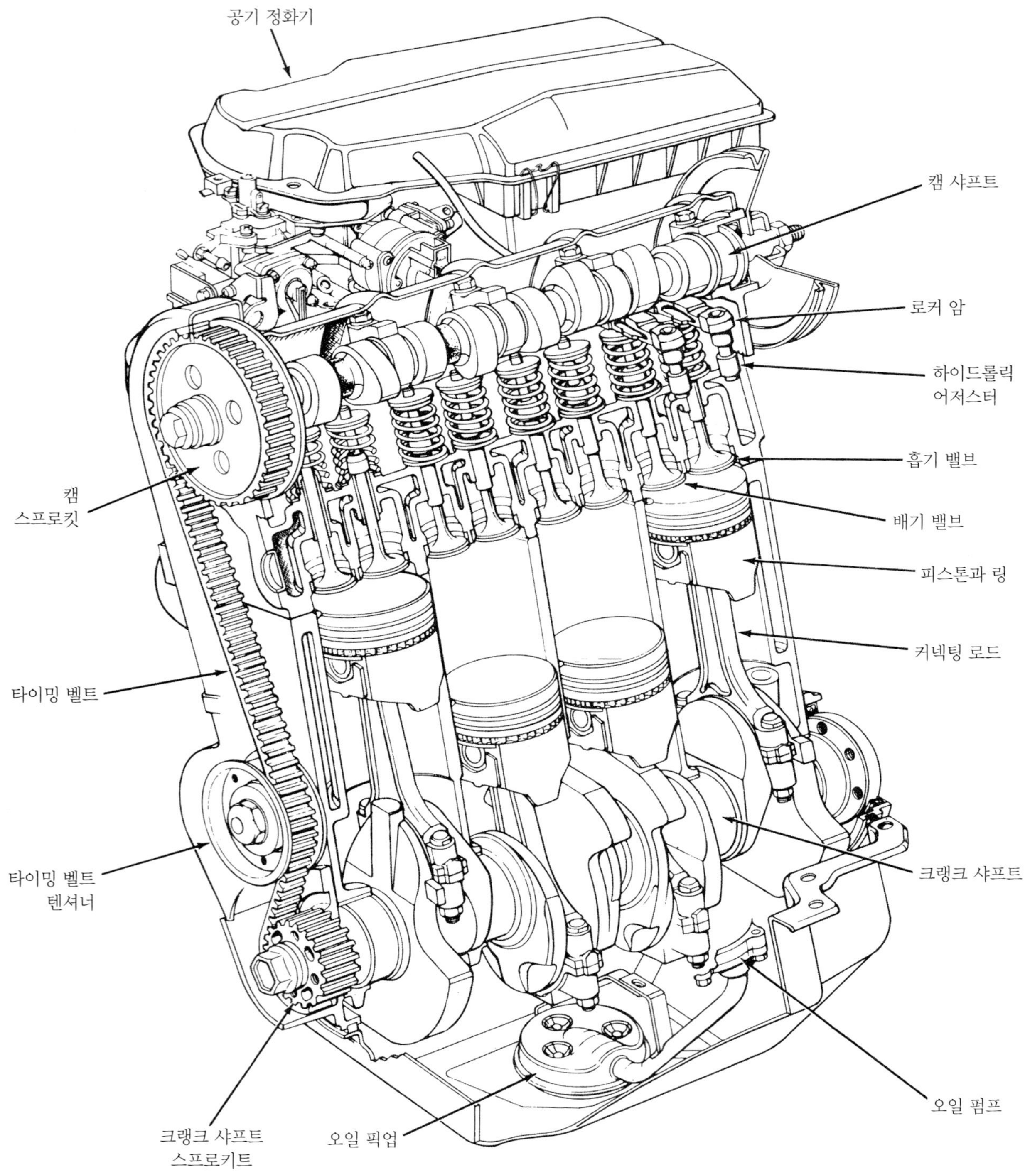

그림 1.4 2.2리터 배기량 4기통 스파크 점화기관의 절단 도면. 직경 87.5 mm, 행정 92 mm, 압축비 8.9

1.4 기관 부품 _*Engine Components*

그림 1.4와 1.5에 4-행정 SI와 CI 엔진 단면도가 있다. SI 엔진은 4기통 인라인 자동차 엔진이다. 주요 부품들의 이름이 표시되어 있다. CI 엔진은 6기통 인라인 대형 트럭 엔진이다. 각 부

그림 1.5 4-행정 6.7리터 인라인 6기통 터보차저가 장착된 디젤 엔진의 절단 도면. 직경 107 mm, 행정 124 mm, 압축비 17.3, 1600 rev/min에서 최대 토크 1200 N · m, 2800 rev/min에서 최대 출력 285 kW (*Cummins* 엔진 제공)

품의 기능과 구성 재료를 알아본다.

엔진 실린더는 엔진 블록 안에 있다. 블록은 전통적으로 내마모특성과 낮은 가격 때문에 회색 주철이 사용되었는데, 요즘은 알루미늄이 자주 사용된다. 주조할 때 냉각수 유로가 블록 안에 만들어진다. 대형 트럭 엔진은 마모되면 교체될 수 있는 실린더 슬리브를 끼워 넣는다. 슬리브가 냉각수와 만나는 것은 습식 라이너, 안 만나는 것은 건식 라이너라고 한다. 무게를 줄이기 위해 자동차 엔진 블록 재료로 알루미늄이 쓰인다. 주조할 때 무쇠 실린더 라이너를 끼워 넣을 수 있고 기계가공이나 조립할 때 넣을 수도 있다. 크랭크 케이스는 실린더 블록과 하나인 경우가 많다.

크랭크 축은 전통적으로 단조강으로 만든다; 자동차에서는 구상 흑연 주철이 쓰이기도 한다. 크랭크 축은 메인 베어링에 의해 받쳐진다. 크랭크 축 베어링 수는 엔진 부하와 최대 속도에 좌우된다. 최대 베어링 수는 실린더 수보다 하나 더 많다; 작을 수도 있다. 크랭크는 크랭크 스로(throws)라고 하는 편심 부분이 있다; 커넥팅 로드 대단부 베어링이 각 스로의 크랭크 핀에 연결되어 있다. 메인 베어링과 커넥팅 로드 베어링은 강철(steel-backed) 정밀 인서트를 사용하는데, 베어링 재료로는 청동, 배빗(babbit), 또는 알루미늄을 사용한다. 크랭크케이스는 바닥이 프레스강이나 윤활유의 저장소인 주조 알루미늄 오일 팬으로 막혀 있다.

피스톤은 작은 엔진은 알루미늄을, 크고 천천히 회전하는 엔진에서는 주철을 사용하여 만든다. 피스톤은 실린더를 막고 연소에 의해 발생한 압력을 커넥팅 로드를 통해 크랭크에 전달한다. 커넥팅 로드는 강철이나 단조 합금(때때로 알루미늄을 사용하지만)으로 만들고 강철 핀에 의해 로드의 상단이 피스톤에 연결되어 있다. 피스톤 핀은 무게를 줄이기 위해 보통 안이 비어 있다.

커넥팅 로드의 진동 움직임은 피스톤 스커트(피스톤 링 아래)를 통해 실린더 벽면에 진동 힘을 작용한다. 피스톤 스커트는 보통 적절한 스러스트(thrust) 면을 제공하도록 모양을 하고 있다. 피스톤은 피스톤 헤드에 파인 홈에 있는 피스톤 링에 의해 실린더 내 가스가 빠져나가지 못하게 막고 오일도 제어한다. 위에 있는 링은 압축 링인데, 실린더 벽 쪽으로 바깥 방향 힘과 홈 표면으로 아래 방향 힘을 받는다. 아래 있는 링은 실린더 벽에 있는 남은 오일을 긁어내서 뜨거운 가스와의 접촉을 줄이고 크랭크 케이스로 돌려 보낸다. 크랭크 케이스는 피스톤 링 사이로 빠져 나온 가스가 쌓여 압력을 높이는 것을 방지하기 위해 환기해서 가스를 제거해야 한다. 크랭크 케이스 가스는 엔진 흡기로 재순환시킨다.

실린더 헤드는 실린더 내 가스의 유출을 막는 역할을 하는데, 알루미늄이나 주철로 만든다. 그것은 충분히 튼튼해서 헤드에 작용하는 가스의 힘을 가능한 한 엔진 블록에 골고루 분산시킬 수 있어야 한다. 실린더 헤드에는 스파크 플러그(SI 엔진에서)나 연료 인젝터(CI 또는 직접분사 엔진에서)가 장착되고 오버헤드 엔진에서는 밸브 기구의 일부분이 장착된다.

그림 1.4에 있는 밸브는 4-행정 엔진에 대부분 사용되는 포핏 밸브(poppet valve)이다. 이 엔진에는 흡기와 배기 밸브가 각각 하나씩 있다: 최근의 엔진들은 실린더 하나에 4개의 밸브가 있거나(흡기와 배기 밸브가 각각 두 개씩) 3개의 밸브(흡기 밸브 2개 배기 밸브 1개)가 있다. 밸브들은 단조 합금강으로 만든다; 온도가 섭씨 700도 정도까지 올라가는 배기 밸브는 밸브 축을 비우고 나트륨으로 채워 냉각하기도 하는데 나트륨이 증발하고 응축하면서 뜨거운 밸브 헤드에서 밸브 축으로의 열전달을 돕는다. 그림 1.4에서 보인 바와 같이 오늘날의 SI 엔진은 오버 헤드 모양을 갖는다(헤드 안의 밸브 또는 I 헤드 모양이라고 불림). 이 컴팩트한 형상은 연소실의 열손실을 최소화하고 화염 전파 거리를 짧게 하고 흡입 용량을 크게 한다. 밸브가 한쪽에 있는 L 헤드 같은 오래된 모양을 갖는 헤드는 싸고 작은 엔진에서만 쓰인다.

밸브 축은 밸브 가이드안에서 움직이는데, 이는 실린더 헤드의 일부분일 수도 있고(또는 L 헤드 엔진의 경우 실린더 블록) 독립 부품으로 헤드나 블록에 따로 박아 넣을 수 있다. 밸브 시트는 헤드나 블록(주철의 경우)에 만들거나 강철 인서트를 삽입하기도 한다. 스프링 와셔와 스플릿 키퍼와 함께 밸브 축에 끼워진 스프링은 밸브를 닫는 역할을 한다. 밸브 로테이터는 밸브가 열릴 때 몇 도 돌려줌으로써 밸브 시트를 닦고 부분 과열을 방지하고 밸브 가이드에 찌꺼기가 쌓이는 것을 방지한다.

주철이나 단조강으로 만든 캠 샤프트는 밸브당 하나(또는 4-밸브 엔진의 경우 밸브 한 쌍당 하나)이며 밸브를 열거나 닫을 때 사용한다. 캠의 표면은 적당한 기간 사용할 수 있도록 경화시킨다. 4-행정 기관에서 캠 샤프트는 크랭크 샤프트 속도의 반의 속도로 회전한다. 기계식 또는 유압식 리프터 또는 태핏이 캠의 표면을 따라가며 블록에서 미끄럼운동을 한다. 밸브와 캠 샤프트의 위치에 따라 태핏의 움직임을 밸브 축에 전하는 부품이 요구된다; 예를 들면 캠 샤프트가 옆에 있는 헤드 내(in-head) 밸브의 경우 푸쉬 로드와 로커 암이 사용된다. 고속 엔진의 동향은 캠 샤프트를 헤드 위에 놓고 캠이 직접 또는 팔로워(pivoted follower)를 통해 캠을 작동하는 것이다. 간단한 캠 샤프트 위상 조절(phasing) 장치를 사용하여 엔진 운전 조건에 따라 밸브의 개폐 시기를 변화시키는 가변 밸브 제어가 고정 밸브 엔진 설계를 대체하고 있다. 캠 샤프트는 기어, 벨트, 또는 체인을 통해 크랭크 샤프트에 의해 구동된다.

흡기 매니폴드(알루미늄, 주철 또는 플라스틱)와 배기 매니폴드(대부분 주철)까지 포함하면 SI 엔진 전체가 된다. SI 엔진에 국한된 다른 엔진 부품들—연료 분사 장치, 점화 장치—은 이 장에서 더 설명한다.

그림 1.5에 보인 4-행정 디젤 엔진은 대형 트럭에 많이 쓰이는 인라인 6기통 엔진이다.

각 사이클에 실린더에 공급되는 공기량을 늘리기 위해 터보차저를 사용했다. 터보차저는 원심 압축기로 구성된다(압축기를 작동시키는 배기 터빈에 같은 축에 연결되어 실린더에 들어가기 전 흡기를 압축한다). 디젤 엔진에서는 연료 분사기가 실린더 헤드에 장착되어 있다. 연료 분사 시스템은 1.8절에서 더 설명한다.

1.5 다기통 엔진 _*Multicylinder Engines*

작은 엔진들은 다양한 용도로 사용된다: 예를 들면 잔디 깎는 기계, 체인 톱, 휴대용 발전기, 모터 보트 엔진, 모터 사이클 등. 이들은 단기통 엔진인 경우가 많다. 이들 용도에서는 단순하고 출력 대비 가격이 저렴한 것이 중요하다; 연비, 엔진 진동, 무게나 부피 대비 높은 파워, 엔진 내구 등은 덜 중요하다. 단기통 엔진은 한 회전에 한번 출력 행정(2-행정기관) 또는 2회전에 한번 출력 행정을 갖는다. 그래서 각 사이클의 토크 펄스가 넓게 떨어져 있어서 엔진 진동과 부드러운 운전이 중요한 이슈이다.

다기통 엔진은 작은 엔진을 제외하고 대부분의 경우에 쓰인다. 정격 출력이 증가함에 따라 실린더의 숫자를 늘려서 전체 배기량을 작은 여러 실린더에 나누는 것이 전체 크기, 무게, 성능 개선, 엔진 밸런스와 부드러운 운전에 좋기 때문이다. 작고 많은 여러 실린더인 경우에 주기가 빠르고 작은 토크 펄스가 만들어져 부드러운 운행을 하기 때문이다. 각 부품에 작용하는 힘이 작아져서 구조 설계 조건도 완화된다. 다기통 엔진은 단기통 엔진에 비해 훨씬 좋은 밸런스 상태를 유지할 수 있다. 각 피스톤이 BC에서 TC로 움직이는 전반부에, 가속하기

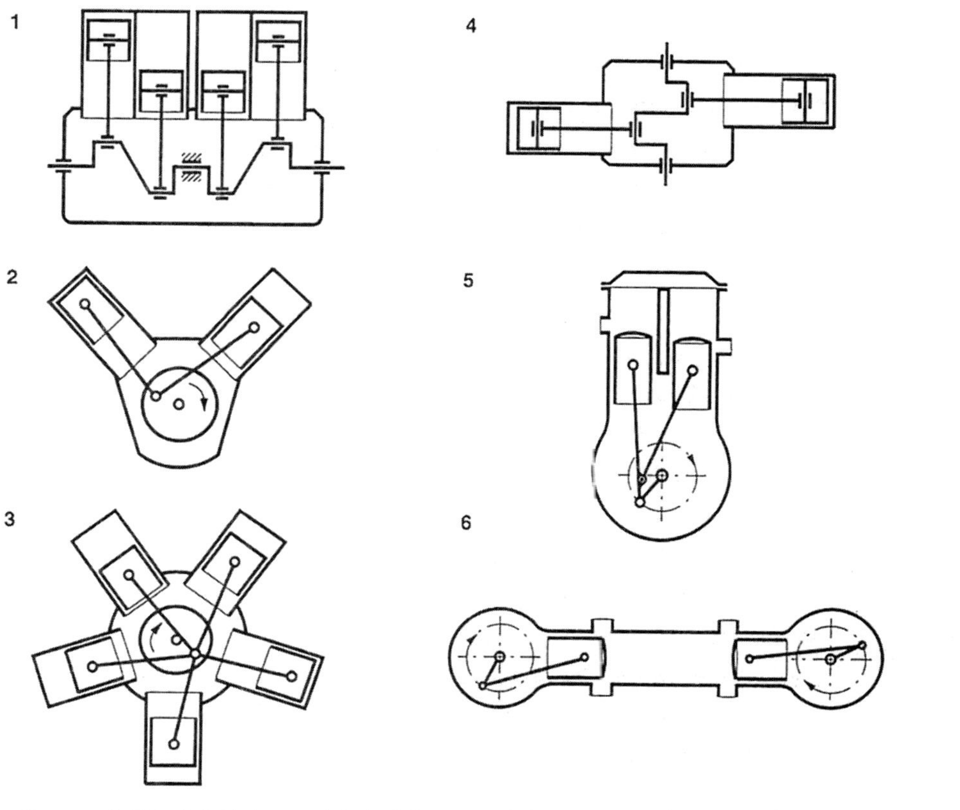

그림 1.6 다기통 엔진 형상: (1) 인라인 엔진; (2) V-엔진; (3) 반경 방향 엔진; (4) 대향-실린더 엔진; (5) U-엔진; (6) 대향-피스톤 엔진.[13](*Robert Bosch GmbH*와 *SAE* 제공.)

위해 힘이 가해져야 한다. 그리고 나머지 행정에서는 감속하면서 크랭크 샤프트에 힘을 작용한다. 이 관성 힘을 실린더의 수의 선정과 적절한 배치를 통해 1차적 밸런스를 이뤄 상쇄하는 것이 바람직하다. 그런데 피스톤의 속도는 아래 절반 행정에서 보다 위 절반 행정에서 더 빠르다(커넥팅 로드와 크랭크 기구로 인한 결과로 그림 1.1과 2.2장에 있음). 이 두 피스톤(하나는 위로 하나는 아래로 움직이는)의 가속과 감속의 차이로 인한 불균등이 생성된 관성 힘의 차이를 만들어낸다. 실린더 수와 배치의 조합에 의해 이 *2차적* 관성 힘 효과를 상쇄할 수 있다.

주어진 배기량에서 실린더의 수가 많을수록 엔진의 최대 출력은 증가한다. 엔진 피스톤의 왕복 운동 속도의 한계는 각 실린더로 들어오는 공기 유동에 의해 결정된다. 흡기 밸브를 지나는 유동의 속도가 음속에 도달하면 피스톤 속도가 증가해도 유량이 증가하지 않는다. 주어진 배기량에서 실린더 수를 늘려 그 크기를 작게 하면 음속에 도달하는 크랭크 샤프트 회전속도를 높일 수 있다. 엔진의 출력은 엔진의 크랭크 샤프트 회전속도에 비례하므로 최대 출력이 증가한다.

다른 작동 특성도 실린더 사이즈에 영향을 받는다. 실린더 안의 가스의 열전달의 상대적인 중요성은 연소실의 부피에 대한 표면적 비의 상대적 중요성에 의존한다. SI 엔진에서 압축비의 증가를 막는 노킹이라는 현상은 화염전파거리(스파크 플러그 갭에서 연소실 벽까지의 거리)에 부정적으로 영향을 받는다.

일반적인 4-행정 다기통 엔진의 모양이 그림 1.6에 있다.[13] 이들 다기통 형상은 실린더 간에 동일한 크랭크 샤프트 회전 점화 간격을 갖는다. *인라인 엔진*에서는 실린더들이 한 평면에 있다. 3, 4, 5, 6기통 인라인 배열이 사용된다. 4기통 인라인 엔진이 1.2리터에서 2.5리터 사이에서 가장 많이 사용된다. 그림 1.4에 한 예가 있는데 인라인이다. 이는 컴팩트한데 작은 승용차에 중요하게 요구되는 사항이다. 이것은 크랭크 샤프트 일 회전에 두 번의 토크 펄스를 제공하여 프라이머리 관성력들을 조화시킨다(2차 관성력들은 아니지만). 6기통 인라인 엔진은 12리터까지 트럭 엔진에 많이 쓰인다.

V형 배열은 각도를 갖는 두 뱅크를 갖고 컴팩트한 엔진 블록을 제공하므로 큰 배기량 차량들의 엔진에 적용된다. V형은 6, 8, 10, 12 기통에 사용된다. V-6엔진은 보통 60도 각도를 갖는 두 뱅크로 구성된다.

6기통은 보통 2.4리터에서 3.6리터 사이의 가솔린 SI 엔진에 쓰인다. 6기통 엔진은 한 회전에 3개의 토크 펄스를 주어 부드러운 운전이 가능하다. 인라인 배열은 완전히 밸런스가 잡혀 있다. 그렇지만 크랭크 샤프트의 비틀림 진동을 초래하고 각 실린더로의 고른 공기의 유입을 어렵게 한다. V-6 배열은 인라인 배열보다 컴팩트하고 왕복운동하는 부품들의 프라이머리 밸런스를 제공한다. 그렇지만 V형 엔진들은 2차 관성력 때문에 크랭크 샤프트에 rocking 모멘트를 발생시키고 결과적으로 인라인 형태보다 덜 밸런스가 잡히게 된다. V-8 배열은 3.2리터에서 6리터나 더 큰 엔진에 사용되는데, 작고, 부드럽고 진동이 작아 큰 배기량의 SI 엔진에 V-10, V-12 배열과 함께 사용된다.

하나나 그 이상의 방사면에서 작동하는 방사형 엔진은 피스톤에 의해 작동하는 큰 비행기 엔진에 자주 사용되었다. 대향 실린더 엔진도 가끔 사용된다. 그림 1.6에 보여진 것처럼 두 쌍의 피스톤 움직임은 완전히 밸런스를 잡게 된다. 피스톤이 같은 방향으로 움직이는 U 실린더 엔진이나 대향 실린더 엔진은 특별 목적을 갖는 2행정 기관에도 쓰여 왔다.

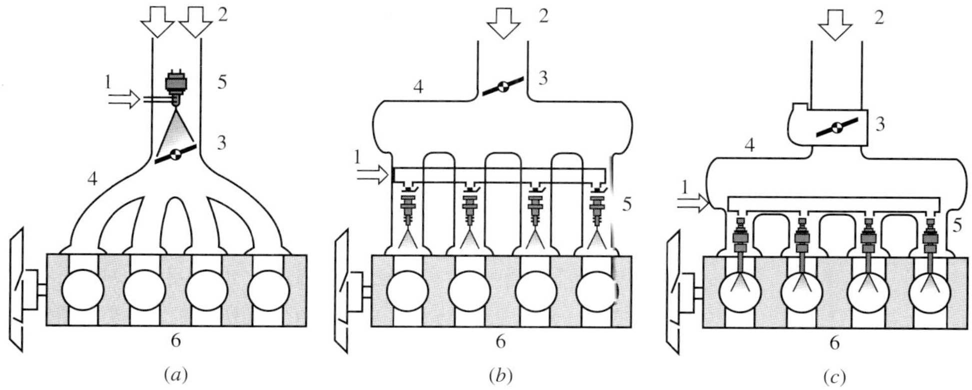

그림 1.7 가솔린 스파크 점화기관에서의 다른 연료 분사 방식. (*a*) 단일 연료 분사; (*b*) 다중 연료 분사; (*c*) 실린더 내 직접 분사. (1) 연료 공급; (2) 공기 공급; (3) 스로틀 밸브; (4) 흡기 매니폴드; (5) 분사기; (6) 엔진.[13](*Robert Bosch GmbH*와 *SAE* 제공)

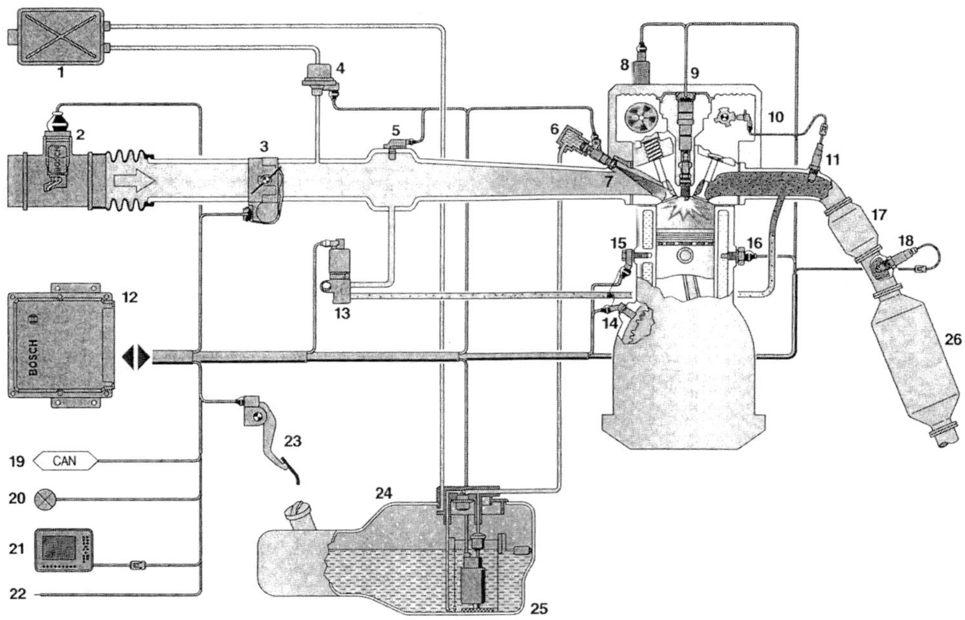

그림 1.8 오늘날의 포트-분사 엔진 매니지먼트 시스템 개략도(Bosch ME-Motronic system). (1) 탄소 연료 증기 흡수 캐니스터; (2) 온도 센서가 포함된 고온-필름 공기-질량 미터; (3) 스로틀 장치; (4) 캐니스터-퍼지 밸브; (5) 흡기-매니폴드 압력 센서; (6) 연료-분배 파이프; (7) 분사기; (8) 가변 밸브 타이밍 용 구동기 및 센서; (9) 스파크 플러그가 연결된 점화 코일; (10) 캠축 위상 센서; (11) 1차 촉매 변환기 상류 람다 산소 센서; (12) 엔진 제어 장치; (13) 배기 재순환 밸브; (14) 속도 센서; (15) 노킹 센서; (16) 엔진-온도 센서; (17) 1차 3원 촉매; (18) 1차 촉매 변환기 하류 람다 센서; (19) CAN 인터페이스; (20) 오작동 램프; (21) 진단 인터페이스; (22) 도난 방지기 인터페이스; (23) 페달 이동 센서를 포함한 가속-페달 모듈; (24) 연료 탱크; (25) 전기 연료 펌프, 연료 필터, 연료-압력 조절기를 갖춘 탱크 내 유닛; (26) 주 3원 촉매.[13](*Robert Bosch GmbH* 제공)

1.6 스파크 점화기관 작동 _Spark-Ignition Engine Operation

SI 엔진에서는 연소가 시작되기 전에 연료가 증발해서 실린더 안으로 들어가는 공기와 잘 섞여야 한다. 전에는 그림 1.7*a*에 보인 바와 같이 공기량을 조절하는 스로틀의 상류에서 캬브레터나 단일 지점 연료 분사 시스템을 이용하여 연료가 제어 분사되었다. 이 방식은 그 후 그림 1.7*b*에 있는 흡기 밸브에 액체 연료를 분사하는 흡기 포트 연료 분사에 의해 대체되었다. 휘발유를 직접 각 실린더 내로 분사하는 방식이 현재 대량으로 적용되고 있다. 연료 분사 지점을 실린더에 가까이 가져 감으로써 엔진의 과도 동적 응답 특성을 개선할 수 있다.

그림 1.8에 오늘날의 SI 엔진 매니지먼트 시스템이 있다. 공기 유동, 연료 유동, 배기 특성, 엔진 작동 상태 등이 전부 그림에서와 같이 계측되고 제어되어, 좋은 연소 특성, 높은 효율, 낮은 배기 오염 물질 배출 등 원하는 엔진 성능을 얻는다. 신뢰할 수 있는 연소와 배기 오염 물질 제어를 잘 하기 위해 공기 질량 유동을 연료 질량 유동으로 나눈 값은 15 정도에서 유지된다. 엔진의 공기 유량에 적합한 연료의 유량은 다음과 같이 결정된다. 흡기 시스템으로의 공기 유량은 공기 질량 유량계에 의해 측정된다. 스로틀 밸브의 개폐에 의해 공기량은 조절된다. 원하는 엔진 출력을 얻기 위해 실린더 마다 한 사이클에 필요한 연료량이 엔진 제어 장치에 의해 계산된다. 자연흡기 엔진에서 요구되는 출력이 최대보다 작은 경우, 스로틀링에 의해 유동 면적을 작게 해 압력을 대기압 이하로 떨어뜨려 최대 출력 때의 공기량(스로틀이 다 열려 있을 때의 양)에 비해 감소시킨다.

엔진 실린더 안에서 일어나는 일련의 현상은 그림 1.9에 보여진 바와 같은 순서로 일어난다. SI 엔진의 4-행정 동안 크랭크 각의 함수로 몇몇 변수가 그려져 있다. 크랭크 각은 여러 엔진 과정이 넓은 작동 영역에서 거의 일정한 값의 크랭크 각 구간을 갖기 때문에 유용한 독립변수이다. 그림은 일반적인 고정 밸브 개폐 시기를 갖는 자동차 SI 엔진의 밸브의 개폐 시기,

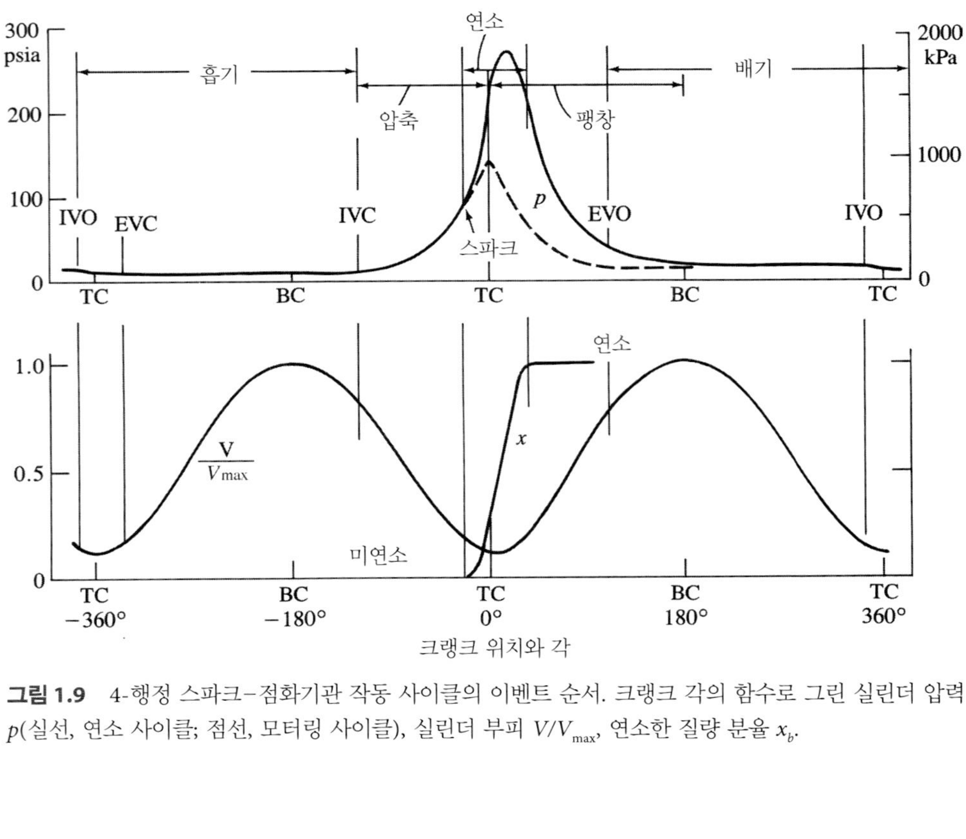

그림 1.9 4-행정 스파크–점화기관 작동 사이클의 이벤트 순서. 크랭크 각의 함수로 그린 실린더 압력 *p*(실선, 연소 사이클; 점선, 모터링 사이클), 실린더 부피 V/V_{max}, 연소한 질량 분율 x_b.

부피 변화를 보여 준다. 고속에서 혼합물의 높은 유동을 유지하기 위해(그래서 높은 출력을 유지하려고) TC에 이르기 전에 열리는 흡기 밸브는 BC가 한참 지난 후에 닫힌다. 흡기과정에서 빨려 들어온 연료와 공기는 전 사이클에서 남은 연소 가스와 혼합한다. 흡기 밸브가 닫힌 후에 실린더 안의 내용물은 부피가 줄면서 대기압보다 높은 압력과 높은 온도로 압축된다. 실린더 안의 가스와 피스톤, 실린더 헤드, 실린더 벽 간의 열전달이 일어난다—처음에는 가스의 가열이 그리고 이어 냉각이 일어나는데 미연 가스의 물성치에 미치는 영향은 크지 않다.

보통 TC에 이르기 크랭크 각 10~40도 전에 스파크 플러그에 방전이 일어난다. 원하는 점화 시기 전에 점화 코일의 1차 코일에 점화 드라이버가 전류를 흘린다. 점화할 때 1차 코일 전류가 끊기고 자기장이 붕괴되면서 스파크 플러그에 연결된 2차 코일에 높은 전압이 걸린다. 이 변환은 전자식으로 이루어진다. 스파크 방전에 의해 화염이 시작되고 공기, 연료, 잔류 가스의 혼합물로 전파되다가 연소실 벽에 이르러 꺼진다. 이 연소 기간은 엔진의 설계와 작동에 따라 다르지만 그림 1.9에 보인 바와 같이 크랭크 각으로 40에서 60도 정도이다. 연료-공기 혼합물이 화염 안에서 연소하면서 실린더 압력(그림 1.9의 실선)은 압축만에 의한 값(점선)보다 더 커진다. 이 점선으로 표시된 압력을 모터(motored) 실린더 압력이라 하는데, 연소없이 엔진을 작동시켰을 때의 압력이다.[f] 연소 패턴과 혼합물 구성이 실린더 간에 다르고 또 같은 실린더 내에서도 사이클마다 다르기 때문에 각 연소 과정은 차이가 있다. 결과적으로 각 실린더의 또 각 사이클의 크랭크 각의 함수로 그린 압력 커브는 똑같지 않다.

주어진 연료량, 공기, 잔류 가스로부터 최대 토크를 얻어내는 최적 스파크 점화 시각이 존재한다. 최적 시각보다 좀 더 진각(이르게)하거나 지각(늦게)하면 출력이 줄어든다. 최대 *브레이크 토크* 타이밍(maximum brake-torque timing, MBT)[g]이라고 불리는 이 최적 시각은 압축과정(실린더 가스에 일을 해 주는 과정)에서 너무 이르게 연소를 시작하는 시각과 팽창과정에서 너무 늦게 연소를 마치게 하는 시각 사이에서 실험적으로 타협하는 시각이다.

대략 팽창과정의 2/3 정도 되는 시점에서 배기 밸브가 열리기 시작한다. 실린더 내부의 압력이 배기 매니폴드 압력보다 많이 높기 때문에 *블로우다운* 과정이 발생한다. 연소 가스는 밸브를 통해 실린더 내 압력이 배기 압력과 같아질 때까지 배기 포트와 매니폴드로 나간다. 그리고 피스톤이 *남아있는* 연소가스의 대부분을 배기행정에서 밀어낸다. 배기 밸브는 블로우다운 과정이 피스톤이 상향 운동하는 배기 행정까지 일어나지 않도록 팽장과정이 끝나기 전에 열리기 시작한다. 실제 시기는 BC에 이르기 전 피스톤에 전달하는 일과 BC를 지난 후 *실린더 내용물*에 전달해야 하는 일 사이에서 절충해서 조화를 취한 것이다.

배기 밸브는 TC를 지나서도 열려있다; 흡기 밸브는 TC 전에 열린다. 밸브들은 소음과 캠 마모를 막기 위해 서서히 열리고 닫힌다. 피스톤의 속도가 제일 높을 때 밸브가 완전히 열리게 하기 위해 밸브들이 열려 있는 시기는 어느 정도 겹친다(overlap). 만약 흡기가 스로틀되어 배기매니폴드 압력보다 낮으면 흡기 밸브가 처음 열릴 때 실린더 안의 연소 가스가 흡기 매니폴드로 역류한다(backflow). 밸브 오버랩 기간 중에 연소가스의 배기 포트로부터 실린더 내로의 역류가 일어난다.

가변 밸브 제어를 이용하면 고정된 밸브 시기의 단점을 보완할 수 있다. 가장 간단한 흡배기 밸브 가변은 캠샤프트를 돌려서 크랭크 샤프트와의 페이징(phasing)을 변화시킨다.

---

[f] 실제로는, 연소하는 엔진과 모터링 하는 엔진의 흡기와 압축과정은 같지 않다. 그 이유는 연소하는 조건에서는 전 사이클로부터의 연소 가스가 남아 있기 때문이다,

[g] MBT 타이밍은 전통적으로 최고 토크를 주는 최소 스파크 진각으로 정의했다. 스파크 타이밍이 진각됨에 따라 처음에는 토크가 증가하다가 감소하기 때문에 여기의 정의가 더 정확하다.

좀 더 복잡한 시스템은 흡배기 개폐시기만이 아니라 리프트(lift)도 변화시킨다. 가변 밸브 제어는 최대 엔진 출력(고속에서), 최대 토크(저속에서)를 개선하고 부분 부하 엔진 효율을 개선할 수 있다. 또 실린더 안에 남는 연소 가스와 신기를 조절할 수 있다.

1.7 다른 형태의 4-행정 SI 엔진 _*Different Types of Four-Stroke SI Engines*

용도에 따라 여러 종류의 SI 엔진이 사용된다. 소형 SI 엔진은 여러 분야에 사용된다: 집에서(예: 잔디 깎는 기계, 체인 톱), 휴대용 발전기, 보트 엔진과 모터 사이클 등. 이들은 흔히 단기통 엔진이고 몇 KW 정도 출력을 갖는다. 출력 대비 경량, 소형, 싼 가격이 제일 중요한 특성이다; 연료소비, 엔진 진동, 엔진 내구 등은 덜 중요하다. 단기통 엔진은 크랭크 일 회전에 하나의 파워 행정(2-행정기관) 또는 2회전에 하나의 파워 행정(4-행정기관)을 갖는다. 그래서 토크 펄스가 넓게 떨어져 있고 엔진 진동이나 부드러운 운전이 중요한 문제이다.

자동차에는 대부분 다기통 엔진이 사용된다. 정격 출력이 커질수록 작은 실린더가 크기, 무게, 파워 밀도, 엔진 균형, 부드러운 작동 면에서 유리하여 다기통화한다(1.5장 참조). 다기통 SI 엔진(25에서 400 kW 사이의)이 승용차, 경트럭, 밴, 경상용차와 고정형 장치의 기계적, 전기적 동력을 만들기 내기 위해 사용된다. 이 시장에서 CI 엔진도 같이 사용된다. 낮은 엔진 배기와 높은 운전 효율이 중요하며 특히 수송 부문에서 중요하다. 정밀한 연료와 공기 흐름의 제어가 이 목적을 달성하기 위해 중요하다. 과거에 연료 제어장치로 쓰이던 캬브레터는 이제 각 흡기 포트에 전기적으로 제어되는 연료 분사 장치로 바뀌었다. 최근에는 엔진 실린더 안으로 직접 분사하는 방식이 실용화되었다(그림 1.7). 이 각각의 기술은 한 사이클마다 실린더 안으로 공급하는 연료의 양을 점점 더 정확히 제어하며 부하(엔진 토크)나 속도 변화에 따른 동적 응답특성을 개선한다.

한 사이클마다 피스톤에 전달되는 일은 각 사이클에서 실린더 내에서 연소하는 연료의 양에 비례하며 이 양은 한 사이클마다 흡입되는 공기의 양에 지배된다. 흡입되는 공기의 양을 늘리기 위해 4-행정 SI 엔진의 가변 밸브 제어가 넓은 속도 범위에서 사용될 수 있고(특히 낮거나 높은 속도에서) 전개 스로틀에서의 토크나 출력을 높일 수 있다. 주어진 배기량에서 엔진의 출력은 엔진에 공급되는 공기를 압축해서 밀도를 높여 증가시킬 수 있다. 그래서 흡기가 실린더에 들어가기 전에 압축 장치인 수퍼차저나 터보차저를 사용하여 주어진 배기량에서 출력을 높일 수 있다.

이 책의 목적인 엔진의 주요 과정을 살펴보기 위해 실제로 사용되는 SI 엔진의 예를 다음에 제시한다.

1.7.1 포트 연료 분사 스파크 점화기관

스파크 점화(SI)기관은 전통적으로 액체 가솔린을 엔진 흡기에 공급하여, 증발한 연료 증기와 공기를 미리 섞어 실린더에 공급하여 작동되었다. 캬브레터가 공기에 비례하여 연료를 공급하는 장치로 사용되었다. 이 장치는 대부분 포트나 매니폴드에 장착되어 한 사이클에 한번 흡기 밸브 쪽으로 연료 스프레이를 분사하는 포트 연료 분사 장치(그림 1.8)로 대체되었다. 뜨거운 밸브 표면과 데워진 흡기 포트(엔진이 웜업 된 후)가 액체연료의 빠른 증발을 촉진하고, 포트를 지나 밸브를 통과하여 실린더로 들어가는 공기 유동과, 실린더 내의 공기 유동과 고온 잔류가스에 의한 혼합의 도움을 받아, 연소가 시작될 즈음 거의 균일한 혼합물이 형성된다. 여기서 혼합물 준비 방법에 대한 몇 SI 엔진의 예를 들어본다.

그림 1.10에 배기량 149 cm^3이고 출력이 2.8 kW(3.9 hp)인 단기통 공냉식 SI 엔진이 있

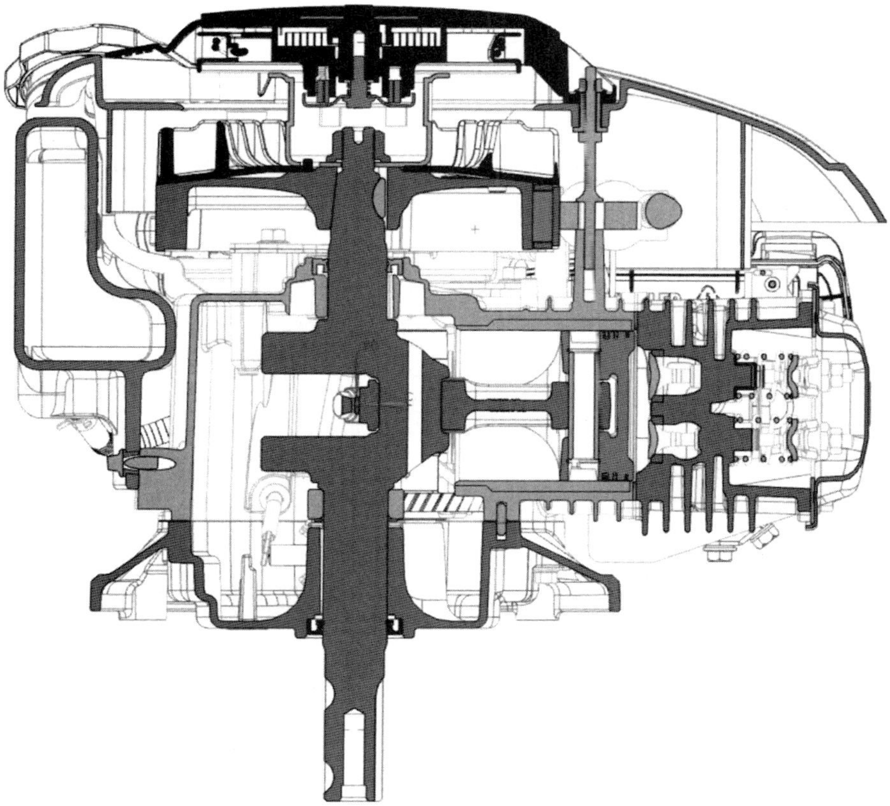

그림 1.10 4-단기통 공냉식 스파크 점화기관의 절개 그림. 배기량 149 cm^3, 직경 65 mm, 행정 45 mm, 압축비 9.2, 최대 출력 3000 rev/min에서 2.8 kW(*Kohler Co.* 제공).

다. 이렇게 단순한 구조의 SI 엔진의 목적은 낮은 가격으로 적당한 출력을 만들어 내는 것이다. 공냉식 엔진이 수냉식 엔진에 비해 유리한 점은 작은 엔진 무게이다. 냉각 요구를 만족하기 위하여 실린더 블록과 헤드에 핀이 달려 있다. 그림 1.10과 같은 작은 엔진에서는 자연대류가 외부 열전달을 촉진하는 적당한 공기 유동을 제공한다. 보다 큰 엔진에서는 송풍기가 블록에 강제 대류를 제공한다. 송풍기는 구동축에 연결되어 작동한다.

그림 1.11에 엔진의 성능과 효율을 향상시키기 위해 최근 사용되는 여러 가지 특성을 갖춘 터보차저를 장착한 자동차 엔진이 있다. 인라인 4기통 배치는 작은 블록을 제공하고 터보차저가 작동하는 경우 배기량당 출력을 크게 늘린다. 이 엔진은 전체가 알루미늄으로 구성되었고, 실린더당 4-밸브, 더블 오버헤드 캠 샤프트, 밸브 트레인에 마찰을 저감하기 위해 적용한 롤러 핑거 팔로워, 흡기와 배기 밸브의 상대적인 위상(phasing)을 제어하기 위해 각 캠에 가변 위상 적용, 고성능 엔진의 온도가 높을 때 피스톤의 온도를 낮추기 위한 피스톤 냉각 오일 제트를 적용했다. 또 성능을 높이기 위해 이런 엔진에 적용하는 방법은 8기통 엔진이 낮은 부하에서 작동할 때 이 실린더의 반은 밸브를 작동시키지 않고 나머지 4기통만 토크를 만들어내는 실린더 휴지(cylinder cutout 또는 displacement on demand) 방법이 있다. 이 방법은 배기와 흡기 행정에서 발생하는 펌핑 일을 줄여 연료소비를 개선한다.

가변 밸브 제어는 엔진의 성능, 효율과 배기를 개선한다(6.3.3절 참조). 가장 간단한 시스템은 크랭크 축에 대해 캠샤프트를 회전함으로써 흡기와 배기 밸브의 개폐시기를 조절한

그림 1.11 GM의 4기통 터보차지 DI Ecotec 가솔린 스파크-점화기관의 절개 그림. 배기량 2.0리터, 직경 86 mm, 행정 86 mm, 압축비 9.2, 최대 출력 5300 rev/min에서 187 kW(250 hp), 최대 토크 2000 rev/min에서 353 N · m(260 lb · ft).[14](GM 제공)

다. 밸브 리프트 모양과 열린 시기는 일정하다. 이 방식이 그림 1.11에 보인 엔진에 적용되었다(캠 페이징 시스템은 엔진 도면의 위쪽 가운데서 볼 수 있다). 좀 더 복잡한 시스템은 밸브 타이밍, 리프트 모습, 열린 시기를 조절한다(예: BMW의 밸브트로닉 시스템). 이 기술은 흡기 밸브 제어를 통해 흡기량을 조절할 수 있어 스로틀을 없앨 수 있다.

1.7.2 하이브리드 전기 자동차를 위한 SI 엔진

하이브리드 자동차 추진 장치에 내연기관이 사용되면서 SI 엔진의 추가 개발이 필요해졌다. 이런 하이브리드 시스템에서는 내연기관, 발전기, 배터리와 전기 모터가 함께 쓰인다. 그림 1.12에 세 가지 하이브리드 시스템이 있다: *병렬* 하이브리드, *직렬* 하이브리드와 출력 분할(split) 하이브리드이다. 병렬 하이브리드에서는 엔진이 직접 바퀴를 구동할 수 있고 배터리는 전기모터를 통해 구동하며 둘이 함께 바퀴를 구동해 넓은 범위의 부하와 속도 영역에서 높은 종합 추진 효율을 얻을 수 있다.

직렬 방식에서는 전기 모터가 차량의 바퀴를 구동한다. 엔진은 발전기와 모터를 통해 구동하거나 발전기를 통해 배터리를 재충전한다. 차량이 전기 에너지에 의해서만 추진되기 때문에 엔진은 바퀴와 직접 연결되어 있지 않다. 그래서 작동 조건이 차량의 운행과 독립적이기 때문에 가장 효율이 높은 모드에서 운전될 수 있다. 출력 분할 시스템에서는 유성기어 세트가 엔진의 파워 전달에 사용된다. 이 방식에서는 병렬과 직렬 방식이 함께 사용될 수 있다. 엔진으로부터 오는 동력은 유성 기어의 링을 통해 직접 바퀴로 전달될 수 있다. 엔진 동력은 또 발전기를 통해 공급되는 전기에너지를 이용하여 전기모터를 통해 구동할 수도 있다.

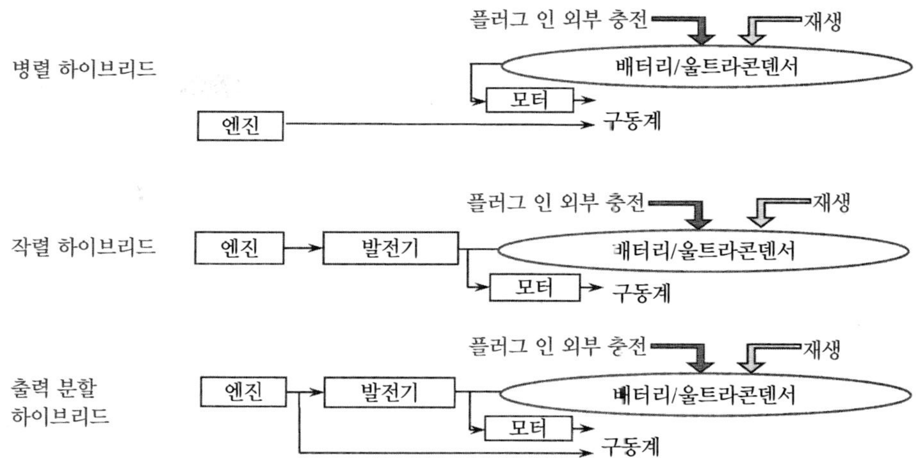

그림 1.12 병렬 하이브리드, 직렬 하이브리드와 출력 분할(split) 하이브리드 전기 자동차 구동 시스템 다이어그램.

이 하이브리드 추진 시스템은 아래의 세 가지 근본적인 이유 때문에 내연기관으로 직접 구동하는 것보다 차량 운행 효율을 높일 수 있다. 첫째, *회생제동용 발전기*—차량의 바퀴에 연결하여 브레이크 토크를 발생하고 배터리를 충전하는—를 이용하여 차량의 운동에너지의 많은 부분을 전기에너지로 변화시켜 저장할 수 있다. 둘째, 내연기관을 작동할 때 내연기관만을 사용할 때 보다 효율이 더 높은 영역에서 작동할 수 있다. 셋째, 차량이 감속하거나 아이들링할 때 엔진을 멈추고 배터리 전기만으로 구동할 수 있다.

그림 1.13에 이 목적을 위해 특별히 설계된 SI 엔진이 있다. 이 엔진은 *아킨슨 사이클*이

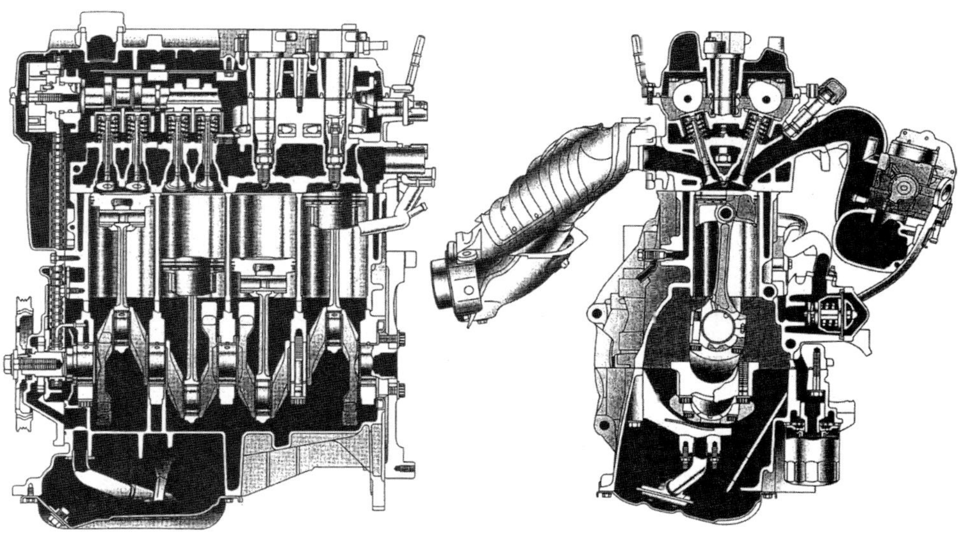

그림 1.13 하이브리드 전기 자동차 구동 시스템을 위하여 설계한 4기통 Toyota 스파크 점화기관.[16] 이 1.5리터(직경 = 75 mm, 행정 = 84.7 mm), 실린더당 4-밸브, 가변 밸브 타이밍을 갖는 엔진은 기하학적 압축비/팽창비 13:1인 Atkinson cycle을 사용한다. 최대 출력은 5000 rev/min에서 57 kW(76 hp)이다. 밸브 타이밍은: 흡기 열림은 18에서 −15° BTC, 닫힘은 72°에서 105° ABC; 배기 열림은 34° BBC, 닫힘은 2° ATC.

라고 불리는 팽창비가 압축비보다 높은 변형 4-행정 사이클을 이용한다. 이 엔진은 배기량이 1.5리터이고 기하학적(TC에서 BC까지) 압축비와 팽창비가 13:1이며 압축과정에서 늦게 흡기 밸브를 닫고 팽창과정에서 늦게 배기 밸브를 여는 가변 밸브 타이밍을 이용해서 유효 팽창비가 유효 압축비보다 높다. 그래서 엔진 효율이 높다. 이 아킨슨 사이클의 펌핑 손실을 최소화 하기 위해 엔진 최대 속도는 5000 rev/min로 한다.

마찬가지로 가솔린 같은 연료에 의해 구동되지만, 하이브리드 전기자동차(HEV)와 다른 방식이 플러그인 하이브리드(PHEV)시스템이다. 전기에 의한 주행거리가 수 마일에 불과한 HEV 시스템과 달리 이 시스템은 외부 전기 그리드 충전이 가능한 큰 배터리를 장착하여 주행거리가 10에서 30마일(15에서 50 km)에 이른다. 그래서 PHEV는 전기에 의해 구동되거나 HEV와 같이 탄화수소 연료에 의해 구동될 수 있다. SI 엔진(디젤도 가능성이 있는데)은 좀 더 효율적인 하이브리드 시스템의 중요 요소로서 요구되는 중요하면서도 다른 역할이 있다: 추진 시스템의 전동화가 계속 발전하는 과정에서 엔진은 자동차가 요구하는 운전 유연성을 보존하는 것이다.

1.7.3 부스트 SI 엔진

주어진 배기량 엔진에서 각 피스톤에 한 사이클당 전달되는 일이 엔진이 제공할 수 있는 토크를 결정한다. 이는 각 실린더에 한 사이클당 전달되는 신기의 양에 의존한다. 그래서 각 실린더에 들어가는 공기의 밀도를 높이면 주어진 배기량 엔진의 최대 토크를 올릴 수 있다. 이것은 엔진 축에 기계적으로 연결된 압축기인 수퍼차저에 의해 이루어질 수 있다. 더 자주 이것은 압축기와 터빈의 연합체인 터보차저에 이루어진다. 터보차저는 흡기를 압축하는 데 필요한 동력을 엔진 배기 유동에 있는 에너지를 터빈을 사용하여 얻어 낸다.

그림 1.14에 터보차저가 엔진 실린더에 어떻게 연결되 있는지 볼 수 있는 자동차 SI 엔진의 터보차저 단면이 보여진다. 공기 유동은 에어필터(1)를 통해 원심압축기(2)에 전해지는

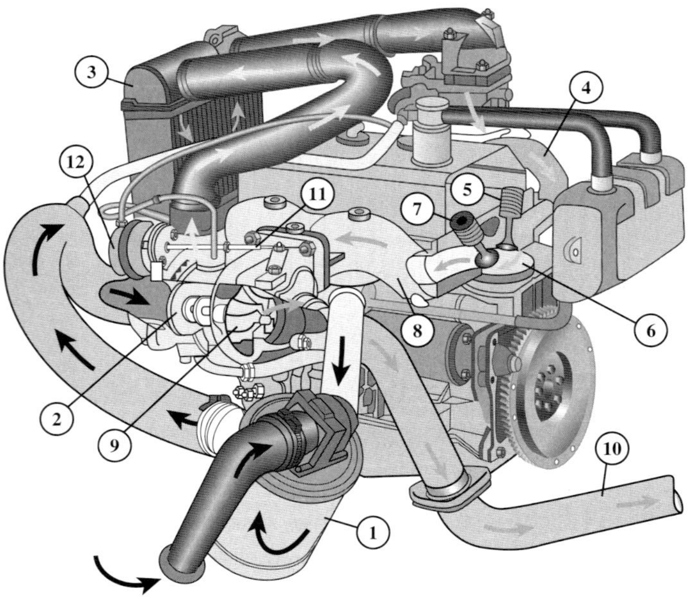

그림 1.14 4 실린더 자동차 스파크 점화기관에 연결된 터보차저 시스템 그림. (*Regie Nationale des Usines.* 제공)

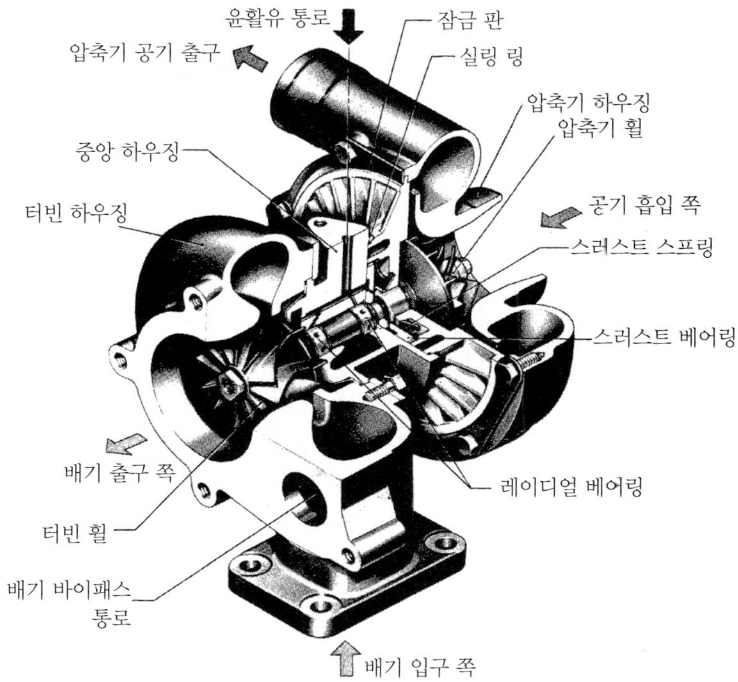

그림 1.15 소형 자동차 SI 엔진 터보차저의 절개 도면(*Nissan Motor Co. Ltd.* 제공)

데 반경 방향 바깥쪽 공기 유동이 회전하는 날개에 의해 압축된다. 그리고 압축된 공기의 온도를 낮추기(그래서 밀도를 높임) 위해 인터쿨러(3)를 지나고, 흡기 매니폴드(4)를 지난 후 연료가 분사되는 흡기 포트로 들어가고 흡기밸브(5)를 지난 후 실린더(6)로 들어간다. 배기밸브(7)가 열리면 고온의 대기압 이상인 배기가 밸브와 배기 매니폴드(8)를 지난 후 터빈(9)으로 들어간다. 이 배기가 베인(노즐)에 의해 반경 방향 안쪽으로 그리고 원주방향으로 고속으로 터빈 휠의 날개로 공급되고 배기 에너지의 일부가 일이나 동력으로 추출된다. 이 터빈이 압축기를 돌린다. 압축 후의 압력이 너무 높지 않게 하기 위해서 일부 배기가 터빈의 상류에서 웨이스트게이트(밸브)에 의해 바이패스한다. 웨이스트게이트 링키지(11)는 부스트 압력 조절 장치(12)에 의해서 제어된다. 그림 1.15에 자동차용 소형 터보차저의 단면이 보여진다. 압축기와 터빈 로터가 중앙 축에 의해 연결된 모양과 터빈과 압축기의 유동 통로를 잘 볼 수 있다.

압축에 의해 흡기 밀도를 높이면 실린더 안의 공기 양이 많아지고 연소하는 연료의 양도 증가하며 주어진 엔진 크기에서 토크도 증가한다. 2배 이상의 토크 증가도 가능하다. SI 엔진의 터보차징은 노킹 문제 때문에 어려움을 겪는다. 노킹의 발생(연소 후반기의 미연소 공기/연료 혼합물의 급속한 자연발화)은 혼합물의 최대 온도와 압력에 영향을 받는데 부스팅이 이들을 다 올리기 때문이다. 노킹을 제어하기 위해서 압축비를 낮추거나 옥탄가가 높은—안티노크성이 높은—연료를 사용하는 특단의 대책이 필요하다. 실린더 안으로의 직접 분사(다음 장에 나옴)가 내부 혼합물의 온도를 낮추어 노킹 경향을 완화시킨다.

다른 부스트 SI 엔진은 대형 천연가스 엔진이다. 그들은 전기 발전과 선박용으로 쓰인다. 그림 1.16에 그 예가 있다. 여기에는 점화를 돕기 위해 오리피스를 가진 캡슐로 싸인 스파크 플러그가 사용된다.

그림 1.16 발전에 사용되는 대형 천연가스 연료 부스트 SI 엔진. 직경 170 mm, 행정 190 mm, 실린더당 배기량 4.3리터, 압축비 12:1, 출력(8기통) 1500 rev/min에서 965 kW.(*Caterpillar, Inc.* 제공)

1.7.4 직접분사 SI 엔진

1920년대부터 SI 엔진과 디젤 엔진의 장점을 결합하려는 노력이 진행되었다. 가솔린 연료를 직접 엔진 실린더 안으로 분사함으로써 포트 분사 SI 엔진에 비해 연료 거동 제어를 더 잘할 수 있고 엔진의 동적 성능을 개선할 수 있으며 더 높은 압축비 사용이 가능하고 흡입 공기 스로틀링에 의한 손실을 줄일 수 있다. 디젤 엔진은 좀 더 최적의 압축비(14에서 18)에 가깝게 할 수 있고 연료가 희박한(공기가 과잉인) 상태에서 작동하며 공기를 스로틀하지 않고 연료량의 변화에 의해 출력을 제어할 수 있기 때문에 더 효율적이다. 역사적으로 직접 분사식 SI 엔진은 *층상급기*(*stratified-charge*)엔진이라고 불렸다. 그 이유는 위의 유리한 점을 얻기 위해서, 증발하는 연료 제트와 실린더 안의 공기의 혼합과정에서, 점화할 때 스파크 플러그 근처에 쉽게 점화할 수 있는 혼합물과 그 주위에 과잉 공기가 연료 스프레이를 감싸는 "성층" 또는 불균일한 연료 공기 혼합물을 만들어야 하기 때문이다.

그동안 다양한 층상급기 엔진이 제안되었다;[17] 일부는 실용화되었다. 그림 1.17에 초기 설계 제품들의 작동 원리가 보여진다. 연소실은 피스톤에 보울이 있는(bowl-in-piston) 형태이며, 강한 공기 스월(실린던 축 주위로의 회전)이 흡기 과정에서 형성되고, 압축과정중에 피스톤 보울에서 더 강해져서 빠른 연료와 공기의 혼합을 돕는다. Texaco와 MAN 시스템(그림 1.17*a*와 *b*)에서 연료는 압축 말기에 보울에 접선 방향으로 분사된다. 연료–공기 제트가 스파크 플러그를 지날 때 장기간 계속되는 스파크 방전이 점화시킨다; 화염이 하류로 전파되고 연료–공기 혼합물을 소모한다. 그림 1.17*c*는 중앙에 위치한 인젝터를 갖는 Ford PROCO 시스템을 보여주는데,[20] 압축과정에 일찍 분사된 분무는 가운데가 빈 콘 스프레이 형태를 가지

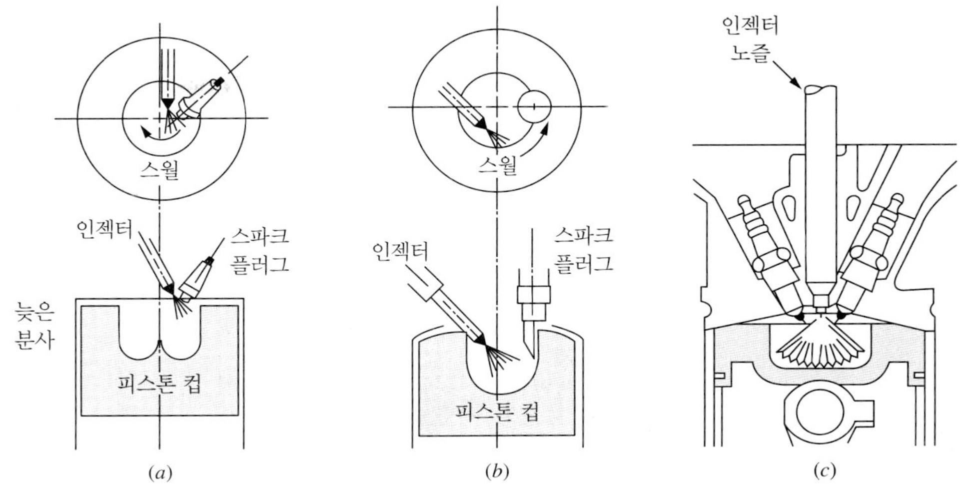

그림 1.17 생산을 위하여 개발된 세역사적 층상급기 엔진: (*a*) Texaco 연소 제어 시스템(TCCS);[18] (*b*) M.A.N.FM 연소 시스템;[19] (*c*) Ford PROCO 연소 시스템.[20]

며 연료 증기와 공기의 혼합이 더 완벽해서 공기를 더 잘 사용할 수 있으므로 높은 출력을 얻을 수 있다.

최근의 직접 분사식 SI 엔진은 소위 분무-유도, 벽면-유도, 공기-유도로 나누곤 한다: 그림 1.18 참조. 이 분류는 연료 분무 발달을 제어하는 주된 메커니즘에 따른 것이다. 실제로는 혼합물의 성층화는 이 메커니즘들이 함께 작동해서 이루어진다. 그림 1.17*a*에 있는 Texaco TCCS 시스템과 그림 1.17c에 있는 PROCO 시스템은 분무-유도의 예이다. 그림 1.17*b*에 있는 MAN 시스템은 주로 벽면-유도(공기 스월도 주된 역할을 함)이다. 그림 1.17*a*의 Texaco 시스템은 공기-유도인데, 흡기과정에서 발생하는 공기의 강한 스월이 압축과정 중에 피스톤 보울 안에서 더 강화된다. 7.7.2장에서 설명되는데 매우 다른 기하학적 형상을 가진 다양한 시스템이 개발되었고 생산되고 있다. 일반적으로 분무-유도형은 연료 분무의 분산을 제한하고 혼합물의 충분한 성층화를 제공하기 위해 인젝터와 스파크 플러그 전극 위치 사이가 가깝다. 이 간격을 넓게 하면 연료와 공기의 혼합에 더 많은 시간을 줄 수 있어서 좀 더 균일한 혼합물 분무를 만들 수 있지만 원하는 분무 발달과 연소 및 배기 특성을 갖추기 위해서는 유동과 벽면-유도를 잘 활용하여야 한다.

그림 1.19은 벽면-유도 시스템을 이용하는 미쯔비시의 직접분사식 양산 엔진의 예이다. 미쯔비시의 가솔린 DI 엔진은 피스톤 크라운에 구형 캐비티를 갖고 있고 분무된 연료가 헤드

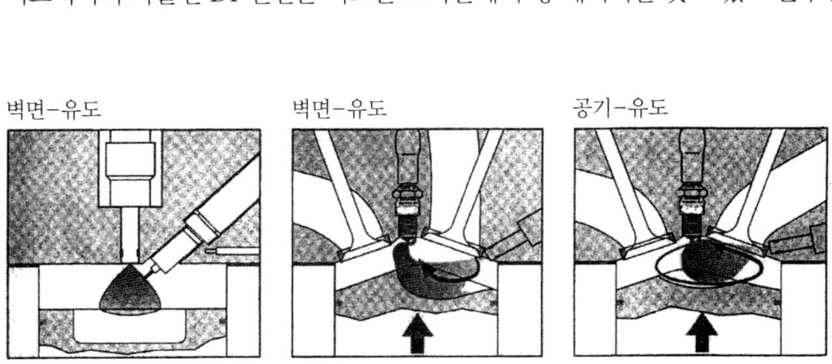

그림 1.18 분무-유도, 벽면-유도, 공기-유도 직접 분사 SI 연소 시스템.[17]

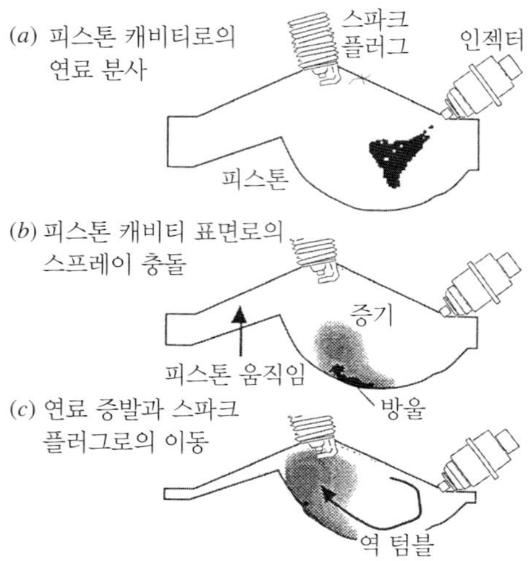

그림 1.19 Mitsubishi 가솔린 직접 분사 SI 엔진 설계. 인젝터와 스파크 플러그 사이에 넓은 간극을 가짐; 분무는 반원형 피스톤 캐비티에 의해 가이드되고, 수직 흡기 포트에 의해 생성된 텀블에 의해 가이드 됨. 이 1.83리터, 4기통, 압축비 12:1 엔진의 직경은 81 mm, 행정은 89 mm임. 연료 시스템은 전자기-제어 고압(5 MPa) 스월 인젝터를 사용함.[21]

중앙에 있는 스파크 플러그 쪽으로 움직이게 하기 위해 흡기과정에서 리버스 텀블 유동을 만들어 내는 수직 흡기 포트를 갖고 있다. 그림 1.20은 도요타의 직접 분사식 엔진을 보여주는데, 부채 모양의 연료 분무가 조개 모양의 피스톤 보울 안으로 직접 분사되어 빠른 공기-연료 혼합과 연료 증발을 가져오고 똑바른 흡기 포트에 의해 생성된 실린더 안의 유동이 분무를 사이클의 적절한 시기에 스파크 플러그에 도달하도록 하였다. 이 두 개념은 높은 엔진 출력을 위해 모두 층상 운전이 요구될 때의 늦은 분사(즉 압축과정의 후반부 분사)에서, 분사된 연료가 실린더 안의 모든 공기와 잘 섞이는 이른 분사(흡기 과정에서의 분사)로의 전환이 필요하다. 이 후자의 모드는 층상 운전과 구분하여 균일-혼합기 운전이라고 부른다.

직접 분사식 SI 엔진이 모든 부하와 속도에서 균일-혼합기로 운행되는 것은 가능하며 실제 양산 엔진에서 사용된다. 비록 초과 공기를 이용한 성층화 운전의 효율 증가효과는 희생되지만 실린더 안으로 분사된 연료의 증발에 의해 혼합기가 냉각되어 흡입되는 공기량이 늘고 노킹 확률이 줄고 과도 구간에서 연료량의 정밀한 제어가 여전히 가능하다. 균일 직접 분사 엔진 개념은 압축비와 효율을 높이고 최대 출력을 증가시키며 포트-분사식 SI 엔진을

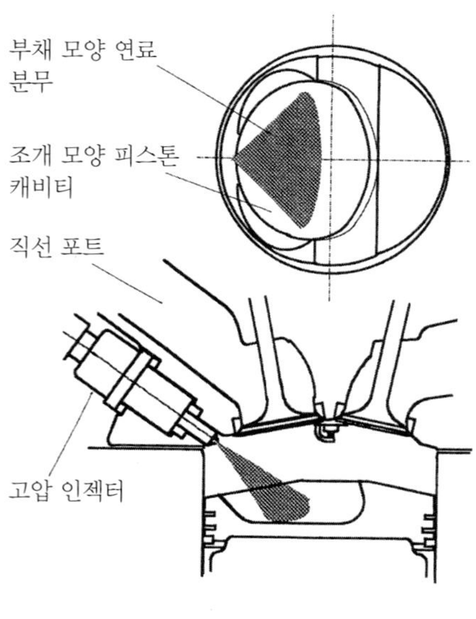

그림 1.20 도요타의 가솔린 직접 분사식 SI 엔진 설계. 넓은 각 부채 모양의 미세-액적 연료 분무가 조개 모양의 피스톤 캐비티 안으로 분사되어 늦은 분사에서는 층상 혼합물을 얻고 이른 (흡기 행정에서) 분사에서는 균일 혼합기를 얻는다.[22] 이 개념은 도요타의 균일-차지 직접 분사엔진에서도 사용된다.

위해 개발된 효과적인 배기 제어 기술을 시용할 수 있다.

대부분의 양산 직접 분사식 엔진은 4-행정 사이클을 사용한다. 그렇지만 직접 분사 방식은 2-행정 사이클 엔진에서 특히 연료를 제어하는 데 유용하다(1.10장 참조). 직접 분사 방식은 특히 파워 밀도를 높이기 위한 터보 차저 엔진에 적합하다. 실린더 안 연료가 증발하면서 생기는 냉각효과는 노킹 경향을 감소시킨다.

1.7.5 예연소실(prechamber) SI 엔진

대량으로 생산되었던 예연소실 엔진 개념이 이런 개방형-연소실 SI 엔진에 대한 하나의 대안이다. 이 방식은 쉽게 점화할 수 있는 혼합물을 얻기 위해 별도의 연료 시스템을 갖는 작은 예연소실을 이용한다. 이 개념은 1920년대에 Ricardo에 의해 제안되었고 소련과 일본에서 활발하게 개발되었는데 때때로 *제트 점화* 또는 *토치 점화* 성층-혼합물 엔진이라 불린다. 그림 1.21에 작동 원리를 보여 주는데, 3-밸브 캬브레터 엔진이다. 별도의 캬브레터와 흡기 매니폴드가 연료가 농후한 혼합물(주어진 공기가 다 태울 수 없는 과도한 연료를 가진)을 별도의 작은 흡기 밸브를 통해 스파크 플러그가 있는 예연소실로 보낸다. 동시에 희박한 혼합물(연료를 다 태울 수 있는 공기보다 더 많은 양을 가진) 이 정상적인 흡기 매니폴드를 통해 주 연소실로 공급된다. 흡기과정에서 농후한 예연소실 유동이 예연소실을 비운다. 흡기 밸브가 닫히고 희박한 혼합물이 압축되어 예연소실로 들어와 예연소실 안의 혼합물은 약간 농후한 상태의 쉽게 점화되는 상태가 된다. 예연소실에서 연소가 시작된 후 농후한 혼합물이 타면서 하나 또는 몇 개의 오리피스를 통해 주 연소실로 제트(하나 또는 몇개의)가 되어 쏟아져 나오면서 희박한 혼합물을 끌어들이면서(entrain) 점화시킨다. 이 엔진은 정상적으로 점화하기 어려운 희박한 혼합물을 점화시켜 SI 엔진의 운전 한계를 확대시키는 제트 점화 개념이다. 이 방식은 초기에 빠른 연소 과정을 일으키기 위해 대형 천연 가스 엔진에 사용된다.

1.7.6 로터리 엔진

앞에서 설명한 왕복동 엔진 형태는 실제 내연기관의 대부분을 차지한다. 그렇지만 엔진 출력은 회전운동하는 동력축에 의해 전달된다는 사실 때문에 오랜 기간 동안 여러 로터리 엔진 설계가 제시되었다. 그중에 Wankel 로터리 엔진이 실용화되어 소량 생산되어 왔다. 이 엔진의 장점은 작고 고속회전운동(그래서 무게 대비 출력과 부피 대비 출력이 크다)을 할 수 있음과 고유의 밸런스와 부드러움이다. 그렇지만 이 장점은 높은 열전달과 엔진의 가스 실링과 누설 문제에 의해 상쇄된다.

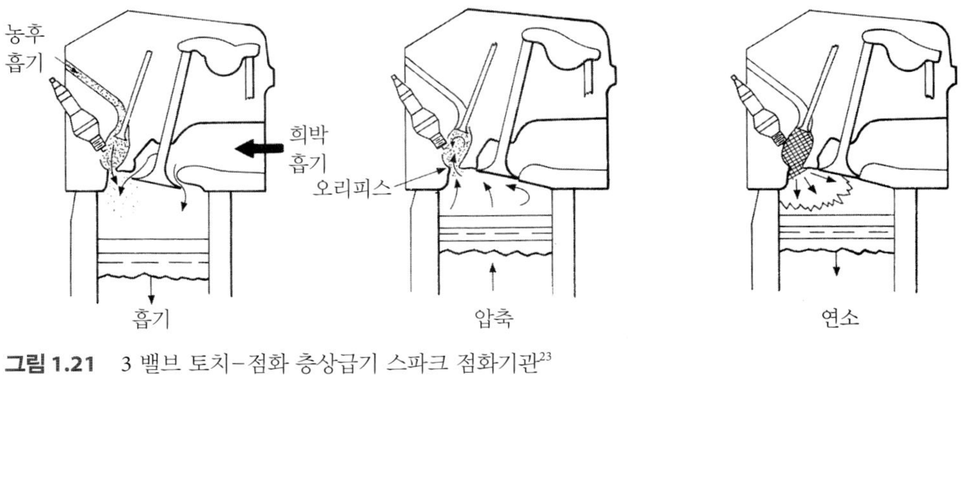

그림 1.21 3 밸브 토치-점화 층상급기 스파크 점화기관[23]

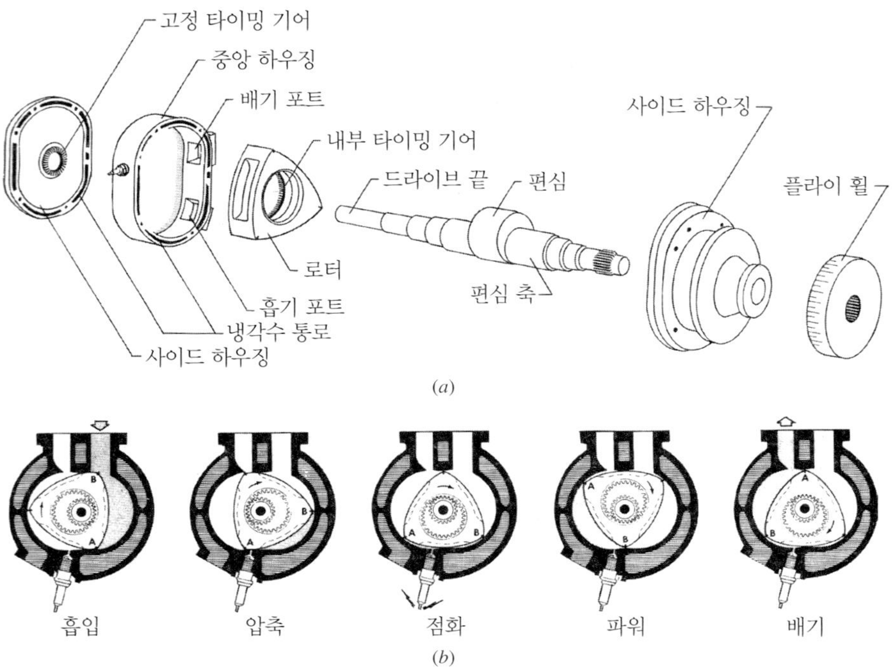

그림 1.22 (a) Wankel 로타리 엔진의 주요 부품. (b) 로터 표면 AB에 의해 정의된 챔버에서의 4-행정 사이클 흡입, 압축, 파워, 배기 과정(*Mobil Technical Bulletin, Rotary Engines,* ⓒ*Mobil Oil Corporation,* 1971)

그림 1.22에서는 로터가 하나인 단순한 Wankel 엔진의 주요 기계 부품을 보여 주고 기하학적 형상과 작동을 보여준다. 두 개의 회전 부품이 있는데, 삼각형 모양의 로터와 편심륜(eccentric)을 갖는 출력축이다. 로터는 내부 타이밍 기어를 갖고 있는데, 한 사이드 하우징에 있는 고정 타이밍기어와 맞물려서 로터와 편심축 회전간에 올바른 페이징이 이루어지도록 한다. 그래서 로터가 돌면서 샤프트 축 주위 궤도 운동을 한다. 흡배기는 센터 하우징(가끔 사이드 하우징)의 포트를 통해 이루어진다. 연소실은 센터 하우징과 로터 표면 사이에 있는데 각 로터의 꼭지점과 로터 옆면 주위에 있는 씰(seal)에 의해 밀봉된다. 그림 1.22는 또 어떻게 Wankel 로터리 엔진이 4-행정 사이클로 작동하는지 보여준다. 그림은 4-행정 사이클의 흡기, 압축, 파워, 배기 과정이 로터 표면 AB에 의해 결정되는 연소실에서 어떻게 이루어지는지 보여준다. 다른 로터 표면들에 의해 결정되는 다른 두 연소실도 똑 같은 과정을 겪는다. 로터가 한 번 회전할 때 편심축은 세 번 회전하고 각 연소실은 하나의 출력 행정을 만들어낸다. 그래서 한 번의 로터 회전당 3개의 파워 펄스가 발생한다. 그래서 편심 출력축이 한 번 회전할 때 하나의 토크 펄스가 생긴다. 그림 1.23은 두 로터를 갖는 흡기-포트 분사 자동차 Wankel 엔진의 절단 그림을 보여준다. 두 로터는 축 1회전당 더 많은 토크 펄스를 내기 위해 위상을 다르게 해서 작동한다. 각 로터 표면에 파여진 연소실을 주의해서 보고 로터의 꼭지점과 사이드 씰도 주의해서 보기 바란다. 연소를 빠르게 진행하기 위해 두 개의 스파크 플러그를 쓰는 경우가 많다. 사이드 흡기와 배기 포트를 크게 해서 공기의 유동을 증가시키고 배기의 배출을 증가시킨다.

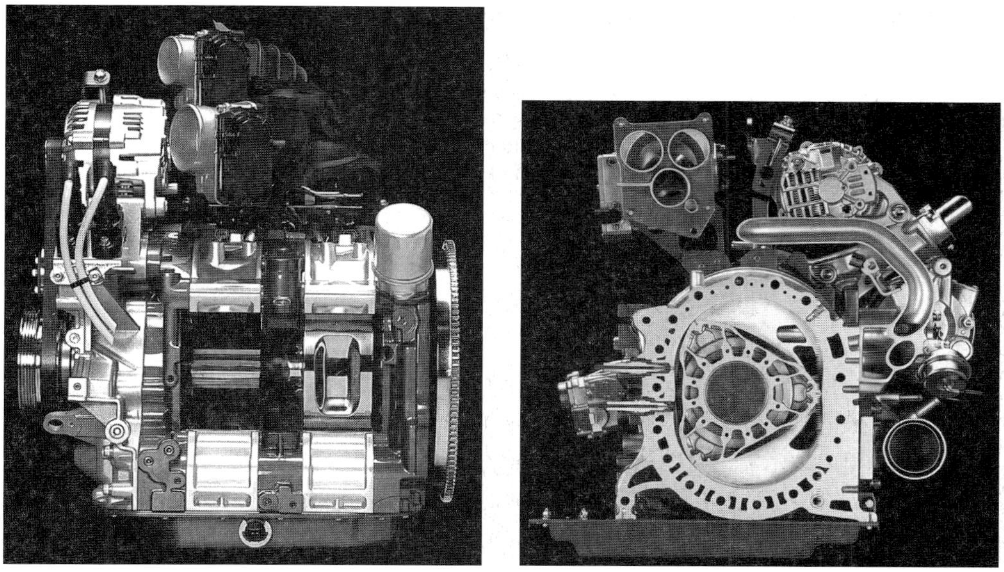

그림 1.23 Mazda 1.3리터 RENESIS 2 로터 Wankel 엔진. 압축비 10:1, 15 mm 편심(편심된 샤프트 축과 로터 중심선 사이의 오프셋), 105 mm 제너레이팅 반경(로터 중심축과 꼭지점 사이의 거리), trochaic(로터) 폭 80 mm, 각 로터 챔버에 654 cm^3 배기량 제공(전체 1308 cm3). 8200 rev/min에서 184 kW와 5500 rev/min에서 216 N · m토크를 생산함.[24](*Mazda Motor Co.* 제공)

1.8 압축점화기관 운전_*Compression-Ignition Engine Operation*

압축 점화기관 또는 디젤기관에서는 흡기과정 중에 공기만 실린더 안으로 빨려 들어온다. 연료(보통 경유를 사용하나 큰 선박이나 발전용 디젤에서는 가열한 중유를 사용하기도 함)는 연소과정이 시작해야 하는 시기 직전에 실린더 내로 직접 분사된다. 부하는 각 사이클에 분사되는 연료의 양을 변화시켜서 제어한다: 주어진 엔진 속도에서 공기량을 직접 제어하지는 않고 자연흡기식 엔진에서는 거의 일정하다. CI 엔진 설계는 용도에 따라 매우 다양하다—자동차, 트럭, 기차, 선박, 발전 등. 대기를 그대로 빨아들이는 자연흡기 엔진과 배기에 의해 구동되는 터보차저(터빈-압축기의 쌍)에 의해 흡기가 압축되는 터보엔진이 모두 많이 사용되고 있다. 터보차징은 주어진 배기량의 엔진에서 흡입 공기량을 증가시켜서 공급되는 연료를 늘릴 수 있도록 하여 출력을 증가시킨다. 이 장치는 정해진 출력에서 엔진의 크기와 무게를 줄이기 위해 사용된다. 대형 엔진에서는 4-행정에 비해 2-행정이 경쟁력을 가지는데 저속에서 작동하는 대형 엔진에서는 실린더로부터의 배기가 좀 더 효율적이고 공기만이 배기에 섞여 나가기 때문이다.

4-행정 자연흡기 방식 CI 엔진의 작동이 그림 1.24에 있다. 디젤 엔진의 압축비는 그 타입과 터보차징 유무에 따라 대략 14에서 22 정도인데 SI 엔진에 비해 훨씬 높다. 밸브 타이밍은 SI 엔진과 유사하다. 자연흡기식 엔진에서는 흡기과정에서 대기압과 유사한 압력을 가진 공기가 들어오고 압축과정에서 5 MPa (50 atm)의 압력과 900 K (600 °C)의 온도 정도로 압축된다. 상사점에서 20 크랭크 각 전 정도에 실린더 안으로 연료 분사가 시작된다; 대표적인 분사율 모양이 그림 1.24*b*에 있다. 보통 4에서 8개 정도의 액체 제트가 분사된다; 각 제트는 인젝터 노즐을 나오면서 액적으로 미립화하고 공기를 빨아 들여 스프레이를 형성하고 그림 1.25에 있는 바와 같이 보울-인-피스톤 연소실로 관통해 들어간다. 각 스프레이에서 연

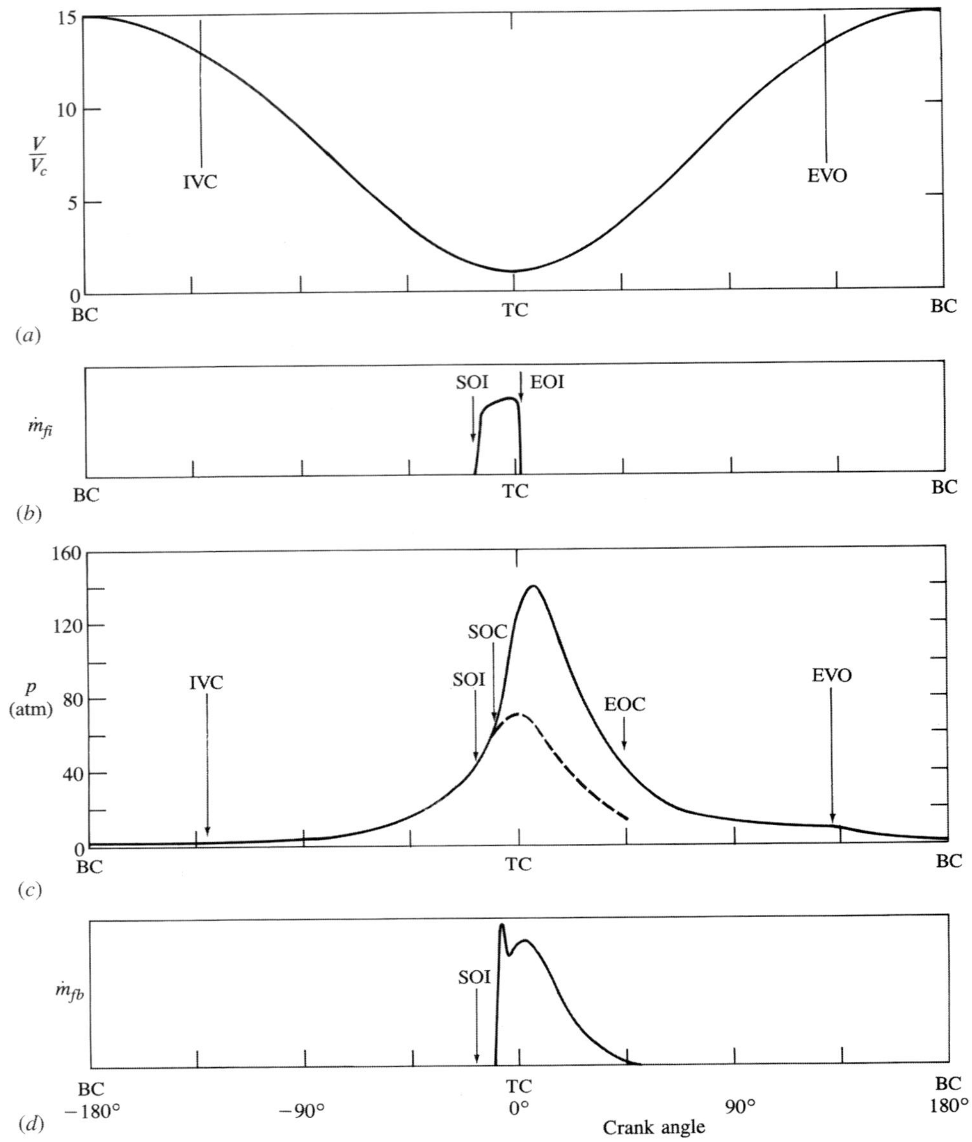

그림 1.24 자연흡기 압축–점화기관 작동 사이클의 압축, 연소, 팽창 과정의 이벤트 순서. 크랭크 각의 함수로 그린 (*a*) 실린더 체적/간극체적 V/V_c, (*b*) 연료 분사율 $\dot{m}_{fi}$, (*c*) 실린더 압력 *p*(실선, 연소 사이클; 점선, 모터링 사이클), (*d*) 연료 연소율(또는 연료 화학에너지 방출률) $\dot{m}_{fb}$

료 액적은 증발하고 연료 증기는 빨아들여진 공기와 섞인다. 연료 증기와 공기 혼합물의 온도와 압력은 발화점 이상에 도달해서 산화반응이 일어나기 시작한다. 그래서 짧은 *지연 기간*이 지나간 후 불균일한 연료공기 혼합물의 일부에서 자동점화(autoignition)가 일어나고 연료의 화학 에너지가 방출되면서 실린더 압력(그림 1.24*c* 실선)은 연소가 없을 때의 압력보다 높아진다. 확산 화염이 빠르게 퍼지면서 각 연료 스프레이 주위를 둘러싸는데 부분적으로 산화된 연료공기 혼합물이 화염 내부에 있고 바깥에는 과잉 공기가 있다. 팽창과정이 진행되면서 연료증기와 공기와 연소가스가 섞이고 추가로 연소가 일어난다(그림 1.24*d*). 전부하 영역에서는 분사된 연료는 공기 질량의 5% 정도이다. 이보다 더 많은 연료를 공급하면 배기의 블

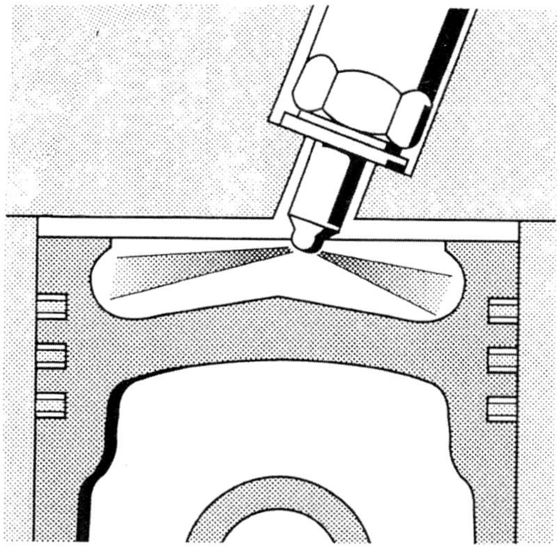

그림 1.25 각 인젝션 노즐 구멍에서 고압으로 분사되어 디젤 피스톤 안의 보울을 관통하는 액체 제트에 의해 형성된 디젤 엔진 연료 분사의 개략도

랙 스모크가 증가하므로 더 이상 늘릴 수 없다. 배기 과정은 4-행정 SI 엔진과 유사하다: 배기 밸브가 열리기 시작하면 빠른 배기 또는 블로우다운이 시작되고 남은 연소가스는 배기 행정에서 피스톤이 외부로 밀어낸다. 배기 행정이 끝나면서 다음 사이클이 시작한다.

이 디젤 연소 과정에서 연료는 엔진 실린더 안으로 수백에서 2000 bar보다 높은 압력 사이의 고압으로 직접 분사된다. 디젤 연료 분사 시스템은 저압 펌프, 고압 분사 펌프, 전달 파이프와 연료 분사 노즐로 구성된다. 몇 가지 서로 다른 분사 펌프와 노즐이 사용된다. 그림 1.26에 있는 일반적인 시스템에서는 캠에 의해 구동되는 플런저(실린더당 하나인)가 꼭 끼

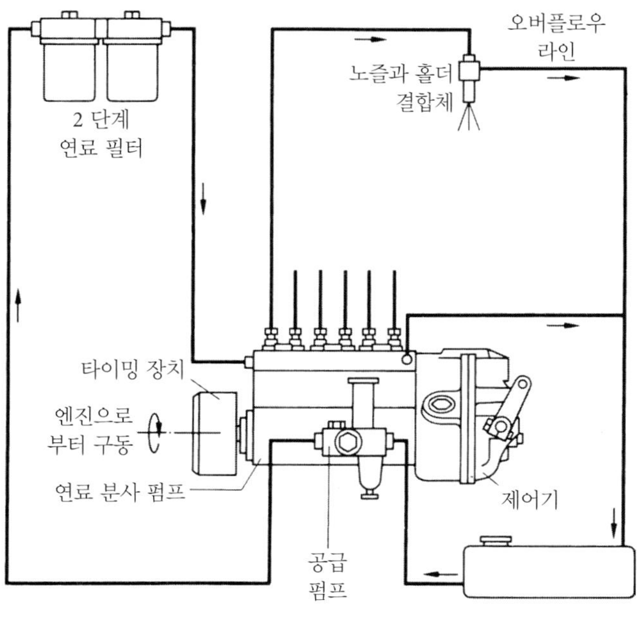

그림 1.26 인라인 연료–분사 펌프를 가진 디젤 연료 시스템.[25](*Robert Bosch GmbH*와 *SAE* 제공)

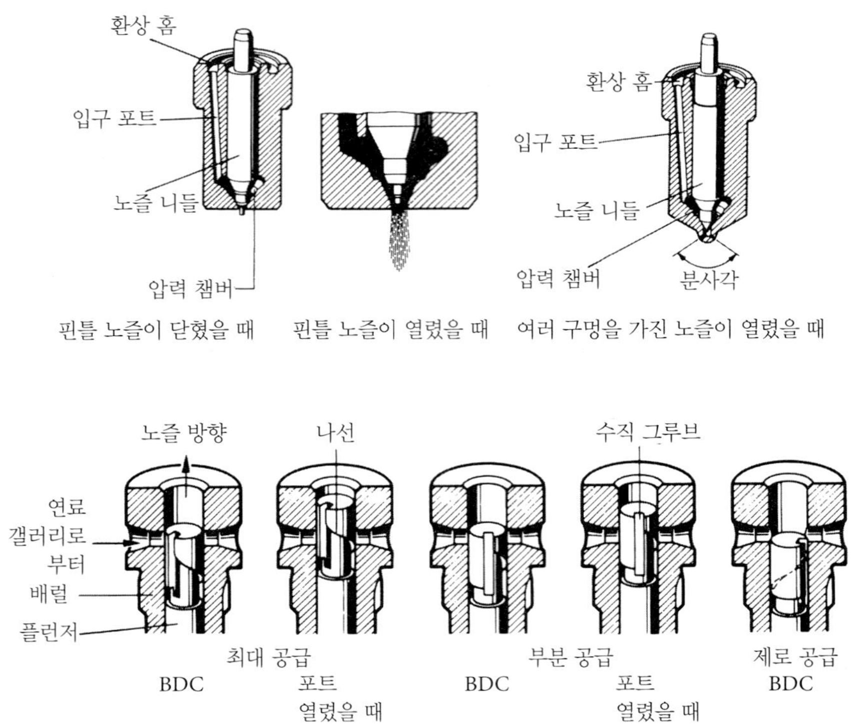

연료 공급 제어(아래 나선)

그림 1.27 연료–분사 노즐와 연료–공급 제어의 디테일.[26](*Robert Bosch GmbH*와 *SAE* 제공)

는 배럴(barrel)안에서 작동한다. 플런저의 초기 행정때 흡입 포트가 닫히고 플런저 위에 갇힌 연료가 체크 밸브를 지나 분사 라인으로 강제로 보내진다. 분사 노즐은 하나 또는 여러 개의 연료 스프레이가 실린더 안으로 분사되는 구멍을 갖고 있다. 밸브는 스프링 힘에 의해 닫혀 있다가 분사 라인의 압력이 스프링 힘을 이길 수 있는 값에 도달하면 열린다. 라인 압력이 증가하기 시작한 후 바로 분사가 시작된다. 그래서 엔진 크랭크 샤프트와 펌프의 캠 샤프트의 페이징(phasing)이 분사 시작 시기를 결정한다. 분사는 펌프의 흡입 포트가 펌프 플런저의 헬리컬 그루브에 의해 열리면 플런저 위의 고압이 감소하면서 끝난다(그림 1.27 아래). 부하를 결정하는 연료량은 분사펌프 캠의 설계와 헬리컬 그루브의 위치에 따라 결정된다. 그래서 주어진 캠에서는 플런저와 헬리컬 그루브를 돌림으로써 부하를 조정한다.

더 작은 디젤 엔진에서는 디스트리뷰터 타입의 연료 펌프가 자주 사용된다. 이는 하나의 펌프 플런저와 배럴로 구성되는데 이들이 연료량을 조절하여 각 분사 노즐로 보낸다. 이 장치는 고압 연료 분사 펌프와 과속 제어기, 그리고 분사 타이머로 구성된다. 회전과 왕복운동을 함께 할 수 있도록 설계된 플런저에 의해 고압이 만들어진다. 이 회전 운동이 연료를 각 실린더의 분사 노즐로 보낸다. 디스트리뷰터 펌프는 고속으로 회전할 수 있고 인라인 펌프보다 작은 공간을 차지한다. 이들은 보통 작은 3기통에서 6기통 디젤 엔진에 사용된다. 인라인 펌프는 대형 또는 중형 엔진에 사용된다.

다른 연료 분사 장식은 각 실린더에 가깝게 하나씩 외부 드라이브에 연결하여 장착한 단일 배럴 분사 펌프 사용이다. 이 단일 분사 시스템(UIS)은 펌프와 인젝터를 하나로 묶었다. 그림 1.28이 그 작동 방식을 설명하고 있다. 이 장치는 엔진 캠 샤프트에 의해 구동되며 분사

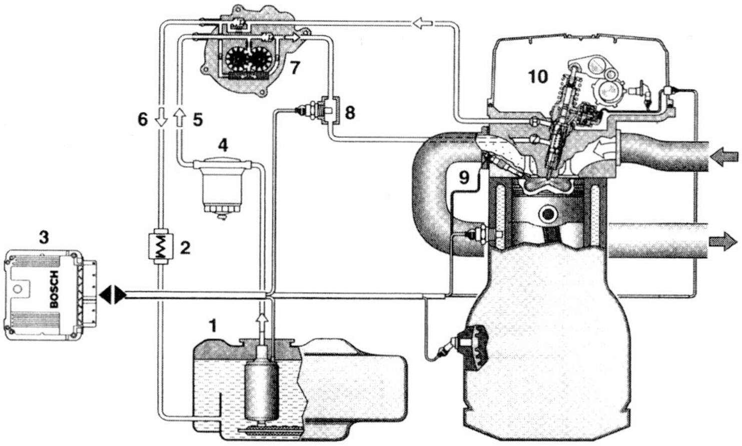

그림 1.28 단일 인젝터를 가진 디젤 연료 분사 시스템(승용차 용). (1) 연료 공급 펌프를 가진 연료 탱크; (2) 연료 냉각기; (3) 전자 제어 유닛; (4) 연료 필터; (5) 연료 공급 라인; (6) 연료 회수 라인; (7) 탠덤 펌프; (8) 연료-온도 센서; (9) 글로우 플러그; (10) 인젝터.[26](*Robert Bosch GmbH*와 *SAE* 제공)

시작과 분사되는 연료량을 인젝터의 솔레노이드 밸브에 의해 제어한다. 이런 타입의 시스템으로 매우 높은 압력(2000 bar수준) 달성이 가능하고 정밀한 연료량과 분사시기 조절도 가능하다.

커먼레일(또는 fuel accumulation) 분사방식은 연료 분사 과정과 이에 따른 연소를 제어하는데 많은 융통성을 갖을 수 있게 한다. 연료 압력 발생과 연료 분사가 어큐물레이터 또는

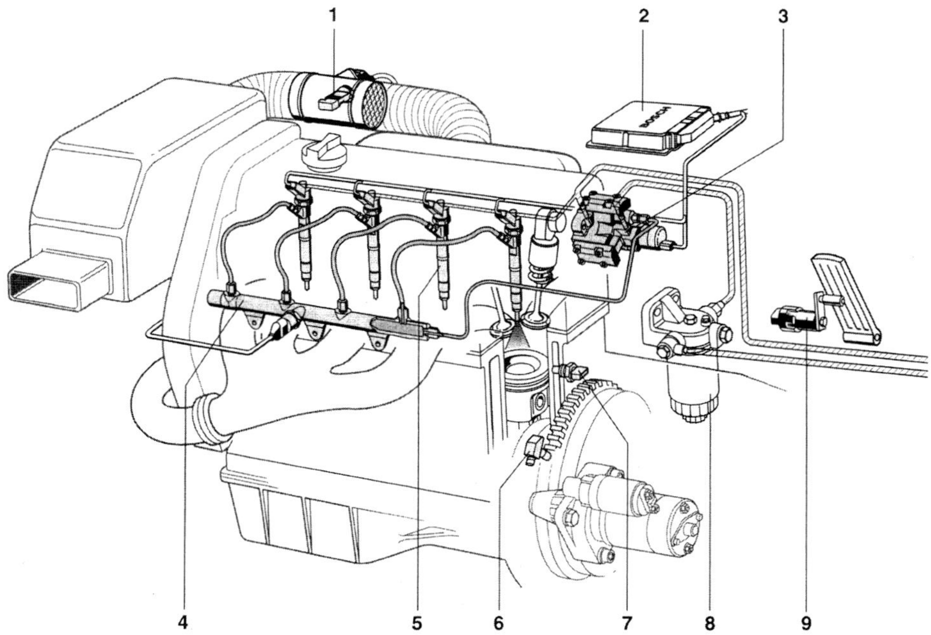

그림 1.29 4 실린더 자동차 디젤의 커먼레일 어큐물레이터 연료-분사 시스템.[25] (1) 공기-질량 유량 미터; (2) 전자 제어 유닛; (3) 고압 펌프; (4) 고압 어큐물레이터; (5) 인젝터; (6) 크랭크 축 속도 센서; (7) 냉각수 온도 센서; (8) 연료 필터; (9) 가속-페달 센서. (*Robert Bosch GmbH*와 *SAE* 제공)

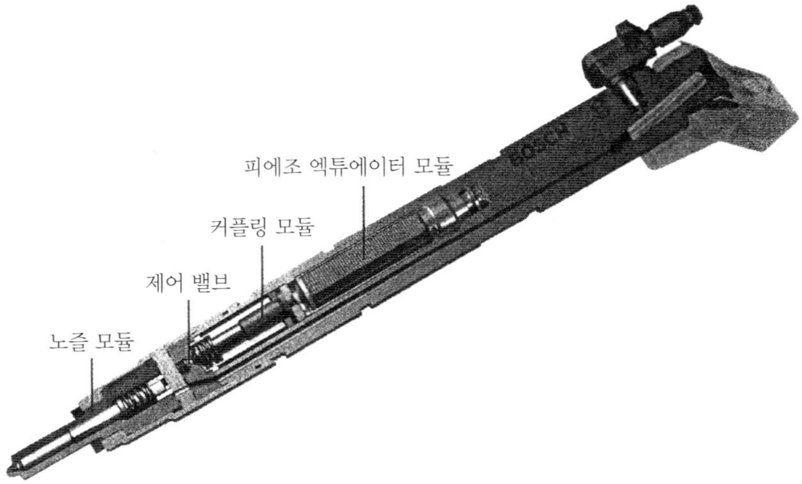

그림 1.30 좀 더 정밀한 연료 분사 개폐 제어와 더 미세한 분무가 가능한 Bosch 피에조 전기 연료 인젝터.[27](*Robert Bosch GmbH*와 *SAE* 제공)

커먼레일에 의해 독립적이 된다. 그림 1.29에 이 시스템의 배치가 그려져 있다. 고압 펌프가 각 인젝터에 연료를 보내는 커먼레일에 연료를 공급한다. 이 시스템의 제어는 다른 엔진 파라미터와 바로 융합될 수 있다. 분사 압력은 1400에서 1800 bar 정도를 가질 수 있다. 인젝터 내의 빠른 솔레노이드 밸브를 여러 번 구동시킴으로써 한 사이클에 여러 번 연료를 분사할 수 있다. 자주 주분사 전에 짧게 파일럿 분사를 해서 적은 연료로 연소를 시작하는 것이 소음 저감에 유리하다. 주분사도 몇 번에 걸쳐 나누어 하는 것이 배기 오염물질 제어에 도움을 줄 수 있다. 솔레노이드 제어와 피에조 구동 인젝터가 다 쓰인다. 그림 1.30이 좀 더 정밀한 분사 펄스 제어와 실린더 내에서의 연료 액적화에 도움을 줄 수 있는 피에조 인젝터를 보여준다.

1.9 디젤 엔진의 여러 가지 타입 _Different Types of Diesel Engines_

매우 많은 디젤 엔진 형상과 설계가 사용되고 있다. 가장 대형인 선박과 정치형 발전 디젤은 2-행정 사이클 엔진이고, 다음 1.10절에서 다룬다. 소형과 중형 엔진은 4-행정 사이클을 이용한다. 디젤 엔진에서 출력을 결정하는 최대 연소시킬 수 있는 연료량은 공기량에 의해 정해지기 때문에 터보차징이 널리 쓰인다. 대형 엔진은 거의 언제나 터보차저 엔진이다. 작고 저렴한 디젤은 터보를 사용하지 않는다. 엔진 설계의 자세한 사항은 디젤의 크기에 따라 달라진다. 특히 디젤 엔진 주요 설계 문제를 효과적으로 다루기 위해 다른 연소실 형상과 연료 분사 특성이 요구된다: 주어진 짧은 시간 안에 연료의 연소를 마치기 위해 효과적으로 빠르게 연료와 공기의 혼합을 이루는 것이 필요하다. 소형 엔진은 빠른 속도에서 운전된다. 그래서 넓은 디젤의 크기 범위에서 빠른 연소를 달성하기 위해서 필요한 공기 유동과 연료 유동을 얻기 위해 다양한 흡기 포트 형상, 실린더 헤드와 피스톤 캐비티 또는 보울 형상과 연료 분사 패턴이 사용된다.

그림 1.31은 대형 트럭에 사용되는 디젤 엔진을 보여준다. 이 설계는 6기통 인라인 배치이다. 이 그림은 디젤 엔진 사이클의 압력 레벨이 SI 엔진에 비해 훨씬 높고 스트레스도 크기 때문에 훨씬 튼튼하고 무거운 것을 보여준다. 이 엔진은 배기량이 12.9리터이고 압축비는 16.5이고 터보차저 엔진이다. 이런 타입의 디젤은 연료가 직접 연소실의 피스톤 크라운에 분

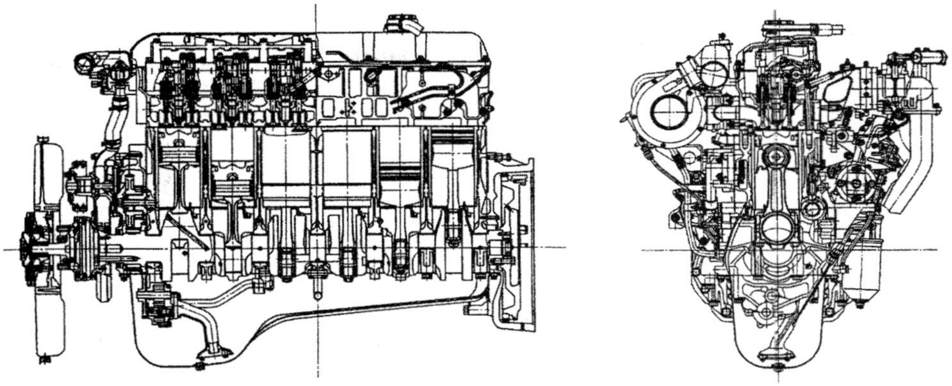

세로 단면　　　　　　　　　　　　　　가르 단면

그림 1.31 6-실린더 12.9리터 터보차저 장착 직접-분사 트럭 디젤 엔진: 가로와 세로 단면. 직경 135 mm, 행정 150 mm, 압축비 16;1, 제어 속도 2100 rev/min, 최대 출력 294 kW, 최대 토크 1300 rev/min에서 1667 N · m.

사되기 때문에 직접분사식 디젤이라고 부른다. 보여진 연소실은 보울-인-피스톤 디자인인데 대부분의 간극체적이 피스톤 크라운의 컴팩트한 캐비티에 있다. 이런 타입의 디젤 엔진에서는 자주 연료와 공기의 혼합을 촉진하고 연소를 빠르게 하기 위해 실린더 축을 중심으로 회전하는 스월 공기 유동이 필요한데 이는 흡기 포트와 밸브를 적절하게 설계해서 만든다. 실린더 축에 보이는 연료 인젝터는 다공 노즐이다. 보통 4개에서 6개의 구멍을 갖는다. 연료 제트는 피스톤 보울의 중심에 가까이 있는 노즐 구멍에서 반경방향으로 (스월링하는) 공기 유동을 향해서 진행한다.

그림 1.32는 자동차에 많이 쓰이는 2.2리터 4기통 고속 직접분사(HSDI) 디젤 엔진이다. 실린더당 4-밸브를 갖고 각 실린더 축의 센터에 위치한 연료 인젝터와 보울-인-피스톤을 갖고 있다. 이 타입의 엔진은 저속과 중속에서 단위 배기량당 높은 토크를 내기 위해 흡기를 많이 압축한다. 압축기를 나온 공기는 열교환기를 통해 냉각되고 실린더 축을 중심으로 스월하도록 하는 흡기 포트를 통과하여 실린더로 공급된다. 압축과정에서 리엔트런트 보울-인-피스톤에 들어가면서 스월이 더 강해지고 상사점 근처에서 분사되는 연료 스프레이와 공기의 빠른 혼합을 이루어낸다. 최고 운전 속도(4500에서 5000 rev/min)는 연료공기 혼합 속도의 한계 때문에 가솔린 SI 엔진에 비해서는 낮다. 이런 HSDI 엔진의 압축비는 18에서 20 정도인데 최고 효율을 주는 값보다 약간 높다. 그 이유는 낮은 회전 속도에서 냉간 시동을 용이하게 하기 위해서 필요한 높은 압축 후 공기 온도를 얻기 위해서이다. 이런 엔진에서는 보통 냉간시동을 돕기 위해 실린더 헤드에 전기적으로 가열하는 세라믹 *글로우 플러그*를 장착한다.

가장 작은 디젤은 큰 엔진보다 빠른 속도에서 작동한다: 그래서 연료를 연소시키는 데 주어진 시간이 짧고 연료 분사와 연소 시스템은 빠르게 연료와 공기의 혼합을 이루어야 한다. 그림 1.32는 HSDI 디젤에서 어떻게 빠른 연소를 이루는가를 보여준다. 역사적으로 가장 작은 디젤 엔진에서는 간접분사 방식 또는 프리챔버 방식에 의해 달성했다. 연료는 피스톤 위의 주연소실과 통로 또는 노즐에 의해 연결된 부연소실에 분사된다. 압축과정 말기에 공기는 이 노즐을 통해 실린더로부터 부연소실로 빠르게 밀려 들어간다. 연료는 높은 난류강도를 갖는, 그리고 많은 경우 빠르게 스월링하는 부연소실 유동에 분사되고 매우 높은 연료와 공기의 혼합을 이룬다. 연소는 부연소실에서 시작하고 이에 따른 부연소실의 압력증가로 인해

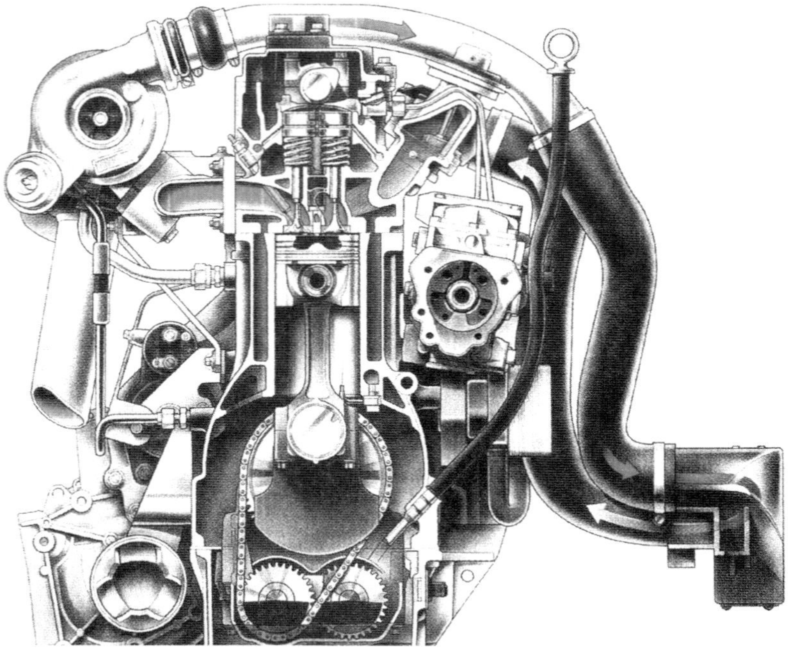

그림 1.32 소형 2.2리터, 4-실린더 고속 직접-분사 자동차 디젤 엔진: 최대 출력 93 kW; 최대 토크 1750 rev/min에서 285 N · m; 최대 가압 0.9 bar(게이지); 압축비 18.5(*SAE*와 *Saab*에서 제공)

연소하는 가스, 연료와 공기가 주연소실로 밀려나온다. 이 유동은 매우 격렬하기 때문에 주연소실에서 부연소실로부터 나오는 제트와 공기가 빠르게 혼합하면서 연소가 마무리된다. 부연소실에 글로우 플러그가 보인다; 이 플러그는 전기적으로 냉간시동 시에 가열되어 온도를 올려 연료와 공기의 혼합체가 자동점화하도록 돕는다. 이 엔진의 압축비는 20 정도로 높다. 간접분사방식의 압축비는 추울 때 시동을 용이하게 하기 위해 직접 분사 방식보다 높다.

1.10 2-행정 사이클 작동 _*Two-Stroke Cycle Engine Operation*

2-행정 엔진은 소형과 초대형 엔진 시장에서 사용된다. 소형에서는 2-행정 SI 엔진이 값싸고 작고 가볍고 단순하고 튼튼하다. 그래서 모페드, 스쿠터, 모터사이클, 스노우모빌과 체인-톱, 잡초 제거기 같은 휴대용 기기, 잔디 깎는 기계, 회전 톱, 분사식 제설기 같은 농기계와 건설기계, 보트 엔진, 경량 비행기 등에 쓰인다. 선박이나 발전용 대형 디젤 엔진도 2-행정 사이클 엔진이다. 이 대형 내연기관은 현재 가장 효율적이고 가성비가 좋은 주 동력원이다. 또 2-행정 디젤은 기관차나 일부 트럭에도 사용된다. 그렇지만 대부분의 승용이나 트럭 엔진은 4-행정 기관이다.

2-행정 사이클의 중요한 특성은 크랭크 축 1회전마다 파워 스트로크가 한 번 발생하고 실린더 내의 연소가스를 신기로 바꾼다는 것이다. 4-행정 사이클에 비해 같은 배기량에서 단위 시간당 파워 스트로크가 두 배로 나오므로 출력이 커진다. 그러나 2배로 커지지는 않는다. 같은 크기의 4-행정 엔진에 비해 약 20%에서 60% 정도 증가한다. 이같이 낮은 증가는 이상적인 경우보다 낮은 차징 효율(charging efficiency)때문인데 이는 남은 연소가스를 다 내보내지 못해 신기가 실린더 부피를 다 채우지 못해서 발생한다. 시간당 파워 스트로크가 2번 발

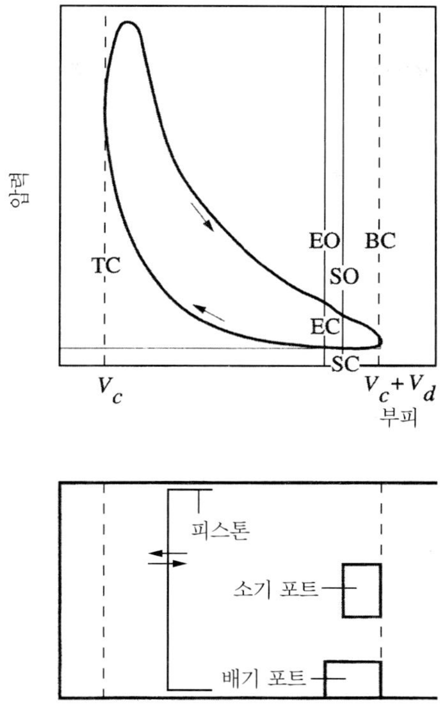

그림 1.33 2-행정 엔진 실린더의 실린더-압력 대 실린더 부피 선도. 배기와 전달 또는 소기 포트는 보이는 바와 같이 피스톤에 의해 열린다.

생한다는 것은 연소에 의해 발생하는 압력 충격의 간격이 반으로 준다는 것이다. 그래서 시간에 대한 크랭크 축 토크 프로파일이 더 부드럽다.

2-행정 사이클의 신기를 이용해서 연소가스를 밀어내는 과정(가스 교환 과정)은 몇 가지 결과를 가져온다. 첫째 차징 손실이 불가피하다. 소형 2-행정 엔진이 자주 운전되는 높은 부하조건의 경우 실린더 내로 공급된 신기의 20% 정도는 바로 배기로 빠져 나간다(단락, short-circuit이라 부른다). 연료가 공기와 미리 섞여서 들어오는 경우 이 과정으로 인해 4-행정 엔진에 비해 배기 탄화수소 농도가 매우 높고 연료소비율이 나빠진다. 그렇지만 배기와 차징 과정이 모두 하사점 근처에서 일어나서, 배기와 흡기 포트가 실린더 아래에 위치하고 긴 피스톤 스커트를 이용해서 닫거나 열 수 있다(그림 1.33 참조). 이 간단한 2-행정 사이클 구성은 밸브와 그 구동 기어를 필요 없게 한다. 그리고 엔진의 구조를 매우 단순하게 하고 엔진의 가격을 낮춘다.

2-행정 엔진 사이클에서 압축, 연소, 팽창 과정은 4-행정 사이클 과정과 유사하다: 그러나 흡기와 배기 과정은 다르다(그림 1.33). 포트-소기(port-scavenged) 2-행정 엔진의 순차적 과정이 그림 1.34에 있다. 이런 엔진에는 배기와 흡기(scavenging 또는 transfer) 포트가 실린더의 같은 쪽에 있고 피스톤이 하사점에 올 때 열린다(그림 1.34). 배기 포트가 열리면 그림에서 보인 바와 같이 블로우다운 과정에서 실린더 안의 연소가스가 배기 시스템으로 빠져 나가면서 급격하게 실린더 내 압력이 떨어진다. 그 후 흡기 포트가 열리고 실린더 내 압력 p가 흡기 압력(scavenging pressure) p_i보다 낮아지면 신기가 실린더 안으로 들어온다. 연소가스는 신기에 의해 계속 배기 포트로 밀려 나온다(신기도 일부 포함하여). 피스톤이 압축과정을 시작한 후 포트가 닫히면 압축, 직접 분사엔진에서 연료 분사와 연료와 공기의 혼합, 연소와 팽창과정이 4-행정과 유사하게 진행된다(신기는 연료와 공기가 미리 섞여서 들어오는 경우 연료 증기와 공기이며 직접 분사의 경우 공기만이다).

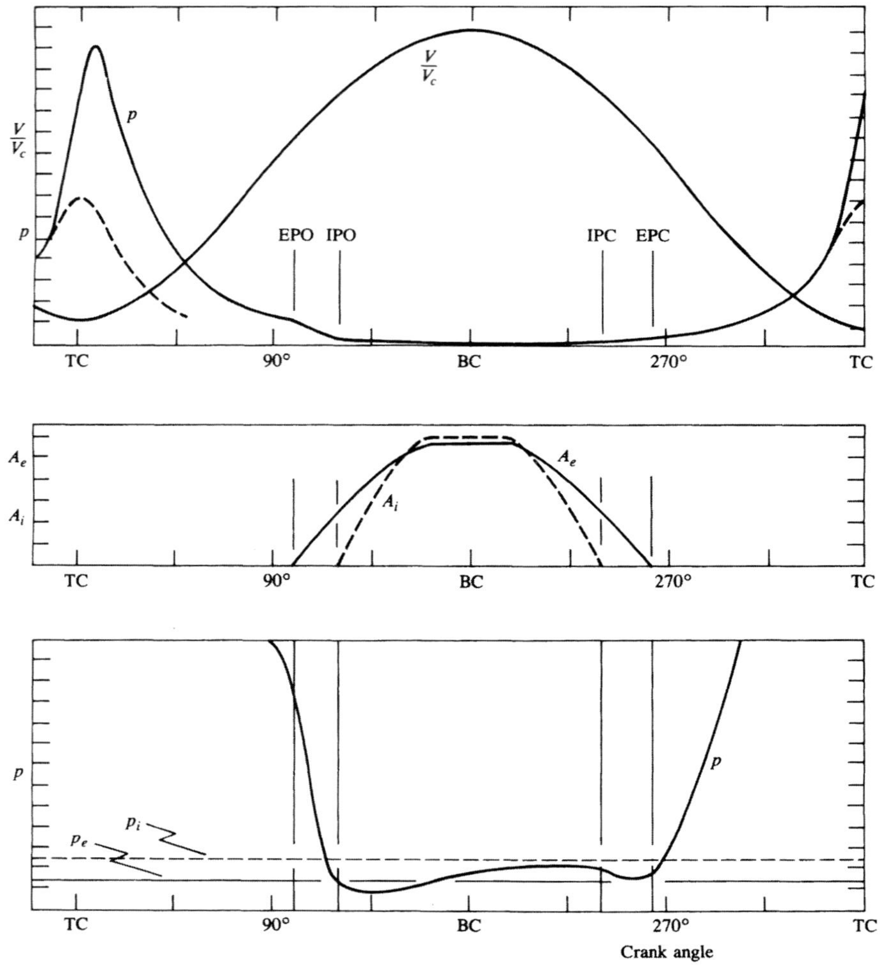

그림 1.34 루프-소기 2-행정 사이클 압축-점화기관에서 팽창, 가스 교환, 압축 과정의 이벤트 순서. 크랭크 각의 함수로 실린더체적/간극체적 V/V_c, 실린더 압력 p, 배기 포트 열린 면적 A_e, 흡기 포트 열린 면적 A_i가 그려져 있다.

그림 1.35가 소형 가솔린 엔진에서 어떻게 2-행정 사이클이 실현되는지 보여준다. 이것은 실험용 단기통 crankcase-scavenged 엔진이며 과도한 탄화수소의 배출을 막고 좋은 연비를 얻기 위해 공압식 직접 연료 분사 시스템을 갖추고 있다. 공기는 피스톤이 상승 운동을 할 때 리드(Reed) 밸브를 지나 크랭크 케이스로 들어간다. 이 공기는 피스톤이 하강운동을 할 때 압축된다. 공기는 크랭크 케이스를 실린더와 연결하는 전달(transfer) 또는 소기(scavenging) 포트가 열릴 때 실린더로 들어간다. 연료는 전달 포트(transfer port)가 닫힌 후 분사된다. 이 엔진은 독특한 연소방식을 택하는데 흔히 *활성화된 라디칼*(radical) 연소라 불린다. 스로틀 밸브를 이용해서 배기 포트로 나가는 연소가스를 제한하여 실린더 내에 연소 잔류 가스의 양을 조절함으로써 압축 과정 말기의 실린더 내 미연소가스의 온도를 높이고 조절할 수 있다. 압축 말기의 상사점 직전에 이 실린더 안의 혼합물이 자동점화하도록 할 수 있다. 이 잘 섞인 연료 증기, 공기, 잔류 연소가스의 혼합물이 자발적으로 자동점화하는 방식은 표준 스파크 점화나 디젤 연소와 다른 방식이다. 이 방식은 자주 *균일혼합물압축점화*(homogeneous

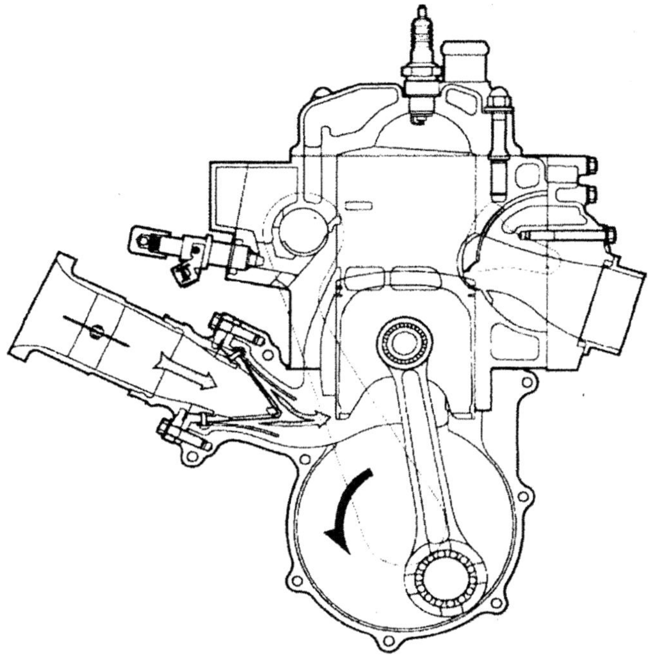

그림 1.35 Honda 실험적 2-행정 사이클 루프–소기 엔진. 공압식 직접 실린더 내 연료 분사를 하며, 실린더 내 연료 증기, 공기, 연소 잔류 혼합물이 상사점 직전에서 자연발화하는 활성 라디칼 연소 과정을 사용함. 배기량 402 cm^3, 직경과 행정은 80 mm, 갇힌(trapped) 압축비 6:1. 6900 rev/min에서 39 kW 발생.[31]

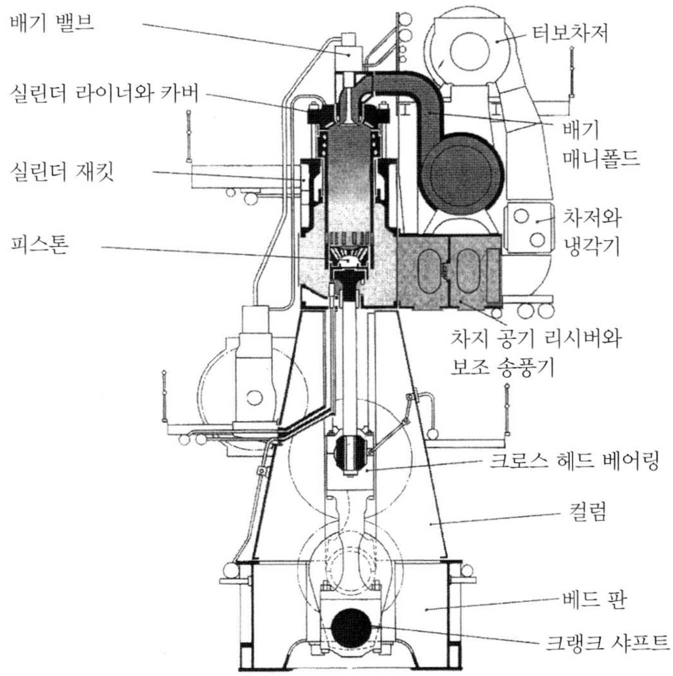

그림 1.36 IHI-Sulzer 유니플로우–소기 대형 2-행정 사이클 터보차저 장착 디젤 겐진, 127 rev/min에서 실린더당 1590 kW 생산함. 직경 대 행정비는 대략 2:5.[30]

charge compression ignition, HCCI) 또는 *제어 자동점화*(controlled autoignition)라고 불린다. 이 HCCI 연소 개념은 4-행정 사이클 엔진에서도 개발되었다. 고출력 조건에서 연소가스를 효과적으로 내보내야 할 때 이 2-행정 사이클 엔진은 보통의 스파크 점화기관의 화염전파 과정으로 돌아간다.

선박이나 발전에 사용되는 초대형 디젤 엔진도 2-행정 사이클을 이용한다. 그림 1.36이 그런 2-행정 사이클 선박 엔진을 보여 주는데, 4 내지 12 실린더, 최대 직경은 0.6~0.9 m, 스트로크는 2~3 m 정도이고 100 rev/min 정도로 운전된다. 이런 엔진은 보통 실린더에 작용하는 피스톤의 측면 힘을 줄이기 위해 크로스헤드(crosshead) 타입을 사용한다. 가스교환과정은 실린더 헤드의 배기 밸브가 열리면서 시작하고 다음에 피스톤이 실린더 라이너 아래에 있는 흡기포트를 연다. 팽창하는 배기 가스는 배기 밸브와 매니폴드를 통해 실린더에서 나가고 터보차저의 터빈을 통과한다. 압축된 공기는 흡기 포트를 통해 실린더로 들어오며 배기를 밀어낸다; 공기는 터보차저의 압축기와 인터쿨러를 통해 공급된다. 부분 부하에서는 전기로 구동되는 블로워가 공기를 압축한다. 이런 대형 엔진은 저속에서 작동하기 때문에 분사된 연료 제트가 충분히 주어진 시간 안에 연료와 공기를 섞고 연소시킬 수 있다. 그래서 단순한 개방챔버(open chamber) 연소실이 이런 타입의 엔진에서 사용되는 질이 낮은 중유의 효과적인 연소를 초래할 수 있다. 초대형 엔진에서는 피스톤이 물로 냉각된다. 소형이나 중형엔진에서 사용되는 오일을 이용한 냉각(splash 또는 jetted oil cooling)은 충분하지 않다.

1.11 연료 _Fuels

1.11.1 가솔린 또는 디젤

수송에너지의 95% 이상을 차지하는 수송 연료를 생산하기 위해 사용되는 주된 원료는 원유이다. 원유로부터 생산되는 가솔린(또는 petrol)과 디젤 연료는 각각 SI와 CI(또는 디젤) 엔진을 구동하는 압도적으로 지배적인 에너지 캐리어이다. 원유는 매우 많은 서로 다른 탄화수

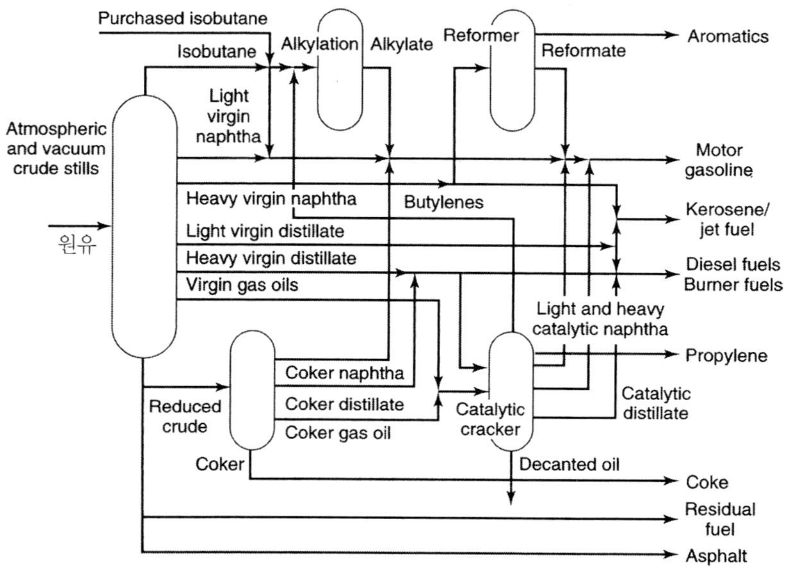

그림 1.37 원유 정유 공정 개략도.[33]

소를 갖고 있는데 이 원소들의 범위는 가스, 액체와 왁스를 포함한다. 정유공장에서 원유는 물리적으로 증류에 의해 여러 유분(fractions)으로 분류된다. 이 유분은 화학적으로 처리되어 연료나 기타 생산물로 가공된다.[32] 그림 1.37이 대표적인 정유 과정을 보여준다. 원유는 먼저 여러 유분(각각 더 높은 증발 온도 영역을 갖는)으로 나뉘는데 *납사*(naphtha), *디스틸레이트*(distillate), *가스 오일*, *잔사유*(residual oil)로 불린다. light, middle 또는 heavy같은 단어가 이를 휘발성에 따라 세분한다. virgin이나 straight run이라는 단어는 화학 공정이 아직 가해지지 않았다는 의미이다. 그림에서와 같이 virgin 가솔린은 직접 가솔린으로 쓰일 수 있다. 그림 1.37은 또 보통 사용되는 여러 다른 화학 공정을 보여준다: alkylation, reforming, coking, catalytic cracking. 정유의 산물은 가솔린, 등유, 제트 연료(jet fuel), 디젤, heating oil, burner fuel, residual fuel oil, Coke, chemical feedstock, 아스팔트이다. 평균적으로 정유공정은 원유의 25에서45%는 가솔린, 25에서 40%는 디젤, 제트 연료(jet fuel), heating oil 이고 5에서 20%는 heavy fuel oil이고 나머지 20%가 기타 생산품이다.

가솔린은 여러 탄화수소가 섞여 있는데 증발점이 섭씨 25에서 200도; 디젤은 160에서 350도 정도이다. 연료의 규격을 맞추기 위해 한 유분에서 다른 질이 높은 유분으로 변화시킬 때 화학공정이 사용된다. 알킬 라디칼을 기체 탄화수소 분자에 더해서 branched paraffin compound를 만들어 연료의 분자량을 늘리고 안티노크성 또는 옥탄가를 높이는 Alkylation이 사용된다.[h] 촉매 하에서 가벼운 올레핀 가스가 이소부틴(isobutene)과 반응한다. 이 공정은 상대적으로 적은 에너지를 사용한다. 촉매 크래킹은 중유 분자를 잘라서 방향족과 올레핀을 포함하는 가벼운 원소들을 만들어낸다. 이들은 높은 옥탄가의 가솔린에 들어간다. 촉매 크래킹 반응은 높은 온도에서 일어나기 때문에 상당한 에너지가 소모된다. 리포머는 촉매하에서 납사의 분자 구조를 바꿔서 고 옥탄가 가솔린(예: 파라핀을 방향족 탄화수소로 또 straight chain 탄화수소를 branched chain 탄화수소로)으로 바꾼다. 상당한 수소가 생산되는데 정유공정의 다른 곳에서 사용된다. coker는 무거운 원유 잔류 성분(heavy reduced crude fraction)을 납사나 다른 distillate 성분으로 바꾼다. 잔류 원유는 오븐에서 가열되는데, 여기서 분자들이 열분해되고 재결합한다. 평균 분자량은 같지만 다양한 성분들이 만들어진다. 가장 무거운 성분은 고체이고 대부분 탄소로 구성된 coke이다[34].

가솔린 또는 페트롤은 SI 엔진의 주된 연료이다. 증류된 탄화수소 중 가벼운 성분의 혼합물이다(paraffins, naphthenes, olefins, aromatics). 다른 액체 탄화수소와 마찬가지로 단위 질량당 또는 부피당 에너지인 화학 에너지 밀도가 매우 높다. 이 화학에너지는 탄소-수소 또는 탄소-탄소 결합에 저장되었다가 연료가 공기와 반응하여 산화할 때 열에너지로 방출된다. 미국에서는 SI 엔진 연료의 요구 조건이 ASTM(American Society for Testing and Measurement) 4814[35]에 규정되어 있다. 유럽의 표준은 EN228[36]이다. 대표적인 가솔린의 평균 분자 조성은 C_7H_{13}에 가깝다; 이것은 4에서 10에 이르는 탄소 원소를 갖는 분자들을 포함하고 있다. 상업용 가솔린의 C:H 비율은 1.6에서 2.2 사이에서 변화한다.

SI 엔진 운전에서 가장 중요한 가솔린의 성질은 휘발성과 연소의 후반에서 발생하는 자동점화(또는 노킹)에 대한 안티노크성이다. 가솔린의 휘발성은 온도의 함수로 대기압력에서 증발하는 부피의 비율을 표시하는 증류 커브에 의해 특성지워진다. 대표적으로 10%의 가솔린은 50°C 이하에서(T_{10}), 50%는 100°C 이하에서(T_{50}), 90%는 170°C 이하에서(T_{90}) 증발한다. 겨울의 가솔린은 여름보다 더 휘발을 잘 한다. 연료는 냉간 시동이 빠르고 배기오염물질

[h] 9.6.3절 참조

배출이 낮아야 하기 때문에 빠르게 휘발하는 성분을 가져야 한다. 이 조건에서 휘발 커브에서 낮은 온도의 휘발성분들이 포트에 분사된 연료 중 증발하는 분량을 결정한다. 또 연료 시스템으로부터 증발하는 탄화수소 배출에도 영향을 준다. 휘발 커브의 높은 온도 영역 부분의 양은 탄화수소 배출과 연료에 의한 윤활유 희석을 줄이기 위해 제어된다.

연료의 안티노크성은 옥탄가에 의해 정의된다. 두 가지 표준 시험 방식(9.6.3절 참조)이 *리서치 옥탄가*(research octane number)와 *모터 옥탄가*(motor octane number)를 정의한다. 미국에서 주유기에 표시된 숫자(안티노크지수: antiknock index라 불리는)는 이들의 평균이다. 대표적인 보통(표준) 휘발유는 리서치 옥탄가 92와 모터 옥탄가 82를 갖는데 안티노크지수(antiknock index)는 87이 된다. 역사적으로 이 안티노크지수는 도로에서 차량이 운행될 때의 연료의 안티노크 거동과 상관관계가 있었다. 오늘날의 엔진 안티노크 요구값은 유럽에서 쓰이는 리서치 옥탄가와 더 상관관계가 높다. 보통 두 가지 품질의 가솔린이 표시된다: 보통과 하나 또는 그 이상의 고급휘발유이다. 고급휘발유는 안티노크지수가 높고(98 RON까지) 엔진과 연료 시스템 곳곳에 쌓이는 침착물(deposit)을 제어하는 첨가제의 농도가 높다. 납성분(Lead alkyl)이 포함된 첨가제가 안티노크성을 개선하기 위해 전에 쓰였었다. 그러나 납은 매우 해롭고 배기 오염을 줄이기 위해 쓰이는 촉매 변환기(그리고 엔진 제어에 쓰이는 배기 산소 센서)를 피독하기 때문에 선진국에선 무연휘발유를 사용하도록 되어 있다. 비록 일부 국가에서는 아직도 유연휘발유를 사용하지만 그 수는 줄고 있다.

환경 당국은 증발 탄화수소와 배기의 오염물질 배출을 줄이기 위해 점점 더 엄격한 규제를 연료(가솔린과 디젤)에 대해 부과하고 있다. 그래서 성분배합변경 가솔린(reformulated gasoline)이 넓게 사용된다. 이 가솔린의 특징은 저감된 증기압(예: 저온 증발 성분 감소) , 방향족 화합물과 벤젠의 감소, 최종 보일링 값(T_{90}-90% 연료가 증발하는 온도)의 감소이다. 미국에서는 엔진 흡기에 쌓이는 퇴적물을 줄이는 첨가제도 요구된다. 이들 성분배합변경가솔린은 보통 산화된 유기화합물(oxygenated organic compound)(역사적으로 methyl tertiary-butyl ether(MBTE) 현재는 에틸 알코올)을 포함하고 있다. 미국의 일부 지역에서는 겨울에 일산화탄소 배출을 줄이기 위해 이 산화물이 겨울 가솔린(적어도 2.7%)에 포함되는 것이 요구된다. 일년 내내 바이오연료의 소비를 촉진하기 위해 5, 10, 15% 에탄올(지역에 따라 양이 달라짐)이 가솔린에 섞여 팔리기도 한다. MTBE와 에탄올은 가솔린보다 옥탄가가 높아 연료의 노킹 저항성을 향상시킨다. 그러나 MTBE는 식수를 오염시킬 수 있어서 가솔린에 첨가하는 것이 중단되었다. 청정 무연 휘발유에 포함되는 유황은 전에는 질량으로 300 ppm에 달했으나 10 ppm 정도로 낮아지고 있다. 유황은 촉매를 피독시켜서 배기 제어 촉매 시스템의 정화능력을 낮춘다.

디젤 연료는 증발점이 180에서 370°C인 탄화수소 성분들이 혼합되어 있다. 그림 1.37에 보여진 바와 같이 이들은 원유의 증류과정에서 생산된 주된 생산품이다. 디젤 연료에 대한 수요를 충족하기 위해 정유공장은 점점 더 많이 중유를 cracking과 coking을 통해 분해한다. 디젤 연료는 paraffins, naphthas, olefin, aromatic의 혼합물이다: 이들은 가솔린에 비해 분자량이 더 크다(그리고 구성 비율도 다르다). 평균 분자 구성은 $(CH_{1.8})_n$이고 평균분자크기는 $C_{13}H_{24}$이다. 디젤 탄화수소의 분자량은 170에서 200 정도이다. 디젤 연료의 밀도가 중요한데 연료 분사 시스템이 특정 부피를 공급하는 데 비해 연소 특성은 연료와 공기의 질량비에 의존하기 때문이다. 유럽과 미국의 디젤 연료의 평균 밀도는 약 0.84 kg/liter이다; 다른 지역에서는 0.81에서 0.86 kg/liter 사이의 값을 갖는다. 디젤 연료의 밀도가 가솔린보다 높기 때문에 단위 부피당의 화학 에너지 양(발열량)은 10% 정도 높다. 밀도와 관련된 다른 물성치들은 휘발성과 점도이다. 연료의 휘발성은 증류 커브와 인화점에 의해 정의된다. 증류 커브는 실린더 안에서의 연료의 증발을 효과적으로 정의한다. 인화점은 화염의 존재 하에서 연료를 가열해서 증발시켜 발화하게 할 수 있는 최소 온도이다. 디젤 연료의 점도는 연료 분사 시스템에서의 연료의 성능에 영향을 준다; 연료 펌프와 인젝터 동작에 영향을 주고 연료 인젝터 노즐 홀에서의 미립화 과정에 영향을 준다. 날씨가 추워서 왁스가 생길 수 있는 지역에서는 연료 시스템(특히 연료 필터)의 연료의 저온 특성이 특히 중요한 이슈이다.

디젤 연료는 적절한 자연 발화 특성을 가져야 한다.—즉 엔진 사이클의 원하는 시점에서 연소가 시작할 수 있도록 발달하는 연료 스프레이(1.8절 참조) 안에서 빠르게 자연 발화하여야 한다. 이 디젤 연료의 특성은 *세탄가*(cetane number: 자연 발화 특성을 표준 연료의 특성과 비교하여 결정함. 10.5.2절 참조)에 의해 정의된다. 대표적인 세탄가는 40에서 55 사이에 있다; 세탄가가 높을수록 엔진에서 연료가 분사된 후 상사점 근처에서 더 자동점화가 쉽게(더 빠르게) 일어남. 연료 조성이 적절한 세탄가를 제공하기 위해 조정된다; 점화 개선 첨가제에 의해 높아질 수 있다.—alkyl nitrate같은 활성 산화제. 디젤 연료 요구 특성은 ASTM D97537에 있다.

1.11.2 대체 연료

원유로부터 생산되는 가솔린과 디젤 연료를 대체할 수 있는 연료는 내연기관에서 넓게 사용되지는 않지만 미래에 더 확장하기 위해 노력이 가해지고 있다. 수송 연료의 원유에의 의존을 줄이고 지구 온난화 가스(GHGs)—특히 이산화탄소를 줄이기 위해서 추진되고 있다. 특정 지역에서는 LPG와 천연가스가 SI 엔진 연료로 일부 사용되고 있다. 바이오매스에서 생산되는 에탄올은 주로 가솔린 혼합용으로 사용되고 있다. 대체 디젤 연료—예를 들면 바이오디젤(유채 씨나 대두에서 생산되는 methyl esters); 그리고 dimethyl ether(DME), 천연가스나 석탄으로부터 만든 Fischer-Tropsch gas-to-liquid 연료–가 생산되고 개발되고 있다. 수소는 차량에서 사용될 때 탄소를 배출하지 않는 에너지 캐리어이므로 장기적 관점에서 SI 엔진 연료로서의 가능성이 시험되고 있다.

이 대체 연료의 더 중요한 성질은 가솔린과 디젤과 함께 부록 D의 표에 있다. 이들 연료가 엔진에서 사용될 때의 중요한 물성치의 하나는 완전연소에 필요한 최소량의 공기를 갖는(즉 연료의 탄소와 수소를 CO_2와 H_2O로 산화시키는 데 필요한 양–화학양론 혼합비) 연료 증기/공기의 단위 부피당의 화학 에너지 양 또는 발열량이다. 기본적인 SI 엔진 흡기의 목표는 각 실린더를 이런 혼합물로 채우는 것이다. 디젤에서는 이 목표가 연료가 연소할 때 국부적으로 만족된다. 서로 다른 연료의 단위 질량당 발열량이 비록 상당히 다르지만 이런 연료들의 구성 성분(그래서 각 연료를 완전연소시키는 데 필요한 공기량)의 차이가 화학양론비 상태의 혼합물의 단위 부피당 발열량을 거의 동일하게 만든다. 그래서 SI 엔진의 출력(즉 다른 파라미터는 고정하고 단위 배기량당 최대 출력)은 넓은 범위의 연료에서 거의 비슷하다.

또 이들 연료가 공기와 섞였을 때의 연소 특성이 비슷하다(그렇지만 세부 특성 안티노크 성등은 중요한 차이가 있다). 수소는 예외인데 다른 탄화수소 연료보다 훨씬 빠른 화염전파 속도를 갖는다.

액화석유가스(liquid petroleum gas)는 C_3나 C_4 탄화수소인데 천연가스 추출 과정에서 제거되었거나 원유 정제 과정에서 나온다. 수송에서 사용되는 LPG의 비율은 크게 변화하는데(미국에서의 1% 수준에서 상당히 높은 다른 나라의 수준까지) 그 성분도 변화한다. 주성분은 프로판(C_3H_8)이다: 이 비율은 30에서 90% 사이이다. 나머지는 propylene, butane, ethane

이다. 차량에서는 실린더 모양의 탱크에 대기 온도 상태로 10내지 15 bar 정도의 압력하에서 저장된다. 대부분의 LPG 연료 시스템에서 연료는 다점 분사식 가솔린 시스템과 유사하게 흡기 매니폴드에 분사된다. 연료는 흡기 매니폴드에 연속적으로 또는 간헐적으로 액체 또는 기체 상태로 분사되는데 커먼레일과 실린더당 하나씩의 인젝터 밸브가 사용된다.

LPG 구성 성분들이 가솔린보다 높은 옥탄가 또는 안티노크성을 갖기 때문에 더 높은 압축비를 사용할 수 있다. 그렇지만 연료가 가솔린보다 낮은 분자량의 가스이기 때문에 공기와 섞였을 때 연료가 차지하는 부피가 상당히 크다. 그래서 LPG 연료는 가솔린증기보다 더 많은 공기를 밀어내서 출력은 좀 낮아진다. 공기 오염 물질 배출(촉매 전 단계)은 가솔린보다 보통 낮다.

천연가스는 일차 에너지 원이고 캐리어이다. 대부분(80%에서 98%까지)이 메탄(CH_4)이다. 나머지는 에탄(1에서 8%), 프로판(2%까지)과 질소(작은 양에서 10%까지)이다. 그래서 높은 수소:탄소 분자비를 갖고 완전 연소하였을 때 가솔린이나 디젤보다 CO_2 배출이 25% 정도 낮다. 그렇지만 메탄 자체가 지구온난화가스로서 CO_2보다 지구 온난화 가능성이(몰 비로) 20배나 높다. 메탄이 넓게 사용될 때 천연가스의 누출과 미연 메탄 배출을 조심스럽게 제어해야 한다.

메탄은 옥탄가 또는 안티노크성이 높으나 천연가스에 포함된 다른 탄화수소 때문에 낮아질 수 있다. 연소 특성은 가솔린과 유사하다.

천연가스는 당연히 가스이기 때문에 차량에 적절한 양을 저장하는 것이 도전적인 문제이다. 고압(35 MPa)으로 저장하는 것은 고가이고 주행거리가 적당하려면 많은 부피를 차지한다. 이 조건에서 부피당 에너지 밀도(MJ / m^3)는 가솔린의 4분의 1 정도이다. 또 분자량이 작기 때문에(메탄은 16) 연소를 위해 공기와 섞일 때 약 10%의 공기(고정된 압력과 온도에서)를 밀어내서 단위 배기량당 토크를 작게 만든다. LPG와 유사하게 천연가스도 흡기 매니폴드나 흡기 포트에 압력이 제어된 낮은 압력의 커먼레일을 통해 인젝터에 공급되고 연속적이나 간헐적으로 분사된다. 연료가 가스이기 때문에 액적이나 액체 필름이 없어 혼합기를 만드는 것이 쉽다.

에탄올 C_2H_6O이나 **메탄올 CH_4O** 같은 알코올은 단독으로 사용되거나 가솔린과 대량 또는 소량 섞어서 사용할 수 있다. 에탄올과 메탄올만으로 사용될 때 E100 또는 M100이라 한다. 알코올 단독으로 사용될 때의 휘발성이나 기화성을 넓게 하기 위해 15% 가솔린(즉 E85 또는 M85)을 섞어 사용한다. 둘 중에서 에탄올이 더 실용적이다. 메탄올의 단점은 독성이다. 에탄올은 브라질에서 사탕수수에서 추출하여 수송연료로 많이 사용한다. 또 옥수수로부터 만들어진다(그리고 switch grass나 빨리 자라는 잡초나 나무 같은 셀룰로오스 바이오매스 소스로부터 더 효율적으로 생산 가능). 정부가 규제한 연료 중 산소 비율을 만족시키고 ("clean" lower emission reformulated gasoline) 에탄올 연료를 더 사용하기 위해 미국과 다른 지역에서는 가솔린에 10%정도 까지 에탄올을 섞어 쓰고 있다.

에탄올과 메탄올은 가솔린보다 상당히 높은 안티노크성 또는 옥탄가를 갖고 있다; 그 값은 단독으로 시험했는지 가솔린 혼합물로 시험했는지에 따라 달라짐(부록 D의 표 D4 참조)

수소는 천연가스, 석탄, 바이오매스나 물을 전기분해해서 얻을 수 있다. 산업용 수소는 현재 대부분 천연가스를 스팀 개질해서 만든다. 차량에 수소를 저장하는 것은 도전적인 일이다. 최대 저장 가능한 압력인 70 MPa (10,000 psi)로 압축된 수소가스는 단위 부피당 에너지 밀도가 천연가스에 비해 3분의 1 정도이다. 20 K의 액체수소는 같은 부피의 탄화수소에 비해 에너지밀도가 4분의 1 정도이다. 화학양론비의 공기와 섞인 경우 수소는 공기연료혼합기의 약 30% 부피를 차지하는데, 가솔린의 증기가 혼합물에서 차지하는 2%와 비교할 때 주어진 조건에서 실린더 단위 부피당 파워가 감소한다.

수소의 연소특성은 가솔린을 포함한 탄화수소 연료와 비교할 때 현저히 다르다. 수소-공기 혼합물의 층류 화염 속도(연료-공기 혼합물의 기본 연소 특성)는 화염안에서의 수소의 확산속도가 매우 빠르기 때문에 탄화수소-공기 혼합물의 속도에 비해 여러 배 빠르다. 가연한계도 매우 넓으며(표준 상태에서 부피비로 4에서 75%) 자기-점화 온도는 가솔린에 비해 낮다. 그러나 가솔린보다 안티노크성도 높고 옥탄가도 높다.

원유에서 추출한 디젤 연료를 대신할 만한 몇 가지 다른 연료가 있다. 주된 천연가스 시장까지 이송하기 어려운 경우 천연가스가 생산되는 곳에서 Fischer-Tropsch 방법을 이용해 만든 연료가 생산된다. Fischer-Tropsch F-T 연료는 석탄에서도 만들 수 있다. F-T 공정은 보통 천연가스를 개질해서 만든 CO와 수소를 결합해서 CH_2 라티칼을 만들고 이를 결합해서 큰 탄화수소 체인을 만든다. 이들 연료는 유황 성분이 매우 적은 전부 파라핀이며 자연발화 특성이 매우 좋다(높은 세탄가). 이들은 훌륭한 디젤 연료가 될 것이다.

다른 가능한 디젤 연료는 DME C_2H_6O와 바이오디젤이다. DME는 대기압과 온도 조건에서 가스이다; 5기압에서 액화할 수 있다. 디젤 엔진에서 쉽게 연소하며 분자의 산소는 soot와 스모크를 줄이는데 기여한다. 식물성 오일(rapeseed methyl ester나 대두 methyl ester)도 바이오 디젤 연료로 가공할 수 있다. 이들의 장점은 바이오매스에서 만들었고 그래서 지구온난화가스 배출이 작다는 것이다.

연습문제

1.1 다음의 왕복 운동 엔진 부품의 주요 기능에 대해 설명하라: 피스톤, 커넥팅 로드. 크랭크 샤프트, 캠과 캠샤프트, 밸브들, 흡기와 배기 매니폴드

1.2 팽창 행정 중에 피스톤, 커넥팅 로드, 크랭크 샤프트가 그림 1.1에 있는 위치에 있을 때, 피스톤에 작용하는 서로 다른 힘들과 그 방향을 적절한 스케치 위에 표시하라. 왕복운동 엔진 형상이 어떻게 토크를 만들어내는지 설명하라. 스케치 위에 보여라.

1.3 스파크 점화기관과 압축 점화(디젤)기관 사이의 설계와 작동 특성에서의 주요한 6가지 차이를 나열하라. 가장 근본적인 것부터 시작하라.

1.4 4-행정과 2-행정 내연기관 사이클에서 아래의 이벤트가 일어나는 크랭크 각을 전체 사이클을 나타내는 선 위에 표시하라(4-행정 사이클에서는 720도; 2-행정 사이클에서는 360도); 하사점과 상사점에서의 크랭크 위치, 흡기와 배기 밸브 또는 포트 열림과 닫힘, 연소 과정의 시작, 연소 과정의 끝, 최대 실린더 압력.

1.5 표준 자동차 스파크-점화기관과 트럭 디젤 기관의 아래 차이에 대해 간단히 설명하라.
- **(a)** 연료가 어디서 분사되고 왜 그런지
- **(b)** 고정 속도에서 부하가 어떻게 변화하는지
- **(c)** 연소 과정이 어떻게 시작하고 발전하고 끝나는지
- **(d)** 연료는 어떻게 다르고 왜 그런지
- **(e)** 크랭크 각의 함수로 실린더 내 압력이 어떻게 변하는지(같은 그래프에 정성적으로 두 엔진의 압력을 상대적인 크기를 고려하여 그리고 대략 연소가 시작하고 끝나는 시점을 표시하라).

1.6 2-행정 사이클은 4-행정 사이클에 비해 크랭크 회전당 2배의 파워 행정을 갖는다. 그렇지만, 같은 속도에서 2-행정 사이클 엔진의 단위 배기량당 출력은 4-행정 사이클 엔진의 2배보다 작다. 왜 실제에서는 2-행정 사이클의 잠재적인 장점이 상쇄되는지 그 이유들을 제시하라.

1.7 배기량이 수 백 cm^3을 넘으면 단기통 엔진보다 다기통 엔진이 더 매력적인 이유를 제시하라.

1.8 가솔린 스파크 점화기관이 미국에서 경량자동차 시장을 대부분 차지하고 있다. 아래에 대해 간단히 토론하라.
- **(a)** 경량자동차에서, 어떤 다른 경쟁적인 "원동력" 기술이 매력적일까? 사용되는 연료와 연료의 에너지가 유용한 일로 변화하는 수단에 대해 고려하라.
- **(b)** 어떤 면에서 이들 연료나 기술이 가솔린 스파크 점화기관보다 나은가? 한 차량의 성능과 이들 차량이 많은데서 오는 "큰 그림"을 함께 고려하타. 정량적일 필요는 없다.
- **(c)** 당신이 첫 차를 구매하려고 한다고 생각해본다. 앞에서 나열한 요인 중 어떤 것이 가장 당신에게 중요한가? 어떤 "엔진"과 에너지 원을 선택할 것인가?

참고문헌

1. Cummins, Jr., C. L.: *Internal Fire: The Internal Combustion Engine 1673-1900,* 3rd ed., Society of Automotive Engineers, Warrendale, PA, 2000.
2. Cummins, Jr., C. L.: "Early IC and Automotive Engines," SAE paper 760604 in *A History of the Automotive Internal Combustion Engine*, SP-409, *SAE Trans.*, vol. 85, 1976.
3. Hempson, J. G. G.: "The Automobile Engine 1920–1950," SAE paper 760605 in *A History of the Automotive Internal Combustion Engine*, SP-409, SAE, 1976.
4. Agnew, W. G.: "Fifty Years of Combustion Research at General Motors," *Prog. Energy Combust. Sci.*, vol. 4, pp. 115–156, 1978.
5. Wankel, F.: *Rotary Piston Machines*, Iliffe Books, London, 1965.
6. Ansdale, R. F.: *The Wankel RC Engine Design and Performance*, Iliffe Books, London, 1968.
7. Yamamoto, K.: *Rotary Engine*, Toyo Kogyo Co. Ltd., Hiroshima, 1969.
8. Haagen-Smit, A. J.: "Chemistry and Physiology of Los Angeles Smog," *Ind. Eng. Chem.*, vol. 44, p. 1342, 1952.
9. Heywood, J. B., and MacKenzie, D. (eds): *On the Road Toward 2050*, MIT Energy Initiative Report, 2015.
10. Heywood, J. B., and Welling, O. Z.: "Trends in Performance Characteristics of Modern Automobile SI and Diesel Engines," SAE paper 2009-01-1892, *SAE Int. J. Engines*, vol. 2, no. 1, pp. 1650–1662, 2009.
11. Taylor, C. F.: *The Internal Combustion Engine in Theory and Practice*, vol. 2, Table 10-1, MIT Press, Cambridge, MA, 1968.
12. Rogowski, A. R.: *Elements of Internal Combustion Engines*, McGraw-Hill, New York, 1953.
13. Bosch, R.: *Automotive Handbook*, 6th ed., Robert Bosch GmbH, SAE, 2004.
14. SAE: *Automotive Engineering International*, February 2011 issue, SAE, 2011.
15. SAE: *Automotive Engineering International,* March 2004 issue, SAE, 2004.
16. Inoue, T., Kusada, M., Kanai, H., and Hino, S.: "Improvement of a Highly Efficient Hybrid Vehicle and Integrating Super Low Emissions," SAE paper 2000-01-2930, SAE, 2000.
17. Zhao, F., Harrington, D.L., and Lai, M-C.: *Automotive Gasoline Direct-Injection Engines,* SAE, Warrendale, PA, 2002.
18. Alperstein, M., Schafer, G. H., and Villforth, F. J.: "Texaco's Stratified Charge Engine—Multifuel, Efficient, Clean, and Practical," SAE paper 740563, SAE, 1974.
19. Urlaub, A. G., and Chmela, F. G.: "High-Speed, Multifuel Engine: L9204 FMV," SAE paper 740122, SAE, 1974.
20. Scussel, A., Simko, A., and Wade, W.: "The Ford PROCO Engine Update," SAE paper 780699, SAE, 1978.
21. Iwamoto, Y., Noma, K., Nakayama, O., Yamauchi, T., and Ando, H.: "Development of Gasoline Direct Injection Engine," SAE paper 970541, SAE, 1997.
22. Kanda, M., Barka, T., Kato, S., Iwamuro, M., Koike, M., and Saito, A.: "Application of a New Combustion Concept to Direct Injection Gasoline Engine," SAE paper 2000-01-0531, SAE, 2000.
23. Date, T., and Yagi, S.: "Research and Development of the Honda CVCC Engine," SAE paper 740605, SAE, 1974.
24. Yamaguchi, Y.: "Mazda RX-8," *Automotive Engineering International*, July 2003 issue, SAE, 2003.
25. Bosch, R.: *Diesel-Engine Management*, 2nd ed., Robert Bosch GmbH, Stuttgart, 1999.
26. Bosch, R.: *Automotive Handbook,* 8th ed., Robert Bosch GmbH, Plochingen, Germany, Au and SAE, Warrendale, PA, 2011.
27. Broge, J. L.: "The Diesel is Coming," *Automotive Engineering International* (aei), January 2004 issue, p. 35, SAE, 2004.
28. Kakinai, A., Yamamoto, A., Sugihara, H., Nakagawa, H., Shoyama, K., and Uchino, N.: "Development of the New K13C Engine with Common-Rail Fuel Injection System," SAE paper 1996-01-0833, SAE, 1996.
29. Blair, G. P.: *Design and Simulation of Two-Stroke Engines,* Society of Automotive Engineers, 1996.
30. Heywood, J. B., and Sher, E.: *The Two-Stroke Cycle Engine, Its Development, Operation and Design,* Taylor and Francis, Philadelphia, 1999.
31. Ishibashi, Y., and Asai, M.: "A Low Pressure Pneumatic Direct Injection Two-Stroke Engine by Activated Radical Combustion Concept," SAE paper 980757, SAE, 1998.
32. Guibet, J. C.: *Engines and Fuels: Technology, Energy, Environment,* vols. 1 and 2, Editions TECHNIP, Paris, 1999.
33. Lawrence, D. K., Plautz, D. A., Keller, B. D., and Wagner, T. O.: "Automotive Fuels—Refinery Energy and Economics," SAE paper 800225, SAE, 1980.
34. Ferguson, C. R., and Kirkpatrick, A. T., *Internal Combustion Engines, Applied Thermosciences,* 2nd ed., John Wiley & Sons, Inc., New York, 2001.
35. ASTM 4814, *Standard Specification for Automotive Spark-Ignition Engine Fuel*, American Society of Testing and Materials, ASTM International, West Conshohocken, PA, 2016.
36. DIN EN 228, *European Standard for Automotive Fuels-Unleaded Petrol-Requirements and Test Methods*, SAI Global, Ltd., Sydney, 2015.
37. ASTM D975, *Standard Specification for Diesel Fuel Oils*, American Society of Testing and Materials, ASDTM International, West Conshohocken, PA, 2015.

CHAPTER 2

엔진 설계와 운전 파라미터

Engine Design and Operating Parameters

2.1 중요한 엔진 특성 _*Important Engine Characteristics*

이 장에서는 기본적인 기하학적 관계식과 엔진 작동을 정량화하는 데 일반적으로 사용하는 파라미터에 대해 설명한다. 엔진 사용자에게 중요한 특성은 다음과 같다:

1. 전체 속도 범위에서 엔진의 최대 성능
2. 운전 영역내에서의 엔진의 연료 소비와 사용 연료 비용
3. 운전 영역내에서의 엔진의 소음과 대기 오염 물질 배출
4. 엔진과 그 설치 초기 비용
5. 엔진의 신뢰성과 내구, 유지에 필요한 사항, 그리고 이들이 엔진의 유용성과 사용 비용에 미치는 영향

이 요인들이 전체 엔진 운전 비용—보통 소비자들의 가장 중요한 고려 사항인—을 결정하고 운전하는 엔진이 환경 규제를 만족할지 결정한다. 이 책은 주로 성능, 효율과 배기 오염 물질 특성에 대해 관심이 있다; 이 책에서 다루지 않는다고 다른 요인들의 중요성이 감소하지는 않는다.

엔진의 성능은 좀 더 다음에 의해 정의된다:

1. 유용한 엔진 속도 범위내의 각 속도에서의 최대 토크
2. 엔진 최대 회전 속도와 최대 출력
3. 엔진 운전이 만족할 만한 엔진 속도와 토크(또는 출력) 범위

다음의 정의가 일반적으로 엔진의 최대 성능을 정의하기 위해 사용된다:

최대 정격 출력. 짧은 시간 동안 만들어 낼 수 있는 엔진의 최대 출력

정상 정격 출력. 연속적으로 낼 수 있는 엔진의 최대 출력

정격 속도. 정격 출력이 발생하는 크랭크축 회전 속도

2.2 왕복 운동 엔진의 기하학적 관계식 _*Geometrical Relationships for Reciprocating Engines*

실린더 안의 피스톤과 커넥팅 로드와 크랭크 기구의 형상을 분석하면 유용한 지식을 얻을 수 있다. 예를 들면 시간의 함수로 실린더 부피를 알면 실린더 안 가스의 밀도와 가스의 압축이나 팽창 정도를 알 수 있다. 실린더 헤드, 라이너, 피스톤 표면적은 벽면 열전달 계산에 선형적으로 사용된다. 피스톤 운동은 대부분의 엔진 가스 유동을 일으키고 고속에서의 피스톤 가

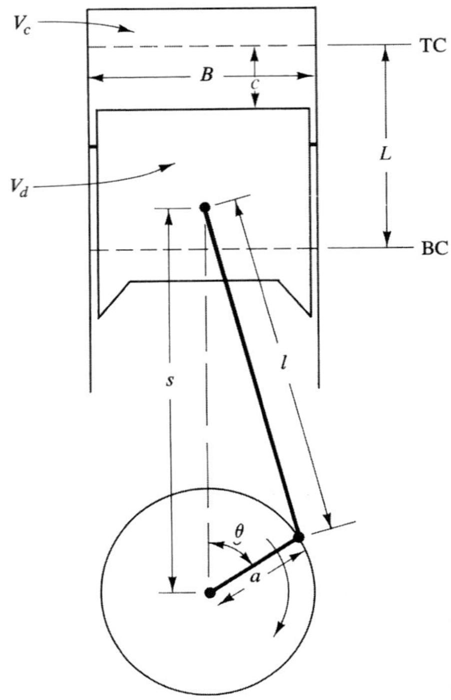

그림 2.1 실린더, 피스톤, 커넥팅 로드, 크랭크 샤프트 형상. B = 직경, L = 행정, l = 커넥팅 로드 길이, a = 크랭크 반경, θ = 크랭크 각.

속은 이 왕복 기구가 만들어 내는 주기적 관성 힘에 중요한 역할을 한다.

아래의 파라미터가 왕복운동 엔진의 기초 형상을 결정한다(그림 2.1).

압축비 r_c:

$$r_c = \frac{\text{최대 실린더 부피}}{\text{최소 실린더 부피}} = \frac{V_d + V_c}{V_c} \tag{2.1}$$

여기서 V_d는 배기량(displaced 또는 swept volume)이고 V_c는 간극체적(clearance volume)이다.

실린더 직경을 피스톤 행정으로 나눈 값:

$$R_{bs} = \frac{B}{L} \tag{2.2}$$

커넥팅 로드 길이를 크랭크 반경으로 나눈 값:

$$R = \frac{l}{a} \tag{2.3}$$

그리고 행정과 크랭크 반경은 다음 식에 의하여 정해진다

$$L = 2a$$

일반적인 이 파라미터의 값은: 스파크 점화(SI) 엔진에서 r_c = 9에서 12, 압축 점화(CI) 엔진에서 r_c = 14에서 22; 소형과 중형 엔진에서 B/L = 0.8에서 1.2, 저속 CI 엔진에서 0.5까지 감소; 소형에서 중형 엔진까지 R = 3에서 3.5, 저속 CI 엔진에서 5에서 9까지 증가함.

크랭크 각 θ에서 실린더 부피 V는 간극체적(clearance volume) 더하기 피스톤이 움직인 부피(swept volume):

$$V = V_c + \frac{\pi B^2}{4} c$$

여기서 c는 상사점으로부터 피스톤이 움직인 거리이다. 이 값은 크랭크 축과 피스톤 핀 축 사이의 거리 s에서 알 수 있다(그림 2.1).

$$s = a\cos\theta + (l^2 - a^2\sin^2\theta)^{1/2} \tag{2.5}$$

피스톤 틈새 높이 c는 $(\ell + a) - s$인데

$$c = \frac{L}{2}\left[R + 1 - \cos\theta - (R^2 - \sin^2\theta)^{1/2}\right] \tag{2.6}$$

그림 2.1에 보여진 각도 θ는 크랭크 각이라 부른다. 식 (2.4)를 다시 위의 정의를 이용해서 써보면:

$$\frac{V}{V_c} = 1 + \frac{1}{2}(r_c - 1)[R + 1 - \cos\theta - (R^2 - \sin^2\theta)^{1/2}] \tag{2.7}$$

크랭크 각 θ에서 연소실 표면적 A_s는

$$A_s = A_{\text{ch}} + A_p + \pi Bc \tag{2.8}$$

여기서 A_{ch}는 실린더 헤드 표면적, A_p는 피스톤 크라운 표면적이다. 맨 위가 평평한 피스톤에서 $A_p = \pi B^2/4$이다. 식 (2.6)을 사용하여 식 (2.8)을 다시 써 보면

$$A_s = A_{\text{ch}} + A_p + \frac{\pi BL}{2}\left[R + 1 - \cos\theta - (R^2 - \sin^2\theta)^{1/2}\right] \tag{2.9}$$

중요한 엔진 특성 속도는 평균 피스톤 속도 $\overline{S}_p$이다:

$$\overline{S}_p = 2LN \tag{2.10}$$

여기서 N은 크랭크 축의 회전속도이다. 평균 피스톤 속도는 자주 크랭크 회전 속도보다 엔진의 거동을 속도의 함수로 연관시킬 때 더 적절한 파라미터이다. 예를 들어 흡기와 실린더에서의 가스 유동 속도와 $\overline{S}_p$는 비례한다.

순간 피스톤 속도 S_p는 다음과 같이 계산한다.

$$S_p = \frac{ds}{dt} \tag{2.11}$$

피스톤 속도는 행정을 시작할 때 영이었다가 중간 정도에서 최댓값에 도달하고 다시 행정 끝에 영이 된다. 식 (2.5)를 미분하고 대입하면,

$$\frac{S_p}{\overline{S}_p} = \frac{\pi}{2}\sin\theta\left[1 + \frac{\cos\theta}{(R^2 - \sin^2\theta)^{1/2}}\right] \tag{2.12}$$

그림 2.2는 S_p와 피스톤 움직임이 $R = 3.5$의 경우 어떻게 변화하는지 보여준다. 식 (2.12)는 다음 식에 의해 근사적으로 구할 수 있다(오차는 5% 내에서)

$$\frac{S_p}{\overline{S}_p} = \frac{\pi}{2}\sin\theta\left(1 + \frac{1}{R}\cos\theta\right) \tag{2.13}$$

엔진 실린더로의 유동 저항이 엔진의 크기에 상관없이(유동이 초킹되어서) 최대 평균 피스톤 속도를 15 m/s 정도로 제한한다. 자동차 SI 엔진은 대개 최대 평균 피스톤 속도가 14에서 20 m/s 사이에 있다. 최대 속도가 연료와 공기의 혼합 과정에 의해 결정되는 디젤 엔진에서는 10에서 14 정도가 일반적이다.

피스톤의 가속도는 식 (2.12)나 (2.13)을 미분해서 얻는다. 나중 식에 의해 구한 a_p는:

$$a_p = \pi^2\overline{S}_p N\left(\cos\theta + \frac{1}{R}\cos 2\theta\right) \tag{2.14}$$

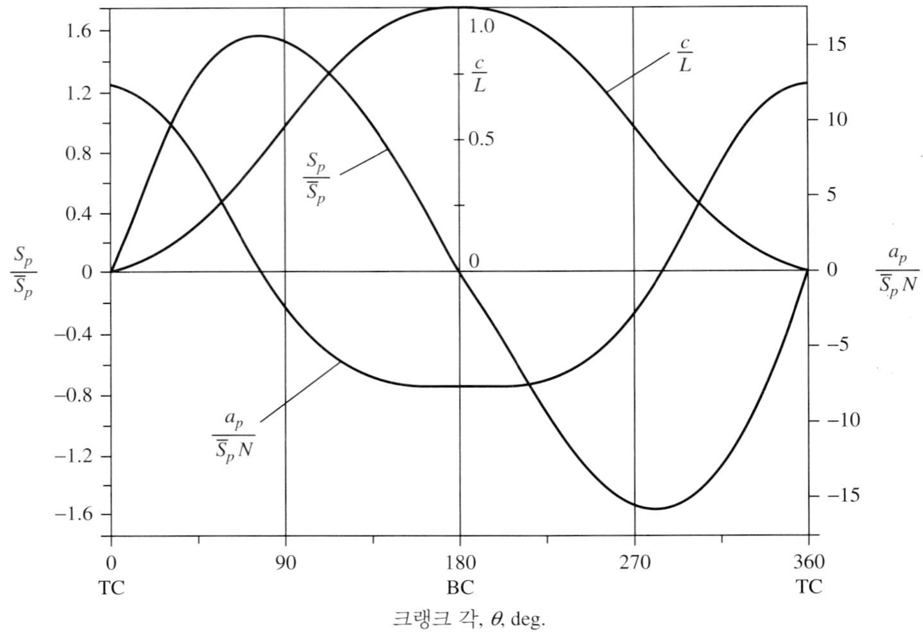

그림 2.2 $R = 3.5$인 경우 크랭크 각의 함수로 그린 피스톤이 상사점으로부터 움직인 거리, c/L(L은 행정), 순간 피스톤 속도/평균 피스톤 속도 $S_p/\bar{S}_p$, 피스톤 가속 $a_p/(\bar{S}_p N)$

그림 2.2가 $a_p/(\bar{S}_p N)$이 크랭크 샤프트 일회전 중에 크랭크 각의 함수로 어떻게 변하는지 보여준다.

그림 2.2에 보인 각 행정에서의 피스톤 운동은 보이는 것처럼 단순하지는 않다. 상사점에서 상사점 후 90도까지 피스톤이 중간($c/L = 0.5$)에 도달하기 전에 피스톤 속도 S_p는 최대속도에 도달한다(90도가 아니라 상사점 후 74도에서). ℓ/a(일반적으로 소형이나 중형에 3에서 3.5)가 커지는 경우에 후반 피스톤 운동은 전반 운동과 "대칭"적이 된다.

실제 왕복운전에서 두 가지 변경이 가끔 이 축 대칭 형상에 가해진다: (1) 피스톤 오프셋과 (2) 크랭크 샤프트 오프셋. 피스톤 핀은 자주 라이너의 메이저 스러스트 사이드(major thrust side)로 직경의 약 1.5% 정도 오프셋되어 있다(메이저 스러스트 사이드는 그림 2.1에 보인 형상에서 시계방향으로 크랭크가 회전할 때 왼쪽 사이드이다: 이 사이드는 파워 또는 팽창 행정에서 커넥팅 로드의 압축력에 의해 피스톤이 밀리는 사이드이다). 피스톤 핀 오프셋은 피스톤이 상사점 근처에서 압축 행정에서 팽창 행정으로 바뀌면서 피스톤이 마이너 스러스트 사이드(그림 2.1의 오른쪽)에서 메이저 스러스트 사이드로 접촉면이 바뀔 때 라이너에 가해지는 충격을 줄인다. 핀 오프셋이 있을 때 이 피스톤 변환이 상사점 전에 피스톤에 작용하는 힘이 작을 때 일찍 일어난다. 피스톤 핀 오프셋은 엔진 기하학적 해석 때 포함될 수 있다. 실린더 부피에 미치는 영향은 작다(행정 중간에서의 최대 오차는 0.4% 정도).

크랭크 샤프트 축은 실린더의 메이저 스러스트 사이드(그림 2.1의 실린더 축의 대칭축 왼쪽으로) 약 15% 오프셋 될 수 있다. 이는 팽창 행정에서 피스톤이 실린더 라이너에 가하는 측면 힘을 줄여서 엔진의 마찰을 줄일 수 있다. 또 팽창 행정 초기에 피스톤의 속도를 줄여서 효과적으로 연소를 빨리 끝나게 하고 엔진 효율을 높일 수 있다. 크랭크 축 위치의 변화도 역시 엔진 기하학적 해석에 포함될 수 있다. 크랭크 축의 오프셋은 압축비를 조금 바꿀 수 있음에 주의하라.

2.3 왕복 운동 기구에서의 힘 _*Forces in Reciprocating Mechanism*

엔진의 왕복 운동 기구는 커넥팅 로드에 작용하는 힘을 통해 크랭크 샤프트에 토크를 발생시킨다. 그림 2.3은 피스톤과 커넥팅 로드에 작용하는 힘을 보여 준다. 실린더 가스 압력이 피스톤 크라운을 누른다; 크랭크 케이스의 가스 압력이 피스톤 아래서 힘을 가한다. 마찰력 F가 피스톤 링과 스커트 표면에 작용해서 피스톤의 운동을 지체시킨다. 팽창 행정에서는 실린더 가스 압력에 의한 힘이 압도적이므로 커넥팅 로드에 반발력 R_c를 발생시킨다. 피스톤에 작용하는 아래로의 축 방향 힘의 균형에서

$$m_p a_p = \Sigma F_{\text{axial}} = (p - p_{cr})A_p - F - R_c \cos\phi \tag{2.15}$$

여기서 m_p는 피스톤, 링, 피스톤 핀, 커넥팅 로드의 상위 부분의 질량이다.[a] 그림 2.1과 비교하면 $\ell \sin\phi = a \sin\theta$이다. 만약 실린더 가스 압력과 크랭크 케이스 압력을 안다면 식 (2.14)에서 a_p를 얻고 마찰력을 추정할 수 있으며 커넥팅 로드 힘 R_c를 계산할 수 있다.

수평 방향 힘의 균형에 의해 피스톤에 작용하는 라이너의 반발력 R_l을 R_c로부터 구하면:

$$R_l = R_c \sin\phi \tag{2.16}$$

이 라이너의 반발력이 엔진의 마찰에 중요한 영향을 미친다.

크랭크 반경에 수직 방향으로의 커넥팅 로드 분력이 크랭크 축 주위로의 토크를 발생시킨다. 이 토크 T는 다음 식에 의해 구한다.

$$T = aR_c \sin(\theta + \phi) \tag{2.17}$$

$a\sin\theta = l\sin\Phi$임을 이용하고 $\sin(\theta + \Phi)$를 펼치면

$$\sin(\theta + \phi) = \sin\theta(1 - \frac{a^2}{l^2}\sin^2\theta)^{1/2} + a/\ell \sin\theta\cos\theta$$

식 (2.15)와 (2.14)는 주어진 엔진 형상과 속도에서 실린더 압력, 크랭크 케이스 압력, 마찰력을 이용하여 커넥팅 로드 힘 R_c를 크랭크 각의 함수로 계산할 수 있게 한다. 각 피스톤과 커넥팅 로드가 크랭크 샤프트에 작용하는 토크는 크랭크 각의 함수로 식 (2.17)에 의해 다음과 같이 구할 수 있다.

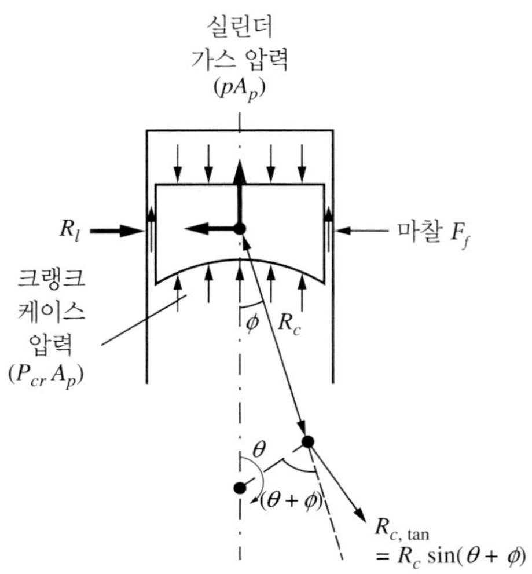

그림 2.3 팽창 행정 중에 피스톤과 커넥팅 로드에 작용하는 힘들과 결과적인 크랭크 샤프트 토크

[a] 커넥팅 로드의 윗부분의 질량은 커넥팅 로드의 무게 중심에 있는 질량으로 대체되기도 함

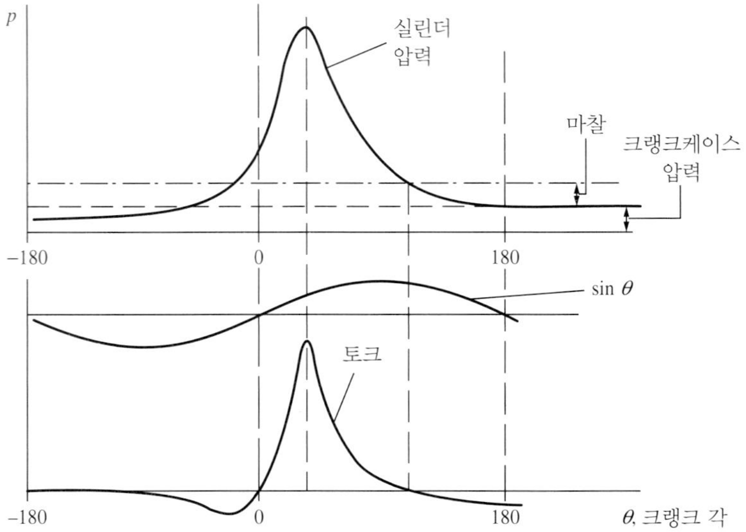

그림 2.4 저속의 SI 엔진에서 크랭크 각의 함수로 그린 피스톤에 작용하는 힘들(실린더 압력, 마찰)과 크랭크 샤프트 토크. 높은 엔진 속도에서는 피스톤 관성 힘 $m_p a_p$가 중요해진다.

$$T = a\sin\theta\left[(p - p_{cc})A_p - F - m_p a_p\right]\left[1 + \frac{a}{\ell}\cos\theta\frac{1}{(1 - \frac{a^2}{\ell^2}\sin^2\theta)^{1/2}}\right] \tag{2.18}$$

그림 2.4는 SI 엔진의 한 실린더에서 4-행정을 통하여 어떻게 시간에 따라 변화하는 피스톤에 작용하는 힘과 피스톤 운동이 결합하여 크랭크 축에 진동하는(oscillating) 토크를 만들어 내는지 보여준다. 여기서 a/ℓ은 약 0.3이어서 a^2/ℓ^2항의 영향은 작다. 낮은 엔진 속도에서 피스톤 관성력 $m_p a_p$는 가스 힘에 비해 작다. 높은 속도에서는 관성력이 훨씬 중요해진다(15.7.2절 참조). 피스톤의 마찰력의 상대적 중요성은 엔진 부하—즉 실린더 압력에 의한 힘의 크기—와 속도에 의존한다. 각 사이클의 토크 펄스는 상사점의 제로에서 최대 압력이 발생하는 크랭크 각 약간 뒤에 나타나고 팽창 행정 중간쯤에 제로에 가까워짐을 주의하라. 다기통 엔진에서의 시간에 따른 크랭크 축 토크는 그림 2.4에 보여진 바와 같은 단일 실린더의 토크 커브를 위상(phase) 차이(n_c가 실린더 수일 때 $720°/n_c$)를 고려하여 중첩해서 얻는다.

2.4 제동 토크와 출력 _*Brake Torque and Power*

엔진이 드라이브 샤프트를 통해 전달하는 토크는 보통 동력계를 이용하여 측정한다. 엔진을 테스트 베드에 설치하고 그 축을 동력계 로터에 연결한다. 그림 2.5가 동력에의 작동 원리를 보여 준다. 로터는 전자기적이나 수력학적이나 기계적으로 저마찰 베어링에 의해 지지된 스테이터에 연결된다. 스테이터는 정지된 상태에서 로터와 밸런스가 잡혀 있다. 로터가 돌면서 스테이터에 발생하는 토크는 스테이터를 무게추, 스프링, 또는 공압 기구와 균형을 잡음으로써 측정한다. 동력계는 보통 충분한 관성을 갖고 있어서 다기통 엔진의 경우 각 실린더의 토크 기여를 합하여 시간 평균 토크를 측정한다.

그림 2.5의 표식을 이용하면 만약 엔진에 의해 발생하는 토크를 T라 하면

$$T = Fb \tag{2.19}$$

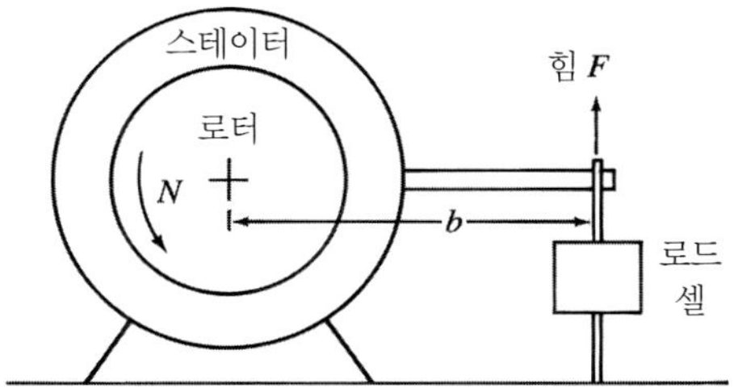

그림 2.5 동력계 작동 원리에 관한 개략도

엔진에 의해 전달되고 동력계에 의해 흡수되는 출력 P는 토크와 각속도의 곱이므로

$$P = 2\pi NT \tag{2.20a}$$

여기서 N은 크랭크 축의 회전속도이다. SI 단위에서

$$P(\text{kW}) = 2\pi N(\text{rev/s})T(\text{N}\cdot\text{m})\times 10^{-3} \tag{2.20b}$$

U.S. 단위로는

$$P(\text{hp}) = \frac{N(\text{rev/min})T(\text{lbf}\cdot\text{ft})}{5252} \tag{2.20c}$$

위와 같은 방식에 의해 측정된 엔진 출력은 제동(brake) 출력 P_b라 불린다. 이 출력은 엔진이 부하—여기서는 브레이크—에 전달하는 유용한 출력이다.

토크는 엔진이 일할 수 능력의 크기를 나타낸다; 출력은 일이 행해지는 율(rate)을 나타낸다. 이들은 매우 중용한 파라미터이고 그 최고 값은 엔진의 성능을 나타낸다. 부하(load)는 자주 제로에서 최고까지의 토크 범위 내에서 엔진이 작동하고 있는 토크를 지칭한다.

2.5 사이클당 도시일 _*Indicated Work Per Cycle*

일은 팽창 행정중에 각 실린더 내에서 가스 압력이 피스톤을 아래로 누르면서 발생한다. 엔진 작동 사이클에 걸쳐 측정한 실린더 안의 가스 압력 데이터를 이용해 가스로부터 피스톤에 전달된 일을 계산할 수 있다. 실린더 압력과 그에 해당하는 실린더 부피를 엔진 사이클에 걸쳐 그림 2.6에서와 같이 p-V 선도로 그릴 수 있다. 사이클당 도시일 $W_{c,i}$[b](하나의 실린더당)은

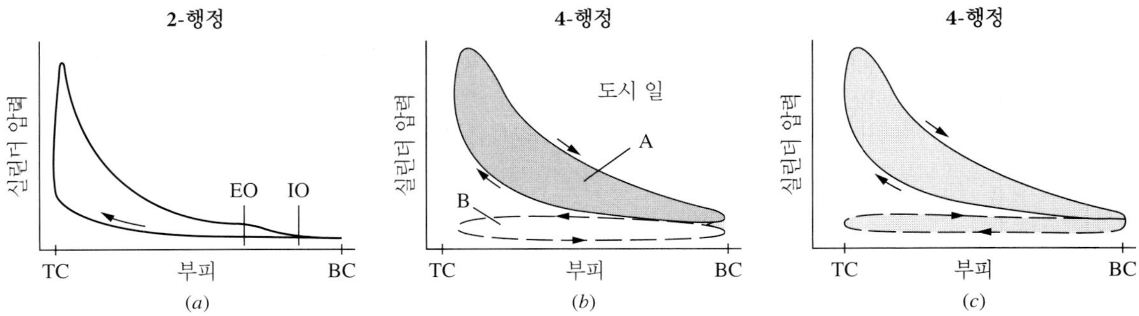

그림 2.6 사이클당 도시일을 보여주는 p-V 선도 예, (a) 2-행정 사이클 엔진; (b) 부분 부하에서의 자연 흡기 4-행정 사이클 엔진; (c) 높은 부하에서의 터보 차저 4-행정 사이클 엔진

[b] 도시(indicate)라는 단어는 과거에 엔진 인디케이터라는 장치를 이용하여 직접 p-V 선도를 그린 데서 유래함.

선도에서 내부 면적을 적분해서 얻을 수 있다.

$$W_{c,i} = \oint p\, dV \tag{2.21}$$

2-행정 사이클에서(그림 2.6*a*) 식 (2.21)의 적용은 간단하다.[1]

4-행정 사이클에서는 흡기와 배기 행정을 더하느냐 아니냐에 따라 두 가지 도시일에 대한 정의가 일반적으로 쓰인다. 그것은:

1. *사이클당 총 도시일*(Gross indicated work) $W_{c,ig}$: 압축과 팽창 행정에서 피스톤에 전달된 일
2. *사이클당 순 도시일*(Net indicated work) $W_{c,in}$: 전 4-행정을 통해 피스톤에 전달된 일

그림 2.6*b*와 *c*는 자연흡기와 터보차저 4-행정 사이클 엔진의 p-V 선도이다. 각 그림의 회색으로 표시된 면적은 일반적으로 쓰이는 이 두 종류의 엔진의 사이클당 도시일에 대한 정의를 나타낸다. 흡기와 배기 행정에서 피스톤과 실린더 가스 간의 일전달은 *펌핑일* W_p라고 부른다(5장과 13장 참조). 흡기 행정에서의 실린더 압력이 배기 행정에서의 실린더 압력보다 낮은 경우 이 펌핑 일전달은 실린더 가스로 가해진다(그림 2.6*b*에서의 면적 B). 이는 자연흡기 엔진에서의 상황이다. 만약 배기 행정의 압력이 흡기 행정의 압력보다 높을 때는 펌핑 일전달이 실린더 가스로부터 피스톤으로 가해지는데, 이는 부하가 높은 상태의 터보차저 엔진에서 일어난다(그림 2.6*c*). 실린더 내 가스로의 펌핑 일전달은 크랭크 샤프트에 전달되는 일을 줄이고 엔진 마찰의 한 부분을 차지한다(이 일은 배기를 밀어내고 신기를 빨아들이는 데 소모됨).[c] 그래서 사이클당 총 도시일(즉 압축과 팽창 행정에서의 적분일 $\oint$pdV 그림 2.6*b*의 면적)이 자연흡기 엔진에서 쓰이는데, 그 이유는 엔진 내에서 생산할 수 있는 최대 일을 나타내기 때문이다. 터보차저 엔진에서는 펌핑 일이 양(즉 피스톤에 가해지는)이 될 수 있고 압축과 팽창 행정에 발생하는 일에 더해 질 수 있기 때문에 순수일 정의—전 4-행정 사이클에 걸친 $\int pdV$—가 대체로 쓰인다. 그렇지만 터보차저 엔진에서도 배기와 흡기 행정에서 가스 유동 마찰 손실은 존재한다.

점점 더 피스톤에 가해지는 일을 정량화하기 위해 순 도시일 정의가 더 쓰이는데 그 이유는 전체 2회전—4-행정—에 걸쳐 식 (2.21)을 적분하는 것이 사이클당 실린더 내부 과정의 영향을 더 잘 나타내기 때문이다. 가변 밸브 타이밍이 점점 더 사용되면서 압축과 팽창 행정과 가스 교환 과정에서의 에너지 변환과 전달 과정을 분리하는 것이 점점 복잡해졌다. 그리고 마찰일[마찰 평균 유효 압력(fmep)]은 기계적 "문지르는" 마찰과 엔진 보기류(accessories)를 작동하는데 필요한 일의 합이다. 그림 2.7은 어떻게 이 사이클당 도시일과 제동일(그리고 mep) 정의가 왕복 피스톤–실린더 엔진 형상과 일전달에 적용되는지 보여준다.

실린더당 출력은 사이클당 도시일과 다음 식에 의해 연관된다.

$$P_i = \frac{W_{c,i}\, N}{n_R} \tag{2.22}$$

여기서 n_R은 한 파워 행정당 크랭크 회전수이다. 4-행정 사이클에서 n_R은 2; 2-행정 사이클에서 n_R는 1이다. 이 출력은 도시마력이다; 즉 실린더 가스로부터 피스톤에 전달되는 일전달률이다. 이 출력은 제동마력에서 엔진의 마찰을 이기기 위해 소모되는 출력, 엔진 보기류 구동

[c] 여러 2-행정 엔진 개념에서, 크랭크 케이스의 소기용 공기를 압축하는 피스톤 펌핑 일 항이 있다.

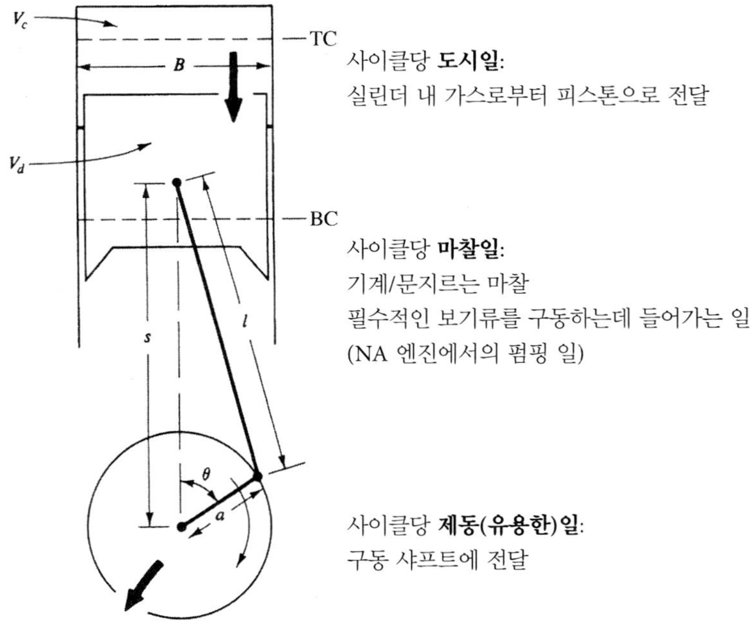

그림 2.7 도시일, 마찰일, 제동 일 전달이 왕복 엔진 형상과 어떤 관계가 있는지 보여주는 개략도

마력, (자연흡기 엔진에서) 펌핑 마력을 뺀 값이다. 4-행정 사이클 엔진에서 사이클당 일이나 출력 같은 도시 양을 할 때는 항상 어떤 도시(indicated) 양인지(즉 총 또는 순) 명시하여야 한다.

사이클당 도시일(또는 출력)은 구동축에 전달된 유용한 일(또는 출력)과 엔진의 모든 마찰 손실을 극복하는데 필요한 일(또는 출력)의 합이다. 표준 엔진 시험 코드가 제동출력과 마찰출력(마찰 출력 시험이 전체 엔진에서의 손실 마력에 대한 근사치를 제공함)을 측정하는 절차를 정의한다.[2] 그래서 제동출력과 마찰출력의 합이 도시 출력이나 사이클당 도시일을 추정하는 다른 방법을 제공한다. *제동*이나 *도시* 같은 접두사가 mep나 출력당 연료소비율이나 출력당 배출 오염물(아래 정의 참조)의 정의에도 유사하게 적용된다.

2.6 기계 효율 _*Mechanical Efficiency*

자연흡기 엔진에서 사이클당 (총) 도시일 또는 출력의 일부는 배기를 내보내고 신기를 빨아들이는 데 사용된다. 모든 엔진에서 사이클당 발생하는 일의 일부는 베어링, 피스톤, 기타 엔진의 기계 부품의 마찰을 극복하는데 사용되고 필요한 엔진 보기류를 구동하는 데 사용된다. 이 모든 출력은 함께 마찰 출력(friction power) P_f[d]라고 부르며

$$P_i = P_b + P_f \tag{2.23}$$

마찰 출력은 정확하게 결정하기 어렵다. 한가지 자주 사용되는 방법은 엔진을 연소하지 않고 동력계에 의해서 엔진을 구동하면서 (모터링이라고 함) 모든 마찰 손실을 극복하는 데 필요한 출력을 측정하는 것이다. 모터링 테스트 때의 엔진 속도, 스로틀 세팅, 오일과 냉각수 온도, 외부 조건은 엔진이 연소하는 경우와 같이 유지한다. 이 방법에서 가장 큰 오차가 발생하

[d] 마찰의 각 요소는 13장에서 자세히 논의됨.

는 부분은 피스톤과 링에 작용하는 실린더 가스 압력에 의한 힘이 엔진이 연소하는 경우에 비해 모터링하는 경우가 낮다는 데서 기인하며 실린더 벽면의 오일 온도도 낮고 배기의 농도가 연소 시의 배기 가스보다 높다는 데서 기인한다. 연소 시와 모터링 시의 이들 마찰력 차이는 더하기도 하고 빼기도 한다: 결과적으로 모터링 시와 연소 시의 마찰력은 큰 차이가 없다.

엔진에서 전달되는 제동(또는 유용) 출력을 도시 출력으로 나눈 값을 *기계 효율* η_m이라고 부른다. 이는 엔진 마찰의 상대적 중요도의 척도이다.

$$\eta_m = \frac{P_b}{P_{\text{ig}}} = 1 - \frac{P_f}{P_{\text{ig}}} \tag{2.24}$$

자연흡기 엔진에서는 마찰 출력이 가스를 엔진에 공급하고 내보내는 데 사용되는 출력까지 포함하기 때문에 그런 SI 엔진의 기계 효율은 엔진 설계 세부 사항과 엔진 속도와 함께 스로틀 위치에 의존한다. 전개 스로틀 상태의 오늘날 자동차 엔진의 기계 효율은 1800에서 2400 rev/min(30~40 rev/s) 사이에서 대표적으로 90%에 가깝고 최대 정격 속도에서는 75% 정도로 떨어진다. 엔진이 스로틀 될수록 기계 효율은 떨어지고 제동 출력이 거의 없는 아이들 상태에서는 제로가 된다.

2.7 평균 유효 압력 _Mean Effective Pressure

토크는 특정 엔진의 일을 하는 능력을 나타내는 중요한 척도이지만 그것은 엔진의 크기에 의존한다. 좀 더 유용한 상대적인 엔진 성능 지표는 사이클당 발생일을 배기량으로 나누는 것이다. 그렇게 얻은 파라미터의 단위는 단위 면적당의 힘이므로 이를 평균 유효 압력이라 부른다. 식 (2.2)로부터

$$\text{사이클당 일} = \frac{Pn_R}{N}$$

여기서 n_R은 각 실린더의 파워 행정당 크랭크 축 회전수(4-행정 엔진에서는 2; 2-행정 엔진에서는 1)이다. 그래서

$$\text{mep} = \frac{Pn_R}{V_d N} \tag{2.25a}$$

SI와 U.S. 단위로는 각각

$$\text{mep(kPa)} = \frac{P(\text{kW})n_R \times 10^3}{V_d(\text{dm}^3)N(\text{rev/s})} \tag{2.25b}$$

$$\text{mep(lb/in}^2) = \frac{P(hp)n_R \times 396{,}000}{V_d(\text{in}^3)N(\text{rev/min})} \tag{2.25c}$$

도시, 제동 그리고 마찰 mep는 사이클당 도시, 제동, 그리고 마찰 일이나 출력에서 계산할 수 있다. 제동 mep는 식 (2.20)을 이용하여 토크의 함수로 표시할 수 있다: 그것은 4-행정 사이클 엔진에서 4π를 토크에 곱하고 부피로 정규화한 값이다.

$$\text{bmep(kPa)} = \frac{6.28 n_R T(\text{N}\cdot\text{m})}{V_d(\text{dm}^3)} \tag{2.26a}$$

또는

$$\text{bmep(lb/in}^2) = \frac{75.4 n_R T(\text{lb}_\text{f}\cdot\text{ft})}{V_d(\text{in}^3)} \tag{2.26b}$$

주어진 타입의 엔진에서, 잘 설계된 엔진의 최대 토크 또는 최대 출력에서의 최고 제동 mep는 확립되어 있고 넓은 엔진 크기 범위에서 거의 동일하다. 그래서 어떤 엔진이 만들어내는 실제 bmep는 이 표준 값과 비교될 수 있고 엔진 설계자가 얼마나 주어진 엔진의 부피를 잘 이용했는지 가늠할 수 있다. 그리고 설계할 때 어떤 속도에서 주어진 토크나 파워를 제공하는데 필요한 엔진 배기량을 그 엔진 타입에 해당하는 적절한 bmep 값을 사용하여 추정할 수 있다.

Bmep의 대표적인 값은 다음과 같다: 자연 흡기식 4-행정 SI 엔진의 최댓값은 최대 토크가 나오는 엔진 회전수에서(평균 피스톤 속도는 대략 11 m/s) 1050에서 1250 kPa 사이에 있다. 실린더당 2밸브 엔진은 이 중에 낮은 값 쪽에 있고 가변 밸브 타이밍을 이용하는 실린더당 4밸브 엔진은 높은 값 쪽에 있다. 최대 정격 출력에서 bmep 값은 최대 토크의 값보다 10% 정도 낮다. 터보차저를 장착한 SI 엔진에서 최대 bmep는 1800에서 2400 kPa 사이에 있다. 자연 흡기 4-행정 디젤 엔진의 bmep는 800에서 900 kPa 사이에 있는데, 최대 정격 출력에서는 750 kPa 정도이다. 터보차저를 장착한 4-행정 디젤 엔진의 bmep는 1600에서 2400 kPa 사이인데 이중 높은 값은 터보차저와 후단냉각기를 쓰는 엔진이다. 최대 정격 출력에서 bmep는 1400에서 2200 kPa 정도이다. 2-행정 사이클 SI 엔진의 최대 bmep는 400에서 750 kPa 정도이다(작은 단기통 엔진이 낮은 값을 갖고 더 큰 다기통 엔진이 높은 값을 갖는다). 대형 2-행정 사이클 디젤은 4-행정 사이클 엔진과 비슷한 성능을 갖는다. 대형 저속 선박과 발전용 2-행정 사이클 엔진은 1750 kPa 정도의 값을 달성할 수 있다.[e]

아래 예가 어떻게 엔진 성능 파라미터가 엔진 설계의 처음 단계에서 이용되는지 보여준다.

예제 2.1 4기통, 실린더당 4밸브 자연 흡기이고, 중간 속도 영역에서(~4000 rev/min) 최대 토크 195 Nm를 제공하는 자동차용 SI 엔진을 설계하려고 한다. 엔진의 배기량, 직경, 행정과 최대 제동 마력을 추정하라.

식 (2.26*a*)가 토크와 mep의 관계식이다. 이런 타입의 엔진에서 최대 엔진 토크가 1200 kPa이라고 가정하자. 식 (2.26*a*)에서

$$V(\text{dm}^3) = \frac{6.28 n_R T_{\max}(\text{N}\cdot\text{m})}{\text{bmep}_{\max}(\text{kPa})} = \frac{6.28\times 2\times 195}{1200} = 2\,\text{dm}^3$$

4기통 엔진에서 배기량과 직경과 행정은 다음 관계를 갖는다.

$$V_d = 4\times\frac{\pi}{4}B^2L$$

$B = L$이라고 가정하면 $B = L = 86$ mm이다

최대 정격 엔진 속도는 적절한 최대 평균 피스톤 속도를 17 m/s(2.2절 참조)라고 추정하고 계산할 수 있다.

$$\bar{S}_{p\max} = 2LN_{\max} \rightarrow N_{\max} = 17/(2\times 0.086) = 99\ \text{rev/s}\ (5900\ \text{rev/min})$$

최대 제동 출력은 최대 출력에서의 대표적인 bmep 1080 kPa(1200 kPa보다 10% 낮은)를 이용하여 식 (2.25*b*)로부터 추정할 수 있다:

$$P_{\max}(\text{kW}) = \frac{\text{bmep}(\text{kPa})V(\text{dm}^3)N_{\max}(\text{rev/s})}{N_R\times 10^3} = \frac{1080\times 2\times 99}{2\times 10^3} = 107\,\text{kW}$$

---

[e] 시간이 감에 따라 엔진이 개선될수록 이 대표적인 최고 bmep값은 점점 증가함.

2.8 연료소비율과 효율 _Specific Fuel Consumption And Efficiency

엔진을 시험할 때 연료 소비는 유동률–단위 시간당 질량 유동 $\dot{m}_f$로 측정된다. 좀 더 유용한 파라미터는 *연료소비율*(sfc)–단위 출력당 연료 유동률이다. 이는 정규화된(normalized) 파라미터(즉 엔진 크기에 독립적)로서 어떤 주어진 조건에서 엔진이 공급된 연료를 이용하여 얼마나 효율적으로 일을 생산하는가를 나타내는 척도이다.

$$\text{sfc} = \frac{\dot{m}_f}{P} \tag{2.27}$$

단위별로

$$\text{sfc(mg/J)} = \frac{\dot{m}_f\,\text{(g/s)}}{P\text{(kW)}} \tag{2.28a}$$

또는

$$\text{sfc(g/kW}\cdot\text{h)} = \frac{\dot{m}_f\,\text{(g/h)}}{P\text{(kW)}} = 608.3\ \text{sfc(lb}_\text{m}\text{/hp}\cdot\text{h)} \tag{2.28b}$$

또는

$$\text{sfc(lb}_\text{m}\text{/hp}\cdot\text{h)} = \frac{\dot{m}_f\,\text{(lb}_\text{m}\text{/h)}}{P\text{(hp)}} = 1.644\times10^3\text{sfc(g/kW}\cdot\text{h)} \tag{2.28c}$$

sfc는 낮을수록 좋다. SI 엔진에서 대표적인 가장 좋은 제동 연료소비율은 약 65 μg/J = 235 g/kW·h = 0.41 lbm/hp·h이다. CI 엔진에서는 가장 좋은 값은 더 낮으며 대형 엔진에서는 50 μg/J = 180 g/kW·h = 0.29 l lbm/hp·h 이하이다.

연료소비율은 단위가 있다. 원하는 엔진 출력(사이클당 일이나 파워)과 필요한 입력(연료 유동)간의 관계를 나타내는 단위가 없는 파라미터가 더 근본적인 가치가 있다. 이 목적을 위하여 사이클당 일을 사이클당 공급된 연료가 연소 시 방출할 수 있는 화학에너지로 나눈 값이 일반적으로 사용된다. 이것은 엔진 효율의 측정치이다. 연소 시 방출될 수 있는 공급된 연료에너지는 사이클당 엔진에 공급된 연료 질량에 연료의 발열량을 곱해서 얻는다. 연료의 발열량 Q_{HV}는 연료의 화학 에너지 양을 정의한다. 그 값은 표준 시험 방법에 의해 측정되는데, 이미 질량을 알고 있는 연료를 공기와 섞어 완전히 태운 다음, 연소가 끝난 합성물이 원래의 온도로 돌아간 후, 칼로리미터에서 연소할 때 방출된 에너지가 열에너지로 흡수된 후 그 양을 측정하여 결정한다.

이 *연료 변환 효율*[f] η_f라고 불리는 엔진의 효율을 나타내는 값은 다음 식에 의해 구한다.

$$\eta_f = \frac{W_c}{m_f Q_{\text{HV}}} = \frac{(Pn_R/N)}{(\dot{m}_f n_R/N)Q_{\text{HV}}} = \frac{P}{\dot{m}_f Q_{\text{HV}}} \tag{2.29}$$

여기서 m_f는 사이클당 빨아들인 질량이다. 식 (2.27)의 $P/\dot{m}_f$를 대입하면

$$\eta_f = \frac{1}{\text{sfc}\ Q_{\text{HV}}} \tag{2.30a}$$

또는 단위를 포함하면

$$\eta_f = \frac{1}{\text{sfc(mg/J)}Q_{\text{HV}}\text{(MJ/kg)}} \tag{2.30b}$$

[f] 이 실험적으로 정의된 엔진 효율은 과거에 열효율이나 엔탈피효율로 불렸다. 연료 변환 효율이라는 용어를 더 선호하는데 그 이유는 이 값을 좀 더 정확하게 설명하여 3.6절에서 도입될 다른 엔진 효율과 명확하게 구분하기 때문이다. 발열량에 대해 몇 가지 다른 정의가 있음에 주의하라(3.5절 참조). 그렇지만 수치로는 수 퍼센트밖에 차이가 나지 않는다. 이 책에서는 정압 저위발열량을 연료 변환 효율 계산에 사용한다.

$$\eta_f = \frac{3600}{\text{sfc}(\text{g/kW}\cdot\text{h})Q_{\text{HV}}(\text{MJ/kg})} \tag{2.30c}$$

$$\eta_f = \frac{2545}{\text{sfc}(\text{lb}_\text{m}/\text{hp}\cdot\text{h})Q_{\text{HV}}(\text{Btu/lb}_\text{m})} \tag{2.30d}$$

엔진에서 사용되는 상용 탄화수소 연료의 대표적인 발열량 값은 42에서 44 MJ / kg(18,000에서 19,000 Btu / lb_m)이다. 그래서 연료소비율은 탄화수소 연료에서 연료 변환 효율에 반비례한다.

여기서 주의해야 할 점은 사이클당 엔진에 공급된 연료의 에너지는 연소과정에서 전부 현열 에너지(sensible energy) 또는 열 에너지로 변화되지 않는다는 것이다. 그 이유는 실제 연소 과정은 불완전하기 때문이다. 연료를 완전하게 연소시킬 수 있는 충분한 공기가 실린더 안에 있는 경우 공급 연료 에너지의 거의 전부(95%나 그 이상)가 작동 유체의 열에너지로 전환된다. 연료를 완전히 산화하는 데 필요한 공기보다 적을 경우 공기의 부족이 공급된 연료 에너지가 완전히 방출되는 것을 방해한다. 이 주제는 3.5와 4.9.4장에서 좀 더 서밀하게 다룬다.

2.9 공기/연료비 또는 연료/공기비 _*Air/Fuel and Fuel/Air Ratios*

엔진을 시험할 때 공기 질량 유동률 $\dot{m}_a$와 연료 질량 유동률 $\dot{m}_f$를 보통 측정한다. 이 두 유동률의 비는 엔진 운전 조건을 나타내는 데 유용하다:

$$\text{공기 / 연료비}(A/F) = \frac{\dot{m}_a}{\dot{m}_f} \tag{2.31}$$

$$\text{연료 / 공기비}(F/A) = \frac{\dot{m}_f}{\dot{m}_a} \tag{2.32}$$

정상적인 운전 범위는 보통 가솔린을 사용하는 SI 엔진에서 $12 \le A/F \le 15(0.067 \le F/A \le 0.083)$; 디젤 연료를 사용하는 CI 엔진에서 $20 \le A/F \le 80(0.013 \le F/A \le 0.05)$이다.

2.10 체적 효율 _*Volumetric Efficiency*

흡기 시스템—공기 필터, 흡기관, 스로틀 플레이트(SI 엔진에서), 흡기 매니폴드, 흡기 포트, 흡기 밸브—은 주어진 배기량의 엔진이 빨아들일 수 있는 공기량을 제한한다. 엔진의 흡기 효율을 나타내기 위해 사용되는 파라미터가 체적 효율(volumetric efficiency) η_v이다. 체적 효율은 분명한 흡기 과정이 있는 4-행정 사이클 엔진에서만 사용된다. 그것은 흡기 시스템 안으로 들어오는 공기의 체적 유동률(정해진 공기 조건에서)을 피스톤이 밀어 내는 부피 변화율로 나눈 값이다.

$$\eta_v = \frac{2\dot{m}_a}{\rho_{a,i} V_d N} \tag{2.33a}$$

여기서 $\rho_{a,i}$는 입구 공기 밀도이다. 다른 동등한 체적 효율 정의는

$$\eta_v = \frac{m_a}{\rho_{a,i} V_d} \tag{2.33b}$$

여기서 m_a는 사이클당 실린더로 흡입된 공기 질량이다.

자연흡기 엔진에서는 입구 농도는 보통 대기 공기 밀도(이 경우 η_v는 전체 흡기 시스템의 공기 유동 성능을 측정)를 사용하거나 흡기 매니폴드의 공기 밀도를 사용한다(이 경우 η_v

는 흡기 포트와 밸브의 유동 성능을 측정). 자연 흡기 엔진의 대표적인 η_v는 90% 정도이다. 체적 효율은 6.2절에서 좀 더 자세하게 다룬다. 터보차저 엔진에서는 잘 쓰이지 않는다.

2-행정 사이클 엔진에서는 흡배기 과정(scavenging process)에서 흡기와 배기가 중첩되는데 실린더 혼합물의 차징(charging) 과정을 정량화 하기 위해 다른 파라미터를 사용한다(6.6.2 참조).[1]

2.11 비출력, 비중량, 비체적 _Specific Power, Specifc Weight, and Specific Volume

비출력(specific power)

$$\text{비출력} = P_{b,\max}/V_d \tag{2.34}$$

는 자주 엔진의 최대 출력의 정규화된(normalized) 값으로 쓰인다. 여기서 V_d는 총 엔진 배기량이다. SI 엔진의 최고 값은 40에서 65 kW/liter(낮은 값은 실린더당 2밸브; 높은 값은 4밸브 가변 밸브 제어)이고 터보차저 SI 엔진에서는 80 kW/liter, 자연 흡기 트럭 디젤에서는 30 kW/liter, 터보차저 디젤에서는 40에서 50 kW/liter이다(높은 값은 승용차 디젤).

주어진 최대 출력에서의 엔진의 무게와 전체 부피는 여러 적용에서 중요하다. 서로 다른 엔진을 비교할 때 두 가지 파라미터가 유용하다:

$$\text{비중량} = \frac{\text{엔진 중량}}{\text{최대 출력}} \tag{2.35}$$

$$\text{비체적} = \frac{\text{엔진 체적}}{\text{최대 출력}} \tag{2.36}$$

이 파라미터가 엔진 비교에서 유용하려면 엔진이라는 용어에 어떤 부품과 보기류가 포함되는지 일관된 정의를 사용하는 것이 중요하다. 이 파라미터들은 엔진 설계자가 엔진 재료를 얼마나 효율적으로 사용했는지 또 패키징했는지 보여준다.

2.12 출력과 체적 효율에 대한 보정 계수 _Correction Factors for Power and Volumetric Efficiency

주어진 엔진 속도에서 엔진으로 들어오는 주변 공기의 압력, 습도, 온도는 질량유동률과 출력에 영향을 준다. 엔진 간의 비교를 좀 더 정밀하게 하기 위해 보정 계수를 이용하여 전개스로틀 출력과 체적 효율을 표준 대기 상태로 조정한다. 대표적인 표준 대기 상태는 다음과 같다:

건조 공기 압력	수증기 압력	온도
736.6 mmHg	9.65 mmHg	29.4°C
29.00 inHg	0.38 inHg	85°F

최대 출력과 토크에 대한 보정 계수의 근거는 유효 면적 A_g의 오리피스나 유동 저항을 지나는 일차원 정상 압축성 공기 유동에 대한 식이다(부록 C 참조). 흡기 시스템, 포트와 밸브의 유동 저항은 이런 유동 저항과 유사하게 작용한다. 그래서

$$\dot{m} = \frac{A_E p_0}{\sqrt{RT_0}} \left\{ \frac{2\gamma}{\gamma - 1} \left[\left(\frac{p}{p_0} \right)^{2/\gamma} - \left(\frac{p}{p_0} \right)^{(\gamma+1)/\gamma} \right] \right\}^{1/2} \tag{2.37}$$

이 식을 유도할 때 공기는 가스 상수 R을 갖는 이상기체이고 비열비($C_p / C_v = \gamma$)가 일정하다고 가정했다; p_0와 T_0는 유동 저항의 상류의 토탈 압력과 온도이고 p는 저항의 목(throat) 부분의 압력이다.

만약 엔진에서 p / p_0가 전개 스로틀에서 일정하다면 주어진 흡기 시스템과 엔진에서 건조 공기의 질량 유동률 $\dot{m}_a$는 고속에서 다음과 같이 변한다.

$$\dot{m}_a \propto \frac{p_0}{\sqrt{T_0}} \tag{2.38}$$

주어진 공기를 전부 이용할 수 적당한 양의 연료를 포함한 혼합물에서(그래서 최대 출력을 제공하는), 전개 스로틀에서 도시 마력은 건조 공기 유동률 $\dot{m}_a$에 비례한다. 그래서 만약 다음 식이 성립한다면

$$P_{i,s} = C_F P_{i,m} \tag{2.39}$$

여기서 아래 첨자 s와 m은 각각 표준과 측정 상태를 표시한다. 보정 계수 C_F는 다음 식에 의해 주어진다.

$$C_F = \frac{p_{s,d}}{p_m - p_{v,m}} \left(\frac{T_m}{T_s} \right)^{1/2} \tag{2.40}$$

여기서

$P_{s,d}$ = 표준 건조 공기 절대 압력
P_m = 측정 대기 공기 절대 압력
$P_{v,m}$ = 측정 대기 수증기 분압
T_m = 측정 대기 온다, K
T_s = 표준 대기 온도, K

최대 제동 마력은 식 (2.40)을 이용해 도시 출력을 보정하여 구하며 마찰 출력은 변하지 않는다고 가정하면

$$P_{b,s} = C_F P_{i,m} - P_{f,m} \tag{2.41}$$

체적 효율은 $\dot{m}_a / \rho_a$에 비례한다[식 (2.33) 참조]. ρ_a는 p / T에 비례하므로 체적 효율에 대한 보정계수 C'_F은

$$C'_F = \frac{\eta_{v,s}}{\eta_{v,m}} = \left(\frac{T_s}{T_m} \right)^{1/2} \tag{2.42}$$

2.13 비(specific) 배기 오염 물질과 배기 오염 물질 인덱스 _Specific Emissions and Emissions Index

질소산화물(일산화질소 NO와 이산화질소 NO_2, 보통 둘을 합쳐서 NO_x로 표시), 일산화탄소(CO), 미연소 탄화수소(HC)와 입자상물질의 배출 농도는 매우 중요한 엔진 운전 특성이다.

엔진 배기에 포함된 가스 배기 오염 물질 농도는 보통 ppm(parts per million)이나 부피 %(이들은 각각 몰 분율에 10^6나 10^2를 곱한 것임)로 표시된다. 배기 오염 물질 수준을 정규화된(normalized) 값으로 표시하는 것도 유용한데, 두 가지가 자주 쓰인다. 티(specific) 배기 오염 물질은 단위 출력당 오염물질의 질량유동률이다:

$$\mathrm{sNO}_x = \frac{\dot{m}_{\mathrm{NO}_x}}{P} \tag{2.43a}$$

$$\text{sCO} = \frac{\dot{m}_{\text{CO}}}{P} \tag{2.43b}$$

$$\text{sHC} = \frac{\dot{m}_{\text{HC}}}{P} \tag{2.43c}$$

$$\text{sPart} = \frac{\dot{m}_{\text{part}}}{P} \tag{2.43d}$$

도시 또는 제동 비 배기 오염 물질도 정의할 수 있다. 보통 μg/J, g/kW·h, g/hp·h가 쓰인다.

다른 방법은 연료 유동률에 의해 정규화하는 것이다. 배기 오염 물질 인덱스(EI)가 일반적으로 쓰이는데, 예를 들면

$$\text{EI}_{\text{NO}_x} = \frac{\dot{m}_{\text{NO}_x}(\text{g/s})}{\dot{m}_f(\text{kg/s})} \tag{2.44}$$

CO, HC, 입자상물질에 대해서도 비슷하게 표현할 수 있다.

2.14 성능 파라미터 간의 관계식 _Relationships Between Performance Parameters

출력, 토크, mep가 2.4절부터 2.10절에서 정의된 파라미터의 함수로 표시될 때 이들의 중요성이 명확해진다. 엔진 제동 출력[식 (2.20)], mep[식 (2.250), 연료 전환 효율[식 (2.29)], 기계 효율[식 (2.24)], 공기/연료비[식 (2.32)], 체적 효율[식 (2.33)]의 정의로부터 다음의 엔진 성능 파라미터간의 관계식이 도출된다. 제동 출력 P_b는,

$$P_b = \frac{\eta_{fb}\, m_a N Q_{\text{HV}}(F/A)}{n_R} \tag{2.45}$$

4-행정 사이클 엔진에서는 체적 효율을 도입할 수 있다:

$$P_b = \frac{\eta_v \eta_{f,b} N V_d Q_{\text{HV}} \rho_{a,i}(F/A)}{2} \tag{2.46}$$

$\eta_{f,b} = \eta_m \eta_{f,i}$이므로 도시 마력 P_i는 식 (2.45)와 (2.46)에서 $\eta_{f,b}$를 $\eta_{f,i}$로 바꾸면 된다.
토크 T는,

$$T = \frac{\eta_v \eta_{f,b} V_d Q_{\text{HV}} \rho_{a,i}(F/A)}{4\pi} \tag{2.47}$$

제동 또는 도시 mep는,

$$\text{mep} = \eta_v n_f Q_{\text{HV}} \rho_{a,i}(F/A) \tag{2.48}$$

η는 각각 $\eta_{f,b}$와 $\eta_{f,i}$가 된다.

단위 피스톤 면적당 출력은 자주 비출력(specific power)이라 불리는데, 엔진 설계자가 얼마나 실린더 크기에 상관없이 주어진 피스톤 면적을 잘 이용했는가를 보여준다. 식 (2.46)에서 비출력은

$$\frac{P}{A_p} = \frac{\eta_v \eta_f N L \rho_{a,i}(F/A) Q_{\text{HV}}}{2} \tag{2.49}$$

여기서 제동 비출력이냐 도시 비출력이냐에 따라 η_f는 각각 $\eta_{f,b}$와 $\eta_{f,i}$가 된다. 식 (2.10)과 함께 평균 피스톤 속도를 도입하면

$$\frac{P}{A_p} = \frac{\eta_v \eta_f \rho_{a,i} Q_{\text{HV}} \bar{S}_p}{4} \tag{2.50}$$

식 (2.48)과 (2.50)을 결합하면 비출력은 mep와 평균 피스톤 속도의 곱에 비례함을 알 수 있다.

이들 관계식들은 다음의 값들이 (제동) 엔진 성능에 직접적인 중요성을 갖는다는 것을 보여준다.

1. 흡입되는 공기의 양을 최대화하기 위한 높은 체적 효율과 흡기 공기의 밀도
2. 각 실린더에서 공기를 최대한 이용하기 위해 연소 가능한 최대 연료/공기비
3. 연료의 화학 에너지를 효율적으로 이용하기 위한 높은 도시 연료 변환 효율
4. 손실을 최소화하고 높은 기계 효율을 얻기 위한 낮은 엔진 마찰
5. 출력을 위한 높은 피스톤 속도(체적 효율은 변함 없이)

엔진의 제동 연료 변환 효율 $\eta_{f,b}$는 도시 연료 변화 효율 $\eta_{f,i}$와 기계 효율 η_m의 곱이다. 도시 연료 변환 효율은 연료의 화학 에너지 중 피스톤에 일을 해준 부분을 정의한다. 기계 효율은 피스톤에 전달된 일(도시 일) 중 엔진의 마찰을 이기는데 사용된 일의 부분을 정의한다. 효율적인 에너지 변환과 저마찰이 높은 제동 연료 변화 효율을 얻기 위해 중요하다(낮은 제동 연료소비율).

그림 2.8이 자연 흡기 SI 엔진에서 이들 파라미터 $\eta_{f,b}$, η_m, $\eta_{f,i}$가 엔진 운전 영역이나 mep에 따라 어떻게 변화하는지 보여준다. 제일 위의 커브가 전개 스로틀 상태(WOT)에서의 제동 평균 유효 압력이다. WOT선 아래의 엔진 운전 영역에서는 같은 도시 연료 전환 효율(그림 2.8*a*), 기계 효율(그림 2.8*b*), 제동 연료 전환 효율(그림 2.8*c*)을 갖는 등고선이 있다. 도시 효율은 대부분의 지도에서 40% 정도로 일정하다. 그러나 기계 효율은 높은 부하, 저속에서의 0.9에서 아이들에서의 제로까지 변한다. 제동 연료 전환 효율은 부하가 낮아지거나 출력이 감소함에 따라 2000에서 2500 rev/min에서의 최대 35%에서 아이들에서의 제로까지 계속 감소한다. 본질적으로 이는 기계 효율에 의해 결정되므로 엔진의 저마찰의 중요성을 알 수 있다.

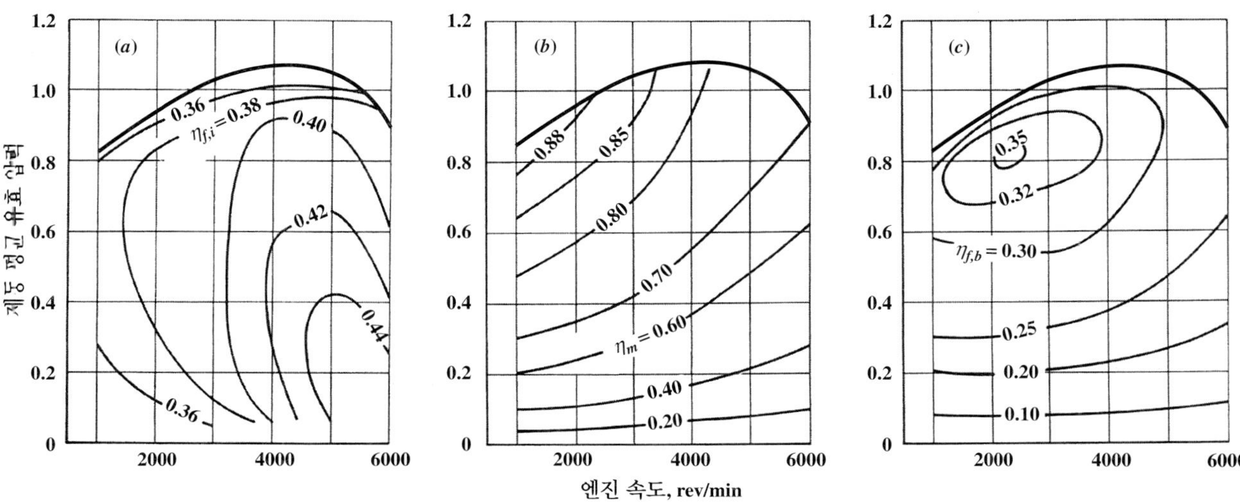

그림 2.8 오늘날의 현대 스파크-점화기관의 성능 지도. 제일 위의 선은 엔진 속도의 함수로 그린 전부하 제동 평균 유효 압력이다. 그림에서: (a) (총)도시 연료-변환 효율이 일정한 선; (b) 기계 효율이 일정한 선; (c) 일정한 제동 연료 변환 효율을 갖는 선. 데이터는 Ref. 4에서 $\eta_{f,b} = \eta_m \eta_{f,i}$.

2.15 엔진 설계와 성능 데이터 _Engine Design and Performance Data

그림 2.9와 2.10은 일반적인 자연흡기 승용차 SI 엔진과 터보차저 디젤 엔진의 최대 토크와 bmep, 최대 제동 출력을 속도에 대한 함수로 보여 주고 있다. 물론 엔진은 이 최대 출력 커브보다 낮은 상태에서 운전될 수 있다. 엔진 정격 값은 보통 엔진이 만족할 만한 경제성, 신뢰성과 내구 특성을 갖는다고 제작 회사가 기대하는 최대 출력과 속도를 나타낸다. 최대 토크와 속도도 보통 제공된다.[g] 자연 흡기 가솔린 엔진에서 최대 출력 조건에서 토크(그리고 bmep)는 최대 토크에 비해서 10% 정도 낮은데 그 이유는 더 높은 속도에서 체적 효율이 낮고(유동저항 때문에) 마찰이 커지기 때문이다. 터보차저 디젤 엔진에서 최대 토크/bmep 커브 모양은 엔진과 터보차저의 상대적 크기에 의존한다. 보통 그림 2.10에서 보여진 것처럼 상대적으로 작은 터보차저가 낮은 속도에서부터 중간 속도까지 높은 토크를 제공하기 위해 사용된다. 상대적으로 큰 터보차저는 높은 속도에서는 더 토크를 증가시키나 낮은 속도에서는 감소시킨다.

출력과 토크 모두 배기량에 의존하기 때문에 주어진 엔진 카테고리내의 다른 배기량 엔진들을 비교하려면 정규화된 파라미터가 더 유용하다. 아래의 값들이 표시된 운전 조건에서 가장 중요하다.[7]

1. 최대 정격 출력에서:

   평균 피스톤 속도. 공기 유동 저항을 줄이는 데, 왕복 운동 부품의 관성으로 인한 부

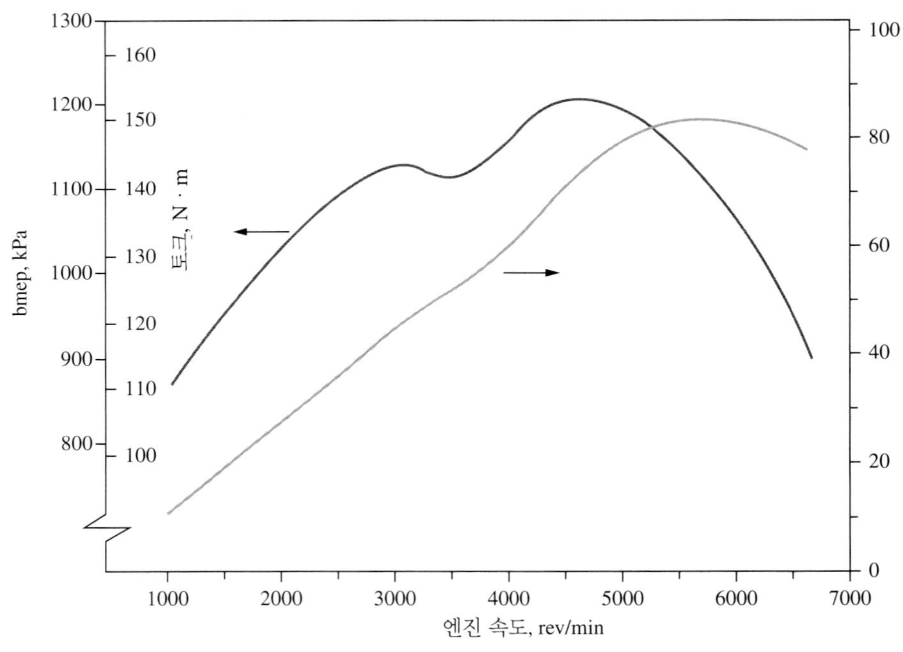

그림 2.9 대표적인 자동차 SI 엔진에서 속도의 함수로 그린 전부하 토크, bmep, 출력. 다임러크라이슬러의 4기통 인라인 1.6리터 엔진: 실린더당 4밸브, 직경 = 77 mm, 행정 = 85.8 mm, 압축비 = 10.5, 고정 밸브 타이밍.[5]

[g] WOT 토크 커브에서 3500 rev/min에서의 감소는 흡기 튜닝 효과 때문이다(6.2.6절 참조).

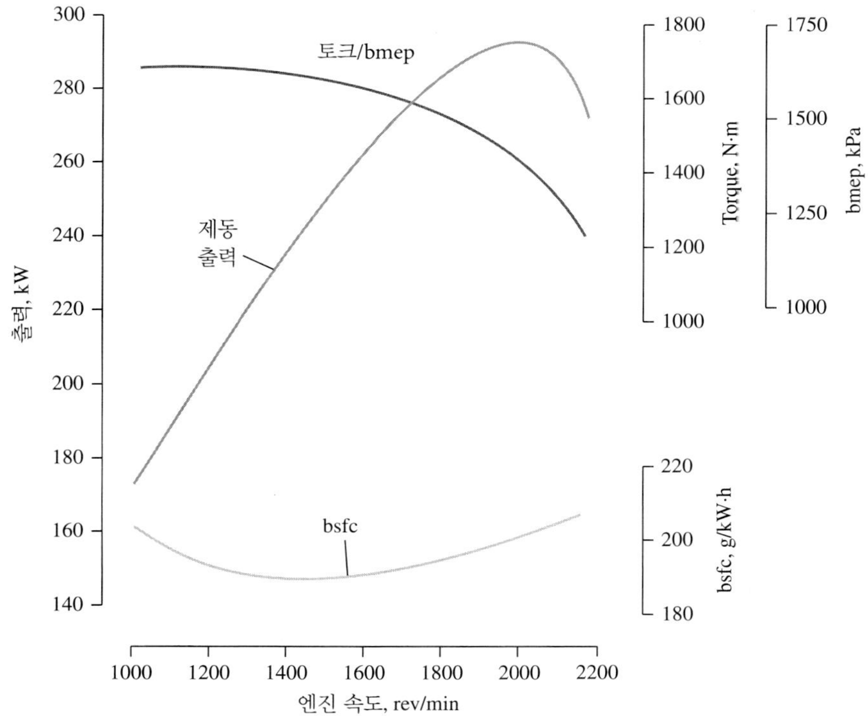

그림 2.10 대표적인 터보차저 인터쿨러 트럭 디젤 엔진에서 속도의 함수로 그린 전부하 토크, bmep, 출력. Hino K13C 인라인 6기통 엔진; 12.9리터 배기량, 직경 = 135 mm, 행정 = 150 mm, 압축비 = 16.5, 고정 밸브 타이밍.[5]

하를 다루는 데, 엔진 마찰 등에서의 상대적인 성공을 나타냄

제동 평균 유효 압력. 자연흡기 엔진에서 bmep는 스트레스에 의해 제한되지 않는다. 이것은 체적 효율(공기흡입 능력), 연료/공기비(연소 시의 공기 사용의 효율성), 도시 연료 변환 효율, 엔진 마찰 저감의 복합적 효과이다. 수퍼차저나 터보차저 엔진에서 bmep는 또 더 높은 압력이나 열 부하를 다루는 면에서의 성공 정도를 나타낸다.

피스톤 단위 면적당 출력. 실린더 크기에 상관없이 얼마나 잘 피스톤 면적을 사용했는지 나타낸다.

비중량. 재료를 얼마나 효율적으로 사용했는지를 보여줌

비체적. 엔진이 차지하는 부피를 얼마나 효율적으로 사용했는지를 나타냄.

2. 엔진이 전개 스로틀 또는 최대 연료펌프 세팅에서 사용되는 전 속도영역에서:

   제동 평균 유효 압력. 높은 공기 유동을 얻거나 제공하는 능력을 보여주고, 토크를 만들어낼 때 공기를 얼마나 효율적으로 사용했는지를 보여줌

3. 엔진이 운전되는 전 영역 특히 엔진이 장시간 운전되는 영역에서:

   제동 연료소비율 또는 연료 변환 효율

   제동 비 배기 오염 물질

생산되는 여러 크기의 SI와 디젤 엔진의 대표적인 성능 데이터가 표 2.1에 요약되어 있다. 아주 작거나 매우 큰 경우를 제외하곤 대부분 4-행정 사이클이다. 큰 엔진은 터보차저나

표 2.1 내연기관의 대표적인 설계와 작동 데이터[1,4,8]정격 최대

	작동 사이클	압축비	직경, m	행정/직경	최대 정격 속도, rev/min	최대 정격 bmep, bar	최대 정격 단위 배기량당 출력 kW/dm³	무게/출력, kg/kW	최고 bsfc, g/kW·h
스파크 점화기관:									
소형(예: 모터사이클)	2S	7~11	0.05~0.08	1.2~0.9	4500~14,000	5~12	40~160	2~0.4	380
	4S	9~12			5000~13,000	9~13	50~150	2.5~0.5	320
승용차(NA)(TC,CAC)	4S	10~12	0.07~0.1	1.1~0.9	5000~8000	11~13	40~80	2~0.8	240
	4S	9~11			5000~7500	16~24	60~110	1.5~0.5	230
트럭(NA)	4S	9~11	0.09~0.13	1.2~0.7	2000~3500	8~10	20~35	5.0~3.0	240
대형 가스 엔진	4S	9~12	0.22~0.45	1.1~1.4	300~1000	7~14	30~40	7~3	200
Wankel 엔진	4S	10	0.65 dm³ per chamber		8500	10.5	140	~ 1	280
디젤 엔진:									
승용차(NA)(TC)	4S	19~24	0.075~0.1	1.2~0.9	3500~5000	7~9	20~35	4~2	240
	4S	18~22			3500~4500	12~20	35~55	3~1.3	220
트럭(NA)	4S	16~18	0.1~0.15	1.3~0.8	2000~4000	7~10	15~25	6~3	210
(TC,CAC)	4S	15~18	0.1~0.15	1.3~0.8	1800~3200	18~24	30~45	4~3	200
기차, 산업용	4S, 2S	12~18	0.15~0.4	1.1~1.3	425~1800	7~23	5~20	6~18	180
대형 엔진, 선박, 발전	2S	10~12	0.4~1	1.2~3	110~400	10~20	2~8	20~50	160

약어: 2S, 2 행정; 4S, 4 행정; NA 자연흡기; TC, 터보차저 장착; CAC, 차지-공기 냉각

수퍼차저를 사용한다. 엔진의 크기가 증가할수록 최대 정격 엔진 속도는 평균 피스톤 속도는 10에서 20 m/s를 유지하면서 낮아진다. 터보차저 엔진의 최대 제동 mep는 자연 흡기 엔진에 비해 훨씬 높다. SI 엔진의 연료/공기비가 디젤에 비해 높기 때문에 자연흡기 최대 bmep 값은 (공기 압축이 동일할 때) 더 높다. 엔진의 크기가 커질수록 제동 연료소비율은 낮아지고 연료 변환 효율은 증가하는데 그 이유는 마찰과 열손실의 중요성이 감소하기 때문이다. 가장 큰 디젤 엔진에선 제동 연료 변환 효율이 55%(도시 연료 변환 효율은 60%에 육박)에 이를 수 있다.

2.16 차량 출력 요구 _*Vehicle Power Requirements*

엔진이 차량을 구동할 때 차량의 움직임에 대한 저항을 이기고 가속할 수 있도록 하고, 변속기와 동력전달 장치의 손실을 극복하기 위해 충분한 파워를 제공하여야 한다. 그림 2.11에 보인 차량 저항과 관성 힘은: 타이어 구름 저항 F_R, 차량 공력 저항(aerodynamic drag) F_D, 차량 가속 F_a(감속할 때는 네거티브), 경사로 올라갈 때의 중력 F_g(내려갈 때는 네거티브), 제동 힘 F_b. 차량을 움직이는 데 바퀴에서 필요한 출력(P_v)는,

$$P_v = (F_R + F_D + F_a + F_g + F_b)S_v \tag{2.51}$$

이 차량 출력은 엔진 출력에 변속기와 동력전달장치의 효율을 곱한 것이다. 이들 각각의 저항(힘)은 다음과 같다;

$$F_R = C_R m_v g \cos\alpha \tag{2.52a}$$

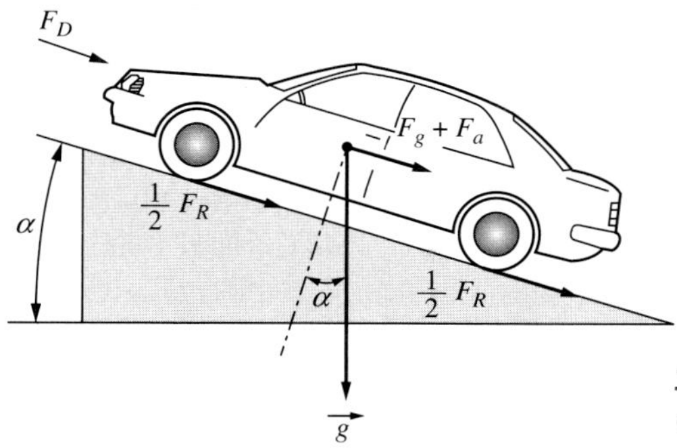

그림 2.11 경사진 길을 올라갈 때 차량의 움직임에 저항하는 힘들

$$F_D = \frac{1}{2}\rho_a C_D A_v S_v^2 \tag{2.52b}$$

$$F_a = m_v a_v \tag{2.52c}$$

$$F_g = m_v g \sin\alpha \tag{2.52d}$$

여기서

C_R = 구름 저항 계수($0.01 < C_R < 0.02$)[8]
m_v = 차량 질량(공차와 탑재 화물; 미국에서 단위는 W_v = 차량 무게 lb_f)
g = 중력가속도
α = 경사각
ρ_a = 외부 공기 밀도
C_D = 저항 계수(승용차:$0.2 < C_D \leq 0.5$); 보통 0.33[8]
A_v = 차량 전면 면적($\approx 0.9 \times$ 차량 높이 $\times$ 폭)[8]
S_v = 차량 속도
a_v = 차량 가속도

자동차 엔진을 테스트할 때 참고 치로 유용한 부분 부하 출력 레벨은, 일정 속도로 평평한 곳에서 차량을 운전할 때 필요한 출력이다. 도로 부하(Road-load) 출력이라고 불리는데, 이 출력은 타이어의 구름 저항과 차량의 공력 저항을 이기는 데 필요한 출력이다. 구름 저항과 저항 계수, C_R과 C_D,는 실험적으로 구한다. 식 (2.51)과 (2.52)에서 도로 부하 F_r은

$$P_r = (C_R m_v g + \frac{1}{2}\rho_a C_D A_v S_v^2) S_v \tag{2.53}$$

단위를 표시하면

$$P_r(\text{kW}) = \left[2.73 C_R m_v(\text{kg}) + 0.0126 C_D A_v(\text{m}^2) S^2{}_v(\text{km/h})^2\right] S_v(\text{km/h}) \times 10^{-3} \tag{2.54a}$$

$$P_r(\text{hp}) = \frac{\left[C_R W_v(\text{lb}_f) + 0.0025 C_D A_v(\text{ft}^2) S^2{}_v(\text{mi/h})^2\right] S_v(\text{mi/h})}{375} \tag{2.54b}$$

연습문제

2.1 왜 자연 흡기 디젤 엔진의 제동 평균 유효 압력이 자연 흡기 스파크 점화기관의 값보다 낮은지 설명하라. 주어진 엔진에서 최대 정격 출력에서의 bmep가 왜 최대 토크에서의 bmep보다 낮은지 설명하라.

2.2 평균 피스톤 속도, bmep, 비출력을 아래에 대해 계산하라. (a) 그림 1.11, 1.13의 스파크-점화기관의 최대 정격 출력과 토크에서; (b) 그림 1.31, 1.32의 디젤 엔진의 최대 정격 출력과 토크에서. 이 두 타입의 엔진의 주요한 차이에 대해 설명하라.

2.3 차량을 경사각 α의 경사면을 일정한 속도로 운전하는데 필요한 동력에 대한 식을 차량 속도, 질량, 전면 면적, 드래그 계수, 굴린 마찰 계수, α, 중력 가속도의 함수로 구하라. 차의 질량이 1500 kg이고 경사각이 15도이고 차량 속도가 50 mi/h(80 km/h)일 때 필요한 동력을 구하라.

2.4 그림 1.4의 스파크 점화기관이 평균 피스톤 속도 10 m/s에서 작동하고 있다. 측정된 공기 유량은 60 g/s이다. 체적 효율을 계산하라(대기 조건에 기반하여).

2.5 그림 1.31의 디젤 엔진이 평균 피스톤 속도 8 m/s로 작동하고 있다. 체적 효율이 0.92일 때 공기 유량을 계산하라. 만약 (F/A)가 0.05이면 연료 유량율과 실린더당 한 사이클에 분사되는 연료의 질량은 얼마인가?

2.6 스파크-점화기관의 제동 연료 변환 효율이 0.3이고 연료 종류에 따라 별로 변하지 않는다. 아이소옥탄, 가솔린, 에탄올, 메탄올, 수소에 대해 제동 연료소비율을 구하라(관련 데이터는 부록 D에 있음).

2.7 터보차저 4-행정 디젤 엔진에 대한 예비 설계를 해 본다. 스트레스를 고려할 때 최대 정격 출력은 제동 평균 유효 압력 1200 kPa, 최대 평균 속도 12 m/s의 한계를 가진다.

(a) 최대 정격 출력 조건에서 엔진 흡기 압력(터보차저 압축기 출구 쪽의 흡기 매니폴드 압력)과 연료/공기비의 관계식을 구하라. 다른 왕복 운동 엔진 파라미터(즉 체적 효율, 연료 변환 효율, bmep 등) 등도 식에 나타난다.

(b) 이 엔진에 요구되는 최대 정격 제동 출력은 400 kW이다. 이 예비 설계의 실린더 개수, 실린더 직경, 행정, 최대 정격 속도 등에 대해 근사적으로 추정하라.

(c) 만약 압축기 전후의 압력비가 2라면, 최대 정격 출력에서의 전체 연료/공기와 공기/연료비를 추정하라. 필요한 파라미터들에 대해서는 적절히 가정한다.

2.8 엔진의 제동 연료 변환 효율이 0.3이다. 기계 효율은 0.8이다. 연소 효율은 0.94이다. 냉각수와 오일로의 열전달 손실은 60 kW이다. 엔진으로 공급되는 연료 화학 에너지, $\dot{m}_f Q_{HV}$,는 190 kW이다. 이 에너지의 몇 퍼센트가 다음 항으로 갔는가? (a) 제동 일; (b) 마찰 일; (c) 열 손실; (d) 배기 화학 에너지; (e) 배기 현열(sensible energy)

2.9 요즈음 스파크 점화기관의 도시 연료 변환 효율 $\eta_{f,i}$는 작동 영역에서 38%이다. 2000 rev/min에서, 기계 마찰 평균 유효 압력(mfmep)는 90 kP이고 보기류(냉각수, 오일, 연료 펌프) 마찰(afmep)는 20 kPa이다; 둘 다 부하에는 무관하다. 전 흡기 매니폴드 압력에 걸쳐 엔진은 화학양론비와 MBT 스파크 점화시기에서 운전된다. 배기 압력은 p_e, 연료 발열량은 Q_{HV}, 연료/공기비, 스로틀 바로 하류의 흡기 밀도 $\rho_{a,i}$, 체적 효율 η_v는 $\rho_{a,i}$에 베이스를 둔다.

(a) 제동 연료 변환 효율을 $\eta_{f,i}$, mfmep, afmep, 흡기 매니폴드 압력 p_i, 배기 매니폴드 압력 p_e, 연료 발열량 Q_{HV}, 연료/공기비, 스로틀 바로 하류의 흡기 밀도 $\rho_{a,i}$, $\rho_{a,i}$에 베이스를 둔 체적 효율 η_v의 함수로 표시하라.

(b) 흡기 매니폴드 압력이 0.4, 0.7, 1.0 bar일 때, 엔진의 기계 효율과 제동 연료 변환 효율을 추정하라.

(c) 아이들에서도 기계 마찰과 보기류 마찰 값이 같다고 할 때, 아이들에서의 흡기 매니폴드 압력을 구하라.

2.10 왕복 운동 엔진에서, 파워 또는 팽창 행정에서, 피스톤에 작용하는 가스 압력은 커넥팅 로드를 통해 크랭크 샤프트에 전달된다. 사이클의 이 구간에서 작동하는 힘들을 나열하라. 피스톤, 실린더, 커넥팅 로드, 크랭크 샤프트 그림 위에 이 피스톤에 작용하는 힘들의 방향을 표시하라. 피스톤에 작용하는 힘의 균형에 대해 (a) 실린더 축 방향, (b) 커넥팅 로드를 포함한 평면에서 실린더 축에 수직인 방향으로 써라(이 식을 조작하거나 풀 필요는 없다).

2.11 엔진 내부에서 어떤 일이 벌어지는지 알기 위해 몇 가지 속도, 시간과 길이 스케일이 유용하다. 전부하에서 2500 rev/min으로 운전되는 1.6리터 배기량 4실린더 스파크 점화기관에서 아래의 양을 추정하라.

(a) 평균 피스톤 속도와 최대 피스톤 속도

(b) 흡기 포트에서의 최대 차지 속도(포트 면적은 피스톤 면적의 20% 정도임)

(c) 한 엔진 작동 사이클, 흡기 과정, 압축 과정, 연소 과정, 팽창 과정, 배기 과정이 차지하는 시간(주의: 여기서 과정은 행정과 다름)

(d) 화염이 연소실을 지나는 평균 속도

(e) 흡기 밸브가 열리고 차지가 실린더로 들어가기 전에, 한 실린더를 채우는 차지가 흡기 시스템(흡기 포트, 매니폴드 러너, 등)을 채우고 있는 길이(즉 한 실린더 부피 차차지가 흡기 시스템에서 흡기 밸브에서 얼마나 멀리 차지하고 있는지).

(f) 실린더를 나간 후 한 실린더 차지가 차지하는 배기 시스템 길이(평균 배기 온도를 425°C로 가정한다).

몇 가지 적절한 형상에 관한 가정해야 한다. 계산은 간단히 하고 근사적인 답을 구하면 됨.

2.12 4실린더 4-행정 디젤 엔진을 설계한다. 직경은 100 mm, 행정은 120 mm를 선정했고 관심 있는 작동 속도는 1500 rev/min이다. 터보차저 시스템을 사용하며 흡기 매니폴드 공기는 2 bar, 380 K이다. 체적 효율은 90%를 예상한다. 도시 연료 변환 효율은 55%으로 추정되며 공기/연료비는 28:1을 사용한다. 마찰 평균 유효 압력은 2.2 bar를 예상한

다. 연료의 발열량은 42.5 MJ/kg이다.

다음을 구하라.

(a) 엔진으로 공급되는 공기의 질량 유동률(kg/s)

(b) 한 실린더에서 한 사이클에 타는 연료의 질량(mg)

(c) 한 실린더에서 한 사이클의 도시일(kJ)

(d) 제동 평균 유효 압력(kPa)

(e) 엔진 축 파워 출력(kW)

(f) 제동 연료소비율(g/kW • h)

(g) 제동 연료 변환 효율

2.13 자동차 엔진은 차이 저항을 이길만한 동력을 제공하여야 한다. 이 저항은 타이어와 도로의 마찰 때문에 생기는 구름 저항, 공기역학적 드래그, 중력(경사면을 올라갈 때), 가속할 때 차량의 관성 등을 포함한다.

무게가 1515 kg이고, 속도의 함수인 최대 토크가 중속에서 247 N·m로 거의 일정한 Ford Taurus 차량에서 다음 값을 추정하라.

(a) 차량의 속도가 50 km/h, 100 km/h일 때, 도로 부하 동력(정속에서 평평한 길을 갈 때 필요한 동력). 차량 속도가 증가할 때 각 저항의 상대적 중요성이 어떻게 변화하는가?

(b) 50 km/h 정속 주행에서 20% 경사길을 올라 갈 때 필요한 동력

(c) 평지에서 차가 3단에 있을 때(3단에서 엔진과 바퀴의 속도비는 3.27:1) 40에서 80 km/h까지 가속하는데 걸리는 최소 시간

타이어 구름 마찰과 차 드래그 계수와 형상(전면 면적, 바퀴 반경)에 대해 적절히 가정한다.

2.14 팽창 행정 중 상사점 후 45도에서, 실린더 내 압력은 1000 kPa이다. 직경과 행정은 80 mm이고 압축비는 10이며, 커넥팅 로드 길이: 크랭크 반경은 3.5이고, 크랭크 케이스 압력은 100 kPa이고, 피스톤에 작용하는 축방향 마찰력은 65 N이다. 피스톤 질량(그리고 피스톤 핀과 커넥팅 로드의 반)은 0.57 kg이다. 엔진 속도는 2500 rev/min이다.

(a) 피스톤에 작용하는 힘, 커넥팅 로드에 작용하는 압축 힘, 크랭크 샤프트에 전달된 토크를 계산하라.

(b) 흡기 행정에서 같은 크랭크 위치에서, 실린더 내 압력은 0.5이다. 마찰 힘은 거의 같다. 이 경우 커넥팅 로드에 작용하는 힘을 추정하라.

2.15 실험실 프로젝트: 다기통 양산 엔진을 분해하라.

실험실 세션에서 먼저 엔진을 분해하고 아래 측정을 하라.

(a) 실린더 직경(상사점과 하사점에서)
커넥팅 로드 길이(핀 센터에서 핀 센터까지)
행정
피스톤 탑 랜드 직경
피스톤 탑 랜드 높이
피스톤 탑 링 그루브 크기
피스톤 탑 링 두께, 높이, 둘레
피스톤 직경, 스커트 센터에서 스커트 센터까지
전체 피스톤 높이

(b) 흡기와 배기 밸브 헤드 직경
흡기와 배기 밸브 시트 직경(평균값)
흡기와 배기 밸브 스템 직경
밸브 스템 사이의 각
최대 흡기와 배기 밸브 리프트
최소 흡기 포트 단면적
평균 흡기 포트 길이
평균 흡기 매니폴드 "직경"
평균 흡기 매니폴드 러너 길이

(c) 피스톤의 형상을 손으로 비례에 맞추어 조심해서 그려라.

(d) 아래 형상 비를 계산하라.
직경/행정
커넥팅 로드 길이/크랭크 반경
흡기 밸브 직경/실린더 직경
최대 흡기 밸브 리프트/밸브 직경
흡기 밸브 헤드 직경/평균 시트 직경
배기 밸브 직경/실린더 직경
최대 배기 밸브 리프트/밸브 직경
배기 밸브 헤드 직경/평균 시트 직경
하나의 흡기 포트와 하나의 흡기 매니폴드 러너 부피/한 실린더 배기량

(e) 분해한 엔진의 부분 중에서, 엔진이 연속해서 작동하려면 어떤 부품이 필요한가? 리스트를 작성하라.

참고문헌

1. Heywood, J. B., and Sher, E.: *The Two-Stroke Cycle Engine; Its Development, Operation, and Design,* SAE and Taylor & Francis, Philadelphia, 1999.
2. SAE International: "Engine Power Test Code—Spark Ignition and Compression Ignition—As Installed Net Power Rating," J1349, *SAE Handbook*. 2005.
3. Chon, D., and Heywood, J. B.: "Performance Scaling of Spark-Ignition Engines: Correlation and Historical Analysis of Production Engine Data," SAE paper 2000-01-0565, SAE, 2000.
4. Gruden, D., Kuper, P. F., and Porsche, F.: "Heat Balance of Modern Passenger Car SI Engines," in *Heat and Mass Transfer in Gasoline and Diesel Engines,* D. B. Spalding and N. H. Afgan (eds), Hemisphere Publishing Corporation, New York, 1989.
5. Regueiro, A.: "DaimlerChrysler's New 1.6L, Multi-Valve 4-Cylinder Engine Series," SAE paper 2001-01-0330 in *Advanced Engine, Powerplant, and Component Design*, SP-1620, SAE, 2001.
6. Kakinai, A., Yamamoto, A., and Sugihara, H.: "Development of the New K13C Engine with Common-Rail Fuel Injection System," SAE paper 1999-01-0833, 1999.
7. Taylor, C. F.: *The Internal Combustion Engine in Theory and Practice*, vol. II, MIT Press, Cambridge, MA, 1968.
8. Bosch, R.: *Automotive Handbook*, 6th English edition, Robert Bosch GmbH, Stuttgart, SAE, 2004.

내연기관

Internal Combustion Engine Fundamentals

CHAPTER 3

연료-공기 혼합물의 열화학

Thermochemistry of Fuel-Air Mixtures

3.1 화염의 특징 _*Characterization of Flames*

엔진 실린더 내에서의 연료-공기 혼합물의 연소는 엔진의 출력, 효율, 배기 오염물질을 결정하는 핵심적 과정이다. 그래서 엔진의 작동을 이해하기 위해서는 먼저 관련된 연소 현상에 대한 기초 지식을 알 필요가 있다. 이 연소 현상은 이 책의 주제인 두 타입의 엔진—스파크 점화기관과 압축 점화기관—에서 다르다. 스파크 점화(SI)기관에서 연료는 보통 엔진의 흡기 포트나 엔진의 실린더 안에서 공기와 잘 섞인다. 연료-공기 혼합물의 압축 과정에 이어서 전기 방전이 연소과정을 시작한다; 스파크 방전에 의해 만들어진 "커널(kernel)"에서 발달한 화염은 실린더 안에서 전파하여 실린더 벽에 이른다. 실린더 벽에서 화염은 열전달과 활성화된 화학종들의 소멸이 주된 과정이 되면서 꺼진다("quench" 또는 extinguished). 바람직하지 않은 연소 현상—화염 전면에서 상당한 연료/공기 혼합물이 화염이 미처 끝가스(end gas)라고 부르는 혼합물까지 전파되기 전에 "자발적 점화"—도 일어날 수 있다. 이 자동점화 또는 자기-폭발 연소 현상은 스파크 점화기관의 노킹을 초래하는데, 발생하는 높은 압력 때문에 엔진에 손상을 줄 수 있다.

디젤 엔진에서는 압축과정이 끝날 때 즈음, 이미 높은 압력과 온도 상태에 있는 공기로 연료가 분사된다. 분사된 연료가 증발하면서 뜨거운 공기와 섞이는데 이 혼합물의 일부에서 자동점화 또는 자기-점화가 일어나서 연소가 시작하고 빠르게 퍼진다. 연료와 공기가 연소가 일어날 수 있는 적당한 조성비로 섞이면서 연소가 진행된다. 그래서 연료-공기의 혼합이 디젤 연소 과정을 지배하는 역할을 한다.

3장과 4장에서는 연소의 열화학에 대해 집중하는데 엔진 내에서의 연소 전과 연소 후의 조성과 열역학적 물성치에 대해 다루고, 엔진 실린더 내에서 발생하는 연스 과정과 연계된 에너지 변화를 다룬다. 9장과 10장에서는 엔진 연소의 현상적인 부분을 다루는데 연료-공기 혼합물이 연소 가스로 변화하는 물리적이고 화학적인 과정을 자세하게 다룬다. 이 시점에서 다음에 소개되는 내용의 적절한 배경 지식을 제공하기 위해 엔진에서 일어나는 핵심 연소 현상을 검토하는 것이 유용하다. 이런 연소 현상에 대한 좀 더 자세한 정보는 Borman and Ragland[1]나 Glassman[2]에서 찾을 수 있다.

연소 과정은 산소가 결정적인 반응물 역할을 하는 빠른 발열 가스상 반응이다. 화염은 연소 반응이 일어나는 영역으로서 공간을 통해 아음속으로 전파할 수 있다; 미연 가스로의 화염의 움직임이 중요한 특징이다. 전파하는 화염의 존재는 장치—여기서는 엔진 연소실—의 치수에 비해 작은 두께의 영역에 반응이 제한되어 있음을 의미한다. 이 화염의 공간 전파 특성은 화학 반응, 질량 확산과 열전도 같은 전달 현상, 유동이 긴밀하게 연결되어 일어난다. 열발생과 활성 화학종들이 화학 반응을 가속시킨다; 대류 속도에 의해 지배되는 새 반응물의 공급이 반응을 제한한다. 이런 과정들이 균형 잡힐 때 정상 상태 화염이 생긴다.

화염은 보통 다음의 종합적인 특성에 의해 분류된다. 첫 번째는 반응 영역에 들어오는 반응물의 조성과 관계된다. 만약 연료(기체 상태)와 산화제가 근본적으로 균일하게 혼합되어 있으면 화염은 *예혼합*이라고 부른다. 만약 반응물이 미리 혼합되어 있지 않고 반응이 일어나는 영역에서 섞여야 한다면, 혼합이 연료와 공기의 반응영역으로의 확산에 의해서 이루어지기 때문에 화염을 *확산화염*이라고 부른다. 두 번째 분류는 반응 영역으로의 가스 유동의 기본 특성과 관계가 있다: 층류 또는 난류이다. 층류에서는 혼합과 이송이 분자 과정에 의해 일어난다. 층류는 낮은 레이놀즈 수에서만 일어난다. 레이놀즈 수(유체 밀도 × 속도 × 길이 척도/점성)는 관성력의 점성력에 대한 비이다. 난류 유동에서는 혼합과 이송이 에디나 유체 덩어리(lump)의 거시적인 상대 운동에 의해 활발해지는데(보통 여러 배) 이는 난류(높은 레이놀즈 수) 유동의 특징이다. 세 번째 분류는 화염이 *정상*이냐 *비정상*(unsteady)이냐에 의해 구분한다. 여기서 구분하는 기준은 화염의 구조와 운동이 시간에 따라 변화하는가이다. 마지막 구분 특성은 반응물의 초기 상(phase)—기체, 액체, 고체—이다.

내연기관의 작동 사이클의 결과로 인해, 엔진의 화염은 명백하게 비정상이다. 엔진 화염은 난류이다. 오직 난류 대류에 의해서 층류 이송 프로세스가 훨씬 강해져야만 주어진 시간 안에 엔진 연소 과정이 끝날 수 있을 만큼 혼합과 연소 속도와 화염전파 속도가 빨라진다.

그래서 전통적인 스파크–점화 화염은 예혼합 비정상 난류 화염이고 화염이 전파해 나가는 연료–공기 혼합물은 기체 상태이다. 이 예혼합 화염의 구조가 그림 3.1에 있다. 매우 얇은 화염시트(flame sheet, 약 0.2 mm 두께의) 안에서는 주된 과정이 층류인데 이는 아래 그림 3.1*a*에 보인 바와 같이 분자 확산에 의해 지배된다. 연료의 화학 에너지를 방출하는 연소 반응은 화염의 하류 쪽에서(영역 II) 일어난다. 이곳에서 방출된 에너지는 가열 전 영역인 상류 쪽 I영역(아직 반응이 일어나지 않은 연료–공기 혼합물이 이 영역을 지나면서 점차로 온도가 올라가는)로도 전달되고, 화염을 빠져 나가 III영역으로 흘러 들어가는 고온 연소가스의 하류로도 전달된다. 미연소 혼합물의 온도는 의미 있는 화학 반응과 에너지 방출이 있기 전에 *점화 온도* T_i보다 높아져야 한다. 여기서 화염의 구조는 미연소 연료–공기 혼합물이 왼쪽에서

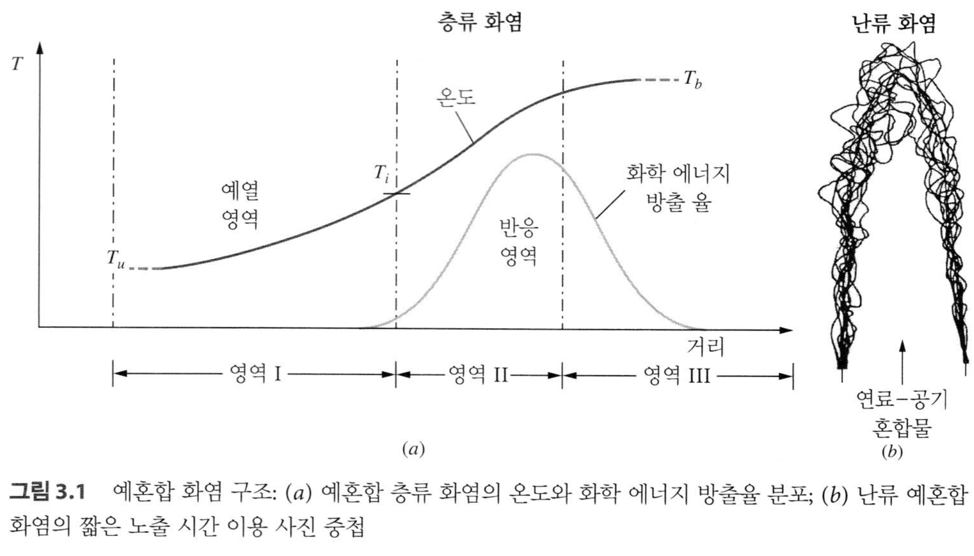

그림 3.1 예혼합 화염 구조: (*a*) 예혼합 층류 화염의 온도와 화학 에너지 방출율 분포; (*b*) 난류 예혼합 화염의 짧은 노출 시간 이용 사진 중첩

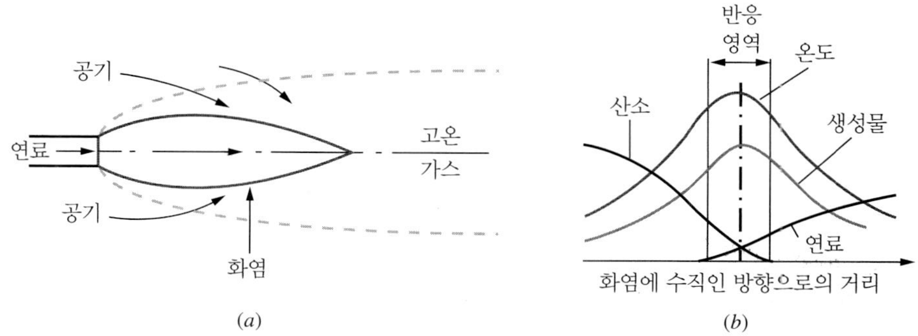

그림 3.2 확산 화염 구조: (*a*) 제트 확산 화염에서의 연료, 공기, 화염 위치; (*b*) 화염의 연료, 산화제, 생성물의 농도와 온도 분포

화염으로 흘러 들어가는 것에 유의하라; 즉 관찰자가 화염과 같이 이동하고 있다. 스파크 점화기관에서 화염은 연소실을 가로 질러 앞에 있는 미연소 혼합물로 움직인다. 이 스파크 점화기관의 화염은 난류 예혼합 화염이다. 그림 3.1*b*가 짧은 시간 스케일에서 측정한 몇몇 난류 예혼합 화염을 보여주고 있다: 연료-공기 혼합물이 그림과 같이 튜브에서 나오고 있고 "주름 잡힌" 얇은 화염시트를 통과한다. 난류 유동이 화염시트를 대류에 의해 움직이고 찌그러트리고 늘려서 "층류와 유사한 주름 잡힌 화염"을 만드는 것을 볼 수 있다. 국부적으로 이 난류 화염시트의 각 부분에서 그림 3.1*a*의 층류 화염 구조가 유지된다.

디젤 엔진 연소 과정은 뚜렷하게 비정상 난류 확산 화염이고 연료는 처음에 액체상태이다. 그림 3.2가 이 확산 화염의 구조를 보여준다. 확산 화염에서는 그림 3.2*a*에 보여진 바와 같이 연료와 공기는 처음에 떨어져 있다. 연료 증기[연료 액적이 증발하면서 디젤 엔진 연료 스프레이안에서 만들어진(그림 1.25 참조)]가 화염의 안으로 흘러 들어간다; 공기는 바깥에서 화염으로 흘러 들어간다(그림 3.2*b*). 온도가 가장 높은 곳에서 화학 반응이 일어난다; 즉 연료의 화학에너지를 완전히 방출할 수 있는 만큼의 공기가 있는 화학양론비 혼합물 조성에서 일어난다. 보여진 바와 같이 연소 결과물은 확산 화염으로부터 바깥쪽 주위 공기로 확산해서 나가며, 내부에서는 스프레이/화염 경계면 안의 하류 유동에 따라 이 결과물이 화염으로부터 멀어진다. 디젤 연소 과정에서 연료 스프레이를 둘러싼 확산 화염은 역시 난류이다; 얇은 화염은 난류 유동에 의해 모양이 불규칙하게(즉 주름 잡히게) 된다. 국부적으로 그림 3.2*b*에 보인 구조를 갖고 있다.

이들 두 엔진 화염은 여러 화학종들의 화학 메커니즘(연료와 공기가 반응하여 결과물이 되는)과 난류 대류 이송 과정이 함께 커플링되어 있어 매우 복잡하다. 디젤 연소 과정은 스파크 점화기관 연소 과정보다 훨씬 복잡한데 그 이유는 액체 연료의 증발과 연료-공기의 혼합이 포함되어 있기 때문이다. 9장과 10장이 각각 SI 엔진과 디젤의 연소 과정에 대해 더 자세히 다룬다. 이 장에서는 엔진 연소와 관련된 기본적인 열역학적 또 화학적 구성 요소들에 대해 살펴 본다.

3.2 이상 기체 모델 _*Ideal Gas Model*

내연기관의 작동 유체를 구성하는 성분들(즉 산소, 질소, 연료 증기, 이산화탄소 등)은 보통 이상 기체로 다룰 수 있다. 이상 기체와 이상 기체 혼합물의 열역학적 물성치의 관계식에 대해 부록 B에 설명이 있다. 이상 기체 법칙에 대해 여러 가지로 표현할 수 있다:

$$pV = mRT = m\frac{\tilde{R}}{M}T = n\tilde{R}T \tag{3.1}$$

여기서 p는 압력, V는 부피, m은 가스 질량, M은 분자량, n은 몰 수이다. 단위 질량당 내부 에너지 u, 엔탈피 h, 엔트로피 s, 정적 비열 C_v, 정압 비열 $C_p(C_p = C_v + R)$와 단위 몰당($\tilde{u}$, $\tilde{h}$, $\tilde{s}$, $\tilde{C}_v$, $\tilde{C}_p$)를 얻은 계산식도 같은 곳에 있다. 또 이상 기체의 혼합물의 열역학적 물성치를 계산하는 식들도 있다.

3.3 공기와 연료의 성분 _*Composition of Air and Fuels*

보통 엔진에서는 연료가 공기와 연소한다. 건조 공기는 다음 가스들의 혼합물인데 대표적인 구성부피비는 산소 20.95%, 질소 78.09%, 아르곤 0.93%이고 소량의 이산화탄소, 네온, 헬륨, 메탄과 다른 가스로 구성되어 있다. 표 3.1이 건조 공기의 주된 구성 요소들의 상대 비를 보여 준다.[3]

연소할 때 산소가 공기의 반응 성분이다. 보통 공기는 21% 산소와 79% 질소(자주 대기 질소 또는 겉보기 질소로 불림)로 대표되는 불활성 가스로 구성되었다고 다루어도 충분히 정확하다. 공기 중 산소 1몰당 대기 질소는

$$\frac{1-0.2095}{0.2095} = 3.773$$

몰이 있다. 표 3.1과 식 (B.17)에서 공기의 분자량을 구하면 28.962인데 보통 근삿값으로 29를 사용한다. 보통 대기 질소는 소량의 다른 화학종들을 포함하고 있기 때문에 그 분자량은 순수한 질소와 약간 다르다.

$$M_{aN_2} = \frac{28.962 - 0.2095 \times 31.998}{1-0.2095} = 28.16$$

앞으로 질소는 대기 질소를 의미하며 분자량은 28.16을 사용한다. 공기에는 단위 산소 몰당 3.773몰의 질소가 있다고 가정한다.

건조 공기의 밀도는 $R = 8314.3$ J/kmol · K와 $M = 28.962$를 식 (3.1)에 대입하여 얻는다:

$$\rho(\mathrm{kg/m^3}) = \frac{3.483 \times 10^{-3}\, p(\mathrm{Pa})}{T(K)} \tag{3.2a}$$

또는

$$\rho(\mathrm{lb}_m/\mathrm{ft}^3) = \frac{2.699\, p(\mathrm{lb}_f/\mathrm{in}^2)}{T(^\circ R)} \tag{3.2b}$$

그래서 건조 공기의 밀도는 1기압(1.0133×10^5 Pa, 14.696 $\mathrm{lb}_f/\mathrm{in}^2$)과 25°C (77°F)에서

표 3.1 건조 공기의 주 조성물

기체	부피 ppm	분자량	몰 비율	몰 분율
O_2	209,480	31.998	0.2095	1
N_2	780,840	28.012	0.7905	3.773
Ar	9300	39.948		
CO_2	404	44.009		
Air	1,000,000	28.962	1.0000	4.773

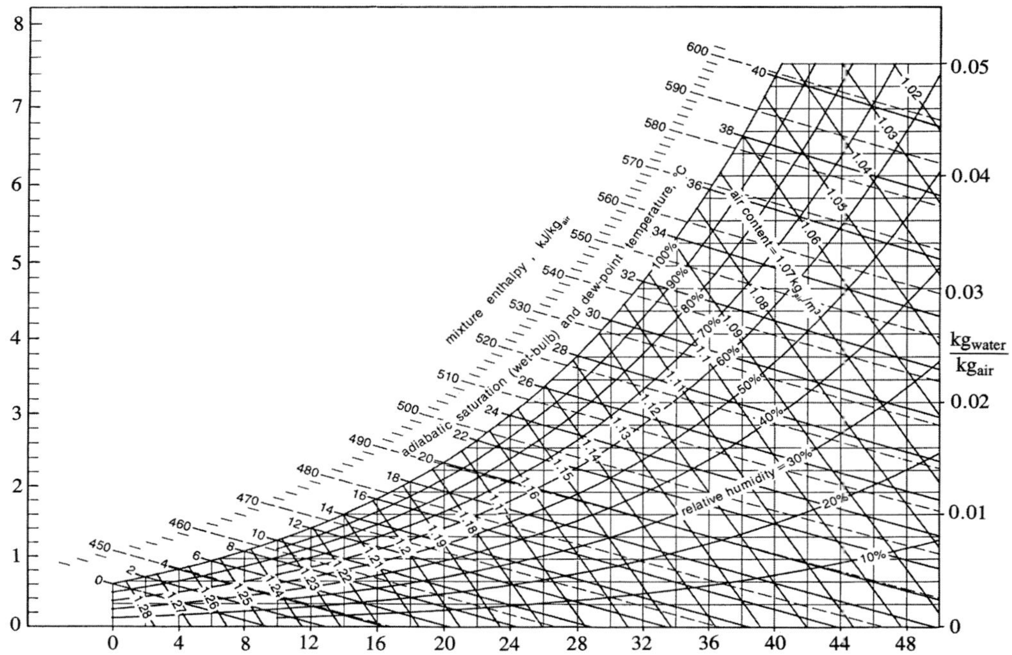

그림 3.3 1 기압에서의 공기–수분 습공기선도(*Reynolds.*[4]에서)

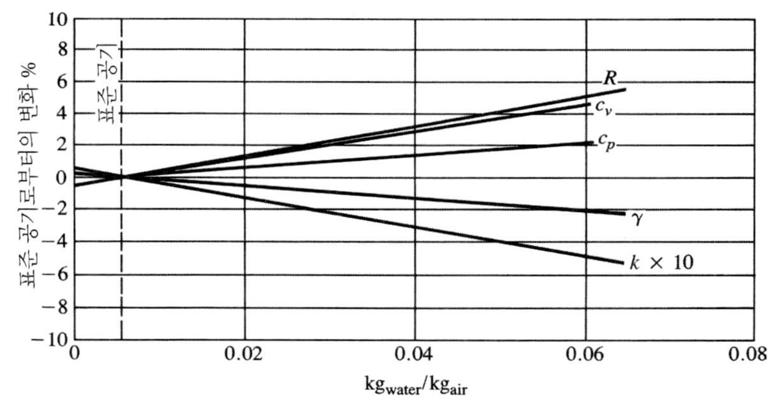

그림 3.4 공기 성질에 미치는 습도의 영향: *R*은 기체 상수; c_v, c_p는 각각 정적과 정압 비열; $\gamma = c_p/c_v$; *k*는 열전도율(*Taylor*[5]에서)

1.184 kg/m^3(0.0739lb$_m$/ft^3)이다.

실제 공기는 온도와 포화 정도에 따라 변화하는 수분을 포함하고 있다. 일반적으로 질량비로 약 1% 정도인데 극단적인 경우 4%까지 올라갈 수 있다. 상대 습도는 포화상태에 대해 수증기 양을 비교한다. 아래와 같이 정의한다:

주어진 온도에서의 포화 압력에 대한 수증기의 분압 비

수증기 양은 습식 또는 건식 건습계(psychrometer)에 의해 측정된다. 이것은 습공기 흐름에 노출된 두 온도계로 구성되어 있다. 건구(dry-bulb) 온도계는 공기의 온도이다. 다른 온도계의 벌브(bulb)는 물 저장소와 접촉하는 심지에 의해 젖는다. 습구 온도는 건구 온도보다 심지로부터의 물의 증발 때문에 낮다. 습구 온도가 단열 포화 온도라고 가정하는 것은 근사적으로 잘 맞는다. 수증기 분압은 습구와 건구 온도와 그림 3.3 같은 습공기선도에 의해 구할 수 있다.[4] 습도의 공기 물성치에 대한 영향은 그림 3.4에 있다.[5]

내연기관(가솔린 또는 디젤)에서 흔히 사용되는 연료는 원유를 정제해서 얻은 매우 많은 탄화 수소 화학종의 혼합물이다. 이 연료들은 대부분 탄소와 수소로 구성되어 있다(보통 질량비로 86% 탄소와 14% 수소). 세계에서 지역에 따라서 디젤 연료는 1%까지의 유황을 포함할 수 있다. 다른 관심있는 연료는 알코올(산소를 포함한)[a], 가스 연료(천연가스나 LPG), 엔진 연구에 자주 쓰이는 단일 탄화 수소(예를 들면 메탄, 프로판, 아이소옥탄)이다. 많이 쓰이는 내연기관 연료의 성질이 부록 D에 요약되어 있다.

연소 메커니즘을 이해하기 위해 유기 화합물 종류와 분자 구조에 대해 아는 것이 필요하다.[6] 다른 종류의 연료는 다음과 같다.

알킬 화합물

파라핀(alkane)

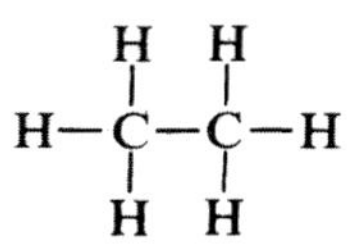

C_nH_{2n+2}

수소가 더 이상 추가될 수 없는 단일－열린 결합－사슬 포화 탄화 수소이다. 큰 분자들에는 다른 이성체(isomer)—곧은 사슬(straight-chain)과 분기 사슬(branched-chain)—가 존재한다. 이들은 노말(*n*-)과 아이소(iso) 화합물이라 불린다. 예: CH_4, 메탄; C_2H_6 에탄; C_3H_8, 프로판; C_8H_{18}, *n*-옥탄과 아이소옥탄. 아이소옥탄에는 분기의 상대적 위치에 따라 몇 가지 종류가 있다. 보통 아이소옥탄이라고 부르는 것은 2,2,4-trimethylpentane인데 탄소 5개의 곧은 사슬(pentane)에 메틸기(CH_3) 3개가 탄소 원자 2,2,4에 위치한다. 수소 원자가 하나 부족한 활성 분자는 각각 메틸, 에틸, 프로필이라고 불린다.

사이클로 파라핀 또는 napthenes

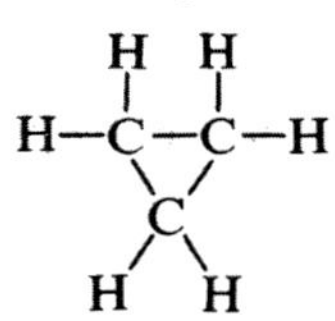

C_nH_{2n}

단일－결합(2중 결합 없음) 링 탄화수소: 링이 깨지면서 추가 수소가 더해 질 수 있어서 불포화이다. 예: C_3H_6, 사이클로 프로판(탄소 3 원자 링); C_4H_8, 사이클로 부탄(탄소 4 원자 링); C_5H_{10}, 사이클로 펜탄(탄소 5 원자 링)

올레핀(alkenes)

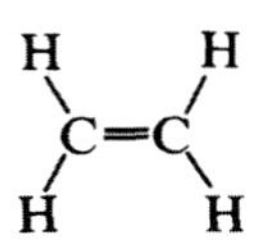

C_nH_{2n}

2중 결합을 갖는 열린－사슬 탄화수소; 그래서 불포화이다. 예: C_2H_4, 에틴(또는 에틸린); C_3H_6 프로핀(또는 프로필린); C_4H_8 부틴(또는 부틸린). 부틴 이상에서는 탄소 체인의 2중 결합 위치에 따라 몇 가지 구조적 이성체가 존재할 수 있다. 곧은 사슬이나 분기 사슬 형태가 존재한다. 다이올레핀은 2중 결합 두 개를 가진다.

아세틸린(alkynes)

H−C≡C−H

C_nH_{2n-2}

열린－사슬 불포화 탄화수소로서 하나의 탄소－탄소 3중 결합을 갖는다. 첫째 멤버는 아세틸린, H−C≡C−H이다. 알카인 시리즈 추가 멤버들은 열린－사슬 분자로서 알킨과 유사한데 2중 결합을 3중 결합으로 대체하면 된다.

---

[a] 알코올을 가솔린에 섞어서 사용하기도 한다. 예를 들면 E10은 부피비로 90% 가솔린에 10% 에탄올을 섞은 것이다.

방향족

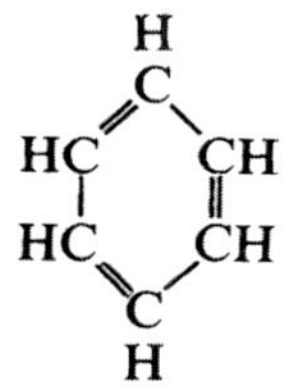

C_nH_{2n-6}

탄화수소의 기본 구성은 벤젠(C_6H_6) 링 구조이다. 이 링 구조는 매우 안정적이며 $-CH_2$와 $-CH_3$ 그룹을 (링의 팽창이 아니라) 사이드 사슬에 추가할 수 있다. 예: C_7H_8, 톨루엔; C_8H_{10}, 자일린(크실렌, 몇 가지 구조가 있다). 더 복잡한 방향족 탄화수소는 에틸, 프로필, 그리고 더 무거운 알킬 사이드 사슬을 여러가지 구조 배열로 가질 수 있다.

알코올

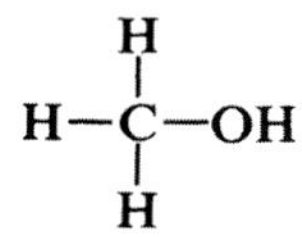

$C_nH_{2n+1}OH$

이 유기화합물에서는 하이드록실($-OH$) 그룹이 하나의 수소 원자를 대신한다. 메탄은 메틸 알코올, CH_3OH(메탄올이라 부름)로; 에탄은 에틸 알코올, C_2H_5OH(에탄올)이 된다.

3.4 연소 화학양론 _Combustion Stoichiometry

이 장에서는 연소 가능한 혼합물의 반응물(연료와 공기) 조성과 생성물 조성 간의 관계식을 만들어 낸다. 이 관계식은 반응물 화학 원소들의 질량 보존에만 의존하므로, 연료의 상대적인 기본 조성과 연료와 공기의 상대적인 비만이 요구된다.

만약 충분한 산소가 있다면 탄화 수소 연료는 완전히 산화될 수 있다. 연료의 탄소는 이산화탄소 CO_2가 되고 수소는 물 H_2O가 된다. 예를 들면 프로판 C_3H_8 1몰이 완전히 연소할 때의 전체 화학 반응식은:

$$C_3H_8 + aO_2 = bCO_2 + cH_2O \tag{3.3}$$

반응물과 생성물의 탄소 밸런스에서 $b = 3$. 수소 밸런스에서 $2c = 8$, 또는 $c = 4$. 산소 밸런스에서 $2b + c = 10 = 2a$ 또는 $a = 5$. 그래서 식 (3.3)은

$$C_3H_8 + 5O_2 = 3CO_2 + 4H_2O \tag{3.4}$$

식 (3.4)는 단지 반응물과 생성물의 기본 조성에 대한 관계식이다; 이는 훨씬 복잡한 화학 반응의 메커니즘을 나타내지는 않는다.

공기는 질소를 포함하지만 생성물이 상대적으로 낮은 온도에 있을 경우 질소는 반응에 의해 크게 영향을 받지 않는다. 평균 분자 조성이 C_aH_b인 일반적인 탄화수소 연료와 공기의 완전한 연소를 고려해 보자. 전체 완전한 연소 방정식은

$$C_aH_b + \left(a + \frac{b}{4}\right)(O_2 + 3.773N_2) = aCO_2 + \frac{b}{2}H_2O + 3.773\left(a + \frac{b}{4}\right)N_2 \tag{3.5}$$

여기서 식 (3.5)의 각 화학종 앞의 숫자들은 단지 비를 나타낼 뿐이다. 즉 단지 몰 기반 상대 비율을 나타낼 뿐이다. 그래서 연료의 조성은 $y=b/a$일 때 CH_y로 쓸 수 있다.

식 (3.5)는 연료와 공기의 *화학양론적인*(또는 화학적으로 정확한 또는 이론적인) 비를 정의한다: 즉, 연료를 완전히 산화 생성물로 바꿀 수 있는 딱 필요한 만큼의 산소가 있을 때이다. 화학양론적인 공기/연료 또는 연료/공기비(2.9절 참조)는 연료의 조성에 의존한다. 식 (3.5)로부터:

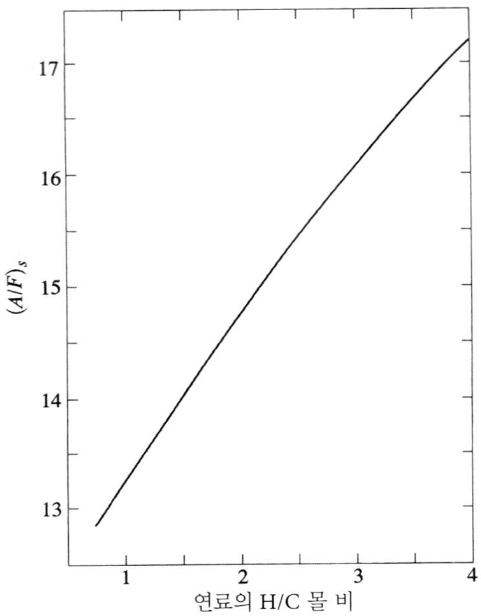

그림 3.5 연료 몰 H/C의 함수로 그린 공기–탄화수소 연료 혼합물의 화학양론비

$$\left(\frac{A}{F}\right)_s = \left(\frac{F}{A}\right)_s^{-1} = \frac{(1+y/4)(32+3.773\times 28.16)}{12.011+1.008y} = \frac{34.56(4+y)}{12.011+1.008y} \tag{3.6}$$

공기, 대기 질소, 탄소 원자, 수소 원자의 분자량은 각각 32, 28.16, 12.011, 1.008이다. (A/F) s는 y에만 의존한다; 그림 3.5는 y가 1(벤젠 같은 경우)에서 4(메탄)까지 변할 때의 $(A/F)_s$의 변화를 보여준다.

예제 3.1 어떤 탄화수소 연료의 조성이 질량비로 탄소 84.1% 수소 15.9%이고 분자량이 114.15이다. 화학양론적인 연료 1몰당 연소에 필요한 공기의 몰 수와 생성물의 몰 수를 구하라. $(A/F)_s$, $(F/A)_s$와 반응물과 생성물의 분자량을 계산하라.

연료의 조성을 C_aH_b라고 가정하자. 분자량 식에서

$$114.15 = 12.011a + 1.008b$$

연료의 중량 분석에 의해

$$\frac{b}{a} = \frac{15.9/1.008}{84.1/12.011} = 2.25$$

그래서

$$A = 8,\ b = 18^{b}$$

연료는 옥탄 C_8H_{18}이다. 식 (3.5)에 의해

$$\overset{\text{연료}}{C_8H_{18}} + 12.5(\overset{\text{공기}}{O_2 + 3.773N_2}) = \overset{\text{생성물}}{8CO_2 + 9H_2O + 47.16N_2}$$

몰 단위로는

[b] 탄화수소 혼합물인 연료에서는 a와 b가 정수일 필요는 없다.

$$1 + 12.5(1 + 3.773) = 8 + 9 + 47.16$$
$$1 + 59.66 = 64.16$$

상대 질량은:

$$114.15 + 59.66 \times 28.96 = 8 \times 44.01 + 9 \times 18.02 \times 47.16 \times 28.16$$
$$114.5 + 1727.8 = 1842.3$$

단위 연료 질량당

$$1 + 15.14 = 16.4$$

그래서 화학양론적인 연소에서는 연료 1몰은 59.66몰의 공기를 필요로 하고 64.16몰의 생성물을 만든다. 화학양론적인 $(A/F)_s$는 15.14이고 $(F/A)_s$는 0.0661이다.

반응물과 생성물의 분자량 M_R과 M_P는

$$M_R = \frac{1}{n}\sum n_i M_i = \frac{1}{60.66}(1\times114.15+59.66\times28.96)$$
$$M_p = \frac{1}{n}\sum n_i M_i = \frac{1}{64.16}(8\times44.01+9\times18.02+47.16\times28.16)$$

그래서,

$$M_R = 30.36,\ M_p = 28.71$$

이론적인 공기량보다 많거나 적은 양으로도 연료-공기 혼합물은 연소할 수 있다. 과잉 공기 또는 희박-연료 연소에서 과잉 공기는 생성물에서 거의 변화하지 않은 형태로 나타난다. 예를 들면 아이소옥탄이 25% 과잉 공기 또는 이론 공기량의 1.25배와 연소하면,

$$C_8H_{18}+1.25\times12.5(O_2+3.773N_2)=8CO_2+9H_2O+3.13O_2+58.95N_2 \tag{3.7}$$

이론 공기량보다 적은 공기의 경우 즉 연료-농후 연소의 경우 연료의 C와 H를 완전히 CO_2와 H_2O로 산화하기에는 산소가 부족하다. 생성물은 CO_2와 H_2O와 함께 일산화탄소 CO와 수소 H_2(N_2도 함께)가 섞여 있는 혼합물이다. 생성물의 조성은 기초 밸런스만으로 구할 수 없고 생성물 화학종들의 화학 조성에 관한 추가 가정을 해야만 한다(4.2절과 4.9.2절 참조).

연소 생성물이 연료-희박이냐 연료-농후인가에 따라 크게 다르고 화학양론적 연료/공기비가 연료의 조성에 의존하기 때문에, 실제 연료/공기비의 화학양론비에 대한 비율(또는 그 역수)이 혼합물의 조성을 정의하는 더 의미 있는 파라미터이다. *연료/공기 당량비* ϕ,

$$\phi = \frac{(F/A)_{\text{actual}}}{(F/A)_s} \tag{3.8}$$

를 이 책에서는 이 목적을 위하여 사용한다. ϕ의 역수, *상대 공기/연료비* λ,

$$\lambda = \phi^{-1} = \frac{(A/F)_{\text{actual}}}{(A/F)_s} \tag{3.9}$$

도 역시 많이 쓰인다. 이 파라미터들은 다음의 연료-공기 혼합물 화학양론적 영역을 정의한다.

연료-희박 혼합물: $\phi<1,\ \lambda>1$
화학양론적 혼합물: $\phi=\lambda=1$
연료-농후 혼합물: $\phi>1,\ \lambda<1$

연료가 산소를 포함하고 있는 경우(예: 알코올), 전반적인 연소 방정식을 구하는 방식은 연료의 산소를 산소 밸런스 식에 포함하는 것 외에는 동일하다. 메틸 알코올(메탄올),

CH_3OH의 경우 화학양론적 연소식은

$$CH_3OH + 1.5(O_2 + 3.773N_2) = CO_2 + 2H_2O + 5.66N_2 \tag{3.10}$$

이고 $(A/F)_s = 6.47$이다. 에틸 알코올(에탄올) C_2H_5OH의 경우 화학양론적인 연소식은

$$C_2H_5OH + 3(O_2 + 3.773N_2) = 2CO_2 + 3H_2O + 11.32N_2 \tag{3.11}$$

이고 $(A/F)_s = 9.00$이다.

만약 연료에 상당한 양의 유황이 있는 경우, 화학양론적인 공기와 연료비를 구할 때 생성물에 이산화황, SO_2를 포함하는 것이 적절하다.

수소 연료의 경우, 화학양론적인 식은

$$H_2 + \frac{1}{2}(O_2 + 3.773N_2) = H_2O + 1.887N_2 \tag{3.12}$$

이고 화학양론적 (A/F)비는 34.3이다.

실제로는 식 (3.7)과 (3.10)에서 (3.12)까지 식에서의 생성물이 일어나지 않을 수도 있다. 정상적인 연소 온도에서, CO_2와 H_2O의 해리(dissociation)가 상당량 일어날 수 있다(3.7.1절 참조). 낮은 온도에서 얼마나 재결합이 생성물의 농도를 이들 전반적인 식에서 제시한 조성으로 바꿀지는 생성물의 냉각 속도에 달려 있다. 미연소와 연소 가스 혼합물의 조성에 대한 좀 더 일반적인 관계식이 4장에서 유도된다.

일반적 연료와 대표적인 단일 탄화수소와 기타 화합물의 화학양론적인 (A/F)와 (F/A)가 다른 연료 데이터와 함께 부록 D에 있다. 그림 3.5가 화학양론적 $(A/F)_s$가 H:C의 비의 함수로 어떻게 변화하는지 보여준다.

3.5 열역학 제1법칙과 연소[c] _The First Law of Thermodynamics and Combustion

3.5.1 에너지와 엔탈피 밸런스

연소과정에서 연료와 산화제는 반응하여 여러 성분을 가진 생성물이 된다. 이런 전환이 일어나는 실제 과정에 대해서는 수소, 메탄, *n*-헵탄, 아이소옥탄, 톨루엔, 메탄올, 에탄올 같은 상대적으로 단순한 연료에 대해서만 알려져 있다. 가솔린이나 복잡한 분자 구조를 갖는 연료에 대해서는 자세한 과정이 정의되어 있지 않다. 그렇지만 열역학 제1법칙을 이용하여 연소 과정을 겪는 혼합물의 최종 상태 해석은 가능하다; 이 법칙의 적용에는 과정의 자세한 내용이 필요하지 않다.

열역학 제1법칙은 내부 에너지(또는 엔탈피)의 변화를 열과 일 전달 교환과 연계시킨다. 열역학 제1법칙을 화학 조성이 변화하는 계에 적용하려면, 각 화학종이나 화학종 그룹의 내부 에너지나 엔탈피의 제로 값을 부여하는 기준 상태들의 관계를 조심해서 결정해야 한다. 화학 반응이 일어날 때는 화학종들의 제로 내부 에너지나 엔탈피 기준 상태를 독립적으로 선택할 수 없다.

그림 3.6에 있는 것과 같이 질량 m의 시스템이 화학 반응에 의해 반응물에서 생성물로 조성이 변화하는 경우에 대해 살펴 보자. 초기와 최종 상태에 대해 제1법칙을 적용하면

$$Q_{R-P} - W_{R-P} = U_P - U_R \tag{3.13}$$

열전달 $Q_{R\text{-}P}$, 수직 힘과 변위에 의한 일전달 $W_{R\text{-}P}$가 시스템 경계를 통해 발생할 수 있다. 각각

[c] 여기서의 접근 방식은 Spalding과 Cole[7] 방식을 따른다.

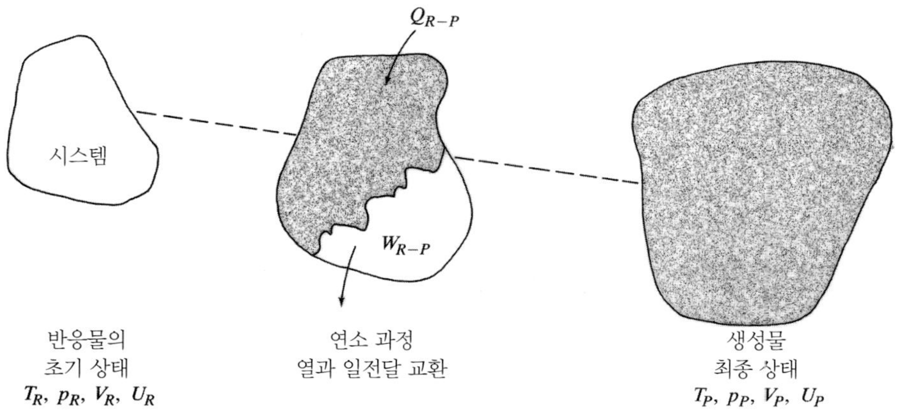

그림 3.6 열역학 제1법칙의 대상인 반응물에서 생성물로 변하는 시스템

의 에너지 전달에 대해 표준 부호 규약—시스템으로의 열전달이 양이고 시스템으로부터의 일전달이 양—을 적용했다.

우리는 몇 가지 특별한 과정을 살펴 볼 것이다: 첫째로 정적 과정인데 초기와 최종 온도가 T'으로 같다. 이 경우 식 (3.13)은

$$Q_{R-P} = U'_P - U'_R = (\Delta U)_{V,T'} \tag{3.14}$$

시스템의 내부 에너지는 $(\Delta U)_{V,T'}$만큼 변했는데 이는 측정하거나 계산할 수 있다. 연소 과정은 발열과정이므로, $Q_{R\text{-}P}$와 $(\Delta U)_{V,T'}$는 음이다; 그래서 시스템의 내부 에너지는 감소한다. 만약 식 (3.14)가 연료 단위 몰에 대해 표현되는 경우, $(\Delta U)_{V,T'}$는 정적 과정에서의 내부 에너지 증가로 알려져 있고 $-(\Delta U)_{V,T'}$는 온도 T'에서 *정적 반응열*로 알려져 있다.

다음으로 초기와 최종 온도가 T'으로 같은 정압 과정을 고려한다. 정압과정에서는

$$W_{R-P} = \int_R^P p\, dV = p(V_P - V_R) \tag{3.15}$$

그래서 식 (3.13)은

$$Q_{R-P} - p(V'_P - V'_R) = U'_P - U'_R$$

또는

$$\begin{aligned} Q_{R-P} &= (U'_P + pV'_P) - (U'_R + pV'_R) \\ &= H'_P - H'_R = (\Delta H)_{p,T'} \end{aligned} \tag{3.16}$$

시스템의 엔탈피는 $(\Delta H)_{P,T'}$ 만큼 변화하였고 이는 측정하거나 계산할 수 있다. 마찬가지로 연소 반응에서는 $(\Delta H)_{P,T'}$는 음의 값을 갖는다. 식 (3.16)이 연료 단위 몰에 대한 식인 경우, $(\Delta H)_{P,T'}$는 정압에서의 엔탈피 증가라고 부르며 $-(\Delta H)_{P,T'}$는 온도 T'에서의 *정압 반응열*이라고 불린다.

이 과정들은 그림 3.7에 보인 바와 같이 내부 에너지나 엔탈피를 온도의 함수로 그려서 보여줄 수 있다. 만약 반응물의 기준 온도 T_0에서의 값을 임의로 U_R^0 (또는 H_R^0)라고 하면 $(\Delta U)_{V,T_0}$(또는 $(\Delta H)_{P,T_0}$)가 반응물과 생성물 간의 $U(T)$ 또는 $H(T)$간의 관계를 결정짓는다. 이 선들의 기울기(수직 축이 단위 질량이나 몰에 대해서인 경우 정적비열 또는 정압비열)가 온도에 따라서 증가함을 보라; $(\Delta U)_{V,T'}$나 $(\Delta H)_{P,T'}$의 크기는 온도에 따라서 감소하는데, 그 이유는 반응물의 c_v(또는 c_p)가 생성물보다 크기 때문이다.

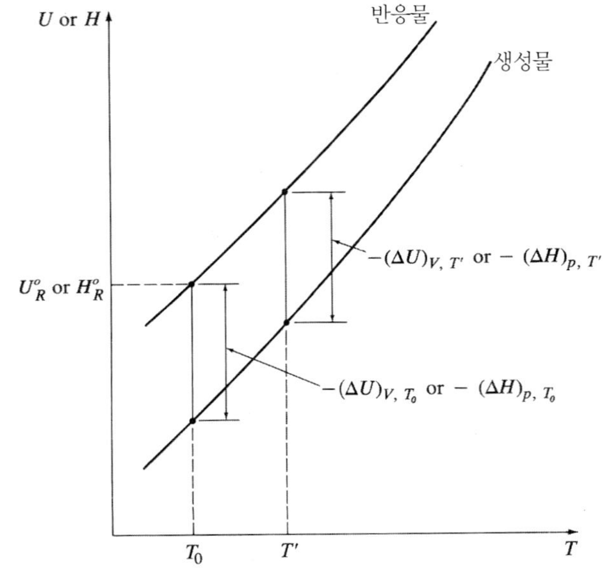

그림 3.7 온도의 함수로 그린 반응물과 생성물의 내부 에너지(U)와 엔탈피(H) 개략도

$(\Delta H)_{p,T'}$와의 $(\Delta U)_{V,T'}$ 차이는

$$(\Delta H)_{p,T'} - (\Delta U)_{V,T'} = p(V_P - V_R) \tag{3.17}$$

오직 생성물과 반응물의 정적 과정에서의 부피가 같을 때에만 $(\Delta H)_{p,T'}$와 $(\Delta U)_{V,T'}$가 같다. 만약 반응물과 생성물의 화학종이 모두 이상기체라면, 이상기체식 (3.1)에 의해

$$(\Delta H)_{p,T'} - (\Delta U)_{V,T'} = \tilde{R}(n'_P - n'_R)T' \tag{3.18}$$

여기서 불활성기체는 $(n'_P\text{-}n'_R)$에 영향을 끼치지 못함을 알 수 있다.

탄화 수소 연료에서는 생성물 중의 H_2O는 기체나 액체 상에 있을 수 있다. 그림 3.7에 묘사된 정적 과정이나 정압 과정에서의 생성물의 내부 에너지(또는 엔탈피)는 기체나 액체상으로 있는 수분의 상대적 양에 의존한다. 그림 3.8*a* *U-T*선도에 모두 증기거나 액체인 극단적 경우가 있다. 이 커브들의 내부 에너지 차이는

$$\left|(\Delta U)_{V,T',\mathrm{H_2O\,liq}}\right| - \left|(\Delta U)_{V,T',\mathrm{H_2O\,vap}}\right| = m_{\mathrm{H_2O}}\, u'_{fg\,\mathrm{H_2O}} \tag{3.19}$$

여기서 m_{H_2O}는 생성물에 있는 수분의 질량이며 u'_{fgH_2O}는 생성물의 온도와 압력에서의 수분의 증발 내부 에너지(잠열) 이다. 비슷한 커브와 관계식이 엔탈피에도 적용된다:

$$\left|(\Delta H)_{p,T',\mathrm{H_2O\,liq}}\right| - \left|(\Delta H)_{p,T',\mathrm{H_2O\,vap}}\right| = m_{\mathrm{H_2O}}\, h'_{fg\,\mathrm{H_2O}} \tag{3.20}$$

어떤 연료에서는 반응물에서 연료가 액체나 증기일 수 있다. 그림 3.8*b*에 표시된 바와 같이 *U-T*(또는 *H-T*) 라인은 반응물의 연료가 액체인지 기체인지에 따라 달라진다. 두 반응 커브의 차이는 아래 첨자 *f*가 연료를 의미할 때 $m_f u_{fgf}$(또는 $m_f h_{fgf}$)이다.

3.5.2 생성 엔탈피

연료가 단일 탄화 수소 화합물이거나 연료의 정확한 조성을 알 경우에는 반응물과 생성물의 내부 에너지나 엔탈피는 반응물과 생성물의 생성 엔탈피를 이용하여 관계식을 만들 수 있다.

화학물의 *생성 엔탈피* $\Delta\tilde{h}_f^o$는 모든 물질들이 주어진 온도에서 열역학적 기준 상태에 있

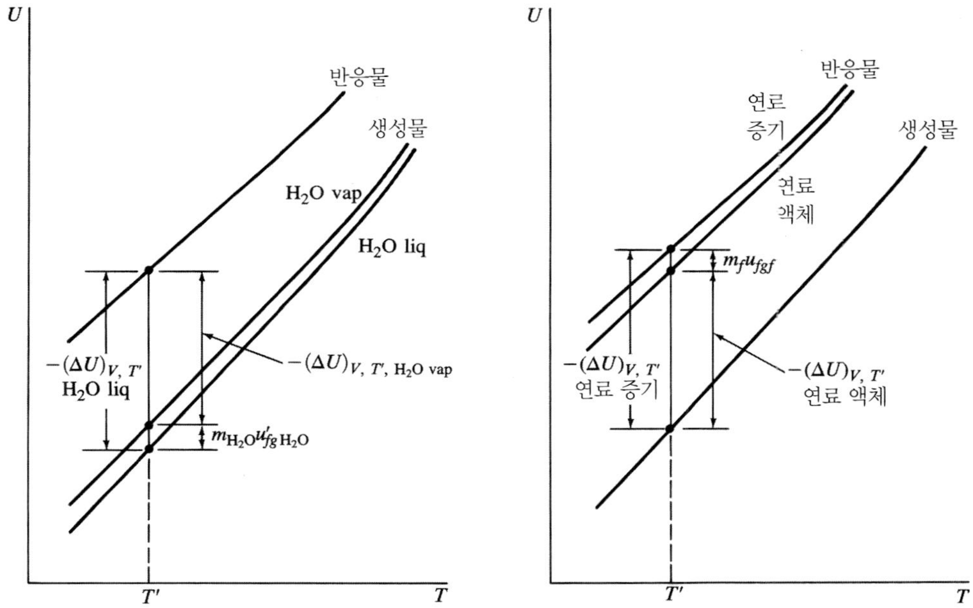

그림 3.8 온도의 함수로 그린 반응물과 생성물의 내부 에너지 개략도: (*a*) 생성물 중의 증기나 액체 상태의 물의 영향; (*b*) 반응물의 연료가 증기나 액체로 있을 때의 영향

을 때, 이 화학물의 기본 원소들로부터 1몰의 화합물을 생성할 때 반응을 통해 증가하는 엔탈피를 말한다.

*표준 상태*는 1기압과 해당 온도를 말한다. 우리는 표준 상태를 위 첨자 0를 사용하여 표시한다.

열역학적인 계산은 초기와 최종 상태의 차이를 계산하기 때문에 모든 열역학적 상태의 기준으로 삼을 수 있는 *데이텀*(datum) 상태를 선택할 필요가 있다. 문헌에서 여러 데이텀 상태가 사용되어 왔지만 가장 일반적으로 사용되는 데이텀은 298.15 K(25°)와 1기압이다. 이 책에서는 이 값을 계속 사용한다. 원소의 기준 상태에서의 값은 임의로 데이텀 온도에서 제로 엔탈피를 부여한다. 각 원소의 기준 상태는 안정적인 표준 상태이다: 예를 들면 298.15 K에서의 산소의 기준 상태는 O_2 가스이다.

생성 엔탈피는 온도의 함수로 모든 일반적으로 사용하는 화학종에 대하여 표로 작성되어 있다. 무기화합물에 대하여는 JANAF *열화학 테이블*이 주된 참고문헌이다.[8] 이 테이블에는 몰 기반 정압 비열, 표준 엔트로피, 표준 깁스 자유 에너지(테이블에서는 자유 에너지라고 칭함), 표준 엔탈피, 생성 엔탈피와 생성 깁스 자유 에너지, 원소(elements)에서 각 화학종(species)로의 생성과 관계된 $\log_{10}$ 평형 상수가 있다. 연료 화합물의 열역학 데이터에 관한 주된 참고문헌은 Maxwell,[9] Rossini et al.,[10] Stull et al.[11]이 있다. 관련된 화학종들의 열역학적 물성치들의 선택된 값이 부록 D에 있다.

주어진 연소 반응에서, 엔탈피 데이텀에 대한 표준상태에서의 생성물의 엔탈피는 다음 식에 의해 구한다.

$$H_p^\circ = \sum_{\text{products}} n_i \Delta\tilde{h}_{f,i}^\circ \tag{3.21a}$$

그리고 반응물의 엔탈피는

표 3.2 표준 생성 엔탈피

화학종	상태*	$\Delta\tilde{h}_f^\circ$, MJ/kmol
O_2	기체	0
N_2	기체	0
H_2	기체	0
C	기체	0
CO_2	기체	−393.52
H_2O	기체	−241.83
H_2O	액체	−285.84
CO	기체	−110.54
CH_4	기체	−74.87
C_3H_8	기체	−103.85
CH_3OH	기체	−201.17
CH_3OH	액체	−238.58
C_8H_{18}†	기체	−224.1
C_8H_{18}†	액체	−259.3

* 298.15 K (25°C), 1 atm.
† 아이소옥탄.

$$H_R^\circ = \sum_{\text{reactants}} n_i \Delta\tilde{h}_{f,i}^\circ \tag{3.21b}$$

엔탈피 증가, $(\Delta H)_{P,T_0}$는 차이 $(H_p^0\text{-}H_R^0)$로부터 구한다. 내부 에너지 증가는 식 (3.17)로부터 구한다.

예제 3.2 298.15 K 메탄과 산소의 화학양론비 혼합물 반응에서 화학 생성물과 반응물의 엔탈피를 구하고, 반응에서의 엔탈피와 내부 에너지의 증가를 구하라.

화학양론적인 반응은

$$CH_4 + 2O_2 = CO_2 + 2H_2O$$

기체 H_2O는 표 3.2와 식 (3.21*a*와 *b*)에서:

$$H_p^\circ = -393.52 + 2(-241.83) = -877.18 \text{ MJ/kmol } CH_4$$

액체 H_2O는:

$$H_p^\circ = -393.52 + 2(-285.84) = -965.20 \text{ MJ/kmol } CH_4$$
$$H_R^\circ = -74.87 \text{ MJ/kmol } CH_4$$

그래서 기체 H_2O에서는:

$$(\Delta H)_p^\circ = -877.18 + 74.87 = -802.31 \text{ MJ/kmol } CH_4$$

그리고 액체 H_2O에서는:

$$(\Delta H)_p^\circ = -965.20 + 74.87 = -890.33 \text{ MJ/kmol } CH_4$$

식 (3.18)을 이용해 $(\Delta U)_V^0$를 구한다. 기체 H_2O에서는 반응물과 생성물의 몰 수가 같으므로

$$(\Delta U)^{\circ}_{V} = (\Delta H)^{\circ}_{P} = -802.3 \text{ MJ/kmol CH}_4$$

액체 H_2O:

$$(\Delta H)^{\circ}_{V} = -890.33 - 8.3143\times 10^{-3}(1-3)298.15 \text{ MJ/kmol CH}_4$$

$$(\Delta U)^{\circ}_{V} = -885.4 \text{ MJ/kmol CH}_4$$

3.5.3 발열량

정확한 연료 조성을 모르는 연료는 반응물의 엔탈피를 반응물 각각의 화학종들의 생성 엔탈피에서 구할 수 없다. 그럴 경우 *발열량*을 직접 측정한다.

연료의 발열량 Q_{HV} 또는 calorific value는 단위 질량의 연료가 표준 온도[보통 25°C(77°F)]에서 정압이나 정적에서 완전히 연소할 때의 반응열의 크기를 나타낸다. 그래서

$$Q_{HV_p} = -(\Delta H)_{p,T_0} \tag{3.22a}$$

그리고

$$Q_{HV_v} = -(\Delta U)_{v,T_0} \tag{3.22b}$$

완전한 연소란 모든 탄소는 CO_2로, 모든 수소는 H_2O로, 모든 유황은 SO_2로 변화함을 말한다. 발열량은 보통 J/kg of fuel이나 J/kilomole of fuel로 나타낸다(Btu/lbm 또는 Btu/lb-mole). 그래서 얼마나 많은 산화제가 연료하고 혼합되어 있는지를 명시할 필요는 없지만, 화학양론적인 값보다는 많아야 한다. 산화제가 공기인지 산소인지는 상관없다.

연료가 수소를 포함하고 있는 경우 생성물의 H_2O가 액체인지 기체상인지가 반응열 값에 영향을 줌을 설명했었다. 생성된 H_2O가 전부 응축해서 액체인 경우 *고위 발열량* Q_{HHV}(또는 총 발열량)이고 한다; H_2O가 전부 증기 상태일 경우 *저위 발열량* Q_{LHV}(또는 순 발열량)이라고 한다. 정압에서의 두 발열량은 다음 관계식을 갖는다.

$$Q_{HHV_p} = Q_{LHV_p} + \left(\frac{m_{H_2O}}{m_f}\right) h_{fgH_2O} \tag{3.23}$$

여기서 (m_{H_2O}/m_f)는 연소한 단위 연료 질량당의 H_2O의 비이다. 마찬가지로, 표현 중 h_{fgH_2O}을 u_{fgH_2O}로 대치하면 정적과정에서의 고위와 저위 발열량을 얻을 수 있다. 이 두 발열량의 차이는 탄화수소 기반의 연료의 경우 C:H 비율에 따라 4에서 11% 정도이다.

정압 발열량이 좀 더 일반적으로 쓰인다; 자주 정압이라는 표현을 생략한다. 정압과 정적 발열량의 차이는 작다.

연료의 발열량[d]은 칼로리미터를 이용해서 측정한다. 가스 연료의 경우 연속 유동 대기압 칼로리미터를 이용하는 것이 편리하고 정확하다. 공급되는 가스 연료는 수증기에 의해 포화가 되고 완전 연소하기에 충분한 포화 공기와 섞여서 기준 온도에서 공급된다. 혼합물은 버너에서 연소하고 연소 생성물은 입구 온도에 가깝게 수냉 금속 튜브에 의해 냉각된다. 냉각수에 전달된 열전달 양은 물의 유량과 물의 온도 상승에 의해 계산된다. 이 고정에 의해 측정된 발열량은 정압 고위 발열량이다.

액체와 고체 연료는 일정 부피의 칼로리미터에서 연료를 압력하에서 산소와 태우는 것이 더 낫다. 표준 온도에서 냉각수에 잠겨 있는 스테인레스 용기인 칼로리미터에 연료 샘플을 넣는다. 연소 과정에서 생성되는 수분이 완전히 응축할 수 있도록 충분한 냉각수가 칼로리미터 안에 있다. 30기압의 산소가 칼로리미터에 공급된다. 점화의 소스로 사용할 전기 히

---

[d] 발열량을 측정하는 표준 방법은 American Society of Testing Methods에 정의되어 있다.

터 와이어 필라멘트로부터 연소용 면직물이 샘플로 늘어져 있다. 연소가 끝난 후 연소 생성물이 칼로리미터와 열 평형을 이룬 후 칼로리미터와 냉각수의 온도 증가를 측정한다. 이 방법으로 측정된 발열량은 정적 고위 발열량이다.

일반적으로 쓰이는 연료의 발열량 값이 다른 연료 데이터와 함께 부록 D에 있다. 아래의 예제가 어떻게 측정한 연료의 발열량 값으로부터, 이미 정의한 엔탈피 데이텀에 대한 반응 혼합물의 엔탈피 값을 결정하는지 보여 준다.

예제 3.3 저위 발열량(칼로리미터에서 측정한) 43.2 MJ/kg이고 평균 H/C 비가 2인 액체 등유 연료가 화학양론적인 공기와 298.15 K에서 섞여 있다. 298.15 K에서 C, O_2, N_2, H_2의 제로 엔탈피 데이텀에 대한 반응 혼합물의 엔탈피를 구하라.

연료 단위 몰당 연소식은 다음과 같이 쓸 수 있다.

$$CH_2 + \tfrac{3}{2}(O_2 + 3.773N_2) = CO_2 + H_2O + 5.660N_2$$

또는

$$14 \text{ kg fuel} + \left.\begin{matrix} 7.160 \text{ kmol} \\ 207.4 \text{ kg} \end{matrix}\right\} \text{air} \rightarrow \left.\begin{matrix} 7.66 \text{ kmol} \\ 221.4 \text{ kg} \end{matrix}\right\} \text{products}$$

여기서 대기 공기에서 $M = 28.962$

주어진 정적 발열량은 $-(\Delta U)_V^0$. $-(\Delta H)_P^0$는 식 (3.18)에 의해 구하는데, 연료가 액체 상에 있으므로

$$(\Delta H)_P^\circ = -43.2 + 8.3143 \times 10^{-3}(7.66 - 7.160) \times \frac{298.15}{14}$$
$$= -43.2 + 0.09 = -43.1 \text{ MJ/kg fuel}$$

생성물의 엔탈피는 단위 kg 혼합물에 대해 표 3.2에 주어진 CO_2와 H_2O의 생성 엔탈피를 이용하여 구한다.

$$h_P = \frac{1 \times (-393.52) + 1 \times (-241.83)}{221.4}$$
$$= -2.87 \text{ MJ/kg}$$

반응물의 엔탈피는 단위 kg 혼합물에 대해

$$h_R = h_P - (\Delta h)_P^\circ = -2.87 + \frac{43.1 \times 14}{221.4} = -0.145 \text{ MJ/kg}$$

3.5.4 단열 연소 과정

이제 앞에서 도출된 관계식을 이용하여 엔진 해석에서 중요한 두 특별한 과정에 대해 살펴본다: 단열 정적과 정압 연소 과정. 정적 단열 과정에서 식 (3.13)은

$$U_P - U_R = 0 \tag{3.24}$$

여기서 U_P와 U_R은 같은 데이템에서 계산된다(즉 C, O_2, N_2, H_2의 298.15 K에서 제로, 이 데이텀은 앞으로도 계속 사용).

그렇지만 자주 화학종들과 반응 및 생성 혼합물의 내부 에너지와 엔탈피 데이터는 어떤 기준 온도 T_0에서의 값 차이로 주어진다: 즉 $U(T)$-$U(T_0)$ 또는 $H(T)$-$H(T_0)$가 표나 선도로 작성된다. 그런데

$$U_P(T_0) - U_R(T_0) = (\Delta U)_{V,T_0}$$

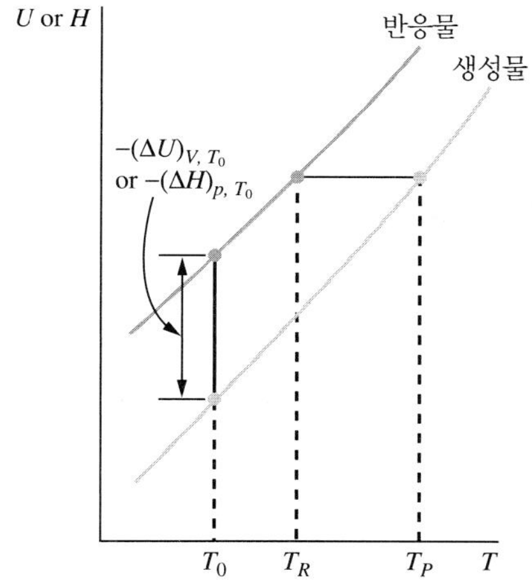

그림 3.9 *U-T* 선도에서의 단열 정적 연소 과정 또는 *H-T* 선도에서의 단열 정압 연소 과정

이므로, 식 (3.24)에서

$$[U_P(T)-U_p(T_0)]-[U_R(T)-U_R(T_0)]=-(\Delta U)_{V,T_0} \tag{3.25}$$

가 생성물과 반응물 상태의 관계를 표시한다. 그림 3.9가 *U-T* 선도에서 단열 정적 연소 과정을 표시한다. 반응물의 초기 상태(T_R, V)가 주어지면 생성물의 최종 상태(T_P, p)를 찾을 수 있다.

단열 정압 연소 과정에서 식 (3.13)은

$$H_P - H_R = 0$$

식 (3.16)과 결합하면

$$[H_P(T)-H_p(T_0)]-[H_R(T)-H_R(T_0)]=-(\Delta H)_{p,T_0} \tag{3.26}$$

그림 3.9가 이 과정도 보여준다. 반응물의 초기 상태(T_R, p)가 주어지면 생성물의 최종 상태(T_P, p)를 찾을 수 있다.

여기서 주의할 점은 그림 3.7, 3.8, 3.9에서 우리는 반응물과 생성물의 *U*와 *H*를 온도 *T* 만의 함수로 보여주었지만 실제로 고온의 생성물에서는 *U*와 *H*가 *p*와 *T* 의 함수이다. 여기서 제시된 해석은 일반적이다; 그렇지만 단열 연소 과정에서 생성물의 최종 상태를 결정할 때는 정적 또는 정압 조건을 명확히 밝혀야 한다.

단열 연소 과정의 생성물의 최종 온도를 *단열 화염* 온도라고 한다. 대표적인 단열 화염 온도의 예가 그림 3.13에 있다.

3.5.5 내연 기관의 연소 효율

실제로는 내연기관의 배기는 완전히 연소한 생성물(CO_2, H_2O)과 함께 불완전 연소 생성물(예: CO, H_2, 미연소 탄화수소, 수트)을 갖고 있다; 4.9절 참조. 희박 운전 조건에서 미연소 생성물의 양은 적다. 연료−농후 조건에서는 완전 연소에 필요한 산소가 부족하기 때문에 이 양들이 상당히 증가한다. 엔진 내부의 연소 과정에서 연료의 화학 에너지의 일부분이 완전히 방출되지 않기 때문에 연소 효율을 정의하는 것이 유용하다. 엔진은 외부와(대기) 열전달과 일전달을 하는 열린 계로 분석하는 것이 가능하다. 반응물(연료와 공기)이 시스템 안으로 흘러 들어가고 생성물(배기)이 흘러 나온다. 그림 3.10에 보인 바와 같이 질량 *m*이 엔진을 싸고 있는 검사 체적으로 들어가는 경우를 생각해 보자. 엔진 내에서 연소에 의해 나오는 순 화학 에너지 방출은 다음에 의해 계산된다.

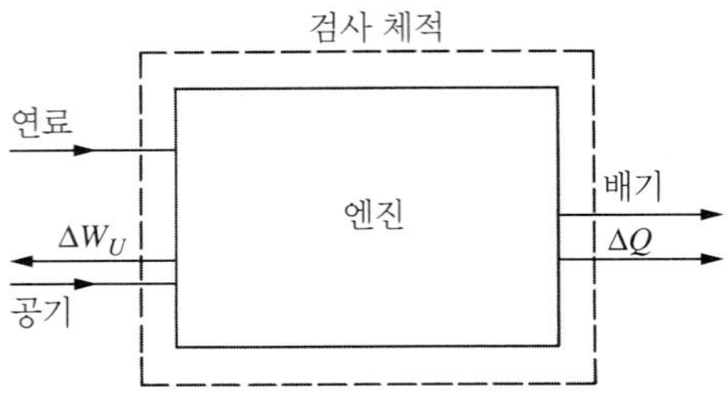

그림 3.10 엔진을 둘러싼 검사 체적. ΔW_u는 엔진에서 생산된 유용한 일; ΔQ는 실린더 차지로부터 벽면으로의 열손실

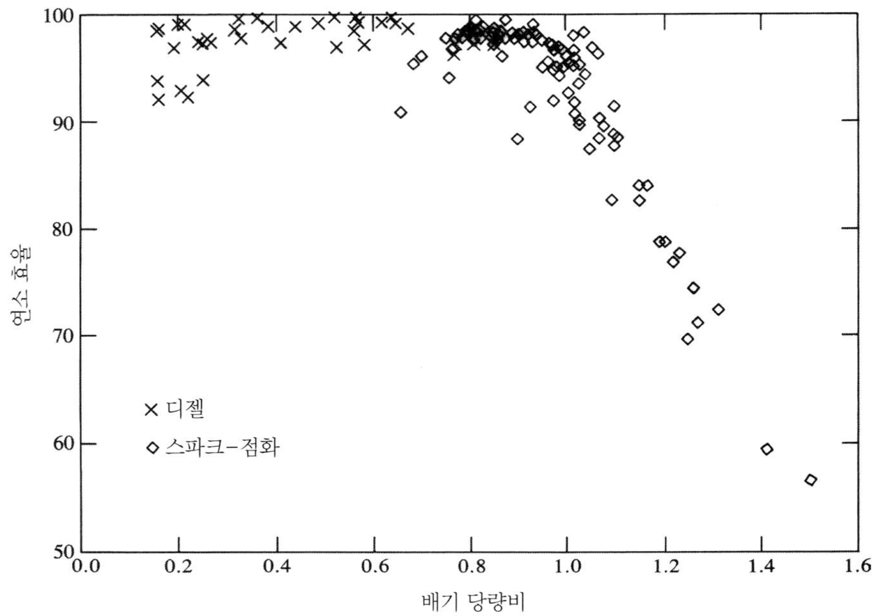

그림 3.11 연료/공기 당량비에 따른 엔진 연소 효율 변화

$$[H_R(T_A) - H_p(T_A)] = m\left(\sum_{i,\,\text{reactants}} n_i \Delta\tilde{h}^\circ_{f,i} - \sum_{i,\,\text{products}} n_i \Delta\tilde{h}^\circ_{f,i}\right)$$

$p_R = p_P = p_{atm}$이므로 엔탈피가 적합한 물성치이다: n_i는 단위 작동 유체에서 반응물이나 생성물에 있는 화학종의 몰 수이고 $\Delta\tilde{h}^\circ_{f,i}$는 대기 온도 T_A에서 화학종 i의 생성 엔탈피이다.

엔진을 둘러 싼 검사 체적으로 공급된 연료가 연소에 의해 방출 가능한 최대 에너지량은 $m_f Q_{HV}$이다. 그래서 연소 효율—공급된 연료의 에너지 중에 연소 과정에서 방출되는 양의 비율—은 다음과 같이 정의된다.[12]

$$\eta_c = \frac{H_R(T_A) - H_P(T_A)}{m_f Q_{\text{HV}}} \tag{3.27}$$

여기서 m과 m_f는 평균 질량 유동률 $\dot{m}$과 $\dot{m}_f$로 바꿔서 쓸 수 있다.

그림 3.11이 내연기관에서 연료/공기 당량비의 함수로 연소 효율이 어떻게 변하는지 보여 준다. 스파크 점화기관에서는 희박 당량비 영역에서 연소 효율은 보통 95에서 98% 정도이다. 혼합물이 이론공연비보다 농후할 때는 산소의 부족 때문에 탄소와 수소가 완전히 탈 수 없어서 혼합물이 농후해질수록 점차 연소 효율은 낮아진다. 연소 과정이 안정적이기만 하면 연소 효율은 다른 엔진 운전이나 설계 변수에 별로 영향을 받지 않는다. 디젤 엔진은 언제

나 희박하게 연소하는데 연소 효율은 약간 높으며 대략 98% 정도이다. 연소 효율을 결정하는 자세한 배기 성분은 4.9절에서 찾을 수 있다. 식 (4.67)에 식 (3.27)이 불완전 연소 화학종(예를 들면 CO, H_2, HC)의 농도와 발열량으로 표시되어 있다.

3.6 연소에 적용된 열역학 제2법칙 _The Second Law of Thermodynamics Applied to Combustion

3.6.1 엔트로피

부록 B에 조성을 아는 이상기체 혼합물의 엔트로피를 계산하는 방법이 설명되어 있다. 앞에서 설명한 반응과 생성 혼합물의 엔탈피(또는 내부 에너지) 간의 관계를 구하는 방법이 엔트로피에도 적용된다. 예를 들면, 화학종의 표준 상태 엔트로피는 JANAF[8] 표에 0 K에서의 제로 엔트로피에 대한 상대적인 값이 적혀 있다. 만약 원소의 데이텀 온도와 압력 상태에서의 엔트로피가 (임의로) 제로로 정해지면, 주어진 조성, 온도, 압력에서의 반응 혼합물의 엔트로피 값과, 주어진 조성, 온도, 압력에서의 생성 혼합물의 엔트로피 값을 정할 수 있다.

3.6.2 내연기관에서 얻을 수 있는 최대 일과 효율

내연 기관은 외부와(대기) 열전달과 일전달을 하는 열린 계로 분석하는 것이 가능하다. 반응물(연료와 공기)이 시스템 안으로 흘러 들어가고 생성물(배기)은 흘러 나온다. 그림 3.10에 보인 바와 같이 엔진을 싸고 있는 검사 체적에 열역학 제2법칙을 적용하면 엔진이 제공할 수 있는 최대 유용 일에 대한 표현을 얻을 수 있다.

질량 m의 유체가 엔진을 싸고 있는 검사 체적으로 들어가는 경우를 생각해 본다. 열역학 제1법칙은

$$\Delta Q - \Delta W_U = \Delta H$$

여기서 ΔW_u는 주위로의 유용한 일 전달(즉 pdV가 아닌 일)이고 $\Delta H = H_P - H_R$이다. ΔQ는 온도 T_A에서 대기하고만 열교환 하기 때문에 열역학 제2법칙에서

$$\frac{\Delta Q}{T_A} \le \Delta S$$

이 식들을 결합하면

$$\Delta W_U \le -(\Delta H - T_A \Delta S) = -\Delta B$$

여기서 B는 정상 유동 유용성(abailability) 함수 $H\text{-}T_A S$[13]이다. 보통 입구로 들어가는 가스는 $p_R = p_A$이고 $T_R = T_A$이며 최대 일은 $p_P = p_A$이고 $T_P = T_A$일 때 얻어진다.
이 조건에서

$$\Delta W_U \le -\left[(H - TS)_{P_{T_A,\,p_A}} - (H - TS)_{R_{T_A,\,p_A}}\right] = -(\Delta G)_{T_A\,p_A} \tag{3.28}$$

또는

$$\Delta W_{U\max} = -(\Delta G)_{T_A p_A}$$

G는 깁스 자유 에너지, $H\text{-}TS$이고 $(\Delta G)_{T_A,p_A}$는 대기 온도와 압력에서 연료-공기 혼합물이 반응을 통해 생성물로 변할 때의 깁스 자유 에너지의 증가이다. 연소가 끝날 때 $-(\Delta G)_{T_A,p_A}$는 최대가 된다.

실제 내연기관의 효율을 측정하는 근본적인 척도는 최대 일에 대한 실제 전달된 일의 비이다. 이 비를 *유용성 전환 효율* η_a라 한다:

$$\eta_a = \frac{\Delta W}{\Delta W_{U\max}} = -\frac{\Delta W}{(\Delta G)_{T_A, p_A}} \tag{3.29}$$

*유용성*이라는 성질은 어떤 시스템－대기 또는 검사체적－대기로부터 얻을 수 있는 최대 유용한 일전달이다. 그래서 이 효율은 엔진을 지나면서 대기 하고만 상호작용 하는 미연소 연료－공기 혼합물의 유용성이 얼마나 실제 유용한 일로 변화했는지의 비율이다. 엔진 운전에서의 유용성 분석은 어디서 상당한 비가역이 발생하는지 또는 유용성의 손실이 발생하는지 찾아내는 데 가치가 있음이 증명되었다. 이 주제는 5.7절에서 더 의논한다.

$(\Delta G)_{T_A,P_A}$ 또는 $(\Delta g)_{T_A,P_A}$는 실제 연료에서 값을 알아내기 어렵다; 보통 발열량 $-(\Delta h)_{T_A}$을 측정한다. 표 3.3에 선택된 연료들의 $(\Delta g)^\circ_{298}$와 $(\Delta h)^\circ_{298}$ 값이 있다. 순수 탄화수소에서 이들은 298 K에서 $\Delta\tilde{s}^\circ << \Delta\tilde{h}^\circ/T$이므로 거의 비슷하다. 알코올에서는 이 차이는 7% 정도로 1.5%보다 크다. 실제로는 이 연료의 발열량으로 $-(\Delta h)^\circ_{298}$이 직접 측정되므로 아래의 효율 정의를 따르는 것이 표준 방식이다.

$$\eta_f = \frac{W_c}{m_f Q_{HV}} \tag{3.30}$$

이 효율은 2.8절에서 *연료 변환 효율*이라고 정의되었다. 식 (3.30)에서 어떤 때는 고위발열량을 어떤 때는 저위 발열량을 씀을 주의해야 한다. 어떤 값을 쓰는지 명시해야 한다. 내연기관에서의 일반적인 방식은 정압 저위 발열량을 쓰는 것인데, 그 이유는 엔진이 전반적으로 정상 유동 장치이며 물은 배기에서 보통 증기 상태이기 때문이다. 우리는 앞으로 식 (3.30)에서 $Q_{LHV,P}$를 사용할 것이다. 연료 변환 효율은 가장 일반적으로 쓰이는 엔진 효율의 정의인데 그 이유는 엔진에 공급된 유용한 연료 에너지로 쉽게 측정할 수 있는 값, 발열량을 사용하기 때문이다. 탄화 수소 연료에서는 $\Delta\tilde{h}^\circ \approx \Delta\tilde{g}^\circ$이므로 연료 변환 효율과 유용성 변환 효율은 값이 상당히 비슷하다.

실제로는 불완전 연소 때문에 엔진에 공급된 연료 에너지의 전부가 연소과정에서 방출되지는 않는다: 연소 효율[식 (3.27)]은 1보다 작다. 불완전연소로 인한 영향을 따로 분리하기 위해 실제 사이클당 일을 연소 과정에서 방출된 연료 화학 에너지 양으로 나눈 효율을 정의하는 것이 편리하다. 이 효율을 *열 변환 효율* η_t라 부른다:

$$\eta_t = \frac{W_c}{H_R(T_A) - H_p(T_A)} = -\frac{W_c}{(\Delta H)_{T_A}} = \frac{W_c}{\eta_c m_f Q_{HV}} \tag{3.31}$$

표 3.3 연소 반응물의 엔탈피와 자유 에너지

반응*	$\Delta\tilde{h}^\circ_{298}$, MJ/kmol	$\Delta\tilde{g}^\circ_{298}$, MJ/kmol
$C + O_2 \rightarrow H_2O$	−393.52	−394.40
$H_2 + \frac{1}{2}O_2 \rightarrow H_2O$	−240.91	−232.78
$CH_4 + 2O_2 \rightarrow CO_2 + 2H_2O$	−802.30	−800.76
$CH_4O(l) + \frac{3}{2}O_2 \rightarrow CO_2 + 2H_2O$	−638.59	−685.35
$C_3H_8(g) + 5O_2 \rightarrow 3CO_2 + 4H_2O$	−2044.0	−2074.1
$C_6H_6(l) + \frac{15}{2}O_2 \rightarrow 6CO_2 + 3H_2O$	−3135.2	−3175.1
$C_8H_{18}(l) + \frac{25}{2}O_2 \rightarrow 8CO_2 + 9H_2O$	−5074.6	−5219.9

* 생성물에서, H_2O는 가스이다.

당연히 연료 변환, 열 변환, 연소 효율은 다음 관계식을 만족한다.

$$\eta_f = \eta_c \eta_t \tag{3.32}$$

식 (3.29)[그리고 근삿값으로 쓰이는 연료 변환 효율 식 (3.30)]에 정의된 내연기관의 유용성 변환 효율과 열기관의 효율에는 근본적인 차이가 있다는 것을 아는 것이 중요하다. 유용성 변환 효율의 열역학 제2법칙에 의한 최대치는 1이다. 열기관(온도가 높고 낮은 두 열 저장소와 열교환하면서 사이클을 수행하는 시스템)에서는 효율이 두 열 저장소의 온도에 따라 결정되는데 1보다 훨씬 작다.[13] 이 기관의 최대 효율 값은 카르노 사이클 효율, $1-(T_{low}/T_{high})$이다. 그렇지만 내연기관은 정상-유동 장치이고 대기와 상호작용하며 일을 만들어내고 연료와 공기가 들어가고 연소가스가 나온다. 이들은 *열기관*—열 저장소와 상호교환하면서 사이클을 하는 시스템(작동 유체)—이 아니다. 그래서 카르노 사이클 효율은 내연기관의 효율과 직접적인 관계는 없다.

3.7 화학 반응 가스 혼합물 _*Chemically Reacting Gas Mixtures*

엔진의 작동 유체는 가스 혼합물이다. 대상 과정과 어떤 엔진 사이클 부분이냐에 따라 화학 반응은 다음과 같이 나눌 수 있다: (1) 너무 느려서 혼합물 조성에 주는 영향을 무시할 수 있는 경우(혼합물 조성이 본질적으로 "얼은"); (2) 너무 빨라서 혼합물 상태가 바뀔 때 조성이 화학 평형에 있는 경우; (3) 혼합물의 조성이 시간에 어떻게 변하는지를 결정하는 반응속도-제어 과정

3.7.1 화학 평형

엔진의 성능을 추정하기 위해서 연료와 공기의 연소에 의해 생성된 연소 가스가 화학 평형 상태에 있다고 가정하는 것은 근사적으로 잘 맞는다.[e] 이는 연소 가스의 화학종들이 함께 반응하는 화학 반응들에 의해 각 화학종을 같은 속도로 만들고 제거한다는 의미이다. 결과적으로 화학종 조성은 변화하지 않는다.

예를 들면 만약 용기 안의 이산화탄소 가스 질량의 온도가 충분히 올라간다면 CO_2 분자의 일부는 CO와 O_2 분자로 *해리*될 것이다. 만약 CO_2, CO, O_2 혼합물이 평형상태에 있다면 CO_2 분자가 CO와 O_2로 해리하는 속도가 CO와 O_2 분자가 *재결합*하는 속도와 같아서 다음 식을 만족할 것이다.

$$CO + \frac{1}{2}O_2 = CO_2$$

탄화수소 연료의 연소 생성물에서 낮은 온도에서의 주 화학종은 N_2, H_2O, CO_2, O_2이거나 CO와 H_2이다. 높은 온도(2200 K보다 높은)에서는 이들 주 화학종들이 해리되어 상당한 양의 추가 화학종들을 만들어 낸다. 예를 들면, 대표적인 탄화 수소 연료가 화학양론적인 공기와 단열 연소할 때 다음과 같은 몰을 갖는 화학종들을 만들어 낸다: N_2~0.8; H_2O, CO_2 ~0.1; CO, OH, O_2, NO, H_2~0.01; 그 외 좀 더 적은 화학종들.

열역학 제2법칙이 화학 평형 기준을 정의한다. 화학 반응이 정압 정온에서 일어나는 시스템을 고려해 보자. 다른 기타 일(전기 일, 중력, 운동, 모세관)이 없는 경우 열역학 제1법칙은

[e] 이 가정은 팽창과정 후반부와 배기 과정에서 유효하지 않다(4.9절 참조). 그리고 오염물질 생성과정도 포함하고 있지 않다(11장 참조).

$$\delta Q = dH$$

2법칙에서

$$\delta Q \le T\,dS$$

둘을 결합하면

$$dH - T\,dS \le 0$$

우리는 일정 온도 과정을 다루고 있기 때문에 이 식은 유한한 변화에 대해서 성립한다:

$$\Delta H - T\,\Delta S = \Delta G \le 0$$

그래서 반응은 생성물의 $G(= H - TS)$가 반응물의 G보다 작은 경우에만 일어날 수(정압 정온에서) 있다. 그래서 평형에서는

$$(\Delta G)_{p,T} = 0 \tag{3.33}$$

이상기체 혼합 반응물을 고려해 보자. 반응 화학종 M_a, M_b 등과 생성물 화학종 M_l, M_m 등은 다음의 일반적인 화학양론적인 반응식을 갖는다

$$\nu_a M_a + \nu_b M_b + \cdots = \nu_l M_l + \nu_m M_m + \cdots \tag{3.34a}$$

이는 다음과 같이 쓸 수 있다

$$\sum_i \nu_i M_i = 0 \tag{3.34b}$$

여기서 ν_i는 화학양론식에서의 계수이며, 생성물에서 양수이고 반응물에서 음수이다.

이제 M_a의 δn_a이 M_b의 δn_b와 반응하여 M_l의 δn_l과 M_m의 δn_m 등을 만들어 낸다고 하자. 이 양들은 비례한다:

$$\delta n_i = \nu_i\,\delta n \tag{3.35}$$

등압 등온에서 이상 기체 혼합물의 깁스 자유 에너지 변화는 조성의 변화에 따라 다음과 같이 주어진다

$$(\Delta G)_{p,T} = \sum_i \tilde{\mu}_i \delta n_i \tag{3.36}$$

여기서 Δn_i는 I 화학종의 몰 변화이고 $\tilde{\mu}$는 *화학 포텐셜*이다. 화학 포텐셜은 인텐시브 성질이고 다음에 의해 정의된다.

$$\tilde{\mu}_i = \left(\frac{\partial G}{\partial n_i}\right)_{p,T,n_j(j\neq i)} \tag{3.37}$$

이 값은 주어진 온도와 압력에서 단위 몰당 깁스 자유 에너지와 크기가 같다. 이상 기체에서 식 (B.13), (B.15), (3.37)에서

$$\tilde{\mu}_i = \tilde{\mu}_i^\circ(T) + \tilde{R}T\ln\frac{p_i}{p_0} \tag{3.38}$$

여기서 $\tilde{\mu}_i^0$는 $\tilde{g}_i^0$와 같고 단위 몰당 표준 생성 깁스 자유 에너지이다. 표준 상태 압력 p_0는 보통 1기압이다.

식 (3.36)을 대입하면, 평형에서

$$\sum\left(\tilde{\mu}_i^\circ + \tilde{R}T\ln\frac{p_i}{p_0}\right)\delta n_i = 0$$

또는
$$\sum\left(\tilde{\mu}_i^\circ + \tilde{R}T\ln\frac{p_i}{p_0}\right)\nu_i\delta n = 0$$

Δn으로 나누고 다시 정리하면

$$\sum\ln\left(\frac{p_i}{p_0}\right)^{\nu_i} = -\frac{\left(\sum\tilde{\mu}_i^\circ\nu_i\right)}{RT} = -\frac{\Delta G^\circ}{RT} = \ln K_p \tag{3.39}$$

K_p는 정압 평형 상수이다.

$$K_p = \prod_i\left(\frac{p_i}{p_0}\right)^{\nu_i} \tag{3.40}$$

이 값은 식 (3.39)에 표시된 바와 같이 반응에 관계하는 각 화학종의 생성 깁스 자유 에너지로부터 계산할 수 있는 반응 깁스 자유 에너지로부터 얻을 수 있다. 그것은 온도만의 함수이다.

여러 화학 반응 데이터 베이스(예를 들면 JANAF 표[8])에 평형 상수 계산을 간단히 하기 위해 $\log_{10}(K_p)_i$, 표준상태의 원소로부터 화학종 1 몰 생성의 평형상수, 가 온도의 함수로 정리되어 있다. 관심 있는 반응의 평형 상수는 다음의 식을 통해 얻는다.

$$\log_{10}(K_p)_{\text{reaction}} = \sum_i \nu_i \log_{10}(K_p)_i \tag{3.41}$$

JANAF 표의 $(K_p)_i$에서 식 (3.40)과 (3.41)의 압력은 대기압을 사용해야 한다.

압력이 평형 상수에 미치는 영향은 식 (3.40)에서 유추할 수 있다.

몰 분율 $\tilde{x}$와 혼합물 압력 p를 대입하면,

$$\prod_i\left(\frac{p_i}{p_0}\right)^{\nu_i} = \prod_i\left(\tilde{x}_i\frac{p}{p_0}\right)^{\nu_i} = \left(\frac{p}{p_0}\right)^{\sum_i\nu_i}\prod_i\tilde{x}_i^{\nu_i} = K_p$$

만약 $\sum_i\nu_i = 0$이면 압력의 변화는 조성에 영향이 없다. 만약 $\sum_i\nu_i > 0$(해리 반응)이면 압력이 증가할 때 해리 생성물의 몰 분율이 감소한다. 만약 $\sum_i\nu_i < 0$(재결합반응)이면 역이 참이다.

농도에 기반을 둔 평형 상수 K_c도 쓰인다.

$$K_c = \prod_i[M_i]^{\nu_i} \tag{3.42}$$

식 (3.40)을 이용해서 K_p와 K_c의 관계를 구할 수 있다:

$$K_p = K_c(\tilde{R}T)^{\sum_i\nu_i} \tag{3.43}$$

여기서 p_0=1기압. $\sum_i\nu_i = 0$이면 K_p와 K_c는 같다.

예제 3.4 닫힌 용기에 초기 상태 1기압과 300 K의 화학양론비 혼합물 CO와 O_2가 폭발한다. 2500 K에서의 연소 생성물의 조성과 가스 압력을 구하라.

연소식은

$$CO + \frac{1}{2}O_2 = CO_2$$

JANAF 표에서 2500 K의 CO_2, CO, O_2의 $\log_{10}K_p$(표준상태 원소로부터의 생성 평형 상수)는 각각 8.280, 6.840, 0이다. 그래서 위의 CO연소에 대한 평형 상수는 식 (3.41)에서,

$$\log_{10} K_p = 8.280 - 6.840 = 1.440$$

그러므로 $K_p = 27.5$

만약 생성물의 해리 비율을 α라고 하면(즉 완전연소에 의해 생성된 CO_2의 일부가 해리된 것) 생성물의 조성은

$$CO_2(1-\alpha);\ CO, \alpha;\ O_2, \frac{\alpha}{2}$$

이 혼합물에서 반응물의 몰 수 n_R은 $\frac{3}{2}$이고 생성물의 몰 수 n_P는 $(1 + \alpha/2)$

이상기체식에서

$$p_R V = n_R \tilde{R} T_R,\ p_P V = n_P \tilde{R} T_P$$

그래서

$$\frac{p_P}{n_p} = \frac{1}{1.5} \times \frac{2500}{300} = 5.555\ \text{atm/mol}$$

평형식 (3.40)에서

$$\frac{1-\alpha}{\alpha(\alpha/2)^{1/2}} \left(\frac{n_P}{p_P} \right)^{1/2} = 27.5$$

에서 $\alpha = 0.074$를 얻을 수 있다.

그래서 생성물의 몰 분율 조성은

$$\tilde{x}_{CO_2} = \frac{1-\alpha}{n_P} = 0.893$$

$$\tilde{x}_{CO} = \frac{\alpha}{n_P} = 0.071$$

$$\tilde{x}_{O_2} = \frac{\alpha/2}{n_P} = 0.037$$

생성 혼합물의 압력은

$$p = 5.555 n_P = 5.76\ \text{atm}$$

예제 3.5 연료–농후 연소 생성물에서 자주 CO_2, H_2O, CO, H_2 간의 평형을 가정하고 연소 가스 조성을 구한다. $\phi = 1.2$일 때 C_8H_{18}-공기 연소 생성물에서 1700 K에서의 각 화학종의 몰 분율을 구하라.

이 화학종들의 반응식(보통 물–가스 반응이라고 불리는)은

$$CO_2 + H_2 = CO + H_2O$$

JANAF 표에서 이 화학종들의 1700 K에서의 $\log_{10} K_p$는: CO_2, 12.180; H_2, 0; CO, 8.011; $H_2O(g)$, 4.699. 위 반응의 평형 상수는 식 (3.41)에서,

$$\log_{10} K_p = 8.011 + 4.699 - 12.180 = 0.530$$

그러므로 $K_p = 3.388$

$\phi = 1.2$에서의 C_8H_{18}-공기 연소 반응은 다음과 같이 쓸 수 있다

$$C_8H_{18} + \frac{12.5}{1.2}(O_2 + 3.773N_2) \rightarrow aCO_2 + bH_2O + cCO + dH_2 + 39.30N_2$$

탄소 보존: $a+c=8$

수소 보존: $2b+2d=18$

산소 보존: $2a+b+c=20.83$

평형 식에서 $(bc)/(ad)$=3.388(반응물과 생성물의 몰 수가 같으므로 각 화학종의 몰을 분압 대신에 쓰일 수 있다).

이 네 식에서

$$c^2-19.3c+47.3=0$$

그러므로 c = 2.89, a = 5..12, b = 7.72, d = 1.29. 생성물의 전체 몰 수는

$$a+b+c+d+39.3=56.3$$

연소 가스 혼합물의 각 화학종의 몰 분율은

$$CO_2, 0.0908;\quad H_2O, 0.137;\quad CO, 0.051;\quad H_2, 0.023;\quad N_2, 0.698$$

하나의 반응에 대해 만들어진 평형 관계식은 동시에 일어나는 다른 평형에 대해 아무 제한도 가하지 않는다. N개의 평형 상태의 반응 가스의 혼합물을 고려해 보자. 만약 C개의 화학 원소가 있으면 이 원소 보존으로부터 N 화학종 농도에 관한 C개의 식을 얻을 수 있다. 각 화학종을 적어도 한 번 포함하는 (N-C)개의 화학 반응식 세트는 어느 것이든 혼합물에서의 각 화학종의 농도를 결정하는 데 필요한 추가 식을 제공할 것이다. 불행하게도 이 전체 식 세트는 C개의 선형과 (N-C)개의 비선형 식의 연립 세트여서 (N-C) > 2인 경우 풀기가 어렵다. 이런 복잡한 시스템의 해석에는 복잡한 화학 평형 조성을 계산하는 표준 컴퓨터 방법(예를 들면 Chemkin[14])이 사용된다. 사용된 접근 방법은, 주어진 원소들의 질량 보존의 제한 조건 내에서, 반응하는 혼합물의 깁스 자유 에너지를 최소화(정온 정압에서)하는 것이다.

가스 혼합물의 열역학적 상태는 보통 온도 T와 압력 p에 의해 결정된다. 다른 상태 변수의 짝: 엔탈피와 압력(정압 연소에서 유용한); 온도와 부피; 내부 에너지와 부피(정적 연소 과정에서 유용한); 엔트로피와 압력, 엔트로피와 부피(등엔트로피 압축이나 팽창) 등도 사용된다.

각 반응물 조성과 열역학적 상태 변수에 대해 이런 화학-평형 컴퓨터 프로그램은 아래 값들을 계산하고 프린트 한다:

1. *열역학적 혼합물 물성치들*(평형 조성과 적절한 가스 혼합 규칙에 의해 구함; 부록 B 참조). P, T, ρ, h, s, M, $(\partial \ln V/\partial \ln p)_T$, $(\partial \ln V/\partial \ln T)_P$; c_p, γ, a(음속)
2. *평형 조성. 각 화학종의 몰 분율*(의미 있는 양이 존재하는), $\tilde{x}$

그림 3.12가 주어진 온도와 30기압에서, 아이소옥탄-공기의 연소 생성물의 평형 조성이 연료-공기 당량비에 따라 어떻게 변화하는지 보여준다. 낮은 온도에서의 생성물은, 희박한 경우 N_2, CO_2, H_2O, O_2이고 농후한 경우 N_2, CO_2, H_2O, CO, H_2이다. 온도가 올라감에 따라 연소 가스 혼합물은 OH, O, H 같은 해리 생성물이 많아지면서 몹시 복잡해진다. 그림 3.13은 엔진의 대표적인 조건에서, 이 장에서 설명한 방법에 의해 구한 단열 화염 온도를 연료-공기 당량비의 함수로 보여준다. 아이소옥탄-공기 미연소 혼합물의 상태는 700 K와 10기압이다(이들은 가솔린 SI 엔진의 압축 끝의 대표적인 값이다). 단열 연소에 의한 것인데, 정압(p_R과 H_R이 정해진)과 정적(V_R과 U_R이 정해진)에 의한 화염 온도가 있다. 정적에 의한 화염 온도가 더 높은데 그 이유는 최종 압력이 높고 해리가 적게 일어난 결과이다. 최대 화염 온도는 약간 화학양론비보다 농후한 영역에서 일어난다.

3.7.2 화학 반응 속도

어떤 시스템이 화학 평형에 있는가의 여부는 주도하는 화학 반응의 시간 상수가 시스템 조건(온도와 압력)이 변화하는 시간 스케일보다 짧으냐 아니냐에 달려 있다. 엔진 내에서의 화학 과정은 자주 평형을 이루지 못한다. 비평형 현상의 주요 예로는 연료가 산화하는 화염 반응존이나 공기 오염 물질 생성 메커니즘이다. 이런 비평형 과정은 실제 반응물에서 생성물로의 화학 반응이 일어나는 속도에 의해 제어된다. 화학 반응이 일어나는 속도는 반응물의 농도, 온도와 촉매의 존재 여부에 따라 달라진다. 이 영역은 화학 반응 속도론이라고 하는데 몇 가지 기초 관계식을 여기서 살펴 본다.[2]

대부분의 관심이 가는 화학 반응은 두 화학종의 반응으로, 여기서는 반응이 가능한 두 반응 분자, M_a와 M_b가 부딪혀서 두 생성 분자, M_c와 M_d를 만든다. 즉

$$M_a + M_b = M_c + M_d \tag{3.44}$$

이런 반응의 중요한 예는, 오염 물질 일산화질소, NO를 만드는 과정에서 속도를 제어하는 반응으로 그 식은 다음과 같다:

$$O + N_2 = NO + N$$

이것은 반응물의 화학양론적 계수 ν_a와 ν_b의 값이 각각 1이고 합이 2여서 2차 반응이다(관련이 있는 일차 반응은 오직 해리 반응이다). 3차 반응도 연소에서는 중요하다. 예로는 연료 산화 반응의 마지막 단계에서 H, O, OH 같은 활성 화학종이 재결합하는 반응이 있다. 예로

$$H + H + M = H_2 + M^* \tag{3.45}$$

M은 충돌에 참여하는 임의의 분자(N_2 같은) 로서 충돌 후 과잉 에너지를 가져 간다(M*로).

*질량 작용의 법칙*은 생성물 화학종이 생성되는 속도나 반응물 화학종이 제거되는 속도는 각 반응하는 화학종의 농도를 화학양론적 계수 ν_i 승을 한 화학종들의 농도의 곱에 비례한

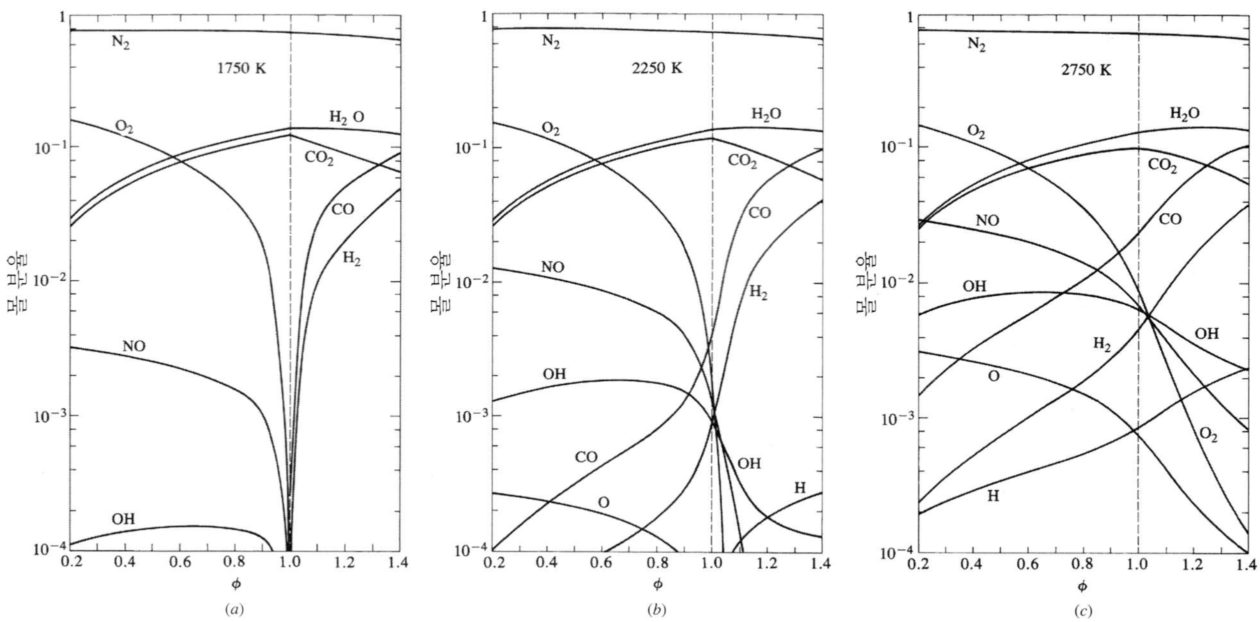

그림 3.12 연료/공기 당량비의 함수로 그린 아이소옥탄–공기 혼합물의 평형 연소 생성물 몰 분율. 30기압이고 (*a*) 1750 K; (*b*) 2250 K; (*c*) 2750 K

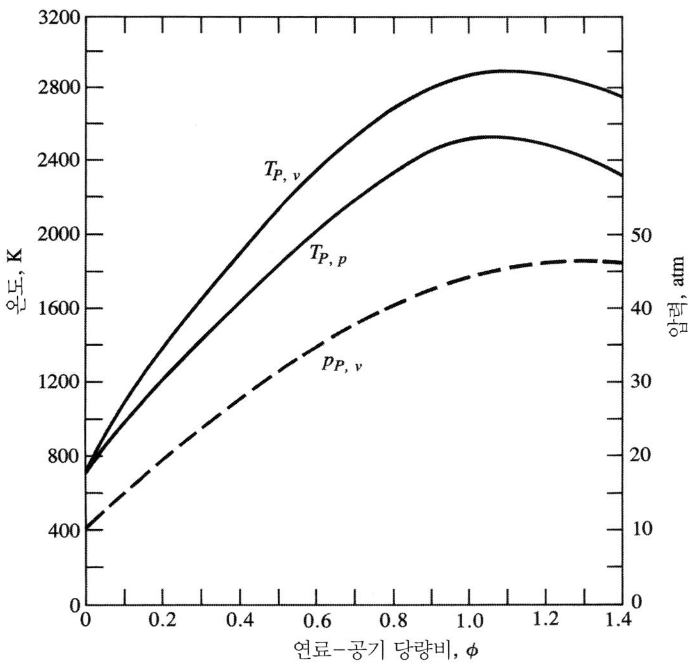

그림 3.13 초기 조건 700 K, 10기압에서(가솔린 SI 엔진에서 압축 후의 대표적인 상태), 연료/공기 당량비의 함수로 그린 아이소옥탄–공기 혼합물의 단열 정적 연소과정 온도($T_{p,v}$)와 정압 연소과정 온도($T_{p,p}$). 압력($p_{p,v}$)은 단열 정적 연소 후의 평형 압력

다는 것이다. 그래서 반응 (3.44)에서 정방향(+), 반응물에서 생성물로의 반응속도 R^+는

$$R^+ = -\frac{d[\mathrm{M}_a]^+}{dt} = \frac{d[\mathrm{M}_c]^+}{dt} = k^+[\mathrm{M}_a][\mathrm{M}_b] \tag{3.46}$$

만약 반응이 역방향(−)로도 진행할 수 있다면, 역방향 속도 R^-는

$$R^- = -\frac{d[\mathrm{M}_c]^-}{dt} = \frac{d[\mathrm{M}_a]^-}{dt} = k^-[\mathrm{M}_c][\mathrm{M}_d] \tag{3.47}$$

k^+와 k^-는 이 반응에서 정방향과 역방향의 속도 상수이다. 순 생성물 생성 속도 또는 반응물 제거 속도는

$$\begin{aligned} R^+ - R^- &= \frac{d[\mathrm{M}_c]^+}{dt} + \frac{d[\mathrm{M}_c]^-}{dt} = -\frac{d[\mathrm{M}_a]^+}{dt} + \frac{d[\mathrm{M}_a]^-}{dt} \\ &= k^+[\mathrm{M}_a][\mathrm{M}_b] - k^-[\mathrm{M}_c][\mathrm{M}_d] \end{aligned} \tag{3.48}$$

이 결과는 좀 더 일반적으로 아래와 같이 말할 수 있다. 어떤 반응이든지 다음과 같이 쓸 수 있다.

$$\sum_{i=1}^{n} \nu_{R_i} \mathrm{M}_{R_i} = \sum_{i=1}^{m} \nu_{P_i} \mathrm{M}_{P_i} \tag{3.49}$$

여기서 ν_i는 원소 M_i의 화학양론적 계수이며 아래 첨자 R과 P는 각각 반응물과 생성물을 말하며 이 반응에는 n 반응물 화학종과 m 생성물 화학종이 있다. 정방향 반응 속도 R^+와 역방향 반응속도 R^-는 다음과 같다.

$$R^{+}=k^{+}\prod_{i=1}^{n}[\mathrm{M}_{R_i}]^{\nu_{R_i}}$$
$$R^{-}=k^{-}\prod_{i=1}^{m}[\mathrm{M}_{P_i}]^{\nu_{P_i}} \tag{3.50}$$

순 반응물 제거 속도 M_{R_i}는

$$-\frac{d[\mathrm{M}_{R_i}]}{dt}=\nu_{R_i}(R^{+}-R^{-}) \tag{3.51a}$$

그리고 순 생성물 생성 속도 M_{P_i}는

$$\frac{d[\mathrm{M}_{P_i}]}{dt}=\nu_{P_i}(R^{+}-R^{-}) \tag{3.51b}$$

속도 상수 k는 보통 아레니우스 형태(Arrhenius form)로 주어진다.

$$k=A\exp\left(-\frac{E_A}{RT}\right) \tag{3.52}$$

여기서 A는 빈도(frequency) 또는 전지수인자(pre-exponential factor)라고 하며 온도의(온건한) 함수일 수 있다; E_A는 활성화 에너지이다. 볼쯔만 인자(Boltzman factor) exp(-EA/RT)는 충돌 중에 E_A보다 더 큰 에너지를 갖고 있는 비율을 나타내는데, 이는 분자의 본드를 깨고 반응을 일으키는 정도의 충분한 에너지를 의미한다. k가 T에 의존하는 함수 형태나 식 (3.52)의 아레니우스 형태의 상수들은 실험적으로 구한다.

평형에서는 정방향과 역방향의 반응 속도가 같다. 그런 경우 식 (3.48)에서 $R^{+}-R^{-}=0$:

$$\frac{k^{+}}{k^{-}}=\frac{[\mathrm{M}_c][\mathrm{M}_d]}{[\mathrm{M}_a][\mathrm{M}_b]}=K_c$$

여기서 K_c는 식 (3.42)에서 정의된 농도에 기반을 둔 평형 상수이다. 이 값과 분압에 기반을 둔 평형 상수 K_p와 관계는 식 (3.43)에 의해 구할 수 있다.

연소에서 중요한 화학 반응 메커니즘은 위에서 설명한 속도-제어 과정보다 훨씬 복잡하다. 이런 메커니즘은 보통 병렬과 직렬 상호 작용하는 반응들을 포함한다. 위에서 설명한 방법들은 그래도 적용된다; 그렇지만 관심 있는 화학종을 생성하는(또는 제거하는) 모든 반응들의 정방향과 역방향 속도를 모두 대수적으로 합하여야 한다. 그런 복잡한 메커니즘에서는 자주 (일부) 반응 중간 생성물 또는 라디칼이 *정상 상태*에 있다고 가정하는 것이 유용하다. 즉 이들 라디칼들은 아주 빠르게 반응하기 때문에 일단 만들어지면 그들이 반응하는 원소들과 정상 상태—사실상 평형—를 유지한다. 그들 농도의 시간에 따른 순 변화율을 제로로 놓을 수 있다.

연습문제

3.1 가솔린이 4실린더 스파크-점화기관에 2 g/s로 공급된다. 화학양론비 연소에 필요한 공기 유동률을 구하라. 엔진이 1500 rev/min으로 회전할 때, 각 실린더에 한 사이클당 공급되는 연료와 공기의 질량을 계산하라. 엔진 배기량은 2.4리터이다. 체적 효율은 얼마인가?

3.2 연료/공기 당량비 0.9에서 운전되는 부탄을 연료로 하는 스파크-점화기관의 배기 조성을 계산하라. 연료는 실린더 내에서 완전히 탄다고 가정한다. 부탄은 C_4H_{10}이다.

3.3 프로판을 연료로 하는 SI 엔진의 건조(수분이 측정 전에 제거된) 배기 몰 조성은 다음과 같다. 상대 공기/연료비를 계산하라.
$CO_2=10.8\%$, $O_2=4.5\%$, $CO=0\%$, $H_2=0\%$

3.4 메탄, 아이소옥탄, 가솔린, 에탄올, 메탄올, 수소의 화학양론비 혼합물에 대해, 단위 질량과 단위 부피(표준 대기 상태에서)당 저위 발열량을 구하라. 연료는 모두 증발했다고 가정한다. 이들 연료의 발열량은 부록 D에 있다.

3.5 측정된 엔진 연료 유동률은 0.4 g/s, 공기 유동률은 5.6 g/s, 배기 조성(건조한 상태에서 측정)은 CO_2 = 13.0%, CO = 2.8%, O_2는 거의 제로이다. 미연소 탄화수소 배출은 무시한다. 연료와 공기의 유동률로부터 계산한 당량비와 배기 조성에서 계산한 당량비를 비교하라. 연료는 가솔린이고 H/C 비는 1.87이다. H_2 농도는 CO 농도의 1/3라고 가정한다.

3.6 이 문제에서는 내연 기관에 사용할 몇 연료에 대해 비교한다. 관심이 있는 연료는 가솔린, 디젤 연료, 메탄, 에탄올, 수소이다. 이들 연료의 성질은 부록 D의 표 D.4에 있다.

(a) 각 연료에서, 화학양론비 혼합물에 대해, 표준 온도와 압력에서 혼합물 단위 부피당 저위 발열량을 구하라. 결과를 가솔린 값으로 정규화하라.

(b) 각 연료에서, 화학양론비 혼합물에 대해, 표준 온도와 압력에서 연료 단위 부피당 저위 발열량을 구하라. 역시 결과를 가솔린 값으로 정규화하라.

(c) 각 연료를 사용했을 때 엔진 출력(최대 토크와 파워)이 어떻게 변하는지(배기량은 일정할 때) 위 결과가 말해주는 것은 무엇인가? 각 연료를 사용할 때 자동차에 저장할 수 있는(주어진 크기의 압축되지 않은 탱크에서) 에너지 양은 어떻게 변화하는가?

3.7 이 문제에서는 개질가솔린의 스파크 점화기관에 미치는 영향에 대해 분석한다. 개질 가솔린은(엔진 배기 오염물질을 줄이려고) 무게로 2%의 산소를 포함하고 있다. 한가지 방법은 2% 산소를 제공하기 위해 에탄올(C_2H_6O)을 가솔린에(근사적으로 C_7H_{13}로 대체) 적절한 비로 섞어 달성한다. 가솔린의 발열량은 44 MJ/kg이다: 에탄올의 발열량은 26.9 MJ/kg이다. 두 연료의 밀도는 거의 같은데 0.76 Mg/m^{3}이다.

(a) 에탄올-가솔린 혼합물에서 요구되는 에탄올의 질량 분율을 구하라.

(b) 가솔린과 에탄올의 화학양론 공기/연료비는 각각 9.0과 14.6이다. 혼합물의 화학양론비를 구하라.

(c) 연료 시스템은 측정된 공기 질량 유동률에 기초하여 연료의 부피를 분사한다. 가솔린으로 화학양론비에서 작동하도록 설계된 스파크 점화기관에서 에탄올-가솔린 혼합물로 운전하면 엔진은 희박한 상태로 운전하게 된다. 어떤 희박 상대 공기/연료비에서 운전할까?

3.8 내연기관이 순수한 알코올을 연료로 사용하여 운전되고 있다. 연료 분자는 7개의 탄소 원자를 갖고 있다. 배기 매니폴드에서 습한 상태에서 측정한(H_2O가 있는 상태에서) 배기 화학종의 몰 구성은 다음가 같다:

CO_2:13%, CO: 5.2%, H_2O: 9.1%, H_2: 1.3%, and N_2: 71.3%

3.9 $N_2 + O_2 = 2NO$ 반응의 평형을 고려함으로써 엔진에서 생성되는 NO의 양에 대한 최댓값 추정을 할 수 있다. 2500 k, 30기압에서 평형상태의 NO 농도를 계산하라. 이 반응의 2500 K에서의 $\text{Log}_{10}K_p = -1.2$이다. 연소 생성물의 N/O 비는 15로 가정한다. N_2, O_2, NO만이 반응에 참여하는 화학종이다.

3.10 배기 반응기에서 일산화탄소가 1기압, 1000 K에서 공기와 반응한다. 반응기로 흘러 들어가는 배기-공기 혼합물의 몰 분율은 CO, 3%; O_2, 7%; N_2, 74%; CO_2, 6%; H_2O, 10%이다.

(a) 입구 혼합물의 CO와 O_2 농도를 g mol/cm^3 단위로 계산하라.

(b) 반응 속도는 다음가 같다.

$$d[\text{CO}]/dt = -4.3\times10^{11}\times[\text{CO}][\text{O}_2]^{0.25}\exp[-E/(RT)]$$

[ ]는 g mol/cm^3 단위의 농도이고, E/R = 20,000 K이다. CO의 초기 반응 속도, $d[\text{CO}]/dt$를 계산하라. 시간은 초 단위이다.

(c) 반응 $CO + \frac{1}{2}O_2 = CO_2$의 평형 상수 K_p는 1000 K에서 10^{10}이다. 평형상태의 CO 농도를 계산하라.

(d) 초기 반응 속도를 이용하여 이 CO의 평형 농도에 도달할 때까지의 시간을 계산하라.(실제 시간은 더 길겠지만 이 계산으로 근사적인 요구 시간을 알 수 있다.)

3.11 수소를 연료로 사용하는 내연기관의 배기에는 22.3% H_2O, 7.44% O_2, 70.2% N_2가 있다. 이 엔진은 어떤 연료/공기 당량비와 상대 공기/연료비에서 운전되는가?

3.12 내연기관의 배기 매니폴드에서 1기압 압력에서 가스가 샘플링되어 분석된다. 배기 몰 분율은 다음과 같다:

H_2O 0.0468; CO_2 0.0585; O_2 0.123; N_2 0.772

CO나 미연소 탄화수소등의 다른 성분은 무시한다.

(a) DI 연료는 석탄과 바이오매스에서 만든 합성연료로서 탄소와 수소만 포함한다. 이 연료의 수소 원자와 탄소 원자의 비는 얼마인가?

(b) 이 엔진이 운전되는 연료/공기 당량비를 계산하라.

(c) 이 내연기관은 기존의 스파크 점화기관인가 디젤 엔진인가? 그렇게 생각하는 이유를 설명하라.

(d) 이 엔진의 배기량은 2리터이다. 같은 속도에서(2000 rev/min) 이 엔진이 최대 부하에서 작동한다면 연료 유량율은 몇 퍼센트나 증가하는지 근사적으로 추정하라. 최대 부하에서 당량비에 어떤 한계가 있는지 설명하라.

3.13 액화 석유 가스(LPG)가 스파크 점화기관에 연료로 사용된다. 대표적인 연료 샘플은 다음과 같은 조성을 갖는다.

프로판 C_3H_8	부피로 70%
부탄 C_4H_{10}	부피로 5%
프로핀 C_3H_6	부피로 25%

연료의 고위발열량은: 프로판, 50.38 MJ/kg; 부탄, 49.56 MJ/kg; 프로필린(프로핀), 48.95 MJ/kg 이다.

(a) LPG 1 몰의 화학양론비에서 공기와 연소할 때의 연소 반응식을 만들고 화학양론비 F/A와 A/F를 구하라.

(b) 단위 LPG질량에서, 이 연료가 초과 공기와 반응할 때 고위와 저위 발열량은 얼마인가?

3.14 스파크 점화기관이 아이소옥탄 연료(C_8H_{18})로 운전된다. 배기는 냉각되고 건조되어 수분을 없앤 후, CO_2, CO, H_2, O_2 측정을 한다. 당량비를 0.5에서 1.5까지 변화시키면서, 전체 연소 반응식을 이용하여 CO_2, CO, H_2, O_2 몰 분율을 건조한 배기에 대해 계산하고 당량비의 함수로 그려라. 아래의 가정을 한다.

(a) 엔진 내에서 거의 모든 연료는 타고(실제에 가까움) CO와 H_2의 몰 비는 3:1이다

(b) 희박한 경우에 수소는 배기에 없다.

높은 출력의 엔진 운전을 위해 공기/연료비는 14:1이다. 수분이 제거되기 전의 배기 조성은, 몰 분율로 무엇인가?

참고문헌

1. Borman, G. L., and Ragland, K. W.: *Combustion Engineering*, McGraw-Hill, New York, 1998.
2. Glassman, I.: *Combustion*, 3rd ed., Academic Press, Orlando, London,1996.
3. Kaye, G. W. C., and Laby, T. H.: *Tables of Physical and Chemical Constants*, 16th ed., Longmans, London, 1995.
4. Reynolds, W. C.: *Thermodynamic Properties in SI*, Department of Mechanical Engineering, Stanford University, Palo Alto, 1979.
5. Taylor, C. F.: *The Internal Combustion Engine in Theory and Practice*, vol. 1, MIT Press, Cambridge, 1960.
6. Goodger, E. M.: *Hydrocarbon Fuels*, Macmillan, London, 1975.
7. Spalding, D. B., and Cole, E. H.: *Engineering Thermodynamics*, 3rd ed., Edward Arnold, London, 1973.
8. *JANAF Thermochemical Tables*, National Bureau of Standards Publication NSRDS-NBS 37, U. S. Department of Commerce, U. S. Printing Office, Washington D.C., 1971.
9. Maxwell, J. B.: *Data Book on Hydrocarbons*, Van Nostrand, New York, 1950.
10. Rossini, F. D., Pitzer, K. S., Arnelt, R. L., Braun, R. M., and Primentel, G. C.: *Selected Values of Physical and Thermodynamic Properties of Hydrocarbons and Related Compounds*, Carnegie Press, Pittsburgh, 1953.
11. Stull, D. R., Westrum, E. F., and Sinke, G. C.: *The Chemical Thermodynamics of Organic Compounds*, John Wiley, New York, 1969.
12. Matthews, R. D.: "Relationship of Brake Power to Various Energy Efficiencies and Other Engine Parameters: The Efficiency Rule," *Int. J. of Vehicle Design*, vol. 4, no. 5, pp. 491–500, 1983.
13. Keenan, J. H.: *Thermodynamics*, John Wiley, New York, 1941; MIT Press, Cambridge, 1970.
14. CHEMKIN (or CHEMKIN-PRO); URL: www.reactiondesign.com; Reaction Design, Inc., San Diego, 2016.

CHAPTER 4

작동 유체의 물성치

Properties of Working Fluids

4.1 서론 _*Introduction*

엔진 작동에 대해 엔진 내부에서 일어나는 현상에 대한 해석을 통해 오랜 동안 많은 유용한 연구가 진행되었다. 제일 초창기 시도는 정적이나 정압 이상 사이클을 이용해서 실제 엔진 과정을 근사적으로 해석하는 것이다(5장 참조). 고속 디지털 컴퓨터의 발달과 함께 엔진 과정 시뮬레이션이 매우 복잡하고 정확해졌다(14장 참조). 모든 엔진 시뮬레이션(가장 간단한 것부터 가장 복잡한 것까지)은 엔진 내부의 작동 유체의 조성과 물성치에 대한 모델을 필요로 하고, 또 엔진 작동 사이클을 구성하는 각각의 과정—흡입, 압축, 연소, 팽창과 배기—에 대한 모델을 필요로 한다. 이 장은 작동 유체의 조성과 열역학적 물성치와 전달(transport) 물성치에 관한 모델을 다룬다.

엔진 작동 사이클에 따라 달라지는 작동 유체의 조성이 표 4.1에 요약되어 있다. 스파크 점화기관의 흡입과 압축 과정에서의 미연소 혼합물은 공기, 연료와 이전 사이클의 연소 가스로 구성된다. 그래서 이들은 N_2, O_2, CO_2, H_2O와, 농후 혼합물에서의 CO, H_2와, 연료(보통 증기 상태)로 구성된다. 미연소 혼합물의 조성은 흡입과 압축 과정에서 별로 변하지 않는다. 이 조성이 "얼은 상태"(frozen)에 있다고 가정해도 충분히 정확하다. 압축 점화기관에서는 연료 분사 전의 미연소 혼합물에는 연료가 없다; 그것은 공기와 전 사이클의 연소 가스로 구성된다.

연소 과정과 대부분의 팽창 과정에서의 연소 생성물 또는 연소 혼합 가스는 열역학적 평형에 가깝다. 이런 혼합물에 관하여는 이미 의논하였다(3.7.1절 참조). 이 연소 생성물이 냉각되면서 그림 3.12에 보인 바와 같은 재결합이 발생한다. 팽창 과정 말기에 가까워 지면서 가스 조성은 평형 조성에서 벗어난다; 재결합이 더 이상 반응 혼합물을 평형 상태에 있도록 할 만큼 빠르게 일어나지 않는다. 배기 과정에서는 연소 가스의 반응이 충분히 천천히 일어나기 때문에 열역학적 물성치를 계산하기 위해 조성이 "*얼어*" 있다고 할 수 있다.

미연소와 연소 혼합물의 열역학적 물성치를 예측하는 모델은 표 4.2에서와 같이 5가지 카테고리로 나눌 수 있다. 첫번째 카테고리는 미연소와 연소 혼합물의 비열들이 상당히 다르기 때문에 단지 보여 주기 위한 목적으로만 유용하다. 비록 작동 유체의 비열이 관심 온도 범위 안에서 증가하지만, 일정-비열 모델은 제한된 온도 범위 내에서는 열역학적 데이터에 잘 맞게 사용할 수 있다. 이 접근 방식은 적당한 정확성만 요구되는 예측에서 간단한 *해석* 모델로 사용 가능하다. "얼은" 가정과 평형 가정이 적당한 지의 여부는 이미 논의되었다. 과거에는 완전한 평형 계산에 비해 계산 시간을 줄일 수 있어서 열역학 평형을 근사적으로 계산하는 것이 유용했다.

표 4.1 작동 유체 구성

과정	스파크 점화기관	압축 점화기관
흡기	공기 연료* 재순환된 배기† 잔류 가스‡	공기 재순환된 배기† 잔류 가스‡
압축	공기 연료 증기 재순환된 배기 잔류 가스	공기 재순환된 배기 잔류 가스
팽창	연소 생성물 (N_2, H_2O, CO_2, CO, H_2, O_2, NO, OH, O, H,⋯혼합물)	연소 생성물 (N_2, H_2O, CO_2, CO, H_2, O_2, NO, OH, O,H,⋯혼합물)
배기	연소 생성물 [주로 N_2, CO_2, H_2O와 O_2($\Phi<1$) 또는 CO와 H_2(($\Phi>1$)	연소 생성물 (주로 N_2, CO_2, H_2O, O_2)

* 포트 연료 분사에서는 실린더 안에 주로 증기; 직접 분사에서는 액체와 증기

† NO_x 배기 오염물질을 제어하기 위해 자주 사용됨(11.2, 15.3.2, 15.5.1절 참조)

‡ 실린더 내

엔진 계산과 관련된 미연소와 연소 혼합물의 열역학적 물성치의 값들이 차트, 표, 표의 데이터를 대신할 수 있도록 개발된 대수 관계식, 컴퓨터 프로그램으로부터 구할 수 있다. 이 자료들 중 선택된 값들이 부록 D에 있다. 참고문헌에 추가 소스가 있다.

4.2 미연소 혼합물 조성 _Unburned Mixture Composition

실린더 안에 갇힌 질량(m_c)는 사이클당 흡입된 질량(m_i)에 전 사이클로부터 잔류한 질량(m_r)을 합한 것이다. 잔류 분율(x_r)은

$$x_r = \frac{m_r}{m_c} \tag{4.1}$$

스파크-점화기관의 대표적인 잔류 분율은 아이들에서의 30%에서 전부하에서의 5% 정도 사이에 있다. 디젤에서는 높은 압축비 때문에 잔류 분율이 작고(몇 % 정도) 자연 흡기 엔진에

표 4.2 열역학적 물성치에 관한 모델 카테고리

미연소 혼합물	연소 혼합물
1. 작동 사이클 내내 c_v(따라서 cp)가 일정한 단일 이상 기체	
2. 이상 기체; $c_{v,u}$ 일정	이상 기체; $c_{v,u}$ 일정
3. 이상 기체 고정 혼합물; $c_{v,i}(T)$	이상 기체 고정 혼합물; $c_{v,i}(T)$
4. 이상 기체 고정 혼합물; $c_{v,i}(T)$	평형 열역학 성질에 근사 피팅
5. 이상 기체 고정 혼합물; $c_{v,i}(T)$	평형 상태의 이상 기체의 반응 혼합물

주의: 아래 첨자 *i*, *u*, *b*는 가스 혼합물의 *i* 화학종, 미연소 혼합물, 연소 혼합물 물성치를 각각 나타냄.

서는 흡기가 스로틀 되지 않기 때문에 거의 일정하다. 만약 흡입되는 혼합물이 연료와 공기(또는 공기만)라면, 압축과정에서 미연소 혼합물에서의 연소 가스 분율(x_b)은 잔류 분율과 같다.

어떤 엔진에서는 엔진의 배기 중 일부가 NO_x 배출을 제어하는 목적으로 신기 혼합물을 희석시키기 위해 흡기로 재순환된다(11.2절 참조). 배기 재순환의 퍼센트(%EGR)는 전체 흡기 혼합물 중의 배기 재순환의 퍼센트로 정의된다.[a]

$$\mathrm{EGR}(\%) = \left(\frac{m_{\mathrm{EGR}}}{m_i}\right) \times 100 \tag{4.2}$$

여기서 m_{EGR}은 배기 재순환 질량이며 신기 중의 연소 가스 분율은

$$x_b = \frac{m_{\mathrm{EGR}} + m_r}{m_c} = \left(\frac{\mathrm{EGR}}{100}\right)(1 - x_r) + x_r \tag{4.3}$$

운전 조건에 따라서 SI 엔진에서 30%에 가까운 배기가 재순환될 수 있다; 디젤 엔진에서는 훨씬 더 많은 양이 사용된다.

미연소 혼합물에서의 연소 가스 분율의 조성은 다음과 같이 계산된다. 평균 분자 H/C 비율이 y[예, 식 (3.5)]인 탄화 수소 연료의 연소 식은 단위 O_2 몰에 대해 다음과 같이 쓸 수 있다.

$$\begin{aligned}\varepsilon\phi \mathrm{C} + 2(1-\varepsilon)\phi \mathrm{H}_2 + \mathrm{O}_2 + \psi \mathrm{N}_2 \rightarrow\ & n_{\mathrm{CO}_2}\mathrm{CO}_2 + n_{\mathrm{H_2O}}\mathrm{H_2O} \\ & + n_{\mathrm{CO}}\mathrm{CO} + n_{\mathrm{H}_2}\mathrm{H}_2 + n_{\mathrm{O}_2}\mathrm{O}_2 + n_{\mathrm{N}_2}\mathrm{N}_2\end{aligned} \tag{4.4}$$

여기서

ψ = N/O 몰 비율(공기에서는 3.773)

$\varepsilon = \dfrac{4}{4+y}$

y = 연료의 H/C 몰 비율

ϕ = 연료/공기 당량비

n_i = O_2 반응물 1몰당 원소 i의 몰 수

n_i는 다음 가정을 이용하여 결정한다:

1. 희박하거나 화학양론비의 혼합물($\phi \le 1$)에서는 CO와 H_2는 무시한다.
2. 농후하거나 화학양론비의 혼합물($\phi \ge 1$)에서는 O_2는 무시한다.
3. 농후한 혼합물에서 (a) 물-가스 반응

$$CO_2 + H_2 = CO + H_2O$$

가 평형 상수 $K(T)$를 갖고 평형 상태에 있다고 가정할 수 있다

$$K(T) = \frac{n_{\mathrm{H_2O}}\, n_{\mathrm{CO}}}{n_{\mathrm{CO}_2}\, n_{\mathrm{H}_2}}$$

---

[a] 퍼센트 EGR에 대한 다른 정의(EGR*)는 신기 혼합물(연료와 공기)에 대한 EGR 비율이다:

$$\mathrm{EGR}^*(\%) = \left(\frac{m_{\mathrm{EGR}}}{m_a + m_f}\right) \times 100$$

두 정의는 다음과 같은 관계를 갖는다.

$$\frac{\mathrm{EGR}^*}{100} = \frac{\mathrm{EGR}}{100 - \mathrm{EGR}} \quad \text{and} \quad \frac{\mathrm{EGR}}{100} = \frac{\mathrm{EGR}}{100 + \mathrm{EGR}^*}$$

$K(T)$는 JANAF 표의 곡선 맞춤한 식에서 결정할 수 있다:[1]

$$\ln K(T) = 2.743 - \frac{1.761\times10^3}{T} - \frac{1.611\times10^6}{T^2} + \frac{0.2803\times10^9}{T^3} \tag{4.5}$$

여기서 T는 K,

또는 (b) K는 정상적인 엔진 운전 영역에서 일정하다고 가정할 수 있다.

보통 3.5를 자주 사용하는데(4.9절 참조), 이 값은 1740 K에서의 평형 상수에 해당한다.

원소 밸런스와 위의 가정에 의해 구해진 n_i가 표 4.3에 있다. c는 아래의 2차 식을 풀어서 얻는다.

$$(K-1)c^2 - c\{K[2(\phi-1)+\varepsilon\phi]+2(1-\varepsilon\phi)\}+2K\varepsilon\phi(\phi-1)=0 \tag{4.6}$$

몰 분율은 다음 식에서 구한다.

$$\tilde{x}_i = \frac{n_i}{n_b}$$

여기서 $n_b = \Sigma_i n_i$ 는 표 4.3의 제일 아래에 있다.

비록 식 (4.4)는 C와 H를 포함한 연료에만 국한한 식이지만 알코올이나 알코올–탄화수소 혼합 연료에 맞게 수정할 수 있다. 연료의 몰 조성이 CH_yO_z인 경우 반응 혼합물은

$$CH_yO_z + \frac{1}{\phi}\left(1+\frac{y}{4}-\frac{z}{2}\right)(O_2+\psi N_2)$$

위 식을 단위 몰의 O_2 반응물에 대해 다시 쓰면

$$\zeta\phi\varepsilon C + 2\zeta\phi(1-\varepsilon)H_2 + O_2 + \left(1-\frac{\varepsilon z}{2}\right)\zeta\psi N_2 \tag{4.7a}$$

여기서

$$\zeta = \frac{2}{2-\varepsilon z(1-\phi)} \tag{4.7b}$$

만약 아래와 같이 쓰면

$$\phi^* = \zeta\phi \quad \text{and} \quad \psi^* = \left(1-\frac{\varepsilon z}{2}\right)\zeta\psi \tag{4.7c}$$

반응식 (4.7*a*)는

$$\varepsilon\phi^* C + 2(1-\varepsilon)\phi^* H_2 + O_2 + \psi^* N_2$$

이 식은 탄화수소 연료의 반응식 (4.4)와 모양이 같다. 그래서 표 4.3에서 n_i의 조성에서 ϕ를 ϕ^*로, ψ를 ψ^*로 바꾸면 미연소 혼합물에서의 연소 가스 잔류 분율의 조성을 구할 수 있다.

이제 미연소 혼합물에 대해 살펴 보자. 혼합물에서의 O_2 1몰당 연료의 몰 수는 연료의 분자량 M_f에 달려 있다. 만약 연료의 평균 분자 식이 $(CH_y)_\alpha$라고 하면

$$M_f = \alpha(12+y)$$

새로운 연료–공기 혼합물(아직 EGR이나 잔류 가스에 의해 희석되지 않은)은

$$\varepsilon\phi C + 2(1-\varepsilon)\phi H_2 + O_2 + \psi N_2$$

는 다음과 같이 된다.

$$\frac{4}{M_f}(1+2\varepsilon)\phi(CH_y)_\alpha + O_2 + \psi N_2$$

표 4.3 1700 K 이하에서의 연소 가스 조성

화학종	n_i, 몰수/반응물 O_2 몰	
	$\phi \le 1$	$\phi > 1$*
CO_2	$\varepsilon\phi$	$\varepsilon\phi - c$
H_2O	$2(1-\varepsilon)\phi$	$2(1-\varepsilon\phi) + c$
CO	0	c
H_2	0	$2(\phi - 1) - c$
O_2	$1 - \phi$	0
N_2	ψ	ψ
Sum: n_b	$(1-\varepsilon)\phi + 1 + \psi$	$(2-\varepsilon)\phi + \psi$

* c는 식 (4.6)에서 정의

혼합물의 단위 몰 O_2당 미연소 혼합물(연료, 공기, 연소 가스 분율)은 다음과 같이 쓸 수 있다:

$$(1-x_b)\left[\frac{4}{M_f}(1+2\varepsilon)\phi(CH_y)_\alpha + O_2 + \psi N_2\right] + x_b\,(n_{CO_2} + n_{H_2O} + n_{CO} + n_{H_2} + n_{O_2} + n_{N_2})$$

단위 O_2 몰당 각 원소의 미연소 혼합물에서의 몰 수가 표 4.4에 요약되어 있다. 각 원소의 몰 분율은 이 값을 전체 미연소 혼합물의 몰 수 n_u로 나누면 얻을 수 있다,

$$n_u = (1-x_b)\left[\frac{4(1+2\varepsilon)\phi}{M_f} + 1 + \psi\right] + x_b n_b \tag{4.8}$$

n_b는 표 4.3에 있다.

이제 (저온의) 연소와 미연소 혼합물의 분자량을 계산할 수 있다. 혼합물의 단위 O_2 몰당 혼합물의 질량(연소한 또는 미연소의) m_{RP}는 다음 식에 의해 구한다.

$$m_{RP} = 32 + 4\phi(1+2\varepsilon) + 28.16\psi \tag{4.9}$$

표 4.4 미연소 혼합물 조성

화학종	n_i, 몰수/반응물 O_2 몰	
	$\phi \le 1$	$\phi \ge 1$*
연료	$4(1-x_b)(1+2\varepsilon)\phi / M_f$	
O_2	$1 - x_b\ \phi$	$1 - x_b$
N_2	ψ	ψ
CO_2	$x_b\varepsilon\phi$	$x_b(\varepsilon\phi - c)$
H_2O	$2x_b(1-\varepsilon)\phi$	$x_b[2(1-\varepsilon\phi) + c]$
CO	0	$x_b c$
H_2	0	$x_b[2(\phi - 1) - c]$
합*	n_u	n_u

* 식 (4.8)에서 정의

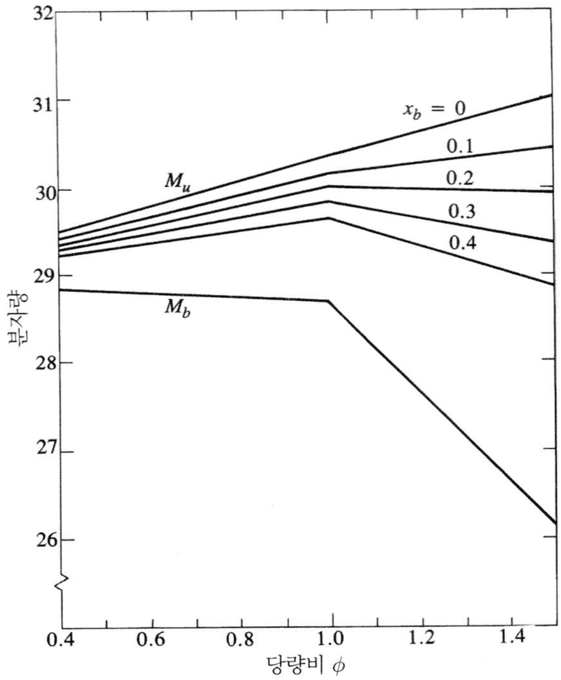

그림 4.1 연료/공기 당량비와 연소 가스 분율의 함수로 그린 미연소와 저온에서의 연소 아이소옥탄–공기 혼합물의 분자량

표 4.5 몰과 질량에 기초를 둔 계산의 환산

혼합물 단위 O_2 몰에 대한 양	일반식*		C_8H_{18}-공기 혼합물 식
연소 혼합물 몰 n_b	$n_b = (1-\varepsilon)\phi + 1 + \psi,$	$\phi \le 1$	$n_b = 0.36\phi + 4.773$
	$n_b = (2-\varepsilon)\phi + \psi,$	$\phi > 1$	$n_b = 1.36\phi + 3.773$
미연소 혼합물 몰 n_u	$(1-x_b)\left[\frac{4(1+2\varepsilon)\phi}{M_f}+1+\psi\right]+x_b n_b$	$\begin{cases}\phi\le 1\\ \phi>1\end{cases}$	$n_u = 0.08\phi + 4.773 + 0.28x_b\phi$ $n_u = 0.08\phi + 4.773 + x_b(1.28\phi - 1)$
혼합물 질량† (연소 또는 미연소)	$m_{RP} = 32 + 4\phi(1+2\varepsilon) + 28.16\psi$		$138.2 + 9.12\phi$
공기 질량†	$32 + 28.16\,\psi$		138.2

* 탄화수소 연료에서 공기의 $\psi = 3.773$; 산소를 포함한 연료에서는 ϕ와 ψ대신 식 (4.7c)에 주어진 ϕ^*와 ψ^*를 각각 사용한다.

† 단위: kg/kmol 또는 lb_m/lb · mol

연소 혼합물의 분자량 M_b는

$$M_b = \frac{m_{RP}}{n_b} \tag{4.10}$$

미연소 혼합물의 분자량 M_u는

$$M_u = \frac{m_{RP}}{n_u} \tag{4.11}$$

그림 4.1이 공기, 아이소옥탄, 연소 가스의 혼합물에 대해 ϕ와 x_b의 변화에 따른 M_u와 M_b를 보여 준다.

흔히 미연소와 연소 혼합물의 열역학적 성질들은 원래의 혼합물(연소 혼합물에서는 연소 전의 혼합물임)의 단위 공기 질량당으로 표시된다. 이 단위의 성질을 얻으려면 단위 O_2몰당의 원래 공기의 질량이 필요한데, 이것은

$$(32+28.16\psi)$$

여기서 단위는 kg/kmole 또는 lbm/lb-mole이다.

표 4.5가 몰 기준과 질량 기준으로 표시된 물성치들의 관계를 계산하는 데 필요한 인자들을 보여준다.

4.3 가스 성질 관계식 _*Gas Property Relationships*

미연소와 연소 가스 혼합물의 각 화학종들은 충분한 정확성을 가지고 이상기체로 가정할 수 있다. 이상기체 관계식이 부록 B에 있다. 엔진 계산에서 물성치 결정을 위해 중요한 관계식을 아래와 같이 요약한다.

내부 에너지와 엔탈피는 온도만의 함수이므로 정적과 정압 비열은 다음 식에 의한다.

$$c_v = \left(\frac{\partial u}{\partial T}\right)_v = \frac{du}{dT} = c_v(T) \tag{4.12a}$$

$$c_p = \left(\frac{\partial h}{\partial T}\right)_p = \frac{dh}{dT} = c_p(T) \tag{4.12b}$$

그리고

$$u - u_0 = \int_{T_0}^{T} c_v dT \tag{4.13a}$$

$$h - h_0 = \int_{T_0}^{T} c_p dT \tag{4.13b}$$

엔트로피 $s(T, v)$ 또는 $s(T, p)$는

$$s - s_0 = \int_{T_0}^{T} c_v \frac{dT}{T} + R\ln\frac{v}{v_0} \tag{4.14a}$$

$$s - s_0 = \int_{T_0}^{T} c_p \frac{dT}{T} + R\ln\frac{p}{p_0} \tag{4.14b}$$

식 (4.14*a*, *b*)의 적분은 온도만의 함수이어서 엔트로피 변화를 결정하는 데 유용하고 또 등엔트로피 과정 계산에 유용하다.

만약 아래와 같이 정의하면

$$\Psi(T) = \int_{T_0}^{T} c_v(T)\frac{dT}{T} \tag{4.15a}$$

그리고

$$\Phi(T) = \int_{T_0}^{T} c_p(T)\frac{dT}{T} \tag{4.15b}$$

그러면

$$s - s_0 = \Psi + R\ln\left(\frac{v}{v_0}\right) \tag{4.16a}$$

$$s - s_0 = \Phi + R\ln\left(\frac{p}{p_0}\right) \tag{4.16b}$$

그래서 예를 들어, 상태 (T_1, p_1)과 (T_1, p_2) 사이의 엔트로피 변화는

$$s_2 - s_1 = \Phi_2 - \Phi_1 - R\ln\left(\frac{p_2}{p_1}\right) \tag{4.17}$$

등엔트로피 과정에서,

$$\ln\left(\frac{p_2}{p_1}\right) = \frac{\Phi_2 - \Phi_1}{R} \tag{4.18}$$

이들 관계식에서 u와 h는 단위 질량에 대해서 또는 단위 몰에 대해서(즉 J/kg 또는 J/kmole) 가능하다; 마찬가지로 s, c_v, c_p, R, ψ, Φ도 유사하게 J/kg-K으로 쓸 수 있다.

가스 혼합물에 대해 조성을 알면 혼합물의 성질은 질량이나 몰 기준으로 다음 식에 의해 구할 수 있다.

$$u = \sum x_i u_i \qquad \tilde{u} = \sum \tilde{x}_i \tilde{u}_i \tag{4.19a}$$

$$h = \sum x_i h_i \qquad \tilde{h} = \sum \tilde{x}_i \tilde{h}_i \tag{4.19b}$$

$$s = \sum x_i s_i \qquad \tilde{s} = \sum \tilde{x}_i \tilde{s}_i \tag{4.19b}$$

그리고

$$c_v = \sum x_i c_{v,i} \qquad \tilde{c}_v = \sum \tilde{x}_i \tilde{c}_{v,i} \tag{4.20a}$$

$$c_p = \sum x_i c_{p,i} \qquad \tilde{c}_p = \sum \tilde{x}_i \tilde{c}_{p,i} \tag{4.20b}$$

4.4 단순한 이상기체 해석 모델 _A Simple Analytic Ideal Gas Model

비록 표 4.2의 첫 번째 모델은 보여 주기 위한 목적 외에는 너무 부정확하지만 두 번째 카테고리—일정하지만 미연소와 연소 가스 혼합물에 다른 비열을 사용하는—는 비열을 조심해서 선택하면 훨씬 정확해진다. 단순한 해석 모델이 어떤 문제들에서는 매우 중요한 이점을 가진다.

그림 4.2가 화학양론비 혼합물에 대해 온도의 함수로 내부 에너지를 보여준다. 이것은 그림 3.5의 양적인 버전이다. 미연소 혼합물 선은 연소가스 분율 0.1일 경우이다. 연료는 아이소옥탄이다. 이런 그래프를 그리기 위한 데이터는 선도, 표 또는 컴퓨터 프로그램에 의해 얻을 수 있다(4.5와 4.7절 참조). u의 단위는 원래 혼합물의 공기 1 kg에 대한 KJ이다(4.5절 차트에 있는 단위). 데이텀은 298 k에서 O_2, N_2, H_2, C(고체)의 제로 엔탈피이다. 미연소와 연소 혼합물의 비열(그림 4.2의 선 기울기)은 온도만의 함수임을 유의하라; 높은 온도에서는 연소 혼합물의 내부 에너지는 온도와 압력의 함수이다.

그렇지만, SI 엔진에서의 미연소 혼합물의 관심 온도 영역은 400에서 1000 K 영역이다; 연소 가스 혼합물의 경우 극단적인 최종 상태는 2800 K, 35기압과 1200 K, 2기압 정도이다. 관심 온도(와 압력) 범위에서 u에 관한 오차를 최소화하는 미연소와 연소 혼합물 커브에 대한 선형 근사치가 점선으로 그려져 있다. 주어진 u에서 T의 오차는 50 K 내이다.

이 이상 기체 모델의 기본 식은

$$u_u = c_{v,u} T_u + h_{f,u} \qquad h_u = c_{p,u} T_u + h_{f,u} \tag{4.21a, b}$$

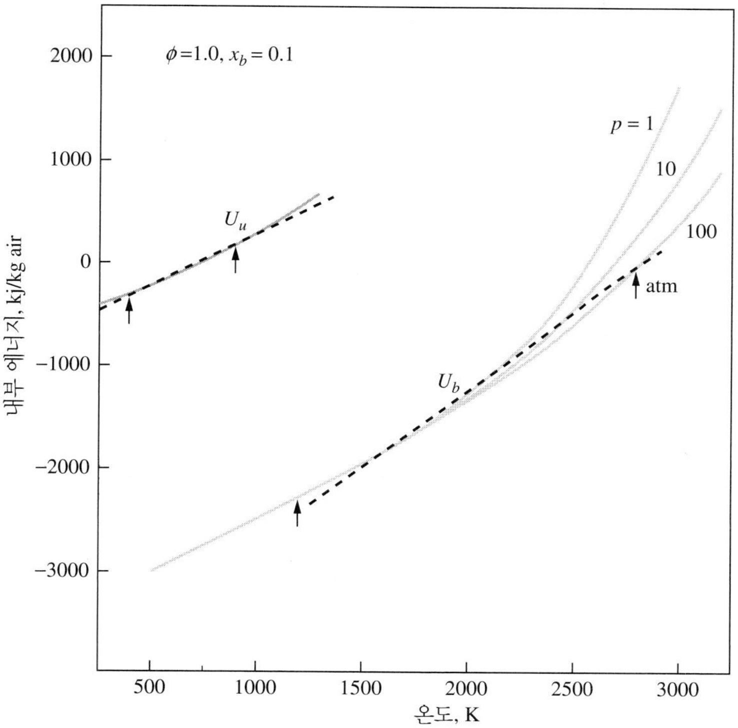

그림 4.2 화학양론비 아이소옥탄 연료의 미연소와 연소 가스 혼합물에 대한 내부 에너지 대 온도 선도; 미연소 잔류 분율은 0.1

$$u_b = c_{v,b} T_b + h_{f,b} \qquad h_b = c_{p,b} T_b + h_{f,b} \tag{4.22a, b}$$

여기서 $h_{f,u}$와 $h_{f,b}$는 각각 미연소와 연소 가스 혼합물의 0 K에서의 생성 엔탈피이다.

그러면, 정적 단열 연소 과정에서,

$$u_u = u_b$$

또는

$$c_{v,u} T_u + h_{f,u} = c_{v,b} T_b + h_{f,b}$$

만약 T_b에 대해서 풀고 $(R_b/R_u) = (M_u/Mb)$와 $c_v/R = 1/(\gamma - 1)$을 이용하면

$$T_b = (\gamma_b - 1)\left(\frac{M_b}{M_u}\right)\left(\frac{T_u}{\gamma_u - 1} + \frac{\Delta h_f}{R_u}\right) \tag{4.23}$$

여기서 $\Delta h_f = h_{f,u} - h_{f,b}$.

정압 단열 연소 과정에서는

$$h_u = h_b$$

이고 위와 비슷하게 다음과 같이 쓸 수 있다.

$$T_b = \frac{\gamma_b - 1}{\gamma_b}\left(\frac{M_b}{M_u}\right)\left(\frac{\gamma_u}{\gamma_u - 1} T_u + \frac{\Delta h_f}{R_u}\right) \tag{4.24}$$

이 모델을 사용하려면 γ_u, γ_b, M_u, M_b와 $\Delta h_f / R_u$의 적절한 값을 결정해야 한다. M_u와 M_b

의 적당한 값은 식 (4.10)과 (4.11)에서 구할 수 있다.[b] γ_u, γ_b와 $\Delta h_f / R_u$의 값은 그림 4.2와 같은 선도에서 구할 수 있다(아래 예제 4.1 참조). γ_u, γ_b와 $\Delta h_f / R_u$의 값은 ϕ와 x_b의 함수로 문헌(예: 참고문헌 1)이나 이 장에서 구할 수도 있다. 계산에 사용되는 값들은, 주어진 관심 영역의 온도 범위 내에서 $u(T)$에 대한 선형 근사가 적절한 지 검토하고 사용해야 한다.

예제 4.1 그림 4.2의 $u_u(T)$와 $u_b(T)$에 대한 직선 근사화로부터 γ_u, γ_b와 $\Delta h_f / R_u$를 계산하라.

그림 4.2의 직선 식으로부터

$$u_u(\text{kJ/kg공기}) = 0.96T(\text{K}) - 700$$

그리고

$$u_b(\text{kJ/kg공기}) = 1.5T(\text{K}) - 4250$$

표 4.5에서, $\phi = 1.0$, $x_b = 0.1$의 아이소옥탄 연료의 경우, 혼합물의 단위 몰의 O_2에 대한 미연소 혼합물의 몰 수는

$$n_u = 0.08 \times 1 + 4.773 + 0.28 \times 0.1 \times 1 = 4.881$$

혼합물의 단위 몰 O_2에 대한 공기 질량은 138.2이다. 그래서 원래 혼합물의 단위 공기에 대한 미연소 혼합물의 몰 수는

$$\frac{4.881}{138.2} = 0.0353$$

그래서 미연소 혼합물의 몰 비열 $\tilde{c}_{v,u}$

$$\tilde{c}_{v,u} = \frac{0.96}{0.0353} = 27.2 \text{ kJ/kmol} \cdot \text{K}$$

$\tilde{R} = 8.314$ kJ/kmol · K이므로

$$\gamma_u = \frac{27.2 + 8.314}{27.2} = 1.31$$

단위 몰 O_2에 대한 연소 혼합물의 몰 수는(표 4.5에서)

$$n_b = 0.36 \times 1 + 4.773 = 5.133$$

원래의 혼합물의 단위 질량 공기당의 연소 혼합물의 몰 수는

$$\frac{5.133}{138.2} = 0.0371$$

그래서 비열 $\tilde{c}_{v,b}$는

$$\tilde{c}_{v,b} = \frac{1.5}{0.0371} = 40.4 \text{ kJ/kmol} \cdot \text{K}$$

그리고 γ_b는

$$\gamma_b = \frac{40.4 + 8.314}{40.4} = 1.21$$

$\Delta h_f / R_u$를 찾기 위해 먼저 R_u를 다음 식에 의해 구한다.

$$R_u = 8.314 \times 0.0353 = 0.293 \text{ kJ/kmol} \cdot \text{K}$$

그래서

---

[b] 해리가 M_b에 미치는 영향을 무시하는 데서 오는 오류는 작다.

$$\frac{\Delta h_f}{R_u} = \frac{(-700)-(-4250)}{0.293} = 1.2\times10^4\,\text{K}$$

4.5 열역학적 물성치 차트 _ *Thermodynamic Property Charts*

내연기관 계산을 위해 미연소와 연소 가스 혼합물의 열역학적 성질을 제시하는 하나의 방법은 차트를 이용하는 것이다. Hottel et al.[2]와 Newhall과 Starkman[3, 4]에 의해 개발된 그런 차트는 US 단위계를 사용한다. 이 책에서는 Newhall과 Starkman의 접근 방법을 따라서 SI 단위계로 변환했다. 이제 더 이상 차트는 엔진 사이클 계산에서 넓게 사용되지는 않지만—열역학적 성질을 계산하는 컴퓨터 모델들이 대체했음—이 차트들은 예시하는 용으로 유용하며, 계산이 많지 않으면서도 간단하고 정확한 접근방법을 제공한다. 아래에 있는 차트들은 아이소옥탄 연료에 대한 것이고 당량비 $\phi = 0.4, 0.6, 0.8, 1.0, 1.2$에 대한 것이다.

4.5.1 미연소 혼합물 차트

각 미연소 연료-공기 혼합물의 열역학적 성질들은 두 개의 차트에 의해 제시된다. 첫째 차트는 압축 과정의 처음과 끝의 혼합물의 온도, 압력, 부피의 관계를 찾기 위해 만들었다; 둘째는 온도의 함수로 내부 에너지와 엔탈피를 제공한다.

아래의 가정을 하였다:

1. 압축 과정은 가역적이고 단열이다.
2. 연료는 증기 상태이다.
3. 혼합물 조성은 균일하고 고정되어 있다(연료와 공기의 반응은 없다).
4. 혼합물의 각 화학종은 이상 기체로 모델할 수 있다.
5. 연소가스 분율은 제로이다.[c]

298.15 K에서 미연소 혼합물의 내부 에너지와 엔탈피를 제로로 하는 것이 편리하다. 이 데이텀에 대한 내부 에너지와 엔탈피를 현열(sensible) 내부 에너지 u_s와 현열 엔탈피 h_s라고 하자. 현열이라는 말은 u나 h의 변화가 온도의 변화에 의한 것이라는 의미이며, 화학 반응이

[c] 정상적인 연소 가스 분율을 갖는 경우에는 이 가정이 압축과정에 미치는 오차는 잔류가스가 대부분 N_2이기 때문에 무시할 만 하다. 그러나 연소과정에서 미연소 혼합물의 물성치를 연소 혼합물의 물성치에 관계지을 때는 연소 가스 분율은 꼭 포함되어야 한다.

표 4.6 차트에서의 미연소 혼합물 조성

당량비 ϕ	(F/A)	공기 1 kg에 대한 혼합물 kg	O_2 1 몰에 대한 혼합물 몰 수	공기 1 kg에 대한 혼합물 킬로 몰	$n_u\tilde{R}$,* J/kg air·K
0.4	0.0264	1.0264	$4.805 + 0.112x_b$	$0.0348 + 0.00081x_b$	289
0.6	0.0396	1.0396	$4.821 + 0.168x_b$	$0.0349 + 0.00122x_b$	290
0.8	0.0528	1.0528	$4.837 + 0.224x_b$	$0.0350 + 0.00162x_b$	291
1.0	0.0661	1.0661	$4.853 + 0.280x_b$	$0.0351 + 0.00203x_b$	292
1.2	0.0792	1.0792	$4.869 + 0.536x_b$	$0.0352 + 0.00388x_b$	292

* $x_b = 0$. x_b를 무시해서 생기는 오차는 보통 작다.

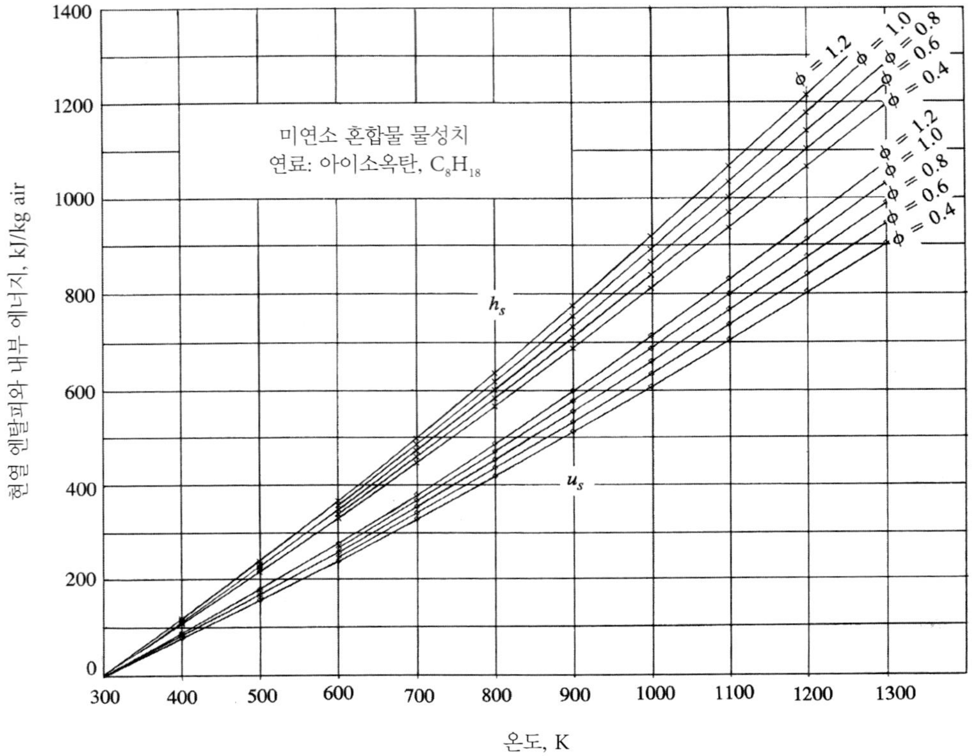

그림 4.3 온도의 함수로 그린 미연소 아이소옥탄-공기 혼합물의 현열 엔탈피와 내부 에너지. 단위: kJ/혼합물 중의 공기 1 kg

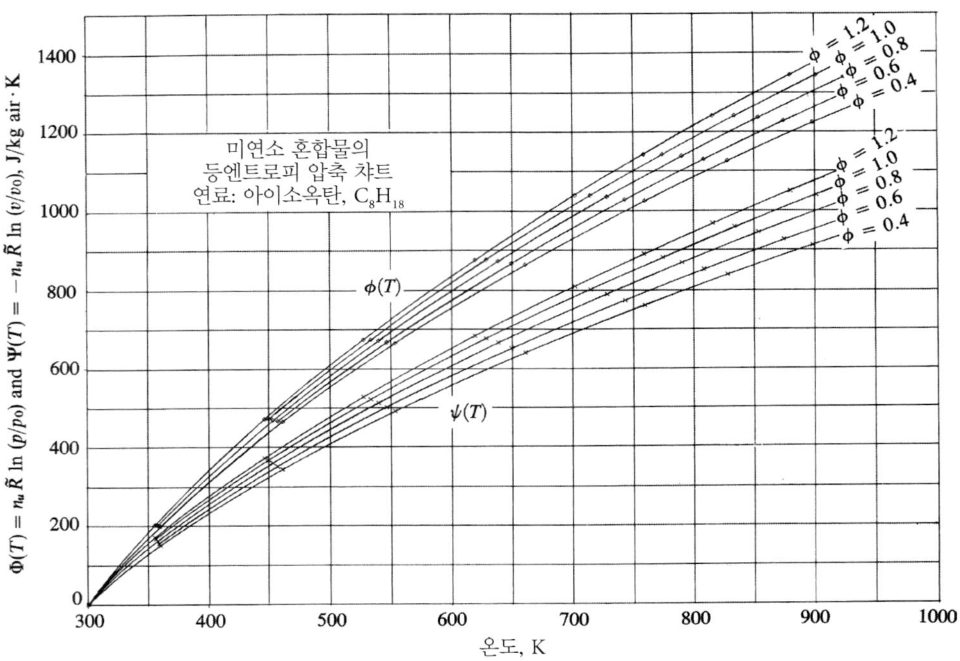

그림 4.4 온도의 함수로 그린 미연소 아이소옥탄-공기 혼합물의 등엔트로피 압축 함수 Φ와 Ψ. 단위: J/공기 1 kg · K

나 상변화에 의한 것은 제외한다는 의미이다.

표 4.6이 미연소 혼합물 차트의 기초 조성 데이터를 제공한다. 식 (4.13a, b)는 그림 4.3의 $u_{s,u}(T)$와 $h_{s,u}(T)$를 구하는 기초를 제공한다.

식 (4.15)와 (4.16)은 가역 단열(즉 등엔트로피) 압축 과정을 따라가는 데 대한 기초를 제공한다. 끝 상태 1과 2 사이에서 혼합물 중의 단위 kg공기에 대해

$$\Psi(T_2) = \Psi(T_1) - n_u \tilde{R} \ln\left(\frac{v_2}{v_1}\right) \tag{4.25a}$$

$$\Phi(T_2) = \Phi(T_1) + n_u \tilde{R} \ln\left(\frac{p_2}{p_1}\right) \tag{4.25b}$$

여기서 n_u는 단위 kg공기에 대한 미연소 혼합물의 몰 수이다. n_u와 $n_u\tilde{R}$에 대한 값은 표 4.6에 있다. $\Psi(T)$와 $\Phi(T)$는 그림 4.4에 있다. v, p, T는 다음 관계식을 갖는다.

$$p(\text{Pa})v(\text{m}^3/\text{kg air}) = n_u\tilde{R}(\text{J/kg air}\cdot\text{K})\,T(\text{K}) \tag{4.26}$$

예제 4.2 내연기관의 압축 과정은 근사적으로 단열 가역(즉 등엔트로피 과정)으로 모델링 할 수 있다. 스파크 점화기관의 압축비가 8이고 화학양론비의 연료 증기-공기 혼합체로 작동하며 압축 초기에 350 K, 1기압이다. 압축 끝에 단위 공기 질량당의 온도, 압력과 부피를 구하라. 압축 행정일도 계산하라.

주어진 압축 초기 T_1 = 350 K와 등엔트로피 차트인 그림 4.4와 식 (4.25a)로부터 압축 말기의 T_2를 구한다. T_1 = 350 K에서 Ψ_1 = 150 J/kg공기 · K.에 대해
식 (4.25a)에서

$$\Psi_2(T_2) = \Psi_1(T_1) - n_u\tilde{R}\ln\left(\frac{v_2}{v_1}\right) = 150 - 292\ln\left(\frac{1}{8}\right) = 757\ \text{J/kg air}\cdot\text{K}$$

그림 4.4에서

$$T_2 = 682\ \text{K}$$

이상기체 식[식 (4.26)]에서

$$v_1 = \frac{292\times350}{1\times1.013\times10^5} = 1.0\ \text{m}^3/\text{kg 공기}$$

그리고 $p_2 = p_1\left(\frac{T_2}{T_1}\right)\left(\frac{v_1}{v_2}\right) = \frac{682}{350}\times8 = 15.5\ \text{atm}$ 기압

$$v_2 = \frac{1.0}{8} = 0.125\ \text{m}^3/\text{kg 공기}$$

P_2는 그림 4.4와 식 (4.25b)에서도 구할 수 있다

$$\ln\left(\frac{p_2}{p_1}\right) = \frac{\Phi_2 - \Phi_1}{n_u\tilde{R}} = \frac{980-180}{292} = 2.74$$

$$p_2 = 15.5\text{기압} = 1.57\ \text{MPa}$$

압축 행정일은 이 과정이 단열이라고 가정하고 그림 4.3의 데이터를 이용하면

$$-W_{1\text{-}2} = u_2(T_2) - u_1(T_1) = 350 - 40 = 310\ \text{kJ/kg공기}$$

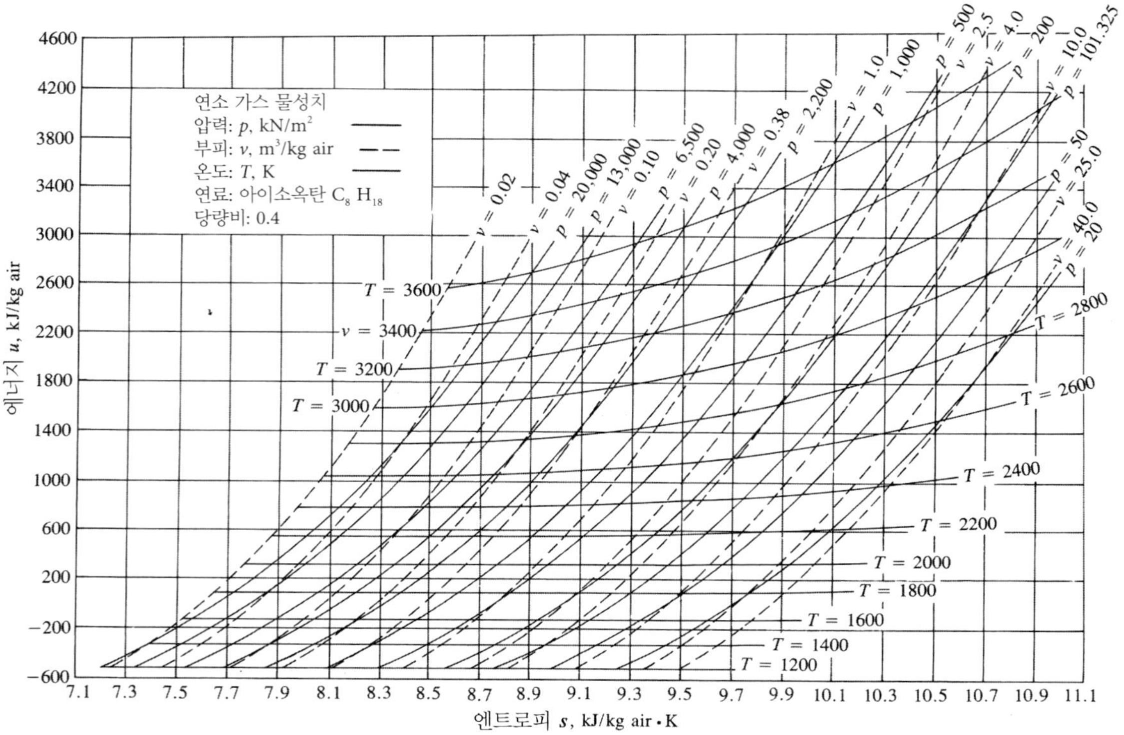

그림 4.5 아이소옥탄 연료의 경우 평형 연소 가스 혼합물의 내부 에너지 대 엔트로피; 당량비 0.4

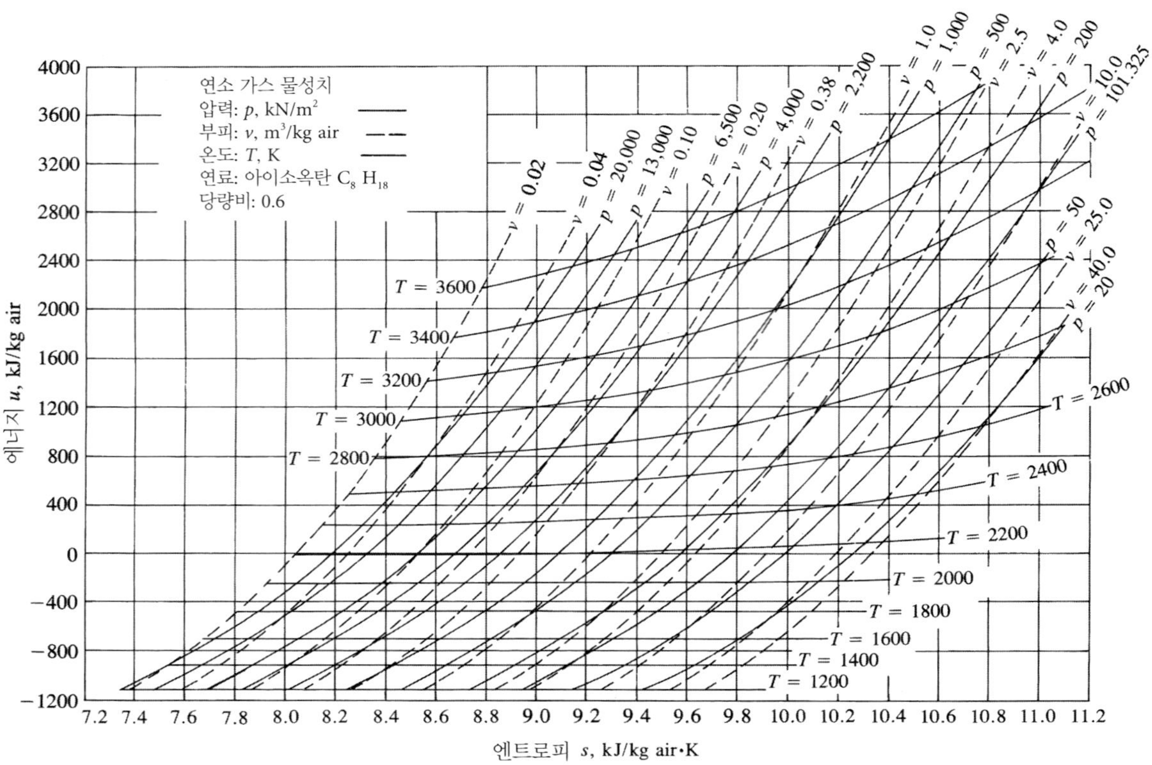

그림 4.6 아이소옥탄 연료의 경우 평형 연소 가스 혼합물의 내부 에너지 대 엔트로피; 당량비 0.6

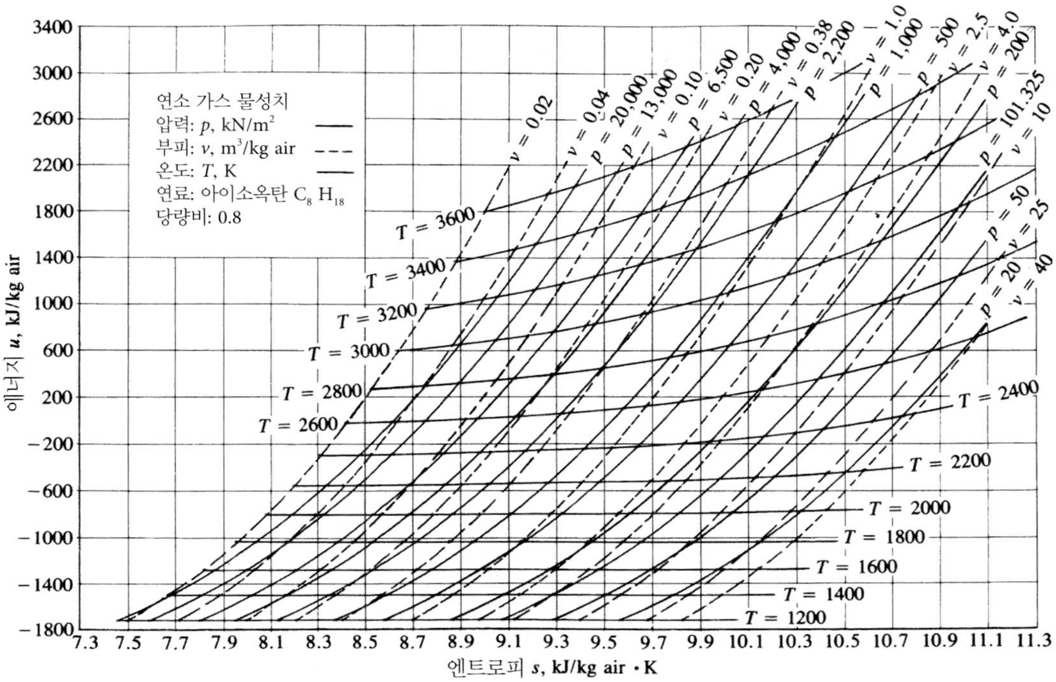

그림 4.7 아이소옥탄 연료의 경우 평형 연소 가스 혼합물의 내부 에너지 대 엔트로피; 당량비 0.8

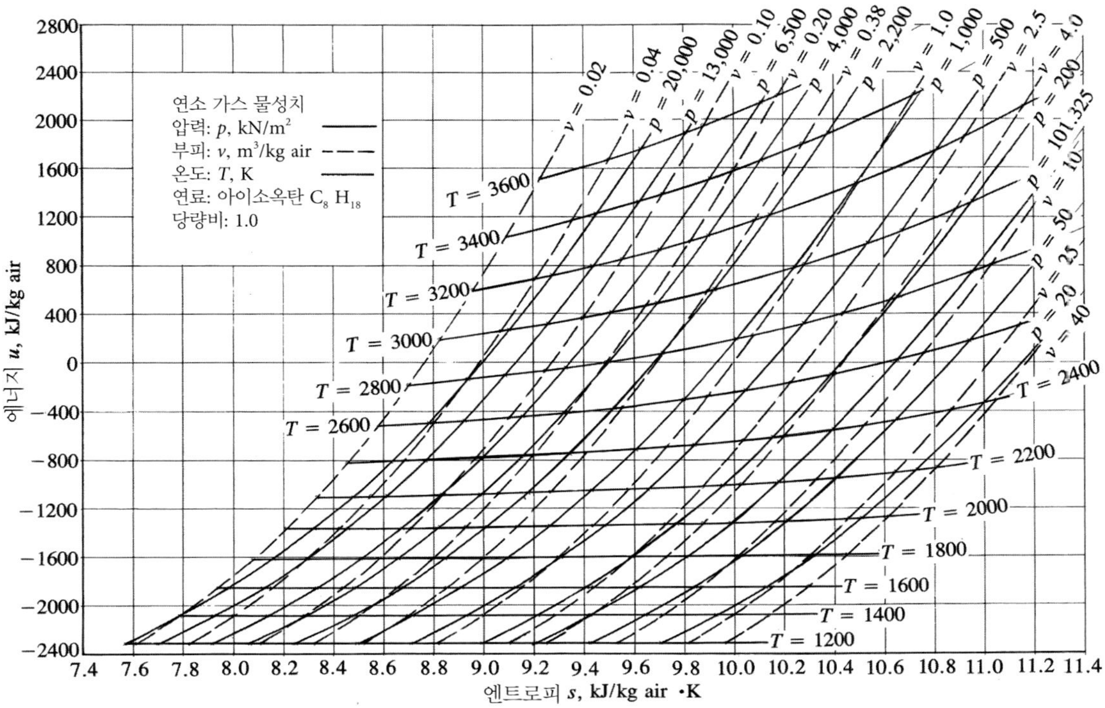

그림 4.8 아이소옥탄 연료의 경우 평형 연소 가스 혼합물의 내부 에너지 대 엔트로피; 당량비 1.0

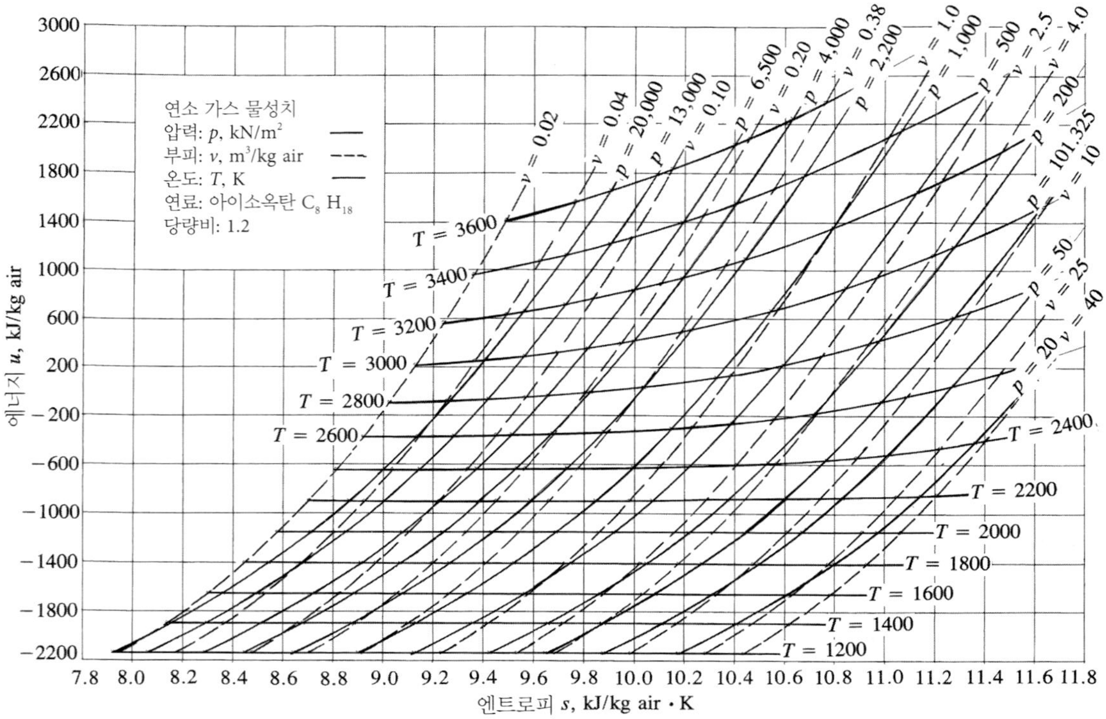

그림 4.9 아이소옥탄 연료의 경우 평형 연소 가스 혼합물의 내부 에너지 대 엔트로피; 당량비 1.2

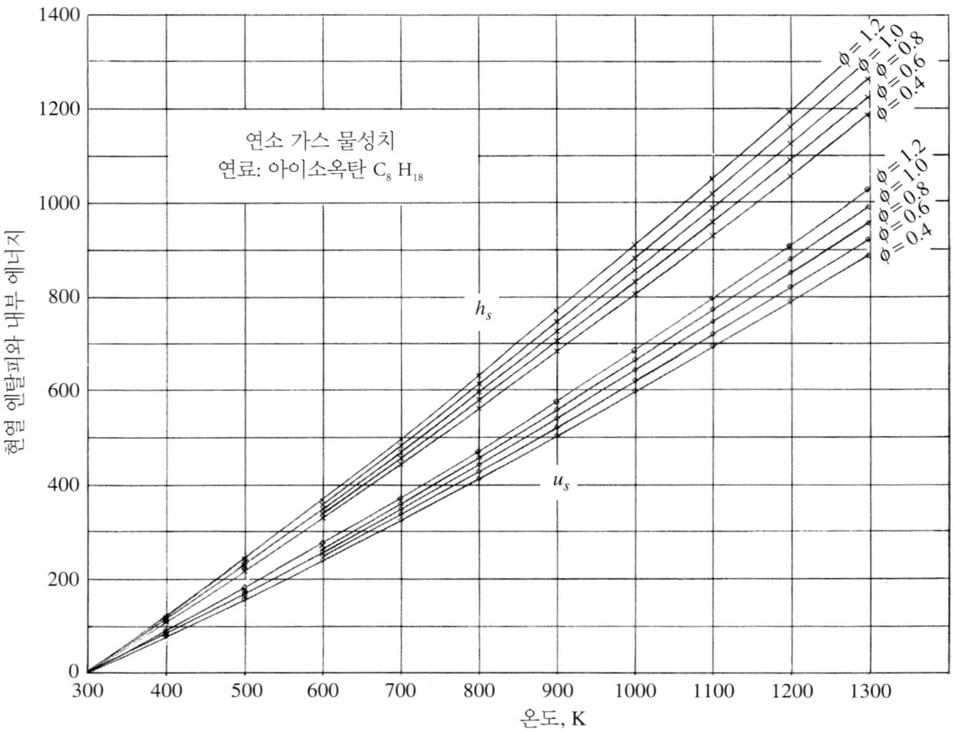

그림 4.10 온도의 함수로 그린 저온 연소 가스의 현열 엔탈피와 내부 에너지. 연료는 아이소옥탄. 단위: kJ/원래 혼합물 중의 공기 1 kg

표 4.7 고정 연소 가스 조성: C_8H_{18}**-공기 연소**

ϕ	CO_2	H_2O	CO	H_2	O_2	N_2	Sum	Units
0.4	0.0521	0.0586	—	—	0.122	0.767	1.000	mole fractions
	1.85	2.08	—	—	4.34	27.3	35.6	mol / kg air*
0.6	0.0770	0.0866	—	—	0.0802	0.756	1.000	mole fractions
	2.78	3.13	—	—	2.89	27.3	36.1	mol / kg air*
0.8	0.101	0.113	—	—	0.0395	0.746	1.000	mole fractions
	3.70	4.14	—	—	1.45	27.3	36.6	mol / kg air*
1.0	0.125	0.140	—	—	—	0.735	1.000	mole fractions
	4.64	5.2	—	—	—	27.3	37.1	mol / kg air*
1.2†	0.0905	0.138	0.0516	0.0224	—	0.698	1.000	mole fractions
	3.54	5.38	2.02	0.876	—	27.3	39.1	mol / kg air*

* mol / kg공기 임을 주의; kmol / kg공기를 얻으려면 10^{-3}을 곱해야 함.
† 이들 연소-가스 몰 분율을 얻기 위해 식 (4.6)의 $K(T)$는 1740 K에서 계산됨; $K = 3.5$

4.5.2 연소 혼합물 차트

주된 연소 차트는 고온에서의 연소 생성물, 즉 팽창 과정의 작동 유체에 관한 것이다. 아래 가정들이 적용되었다:

1. 혼합물의 각 화학종은 이상기체로 모델링한다.
2. 이 혼합물은 1700 K 이상에서는 열역학적, 화학적으로 평형 상태에 있다; 1700 K이하에서는 혼합물 조성은 "얼은 상태"가 된다.
3. 데이텀. 298.15 K(25°C 또는 77°F), 1기압 데이텀 상태에서, 화학 원소들이 자연 발생 형태로 있을 때 제로 엔탈피와 엔트로피를 부여한다.

이 차트는 3.7에서 설명할 NASA 평형 프로그램에 의해서 만들어졌다.[5,6] 각 차트에서 혼합물의 C / H / O / N 비는 명시되어 있다. 단위 질량당 성질(intensive property, 내부 에너지, 엔탈피, 엔트로피, 비체적)은 원래 혼합물의 공기 단위 질량당에 대해 표현되었다; 즉 1 kg의 공기가 적정한 질량의 연료와 연소할 때의 값이다. 질량에 기반을 둔 미연소와 연소 혼합물 차트도 마찬가지이다.

그림 4.5에서 4.9까지는 고온에서의 연소가스의 물성치 차트이다; 각각은 선정된 연료와 당량비에 따라 내부 에너지를 엔트로피에 대해 그린 것이다. 각 차트에 일정한 온도, 압력, 비체적 선들이 그려져 있다. 이 차트의 사용법은 다음에 보여진다.

예제 4.3 내연기관에서 연소가 끝난 후의 팽창 과정은 근사적으로 단열, 가역(즉 등온트로피) 과정으로 모델링할 수 있다. 전부하 조건에서 운전될 때 연소 후 상사점에서 스파크 점화기관의 실린더 내 압력이 7100 kPa이다. 팽창 과정 끝의 가스 상태와 팽창 행정일을 구하라. 압축비는 8이고 혼합물은 당량비는 1이며, 팽창 시작할 때 단위 질량의 공기당 부피는 0.125 m^3 / kg공기이다.

먼저 $\phi = 1.0$ 연소 가스 차트(그림 4.8)에서 $p_1 = 7100$ kPa, $v_1 = 0.125$ m^3 / kg공기를 찾는다. 그러면 $T_1 = 2825$ K, $u_1 = -5$ kJ / kg공기, $s_1 = 9.33$ kJ / kg공기 · K이다. 가스는 일

정한 엔트로피로 $v_2 = 8\times v_1 = 1\ \text{m}^3/\text{kg}$공기로 팽창한다. 그림 4.8에서 1로부터 일정 엔트로피 과정을 따라 가면

$$T_2 = 1840\ \text{K},\ p_2 = 570\ \text{kPa},\ u_2 = -1540\ \text{kJ/kg공기}$$

팽창 행정일은 단열과정을 가정할 때

$$W_{1\text{-}2} = -(u_2 - u_1) = 1540 - 5 = 1535\ \text{kJ/kg공기}$$

팽창 과정에서 엔진 실린더의 연소 가스가 식을 때 화학 반응이 극단적으로 느려지기 때문에 조성은 점차 "언다(조성이 고정된다)". 이 현상이 1700 K 근방에서 일어난다고 보통 가정한다(4.9절 참조). 그 이후에는 평형 조성 가정은 적합하지 않다. 희박하거나 화학양론비의 혼합물에서는 해리가 일어난 원소들의 몰 분율이 작기 때문에 이 구별은 중요하지 않다. 농후한 혼합물에서는 "얼은" 조성이 꼭 사용되어야 하는데 그 이유는 CO_2, CO, H_2O, H_2의 몰 분율이, 평형을 가정할 경우, 온도가 감소함에 따라 계속해서 변화하기 때문이다. 그림 4.10에 "얼은" 연소 혼합물의 내부 에너지, 엔탈피가 원래 혼합물의 단위 kg공기에 대해 그려져 있다. 표 4.7에 "얼었다고" 가정한 연소 혼합물의 조성이 정리되어 있다. 이것은 현열 내부 에너지와 엔탈피의 298.15 K에 대한 상대적 값이다.

4.5.3 미연소와 연소 혼합물 차트의 관계

다음의 질문에 답해 보자: 미연소 혼합물이 T_1, p_1, v_1에 있을 때 다음의 과정 후에 연소 가스의 상태는 무엇인가? (1) 정적 단열 연소 또는 (2) 정압 단열 연소

그림 4.3에 있는 미연소 혼합물의 내부 에너지와 엔탈피의 데이텀과 연소 혼합물의 내부 에너지와 엔탈피의 데이텀이 다르다. 미연소 혼합물에서는 혼합물이 298.15 K에 있을 때 제로 내부 에너지와 엔탈피를 가정하였다. 연소 혼합물에서는 298.15 K에서의 가스 화학종 O_2, N_2, H_2와 C(고체 그라파이트)에 제로 엔탈피를 가정하였다. 이들 데이터는 미연소 혼합물에서의 각 화학종들의 생성 엔탈피—O_2, N_2, H_2와 C—를 이용하여 관계를 찾을 수 있다.

만약 $\Delta\tilde{h}^{\circ}_{f,i}$가 단위 킬로 몰에 대해 298.15 K에서의 생성 엔탈피이고, $\Delta h^{\circ}_{f,u}$가 298.15 K에서의 원래 혼합물의 단위 공기 kg에 대한 미연소 혼합물의 생성 엔탈피라고 하면

$$\Delta h^{\circ}_{f,u} = \sum_i n_i \Delta\tilde{h}^{\circ}_{f,i} \tag{4.27}$$

여기서 n_i는 공기 1 kg에 대해 화학종 i의 킬로 몰 수이다. 연소 혼합물 엔탈피와 같은 데이텀에서, 미연소 혼합물 엔탈피 h_u는 현열 엔탈피 $h_{s,u}$와 $\Delta h^{\circ}_{f,u}$의 합이 된다:

$$h_u = h_{s,u} + \Delta h^{\circ}_{f,u} \tag{4.28}$$

마찬가지로 내부 에너지 u_u는 다음 식에 의해 주어진다.

$$u_u = u_{s,u} + \Delta u^{\circ}_{f,u} \tag{4.29}$$

$\Delta u^{\circ}_{f,u}$는 다음 식에서 얻는다.

$$\Delta u^{\circ}_{f,u} = \sum_i n_i\, \Delta\tilde{u}^{\circ}_{f,i} \tag{4.30}$$

다른 방법으로 식 (3.18)을 이용하여 $\Delta h^{\circ}_{f,u}$로부터 $\Delta u^{\circ}_{f,u}$을 얻을 수 있다:

$$\Delta u^{\circ}_{f,u} = \Delta h^{\circ}_{f,u} - (n_P - n_R)\tilde{R}T \tag{4.31}$$

표 4.8과 부록 D에 관련된 연소 가스 화학종과 각 연료 화합물의 생성 엔탈피와 생성 내부 에너지가 있다. n_i의 값은 표 4.4와 4.7에 있다. 아래 예제 4.4에 있는 절차에 따라 kJ/kg

표 4.8 표준 생성 엔탈피와 생성 내부 에너지*

	$\Delta h^o_{f,i}$, MJ / kmol	$\Delta \tilde{u}^o_{f,i}$, MJ / kmol
CO_2	−393.5	−393.5
H_2O (gas)	−241.8	−240.6
CO	−110.5	−111.7
C_8H_{18} (gas)	−224.1	−204.3

* 298.15 k에서 정의에 의해 O_2, N_2, H_2의 $\Delta h^o_{f,i}$는 제로
원전: JANAF 표;[1] Rossini et al.7

공기 단위로 $\Delta h^o_{f,u}$와 $\Delta u^o_{f,u}$에 대한 표현을 얻을 수 있다. 그림 4.3, 4.5에서 4.9까지의 선도에는 다음의 표현이 적용된다:

$$\begin{aligned}
\phi=0.4: &\quad \Delta h^o_{f,u}=-51.9-1181x_b \quad \Delta u^o_{f,u}=-47.3-1183x_b\\
\phi=0.6: &\quad \Delta h^o_{f,u}=-77.8-1771x_b \quad \Delta u^o_{f,u}=-70.9-1774x_b\\
\phi=0.8: &\quad \Delta h^o_{f,u}=-103.8-2361x_b \quad \Delta u^o_{f,u}=-94.6-2365x_b\\
\phi=1.0: &\quad \Delta h^o_{f,u}=-129.7-2951x_b \quad \Delta u^o_{f,u}=-118.2-2956x_b\\
\phi=1.2: &\quad \Delta h^o_{f,u}=-155.6-2759x_b \quad \Delta u^o_{f,u}=-141.9-2769x_b
\end{aligned} \tag{4.32}$$

예제 4.4 ϕ = 1.0이고 연소 가스 분율 x_b인 C_8H_{18}-공기 혼합물에 대해 미연소 혼합물의 생성 엔탈피 $\Delta h^o_{f,u}$와 생성 내부 에너지 $\Delta u^o_{f,u}$를 구하라.

표 4.4가 ϕ = 1.0에서 단위 O_2몰에 대해 미연소 혼합물의 각 화학종의 몰을 제공한다.

C_8H_{18}, $0.08(1\text{-}x_b)$	CO_2, $0.64x_b$
O_2, $1-x_b$	H_2O, $0.72x_b$
N_2, 3.773	CO와 H_2, 0

표 4.5에서 O_2 1몰당 공기 질량은 138.2 kg / kmol. 그래서 공기 1 kg당 각 화학종의 킬로 몰수는

C_8H_{18}, $5.787\times10-4(1-x_b)$	CO_2, $4.629\times10-3x_b$
O_2, $7.233\times10-3(1-x_b)$	H_2O, $5.208\times10-3x_b$
N_2, $2.729\times10-2$	CO와 H_2, 0

표 4.8 $\Delta \tilde{h}^o_{f,i}$와 식 (4.27)에서

$$\Delta h^o_{f,u}=5.787\times10^{-4}\times(-224.1\times10^6)(1-x_b)$$
$$+x_b\left[4.629\times10^{-3}\times(-393.5\times10^6)+5.208\times10^{-3}\times(-241.8\times10^6)\right]$$
$$\Delta h^o_{f,u}=(-129.7-2951x_b)\times10^3\ \text{kJ/kg air}$$

표 4.8 $\Delta \tilde{u}^o_{f,i}$와 식 (4.30)에서

$$\Delta u^o_{f,u}=5.787\times10^{-4}\times(-204.3\times10^6)(1-x_b)$$
$$+x_b\left[4.629\times10^{-3}\times(-393.5\times10^6)+5.208\times10^{-3}\times(-240.6\times10^6)\right]$$
$$\Delta u^o_{f,u}=(-118.2-2956x_b)\times10^3\ \text{J/kg air}$$

다른 방법은 식 (4.31)을 이용하여 $\Delta u^o_{f,u}$를 $\Delta h^o_{f,u}$로부터 계산할 수 있다. 이 계산을 위해

서는, "생성물" 가스는 미연소 혼합물이며 "반응물" 가스는 미연소 혼합물을 구성하는 원소들의 혼합물이다. 원래 혼합물 중의 O_2 1 몰에 대해 미연소 혼합물의 가스 몰 수 n_p는 (표 4.5에서 $\phi \le 1$)

$$n_P = (1-x_b)\left[4(1+2\varepsilon)\frac{\phi}{M_f}+1+\psi\right]+x_b\left[(1-\varepsilon)\phi+1+\psi\right]$$

미연소 혼합물이 구성되는 원소 반응 혼합물은 식 (4.4)로부터

$$\varepsilon\phi C + 2(1-\varepsilon)\phi H_2 + O_2 + \psi N_2$$

가스 원소 몰 수 n_R는

$$n_R = 2(1-\varepsilon)\phi + 1 + \psi$$

공기에서 $\psi = 3.773$; C_8H_{18} 연료에서 $\varepsilon = 0.64$이고 $M_f = 114$. $\phi = 1.0$에서

$$n_P - n_R = -0.64 + 0.28x_b \qquad \text{moles/mole } O_2$$

그리고

$$(n_P - n_R)\tilde{R}T = (-0.64 + 0.28x_b)\times 8.3143\times 10^3 \times \frac{298.15}{138.2}$$

또는

$$(n_P - n_R)\tilde{R}T = (-11.5 + 5.0x_b)\times 10^3 \text{ J/kg공기}$$

그래서 u

$$\Delta u^{\circ}_{f,u} = \Delta h^{\circ}_{f,u} - (n_P - n_R)\tilde{R}T$$
$$\Delta u^{\circ}_{f,u} = (-129.7 - 2951x_b)\times 10^3 - (-11.5 + 5.0x_b)\times 10^3$$
$$\Delta u^{\circ}_{f,u} = (-118.2 - 2956x_b)\times 10^3 \text{ J/kg공기}$$

연소 과정이 다음과 같이 미연소와 연소 혼합물의 물성치들을 연결한다:

$$u_b = u_u = u_{s,u} + \Delta u^{\circ}_{f,u} \tag{4.33}$$

그리고

$$v_b = v_u$$

그래서 $u_{s,u}$와 v_u가 주어진 상태에서 적절한 연소 혼합물 차트에서 연소 혼합물 상태를 결정할 수 있다.

단열 정압 연소 과정에서

$$h_b = h_u = h_{s,u} + \Delta h^{\circ}_{f,u} \tag{4.34}$$

$u_b = h_b - pv_b$이므로 주어진 $h_{s,u}$와 p에서 u_b와 v_b는 적절한 연소 혼합물 차트에서 주어진 정압선을 따라 시행 착오를 이용하여 찾아야 한다.

예제 4.5 예제 4.2에서 분석한 압축과정의 끝에 해당하는 미연소 혼합물($\phi = 1.0$, $x_b = 0.08$)이 정적 단열 연소한 후와 정압 연소 한 후의 온도와 압력을 계산하라.

예제 4.2의 압축과정 끝의 미연소 혼합물의 상태는

$T_u = 682$ K, $u_{s,u} = 350$ kJ/kg air, $p_u = 1.57$ MPa, $v_u = 0.125$ m^3/kg 공기,

단열 정적 연소 과정에서[식 (4.33)]

$$u_b = u_u = u_{s,u} + \Delta u^{\circ}_{f,u}$$

ϕ = 1.0에서 $\Delta u^{\circ}_{f,u}$는 식 (4.32)에 의해 다음과 같이 주어진다.

$$\Delta u^{\circ}_{f,u} = -118.2 - 2956x_b = -118.2 - 236.5 = -355 \text{ kJ/kg공기}$$

그래서

$$u_b = 350 - 355 = -5 \text{ kJ/kg공기}$$

또

$$v_b = v_u = 0.125 \text{ m}^3/\text{kg공기}$$

연소 가스 차트(그림 4.8)에서 (u_b, v_b)를 찾으면

$$T_b = 2825 \text{ K}, \quad p_b = 7100 \text{ kPa}$$

정압 연소 과정에서 [식 (4.34)],

$$h_b = h_u = h_{s,u} + \Delta h^{\circ}_{f,u}$$

ϕ = 1.0에서 $\Delta h^{\circ}_{f,u}$는 식 (4.32)에 의해 다음과 같이 주어진다.

$$\Delta h^{\circ}_{f,u} = -129.7 - 2951x_b = -129.7 - 236 = -366 \text{ kJ/kg공기}$$

T_u = 682 K에서, $h_{s,u}$ = 465 K/kg공기이므로,

$$h_b = 465 - 366 = 99 \text{ kJ/kg공기}$$

$p_b = p_u$ = 1.57MPa이므로, 내부 에너지 u_b는 다음과 같이 주어진다.

$$u_b = h_b - pbv_b = 99 - 1.57 \times 10^3 v_b \text{ kJ/kg공기}$$

그림 4.8에서 p = 1570 kPa 선을 따라 시행 착오에 의해 v_b, u_b를 구하면

$$u_b = -655 \text{ kJ/kg 공기}, \quad T_b = 2440 \text{ K}, \quad v_b = 0.485 \text{ m}^3/\text{kg공기}$$

(이상기체 식을 이용해 p, T, v를 더 정확하게 추정하라)

4.6 물성치 표와 조성 _*Tables of Properties and Composition*

공기의 열역학적 물성치 표는 연소 없는 엔진 작동, 디젤, 압축기 해석에 유용하다. Keenan, Chao, Kaye's 가스 테이블은[8] 공기의 낮은 압력에서의(즉 압력이 임계 압력보다 훨씬 낮아서 이상기체 식이 잘 맞는) 열역학적 물성치에 대한 표준 참고문헌이다. 이 테이블은 U.S.와 SI 단위계를 사용한다. Keenan et al. 의 테이블 포멧을 사용하여 Reynolds[9]가 SI 단위계의 공기에 대한 표들을 만들었다. 간략하게 한 Reynolds의 열역학적 물성치 표가 부록 D에 있다. 여기에는

h = 엔탈피, kJ/kg

u = 내부 에너지, kJ/kg

$$\Psi = \int_0^T \left(\frac{c_v}{T}\right) dT, \text{ kJ/kg} \cdot \text{K}$$

$$\Phi = \int_0^T \left(\frac{c_p}{T}\right) dT, \text{ kJ/kg} \cdot \text{K}$$

P_r = 상대 압력

v_r = 상대 부피

c_p = 정압 비열, kJ/kg · K

c_v = 정적 비열, kJ/kg · K

γ = 비열비

전부 T(K)의 함수이다.

Ψ와 Φ는 0 K와 1기압에서의 엔트로피에 대한 온도 T와 1기압에서의 표준 상태 엔트로피이다[식 (4.14)와 (4.17) 참조]. 1기압이 아닌 다른 압력에서의 엔트로피는 식 (4.14)에 의해 구한다.

상대 압력 p_r은 다음과 같이 정의하고,

$$\ln p_r = \frac{\Phi}{R} \tag{4.35}$$

T만의 함수이다. 등엔트로피 과정에서, 식 (4.18)에 의해 T_2와 T_1에 해당하는 실제 압력 p_2와 p_1의 비는 상대 압력의 비와 같다.

$$\left(\frac{p_2}{p_1}\right)_{s=\text{const}} = \left(\frac{p_{r_2}}{p_{r_1}}\right) \tag{4.36}$$

이를 이용해서 등엔트로피 과정에서 T_1과 p_2/p_1이 주어졌을 때 T_2를 구할 수 있다(예제 4.6 참조).

상대 부피 v_r은 다음과 같이 정의된다.

$$v_r = \frac{RT}{p_r} \tag{4.37}$$

단위는 T가 K, p_r이 파스칼 단위일 때 v_r의 단위가 m^3/kg이 되도록 선정한다. 등엔트로피 과정에서, 온도 T_2와 T_1에서의 실제 부피 V_2와 V_1의 비(일정 질량에서)는 식 (4.37)에 의해 상대 부피의 비와 같다.

$$\left(\frac{V_2}{V_1}\right)_{s=\text{const}} = \left(\frac{v_{r_2}}{v_{r_1}}\right) \tag{4.38}$$

이 식은 T_1과 V_2/V_1이 주어진, 등엔트로피 과정에서 T_2를 결정할 수 있게 한다(예제 4.6 참조).

연소 생성물의 조성과 열역학적 물성치에 대한 표들이 만들어졌다. 이들은 넓은 범위의 당량비, 온도, 압력에서, 연소 가스 혼합물의 물성치와 화학종 농도에 대한 유용한 자료이다.

표 4.9 공기와 연소 생성물 물성치 표

원전	물성치 P, 조성 C	혼합물	단위	ϕ범위	T 범위	p 범위	엔탈피 데이텀
Keenan et al.[8]	P	Air	U.S., SI		100−3600 K	Low	$h = 0$ at 0 K
		$(CH_2)_n$−air		0.25, 0.5, 1.0	100−2000 K	Low	$\tilde{h}_b$ at 0 K
Reynolds[9]	P	Air	SI		200−1500 K	Low	
General Electric[11]	P and C	Air−$(CH_2)_n$	U.S.	0.25−4	600−5000°R	0.01−30 atm	h of C, H_2, N_2, O_2 zero at 0°R
AGARD[10]	P and C	Air	SI		100−6000 K	1−800 atm	Arbitrary, to keep $h_b > 0$
		$(CH_2)_n$−air		0.2−2			
		H_2−air		0.2−2			

표 4.9에 4개의 일반적으로 구할 수 있는 표 세트가 요약되어 있다. 연소 생성물의 조성과 열역학적 성질에 대한 가장 광범위한 표 세트는 Banes et al.[10]의 AGARD 세트, *공기와 케로신과 수소 연료의 연소 생성물의 성질*이다. 주의할 점은, 이들의 엔탈피 데이텀은 보통의 데이텀(298.15 K에서의 O_2, N_2, H_2, C의 엔탈피 제로)와 다르다는 것이다. 이 표에서는 원소의 기준 상태 298.15 K에서의 엔탈피는 평형 연소 가스 혼합물의 엔탈피가 마이너스가 되는 것을 피하기 위해 임의의 값이 주어졌다.

예제 4.6 디젤 엔진에서 압축 시작점에서의 공기의 조건은 $p_1 = 1$기압 $T_1 = 325$ K이다. 압축 과정 끝에서의 $p_2 = 60$기압이다. 온도 T_2와 압축비 V_1/V_2를 구하라.

공기 표(부록 D 참조)로부터, $T_1 = 325$ K에서,

$$p_{r_1} = 97.13\text{이고 } v_{r_1} = 960.6$$

식 (4.36)에서

$$\frac{p_{r_2}}{p_{r_1}} = \frac{p_2}{p_1} = 60$$

그러므로

$$p_{r_2} = 5828$$

표에서

$$T_2 = 992 \text{ K}, \; v_{r_2} = 48.92$$

압축비는

$$\frac{V_1}{V_2} = \frac{v_{r_1}}{v_{r_2}} = \frac{960.6}{48.92} = 19.6$$

4.7 물성치와 조성 계산을 위한 컴퓨터 루틴 _*Computer Routines for Property and Composition Calculations*

엔진에서 일어나는 현상에 대한 계산의 양이 방대하고 높은 정확성이 요구되는 경우 컴퓨터를 이용하여 계산한다. 미연소가스와 연소가스의 조성과 열역학적 물성치를 모델링하는 관계식들이 컴퓨터용으로 개발되었다.

가장 완전한 모델은 혼합물 각 원소의 열역학 데이터를 다항식 커브 피팅(polynomial curve fits)한 결과에 기초를 두고 다음과 같은 가정을 하고 구한다: (1) 미연소 혼합물은 조성이 고정되었다. (2) 연소 혼합물은 평형 상태이다. NASA 평형 프로그램[5,6](3.7절 참조)에서 JANAF 테이블의 열역학적 물성치를 표현하는 기초로 사용된 방법을 요약하는데, 그 이유는 이것이 미연소와 연소 혼합물의 성질을 계산하기 위해 사용된 방법과 일관되기 때문이다.

온도 T(K)의 표준 상태의 각 화학종 i에 대해, 비열 $\tilde{c}_{p,i}$는 근사적으로 다음과 같다

$$\frac{\tilde{c}_{p,i}}{R} = a_{i1} + a_{i2}T + a_{i3}T^2 + a_{i4} + a_{i5}T^4 \tag{4.39}$$

화학종 i의 표준상태 엔탈피는 다음의 식에 의해 주어진다.

$$\frac{\tilde{h}_i}{\tilde{R}T} = a_{i1} + \frac{a_{i2}}{2}T + \frac{a_{i3}}{3}T^2 + \frac{a_{i4}}{4}T^3 + \frac{a_{i5}}{5}T^4 + \frac{a_{i6}}{T} \tag{4.40}$$

온도 T(K)와 압력 1기압에서의 화학종 i의 표준 상태 엔트로피는 식 (4.14)에서

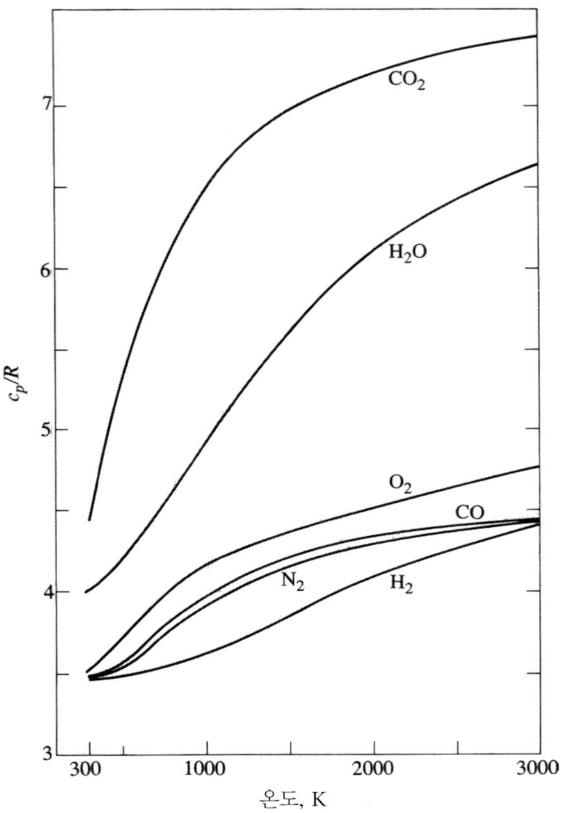

그림 4.11 CO_2, H_2O, CO, O_2, N_2, H_2와 CO의 온도의 함수로 그림 정압 비열 c_p/R (JANAF 표.[1])

$$\frac{\tilde{s}_i}{\tilde{R}} = a_{i1}\ln T + a_{i2}T + \frac{a_{i3}}{2}T^2 + \frac{a_{i4}}{3}T^3 + \frac{a_{i5}}{4}T^4 + a_{i7} \tag{4.41}$$

NASA 프로그램의 CO_2, H_2O, CO, H_2, O_2, N_2, OH, NO, O, H 의 계수 값 a_{ij}는 표 4.10에 있다. 두 온도 범위가 주어져 있다. 300에서 1000 K까지 범위는 미연소 혼합물 계산에 적합하다. 1000에서 5000 K까지의 범위는 연소 가스 혼합물 성질 계산에 적합하다. 그림 4.11이 온도의 함수로 CO_2, H_2O, CO, O_2, N_2, H_2와 CO의 c_p/R 값을 준다

4.7.1 미연소 혼합물

여러 연료(기체 상태의)의 다항식 함수가 아래의 함수 형태로 피팅되었다:[12-14]

$$\tilde{c}_{p,f} = A_{f1} + A_{f2}t + A_{f3}t^2 + A_{f4}t^3 + \frac{A_{f5}}{t^2} \tag{4.42}$$

$$\tilde{h}_f = A_{f1}t + A_{f2}\frac{t^2}{2} + A_{f3}\frac{t^3}{3} + A_{f4}\frac{t^4}{4} - \frac{A_{f5}}{t} + A_{f6} + A_{f8} \tag{4.43}$$

여기서 $t = T(\mathrm{K})/1000$. A_{f6}는 298 K에서 C, H_2, O_2, N_2의 제로 엔탈피 데이텀 상수이다. 0-K 데이텀에는 A_{f8}이 A_{f6}에 더해진다. 순수한 탄화수소 화합물의 경우에, 계수 A_{fi}는 식 (4.42)와 (4.43)을 Rossini et al.[7] 데이터에 피팅해서 얻었다. 표 4.11에 관련된 순수 연료의 값이 있다. $\tilde{c}_{p,f}$의 단위는 cal/gmaol · K이고 $\tilde{h}_f$의 단위는 kcal/gmol이다.

표 4.10 화학종의 열역학적 성질에 대한 계수

화학종	T range, K	a_{i1}	a_{i2}	a_{i3}	a_{i4}	a_{i5}	a_{i6}	a_{i7}
CO_2	1000–5000	0.44608(+1)	0.30982(−2)	−0.12393(−5)	0.22741(−9)	−0.15526(−13)	−0.48961(+5)	−0.98636(0)
	300–1000	0.24008(+1)	0.87351(−2)	−0.66071(−5)	0.20022(−8)	0.63274(−15)	−0.48378(+5)	0.96951(+1)
H_2O	1000–5000	0.27168(+1)	0.29451(−2)	−0.80224(−6)	0.10227(−9)	−0.48472(−14)	−0.29906(+5)	0.66306(+1)
	300–1000	0.40701(+1)	−0.11084(−2)	0.41521(−5)	−0.29637(−8)	0.80702(−12)	−0.30280(+5)	−0.32270(0)
CO	1000–5000	0.29841(+1)	0.14891(−2)	−0.57900(−6)	0.10365(−9)	−0.69354(−14)	−0.14245(+5)	0.63479(+1)
	300–1000	0.37101(+1)	−0.16191(−2)	0.36924(−5)	−0.20320(−8)	0.23953(−12)	−0.14356(+5)	0.29555(+1)
H_2	1000–5000	0.31002(+1)	0.51119(−3)	0.52644(−7)	−0.34910(−10)	0.36945(−14)	−0.87738(+3)	−0.19629(+1)
	300–1000	0.30574(+1)	0.26765(−2)	−0.58099(−5)	0.55210(−8)	−0.18123(−11)	−0.98890(+3)	−0.22997(+1)
O_2	1000–5000	0.36220(+1)	0.73618(−3)	−0.19652(−6)	0.36202(−10)	−0.28946(−14)	−0.12020(+4)	0.36151(+1)
	300–1000	0.36256(+1)	−0.18782(−2)	0.70555(−5)	−0.67635(−8)	0.21556(−11)	−0.10475(+4)	0.43053(+1)
N_2	1000–5000	0.28963(+1)	0.15155(−2)	−0.57235(−6)	0.99807(−10)	−0.65224(−14)	−0.90586(+3)	0.61615(+1)
	300–1000	0.36748(+1)	−0.12082(−2)	0.23240(−5)	−0.63218(−9)	−0.22577(−12)	−0.10612(+4)	0.23580(+1)
OH	1000–5000	0.29106(+1)	0.95932(−3)	−0.19442(−6)	0.13757(−10)	0.14225(−15)	0.39354(+4)	0.54423(+1)
NO	1000–5000	0.31890(+1)	0.13382(−2)	−0.52899(−6)	0.95919(−10)	−0.64848(−14)	0.98283(+4)	0.67458(+1)
O	1000–5000	0.25421(+1)	−0.27551(−4)	−0.31028(−8)	0.45511(−11)	−0.43681(−15)	0.29231(+5)	0.49203(+1)
H	1000–5000	0.25(+1)	0.0	0.0	0.0	0.0	0.25472(+5)	−0.46012(0)

원전: NASA 평형 코드.[5]

표 4.11 연료 엔탈피와 비열 다항식[식 (4.42)와 (4.43)]의 계수

연료	분자식	분자량	$(A/F)_s$	$(F/A)_s$	A_{f1}	A_{f2}	A_{f3}	A_{f4}	A_{f5}	A_{f6}	A_{f8}
메탄	CH_4	16.04	17.23	0.0580	−0.29149	26.327	−10.610	1.5656	0.16573	−18.331	4.3000
프로판	C_3H_8	44.10	15.67	0.0638	−1.4867	74.339	−39.065	8.0543	0.01219	−27.313	8.852
헥산	C_6H_{14}	86.18	15.24	0.0656	−20.777	210.48	−164.125	52.832	0.56635	−39.836	15.611
아이소옥탄	C_8H_{18}	114.2	15.14	0.0661	−0.55313	181.62	−97.787	20.402	−0.03095	−60.751	20.232
메탄올	CH_3OH	32.04	6.47	0.1546	−2.7059	44.168	−27.501	7.2193	0.20299	−48.288	5.3375
에탄올	C_2H_5OH	46.07	9.00	0.1111	6.990	39.741	−11.926	0	0	−60.214	7.6135
가솔린	$C_{8.26}H_{15.5}$	114.8	14.64	0.0683	−24.078	256.63	−201.68	64.750	0.5808	−27.562	17.792
	$C_{7.76}H_{13.1}$	106.4	14.37	0.0696	−22.501	227.99	−177.26	56.048	0.4845	−17.578	15.235
디젤	$C_{10.8}H_{18.7}$	148.6	14.4	0.0694	−9.1063	246.97	−143.74	32.329	0.0518	−50.128	23.514

A_{fi} 단위는 $t = T(\mathrm{K})/1000$일 때, $\tilde{h}_f$가 kcal / gmol이고 $\tilde{c}_{p,f}$가 cal / gmol · K

A_{f6}는 298.15 K에서 엔탈피 데이텀을; $(A_{f6}+A_{f8})$은 0 K에서 데이텀을 제공.

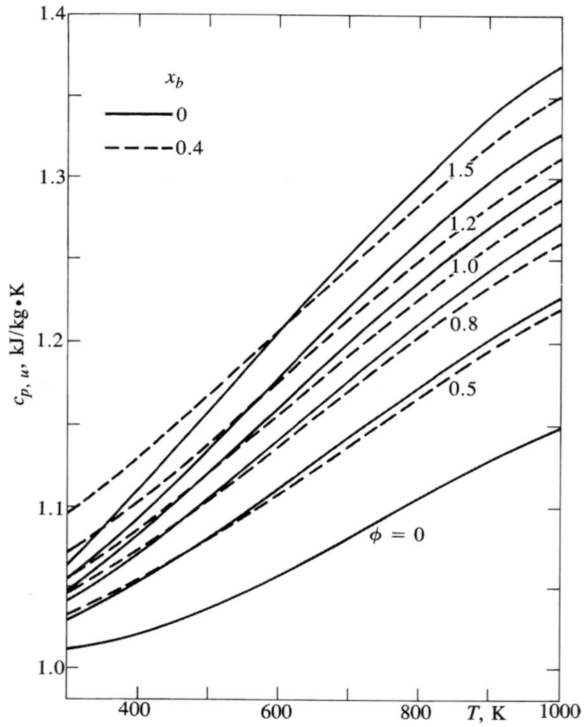

그림 4.12 온도, 당량비, 연소 가스 분율의 함수로 그린 미연소 가솔린, 공기, 연소 가스 혼합물의 정압 비열. 단위: kJ/kg 혼합물 · K

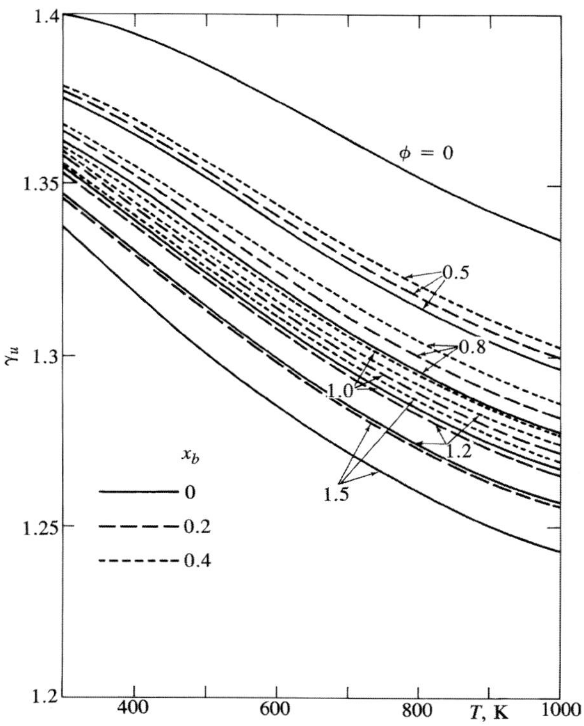

그림 4.13 온도, 당량비, 연소 가스 분율의 함수로 그린 미연소 가솔린, 공기, 연소 가스 혼합물의 비열비, $\gamma_u = c_{p,u}/c_{v,u}$

다원소 연료 계수는 다음과 같이 결정된다.[13] H/C 비, 분자량, 발열량, 방향족과 올레핀과 토탈 파라핀(사이클로 파라핀 포함)의 무게 퍼센트를 얻기 위한 연료의 화학 분석이 행해진다. 표 4.11에 대표적인 석유 기반 연료의 계수 A_{f1}에서 A_{f8}까지 값이 있다. $t = T(\mathrm{K})/1000$에서, 계수의 단위가 $\tilde{c}_{p,f}$의 단위는 cal/gmaol · K로 $\tilde{h}_f$의 단위는 kcal/gmol로 제공한다.

미연소 혼합물의 열역학적 물성치를 이제 구할 수 있다. 표 4.4에서 구한 단위 O_2 몰당 각 원소의 몰 수와, 표 4.5에서 구한 단위 O_2 몰당 혼합물의 질량 m_{RP}에서 미연소 혼합물의 물성치는 다음과 같이 구한다.

$$c_{p,u} = \frac{1}{m_{RP}} \sum_i n_i \tilde{c}_{p,i} \tag{4.44a}$$

$$h_u = \frac{1}{m_{RP}} \sum_i n_i \tilde{h}_i \tag{4.44b}$$

$$s_u = \frac{1}{m_{RP}} \left\{ \sum n_i \left[\tilde{s}_i^{\circ} - \tilde{R} \ln\left(\frac{n_i}{n_u}\right) \right] - n_u \tilde{R} \ln p \right\} \tag{4.44c}$$

여기서 p의 단위는 기압이다.

그림 4.12와 4.13은(위 식에서 얻은) c_p, u와 $\gamma_u(=c_p,\ u/c_{v,u})$가 온도, 당량비, 연소 가스 비율에 따라서 어떻게 변하는 지 가솔린-공기 혼합물에 대해 보여준다.

4.7.2 연소 혼합물

연소 혼합물의 성질과 조성을 가장 정확하게 계산하는 방법은 1700 K 이상에서는 열역학적

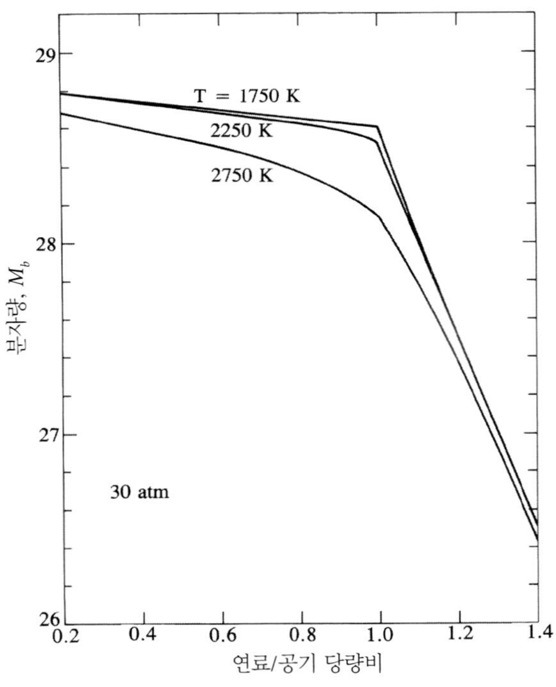

그림 4.14 T = 1750, 2250, 2750 K, 30기압에서 당량비의 함수로 그린 평형 연소 가스의 분자량. 연료는 아이소옥탄

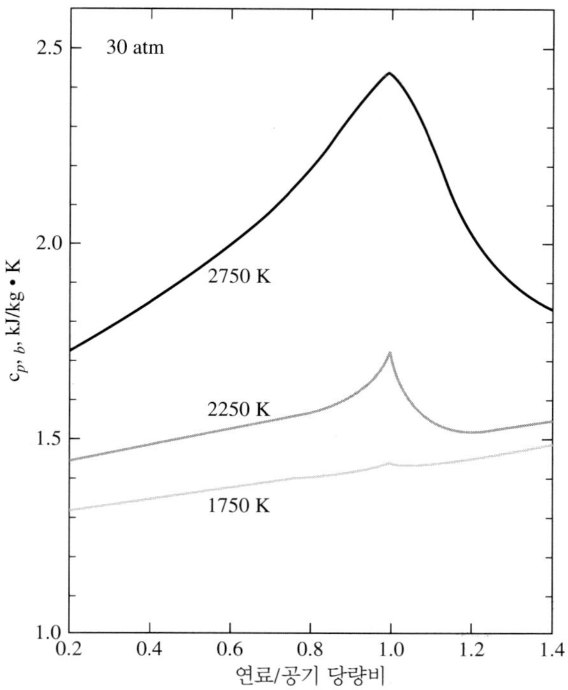

그림 4.15 T = 1750, 2250, 2750 K, 30기압에서 당량비의 함수로 그린 평형 연소 가스의 정압 비열. 연료는 아이소옥탄

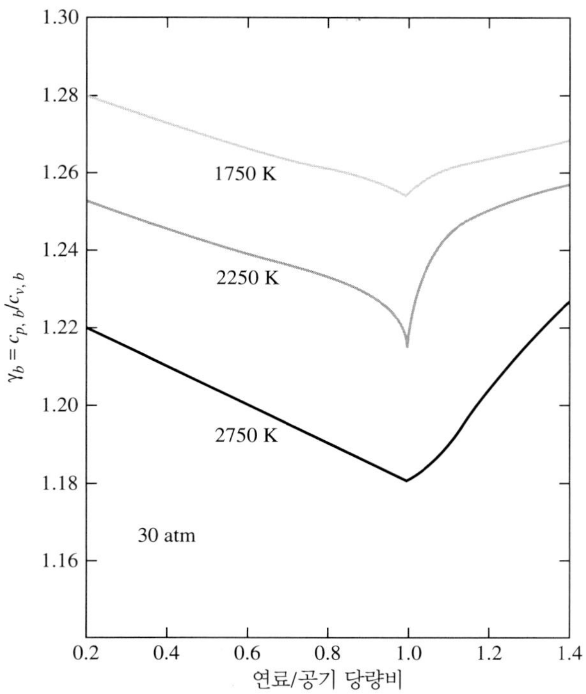

그림 4.16 T = 1750, 2250, 2750 K, 30기압에서 당량비의 함수로 그린 평형 연소 가스의 비열비 $\gamma b = c_{p,b}/c_{v,b}$. 연료는 아이소옥탄

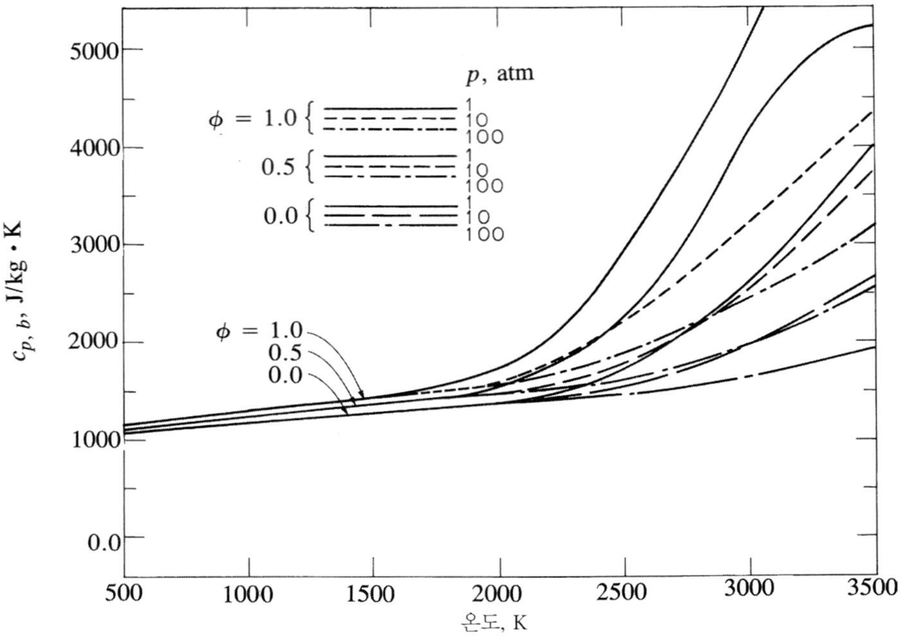

(*a*)

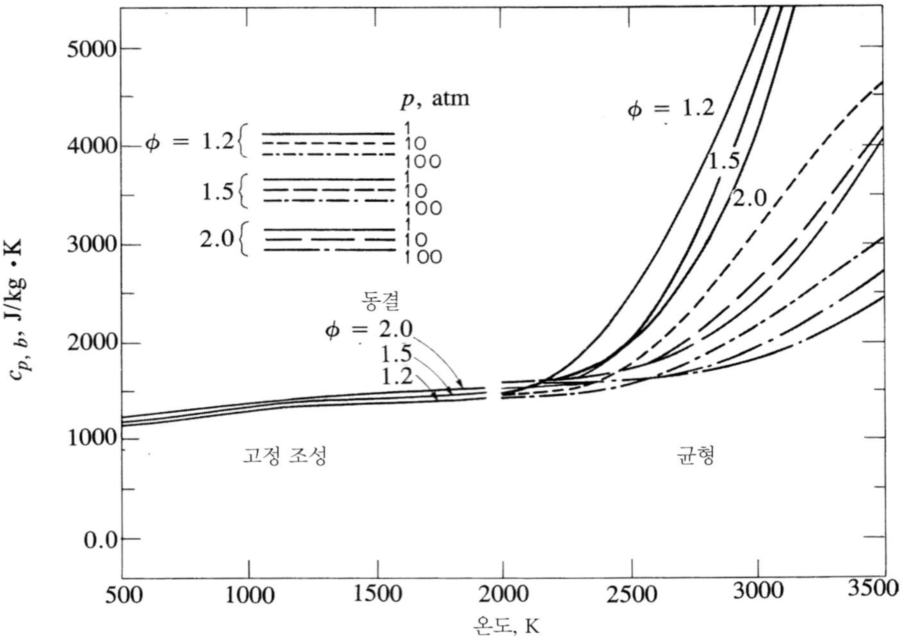

(*b*)

그림 4.17 온도와 압력의 함수로 그린 평형, 동결, 고정 조성 연소 가스의 정압 비열: (*a*) 당량비 $\phi \leq 1.0$; (*b*) 당량비 $\phi > 1$. 단위: J/kg 혼합물 · K. 연료: C_nH_{2n}

평형 프로그램을 이용하고 1700 K이하에서는 "얼은" 조성을 이용하는 것이다. 고온과 저온에서의 각 화학종 물성치는 식 (4.39)에서 (4.41) 같은 다항식 함수와 표 4.10의 그들의 계수에 의해 주어진다. NASA 평형 프로그램(3.7절 참조)은 쉽게 구할 수 있고 잘 문서화되어 있

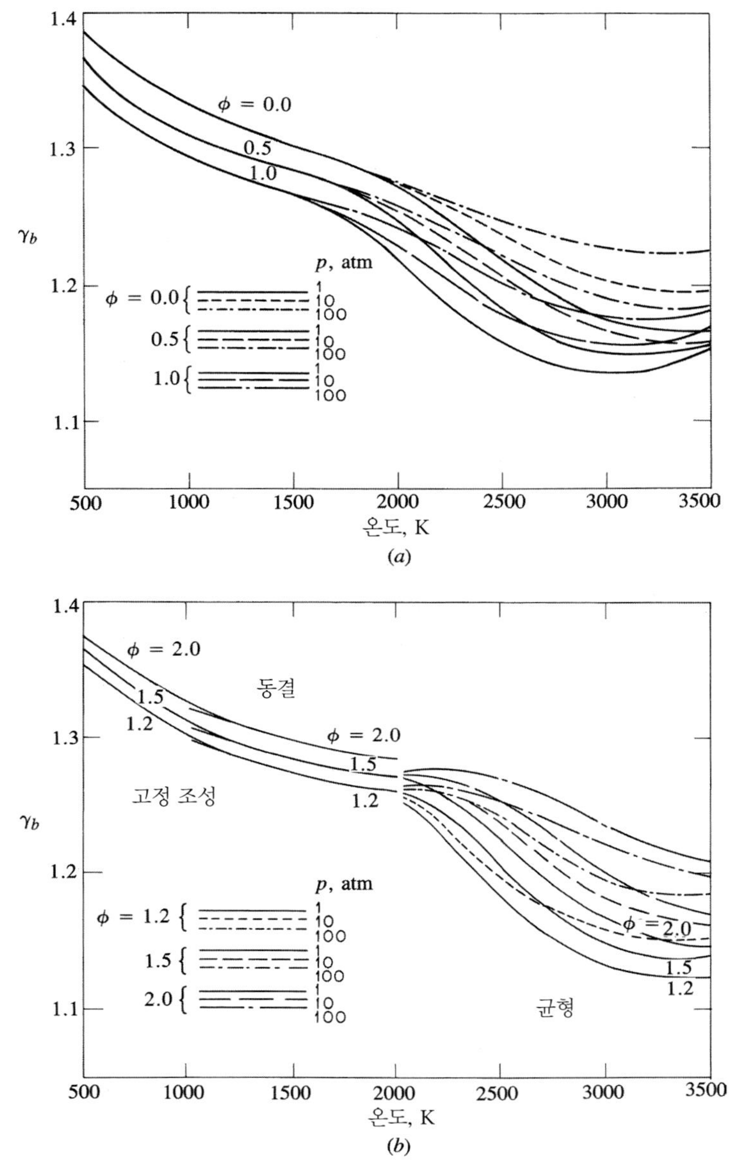

그림 4.18 온도의 함수로 그린 평형, 동결, 고정 조성 연소 가스의 비열비, $\gamma_b = c_{p,b}/c_{v,b}$.

다.[5,6] 아래에 그 출력의 예가 있다.

그림 3.10에 30기압, 1750, 2250, 2750 K에서 당량비의 함수로 연소 가스의 농도 데이터가 그려져 있다. 그림 4.14는 연소 가스의 분자량 M_b를 보여 준다. 그림 4.15와 4.16은 $c_{p,b}$와 γ_b를 30기압, 1750, 2250, 2750 K에서 당량비의 함수로 보여 준다. 그림 4.17과 4.18은 희박하거나 농후한 혼합물의 $c_{p,b}$와 γ_b를 여러 당량비에서 온도와 압력의 함수로 보여 준다. 농후한 혼합물에서($\phi > 1.0$), $T > 2000$ K에서 $c_{p,b}$와 γ_b는 평형 값이다. 1200 K $\le T \le$ 2000 K에서는, "얼은(frozen)" 조성 데이터가 보여지는데, 주어진 T와 P에서 가스 조성은 평형상태에 있지만, c_v와 c_v를 계산할 때는 "얼었다"고 가정했다. 약 1500 K 이하에서는 고정된 조성 데이터가 보여 준다. 여기서 물-가스 평형 상수로 3.5를 사용하는데, 이는 배기를 적절히 나타낸다 [식 4.9절의 식 (4.60) 참조].

4.8 전달 물성치 _Transport Properties

질량, 모멘텀, 에너지가 한 지점에서 다른 지점으로 진달되는 과정을 전달률 과정(rate process)이라고 한다. 내연기관에서 그 예는 액체 연료의 증발, 연료-공기 혼합, 가스/고체 접촉면에서의 마찰, 엔진 연소실 벽과 가스 간의 열전달이다. 엔진에서는 이런 과정의 대부분은 난류이고 유체 유동의 특성에 많은 영향을 받는다. 그렇지만 난류 과정(turbulent rate processes)은 흔히 전달 물성치인 점도, 열전도 계수, 확산 계수와 유동 특성 등으로 구성된 무차원 수(예, 레이놀즈, 프란틀, 누셀 수 등)간의 관계식에 의해 특징지워진다.

가장 간단하게 전달 물성치를 계산하는 방법은 딱딱한 구 분자로 구성된 가스에 운동 이론(kinetic theory)을 적용하는 것이다. 평면 Couette 유동에서[d] 모멘텀 플럭스를 해석하면, 단원자 딱딱한-구 가스의 점도 μ [$\mu = \tau/(du/dx)$, τ는 전단 응력이고 (du/dx)는 속도 기울기]는 다음과 같이 주어진다는 것을 알 수 있다(Chapman and Cowling,[16], p.218).

$$\mu = \frac{\left[5/(16\sqrt{\pi})\right](m\tilde{k}T)^{1/2}}{d^2} \tag{4.45}$$

여기서 m은 가스 분자의 질량, d는 분자 직경, $\tilde{k}$는 Boltzman 상수, 1.381×10^{-23} J/K이다.

이런 가스에서, 점도는 $T^{1/2}$에 따라 변화하지만 가스 압력이나 밀도의 영향을 받지 않는다. 점도 측정 결과에 의하면 점도는 온도에만 의존하지만 $T^{1/2}$에 비례하지는 않는다. 측정된 온도 의존성은 딱딱한 구 모델보다 분자간 포텐셜 에너지를 고려한 더 정교한 모델에 의해서만 설명될 수 있다. 실제적으로, 고온에서는 충돌하는 두 분자의 높은 평균 운동 에너지가 이들이 더 가까워지고 충돌 시에 더 큰 반발력을 겪어 방향을 바꾸도록 요구한다. 그래서 온도가 올라갈수록 분자들은 더 작은 구처럼 보인다.

단원자 딱딱한-구 가스의 열전도 계수 k에 대한 표현[$k = q/(dT/dx)$], 여기서 q은 단위 면적 당 열 유속(flux), dT/dx는 온도 기울기]은 평면 Couette 유동(참고문헌 16의 235쪽)의 열 등가 해석에 의해 구할 수 있다.

$$k = \frac{\left[75/(64\sqrt{\pi})\right](\tilde{k}^3T/m)^{1/2}}{d^2} \tag{4.46}$$

이는 μ와 같은 온도 의존성을 갖고 있다. 식 (4.45)와 (4.46)은 합하여 다음과 같이 쓸 수 있다.

$$k = \frac{5}{2}\mu c_v$$

그래서 단원자 가스에서는 정적 비열은 $3\tilde{k}/(2\ m)$이다. 이 단순한 등식은 단원자 가스의 μ와 k에 대한 측정과 잘 일치한다.

위 모델은 엔진에서 관심있는 가스의 에너지 이동에 기여하는 다원자 분자들 간의 충돌 시 교환하는 진동과 회전 에너지는 고려하지 않았다. k와 μ에 대한 실험적 측정은 다원자 가스에서 k는 $(5/2)\mu c_v$ 보다 작다는 것을 보여 주는데, 여기서 c_v는 병진 운동(translational) 비열과 내부 자유도에 따른 비열의 합이다. Eucken은 진동과 회전 에너지의 전달은 병진 운동보다 느리다고 제시하였다. 그는 다음의 실험식을 제안하였다.

---

[d] Couette 유동에서 유체가 두 무한한 평면 사이에 있는데, 하나는 멈춰 있고 다른 하나는 일정한 속도로 움직인다. 압력 구배가 없는 경우, 유체의 속도는 두 평면 사이에서 선형적으로 변한다.

$$k = \frac{9\gamma - 5}{4} \mu c_v$$

또는
$$\mathrm{Pr} = \frac{\mu c_p}{k} = \frac{4\gamma}{9\gamma - 5} \tag{4.47}$$

여기서 Pr은 프란틀 수인데 실험치와 잘 맞는다.

비슷한 해석을 이원(binary) 확산—한 가스가 다른 가스로 확산되는—에도 적용해서 이원 확산 계수 D_{ij}를 얻는다. D_{ij}는 화학종 i와 j로 구성된 가스 혼합물의 전달 물성치로서 분자 확산에 관한 Fick's 법칙에 의해 정의된다. 이 법칙은 화학종 i와 j의 유속(flux), Γ_{xi}와 Γ_{xj}과 x 방향으로의 농도 기울기, dn_i/dx와 dn_j/dx(n은 분자 수 밀도), 의 관계를 준다.

$$\Gamma_{xi} = -D_{ij}\left(\frac{dn_i}{dx}\right) \qquad \Gamma_{xj} = -D_{ij}\left(\frac{dn_j}{dx}\right)$$

딱딱한-구 분자 혼합물에 대한 이원 확산 계수는(참고문헌 16의 245쪽)

$$D_{ij} = \frac{3}{16nd^2}\left(\frac{2\tilde{k}T}{\pi m_{ij}}\right)^{1/2} \tag{4.48}$$

여기서 m_{ij}는 환산 질량 $m_i m_j/(m_i + m_j)$이다.

좀 더 현실에 가까운 분자 간 포텐셜 에너지 모델에 기초를 둔, 좀 더 엄밀한 가스 전달 물성치에 대한 분석은 Hirschfelder et al.[17]에서 찾을 수 있는데, 그들은 가스 혼합물의 전달 물성치 컴퓨터 계산 방법도 제안하였다. NASA의 컴퓨터 프로그램 "복잡한 화학 시스템의 열역학적 및 전달 물성치"[6]는, 고온 평형과 "얼은" 가스 조성 혼합물에서, 점성, 열전도 계수, 프란틀 수를, 3.7절과 4.7절에서의 열역학 계산에 더해 계산한다. NASA 프로그램에서 이들 전달 물성치를 계산하는 방법은 Hirschfelder et al.[17]에서 설명된 방식에 기초를 두고 있다. NASA 프로그램은 탄화수소-공기 연소 생성물의 전달 물성치를 계산하는 데 사용되었다.[15] 이 양들은 온도 T, 당량비 ϕ, (점성을 빼고) 압력 p의 함수이다. 그 다음에 점성과 프란틀 수에 대한 데이터 피팅을 수행해서 근사 상관 관계를 얻는다. 이들 상관 관계의 장점은 계산 속도이다. 프란틀 수($\mu c_p/k$)는 비열비 $\gamma(=c_p/c_v)$를 독립 변수로 하는 것이 편리하다는 것이 알려졌다. 이 경우 γ와 c_p는 열전도 계수를 결정할 수 있게 한다.

그림 4.19에 온도 범위 500에서 4000 K, 압력은 1에서 100 기압, $\phi = 0$에서 $\phi = 4$까지에 대해 탄화수소-공기 연소 생성물의 점성이 있다. 탄화수소-공기 연소 생성물의 온도에 대한 함수로 표시된 점성은 공기와 별로 다르지 않다. 그래서, 데이터 피팅에 공기 점성에 기초를 둔 파워 법칙이 사용된다:

$$\mu_{\text{air}}(\mathrm{kg/m \cdot s}) = 3.3 \times 10^{-7} \times T^{0.7} \tag{4.49}$$

여기서 T의 단위는 켈빈이다. 연소 생성물의 점성은 거의 압력에 대해 독립적이다. 이 상관 관계는 탄화수소-공기 연소 생성물에 대한 당량비 ϕ의 영향을 반영하기 위해 수정되었다:

$$\mu_{\text{prod}} = \frac{\mu_{\text{air}}}{1 + 0.027\phi} \tag{4.50}$$

그림 4.19에 식 (4.49)와 (4.50)에 의해 계산된 점성이 NASA 프로그램에 의해 계산된 점성값과 매우 근접하는 것을 보여 준다. 오차가 4% 이하이다.

탄화수소-공기 연소 혼합물의 프란틀 수도 위의 온도, 압력, 당량비의 범위에서 수정되었다. 단원자 딱딱한-구 분자 가스의 프란틀 수는 γ의 함수이기 때문에, γ에 대한 2차 다항

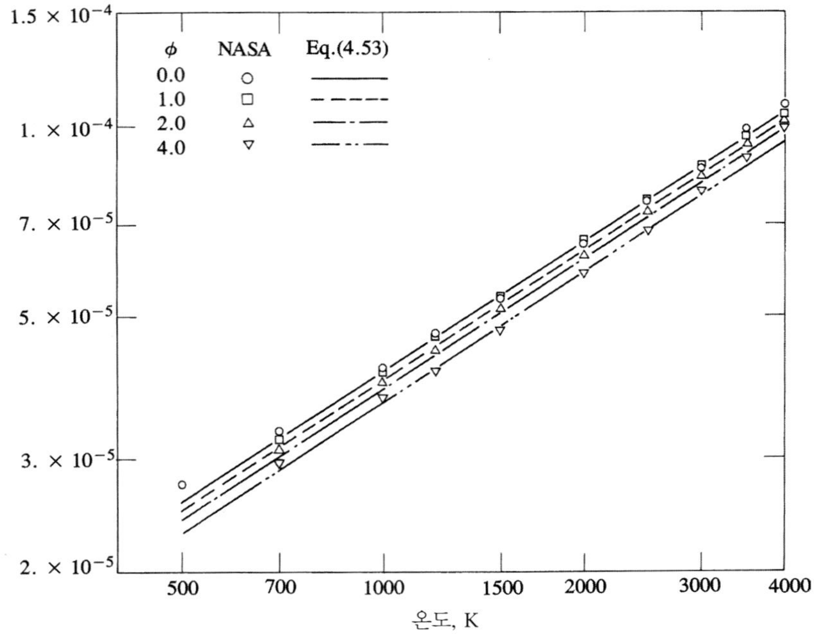

그림 4.19 온도와 당량비의 함수로 그린 연소 생성물의 점도, kg/m · s. 그림은 식 (4.49)와 (4.50)이다.

식이 계산된 프란틀 수를 커브 피팅하기 위해 사용되었다. 희박한 연소 혼합물에 대한 잘 맞는 식은 다음과 같다:

$$\mathrm{Pr} = 0.05 + 4.2(\gamma - 1) - 6.7(\gamma - 1)^2 \qquad \phi \leq 1 \tag{4.51}$$

식 (4.51)에 의해 계산된 Pr의 값은 NASA 프로그램에 의해 계산된 평형 Pr 값에 5% 내에서 일치한다. 농후한 혼합물에서는 2000 K보다 높은 온도에서, 다음 식이 γ 평형 값을 사용한 평형 Pr 값에 잘 맞는다:

$$\mathrm{Pr} = \frac{0.05 + 4.2(\gamma - 1) - 6.7(\gamma - 1)^2}{1 + 0.015 \times 10^{-6}(\phi T)^2} \qquad 1 < \phi \leq 4 \tag{4.52}$$

이 경우에도 예측된 Pr 값이 계산된 Pr 값과 10% 오차 범위에서 잘 일치한다. 식 (4.52)는 또한 온도 범위 1200에서 2000 K 사이에서 농후한 혼합물에서도, “얼은” γ 값을 사용할 경우, Pr의 얼은 값[e]에 대해서도 적당히 맞는다. 낮은 온도에서 농후한 혼합물에 대한 Pr 데이터가 없으므로, 혼합물에 고정된 조성 적용이 적절한 경우 (즉 내연기관의 배기 과정에서), 식 (4.52)가 γ의 고정된 조성 값과 함께 사용될 수 있다고 제안한다.

만약 γ를 알면 위의 관계식에 의해 프란틀 수를 구할 수 있다. 만약 μ와 c_p를 알면, 프란틀 수로부터 열전도 계수를 구할 수 있다. γ_b와 $c_{p,b}$가 온도, 압력, 당량비의 함수로 그림 4.15에서 4.18까지에 그려져 있다.

점성과 열전도 계수에 대한 기본 관계식이 복잡하기 때문에, 이들 가스 혼합물에 대한 전달 물성치를 계산할 수 있는 근사 방법이 여러 가지 제안되었다. 다원소 가스 혼합물의 점

[e] NASA 프로그램에서 “얼은”의 의미는 주어진 T와 p에서 가스 성분은 평형에 있으나 c_p, c_v, k 계산 시에는 고정되었다는의미이다.

성에 대한 좋은 근사치는 다음과 같이 구할 수 있다.

$$\mu_{\text{mixt}} = \sum_{i=1}^{\nu} \frac{\tilde{x}_i^2}{\tilde{x}_i^2/\mu_i + 1.385 \sum_{j=1,\, j\neq 1}^{\nu} \tilde{x}_i \tilde{x}_j (\tilde{R}T/pM_i D_{ij})} \tag{4.53}$$

여기서 $\tilde{x}_i$와 M_i는 i 화학종의 몰 분율과 분자량이고, μ_i는 i번째 화학종의 점성이고, ν는 혼합물에서의 화학종의 수이고, D_{ij}는 화학종 i와 화학종 j의 이원 확산 계수이다.[17]

4.9 배기 조성 _Exhaust Gas Composition

3.4절에서 사용된 연소 생성물의 공식은 미연소 혼합물의 화학양론비를 계산할 때 유용하나 실제 연소 가스 조성에 정확하게 일치하지는 않는다. 고온에서(즉 연소 발생 시와 팽창 행정 초기) 연소 가스 조성은 그 영역의 온도, 압력, 당량비에서의 평형 조성에 가깝다. 팽창 과정 중에는 재결합 반응이 연소 가스 조성을 간단하게 만든다. 그렇지만. 팽창 행정 말기와 배기 블로우다운 과정에서는, 재결합 반응이 가스를 화학 평형에 있도록 할 수 없고, 배기 과정에서는 원소가 "언다". 더불어서, 엔진에 들어간 연료가 실린더 안에서 전부 타지는 않는다; 과도한 공기가 있는 경우에서도 연소 비효율은 몇 퍼센트에 이른다(그림 3.11 참조). 또 각 실린더의 내부 물질은 조성이 일정하다는 법이 없고, 다기통 엔진에서 각 실린더로 공급된 연료와 공기의 양은 똑같지 않다. 이런 여러 이유 때문에 엔진 배기의 조성은 쉽게 계산할 수 없다.

엔진 배기 조성은 측정할 수 있다. 이는 엔진 배기 오염물질(즉 CO, NO_x, 미연 탄화수소, 입자상물질)을 결정하기 위해서다. 또 엔진에 들어가는 상대적인 연료와 공기의 비를 통해 운전 당량비를 계산하는 목적으로 사용되기도 한다. 이 절에서는, 대표적인 엔진 배기 조성을 검토하고, 배기 조성으로부터 연료/공기 당량비를 계산하는 방법을 제시한다.

4.9.1 화학종 농도 데이터

주요 배기 화학종들의 농도를 측정하는 표준 장치들이 개발되었다.[18] 보통 샘플 라인을 통해 엔진 배기 흐름의 작은 부분만이 빨아 들인다. 이 샘플의 일부가 미연소 탄화수소 분석기, 화염 이온화 측정기(FID)에 직접 공급된다. 배기 샘플에 있던 탄화수소가 작은 수소-공기 화염에서 타는데, 연소하는 탄소 원자 수에 비례하는 양의 이온을 생산한다. FID는 효율적인 탄소 원자 카운터이다. 이미 아는 양의 탄화수소를 포함하는 샘플 가스를 이용해서 캘리브레이션 한다. 미지의 탄화수소 농도는 보통 몰 분율이나, 백만 분의 1(ppm) 부피 비율의 C_1으로 표시한다. 가끔은 결과를 ppm 프로판(C_3H_8)이나 ppm 헥산(C_6H_{14})으로 표시하기도 한다. 이들을 C_1으로 변경하기 위해서는 각각 3이나 6을 곱하면 된다. 미연소 탄화수소를 측정하는데 가끔은 비분산 적외선(NDIR) 분석기를 사용하는데, 샘플 셀에서 탄화수소에 의한 적외선 흡수를 이용해 농도를 측정한다. 엔진 배기에서 FID에 의해 측정한 HC 농도는 NDIR 분석기에 의해 측정한 값(같은 탄소 수에 기초해서 즉 C_1)의 두 배 정도이다. NDIR에 측정한 농도에 보통 2를 곱해서 실제 HC 농도를 추정한다. 배기에 산소 농도가 높을 경우 FID 측정에 영향을 줄 수 있다. 미연소 연료-공기 혼합물에 대한 분석을 주의 깊게 하여야 한다. 샘플 라인에서의 탄화수소의 응축을 막기 위해(특히 디젤 배기에서 중요), 샘플 라인은 종종 가열된다.

NDIR 분석기는 CO_2와 CO 측정에 쓰인다. 배기를 포함한 샘플 셀에서의 적외선 흡수를 표준 셀에서의 흡수와 비교한다. 측정기는 다이아프램에 의해 분리된 두 방에 측정하고자

하는 가스를 담고 있다. 샘플 셀에서 흡수되지 않은 복사는 검사기의 한쪽에 있는 가스에 의해 흡수된다. 표준 셀에서 흡수되지 않은 복사는 검사기의 다른 절반에서의 가스에 의해 흡수된다. 검사기의 두 절반에서의 다른 흡수량은 압력차를 가져 오고, 이를 다이아프램 확장에 의해 측정한다. NDIR 검사기는 이미 아는 조성의 샘플 가스를 이용해 캘리브레이션 한다. 수증기의 IR 흡수가 CO_2와 CO의 흡수 밴드와 겹치기 때문에, 배기 샘플은 NDIR 기기에 들어가기 전에 얼음통 하고 화학 건조기에 의해 건조된다.

산소 농도는 보통 파라마그네틱(paramagnetic) 분석기에 의해 측정된다. 질소산화물, 산화 질소(NO)나 전체 질소산화물($NO+NO_2$, NO_x)는 화학발광법(chemiluminescent) 분석기에 의해 측정된다. 배기 가스 샘플 유동의 NO가 유동 반응기에서 오존과 반응한다. 이 반응이 전자적으로 활성화된 NO_2 분자를 생성하고, 이들은 기저 상태로 떨어지면서 복사를 방출한다. 이 복사량은 광전자 증배관에 의해 측정되는데 NO의 양에 비례한다. 이 기구는 또 샘플 유동의 NO_2를 NO로 가열된 스테인레스 스틸 관에서 분해할 수 있어서 전체 NO_x-($NO+NO_2$) 농도를 결정할 수 있다. 가스 크로마토그라피를 이용해서 모든 무기 원소(N_2, CO_2, O_2, CO, H_2)를 측정할 수 있고 미연소 탄화수소 혼합물 중의 각 탄화수소 화합물도 측정할 수 있다. 입자상물질의 측정은, 배기 가스 유동을 이미 무게를 측정한 필터를 통과시키면서 필터링한 후, 필터와 입자들을 건조하고, 다시 무게를 측정한다.

스파크 점화기관 데이터

그림 4.20에 몇몇 다기통과 단기통 자동차 스파크 점화기관의 넓은 속도와 부하 조건에서의 건조 배기 가스 조성 데이터가 연료/공기 당량비의 함수로 그려져 있다. 연료 조성(가솔린과 아이소옥탄)은 H/C 비가 2.0에서 2.25 사이이다. 배기 가스 조성은 화학양론적 공기/연료

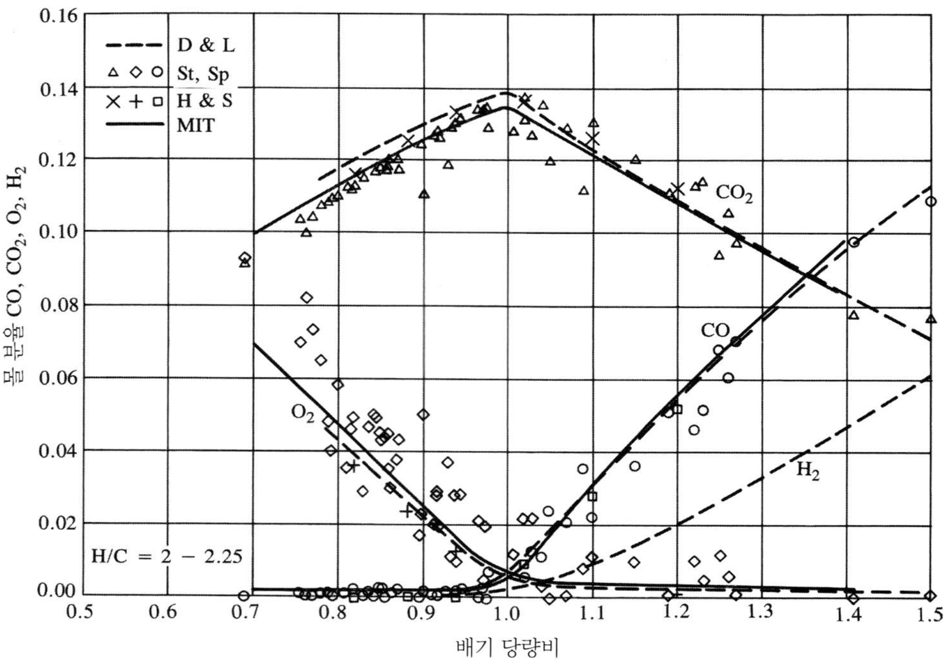

그림 4.20 연료/공기 당량비의 함수로 그린 스파크 점화기관의 배기 조성 몰 분율 데이터. 연료: 가솔린과 아이소옥탄, H/C 는 2에서 2.25 사이.(*D'Alleva and lovell,*[19] *Stivender,*[20] *Harringtonand Shishu,*[21] *Spindt,*[22] 저자의 MIT lab.)

또는 연료 공기비가 희박한지 농후한지에 따라 상당히 다르다; 그래서 연료/공기 당량비 ϕ가 적절한 관계 파라미터이다. 화학양론비의 희박한 쪽에서는 ϕ가 감소함에 따라 CO_2는 감소하고 산소 농도는 증가하며 CO 수준은 낮지만 제로는 아니다(~0.2%). 화학양론비의 농후한 쪽에서는, ϕ가 증가함에 따라 CO와 H_2는 점차 증가하고 CO_2 농도는 감소한다. O_2 수준은 낮지만(~0.2에서 0.3%) 제로는 아니다. 화학양론비 작동에서는 보통 0.5% O_2와 3/4% CO가 있다.

연료의 탄소: 수소 비는 그림에서 보여진 화학종 농도의 크기에 약간의 영향 밖에 미치지 못한다. 넓은 범위의 액체 연료에 대한 측정은 CO농도가 당량비나 상대 연료/공기비(그림 11.20 참조)에만 의존한다는 것을 보여 준다.[21] 가솔린, 프로판(C_3H_8), 천연 가스(대부분 메탄, CH_4)의 배기 CO 농도 비교는 연료의 높은 H/C 비에서, 그리고 CO$\geq$4%에서만 연료 조성이 중요하다는 것을 보여 준다.[23] 주어진 ϕ에서 CO_2 농도 값은 연료의 H/C 비에 의해 약간 영향을 받는다. 예를 들면, 0.5% O_2와 0.75% CO인 화학양론비 혼합물에서, H/C가 감소함에 따라 CO_2 농도는 아이소옥탄의 13.7%(H/C = 2.25)에서 대표적인 가솔린(H/C가 2에서 1.8)의 14.2 내지 14.5%까지, 또 톨루엔의 16까지(H/C = 1.14) 변한다.[24]

미연소 탄화수소 배기 농도는 엔진 설계와 운전조건에 따라 심하게 변한다. 오늘날의 낮은 배기 오염물질의 스파크 점화관 배기 수준은 대표적으로 액체 탄화수소 연료에서 2000 ppm C_1 정도이고 천연가스나 프로판 연료에서는 그 절반 정도이다.

엔진 배기의 수소 농도는 보통 측정하지 않는다. 그렇지만 혼합기에 산소가 부족한 경우(연료가 농후), 수소는 CO와 함께 불완전 연소 생성물로 존재한다. 그림 4.21은 기존의 H_2 데이터를 CO의 함수로 보여 준다.[25] 스파크-점화기관 배기의 수소 농도의 근사치를 구하는 방법이 제안되었다: 예를 들면 H_2의 몰 분율이 CO의 몰 분율의 반이라는 것이다. 이것은 그림 4.21의 데이터에서 $4\% \leq \tilde{x}_{CO} \leq 10\%$에서 합리적인 근사치이다. 그림의 커브는 다음 식에 해당한다.

$$\tilde{x}_{H_2} = 0.3\,\tilde{x}_{CO} + 0.02\,\tilde{x}_{CO}^{\;2} + 3\times10^{-5}\,\tilde{x}_{CO}^{\;3} \tag{4.54}$$

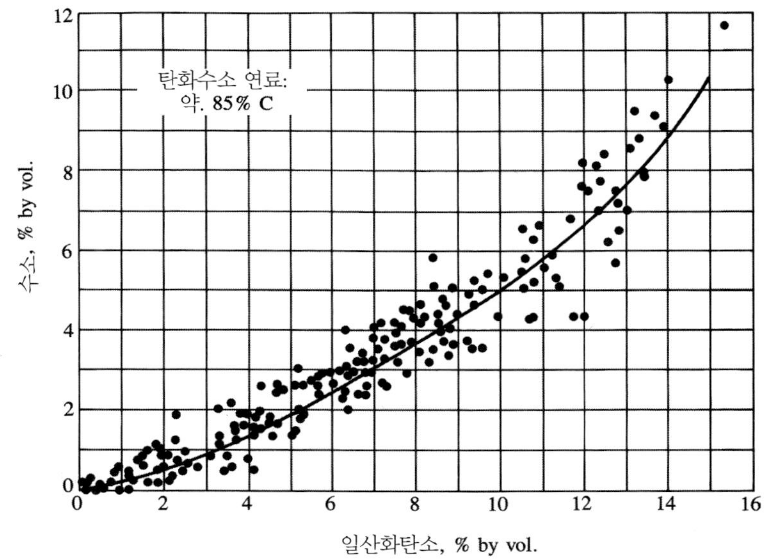

그림 4.21 일산화탄소의 농도의 함수로 그린 스파크 점화기관 배기의 수소 농도. 단위는 부피 퍼센트[25]

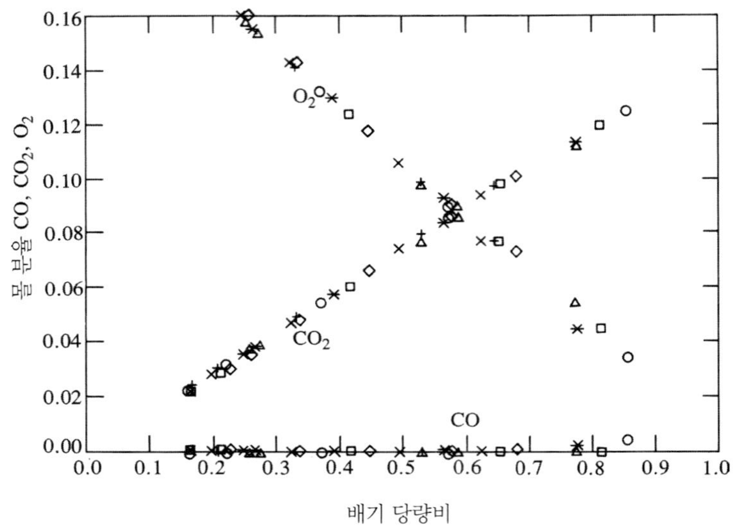

그림 4.22 연료/공기 당량비의 함수로 그린 여러 디젤 엔진에서의 건조 베이스 배기 조성[36]

디젤 배기 데이터

디젤은 보통 매우 희박하게 운전되고($\phi \leq 0.8$) 디젤 연소 과정은 본질적으로 완전히 끝나기 때문에(연소 비효율이 2% 보다 작다) 그 배기 가스 조성은 명확하다. 그림 4.22에서 O_2와 CO_2농도는 정상적인 운전 영역에서 선형적으로 연료/공기 당량비에 따라 변한다. 디젤에서 CO와 미연소 HC 배출 농도는 낮다.

4.9.2 배가 가스 조성으로부터의 당량비 결정

배기 가스 조성은 엔진으로 공급된 연료와 공기의 상대적 비율, 연료 조성, 연소의 완결에 의존한다. 이 관계식들은 배기 가스 조성에 대한 지식으로부터 운전 연료/공기 당량비를 결정하는데 사용될 수 있다. 연료 조성의 일반적인 식은 $C_nH_mO_r$로 표시할 수 있다. 전통적인 원유에서 추출한 연료에는 산소가 없다; 알코올을 포함한 연료에는 산소가 있다. 전체 연소 반응은 다음과 같이 쓸 수 있다.

$$\text{연료} + \text{산화제} \rightarrow \text{생성물}$$

연료는 $C_nH_mO_r$; 산화제는 공기($O_2+3.773N_2$). 생성물은 N_2, 미연 탄화수소(미연 연료와 부분 연료 반응의 생성물), 수트 입자(이는 주로 고체 탄소)이다. 고체 탄소의 양은 일반적으로 매우 작아서($\leq 0.5\%$) 분석에서 제외할 수 있다.

전체 연소 반응은 다음과 같이 표현할 수 있다.

$$\begin{aligned} C_nH_mO_r + \frac{n_{O_2}}{\phi}(O_2 + 3.773N_2) = n_P\Big(&\tilde{x}_{C_aH_b}C_aH_b + \tilde{x}_{CO}CO + \tilde{x}_{CO_2}CO_2 \\ &+ \tilde{x}_{O_2}O_2 + \tilde{x}_{N_2}N_2 + \tilde{x}_{NO}NO \\ &+ \tilde{x}_{NO_2}NO_2 + \tilde{x}_{H_2O}H_2O + \tilde{x}_{H_2}H_2\Big) \end{aligned} \tag{4.55}$$

여기서 $\phi[(F/A)_{\text{실제}}/(F/A)_{\text{화학양론비}}]$, n_{O_2}는 완전 연소하는 데 필요한 O_2 분자 수 $(n+m/4-r/2)$, n_p는 배기 생성물 전체 몰 수, $\tilde{x}_i$는 i 번째 화학종의 몰 분율이다.

주어진 정보의 양에 따라서, 당량비 ϕ를 결정하기 위해 식 (4.55)를 이용하는 방법이 몇 가지 있다. 보통은 CO_2, CO, O_2, NO_x 몰 분율 농도와 미연 탄화수소(몰 분율이나 ppm C_1

즉 $\tilde{x}_{CH_{b/a}}$)가 측정된다. 무기질 가스의 농도는 보통 건조(즉 H_2O를 제거한 상태) 또는 부분 건조 상태로 측정한다. 미연소 탄화수소는 습한 또는 건조 또는 부분 건조 상태에서 측정한다. NO_x는 주로 산화질소(NO)이다; 그 농도는 보통 매우 낮아서(<0.5%) 당량비 결정에 미치는 영향이 무시할 만큼 작다. 그래서 식 (4.55)에는 7개의 미지수, ϕ, $\tilde{x}_{H_2}$, $\tilde{x}_{H_2O}$, $\tilde{x}_{N_2}$, n_p, a, b가 있다(만약 위에 나열된 리스트가 완전하지 않은 경우 추가 미지수가 있을 것이다).

이 미지수를 풀려면 추가로 7개의 식이 필요하다. 우리는 다음과 같이 각 원소의 원자 밸런스와 몰 분율의 정의를 이용해 5개의 추가 식을 얻을 수 있다:

탄소 밸런스:

$$n = n_p(a\tilde{x}_{C_aH_b} + \tilde{x}_{CO} + \tilde{x}_{CO_2}) \tag{4.56}$$

수소 밸런스:

$$m = n_p(b\tilde{x}_{C_aH_b} + 2\tilde{x}_{H_2O} + 2\tilde{x}_{H_2}) \tag{4.57}$$

산소 밸런스:

$$r + \frac{2n_{O_2}}{\phi} = n_p(\tilde{x}_{CO} + 2\tilde{x}_{CO_2} + \tilde{x}_{NO} + 2\tilde{x}_{O_2} + \tilde{x}_{H_2O}) \tag{4.58}$$

질소 밸런스:

$$\frac{7.546n_{O_2}}{\phi} = n_p(2\tilde{x}_{N_2} + \tilde{x}_{NO}) \tag{4.59}$$

몰 분율의 합은 1이므로:

$$\tilde{x}_{C_aH_b} + \tilde{x}_{CO} + \tilde{x}_{H_2} + \tilde{x}_{H_2O} + \tilde{x}_{N_2} + \tilde{x}_{NO} + \tilde{x}_{CO_2} + \tilde{x}_{O_2} = 1 \tag{4.60}$$

추가 가정은, 이미 있는 배기 데이터에 기초해서, CO_2, CO, H_2O, H_2 농도 간에 다음 식을 가정하여 구한다.

$$\frac{\tilde{x}_{CO}\tilde{x}_{H_2O}}{\tilde{x}_{CO_2}\tilde{x}_{H_2}} = K \tag{4.61}$$

여기서 K는 상수이다.[f] 3.8[22, 23] 또는 3.5[25]가 보통 K 값으로 쓰인다. 이들 값의 차이는 계산한 ϕ의 값에 미미한 영향을 미친다. 분석을 완전히 하기 위해서 미연소 탄화수소의 조성과 상대적인 중요성에 대해 다양한 가정을 사용한다. 가장 일반적인 접근 방법이 아래에 요약된다.

산소 밸런스를 이용한 공기/연료비와 당량비

탄소와 수소로만 구성된 연료에서, 모든 화학종이 동일한 배경 습도(습하거나 건조하거나 부분적으로 건조)에서 측정되면, 측정되고 계산된 산소를 포함하는 화학종들을 측정된 탄소를 포함하는 화학종들로 나눈 다음 식에 의해 공기/연료비를 구할 수 있다. 미연소 탄화수소는 연료와 같은 C/H비를 갖는다고 가정했다:[27]

$$\left(\frac{A}{F}\right) = 4.773\left(\frac{M_{\text{air}}}{M_f}\right)\frac{(CO_2)+(CO)/2+(H_2O)/2+(NO)/2+(NO_2)+(O_2)}{(HC)+(CO)+(CO_2)} \tag{4.62}$$

여기서 ( )의 값은 몰 농도(전부 같은 배경 습도에서)를 퍼센트로 나타낸 것이다; M_{air} = 28.96, M_f = 12.01+1.008y인데 y는 연료의 H/C 비율, (HC)는 C_1으로서의 미연소 탄화수

[f] 식 (4.61)은 물-가스 반응 평형 상수를 일정한 값으로 가정했다고 설명된다. 실제로는, K는 배기 조성 데이터로부터 결정된 실험적 상수이다.

소 몰 퍼센트이고,

$$(H_2O) = 0.5y \frac{(CO_2) + (CO)}{(CO)/[K(CO_2)] + 1} \tag{4.63}$$

질소산화물은 배기 혼합물의 0.5% 이하를 차지하므로 그 농도를 무시해도 오차는 무시할 만하다.

연료/공기 당량비 ϕ는 화학양론적 공기/연료비[식 (3.6)]와 위의 식 (4.62)에서 얻을 수 있다.

탄소 밸런스를 이용한 공기/연료비와 당량비

산소 분석이 불가능할 경우, 탄소와 수소로만 이루어진 연료의 경우, 공기/연료비에 대한 탄소 밸런스를 사용할 수 있다:[20, 27]

$$\frac{A}{F} = \frac{M_{air}}{M_f} \left[\frac{100 + (HC) - (CO)/2 + 3(H_2O)/2 - (H_2O)_a}{(HC) + (CO) + (CO_2)} - \frac{y}{2} \right] \tag{4.64}$$

심볼의 정의는 위와 같다. (H_2O)는 식 (4.63)에 의해 정의된 연소 생성물 중의 물 몰 퍼센트이고 $(H_2O)_a$는 분석기에서의 수증기 몰 퍼센트이다.

탄소 밸런스 (A/F)는 분석기에서의 수증기 농도에 예민하다. 배기 샘플 냉각기에서의 얼음통 사용은 일반적으로 $(H_2O)_a$ 항을 1% 이하로 낮추기 때문에 무시해도 정확도에의 영향은 거의 없다. 완전히 습한 분석에서는(응축이 없는), $(H_2O)_a = (H_2O)$여서 식 (4.64)는 정확하다. 부분적으로 건조한 배기 가스 분석에서는, 혼합물의 이슬점에 대한 정보가 스팀 테이블에 의해 $(H_2O)_a$ 항의 값을 제공할 것이다.

연료/공기 당량비 ϕ는 화학양론적 공기/연료비[식 (3.6)]과 위의 식 (4.64)에서 얻을 수 있다.

습한 HC와 건조한 무기 가스 분석에 기반을 둔 당량비

엔진 배기 가스 조성은 자주 완전히 건조한 샘플 흐름에서 CO_2, CO, O_2, NO_x를 측정하고 완전히 습한(응축하지 않은) 흐름에서 FID를 이용해서 미연소 탄화수소를 측정한다. 이 경우 식 (4.62)와 식 (4.64)는 사용할 수 없다. 아래 식들은 이런 경우에 배기 가스 조성과 당량비를 결정한다. $\tilde{x}_i$ 표현은 화학종의 습 몰 분율을 나타내고, $\tilde{x}_i^*$ 표현은 화학종의 건 몰 분율을 나타낸다. 식 (4.55)에서 식 (4.60)까지 사용하고, 식 (4.61)은 CO_2, CO, H_2O, H_2 농도의 관계를 구하기 위해 사용하고, $b/a = m/n$이라는 가정을 이용해서 결과를 구했다. 이 식들은 연료의 구성이 $C_mH_nO_r$인 경우에 적용된다.

연료/공기비는 아래의 식에 의해 구한다.

$$\phi = \frac{2n_{O_2}}{n_P \tilde{x}_{H_2O} + n_P\left(1 - \tilde{x}_{H_2O}\right)\left(\tilde{x}^*_{CO} + 2\tilde{x}^*_{CO_2} + 2\tilde{x}^*_{O_2} + \tilde{x}^*_{NO} + 2\tilde{x}^*_{NO_2}\right) - r} \tag{4.65}$$

여기서 습 몰 분율과 건 몰 분율은 다음 관계식을 갖는다.

$$\tilde{x}_i = \left(1 - \tilde{x}_{H_2O}\right)\tilde{x}_i^*$$

$$n_P = \frac{n}{\tilde{x}_{CH_{b/a}} + \left(1 - \tilde{x}_{H_2O}\right)\left(\tilde{x}^*_{CO} + \tilde{x}^*_{CO_2}\right)}$$

$$\tilde{x}_{H_2O} = \frac{m}{2n} \frac{\tilde{x}^*_{CO} + \tilde{x}^*_{CO_2}}{\left[1 + \tilde{x}^*_{CO} / \left(K\tilde{x}^*_{CO_2}\right) + (m/2n)\left(\tilde{x}^*_{CO} + \tilde{x}^*_{CO_2}\right)\right]}$$

$$\tilde{x}_{H_2} = \frac{\tilde{x}_{H_2O}\, \tilde{x}^*_{CO}}{K\tilde{x}^*_{CO_2}} \tag{4.66}$$

$$\tilde{x}_{N_2} = \frac{3.773 n_{O_2}}{\phi n_p} - \left(1 - \tilde{x}_{H_2O}\right)\frac{\left(\tilde{x}^*_{NO} + \tilde{x}^*_{NO_2}\right)}{2}$$

여기서 $\tilde{x}_{CH_{b/a}}$는 C_1 몰 분율(ppm $C_1 \times 10^{-6}$)로 표시된 측정 (습) HC 농도이다: $\tilde{x}_{CH_{b/a}} = a\tilde{x}_{C_aH_b}$. 그림 4.23은 그림 4.20에 보인 MIT에서 측정한 CO_2, CO, O_2건 농도와 HC 습 농도와 식 (4.66)을 이용해서 얻은 습 배기 가스 농도를 보여준다.

희박한 혼합물에서는 K값이 1.5에서 5.5로 변화하더라도 식 (4.65)로부터 계산한 ϕ 값에는 영향이 거의 없다. 화학양론비의 혼합물에서는 K값이 2.5에서 4.5까지 변하면 ϕ 값은 3에서 4% 정도 변한다. NO_x 수준이 1000 ppm 정도에서 NO_x를 제외할 때 ϕ 값에 미치는 영향은 0.2% 정도이나, NO_x 수준이 5000 ppm 정도에서는 ϕ 값에 미치는 영향이 1%에 달한다. ϕ의 정상적인 범위에서, CO_2, CO, O_2 측정 오차가 ϕ 값에 미치는 영향은 크지 않다. ϕ~1.0에서, CO_2, CO, O_2 측정 오차가 2% 정도일 경우 ϕ 값 오차는 0.1% 정도이다. 더 희박하거나 더 농후한 혼합물에서, ϕ의 오차는 측정한 CO_2 농도와, CO ($\phi>1$), O_2 ($\phi<1$) 농도의 오차에 따라 증가하지만, 연료나 공기 유동 측정 오차에 비해서는 훨씬 작다.

4.9.3 연료/공기비의 불균일의 영향

다기통 엔진에서 서로 다른 실린더로 들어가는 한 사이클당 공기의 질량이 같지 않고, 또 서로 다른 실린더로 들어가는 한 사이클당 연료의 질량도 똑같지 않다. 더군다나 각 실린더 안에서의 연료와 공기의 혼합도 꼭 완전히 균일하지는 않다. 그래서 배기 조성은 미연소 혼합

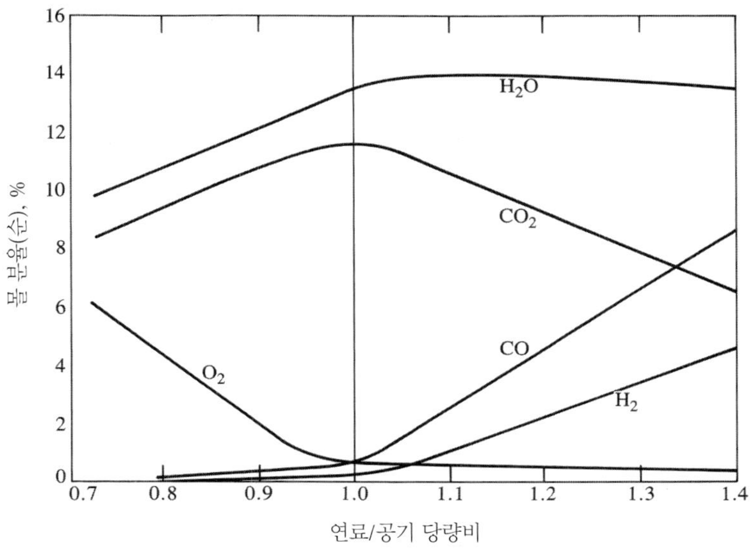

그림 4.23 그림 4.20와 식 (4.66)의 건조 배기 조성 데이터를 이용해서 당량비의 함수로 그린 습 배기 화학종 농도.

물의 연료/공기비의 평균값에 대한 분포에 달려 있다. 예를 들면, 평균 연료/공기비가 화학양론비라면, 희박하게 작동하는 실린더는 추가 산소를 배출할 것이고 농후하게 작동하는 실린더는 추가 일산화탄소를 배출해서 결국 배기 O_2와 CO 농도는, 각 실린더가 동일한 연료/공기비에서 운전하는 엔진보다 더 높을 것이다.

Eltinge는 화학양론비에 근접해서 운전하는 스파크-점화기관에서 연료/공기비 분포의 불균일성을 정의하는 방법을 개발하였다.[24] 연료/공기비 분포에 대해, 표준 편차 S_x를 갖는 $f(x)$라는 함수($x = F/A$)를 가정하였다. 각 x(즉 F/A)값에 대해 이용 가능한 산소는 전부 사용되었다고 가정하고(즉 배기에 HC가 없는) CO_2, H_2O, CO, H_2 농도는 식 (4.61)(K = 3.5)에 의해 결정된다고 가정했다. 주어진 각 (F/A)에 대해 각 화학종의 농도는 분포 함수 $f(x)$를 이용하여 가중하였고, 더해서 평균 배기 농도를 계산하였다(배기에 미연소 HC가 있는 경우에 대한 수정 방법도 개발되었다). 그림 4.24에 H/C비가 1.8인 연료에 대한 결과 세트가 연료/공기비의 정상 분포 범위에 대해 그려져 있다. 각 평균 (F/A)와 불균형분포(maldistribution) S_x(F/A 분포의 표준편차)에 대해 그에 해당하는 CO_2, CO, O_2가 보인다. 이런 타입의 정보는 스파크 점화기관이 상대적으로 화학양론비에 근접한 상태에서 운전할 때 연료-공기 혼합물의 불균일 정도를 정의할 때 쓰일 수 있다. 디젤 엔진에서는 연료/공기 당량비에 따른 주된 배기 화학종의 변화가 선형적이기 때문에, 불균일성의 영향은 이와 같이 드러나지 않는다(그림 4.22 참조).

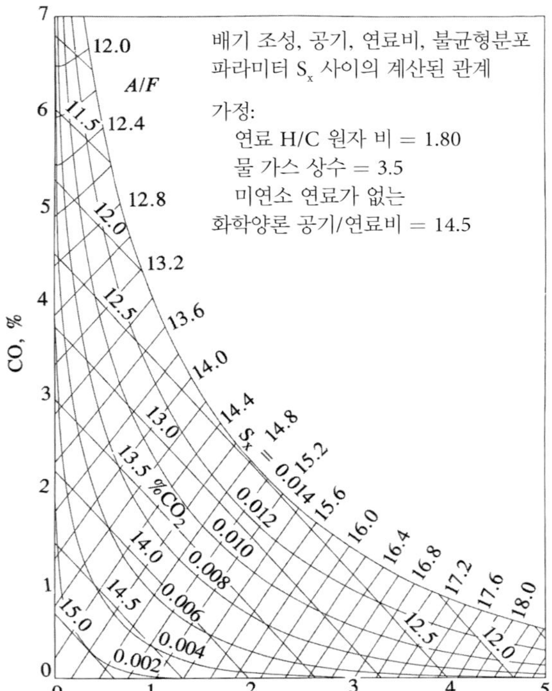

그림 4.24 건조 배기 가스 조성(CO_2, CO, O_2), 공기/연료비, 불균형분포 파라미터 S_x의 계산에 의해 얻은 관계 선도. 연료: ($CH_{1.8}$). 측정된 미연소 탄화수소 농도 $4.7 \times 10^{-7} \times$ HC(ppm C_1)을 허용하기 위해 연소 가스 (F/A)에 수정이 더해져야 한다. (*Eltinge*.[34])

4.9.4 연소 비효율

내연 기관 배기는 연소할 수 있는 화학종들을 포함하고 있다: CO, H_2, 미연 탄화수소, 입자상물질. 그들의 농도를 아는 경우 연소 효율 η_c를 식 (3.27)에 의해 계산할 수 있다. 이 화학종들에 의해 엔진 밖으로 배출되는 화학 에너지가 연소 비효율, 1-η_c를 나타낸다.

$$1-\eta_c = \frac{\sum_i x_i Q_{HV}}{\left[\dot{m}_f / \left(\dot{m}_a + \dot{m}_f\right)\right] Q_{HV_f}} \tag{4.67}$$

여기서 x_i는 CO, H_2, HC, 입자상물질의 질량 분율이다; Q_{HV}는 화학종의 저위발열량이다; 하첨자 *f*와 *a*는 각각 연료와 공기를 나타낸다. CO(10.1 MJ/kg)와 H_2 (120 MJ/kg)의 발열량은 잘 알려져 있다. 미연소 HC의 조성은 보통 모른다. 그러나 탄화수소의 발열량은 거의 비슷해서 연료의 발열량(대표적으로 42에서 44 MJ/kg)을 사용한다. 입자상물질(디젤에서만 있는)은 흡착된 탄화수소를 포함한 수트이다; 보통 질량 분율이 낮아 그 기여가 작은데, 고체 탄소의 발열량(32.8 MJ/kg)을 사용할 수 있다. 그림 3.9에 당량비의 함수로 연소 효율 데이터를 이미 제시하였다.

연습문제

4.1 **(a)** 공기 7 g/s와 에탄(C_2H_6) 0.48 g/s의 연소에 의해 생긴 저온 연소 가스 조성을 계산하라. 식 (4.6)의 K는 3.5로 가정한다.

(b) 공기 7 g/s와 에탄올(C_2H_6O) 0.48 g/s의 연소에 의해 생긴 저온 연소 가스 조성을 계산하라. 식 (4.6)의 K는 3.5로 가정한다(이 두 연료의 차이에서 오는 상대 공기/연료비와 연소 가스 조성에 유의하라).

4.2 간단한 분석용 이상 기체 모델의 정확도를 알아보기 위해, 예제 4.1과 식 (4.23)(정적 단열 연소)과 (4.24)(정압 단열 연소)를 이용하여 화학양론비 아이소옥탄-공기 혼합물의 T_b를 계산하라. 이 값을 그림 4.3과 4.8에서 얻은 결과와 비교하라. 미연소 혼합물에 대해 아래의 가정을 한다: T = 700 K, v = 0.125m^3/kg공기, p = 15 bar, x_b = 0.1

4.3 고정 성분 이상 기체에 대해, 분자량 M과 비열 c_p, c_v와 $\tilde{R}$와의 관계를 구하라. T_b = 1750, 2250, 2750 K이고 λ = 1.0일 때, 그림 4.15와 4.16을 이용해서 M_b를 계산하라. 이들 결과와 그림 4.14에서 얻은 결과를 비교하고 차이에 대해 설명하라.

4.4 배기 재순환 EGR은, 자주 NO_x 저감을 위해 흡기 혼합물의 희석제로 사용된다.

(a) ϕ = 1.0의 저온 아이소옥탄-공기 연소 생성물에서, 연소 가스 혼합물의 각 화학종의 연소 가스 평균 정압 비열에의 퍼센트를 계산하라.

(b) ϕ = 1.0의 저온 아이소옥탄-공기 연소 생성물의 정압 비열을 공기의 값과 1750 K에서 비교하라. 이 차이가 희박한 연료-공기 혼합비보다 EGR을 사용하는 한가지 이유이다.

4.5 그림 4.23에서 ϕ가 1.0보다 커질 때 또 ϕ가 1.0보다 작아질 때의 경향의 원인을 정성적으로 설명하라.

4.6 그림 4.22의 O_2, CO_2, CO 데이터를 표 4.3의 원소 밸런스에 의해 예측된 값과 비교하라. 그 차이에 대해 설명하라. 연료는 H/C비가 2인 화석연료로 가정한다.

4.7 다음 배기 데이터는 4-행정 스파크 점화기관에서 얻었다. CO, CO_2, NO_x 몰 농도는 완전히 건조한 상태에서 측정했다; HC는 습한 상태에서 ppm C_1으로 측정했다. 아래 세 세트의 데이터에 대해 연료/공기 당량비를 계산하라. 아래의 가정을 하라: (1) 식 (4.63)의 K값은 3.5이다; (2) 연료 조성은 C_8H_{15}이다; (3) 미연소 탄화수소의 H/C 비는 연료와 같다; (4) NO_x는 전부 NO이다.

(a) CO_2 14.0%, CO 0.64%, O_2 0.7%, NO_x 3600 ppm, HC 3200 ppm C_1

(b) CO_2 13.8%, CO 3.05%, O_2 0%, NO_x 1600 ppm, HC 3450 ppm C_1

(a) CO_2 12.5%, CO 0.16%, O_2 4.0%, NO_x 4600 ppm, HC 2100 ppm C_1

4.8 스파크 점화기관의 배기가 다음 조성을 갖고 있다(몰 분율로):

CO_2 = 0.12, H_2O = 0.14, CO = 0.01, H_2 = 0.005;
N_2 = 0.7247; C_8H_{18} = 0.0003

연료는 아이소옥탄, C_8H_{18}이다; 위에서 보인 것처럼 연료의 작은 일부분이 실린더를 타지 않고 빠져 나온다. 아이소옥탄의 저위발열량은 44.4 MJ/kg이고 일산화탄소는 10.1 MJ/kg, 수소는 120 MJ/kg이다. 각 원소의 원자량은 다음과 같다: C = 12, O = 16, H = 1, N = 14.

(a) 엔진의 연소 비효율성을 계산하라; 즉 엔진에 공급된 연료의 엔탈피 중 연소과정에서 다 방출되지 않고 배기에 섞여 엔진을 나가는 비율(이 문제에서는 배기는 실내온도라고 가정한다)

(b) 이 비효율 중 미연소 연료(HC)가 차지하는 비율은 얼마인가?

4.9 2000 rev/min으로 회전하고 그 속도에서의 최대 파워의 1/3에서 운전하는 2리터 4실린더 엔진의 배기 조성(퍼센트나 몰 퍼센트로 표시)이 다음과 같다.

CO_2, 11%; H_2O, 11.5%; CO 0.5%; H_2, 0%; O_2, 2%; 미연소 탄화수소(분자량 14의 CH_2로 표시한), 0.5%; N_2, 74.5%. 연료는 $(CH_2)_n$이고 발열량은 44 MJ/kg이다. 원소의 원자량은 C = 12, H = 1, O = 16, N = 14이다. CO와 HC의 발열량은 각각 10과 44 MJ/kg이다.

(a) 이 엔진은 디젤인가 스파크 점화기관인가? 배기에 미연소 연료를 완전히 태울 만한 충분한 공기가 있는가? 간단하게 설명하라.

(b) 공급 연료 에너지($m_f Q_{HV}$)중 다음에 의해 엔진을 미연소 상태에서 빠져 나가는 비율을 구하라. (1) CO (2) 미연소 HC

(c) 어떤 발명가가 연소 효율이 100%를 달성할 수 있다고 주장한다. 엔진의 연료소비율이 몇 퍼센트 개선될까?

4.10 가솔린 엔진이 아이소옥탄과 공기의 혼합물로 정상적으로 운전되고 있다. 공기와 연료는 엔진에 25°C로 공급된다. 연료소비율은 3.0 g/s이다. 엔진 출력은 50 kW이다. 배기 생성물의 온도는 660 K이다. 이 온도에서 배기 생성물의 조성은 다음과 같다(건조 부피 기준으로): CO_2, 11.4%; O_2, 1.6%; CO, 2.9%; N_2, 84.1%.

(a) 반응물과 생성물 조성의 몰(아이소옥탄 1 몰에 대한 몰 수)을 구하라.

(b) 작동 유체가 엔진을 지나는 동안 작동 유체가 외부로 하는 열전달률을 구하라.

계산에 필요한 상수는 다음과 같다.

	생성 엔탈피, kJ/kmol	현열 엔탈피, kJ/kmol
C_8H_{18}	−259,280	—
CO_2	−393,522	15,823
CO	−110,529	10,789
H_2O	−241,827	12,710
O_2	—	11,200
N_2	—	10,749

4.11 물을 펌핑하는 데 필요한 동력을 제공하는 데 직접 분사식 4-행정 디젤 엔진이 사용된다. 이 엔진은 2000 rev/min, 최대 정격 출력 상태에서 당량비 0.8, 공기 유동률 0.5 kg/s 로 운전된다. 총 도시 연료 전환 효율은 45%이고 작동유체로부터 엔진 냉각수나 엔진내 기타 부위로 가는 열전달 손실은 280 kW이다. 디젤 연료는 발열량이 42 MJ/kg이고 화학양론 연료/공기비는 0.067이다. 연료와 공기는 대기 상태로 엔진에 공급된다. 디젤 엔진의 기계 효율은 85%이다.

(a) 엔진의 정격 제동 출력, 배기가 엔진을 나갈 때 평균 현열 엔탈피, 평균 배기 온도를 구하라.

(b) 배기 온도가 대기보다 상당히 높기 때문에, 배기 유동을 이용하여 란킨 사이클의 보일러를 가열하고(그림 참조) 추가로 동력을 발생하려고 한다. 만약 배기가 Rankine 사이클 보일러를 400 K에서 나가고 배기로부터 보일러에 열전달된 에너지의 30%가 란킨 사이클 동력 발생 축에 전달된다면, 추가 동력과 이 복합 사이클(디젤과 란킨 사이클)의 제동 연료 변화 효율을 구하라.

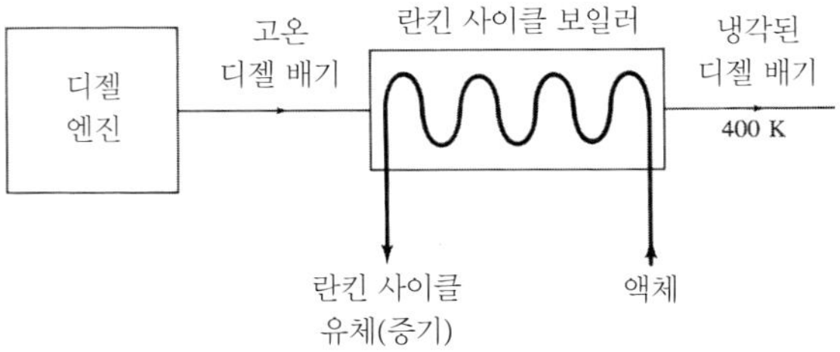

4.12 디젤 엔진의 압축비가 22:1이다. 압축 시작할 때의 실린더 조건은 p = 101.3 kPa, T = 325 K이다. 이 과정이 등엔트로피 과정이라고 가정하고 압축이 끝났을 때의 압력과 온도를 계산하라.

(a) 실린더 안에 γ = 1.4, R = 287 J/kg · K의 이상기체가 있다고 가정한다.

(b) 실린더 안의 공기가 semiperfect 가스라고 가정한다(가스 테이블을 이용)

(c) (*a*)와 (*b*)의 압축일 차이를 비교하라.

실제로는, 열전달이 최종 압축 온도를 100 K 낮춘다. 당량비 0.75(전부하)에서 운전되는 디젤 엔진에서

(d) 사이클에 공급된 연료 에너지에 대한 압축과정 중의 열전달 손실의 비를 계산하라.

4.13 기하학적인 엔진 압축비는 V_{max}/V_{min}이지만, 실제 압축 과정은 하사점과 흡기 밸브가 닫히는 시기 사이 어디쯤에서 시작하고, 점화를 결정하는 것은 스파크 시기(SI 엔진에서)나 연료 분사(CI 엔진에서)이다. 낮은 엔진 속도에서는 압축이 흡기 밸브가 닫히는 시기 정도에서 시작한다. 이 가정하에, 문제 4.12의 디젤 엔진에서 분사 시작할 때의 공기의 압력과 온도를 구하라. 흡기 밸브는 하사점 후 30°에서 닫힌다; 분사는 상사점 15° 전에서 시작한다. 가스 테이블을 이용하라. 구한 답과 문제 4.12(b)의 결과와 비교하라.

4.14 평형 컴퓨터 코드를 이용하여(반응하는 가스 혼합물의 평형상태의 조성과 성질을 계산해 줌) 아래 그래프에 필요한 데이터를 계산하라:

(a) p = 40기압, T = 2500 K에서 아이소옥탄(C_8H_{18})과 공기의 연소 생성물의 c_p, γ, 분자량, 가스 조성(N_2, CO_2, H_2O, CO, H_2, O_2, OH, O, H, NO)을 당량비(ϕ

= 0.2에서 1.4까지)의 함수로 그려라. 모든 화학종들의 농도를 같은 그래프에 그려라. 조성 축에 로그 스케일을 사용하라.

(b) 700 K와 20기압의 미연소 아이소옥탄 증기와 공기 혼합물이 처음에는 정압에서 그리고 정적에서 연소한다.

1. 700 K에서 아이소옥탄 증기의 엔탈피와 내부 에너지를 계산하라; 또 혼합물 단위 질량에 대한 부피를 계산하라. ϕ = 0.2, 0.4, 0.6, 0.8, 1.0, 1.2, 1.4에서 계산하라.
2. 이 데이터와 평형 프로그램을 이용하여 정압 연소 후의 온도와 정적 연소 후의 온도와 압력을 구하라. 당량비의 함수로 온도와 압력을 그려라.

아이소옥탄 증기의 열역학 데이터

T, K	$\tilde{c}_p$, cal / mol · K	$\tilde{h}-\tilde{h}_{298}$, kcal / mol	$\Delta\tilde{h}_f^\circ$, kcal / mol
298	45.14	0.00	−53.57
700	85.66	27.02	−62.79

4.15 튼튼한 벽을 가진 부피 1000 cm^3의 용기 안에, p = 101.3 kPa, T = 25°C의 아이소옥탄과 화학양론비 공기의 혼합물이 있다. 이 혼합물이 점화된다. 연소가 막 끝난 후(벽면으로의 열전달이 크지 않을 때) 평형 연소 생성물의 압력과 온도를 구하라.

참고문헌

1. *JANAF Thermochemical Tables*, 2nd ed., NSRDS–NB537, U.S. National Bureau of Standards, June 1971.
2. Hottel, H. C., Williams, G. C., and Satterfield, C. N.: *Thermodynamic Charts for Combustion Processes*, John Wiley, New York, 1949. See also charts in C. F. Taylor, *The Internal Combustion Engine in Theory and Practice*, vol. 1, MIT Press, Cambridge, MA, 1960.
3. Newhall, H. K., and Starkman, E. S.: "Thermodynamic Properties of Octane and Air for Engine Performance Calculations," in *Digital Calculations of Engine Cycles, Progress in Technology*, vol. TP-7, pp. 38–48, SAE, 1964.
4. Starkman, E. S., and Newhall, H. K.: "Thermodynamic Properties of Methane and Air, and Propane and Air for Engine Performance Calculations," SAE paper 670466, *SAE Trans.*, vol. 76, 1967.
5. Gordon, S., and McBride, B. J.: "Computer Program for the Calculation of Complex Chemical Equilibrium Composition, Rocket Performance, Incident and Reflected Shocks, and Chapman-Jouguet Detonations," NASA publication SP-273, 1971 (NTIS number N71-37775).
6. Svehla, R. A., and McBride, B. J.: "Fortran IV Computer Program for Calculation of Thermodynamic and Transport Properties of Complex Chemical Systems," NASA technical note TND-7056, 1973 (NTIS number N73-15954).
7. Rossini, F. D., Pitzer, K. S., Arnett, R. L., Braun, R. M., and Primentel, G. C.: *Selected Values of Physical and Thermodynamic Properties of Hydrocarbons and Related Compounds*, Carnegie Press, Pittsburgh, PA, 1953.
8. Keenan, J. H., Chao, J., and Kaye, J.: *Gas Tables*, 2nd ed., John Wiley, New York, 1983.
9. Reynolds, W. C.: *Thermodynamic Properties in SI; Graphs, Tables, and Computational Equations for Forty Substances*, Department of Mechanical Engineering, Stanford University, Palo Alto, CA, 1979.
10. Banes, B., McIntyre, R. W., and Sims, J. A.: *Properties of Air and Combustion Products with Kerosene and Hydrogen Fuels*, vols. I-XIII, Propulsion and Energetics Panel, Advisory Group for Aerospace Research and Development (AGARD), NATO, published by Bristol Siddeley Engines Ltd., Filton, Bristol, England, 1967.
11. Fremont, H. A., et al.: *Properties of Combustion Gases*, General Electric Company, Cincinnati, OH, 1955.
12. Hires, S. D., Ekchian, A., Heywood, J. B., Tabaczynski, R. J., and Wall, J. C.: "Performance and NO_x Emissions Modelling of a Jet Ignition Prechamber Stratified Charge Engine," SAE paper 760161, *SAE Trans.*, vol. 85, 1976.
13. LoRusso, J. A.: "Combustion and Emissions Characteristics of Methanol, Methanol-Water, and Gasoline-Methanol Blends in a Spark Ignition Engine," S.M. Thesis, Department of Mechanical Engineering, MIT, May 1976.
14. By, A., Kempinski, B., and Rife, J. M.: "Knock in Spark-Ignition Engines," SAE paper 810147, 1981.
15. Mansouri, S. H., and Heywood, J. B.: "Correlation for the Viscosity and Prandtl Number of Hydrocarbon-Air Combustion Products," *Combust. Sci. Technology*, vol. 23, pp. 251–256. 1980.
16. Chapman, S., and Cowling, T. G.: *The Mathematical Theory of Non-Uniform Gases*, Cambridge University Press, Cambridge, 1955.
17. Hirschfelder, J. O., Curtiss, C. F., and Bird, R. B.: *Molecular Theory of Gases and Liquids*, John Wiley, New York, 1954.
18. Bosch, R.: *Automotive Handbook*, 6th edition, Robert Bosch GmbH and SAE, 2004.
19. D'Alleva, B. A., and Lovell, W. G.: "Relation of Exhaust Gas Composition to Air-Fuel Ratio," *SAE J.*, vol. 38, no. 3, pp. 90–96, March 1936.
20. Stivender, D. L.: "Development of a Fuel-Based Mass Emission Measurement Procedure," SAE paper 710604, 1971.
21. Harrington, J. A., and Shishu, R. C.: "A Single-Cylinder Engine Study of the Effects of Fuel Type, Fuel Stoichiometry and Hydrogen-to-Carbon Ratio on CO, NO, and HC Exhaust Emissions," SAE paper 730476, 1973.
22. Spindt, R. S., "Air-Fuel Ratios from Exhaust Gas Analysis," SAE paper 650507, *SAE Trans.*, vol. 74, 1965.
23. Fleming, R. D., and Eccleston, D. B.: "The Effect of Fuel Composition, Equivalence Ratio, and Mixture Temperature on Exhaust Emissions," SAE paper 710012, 1971.
24. Eltinge, L.: "Fuel-Air Ratio and Distribution from Exhaust Gas Composition," SAE paper 680114, *SAE Trans.*, vol. 77, 1968.
25. Leonard, L. S.: "Fuel Distribution by Exhaust Gas Analysis," SAE paper 379A, 1961.
26. Bishop, R. P.: "Combustion Efficiency in Internal Combustion Engines," B.S. Thesis, Department of Mechanical Engineering, MIT, February 1985.
27. The Engine Test Code Subcommittee of the General Technical Committee, *General Motors Automotive Engine Test Code for Four Cycle Spark Ignition Engines*, 6th ed., 1975.

내연기관

Internal Combustion Engine Fundamentals

CHAPTER 5

엔진 사이클에 대한 이상 모델

Ideal Models of Engine Cycles

5.1 서론 _Introduction

내연기관의 작동 사이클은 몇 개의 독립적인 과정의 연속으로 분리할 수 있다: 흡기, 압축, 연소, 팽창과 배기. 이 각 과정에 대한 모델을 이용하여 전체 엔진 사이클에 대한 시뮬레이션을 만들어 엔진 성능 정보를 제공하는 해석을 할 수 있다. 각 엔진 과정에 대한 여러 수준의 근사 모델이 개발되었다. 이 장에서는 엔진의 성능과 효율에 대한 유용한 통찰을 제공할 가장 간단한 모델들을 검토한다. 여기서 분석한 모델들은 보통 정적, 정압, 제한-압력(limited-pressure) 사이클이라고 불린다; 각 타이틀은 엔진 연소 과정을 근사적으로 다루었음을 의미한다.[a] 엔진 과정에 대한 좀 더 정밀한 시뮬레이션 설명은 14장으로 미룬다.

각 엔진 사이클에서 작동 유체의 열역학적 물성치에 대한 모델을 선정해야 한다. 이들 모델들은 4장에서 검토하였다. 단순한 이상기체 모델(비열이 엔진 사이클 내내 일정한 표 4.2의 모델 1)를 사용한 이상 엔진 사이클 모델은 예시 용으로 유용한 해석 결과를 제공한다; 앞으로 이 사이클을 *이상기체 표준 사이클*이라고 부른다. 좀 더 실제에 가까운 작동 유체 물성치 모델(미연소 혼합물에는 이상기체의 "얼은" 혼합물, 연소 혼합물에 대해서는 평형 혼합물을 가정한 표 4.2의 모델 5)을 이용한 이상 엔진 사이클을 *연료-공기 사이클*이라고 부르며 엔진 작동에 관한 좀 더 정량적인 정보를 제공한다.

내연기관은 열역학에서 정의한 열기관이 아니다. 엔진의 경계는 닫힌 계를 정의하지 않는다. 작동 유체는 열역학적 사이클을 수행하지 않는다. 실린더 부피가 가장 작을 때와 가장 클 때 발생하는 온도 변화는 열전달 상호 작용의 결과가 아니다. 내연기관은 외부 환경(대기)과 열전달과 일을 교환하는 열린 계로 분석하는 것이 제일 좋다. 반응물(연료와 공기)이 엔진으로 흘러 들어가고 생성물(배기)이 흘러 나온다(이미 3.6절에 이 관점에서 엔진에 대해 열역학 제2법칙을 이용해 분석하였다.). 그래서 이 장에서 논의하는 사이클은 열역학적 사이클이 아니다. 오히려 각각은, 엔진이 완전한 *작동* 사이클을 수행하는 동안, 우리가 작동 유체의 상태를 추적할 수 있는 과정의 연속이다.

5.2 엔진 과정에 대한 이상 모델 _Ideal Models of Engine Processes

대표적인 SI와 CI 엔진의 작동 사이클을 구성하는 연속적인 과정은 1.3절에 설명되었다. 이

[a] 이들 사이클은 역사적인 이유 때문에 각각 오토 사이클, 디젤 사이클, 이중(dual) 사이클이라고 불린다. 위에서 사용한 좀 더 설명하는 식의 제목을 이 책에서는 선호하는데 그 이유는 스파크 점화기관 또는 오토 기관이 정적 사이클로, 압축 점화기관 또는 디젤 기관이 정압 사이클로 근사적으로 모델링 할 수 있다는 흔히 사용하는 가정을 피하기 위함이다. 이들 가정은 항상 맞는 것은 아니다.

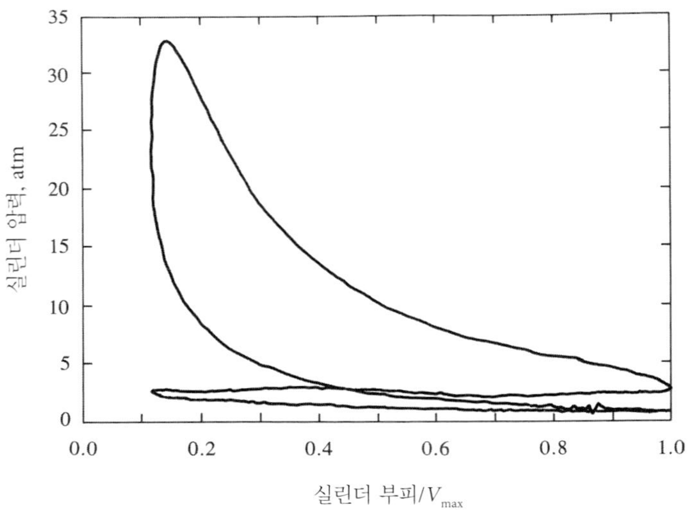

그림 5.1 연소 스파크 점화기관의 압력–부피 선도, $r_c = 8.4$, 3500 rev/min, $p_i = 0.4$ atm, $p_e = 1$ atm, imep$_n = 2.9$ atm

들 과정을 보여 주기 위해 그림 5.1에 스로틀링을 한 4-행정 SI 엔진의 실린더 압력(p)과 부피(V) 데이터가 그려져 있다. 이 사이클은 압축, 연소, 팽창, 배기, 흡기 과정으로 나눌 수 있다. 표 5.1에 이들 각 과정을 간단하게 해서 해석에 편리한 형태로 만드는 가정을 제시하였다.

스로틀링 하지 않은 정적, 정압, 제한–압력 사이클의 압력–부피 선도가 그림 5.2*a*에서 *c*까지에 있다. 스로틀링 한 엔진 운전과($p_i < p_e$) 수퍼 차징한 엔진 운전($p_i > p_e$)에 대한 것은 그림 5.2*d*와 *e*에 있다. 각 사이클에서 1-2는 압축과정, 2-3는 연소 과정, 3-4(또는 정압 사이클에서는 2-4)는 팽창 과정, 4-5-6는 배기 과정, 6-7은 흡기 과정이다.

엔진 성능 지표로서 이들 이상 사이클이 얼마나 유용한지를 결정하는 가장 중요한 가정은 연소 과정에 대한 것이다. 실제 엔진 연소 과정은 유한한 크랭크 각을 점유하고(보통 20에

표 5.1 엔진 과정에 대한 이상 모델

과정	가정
압축 (1-2)	1. 단열과 가역(그래서 등엔트로피)
연소 (2-3)	1. 단열
	2. 연소가 다음과 같이 일어남 (*a*) 정적 (*b*) 정압 (*c*) 일부는 정적, 일부는 정압(한계 압력이라 불림)
	3. 연소는 완전히 일어난다($\eta_c = 1$)
팽창 (3-4)	1. 단열이고 가역(그래서 등엔트로피)
배기 (4-5-6) 와 흡기 (6-7-1)	1. 단열
	2. 밸브 변화는 상사점과 하사점에서 일어남
	3. 열린 밸브 전후의 압력 차이가 제로가 될 때까지 실린더 부피 변화 없음
	4. 흡기와 배기 압력 일정
	5. 속도 효과 무시할 수 있음

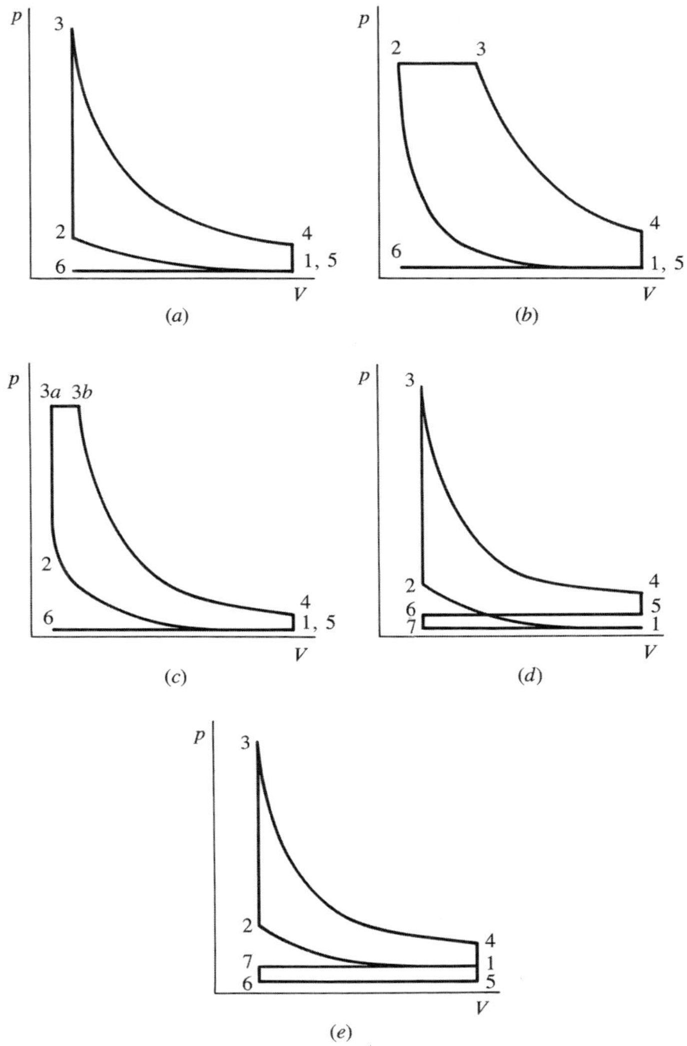

그림 5.2 이상 사이클의 압력-부피 선도: (*a*) 정적 연소; (*b*) 정압 연소; (*c*) 한계-압력 연소; (*d*) 스로틀링 한 정적 사이클; (*e*) 수퍼 차지한 정적 부피 사이클

서 60도 사이의 크랭크 각), 스파크나 연료 분사 시기는 최적값에서 상사점에 가까운 값으로 지각될 수 있다. 정적 사이클은 상사점에서 무한히 빠른 연소가 일어나는 극단적인 경우이다; 정압 사이클은 연소가 천천히 또 늦게 일어나는 경우이다; 제한-압력 사이클은 그 사이의 경우이다.

5.3 엔진 과정에 대한 열역학적 관계식 _*Thermodynamic Relations for Engine Processes*

엔진 운전 사이클에 대한 열역학적 해석으로부터 결정되는 가장 의미 있는 총 엔진 운전 파라미터는 다음과 같다:

도시 연료 변환 효율 $\eta_{f,i}$:

$$\eta_{f,i} = \frac{W_{c,i}}{m_f Q_{\text{LHV}}} \tag{5.1}$$

(이 효율은 연소 효율이 1이기 때문에 도시 열 변환 효율 $\eta_{t,i}$와 같다; 3.6.2절 참조)

도시 평균 유효 압력(imep):

$$\text{imep} = \frac{W_{c,i}}{V_d} = \frac{m_f Q_{\text{LHV}} \eta_{f,i}}{V_d} \tag{5.2}$$

$W_{c,i}$는 사이클당 도시 일인데 팽창 행정일과 압축 행정일(네거티브 양)의 합이다:

$$W_{c,i} = W_E + W_C \tag{5.3}$$

그림 5.2에 있는 표기법을 이용해서 각 엔진 과정의 끝 포인트를 정의하면, 열역학 1, 2법칙을 실린더 내 물질에 적용해서 아래의 관계식들을 얻을 수 있다:

압축 과정:

$$\frac{v_1}{v_2} = r_c \tag{5.4}$$

이 과정이 단열이고 가역이기 때문에,

$$s_2 = s_1 \tag{5.5}$$

압축 일은

$$W_C = U_1 - U_2 = m(u_1 - u_2) \tag{5.6}$$

연소 과정:

정적 사이클에서,

$$v_3 = v_2 \qquad u_3 - u_2 = 0 \tag{5.7a, b}$$

정압 사이클에서,

$$p_3 = p_2 \qquad h_3 - h_2 = 0 \tag{5.7c, d}$$

제한-압력 사이클에서,

$$v_{3a} = v_2 \qquad p_{3b} = p_{3a} \tag{5.7e, f}$$

그리고

$$u_{3a} - u_2 = 0 \qquad h_{3b} - h_{3a} = 0 \tag{5.7g, h}$$

팽창 과정:

정적 사이클에서,

$$\frac{v_4}{v_3} = r_c \qquad s_4 = s_3 \tag{5.8a, b}$$

팽창 일은

$$W_E = U_3 - U_4 = m(u_3 - u_4) \tag{5.9}$$

정압 사이클에서,

$$p_3 = p_2 \qquad \frac{v_4}{v_2} = r_c \qquad s_4 = s_3 \tag{5.10a, b, c}$$

팽창 일은

$$\begin{aligned} W_E &= U_3 - U_4 + p_2(V_3 - V_2) \\ &= m\left[(u_3 - u_4) + p_2(v_3 - v_2)\right] \\ &= m\left[(h_3 - h_4) + p_4 v_4 - p_2 v_2\right] \end{aligned} \tag{5.11}$$

제한-압력 사이클에서,

$$v_4/v_{3a} = r_c \quad p_{3b} = p_{3a} \quad s_4 = s_{3b} \tag{5.12a, b, c}$$

팽창 일은

$$\begin{aligned} W_E &= U_{3b} - U_4 + p_3(V_{3b} - V_{3a}) \\ &= m\left[(u_{3b} - u_4) + p_3(v_{3b} - v_{3a})\right] \\ &= m\left[(h_{3b} - h_4) + p_4 v_4 - p_3 v_{3a}\right] \end{aligned} \tag{5.13}$$

도시 연료 변환 효율은 식 (5.3)과 (5.1)에 대입하여 얻는다:
정적 사이클에서:

$$\eta_{f,i} = \frac{m\left[(u_3 - u_4) - (u_2 - u_1)\right]}{m_f Q_{\text{LHV}}} \tag{5.14}$$

정압 사이클에서;

$$\eta_{f,i} = \frac{m\left[(h_3 - h_4) - (u_2 - u_1) + p_4 v_4 - p_2 v_2\right]}{m_f Q_{\text{LHV}}} \tag{5.15}$$

제한-압력 사이클에서:

$$\eta_{f,i} = \frac{m\left[(h_{3b} - h_4) - (u_2 - u_1) + p_4 v_4 - p_3 v_{3a}\right]}{m_f Q_{\text{LHV}}} \tag{5.16}$$

사이클의 점 1에서의 혼합물 상태는 흡입 혼합물 물성치와 배기가 끝나고 남은 가스의 물성치에 달려 있다. 점 4에서 배기 밸브가 열릴 때, 실린더 압력은 배기 매니폴드 압력보다 높아서 *블로우다운* 과정이 시작된다. 이상적인 배기 과정 모델에서는 이 블로우다운이 피스톤이 하사점에 정지해 있을 때 일어난다. 이 블로우다운 과정에서, 실린더 안에 남은 가스는 등엔트로피 과정으로 팽창한다. 실린더를 나가는 가스는 비가역적인 억제되지 않은 팽창이나 스로틀링 과정을 겪는다. 빠져 나가는 가스가 배기 밸브를 가속하면서 통과할 때 얻은 운동에너지는 배기 포트에서 난류 혼합을 통해 소산되어 내부 에너지와 유동 일로 바뀐다고 가정한다. 또 열전달도 발생하지 않는다고 가정하기 때문에, 실린더를 나간 후의 각 가스의 엔탈피는 일정하다.

이 과정들이 그림 5.3의 h-s선도에 있다. 실린더 안에 남은 가스는 선 4-5를 따라 등엔트로피 과정을 통해 팽창한다. 처음에 실린더를 떠나는 점 4의 가스는 압력 $p = p_e$ 상에 있는 상태 a로 배기 매니폴드로 들어간다. 팽창선 4-5상의 중간 상태 b로 실린더를 나가는 가스는 배기 매니폴드에 상태 c로 들어갈 것이다. 블로우다운 과정의 끝에 실린더 안에 있는 가스와 마지막으로 나가는 가스는 모두 상태 5를 갖는다. 그래서 배가 가스에는 온도의 구배가 있다. 처음 배출되는 가스의 온도는 T_4보다 약간 낮은 T_a이다; 마지막으로 배출되는 가스의 온도는 T_5이다.

블로우다운 과정에 이어서 피스톤이 하사점에서 상사점으로 움직이면서 가스를 실린더 밖으로 밀어낸다. 만약 열전달과 운동에너지 소산을 무시한다면, 가스의 열역학적 상태에는 아무 변화가 없다. 블로우다운 종료 후의 실린더 안의 가스는 이 *배기*(displacement) 과정에서 V_5/V_6의 비로 줄어든다.

사이클에서 점 6의 실린더 내 잔류 가스 질량 m_r은, 첫째 압력 p_4에서 p_e로의 등엔트로피 팽창 후의 블로우다운 과정 끝 가스 상태 (T_5, v_5)를 결정하고, 간극체적 V_6로 실린더 부피를 감소시켜 얻는다. 잔류 질량 분율은 그래서 다음 식에 의해 주어진다.

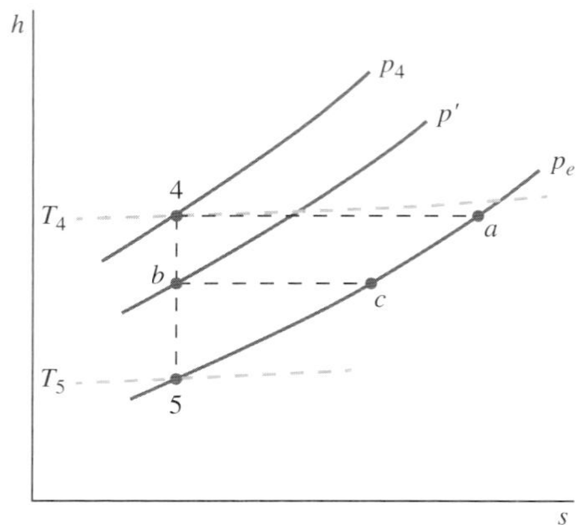

그림 5.3 배기 과정 중 가스 상태의 엔탈피-엔트로피 선도. 설명은 본문 참조

$$\frac{m_r}{m} = x_r = \frac{v_4/v_5}{r_c} = \frac{v_2}{v_5} \tag{5.17}$$

배기의 평균 상태는 그림 5.4에 보여진 피스톤 표면, 실린더 벽, 실린더 헤드로 구성된 열린 계를 고려해서 결정한다. 열린 계에 열역학 제1법칙을 적용하여 다음 식을 얻는다.

$$U_6 - U_4 = p_e(V_4 - V_6) - H_e \tag{5.18a}$$

여기서 H_e는 실린더에서 배출되는 가스 질량의 엔탈피이다. 그래서 평균 비 배기 엔탈피는 다음과 같다.

$$\bar{h}_e = \frac{m_4 u_4 - m_6 u_6 + p_e V_d}{m_4 - m_6} \tag{5.18b}$$

이 식과 $p = p_e$에 의해 평균 배기 상태가 정의된다.

흡기 행정의 끝과 압축 행정의 처음(그림 5.2의 점 1) 혼합물 온도는 그림 5.4의 열린 계를 이용하여 얻을 수 있다.

$$U_1 - U_6 = -p_i(V_1 - V_6) + (m_1 - m_6)h_i \tag{5.19a}$$

또는
$$m_1 u_1 - m_6 u_6 = -p_i(V_1 - V_6) + (m_1 - m_6)h_i \tag{5.19b}$$

또는
$$m_1 h_1 = m_6 h_6 + (m_1 - m_6)h_i + V_2(p_i - p_e) \tag{5.19c}$$

여기서 h_i는 흡기 혼합물의 비엔탈피이고 $p_1 = p_i$이다.

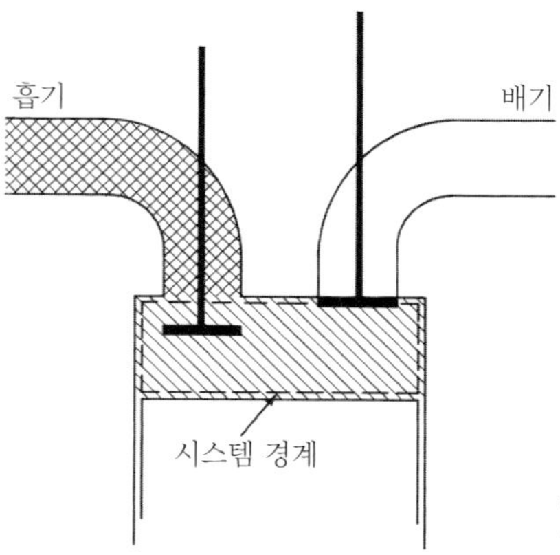

그림 5.4 이상 사이클 과정에 대한 열역학적 해석의 시스템 경계 정의

그런데 $p_i < p_e$인 경우, 배기 행정 말기에 실린더 안의 일부 잔류 가스가 흡기 밸브가 열릴 때 흡기 시스템으로 흘러 들어간다. 이 유동은 실린더 압력이 p_i와 같아질 때 멈춘다. 그렇지만 열전달이 없다고 하면, 이 역류는 식 (5.19)에 영향을 주지 않는데, 그 이유는 흡기 밸브를 통한 잔류 가스 유동은 등엔탈피 과정이기 때문이다.

여러 엔진에서 배기 밸브 닫힘과 흡기 밸브 열림 시기는 겹친다. 그럴 경우 배기 시스템으로부터의 배기 유동이 실린더를 통해 흡기 시스템으로 갈 수 있다. 이 밸브 겹침을 다루기 위해서는 식 (5.18)과 (5.19)를 수정해야 한다.

4-행정 엔진 사이클에서, 흡기와 배기 과정에서 피스톤에 일이 가해진다. 이 실린더 가스에 의해 배기 과정에서 피스톤에 가해지는 일은,

$$W_e = p_e(V_2 - V_1) \tag{5.20}$$

흡기 과정에서 실린더 가스에 의해 피스톤에 가해지는 일은,

$$W_i = p_i(V_1 - V_2) \tag{5.21}$$

배기와 흡기 행정에서 피스톤에 가해지는 순 일, *펌핑 일은*

$$W_p = (p_i - p_e)(V_1 - V_2) \tag{5.22}$$

이 일은, 실린더 가스 시스템에서, $p_i < p_e$인 경우 음이고, $p_i > p_e$인 경우 양이다.[b] 펌핑 평균 유효 압력(pmep)은 보통 양의 값으로 정의된다. 그래서:

$$p_i < p_e: \quad \text{pmep} = p_e - p_i \tag{5.23a}$$

$$p_i > p_e: \quad \text{pmep} = p_i - p_e \tag{5.23b}$$

순 도시 평균 유효 압력과 총 도시 평균 유효 압력은

$$\text{imep}_n = \text{imep}_g - (p_e - p_i) \tag{5.24}$$

순 연료 변화 효율은 총 연료 변환 효율과 다음 관계식을 갖는다.

$$\eta_{f,\text{in}} = \eta_{f,\text{ig}}\left(1 - \frac{p_e - p_i}{\text{imep}_g}\right) \tag{5.25}$$

5.4 C_v와 C_p가 일정한 이상 가스 작동 유체에 대한 사이클 해석

_Cycle Analysis With Ideal Gas Working Fluid With C_v and C_p Constant

만약 이들 이상 사이클의 작동 유체가 엔진 사이클 작동 중에 c_v와 c_p가 일정하다면 앞에서 도출한 엔진 성능과 효율에 대한 식들은 더 간단해 질 수 있다. 앞으로 그림 5.2의 표식을 따른다.

5.4.1 정적 사이클

압축일 [식 (5.6)]은

$$W_C = mc_v(T_1 - T_2) \tag{5.26}$$

팽창일 [식 (5.9)]은

$$W_E = mc_v(T_3 - T_4) \tag{5.27}$$

---

[b] 피스톤이 실린더 내에서 위 아래로 움직일 때, 피스톤 아래 있는 크랭크 케이스 가스에 일을 한다. 만약 크랭크 케이스 가스 압력이 일정하다면(다기통 4-행정 기관에서 특히 잘 맞는 가정), 흡기와 배기의 가스 일전달이 부호가 반대여서 상쇄된다.

식 (5.14)의 분모에 있는 $m_f Q_{LHV}$는 연소 시의 온도 증가로 나타낼 수 있다. 지금 고려하는 작동 유체 모델에서는, 그림 3.5에 있는 것과 같은 *U-T* 선도에서 반응물과 생성물의 *U(T)* 선들은 평행하고 크기 c_v의 동일한 기울기를 갖는다. 그래서 정적 단열 연소 과정에서

$$mc_v(T_3 - T_2) = m_f Q_{\mathrm{LHV}} \tag{5.28}$$[c]

여기서 정적 과정과 정압 과정의 발열량은 이 작동유체에서 동일하다. 편리를 위해 아래 양을 정의한다.

$$Q^* = \frac{m_f Q_{\mathrm{LHV}}}{m} \tag{5.29}$$

Q^*는 등온 연소 과정에서의 단위 작동 유체 질량에 대한 비내부 에너지(또는 엔탈피) 감소이다.

도시 연료 전환 효율에 대한 관계식[식 (5.14)]은 다음과 같다.

$$\eta_{f,i} = \frac{(T_3 - T_4) - (T_2 - T_1)}{T_3 - T_2} = 1 - \frac{T_4 - T_1}{T_3 - T_2} \tag{5.30}$$

1-2와 3-4는 같은 V_1과 V_2 사이의 등엔트로피 과정이므로,

$$\frac{T_2}{T_1} = \left(\frac{V_1}{V_2}\right)^{\gamma-1} = r_c^{\gamma-1} = \left(\frac{V_4}{V_3}\right)^{\gamma-1} = \frac{T_3}{T_4}$$

여기서 $\gamma = c_p / c_v$이므로

$$\frac{T_4}{T_1} = \frac{T_3}{T_2}$$

그래서 식 (5.30)은 다음과 같이 쓸 수 있다.

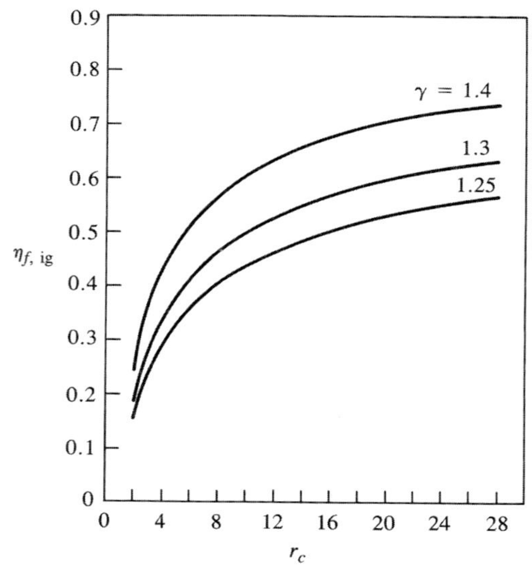

그림 5.5 이상 기체 정적 사이클에서 압축비의 함수로 그린 연료 변환 효율; $\gamma = c_p/c_v$

[c] 만약 완전한 연료의 연소에 필요한 양보다 공기의 양이 작다면, 식 (5.28)은 수정되어야 한다. 식의 오른편 항이 $\eta_c m_f Q_{LHV}$여야 한다. η_c는 식 (3.27)에 주어진 연소 효율이다.

$$\eta_{f,i} = 1 - \frac{1}{r_c^{\gamma-1}} \tag{5.31}$$

여러 γ에 대한 $\gamma_{f,i}$ 값이 그림 5.5에 있다. 도시 연료 변환 효율은 압축비가 증가할 때 또 γ가 증가함에 따라 증가한다.

이 경향은 일정한 배기량에서, r_c와 γ가 증가함에 따라 정적 사이클에서의 p-V 선도가 어떻게 변화하는지를 살펴봄으로써 설명할 수 있다. 일정한 γ에서 r_c가 증가하면 팽창이 시작할 때의 압력이 커지고 팽창 행정에서의 내부 유체가 팽창하는 부피 비가 커진다. 이 두 가지 효과가 사이클당 도시 일을 증가시킨다. 이들은 p-V 선도의 양의 면적을 증가시키는데 이는 압축에서의 적은 (음의) 일의 증가를 상쇄하고도 남는다. 일정한 r_c에서의 γ 증가도 비슷한 효과를 갖는다. 팽창이 시작할 때의 최대 압력(그리고 온도와 에너지)이 증가하고, 내부 유체가 팽창 과정 중에 더 큰 γ 때문에 더 큰 온도 비로 팽창해서 팽창을 시작할 때의 에너지 중 더 많은 부분을 피스톤에 일로 전달한다.

도시 평균 유효 압력은 식 (5.2)와 (5.31)을 이용하면 다음과 같다.

$$\frac{\text{imep}}{p_1} = \left(\frac{Q^*}{c_v T_1}\right)\left(\frac{1}{\gamma-1}\right)\left(\frac{r_c}{r_c-1}\right)\left(1-\frac{1}{r_c^{\gamma-1}}\right) \tag{5.32}$$

무차원 값들인 r_c, γ, $Q^*/(c_v T_1)$은 초기값이 p_1, T_1일때 정적 이상기체 표준 사이클의 특성을 나타내기에 충분하다.

imep—일을 만들어 내는 데 엔진 실린더 부피를 얼마나 잘 이용했는지의 척도—와 사이클에서의 최대 압력 p_3를 비교하는 것이 유용하다. P_3/p_1의 비는 상태 2와 3에 대해 이상기체 법칙을 적용하여 결정할 수 있고, 아래 식은 식 (5.28)에 의해 얻을 수 있다.

$$\frac{T_3}{T_2} = 1 + \frac{Q^*}{c_v T_1 r_c^{\gamma-1}} \tag{5.33}$$

식 (5.32)와 (5.33)에서

$$\frac{\text{imep}}{p_3} = \frac{1}{(\gamma-1)r_c^{\gamma}}\left(\frac{r_c}{r_c-1}\right)\frac{1-1/r_c^{\gamma-1}}{c_v T_1/Q^* + 1/r_c^{\gamma-1}} \tag{5.34}$$

imep$/p_3$의 높은 값이 바람직하다. p_3가 증가할수록 부품들에 걸리는 스트레스를 줄이기 위해 엔진의 무게가 증가한다.

이 이상 사이클 모델에서는 도시 연료 변화 효율이나 imep$/p_1$이나 imep$/p_3$가 사이클이 스로틀하는지 또는 수퍼 차지하는지에 영향을 받지 않는다. 그러나 상태 1과 6에서의 작동 유체 물성치 간의 관계식은 스로틀이나 수퍼 차지 하는 정도에 의존한다. 스로틀을 하는 엔진 작동에서, 잔류 가스 질량 분율 x_r은 다음과 같이 얻는다. 식 (5.17)에서 상태 5는 상태 4에서 $p = p_e$로 등엔트로피 팽창을 한 결과이므로 x_r은 다음과 같이 얻는다.

$$x_r = \frac{(p_e/p_4)^{1/\gamma}}{r_c} = \frac{(p_e/p_i)^{1/\gamma}(p_1/p_4)^{1/\gamma}}{r_c}$$

$$\frac{p_1}{p_4} = \frac{p_1}{p_2}\frac{p_2}{p_3}\frac{p_3}{p_4} = \frac{1}{r_c^{\gamma}}\frac{T_2}{T_3}r_c^{\gamma} = \left(1+\frac{Q^*}{c_v T_1 r_c^{\gamma-1}}\right)^{-1}$$

이므로

$$x_r = \frac{1}{r_c}\frac{(p_e/p_i)^{1/\gamma}}{\left[1+Q^*/(c_v T_1 r_c^{\gamma-1})\right]^{1/\gamma}} \tag{5.35}$$

잔류 질량 분율은 p_i가 p_e이하로 감소할수록 증가하고, r_c가 증가할수록 감소하며, $Q^*/(c_v T_1)$이 증가할수록 감소한다.

유사한 해석에 의해 잔류 가스의 온도 T_6는 다음과 같이 얻을 수 있다:

$$\frac{T_6}{T_1} = \left(\frac{p_e}{p_i}\right)^{(\gamma-1)/\gamma}\left(1+\frac{Q^*}{c_v T_1 r_c^{\gamma-1}}\right)^{1/\gamma} \tag{5.36}$$

사이클에서의 상태 1의 혼합물 온도는 식 (5.19)를 이용하여 입구 혼합물 온도 T_i와의 관계를 찾을 수 있다. c_v와 c_p가 일정한 작동 유체의 경우 이 식은 다음과 같다.

$$c_p T_1 = x_r c_p T_6 + (1-x_r)c_p T_i - \frac{RT_1}{r_c}\left(\frac{p_e}{p_i}-1\right) \tag{5.37}$$

식 (5.36)과 (5.37)을 이용하여 다음 식을 얻을 수 있다.

$$\frac{T_1}{T_i} = \frac{1-x_r}{1-1/(\gamma r_c)\left[p_e/p_i+(\gamma-1)\right]} \tag{5.38}$$

정적 사이클에서 $\gamma = 1.4$인 경우에 대한 결과를 Taylor[1]에서 찾을 수 있다.

5.4.2 한계-압력(Limited-Pressure) 또는 정압 사이클

정압 사이클은 $p_3 = p_2$인 한계-압력 사이클이다. 한계-압력 사이클에서 압축일은 다음과 같다.

$$W_C = mc_v(T_1 + T_2) \tag{5.39}$$

팽창일은 식 (5.13)에서

$$W_E = m\left[c_v(T_{3b} - T_4) + p_3(v_{3b} - v_{3a})\right] \tag{5.40}$$

연소 과정에서는 식 (5.7g, h)에서

$$m_{f\,2-3a}Q_{\text{LHV}} = mc_v(T_{3a} - T_2) \tag{5.41a}$$

$$m_{f\,3a-3b}Q_{\text{LHV}} = mc_p(T_{3b} - T_{3a}) \tag{5.41b}$$

$$m_f Q_{\text{LHV}} = m\left[c_v(T_{3a} - T_2) + c_p(T_{3b} - T_{3a})\right] \tag{5.41c}$$

여기서 사이클 전체에서 작동 유체의 c_v와 c_p는 일정하다.

식 (5.1), (5.3), (5.39), (5.41)을 합하고 간단히 하면

$$\eta_{f,i} = 1 - \frac{T_4 - T_1}{(T_{3a} - T_2) + \gamma(T_{3b} - T_{3a})}$$

1-2와 3b-4 사이에 등엔트로피 식을 사용하고 아래의 부호를 사용하면

$$\alpha = \frac{p_3}{p_2} \qquad \beta = \frac{V_{3b}}{V_{3a}} \tag{5.42a, b}$$

다음 식을 얻는다.

$$\eta_{f,i} = 1 - \frac{1}{r_c^{\gamma-1}}\left[\frac{\alpha\beta^{\gamma} - 1}{\alpha\gamma(\beta-1)+\alpha-1}\right] \tag{5.43}$$

β=1인 경우 이 결과는 정적 사이클 효율[식 (5.31)]이 된다. α=1인 경우, 이 결과는 특별한 경우로서 정압 사이클이 된다.

평균 유효 압력은 p_1과 p_3에 대해 다음 관계식을 갖는다.

$$\frac{\text{imep}}{p_1}=\frac{Q^*}{c_v T_1(\gamma-1)}\left(\frac{r_c}{r_c-1}\right)\eta_{f,i} \tag{5.44}$$

$$\frac{\text{imep}}{p_3}=\frac{1}{\alpha r_c^{\gamma}}\left(\frac{Q^*}{c_v T_1}\right)\left(\frac{1}{\gamma-1}\right)\left(\frac{r_c}{r_c-1}\right)\eta_{f,i} \tag{5.45}$$

5.4.3 사이클 비교

위의 식들은 만약 실제 작동 유체의 물성치를 잘 나타낼 수 있는 γ와 $Q^*/(c_v T_1)$ 값이 선택된다면 매우 유용하다. 그림 5.5에 이미 정적 사이클에서 $\eta_{f,I}$ 값이 선택된 γ에 따라 어떻게 변하는지 보였다. 4.4절에서 압축과 팽창 행정 각각에서 실제 작동 유체 물성치를 잘 모사할 수 있는 γ_u와 γ_b의 평균값을 구하였다. SI 엔진에서 화학양론비 혼합물에 적합한 값은 $\gamma_u \approx 1.3$, $\gamma_b \approx 1.2$이다. 그렇지만 실제 엔진 사이클의 압력-부피 데이터 분석 결과 $n \approx 1.3$인 pV^n이 팽창 행정의 p-V 데이터를 잘 모사한다.[2] 연소 가스로부터의 열전달이 γ_b의 지수보다 위 식의 지수 값을 크게 한다. 그래서 전체 사이클에서 $\gamma = 1.3$을 사용하는 것이 적절한 타협이다.

식 (5.29)에 의해 정의된 Q^*는 단위 작동 유체 질량이 등온 연소를 할 때의 엔탈피 감소이다. 그래서

$$Q^*=\left(\frac{m_f}{m_a}\right)Q_{\text{LHV}}\left(\frac{m_a}{m}\right) \tag{5.46}$$

(m_a/m)에 대한 간단한 근사치는 $(r_c - 1)/r_c$이다; 즉 새로운 공기가 배기된 부피를 채우고 잔류 가스가 간극체적을 같은 밀도로 차지한다는 것이다. 그런 경우 아이소옥탄 연료이고 화학양론비 혼합물에서 Q^*는 $2.92 \times 10^6(r_c - 1)/r_c$ J/kg공기로 주어진다. $\gamma = 1.3$이고 평균 분자량 $M = 29.3$인 경우, $c_v = 946$ J/kg · K이다. T_1=333 K일 때, $Q^*/(c_v T_1)$는 $9.3(r_c - 1)/r_c$가 된다. 이 $(r_c - 1)/r_c$ 값의 경우 모든 사이클은 적절한 잔류 가스율을 가지고 화학양론비 혼합물을 연소할 것이다.

그림 5.6에 같은 압축비와 미연소 혼합물 성분을 갖는 3가지 이상 사이클의 압력-부피 선도가 있다. 각 사이클에서, $\gamma = 1.3$, $r_c = 12$, $Q^*/(c_v T_1) = 9.3(r_c - 1)/r_c = 8.525$이다. 표 5.2에 각 사이클의 전체 성능 특성이 요약되어 있다. 정적 사이클이 가장 높은 효율을 갖고 있고 정압 사이클이 가장 낮은 효율을 갖는다. 이는 식 (5.43)에서 알 수 있는데, 정적 사이클에서는 네모 괄호 안에 있는 값이 1이고 한계-압력이나 정압 사이클에서는 1보다 크다. imep값은 $\eta_{f,i}$값에 비례하는데, 그 이유는 각 사이클에서 연소하는 연료의 질량이 같기 때문이다.

최대 압력 p_3가 감소하면 imep의 p_3에 대한 비는 증가한다. 이 값은 중요한데 그 이유는 imep는 피스톤에 작용하는 압력의 유용성에 대한 척도이고 최대 압력은 주로 엔진 구조가 필요로 하는 강도에 영향을 주기 때문이다.

세 사이클에 대한 좀 더 자세한 비교가 그림 5.7과 5.8에 압축비 값의 함수로 있다. 모든 경우 $\gamma = 1.3$이고 $Q^*/(c_v T_1) = 9.3(r_c - 1)/r_c$이다. 주어진 모든 r_c에서 정적 사이클의 효율이 가장 높고 imep/p_3는 가장 낮다. 최대 압력 p_3가 정해진 경우, 정압 사이클이 가장 높은 효율(그리고 가장 높은 압축비)을 갖는다. 한계-압력 사이클에서 p_3/p_1이 일정할 때 압축비

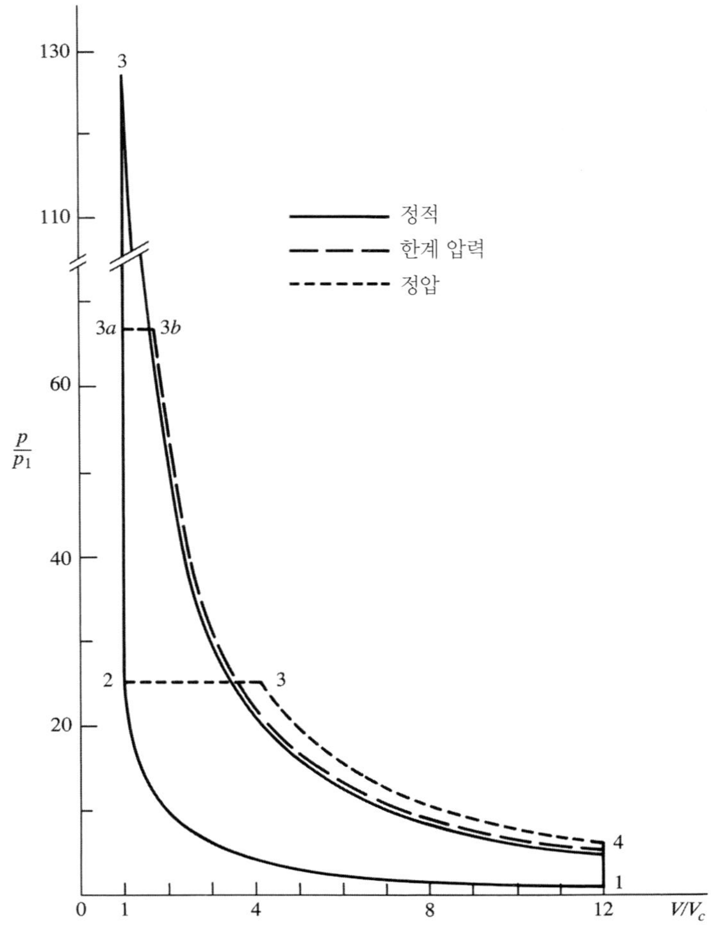

그림 5.6 정적, 정압, 한계-압력 이상기체 표준 사이클 압력-부피 선도. $r_c = 12$, $\gamma = 1.3$, $Q^*/(c_v T_1) = 9.3(r_c - 1)/r_c = 8.525$, $p_{3a}/p_1 = 67$.

표 5.2 이상 사이클 결과 비교

	$\eta_{f,i}$	$\frac{\text{imep}}{p_1}$	$\frac{\text{imep}}{p_3}$	$\frac{p_{max}}{p_1}$
정적	0.525	16.3	0.128	128
한계 압력	0.500	15.5	0.231	67
정압	0.380	11.8	0.466	25.3

$\gamma = 1.3$; $r_c = 12$; $Q^* / (c_v T_1) = 8.525$.

가 10 이상에서는 r_c가 증가할 때 효율이나 imep가 별로 개선되지 않는다.

예제 5.1이, 이상 사이클 관계식을 이용해서 잔류와 흡입 조건이 어떻게 1의 가스 상태에 관계하는지 찾을 수 있음을 보여 준다. 만약 흡입 조건이 정해지면 반복해서 해를 찾는 과정이 필요하다.

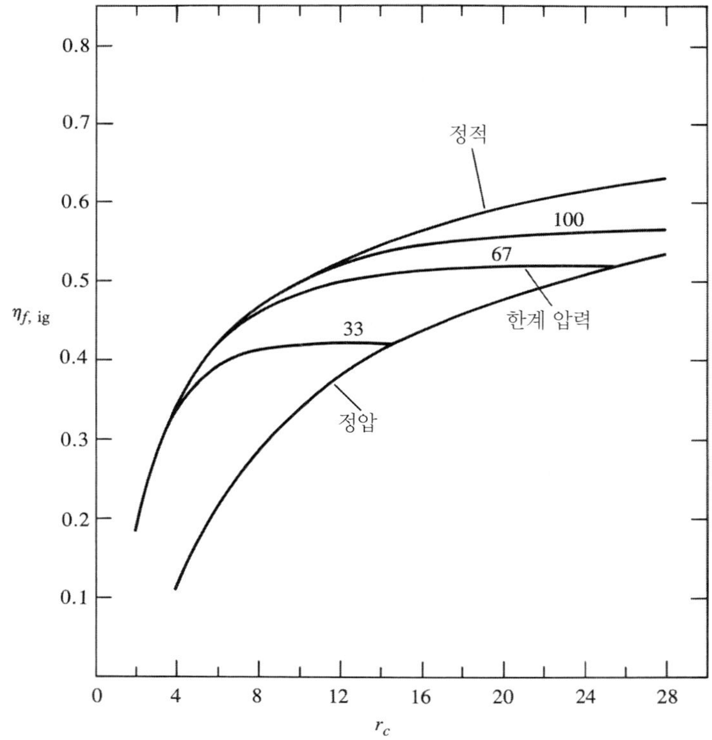

그림 5.7 정적, 정압, 한계-압력 사이클에서 압축비의 함수로 그린 연료 변환 효율. $\gamma = 1.3$, $Q^*/(c_v T_1) = 9.3(r_c - 1)/r_c$. 한계 압력 사이클에서 $p_3/p_1 = 33, 67, 100$

예제 5.1 $\gamma = 1.3$, 압축비 $r_c = 6$이고 흡기 온도 300 K인 화학양론비의 혼합물에 대해 상태 1에서의 잔류 가스 분율, 잔류 가스 온도와 혼합물 온도를 구하라. 정적 사이클이고 p_e/p_i=1(스로틀 없는 운전)과 2(스로틀 운전)이다.

아이소옥탄의 화학양론비 혼합물에서

$$Q^* = \frac{m_f}{m} Q_{\mathrm{LHV}} = \left(\frac{m_f}{m_i}\right)\left(\frac{m_i}{m}\right) Q_{\mathrm{LHV}} = \frac{44.38}{16.14}(1 - x_r) = 2.75(1 - x_r) \quad \mathrm{MJ/kg}$$

$\gamma = 1.3$, $c_v = 946$ J/kg · K에서

$$\frac{Q^*}{c_v T_1} = \frac{2.75 \times 10^6}{946 T_1}(1 - x_r) = \frac{2910}{T_1}(1 - x_r) \qquad (a)$$

식 (5.35), (5.36), (5.38)에서 $r_c = 6$이고 $\gamma = 1.3$이면

$$x_r = \frac{1}{6} \frac{(p_e/p_i)^{0.769}}{6\left[1 + Q^*/(c_v T_1 \times 6^{0.3})\right]^{0.769}} \qquad (b)$$

$$\frac{T_r}{T_1} = \left(\frac{p_e}{p_i}\right)^{0.23} \left(1 + \frac{Q^*}{c_v T_1 \times 6^{0.3}}\right)^{0.769} \qquad (c)$$

$$\frac{T_1}{300} = \frac{1 - x_r}{1 - [1/(1.3 \times 6)](p_e/p_i + 0.3)} \qquad (d)$$

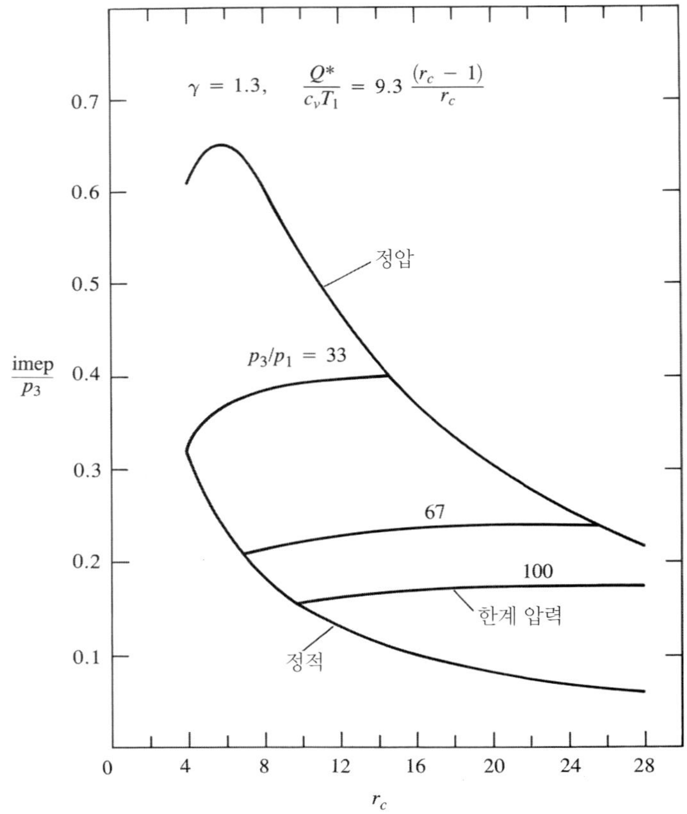

그림 5.8 정적, 정압, 한계 = 압력 사이클에서 최대 사이클 압력(p_3)로 나눈 도시 평균 유효 압력(imep). 자세한 내용은 그림 5.7과 동일.

식 (a)에서 (d)까지 풀기 위해 시행착오법을 사용하여야 한다. 먼저 x_r을 어림 잡고, 식 (d)에서 T_1을 계산하고 식 (a)에서 $Q^*/(c_v T_1)$을 계산하고 어림 값 x_r과 (b)에서 구한 값과 비교한다.

$(p_e/p_1) = 1$인 경우(스로틀 안 한 경우) 아래 답을 구할 수 있다:

$$x_r = 0.044, \quad T_1 = 344\ \text{K}, \quad \frac{Q^*}{c_v\, T_1} = 8.1, \quad T_r = 1316\ \text{K}$$

$(p_e/p_1) = 2$인 경우 아래 답을 구할 수 있다:

$$x_r = 0.082, \quad T_1 = 391\ \text{K}, \quad \frac{Q^*}{c_v\, T_1} = 6.8, \quad T_r = 1580\ \text{K}$$

5.5 연료–공기 해석 _Fuel-Air Cycle Analysis_

좀 더 정확한 엔진 실린더 내부의 작동 유체 물성치를 나타내는 방법은 미연소 혼합물을 성분이 "얼어 있는" 것으로, 연소 가스 혼합물은 평형에 있다고 가정하는 것이다. 이들 작동 유체 모델의 열역학적 물성치 값은 4.5에 설명한 미연소와 연소 가스 혼합물 차트를 이용하거나 4.7에 요약된 것과 같은 컴퓨터 모델을 사용하는 것이다. 이들 작동 유체 모델이 표 5.1에 있는 이상적인 엔진 과정과 합쳐진 결과 사이클을 연료–공기 사이클이라고 부른다.[1] 과정의 순서와 가정은 다음과 같다(그림 5.2 표시 사용):

1-2 공기, 연료 증기, 잔류 가스의 화학 성분 변화 없는 가역 단열 압축

2-3 열전달 없는 화학 평형 연소 가스로의 완전 연소(정적, 한계-압력, 정압)

3-4 화학 평형을 유지하는 연소 가스의 가역 단열 팽창

4-5-6 연소 가스가 화학 성분이 고정된 상태에서의 이상적인 단열 배기 블로우다운과 배기(displacement) 과정

6-7-1 화학 성분이 고정된 잔류 가스와 새로운 혼합물의 단열 혼합 과정이 일어나는 이상적인 흡기 과정

이 각각의 과정에 대한 기본 식은 이미 5.3에서 제공되었다. 전체 엔진 사이클 계산에 차트를 이용하는 방법에 대해 설명한다.

5.5.1 SI 엔진 사이클 시뮬레이션

상태 1의 혼합물 상태를 알고 있거나 추정하여야 한다. 이 목적을 위해 아래 근사 관계식을 사용할 수 있다:[3]

$$x_r = \left\{1 + \frac{T_r}{T_i}\left[r_c\left(\frac{p_i}{p_e}\right) - \left(\frac{p_i}{p_e}\right)^{(\gamma-1)/\gamma}\right]\right\}^{-1} \tag{5.47}$$

$$T_1 = T_r r_c x_r \left(\frac{p_i}{p_e}\right) \tag{5.48}$$

여기서 T_r = 1400 K과 $(\gamma - 1)/\gamma = 0.24$가 초기값의 평균 어림값으로 적당하다.

주어진 당량비 ϕ와 초기값 $T_1(K)$, $p_1 = p_i$(Pa), v_1(m^3/kg공기)에서 부피비 $v_1/v_2 = r$의 압축비로 압축된 상태 2는 식 (4.25*a*)와 등엔트로피 압축 차트(그림 4.4)에 의해 구할 수 있다. 압축일 W_c (J/kg공기)는 미연소 혼합물 차트(그림 4.3)에서 결정한 내브 에너지 변화를 이용하여 식 (5.6)에 의해 구할 수 있다.

정적과 정압 단열 연소에서, 연소 혼합물의 상태를 연소 전의 미연소 혼합물의 상태와 차트를 이용하여 관계 짓는 방법에 대해 4.5.3에 설명하였다.

*정적 사이클*에서,

$$u_3 = u_{s2} + \Delta u^\circ_{f,u} \quad \text{J/kg air} \tag{5.49}$$

여기서 u_{s2}는 그림 4.3에서 온도 T_2에서 미연소 혼합물의 현열 내부 에너지이고 $\Delta u^\circ_{f,u}$는 미연소 혼합물의 생성 내부 에너지[식 (4.32)에 있음]이다. $v_3 = v_2$이므로, 상태 3의 연소 가스 상태는 적절한 연소 가스 차트(그림 4.5에서 4.9까지)상에 찾을 수 있다.

*정압 사이클*에서,

$$h_3 = h_{s2} + \Delta h^\circ_{f,u} \quad \text{J/kg air} \tag{5.50}$$

$p_3 = p_2$이므로, 상태 3의 연소 가스 상태는 예제 4.5에서와 같이 고온 연소 가스 차트상에 찾을 수 있다.

*한계-압력 사이클*에서, 상태 2와 3*b* 사이에 열역학 제1법칙을 적용하면,

$$h_{3b} = u_{3b} + p_3 v_{3b} = u_2 + p_3 v_2 = u_{s2} + \Delta u^\circ_{f,u} + p_3 v_2 \quad \text{J/kg air} \tag{5.51}$$

한계-압력 사이클에서 P_3가 주어졌기 때문에 3*b* 상태는 적절한 연소 가스 차트상에서 찾을 수 있다.

팽창 과정 3-4는 연소 혼합물 차트에서, v_3에서 $v_4(v_4 = v_1)$로 등엔트로피 선을 따라 간다. 식 (5.9)[또는 (5.11) 또는 (5.13)]가 팽창일 W_E를 준다. 사이클에서의 5나 6에서의 잔류 가스 상태는 이 등엔트로피 상태를 따라 상태 4에서 $p = p_e$로 계속 가면 찾을 수 있다. 잔류 가스 온도는 평형 연소 가스 차트에서 읽을 수 있다; 잔류 가스 분율은 식 (5.17)에서 얻을 수 있다. 만약 사이클 계산 시작에서 T_1을 계산하기 위해 T_r과 x_r 값을 가정했다면, 이 가정 값을 계산된 값과 비교하여 필요하면 새 계산 값을 이용하여 추가 사이클 계산을 수행할 수 있다. 이 수렴은 빠르다.

도시 연료 변환 효율은 식 (5.1)에 의해 얻을 수 있다. 도시 평균 유효 압력은 식 (5.2)에 의해 얻는다. 4-행정 사이클 엔진의 체적 효율(2.10절 참조)은 아래 식에 의해 얻는다.

$$\eta_v = \frac{r_c(1 - x_r)}{v_1 \rho_{a,i}(r_c - 1)} \tag{5.52}$$

여기서 $\rho_{a,i}$는 입구 공기 밀도(kg/m^3)이고 v_1은 차트 혼합물 비체적(원래 혼합물에서 단위 m^3/kg공기)이다.

예제 5.2 예제 4.2, 4.3, 4.5의 초기 조건에 의해 정의되는 정적 연료-공기 사이클의 성능 특성을 계산하라. 압축비는 8; 연료는 아이소옥탄이고 혼합물은 화학양론비이다; 실린더 내부의 압축 시작 압력과 온도는 1기압과 350 K이다. 각 과정의 시작과 끝을 정의하기 위해 그림 5.2*a*의 부호를 사용한다.

예제 4.2에서 압축과정을 해석했다:

$$T_1 = 350 \text{ K}, \quad p_1 = 101.3 \text{ kPa}, \quad v_1 = 1 \text{ m}^3/\text{kg air}, \quad u_{s1} = 40 \text{ kJ/kg air}$$

$$T_2 = 682 \text{ K}, \quad p_2 = 1.57 \text{ MPa}, \quad v_2 = 0.125 \text{ m}^3/\text{kg air}, \quad u_{s2} = 350 \text{ kJ/kg air}$$

$$W_{1\text{-}2} = W_C = -310 \text{ kJ/kg air}$$

예제 4.5에서 정적 단열 연소 과정을 해석했다(잔류 가스 분율은 0.08로 가정):

$$u_{b3} = u_{u2} = u_{s,u2} + \Delta u^\circ_{f,u} = -5 \text{ kJ/kg air}, \quad s_3 = 9.33 \text{ kJ/kg air} \cdot \text{K}$$

$$v_3 = v_2 = 0.125 \text{ m}^3/\text{kg air}, \quad T_3 = 2825 \text{ K}, \quad p_3 = 7100 \text{ kPa}$$

예제 4.3에서 연소 후 상사점에서 하사점 부피 v_4 1 m^3/kg공기로 팽창하는 과정에 대해 해석하였다;

$$T_4 = 1840 \text{ K}, \quad p_4 = 570 \text{ kPa}, \quad u_4 = -1540 \text{ kJ/kg air}$$

$$W_{3\text{-}4} = W_E = 1535 \text{ kJ/kg air}$$

가정한 잔류 가스 분율을 확인하기 위해 그림 4.8 차트의 등엔트로피 팽창 과정을 상태 4에서 배기 압력 p_5 = 1기압 = 101.3 kPa까지 계속한다. 그러면 v_5 = 4.0 m^3/kg공기이고 T_5 = 1320 K이다. 잔류 분율은 식 (5.17)에 의해

$$x_r = \frac{v_2}{v_5} = \frac{0.125}{4.0} = 0.031$$

이 값은 가정한 값 0.08과 상당한 차이가 있다. 연소와 팽창 계산을 다시 반복하면 새 잔류 분율 0.031을 얻는다(압축 과정은 많이 변하지 않고 초기 온도는 고정되었다고 가정한다);

$$u_{b3} = 350 - 118.2 - 2956 \times 0.031 = 140 \text{ kJ/kg air}$$

v_3 = 0.125 m^3/kg공기를 이용하면 그림 4.8에서

$$p_3 = 7270\text{ kPa},\quad T_3 = 2890\text{ K}$$

등엔트로피를 $v_4 = 1\text{ m}^3/\text{kg}$공기까지 연장하면:

$$p_4 = 595\text{ kPa},\quad T_4 = 1920\text{ K},\quad u_4 = -1457\text{ kJ/kg}\text{공기}$$
$$W_{3\text{-}4} = W_E = 1597\text{ kJ/kg}\text{공기}$$

등엔트로피 팽창을 배기 압력 $p_5 = 1$기압까지 계속하면,

$$v_5 = 4\text{ m}^3/\text{kg air},\quad T_5 = 1360\text{ K}$$

식 (5.17)에 의해 잔류 분율을 계산하면

$$x_r = \frac{v_2}{v_5} = \frac{0.125}{4} = 0.031$$

두 번째 반복에서 가정한 값과 일치하는 값을 얻었다
연료 변화 효율은 아래 식에 의해 계산하다:

$$\eta_{f,i} = \frac{W_E + W_C}{m_f Q_{\text{LHV}}}$$

여기서

$$m_f = \text{kg fuel/kg air at state } 1 = \left(\frac{F}{A}\right)(1 - x_r)$$

그래서

$$\eta_{f,i} = \frac{1597 - 310}{0.0661 \times (1 - 0.031) \times 44.4 \times 10^3} = 0.45$$

도시 평균 유효 압력은

$$\text{imep} = \frac{W_E + W_C}{V_d} = \frac{1597 - 310}{1 - 0.125} = 1470\text{ kPa}$$

또는

$$\frac{\text{imep}}{p_1} = 14.6$$

5.5.2 CI 엔진 사이클 시뮬레이션

디젤 엔진의 연료-공기 사이클 계산에서는 추가로 고려해야 할 사항들이 있다. 압축 과정 중의 혼합물은 공기와 약간의 잔류 가스이다. 상태 2에서 액체 연료가 온도 T_2의 뜨거운 압축 공기 속으로 분사된다; 연료가 증발하고 가열됨에 따라 공기는 냉각된다. 전체적으로 단열인 정적 혼합 과정에서, 혼합물의 내부 에너지는 변화하지 않으므로:

$$m_f\left[u_{fg} + c_{v,f}(T_{2'} - T_0)\right] + m_a c_{v,a}(T_{2'} - T_2) = 0 \tag{5.53}$$

여기서 m_f는 분사된 연료 질량, u_{fg}는 연료의 증발 잠열, $c_{v,f}$는 연료 증기의 정적 비열, $T_{2'}$은 증발과 혼합이 끝났을 때의 혼합물 온도(균일하다고 가정), m_a는 사용된 공기의 질량, $c_{v,a}$는 공기의 정적 비열이다. 연료와 공기 성질에 대한 대표적인 값을 대입했을 때 전부하 조건에서 $(T_{2'} - T_2) \approx 70$ K을 얻는다. 실제 엔진에서의 국지적 냉각은 더 클 것이다.

한계-압력 사이클이 디젤 엔진에 정압이나 정적 사이클보다 더 적합하다. 연소 전과 연소 후에 CI 엔진에서는 연료/공기비의 불균일 때문에 균일한 구성을 가정한 연소 가스 차트는 SI 엔진에서의 작동 유체 물성치를 나타낼 때보다 덜 정확하다.

5.5.3 사이클 계산 결과

정적 연료–공기 사이클 계산의 방대한 결과가 존재한다.[1, 3, 4] 효율은 압축비 r_c와 당량비 ϕ외에는 다른 변수에 별로 영향을 받지 않는다. 그림 5.9와 5.10은 이 두 파라미터의 변화가 도시 연료 변화 효율과 평균 유효 압력에 미치는 영향에 대해 보여 주고 있다. 주어진 결과로부터 다음 결론을 유추할 수 있다.

1. 일정한 당량비에서 압축비 증가가 효율에 미치는 영향은, 적절한 γ가 사용된다면, 일정한 γ에서의 정적 사이클 해석 결과와 비슷하다. 화학양론비 혼합물에서, 식 (5.31)에서 $\gamma = 1.27$을 사용한 경우 연료–공기 사이클 $\phi = 1$ 데이터와 잘 일치한다.
2. 당량비가 1보다 작아지는 경우(즉 연료–공기 혼합물이 화학양론비보다 점점 희박해지는 경우) 효율은 증가한다. 이는 연소 후 연소 가스 온도가 낮아지고, 연소 가스의 비체적을 낮추며 그로 인해 팽창 행정 중의 유효 γ값을 증가시킨다. 효율은 증가하는데 그 이유는, 주어진 부피–팽창 비에서 연소 가스는 배기 전에 더 큰 온도 비로 팽창하기 때문이다; 그래서 연료 단위 질량당 팽창 행정일이 증가한다.
3. 당량비가 1보다 커짐에 따라(즉 혼합물이 화학양론비보다 점점 농후해짐에 따라), 효율은 감소하는데, 그 이유는 연료를 완전히 산화하는 데 필요한 공기가 부족한 것이 혼합물의 비열을 감소하는 연소 가스 온도 감소 효과보다 크기 때문이다.
4. 식 (5.2)의 평균 유효 압력은 $\phi\eta_{f,i}$에 비례한다. 이 값은 $\phi \approx 1.0$에서 $\phi \approx 1.2$ 사이(즉 약간 농후한 영역)에서 거의 일정하다. ϕ가 이 최댓값을 주는 값보다 작으면, 단위

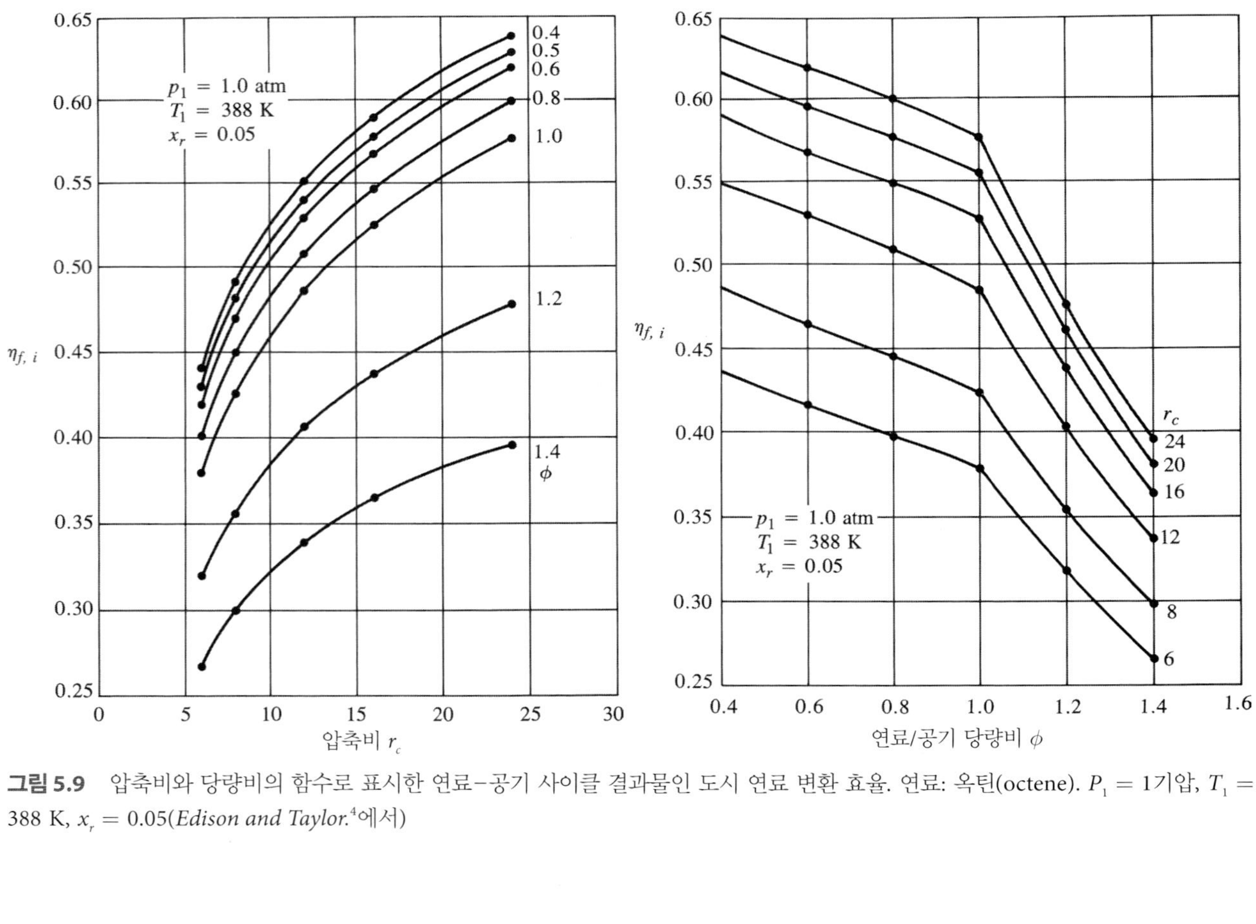

그림 5.9 압축비와 당량비의 함수로 표시한 연료–공기 사이클 결과물인 도시 연료 변환 효율. 연료: 옥텐(octene). P_1 = 1기압, T_1 = 388 K, x_r = 0.05(*Edison and Taylor.*[4]에서)

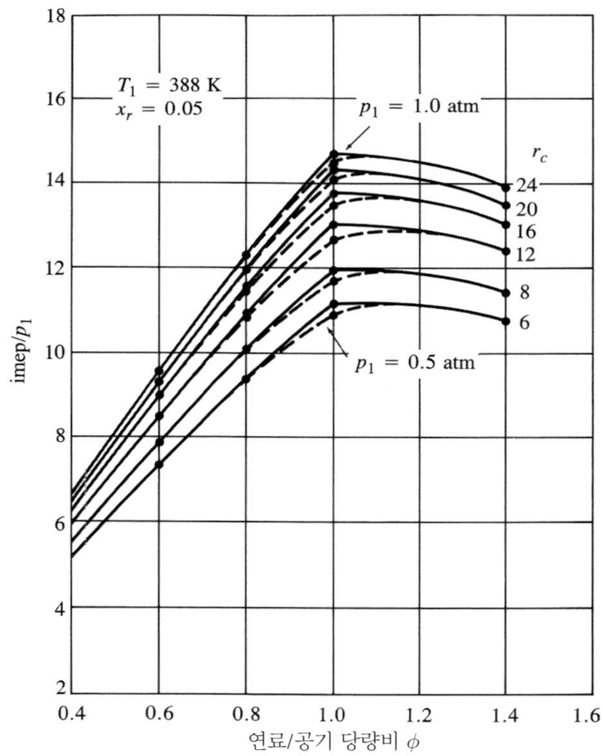

그림 5.10 압축비와 당량비의 함수로 표시한 연료-공기 사이클 결과물인 도시 평균 유효 압력. 연료: 옥텐(octene). $P_1 = 1$ 기압, $T_1 = 388$ K, $x_r = 0.05$(*Edison and Taylor.*[4]에서)

배기량당 연료 질량 감소가 연료 변환 효율 증가를 능가하기 때문이다. ϕ가 1.2보다 커지면, 연료 변환 효율의 감소가(연소 효율의 감소 때문인데) 연료 질량의 증가를 능가한다.

5. 초기 압력, 입구 온도, 잔류 가스 분율, 대기 습도 등의 변화는 연료 변환 효율에 작은 영향 밖에 미치지 못한다. 그렇지만 imep는 초기 차지 밀도에 의존하기 때문에 이들 변수들이 imep에 미치는 영향은 더 크다.[1]
6. 한계-압력과 정적 연료-공기 사이클의 비교에 의해,[1] 최대 압력에 대한 실제 한계가 효율과 imep에 미치는 압축비 증가의 장점을 감소시킴을 알 수 있다.

5.6 과도 팽창 엔진 사이클 _*Overexpanded Engine Cycles*

일반적인 4-행정 엔진에서 배기 밸브가 열릴 때의 실린더 내 가스 압력은 배기 압력보다 높다. 사이클 중 이 시점에서의 실린더 가스의 유용한 에너지는 배기 블로우다운 과정에서 소멸된다. 엔진 실린더 내에서의 추가 팽창은 그림 5.11에서 보인 바와 같이 사이클당 도시 일을 증가시킨다. 이 그림에서 팽창은 $V_{4'} = r_cV_c$인 4′(일반적인 이상 사이클 배기 밸브 열림 시기)을 지나 $V_4 = r_eV_c$까지 계속되는데 r_e는 부피 팽창 비이다. 이 과도 팽창 사이클에서의 배기 행정은 4-5-6이다. 흡기 행정은 6-1이다. 면적 14′451이 기존의 사이클 *p-V* 선도에 더해져서, 같은 연료 공급의 경우, 엔진의 효율을 높인다.

실린더 내에서 배기 압력 p_e(5*점)까지 완전히 팽창하는 경우를 *Atkinson 사이클*이라 부른다. 스로틀 하지 않은 경우가 그림 5.11에 있다; 스로틀 작동도 마찬가지로 그릴 수 있다. 이 추가 팽창을 달성하기 위한 여러 크랭크와 밸브 메커니즘이 제안되었다. 예를 들면, 기존의 4-행정 사이클 엔진에서 적절한 배기 밸브 열림과 흡기 밸브 닫힘 시기를 하사점에 대해 상대적으로 설정해서 달성할 수 있다. 만약 팽창 행정에서 배기 밸브 열림과 하사점 사이의 크랭크 각이 압축 과정에서 하사점과 흡기 밸브 닫힘 크랭크 각보다 작은 경우, 실제 부피 팽창 비는 실제 부피 압축비보다 크다(이 *실제* 비는 정상적 밸브 시기를 갖는 경우 둘 다 *명목상* 압축비보다 작다).

과도 팽창이 효율에 미치는 영향은 그림 5.11에 보인 이상 사이클 해석으로부터 얻을 수 있다. 사이클에 걸쳐 일전한 비열을 갖는 이상기체 작동 유체를 가정한다. 과도 팽창 사이클에서 사이클당 도시 일은

$$W_{c,i} = m\left[(u_3 - u_4) - (u_2 - u_1) - p_1(v_4 - v_1)\right] \tag{5.54}$$

1-2와 3-4 사이의 등엔트로피 관계식은

$$\frac{T_2}{T_1} = r_c^{\gamma-1} \qquad\qquad \frac{T_3}{T_4} = r_e^{\gamma-1}$$

식 (5.33)을 이용하여 T_3와 T_2의 관계를 찾으면 식 (5.1), (5.29), (5.54)로부터 다음의 도시 연료 변환 효율에 관한 식을 얻을 수 있다:

$$\eta_{f,i} = 1 - \frac{1}{(rr_c)^{\gamma-1}}\left\{1 + \frac{c_v T_1}{Q^*} r_c^{\gamma-1}\left[1 - \gamma r^{\gamma-1} + (\gamma-1)r^{\gamma}\right]\right\} \tag{5.55}$$

여기서

$$r = \frac{r_e}{r_c}$$

식 (5.5)에 주어진 효율은 부하(Q^*에서)의 함수이고 최대 부하에서 최댓값을 가짐을 알 수 있다. 이는 부하에 독립적인 이상 정적 사이클 효율[식 (5.31)]과 대비된다. 전체 팽창에서의 r_e/r_c 비는 다음 식에 의해 주어진다.

$$r^{\gamma} = 1 + \frac{Q^*}{c_v T_1 r_c^{\gamma-1}} \tag{5.56}$$

그림 5.12에 $\gamma = 1.3$이고 $r_c = 4,8,16$인 경우에 대해 과도 팽창이 연료 변환 효율에 미치는 영향이 있다. 과도 팽창 사이클 효율의 표준 사이클 효율에 대한 비가 r의 함수로 그려 있다. Atkinson 사이클(완전 팽창) 값이 실선에서 점선으로의 변화에 의해 표시되었다. 특히 낮은 압축비에서 큰 효율 증가를 얻을 수 있다.

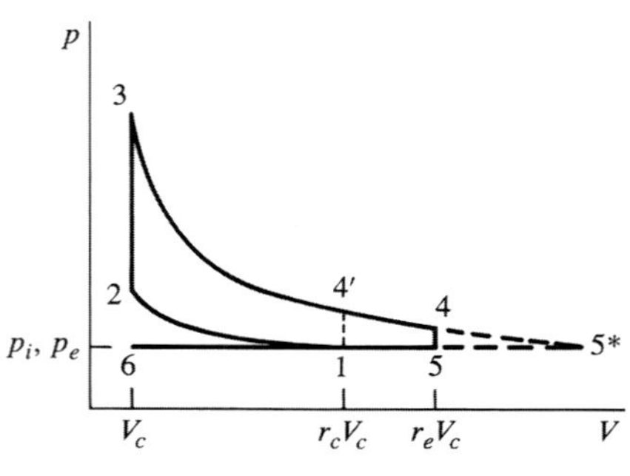

그림 5.11 과도-팽창 엔진 사이클(1234561)과 Atkins 사이클(1235*61)의 압력-부피 선도. r_c와 r_e는 각각 부피 압축비와 팽창비이다.

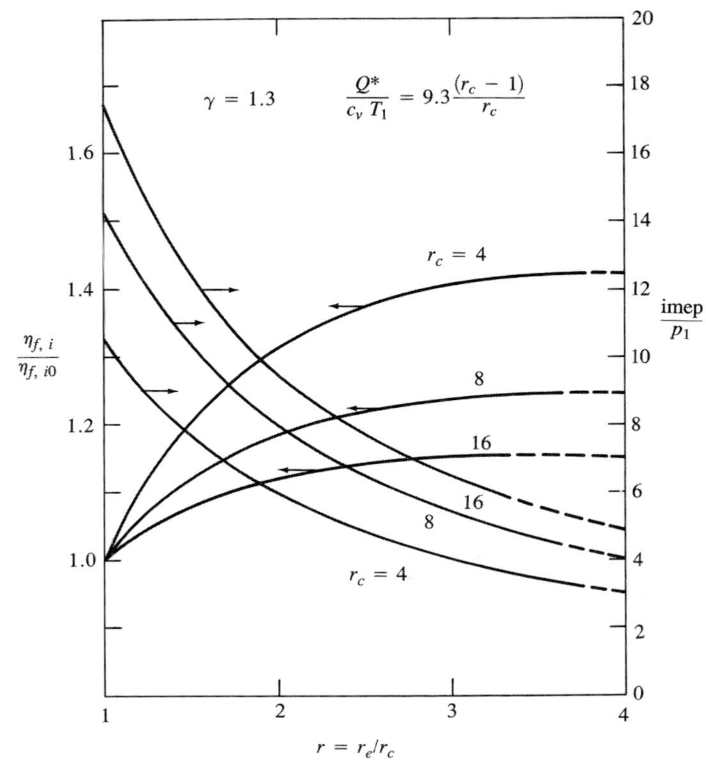

그림 5.12 과도팽창 엔진 사이클에서 r_e/r_c의 함수로 그린 과도팽창 엔진 사이클의 도시 연료 변환 효율과 평균 유효 압력. 효율은 $r_e = r_c$ 값 $\eta_{f,i0}$에 대한 상대치, $\gamma = 1.3$, $Q^*/(c_v T_1) = 9.3(r_c - 1)/r_c$. 실선이 점선으로 바뀌는 점은 팽창을 마친 포인트를 나타낸다(Atkinson 사이클에서)

이 사이클의 큰 약점은 전체 배기 부피의 일부분만이 신기로 차 있어서 imep와 출력 밀도가 심각하게 감소한다는 것이다.

식 (5.2), (5.29)와 $V_d = V_1(r_e - 1)/r_c$와 $p_1 V_1 = mRT_1$으로부터 과도 팽창 사이클의 imep 식을 아래와 같이 얻을 수 있다

$$\frac{\text{imep}}{p_1} = \left(\frac{Q^*}{c_v T_1}\right)\left(\frac{1}{\gamma - 1}\right)\left(\frac{r_c}{r_e - 1}\right)\eta_{f,i} \tag{5.57}$$

그림 5.12에 imep$/p_1$ 값이 $r(= r_e/r_c)$의 함수로 그려져 있다. $r = 1$인 표준 정적 사이클의 값에서 크게 감소하는 것을 볼 수 있다.

5.7 엔진 과정에 대한 유용성 해석 _*Availability Analysis of Engine Processes*

5.7.1 유용성 관계식

엔진 성능 해석에서 관심있는 양은 작동 사이클의 각 시점에서 실린더 내 가스로부터 얻을 수 있는 *유용한 일*이다. 시스템(실린더 내 차지)이 정의된 주위 환경(대기)이 있는 상태에서 한 특정 상태에서 다른 상태로 변할 때 얻어 낼 수 있는 최대 일(또는 최소 일의 입력)을 결정하는 것이 문제이다. 열역학 1법칙과 2법칙이 함께 최대 또는 최소 일을 정의하는데, 이런 시스템-환경 복합체의 성질을 *유용성*(availability[5]) 또는 *엑서지*(exergy)라고 부른다.[6, 7]

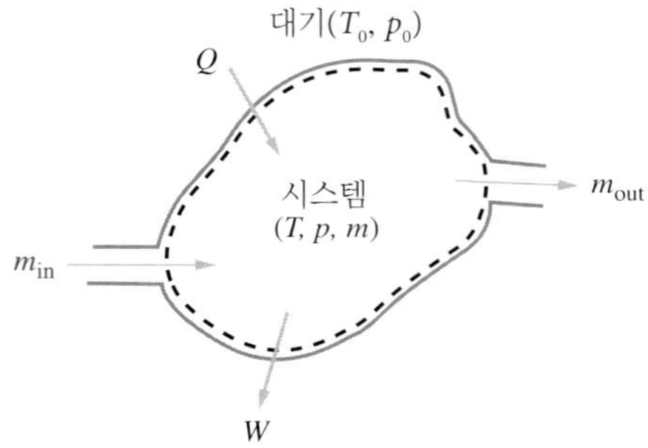

그림 5.13 유용성 해석을 위한 시스템-대기 형상

그림 5.13에 있는 시스템-환경 복합체를 고려해 본다. 시스템 경계를 지나는 질량 유동이 없을 때, 시스템이 상태 1에서 2로 변할 때, 열역학 1과 2법칙에 의해

$$W_{1\text{-}2} = -(U_2 - U_1) + Q_{1\text{-}2}$$
$$Q_{1\text{-}2} \le T_0(S_2 - S_1)$$

이 두 식을 합하면 전체 일 전달은

$$W_{t,1\text{-}2} \le -\left[(U_2 - U_1) - T_0(S_2 - S_1)\right] \tag{5.58}$$

시스템이 대기에 한 일은 생산적으로 사용할 수 없다. 그래서 유용한 일 전달을 얻기 위해서는 이 값을 전체 일에서 빼 주어야 한다:

$$W_{U,1\text{-}2} \le -\left[(U_2 - U_1) + p_0(V_2 - V) - T_0(S_2 - S_1)\right] \tag{5.59}$$

최대 유용한 일은 시스템의 최종 상태가 대기와 열과 기계적 평형을 이룰 때 얻을 수 있다.[d] 환경과 소통하는 시스템의 *유용성*은

$$A = U + p_0 V - T_0 S \tag{5.60}$$

이는 유용한 일을 하는 능력을 정의하는, 시스템-대기 복합체의 물성치이다. 이 시스템-대기 복합체가 상태 1에서 상태 2로 변화하면서 제공할 수 있는 유용한 일은 이 유용성의 변화와 같거나 더 작다:

$$W_{U,1\text{-}2} \le -(A_2 - A_1) \tag{5.61}$$

시스템 경계로 질량 유동이 있을 때 이 질량 유동과 관계된 유용성은 다음과 같다.

$$B = H - T_0 S \tag{5.62}$$

B는 보통 *정상-유동 유용성 함수*라고 불린다.

이들 관계식을 이용하여 엔진 사이클 동안 가스 작동-유체 시스템의 유용성 변화를 계산할 수 있다. 이 시스템이 겪는(대기하고 만 상호 교환하는) 특정한 최종 상태 사이의 어떤 과정에 대해서도, 유용성의 변화 ΔA는 다음 식에 의해 주어진다.

$$\Delta A = A_{in} - A_{out} - A_{destroyed} \tag{5.63}$$

출입에 의한 유용성의 변화는 일 전달, 열 전달, 시스템 경계로의 질량 전달로 인해 일어난다.

---

[d] 주위와 화학평형 이슈도 고려되어야 한다. 주위와 화학평형을 이루려면 작동 유체의 여러 화학종들의 분압과 주위의 여러 화학종들 간의 분압 사이에서 일을 얻어낼 수 있어야 한다. 이를 위하여 이상 준-투과 멤브레인과 효율적인 입력 압력, 높은 압력비, 팽창 기구(이동 동력 플랜트 시스템에는 보통 없는) 등의 장치가 필요하다. 온도와 압력 평형을 넘어서는 완전한 평형을 얻기 위해 추가 조치를 포함하는 것은 적절하지 않다.[8]

일 전달에 관계된 유용성의 전달은 일 전달과 같다. 시스템 온도가 T일 때 열전달 δQ에 의해 일어나는 유용성 전달 dA_Q는 다음과 같다.

$$dA_Q = \delta Q\left(1 - \frac{T_0}{T}\right) \tag{5.64}$$

왜냐하면 에너지와 엔트로피 전달이 시스템 경계를 통해 일어나기 대문이다. 질량 전달에 의한 유용성 전달은 식 (5.62)에 의해 구한다. 유용성은 모든 실제 과정에서 발생하는 비가역 때문에 파괴된다. 파괴된 유용성은 다음과 같다.

$$A_{\text{destroyed}} = T_0 \Delta S_{\text{irrev}} \tag{5.65}$$

여기서 ΔS_{irrev}은 시스템 경계 안에서 일어나는 비가역에 의한 엔트로피 증가이다.[7, 8]

5.7.2 이상 사이클에서의 엔트로피 변화

이 장의 앞에서 분석한 엔진 프로세스에 대한 이상 모델은 유용성 해석의 좋은 예제이다. 그렇지만 먼저 실린더 가스가 이들 이상 작동 사이클을 지나는 동안 겪는 엔트로피 변화를 고려한다.

단열 가역 압축 과정에서, 엔트로피는 일정하다. 각각의 이상기체 표준 사이클의 연소 과정에서 엔트로피 증가는 식 (4.14)에 의해 계산할 수 있다(비열은 일정):

$$s - s_0 = c_v \ln\left(\frac{T}{T_0}\right) + R \ln\left(\frac{v}{v_0}\right) = c_p \ln\left(\frac{T}{T_0}\right) - R \ln\left(\frac{p}{p_0}\right)$$

정적 사이클에서:

$$S_3 - S_2 = m(s_3 - s_2) = mc_v \ln\left(\frac{T_3}{T_2}\right) \tag{5.66a}$$

정압 사이클에서:

$$S_3 - S_2 = m(s_3 - s_2) = mc_p \ln\left(\frac{T_3}{T_2}\right) \tag{5.66b}$$

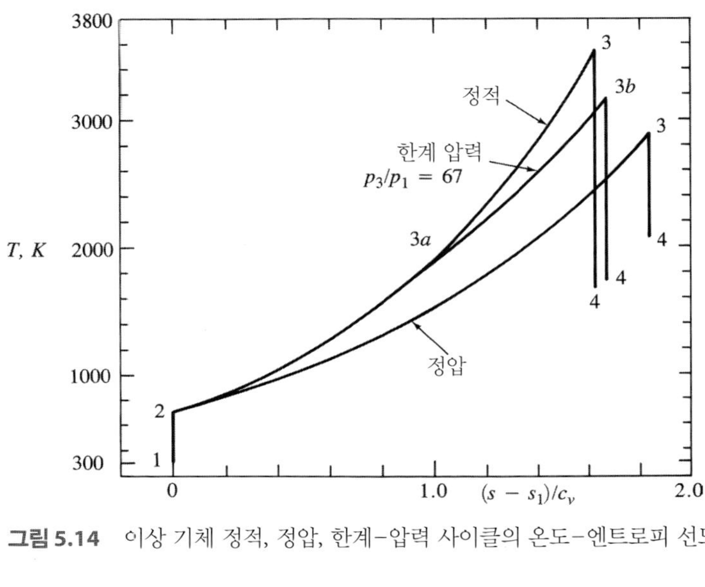

그림 5.14 이상 기체 정적, 정압, 한계-압력 사이클의 온도-엔트로피 선도. 가정은 그림 5.6과 같다.

한계-압력 사이클에서

$$S_{3b}-S_2 = mc_v \ln\left(\frac{T_{3a}}{T_2}\right) + mc_p \ln\left(\frac{T_{3b}}{T_{3a}}\right) = mc_v \ln\alpha + mc_p \ln\beta \tag{5.66c}$$

여기서의 α, β는 식 (5.42)에 의해 정의된다.

연소가 끝난 후의 팽창 과정은 단열이고 가역이기 때문에 3부터 4(또는 3*b*에서 4)까지는 엔트로피 변화가 없다. 그림 5.14의 *T-s* 선도에 위 식으로부터 계산한 이들 3가지 엔진 작동 사이클에서의 엔트로피 변화가 그려져 있다. 그림에 있는 세 사이클은 그림 5.6의 *p-V* 선도에 해당하는데 $r_c = 12$, $\gamma = 1.3$이고 $Q^*/(c_v T_1) = 8.525$이다. 연소 과정이 단열이라고 가정했기 때문에 연소 과정 중의 엔트로피 증가는 이 과정의 비가역성을 잘 보여준다.

5.7.3 이상 사이클의 유용성 해석

이상 사이클의 각 과정에 대한 유용성 해석은 유용성 전달의 크기와 손실이 발생하는 영역을 알려 준다.[9] 일반적으로, 그림 5.13에 있는 p_0, T_0의 대기와 교환하는 그림 5.4의 시스템에서, 밸브가 닫혀 있는 사이클 상의 상태 *i*와 *j* 사이에서의 유용성 변화는 다음 식에 의해 주어진다.

$$A_j - A_i = m(a_j - a_i) = m\left[(u_j - u_i) + p_0(v_j - v_i) - T_0(s_j - s_i)\right] \tag{5.67}$$

유용성 변화를 정규화(normalize)하는 가장 적절한 양은 각 사이클에서 엔진 실린더에 공급된 연료의 유용성인 $m_f(-\Delta g_{298})$[e](3.6.2절 참조)이다. 그렇지만 정규화 양으로 $m_f(-\Delta h_{298})$[f] $= m_f Q_{LHV}$을 사용하는 것이 편리한데 그 이유는 이 값이 식 (5.28)에 의해 연소 중의 온도 증가에 관계하기 때문이다. 표 3.3에 보인 것처럼 이들 두 양은 보통 탄화수소 연료에서 몇 퍼센트밖에 차이가 나지 않는다. 식 (5.67)은 식 (5.29)와 함께 다음과 같이 된다.

$$\frac{A_j - A_i}{m_f Q_{\text{LHV}}} = \frac{m(a_j - a_i)}{m_f Q_{\text{LHV}}} = \frac{a_j - a_i}{Q^*} \tag{5.68}$$

압축 과정은 등엔트로피 과정이므로:

$$\begin{aligned} \frac{A_2 - A_1}{m_f Q_{\text{LHV}}} &= \frac{a_2 - a_1}{Q^*} = \frac{(u_2 - u_1) + p_0(v_2 - v_1)}{Q^*} \\ &= \frac{c_v T_1}{Q^*}\left[\left(\frac{T_2}{T_1} - 1\right) - (\gamma - 1)\left(1 - \frac{V_2}{V_1}\right)\right] \\ &= \frac{c_v T_1}{Q^*}\left[(r_c^{\gamma} - 1) - (\gamma - 1)\left(1 - \frac{1}{r_c}\right)\right] \end{aligned} \tag{5.69}$$

여기서 $p_0 = p_1$이라고 가정하였다. 대괄호 안의 첫 번째 항은 압축 행정일 전달이다. 두 번째 항은 대기에 의해 시스템에 행해진 일이며, 이 값은 시스템-대기 복합체가 할 수 있는 유용한 일을 증가시키지 않기 때문에 빼기를 했다.

연소 과정 중에, 정적 사이클에서, 부피와 내부 에너지가 일정하다[식 (5.7*a*, *b*)]. 그래서

$$\frac{A_3 - A_2}{m_f Q_{\text{LHV}}} = \frac{a_3 - a_2}{Q^*} = -\frac{T_0(s_3 - s_2)}{Q^*}$$

[e] Δg_{298}은 단위 연료 질량에 대한 연소 반응에서의 깁스 자유 에너지 변화량이다.

[f] Δh_{298}은 단위 질량 연료의 연소 반응에서의 엔탈피 변화량이다.

$$= -\frac{c_v T_0}{Q^*} \ln\left(\frac{T_3}{T_2}\right) = -\frac{c_v T_0}{Q^*} \ln\left(1 + \frac{Q^*}{c_v T_1 r_c^{\gamma-1}}\right) \tag{5.70}$$

이 유용성 손실은 연소 과정 중의 비가역성 때문에 엔트로피가 증가해서 생긴다. 이 유용성의 손실 또는 파괴는, 연료-공기 혼합물의 초기 유용성의 비율로서 압축비가 증가하면 감소하고(압축비가 증가하면 T_2가 증가하고 T_3/T_2는 열 추가가 일정한 경우 감소하기 때문에), Q^*가 감소하면 증가한다[즉 혼합물이 희박해질수록; 식 (5.46) 참조]. 정압과 한계-압력 사이클에서의 연소 과정중의 유용성 변화는 더 복잡한데, 그 이유는 발생하는 팽창 일 전달에 해당하는 유용성 전달이 시스템으로부터 발생하기 때문이다.

정적 사이클 팽창 행정에서:

$$\frac{A_4 - A_3}{m_f Q_{\text{LHV}}} = \frac{a_4 - a_3}{Q^*} = \frac{(u_4 - u_3) + p_0(v_4 - v_3)}{Q^*}$$

$$= \frac{c_v T_3}{Q^*}\left[\left(\frac{T_4}{T_3} - 1\right) + (\gamma - 1)\left(\frac{p_0}{p_3}\right)\left(\frac{V_4}{V_3} - 1\right)\right]$$

$$= \left[\left(1 + \frac{c_v T_1 r_c^{\gamma-1}}{Q^*}\right)\left(1 - \frac{1}{r_c^{\gamma-1}}\right) - (\gamma - 1)\frac{c_v T_1}{Q^*}\left(\frac{r_c - 1}{r_c}\right)\right] \tag{5.71}$$

(p_1, T_1)에서의 유용성에 대한 상태 4에서의 배기 유용성은 다음 식에 의해 주어진다.

$$\frac{A_4 - A_1}{m_f Q_{\text{LHV}}} = \frac{c_v T_1}{Q^*}\left[\left(\frac{T_4}{T_1} - 1\right) - \frac{T_0}{T_1} \ln\left(\frac{T_4}{T_1}\right)\right] \tag{5.72}$$

그림 5.6과 5.14에 있는 정적 작동 사이클 예제에서의 압축과 팽창 행정에서, (p_1, T_1)에서의 유용성에 대한 실린더 내 가스의 유용성이 그림 5.15에 있다. 식 (5.69)와 (5.71)에서 T_2와 T_4를 각각 T_1과 T_2 사이 그리고 T_3와 T_4 사이의 적절한 중간 값으로 대체해서 압축과 팽창 중의 변화를 계산하였다. 표 5.3에 각 과정에서의 유용성 변화와 그 처음과 끝 상태의 유용성이 데이텀 대기(1기압, 30 K)에 대해 요약되어 있다. 상태 1에서의 연료, 공기, 잔류-가

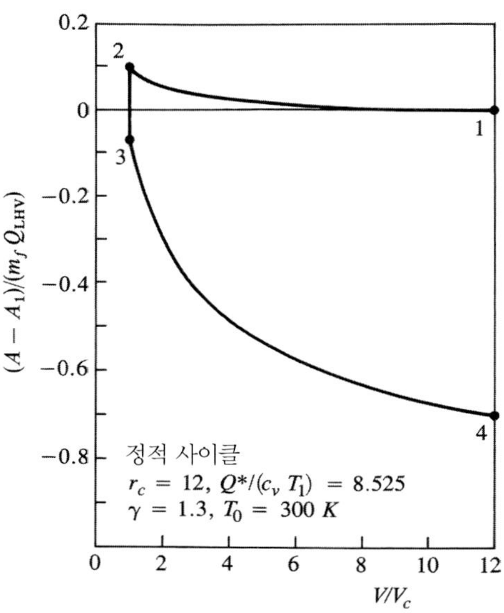

그림 5.15 정적 이상 기체 사이클에서 실린더 부피의 함수로 그린, 상태 1의 유용성에 대한 실린더 내 차지의 유용성. 유용성은 $m_f Q_{\text{LHV}}$으로 무차원하였다. 가정은 그림 5.6과 같다.

표 5.3 정적 사이클에서의 유용성 변화

과정 또는 상태	$\dfrac{A_j - A_i}{m_f Q_{LHV}}$	$\dfrac{A_i}{m_f Q_{LHV}}$
1		1.0294
1-2	0.0976	
2		1.1270
2-3	−0.1710	
3		0.9560
3-4	−0.6237	
4		0.3323
연료 변환 효율 $\eta_{f,i}$	0.526	
유용성 변환 효율 $\eta_{a,i}$	0.511	

$r_c = 12$, $\gamma = 1.3$, $Q^*/(c_v T_1) = 8.525$, $T_0 = 300\,K$, $T_1 = 333\,K$.

스 혼합물의 유용성은 $(1.0286 + 0.0008) m_f Q_{LHV}$이다. 1.0286은 아이소옥탄의 $(-\Delta g^\circ_{298})/(-\Delta h^\circ_{298})$ 비이다(표 3.3 참조). 두 번째 수 0.0008은 T_1과 T_0의 차이를 보정한다. 이 이상 사이클 케이스의 두 일-전달 과정이 가역이기 때문에 연료 변환 효율 $\eta_{f,i}$는 $(A_3 - A_4)/(m_f Q_{LHV}) - (A_2 - A_1)/(m_f Q_{LHV})$에 의해 주어진다. 그 값은 물론 앞에서 $r_c = 12$이고 $\gamma = 1.3$인 경우에 대해 효율에 관한 식 (5.31)로부터 구한 값과 같다. 유용성 변환 효율은 $\eta_{f,i}/1.0286$이다. 유용성 변환 효율을 1보다 작게 만드는 원인은 연소 중에 파괴된 유용성과 이상 정적 사이클에서 상태 4 가스의 유용성을 이용하지 못하는 한계에서 비롯한다. 압축비가 증가할수록 이 두 손실 메커니즘은 크기가 연료의 유용성에 대해 상대적으로 감소한다. 이것이 압축비 증가에 따라 도시 효율이 증가하는 근본적인 원인이다.

5.7.4 당량비 효과

작동 유체 성질에 대한 좀 더 정확한 모델을 가진 연료-공기 사이클을 이용해서 유용성 전환 효율에 미치는 연료-공기 당량비 변화의 효과를 분석할 수 있다. 그림 5.16에 대기 온도와 압력에서, 다른 부피 압축비로 등엔트로피 압축을 한 후에, 정적 연소가 일어날 때의 온도와 엔트로피 증가를 여러 당량비 연료-공기 혼합물에 대해 보여준다.[8] 엔트로피 증가는 연소 과정과 연소가 끝난 후 생성물이 남은 공기와 섞일 때의 비가역성에 기인한다. 이 연소와 연관된 유용성 파괴 손실의 중요성이 그림 5.17에 있는데, 정적 연소 후의 유용성을 입구의 연료-공기 혼합물의 유용성으로 나눈 값을 압축비 12와 36에서 당량비의 함수로 보여준다.[8] 유용성의 손실은 당량비가 1.0 이하로 감소할 때 증가한다.[g] 연소 손실은 비열비의 변화보다 온도와 압력 증가에 더 크게 영향을 받는다.

그러면 왜 그림 5.9에 보인 바와 같이 당량비가 감소할 때 효율은 증가할까? 그 이유는 당량비가 감소할수록 연료의 유용성 중 팽창 행정일 전달의 비중이 커지기 때문이다; 그래서 연료의 유용성의 비율로 볼 때 배기 과정에서의 유용성 손실이 작아진다. 당량비가 감소할

[g] 이는 이상기체 표준 사이클 결과[식 (5.70)]와 일관된다. ϕ가 감소하면 $Q^*/(c_v T_1)$도 감소한다. 자연 로그에 곱해지는 항(증가하는)이 로그 항(감소하는)보다 더 큰 효과를 갖는다.

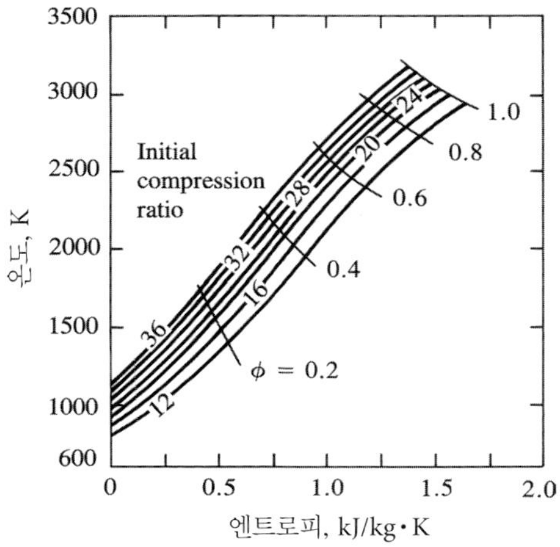

그림 5.16 대기 조건에서 표시된 압축비로 등엔트로피 압축을 한 후 정적 연소를 한 후의 온도와 엔트로피를 압축비와 당량비의 함수로 표시한 그림 (*Flynn et al.*[8])

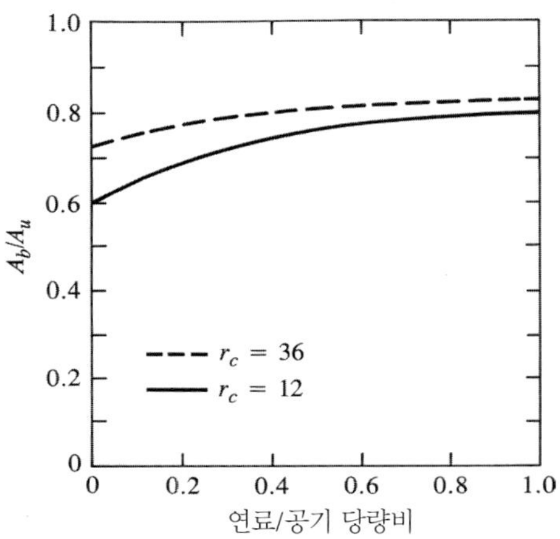

그림 5.17 대기 조건에서 표시된 압축비로 등엔트로피 압축을 한 후 정적 연소를 한 후의 연소 생성물 유용성의 연소 전 유용성에 대한 상대적인 값을 당량비의 함수로 표시한 그림 (*Flynn et al.*[8])

때 연료 유용성의 비율로 본 팽창 행정일의 증가가 연소에서의 유용성 손실보다 크다; 그래서 유용성 변환 효율(또는 이 값에 매우 가까운 연료 변환 효율)이 증가한다.

5.8 실제 엔진 사이클과의 비교 _ *Comparison with Real Engine Cycles*

엔진 과정에 대한 이들 이상 모델을 올바르게 이해하기 위해 이 장에서는 실제 엔진 과정에서의 중요한 추가적인 영향에 대해 간단히 논의한다.

그림 5.18에 압축과 팽창 행정에 있어 실제 엔진의 p-V선도를 이에 해당하는 연료-공기 사이클 해석과 비교하였다.[4] 실제 엔진과 연료-공기 사이클은 압축 시작 전에 같은 기하학적 압축비, 연료 화학 조성과 당량비, 잔류 분율, 혼합물 밀도를 갖는다. 압축 행정 중간쯤에, 연료-공기 사이클의 압력이 실제 사이클 압력과 같도록 하였다.[h] 두 사이클의 압축 행정

[h] 이상적인 밸브 타이밍을 갖는 연료-공기 사이클에서는 압축이 하사점을 지나자마자 시작한다. 대부분의 엔진에서는 차지 압축이 흡기 밸브가 닫히는 하사점 후 30에서 60° 정도 후에 닫힌다. 이 매칭 과정은 근사적이다.

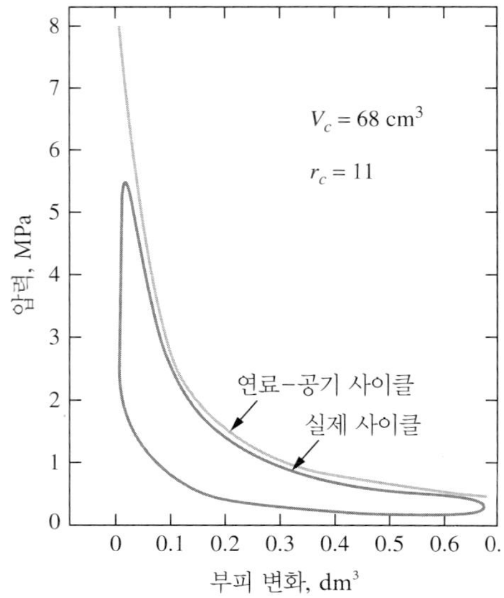

그림 5.18 실제 스파크 점화기관의 압력–부피 선도를 그에 해당하는 연료–공기 사이클의 선도와 비교한 그림. $r_c = 11$. (*Edison and Taylor.*[4]에서)

압력은 거의 일치한다. 흡기와 압축 행정 초기에 약간 차이가 나는 이유는 흡기 과정에서 흡기 밸브를 지날 때 압력이 떨어지고 흡기 밸브가 하사점 후 40에서 60° 정도 후에 닫히기 때문이다. 팽창 행정에서의 엔진 압력이 연료–공기 사이클 압력에 비해 낮은 이유는 다음과 같다: (1) 연소 가스로부터 벽으로의 열전달; (2) 차지를 연소하는 데 걸리는 유한한 시간; (3) 배기 밸브가 하사점 전에 열려 발생하는 블로우다운 손실; (4) 틈새(crevice) 영역으로 들어가는 가스 유동과 피스톤 링을 통해 빠져 나가는 손실; (5) 차지의 불완전연소

점점 중요성이 작아지는 순서로 나열한 이들 차이에 대해 아래에 설명한다. 이들 차이가 최적 타이밍으로 잘 조정된 엔진에서 연료–공기 사이클에 비해 *p-V* 선도에서 에워싸인 면적이 약 85% 정도가 되는 데 기여한다. 그래서 실제 엔진의 도시 연료 변화 또는 유용성 변환 효율이 연료–공기 사이클에서 계산된 효율의 약 0.85배 정도 된다. 이 비율을 사용하여 자주 실제 엔진의 성능을 연료–공기 사이클 결과로부터 추정한다.[i] 실제 엔진의 imep를 그림 5.10의 연료–공기 사이클의 imep/p_1으로부터 추정하기 위해 실린더 내 혼합물 질량에 대한 추가 조정이 필요하다. 도시 효율은 피스톤에 전달된 일을 실린더 내 연료 화학 에너지로 나눈 비이다. 만약 실제 엔진의 실린더 내 질량이 이에 해당하는 연료–공기 사이클의 실린더 내 질량과 다르면 발생한 일도 같은 퍼센트로 다를 것이고 그래서 질량 차이가 상쇄된다. 그렇지만 imep—사이클당 정규화된 일—는 실린더 내 연료 화학 에너지 양에 의존하는 성능 파라미터이다. 흡기 밸브가 닫힐 때의 혼합물의 온도와 압력, 그리고 실린더 부피가 실린더 내에 갇힌 질량에 영향을 준다. 그래서 실제 엔진과 이에 해당하는 연료–공기 사이클의 차이가 실제 엔진의 imep에 영향을 주므로 조정이 꼭 필요하다. 일반적으로 실제 엔진의 imep는 연료–공기 사이클의 imep의 0.85에서 1배 사이이다. 낮은 값은 부분 부하에 해당한다(낮은 imep); 높은 값은 높은 부하에 해당한다.

---

[i] 실제 엔진이 개선됨에 따라 이 비율도 증가한다. 역사적으로, 실제 엔진의 도시 성능과 그에 해당하는 연료–공기 사이클의 예측과의 비율로 0.8이 사용되었다.[1] 지난 수십 년간 오늘날의 엔진의 도시 효율은 점차 개선되었다: 스파크 점화기관이나 디젤 기관의 도시 효율은 이에 해당하는 연료–공기 사이클 효율의 0.85배 정도이다(같은 r_c, ϕ, 초기 조건에서).

1. *열전달.* 미연소 혼합물로부터 실린더 벽면으로의 열전달은 압축 과정에서 p-V선도에 별 영향을 미치지 않는다. 연소 가스로부터의 열전달은 훨씬 더 중요하다(12장 참조). 연소에서의 열전달 때문에 실제 엔진에서 연소 후의 압력은 더 낮다. 팽창에서, 부피가 팽창함에 따라 실제 사이클의 가스 압력은 등엔트로피 선보다 낮아진다. 이 열전달 때문에 효율이 감소한다.
2. *유한한 연소 기간.* 최적 타이밍에 조절한 스파크 점화 시기의 SI 엔진에서, 연소는 보통 상사점 전 크랭크각으로 10~40도에서 시작하고, 상사점 후 8도에서 반 정도 연소하고 상사점 후 30에서 40° 후에 끝난다. 최고 압력은 상사점 후 13에서 15° 후에(그림 1.9 참조) 발생한다. 디젤 엔진에서, 연소 과정은 상사점 직전에 시작한다. 초기 연소가 빠르기 때문에 압력은 급격히 증가하여 상사점 후 5에서 10°에서 최고에 도달한다. 그렇지만 연소의 최종 구간에서는 연소가 매우 느려서 연소가 상사점 후 40에서 50°까지 계속된다(그림 1.24 참조). 그래서 실린더 부피가 간극 부피보다 훨씬 커질 때까지 연소가 계속되기 때문에 엔진 내 최고 압력은 연료-공기 사이클 최고 압력보다 상당히 낮다. 최고 압력 후에, 엔진 내 팽창 행정 압력은 다른 손실 메커니즘이 없는 경우 실린더 가스로부터 일이 덜 추출되었기 때문에 연료-가스 사이클 압력보다 더 높다. 그림 5.6에서의 정적과 한계-압력 사이클의 비교가 이 관점을 보여준다.

   스파크나 연료 분사 타이밍이 최대 효율을 주는 최적 값보다 늦춰지면, 실제 사이클의 최고 압력은 낮아지고 최고 압력 후의 팽창 행정 압력은 최적 타이밍 사이클보다 높아진다.
3. *배기 블로우다운 손실.* 실제 엔진 작동 사이클에서, 4-행정 엔진에서는 배기 행정 초기의 압력을 낮추기 위해 또 2-행정 엔진에서는 소기에 시간을 주기 위해 배기 밸브가 하사점 전 50° 정도에서 열린다. 그래서 배기 행정 끝의 가스 압력은 등엔트로피 선보다 낮게 감소한다. 결과적으로 팽창 행정일이 감소한다.
4. *틈새 효과와 누설.* 실린더 압력이 증가함에 따라 피스톤, 피스톤 링, 실린더 벽 사이의 영역인 틈새로 가스 유동이 발생한다. 이 틈새 영역은 간극 부피의 1 퍼센트나 그 비슷한 정도를 차지할 수 있다. 이 유동은 피스톤 크라운 위의 부피에 있는 질량을 감소시키고 또 이 유동은 간극 벽으로의 열전달 때문에 냉각된다. 예혼합 차지 엔진에서, 이 틈새 가스의 일부가 미연소이고 그 일부는 타지 않을 수 있다. 비록 팽창 후반부에 이들 가스 중 많은 부분이 실린더로 나오지만, 피스톤 링 뒤에 있거나 링들 사이에 있던 일부분이 크랭크 케이스로 들어간다. 그렇지만 이 누설은 잘 설계되고 유지된 엔진에서는 작다(보통 차지의 1 퍼센트 이하). 이들 효과들은 틈새나 누설이 없을 때에 비해 압축 과정 후반부, 연소 중, 그리고 팽창 시의 실린더 내 압력을 감소시킨다.
5. *불완전 연소.* 실린더 차지의 연소가 불완전하다; 배기에 연소할 수 있는 성분들이 있다. 예를 들면, 스파크 점화기관에서 웜-업된 엔진에서 탄화수소 배출은(주로 틈새 영역에서 나오는) 정상적인 작동 조건에서 연료 질량의 약 2% 정도이다; 초과 공기가 있을 때라도 배기에서 일산화탄소와 수소가 연료 에너지의 2에서 3% 또는 그 이상을 차지한다. 그러므로, 실제 엔진에서 방출되는 연료의 화학 에너지는 흡입된 연료 에너지보다 5% 정도 적은데, 다시 말하면 연소 효율(3.5.5절 참조)이 약 95% 정도이

다. 연료–공기 사이클의 연소 후 압력은 완전 연소를 가정했기 때문에 실제 엔진 압력보다 높다. 디젤 엔진에서는 연소 비효율이 1 내지 2%로 작아서 이 영향도 작다.

요약

이들 모든 손실 메커니즘이 엔진 효율에 미치는 영향은 실제 엔진 사이클의 유용성 밸런스에 의해 가장 잘 정의된다. 이런 계산이 몇몇 발표되었다(예, 참고문헌 8.10, 11). 표 5.4가 대표적인 자연–흡기 디젤 엔진에서 실제 사이클 효과 때문에 발생하는 유용성 손실(초기 유용성에 대한 비율로서)을 보여 준다.[10] 이상 사이클에서도 연소와 배기 손실은 존재한다(그렇지만 더 적다[9]). 열전달 손실, 유동이나 공기 역학적 손실, 기계 마찰에 의한 손실로 인한 유용성 손실은 실제 엔진의 효과이다.

그림 5.19에 압축비의 함수로, 표준과 연료–공기 사이클의 효율과 실제 엔진 도시 효율 데이터를 비교하였다. 위의 세 엔진 데이터 세트는 최고 효율 공기/연료비에 대한 것이다. 데이터의 차이는 부분적으로 다른 연료에 기인하는데[(12) 아이소옥탄; (13) 가솔린; (14) 프로판], 이들의 서로 다른 조성과 발열량(부록 D.4 참조)이 효율에 약간 영향을 미치기 때문이다. 또 이들은 연소율과 열전달에 영향을 주는 서로 다른 연소실 형상때문이기도 하다. 압축비 증가에 따른 데이터들과 $\phi = 0.8$(실제 사용한 공기/연료비에 근삿값인)인 연료–공기 사이클 커브의 경향은 비슷하다. 이들 예전 엔진과 연료–공기 사이클의 비 0.8이 근사적으로 성립한다. 그렇지만 압축비가 15 이상인 경우에 데이터에 의하면 실제 엔진의 도시 효율은 거의 변하지 않는다. 압축비가 이보다 커질 경우, 틈새와 열전달 손실의 증가가 계산된 이상 사이클 효율 증가를 상쇄하기 때문이다. 표준 이상 가스 사이클 해석 결과는 적절한 γ(1.25에서 1.3까지)를 선택하는 경우 연료–공기 사이클 해석 결과와 잘 일치한다.

이상 사이클은 편리하지만, 실제 엔진 작동 사이클에 대한 정교하지 않은 근사적인 방법일 뿐이다. 이는 엔진 작동에 대한 열역학적 원리를 보여 주는데 유용하다. 또 주된 엔진 파라미터가 변할 때 근사적인 추정 값을 제공한다. 이들 이상 사이클의 가장 약한 점은 SI 엔진과 CI 엔진의 연소 과정 모델링이다. 이 장에서 제공된 모델 중 어느 것도 엔진 성능을 정확하게 예측할 만큼 실제에 가깝지 못하다. 스파크 점화기관과 디젤 기관에 대한 더 정교한 모델들이 개발되었는데, 이는 14장에서 설명할 것이다.

표 5.4 자연 흡기 디젤에서의 유용성 손실

손실 영역	연료 유용성 중 손실 비율
연소	0.225
배기	0.144
열전달	0.135
공기역학	0.047
기계적 마찰	0.048
전체 손실	0.599
유용성 변환 효율(제동)	0.401

출처: Traupel.[10]

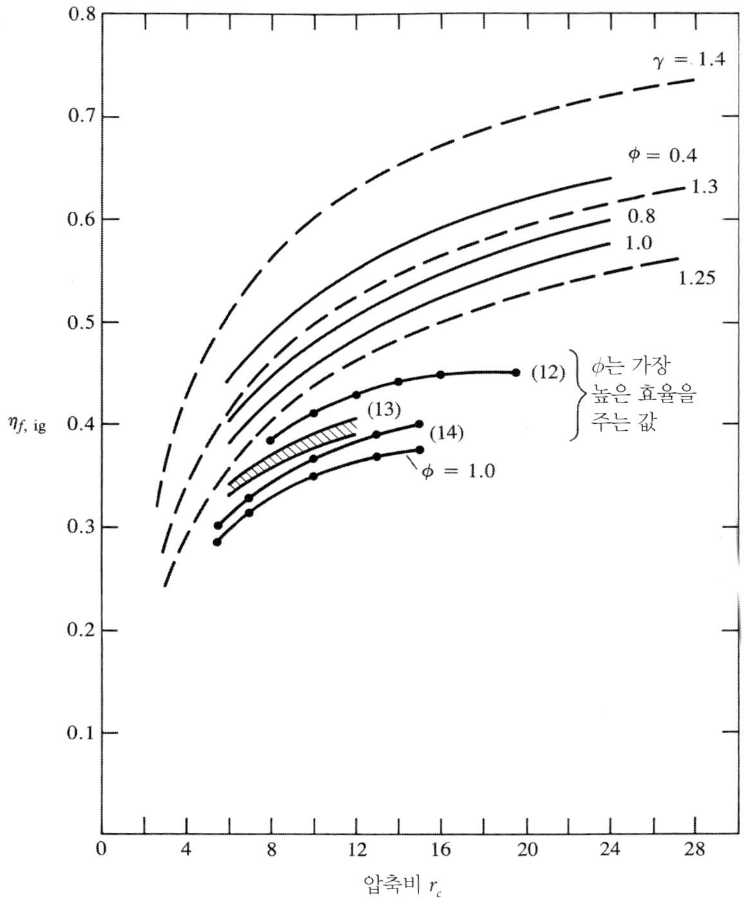

그림 5.19 이상 기체 정적 사이클(점선, $\gamma = 1.25, 1.3, 1.4$)과 연료-공기 사이클(실선, $\phi = 0.4, 0.8, 1.0$)의 압축비 함수로 나타낸 연료 변환 효율. 또 주어진 당량비에서의 엔진 데이터도 있음: 최고 효율 ϕ,[12-14] $\phi = 1$.[14]

연습문제

5.1 많은 디젤 엔진은 한계-압력 사이클로 모델링할 수 있다. 한계-압력 사이클에서는 연료의 일부분이 일정 부피에서 타고 나머지가 일정 압력에서 탄다. 이 사이클에서 $\gamma = c_p/c_v = 1.3$일 때 다음 문제를 해석하라:

입구 조건:	$P_1 = 1.0$ bar, $T_1 = 289$ k
압축비:	15:1
연소 때 더해진 열:	43,000 KJ/kg 연료
전체 연료/공기비;	0.045 kg연료/kg공기

(a) 연료의 반은 일정 부피에서 타고 나머지 반은 일정 압력에서 탄다. *P-V* 선도를 그리고 이 사이클의 연료 변환 효율을 계산하라.

(b) 이 사이클의 효율과 최고 압력을, 전체 연료가 일정 압력에서 타거나 일정 부피에서 타는 경우의 효율과 최고 압력과 비교하라.

5.2 스파크 점화기관의 출력을 다음의 방법에 의해 증가시키려고 한다. (1) 압축비를 8에서 10으로, (2) 흡기 압력을 1.0 bar에서 1.5 bar로 증가시킨다. 정적 사이클을 엔진 작동 모델로 사용해서 어느 방식이 다음을 제공하는지 답하라.

(a) 최고 사이클 압력

(b) 최고 효율

(c) 최고 mep

$\gamma = 1.3$, $(m_f Q_{HV})/(mc_v T_1) = 9.3(r_c - 1)/r_c$

5.3 **(a)** 정적 연소 이상기체 사이클을 이용하여 압축비가 9인 SI 엔진의 작동을 설명하라. 그림 5.2*a*의 2, 3, 4, 5의 압력과 온도를 구하라. 상태 1에서 압력 100 kPa, 온도 320 K를 가정한다. $m_f/m = 0.06$, $c_v = 946$ J/kg · K, $\gamma = 1.3$, 가솔린의 $Q_{LHV} = 44$ MJ/kg을 가정한다.

(b) 이 엔진의 이들 작동 조건에서 도시 연료 변환 효율과 imep를 구하라.

5.4 스파크 점화기관은 부분 부하에서 작동할 때 연료/공기비는 사실상 일정하게 하고 스로틀(흡기 압력이 감소하는) 되어 운전된다. 엔진의 부분 부하 운전은 그림 5.2*d*에 보여진 사이클과 같이 모델링한다: 흡입 공기 압력 p_1, 배기 압력은 대기압 p_a, 대기 온도는 T_a이다. 스로틀링 때문에 이상 정적 사이클 효율로부터의 순 도시 연료 변환 효율 감소를 구하고, 이 값이 $(p_a/p_1 - 1)$에 비례함을 보여라. 연료의 질량≪공기의 질량이라고 가정한다.

5.5 압축비가 15이고 연료는 light diesel oil인 경우, 한계-압력 사이클 분석을 이용하여 도시 연료 변환 효율을 p_3/p_1 =의 함수로 그려라. $m_f/m = 0.04$, $T_1 = 45°C$을 가정한다. $\gamma = 1.3$, $c_v = 946$ J/kg · K을 사용하라.

5.6 같은 압축비에서 왜 정적 연소가 정압 연소보다 도시 연료 변환 효율이 높은지 설명하라.

5.7 두 엔진이 bmep 250 kPa에서 작동하고 있다. 하나는 SI 엔진이고 알맞은 부하를 유지하기 위해 스로틀을 부분적으로 막고 있다. 다른 하나는 자연-흡기 CI 엔진이고 스로틀이 필요 없다. 두 엔진의 기계 마찰 mep는 100 kPa이다. 만약 SI 엔진과 CI 엔진의 흡기 매니폴드 압력이 25 kPa와 100 kPa이고 배기 매니폴드 압력은 105 kPa일 때, 이상 사이클 모델을 이용하여 두 엔진의 총 mep와 순 mep를 구하고 비교하라. 흡기와 배기 밸브에서의 압력 강하는 무시할 수 있다.

5.8 **(a)** 다음 조건에서 이상 정적 사이클을 이용하여 순 imep를 p_1의 함수로 20 kPa$<p_1<$100 kPa에 대해 그려라: $m_f/m = 0.06$, $T_1 = 40°C$, $c_v = 946$ J/kg · K, $\gamma = 1.3$, $Q_{LHV} = 44$ MJ/kg 연료. $P_e = 100$ kPa을 가정한다.
(b) 엔진의 도시 토크와 도시 출력을 그리기 위해서는 어떤 추가 정보가 필요한가?

5.9 **(a)** 정압 연소를 하는 수퍼 차지 사이클에 대해 그림 5.2와 유사한 선도를 그려라.
(b) 정압 연소 이상 기체 사이클을 이용하여 압축비 14의 수퍼 차지 사이클을 하는 엔진을 모델링하라. 그림 5.2의 2, 3, 4, 5의 압력과 온도를 계산하라. 상태 1에서의 압력은 200 kPa, 온도는 325 K를 가정하고, 상태 5,6의 압력은 100 kPa을 가정한다. $m_f/m = 0.03$이고 연료는 light diesel oil이다.
(c) 이 엔진의 이 운전 조건에서 총 그리고 순 도시 연료 변환 효율과 imep를 구하라.

5.10 스파크 점화기관에서 스로틀에 의해 발생하는 펌핑 일을 줄이기 위해 제안된 한 방법은 *조기 흡기 밸브 닫힘*(EIVC)이다. 이상 사이클 *p-V*선도가 그 개념을 설명한다. EIVC 사이클은 1-2-3-4-5-6-7-8-1(기존의 스로틀 사이클은 1-2-3-4-5-6-7*-1)이다. EIVC에서는 흡기 매니폴드가 압력 p_i(기존 엔진 흡기 압력 p_i^*보다 높은)이고, 흡기 밸브는 흡기 행정 중에 8에서 닫힌다. 실린더 안에 갇힌 신기와 잔류 가스가 정상 사이클(더 낮은) 흡기 압력 p_i^*까지 팽창한다. 두 사이클 다 같은 질량의 실린더 안 가스를 가지며, 상태 1에서의 압력도 같다고 가정한다.
(a) *P-V* 선도의 흡기와 배기 과정에 EIVC와 정상 사이클 펌핑 일의 차이를 빗금 쳐서 표시하라.
(b) EIVC 사이클의 최대 펌핑 일 감소를 가져오는 p_i와 V_{EIVC} 값은 무엇인가?
(c) 이 정상 사이클과 EIVC 사이클의 펌핑 일 최대 차이를 p_e, p_i^*, V_c, V_m으로 표현하라. 적절한 이상 사이클 가정을 할 수 있다.

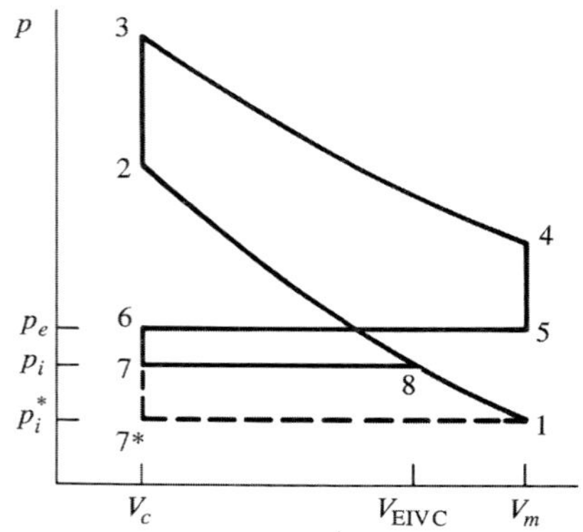

5.11 정적 연료-공기 사이클에서의 다음 파라미터를 계산하라(그림 5.2*a*).
(a) 상태 1, 2, 3, 4, 5, 6에서의 압력과 온도
(b) 도시 연료 변환 효율
(c) imep
(d) 잔류 가스 분율
(e) 체적 효율
흡기 압력 = 1기압, 배기 압력 = 1기압, 흡기 온도 = 300 K, 압축비 = 8:1, 당량비 = ϕ = 1.
위의 파라미터를(a에서 e까지) SI 단위 차트를 이용하여 계산하라. 연료의 발열량은 44 MJ/kg을 사용하라. *힌트*: 잔류 질량 분율 0.03과 잔류 가스 온도 1370 K에서 계산을 시작하라.

5.12 정압 연료-공기 사이클에서 다음 파라미터를 계산하라(그림 5.2*b*).
(a) 상태 1, 2, 3, 4, 5, 6에서의 압력과 온도
(b) 도시 연료 변환 효율
(c) imep
(d) 잔류 가스 분율
(e) 체적 효율
흡기 압력 = 1 기압, 배기 압력 = 1 기압, 흡기 온도 = 300 K, 압축비 = 18:1, 당량비 = ϕ = 0.6.
위의 파라미터를(a에서 e까지) SI 단위 차트를 이용하여 계산하라. 연료의 발열량은 44.4 MJ/kg을 사용하라. *힌트*: 잔류 질량 분율 0.03과 잔류 가스 온도 900 K에서 계산을 시작하라.

5.13 사이클 1-2-3-4-5-6-1은 기존의 압축비 8의 정적 연료-공기 사이클이다. 연료는 저위발열량 44.4 MJ/kg의 아이소옥탄 C_8H_{18}이다. 가스 상태 1에서 $T_1 = 300$ K, $P_1 = 1$ 기압이고 당량비는 1.0이며 잔류 가스는 없다. 상태 1의 비체적은 0.9 m^3/(kg 혼합물의 공기)이다. 상태 2의 압축 후의

온도는 600 K이다.

(a) 이 스파크 점화기관의 연료–공기 사이클 모델의 도시 연료 변환 효율과 평균 유효 압력을 구하라.

(b) 이 사이클의 효율은 압축비 r_c는 같은 값을 유지하면서 팽창비 r_e를 증가시켜 높일 수 있다(사이클 1-2-3-4A-5A-6-1). (이는 밸브 타이밍을 통해 할 수 있다.) 만약 팽창비가 12이고 압축비와 다른 사이클 세부 사항이 (a)에서와 같다면, 이 새 사이클의 도시 효율과 평균 유효 압력(새롭고 더 큰 배기량에 있어서)은 얼마인가?

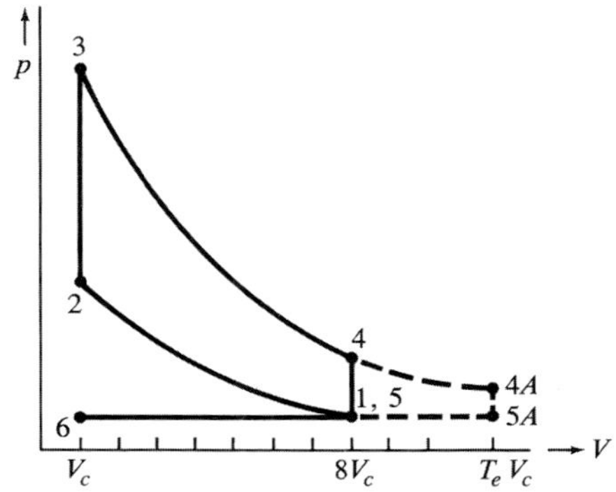

5.14 SI 엔진에서 개질(reformulated) 가솔린의 영향에 대해 알아보고자 한다. 개질 가솔린(낮은 배기 오염물질을 위해) 무게로 2% 이상의 산소를 포함하여야 한다. 하나의 방법은 에탄올(C_2H_6O)를 적절한 비율로 섞어서 이 2% 산소를 공급하는 것이다. 가솔린의 발열량은 44 MJ/kg: 에탄올 발열량은 26.9 MJ/kg이다. 두 연료의 밀도는 0.76 Mg/M^3으로 거의 같다.

(a) 에탄올–가솔린 혼합물에서의 요구되는 에탄올의 질량 분율을 구하라.

(b) 에탄올과 가솔린의 화학양론비의 공기/연료비는 각각 9.0과 14.6이다. 혼합물의 화학양론비인 A/F 비를 구하라.

(c) 연료 분사 시스템은 측정된 공기 질량 유동률에 따라 계산된 연료 부피를 분사한다. 그러므로 가솔린으로 화학양론비에서 운전하도록 설계된 스파크 점화기관에서, 에탄올–가솔린 혼합물로 운전하면 희박하게 운전할 것이다. 어떤 희박한 상대 공기/연료비에서 운전할 것인가?

(d) 만약 그림 5.9의 연료–공기 사이클 결과가 두 연료에 적용된다면, 가솔린 연료에 대한 에탄올–가솔린 혼합물 연료의 제동 연료 소비율의 비는 얼마인다? 이 두 연료의 주어진 운전 패턴에서의 마일/갤론 비는 얼마인다?

5.15 스파크 점화기관에서, 배기는 부분 부하에서, 최대 가스 온도를 낮추고 질소산화물 배출을 줄이기 위해, 흡기로 재순환된다.

(a) 배기 재순환 때문에 실린더 내의 미연소 가스 혼합물 중의 연소 가스 분율(x_b)이 10%(정상 잔류 분율)에서 30%로 증가할 때 발생하는 연소 가스 온도의 감소를 계산하라. 연소가 상사점에서 일정 부피에서 단열로 일어난다고 가정한다. 두 경우 다 압축 끝의 상태는 T = 700 K, p = 1000 kPa, $v = 0.2\ m^3$/(원래 혼합물 중의 공기 1 kg), 당량비는 1.0이다. 연료는 아이소옥탄이라고 가정한다.

(b) 압축비는 8이다. 압축 행정일은 300 kJ/(원래 혼합물 중의 공기 1 kg)이다. 원래 혼합물 중의 공기 1 kg에 대해 위 두 경우의 한 사이클에서의 압축과 팽창 행정 도시 일을 구하라.

(c) 정해진 엔진 형상에서, 미연소 혼합물 중의 연소 가스 분율 30%가 어떻게 10%에 비해 사이클당 일을 증가시킬 수 있는지 설명하라(정성적인 설명만이 요구됨).

5.16 4-행정 사이클 기관의 작동을 개선하기 위해 아래 사이클이 제안되었다. 그 목적은 연소 후의 실린더 가스를 팽창 행정을 연장해서 더 낮은 압력과 온도까지 팽창시켜서 추가 사이클 당 일을 얻어 내는 것이다. 이 사이클은 다음과 같이 구성된다: (1) 흡기 행정; (2) 초기에 흡기 밸브가 열려 있는(실린더 압력은 일정한 상태로) 압축 행정; (3) 상사점 근처에서 빠르게 진행되는 연소 과정; (4) 행정 끝까지 배기 밸브가 닫혀 있는 팽창 행정; (5) 실린더 압력이 블로우다운에 의해 배기 압력까지 빠르게 감소하고 피스톤이 하사점에서 상사점까지 움직이면서 대부분의 가스를 내보내는 배기 행정. 그래서 이 엔진 개념에서는 압축비 r_c(간극체적으로 흡기 밸브가 닫힐 때의 부피를 나눈 비)가 팽창비 r_e(간극체적으로 배기 밸브가 열릴 때의 부피를 나눈 비)보다 작다.

(a) 이 사이클이 스로틀 되지 않고 운전될 때 실린더 가스의 *p-V* 선도를 그려라.

(b) 연료–공기 사이클 계산을 위하여 만든 SI 단위 차트를 이용하여, 압축비 r_c가 8이고 팽창비 r_e는 (1)8; (2)16인 경우에 대해, 이 사이클에 대한 적절한 이상 모델을 이용하여 해석을 진행하라.

다음의 가정을 이용하라: 흡기 밸브가 닫힐 때의 압력은 1 bar; 흡기 밸브가 닫힐 때의 혼합물 온도는 300 K; 혼합물 당량비는 1.0; 연료는 아이소옥탄 C_8H_{18}; 연료 저위발열량은 44.4 MJ/kg; 흡기 밸브가 닫힐 때의 잔류 가스 분율은 0.05; 연료/공기 화학양론비는 0.066.

이 두 팽창비에 대하여. 원래 혼합물의 단위 kg공기에 대한 단위 사이클에서의 도시 일과(표준 차트 단위로) 도시 평균 유효 압력을 계산하라. 평균 유효 압력을 계산할 때 팽창 행정 중에 피스톤에 의해 변위된 부피를 사용하라. 답을 표로 만들라.(*주의*: 사이클 계산을 위해 초기 조건을 제공했다; r_e 값의 변화는 사이클 계산에서 단지 약간의 변경만 요구한다)

(c) 이 개념에 의해 r_e/r_c의 증가가 엔진 효율과 비출력(엔진 단위 무게에 대한 출력)에 미치는 영향에 대해 간단히 논하라. 추가 계산은 필요 없다.

5.17 가장 최초의 성공적인 내연기관은 1860년대에 Lenoir에 의해 개발된 엔진이다. 이 엔진의 작동 사이클은 2-행정(한 크랭크 샤프트 회전)으로 구성된다 첫 번째 행정의 초기

절반에서, 피스톤이 상사점에서 멀어질 때, 연료-공기 혼합물이 흡기 밸브를 통해 실린더 내로 빨려 들어온다. 전체 실린더 부피의 반이 신기로 채워지면 흡기 밸브는 닫힌다. 그러면 혼합물이 점화되고 빠르게 탄다. 첫 번째 행정의 나머지 절반에서, 고압의 연소가스로부터 피스톤으로 파워가 전달된다. 피스톤이 하사점에 있을 때 배기 밸브가 열린다. 배기 행정인 두 번째 행정이 피스톤이 상사점에 도달할 때 사이클을 완성한다.

(a) 이 엔진의 실린더 부피에 대한 실린더 압력 선도를 그려라.

(b) 연료-공기 사이클 계산을 위하여 만든 SI 단위 차트를 이용하여, Lenoir 엔진에 대한 사이클 분석을 수행하고 도시 연료 변화 효율과 도시 평균 유효 압력을 계산하라.

아래의 가정을 한다; 흡기 압력 1 bar; 흡기 혼합물 온도 300 K; 혼합물 당량비 1.0; 연료는 아이소옥탄 C_8H_{18}, 발열량은 44.4 MJ/kg. 틈새 체적은 무시할 수 있다.

(c) 이 값들을 정적 연료-공기 사이클의 대표적인 값들과 비교하라. (열역학 논리를 가지고) 왜 두 사이클이 그렇게 다른 도시 평균 유효 압력을 갖는지 설명하라.

(d) 실제 Lenoir 엔진이 위 (b)에서 계산한 값보다 낮은 효율을 갖는지 간단히 설명하라(실제 이 엔진의 *제동* 연료 변환 효율은 5% 정도이다).

5.18 다음 두 4-행정 스파크 점화기관에 대해 연료-공기 사이클 결과와 도시 연료 변화 효율을 이용해서, 전개 스로틀 조건에서 도시 평균 유효 압력, 최대 도시 출력(KW로)을 구하라.

1. 9.2 cm 직경, 9 cm 행정, 압축비 7, 당량비 0.8에서 작동하는 6기통 엔진
2. 8.3 cm 직경, 8 cm 행정, 압축비 10, 당량비 1.1에서 작동하는 6기통 엔진

실제 도시 엔진 효율은 연료-공기 사이클 효율의 0.85배를 가정한다. 흡기 매니폴드 압력은 1기압에 가깝다. 최대 허용 가능한 피스톤 평균 속도는 15 m/s이다. 간단히 왜 그런지 이유를 설명하라.

(a) 이 두 엔진의 압축비는 다르지만 효율은 거의 같다.

(b) 작은 배기량 엔진의 최대 출력은 더 큰 배기량 엔진과 거의 같다.

5.19 이 문제에서 스파크 점화기관을 사용하는 자동차에서 천연가스, 메탄올, 가솔린을 사용하는 경우의 CO_2 배출에 대해 비교하고자 한다. 세 엔진/연료 조합 모두 화학양론비에서 운행하고 각 연료의 노킹-한계 압축비는 다음과 같다:

연료	노킹-한계 압축비
천연가스	12.0
메탄올	10.5
가솔린	9.0

(a) 각 연료의 단위 화학 에너지 방출(즉 발열량)에 대한 CO_2 질량 생산을 gCO_2/MJ로 계산하라.

(b) 주어진 운전 조건에서, 세 엔진/연료 조합의 최고 *제동* 연료 변화 효율과 이에 따른 단위 엔진 출력당 상대 CO_2 배출을 추정하라(비교를 간단하게 하기 위해 가솔린 값으로 정규화한). 이 추정을 위해서 적절한 가정을 하여야 한다. 이 세 연료에 그림 5.9와 5.10의 연료-공기 사이클 결과가 적용된다고 가정한다. 최고 효율에서 가솔린 엔진은 기계 효율 0.85를 갖는다.

(c) 이들 엔진/연료 조합이 동일한 출력을 만들어낼까? 이 세 엔진/연료 조합에 대해 최대 bmep를 추정하라. 아래 값의 차이를 (있다면) 인정하라(근사적으로). 체적효율, 기계 효율, 연료 변환 효율, 등등(그림 6.3을 먼저 보라). 최대 토크에서의 기계효율은 $\eta_m = 1 - r_c/50$에 의해 근사적으로 계산할 수 있다.

5.20 정적 연소 연료-공기 사이클 모델을 이용하여 내연기관 설계와 운전 변수들의 변화가 엔진 효율에 미치는 영향에 대해 예측할 수 있다. 아래 표가 둘 다 최대 출력의 절반에서 작동하는 디젤과 스파크 점화기관의 주된 차이를 보여준다.

	디젤 기관	스파크 점화기관
압축비	16:1	9:1
연료/공기 당량비	0.4	1.0
흡기 매니폴드 압력	1 bar	0.55 bar

(a) 연료-공기 사이클 결과 그래프(그림 5.9와 5.10)를 이용하여 디젤 기관 *제동* 연료 변환 효율의 스파크 점화기관의 *제동* 연료 변화 효율의 비를 계산하라.

(b) 높은 디젤 제동 연료 변환 효율의 몇 퍼센트가 아래에서 오는지 추정하라

1. 더 높은 디젤의 압축비
2. 더 희박한 디젤 당량비
3. 스파크 점화기관에 비해 디젤에서는 흡기 스로틀링이 없는 것

그래프에 있는 연료 변환 효율 값과 평균 유효 압력 값은 총 도시 값(즉 압축과 팽창 행정에서만 $\int pdV$로 얻은 결과)이다. 필요하다면 실제 엔진에서의 총 도시 효율과 총 도시 평균 유효 압력은 연료-공기 사이클 값의 0.85배라고 가정해도 좋다. 그리고, 각 엔진의 기계적 마찰은 순 도시 출력이나 mep의 30%라고 가정한다.

참고문헌

1. Taylor, C. F.: *The Internal Combustion Engine in Theory and Practice*, vol. 1: *Thermodynamics, Fluid Flow, Performance*, 2d ed., Chaps. 2 and 4, MIT Press, Cambridge, MA, 1966.
2. Lancaster, D. R., Krieger, R. B., and Lienesch, J. H.: "Measurement and Analysis of Engine Pressure Data," SAE paper 750026, *SAE Trans.*, vol. 84, 1975.
3. Edson, M. H.: "The Influence of Compression Ratio and Dissociation on Ideal Otto Cycle Engine Thermal Efficiency," *Digital Calculations of Engine Cycles, SAE Prog. in Technology*, vol. 7, pp. 49–64, 1964.
4. Edson, M. H., and Taylor, C. F.: "The Limits of Engine Performance--Comparison of Actual and Theoretical Cycles," *Digital Calculations of Engine Cycles, SAE Prog. in Technology*, vol. 7, pp. 65–81, 1964.
5. Keenan, J. H.: *Thermodynamics*, John Wiley, New York, 1941; MIT Press, Cambridge, MA, 1970.
6. Haywood, R. W.: "A Critical Review of the Theorems of Thermodynamic Availability, with Concise Formulations; Part 1. Availability," *J. Mech. Engng Sci.*, vol. 16, no. 3, pp. 160–173, 1974.
7. Haywood, R. W.: "A Critical Review of the Theorems of Thermodynamic Availability, with Concise Formulations; Part 2. Irreversibility," *J. Mech. Engng Sci.*, vol. 16, no. 4, pp. 258–267, 1974.
8. Flynn, R. F., Hoag, K. L., Kamel, M. M., and Primus, R. J.: "A New Perspective on Diesel Engine Evaluation Based on Second Law Analysis," SAE paper 840032, *SAE Trans.*, vol. 93, 1984.
9. Clarke, J. M.: "The Thermodynamic Cycle Requirements for Very High Rational Efficiencies," paper C53/76 in *Proceedings of 6th Thermodynamics and Fluid Mechanics Convention*, 1976, Institution of Mechanical Engineers Publications, London, 1977.
10. Traupel, W.: "Reciprocating Engine and Turbine in Internal Combustion Engineering," in *Proc. CIMAC Int. Congr. on Combustion Engines*, Zurich, pp. 39–54, 1957.
11. Clarke, J. M.: "Letter: Heavy Duty Diesel Fuel Economy," *Mech. Engng*, pp. 105–106, March 1983.
12. Caris, D. F., and Nelson, E. E.: "A New Look at High Compression Engines," *SAE Trans.*, vol. 67, pp. 112–124, 1959.
13. Kerley, R. V., and Thurston, K. W.: "The Indicated Performance of Otto-Cycle Engines," *SAE Trans.*, vol. 70, pp. 5–37, 1962.
14. Bolt, J. A., and Holkeboer, D. H.: "Lean Fuel-Air Mixtures for High-Compression Spark-Ignition Engines," *SAE Trans.*, vol. 70, p. 195, 1962.

내연기관

Internal Combustion Engine Fundamentals

CHAPTER 6

가스 교환 과정

Gas Exchange Processes

이 장에선 가스 교환 과정의 기본을 다룬다. 즉 4-행정 사이클 엔진에서의 흡기와 배기 과정, 2-행정 엔진에서의 소기(scavenging) 과정에 대해서다. 흡기와 배기 또는 소기 과정의 목적은 파워 행정 말기에 연소 가스를 제거하고 다음 사이클을 위해 신기를 받아들이는 것이다. 식 (2.54)는 내연기관의 주어진 속도에서의 제동 출력은 실린더 안으로 들어오는 공기 질량유동률에 비례한다는 것을 보여준다. 스로틀을 전개한 상태(전부하)에서 최대의 공기량을 받아들이고 각 실린더 안에서 이 질량을 유지함으로써 최대 출력을 얻을 수 있으므로 이것이 가스 교환 과정의 주된 목적이다. 엔진 가스 교환 과정은 4-행정 엔진에서는 체적 효율(volumetric efficiency), 2-행정 엔진에서는 소기 효율이나 급기(trapping) 효율 같은 종합적인 파라미터에 의해 특징지워진다. 이 종합적인 파라미터들은 매니폴드, 밸브, 포트, 흡기와 배기 나머지 시스템 같은 엔진 서브시스템과 엔진 운전 조건에 의해 결정된다. 그래서 엔진의 흡기와 배기에 있는 각 부품들을 흐르는 유동에 대한 연구가 많이 진행되었다. 수퍼차징이나 터보차징이, 각 실린더로 들어가는 공기의 밀도를 높여서 엔진의 출력 밀도를 높이기 위해 필요한, 엔진으로 들어가는 공기 유동의 증가를 위해 사용된다. 당연히 자연흡기 방식을 사용하는지 (대기에서 직접 공기를 빨아들이는) 수퍼차저나 터보차저를 이용하는지가 가스 교환 과정에 크게 영향을 준다. 위의 토픽들이 이 장의 주제이다.

각 실린더로 들어온 공기량이 연소할 수 있는 연료의 양을 결정한다. 그래서 엔진 전체 시스템이 가능한 많은 공기를 각 실린더로 들여 보내는 능력—주어진 속도에서의 호흡 능력—이 엔진 설계의 매우 중요한 목표이다. 전 사이클의 연소가스를 실린더로부터 내보내는 정도도 실린더로 들어오는 공기에 영향을 준다. 그래서 배기 과정도 중요하다. 스파크 점화기관에서는 주어진 속도에서의 토크는 엔진으로 들어가는 공기량을 제어하여 조절한다. 밸브—보통 스로틀 플레이트—가 흡기관을 일부 막아 공기 유동을 조절한다. 이것이 흡기 매니폴드의 압력과 공기 밀도를 감소시키고 따라서 토크와 파워를 감소시킨다. 어떤 속도에서든지 최대 공기 유동은 전개 스로틀 상태 또는 전부하에서 발생한다.

스파크 점화기관에서는 신기는 연료, 공기 그리고 (배기 제어를 위해서 사용된다면) 재순환된 배기로 구성되기 때문에 혼합물 준비는 흡기 과정의 중요한 목표이다. 혼합물 준비는 적절한 혼합물 구성 성분들의 비율을 달성하고, 여러 실린더 간에 공기, 연료, 재순환된 배기가 균일하게 분포되도록 하는 것을 포함한다. 디젤에서는 단지 공기(또는 공기와 재순환된 배기)만이 빨아들여진다. 혼합물 준비와 매니폴드 유동에 대해서는 7장에서 설명한다. 세 번째 가스 교환 과정의 목표는 만족할 만한 엔진의 운전을 위해, 충분히 빠른 연소과정을 제공하는 실린더 안에서의 유동장을 형성하는 것이다. 실린더 안의 유동에 관해서는 8장에서 설명한다.

6.1 4-행정 사이클에서의 흡기와 배기 과정 _*Intake and Exhaust Processes in the Four-Stroke Cycle*

4-행정 스파크 점화기관에서 흡기 시스템은 보통 공기 필터, 공기 덕트, 스로틀, 흡기 매니폴드, 그리고 각 실린더 흡기 포트나 헤드에 장착된 연료 인젝터로 구성된다. 흡기 과정에서 혼합기가 이 부품들을 통과하거나 지나면서 압력 강하가 발생한다. 흡기 포트와 밸브를 지나면서 상당한 압력 강하가 있다. 배기 시스템은 보통 배기 매니폴드, 배기 파이프, 하나나 그 이상의 배기 오염물질 제어를 위한 촉매 변환기와 하나나 그 이상의 머플러(또는 소음기)로 구성된다. 그림 6.1에 전통적인 스파크 점화기관에서의 흡기와 배기 유동 과정이 고정된 흡배

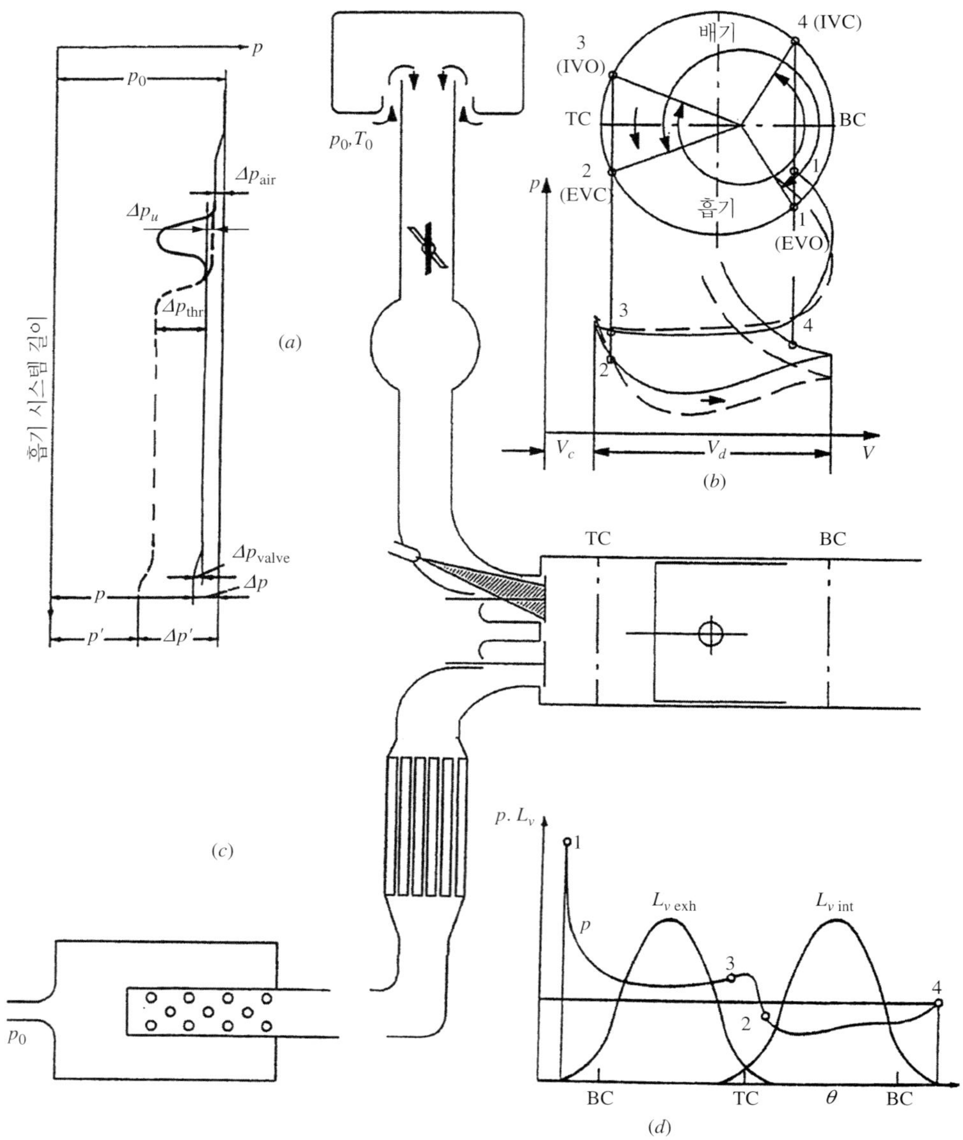

그림 6.1 4-행정 스파크 점화기관의 흡기와 배기 과정: (*a*) 흡기 시스템; (*b*) 밸브 타이밍과 압력-부피 선도; (*c*) 배기 시스템; (*d*) 실린더 압력 *p*와 밸브 리프트 L_v 대 크랭크 각 θ. 실선은 전개 스로틀, 점선은 부분 부하; p_0, T_0는 대기 조건; Δp_{air} = 공기 정화기에서의 압력 손실; Δp_u = 스로틀 상류 흡기 손실; Δp_{thr} = 스로틀에서의 손실; Δp_{valve} = 흡기 밸브 통과시 발생 손실[1]

기 밸브 타이밍과 함께 그려져 있다. 많은 최근의 엔진들은 가변 캠 샤프트 페이징(phasing)을 채택해서 밸브의 개폐 시기를 조정할 수 있다. 밸브 타이밍과 리프트를 변화시키는 다른 방법들도 채택된다. 각 실린더로의 유동은 맥동을 갖는다. 그렇지만 이들 유동의 측면은 준-정상 상태로 해석할 수 있으며 그림 6.1에 있는 흡기의 압력은 다기통 엔진의 시간에 대해 평균한 값을 보여준다.

흡기 시스템을 지나면서 발생하는 압력 강하는 엔진 속도, 시스템 구성 부품들의 유동 저항, 신기가 움직이는 단면적과 흡입 가스의 밀도에 달려 있다. 그림 6.1*d*가 크랭크 각에 따른 밸브의 리프트를 보여 준다. 보통 사용하는 방식은 밸브가 열려 있는 기간을 흡기와 배기 행정보다 길게 해서 실린더 안을 비우고 채우는 효율을 높이고 흡기와 배기 시스템 가스의 관성을 최대한 이용한다. 배기 과정은 보통 하사점 40에서 60° 전(그림 6.1*b* 상태 1, EVO)에 시작한다. 하사점에 이를 때까지 실린더 안의 압력과 배기 시스템 압력 차에 의해 실린더 안의 연소 가스가 빠져나간다. 하사점을 지나면 피스톤이 상사점으로 움직이면서 밀어낸다. 이 배기의 두 단계를 *블로우다운*(blowdown)과 *변위*(displacement)라고 부른다. 대표적으로 배기 밸브는 상사점 15° 후에 닫히고(그림 6.1*b*의 상태 2), 흡기 밸브는 상사점 10에서

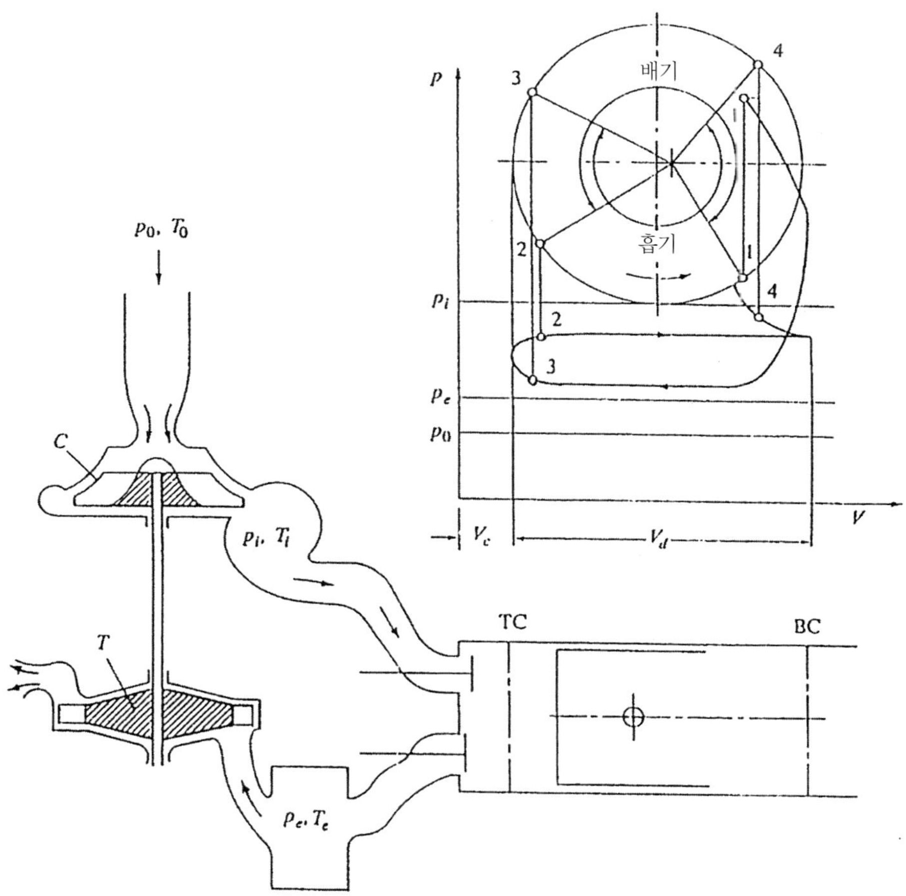

그림 6.2 터보차저 4-행정 디젤 엔진의 흡기와 배기 과정. 터보차저 압축기 *C*가 공기 압력과 온도를 대기의 p_0, T_0에서 p_i, T_i로 올린다. 흡기에서의 실린더 압력은 p_i보다 낮다. 배기 중에 실린더 가스는 배기 매니폴드를 통해 터보차저 터빈 *T*로 흘러간다. 매니폴드 압력 p_e는 배기 과정 중에 변할 수 있으며, 실린더 압력과 외부 압력 사이에 있다.[1]

15° 이전에 열린다(그림 6.1*b*의 상태 3). 두 밸브가 다 열려 있는 기간을 오버랩이라고 부르고, $p_i < p_e$인 경우 배기가 실린더 안으로 들어오고 실린더 가스는 흡기 쪽으로 역류하는 현상이 생긴다. 밸브 오버랩은 고속 엔진 운전에서 긴 밸브 열림 시기가 체적 효율을 개선할 때 유용하다. 피스톤이 상사점을 지나서 움직이고 실린더 압력이 흡기 압력보다 감소할 때 가스가 흡기 쪽에서 실린더로 들어온다. 흡기 밸브는 하사점 이후 50에서 60°까지 열려 있어서(그림 6.1*b*의 상태 4) 높은 엔진 속도에서 하사점 지나서도 신기가 계속 들어올 수 있게 한다.

디젤 엔진 흡기 시스템에서는 포트 연료 분사 시스템과 스로틀이 없다. 디젤 엔진은 터보차저를 더 많이 사용한다. 그림 6.2에 4-행정 터보차저 디젤 엔진의 흡기와 배기 과정이 그려져 있다. 배기 밸브가 열릴 때(상태 1), 실린더 안의 연소 가스가 터빈(T)에 공급되고 이는 압축기(C)를 구동시켜 실린더 안으로 들어가는 공기를 압축한다. 흡입 공기는 보통 냉각기를 사용하여 냉각한다; 인터쿨러(intercooler)라고 불리는 열교환기가 압축기 출구와 흡기 플레넘이나 매니폴드 사이에 있어서 압축된 공기의 온도를 낮추고 밀도를 높인다.

시간에 따라서 변하는 밸브 열린 면적, 실린더 부피와 가스 관성 효과, 흡기와 배기 시스템에서의 파동 전파 때문에 흡기, 실린더, 배기의 압력은 가스 교환 과정 중에 매우 복잡하게 변한다. 이들 과정에 대한 해석은 복잡하다(사용 가능한 방법에 대해서는 7.6.2절과 14.3절 참조). 실제로는 이 과정들은 흡기와 배기 시스템 성능을 정의하는 체적 효율 같은 종합적인 파라미터를 이용하여 실험적으로 다룬다.

그림 6.3이 V-6 가솔린 SI 엔진의 흡기 매니폴드 시스템을 보여 준다. 공기 덕트가 엔진 각 사이드에 하나씩 기계적으로 연결된 두 개의 스로틀을 지나서 두 플레넘으로 가고 여기서 각각 3개의 러너를 통해 흡기 포트에 연결된다. 각 플레넘은 매니폴드보다 넓은 단면적을 가지고 있어서, 플레넘을 지나 흡기 포트로 가는 유동 통로의 서로 다른 길이가 각 매니폴드 러너의 공기 유동에 별 영향이 없도록 하였다. 이 매니폴드에는 스로틀에 가까운 두 러너를 연

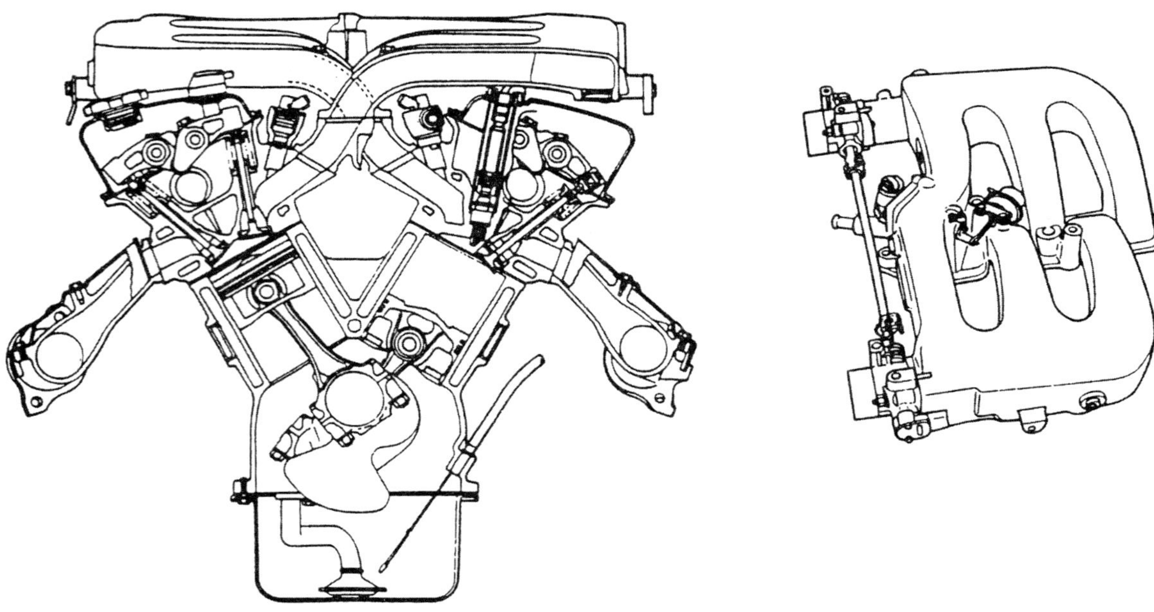

그림 6.3 포트–연료–분사 가솔린 SI 엔진 흡기 시스템과 실린더 헤드 설계: 3.5리터 V-6 엔진[2]

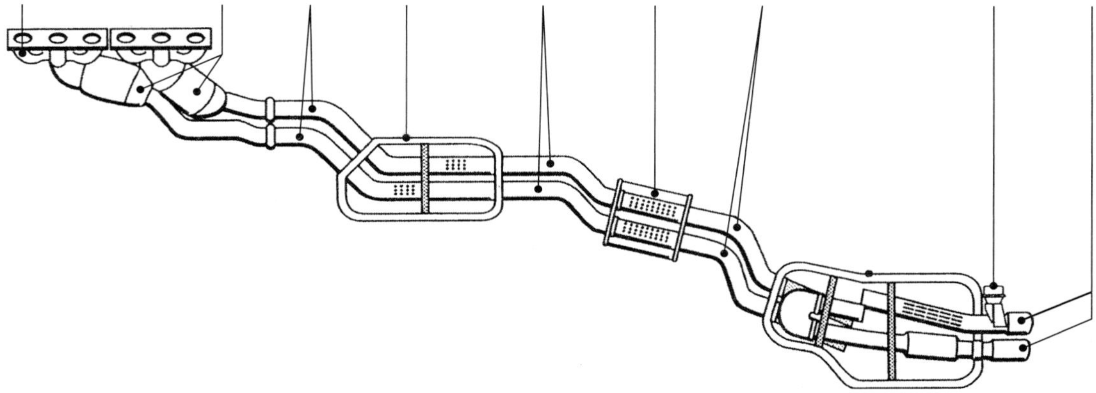

그림 6.4 가솔린 6기통 SI 엔진 배기 시스템, 근접 장착 촉매 변환기와 3개의 머플러.[3](*Roberst Bosch GmbH*와 *SAE* 제공)

결하는 밸브가 있다. 이 밸브는 낮거나 높은 속도에서는 두 플레넘을 격리하기 위해 닫힌다; 중간 속도에서는 이 밸브가 열려 두 매니폴드 브랜치가 연결된다. 엔진 속도가 변할 때 흡기 매니폴드 형상을 바꾸면 서로 다른 공명 현상의 이점을 취할 수 있다

그림 6.4는 다기통 차량용 가솔린 엔진 배기 시스템의 부품과 그 배치를 보여 준다. 배기 매니폴드, 엔진에 근접하게 장착되어 있어서(close coupled) 빠르게 가열되어 NO_x, CO, HC를 제거하는 촉매 변환기, 맥동하는 배기 유동에 의해 발생하는 소음을 흡수하는 한 개 또는 그 이상의 머플러와 연결 파이프들이다. V-6 또는 V-8 엔진에서는 두 개의 병렬 배기 시스템이 자주 쓰인다. 스파크 점화기관의 배기는 매우 온도가 높으므로 배기 시스템 부품들은 고온 합금강으로 만든다.

디젤 엔진의 배기는 가솔린 엔진보다 온도가 낮은데, 그 이유는 디젤은 언제나 희박 조건에서 운전하고 고온의 연소 가스의 에너지를 더 일로 많이 변환하기 때문이다. 가솔린 엔진의 촉매는 입자상물질 트랩과 디젤 NO_x촉매(11장 참조)로 대체한다. 디젤 엔진은 보통 터보차저를 사용하고 터빈은 배기 매니폴드에 가까이 붙여서 효율을 최대화한다. 터보차저 가솔린 SI 엔진에서도 터보차저는 엔진에 가까이 위치하는데, 배기의 가스 온도가 높기 때문에 터빈은 바이패스 밸브 또는 웨이스트게이트(wastegate)가 있어서 배기의 일부를 바이패스 시켜 엔진의 과부하를 막는다.

6.2 체적 효율 _Volumetric Efficiency

자연 흡기 4-행정 사이클 엔진과 그 흡기 배기 시스템의 공기 펌핑 장치로서의 효율의 종합적 척도로 체적 효율을 사용한다. 이는 식 (2.33)에 의해 정의된다.

$$\eta_v = \frac{2\dot{m}_a}{\rho_{a,0} V_d N} \tag{2.33}$$

공기 밀도 $\rho_{a,0}$은 보통 대기 조건에서 결정된다; η_v는 종합 체적 효율이다. 이것은 흡기 매니폴드 조건에서 결정할 수도 있다, $\rho_{a,i}$; 이 경우 η_v는 실린더, 흡기 포트, 밸브만의 펌핑 성

능을 평가한다. 여기서는 스로틀되지 않은 엔진 운전 조건(전개 상태, WOT)만을 다룬다. 이 조건에서의 공기 유동이 엔진 최대 출력을 결정한다. SI 엔진에서 이보다 낮은 출력은 스로틀 밸브를 이용해 흡기 유동 면적을 조정해 얻는다.

이제 체적 효율에 중요한 영향을 주는 몇 가지 현상이나 요인에 대해 알아본다: 즉 엔진의 공기 유동 능력. 이들 요인은:

1. *준-정적*(quasi-static) 효과. 연료 조성, 연료/공기비, 연료 증발, 흡기 공기 온도, 배기와 흡기 매니폴드 압력비, 압축비 등이 모두 흡입 공기량에 영향을 준다.
2. *흡기와 배기 시스템 유동 마찰*. 유동 마찰 때문에 흡기와 배기 시스템에서 압력 강하가 일어난다.
3. *포트와 밸브 유동 마찰*. 흡기 시스템에서 흡기 밸브와 포트가 가장 큰 유동 저항이다. 유동 저항 때문에 포트와 밸브에서 상당한 압력 강하가 있다.
4. *흡기 열전달*. 흡기 매니폴드와 포트에서의 흡기 혼합물에 대한 열전달이 공기의 밀도를 떨어뜨린다.
5. *밸브 타이밍 효과*. 낮은 엔진 속도에서, 흡기 과정에서 실린더로 들어간 상당한 양의 혼합물이 압축 과정에서 흡기 밸브가 닫히기 전에 피스톤에 의해 밀려서 흡기 시스템으로 도로 나온다. 고속에서는 흡기 과정에서 생성된 매니폴드의 높은 모멘텀의 공기가 하사점 지나 흡기 밸브가 열려 있는 동안 추가 공기를 실린더로 밀어 넣는다.
6. *흡기 밸브와 포트에서의 공기 유동 초킹*. 피스톤의 속도가 매우 높을 때, 흡기 포트와 밸브에서 유동 면적이 제일 작은 곳에서 음속에 도달할 수 있다. 초킹이라고 부르는 이 현상이 실린더로 들어가는 공기를 더 이상 증가하지 못하게 한다.
7. *실린더 내 열전달*. 들어 오는 혼합물은 실린더 벽면보다 온도가 낮다. 실린더 내에서의 혼합물로의 열전달이 밀도를 낮춘다.
8. *흡기(와 배기) 튜닝*. 적절한 흡기와 배기 시스템 설계를 통해, 맥동 유동에서 발생하는 파동 현상을 이용하면 특정 속도에서 흡기 말기에 흡기 포트의 압력을 높일 수 있고, 배기 포트의 압력을 낮출 수 있다.
9. *터보차징 또는 수퍼차징*. 압축기나 송풍기를 통해 실린더로 들어가는 흡기를 압축하여 공기의 밀도를 높이고 실린더로 들어가는 공기의 질량을 증가시킬 수 있다.

위에서 설명한 변수 외에 이 인자들은 흡기와 배기 시스템 부품들의 설계, 배치, 세세한 기하학적 형상에 영향을 받으며, 또 실린더 헤드의 세세한 흡기와 배기 포트 및 밸브 형상과 이들이 사이클 중에 어떻게 캠 메커니즘에 의해 구동되는지에 의해서도 영향을 받는다. 앞의 준-정적 효과(첫 번째 항) 외에는 이들 인자들이나 현상의 크기는 흡기 혼합물의 흡기 시스템, 매니폴드, 포트, 흡기 밸브에서의 속도에 따라 크게 변화한다. 준-정적 유동의 한 지점에서의 속도는 체적 유동률을 그 면적으로 나눈 것과 같다. 흡기 시스템, 포트와 밸브의 크기는 실린더 직경에 의존하기 때문에 흡기에서의 공기 속도는 피스톤의 속도에 비례한다(왜냐하면 각 실린더로 공기를 빨아들이는 것은 피스톤 움직임이기 때문). 그래서 체적 효율은 피스톤 속도에 크게 의존한다. 그러므로 서로 다른 엔진의 체적 효율은 엔진 속도에서 비교하지 말고 일정 평균 피스톤 속도에서 비교해야 한다.

이제부터 공기 유동과 체적 효율에 중대한 영향을 미치는 현상 또는 인자에 대해 설명하는데, 특히 속도에 대한 의존에 대해 논의한다.

6.2.1 준-정적 효과

이상 사이클의 체적 효율

그림 5.2d와 e의 이상 사이클에서 아래 변수들의 함수인 체적 효율에 대한 표현을 얻을 수 있다: 흡기 혼합물 압력 p_i, 온도 T_i, 연료/공기비(F/A); 압축비 r_c; 배기 압력 p_e; 사이클 작동 유체의 분자량 M과 γ. 종합 체적 효율은

$$\eta_v = \frac{m_a}{\rho_{a,0} V_d} = \frac{m(1-x_r)}{\rho_{a,0}\left[1+(F/A)\right]} \frac{r_c}{(r_c-1)V_1} \tag{6.1}$$

여기서 m은 사이클 상태 1에서의 질량이다. 아래와 같으므로

$$p_i V_1 = m\frac{\tilde{R}}{M} T_1 \quad \text{and} \quad p_{a,0} = \rho_{a,0}\frac{\tilde{R}}{M_a} T_{a,0}$$

식 (5.38)에 의해 T_1과 T_i 관계식을 만들면 위의 η_v는 아래와 같이 쓸 수 있다

$$\eta_v = \left(\frac{M}{M_a}\right)\left(\frac{p_i}{p_{a,0}}\right)\left(\frac{T_{a,0}}{T_i}\right)\frac{1}{\left[1+(F/A)\right]}\left\{\frac{r_c}{r_c-1} - \frac{1}{\gamma(r_c-1)}\left[\left(\frac{p_e}{p_i}\right)+(\gamma-1)\right]\right\} \tag{6.2}$$

$p_e/p_i = 1$인 경우 { }안의 양은 1이 된다. 식 (6.2)에서 p_i, p_e, T_i, 연료 특성 F/A와 r_c의 변화가 정적인 효과를 가져옴을 알 수 있다. 엔진의 속도 변화로 인한 동적 효과도 있다.

연료 조성, 상(phase), 연료/공기비 효과

스파크 점화기관에서 흡기에서의 가스 상 연료(수증기도)의 존재는 공기의 분압을 혼합물 압력 이하로 낮춘다. 공기, 수증기, 가스 또는 증발한 연료의 혼합물에 대해 흡기 매니폴드 압력을 각 요소의 분압의 합으로 쓸 수 있다:

$$p_i = p_{a,i} + p_{f,i} + p_{w,i}$$

이상기체식을 사용하여 다음과 같이 쓸 수 있다.

$$\frac{p_{a,i}}{p_i} = \left[1+\left(\frac{\dot{m}_j}{\dot{m}_a}\right)\left(\frac{M_a}{M_f}\right)+\left(\frac{\dot{m}_w}{\dot{m}_a}\right)\left(\frac{M_a}{M_w}\right)\right]^{-1} \tag{6.3}$$

수증기에 의한 수정은 보통 작다(≤ 0.03). 몇 가지 일상적으로 사용되는 연료에 대해 이 비율, $p_{a,i}/p_i$가 $(\dot{m}_f/\dot{m}_a)$의 함수로 그림 6.5에 있다. $(\dot{m}_f/\dot{m}_a)$는 연료가 전부 증발한 경우에만 연료/공기비와 동일함을 주의하라.

분자량이 큰 가솔린 같은 전통적인 연료는 연료 증기 그리고 연료/공기비의 영향이 상대적으로 작다. 가스 연료와 에탄올이나 메탄올 증기에서는 체적 효율이 흡기 혼합물의 연료 증기때문에 심각하게 감소한다.

증발한 연료의 비율과 증발 잠열

액체 연료가 증발하고 열전달이 발생하는 정압 유동에서 정상류의 에너지 식은

$$\left[\dot{m}_a h_a + (x_{f,e})\dot{m}_f h_{f,L} + x_{f,e}\dot{m}_f h_{f,V}\right]_A = \dot{Q} + (\dot{m}_a h_a + \dot{m}_a h_a + \dot{m}_f h_{f,L})_B \tag{6.4}$$

여기서 $x_{f,e}$는 증발한 연료의 질량 분율이고 하첨자들은: a, 공기 성질; f, 연료 성질; L, 액체; V, 증기; B, 증발 전; A, 증발 후를 의미한다. 혼합물 각 요소의 단위 질량당 엔탈피 변화를 $C_p\Delta T$에

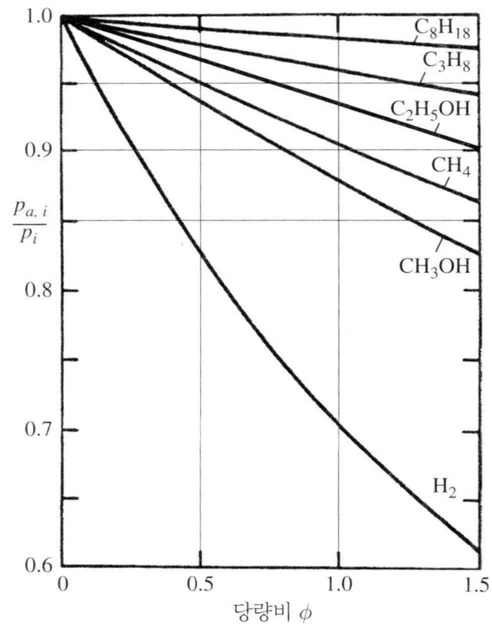

그림 6.5 흡기 공기 분압에 미치는 연료(증기)의 영향. 아이소옥탄 증기, 프로판, 에탄올 증기, 메탄, 메탄올 증기, 수소에 대해, 연료/공기 당량비 의 함수로 그린, 공기 흡기 압력 $p_{a,i}$를 혼합물 압력 p_i로 나눈 비율.

의해 근사화하고 $h_{f,V} - h_{f,L} = h_{f,LV}$(증발 엔탈피)를 이용하면, 식 (6.4)는 다음과 같이 변한다.

$$T_A - T_B = \frac{(\dot{Q}/\dot{m}_a) - x_{f,e}(F/A)h_{f,LV}}{c_{p,a} + (F/A)c_{f,L}} \tag{6.5}$$

$c_{f,L} \sim 2c_{p,a}$이기 때문에 분모의 마지막 항은 보통 무시한다.

액체 연료 포트 분사 SI 엔진에서 분사된 연료의 많은 부분은 흡기 밸브와 포트 벽면에 부딪힌다. 가솔린에서는 이 연료의 증발에 필요한 에너지는 대부분 공기 유동보다는 이들 벽면에서 온다. 그래서 증발에 의한 공기의 냉각은 일부분밖에 이루어지지 않는다. 분사되는 스프레이의 연료 액적 크기가 작아질수록 공기로부터의 열전달에 의한 증발 비율이 늘어난다. 휘발성 액체 연료를 실린더 내로 직접 분사하는 경우, 대부분의 분사된 연료 액적은 공기(와 잔류 가스) 중에 떠 있고 단열 증발 과정을 겪는다. 만약 혼합물로의 열전달이 없다면 액체 연료가 증발한 양에 비례하여 혼합물 온도가 내려간다. 아이소옥탄이 완전히 증발하는 경우 $\phi = 1.0$일 때 $T_A - T_B = -20°C$이다. 같은 조건에서 에탄올과 메탄올에서는 각각 $-73°C$과 $-122°C$가 된다. 실제로는 공기 가열이 일부 일어나고, 포트 분사에서는 연료가 실린더 안으로 들어가기 전에 항상 다 증발하는 것은 아니다.

체적 효율에 관한 이상 사이클 식[식 (6.2)]이 실린더 입구에서 측정된 가스 온도 변화의 영향이 인자$(T_{a,0}/T_i)$에 의한 것임을 보여 준다. 이 온도 스케일링은 낮은 온도에서는 적절하다. 그렇지만 엔진 테스트 데이터들은 고속에서는 체적 효율이 이 온도비에 루트를 씌운 것에 비례함을 보여 준다. 온도에 루트를 씌운 것에 의존한다는 가정이, 엔진의 최대 출력 테스트 데이터를 수정할 때 사용하는 표준 방식이다(2.12절 참조).

흡기와 배기 압력 비와 압축비의 영향

압력비(p_e/p_i)와 압축비가 변함에 따라 주어진 *흡기 압력*에서의 실린더 안에서 잔류 가스가 차지하는 비율이 달라진다. 이 부피가 늘어날수록 체적 효율은 감소한다. 이상 사이클 체적

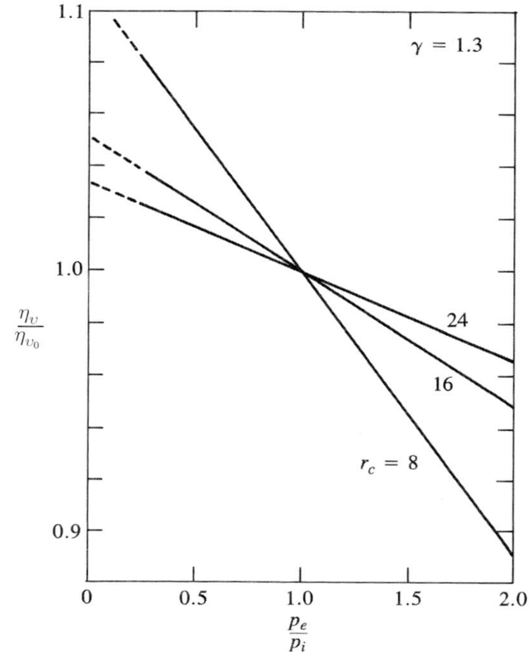

그림 6.6 이상-사이클 체적 효율에 대한 배기 압력의 흡기 압력에 대한 비율의 영향

효율에서 이 효과는 식 (6.2)의 { } 안에 있다. $\gamma = 1.3$일 때 이 효과가 그림 6.6에 그려져 있다. 좀 더 자세한 잔류 가스의 거동이 6.4절에 있다.

6.2.2 흡기와 배기 유동 저항

가스가 비정상 상태로 파이프, 챔버, 포트, 밸브를 지날 때 마찰, 압력과 관성력이 존재한다. 이 힘과 관련된 인자들의 상대적인 중요성은 가스의 속도와 이들 통로와 연결점의 크기와 모양에 달려 있다. 준-정적과 동적 효과가 보통 매우 중요하다. 비록 엔진 속도 변화와 흡기 매니폴드, 포트, 밸브 설계가 서로 연계되어 있지만, 몇몇 체적 효율에 영향을 주는 독립적인 현상을 찾을 수 있다.

흡기 시스템

흡기 과정에서, 흡기 시스템 각 부분에서의 유동에 의한 마찰 때문에, 실린더 안의 압력 p_c는 흡기 압력[a] p_i보다 작은데 이 크기는 유동 속도의 제곱근에 의존한다. 이 전체 압력 강하는 흡기 시스템 각 부분에서의 압력 강하의 합이다: 공기 필터, 덕트, 스로틀, 매니폴드, 흡기 포트, 흡기 밸브. 터보 부스트 엔진에서는 압축기가 공기의 압력을 대기보다 높게 올린다; 각 손실은 몇 % 정도이며 실린더 헤드의 포트와 밸브가 가장 큰 강하를 초래한다. 결과적으로 피스톤이 고속으로 움직일 때 흡기 과정 중의 실린더의 압력은 p_i보다 10 내지 20% 낮을 수 있다.

흡기(그리고 배기) 시스템의 각 부품에서 베르누이 식에 의해

$$\Delta p_j = \xi_j \rho v_j^2$$

여기서 ξ_j는 부품의 유동 저항 계수로서 기하학적 형상에 의존하며 v_j는 그 지점에서의 속도

---

[a] 전개 스로틀 상태의 자연-흡기 엔진에서, p_i는 대기압에 가깝고, 부스트 엔진에서는 p_i는 압축기 출구의 공기 압력에 가깝다.

이다. 유동이 준-정적이라고 가정하면 피스톤이 흡기 유동 v_j를 끌어 당기기 때문에 피스톤 속도 S_p와 다음 관계식을 갖는다.

$$v_j A_j = S_p A_p$$

여기서 A_j와 A_p는 각각 그 부품에서의 최소 면적과 피스톤 면적이다.

그래서 마찰에 의한 전체 준-정적 평균 압력 손실은

$$p_{atm}(\text{or } p_i) - p_c = \sum \Delta p_j = \sum \xi_j \rho v_j^2 = \rho \bar{S}_p^2 \sum \xi_j \left(\frac{A_p}{A_j} \right)^2 \tag{6.6}$$

여기서 평균 Δp 계산을 위해 S_p대신 $\bar{S}_p$을 사용했다. 식 (6.6)은 마찰 손실을 줄이기 위한 부품의 큰 유동 면적의 중요성과 손실이 엔진의 속도에 의존함을 보여 준다. 그림 6.7은 일반적인 4기통 자동차용 엔진의 공기 정화기, 스로틀, 매니폴드 플레넘으로 구성된 흡기 시스템에서의 마찰에 의한 압력 손실을 나타낸다. 이 정상-유동 테스트는 엔진의 전 속도 영역에서 수행되었는데[4] 압력 강하가 속도의 제곱에 비례함을 보여 준다.

흡기 포트와 밸브

엔진 흡기 포트와 밸브는 흡기 시스템과 비견할 만한 저항을 갖는다. 밸브 헤드와 시트의 상대

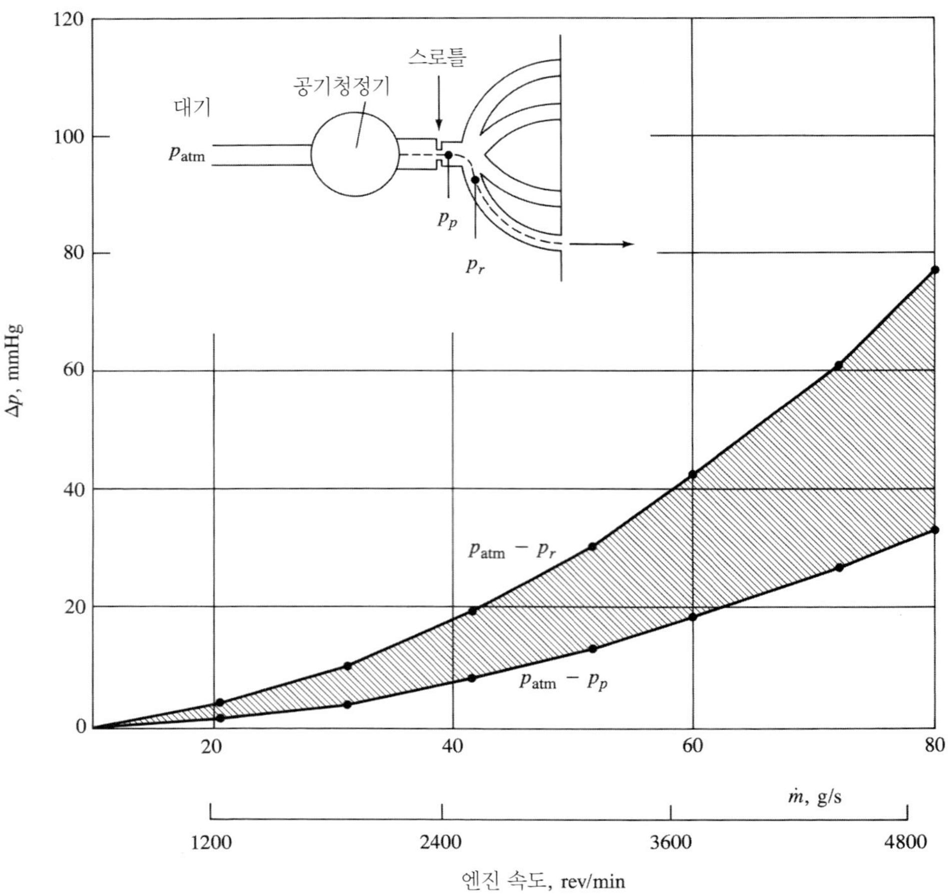

그림 6.7 정상-유동 조건에서 측정한 4-행정 스파크 점화기관의 흡기 시스템의 압력 손실.[4] 행정 = 89 mm, 직경 = 84 mm.

적 크기, 그래서 열린 면적은 실린더 라이너의 크기에 의해 제한된다. 이들에 의해 정해지는 열린 면적이 공기 유동을 제한한다. 그래서 식 (6.6)에 있는 유동 저항에 기여하고 엔진 속도의 제곱에 비례하는 압력 손실(그리고 밀도 감소)을 초래한다. 밸브가 열릴수록 실린더 헤드의 최소 흡입 유동 면적은, 조금 열렸을 때의 밸브 시트와 밸브 헤드 사이에서, 많이 열렸을 때는 밸브 시트에 가까운 포트 면적으로 바뀐다(밸브 리프트가 최대의 반 정도일 때); 6.3.1 참조.

배기 시스템, 포트, 밸브

배기 시스템에서도 유동에 의존하는 압력 강하가 배기 포트와 매니폴드의 압력 수준을 대기보다 높게 만든다. 그림 6.8에 4기통 자연 흡기 자동차용 SI 엔진에서의 시간 평균 배기 매니폴드 게이지 압력(대기에 대한 상대적인)을 흡기 매니폴드 압력(엔진 부하에 따라 달라지는)

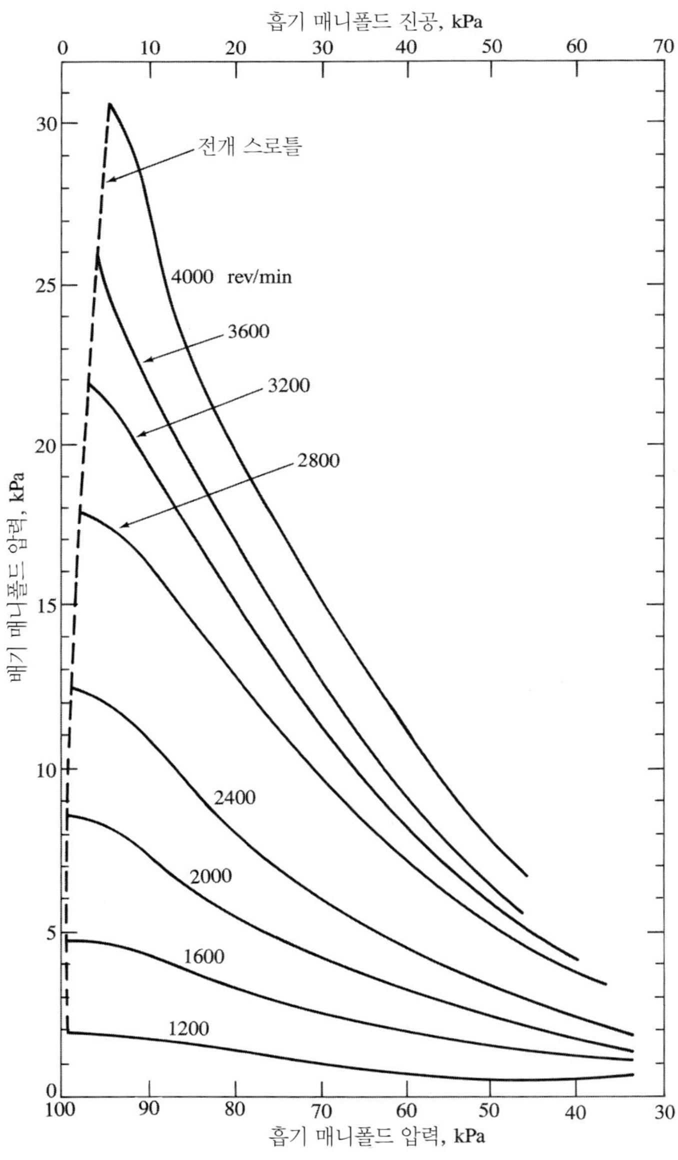

그림 6.8 4-행정, 4기통 SI 엔진에서, 부하(흡기 매니폴드 진공에 의해 정의)와 속도의 함수로 그린 배기 매니폴드 압력

과 속도의 함수로 보여 준다. 높은 부하에서(높은 흡기 매니폴드 압력) 배기 매니폴드의 게이지 압력은 엔진 속도의 제곱보다 빠르게 증가한다. 왜냐하면, 식 (6.6)의 배기 버전에서 알 수 있듯이, 엔진 속도의 증가에 따라 배기 밀도가 감소하기 때문이다.[b] 터보차저 엔진은 높은 부하와 속도에서 배기 매니폴드 압력이 더 높은데, 그 이유는 터빈을 지나면서 상당한 압력이 감소하기 때문이다(그림 6.2 참조). 이 압력 강하는 배기 온도, 엔진 질량 유동률, 작동 부스트 레벨, 웨이스트게이트가 일부 열렸는지에 따라 달라진다(6.8.5절 참조). 낮은 엔진 속도와 부하에서는 터보차저가 엔진 작동에 별 영향을 주지 않기 때문에 터빈 압력 강하는 작다.

배기 밸브와 포트에서의 유동 저항은 흡기 쪽과 비교할 때 덜 중요하다. 왜냐하면 실린더 안의 연소 가스의 많은 부분이 배기 밸브가 열린(EVO) 다음부터 하사점 사이의 블로우다운에서 실린더와 배기 사이의 압력차에 의해 빠져 나가기 때문이다. 그리고 배기가 뜨겁고 밀도가 (대기압에서) 흡입 공기보다 3 내지 4배 낮기 때문이다. 그래서 식 (6.6)에 주어진 바와 같은, 배기 과정 대부분에서(피스톤이 하사점에서 상사점까지 움직이면서 남은 연소 가스를 밀어내는 구간) 배기 밸브와 포트를 지나면서 발생하는 압력 강하는 흡기에서의 실린더 헤드의 유동 저항 압력 강하보다 훨씬 작다.

6.2.3 흡기와 실린더 내에서의 열전달

흡기 열전달

공기가 각 흡기 포트(벽 온도가 냉각수 온도와 유사한 ~90°C)를 지나면서 또 흡기 밸브 표면(~150°C)을 지나면서 흡기 공기의 가열이 일어난다. 이 때문에 2 내지 3%의 체적 효율이 감소한다. 속도가 증가할수록 이 흡기 가열은 약간 감소하는데, 그 이유는 난류의 관 유동에서 열전달이 속도의 0.8승[c]에 비례해서 증가하는데 사이클에서 열전달에 주어지는 시간은 속도에 반비례하기 때문이다. 그래서 속도가 증가할 때 열전달이 증가하는 속도보다 주어진 시간이 감소하는 속도가 더 빠르다. 흡기 열전달이 체적 효율에 미치는 영향은 흡입 공기 온도에 따라 달라진다.

실린더 내부 열전달

공기가 실린더 안으로 들어갈 때, 이 공기는 그 전 사이클로부터 남은 뜨거운 연소 잔류 가스와 섞인다. 이 과정이 공기(포트 분사 엔진에서는 이미 연료와 혼합된)와 잔류 가스 혼합물의 온도를 높인다. 그리고 피스톤, 밸브, 실린더 헤드의 온도가 이 혼합물의 온도보다 높기 때문에 실린더 내의 미연소 혼합물로의 열전달이 발생해서 온도가 더 올라간다. 이 두 과정이 결합해서 1 내지 2%의 밀도 감소(그래서 체적 효율 감소)를 가져온다(실린더 배기량은 주어졌기 때문에).

6.2.4 흡기 밸브 타이밍 효과

고속에서의 램(ram) 효과

각 사이클에서 실린더 안으로 들어 오는 공기 질량—그리고 이에 따른 체적 효율—은 흡기

[b] 높은 엔진속도에서, 한 사이클에서 열전달에 주어지는 시간이 짧아진다. 이는 높은 속도에 의한 높은 열전달률에 의해 일부 상쇄된다. 그래서 엔진 속도 증가에 따라 배기 온도는 증가하며 배기 밀도는 감소한다.

[c] 12장 참조.

과정의 후반부에서의 흡기 포트의 전 압력(total pressure) 수준에 의해 정해진다. 이 전압력은 정적인 압력과 동적 운동 에너지 압력 성분의 합이다. 엔진이 고속으로 회전하는 조건에서, 흡기 밸브가 닫힐 때 흡기 시스템 가스의 관성은 포트의 압력을 높이고, 피스톤이 하사점에 가까이 가면서 속도가 떨어지고 압축 과정을 시작할 때까지 실린더를 계속 채운다. 이 효과는 엔진 속도가 증가할수록 점점 커진다. 고정-밸브-타이밍 엔진의 흡기 밸브는 이 소위 램 효과를 이용하기 위해 하사점 지나서 50에서 60° 지날 때쯤 닫힌다. 이 효과는 고속 엔진 공기 유동을 10% 정도 늘린다. 가변 흡기 밸브 타이밍을 사용하면 이 공기 유동 이익은 더 증가한다.

낮은 속도에서의 역류

흡기 밸브가 압축 과정이 시작된 후에 닫히기 때문에, 피스톤이 상사점을 향해 움직이면서 실린더 내의 압력이 올라갈 때 이미 실린더 안으로 들어왔던 신기가 역류해서 도로 흡기 쪽으로 나가는 현상이 생길 수 있다. 이 역류는 저속에서 가장 크다. 이것은 고속에서의 램 효과를 이용하려고 선택한 흡기 밸브 닫는 시기(IVC) 때문에 저속에서 어쩔 수 없이 발생한다. 고정 밸브 타이밍 엔진에서 이는 상당한 실린더 공기의 손실(1500 rpm에서 ~15%)을 가져온다; 이 조건에서 IVC를 앞당기면 이 손실은 크게 감소한다.

IVC 각 변화가 상대적인 전부하 엔진 토크에 미치는 영향이 그림 6.9에 있다.[6] 고속에서 엔진 마찰의 증가가 오히려 토크를 감소시키는 경우를 제외하면, 토크는 공기 유동에 비례하고 그래서 체적 효율에 비례한다. 하사점 후 50에서 55°인 대표적인 IVC 각이 훌륭한 선택임을 알 수 있다.

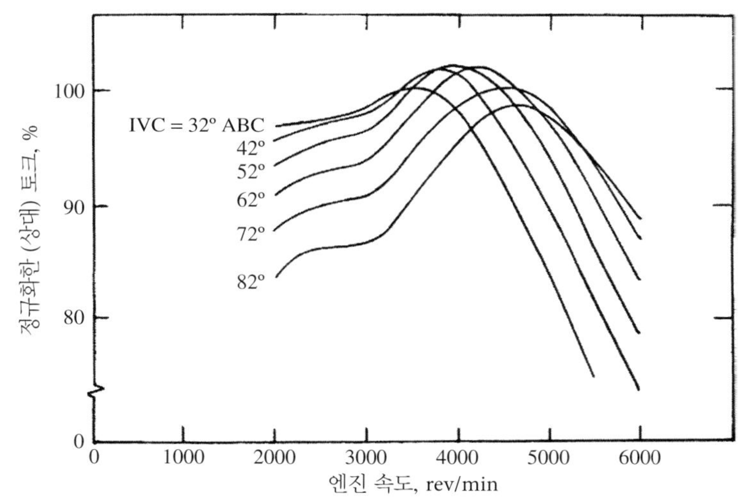

그림 6.9 IVC 각이 가솔린 SI 엔진 토크(정규화한) 미치는 효과 대 엔진 속도. 대표적인 IVC 각은 50에서 55° ABC.[6]

6.2.5 흡기 밸브에서의 공기 초킹

흡기 밸브가 열릴 때, 그 최소 면적—밸브 헤드와 밸브 시트 사이의 원형 링—은 밸브 리프트가 최대의 반에 이를 때[그 이후로는 (밸브 시트에서의) 흡기 포트 면적이 유동 제한 면적이 되는 때(6.3.1절 참조)]까지 증가한다. 흡기 밸브와 포트 시스템 사이의 이 최소 유동 면적을 통해 피스톤의 아래로의 움직임에 의해 공기가 끌려 들어온다. 피스톤 속도와의 관계는 다음 식으로 표현된다.

$$U_{a,\mathrm{IV}} A_{\mathrm{min,IV}} \approx S_p A_p$$

고속에서($\bar{S}_p$~20 m/s; 2.2 참조), 흡입과정의 초기 부분에서, 피스톤 면적에 비해 밸브가 열린 면적이 훨씬 작기 때문에 이 최소 밸브 열린 면적의 공기 속도가 엄청나게 커진다. 대표적인 수치는 (실린더당 4밸브 자동차용 SI 엔진에서):

구체적 엔진 사양:
보어 = 행정 = 85 mm; IV 직경(2 흡기 밸브) = 36 mm; 최대 밸브 리프트 = 10 mm, $\bar{S}_p$~20 m/s. 이 경우 엔진 속도 7000 rev/min에서 밸브 리프트 2에서 3 mm일 때(IVO 후 45° 지나서) 밸브 시트를 지나는 공기의 속도가 300 m/s이다.

표준 대기 조건에서 공기 중 음속은 330 m/s이다. 그래서 밸브 리프트가 수 mm에 도달할 때까지 공기 유동은 초킹—그 지역의 음속보다 더 빠르다—된다. 유동이 초킹되면 유동 제약 지점 하류의 압력을 낮추어도(피스톤 속도를 더 빠르게 하든지) 질량 유동률에는 아무 영향을 주지 못한다: 상류의 압력 증가만이 유동을 증가시킬 수 있다(부록 C 참조). 비록 처음에는 초킹이 흡기 과정의 작은 부분에서만 일어나지만 엔진 속도가 빨라질수록 초킹 구간이 넓어진다. 이 현상이 일어난 후 엔진이 전개 조건(WOT)에서 더 빨라지면, 공기 유동률이 더 빨리 감소한다. 그 이유는 흡기 시스템, 포트, 밸브에서의 유동 손실이 속도의 제곱에 비례해서 커지기 때문이다. 이 초킹이 일어나는 조건이 사실상 (빠르게 증가하는 마찰 손실과 더불어) 엔진의 최고 속도를 정의한다(엔진 제동 출력 감소가 시작하기 때문에).

6.2.6 흡기와 배기 튜닝

그림 6.10이 4기통 자동차용 스파크 점화기관의 전개 스로틀 상태에서 저속과 고속의 흡기와 배기 시스템 압력 변화를 시간에 대해 보여 준다. 가스 교환 과정의 복잡함을 볼 수 있다. 압력 변동의 크기가 엔진 속도가 증가함에 따라 상당히 증가한다. 흡기와 배기의 주 진동수는 각 실린더의 흡기와 배기 과정의 주기에 해당한다. 흡기와 배기에서의 고조파(harmonics)도 명백하다. 흡기와 배기 과정에서 실린더로 들어가고 실린더에서 나오는 맥동 유동은 흡기와 배기 시스템에 압력파를 만들어 낸다. 이 압력파는 이동하는 공기나 배기에 대해 상대적으로 음속으로 전파된다. 이 압력파는 파이프 연결점이나 덕트, 플레넘, 매니폴드, 포트의 막힌 지점과 상호작용을 한다. 이 상호작용이 압력파를 엔진 실린더로 되돌려 보낸다. 이 압력파는 가스 교환 과정을 도울 수도 방해할 수도 있다. 흡기 과정 말기에 흡기 포트의 압력을 높이거나 배기 과정 말기에 배기 포트의 압력을 낮추어서 가스 교환 과정을 도울 때 이를 *튜닝*되었다고 한다.[7]

흡기 시스템 튜닝

시간에 따라 변하는 실린더로의 흡기 유동이 시작되면 팽창파가 흡기 매니폴드를 통해 반대로 전파된다. 이 팽창파가 매니폴드 끝에서 플레넘과의 열린 연결 지점에 도착하면 양의 압력파가 되어 실린더로 되돌아간다. 만약 이들 파동들의 타이밍이 적절히 동조되면(phase) 이 압력파가 흡기 말기에 흡기 포트에 도착해서 보통의 흡기 포트 압력보다 높게 만들 수 있다, 그러면 흡입 공기 질량이 늘어난다.

그림 6.11이 자동차용 4기통 스파크 점화기관의 흡기 시스템, 포트, 밸브를 간략하게 보

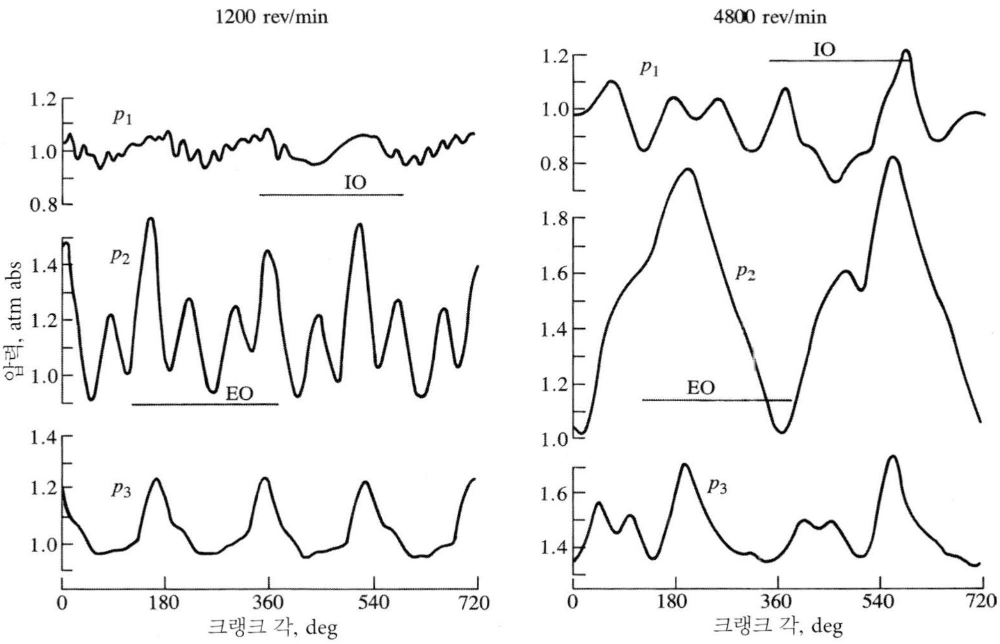

그림 6.10 4-행정 4기통 스파크 점화기관의 전개 스로틀에서 흡기와 배기 매니폴드의 순간 압력. 위치: p_1, 실린더 1로부터 150 mm 떨어진 흡기 매니폴드 러너; p_2, 실린더 1로부터 200 mm 떨어진 배기 매니폴드 러너; p_3, 실린더 1로부터 700 mm 떨어진 배기 매니폴드 러너; IO와 EO는 그 실린더의 흡기와 배기 열린 시기. 행정 89 mm, 직경 84 mm.[4]

여 준다. 공기는 공기 덕트를 통해 스로틀 밸브를 지나서 큰 부피의 플레넘으로 들어가고, 매니폴드 러너를 통해 각 실린더 헤드의 포트와 밸브를 지나 실린더로 들어간다. 플레넘으로부터 밸브까지의 상대적으로 긴 유동 경로를 주의하라. 이런 흡기 시스팀 형상은 두 가지 기본 방식에 의해 *튜닝*될 수 있다: 하나는 플레넘에서 밸브까지의 경로의 길이를 조정하여 엔진 고속 운전에서 추가 공기 유량을 제공할 수 있다; 다른 하나는 공기 덕트와 플레넘의 형상을 이용하여 중속에서 플레넘 압력이 헬름홀쯔 공진기로 진동하도록 하는 것이다.

흡기 밸브가 열리고 (상사점 직전에) 피스톤이 아래로 가속하기 시작하면서 공기를 실린더 안으로 빨아들이면 흡기 포트의 압력이 감소하고 희박파(팽창파)가 음속으로 플레넘쪽으로 전파한다. 팽창파가 (더 큰 부피인) 플레넘에 도착하면, 압축파가 (압력을 증가시키는) 흡기 밸브를 향해서 매니폴드로 되돌아간다. 만약 이 "높은" 압력파가 흡기 행정의 후반부에 흡기 포트에 도달하면, 추가 공기가 실린더로 "밀려" 들어갈 것이다.

관련 수치의 예는:

플레넘으로부터 흡기 밸브 시트까지의 길이 L_1(그림 6.11)이 50 cm이고 음속은 343 m/s일 때 압력파가 흡기 밸브부터 플레넘까지 왕복하는데 걸리는 시간은 3 ms이다. 이는 4500 rev/min에서 흡기 과정 후반부의 약 90도에 해당한다. 이 속도가 보통 고속 튜닝의 피크가 일어나는 속도이다.

튜닝 피크로부터 엔진 속도가 벗어나면, 압력파 현상과 엔진 흡입 유동의 동조가 점점 매칭이 되지 않아서 효과가 점점 떨어진다. 이 공기 유동에의 혜택을 좀 더 낮은 속도로 옮기려면 플레넘으로부터 흡기 밸브까지의 유동 경로가 멀어져야 한다(더 긴 매니폴드 러너 길이

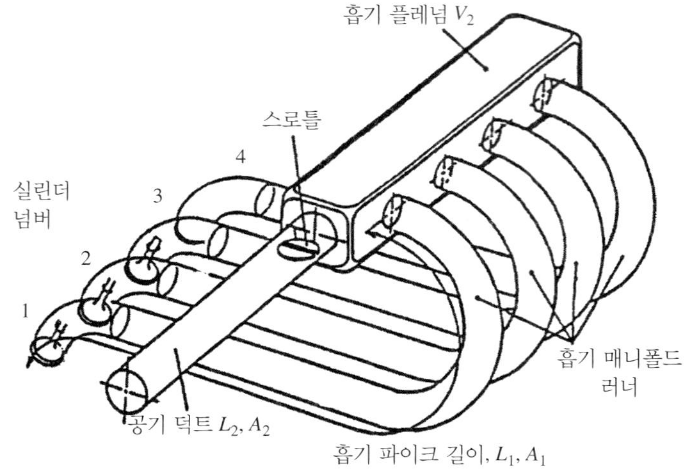

그림 6.11 4기통 자동차 가솔린 SI 엔진의 튜닝된 흡기 시스템 간략도: 공기 덕트, 스로틀, 플레넘, 매니폴드 러너가 보여짐.[6]

가 요구됨). 이는 매니폴드 러너 유동 저항을 크게 하는데, 고속에서는 매우 심각해진다; 또 이는 러너가 이미 길고 흡기 시스템이 크기 때문에 엔진의 부피를 더 크게 할 것이다(그림 6.11이 보여 주듯이).

두 번째 튜닝 방법은 플레넘을 공진기(resonator)로 쓰는 것이다. 스로틀로 연결되는 흡기 공기 파이프의 유동은 각 실린더로 들어 가는 흡기 유동의 합이다. 4기통 4-행정 사이클 엔진의 경우 각 720도 4-행정 사이클의 시작은 크랭크 각으로 180도 떨어져 있다. 그래서 4기통 엔진에서 크랭크축 두 바퀴 회전마다 흡기 파이프에는 4개의 펄스가 발생한다. 이 맥동하면서 흡기 매니폴드 플레넘으로 들어가는 유동이 플레넘 압력이 아래의 주파수로 맥동(Helmholtz oscillator로)하도록 만든다:

$$f_H = \frac{a}{2\pi}\sqrt{\frac{A_2}{L_2 V_2}} \tag{6.7}$$

여기서 a는 흡입 공기의 음속(~340 m/s)이고 A_2, L_2, V_2는 그림 6.11에 표시되어 있다. 만약 플레넘 압력이, 각 실린더에서 흡기 행정 중간쯤에서 피스톤이 공기를 최대한 "빨아들일 때", 더 높다면 추가 공기가 각 실린더로 "밀려" 들어갈 것이다.

대강의 수치는 다음과 같다:
대표적인 자동차 4기통 가솔린 엔진에서 A_2~20 cm^2, L_2~40 cm, V_2~1500 cm^3, 식 (6.7)에 의해 헬름홀쯔 공진 진동수는 100Hz. 이 진동수는 3500 rev/min에 가까운 엔진 속도에서의 고압 피크(4기통엔진에서 한 회전당 두 번)에 해당한다: 이 속도가 두 번째 튜닝의 "in-phase" 엔진 속도이다.

그림 6.12에 이 두 튜닝 모드를 채용해서 얻은 추가 공기량이 보여지는데, 이는 식 (6.2)에서 설명한 체적 효율에 영향을 주는 모든 공기 유동 현상이나 인자들을 다 더한 것이다. 이 그림은 다음 6.2.7절에서 더 자세히 다룰 것이다. 흡기 매니폴드 튜닝은 4500 rev/min 근방에서 약 10 내지 15% 추가시킨다. 흡기 플레넘의 헬름홀쯔 공진기가 2500에서 3500 rev/min 사이에서 10 내지 15%를 추가시킨다.

내연 기관의 흡기와 배기 시스템에서의 비정상 유동을 상당히 정확하게 예측하는 방법

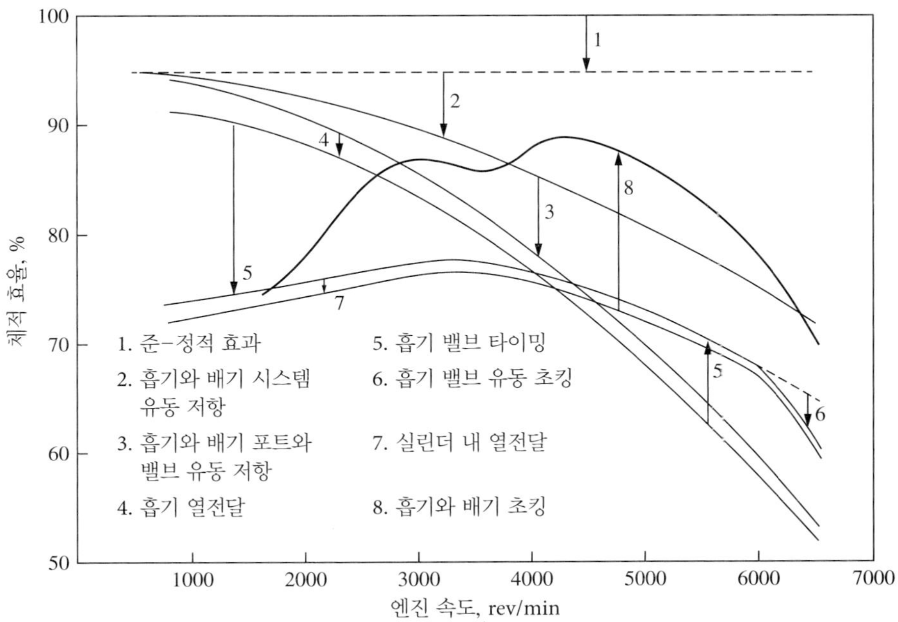

그림 6.12 공기유동률에 영향을 주는 여러 현상이 SI 엔진 체적 효율에 주는 영향 대 속도.[8]

들이 개발되었다. 이 방법들은 복잡하기 때문에 14장으로 미룬다.

배기 시스템 튜닝

각 실린더로부터의 배기 유동 펄스는 그림 6.10에 있는 저속에서의 배기 시스템 압력 선도에서 잘 볼 수 있다(고속에서도 볼 수 있지만 훨씬 복잡함). 전체 배기 시스템—배기 밸브에서 대기까지—에는 여러 가지 부품이 있다(그림 6.4 참조). 이 중 몇몇은(예: 머플러)는 추가 부피를 갖고 있어 플레넘의 역할을 할 수도 있다; 이들 머플러와 촉매 변환기는 배기 유동과 압력 맥동에 댐핑을 줄 수 있다. 그럼에도 이들 유동과 압력 맥동은 파동 현상을 만드는 데 이를 유용하게 사용할 수 있다. 만약 적절한 배치와 형상을 통해 이들 배기 압력파 현상이 배기 행정의 후반부에서 배기 포트에 더 낮은 압력을 만들 수 있으면 추가로 연소 가스를 더 많이 뽑아 낼 수가 있고 다음 사이클의 실린더 안의 잔류 연소 가스 양을 줄일 수 있다. 이는 체적 효율 증가로 이어지는데 그 이유는 (뜨거운) 잔류 가스는 실린더 부피를 차지하고 혼합을 통해 들어 오는 공기를 가열하기 때문이다.

6.2.7 통합 효과: 자연 흡기 엔진

이제 이들 몇몇 현상과 인자들(6.2.1절에서 6.2.6절까지 논의한)이 체적 효율에 미치는 영향에 대해 엔진 속도의 함수로 종합해서 살펴 본다.[d] 그림 6.12에 보여진 결과가 오늘날 자동차 가솔린 엔진의 속도에 대한 대표적인 전개 스로틀 체적 효율이다. 이 그림에서 체적 효율(고정 밸브 타이밍, 자연 흡기 엔진)은 낮은 속도의 약 80%에서 점차 증가하여, 엔진 최고 속도의 약 3/4에서 최고 값(95% 또는 그 이상)에 도달한 후, 공기 유동의 초킹이 일어나고 최대 제동 마력에 도달하는 속도에서 약 10% 감소한 값을 갖는다. 여러 현상들이 아래에 설명

---

[d] 이는 각 인자에 대해 물리적 모델을 적용하고 적절히 종합하여 얻은 결과임.[8]

한 바와 같이 체적 효율에 영향을 준다. 준-정적이고 속도에 독립적인 영향(연료 증기 압력 같은)이 η_v를 100% 이하로 감소시킨다(커브 1). 마찰 유동 손실, 즉 흡기와 배기 시스템에서(커브 2), 실린더 헤드의 포트와 밸브에서(커브 3), 각각이 엔진 속도의 제곱에 비례하여 증가한다. 흡기 매니폴드와 실린더 헤드에서의 유체 가열이 커브를 4로 약간 내린다. 흡기 밸브를 하사점 지나서 늦게 닫는 데 따른 고속에서의 흡기 램 효과와 저속에서의 공기 손실로 인해 커브가 4에서 5로 바뀐다. 고속 엔진 운전 영역에서는 흡기 과정의 일부분에서라도 실린더로 들어가는 공기 유동이 초킹된다. 일단 여기에 도달하면 엔진 속도가 빨라져도 공기량은 늘어나지 않아(커브 5에서 6으로) η_v는 더 빨리 감소한다. 실린더 내에서의 초기 가열이 흡기 유량의 밀도를 낮추어 커브는 7로 변화한다. 마지막으로 흡기 튜닝이 고속에서 매니폴드 러너에서 비정상 흡기 유동에 의해 발생하는 압력파 현상과 각 실린더의 흡기 과정을 동조시켜 공기 유량을 증가시킨다; 그리고 중간 속도에서는 흡기 매니폴드 플레넘에 헬름홀쯔 공진을 일으켜서 (여기서도 각 실린더로 차례로 들어오는 유동과 동조시켜) 커브 8로 변화시킨다. 그림에서와 같이 튜닝에 의해 상당한 체적 효율의 증가를 얻을 수 있다.

속도의 함수인 전 부하 체적 효율에 가장 크게 영향을 미치는 인자는 전체 시스템 유동 저항, 흡기 밸브 닫히는 각도, 흡기 튜닝이다. 이 그래프에서는 엔진 속도의 단위가 rev/min이다: 중요한 "속도"는 피스톤 운동이 흡기 유동을 유발하기 때문에 피스톤 속도이다.

6.2.8 터보차징 효과

터보차징과 수퍼차징은 주어진 배기량에서 엔진으로의 공기 유량을 상당히 늘린다; 6.8절 참조. 엔진 실린더로 들어가는 공기의 밀도를 높여서 흡입되는 공기의 질량을 두 배나 그 이상으로 증가시킬 수 있다. 이 장과 5장에서 설명한 모든 현상이 관계가 있고 중요하다. 그렇지만 상당한 부스팅—공기의 압력을 상당히 높여서 밀도를 높이는[e]—은 큰 영향을 가진다. 체적 효율이 전체 흡기 시스템의 공기 유동 능력을 나타내는 그렇게 유용한 지표는 아님을 주의하라: 식 (6.1)에서 $\rho_{a,0}$ 대신 $\rho_{a,i}$를 사용할 수 있는데 $\rho_{a,i}$는 압축기 출구에서의 공기 밀도(또는 장착한 경우 인터쿨러 출구의)이고 압축기나 인터쿨러와 실린더 사이의 흡기 부분의 성능을 정의한다. 정규화한(normalized) 공기 유동률 파라미터 *specific air consumption*를 이용해서 정규화한 방식으로 엔진으로 들어가는 공기 유동 양을 비교할 수 있다(공기 질량 유동률을 엔진 파워로 나눈 연료 소비율과 비슷함, 2.8절).

$$\text{sac} = \dot{m}_a / P \tag{6.8}$$

제동과 도시 값을 다 가질 수 있으며 단위는 kg공기/kW · h이다. 효과적으로, 터보차징은 그림 6.12의 속도에 대한 종합적인 자연 흡기 체적 효율의 기초 레벨을 상당히 바꾼다.

터보차저 가솔린 엔진에서 압축기를 나가는 공기의 온도는 100°C 정도이다(만약 부스트 압력이 2 bar를 넘으면 더 높을 수 있다). 엔진에 들어가기 전에 흡입 공기를 열교환기(인터쿨러)에 넣어 냉각하면 공기의 밀도가 높아지고 흡입되는 공기의 질량도 증가한다. 이 둘은 미연소 혼합물의 온도를 낮추어 노킹 경향을 낮추고 또 연소 가스 최고 온도를 낮추어 NO_x 배출을 감소하게 한다. 압축기와 스로틀 사이에 위치한 인터쿨러는 보통 대기의 온도가 냉각수 온도보다 낮기 때문에 공기로 냉각한다. 냉각수에 의해 냉각하는 인터쿨러는 더 컴팩

[e] 흡입 공기 온도(이상기체식을 이용해서 밀도를 계산할때도 사용하는 켈빈)는 크게 변화하지 않는데, 특히 인터쿨러 냉각에서 그러하다.

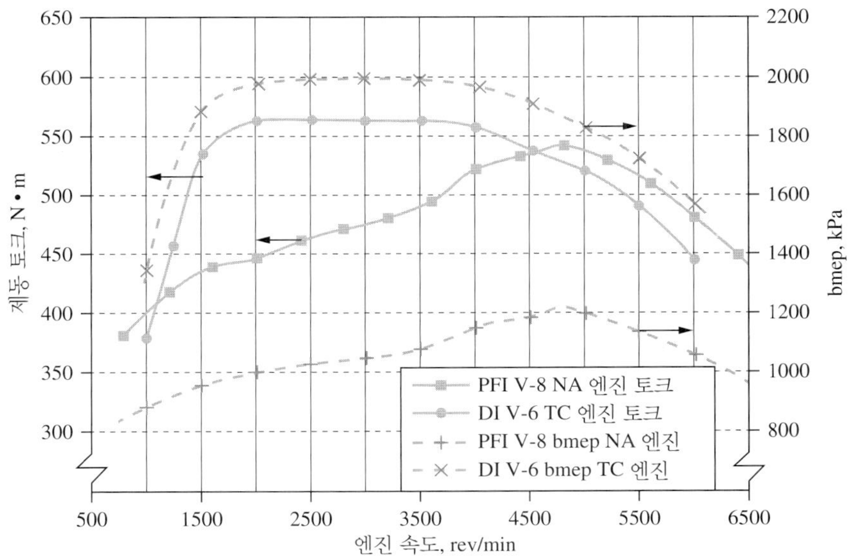

그림 6.13 두 가솔린 엔진의 전부하(WOT)에서의 제동 토크와 bmep를 엔진 속도의 함수로 그린 그림: 5.7 리터 V-8 실린더당 2 밸브 자연-흡기 엔진과 3.6 리터 V-6 터보차저 직접-분사 엔진.

트 하지만 낮은 온도의 냉각수를 필요로 한다. 앞으로는 터보차저 엔진의 압력 증가가 더 커지고 출력이 늘어나는 추세이기 때문에 냉각수로 냉각하는 인터쿨러가 더 많이 사용될 것이다.

그림 6.13은 3.6리터 V-6 터보차저 직접-분사 가솔린 SI 엔진과 5.7리터 V-8 자연—흡기 포트—연료 분사 가솔린 엔진의 전부하(WOT) 토크와 bmep를 속도의 함수로 보여 준다. 두 엔진의 최대 토크와 파워는 비슷하다. 그러나 최대 bmep 값과 속도의 함수인 bmep의 형태는 매우 다르다. 식 (2.48)에 의하면 실린더에 공급되는 공기유동률은 bmep에 비례한다. 자연 흡기 엔진에서 그림 6.13의 bmep 커브와 그림 6.12의 체적 효율 커브는 비슷한 모양을 가진다.[f] 터보차저 엔진의 한 사이클에 실린더로 공급되는 공기의 질량은 1000에서 약 1700 rev/min 사이에 급격히 증가하고 그 이후로 중간 속도 영역에서는 거의 일정하다가 최고 속도에 가까이 가면 급격히 떨어진다. 이 전부하 토크 커브는 자동차에 응용하기에 좋다. 그림 6.13에 보인 터보차저 엔진의 특성은 저속에서 토크를 빠르게 증가시키려고 "작은" 터보차저(엔진 사이즈에 비해)를 사용한 결과이다: 더 큰 터보차저를 사용하면 중간 속도 영역에서 더 많은 사이클당 공기를 공급하고 bmep(그리고 토크)를 증가시킬 수 있다.

그림에 보여진 엔진의 최대 부스트 레벨—흡기 매니폴드 압력—은 1.8 bar(절대) 정도이고 bmep는 2000 kPa 정도이다. 터보차저 엔진의 부스트 수준은 증가하고 있는데, 2500 kPa 정도의 엔진이 양산되고 있고 앞으로는 3000 kPa에 이를 것이다.

6.3 밸브와 포트에서의 유동 _*Flow Through Valves and Ports*

4-행정 엔진에서 밸브 또는 밸브와 포트가 흡기와 배기에서 보통 가장 중요한 유동 제한 기구이다. 포핏 밸브에서의 유동 특성을, 고정된 밸브 개폐 시기와 가변 밸브 개폐 시기와 리프트를 가진 엔진에 대해 알아 본다.

[f] 엔진 속도가 최고값에 육박할 때 엔진 마찰은 bmep 공기 유동 스케일링에 약간 왜곡하는 영향을 미친다.

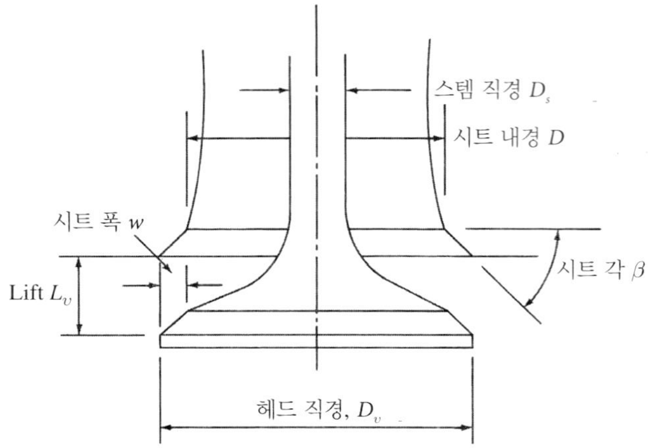

그림 6.14 포핏 밸브 형상을 정의하는 파라미터들

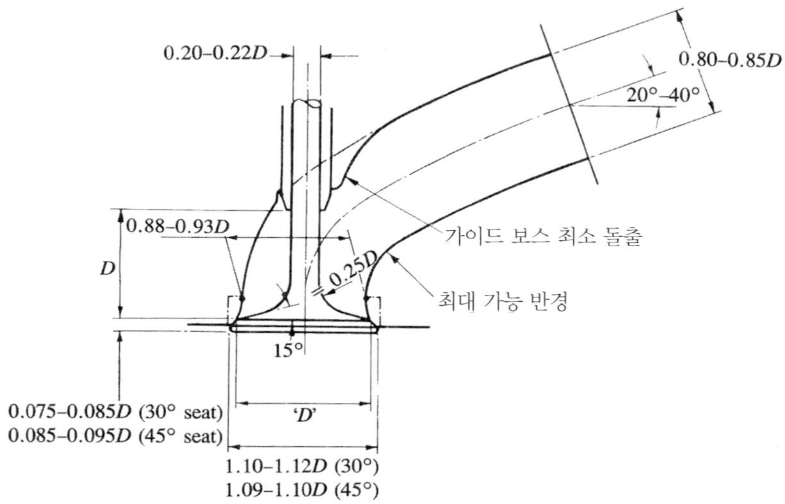

(*a*)

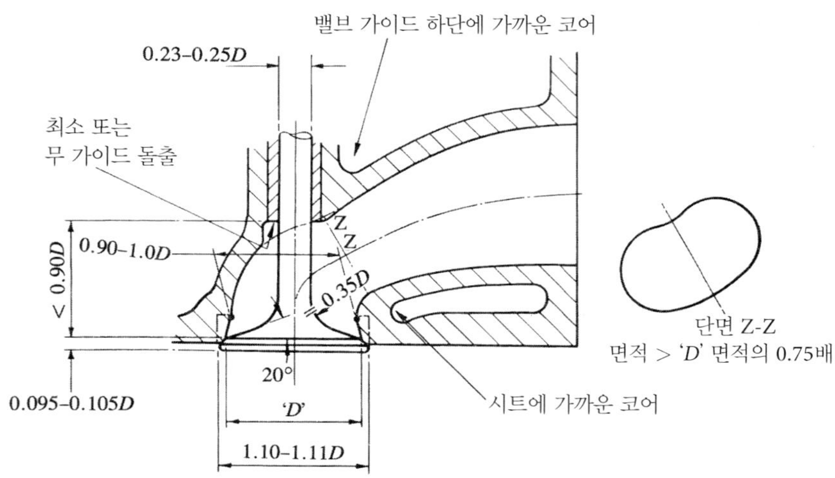

(*b*)

그림 6.15 대표적인 흡기(위)와 배기(아래) 밸브와 포트의 형상, 비율, 주요 설계 영역.[9]

6.3.1 밸브와 포트 형상과 작동

그림 6.14가 포핏 밸브의 헤드와 시트의 주요 형상 파라미터를 보여 준다. 그림 6.15는 대표적인 흡기, 배기 밸브와 포트의 크기를 밸브 시트 내경 D에 대해 상대적 비로 보여 준다. 흡기 포트는 단면이 보통 둥글거나 거의 그렇고 단면적은 요구되는 출력을 얻을 수 있는 정도로만 크게 한다. 배기 포트는 밸브 시트와 가이드 냉각이 중요하고 노출된 밸브 스템이 짧아야 해서 설계가 다르다. 원형 단면이 역시 바람직하지만 가이드 보스 부근에서는 사각형이나 타원형 형태를 자주 택한다.

실린더당 밸브는 2, 3, 4와 심지어 5개까지 적절한 헤드 형상에서 사용된다(여기서 각각 흡기 밸브의 수는 1, 2, 또는 3이다). 흡기와 배기 밸브가 여러 개인 경우 숫자가 많아질수록 밸브 한 개의 밸브 크기는 작아지지만 실린더당 전체 밸브와 포트 유동 면적은 커진다. 과거에는 실린더당 2개 밸브 엔진이 대부분이었다. 요새는 2/3 이상이 4-밸브 엔진이다. 3-밸브 엔진의 공기 유동 특성은 4-밸브 엔진과 흡기 밸브와 포트의 유동 면적이 비슷해서 유사하고, 단일 배기 밸브와 포트의 유동 면적이 약간 작지만 그 영향은 크지 않다. 가변 밸브 타이밍과 제어 메커니즘은 최근 우세한데 그 이유는 이 밸브 작동의 유연성의 효과(대부분 공기 유량의 증가에 의한)가 크기 때문이다. 가변 밸브 제어 메커니즘과 그 작동 특성에 관하여는 6.3.3절에서 좀 더 자세하게 다룬다.

표 6.1에 여러 다른 모양의 연소실의 밸브 헤드 크기를 실린더 직경 B에 대한 비율로 표시했다.[9] 각 연소실 모양(10.2절과 15.4절의 스파크 점화와 디젤 연소실 모양 참조)은 밸브 크기에 대한 다른 제한 조건을 갖는다. 큰 밸브 크기(또는 2에 비해 4 밸브)는 주어진 배기량에서 더 높은 최대 공기 유량을 제공한다.

표 6.1 실린더 직경 B에 대한 밸브 헤드 직경 비[9]

연소실 형상*	흡기	배기	최대 출력에서의 근사적인 평균 피스톤 속도, m/s†
2-밸브 쐐기 또는 목욕통	0.43–0.46B	0.35–0.37B	15–16
2-밸브 반구	0.48–0.5B	0.41–0.43B	17
3-밸브 오픈	0.38–0.4B	0.41–0.43B	19
4-밸브 펜트-루프	0.38–0.41B	0.31–0.35B	20

* 그림 15.26 참조

† 고정-밸브-타이밍 값; 가변 밸브 타이밍 경우 5% 정도 높음.

그림 6.16에 4-행정 사이클 고정-밸브-타이밍 스파크 점화기관에 대해 대표적인 밸브 타이밍, 밸브 리프트 모양, 밸브 열린 면적이 있다. 밸브 타이밍을 정의하는 보편적인 기준은 없다. 일부는 특별한 리프트 기준을 사용한다. 예를 들어 SAE (Society of Automotive Engineers)는 밸브 타이밍 이벤트를 표준 밸브 리프트 포인트에 기준을 둔다:[10]

1. 유압식 리프터: 개폐 포지션은 0.15 mm (0.006 in) 밸브 리프트 포인트
2. 기계식 리프터: 개폐 포지션은 0.15 mm (0.006 in) 리프트와 특정 래시(lash)를 합한 포인트

다른 방식으로 밸브 타이밍 이벤트는 리프트 커브의 각도 기준에 기반을 두고 정의할 수

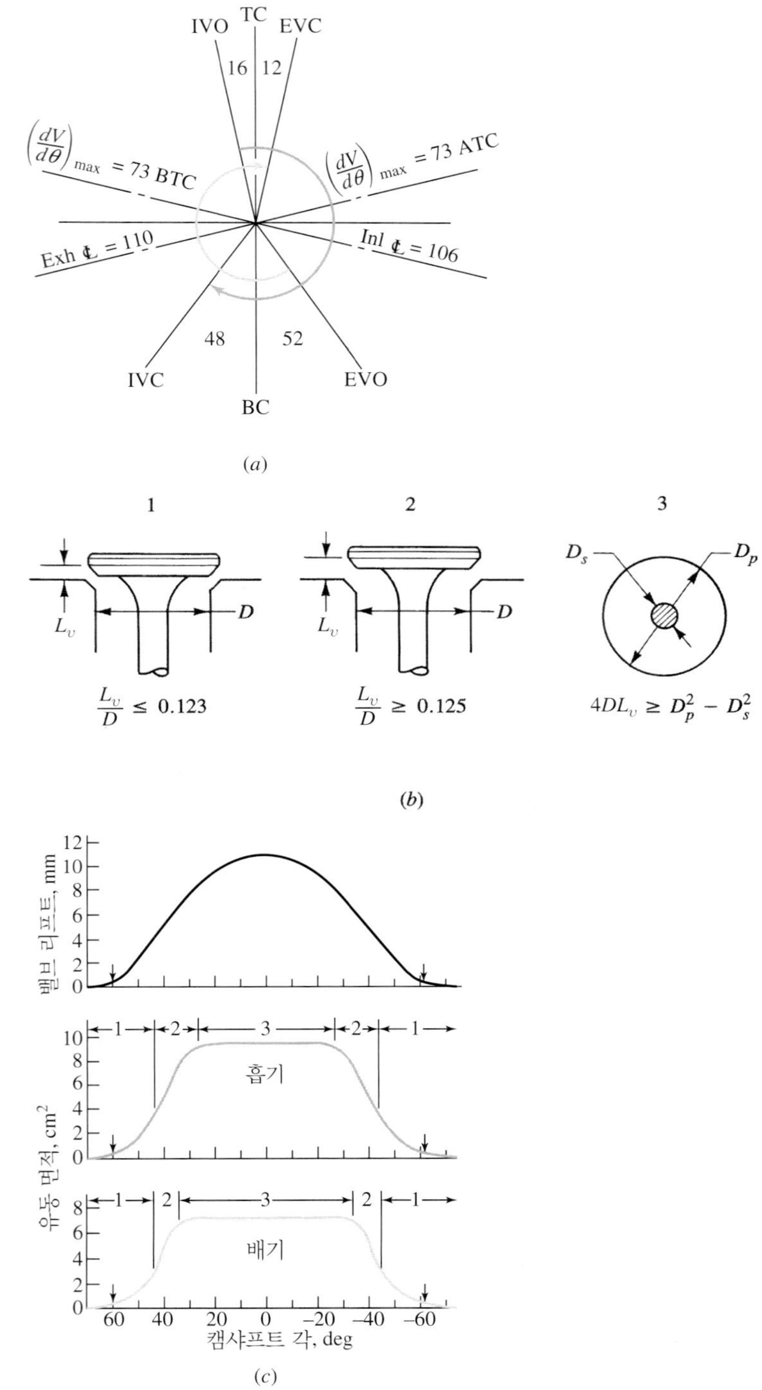

그림 6.16 (*a*) 고속 2.2리터 4기통 고정-밸브-타이밍 스파크 점화기관의 대표적인 밸브 타이밍 다이어그램; (*b*) 밸브 리프트 3 단계 개략도; (*c*) 크랭크 각의 함수로 그린 밸브-리프트 커브와 이에 해당하는 최소 흡기와 배기 밸브 열린 면적. 흡기와 배기 밸브 직경은 각각 3.6과 3.1 cm이다.[11]

있다.[11] 중요한 점은 언제 밸브의 열린 면적을 통해 의미 있는 가스 유동이 시작하거나 끝나는가에 있다.

순간적인 밸브 유동 면적은 밸브 리프트와 밸브 헤드, 시트, 스템의 자세한 모양에 달려 있다. 그림 6.16*b*에 보인 것처럼 밸브 리프트가 증가할 때 유동 면적이 변하는데 세 가지 별개의 과정이 있다. 낮은 밸브 리프트에서, 최소 면적은 원추대 모양인데 밸브와 시트 사이의 시트에 수직한 거리와 밸브 직경에 의해 정의된다. 여기서는

$$\frac{w}{\sin\beta\cos\beta} > L_v > 0$$

최소 면적은

$$A_{\min} = \pi L_v \cos\beta\, D_v - 2w + \frac{L_v}{2}\sin 2\beta \tag{6.9}$$

여기서 β는 시트 각(보통 45도지만 다른 각도도 사용됨)이고 L_v는 밸브 리프트, D는 밸브 헤드 직경(시트의 바깥 직경)이고 w는 시트 폭(시트의 안쪽 반경과 바깥 반경의 차이)이다.
두 번째 단계에서 최소 면적은 첫 번째와 형상은 비슷한데 더 이상 표면이 밸브 시트에 수직이 아니다. 원추의 기초 각이 (90-β)°에서 실린더의 90°로 증가한다. 이 단계에서

$$\left[\left(\frac{D_p^2 - D_s^2}{4D_m}\right) - w^2\right]^{1/2} + w\tan\beta \ge L_v\, \frac{w}{\sin\beta\cos\beta}$$

그리고

$$A_{\min} = \pi D_m \left[\left(L_v - w\tan\beta\right)^2 + w^2\right]^{1/2} \tag{6.10}$$

여기서 D_p는 포트 직경, D_s는 밸브 스템 직경, D_m은 평균 시트 직경 (D_v-w)이다.

마지막으로 밸브 리프트가 충분히 클 때 최소 면적은 더 이상 밸브 헤드와 시트 사이에 있지 않다; 이것은 포트 유동 면적에서 밸브 스템의 단면적을 뺀 것이다. 그래서

$$L_v > \left[\left(\frac{D_p^2 - D_s^2}{4D_m}\right)^2 - w^2\right]^{1/2} + w\tan\beta$$

그러면

$$A_{\min} = \frac{\pi}{4}(D_p^2 - D_s^2) \tag{6.11}$$

그림 6.16*c*에 대표적인 밸브 리프트 모양에 해당하는 흡기와 배기 밸브 열린 면적을 나타내었다. 다른 유동 영역이 표시되어 있으며, 최대 밸브 리프트는 보통 실린더 직경의 12% 정도이다.

흡기 밸브 열림 시기(IVO)는 보통 상사점 10에서 25° 전이다. 엔진 성능은 이 타이밍 포인트에 상대적으로 덜 민감하다. 흡기 밸브는 상사점 전 충분히 이른 시기에 열려서 실린더 압력이 흡기 행정 초기에 떨어지지 않아야 한다. 흡기 밸브 닫히는 시기는 보통 하사점 30에서 70° 후에 있다. 늦게 닫히면 하사점에서 실린더 내의 압력이 흡기 매니폴드 압력보다 낮은 경우 실린더에 공기를 더 채워 넣을 수 있다(고속에서). IVC가 고속 체적 효율을 결정하는 중요한 인자 중 하나이다. 그것은 또 흡기로의 역류 때문에 낮은 속도에서의 체적 효율에 영향을 준다(6.2.4절 참조).

가변 밸브 제어는 이 두 속도 범위에서 IVC가 최적화하도록 해 준다. EVO는 팽창 과정이 끝나기 훨씬 전인 하사점 전 50에서 60° 전에 시작하는데 그 이유는 고속에서 블로우다운 과정이 연소 가스를 내 보내는 것을 도와주기 때문이다. 여기서의 목표는 전체 엔진 속도 영

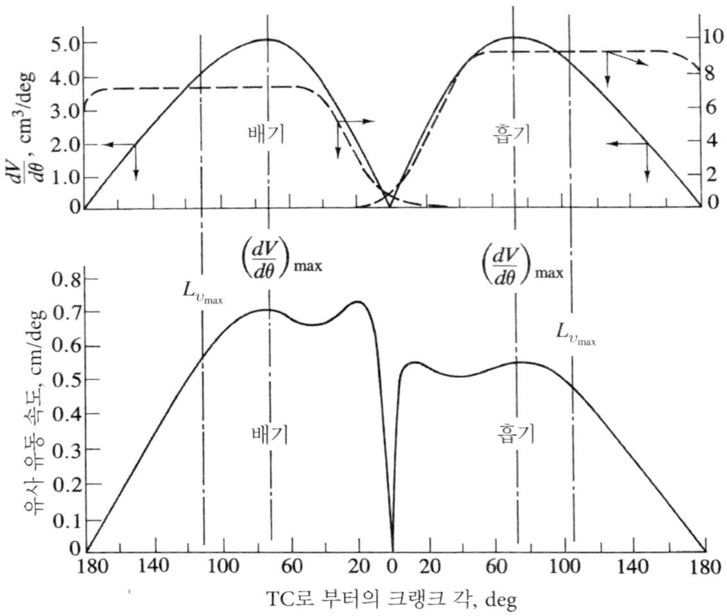

그림 6.17 실린더 부피 변화율 $dV/d\theta$, 그림 6.16의 배기와 흡기 밸브의 밸브 최소 유동 면적 A_{min}, 유사(pseudo) 유동 속도 대 크랭크 각[11]

역에서 하사점 후 실린더 압력을 배기 매니폴드 압력까지 가능한 빨리 낮추는 것이다. EVO 타이밍은 실제 연소 가스 팽창비를 결정하기 때문에 사이클 효율에 영향을 준다. 배기 밸브 닫힘 시기(EVC)는 배기 과정을 끝내며 밸브 오버랩 기간을 결정한다. EVC는 보통 상사점 후 8°도에서 20° 정도 사이에 있다. 스파크 점화기관의 아이들과 낮은 부하 조건(스로틀 되는)에서는—흡기 매니폴드 진공 때문에—연소가스가 배기 밸브를 통해 다시 실린더로 들어오는 양을 결정한다. 높은 엔진 속도와 부하 조건에서는 실린더 연소 가스가 얼마나 많이 나가는 지를 조정한다. EVC는 상사점 후 충분한 시간이 지난 후에 닫혀서 배기 행정 말기에 실린더 내 압력이 올라가지 않도록 해야 한다. 늦은 EVC는 저속 토크와 아이들 연소 안정성을 희생하지만 고속 파워에는 유리한 설정이다. 그림 6.17*a*의 타이밍 그림에서 최대 밸브 리프트와 최대 피스톤 속도(그림 2.2)가 일치하지 않음을 주의하라.

밸브 형상과 타이밍이 공기 유동에 미치는 영향은 실린더 부피 변화를 순간 최소 밸브 유동 면적으로 나눈 각 밸브의 *유사(pseudo) 유동* 속도를 이용해 개념적으로 보여 줄 수 있다;[11]

$$v_{ps} = \frac{1}{A_{min} d\theta} = \frac{\pi\beta^2}{4A_{min}}\frac{ds}{d\theta} \qquad (6.12)$$

여기서 V는 실린더 부피[식 (2.4)], B는 실린더 직경, s는 리스트 핀(wrist pin)으로부터 크랭크 축까지 거리[그림 2.1과 식 (2.5) 참조], A_{min}은 식 (6.9), (6.10), (6.11)에 주어진 최소 면적. 그림 6.17에 4-행정 4기통 엔진에서의 배기와 흡기 행정의 순간 유사 유동 속도를 나타냈다. 배기와 흡기 행정에서 유사 유동 속도는 두 피크를 가짐을 눈 여겨 보라. 최대 피스톤 속도에서 일어나는 넓은 피크는 밸브 유동 면적이 이 포인트에서 일정하다는 사실을 반영한다. 상사점에 가까운 곳에서의 피크는 배기 밸브 닫히는 모양과 흡기 밸브 열리는 모양에 의해 결정된다. 배기 과정 말기의 피크는 중요한데 그 이유는 이 지점에서 밸브를 지나면서 상당한 압력 감소가 발생함을 보여주고 이는 갇힌 잔류 질량이 많다는 것을 의미하기 때문이다. 배기 행정 유사 유동 속도의 크기는 EVC 타이밍에 크게 의존한다. 흡기 초기의 유사 속도 피크는 훨씬 덜 중요하다. 유사 속도가 배기 행정 초기와 흡기 행정 말기에 낮다는 것은 준-정적 유동 외에 다른 현상이 유동을 지배한다는 것을 의미한다. 이 시기는 배기에서의 블로우다운, 흡기에서의 램과 튜닝 효과가 가장 중요한 시기이다.

6.3.2 유동률과 유량 계수

포핏 밸브를 통과하는 질량 유동률은 보통 유동 저항(restriction)을 통과하는 압축성 유체 식에 의해 설명된다[부록 C의 식 (C.8) 또는 (C.9)]. 이 식은 1차원 등엔트로피 유동 해석에서 유도 되었으며 실제 가스 유동의 영향은 실험적으로 정해진 유량 계수(discharge coefficient) C_D를 포함시켜 반영한다. 공기 유동률은 상류 정체 압력(stagnation pressure) p_0, 정체 온도 T_0, 유동 저항 바로 하류의 정압(저항에서의 압력과 같다고 가정, p_T), 그리고 밸브 설계의 특성인 기준 면적(reference area) A_R에서:

$$\dot{m} = \frac{C_D A_R p_0}{R T_0^{1/2}} \left(\frac{p_T}{p_0} \right)^{1/\gamma} \left\{ \frac{2\gamma}{\gamma - 1} \left[1 - \left(\frac{p_T}{p_0} \right)^{(\gamma - 1/\gamma)} \right] \right\}^{1/2} \qquad (6.13)$$

유동이 초킹되면, 즉 $p_T / p_0 \le [2/(\gamma+1)]^{\gamma/(\gamma-1)}$이면,

$$\dot{m} = \frac{C_D A_R p_0}{(R T_0)^{1/2}} \gamma^{1/2} \left(\frac{2}{\gamma + 1} \right)^{(\gamma+1)/2(\gamma-1)} \qquad (6.14)$$

흡기 밸브를 통해 실린더로 들어 오는 유동에서는, p_0는 흡기 시스템 압력 p_i이고, p_T는 실린더 압력이다. 배기 밸브를 통해 실린더에서 나가는 유동에서는, p_0는 실린더 압력, p_T는 배기 시스템 압력이다

C_D의 값과 기준 면적의 선택은 서로 연결되어 있다: 그 곱 $C_D A_R$은 밸브 어셈블리의 유효 유동 면적, A_E이다. 몇 가지 다른 기준 면적이 사용되었다. 이들은 밸브 헤드 면적 $\pi D_v^2/4$,[13] 밸브 시트에서의 포트 면적 $\pi D_p^2/4$,[14] 기하학적 최소 유동 면적[식 (6.9), (6.10), (6.11)], 커튼 면적 $\pi D_v L_v$[15]—여기서 L_v는 밸브 리프트—이다. 비록 어떤 선택이 다른 선택보다 결과를 해석하기 쉽지만 어느 면적이라도 선택할 수 있다. 앞에서 설명한 것처럼 기하학적 최소 유동 면적은 밸브와 밸브 시트 크기의 복잡한 함수이다. 가장 실제적으로 사용되는 전통적인 기준 면적은 소위 밸브 커튼 면적이다:

$$A_C = \pi D_v L_v \qquad (6.15)$$

왜냐하면 밸브 리프트에 선형적으로 비례하고 결정하기 쉽기 때문이다.

흡기 밸브

그림 6.18이 대표적인 흡기 밸브와 날카로운 코너 밸브 시트에 대한 정상 유동 테스트 결과를 보여 준다.[15] 밸브 커튼 면적에 기반을 둔 유량 계수는 밸브 리프트/직경 비의 불연속 함수이다. 그림의 세 부분은 앞에서 설명한 서로 다른 유동 영역에 해당한다. 낮은 리프트에서 유동은 밸브 헤드와 시트에 붙어 있어서 높은 유량 계수를 가진다. 중간 리프트에서는 유동은 밸브 헤드에서 박리된다. 이때 유량 계수는 급하게 감소한다. 박리된 영역은 일정한데 최소 유동 면적은 늘어나기 때문에 리프트가 커짐에 따라 유량 계수는 증가한다. 리프트가 클

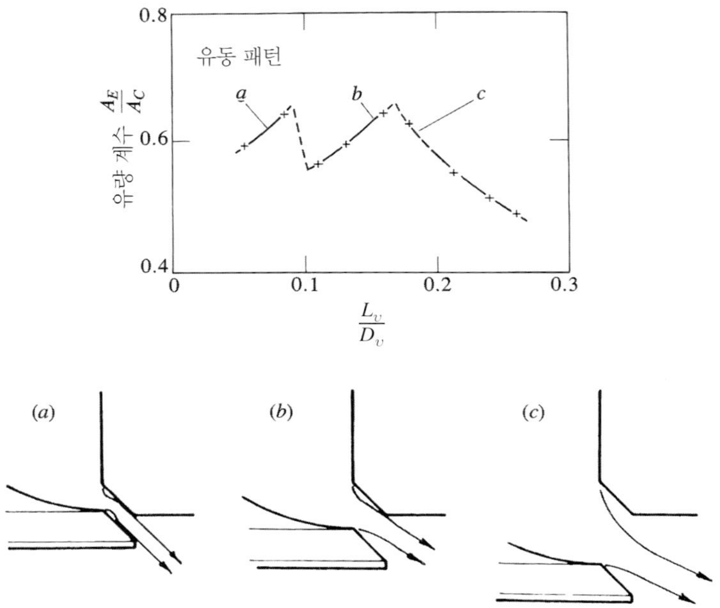

그림 6.18 밸브 리프트의 함수로 그린 대표적인 흡기 포핏 밸브의 유량 계수(유효 유동 면적/밸브 커튼 면적). 다른 부분은 표시된 유동 영역에 해당한다.[15]

때는 유동은 밸브 시트의 안쪽 가장자리에서부터 박리된다.[12] 대표적인 최대 L_v/D_v는 0.25이다.

중요한 의문은 이 정적-유동 데이터가 엔진 운전의 밸브에서의 동적 유체 거동을 잘 나타내는가이다. 그림 6.18에 보인 다른 유동 영역의 "변화점"이 실제 동적인 운전에서는 조금 다른 밸브 리프트에서 발생한다는 것이 밝혀졌다. 그리고 그림 6.10에 보인 바와 같이 밸브 상류에서의 압력이 흡기 과정 중에 상당히 변한다는 것이다. 그렇지만 정상적인 엔진 속도 영역에서 정상-유동 유량-계수를 동적 성능을 예측하는 데 적당한 정확도를 갖고 사용할 수 있다.[12, 16]

밸브 리프트에 더하여, 흡기 밸브 어셈블리는 다음의 인자에 영향을 받는다: 밸브 시트 폭, 밸브 시트 각, 시트 코너의 라운딩, 포트 설계, 실린더 헤드 형상. 많은 엔진에서 포트와 밸브 어셈블리는 흡기 과정에서 실린더 축을 중심으로 회전하는 모션(스월, swirl)을 생성하도록 만들어졌다: 예를 들면 실린더 헤드의 모양이 밸브 열린 쪽의 한 면으로의 흐름을 막아 스월을 생성한다. 스월 생성은 나중에 8.3절에서 논의한다. 스월 생성은 밸브(와 포트) 유량 계수를 감소시킨다. 흡기 포트는 또 공기 흐름이 주로 흡기 밸브의 열린 면적 중 윗부분(밸브와 실린더 헤드 중심부 사이)으로 해서 실린더를 가로 질러 가도록 모양을 만드는 경우가 있다. 이 경우 흡기 과정에서 피스톤이 아래로 감에 따라 *텀블링* 유동—실린더 축을 포함하는 평면에서의 회전 운동—을 만든다. 스월과 텀블은 8.3절에서 다룬다.

시트 폭의 변경은 그림 6.18에 보인 유동 영역이 변화하는 L_v/D_v에 영향을 준다. C_D는 시트 폭이 작아지면 증가한다. 시트 각 β는 그림 6.18의 작은 리프트 영역에서 유량 계수에 영향을 준다. 밸브 시트의 밸브 상류 쪽을 동그랗게 하면 유동 박리 경향을 줄이므로 높은 리프트에서 C_D를 증가시킨다. 낮은 리프트에서 유동이 붙어 있을 때는 레이놀즈 수를 증가시키면 유량 계수가 감소한다. 일단 유동이 벽에서 떨어지면 C_D는 레이놀즈 수에 영향을 받지 않

는다.[15]

잘 설계된 포트에서(예: 그림 6.15), 포트와 밸브 어셈블리의 유량 계수는 독자적인 밸브(포트가 스월이나 텀블을 만드는 경우는 제외하고)의 값보다 낮지 않아야 한다. 그러나 포트의 단면적이 충분하지 않거나 벤드(bend) 내부의 표면 반경이 너무 작으면 어셈블리의 유량계수 C_D가 상당히 줄일 수 있다.[15]

엔진 속도가 높을 때, 흡기 밸브가 충분한 크기를 갖지 못한 경우, 흡기 과정 중 일부 구간에서 흡기가 초킹되는 경우가 있다(즉 최소 밸브 유동 면적에서 음속에 도달; 6.2.5절 참조). 초킹은 체적 효율을 상당히 감소시킨다. 초킹 발생을 표시하기 위해 여러 흡기(inlet) 마하 수(Mach number)가 정의되었다. Taylor와 동료들[13]이 여러 엔진과 흡기 밸브 설계에 대해 체적 효율과 *흡기 마하 인덱스* Z(흡기 밸브를 통과하는 평균 가스 속도로부터 만든)와의 관계를 찾았다:

$$Z = \frac{A_p \bar{S}_p}{C_i A_i a} \tag{6.16}$$

여기서 A_i는 노미널 흡기 밸브 면적($\pi D_v^2/4$), C_i는 면적 A_i에 기반을 둔 평균 밸브 유량계수, a는 음속이다. C_i를 결정하기 위해 선택한 방법으로부터 명백한 바와 같이 $C_i A_i$는 밸브의 평균 유효 열린 면적($C_D \pi D_V L_v$의 평균값)이다: 그래서 Z는 흡기 밸브 목의 평균 마하 수이다. Taylor의 관계식은 $Z \geq 0.5$일 때 η_v가 빠르게 감소함을 보여 준다.

이 문제에 대한 다른 유사한 접근 방법이 개발되었는데 밸브가 열린 기간 동안의 밸브를 통과하는 평균 유동 속도에 기반을 두었다.[17] 평균 흡기 마하 수가 다음과 같이 정의되었다:

$$\bar{M}_i = \frac{v_i}{a} \tag{6.17}$$

여기서 $\bar{v}_i$는 밸브 열린 기간 중의 평균 흡기 유동 속도이다. $\bar{M}_i$는 Z와 다음 관계식을 갖는다.

$$\bar{M}_i = \frac{Z(\eta_v/100)180}{\theta_{\text{IVC}} - \theta_{\text{IVO}}} \tag{6.18}$$

이 평균 흡기 마하 수는 체적 효율 특성을 마하 인덱스보다 상관관계를 더 잘 보여 준다. 작은 오늘날의 4기통 엔진들에서 M_i가 0.5에 가까이 가면 체적 효율은 훨씬 더 빠르게 감소한다. 이는 흡기 과정의 일부에서 유동이 초킹되기 때문에 일어난다. 이 관계식은 최고 엔진

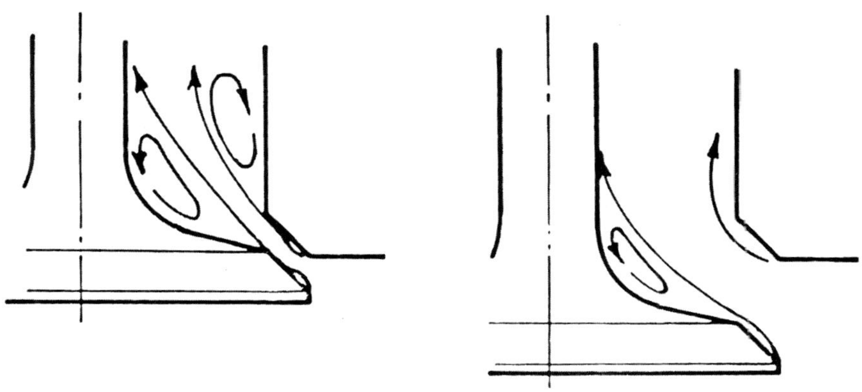

그림 6.19 낮은 리프트와 높은 리프트에서의 배기 밸브를 지나는 유동 패턴

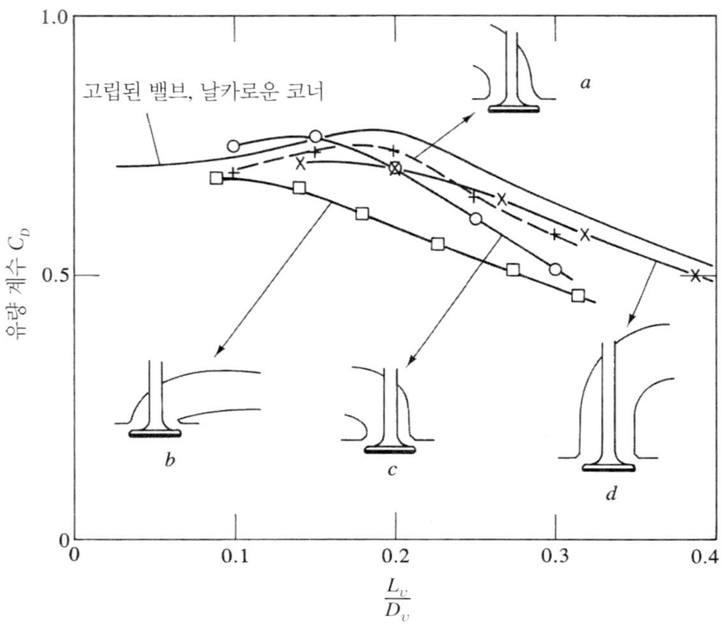

그림 6.20 몇 가지 밸브와 포트 설계에 대해서 밸브 리프트의 함수로 그린 유량 계수:[15] a[18], b[17], c[18], d[19].

속도에서 최적 체적 효율을 위한 흡기 밸브/포트 조합의 크기를 구할 때 유용하게 사용될 수 있다.

배기 밸브

그림 6.19에 보여진 바와 같이, 실린더에서 배기 포핏 밸브를 지나는 유동에 관한 연구에서 낮은 리프트와 높은 리프트에서 다른 유동 영역이 있음이 밝혀졌다. 몇 가지 밸브와 포트 조합에 대해서 밸브 커튼 면적에 기반을 둔 C_D값이 그림 6.20에 있다. 날카로운 코너를 가진 고립 포핏 밸브(즉 포트 없이 직선 파이프 하류의)가 최고 성능을 보인다.

높은 리프트에서, $L_v/D_v \geq 0.2$, 유동의 박리가 유량 계수를 작게 한다($L_v/D_v = 0.25$일 때 유효 면적은 기하학적 최소 면적의 90%. $L_v/D_v < 0.2$인 경우 이 값은 95%)[15]. 그림 6.20의 네 포트 설계 결과에서 보여진 것처럼 포트 설계는 높은 리프트에서 C_D에 중요한 영향을 미친다. 그렇지만 좋은 설계는 거의 고립된 밸브 성능에 가까울 수 있다. 배기 밸브는 넓은 압력 비의 범위에서 작동한다(1에서 5). 압력비가 2보다 큰 경우에 유동은 초킹될 것이나, 압력비가 유량 계수에 미치는 영향은 크지 않고 높은 리프트에 국한된다(예, $L_v/D_v = 0.3$에서 ±5%).[14]

6.3.3 가변 밸브 타이밍과 제어

유익한 점

그동안 표준 방식이었던 고정된 밸브 타이밍과 작동 대신, 점점 더 엔진 부하와 속도의 함수로 밸브 작동을 가변 제어하는 방식이 사용되고 있다. 가장 간단한 방식—크랭크 샤프트에 대해 캠 샤프트를 회전하는 방식—은 캠 페이저(phaser)를 통해 흡기와 배기 캠 샤프트의 페이징(phasing)을 변화시키는데, 그 목적은 고속에서 엔진의 공기 유동 능력을 높이고(그래서 최고 속도를 높이고) 저속에서 토크를 증가시키려는 것이다. 점 더 정교한(가변 밸브 제어-VVC) 밸브 구동 메커니즘도 쓰이는데 밸브 타이밍, 열린 시기, 리프트를 변화시킬 수 있다. 흡기를 제어함으로써 더 많은 혜택을 얻을 수 있지만, 배기 밸브의 동작을 변화시킴으로써 얻을 수 있는 이점도 있다: EVO 전에 연소가스의 유효 팽창비를 높인다(밀러와 아킨슨 사이클; 5.6절 참조); 아이들과 낮은 부하 조건에서 연소 안정성을 개선하고 NO_x와 HC 배출을 줄이기 위해 실린더 내의 잔류 연소 가스량을 제어한다. 가변 밸브 타이밍은 낮은 부하 조건에서 엔진의 펌핑 일을 줄일 수 있다: 13.7절 참조. 6.2절에서 ㄷ미 설명하고 그림 6.21에 보인 것처럼, 늦은 IVC(그리고 높은 리프트)는 고속에서 실린더에 공기를 더 넣을 수 있게 하고 공기 유동의 초킹이 발생하기 전에 피스톤 속도가 증가할 수 있도록 한다(6.2.5절 참조). 낮은 속도에서의 빠른 IVC는 압축 행정의 초기에 공기(더하기 잔류가스)가 흡기 쪽으로 역류하는 양을 줄인다. 엔진 전부하 토크에 대한 이점은 그림 6.9에 나타나 있다. 고속에서의 공기 유량의 증가는(그리고 엔진의 최고 속도의 증가는) 엔진의 최대 제동 출력을 증가시킨다. 정해진 차량에서—엔진 성능에서—다운사이즈(downsized) 엔진을 이용할 수 있으며 그렇게 되면 부분 부하에서 스로틀을 적게 하고 마찰이 적어지며 결과적으로 제동 연료 변환 효율이 높아진다.

기계적 접근 방식

그동안 여러 밸브 제어 메커니즘이 개발되었고 그 중 몇몇은 양산되는 자동차와 트럭 엔진에 사용되고 있다. 다기통 가솔린 엔진에서 쓰이는 간단한 한 방법은 낮은 엔진 부하에서 실린더 사용을 중지하는 것이다. 일부 엔진 실린더의 밸브(흡기와 배기)를 사용 중지(8개 중 4개;

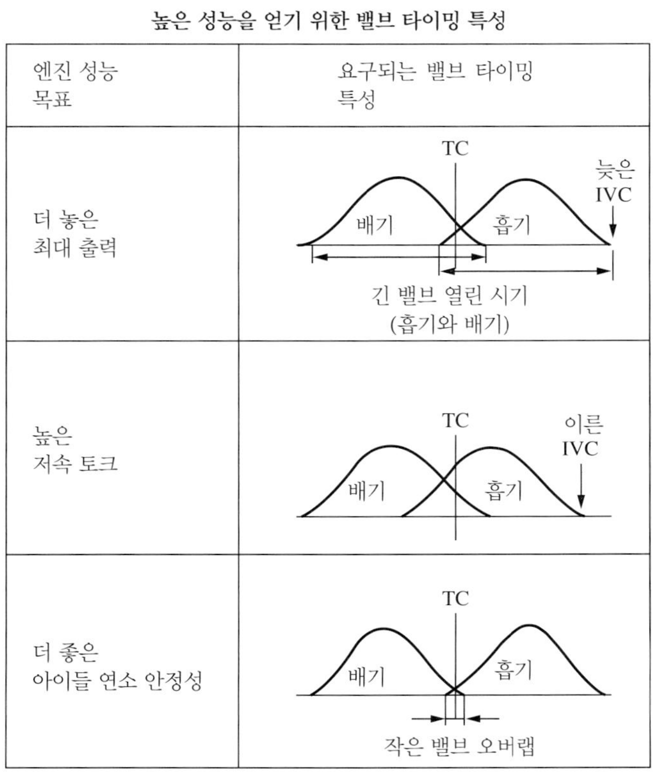

그림 6.21 세 성능 목표의 함수로 그린 바람직한 배기와 흡기 밸브 타이밍.

가변 흡기 밸브 제어에 대한 평가

타입	표시	출력	토크	연료 소비	에미션	부품 수
가변 캠 페이징 (연속)		○	◎	○	◎	◎
다른 캠 형상 스위칭		◎	○	△	△	△
3-D 캠 형상들 (그리고 시프트 이용)		◎	◎	○	○	×
완전 가변 리프트와 타이밍(캠 샤프트 이용)		○	◎	◎	○	×
전자기 밸브 구동	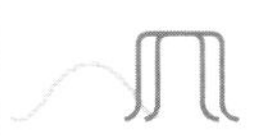	○	◎	◎	◎	×

◎ 최고 ○ 좋음 △ 보통 × 빈약

그림 6.22 5개의 다른 밸브 제어 접근방식/메커니즘에 대해 흡기 밸브 타이밍과 리프트를 간략히 표시함. 그들의 출력, 토크, 연료 소비, 배기 오염과 부품의 수에 대해 순위를 매김.[21]

4개 중 2개 등)하는 것이다. 점화하는 실린더의 배기량이 감소한다: 그래서 같은 출력 토크에서 이 실린더들(수가 줄은 실린더)은 더 높은 부하에서 작동하고 매니폴드 압력이 높아 펌핑 일이 준다. 비록 연소하지 않는 실린더의 기계적 마찰은 존재하지만 작동하는 실린더를 반으로 줄인 경우 연료 소비 이익은 약 5% 정도이다.[20]

그림 6.22가 실제로 쓰이는 가변 밸브 제어에 관한 여러 접근 방식에 대한 소개와 평가를 제공한다. 이들 다른 접근 방식이 채택하는 흡기 밸브 리프트 모양의 변화를 보여 준다. 또 이 그림은 각 방식을 그들의 정규화된 출력, 토크, 연료 소비, 배기 오염과 부품의 수(또는 복잡성) 분야에서 최우수부터 빈약까지 4단계로 나누어 평가했다.

캠 페이징(Phasing)

흡기 캠과 배기 캠의 크랭크 샤프트에 대한 페이징을 연속해서 변화시키는 것이 일반적인 접근 방식이다. 흡기 밸브 닫히는 시기를 40도(하사점 후 ± 20도) 정도 조정하는 것이 일반적이다. 배기 밸브에서도 비슷한 범위의 조정을 한다. 이 방식은 고정 타이밍 방식에 비해 저속 토크(10%), 고속 토크(5%), 최대 엔진 속도(5%까지)를 증가시키는 값싸고 효율적인 방식이다. 아이들에서 흡기 밸브 열리는 시기와 배기 밸브 닫히는 시기를 늦춰서 오버랩 시기를 줄여서 배기 역류와 실린더 내의 잔류 가스를 줄임으로써 아이들 연소를 안정화하고 아이들 속도를 낮게 하며 아이들 연료소비를 낮춘다. 높은 부하와 중저속 조건에서는 흡기 캠이 흡기 밸브를 일찍 닫히게 회전하여 압축 행정 초기에 실린더 안의 공기가 다시 흡기 쪽으로 밀려나가는 양을 줄인다. 중속에서는 정상적인 IVC 각이 사용된다: 고속에서는 캠이 회전하여 IVC를 늦춤으로써 흡기 매니폴드 램 효과를 이용하여 공기를 추가로 유입한다(6.2.4절 참조).

캠 스위칭

캠 형상을 스위칭 해서 흡기 밸브를 두(또는 셋) 캠에 의해 구동한다: 낮은—리프트 짧은—지속기간 흡기 캠 프로파일은 낮은 속도에서 사용된다: 고속에서는 높은—리프트 긴—지속기간의 캠 프로파일이 사용된다. 이는 추가 로커 암을 이용하여 달성할 수 있는데 저속에서 저속 캠이 제어할 때는 고속 캠에 얹혀 공전하다가, 고속에서는 저속 로커 암에 연결/핀 되어(그래서 오버라이드 해서) 더 큰 고속 캠(높은 리프트와 큰 열린 구간의)이 구동하도록 한다. 캠 전환은 최대 출력을 더 많이 증가시킬 수 있고(더 큰 흡기 밸브 캠 형상 때문에), 저속에서 낮은 밸브 오버랩을 즉각 제공할 수 있어서 아이들 연소 특성도 좋고 토크도 좋다.

완전 가변 밸브 제어

리프트, 열린 시기, 타이밍을 전부 변화시킬 수 있는 가변 제어 시스템을 완전 가변(fully variable)이라 한다. 한 방법은 3차원 커브 모양과 측면 이동이 가능한 캠을 사용하는 것이다. 이 캠 샤프트 제어 방식은 흡기 밸브 리프트, 열리는 각, 열린 시기를 전부 변화시킬 수 있도록 한다. 다른 방법은 밸브트로닉[22] 시스템인데, 전기 모터가 편심의 샤프트를 회전시켜서, 흡기 캠과 흡기 밸브를 구동시키는 캠 롤러 팔로워 사이의 상호작용을 변화시키는 것이다. 낮은 흡기 리프트는 공기 유동을 스로틀 하는 데 사용해서 전통적인 스로틀 밸브는 없앨 수 있다. 이런 접근 방식은 전부하 상태의 공기 유동을 개선하는 데 더해서, 실린더 내 유동 속도와 난류 레벨을 증가시키고 연소 속도와 안정성을 높일 수 있다. 그림 6.23이 여러 흡기 밸브 리프트 프로파일을 보여 주는데, 밸브 리프트가 실린더 내로 들어가는 공기량을 제어(스로틀)하는데 쓰일 뿐만 아니라, 실린더 내 유동을 생성해서 연소를 개선하고 오염 물질 제어를 개선한다(예, 2개의 흡기 밸브에서 서로 다른 리프트 프로파일로).

그림 6.22에 보인 마지막 밸브 제어 메커니즘은 기계가 아닌 전기에 의해서 구동되는데, 밸브들이 솔레노이드나 전기-유압 구동기에 의해 전자기적으로 작동한다. 이런 시스템은 캠 샤프트 없이 완전히 유연한 밸브 제어를 실현할 수 있어서 토크, 연료 소비, 배기 오염물질을 개선할 수 있는 가능성이 크다. 이런 타입의 기술을 개발하는데 해결해야 할 사항은 요구되는 상당히 큰 힘(속도의 제곱에 비례해 증가함), 소음, 밸브 트레인의 마찰을 이기기 위해 필요한 구동 에너지, 패키징, 비용 등이다.

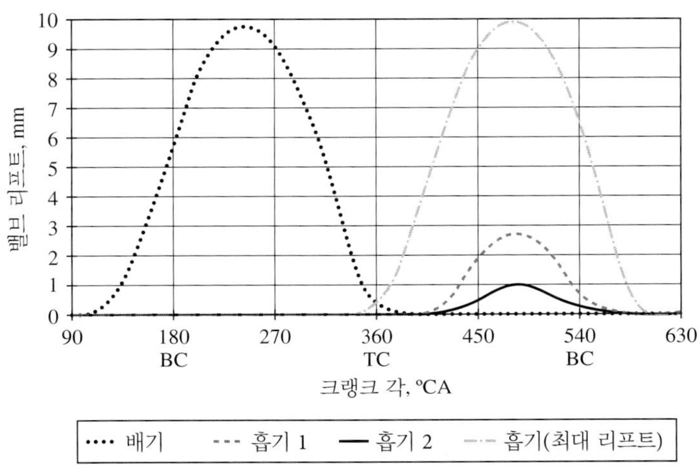

그림 6.23 BMW 밸브트로닉 가변 밸브 제어 메커니즘의 배기와 흡기 밸브 리프트 프로파일. 흡기 밸브 리프트와 시기 변화를 이용해서 엔진 부하가 감소할 때 공기 유동을 스로틀하는 데 사용.[22]

펌핑 일 감축

스파크 점화기관의 부분 부하 운전에서 흡입되는 공기의 유동은 스로틀되어 대기보다 낮은 압력이 된다. 그래서 일반적인 4-행정 사이클의 배기와 흡기 행정에서 일은 피스톤으로 전해진다. 자연 흡기 엔진에서는 펌핑 일은 엔진 마찰의 일부로 취급된다(2.5절과 13.7절 참조). 가변 밸브 제어는 이 펌핑 일을 줄일 수 있는데, 이는 이상 4-행정 사이클 모델(5.2절 참조)에서 $(p_e - p_i)/V_d$로 주어진다. (낮은 부하의) 주어진 토크에서, 실린더 내에서 연소하는 연료-공기 혼합물(화학양론비)의 질량은 토크에 비례한다. 실린더 안에 갇힌 질량은 이상기체식에 의해 주어지는데 흡기 밸브 닫히는 시기(IVC)에서:

$$p_{\text{cyl}} V_{\text{IVC}} = m_{\text{cyl}} R T_{\text{cyl}} \tag{6.19}$$

IVC 각이 변하더라도 이 토크를 생산하기 위해 비슷한 연료와 공기의 질량이 요구된다(총-도시 연료-변환 효율의 변화가 작다). T_{cyl}의 변화도 작다. 그래서 V_{IVC}가 작아질수록 흡기 과정의 p_{cyl}은 커지고 펌핑 일은 줄어든다. 그림 6.24가 압축 과정 중의 늦은 IVC나 흡기 과정 중의 훨씬 *이른* IVC에 의해 줄어든 IVC에서의 실린더 부피로 인한 연료 소비 개선을 보여준다. 고정된 밸브 타이밍의 경우에 비해 순-도시 연료 소비율 개선 효과는 8% 정도이다. 가변 밸브 제어는 압축과 팽창 행정 중의 실린더의 압력-부피 관계를 변화시킬 수 있으므로, 이런

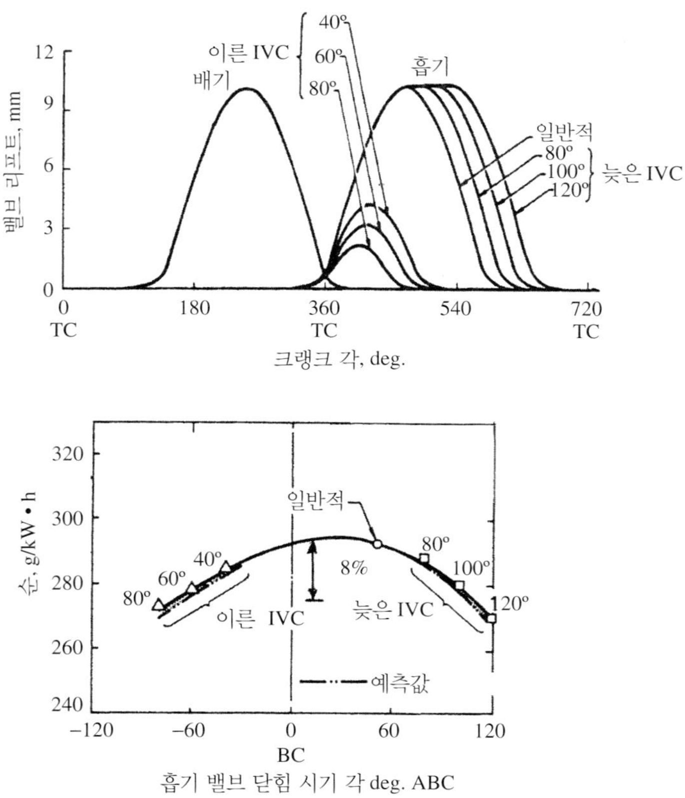

그림 6.24 흡기 밸브 타이밍과 리프트 변화(이르거나 늦은 IVC 이용)가 엔진의 펌핑 손실을 줄여 순 isfc를 개선하는 것을 보임.[23] 엔진 조건: 1400 rev/min, torque 29 N · m, *A/F* 14.5, MBT 타이밍, EGR 없음.

수정된 사이클의 펌핑 일을 정의하는 것은 더 정교한 접근을 요구한다. 13.7절에서 더 자세히 다룬다.

6.4 잔류 가스 비율 _Residual Gas Fraction

압축 과정 중의 잔류 가스 비율은 배기와 흡기 과정의 디테일에 달려 있다. 그 크기가 체적 효율과 엔진 성능에 직접적인 영향을 주며 작동 유체의 열역학적 물성치와 연소를 통해 효율과 배기 오염물질에 영향을 준다. 잔류 가스 비율은 주로 흡기와 배기 압력, 엔진 속도, 압축비, 밸브 타이밍, 배기 시스템의 동적 거동의 함수이다.

잔류 가스 질량 분율 x_r(또는 EGR이 사용되는 경우 실린더 내 미연소 혼합물 중 연소 가스 비율)은 보통 압축 행정 중에 실린더로부터 추출한 샘플 가스에서 측정한 CO_2 농도에서 결정한다. 이 경우

$$x_r = (\tilde{x}_{CO_2})_c / (\tilde{x}_{CO_2})_e \tag{6.17}$$

여기서 아래 첨자 c와 e는 압축과 배기, $\tilde{x}_{CO_2}$는 습가스(wet gas) 몰 분율이다. 보통 CO_2 부피나 몰 분율은 건가스(dry gas) 유동(4.9절 참조)에서 측정한다. 수정 인자 K는,

$$K = \frac{(\tilde{x}_i)_{\text{wet}}}{(\tilde{x}_i)_{\text{dry}}} = \frac{1}{1 + 0.5\left[y\left(\tilde{x}^*_{CO_2} + \tilde{x}^*_{CO}\right) - 0.74\tilde{x}^*_{CO}\right]} \tag{6.18}$$

여기서 y는 연료의 분자 수소/탄소 비, $\tilde{x}_{CO_2}$, $\tilde{x}^*_{CO}$는 건가스 몰 분율인데, 이 식은 건가스 몰 분율 측정치를 습가스 몰 분율로 바꿀 수 있다.

실린더 내의 잔류 가스 질량은 두 과정의 (합산)결과이다: (1) 밸브 오버 랩이 시작하는 IVO 직전에 실린더 안에 갇힌 질량 m_{cyl}; (2) 밸브 오버 랩 기간(IVO에서 EVC까지) 동안 배기 포트로부터 실린더 안으로 역류한 질량 m_{exh}; 그림 6.1과 6.16 참조. 그러므로 m_r은

$$m_r = m_{\text{cyl,IVO}} + \int_{\theta_{\text{IVO}}}^{\theta_{\text{EVC}}} \dot{m}_{\text{exh}} dt \tag{6.19}$$

압력이 동일해지는 과정(역류가 발생하면서 실린더 압력이 흡기 매니폴드 압력까지 떨어지는 과정)동안 실린더로부터 흡기 포트로 흘러간 전체 연소 가스는 이후의 흡기 과정에서 실린더 안으로 다시 들어간다고 가정한다.[24] 잔류가스 x_r—이상 가스 사이클 해석과 흡기 밸브 열릴 때(상사점에서) 실린더 안의 질량으로부터 결정되는—은 식 (5.35)에 의해 주어진다.

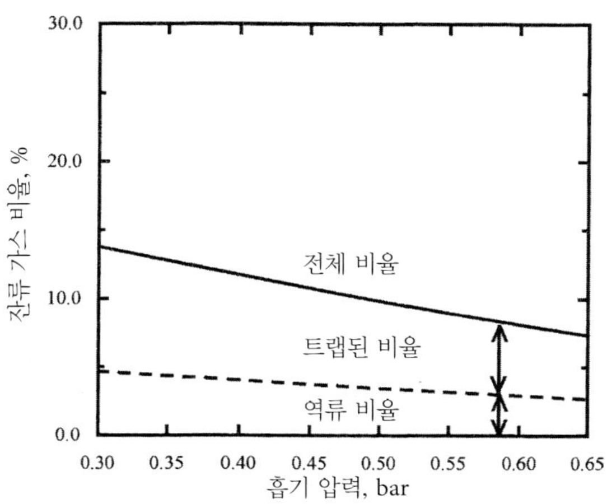

그림 6.25 자연-흡기 가솔린 엔진에서 흡기 압력(bar, 절대)의 함수로 그린 잔류 가스 비율. 역류 비율, 트랩된 비율, 전체 잔류 비율을 보여줌.

그 온도는 식 (5.36)에 의해 주어진다.

오버 랩 역류에 의해 발생하는 잔류 가스의 비율은 다음 식에 의해 구한다:

$$x_{r,\text{backflow}} = \int \frac{\dot{m}_{\text{exh}}}{\rho_a V_d \left[(r_c + 1)/r_c \right]} \frac{1}{6N} dt \tag{6.20}$$

그리고 실린더 내에 갇힌 전체 잔류 가스 비율은(흡기 밸브가 닫힌 후)

$$x_r = x_{r,\text{IVO}} + x_{r,\text{backflow}} \tag{6.21}$$

이 두 과정의 결합에 대한 몇 가지 모델이 개발되었고 실험 데이터와 연관되었다. 그림 6.25가 흡기 매니폴드 압력(절대)의 함수로 역류 잔류 비율, 트랩된 비율, 전체 잔류 비율을 보여 준다. 자연 흡기 엔진이 장착된 승용차의 부분 부하 운전 조건에서 흡기 압력 0.45 bar는 보통 사용되는 조건이다. SI 차량의 터보 차저 엔진의 경우 흡기 압력은 거의 두 배가 되고 잔류 비율은 매우 낮다.

스파크 점화기관의 잔류 가스 측정치가 그림 6.26에 있는데, 속도, 밸브 오버 랩, 압축비, 공기/연료비 변화의 영향을 2리터 88.5 mm 직경, 4기통 엔진에서 흡기 매니폴드 압력의 함수로 보여 준다.[25] 스파크 점화 시기의 영향은 미미하다. 흡기 압력, 속도, 밸브 오버 랩이 가장 중요한 변수이나 배기 압력도 잔류가스 비율에 영향을 준다. 정상적인 IVO(상사점 15°

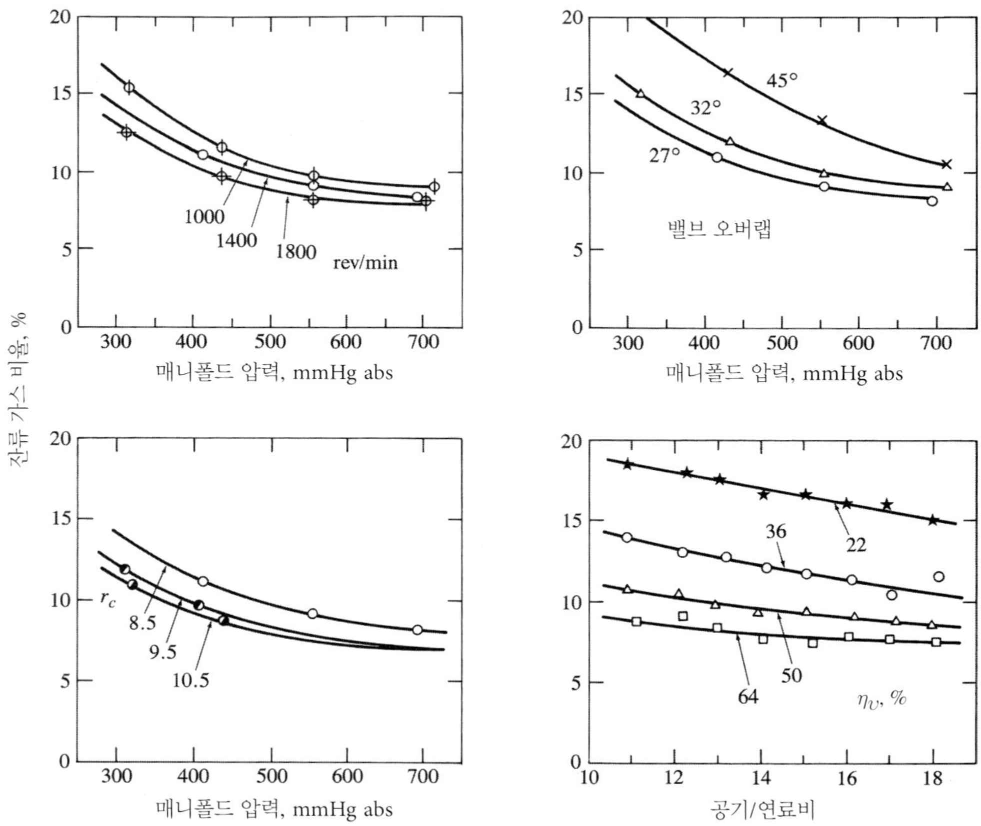

그림 6.26 2리터 4기통 스파크 점화기관의 잔류 가스 비율을 넓은 범위의 속도, 압축비, 밸브 오버랩에 대해 흡기 매니폴드 압력의 함수로 그린 그림; 넓은 체적 효율 범위에서 공기/연료비의 함수로도 그림. 운전 조건, 따로 표시되지 않은 경우: 속도 = 1400 rev/min, A/F = 14.5, 최대 토크의 0.95를 제공하는 스파크 타이밍, 압축비 = 8.5[25]

전)와 EVC(약 상사점 12° 후)가 배기 포트로부터 실린더로의 지나친 역류도 피하면서 소기(scavenging)도 잘 일어나도록 충분한 오버 랩을 제공한다.

디젤 엔진의 잔류 가스 비율은 SI 엔진에 비해 상당히 낮은데 그 이유는 흡기와 배기 압력이 크기에서 비슷하고 압축비가 거의 두 배에 가깝게 크기 때문이다. 또 디젤이 희박한 상태에서 운전하기 때문에 잔류 가스의 상당 부분도 공기이다.

6.5 배기 유동률과 온도 변화 _*Exhaust Gas Flow Rate and Temperature Variation*

배기 질량 유동률과 배기의 성질은 배기 과정 동안 상당히 변한다. 이상적인 배기 과정에서 이 변화의 원인은 그림 5.3에서 명확히 보인다. 실린더 내 가스의 열역학적 물성치(압력, 온도, 등등)는 배기 블로우다운 과정 동안 실린더 내 압력이 배기 매니폴드 압력과 유사해 질 때까지 상당히 변한다. 실제 배기 과정에서는 배기 밸브가 실린더로부터 나가는 유동을 막으며, 밸브 리프트가 시간에 따라 계속 변하고 실린더 부피가 블로우다운 동안 변하지만 원리는 동일하다.

스파크 점화기관에서 배기 과정 동안 배기 밸브를 지나는 질량 유동률의 변화와 배기 포트 출구에서의 가스 온도 변화가 측정되었다.[26] 그림 6.27이 세 가지 다른 엔진 속도와 전개 스로틀 상태에서의 순간적 질량 유동률 데이터의 예를 보여 준다. 배기 과정 중의 *블로우다운*과 *변위*(displacement) 단계가 명확하다. 이들 단계에 대한 간단한 준-정적 모델이 낮은 엔진 속도에서 잘 일치하는 결과를 보인다. 여기의 블로우다운 모델은, 측정된 실린더 압력과 예측한 상류의 정체 온도를 사용하여, 열리는 배기 밸브를 지나는 오리피스 유동 식을 적용하였다. 밸브 위아래의 압력비가 임계치를 넘으면 식 (C.9)을 사용했다. 압력비가 임계치보다 낮으면 식 (C.8)을 사용했다. 변위 모델은 배기 행정 동안 피스톤이 움직일 때 실린더 안 가스는 비압축성이라고 가정했다. 엔진 속도가 높아질수록, 블로우다운의 크랭크 각 기간은 늘어난다. 이 두 단계 사이의 변화 시점에서 동적 영향이 발생한다는 증거가 있다. 블로우다운 동안 피크 질량 유동률은 유동이 초킹되어 있어서 속도가 변해도 별로 변하지 않는다. 변

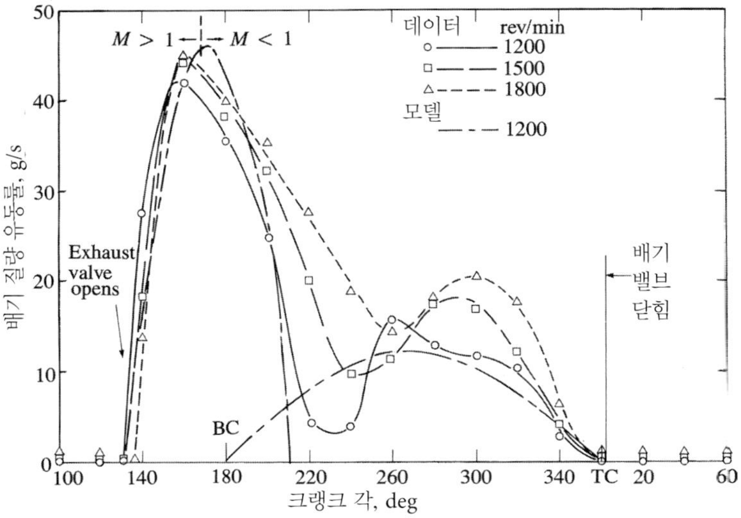

그림 6.27 밸브를 지나는 배기의 순간 질량 유동률 대 크랭크 각. 당량비 = 1.2, 압축비 = 7. 일점 쇄선은 배기 행정에서 블로우다운에 대한 1차원 압축성 유동 모델과 비압축성 변위 모델.[26]

위 단계에서의 최대 피스톤 속도일 때의 질량 유동률은 대체로 피스톤 속도에 비례한다. 흡기 매니폴드 압력이 전개 스로틀 값보다 낮아지면, 블로우다운 단계에서 나가는 양은 감소하지만 변위 단계에서 나가는 질량은 거의 일정하다(주어진 엔진 속도에서). 속도가 빨라지면 변위 단계에서 나가는 유량률은 피스톤이 이 단계의 배기 과정을 지배하기 때문에 피스톤 속도에 비례해서 증가한다.

배기 온도는 배기 과정 동안 상당히 변한다: 가스가 배기 밸브를 지나면서 배기 시스템으로 가면서 가스의 팽창과 열전달 손실 때문에 감소한다.

그림 6.28은 단기통 스파크 점화기관의 중간 부하, 저속에서 측정된 실린더 압력, 계산된 실린더 가스 온도와 배기 질량 유동률, 측정된 배기 포트 출구에서의 가스 온도를 보여 준다. 평균 실린더 가스 온도는 블로우다운 동안 급격하게 감소하며 배기 행정 동안 실린더 벽으로의 열전달 때문에 계속 낮아진다. 배기 유동 펄스가 시작할 때의 배기 포트 출구 온도는 두 가스의 혼합인데, 하나는 방금 실린더를 나온 뜨거운 가스이고 다른 하나는 그 전 사이클 배기 과정 말기에서 나와서 닫힌 배기 밸브 바깥의 포트에서 냉각된 차가운 가스이다. 포트 출구 온도는 블로우다운 유동에서 변위 유동으로의 이전이 일어나는 근방에서 최대치가 발생하는데, 이 때 가스는 잠깐 정지하고 열에너지 일부를 배기 포트 벽으로 잃는다.

엔진의 부하와 속도 변화는 배기 온도 변화를 가져 온다. 부하의 증가는 블로우다운 펄스의 질량과 온도를 높인다. 속도의 증가는 배기 과정 중 가스 온도의 증가를 가져 온다. 이들 영향들은, 팽창 행정에서의 실린더 내에서의 열전달, 배기 밸브와 포트로의 열전달의 상대적인 중요성의 변화의 결과이다. 엔진의 속도와 배기 유동률의 함수인, 열전달에 주어진 시간

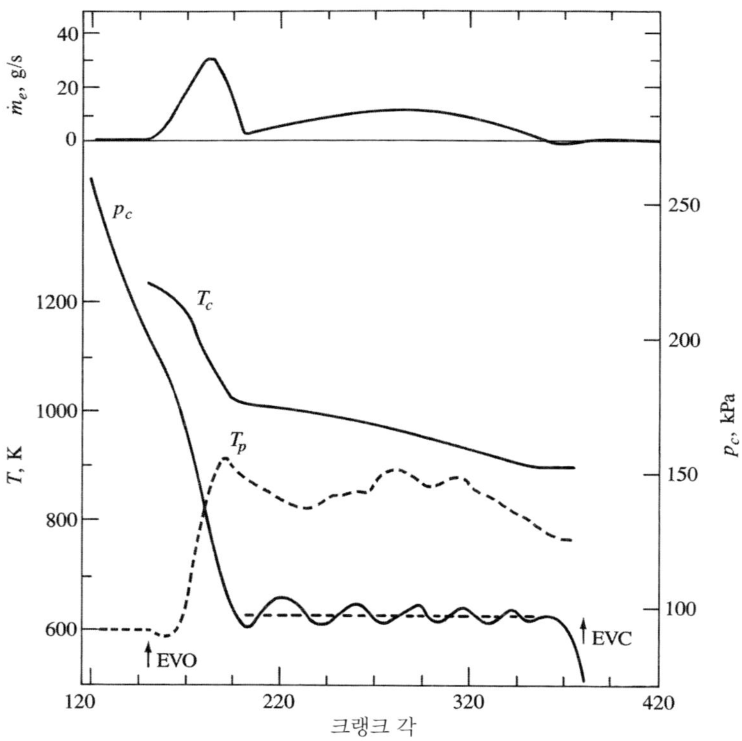

그림 6.28 단기통 스파크-점화기관의 측정된 실린더 압력 p_c, 계산된 실린더-가스 온도 T_c와 배기 질량 유동률 m_e, 측정된 배기 포트 출구에서의 가스 온도 T_p. 속도 = 1000 rev/min, imep = 414 kPa, 당량비 = 1.2, 스파크 타이밍 = 10° BTCq, r_c = 7.2.[27]

이 가장 중요한 인자이다. 당량비에 따른 배기 온도 변화는 팽창 행정 온도 변화에 따르며, 당량비 $\phi = 1.0$에서 최대이고 희박하거나 농후해지면 감소한다. 디젤 엔진의 배기 온도는 스파크-점화기관보다 훨씬 낮은데 그 이유는 전체 당량비(아이들에서의 아주 낮은 값에서 고부하에서의 0.7 정도)가 희박하고 파워 행정에서의 팽창비가 크기 때문이다.

평균 배기 온도는 터보차저, 촉매 변환기, 입자상물질 트랩의 성능을 결정하는 데 매우 중요한 값이다. 시간 평균 배기 온도는 배기의 평균 에너지에 일치하지 않는데, 그 이유는 유동률이 심하게 변화하기 때문이다. 엔탈피-평균 온도

$$\bar{T}_h = \left(\int_{\mathrm{EVO}}^{\mathrm{EVC}} \dot{m} c_p T_g d\theta\right) \bigg/ \left(\int_{\mathrm{EVO}}^{\mathrm{EVC}} \dot{m} c_p d\theta\right) \tag{6.22}$$

가 배기 열 에너지의 가장 좋은 지표이다. 배기 온도는 보통 열전대를 이용해서 측정한다. 열전대-평균 온도는 시간-평균 온도와 유사하다. 스파크-점화기관의 배기 포트 출구에서의 질량-평균 배기 온도(C_p 변화가 작다면 $\bar{T}_h$에 가까운)는 시간 평균 열전대 측정 온도보다 100 K정도 높다. 배기 과정에서의 실린더 내 질량-평균 온도는 질량-평균 포트 온도보다 200~300 K 높다.

배기 온도는 엔진 속도, 부하, 스파크 지각 증가에 따라 올라간다. 상대 공기/연료비(또는 당량비)는 특히 중요해서, 가솔린 SI 엔진의 배기 온도가 디젤보다 높다(부하에 따라 매우 심하게 변하는데 이는 부하와 당량비의 관계가 깊기 때문이다). 화학양론비의 가솔린 엔진의 배기 온도는 650°C (925 K) 정도이다. 희박하게 운전하면 배기 온도는 감소한다(예: $\lambda = 1.4$에서 50°C 정도). 농후한 영역에서는 배기 온도는 약간 증가하다가 $\lambda = 0.95$ 근처에서 최댓값을 갖고 이후 감소한다. 디젤에서는 부하를 연료/공기비를 조정해서 제어하기 때문에 저부하에서는 배기 온도가 낮고(200~300°C) 높은 부하에서는($\phi = 0.7$) 450°C 정도이다. 작은 고속 DI 디젤은 대형 트럭 DI 엔진보다 약간 낮은 온도를 가진다.[29] 보통 배기 가스 온도 값은 배기 포트 출구에서 측정한 시간-평균 측정값이다.

6.6 2-행정 사이클 엔진의 소기 _*Scavenging in Two-Stroke Cycle Engines*

6.6.1 2-행정 엔진 구성

2-행정 사이클 엔진에서 매 바깥 방향(또는 아래로) 피스톤 행정은 파워 행정이다. 이 작동을 달성하려면 피스톤이 하사점 위치를 지날 때 연소 가스는 신기로 대치되어야 한다. 연소 생성물이 실린더로부터 나가고 신기가 들어 오는 기간—가스 교환 기간 또는 소기(scavenge) 과정—은 배기 포트가 처음 열리기 시작하는 시기(그림 1.3 참조) 또는 배기 밸브가 열리는 시기(그림 1.36)에 시작한다. 이 기간은 배기 포트(또는 밸브)와 소기(또는 트랜스퍼) 포트가 다 닫히는 시기에 끝난다. 가스 교환 과정을 두 기간으로 나누는 것이 유용하고 편리하다: *배기 블로우다운* 기간, 배기 열림부터 소기 열림까지; 그리고 *소기 기간*, 나머지 기간이다. 신기는 충분히 높은 압력으로 공급해서 이전 사이클의 실린더 안의 연소 가스를 밀어낼 수 있어야 한다. 흡기 혼합물을 압축하는 도구는 펌프 또는 송풍기 또는 압축기이다. 공기 용량은 4-행정과 마찬가지로 중요하다. 그렇지만 2-행정 사이클 소기과정에서 공기의 일부를 잃는 것은 피할 수 없다. 실린더를 그대로 통과해 나가므로 같은 출력을 얻으려면 더 많은 공기 질량 유동률을 달성해야 한다. 이 소기 과정에서의 공기의 손실은 가스 교환 과정 추적을 더 복잡하게 한다.

서로 다른 2-행정 사이클 소기 유동과 이를 만들어 내는 포트(그리고 밸브)의 배열이 그림 6.29와 6.30에 있다. 소기 배열은 넓게 다음과 같이 분류된다: (*a*) *크로스-소기*(cross scavenge), (*b*)*루프-소기*(loop-scavenge), (*c*) *유니플로우-소기*(uniflow scavenge) 구성이다. 소기 포트의 위치와 방향이 소기 과정을 제어하는데, 가장 흔한 구성을 제시했다. 크로

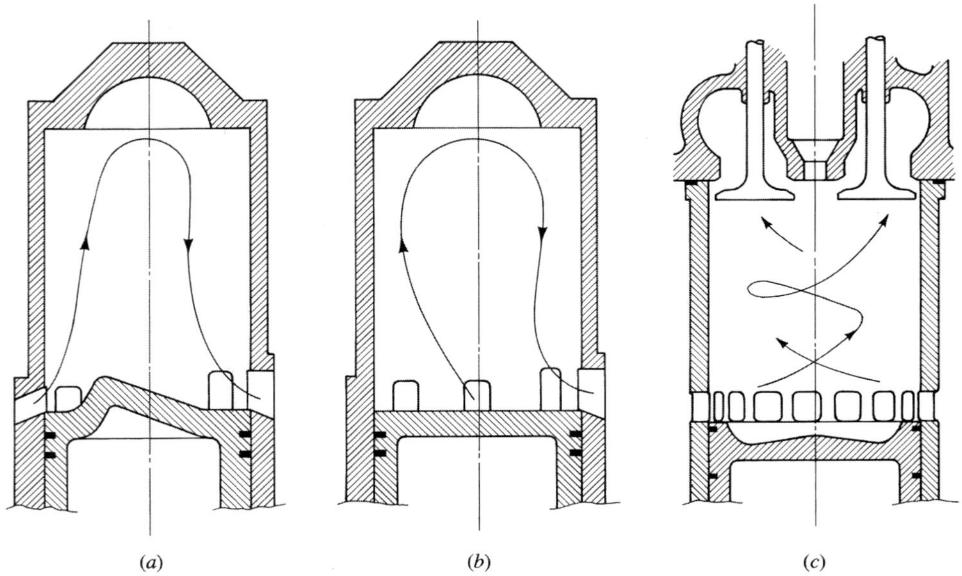

그림 6.29 (*a*) 크로스-소기(cross scavenge), (*b*) 루프-소기(loop-scavenge), (*c*) 유니플로우-소기(uniflow scavenge) 2-행정 사이클 유동 형상

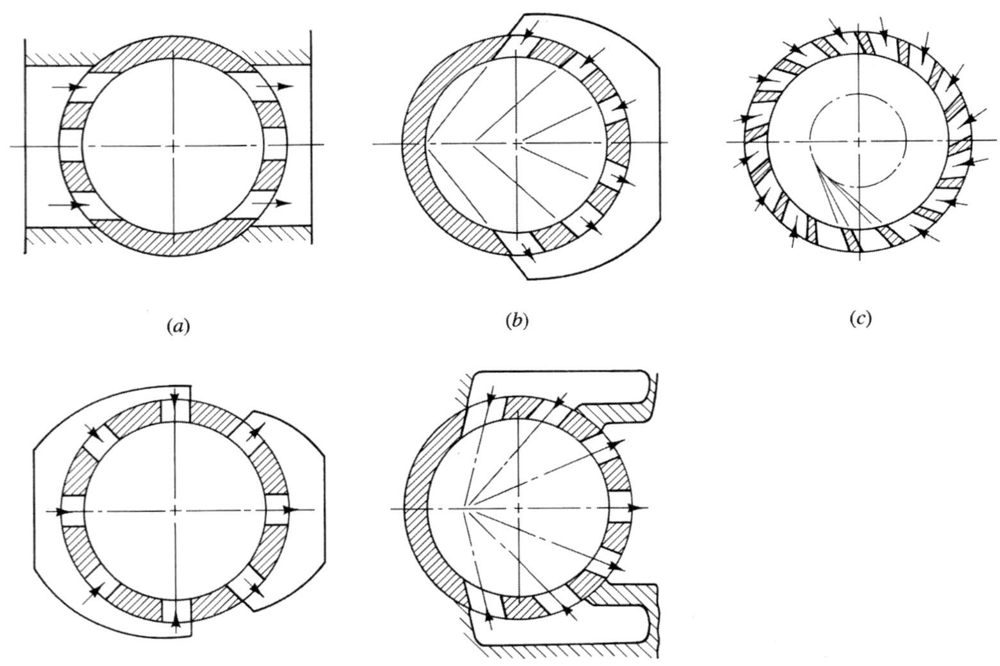

그림 6.30 일반적인 포트 배열 (*a*) 크로스-소기(cross scavenge), (*b*) 루프-소기(loop-scavenge), (*c*) 유니플로우-소기(uniflow scavenge)

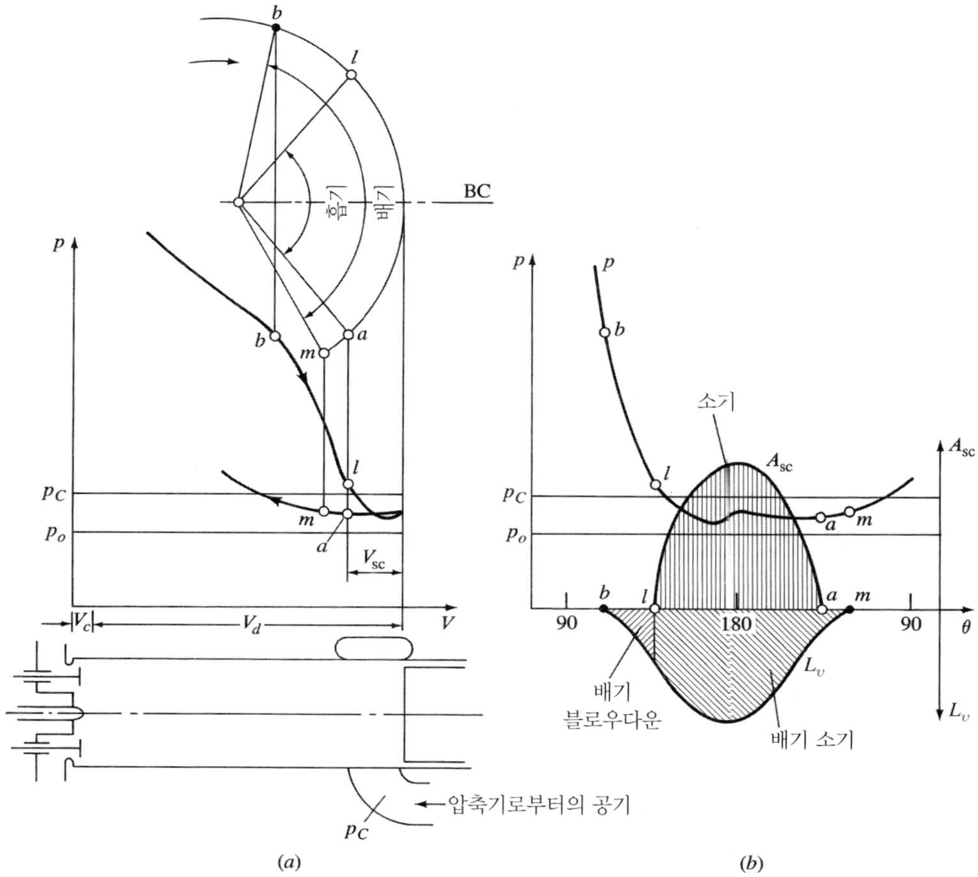

그림 6.31 2-행정 유니플로우-소기 디젤 엔진 엔진의 가스 교환 과정: (*a*) 밸브와 포트 타이밍과 압력-부피 선도; (*b*) 압력, 소기 포트 열린 면적 A_{sc}, 배기 밸브 리프트 L_v, 대 크랭크 각.[1]

스—와 루프—소기 시스템은 실린더 벽의 배기 포트를 사용하는데, 피스톤이 하사점에 접근할 때 열린다. 유니플로우 시스템은 실린더 헤드의 배기 밸브가 있는 이송(transfer) 포트를 사용하거나, 대향(opposed) 피스톤들과 이송과 배기 포트를 사용한다. 각 실린더 형상의 차이에 따른 다른 유동 패턴에도 불구하고 일반적인 작동 원리는 비슷하다. 디젤에서는 공기, 스파크-점화기관에서는 연료-공기 혼합물이 배기 시스템 압력보다 높은 압력으로 이송 포트에 공급되어야 한다.

그림 6.31에서 유니플로우 엔진 설계의 소기 과정 원리가 설명되어 있다. 상사점 이후 100에서 110° 사이에서 배기 밸브가 열리고 블로우다운 배출 과정이 시작한다. 처음에는 밸브 전후의 압력비가 임계값을 넘어(부록 C 참조) 밸브에서의 유동은 음속이 된다: 실린더 압력이 감소함에 따라 압력비는 임계값 이하로 떨어진다. 이 블로우다운(또는 자유 배기) 과정에 이어서, 실린더 압력이 소기 펌프 압력보다 약간 높은 때인 하사점 60에서 40° 전에 소기 포트가 열린다. 연소 가스 유동이 배기 밸브를 향하고 있기 때문에, 그리고 이때 밸브 열린 면적이 넓어서, 배기 유동은 계속되고 역류는 일어나지 않는다. 실린더 압력이 이송 시스템 공급 압력보다 낮아지면, 공기가 들어오고 소기 과정이 시작된다. 이 신기 유동은 소기 포트가 열려 있고 전체 공급 압력이 실린더 압력보다 높으면 계속된다. 실린더 압력이 배기 압력보다 높아지면 신기가 들어오면서 연소가스를 밀어낸다; 그렇지만 실린더 안으로 들어오는 신

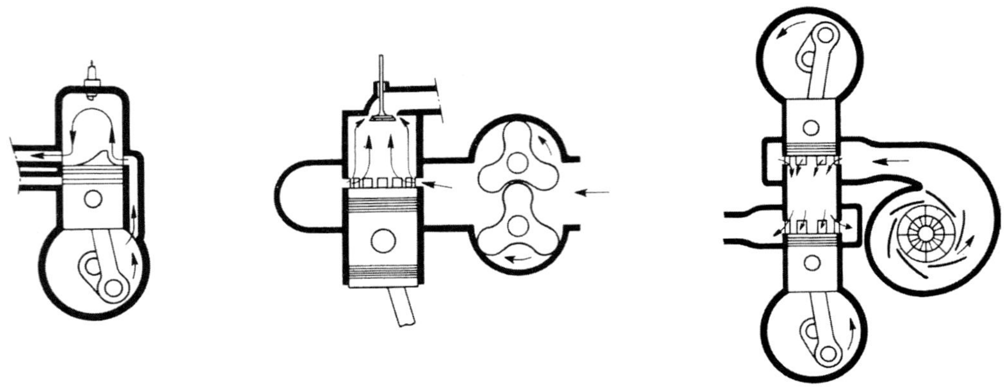

그림 6.32 2-행정 사이클 엔진의 신기를 압축하는 일반적 방법; 왼쪽, 크랭크케이스 압축; 중간, 루츠 송풍기, 오른쪽, 원심 압축기.[13]

기의 일부는 연소 가스와 섞이고 함께 빠져 나간다. 배기 밸브는 보통 흡기 포트가 닫힌 후에 닫힌다. 실린더 안의 유동은 배기 포트를 향하고 있기 때문에, 추가 소기가 이루어진다. 소기가 잘 일어나고 실린더를 잘 채우기 위해서는 신기 차지(charge)의 적절한 유동 패턴이 극히 중요하다.

그림 6.32에 흔히 사용하는 수퍼차징이나 신기 차지 가압 방법이 있는데, 이들의 좀 더 복잡한 조합이 그림 1.24에 보인 것처럼 자주 사용된다. 2-행정 사이클 엔진과 그 소기 특성에 대한 추가 정보는 Blair의 책이나[30] Heywood and Sher[31]에서 찾을 수 있다.

6.6.2 소기 파라미터와 모델들

아래의 파라미터가 소기 과정을 정량화하기 위해 사용된다,

공급비(The delivery ratio) Λ:

$$\Lambda = \frac{\text{사이클당 공급된 공기(또는 혼합물)의 질량}}{\text{표준 질량}} \tag{6.23}$$

Λ는 이상적인 차징 과정에서 요구되는 값에 대한 실제 소기 공기 질량(또는 혼합기 질량)의 비교이다.[g] 표준 질량은 배기량 × 주위 공기(또는 혼합기) 밀도로 정의된다. 주위 공기(또는 혼합기)의 밀도는 대기 또는 흡기 조건에서 결정한다. 이 정의는 실험 목적에 유용하다. 해석을 위해서는 실린더 안에 트랩된 질량 m_{tr}을 표준 질량으로 사용하는 것이 편리하다.

급기 효율(trapping efficiency) η_{tr}:

$$\eta_{tr} = \frac{\text{공급된 공기(또는 혼합기) 중 남은 질량}}{\text{공급된 공기의 질량(또는 혼합기)}} \tag{6.24}$$

이 효율은 실린더로 공급된 공기(또는 혼합기) 중 얼마나 실린더 안에 남았는지의 비율을 나타낸다.

---

[g] 만약 소기가 보통 대부분의 2-행정 스파크 점화기관에서처럼 연료-공기 혼합물에 의해 이루어지면, 혼합물 질량이 공기 질량 대신에 쓰인다.

소기 효율 η_{sc}:

$$\eta_{sc} = \frac{\text{공급된 공기(또는 혼합기) 중 남은 질량}}{\text{트랩된 실린더 차지의 질량(또는 혼합기)}} \tag{6.25}$$

이 효율은 실린더 안에 남은 가스 중에 신기로 대치된 비율을 나타낸다.

차지 순도(purity) β:

$$\beta = \frac{\text{실린더 안에 남은 공기 질량}}{\text{실린더 안에 남은 차지 질량}} \tag{6.26}$$

이 효율은 실린더 안의 미연소 혼합기의 연소공기와의 희석 정도를 나타낸다.

차징 효율 η_{ch};

$$\eta_{ch} = \frac{\text{공급된 공기(또는 혼합기) 중 남은 질량}}{\text{배기량} \times \text{대기 밀도}} \tag{6.27}$$

이 효율은 얼마나 효과적으로 실린더 부피가 신기(또는 혼합기)로 채워졌는지를 보여준다.

차징 효율, 급기 효율, 공급비는 다음 관계식을 갖는다.

$$\eta_h = \Lambda\eta_{tr} \tag{6.28}$$

공급비의 표준 질량이 실린더 트랩 질량 m_{tr}일 때(또는 이 값이 매우 가까운 근삿값일 때),

$$\eta_{sc} = \Lambda\eta_{tr} \tag{6.29}$$

실제 소기 과정에서는 신기가 연소 가스를 실린더 밖으로 밀어낼 때, 신기와 연소 가스 사이에 혼합이 일어나서 신기의 일부가 배출된다. 이 과정에 대한 두 극단적인 이상 모델은: (1) 완벽 변위(perfect displacement)와 (2) 완전 혼합이다. 완벽 변위 또는 소기는 신기가 연소가스를 혼합하지 않고 밀어낼 때 일어난다. 완전 혼합은 신기 혼합물이 들어가면서 순간적으로 그리고 균일하게 실린더 내용물과 혼합할 때 일어난다.[h]

완벽 변위(공급비에서 m_{tr}을 표준 질량으로 사용할 때)의 경우,

$$\begin{aligned} &\eta_{sc} = \Lambda \quad \text{and} \quad \eta_{tr} = 1 \quad \text{for } \Lambda \le 1 \\ &\eta_{sc} = 1 \quad \text{and} \quad \eta_{tr} = \Lambda^{-1} \quad \text{for } \Lambda > 1 \end{aligned} \tag{6.30}$$

*완전 혼합*의 경우, 소기 과정을 준-정상 유동 과정으로 생각한다. 시간 t와 $t + dt$ 사이에 공기 질량 dm_{ad}가 공급되고 실린더 안에서 균일하게 섞인다. 이 기간에, 시간 t에서 동일한 공기와 연소 가스의 비를 갖는 동일한 양의 유체가 실린더를 나간다. 그래서 시간 t와 $t + dt$ 사이에서 공급된 공기 질량 중 남은 질량 dm_{ar}은 다음과 같이 주어진다.

$$dm_{ar} = dm_{ad}\left(1 - \frac{m_{ar}}{m_{tr}}\right)$$

m_{tr}이 일정하다고 가정하면, 이 식을 소기 과정 동안 적분해서 다음 식을 얻는다.

$$\frac{m_{ar}}{m_{tr}} = 1 - \exp\left(\frac{m_{ad}}{m_{tr}}\right) \tag{6.31}$$

그래서 *완전 혼합*의 경우 위의 정의에 의해 다음 식을 얻는다.

---

[h] 이들 이상 모델 중 가장 간단한 모델은 이 과정이 등온이라고 가정한다. 더 복잡한 모델들이 있다(Heywood and Sher[31])

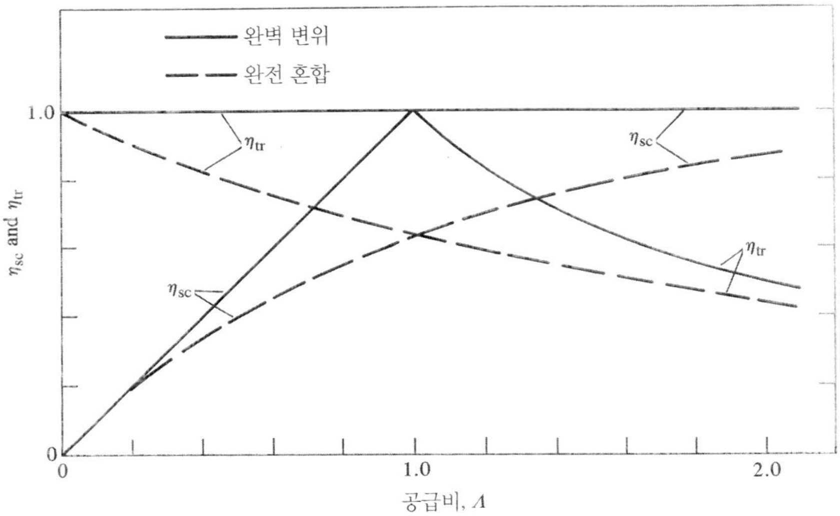

그림 6.33 (등온) 완전 변위와 완전 혼합 모델의 소기 효율 η_{sc}와 급기 효율 η_{tr} 대 공급비(The delivery ratio) Λ

$$\eta_{sc} = 1 - e^{-\Lambda}$$
$$\eta_{tr} = \frac{1}{\Lambda}(1 - e^{-\Lambda}) \tag{6.32}$$

그림 6.33이 완벽 변위와 완전 혼합 가정의 경우에 대해 공급비 Λ의 함수로 η_{sc}과 η_{tr}을 보여 준다.

추가로 가능한 현상은 신기가 연소가스를 포함하지 않고 직접 배기로 실린더를 빠져 나가는 경우이다. 이를 *단락*(short-circuiting)이라 부른다; 이것은 신기 또는 혼합기를 낭비하는 것이기 때문에 바람직하지 않다. 이에 대한 간단한 모델은 없다. 단락이 발생하는 경우, 비록 단락에 참여하는 유동이 차지하는 부피만큼 연소 가스를 밀어내지만, 낮은 소기 효율을 가질 수 밖에 없다. 또 다른 소기 효율을 낮추는 현상은 실린더 안에 *포켓* 또는 *데드* 존을 형성해서 연소 가스가 트랩되거나 신기의 소기 유동에 합류하지 않게 되는 경우이다. 이 소기되지 않는 영역은 신기의 주된 유동 경로에서 떨어져 있는 영역에서 발생할 확률이 높다.

6.6.3 실제 소기 과정

실제 실린더 소기 과정에서 일어나는 현상을 밝히는 몇 가지 방법이 개발되었다. 실린더에 남은 공기 질량을 측정하는 문제 때문에 정확하게 소기 효율을 측정하는 것은 어렵다. 도시 평균 유효 압력과 가스 샘플링으로부터 η_{sc}를 추정하는 것이 가장 믿을 만한 방법이다.[13] 실린더에서의 액체 상사 유동 가시화 실험과 유동 속도 맵핑 기법이, 소기 유동장에 대한 정량적 영상을 제공하고 단락-선로(short-circuiting)나 데드 볼륨(dead volume) 같은 문제를 확인하는데 유용함이 증명되었다.

유동 가시화 연구가 소기 과정의 중요한 특성을 제시한다. 그림 6.34가 한 액체가 다른 액체를 소기하는 연속 사진을 보여주는데 대형 2-행정 루프-소기 디젤 엔진을 모델링하고 있다. 물리적 변수들은 액체 상사(analog)가 실제 엔진 유동과 같은 적절한 무차원 계수를 갖도록 스케일링 하였다. 공기를 나타내는 액체(어두운)의 밀도는 연소 가스를 나타내는 액체

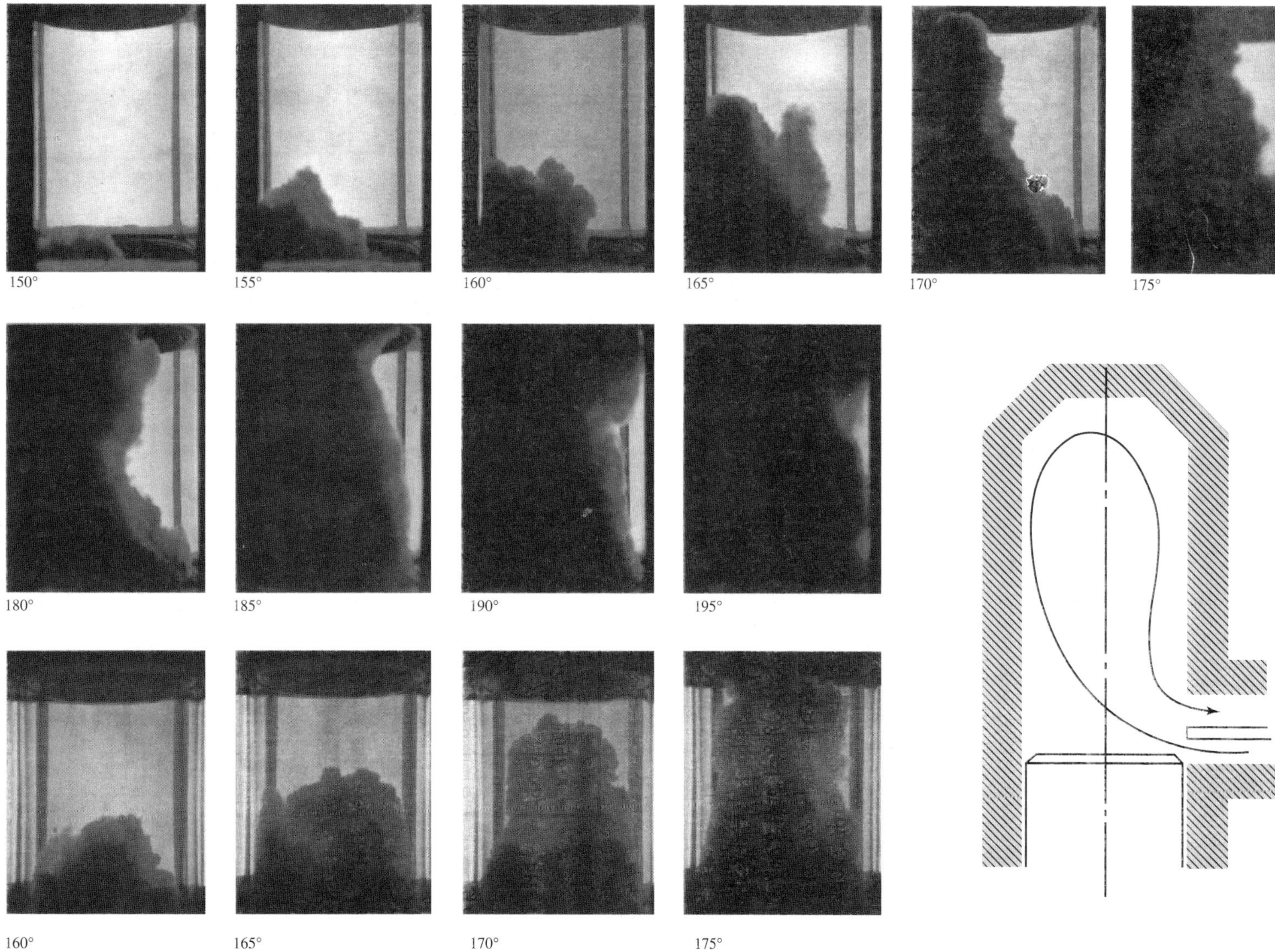

그림 6.34 루프-소기 엔진 실린더에서 한 유체가 다른 유체를 밀어내는 액체 상사 실험의 사진. 위 두 줄: 소기 루프에 수직인 시야. 제일 아래 줄: 어둡고 진한 유체가 밝고 덜 진한 유체를 밀어냄.[32]

(밝은) 밀도의 2배이다. 초기 소기 과정에서, 공기 제트는 연소 가스를 뚫고 들어가서 실린더 헤드로 밀어내고 이어서 배기 포트로 밀어낸다(개략도에 포트의 위치가 있다). 이 초기에는 외부로 흘러나가는 가스에는 공기가 없다; 실린더로부터 순수한 연소 가스만 나가게 한다. 그 다음 배기 포트 반대쪽 실린더 벽에 신선한 공기가 쌓이면서 단락-선로 손실이 발생하기 시작한다. 단락-선로 유체는 소기 포트와 그 위의 배기 포트 사이에서 직접 흐른다. 흘러 들어오는 신선한 공기가 계속 배기 포트 쪽으로 쌓이기 때문에 단락-선로 유동은 계속된다, 소기의 앞부분은 실린더를 지나면서 계속 선명하지만, 그 난류 특성은 연소 가스와 공기가 전면에서 섞임을 보여준다. 이 두 가지 이유(단락-선로와 단거리 혼합) 때문에, 바깥으로 나가는 유동은 초기의 밀어내는 단계가 끝나면 점점 더 많은 신선한 공기를 포함한다.

Sulzer의 2-행정 루프-소기 디젤 엔진의 이 모델 연구에서의 흘러 나가는 유체의 성분에 대한 측정이 이 진행 과정을 확인하였다. 소기 시작 후 크랭크 각으로 24도 후에 배기에서 단락-선도에 의한 신선한 공기가 검출되었다. 밀어내는 전면부가 배기 포트에 도착할 때(소기 시작 후 65° 후), 소기에 의해 손실되는 신선한 공기가 소기 공기 유동의 13%에 달했다. 실제 순수도(또는 η_{sc})를 공급비(Λ)의 함수로 그렸을 때, $\Lambda<0.4$까지는 완벽 변위(displacement) 선에 매우 가까웠다. $\Lambda>0.4$인 경우, 실제 커브의 모양은 완전 혼합 커브에 가까웠다.

엔진 테스트가 이 모델 연구를 확인했다. 초기에는 배기에 신선한 공기나 혼합물이 없었다; 연소 가스만이 실린더로부터 변위되었다. 그렇지만 실린더 안에서는 변위와 혼합이 연소 가스와 신선한 가스의 접촉면에서 일어나고 있다. 완벽한 소기로부터의 이탈이 신선한 혼합물이 배기에 나타날 때 분명히 보인다. 루프-소기의 경우 이는 Λ~0.4 근방에서 일어난다. 유니플로우 소기에서는 완벽 소기 단계가 좀 더 길게 지속된다; 크로스-소기의 경우 더 일찍 끝난다(왜냐하면 단락-선로 경로가 더 짧아서).

위에서 언급한 관찰과 측정에 기반을 두고 Benson[33]이 개발한 3-영역 모델은 2-행정 루프-소기와 크로스-소기 과정에 대한 유용한 수단을 제공한다: 그림 6.35 참조. 그는 가스 교환 과정은 세 단계로 발생한다고 하였다. 단계 I에서 신선한 차지 제트가 실린더에 들어와서 실린더 안의 연소 가스를 밀어 낸다. 제트의 경계면에서 혼합은 일어난다. 단계 II에서는 실린더로 들어 오는 신선한 차지가 출구로 직통해서 나간다. 이 단계에서는 신선한 차지만이 배기 포트를 통해 나간다; 그렇지만 혼합은 계속해서 (신선한 차지) 제트의 경계면에서 일어난다. 단계 III에서는 신선한 차지와 연소 가스의 혼합물이 실린더를 나간다; 이 혼합물의 성분은 시간에 따라 변한다. 요약하면, 세 과정이 일어난다: (1) 신선한 공기가 연소가스를 실린더로부터 밀어낸다(바람직함). 공급비 Λ값은 낮다; (2) 신선한 공기(혼합물)의 일부분이 직통해서 흐른다-단락-선로가 발생한다(바람직하지 않음); 그리고 (3) 단계에서는 신선한 공기와 연소 가스 간의 단거리 혼합이 계속 발생한다; 소기 과정의 후반부에 이 혼합된 가스가 실린더를 빠져 나간다(바람직하지 않음). Benson은 이 단계들의 지속 기간을 제시하였다:

단계 I: $95° < \theta < 155°$ ATC

단계 II: $155° < \theta < 200°$ ATC

단계 III: $200° < \theta < 265°$ ATC

이 모델의 가치는 제시하는 개념 구조에 있다: 소기 과정이 서로 다른 유동 거동이 발생하는 연속적인 단계에 따라 진행된다는 것이다.

단거리 혼합에서 발생하는 혼합은 실린더 부피에 걸쳐 일어나는 혼합이 아니다. 소기 혼합물 제트는 실린더에 들어가면서 제트 유출 근방의 가스와 즉각적으로 혼합한다. 좀 더 효율적인 소기는—즉 혼합이 적은—흡기 포트의 면적은 줄이고 수는 늘려서 달성할 수 있다.

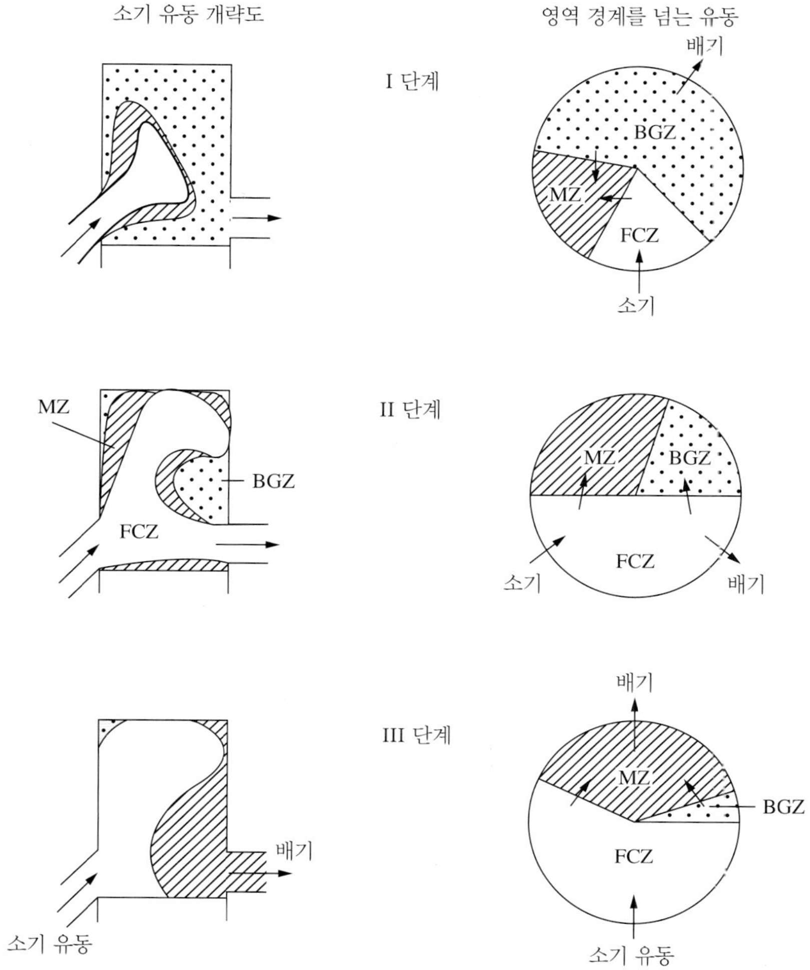

그림 6.35 3-영역 2-행정 사이클 엔진 소기 모델: 초기 (I), 중간 (II), 말기 (III) 과정. BGZ, 연소가스 존, FCZ, 신기 존, MZ, 혼합 존[33]

일단 실린더 안으로 들어오면 흡기 포트에서 들어온 제트는 속도가 크게 느려져야 한다. 그렇지 않으면 소기 전면이 배기 포트나 밸브에 너무 이르게 도달하게 된다. 제트는 흔히 서로 부딪히게 하거나 실린더 벽에 부딪히게 한다. 유니플로우-소기 시스템에서의 스월도 같은 결과를 얻기 위해 사용될 수 있다.

바람직한 루프-소기 유동이 그림 6.36에 제시되어 있다. 소기 제트가 충분한 속도를 가지고 대칭적으로 들어와서 실린더 단면의 약 절반 정도를 차지하고, 그 다음부터 낮아진 속도로 실린더 벽을 따라 실린더 헤드로 이동한다. 소기 제트의 방향을 잘 설정하면, 반대편 실린더 벽 그물 모양의 영역에서 배기 방향으로 직접 관통하는 유출이 거의 없도록 할 수 있다. 사실은 이 영역에서의 속도 프로파일 측정은 소기 유동의 효율성에 대한 좋은 지표이다. 만약 실린더 벽을 따라 헤드로 가는 유동이 안정적이라면, 즉 최대 속도가 벽에 가까운 곳에서 발생하고 포트 대칭축(실린더 축을 지나는)에 수직인 평면에서 속도가 거의 0이라면, 소기 유동은 원하는 궤적을 따를 것이다. 배기로 향하는 소기 유동에 "혀"들이 있다면, 실린더 가운데나 벽면을 따라, 심각한 단락-선도가 발행할 것이다.

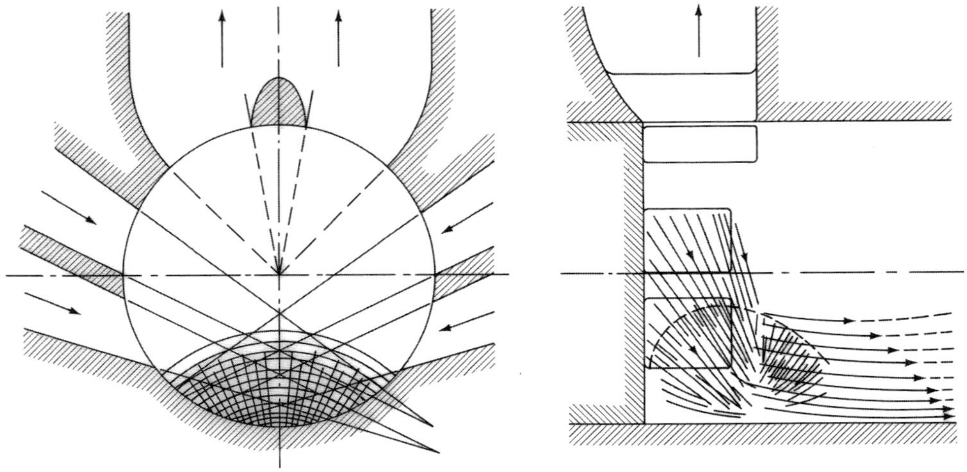

그림 6.36 루프-소기 엔진에서의 바람직한 공기 유동: 들어오는 제트의 공기가 맞은 편 실린더 벽에 부딪히고 실린더 헤드로 유동함.[34]

유니플로우-소기 형태에서, 흡기 포트가 실린더 원주를 따라 같은 간격으로 배치되어 있고 소기 제트가 실린더 안에서 스월 유동을 만들도록 방향이 정해진다(그림 6.30 참조). 유니플로우-소기 2-행정 디젤 실린더(배기 밸브가 있는)의 리그(rig) 유동 테스트에서 소기 전면 위치에서 측정한 측정 결과에 따르면, 흡기 포트 각을 변화시켜 넓은 범위의 스월을 얻은 실험인데, 실린더 반경의 반의 원에 대해 접선으로 제트 방향을 정하는 경우에 넓은 범위에서 가장 안정적인 소기 전면 프로파일을 얻을 수 있었다.

SI와 디젤 2-행정 엔진에서의 소기 과정이 비슷하지만, 이 두 타입의 엔진은 상당히 다른 공급비를 갖고 작동한다. 혼합물 소기 스파크 점화기관에서, 연소 가스와 함께 배출되는 신기의 상당한 배출은 상당한 연료 손실을 가져오며 높은 탄화 수소 배출을 초래하고, 직통해서 빠져 나가는 유체를 펌핑할 때 소비한 에너지의 손실을 가져온다. 디젤에서는 소기 물질이 공기이므로 펌핑 손실만 있다. 이로 인한 한 가지 결과는, 2-행정 스파크 점화기관이 보통 크랭크케이스 펌핑을 사용한다는 것이다. 이 접근 방식은 실린더 압력이 블로우다운에 의해 감소하고 소기 과정이 시작할 때 소기 물질이 최대 압력과 이에 따른 최대 속도를 갖게 한다; 소기 과정에서 크랭크케이스 압력이 감소함에 따라 실린더 내 소기 전면의 운동도 속도가 준다. 그림 6.37이 몇 가지 서로 다른 설계의 크랭크케이스-소기 스파크 점화기관에 대해 급기 효율과 소기 효율을 공급비의 함수로 보여준다. 이들은 흡기와 배기 포트의 설계와 열린 시기 그리고 배기 시스템 형상에 크게 의존한다. 크랭크케이스 펌핑을 사용하는 2-행정 스파크 점화기관에서 공급비는 0.5에서 1 가까이에 있다.

그림 6.38에 대형 2-행정 디젤의 소기 데이터가 있다. 순수도(실린더 내에 갇힌 차지 중의 공기 질량/실린더 내에 갇힌 차지 질량)가 공급비의 함수로 보여 진다. 다른 소기 형상은 다른 효율을 갖는데 유니플로우 소기가 가장 효율적이다. 이들 디젤 엔진은 보통 공급비가 1.2에서 1.4 사이에 있다. 엔진이 크기 때문에 (그리고 느린 속도) 소형 엔진의 루프나 특히 크로스-소기 엔진보다 소기 효율이 높다.

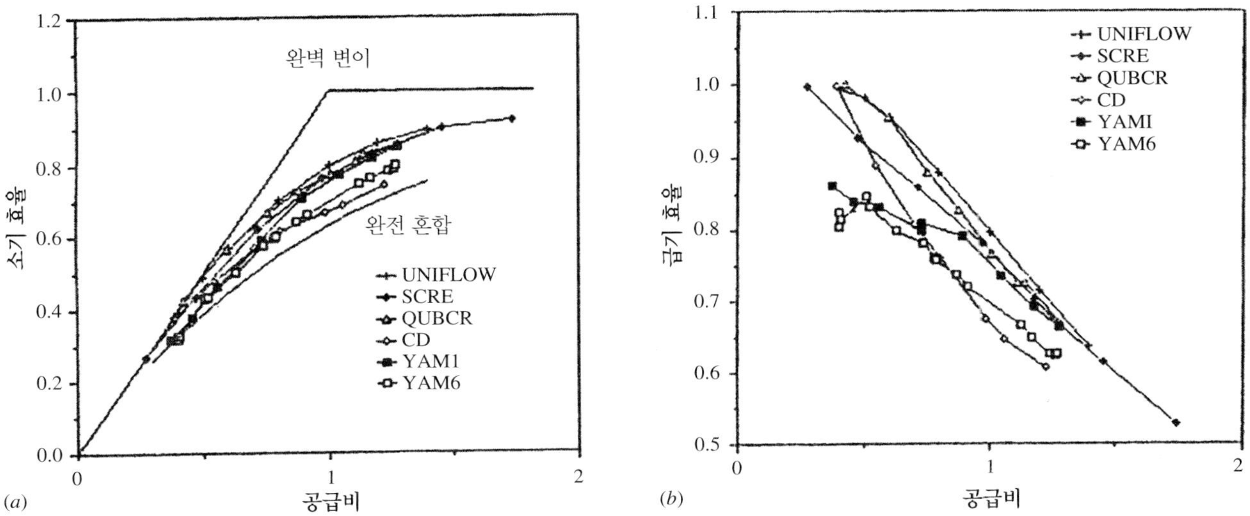

이름	타입	평가
UNIFLOW	포트형 유니플로우	매우 좋은 소기
SCRE	3 포트 루프	좋은 소기
YAM1	5 포트 루프	상당히 좋은 소기
YAM6	5 포트 루프	나쁜 루프 소기
CD	전통 크로스	정상 크로스 타입
QUBCR	QUB 크로스	QUB 반경방향 포트

그림 6.37 (*a*) 2-행정 사이클 스파크 점화기관의 몇몇 실험적 소기 시스템 설계의 (*a*) 급기 효율 η_{tr}과 (*b*) 소기 효율 η_{sc} 대 공급비; 이 두 파라미터가 소기 효율 특성을 나타냄. 완벽 변위와 완전 혼합 모델 소기 효율도 같이 그림.[30]

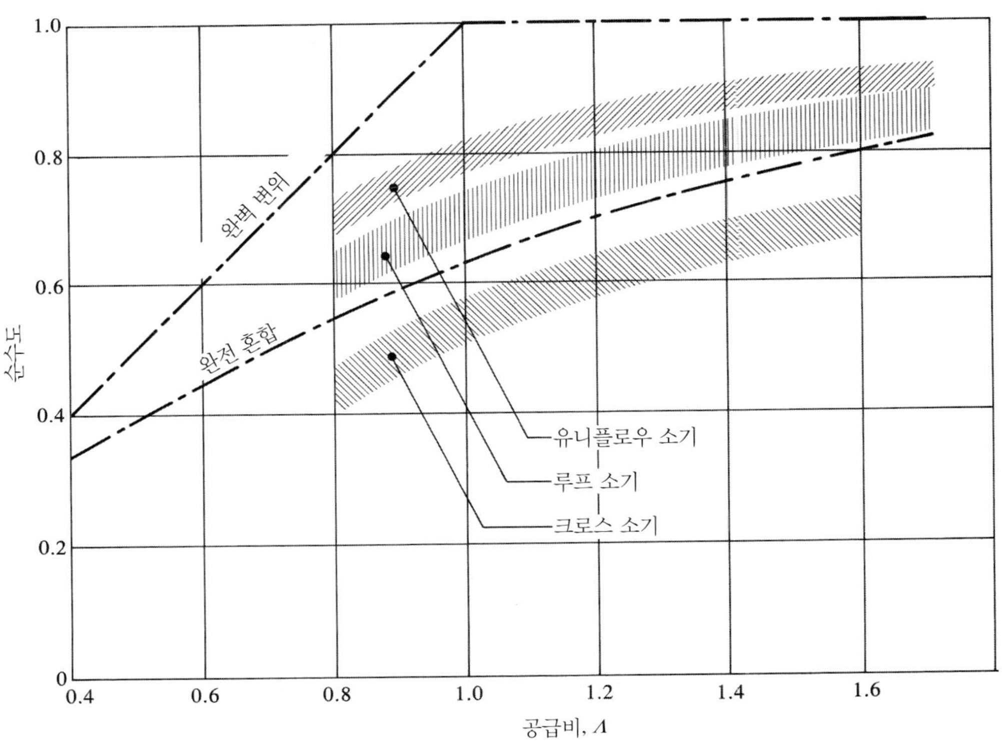

그림 6.38 다른 대형 해양 2-행정 디젤 엔진에서, 순수도 대 공급비 Λ.[35]

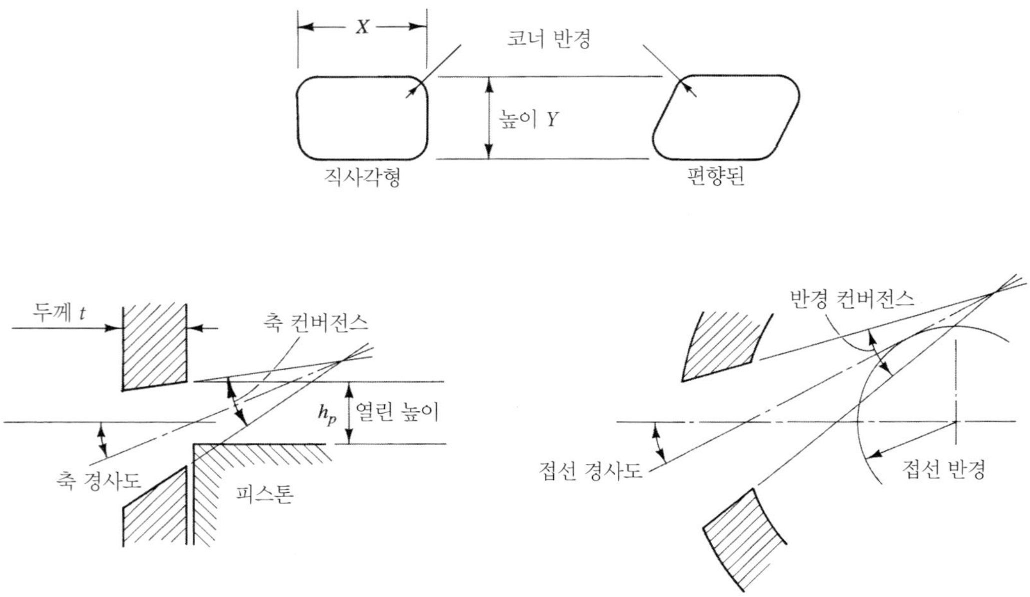

그림 6.39 소기 또는 이송 포트의 형상을 정의하는 파라미터들.[15]

6.7 2-행정 엔진 포트에서의 유동 _*Flow Through Two-Stroke Engine Ports*

위의 토의에서 2-행정 사이클 소기 과정의 적당한 작동을 위해서 소기와 배기 포트의 중요성이 들어난다. 포트가 열리는 시기; 실린더 원주에 배치된 포트의 크기, 수, 형상, 위치 등; 그리고 포트로부터 실린더로 들어가는 제트의 방향과 속도가 모두 소기 유동에 영향을 준다. 피스톤에 의해 제어되는 포트를 지나는 유동에 관한 정보는 Annand and Roe[15]에 요약되어 있다. 흡기(전달) 포트와 배기 포트의 형상의 유동 저항과 소기 과정 중 포트 시스템에 의해 실린더 안에 형성되는 유동 패턴이 모두 중요하다. 그림 6.39가 이런 포트들의 핵심 형상 특성에 대해 정의한다. 직사각형 포트가 실린더 벽 면적을 가장 잘 사용하고 정밀한 시기 제어를 제공한다. 포트는 그림에서와 같이 테이퍼를 줄 수 있고 축 방향과 접선 방향의 경사를 줄 수도 있다.

소기 포트

그림 6.40이 피스톤-제어 흡기 포트의 하류에서 일어날 수 있는 유동 패턴을 보여 준다. 조금 열렸을 때 유동은 포트 벽면에 붙어 있다. 날카로운 코너를 가진 완전히 열린 포트에서 유

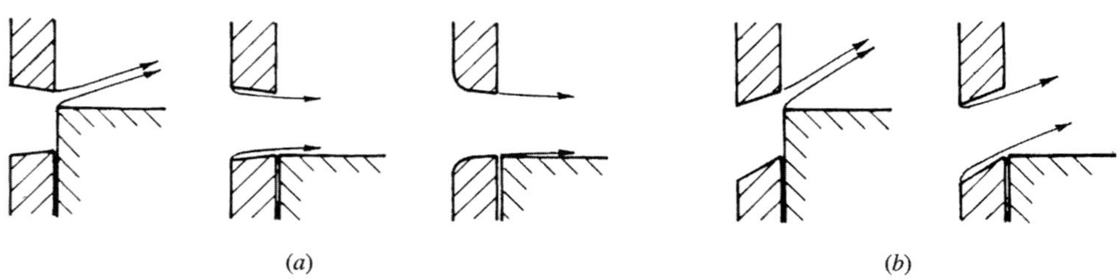

그림 6.40 피스톤-제어 소기 포트를 지나는 유동 패턴. (*a*) 포트 축이 벽에 수직; 날카롭고 둥근 입구를 가진 작은 열림과 큰 열림. (*b*) 포트 축이 기울어짐.[15]

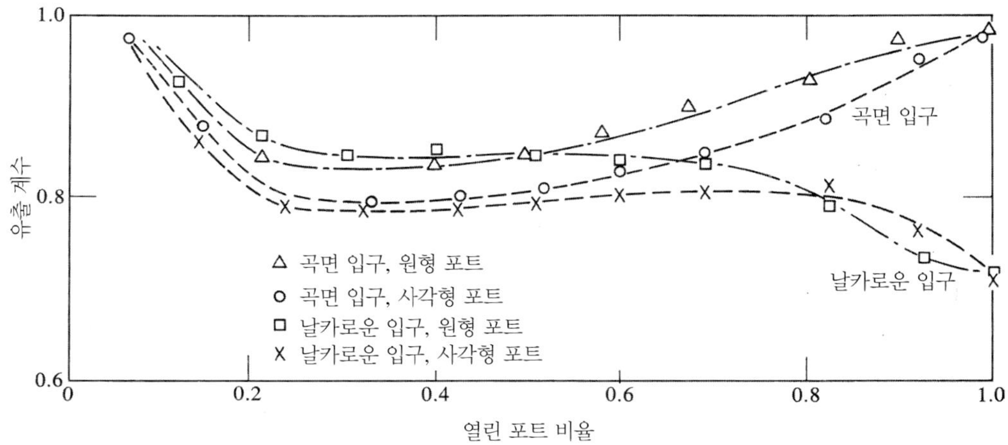

그림 6.41 다른 소기 포트 설계들에 대해 포트 열린 비율(열린 높이/포트 높이)의 함수로 그린 정상 상태 유출 계수. 포트 전후 압력비 = 2.35[18]

동은 상류 코너에서 박리한다. 둥그런 입구나 점차 좁아지는 테이퍼를 포트에 주면 포트 내에서의 박리를 막는데 도움을 줄 수 있다. 포트의 유출 계수(discharge coefficient)가 포트의 열린 면적 비율, 포트 전후의 압력비, 포트의 형상과 경사(Ref.12에 자세한 요약이 있음)의 함수로 측정되었다. 유출 계수를 측정하기 위한 가장 적절한 표준 면적은 포트의 열린 면적이다(그림 6.39 참조). 열린 높이 h_p가 $(Y - r)$보다 작고 r 보다는 클 때 이 값은

$$A_R = Xh_p - 0.43\,r^2 \tag{6.33}$$

여기서 Y는 포트의 높이, X는 포트의 너비, r은 코너의 반경이다. $h_p = Y$인 경우, 표준 면적은

$$A_R = XY - 0.86\,r^2 \tag{6.34}$$

유출 계수 C_D에 미치는 형상과 운전 조건의 영향은 보통 그림 6.40에 보여진 유동 패턴을 이용하여 설명할 수 있다. 그림 6.41에 흡기 포트 열린 비율과 포트 형상이 C_D에 미치는 영향이 있다: 형상의 영향은 열린 비율이 작거나 클 때 가장 중대하다. C_D는 압력비에 따라 달라지는데 압력비가 증가할수록 증가한다. 압력비에 따른 변화를 예측할 수 있는 실험식이 개발되었다.[36]

소기를 돕기 위해 실린더 내의 스월 움직임이 필요하거나 실린더 축을 벗어난 곳에 제트 초점을 맞추거나 벽면 충돌이 필요한 경우, 접선 방향으로 기울어진 소기 포트를 사용한다(6.6.3절 참조). 유출 계수는 제트 접선 기울기가 증가할수록 감소한다. 제트 각과 포트 각은 포트 설계의 자세한 내용과 열린 비율에 따라 상당히 다를 수 있다.

배기 포트

피스톤-제어 배기 포트에서, 얇은 벽 배기 포트로부터의 제트의 각은 그림 6.42에 보여진 것처럼 증가한다. 두꺼운 포트에서는, 벽이 보통 테이퍼가 져서 바깥으로의 유동이 확산되게 한다. 배기 과정 동안 배기 포트 전후의 압력비는 상당히 변한다. 그림 6.43에 보여진 것처럼 압력비는 배기 포트 유출 계수에 큰 영향을 미친다. 출구 제트 각과 박리 지점의 변화가 열린 비율의 증가와 압력비의 영향을 보여준다. 유출 계수는 가스 온도가 증가함에 따라 약간 증가한다.

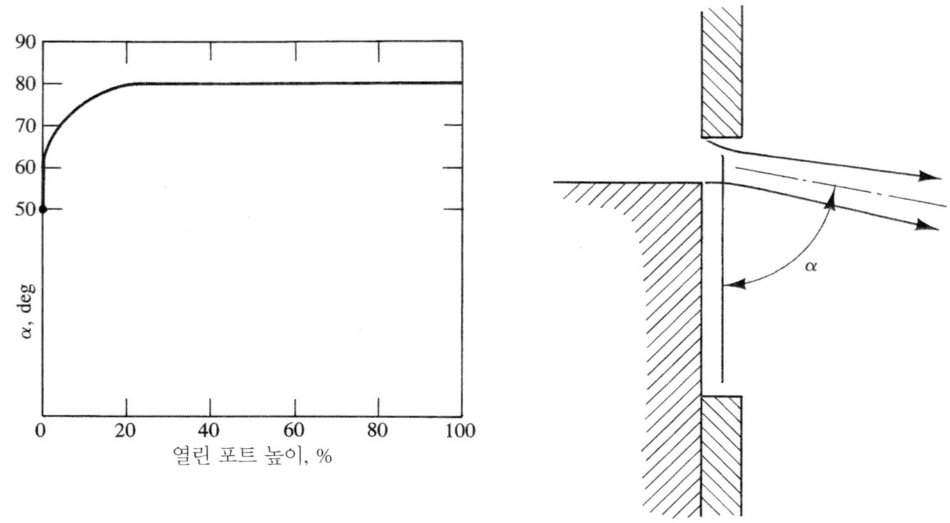

그림 6.42 열린 포트 높이의 함수로 그린 배기 포트를 나가는 제트 각.[34]

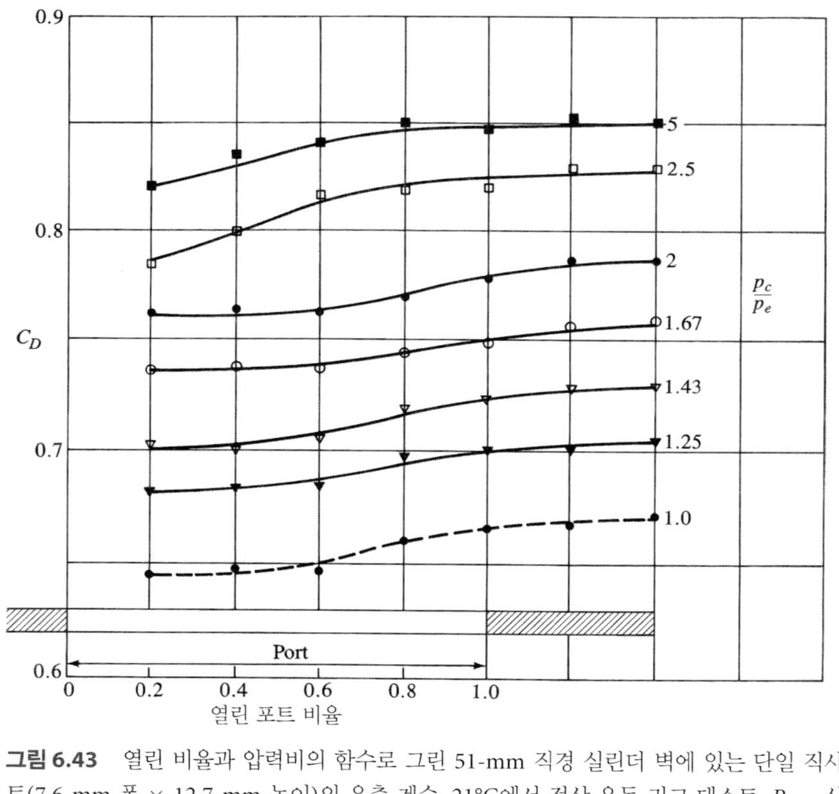

그림 6.43 열린 비율과 압력비의 함수로 그린 51-mm 직경 실린더 벽에 있는 단일 직사각형 배기 포트(7.6-mm 폭 × 12.7-mm 높이)의 유출 계수. 21°C에서 정상 유동 리그 테스트. P_c = 실린더 압력, p_e = 배기 시스템 압력.[36, 37]

피스톤 디플렉터(deflector)

단순한 크로스-소기 2-행정(가솔린) 엔진에서 흔히 피스톤 크라운 우에 디플렉터를 달아서 소기 유동이 배기 포트에서 멀어져서 실린더 헤드로 향하게 한다. 그림 1.3이 대표적인 디플렉터 모양을 보여 준다. 크로스-소기에서 이런 타입의 피스톤은 엔진이 스로틀되는 낮은 출력과 낮은 속도에서 좋은 소기 특성을 가진다. 스로틀이 많이 열렸을 대는 소기 효율은 그렇게 좋지 않다. 그리고 연소실 형상에 디플렉터가 끼치는 영향과 엔진 노킹과 표면 점화에 불리하다. 보통 크로스-소기 엔진이 루프-소기 엔진보다 압축비가 낮다 그렇지만 크로스-소기 엔진 설계는 블록 캐스팅과 기계 가공을 단순하게 하여 생산과 패키징에서 유리하다. 또 좁은 포트를 사용할 수 있어서 피스톤 링이 피닝(pinning) 없이 작동할 수 있어서 링 마모를 줄일 수 있다.

그림 6.44가 피스톤 디플렉터의 주요 형상 특징을 보여 준다. Blair[30]는 다음의 형상 비율을 추천한다. 디플렉터 열린 면적 또는 유동 면적 A_d, 피스톤 라이너와 수직 디플렉터 표면과의 사이, 전체 소기 포트 열린 면적[$n_p A_p$, $A_p (= A_R)$은 식 (6.34)에 주어짐]보다 약간 커야 한다. 그래서 들어온 유동은 부드럽게 90°를 돌아서 축 방향으로 실린더 안에서 올라간다.

디플렉션 비율 R_d는 다음과 같이 정의된다:

$$R_d = A_d / (n_p A_p) \tag{6.35}$$

여기서 A_d는 그림 6.44에 정의되어 있다. R_d는 1.1과 1.2 사이에 있어야 한다. 디플렉터 높이가 또 다른 주요 파라미터이다. 이는 포트보다 약 50% 정도 커야 하지만 필요 이상으로 커서는 안된다. 디플렉터 벽면은 배기 포트와 소기 포트 사이 중간쯤에 위치한다. 그 옆면은 45° 경사져 있거나 커브가 져 있어서 상사점에서 연소실에 적당한 간극을 가지게 한다. 디플렉터가 피스톤을 만나는 지점에서의 반경은 높이의 1/3 정도이다. 디플렉션 비율, 식 (6.35)의 R_d, 을 증가시키면 공급비가 커질 때 급기 효율이 나빠진다. 더 작은 디플렉터 유동 면적(R_d = 1.1−1.2)이 유동 방향을 더 잘 바꾸고, 단락-선도를 줄이고 차지 트랩을 개선한다.

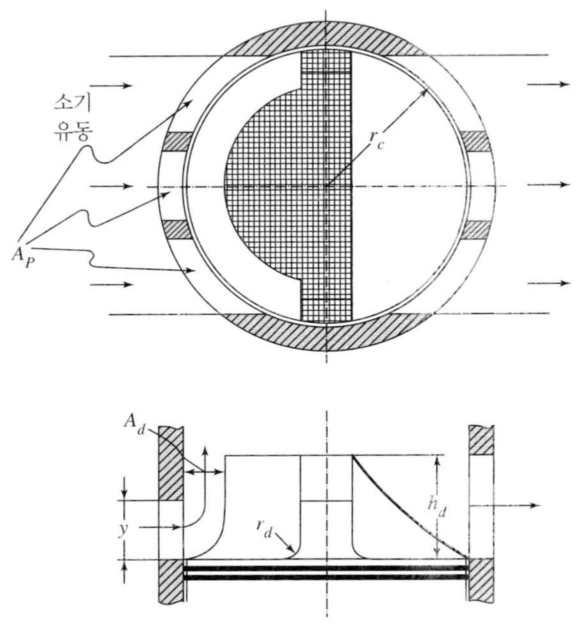

그림 6.44 소기 우동과 배기 유동 포트의 형상과 피스톤 디플렉터.[30, 31]

6.8 수퍼차징과 터보차징 _*Supercharging and Turbocharging*

6.8.1 파워 부스팅 방법

주어진 엔진이 낼 수 있는 최대 파워는 엔진 실린더 내에서 효율적으로 태울 수 있는 연료의 양에 의해 한계가 결정된다. 이 양은 각 실린더의 한 사이클에서 빨아들일 수 있는 공기의 양에 의해 한계가 결정된다. 이 공기가 실린더에 들어오기 전에 더 높은 밀도로 압축된다면, 주어진 크기의 엔진의 최대 파워는 증가할 것이다. 이것이 수퍼차징의 주된 목적이다; 식 (2.39)에서 (2.41)까지 어떻게 파워, 토크, 평균 유효 압력이 흡입 공기 밀도에 비례하는지 보여 준다. *수퍼차징*이라는 단어는 엔진 실린더에 들어오기 전에 압력을 증가시켜 공기(또는 혼합물)의 밀도를 증가한다는 의미를 가진다. 이 목적을 달성하기 위해 3가지 기본 방식이 사용된다. 첫째는 *기계적 수퍼차징*인데 보통 엔진으로부터 동력을 받아서 운전되는 별도의 펌프, 송풍기, 압축기가 압축 공기를 제공한다. 둘째는 *터보차징*인데 압축기와 터빈이 한 축에 연결된 터보차저를 이용하여 흡입 공기(또는 혼합물)의 밀도를 증가시킨다. 엔진 배기 유동의 유용한 에너지를 이용하여, 각 엔진 실린더로 들어가기 전에 흡입 유체 밀도를 증가시키는 터보차저 압축기에 동력을 공급하는 터빈을 구동한다. 셋째 방법—*압력파 수퍼차징*—은 흡기와 배기 시스템의 파 운동을 이용하여 흡기 혼합물을 압축한다. 체적 효율을 높이기 위해 흡기와 배기 매니폴드 튜닝을 이용하는 방법이(6.2.2절 참조) 흡기 밀도를 높이는 한 예이다. 압력파 수퍼차징의 한 예가 Comprex인데, 흡기와 배기를 좁은 유동 채널에서 직접 접촉하도록 함으로써, 배기 유동에 있는 압력을 이용하여 흡기 혼합물을 압축하도록 한다(6.8.5절 참조). 그림 6.45가 다른 수퍼차징과 터보차징의 대표적인 배열을 보여 준다. 가장 일반적인 배열은 기계적 수퍼차징(그림 6.45*a*)이나 터보차징(그림 6.45*b*)이다. 엔진에 의해 구동되는 수퍼차저와 터보차저를 함께 사용하는 경우도 있다(그림 6.45*c*)(예로 그림 1.36의 대형 선박 엔진). 2-단계 터보차징(그림 6.45*d*)는 더 높은 제동 평균 유효 압력을 얻기 위해 매우 높은 압력 상승(4에서 7bar)을 얻기 위해 사용할 수 있는 접근 방법이다. 추가적으로 배기 에너지를 얻기 위해 엔진 구동 축에 직접 연결되는 제2의 배기 터빈을 이용하는 그림 6.45의 터보복합(turbocompuonding)은 엔진의 파워와 효율을 증가시키기 위한 또 다른 방법이다. 그림 6.45*f*에 있는 압축 후에 공기의 온도를 떨어뜨려 공기나 혼합물의 밀도를 높이는 열교환기[후냉각기(aftercooler) 또는 중간냉각기(intercooler)] 냉각 방식이 흔히 사용된다.

수퍼차징은 4-행정 기관에서 주어진 배기량에서 파워를 높이기 위해 사용된다. 2-행정 기관에서 신선한 공기(또는 혼합물)의 압력을 배기 압력보다 높여 소기가 효율적으로 진행되도록 하기 위해 어떤 형식의 수퍼차징이 필요하다. 2-행정 기관에서의 추가 압축은 출력 밀도도 높인다. 이 절에서는 흡입 공기나 혼합물의 밀도를 높이거나 배기 유용성을 일로 변환하는데 사용되는 송풍기, 압축기, 터빈, 파동-압축 기구의 작동 특성에 대해 알아본다. 수퍼차저나 터보차저가 장착된 엔진의 작동 특성에 대해서는 15장에서 알아본다.

디젤 엔진은, 특히 자동차 용으로 사용되는 경우, 보통 터보차징된다. 디젤은 언제나 연료가 희박한 상태에서 운전된다: 그래서 실린더 내에 있는 공기중의 산소를 연소에서 다 사용하지 못한다. 그래서 더 많은 공기를(압축을 통해) 실린더 내로 밀어 넣으면 더 많은 연료를 태울 수 있고 그래서 엔진의 단위 부피당 토크를 증가시킬 수 있어 매력적이다. 고성능 가솔린 연료 스파크 점화기관은 역사적으로 주어진 기반 엔진의 출력을 높이기 위해 기계적으로 구동되는 수퍼차져를 이용해 압력을 높였다. 엔진 소형화(down-sizing), 저속화

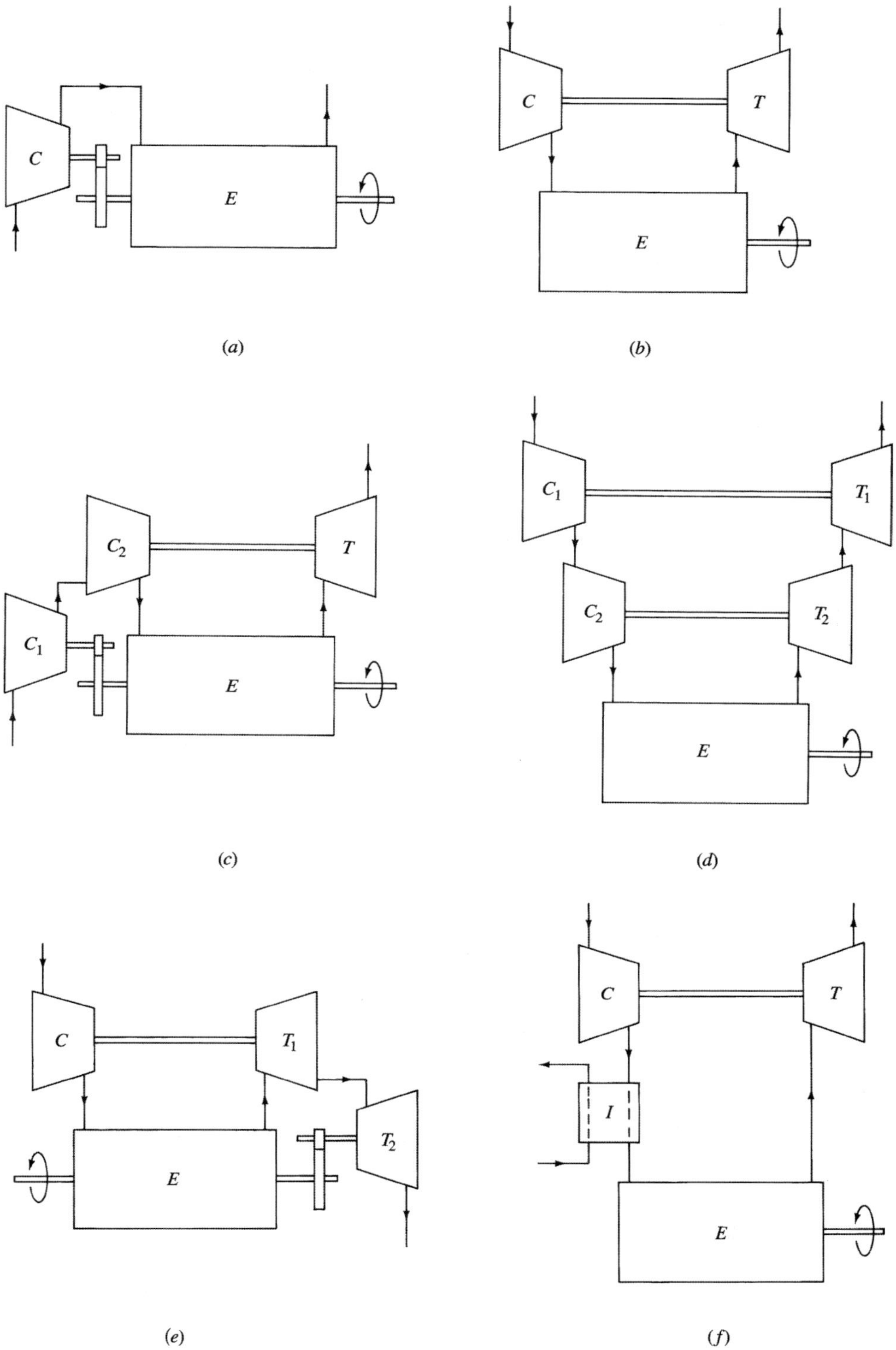

그림 6.45 수퍼차징과 터보차징 배치도: (*a*) 기계식 수퍼차저; (*b*) 터보차져; (*c*) 엔진–구동 압축기, 터보차저; (*d*) 2-단계 터보차징; (*e*) 터보복합을 함께 쓰는 터보차징; (*f*) 인터쿨러 사용 터보차징. *C* 압축기, *E* 엔진, *I* 인터쿨러, *T* 터빈.

(down-speeding)를 가능하게 하고 상당한 연료 소비 감소 효과를 가능하게 하는 터보차징이 가솔린 엔진에서 기존의 자연 흡기 엔진을 대체하고 있다. 비정상적인 연소인 노킹이라는 현상이, 비록 직접 연료 분사에 의한 냉각 효과가 일부 상쇄하지만, 더 큰 제한이 되고 있다.

6.8.2 기초 관계식

송풍기나 압축기를 구동하는 데 필요한 일이나 터빈에 의해 생산되는 일에 관한 식은 열역학 제1법칙과 2법칙에서 구한다. 터보 기계 부품 주위에 설정된 검사 체적에 적용된 정상-유동 에너지 식 형태의 열역학 제1법칙은 다음과 같다.

$$\dot{Q} - \dot{W} = \dot{m}\left[\left(h + \frac{C^2}{2} + gz\right)_{\text{out}} - \left(h + \frac{C^2}{2} + gz\right)_{\text{in}}\right] \tag{6.36}$$

여기서 $\dot{Q}$은 검사 체적으로의 열전달, $\dot{W}$은 검사 체적으로부터의 축 일전달, $\dot{m}$은 질량 유동률, h는 유체의 단위 질량당 엔탈피, $C^2/2$는 단위 질량 당의 운동 에너지, gz는 단위 질량당의 위치에너지(중요하지 않아서 생략해도 됨)이다.

정체(*stagnation*) *또는 전체*(*total*) *엔탈피* h_0는 다음과 같이 정의될 수 있다.

$$h_0 = h + \frac{C^2}{2} \tag{6.37}$$

비열이 일정한 이상기체에서, *정체 또는 전체 온도* T_0는 식 (6.33)으로부터 다음과 같이 구한다.

$$T_0 = T + \frac{C^2}{2c_p} \tag{6.38}$$

정체 또는 전체 압력도 마찬가지로 정의된다: 그것은 가스가 등엔트로피 과정으로 정지 상태에 이르렀을 때의 압력이다:

$$p_0 = p\left(\frac{T_0}{T}\right)^{\gamma/(\gamma-1)} \tag{6.39}$$

식 (6.36)의 $\dot{Q}$은 송풍기, 압축기, 터빈에서 보통 매우 작으므로 무시해도 괜찮다. 그런 경우 식 (6.36)은 다음 일전달에 관한 다음 식이 된다.

$$\dot{W} = \dot{m}(h_{0,\text{out}} - h_{0,\text{in}}) \tag{6.40}$$

부품의 효율이, 실제의 일전달률과, 같은 압력 사이에서 작동하는 가역 단열 부품에서 요구되는(또는 생산되는) 일전달률의 관계를 보여 주기 위해 사용된다. 등엔트로피 과정에서 발생하는 이 가역 단열 일전달률을 결정하기 위해 열역학 제2법칙이 사용된다.

압축기에서, 압축기 *등엔트로피 효율* η_c는 다음과 같다.

$$\eta_c = \frac{\text{가역에서 요구되는 파워}}{\text{실제 요구되는 파워}} \tag{6.41}$$

그림 6.46이 h-s선도에 압축기를 지나는 가스의 최종 상태를 보여 준다. 정압 (p_1, p_2)과 정체 압력 (p_{01}, p_{02})의 등압선을 보여 준다. 전체-전체 등엔트로피 효율은 식 (6.41)로부터 다음과 같이 된다.

$$\eta_{\text{CTT}} = \frac{h_{02s} - h_{01}}{h_{02} - h_{01}} \tag{6.42}$$

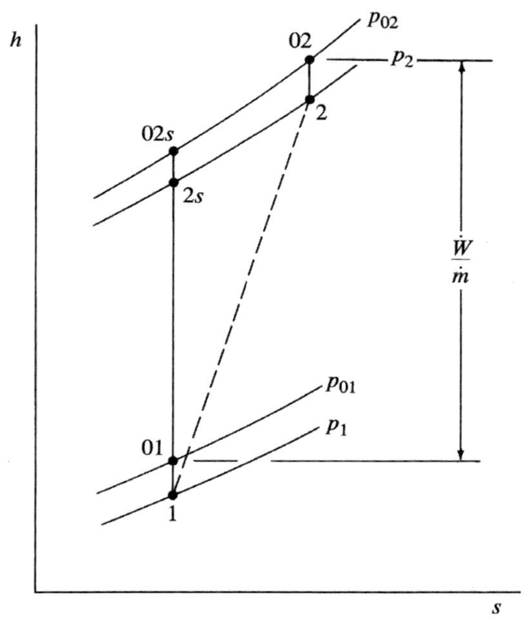

그림 6.46 압축기의 엔탈피-엔트로피 선도. 입구 상태 01, 출구 상태 2; 상응한 등엔트로피 압축기 출구 상태 2s

C_p가 공기나 연료-공기 혼합물에서 거의 변하지 않으므로 이 식은 아래 식과 같이 된다.

$$\eta_{\text{CTT}} = \frac{T_{02s} - T_{01}}{T_{02} - T_{01}} \tag{6.43}$$

01에서 02s까지 등엔트로피 과정이므로

$$T_{02s} = T_{01}\left(\frac{p_{02}}{p_{02}}\right)^{(\gamma-1)/\gamma}$$

식 (6.43)은 다음과 같이 된다.

$$\eta_{\text{CTT}} = \frac{(p_{02}/p_{01})^{(\gamma-1)/\gamma} - 1}{(T_{02}/T_{01}) - 1} \tag{6.44}$$

식 (6.44)를 도출할 때, 운동 에너지 압력 헤드 ($p_{02} - p_{01}$)는 재생 가능하다고 무언의 가정을 하였다. 내연 기관 적용에서는, 압축기가 큰 매니폴드를 통해서 엔진에 공기를 공급하기 때문에 대부분의 운동에너지는 소산된다. 송풍기나 압축기는 이 운동 에너지가 출구 덕트를 나가기 전에 효율적으로 회수될 수 있도록 설계되어야 한다. 압축기를 나가는 가스의 운동 에너지가 보통 회수되지 않으므로, 좀 더 실질적인 효율 정의는 출구 정적 상태(static condition)에 기초를 두는 정의이다:[38]

$$\eta_{\text{CTS}} = \frac{T_{2s} - T_{01}}{T_{02} - T_{01}} = \frac{(p_2/p_{01})^{(\gamma-1)/\gamma} - 1}{(T_{02}/T_{01}) - 1} \tag{6.45}$$

이는 전체-정적(total-to-static) 효율이라 칭한다. 효율이 정의되는 기초가 항상 명확하게 기술되어야 한다.

압축기를 구동하는 데 필요한 일전달률 또는 파워는 이상 기체 모델인 식 (6.40)과 식 (6.44)로부터 얻는다.

$$-\dot{W}_C = \dot{m}_i c_{p,i}(T_{02} - T_{01}) = \frac{\dot{m}_i c_{p,i} T_{01}}{\eta_{\text{CTT}}}\left[\left(\frac{p_{02}}{p_{01}}\right)^{(\gamma-1)/\gamma} - 1\right] \tag{6.46}$$

여기서 아래 첨자 i는 입구 혼합물 물성치를 의미한다. 만약 압축기 효율을 정의하기 위해 η_{CTS}가 사용되면, 식 (6.46)에서 p_{02}를 p_2로 대체하여야 한다. 식 (6.46)은 요구되는 열역학 파워를 제공한다. 송풍기나 압축기에는 기계적 손실도 있을 것이다. 그래서 이 장치를 구동하는데 필요한 파워 $-\dot{W}_{C,D}$는,

$$-\dot{W}_{C,D} = -\frac{\dot{W}_C}{\eta_m} \tag{6.47}$$

여기서 η_m은 송풍기나 압축기의 기계적 효율이다.

그림 6.47에 h-s선도에서 터빈의 입구와 출구의 가스 상태가 표시되어 있다. 03상태가 입구 정체 상태이다; 4와 04는 각각 정적 출구와 정체 출구 상태를 표시한다. 4s와 04s 상태는 해당하는 가역 단열 터빈에서의 정적 출구와 정체 출구 상태를 각각 표시한다. 터빈의 등엔트로피 효율은 다음과 같이 정의된다.

$$\eta_T = \frac{\text{실제 출력}}{\text{가역 출력}} \tag{6.48}$$

그래서 전체-전체 터빈 효율은

$$\eta_{\text{TTT}} = \frac{h_{03} - h_{04}}{h_{03} - h_{04s}} \tag{6.49}$$

만약 배기를 일정한 비열을 갖는 이상기체로 모델링하면, 식 (6.49)는 다음과 같이 된다.

$$\eta_{\text{TTT}} = \frac{T_{03} - T_{04}}{T_{03} - T_{04s}} = \frac{1 - (T_{04}/T_{03})}{1 - (p_{04}/p_{03})^{(\gamma-1)/\gamma}} \tag{6.50}$$

관심 있는 온도 영역에서 배기의 c_p는 온도에 따라 상당히 변할 수 있음을 주의해야 한다(그림 4.10과 4.17 참조).

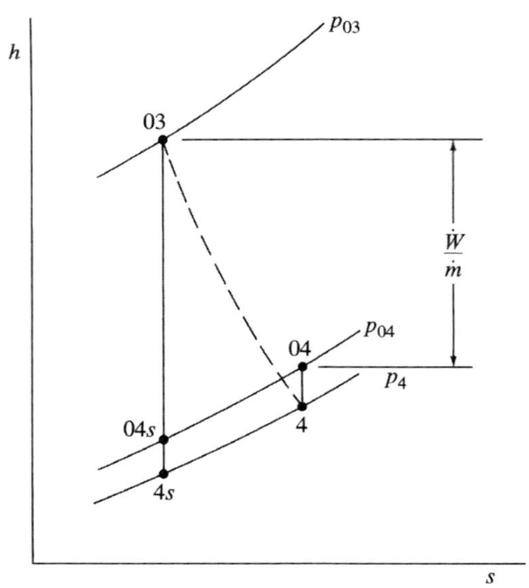

그림 6.47 터빈의 엔탈피-엔트로피 건도. 입구 상태 03, 출구 상태 4; 상응하는 등엔트로피 터빈 출구 상태 4s.

터보차저 터빈에서 출구에서의 운동에너지가 보통 버려지므로, 전체-정적 터빈 등엔트로피 효율이 더 실제에 가까운데, 여기서는 입구 정체 조건과 출구 정적 압력 사이에서 얻은 파워를 가역 단열 출력으로 사용한다.[38]

$$\eta_{\text{TTS}} = \frac{h_{03} - h_{04}}{h_{03} - h_{4s}} = \frac{T_{03} - T_{04}}{T_{03} - T_{4s}} = \frac{1 - (T_{04}/T_{03})}{1 - (p_4/p_{03})^{(\gamma-1)/\gamma}} \tag{6.51}$$

터빈에서 공급되는 파워는 다음과 같다[식 (6.40)과 식 (6.50)]:

$$\dot{W}_T = \dot{m}_e(h_{03} - h_{04}) = \dot{m}_e c_{p,e}(T_{03} - T_{04}) = \dot{m}_e c_{p,e} \eta_{\text{TTT}} T_{03}\left[1 - \left(\frac{p_{04}}{p_{03}}\right)^{(\gamma_e - 1)/\gamma_e}\right] \tag{6.52}$$

여기서 아래 첨자 e는 배기의 가스 성질을 나타낸다. 만약 $\dot{W}_T$에 전체-정적 터빈 효율(η_{TTS})이 사용되면 식 (6.52)의 p_{04}대신 p_4를 사용하여야 한다. 터보차저에서 터빈은 압축기에 기계적으로 연결되어 있다. 그래서 일정한 터보차저 속도에서,

$$\dot{W}_C = \eta_m \dot{W}_T \tag{6.53}$$

여기서 η_m은 터보차저의 기계적 효율이다. 기계 손실은 주로 베어링 마찰 손실이다. 기계적 효율은 보통 터빈 효율과 합쳐 사용하는데, 그 두 손실을 분리하기 어렵기 때문이다.

만약 송풍기, 압축기, 터빈의 작동 특성을 서로 다른 설계와 크기의 장치들을 쉽게 비교할 수 있는 방식으로 표현하면 유리할 것이다, 이는 성능 특성을 무차원 수치로 표현하면 가능하다.[38] 가장 중요한 종속 변수는: 질량 유동률 m, 장치 등엔트로피 효율 η, 장치 전후의 온도차 ΔT_0이다. 이들 각각은 다음 독립 변수의 함수이다: $p_{0,\text{in}}$, $p_{0,\text{out}}$(또는 p_{out}), $T_{0,\text{in}}$, N(속도), D(특성 길이), R(가스 상수), γ(cp / cv), μ(점도); 즉

$$\dot{m}, \eta, \Delta T_0 = f\left(p_{0,\text{in}}, p_{0,\text{out}}, T_{0,\text{in}}, N, D, R, \gamma, \mu\right) \tag{6.54}$$

차원 해석에 의해 이들 여덟 개의 독립 변수는 네 개의 무차원 그룹으로 줄일 수 있다:

$$\dot{m}\frac{\sqrt{RT_{0,\text{in}}}}{p_{0,\text{in}}D^2}, \eta, \frac{\Delta T_0}{T_{0,\text{in}}} = f\left(\frac{ND}{\sqrt{RT_{0,\text{in}}}}, \frac{p_{0,\text{out}}}{p_{0,\text{in}}}, \frac{\dot{m}}{\mu D}, \gamma\right) \tag{6.55}$$

레이놀즈 수, $\dot{m}$ / (μD), 는 성능에 별 영향을 미치지 않으며 γ는 가스에 의해 고정된다. 그래서 이들 변수들을 제외하면 식 (6.51)은 다음 식이 된다.

$$\dot{m}\frac{\sqrt{RT_{0,\text{in}}}}{p_{0,\text{in}}D^2}, \eta, \frac{\Delta T_0}{T_{0,\text{in}}} = f\left(\frac{ND}{\sqrt{RT_{0,\text{in}}}}, \frac{p_{0,\text{out}}}{p_{0,\text{in}}}\right) \tag{6.56}$$

장치가 결정되면 크기가 결정되므로 R 값이 고정된다. 그래서 관습적으로 다음을 도표로 그린다.

$$\dot{m}\frac{\sqrt{T_{0,\text{in}}}}{p_{0,\text{in}}}, \eta, \frac{\Delta T_0}{T_{0,\text{in}}} = f\left(\frac{N}{\sqrt{T_{0,\text{in}}}}, \frac{p_{0,\text{out}}}{p_{0,\text{in}}}\right) \tag{6.57}$$

$\dot{m}\sqrt{T_{0,\text{in}}}\big/p_{0,\text{in}}$는 수정된(corrected) 질량 유동이라고 불린다; $N\big/\sqrt{T_{0,\text{in}}}$은 수정된 속도라고 불린다. D와 R을 제거한 이들 표시 방법의 단점은 변수들 그룹이 더 이상 무차원이 아니어서 성능 선도 또는 지도가 각각의 기계에만 한정된다는 것이다.

압축기 특성은 보통 $(p_{0,2}/p_{0,1})$ 또는 $(p_2/p_{0,1})$을 수정 질량률$\left(\dot{m}\sqrt{T_{01}}/p_{01}\right)$에 대해 일정 수정 속도$\left(N/\sqrt{T_{01}}\right)$에 따라 그린다. 일정 효율 등고선을 겹쳐 그린다. 터빈에서도 비슷한 그림이 사용된다: $(p_{0,3}/p_4)$를 $\dot{m}\sqrt{T_{03}}/p_{03}$에 대해 일정 수정 속도 $N/\sqrt{T_{03}}$에 따라 도표로 그린다. 이들은 터빈의 성능 지도에서 좁은 영역만을 차지하기 때문에 다른 도표도 사용된다(6.8.4절 참조).

6.8.3 압축기

실제 사용되는 기계식 수처차저는 다음과 같이 나눌 수 있다: (1) 슬라이딩 베인 압축기; (2) 로터리 압축기; (3) 원심 압축기. 처음 두 타입은 양변위(positive displacement) 압축기이고 마지막은 공기역학적 압축기이다. 그림 6.48에 양변위 압축기의 4가지 예가 있다.

슬라이딩 베인 압축기(그림 6.48*a*)에서, 반경 방향으로 자유롭게 움직이는 얇은 베인이 움직이는 깊은 홈이 로터에 나 있다. 로터는 하우징 안에 편심되어 위치해 있다. 로터가 회전함에 따라 원심력이 베인에 작용해서 하우징 쪽으로 강제로 밀어내서 초승달 모양으로 생긴 공간을 몇 개의 격실로 나눈다. 대기가 흡기 포트를 통해 빨려들어 와서 각 격실이 최대가 될 때가지 채운다. 갇힌 공기는 격실 부피가 감소함에 따라 압축되어 출구 포트로 나간다. 슬라이딩 베인의 유동 용량은 최대 흡입 부피에 의존하는데, 이는 하우징 실린더 직경, 로터 반경과 길이, 편심도, 베인 수, 흡기와 배기 포트의 크기에 따라 결정된다. 일정 속도에서의 실제 유량과 압력 증가는 누설에 의해 감소한다. 또, 냉각을 이용해서 베인과 로터와 스테이터 사이의 마찰에 의해 발생한 열에너지를 제거하지 않으면, 움직이는 베인과 로터와 스테이터 표면으로부터의 열전달이 압축 효율을 낮춘다. 체적 효율은 0.6에서 0.9 사이로, 기계의 크기, 설계의 질, 윤활과 냉각에 사용된 방식에 따라 변한다. 일정 속도에서의 질량 유동률은, 압력비가 체적 효율에 미치는 (약한) 영향을 통해서만 압력비에 의존한다. 등엔트로피 효율은 상대적으로 낮다.

좀 더 일반적으로 사용되는 양변위 수퍼챠저는 루츠 송풍기(Roots blower)이다(그림 6.48*b*). 두 개의 로터가 기어에 의해 연결되어 있다. 작동 원리는 다음과 같다. 로터 로브(lobe)와 하우징 사이에 있는 리세스(recess)에 갇힌 공기가 부피에 큰 변화가 없이 딜리버리 포트로 운반된다. 이들 리세스가 딜리버리 라인으로 열릴 때, 흡입 사이드가 닫혀 있으므로, 갇힌 공기는 고압의 딜리버리 라인으로부터의 역류에 의해 빠르게 압축된다. 이 간헐적인 딜리버리가 불균일한 토크를 로터에 만들고 딜리버리 라인에 압력 펄스를 만든다. 루츠 송풍기는 작은 압력비(약 1.2)에 적합하다; 예를 들면, 2-행정 사이클 기관이다. 체적 효율은 작동 간극(running clearance), 로터 길이, 회전 속도, 압력비에 의존한다. 그림에서 보여진 3개 로브의 기계에서(2개 로브가 가끔 사용된다), 각 리세스 V_R의 체적은

$$V_R = 0.564\mathrm{R}^2\mathrm{I}$$

여기서 *R*은 로터 반경이고 *I*는 블로워 길이이다. 질량 유동 파라미터는

$$\frac{\dot{m}\sqrt{T_0/T_{\mathrm{std}}}}{p_0/p_{\mathrm{std}}} = \mathrm{constant} \times \rho_i \eta_v N R^2 l \qquad (6.58)$$

그림 6.49에 루츠 송풍기의 성능 지도가 있다. 일정 속도에서, 압력 비의 증가에 따라 체적 효율의 감소를 가져 온다[식 (6.56)]. 루츠 송풍기의 장점은 원심 압축기와 달리 서지(surge)나

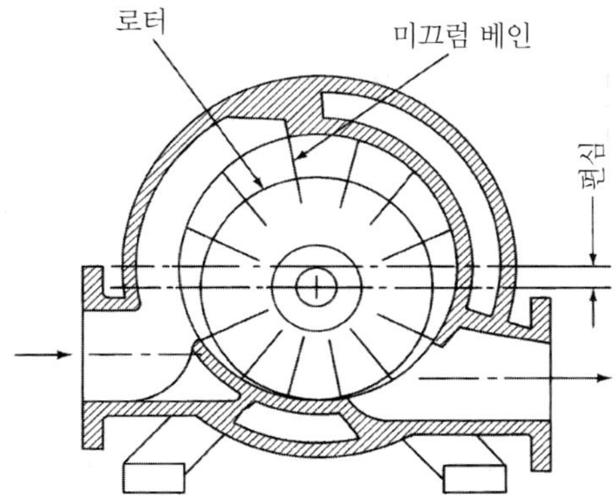

(*a*)

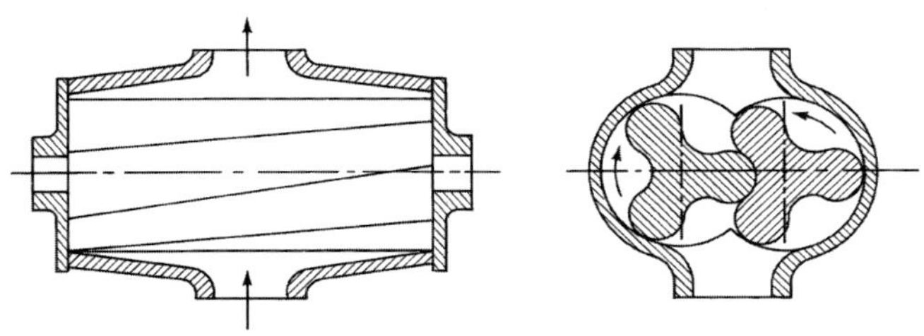

루츠 송풍기

(*b*)

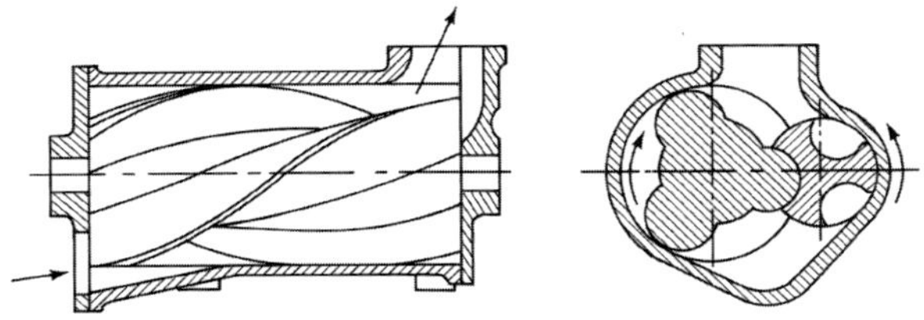

Lysholm 압축기

(*c*)

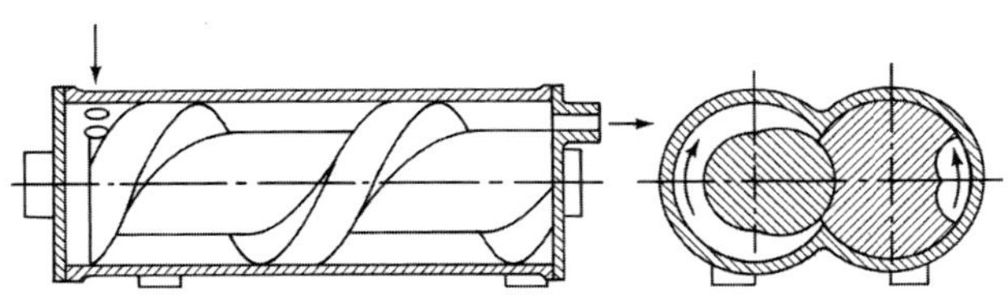

스크류 압축기

(*d*)

그림 6.48 양변위 압축기: (*a*) 미끄럼 베인 압축기; (*b*) 루츠 송풍기; (*c*) Lysholm 압축기; (*d*) 스크류 압축기.[39]

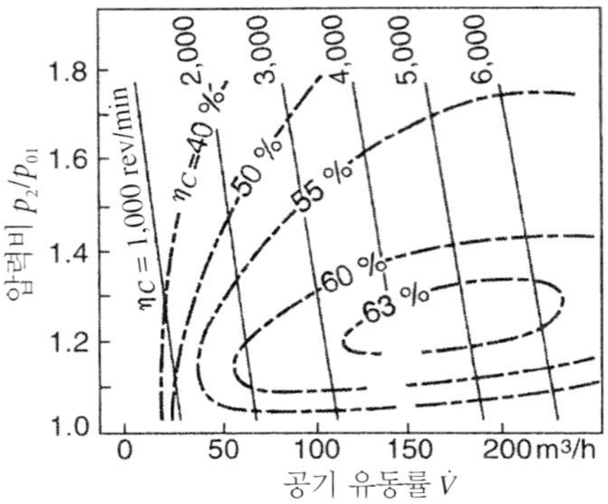

그림 6.49 Roots blower의 표준 입구 조건에서의 성능 지도: p_1, 압축기 전 전체 압력; p_2, 압축기 후 전체 압력; η_c, 수퍼차저 속도 rev/min; η_c 등엔트로피 효율, $\dot{V}$ 공기 유동률, m^3/h.[3](*Robert Bosch GmbH*와 *SAE* 제공)

초킹에 의해 성능 범위가 제한되지 않는다는 것이다. 단점은 높은 소음, 낮은 효율과 큰 크기이다.[40]

스크류 압축기(그림 6.48*c*와 *d*)는 만족할 만한 작동을 얻으려면, 회전과 고정 요소 사이에서 작은 공차를 갖기 위해 정밀 가공을 해야 한다. 이들은 3000에서 30, 000 rev/min 사이의 속도에서 작동한다. 보통 내부에서 로터를 냉각시켜야 한다. 체적 효율과 등엔트로피 효율이 높다고 한다.[39]

엔진에서 이용되는 다른 압축기는 공기역학적 장치이다. 터보차저에서 원심 압축기는 배기의 터빈과 연결되어 주로 흡입 공기 또는 혼합물을 압축하는 데 사용된다. 이것은 1단 반경 방향 유동 장치로서, 엔진에서 요구되는 낮은 압력비(3.5 정도까지)에서의 높은 질량 유동률에 적합한 장치이다. 효율적으로 운전되려면 높은 각속도에서 작동하여야 한다. 그래서 수퍼차징에서 사용하는 엔진에의 기어 박스에 의한 연결보다 터보차저에서 배기에 의해 작동하는 터빈에 직결되는 것에 훨씬 적합하다. 이들은 디젤이나 가솔린 엔진 출력을 높이기 위해 널리 쓰인다.

원심 압축기는 정치 흡입 케이싱, 회전 날개가 있는 임펠러, 정치 디퓨저(베인이 있는 또는 없는), 디퓨저를 떠나는 압축 공기를 엔진 흡기 시스템으로 보내는 집합기(collector) 또는 볼루트(volute)로 구성된다(그림 6.50 참조). 그림 6.51이 *h-s* 선도에서 어떻게 각 요소가 압

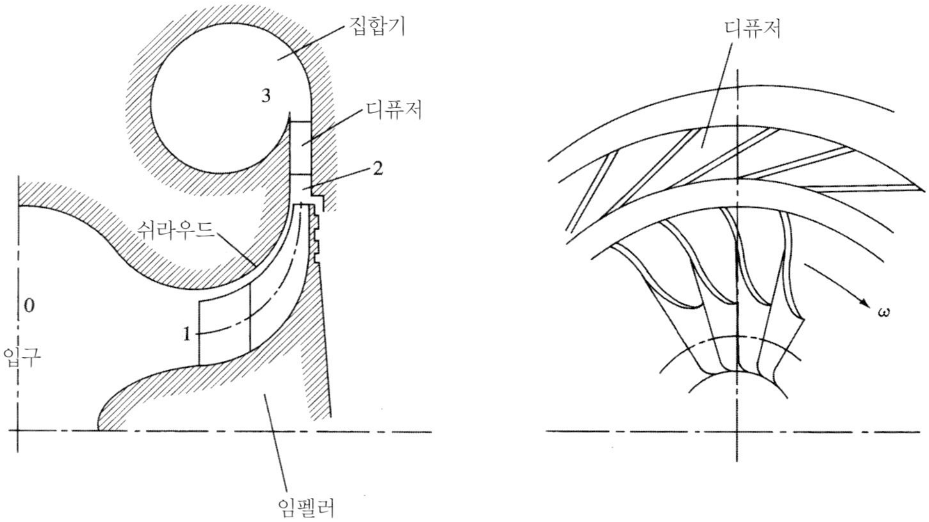

그림 6.50 원심 압축기 개략도.[38]

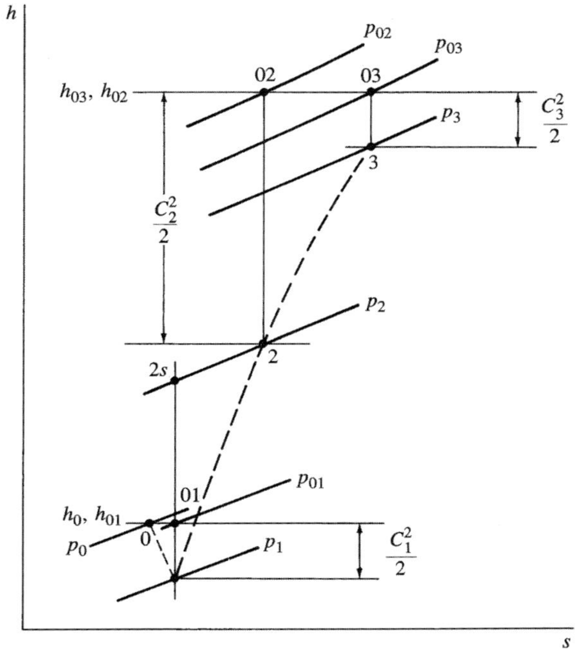

그림 6.51 원심 압축기를 지나는 유동의 엔탈피-엔트로피 선도.

축기를 지나며 발생하는 전체 압력 증가에 기여하는지 보여준다. 정체 상터 0에 있던 공기가 입구에서 가속해서 압력 p_1, 속도 C_1이 된다.

01에서 1까지의 엔탈피 변화는 $C_1^2/2$이다. 임펠러 스테이지에서의 압축에 의해 압력은 p_2로 증가하고 속도는 C_2가 되어 만약 출구 운동 에너지가 전부 회수된다면 정체 상태 02가 된다. 이에 해당하는 등엔트로피 압축 과정의 출구 정적 상태는 $2s$이다. 2에서 3으로의 디퓨저에서, 모양이 잘 갖춰진 팽창 통로에서 속도를 감소시켜, 임펠러 출구의 운동에너지 $(C_2^2/2)$를 실현 가능한 한도에서 압력 증가 $(p_3 - p_2)$로 바꾼다. 집합기에서의 최종 상태는 정적 압력 p_3, 낮은 운동에너지 $C_3^2/2$, 정체 압력 p_{03}를 갖는데, 이 압력은 확산 과정이 완벽하지 않고 비가역이어서 p_{02}보다 낮다.

임펠러에서 가스로의 일전달이 이루어진다. 이는 그림 6.52에 보여진 바와 같이, 임펠러의 입구와 출구에서의 속도 성분에 의한 가스 각운동 모멘텀 변화와 관계를 갖는다. 여기서 C_1과 C_2는 절대 가스 속도, U_1과 U_2는 접선 날개 속도, w_1과 w_2는 임펠러에 대한 가스의 상대 속도이고 1과 2는 입구와 출구를 의미한다. 임펠러에 의해 가스에 작용하는 토크 T는 각운동량 변화율과 같다:

$$T = \dot{m}(r_2 C_{\theta 2} - r_1 C_{\theta 1}) \tag{6.59}$$

가스로의 일전달률은

$$-\dot{W}_C = T\omega = \dot{m}\omega\left(r_2 C_{\theta 2} - r_1 C_{\theta 1}\right) = \dot{m}\left(U_2 C_{\theta 2} - U_1 C_{\theta 1}\right) \tag{6.60}$$

이 식은 흔히 Euler 식이라고 불린다. 보통 압축기에서 입구 유동은 축 방향이어서 $C_{\theta 1}$은 0이다. 그래서 식 (6.60)은 다음과 같이 쓸 수 있다.

$$\frac{\dot{W}_C}{\dot{m}} = U_2 C_{\theta 2} = U_2\left(1 - \frac{C_{r2}}{U_2}\cot\beta_2\right) \tag{6.61}$$

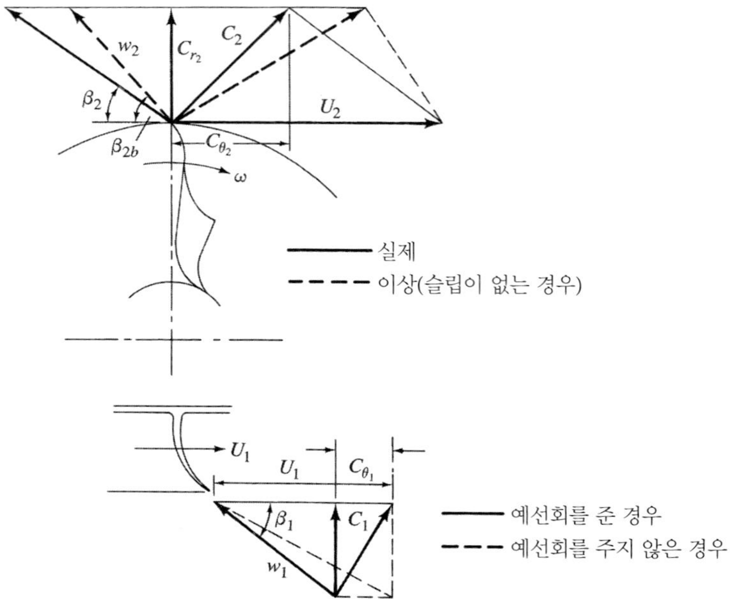

그림 6.52 원심 압축기 로터 또는 임펠러 입구 (1)과 출구 (2)에서의 속도 선도.[38]

여기서 β_2는 backsweep 각이다. 슬립이 없는 이상적인 경우 β_2는 날개 각 β_{2b}와 같다. 실제로는 슬립이 있기 때문에 β_2는 β_{2b}보다 작다. 많은 압축기는 반경 방향 베인(즉 $\beta_{2b} = 90°$)을 갖는다. 최근 동향은 더 높은 효율을 주는 backswept 베인($\beta_{2b} < 90°$)을 쓰는 것이다. 가스로의 일전달이 임펠러에서만 일어나기 때문에, 식 (6.61)에 주어진 일전달률은 그림 6.51의 정체 엔탈피 변화 $(h_{03} - h_{01})$과 같다[식 (6.40) 참조].

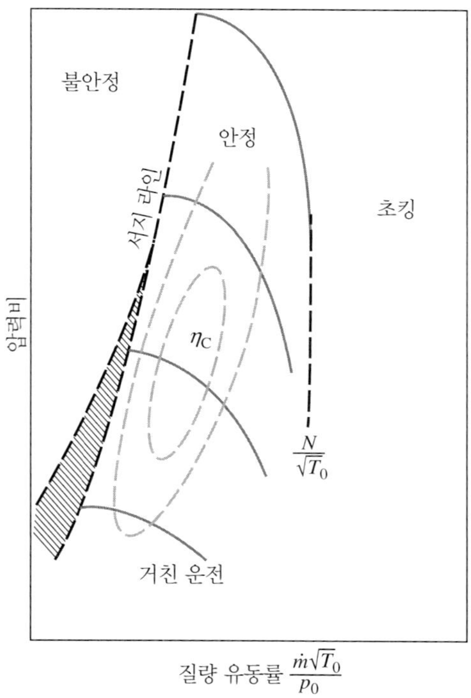

그림 6.53 안정적인 운전 영역을 표시한 압축기 운전 지도 개략도.[38]

원심 압축기의 작동 특성은 보통 성능 지도에 의해 설명된다, 이는 압축기 효율 η_c이 일정한 선, 수정 속도 $N/\sqrt{T_{0,\mathrm{in}}}$가 일정한 선을, 압력비($p_{0,\mathrm{out}}/p_{0,\mathrm{in}}$)를 수정 질량 유동 $\dot{m}\sqrt{T_{0,\mathrm{in}}}/p_{0,\mathrm{in}}$의 함수로 그린 도표 위에 표시했다[식 (6.57) 참조]. 그림 6.53이 그런 지도의 형태를 보여준다.

가운데의 안정적 작동 구역은 왼쪽의 불안정한 구역과 서지 라인(surge line)에 의해 구분된다. 질량 유동이 일정 압력비에서 감소할 때, 국소 유동 역류(local flow reversal)가 경계층에서 발생한다. 질량 유동률이 더 감소하면 유동은 완전이 역류하면 압력 감소를 가져온다. 이는 불리한 압력 구배를 완화시킨다. 유동이 다시 생성되고 다시 위 과정을 반복한다. 압축기는 이 불안정한 구간에서 작동하면 안된다. 안정적 구간은 오른 쪽에서 초킹에 의해 한계 지워진다. $\dot{m}$이 증가함에 따라 속도가 증가하고 유동은 기계의 면적이 작은 곳에서 음속에 이른다. 압축기를 통과하는 질량 유량의 증가는 더 고속에서만 이루어질 수 있다. 디퓨저가 초킹될 때, 압축기의 속도는 질량 유동이 약간 증가해도 크게 증가할 수 있다.[38]

그림 6.54가 실제 터보차저 압축기 성능 지도를 보여준다. 지도의 변수인 수정 속도와 질량 유동률은 다음과 같이 정의된다.

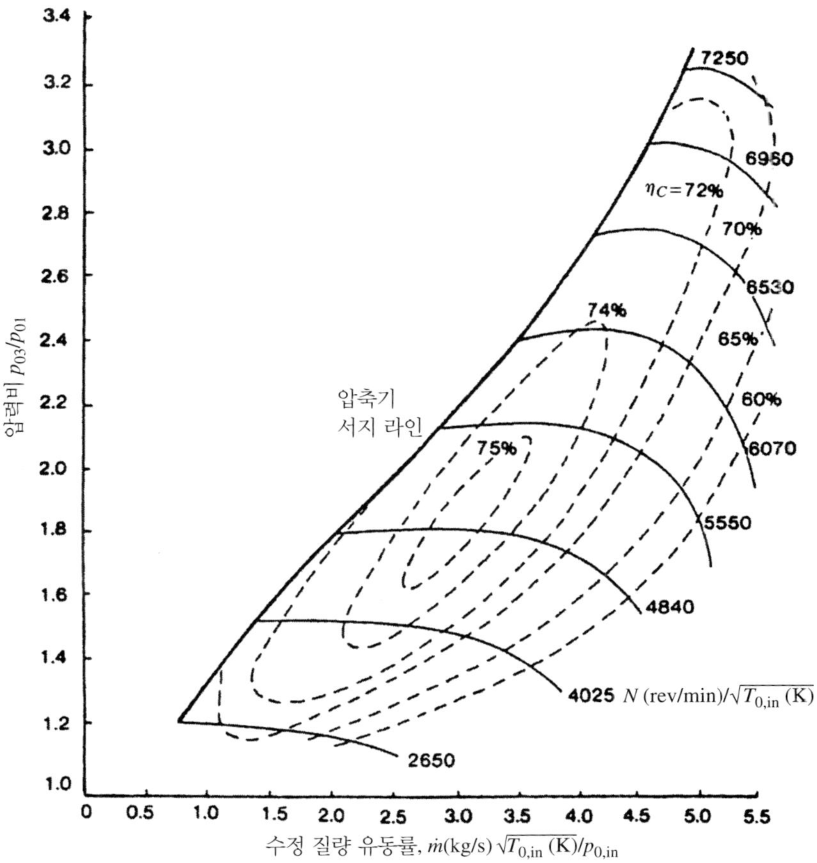

그림 6.54 원심 압축기 운전 지도. 압력비를 수정 질량 유동의 함수로 그린 그래프에 일정 수정 속도와 압축기 효율선을 그렸음.[41] T_{01} = 입구 온도(K), p_{01} = 입구 압력(bar), p_{03} = 출구 압력(bar), N = 속도(rev/min), m = 질량 유동률 (kg/s). 그림 6.51이 끝 상태를 정의함.

$$N_{cor} = N\left(\frac{T_{ref}}{T_{0,in}}\right)^{1/2} \quad \dot{m}_{cor} = \dot{m}\left(\frac{T_{0,in}}{T_{ref}}\right)^{1/2}\left(\frac{p_{ref}}{p_{0,in}}\right) \tag{6.62}$$

여기서 T_{ref}와 p_{ref}는 표준 대기 온도와 압력이다. 비록 각 압축기의 세세한 부분에서는 다를지라도 일반적인 특성은 비슷하다. 높은 효율 영역은 서지 라인과 평행하게 있다(베인이 없는 디퓨저의 경우 더 가깝게). 압축기의 넓은 유동 영역(그림 6.46 참조)은 수송 분야에 적용되는 터보차저에서 중요하다.

6.8.4 터빈

터보차저 터빈은 엔진 배기의 유용한 에너지에 의해 구동된다. 유용한 에너지는, 배기 밸브가 열리면서 가역으로 대기압으로 팽창하는 실린더 내 가스의 블로우다운 일전달과 (4-행정 사이클 엔진에서) 블로우다운 후에 실린더 내 가스를 피스톤이 밀어내면서 하는 일이다. 왕복운동하는 내연 기관은 태생적으로 비정상 맥동 유동 장치이다. 터빈은 비정상 유동을 받아들일 수 있게 만들 수 있지만, 정상 유동에서 더 효율적으로 작동한다. 실제로는 유용한 배기 에너지의 일부를 재생하는 두 가지 방법이 사용된다: 일정 압력 터보차징과 맥동 터보차징이다. *일정 압력 터보차징*에서는, 충분히 큰 매니폴드를 사용하여 질량 유동과 압력 맥동을 약화시켜 유동이 실질적으로 정상 유동이 되게 한다. 이 방법의 단점은 배기 포트를 나오는 배기의 높은 운동에너지를 다 재생하지 못하는 것이다; 배기의 고속 가스와 큰 부피의 저속 가스의 혼합에서 발생하는 손실을 재생할 수 없다. *맥동 터보차징*에서는 배기 포트를 단면적이 작은 짧은 파이프를 이용하여 터빈에 연결하여 배기 블로우다운에서 발생하는 많은 운동에너지를 재생한다. 다른 실린더 배기 포트를 적절히 순차적으로 오버랩이 최소화되게 그룹핑함으로써, 유동 비정상을 받아들일 만한 수준으로 낮출 수 있다. 맥동 유동에서 적절한 터빈 효율을 얻기 위해서는 터빈의 설계를 특별하게 해야 한다. 터빈에서의 유용한 에너지 증가와 적당한 터빈 효율로 인해, 맥동 시스템이 과도 운전이 많은 엔진에서 더 넓게 사용되는데 이 터빈의 반응시간이 더 짧기 때문이다(주로 자동차 엔진에서). 일정 압력 터보차징은 부하가 대체로 일정한 정치형 대형, 고압, 저속 디젤 엔진에서 많이 쓰인다.[42]

두 가지 타입의 터빈이 터보차저에 사용된다: 반경 방향과 축 방향 유동 터빈이다. 반경 방향 유동터빈은 원심 압축기와 형상이 유사하다: 그렇지만 유동이 반경 방향 바깥이 아니라 안으로 향한다. 반경 방향 터빈은 보통 자동차나 트럭 엔진에 사용된다. 대형 엔진—기차, 정치형, 선박—은 축 방향 유동 터빈을 사용한다.

반경 방향 터빈의 그림이 그림 6.55에 있다. 이는 입구 케이싱이나 스크롤, 입구 노즐의 세트(작은터빈에서는 많이 생략함), 터빈 로터나 휠로 구성된다. 각 부품의 역할은 그림 6.56에 있는 *h-s* 선도나 속도 삼각형에 의해 쉽게 알 수 있다. 노즐(01-2)은 정체 압력의 손실을 약간 초래하며 유동을 가속시킨다. 정체 엔탈피의 감소, 이로 인한 일 전달이 오직 로터 통로 2-3에서만 일어난다: 그래서 로터는 출구에서의 운동에너지 $C_3^2/2$가 최소화되도록 설계한다. 입구와 출구에서의 속도 삼각형이 일전달을 각운동량 변화와 Euler 식을 통해 계산하도록 한다:

$$\dot{W}_T = T\omega = \dot{m}\omega(r_2C_{\theta 2} - r_3C_{\theta 3}) = \dot{m}(U_2C_{\theta 2} - U_3C_{\theta 3}) \tag{6.63}$$

여기서 T는 토크, ω는 로터의 각속도이다. 가변 형상 노즐은 로터에 들어가는 유동이 베인에 접선 방향으로 향하도록 더 잘 만들 수 있다. 최대 일 전달을 위해서는 출구 속도가 축 방향

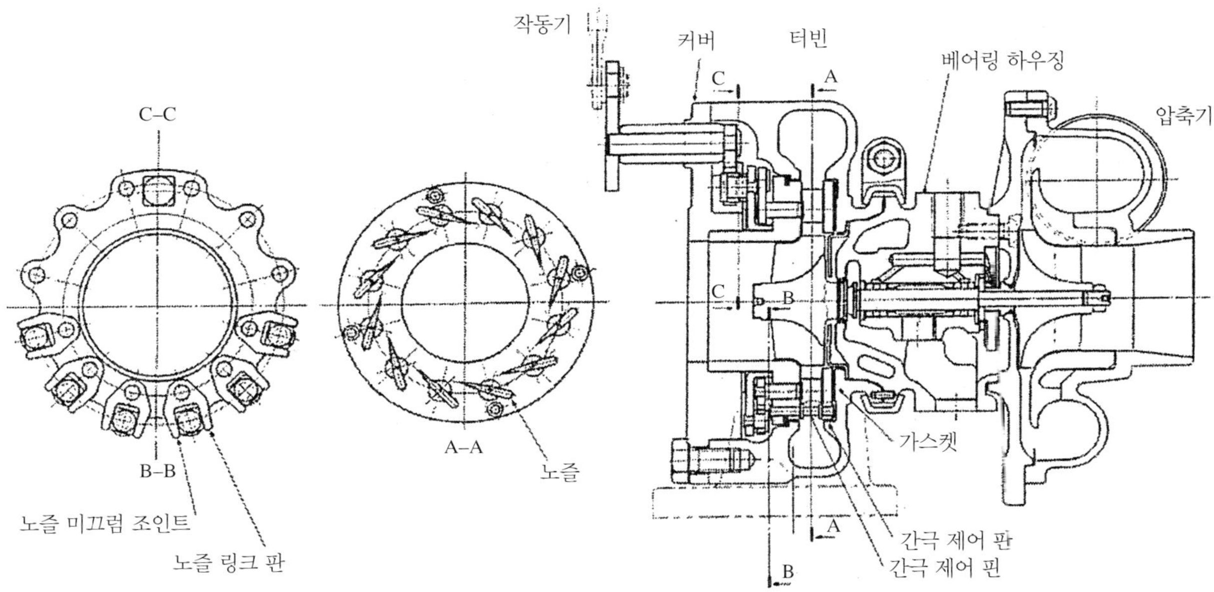

그림 6.55 승용차 디젤 엔진에서, 가변 형상 노즐 입구 베인을 가진 반경 방향 유동 터빈의 단면과 배치 드로잉.[43]

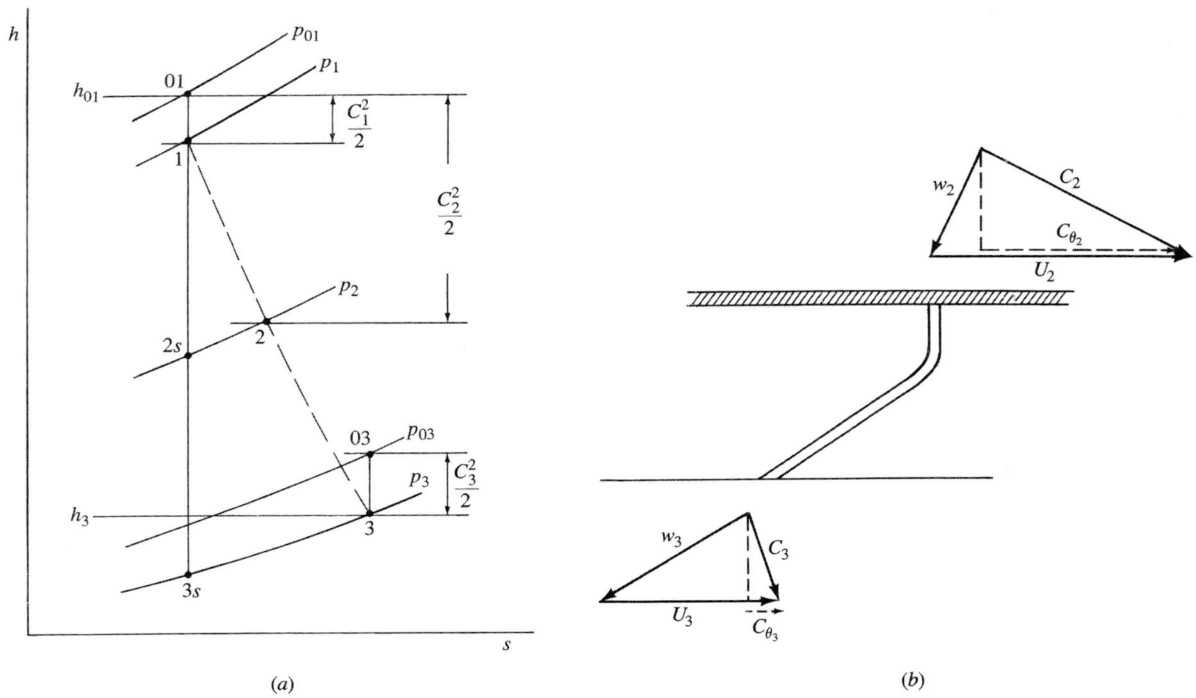

그림 6.56 (a) 반경 방향 터빈의 엔탈피–엔트로피 선도; (b) 터빈 로터 입구 (2)와 출구 (3)에서의 속도 다이어그램.

이어야 한다. 일전달률은 정체 엔탈피 변화와 다음 식에 의해 계산한다.

$$\dot{W}_T = \dot{m}(h_{02} - h_{03}) = \dot{m}(h_{01} - h_{03}) \tag{6.64}$$

반경 방향 유동 터빈의 특성을 나타내기 위해 여러 가지 다른 타입의 도표가 사용된다.

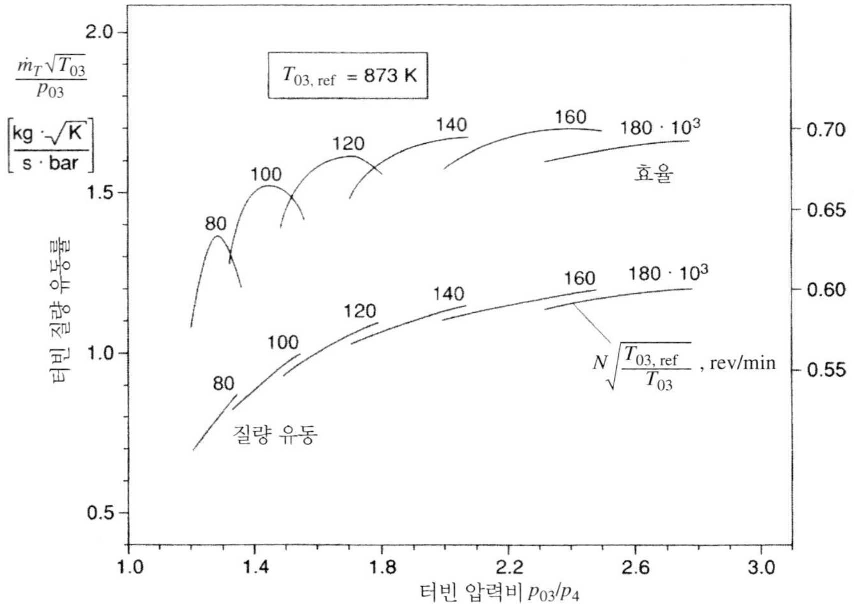

그림 6.57 수정 질량 유동률과 실제 효율을 터빈 압력비에 대해 그린 도표에, 일정 수정 속도 선을 보여 주는 반경 방향 터빈 성능 지도. T_{01} = 터빈 입구 온도(K), p_{01} = 터빈 입구 압력(bar), p_3 = 터빈 출구 압력(bar), $\dot{m}$ = 질량 유동률 (kg/s), N = 속도(rev/min). 용어 설명은 그림 6.49와 6.50 참조.(BorgWarner Turbo Systems 제공.[41])

그림 6.57이 수정 질량 유동률과 압력비 도표에 일정 수정 속도와 효율 선을 실제 터빈 효율과 함께 보여 준다. 주어진 속도에서 유량이 증가할수록, 유동이 노즐 날개나 로터에서 초킹되는 한계에 접근한다. 터빈에서는 터빈 작동 영역이 좁기 때문에 효율을 별도로 그리는 경우가 많다.

그림 6.58에 축 방향 유동 터빈의 개략도가 그려져 있다. 보통 엔진 터보차징과 관련된 압력비에서는 단일 단계가 배기를 팽창시키는데 충분하다. 이 터빈은 고리 모양의 유동 통로,

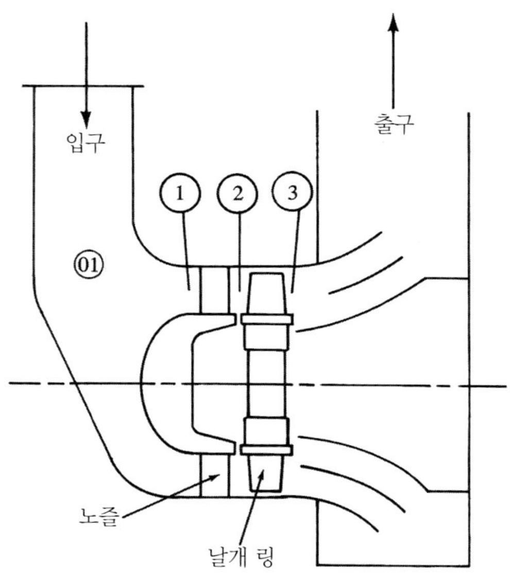

그림 6.58 단일 단 축 방향 유동 터빈의 개략도.

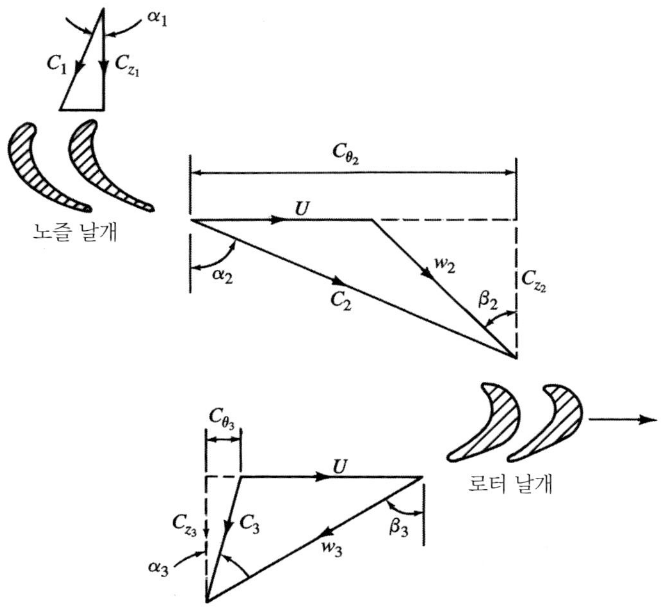

그림 6.59 축 방향-유동 터빈 블레이드 링에서의 입구 (2)와 출구 (3)에서의 속도 다이어그램.[38]

단일 열의 노즐이나 스테이터 날개, 회전하는 날개 링으로 구성된다. 각 부품을 지나는 가스의 상태는 그림 6.56*d*의 *h-s*선도에 있는 반경 방향 터빈의 변화와 유사하다. 그림 6.59의 로터 입구와 출구의 속도 삼각형에서, 가스로부터 로터로의 일전달과 각운동량의 변화와의 관계를 얻을 수 있다.

$$\dot{W}_T = \omega T = \dot{m}\omega(r_2 C_{\theta 2} + r_3 C_{\theta 3})$$

보통 중간-반경(mid-radius) r_2가 중간-반경 r_3와 같기 때문에,

$$\begin{aligned}\dot{W}_T &= \dot{m}U(C_{\theta 2} + C_{\theta 3}) = \dot{m}U(C_2 \sin\alpha_2 + C_3 \sin\alpha_3) \\ &= \dot{m}U(C_{z2} \tan\beta_2 + C_{z3} \tan\beta_3)\end{aligned} \tag{6.65}$$

식 (6.64)가 반경 방향 터빈에서와 마찬가지로 일전달률과 정체 엔탈피 변화의 관계식을 제공한다.

그림 6.60이 압축비와 수정 질량 유동률의 표준 무차원 도표 상에 축 방향 터빈 특성을 보여 준다. 여기서 일정 속도 선은 질량 유동이 증가할수록 단일한 초킹 유동 한계에 수렴한다. 반경 방향 터빈에서는 속도에 따른 원심 효과의 변화 때문에 일정 속도 선에 눈에 띄는 분포가 생긴다(그림 6.57).

터빈의 다른 성능 도표는 터빈 효율을 날개 속도비에 대해 그리는 것이다. 이 속도비는 날개 속도 *U*(축 방향 유동 터빈에서는 평균 높이에서, 반경 방향 유동 터빈에서는 휠 팁 속도)를 터빈 단을 지나며 떨어지는 등엔트로피 엔탈피에 해당하는 속도, C_s로 나눈 것이다: 즉,

$$\text{날개 속도비} = \frac{U}{C_s}$$

여기서

$$C_s = [2(h_{03} - h_{4s})]^{1/2} \tag{6.66}$$

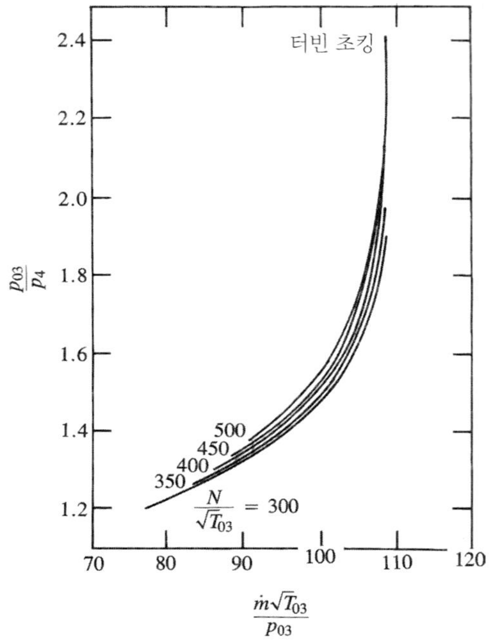

그림 6.60 축 방향 터빈 성능 지도: 압축비가 수정 질량 유동률의 함수로 표시됨. T_{01} = 터빈 입구 온도(K), p_{03} = 터빈 입구 압력(bar), p_4 = 터빈 출구 압력(bar), $\dot{m}$ = 질량 유동률(kg/s), N = 속도(rev/min).[38]

이 성능을 보여 주는 방법은 터빈이 최적 효율에서 운전되게 하기 위해 압축기와 터빈의 휠 크기를 매칭할 때 유용하다. 그림 6.61에 축 방향과 반경 방향 터빈에 대한 그런 도표가 있다. 터빈 설계와 적용에 따라, 최고 효율은 U/C_s 값 0.5와 0.8에서 발생한다.

6.8.5 압축기, 엔진, 터빈 매칭

터보차저 엔진에서 압축기, 엔진, 터빈, 웨이스트게이트를 지나는 질량 유동은 일관되어야 한다. 터빈 입구 온도는 엔진이 운전되는 방식에 달려 있다: 연료와 공기 유동률, 엔진 속도와 파워 등이 중요한 변수이다. 터빈은 압축기를 구동하는 동력을 제공하고 터빈과 압축기는 같은 속도로 돈다. 터빈과 웨이스트게이트의 질량 유동률 합은 엔진 배기 유량과 같다. 그리고, 터보차저와 엔진의 상대적 기하학적 크기가 그들의 결합 성능에 영향을 준다(특히 엔진 속도

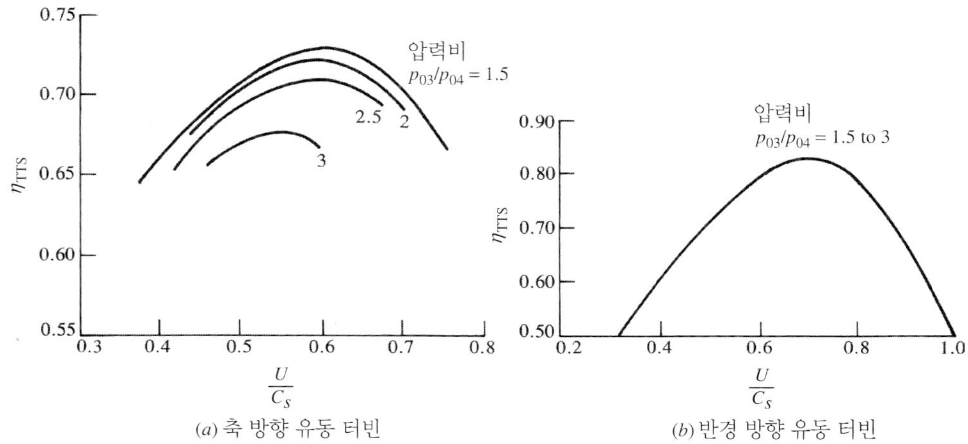

그림 6.61 터빈 전체-정적 효율 대 날개 속도비 U/C_s (a) 축 방향-유동 (b) 반경-방향 유동 터빈.[38]

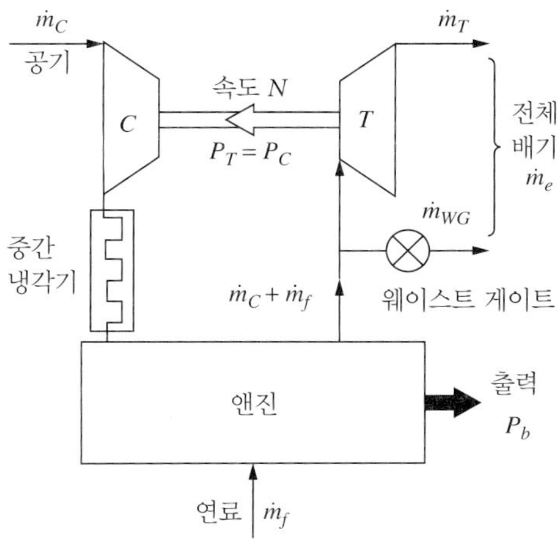

그림 6.62 압축기, 엔진, 터빈 매칭을 보여주는 개략도

의 함수로). 그림 6.62가 이들 부품들 간의 연결과 매칭 로직을 보여 준다.

터보차저가 상당한 압력 증가를 제공하기 위해서는 엔진이 중간이나 높은 부하에서 작동하여야 한다. 낮은 부하 조건에서, 특히 엔진 속도가 낮은 경우, 상당한 공기 압축을 하기 위해 필요한 터빈 파워를 만들어 낼 만한 충분한 엔진 배기가 없다. 이런 조건에서는 터보차저는 실질적으로 "아이들' 한다. 그래서 *부스트 기준점*(boost threshold)이 정의된다: 그것은 스로틀 완전 개도 상태에서 터보차저가 공기 압축을 시작하는 엔진 속도(rev/min)이다.

주어진 터보차저에서, 압축기와 터빈 특성은 그림 6.62에 보여진 것처럼 연결되어 있다. 압축기와 터빈은 같은 축에 연결되어 속도 N으로 회전하기 때문에, 각각의 수정 속도 $\left(N/\sqrt{T_{01}} \text{ and } N/\sqrt{T_{03}}\right)$는 다음 식에 의해 연결된다:

$$\frac{N}{\sqrt{T_{01}}} = \frac{N}{\sqrt{T_{03}}}\left(\frac{T_{03}}{T_{01}}\right)^{1/2} \tag{6.67}$$

$\dot{m}_C = \dot{m}_T = \dot{m}$이면 수정 질량 유동률은 다음과 같이 연결된다:

$$\frac{\dot{m}\sqrt{T_{01}}}{p_{01}} = \frac{\dot{m}\sqrt{T_{03}}}{p_{03}}\left(\frac{p_{03}}{p_{01}}\right)\left(\frac{T_{01}}{T_{03}}\right)^{1/2} \tag{6.68}$$

$\dot{m}_C\left[1+(F/A)\right] = \dot{m}_T$이면 이 식은 쉽게 변형된다.

압축기와 터빈의 파워는 크기가 같으므로, $\dot{m}_C$가 $\dot{m}_T$와 같으면

$$h_{02} - h_{01} = \eta_m(h_{03} - h_{04}) \tag{6.69}$$

또는 이상기체 모델에서는,

$$c_{p,C}(T_{02} - T_{01}) = \eta_m c_{p,T}(T_{03} - T_{04}) \tag{6.70}$$

식 (6.70)은 식 (6.44)와 (6.50)에서

$$\left(\frac{p_{02}}{p_{01}}\right)^{(\gamma_C - 1)/\gamma_C} - 1 = \eta_C \eta_T \eta_m \frac{c_{p,T}}{c_{p,C}}\left[1 - \left(\frac{p_4}{p_{04}}\right)^{(\gamma_T - 1)/\gamma_T}\right]\frac{T_{03}}{T_{01}} \tag{6.71}$$

터빈 출구 압력 p_4가 대기 압력 p_{01}과 같다고 가정하면, T_{03}/T_{01}이 일정한 경우에 대해, 평형 또는 정상 상태 작동 선을 결정할 수 있다.

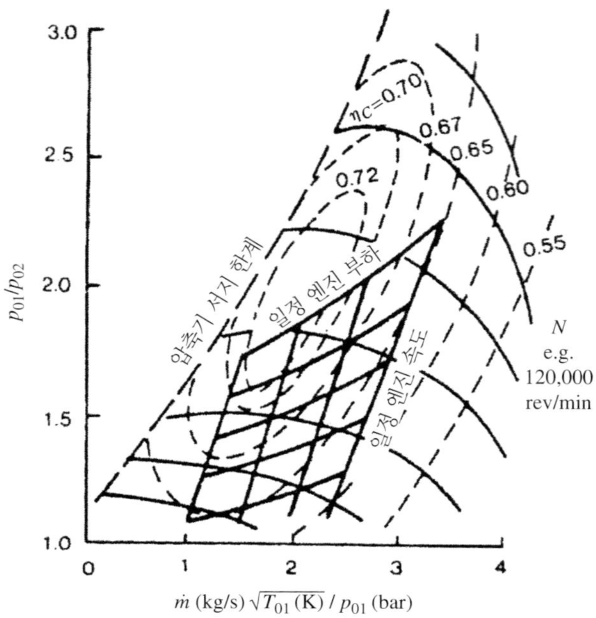

그림 6.63 정상-상태 터보차저 운전 특성을 보여줌: 4-행정 트럭 디젤 엔진의 요구 공기량이 표시된 압축기 성능 지도(그림 6.54같은).[41] 압축기, 엔진, 터빈을 지나는 유동은 일관되어야 한다.

그림 6.63이 그림 6.57과 유사한 특성을 갖는 반경 방향 터빈에 대해, 터보차저 압축기 지도상에 매칭된 터보차저 특성 세트의 예를 보여 준다.

터보차저가 과속해서 가압을 높게 해서 실리던 내에 매우 높은 압력을 만드는 문제가 있어서 배기의 일부를 바이패스한다. 바이패스 밸브를 웨이스트게이트(그림 6.64에 보임)를 보통 터보차저 케이싱에 만든다. 이것은 제어 다이아프램에 작동하는 흡기 매니폴드 압력에 반응하여 작동하는 스프링-장진형 밸브이다. 웨이스트게이트가 열리면 배기의 일부분만이 터빈을 지나면서 파워를 만든다; 나머지는 직접 터빈 하류 배기 시스템으로 흐른다.

상대적인 터보차저와 엔진의 크기가 그들의 복합적인 동작에 큰 영향을 준다. 상대적으로 작은 터보차저는 낮은 엔진 속도 범위에서 더 높은 압축기 가압을 제공하고, 높은 엔진 속도에서는 낮은 가압을 제공한다. 더 큰 터보차저는 반대의 작동을 한다: 낮은 속도에서 낮은 가압을 높은 속도에서 높은 가압을 한다. 낮은 속도에서의 높은 가압은 효과적으로 "터보 랙"을 상쇄한다: 터보 랙은 자동차에 적용할 때 나타나는데, 스로틀 밸브를 빠르게 열 때 터보차저의 관성 때문에 속도 증가의 지연이 나타나고 결과적으로 원하는 가압(이에 의한 공기 유량과 토크)을 만드는 데 지연이 생기는 것이다.

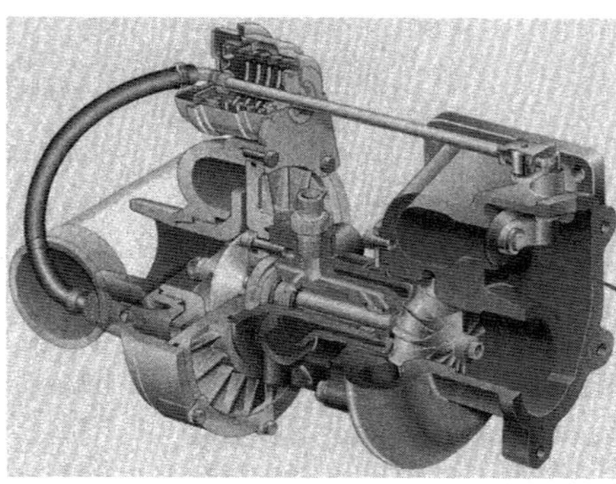

그림 6.64 웨이스트게이트가 있는 터보차저 단면도(BorgWarner Turbo System 제공)

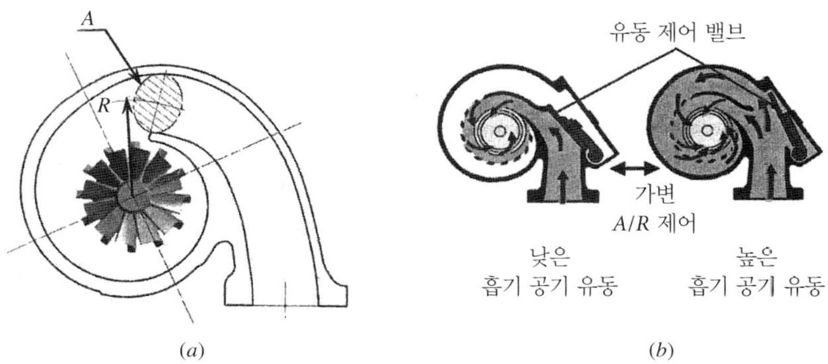

그림 6.65 (*a*) 전통적인 터빈의 *A/R* 정의 (*b*) 유동 제어 밸브 개략도.[43]

보통 사용되는 터보차저 반경 방향 터빈에서, 위의 터보차저 특성을 나타내기 위해 *A/R* 비를 사용한다(그림 6.65*a* 참조). *A*는 터빈 하우징 개구부(throat)의 단면적이고 *R*은 개구부 중심과 터보차저 축과의 거리이다. 가솔린 엔진 적용에 관심을 끄는 가변 유동 터보차저가 있는데 터빈 흡기 포트(그림 6.65*b* 참조)에 있는 제어 밸브를 이용하여 낮은 속도에서 터빈 흡기 단면적과 유량을 줄이고 높은 속도에서는 유동 면적을 늘리는 것이다. 터빈은 안과 밖에 두개의 스크롤을 갖고 있는데, 고정 베인에 의해 분리되어 있다. 적은 흡입 공기유동에서 바깥 스크롤은 닫히고 낮은 엔진 속도에서 높은 토크를 얻는다. 높은 흡입 공기 유동에서, 두 스크롤이 다 열리고 높은 속도에서 높은 토크를 얻는다.[43]

6.8.6 맥동-압축 장치

압력파 수퍼차저는 만약 압력이 다른 두 유체를 길고 좁은 채널에서 직접 접촉하게 하면 혼합보다 더 빠르게 압력이 동일하게 된다는 원리에 기초를 두고 있다. 이 원리를 이용하는 Comprex가 내연 기관에의 적용을 위해 개발되었다.[44] 이는 그림 6.66에 간단히 보여 진다.

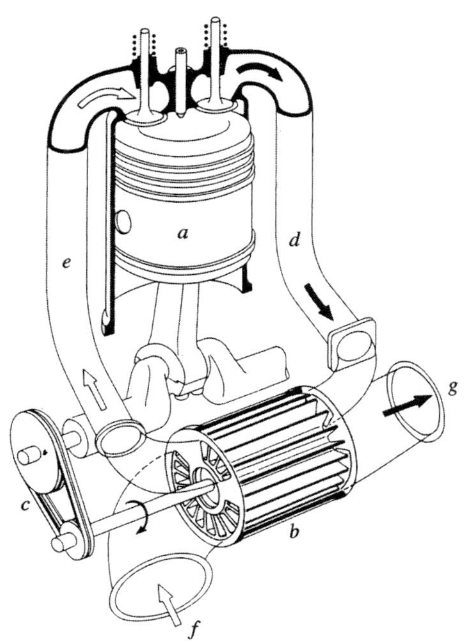

그림 6.66 Comprex 수퍼차저 개략도.[44] *a* 엔진, *b* 셀 휠 또는 로터, *c* 벨트 드라이브, *d* 고압 배기(G-HP), *e* 고압 공기(A-HP), *f* 저압 공기(A-LP), *g* 저압 배기(G-LP)

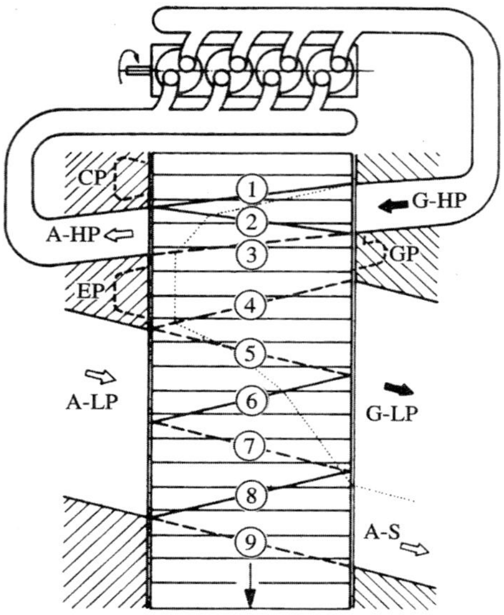

그림 6.67 Comprex 압력-파 과정의 펼친 그림.[44] A 공기, G 배기, S 소기, HP 고압, LP 저압, CP, EP, GP는 포켓

Comprex는 크랭크 샤프트 (*c*)에 의해 구동되는 (*b*)의 로터 또는 셀(cell)로 구성되는데, 이는 두 캐스팅 사이에서 회전한다. 로터와 캐스팅 사이에선 접촉이 없지만 간극은 누설을 방지하기 위해 가능한 작게 한다. 벨트 구동은 단지 마찰을 극복하고 로터를 엔진 속도에 비례하게(보통 4배나 5배) 유지하는 것이 목적이다: 압축일은 제공하지 않는다. 한 케이싱(casing)(공기 케이싱)은 저압 공기(*f*)를 한 포트 세트에 가져 오고, 고압 공기(*e*)를 (로터 쪽 내부 케이싱에 있는) 다른 포트 세트로 연결하는 통로를 갖고 있다. 다른 케이싱(가스 케이싱)은 고압 엔진 배기(*d*)를 로터의 다른 끝에 있는 포트 세트에 연결하고, 두 번째 포트 세트를 배기 시스템(*g*)에 연결한다. 유체는 이들 포트들을 통해 로터 채널로 들어오고 나간다. 배기 입구 포트는, 엔진이 최대 출력에서 작동할 때 배기 매니폴드 압력을 높이기 위해(예: 2기압) 충분히 작게 만든다. 압력파 과정은, 각 실린더 배기 현상 때문에 발생하는 압력과 유동의 변동에 의존하지 않는다: 그 작동은 각 포트 세트에서 압력이 일정하다고 가정하고 설명할 수 있다. 로터가 한 바퀴 돌 때, 각 채널의 끝은 교대로 유동 통로에 막히거나 열린다. 이들 통로 배치를 적절히 하고 포트의 형상과 위치를 잘 선택하면, 엔진 배기와 신기 사이에 효율적인 에너지 전달이 이루어질 수 있다.[44]

Comprex의 맥동-압축 과정은, 채널의 회전 운동을 펼친 그림 6.67의 도움으로 더 자세히 설명할 수 있다. 제일 꼭대기의 채널을 고려해 본다; 양 끝이 모두 막혀 있고 대기압의 공기를 갖고 있다. 위 끝의 고압 가스(G-HP) 덕트가 열리면 압축 또는 충격파 (1)가 오른쪽 끝에서 왼쪽으로 전파되면서 공기를 압축한다. 파의 후면 압축된 공기는 더 적은 공간을 차지하기 때문에 고압의 배기가 점선으로 표시된 바와 같이 채널로 들어 온다. 이 라인이 두 유체의 경계면이다. 파 (1)이 왼쪽 끝에 도달하면 채널이 열리고 압축된 공기가 엔진 흡기 덕트(A-HP)로 흘러 들어간다. 입구 덕트는 낮은 속도에서 같은 질량 유동을 제공하도록 형상이 만들어져 있다. 공기의 감속이 채널로 다시 전달되는 두 번째 압축파 (2)를 만든다. 결과적으로 왼쪽에서 셀을 나가는 압축 공기의 압력이 오른 쪽의 구동 가스보다 높다. 파 (2)가 오른쪽에 도달할 때, 고압의 가스(G-HP)채널이 닫힌다. 팽창파 (3)가 왼쪽으로 되돌아 전파되고, 정지되어 있고 부분적으로 팽창한 오른쪽과 아직도 움직이는 왼쪽 유체를 분리한다. A-HP가

닫히고 채널 안의 모든 가스는 정지한다. 첫 번째 가스 입자(점선으로 표시된)는 채널의 끝 공기에 아직 이르지 않았음을 주의하라: breakthrough를 방지하기 위해 에어 쿠션이 남는다.

셀의 내용물은 아직도 배기 덕트의 저압에 비해 높은 압력을 갖고 있다. 셀의 오른 쪽 끝이 이 덕트에 도달하면 셀의 내용물은 배기로 팽창한다. 이 움직임이, 왼쪽으로 음속에 의해 전파되는 팽창파 (4)에 의해 채널을 통해 전달된다. 이 파가 왼쪽 끝에 도달하면, 셀이 저압 공기 덕트(A-LP)에 열리고 신선한 공기가 셀로 들어온다. 오른쪽으로의 유동은 계속되지만, 파의 움직임 (5, 6, 7, 8)과 각 셀 끝에서의 압력 손실 때문에 속도가 낮아진다. 점선—공기와 배기의 접촉면—이 셀의 오른쪽 끝에 도달할 때, 모든 구동 가스는 나갔다. 셀은 소기 공기(A-S)에 의해 정화되고 대기 압력의 새로운 공기에 의해 채워진다. 파 (9)에서 셀은 양쪽 끝이 다 닫히고 초기 상태로 돌아간다.[45]

이들 압력파의 속도는 음속이고 오직 가스 온도만의 함수이다. 그래서 위의 과정은 주어진 배기온도에서 특정한 셀 속도에서만 작동한다. 작동 범위는 그림 6.67에 보인 "포켓(pocket)"을 이용하여 넓힐 수 있다. 이 포켓은 채널내에서의 유동 속도를 상당히 변화시킬 수 있는 막힌 채널 끝에서의 음파의 반사를 방지한다. 이들 포켓은, 공기 사이드에서 CP와 EP로 배기 사이드에서 GP로 표시된, 파 움직임이 요구하면 포켓을 통해 한 채널에서 옆 채널로의 유동을 가능하게 한다. 그러면 이 장치는 전부하 중간 속도 운전에 맞춰 튜닝할 수 있으며, 다른 부하와 속도에서도, 포켓이 큰 손실 없이 입자 통로가 변하게 하기 때문에, 받아들일 만한 성능을 제공한다.[44]

압축기 효율 값[식 (6.41)에 정의된]도 넓은 엔진 속도 범위에서 기계식이나 공기역학적인 압축기와 비교할 만하다.[44]

연습문제

6.1 4-행정 사이클 엔진에서, 흡기와 배기 밸브의 대표적인 개폐 크랭크 각은: IVO 15 °BTC; IVC 50 °ABC; EVO 55 °BBC; EVC 10 °ATC. 이들 밸브 타이밍이 왜 흡기와 배기 행정의 시작과 끝에 개폐하는 것보다 엔진의 흡배기를 개선하는지 그 이유를 설명하라. 중요한 추가 설계 이슈를 토의하라.

6.2 4-행정 사이클 엔진에서, 흡기와 배기 밸브의 대표적인 개폐 크랭크 각은:

IVO 15°BTC; IVC 50 °ABC; EVO 55 °BBC; EVC 10 °ATC

(a) 이들 밸브 타이밍이 왜 흡기와 배기 행정의 시작과 끝에 개폐하는 것보다 엔진의 흡배기를 개선하는지 그 이유를 설명하라.

(b) 만약 당신이 다음의 엔진을 설계한다면, 위의 밸브 타이밍에 가할 적어도 한 가지 수정에 대해 설명하라.
- 경주용 차
- 터보차저가 장착된 경우
- 저속 운전

(c) 이 스파크 점화기관의 전개 스로틀(WOT) 성능을 개선하기 위해 완전한 가변 밸브 타이밍을 사용할 수 있다면, 이 "고정-밸브-타이밍" 개폐각을 어떻게 바꿀지 설명하라.

6.3 기존의 가솔린 사용 스파크 점화기관은 당량비가 $\phi = 0.8$ 보다 희박한 상태에서는 원활하게 작동하지 않는다(불완전 연소 때문에). 이 엔진의 원활한 작동 한계 범위를 희박한 당량비로 넓혀서, 부분 부하 운전(흡기 압력이 1기압보다 낮은)에서 펌핑일을 줄이는 것이 바람직하다. 정상 운전보다 희박한 상태 운전은 수소 가스(H_2)를 흡기 혼합물에 더해 주어서 달성한다. H_2의 추가는 연료-공기 혼합물이 더 쉽게 타게 해 준다.

(a) "혼합"연료 운전의 연료 조성은 $H_2 + C_8H_{18}$—아이소옥탄으로 가정한 가솔린 1몰당 수소 1몰—이다. 이 혼합 연료의 화학양론 공기/연료비는 얼마인다?

(b) H_2와 아이소옥탄의 저위발열량은 각각 120 MJ/kg, 44.4 MJ/kg이다. 이 혼합 연료 1kg당 발열량은 얼마인가?

(c) 한 엔진이 부분 부하 조건(제동 평균 유효 압력 275 kPa, 1400 rev/min)에서 아이소옥탄과 혼합(H_2+C_8H_{18}) 연료로 작동한다. 엔진 운전 조건을 다음과 같다.

연료	C_8H_{18}	$H_2 + C_8H_{18}$
당량비	0.8	0.5
총 도시 연료 변환 효율	0.35	0.4
기계+보기류 마찰 mep	138 kPa	138 kPa
흡기 매니폴드 압력	46 kPa	?
펌핑 mep	55 kPa	?

(H_2+C_8H_{18}) 연료 경우의 흡기 매니폴드 압력과 펌핑 평균 유효 압력을 추정하라. 계산 방법과 가정을 명확히 기술하라. 기계효율 η_m은 다음과 같이 정의된다.

$$\eta_m = \frac{\text{bmep}}{\text{imep}_g} = \frac{\text{bmep}}{\text{bmep} + \text{mfmep} + \text{pmep}}$$

6.4 가변-밸브-타이밍 스파크 점화기관에서, 흡기 밸브를 표준 고정-밸브-타이밍 엔진보다 훨씬 늦게 닫아서 펌핑 일을 줄일 수 있다.

(a) 차를 구동하는 데 필요한 제동 평균 유효 압력(bmep)의 평균값은 250 kPa이다. 표준 고정-밸브-타이밍 엔진(50° ABC)의 흡기 매니폴드 압력은 50 kPa이고 배기 매니폴드 압력은 105 kPa이다. 기계와 보기류의 마찰 mep는 90 kPa이다. 엔진은 어떤 도시(총) mep를 만들어야 하나? 이제 흡기 밸브 닫힘 시기가 늦춰져서 흡기 매니폴드 압력이 90 kPa이다. 어떤 imep(총)가 필요한가? 다른 파라미터는 같다.

(b) 다른 자세한 사항은 (*a*)와 같을 때, 고정과 가변 밸브 흡기 닫힘 시기 실제 4-행정 사이클 엔진의 실린더 압력과 실린더 부피 선도를 비례에 맞게 조심해서 그려라. 두 흡기와 배기 매니폴드 압력, 흡기 닫힘 시기를 명확히 표시하고, 이들 평균 유효 압력에 해당하는 p-V 선도의 면적이 적절히 비례하도록 하라. 무슨 현상이 일어나는지 잘 생각하라.

(c) 표준 밸브-타이밍 엔진과 같은 bmep (250 kPa)을 만들기 위해, 늦은 밸브 타이밍 엔진에서 흡기 과정을 마칠 때의 실린더 부피와 표준 밸브 타이밍 엔진에서 흡기 과정을 마칠 때의 실린더 부피 비를 추정하라. 늦은 밸브 닫힘 엔진의 근사적인 늦은 밸브 닫힘 시기를 추정하라(부피를 크랭크 각의 함수로 표시한 식을 풀 필요는 없다. 간단한 근사 접근 방식을 사용하라). 두 엔진 다 화학양론비에서 작동한다. 또 같은 도시 연료 변화 효율을 갖는다.

6.5 스케치 (*a*)는 기존의 스로틀을 한 스파크 점화기관의 이상 사이클 *p-V* 선도 1-2-3-4-5-6-7-1을 보여 준다. 전 사이클에 걸쳐 기체 성질 c_v, c_p, γ, R은 일정하다. 실린더 안 가스의 질량은 m이다. 배기 압력은 p_e이다.

스케치 (*b*)는 다른 흡기 밸브 타이밍을 갖는 스파크 점화 기관의 이상 사이클 1-2-3-4-5-6-8-1을 보여 준다. 흡기 매니폴드는 스로틀하지 않는다; 배기와 같은 압력을 갖는다. 부분 부하에서 흡입하는 질량을 줄이기 위해 흡기 밸브가 흡입 행정 중 점 8에서 닫힌다. 밸브가 닫힐 때 8에서의 실린더 안의 가스는 그 후 등엔트로피 과정으로 1까지 팽창한다. 압축이 시작될 때의 압력 p_1은 두 사이클에서 같다.

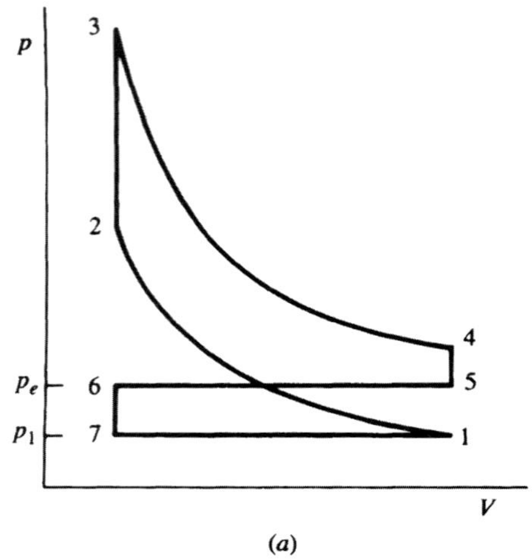

(*a*)

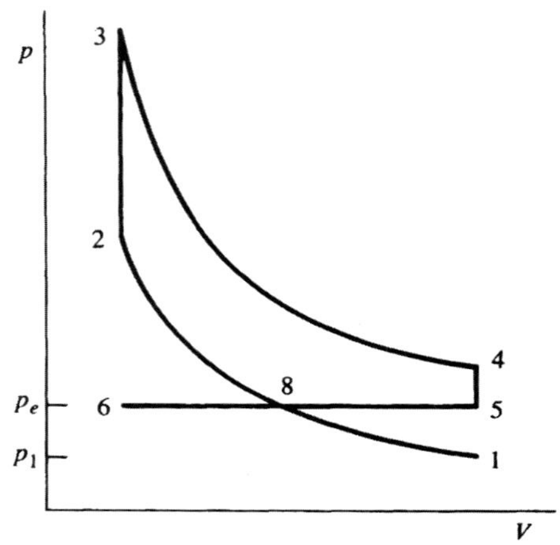

(*b*)

(a) (*a*)와 (*b*) 사이클에서, 사이클당 펌핑 일에 해당하는 면적을 p-V선도에서 표시하라. 어느 면적이 더 큰가?

(b) (*a*)와 (*b*) 사이클에서, 펌핑 일 W_p를 m, c_v, γ, $T_u(p_e/p_1)$과 압축비 r_c의 함수로 표시하라. 가스로 전달되거나 가스에서 나가는 일에 대해 부호를 일관되게 하라.

(c) γ = 1.3, r_c = 8, (p_e/p_1) = 2일 때, $W_p(b)/\ W_p(a)$을, T_1과 m이 두 경우와 같다고 가정하고 구하라.

6.6 흡기 행정 중간 쯤과 배기 행정 중간 쯤에 피스톤 속도가 제일 빠를 때 흡기 밸브와 배기 밸브를 통과할 때의 압력 강하를 구하라. 엔진은 일반적인 스파크 점화기관이고 $B = L$ = 85mm이고 속도는 2500과 500 rev/min, WOT이다. 밸브와 포트 형상에 대해서는 적절한 값을 가정하고 가스 조성과 상태도 가정한다.

6.7 그림 6.26의 잔류 가스 분율과 이상 사이클에서의 잔류 가스 분율 추정치를 아래와 같이 비교하라. r_c = 8.5인 경우에 대해 식 (5.47)을 이용하여 연료-공기 사이클 잔류 가스 질량 분율, x_r을 p_i/p_e의 함수로, 그림 6.19의 실제 엔진 데이터를 1400 rev/min, 밸브 중첩 27°인 경우에 대해

그린 그래프와 같은 그래프에 그려라. 식 (5.47)에서 T_r = 1400 K, $(\gamma\text{-}1)/\gamma = 0.24$을 가정한다. 큰 차이가 있으면 그 이유를 설명하라.

6.8 SI 엔진 효율을 높이는 한 가지 개념은 조기 흡기 밸브 닫힘(EIVC)인데, 흡기 행정 중 피스톤이 하사점에 도달하기 전에 흡기 밸브를 닫아서 실린더로 흡입되는 차지의 양을 줄이는 것이다.

(a) 부분 부하에서 왜 EIVC가 효율을 높이는지 설명하라.(*힌트*: 흡기 밸브가 빨리 닫힐 때와 같은 실린더 질량을 유지하기 위해 흡기 매니폴드 압력에 무슨 일이 일어나는지를 고려하라)

(b) 이 부분 부하에서의 차지 감소는 늦은 흡기 밸브 닫힘에 의해서도 얻을 수 있는데, 이 경우 흡기 밸브가 압축 행정에서 실린더 안의 가스 일부를 다시 흡기 매니폴드로 내보낼 때까지 닫히지 않는다. *P-V* 선도에서 비교할 때 이 방법은 EIVC보다 열등한가?

6.9 8기통 터보차저 후냉각(aftercooled) 4-행정 사이클 디젤 엔진이 흡기 압력 1.8기압, 2000 rev/min에서 최대 출력 상태에서 운전된다. B = 128 mm, L = 140 mm; η_v(흡기 매니폴드 조건 1.8기압과 325 K에 기초를 둔) = 0.9이다. 압축기 등엔트로피 효율은 0.7이다.

(a) 터보차저 압축기를 구동시키는 데 필요한 파워는 얼마인가?

(b) 배기 온도가 650°C이고 터보차저 등엔트로피 효율이 0.65일때, 터빈 입구 압력을 추정하라. 터빈 배기는 대기로 나간다.

6.10 2-행정 사이클 디젤 엔진의 차징 효율은, 실린더 내 연소 가스의 O_2와 CO_2 농도를 측정하거나, 신선한 공기와 섞이기 전에 배기 블로우다운 펄스에서 측정하여 추정할 수 있다. 엔진의 직경 = 125 mm, 행정 = 150 mm; 압축비 = 15이다. 연료 유량율은 1800 rev/min에서 실린더당 1.6 g/s이다. 공기 밀도를 계산하기 위해 사용한 표준 질량의 상태는 300 K와 1기압이다. 실린더 내 연소 가스의 CO_2와 O_2 몰 농도(건조)는 7.2와 10.4%(그림 4.22 참조)이다. 소기 공기 유동률은 80 g/s이다. (*a*) 차징 효율, (*b*) 공급비(delivery ratio), (*c*) 급기 효율(트랩된 질량이 표준 질량과 같다고 가정한다)을 구하라.

6.11 2-행정 디젤 엔진의 소기 질을 평가하기 위해서, 연소 끝의 실린더 내 가스의 조성을 알아야 한다. 이 목적을 위해서 단기통 테스트 엔진의 배기 포트 근처에 전자기 가스 샘플링 용 밸브를 장착하였다. 이 엔진은 실린더 내 직접 분사 2-행정 디젤이다. 블로우다운 기간(배기 밸브가 열린 후 흡기 밸브가 열릴 때까지) 동안 이 밸브가 실린더를 나와 배기 시스템으로 가는 연소 배기에서 샘플링을 한다: 이들 샘플을 분석해서 실린더 내 가스의 당량비를 결정할 수 있다. 전체 당량비(신기의 단락-회로 프함)를 배기 포트 하류의 연속 배기에서 얻을 수 있다.

데이터:		
	직경	$B = 240$ mm
	행정	$L = 250$ mm
	커넥팅 로드 길이	$L_c = 530$ mm
	흡기 포트 높이	$s_{in} = 48$ mm
	배기 포트 높이	$s_{ex} = 80.7$ mm
	샘플링 밸브의 최소 열린 기간	$t_{\min} = 80.7$ mm
	엔진 속도	$N = 1000$ rev/min
	배기 압력	$p_{amb} = 1$기압
	송풍기 전후 압력 차	$\Delta p = 0.32$ bar
	소기 공기 온도	$T_{amb} = 298$ K
	소기 공기 체적 유동률	$V_{in} = 0.173\ m^3/s$
	실린더 내 당량비	$\phi_{cyl} = 0.588$
	전체 당량비	$\phi_{del} = 0.328$

(a) 이 테스트 엔진의 흡기와 배기 타이밍(크랭크 각으로)을 결정하라.

(b) 얼마의 엔진 속도까지 여기서 설명된 분석에 샘플링 밸브를 이용할 수 있을까?

(c) 이 테스트 엔진의 공급비, 급기 효율, 차징 효율을 결정하라.

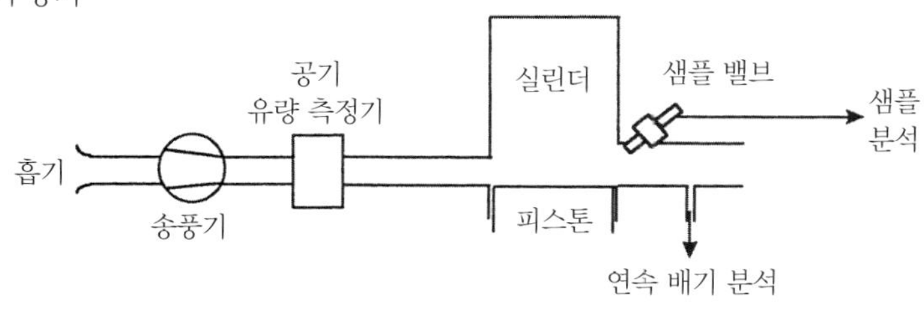

참고문헌

1. Khovakh, M.: *Motor Vehicle Engines*, English Translation, Mir Publishers, Moscow, 1976.
2. Witte, T., and Wright, K.: "Chrysler 3.5 Liter V-6 Engine", SAE paper 930875, SAE, 1993.
3. Bosch, R.: *Automotive Handbook*, 8th edition, Robert Bosch GmbH, SAE, 2011.
4. Takizawa, M., Uno, T., Oue, T., and Yura, T.: "A Study of Gas Exchange Process Simulation of an Automotive Multi-Cylinder Internal Combustion Engine," SAE paper 820410, *SAE Trans.*, vol. 91, 1982.
5. Kay, I. W.: "Manifold Fuel Film Effects in an SI Engine," SAE paper 780944, 1978.
6. Amann, C.A.: "The Automotive Engine—A Future Perspective," SAE paper 891666, 1989.
7. Benson, R. S., and Whitehouse, N. D.: *Internal Combustion Engines*, vol. 2, Pergamon Press, Oxford, 1979.

8. Patton, K. J.: "Development and Evaluation of a Performance and Efficiency Model for Spark-Ignition Engines," M.S. Thesis, Mechanical Engineering Dept., MIT, Cambridge, MA, 1989.
9. Barnes-Moss, H. W.: "A Designers Viewpoint," in *Passenger Car Engines, Conference Proceedings*, pp. 133–147, Institution of Mechanical Engineers, London, 1975.
10. SAE Recommended Practice: "Engine Terminology and Nomenclature—General," in *SAE Handbook*, J604d.
11. Asmus, T. W.: "Valve Events and Engine Operation," SAE paper 820749, *SAE Trans.*, vol. 91, 1982.
12. Kastner, L. J., Williams, T. J., and White, J. B.: "Poppet Inlet Valve Characteristics and Their Influence on the Induction Process," *Proc. Instn. Mech. Engrs.*, vol. 178, pt. 1, no. 36, pp. 955–978, 1963–1964.
13. Taylor, C. F.: *The Internal-Combustion Engine in Theory and Practice*, vol. 1, 2nd edition, revised, MIT Press, Cambridge, MA, 1985.
14. Woods, W. A., and Khan, S. R.: "An Experimental Study of Flow through Poppet Valves," *Proc. Instn. Mech. Engrs.*, vol. 180, pt. 3N, pp. 32–41, 1965–1966.
15. Annand, W. J. D., and Roe, G. E.: *Gas Flow in the Internal Combustion Engine*, Haessner Publishing, Newfoundland, NJ, 1974.
16. Bicen, A. F., and Whitelaw, J. H.: "Steady and Unsteady Air Flow through an Intake Valve of a Reciprocating Engine," in *Flows in Internal Combustion Engines—II*, FED-vol. 20, Winter Annual Meeting, ASME, New York, 1984.
17. Fukutani, I., and Watanabe, E.: "An Analysis of the Volumetric Efficiency Characteristics of 4-Stroke Cycle Engines Using the Mean Inlet Mach Number Mim," SAE paper 790484, *SAE Trans.*, vol. 88, 1979.
18. Wallace, W. B.: "High-Output Medium-Speed Diesel Engine Air and Exhaust System Flow Losses," *Proc. Instn. Mech. Engrs.*, vol. 182, pt. 3D, pp. 134–144, 1967–1968.
19. Cole, B. N., and Mills, B.: "The Theory of Sudden Enlargements Applied to Poppet Exhaust-Valve, with Special Reference to Exhaust-Pulse Scavenging," *Proc. Instn. Mech. Engrs.*, pt. IB, pp. 364378, 1953.
20. Leone, T. G., and Pozar, M.: "Fuel Economy Benefit of Cylinder Deactivation-Sensitivity to Vehicle Application and Operating Constraints," SAE paper 2001-01-3591, 2001.
21. Moriya, Y., Watanabe, A., Uda, H., Kawamura, H., Yoshioka, M., and Adachi, M.: "A Newly Developed Intelligent Variable Valve Timing System-Continuously Controlled Cam Phasing as Applied to a New 3-Liter Inline 6 Engine," SAE paper 960579, 1996.
22. Lutlermann, C., Schünemann, E., and Klauer, N.: "Enhanced VALVETRONIC Technology for Meeting SULEV Emission Requirements," SAE Technical Paper 2006-01-0849, SAE, 2006.
23. Nagumo, S., and Hara, S.: "Study of Fuel Economy Improvement through Control of Intake Valve Closing Timing: Cause of Combustion Deterioration and Improvements," *JSAE Review*, vol. 16, pp. 13–19, 1995.
24. Chao, H., Lee, K., Lee, J., Yoo, J., and Min, K.: "Measurements and Modeling of Residual Gas Fraction in SI Engines," SAE paper 2001-01-1910, 2001.
25. Toda, T., Nohira, H., and Kobashi, K.: "Evaluation of Burned Gas Ratio (BGR) as a Predominant Factor to NO_x," SAE paper 760765, *SAE Trans.*, vol. 85, 1976.
26. Tabaczynski, R. J., Heywood, J. B., and Keck, J. C: "Time-Resolved Measurements of Hydrocarbon Mass Flow Rate in the Exhaust of a Spark-Ignition Engine," SAE paper 720112, *SAE Trans.*, vol. 81, 1972.
27. Caton, J. A., and Heywood, J. B.: "An Experimental and Analytical Study of Heat Transfer in an Engine Exhaust Port," *Int. J. Heat. Mass. Transfer.*, vol. 24, no. 4, pp. 581–595, 1981.
28. Caton, J. A.: "Comparisons of Thermocouple, Time-Averaged and Mass-Averaged Exhaust Gas Temperatures for a Spark-Ignited Engine," SAE paper 820050, 1982.
29. Majewski, W. A., and Khair, M. K.: *Diesel Emissions and Their Control*, SAE International, 2006.
30. Blair, G. P.: *The Basic Design of Two-Stroke Engines*, SAE, Warrendale, PA, 1990.
31. Heywood, J. B., and Sher, E.: *The Two-Stroke Cycle Engine: Its Development, Operation, and Design*, Taylor & Francis, Philadelphia, SAE, Warrendale, PA, 1999.
32. Dedeoglu, N.: "Scavenging Model Solves Problems in Gas Burning Engine," SAE paper 710579, *SAE Trans.*, vol. 80, 1971.
33. Benson, R.S.: "A New Gas Dynamic Model for the Gas Exchange Process in Two-Stroke Loop and Cross Scavenged Engines," *Int. J. Mech. Sci.*, vol. 19, pp. 693-711, 1977.
34. Jante, A.: "Scavenging and Other Problems of Two-Stroke Cycle Spark-Ignition Engines," SAE paper 680468, *SAE Trans.*, vol. 77, 1968.
35. Gyssler, G.: "Problems Associated with Turbocharging Large Two-Stroke Diesel Engines," *Proc. CIMAC*, paper B.16, 1965.
36. Annand, W. J. D.: "Compressible Flow through Square-Edged Orifices: An Empirical Approximation for Computer Calculations," *J. Mech. Engng Sci.*, vol. 8, p. 448, 1966.
37. Benson, R. S.: "Experiments on a Piston Controlled Port," *The Engineer*, vol. 210, pp. 875-880, 1960.
38. Watson, N., and Janota, M. S.: *Turbocharging the Internal Combustion Engine*, Wiley-Interscience Publications, John Wiley, New York, 1982.
39. Blunder, F. S.: "Supercharging Compressors—Problems and Potential of the Various Alternatives," SAE paper 840243, 1984.
40. Bhinder, F. S.: "Some Fundamental Considerations Concerning the Pressure Charging of Small Diesel Engines," SAE paper 830145, 1983.
41. Haddad, S. D., and Watson, N.: *Principles and Performance in Diesel Engineering*, Ellis Horwood Ltd., 1984.
42. Hiereth, H., and Prenninger, P.: *Charging the Internal Combustion Engine*, Springer-Verlag, Wien, New York, 2003.
43. Kawamoto, A., Takahashi, Y., Koiken, T., and Nakamura, F.: "Variable Geometry System Turbocharger for Passenger Car Diesel Engine," SAE paper 2001-01-0273, 2001.
44. Gyarmathy, G.: "How Does the Comprex Pressure-Wave Supercharger Work?" SAE paper 830234, 1983.
45. Kollbrunner, T. A.: "Comprex Supercharging for Passenger Diesel Car Engines," SAE paper 800884, *SAE Trans.*, vol. 89, 1980.

CHAPTER 7

SI 엔진의 혼합기 준비

Mixture Preparation in SI Engines

7.1 스파크 점화기관의 혼합기 요건 _*Spark-Ignition Engine Mixture Requirements*

스파크 점화기관은 예혼합된 연료 증기와 공기의 혼합기를 연소시켜 작동한다. 엔진 흡기(induction) 및 연료 시스템의 역할은 주변 공기와 탱크 내의 연료를 이용하여 전체 운전 영역에서 엔진의 요구 조건을 충족하는 혼합기를 실린더 내부에 준비하는 것이다. 대체로 스파크 점화기관의 최적 연료-공기 혼합비는 최소한의 연료 소비로 필요한 출력과 부드럽고 신뢰할 수 있는 엔진의 작동을 제공하는 것이다. 실제로 배기 오염물질 제어의 제약은 이러한 이상과는 다르게 최적 조건과는 다른 혼합기 구성에 영향을 미칠 수 있고, 또한 배기 가스의 일부를 흡기 시스템으로 재순환 시키는 것(EGR-exhaust gas recirculation, 배기 가스 재순환)이 필요할 수도 있다. 요구되는 동력수준에서 가장 낮은 연료소비, 부드럽고 신뢰성 있는 작동을 제공하고, 배출가스의 요건을 충족시키는 연료와 공기의 상대적 비율은 엔진 속도와 부하에 따라 달라진다. 혼합기의 요건과 준비는 보통 공기/연료비 또는 연료/공기비(2.9절 참고) 그리고 EGR 퍼센트[식 (4.2) 참고]로 논의한다. 연료 계량 시스템은 각각의 속도 및 부하에서 실제 공기 유량에 적절한 연료 유량을 제공하도록 설계되지만, 연료 및 공기의 상대 비율은 일반적으로 상대 공기/연료비 λ 또는 연료/공기 당량비 ϕ로 설명할 수 있다[식 (3.8)과 식 (3.9)]. 연료-공기 혼합기의 연소 특성과 엔진성능, 효율 및 배기 오염물질을 좌우하는 연소생성물의 특성은 화학양론비적 혼합기 구성에 대한 연료와 넓은 범위에서 가장 관련이 있다. 그러므로 상대 공기/연료비 혹은 공기/연료 당량비가 정의 변수로 사용된다. 일반적인 가솔린의 화학양론 공기/연료비는 14.6[a]이다. 따라서 가솔린의 경우의 λ와 ϕ는 아래와 같이 구할 수 있다.

$$\lambda \approx \frac{(A/F)}{14.6}; \quad \phi \approx \frac{14.6}{(A/F)} \tag{7.1a, b}$$

스파크 점화기관에는 에틸 알콜(종종 가솔린과 혼합됨), 액화석유가스(LPG), 천연가스(NG) 및 수소와 같은 연료도 사용될 수 있다. 이들 각각은 상이한 화학양론 공기/연료비 (연료/공기 당량비)를 갖지만, 여전히 상대 공기/연료비(혹은 연료/공기 당량비)는 적절한 혼합기 조성 관련 변수이다.

이 장은 스파크 점화기관의 혼합기 생성(준비)에 대한 것이다. 디젤 엔진의 혼합기 형성과 관련된 장(chapter)은 없다; 관련한 중요한 주제는 디젤 또는 압축 점화기관 연소의 일부로서 10장에서 논의된다. 이 두 가지 유형의 엔진에 대해 이러한 주제를 다르게 다루는 이유

[a] 일반적인 값. 대부분의 가솔린은 14.4~14.7 범위의 $(A/F)_s$를 가지며, 14.1~15.2 사이에 분포할 수 있다.

는 스파크 점화기관에서는 연료-공기 혼합기 생성과 연소 과정이 분리될 수 있기 때문이다. 일반적으로 연료-공기 혼합기의 생성 과정은 연소 과정이 일어나기 전에 완료된다. 디젤 엔진에서는 연료 분사가 시작될 때 가연성 연료-공기 혼합물이 생성되기 시작하고, 그 직후 연소가 시작된다. 즉, 두 과정이 겹치게 되며, 밀접하게 연관된다.

스파크 점화기관의 연소, 배기 오염물질 및 성능에 대한 상대 공기/연료비 또는 당량비 변화의 영향에 대해서는 9장, 11장, 15장에서 더 자세히 설명하기로 한다. 여기서는 간단한 요약으로도 충분하다. 혼합기에 대한 요건은 전부하(스로틀 전개, wide-open-throttle, WOT)와 부분 부하 운전에 대해 각각 다르다. 정해진 배기량에서 최대 동력을 얻기 위해서는 *유입된 공기*를 최대한 활용하는 것이 중요하다. 정해진 속도에서 최대 출력보다 적은 동력이 필요한 곳에서는 *연료*의 효율적인 활용이 중요하다. WOT에서 정해진 체적 효율에 대한 최대 출력은 농후한 화학양론적공연비 $\lambda \approx 0.9$, $\phi \approx 1.1$에서 얻을 수 있다(5.5.3절의 연료-공기 사이클 결과에 대한 설명 참조). 여전히 더 농후한 혼합기는 종종 연료 증발을 수반하는 차지(charge) 냉각량을 증가시킴으로써 체적 효율을 증가시키고[식 (6.5) 참고], 노킹 가능성을 줄이고, 배기 가스 온도를 감소시킨다.

부분-부하(또는 부분-스로틀) 운전 조건에서는 과잉 공기 또는 재순환된 배기 가스로 연료-공기 혼합물을 희석시키는 것이 유리하다. 이 희석은 세 가지 이유로 엔진의 연료 변환 효율을 향상시킨다. (1) 연소된 가스의 열역학적 물성 변화의 결과로 주어진 팽창비에 대한 팽창 행정일이 증가한다(5.5.3절, 5.7.4절 참조). (2) 주어진 평균 유효 압력에서 희석이 증가함에 따라 흡기 압력은 증가하므로 펌핑일은 감소한다(그림 5.10 참조). (3) 연소 가스 온도가 낮아지기 때문에 실린더 벽면으로의 열손실이 감소한다. 엄격한 엔진 NO_x 배출 조건이 없는 경우, 과잉 공기는 명백한 희석제(diluent)이며, 부분 스로틀 조건에서 엔진은 종종 희박한 상태로 운전된다. NO_x, HC 및 CO의 배기 오염물질에 대한 엄격한 제어가 요구될 때, 배기 가스를 정화하기 위해 삼원촉매가[b] 사용될 수 있도록 화학양론비 혼합기 조건에서 엔진이 운전되는 것이 유리하다. 적절한 희석제는 재순환된 배기 가스로서 엔진 자체에서 NO_x 배출을 상당히 감소시킨다. 주어진 속도와 부하에서 엔진이 견딜 수 있는 희석제의 양은 엔진 연소 과정의 세부 사항에 달려있다. 과잉 공기량 또는 재순환된 배기 가스의 양이 증가하면 연소 과정이 느려지고 사이클 간 변동이 커진다. 엔진의 매끄러운 운전을 유지하기 위해서는 어떤 최소한의 연소 반복성 또는 안정성이 요구된다. 따라서 연소 안정성의 저하는 엔진이 견딜 수 있는 희석량을 제한한다. 부하가 감소함에 따라 잔류 가스가 있는 혼합기의 내부 희석이 증가하기 때문에 새로운 혼합물의 희석은 허용되기 어렵다(6.4절 참조). 아이들(공회전) 상태에서 신선한 혼합기는 보통 어떠한 EGR도 허용하지 않고, 적절한 연소 안정성을 얻기 위해 화학양론비 또는 연료가 농후한 영역에서의 운전이 필요하다.

엔진의 부하 범위에 대한 혼합기 구성 요건은 그림 7.1에서 설명한 두 가지 방법으로 개략적으로 설명된다. 전부하 토크를 최대화해야 하고, 부분 부하 연료 소비를 최소화해야 하는 경우 ϕ는 그림과 같이 부하 범위에 따라 달라질 수 있다. 이 때 낮은 NO_x 배기 오염물질 배출을 위해 낮은 수준의 EGR을 LNC (lean NO_x catalyst) 또는 LNT (lean NO_x trap)와 함께 사용할 수 있다. 낮은 NO_x 배기 가스 배출을 위해 희박 NO_x 촉매 또는 트랩과 함께 사용될 수 있다. 배기 오염물질에 대한 감소 요구가 더 까다로워지고, 매우 효율적인 삼원촉매 기술

[b] 삼원촉매시스템은 화학양론비 혼합기 조건에 가깝게 운전될 때 NO_x, CO, HC와 같은 배기 오염물질을 동시에 상당량 저감할 수 있다(11.6.2절 참조).

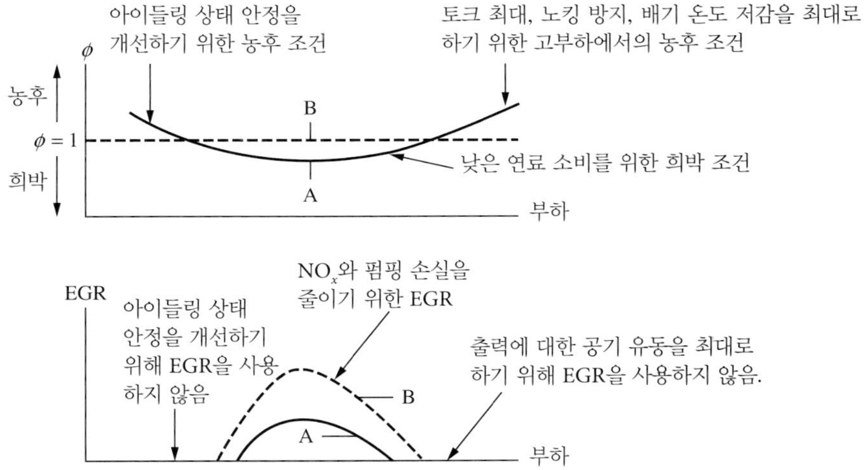

그림 7.1 두 가지 운전 전략에 대한 일반적인 혼합기 요건. 위의 그림은 부하에 따른 상대 공기/연료비 변화를 나타낸다. 아래 그림은 재순환된 배기 가스(EGR) 스케줄을 나타낸다. 전략 A는 최대 토크, 부분-부하 효율, 그리고 아이들 안정성을 위한 전략이고, B는 배기 오염물질 저감(화학양론비 운전)을 위한 전략이다.

표 7.1 연소실 내 미연 혼합기 성분의 질량 퍼센트: 공기, 연료, 잔류 가스, EGR*

실린더 내 혼합기 구성	공회전 질량 %	부분(1/4) 부하 질량 %	전부하(WOT) 질량 %
공기	70	76.3	88
가솔린 연료	5	5.2	7.2
잔류 가스	25	9.2	5.0
EGR	0	9.2	0
총합	100	100	100

* 자연-흡기 가솔린 SI 엔진
† 터보차저가 장착된 엔진에서 부분-부하와 전부하 조건에서 잔류 가스량은 이 값들의 약 절반이다.

이 필요하면 엔진은 화학양론비 혼합기 조건에서 운전되어야 하며, 저부하에서 중저부하 범위에 대해 더 많은 퍼센트의 EGR이 허용될 수 있다. EGR이 사용될 때, 재순환된 배기 가스의 퍼센트는 0(저부하)에서부터 최대(중부하)로 증가하고, WOT 조건에 접근함에 따라 다시 0으로 감소하여 공기가 더 이상 이동하지 않고 최대 bmep가 얻어 질 수 있다.

실용적인 스파크 점화기관 흡기시스템에서 엔진 실린더 간 연료 및 공기의 분배는 항상 균일하지 않을 수 있다(또한 사이클마다, 개별 실린더마다 다를 수 있음). 엔진의 부하 및 속도 범위에 대해 가장 희박한 실린더와 가장 농후한 실린더(및 EGR 정도에 따라) 사이의 공연비의 범위는 엔진의 촉매 시스템에서 배기 오염물질 제어를 최적화하고, 가장 희박한 조건에서 작동되는 실린더의 과도한 연소 불안정을 방지하기 위해 신중하게 제어된다.

표 7.1은 가솔린 연료 스파크 점화기관의 실린더 내 미연소 혼합물에서의 공기, 연료, 잔류 연소가스 및 EGR의 상대적인 양(질량 %)을 나타낸 것이다. 공회전, 일반적인 부분 부하 및 전부하시 저속에서 중속 엔진 속도로 표시되는 이러한 비율은 이 장에서 논의할 혼합기를 정의한다. 잔류 가스 분율 및 EGR 비율의 정의는 식 (4.1) 및 (4.3)과 같다. 공회전 및 부분

부하에는 화학양론적 연료/공기비가 사용되었다: 전부하(WOT)에서 20% 연료 농후 혼합기로 가정하였다. 1/4부하 조건에서는 10% EGR로 가정하였고, 중부하에서는 EGR이 15%까지 증가하였다. 잔류 가스(연소된 가스) 분율은 공회전 시 높고(약 25%) 자연흡기 방식 가솔린 엔진의 경우 전부하에서 감소한다(약 5%까지). 터보 차징 스파크 점화기관에서 동일한 토크에서(다운사이징) 터보 차징 엔진의 bmep가 자연흡기 엔진보다 더 높기 때문에 부분 부하와 전부하에서 터보 차징 엔진의 잔류 가스량은 자연흡기 엔진보다 약 1/3 정도 더 낮다.

다른 연료 및 EGR 수준에서 이러한 수치들은 3.4절 및 식 (4.1)과 (4.3)과 같은 적절한 식을 이용하여 쉽게 조정할 수 있다. 예를 들어, 에탄올의 경우 화학양론 연료/공기비는 0.0655에서 0.111로 증가한다(부록 D, 표 D.4 참조).

7.2 연료 계량의 개요 _*Fuel Metering Overview*

7.2.1 혼합기 형성 방법

오래전부터 기화기는 스파크 점화기관의 흡기 매니폴드 내로 연료 유동을 제어하고, 공기 유동과 함께 연료를 각 실린더에 분배하는 데 사용되었다. 기화기에서 발산-수렴 노즐을 통과하는 공기 유동은 공기의 유동 속도에 의존하는 기화기 입구와 노즐 목(throat) 사이 압력차를 만든다. 이 압력차는 해당 공기 유동에 대한 적절한 연료 유동을 측정하는 데 사용된다. 연료는 기화기 본체를 통해 공기 유동으로 유입되어 분무된 다음 공기 유동에 의해 스로틀 판을 지나 흡기 매니폴드로 이동한다. 기화기가 복잡한 기기로 발전하는 동안, 결국 낮은 배기 오염물질 배출 수준을 달성하기 위한, 보다 정밀한 연료 계량 요건은 전자기 구동 연료 인젝터가 간헐적으로 흡기 매니폴드 또는 포트에 연료를 분사하는 전자 제어식 연료 분사 시스템에 의해 대체될 수 밖에 없었다.[c]

약 1980년부터 시작된 몇 가지 다른 연료 분사 개념이 개발되어 사용되고 있다. 그림 7.2는 그 예를 보여주는 것이다. 그 중 첫 번째는 그림 7.2*a*와 같은 단일-지점 연료 분사(또

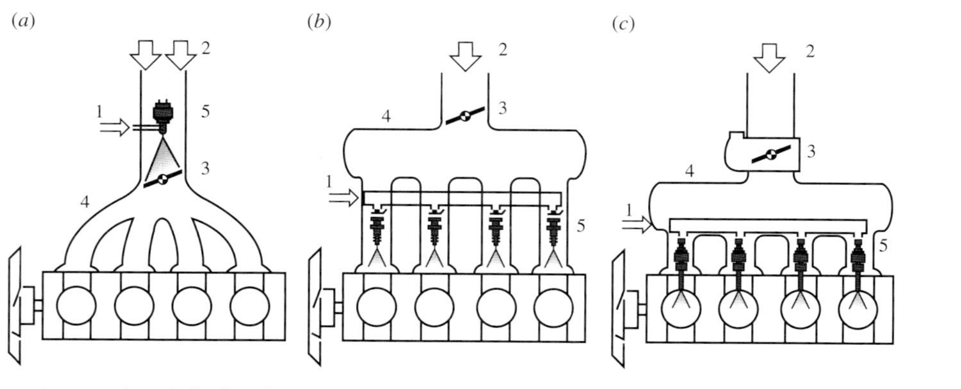

그림 7.2 연료 분사 시스템 배열의 개략도: (*a*) 단일 지점, (*b*) 다중 지점(포트), (*c*) 실린더 내 직접 분사 (DI, direct injection). (1) 연료, (2) 공기, (3) 스로틀, (4) 흡기 매니폴드, (5) 연료 인젝터.[2] (*Robert Bosch GmbH*와 *SAE* 제공)

[c] 기화기 시스템의 작동에 대한 상세한 논의는 이 교재의 첫 번째 판(first edition)에서 확인할 수 있다.[1]

는 중앙, 또는 스로틀-바디 연료 분사) 방식이다. 연료는 스로틀 바디의 윗부분에 분사되며, 보통 인-라인(직렬형) 엔진의 경우 엔진당 하나의 인젝터가 사용되고, V-형 엔진은 스로틀 바디 당 하나의 인젝터가 사용된다. 인젝터는 간헐적으로 분사(개방)되고, 각 실린더의 작동(일반적으로 점화 시스템 트리거링)과 동기화되어 있다. 이 방식은 표시된 세 가지 중에서 가장 간단하고 저렴하다. 그러나 이 방식은 연료 분사 지점이 엔진에서 멀리 떨어져 있어 연료의 광범위한 벽면 젖음(wall wetting)이 발생할 수 있고, 이로 인해 엔진의 과도 운전 기간 동안 정밀한 연료 거동 제어가 어려운 것이 가장 큰 단점이다.

그림 7.2*b*와 같은 다중 지점 연료 분사는 지난 20여년 동안 주로 많이 사용된 방식이다. 이 방식에서는 실린더 당 하나의 인젝터가 사용되었으며 간헐적인 연료 분무를 흡기밸브 쪽으로 향하게 하기 위해 흡기 매니폴드 흡기 포트 경계면에 가깝게 배치하였다. 일반적으로 각 인젝터는 사이클당, 실린더당 하나의 분사 펄스를 전달하고, 각 실린더의 가스 교환 과정과 순차적으로 단계적으로 진행된다. 다중 지점 분사 방식의 장점은 분사 지점과 흡입 밸브 사이의 짧은 거리이며, 연료 분무는 주로 밸브 헤드의 뜨거운 표면 쪽으로 향할 수 있다는 점이다. 이를 통해 연료 계량을 보다 정확하게 제어 할 수 있다.

그림 7.2*c*의 세 번째 방식은 엔진의 각 실린더에 직접 연료를 분사하는 것이다. 가솔린 직접 분사(GDI, gasoline direct-injection)는 상당한 수의 SI 엔진 자동차에 사용되고 있다. GDI를 사용하면 공기(또는 EGR이 포함된 공기)만 실린더로 공급된다. 흡기(및/또는 압축) 과정 중에 연료는 실린더 헤드에 위치한 인젝터를 사용하여 실린더 내 공기(및 잔류 가스)에 분사되어 잘 혼합된 연료 증기, 공기, 잔류 가스(및 EGR, 사용되는 경우) 혼합기를 형성한다. 여기에는 두 가지 작동 모드가 존재한다. 첫 번째는 흡기 행정 동안 연료를 분사함으로써, 연소가 시작되기 전에 기본적으로 균질한 연료-공기 혼합기를 생성한다. 두 번째는 압축 중에 연료를 분사하는 것으로, 성층화된 실린더 내 연료-공기 혼합기가 생성될 수 있으며, 공기의 일부분만 연료 증기와 혼합된다. 이 *성층화*된 운전(주로 부분 부하)은 점화플러그와 접촉하여 화학양론비에 가까운 곳에서 쉽게 연소할 수 있는 연료-증기 공기 "혼합기 구름"을 생성하도록 설계되었다. 과도한 공기가 이 "구름"을 감싸고 있으며, (디젤 엔진과 같이) 엔진은 전반적으로 연료가 희박한 조건에서 작동하여 보다 효율적인 엔진 작동을 초래한다. 부분 부하에서의 성층화된 직접 분사 운전은 일반적으로 높은 부하 조건 또는 전부하 운전 조건에서 균일한 DI 작동과 결합된다. 직접 연료 분사의 장점은 엔진 과도기 동안 연료가 내재적으로 빠른 혼합기 준비 제어가 가능하다는 것이다(연료가 연소 될 실린더에 바로 분사되기 때문에). 또한, 부분 부하 엔진 효율은 성층화 될 때 희박 조건 운전의 장점이 있다. 연료 분사 시스템의 높은 비용은 가솔린 직접 분사 방식의 가장 큰 단점이다.

솔레노이드 작동 방식의 연료 인젝터를 이용한 연료 계량에 대한 이 3가지 방법은 다음 7.3절과 7.4절에서 보다 자세히 논의한다.

7.2.2 연료 관련 특성

내연기관을 위한 연료의 요건은 엔진 연소 과정이 동력 발생(power-generating) 운전 사이클을 포함하고 있기 때문에 특히 더 까다롭다. 연료의 특성은 엔진의 연소 및 배기 오염물질 생성 과정, 노킹과 같은 비정상적인 연소 현상의 시작, 특히 이 장의 주제인 혼합기 준비에 영향을 미친다. 성공적인 혼합기 준비는 엔진 전부하 및 속도 맵에 대해 예열된 엔진 조건 하에서 신속하고 안정적인 연소를 달성하는 것 이상을 필요로 한다. 엔진이 차갑거나 뜨거운 상태일 때 만족스러운 엔진 시동이 필요하다. 그것은 모든 엔진 과도상태(예를 들어, 엔진 예열 및 차량 가속 및 감속 구간) 동안 양호한 연소 및 효과적인 배기 오염물질 제어 유지를 요구한다. 이것은 엔진 토크와 효율에 대한 노킹 시작 위치의 구속 조건을 최소화할 것을 요구하고, 배출규제를 충족시킬 수 있어야 한다.

기존 스파크 점화기관의 액체-연료 계량 시스템에서 연료는 액체 제트의 형태로 공기 유동 내로 유입된다. 제트 분무는 공기를 통과하여 액적으로 미립화되며 증발하기 시작한다. 매니폴드 또는 포트 연료 분사의 경우, 이러한 작은 액적들의 대부분이 흡기 시스템 구성 요소의 벽면에 묻는다. 그 다음 이러한 벽면에서 액체 연료가 증발한다. 벽면을 따르는 액체 연료의 유동 또한 중요할 수 있다. 증기, 액적 및 액체 유동 또는 액막(film)으로서의 연료를 실린더 내로 이송하는 것 모두 중요하다.

직접 연료 분사 방식의 경우, 이러한 연료 분무 현상은 주변의 가스가 연소된 잔류 가스, 공기와 혼합되어 엔진 실린더 내부에서 발생한다. 이 실린더 내 차지(charge)는 흡기 온도보다 더 뜨거우므로 더 빠른 속도로 연료 증발이 일어나며, 이에 따라 분무 액적들에 의한 연소실 벽면의 젖음은 감소한다. 또한 실린더 내 차지로부터의 열전달에 의한 연료 증발은 차지를 식히고, 온도를 낮춘다. 흡기 포트 및 밸브 표면에서 액체 연료의 증발은 대부분 공기 유동이 아니라 벽면을 냉각시킨다. 직접 분사에 의한 차지의 증발 냉각은 미연소 혼합기가 압축될 때 이후의 온도에 상당한 영향을 미친다: 알코올(e.g., E85)은 단위 화학 에너지당 기화 열이 가솔린보다 높기 때문에 가솔린보다 훨씬 더 큰 온도변화가 발생한다.

스파크 점화기관의 주 연료는 석유로 부터 정제된 가솔린이다(1.11.1절 참조). 일반적으로 사용되는 또 다른 액체 연료는 에탄올(ethyl alcohol), 가솔린 혼합 연료(예를 들어, E10, 에탄올 10% 혼합된 가솔린 연료) 또는 독립형 연료(일반적으로 85%의 에탄올과 15%의 가솔린을 부피비로 혼합한 E85)이다. 사용 중인 다른 연료로는 프로판(C_3H_8)과 부탄(C_4H_{10})의 혼합물인 LPG와 메탄(CH_4)이 주성분인 천연가스이다. LPG는 상온 및 약 500 kPa (80 psia) 압력에서 액체상태로 가압 탱크에 저장된다. LPG는 스파크 점화기관의 흡기시스템에서 기화되고, 가스 상태로 공기가 혼합되어 실린더 내부로 들어간다. 차량에서 천연가스는 보통 7 Mbar (10,000 psi)까지의 고압 탱크에 압축 가스로 저장된다. 천연가스는 쉽지 않지만, 극저온 상태로도 저장할 수 있다. 차량에 천연가스를 저장하는 것은 비용이 많이 들고, 연료 옵션의 비용을 상당히 높인다. 천연가스는 주로 대형 고정엔진에서 발전용으로 사용된다(예를 들어, 파이프라인을 통한 가스의 공급 방식). 다른 스파크 점화기관 연료는 오일샌드와 중유로 만든 휘발유와 같은 액체 탄화수소 혼합물이다. 또한 수소와 메탄올의 2가지 합성연료가 SI 엔진에 사용될 수 있다.

주어진 온도와 압력에서 증발의 가능성을 나타내는 액체 연료의 *휘발성*은 혼합기 준비의 주요 특성이다. 표준 SI 엔진 연료인 가솔린은 많은 수의 개별 탄화수소가 혼합되어 있어 단일 비등점이 아닌 비등 온도 범위를 갖는다. 일반적으로 이 범위는 30~200°C이다. 개별 탄화수소는 순수 물질의 포화 압력-온도 관계를 갖고 있다. 분자량이 낮을수록 주어진 온도에서 포화 증기압이 높아진다. 탄화수소의 비등점은 주로 분자량에 달려있으며, 증기압은 분자구조에 따라 달라진다. 따라서 탄화수소-공기 혼합기의 평형 상태는 주어진 온도에서의 탄화수소의 증기압, 탄화수소와 공기의 상대적 양 및 혼합물의 전체 압력에 의존한다. 주어진 온도와 압력에서 증발된 연료의 평형 분율은 Bridgeman 차트[3]와 연료의 증류 특성(ASTM 증류 곡선[4]에 의해 정의됨)으로 계산할 수 있다. 표준 시험 가솔린(UTG91)의 (평형) 증류 곡선이 그림 7.3에 나와 있다. 이 미국 정규(91 RON) 가솔린은 대기압에서 약 30~200°C의 비등점 범위를 가진다. 여러 가솔린 구성 성분의 비등점이 그림에 나타나 있다. 이 온도는 연료

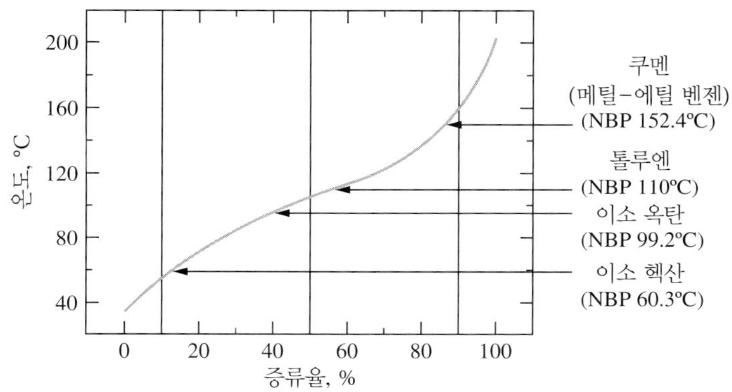

그림 7.3 표준 (UTG941) 가솔린의 증발 특성: 대기압에서의 평형 증류 곡선(ASTM D86).[5] NBP: normal boiling point. T_{10}, T_{50}, T_{90} 증류은 연료의 운전 용이성지수(drivability index)를 계산하는 데 사용된다. 식 (7.2) 참조

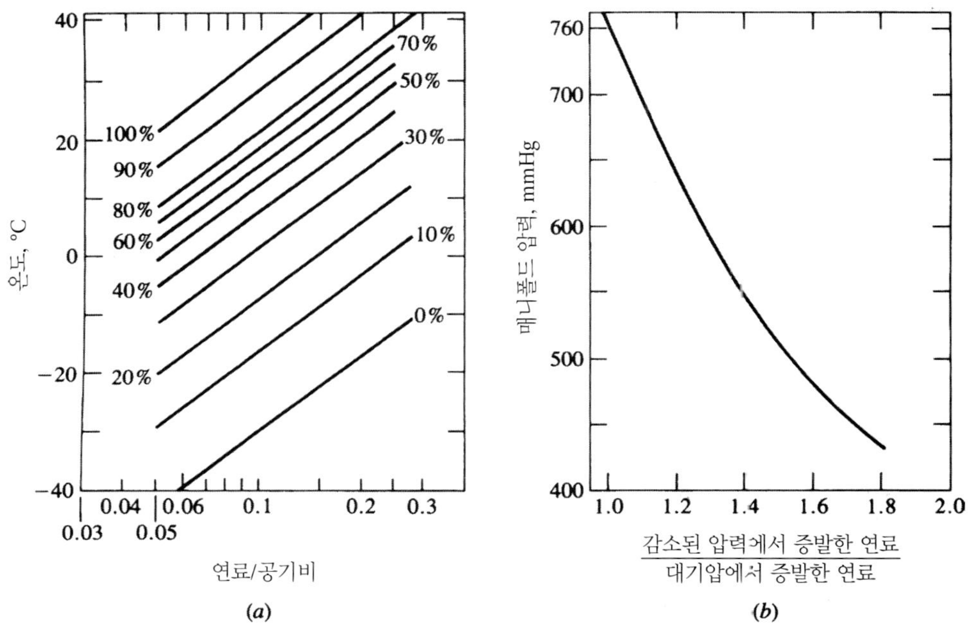

그림 7.4 (*a*) 평형 및 1기압에서 증발된 인돌렌(Indolene) 연료의 백분율 (*b*) 인돌렌 연료의 증발량에 대한 압력의 영향[6]

구성요소를 증발시키는 데 필요한 엔진 공기(또는 벽면) 온도를 나타내는 것은 아니다. 엔진 혼합기의 연료 증기압은 1 bar 미만이다.

1 bar에서 화학양론적 가솔린 증기-공기 혼합기의 경우 연료 증기 부분 압력은 약 0.02 bar이다. 따라서 연료 성분은 그림 7.3의 대기압 증류 곡선보다 훨씬 낮은 온도에서 증발한다. 그림 7.4*a*는 연료/공기비의 함수로서 1 bar 혼합기 압력, 평형 상태에서 증발된 표준 가솔린(인돌렌, indolene)의 백분율을 보여준다: 화학양론적 가솔린 연료/공기비는 0.0685이다. 그림 7.4*b*는 증발된 인돌렌 연료의 양에 대해 1 bar(760 mmHg) 이하의 흡기 매니폴드 압력을 줄이는 효과를 보여준다. 일반적으로 매니폴드에서 평형을 이루기 위한 충분한 시간이 가용하지 않지만 표시된 경향으로 실제 일어나는 일을 예측할 수 있다: 압력이 낮을수록

기화된 연료의 상대적 양이 크게 증가한다.

예열된 엔진 조건에서 가솔린 연료의 기화는 중요한 문제가 아니다. 탄화수소 배출 요건이 엄격한 냉시동 조건에서는 안정적인 연소로 신속한 엔진 시동을 달성하는 것은 더 어렵다. 즉, 연소속도가 빠른 연료가 풍부한 기화된 연료-공기 혼합기의 사용은 엔진 HC 배출량을 현저히 증가시킨다.

연료의 휘발성을 정의하기 위해 추가 시험과 추가 파라미터를 사용한다: (가솔린 또는 에탄올과 혼합된 연료).

리드 증기압력(Reid vapor pressure, RVP) 시험은 대기압 이하의 증기압을 갖는 가솔린과 다른 정유 제품의 증기압을 결정하는데 사용된다. 시험 장비에는 두 개의 챔버가 있다. 하나는 0~4°C(32~40°F)에서 액체 연료 샘플로 채워지고, 다른 하나는 액체 함유 부피의 4배 크기, 그리고 대기 중 공기로 채워진 압력 게이지를 장착한 상태로 빠르게 연료 챔버에 연결되어 있다. 이후 어셈블리를 37.8°C (100°F)의 전기적으로 가열된 수조에 담근다. 5분 후에 어셈블리를 흔들어 압력 게이지를 읽는다. 다시 2분 동안 담금을 반복한다. 어셈블리를 제거하고 다시 흔들어 압력을 읽는다. 이 절차는 0.35 kPa (0.05 psi) 내에서 두 번 연속적으로 기록될 때까지 반복된다. 일반적인 가솔린의 리드 증기압은 약 0.5 bar (7 psi)이다.

연료의 RVP(휘발성이 높을수록 연료의 RVP는 더 높다)는 차가운 엔진이 얼마나 빨리 시동되고 예열되는지에 대한 지표이다. 또한 대기오염 규제 기관은 스모그 생성 탄화수소의 연료 시스템 증발 배출 제어를 목적으로 가솔린 증기압을 제한하기 위해 RVP를 사용한다.

미국에서는 *운전용이성 지수*(Drivability Index, DI)를 가솔린의 휘발성이 SI 엔진의 차량 주행성에 미치는 영향을 특성화 하기 위해 사용한다. 이러한 운전용이성 측면은 엔진 시동, 예열 주행 및 가속 과도 현상, 그리고 차량 주행, 매끄러운 주행, 망설임 및 서지에 관한 것이다. DI는 T_{10}, T_{50} 및 T_{90} 온도를 사용하는 연료의 증류 곡선(그림 7.3)에서 정의된다(연료의 10, 50 및 90%가 각각 포화된 특정 연료에 대한 온도). DI에 대한 식은 다음과 같다.

$$\mathrm{DI} = 1.5\, T_{10} + 3\, T_{50} + T_{90} \tag{7.2}$$

온도는 °F 단위이다. T_{10}은 신속하게 기화하여 냉시동을 가능하게 하는 연료의 능력을 나타낸다. T_{90}은 연비에 영향을 주는 높은 끓는점 가솔린 구성요소의 척도이며, 고분자량 탄화수소는 높은 발열량을 갖는다. T_{50}은 연료의 평균 거동을 정의한다. 일반적인 가솔린의 DI는 1100에서 1175 사이이다. DI는 계절에 따라 변하며, 더운 여름이 있는 지역에서는 최대 1250까지 높아진다. 적당한 양(10% 이하)의 에탄올을 가솔린과 혼합하면 DI값이 약 1300으로 높아진다.

균질한 차지로 작동하는 스파크 점화기관에서의 연료-증기 공기 혼합기의 조성은 몇 가지 요건에 의해 제약을 받는다: (전체 운전 맵에 대해) 충분히 빠른 연소, 배기 오염물질 제어 제약, 전부하에서 완전한 공기(산소) 사용, 높은 엔진 효율. 균일한 차지 운전을 위해 화학양론적 혼합기는 이러한 요구 조건을 효과적으로 만족한다. 즉, 높은 효율을 달성하기 위해서는 화학양론적 구성 배기 가스 유동이 필요한 삼원촉매 기술이 널리 사용된다(성층화된 직접 연료 분사 SI 엔진에서도 국부적으로는 화학양론비 조성에 근접한 연료-공기 혼합기의 연소가 선호됨).

3.4절에서 논의된 바와 같이, 화학양론적 혼합기의 공기/연료비는 연료의 분자 조성과 관련이 있다. 여기서 우리는 SI 엔진의 가장 일반적인 연료인 가솔린, 에탄올 및 에탄올과 가솔린의 혼합연료에 중점을 둔다. 화학양론비 운전의 경우 단위 분사 연료당 필요한 공기량은 $(A/F)_s$로 주어진다. 또한 역수$(F/A)_s$로도 주어질 수 있다. 그림 7.5는 탄화수소의 몰 H:C 비율의 함수로서 화학양론적 (A/F)와 (F/A)를 보여준다. 가솔린의 평균값은 14.6에 가깝다(혹

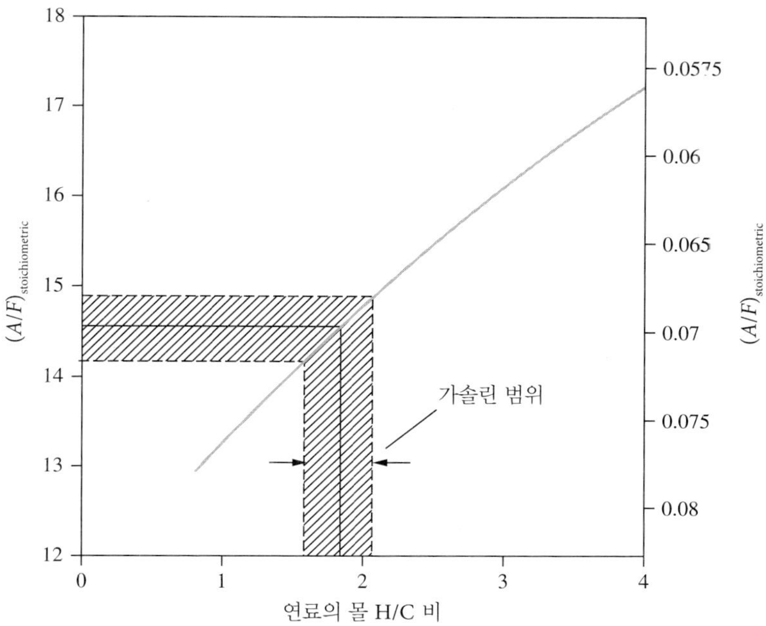

그림 7.5 공기–탄화수소 연료 혼합기의 연료의 몰 H/C 비에 대한 화학양론 공기/연료비

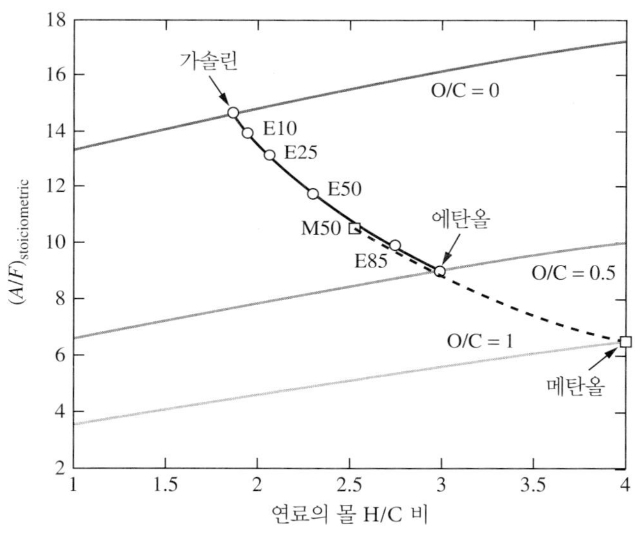

그림 7.6 연료의 몰 H/C 비와 O/C비에 대한 공기–탄화수소/알코올 혼합연료 혼합기의 화학양론 공기/연료비(E10은 10% 에탄올과 90% 가솔린의 부피비에 따른 혼합을 의미한다.)

은 $(F/A)_s$로 0.0685). 이 수치는 탄소와 수소를 함유한 탄화수소에 대한 것이며, 개별 화합물(compound)과 혼합물(blends) 또는 혼합기(mixture)에 대한 것이다.

그림 7.6은 가솔린–에탄올 혼합기(또한 가솔린–메탄올 혼합기)에 대한 화학양론비를 나타낸 것이다. 탄소 및 탄화수소 가연성 물질에 산소를 첨가하면 화학양론비 혼합기에서 공기의 질량에 비례하여 연료의 질량이 현저히 변화한다는 것을 유의해야 한다. 메탄올의 산소 몰 비율은 에탄올보다 2배 높다. 가솔린–메탄올 혼합기의 곡선은 가솔린–에탄올 혼합기의 곡선과 거의 유사하며 하향으로 대체된다.

공기의 단위 질량당 화학양론적 질량의 중요한 변화에 대해, 주어진 흡기 매니폴드 압력에서 주어진 엔진의 토크(및 bmep)는 거의 변화하지 않는다는 점에 유의해야 한다. 이것은 내연기관이 일정한 크기의 실린더를 가진 장치이기 때문에 화학양론 연료-공기 혼합기의 화학 에너지 함량이 혼합물의 단위 질량 또는 단위 체적당 연료 구성과 거의 무관하기 때문이다. 부록 D, 표 D.4에 있는 화학양론적 연료-공기 혼합기의 저위 발열량 값(MJ/kg)을 참조하라. 화학양론적 혼합기를 단위 부피당으로 표현하면 수소-공기 혼합기 값은 MJ/kg 값보다 더 가깝게 정렬된다. 공기중에서 탄소 및 수소 산화에 사용할 수 있는 산소의 양은 혼합기의 화학적 에너지 밀도의 핵심 요인이다.

천연가스와 LPG 역시 스파크 점화기관의 연료로 대기 압력과 온도에서 가스 상태로 사용된다. 이들의 조성은 연료의 출처와 처리 과정에 따라 다양하다. 분자(그리고 원소) 조성의 변화는 연료의 화학양론비와 발열량에 완만하게 영향을 미친다. 천연가스에서는 안티 노크 옥탄 등급이 더 크게 영향을 받을 수 있다. 또한 천연가스의 경우, 소량의 (그리고 다양한) 질소 및 이산화탄소는 메탄(CH_4)이 지배적인 연료의 탄화수소를 희석시킨다(표 D.4의 일반적인 천연가스의 조성 참조). 화학양론비에 가까운 연료 증기-공기 혼합기에서 CH_4, C_3H_8, 에탄올 C_2H_6O, 메탄올 CH_4O와 같은 작은 연료 분자는 공기 중 상당부분을 차지한다. 대기압 천연가스 연료-공기 혼합기의 공기 분압은 가솔린보다 약 10% 낮다(그림 6.3 참조).

수소는 SI 엔진 연료로 연구되어왔다. 수소의 연소는 온실가스인 CO_2를 생성하지 않는다. 그러나 수소는 연료가 아닌 에너지 캐리어다. 수소의 표준 생산 공정은 천연가스의 수증기 개질(탄소가 완전이 산화되어 제거되고 공정에서 분해된 물이 추가 수소를 제공)이다. 예혼합된 수소-공기 혼합기의 화염전파는 매우 빠르며, 등가 화학양론비 탄화수소-공기 혼합기보다 훨씬 빠르다. 따라서 수소 연료를 사용하는 SI 엔진은 일반적으로 화학양론적 혼합기가 보다 희박하게 작동하며, 허용 가능한 bmep 수준과 연소율을 얻기 위해 부스트된다.

7.3 중앙(스로틀 바디) 연료 분사_*Central (Throttle-Body) Fuel Injection*

하나 또는 두 개의 전자 제어 인젝터가 스로틀 바디 상단에서 공기 유동 내부로 연료를 직접 분사하는 중앙 또는 스로틀 바디 연료 분사 시스템이 사용될 수 있다(그림 7.2 참조). 이들은 다점 분사 시스템보다 저렴한 비용으로 연료를 계량하고, 직접 제어할 수 있다. 그러나 스로틀 판의 상류에서 실린더까지 공기보다 느린 연료의 이송과 관련된 문제가 해결되어야 한다. 그림 7.7은 4실린더 엔진용 Bosch Mono-Jetronic 저압 단일 지점 분사 시스템을 보여준다. 스로틀판 위에 놓인 인젝터는 흡기 매니폴드 압력, 공기온도, 엔진 속도 및 기타 신호를 기반으로 측정되거나 공기 유동의 캘리브레이션에 따라 연료를 계량한다. 연료 분무는 연료를 스로틀 판과 그 하우징 사이의 초승달 형 개구부로 향하게 한다. 공기 유동은 액체 연료가 효과적으로 미립화하도록 하여 매니폴드 벽면에 액체 연료 침착을 최소화한다. 스로틀 개도에서 발생하는 압력 강하는 공기의 유속을 빠르게 하고, 이로 인해 스로틀 판 위에 침착된 액체 시트(액막)는 분리되어 미립화한다.

연료와 공기의 활발한 혼합은 특히 부분 스로틀에서 발생하고, 실린더 간 우수한 혼합기 균일성 및 분포를 제공한다. 인젝터 연료 공급은 점화 펄스와 동기화된다. 분사 기간은 각 실린더에 화학양론비 혼합기를 제공하기 위해 배기 가스 산소 센서(7.8절 참조)로 제어된다. 냉간 시동 및 엔진 예열 구간, 가속 중에 농후한 분사를 제공하기 위해 분사 기간이 연장되기도 한다. 스로틀 밸브 포텐셔미터(potentiometer)는 스로틀 밸브 위치의 변화를 인식한다. 가속 중에는 실린더 내 화학양론비를 유지하기 위해 열려있는 흡기 밸브에 도달하는 연료 지연을

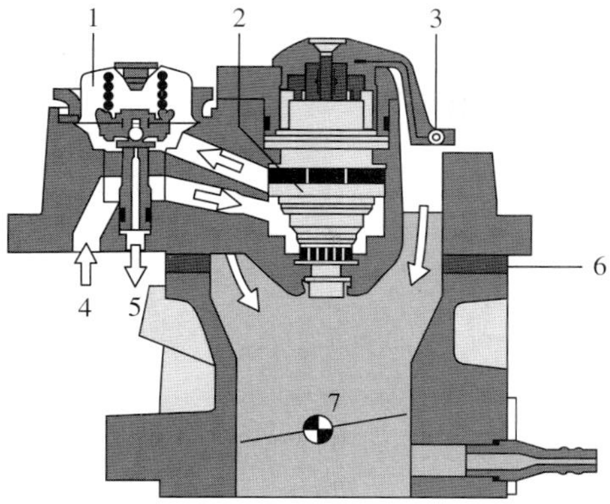

그림 7.7 중앙 연료 분사 시스템, 스로틀 상부의 개략도: (1) 압력 레귤레이터; (2) 인젝터; (3) 공기 온도 센서; (4) 연료 입구; (5) 연료 리턴; (6) 절연판; (7) 스로틀. Bosch Mono-Jetronic 유닛(*Robert Bosch GmbH*와 *SAE* 제공).[2]

상쇄하고자 정상상태에서 필요한 연료량 이상의 추가 연료를 분사한다. WOT에 근접할수록 노킹을 제어하고, 토크를 최대화하기 위해 농후한 혼합기가 제공될 수 있다. 인젝터는 약 2 bar(절대압력)[2]의 연료공급 압력으로 작동한다.

7.4 포트(다점) 연료 분사 _*Port (Multipoint) Fuel Injection*

1980년경부터 10년이 넘는 기간 동안 가솔린 스파크 점화기관에서는 가솔린 유동을 계량하기 위한 기화기의 사용부터 연료가 각 엔진 실린더의 흡기 포트에 분사되는 포트 연료 분사 시스템의 사용까지 연료 분사 방법은 꾸준히 변화해 왔다. 이러한 시스템은 실린더당 하나의 연료 인젝터를 필요로 한다. 기계적 및 전자기적으로 제어되는 분사시스템이 있으며 두 시스템은 모두 전자식으로 제어된다. 향상된 체적 효율과 보다 균일한 연료 분배, 스로틀 위치의 변화에 대한 더 빠른 엔진 반응 및 실린더 내 공연비의 정밀한 제어로 출력과 토크를 향상시킬 수 있는 것이 포트 연료 분사 방식의 장점이다. 전자 제어식 연료 분사는 각 실린더의 사이클당 분사되는 연료의 양이 실제 엔진 작동 조건을 정의하는 센서로부터 유도된 입력에 따라 변화한다. 여기에는 두 가지 기본적인 방법이 개발되었다; 두 방법의 주요 차이점은 공기 유동률(air flow rate)을 결정하는 데 사용하는 방법이다: 직접 측정 또는 공기 밀도와 엔진 속도를 기반으로 한 추정.

7.4.1 시스템 레이아웃, 구성 요소 및 기능

그림 7.8은 공기 유동이 측정되는 포트 연료 분사 시스템의 개략도를 보여준다. 전기 구동 연료 펌프는 필터를 통과한 연료를 연료 라인으로 전달한다. 압력 레귤레이터는 연료 라인 내의 압력을 고정된 값(예를 들어, 270 kN / m^2, 39 psi, 일반적으로 인젝터 양단의 일정한 연료 압력 강하를 유지하기 위한 매니폴드 압력에 비례함)으로 유지시킨다. 분기선(Branch lines)은 각 인젝터로 연결된다. 연료공급 방식(7.9절 참조)에 따라 초과 연료는 연료 탱크로 되돌아 갈 수 있다. 흡입된 공기는 에어필터를 통과한 후 공기유량계를 지나 스로틀, 흡기 매니폴드 플리넘(plenum) 공간으로 흐른다. 분리된 통로(및 분기)가 각 흡입 포트와 엔진 실린더로 이어진다. 전자기 방식으로 작동하는 연료 분사 밸브(그림 7.9 참조)는 각 흡기 매니폴드 통로의 하류 끝 또는 흡기 포트 입구에 있다. 인젝터의 주요 구성요소는 밸브 하우징, 인젝터 니들 및 핀틀, 니들이 연결되는 아마추어, 헬리컬 스프링 및 솔레노이드 코일이다. 솔레노이드가 활성화되지 않을 때, 솔레노이드 아마추어는 씰과 함께 헬리컬 스프링에 의해 밸브 시트에 밀려 연료 노즐을 닫는다. 솔레노이드 코일이 여기(excited)되면, 아마추어가 끌어당겨

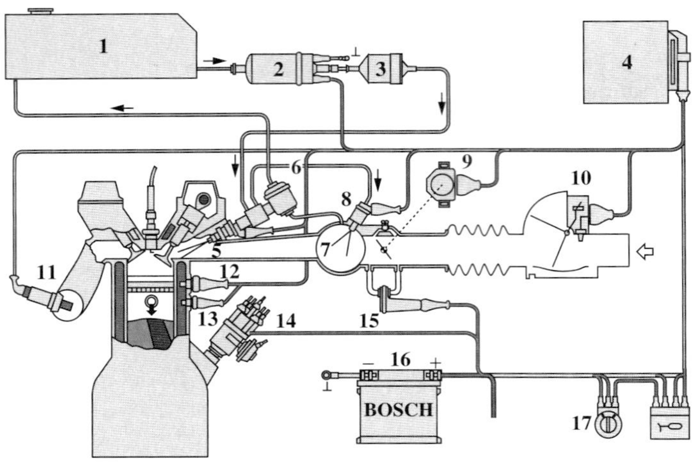

그림 7.8 다중 지점 포트 연료 분사 시스템: Bosch L-Jetronic 시스템의 개략도: (1) 연료 탱크; (2) 전기 연료 펌프; (3) 연료 필터; (4) ECU (전제 제어 장치); (5) 인젝터; (6) 연료 압력 레귤레이터; (7) 흡기 매니폴드; (8) 전기 냉시동 밸브; (9) 스로틀 밸브 스위치; (10) 공기유량 센서; (11) 배기 산소 센서; (12) 열-시간 스위치; (13) 엔진 온도 센서; (14) 착화 분배기; (15) 보조 공기 밸브; (16) 배터리; (17) 착화 스위치(*Robert Bosch GmbH*와 *SAE* 제공[2])

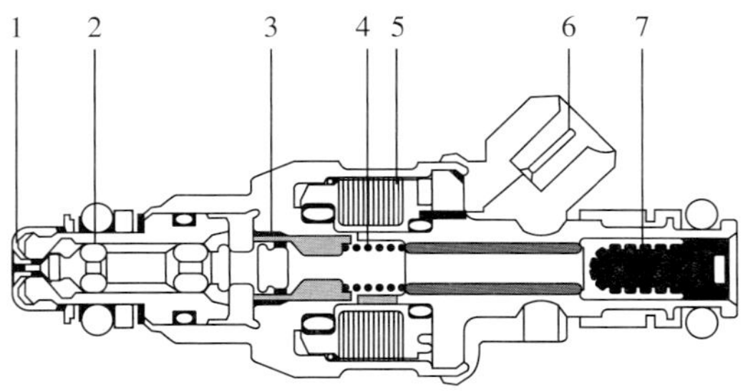

그림 7.9 포트 연료 인젝터의 단면도: (1) 핀틀; (2) 밸브 니들; (3) 아마추어; (4) 스프링; (5) 솔레노이드; (6) 전기 터미널; (7) 연료 여과기(*Robert Bosch GmbH*와 *SAE* 제공[2])

져 밸브 스템 주위의 교정된 환형 통로를 통해 연료가 흐르도록 약 0.15 mm 정도 니들을 들어올린다. 인젝터 니들의 앞단은 분사된 연료를 미립화하기 위한 그라운드 탑(ground top)이 있는 핀틀 형태이다. 상대적으로 좁은 분무 형태는 액체 연료에 의한 흡기 포트 벽면 젖음을 최소화한다. 1회 분사당 분사되는 연료의 질량은 솔레노이드 코일을 여기시키는 전류 펄스의 지속 시간을 변화시킴으로써 제어된다. 일반적인 부분 부하 조건에서 2리터 4기통 엔진의 경우 약 10 mg의 연료가 사용된다(WOT에서는 약 40 mg이다). 자동차의 일반적인 분사 시간은 약 1.5~10 ms이다.[2] 단일 홀에서 2개 이상의 멀티홀 노즐까지 다양한 포트 연료 분사 장치 설계가 가능하다. 분사시스템의 중요한 특성인 분무타겟팅은 아래에 논의되었다. 분사압력이 3~7 bar 정도일 때 포트 연료 인젝터 분무 액적의 크기는 80~200 μm의 범위를 갖는다.

그림 7.8에 표시된 다점 연료 분사시스템에서는 공기 유량을 직접 측정한다. 공기유량계는 공기 필터 바로 아래에 있는 스로틀의 상부에 있다. 유량 측정에 대한 여러 방법이 사용되어 왔다. 그 중 하나는 그림 7.8에 나타낸 것으로, 공기 유량은 센서 플레이트를 일정한 복원력 스프링[2]에 대해 편향시킨다. 다른 하나는 그림 7.10에 있는 고온 필름 공기 질량유량계이다. 공기 유량을 직접 측정하는 것의 장점은 다음과 같다. (1) 공차, 연소실 침착물 축적, 마

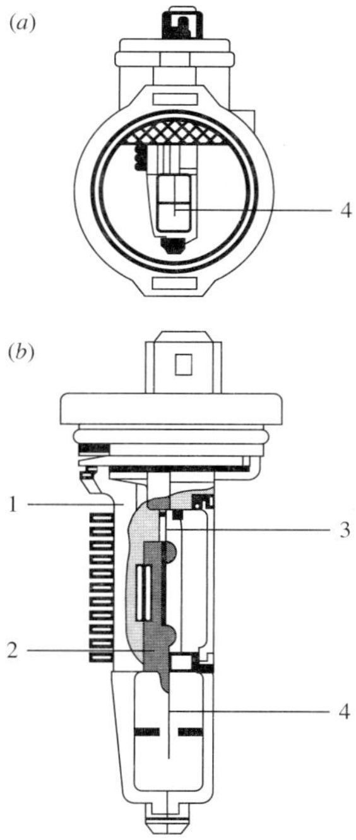

그림 7.10 고온-필름 공기 질량 유량계: (a) 하우징; (b) 하우징 내 고온-필름 센서: (1) 열싱크; (2) 스페이서; (3) 구동스테이지; (4) 메탈 필름 센서 요소[2] (*Robert Bosch GmbH*와 *SAE* 제공)

모 및 밸브 조정의 자동 보정; (2) 속도 및 배기 배압에 대한 체적 효율의 의존성이 자동으로 설명된다; (3) 공기 유동 신호가 실린더 충전에 앞서기 때문에 보다 적은 가속도가 요구된다; (4) 공회전 안정성의 개선 (5) 신선한 공기 유량만 측정되기 때문에 EGR에 대한 시스템의 민감도 부족.

각 실린더의 사이클당 흡입되는 공기의 질량 m_a는 다음과 같이 변한다.

$$m_a \,\alpha\, \frac{\dot{m}_a}{N} \tag{7.3}$$

따라서 전자제어장치(ECU)의 기본 신호는 공기 유량과 엔진 속도다. 인젝터 양단의 고정된 Δp에서 인젝터 펄스 폭은 분사되는 연료량을 결정하며, 엔진 속도에 반비례하고 공기 유량에 정비례한다. 엔진 블록 온도센서, 스타터 스위치 및 스로틀 밸브 스위치는 냉간 시동, 예열, 공회전 및 WOT 엔리치먼트(사용 시)에 조정을 위해 필요한 입력신호를 제공한다.

그림 7.8과 같이 냉간 시동 엔리치먼트(농후)를 위해서는 하나 또는 그 이상의 냉간시동 인젝터 밸브를 사용하여 추가 연료를 흡기 매니폴드 플리넘에 분사할 수 있다. 짧은 개폐 시간은 중요하지 않으므로, 이 밸브는 농후 요건을 최소화하기 위해 아주 작게 미립화된 연료를 공급할 수 있도록 설계될 수 있다.

직접 유량 측정에 대한 대안은 다른 센서 신호를 기반으로 한 공기의 질량 측정이다. 적절한 코일 여기 펄스 지속 시간 또는 폭은 ECU에 의해 정해진다. 속도-밀도 시스템에서 엔진 ECU의 주요 입력 사항은 매니폴드 압력센서, 엔진 속도 센서(일반적으로 분배기와 통합됨) 및 공기와 온도와 물 자켓 온도를 모니터하기 위해 각각 흡기 매니폴드 및 엔진 블록에 설치된 온도 센서로 부터의 출력 신호들이다. 엔진 블록에 설치된 온도센서는 냉간 시동 및 예열 중 연료 농후 요건을 표시하는 데 사용된다. 예열된 엔진 작동의 경우, 사이클마다 실린더당 공기 질량 m_a는 다음과 같다.

$$m_a = \eta_v(N)\rho_a(T_i, p_i)V_d = \frac{\eta_v V_d p_i}{R_a T_i} \tag{7.4}$$

여기서 η_v는 체적효율, N은 엔진 속도, ρ_a는 흡입 공기 밀도, V_d는 실린더당 배기량이다. ECU는 펄스 폭을 결정하여 인젝터 솔레노이드를 여기시켜 필요한 연료의 양을 제공한다. 펄스 폭은 주로 매니폴드 압력에 따라 달라진다. 공기 온도의 변화로 인한 속도 N과 공기 밀도의 변화에 따른 체적효율 η_v의 변화에 따라 달라진다. 컨트롤 유닛은 또한 냉간 엔진 운전 및 스로틀 센서가 감지하는 가속 중에 농후한 혼합물을 만들기 시작한다.

포트 연료 분사 시스템은 흡기 이벤트와 관련하여 각 분사의 타이밍과 위치에 관한 몇 가지 옵션을 제공한다. 분무는 흡입 밸브 뒤쪽으로 향하게 된다. 전자 제어식 분사 시스템의 경우, 연료는 흡입 밸브를 향해 간헐적으로 분사된다. 각각의 실린더에 차지된 공기에 대한 적절한 연료 질량을 제공하기 위한 연료 분사 펄스 폭은 엔진 부하 및 속도 범위에서 약 1.5에서 10 ms까지 변한다. 크랭크 각도에서 이 값은 저속/저부하에서 10~20°, 최대 속도 및 부하에서 최대 300°까지 다양하게 변화한다. 따라서 펄스폭은 흡기 행정의 지속 시간보다 훨씬 짧은 것부터 긴 것까지 다양하다. 초기 연료 분사 시스템에서는 모든 인젝터가 동시에 작동되었다. 현재는 혼합기의 균일성을 얻기 위해 연속적인 분사 타이밍이 사용되며, 실린더의 흡기 밸브 리프트 프로파일에 대한 각각의 분사 펄스의 위상이 동일하다. 그림 7.11은 중부하 및 속도에서 4기통 엔진의 각 실린더에 대한 연료 분사 타이밍을 보여준다. 흡기 포트 안으로 (닫혀진) 흡기 밸브의 뒷면을 향한 연료의 분사는 흡기 행정이 시작되기 전에 종료된다. 닫힌 흡기 밸브 쪽으로 분사되는 이 타이밍은 분사된 연료의 대부분이 밸브 헤드 및 스템에 충돌하고 밸브 시트에 가까운 포트 벽면에 충돌한다. 그 다음, 개방된 (흡기) 밸브 분사의 경우보다 더 많은 연료가 실린더에 들어가기 전에 기화된다. 또한 밸브 닫힘 기간의 끝에 가까운 시기에서의 분사는 ECU가 분사할 연료량을 계산하기 위해 사용하는 정보의 시간 지연이 최소화되기 때문에 엔진 과도 현상이 더 좋아지게 한다. 일부 연료 계량 방법들은 분사된 연료를 실린더 내로 신속하게 더 많이 공급하는 방법으로 엔진 시동 시 개방 밸브 분사를 사용한다. 엔진 성능과 배기 오염물질은 입구 밸브 개방에 대한 분사 시작 타이밍이 다양할 때 변화한

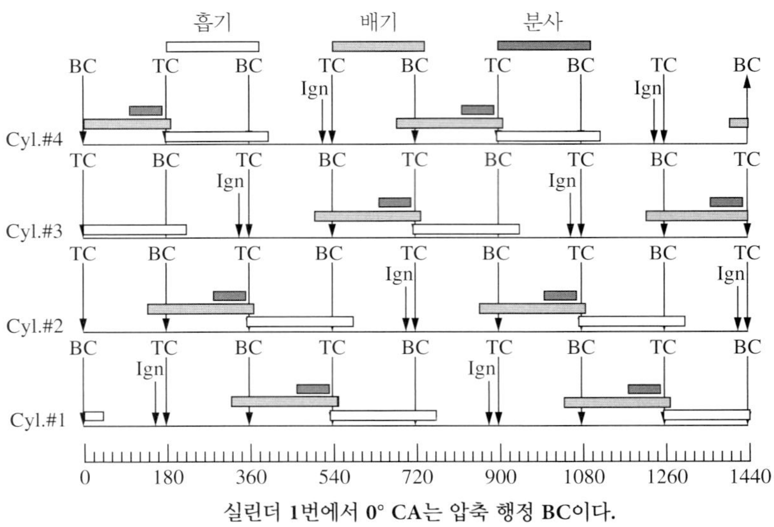

그림 7.11 흡기 및 배기 과정, 연료 분사펄스, 4-행정 4기통 엔진의 각 실린더에 대한 착화 시기를 보여주는 이벤트 다이어그램.

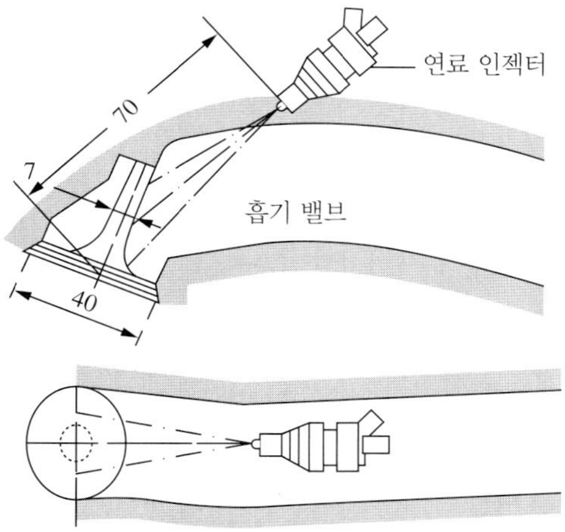

그림 7.12 인젝터와 흡기 벌브 헤드의 선호되는 기하학적 타겟팅 배열 (단위: mm)

다. 열린 흡기 밸브를 향해 분사하게 되면 더 많은 액체 연료 액적들이 실린더로 직접 유입되어, HC의 배출이 높아진다. 밸브 리프트가 최대치에 근접하거나 감소할 때 분사하는 것은 밸브 개방 영역을 통과하는 공기 유동 속도가 낮아지고, 분무의 미립화 및 기화, 혼합이 느려지기 때문에 가장 바람직하지 않은 방법이다(6.3절 참조).

7.4.2 연료 분무 거동

포트 연료 분사 시스템에서 기하학적 레이아웃의 주요 목적은 밸브 닫힘 기간이 끝나가는 지점에서 밸브 시트 근처의 흡기 밸브 표면(가장 뜨거운 표면을 사용할 수 있음)에 대부분의 액체 연료가 분사될 수 있도록 하는 것이다. 그림 7.12는 실제 분무 확산 각도로 포트 벽면 젖음양을 최소화하도록 인젝터가 흡기 밸브 헤드에 충분히 가깝게 있는 형상을 보여준다. 예열된 엔진의 흡기 밸브 헤드는 150~200°C 범위의 온도가 되기 때문에 액체 연료를 가장 효과적으로 증발시킬 수 있는 것은 밸브 헤드의 표면이다. 대부분의 실린더 헤드 설계에서 밸브에 가까운 인젝터를 밸브에 가깝게 배치하기가 어렵다는 것이 입증되어, 이 직선 포트 설계를 사용한다. 따라서 흡기 포트 벽면의 상당한 젖음이 발생한다. 포트 벽면은 엔진 냉각수의 온도에 가깝다.

그림 7.13은 인젝터 위치, 흡기 포트 및 밸브 설계의 추가적인 분무타겟팅의 복잡함을 보여준다. 표시된 것은 실린더당 4개의 밸브(흡기 밸브 2개) 엔진에 대한 멀티 밸브 실린더 헤드의 다양한 가능성 있는 흡기 매니폴드, 포트 및 밸브의 레이아웃이다. 가장 간단한 레이아웃(그림 7.13*a*)으로 실린더당 2개의 흡기 밸브와 1개의 연료 인젝터가 있어 분무는 각 흡기 밸브 헤드를 완전히 겨냥할 수 없으며, 두 개의 흡기 포트를 나누는 벽은 상당한 젖음이 불가피하다. 다른 도식들은 추가적인 이슈들을 더한 것이다. 일부 실린더 헤드 설계에서 포트 스로틀은 엔진의 작동 부드러움을 개선하는 엔진 연소 프로세스 및 NO_x 배출 제어 가능성을 가속하는 실린더 내 스월 유동을 생성하기 위해 부분 부하에서 흡기 포트 중 하나를 닫기 위해 그림과 같이 통합된다(8.3절 참조). (*b*)와 (*c*)의 복잡성 증가와 그에 따른 벽면 젖음 문제는 명확하다. 이러한 점점 더 복잡해지는 전략에 대한 비용은 (*a*) → (*b*) → (*c*) → (*d*) 순서로 증가한다.

혼합기 준비를 개선하기 위해 다양한 다점 분사 시스템용 인젝터가 개발 및 사용되어 왔다. 분무의 기하학적 구조와 액적 크기 분포는 인젝터의 주요 파라미터이다. 그림 7.14는 포

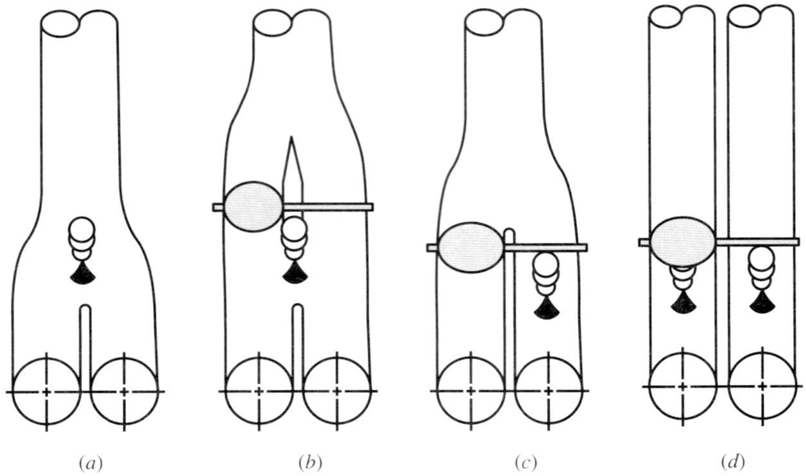

그림 7.13 연료-인젝터 분무 타겟팅을 도시하고 있는 실린더당 4밸브 엔진 흡기 통로, 포트, 그리고 포트-스로틀링 배열

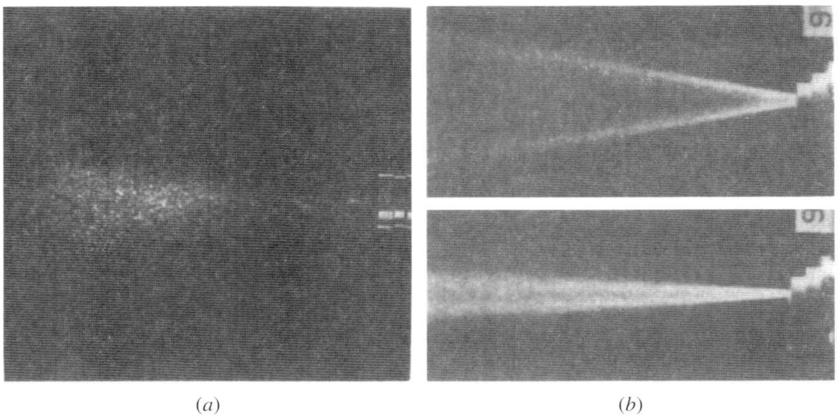

그림 7.14 (*a*) 그림 7.9와 같은 Bosch 타입 포트 연료 인젝터로부터 분사되는 액체 분무의 짧은 시간 노출 사진(*Robert Bosch* 제공), (*b*) 실린더당 4밸브 엔진을 위해 설계된 2-스트림 포트 연료 인젝터로부터의 트윈 분무[8]

트 연료 분사 인젝터의 두 가지 분무 예시를 보여준다: (*a*) 30°의 분산 각도를 가진 단일 홀 분무. 인젝터 노즐로부터 분사되는 액체 칼럼이 액적으로 미립화된다; (*b*) 그림 7.13*a*와 같은 짧은 분리 벽 형상을 가진 두 개의 흡기 밸브에 맞는 이중 분무 인젝터. 1개, 2개, 4개 및 최대 12개의 분사홀을 가진 노즐이 좁은 각도(약 10°) 및 넓은 각도(약 25°)의 분무를 가지도록 설계되었다. 분사압력은 주로 3~7 bar 범위에 속한다. 액적의 크기 분포는 80~200 μm 범위에 있다. 흡기구 흐름이 밸브 시트를 지나 실린더로 들어갈 때 발생하는 것처럼, 액적들이 구부러진 공기 흐름을 따라가기 위해서는, 20 μm에 가까운 직경을 가져야 한다. 연료 분무에서 이러한 작은 평균 액적 크기를 달성하려면 다른 분무 발생 메커니즘이 필요하다. 예를 들면 가압된 공기가 인젝터를 통과하여 노즐에서 연료를 훨씬 더 작은 크기의 액적으로 미립화하는 공기 보조 미립화(air-assist atomization)이다.

위에서 여러 번 언급했듯이 밸브와 포트 표면 온도는 이러한 표면에서 발생하는 액체 연

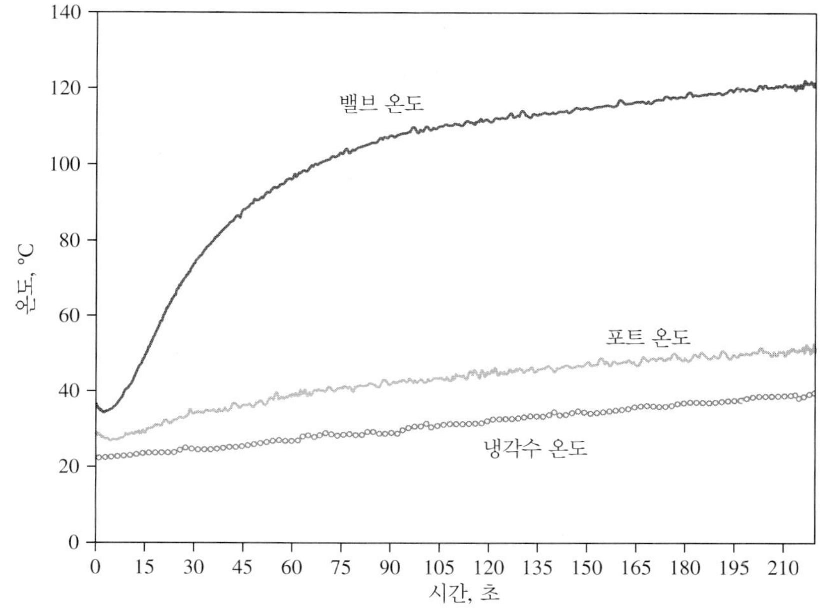

그림 7.15 시간에 따른 흡기 포트와 밸브 표면, 냉각수 온도의 변화[9]

료 증발 과정에 큰 영향을 미친다. 이러한 표면의 온도는 차가운 엔진에서 대기온도 수준에서 시작하며, 예열하는 동안 지속적으로 상승한다. 그림 7.15는 저속/저부하에서 시동 후 흡기 포트의 열적 환경이 어떻게 진화하는지 보여준다. 엔진이 점화되면 실린더 내 고온 연소 가스로부터의 열이 연소실(및 배기 포트) 표면으로 전달된다. 이 열 에너지는 냉각수로 전달된다. 엔진 작동 시작 후 첫 1분 동안은 흡기 밸브 헤드의 온도가 급격하게 상승하며 냉각수의 온도는 비교적 천천히 상승한다. 약 10분 간 작동한 후, 약 90°C의 냉각수 온도로 안정화되며, 포트 온도는 조금 높아지며(흡입구로 뜨거운 잔류 가스의 역류 때문에; 아래 참조), 흡기 밸브는 약 150~200°C 사이에서 안정화된다. 최종 밸브 온도는 엔진 부하와 속도에 따라 달라진다.

7.4.3 역류 영향

포트 연료 분사 시스템의 혼합기 준비에서 중요한 현상은 실린더에서 저부하와 중/저속 조건에서 실린더로부터 흡기 포트로 뜨거운 잔류 가스가 역류하는 것이다. 소형 차량의 경우 대부분의 엔진 작동조건하에서 매니폴드의 압력은 약 0.5 bar 이하이다. 이러한 조건에서 배기 압력에 대한 흡기 매니폴드 압력의 비율은 임계 비율인 약 0.5보다 낮다(부록 C 참조). 따라서 밸브 시트와 헤드를 지나 이 역(reverse) 블로우다운 과정에서 연소된 가스 속도는 음속에 가깝다. 밸브가 열릴 때, 밸브 헤드와 밸브 시트 사이의 고리 모양의 기하 구조에서 나오는 강한 제트는 흡기 포트로 흘러 들어간다. 이러한 제트는 흡기 밸브 시트의 흡기 포트 측 주위의 환형 링에 축적된 액체 연료에 간섭하고, 역류 및 미립화한다. 이 미립화된 역류는 이 연료의 일부를 증발시킨다. 또한 더 큰 포트 표면적에 액체 연료를 재분배한다(참고문헌 10 참조).

이러한 부분 부하 조건에서 역류, 배기, 실린더 및 흡입 압력, 밸브 이벤트(개폐) 간의 관계는 다음과 같다. 흡기 밸브 개방(IVO)에서 배기 밸브 폐쇄(EVC)에 이르는 TC 주변에서는 $p_e > p_c$: IVO에서 $p_c = p_i$(원통 및 흡입 압력이 동일 해지는 지점까지) 연소된 가스가 실린더에서 다시 흡기 포트로 흐르기 때문에 연소된 가스가 배기 포트에서 실린더로 유입된다. 이때 흡기 유동은 흡기 행정 중 하강하는 피스톤에 의해 당겨지는 방향(뒤에서 앞으로)을 반대로 한다. 흡입구에 있는 이러한 연소된 가스(신선한 공기와 강하게 혼합되어 있음)는 신선한 공기와 함께 실린더로 다시 흐른다.

또한 낮은 엔진 속도에서 흡기 행정의 BC 이후 피스톤이 IVC보다 먼저 위로 이동하며, 압축 행정이 시작됨에 따라 역방향(후방) 유동이 발생한다. 이 역방향 유동은 공기, 연료 증기 및 연소된 잔여 가스(혼합)를 다시 흡기로 밀어 넣는다. 높은 엔진 속도에서 여전히 개방된 흡기 밸브로 향하는 흡기 유동의 모멘텀은 이 상승 피스톤 운동을 극복하며, 역류는 발생하지 않는다(6.2.4절 참조).

7.5 공기 유동 현상 _*Air Flow Phenomena*

7.5.1 스로틀 플레이트를 통과하는 유동

스로틀 어셈블리는 WOT를 제외하고 전체 흡기 시스템에서 최소 유량 면적을 제공한다. 표준 SI 엔진을 사용하는 일반적인 도로 부하 조건에서 전체 압력 손실의 90% 이상이 스로틀 플레이트에 걸쳐 발생한다. 최소 대 최대 유동 면적비는 일반적으로 100 오더(order) 정도이다. 스로틀 플레이트 기하학적 구조와 매개변수는 그림 7.16에 설명되어 있다. 그림과 같이 기존 설계의 스로틀 플레이트는 3차원 유동장을 생성한다. 일반적인 부분 스로틀 작동 조건에서는 스로틀 플레이트 각도가 20~45° 범위에 있고 스로틀 플레이트 양쪽에 있는 "초승달" 모양의 개방 영역에서 제트가 발현한다. 제트는 주로 2차원이다. 그림 7.17은 다른 스로틀 개

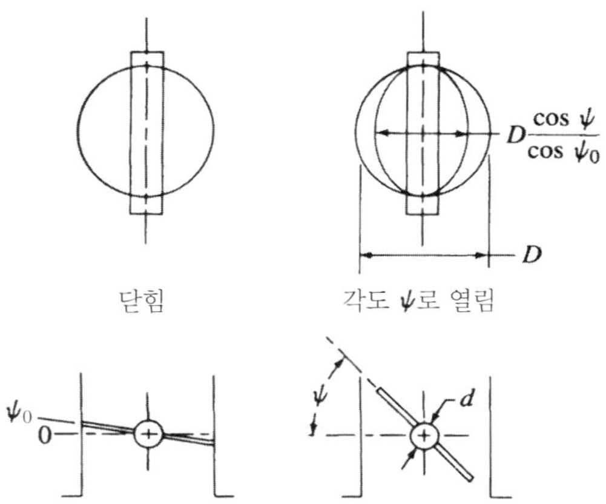

그림 7.16 스로틀 플레이트의 기하학적 구조[11]

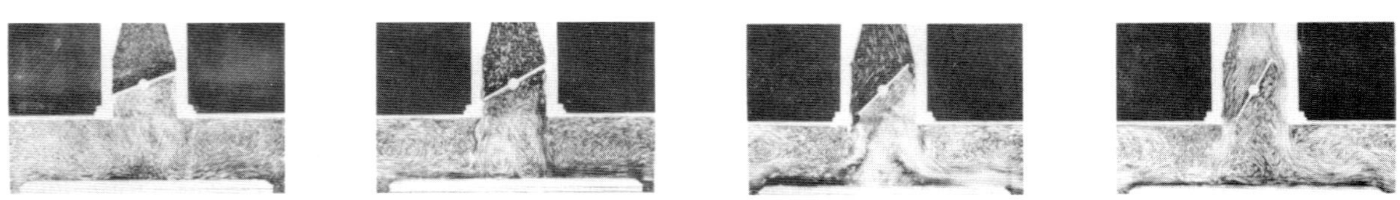

(*a*) 20° 스로틀 플레이트 각도 (*b*) 30° 스로틀 플레이트 각도 (*c*) 45° 스로틀 플레이트 각도 (*d*) 60° 스로틀 플레이트 각도

그림 7.17 다른 스로틀 플레이트 각도에서 매니폴드 플리넘 플로어 상단 스로틀 플레이트를 통과하는 2차원 유압 아날로그에서의 유동 사진[6]

방 각도에서 스로틀 플레이트를 통과하는 일정한 유동의 2차원 유압 아날로그(*역자 註: 데이터나 물리량의 연속변화량)를 찍은 사진을 보여준다. 유동의 입자에 의해 추적되는 경로는 유동 속도의 상대적인 크기를 나타낸다.[18] 그 유동은 스로틀 플레이트의 양쪽에서 갈라지면서 가속된다. 플레이트의 상류쪽에 정체점이 생긴다. 스로틀 플레이트의 웨이크(wake)에는 반대방향으로 회전하는 두 개의 와류가 포함되어 있다. 스로틀 개구부를 빠져나가는 공기 제트는 음속에 가깝거나 음속이다. 그 두 제트는 거의 혼합되어 있지 않다.

스로틀 플레이트를 통과하는 유동을 분석할 때 다음 요소를 고려해야 한다.[11, 12]

- 스로틀 플레이트 축은 일반적으로 스로틀 개방 영역에 영향을 미치기에 충분한 크기이다.
- 스로틀 보어의 결합을 방지하기 위해 스로틀 플레이트는 보통 0이 아닌 어떤 각도(10° 등)에서 완전히 닫힌다.
- 스로틀 플레이트의 유량 계수는 매끄러운 수렴 노즐의 유량 계수보다 작고, 스로틀 각도, 압력 비율, 스로틀 플레이트의 레이놀즈 수에 따라 변화한다.
- 관련된 제조 공차 때문에 스로틀 플레이트가 닫혔을 때에도 일부 누출 영역이 있는 경우가 많다. 솔레노이드 제어식 스로틀 바이패스 통로를 갖는 이유는 작은 스로틀 개구부에서의 누출영역은 가솔린 엔진 관리 시스템이 공회전 공기 유동을 보다 정확하게 관리하기 위함이다.
- 스로틀 전체에서 측정된 압력 강하는 하류 압력 탭의 원주 위치에 따라 (±10%) 달라진다.
- 실제 유량 조건(엔진 속도와 부하가 일정 해도 불안정함)에서 스로틀 플레이트의 압력 손실이 안정적인 유량 조건보다 적을 수 있다.

그림 7.16의 기하학적 형상에 대한 스로틀 플레이트 개방 영역 A_{th}는 각도 ψ의 함수로서 다음과 같이 주어진다.[11]

$$\frac{4A_{\text{th}}}{\pi D^2} = \left(1 - \frac{\cos\psi}{\cos\psi_0}\right) + \frac{2}{\pi}\left[\frac{a}{\cos\psi}(\cos^2\psi - a^2\cos^2\psi_0)^{1/2} + \frac{\cos\psi}{\cos\psi_0}\sin^{-1}\left(\frac{a\cos\psi_0}{\cos\psi}\right) - a(1-a^2)^{1/2} - \sin^{-1}a\right] \tag{7.5}$$

여기서 $a = d/D$이고, d는 스로틀 축 직경, D는 스로틀 보어 직경, ψ_0는 완전히 닫혔을 때의 스로틀 플레이트 각도이다. $\psi = \cos^{-1}(a\cos\psi_0)$에서, 스로틀 개방 영역이 최대가 된다 ($\approx \pi D^2/4 - dD$). 스로틀 플레이트 유량 계수($A_{th}$에 따라 변동)와 최소 누출 면적은 실험으로 결정해야 한다.

스로틀 밸브를 통과하는 질량 유량은 압축 가능한 유체 유동에 대한 표준 오리피스 방정식에서 계산할 수 있다[부록 C, 식 (C.8)과 (C.9) 참조]. 스로틀 전체의 압력비가 임계값($p_T/p_0 = 0.528$)보다 작은 경우, 질량 유량은 다음과 같이 정해진다.

$$\dot{m}_{\text{th}} = \frac{C_D A_{\text{th}} p_0}{\sqrt{RT_0}}\left(\frac{p_T}{p_0}\right)^{1/\gamma}\left\{\frac{2\gamma}{\gamma-1}\left[1-\frac{p_T}{p_0}\right]^{(\gamma-1)/\gamma}\right\}^{1/2} \tag{7.6}$$

여기서 A_{th}는 스로틀 플레이트 개방영역이고[식 (7.5)], p_0 및 T_0는 상류 압력 및 온도, p_T는 스로틀 플레이트의 하류압력(최소 영역의 압력과 동일하다고 가정됨: 즉, 압력 복구가 발생하지 않음), C_D는 유량 계수(실험으로 결정)이다. 임계 비율보다 큰 압력 비율은 스로틀 플레이트의 유동이 막혔을 때 다음과 같다.

$$m_{\text{th}} = \frac{C_p A_{\text{th}} \rho_0}{\sqrt{RT_0}} \gamma^{1/2} \left(\frac{2}{\gamma+1} \right)^{(\gamma+1)/2(\gamma-1)} \tag{7.7}$$

배기량이 4.7-dm^3(288-in^3) 8기통 양산 엔진의 공기 유동 속도, 스로틀 각도, 흡기 매니폴드 압력 및 엔진 속도 사이의 관계는 그림 7.18과 같다. 선은 준평형(quasi-steady) 컴퓨터 시뮬레이션에서 예측한 것이며, 데이터와 잘 맞다. 이 그림은 흡기 매니폴드 압력이 임계값($0.528 \times p_{\text{atm}} = 53.5\ \text{kN}/\text{m}^2 = 40.1\ \text{cmHg}$)보다 낮은 경우, 스로틀 플레이트의 유동이 막히기 때문에 특정 스로틀 위치에서의 공기 유동은 매니폴드 압력과 엔진 속도와 무관하다는 것을 보여준다.

전통적으로 차량 엔진에서 운전자는 가속 페달의 위치를 통해 스로틀 개방 영역을 제어하여 원하는 엔진 토크를 얻고, 가속페달의 위치는 스로틀에 기계적으로 연결되어 있다. 현재 널리 사용되고 있는 전자 스로틀 제어장치를 사용하여 원하는 토크를 생성하는 데 필요한 공기흐름을 스로틀 플레이트의 위치(따라서 개방영역)에 따라 계산한다.

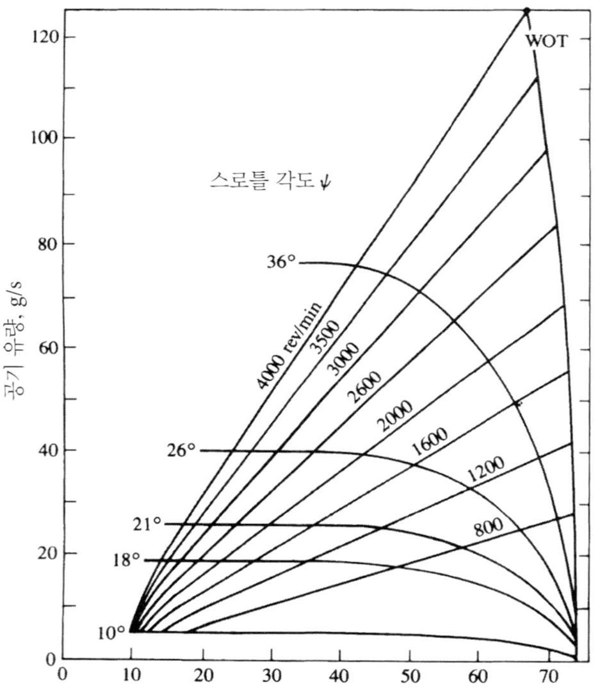

그림 7.18 흡기 매니폴드 압력, 스로틀 각도, 엔진 속도에 대한 스로틀을 지나는 공기 유동률의 변동(4.7리터 배기량, 8기통 엔진)[11]

7.5.2 흡기 매니폴드 내의 유동

흡기 매니폴드의 공기 유동은 복잡한다. 각 실린더로 유입되는 펄스 유동의 조합, 각 매니폴드 통로를 통해 각 입구 포트로 가는 서로 다른 기하학적 유동 경로, 그리고 정상 상태의 엔진 작동 조건에서 스로틀 플레이트의 바로 하류에 있는 공기와 EGR의 혼합 등으로 인해 충분히 이해하기가 매우 어려운 영역이다. 엔진 과도상태에서 스로틀 위치가 변경될 때, 실린더로의 공기와 연료 유동을 지배하는 과정이 실질적으로 다르다는 사실은 추가적인 문제가 발

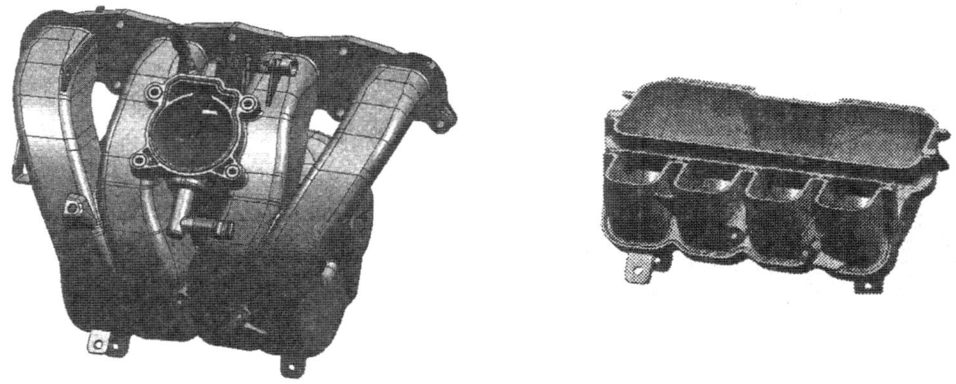

(*a*) (*b*)

그림 7.19 4기통 가솔린 스파크 점화기관의 흡기 매니폴드: (*a*) 스로틀과 매니폴드; (*b*) 플리넘(아래쪽 절반)과 매니폴드 입구[13]

생한다. 이 절에서는 이러한 공기 유동 현상에 대한 우리의 현재 이해를 검토하고자 한다.

흡기 매니폴드는 전형적으로 각 실린더로 연결되는 개별 통로에 공급되는 스로틀 바디의 입구까지 플리넘(plenum)으로 구성된다. 낮은 공기 유동 저항, 양호한 실린더 간 공기 분포, 램과 튜닝 효과를 활용하는 러너 및 분기 길이는 중요한 설계 기준이다(6.2.4절과 6.2.6절 참조). 일부 설계 선택사항은 그림 7.19에 나타나 있으며, 이는 현대식 4기통 엔진의 흡기 매니폴드를 보여준다. 이 설계에서 스로틀 아래의 플리넘을 흡기 포트와 연결하는 4개의 통로는 길이와 기하학적 구조가 유사하여 유로와 튜닝 이점이 매우 유사하다. 표시된 매니폴드는 나일론 합성물로 제조되며 코어 몰딩 공정에 의해 제조된다. 이를 통해 더 넓은 통로(러너) 폭과 유역, 그리고 러너 테이퍼 또는 좁아짐, 포트로 가는 플리넘을 증가시키고 공기 유동을 증가시켜 엔진 출력을 높일 수 있다.

포트 연료 분사 시스템에서 공기의 유동을 제어하는 것이 주 과제이다(저부하, 중부하에서 EGR 유동 제어를 포함한). 연료는 스로틀 바디에서 전체 매니폴드를 통해 이송될 필요가 없다. 따라서, 더 큰 각도 곡선을 가진 크고 긴 러너와 통로를 사용하여 동일한 러너 길이를 제공하고 램과 튜닝 효과를 더 크게 활용 할 수 있다. 포트 연료 분사 시 매니폴드를 가열할 필요가 없다.

실제로 다양한 흡기 매니폴드 장치가 사용된다. 다른 실린더 배열(예를 들어 4기통, V-6기통, 직렬 6기통)은 공기 분배 문제를 다르게 하고 다른 해결책을 요구한다.

매니폴드에서 나오는 공기 유동은 각 실린더로 가는 일련의 펄스에서 발생한다. 각 펄스는 흡기 행정 중 하강하는 피스톤에 의해 실린더로 빨려 들어가므로, 펄스 형태는 피스톤 속도 대 크랭크 각도 곡선의 펄스 형태를 따른다(그림 2.2). 각 펄스는 거의 사인파 형태이다. 4기통 및 8기통 엔진의 경우 이러한 유동 펄스는 펄스 간 유출이 본질적으로 0이 되도록 순서를 정한다. 6기통 배열의 경우 펄스가 겹친다. 엔진이 스로틀 될 때(7.4절에서 논의 참조), 실린더 압력이 매니폴드 압력 아래로 떨어질 때까지 실린더에서 흡기 매니폴드로 역류한다. 실린더 압력 상승으로 인해 흡기 밸브가 닫히기 전에 압축 과정 초기에 역류할 수도 있다. 매니폴드에서 실린더로 펄스 유동으로 인해 스로틀의 유동이 변동한다. 높은 흡기 매니폴드 진공상태에서 유동은 지속적으로 스로틀에서 중심을 향하게 되고, 유동 펄스는 작아진다. 흡기 행정에서 실린더로의 유출이 스로틀을 통과하는 유동보다 크면 실리더는 흡기 매니폴드

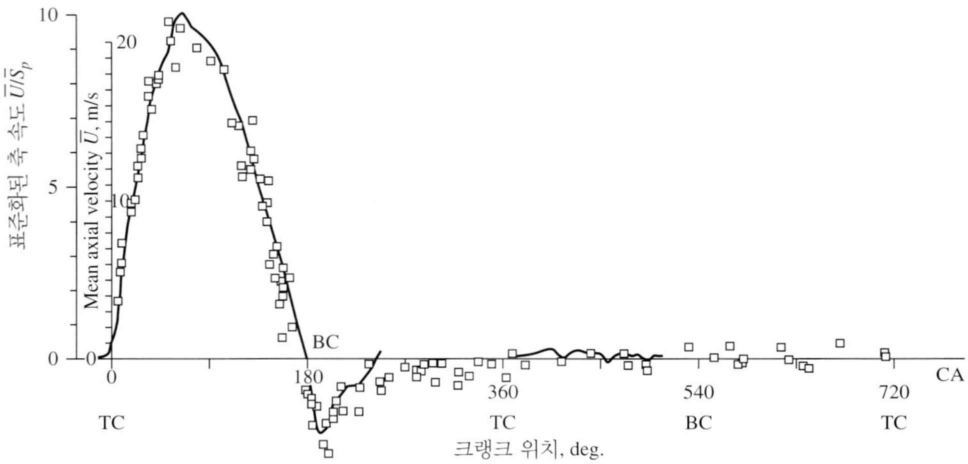

그림 7.20 양산 디젤 엔진의 작동 사이클 동안 평균 및 순간 흡기 매니폴드 공기 속도(엔진속도 = 717 rev/in, 평균 피스톤 속도 = 2.2 m/s, 행정 = 92 mm)[14]

의 나머지 부분에서 공기를 빨아들인다. 실린더로 들어가는 유동이 스로틀을 통과하는 유동보다 낮을 때 흡기 행정 영역에서 공기(및 EGR)가 다시 매니폴드의 나머지 부분으로 흐른다. WOT에서 스로틀의 유동 제한이 최소일 때, 스로틀 위치에서의 유동 펄스는 훨씬 더 뚜렷해진다.

흡기 매니폴드의 유동 속도를 자세히 측정해보면 위의 설명을 확인할 수 있다. 저속과 중속에서 능동 매니폴드 러너 내의 공기 유동은 거의 1차원 및 준평형 상태이며, 흡기 행정 동안 그림 7.20에 표시된 피스톤 속도를 따른다. 평균유동속도 $\bar{U}$는 순간 피스톤 속도 S_p에 근접하게 따른다. 이 두 속도는 함께 측정된다: 최대 흡기 매니폴드 유속은 평균 피스톤 속도의 약 10배 또는 최대 피스톤 속도의 약 6배다(단면적이 다양하기 때문에 매니폴드 러너의 위치에 따라 다름). 그림 7.20에 표시된 낮은 엔진속도에서 피스톤이 압축 행정 중 실린더 위로 이동하면서 흡기 밸브가 닫히기 전에 실린더 내 혼합물 일부를 다시 흡기구로 밀어 넣음을 유의해라. 엔진 속도가 증가함에 따라 매니폴드 러너 내 공기의 운동량은 점점 이 역류에 저항한다. 중간 엔진속도에서 이 역류는 거의 사라진다. 더 높은 엔진속도에서 이 운동량(램) 효과는 BC 다음에 포지티브 공기 유동을 지속한다(6.2.4절 참조). 또한 높은 엔진속도에서 높은 마찰 유동 저항($\bar{U}^2$에 따라 달라짐)과 압력 파동에 의한 유량 변동은 이러한 준평형 거동을 일부 왜곡 시킨다.

안정적인 작동조건에서도 다중 실린더 엔진의 각 실린더로 유입되는 공기 유동은 동일하지 않다. 이는 각 실린더에 대한 유동 경로의 다른 기하학적 세부사항뿐만 아니라 러너 레이아웃의 길이의 차이 때문이다. 또한 각 실린더의 흡입 유동이 시작됨에 따라, 스로틀을 지나 실린더, 플리넘 및 플리넘에 공급하는 다른 러너로 이어지는 통로 또는 러너에서 공기가 흡입된다. 흡기 매니폴드 다른 부분의 이 "끌어 내리는"것은 플리넘과 러너의 배치 및 실린더의 점화 순서에 따라 달라진다. 따라서 각 개별 실린더로의 공기 유동은 자체 통로의 상세, 해당 통로가 흡기 매니폴드의 나머지 부분과 연결되는 방법 및 실린더 점화 순서에 의해 영향을 받는다.[15] 최근의 매니폴드 설계는 개별 실린더 간 공기 유동의 차이가 적절하게 유지될 수 있도록 한다. 즉, 각 개별 실린더에 대한 평균 공기질량유량의 변화는 2% 미만이다.

매니폴드 공기 유동을 특징짓는 대표적인 양은 4기통 및 8기통 자연 흡기 가솔린 엔진

표 7.2 매니폴드 공기 유동을 특정하는 파라미터들

엔진 형상	I-4*	V-8†
스로틀 보어와 흡기 밸브 사이의 일반적인 유동 통로 거리	33	30
평균 흡기 통로 유동 면적, cm^2	10	16
스로틀 보어에서 흡기 밸브까지 직접 유동 통로의 체적, cm^3	350	500
속도 범위 등	**최대**	**최소**
크랭크축, rev/min	6500~5500	600
매니폴드 브랜치에서의 최고 공기 속도, m/s	180*, 140†	15
매니폴드 브랜치에서 최고 레이놀즈 수	5×10^5	5×10^4
개별 실린더 흡기 과정 기간, ms	35	3~4

* 1.8 리터 4기통 직렬형 SI 엔진[16]
† 5.6 리터 V형 8 기통 SI 엔진[17]

의 경우 표 7.2에 제시하였다. 사이클당 각 실린더로 유입되는 공기의 체적은 스로틀 플레이트와 입구 밸브 사이에 있는 하나의 직접 유동 경로의 체적과 거의 같다. 따라서 한번의 흡입 행정은 매니폴드를 채우고, 다음 행정은 그 공기를 실린더로 끌어당긴다.

스로틀을 열거나 닫아서 엔진 부하를 변경하면 추가 현상이 중요해진다. 즉, 흡입 시스템 체적의 공기 질량이 새로운 엔진 작동 조건에 적응하는 데 일정한 시간이 걸린다. 예를 들어, 스로틀이 열리면 스로틀 개방 면적이 증가함에 따라 매니폴드로의 공기 유동이 증가한다. 그러나 매니폴드의 용적이 유한하기 때문에 각 스로틀 위치에서 정상상태 조건일 때 보다 매니폴드의 압력이 더 느리게 증가한다. 따라서 스로틀 전체의 압력 차이는 안정적인 흐름 조건에서보다 더 크고 스로틀 공기 유동은 정상 상태 값을 초과한다. 각 실린더로 유입되는 공기 유량은 매니폴드의 압력에 따라 달라지게 되고, 이는 스로틀 공기 유동을 지연시킨다. 이 일시적인 기류 현상은 연료 계량에 영향을 미친다. 스로틀-차체 분사의 경우 연료 유량은 스로틀 공기 유량과 관련이 있다. 포트 연료 분사의 경우 연료 유량은 실린더로 유입되는 공기 유량과 관련이 있다. 스로틀 개방에 대응하는 공기 유동 속도와 매니폴드 압력에 대한 실제 결과는 그림 7.21과 같다. 과도한 스로틀 공기유동과 스로틀 각도가 증가할 때 매니폴드 압력

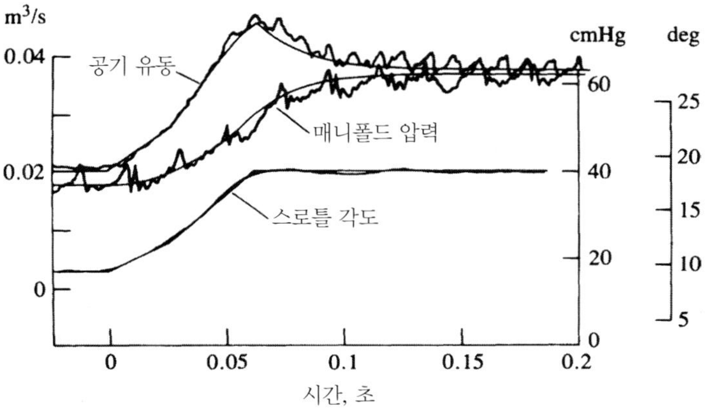

그림 7.21 10° 부분 부하 스로틀 개방 조건에서 시간에 대한 스로틀 각도, 흡기 매니폴드 압력, 스로틀을 통과하는 공기유동률(5리터 V형 8기통 엔진)[17]

지연이 뚜렷하게 나타난다. 스로틀 각도의 감소, 즉 스로틀을 통과하는 공기 유동의 감소는 반대 효과를 일으킨다.

7.5.3 공기 유동 모델

흡기 매니폴드의 유동 모델링에 대한 몇 가지 방법이 제안되었다. 위의 많은 현상을 설명하는 간단한 매니폴드 모델 중 하나는 *플리넘* 또는 *충전* 및 *비우기 방식*이다. 그것은 어떤 특정 시간에 매니폴드 압력이 균일하다는 가정에 기초한다. 흡기 매니폴드 내부 및 외부 공기 유동을 위한 연속 방정식은 다음과 같다.

$$\frac{dm_{a,m}}{dt} = \dot{m}_{a,\text{th}} - \sum \dot{m}_{a,\text{cyl}} \tag{7.8}$$

여기서 $m_{a,m}$은 매니폴드 내의 공기 질량, $\dot{m}_{a,\text{th}}$와 $\dot{m}_{a,\text{cyl}}$은 각각 스로틀을 지나 각 실린더로 들어가는 공기질량유량이다. 스로틀을 통과하는 유량은 식 (7.6)과 (7.7)에 의해 주어진다. 스로틀 플레이트를 통과하는 유동을 막을 정도로 충분히 낮은 매니폴드 압력의 경우, 유량은 매니폴드 압력과 무관하다. 엔진 실린더에 대한 질량 유량은 몇 가지 정확도 수준에서 모델링할 수 있다. 밸브를 통해 각 실린더로 흐르는 공기는 밸브 면적, 방출 계수 및 밸브 전체의 압력 차이에서 계산할 수 있으며, 사인파 또는 $S_p(\theta)$ 함수를 가정할 수 있다. 일반적인 경우, 식 (7.8)을 오픈 시스템의 첫 번째 방법과 결합해야 한다(14.2.2절 참조). 부하 또는 스로틀 설정의 변화에 대한 매니폴드 응답을 계산하기 위해 가정을 단순화할 수 있다. 실린더로 유입되는 공기 유동에 대한 준평형 근사치는 다음 식과 같고, 공기 온도는 일정하다고 가정할 수 있다.

$$\sum \dot{m}_{a,\text{cyl}} = \frac{\eta_v \rho_{a,m} V_d N}{2}$$

이 후 매니폴드에 대한 이상기체법칙 $p_m V_m = m_{a,m} R_a T_m$을 이용해 식 (7.8)은 다음과 같이 쓸 수 있다.

$$\frac{dp_m}{dt} + \frac{\eta_v V_d N}{2V_m} p_m = \dot{m}_{a,\text{th}} \frac{RT_m}{V_m} \tag{7.9}$$

η_v와 $\dot{m}_{a,\text{th}}$는 p_m에 다소 의존한다[예를 들어, 식 (6.2) 참조]. 이러한 약한 의존성이 없는 경우, 식 (7.9)는 흡입 행정 지속 시간의 2-4배에 해당하는 시간 상수 $\tau = 2V_m / (\eta_v V_d N) \approx V_m / V_{\text{cyl}}$을 갖는 p_m의 1차 방정식이 될 것이다. 그림 7.21의 매끄러운 곡선은 식 (7.9)와 함께 이루어진 예측이고 데이터와 잘 일치한다. 플리넘 모델은 부하 변화로 인한 매니폴드 압력 변화를 파악하는데 유용하며, 모멘텀과 파동 효과와 관련된 압력 변화에 대한 정보를 제공하지 않는다.

다중 실린더 흡기(및 배기) 시스템의 유동 역학은 1차원 비정상 압축 유동방정식을 사용하여 모델링할 수 있다. 역사적으로, 지배방정식은 특성법(Benson et al.[18] 참조)을 이용하여 해결되었다. 유한차분법이 현재까지 사용되고 있다.[19] 일반적으로 이 불안정한 유동 분석에서 적용하는 가정은 다음과 같다.

- 흡기(및 배기) 시스템은 배관, 접지면 및 플리넘의 조합으로 모델링할 수 있다.
- 배관 내 유량은 1차원이며 축 방향 열전도가 발생하지 않는다.
- 엔진 실린더와 플리넘의 상태가 균일하다.
- 경계 조건은 준평형상태로 간주한다.

- 안정적인 흐름을 위한 방출, 열전달, 파이프 마찰 및 벤딩 손실 계수는 일정하지 않은 유동에 유효하다.
- 기체는 이상기체로 모델링할 수 있다.

이러한 흡기 및 배기 유동 분석에 대한 접근방식은 14.3.4절에서 보다 자세히 논의된다.

7.6 연료 유동 현상: 포트 연료 분사 _*Fuel Flow Phenomena: Port Fuel Injection*

7.6.1 액체 연료 거동

포트 연료 분사 액체 연료 계량시스템을 사용하면 연료가 액체 제트의 형태로 공기유동으로 유입되며, 액적으로 미립화된다. 이 액적들은 공기를 통해 이동하며 대부분 흡기 포트 및 밸브 헤드의 벽면에 침전된다. 작은 액적들 중 일부는 기화한다; 그 때 벽면에 있는 뜨거운 액체 연료의 기화도 함께 일어난다. 벽면을 따라 흐르는 액체 연료의 유동은 중요하다. 즉, 연료가 증기, 액적, 액체 스트림 또는 막으로 운반되는 것은 모두 중요할 수 있다. 흡기 포트 영역의 연료 이송 과정은 매우 복잡하다.

연료 이송 과정의 세부 사항은 스로틀-바디 분사 시스템과 다점 포트 연료 분사 시스템이 서로 다르다. 스로틀-바디 분사 시스템은 연료가 스로틀 플레이트를 지나 전체 흡기 매니폴드를 통해 이송된다. 반면, 다점 포트 연료 분사 시스템은 액체 연료가 흡기밸브 뒤쪽에서부터 흡기 포트로 공급된다. 이러한 모든 실용적인 연료 계량 시스템의 경우 엔진으로 들어가는 혼합기의 품질(quality)이 불완전하다. 연료, 공기, 재순환된 배기 가스, 혼합기가 균일하지 않다. 연료는 엔진에 들어갈 때 완전히 기화 되지 않을 수 있다. 각 실린더로 들어가는 차지는 보통 그 체적 전체에 걸쳐 당량비가 균일하지 않으며, 다른 엔진 실린더 간 연료 분포는 정확히 동일하지 않다. 엔진 연료와 공기 요구조건 및 매니폴드 조건이 변경되는 엔진 과도 현상(예: 차량가속 및 감속 중) 동안 위의 연료 이송 과정이 동일한 방식으로 모두 달라지는 것은 분명하다. 따라서 앞 절에서 설명한 일시적인 비준평형 공기 유동 현상 외에도 일시적인 연료 유동 현상이 있다. 이러한 것들은 연료 측정 방법에서 보상되어야 한다.

스파크 점화기관의 표준 연료인 가솔린(5, 10% 또는 그 이상의 에탄올과 혼합될 수 있음)은 개별 탄화수소의 혼합물이다. 7.2.2절에서 논의한 바와 같이 단일 비등점보다는 비등온도의 범위를 가지고 있다. 그 논의는 주어진 온도와 압력에서 증발된 연료의 평형 분율을 어떻게 계산할 수 있는지를 보여준다. 그림 7.3은 증발된 인돌렌(indolene) 연료(특정 가솔린)의 비율에 대한 혼합기 온도의 영향을 보여준다. 일반적으로 매니폴드에서 평형을 확립하는 데 시간이 충분하지 않지만, 표시된 것은 실제의 상황을 나타낸다. 낮은 압력은 기화된 연료의 상대적인 양을 증가시키고 따뜻하거나 뜨거운 표면에서의 연료 가열은 엔진 흡기에 있는 연료의 상당한 부분을 기화시키는 데 필요하다. 포트 연료 분사시스템의 경우 연료가 흡기 밸브 뒤(및 주변 포트 벽)에 분사되며, 일반적으로 밸브가 닫히거나 부분적으로만 개방된다. 밸브와 벽면에서 액체 연료의 증기가 발생하며, 실린더에서 나오는 뜨거운 잔류 가스의 역류(특히 부분 부하에서)에 의해 강화된다. 완전히 예열된 엔진 상태에서도 일부 연료는 액체 상태로 실린더 안으로 유입된다. 이러한 실린더 내부 및 안으로의 연료 이송 경로는 그림 7.22에 유동 다이어그램의 형태로 나타냈다. 분사 기간 동안 흡기 밸브 헤드의 뒤쪽과 밸브 시트에 접근하는 포트 벽면에 액체 연료가 떨어져 액체 막이 추가된다. 이는 닫힌 밸브 분사(부분 부하 및 저속에서의 가장 일반적인 접근방법)와 개방 밸브 분사에서 모두 발생한다. 흡

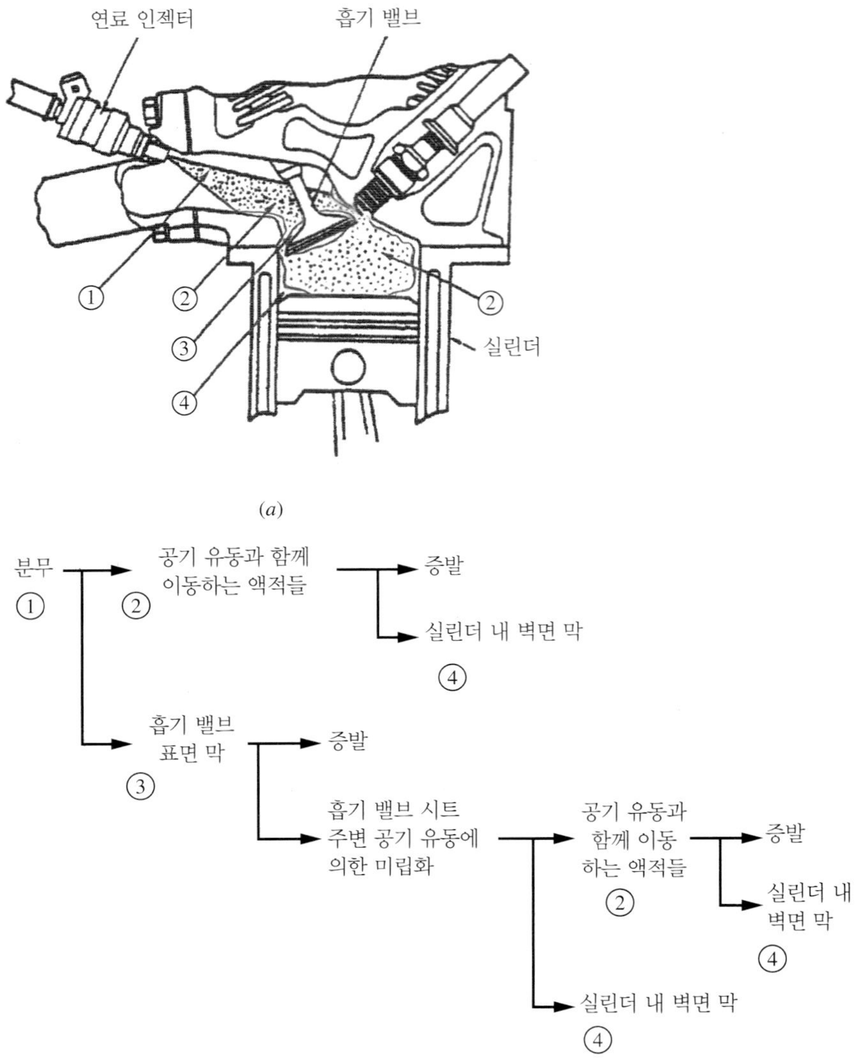

(b)

그림 7.22 (*a*) 포트 연료 분사 가솔린 엔진 흡기 과정 동안의 연료 거동에 대한 개략도 (*b*) 포트 연료 분사 인젝터에서 실린더 안으로의 연료 유동 다이어그램[20]

기밸브가 개방될 때, 스로틀된 조건(대기압 아래의 매니폴드 압력)에서 블로우다운 역류(7.4절 참조)는 이러한 액체막을 상당히 재분배할 수 있다. 어떤 역류에도, 신선한 차지유동과 피스톤이 실린더 아래로 가속할 때, 고속 공기 유동은 밸브 시트와 헤드를 지나 이 막에서 액체를 분리하고, 그 액체를 공기 유동에 의해 실린더로 유입되는 작은 액적으로 미립화한다. 공기 중에 떠 있는 연료 액적의 증발은 실린더 내 연료, 공기, 잔류 가스, 혼합기에 더 많은 연료 증기를 더한다. 실린더 내부에서 더 큰 액적들은 흡기 밸브 헤드, 실린더 헤드, 라이너, 심지어 피스톤에 액체막을 형성하는 연소실 벽면에 충돌할 수 있으며, 기하학적 세부사항과 공기 잔류 가스 혼합기 온도 및 벽 표면에 따라 달라진다. 엔진이 차가울 때(시동 중과 처음 몇 분 정도 작동 중), 이 벽면들(흡기 포트와 실린더 모두)에 상당한 액체가 있을 수 있다. 예열된 엔진에서는 주입된 연료의 몇 퍼센트만이 액체로서 실린더로 들어간다.

엔진 냉간 시동 중, 실린더 내 화학양론적 혼합기를 생성하기 위해 완전히 기화된 경우 필요 이상의 상당한 추가 연료가 각 실린더의 첫 번째(때로는 두 번째) 분사 시 공급된다. 이는 그림 7.4*a*와 *b*에서 알 수 있듯이, 주변온도에서 분사된 연료의 중간 부분만 기화되기 때문이다. 그러나 이러한 첫 번째 분사로 인해 흡기 포트에 과잉 연료를 사용하는 경우, 초기 초과량을 증발 및 연소시키기 위해 후속 분사는 화학양론비 조건 이하로 감소시켜야 한다.

이러한 다양한 열적 조건 및 열적 과도현상에서의 연료계량 관리를 위해 엔진을 보정하려면 시간이 많이 소요되는 엔진 시험이 필요하다. 열적 과도 현상은 운전자가 차량을 가속 또는 감속하는 엔진 스로틀 변화 과도 현상과 중첩된다. 후자의 과도현상은 0.1초에서 1초의 특성시간 상수를 갖는다. 엔진 시동 과도현상에도 유사한 시간 상수를 갖는다. 엔진 예열은 초기 엔진 온도와 엔진 부하 및 속도에 따라 몇 분 정도 걸릴 수 있다(열적 연소가스에서 실린더 벽으로의 열전달은 이 두 가지 매개 변수에 따라 크게 다름). 7.6.2절에서는 엔진 가속 및 감속 과도 현상 중 연료 계량 제어에 대해 자세히 설명한다.

그림 7.23은 적절한 광학적 접근이 가능한 엔진에서 저부하, 저속 작동 조건에서 위에서 설명한 흡기 포트와 실린더 내부에서의 몇 가지 연료 거동을 보여준다. 사진의 흰색 영역은 벽면(밸브 시트 주변, 밸브 보스 및 스템 주변), 연료 분사 분무의 액적(그림 7.23*b*) 및 고속 배기 역류(그림 7.23*d*)에 의해 생성된 액적으로부터 빛이 반사되는 위치를 나타낸다. 순차적으로 엔진이 점화하기 시작하면(한번 또는 몇번의 분사), 밸브 시트와 밸브 헤드 및 스템에 가까운 상당한 액체 연료를 축적하기 위해 각 흡기 포트에 여러 번 분사한다. 그런 다음 이러한 영역에 액체가 축적되면 준평형 거동이 뚜렷해진다.

뜨거운 실린더 가스가 역류하여 흡기 포트로 들어가는 동안, 확실하게 실린더로 들어가는 연료는 없다. 그러나 액체 연료가 밸브 시트 근처에 축적되면 IVO에서 시작되는 고속 역류 유동은 상당한 분무와 연료 액적을 흡기 포트로 역류시키는 원인이 된다. 밸브 시트를 지나 흡기 포트에서 가스의 순방향 유동이 시작될 때(피스톤이 평균 피스톤 속도의 약 3분의 2로 이동하는 시점에 약 30° ATC: 그림 2.2 참조), 순방향 유동은 포트 벽면의 막에서 밸브 시트 영역 쪽으로 향하게 하고 포트 벽면과 밸브 헤드의 액체 연료를 미세하게 분무하여 약 20~30° 후 짧은 분사(burst) 또는 "퍼프(puff)"로 실린더에 들어간다. 엔진이 예열되기 시작하고 포트와 밸브 벽면의 액체 연료량이 감소함에 따라 분사(burst)의 지속시간과 범위는 감소한다. 전방의 공기 유동은 이 지점을 넘어서도 계속되기 때문에 (증기 연료 유동을 통해) 액체 연료가 실린더로 계속 전달될 표시는 없다. 또한, 밸브시트 부근의 포트에 상당한 액체 연료가 여전히 존재하는 엔진 조건 하에서는 흡기 밸브가 닫힐 때 밸브 헤드와 시트 사이의 액체 연료는 닫힌 틈새에서 압축되어 큰 연료 액적을 연소실(실린더 라이너에 충돌되는 곳)로 흩뿌려지고, 또한 흡기 포트로 되돌아간다. 여전히 엔진이 차갑고 실린더 내 액체막이 밸브 헤드, 실린더헤드(그리고 다른 표면)에서 지속되는 동안, 이러한 막["리플(ripple)"이라 할 만큼 두꺼움] 위로 화염이 지나가더라도 외관상 어떠한 가시적 변화도 일으키지 않는다. 표면온도가 꾸준히 상승함에 따라 막은 얇아지고 면적이 작아지며 외관이 "촉촉한 표면(moist surface)"으로 전환된 후 사라진다.[21]

연료 액적 거동

연료 분사 시스템을 사용하면, 액체 연료는 공기유동으로 들어갈 때 미립화된다. 액체 제트가 노즐을 빠져나오면 액체를 분열시킬 정도로 액체 제트는 속도가 높고, 공기 유동과의 상호작용은 연료를 더욱 미립화시킨다. 전형적인 액적 크기의 분포는 하중과 속도 범위에 따라

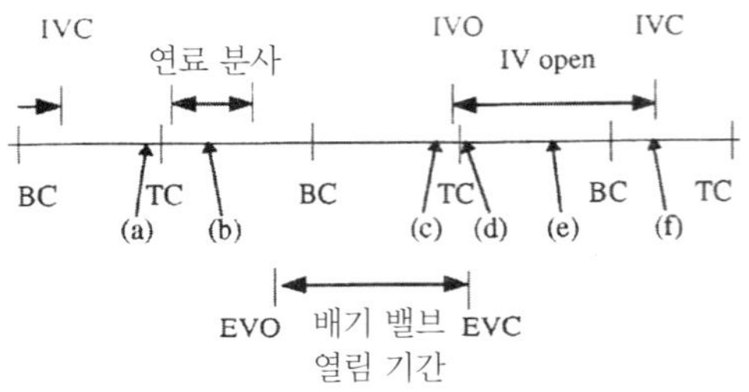

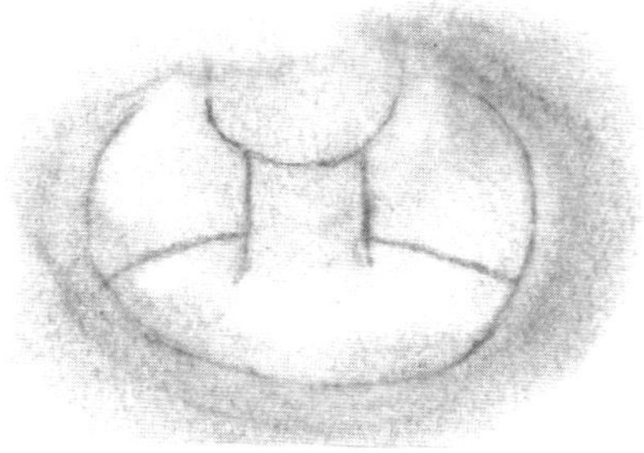

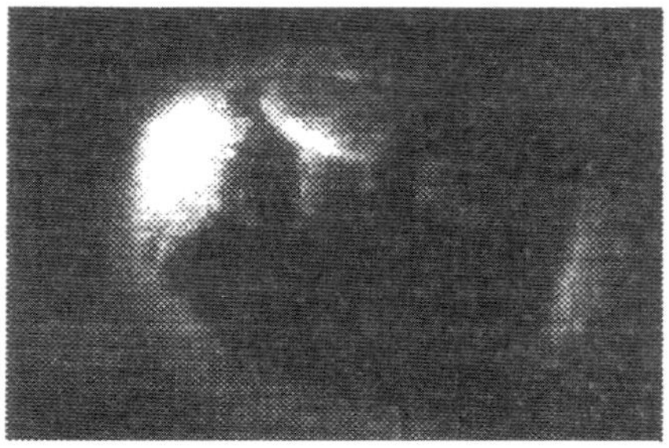

(*a*) IVC 후, 연료 분사 전

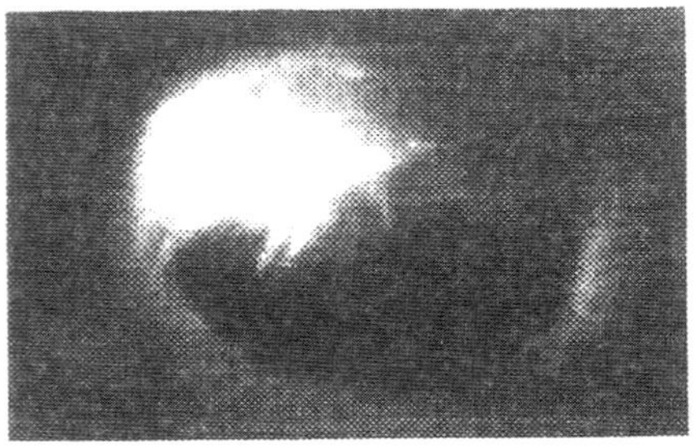

(*b*) 역류 스트립–미립화된 액체 연료

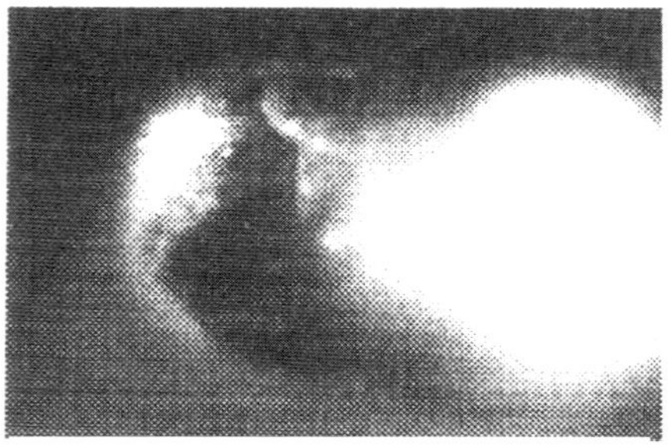

(*c*) 연료 분사 중

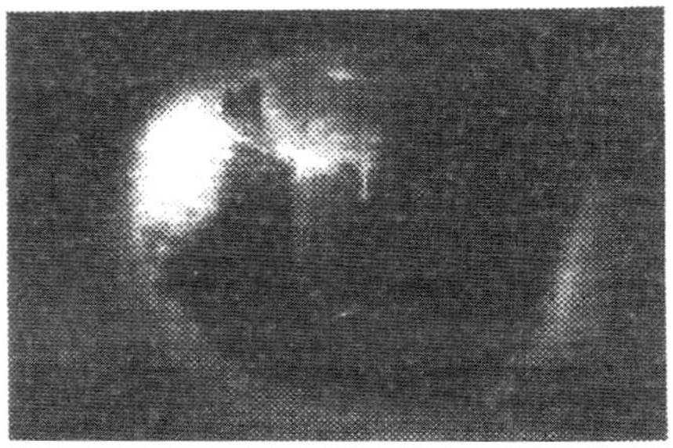

(*d*) 전방 유동

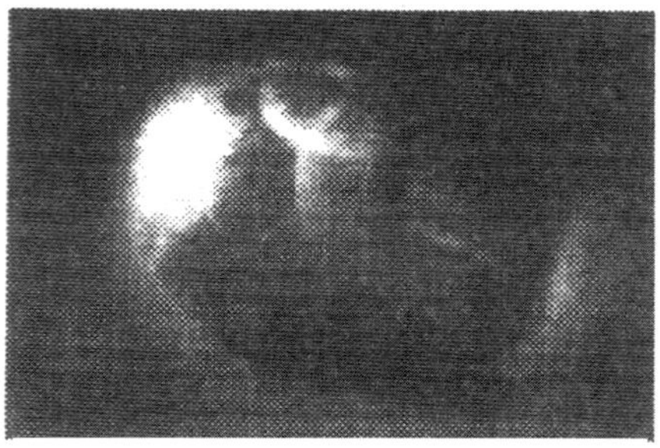

(*e*) 연료 분사 후 IVO 전

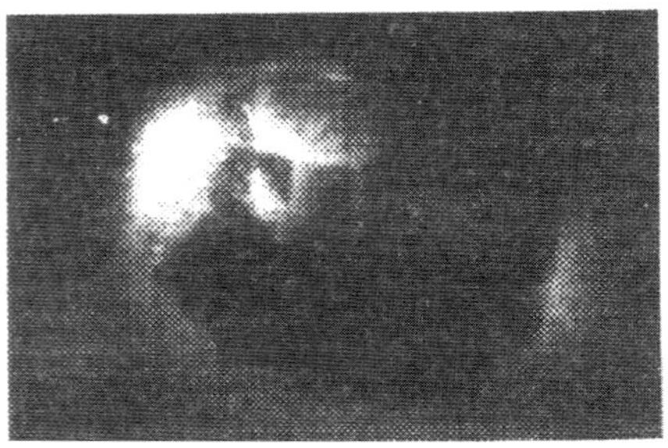

(*f*) 밸브 닫힘 중 밸브 스템으로 부터 떨어져 나온 액체 연료의 쉐이킹(순간 연소)

그림 7.23 4-밸브 실린더 헤드 가솔린 엔진의 하나의 흡기 포트에서 연료 분무와 액막 거동을 가시화하는 비디오로부터 추출된 영상: 1200 rpm, 0.5 bar 흡기압력, 25°C 실린더 헤드 온도에서 화학양론비 작동. 흰 영역은 빛이 액체 연료(젖은 표면에서의 막 또는 습기) 또는 주 연료 분사된 분무에서의 액적에 의해 반사되었거나, 또는 밸브 시트 주변에 축적되어 있는 액체 연료를 미립화하는 배기 역류(backflow)에 의해 생성된 것을 표시하는 것임.[10]

다르다. 액적의 크기는 일반적으로 25~100 μm라고 가정한다. 더 큰 액적이 만들어지기도 한다. 액체 연료 액적은 주변 기류에 의해 가속화되어 기화되기 시작한다. 증발율은 액적과 주변에 흐르는 가스 유동 사이의 열 및 질량 전달은 확립된 공식을 사용하여 계산되었다(액적 증발율 계산 방법에 대한 검토는 참고문헌 22 참조). 연료의 기화를 계산한 결과 액체 연료 액적의 온도는 급격히 감소하고(최대 약 30°C), 흡기 포트에서 기화된 연료의 분율은 작다는 것을 알 수 있다(2~15% 범위).

액체 연료 액적의 밀도가 공기보다 몇 배 높기 때문에 액적들이 공기 유동을 따라가지는 않는다. 액적의 관성으로 인해 액적들이 스트림라인을 가로질러 이동하게 될 때와 액적의 유동이 방향을 바꿀 때 벽면에 액적이 충돌할 수 있다. 흐르는 가스 흐름에서 개별 액적에 대한 운동 방정식은 다음과 같다.

$$\left(\frac{1}{6}\pi D_d^3 \rho_f\right)\mathbf{a} = m_d \mathbf{g} - \frac{1}{2}(\mathbf{v}_d - \mathbf{v}_g)\,|\mathbf{v}_d - \mathbf{v}_g|\,\rho_g C_D \frac{\pi D_d^2}{4} \tag{7.10}$$

여기서 D_d는 액적직경, ρ_f와 ρ_g는 액체 및 가스의 밀도, v_d와 v_g는 액적과 기체의 속도, a는 액적 가속도, g는 중력가속도, C_D는 액적 항력 계수다. $6 < \mathrm{Re} < 500$의 경우, 증발하는 액적의 항력 계수는 레이놀즈 수와 큰 관계가 있다. 예를 들어

$$C_D = 27\,\mathrm{Re}^{-0.84} \tag{7.11}$$

여기서 $\mathrm{Re} = (\rho_g D_d\,|\mathbf{v}_d - \mathbf{v}_g|/\mu_g)$.

위의 방정식과 일반적인 매니폴드 조건 및 기하학적 구조를 이용한 액적 충돌 및 증발에 대한 연구는 다음의 사실들을 알 수 있다. 90° 커브에서 10 μm 미만의 액적은 기본적으로 가스 유동(<10 % 벽충돌)에 의해 운반되며, 25 μm보다 큰 대부분의 액적은 벽면에 충격을 가한다. 연료 노즐 출구에서 떨어진 2차 미립화(분열)에 의해 생성된 액적 크기는 국부 가스 속도에 따라 달라진다. 가스와 액체 사이의 국부적 상대속도가 높을수록 액적의 크기는 작아진다. 위에서 설명한 두 가지 현상을 결합한 대략적인 예측에 따르면 낮은 엔진 공기 유량에서 거의 모든 연료가 밸브 헤드에 접근함에 따라 흐름이 바뀌면서 포트 벽면에 충돌한다. 높은 속도의 공기 유동에서 액적은 더 작아지기 때문에 액적의 상당 부분이 공기 유동에 유입될 수 있다. 밸브 시트에서 연료 막 위로 공기가 흘러갈 때의 2차 미립화는 연료 이송 과정에 중요하다. 밸브 시트와 헤드 가장 자리의 높은 공기 속도는 10 μm 이하의 입자를 생성한다. 그러나 벽면에 흡착 및 침착과 그 후의 재유입(re-entrainment)은 액적의 평균 크기를 증가시킬 수도 있다.

다음과 같이 매니폴드에서의 액적 증발 속도를 추정해 볼 수 있다. 매니폴드에서 약 10 ms (1800 rev/min에서 100 deg.CA)의 체류시간으로는 약 10 μm 미만의 액적만 증발한다. 따라서 공기 유동에 의해 운반될 수 있을 만큼 작은 방울만이 흡기에서 기화될 수 있다. 더 큰 액적들은 벽면에 영향을 미친다.

연료막 거동

벽면에 충돌하는 연료도 기화될 것이고, 연료 침착이 일어나는 곳과 국부적인 벽면 기하학에 따라, 액체막 또는 리뷸렛(rivulet)으로서 벽을 따라 흐르는 공기에 의해 끌릴 수 있다. 벽면으로부터의 기화 속도가 충분히 높으면, 액막이 형성되지 않을 것이다. 흡기 포트 또는 밸브 벽면에 있는 액막이나 풀(pool)은 추가 연료 운송 과정(침착, 액체 수송 및 증발)을 도입하기 때문에 중요하다. 이러한 과정은 공기 운송과정보다 훨씬 더 긴 시간 상수를 가진다. 따라서 엔진 부하의 변화 동안 각각의 엔진 실린더 내로의 공기 및 연료 유속의 변화는 더 느린 연료

운송을 보상하지 않는 한 서로 위상이 일치하지 않을 것이다. 이러한 과도 특성을 따르는 모델은 다음에 설명된다.

7.6.2 과도: 연료막 모델

액체 연료 벽면 막 거동에 대한 여러 가지 모델이 개발되었다. 첫 번째 접근법은 흡기 포트 및 밸브의 벽면에 있는 액체 연료 질량을 하나 이상의 "퍼들(puddles)"로 분석하는 것이다. 그림 7.24는 관련된 연료 운송 과정을 보여준다('퍼들'은 실제이고: 모델은 개념이다.) 분무 내의 분사된 연료 일부 x가 '퍼들'로 들어간다; 연료는 증발을 통해 '퍼들'을 떠난다. 액체가 '퍼들'에서 흐르는 공기에 의해 당겨진다. '퍼들' 연료질량 $m_{f,p}$의 변화율에 대한 방정식은 다음과 같다.

$$\dot{m}_{f,p} = \dot{m}_{f,\text{in}} - \dot{m}_{f,\text{out}} = x\,\dot{m}_{f,m} - \frac{m_{f,p}}{\tau} \tag{7.12}$$

여기서 $m_{f,p}$는 '퍼들' 내의 연료 질량, $\dot{m}_{f,m}$은 계량된 연료 유속, x는 '퍼들'로 들어가는 계량된 유동의 분율이다. 재유입+증발률은 퍼들 내의 연료질량을 재유입/증발공정의 특성시간 τ로 나눈 값에 비례한다고 가정한다. 엔진 부하의 단계적 증가에 대한 응답으로 이 모델에 의해 예측된 '퍼들'의 거동이 그림 7.25*a*에 나와 있다. 실린더로의 연료 공급량, $\dot{m}_{f,c}$는 다음 식에 의해 주어진다.

$$\dot{m}_{f,c} = (1-x)\dot{m}_{f,m} + \frac{m_f}{\tau} \tag{7.13}$$

연료의 일부$(1 - x)$만 공기와 함께 실린더로 직접 들어가기 때문에 스로틀이 빠르게 열리면 희박 공기/연료비가 예측된다. 그림 7.25(계량 보상없이)는 이러한 거동이 실제로 관찰되었음을 나타내는 것이다(5 L V-8 엔진의 경우). '퍼들' 내 연료량 추정치는 1000 mm^{3}이며 부하와 속도가 증가함에 따라 증가한다. 시간 상수는 완전히 예열된 엔진의 경우 1초이다. 엔진 작동 조건에 따라 변화하고, 특히 '퍼들'에 민감하며, 벽면온도에 대해서도 민감하다. 이러한 모델은 주로 연료운송지연을 보상하는 연료계량방법을 개발하는 데 사용된다.[23] 밸브헤드와 포트벽면의 온도가 상당히 다르고, 서로 다른 속도로 예열되기 때문에 이러한 '퍼들' 또는 $x - \tau$모델에는 추가적인 정교함과 상당한 교정이 필요하다.

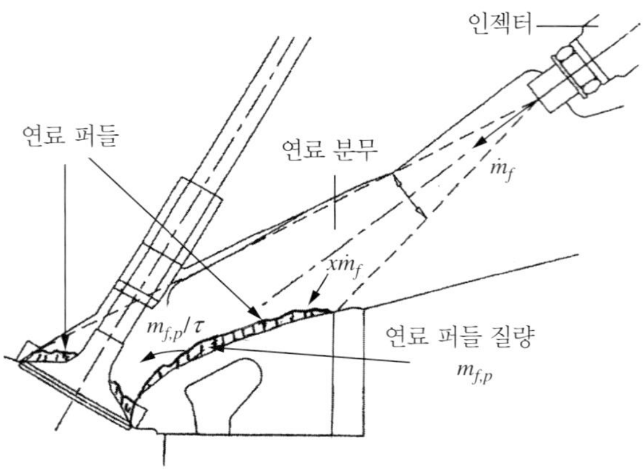

그림 7.24 분무 내로 분사되는 분율 (x)가 포트 및 실린더 내로 들어가기 전 '퍼들'을 생성하는 밸브헤드 표면에 어떻게 충돌하는지를 표시하는 $x-\tau$ 과도 연료 분무 및 '퍼들' 모델의 개략도: τ는 '퍼들'에서 연료가 평균 잔류하는 시간

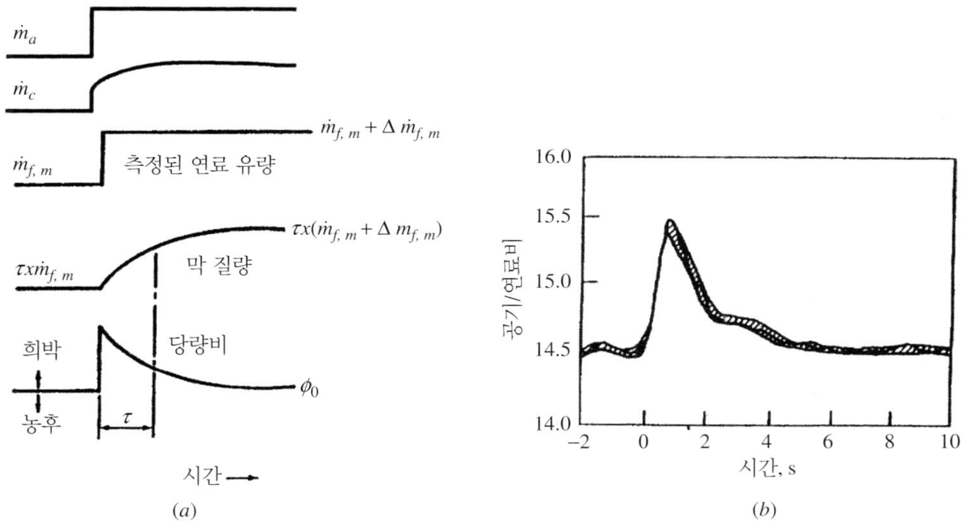

그림 7.25 (*a*) 엔진 작동 조건에서 미보상된 단계 변화에 대한 연료 막의 예측된 거동. (*b*) 1600 rpm, 매니폴드 압력이 48에서 61 cmHg로 증가하는 조건에서 미보상된 스로틀 개방 조건에 대한 공기/연료비의 관찰된 변화[23]

이러한 다점 포트 연료 분사 시스템을 사용한 연료운송과정은 다음과 같이 요약할 수 있다. 각 실린더로 가는 공기 유동은 스로틀 개방각, 엔진속도, 흡기 매니폴드와 포트 설계의 기하학적 세부 정보, 밸브 타이밍과 리프트에 따라 달라진다.

각각의 인젝터마다 제작 및 작동이 항상 일치하지 않기 때문에, 사이클마다 혹은 실린더마다 분사량은 약간의 차이가 있다. 개별 실린더 공기 유동은 매니폴드의 설계에 따라 달라지지만 연료 분사량은 그렇지 않기 때문에 이러한 포트 분사 시스템에서 균일한 공기 분포는 특히 중요하다. 연료 증발 및 이송 과정은 분사 기간 및 흡기밸브 리프트 프로파일에 대한 분사 펄스의 타이밍에 의존한다. 특히 닫힌 흡기 밸브를 향해 분사될 때, 분사된 연료의 대부분은 포트 벽면, 밸브 스템 및 밸브 헤드에 영향을 미친다. 부분 부하 작동 시 뜨거운 잔류 가스가 흡기 포트로 역류하는 것은 연료의 기화에 상당한 영향을 미칠 것이다. 과도 엔진 작동 중 연료 지연에 대한 보상은 여전히 필요하다. 연료 보상이 활용되지 않는 한, 급작스러운 스로틀 개방은 엔진에 공급되는 혼합물에 "lean spike"를 동반한다. 따라서 벽면의 젖음, 벽면에서 떨어진 액체 연료의 증발, 그리고 이 벽면을 따라 흐르는 액체 유동은 모두 혼합기 준비 과정의 중요한 구성 요소일 수 있다.

포트 연료 분사 시스템의 경우, 일부 액체 연료는 실린더로 유입되고, 액적들은 흡입 및 압축 중에 실린더 내에 존재한다. 이 실린더 내 연료 액적의 분포, 크기 및 수밀도 측정 결과에 따르면 개방 밸브 연료 분사로 흡입하는 동안 틈새 체적의 액적 수밀도가 분사 끝에서 최대(분사가 45° ATC에서 153°까지 지속됨)로 증가한 다음 점화, 압축 시의 증발이 매우 작은 값으로 된다. 흡입과정 중 실린더 내 액적의 평균 크기는 직경이 10~20 μm이었다; 압축 중에는 더 작은 액적들이 증발함에 따라 액적의 크기는 더 증가한다. 시험 조건에서 연료의 약 10~20%는 분사의 끝(분사가 거의 끝나가는 시점)에 액적의 형태로 있었다. 점화 시, 남은 액적은 연료의 극히 일부분을 포함하고 있었다. 분사 중 간극 체적에 걸친 액적 분포는 균일하지 않았다. 이것은 분사가 끝난 후 시간이 지날수록 훨씬 더 균일해졌다.[24]

7.7 직접 연료 분사 _Direct Fuel Injection

7.7.1 직접 분사 방법의 개요

스파크 점화기관의 실린더에 가솔린 또는 다른 액체 연료를 직접 분사하면 몇 가지 장점이 있다. 직접 분사의 두 가지 주요 장점은 첫째, 연료가 연소실(실린더)에 직접 들어가는 것이다(그림 7.2 참조). 둘째, 분사된 연료를 실린더 내 공기의 일부와 혼합하고, 연소실의 특정 영역에서 연료–공기 혼합기를 제한함으로써 실린더 내 연료 분포를 제어하고 *성층화*할 수 있다. 이러한 장점 중 첫 번째 장점은 포트 연료 분사(7.6.2절) 적용 시 발생하는 흡기 포트에서 실린더로의 연료 운송 지연이 제거되기 때문에, 혼합기 준비를 보다 빠르고 정밀하게 제어 할 수 있다. 또한, 차량 내 엔진의 더 나은 성능 결과를 얻을 수 있다. 두 번째 장점을 통해 엔진은 최소한 부분 부하에서 디젤과 같이 전체적으로 연료가 희박한 조건에서 작동하면서 스파크 플러그 근처에서 쉽게 연소할 수 있는 화학양론비 연료 증기 및 공기의 혼합기를 유지할 수 있다.

이러한 장점들에 의한 부수적인 이점은 다음과 같다. 실린더 내 충전된 공기에서의 연료 기화는 차지를 냉각시키고, 이 냉각 효과는 노킹을 지연시켜 더 높은 압축비에서 운전이 가능하다. 또한 엔진이 더 많은 공기를 흡입하여 WOT 토크를 증가시킨다. 특히 전체적으로 희박한 운전 조건에서 성층화된 타이트한 혼합기 준비 제어는 엔진의 연료소비를 (높아지는 압축비만큼) 개선한다. 따라서 연료의 직접 분사는 비록 연료 시스템 비용이 증가하는 단점이 있지만, 출력의 증가 및 더 높은 연료 전환 효율을 제공한다.

직접 분사 스파크 점화기관을 개발하기 위한 초기 노력은 수십 년 전으로 거슬러 올라간다. 1차 목표는 성층화 운전이었고, 심지어 다중 연료 작동 가능성도 포함했었다(1.7.4절 참조). 그 당시 연료 분사 기술의 이용과 연료 분무 거동에 대한 이해가 매우 제한적이어서, 이러한 노력은 성공적이지 못했다. 연료 분사 기술과 실린더 내 유동, 분무 거동, 점화 및 연소를 분석하기 위한 우리의 지식과 능력이 향상됨에 따라 1990년대 후반부터 직접 분사 가솔린 엔진이 개발 및 양산 판매되고 있다.[25, 26, 27] 이 엔진들은 저부하와 중부하에서 성층화(전체적으로 희박) 조건에서 운전되었고, 중부하와 고부하에서는 균일 화학양론비 연료 증기와 공기의 혼합기를 사용하는 운전으로 전환하여 작동되었다. 성층화 운전은 연료–공기 혼합의 정도를 제한하기 위해 엔진의 압축 행정(*후기 분사*) 후반부에 연료 분사가 되도록 하였다. 균일한 화학양론비 운전 모드를 위해서는 보다 완전한 연료–공기 혼합을 만들어야 하고, 이를 위해 충분한 혼합을 위한 가능한 많은 시간을 허용하기 위해 흡기 행정 중 조기 분사 해야 한다. 직접 분사 방식은 삼원 촉매 기술[d]의 배기 오염물질 저감효과가 매우 높기 때문에 조기 연료 분사에 의한 균일(화학양론비) 혼합기 운전에 더 집중하였다. 직접 분사 엔진은 또한 터보 과급 시 상당한 추가 이점이 있다. 성층화된 직접 분사 엔진 개념은 부하가 낮을수록 연료 소비를 개선하는 반면, 매우 효과적인 희박-NO_x 촉매는 개발은 어려워진다(11.6.3절 참조). 이 두 가지 직접 분사 방식의 분류(균일 및 성층화 혼합기)는 현재 널리 사용되고 있다. GDI 스파크 점화기관에 대한 광범위한 논의는 Zhao 등[28]과 Ando와 Acroumanis[29]의 연구에서 찾아볼 수 있다.

---

[d] 삼원 촉매 기술은 엔진이 화학양론비 조건에서 운전될 때 세 가지의 기체 상(phase) 대기 오염물질(HC, CO, NO_x)을 매우 낮은 수준(거의 98% 제거)으로 저감할 수 있다.

7.7.2 직접 분사(DI) 혼합기 준비 과정

직접 분사 스파크 점화기관의 연료–공기 혼합기 준비 과정은 흡기 내 연료를 분사하는 포트 연료 분사 방식보다 더 엔진의 점화 및 연소과정과 밀접한 관계가 있다. 그 이유는 분명하다: 혼합기 준비가 연소가 일어나는 동일한 공간(실린더)내에서 이루어지며 혼합에 사용할 수 있는 시간이 더 짧기 때문이다. 분사된 분무 내의 연료 액적은 (성층화 운전을 하는 연소실의 특정 영역 내에서 혹은 균일한 혼합기 운전을 하는 전체 연소실 안에서) 적절히 분산되어야 한다. 액적은 빠르게 증발해야 하고 챔버 벽면에 충돌하지 않아야 한다. 흡기밸브 헤드와 시트 그리고 실린더 헤드와 피스톤 크라운 형상을 지나가는 유동에 의해 생성되는 실린더 내 유동은 이 액적 분포와 기화 및 연료 증기, 공기, 잔류물 및 EGR 혼합 과정을 통해 원하는 균일 또는 성층화된 혼합기를 만들어야 한다.

이 두 가지 DI 혼합기 준비 과정(균일화 및 성층화)과 관련된 인자는 다음과 같다; 원하는 혼합기 구성(화학양론비), 연료 인젝터 및 분사 시기, 연소 시스템의 기하학적 구조(인젝터 위치와 방향, 노즐 설계, 실린더 내 유동 생성(텀블 또는 스월), 실린더 헤드 및 피스톤 크라운 형상(예: 성층화 운전을 위한 보울–인–피스톤 모양), 스파크 플러그 갭 위치). 이 중 몇 가지는 엔진 부하와 속도에 따라 다르며, 엔진의 전체 작동 범위에서 만족스러운 혼합기가 만들어져야 한다.

표 7.3은 두 가지(균일 및 성층화된 엔진 운전)의 서로 다른 DI 적용에서 일반적으로 선택되는 여러 가지 혼합기 준비 요소를 요약한 것이다. 부분 부하에서 성층화된 혼합기를 사용할 경우, 더 높은 부하(및 속도)에서 균일한 혼합기가 필요하다는 점에 유의해야 한다. 개발 및 설계 노력의 대부분은 가솔린 연료(약 10% 에탄올 포함)가 포함된 직접 분사 엔진에

표 7.3 균일 및 성층화된 직접 분사 SI 엔진의 주요 혼합기 준비 특징

특징	균일 혼합기	성층화된 혼합기
부하/속도 범위	전부하, 전체 속도범위	부분 부하, 저속/중속
자연흡기/터보	둘 다	둘 다: 그러나 부분 부하에서만
화학양론비	화학양론비 A/F	전반적으로 희박: 국부적으로 화학양론비에 가깝게
혼합기 준비 방법	조기 분사: 흡기행정중간 넓은 분무 분포: 균일한 혼합기	지각 분사: 압축행정 중간에서 후반부. 점화 플러그 주변에 제한된 혼합기 구름 형성
연료 인젝터: 위치	보통 흡기 포트 아래	흡기 포트 아래 (넓은 간격); 또는 스파크 플러그에 가까운 위치 (좁은 간격)*
연료 인젝터: 설계	보통 넓은 분무각을 갖는 멀티홀 노즐	성층화 연소 방법에 적합한 다양한 설계
연료 공급 압력(MPa)	5–15	5–20
공기 유동	텀블, 연료–공기 혼합을 향상하고 더 빠른 연소를 구현하기 위해.	분무와 보울–인–피스톤 형상에 맞는 특정한 공기 유동 텀블 또는 스월)
피스톤 형상	일반적인 피스톤 크라운 설계에 가까움	연료의 분무 발달 방향을 제한할 수 있는 특정한 보울–인–피스톤
배기 오염물질 제어 방법	점화 지연 (냉시동), EGR, 삼원촉매	점화 지연 (냉시동), EGR을 동반한 희박 운전, 희박-NO_x 저장 촉매

* 넓은 간격 또는 좁은 간격은 인젝터 노즐에서 점화 플러그까지의 간격을 말한다: 교재 참조.

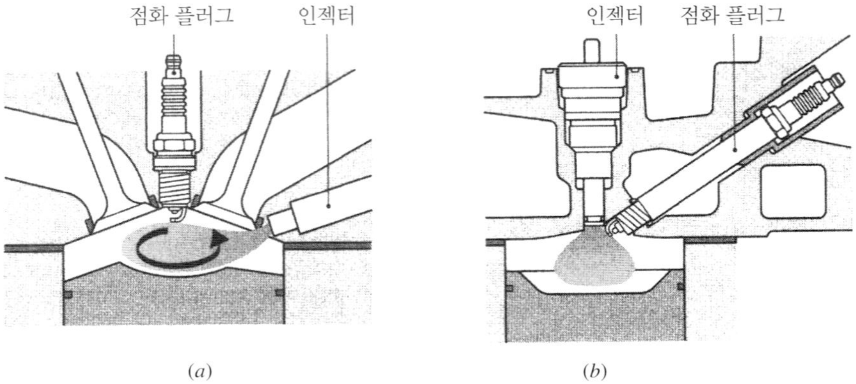

그림 7.26 직접 분사 방식의 성층화된–차지 SI 엔진에서 점화와 연소를 위한 두 가지 방식의 혼합기 준비: (*a*) 인젝터와 점화 플러그의 넓은 간격 배치(벽면–가이드 및 공기–가이드); (*b*) 인젝터와 점화 플러그의 가까운 배치(분무–가이드)[7]

초점을 맞추고 있다. DI 에탄올(또는 E85) 연료 분사엔진 역시 선택 사항이다. 비교적 균일한 연료–공기 혼합기의 생성이 목표인 균일 혼합 연소의 경우, 좋은 인젝터 위치는 흡기 포트 아래에 있다. 넓은 각도의 분무와 실린더 내 텀블[e] 동작으로 양호한 연료 분산, 기화 및 혼합을 얻을 수 있다. 흡기 행정의 중간 지점에서의 연료 분사 시 적절한 혼합기 준비 시간을 제공하고, 라이너와 피스톤 젖음을 최소화한다. 균일 차지 엔진 작동 시, 다른 엔진 프로세스는 포트 연료 분사를 사용하는 프로세스와 유사하다(DI를 사용한 차지의 실린더 내 증발 냉각 제외, 아래 참조).

성층 연소 운전에서 인젝터 노즐과 점화 플러그 위치, 연소실 형상 및 실린더 내 공기 유동은 다양한 연소 방식에 모두 사용되는 핵심 구성 요소들이다. 이것들은 종종 세 가지의 공기 및 연료 유동의 혼합기 준비 범주로 분류된다: 벽면–가이드(wall-guided), 공기–가이드(air-guided), 분무–가이드(spray-guided). 실제로 두 가지 기본적인 방식이 발달했다. (1) 인젝터 노즐과 점화 플러그의 *간격이 넓은 것* (2) 이 두 구성품(인젝터 노즐, 점화 플러그)의 *간격이 가까운 것*. 그림 7.26을 참조하기 바란다. 이 그림들은 그림 7.26(*a*)에서 넓은 간격의 인젝터 노즐과 점화 플러그를 사용하여 공기 가이드(예를 들어, 텀블)와 결합된 특수 형태의 피스톤 크라운과 함께 벽면을 사용하여 원하는 연료 분사 거동(착화 시기까지 점화 플러그에 도달하는 화학양론비 연료–증기/공기 혼합기 구름)을 생성하는 방법을 보여준다. 그림 7.26*b*에서 점화 플러그 전극은 발달하는 연료 분무 안에 위치한다. 이는 착화 시 점화 플러그 위치에 가연성 혼합기를 가져오는 분무 거동(가이드)이다.

그림 7.27은 벽면 가이드 및 공기 가이드, 넓은 간격의 성층화된 DI 엔진 개념의 네 가지 다른 예를 보여준다. 피스톤 크라운 형태, 공기 유동 및 연료 분사특성이 모두 어떻게 결합되어 안정적인(빠르고 반복 가능한) 스파크 점화 연소과정을 가능하게 하는지 알 수 있다.

부분 부하에서 희박 운전 시 주어진 토크에서 화학양론비 운전보다 엔진 흡기는 덜 열린다는 것에 유의해야 한다. 희박조건에서 더 효율적인 엔진 작동이나 토크를 생성하기 위해서는 연료는 덜 필요하지만, 상당히 더 많은 공기 유동이 필요하다. 따라서 주어진 토크로 희박조건을 작동할 때 흡기 매니폴드 압력이 더 높고, 펌프일(부분 부하에서 음수)이 감소한다.

---

[e] 8.4절 참조

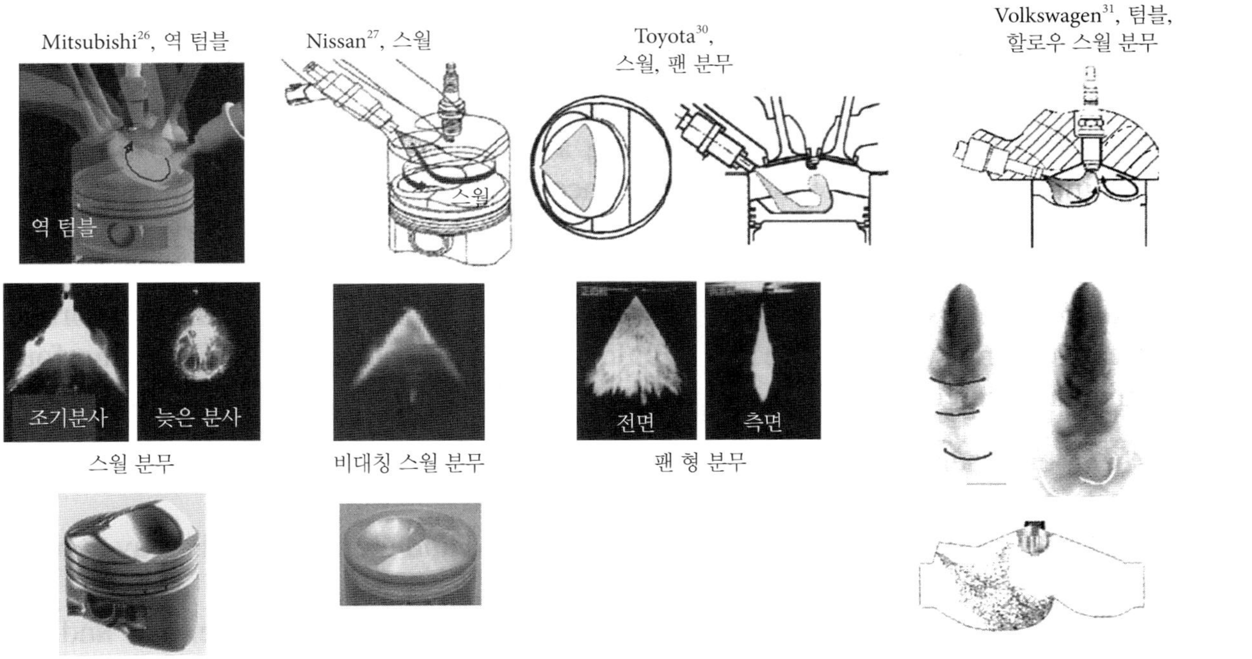

그림 7.27 연소실 형상, 공기 유동 패턴과 연료 분무 형상을 보여주는 성층화된 공기 가이드 및 벽면 가이드 가솔린 직접 분사 엔진의 예시[26, 27, 29, 30, 31]

이것은 부분 부하에서 희박 엔진을 더 효율적으로 만드는 몇 가지 요인 중 하나이다.

DI 혼합기 준비의 중요한 특징 중에 하나는 연료 분무가 챔버를 통과할 때 실린더 내 연료 액적의 증발에 의해 발생하는 혼합기 냉각이다. 액체 연료를 실린더 내에서 기화시키는데 필요한 열 에너지를 끌어냄으로써, 혼합기는 상당히 냉각된다. 액체 연료가 실린더 내 혼합기보다 낮은 온도에 있으면 연료 가열 과정도 수반되지만, 혼합기 온도의 변화는 비교적 적다. (처음에는 연료와 혼합기 모두 동일한 온도로) 공기 중 잔여 가스 질량에 포함된 액체 연료 액적의 기화로 발생하는 혼합기 온도 변화는 다음과 같다.

$$\Delta T = \frac{m_f}{(m_a + m_f)} \frac{h_{fg}}{c_p}(1 - x_r) \tag{7.14}$$

액체 및 증기 연료 가열(또는 냉각)은 10% 미만의 효과일 때 무시된다. 가솔린, 에탄올, 에탄올–물 혼합액, 메탄올의 ΔT는 표 7.4에 제시하였다. 이러한 차지 냉각 효과는 상당히 크다. 가솔린의 경우 약 20°C, 알코올의 경우 약 100°C 등이다. 물의 증발 잠열(h_{fg}) 2442 kJ/kg과

표 7.4 액체 SI 엔진 연료의 화학양론비 혼합기에서 연료 액적의 증발 냉각 효과

연료	$(A/F)_s$	h_{fg} kJ/kg	$h_{fg}/Q_{HV} \times 10^3$	ΔT 냉각 온도*
가솔린	14.6	350	8.0	19
에탄올	9.0	910	30	82
에탄올/물	20% (H_2O)	2442 (H_2O)	52	123
메탄올	6.47	1100	49	132

* 식 (7.14): c_p(혼합기) ≈ 1.06 kJ/kg · K, $x \approx 0.05$

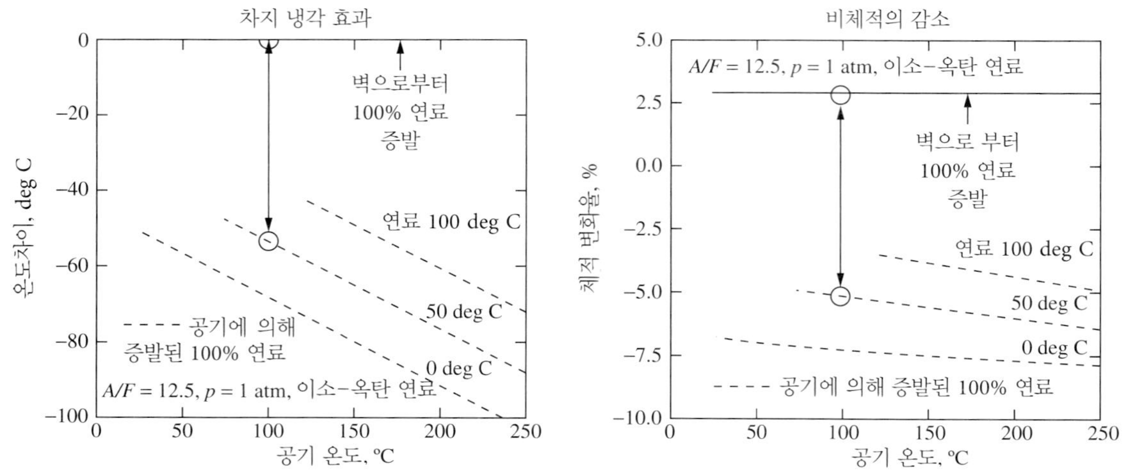

그림 7.28 초기 공기 및 연료 온도의 함수로써 혼합기 온도 저감(압축 TC에서)와 실린더 내 가스-혼합기 비체적 감소(흡기 과정의 끝에서) ($A/F = 12.5$, $p = 1$ atm, 이소옥탄 연료)[33]

식 (7.14)의 확장된 버전을 이용하여 에탄올에 20% 물을 첨가하면 에탄올 증발 냉각효과가 약 50% 증가하는 것을 알 수 있다.

흡기 과정 중 차지 냉각은 실린더 내 차지의 밀도를 증가시켜 유입되는 공기의 양에 영향을 준다. 그림 7.28은 차지 냉각 온도 차이(TC에서, 압축 행정의 끝)와 흡기의 끝에서 실린더 내 혼합기의 비체적(밀도의 역수) 변화에 대한 여러 가지 변수의 영향을 보여준다. 실선 화살표는 상단의 연소실(또는 흡기 포트 및 밸브 벽면)에서 공기와의 열전달에 의해 100%까지 모든 연료가 증발하는 것을 보여준다.[f] 다양한 연료로 실제 차지 냉각을 정량화하기 위한 실험 기반 일(작업)은 표 7.4에 나타난 최대 또는 이상적인 ΔT의 분율이 가솔린 DI 엔진 작동의 경우 80% 이상, E85 DI 작동의 경우 60~70% 이상임을 나타낸다.[32] 이 직접 분사 연료 증발 차지 냉각 효과는 노킹의 시작에 영향을 미치며, 따라서 엔진의 압축비에도 영향을 미친다. 압축 시작 시 차지(충전 기체)의 온도가 낮아지면 점화 및 최대 실린더 압력의 크랭크 각도에서 연소되지 않은 혼합기의 온도가 낮아진다. 따라서 노킹의 시작은 지연되고, 더 높은 부스트와 함께 더 높은 엔진 압축비와 엔진 터보 차징을 사용하여 엔진 출력을 높이고 엔진 크기를 줄여 효율을 높일 수 있다. 또한 알코올 및 알코올/가솔린 혼합 연료의 사용은 차량에 두 개의 별도 연료 탱크를 설치하거나, 연료를 옥탄 성분이 높은 것과 낮은 것으로 차 내에서(on-board) 분리하여 높은 옥탄 연료 종(예, 에탄올)을 분리하는 방법으로 가솔린 단독 사용보다 더 큰 노킹 억제효과를 얻을 수 있다.

압축 행정의 닫힌 밸브 영역 중 실린더 내 연료 증발이 발생하면, 차지 온도에 대한 영향이 증가한다는 점에 유의해야 한다. 그런 다음 증발하는 연료(예를 들어, Δm_f)는 같이 증발하는 연료는 $(\Delta m_{f,v} h_{fg} / c_p)$가 아닌 $(\Delta m_{f,v} h_{fg} / c_v)$에 비례하는 온도 변화를 일으켜, 흡기 과정 중 일정한 압력에서 영향을 정량화한다. 공기, 잔류 물질, 연료 증기 차지에 대한 c_p / c_v의 비는 약 1:35이다.

---

[f] 포트 연료 분사 방식에서도 연료 액적이 실린더 내로 들어가 실린더 내 가스(차지)로부터 열 에너지를 받아 증발하는 경우 약간의 차지 냉각이 있을 수 있다.

7.7.3 직접 분사 엔진의 시스템 및 구성요소

그림 7.29는 터보 차저가 장착된 직접 분사 가솔린 엔진에 대한 전반적인 엔진 관리 시스템의 개략도를 보여준다.[34] 공기는 우측 상단의 공기유량계와 터보 차저의 압축기를 통해 시스템으로 유입된다. 배기 가스는 엔진을 떠나 중앙에서 바로 이동하고, 터빈/웨이스트 게이트 조합, 산소 센서, 우측 하단 촉매 등을 통해 배출된다. 혼합기 준비 구성요소는 공기질량유량(압축기 중간냉각/매니폴드 압력, 전자 스로틀, 매니폴드/포트 스월 컨트롤 밸브, 흡기 밸브 타이밍 제어용 캠 페이저) 및 연료 유량(탱크 내 연료펌프, 연료 레일 고압 펌프, 연료 분사압력 조절기, 직접 분사 인젝터)을 결정한다. 엔진의 전자 컨트롤 유닛은 원하는 토크와 그에 상응하는 필요한 공기 질량을 바탕으로 연료량을 결정한다(혼합기의 의도된 화학양론비—성층화 또는 균일 혼합—에 기초함). 배기 가스 산소 센서는 배기 가스 혼합물의 상대적 공기/연료비(일반적으로 화학양론비 또는 성층화 운전 시 희박)를 모니터한다 공기 유동에 필요한 부스트 압력은 웨이스트 게이트에 의해 제어된다. 따라서 이러한 자동차의 혼합기 준비 관리 시스템은 원하는 엔진 출력에 필요한 연료와 공기 차지를 설정하고, 필요한 연료 분사 압력을 생성하며, 분사의 시작을 정의한다. 또한 가속 페달과 스로틀 설정에 필요한 연료량을 측정하여 적절한 방법으로 연료를 실린더에 분사한다. 이것은 안정적인 저-배기 연소과정을 얻기 위해 전체적인, 특히 점화 위치에서 실린더 내의 연료, 공기, 잔류 가스(그리고 그림 7.29이 표시되지 않은 EGR) 혼합기를 설정한다.[7]

그림 7.30은 부분 부하 및 저속/중속 조건에서는 성층화된 DI 운전 및 전반적으로 희박한 조건에서 운전하고, 고부하가 될수록 균일 모드 작동을 하는 것에 대한 엔진 부하-속도맵에서 직접 분사식 관리 시스템의 정상적으로 혼합기를 준비하기 위한 전략을 보여준다. 수직축은 부하 또는 bmep 또는 정규화(normalize)된 토크다. 상대 공기/연료비 λ는 각 영역에 표시된다. 이러한 영역 간의 정확한 경계는 엔진 개념에 따라 달라질 수 있지만, 성층화 및 균일한 운전의 사용, 각 모드에서 λ와 EGR 값, 그리고 이러한 선택의 영향과 이유는 일반적이다.

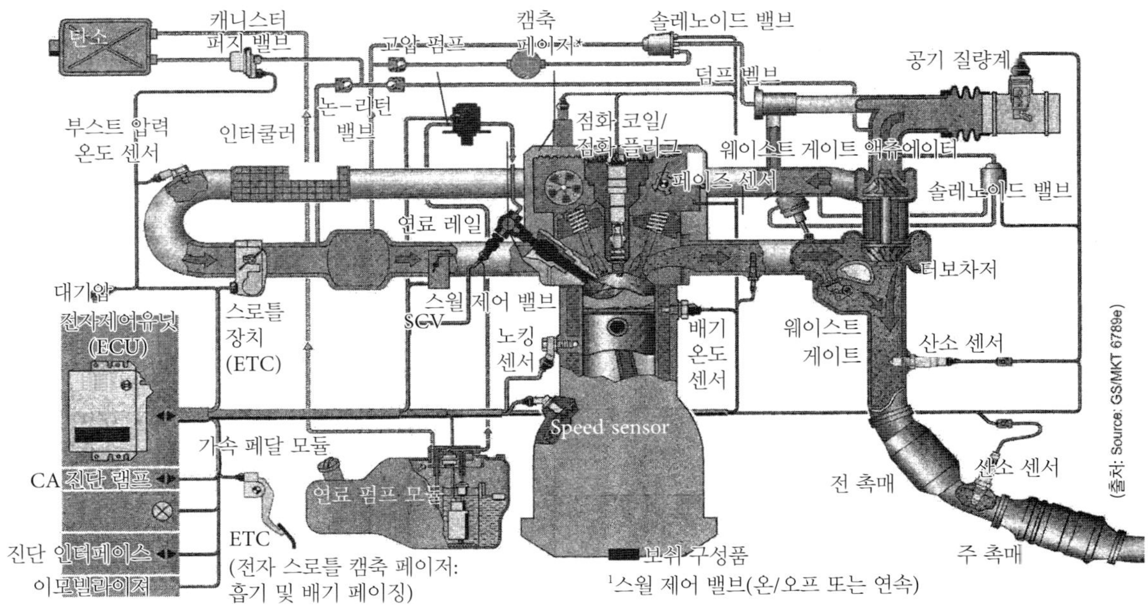

그림 7.29 DI 엔진 관리 시스템의 레이아웃 개략도[34]

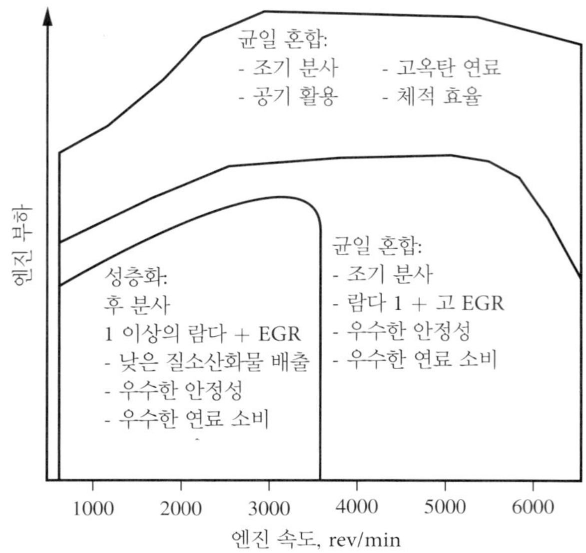

그림 7.30 다른 운전 체제를 보여주는 일반적인 성층화 GDI 엔진 작동 맵[35]

노즐 설계와 분무 특성

GDI 스파크 점화기관에서 인젝터는 더 높은 압력을 위해 특별히 개발되어 왔다. 분사된 액체 연료는 작은 액적으로 미립화되어야 하며 실린더 또는 연소실의 해당 영역 전체에 적절히 분산되어야 한다. 균일 운전 조건에서는 연료가 실린더 내에서 고르게 분포되어야 한다. 성층화된 운전 조건에서 분무는 점화 플러그 주변에서 제한된 체적 내에서 즉시 착화될 수 있는 혼합기를 제공해야 한다. 안정적인 점화 및 연소를 위해 화학양론비에 가까운 혼합기 영역이 필요하다. 일반적으로 사용되는 고압 직접 분사 인젝터인 스월형 인젝터의 예는 그림 7.31*a*에 연료 분사를 활성화하는 신호(그림 7.31*b*)와 함께 표시되어 있다. 연료는 스월가이드에 의해 니들 축을 중심으로 회전하는 운동으로 노즐을 빠져나오게 한다. 이러한 스월 모션을 사용하면 액적의 크기가 감소하고 분무 분산에 도움이 된다. 그러한 스월형 인젝터는 그림 7.27에 표시된 두 개의 성층화된 직접 분사 엔진에 사용된다. 연료 분사량은 연료 레일 압력과 실린더 내 가스 압력 사이의 차이 및 니들 개방 시간에 따라 달라진다. 요구되는 연료량 계량의 정밀도를 위해서는 짧은 니들의 개폐시간이 필요하다. 이를 위해 인젝터는 인젝터 드라이버가 인젝터 아마추어와 니들을 활성화하기 위한 디지털 신호와 빠르게 인젝터를 개방하기 위한 높은 초기 전류 펄스에 의해 트리거된다. 관련된 약간의 지연과 니들 개폐시간은 제어 로직에 포함된다.

다른 유형의 인젝터 설계도 사용된다. 멀티홀 노즐과 외부 개방형 핀틀 노즐은 크게 다른 두 개의 인젝터 설계로 그림 7.32에 나타나 있다.

이 그림에서 함께 보여지는 것은 스월형, 외부 개방형 핀틀, 멀티홀 노즐 등 각 인젝터로부터 만들어지는 연료 분무 사진이다. 스월형 연료 인젝터는 벽면과 유동 분무 가이드가 조합되어 사용되는 성층화된 시스템에 널리 사용되고 있다. 분사 압력의 변화는 분무의 분산 각도를 변화시키며, 이는 성층화된 운전에 필요한 더 좁은 분무에서 균일 운전에 필요한 더 넓은 분무까지 전환에 모두 유용하게 사용할 수 있다. 멀티홀 노즐과 외부 개방형 핀틀 노즐은 명확하게 정의된 분무 경계(그림 7.32)를 생성하므로 분무 가이드 성층화 직접 분사 시스템의 좋은 후보들이다. 그림 7.33은 멀티 분무 노즐과 분무 가이드 직접 분사 혼합기 준비 및

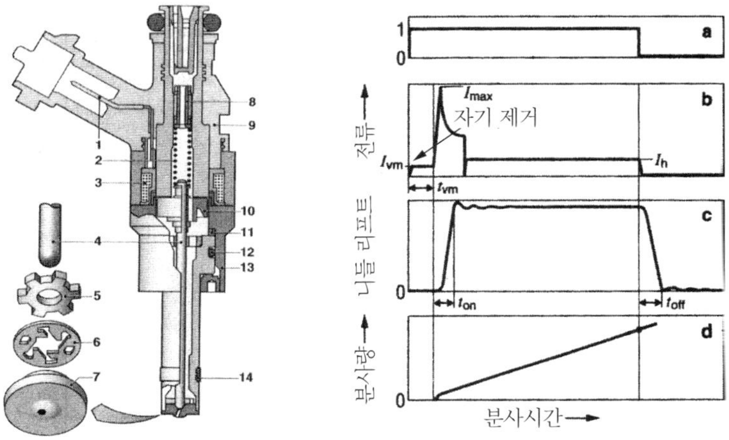

(*a*) (*b*)

그림 7.31 (*a*) 고압 DI 연료 인젝터 레이아웃 다이어그램: (1) 전기 커넥션; (2) 스프링; (3) 코일; (4) 노즐 니들; (5) 가이드 와셔; (6) 스월 플레이트; (7) 시트 와셔; (8) 조절 노즐; (9) 하우징; (10) 솔레노이드 아마추어; (11) 심(shim); (12) O-링;' (13) 밸브 하우징; (14) 테프론 링; (*b*) 인젝터 활성화를 위한 신호 프로파일; (*a*) ECU에서 계산되는 트리거 신호; (*b*) 인젝터 전류; (*c*) 니들 리프트; (*d*) 연료 분사량[7] (*Robert Bosch GmbH*와 *SAE* 제공)

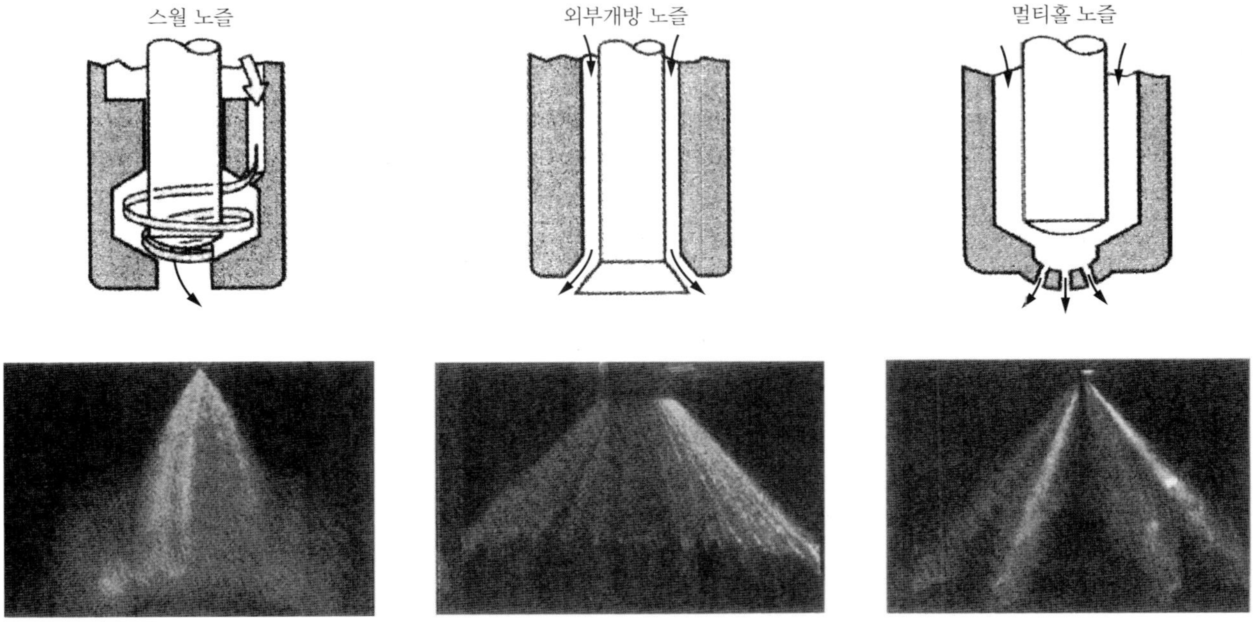

(*a*) (*b*) (*c*)

그림 7.32 세 가지 타입의 고압 인젝터 노즐과 분무 패턴: (*a*) 스월 노즐; (*b*) 외부 개방 노즐; (*c*) 멀티홀 노즐[29]

연소 시스템을 위한 외부 개방형 스월 노즐에 대한 인젝터, 연료 분사 및 점화 플러그 위치를 나타낸 것이다. 점화 플러그 전극은 국소적 연료 증기-공기 혼합기가 점화 및 화염 발달이 신속하게 이루어지도록 화학양론비 구성에 가까운 연료 분무 경계 내에 위치한다.

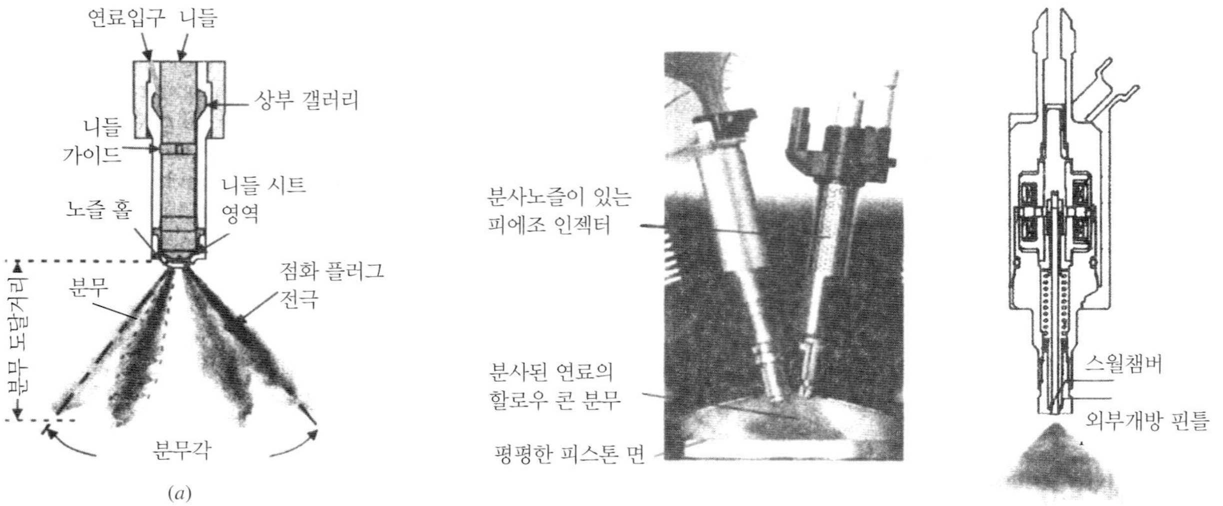

그림 7.33 (*a*) 분무 가이드 가솔린 직접 분사 엔진용 멀티홀 노즐. (*b*) 스월 챔버 노즐과 넓은 할로우-콘(hollow-cone) 분무를 갖는 외부 개방 핀틀 인젝터[29]

7.8 배기 가스 산소 센서 _*Exhaust Gas Oxygen Sensors*

엔진이 화학양론비 공기/연료비에 가깝게 작동될 경우 배기 시스템에서 단일 촉매로 탄화수소, 일산화탄소, 질소산화물 등 세 가지 기체 오염물질을 줄일 수 있다. 이러한 시스템(삼원 촉매 및 폐-루프 센서)은 11.6.3절에 자세히 설명되어 있다. 엔진 작동 공기/연료비는 배기 시스템의 센서를 사용하여 배기 가스 유동의 산소 농도에 따라 전압 신호를 제공하여, 화학양론비에 가깝게 유지된다. 이 신호는 엔진 실린더로 공급되는 연료와 공기를 제어하는 피드백 시스템에 대한 입력이다.

산소 센서 또는 람다 센서[λ는 상대 공기/연료비에 사용되는 기호, 식 (3.9)]라고 불리는 이 센서는 높은 온도에서 전류가 산소 이온에 의해 전달되는 고체 전해질 셀을 기본으로 사용한다. 전해질은 두 개의 가스 함유 영역을 분리하는 이트리아(yttria, Y_2O_3) 안정화 지르코니아(zirconia, ZrO_2) 세라믹이다. 셀은 다음과 같이 인터페이스로 구분되는 일련의 영역으로 나타낼 수 있다.

배기	금속	세라믹	금속	공기
p'_{O_2}	M_e	ZrO_2, Y_2O_3	M_e	p''_{O_2}

p''_{O_2}은 산소 분압($\approx$ 20 kN/m^2)이고 p'_{O_2}는 배기 가스의 평형 산소 분압이다. 상승된 온도의 금속 전극에서 전기화학적 반응이 일어난다.

$$O_2 + 4M_e \rightleftharpoons 2O^{2-}$$

그리고 산소 이온은 전류를 셀로 운반한다. 셀 V_0의 개방 회로 출력 전압은 네른스트(Nernst) 방정식을 통해 산소 분압 p'_{O_2} 및 p''_{O_2}와 관련될 수 있다.

$$V_0 = \frac{RT}{4F}\ln\left(\frac{p''_{O_2}}{p'_{O_2}}\right) \tag{7.15}$$

여기서 F는 페러데이 상수이다. 금속 전극의 백금 촉매 활성도에 의해 배기 가스측 전극에 평

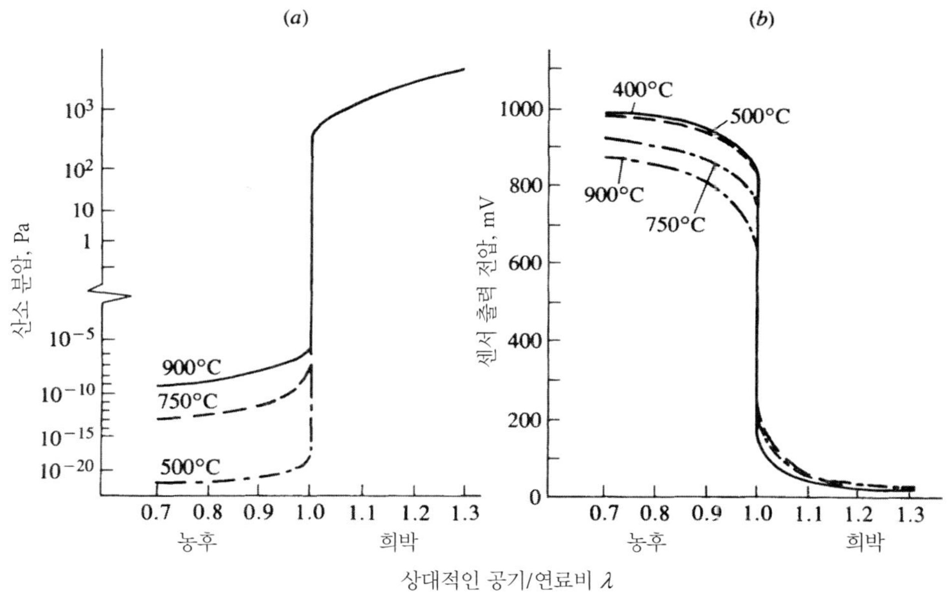

그림 7.34 산소 센서 전해질 셀 작동 특성. 상대 공기/연료비와 온도의 함수로써의 변화: (*a*) 균형 잡힌(평형) 연소 생성물에서 산소 분압과 (*b*) 센서 출력 전압[36]

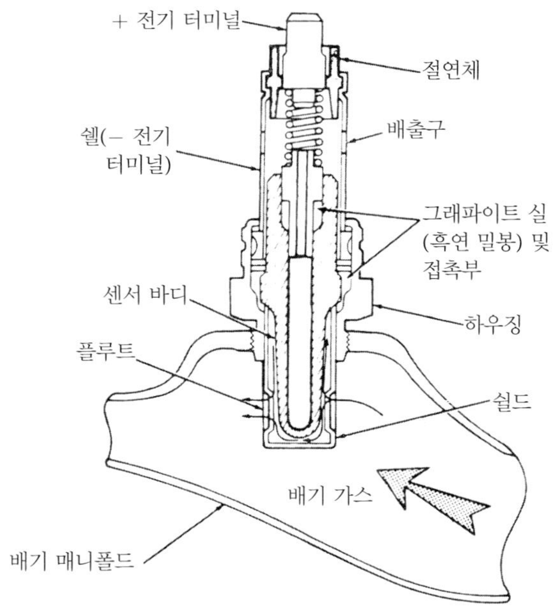

그림 7.35 배기 산소(람다) 센서의 단면도[37]

형이 설정된다. 그림 7.34*a*와 같이 당량비가 0.99에서 1.01로 변화함에 따라 평형화된 배기 가스의 산소 분압은 크게 감소한다. 그러므로 센서 출력 전압은 그림 7.34*b*와 같이 화학양론비 지점의 희박 혼합기에서 농후한 혼합기로 빠르게 증가한다. 이런 변화는 온도에 의존하지 않기 때문에 피드백 시스템의 센서 신호로 적합하다.

그림 7.35는 배기 매니폴드 벽면에 나사로 체결된 간단한 람다 센서의 단면도를 보여준다. 엔진 시동 후 빠른 예열을 위해 센서를 전기로 가열한다. 배기 포트 위치에 가까우면 연료 인젝터 위치(엔진의 상류)에서 센서까지의 유량이 가장 짧고, 이는 피드백 시스템의 작동

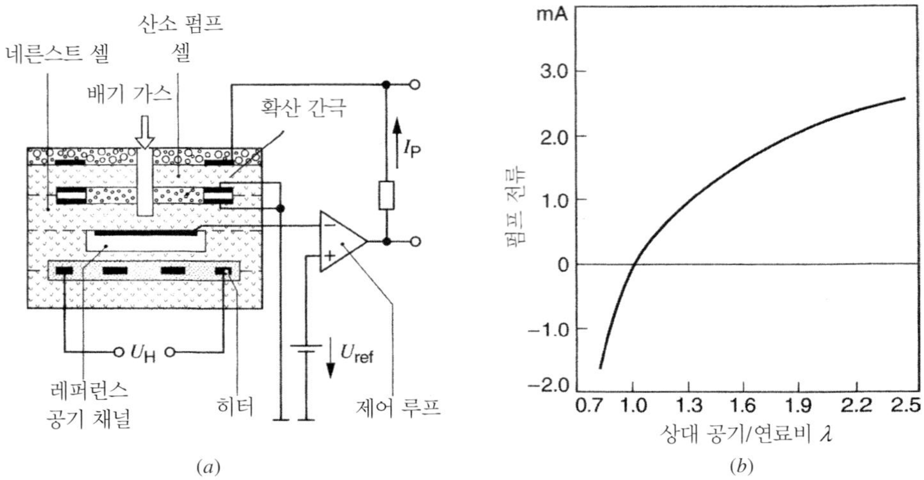

그림 7.36 (*a*) 광역 배기 산소(람다) 센서의 개략도. (*b*) 람다에 대한 센서 신호(펌프 전류)[7]

에 중요한 지연시간이 된다. 센서는 Y_2O_3로 안정화된 ZrO_2 세라믹으로 제작되어 적절한 전기 전도성을 제공한다. 내부 및 외부 전극은 필요한 촉매 평형을 제공하기 위해 10 μm 두께의 다공성 백금층을 가진다. 배기 가스에 노출 된 외부 전극은 10 μm 스피널 코트(spinal coat) 및 슬롯 쉴드(slotted shield)로 부식 및 침식으로부터 보호된다. 공기는 보호 슬리브의 구멍을 통해 내부 전극으로 전달된다. 보호 슬리브 및 하우징은 열 및 부식 방지 강철 합금으로 만들어진다. 이러한 센서는 화학양론비 값에 가까운 공기/연료비 제어를 위해 처음 개발되었다.

광역 람다 센서는 배기 가스 상대 공기–연료비의 희박 또는 농후 조건 측정이 필요할 때 사용된다. 광역 센서는 위에서 설명한 기존의 배기 가스 산소 센서와 산소 펌프로 작동하는 두 번째 센서를 결합한 것이다. 그림 7.36*a*는 그러한 센서와 그 전기 회로의 개략도를 보여준다. 산소 펌프 셀(상단에 있음)은 배기 가스가 공급되는 확산 간극(diffusion gap)의 양쪽에서 그 아래의 배기 가스 산소 농도(Nernst) 셀과 쌍을 이룬다. 확산 간극의 배기 가스가 화학양론비가 아닌 경우, 전류 I_p는 산소 펌프 셀을 통과하여 적절한 방향의 인가 전압 차이에 의해 구동되며, 가스의 희박 여부에 따라 확산 간극에서 산소 원자를 기체 밖으로 또는 안으로 전달하여 화학양론비 구성으로 유도한다(Nernst 셀에서 검출한 바와 같이, 산소 농도가 21%로 일정하게 유지되는 셀을 기준으로 함). 전기 히터는 이러한 가열할 센싱 부분 아래에 장착되고, 센서의 온도를 제어한다. 배기 가스 상대 공기/연료비 λ를 화학양론비 대 λ에 복원하기 위한 반응(펌프전류)은 그림 7.36*b*와 같다. 이러한 광대역 배기 가스 산소 센서는 희박 성층화된 직접 분사 엔진 개념에서 중요하다. 이것들은 또한 디젤에서도 사용할 수 있다.

화학양론비에 가까운 엔진 작동에서 폐–루프 피드백 제어의 경우, 다음과 같은 방식으로 희박 혼합기에 대한 센서의 저전압 출력과 농후한 혼합기에 대한 고전압 출력을 사용한다. 제어 전압의 기준값은 그림 7.37*b*의 급격한 과도구간의의 중간 지점에서 선택된다. ECU에서 센서 신호는 그림 7.37*a*와 같이 비교 측정기(comparator)의 기준 전압과 비교된다. 비교 측정기 출력은 적분제어기에서 적분되고, 그 출력은 연료량을 비교 측정기 신호의 부호와 반대 방향으로 선형적으로 변화시킨다. 연료–공기 혼합기의 이송 시간과 흡기 시스템 내 연료 입구점부터 배기 내 센서 위치까지 그리고 센서와 제어 시스템 시간 지연으로 구성된 루프에는 시간 지연 τ_L이 있다. 이 시간 지연 때문에 제어기는 그림 7.37*b*와 같이 화학양론비

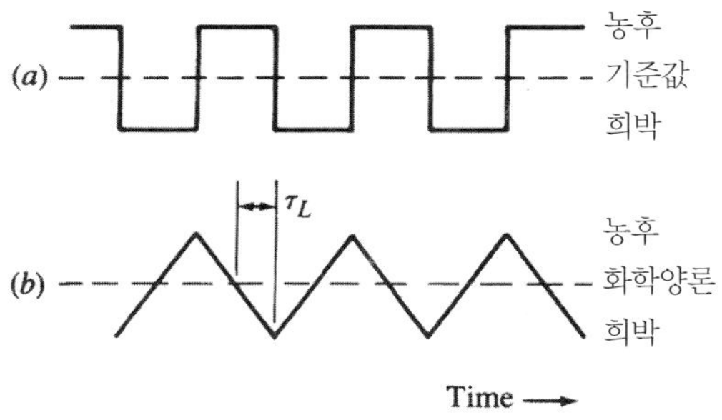

그림 7.37 폐-루프 피드백에 대한 전기 제어 유닛의 작동: (*a*) 기준값에 대한 센서 신호; (*b*) 제어기 출력 전압-축적된 비교 측정기 출력[38]

기준점을 지났지만 동일한 방향으로 연료 유량에 계속 영향을 미친다. 따라서 엔진에 전달되는 상대 공기/연료 또는 연료/공기 당량비의 진동은 폐-루프 제어의 정상 상태 조건에서도 존재한다. 이러한 제어 시스템의 거동은 *한계 사이클*라고 하며, 이 한계 사이클의 주파수 f는 다음과 같다.

$$f_{LC} = \frac{1}{4\tau_L} \tag{7.16}$$

그리고 최고점 간(peak-to-peak) 당량비의 변화는 다음과 같다.

$$\Delta\phi = 2K_{\tau_L} \tag{7.17}$$

여기서 K는 적분기 게인이다(단위시간당 당량비 단위).

배기 가스에 있는 3가지 오염물질 CO, HC, NO_x의 정화에 사용되는 삼원 촉매의 세부 사항에 따라 최적의 평균 당량비는 정확하게 화학양론비가 아닐 수 있다. 또한 센서 최대 내 구성에 대한 기준 전압은 이론적 지점 또는 원하는 촉매 평균 작동 지점과 정확히 일치하지 않을 수 있다. 화학양론비로부터 작동 지점의 작은 변화(~ ± 1%)는 기준 전압 레벨을 변화시켜 얻을 수 있지만, 제어 루프를 수정하여 정상 상태 편향을 제공함으로써 더 큰 변화를 얻는다. 편향(비대칭 이득율 편차)을 제공하는 한 가지 방법은 K^+와 K^-가 다른 두 개의 별도 적분기 회로를 사용하여 비교기 출력이 양(부자)인지 음(부자)인지에 따라 비교기 출력을 적분한다. 대체 바이어싱 기법은 센서 신호가 높은 레벨에서 낮은 레벨로 전환(또는 그 반대)했음에도 불구하고 제어기 출력이 계속 감소(또는 증가)하도록 추가적인 지연 시간 τ_D를 포함한다. 센서 신호의 음의 기울기에서만 이 추가 지연을 도입하면 순 희박 바이어스(net lean bias)가 생성된다. 센서 신호의 양의 기울기에서 추가적인 지연을 도입하면 순 농후한 바이어스(net rich bias)가 생성된다.[38]

센서는 상승된 온도에서만 작동한다는 점에 유의해라. 센서 히터는 엔진 시동 후 즉시 사용되어 피드백 시스템이 최대한 빨리 작동하여 만족스러운 엔진 작동을 위해 적절한 연료 공기 혼합기를 얻을 수 있도록 보장한다. 두 개의 람다 센서가 현대식 삼원 촉매의 배기 제어 시스템에 사용되며, 이 시스템은 세륨(ceria)을 촉매 워시코트에 입혀 *산소 저장 기능*을 포함하고 있다(11.6.3절 참조). 촉매의 업스트림 센서는 엔진의 혼합기 준비 시스템에 대한 피드백 제어를 제공한다. 엔진에 유입되는 연료-공기 혼합기에서 상대 공기/연료비(1 Hz 주파수에 근접한 람다의 약 ± 0.3%)에서 유도되는 진동은 항상 촉매에 저장된 산소가 무작위 단기 농후 또는 희박 혼합기 이탈을 상쇄하거나 흡수할 수 있도록 하기 위해 사용된다. 산소 저장용량이 여전히 유효하므로 삼원 촉매는 λ의 이러한 변동을 흡수하고 촉매 출구 연소가스는 거의 일정한 화학양론비를 갖는다. 따라서 두 번째 산소 센서는 입력 λ의 진동보다 훨씬 낮은 진동으로 인해 산소 저장이 효과적으로 작동하도록 하기 위해 촉매의 하류에 위치한다.

이 두 번째 산소 센서는 첫 번째 센서에서 얻은 피드백 신호의 정밀도 향상에도 사용된다.

7.9 연료 공급 시스템 _Fuel Supply Systems

포트 연료 분사

흡기 매니폴드 분사를 통한 연료 공급은 여러 단계를 거쳐 발전했다. 이것은 그림 7.38에 나와있다. 연료 공급 시스템에 대한 두 가지 중요한 요건은 어떠한 가능한 수요 변화에도 인젝터가 적절한 연료를 사용할 수 있도록 보장하고, 각 사이클 사이 및 각 실린더 간 높은 분사 정밀도를 유지해야 한다. 그림 7.38*a*는 표준 시스템을 나타낸 것으로 대부분의 작동조건에서 초과 연료가 흡기 매니폴드 압력보다 높아 일정한 압력 차이로 작동하는 연료 레일에 공급된다. 따라서, 항상 적절한 연료를 사용할 수 있다. 연료 레일에 공급된 여분의 연료는 리턴 라인을 통해 탱크로 되돌아간다. 이 연료가 탱크에서 엔진으로, 다시 탱크로 흘러간 결과 중 하나는 연료의 가열이다. 탱크 안의 연료 온도는 연료 공급 시스템에서 초과 탄화수소 증기압력으로 인해 지속적으로 상승한다. 리턴이 없는 연료 시스템이 개발되었다(그림 7.38*b* 참조). 이 시스템에서는 인젝터에 필요한 연료만 조절된 압력으로 연료 레일에 공급되고, 레일에서 탱크로 가는 리턴 라인이 없다. 전기 연료펌프에 의해 전달된 추가 연료는 엔진실과 뒤로 흐르지 않고 탱크에 직접 반환된다. 이 리턴이 없는 시스템은 탱크 내 연료 온도를 약 10°C 감소시킨다. 따라서 연료 증발량이 약 1/3로 줄어든다.[7]

그림 7.38*c*에 표시된 세 번째 흡기 매니폴드 분사시스템(수요–제어 시스템)은 연료 가열을 더욱 감소시키고 연료 계량 정밀도를 개선한다. 여기서 연료 펌프는 엔진에 실제로 필요한 연료량만 공급하고, 엔진 컨트롤유닛의 폐쇄제어루프를 통해 연료 레일 압력을 제어한다. 펌프가 공급하는 연료량은 펌프의 작동 전압을 변화시켜 제어된다. 연료 레일 압력을 변화시키는 조정은 냉간 및 고온 엔진 시동 시 도움이 되며, 인젝터 전체에서 압력 차이를 증가시켜 연료 유량을 증가시키고, 인젝터 시스템의 동적 범위를 증가시키는 데 사용할 수 있다. 따라서 분사된 연료의 양을 결정할 때 인젝터 개방 기간과 함께 인젝터 전체의 압력 차이를 고려해야 한다. 이것은 연료 측정의 정밀도를 향상시킨다.

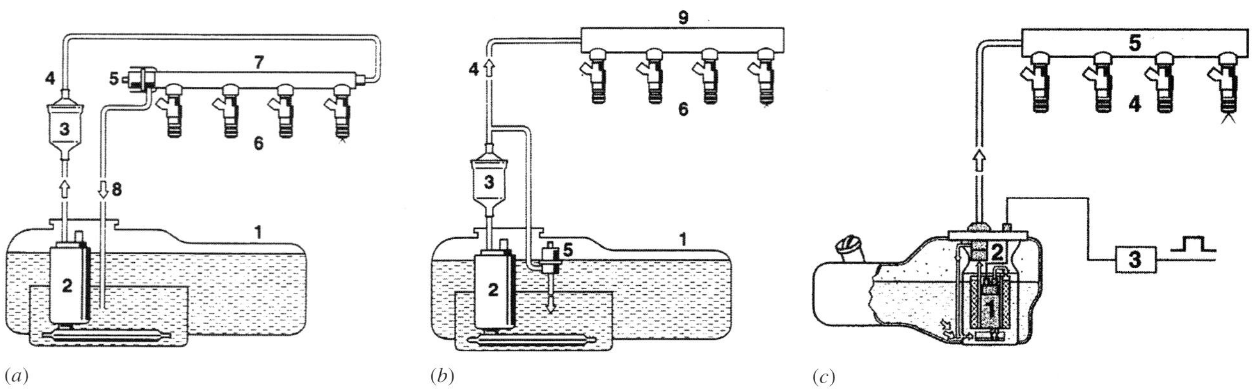

그림 7.38 매니폴드 (포트) 연료 분사를 하는 연료 공급 및 전달 시스템. (*a*) 탱크로 연료가 리턴되는 시스템. (*b*) 리턴 없는 시스템: (1) 연료 탱크; (2) 전기 연료 펌프; (3) 연료 필터; (4) 고압 라인; (5) 압력 레귤레이터; (6) 인젝터; (7) 리턴 유동이 있는 연료 레일; (8) 리턴 라인; (9) 리턴 유동이 없는 연료 레일. (*c*) 리턴 라인이 없는 수요 제어 시스템: (1) 연료 필터가 있는 전기 연료 펌프; (2) 압력 릴리프 밸브와 압력 센서; (3) 타이밍 모듈; (4) 인젝터; (5) 리턴 유동이 없는 연료 레일[2] (*Robert Bosch GmbH*와 *SAE* 제공)

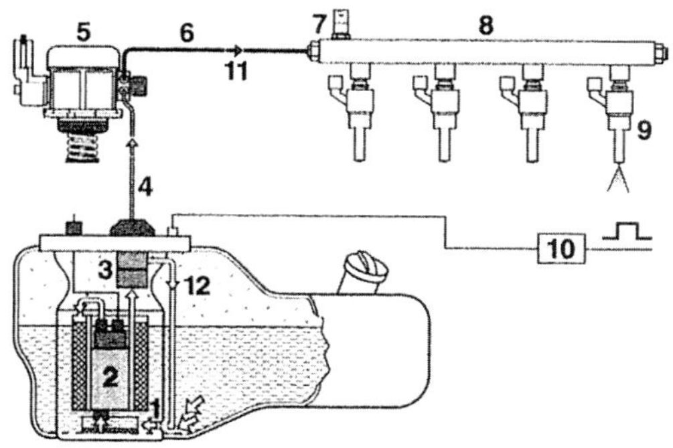

그림 7.39 수요 제어되는 직접 분사 시스템의 연료 공급 및 전달: (1) 흡입 젯 펌프; (2) 필터가 있는 전기 연료 펌프; (3) 압력 센서와 릴리프 밸브; (4) 저압 라인; (5) 수요-제어 고압 펌프, 연료 공급 제어 밸브, 압력 제한 밸브; (6) 고압 라인; (7) 고압 센서; (8) 연료 레일; (9) 고압 인젝터; (10) 전기 펌프 제어; (11) 연료 유동 방향[7](*Robert Bosch GmbH*와 *SAE* 제공)

직접 연료 분사

직접 분사 스파크 점화기관을 사용하는 경우, 광범위한 분무 분산, 깊은 분무 침투 및 더 작은 액적 크기가 필요하므로 액체 연료(일반적으로 가솔린)를 더 높은 압력으로 분사해야 한다. 또한 늦은 분사는 성층화된 상태로 작동할 때 분사 중 실린더 내 압력은 여러 가지 상태일 수 있다. 분사 가능한 시간이 포트 분사시스템보다 짧기 때문에 더 높은 연료 유량이 필요하다는 점에 유의해라.

연료 시스템은 포트 연료 분사 공급 시스템과 동일한 구성요소 및 레이아웃을 사용하는 저압 시스템과 고압 시스템으로 구성된다. 고압시스통의 핵심요소는 고압 펌프(5~15 MPa), 고압 축전지(연료 레일), 고압 연료 압력 센서, 압력 조절 밸브나 제한기(limiter)이다. 그림 7.39는 그러한 시스템 중 하나인 수요 제어 연료 공급 및 공급 시스템을 보여준다. 여기에서 고압 펌프는 인젝터에 필요한 연료량을 연료 레일에 공급할 뿐이며, 리턴해야 할 초과 연료는 없다. 기계적 압력-릴리프밸브는 연료 펌프에 포함되어 있다. 대안은 펌프의 공급 압력을 조정할 수 없는 연속 공급 시스템이다. 분사 또는 레일 압력을 유지하기 위해 필요하지 않은 연료는 제어 밸브와 저압 시스템으로 리턴되는 초과량에 의해 제어된다. 이 접근방식은 남는 연료를 1차 압력으로 압축하기 위한 추가적인 엔진 동력이 필요하고, 이런 추가 압축과 배기가스를 연료 순환과 결합하면 연료 온도가 상승한다. 수요 조절 연료 시스템은 이러한 단점을 피할 수 있다.

7.10 액화 석유가스와 천연가스 _*Liquid Petroleum Gas and Natural Gas*

이 두 연료는 스파크 점화기관에 꽤 널리 사용된다. 이 연료는 각각의 연료 전용 차량에 사용될 수 있다. 즉, LPG 또는 NG 연료 시스템이 가솔린 연료 시스템과 병렬로 추가되는 이중 연료차량에서 사용할 수 있고, 운전자는 이 연료로 전환할 수 있다.

액화석유가스

LPG는 프로판과 부탄의 혼합물이다. 가압을 하여 액체상태의 원통형 탱크에 보관할 수 있다(최대 27 bar). 액체 LPG 충전 용량은 높은 온도에서 액화 가스가 팽창할 수 있도록 탱크 용량의 80%로 제한된다. 엔진에 사용되는 LPG는 다점 가솔린 분사 방식과 유사한 방식으로 흡기 매니폴드에 분사된다. 커먼레일과 개별 인젝터는 LPG를 가변압력 속에서 연속적으로 또는 간헐적으로 분사한다. 액체 LPG는 분사 전에 압력조절기에서 기화되거나 액체로 분사된 후 흡기 매니폴드에서 기화될 수 있다. 연료 시스템은 배기 가스 산소 센서를 사용하여 폐-루프 화학양론비 제어를 유지하여 삼원 촉매 사용을 가능하게 한다. 연료 분자(프로판 및 부탄)가 일반적으로 가솔린(평균 C_7H_{13})보다 작기 때문에 LPG 연료 증기는 연료-공기 혼합기에서 더 많은 공기를 대신하고(그림 6.3 참조), 따라서 엔진의 최대 출력과 토크가 약 5% 감소한다. H:C 비율이 높기 때문에 LPG를 사용하면 동일한 양의 휘발유 사용보다 CO_2 배출량이 약 10% 감소한다. LPG의 탄화수소 배출량은 동등한 가솔린 엔진 HC 배출량보다 낮다.

천연가스

천연가스는 가솔린의 대체연료로 차량에서, 디젤 대체연료로 버스 및 발전(power generation)을 위한 대형 엔진에서, 스파크 점화기관의 연료로 사용되고 있다. 이것의 주요 성분은 메탄(CH_4)이며, 농도는 약 80에서 100%까지 다양하다. 보통 원통형 강화 탱크에 고압(최대 700 bar)으로 압축가스 형태로 차량에 보관한다. 이것은 극저온으로도 저장할 수 있지만 아직 실용적이지는 않다. 압축가스로서 적절한 연료탱크에 저장된 에너지 밀도는 액체 탄화수소보다 약 4배 낮다. 천연가스 엔진 연료시스템은 다점 가솔린 엔진에 사용되는 것과 유사하게 작동한다. NG는 대개 흡기 매니폴드에 분사된다. 저압 커먼레일은 간헐적으로 분사하는 인젝터 밸브를 제공한다. 연료-공기 혼합기의 공기의 체적 때문에 NG 엔진은 가솔린과 함께 작동(자연흡기)할 때보다 출력이 약 10~15% 낮다. 그러나 천연가스는 높은 안티노크성 옥탄 등급을 가지고 있는데, 이것은 독립형 연료로서 엔진 압축 비율이 현저히 높아진다(약 13:1). NG 성분의 다양성(메탄은 높은 안티노크성 성분)은 실제로 이러한 장점을 감소시킨다. 휘발유 엔진에 비해 천연가스 엔진은 C:H비율이 낮기 때문에 CO_2 배출량이 20~30% 정도 적다. 대기오염 물질 배출을 매우 낮게 줄일 수 있다. 탄화수소 배출의 주요 성분인 메탄은 온실가스 중 하나임에도 불구하고 대기스모그 화학에서 광학적 활성화가 이루어지지 않는다.

연습문제

7.1 그림 7.1에서 보는 바와 같이 고정된 엔진 속도에서 일반적인 스파크 점화기관에서 상대 연료/공기비와 EGR 비율은 무부하(아이들링)에서 전부하까지 변한다(부하 기준은 해당 속도에서 최대 제동 토크의 백분율을 의미한다). 표시된 것과 유사한 형식을 사용하여 다음 파라미터 대 부하(load)(0~100%)의 *균형 잡힌 정성적* 그래프를 그려라.

연소효율, η_c
총 도시 연료 변환 효율, $\eta_{f,ig}$
총 도시 평균 유효 압력, $imep_g$
제동 평균 유효 압력, bmep
기계 효율, η_m

최대치가 있는 경우, 최대치가 발생하는 곳과 값이 0인 경우 또는 단결 또는 기타 분명한 값(해당되는 경우)을 명확하게 표시한다. 그리는 그린 곡선에 대한 간략한 이유를 설명하라.

7.2 그림과 같은 4-기통 스파크 점화기관은 배기 가스 성분이 화학양론비 지점의 희박 또는 농후를 판단하기 위해 배기 시스템에서 산소 센서를 사용한다. 또한 화학양론비에 가까운 엔진 운전을 유지하기 위해 피드백 시스템이 있는 포트 연료 분사 시스템을 사용한다. 하지만, 인젝터 위치에서의 연료/공기비 변화와 센서에 의한 그 변화의 감지 사이에 시간 지연(인젝터와 센서 사이에 유동이 흘러가는 시간만큼의 지연)이 있기 때문에, 그림과 같은 제어 시스템에서는 화학양론비에 대비해 연료/공기비의 변동이 있다.

(a) 2000 rev/min 엔진 속도에서 인젝터와 센서 사이의 평균 유동 시간을 계산하라.

(b) 센서와 제어 장치는 연료/공기 당량비 ϕ가 1보다 작을 때 $V+V_s$의 전압을 전달하고, ϕ가 1보다 클 때 $V-V_s$의 전압을 제공한다. 피드백 분사 시스템은 다음과 같은 연료/공기비 (F/A)를 제공한다.

$$\left(\frac{F}{A}\right)=\left(\frac{F}{A}\right)_{t=0}(1+CVt)$$

t는 전압 신호가 바뀐 기호를 유지한 후 시간(초), $(F/A)_{t=0}$는 $t=0$에서 인젝터의 연료/공기비, C는 상수이다. 두 곡선 사이의 위상 관계를 보여주는 인젝터와 배기 센서에서의 연료/공기비 변화를 정량적으로 그려라. 또한 그린 그래프에 대해 간략히 설명하라.

(c) 상수 C ($\text{volt}^{-1}\text{second}^{-1}$)를 구하라(피드백 시스템 게인). 화학양론비에서 (F/A) 변화는 $V_s = 1$ V에서 ± 10%를 초과하지 않는다.

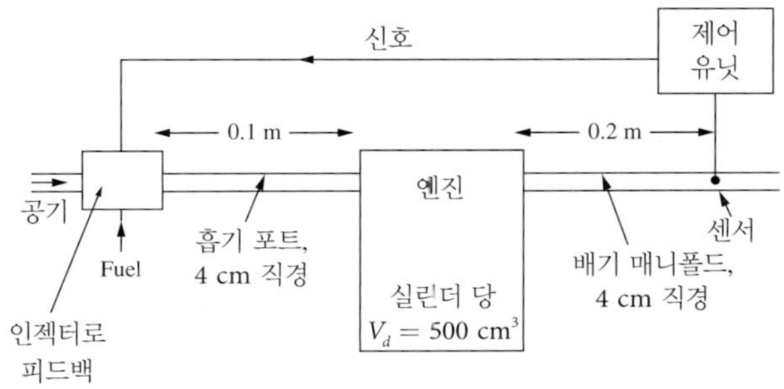

7.3 많은 스파크 점화기관에서 액체 가솔린은 엔진의 입구 공기 상류부에 더해진다. 포트 연료 분사시스템에서 가솔린은 전자 제어 인젝터에 의해 흡기 포트로 분사된다. 정상 상태 조건에서 흡기 포트와 밸브는 혼합기가 실린더로 들어가기 전 연료가 확실하게 증발할 수 있도록 냉각수에 의해 예열된다.

(a) 4-행정 사이클, 1.6 dm^3 배기량을 갖는 4기통 엔진이 정상적인 스로틀 전개(wide-open) 조건에서 엔진 속도 2500 rpm, 흡기 온도 40°C로 운전되고 있다. 연료의 증발열은 350 kJ/kg이고, 흡기 혼합기에 대한 열전달율은 1.4 kW이다. 연료는 완전히 증발하는 것으로 가정하고, 혼합기가 흡기 밸브를 통과할 때 혼합기의 온도를 계산하라. 체적효율은 0.85, 공기 밀도는 1.06 kg/m^3, 공기의 정압 비열(c_p)는 1 kJ/kg · K이다. 액체와 증기 연료의 열용량 효과는 무시할 수 있다.

(b) 포트 전자 연료 분사시스템에서, 연료는 실린더로 들어가기 전 단지 90% 정도만 증발한다. PFI 시스템에서 혼합기가 흡기 밸브를 통과할 때 혼합기의 온도를 계산하라. 흡기 매니폴드를 떠나는 공기 온도는 여전히 40°C이고, 연료는 흡기 포트 벽면으로부터 필요한 열을 받는 것으로 가정한다.

(c) 흡기 행정 중 실린더 내로 가솔린 연료를 직접 분사하는 경우, 연료가 증발하는 데 필요한 모든 열 에너지는 실린더 내 공기와 잔류 가스로부터 얻는다. 만약 이러한 조건에서 잔류 가스의 비율이 5%이고, 유입되는 공기의 온도가 40°C라고 할 때, 직접 분사된 가솔린 연료가 흡기 과정 끝에 모두 증발한 후의 실린더 내 차지 온도를 계산하라. 잔류 가스 온도 역시 계산해야 한다.

(d) 이러한 조건에서 엔진의 토크에 대한 위 세 가지 연료 분사 방식이 갖는 의미 및 영향에 대해 간략히 설명하라.

7.4 다중 지점 포트 연료 분사 시스템의 경우, 연료의 유동율은 분사 펄스 기간에 의해 제어된다. 만약 스파크 점화기관의 각 인젝터가 연속적으로 최대 정격 출력 지점 (전개 스로틀, A/F = 12,500 rev/min)에서 작동할 때, 동일 엔진의 아이들 조건에서 대략적인 분사 펄스 기간 (크랭크 각도)을 계산하라. 아이들 조건은 700 rev/min, 0.3 atm 입구 매니폴드 압력, 화학양론비 혼합기 조건이다.

7.5 연료–공기 사이클 결과에서 최대 imep는 당량비 1인 가솔린–공기 혼합기에서 얻어지는 것으로 알려져 있다. 실제로 주어진 속도에서 스파크 점화기관의 최대 전개 스로틀 출력은 공기/연료비 약 12에서 얻을 수 있다. 추가되는 가솔린 연료의 증발은 흡기 온도를 낮추고, 농후해진 혼합기는 압축하는 동안 더 낮은 비열비 γ_u를 갖는다. 흡기 시스템에서 A/F를 14.6 (당량비 1)에서 12.2로 낮추기 위해 사용되는 추가 연료의 증발로 인한 대략적인 혼합기 온도 변화를 계산하고, 실린더 압력이 40 atm(최대치)일 때 WOT에서의 미연소 혼합기 온도에 대한 증발과 낮아진 비열비의 종합적인 효과에 대해 설명하라(농후해진 혼합기는 주로 노킹에 영향을 준다).

7.6 **(a)** 스로틀 플레이트 각도 Ψ에 대한 무차원 스로틀 플레이트 개방 면적 $4A_{th}/(\pi D^2)$을 그려라. $\Psi_0 = 10°$, D(스로틀 보어 직경) = 57 mm, d(스로틀 축 직경) = 10.4 mm일 때, *스로틀 플레이트* 면적을 계산하라.

(b) 2000 rev/min에서 $\Psi = 36°$, 3000 rev/min에서 $\Psi = 26°$일 때, 스로틀 플레이트 개방 영역을 통과하는 공기의 평균 속도를 계산하라. Ψ와 엔진속도의 관계, 그림 7.22에 있는 입구 매니폴드 압력을 이용하고, 유량 계수 $C_D = 0.8$로 가정한다.

(c) (a)의 스로틀에 대해, 2000 rev/min에서에 스로틀 플레이트와 축에 대한 총 힘, 스로틀 보어 축에 대한 평행 및 수직 힘을 계산하고 스로틀 각도의 함수로 그려라 (예를 들어, 평균 유동 방향과 그 방향에 대한 수직). Ψ와 입구 매니폴드 압력 사이의 관계에 대한 그림 7.22를 다시 사용하라.

7.7 그림 7.19와 같은 엔진과 흡기 매니폴드에 대해, $\pi B^2/4$ (B는 실린더 보어)에 대한 흡기 매니폴드 러너 단면적의 비, 보어에 대한 흡기 매니폴드 입구에서 흡기 밸브 시트 사이의 유동 경로의 길이 비, 각 실린더의 배기량에 대한 각 흡기 포트의 체적비, 각 실린더의 배기량에 대한 각 흡기 매니폴드 러너의 체적비를 계산하라. 실린더 보어는 89 mm이다.

참고문헌

1. Heywood, J. B.: *Internal Combustion Engine Fundamentals*, McGraw-Hill, New York, 1988.
2. Bosch, R.: *Automotive Handbook*, 6th edition, Robert Bosch GmbH, SAE, Warrendale, PA, 2004.
3. Bridgeman, O. C: "Equilibrium Volatility of Motor Fuels from the Standpoint of Their Use in Internal Combustion Engines," National Bureau of Standards research paper 694, 1934.
4. ASTM Standard Method: "Distillation of Petroleum Products," ANSI/ASTM D86 (IP 123/68).
5. Cheng, W. K.: MIT IC Engine Summer Course Notes, 2006.
6. Liimatta, D. R., Hurt, R. F., Deller, R. W., and Hull, W. L.: "Effects of Mixture Distribution on Exhaust Emissions as Indicated by Engine Data and the Hydraulic Analogy," SAE paper 710618, *SAE Trans.*, vol. 80, 1971.
7. Bosch, R.: *Automotive Handbook*, 8th edition, Robert Bosch GmbH, SAE, Warrendale, PA, 2011.
8. Okamoto, Y., Arai, N., Nakagawa, K., KIosuge, T., and Atago, T.: "Atomization Characteristics of Two-Stream Injector for 4-Valve Engines," SAE paper 920705, 1992.
9. Cowart, J., and Cheng, W.K., "Intake Valve Thermal Behavior During Steady-State and Transient Engine Operation," SAE paper 1999-01-3643, *SAE Trans.*, vol. 108, 1999.
10. Shin, Y., Min, K., and Cheng, W.K.: "Visualization of Mixture Preparation in a Port Fuel Injection Engine During Engine Warm-up," SAE paper 952481, 1995.
11. Harrington, D. L., and Bolt, J. A.: "Analysis and Digital Simulation of Carburetor Metering," SAE paper 700082, *SAE Trans.*, vol. 79, 1970.
12. Woods, W. A., and Goh, G. K.: "Compressible Flow through a Butterfly Throttle Valve in a Pipe," in *Proceedings of Institution of Mechanical Engineers*, vol. 193, no. 10, pp. 237–244, 1979.
13. Dugdale, P., Rademacher, R., Price, B., Subhedar, J., and Duguay, R.: "Ecotec 2.4 ℓ VVT: A Variant of GM's Global 4-Cylinder Engine," SAE paper 2005-01-1941, 2005.
14. Arcoumanis, C., Whitelaw, J. H., and Flamang, Jr., P.: "Flow in the Inlet Manifold of a Production Diesel Engine," *Proc. Instn. Mech. Engrs.*, vol. 203, pp. 39–49, 1989.
15. Chapman, M.: "Two Dimensional Numerical Simulation of Inlet Manifold Flow in a Four Cylinder Internal Combustion Engine," SAE paper 790244, 1979.
16. Walker, J. W.: "The GM 1.8 Liter L-4 Gasoline Engine Designed by Chevrolet," SAE paper 820111, *SAE Trans.*, vol. 91, 1982.
17. Aquino, C. F.: "Transient *A/F* Control Characteristics of the 5 Liter Central Fuel Injection Engine," SAE paper 810494, *SAE Trans.*, vol. 90, 1981.
18. Benson, R. S., Baruah, P. C., and Sierens, I. R.: "Steady and Non-steady Flow in a Simple-Carburetor," in *Proceedings of Institution of Mechanical Engineers*, vol. 188, no. 53/74, pp. 537–548, 1974.
19. Chapman, M., Novak, J. M., and Stein, R. A.: "Numerical Modeling of Inlet and Exhaust Flows in Multi-cylinder Internal Combustion Engines," in *Flows in Internal Combustion Engines*, ASME Winter Annual Meeting, Nov. 14–19, 1982, ASME, New York.
20. Zhao, F-Q., Lai, M-C., and Harrington, D.L.: "The Spray Characteristics of Automotive Port Fuel Injection—A Critical Review," SAE paper 950506, 1995.
21. Shin, Y., Cheng, W. K., and Heywood, J. B.: "Liquid Gasoline Behavior in the Engine Cylinder of a SI Engine," SAE paper 941872, *SAE Trans.*, vol. 103, Sec. 4, 1994.
22. Sirignano, W. A.: "Fuel Droplet Vaporization and Spray Combustion Theory," *Prog. Energy and Combust. Sci.*, vol. 9, pp. 291–322, 1983.
23. Hires, S. D., and Overington, M. T.: "Transient Mixture Strength Excursions—An Investigation of Their Causes and the Development of a Constant Mixture Strength Fueling Strategy," SAE paper 810495, *SAE Trans.*, vol. 90, 1981.
24. Peters, B. D.: "Laser-Video Imaging and Measurement of Fuel Droplets in a Spark-Ignition Engine," in *Proceedings of Conference on Combustion in Engineering*, Oxford, Apr. 11–14, 1983, Institution of Mechanical Engineers, London, 1983.
25. Haroda, J., Tomita, T., Mizuno, H., Mashiki, Z., and Ito, Y.: "Development of Direct Injection Gasoline Engine," SAE paper 970540, 1997.
26. Iwamoto, Y., Noma, K., Nakayama, O., Yamauchi, T., and Ando, H.: "Development of Gasoline Direct Injection Engine," SAE paper 970541, *SAE Trans.*, 1997.

27. Tagaki, Y., Itoh, T., Muranaka, S., et al.: "Simultaneous Attainment of Low Fuel Consumption, High Output Power and Low Exhaust Emissions in Direct Injection SI Engines," SAE paper 980149, 1998.
28. Zhao, F., Harrington, D. L., and Lai, M-C.: *Automotive Gasoline Direct-Injection Engines*, SAE, Inc., 2002.
29. Ando, H., and Acroumanis, C.: "Flow Mixture Preparation and Combustion in Four-Stroke Direct-Injection Gasoline Engines," in *Flow and Combustion in Reciprocating Engines*, Chapter 3. Arcoumanis and T. Kamimoto (eds), Springer-Verlag, Berlin, pp. 137–171, 2009.
30. Kanda, M., Baika, T., Kato, S., Iwamuro, M., Koike, M., and Sito, A.: "Application of New Combustion Concept to Direct Injection Gasoline Engine," SAE paper 2000-01-0531, 2000.
31. Hentschel, W., Block, B., Hovestadt, T., et al.: "Optical Diagnostics and CFD-Simulations to Support the Combustion Process Development of the Volkswagen FSI Direct-Injection Gasoline Engine," SAE paper 2001-01-3648, 2001.
32. Kasseris, E., and Heywood, J. B.: "Charge Cooling Effects on Knock Limits in SI DI Engines Using Gasoline/Ethanol Blends: Part 1—Quantifying Charge Cooling," SAE paper 2012-01-1275, 2012.
33. Anderson, W., Yang, J., Brehob, D. D., Vallance, J. K., and Whitaker, R. M., "Understanding the Thermodynamics of Direct-Injection Spark Ignition (DISI) Combustion Systems: An Analytical and Experimental Investigation," SAE paper 962018, 1996.
34. Woldring, D., Landenfeld, T., and Christie, M. J., "DI Boost: Application of a High Performance Gasoline Direct Injection Concept," SAE paper 2007-01-1410, 2007.
35. Lake, T. H., Stokes, J., Whitaker, P. A., and Crump, J. V.: "Comparison of Direct Injection Gasoline Combustion Systems," SAE paper 980154, 1998.
36. Hamann, E., Manger, H., and Steinke, L.: "Lambda-Sensor with Y_2O_3-Stabilized ZrO_2-Ceramic for Application in Automotive Emission Control Systems," SAE paper 770401, *SAE Trans.*, vol. 86, 1977.
37. Seiter, R. E., and Clark, R. J.: "Ford Three-Way Catalyst and Feedback Fuel Control System," SAE paper 780203, *SAE Trans.*, vol. 87, 1978.
38. Gorille, I., Rittmannsberger, N., and Werner, P.: "Bosch Electronic Fuel Injection with Closed Loop Control," SAE paper 750368, *SAE Trans.*, vol. 84, 1975.

내연기관

Internal Combustion Engine Fundamentals

CHAPTER 8

실린더 내 차지 유동

Charge Motion within the Cylinder

엔진 실린더 내의 가스 운동은 스파크 점화기관의 연소 과정과 디젤 엔진의 연료-공기 혼합 및 연소 과정을 제어하는 주요 요인 중 하나이다. 또한 엔진 열전달에도 상당한 영향을 미친다. 벌크 가스 운동 및 유동의 난류 특성 모두 중요하다. 초기 실린더 내 유동 패턴은 흡기 과정에 의해 결정된다. 그 후 압축 과정 중 실질적인 유동으로 바뀐다. 이 장에서는 밸브나 포트를 통해 실린더로 들어오고 나가는 유동과 피스톤의 운동에 의해 결정되는 실린더 내 가스 운동의 중요한 특징을 검토한다.

8.1 흡기 생성 유동 _*Intake-Generated Flows*

엔진 흡기 행정은 실린더 내 유동의 다양하고 중요한 측면에 영향을 준다. 4-행정 사이클 엔진에서 피스톤의 하강 운동은 실린더 내로 공기를 유입시킨다. 흡기 유속은 피스톤 속도에 따라 달라진다. 흡기 행정의 대부분에서 흡기 밸브 헤드와 밸브 시트 사이의 고리 모양 갭은 유동의 최소 영역(6.3절 참조)이므로 이 영역을 통과하는 가스 속도는 흡기 행정 동안 설정되는 최고 속도이다. 가스는 밸브 개방에서부터 고리 원뿔 모양의 제트로서 실린더 내로 들어오며 반경 방향 및 축 방향 속도는 평균 피스톤 속도의 약 10배이다. 그림 8.1은 투명한 벽과 단일 밸브가 장착된 모터 구동 엔진의 흡기 과정 중 레이저 도플러 속도 측정 방법(laser Doppler anemometry, 다음 절 참고)을 사용하여 측정된 밸브 출구 근처의 반경 및 축 방향 속도를 보여준다.[1] 제트가 밸브 시트와 헤드에서 분리되어 난류를 생성하는 큰 속도 구배의 전단 층을 생성한다. 이러한 제트의 분리는 밸브 헤드 아래 및 실린더 벽면과 실린더 헤드 사이의 코너에서 재순환 영역을 만든다.

실린더로 들어가는 흡입 제트의 유동은 연소되고 있는 투명한 엔진에서 촬영된 그림 8.2의 슐리렌 사진에서 볼 수 있다. 이 엔진은 광학적 접근이 용이하도록 2개의 쿼츠 벽면과 2개의 강철 벽면으로 구성된 정사각형 단면 실린더를 가지고 있다. 슐리렌 기법은 유동의 밀도 구배가 있는 영역을 필름에 더 밝은 영역 또는 어두운 영역으로 표시하도록 한다.[2] 엔진은 대기 흡기 압력의 1/2로 스로틀되었으므로 흡기 매니폴드에 잔류물이 역류한 뒤 상사점 이후(ATC) 35°에서 흡기 행정이 시작된 후 제트가 시작된다. 흡기 제트의 전면은 밸브에서 평균 피스톤 속도의 몇 배로 실린더 벽을 향해 전파되는 것을 볼 수 있다. 지트가 벽면에 도달하면($\theta > 41°$ ATC), 벽면은 제트의 주요 부분을 피스톤 아래쪽으로 휘도록하지만, 상당한 부분이 실린더 헤드를 향해 위로 흐른다. 흡기 제트가 매우 강하게 난류를 형성하려고 하는 것은 명백하다.

제트와 벽의 상호작용은 실린더 체적 내에서 대규모의 회전 유동 패턴을 생성한다. 이것들은 엔진 형상이 단순한 곳에서 시각화 하는 것이 쉬워지기 때문에 실린더로의 유동은 축

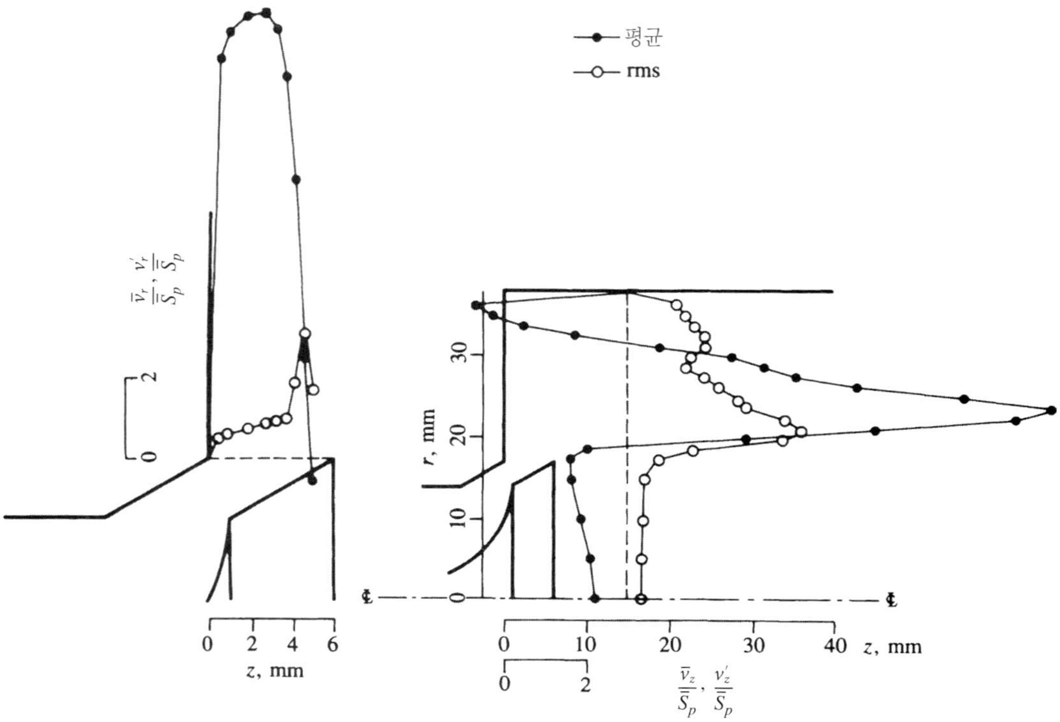

그림 8.1 밸브 출구 평면에서 반경 방향 평균 속도 $\bar{v}_r$와 제곱 평균 속도 v'_r(rms) 변동와 36° ATC, 실린더 헤드 아래 15 mm 지점에서 축 방향 평균 속도 $\bar{v}_z$와 제곱 평균 속도 변동 (v'_z). 엔진 속도 200 rev/min, 밸브 리프트 6 mm. 속도는 평균 피스톤 속도[1]로 표준화(normalized)됨.

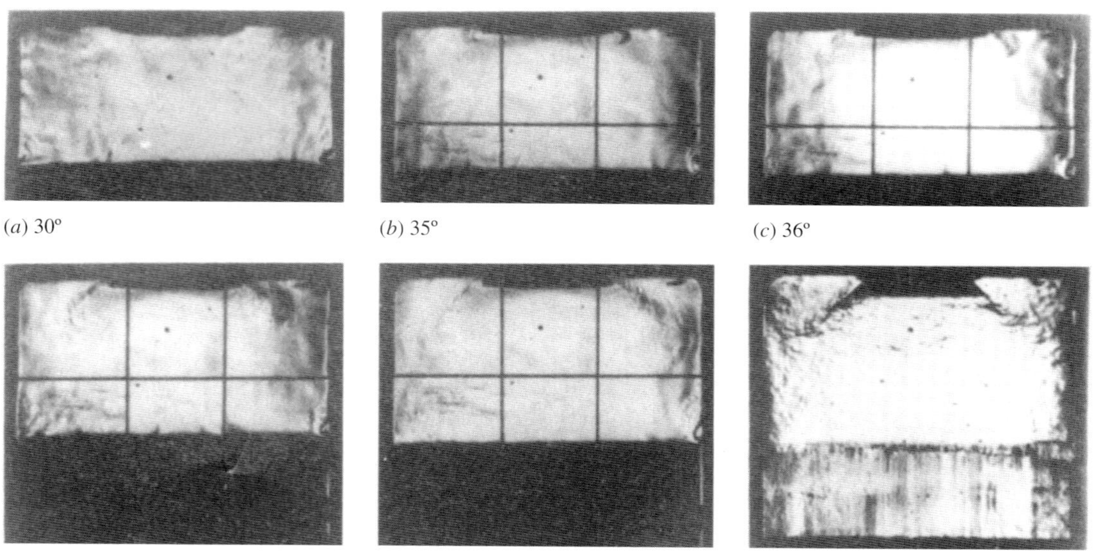

(*a*) 30° (*b*) 35° (*c*) 36°

(*d*) 39° (*e*) 41° (*f*) 70°

그림 8.2 흡기 행정 동안 발달하는 흡기 제트의 슐리렌 사진 배열. 숫자는 상사점 이후 크랭크 각도이다.[2]

대칭이다. 엔진 흡기 유동을 나타낸 그림 8.3의 사진은 엔진 실린더와 피스톤이 투명한 모델에서 촬영되었다. 밸브는 실린더 헤드의 중앙에 위치하며 밸브로의 유동은 실린더 축을 따라 이루어진다. 실험 매개변수는 유량을 제어하는 적절한 무차원 수인 Reynolds 수와 Strouhal

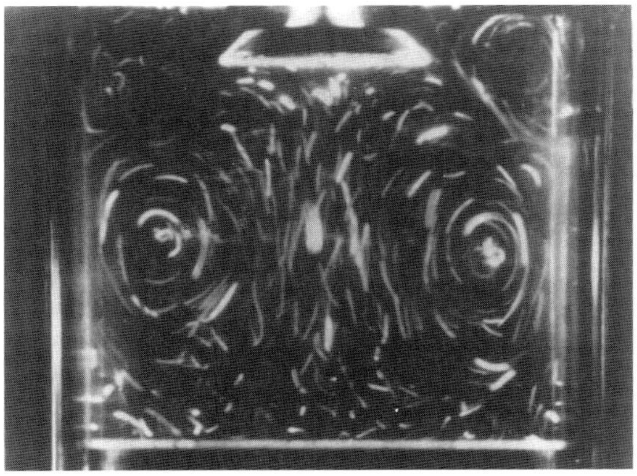

그림 8.3 흡기 제트에 의한 실린더 내 대규모로 회전하는 유동 패턴 설정. 축대칭 밸브가 있는 모델 엔진 실린더 내 물 유동의 연속선(streak lines, 유맥선) 사진[3]

수가 일반적인 엔진 값으로 유지되도록 조정하였다. 사진은 실린더 축을 통과하는 환한 얇은 평면에서 흡기 생성 유동의 주요 특징을 보여준다. 바탕과 색이 다른 줄무늬는 카메라 셔터가 열려 있는 동안 유동 추적 입자의 경로를 기록한 것이다. 피스톤이 아래로 움직일 때 실린더의 대부분은 큰 고리 와류로 채워지며, 그 중심은 아래쪽으로 움직이고 피스톤과 헤드 사이의 중간 정도에 남아있다. 실린더의 상단 모서리는 반대 방향으로 회전하는 작은 와류를 포함한다. 이러한 와류는 흡기 행정이 끝날 때까지 지속되며, 이 때 불안정해지고 분열된다.[3]

정상적인 엔진 조건에서 더 일반적인 흡기 밸브 위치와 포트 형상 구조, 그리고 실린더 당 두 개의 흡기 밸브를 사용하는 경우는 흡기 생성 유동이 더 복잡하다. 그러나 실린더로 유입되는 유동에 의해 생성되는 큰 와류 패턴은 식별할 수 있다. 이러한 유동은 실린더 헤드의 포핏 밸브 형상에 내재되어 있다: 포핏 밸브는 실린더 내부로 상당한 유체 운동 에너지를 유입시켜 전단력을 생성하고 이 두 유동은 난류를 발생시킬 수 있다. 흡기 밸브와 포트 형상은 실린더 내 큰 회전 유동을 생성하여 이러한 제트가 생성된 유동을 증가시키도록 설계할 수 있다. 이 중 두 가지인 스월과 텀블은 실제 실린더 공기 유동에 대한 수질 아날로그 연구에서 유동 추적기에 의해 표시된 유동 줄무늬에 의해 그림 8.4에 설명되어 있다. 그림 8.4*a*에서 실린더 축을 중심으로 구성된 유체 회전인 스월은 일반적으로 실린더 축에 대하여 순 각 운동량이 있는 실린더 내로 공기를 유도하여 생성된다. 이것은 고속 디젤 엔진에서 더 빠른 연료-공기 혼합을 촉진하기 위해 사용되며 스파크 점화기관에서도 연소율을 증가시키기 위해 사용된다. 그림 8.4*b*의 텀블은 실린더 축과 직각인 축을 중심으로 회전하는 유동을 가리킨다. 이것은 그림과 같이 실린더 헤드를 지나 라이너와 먼 쪽으로 흡입 공기 유동을 유도하는 수평 흡기 포트를 사용하여 생성된다. 텀블은 흡입 중 실린더 내 차지(충전물)에 저장된 운동 에너지를 증가시키기 위해 사용된다: 압축 중 피스톤의 상향 운동은 이러한 텀블 유동을 파괴하여 추가적인 난류를 발생시키며, 그 결과 스파크 점화기관 연소 과정을 가속한다. 텀블과 스월은 함께 또는 개별적으로 발생할 수 있다. 이러한 유동은 8.3절과 8.4절에서 더 자세히 논의된다.

요약하면, 4-행정 사이클 흡기 유동 제트의 특성은 실린더 벽면 및 움직이는 피스톤과 상호작용하여 실린더 내부에 큰 회전 유동 패턴을 생성한다. 또한 특정 포트(및 밸브) 형상 구조를 사용하여 스월 및 텀블을 의도적으로 설정할 수 있다. 이러한 유동의 세부사항은 흡기 포트와 실린더 헤드 형상에 따라 크게 달라진다. 이러한 유동 구조는 흡기 후반부 또는 압축 행정 중에 불안정해지는 것으로 생각되며, 더 활발한 난류 운동으로 쪼개진다(스월의 경

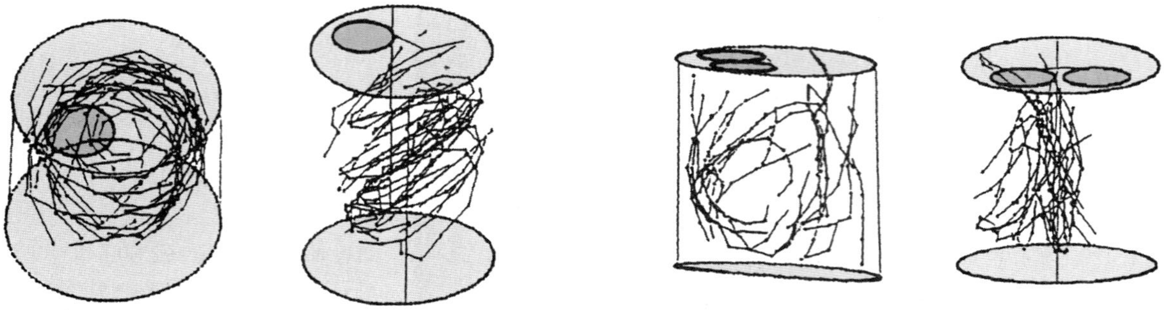

(a) 스월 (b) 텀블

그림 8.4 수질 아날로그 연구의 추적기로부터 얻은 실린더 내 유동 유맥선 (a) 스월, (b) 텀블. 하나의 흡기 포트가 축에서 떨어져 있는 상태(a)에서 실린더 축을 중심으로 순 각 운동량으로 공기가 실린더로 유입되고, 스월 실린더 내 유동이 설정된다. 실린더 헤드를 가로질러 라이너(b) 아래로 공기를 유도하는 2개의 흡기 포트와 함께 실린더 축과 직교하는 축을 중심으로 회전하는 텀블링 유동이 생성된다.[4, 5]

우에는 덜 발생함). 이러한 회전 유동은 일반적으로 유동 변화에 민감하다: 따라서 이들의 분열은 사이클마다 달라질 수 있다.

2-행정 엔진에서 실린더로 유입되는 공기의 유동은 4-행정 사이클 엔진 흡입 과정에 의해 발생하는 유동과 현저하게 다르다. 이 유동은 피스톤이 하사점(BC)에 가까워지는 동안 발생한다. 이는 실린더 소기 과정의 핵심 부분이며 연소 가스 배출 과정과 중첩된다. 공기 유동은 실린더 라이너 하단 근처에 있는 변환 포트를 통해 유입되며, 이 변환 포트는 공급된 공기(변환 포트에 공급되기 전에 압축된 상태)와 실린더 사이의 압력 차이에 의해 피스톤이 덮지 않을 때 열린다. 실린더로 유입되는 기류는 흡기 행정 동안 4-행정 사이클에서 발생하는 것처럼 피스톤의 하강 운동에 의해 당겨지지 않는다. 따라서 2-행정 엔진 실린더로 흐르는 공기에서 발생하는 공기 속도는 엔진의 크랭크축에 기계적으로 결합되고 구동되는 압축기 또는 블로어를 사용하여 공기 압축이 이루어지는 2-행정 엔진을 제외하고 엔진 속도에 따라 조정되지 않는다.[6]

그림 8.5는 크랭크케이스–압축 루프–소기 Schnürle형 단기통 배기량 98 cm^3 2-행정 사이클 SI 엔진의 경우 소기 과정 동안 변환 또는 배기 포트에서 유속이 어떻게 변하는지를 보여준다. 배기 및 소기 포트의 개폐 각도가 그림에 표시되어 있다. 또한 스로틀이 완전히 열린 조건(WOT)에서 크랭크케이스 압력 p_c, 배기 포트 압력 p_e, 이 압력들의 차이, 그리고 소기 포트 압력 p_e이 표시되어 있다. 표시된 세 가지 엔진 속도 각각에서 최대 공기 속도는 크지만 고속에서 크랭크케이스로부터 실린더 내로의 블로우 다운 과정의 크랭크각 범위가 더 길다. 압축파 및 팽창파로 인한 압력 및 유동 진동이 뚜렷하다. 이러한 2-행정 엔진의 종류에서 공기를 실린더로 크게 유동하는 것은 압력차 $p_c - p_e$이다. 높은 엔진속도에서 소기 과정에 이용할 수 있는 시간이 적다; 따라서 더 긴 크랭크각 간격 동안 압력 블로우 다운과 공기 유동 펄스의 지속 시간이 발생한다.

2-행정 SI 엔진의 스로틀이 완전히 열리지 않는 부하에서 각 사이클마다 크랭크케이스로 유입되는 공기 유동을 조절하여 실린더로 유입되는 공기량을 감소시킨다. 낮은 엔진 속도에서 스로틀을 완전히 열린 면적의 20%까지 닫는 것은 공기 속도에 큰 영향을 주지 않는다. 높은 엔진 속도에서 스로틀이 완전히 열린 면적의 20%로 닫히면 최대 속도는 약 50% 감소한다. 실린더로부터 변환 포트로의 역류는 낮은 엔진 속도에서 가스 교환 기간의 대부분 발생하지만, 높은 엔진 속도에서는 제한된 정도까지만 발생한다. 저속에서 크랭크케이스가 채

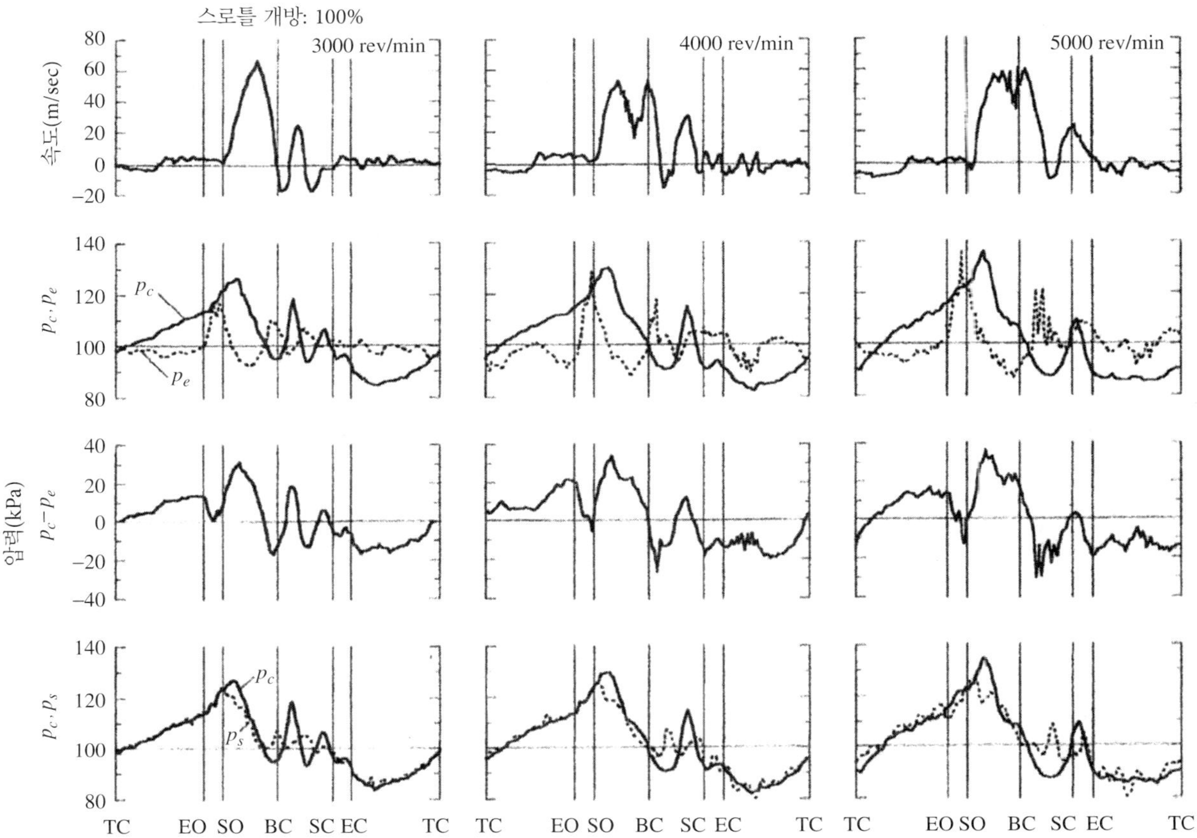

그림 8.5 소기 포트에서 새로운 차지에 대한 엔진 속도의 영향과 WOT 조건에서 크랭크케이스(p_c), 배기 포트(p_e), 소기 포트(p_s)에서의 압력 변동. 엔진 상세 제원: 2-행정 Schnürle형 크랭크케이스-압축 루프-소기 SI 엔진, 98 cm^2 배기량, 보어 5 cm, 행정 5 cm, 압축비 6.59; EO 83° BBC; EC 82° ABC; SO 57° BBC; SC 60° ABC.[7]

워질 수 있는 시간은 이러한 스로틀 위치(완전히 열린 면적의 약 20%)에서 전체 실린더에 갇혀있는 질량에 영향을 미치지 않을 만큼 충분히 길다. 갇혀있는 연료-공기 질량에 영향을 미치려면 스로틀 개방 면적을 더 줄여야 한다. 고속에서는 흡기 시스템으로 통해 유입되는 속도가 높으며 스로틀에서의 압력 강하도 높아진다. 따라서 고속에서 스로틀 위치는 크랭크케이스 압력과 실린더 내에 갇힌 공기의 질량에 영향을 미친다.[6]

이러한 2-행정 변환 포트 또는 소기 포트 제트 유동은 실린더에 대칭형으로 유입되고 50~100 m/s 범위와 적당한 RMS 속도(또는 난류 강도 8.2절 참조) 뜨는 평균 속도의 10%를 갖는다. 그러나 각각의 제트들과 연소실 벽의 상호작용은 강한 비대칭과 평균 30~40%의 높은 RMS 속도를 갖는 실린더 내 유동을 생성한다. 강한 유동이 감소하고 크랭크케이스와 실린더 압력이 평형을 이룰 때, 유동의 세부사항은 복잡하지만 소기-루프 회전(와류) 유동이 명백해진다(그림 6.34 참조). 상승하는 피스톤이 소기-루프 유동을 압축함에 따라 먼저 속도를 높이고 TC 직전에 난류로 분해시킨다(4-행정 사이클 SI 엔진에서 자주 생성되는 텀블 유동과 유사). 여기 설명된 크랭크케이스-소기 2-행정 엔진에서 가스 교환 과정은 피스톤이 변환 포트를 덮지 않을 때 주로 크랭크케이스로부터 실린더로 압축 공기가 블로우 다운되는 것에 의해 구동된다. 흡기 행정 중 피스톤 운동이 공기를 실린더 내로 끌어들여 피스톤의 속도와 실린더로 유입되는 공기의 속도가 스케일링 되는 4-행정 엔진과 달리, 2-행정 엔진의 공기 유동 속도는 단순히 피스톤과 엔진 속도에 따라 스케일링되지 않는다. 하지만 압축 중 피스톤에 의해 생성된 차지 운동은 피스톤 속도에 따라 달라지므로 위에서 언급한대로 표준화된 속도가 엔진 속도와 부하에 따라 다르다(급기비)는 점을 인식한다면 평균 피스톤 속도 $\bar{S}_p$(= 2*NS*)는 표준화된 속도로서 유용하다. 일반적인 부분부하 저속 2-행정 SI 운전 조건(1600 rpm, 급기비 = 0.5)에서 유입되는 공기 제트의 가장 큰 속도는 약 40 − 50$\bar{S}_p$ 범위이고 가장 큰 RMS 속도는 약 8 − 10$\bar{S}_p$이며 실린더 중심에서 발견된다. 이러한 값은 일반적으로 4-행정 사이클 흡기 생성 유동 속도가 3 − 10$\bar{S}_p$이고, RMS 속도가 1 − 2$\bar{S}_p$인 것과 관련하여 비교적 크다. 단순 개방 챔버가 있는 4-행정 엔진의 경우 압축 행정의 TC에서 RMS 속도(또는 난류 강도 8.2절 참고)는 약 0.5$\bar{S}_p$이다. 흡기 생성 텀블을 사용하여 4-행정 사이클 엔진의 연소율을 높이면 TC 피스톤 위치에서 난류 강도(엔진의 화염 전파를 유도하는 주요 유동 구성 요소)가 약 (0.8 − 1)$\bar{S}_p$로 상승한다. 이러한 값은 소형 2-행정 사이클 SI 엔진의 TC에서 측정한 RMS 속도 또는 난류 강도보다 약간 낮을 뿐이다.[8]

8.2 평균 속도와 난류 특성 _*Mean Velocity and Turbulence Characteristics*

8.2.1 관련 파라미터의 정의

엔진 실린더 내부 및 내부의 차지 유동은 난류이다. 난류 유동에서 전달률 및 혼합률은 분자 확산으로 인한 속도보다 몇 배 더 높다. 이 "난류 확산"은 유동장의 국부적인 변동으로부터 초래된다. 이것은 운동량, 열 및 질량 전달의 증가율로 이어지고 스파크 점화기관 및 디젤 엔진의 만족스러운 운전에 필수적이다. 난류 유동은 항상 소멸된다. 점성 전단 응력은 유체에 변형 일을 수행하여 난류 운동 에너지를 희생시키면서 내부 에너지를 증가시킨다. 난류를 발생시키기 위해서는 에너지가 필요하다: 에너지가 공급되지 않으면 난류가 소멸된다. 난류 속도 변동에 대한 일반적인 에너지원은 평균 유량의 전단 변형이다. 난류는 회전하며 변동이 큰 소용돌이 운동으로 특징지어진다: 이러한 와류의 변동은 속도 변동이 3차원인 경우에만 지속될 수 있다.[9]

난류의 특성은 환경에 따라 다르다. 엔진 실린더에서 유동은 난류 전단층, 재순환 영역 및 경계층의 조합을 포함한다. 유동은 불안정하며 사이클 간 변동이 크다. 대규모 및 소규모 난류 운동은 모두 유동의 전반적인 동작을 관리하는 중요한 요소이다.

난류 유동의 중요한 특성은 불규칙성 또는 무작위성이다. 따라서 통계적 방법이 이러한 유동장을 정의하기 위해 사용된다. 일반적으로 사용되는 값은 평균 속도, 평균에 대한 변동 속도, 그리고 몇 가지 길이와 시간 규모이다. 일정한 난류 유동 상황에서 순간 국부 유체 속도 U는 다음과 같이 쓰여진다.

$$U(t) = \bar{U} + u(t) \tag{8.1}$$

여기서 평균 속도 $\bar{U}$는 $U(t)$의 시간 평균이다:

$$\bar{U} = \lim_{\tau \to \infty} \frac{1}{\tau} \int_{t_0}^{t_0+\tau} U(t)dt \tag{8.2}$$

변동 속도 성분 u는 실효값(root mean square value)에 의해 특징지어지고, 난류 강도 u'는 다음과 같다:

$$u' = \lim_{\tau \to \infty} \left(\frac{1}{\tau} \int_{t_0}^{t_0+\tau} u^2 dt \right)^{1/2} \tag{8.3a}$$

또한,

$$u' = \lim_{\tau \to \infty}\left(\frac{1}{\tau}\int_{t_0}^{t_0+\tau}\left(U^2 - \bar{U}^2\right)dt\right)^{1/2} \tag{8.3b}$$

$(u\bar{U})$의 시간 평균은 0이기 때문이다.

엔진에서 이러한 난류 개념의 적용은 엔진 사이클 동안 실린더 내의 유동 패턴이 변화한다는 사실 때문에 복잡하다. 또한 각 실린더 내 유동의 전체적인 특징이 각 사이클을 반복하는 반면에 세부적인 것은 평균 유동이 한 사이클에서 다음 사이클까지 달라질 수 있기 때문에 그렇지 않다. 특정 사이클의 평균 유동에 대한 난류 변동뿐만 아니라 사이클 내 어느 지점에서 평균 또는 벌크 유동의 사이클 간 변동이 있다.

엔진 실린더에서 발생하는 것과 같은 준주기적 유동에서 사용되는 한 가지 방법은 *앙상블 평균* 또는 *위상평균*이다. 일반적으로 속도 측정은 많은 엔진 사이클과 크랭크 각도 범위에 걸쳐 이루어진다. 특정 사이클 i의 특정 크랭크 각 위치 θ에서 순간 속도는 다음과 같이 쓸 수 있다.

$$U(\theta,i) = \bar{U}(\theta,i) + u(\theta,i) \tag{8.4}$$

앙상블 또는 위상 평균 속도 $\bar{U}(\theta)$는 기본 주기의 특정 위상 또는 크랭크 각도에서의 값의 평균으로 정의된다. 그림 8.6은 2-행정 엔진 사이클 동안 사이클 간에 크고 작은 변동에 따른 속도 변화에 대해 이 접근법을 도식적으로 적용한 것을 보여준다. 앙상블 평균 속도는 동일한 크랭크 각(이 두 지점은 점 2개로 표시됨)에서 수행된 많은 측정에 대한 평균이다:

$$\bar{U}_{\mathrm{EA}}(\theta) = \frac{1}{N_c}\sum_{i=1}^{N_c} U(\theta,i) \tag{8.5}$$

여기서 N_c는 데이터를 사용할 수 있는 사이클의 수이다. 많은 크랭크 각 위치에서 이 과정을 반복함으로써 전체 사이클에 걸친 앙상블 평균 속도 프로파일을 얻는다.

주어진 위치에서 앙상블 평균 속도는 주기적 변동이 평균화 되었기 때문에 크랭크 각도의 함수일 뿐이다. 특정 사이클에서 평균 속도와 여러 사이클에 걸친 앙상블 평균 속도 사이의 차이는 평균 속도의 사이클 별 변동 $\hat{U}$으로 정의된다:

$$\hat{U}(\theta,i) = \bar{U}(\theta,i) - \bar{U}_{\mathrm{EA}}(\theta) \tag{8.6}$$

따라서 식 (8.4)에 주어진 순간 속도는 세 가지 구성 요소로 나뉠 수 있다:

$$U(\theta,i) = \bar{U}_{\mathrm{EA}}(\theta) + \hat{U}(\theta,i) + u(\theta,i) \tag{8.7}$$

그림 8.6은 단일 사이클의 실린더 내 특정 지점에서 임의의 시간에 따라 변동하는 구성요소, 개별 사이클 평균 속도, 앙상블 평균 구성 요소로 순간 속도의 분해를 보여준다. 이 마지막 구성 요소는 난류 속도 변동에 대한 일반적인 정의이다. 이것이 앙상블 평균 속도에 대한 변동과 얼마나 다른지 여부는 사이클 간 변동이 작은지 또는 큰지 여부에 따라 달라진다. 그림은 이 두 가지 극단적인 상황을 나타낸다.[a]

난류 유동에서 유동 거동의 여러가지 다른 양상을 특징 짓는 많은 길이 스케일(length scale)이 있다. 유동에서 가장 큰 와류는 시스템 경계에 따라 크기가 제한된다. 난류 운동의

---

[a] 여기에는 식 (8.7)로 정의되는 속도 $U(\theta, i)$의 변동 성분, 평균 속도에서 사이클 간 변동, 개별 사이클 평균에 대한 시간에 대한 변동들이 물리적으로 뚜렷한 현상인지에 대한 상당한 논란이 있다. 개별 사이클 평균에 대한 속도의 고주파 변동은 보통 "난류"로 정의된다. 저주파 변동은 일반적으로 개별 사이클들 사이의 평균 유동의 변동(정리가 잘 된 현상)에 기인하는 것으로 여겨진다.

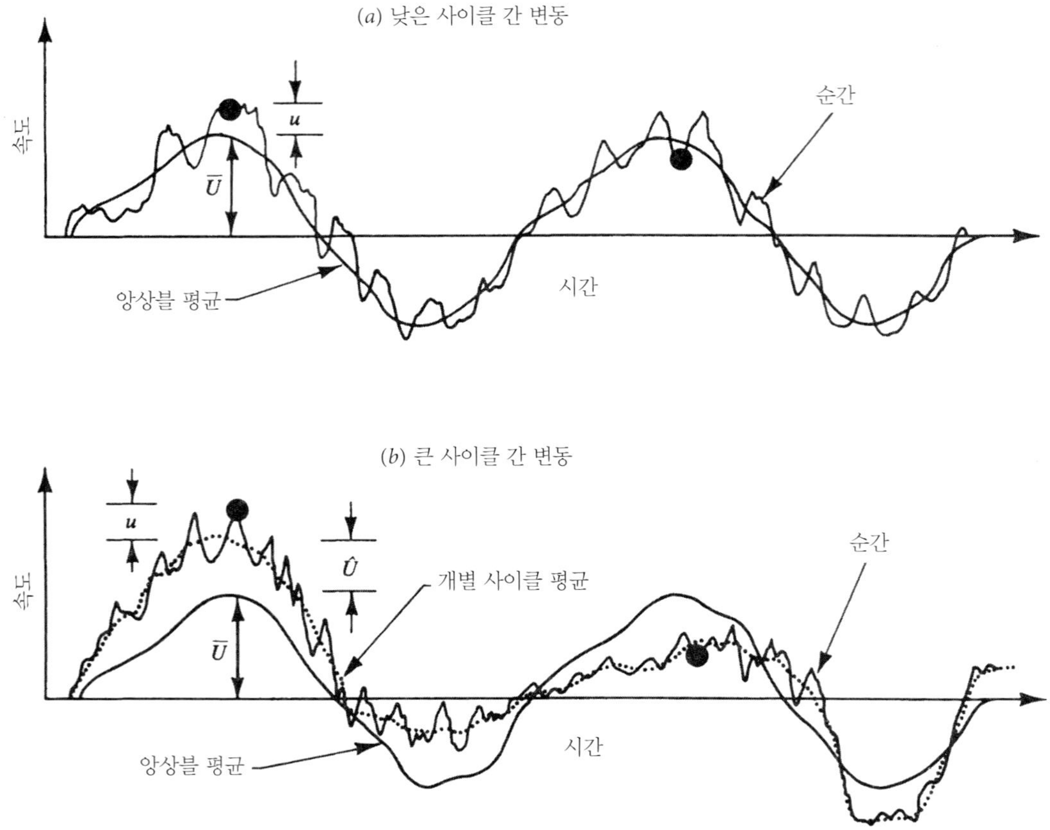

그림 8.6 두 번의 연속 엔진 사이클 동안 실린더 내 고정된 위치에서 크랭크 각도에 대한 속도 변동의 개략도. 점은 두 특정한 크랭크 각도에서 순간 측정값을 의미한다. 앙상블 평균 속도 또는 위상 평균 속도는 부드러운 실선과 같이 측정된 많은 지점에서의 평균에 의해 얻어진다. 위 그래프 (*a*): 낮은 사이클 간 유동 변동. 여기서 개별 사이클 평균 속도와 앙상블 평균 속도는 상당히 비슷하다. 아래 그래프 (*b*): 큰 사이클 간 유동변동. 여기서는 개별 사이클 평균 속도(점선)가 앙상블 평균 속도($\hat{U}$)와 다르다. 난류 변동 계수 u는 개별 사이클 평균에 대한 값으로 정의된다.[10]

가장 작은 스케일은 분자 확산에 의해 제한된다. 중요한 길이 규모는 그림 8.7의 흡기 밸브로부터 실린더 내로 분출되는 제트의 개략도에 의해 설명된다. 흡기 과정 중 대부분의 난류 발생을 담당하는 와류는 밸브 헤드와 시트 사이의 원뿔형 흡기 제트의 커다란 와류이다. 이들의 크기는 국부적인 제트 크기 두께와 대략 동일하다. 이 규모는 *적분 길이 스케일*(integral length scale) l_I라고 불리며, 난류 유동에서 가장 큰 규모이다. l_I보다 작은 거리 x로 구분된 두 지점에서의 속도 측정치는 서로 상관 관계가 있다; $x \gg l_I$일 경우, 상관 관계가 없다. 따라서 적분 길이 스케일은 그림 8.8에 나타난 바와 같이 점들 사이의 가변 거리에 대한 유동의 두 인접 점에서 변동 속도의 자기 상관 계수를 적분하는 것으로 정의된다. 즉,

$$l_I = \int_0^{\infty} R_x dx \tag{8.8a}$$

여기서

$$R_x = \frac{1}{N_m - 1} \sum_{i=1}^{N_m} \frac{u(x_0)u(x_0 + x)}{u'(x_0)u(x_0 + x)} \tag{8.8b}$$

적분 규모를 결정하기 위한 이 기법은 두 지점에서 동시에 측정해야 한다. 엔진에서 이 기법

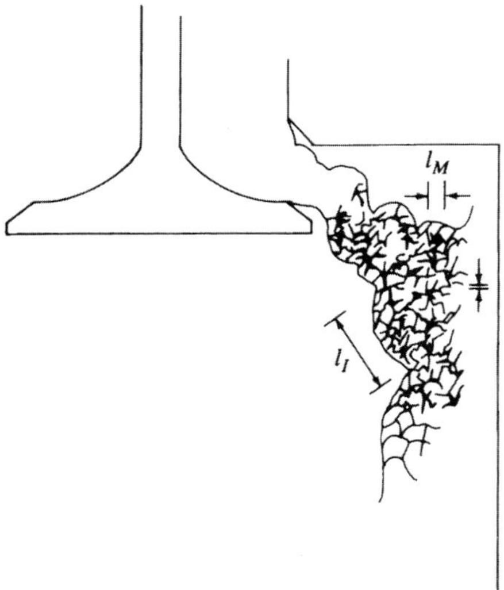

그림 8.7 흡기 밸브를 통과하는 유동에 의해 만들어지는 제트의 개략도와 난류 구조[9, 10]

을 적용하기 어렵기 때문에 길이 스케일을 결정하기 위한 대부분의 노력은 먼저 적분 시간 스케일인 τ_I를 결정하기 위한 상관관계를 사용하였다. 난류의 적분 시간 스케일은 실린더 내 고정된 지점에서 두 속도 사이의 상관관계로 정의되지만 시간에 따라 구분된다:

$$\tau_I = \int_0^\infty R_t dt \tag{8.9a}$$

여기서

$$R_t = \frac{1}{N_m - 1} \sum_{i=1}^{N_m} \frac{u(t_0)u(t_0 + t)}{u'(t_0)u'(t_0 + t)} \tag{8.9b}$$

N_m은 측정치의 개수이다. 난류 패턴이 큰 왜곡 없이 관측 지점을 지나 대류되고, 난류가 상대적으로 약한 조건에서는 다음과 같이 적분 길이와 시간 스케일이 관련된다.

$$l_I = \bar{U}\tau_I \tag{8.10}$$

대규모 구조가 대류되는 유동에서 τ_I는 큰 와류가 두 지점 사이를 통과하는 데 걸리는 시간의 스케일이다. 평균 운동이 없는 유동에서 적분 시간 스케일은 와류의 수명을 나타낸다.[10, 11]

이 대규모 유동보다 상위인 것은 큰 와류의 지속적인 분해로 공급된 더 작은 크기의 와류들이다. 작은 와류들은 국부적인 유동 패턴 변화에 더 빨리 반응하기 때문에 그 특성은 큰 와류보다 등방성(선호하는 방향이 없음)이 높고 다른 난류 유동과 같은 구조를 갖는다. 난류 에너지의 소산은 가장 작은 구조에서 발생한다. *Kolmogorov 스케일*이라 불리는 가장 작은 스케일의 난류 운동에서 이러한 가장 작은 유동 구조의 운동 에너지는 분자 점성을 통해 열에너지로 소산된다. ε이 단위 질량당 에너지 소산율이고 ν는 동점도인 경우, Kolmogorov 길이와 시간 스케일은 다음과 같이 정의된다:

$$l_K = \left(\frac{\nu^3}{\varepsilon}\right)^{1/4} \qquad \tau_K = \left(\frac{\nu}{\varepsilon}\right)^{1/2} \tag{8.11}$$

Kolmogorov 길이 스케일은 유동에서 가장 작은 와류의 크기를 특징으로 한다. Kolmogorov 시간 스케일은 가장 작은 구조 수준에서 운동량 확산율을 특징으로 한다.

세 번째 스케일은 난류를 특성화하는 데 유용하다. *마이크로 스케일*(또는 Taylor 마이크로 규모)로 불린다. 마이크로 길이 스케일 l_M은 난류 유동장의 변동하는 변형률을 난류 강도

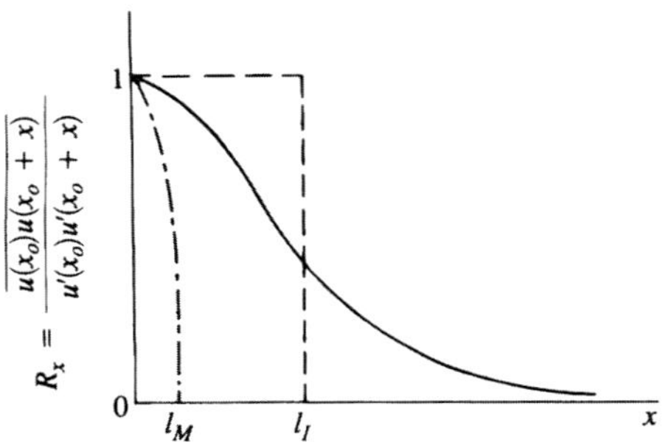

그림 8.8 적분 길이 스케일 l_I와 마이크로 길이 스케일 l_M으로 정의되는, 길이 x에 대한 나선형 속도 자기 상관 R_x

와 관련시킴으로써 정의된다:

$$\frac{\partial u}{\partial x} \approx \frac{u'}{l_M} \tag{8.12}$$

그림 8.8에서 볼 수 있듯이 원점에서 공간 상관 곡선의 곡률을 통해 결정할 수 있다. 보다 일반적으로 마이크로 시간 스케일 τ_M은 식 (8.9)에 시간 자기 상관 함수에 의해 결정된다:

$$\tau_M{}^2 = -\frac{2}{(\partial^2 R_t / \partial t^2)_{t_0}}$$

균일(공간 구배가 없음)하고 등방성(선호하는 방향이 없음)인 난류의 경우, 마이크로 스케일 l_M과 τ_M은 다음과 관련이 있다.

$$l_M = \bar{U}\tau_M \tag{8.13}$$

이러한 다양한 스케일은 다음과 같이 관련된다. 대규모 와류의 단위 질량당 난류 운동 에너지는 u'^2에 비례한다. 큰 와류는 한 번의 "전환" 시간 l_I / u'에서 이 에너지의 상당 부분을 잃는다. 평형 상태에서 에너지 공급률은 소산율과 같다:

$$\varepsilon \approx \frac{u'^3}{l_I}$$

따라서

$$\frac{l_K}{l_I} \approx \left(\frac{u' l_I}{\nu}\right)^{-3/4} = \mathrm{Re}_T{}^{-3/4} \tag{8.14}$$

여기서 Re_T는 난류 레이놀즈 수 $u' l_I / \nu$이다.

균일하고 등방성인 난류의 구속 내에서 에너지 수지를 사용하여 l_I와 l_M을 관련시킬 수 있다:[9]

$$\varepsilon = \frac{Au'^3}{l_I} = \frac{15\nu u'^2}{l_M^2}$$

여기서 A는 차수 1의 상수이다. 따라서,

$$\frac{l_M}{l_I} = \left(\frac{15}{A}\right)^{1/2} \mathrm{Re}_T^{-1/2} \tag{8.15}$$

이러한 제약은 일반적으로 흡기 중 엔진 실린더 내에서 충족되지 않는다. 그것들은 압축이 끝날 때 거의 만족된다.

8.2.2 엔진 속도 데이터의 응용

위에서 설명한 바와 같이 앙상블 평균 기법을 사용할 뿐만 아니라 개별 사이클을 토대로 속도 데이터를 분석할 필요가 있다. 유동을 특징짓는 속도를 얻기 위한 기본적인 정의가 유도될 것이다. 앙상블 평균 속도 $\bar{U}_{EA}$는 이미 식 (8.5)에 의해 정의되었다. 앙상블 평균 변동 강도 $u'_{F,EA}$는 다음과 같이 주어진다.

$$u'_{F,EA}(\theta) = \left\{ \frac{1}{N_c} \sum_{i=1}^{N_c} [u(\theta,i)]^2 \right\}^{1/2} = \left\{ \frac{1}{N_c} \sum_{i=1}^{N_c} [U(\theta,i)^2 - \bar{U}_{EA}(\theta)^2] \right\}^{1/2} \tag{8.16}$$

앙상블 평균 속도에 대한 모든 변동이 포함된다.

연소하는 엔진의 유동장은 2차원 입자 영상 유속계(particle image velocimetry, PIV)를 사용하여 쉽게 측정된다. 식 (8.5)와 식 (8.16)의 사용은 고려중인 각 특정 크랭크 각에서 U와 u값을 요구한다. 일부 측정 기법이 이것을 제공할 수 있지만, 일반적으로 사용되는 점 속도 측정 기법(레이저 도플러 속도계, laser Doppler velocimetry, LDV)은 간헐적인 신호를 제공한다. 레이저 도플러 속도계(LDV)를 사용하면 유동장 내에서 두 개의 레이저 빔이 교차하여 만들어진 작은 체적 내에서 간섭무늬가 생성된다. 작은 입자가 이 부피를 통과할 때 입자 속도에 비례하는 주파수로 빛을 산란시킨다. 유동에 의해 미끄러짐 없이 운반될 수 있을 만한 작은 입자를 유동에 뿌리고 이 산란된 빛을 수집함으로써 유속을 결정할 수 있다. 신호는 입자가 측정 체적을 통과할 때에만 생성된다; 따라서 한 쌍의 속도 크랭크 각으로 데이터를 수집한다. 그러므로 관심있는 특정 크랭크 각도인 $\bar{\theta}$를 중심으로 유한 크랭크 각도 범위 $\Delta\theta$에 걸쳐 앙상블 평균화를 수행할 필요가 있다. 앙상블 평균 속도 방정식은 다음과 같다.

$$\bar{U}_{EA}(\bar{\theta}) = \frac{1}{N_t} \sum_{i=1}^{N_c} \sum_{j=1}^{N_i} U_{i,j} \left(\bar{\theta} \pm \frac{\Delta\theta}{2} \right) \tag{8.17}$$

여기서 N_i는 i번째 사이클 동안 범위 내에 기록된 속도 측정의 수이고, N_c는 사이클의 수이며, N_t는 총 측정 횟수이다. 앙상블 평균 rms 속도 변동은 다음과 같다.

$$u'_{F,EA}(\bar{\theta}) = \left\{ \frac{1}{N_t} \sum_{i=1}^{N_c} \sum_{j=1}^{N_i} \left[u_{i,j} \left(\bar{\theta} \pm \frac{\Delta\theta}{2} \right) \right]^2 \right\}^{1/2} \tag{8.18}$$

여기서

$$u_{i,j} = U_{i,j} - \bar{U}_{EA} \tag{8.19}$$

이미 설명한 바와 같이, 변동 강도[앙상블 평균 rms 속도 변동, 식 (8.18)]의 정의는 각 사이클의 평균 유동에 대한 난류 변동뿐만 아니라 평균 유동의 주기적 변동을 포함한다. 실린더 내 유동장을 보다 완전하게 특징짓기 위해 개별 사이클 기준으로 평균 및 변동 속도를 결정할 필요가 있다. 이 과정에서 중요한 부분은 각 사이클의 특정 크랭크 각도(또는 해당 크랭크 각도를 중심으로 한 작은 범위 내)에서 평균 속도를 정의하는 것이다. 이 개별 사이클 속도 분석에서 개별 사이클 시간 평균 또는 평균 속도 $u_{i,j} = U_{i,j} - \bar{U}_{EA}$가 먼저 결정된다.[12] 이 평균 속도의 앙상블 평균은 식 (8.17)에서 주어진 앙상블 평균 값과 동일하다.

$$\bar{U}_{EA}(\bar{\theta}) = \frac{1}{N_t} \sum_{i=1}^{N_c} \sum_{j=1}^{N_i} U_{i,j} \left(\bar{\theta} \pm \frac{\Delta\theta}{2} \right) \tag{8.20}$$

개별 사이클 평균 속도의 rms 변동은 다음 식으로부터 결정될 수 있다.

$$U_{RMS}(\bar{\theta}) = \left\{ \frac{1}{N_c} \sum_{i=1}^{N_c} \left[\bar{U} \left(\bar{\theta} \pm \frac{\Delta\theta}{2}, i \right) - \bar{U}_{EA}(\bar{\theta}) \right]^2 \right\}^{1/2} \tag{8.21}$$

이는 평균 운동에서 주기적 변동의 크기를 나타낸다. 특정 크랭크 각도 $\bar{\theta}$의 특정 범위 $\Delta\bar{\theta}$ 내에서 평균 속도로부터의 순간 속도 변동은 식 (8.4)로부터 얻어진다. 이 순간 속도 변동은 주기에 따라 크게 달라지고, 일반적으로 데이터의 양이 신뢰할 수 있는 개별 사이클 결과를 제공하기에 충분하지 않기 때문에 앙상블 평균화된다:

$$u'_{T,\mathrm{EA}}(\theta)=\left\{\frac{1}{N_c}\sum_{i=1}^{N_c}\left[U\left(\bar{\theta}\pm\frac{\Delta\theta}{2},i\right)-\bar{U}\left(\bar{\theta}\pm\frac{\Delta\theta}{2},i\right)\right]^2\right\}^{1/2} \tag{8.22}$$

이 값은 앙상블 평균 난류 강도이다.

이 방법으로 얻은 결과는 이제 실린더 내 가스 운동의 주요 특징을 설명하기 위해 검토될 것이다. 이러한 결과 중 일부는 실험과 해석을 용이하게 하기 위해 형상 및 유동이 수정된 특수 엔진에서 얻어졌으며, 실린더 내 유동의 주요 특징을 설명한다. 실린더 내 유동은 본질적으로 3차원이라는 점에 유의해야 한다. 유동의 특성을 나타내는 유동장 내의 많은 지점에서 유동을 시각화하며 측정한다.

그림 8.9는 실린더 내 와류 유동을 생성하도록 설계된 특수 L-헤드 엔진의 두 측정 위치에서 엔진 사이클 전체에 걸친 앙상블 평균 속도를 보여준다. 엔진은 300 rpm으로 운전되며 평균 피스톤 속도는 0.76 m/s이다. 그림 8.9*b*는 간극 체적에서 흡기로 생성된 와류 유동 내의 와류 방향의 평균 속도를 보여준다. 흡기 과정에서 높은 속도가 발생하고 피스톤 운동

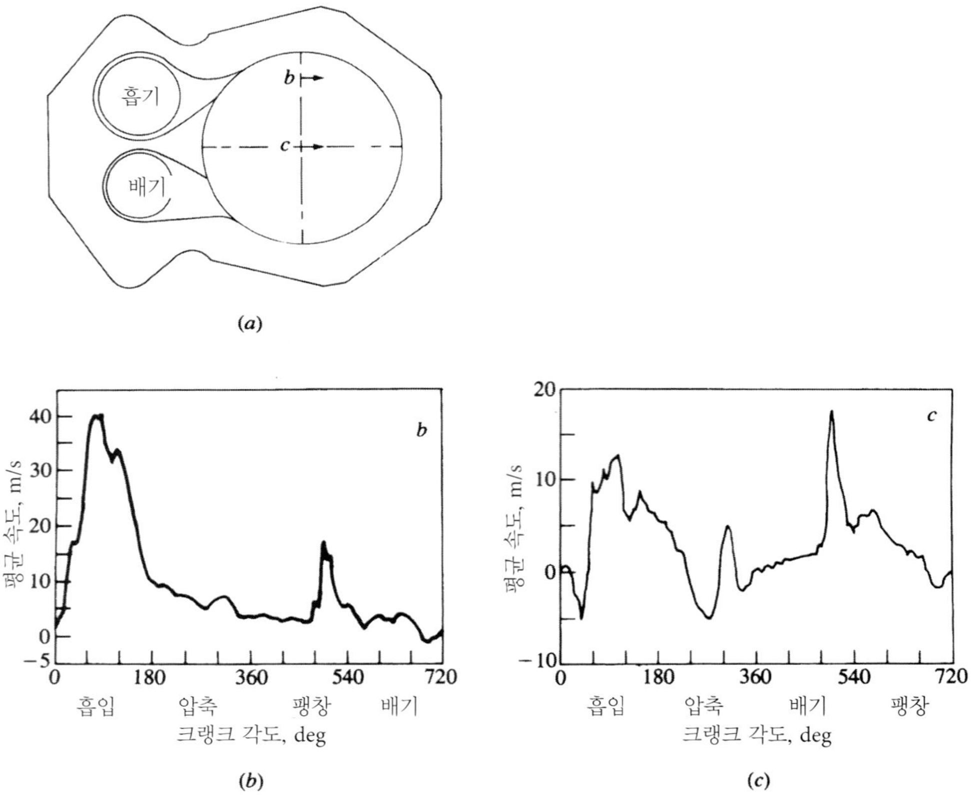

그림 8.9 4-행정 L-헤드 엔진(엔진속도 300 rev/min, 평균 피스톤 속도 0.76 ms/)의 사이클 전체에 대한 앙상블 평균 속도 (*a*) 측정 위치와 속도 방향을 나타내는 엔진 개략도; (*b*) 흡기 유동 경로 중 *b*에서의 속도; (*c*) 실린더 축 상의 *c*에서 속도[14]

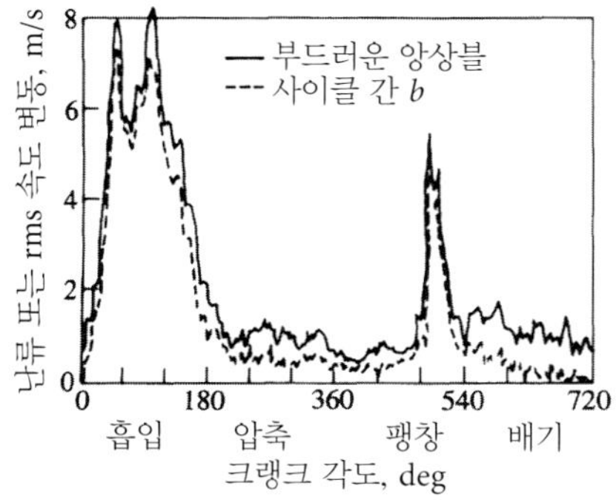

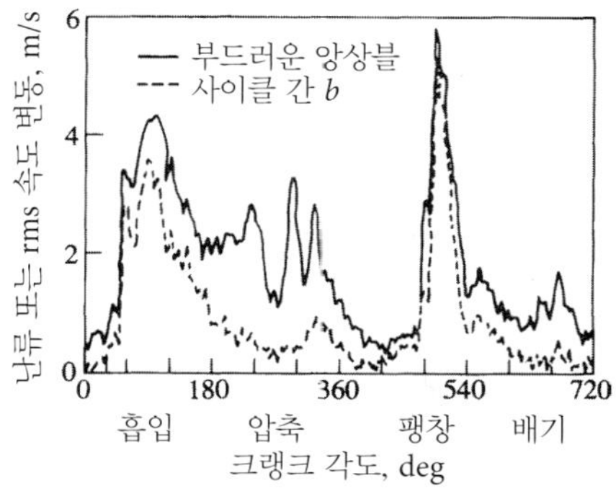

그림 8.10 크랭크 각도에 대한 앙상블 평균 rms 속도 변동과 앙상블 평균 개별 사이클 난류 강도: (*a*) 그림 8.9*a*의 위치 *b* 지점; (*b*) 그림 8.9*a*의 위치 *c* 지점[14]

에 따라 최대 속도로 상승한 다음 감소한다(그림 2.2 참고). 압축 행정 중 속도는 계속 감소하지만 훨씬 느린 속도로 감소한다. 이것은 연소하지 않는 엔진의 사이클이다. 흡입 및 압축 속도와 이에 상응하는 연소 사이클의 비교는 거의 일치하였다.[13] 그러나 팽창 후반 및 배기 행정 속도는 일반적인 연소 엔진 거동이 아니며, 배기 밸브가 열릴 때 속도가 증가하는 것은 실린더 *내로* 가스가 흐르기 때문이다. 왜냐하면 이 연소하지 않은 사이클에서는 열손실 때문에 실린더 압력은 1 atm 이하이다. 그림 8.9*c*는 동일 방향이지만 실린더 축상의 간극 체적의 평균 속도를 나타낸다. 이 위치에서 양과 음의 유속을 측정하였다. 이 위치는 흡기 생성 유동의 직접 경로를 벗어나기 때문에 흡기 행정 중 속도는 훨씬 낮다. 이 특정한 앙상블 평균 유동의 비균일적 특성은 분명하다.

그림 8.10은 두 개의 같은 위치와 방향에서 앙상블 평균 rms 속도 변동(평균 유동 및 난류의 주기별 변동 기여도 포함)과 앙상블 평균 개별 사이클 난류 강도를 보여준다. 각 그래프에서 두 곡선의 차이는 평균 유동의 사이클별 변동을 나타낸다[식 (8.7) 참고]. 흡기 과정 동안 유도된 흡기 유동 패턴 내에서 평균 유동의 사이클별 변동은 강한 흡기 유동으로 인해 발생하는 높은 난류 수준에 비해 작다. 흡기 과정 동안 유도된 유동 영역 밖에서 사이클 별 기여도는 난류에 비해 더 중요하다. 압축하는 동안 사이클 별 평균 유동 변화는 앙상블 평균 난류 강도의 크기와 비슷하다. 따라서 사이클 별 평균 유동 변화는 매우 중요하다.

위에서 흡기 유동으로 생성된 실린더 내 운동의 예는 그 뒤의 유동 전개를 위한 단계를 설정한다. 흡기 밸브를 통과하는 유동에 의해 형성된 와류 구조와 같은 평균 유동 구조는 대개 BC에 의해 붕괴되었다. 압축 행정에 남아있는 유일한 평균 유동 구조는 스월과 텀블이다. 흡입 중에 관찰된 난류 운동 에너지의 대부분은 실린더 내에서 밸브 헤드와 시트 유동 제한을 통해 실린더로 유입되는 공기에 의해 생성된다. 실린더로 대류되는 흡기 포트 발생 난류도 일부 기여한다. 피스톤 속도가 최대일 때 최대 난류 수준은 흡기 행정 중간 정도에서 발생하고 그 후에 빠르게 붕괴된다. 압축 행정이 진행됨에 따라 난튜의 공간 분포는 균질(균일) 및 등방성(방향과 무관)이 된다.

가장 중요한 것은 압축 과정 끝에서의 난류 특성이다: 바로 이것이 연료-공기 혼합과 연소 속도를 제어한다. 이러한 특정 결과는 흡기 유동이 흡기 행정 동안 실린더 내 평균 유동 및 난류 유동장 생성에 있어 지배적인 역할을 한다는 결론을 뒷받침한다. 그러나 스월 또는 텀블이 없는 경우, 이러한 흡기로 생성된 유동 구조는 압축 과정이 시작될 무렵에 거의 사라

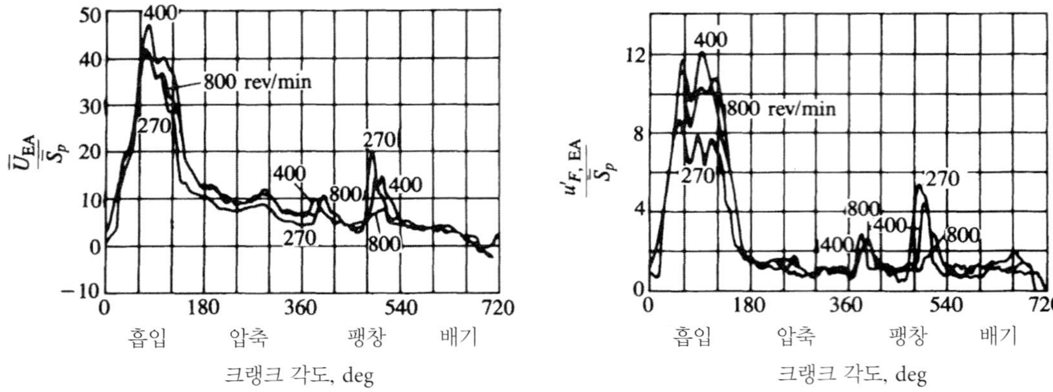

그림 8.11 세 가지 엔진 속도에 대한 엔진 사이클 전체의 평균 피스톤 속도로 정규화된 앙상블 평균과 rms 속도 변동. 그림 8.9*a*의 위치 *b*에서의 엔진 레이아웃.[14]

진다. 난류 수준은 평균 유동 경향을 따르고 흡기 밸브 닫힘에 의해 크게 붕괴한다.

흡기 중 스월 유동이 생성되면 실린더 축을 중심으로 거의 강체 회전 유동이 발생하며 그림 8.3에 나타낸 흡기-제트 발생 회전 유동보다 훨씬 더 오랫동안 안정적으로 유지된다. 단순한 개방형 연소 챔버의 경우 난류는 여전히 압축 종료 시 거의 균일해 보인다. 그러나 보울 형상의 피스톤과 스월이 있는 챔버의 경우 유동은 더 복잡하다(8.3절 참고). 흡입 중에 텀블 유동이 생성되면 피스톤이 하향 운동함에 따라 지속된다(그리고 축 방향으로 길어짐). 그 후 압축 동안 불안정해지고 붕괴될 때 압축 행정 중 · 후반까지 "압박"된다. 붕괴될 때 이 텀블 운동에 저장된 운동 에너지는 붕괴에 의한 뒤이은 난류로 전달된다.

압축 중 이러한 유동의 많은 특징들이 실린더 내의 난류 수준에 영향을 미친다. 난류 운동 에너지 k의 발달을 모델링하여 정량화하는 것은 엔진의 연료-공기 혼합 및 연소 과정을 정량화하는 중요한 요소이다. 난류 운동 에너지 보존 방정식은 다음과 같다:

$$\frac{\bar{D}k}{\bar{D}t} = P - \varepsilon - (\nabla \bullet \mathbf{T}) \tag{8.23}$$

여기서 P는 생성율, ε은 점성 소산율, 벡터 T는 난류 운동 에너지의 전달이다(엔진 유동의 난류 모델링은 14.5.2절에서 완전히 논의된다.). k의 직교 성분은 세 가지가 있다: 예를 들어, $k_i = (\overline{u}_i \overline{u}_i / 2)$. 난류 전달 항은 난류 운동 에너지의 지배적인 원천이 아니다.[b] 생성은 다음과 같은 형태를 가진 유동의 난류 응력에서 비롯된다:

$$P = -(u_i u_j) S_{ij} \tag{8.24}$$

여기서 S_{ij}는 변형 텐서의 평균 속도이며, 이 항은 난류 변동 속도 성분의 구배에 따라 달라진다. 따라서 스월, 텀블, 스퀴시(피스톤이 TC에 접근함에 따라 실린더의 중심을 향한 혼합물의 변위로 인한 것임: 8.5절 참고)와 같은 특정 실린더 내의 운동과 그 상호 작용이 상당한 난류를 생성할 수 있음을 확인할 수 있다. 물론 난류 운동 에너지 ε의 점성 소산은 실린더 내 운동의 이러한 발달을 통해 계속된다.[16]

흡기 밸브를 통과하는 유동은 4-행정 사이클에서 실린더 내 운동의 많은 특징을 담당한

[b] $\overline{D}/\overline{D}t$는 유선(streamline)을 따라 유체 요소를 따르는 substantive 또는 convective derivative operator~ $\partial/\partial t + \nabla\bullet$이다.

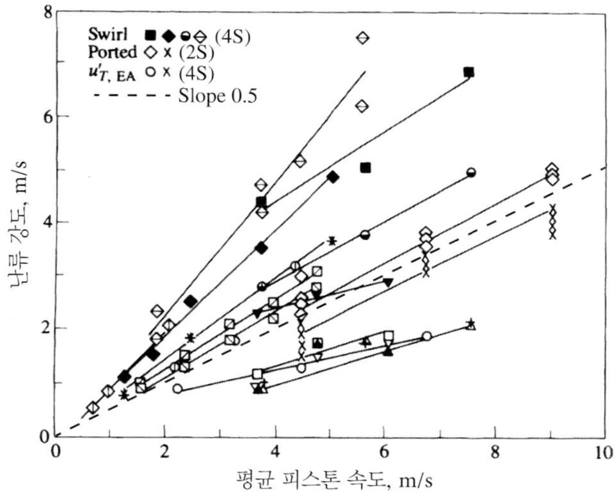

그림 8.12 다양한 유동 및 챔버 형상에서 평균 피스톤 속도의 함수에 대한 압축과정의 끝 TC에서 개별 사이클 난류 강도 $u'_{T,EA}$(o,)와 앙상블 평균 rms 변동 속도 ($u' = 0.5\bar{S}_p$)

다. 밸브를 통과하는 유속은 피스톤 속도에 비례한다[유사 밸브-유동 속도 정의에 대한 식 (6.10)과 식 (2.10)을 참고하라]. 따라서 다른 엔진 속도에서 실린더 내 유속은 평균 피스톤 속도에 따라 증가할 것으로 예상된다[식 (2.11)]. 그림 8.11은 세 가지 다른 엔진 속도에서 사이클을 통해 평균 피스톤 속도로 정규화된 앙상블 평균 및 rms 속도 변동을 보여준다. 측정 위치는 흡기 생성 스월 유동의 경로에 있다(그림 8.9*a*의 *b*지점). 모든 곡선은 대략 동일한 모양과 크기를 가지며, 이 속도 스케일[c]의 적합성을 나타낸다. 스월 또는 텀블과 같은 정해진 평균 운동이 없는 경우, 압축 종료 시 앙상블 평균 속도가 낮을 때 다른 결과가 이 결론을 뒷받침하지만 평균 속도에 대한 이 스케일은 항상 유지되지 않는다.[15, 16]

그림 8.12는 13개의 서로 다른 유동 형상과 연소실 형상으로부터 압축 종료 시 TC에서의 앙상블 평균 rms 변동 속도 또는 앙상블 평균 개별 사이클 난류 강도 결과를 보여준다. 이 결과 세트 중 2개는 2-행정 사이클의 복사된 형상에서 나온 것이다. TC에서 측정된 변동 속도 또는 난류 강도는 평균 피스톤 속도에 대해 표시된다. 선형 관계가 잘 유지되는 것을 볼 수 있다. 부분적으로 비례 상수에 상당한 변화가 있는데 이러한 연구의 대부분(그림에서 확인됨)에서 앙상블 평균 rms 변동 속도가 측정된 양이었기 때문이다. 여기에는 평균 속도의 사이클 간 변동이 포함되기 때문에 평균 난류 강도 $u'_{T,EA}$보다 크다.

연소가 시작됨에 따라 압축 과정의 상사점 주변의 난류 강도는 평균 피스톤 속도의 절반과 평균 피스톤 속도 사이의 값을 갖는다는 것에 대한 합의가 이 연구에서 나타났다. 즉,

$$u'_{T,\mathrm{EA}}(\mathrm{TC}) \approx (0.5 \text{ to } 1.0)\bar{S}_p \tag{8.25}$$

큰 스월과 텀블이 없는 4-행정 사이클 엔진의 개방형 연소 챔버 형상은 이 범위의 하단에 있다. 스월이 강하고 깊고, 리엔트런트(re-entrant)형 보울-인-피스톤의 연소실 형상을 갖는 소형 고속 직분사 디젤 엔진은 $u'/\bar{S}_p$의 값이 가장 높다. 스월 또는 텀블이 추가된 펜트-루프(지붕형) 가솔린 엔진 연소실 설계에서 $u'/\bar{S}_p$는 중간값을 갖는다. 가솔린 SI 엔진 및 디젤 엔

---

[c] 이 특별한 엔진의 밸브와 연소실 때문에 $\bar{U}$와 $\bar{S}_p$의 비는 보통의 엔진 형상의 전형적인 값보다 높다.

진에 사용되는 다양한 연소실 형상의 유동 및 난류 수준은 8.6절에서 자세히 살펴본다. 압축 종료 시 개별 사이클 평균 속도의 앙상블 평균 주기적 변동 또한 평균 피스톤 속도에 따라 조정된다. 이 값은 일반적으로 난류 강도보다 크기가 작으며, 특히 강한 방향성 평균 유동이 있는 경우 그러하다.[16]

자동차 엔진 유동의 난류 길이와 시간 스케일이 특징지어졌다. 이들은 연료, 공기, 잔류 가스 혼합률 및 특히 압축 행정 중 TC에서 난류 SI 엔진 화염의 화염 시트 주름의 규모를 정량화하는 데 중요하다. 흡기 과정 동안 적분 길이 스케일은 흡기 제트 직경의 차수이며, 이는 밸브 리프트와 유사하다(자동차 크기 엔진에서 $\leq$10 mm). 압축 중의 유동 패턴은 연소실 모양으로 이완된다. 난류 유동에서 가장 큰 고유 구조(또는 와류)를 정의하는 적분 길이 스케일은 식 (8.8)을 통해 유동의 여러 지점에서 순간 변동 속도 성분 측정으로부터 공간 상관 함수를 사용하여 결정될 수 있다(그림 8.8 참고). 보다 일반적으로 이들은 테일러의 가설을 사용하여 단일 점 실험 데이터로부터 식 (8.10)을 통해 결정된다. 테일러의 가설은 난류의 특성 시간 스케일(또는 수명)이 평균 유동에 의해 측정 위치를 통해 전달되는 데 필요한 시간보다 훨씬 클 때 유효하다: 즉, $u' \ll \overline{U}$. 이 조건은 주로 스월, 텀블, 또는 스퀴쉬 생성 유동이 큰 엔진에서 충족된다: 엔진 속도가 변화함에 따라 적분 길이 스케일이 거의 발생하지 않는다. 또한 l_I을 결정하기 위한 위의 두 가지 접근법을 비교하면 비슷한 결과가 나타난다. 이러한 결과는 압축 행정 중 TC 주변에서 실린더 내 유동 난류가 등방성에 가깝다는 것을 나타낸다: 즉, 변동 속도 성분에는 선호하는 방향이 없다. 이러한 유동에서 식 (8.8)을 적용하는 것은 두 개의 적분 길이 스케일을 초래한다: 분리 길이 벡터 x에 평행하고, 분리 벡터에 측면으로 각각 평행하는 변동 속도 성분에 해당하는 $l_{I,\text{long}}$과 $l_{I,\text{lat}}$.[d]

일반적으로 압축 TC 근처에서 결정되는 횡 방향 적분 길이 스케일 $l_{I,\text{lat}}$는 1~3 mm 범위인 반면 종 방향 스케일은 약 2~8 mm 범위여서 난류 등방성이 종종 존재함을 나타낸다[16]. 일시적으로 적분 길이 스케일는 TC 주변의 넓은 최솟값을 나타내며 이 값은 엔진 속도에 상대적으로 민감하지 않다. 실린더 내 유동의 강한 속도 구배는 연소실 전체에 걸쳐 길이 규모에서 중요한 공간적 변화를 초래할 수 있다. 적분 스케일은 실린더 내 유동을 특징 짓는 가장 큰 스케일과 비슷하고 연소실 형상에 의한 물리적 유동 경계는 적분 스케일을 제한한다. 적분 스케일이 간극(clearance) 높이와 같은 형상에 비례하여 그 제한을 넘어서지는 못한다.

압축 종료 시 적분 시간 규모는 엔진 속도가 증가함에 따라 감소한다. 약 1000 rev/min의 엔진 속도에서 1 ms의 차수이다. 위에서 설명한 것처럼 압축 끝에서 적분 길이 스케일은 몇 mm이며, 엔진 속도에 따라 거의 변하지 않고 피스톤이 TC에 접근할수록 감소한다. 압축 종료 시 마이크로 시간 스케일은 1000 rev/min에서 0.1 ms의 차수이며, 엔진 속도가 증가함에 따라 감소한다(자동차 크기의 엔진 실린더에서도 마찬가지). 마이크로 길이 스케일은 압축 종료 시 1 mm 정도이며 엔진 속도에 따라 조금 달라진다. 압축 끝에서 Kolmogorov 길이 스케일은 10^{-2} mm의 차수이다.[11, 18, 19]

8.3 스월 _Swirl

*스월*은 실린더 축에 대한 차지의 소용돌이(organized) 현상으로 정의된다. 스월은 초기 각운동량을 가지고 실린더에 유입되는 흡기 유동에 의해 생성된다. 마찰로 인한 스월의 일부

[d] 난류는 변동 속도가 세 개의 직교 성분(하나의 종방향 성분과 두 개의 횡방향 성분, $l_{I,\text{long}}$과 $2l_{I,\text{lat}}$)을 갖는 것으로 생각할 수 있기 때문에 대략 등방성이다.

붕괴는 엔진 사이클 중에 발생하지만 흡기에 의해 생성된 스월은 보통 압축, 연소 및 팽창 과정을 통해 지속된다. 보울-인-피스톤 연소실 엔진 설계에서 흡기 중 회전 운동 설정은 압축 중에 상당히 증폭된다. 스월은 흡입된 공기 차지와 분사된 연료의 혼합을 빠르게 촉진하기 위해 디젤 및 일부 성층화 엔진에서 사용된다. 스월은 스파크 점화기관의 연소 과정을 가속하는데도 사용된다. 2-행정 엔진에서는 소기를 개선하는 데 사용된다. 예연소실 엔진의 일부 설계에서 예연소실 축에 대한 회전 또한 스월로 규정된다. 예연소실 엔진의 압축 과정 동안 예연소실 내로 유입되는 유동은 회전 유동을 생성한다. 예연소실 유동은 8.7절에서 논의된다.

8.3.1 스월 측정

실제 운전되는 엔진에서 스월 유동의 성질을 판단하기는 어렵다. 따라서 스월의 특성을 파악하기 위해 정상 유동 테스트가 종종 사용된다. 공기는 실린더 헤드의 흡기 포트 및 밸브 어셈블리를 통해 실린더의 동등한 위치에 적당히 유입된다. 실린더 내의 스월 특성을 규명하기 위한 일반적인 기법은 실린더 보어 직경 1과 1.5 사이에 장착되어 실린더 중심선 상에서 회전하는 경량 패들 휠(저 마찰 베어링이 있음)을 사용하는 것이다. 패들 휠 직경은 실린더 보어에 가깝다. 패들 휠의 회전 속도는 공기 스월의 측정 값으로 사용된다. 그러나 이 회전 속도는 스월 유동의 상세 특성뿐만 아니라 휠의 위치와 설계에 따라 달라진다. 보다 정확한 기법은 그림 8.13에 있는 임펄스 스월 미터이다. 벌집형 유동 교정기는 패들 휠을 대체한다: 이는 스월 유동에 의해 가해지는 총 토크를 측정한다. 이 토크는 유동 교정기 상류 면과 일치하는 평면을 통과하는 각 운동량의 플럭스와 같다. 이러한 각각의 접근법에 대해 기본적으로 유동의 각 운동량과 축 방향 운동량을 비교하는 *스월 계수*가 정의된다. 패들 휠의 경우, 스월 계수 C_s는 다음과 같이 정의된다.

$$C_s = \omega_p B / v_0 \tag{8.26}$$

여기서 ω_p는 패들 휠 각속도($= 2\pi N_p$, 여기서 N_p는 회전 속도임)이며 보어 B는 특성 치수로 사용되었다. 특성 속도 v_0는 비압축성 유동 방정식을 사용하여 밸브에서의 압력 강하로부터 유도된다:

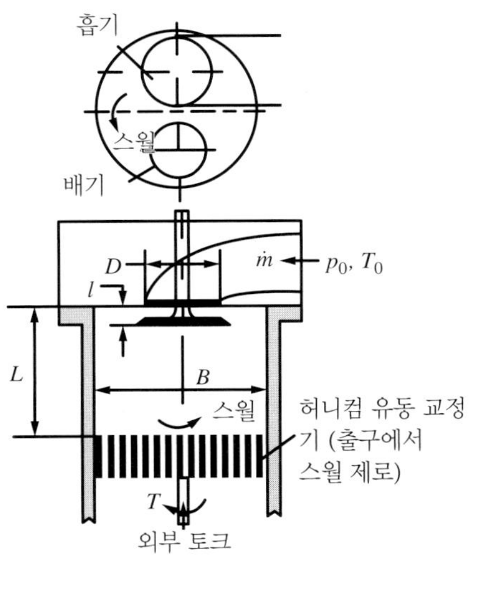

그림 8.13 정상 유동 각 운동량 플럭스 스월미터의 개략도[20]

$$v_0 = \left[\frac{2(p_0 - p_c)}{\rho} \right]^{1/2} \tag{8.27}$$

또는 압축성 유동 방정식을 사용하면:

$$v_0 = \left\{ \frac{2\gamma}{(\gamma - 1)} \frac{p_0}{\rho_0} \left[1 - \left(\frac{p_c}{p_0} \right)^{(\gamma-1)/\gamma} \right] \right\}^{1/2} \tag{8.28}$$

여기서 첨자 0과 c는 각각 상류 정체와 실린더 값을 가리킨다. 식 (8.27)과 (8.28)의 차이는 보통 작다. 임펄스 토크계의 경우, 특성 속도와 길이 규모 또한 도입되어야 한다. 몇 개의 스월 매개 변수가 정의되었다. 가장 간단한 것은 다음과 같다.

$$C_s = \frac{8T}{\dot{m} v_0 B} \tag{8.29}$$

여기서 T는 토크이고 $\dot{m}$은 공기 질량 유량이다. 속도 v_0는 식 (8.27) 또는 식 (8.28)에 의해 정의되었고, 보어는 다시 무차원 계수를 얻기 위해 사용되었다. 패들 휠 속도 ωp에서 실린더 내 유체의 강체 회전에 대한 식 (8.26)과 (8.29)는 동일한 스월 계수를 제공한다는 점에 유의하라. 실제로 스월 유동은 강체 회전이 아니며, 패들 휠은 일반적으로 미끄러짐으로 인해 유동이 지연되기 때문에 임펄스 토크 미터는 더 높은 스월 계수를 제공한다.[21] 운전중인 엔진에서 스월 측정을 수행할 때 *스월비*는 일반적으로 스월을 정의하는 데 사용된다. 이것은 실제 유동에 대해 동일한 각 운동량을 갖는 강체 회전 유동의 각속도 ω_s로 정의되며 크랭크축 각도 회전 속도로 나눈 값이다:

$$R_s = \frac{\omega_s}{2\pi N} \tag{8.30}$$

일반적으로 스월비의 값은 1~4 사이의 범위에 있다. 엔진의 흡기 행정 중 유동과 밸브 개방 면적, 그리고 결과적으로 실린더 내로의 각 운동량 플럭스는 크랭크 각도에 따라 달라진다. 위에서 설명한 리그 테스트에서 유량 및 밸브 개방 면적은 고정되어 있으며, 각 운동량은 실린더 아래로 연속적으로 흐르고, 엔진 흡기 과정에서 해당 유량 조건에서 생성된 운동량과 밸브 리프트는 실린더 내에서 유지된다. 정상 상태 임펄스 토크미터 데이터는 다음과 같은 방식으로 엔진 스월을 추정하는 데 사용할 수 있다.[21] 포트와 밸브가 정상 유동 장치와 같이 엔진의 과도 조건 하에서 동일한 특성을 유지한다고 가정하면, 흡입 과정 종료 시 동등한 강체 각속도 ω_s는 다음과 같다.

$$\omega_s = \frac{8}{B^2} \left[\int_{\theta_1}^{\theta_2} T d\theta \right] \Big/ \left[\int_{\theta_1}^{\theta_2} \dot{m}\, d\theta \right]$$

여기서 θ_1과 θ_2는 흡기 행정의 시작과 종료 시 크랭크 각도이며 토크 T와 질량 유량 $\dot{m}$은 로컬 크랭크 각도에 해당하는 밸브 리프트에서 평가된다. v_0와 ρ가 흡기 과정 전반에 걸쳐 일정하다고 가정하고 T의 경우 식 (8.29)를 사용, $\dot{m}$의 경우 식 (6.11)을 사용하는 것과 식 (2.27)을 통해 흡기 매니폴드 조건에 기초한 체적 효율 η_v을 도입하는 것으로 다음 식을 볼 수 있다.

$$R_s = \frac{\omega_s}{2\pi N} = \pi \eta_v BL \left[\int_{\theta_1}^{\theta_2} (A_v C_D) C_s d\theta \right] \Big/ \left[\int_{\theta_1}^{\theta_2} (A_v C_D) d\theta \right]^2 \tag{8.31}$$

여기서 $A_V\ C_D$는 각 크랭크 각도에서 유효 밸브 개방 영역이다. 식 (8.31)에서 크랭크 각도 단위는 라디안이어야 함을 유의하라. η_v에 대한 (약한) 의존성을 제외하고 식 (8.31)은 리그 테스트 결과와 엔진 형상으로부터 엔진 운전 조건과 직접적으로 무관한 R_s를 제공한다.

(단순성 때문에 사용되는) 정상 유동 리그 테스트와 실제 엔진 스월 패턴 사이의 관계는 복잡하다. 정상 유동 테스트는 흡기 포트와 밸브(고정 밸브 리프트에서)의 스월 발생 특성을 적절하게 정의하며 이러한 목적을 위해 광범위 하게 사용된다. 그러나 흡입 중 실린더에 생성된 스월 유동은 압축 중에 크게 변할 수 있다.

8.3.2 흡입 중 스월 생성

흡입 과정 중 스월 생성에는 일반적으로 두 가지 방법이 사용된다. 하나는 유동이 실린더 접선 방향으로 흐르고 여기에서 스월되는 운동으로 옆과 아래로 꺾인다. 다른 하나는 스월이 흡기 포트 내에서 크게 발생한다: 유동이 실린더로 들어가기 *전에* 밸브 축을 중심으로 강제로 회전한다. 전자의 운동 유형은 흡기 밸브의 원주 주위의 유동 분포가 불균일하여 흡기 유동이 실린더 축에 대해 상당한 순(net) 각 운동량을 갖도록 하여 달성된다. 그림 8.14의 방향 지시 포트와 디플렉터 벽면 포트는 이 결과를 얻는 일반적인 두 가지 방법이다. 방향 지시 포트는 원하는 접선 방향으로 밸브의 열려있는 입구를 향해 유동을 가져온다. 그 통로는 직선이며, 이는 다른 실린더 헤드 요건으로 인해 유량 면적이 제한되고 비교적 낮은 유량 계수를 초래한다. 디플렉터 벽면 포트는 포트의 내부 측면 벽을 사용하여 열려있는 밸브 입구의 외부 주변부를 통해 먼저 유동이 접선 방향으로 유입되도록 한다. 방향 효과를 얻기 위해 하나의 벽만 사용되기 때문에 포트 면적은 덜 제한적이다.

두 번째로 광범위한 방법은 실린더로 유입되는 유동에 앞서 밸브 축을 중심으로 포트 내에서 스월을 발생시키는 것이다. 이러한 *나선형 포트*(헬리컬 포트)의 두 가지 예가 그림 8.14에 나와 있다. 나선형 포트를 사용하면 밸브 개방 영역의 전체 주변부를 보다 완전하게 활용할 수 있기 때문에 동등한 스월 수준에서 더 높은 유동 유량 계수(낮은 유동 저항)를 얻을 수 있다. 체적 효율이 좋아진다(고부하에서 중요). 또한 나선형 포트는 생성되는 스월이 실린더

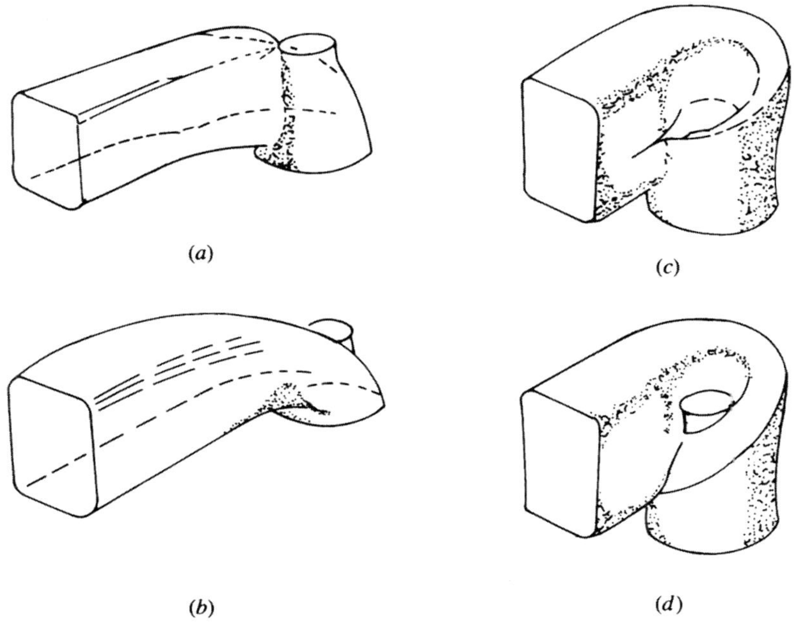

그림 8.14 스월 생성 입구 포트의 여러 가지 형태: (*a*) 디플렉터 벽면; (*b*) 방향 지시; (*c*) 얕은 경사를 가진 나선형; (*d*) 가파른 경사를 가진 나선형[22]

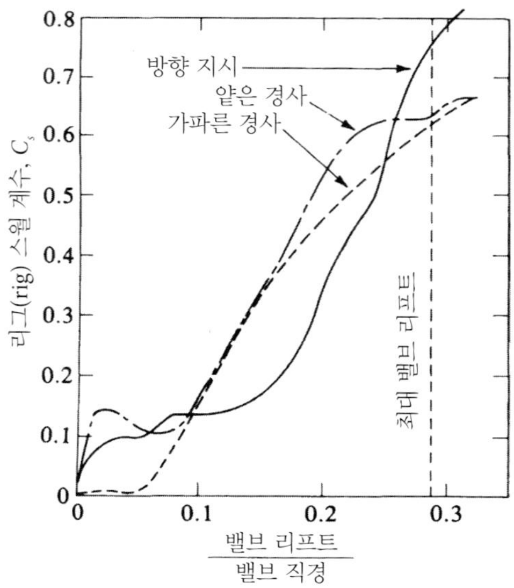

그림 8.15 방향 지시, 얇은 경사, 가파른 경사 나선형 포트의 입구 밸브 리프트/직경 비에 따른 정상 상태에서의 토크 미터 스월 측정[21]

축에 대한 포트의 위치가 아니라 주로 밸브 위의 포트 형상에 의존하기 때문에 주조 시 발생할 수 있는 위치 변위에 덜 민감하다.

그림 8.15는 그림 8.14의 포트 예시에 대한 정상 상태 스월-리그 측정을 비교한 것이다. 포트 형태 영향 증가와 밸브 헤드와 시트 사이의 유동 제한 영향 감소를 반영하여 밸브 리프트 증가에 따라 리그 스월 수가 증가한다. 나선형 포트는 일반적으로 방향 지시 포트보다 중간 리프트에서 더 많은 각 운동량을 전달한다.[21, 23] 식 (8.27)과 (8.29)를 사용하여 이 리그 데이터로부터 계산된 이러한 포트의 스월비는 방향 지시 포트의 경우 2.5, 얇은 경사 나선형 포트의 경우 2.9, 급경사 나선형 포트의 경우 2.6이다. 베인 스월 미터 스월비는 약 30 % 낮았다. 이러한 임펄스 스월 미터 유도 엔진 스월비는 흡입 과정이 끝날 때 동일한 포트로 운전되는 엔진의 실린더 내에서 이루어진 접선 속도 측정에서 결정된 실린더 충전과 동일한 각 운동량을 갖는 강체 회전 속도의 약 20 % 내에 있다.[23]

방향 지시 및 디플렉터 벽면 포트와 마스킹 된 밸브 또는 헤드 설계는 유동이 바람직하지 않은 밸브 개방 영역을 통해 유동 저항을 증가시킴으로써 실린더 내로의 접선 유동을 생성한다. 밸브 주변부를 통과하는 매우 균일하지 않은 유동의 결과로서, 실린더로 유입되는 유동은 실린더 축에 대해 동일한 방향으로 상당한 v_θ 속도 성분을 갖는다. 반면, 나선형 포트는 밸브의 상류 포트에 스월을 생성하고, 열려 있는 밸브 입구를 통한 속도 성분 v_r과 v_z 그리고 밸브 축에 대한 속도 성분 v_θ는 밸브의 열려 있는 입구 영역 주변에서 거의 균일하다. 그림 8.16은 이 두 가지 유형의 포트 예시와 함께 정상 유동 리그 테스트의 밸브 출구 평면에서 측정된 속도 데이터를 보여준다. 밸브 및 실린더 벽면 위치가 표시된다. 그림 8.16*a*에서 접선 방향 지시 포트의 디플렉터 벽면은 밸브 주변 절반 정도의 중요한 유동을 효과적으로 방지한다. 대조적으로 나선형 포트가 있는 그림 8.16*b*에서 공기는 밸브 개방 영역 전체를 중심으로 실린더에 유입된다. 반경 방향 및 축 방향 속도는 밸브 주변에서 본질적으로 균일하다. 이 나선형 포트의 밸브 축 주변의 스월 속도(위에서 볼 때 시계 반대 방향)는 상대적으로 균일하며 밸브 개방 영역을 통과하는 반경 방향 및 축 방향 속도의 약 절반이다.

운전 중인 엔진의 실린더 내 와류 유동은 균일하지 않다. 흡입 과정의 각 지점에서 밸브 헤드와 시트 사이에서 생성되는 속도는 밸브 개방 면적과 피스톤 속도에 따라 달라진다. 그

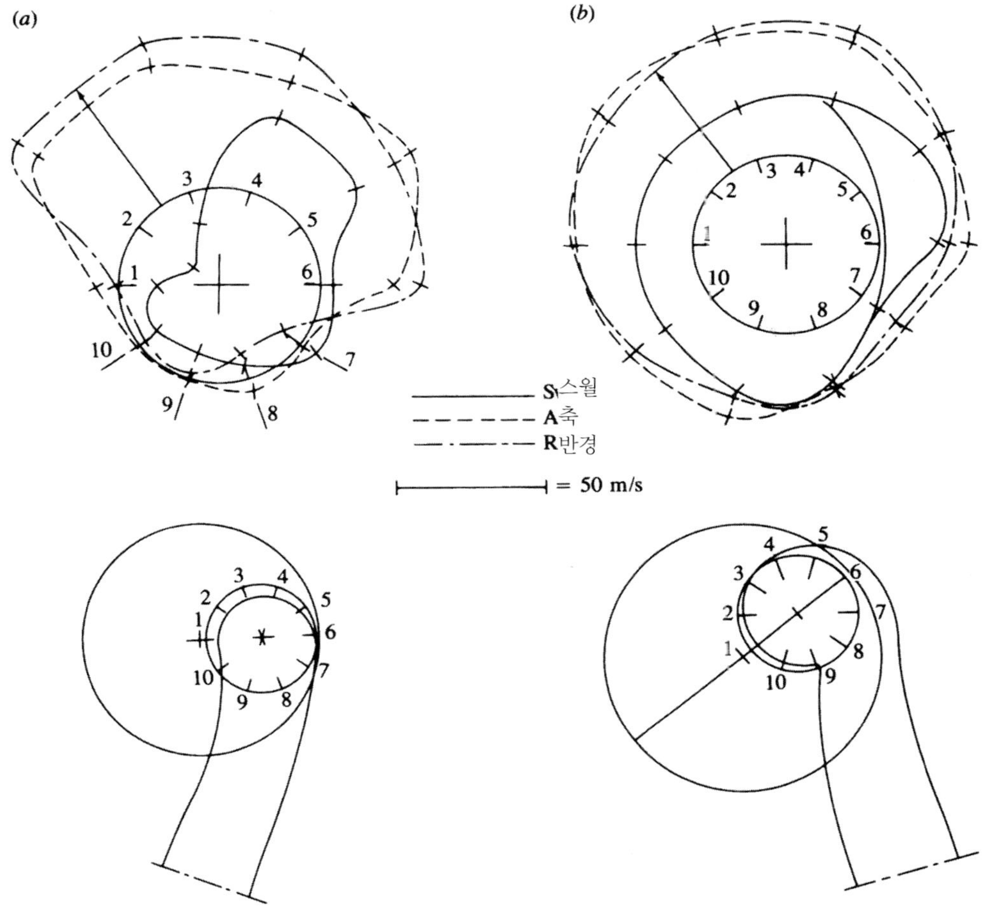

그림 8.16 (*a*) 접선 디플렉터 벽면 포트와 (*b*) 나선형 포트에 대한 밸브 주면 실린더 헤드로부터 2 mm 떨어진 곳에서 측정된 스월, 축 및 반경 방향 속도; 속도의 크기는 밸브 윤곽부터 기준 길이로 스케일링된 곡선까지(두 개의 화살표로 표시된 반경 속도의 예) (밸브 축으로부터) 반경 방향 선(방사선)을 따라 거리에 의해 주어진다. 밸브 리프트 = 12.8 mm[24, 25]

림 6.17의 가상 밸브 유속 곡선에 표시된 바와 같이 흡입 과정의 전반부 동안 속도가 가장 높다. 따라서 흡입 행정의 이 부분에서 생성된 스월 속도는 행정 후반부에 생성된 스월 속도보다 높다: 스월 성층화가 있다. 또한 흡입 중 실린더 헤드에 가까운 유동 패턴은 비교적 체계적이지 않으며, 일반적으로 강체 회전에는 가깝지 않다. 이것은 고속 접선 방향 또는 나선형 흡기 제트에 의해 생성된 와류 시스템으로 구성된다. 실린더가 아래로 내려가면서 유동 패턴은 반경이 증가함에 따라 스월 속도가 증가하는 강체 회전에 더 가까워진다.[21, 22] 피스톤 바로 위의 유동은 실린더의 해당 영역에서 더 높은 스월 속도를 생성한다. 흡기 중에 피스톤 속도가 감소함에 따라 스월 패턴이 재분배 되고 피스톤 근처의 스월 속도는 감소하며 실린더 중심의 스월 속도가 증가한다.[25] 실린더 내 스월의 회전축은 실린더 주위에서 회전할 수 있으며 실린더 축과 정확히 일치하지는 않을 수 있음을 유의하라. 이 논의는 엔진 속도에 따라 스월 규모가 거의 선형적으로 이루어지지만, 고속에서는 유동 픽션이 이러한 규모를 다소 감소시킨다는 것을 나타낸다.

8.3.3 실린더 내 스월 개선

흡입 중 각 크랭크 각도에서 실린더로 들어가는 공기의 각 운동량은 벽면에서의 마찰과 유체 내에서의 난류 확산으로 인해 나머지 흡기 행정과 압축 행정 동안 감소한다. 일반적으로 실린더 축에 대한 운동량의 초기 모멘트 중 1/4-1/3은 압축이 종료되는 상사점에서 대부분 소실된다. 그러나 연소실의 적절한 설계에 의해 압축 중 차지의 회전 속도가 상당히 증가할 수 있다. 직접 분사 디젤 연소 시스템의 많은 설계에서 실린더 내에 분사된 연료와 공기의 더 빠른 혼합을 위해 스월을 사용한다. 흡입 중 실린더 내부에 발생한 스월 공기 유동의 접선 속도는 피스톤이 상사점에 접근함에 따라 대부분의 공기를 실린더 축을 중심으로 하는 소형 보울-인-피스톤 연소실로 밀어 넣어 상당히 증가한다. 마찰의 영향을 무시하면 각 운동량은 보존된다. 따라서 공기의 관성 모멘트가 감소함에 따라 각속도는 증가해야 한다.

그러나 실린더 내 충전물의 총 각 운동량은 연소실 벽의 마찰로 인해 소멸된다. 따라서 실린더 충전물의 각 운동량 Γ_c은 운동량 보존 방정식의 모멘트에 따른 시간에 따라 변한다:

$$\frac{d\Gamma_c}{dt} = J_i - T_f \tag{8.32}$$

여기서 J_i는 실린더 내 각 운동량의 플럭스이고 T_f는 벽 마찰에 의한 토크이다. 흡기 과정의 각 지점에서 J_i는 다음과 같이 주어진다.

$$J_i = \int_{A_v} \rho r \mathbf{v} \bullet \mathbf{dA_v} \tag{8.33}$$

여기서 $\mathbf{dA_v}$는 그림 8.17에서 정의된 밸브 개방 영역의 벡터 요소이다. 흡기 과정 중 실린더에 들어가는 각 운동량은 다음과 같다.

$$\gamma_{c,i} = \int_{t_{ivo}}^{t_{ivc}} \rho r v_\theta \mathbf{v} \bullet \mathbf{dA_v} dt$$

흡입이 끝날 때 실린더 내부의 실제 각 운동량은 흡입 과정 중 벽 마찰로 인해 작다. 마찰은 압축 과정을 통해 계속되므로 압축 끝의 총 충전물 각 운동량은 더 감소된다.

실린더 라이너, 실린더 헤드 및 피스톤 크라운(크라운 내의 모든 보울 또는 절단면 포함)에 마찰이 있다. 이 마찰은 특성 길이와 속도 규모에 대한 적절한 정의와 함께 평판 위의 유동에 대해 개발된 마찰 공식을 사용하여 추정할 수 있다. 실린더 라이너의 마찰은 벽면 전단 응력으로부터 추정할 수 있다:

$$\tau = \frac{1}{2}\rho\left(\frac{\omega_s B}{2}\right)^2 C_F \tag{8.34}$$

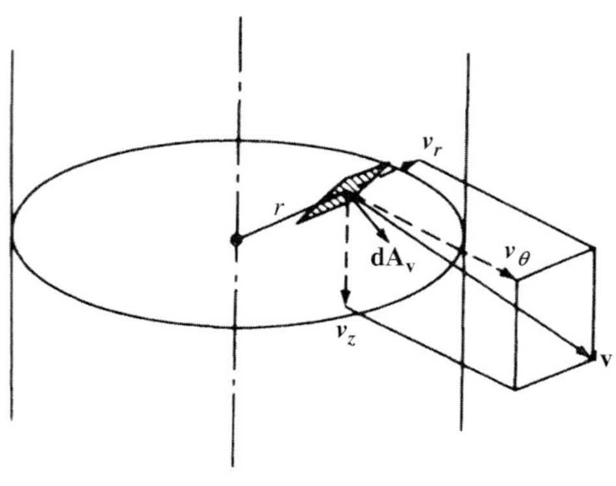

그림 8.17 실린더 안으로의 각 운동량에 대한 방정식에서 심볼의 정의[식 (8.33)]

여기서 ω_s는 등가 강체 스월이다. 마찰 계수 C_F는 평판 공식에 의해 다음과 같이 주어진다:

$$C_F = 0.037\lambda(\text{Re}_B)^{-0.2} \tag{8.35}$$

여기서 λ는 평판과 실린더 벽면 사이의 차이를 허용하기 위해 도입된 경험 상수이며($\lambda \approx 1.5$),[23] Re_B는 평판 레이놀즈 수[$\text{Re}_B = \rho(B\omega_s/2)(\pi B/\mu)$]와 동등하다. 피스톤 컵 또는 보울의 원통형 벽에 대한 마찰은 보어 직경 D_B를 사용하여 위 식에서 얻을 수 있다.

실린더 헤드, 피스톤 크라운 및 피스톤 보울 바닥면의 마찰은 식 (8.34) 및 (8.35)와 유사한 표현으로 추정할 수 있다. 그러나 벽에서의 접선 속도 v_θ는 반경에 따라 다르므로 전단 응력은 각 반경에 따라 계산되고 표면 전체에 걸쳐 적분되어야 한다. 예를 들어,[26]

$$\tau(r) = C_1 \frac{1}{2}\rho[v_\theta(r)]^2 \,\text{Re}^{-0.2} \tag{8.36}$$

$$\text{Re} = \rho v_\theta(r) r/\mu$$

여기서 C_1은 경험 상수(≈ 0.055)이다. 대체 근사 접근법은 평균 반경에서 벽 전단 응력의 이러한 구성요소를 평가하는 것이다.

다음으로 압축 중 공기 차지의 반경 내측 변위의 스월 효과를 고려한다. 이러한 현상의 가장 일반적인 예는 중속 및 고속 직접 분사 디젤 엔진의 보울-인-피스톤 연소실 설계에서 발생한다(10.2절 참고). 그러나 스월을 사용하여 연소 속도를 높일 수 있는 스파크 점화 엔진에서는 상사점에 가까운 연소실의 형상도 충전물의 반경 안쪽으로 밀어 넣을 수 있다. 흡입의 끝에서 주어진 실린더 내 스월 유동과 마찰의 영향을 무시하는 경우, 실린더 축에 대한 공기의 관성 모멘트가 감소함에 따라 각 운동량을 보존하기 위해 공기의 각속도가 증가해야 한다. 예를 들어, 질량 m_c인 실린더 공기 충전물의 강체 회전의 경우, 초기 각 운동량 $\Gamma_{c,i}$과 강체 회전 $\omega_{s,i}$는 하사점에서 다음과 같은 상관관계가 있다.

$$\Gamma_{c,i} = I_c \omega_{s,i}$$

여기서 I_c는 실린더 축에 대한 충전물의 관성 모멘트이다. 디스크 형 연소 챔버의 경우, $I_c = m_c B^2/8$이며, 일정하다. 보울-인-피스톤 연소 챔버의 경우,

$$I_c = \frac{m_c B^2}{8} \frac{[(z/h_B) + (D_B/B)^4]}{[(z/h_B) + (D_B/B)^2]} \tag{8.37}$$

여기서 D_B와 h_B는 보울의 직경과 깊이이며, z는 실린더 헤드로부터 피스톤 크라운까지의 거리이다. TC 크랭크 위치에서 $z \approx 0$이고 $I_c \approx m_c D_B^2/8$이다. 흡입 행정의 끝에서 $I_c \approx m_c B^2/8$이다. 따라서 마찰이 없는 경우, ω_s는 $(B/D_B)^2$만큼 증가할 것이고, 일반적으로 약 4의 인수로 증가한다.

이 보울-인-피스톤 챔버 설계의 엔진에서, 보울의 스월 증가는 적다; 일반적으로 2-3의 인수이다.[21, 23] 이것은 벽 마찰, 난류 및 속도 구배에 의한 유체 내 소산, 그리고 유체의 일부가 피스톤 크라운 위의 간극 체적 영역에 남아 있다는 사실 때문이다. 이러한 효과로 인한 각 운동량 손실은 기하학적 세부사항, 초기 스월 유동 패턴 및 엔진 속도에 따라 달라진다.

흡입이 끝날 때 실린더에서의 스월 속도 분포는 마찰로 속도가 감소하는 실린더 벽 근처를 제외하고 반지름과 함께 접선 속도가 증가하는 것을 보여준다. 속도 분포는 강체 회전과 같지 않지만 포트 설계 및 운전 조건에 따라 강체 회전에 가까운 경우가 많다.[21, 23] 강체 속도 분포에서의 이탈은 엔진 속도가 높을 때 더 크므로 사이클의 이 시점에서 실린더의 유동 패턴이 여전히 시간에 따라 발달되고 있음을 암시한다.[21, 27] 압축 중 반경 방향 내측 가스 변위

가 없는 경우, 유동 패턴은 압축 행정 전체에 걸쳐 강체 분포를 향해 계속 발달한다.[23] 상사점에서 3~5의 스월비는 그림 8.13과 같이 flat-topped 피스톤이 있는 포트(즉, 압축 중 스월 증폭이 없는 경우)를 사용하여 얻을 수 있다.

8.4 텀블 _Tumble

연소 과정을 가속화하기 위해 스파크 점화기관에서는 실린더 내 *텀블* 유동이 사용된다. 그림 8.4에서 알 수 있듯이, 텀블은 실린더 축과 직각인 축을 중심으로 한 차지(충전 기체)의 회전이다. 밸브 헤드와 밸브 시트 사이의 개방 영역의 상부를 통해 실린더로 유입되는 공기 유동을 가져오도록 흡기 포트를 배치하여 일반적으로 경사 밸브 스템이 있는 4개의 밸브(흡기 밸브 2개)가 있는 펜트 루프 연소실에 설치된다(그림 8.18 참조). 이것은 유입 공기에 횡방향(원통을 가로지르는) 운동을 가한다. 그런 다음 하강하는 피스톤은 흡기 밸브 반대쪽에 있는 라이너 아래로 흐르는 유동을 당기고 피스톤 크라운을 가로질러 라이너를 따라 위로 이동하여 이 유동 회전을 완료한다. 흡기 밸브 개방 면적이 균일하지 않기 때문에 주어진 피스톤 속도에 대해 밸브를 통과하는 이러한 횡방향 유동 속도는 더 높으므로 추가적인 운동 에너지가 이 실린더 내 텀블 유동에 저장된다. 또한, 밸브(및 포트) 개방 면적의 불균일함으로 인해 흡기밸브 및 포트 시스템의 유동 저항이 더 높아 엔진의 최대 부피 효율이 낮아지는 점에 유의해라. 압축 과정 중 이 텀블 유동은 상향 이동 피스톤에 의해 "으깨지고(squashed)", 그 결과로 불안정해지고, 스파크 방전에 따라 엔진의 혼합기 연소 속도를 증가시키는 난류 운동에너지를 생성하는 작은 규모의 와류로 분해된다. 불꽃 점화 엔진에서 텀블은 더 빠른 연소 속도(좋은 EGR 허용을 달성하고 부분부하 효율성을 향상시키기 위해 부분부하에서 중요)를 달성하기 위해 일반적으로 사용된다. 높은 부하와 속도에서 엔진 흡기 용량의 경미한 손실은 필요한 결과로 받아들여진다.

텀블을 측정하고 특징을 찾는 것은 스월과 유사하다. 그림 8.19는 안정적인 유동 장치(그림 8.15에 표시된 스월 미터 장치에 대한 아날로그)에서 텀블 유동의 각 운동량을 측정할 수 있는 방법을 보여준다. 측정된 토크 T는 흡기 포트를 통해 실린더로 유입되는 질량 유량, 실린더 내 흐름의 (평균) 각속도, 회전 흐름 축에 대한 평균 회전 반경(약 $B/4$)에 비례한다.[20]

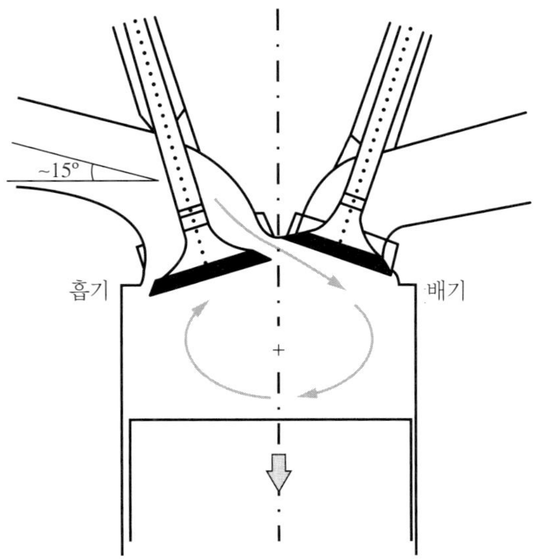

그림 8.18 흡기 포트와 밸브(엔진 실린더 당 4개의 밸브), 실린더에서 하강하는 피스톤이 어떻게 텀블을 생성하는지 보여주는 개략도. 중요한 특징은 실린더 헤드를 가로지르는, 열려있는 밸브 갭의 상부를 통해 주로 유동 방향을 결정하는 작은 각도 흡기 포트이다.

텀블 유동은 각 운동량으로 그 특징을 규정할 수 있다. 그림 8.18은 펜트 루프 실린더 헤드의 능선에 평행한 축(그림에 표시)을 중심으로 유동이 회전하는 경우를 나타낸 것이고, 이를 흔히 *정상 텀블*(normal tumble)이라고 한다. 유동이 그림 8.18(시계 반대 방향)과 반대 방향으로 회전하는 *역텀블*(Reverse tumble)은 거의 수평이 아닌 흡기 밸브를 향해 수직으로 아래쪽으로 향할 때 생성된다(그림 8.18 참조). 역텀블은 증발 연료 분무가 생성한 연료-공기 혼합물 "구름"의 발달하는 움직임을 제어하기 위해 성층화 된 직접 분사식 가솔린 엔진의 특정 설계에 사용된다(7.7.2절 참조). 스월이 있는 상태에서 텀블이 생성되는 경우, 실린더 축을 중심으로 한 공기 차지의 회전은 그림 8.18과 같은 회전 면에 대해 90°에서 평면에 텀블링 유동 성분을 발생시킬 수 있다. 정상적인 회전 유동에 직각인 이 *교차 텀블*(cross tumble) 유동은 전체 실린더 내 텀블 유동 각 운동량을 정량화하기 위해 정상 텀블 각 운동량과 함께 고려되어야 한다.

이러한 다양한 텀블 유동은 식 (8.30)에 의해 정의된 스월비와 유사한 텀블비로 설명할 수 있다. 텀블비는 다음과 같이 정의된다.

$$R_t = \frac{\omega_t}{2\pi N} \tag{8.38}$$

여기서 ω_t는 차지의 총 각 운동량을 실린더 내 유체의 관성 모멘트로 나눈 값이다. 즉, 등가 고체 각속도를 크랭크축의 각 회전율로 나눈 값이다.[28] 따라서:

$$R_t = \frac{\int_{\theta_1}^{\theta_2} \rho(\mathbf{r}\times\mathbf{v})\bullet\mathbf{i}d\theta}{2\pi N\int_{\theta_1}^{\theta_2} \rho(\mathbf{r}\bullet\mathbf{r})d\theta} v \tag{8.39}$$

정상 및 교차 텀블이 모두 유의미할 경우, 전체 텀블비 $R_{t,o}$는 다음과 같이 주어진다.

$$R_{t,o} = (R_{t,n}^2 + R_{t,c}^2)^{1/2} \tag{8.40}$$

주어진 기하학적 실린더-헤드 설계의 경우, 흡기 행정의 전반부 또는 그 이후 동안 흡기 밸브가 상승하고 피스톤 속도가 증가함에 따라 텀블비가 증가한다. 그림 8.18에 표시된 형태의 흡기 포트와 함께 4개의 밸브 실린더 헤드를 사용하면 1 대 2 정도의 텀블비가 실현된다. 흡

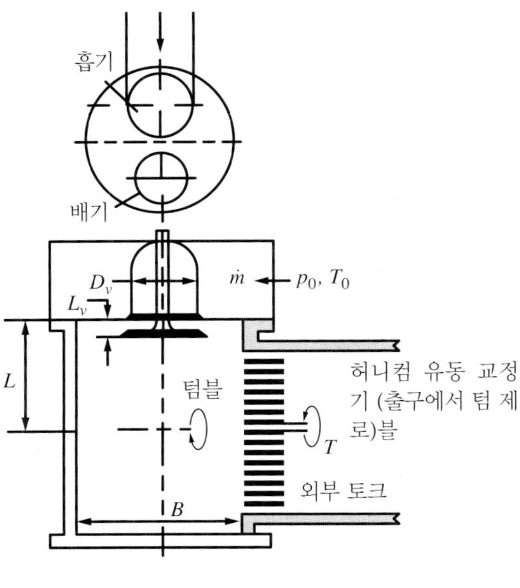

그림 8.19 정상 유동 각 운동량 플럭스 텀블 미터의 개략도[20]

기 포트(예: 스로틀 또는 배플)에 추가적인 유동 방향 제한으로 최대 4개의 높은 텀블비를 얻을 수 있다. 그런 다음, 압축 중 텀블 유동은 실린더 위로 이동하는 피스톤에 의해 찌그러진다. 간극 높이가 작아지면 이 찌그러진 텀블 유동은 난류로 붕괴되는 작은 규모의 회전 에디로 분리된다.

흡기 포트 배플(baffles, 포트 흐름 영역의 특정 부분을 닫는 것)을 사용하여 흡기 과정에 실린더와 함께 발생하는 텀블(및 스월) 수준을 향상시킬 수 있다. 이는 유량이 필요 없는 환형 밸브 헤드 밸브 시트 개방 영역으로 이어지는 흡기 포트 단면의 해당 부분을 차단한다. 각도가 있는 밸브 스템의 경우, 흡기 밸브 개방부의 상부를 통과하는 유동을 증가시키면 더 강한 텀블 유동이 생성된다. 스월을 사용하면 공기 흐름이 실린더 라이너 벽에 가장 가까운 밸브 개방 영역을 통해 유도된다.[29]

스월이나 텀블과 같은 보다 강력한 실린더 내 유동을 생성하려면 흡기 포트, 밸브 및 시트 개방부 전체에 걸친 높은 압력 손실 및 흐름 제한이 수반되며, 따라서 최대 엔진 공기 유량이 감소한다. 주 과제는 연소 과정이 대개 "충분히 빠른" 경우 높은 엔진 속도 및 부하에서 공기 유동 손실을 최소화하면서 높은 실린더 내 운동 에너지 유동을 생성하여 더 빠른 연소율을 달성하는 것이다. 따라서 연소 이익을 개선하고 유동 손실을 줄이기 위해 많은 실린더-헤드 흡기 포트 및 피스톤-크라운 형상이 조사되었다. 여기에는 고정 기하학적 설계뿐만 아니라, 부분 하중과 저속에서의 이익을 달성하고 다른 곳의 불이익을 피하기 위해 흡기 포트에서 스로틀이나 플레이트를 사용하는 것이 포함된다. 포트 연료 분사 엔진 시스템의 경우, 균일 한 가솔린-공기 혼합 SI 엔진 개념을 일반적으로 적용한다. 직접 분사 연료 시스템을 사용하는 경우, 균일 혼합기 가솔린-직분사(GDI) 엔진 개념과 성층화된 엔진 개념(부분부하)이 모두 중요한 적용 영역이다(최대 부하에서). 몇 가지 서로 다른 텀블 움직임 접근법의 유동 특성은 그림 8.20에 나타나 있다.[30] 포트 연료 분사식(PFI) 엔진 특성은 연소율을 높이기 위한 실린더 내 운동을 증가시키려는 노력이 없을 때 발생하는 유동 손실을 나타낸다. 실린더 헤드 설계의 결과로 이러한 엔진 중 일부는 흡입 과정 중에 약간의 텀블링 유동을 생성

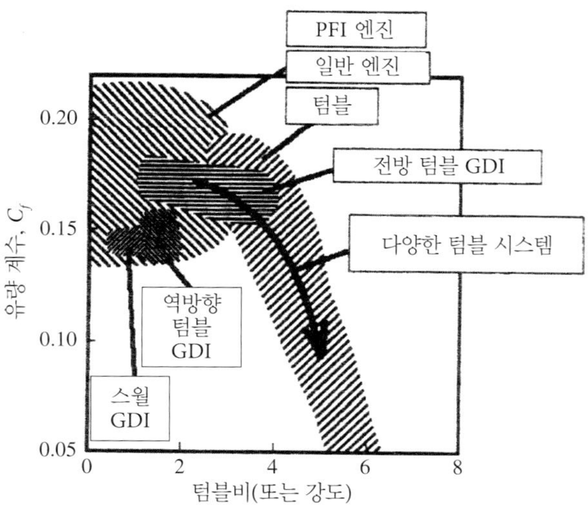

그림 8.20 다른 텀블 및 스월 생성 컨셉의 유동 특성[흡기 포트와 밸브를 통과하며 발생하는 압력 손실과 텀블 강도(또는 비)에 기초한 유동 계수(저항); 식 (8.38)과 (8.39) 참조] 비교. (GDI: 가솔린 직접 분사 SI 엔진, PFI: 포트 연료 분사 SI 엔진)[30]

한다. 전방(forward) 텀블은 그림 8.18과 같이 생성된다(시계 방향으로 표시). 역텀블은 반시계방향으로 회전하며, 수직으로 아래쪽으로 향하는 흡기 포트를 사용하여 유동을 생성한다. 실린더 내 텀블 유동이 강화되면[예를 들어, 흡기 포트의 하부(더 가벼운 부하)를 차단하기 위해 흡기 포트에서 회전식 플레이트를 사용하는 경우], 높은 부하와 속도에서 흡기 포트 및 밸브 유동 저항이 상당히 증가한다. 그러나 이러한 부분적인 포트 차단은 높은 실린더 내 텀블을 달성하기 위해 필요하지도 않고 부하가 더 높은 작동 조건에서도 활용되지도 않을 것이기 때문에 그다지 중요하지 않다.

균일(일반적으로 화학양론비) 혼합기로 작동하는 가솔린 SI 엔진의 경우, 보통 중 · 저부하/중 · 저속에서 연소율을 증가시켜 낮은 연소 가변성(충분한 연소 안정성)을 확보하기 위해서는 스월보다 보통 텀블을 선호한다.

8.5 피스톤 생성 유동: 스퀴시 _Piston-Generated Flows: Squish

피스톤이 실린더 위아래로 움직이면 확실하게 차지 운동(유동)이 발생한다. 가장 단순한 형태로, 평평한 피스톤 크라운과 실린더 헤드를 갖는 연소실 내에서 유체는 차지 압축이 일어나면서 (압축 행정) 축 방향으로 움직이며, 피스톤과 접촉한 기체는 피스톤과 같은 속도로 움직인다(그림 2.2 참조). 밸브가 닫히면 실린더헤드와 접촉하는 가스는 정지한다. 피스톤 크라운과 실린더 헤드 사이의 축 방향 가스 속도 또는 z-성분은 피스톤 크라운의 축 방향 거리에 대한 평균 실린더 헤드 위치로부터 실린더 내 위치의 축 방향 거리의 비율로 선형적으로 조정된다.

$$v_z(z) = \frac{z}{c_c + c} \cdot S_p \tag{8.41}$$

c는 TC 위치에서 피스톤의 변위, c_c는 간극 체적의 평균 높이[그림 2.1과 식 (2.6) 참조], 그리고 z-좌표는 TC 피스톤-크라운 위치에서 0이다. (참고: 평균 실린더 헤드 위치에서 $z = -c_c$)

스퀴시(Squish)

실린더 헤드 또는 피스톤 크라운 표면이 평평하지 않지만 형상화된 경우(예: 스파크 점화기관의 펜트 루프 실린더 헤드, 디젤의 보울-인-피스톤 연소실) 압축 및 팽창 중 피스톤 움직임에 의한 축 방향 속도는 피스톤 크라운 표면과 실린더 헤드 사이의 축 방향 거리 차이로 인해 횡 방향 또는 방사형 흐름을 생성한다. *스퀴시*(Squish)는 피스톤 면과 실린더 헤드의 일부가 서로 근접할 때(또는 분리될 때) 압축 행정의 *끝*(그리고 팽창 행정의 초기 부분)을 향해 발생하는 방사형 또는 횡방향 가스 움직임에 붙여진 이름이다. 그림 8.21은 압축 종료 시 연소실의 더 개방된 영역으로 가스가 어떻게 이동되는지를 보여준다. 그림 8.21*a*은 쐐기형태(wedge-shaped)의 SI 엔진 연소실이고, 그림 8.21*b*에는 보울-인-피스톤(bowl-in-piston) 디젤 연소실이다. 스퀴쉬의 양은 *종종 스퀴시* 면적의 *백분율*로 정의된다. 즉, 실린더 헤드와 피스톤(그림 8.21의 음영 영역)이 서로 근접하는 실린더 단면의 면적($\pi B^2/4$)에 대한 백분율. 스퀴시가 만드는 가스 운동은 컴팩트한 연소실 형상을 사용함으로써 발생한다.

이론적 스퀴시 속도는 질량 보존을 만족시키는 데 필요한 스퀴시 영역의 내부 가장자리(그림 8.22*a* 및 *b*의 도면에 있는 파선 선에 걸쳐)를 가로지르는 가스의 순간 변위로부터 계산할 수 있다. 가스 역학적 불균일 압력, 마찰, 피스톤 링을 통과하는 누출 및 열전달의 영향을 무시하면 스퀴시 속도에 대한 표현은 다음과 같다.

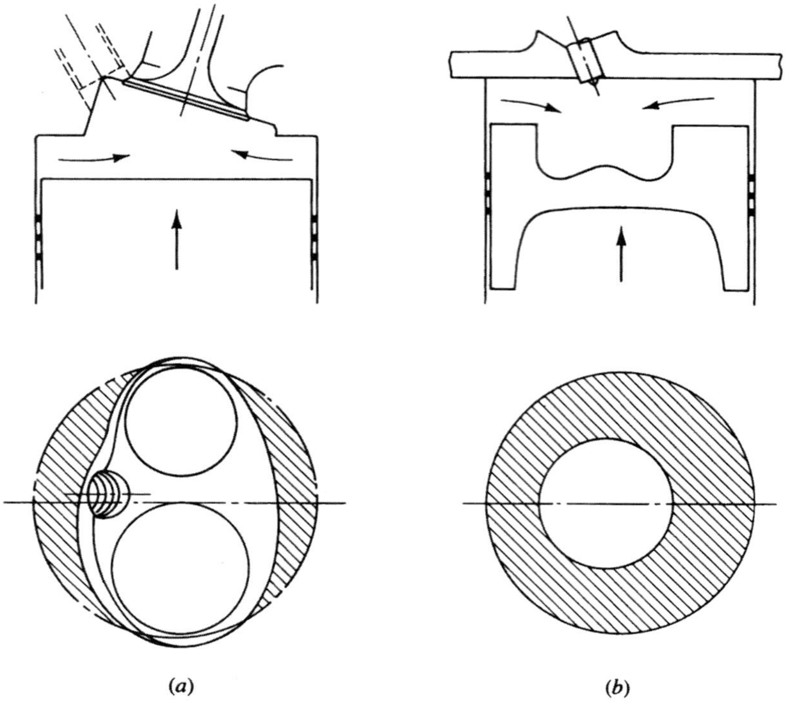

그림 8.21 피스톤 움직이 스퀴시를 어떻게 생성하는지 보여주는 개략도: (*a*) 쐐기형 SI 엔진 연소실; (*b*) 보울-인-피스톤 직접 분사 디젤 엔진 연소실

1. *보울-인-피스톤 연소실* (그림 8.22*a*)

$$\frac{v_{sq}}{S_p} = \frac{D_B}{4Z}\left[\left(\frac{B}{D_B}\right)^2 - 1\right]\frac{V_B}{A_c Z + V_B} \tag{8.42}$$

여기서 V_B는 피스톤 볼의 체적이고, A_c는 실린더의 단면적($\pi B^2/4$), S_p는 순간 피스톤 속도[식 (2.12) 또는 식 (2.13)], Z는 피스톤 크라운 상단과 스퀴시 영역 위의 실린더 헤드 표면 사이의 거리($Z = c + c_c$; $c = l + a - s$; 그림 2.1 참조).

2. *간단한 쐐기형 연소실*(그림 8.22*b*).

$$\frac{v_{sq}}{S_p} = \frac{A_s}{b(c + c_c)}\left(1 - \frac{c + c_c}{C + c}\right) \tag{8.43}$$

여기서 A_s는 스퀴시 면적, b는 스퀴시 영역의 너비, C는 흡입과정이 끝날 때 $c/(r_c - 1)$이다.

평균 피스톤 속도 $\bar{S}_p$에 의해 표준화되는 피스톤 내 엔진의 이론적 스퀴시 속도는 D_B/B 및 간극 높이 c_c의 다른 비에 대해 그림 8.23에 나타나 있다. 최대 스퀴시 속도는 TC 이전 약 10°에서 발생한다. TC 후 V_{sq}는 음이며, 가스가 볼에서 간격 높이 영역으로 흘러나오면서 역 스퀴시 운동이 발생한다. 작동 조건 하에서 이것은 앞의 움직임과 동일하다.

이 모델은 가스 관성, 마찰, 피스톤 링을 통과 한 가스 누출, 열전달 및 연소의 영향을 무시한다. 가스 관성 및 마찰 효과는 작은 것으로 나타났다. 피스톤 링과 열전달을 통한 가스 누출의 영향은 더욱 중요하다. 누설로 인한 스퀴시 속도 감소 Δv_L은 평균 피스톤 속도 및 무차

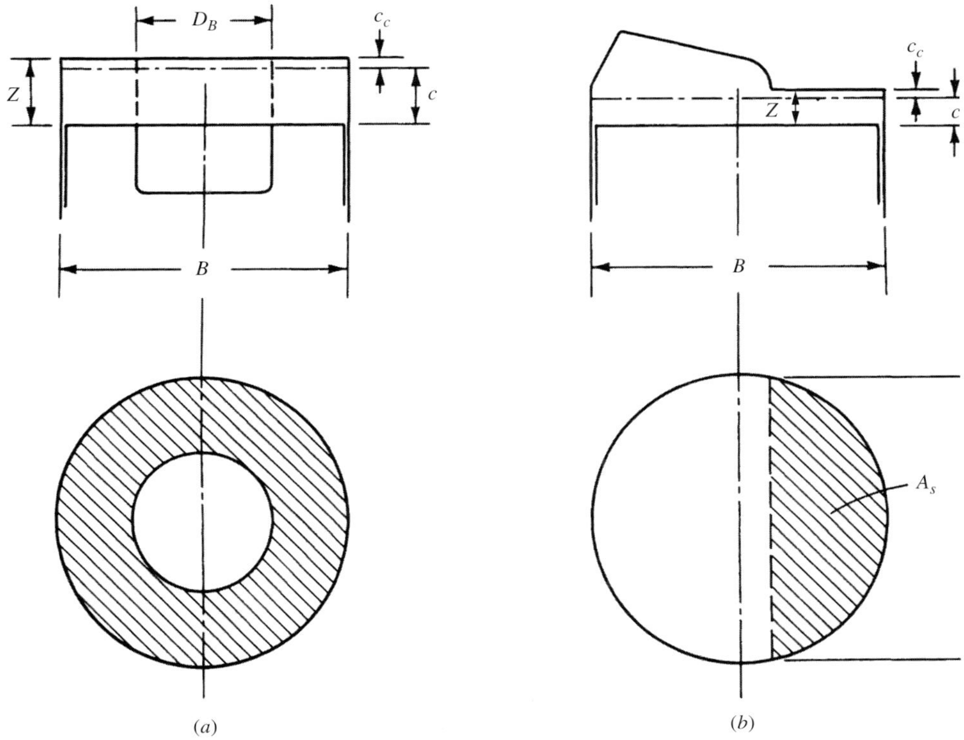

그림 8.22 (*a*) 식 (8.42)를 위한 축대칭 보울-인-피스톤 챔버의 개략도, (*b*) 식 (8.43)을 위한 트래버스 스퀴시를 갖는 쐐기 챔버. Dash-dot 선은 피스톤 Top-center 위치임.

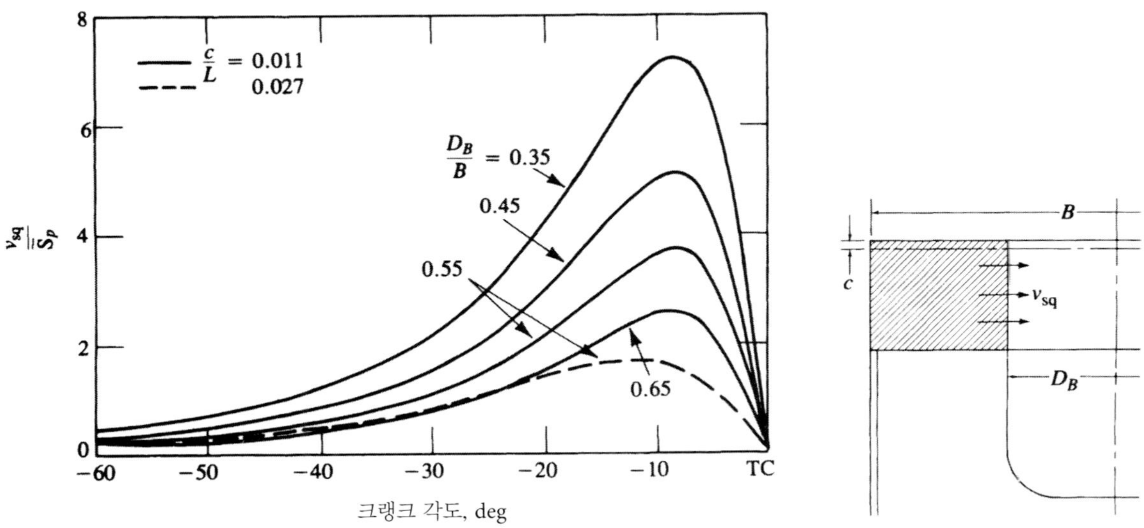

그림 8.23 보울-인-피스톤 챔버의 다른 D_B/B와 c_c/L (간극 높이/행정)에서 평균 피스톤 속도로 나눈 이론적 스퀴시 속도. $B/L = 0.914$, $V_B/V_d = 0.056$, 커넥팅 로드 길이/크랭크 반경 = 3.76.[32]

원 누출 수에 비례한다.

$$N_L = A_{\mathrm{E,L}} \frac{\sqrt{\gamma R T_{\mathrm{IVC}}}}{N V_d} \tag{8.44}$$

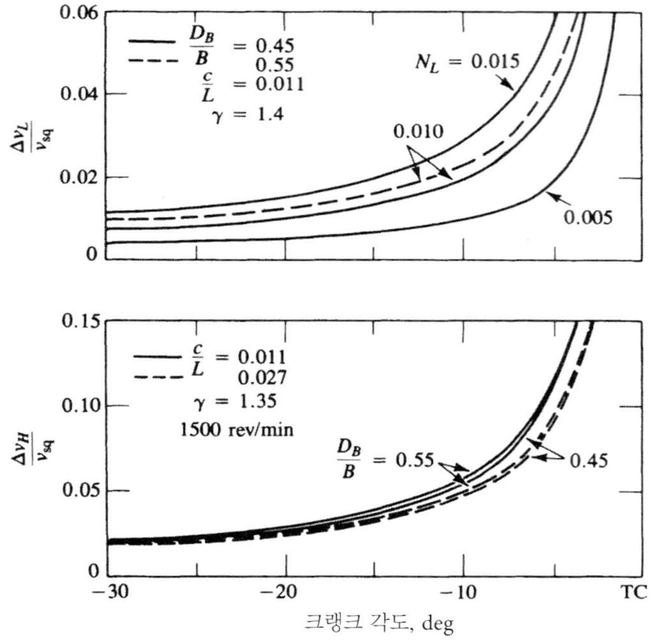

그림 8.24 이상적인 스퀴시 속도로 표준화된 누설(Δv_L)과 열전달(Δv_H)에 의한 스퀴시 속도 감소값 (크랭크 각도의 함수)[32]

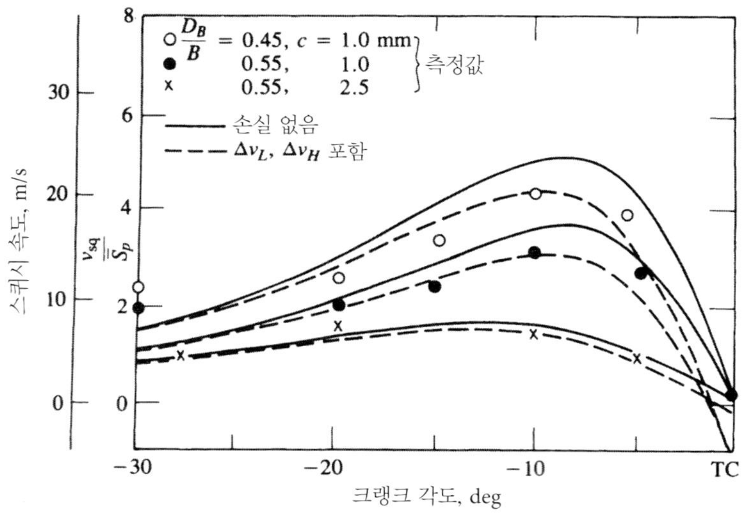

그림 8.25 다른 보울 직경/보어비와 간극 높이를 갖는 보울-인-피스톤 연소실에서 계산된 이상적인 스퀴시 속도(실선)와 누설과 열전달을 고려한 보정값(대쉬선), 스퀴시 속도 측정값의 비교. 보어 = 85 mm, 행정 = 93 mm, 1500 rev/min[32]

여기서 $A_{E,L}$은 유효 누설 면적, T_{IVC}는 밸브 폐쇄 시 실린더 가스의 온도다. 누설은 유효 누설 영역을 통과하는 막힌 유동으로 모델링되었다. $\Delta v_L v_{sq}$값은 그림 8.24에 나와 있다. 정상 가스 누설률에서는 v_{sq}의 영향이 작다. 열전달에 의한 스퀴시 속도의 감소, Δv_H는 표준 엔진 열전달 상관관계를 사용하여 도출되었다(12.4절 참조). $\Delta v_H v_{sq}$값은 그림 8.24에도 나타나 있다. 피스톤이 TC에 접근할 때 최댓값에서 스퀴시 속도가 감소함에 따라 효과는 최대 스퀴시 영역에서 작지만 더 중요해진다. 연소는 TC 이전에 실린더 내 충전기체가 거의 연소되지 않았기 때문에 압축 끝의 스퀴시 유동에 제한적인 영향을 미친다. 점점 더 많은 충전기가 연소되고(대게 챔버의 더 개방된 부분에서), 연소가 진행되면 상당한 가스 팽창이 발생하고, 개방 연소실에서 더 나아가기 때문에, TC 후 "역 스퀴시" 흐름에 훨씬 더 큰 영향을 미친다.

엔진의 속도 측정은 위의 모델에 대한 좋은 정보를 제공한다. 이상적인 이론은 엔진 속도에 대한 의존도를 적절하게 예측한다. 누설 및 열전달 효과에 대한 적절한 보정을 통하여 위의 이론은 보울 직경/보어 비율 및 간극 높이가 스퀴시 속도에 미치는 영향을 예측한다(그림 8.25 참조). 피스톤이 TC를 통과할 때 반경 방향의 변화는 엔진 구동 조건에서 입증되었다. 연소실 개방부에서의 연소 발생 가스 팽창은 TC 후 역방향 스퀴시 운동의 크기를 상당히 증가시킨다.

8.6 스월, 텀블, 스퀴시 유동 상호작용 _*Swirl, Tumble, Squish Flow Interactions*

8.3절, 8.4절 및 8.5절에서 논의된 세 가지 기본 실린더 내 유동 패턴은 서로 상호 작용을 한다. 예를 들어, 펜트 루프 실린더 헤드를 갖는 스파크 점화기관에서 난류 강도를 증가시키고, 연소율을 높이기 위해 생성되는 1차 실린더 내 유동은 텀블이다. 종종 텀블은 약간의 스월을 동반한다. 또한 깊은 보울-인-피스톤 연소 시스템이 있는 디젤 엔진에서는 피스톤이 TC에 접근할 때 안으로 모여드는(radially-inward) 스퀴시 모션에 의해 흡기에 의해 만들어지는 스월이 크게 증폭되며 강한 스월-스퀴스 상호작용에 의해 보울-내 난류 강도가 증가한다.

중요한 실린더 내 유동 특성은 TC 주위의 난류 강도 u' 또는 난류 역학 에너지 k [식 (8.23) 참조]이다. 난류 강도와 난류 역학 에너지는 디젤 엔진에서 연료-공기 혼합률뿐만 아니라 연료-공기 혼합기의 연소율에도 영향을 준다. 그림 8.26은 다양한 SI 엔진 연소실 형태 및 유동 형상과 디젤 엔진에서 다양한 보울-인-피스톤 설계 형상에 대한 압축이 종료되는 TC에서의 난류 강도 u'(평균 피스톤 속도 $\bar{S}_p$의 분율로 표현됨)를 나타낸 것이다(큰 저속 디

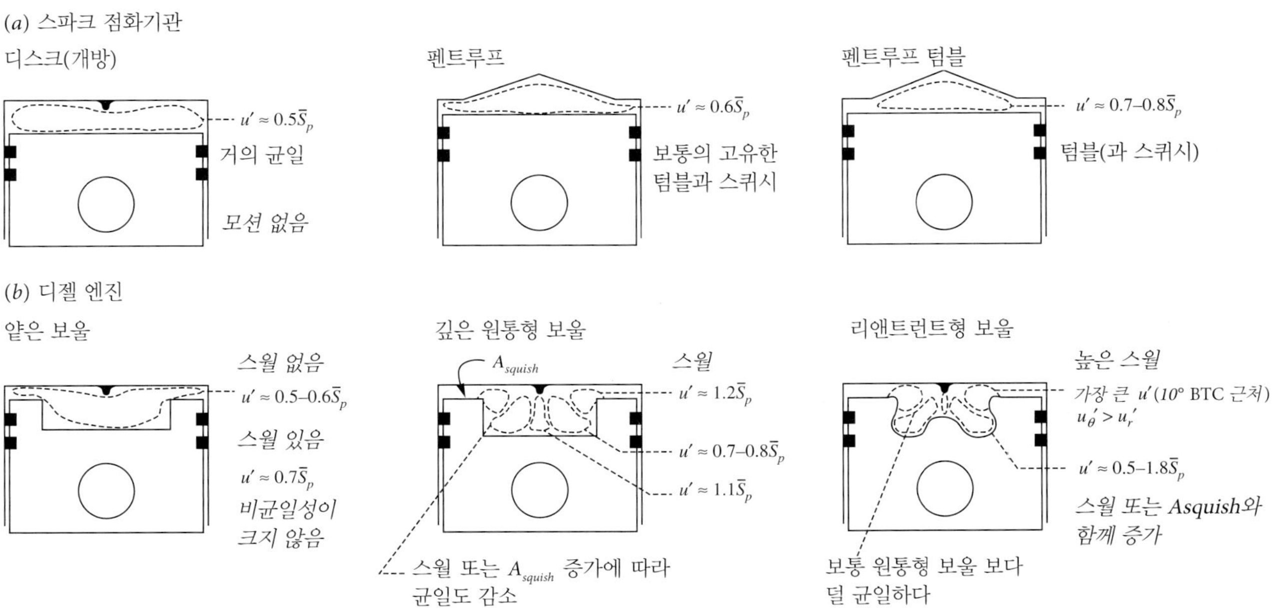

그림 8.26 TC 근처 난류 구조와 다양한 연소실 설계 형상의 개략도: (*a*) 스파크 점화기관(텀블 또는 스월링 모션이 증가하는 디스크 또는 오픈형, 펜트-루프형 연소실). (*b*) 다른 보울-인-피스톤 연소실의 깊이와 형상을 갖는 디젤 엔진(얇고 큰 엔진, 깊고 보통 크기의 엔진, 깊고 리엔트런트형 소형 고속 엔진)[16]

젤 엔진의 경우 스월 없음 또는 적당한 스월이 있는 얕은 보울, 중형 디젤 엔진의 경우 스월이 있는 깊은 볼, 소형 고속 디젤 엔진의 경우 높은 스월이 있는 리엔트런트(reentrant) 형 깊은 보울]. 각 연소실 모양은 엔진 크기와 속도 범위, 적절한 스월 또는 텀블 정도, 스퀴시 유동이 스월에 미치는 영향과 잘 맞다. 작은 크기의 실린더는 흡기유동이 초킹이 발생하기 전까지 더 높은 엔진 속도에서 작동할 수 있다(6.2.5절 참조). 따라서 최대 속도에서는 대형엔진보다 연료-공기 혼합과 연소에 사용할 수 있는 시간이 더 적다. 따라서 혼합 및 연소율은 실린더 보어 및 스트로크가 감소함에 따라 증가해야 한다.

보울-인-피스톤과 같은 연소실의 경우 압축 중에 반경 방향 접선 속도 분포가 바뀐다. 고체 회전 가정이 흡입 과정의 끝에서 타당한 접근이라 하더라도 가스가 피스톤 볼 안으로 이동함에 따라 프로파일이 왜곡된다. 마찰의 영향을 무시하고, 각 유체 원소의 각 운동량은 반경방향 안쪽으로 움직이면서 일정하게 유지될 것이다. 따라서 각 유체 원소가 반경방향으로 안쪽으로 이동할 때 각 유체 원소의 접선 속도의 증가는 반지름의 역수 변화에 비례한다. 보울-인-피스톤 엔진 설계의 실린더 내 스월 속도 분포의 측정은 이 설명을 뒷받침한다. 보울을 향하는 가스의 변위 속도는 해당 피스톤 위치에서 보울 부피 V_B, 실린더 부피 V, 피스톤 속도 S_p에 따라 달라진다.

$$\frac{dm_B}{dt} = \frac{m_c}{L}\left(\frac{V_B}{V}\right)\left(\frac{V_d}{V}\right)S_p$$

따라서 볼에 들어가는 가스 속도는 압축 행정의 끝을 향해 빠르게 증가하고 TC 직전에 최대치에 도달할 것이다(이 방사형 "스퀴시 모션"에 대한 추가 논의는 8.5절 참조). 따라서 크랭크 각도가 TC에 접근함에 따라 보울에 v_θ가 급격히 증가한다. 압축 과정에서 가스가 일찍 보울에 들어갔기 때문에 보울의 하부 층이 상부 층보다 느리게 회전한다.[21, 23]

접선 속도에서 이 반경 방향 분포의 발달을 보여주는 속도 측정은 그림 8.27에 나타나 있다. 이러한 측정값은 연소과정에서 나오는 작동 디젤 엔진의 실린더에서 탄소 입자를 연소시키는 움직임 영상을 분석으로 얻을 수 있었다. 그림에는 기체 변위와 내부로 이동될 때 차

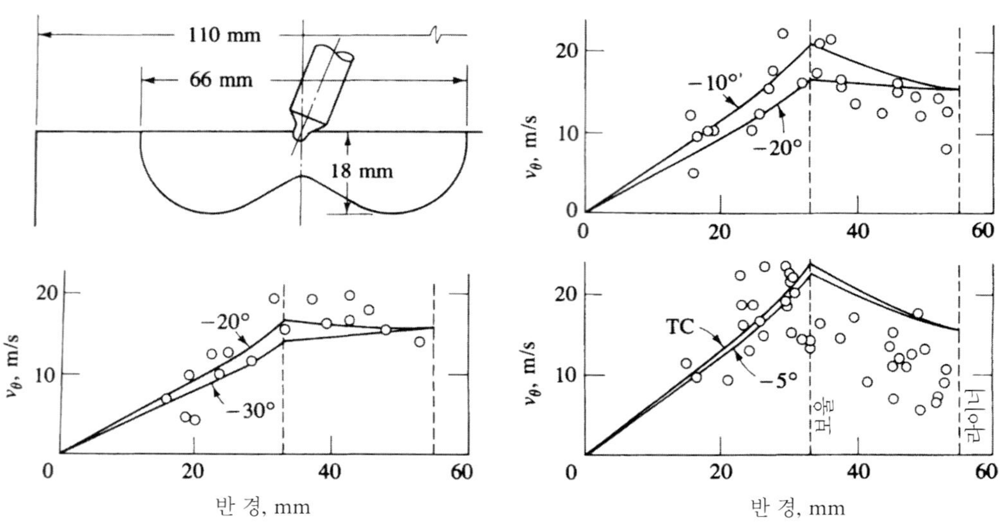

그림 8.27 연소하는, 보울-인-피스톤, 직접 분사 디젤 엔진의 연소실에서 반경에 대한 속도. 개략도는 연소실의 형상을 나타낸 것임. 실선은 유체가 반경방향을 따라 안으로 움직일 때 유체 성분에 대한 각 운동량이 일정하다고 가정하여 계산된 것임.[33]

지의 각 요소에서 각 운동량 보존에 기초한 모델과 비교한 엔진 형상 및 데이터가 표시되어 있다. 피스톤이 TC에 접근할 때 보울 내부와 외부에 서로 다른 스월 속도 프로파일이 존재한다. 피스톤이 TC에 접근할 때 보울 안의 스월 속도가 증가하며, 대략적으로 이상적인 모델에 의해 예측된다. 보울 바깥쪽에서 간격 높이가 감소하고, 마찰 및 내부 가스 변위의 복합 효과로 인해 반경이 증가함에 따라 스월 속도는 감소한다.

약 15개의 보울-인 피스톤 엔진 설계의 스월비는 TC에서 $D_B \approx 0.5B$로 달성할 수 있다. Flat-topped 피스톤은 스월 대비 증폭 인자는 일반적으로 약 2.5~3이다. 식 (8.37)에서 주어진 $z \to 0$일 때 제시한 $(B/D_B)^2$의 이상적인 인자보다 약 30% 낮다. 이 차이는 보울에 들어가지 않는 간극 높이 내에 잔류하는 질량과 벽 마찰의 영향(용기의 더 높은 기체 속도에 의해 향상됨) 때문이다. 때로는 보울 축이 실린더 축에서 오프셋 되고 스월 증폭 결과에 약간의 추가 손실이 발생한다.[23]

동일한 연소실 형상에서 스월이 있는 것이 스월이 없는 것보다 난류 강도가 높았다. 난류의 적분 스케일은 스월이 있는 경우가 스월이 없는 경우보다 작았다. 평균 속도의 주기적인 변동은 스월에 의해 명백하게 감소된다. 스월이 난류 강도를 더 균일하게 만든다는 증거가 있다.[27]

이러한 유동 상호작용은 빠른 혼합과 연소를 달성하기 위해 높은 스월 및 깊고 높은 스퀴시-면적 보울-인-피스톤 연소 시스템을 사용하는 소형 고속 직분사 디젤처럼 강력한 실린더 내 차지 운동이 필수적일 때 특히 중요하다. 전산유동해석(CFD, 14.5절 참조) 계산은 스월링 차지가 피스톤이 TC로 접근할 때 피스톤의 움직임에 의해 만들어지는 강한 내부 스퀴시 유동에 의한 반경 방향 볼 안으로 이동할 때, 압축 유동의 끝 TC 근처에서 접선 방향 속도 증가함에 따른 유동장을 매핑하기 위한 필수 툴이다. 이 고속 디젤 엔진의 예시에 대한 몇 가지 일반적인 특징은 다음과 같다. 평균 유동 속도는 기본적으로 평균 피스톤 속도 및 스월비에 따라 스케일링된다. 피스톤 보울 내의 유동 구조는 피스톤이 위로 이동함에 따라 변화하며, 스월 유동(v_θ가 더 많은 질량이 보울 안으로 흐를수록 증가한)과 하나 이상의 환형 와류들(vortices)로 구성된다. 이러한 내용은 그림 8.28에 나타나 있으며, 이는 스월비가 증가함에 따라 유동의 높은 스월 영역의 공간 분포가 어떻게 볼 안으로 더 깊이 들어가는지 보여준다. 또한 이 연구는 난류 속도 변동(균일하지 않은)이 엔진 속도에 따라 거의 선형에 가까운 스케일링을 나타낸다는 것을 보여주었다. 난류 강도는 속도의 평균 접선 성분(최대)의 약 3분의 1이다. 대규모의 난류 에디는 평균 유동 변형 시간과 비슷한 시간 규모를 가지므로 (평균 유동 구조와 마찬가지로) 이러한 대규모 움직임은 TC 근처의 연소실 형상에 의해 제약을 받으며, 엔진 속도에 의한 거의 선형의 스케일링은 고유한 것이다. 유동 레이놀즈 수의 증가에 따른 영향은 주로 유동의 스케일을 더 작게 바꾸는 것이지 대형 스케일 구조로 바꾸는 것이 아니다. 대규모 움직임이 난류 변동의 주요 원인이기 때문에 이러한 속도 변동의 거의 선형적인 스케일링이 예상된다.[16, 34]

4밸브 펜트 루프 가솔린 SI 엔진은 이러한 다양한 유형의 실린더 내 유동이 어떻게 사용되는지 보여주는 또 다른 예를 제공한다. 그림 8.18에 표시된 실린더 헤드 단면은 기본 형상을 나타낸다. 흡기 포트의 20° 기울기는 피스톤이 하강할 때 실린더 헤드를 가로질러 라이너 아래로 흡기 유동을 유도하여 텀블링 유동을 만든다. 흡기 포트 및 실린더 헤드 기하학적 세부 정보에 따라 스월도 일부 발생할 수 있다. 여러 가지 이유(예: 피스톤의 많은 부분 위에 더 열린 챔버를 만들기 위해)로 펜트 루프 챔버는 일반적으로 그림 8.21*a*의 음영 영역과 유사한 양쪽에 스퀴시 영역을 가진다. 압축 행정 중 피스톤이 위로 이동함에 따라, TC 이전에

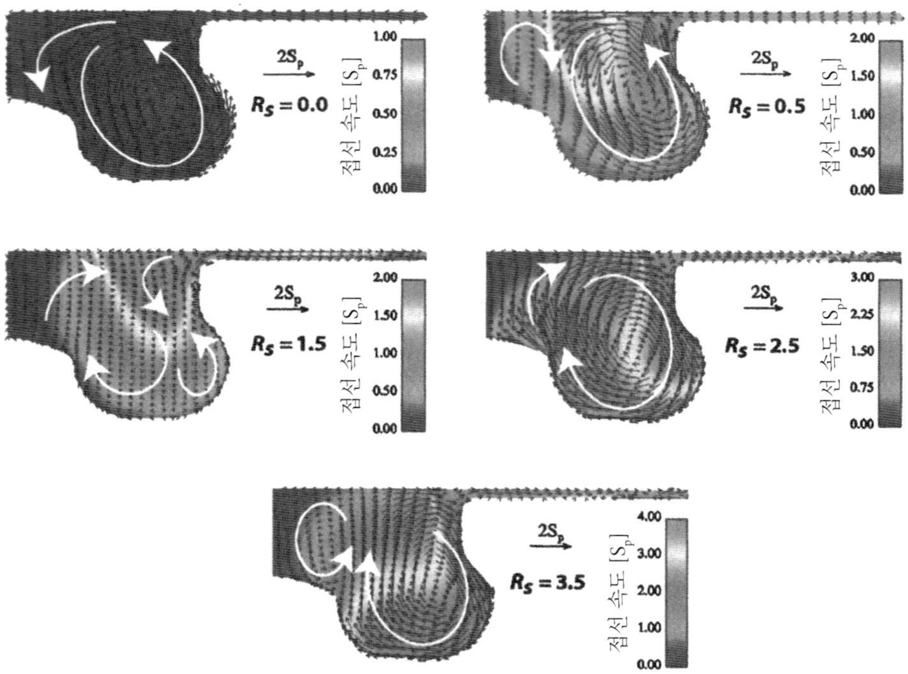

그림 8.28 리엔트런트(re-entrant) 보울-인-피스톤 고속 디젤 엔진 연소 시스템에서 스퀴시-스월 상호작용에 대한 삽화: CFD 모델링 결과. 스월이 0에서 스월비 3.5로 증가할 때, *r-z* 평면에서 달라지는 (평균 피스톤 속도로 스케일된 $\overline{S}_p$) 접선 (스월) 속도들의 Contour. 흰색 화살표는 대규모 움직임의 구조를 나타낸다.[34]

측면 비율(폭 대 높이 비율)이 증가하여 보다 불규칙한 "난류"로 전환됨에 따라, 텀블링 와류(vortex)(원형 단면 실린더 내부에 자연스럽지 않은 현상)가 여러 개의 작은 와류들로 쪼개어 진다. 어떤 스월은 더 오랫동안 지속될 것이다. 그런 다음 그림 8.23에 표시된 크랭크각 눈금에서 그림 8.21*a*의 2-밸브 오픈 챔버 형상에 대해 표시된 것과 유사한 내부 스퀴시 흐름은 TC에 가까운 연소실 내에서 제트 구동 전단 유동과 난류를 발생시킨다.

SI 엔진 흡배기 및 연소 특성에 대해 위에서 설명한 바와 같이 스퀴시 유동에 의해 증가된 텀블 및 스월 효과는 그림 8.29에 나타나 있다. 이 데이터는 다양한 수준의 텀블을 생성하는 실린더당 4개의 밸브를 갖는 가솔린 SI 엔진에 대한 것이다. 이들 중 하나는 흡기 포트를 분리하고, 두 개의 흡기 포트 중 하나에는 스월을 생성하기 위해 포트 스로틀 플레이트를 사용했다. 이 방법으로 높은 공기유동(더 빠른 엔진 속도와 높은 부하에서)에서 포트 스로틀이 열리고 포트와 흡기 밸브가 모두 공기를 흐르게 하면 텀블이 발생한다. 저부하에서는 포트 스로틀이 닫히고, 다른 흡기 포트와 밸브유동 공기만 생성되며, 높은 수준의 스월도 생성된다. 유동 계수 C_f[e]는 실린더 헤드에 있는 텀블 또는 스월 발생 흡기 포트 및 밸브의 공기 유동에 대한 저항을 나타낸다.

$$C_f = \Delta p \Big/ \left(\frac{1}{2}\rho v_a^{\,2}\right) \tag{8.45}$$

여기서 ΔP는 흡기 포트와 밸브를 가로지르는 압력 강하이며, v_a는 공기유동 속도이다.

[e] C_f는 실린더 헤드를 가로지르는 압력 강하와 공기 질량 유동율을 이용하여 실린더 헤드를 통과하는 정상 공기 유동 측정으로 결정된다.

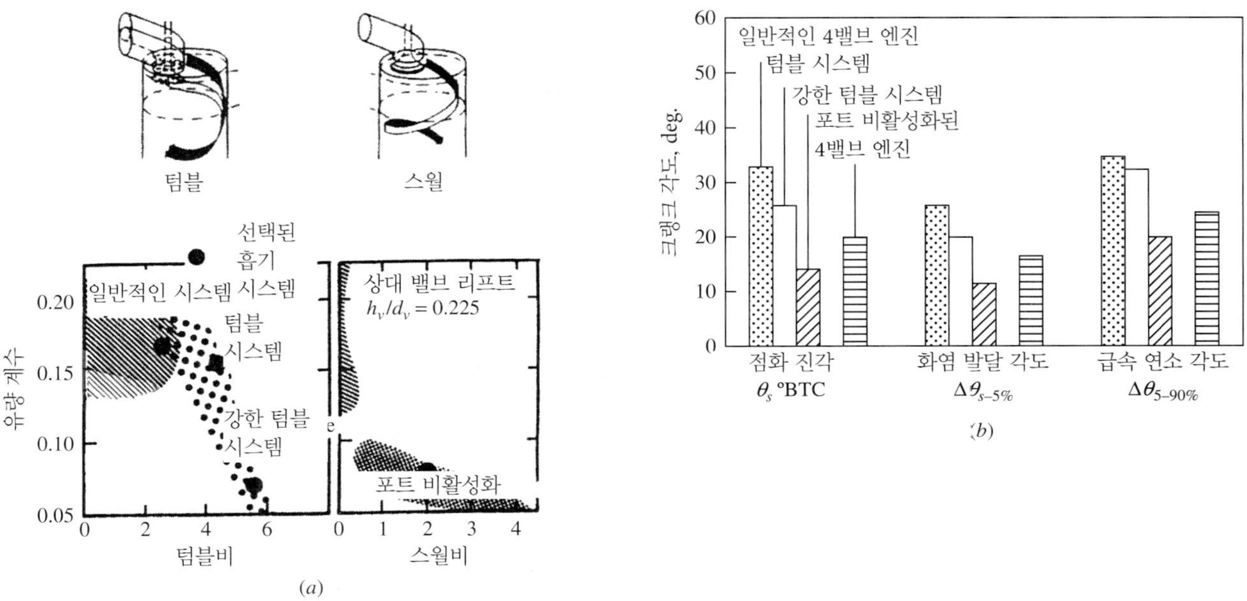

그림 8.29 (*a*) 다양한 실린더 헤드 설계가 실린더 내부 공기 유동에 대한 저항 대 텀블비 및 스월비에 미치는 영향(유동 계수에 의해 정량화됨): 데이터 포인트들은 몇 개의 샘플. (*b*) 다양한 차지 모션 타입과 레벨이 화염 발달과 급속 연소 기간에 미치는 영향. 3 bar bmep, 2000 rev/min, 화학양론비 운전, MBT (maximum-brake-torque) 점화시기[35]

다중 밸브 엔진에 대한 실린더 헤드 설계 범위에 대한 텀블 및 스월비의 함수로서의 유동 계수는 그림 8.29*a*에 나와 있다. 이러한 흡기에 의해 생성되는 회전하는 실린더 내 유동에서 차지 속도(따라서 저장된 운동에너지)를 증가시키는 것은 밸브를 지나서 흡기 유동의 더 큰 제한을 요구하며, 따라서 실린더 헤드는 더 낮은 유동 계수를 갖는다.

이러한 스파크 점화기관 연소 특성에 대한 텀블 및 스월의 영향은 그림 8.29b에 나와 있다. 텀블비 증가는 연소 과정을 가속화된다: 화염 발달 각도($\Delta\theta_{\text{spark-5\%}}$)와 연소 기간($\Delta\theta_{5\text{-}90\%}$) 모두 감소한다(9.3.1절 참조). 포트 비활성화가 생성한 스월은 중간 및 높은 텀블 유형 사이의 중간 단계이다. 이는 보통의 텀블은 일반적으로 안정적인 SI 엔진 연소를 달성하기 위한 적절한 선택이라는 평가와 일치한다. 높은 속도와 부하에서 비교적 높은 유동 계수를 유지하는 동시에 충분히 빠른 연소율(9.4.1절 참조)을 제공한다.

다른 중요한 실린더 내 유동 상호작용은 직접 분사 가솔린 엔진과 디젤 엔진 모두에서 TC 주변의 연소실 내 연료 분무와 연소실 내 차지 기체의 움직임 사이의 상호작용이다. 이것들은 각각 7.7절과 10.4절에서 논의된다. 또한 벽면-유도 및 유동-유도 범주의 성층화된 DI 가솔린 엔진(7.7.2절 참조)에서 DI 연료 분무는 연소실 내의 유동 패턴(흔히 복잡한 형상 "보울-인-피스톤")과 상호작용한다. 일반적으로 이 유동은 흡기 과정 중에 스월 혹은 텀블 유동을 발생시키고, 가스 변위를 보울로 유도하며 압축 과정 중 그 유동을 조절(상향 피스톤 운동에서 비롯됨)하고, 마지막으로 TC 피스톤 위치에 접근할 때 횡방향 스퀴시형 유동을 통합함으로써 설정된다.

8.7 예연소실 엔진 유동 _*Prechamber Engine Flows*

오래전부터 소형 고속 디젤 엔진은 빠른 연료-공기 혼합 속도를 달성하기 위해 보조 연소실, 즉 예연소실을 사용했다. 이러한 유형의 디젤에서 예연소실은 노즐, 통로 또는 하나 이상의 오리피스를 통해 피스톤 위의 주 연소실에 연결된다. 압축 과정 중 예연소실로 유입되는 공기의 유동은 연료 분사 과정이 시작되는 순간 예연소실에 높은 속도를 설정한다. 이로 인해 연료-공기 혼합률은 높아진다. 그림 10.2*b*는 이러한 예연소실 또는 간접 분사 디젤 엔진의 예를 보여준다. 보조 챔버의 가장 일반적인 두 가지 설계는 통로를 통과하는 유동이 부실 내에서 빠른 회전을 생성하며 연소실로 들어가는 스월 챔버와 연소실 내에서 높은 난류를 발생시키도록 설계된 하나 이상의 연결 오리피스를 가진 예연소실이다. 보조 챔버는 스파크 점화기관에 사용되기도 한다. 토치 점화 3-밸브 성층화 차지 엔진(그림 1.21)은 그러한 개념 중 하나이다. 연료는 점화 플러그 근처에 농후한 혼합물을 생성하기 위해 예연소실에 주입되어 신속한 화염 발달을 촉진한다. 다른 방법은 점화 플러그 주위의 예연소실을 사용하여 난류를 발생시켜 연소 초기 단계를 강화하지만 농후 혼합기는 아니다.

유동이 예연소실로 들어가는 가장 중요한 단계는 압축의 끝을 향해갈 때 일어난다. 이 유동은 피스톤 위의 주 챔버와 보조 챔버 사이의 압력 차이에 의해 구동되는 반면, 이 압력 차이는 작고, 노즐, 오리피스 또는 통로의 질량 유량과 속도는 단순한 가스 변위 모델을 사용하여 계산할 수 있다. 실린더 전체의 가스 밀도가 균일하다고 가정할 때(압축 종료에 대한 합리적인 가정—가장 중요한 기간) 예연소실 내 질량 m_p은 $m_c(V_p/V)$로 주어지며, 여기서 m_c는 실린더 질량, V는 실린더 체적, V_p는 예연소실 체적이다. 따라서 질량 유량은 다음과 같다.

$$\dot{m} = \frac{dm_p}{dt} = -\frac{m_c V_p}{V^2}\frac{dV}{dt} \tag{8.46}$$

압축기간 동안, $dV/dt = -(\pi B^2/4)S_p$의 관계식을 사용하면 식 (8.46)을 다음과 같이 나타낼 수 있다. 여기서, S_p는 순간 피스톤 속도, $V_d = \pi B^2 L/4$, 그리고 $\bar{S}_p = 2NL$이다.

$$\frac{\dot{m}}{m_c N} = 2(r_c - 1)\left(\frac{V_p}{V_c}\right)\left(\frac{S_p}{\bar{S}_p}\right)\left(\frac{V_c}{V}\right) \tag{8.47}$$

여기서 V_c는 간극체적, $S_p/\bar{S}_p$는 식 (2.11)에서 주어졌고, V/V_c는 식 (2.6)에서 주어진다. 좁은 통로(throat)에서 가스 속도 v_T는 $\rho v_T A_T = \dot{m}$을 이용해 $\dot{m}$으로부터 얻을 수 있고, 밀도 $\rho = m_c/V$이며, 식 (8.49)는 다음과 같이 나타낼 수 있다.

$$\frac{v_T}{\bar{S}_p} = \left(\frac{V_p}{V_c}\right)\left(\frac{\pi B^2/4}{A_T}\right)\left(\frac{S_p}{\bar{S}_p}\right)\left(\frac{V_c}{V}\right) \tag{8.48}$$

여기서 A_T는 통로의 유효단면적이다. 스월 예연소실 디젤의 일반적인 r_c, V_p/V_c, $A_T/(\pi B^2/4)$ 값에 대한 압축 과정 중 크랭크 각도를 가진 $\dot{m}/(m_c N)$과 $v_T/\bar{S}_p$의 변화는 그림 8.30에 나타나 있다. 속도는 TC보다 약 20° 앞서 최댓값에 도달한다. 즉, 상대적 유효 통로(throat) 면적에 따라 크기가 크거나 평균 피스톤 속도보다 매우 빠른 가스 속도를 얻을 수 있다. 피스톤이 TC에 접근할 때 먼저 노즐 속도가 0으로 감소한다는 점에 유의해라. TC 후, 연소가 없는 경우, 역방향에서 예연소실을 벗어나는 등가 유동이 발생한다. 예연소실 디젤의 연소는 보통 TC 직전에 시작되며, 예연소실의 압력은 주 챔버 압력보다 훨씬 높게 상승한다. 그러면 예연소실로부터의 유출은 연소 과정의 발달에 의해 좌우되며, 위의 단순한 가스 변위 모델은 더 이상 유동을 설명하지 않는다.

예연소실 성층화-차지 스파크 점화기관에서 압축 중 예연소실로 들어가는 가스의 유동은 혼합기가 점화될 때의 크랭크각에서 예연소실 내 적절한 혼합기가 생성되는 데 매우 중요하다. 그림 1.21에 표시된 개념에서 매우 농후한 연료-공기 혼합기는 예연소실 흡기 밸브를

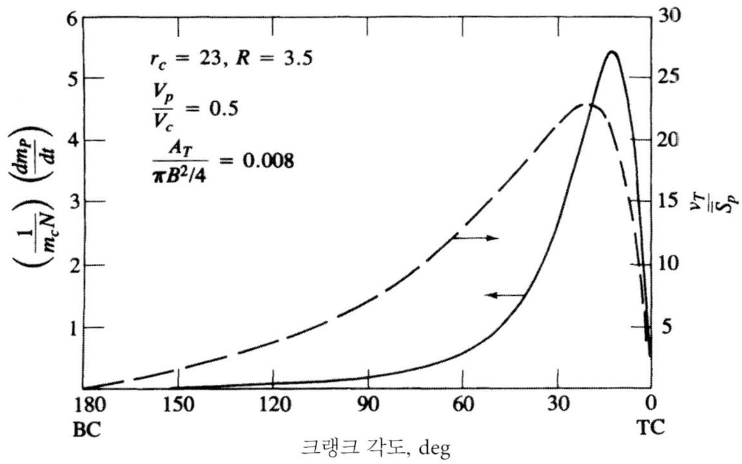

그림 8.30 전형적인 작은 스월 예연소실을 갖는 자동차 디젤 엔진에서의 압축 과정 중 예연소실 노즐 목(nozzle throat)에서의 속도와 질량 유량

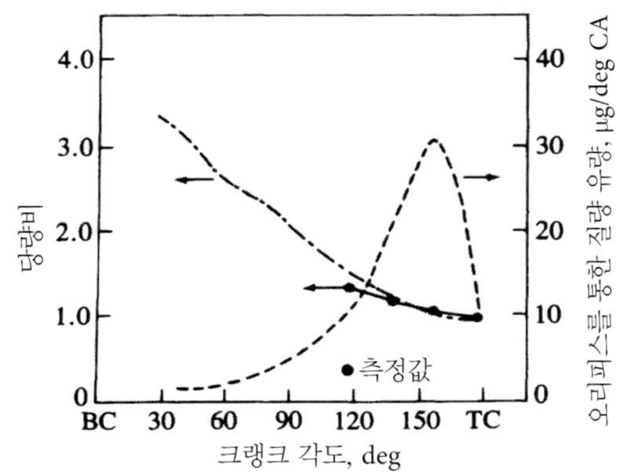

그림 8.31 3-밸브 예연소실 성층화 차지 엔진에서 압축과정 중 예연소실 당량비에 대한 예연소실 안으로 유입되는 가스 유동의 영향. 가스 변위 모델을 기반으로 계산됨.[37]

통해 흡기 중에 예연소실로 직접 공급되고 희박 혼합기는 주 흡기 밸브를 통해 주 챔버로 공급된다. 압축 중에 예연소실로 유입되는 유동은 점화 시 예연소실 당량비를 거의 화학양론비 값으로 감소시킨다. 그림 8.31은 이 과정과 관련 데이터의 가스 변위 계산을 보여준다; 초기 3보다 큰 예연소실 당량비는 질량이 오리피스를 통해 예연소실로 들어갈 때 1에 가까워진다(이 체적은 간극 체적의 8.75%). 이러한 예연소실 컨셉에서 가스 변위에 기초하여 최종 당량비의 계산이 가능하다.[36]

압축 중에 예연소실 내부에 설정된 속도장은 노즐 및 예연소실 형상의 세부 사항에 크게 좌우된다. 속도는 평균 피스톤 속도에 따라 선형적으로 변화한다. 스월 예연소실에서 노즐 유동은 챔버 내에서 회전 유동을 설정한다. 예연소실 내의 속도는 압축 과정이 진행됨에 따라 크랭크 각의 증가와 함께 증가하고, TC 이전 최대 약 20°에 도달한다. 그런 다음 피스톤이 TC에 접근하고 통로를 통과하는 유동이 0으로 감소함에 따라 스월 챔버의 와류가 팽창하여 챔버 전체가 채워지고 평균 속도가 감소한다. TC 직전에 매우 높은 스월 속도를 얻을 수 있다. 중간 반경에서 최대 60, 바깥 반경에서 최대 20까지의 스월비를 측정했다. 이러한 높은 스월 속도는 큰 원심 가속도를 생성한다.

8.8 간극 유동과 블로바이 _Crevice Flows and Blowby

엔진 연소실은 출입구가 좁아 보통 *크레비스*(*틈새*, crevice)라고 불리는 몇 개의 작은 체적과 연결되어 있다. 엔진이 작동하는 동안 가스는 실린더 압력과 체적이 변화함에 따라 이러한 체적들 안으로 들어오고 나간다.

가장 큰 틈은 피스톤, 피스톤 링 및 실린더 벽 사이의 체적이다. 일부 가스는 이러한 영역에서 링 갭을 통해 크랭크케이스로 흐른다. 이를 *블로바이*(blowby)라 한다. 생산 엔진의 다른 틈새 부피로는 점화 플러그 주위의 나사산, 플러그 센터-전극-인슐레이터와 케이스 사이의 공간, 실린더 헤드의 흡기 및 배기 밸브 헤드와 시트 사이의 틈새, 헤드 개스킷 컷아웃(cutout) 등이 있다. 표 8.1은 냉간 엔진 구성 요소의 측정으로 결정된 생산 설계용 스파크 점화기관의 한 실린더에서 이러한 틈새 영역의 크기와 상대적 중요성을 보여준다. 총 틈새 체적은 간극체적의 몇 퍼센트를 차지하며, 피스톤과 링 틈새가 주된 기여 인자다. 엔진이 예열되면 치수 및 틈새 부피가 일부 변경된다.

엔진 사이클 동안 발생하는 중요한 틈새 과정은 다음과 같다. 압축 중에 실린더 압력이 상승하고 실린더 체적이 감소함에 따라, 미연소 혼합기 또는 공기가 각각의 틈새 영역 안으로 들어간다. 이 체적이 얇기 때문에 표면적/체적 비율은 크다. 틈새로 흘러가는 가스는 벽 온도에 가까운 열전달에 의해 냉각된다. 연소 중 압력이 계속 상승하는 동안, 엔진 유형에 따라 미 연소 혼합기 또는 공기가 이러한 틈새 체적으로 계속 흘러 들어간다. 틈새 입구에 화염이 도착한 후, 연소 된 가스는 실린더 압력이 감소하기 시작할 때까지 각 틈새로 흘러 들어간다. 실린더 압력이 떨어지기 시작하면 가스가 각 틈새에서 실린더로 다시 빠져나온다.

피스톤, 피스톤 링 및 실린더 벽 사이의 체적들은 그림 8.32와 같다. 이러한 간격은 링 측면 간극 및 링 간격과 같은 유동 제한에 의해 연결된 일련의 체적(1~5번)으로 구성된다. 각 링이 링 홈에서 위아래로 이동하여 상단 또는 하단 링 표면에서 밀봉될 때 형상이 변경된다. 따라서 가스 유동, 압력분배 및 링 움직임은 서로 연결된다. 그림 8.33은 압축과 팽창을 통해 평면 a, b, c, d 및 링 간격 g에 의해 정의된 영역의 안과 밖에서 가스의 압력 분포, 링 움직임 및 질량 유량과 같은 거동을 보여준다. 이러한 결과는 규정된 실린더 압력 대 크랭크 각도 프로파일과 링 운동을 위한 동적 모델을 결합하고, 가스 온도가 벽면 온도와 같다고 가정하는, 통로로 연결된 체적으로 이러한 영역을 분석하여 얻을 수 있다.[39] 압축과 연소가 진행되는 동

표 8.1 엔진 틈새 데이터*[38]

	cm^3	%
실린더당 배기량	465	
실린더당 크레비스 체적	45	100
압축비	11.2	
피스톤 크레비스	0.782	1.74
점화 플러그 크레비스	0.187	0.42
밸브 시트 크레비스	0.032	0.07
헤드 가스켓 크레비스	0.037	0.08
총 크레비스 체적	1.038	2.31

* 실린더당; 냉간 엔진에 대한 값.

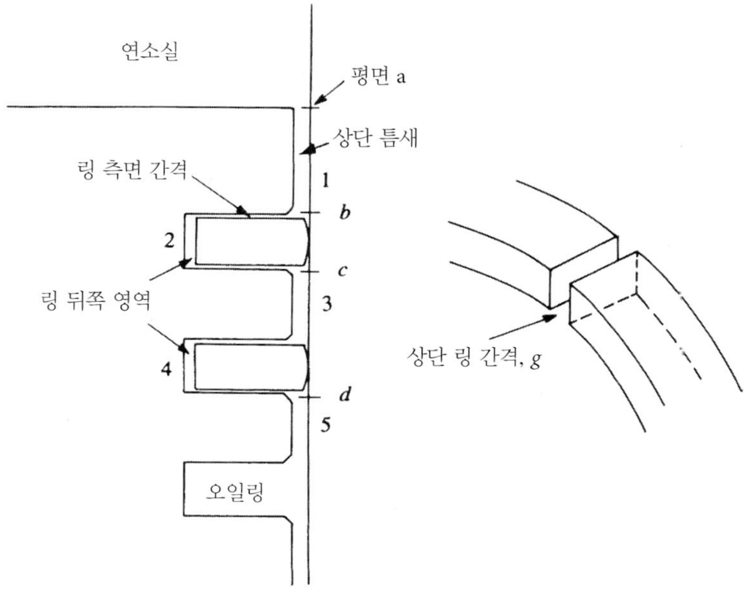

그림 8.32 스파크 점화기관 엔진의 피스톤과 링 어셈블리의 개략도

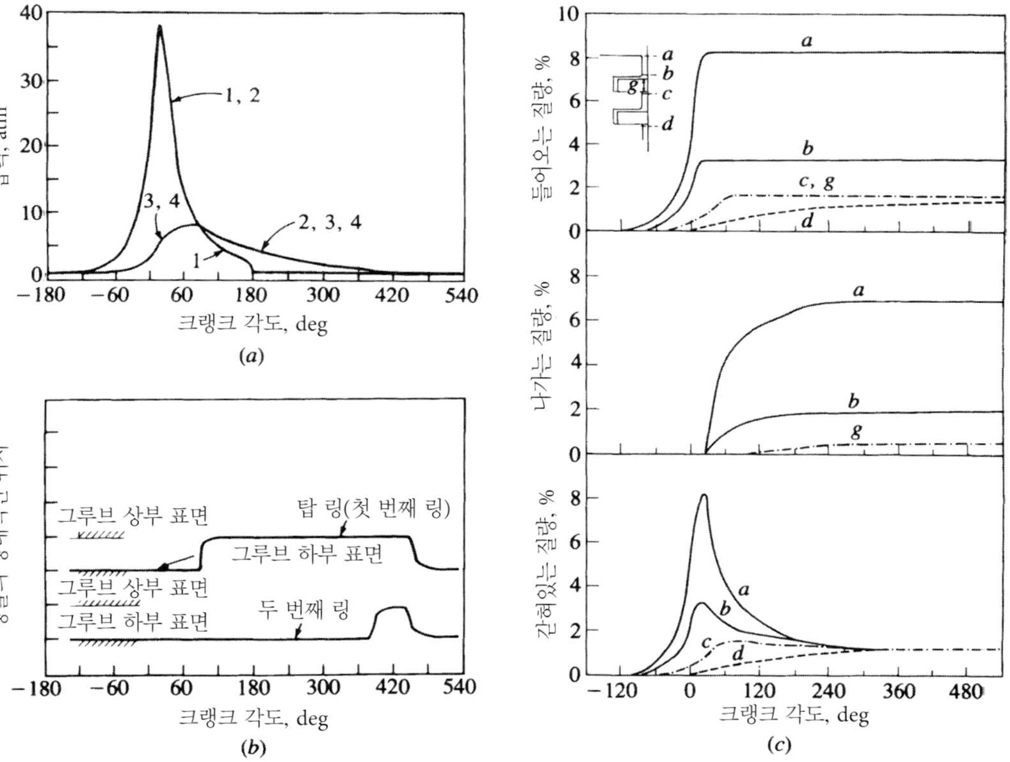

그림 8.33 (*a*) 연소실 내(1), 상단 링 뒤 영역(2), 링 사이 영역(3), 두 번째 링 뒤(4)의 압력 프로파일; (*b*) 상단 및 두 번째 링의 상대 위치; (*c*) 그림 8.32에서 링 간격 *g*를 통해 평면 *a*, *b*, *c*, *d*를 가로질러 서로 다른 틈새 영역으로 들어오고 나가는 총 실린더 질량의 백분율, 크랭크 각도의 함수로써 이러한 평면 아래에 갇힌 질량의 백분율. WOT, 2000 rev/min 조건의 스파크 점화기관.[39]

안 링은 홈 하부 표면으로 강제 이동되고 질량은 이 전체 틈새 영역의 모든 체적 안으로 흘러 들어간다. 첫 번째 링 위와 뒤의 압력은 기본적으로 실린더 압력과 동일하다. 그러나 각 링에

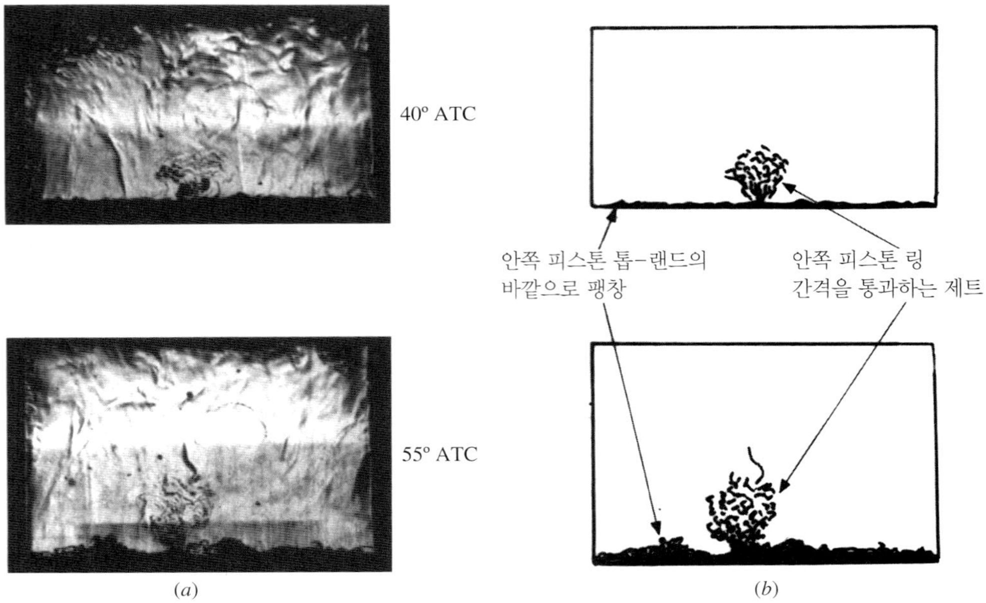

그림 8.34 팽창 행정 중 피스톤-실린더 벽면 크레비스 밖으로 빠져나가는 유동의 슐리렌 사진. 생산 피스톤이 특별한 가시화 엔진의 정사각 단면 피스톤에 삽입되었다. 가스는 팽창 행정 초기에 실린더 압력이 감소하기 시작하면 생산 피스톤 주변 전체에서 낮은 속도로 탑 랜드-크레비스 입구 밖으로 흘러나간다. 링 위의 압력이 링 아래의 압력 밑으로 떨어지면 제트의 형태로 링 간격에서 가스가 흘러나온다.[39]

걸쳐 상당한 압력 강하가 있다. 실린더 압력이 감소하기 시작하면(약 15° ATC) 가스가 그림 8.32의 영역 1과 2에서 실린더로 흘러나오지만, 실린더의 압력이 상단 링 아래의 압력 밑으로 떨어질 때까지 가스는 영역 3, 4, 5로 계속 흘러들어간다.

그런 다음 상단 링은 상부 홈 표면으로 실링(sealing)되고 가스 유동은 2, 3, 4영역(현재는 동일한 압력임)에서 실린더로 그리고 크랭크케이스로 블로바이(blowby)가 빠져나간다. 총 실린더 차지의 약 5~10%는 최대 실린더 압력의 시점에 이러한 영역에 갇혀 있다. 이 가스의 대부분은 실린더로 돌아가고, 약 1%는 블로바이로서 크랭크케이스로 돌아간다. 실린더로 되돌아가는 기체는 팽창 과정 내내 계속된다. 스파크 점화기관에서 이러한 현상은 연소되지 않은 탄화수소 배출의 주요 원인이 된다(11.4.3절 참조). 정상적인 연소 과정에서 연소하지 않는 연료는 엔진 성능에 기여하지 않기 때문에 토크 및 효율이 저하된다. 디젤 엔진에서는 연소 중 이러한 틈새의 공기를 연소할 수 없으며, 이는 수트(soot)의 배출 없이 연소할 수 있는 연료의 양을 추가로 제한한다.

피스톤 링 틈새 영역에서의 유동에 대한 위의 설명을 뒷받침하는 실험적 증거가 있다. 특별히 제작된 정사각 단면 유동 가시화 엔진에서 최대 압력 이후 첫 번째 링 위의 체적에서 저속 가스 팽창과, 링의 압력 차이가 관측되었을 때 팽창 과정 후반에 제트와 유사하게 상단 링 간격을 통해 흐른다. 그림 8.34는 이러한 유동을 설명하기 위해 개략도와 함께 사진이 나타나있다.

*블로바이*는 연소실에서 피스톤 링을 지나 크랭크케이스로 흐르는 가스로 정의된다. 이것은 높은 연소실 압력에 의해 구동되는 피스톤-보어-링 조립체 내의 임의의 누설 경로를 통해 흐른다. 압축 링과 보어 사이, 그리고 링과 그루브의 바닥면 사이에 양호한 접촉이 있다면, 유일한 누설 경로는 링 간격이다. 실린더로부터 크랭크케이스로의 가스의 블로우(blow)

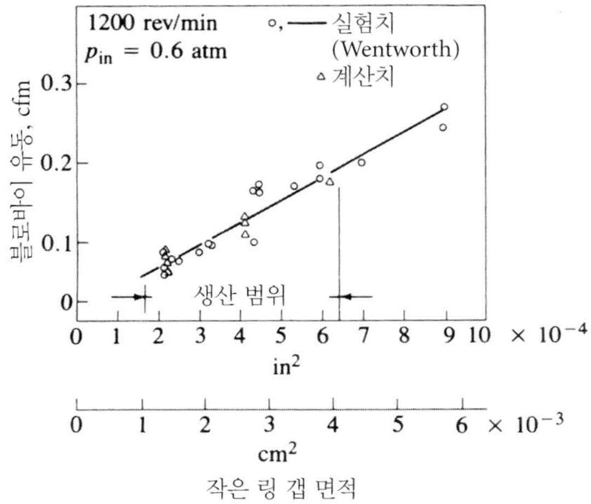

그림 8.35 자동차 스파크 점화기관의 한 실린더에서 가장 작은 링 간격 면적에 대한 측정된 블로바이(텍스트에 기술된 유동 모델에 기초한 블로바이 계산 결과와 비교).[39, 40] 이러한 조건에서 이 엔진에 대한 0.1 cfm (약 0.05 liter/s)의 블로바이는 엔진 공기 유동의 약 2%이다.

는 이들 틈새 영역으로부터 가스를 제거함으로써 틈새 가스의 일부가 실린더로 복귀하는 것을 방지한다. 따라서, 크랭크케이스 블로바이 가스는 대기 중으로 직접 배출되어 HC 배출의 중요한 원천이 되었다. 하지만 이제는 크랭크케이스에서 엔진 흡기 시스템으로 배출되고 블로바이 가스가 재활용된다. 주어진 속도와 부하에서의 블로바이는 주로 실린더와 크랭크케이스 사이의 유동경로에서 가장 큰 유동 저항에 의해 제어된다. 이것은 제1 및 제2 링-갭 영역 중 가장 작은 것이다. 그림 8.35는 측정된 블로바이 유량이 가장 작은 틈 면적에 대해 선형적으로 증가하는 것을 보여준다.[40]

앞에서 설명한 모델에 기초한 블로바이의 계산은 이 데이터와 잘 일치한다. 제로 갭 영역의 외삽은 거의 블로바이가 없다. 단, 보어 피니시가 거칠거나 보어 왜곡을 통해 링이 주변의 보어에 닿지 않거나, 첫 번째 또는 두 번째 링이 홈 하단을 들어 올리면 이 선형 관계가 더 이상 유지되지 않을 수 있다는 점에 유의해야 한다. 생산 가솔린 스파크 점화기관의 블로바이는 일반적으로 엔진 공기 유동의 약 1%이다.

8.9 피스톤 실린더-벽면 상호작용에 의해 생성되는 유동 _Flows Generated by Piston Cylinder-Wall Interaction

실린더 벽면에 경계층이 존재하기 때문에 피스톤의 운동은 실린더 벽과 피스톤 면에 의해 형성된 코너에서 비정상적인 유동 패턴을 생성한다. 피스톤이 상단 중앙에서 멀어질 때 싱크형(sink-type) 유동이 발생한다. 피스톤이 상단 중앙을 향해 이동하면 와류 유동이 생성된다. 그림 8.36은 (피스톤이 정지해 있는 좌표 프레임에서) 이러한 유동의 개략도를 보여준다. 와류 유동은 점화 당시 가스 움직임에 미치는 영향과 배기 행정 중 실린더 벽에서 탄화수소를 제거하는 메커니즘으로 생각되기 때문에 연구되었다(11.4.3절 참조).

이 와류 유동은 엔진 작동의 전형적인 레이놀즈 수 범위의 유체인 물을 이용하여 실린더에서 연구했다.[41,42] 층류, 천이 및 난류 유동이 확인되었다. 준안정 유동의 가정은 유효하다는 것을 보여준다.

$$\frac{A_v}{L^2} = f\left(\frac{v_w L}{\nu}\right)$$

여기서 A_v는 와류 영역(그림 8.35의 점선 내부 영역)이며, L은 스트로크, v_w는 피스톤 정지 좌표에서 벽면 속도(엔진에서 $v_w = S_p$), ν는 동점성, $(v_w L/\nu)$은 레이놀즈 수이다.

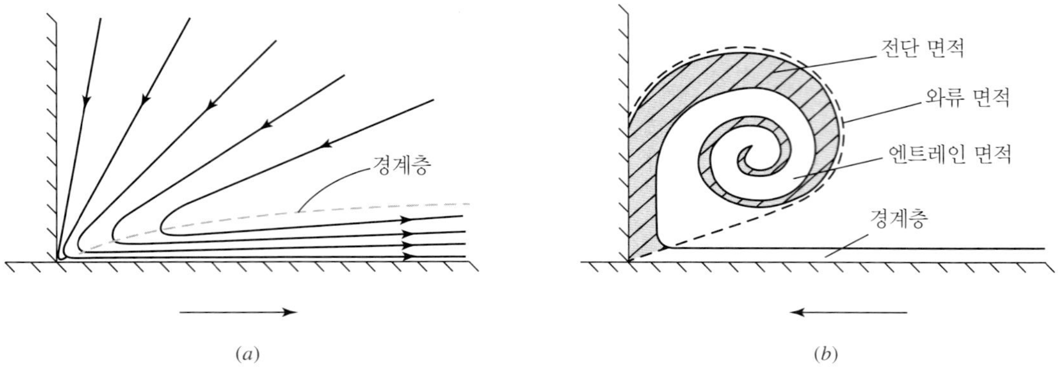

그림 8.36 실린더 벽면의 경계층으로 인해 피스톤-고정 좌표에 설정된 피스톤 면-실린더 벽면 코너에서의 유동 패턴의 개략도. 좌측은 피스톤 크라운, 하단은 실린더 벽면. (*a*) 흡기 및 팽창 행정 중 설정된 싱크 유동; (*b*) 압축 및 배기 행정에서 형성되는 와류 유동.[41] 화살표는 피스톤에 대한 실린더 벽면 속도를 나타낸다.

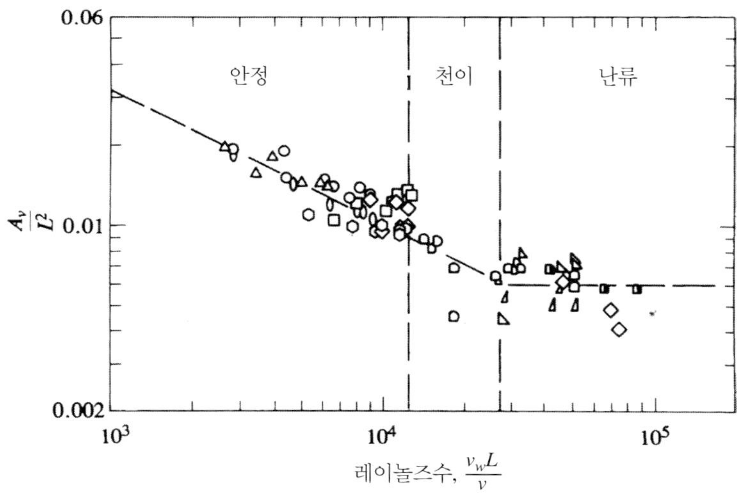

그림 8.37 피스톤이 실린더 헤드를 향해 이동하는 경우, 피스톤 속도에 기초한 레이놀즈 수의 함수로써 피스톤 면-실린더 벽면 모서리에서 와류의 면적비.

층류 유동 영역에서, A_v가 경계층 영역과 동일한 와류의 전단 면적에 비례하는 것은 좋은 가정이다(그림 8.36에서 교차해 나타냄); 이는 경계층 이론에서 추정할 수 있다. 난류 유동 체제에서 와류 면적의 변화율이 와류와 고정 유체(≈ u_w) 사이의 와류의 노출된 주변 생성물과 속도차이가 비례하는 엔트레인먼트(entrainment) 이론이 사용되었다. 관련된 관계는 다음과 같다.

$$(\upsilon_w L/\nu) \leq 2\times10^4 \qquad \frac{A_v}{L^2} = \left(\frac{\upsilon_w L}{\nu}\right)^{-1/2} \tag{8.49a}$$

$$(\upsilon_w L/\nu) \geq 2\times10^4 \qquad \frac{A_v}{L^2} = 0.006 \tag{8.49b}$$

그림 8.37은 유압 아날로그 데이터와 상관관계가 있는 두 가지 이론을 보여준다.

이 이론들은 동점도, ν의 일정한 값을 위한 것이다. 압축하는 동안 가스온도와 압력이 증가함에 따라 ν는 실질적으로 감소한다(ν는 8의 압축비에서 4배 감소한다). 이것은 난류에 도

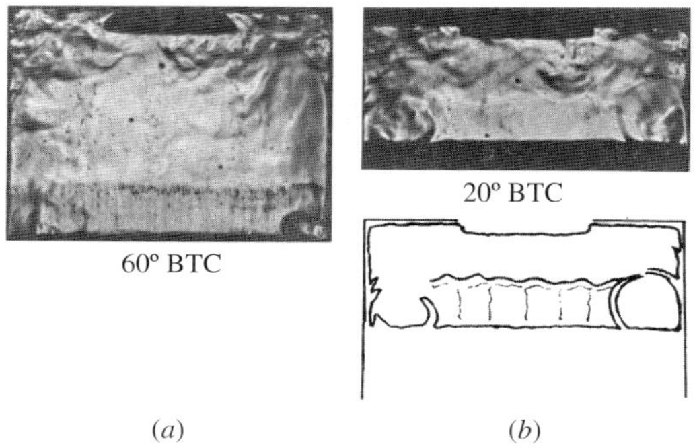

그림 8.38 배기 행정의 후반부에서 실린더 내 유동의 슐리렌 사진. (*a*) 피스톤 면-실린더 벽면 코너의 와류 증가 및 배기 밸브로 향하는 난류 유동은 60° BTC에서 확인됨; (*b*) 20° BTC에서 와류는 약 0.2 *B*의 직경으로 성장했다. 스케치는 유동 구조를 나타낸다.[39]

달할 때까지 와류의 크기를 감소시킨다. 블로다운 후 배기 과정 동안 압력과 온도가 크게 변하지 않기 때문에 ν는 대략 일정하게 유지된다. 1500 rpm의 일반적인 파라미터 값은 다음과 같다. $\bar{S}_p = 5$ m/s, $L = 0.1$ m; ν의 평균값은 압축 및 배기 과정의 경우 각각 1.2×10^{-5}, 1.4×10^{-4} m^2/s이다. 따라서 압축 과정의 레이놀즈 수는 4×10^4, $A_V/L^2 \approx 0.006$이고, 와류 직경 $d_v \approx 0.09$ L이다. 배기 과정의 경우 레이놀즈 수는 4×10^3, $A_V/L^2 \approx 0.006$, $d_v \approx 0.14L$이다. 따라서 피스톤의 상향 행정의 끝에 있는 와류의 치수는 엔진 간극 높이에 해당한다.

이 와류의 유동은 작동하는 엔진에서 관찰되었다. 그림 8.38은 스파크 점화기관에서 배기 과정 중에 특수 정사각 단면 유동을 찍은 슐리렌 사진이다. 첨부된 개략도는 냉각된 경계층 가스가 위쪽으로 움직이는 피스톤에 의해 실린더 벽에서 긁어내 "롤링 업" 되기 때문에 사진에서 보이는 와류 구조를 확인해준다. 피스톤이 TC에 접근할 때 와류 직경은 보어의 약 20%로 엔진의 간극높이보다 크다.

연습문제

8.1 **(a)** 그림 8.1의 데이터로부터 평균 피스톤 속도에 대한 할로우콘 입구 제트의 중앙에서 최대 가스 속도의 비를 계산하라.

(b) 이 비(최대 가스 속도의 비)를 같은 크랭크 각도에서 평균 피스톤 속도에 대한 그림 6.15에서 결정한 입구 밸브 가상 유동 속도의 비와 비교하라. 엔진은 그림 1.4의 것과 같다.

(c) (*a*)의 엔진 속도 데이터는 (*b*)의 단순한 피스톤 변위 모델로부터 계산된 속도와 일치하는가? 설명하라.

8.2 난류 강도와 평균 피스톤 속도 사이의 관계[식 (8.23)]와 난류 적분 스케일이 $\approx 0.2 \times$ 간극 높이인 경우, 식 (8.14)와 식 (8.15)를 사용하여 1000 rev/min과 5000 rev/min, WOT, 보어 = 행정 = 86 mm, $r_c = 9$의 스파크 점화기관에서 다음의 양을 계산하라.

(a) 평균 및 최대 피스톤 속도, 입구 밸브를 통과하는 최대 가스 속도 (문제 8.1 참조)

(b) TC에서 난류 강도, 적분 길이 스케일, 마이크로 길이 스케일, Kolmogorov 길이 스케일

8.3 보어와 행정 길이가 100 mm인 직접 분사식 디젤 엔진에서 2000 rev/min 흡입의 끝에서 스월비는 4이다. 이러한 스월비를 생성하기 위한 평균 접선 속도(입구 밸브 축 반경 방향에서 측정)는 얼마인가? 평균 밸브 개방 면적 및 개방 시간에서 추정된 흡기 밸브를 통과하는 평균 유속 대비 이 속도의 비는 얼마인가?

8.4 **(a)** 압축비 r_c, 보어 B, 행정 L, 보울 직경 D_B 및 상단 중심 실린더 헤드에 대한 피스톤 크라운 간극 c와 관련하여 디스크 모양 보울-인-피스톤 직접 분사식 디젤 엔진 연소실의 깊이 (또는 높이) h_B에 대한 관계식을 유도하라. $B = L = 100$ mm, $r_c = 16$, $D_B = 0.5B$, $c = 1$ mm일 때, TC에서 보울 내 공기 차지의 분율을 찾아라.

(b) 2500 rev/min에서, 흡입과정의 끝에서 스월비가 3인 경우, 위에 주어진 제원의 보울-인-피스톤 챔버에서 스월비와 평균 각속도를 구하라. 스월 유동은 항상 고체 회전으로 가정한다. 보울 가장 자리에서의 접선 방향 속도를 평균 피스톤 속도와 비교하라. 마찰 효과는 무시한다.

(c) 상단 중앙 간극 높이가 0인 경우 스월비는 얼마인가?

8.5 식 (8.43)과 그림 8.22*b*를 사용하여 50~0%의 실린더 단면적의 백분율($(A_s/\pi B^2/4) \times 100$)로 표시되는 스퀴시 영역

의 함수로써 10° BTC (거의 최대의 위치)에서 스퀴시 속도를 평균 피스톤 속도로 나눈 값을 표시하라. $r_c = 10$, $c_c/B = 0.01$, $B/L = 1$, $R = l/a = 3.5$.

8.6 자동차 스파크 점화기관의 총 틈새 체적은 간극 체적의 약 2 %이다. 이러한 틈새 영역의 가스가 벽 온도(450 K)에 가깝고, 실린더 압력에서 다음의 크랭크 각도에서 틈새 영역 내의 실린더 질량의 분율을 계산하라: 입구 밸브 닫힘(50° ABC), 스파크 방출(30° BTC), 최대 실린더 압력(15° ATC), 배기 밸브 열림(60° BBC), 배기 행정의 TC. 입력 데이터는 그림 1.9의 정보를 이용하고, 입구 압력은 0.67 bar로 가정한다.

8.7 피 첫 번째 링 위의 피스톤 상단(탑 랜드)과 실린더 벽면 사이의 피스톤 틈은 엔진 배출 탄화수소 배출의 주요 원인이다. 실린더 내 미연소 혼합기는 실린더 압력이 증가할 때 이 틈새로 유입되고, 실린더 압력이 감소할 때 이 틈새로부터 흘러나온다. 엔진이 (대기 온도에서) 냉간 상태이면서 완전히 워밍업된 최고 압력의 시기에 피스톤과 실린더 벽면 사이에 있고, 첫 번째 피스톤 링 위 틈새에 있는 실린더 가스의 질량 분율을 계산하라. 틈새에 갇혀 있는 가스는 모두 미연소 혼합기로 가정한다(최대양).

엔진 형상과 작동 조건은 다음과 같다:

보어 = 86 mm, 행정 = 86 mm
탑 링 위의 피스톤 지름 = 85.3 mm
피스톤 크라운 상부와 탑 링 사이의 거리 = 8 mm
체적 효율 = 0.85
주변 온도 = 300 K
피스톤 온도(냉간) = 300 K
워밍업 조건에서 피스톤 온도 = 460 K
완전 워밍업된 조건에서 실린더 벽면 온도 = 360 K
피스톤의 선형 팽창 계수 = 2.41×10^{-5} m/K
실린더 벽면의 선형 팽창 계수 = 1.29×10^{-5} m/K
$\phi = 1.0$, 잔류 분율 = 0.08, 연료 = 이소옥탄(iso-octane)
실린더 최대 압력 = 3.5 MPa

크레비스(틈새) 내의 가스 온도는 피스톤과 실린더 벽면 온도의 평균을 가정한다.

참고문헌

1. Bicen, A. F., Vafidis, C., and Whitelaw, J. H.: "Steady and Unsteady Airflow through the Intake Valve of a Reciprocating Engine," *ASME Trans., J. Fluids Engng.*, vol. 107, pp. 413–420, 1985.
2. Namazian, M., Hansen, S. P., Lyford-Pike, E. J., Sanchez-Barsse, J., Heywood, J. B., and Rife, J.: "Schlieren Visualization of the Flow and Density Fields in the Cylinder of a Spark-Ignition Engine," SAE paper 800044, *SAE Trans.*, vol. 89, 1980.
3. Ekchian, A., and Hoult, D. P.: "Flow Visualization Study of the Intake Process of an Internal Combustion Engine," SAE paper 790095, *SAE Trans.*, vol. 88, 1979.
4. Kent, J., Mikulec, A., Rimai, L., et al.: "Observations on the Effects of Intake-Generated Swirl and Tumble on Combustion Duration," SAE paper 892096, 1989.
5. Khalghi, B.: "Intake-Generated Swirl and Tumble Motions in a 4-Valve Engine with Various Intake Configurations—Flow Visualization and Particle Tracking Velocimetry," SAE paper 900059, 1990.
6. Heywood, J. B., and Sher, E.: *The Two-Stroke Cycle Engine: Its Development, Operation, and Design*, SAE, Warrendale, PA, Taylor and Francis, Philadelphia, 1999.
7. Ikeda, Y., Hikosaka, M., Nakajima, T., and Ohhira, T.: "Scavenging Flow Measurements in a Fired Two-Stroke Engine by Fiber LDV," SAE paper 910670, *SAE Trans.*, vol. 100, 1991.
8. Fansler, T. D., and Drake, M. C.: "Flow, Mixture Preparation and Combustion in Direct-Injection Two-Stroke Gasoline Engines," in *Flow and Combustion in Reciprocating Engines,* C. Arcoumanis and T. Kamimoto (eds), Ch. 2, pp. 67–136, Springer-Verlag, Berlin, 2009.
9. Tennekes, H., and Lumley, J. L.: *A First Course in Turbulence,* MIT Press, Cambridge, MA, 1972.
10. Reynolds, W. C.: "Modeling of Fluid Motions in Engines—An Introductory Overview," in *Combustion Modelling in Reciprocating Engines*, J. N. Mattavi and C. A. Amann (eds), pp. 69–124, Plenum Press, New York, 1980.
11. Tabaczynski, R. J.: "Turbulence and Turbulent Combustion in Spark-Ignition Engines," *Prog. Energy Combust. Sci.,* vol. 2, pp. 143–165, 1976.
12. Liou, T.-M., and Santavicca, D. A.: "Cycle Resolved LDV Measurements in a Motored IC Engine," *ASME Trans., J. Fluids Engng*, vol. 107, pp. 232–240, 1985.
13. Rask, R. B.: "Laser Doppler Anemometer Measurements in an Internal Combustion Engine," SAE paper 790094, *SAE Trans.*, vol. 88, 1979.
14. Rask, R. B.: "Comparison of Window, Smoothed-Ensemble, and Cycle-by-Cycle Data Reduction Techniques for Laser Doppler Anemometer Measurements of In-Cylinder Velocity," in *Fluid Mechanics of Combustion Systems,* T. Morel, R. P. Lohmann, and J. M. Rackley (eds), pp. 11–20, ASME, New York, 1981.
15. Arcoumanis, C., and Whitelaw, J. H.: "Fluid Mechanics of Internal Combustion Engines: A Review," *Proc. Instn Mech. Engrs.,* vol. 201, pp. 57–74, 1987.
16. Miles, P. C., "Turbulent Flow Structures in Direct-Injection, Swirl-Supported Diesel Engines," in *Flow and Combustion in Reciprocating Engines,* C. Arcoumanis and T. Kamimoto (eds), Ch. 4, pp. 173–256, Springer-Verlag, Berlin, 2009.
17. Liou, T.-M., Hall, M., Santavicca, D. A., and Bracco, F. V.: "Laser Dopper Velocimetry Measurements in Valved and Ported Engines," SAE paper 840375, *SAE Trans.,* vol. 93, 1984.
18. Fraser, R. A., Felton, P. G., and Bracco, F. V.: "Preliminary Turbulence Length Scale Measurements in a Motored IC Engine," SAE paper 860021, 1986.
19. Ikegami, M., Shioji, M., and Nishimoto, K.: "Turbulence Intensity and Spatial Integral Scale during Compression and Expansion Strokes in a Four-cycle Reciprocating Engine," SAE paper 870372, 1987.
20. Dai, W., Newman, C. E., and Davis, G. C.: "Predictions of In-Cylinder Tumble Flow and Combustion in SI Engines with a Quasi-Dimensional Model," SAE paper 961962, 1996.
21. Monaghan, M. L., and Pettifer, H. F.: "Air Motion and Its Effects on Diesel Performance and Emissions," SAE paper 810255, in *Diesel Combustion and Emissions,* pt. 2, SP-484, *SAE Trans.*, vol. 90, 1981.
22. Tindal, M. J., Williams, T. J., and Aldoory, M.: "The Effect of Inlet Port Design on Cylinder Gas Motion in Direct Injection Diesel

Engines," in *Flows in Internal Combustion Engines,* pp. 101–111, ASME, New York, 1982.

23. Brandl, F., Reverencic, I., Cartellieri, W., and Dent, J. C.: "Turbulent Air Flow in the Combustion Bowl of a D.I. Diesel Engine and Its Effect on Engine Performance," SAE paper 790040, *SAE Trans.*, vol. 88, 1979.
24. Brandstätter, W., Johns, R. J. R., and Wigley, G.: "Calculation of Flow Produced by a Tangential Inlet Port," in *International Symposium on Flows in Internal Combustion Engines—III,* FED, vol. 28, pp. 135–148, ASME, New York, 1985.
25. Brandstätter, W., Johns, R. J. R., and Wigley, G.: "The Effect of Inlet Port Geometry on In-Cylinder Flow Structure," SAE paper 850499, 1985.
26. Borgnakke, C., Davis, G. C., and Tabaczynski, R. J.: "Predictions of In-Cylinder Swirl Velocity and Turbulence Intensity for an Open Chamber Cup in Piston Engine," SAE paper 810224, *SAE Trans.*, vol. 90, 1981.
27. Arcoumanis, C., Bicen, A. F., and Whitelaw, J. H.: "Squish and Swirl-Squish Interaction in Motored Model Engines," *Trans. ASME, J. Fluids Engng,* vol. 105, pp. 105–112, 1983.
28. Trigui, N., Kent, J. C., Guezennec, Y., and Choi, W.-C.: "Characterization of Intake Generated Fluid Flow Fields in IC Engines Using 3-D Particle Tracking Velocimetry," SAE paper 940279, 1994.
29. Floch, A., VanFrank, J., and Ahmed, A.: "Comparison of the Effects of Intake-Generated Swirl and Tumble on Turbulence Characteristics in a 4-Valve Engine," SAE paper 952457, 1995.
30. Baumagarten, H., Bozelie, P., Geiger, J., and Wolters, P.: "Vehicle Application of a 4-Cylinder Tumble DISI Engine," SAE paper 2001-01-0735, 2001.
31. Lichty, L. C.: *Combustion Engine Processes,* McGraw-Hill, New York, 1967.
32. Shimamoto, Y., and Akiyama, K.: "A Study of Squish in Open Combustion Chambers of a Diesel Engine," *Bull. JSME,* vol. 13, no. 63, pp. 1096–1103, 1970.
33. Ikegami, M., Mitsuda, T., Kawatchi, K., and Fujikawa, T.: "Air Motion and Combustion in Direct Injection Diesel Engines," JARI technical memorandum no. 2, pp. 231–245, 1971.
34. Miles, P. C., RempelEwert, B. H., and Reitz, R. D.: "Squish-Swirl and Injection-Swirl Interaction in Direct-Injection Diesel Engines," in *6th International Conference on Engines for Automobile ICE2003,* Sept. 14–18, Capri/Naples, Italy, 2003.
35. Endres, H., Neuber, H., and Wurms, R.: "Influence of Swirl and Tumble on Economy and Emissions of Multi-Valve SI Engine," SAE paper 920516, 1992.
36. Hires, S. D., Ekchian, A., Heywood, J. B., Tabaczynski, R. J., and Wall, J. C.: "Performance and NO_x Emissions Modelling of a Jet Ignition Prechamber Stratified Charge Engine," SAE paper 760161, *SAE Trans.*, vol. 85, 1976.
37. Asanuma, T., Babu, M. K. G., and Yagi, S.: "Simulation of Thermodynamic Cycle of Three-Valve Stratified Charge Engine," SAE paper 780319, *SAE Trans.*, vol. 87, 1978.
38. Smith, P., Cheng, W. K., and Heywood, J. B.: "Crevice Volume Effect on Spark-Ignition Engine Efficiency," SAE paper 2014-01-2602, 2014.
39. Namazian, M., and Heywood, J. B.: "Flow in the Piston-Cylinder-Ring Crevices of a Spark-Ignition Engine: Effect on Hydrocarbon Emissions, Efficiency and Power," SAE paper 820088, *SAE Trans.*, vol. 91, 1982.
40. Wentworth, J. T.: "Piston and Ring Variables Affect Exhaust Hydrocarbon Emissions," SAE paper 680109, *SAE Trans.*, vol. 77, 1968.
41. Tabaczynski, R. J., Hoult, D. P., and Keck, J. C.: "High Reynolds Number Flow in a Moving Corner," *J. Fluid Mech.,* vol. 42, pp. 249–255, 1970.
42. Daneshyar, H. F., Fuller, D. E., and Deckker, B. E. L.: "Vortex Motion Induced by the Piston of an Internal Combustion Engine," *Int. J. Mech. Sci.,* vol. 15, pp. 381–390, 1973.

내연기관

Internal Combustion Engine Fundamentals

CHAPTER 9

스파크 점화기관에서의 연소

Combustion in Spark-Ignition Engines

9.1 과정의 핵심 특징 _*Essential Features of Process*

연소 과정은 내연기관의 작동 사이클에서 가장 중요한 부분이다. 인진의 주된 에너지원인 연소는 연료의 화학 에너지를 상대적으로 짧은 압축과 팽창 과정 사이에서 방출하여 높은 압력과 온도의 연소 가스를 만든다. 이 가스는 실린더 안에서 팽창하며 피스톤에 일을 전달한다. 엔진 작동이 부드럽고 신뢰할 수 있기 위해서는 안정적인 연소 과정이 중요하다. 연소 과정은 빨라서 전체 사이클 기간의 작은 부분만 차지해야 한다. 그래야만 엔진의 에너지 변환 과정이 효율적이고 매우 반복적이어서 한 사이클에서 다음 사이클로의 변화가 작고 거의 느낄 수 없기 때문이다.

또 연소는 다른 몇 가지 엔진 특성이나 요구 조건에 미치는 영향 때문에 중요하다. 실린더 안에서의 엔진 배기 오염물질이 생성되는 과정이 연소 과정의 세부 특성과 연관되어 있다. 스파크 점화(SI)기관 연료의 안티노크성이나 휘발성 요건이나 디젤 연료의 요구 점화 특성들이 엔진의 연소 과정에 의해 결정된다. 엔진의 가스 교환 과정과 이에 따른 출력도 설계자가 좋은 연소를 얻기 위해 해야 하는 작업에 영향을 받는다.

9.1.1 연소 기본

엔진에서의 연소는 *화염*에서 일어난다. 화염이란 연료의 산화 반응과 화학 에너지 방출이 일어나는 (제한된) 영역이다. 엔진 화염은 보통 얇다: 실제 반응영역은 밀리미터의 몇 분의 일 두께에 불과하다. 스파크 점화기관에서는 연료-증기 공기 차지가 잘 섞여 있기 때문에 화염이 *예혼합 화염*이다. 이런 예혼합 화염이 전면의 미연소 가스로 전파되어 가는 속도를 화염 속도 또는 *연소 속도*라고 부른다. 층류나 질서가 있는 유동에서, 이 속도 S_L은 화염 전면의 미연소 혼합물의 특성 물성치이다; 혼합물 조성, 연료의 물성치, 혼합물 온도와 압력의 함수이다. S_L값은 보통 1 m/s보다 작다. 그림 9.1에 층류 예혼합 화염의 구조가 있다. 화염에 고정된 좌표에서, 미연소 혼합물—연료 증기와 공기—은 왼쪽에서 온도 T_u로 화염으로 들어간다(미연소-혼합물 고정 좌표에서, 화염은 혼합물 쪽인 왼쪽으로 움직인다). 미연소 혼합물 온도는 예열영역에서 오르기 시작하고, 전도 영역을 지나는 가스로부터 전달되는 열에너지에 의해 점차 증가한다. 이 열에너지는 연료 산화 화학 반응이 일어나는(미연소 혼합물이 점화 온도 T_i에 도달한 후) 반응영역에서 온다. 이 반응영역에서 화학 에너지 방출이 대부분 일어난다: 앞에서 말한 바와 같이 생성된 열에너지가 전도 영역을 지나는 미연소 혼합물로 전달되고, 대류에 의해 화염 밖의 (뜨거운) 연소 가스(온도 T_b)로 전해진다.

이 미연소 혼합물의 온도를 점차로 올리는 열에너지 전도가 화염 내의 활성화 화학종들

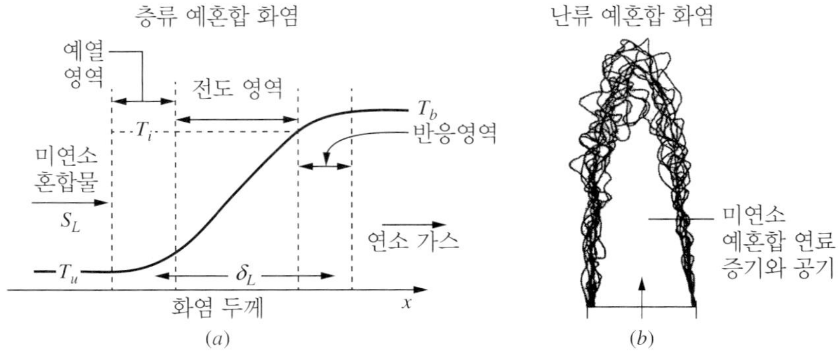

그림 9.1 예혼합 화염 구조: (*a*) 층류 예혼합 화염의 여러 영역에서의 온도 분포; (*b*) 예혼합 연료 증기와 공기를 공급하는 튜브에 고정된 난류 예혼합 화염의 몇몇 영상

과 함께 화염이 전파되도록 한다. 그래서 화염 전파 속도는 이 전도 영역의 온도 구배, $(T_b - T_u)/\delta_f$에 비례한다. 화학양론비이거나 약간 농후한 연료 혼합물(주어진 T_u에서 가장 높은 T_b를 제공하는)에서 예혼합 화염은 가장 높은 층류 화염 속도를 갖는다. 희박한 혼합물이나, 연소 잔류 가스나 배기 재순환에 의해 희석된 혼합물의 T_b는 감소하고 δ_f는 길어져, 화염 속도가 감소한다(S_L이 혼합물 조성, 온도, 압력에 어떻게 의존하는지 설명된 9.3.3절 참조).

스파크 점화기관에서, 연료와 공기는 흡기 시스템이나, 잔류 가스와 혼합이 일어나는 실린더 안에서 혼합되고 그 후 압축된다. 연소는 압축 과정 끝 즈음해서 스파크 플러그에서 전기 방전에 의해 시작한다. 화염이 발생한 후, 난류 화염이 성장하고, 실질적으로 예혼합된 연료 증기, 공기, 연소 가스의 혼합물로 전파되다가 연소실 벽에 이르러 꺼진다. 작동하는 엔진에서 찍은 이 과정에 대한 사진이 핵심적인 특성을 보여 준다. 그림 9.2가 유리 피스톤 크라운이 장착된 특별한 단기통 엔진에서 취득한 연소 과정에 대한 고속 영화 연속 사진들을 보여 준다.[1] 스파크 방전은 상사점 전(BTC) 30°에서 일어난다. 화염은 20° BTC에서 처음으로 볼 수 있다. 피스톤을 통과해 찍은 이 사진에서 외곽이 대략 둥근 화염이 스파크 플러그 위치에서 바깥쪽으로 퍼져 나간다. 화염에서 나오는 파란 빛은 화염 앞면에서 가장 강하다. 난류 화염 앞면의 불규칙한 형상이 분명히 보인다. TC에서 화염의 직경은 실린더 직경의 2/3 정도이다. 화염은 스파크 플러그에서 가장 먼 벽면에 15° ATC 정도에 도착하지만, 그 후 약 10도 동안 연소실 가장자리의 몇몇 지역에서 연소가 계속된다. 10° ATC에서 스파크 플러그 위치에서 추가 발광—처음에는 흰색 그리고 분홍색/노란색로 변하는—이 분명히 보인다. 이 잔광은, 연소 과정에서 이미 이 화염 후방의 연소가스가 나머지 차지가 연소하는 과정에서 더 압축되어 가장 높은 온도에 도달해서(15° ATC 정도에서) 발생한다.[2, 3]

예혼합 SI 엔진 화염은 스파크 방전에서 시작하여 발달하면서 난류가 되는데 그 전파 속도는 *난류 화염 속도*에 의해 정의된다. 그림 9.1*b*가 몇몇 난류 예혼합 화염을 보여주는데, 이 화염들은 예혼합 연료 증기와 공기를 원추형 화염 안의 미연소-혼합물 영역으로 공급하는 튜브에 붙어 있다. 각 선은 버너 튜브 위의 불규칙하고 랜덤으로 움직이는 얇은 화염 시트를 단기간 노출로 찍은 것이다. 연소 가스가 화염 외곽선으로부터 위쪽과 바깥쪽으로 나온다. 이들 화염 모양은 이 난류 화염이 *주름진 층류 화염*임을 제시한다.

연소 기간 중 엔진 실린더 내의 난류는 얇은 반응 시트 화염을, 벌크 또는 평균 유동 패턴과 국소 난류 또는 랜덤 속도 변동의 복합적인 영향에 의해, 대류시키고 변형시키거나 주름지게 한다. 국소 난류강도가 높을수록 화염 전파가 빠르고 더 주름진다. 엔진 화염이 난류

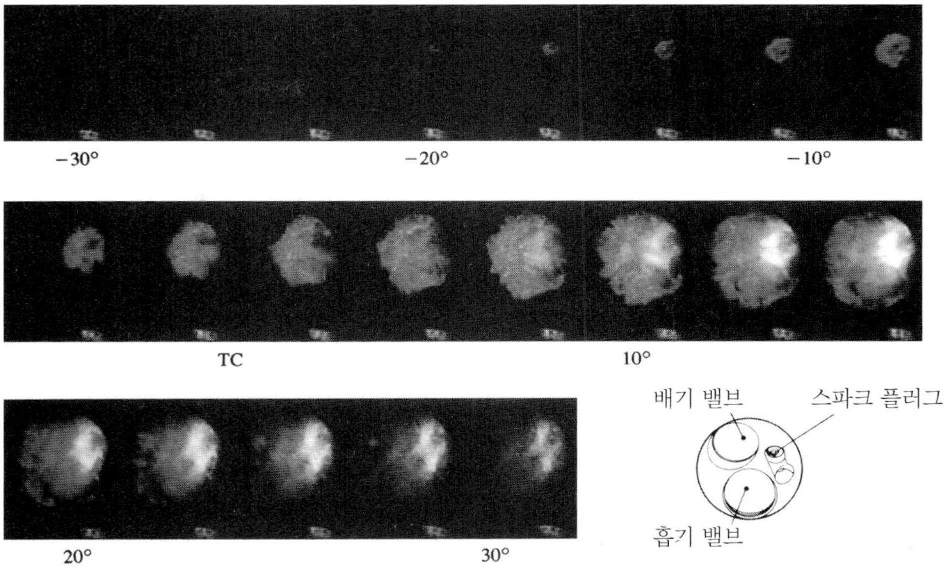

그림 9.2 스파크 점화기관에서 유리 피스톤 크라운을 통해 찍은 고속 영화로부터의 화염과 연소-가스 복사의 연속 이미지 사진들. 점화 시기 30° BTC, 낮은 부하, 1430 rev/min, $(A/F) = 19$.[1]

가 아니라면(난류 화염 속도는 층류 화염 속도의 몇 배 정도인데) 연소와 이에 의한 압력 증가가 너무 느려서 엔진은 만족할 만하게 작동하지 못할 것이다. 엔진 난류는 피스톤 속도에 비례해서 커지기 때문에, 연소 속도도 피스톤 속도에 비례해서 커져서, 전 크랭크 샤프트 속도에 걸쳐서 만족할 만한 엔진 작동에 필요한 속도를 확보할 수 있다(8.2.2절 참조). 그렇지만, 난류는 주로 평균 연소 속도 같은 총(gross) 또는 큰-스케일 화염 특성에 영향을 준다(1 mm 오더). 국소적으로, 얇은 반응 시트 화염은 인접한 미연소 혼합물쪽으로 층류 화염 속도로 진행한다.

압축-점화 또는 디젤 엔진의 연소는 다른 연속 과정을 통해 일어난다. 원하는 연소가 시작하기 직전의 압축 말기에 연료는 실린더 안으로 직접 분사된다. 분사된 연료 제트는 미립화하고 연료 액적은 연소실 안의 고온 고압의 공기를 통과해 움직이며 증발하고 연료 증기가

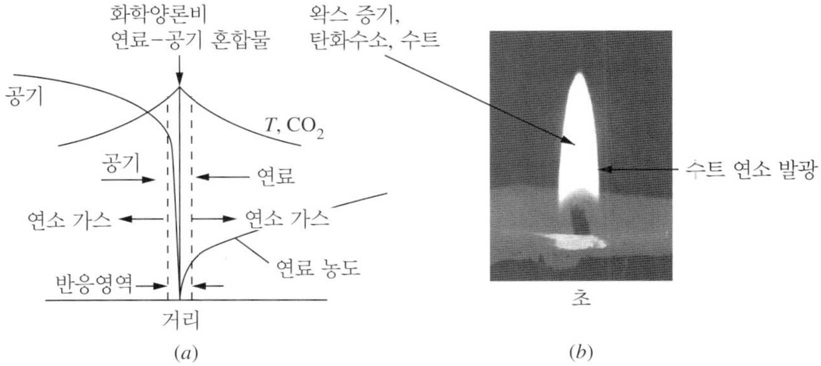

그림 9.3 미리 혼합되지 않은 확산 화염, 기초 디젤 연소 과정. (*a*) 확산 화염 구조, (*b*) 확산 화염 예(양초 화염): 발광하는 화염 내의 농후-연료 혼합물(왁스 증기, 부분 반응 탄화수소, 공기, 수트 입자); 발광은 얇은 화염 반응영역에서의 수트 입자 연소에 의한 것임.

공기와 섞인다. 이렇게 형성된 고온의 연료-증기 공기 혼합물이 자연 발화하고 빠르게 탄다. 연소 혼합물이 위에서 설명한 혼합 과정에 의해 준비되면서 연소는 계속된다. 그래서, 디젤 연소 과정의 많은 부분에서 연료-연소율은 연료가 공기와 섞이는 속도에 의해 제어된다. 이런 "미리 혼합되지 않은" 화염은 보통 확산 화염이라고 부르는데 그 이유는 (가스상의)연료와 공기가 서로에게 확산되어 화학양론비에 가까운 혼합물에 이르렀을 때 얇은 반응 시트에서 반응하기 때문이다(9.3절 참조). 양초 화염이, 그림에서 보여진, 확산 화염의 흔한 예이다. 실린더 내 유동이 난류이기 때문에 디젤 연소 과정은 주로 난류(비정상) 확산 화염이다. 분사된 후 실린더 내 고온 공기에 의한 자연 점화와 연료-공기 혼합이 연소율을 제어하는 것이 디젤 연소의 눈에 띄는 특징이다(10장의 주제임).

9.1.2 SI 엔진 연소 과정

그림 9.4의 스파크 점화기관에서 연속 사이클에 대해 측정한 결과로부터 SI 엔진 연소 과정의 추가 특징들이 명확하게 들어난다. 실린더 압력, 연소한 차지 질량 분율(압력 데이터로부터 계산한), 화염 앞면에 의해 포함된 실린더 부피 분율(그림 9.2와 같은 사진에 의해 판명한)이 모두 크랭크 각의 함수로 보여졌다.[4] 스파크 방전 직후에, 성장하는 화염에 의한 에너지 방출에 따른 압력 증가가 너무 작아서 알아보기 어려운 기간이 있다. 그 후 화염이 계속 커지면서 연소실을 가로 질러 전파됨에 따라, 압력은 연소가 없는 경우에 비해 점차 더 높은 값으로 증가한다. 압력은 TC를 지난 후 최대에 도착하는데, 실린더 차지가 다 타기 전이다. 그리고 실린더 부피가 나머지 팽창 행정 동안 계속 증가함에 따라 감소한다.

화염의 발달과 이후의 전파는 명확하게 사이클 간(cycle-by-cycle)에 변하는데, 그 이유는 압력 모양, 화염에 포함된 부피 분율, 연소 질량 분율이 사이클마다 변하기 때문이다. 이는 화염 성장이 국소 혼합물의 움직임과 조성에 의존하기 때문이다. 이들 양은 어느 실린더에서도 연속적인 사이클에서 변하고 실린더 간(cylinder-to-cylinder)으로도 변할 것이다. 특히 중요한 점은 스파크 방전 중의 스파크 플러그 근방의 혼합물의 움직임과 조성이다. 그 이유는 이들이 화염 발달의 초기 단계를 결정하기 때문이다. 사이클 간 변동과 실린더 간 변동은 중요하다: 9.4.1절 참조.

그림에서 화염에 의해 포함된 부피 분율이 연소 질량 분율 커브보다 더 급하게 증가하는 것을 볼 수 있다. 이는 화염 전면에 있는 미연소 혼합물의 밀도가 화염 후방에 있는 연소 가스의 밀도보다 4배 정도가 되기 때문이다. 또 보이는 화염 앞면의 후방에서 미연소 혼합물이 일부 있는 것을 볼 수 있다: 전체 연소실이 다 화염에 의해 포함되어도, 25% 정도의 질량은 더 타야 한다. 이 묘사에서 연소과정을 4개의 다른 단계로 나눌 수 있다: (1) 스파크 방전; (2) 초기 화염 발달; (3) 화염 전파; (4) 화염 종료. 이들 각 단계에 대해 이 장에서 더 이해하려고 한다.

최대 출력이나 토크를 얻으려면 연소 현상은 상사점 피스톤 위치를 기준으로 적절히 위상이 결정(phase)되어야 한다. 화염 발달과 전파 과정에는 대략 크랭크 각으로 40~60도가 소요된다. 연소는 압축 행정이 끝나기 전에 시작하고, 팽창 행정 초기까지 계속되며, 최고 실린더 압력이 발생한 후에 끝난다. 그림 9.5(a)에 보인 크랭크 각에 대한 압력 커브에서, 피스톤 위치에 대해 스파크 타이밍이 변할 때 왜 엔진 토크(주어진 엔진 속도와 흡기 매니폴드 조건에서)가 변하는지 알 수 있다. 만약 연소가 상사점 전에 점점 이르게 시작한다면, 압축 행정 일전달(피스톤에서 실린더 가스로의)이 점차 증가하고 연소실 벽으로의 열전달도 증가한다. 만약 스파크 타이밍이 지각되어 연소의 끝이 점점 늦어진다면, 최고 압력이 팽창 행정 중 점

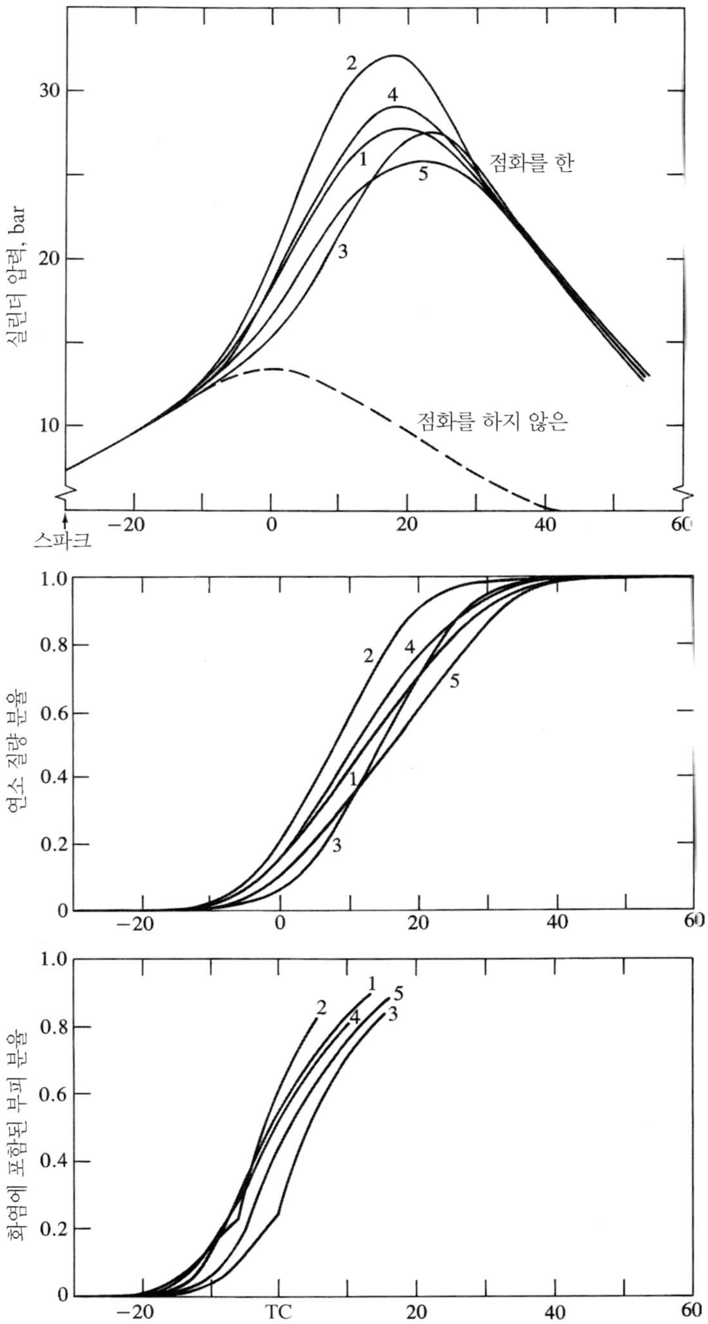

그림 9.4 스파크 점화기관에서 크랭크 각의 함수로 그린 실린더 압력, 연소한 질량 분율, 화염에 포함된 부피 분율. 점화시기는 30° BTC, 전개 스로틀, 1044 rev/min, $\phi = 0.98$.

점 늦게 발생하고 크기도 작아질 것이다. 이 변화가 팽창 행정의 실린더 내 가스에서 피스톤으로의 일전달을 작게 한다. 최대 제동 토크—*MBT라고 불리는*—를 주는 최적 타이밍은 이 두 반대되는 경향의 크기가 서로를 상쇄할 때 발생한다. 이보다 이르거나 늦은 타이밍은 낮은 토크를 제공한다. 이 최적 스파크 타이밍은 화염 발달 속도와 전파 속도, 연소실을 가로지르는 화염 전파 거리, 벽에 도달한 후의 화염이 종료되는 과정의 디테일에 달려 있다. 이들은

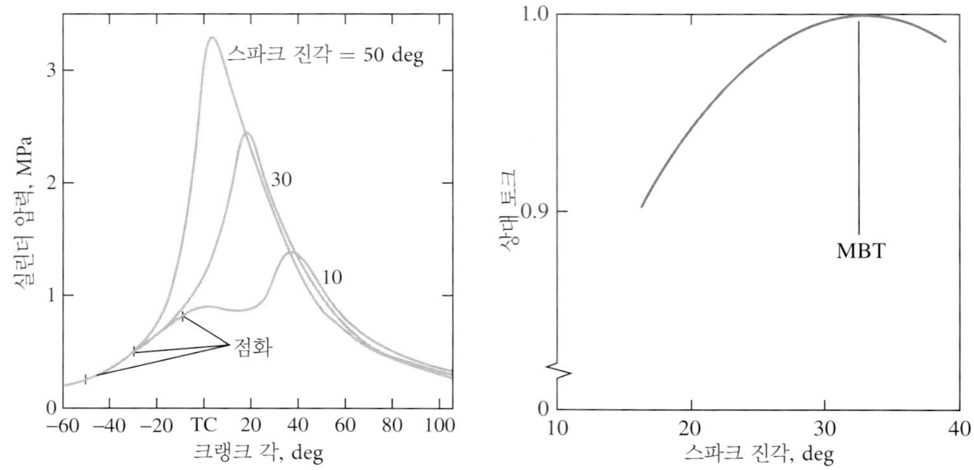

그림 9.5 (*a*) 실린더 압력 대 크랭크 각. 과도하게 진각한 스파크 타이밍(50°), MBT 타이밍(30°), 지각한 타이밍(10°). (*b*) 일정한 속도와 (*A/F*)에서 스파크 진각(TC 전)이 제동 토크에 미치는 영향, 전개 스로틀. MBT는 최대 제동 토크 타이밍.

엔진 설계와 운전 조건, 연료, 공기, 연소 가스 혼합물의 물성치에 달려 있다. 그림 9.5*b*가 일반적인 자연-흡기 스파크 점화기관에 대해서 스파크 타이밍의 변화가 제동 토크에 미치는 영향을 보여 준다. MBT 타이밍은 실제 스파크 타이밍의 적절한 참고 시기이다. 실제 타이밍은 MBT 타이밍에 대해 상대적으로 정의할 수 있다(예. MBT에서 10도 지각).

질량 연소 프로필과 최대 실린더 압력을 MBT 크랭크 각이나 50% 질량 연소 분율과 연관시키는 실험식이 흔히 사용된다. 예를 들면, 최적 스파크 타이밍에서: (1) 최대 압력은 상사점 후 13에서 15° 지나서 발생한다. (2) 차지의 반이 상사점 후 8°에서 탄다. 실제로는, 최대 실린더 압력과 연소 가스 온도를 낮추기 위해 스파크는 제동 토크가 최댓값에서 1 내지 2% 줄어드는 타이밍까지 지각된다. 어떤 현실적인 목적을 위해 스파크가 상당히 지각되기도 한다(즉, 빠른 촉매 라이트 오프를 위해 콜드 엔진 시동 동안, 또는 터보차저를 장착한 엔진의 고부하 운전에서 최대 압력을 수용할 만한 수준으로 묶어 두기 위해).

지금까지 스파크에 의해 점화된 화염이 차지가 다 탈 때까지 연소실을 가로 질러 꾸준히 움직이는 정상 연소에 대해 다루었다. 그렇지만, 몇 가지 변수가—예를 들면, 연료 조성, 어떤 엔진 설계, 작동 파라미터 등—이런 전상 연소 과정이 발생하는 것을 막을 수 있다. 두 타입의 비정상 연소가 밝혀졌다: 표면 점화와 노킹이다.

노킹(knock)은 매우 중요한 비정상 연소 현상이다. 그 이름은 진행하는 화염의 전면에 있는 연료, 공기, 잔류 가스 혼합물의 일부가 자발적으로 자동점화(auto-ignition)한 결과로 발생한 소음에서 유래한다. 화염이 연소실을 가로 질러 전파될 때, 화염 전면에 있는 미연소 혼합물—*끝가스*(end-gas)라 부름—이 압축되어, 압력, 온도, 밀도가 높아진다. 이 끝가스 연료 공기 혼합물의 일부가 정상 연소가 진행되기 전에 화학 반응을 겪을 수 있다. 이들 반응의 생성물이 *자동점화*할 수 있다: 즉, 자발적으로 또 빠르게 화학 에너지를 방출한다. 이 현상이 발발하면, 끝가스는 매우 빠르게, 정상 연소의 5에서 25배로 화학 에너지를 방출한다. 이는 실린더 내에 고주파의 압력파를 초래하고 노킹이라고 부르는 날카로운 금속성 소음을 만들어 낸다.

노킹이 발생할지 안 할지는 화염 앞면의 진행과 미연소 끝가스의 자동점화 화학 반응과의 경쟁의 결과에 달려 있다. 만약 화염 앞면이 이들 반응이 연료-공기 혼합물이 자동점화하는 데 필요한 시간을 주지 않고 소모해 버리면 노킹은 일어나지 않는다. 화염 앞면이 도달하기 전에 연소 전(precombustion) 반응이 자동점화를 일으키면 노킹이 일어날 것이다. 그래서 *자발적 점화*는 중요한 비정상 연소 현상이다.

다른 하나의 형태, 표면 점화는 오버헤드 밸브나 스파크 플러그 같은 뜨거운 표면, 연소실 표면에 쌓인 뜨거워진 불순물, 엔진 연소실의 어떤 뜨거운 지점에 의해 연료-공기 차지가 점화되는 것이다. 이것은 스파크 플러그가 차지를 점화하기 전(전-점화)이나 정상 점화 후(후-점화)에 발생할 수 있다. 전-점화의 결과일 때 제어되지 않은 연소가 분명하고 그 영향이 가장 지대하다. 그 이유는 이들이 중대한 노킹을 일으킬 수 있기 때문이다. 그러나 표면 점화가 스파크 플러그가 점화한 후에 일어나더라도(후-점화), 스파크 방전은 더 이상 연소 과정에 대한 완전한 제어를 하지 못한다. 그래서, 표면 점화는 노킹에 이를 수 있다. 정상 스파크 점화 후에 일어나는 노킹을 표면 점화가 일어난 후의 노킹과 구분하기 위해 스파크 노킹이라 부른다.

스파크 점화기관의 실린더 내 최고 압력이 증가함에 따라 새로운 전-점화 또는 노킹이 관찰되었다: 산발적인(sporadic) 전-점화 과정이 매우 높은 최고 가스 압력을 초래한다. 이 "수퍼, 또는 메가 노킹" 과정이 산발적으로(매 30,000 또는 그 정도의 사이클에서) 일어나고, 하나나 몇 사이클 계속된다. 국소 자동점화에 의해 시작된 후, 스파크 방전이 일어나기 훨씬 전에, 매우 높은 압력을 만든다. 왜냐하면 너무나 이르게 연소 과정이 시작되고 이에 따라 미연소 혼합물의 압력과 온도가 매우 높아서 노킹을 초래하기 때문이다.

이들 비정상 연소 현상에 대해서는 9.6절에 자세히 검토한다.

9.2 SI 엔진 연소에 대한 열역학 _Thermodynamics of SI Engine Combustion

9.2.1 연소와 미연소 혼합물 상태

엔진 실린더 안에서 연소가 진행되고 있는 그림 9.6의 개략도를 고려해 보자. 실린더 가스와 피스톤 사이에 일전달이 발생한다(TC 전에는 *가스*로, TC 후에는 *피스톤*으로). 열전달은 주로 뜨거운 연소가스로부터 피스톤으로 발생한다. 스파크 점화기관의 대표적인 온도와 압력에서 반응이 실제적으로 일어나는 반응영역의 부피가 연소실 부피에 비해 무시할 만하다고 가정하는 것은, 비록 난류 화염의 두께가 연소실 크기에 비해 무시할 만하지 않다고 해도, 타당하다(9.3.2절 참조). 정상적인 엔진 작동에서, 어떤 시각 또는 크랭크 각에서도, 실린더 내의

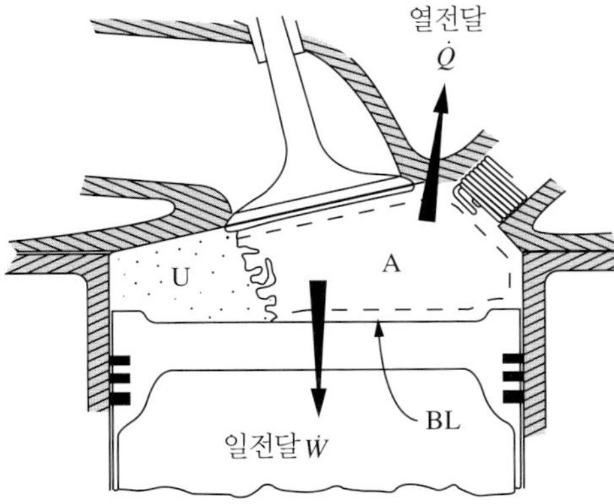

그림 9.6 엔진 실린더 내에서 연소 과정중의 난류 예혼합 화염의 개략도: 미연소 가스(U)는 화염의 왼편에, 연소 가스는 오른편에 있다. A는 단열 연소-가스 코어, BL은 연소 가스 열 경계층, $\dot{W}$은 피스톤으로의 일전달률, $\dot{Q}$는 연소실 벽면으로의 열전달률.

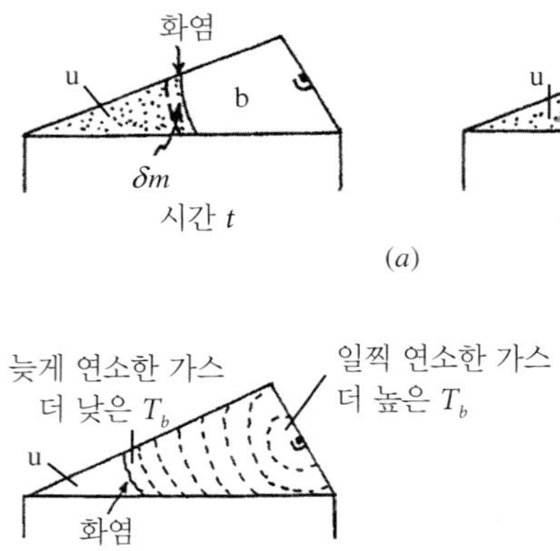

그림 9.7 연소-생성 압력 증가와 가스 움직임의 개략도: (*a*) 질량 요소 δm이 타면서 팽창하여 화염 전면의 미연소가스(u)와 화염 후면의 연소 가스 (*b*)를 압축하고 변위시킴; (*b*) 이 연속적인 층-층 연소 과정에 결과로 생긴 미혼합 모델 연소 가스 온도 분포

압력은 근본적으로 균일하다.

연소는 화염 전파에 의해 발생하기 때문에, 미연소가스와 연소가스의 상태와 움직임의 변화는 5장에서 설명한 이상 사이클 해석보다 훨씬 복잡하다. 가스의 압력, 온도, 밀도는 피스톤에 의한 부피 변화 때문에 변한다. 그리고 연소 과정 중에 연료의 화학 에너지가 방출되어 실린더 압력이 증가한다. 그림 9.7*a*에 보인 것처럼, 연료-공기 혼합물의 각 요소가 타면서 온도가 올라갈수록 그 밀도는 대략 1/4로 줄어든다. 이 연소에 의해 생성된 가스 팽창이 화염 전면의 미연소 가스를 압축하고 연소실 벽면으로 변위시킨다. 또 이 연소에 의해 생성된 가스는 이미 연소한 가스도 압축하여 스파크 플러그 쪽으로 변위시킨다. 연소 과정 중에는, 미연소 가스 요소는 스파크 플러그로부터 멀어지고 연소 가스는 스파크 플러그 쪽으로 뒤로 움직인다. 더군다나, 다른 시기에 탄 미연소 혼합물 요소들은 연소하기 직전 다른 압력과 온도를 가지므로 연소 후 다른 상태에 이른다. 그래서 연소 가스의 열역학적 상태와 조성은 균일하지 않다. 스파크 점화기관 연소 과정에 대한 열역학 제1법칙 해석을 통해 이들 가스 상태를 정량화할 수 있다.

연소와 미연소 가스의 조건은 질량 보존의 법칙과:

$$\frac{V}{m} = \int_0^{x_b} v_b dx + \int_{x_b}^{1} v_u dx \tag{9.1}$$

에너지 보존 법칙:

$$\frac{U_0 - W - Q}{m} = \int_0^{x_b} u_b dx + \int_{x_b}^{1} u_u dx \tag{9.2}$$

에 의해 정할 수 있다. 여기서 V는 실린더 부피, m은 실린더 내용물 질량, v는 비체적, x_b는 연소 질량 분율, U_0는 한 기준 기점 θ_0에서의 실린더 내용물의 내부 에너지, W는 피스톤에 행해진 일, Q는 벽면으로의 열전달이다. 아래 첨자 u와 b는 연소와 미연소 가스 물성치를 각각 표시한다. 일과 열전달은

$$W = \int_{V_0}^{V} p dV \quad Q = \int_{\theta_0}^{\theta} \left(\frac{\dot{Q}}{360N} \right) d\theta \tag{9.3}$$

여기서 $\dot{Q}$은 순간 연소실 벽면으로의 열전달률이다.

여기서 더 진행하려면, 연소와 미연소 가스의 열역학적 물성치에 대한 모델이 필요하다. 4장에서 몇몇 모델의 카테고리가 설명되었다. 실린더 가스 상태에 대한 정밀한 계산을 하려면 연소 가스에 대한 평형 모델(또는 그에 거의 근사한)과 미연소 가스에 대한 이상기체 혼

합물 모델(또는 “얼은” 조성)이 필요하다(표 4.2 참조). 그렇지만, 연소와 미연소 가스가 다른 일정 비열을 갖는 이상기체라고 가정하고 유용한 제시 결과를 얻을 수 있다.[6] 즉,

$$pv_b = R_b T_b \quad u_b = c_{v,b} T_b + h_{f,b} \tag{9.4}$$

$$pv_u = R_u T_u \quad u_u = c_{v,u} T_u + h_{f,u} \tag{9.5}$$

식 (9.1)에서 (9.5)까지 합하면,

$$\frac{pV}{m} = x_b R_b \overline{T}_b + (1 - x_b) R_u \overline{T}_u \tag{9.6}$$

$$\frac{U_0 - W - Q}{m} = x_b (c_{v,b} \overline{T}_b + h_{f,b}) + (1 - x_b)(c_{v,u} \overline{T}_u + h_{f,u}) \tag{9.7}$$

여기서 $$\overline{T} = \frac{1}{x_b} \int_0^{x_b} T_b dx \quad \text{and} \quad \overline{T}_u = \frac{1}{1 - x_b} \int_{x_b}^{1} T_u dx$$

이들은 연소와 미연소 가스의 평균 온도이다. 식 (9.6)과 (9.7)을 풀어 다음 식을 얻는다.

$$x_b = \frac{pV - p_0 V_0 + (\gamma_b - 1)(W + Q) + (\gamma_b - \gamma_u) m c_{v,u} (\overline{T}_u - T_0)}{m[(\gamma_b - 1)(h_{f,u} - h_{f,b}) + (\gamma_b - \gamma_u) c_{v,u} \overline{T}_u]} \tag{9.8}$$

$$\overline{T}_b = \frac{R_u}{R_b} \overline{T}_u + \frac{pV - m R_u \overline{T}_u}{m R_b x_b} \tag{9.9}$$

만약 여기서 미연소 가스가 초기에는 균일하고 등엔트로피 압축을 겪는다고 가정하면,

$$\frac{\overline{T}_u}{T_0} = \left(\frac{p}{p_0} \right)^{(\gamma_u - 1)/\gamma_u} \tag{9.10}$$

이 식과 식 (9.8), (9.9)를 이용해서 x_b, $\overline{T}_b$를 결정할 수 있는데, 연소와 미연소 가스의 열역학적 물성치와 p, V, m, Q을 이용한다. 또, x_b를 알면 p를 결정할 수 있다. 연소 질량 분율과 실린더 가스 압력은 긴밀한 관계를 갖는다.

비록 식 (9.9)가 평균 연소 가스 온도를 제공하지만 연소 가스는 균일하지 않다. 그림 9.7에 보인 것처럼, 연소 과정에서 일찍 탄 혼합물은 나머지 차지들이 탈 때 계속 더 압축된다. 연소 과정 중에 나중에 타는 혼합물은 연소가 시작하기 전어 압축되고 그래서 다른 최종 상태에 있게 된다. 일찍 탄 부분의 온도가 더 높은 온도의 구배가 연소 가스에 존재한다.[7,8] 실제 일어나는 현상의 두 극단 모델이 존재한다: (1) *완전 혼합* 모델, 각 연소가 일어나는 혼합물 요소가 연소가 일어나자 마자 이미 탄 연소 가스와 바로 섞인다는 모델(그래서 균일한 온도를 갖는다), (2) *비혼합* 모델, 다른 시각에 타는 요소들은 섞이지 않는다는 모델.

완전 혼합 모델에서, 연소 가스는 균일하다고 가정하며, $T_b = \overline{T}_b$, 위의 식들이 실린더 내용물의 상태를 완전히 정의한다. 그림 9.7*b*에 보인 비혼합 모델에서는, 다른 시각에 타는 요소들은 섞이지 않는다고 가정하므로 각 요소들은 연소 후에 등엔트로피 과정으로 압축(그리고 팽창)된다.[a] 그래서:

---

[a] 이 모델은 연소실 벽면으로부터 떨어진 연소 가스 영역에 적용된다. 벽면으로의 열전달은 그림 9.6에 보인 것처럼 벽면에 시간에 따라 점점 자라는 열경계층을 만든다. 열경계층에 있는 가스는 등엔트로피 과정으로 압축하거나 팽창하지 않는다.

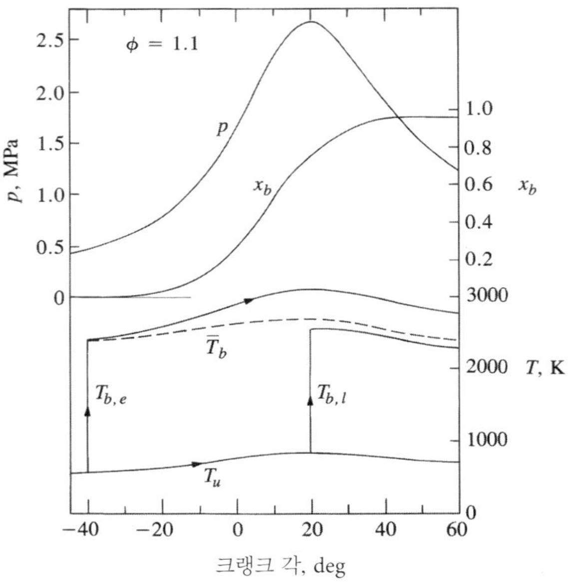

그림 9.8 연소 시의 실린더 압력, 연소 질량 분율, 가스 온도 v_s. 크랭크 각. T_u 미연소 가스 온도, T_b 연소 가스 온도, 아래 첨자 *e*는 초기 연소 요소, *l*은 말기 연소 요소, $\overline{T}_b$ 평균 연소 가스 온도.[6]

$$\frac{T_b(x_b', x_b)}{T_b(x_b')} = \left[\frac{p(x_b)}{p(x_b')}\right]^{(\gamma_b - 1)/\gamma_b} \tag{9.11}$$

여기서 $T_b(x'_b, x_b)$는 $p(x'_b)$에서 탄 요소의 압력이 $p(x_b)$일 때의 온도이고,

$$T_b(x_b') = \frac{h_{f,u} - h_{f,b} + c_{p,u} T_u(x_b')}{c_{p,b}} \tag{9.12}$$

는 $T_u(x'_b)$, $p(x'_b)$의 미연소 가스가 등엔탈피 연소를 했을 때의 온도이다. 이 모델을 이용하여 계산한 온도 분포의 예가 그림 9.8에 있다. 연소 과정이 시작되자마자 탄 혼합물 요소의 최고 온도는 연소 과정 끝 즈음에 탄 요소의 최고 온도보다 400 K 정도 더 높다. 평균 연소 가스 온도는 이들 온도 중에 낮은 온도에 가깝다. 이 두 모델은 근사적으로 연소 가스의 난류 혼합 과정을 특징짓는 시간 스케일이 다음과 같은 경우를 각각 나타낸다. (1) 전체 연소 시간보다 훨씬 짧을 때(완전 혼합 모델) 또는 (2) 전체 연소 시간보다 훨씬 길 때(비혼합 모델)이다. 실제는 측정한 연소 가스 온도로부터 추정할 때,[8] 이 둘 사이에 있다.

이미 설명한 것처럼, 연소에서 발생하는 가스 요소의 팽창은 화염 전면에 있는 가스를 압축하여 스파크 플러그 반대쪽으로 밀어낸다. 동시에, 이미 연소한 가스는 압축되면서 스파크 플러그 쪽으로 뒤로 움직인다. 엔진 내에서의 이들 움직임을 정의하는 것은, 연소실이 대부분 대칭이 아니고 스파크 플러그도 중심에 있지 않은 경우가 많기 때문에, 매우 정교한 유동 모델을 요구한다. 그렇지만, 중심에서 점화하는 구나 실린더 모양의 정적 연소실(combustion bomb)에서의 가스 운동은—계산을 용이하게 할 수 있는—엔진 내에서의 연소에 의해 초래된 현상을 잘 보여준다. 그림 9.9가 메탄–공기 혼합물이 초기의 대기 상태에서, 구 용기 중심에서 바깥으로 전파하는 일정 연소 속도의 층류 화염에 의해 연소할 때의 가스 요소의 계산된 움직임 궤적을 보여 준다. 이 계산된 가스 움직임 모델을 엔진에 적용하면, 어떤 주어진 위치에서의 측정기가 처음에는 일찍 탄 가스(높은 온도의)를 보다가 더 많은 연소가 일어

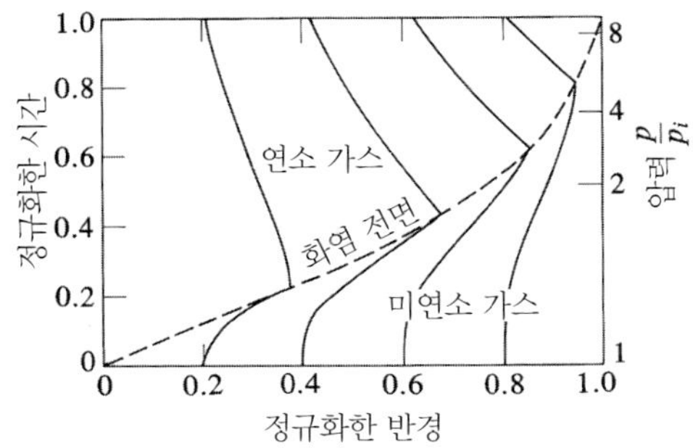

그림 9.9 구형 정적연소실에서 화염이 일정 속도로 바깥 방향으로 전파될 때의 연소와 미연소 입자 궤적. 화학양론비 메탄–공기 혼합물. 초기 1 bar와 300 K

남에 따라, 나중에 타는 온도가 더 낮은 연소 가스를 볼 것으로 결론지을 수 있다.

연소 질량 분율, 가스 압력, 가스 온도 분포의 관계를 좀 더 정확하게 계산할 필요가 있다. 이들 계산의 정확도는, 시간에 따란 변하는 열전달을 정확하게 예측할 수 있는지(12.4.3절 참조), 크레비스로 들어가고 나오는 유동이 얼마나 중요한지(8.6절 참조) 또 가스의 물성치를 얼마나 정확하게 결정할 수 있는 모델 인지에 달려 있다. 좀 더 정확한 열역학적 물성치에 대한 모델은: 연소 가스에 대한 평형 모델, 미연소 가스 화학종 각각에 대한 온도의 함수인 비열 모델(4.1, 4.7절 참조)이다. 크레비스 영향이 크지 않은 경우, 식 (9.1)과 (9.2)는 다음과 같이 쓸 수 있다.

$$\frac{V}{m} = \bar{v}_b x_b + \bar{v}_u (1 - x_b) \tag{9.13}$$

$$\frac{U_0 - W - Q}{m} = \bar{u}_b x_b + \bar{u}_u (1 - x_b) \tag{9.14}$$

여기서

$$\bar{v}_b = \frac{1}{x_b}\int_0^{x_b} v_b dx \quad \text{and} \quad \bar{v}_u = \frac{1}{1 - x_b}\int_{x_b}^{1} v_u dx$$

마찬가지 표현을 $\bar{u}_b$, $\bar{u}_u$에 대해 적용된다. 주어진 당량비, 연료와 연소 가스 분율에서

$$h_u = h_u(T_u) \quad h_b = h_b(T_b, p) \tag{9.15a, b}$$

$$pv_u = \left(\frac{\tilde{R}}{M_u}\right) T_u \quad pv_b = \left(\frac{\tilde{R}}{M_b}\right) T_b \tag{9.16a, b}$$

$$\bar{u}_u = \bar{h}_u - p\bar{v}_u \quad \bar{u}_b = \bar{h}_b - p\bar{v}_b \tag{9.17a, b}$$

계산을 간단하게 하기 위해, 연소 가스에서 $\bar{u}_b = u_b(\bar{T}_b, p)$이고 $\bar{v}_b = v_b(\bar{T}_b, p)$라고 가정하는 것이 편리하다. 이는 앞에서 한 완전 혼합 가정에 해당한다. 연소 질량 분율 계산에서 온도 분포를 무시하는 데서 오는 오차는 작다. 거기다가, 미연소 가스로부터의 열전달은 보통 무시할 수 있다. 그러면 미연소 가스는 등엔트로피 과정으로 압축된다. $\bar{T}_u$는 미연소 가스 초기 상태 ($x_b = 0$)에 의해 정해지는데, p_0, V_0, M_u, 차지 질량 m이다, 그러면 어떤 등엔트로피 과정에서도

$$\left(\frac{\partial T}{\partial p}\right)_s = \frac{v - (\partial h/\partial p)_T}{(\partial h/\partial T)_p} \tag{9.18}$$

그리고 $\bar{T}_u$를 결정할 수 있다.

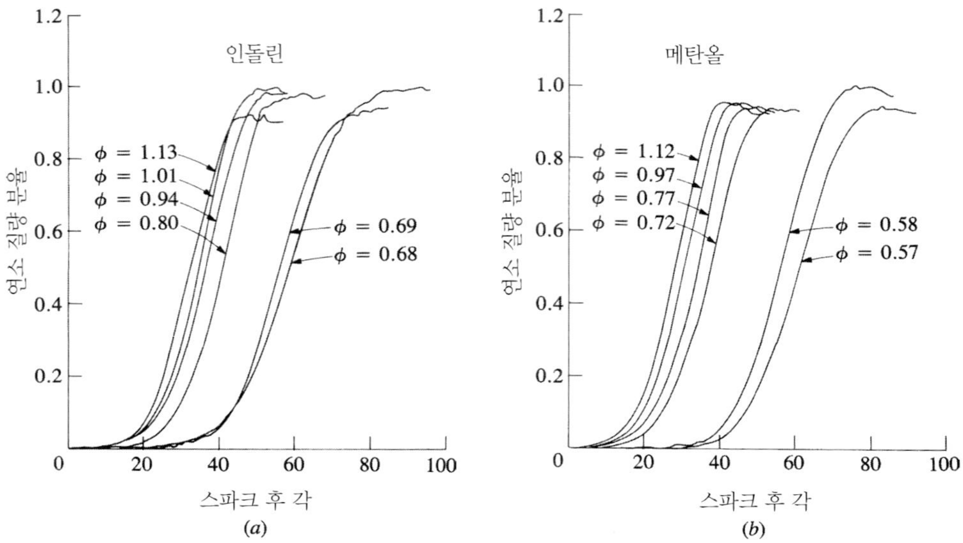

그림 9.10 측정 실린더 압력으로부터 2-영역 연소 모델을 이용하여 계산한 연소 질량 분율 커브: (*a*) 가솔린; (*b*) 메탄올. ϕ = 연료/공기 당량비.[9]

식 (9.13)에서 (9.18)까지 9개의 식은 9개의 미지수 $\bar{v}_u$, $\bar{v}_b$, $\bar{u}_u$, $\bar{u}_b$, $\bar{h}_u$, $\bar{h}_b$, $\bar{T}_u$, $\bar{T}_b$와 x_b 또는 p에 대해 성립한다. 한 가지 편리한 해법은 식 (9.13)과 (9.14)에서 x_b를 제거하는 것이다.

$$\frac{(V/m)-\bar{v}_u}{\bar{v}_b-\bar{v}_u}-\frac{(U/m)-\bar{u}_u}{\bar{u}_b-\bar{u}_u}=f(\bar{T}_b,\bar{T}_u)=0 \tag{9.19}$$

여기서 $U = U_0 - W - Q$. $\bar{T}_u$는 식 (9.18)에서 결정할 수 있다. 그러면 식 (9.19)를 적절한 반복 방법에 의해 풀어 $\bar{T}_b$를 구할 수 있고, x_b는 식 (9.13)에서 구할 수 있다. 측정 압력 데이터로부터 계산한 연소 질량 분율 커브의 예가 그림 9.10에 있다. 정확한 크랭크 각의 함수로 측정한 압력 결과로부터 계산한 최종 연소 질량 분율은 1보다 조금 작은 값에 가까워야 하는데, 보통 실린더 내 연료의 불완전 연소 때문에 5% 정도 낮다: 그림 3.9와 11.35 참조.

연소실 벽면 주위의 열 경계층의 존재(보통 1 mm 정도 두께)를 고려한 좀 더 정확한 연소 가스 온도 계산이 필요하다(12.6.5절 참조). 그림 9.6의 연소 가스 영역을 단열 코어와 시간에 따라 두께가 늘어나는 경계층으로 나눌 수 있다. 단열 코어에서, 다른 시각에서 탄 가스 요소들 간에 혼합이 없다면, 연소 가스는 등엔트로피 과정으로 압축되고 팽창한다. 연소 가스 온도 분포는 다음과 같이 계산할 수 있다. 주어진 압력 대 크랭크 각 데이터에서, 미연소 혼합물 상태는 식 (9.18)을 이용해서 구할 수 있다. 타는 미연소 혼합물의 각각의 작은 요소는 근본적으로 일정-엔탈피 정압 과정이다. $p = p_i$에서 타는 미연소 차지 요소의 연소 상태는

$$h_b(T_{b,i}, p_i) = h_u(T_{u,i}, p_i)$$

연소 후에, $p = p_i$에서 탄 요소는 등엔트로피 과정으로 압축되고 팽창한다:

$$s_b(T_b, p) = s_b(T_{b,i}, p_i)$$

이 비혼합 모델을 이용해서 계산한 연소 가스 단열 코어 온도 분포의 예가 그림 9.11에 있다. 스파크에 의해 점화된 요소가 p_{max}에서 가장 높은 온도로 압축된다. 대부분 차지($0.05 < x_b < 0.95$) 내에서의 온도 차이는 200 K 정도이다.

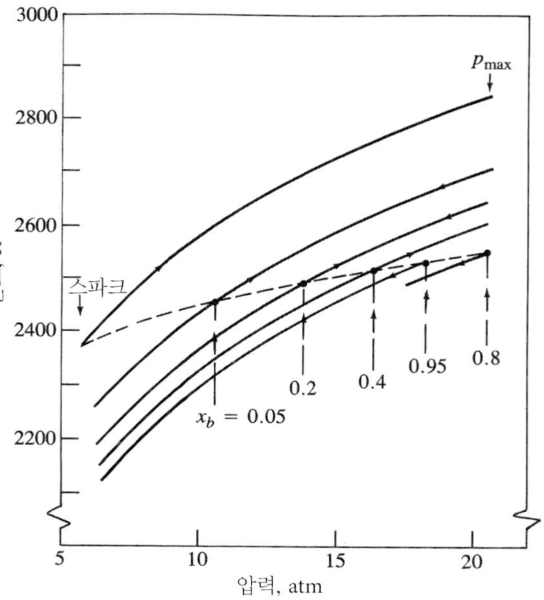

그림 9.11 열 평형 가정하에 $\phi = 1.0$에서 비혼합 모델에 의해 연소 가스 영역의 단열 코어에서의 계산된 온도 분포. 점선은 각 요소가 탄 직후의 온도임.

9.2.2 실린더 압력 해석

실린더 압력은 크랭크 각의 함수인데, 실린더 부피 변화, 연소, 연소실 벽면으로의 열전달, 크레비스 영역으로의 출입 유동, 누설 등에 의해 변한다. 처음 두 효과가 가장 크다. 압력에 대한 부피 변화의 효과는 쉽게 계산할 수 있다. 그래서, 나머지 현상에 대한 적절한 수준의 근사 모델이 개발되면, 정확한 실린더 압력으로부터 연소 속도에 관한 정보를 얻을 수 있다. 앞 절에서 이런 계산에 필요한 기초를 개발하였다.

실린더 압력은 보통 피에조 전기 압력 센서를 이용해서 측정한다. 이런 센서는 수정 결정을 갖고 있다. 결정의 한 쪽 끝은 다이어프램을 통해 실린더 압력에 노출된다; 실린더 압력이 올라갈수록, 결정은 압축되고 압력에 비례하는 전하를 만들어낸다. 이 전하에 비례하는 전압을 만들어내는 전하 증폭기가 사용된다. 아래 단계를 잘 수행하면 이 시스템으로 정확한 압력–크랭크 각 데이터를 얻을 수 있다: (1) 측정한 압력 신호를 절대 압력으로 변환할 수 있는 올바른 기준 압력; (2) 압력 대 크랭크 각(또는 부피) 페이징이 0.2° 내로 정확; (3) 충분한 정확성으로 틈새 부피를 측정; (4) 엔진 사이클 동안 벽면 열 유입 변화 때문에 생기는 센서의 온도 변화(센서 캘리브레이션 값을 변화시킬 수 있는)의 최소화 등이다. 실린더 압력의 질을 검토하기 위해 log p 대 log V 선도를 이용할 수 있다. 위의 세 가지 요구 조건은 모터링 압력의 log p-log V 선도를 이용해서 점검할 수 있다. 만약 압력 센서의 열 사이클링 효과가 크면, 연소하는 엔진의 팽창 행정의 log p-log V 선도는 지나친 곡률을 보인다.[11, 12]

그림 9.12가 연소하는 스파크 점화기관의 압력–부피 데이터를 선형 p-V와 log p-log V 선도로 보여 준다. log p-log V 선도에서 압축 과정은 기울기 약 1.3의 직선으로 나타난다. 연소 시작은 직선에서 벗어나는 시점에서 알 수 있다. 연소의 끝도 유사하게 알 수 있다: 연소를 잇는 팽창 행정의 기울기도 1.33인 직선이다. 연소 전의 미연소 혼합물의 압축이나 연소가 끝난 후의 연소 가스의 팽창이 단열 등엔트로피 과정(pV^{γ} = 일정; $\gamma = c_p/c_v$)이므로, 관찰된 현상은 예측했던 바와 같다. 많은 연구가 압축과 팽창 과정은 폴리트로픽 과정에 의해 잘 근

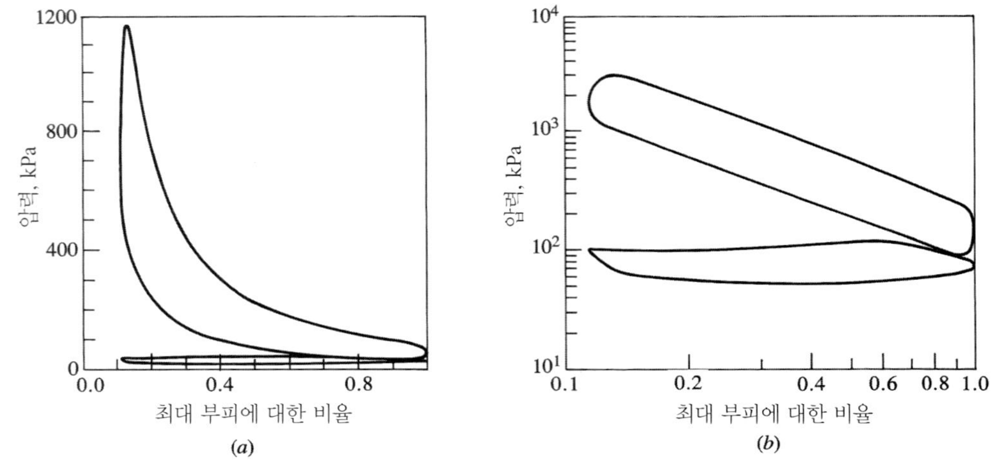

그림 9.12 (*a*) 압력–부피 선도; (*b*) log p – log (V/V_{max}) 선도. 1500 rev/min, MBT 스파크 타이밍, imep = 513 kPa, $\phi = 0.8$, $r_c = 9.72$, 프로판 연료.[10]

사된다는 것을 보였다:

$$pV^n = \text{constant} \tag{9.20}$$

대부분의 연료에서, 압축과 팽창 과정에서 지수 n은 1.3($\pm$0.05)이다. 이는 압축 과정에서의 미연소 혼합물의 평균 γ_u값과 비슷하지만 팽창 과정의 연소 가스 혼합물의 γ_b값보다는 연소실 벽면으로의 열전달 손실 때문에 크다(그림 4.13과 4.16 참조).

그림 9.12*b* 같은 log p-log V 선도가 연소의 시작과 끝을 근사적으로 정의하지만 연소 질량 분율 모양을 제공하지는 않는다. 압력과 부피 데이터로부터 연소 질량 분율을 알아 내는 잘 확립된 방법은 Rassweiler와 Withrow에 의해 개발된 방법이다.[2] 그들은 실린더 압력을 화염 사진과 연관하여 분석하고, 식 (9.20)이 연소 기간 중 실린더 부피 변화가 압력에 미치는 영향을 나타낼 수 있음을 보였다. 주어진 크랭크 각에서 화염 전면에서 부피 V_u를 채우고 있는 미연소 가스가 연소 과정 중에 진행하는 화염에 의해 폴리트로픽 과정으로 압축되었다고 하면, 스파크 점화 시 차지하던 부피 $V_{u,0}$는

$$V_{u,0} = V_u \left(\frac{p}{p_0}\right)^{1/n} \tag{9.21}$$

마찬가지로, 화염 뒤에서 부피 V_b를 차지하던 연소가스는, 연소의 끝에, 다음 부피 $V_{b,f}$를 차지할 것이다.

$$V_{b,f} = V_b \left(\frac{p}{p_f}\right)^{1/n} \tag{9.22}$$

연소 질량 분율 x_b는 $1 - (V_{u,0}/V_0)$와 $V_{b,f}/V_f$와 같다. 여기서 V_0와 V_f는 각각 스파크 시(연소 직전)와 연소 끝의 전체 실린더 부피이다. $V = V_u + V_b$이므로, 식 (9.21)과 (9.22)에 의해:

$$x_b = \frac{p^{1/n}V - p_0^{1/n}V_0}{p_f^{1/n}V_f - p_0^{1/n}V_0} \tag{9.23}$$

이 방법은 몇 가지 근사치를 포함하고 있지만 넓게 쓰인다. 열전달 효과는 단지 식 (9.22)의 지수 n이 γ로부터 적절히 다르게 설정되는 한도에서 반영된다. 연소에 의한 압력

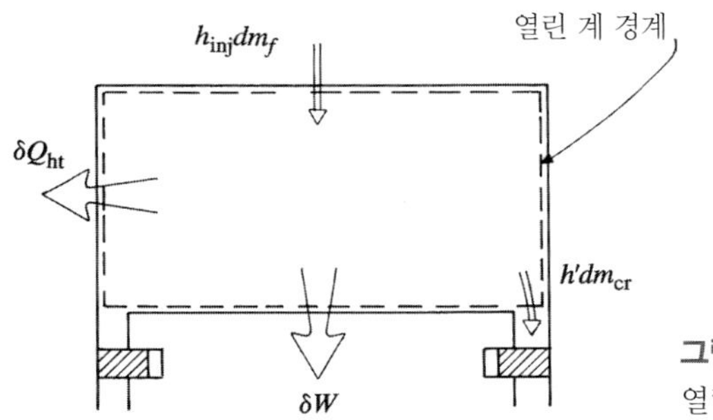

그림 9.13 열-방출 분석을 위한 엔진 연소실의 열린 계 경계

증가는 타는 혼합물 질량보다는 연료 화학 에너지 방출량에 비례한다. 그리고 폴리트로픽 지수 n은 연소 전과 후가 다르다. n값을 적절히 선정하는 것(n이 상수라고 가정할 수도 있고 연소 과정 중에 변할 수도 있는데)이 이 압력 데이터 분석 방법의 어려운 점이다.

열전달, 크레비스, 누설의 효과는 열역학 제1법칙에 기반을 둔 "열 방출(heat release)"라고 부르는 실린더 압력 데이터 해석 방법에 의해 명백하게 포함될 수 있다. 이런 접근 방식이 크게 유리한 이유는, 연소실 내용물을 단일 영역으로 다루는 단순함을 유지하면서도, 압력 변화가 연소에 의해 방출된 연료 화학 에너지의 양에 직접적으로 연관될 수 있다는 것이다. 그림 9.13은 연소실에 대한 적절한 열린-계의 경계를 보여 준다. 이 열린 계에 열역학 제1법칙을 적용하면

$$\delta Q_{ch} = dU_s + \delta Q_{ht} + \delta W + \sum h_i dm_i \tag{9.24}$$

차지의 현열 변화 dU_s는 연소로 인한 조성 변화에 기인한 항으로부터 분리되었다: δQ_{ch}는 연소에 의해 방출된 "화학 에너지"를 나타낸다. 일 δW는 피스톤 일에 해당하며 pdV와 같다. δQ_{ht}는 연소실 벽면으로의 열전달이다. 질량 플럭스 항은 시스템 경계면을 넘나드는 유동을 나타낸다. 이는 연료 직접 분사와 크레비스 영역으로의 출입을 포함한다(8.6절 참조).

이 에너지 밸런스의 정확도는 위 식 각 항을 얼마나 적절하게 정량화할 지에 달려 있다. T가 평균 차지 온도이고 m이 시스템 경계 내의 질량일 때, U_s가 $mu(T)$에 의해 주어진다고 가정하면,

$$dU_s = mc_v(T)dT + u(T)dm$$

이상기체식에 의해 결정된 이 평균 온도는, 연소와 미연소 가스의 분자량이 거의 같기 때문에, 연소 시의 평균 실린더 온도와 거의 같다. 크레비스 효과는 보통 압력이 실린더 압력이고 크레비스 안의 가스의 온도는 훨씬 낮은 단일 크레비스로의 유동 출입으로 적절히 모델링할 수 있다. 크랭크케이스로의 누설(블로바이)은 무시할 수 있다. 식 (9.24)에 dU_s와 dm_i ($= dm_{cr} = -dm$)를 대입하면,

$$\delta Q_{ch} = mc_v dT + (h' - u)dm_{cr} + pdV + \delta Q_{ht} \tag{9.25}$$

여기서

$dm_{cr} > 0$ 유동이 실린더에서 크레비스로 들어갈 때,
$dm_{cr} < 0$ 유동이 크레비스에서 실린더로 흐를 때,
h'은 $dm_{cr} > 0$인 경우 실린더 조건에서, $dm_{cr} < 0$인 경우 크레비스 조건에서 평가함.

식 (9.25)에 이상기체식(기체상수 R의 변화는 무시)을 적용하면,

$$\delta Q_{ch} = \left(\frac{c_v}{R}\right)Vdp + \left(\frac{c_v}{R}\right)pdV + (h' - u + c_v T)dm_{cr} + \delta Q_{ht} \tag{9.26}$$

이 식은 몇 가지 방식으로 쓰일 수 있다. 열 또는 에너지 방출 항 δQ_{ch}이 열전달과 크레비스 항과 합쳐 진 경우 이를 순 *열방출*(net heat release)—에너지 방출에서 벽면으로의 열전달을 뺀—이라 한다. 이 값은 식 (9.26)의 오른쪽 두 항과 같은데, 현열 변화와 피스톤으로의 일을 나타낸다. 비록 연소 중의 열전달 손실은 연료 에너지의 작은 일부(10에서 15%)에 지나지 않지만, 열 방출과 열전달의 크랭크 각에 대한 분포는 다르다; 연소가 끝나고 평균 가스 온도가 최고에 달할 때 열전달은 더 중요해진다. 식 (9.26)의 오른쪽 두 항을 적분해서 얻은 순 열-방출을 최댓값에 의해 나눈 값의 프로파일은 흔히 연소 질량 분율(mass fraction burned)(또는 좀 더 정확하게 하면 에너지-방출 분율) 대 크랭크 각 프로파일이라고 부른다.

식 (9.26)을 이용하려면 $c_v/R[=1/(\gamma-1)]$ 값이 필요하다. 미연소와 연소 가스의 비열비 γ는 온도가 증가하면 감소하고 조성에 의해서도 변화한다(그림 4.13, 16, 18 참조). 평균 차지 온도가 압축 과정과 연소 시에 증가하고 팽창 시에 감소함에 따라 γ도 변화해야 한다. γ를 그림 4.13, 16, 18의 적절한 영역에서 선형 함수로 가정하고, 연소 시에서는 상수로 가정하는 것이 적절한 결과를 준다는 것이 밝혀졌다.[13, 14]

연소실 벽면으로의 대류 열전달률에 대해서 다음 식을 이용해서 계산할 수 있다.

$$\frac{dQ_{\mathrm{ht}}}{dt}=Ah_c(T-T_w)$$

여기서 A는 연소실 표면 면적, T는 평균 가스 온도, T_w는 평균 벽면 온도, h_c는 열전달 계수(연소실 벽면에 대해 평균한)이다. h_c는 엔진 열전달 식에서 추정할 수 있다(12.4.3절 참조). 크레비스 효과는 보통 작기 때문에, 단일 통합 크레비스 부피를 이용하여 모델링할 수 있는데, 이 부피에서 가스는 연소실 압력과 같은 압력을 갖고 온도는 다른 온도 T_w를 갖는다고 가정한다. 보통 이 크레비스 영역은 좁기 때문에 크레비스 가스가 벽 온도와 같다고 근사적인 가정을 할 수 있다. $\gamma(T)=a+bT$ 모델과 이 크레비스 모델을 식 (9.26)에 대입하면, *화학 에너지-또는 총 열-방출률 식*을 얻는다.

$$\frac{dQ_{\mathrm{ch}}}{d\theta}=\frac{\gamma}{\gamma-1}p\frac{dV}{d\theta}+\frac{1}{\gamma-1}V\frac{dp}{d\theta}+V_{\mathrm{cr}}\left[\frac{T'}{T_w}+\frac{T}{T_w(\gamma-1)}+\frac{1}{bT_w}\ln\left(\frac{\gamma-1}{\gamma'-1}\right)\right]\frac{dp}{d\theta}+\frac{dQ_{\mathrm{ht}}}{d\theta} \tag{9.27}$$

식 (9.27)을 이용하여 스파크 점화기관의 압력 대 크랭크 각 커브를 분석한 결과가 그림 9.14에 있다. 적분한 열 방출이 크랭크 각의 함수로 그려져 있다. 제일 아래 커브가 순 열방출이다. 열전달과 크레비스 모델을 더하면 화학 에너지 방출이 된다. 제일 위에 있는 커브가 실린더 내의 연료 질량에 저위 발열량을 곱한 값의 커브이다. 압력이 $p_{\max}$에 근접할 때 이 값이 약간 감소하는데 그 이유는 크레비스로의 유동 때문이다. Q_{ch}의 최종 값과 (m_fQ_{LHV})의 차 이는 연소 비효율과 같아야 한다(m_fQ_{LHV}의 수 퍼센트). 연소 비효율은 배기 조성으로부터 결정할 수 있다(4.9.4절 참조). 실린더 내 압력 측정과 열-방출 계산의 오차도 이 차이에 기여할 것이다. 압력 변화를 실린더 내 연료 화학 에너지 양과 연계하는 열-방출 계산의 장점은 이런 오차를 결정할 수 있다는 것이다. 그림 9.14의 예에서, 측정된 연소 비효율은 그림에 표시된 값과 거의 일치했다.

측정된 실린더 압력에서 연소 질량 분율 프로파일을 계산하기 위해 2-영역 모델(하나의 영역은 화염 전면의 미연소 혼합물을, 다른 하나는 화염 후방의 연소 혼합물을 나타냄)도 사용된다. 그림 9.10이 9.2.1절에 설명한 방법을 이용해서 분석한 결과를 보여 준다.[9] 2-영역 모델의 장점은 실린더 내용물의 열역학적 물성치를 더 정확하게 정량화할 수 있다는 것이다.

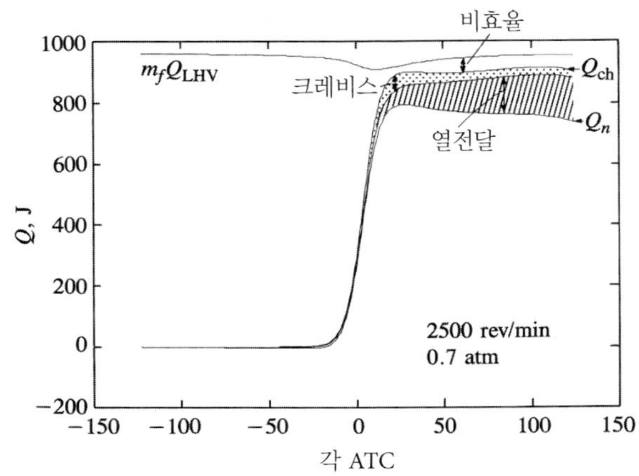

그림 9.14 열전달, 크레비스, 연소 비효율을 보여 주는 열-방출 해석 결과

불리한 점은 미연소와 연소 영역 열전달이 각각 계산되어야 하며, 크레비스로 들어가는 조성에 대한 모델도 개발되어야 한다. 이렇게 복잡하기 때문에, 크레비스 모델은 비록 그 영향이 상당할 수 있어도 보통 생략한다.

9.2.3 연소 과정 특성

그림 9.4에 있는 크랭크 각의 함수로 그린 각 사이클의 연소 질량 분율이나 그림 9.14에 있는 화학 에너지—또는 총 열—방출 커브는 S-모양 특성을 갖는다. 연료-공기 혼합물이 타는 속도는 스파크 방전 직후 낮은 값에서 시작하여 연소 과정의 중간쯤에 최대 값에 도달했다가 연소 과정이 끝날 때쯤 거의 제로에 가깝게 떨어진다. 스파크 점화기관 연소 과정의 서로 다른 단계의 특성을 나타내기 위해, 연소 질량 분율 또는 에너지-방출 분율 커브를 이용하여 각 과정을 크랭크 각 기간으로 나타내고 그래서 엔진 사이클 중 그들이 차지하는 부분을 정의하는 것이 유용하다고 알려졌다. 화염 발달 과정(연소 과정을 시작하는 스파크 방전부터 작지만 측정 가능한 차지의 일부분이 탄 지점까지)이 그런 과정의 하나이다. 이는 주로 혼합물 상태, 조성, 스파크 플러그 주위의 가스 유동에 영향을 받는다(9.3절 참조). 연소실 벽면으로 화염이 전파되면서 차지의 주된 부분이 타는 과정이 그 다음 단계이다. 이 단계는 당연히 연소실 전체의 상태에 영향을 받는다. 마지막 단계는 남은 차지가 다 타는 과정인데, 에너지-방출이 발생하는 다른 에너지-전달 과정과 비슷하기 때문에, 쉽게 정량화하기 힘들다.

다음의 정의가 이들 연소의 에너지-방출 특성을 나타내기 위해 흔히 사용된다:

화염-발달 각 $\Delta\theta_d$. 스파크 방전과 작은 그러나 상당한 실린더 질량 비율이 타거나 연료의 화학 에너지가 방출된 시각 사이의 크랭크-각 간격. 흔히 이 비율은 10%이나, 1%나 5% 같은 비율도 사용된다.[b]

급속-연소 각 $\Delta\theta_b$. 차지의 주된 양을 태우는 데 걸린 크랭크 각 간격. 이 간격은 화염-발달 단계의 끝(보통 연소 질량 분율이나 에너지-방출 분율 10%)에서 화염-전파 과정의 끝(보통 연소 질량 분율이나 에너지-방출 분율 90%)까지이다.[c]

---

[b] 이 각은 가끔 점화 지연이라고 불린다. 그러나 화염은 스파크 방전이 시작된 직후 바로 바깥쪽으로 전파되기 때문에 지연이 없고 그래서 이 용어가 이 책에서 선호된다(9.3절 참조).

[c] 다른 $\Delta\theta_b$ 정의는, 주된(bulk) 차지 연소 과정의 각이나 시간 특성을 나타내기 위해, 최대 연소 속도를 사용한다[4](그림 9.15 참조). $\Delta\theta_b$와 $\Delta\theta_b^*$는 거의 비슷하다.

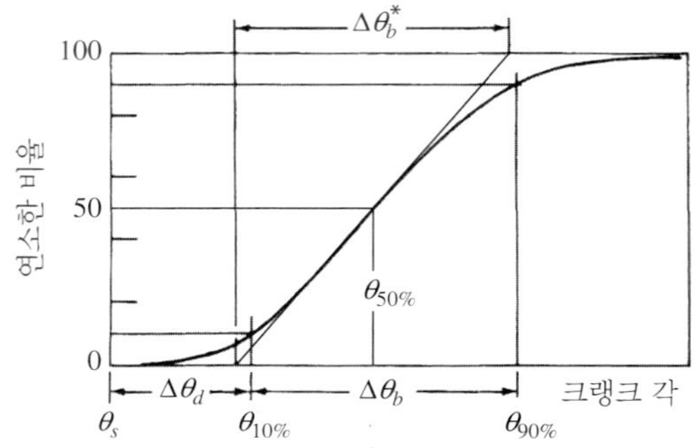

그림 9.15 연소 질량 분율 대 크랭크 각 커브 위에 표시한 화염-발달 각 $\Delta\theta_d$와 고속-연소 각 $\Delta\theta_b$ (또는 $\Delta\theta_b$*)의 정의

전체 연소 각 $\Delta\theta_o$. 전체 연소 과정의 기간. 이는 $\Delta\theta_d$와 $\Delta\theta_b$의 합이다.

그림 9.15가 연소 질량 분율 또는 연료 에너지 방출 분율을 크랭크 각의 함수로 그린 그림 위에 이들 정의를 보여 준다. 10%나 90% 지점을 선정하는 것이 임의적이나, 이런 선택은 연소의 시작과 끝을 커브 모양에서 정확하게 결정하는 것이 어렵기 때문에 유용하다. 이들 각은 $6N$(N은 분당 회전수)으로 나누어 시간(초) 단위로 바꾼다($\Delta\theta_{0\sim10\%}$와 $\Delta\theta_{10\sim90\%}$ 예는 참고문헌 15~18까지에서 찾을 수 있다).

화염 발달 각 $\Delta\theta_d$는 다음의 스케일링 관계식에서 추정할 수 있다:[16]

$$\frac{\Delta\theta_d}{\Delta\theta_{d,\text{ref}}} = \left(\frac{N}{N_{\text{ref}}}\right)^{1/3}\left(\frac{S_{L,\text{ref}}}{S_L}\right)^{2/3} \tag{9.28}$$

여기서 N은 엔진 속도, S_L은 층류 화염 속도(9.3.3절 참조)이고, 상대 공기/연료비, 연소 가스 분율, 혼합물 온도와 압력의 영향을 포함한다.

연소 질량 분율 프로파일이 있을 경우(그리고 위에서 설명했듯이 실린더 압력 대 크랭크 각 데이터로부터 바로 계산할 수 있음), 실린더 내 질량의 50%가 타는 크랭크 각은 연소 페이징에 유용한 파라미터이다. 그림 9.15에 이 50% 연소 각을 $\theta_{50\%}$로 표시했다: 이를 연소 과정의 페이징을 표시하는 데 사용하고 *연소 지각* 파라미터($\theta_{50\%} - \theta_{50\%\text{MBT}}$) 결정에 사용한다. 이는 연소의 중간이 최대 토크 위치에서 얼마나 이동되었는지 (크랭크 각으로) 나타낸다: 여러 엔진 종류와 넓은 운전 조건에서, MBT 타이밍에서의 $\theta_{50\%}$는 상사점 후 5에서 7° 사이에 있다.

이 연소 지각 파라미터가 연소 과정을 지각하는 효과(MBT 타이밍에서부터 스파크를 지각하여)를 나타내는 효용성에 대해 그림 9.16이 보여 준다. 자연-흡기 SI 엔진에서 많은 다른 연료, 상대 공기/연료비, 압축비, 흡기 압력(다른 엔진 부하), 스파크 타이밍에 대한 연소 질량 분율 데이터 세트가 정리되어 있다.[15] 그림 9.16*a*에 순 imep(MBT 타이밍 imep에 의해 정규화한)가 MBT 스파크로부터 지각한 스파크의 함수로 그려져 있다; 그림 9.16*b*에는 같은 정규화한 순 imep를 연소 지각, ($\theta_{50\%} - \theta_{50\%\text{MBT}}$)의 함수로 보여 준다. 스파크 지각에 대한 순 imep관계는 보기에 좋지만 데이터 밴드의 위 오른쪽에 있는 몇 데이터 세트는 상대 공기/연료비가 매우 희박해서($\lambda = 1.6$) 연소가 훨씬 느린 경우인데 피팅이 잘 되지 않는다. 반면에, 그림 9.16*b*에 연소 지각에 대해 그린 순 imep의 같은 데이터는 매우 좋은 관계를 보여 주고 있다. 상대 순 imep와 연소 과정의 중간이 최적 크랭크 각 시기로부터 지각된 정도의 관계식은 자연-흡기 SI 엔진에서는 보편적으로 보인다. 이 관계식은 다음 식에 의해 잘 피팅된다.

$$\frac{\text{imep}_n}{\text{imep}_{n,\text{MBT}}} = 1 - 0.168\left\{\left[1 + 4.44\times10^{-3}(\theta_{50\%} - \theta_{50\%\text{MBT}})^2\right]^{0.5} - 1\right\} \tag{9.29}$$

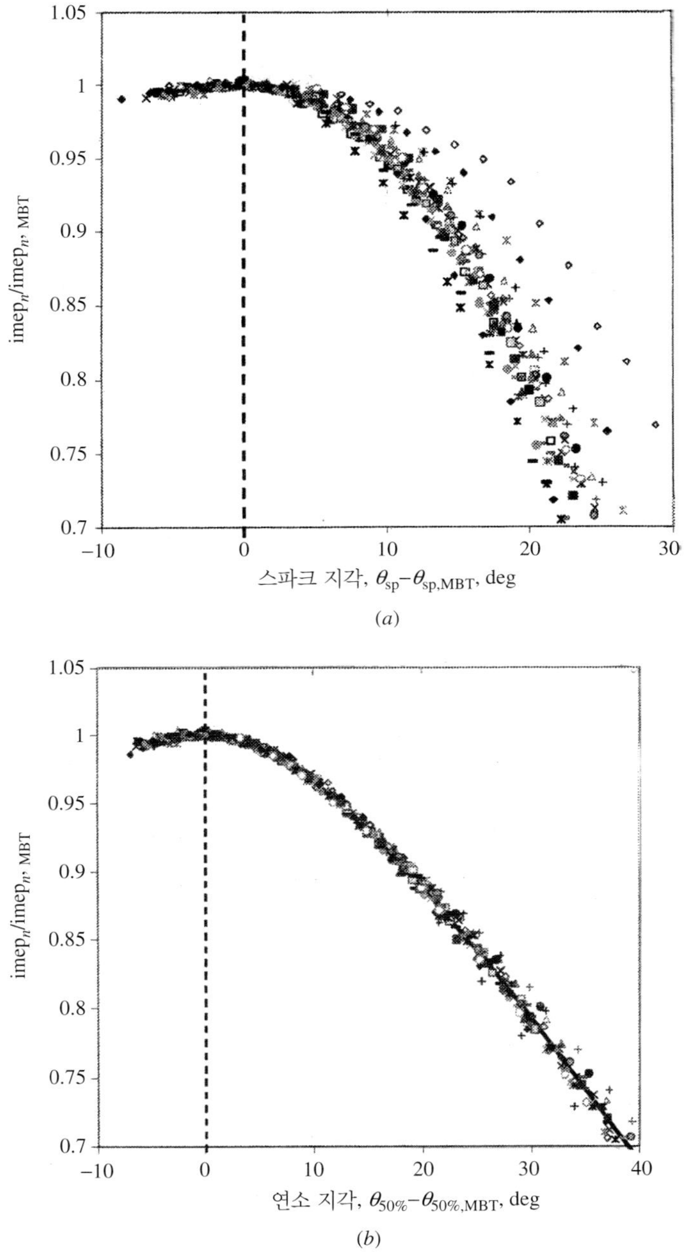

그림 9.16 최적 (MBT) 페이징으로부터의 연소 지각의 함수로 그린, 순 imep_{MBT}에 대한 순 imep 비: (*a*) MBT 스파크 타이밍에 대한 상대적인 스파크 타이밍의 함수; (*b*) $\theta_{50\%\text{MBT}}$에 대한 상대적인 $\theta_{50\%}$의 함수.[15]

여기서, $\theta_{50\%}$는 50% 질량이 연소한 각(ATC)이고 $\theta_{50\%\text{MBT}}$는 MBT 스파크 타이밍에서의 같은 파라미터이다. 5도의 크랭크-각(CA) 지각은 imep 1% 손실을 가져오고 10도의 크랭크-각 지각은 imep 3%의 손실을 가져옴을 주의하라, 이 두 손실은 작다. 동등한 스파크 지각이 좀 더 큰 순 imep 감소를 가져온다. 순 imep는 연관성을 보여주는 적절한 "부하" 파라미터인데 그 이유는 연소 페이징이 실린더 내 압력 레벨에 영향을 주고 그래서 도시 일에 영향을 주기 때문이다.

압축기가 상당히 가압된 공기 유동을 공급하는 높은 부하의 터보차저 SI 엔진에서의 상황은 훨씬 복잡하다. 스파크(그리고 연소)가 지각되면, 배기 온도와 엔탈피가 증가한다. 그래서 터보차저 터빈이 배기 유동에 의해 더 강하게 구동되고, 터보차저 속도와 가압이 증가한다. 이는 순 imep와 토크를 증가시키고 스파크–지각이 초래한 순 imep 손실을 일부 상쇄한다. 상당한 가압을 하며 작동하는 터보차저 SI 엔진에서는 그림 9.16의 자연–흡기 SI 엔진의 커브보다 더 평평하다. 예를 들면, 1.4 bar 가압(절대), 스파크 10도 지각에서 순 imep 감소는 1%에 불과하다. 낮은 부하에서, 터보차저가 엔진 작동에 별 영향을 주지 않을 때, 스파크 지각의 효과는 자연–흡기 엔진과 유사하다.

연소 질량 분율 대 크랭크 각 커브 $x_b(\theta)$를 나타내는 데 자주 사용되는 함수 형태는 Wiebe 함수이다:

$$x_b = 1 - \exp\left[-a\left(\frac{\theta - \theta_0}{\Delta\theta}\right)^{m+1}\right] \tag{9.30}$$

여기서 θ는 크랭크 각, θ_0는 연소 시작, $\Delta\theta$는 전체 연소 기간($x_b = 0$에서 $x_b = 1$까지), a와 m은 조정 가능한 파라미터이다. a와 m의 변화는 커브의 모양을 상당히 변화시킨다. 실제 연소 질량 분율 커브는 $a = 5$와 $m = 2$에 의해 피팅되었다.

어떻게 이들 연소 각들이 SI 엔진 연소 특성을 나타내기 위해 사용되는 지의 예가 그림 9.17에 있다. 그림은 0에서 90% 연소 기간($\theta_{0\text{-}10\%} + \theta_{10\text{-}90\%}$)을 보여 주는데, 5.4리터, 실린더당 3-밸브, V-8 SI 엔진이고 연소 특성을 개선하기 위해 몇 가지 기능을 채용한 엔진의 데이터이다. 이 기능들은: (1) 차지 모션 제어 밸브(CMCV), 각 흡기 포트에 있는 특별하게 생긴 "스로틀" 플레이트인데, 엔진 저속, 저부하에서 사용될 경우, 연소율을 높일 수 있는 높은 레벨의 실린더 내 차지 움직임을 생성; (2) 흡기와 배기 밸브 시기를 동일하게 늦추는 가변 밸브

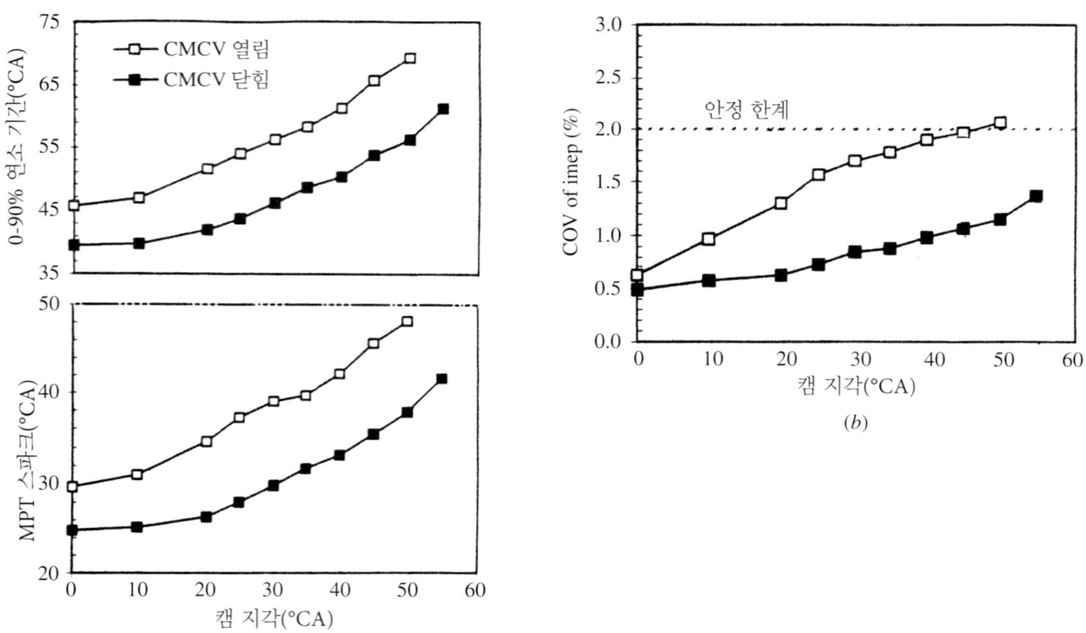

그림 9.17 (*a*) 연소 각, 스파크에서 90% 연소까지, $\Delta\theta_{0\text{-}90}$과 MBT 스파크 타이밍, (*b*) 순 imep 변동 계수(%) 대 캠 지각. 5.4리터, 3-밸브, V-8 SI 엔진, 연소 특성을 개선하기 위해 몇 가지 기능 채용. 화학양론비 혼합물 사용하고 1500 rev/min과 2.62 bar bmep에서 작동.[18] 캠 지각을 늘리면 미연소 혼합물의 잔류 가스 분율을 높인다. CMCV, 차지 모션 제어 밸브(charge motion control valve).

타이밍(VCT). 부분 부하에서 펌핑 손실을 줄이고 팽창 행정일을 증가시키고 밸브 겹침을 늦춘다(13.6절 참조); (3) 스파크 플러그를 가운데 위치해서 안티노크성을 높이고 높은 압축비(9.8) 사용 가능하게 함.[18]

데이터(그림 9.17*a*)가, "동일한 두" VCT가 점점 밸브 개폐시기를 늦춤에 따라, 잔류와 배기에 의한 혼합물 희박 정도가 높아지고, 흡기 밸브 닫힘이 늦어져 스파크에서의 압축 온도가 낮아져, 연소 기간($\Delta\theta_{0\text{-}90\%}$)이 점차로 길어지기 때문에 스파크 타이밍이 상당히 진각되어야 함을 보여 준다. CMCV를 닫으면 연소 속도가 상당히 증가한다. 보통, $\Delta\theta_{0\text{-}10\%}$와 $\Delta\theta_{10\text{-}90\%}$는 크기가 비슷해서 $\Delta\theta_{0\text{-}90\%}$의 반 정도이다. 그림 9.17*b*가 캠 지각이 연소의 사이클 간 변동에 미치는 영향을 보여 준다. 낮은 부하에서 엔진 작동이 용인할 수 있을 만큼 순조로우려면, 사이클 간 순 imep의 변동 계수(COV)[d] 값(각 사이클 실린더 압력 데이터 해석으로부터 얻은)이 2% 보다 작아야 한다(9.4.1절 참조). 순 imep COV, 연소 기간과 스파크 진각은 서로 연관되어 있다. 낮은 부하 엔진 조건에서 40°BTC보다 더 진각한 스파크 타이밍은 보통 상당한 연소 변동을 가져올 수 있다.[15]

9.3 화염 구조와 속도 _*Flame Structure and Speed*

9.3.1 전반적인 관찰

스파크 점화기관의 연소 과정은 난류 유동장에서 일어난다. 이 유동장은 8장에서 기술한 것처럼, 흡입 과정에서 형성된 높은 전단(shear) 유동에 의해 생기고 압축 과정에서 변형된다. 엔진 연소 과정에 미치는 난류의 중요성은 이미 오래전부터 실험을 통해 알려졌다. 이 실험에서는 흡기 영향과 그에 의해 만들어진 난류의 영향이 제거되었다. 밸브를 닫은 후 점화를 그 다음 사이클까지 연기함으로써 난류를 제거하였는데 화염 전파 속도가 크게 낮아졌다. 스파크 방전에서 시작한 엔진 화염의 구조와 연소실을 가로 질러가는 속도에 대한 이해와, 그 구조와 속도가 어떻게 차지 움직임, 난류 레벨, 차지 조성, 연소실 형상에 의존하는지에 대한 이해는 엔진 최적화에 매우 중요하다. 이 절에서는 화염 발달과 전파 과정의 전반적인 특징을 알려주는 실험 결과들을 검토한다.

그림 9.2에 있는 직접 화염 사진은 가시 스펙트럼의 파란 색을 내뿜는 실제 화염 반응영역의 위치와 모양을 보여 준다. 불규칙한 전면이 명확하게 보인다. 화염의 구조에 대한 더 깊은 이해는 schlieren이나 shadowgraph같은 유동장의 밀도 변화에 예민한 기법을 사용해 찍은 사진으로부터 얻을 수 있다. 이들 기법에서는, 평행한 광 빔(beam)이 연소실을 관통해 지나간다. 빔의 일부는, 밀도 구배가 빔에 대해 수직인 영역을 지나는데, 밀도 구배의 결과로 인한 굴절률 구배 때문에 편향하게 된다. Schlieren 기법에서, 이 빔은 나이프 모서리에 초점을 맞춘다; 편향된 빔은 나이프 모서리에 대해 상대적으로 변위되어, 이미지를 만들어내기 위해 재초점을 맞추었을 때 밝고 어두운 영역을 만든다. shadowgraph에서는 연소실을 나온 평행 빔을 직접 관찰한다; 편향된 빔이 밝고 어두운 영역을 만든다. 이들 기법을 이용하여 화염의 자세한 구조를 알 수 있다.

그림 9.18이 특별히 가시화용으로 제작된 스파크 점화기관에서 찍은 고속 schlieren 무비에서 얻은 한 엔진 사이클에서의 사진 세트를 보여 준다. 같이 있는 그림은 실린더 압력 대 크랭크 각 데이터와 Rassweiler와 Withrow2(9.2.2절 참조) 방법을 이용해 압력 데이터로부

---

[d] 데이터 세트의 COV는 표준 편차를 평균값으로 나눈 것이다.

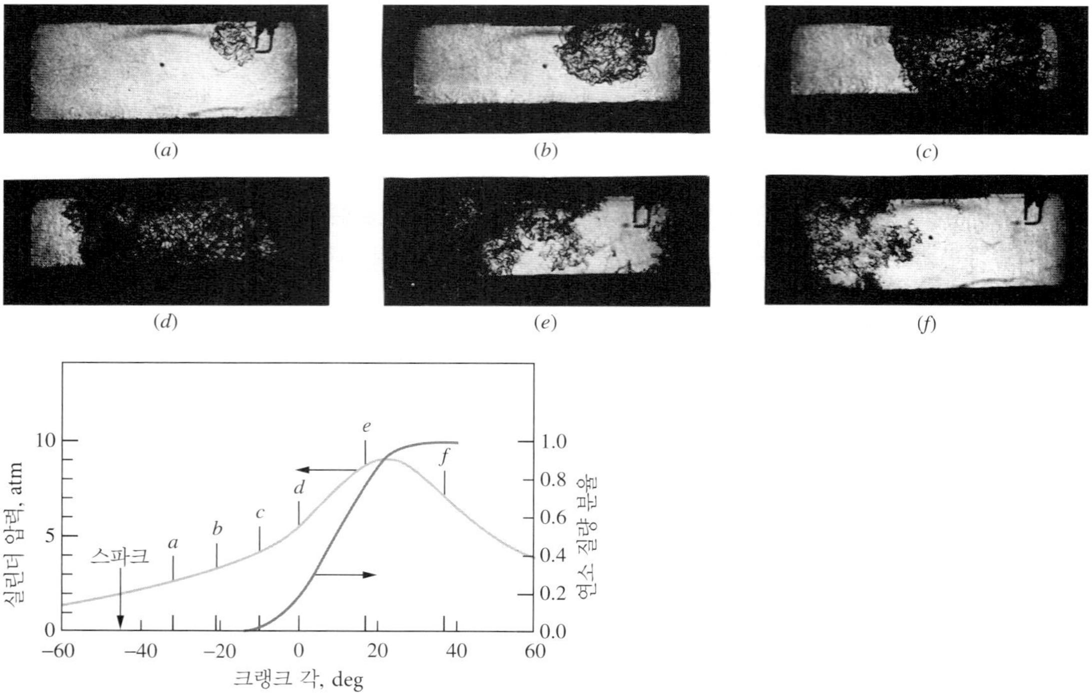

그림 9.18 두 유리 벽을 가진 사각–단면 단기통 엔진의 한 엔진 사이클에서 찍은 연속 사진과 이에 해당하는 압력과 연소 질량 분율 커브. 1400 rev/min, 흡기 압력 0.5기압.

터 계산한 연소 질량 분율 선도이다. 이 엔진은 쉽게 광학적으로 접근하기 위해 두 개의 석영 벽을 가진 사각–단면 실린더를 가진 엔진이고 그 외에는 정상적으로 작동한다.[19] 화염의 가시화는 연소에 의한 압력의 증가가 측정하기 어려울 만큼 작은 초기 화염 발달 시기에 매우 중요하다.

이들 사진은 스파크 방전 후에 둥근 모양에 가까운 화염이 어떻게 성장하는지 보여 준다. 난류의 영향을 그림 9.18*a*의 구불구불한 화염 면에서 이미 볼 수 있다. 화염 앞면의 뒤에 있는 화염에 포함된 부피는 화염이 연소실 벽에 도달하기 전에는 그림 9.18*b*와 *c*에서 보인 것처럼 대략 구의 형태로 계속 성장한다. 연소에 의한 연소 질량 분율과 압력의 증가는 화염 앞면이 실린더 직경의 2/3이나 3/4을 지날 때 상당히 커진다(주의할 점은 화염 뒤에 있는 실린더 비율은 사진보다 작다. 그 이유는 화염면이 대략 구형이고 실린더는 사각 단면을 갖고 있기 때문이다.) 최고 압력은 그림 9.18*e*에 있는 것처럼 화염이 먼 벽에 도달할 때쯤 발생한다. 마지막으로, 화염의 앞에 있거나 안에 있는 미연소 혼합물이 타고 그림 9.18*e*와 *f*에 있는 것처럼 화염 반응영역에 있던 밀도 구배가 없어지면서 화면이 깨끗해진다.

연소 질량 분율($x_b = m_b/{}_m$)과 연소 가스에 의해 점유된 부피 분율($y_b = V_b/V$)의 유용한 관계식은 다음의 식에 의해 얻는다.

$$m = m_u + m_b \text{ and } V = V_u + V_b$$

이상기체 식을 이용하면:

$$x_b = \left[1 + \frac{\rho_u}{\rho_b}\left(\frac{1}{y_b} - 1\right)\right]^{-1} \tag{9.31}$$

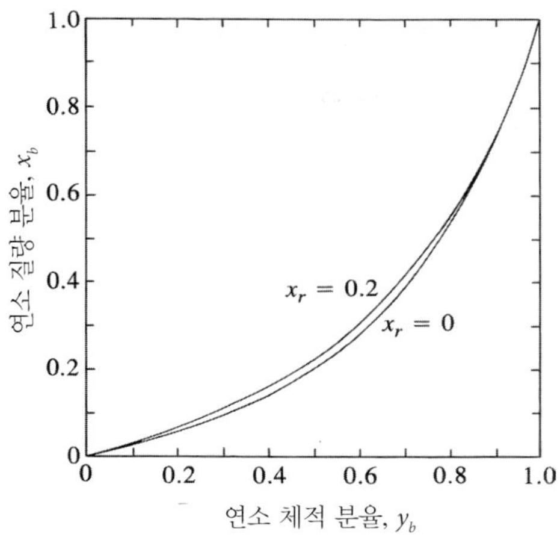

그림 9.19 연소 질량 분율 x_b와 연소 부피 분율 x_b의 관계: x_r은 잔류 질량 분율[4]

밀도비 (ρ_u / ρ_b)는 당량비와 미연소 혼합물 내의 연소 가스 분율, 가스 온도와 압력에 의존하지만, 이 값은 대부분의 스파크 점화기관 운전 조건에서 4에 가깝다. 그래서 그림 9.19에 보인 것처럼 x_b의 y_b에 대한 비는 일반적인 모양을 갖는다. 이 커브는 화염 형상 정보를 이해하는데 중요한 도움을 준다.

이들 발달하고 전파하는 화염에 관한 전반적인 특징은 대부분의 엔진 형상과 운전 조건에서 공통이다. 그림 9.20이 점화 후에 정해진 크랭크 각 간격의 화염 shadowgraph 사진들을 보여주는데, 다른 형상과 유동 특성을 갖는 투명한 실린더 헤드를 통해 찍은 것이다.[20] 스파크 플러그 주위로부터 대략 구의 형태로 발달하는 화염이, 연소실 벽과 만나는 경우를 제외하고, 흡기에 의한 스월이 없는 하나의 플러그로 사이드와 중간 점화하는 경우와 2 플러그 점화의 경우에 명백하게 보인다. 보통 레벨 스월의 경우, 화염 중심은 스월 유동에 의해 움직이지만 화염 앞면은 모양이 역시 거의 구형으로 성장한다. 단지 매우 높은 스월과 스파크 플러그 위치에서의 공역학적인 화염 안정화의 경우에만 화염이 유동에 의해 크게 늘어나고 변형된다.

어느 화염 반경에서든지, 연소실 표면과 스파크 플러그 위치가 화염 앞면의 표면적을 결정한다. 이 면적은 화염의 앞면에 해당하는 대략적인 구의 표면적인데 피스톤, 실린더 헤드, 실린더 벽면에 의해 갇혀 있다. 이 표면적이 클수록, 이 표면을 지나 화염 영역으로 들어오는 신기의 질량이 커진다. 그림 9.10에 있는 사진들이 이 화염 면적의 중요성을 보여준다. 주어진 화염 반경에서, 가운데 플러그 위치는 사이드 플러그 형상에 비해 거의 2배 면적을 제공하고, 그래서 2배 정도 빠르게 탄다(화염에 포함된 부피는 스파크 후 정해진 크랭크 각 간격에서 2배 정도이다). 연소실 반대편에 2개의 플러그를 배치하는 방식은 화염에 둘러 쌓인 부피와 화염 앞면 면적에서, 단일 중간 플러그와 화염 전면이 실린더 벽에 도달할 때까지 별 차이가 없다.

혼합물 연소 속도는 엔진 속도에 강하게 영향을 받는다. *크랭크-각도*로 볼 때, 연소 기간은 엔진 속도가 증가함에 따라 서서히 증가한다는 것이 이미 밝혀져 있다. 그렇지 않다면 엔진이 지금처럼 넓은 속도 범위(600~6000 rev/min)에서 작동하기 불가능할 것이다. 그림 9.21이 스파크 방전에서 10% 연소 질량 분율 사이 간격, 화염 발달 각 $\Delta\theta_d$, 스파크와 90% 연소 질량 분율 사이 간격, 전체 연소 각 $\Delta\theta_d + \Delta\theta_b$ (9.2.3절 참조)가 어떻게 엔진 속도에 따라 변하는지 보여준다.[16] 두 간격은 속도가 4배 증가할 때 둘 다 1.6배 정도 증가한다; 즉, 연소 과정의 타는 속도가 거의(완전히 그렇지는 않지만) 엔진 속도에 비례해서 증가한다. 추가로,

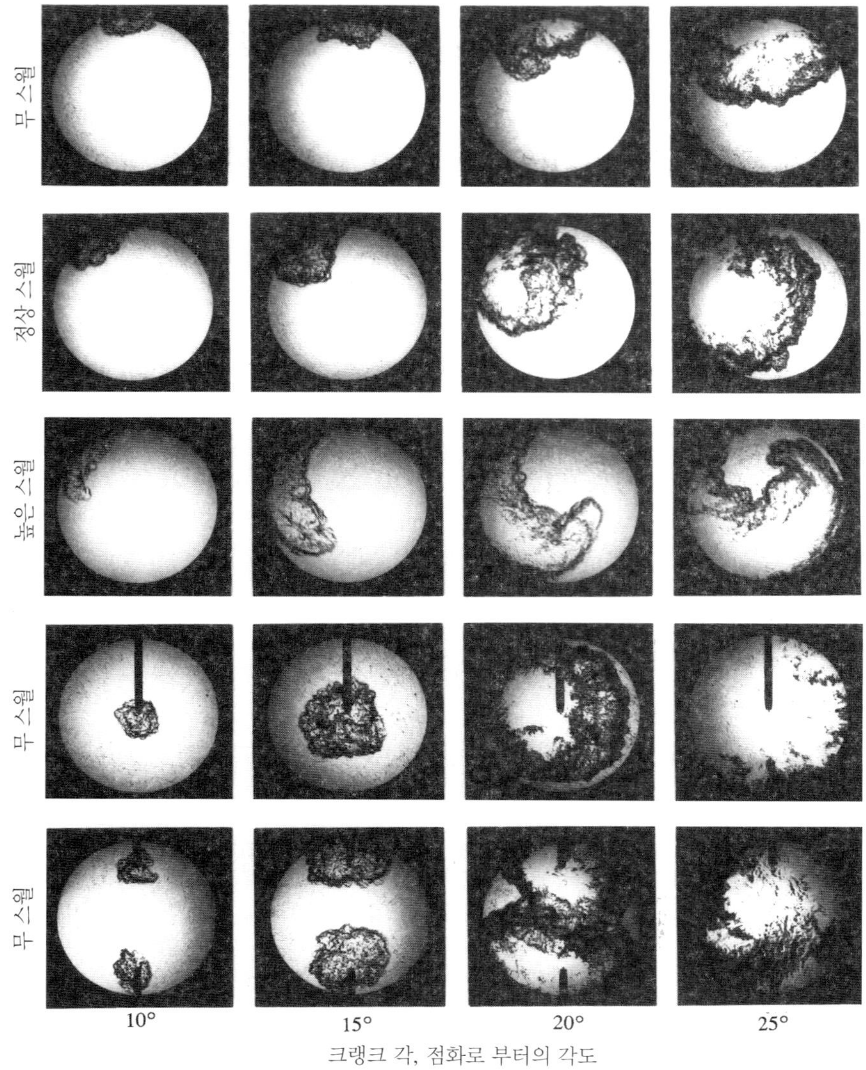

그림 9.20 투명 실린더 헤드를 가진 단기통 엔진에서 취득한 레이저 shadowgraph 사진. 위에서 아래로; 사이드 플러그 보통 스월; 사이드 플러그 높은 스월; 중심 플러그 스월 없음; 2 플러그 스월 없음.[20]

주어진 엔진 속도에서, 실린더 내 가스 속도를 증가시키면(예, 흡기에 의한 스월이나 텀블) 연소 속도가 증가한다: 그림 9.20에서 스월 유동이 있는 경우 그렇지 않은 경우에 비해, 같은 플러그 위치에서 또 그림의 스파크로부터의 크랭크 각 간격에서, 화염 크기가 더 크다. 엔진 속도를 올리거나 스월을 도입하거나 다 같이 연소 시의 엔진 실린더 내 난류 레벨을 높인다. 증가한 난류는 난류 예혼합 엔진 화염의 발달과 전파 속도를 증가시킨다.

미연소 혼합물 조성과 상태가 연소 속도에 영향을 준다는 것도 잘 알려져 있다. 흡기 압력을 줄이면(그리고 잔류 가스 분율을 일정하게 하기 위해 배기 압력의 흡기 압력에 대한 비는 일정하게 한 경우) 화염 발달 각과 고속 연소 각을 다 늘린다. 상대 공기/연료비나 연료/공기비는 연소 속도에 영향을 준다. 화염 발달과 연소 각은 약간 농후한 혼합물($\phi \approx 1.1$)에서 최솟값을 갖고 화학양론비보다 희박해 짐에 따라 많이 증가한다.[16,17] 잔류 가스 분율이나 배기 재순환에 의한 미연소 혼합물에 있는 연소 가스 분율은 연소 속도에 영향을 준다: 연소 가

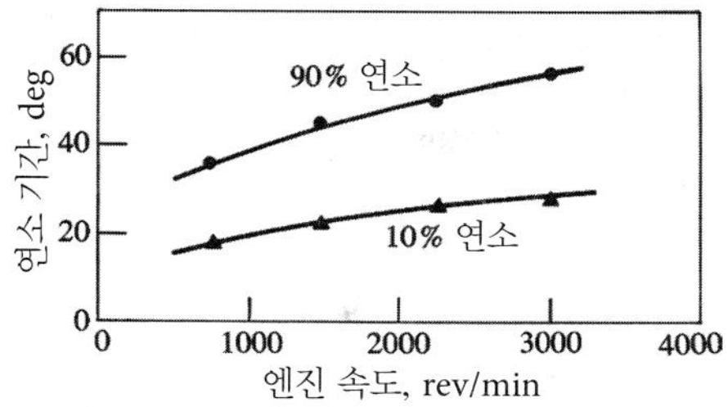

그림 9.21 엔진 속도가 화염 발달 각(0에서 10% 연소)과 전체 연소 각(0~90%)에 미치는 영향. $\phi = 1.0$, 흡기 압력 = 0.54 atm, 스파크 = 30°BTC.[16]

스 분율이 높아지면 화염 발달이나 전파 속도가 느려진다. 연료 조성 변화도 중요할 수 있다. 아이소 옥탄이나 기존의 가솔린과 공기와 연소 가스의 혼합물(같은 조건에서)은 비슷한 연소 속도를 갖는다; 프로판, 메탄, 메탄올, 에탄올 혼합물은 연소 속도의 작은 차이를 보인다; 수소–공기 혼합물은 상당한 차이를 보인다. 연료, 공기, 연소 가스 혼합물의 기본 연소 화학 반응이 연소 과정에 영향을 준다. 그렇지만, 연소 화학 반응의 상대적인 중요성은 연소실 설계와 연소 속도에 의존한다. 고속 연소 엔진(높은 난류를 가진)은 혼합물 조성, 압력이나 온도의 변화에 저속 연소 엔진(더 낮은 난류를 가진)보다 덜 예민하다. 연소실 형상, 가스 움직임, 가스 조성과 상태는 서로 연결되어 있다.[21]

9.3.2 화염 구조

그림 9.22의 난류 SI 엔진 화염의 개략도가 화염의 구조와 관련 물리적 파라미터를 보여 준다. 보여진 것처럼, 난류 화염은 주름진 얇은 반응–시트 "층류 화염"이다. 개략도가 주름진 화염 시트가 중간에 있는, 화염의 평균 앞면과 뒷면 경계(실선)와 평균 화염 위치(점선)을 보여 준다. 난류 화염은 화염 전면의 미연소 혼합물로 움직인다. 주로 연소실 내 가스의 "랜덤" 난류 움직임(과 어떤 평균 움직임)에 의해 대류되어 움직인다. 화염 전면의 미연소 혼합물에 대해 상대적으로 이 평균 화염 윤곽선은 난류 화염 속도 S_T로 움직인다. 국소적으로, 이 주름진 반응–시트 화염의 각 부분은, 그림에 보인 것처럼, 앞에 있는 미연소 혼합물 쪽으로 수직방향으로 국소 층류 속도 S_L로 움직인다. 주름진 층류 화염 시트는 얇다: 난류 화염 브러쉬—주름진 층류 화염의 맨 앞과 제일 뒤의 위치 사이의 평균 거리—는 두껍다.[22, 23]

층류 예혼합 화염은 층류 화염 속도 S_L과 층류 화염 두께 δ_L에 의해 특성이 결정된다(9.1.1절 참조). 층류 화염 속도는 화염이 전면의 움직임이 없는 미연소 혼합물로 전파되는 속도이다. 층류 화염의 두께 δ_L을 결정하는 몇 가지 방법이 있다.[24] 차원 해석이 가장 일반적

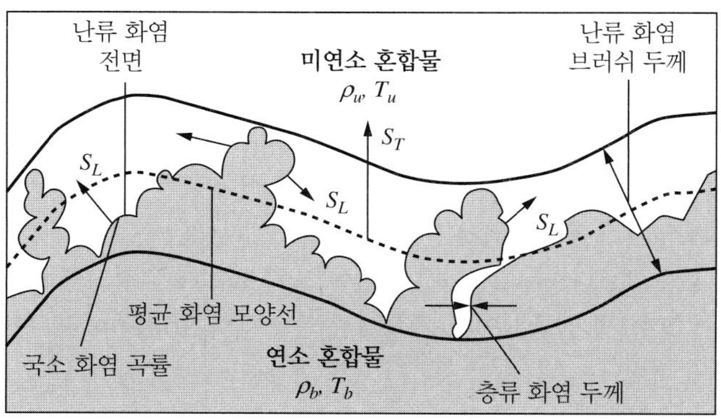

그림 9.22 난류 SI 화염 구조에 대한 개략도. 관련된 화염을 정의하는 파라미터에 주의하기 바람.[22, 23]

으로 사용되는 정의를 제공한다. 이는 그림 9.1에 있는 것처럼, 열확산계수 $\alpha(= k\rho\rho c_p)$나 화염의 라디칼 화학종의 분자 확산 계수 D_L(4.8절 참조)에 기초를 둔다:

$$\delta_L \approx \alpha / S_L \approx D_L / S_L$$

왜냐하면 Lewis 넘버(Schmidt 넘버/Prandtl 넘버 $= \alpha / D_L$)가 1에 가깝기 때문이다.

또 난류 화염은 속도 변동의 평균 제곱근인 난류 강도 u' [식 (8.3)]과 화염 전면의 난류 미연소-혼합물 움직임의 여러 길이 스케일에 의해서도 특성이 결정된다. 이들 여러 난류 길이 스케일은 적분 길이 스케일 l_I [식 (8.8)](유동의 큰 에너지 포함 구조의 크기에 대한 척도)와 운동 에너지가 분자 점성에 의해 소산되는 가장 작은 스케일인 Kolmogorov 스케일 l_K[식 (8.11)]이다. 몇 가지 다른 무차원 파라미터가 난류 예혼합 화염의 특성을 나타낸다. 난류를 정의하는 데 사용되는 무차원 파라미터는 난류 Reynolds 수 $\text{Re}_T = u'l_I / \nu$이다. 균일하고 등방성인(선호하는 방향이 없는) 난류에서, 적분과 Kolmogorov 스케일은 식 (8.14)에 의해 표현된다: $l_K / l_I = \text{Re}_T^{-3/4}$. 특성 난류 에디 회전 시간 τ_T는 다음과 같이 정의할 수 있다.

$$\tau_T = \frac{l_I}{u'}$$

특성 화학 반응 시간은 층류 화염에서의 체류 시간이다:

$$\tau_L = \frac{\delta_L}{S_L}$$

특성 난류 에디 회전 시간을 층류 연소 시간으로 나눈 비를 *Damköhler 넘버*라고 한다:

$$\text{Da} = \frac{\tau_T}{\tau_L} = \left(\frac{l_I}{\delta_L}\right)\left(\frac{S_L}{u'}\right) \tag{9.32}$$

이는 화염 안에서 발생하는 화학 과정에 대한 난류 유동의 영향의 역의 척도이다. 다른 흥미 있는 비도 있다. δ_L / L_k는 층류 화염이 난류 유동에 의해 늘어나거나 국소 변형되는 척도이다. $l_I / \delta_L \gg 1$이 아닌 경우, 국소 화염 영역이라는 개념은 별 의미가 없다. u' / S_L은 난류가 화염에 미치는 상대적인 영향의 크기이다.

난류로 인한 추가 결과는 화염이 주름지면서 만들어내는 반응 시트의 국소 잡아 늘림이나 스트레이닝이다. 화염 스트레이닝은 Lewis 넘버 L_e와 Karlovitz Stretch Factor, K의 곱으로 정량화한다. Lewis 넘버는 열 확산 계수 α를 분자 확산 계수 D로 나눈 것이다: 즉 $\text{Le} = \alpha / D$. Karlovitz Stretch Factor는 난류 변형 속도와 유동이 층류 화염을 지나는 이송 시간 τ_L의 곱이다:

$$K = \left(\frac{1}{A_L} \cdot \frac{dA_L}{dt}\right)\tau_L = \left(\frac{u'}{\ell_T}\right)\left(\frac{\delta_L}{S_L}\right) \tag{9.33}$$

여기서 A_L은 층류 화염 면적, u'은 난류 강도, ℓ_T는 난류 Taylor 마이크로스케일[식 (8.12)], δ_L은 층류 화염 두께, S_L은 층류 화염 속도이다. 이 곱 LeK 값이 높을 수록, 화염 스트레치가 층류 화염 속도를 감소하는데 미치는 영향이 더 중요해진다. 정상적인 엔진 운전에서, Lewis 넘버(화학양론비 혼합물에서)는 1.0에 가깝고 K는 0.1 근처여서 그 영향이 작다. 희박한 혼합물에서 Le는 1보다 커지고, 높은 엔진 속도가 스트레치 정도를 크게 한다. 엔진의 희박 운전 한계에서(9.4.3절 참조), 이들 복합적인 영향이 소염(misfire-화염이 꺼지는 현상)의 원인일 가능성이 커진다.

표 9.1이 대표적인 엔진 운전 조건에서 엔진 화염의 특징을 나타내는 파라미터들, 속도,

표 9.1 SI 엔진 화염의 특성을 나타내는 대표적 값*

난류 강도 u'	2 m/s
난류 레이놀즈 넘버 Re_T	300
Damköhler 넘버, Da	20
Karlovitz Stretch Factor, K	0.2
적분 스케일, l_I	2 mm
Taylor 마이크로스케일, l_T	0.7 mm
Kolmogorov 스케일, l_K	0.03 mm
층류 화염 두께, δ_L	0.02 mm
층류 화염 속도, S_L	0.5 m/s
u'/S_L 비	4
S_T/S_L 비	4
평균 화염 곡률 반경	2 mm

*참고문헌 22, 24-26에서 가져온 값

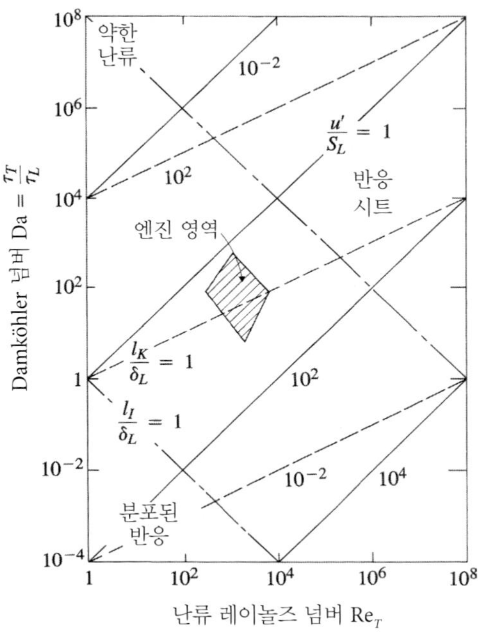

그림 9.23 Damköhler 넘버 대 난류 레이놀즈 넘버 그래프에 표시한 다른 난류 화염 영역: 난류 강도 u', 층류 화염 속도 S_L, 적분 스케일 l_I, Taylor 마이크로스케일 l_T, Kolmogorov 스케일 l_K, 층류 화염 두께 δ_L[27]

길이 스케일을 보여 준다. u'과 S_L이 엔진 속도가 증가할수록 증가함을 유의하라(그래서 600에서 6000 rev/min의 넓은 운전 영역에서 충분히 빠른 연소가 가능함). 기본 난류 관계식에서 알 수 있듯이, 난류 길이 스케일은 엔진 속도가 증가함에 따라 감소한다. 화학양론비 혼합물에 공기를 공급하거나(희박하게 만들면) 또는 추가 잔류 또는 EGR(미연소 혼합물을 희석하는)을 추가하면, 층류 화염내에서의 온도와 농도 구배가 줄어서 층류 화염 속도가 줄어든다: 그림 9.1을 보라.

그림 9.23은 Damköhler 넘버 대 난류 레이놀즈 넘버 그래프이다. 이것은 난류 화염의 다른 영역을 보여 준다. $\alpha \approx D_L \approx \nu$(유동성 점도)라고 가정했고 균일 등방성 난류 관계식이 유효하다고 가정했다. 두 영역—분포 반응과 반응 시트 영역—이 보통 식별된다. 분포 반응영역에서는 화학 반응이 분포 반응영역에서 진행되고 얇은 시트 화염이 생기지 않는다. 이 영역의 충분 조건은 $l_I \ll \delta_L$이다. 반응 시트 영역에서는 전파되는 반응 전면이 난류에 의해

주름이 잡히고 구불구불해진다. 반응 시트가 존재할 수 있는 충분 조건은 $l_K \gg \delta_L$이다. $\mathrm{Re}_T >$ 1에서, 그림 9.23에 $l_I > \delta_L > l_K$인 영역이 있다: 이 영역의 화염 특성은 분명하지 않다.

대표적인 스파크 점화기관 운전(그림 9.23의 빗금 친 부분)에서의 Da와 Re_T 값은 반응 시트 화염 영역에 대부분 있다. 고속에서 운전하거나(아래 오른쪽 경계), 낮은 부하(아래 왼쪽 경계)에서 엔진이 작동하는 경우, Da와 Re_T 값은 $l_K/\ \delta_L = 1$ 아래에 위치한다. 이는 이 조건에서 잔류 가스와 EGR 양이 많아 층류 화염 속도가 낮아져서 생긴다(9.3.4절 참조). 이들 조건에서 화염의 구조가 크게 다른지 아직 잘 모른다. 아래에 설명된 현재까지 관찰된 엔진의 화염은 $l_K/\ \delta_L = 1$ 위의 반응 시트 영역에 위치한다. 스파크 점화기관의, 일단 발달하면, 화염 구조는 얇은 반응 시트의 난류에 의해 주름 잡히고 구불구불해진 화염이라고 기대할 수 있다.

점화부터 맞은 편 면 실린더 벽에서 꺼질 때까지 화염의 구조에 대한 자세한 관찰이 행해졌다. 화염은 아래와 같이 연소를 시작하는 스파크 방전으로부터 발달한다. 점화의 브레이크다운 단계(초기 100 ns) 중에, 실린더 모양의 방전이 스파크 플러그 전극 사이에서 1 mm 직경 정도로 형성된다. 전기 에너지가 방전에 공급되면, 플라즈마는 온도가 60,000 K 오더에 도달하고, 방전이 팽창하고 발열 화학 반응이 빠르게 발생하면서 전파하는 화염이 시작한다.[23] 그림 9.24가 어떻게 화염 커널(kernel)이 발생하는지, 특별히 제작된 가시화 엔진에서 스파크 방전 이후 20, 100, 310 μs 후에 찍은 스파크 플러그 전극 갭에서의 schlieren 사진 3장을 보여준다. 이 연속 사진의 300 μs 정도 지속 기간은 대략 2 크랭크 각에 해당한다. 발달하는 화염 커널의 바깥 경계는 대강 구 모양이고, 플러그 전극에 방해 받은 부분은 제외하고, 매끄럽지만 안에 고온 가스를 품고 있는 얇은 반응영역에 해당하는 어느 정도 불규칙한 모양을 갖는다. 극단적으로 높은 방전에 의한 가스 온도는 주위 가스와 전극으로 빠른 열전도를 일으킨다. 화염 반경이 작을 때(~1 mm), 화염의 곡률과 스트레치가 성장 속도에 미치는 영향은 중대하다. 그후, 이 발달하는 시트-같은 화염이 자라날 때 스파크 플러그 주위의 난류 유동장과 상호 작용한다: 화염의 바깥 면은 점점 더 구불구불해지고, 화염의 중심은 그림 9.24*b*에 보인 것처럼 사이클마다 상당히 변하는 방향과 속도를 가지고 대류에 의해 플러그로부터 움직인다.[28] 스파크 방전의 근처의 벌크 유동(화염 대류에 의해)과 난류 강도(거기에 해당하는 난류 스케일과 함께)가 이 단계의 화염 발달 과정에 영향을 준다.

점점 더 주름지는 화염 표면은 바깥 방향으로—화염 전면의 미연소 혼합물로의 화염 전파와 각 가스 요소의 연소에 의한 팽창에 의해(9.2.1절 참조)—그림 9.24*c*에 보인 것처럼 중심으로부터 대략 구에 근접한 모양으로 움직인다.[29] 사진의 화염 윤곽은 화염에 포함된 연소실 부피의 비율을 정의한다. 가운데 있는 스파크 플러그(실린더당 4밸브를 가진 SI 엔진에서)를 가진 디스크-모양의 연소실에서, 화염 반경이 실린더 반경의 반에 이르렀을 때 실제 연소가 일어난 차지 양은 10%에 불과하다(9.2.1절 참조).

화염의 주름진 구조는 연소실을 지나며 전파될 때 계속 발달한다. 주로 Schlieren 사진과 레이저 측정에 의한 화염 구조 연구에 의한 결과가 보여 주는 바에 의하면, 연소 과정의 초기에 화염은 얇고, 적당히 주름졌지만 미연소와 연소 가스 사이에서 단순히 연결된 반응 시트이다. 이 화염 앞면의 두께는 대략 0.1 mm인데, 이는 주어진 조건에서의 층류 화염 두께와 거의 같다. 엔진 속도 1000에서 2000 rev/min 사이에서 주름의 스케일은 대표적으로 1에서 2 mm이다. 화염이 연소실로 전파될 때, 반응 시트 전면의 두께는 대략 일정하고, 시트-같은 화염이 점점 더 구불구불해지고, 시간이 지남에 따라 주름의 스케일은 점점 감소한다.[30]

발달한 엔진 화염 구조에 대한 추가 이해는 화염의 전면 모서리를 살펴보면서 얻을 수

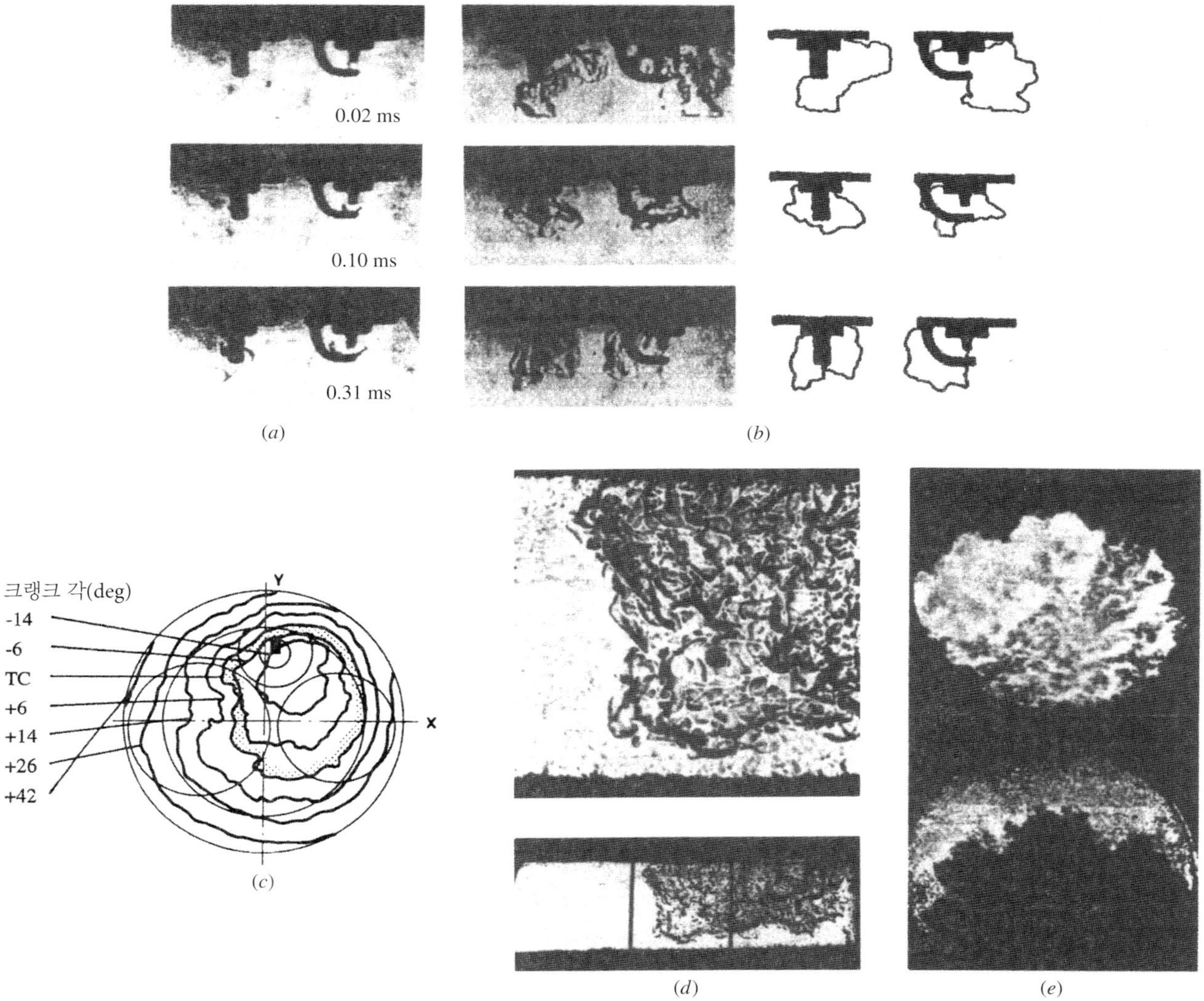

그림 9.24 Schlieren 사진, 화염 복사와 레이저-유도 형광법을 이용한 SI 엔진 화염 이미지. (*a*) 한 사이클의 스파크 방전과 화염 커널 발달 사진; 화학양론비 운전, 1400 rev/min, 점화 시의 혼합물의 압력과 온도는 2 bar, 625 K. (*b*) 스파크 시작 후 0.84 ms(7 크랭크 각) 지난 연속 3 사이클 사진, 발달하는 화염과 바깥 경계를 보여줌; 엔진 운전 조건은 (*a*)와 같음.[28] (*c*) 한 사이클에서의 화염 발달을 보여주는 화염 윤곽. 화염 바깥 경계는 고속 schlieren 영화 촬영과 멀티-이온화 프로브를 이용했다; 화염의 근사적인 구형의 바깥 모양을 주의하라; 3000 rev/min, bmep = 5 bar, $A/F = 13$, 스파크 45° BTC, 최고압 20 bar.[29] (*d*) 완전히 발달한 난류의 주름진-반응-시트 SI 엔진 화염: 아래 사진은 전체 사각-단면 연소실을 보여 준다; 위 사진은 가운데 부분을 확대한 것이다. 운전 조건: 화학양론비, 프로판 연료, 1400 rev/min, 0.5 bar 흡기압.[30, 31] (*e*) 화염 복사(위)와 미연소 탄화수소 연료의 평면 레이저-유도-형광법에 의한 이미지인데 동시 촬영; 이미지 타이밍은 4° BTC; 이미지 평면은 디스크-모양 틈새 부피를 가로지른다.[32]

있다. 그림 9.24*d*와 *e*가 난류 단계의 엔진 화염을 가시화하기 위해 사용하는 3가지 다른 실험 기법에 의해 취득한 결과를 보여 준다. 그림 9.24*d*는 사각-단면 가시화 엔진에서 얻은 난류 엔진 화염의 schlieren 이미지이다.[31] 그림에 보여진 화염은 아래 사진의 오른쪽 위에 있는 스파크 플러그 갭에서 시작해서 아래 피스톤 크라운 쪽으로 또 왼쪽의 먼 실린더 벽으로 전파된다. 이 사진의 일부분이 위에 확대되어 보여 진다. schlieren 이미지는 평행한 빛 빔의 광경로 상의 종합 이미지이다. 이 화염이 대략 구의 형태로 바깥으로 전파되므로, 왼쪽으로 움직이는 화염의 schlieren 이미지는 구형 난류 주름 반응-시트 화염의 접선 뷰(view)라고 할 수 있는데, 평균 시트 또는 화염 위치보다 앞선 이들 시트 영역은 "언덕(hills)"이 "지평선 위에(on the horizon)" 서로의 옆과 뒤에 쌓인 것처럼 보인다. 이 평균 화염 위치 평면에서 수직으로 본 schlieren 이미지 부분은 "언덕 지형"의 조감도 같이 보이고 "골짜기의 바닥"은 선으로 보인다. 난류가 반응 시트를 변형하고 구불구불하게 만드는 주름진 화염 시트 모델의 특징은 시트의 국소 층류 전방-확산이 전방의 화염 시트 영역을 둥글게 하고 후방의 화염 시트 영역에는 커습(cusp)을 만든다(그림 9.22 참조).

그림 9.24(*e*)가 디스크-모양의 연소실을 갖는 가시화 스파크 점화기관에서 측정한 화염 복사(위)와 미연소 혼합물 내 연료 증기로부터의 평면 레이저-유도-형광법(LIF)에 의해 동시 촬영한 이미지 결과를 보여 준다.[32] 화염 복사 기법은 schlieren 기법과 유사한 화염 바깥 이미지를 만든다. 2차원 평면 화염 이미지 측정은 잘 발달하여 화염 구조를 연구하는 유용한 기법이 되었다. 간극 높이를 통과하는 평면에서의 미연소 혼합물 영역을 보여 주는 이 예가, 난류 화염을 뚫고 들어가는 손가락-모양의 미연소 가스 영역을 보여 주고, 평균 반응-시트 위치에 앞서서 움직이는 연소 혼합물의 유사한 영역을 보여 준다. 이들 2차원 평면 이미지는 schlieren 가시화 이미지보다 연소와 미연소 가스 사이에 더 불규칙한 경계를 보여주는데, 그 이유는 schlieren이 광 경로를 따라 밀도-구배-생성 굴절률 변화를 종합하기 때문이다.

이 장에서 이미 설명한 것처럼, 난류 스파크 점화 화염은 난류 연소의 주름진 반응-시트 영역에 있다. 난류 레이놀즈 넘버는 100에서 1000 사이에 있다. Damköhler 넘버가, 난류 에디 회전 시간을 층류 화염에서 머무르는 시간으로 나눈 것인데, 100 오더이고(빠른 화학 반응영역), 가장 작은 난류 에디 크기가 층류 화염 두께보다 크기 때문에 반응 시트 구조는 난류에 의해 거의 영향을 받지 않는다. 난류는 화염을 주름지게 하고 변형시키고, 난류 화염 영역(흔히 화염 브러시라고 부르는)에 있는 얇은 반응 시트의 면적을 상당히 그리고 난류가 증가할수록 증가하는 비율로 증가시킨다. 가장 중요한 것은, 이 반응-시트 면적 증가가 질량-연소율을 증가시킨다는 것이다. 주름짓는 것이 반대 효과도 있는데, 화염 시트를 스트레칭해서 화염 내의 분자 확산 과정을 느리게 한다. 이 화염-스트레칭 효과가 중요한지 여부는 변형율과 혼합물 조성에 달려 있다.

연소 시의 난류 강도—u' 실린더 내 유체 속도의 변동 값의 평균 제곱근—는 평균 피스톤 속도의 반 정도의 값을 갖는다. 그래서, 반응 시트 면적(흔히 층류 화염 면적이라고 불리는)을 난류 화염 전면 면적(보통 화염 *envelope 면적*이라고 불리는)으로 나눈 비는 엔진 속도가 증가하면 증가한다. 이것에 의해, 반응 시트 면적에 비례하는 질량 연소율이 엔진 속도에 비례해서 증가하고, 그래서 실린더 차지가 10~90% 연소하는 데 요구되는 크랭크 각 기간이 엔진의 전체 속도 범위에서 거의 일정하다. 이 층류 화염 면적의 난류 화염 면적에 대한 비는 2000 rev/min에서 10 정도이다.

연소의 마지막 단계인 화염이 벽에 다가가서 꺼지는 단계는 훨씬 덜 연구되었다. 층류 화염이 찬 벽에서 꺼지면서 생기는 소염층(quench layer)—벽에 가까운 곳에 있는 미연소 연료-공기 혼합물의 얇은 층—에 관한 연구는 많다(11.4.3절 참조). 흔히 하는 가정은 벽에 접촉한 주름진 난류 화염의 국소(층류) 영역은 방금 말한 것처럼 꺼지고, 난류 화염 브러시에 남은 것들은 벽이 없는 것처럼 탄다고 하는 것이다. 이는 미연소 가스 열 경계층 두께가 난류 화염 브러시 두께에 비해 작다고 가정하는 것이다. 그렇지만, 화염이 벽에 접근할 때 점점 더 작은 스케일의 난류가 화염에 영향을 주고 그래서 마지막 타는 과정은 발달한 난류 화염에 의한 것보다 느릴 것이다.

연소실 형상과 플러그 위치, 연소 시의 실린더 내 유동을 결정하는 실린더 헤드의 형상

을 포함하는 *엔진 연소 시스템*에서 가장 중요한 관심 있는 양은 다음과 같다:

- 에너지 보존에 의해 실린더 압력, 그래서 엔진 성능에 직접적으로 관련되는 미연소 혼합물의 질량 연소율
- 토크 변동에 의해 엔진 작동의 안정성에 영향을 주는 질량 연소율의 사이클 간 변동
- 중요하지만 이차적으로 에너지 밸런스에 영향을 주는 연소 가스 열전달 면적

요약하면, 좀 더 기본적인 레벨에서 질량-연소율에 영향을 주는 요인은 다음과 같다.

- 연소실 경계에 포함된 평균 화염 전면(또는 envelope) 면적
- 연소 시의 관련된 벌크와 난류 유동 파라미터-국소 평균 유동, 국소 난류 강도, 화염-주름 길이 스케일
- 국소 층류 연소 속도를 결정하는 국소 미연소 혼합물 조성과 상태

9.3.3 층류 연소 속도

연소 가능한 연료, 공기, 연소 가스 혼합물의 중요한 근본적인 물성치는 층류 화염 속도이다 이 연소 속도의 정의는 화염 전면에 수직으로 들어오는 상대 속도인데, 층류 유동 조건에서 미연소 가스가 화염 전면으로 들어 와서 생성물로 변화하는 속도이다. 그림 9.1에 보인 이 층류 화염의 구조가 이 양의 중요성을 설명한다. 화염이란, 미연소 혼합물이 충분히 가열되어 자연 연소가 일어나는 화염의 전면에서 일어나는 자기-유지 화학 반응의 결과이다. 화염은 두 주된 영역으로 구분된다: 예열과 전도 영역, 반응영역이다. 예열영역에서는 미연소 혼합물의 온도가 반응영역에서의 열 전도에 의해 주로 증가한다: 반응이나 에너지 방출이 거의 없고 온도 구배는 위로 오목하다. 혼합물이 점화 온도에 도달하면, 발열 화학 반응이 시작된다. 화학 에너지가 열 에너지로 변화되면서 반응영역이라고 부르는 온도 구배가 아래로 오목한 영역이 생긴다. 질량과 에너지 보존 법칙을 이용하여 1차원 화염에서 예열과 반응영역의 두께를 계산할 수 있다. 예열영역의 두께 $\delta_{L,ph}$는

$$\delta_{L,\mathrm{ph}} = \frac{4.6\bar{k}}{\bar{c}_p \rho_u S_L} \tag{9.34}$$

여기서 $\bar{k}$와 $\bar{c}_p$는 예열영역에서의 평균 열 전도율과 정압 비열이고, S_L은 층류 연소 속도이다. 그래서, 주어진 미연소 혼합물의 층류 화염 속도—앞에 있는 미연소 가스에 대해 상대적으로 화염 구조가 움직이는 속도—를 결정하는 요소는 화염 내에서의 온도와 화학종 농도 구배, 혼합물의 이송과 열 물성치이다.

엔진 내에서의 대표적인 미연소 혼합물의 압력과 온도에서의 층류 연소 속도는 보통 구형 폐쇄 용기의 가운데에서 바깥쪽으로 층류 화염이 전파될 때 측정한다. 층류 화염 속도는 다음 식에 의해 주어진다.

$$S_L = \frac{dm_b/dt}{A_f \rho_u} \tag{9.35}$$

여기서 질량 연소율은 용기 내에서의 압력 증가율에서 결정하고 A_f는 화염 면적이다. 층류 화염 두께[예, 식 (9.33)에 의해 주어진]는 엔진 조건에서 0.2 mm 정도이기 때문에 용기 크기에 비해 매우 작아서 식 (9.34)를 적용할 때 화염은 무시할 만큼 얇다고 할 수 있다. 엔진 내에서 발생하는 압력과 온도와 당량비에서, 메탄, 프로판, 아이소옥탄, 메탄올, 에탄올, 가솔린,

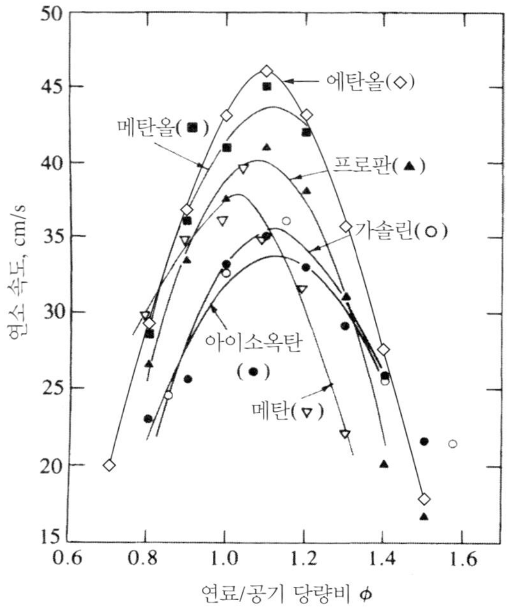

그림 9.25 연료/공기 당량비의 함수로 그린 층류 연소 속도. 1기압, 300 K. 실선은 데이터의 최소-자승 다항식 피팅이다.[33, 34, 35]

수소—공기와 미리 섞은—의 층류 화염 속도를 이 방법으로 측정하였다.[33-37] 또, 가솔린-공기 혼합물의 층류 화염 속도에 미치는 연소 가스 희석의 효과도 측정되었다.[36] 이들 데이터로부터 얻은 결과가 스파크 점화기관에 관련된 혼합물과 조건에서의 층류 화염 속도 예측에 관한 가장 정확한 자료이다.

혼합물의 연료/공기 당량비가 몇 가지 탄화수소와 알코올의 층류 화염 속도에 미치는 영향이 그림 9.25에 보여 진다. 연소 속도는 화학양론비보다 약간 농후할 때 제일 높다. 더 높은 압력과 온도에서의 데이터는 지수 법칙(power law)에 의해 피팅되었다:

$$S_L = S_{L,0}\left(\frac{T_u}{T_0}\right)^{\alpha}\left(\frac{p}{p_0}\right)^{\beta} \tag{9.36}$$

여기서 $T_0 = 298$ K, $p_0 = 1$기압은 기준 온도와 압력이고 $S_{L,0}$, α, β는 주어진 연료, 당량비, 연소 가스 희석 분율의 상수이다. 프로판, 아이소옥탄, 에탄올, 메탄올에 대해 이들 상수는 다음 식에 의해 표현된다.

$$\alpha = 2.18 - 0.8(\phi - 1) \tag{9.37 a}$$

표 9.2 식 (9.38)의 파라미터 ϕ_m, B_m, B_ϕ

연료	ϕ_m	B_m, cm/s	B_ϕ, cm/s	Ref.
가솔린	1.21	30.5	−55	36
아이소옥탄	1.13	26.3	−85	34
프로판	1.08	34.2	−139	34
에탄올	1.10	40.0	−200	37
메탄올	1.11	36.9	−140	34

주의:식 (9.38)의 $S_{L,0}$ 값은 압력 1에서 8기압, T_u = 300에서 700 K의 데이터에 대한 식 (9.36)의 최소자승법 피팅에 의해 얻은 결과이다. 이들은 그림 9.25의 1기압, 298 K에서의 층류 화염 속도에 정확하게 일치하지 않는다.

$$\beta = -0.16 + 0.22(\phi - 1) \tag{9.37 b}$$

그리고
$$S_{L,0} = B_m - B_\phi(\phi - \phi_m)^2 \tag{9.38}$$

여기서 ϕ_m은 B_m값에서 $S_{L,0}$가 최대가 되는 당량비이다. ϕ_m, B_m, B_ϕ 값은 표 9.2에 있다.[34]

가솔린(평균 분자량 107, H/C 비 1.69의 기준 가솔린)은 추가 데이터가 있고 다음과 같은 관계식을 갖는다.[36]

$$\alpha_g = 2.4 - 0.271\phi^{3.51} \tag{9.39a}$$

$$\beta_g = -0.357 + 0.14\phi^{2.77} \tag{9.39b}$$

메탄의 경우에는 식 (9.37a, b)와 같은 간단한 식은 엔진 관련된 p와 T_u 범위에서 데이터를 적절히 나타낼 수 없다. 그렇지만, 구형 일정-부피 용기 실험에서, 층류 연소 속도 데이터를 연소에 의해 용기의 압력이 올라가면서 미연소 가스가 등엔트로피로 압축되는 경로를 따라 얻었다. 그런 미연소 가스 등엔트로피 과정에서의 층류 화염 속도 변화의 관계식은 지수 법칙을 따른다:

$$S_{L,s} = S_{L,0}\left(\frac{\rho_u}{\rho_{u0}}\right)_s^{\varepsilon} \tag{9.40}$$

참고 자료로부터의 $S_{L,0}$와 ε 값은 표 9.3에 요약되어 있다.

잔류가스나 배기재순환에 의해 미연소 가스에 포함되어 있는 연소 가스가 층류 연소 속

표 9.3 메탄-공기 층류 화염 속도 관계식 파라미터[식 (9.40)]

ϕ	p_i atm	$S_{L,0}$* cm/s	ε
1.0	0.5	49	0.51
1.0	1.0	35	0.2
0.8–1.2	1–8	†	0.17–0.19

* 초기 온도 298 K에서
† 그림 9.25 참고

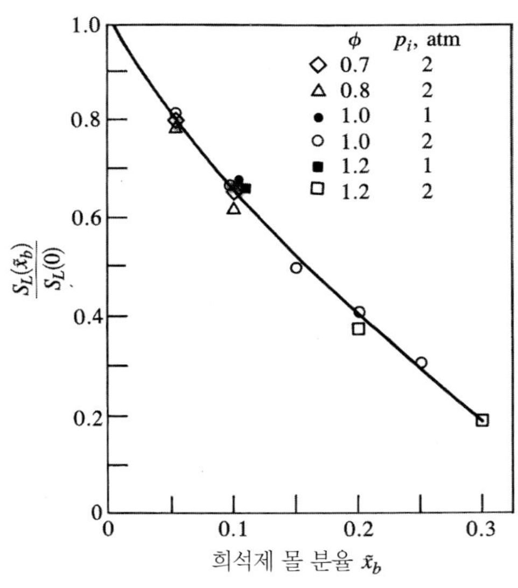

그림 9.26 미연소 혼합물에서 연소 가스 몰 분율 $\tilde{x}_b$가 층류 화염 속도에 미치는 영향. 연료: 가솔린.[36]

도를 상당히 줄일 수 있다. 미연소 가스 중의 어떤 연소 가스도 단위 혼합물 질량당 발열량을 낮추고 결국 단열 화염 온도를 낮춘다. 그것은 희석제 역할을 한다. 연소 가스나 희석 물질 비율을 늘릴 때의 효과가 그림 9.26에 있다. 사용된 희석 물질은 CO_2와 N_2의 혼합물인데, 실제 가솔린-공기 연소 생성물의 비열을 매칭하기 위해 선정했다.[e]

층류 화염 속도의 비례적인 감소는 엔진 관심 영역의 미연소 혼합물의 당량비, 압력, 온도에 거의 독립적이다. 그림 9.26의 데이터를 다음 식으로 나타낼 수 있다:

$$S_L(x_b) = S_L(\tilde{x}_b = 0)(1 - 2.06)\tilde{x}_b^{\;-0.77} \tag{9.41}$$

여기서 $\tilde{x}_b$는 희석 연소 가스 몰 분율이다. 다른 연구도 이 연소 가스 효과를 확인하였다.[36]

미연소 혼합물에 같은 비열이 더해지더라도, 연소 가스는 초과 공기에 비해 층류 화염 속도에 훨씬 더 큰 영향을 미치는 점에 유의해야 한다. 예를 들면, 화학양론비에서 $\phi = 0.8$로 희박해지면 층류 화염 속도는 23% 감소한다. 화학양론비의 연소가스의 같은 비열을 더하면 (이는 연소 가스 몰 분율 0.175를 요구) 층류 화염 속도가 55%나 감소한다.[36] 스파크 점화기관에서 층류 화염 속도를 정할 때 이 연소 가스 분율을 고려하는 것이 가장 중요하다.

위의 식들은 층류 화염 속도(주어진 연료에서)를 미연소 혼합물의 열역학적 물성치와 조성만의 함수로 정의했다. 화염의 두께와 곡률은 무시할 만하다고 가정했다. 층류 화염에 대한 관심은 크게 두 가지 이유에서다: 첫째 그것은 식 (9.32)에서 혼합물의 특성 화학 반응 시간을 정의하는 데 사용되었다; 둘째 주름진 얇은-반응-시트 난류 화염 구조의 당연한 결과로 국소적으로 시트는 층류 화염 속도로 전파된다. 위 식들은 조용한 연소 과정을 적절히 나타낸다. 그러나 층류 화염 속도는 미연소 가스의 국소 유동장의 영향을 받을 수 있다. 만약 화염 두께가 Kolmogorov 스케일보다 작으면, 주요 영향은 변형(straining)의 일종인데, 화염 면적(면적 증가를 가져오는 화염 스트레칭이라고 불림)과 국소(층류)연소 속도에 영향을 준다. 국소 변형은 층류 화염 속도에 영향을 주고 화염이 꺼지게 할 수 있다. 층류 화염 속도는 변형율이 커지면 감소하고, 미연소 혼합물의 Lewis 넘버가 이 감소율에 큰 영향을 준다. Lewis 넘버는 열과 질량의 확산 계수의 비이다. 화학양론비의 혼합물에서 이 값은 1에 가깝다; 미연소 혼합물이 희박해지면 이 값은 1보다 커진다. 그래서 국소 유동장은 특히 희박하거나 희석된 혼합물에서 얇은 층류-유사 반응-시트 화염의 국소 연소 속도에 눈에 보이는 영향을 줄 수 있다.

9.3.4 화염 전파 관계식

9.2.2절의 열-방출 또는 질량 연소율 분석과 화염 형상과 구조 데이터를 결합하면 스파크 점화기관 화염을 정량화할 수 있다. 화염 사진들(그림 9.2, 9.18, 9.20, 9.24와 같은)은 효과적으로 난류 엔진 화염의 전면 또는 앞 가장자리(leading edge)의 위치를 정의할 수 있다. 정상 엔진 운전 조건에서의 화염에 둘러 쌓인 영역의 리딩 "표면"은 구에 가깝다: 오직 강한 스월이 있는 경우(그림 9.20)에 화염 모양이 상당히 변형될 수 있다. 그림 9.22의 개략도가 화염 전파를 분석하는 두 주된 접근 방식을 보여 준다: 주름 잡힌 층류 화염 시트 접근 방식과 난류 브러쉬 모델이다. 화염의 앞 가장자리를 규정하는 표면은(앞에는 미연소 혼합물 밖에 없는) 구 표면의 일부분으로 근사적으로 잘 대치할 수 있다. 그림 9.27이 이 화염 표면을 규정하는 형상 파라미터들: r_c, α_c, z_c, 화염 중심 좌표, r_f, 화염 전면 바깥 경계에 최적-맞춤한 구의 반

---

[e] 실제 잔류가스나 배기에 있는 수분은 빠졌는데, 보상하기 위해 CO_2 레벨을 증가시켰다. 부피비로 80% N_2와 20% CO_2가 사용되었다.

경과, 연소실 벽 형상을 보여 준다. 화염은 스파크 플러그에서 시작한다; 그러나 보여진 것처럼 중심은 발달 초기 단계에서 플러그로부터 멀어질 수 있다. 여기서 *화염 전면 면적* A_f는 화염의 앞 가장자리와 일치하고 연소실 안에 있는 반경 r_f의 구 표면으로 정의하고 화염에 둘러쌓인 부피 V_f는 화염 전면 뒤의 부피로 정의한다.

주름 잡힌 화염 시트 접근 방식

실린더 압력의 열역학적 해석을 통해 추가 형상 파라미터들을 정의할 수 있다. *연소 가스 반경* r_b는 연소실 안의 구형 표면의 반경인데 모든 연소 가스를 그 뒤에 포함할 수 있다. 즉,

$$V_b(r_b, r_c, \alpha_c, z_c) = V_b(p, \theta) \tag{9.42}$$

구형 연소 면적 A_b는 이 구형 표면의 면적이다. 즉,

$$A_b = \frac{\partial V_b(r_b, r_c, \alpha_c, z_c)}{\partial r_b} \tag{9.43}$$

층류 연소 면적 A_L은, 만약 국소적으로 층류 화염 속도로 탄다고 할 때 화염이 차지하는 표면적이다. 즉

$$A_L = \frac{dm_b/dt}{\rho_u S_L} \tag{9.44}$$

여기서 S_L은 화염 전면의 미연소 혼합물의 층류 화염 속도이다(9.3 3절 참조).

몇 가지 속도를 정의할 수 있다. 전면의 *평균 팽창 속도* u_f는

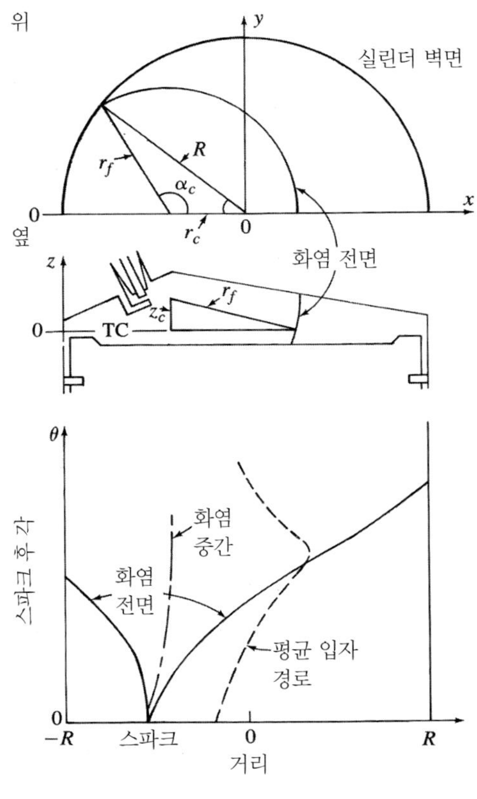

그림 9.27 엔진 연소실에서 화염 형상을 정의하는 구형 화염 전면의 개략도. (*Beretta* et al.[4])

$$u_f = \frac{dV_f/dt}{A_f} \tag{9.45}$$

여기서 A_f는 연소실 안에 있는 화염 전면을 "최적–맞춤"하는 구의 표면 면적이고, V_f는 미연소 혼합물이 들어오는 리딩 화염 표면 뒤의 부피이다. 연소 *가스 평균 팽창 속도* u_b는

$$u_b = \frac{dV_b/dt}{A_b} \tag{9.46}$$

연소 속도 S_b는

$$S_b = \frac{dm_b/dt}{\rho_u A_b} \tag{9.47}$$

S_b는 미연소 가스로 전파하는 화염 전면 또는 겉 표면(면적 A_f)의 (난류) 화염 속도 S_T이다. 화염 전면 바로 전의 평균 가스 속도 u_g는

$$u_g = u_b - S_b \tag{9.48}$$

식 (9.44)와 (9.47)을 합하면 다음 식을 얻는다.

$$S_b A_b (= S_T A_b) = S_L A_L$$

또, 식 (9.31), (9.46), (9.47)에서

$$\frac{u_b}{S_b} = \frac{\rho_u}{\rho_b}(1 - y_b) + y_b = \frac{\rho_u/\rho_b}{[(\rho_u/\rho_b) - 1]x_b + 1} \tag{9.49}$$

여기서 S_b와 S_T는 동일하다. x_b와 y_b가 0에 다가가면, u_b/S_b는 팽창비 ρ_u/ρ_b에 접근한다. x_b와 y_b가 1에 다가가면, u_b/S_b는 팽창비 1에 접근한다.

엔진 연소 과정중의 위 값들의 변화를 9.3.2절의 사진과 설명하고 결합하면, 화염 발달과 전파 과정에 대한 상당한 이해를 할 수 있다. 그림 9.18에 몇몇 사이클로부터 얻은 실린더 압력 데이터 해석과 화염 전면 위치 정보(피스톤에 있는 가시화 창을 통해 고속 무비에서 얻은) 결과가 있다.[4] 화염 반경은 초기에 시간에 따라 더 빨리 자라나며 초기 발달에서 상당한 사이클 간 변동을 보여 준다(그림 9.28*a*). 나중에($r_f \geq 30$ mm) 성장률은, 팽창 속도 u_b와 거의 비슷한데, 사실상 일정한 값을 갖는다. 화염 반경 r_f는 초기에 연소 가스 반경 r_b와 같다: 화염이 전파함에 따라 r_b를 넘어 증가하고 난류 유동장에 의해 점점 찌그러진다. 점차 $r_f - r_b$는 약 6 mm 정도의 일정한 값을 갖는다($r_b \geq 30$ mm에서). $r_f - r_b$ 차는 대략 난류 화염 브러쉬 두께의 반 정도이다: 그림 9.22 참조.

정규화한 화염에 쌓인 부피와 연소 부피, 정규화한 화염 전면 면적과 주름진 층류–화염 연소 면적이 그림 9.28*c*에 있다. 부피는 간극 체적에 의해 정규화했고 면적은 πRh로 하는데 h는 평균 간극 높이이고 R은 실린더 반경이다. 화염 면적 a_f에는 불연속점이 발생하는데, 화염 전면이 먼저 피스톤을 만나고 다음으로 가까운 실린더 벽면을 만날 때 생긴다. 층류 화염 면적 A_L은 초기에는 화염 면적 A_f와 비슷하나 화염이 10 mm 이상 커지면 매우 빠르게 증가한다(그림 9.28*d*). 빠르게 타는 연소 단계에서 y_f값은 y_b값보다 훨씬 크다. 이 단계에서, 층류 면적은 화염 표면 또는 싸개(envelope) 면적보다 자릿수 차이(order of magnitude)나게 크다. 이들 관찰은 화염의 앞 가장자리의 뒤에 상당한 미연 혼합물의 포켓이 있다는 것을 의미한다.

난류 화염 영역에 있는 미연소 혼합물의 부피($V_f - V_b$)를 화염 영역 안의 반응–시트 면적($A_L - A_f$)으로 나눈 비가 아래 특성 길이를 정의한다.

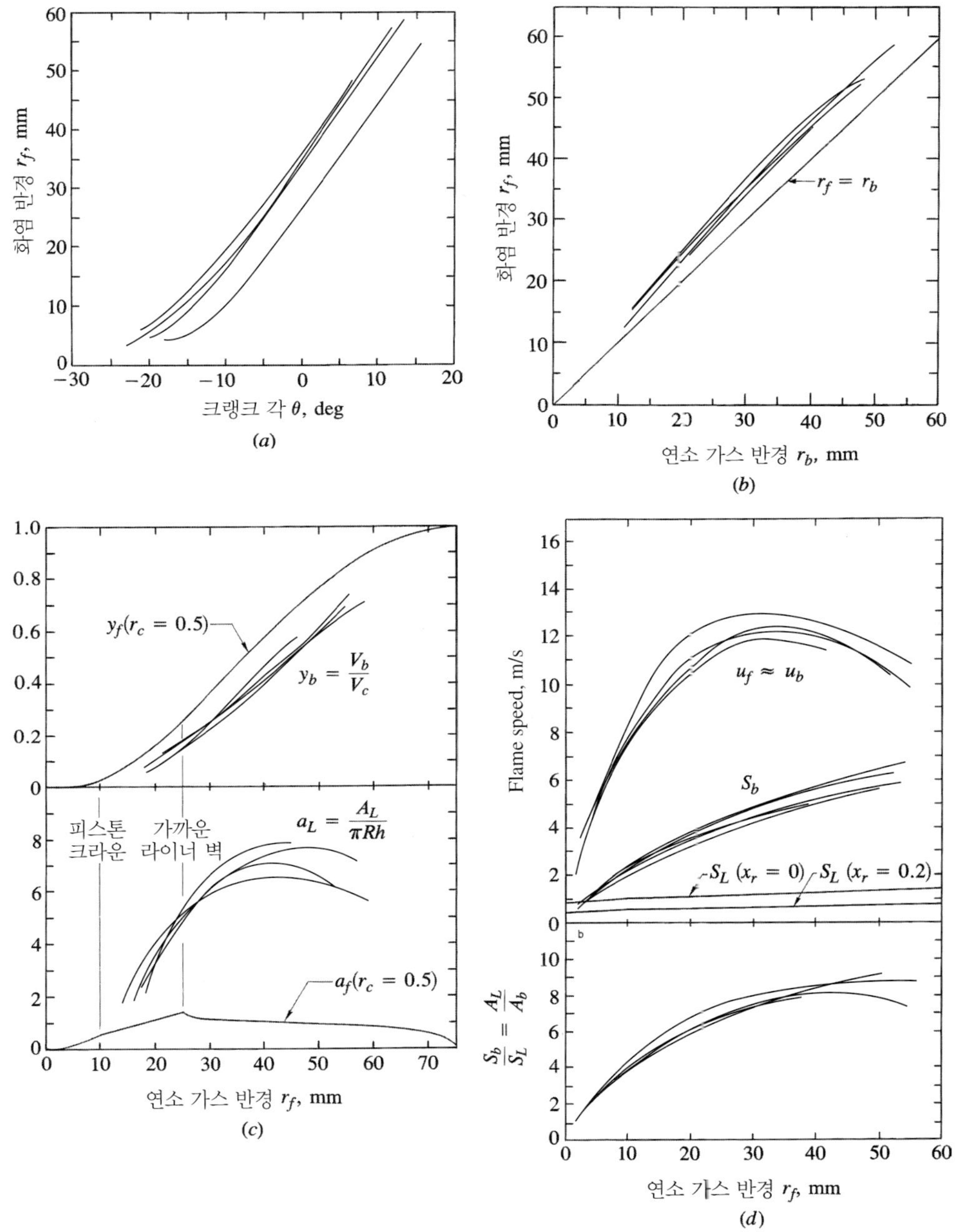

그림 9.28 SI 엔진의 4개의 연소 사이클에서의 화염 형상과 속도 파라미터의 변화. 속도 1044 rev/min, $\phi = 0.98$, 흡기압 1 atm: (*a*) 화염 반경 r_f 대 크랭크 각; (*b*) 화염 반경 r_f vs 연소 가스 반경 r_b; (*c*) 정규화한 화염에 쌓인 부피 y_f, 연소 부피 y_b, 정규화한 화염 전면 면적 a_f, 층류 면적 a_L 대 화염 반경; (*d*) 전면 팽창 속도 u_b, 연소 속도 S_b, 층류 화염 속도 S_L 대 화염 반경. (*Beretta et al.*[4])

$$\ell_T = \frac{V_f - V_L}{A_L - A_f} \tag{9.50}$$

이는 화염 안의 미연소 혼합물 포켓의 스케일로 생각할 수 있다. 그림 9.28의 데이터 세트에서, l_T는 상수이고 대략 1 mm 정도이다.[30]

이들 화염 형상 결과는 앞의 사진 관찰에서 화염이 어떻게 점화 직후의 작은 구와 유사한 매끄러운-표면의 커널에서 상당한 두께를 가진 매우 주름진 반응-시트 난류 화염으로 성장하는 가를 보았을 때 이미 예측할 수 있는 결과이다. 초기에는, 화염에 둘러 쌓인 부피 안의 미연소 혼합물 양은 작다. 연소 과정의 빠르게 타는 단계에서, 난류 화염 브러쉬 안에 있는 상당한 양(대략 25% 정도)이 미연소이다.

전면 팽창 속도 u_f, 연소 속도 S_b, 층류 화염 속도 S_L이 그림 9.28d에 있다. 팽창 속도는, 화염이 발달함에 따라 커져서, 평균 피스톤 속도인 3 m/s보다 몇 배 커진다. 연소 속도 S_b(난류 화염 속도 S_T)는 초기의 층류 화염과 비슷한 크기에서 점차 커져서 빠르게 타는 단계에서 S_L보다 자릿수 차이 나게 커진다. 이 빠르게 타는 단계에서, $(r_f - r_b)$가 거의 일정하므로, 화염 전면 팽창 속도와 평균 연소 가스 팽창 속도가 거의 같다. $u_b \approx u_f$와 S_b의 차이는 화염 전면 바로 앞의 미연소 가스 속도 u_g이다. $u_b / S_b (\approx u_f / S_b)$ 비는 스파크에서는 팽창비 (ρ_u / ρ_b)와 비슷하지만 점점 단순 감소하여 화염이 먼 벽에 도달할 때쯤에는 식 (9.49)가 요구하는 것처럼 1에 접근한다.

화염 전파가 화염 앞에 있는 미연소 혼합물의 유동장에 미치는 영향은 중요한데, 그 이유는 국소 연소 속도를 결정하는 것이 화염 바로 앞의 난류이기 때문이다. 평균 유동은 사이클 간 변동으로 변하고 난류는 균일하지 않으며 화염의 움직임과 모양은 상당한 사이클 변화를 보임을 유의해야 한다. 전면에 수직인 평균 속도는 점화 직후부터 견실하게 증가하고, 연소에 의해 생성된 가스 팽창은 미연소 혼합물을 벽 쪽으로 변위시킨다. 연소 중에 생기는 미연소 혼합물의 압축때문에 난류 강도가 증가하는지는 분명하지 않다. 연소에 의해 생성된 가스 팽창에 의해 난류 유동장이 빠르게 변형된다면 난류 강도의 증가로 이어질 수 있다.

엔진 속도에 따른, 그리고 이에 의한 난류 강도 증가에 따른, 연소 속도의 변화도 자세히 연구되었다. 빠르게 타는 단계에서, S_b와 u' 사이에 선형적 관계가 있다.[38]

일단 화염 전면이 먼 실린더 벽에 도달하면, 전면은 더 이상 전파될 수 없지만, 화염 안에 포함된 영역의 미연소 혼합물이 다 탈 때까지 전면 뒤에서 연소는 계속된다. 이 최종 연소 또는 연소의 말기 단계는 질량-연소율에서 특성 시간 τ_b(엔진 속도에 따라 변하고 1 ms 정도인)의 지수 감소로 근사화할 수 있다. 이들 화염의 앞 가장자리 뒤에 있는 미연소 혼합물의 "반도나 섬"은 층류 화염 면적[식 (9.44)와 식 (9.50)]에 기초를 두는 특성 길이 l_T를 갖는다.

$$l_T = \tau_b S_L \tag{9.51}$$

요약하면, 위의 화염 데이터 분석에 의하면, r_f, r_b, V_f와 V_b, A_f와 A_L, u_f, S_b 또는 S_T와 S_L의 관계는 세 연소 단계에서 확실이 다르다: (1) 발달 단계, 스파크 방전에 의해 형성된 구형의 작은 화염 커널에서 시작해서 성장하고 점점 주름지는 얇은 반응-시트가 난류 화염으로 발전하는; (2) 빠르게 타는 단계, 이 두꺼운 "발달한" 난류 화염이 연소실을 가로 질러 먼 벽까지 가면서 대부분의 차지 질량이 타는; (3) 말기 단계, 화염 전면이 먼 벽에 도달하고 전면의 전파가 불가능한, 그리고 화염 내의 미연소 혼합물이 다 타는. 빠르게 타는 단계에서의 연소 속도는 난류 강도에 비례하고 이는 또 엔진 속도에 비례한다.

난류 화염 브러쉬 접근 방법

화염 전파를 묘사하는 두 번째 방법은 그림 9.29에 보이는, 미연소 혼합물의 "두꺼운" 난류 화염 브러쉬로의 유입(entrainment)이다. 미연소 혼합물이 화염 표면을 넘어올 때 그 일부는 바로 탄다; 그리고 상당한 부분이 난류 화염 브러쉬 안에서 탄다. 이 유입된 미연소 혼합물 부분이 각각 얇은 반응-시트 화염에 둘러싸인 반도, 더 나아가 섬을 이룬다. 화염 안의 이 파트가

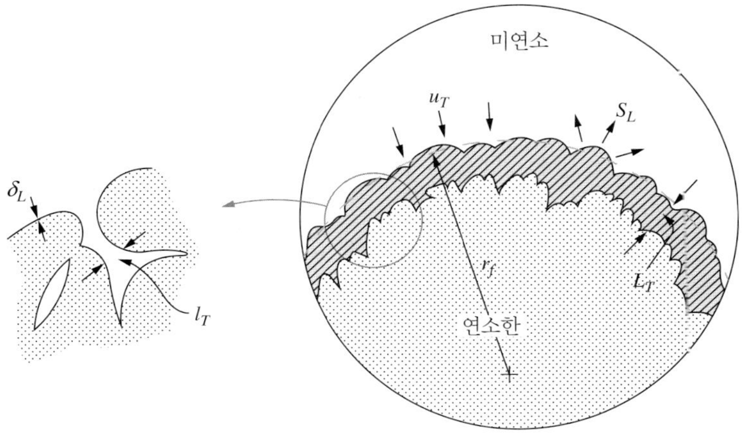

그림 9.29 난류 예혼합 스파크 점화기관 화염 개략도. 유입(entrainment)에 기초를 둔 연소 법칙 식 (9.52)에서 (9.54)까지를 보여줌. 거의 구형의 "두꺼운" 화염(점선) 전면이 층류 화염 속도 S_L로 바깥 방향으로 확산한다. 새로운 혼합물이 특성 속도 u_T로 전면을 넘는다. 왼쪽의 화염 구조 개략도에서 δ_L은 반응-시트 두께, l_T는 시트 주름의 특성 길이이다.

특성 크기와 국소 층류 화염 속도 S_L에 의해 결정되는 속도로 탄다. 난류 화염에서의 연소는 미연소 혼합물의 유입 과정 후에 국소 확산-제어되는 연소 과정이라고 생각할 수 있다.

이 그림 9.29의 개념 모델이 두 속도 식을 제공한다: 하나는 화염 전면으로 유입 미연소-혼합물 질량(또는 동등하게, 전면이 미연소 혼합물로 이동한)어 관한 것이고, 두 번째는 질량 연소율(Keck 등[4, 30, 39])이다. 난류 대류가 연료-공기 화합물을 속도 u_T로 화염 안으로 가져 온다. 층류의 얇은 반응-시트 화염 내의 분자 확산이 층류 화염 속도 S_L로 앞으로 전파한다. 이 두 현상이 효과적으로 더해진다. 그래서, 미연소 혼합물의 화염으로의 유입 속도는 다음과 같다.

$$\frac{dm_e}{dt} = \rho_u A_f S_L + \rho_u A_f u_T (1 - e^{-t/\tau_b}) \tag{9.52}$$

여기서 u_T는 난류 대류 이송 과정의 특성 속도이다. 첫 번째 항이 화염 전면에서의 분자(층류) 확산을 나타낸다. 두 번째 항이 특성화 속도 u_T를 갖는 난류 대류를 나타낸다. 괄호 안의 항은 초기에 층류 화염 커널이 난류 화염으로 변하는 초기 화염 발달 과정을 감안한다. τ_b는 난류 화염 브러쉬 내에서의 미연소 혼합물의 특성 연소 시간으로 다음 식에 의해 주어진다.

$$\tau_b = \ell_T / S_L \tag{9.53}$$

그래서 혼합물이 타는 속도는,

$$\frac{dm_b}{dt} = \rho_u A_f S_L + \frac{m_e - m_b}{\tau_b} \tag{9.54}$$

여기서 $(m_e - m_b)$는 이미 두꺼운 난류 화염(그림 9.29의 빗금 친 부분)에 유입되었지만 아직 타지 않은 미연소 혼합물을 나타낸다:

$$(m_e - m_b) = \rho_u (V_f - V_b) = \rho_u (A_L - A_f) \ell_T \tag{9.55}$$

여기서 ℓ_T, V_f, V_b, A_L, A_f는 이 절의 앞에서 정의했다.

요약하자면, 그림 9.29에 보인 것처럼, 이 접근 방법은 두 가지를 합했는데, 하나는 화염 전면에서 대략 구 모양의 두꺼운 난류 화염이 미연소 혼합물로 난류 대류와 층류(분자 확산)

에 의해 전파되는 것이다. 둘째는 화염에 유입된 혼합물이 국소적으로 분포해서 층류와 유사하게 타는 것이다. 그래서 이름이 "유입" 또는 "에디가 타는" 연소 모델이다.

조용한 혼합물에서는 $u_T \to 0$ 또는 $\ell_T \to \infty, S_b \to S_L$이다. 초기에 $t \approx 0$일 때 $S_b \approx S_L$이다. 발달된 (준-정상-상태) 난류 화염 연소 단계에서,

$$S_b \approx u_T + S_L \tag{9.56}$$

화염 전면이 벽에 도달한 화염 연소 최종 단계에서, A_f는 지수적으로 0로 감소하고, 화염 안의 남은 미연소 질량 $(m_e - m_b)$도 0로 감소한다.

식 (9.52)와 (9.54)를 적용하려면, u_T와 τ_b 또는 $(\ell_T = \tau_b S_L)$을 알아야 한다. 두 접근 방식

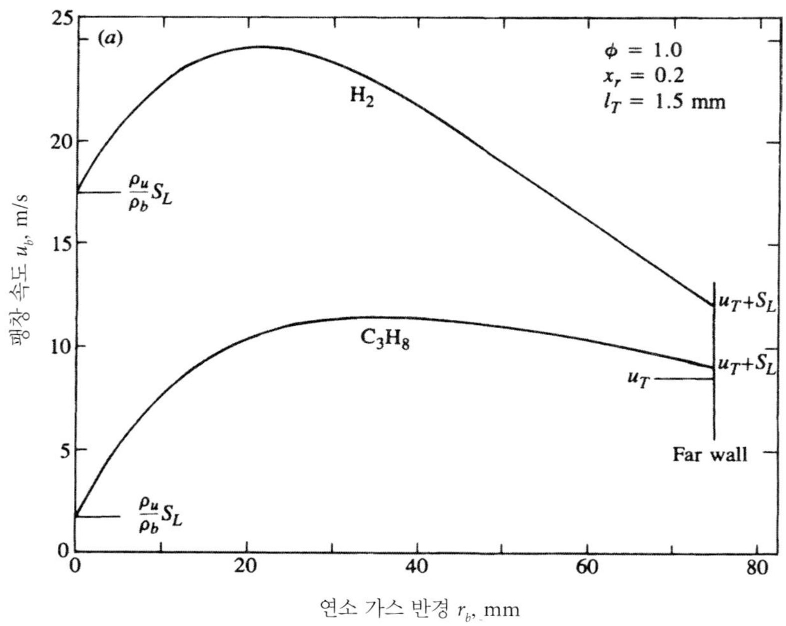

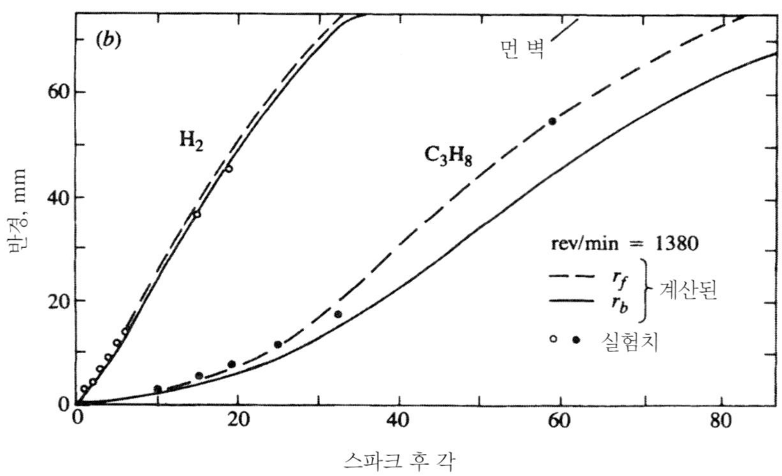

그림 9.30 (a) 화학양론비 수소-공기와 프로판-공기의 계산된 연소 중의 연소 가스 팽창 속도 u_b를 연소 가스 반경 r_b의 함수로 표현. (b) 이들 혼합물에 대해 크랭크 각의 함수로 표시한 측정된(점) 값과 계산된(점선) 화염 반경 r_f 비교. 같이 연소 가스 반경(실선) r_b도 표시함.[30]

이 채택되었다: (1) 엔진 화염 데이터(9.3.4절에 설명된 것과 같은)로부터 얻은 실험 관계식을 사용, (2) 이들 값을 예측할 수 있는 좀 더 기본적인 모델 사용.

Keck은 식 (9.52)와 (9.54)를 몇몇 엔진 연소 데이터에 적용해서 u_T와 ℓ_T에 관한 다음 식을 얻었다:

$$u_T = 0.08\bar{u}_i\left(\frac{\rho_u}{\rho_i}\right)^{1/2} \text{ and } \ell_T = 0.8L_{\text{iv}}\left(\frac{\rho_i}{\rho_u}\right)^{3/4} \tag{9.57}$$

u_T는 $\sqrt{\rho_u}$에 비례한다는 것이 밝혀졌고(점화할 때) 흡입 가스 속도 $\bar{u}_i = \eta_v(A_p/A_{\text{iv}})\bar{S}_p$와 밀접한 연관성을 갖는데, η_v는 체적 효율, A_p는 피스톤 면적, A_{iv}는 흡기 밸브 최대 면적, $\bar{S}_p$는 평균 피스톤 속도, ρ_i는 흡기 밀도이다. ℓ_T는 밸브 리프트에 비례하는 것으로 보인다; 밀도가 증가할 수록, $\rho_u^{-3/4}$에 비례하여 감소한다. u_T와 ℓ_T는 연소 과정 중에 상수는 아니지만 그 변화가 크지는 않다.[30]

수소와 프로판 연료-공기 혼합물에 대해, 시간의 함수로 표현한 화염 반경의 예측 값과 측정 값을 정량적으로 그림 9.30에 비교했는데, 매우 다른 결과를 보인다: 이 그림은 이 두꺼운 화염 유입 모델의 거동과 타당성을 보여 준다. 예측된 연소 가스 팽창 속도 u_b[식 (9.46) 참조]가 그림 9.30*a*에 연소 가스 반경의 함수로 있다; 파라미터 u_T와 ℓ_T는 프로판 데이터에 피팅해서 결정했다. 그림 9.30*b*는 측정된 화염 전면 반경이, r_f, 이 두 연료에서 예측된 화염과 연소 가스 반경, r_f와 r_b과 잘 일치하는 것을 보여 준다. 초기 팽창 속도는 수소가 프로판의 10배 정도 된다. 초기에는 $r_f \approx r_b$이고 $S_b \approx S_L$이므로 이 비는 예상한 값이다. r_b가 커짐에 따라, $(r_f - r_b) \to u_T\tau_b$. 여기서 $\tau_b(= \ell_T/S_L)$는 수소 혼합물에서 프로판 혼합물보다 몇 배 작은데, 그 이유는 수소 층류 화염 속도가 훨씬 빠르기 때문이다.

Tabaczynski 등[39]이 개발한 이 접근 방법의 적용에서는 기본 난류 화염 전파 이론을 이용해서 그림 9.29의 ℓ_T는 근본적으로 Taylor 마이크로스케일 l_M의 함수라고 주장했다. l_M은 식 (8.15)에 있듯이 적분 길이 스케일 l_I와 난류 레이놀즈 수의 함수이다. 이들 난류 가정으로부터, 그들은 화염이 $u' + S_L$의 속도로 전파된다고 주장하였는데 u'은 국소 난류 강도이다. 그래서, 식 (9.52)와 (9.53)에서, u_T와 τ_b는 다음 식에 의해 주어진다.

$$u_T \approx u' \quad \text{and} \quad \tau_b = \frac{l_T}{S_L} \approx \frac{l_M}{S_L} \tag{9.58}$$

여기서 l_M—마이크로스케일—은 식 (8.15)에서 난류가 균일하고 등방성이라는 가정하에 적분 스케일과 난류 레이놀즈 수에 의해 정해진다. 그래서 남은 일은 u'과 l_T를 정하는 것이다.

9.3.5 직접 연료 분사 연소

이 장에서는 근본적으로 "예혼합" 연료-증기/공기 혼합물로 운전하는 스파크 점화기관의 연소에 대해 설명하였다. 무언의 가정은 실린더 내의 미연소 혼합물은 균일에 가까워서 미연소의 불균일은 중요하지 않다는 것이었다. 이 가정은 워밍업된 정상 운전 조건의 엔진에서, 각 실린더로의 연료가 흡기 밸브 헤드와 포트 벽을 향해서 흡기 포트 안으로 분사되는 경우에 유효한 가정이다. 좀 더 극단적인 운전 조건에서, 최대 출력에 가까이 가거나 엔진이 차가울 때 같은 경우, 거의 균일하다는 이 가정은 덜 유효하나 엔진의 연소 과정은 약간만 영향을 받는다. 엔진 각 실린더 내로 직접 연료 분사를 하는 경우, 혼합물 준비 과정은 포트 연료 분사 과정과 상당히 다르다(SI 엔진 혼합물 준비과정을 다룬 7장 참조).

직접-연료-분사 방식-흡기 행정에서 각 실린더로 대부분의 연료 분사가 일어나는 경우, 실린더 내에 연료-증기/공기 혼합물이 거의 균일하고 연소도 근본적으로 이 장 앞에서 설명한 것처럼 예혼합 난류 화염 전파 과정이다. 비록 이 실린더 안의 이른-직접-분사 혼합물이 포트 연료 분사 결과의 혼합물보다 "덜 균일하지만", 화염 전파의 차이는 미미하다. 공기 오염 배출 차이는 더 클 수 있다.

그렇지만, 각 실린더로의 직접 연료 분사는 늦은 연료 분사(압축 행정의 나중 부분에서)를 가능하게 하는데, 이에 의해 연소실 내의 연료-증기/공기 혼합물을 성층화시켜 엔진을 연료가 희박한 상태에서 운전하게 할 수 있다. 그래서 스파크 플러그 주위에서는 화학양론비에 가깝고(그래서 빠르게 타고), 그 주위에 있는 초과 공기는 바로-탈-준비가 된 연료-증기/공기 "구름"을 갖는다. 이 희박 성층화 운전 모드에서는, 스파크 점화기관 연소 과정은 다르다.

그래서, 직접-연료-분사 방식은 *균일* 또는 *성층화*로 나뉜다. 이 절에서는, 성층화 운전 조건에서의 엔진 연소의 차이에 대해 알아본다. 성층화 운전 작동 영역에서 효율을 개선할 수 있는 엔진 부하와 속도는 최대 값의 반 이하의 경우이다. 중간부터 높은 부하에서(그리고 속도)는 이 성층화 DI SI 엔진 개념은 균일 운전으로 바뀌고 높은 비출력과 더 효율적인 배출물질 제어를 위해 전체 상대 공기/연료비가 화학양론비로 바뀐다. 부분-부하 성층화 운전이 높은 효율에 기여하는 면은 다음과 같다.

- 화학양론비에 비해 전체적으로 희박 운전하는 경우 흡기 매니폴드 압력이 높아서 펌핑 손실이 작다.
- 초과 공기 때문에 연소 가스 비열비 γ_b가 높고(CO_2와 H_2O의 낮은 비율 때문에; 그림 4.18과 표 4.7 참조), 평균 연소-가스 온도가 낮다(γ_b가 더 높아짐); 그래서 팽창 행정 일의 증가를 가져온다.
- 낮은(평균) 연소 가스 온도가 연소실 벽면으로의 열전달을 감소시킨다.[40]

그림 9.31이 몇몇 다른 가솔린 엔진 연소 시스템의 낮은 부하와 중간 부하에서의 실린더 압력 대 크랭크 각 측정과 연소율 모양을 보여 준다. 데이터는 엔진 시뮬레이션 연구뿐만 아니라 비교되는 다른 개념을 실현할 수 있는 단기통 엔진에서 얻었다.[41] 그림 9.31에 보여진 개념은 다음과 같다: 스파크-점화 포트 연료 분사(SI-PFI)—엔진에서의 화학양론비 혼합물 난류 화염 전파; 스파크-점화 직접 연료 분사(SI-DI)—화학양론비 균일 모드에서 작동하는 직접-분사 엔진의 같은 연소 과정; 스파크 점화 가변 밸브 구동 시스템(SI-VVA)—엔진이 근본적으로 이 부하에서 스로틀되지 않고 작동하기 위해 늦은 흡기 밸브 닫힘을 하는 균일 DI 운전; 스파크 점화 직접-분사 성층화 차지(SI-START)—성층화 연소 모드(이 절의 주된 주제)에서 전체적으로 연료-희박 혼합물의 직접 연료 분사; 제어된 자동점화(Controlled Autoignition, CAI)—TC 근방에서 미연소 혼합물 온도를 제어를 통해서 대부분 예혼합된 희박하고 희석된 혼합물을 자연점화하게 하는 다른 연소 모드이다.[f]

이 5가지 엔진 구성에서, 연료 분사 시기와 스파크 점화 시기는 연소 안정성을 손해 보지 않고 낮은 엔진-배출 배기 오염물질을 달성하는 가운데(예, 상당한 양의 EGR을 사용해서) 최적 연료 소비에 가까운 값을 주는 시기로 조정되었다.

균일 화학양론비 혼합물에서 운전되는 SI-PFI와 SI-DI는 거의 유사한 압력과 연소율 모양을 보여 준다(그림 9.31*b*에 있는 더 높은 부하에서 DI 연소 모양이 MBT 타이밍에 대해 약

---

[f] 제어된 자동점화 (Controlled Autoignition)은 10.7절에서 다룸.

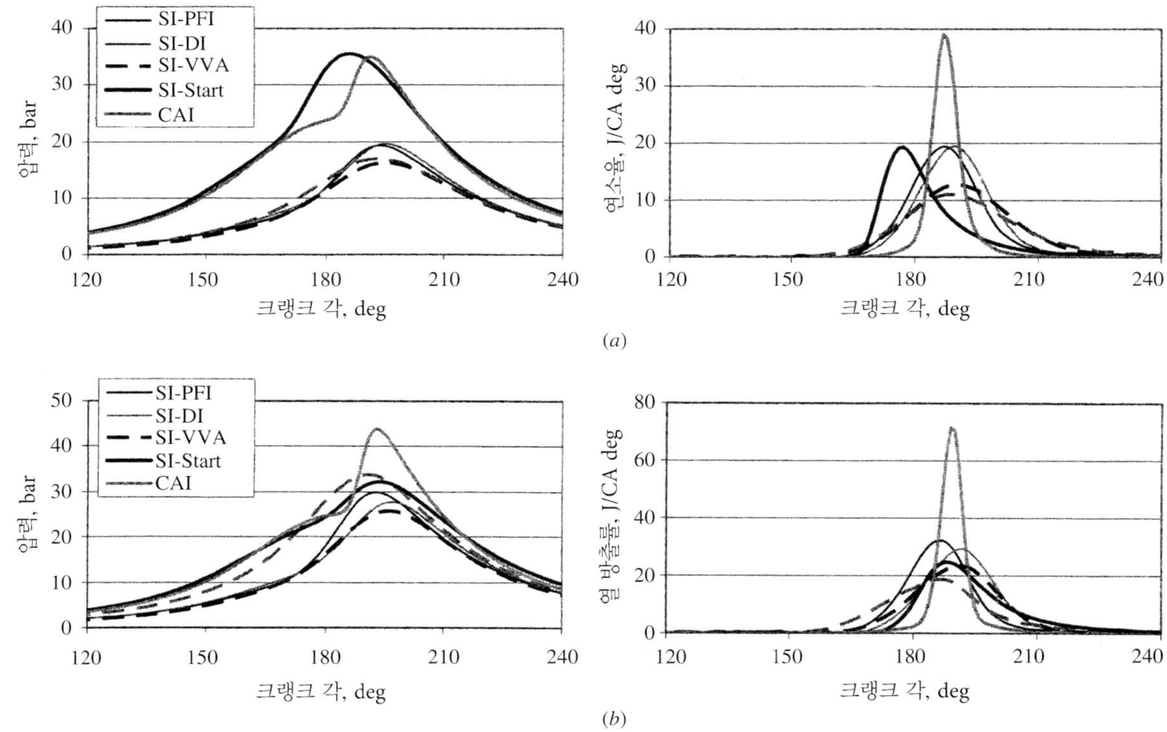

그림 9.31 동일 단기통 엔진에서 실험한 몇몇 다른 가솔린 엔진 연소 시스템의 실린더 압력과 연소율 모양: 스파크 점화 포트 연료 분사(SI-PFI), 스파크 점화 직접 연료 분사(SI-DI), 높은 내부 EGR의 스파크 점화 가변 밸브 구동 시스템(SI-VVA), 스파크-점화 직접-분사 성층화 차지(SI-START), 제어된 자동점화 개념(Controlled Autoignition, CAI)(10.7절 참조). 각 실험에서, 연료 분사 시기와 스파크 점화 시기는 연소 안정성과 배기 오염물질을 손해 보지 않고 최적 연료 소비에 가까운 값을 주는 시기로 조정되었다. 2000rev/min: (*a*) 3 bar nimep; (*b*) 5 bar nimep[41]. 본문 참조.

간 늦춰졌고 그래서 더 낮은 최고 압력을 갖는다). SI-VVA는 실린더 안의 난류 레벨이 낮기 때문에 더 느리고 펼쳐진 연소율 모양을 갖는데, 이는 이 경우 스로틀링하지 않고 운전되며 더 낮은 최고 압력 레벨을 갖기 때문이다(전체적으로 미연소 혼합물 압축이 적다).[41]

성층화 DISI 엔진은 최대 연소율 포인트에 대해 대칭이지 않은 굉장히 다른 연소 모양을 보인다. 저부하 조건은 더 심한 비대칭을 보인다. 연료-증기/공기 혼합물은 화학양론비에 가까울 때 가장 빠르게 탄다. 매우 희박한 혼합물은 정상적인 엔진 온도와 압력에서 타지 않는다; 층류 화염 속도가 너무나 낮다(그림 9.25 참조). 그래서 성층화 엔진 운전은, 스파크 방전이 연소를 시작하는 크랭크 각에서 스파크 플러그가 화학양론비에 충분히 가까운 연료-공기-잔류 가스 혼합물 "구름"에 묻혀(embedded) 있어야 한다. 이 평균보다 훨씬 농후한 연료-공기 구름은 적절한 연료 분사 기술, 분사 시기, 연료 스프레이 발달—입자화, 증발, 공기와 혼합—을 통해 얻을 수 있다. 이 과정은 연료 분사 시작과 점화 사이에서 일어나며 흡기와 압축에 의해 생성된 실린더 내 공기 움직임과 피스톤-크라운과 실린더 헤드의 벽 모양의 도움을 받는다(7.7.2절 참조). 이 화학양론비에 가까운 "구름"은 "예혼합" 난류 화염이 그 안으로 전파되면서 빠르게 탄다. 화염은 구름 영역의 희박한 바깥 영역에 다가가면서 속도가 느려지고 꺼진다. 공기(약간의 연료-증기를 포함한)는 구름의 연소에 의해 생성된 연소 가스와 섞이고, 구름 내의 농후한 탄 영역과 구름 생성시에 초과 공기와 섞인 연료를 태움으로써 연소를 마무리하고 팽창 시의 연소 가스를 "균일화한다". 더 낮은 부하에서는, 공기에 비해 더 적은 연료에서, 이 빠른 구름 예혼합-화염-연소는 일찍 끝나고 연소율 모양은 그림에서 보여주는 것처럼 더 비대칭이다.

요약하면, 성층화-차지 DI 엔진 연소는 두 단계로 발생한다. 스파크 점화 이후, 부분적 예혼합의 화염이 연료-공기-연소 가스(잔류 더하기 EGR) 분포 때문에 높은 층류 화염 속도를 가지는 두드러진 혼합물 영역을 통해 전파한다. 이후 화염 전면 뒤의 국소 농후 영역을 아직도-빠르게 태우는 단계가 따른다. 이때 희박한 영역의 공기와 주위의 공기 중 일부가 뜨거운 포스트-화염 가스로 섞여 들어온다. 그 다음 큰 연료-농후 포켓에서 느린 혼합에 의해 제어되는 연소가 발생한다. 이 포켓은, 예를 들면 나중에 분사된 연료가 액적화가 잘 되지 않는 느린 속도로 연소실에 들어와 연료-공기 혼합이 느리게 일어날 때 생긴다. 그 결과로 낮은 부하에서 엔진 배출 탄화수소 배기 오염물질이 상당히 증가한다.[40, 42]

CAI-제어 자동 점화 가솔린 엔진 연소 개념은—그림 9.31에서 볼 수 있듯이—표준 스파크 점화기관 예혼합 화염 전파 과정-디젤 엔진의 확산 화염(10장)과 다르다. 예혼합된 희박하거나 희석된 연료-증기/공기/잔류 혼합물이 이른 연료 분사에 의해 실린더 안에 형성된다. 표준 스파크 점화기관보다 상당히 높은 온도에서 연소가 시작하기 때문에 실린더 안에 남아 있는 고온의 연소 가스의 양이 충분해야 한다. 엔진 사이클의 적절한 시기에 자연 점화와 연소가 발생하는데 (화염 전파가 아니라) 근본적으로 체적 연소(volume burning)의 형태이다. 그림에서 빠른 대칭형 연소율 모양(이것이 CAI 연소를 낮은 엔진 부하에서만 가능하게 한다)을 보여 준다. 이 제어된 자동점화 연소 모드는 10.7절에서 다룬다.

9.4 연소에서의 사이클 변동과 부분 연소, 실화 _*Cyclic Variations in Combustion, Partial Burning, and Misfire*

9.4.1 관찰과 정의

연속해서 운전하는 사이클에서 실린더 압력을 시간의 함수로 측정한 결과를 보면 상당한 사이클 간 변동이 있음을 알 수 있다. 압력 발달은 바로 연소 과정과 연관되기 때문에, 사이클 간 연소 과정의 변동이 발생하는 것이다. 각 실린더에서의 이런 변동에 더하여, 다기통 엔진에서 실린더 마다 연소 과정과 압력 발달에 상당한 차이가 있을 수 있다. 연소 과정에서의 사이클 변동의 원인은, 스파크 점화 시의 사이클 간 실린더 내 혼합물 움직임의 변동과, 각 사이클에서 실린더로 공급되는 공기와 연료 양의 변동과, 특히 스파크 플러그 주위에서 중요한 각 사이클에서 신기와 잔류가스와의 혼합 변동 등이다. 실린더 간의 변동은 같은 현상의 실린더 간 차이에 기인한다.

연소 과정의 사이클 간 변동은 두 가지 이유 때문에 중요하다. 첫째로, 최적 스파크 타이밍이 "평균" 사이클에 맞추어 있기 때문에, 평균보다 빠른 사이클은 너무 진각된 스파크-타이밍을 갖고 평균보다 느린 사이클은 지각된 타이밍을 갖기 때문에, 토크와 효율의 감소를 가져온다. 둘째로, 엔진 운전의 한계를 결정하는 것은 사이클 변동의 가장 극단적인 사이클이다. 높은 부하에서, 과도하게 진각된 가장 빠르게 타는 사이클이 노킹이 일어날 확률이 높다. 그래서, 가장 빠르게 타는 사이클이 엔진의 연료 옥탄가 조건을 결정하고 압축비의 한계를 결정한다(9.6.3절 참조). 실제로 최적 타이밍에 비해 지각된 가장 느리게 타는 사이클이 불완전하게 탈 확률이 높다. 그래서 이들 사이클이 엔진의 희박 운전 한계를 결정하거나, 엔진이 견딜 수 있는 배기 재순환량(NO_x 제어에 사용)의 한계를 결정한다. 사이클 간 변동 때문에, 스파크 타이밍과 평균 공기/연료비의 타협을 해야 하는데, 그 결과는 평균 실린더 연소 과정에 최적 값이 아닐 수 있다. 그리고, 실린더 압력의 변동은 제동 토크의 변동에 관계되고 이는

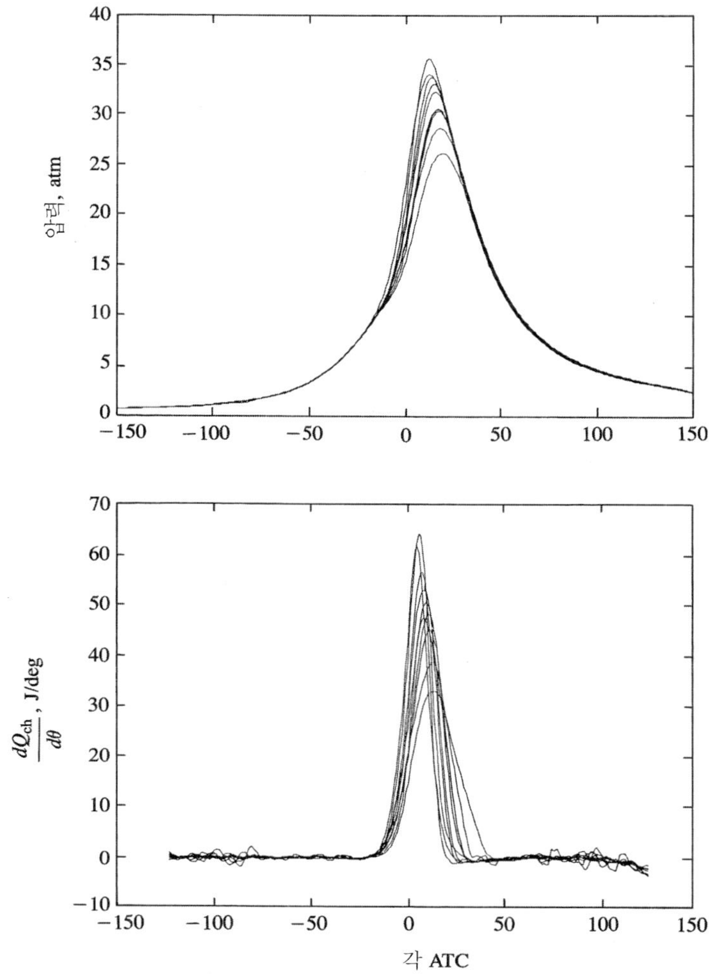

그림 9.32 단기통 스파크-점화 엔진의 10 사이클에 대한 측정된 실린더 압력과 계산된 총 열-방출률: 운전 조건은 1500 rev/min, $\phi = 1.0$, pinlet = 0.7 기압, MBT 타이밍 = 25°BTC.[12]

차량의 운전의 원활과 직결된다.

그림 9.32에 실린더 압력의 사이클 간 변동과 이의 원인인 혼합물 연소율의 변동 예가 있다. 압력과 이로부터 식 (9.27)에 의해 계산한 총 열-방출률을 몇몇 연속 사이클에 대해 중간-부하 중간-속도 조건에서 크랭크 각의 함수로 보여 준다. 최대 열-방출률과 열 방출 기간 또는 연소 과정 기간은 가장 느린 사이클에서 가장 빠른 사이클까지 거의 두 배 변화한다. 최대 실린더 압력도 마찬가지이다. 빠르게 타는 사이클의 최대 압력은 느리게 타는 사이클보다 상당히 크다; 빠르게 타는 사이클에서 최대 압력이 TC에 가깝게 일찍 발생한다.

혼합물이 초과 공기에 의해 희박해지거나, 잔류 가스나 배기 재순환에 의한 높은 연소 가스 비율에 의해 희석될수록, 사이클 간 연소 변동의 크기는 증가한다. 점차적으로, 몇 사이클은 너무 느리게 타서 배기 밸브가 열릴 때까지 다 타지 못한다: 일부 사이클에서 부분 연소가 일어나는 영역이 시작한다. 혼합물이 더 희박해지거나 더 희석되면, 실화 한계에 도달한다. 이 시점에서, 일부 사이클의 혼합물이 점화에 실패한다.

비록 스파크 점화기관이 일부 사이클에서 부분-연소나 실화를 겪으면서 계속 작동하더라도, 이런 운전은 효율, 탄화수소 배출, 토크 변동, 작동의 거칠기 면에서 바람직하지 않다.

부분-연소와 실화 연역에 대해 9.4.3절에서 설명한다.

사이클 간 연소 변동에 대한 다양한 평가 척도가 사용된다. 다른 사이클 사이의 실린더 압력 변동에 의해 정의할 수도 있고, 압력 차이를 일으키는 연소 과정의 세세한 변동에 의해서도 정의할 수 있으며, 아래 값들이 사용된다:

- *압력과 관계된 파라미터들.* 최대 실린더 압력 p_{max}; 최고 압력이 발생하는 크랭크 각 θ_{pmax}; 최대 압력 증가율 $(dp/d\theta)_{max}$; $(dp/d\theta)_{max}$가 발생하는 크랭크 각; 도시 평균 유효 압력[$\int p\, dV/V_d$; 식 (2.14), (2.15), (2.19) 참조]
- *연소-속도-관련 파라미터들.* 최고 열-방출률(순 또는 총; 9.2.2절 참조); 최대 질량 연소율; 화염 발달 각 $\Delta\theta_d$, 고속 연소 각 $\Delta\theta_b$; 혼합물 50%가 탄 크랭크 각 $\theta_{50\%}$(9.2.3절 참조).
- *화염 전면 위치 파라미터.* 화염 반경, 화염 전면 면적, 화염에 쌓인 또는 탄 부피, 전부 주어진 시간에서; 주어진 위치에서 화염 도달 시간.

압력과 관련된 양들이 가장 결정하기 쉽다; 그렇지만, 연소율의 변동과 실린더 압력의 변동과의 관계는 복잡하다.[43] 식 (9.26)이 이들 관계를 결정하는 요인들을 정의한다. 압력의 변화율에는 연소율뿐만 아니라 실린더 부피의 변화율도 상당한 영향을 미치므로, TC에 대한 상대적인 연소 과정 페이징 변화(예를 들어 화염 발달 각의 변화의 결과로)나 열-방출률 프로파일의 모양과 크기의 변화가 압력에 영향을 준다. 그림 9.33이, 최대 실린더 압력의 크기, p_{max}와 그 발생 크랭크 각 θ_{pmax}가, 연소가 실제적으로 시작하는 크랭크 각(예를 들면 실린더 질량의 1%가 타는 θ)과 연소율의 변화에 따라 어떻게 변화하는지 보여 준다. CABE 커브가, 고정된 고속-연소 열-방출 프로파일(열-방출 과정 기간과 그 최대 값을 일정하게 했을 때)에서, TC에 대한 상대적인 연소 과정의 페이징이 변화할 때, p_{max}와 θ_{pmax}가 어떻게 변화하는지 보여 준다. A는 연소 시작이 최대 제동 토크를 주도록 페이징된 MBT 타이밍에 해당하며, B는 지각된 타이밍에 해당하며, C는 과도하게 진각된 타이밍에 해당한다. C′A′B′D′E′은 느리게 타는 열-방출 프로파일의 유사한 커브이다. A′은 MBT 타이밍에 해당하며, B′과 D′은 점점 더 지각되는 타이밍이다. 충분히 느리게 타는 열-방출 프로파일의 경우—D′ 이후—θ_{pmax}는 타는 과정이 점점 지각됨에 따라 감소함을 주의하라. 이는 연소에 의한 압력 증가율이 너무 느려져 TC 후에 부피 증가에 의한 압력 감소에 의해 더 크게 상쇄되기 때문이다: 점차 극단적으로 느리고 늦게 발생하는 연소에서, 최대 압력은 TC에서 모터링한 경우에 접근한다. 점선은 각 연소율 커브에서 MBT에 대해 연소 시작 타이밍이 일정한 경우를 나타낸다. 여기

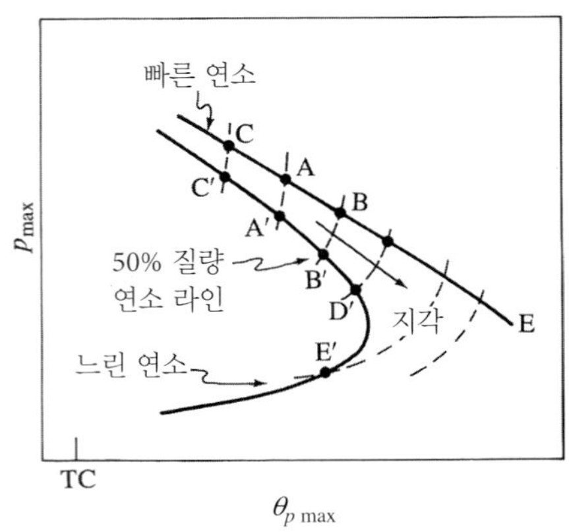

그림 9.33 각 사이클에서, 최대 실린더 압력과 그 발생 크랭크 각의 개략도. CABE는 빠른 열-방출 과정; C′A′B′D′E′은 느린 열-방출 과정. (*Matekunas.*[43])

서 열-방출 프로파일이나 연소율이 변해도, 상대적으로 일정한 타이밍의 θ_{pmax}은 거의 변화가 없음을 주의하라.[43]

이제 p_{max}와 θ_{pmax}에 대한 열-방출 프로파일 변동(연소 시작 위치를 실제로 변화시키는 연소 과정 발달 단계와, 전체 과정의 연소율에서의)의 영향에 대해, 스파크 타이밍이 정해진 크랭크 각에서 발생할 때, 설명할 수 있다. 고정된 연소율 프로파일(연소 기간과 최대 연소율)에서 연소의 시작이 TC에 가깝게 늦춰지면, p_{max}는 감소하고 θ_{pmax}는 초기에는 증가한다(A에서 B로, 또는 A′에서 B′으로). 이것은 고정된 스파크 타이밍에서, 초기의 느린 화염 발달에 기인한, 상대적인 타이밍이나 연소 과정의 페이즈 변화의 영향이다. 만약, 화염 발달이 느려진 것에 더해 연소 과정 전체에 걸친 열-방출률이 낮다면, 연소 과정은 더 최적으로부터 늦춰질 것이고, p_{max}는 더 낮아지고 θ_{pmax}는 더 증가하여 D′의 값에 다가갈 것이다. 고정된 스파크 타이밍에서 빠른 초기 화염 발달과 빠른 연소율의 영향은 그 반대이다. 당연히 p_{max}와 θ_{pmax}의 변화의 크기는, 사이클 변동의 크기에 의존한다; 그들은 또 평균 연소 과정이 빠르냐 느리냐에 의존한다. 빠르게 타는 엔진에서, 연소실 부피 변화가 상대적으로 느린 TC 근처에서 열 방출의 큰 부분이 일어난다. 그래서 압력 변동은 대부분 연소 변동에 의한다. 느리게 타는 엔진에서는, 상당한 에너지 방출이 TC를 한참 지나서 일어나서, 부피 변화가 중요해지고 연소 변동에 더해진다. 변동이 크고 평균 연소 과정이 느릴 때, p_{max}는 E′코다 낮아질 수 있고, θ_{pmax}는 감소한다. 빠르게 타는 연소 과정은 사이클 간 연소 변동을 상당히 줄이고 그래서 엔진 성능에의 충격을 줄인다.[15, 44, 45]

이제 연소 변동에 관한 여러가지 평가 척도를 비교한다. 최고 압력 변동은 페이징과 연소율 변화에 다 의존한다. 이 변동의 크기는 연소실이 평균적으로 고속 연소인지 저속 연소인지에 의존한다. 또 연소 과정이 MBT에 대해 상당히 지각되어 있는지에 대해서도 의존한다. 또한 사이클마다의 연료와 공기 차징 변동에도 의존한다. 그래서 p_{max} 변동[또는 최대 압력 증가율 $(dp/d\theta)_{max}$] 을 연소 과정의 속도와 페이징 변동을 통해서 해석할 때는 조심해야 한다. 최대 압력 위치 θ_{pmax}도 연소의 상대적 페이징이나 연소율 프로파일에 의존한다. 추가로, 느리게 타는 연소실과 늦춰진 타이밍(E′ 주위)에서, 변동은 θ_{pmax}에 별 변화를 초래하지 않는다. 그렇지만 빠르게 타는 연소실에서, MBT나 약간 지각된 타이밍의 경우, 최고 압력 위치는 MBT 페이징에 대한 각 연소 과정의 상대적인 페이징에 의존하고 차징 변동에는 독립적이다. 그래서 θ_{pmax}는 연소 현상 페이징 변동의 유용한 평가 척도이다.[25]

사이클 변동의 중요한 평가 척도는 압력 데이터로부터 얻는데, *도시 평균 유효 압력의 변*

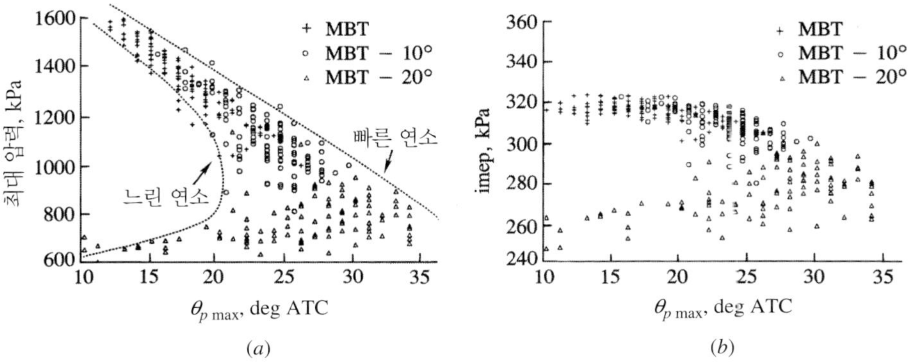

그림 9.34 (*a*) 각 사이클의 최대 압력과 발생 크랭크 각. (*b*) 각 사이클의 도시 평균 유효 압력 vs θ_{pmax}.[43]

동 *계수*이다. 그것은 imep의 표준 편차를 평균 imep로 나눈 것인데, 보통 %로 표시된다:

$$\mathrm{COV_{imep}}(\%) = \frac{\sigma_{\mathrm{imep}}}{\mathrm{imep}} \times 100 \tag{9.59}$$

이는 사이클당 도시 일의 사이클 변동을 정의하고(총 또는 순 기준으로), 차량의 운전 원활성 문제는 $\mathrm{COV_{imep}}$가 엔진 운전 조건에 따라서 2에서 5%를 넘어설 때 나타난다고 밝혀졌다.

그림 9.34는 고정된 운전 조건과 세 스파크 타이밍에서 엔진 실린더의 120사이클의 p_{max}와 $\theta_{p\mathrm{max}}$와 imep의 관계를 보여 준다.[43] MBT 타이밍 데이터는 고정된 $\theta_{p\mathrm{max}}$값에서 imep의 분산을 보여 준다. 이 imep 데이터 밴드는 상대적으로 평평하고 $\theta_{p\mathrm{max}} \approx 15°$ 정도를 중심으로 분포한다; $\theta_{p\mathrm{max}}$의 가장 마지막 값에서 imep가 크게 떨어진다. $\theta_{p\mathrm{max}} = 15°$ 근처에서의 imep의 수직방향 분산은 각 사이클에 실린더로 들어가는 연료 양의 변동 때문이다; 이런 조건에서의 연소 프로파일의 정상적인 변동—연소 과정의 페이징을 사실상 변화시키는—은 imep의 약간의 감소를 가져올 뿐이다. 이른 $\theta_{p\mathrm{max}}$(그림 9.34*a*의 제일 왼쪽 위)의 경우, p_{max}의 변동은 역시 주로 이 사이클 간 연료-차징 변동에 기인한다: 이들이 가장 진각된 페이징을 갖는 가장 빠른 연소 사이클이다. $\theta_{p\mathrm{max}}$가 증가할수록, 페이징과 연소율의 사이클 변동이 더 큰 영

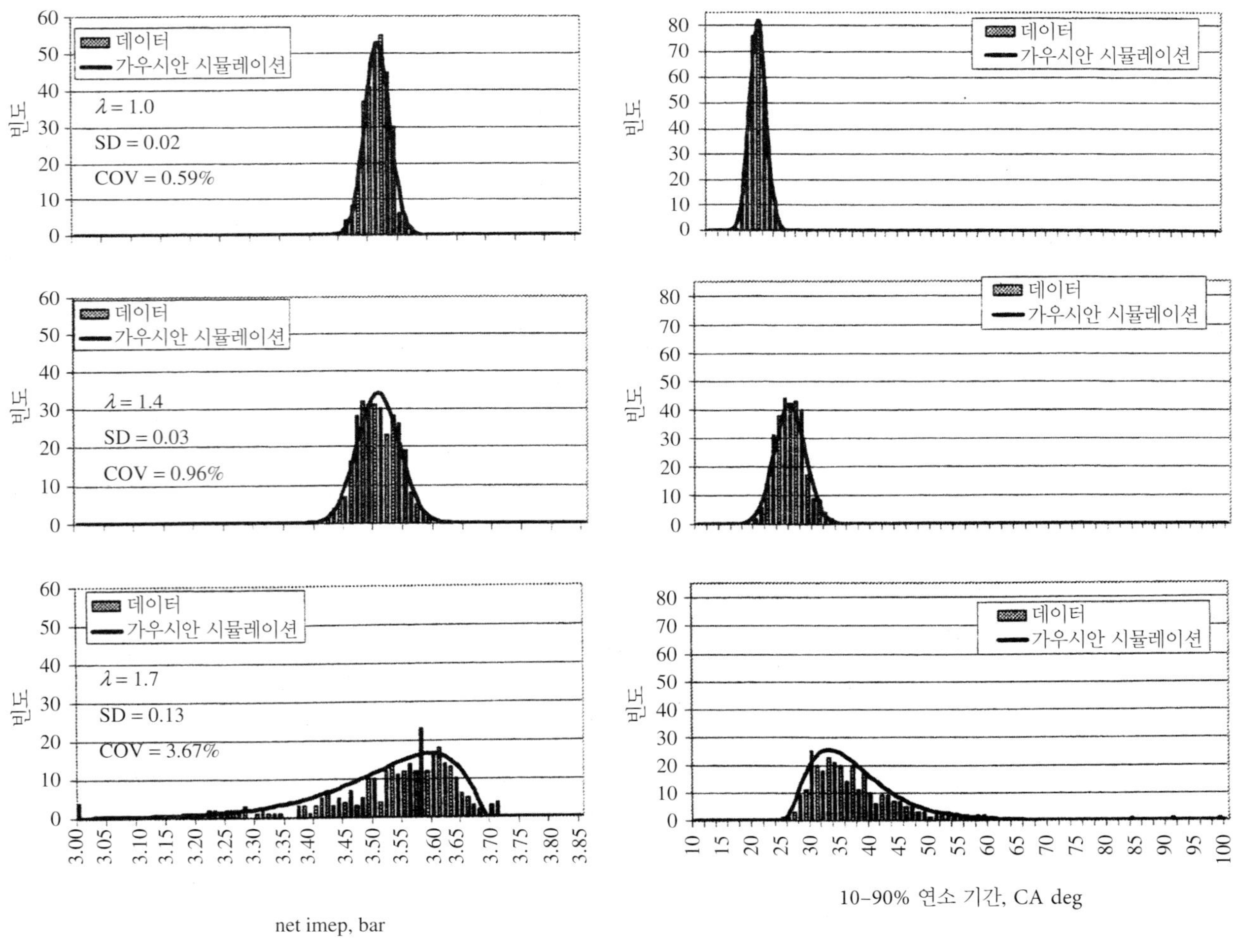

그림 9.35 여러 상대 공기/연료비(λ = 1.0, 1.4, 1.7)에서의 순 imep와 10에서 90% 연소 각의 도수 분포. 엔진 운전 조건은 MBT 스파크 타이밍, 1500 rev/min, 순 imep = 3.5 bar, 인돌린, r_c = 9.8. SD 표준 편차, COV 변동 계수

향을 발휘하면서 분산이 더 커진다.

각 사이클 압력 데이터[예를 들면 p_{max}, $(dp/d\theta)_{max}$, θ_{pmax}]와 연소율 데이터 [$\Delta\theta_d$, $\Delta\theta_b$, $(dQ/d\theta)_{max}$]의 도수 분포 모양은 연소 과정이 빠르고 "탄탄한(robust)"지(예를 들면 최적 타이밍에서 높은 부하의 화학양론비에 가까운—즉 엔진의 운전 희박 한계에서 충분히 먼), 또는 느리고 덜 반복적이고, 희박이나 희석 혼합물 운전 한계에 가까운 지에 달려 있다. 탄탄한 연소 조건에서 이들 분포는 정규 분포에 가깝다.[15] 연소 과정이 훨씬 느릴 때, 사이클 변동은 커지고, 분포는 낮은 imep를 갖는(이들 느린 사이클의 상당히 큰 지연 때문에) 천천히 타는 사이클 쪽으로 치우친다. 이들 도수 분포 경향을 보여 주는 순 imep와 10에서 90% 연소각의 예가 그림 9.35에 있다. 표준 가솔린 엔진이 일반적인 낮은 부하 운전 조건인 3.5 bar 순 imep, 1500 rev/min 조건에서 운전되었다. 화학양론비 혼합물과 빠른 연소에서, COV_{imep}는 작고(0.6%) $imep_n$과 $\Delta\theta_{10\text{-}90\%}$ 분포는 좁고 대칭적이다. 상대 공기/연료비가 1.0에서 1.4를 거쳐 1.7까지 증가할 때, 이 점점 희박해지는 혼합물의 연소율은 감소하고, $imep_n$과 $\Delta\theta_{10\text{-}90\%}$ 분산은 커지고 비대칭이 된다. COV_{imep}는 화학양론비에서의 작은 값어 서(0.6%) 1%를 지나 4%까지 커진다. 보여진 중에 가장 희박한 혼합물을 사용하면 몇 사이클은 매우 느리게 타고 결과적으로 순 imep는 크게 감소한다. 느리게 타는 사이클은 실제적으로 지각되었고, 혼합물 중 많은 부분이 연소실 부피가 계속 팽창하는 가운데 타서, 미연소 혼합물의 압력과 온도가 감소하기 때문에 타는 과정이 더 느려진다.[15, 46]

실린더 압력 데이터는 각 크랭크 각에서의 평균 실린더 압력을 얻기 위해 흔히 여러 사이클에 걸쳐 평균한다. 크랭크-각에 대한 압력을 평균하는 주된 목조은 도시 평균 유효 압력(압력 p의 선형적 함수)을 얻기 위해서이다. 연소 파라미터가 실린더 갑력에 선형적으로 관계하지 않기 때문에[식 (9.27) 참조], *평균* 압력 데이터의 해석이 평균 연소 파라미터의 정확한 값을 준다는 보장은 없다. 이 오차는 연소 변동이 가장 클 때 심각해질 것이다. 평균 연소 파라미터는 상당한 수의 각 사이클 해석 결과를 평균해서 얻는 것이 가장 좋다. 원하는 정밀도를 얻기 위해 평균값을 구할 때 취해야 하는 사이클 수는 연소 변동의 정도에 달려 있다. 예를 들면, 연소가 매우 반복적일 때는 40에서 100사이클 정도로 imep를 구할 수 있는데, 연소 변동이 큰 경우는 수백 사이클의 데이터가 요구될 수 있다.[10]

9.4.2 사이클 간 변동과 실린더 간 변동의 원인

사이클 간 변동은 연소 과정 시작부터 명확하다. 연소실에 창을 낸 특별히 제작된 연구용 엔진에서 취득한 여러 엔진 사이클에 걸친 화염 사진의 분석에서 연소 시작부터 화염에 둘러싸인 부피 분포의 분산이 확인된다(예를 들면 참고문헌 3, 29, 37). 연소율의 분산도 역시 연소 과정 전체에 걸쳐 분명하다(그림 9.4, 9.32 참조). 세 가지 원인이 이 분산에 영향을 준다는 것이 확인되었다:

1. 연소 중의 실린더 안의 가스 움직임의 변동, 사이클 간 변동;
2. 주어진 실린더에서 각 사이클의 연료, 공기, 잔류 가스, 재순환된 배기 양의 변동;
3. 공기, 연료, 잔류 가스와 재순환된 배기 혼합의 변동으로 인한 실린더 내에서 각 사이클의 혼합물 조성의 변동—특히 스파크 플러그 주위에서

이 요인들의 상대적 중요성은 아직 완전히 정의되지 않았고 엔진 설계나 운전 변수에 의존한다. 표 9.4는 이 전반적인 세 요인의 각 요소가 SI 엔진 연소 과정의 3단계의 변동을 일으키는지 논의할 틀을 제시한다: 초기 화염 발달, 화염 전파, 연소 최종(후) 단계.

표 9.4 SI 엔진 연소에 영향을 주는 요인

연소 단계:
1. 초기 화염 발달
2. 화염 전파
3. 연소의 후 단계

SI 엔진 사이클 간 변동에 영향을 주는 요인:
a. 가스로의 스파크 에너지 공급(1)
b. 화염 커널 움직임(1)
c. 커널에서 스파크 플러그로의 열손실(1)
d. 플러그 근처의 국소 난류 특성(1)
e. 플러그 근처의 국소 혼합물 조성(1)
f. 전체 차지 구성물–공기, 연료, 잔류 가스, EGR(2, 3)
g. 연소실 내의 평균 난류(2, 3)
h. 실린더 내 유동의 큰 스케일 특성(3)
i. 화염 형상과 연소실 벽면의 상호작용(3)

한 사이클에 걸쳐 일어나는 엔진 실린더 내의 속도장의 변동, 또 한 사이클에서 다음 사이클로의 변동이 8.2.2절에서 검토되었다. 압축 행정의 마지막에서, 앙상블–평균 rms 속도 떨림은 평균 피스톤 속도와 견줄 정도고, 만약 강하게 방향이 정해진 국소 평균 유동 패턴이 없는 경우(그림 8.8과 8.9 참조)라면 평균 유동 속도보다 클 수도 있다. 이 앙상블–평균 속도 떨림은 평균 유동의 사이클 간 변동과 난류 속도 떨림을 결합한다. 압축 과정에서, 이 두 요소는 비슷한 크기이다(그림 8.9 참조). 지금까지의 데이터베이스에 따르면 사이클 간 평균 유동 변동은 스파크 플러그 근처와 연소실 전체에 걸쳐 존재한다. 속도 변동은 초기 화염 중심이 스파크 플러그에서 시작하여 커널로부터 성장할 때의 초기 움직임과, 화염 초기 성장율 변동에 기여한다: 또한 이것은 화염이 연소실의 상당한 부분을 차지했을 때도 연소율에 영향을 줄 수 있다. 스파크 플러그 근처의 가스 움직임 변동은 사이클마다 초기 단계의 화염을 다른 방향과 다른 속도로 움직인다. 이는 화염과 실린더 벽면의 상호 작용에 영향을 주고, 시간에 따른 화염 면적 발달을 변화시킨다. 스파크 플러그 근처의 난류 속도 떨림의 변동은 초기의 작은 층류 같은 화염 커널이 난류 화염으로 발달하는 속도의 변동을 가져온다. 연소실 전반에 걸친 평균 유동의 변동은 화염 전면 모양의 차이를 만들어낸다: 또, 전면의 전파 속도에 영향을 주는 난류에의 변화를 만들어 낼 수도 있다.

다기통 엔진에서 각 실린더로 공급되는 연료, 공기, 재순환된 배기는 같지 않다는 것이 잘 알려져 있다. 이들 유동률 차이는 보통 수 퍼센트(7.6.2절과 7.6.3절 참조)이다. 또 다른 실린더 내의 유동 패턴이, 각 흡기 매니폴드 러너와 포트 형상이 다르기 때문에, 같지 않을 수 있다는 것도 잘 알려져 있다. 이 여러 요인들이 연소 과정의 실린더 간 변동에 기여한다: 평균 연소율 파라미터와 이들의 사이클 변동이 실린더마다 상당히 다를 수 있다. 또, 각 실린더 내에서 각 개별 사이클의 혼합물 조성 변동에 대한 많지 않은 연구 결과에 의하면, 각 실린더의 사이클 차징 변동이 그 크기에 있어 실린더 간 변화와 유사하다(즉 몇 퍼센트). 또, 실린더 내 잔류 가스의 양도 어느 정도 사이클 간 변할 수 있다. 높은 부하에서는, 연소 과정이 좀 더 반복적이기 때문에(그리고 팽창과정 중에 상대적으로 일찍 연소가 끝나서), 또 잔류 가스 분율이 작아서(6.4절 참조), 잔류 가스 양의 변동이 크지 않을 것으로 예측된다. 낮은 부하에서는(특히 아이들에서), 연소 변동이 매우 크기 때문에, 잔류 가스의 질량과 그 조성이 중요할 수 있다.

추가로 실린더 내에서의 연료, 공기, 재순환된 배기, 잔류 가스의 혼합은 완전하지 않다: 연소 시작 시점에서 실린더 내에 조성의 불균일이 존재한다. 스파크 플러그 전극 갭에서의 사이클 간 조성의 변동은, 특히 스파크 방전에 의해 화염 커널이 생성된 후 화염이 층류와 유사하게 타면서 성장하는 초기 화염 발달 과정에 영향을 준다(9.5.1절 참조). 사이클 간 공기/연료비 떨림의 표준 편차는 평균(A/F)의 몇 퍼센트 정도된다. 사이클 간 변동으로 신기와 실린더 내 잔류 가스와의 혼합에 상당한 떨림이 있음이 알려졌다. 실린더 간의 EGR 분포와 실린더 내 EGR 혼합의 불균일이 발생할 수 있고, 이는 스파크 갭에서의 국소 연소 가스 분율의 변동을 사이클 간으로 증가시킬 수 있다.[48]

다기통 양산 SI 엔진의 연구에서, 사이클 간 변동에 기여하는 연료/공기비 불균일과 신기와 잔류 가스와의 불균일 혼합이 제거된(예혼합 프로판 운전과 캬브레터를 이용한 가솔린 운전을 비교하고, 연소하지 않은 사이클들을 이용하여 잔류 가스를 제거해서), 사이클 연소 변동에 영향을 주는 세 요인의 변동—속도 변동, 연료/공기비 변동, 잔류 가스 혼합 변동—이 낮은 부하 운전 조건에서는 비슷한 중요성을 가진다는 것을 보였다.

이 사이클 간 변동의 근본적인 원인에 대한 설명은 9.3.4절의 난류 화염 전파 과정에 대한 설명과 일치한다. 스파크 플러그 근처의 조건은 화염 전파 과정의 초기 단계에 영향을 미칠 것이다—안전한 커널을 형성하고 난류 화염으로의 발달에. 발달한 화염 전파의 단계에서는, 연소실 내의 벌크 가스의 평균 조건이 결정적인 요인일 것이다. 그 이유는 화염 전면이 연소실에 걸쳐 있어서 국소 불균일을 효과적으로 평준화할 것이다. 스파크 플러그 근처의 조건은, 유동의 난류 속도와 길이 스케일의 떨림과 혼합물 중의 연료, 공기, 연소 가스의 비와 혼합물의 상태를 말한다.

화염 발달 각 $\Delta\theta_d$(몇몇 큰 에디를 태우고, 발달한 난류 화염을 만드는 데 걸리는 시간)는 다음과 같이 표현할 수 있다.[16]

$$\Delta\theta_d = C\left(\frac{l_i}{u'}\right)^{1/3}\left(\frac{l_M}{S_L}\right)^{2/3} \tag{9.60}$$

난류 유동장은 $\Delta\theta_d$에 l_T, u', l_M (각각 적분 스케일, 난류 강도, 마이크로 스케일)을 통해 영향을 미친다. 혼합물 조성은 $\Delta\theta_d$에 층류 화염 속도 S_L을 통해 영향을 준다. 그래서 이들의 값이 스파크 플러그 근처에서 사이클 간 변할 수 있기 때문에 화염 전파 시기에 변동이 생긴다.

빠르게 타는 발달한 난류 화염 전파 단계에서의 압력의 발달은, 화염이 연소실을 움직일 때, 화염에서의 평균 연소율에 의존한다. 그래서, 난류 유동장과 화염 전면을 들어 오는 가스의 혼합물 조성의 변동은 상쇄되어 중요하지 않다. 그렇지만, 연소실-평균 양의 변동은 중요하다. 최대 연소율에 대한 다음 식:

$$\left(\frac{dm_b}{dt}\right)_{\max} = \frac{Cm_f(h^* / B)(\rho_u^* / \rho_i)^{10/9}[(\overline{u}'^* S_L^*) / h_i]}{\nu^{*1/3}} \tag{9.61}$$

여기서, m_f는 연소실 안의 연료 질량, h는 순간(평균) 간극 높이, B는 직경, ρ는 밀도, $\overline{u}'$는 화염 전면에 걸친 평균 난류 강도, ν는 동점성계수이다: *는 최대 연소율에서의 값을 의미하고, 아래 첨자 i는 스파크 때의 값이다; C는 엔진 설계에 의존하는 상수이다. 이 식은 최대 연소율에서의 사이클 간 변동은, 연소실 내에서의 전체 유동 패턴의 변동($\overline{u}'$를 변화시키는)의 결과일 수 있고, 각 사이클에서 실린더로 들어가는 연료(m_f) 양의 변동에서 올 수도 있음을 보여 준다.[g] 또 화염 발달 과정의 변동은 최대 연소율 변동을 가져 올 수 있음을 보여 준다. 그 이유

[g] 연소 실내의 공기, 재순환된 배기, 잔류 가스의 총 양의 변동도 어떤 운전조건에서는 중요할 수 있다.

는 최대 연소율이 발생하는 크랭크 각이 변화하고, 식 (9.61)의 모든 스타 표식이 붙은 파라미터가 다른 값을 갖기 때문이다.

화염 발달과 구조에 관한 9.3절의 설명과 위의 식 (9.60)과 (9.61)에서, 느린 화염 발달 속도(긴 화염 발달 각, $\Delta\theta_d$)—낮은 난류 강도와 더 희석된 혼합물—를 초래하는 혼합물 조건과 움직임이 더 낮은 연소율(더 긴, 빠르게 타는 각, $\Delta\theta_b$)을 가져올 것을 예측할 수 있다. 여러 엔진과 넓은 운전 조건에서 측정한 데이터들이 이것이 사실임을 보여 준다. 주어진 연소실과 운전 조건에서 $\Delta\theta_b$의 표준 편차는 평균 연소 과정이 느려짐에 따라 보통 증가한다.

마지막 남은 중요한 요소는 화염 발달과 연소율이 어떻게 엔진 토크에 영향을 주는가 이다. 고정된 스파크 타이밍에서 사이클 간 연소 과정 변동은 느린 화염 발달의 저속 연소 사이클은 지각되고 빠른 발달의 고속 연소 사이클은 과하게 진각된다. 토크 대 연소 타이밍(그림 9.16의 최적 타이밍에 대한 상대 값) 커브는 연소율에 독립적이다; 즉, 최적 타이밍에 대해 상대적으로 주어진 크기의 지각(말하자면 10° CA)은 빠른 사이클에서도 느린 사이클에서와 마찬가지의 토크 감소를 가져온다. 이는 최적 타이밍의 연소 과정은 연소율에 관계없이 8에서 10°ATC에 중심을 두고 있고, 지각이나 진각은 이 "중심"을 연소율에 상관없이 같은 양만큼 움직이기 때문이다. 빠르게 타는 SI 엔진의 장점이 명백해졌다. 연소율이 증가할수록, 화염 발달 과정과 이에 따른 화염 전파 속도의 변동 크기가 감소한다. 그래서, 빠르게 타는 엔진에서 이들 작아진 연소 변동은, 평균이 아닌 연소율 사이클의 약간의 지각이나 과도 진각에 해당하는데, 토크에는 거의 영향을 끼치지 않는다. 대조적으로, 느리게 타는 엔진의 더 큰 연소 변동은 더 심각한 사이클 토크 변동을 가져온다.

9.4.3 부분 연소, 실화, 엔진 안정성

스파크 점화기관의 미연소 혼합물이 초과 공기에 의해 희박해지거나 점점 더 많은 연소 잔류 가스와 배기 재순환에 의해 희석되면, 연소 과정에서의 화염 발달 기간, 빠르게 타는 단계 기간, 사이클 간 변동이 모두 증가한다. 점차 엔진 작동이 거칠고 불안정한 단계에 도달하고 탄화수소가 급격히 증가한다. 이들 현상이 일어나는 점이 엔진의 안정 운전 한계를 사실상 정의한다.[h] 이들 현상은 미연소 혼합물이 희석되면서 연소 과정의 모든 단계가 길어져서 발생한다. 점점 희석되면서 첫째로 일부 사이클이 너무 느리게 타서 배기 밸브가 열리기 직전에야 겨우 연소가 끝난다. 그리고 연소 기간이 더 길어지면 실린더 내에서 연소를 끝내기에 필요한 시간이 부족한 사이클들이 나타난다: 또, 배기 밸브가 열리기 전이나 화염이 연소실에 다 전파되기 전에 화염이 꺼지는 사이클이 나타난다. 마지막으로 혼합물이 아예 점화가 되지 않는 실화 사이클이 나타난다. 혼합물이 더 희박하거나 희석됨에 따라 부분 연소 또는 미연소 사이클이 빠르게 증가한다: 점차 엔진이 작동하지 않는 상태에 도달한다.

부분 부하에서—희박(초과 공기) 운전이나 높은 양의 배기 재순환의 증가에 기인한—연소 변동이 엔진 안정성에 미치는 영향에 대해 그림 9.35와 9.36에 보여진다. 그림 9.36이 각 사이클의 도시 평균 유효 압력 분포를 0, 20, 28% EGR에 대해 보여준다. 이 조건에서 EGR이 없는 경우, imep 분산은 좁다. EGR을 증가시키면 분포가 상당이 넓어지고, 점차 낮은 imep 사이클이, 나중에는 제로 imep 사이클이 나타난다. 그림 9.36*b*는 imep의 COV와 탄화수소 배출이 EGR이 증가함에 따라 증가하는 것을 보여 준다. 느리게 타는 그리

[h] 이 한계는 흔히 희박 운전 한계라고 부른다. 실제로 엔진 운전의 한계는, 혼합물이 과도하게 공기나 연소 가스(또는 둘 다)에 의해 희석되어 나타나는, 토크의 과도한 사이클 간 변동과 높은 탄화수소 배출에 의해 정해지므로, 안정 운전 한계가 더 적절한 용어이다.

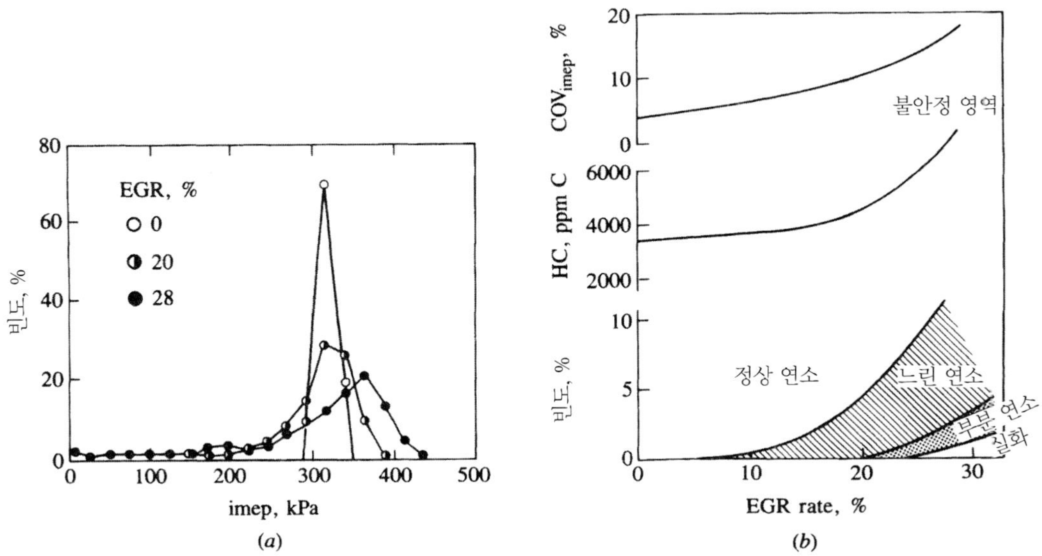

그림 9.36 (*a*) 여러 EGR 율에서의 도시 평균 유효 압력의 도수 분포; 0% EGR 좋은 안정성을 줌, 10% EGR은 용인되는 안정성을 줌, 20% 이상은 안정성이 나쁨. (*b*) imep, HC 배출의 변동 계수와 정상, 저속, 부분-연소와 실화 사이클의 비율. 엔진 조건: 1400 rev/min, MBT 타이밍, imep = 324 kPa.[48]

고 부분 연소하는, 그리고 실화하는 사이클이 점점 더 자주 나타난다.

느리게 타는 사이클에서 연소는 마무리되지만 80°ATC 지나서 끝나고 도시 평균 유효 압력은 낮다(정상 연소 값의 85에서 46%). 부분-연소 사이클의 imep는 이 46%보다 낮다. 실화 사이클에서 imep $<$ 0이다.[48]

엔진의 안정 운전 한계에서 일어나는 연소 현상에 대한 설명이 Quader에 의해 만들어졌다.[50] 이는 아래의 용어를 사용한다:

점화-한계 스파크 타이밍 또는 점화 한계. 주어진 혼합물 조성에서 어떤 작은 임의의 사이클 *비율*(예를 들면 0.5에서 1%)에서 처음으로 실화(즉 화염 시작 실패)가 나타나는 스파크 타이밍(MBT 타이밍에서 진각된)

부분-연소-한계 스파크 타이밍 또는 부분-연소 한계. 실화 비율이 어느 일정한 값 이하(여기서도 이 비율은 1퍼센트나 그 이하의 사이클을 의미하며 임의로 편의상 선정함)인 스파크 타이밍

MBT 스파크 타이밍에서 희박 또는 희석 한계. MBT 스파크 타이밍에서 실화 확률이 어떤 정해진 값보다 낮은, 엔진이 안정하게 운전될 수 있는 가장 희박한 혼합물 공연비(여기서도 확률은 1 또는 몇 퍼센트의 비율로 임의로 정함). *희석 실화 한계*—주어진 공연비에서 안정된 엔진 운전에서 감당이 가능한 최대 양의 배기 재순환—도 비슷하게 정의할 수 있다.

엔진 실험을 통해 점화 한계 선과 부분-연소 한계 선의 위치가 그림 9.37에 정의되었다. 주어진 스파크 타이밍에서, 이 스파크 타이밍과 연료/공기 당량비 선도 상에서, 엔진에 공급되는 혼합물을 점차 희박하게 할 때, 선의 위치와 선정된 스파크 타이밍에 의존해서 실화나 부분 연소가 발생하게 된다. 각 그림은 MBT 타이밍 선—희박한 혼합물이 더 진각을 요구함—과 점화 한계와 부분-연소 한계 선과의 가능한 상호작용을 보여 준다. MBT 타이밍에

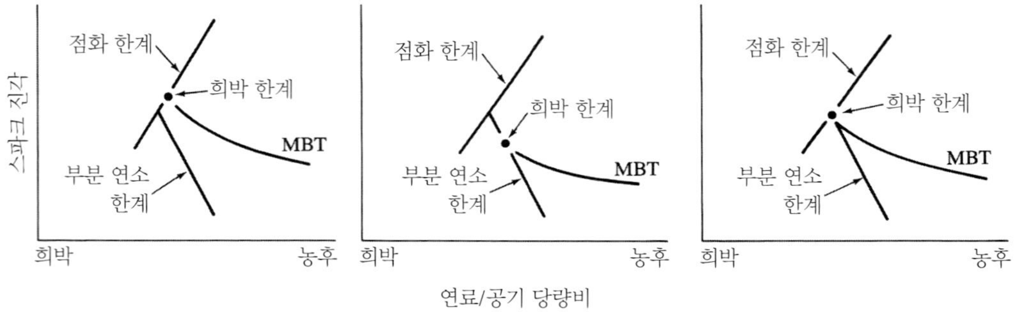

그림 9.37 연료/공기 당량비의 함수로 그린 점화 한계, 부분-연소 한계, 희박 한계, MBT 타이밍에 대한 세 가지 조합 개략도(*From Quader.*[49, 50])

서, 부분-연소 한계는 실화나 점화 한계 전에 다다를 수도 있고 아닐 수도 있다. 그것은 엔진과 점화 시스템 설계와 운전 조건에 달려 있다. MBT에 대해 지각한 스파크 타이밍의 경우, 화염 시작 실패가 아니고 부분 연소가 불안정한 엔진 운전의 주된 원인이다.

위의 논의로부터, 화염 시작은 완전한 연소를 위해 필요는 하지만 충분 조건은 아니다. 성공적인 점화 후에 너무 느린 화염 발달과 전파가 보통 엔진의 희박한 혼합물로 운전하는 한계를 결정하는 요인이다. 실험에 의해 보통 엔진 사이클 중에 전체 화염 전파 과정이 완전히 끝나는데 크랭크 각으로 75도(엔진 형상과 스파크 플러그 위치에 달려 있는데) 정도의 한계가 연소에 적합한 기간이라고 알려졌다. 이 크랭크 각 기간을 넘어서면, 혼합물의 압력과 온도와 난류 강도가 너무 낮아서 충분히 빠른 연소율을 유지할 수 없다.

9.5 스파크 점화 _*Spark Ignition*

스파크 점화기관에서, 압축 행정 말기에 스파크 플러그 전극 사이에서 점화 시스템에 의해 생성된 전기 방전에 의해 연소 과정이 시작된다. 전기 방전에 의해 생성된 고온 플라즈마 커널이 자발적인 지속이 가능하고 전파하는 화염 전면—발열 연소 화학 반응이 일어나는 얇은 반응 시트—으로 발달한다. 점화 시스템의 기능은 전체 부하와 속도 범위에 걸쳐 엔진 사이클 중 적절한 시점에서, 사이클 간에 반복적으로, 화염 전파 과정을 시작하는 것이다. 이미 그림 9.24*a*와 *b*와 본문에서 플러그 전극에서 생성된 커널, 커널의 성장, 전파 화염으로의 변화 등에 관하여 shadowgraph와 schlieren 사진을 통해 설명하였다. 충분히 높은 전압이 전극 사이에 걸릴 때, 플러그의 한 전극에서 다른 전극으로 스파크가 아크(arc)한다. 이 스파크를 제공하기 위해 흔히 사용되는 점화 시스템은: 고압이 점화 코일에 의해 얻어지는 배터리 점화 시스템(코일 점화 시스템); 스파크 에너지가 커패시터에 저장되고 고압 펄스로 특별한 변압기에 의해 스파크 플러그로 전달되는 배터리 시스템, 커패시티브—방전 점화(CDI) 시스템; 마그네토-회전하는 자석 또는 전기자—가 고전압 펄스를 만드는 전류를 생성하는 마그네토 점화 시스템 등이다. 자동차에서 쓰이는 주된 시스템은 트랜지스터 코일 점화(TCI) 시스템이다. 전기 에너지는 코일의 인덕턴스에 저장되었다가 스파크 방전이 요구될 때 약 2 ms 동안 방출된다. 그림 9.38이 각각의 코일과 플러그를 갖는 시스템의 기본적인 코일 점화 시스템 배치를 보여 준다. 점화가 요구되기 전에, 점화 드라이버 스테이지 스위치가 전기 시스템으로부터 점화 코일의 프라이머리 와인딩으로 전류를 스위칭한다. 프라이머리 전류 회로가 닫혀 있을 동안(드웰 기간), 이 전류는 코일에 자기장을 형성한다. 점화 시기에, 1차 권선(primary

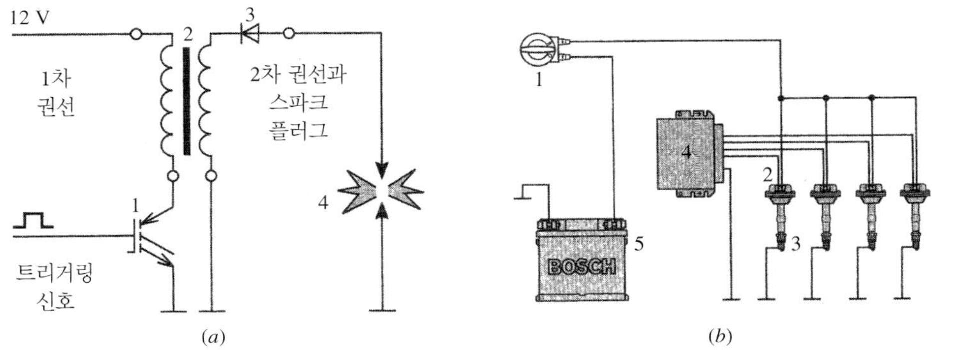

그림 9.38 단일 스파크 코일을 갖는 점화 시스템의 예. (*a*) 회로 배치: (1) 점화 드라이버 스테이지, (2) 점화 코일, (3) 아크 다이오드 활성화(스파크 활성화 억제), (4) 스파크 플러그. (*b*) 시스템 배치: (1) 점화 lock, (2) 점화 코일, (3) 스파크 플러그, (4) 컨트롤 유닛, (5) 배터리. (*Robert Bosch GmbH*와 *SAE* 제공[51])

winding)의 전류가 끊어지면서 자기장 에너지가 방출되고 코일의 2차 권선에 높은 전압이 생성된다. 전압(만약 충분이 높다면)이 스파크 플러그 전극 사이의 가스를 브레이크 다운하여 스파크 방전을 시작한다.[51]

다음 절은 엔진 점화와 관련해서 인화성 가스 혼합물에서의 전기 방전에 대해 기본적인 이해(9.5.1절)와 일반적인 엔진 점화 시스템의 작동 특성(9.5.2절)이 대해 검토하고, 간단히 전파 화염 생성을 대체할 수 있는 방식에 대해 알아본다(9.5.3절).

9.5.1 점화 기초

충분히 높은 전압이 가해졌을 때만 스파크 플러그의 한 전극에서 다른 전극으로 방전이 아크할 수 있다. 일반적인 스파크 방전에서, 전극 갭 사이의 전기 포텐셜이 중간의 혼합물의 브레이크다운이 발생할 때까지 증가한다. 갭 사이의 고압 전기장에 의해 가속된 전자들이 빠르게 가스 분자들을 활성화시키고 이온화한다. 이들 이온화 "스트리머"들이 한 전극에서 다른 전극으로 전파된다. 스트리머가 반대편 전극에 도달하면 갭의 임피던스가 급격히 감소하고 갭 사이의 전류가 급격히 증가한다. 방전의 이 단계를 *브레이크다운 단계*라고 부른다. 이어서 *아크 단계*가 발생하는데, 가는 실린더 모양의 플라즈마 아크가 주로 열전도와 확산 때문에 팽창하고, 인화성 혼합물에서 전파하는 화염 커널이 생기도록 하는 발열 반응을 시작한다(그림 9.24*a*). 그 다음에 보통 *글로우 방전 단계*가 시작하는데, 점화 시스템의 세부 특성에 따라, 에너지 저장 장치(예를 들면 점화 코일)가 방전 회로에 에너지를 쏟아 넣는다.[52]

그림 9.39가 코일 점화(TCI) 시스템에서의 스파크-방전 전압과 전류를 시간의 함수로 보여 준다. 일반적인 방전 전압 V와 전류 I의 값을 보여 준다; 실제 값은 전기 부품의 세부 사항에 달려 있다. 브레이크다운 단계는 높은 전압(~10 kV), 높은 전류(~200 A), 무척 짧은 기간(≤10 ns)에 의해 특징된다. 가는(~40 μm 직경) 실린더 모양의 이온화된 가스 채널이 아주 일찍 만들어진다. 전기 에너지는 거의 손실 없이 이 플라즈마 기둥으로 공급된다. 기둥 안의 온도와 압력은 급격히 증가하여 60,000 K와 수백 기압이 된다. 강한 충격파가 바깥으로 전파되며, 기둥이 팽창하고 결과로 플라즈마의 온도와 압력이 떨어진다. 플라즈마 에너지의 30% 정도를 충격파가 가져간다; 그렇지만, 원형의 충격파가 에너지의 대부분을 브레이크다운 플라즈마가 바로 팽창해 들어가는 작은(~2 mm) 구 안에 있는 가스로 전달하기 때문에 다시 회수된다.[52]

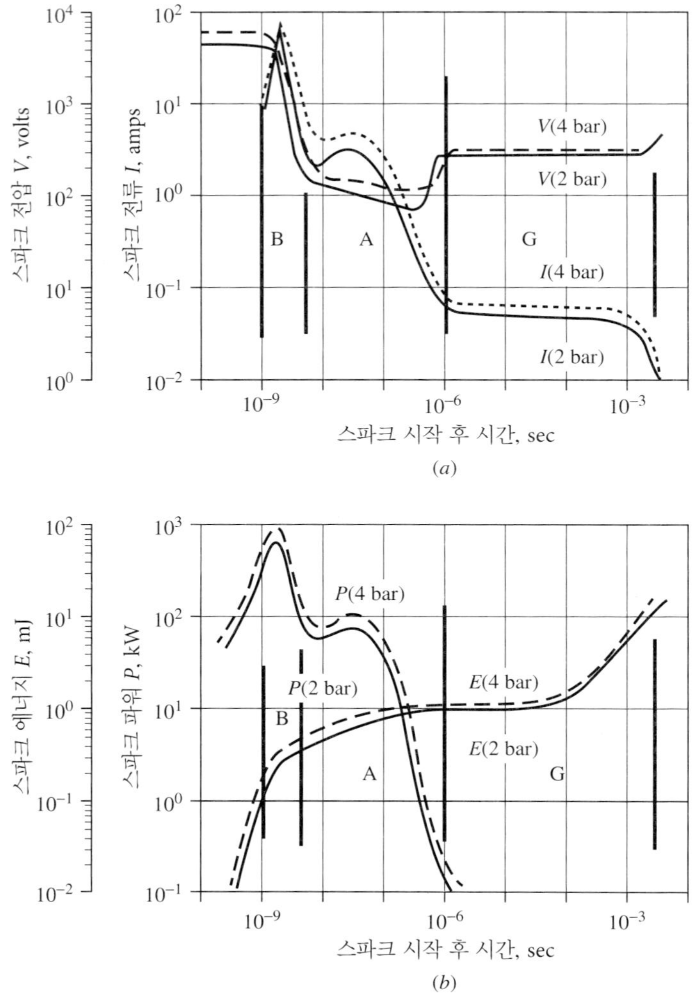

그림 9.39 (*a*) 시간에 따른 전압과 전류의 변화 (*b*) 상업화된 트랜지스터 코일 스파크-점화 시스템의 시간에 따른 파워와 에너지 변화. 공기중 300 K에서 1 mm 스파크 갭에 30 mJ의 에너지 공급. 대략 4 bar의 압력은 스파크 발생시 엔진 조건에 해당.[23] 세 단계가 있음을 유의하라-브레이크다운(B), 아크(A), 글로우 방전(G).

브레이크다운 단계가 항상 아크나 글로우 방전을 앞선다: 이것이 전극 사이에 전기 전도 경로를 만든다. 아크 단계의 전압은 낮으나(<100 V), 전류는 외부 회로가 허용하는 한도 내에서 높을 수 있다. 채널 안의 가스가 완전히 해리되고 이온화되는 브레이크다운 단계와 달리, 아크 단계에서는 비록 방전의 중심에서는 해리가 비슷하게 높을지라도 이온화는 훨씬 낮다(대략 1%). 음극과 양극 전극에서의 전압 감소는 아크 전압의 상당한 부분을 차지하고, 이들 전극 피복(sheath) 영역에 저장되었다가 전극 금속에 의해 전도되어 사라지는 에너지는 아크 에너지의 상당한 부분을 차지한다(표 9.4). 아크는 뜨거운 음극점을 요구하기 때문에, 음극 재료의 가열과 증발이 발생한다. 아크는 주로 열전도와 질량 확산 때문에 그 크기가 커진다. 이 에너지 전달 때문에 아크의 가스 온도는 5000 K 정도에서 제한된다: 온도와 해리 정도는 아크 축에서 멀어질수록 급격하게 감소한다. 글로우 방전의 일반적 특징은, 200 mA이하의 전류, 음극에서의 큰 전압 감소(300에서 500 V), 찬 음극, 0.01% 이하의 이온화이다. 아

표 9.5 브레이크다운, 아크, 글로우 방전의 에너지 분포†

	브레이크다운, %	아크, %	글로우, %
복사 손실	<1	5	<1
전극으로의 열손실	5	45	70
전체 손실	6	50	70
플라즈마 에너지	94	50	30

† 작은 전극에서 이상적인 조건에서의 일반적인 값.
원전: Maly와 Vogel.[52]

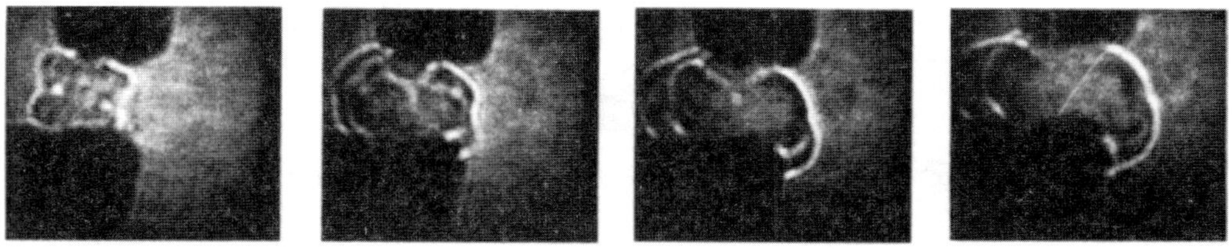

1 2 3 4

그림 9.40 스파크-생성 커널의 shadowgraph 사진. 왼쪽의 첫 번째 사진은 브레이크다운 후 약 35 μs 후의 두 스파크-플러그 전극(사진의 어두운 부분) 사이의 커널을 보여 준다; 사진 간격은 40 μs이다. 화학양론비 혼합물, 1100 rev/min. (*A. Douad, Institut Francais du Petole* 제공)

크 단계보다 에너지 손실이 크고 최고 평형 가스 온도는 3000 K 정도이다.[52]

정상적인 엔진 조건에서 스파크에 의해 잠잠한 화학양론비 연료/공기 혼합물을 점화시키는 데 0.2 mJ 정도의 에너지가 요구된다. 상당히 희박하거나 농후한 혼합물이나, 혼합물이 전극을 통과해 흐르는 경우에는 단위가 하나 더 높은 에너지가 요구될 수 있다. TCI 시스템은 30~100 mJ의 전기 에너지를 스파크에 공급하는데, 대부분 글로우 방전 단계에 공급한다. 위에서 설명한 방전 모드의 물리적 특성 때문에, 스파크 갭에 공급된 에너지의 일부분만이 가스 혼합물에 공급된다. 방전의 브레이크다운, 아크, 글로우 단계의 에너지 배분이 표 9.5에 있다. 복사 손실은 전체에 걸쳐 작다. 브레이크다운 단계는 뜨거운 음극점이 생기면서 끝나고, 방전은 아크로 바뀐다; 그 후 전극으로의 열손실이 상당해진다. 브레이크다운 단계가 최고 파워 레벨(~1 MW)에 도달하지만 에너지 공급은 작다(<1 mJ). 글로우 방전은 가장 낮은 파워 레벨(~10 W)이지만 오랜 방전 기간 때문에 가장 많은 에너지(30에서 100 mJ)를 갖는다. 아크 단계는 그 사이에 있다(그림 9.39 참조).[23] 위에서 설명한 것처럼, 브레이크다운, 아크, 글로우 각 단계의 다른 에너지 전달 능력은 주로 전극으로의 열손실 차이에 기인한다. 공급된 에너지가 증가하면 이들 손실도 증가한다. 아크와 글로우 방전에서, 방전시간이나 방전 전류(또는 둘 다)의 증가는 언제나 상당한 에너지-전달 효율의 감소를 가져온다. 만약 글로우 방전 전류가 100 mA 이상이 되면, 방전은 아크 모드로 변하고 심한 전극 침식이 발생한다. 그래서 아크와 글로우 전류에는 실제적 제한이 있다; 또 엔진에서의 점화에 주어진 시간이 방전 시간의 증가를 제한한다.

그림 9.40이 스파크-생성 화염 커널의 shadowgraph 사진을 보여 주는데, 이는 엔진 스파크 방전 관련 논의 맥락을 보여 준다. 첫 번째 사진(왼쪽)이 글로우 방전이 시작될 때에, 브레이크다운과 아크 방전에 의해 1에서 2 mm 직경의 층류-유사 화염 커널이 시작되었음을 보여준다. 화염이 전극 주위의 미연소 혼합물로 전파되어 갈 때 점차로 성장하며 크기가 커진다.

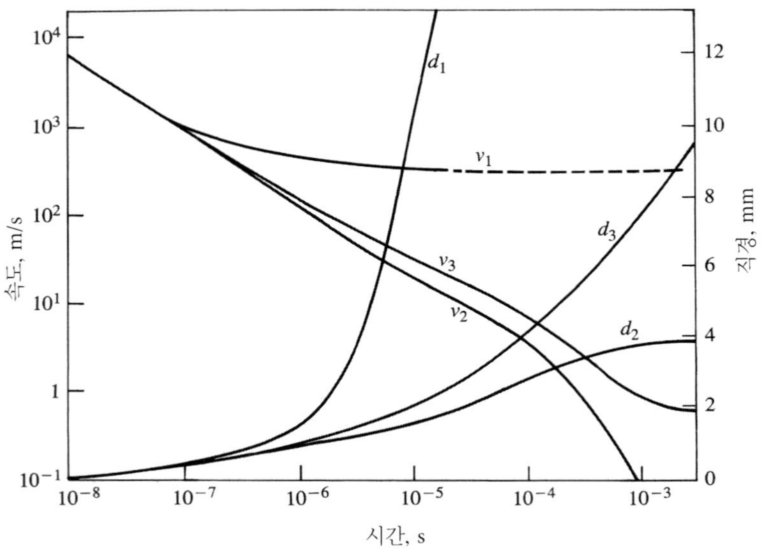

그림 9.41 커패시터-방전 점화 시스템에 의해 활성화된 부피의 직경(d)과 속도(v): 전기 에너지 3 mJ, 100 μs 기간. 아래 첨자는: 1, 1기압 공기에서의 충격파; 2, 1기압, 공기에서의 플라즈마; 3, 1기압, 화학양론비 메탄-공기 혼합물의 전기와 화학 플라즈마.[52]

사진은 뜨거운 화염 커널이 플러그 전극으로 상당한 열손실을 겪는 것을 보여 준다.

방전에서의 초기 팽창 속도는 자기-전파(self-propagating) 화염에 비해 훨씬 빠르다. 그림 9.41이 CDI 시스템의 3-mJ 100 μs 방전에 의해 활성화된 부피의 팽창 속도와 직경을 스파크 발생 후의 시간의 함수로 보여 준다. 그림의 커브는 (1) 1기압 공기에서 방전 후의 충격파; (2) 공기 1기압에서 플라즈마 연역의 성장; (3) 1기압 화학양론비 메탄-공기 혼합물에서 방전 후의 전기와 화학 플라즈마 영역이다. 초기의 강한 충격파는 급격하게 국소 음속으로 느려진다. μs 정도의 시간까지 연료 연소 화학 반응의 영향은 작다. 플라즈마 커브가 100 μs 경에서 속도 경사가 변화하는 것은, 브레이크다운 방전에서의 초기 높은 압력에 의한 팽창에서, 열전도와 확산에 의한 팽창으로 변화함을 보여 준다.

다른 세 방전 타입에서의 온도 분포는 추가 이해를 돕는다: 그림 9.42 참조. 브레이크다운 방전에서, 10 nanoseconds 시간 스케일에서, 온도가 60,000 K까지 오른다. 브레이크다운 에너지를 늘린다고 커널 온도가 올라가지 않는다; 대신 채널 직경이 늘어나고 플라즈마 부피가 커진다. 그리고 플라즈마 영역은 충격파 뒤에서 팽창하는 동안 커널 온도가 10,000K 정도 오더로 μs 스케일에서 감소한다. 아크와 글로우 방전은 그들의 파워 공급이 훨씬 낮아서, 커널 온도를 올리지 못한다; 대신 냉각 기간을 μs나 ms 시간 스케일로 각각 연장시킨다.[23]

이들 세 타입의 방전이 공기에 만드는 온도 프로파일의 특성은, 같은 전체 전기 에너지 입력(30 mJ)에도 다르다(그림 9.43 참조). 방전 중간-평면에서 반경 방향 프로파일이 보여진다. 브레이크다운 방전에 의해 생긴 충격파 뒤에서 플라즈마의 팽창파-유도 팽창은, 더 일찍, 가파른 온도 전면을 갖는 더 큰 플라즈마를 만든다. 그래서 주위의 미연소 혼합물로의 열과 라디칼 전달에 유리한 조건을 만들어낸다. 더군다나, 플라즈마 중심 영역으로의 찬 가스 유동의 유입은, 급격하게 팽창하는 유동이 전극에 만든 경계층 때문에, 효과적으로 가장 뜨거운 플라즈마를 찬 전극 표면으로부터 단열한다.[52] 훨씬 낮은 에너지의 초기 브레이크다운 과정에 이어서 생긴 아크와 글로우 방전은, 상당히 느린 팽창율과 열전도와 확산에 의해 만들

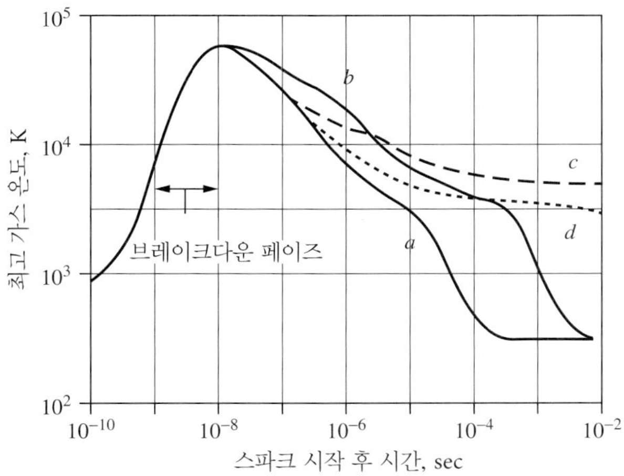

그림 9.42 다른 방전 모드와 점화 시스템에서의 시간의 함수로 표시한 최고 측정 가스 온도: (*a*) CDI, 3 mJ, 100 μs; (*b*) 브레이크다운, 30 mJ, 60 ns; (*c*) CDI 더하기 중첩 전류(2A), 아크, 30 mJ, 230 μs; (*d*) CDI 더하기 중첩 전류(60 mA), 글로우 방전, 30 mJ, 770 μs.[23]

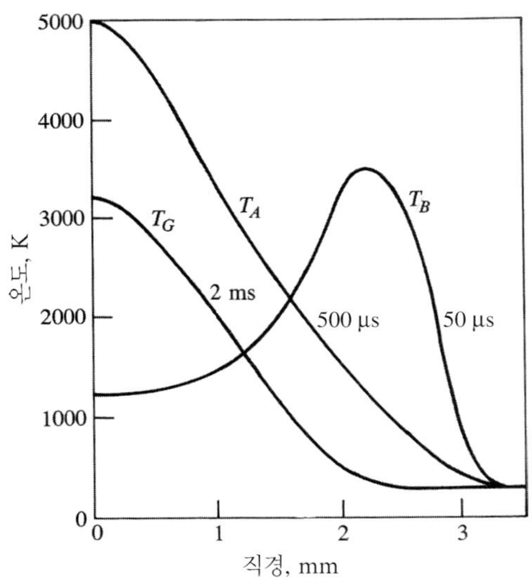

그림 9.43 1기압, 공기 조건에서, 다른 전기 에너지와 방전 시간을 갖는 점화 시스템들에서, 스파크 시작 후 선정된 시간에서의 반경 방향 온도 프로파일. T_B, 브레이크다운 방전, 30 mJ 에너지, 60 ns 기간; T_A, 커패시티브 방전, 3 mJ, 100 μs 기간과 함께 중첩 전류 아크 2 A, 30 mJ, 230 μs; T_G, 커패시티브 방전, 3 mJ, 100 μs 기간과 함께 중첩 일정-전류 글로우 방전 60 mA, 30 mJ 에너지, 770 μs 기간.[52]

어진 더 완만한 온도 프로파일을 갖는다.

스파크가 시작하고 몇 나노 초 후에 화학 반응을 분광법으로 관찰할 수 있다. 이들은 모든 무거운 입자들이 높게 들뜬 원자나 이온으로 존재하는 브레이크다운 플라즈마 내의 매우 높은 라디칼 농도에 의해 시작된다. 커널 온도가 너무 높아 정상적인 연소 생성물로 존재할 수 없으므로, 연소 반응은, 조건이 빠른 화학 활동에 이상적인(몇 천 켈빈의 온도) 플라즈마의 바깥 표면에서 발생한다. 방출된 화학 에너지는 플라즈마 에너지에 더해지고 플라즈마 속도가 100 m/s이하로 떨어질 때 명확해진다(그림 9.41 참조). 이 시점에서, 플라즈마 내부는 완전히 해리된 반응 가스 혼합물이고 에너지의 많은 부분이 라디칼에 저장되어 있다. 플라즈마 인터페이스에서의 가파른 온도 프로파일에 걸친 가스 조성의 예시를 표 9.6에서 볼 수 있다. 이 표는 C_8H_{18}-공기 연소 생성물의 평형 조성을 주어진 온도 범위에 대해 보여 준다. 그렇지만 가스는 평형에 있지 않음에 주의하라. 라디칼들은 다른 확산계수를 갖고 있는데 수소는

표 9.6 화학양론비 아이소옥탄-공기 연소 생성물 평형 조성

	온도, K†			
화학종	2000	3000	4000	5000
CO	2.4(−3)	6.1(−2)	9.4(−2)	9.0(−2)
CO_2	1.2(−1)	5.7(−2)	5.0(−3)	3.5(−4)
H	2(−5)	9.7(−3)	1.2(−1)	1.9(−1)
H_2	6.1(−4)	1.5(−2)	2.4(−2)	3.5(−3)
H_2O	1.4(−1)	1.0(−1)	l.l(−2)	1.2(−4)
N	*n*	l(−5)	6.6(−4)	1.2(−2)
NH	*n*	*n*	2(−5)	6(−5)
NO	5.7(−4)	1.5(−2)	2.9(−2)	1.7(−2)
N_2	7.3(−l)	6.9(−l)	5.7(−l)	5.1(−1)
O	l(−5)	8.6(−3)	9.8(−2)	1.6(−1)
OH	4.5(−4)	2.2(−2)	3.3(−2)	5.6(−3)
O_2	l.l(−3)	2.3(−2)	1.7(−2)	2.2(−3)

† 압력 4기압: 몰 분율, $9.0(-2) = 9.0 \times 10^{-2}$. $N = <5 \times 10^{-6}$.

다른 화학종보다 약 5배의 크기를 갖는다. 그래서 H 라디칼은 아직 반응하지 않은 혼합물로 훨씬 더 확산할 것이다. 화염 내의 고온 영역에서, 많은 수의 라디칼 입자들은 혼합물 분자와의 몇 번 충돌하면서 에너지를 전달한다. 영역의 낮은 온도 쪽에는, 평형보다 높은 농도의 연소를 시작하는 라디칼들(O, H, OH)가 모인다. 더해서, 이 영역으로 플라즈마 중심으로부터, 급경사 온도 구배를 따라 전도에 의해 높은 열 유입이 발생한다. 이들 조건의 결과로, 반응이 발생하고 에너지가 정상 화염보다 더 빠르게 방출된다.[52]

방전의 브레이크 단계의 특성이 화염 생성에 가장 큰 영향을 끼친다. 스파크가 시작한 후 주어진 시간 후의 활성화된 부피의 크기, 커널의 바깥 경계에서의 온도 차이, 경계면의 속도 등 모두 브레이크다운 에너지가 증가하면 상당히 증가한다. 아크와 글로우 방전 단계에서의 추가 에너지 입력은 이들 중요한 커널 특성에 대단하지 않은 영향을 미친다.

10 μs에서 ms의 몇 분의 일 정도의 시간 동안 이들 스파크에 의해 생성된 화염 커널 성장 과정에 대한 에너지 밸런스가 그림 9.44에 있다. 이들은 실험에 기초를 둔 결과이며, 화염 커널, 스파크 플러그, 가스의 개략도에 여러 에너지 플럭스가 정의되어 있다. 글로우 방전 단계에 충분히 들어갔을 때 화염의 바깥 선은 스파크 시작 후 0.8 ms 정도 후에 찍은 schlieren 사진이다. 이 기간 동안 화염 커널에서 방출된(그리고 소산된) 전기 에너지는 20 W 정도이다. 플러그 전극으로의 열손실율은, 플러그 표면에 의해 "젖은" 화염 표면 부분에 의존하는데(사이클 간 변화하는), 비슷한 크기를 갖는다(부호는 반대). 연소 에너지 방출률은—화염이 바깥 방향으로 전파될 때—초기에 전기와 열손실 에너지 전달률과 비슷하다. 화염이 성장함에 따라, 커널에서의 연소 에너지 방출률은 전기와 열손실 성분을 넘어선다. 우리는 초기 화염 커널 성장의 사이클 변화가(초기 0.2 ms 정도에서) 상당하다고 기대할 수 있다.

플라즈마와 미연소-혼합물의 인터페이스에 대한 모델이 위에서 설명한 복잡한 화염 시작과 전파 현상을 설명하기 위해 개발되었다(예를 들면 참고문헌 23, 53, 54, 55). 이들은 플라즈마 전면에서의 화학 반응에 의한 에너지 방출(그리고 라디칼 화학종 생성)이 전면의 미연소 가스로의 전도와 확산으로 인한 손실보다 커야 한다는 요구 조건을 기본으로 전제하고

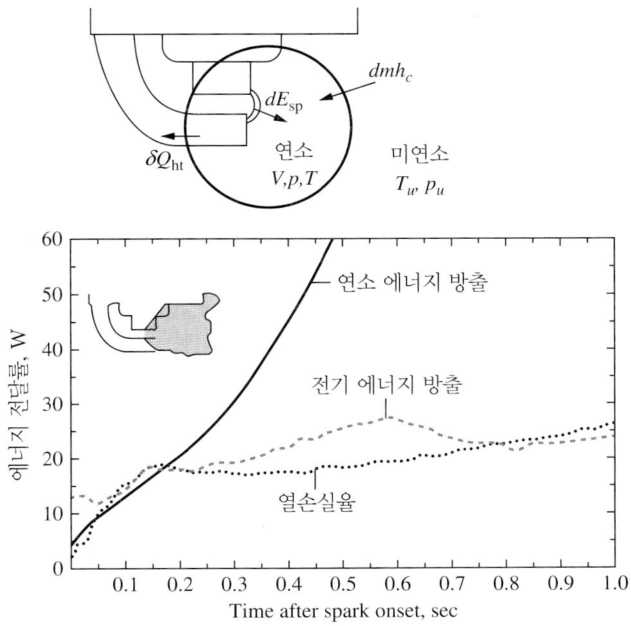

그림 9.44 스파크-점화 화염의 에너지 흐름(W): 스파크 시작 후 시간의 함수로 표현된 전기 에너지 소산율, 스파크 플러그와 절연체로의 열손실율, 연료 화학 에너지 방출률. 스파크 타이밍 65°BTC, 상대 *A/F* 1.25.[28]

있다. 이들 모델은 이미 잘 알려진 예혼합 연료-공기 혼합물을 점화하는 데 필요한 최소 에너지는 혼합물의 조성과 상태에 강하게 의존한다는 사실에 대한 이론적 기초를 제공한다. 점화 에너지는 화학양론비보다 약간 농후할 때 최솟값을 갖는다; 혼합물이 희박해질수록 성공적인 점화에 필요한 최소 에너지는 급격히 증가한다. 비록 초기 플라즈마 커널 성장(10에서 100 μs까지)은 혼합물의 당량비에 크게 영향을 받지 않지만, 초기 화염과 결과적인 화염의 두께와 전파 속도는 크게 영향을 받는다. 희박 한계(그리고 EGR 희석의 영향)가 더 실제적 흥미를 끈다. 혼합물이 희박해지거나 희석될수록 혼합물의 화학 에너지 밀도와 화염 온도가 감소하기 때문에, 화염 속도가 감소하고 화염은 더 두꺼워진다. 그래서 화염에 둘러 쌓인 영역으로부터의 열손실 시간이 길어지고, 이 손실을 상쇄하는 데 필요한 에너지가 적어지고, 이 영역으로의 에너지 전달률이 낮아진다. 그 결과로, 혼합물이 희박해질수록, 방전에 의해 생성되는 대략 구형의 플라즈마는 화염이 본격화되기 전에 더 큰 크기로 성장해야 한다. 그래서 상당히 더 많은 에너지가 방전에 공급되어야 한다.[52]

엔진에서는 혼합물이 잠잠하게 있지 않다: TC에서 간극 체적에 1에서 10 m/s 정도의 평균 속도와 떨림 속도가 존재한다. 브레이크다운 방전 단계의 시간 스케일에서(10 ns), 이 유체 움직임은 중요하지 않다. 그렇지만 아크와 글로우 방전 단계에서는 아크가 유동에 의해 플러그 전극 갭 바깥으로 대류되어 나갈 수 있고, 따라서 길어질 수 있다. 15 m/s 이하의 유동 속도에서는 방전 채널 길이가 점차로 늘어난다. 더 높은 속도에서는 재-점화가 더 많이 발생하여 방전 에너지가 여러 떨어진 채널에 분산된다. 채널이 길어질수록 전체 방전 전압을 양극 더하기 음극 전압 감소로 나눈 비는 상당히 증가하고, 전극으로의 열손실의 상대적인 중요성이 감소한다. 그래서 더 많은 에너지가 가스로 전달되고, 에너지-전달 효율은 증가한다. 그렇지만 채널이 길어질수록 전달된 에너지는 더 큰 부피에 나누어진다. 유동의 속도에 따라, 그리고 혼합물과 방전의 조건에 따라, 속도의 증가는 주어진 점화 시스템에서 최소 점화 에너지 또는 희박 점화 한계를 증가하거나 감소시킬 수 있다. 평균 유동 속도와 난류 레벨이 다 중요하다. TCI 시스템의 경우 재-점화가 발생하기 시작할 때까지 평균 유동 속도의 증가는 희박 한계를 넓힌다. 브레이크다운 방전 시스템에서는 유동 속도가 증가하면 희박 점화 한계는 감소한다. 낮은 유동 속도에서의 커패시터-방전 시스템에서는 유동은 별로 영향이 없다: 높은 유동 속도에서는 최소 점화 에너지가 증가한다.

Maly와 Vogel[52]은 스파크-방전 점화 화염의 기본 특성에 대해 다음과 같이 요약했다:

- 스파크에 공급된 전체 전기 에너지 중에 플라즈마의 바깥 표면 레이어(화염에 둘러 쌓인 영역 정도의 두께)에 포함된 부분만이 화염 전파 과정을 시작하는 데 사용될 수 있다. 레이어의 에너지 밀도와 온도 구배는 방전 모드에 의존한다. 만약 점화 에너지가 가장 짧은 시간 간격 안에 공급된다면 가장 높은 에너지 밀도와 온도 구배를 얻을 수 있다.
- 연료-공기 혼합물을 불 붙이려면, 스파크-생성 플라즈마의 최소 반경이 요구된다. 혼합물이 희박해질수록 이 반경은 급격히 증가한다; 이는 압력이 증가할수록, 플라즈마 팽창 속도가 증가할수록 감소한다.
- 화염이 시작된 후, 타는 속도는 화염 표면적에 비례한다. 그래서 가장 빠르게 가장 큰 초기 화염 영역을 만드는 방전과 플라즈마 형상이 유리하다.
- 불을 붙이는 데 점화 에너지를 효과적으로 사용할 수 있는 시간은 초기 화염 속도가 증가하면 감소한다. 불이 붙은 다음에 공급되는 점화 에너지는 화염 전파에 작은 영향밖에 갖지 못한다.

9.5.2 표준 점화 시스템

점화 시스템은 스파크 전극에 충분히 높은 전압을 제공해서 방전이 일어나게 하고 방전에 충분한 에너지를 공급하여 플러그 전극 근처에 있는 연소 가능한 혼합물이 모든 운전 조건에서 점화할 수 있도록 하여야 한다. 각 실린더의 작동 사이클에서 적절한 시기에 스파크를 만들어내야 한다(보통 압축 행정 말기에). 비록 가능한 최대 토크는 최대 압력 제한이나 노킹 제어 요구에 의해 제한될 수 있지만, 보통 스파크 타이밍은 최대 제동 토크를 주도록 정해진다. 주어진 엔진 설계에서, 이 최적 스파크 타이밍은 엔진 속도, 흡기 매니폴드 압력, 혼합물 조성이 변함에 따라 변한다. 그래서 대부분의 적용에서, 특히 자동차 적용에세는 이 시스템은 엔진 속도와 부하가 변할 때 자동적으로 스파크 타이밍을 변화할 수 있는 수단을 가져야 한다.

점화에 가장 적절한 당량비(화학양론비에 가까운)와 균일한 혼합물 분포를 갖는 경우, 스파크 에너지 1 mJ 정도와 몇 마이크로 초 기간이면 충분히 연소 과정을 시작할 수 있다. 실제로는 환경이 덜 이상적이다. 공기, 연료, 재순환된 배기, 잔류 가스는 실린더 간에 균일하게 분포되지 않고, 각 실린더 내의 공기, 연료, 재순환된 배기, 잔류 가스는 균일하지 않다. 스파크가 요구되는 시기의 스파크 플러그 전극 사이의 혼합물의 압력, 온도, 밀도가 스파크 생산에 필요한 전압에 영향을 준다. 이들은 엔진의 부하와 속도 범위에서 상당히 변한다. 그래서 스파크 에너지와 지속 기간은, 전체 엔진 운전 조건에서 스파크 플러그 근방에서 예상되는 가장 불리한 조건에서도 연소를 시작할 수 있게 충분하여야 한다. 흔히 스파크 에너지가 50 mJ이 넘고 기간이 0.5 ms보다 긴 경우, 믿을 수 있는 점화를 얻을 수 있다.

혼합물 질, 압력, 온도와 밀도 등에 의해 정해지는 스파크에 요구되는 조건에 더해, 스파크 플러그의 상태에 의해 정해지는 다른 것들도 있다. 오래 달린 후 플러그 전극이 침식되어 갭이 커지고 더 큰 브레이크다운 전압이 요구된다. 또, 스파크 플러그 절연기에 침착물이 쌓여서 스파크 플러그 오염이 일어나면 스파크가 옆으로 뛸 수 있다. 연료나 윤활유나 그들의 첨가제가 타서 침착물로 스파크 플러그 절연체에 쌓이면, 이 침착물이 스파크 전류에 다른 경로를 제공한다. 만약 스파크 플러그 침착물의 저항이 충분히 작으면, 침착물로 흐르는 전기 에너지 손실 때문에 가스의 브레이크 다운을 가져오는 데 필요한 높은 전압 상승을 방해할 수 있다. 옆으로 새는(side-tracking) 것의 스파크 생성에 대한 영향은, 높은 전압 공급의 소스 임피던스가 낮으면 줄고, 그래서 더 높은 유용한 에너지를 갖게 된다.

높은 전압 점화 소스의 기본 요구 사항은 다음과 같이 요약된다: (1) 플러그 전극 사이의 갭을 브레이크다운 하는 높은 점화 전압; (2) 급격한 전압 상승을 얻기 위한 낮은 소스 임피던스; (3) 충분한 크기의 스파크 커널을 만들기 위한 높은 에너지 저장 용량; (4) 점화를 확실하게 하는 충분한 방전 기간. 이들 요구 사항을 일부 또는 전부 간족하는 흔히 사용되는 몇 개념이 있다.[51]

코일 점화 시스템

유도 코일 점화 시스템은 스파크 점화기관에 여러 해 동안 사용되어 왔다. TCI 시스템이 성능에서 유리하고 가격이 싸기 때문에 대부분을 차지한다. 그림 9.38이 코일 점화 시스템의 일반적인 회로 배치를 보여 준다. 이 시스템은 점화 드라이버 스테이지, 1차와 2차 권선을 갖는 점화 코일, 회로의 고전압 접점에 연결된 스파크 플러그를 포함한다. 이 회로는 다음과 같이 작동한다. 스파크가 요구되기 전에, 점화 드라이버 스테이지가 전기 시스템의 전류를 코일의 1차 권선을 지나도록 스위칭한다: 이는 점화 코일의 철심에 자기장을 생성한다. 점화 시기에 1차 권선에 흐르는 전류를 끊는다. 코일의 자기 플럭스의 감소가 1차와 2차 권선에 전압을 유도한다. 2차 권선에 유도된 전압을 스파크 플러그로 보내 점화 방전을 생성한다.

대표적인 전류와 전압의 파형이 그림 9.39에 있다. 주어진 드웰 타임 t에서의 1차 전류는 다음과 같다.

$$I_p = \frac{V_0}{R}(1 - e^{-Rt/L_p}) \tag{9.62}$$

여기서 I_p는 1차 전류, V_0는 공급 전압, R은 전체 1차 회로 저항, L_p는 1차 회로 인덕턴스이다. 1차 전류는 생성되기까지 시간이 걸린다. 낮은 속도에서는 접점이 닫힌 시간이 1차 전류가 회로 저항에 의해 허용된 최댓값에 도달하는 데 충분하다; 고속에서는 1차 전류가 최댓값에 도달하지 못할 수 있다. 그래서, 높은 엔진 속도에서만 e^{-Rt/L_p}가 중요해진다. 1차 전류가 제로 로 떨어지면, 15 kV 오더의 전압이 2차 권선에 유도된다. 이 전압의 최고 값은 이 시스템이 생성할 수 있는 최대 전압이고 사용 가능한 *전압* V_a라고 부른다. 2차 시스템에 전달된 최대 에너지는 다음과 같다.

$$E_{s,\max} = \frac{1}{2} C_s V_a^2$$

여기서 C_s는 2차 회로의 전체 커패시턴스이다. 그래서 사용 가능한 전압은 다음과 같이 된다.

$$V_a = \left(\frac{2E_{s,\max}}{C_s} \right) \tag{9.63}$$

만약 코일의 1차 회로에 저장된 전 에너지 $\frac{1}{2}L_p I_p^2$가 2차에 전달된다고 하면,

$$V_a = I_p \left(\frac{L_p}{C_s} \right)^{1/2} \tag{9.64}$$

코일이 스파크 플러그에 연결되면, 2차 전압은 스파크 플러그의 브레이크다운 포텐셜에 도달하고, 플러그 전극 사이에 방전이 발생한다. 이 첫 번째 브레이크다운 단계에서, 앞에서 설명한 것처럼, 10나노 초의 타임 스케일에 10A 정도의 전류가 흐르고 전압은 1μs 정도의 시간에 낮은 값(100V 정도)으로 떨어지고 에너지는 아크 단계에서 소산된다. 브레이크다운을 일어나게 하는 전압 값을 스파크 플러그의 *요구 전압*이라 한다. 방전이 발생하는 기간을 *스파크 기간*이라 부른다. 점화 시스템의 사용 가능한 전압은 브레이크다운을 보장하기 위해 언제나 스파크 플러그의 요구 전압을 넘어서야 한다. 그리고 스파크는 어떤 조건에서도 연소를 시작할 수 있게 충분한 에너지와 지속 기간을 가져야 한다.

자동차 적용에서, 줄어든 점화 시스템 유지 보수, 스파크 플러그 사용 기간 연장, 희박하거나 희석된 혼합물의 개선된 점화, 증가한 신뢰성 등의 요구 때문에 트랜지스터 이용 코일 점화 시스템이 넓게 사용된다. 이 시스템은 높은 출력 전압을 제공하고 마모나 조정의 필요 없이 요구된 타이밍을 실현하기 위해 전자 트리거를 사용한다. 더 높은 출력 전압이 요구되는데, 그 이유는 스파크 플러그의 갭이 더 넓어졌기 때문이다(1 mm 정도). 넓어진 이유는 더 넓은 범위의 엔진 운전 범위에서 연료/공기 연소 가스 혼합물을 점화하는 능력을 향상하기 위해서이고, 또 스파크 플러그 교체 시기가 늘어나서 전극 침식이 갭을 늘리기 때문이다. 자동차 적용에서는 흔히 사용 가능한 점화 전압으로 30 kV 정도가 공급된다. 높은 전압에 더해서, 더 긴 스파크 유지 시기(2 ms 정도)가 만족할 만한 점화를 주는 엔진 운전 조건을 늘린다고 알려져 있다.

커패시티브-방전 점화(CDI) 시스템

이 시스템 타입에서는, 점화 에너지를 저장하는 데 유도 코일이 아니라 커패시터가 쓰인다. 커패시터의 커패시턴스와 충전 전압이 저장 에너지 양을 결정한다. 점화 변압기가 1차 전압을, 스파크 시기에 다이리스터(thyristor)를 통한 커패시터의 방전에 의해, 스파크 플러그에서의 높은 전압으로 올린다. CDI 트리거 박스는 커패시터, 다이리스터 파워 스위치, 충전 장치(변압기를 통한 펄스에 의해 배터리 전압을 충전 전압 300~500 V로 전환하기 위한), 펄스 모양 조정 장치, 제어 장치를 갖는다. CDI의 주된 장점은 스파크 오염에 의해 초래되는 고전압 점화 회로의 전기 션트(shunt)에 대해 덜 민감한 것이다. 빠른 커패시티브 방전 때문에 스파크는 강하지만 짧다(0.1~0.3 ms). 혼합물이 매우 희박하거나 희석된 경우 운전 조건에서 이는 점화 실패로 이어질 수 있다.

자석 점화 시스템

이런 타입의 점화시스템에서, 배터리나 발전기에 독립적으로 자석(magneto)이 스파크 방전에 필요한 점화 전압을 제공한다. 자석 점화는 작은 배기량의 4-행정이나 2-행정 엔진에 사용된다. 극 휠(pole wheel)의 회전하는 영구 자석이 닫힌 1차 권선에 전류를 만들 때 점화 아마추어에 자기 플럭스가 생성된다. 점화 전압을 생성하기 위해, 1차 전류가 끊기고 플럭스가 급격하게 무너지면서 권선에 높은 전압 펄스를 만들고 이는 스파크 플러그 전극으로 연결된다. 전류는 접촉 차단기나 트랜지스터에 의해 끊을 수 있다. 회전 극 휠에 의해 생성된 플럭스는 엔진 속도에 의존하기 때문에, 점화 전압의 크기는 속도에 따라 변한다.

스파크 플러그 설계

스파크 플러그의 역할은 고전압 방전을 발생해서 연소실 내의 연료 증기, 공기, 연소(잔류) 가스를 점화할 수 있는 전극 갭을 제공하는 것이다. 추가로, 이는 고전압 소스로부터 전극까

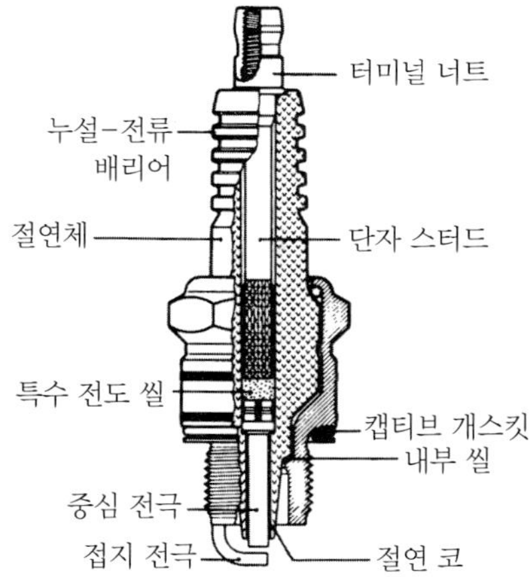

그림 9.45 표준 J-타입 스파크 플러그 단면도(*Courtesy Robert Bosch GmbH and SAE.*[56])

지 기밀의 전도 경로를 제공하여야 한다. 그림 9.45가 대표적인 스파크 플러그 설계를 보여 준다. 여기에는 3개의 주된 부품이 있다: 전극, 절연기, 뼈대(shell)이다. 절연 물질은 적절한 열 충격 저항과 인장, 압축 강도, 충격 강도를 갖춰야 한다. 또 연소 가스의 흡수를 제한하기 위해 낮은 다공성을 가져야 하고, 대기와 정상 운전 온도에서 모두 높은 전압 전하의 누설을 방지하기 위해 높은 저항을 가져야 한다. 알루미나가 흔히 절연 물질로 사용된다. 전극은 보통 높은 점화 전압과 고온과 최소 부식성 가스를 견디게 하기 위해 고-니켈 합금으로 만든다. 그림의 표준 J-플러그에서는, 중심-전극 표면 온도가 정상 운전 조건에서 800°C에 달할 수 있다. 접지 전극 온도는 약 1000°C에 달할 수 있다.[57]

J-플러그 전극의 몇 가지 면이 운전 중의 엔진 성능에 영향을 준다. 흔히 성능은, imep의 표준 편차(σ)나 변동 계수(COV)가 양산 엔진이 견딜 수 있는 값보다 높은 레벨—즉 COV_{imep}가 5% 또는 그 이상—에 도달하는 희박(λ) 또는 희석(EGR 퍼센트) 한계에 의해 결정된다. 접지 전극의 방향(점화 시의 플러그에서의 평균 유동 방향에 대한)이 이 한계에 영향을 준다. 발달하는 화염 커널을 전극 갭으로부터 플러그 직경을 지나 접지 전극으로 대류시키면 연소 변동이 커진다: 이 방향이 화염 커널로부터 접지 전극으로의 열손실을 가장 크게 한다. 또 접지 전극과 중심 전극의 단면 모양과 크기가 희박 한계와 연소 번동에 영향을 준다. 이는 전극으로의 커널 열 손실과 스파크-생성 화염으로의 전기 에너지 전달의 효율의 변동에 의해서 발생한다.[58]

연료-공기 혼합물을 공기(희박 운전)나 배기 재순환으로 희석하는 것은 점화에 비슷하지만 다른 영향을 미친다. EGR로 희석하는 것은 초과 공기에 의한 당량비 희석보다 더 점화 시스템 성능을 악화시킨다(연소 변동의 결과인 imep 변동으로 측정한). 낮은 엔진 부하에서, 공기에 의한 희석 운전 한계의 화학양론비로부터의 확장은, 배기 재순환에 의한 제로 EGR로부터의 확장보다(EGR이 혼합물 연소율에 단위 연료 질량당 미치는 영향이 크기 때문에), 퍼센트 희석으로 거의 두 배에 가깝다. 중간 정도의 희석에서($\lesssim$ 10% EGR) EGR이나 공기에 의한 희석은 점화 시스템 동작에 별 차이를 가져오지 않는다.[59]

플러그 절연 쉘(그림 9.45) 안의 특별 전도 씰(seal)의 위치는 스파크 플러그의 *열 등급*(heat rating)에 영향을 준다. “뜨거운” 플러그는 긴 원추형 코를 가지고 있다; “찬” 플러그는 짧은-코 절연체를 가진다. 절연체 코부터 쉘까지의 열 전도 경로의 길이가 이와 같이 변해서, 절연체의 노출된 부분의 온도를 변화하고 제어하는 데 사용된다. 엔진 속도가 증가하면 스파크 플러그 절연체 팁 온도가 증가한다. 낮은 속도와 부하에서는 절연체 오염을 방지하기 위해 팁의 온도가 500°C 이상인 것이 바람직하다. 고속 고부하 팁 온도는 표면 점화를 방지하기 위해 1100°C 이하로 유지해야 한다. 보통 중심과 접지 전극간의 갭은 0.8~1.2 mm 정도이다. 매우 희박한 혼합물에는 이 값이 증가한다. 자석 점화 시스템은 이보다 작은 갭(~0.5 mm)를 사용한다. 고 압축비 레이싱 엔진은 더 작은 갭을 사용한다(0.3~0.4 mm).

9.5.3 대체 점화 방식

위에서 설명한 장치들에 더하여, 스파크 점화기관에서 전기 방전에 의해 연소를 시작하는 많은 방식이 제안되고 검토되었다. 이들은 다른 스파크 플러그 설계, 하나 이상의 플러그 사용, 더 높은 파워 사용, 더 높은 에너지, 또는 더 긴 방전 기간, 다중-스파크 시스템, 고온의 반응 제트—플라즈마 제트와 화염 제트 점화 시스템—에 의해 주 연소를 시작하는 시스템 등이다. 표준 점화 시스템은 희박이나 희석 한계가 아닌 경우, 실린더 내의 미연소 연료, 공기, 연소 가스 혼합물을 정상적으로 점화시키고 만족스럽게 수행하게 한다. 그래서 이들 대체 점화 방식은 엔진의 안정 한계를 확장하는 목표(그리고/또는 안정 한계 근처에서 연소 사이클 변동을 줄이는)를 갖고 있는데, 보통 이는 더 전통적인 방식보다 초기 연소율을 빠르게 해서 달성한다. 이 절에서는 이들 대체 점화 방식의 더 흥미로운 점에 대해 설명한다.

대체 스파크-방전 방식

스파크 플러그에 대한 많은 다른 설계가 있다. 이들은 다른 모양의 전극, 갭 폭, 갭 배치 등이다. 전극 배치는 흔히 공기-갭(예: 표준 J-타입 플러그 설계), 표면-갭(방전이 절연체 표면에서 발생하는), 표면-공기-갭(이들 둘의 혼합) 등이다.

몇 가지 플러그 전극 설계 특징이 엔진의 안정 희박 운전 한계에 미치는 영향이 그림 9.46에 있다. 점화 시스템 영향은, 스파크 플러그 전극의 소염 효과에 의한 실화가 안정 운전 한계를 결정할 경우 중요하다. 그래서 작은 스파크 플러그 중심-전극 직경, 더 큰 전극 갭 폭, 작은 직경의 백금 중심 전극이 모두 정상적인 스파크 타이밍에서 희박(또는 더 많은 희석)한 혼합물의 희박 안정 한계를 확장하는 데 기여한다. 그림 9.47이 그림 9.46의 플러그 설계의 일부가 엔진이 희박해질 때 imep의 표준 편차(그래서 COV)에 영향을 주는지 보여 준

이름	양산 J-플러그	더 깊은 스파크 위치 J-플러그	원형 전극 스파크 플러그	표면-갭 스파크 플러그	얇은 전극 백금 플러그
전극 갭[mm]	0.8	0.8	1	1.55	1.3
스파크 위치 x [mm]	3.5	9	5 - 2 - 0	4	3
도면	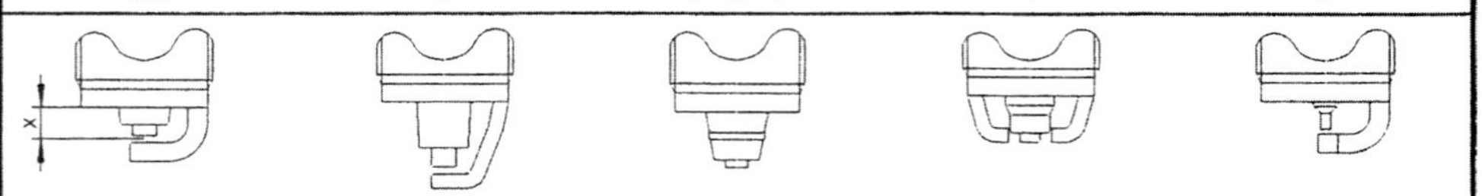				
희박 한계(λ max) at σ_{imep} = 20 kPa (COV_{imep} = 7%) 2000 rev/min 280 kPa net imep	1.57	1.50	1.47	1.51	1.67

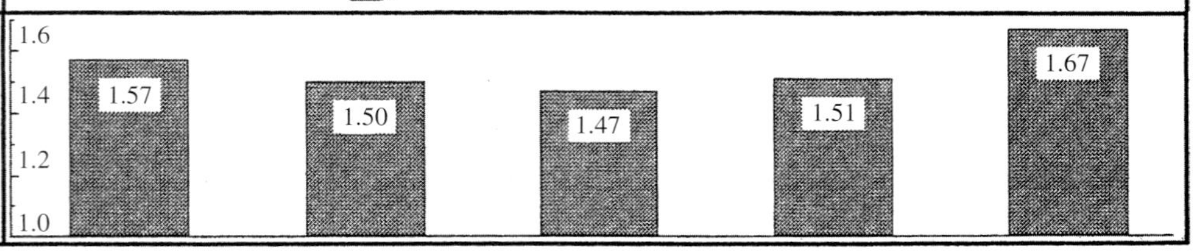

그림 9.46 몇 가지 다른 스파크 플러그 설계(전극 치수와 함께)와 그 희박 운전 한계(λ_{max}), 2000 rev/min, 280 kPa 순 imep, 중간 텀블, COV_{imep} = 7%.[59]

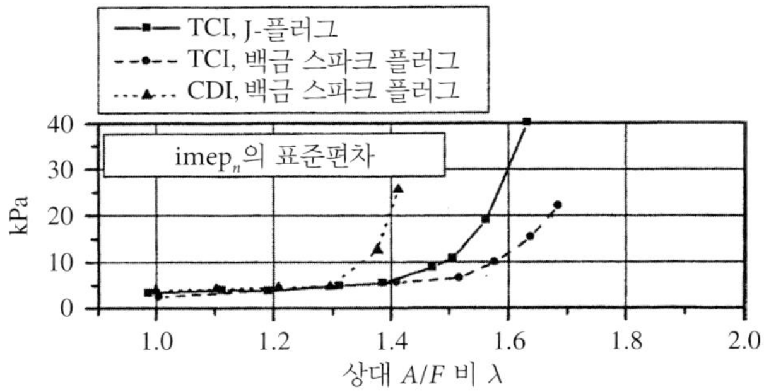

그림 9.47 상대 *A/F*, λ의 함수인 순 imep의 표준 편차, 2000 rev/min, 280 kPa 순 imep, 실린더 유동의 중간 텀블: TCI J-타입 플러그, TCI 얇은 백금-중앙-전극 플러그, CDI 백금 전극 플러그.[59]

다. 화학양론비와 20% 정도까지의 희박한 운전에서, 이 부하와 속드에서 플러그와 점화 시스템 변화는 연소 변동에 영향을 주지 않는다. 그렇지만, imep의 표준 편차가 빠르게 증가하기 시작하는 희박 레벨은 크게 영향을 받는다. 희박한($>\lambda = 1.3$) 혼합물에서, TCI 시스템(150 mJ)과 유사한 에너지를 갖지만 더 짧은 방전 기간(1.7 ms대신 0.25 ms)의 CDI 시스템(140 mJ)은 그렇게 효과적이지 않음을 주의하라. 얇은 전극과 백금 중앙 전극을 갖는 플러그가 에너지를 플라즈마로 전달하는 효율이 높고, 화염 커널과 접촉하는 표면적이 작아서 전극으로의 열손실이 작아지기 때문에, 가장 희박한 안정 운전 한계를 갖는다.[59] 다중-갭 플러그는, 긴 아크를 형성하면서 몇 개의 방전을 생성하도록 설계된, 초기에 더 큰 화염 커널을 만들고 그래서 희박 한계를 확장하기 위해 사용되었다.

하나 이상의 플러그 사용—연소실의 다른 위치에 있으면서 점화는 동시에 되는—도 또 다른 옵션이다. 장점은 두 가지이다. 첫째, 화염 발달의 초기 단계에서 실제적인 화염 면적이 상당히 늘어난다: 멀리 떨어진 플러그의 경우에는 거의 두 배 가까이 커진다. 둘째로, (여러) 플러그 주위의 유동의 속도와 혼합물의 조성의 변동이, 하나의 플러그 경우보다 초기 혼합물-연소율에 더 작은 총합 변동을 가져 온다. 열-방출률, 화염 발달 각, 고속-연소 각, imep와 토크 떨림에 대한 연구가 점화 사이트를 1에서 12까지 올릴 때 또 그들의 위치를 변화시킬 때의 영향을 정의하였다. 이들 결과는 동시에 발달하는 화염 커널의 수를 증가시키면 초기 혼합물-연소율을 예측한 바와 같이 증가시킨다는 것을 확인했다. 또 연소가 느리고 가끔 부분 연소가 발생하는 적은 수의 스파크 플러그 갭의 경우에 비해 희박 안정 운전 한계를 확장하고 사이클 연소 변동을 줄인다.[60]

표면 갭 플러그(또는 세미-표면 갭 플러그)가 존재하고 특히 직접-분사 스파크 점화기관에서 하나의 옵션으로 고려된다. 그런 스파크 플러그의 예가 그림 9.46에 있다.[2] (2개 또는 그 이상)의 접지 전극이, 방전이 절연기 표면을 따라 발생하게 하기 위해 절연기 팁과 부분적으로 겹치면서, 사용된다. 표면 방전은 절연기 표면을 자가-청소하는 기능을 제공하는데, 직접-분사 엔진에서는, 특히 성층화 모드에서(9.3.5절 참조), 절연기가 탄소 오염될 확률이 높기 때문에 유용하다. 표면 플러그가 갖고 있는 문제점은 표면을 지나 생기는 스파크 전류 채널링 때문에 절연기 팁에 손상이 갈 수 있다는 것이다. 세미-표면 다-전극 플러그 설계에서는(스파크가 가스-스파크와 표면-스파크 둘 다로 발생하는) 채널링 문제가 극복될 수 있다. 이들의 자가-청소 기능과 분산된 스파크가 층상-급기 연소를 안정화시킨다. 이들 타입의 플러그는 더 높은 압력에서 작동하는 직접-분사식 엔진의 부담이 더 큰 점화 요구에 유리하다고 주장되기도 한다.[61]

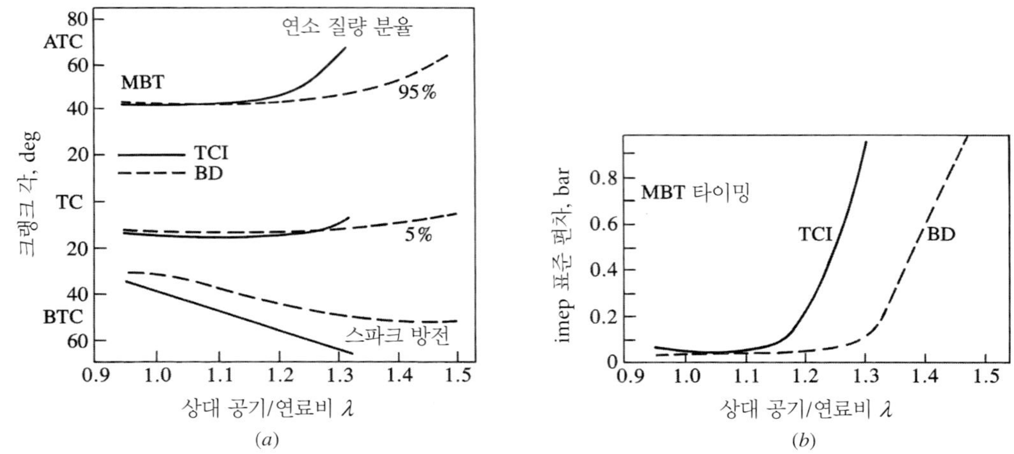

그림 9.48 (*a*) 기존의 트랜지스터 코일 점화(TCI) 시스템(43 mJ 에너지, 2 ms 기간)과 브레이크다운 시스템(BD)(43 mJ 에너지, ~10 ms 기간)에서, MBT 스파크 타이밍과 5-95% 질량 분율 연소 시점 대 상대 공기/연료비 $\lambda(= 1/\phi)$. (*b*) TCI 와 BD 시스템에서 상대 공기/연료비 λ의 함수로 그린 도시 평균 유효 압력의 표준 편차.[62]

연속해서 여러 스파크 방전을 제공하는 플러그와 점화 시스템도 또 다른 옵션이다. 각 방전의 "재발(restrike)"은 새 아크를 만들고, 그래서 전기 에너지가 점화 코일에서 스파크-생성 커널에 전달되는 효율을 증가시킨다.

더 넓은 의미에서, 스파크-플러그 전극은 점화 시스템 전기 회로를 수정하면 이온 전류 센서로 사용할 수 있다. 스파크-점화 기능을 마치면 플러그 전극 사이에 전압이 걸리고, 전극 갭의 뜨거운 연소 가스에서의 전류(이온에 의해 흐르는)를 측정하여 가스의 전기 전도율을 측정할 수 있다. 그래서 실화 엔진 사이클을 감지할 수 있는데 그 이유는 낮은 온도의 미연소 혼합물의 가스 전도율이 매우 낮기 때문이다. 노킹도 감지할 수 있다. 실린더 내 가스 압력의 요동이 스파크 플러그를 싸고 있는 연소 가스의 온도 요동을 일으키고, 이는 가스의 전기 전도성의 요동을 일으켜서, 이온 전류의 요동으로 나타난다. 그래서 점화 시스템은 실린더의 혼합물을 안정하게 점화시키는 역할만이 아니라, 실화나 노킹의 감지기 역할을 할 수 있다.

여러 연구자가 희박 운전 한계 근처에서 엔진 운전에 미치는 높은-에너지 방전의 영향에 대해 연구하였다. 높은 전류 방전과 긴 지속기간 방전을 구별하는 것이 편리하다: 대부분의 높은-에너지(기존의-타입) 점화 시스템은 이들 두 특징을 다 갖고 있다. 이들 연구의 결과에 의하면 희박 또는 희석 안정 운전 한계에서 벗어나 있는 경우, 방전 전류나 기간을 늘리는 것은 엔진 운전 특성에 거의 영향을 주지 못한다. 높은 전류는, 예상할 수 있는 것처럼, 초기 화염 성장 과정에서 커다란 화염 커널을 만들어서, 주어진 연소실과 운전 조건에서 MBT에 요구되는 스파크 지각을 어느 정도 줄일 수 있다. 그렇지만, 높은 전류와 긴 기간의 방전은 희박 엔진 안정 한계(또 희석물, EGR에 의한, 한계)를 확장한다. 탄화수소 배출 데이터가 실화 한계를 확장하는 데 긴 방전이 높은 전류보다 더 큰 효과를 가진다고 제시한다. 희박 운전 한계에 가까워질 때 연료 소비가 증가하는 것이 관측되는데, 이는 사이클 간 연소 변동이 급격히 증가하고 이로 인해 평균 imep와 토크가 감소해서 발생한다. 높은 브레이크다운과 아크 방전 에너지는 전극 침식을 증가시킨다.

9.5.1절의 방전의 기초에 관한 설명에서, 초기 짧은 브레이크다운 단계에 에너지를 투입

하는 것이 나중에 더 긴 시간에 걸쳐 같은 에너지를 투입하는 것보다 더 빠른 화염 커널 성장을 가져 온다는 것을 보였다. 이런 *브레이크다운* 점화 시스템에서, 스파크 플러그와 평행하게 커패시터가 연결되어 있고, 낮은 임피던스 방전 경로가 커패시터에 저장되어 있던 에너지가 갭으로 급격하게 방전될 수 있도록 한다. 예상되는 엔진 연소 과정에의 영향이 관찰되었다. 희박 엔진 안정 한계에서 멀어진 경우에, 주된 효과는, 더 빠른 초기 화염 커널 성장 때문으로 인한 화염 성장 기간의 감소이다. 그래서 그림 9.48에 보인 바와 같이, 이 브레이크다운 시스템에서 기존 시스템에 비해 MBT 타이밍이 덜 진각된다. 또 그림 9.48*b*에 보인 바와 같이, 희박 한계가 확장될 수 있고, 더 희박하거나 희석된 엔진 운전에서 받아들일 만한 엔진 안정을 얻을 수 있다(즉 견딜만한 사이클 간 연소 변동).[62, 63]

플라즈마-제트 점화

플라즈마-제트 점화에서는, 스파크 방전은 플러그 전극을 싸고 있는 캐비티에서 발생하고, 이는 오리피스에 의해 연소실로 연결된다(그림 9.49*a* 참조). 플러그 전극에 공급되는 전기 에너지는 기존의 점화 시스템의 값보다 상당히 높다. 이는 커패시터가 상대적으로 낮은 전압과 높은 전류를 기존 방식의 높은-전압 낮은-전류 점화 시스템에 의해 생성된 스파크를 통과해, 방전하도록 하기 때문이다. 저장된 몇 백 mJ의 에너지를 사용하고 이 에너지는 약 20 μs에 방전된다. 이 높은 파워의 방전은 고온의 플라즈마를 급격히 생성하기 때문에 캐비티의 압력이 상당히 올라가고, 플라즈마 초음속 제트가 캐비티에서 주 연소실로 흐르게 된다. 플라즈마는 난류 제트로 연소실에 들어가는데 그보다 먼저 반구형 폭발파(blast wave)가 들어간다. 폭발파의 가스 동력 효과는 연소가 시작할 때는 소산된다. 초기 연소율은 표준 TCI 시스템보다 한자릿수 정도 더 빠르다. 주 연소실의 점화는 난류 플라즈마 제트에서 일어난다; 초

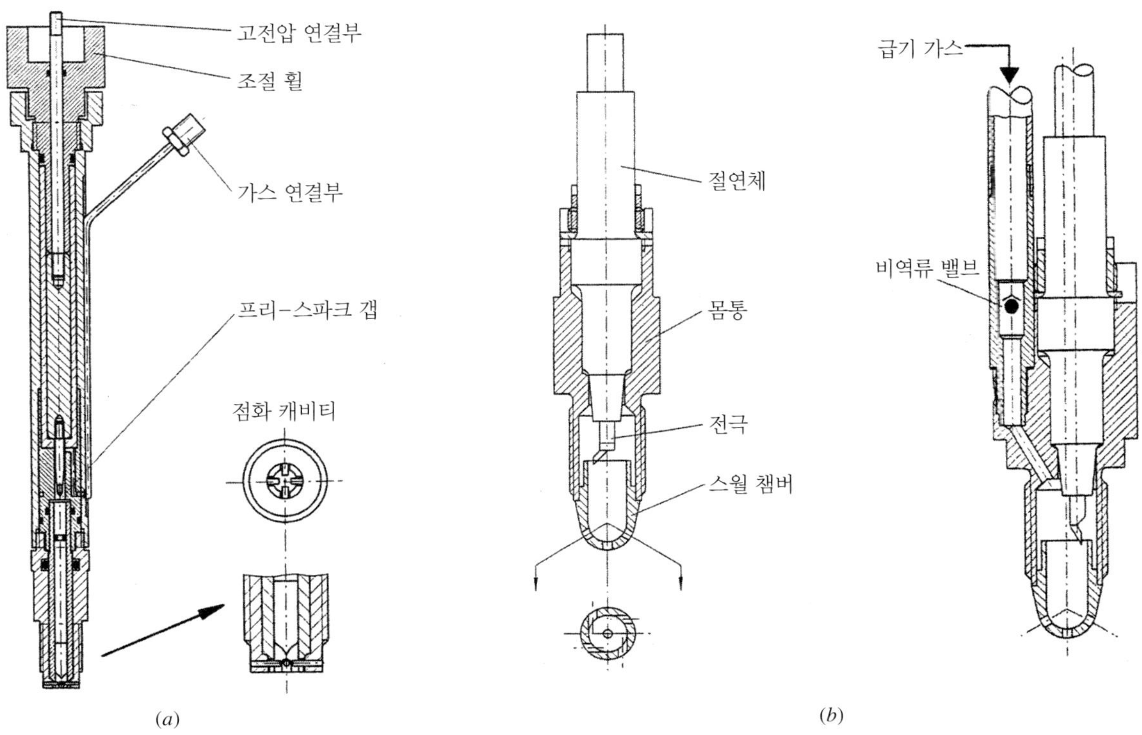

그림 9.49 (*a*) 플라즈마-제트 점화 시스템과 (*b*) 스월 챔버 스파크 플러그(왼쪽은 급기 없는, 오른쪽은 급기 있는 스월 챔버)[59]

기에 층류와 비슷하게 시작하는 기존의 점화 시스템과 다르게 이 경우 화염은 난류 화염으로 시작한다. 제트의 관통은 초기 모멘텀에 의존한다; 그래서 이는 투입된 에너지 양, 캐비티 크기, 오리피스 면적에 의존한다. 만약 캐비티가 점화 전에 탄화수소(또는 탄화수소 혼합물)로 차 있다면, 플라즈마에 의해 생성된 수소의 큰 증가 때문에 점화 능력은 높아진다.[59, 64]

플라즈마-제트 점화기의 엔진 연소에 미치는 영향은 브레이크다운 점화 시스템과 유사하다. 화염 발달 기간이 상당히 짧아진다: 그래서 MBT 타이밍에서의 점화가 TC에 가깝게 발생한다. 사이클 간 연소 변동이 커지는 희박/희석 혼합물 레벨이 상당히 확장되고, 엔진의 희박 또는 희석 안정 운전 한계도 확장된다.[59]

화염-제트 점화

이 타입의 시스템은, 점화가 부실(prechamber) 캐비티에서 일어나는데, 이는 피스톤 위 주 연소실로부터 분리되어 있고 하나 또는 다수의 오리피스나 노즐에 의해 연결되어 있다. 그림 9.49*b*의 스월 챔버와 급기(scavenged) 챔버 플러그 설계를 참고하라. 스파크 플러그 갭을 부실에 위치시키면 (부실 벽면으로부터의 열전달에 의해) 플러그 전극을 싸고 있는 혼합물의 속도와 가스 온도가 증가한다. 이 캐비티에서 화염이 발달하면, 부실 가스의 압력이 증가하여 가스를 주 연소실로 오리피스(또는 오리피스 들)을 통해 하나나 다수의 연소 난류 제트로 밀어낸다. 이 제트 또는 큰 오리피스에서는 "구름(cloud)"이 주 연소실을 관통하면서 주 연소실의 미연소 혼합물을 점화시키고, 이에 의해 초기의 주 연소 과정을 시작한다. 캐비티 내의 점화는 보통 표준 스파크 방전에 의해 달성한다. 부실 또는 캐비티의 역할은 스파크 플러그 전극 근방의 초기 화염을 주 연소실로 분사되는 하나 또는 몇 개의 압력에 의해 구동되는 화염 제트(또는 "구름")로 변화시켜서, 이들 상당한 표면적을 가진 제트가 극도로 희박하거나 희석된 혼합물을 반복적인 매너로 점화할 수 있도록 하는 것이다. 이 목적을 달성할 수 있는 여러 다른 시스템이 개발되었다; 이중 일부는 양산 스파크 점화기관의 생산에 사용되었다.

화염-제트 개념의 간단한 타입에서는, 캐비티에 급기가 없고 부실에 연료 계량 시스템이 없다. 부실의 기능은 스파크 방전 직후 화염의 초기 성장율을 증가시키려는 것이다. 다른 방식은 스파크 플러그 내에 (작은) 캐비티를 만드는 것이다. 부실의 부피가 간극 체적의 20%에서 1% 사이의 시스템이 개발되었다. 압축에서 캐비티 안으로 흘러 들어가는 유동에 의해 부실 안에 생성되는 유동 패턴, 캐비티 내에서의 스파크 전극의 위치, 노즐 또는 오리피스가 설계의 핵심 이슈이다. 이런 시스템의 문제는 부실이 신기에 의해 사이클 사이에서 완전히 소기되지 못해서, 부실 내의 미연소 혼합물 중의 연소 가스 분율이 주 연소실 미연소 혼합물의 연소 가스 분율보다 언제나 높다는 데 있다.

그림 9.49*b*에 있는 것과 같은 스월-챔버(SC) 플러그의 점화와 연소 특성이 그림 9.50 표준 J-플러그와 비교되어 있다. 부실 부피는 간극 체적의 2%이다. SC 플러그 중심 전극은 용접된 백금 핀을 갖고 있다. 점화 스파크 아크가 핀에서 부실 벽으로 튄다. 이 부분—부하 낮은—속도 조건에서 부실과 주 연소실의 압력 차이는, 연소가 부실에서 부 연소실로 변환할 때, 100에서 200 kPa사이이다. 표준 점화 시스템과 연소 페이징을 비교해 보면, 엔진이 희박해질 때, 화염-제트의 최적(MBT) 스파크 타이밍은 표준 J-플러그 시스템에 비해 상당히 덜 진각되어 있다. 그 이유는 화염이 발달할 때 초기 연소율이 빠르기 때문이다. 그렇지만 연소의 중간과 끝의 크랭크 각은 비슷하다.

다른 SC 플러그의 희박 운전 한계는 이들 플러그가 급기가 안되는지, 또는 여러 종류의 가스로 급기 되는지에 의존한다. 안정 희박 운전 한계는, 혼합물이 점점 희박해짐에 따라 급격한 사이클 간 연소 변동의 악화가 오는데, 이에 의한 imep의 표준 편차의 급격한 증가에 의해 정

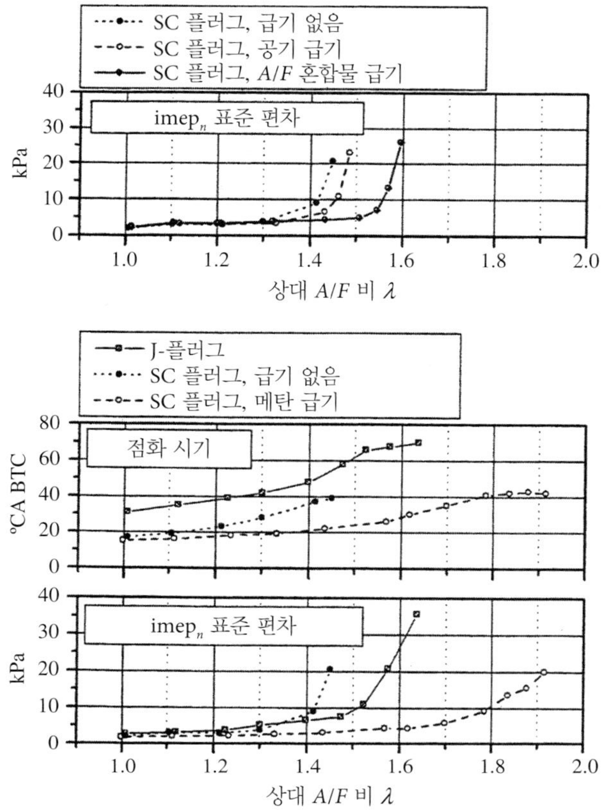

그림 9.50 스월 챔버 스파크 플러그에서 상대 공기/연료비의 함수로 표시한 연소 특성들(순 imep 표준 편차와 점화 타이밍): 무급기, 공기, 공기-연료, 메탄 급기. 비교를 위하여 J-플러그 특성을 같이 보여줌. 2000 rev/min, 280 kPa 순 imep, 적당한 텀블.[59]

의된다. 급기가 없는 SC 플러그 운전에서, 이 한계는 표준 J-플러그 TCI 시스템 한계보다 덜 희박하다. 급기가 희박 한계를 개선한다: 공기 급기가 적당히, 공기-연료 혼합물이 좀 더, 메탄은 가장 많이 개선한다. 급기가 연소 후 스월 챔버에 남은 잔류 연소 가스의 높은 농도를 제거하는데 공기, 공기-연료 혼합물, 연료의 순으로 부실에서 점화하고 태우기가 쉬워진다.

화학양론비에 가까운 운전의 경우 연소 변동의 영향은 작다. 심하게 희석된 혼합물에서, 부실과 주 연소실에서의 더 빠르고 더 반복적인 초기 연소 과정이 도움을 준다. 스파크 시기에, 흡기 시스템에서 신기에 일어나는 주 연료-분사 과정에 더해서, 부실에 약간 농후한 즉시-점화-가능한 혼합물을 준비하는, 부실 성층화 엔진의 역사가 있다. 이 방식에서, 부실의 부피는 간극 체적의 20에서 25% 정도이다. 흡기 과정에서 별도의 작은 흡기 밸브가 아주 농후한 혼합물을 부실에 공급하고, 주 연료 계량 시스템이 희박한 혼합물을 주 흡기 밸브에 공급한다. 압축 중에 부실로 들어가는 주 연소실의 희박한 혼합물이 부실의 혼합물 당량비를 스파크 방전 시에 약간 농후하게 만든다.

요약

전체적으로, 이들 몇몇 대체 점화 개념이, 표준 점화 시스템을 갖춘 기존 엔진에 비해 엔진의 희박 안정 운전 한계를 공기/연료비로 몇 정도 증가시킨다. 그렇지만, 화학양론비 운전(10 또는 그 정도 EGR에서까지)에서 "더 센" 점화 시스템은 엔진 연소 과정의 안정성에 별 영향을 끼치지 못한다. 주된 이유는 이들 조건에서, 사이클 간 연소 변동은 크지 않고 "개선된 점화"가 필요하지 않기 때문이다. 즉, 만약 점화가 이미 만족스러우면 더 좋은 점화 시스템은 가치가 높지 않다.

9.6 비정상 연소: 자발적 점화와 노킹 _*Abnormal Combustion: Spontaneous Ignition and Knock*

9.6.1 현상 설명

SI 엔진에서 비정상 연소는 여러 가지 방식으로 들어난다. 실제로 중요한 여러 비정상 연소 과정 중에서, 제일 중요한 현상은 노킹과 표면 점화이다. 이들 비정상 연소 현상은 관심의 대상인데 그 이유는: (1) 심할 때 이들은 엔진 손상을 가져올 수 있다; 그리고 (2) 심하지 않다고 해도, 엔진이나 차량 운전자는 불쾌해 한다. *노킹*이라는 이름은 상당한 양의 *끝가스*(전파 화염 앞 쪽의 연료, 공기, 잔류 가스, 혼합물)가 자발적 점화를 할 때 발생하는 엔진 구조물을 통해 전해지는 소음 때문에 붙여졌다. 이 비정상 연소 과정이 발생하면, 끝가스에서 엄청나게 빠른 화학 에너지 방출이 있고, 이는 매우 높은 국소 압력과, 연소실을 가로 질러 전파하는 상당히 큰 압력파를 초래한다. *표면 점화*는 연소실 벽면의 뜨거운 지점에 의해 연료-공기 혼합물이 점화하는 것인데, 예를 들면 과열된 밸브나 스파크 플러그, 또는 달아 오른 연소실 침전물 등으로, 정상적인 스파크 방전이 아닌 것에 의한 점화다. 이는 스파크가 발생하기 전에(*전-점화*) 또는 후에(*후-점화*) 일어날 수 있다. 표면 점화 후에, 화염이 각 표면-점화 위치에서 발달하고 정상 스파크 점화 후에 발생하는 것과 유사하게 연소실을 가로 질러서 전파되기 시작한다.

노킹을 유발하는 자발적 점화는 끝가스의 온도와 압력 이력에 의해, 그래서 연소 과정의 페이징과 발달 속도에 의해, 지배되기 때문에, 다양한 이 두 현상의 조합이—국소 자발적 점화와 노킹의—발생할 수 있다. 이들이 그림 9.51에 카테고리화되어 있다. 다른 사이클은은 정상 연소인데, 일부(또는 전체) 사이클에서는 자동점화(autoignition)가 반복해서 일어나는 경우 이 현상을 *스파크-노킹*이라고 부른다. 반복적이라는 말은 가끔 보다 자주 일어난다는 의미이다: 노킹 현상은 사이클 간에 상당히 변화하고, 다기통 엔진에서 실린더 간 다르고, 항상 매 사이클마다 일어나는 것은 아닐 수 있다(아래 참조). 스파크-노킹은 스파크 진각에 의해 제어할 수 있다: 스파크를 진각하면 노킹 심각성이나 강도를 증가시키고 스파크를 지각하면 노킹을 감소시킨다. 표면 점화는 보통 정상 스파크 점화에 비해 더 빠르게 끝가스의 압력과 온도를 증가시키기 때문에(왜냐하면 화염이 더 일찍 전파를 시작하거나 하나 이상의 소스에서 전파하기 때문에), 노킹은 표면 또는 국소 점화에 이은 더 높은 엔진 부하에서의 결과일 가능성이 높다. 표면 점화가 노킹을 일으키는 지의 여부를 밝히기 위해, 노킹 표면 점화와 비-노킹 표면 점화의 용어가 사용된다. 노킹 표면 점화는 보통 달아 오른 연소실 침전물에 의한 전-점화에 의해 유래한다: 노킹의 심각성은 일반적으로 전-점화가 일찍 일어날수록 증가한다. 노킹 표면 점화는 스파크 타이밍을 지각해서 정상적으로 제어할 수 없는데, 그 이유는 스파크-점화 화염이 노킹의 원인이 아니기 때문이다. 비-노킹 표면 점화는 작동 사이클에서 늦게 일어나는 표면 점화와 연관되어 있다.

엔진의 압축비가 높아지고 엔진 터보차징이 더 많이 사용되면서 실린더 내 압력이 높아져서, 새로운 노킹 현상이 관찰되었다: 산발적인 *전-점화*(sporadic preignition). 불연속적으로 압축과정 말기에 스파크 방전이 일어나기 전에 실린더 내 미연소 혼합물의 국소 영역이 자동점화한다. 그 후의 화학 에너지 방출이 비정상적으로 높은 압력과 미연소 혼합물 온도를

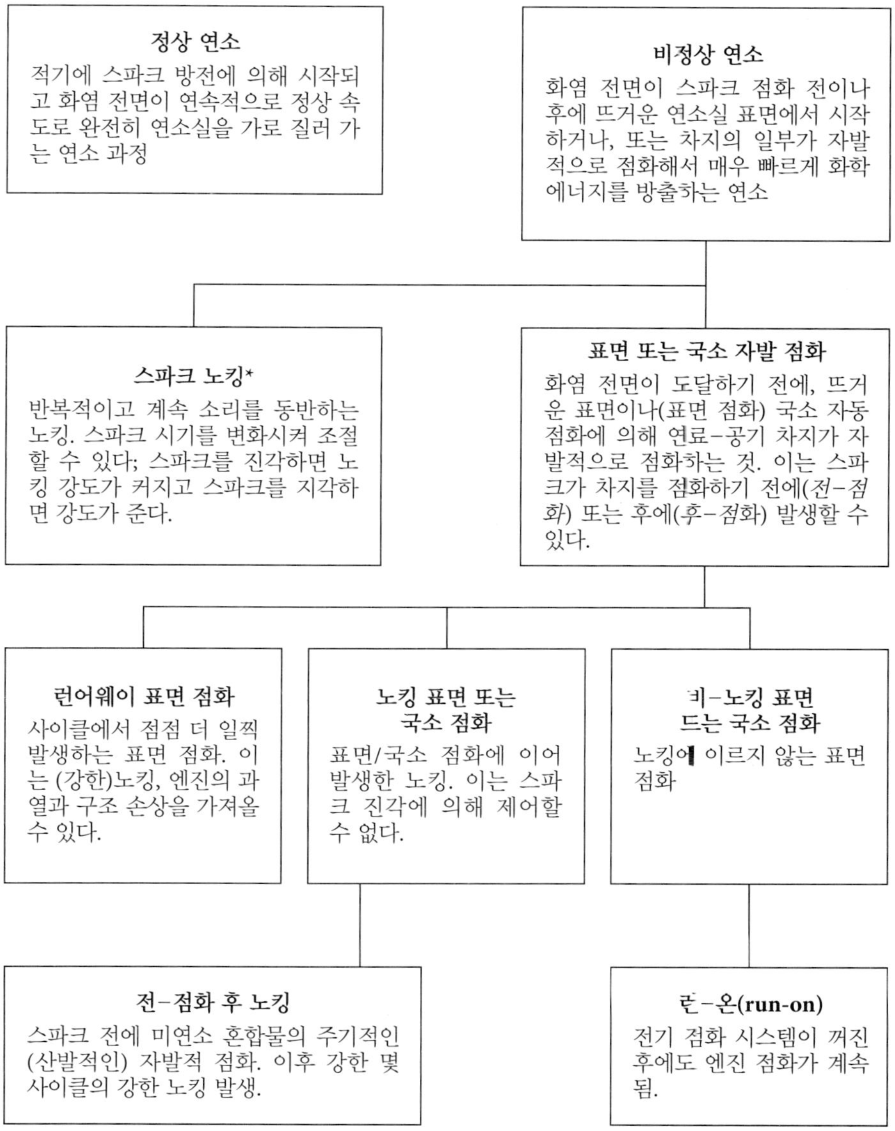

* 노킹: 전진하는 화염 전면의 연료-공기 혼합물의 자발적 점화에 동반한 소음. 이 자발적 점화와 그 결과인 화염 앞의 끝가스의 연료-공기 혼합물의 매우 급격한 에너지 방출이 강한 압력파를 만들어 냄.

그림 9.51 여러 가지 정상적이거나 비정상적인 스파크 점화기관 연소 현상의 정의: 스파크-노킹, 자발적 표면과 국소 점화, 산발적인 전-점화와 그들의 관계.

가져오고 이는 강한 엔진 노킹에 이를 수 있다. 실제적으로, 몇 사이클 안에(10^4 또는 그 정도 사이클마다 한번 일어나는데) 이 전-점화-시작 연소는 매우 과잉 진각되고 극도로 높은 압력을 초래한다. 이 스토캐스틱 전-점화는 하나 또는 몇 사이클에 걸쳐 일어나고 멈춘다. 가능한 원인은 실린더 라이너와 피스톤 톱-랜드 사이의 오일이 주기적으로 실린더 내로 이동해서 자동점화 할 수 있는 탄화수소-공기 혼합물의 국소 영역을 형성한다. 이 실린더 내 혼합물의 국소 자발적 점화는 산발적이고, 스토캐스틱하게 보이며, 연소실에 남은 것들의 과도-진각 연소 과정을 시작하게 하는 전-점화 과정으로 강한 노킹으로 이어진다.

런어웨이 표면 점화는 사이클에서 점점 일찍 표면점화가 일어나는 것이다. 이는 보통 과열된 스파크 플러그나 밸브 또는 다른 연소실 표면에서 일어난다. 이는 엔진의 심각한 과열과 구조적 손상을 입힐 수 있는 가장 파괴적인 표면 점화이다.

몇 가지 표면-점화 현상에 대한 설명 후에 9.6절의 나머지는 노킹에 초점을 맞출 것이다. 그 이유는 표면 점화는 엔진 설계, 연료와 윤활유 품질에의 적절한 주의에 의해 해결될 수 있는 문제이기 때문이다. 대조적으로, 스파크-노킹은 주어진 연료에서 최대 압축비(그리고 터보차저 엔진에서의 가압 레벨)를 제한하여 엔진의 성능과 효율을 높이는 데 장애가 되기 때문이다.

그림 9.51에 있는 모든 엔진 표면-점화 현상에서 전-점화가 가장 큰 손상을 줄 가능성이 있다. 최대 토크를 주는 타이밍보다 이르게 연소의 시작을 당기는 어떤 과정도 더 높은 미연소 혼합물의 온도와 압력을 초래하고 강한 노킹을 초래한다. 또 연소 가스의 압력과 온도가 그 결과로 증가하여 열손실이 높아진다. 더 높은 열 손실은 더 높은 부품 온도를 초래하고 이는 전-점화 시기(표면 점화에서)를 주요 부품이 손상될 때까지 더 앞당기게 한다. 전-점화를 초래하는 표면은 가장 냉각이 잘 되지 않고 침착물이 쌓여 추가 단열 효과를 가져오는 지점이다: 주된 예는 스파크 플러그, 배기 밸브, 피스톤 크라운과 실린더 헤드에 쌓인 침착물이다. 정상적인 조건에서는, 적절한 열가의 스파크 플러그 사용한 경우, 전-점화는 보통 연료나 실린더로 들어간 오일에 의한 침착물이 쌓인 배기 밸브에서 시작한다. 온도가 더 낮은 배기 밸브와 줄어든 오일 소모가 이 문제를 제거할 수 있다. 전-점화의 확률을 최소화할 수 있는 엔진 설계 방법은: 적절한 열가의 스파크 플러그, 날카로운 돌기 제거, 금속 에지를 둥글게 함이고, 극단적인 옵션으로는 나트륨을 이용한 배기 밸브의 냉각 등이다.

노킹은 주로 전개 스로틀 운전 조건에 가까운 조건에서 발생한다. 그래서 이는 엔진 성능을 직접 제한한다. 또 엔진 효율도 제한하는데, 높은 부하에서 끝가스의 온도와 압력을 제한함으로써 엔진의 압축비를 제한하기 때문이다. 노킹의 발생과 심각성은 연료의 안티노크성과 엔진의 노킹 방지 특성에 달려있다. 연료의 안티노크성은 옥탄가(ON)에 의해 측정한다: 높은 ON은 노킹에 대한 더 큰 저항을 의미한다(9.6.3절 참조). 가솔린의 옥탄가는 낮은 옥탄가 탄화수소를 높은 옥탄가 탄화수소로 만드는 촉매 분해나 개질 같은 정유 과정으로 개선할 수 있다. 엔진이 요구하는 옥탄가는 그 설계와 운전 조건이 화염 전면의 끝가스의 온도와 압력에 어떻게 영향을 주는가에 달려 있고, 또 실린더 차지를 태우는 데 걸리는 시간에 달려 있다. 엔진의 노킹 경향성은 *요구 옥탄가*-노킹을 피하기 위해 요구되는 연료의 옥탄가-에 의해 정의되는데, 이는 더 높은 온도와 압력을 초래하는 요인이나 타는 시간을 늘리는 요인에 의해 증가한다. 그래서 노킹은, 주어진 연료의 질과 엔진의 성능은 최대화하면서 원하는 정상 연소 행동을 달성할 수 있도록 하는 엔진 설계자 능력에 달려 있는 제약 조건이다.

노킹 연소 시의 실린더 내 압력 변화가 실제로 무엇이 일어나는지 보여 준다. 그림 9.52가 정상 연소, 약한 노킹, 심한 노킹의 세 독립적인 엔진 사이클의 실린더 압력을 보여 준다.[65] 노킹이 발생하면, 시간에 따라 크기가 감소하는 고주파 압력 떨림이 관찰된다. 그림 9.52*a*와 *b*는 운전 조건과 스파크 진각이 같다. 이 엔진은 이 조건에서 약 1/3 정도가 정상적인 부드럽게 변화하는 그림 9.52*a*와 같은 실린더 압력 선도를 갖는다. 나머지 사이클에서는 여러 강도의 노킹이 발생한다. 약한 노킹에서, 노킹은 최고압 근처에서 발생하고 그 압력 떨림 진폭은 작다(그림 9.52*b*). 여기서 가운데 그림의 최고 압력이 정상 사이클보다 높고 이르다는 것에 주의하라. 이 사이클은 빠르게 타는 사이클이다. 강한 노킹의 경우, 여기서는 더 많이 진각된 스파크 타이밍을 갖고 높은 노킹 강도를 가진 사이클이 보여졌는데, 연소 과정의 상사점 근처에서 이른 시기에 발생하며 초기 압력 떨림의 진폭이 훨씬 크다. 이 압력 떨림이 날카

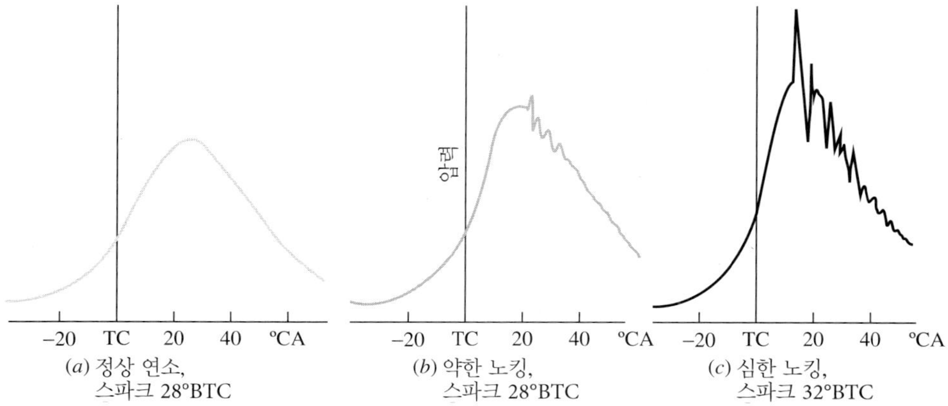

그림 9.52 각 사이클의 실린더 압력 vs 크랭크 각: (*a*) 정상 연소, (*b*) 약한 노킹, (*c*) 강한 노킹. 4000 rev/min, 전개 스로틀, 배기량 381 cm^3 단기통 엔진.[65]

로운 금속성으로 "노킹"이라고 불리는 소음을 만들어낸다. 이들은 근본적으로 끝가스 연료의 화학에너지의 많은 부분이 자발적으로 방출해서 생긴 것이다. 이들은 상당히 국소 가스 압력과 온도를 증가시키고, 강한 압력파가 끝가스 영역에서부터 연소실을 가로질러 가도록 한다. 이 강한 압력파, 이를 따르는 팽창파와 연소실 벽에서의 이들의 반사파는, 그림 9.52*b*와 *c*에 있는 시간에 대해 진동하는 압력을 만들어낸다. 일단 노킹이 발생하면, 연소실에 걸쳐 압력 분포가 균일하지 않음에 주의하라: 여기서 기술된 파의 전파 현상이 약해져 없어질 때까지 다른 위치에 설치한 압력 센서들은 주어진 시간에 다른 압력 레벨을 측정할 것이다.

그림 9.53은 이 시간에 따른 과정을 표시한다—끝가스 자동점화가 가청 소음으로 나타나는 과정. 만약 끝가스 자동점화 동안 화학 에너지 방출이 충분히 크고 빠르다면, 몇 bar 또는 그 이상의 진폭의 압력 진동이 실린더 안에 형성된다. 위에서 설명한 것처럼, 이들 압력파는 끝가스에서의 자동점화에 의해 생성된 높은 국소 압력에 의해 시작된다.[i] 연소실의 여러

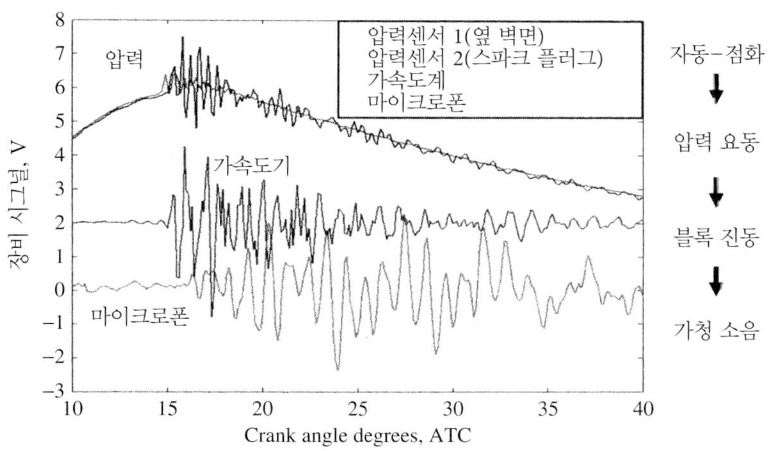

그림 9.53 자동점화에 의해 생성된 엔진 실린더 내의 압력 진동이 어떻게 블록 벽 진동(가속도계에 의해 측정)을 만들고 또 소음(마이크로폰, 블록 벽에서 10 cm 정도 떨어진)을 만드는지 보여줌.[66]

[i] 화염 전파 중에 ρ_u/ρ_b는 4 정도이다: 그래서 끝가스 영역에 있는 20% 정도의 미연소 혼합물의 부피는 초승달 모양이고 그 위치는 화염 전파 과정에 의해 정의된다.

위치에서 측정한 압력은 그 진폭과 페이징이 변하며 몇가지 다른 특정한 주파수를 갖는다(아래 참조). 이 압력파는 블록(그리고 실린더 헤드)이, 그림 9.53에서 블록 바깥 벽에 붙인 가속도계의 출력에서 볼 수 있듯이, 진동하게 만든다. 진동하는 블록은(그리고 헤드는) 실린더 헤드 바깥 벽에서 10 cm 떨어진 곳의 마이크로폰에 의해 측정된 소음을 방사한다(이 공기 갭이 마이크로폰에 도달하는 노킹 음파의 지연을 설명한다). 실린더 내 압력파는 생성되는 데 하나나 그 이상의 떨림을 요한다: 그들은 구동 과정이—끝가스의 자동점화—끝났으므로 점차 감소한다.

실린더 내 압력 신호의 해석은 압력 센서의 위치와 끝가스 영역에서 자동점화에 의해 생긴 음향 모드에 의존하다. Draper[67]는 원판-모양의 연소실의 공진 음향 모드를 분석했다. 좀 더 최근의 연구 결과(예: 참고문헌 68)가 그의 발견에 추가되었다. 가장 낮은 주파수 모드는 첫 번째 원주 모드인데 보통 자동차 사이즈 엔진 실린더($B \approx 85$ mm)에서 6 kHz 정도이다: 이것이 우리가 듣는 기초 노킹 주파수이다. 다음 주파수는 두 번째 원주 모드로 10 kHz인데 인간의 귀는 거의 들을 수 없다. 몇 모드는 18에서 20 kHz 사이에 위치한다.[68]

여기서 우리가 질문할 내용은 어떻게 노킹 발생을 정의하고, 발생했을 때 *그 심각성 또는 강도*를 어떻게 정의할 것인가이다. 관련된 물리적 화학적 과정이 매우 복잡하고, 여러 엔진과 연료 요인이 대기 조건과 함께 관련되어 있다. 정상적인 비-노킹 연소에서 노킹 연소로의 변화는 바로 전이이다. 스파크 타이밍이 진각될수록 연소에서 도달할 수 있는 압력 레벨이 올라간다. 그 결과로 끝가스에서 도달한 온도도 증가하고 최댓값도 마찬가지다(최대 압력에서 연소 과정의 약 3/4에 도달한다). 어떤 끝가스 온도와 압력에서 자동점화가 발생하기 시작하면서, 화염이 연소실을 가로질러 전파될 때 그 전면에 있는 연료 분자들의 화학 에너지의 일부가 방출된다. 노킹이 발생하기 전에 에너지 방출은 느리다. 스파크 타이밍이 더 진각될수록, 자동점화 에너지 방출률과 그 양이 증가하여 강한 압력파를 생성하는 높은 국소 압력을 만들 정도로 빨라진다. 이 압력파의 진폭이 증가하면 블록과 실린더 헤드의 진동이 들을 수 있는 음파를 만드는데, 자동점화 과정이 빨라지고 퍼짐에 따라 그 크기가 커지며 끝가스 영역에서 생성되는 압력 레벨을 더 증가시킨다. 그래서 몇 가지 측정치—실린더 내 압력 진동의 진폭, 블록과 헤드 진동의 크기, 발생한 소음 레벨—가 노킹 발생(흔히 경계 또는 가청 노킹)을 아래 설명한 바와 같이 정의하는 데 사용될 수 있다.

몇 가지 노킹 탐지와 특성화 방법이 사용되었다. 인간의 귀는 놀랍게도 예민한 노킹 탐지기이고 엔진의 *요구 옥탄가*(노킹을 피하기 위해 엔진이 가져야 하는 연료에 요구되는 품질)를 결정할 때 흔히 사용되었다. 노킹 제어 시스템에 사용되는 노킹 탐지기는, 보통 노킹 연소 압력파에 의해 엔진 블록의 일부에 생기는 진동—노킹에 기인한 가속 신호—에 반응한다. 노킹이 발생할 때 높은 강도의 섬광이 관찰된다; 이를 이어 급격한 이온화가 일어난다. 광학 프로브와 이온화 탐지기가 사용되어 왔다. 스파크 플러그가 이온화 탐지기로 사용될 수 있다. 노킹에 대해 더 자세히 연구하려면, 피에조 전기 압력 센서가 가장 유용한 측정 장치이다. 흔히 센서 신호는 필터링되어 노킹에 의한 압력 떨림만 분리된다.

압력 떨림 진폭은 노킹 강도의 유용한 척도인데 그 이유는 이것이 자발적으로 급격하게 점화하는 끝가스의 양에 의존하기 때문이고, 노킹으로 인한 엔진 손상이 끝가스 영역의 높은 가스 압력(그리고 온도)에 의해 발생하기 때문이다. 노킹 심각성 또는 강도의 척도로 이를 사용해서 사이클 간에 노킹 정도에 상당한 변동이 있음을 보여주었다. 그림 9.54가 고정된 조건에서 노킹 운전을 하는 다기통 엔진의 한 실린더에서의 연속된 100사이클의 압력-떨림 강도를 보여 준다. 강도는 노킹이 없는 사이클부터 강한 사이클까지 랜덤하게 변하는 것을 보여

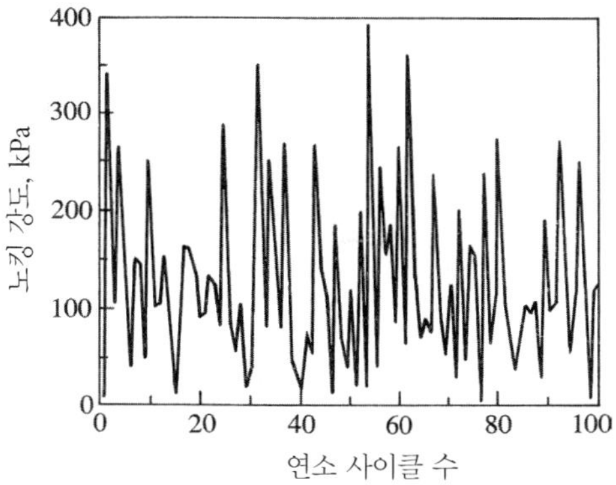

그림 9.54 100 연속 사이클에서의 노킹 강도(밴드패스-필터를 통과한 압력 신호의 최대 진폭). V-8 엔진의 한 실린더에서, 2400 rev/min, 전개 스로틀.[69]

준다.[69] 실린더 간 변동도 압축비, 혼합물 조성과 조건, 연소율, 연소실 냉각 등의 차이에 의해 상당하다. 다른 실린더들이 강한 노킹을 할 때 하나나 그 이상의 실린더가 전혀 노킹을 하지 않을 수도 있다.

노킹 현상이 실린더 내에 불균일 상태를 만들기 때문에, 또 각 사이클과 각 실린더에서의 노킹 과정의 자세한 내용이 다르기 때문에, 근본적인 노킹 강도나 심각성의 정의가 어렵다. 연료 옥탄 품질(9.6.3절 참조)을 정하는 ASTM-CFR은 노킹 연소의 심각성으로 사이클 중 압력의 시간에 대한 미분 값을 사용한다. 실린더 압력은 압력 센서로 측정한다. 정상적인 연소로 인한 낮은 주파수 성분들은 필터링해서 없애고, 노킹 후의 압력 떨림 기간 중에 여러 사이클에 걸쳐 압력 증가율의 평균을 구한다. 이 방법은 당연히 노킹 강도에 대해 평균 상대치만 제공한다. 노킹 심각성을 정량화하기 위해 압력 최대 증가율을 사용했다. 만약 모든 테스트에서 같은 위치에 장착한다면, 엔진에 장착된 가속도계가 상대 노킹 심각성의 지표를 제공할 것이다. 노킹 심각성의 가장 정밀한 측정치는 노킹 연소에 의해 발생하는 압력 진동의 최대 진폭일 것이다. 실린더 압력 신호(고주파 반응 압력 센서로부터 얻은)가 밴드-패스 필터를 통해 필터링되어, 오직 노킹 발생 후의 떨림에 해당하는 압력 신호 성분만이 남는다. 필터는 실린더의 가스 진동의 첫 번째 원주 모드에 맞춰진다(실린더 직경과 연소실 형상에 따라 3~10 KHz 정도). 압력 진동의 최대 진폭은 노킹 심각성의 좋은 지표이다. 그림 9.54에 보인 각 사이클의 노킹 강도는 이 방식으로 결정되었다. 압력 떨림은 파 전파 현상의 결과이기 때문에, 압력 센서의 노킹 끝가스의 위치에 대한 상대 위치와 연소실 형상이 측정된 최대 압력-떨림 진폭의 크기에 영향을 줄 것이다.

노킹의 영향은 그 강도와 기간에 달려 있다. 흔적-노킹(trace knock)은 엔진 성능이나 내구성에 아무 중요한 영향을 끼치지 못한다. 강한 노킹은 엔진에 대규모의 손상을 줄 수 있다. 자동차에 적용하는 경우, "가속 노킹"과 "정속 노킹"은 보통 구분된다. 가속 노킹은 주로 짜증나게 할 뿐 짧은 기간 때문에 엔진 손상은 거의 가져오지 않는다. 그렇지만 정속 노킹은 두 타입의 엔진 손상을 가져올 수 있다. 특히 고속에서는 노킹이 다른 엔진 소음에 의해 마스크 되기 때문에 쉽게 탐지하기 어려워 특별히 문제가 된다. 정속에서의 강한 노킹은 다음을 일으킬 수 있다:

- 전-점화, 만약 상당한 양의 침착물이 중요한 연소실 부품에 있는 경우. 이는 런어웨이 전-점화를 초래할 수 있다.
- 런어웨이 노킹-스파크-노킹이 점점 더 일찍 발생하고 그래서 점점 더 강해짐. 이는 곧 심한 엔진 손상에 이름.

• 런어웨이 노킹이 일어나지 않더라도 연소실 벽의 점차적인 부식

엔진은 노킹에 의해 다른 방식으로 손상될 수 있다: 피스톤 링 달라붙음; 피스톤 링과 랜드의 망가짐; 실린더 헤드 개스킷 망가짐; 실린더 헤드 부식; 피스톤 크라운과 톱 랜드 부식; 피스톤이 녹거나 홀이 생김. 전-점화와 노킹에 의한 부품 손상의 예가 그림 9.55에 있다.[70-72]

이들 노킹에 의한 손상을 가져 오는 메커니즘은 다음과 같다고 생각한다. 전-점화에 의한 손상은 스파크 플러그나 피스톤이 녹아 붙는 것에서 볼 때 주로 열적이다. 노킹이 강할 때, 상당한 추가 열이 연소실 벽으로 전달되고 빠르게 실린더 헤드나 피스톤이 과열된다. 이 조건하에서는 노킹이 안정적이지 않다: 과열이 엔진의 옥탄가 요구를 높이고, 이는 다시 노킹 강도를 높인다. 이는 점점 강해지고, 이 현상의 제어할 수 없는 런어웨이가 몇 분 만에 엔진 고장으로 이어진다. 이 손상은 엔진의 과열 때문이다: 피스톤과 링이 실린더 안에서 멈춘다. 상당한 기간 동안의 강한 노킹으로 인한 손상은—끝가스에서의 피스톤 크라운과 (알루미늄) 실린더 헤드 부식—주로 이 영역에서의 높은 가스 압력 진동 때문이다. 강한 노킹에 의한 180기압 크기의 엄청난 고압 펄스가 끝가스 영역에서 발생할 수 있다. 주파수는 6 kHz와 15에서 20 kHz 범위이다. 이들 높은 국소 떨림 압력은, 더 높은 노킹 열 플럭스와 함께 발생하는 정상보다 높은 국소 표면 온도와 함께, 재료를 약하게 한다. 과도한 기계 응력에 더한 피로에 의한 피팅(pitting)과 부식, 링과 랜드의 파손이 발생할 수 있다.[70-73]

실제에서는, 노킹 발생이 스파크 점화기관의 설계에, 그래서 엔진의 성능과 효율(주어진 연료에서)에 계속해서 제한을 가하고 있지만, 실제 엔진의 노킹 손상은 점점 드물어진다. 몇 가지 요인이 이 경향에 기여한다; 예를 들면 노킹 센서의 이용, 엔진 운전을 더 정교하게 제어

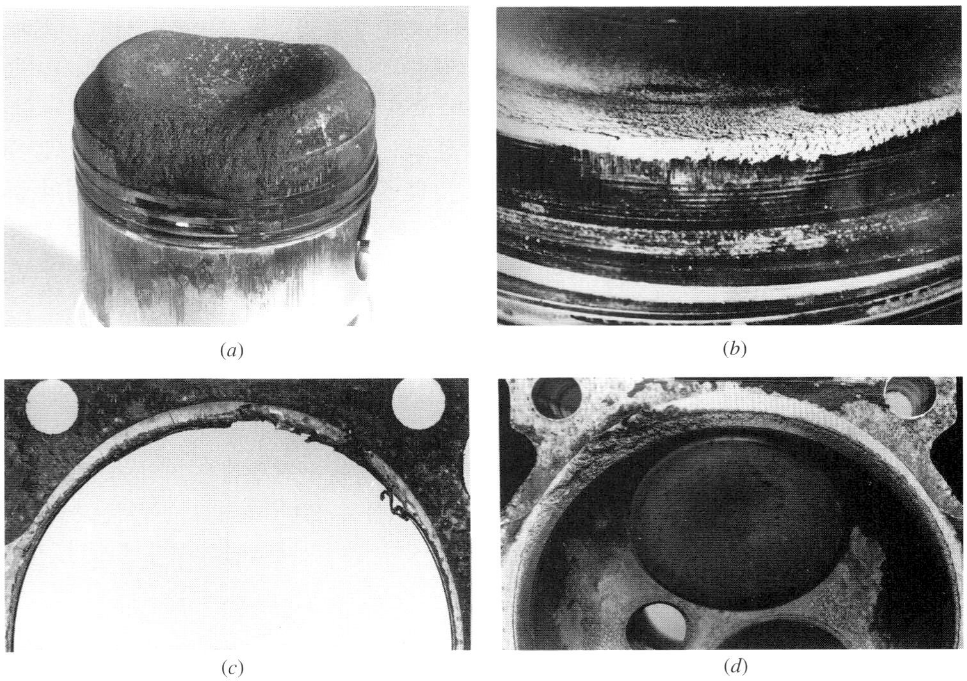

그림 9.55 비정상 엔진 연소로 인한 부품 손상의 예: (*a*) 전-점화에 의한 피스톤 파임;[71] (*b*) 10시간의 고속-노킹 후의 피스톤 크라운 부식;[70] (*c*) 강한 노킹으로 인한 실린더 개스킷 쪼개짐 고장;[71] (*d*) 강한 노킹으로 인한 실린더 라이너 톱을 따라 발생한 알루미늄 실린더 헤드 부식

함, 연료 안티노크성에 대한 더 적은 허용 오차 등이다. 그렇지만, 노킹은 계속 근본적인 제한이 되고 있는데, 그 이유는 운전자가 노킹을 불쾌하게 생각하고, 약한 노킹에서 강한 노킹(엔진 손상을 가져올 수 있는)으로의 변환이 엔진 운전 조건이 약간 변할 때도(예를 들면 스파크 타이밍이 몇 도 변할 때) 발생할 수 있기 때문이다.

9.6.2 노킹 기본 지식

노킹은 화염 전면의 미연소 혼합물의 일부가 끝가스의 한군데 또는 몇 군데가 충분히 압축되어 압력과 온도가 높아져 자발적으로 반응할 때, 자동발화해서 시작한다. 초기에, 연료 분자가 산화되면서 화학 에너지를 방출할 때 그 속도가 상대적으로 느리다가, 에너지 방출률이 가속하여 국소 압력과 온도의 급격한 증가를 가져오고 강한 압력파를 생성하여 주위의 혼합물과 유동에 영향을 미친다. 그러므로 "자동점화"는 끝가스에서 균일하게 발생하지 않고, 조성(연료 증기, 공기, 연소 잔류 가스의 농도)과 온도가 다르고 그로 인해 혼합물의 열 상태가 국소적으로 불균일하고 변동하기 때문에, 유도 시간(induction time, 산화 반응이 시작하는데 걸리는 시간)이 더 짧은 영역에서 발생한다. 이 국소 "점화가 더 쉬운" 영역을 방열 센터라고 부른다. 이 방열 센터가 노킹으로 전환되는 것은 그 크기, 경계면에서의 열과 농도 구배, 끝가스에서의 그들의 위치에 의존한다.[23]

이 방열 센터의 자동점화에 이은 노킹 연소는 세 모드를 가진다:

1. *폭연*(Deflagration), 가장 일반적인 모드인데, 작은 방열 센터가 심한 구배를 가질 대 생기는데, 점화 후에 약한 압력 진동을 만들고, 이들 센터로부터의 화염 전파는 정상적인 SI 엔진 화염 전파 과정과 유사한다.
2. *열 폭발*, 큰 센터와 더 평평한 구배를 갖는다: 압력 진동은 강하지 않고 노킹 손상은 있더라도 약하다.
3. *발달하는 디토네이션*, 가장 폭력적인 노킹 모드: 드물게 일어나지만, 심한 표면 손상을 가져 올 수 있는 큰 압력 진동을 생성하고, 중간 크기의 방열 센터와 중간 구배를 갖는데 이들 파가 유도하는 화학 에너지에 의해 구동되는 강한 압력파를 생성한다.

이 "노킹"이라는 엔진 현상은 연소실을 가로 지르는 강한 압력파의 전파와, 연소실 공진, 엔진 구조를 통한 음향의 전파 등을 포함한다. 디토네이션 파도 강한 노킹 현상의 일부일 수 있고, 노킹을 "디토네이션"이라고 부르는 원인이다. 그러나 좀 더 일반적인 "노킹"이 선호되는데, 그 이유는 현상이 자동점화에 의해 시작된 급격한 끝가스 에너지 방출 이상을 포함하고 있기 때문이다.

노킹 연소에 대한 사진 연구는 지난 50년 동안 현상의 근본에 대한 통찰을 얻는 중요한 원천이었다. 그림 9.56에서는 두 schlieren 세트를 보여주는데, 하나는 정상 연소 사이클이고 다른 하나는 노킹 사이클이다.[74] 세트 (*a*)는 원판-모양의 연소실을 갖는 오버헤드 밸브 엔진에서 찍었는데, 보이는 바와 같이 스파크 플러그 반대편에 위치한 연소실 관찰을 허용하는 창을 통해서 얻었다. 피스톤 크라운의 반사경이, 가스 밀도의 변화가 있는 영역을 식별하게 하는 schlieren 기법을 사용할 수 있게 하였다. 스파크 진각 외에 다른 운전 조건은 두 사이클 다 동일했다. 정상 연소 사진에서는, 난류 화염 전면은 연소가 끝날 때까지 끝가스를 점차로 지난다. 이 과정에서 실린더 압력은 부드럽게 변한다. 스파크가 15° 앞당겨지면, 끝가스의 온도와 압력이 상당히 증가하여 노킹이 발생한다. 두 번째 사진 배열에서, (*b*), 초기 화염 전파 과정(사진 1에서 3)은 정상 연소 사진과 비슷하다: 그 다음 거의 모든 화염 전 영역이 어둡게

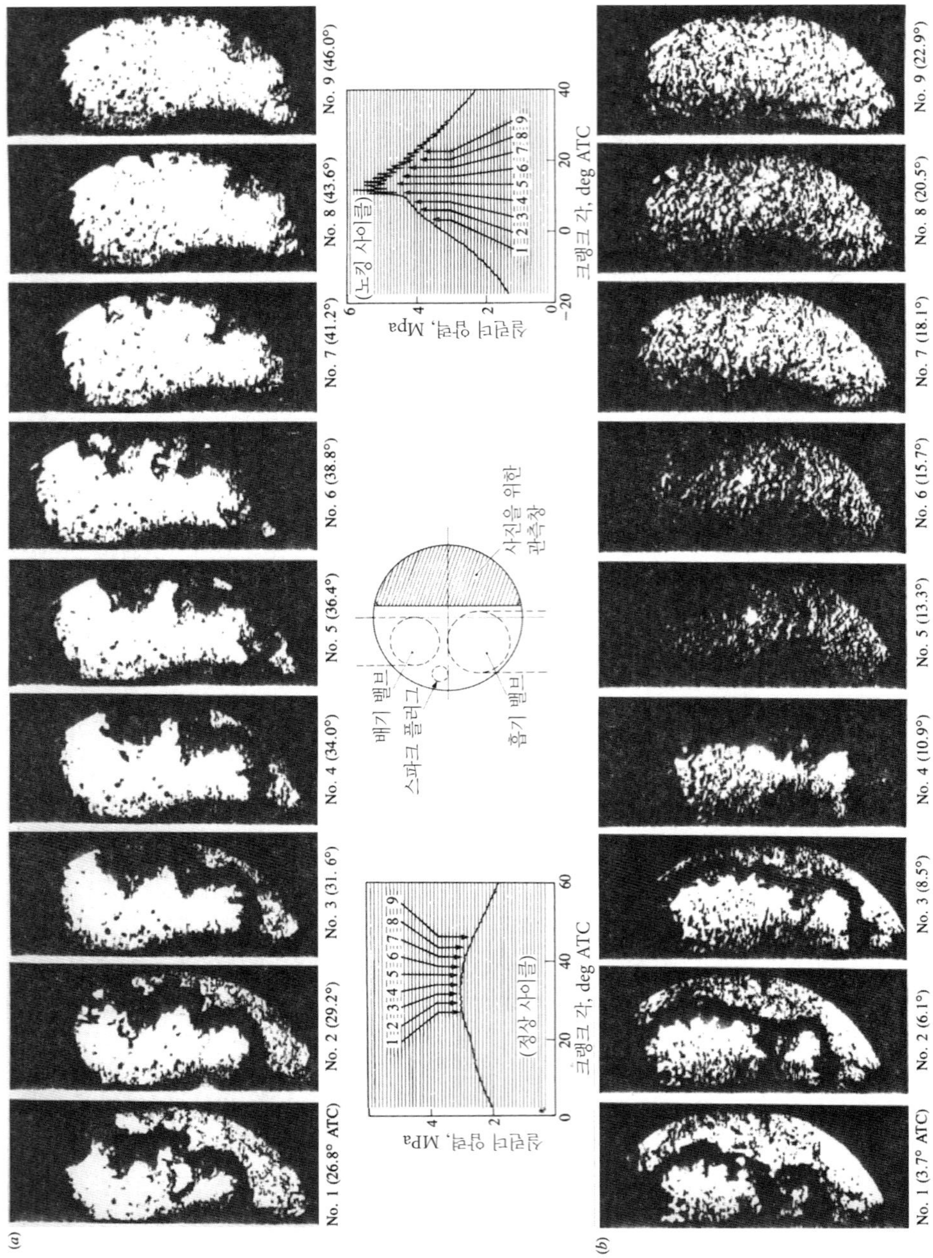

그림 9.56 고속 영화로부터 얻은 schlieren 사진 (*a*) 끝가스 전체까지 정상 화염 전파의 경우 (*b*) 실린더 압력 대 크랭크 각 선도와 함께 표시한 노킹 연소(자동점화는 사진 4에서 발생). 원판-모양 연소실이고 창의 자세한 내용은 삽입물에 있음. 1200 rev/min, 80% 체적 효율, $(A/F) = 112.5$. 스파크 타이밍: (*a*) 10°BTC (*b*) 25°BTC.[74]

변한다(사진 4). 사진 3과 4 사이에서 끝가스 대부분의 영역에서 밀도와 온도의 상당한 변화가 일어났다. 실린더 압력 선도의 검토가, 압력 센서에 기록된 압력이 급격히 증가하는 시기에 거의 일치함을 보였다. 바로 후에, 압력 진동(6에서 8 kHz)이 검출되었다. 사진 5에서 더 이상 화염을 볼 수 없다: 그 다음 사진들은 교대로 밝고 어두운데, 이는 압력파가 연소실에서 앞뒤로 전파되면서 국소 밀도를 변화시키는 것을 의미한다.

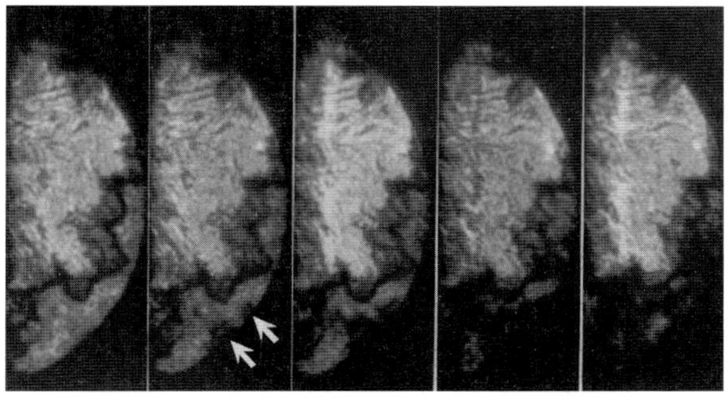

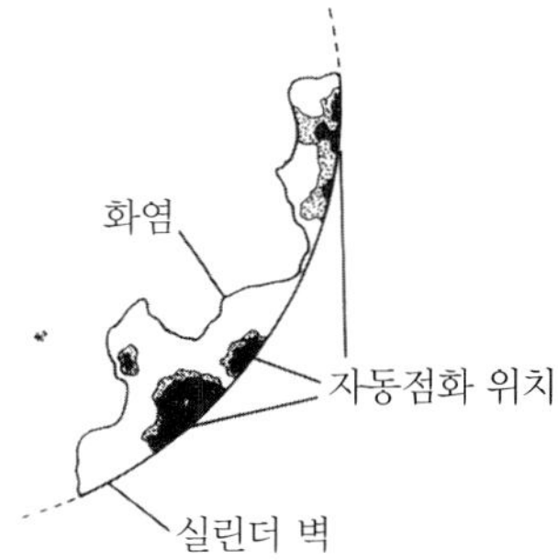

그림 9.57 자동점화 위치를 보여주는(화살표) 노킹 연소의 5개 섀도우그라프 사진들. 각 사진의 크랭크 각이 표시됨: 프레임 간 33 μs. 운전 조건과 엔진 세부 사항은 그림 9.56과 같음. 두 번째 사진을 디지털 처리한 (오른쪽의) 그림이 끝가스 영역에서의 자동점화 사이트의 자세한 내용을 보여줌.[75]

이런 타입의 좀 더 광범위한 연구가—연소 과정에 대한 고속 영화나 비디오 사진과 실린더 압력 발달의 관계를 연구하는—하나나 그 이상의 끝가스 부분에서 처음으로 점화가 발생하는 위치나 끝가스의 남은 부분에서 점화 과정이 발달하는 추후 속도가 노킹 과정의 강도와 함께 사이클 간 상당히 변하는 것을 제시하였다. 그림 9.57이 그림 9.56과 유사한 연구용 엔진에서 노킹 엔진 사이클에서 얻은 5장의 섀도우그라프 사진을 보여 준다. 사진들은 33 μs 간격이다; 전체 사진이 1° 간에 걸친 것이다. 첫 번째 사진이 노킹이 일어나기 전의 화염 전면을 보여 준다. 두 번째 사진이 벽 근처(화살표에 의해 표시된)에서 자동점화가 어두운 영역(발달하는 방열 센터)이 나타나며 발생하는 것을 보여주는데, 국소 에너지 방출의 존재의 결과로 상당한 밀도 구배가 있다. 세 번째, 네 번째, 다섯 번째 사진은 이들 점화된 영역이 시간이 지나면서 남은 끝가스로 퍼지는 것을 보여 준다. 자동점화가 일어나는 정확한 지점은 사진 디지타이징 시스템에 의해 밝혀졌는데, 이 방법은 사진의 영역을 명암에 따라 순위를 매긴다. 두 번째 사진이 디지타이징된 것도 그림 9.57에 있다. 자동점화가 추가로 일어나는 작은 영역들이 화염 전면 근처와 벽면 근처에서 보인다. 자동점화가 일어나는 위치는 엔진 운전 조건에 따란 변한다. 자동점화한 끝가스 영역의 펼쳐지는 속도도 상당히 변한다. 강한 노킹 조건에서는 전체 끝가스 영역이 급격히 점화하고 높은-진폭의 압력 진동이 발생한다. 흔적 노킹 조건에서 자동점화가 일어날 수 있다; 그래도 자동점화한 영역이 퍼지는 속도가 충분히 느려서 약한 압력 진동만이 일어난다.

이들 방열 센터에서의 끝가스 자동점화와 그 결과로 나타나는 타는 과정이 퍼지는 모습이 그림 9.58에 있다. 동시에 측정한 포름알데하이드의 LIF 이미지(끝가스에서 초기 자동점화과정에서 생겨 방열 센터(ETC)가 발달하고 그 화학 에너지를 방출할 때 타는)와 방열 센터 경계의 움직임을 추적하는 초고속 schlieren 영화로부터 얻은 이미지를 결합하였다. 몇몇 보여진 ETC 중에, 대부분은 B와 같이 센터가 바깥으로 아음속으로 전파하는 폭연(deflagration)으로 발달한다. 그렇지만, 센터 A는 아래 오른쪽 위치에서 바깥 방향으로 초음속으로 전파하는 발달하는 디토네이션으로 변환한다. 이는 충격파에-의해-유도된 급격한 미연소 끝가스 혼합물의 화학 에너지 방출에 의해 구동된다.

위에서 설명한 끝가스 점화 과정이 빠르게 발생할 때, 끝가스 영역의 가스 압력은 끝가스 연료의 화학 에너지가 급격히 방출되어 상당히 증가한다. 이 고압 끝가스 영역 바깥 모서리에서의 강한 압력파 또는 충격파가 초음속으로 연소실을 가로질러 전파하고, 가까운 벽 쪽의 고압 영역으로는 팽창파가 전파된다. 충격파와 팽창파는 연소실 벽에서 반사하고, 상당한

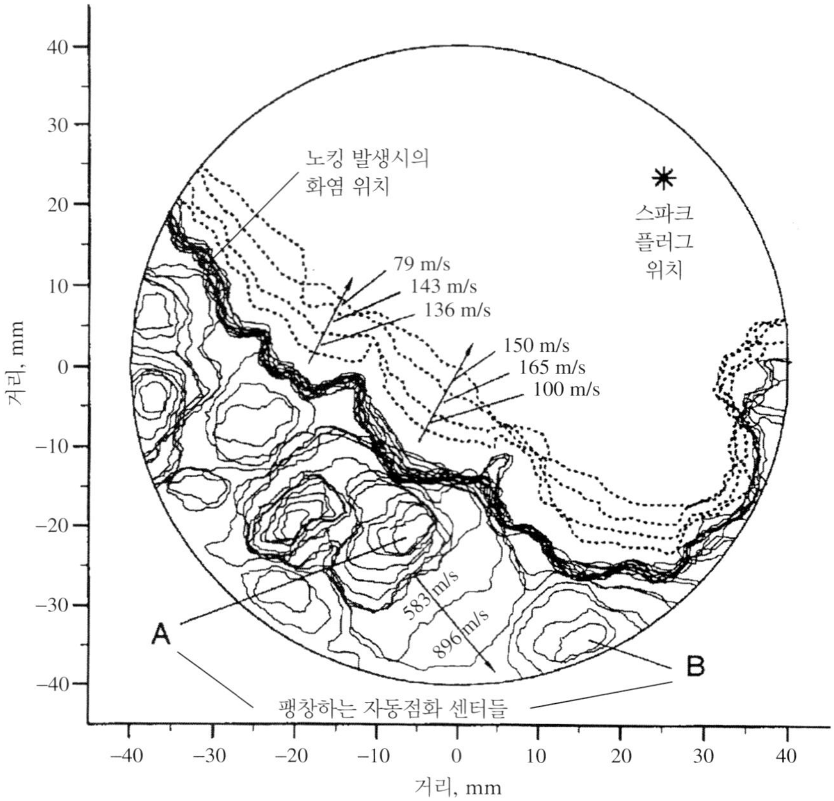

그림 9.58 초고속 schlieren 영화(750,000 프레임/초)로부터 그린 궤적이 방열 자동점화가 끝가스에서 생기고 바깥으로 전파되는 속도를 보여준다. 대부분 센터들은(예, B) 폭연으로 발달하는데, 아래 오른쪽의 A는 발달하는 디토네이션 파로 변한다. ECT의 불규칙한 분포와 빠르게 증가하는 끝가스 압력이 정상 화염을 뒤로 미는 것을 눈여겨 보라.[23]

진폭의 정상파(standing wave)를 만든다. 정상파가 형성되면서 상당한 진폭의 압력 진동이 생기고, 점차 파를 유도하는 가스 움직임이 약해지면서 소멸된다. 압력 진동의 주파수는 시간이 지나면서 초기 초음속 압력파가 음파로 변하면서 감소한다. 노킹 연소 사이클에서 압력 센서가 측정한 압력 신호는 끝가스 점화 과정의 세세한 내용, 연소실 형상, 센서의 끝가스에 대한 위치에 의존한다.

그림 9.59*a*에 있는 것처럼 스파크 플러그가 실린더 벽에 있는 원판-모양의 연소실에서의, 실린더 직경에 걸친 노킹으로 인한 압력 변화가 그림 9.59에 있다. 그림 9.59*b*가 끝가스 화학 에너지의 급격한 방출이 갑자기 발생해서 그 압력과 온도를 올릴 때, 정상 화염 전파 과정에 의한 연소실에서의 압력과 온도의 분포를 보여준다. 이때 그림 9.59*c*의 거리-시간 다이어그램에 보인 것처럼 강한 압력파가 오른쪽으로 전파되고 팽창파는 왼쪽으로 전파된다. 이들 파동은 벽에서 반사하고 서로 상호작용한다. 스파크 플러그 반대편에 있고 끝가스에 있는 실린더 벽에서의 압력이 그림 9.59*d*에 보인 바와 같이 발달한다. 끝가스 영역의 압력은 노킹이 발생할 때 엄청나게 빨리 상승하는데, 이 값은 연소실 반대편의 압력이 더 점차적으로 상승하는 경우보다 상당히 높다. 그 후 정상적인 파동(standing wave)이 형성되고 그 진동의 진폭이 파동이 감소함에 따라 사라진다.

연소실의 공진 음향 모드가 이들 압력 진동의 주파수를 결정한다. 그림 9.60이 해석 결

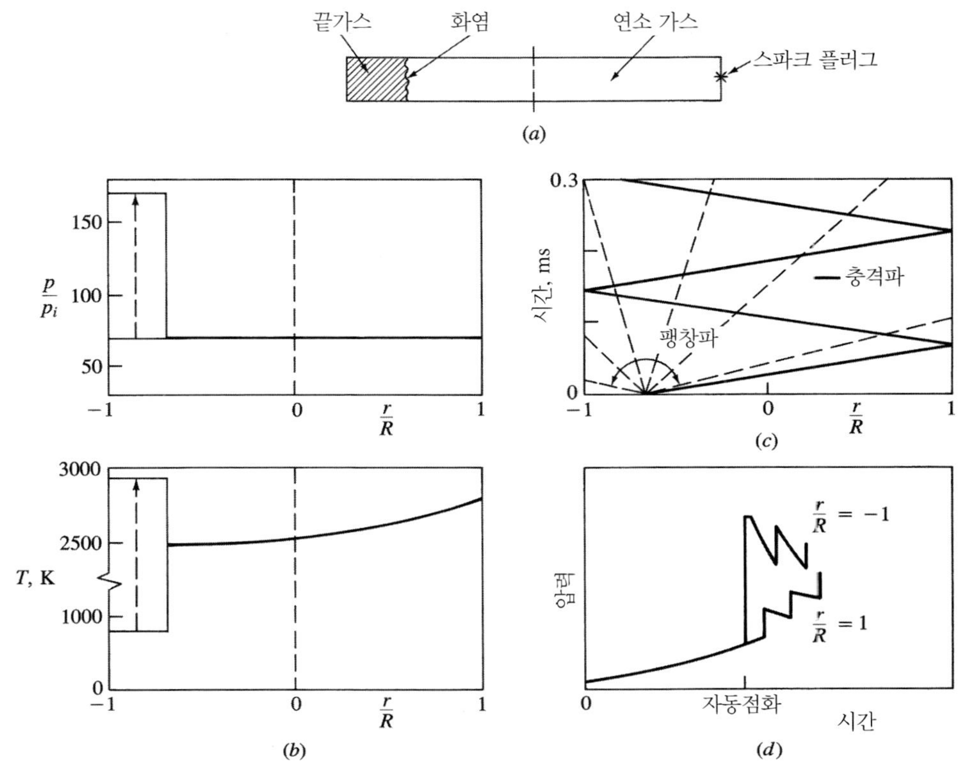

그림 9.59 노킹이 발생한 후 실린더 압력 분포가 발달하는 모습: (*a*) 노킹이 일어날 때의 원판-모양의 연소실 개략도; (*b*) 끝가스 자동점화(매우 빠르게 일어난다고 가정, 끝가스 밀도가 일정한 상태에서) 전과 후의 원판-모양 엔진 연소실의 직경에 걸친 압력과 온도; (*c*) 거리-시간 플롯으로 그린 끝가스 자동 점화에 이은 충격파와 팽창파 패턴의 개략도; (*d*) 끝가스 영역과 실린더 반대 쪽의 실린더 벽에서의 압력 변화 대 시간.

과가 알려진 단순한 둥근-실린더 빈 공간(엔진 연소실을 모방한)에 대해 이들 음향 모드의 몇 예를 보여 준다.[67] 이런 실린더 모양의 빈 공간의 첫 번째와 두 번째 원주 모드와 첫 번째 반경과 첫 번째 축 모드가 그림 9.60의 *a*, *b*, *c*, *d*에 각각 그려져 있다. 점선은 노드를 표시하고 +와 − 사인은 안티-노드의 상대적 위상을 나타낸다. 축 모드의 주파수는 크랭크 각에 의존하는데, 원주와 반경 모드는 그렇지 않다. 가장 낮은 주파수(자동차 엔진에서는 대략 6 kHz)는 첫 번째 원주 모드이다. 원주 모드는 언제나 짝으로 나타나고, 짝을 진 노드 선들은 수직이고 진원 실린더에서는 같은 주파수를 갖는다. 실제 엔진 실린더-헤드 형상에서, 비대칭이 있고 두 주파수는 10% 정도까지 차이가 날 수 있다. 이들 모드를 선형적으로 짝을 지으면, 어느 쪽이든 같은 모양과 주파수의 모드를 만들 수 있지만, 노드 라인이 회전한다. 압력파의 대부분 에너지는 가장 낮은 모드에 있다.

그림 9.61이 가솔린 SI 엔진의 고정된 운전 조건에서, (1500 rev/min, 높은-부하) 다른 스파크 타이밍에서의 개별 사이클들의 실린더 압력 선도의 예를 보여 준다. 인진은 펜트-루프, 4-밸브이고 실린더 헤드 중앙에 위치한 스파크-플러그를 가졌다. 피스톤은 위가 평평하다. 직경은 83 mm, 압축비는 9.8이다. 그림 9.61*b*가 경계 노킹(borderline knock)에 해당하는 스파크 타이밍의 사이클을 보여 준다. 그림 9.61 *a*, *c*는 스파크 타이밍이 각각 2° CA 지각과 진각된 사이클들이다. 그림 9.61*d*가 이들 세 사이클의 고속 푸리에 변환(FFT) 파워 밀도

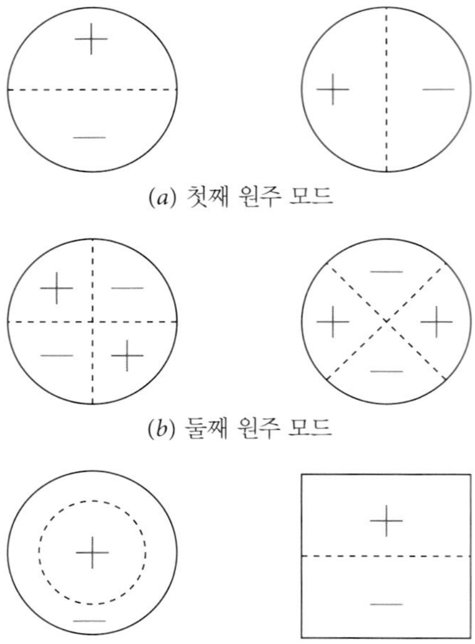

그림 9.60 진원 실린더 빈 공간의 몇 가지 음향 모드에 대한 개략도. 표준 가솔린 SI 엔진의 대표적인 주파수가 주어졌다.[68]

스펙트럼을 보여 준다. 엔진이 경계 노킹을 지나면서 변화할 때 두 범위의 주파수가 생성된다. 낮은 주파수는 6 kHz 정도로서 연소실의 첫 번째 원주 모드의 주파수($f \approx a/(2B)$ 여기서 a는 연소 가스의 음속, B는 실질적 실린더 직경)에 해당한다. 이 주파수에서 단일 피크가 잘 정의되며 피크 파워 밀도가 노킹이 강해질수록 커진다. 두 번째 범위의 주파수는 15 kHz에서 20 kHz 사이에서 관찰되는데, 여기에는 하나의 명확한 피크가 없다. 이는 피스톤의 위치, 그래서 크랭크 각에 따라 변하는 주파수를 갖는 첫 번째 축 모드일 수 있다. 이는 더 높은 오더의 원주 모드일 수도 있다.[66] 더 높은 주파수 모드는 노킹이 만드는 가청 소음에 기여하지 않는데 그 이유는 이들 주파수는 인간의 가청 범위를 넘어서기 때문이다.

요약하면, 노킹에 대한 위에서의 근본적인 설명은 끝가스의 연료-공기 혼합물의 국소 자동점화 개념에 기초를 두고 있다. *자동점화*라는 용어는 어떤 외부 점화 소스에 의해서도 시작되지 않은 급격한 연소 반응에 사용된다. 기초 연소 문헌에는 이 현상을 가끔 '폭발'이라고 부른다. 가스 상태의 연료-공기 혼합물의 자동점화는 반응에 의해 열에너지로 방출되는 화학 에너지가 주위로 열전달에 의해 손실되는 열에너지보다 더 큰 경우 발생한다: 결과로, 관련된 화학 반응의 속도가 온도에 지수적으로 의존하기 때문에 혼합물의 온도는 급격하게 증가한다. 이런 자발적인 점화가 발생하는 상태는 흔히 자기-점화 온도에 의해 특성이 표시되고, 결과인 가스 압력과 온도가 급격히 증가하는 자기-가속 현상을 *열 폭발*이라고 부른다.

연소에 존재하는 것과 같은 복잡한 반응 시스템에서, "반응"은 하나 또는 몇-스텝 과정이 아니다; 실제 화학 메커니즘은 많은 수의 동시, 서로 연관된 반응으로 *체인 반응*이라고 부른다. 이런 체인에는 매우 반응성이 큰 중간 화학종 또는 *라디칼*이 안정된 분자들(연료와 산화제)로부터 생성되는 시작 반응들이 있다. 이 스텝 다음에 전파 반응이 따르는데 여기서 라디칼들이 반응 분자들과 반응하여 생성물과 체인을 계속하는 다른 라디칼을 만든다. 이 과정은 마침 반응에 의해 끝나는데, 여기서 체인 전파 라디칼이 제거된다. 어떤 전파 과정에서는 소모되는 각 라디칼에서 두 개의 반응하는 라디칼 분자가 생성된다. 이들을 *체인-분지*(chain-branching) 반응이라고 부른다. 체인-분지 때문에 라디칼의 수가 충분히 빠르게 증가할 때, 반응 속도가 극도로 빨라져서 *체인-분지 폭발*이 발생한다. 열과 체인-분지 폭발이

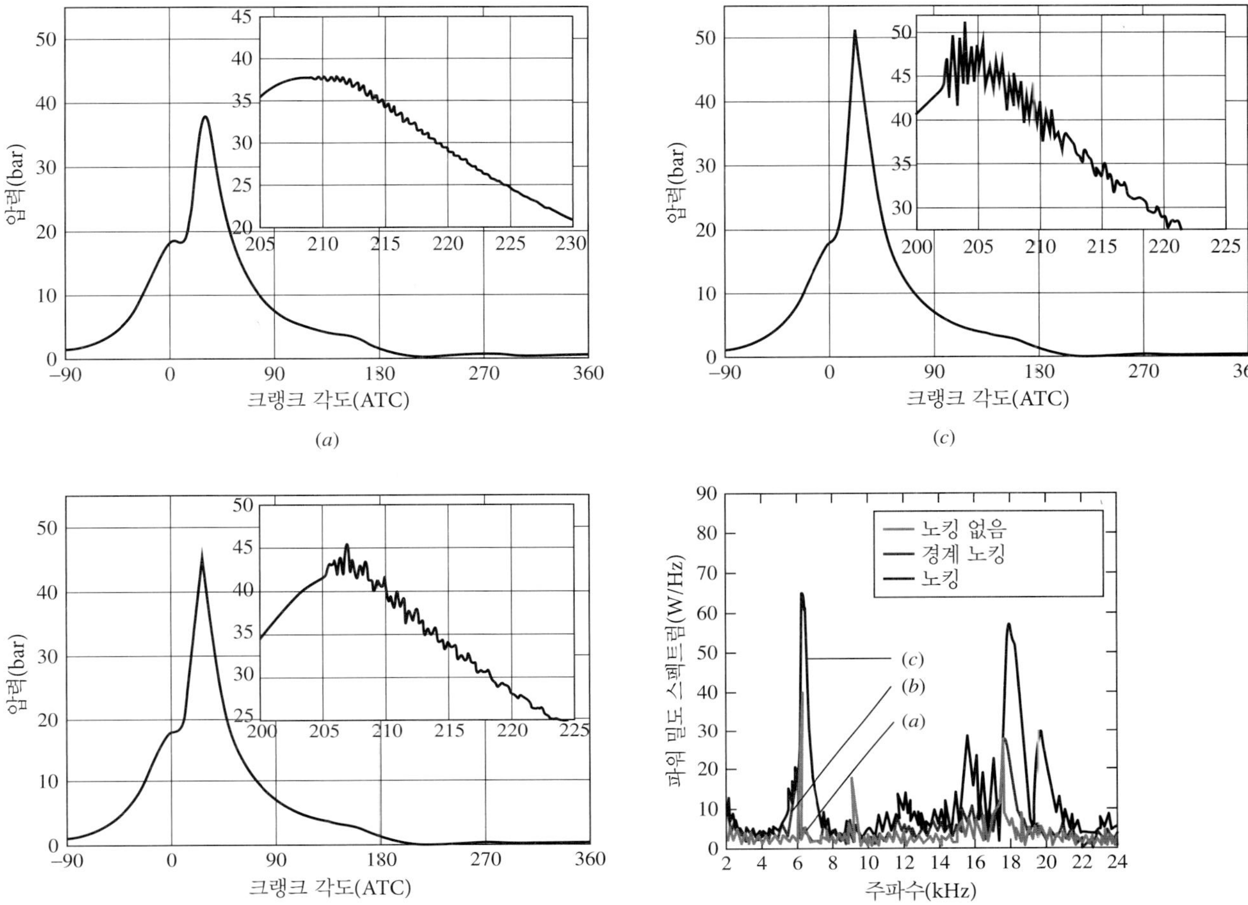

그림 9.61 가솔린[톨루엔 기준 연료(95RON)], SI 엔진에서 대표적인 사이클의 실린더 압력 궤적. 1500 rev/min, 높은 부하, 화학양론비 혼합물, 경계 노킹에 해당하는 스파크 타이밍 (*b*); 엔진에서 노킹이 없는 스파크 타이밍을 2° 지각한 경우 (*a*); 강한 노킹이 발생하는 스파크 타이밍을 2° 진각한 경우 (*c*); 각 사이클에서 피크 압력 근처의 영역을 확대하여 압력 진동을 보여준. (*d*) 위 세 사이클의 고속 푸리에 변환.[66]

따로 도입되었지만, 여러 경우에 온도와 라디칼의 자기-가속은 동시에 발생하여 두 현상이 결합한다.[76]

이제부터 탄화수소-공기 혼합물의 자동점화 화학에 대해 알아 본다. 탄화수소가 산화하는 과정은, 혼합물이 압력과 온도에 의존해서 네 가지 다른 타입 행태 또는 이들의 연속적 결합을 보인다: 느린 반응; 단일 또는 여러 냉염(cool flame, 약간 방열 반응); 2-단계 점화(냉염 다음에 오는 열염); 단일-단계 점화(열염). 느린 반응은 낮은-압력, 낮은-온도(<200°C) 현상으로 엔진에서는 정상적으로 일어나지는 않는다. 300~400°C 사이에서 하나나 그 이상의 연소 파동이 생길 수 있는데, 옅은 파란 빛을 발산한다; 그렇지만 반응물은 작은 부분이 반응하고 꺼지며 온도는 수십 도 밖에 올라가지 않는다. 이들을 *냉염*이라고 부른다. 조건과 연료에 따라 냉염 다음에 점화 후 반응이 급속히 가속하는 "열염" 또는 고온 폭발이 따를 수 있다. 이를 *2-단계 점화*라고 부른다. 혼합물의 온도가 올라가면. 2-단계에서 단일-단계 점화로의 변환이 일어난다. 모든 탄화수소가 유도 기간(induction period) 다음에 매우 빠른 반응율을 보이는데, 몇 탄화수소 화합물은 냉염이나 2-단계 점화 행태를 보이지 않는다.

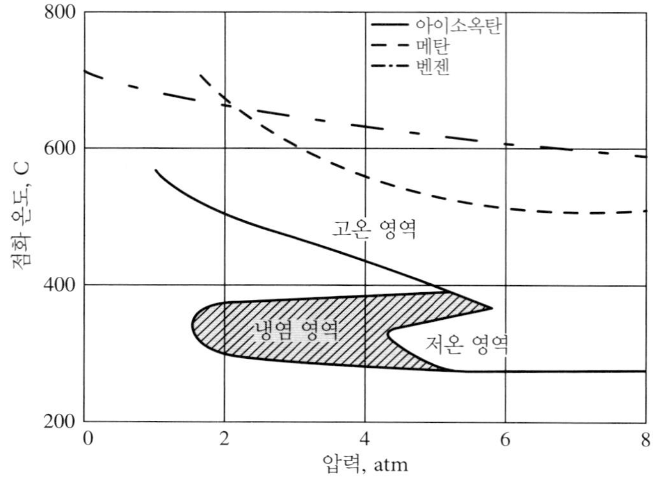

그림 9.62 아이소옥탄, 메탄, 벤젠의 점화 다이어그램. 2-단계 점화는 저온 영역에서 발생한다; 첫 번째 단계는 냉염일 수 있다. 단일–단계 점화가 고온 영역에서 일어난다.

그림 9.62는 아이소옥탄, 메탄, 벤젠에 대해 이들 점화 한계를 보여 준다. 아이소옥탄에서, 낮은–온도 영역의 점화는 2-단계 과정이다: 냉염이 나타나기 전에 첫 번째 시간 구간이 있고, 그 다음에 냉염이 나타난 후 열염 연소 과정까지의 두 번째 시간 구간이 있다. 고온 영역에서의 점화는 연속적인 단일–단계 과정에 의한다. 냉염 현상은 탄화수소 구조에 따라 상당히 달라진다. 노말 파라핀은 강한 냉염을 주지만, 분지–체인 파라핀은 더 저항이 크다. 올레핀은 더 긴 대기 기간을 갖고 더 낮은 광도의 냉염을 준다. 메탄은 그림 9.62에 보인 바와 같이 고온 점화 한계만 보인다. 벤젠도 냉염 현상을 보이지 않고 다른 방향족 화합물도 거의 측정할 수 없는 광채를 준다. 몇 화합물은 저온 2-단계 점화 메커니즘에 의해 노킹이 발생하고, 몇은 고온 단일–단계 점화 메커니즘에 의해, 몇 연료는 두 메커니즘에 다 참여한다.

고속–압축 기계 실험에서의 이 두 메커니즘의 예가, 균일한 아이소옥탄–공기 혼합물이 피스톤–실린더 기구 안에서 다른 최종 상태까지 압축되고 자동점화하는 그림 9.63*c*에 있다. $A \rightarrow B \rightarrow C$는 피스톤 움직임에 의한 압축이다. 위의 궤적은 *D*에서의 잘–정의된 냉염을 보여 주는데, *E*에서의 고온 점화에 앞서 발생한다. 더 고온에서의 아래 궤적은 단일–단계 점화 과정을 보여 준다.

Semenov[76]에 의한 기초 탄화수소(RH) 산화 과정의 개략은 다음과 같다: 이는 자동점화 화학을 의논하는 기본 틀이 된다.

$$
\begin{array}{lrl}
\text{(R1)} & RH + O_2 \rightarrow \dot{R} + H\dot{O}_2 & \}\ \text{체인 시작} \\
\text{(R2)} & \dot{R} + O_2 \rightarrow RO_2 & \\
\text{(R3)} & R + O_2 \rightarrow \text{olefin} + HO_2 & \\
\text{(R4)} & O + RH \rightarrow ROOH + \dot{R} & \text{디제너레이트 브랜칭} \\
\text{(R5)} & RO \rightarrow R'CHO + R''O & \\
\text{(R6)} & O + RH \rightarrow H_2O_2 + \dot{R} & \\
\text{(R7)} & ROOH \rightarrow R\dot{O} + \dot{O}H & \text{체인 전파} \\
\text{(R8)} & R'CHO + O_2 \rightarrow R'\dot{C}O + H\dot{O}_2 & \\
\text{(R9)} & R\dot{O} \rightarrow \text{반응 손실력} & \}\ \text{체인 종료}
\end{array}
\qquad (9.65)
$$

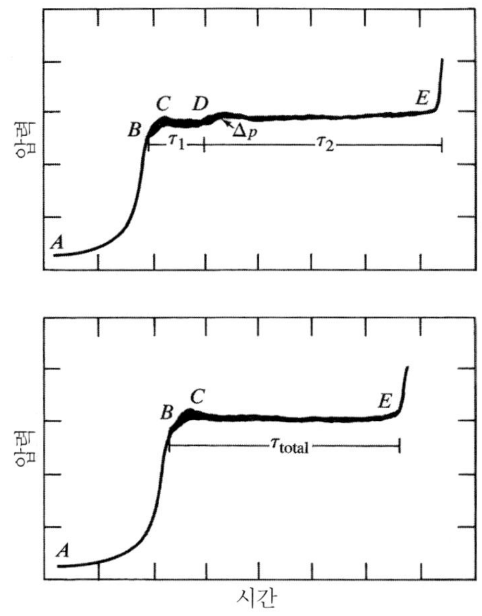

그림 9.63 고속 압축 기계에서의 아이소옥탄-공기 혼합물($\phi = 0.9$)의 자동점화 압력 기록. A → B → C는 압축 과정. 위: 압축 후 압력 1.86 MPa과 온도 686 K에서의 2-단계 점화(D, 그리고 E에서). 아래: 압축 후 압력 2.12 MPa과 온도 787 K에서의 단일-단계 점화. 수직 스케일: 690 kPa/눈금. 수평 스케일: 1 ms/눈금.[77]

점은 라디칼을 의미한다; 각 프라임은 유기 라디칼 R의 자유 본드이다.

R1반응은 느리고 탄화수소 연소의 유도 기간을 설명한다. R2는 빠르고 활성화 에너지가 거의 제로이다. R3는 포화 탄화수소의 산화에서 발생한다고 알려진 올리핀을 만든다. R4와 R5는 주 중간 물질을 만든다. 디제너레이트 브랜칭은 R7과 R8의 반응이 빠른 화학종 들의 분해가 연기되는 데서 온다. R7과 R8에서 하나의 라디칼이 반응물을 만들기 위해 사용되면, 여러 라디칼들은 이들 반응물이 분해할 때까지 나타나지 않는다.[76, 78]

아래 내용이 엔진에서 위의 메커니즘이 노킹에 연관됨을 제시한다. 끝가스 샘플링 연구가 아이소옥탄의 느린 연소 반응의 생성물을 밝혔다; 이들은 주로 올레핀, 사이클릭 에테르, 알데하이드(R′CHO), 케톤(R″CO)를 포함한다.[79] 2-단계 점화 행태를 보여 주는 아이소파라핀 연료에서 페록사이드(주로 H_2O_2와 약간의 유기 페록사이드)의 농도가 증가함을 보여 주었다. 벤젠이나 톨루엔 같은 고온 단일-단계 점화 연료는 측정할 만한 페록사이드를 만들지 않는다. 최고 사이클 온도가 점차로 증가하는 모터링 한 엔진에서 알데하이드와 케톤이 상당한 양으로 농도가 증가한다는 것이 측정되었다. 모터링 한 엔진에서, 냉염의 발생(중간 압력 온도에서 일어나는 자동점화 점화 과정의 2-단계 특성인)과 매우 높은 압축비에서의 단일-단계 점화 과정으로 전환이 역시 제시되었다(예, 연소하는 엔진의 끝가스 조건을 비슷하게 모델링하기 위해 정상보다 훨씬 높은 최고 온도를 갖는 모터링한 엔진 가스 온도에서).[80]

이 자동점화 과정에 대한 두 타입의 모델이 개발되고 사용되었다: (1) 실험적 유도-시간 관계식과 (2) 식 (9.65)에서 설명된 “전체” 탄화수소 산화 과정의 특성의 여럿 또는 전부가 포함된 화학 메커니즘이다.

*유도-시간 관계식*은 아레니우스 함수를 유도 또는 자동점화 시간에 대해서 주어진 연료-공기 혼합물에서 연관된 혼합물의 압력과 온도 범위에 걸쳐 측정된 데이터에 매칭해서 얻었다. 그리고 노킹-시작 자동점화는 다음을 만족할 때 일어난다고 가정했다.

$$\int_{t=0}^{t_i} \frac{dt}{\tau} = 1 \tag{9.66}$$

여기서 τ는 혼합물의 순간 온도와 압력에서의 유도 시간, t는 끝가스 압축 과정의 시작($t = 0$)

로 부터 흐른 시간, t_i는 자동점화에서의 시각이다. 이 식[j]은 주어진 혼합물에서, 유도 기간 화학 반응에서 중요한 화학종의 전체 생성률이, 오직 가스 상태에만 의존하고, 자동점화를 시작하는 데 필요한 중요 화학종의 농도가 일정하다(즉 가스 상태에 독립적이다)고 가정해서 얻는다.[81]

각 탄화수소나 혼합 연료에 대한 유도 시간에 관한 여러 실험식이, 자동점화에 관한 근본 또는 엔진 연구로부터 개발되었다. 이들 관계식은 다음과 같은 형태를 갖는다.

$$\tau = Ap^{-n}\exp\left(\frac{B}{T}\right) \tag{9.67}$$

여기서 A, n, B는 연료에 의존하는 맞춤 파라미터이다. 가장 많이 사용되는 식은 Douaud와 Eyzat[82]에 의한 식이다:

$$\tau = 17.68\left(\frac{\text{ON}}{100}\right)^{3.402} p^{-1.7}\exp\left(\frac{3800}{T}\right) \tag{9.68}$$

여기서 τ는 ms, p(bar)는 절대 압력, T는 켈빈 K이다. ON은 연료의 리서치 옥탄가(9.6.3절 참조)이다. 만약 각 사이클의 끝가스의 온도와 압력 시간 기록을 알면, 식 (9.64)와 (9.66)을 함께 사용해서 정상 전파 화염이 끝가스를 다 태우기 전에 자동점화가 일어날 지의 여부를 결정할 수 있다. 노킹 발생을 예측하는 이 접근법은 놀랍게도 정확할 수 있다.[83]

끝가스 자동점화 과정에 대한 모든 모델의 필수 요건은 끝가스의 온도 결정이다. 흡기 과정에서, 연소실 벽이 들어 오는 가스보다 뜨겁다: 그래서 열이 벽으로부터 실린더 내 혼합물로 전달된다. 압축 행정 중간쯤에, 혼합물의 온도가 벽 온도보다 높아지고 벽 가까이에 열 경계층이 형성되는데, 이제 열은 벽으로 전달된다. 그렇지만 벽에서 떨어진 미연소 혼합물은 근본적으로 단열과정(12.6.5)으로 압축된다. 거기다가, 흡기와 압축과정의 일부 시간에서 배기 밸브와 피스톤(냉각수에 냉각되는 벽 영역보다 더 높은 온도에서 작동하는)에 가까이 머물던 미연소 혼합물은 상당한 열전달 때문에 단열 압축되는 혼합물보다 더 높은 온도일 수 있다. 그래서 끝가스 온도는 균일하지 않고 온도의 분포는 복잡하다. 흔히, 그 상태를 특정하기 위해 평균 미연소 혼합물 온도가 사용된다. 다르게는, 압축 시작 조건에서 혼합물이 단열 압축된 경우의 중심 온도가 사용된다. 배기 밸브와 피스톤으로부터의 상당한 열전달이 없는 경우, 중심 온도가 사이클의 어느 점에서의 미연소 혼합물의 최댓값을 나타내는 데 더 적합하다.

실제 연료의 중요 성분인 특정한 파라핀 탄화수소와 알코올의 좀 더 복잡하고 완전한 자동점화과정에 대한 화학 모델이 개발되었다. 그렇지만 가솔린 같이 여러 성분을 갖는 연료에 대해서는 자세한 모델은 아직 구할 수 없다. 디제너레이트 브랜치-체인 메커니즘에 기초를 둔 탄화수소 산화에 관한 Shell 모델이라고 불리는 좀 더 일반적인 반응 속도 모델이 개발되고 어느 정도 성공적으로 테스트되었다. 이 모델은 일반화된 반응을 거치는 다양한 개별 화학종을 대표하는 포괄적인(generic) 화학 양을 사용한다. 이는 다양한 다른 연료 분자의 넓게 유사한(복잡하지만) 점화 행태와 탄화수소 산화 과정에서의 같은 타입의 유기 라디칼들이 보여 주는 비슷한 반응 속도에 의해 정당화된다[반응 세트 식 (9.65)].[77, 84]

Shell 모델은 포괄적인 8-스텝 디제너레이트 체인-분지 반응 모델에 기반을 둔다. 이 모델은 연료(RH), 산소, 연료로부터 생성된 라디칼(R), 생성물(P), 중간 생성물(Q)과 디제너레이트-브랜칭 에이전트(B)로 구성된다. 반응 상수는 문헌에 있는 값과 일치하게 고정되거나,

[j] 자주 그 처음 주창자를 기려서 Livengood and Wu 자동점화 적분이라고 부른다.[81]

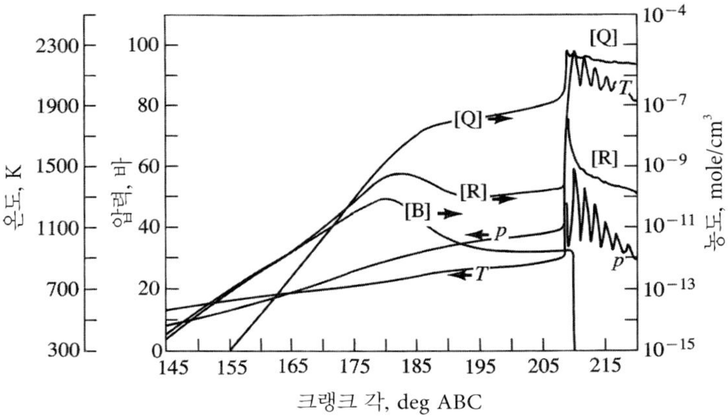

그림 9.64 스파크 점화기관 연소 과정에서 Shell 모델에 의해 예측된 끝가스에서의 자동점화 전—일어나는 동안—후에서의 압력, 온도, 조성. B, Q, R은 본문에서 설명함.[85]

측정된 유도 시간(그림 9.63에 보인 것과 같은)이 적절히 예측되도록 맞추어진다. 이 모델에 의해 얻어진 결과가 그림 9.64에 있다. 이는 작동 중인 스파크 점화기관의 끝가스에서의 계산된 압력, 온도, R, Q, B 등의 화학종 농도를 보여 주는데, 노킹은 209°에서 일어난다. 이 예에서, 자동점화 모델은 연소실에서의 유동과 화염 전파 과정에 대한 다차원 모델에 포함되었다.[85]

9.6.3 연료 요인들

노킹 경향은 엔진 설계와 운전 변수에 영향을 받는데, 이들은 화염이 도달하기 전에 끝가스의 온도, 압력과 이 둘의 높은 값에서 머무는 시간이다. 예를 들어, 노킹 경향은 끝가스의 온도를 감소함으로써 줄일 수 있는데, 이는 흡기 온도 감소나 MBT 타이밍으로부터의 지각에 의해 얻을 수 있다. 그렇지만, 노킹은 엔진과 연료 요인 둘 다로부터 영향을 받는다: 엔진에서 노킹이 있고 없고는 연료의 "안티노크성(antiknock)" 특성에 상당히 의존한다.

개개의 탄화수소 화합물은 그 분자의 크기와 구조에 따라 노킹에 저항하는 능력이 상당히 달라진다. 그들의 노킹 경향성은 엔진의 임계 압축비에 의해 특성이 표시되는데, 이는 특정한 운전 조건에서 특정한 연료 화합물이 노킹을 시작하는 압축비이다. 노킹 경향은 분자의 구조[k]에 다음과 같이 관계된다:[86, 87]

파라핀

- 탄소 체인의 길이가 늘어나면 노킹 경향이 커진다.
- 사이드 체인을 포함(그래서 기본 체인의 길이를 줄이면)해서 탄화수소 분자를 컴팩트하게 하면 노킹 경향이 줄어든다.
- 이는 기본 탄소 체인의 옆에 메틸 그룹(CH_3)을 더해서, 끝에서 두 번째부터 가운데까지 위치에, 약한 C-H 본드 수를 줄이는 것이다. 아래 참조.

올레핀

- 하나의 이중 결합을 넣는 것은 별 안티노크성 영향이 없다; 둘이나 셋 이중 결합은 일

---

[k] 탄화수소연료 구조와 이름에 대해서는 3.3절 참조.

반적으로 상당히 노킹 경향을 줄이는 결과를 가져온다.

- 이 규칙에 대한 예외는 아세틸린(C_2H_2), 에틸린(C_2H_4), 프로필린(C_3H_6) 등으로, 해당하는 포화 탄화수소에 비해 노킹이 훨씬 쉽게 일어난다.

나프틴과 방향족 화합물

- 나프틴은 해당 사이즈 방향족보다 훨씬 노킹 경향이 크다.
- 하나의 이중 결합을 넣는 것은 안티노크성 영향이 거의 없다; 둘이나 셋 이중 결합은 일반적으로 노킹 경향을 상당히 줄인다.
- 기본 링 구조에 붙은 사이드 체인을 길게 하면 두 그룹의 연료 다 노킹 경향이 늘어 나지만, 사이드 체인의 분지는 노킹 경향을 줄인다.

그림 9.65는 임계 압축비를 분자의 탄소 원자수의 함수로 그린 그림인데 이들 경향의 크기를 나타낸다. 노킹 경향이 연료 분자 크기와 구조에 강하게 의존함이 명백하다. 그림 9.65의 여러 탄화수소 화합물의 위치는 각 분자의 수소가 탄소 원자에 결합된 배치에 의해 설명될 수 있다. 가장 약한 수소 결합(그래서 탄화수소 분자가 수소를 잃으면서 반응을 시작할 때 가장 쉽게 깨지는)은 두 C-to-C 결합의 탄소 원자와 수소 원자 사이의 결합이다. *n*-헵탄 분자(임계 압축비 2.2의)는, 이 약한 결합을 10개 갖고 있다. 아이소옥탄(2-2-4 트리메틸펜탄)은 이들 결합이 2개 밖에 없으며 임계 압축비가 6.4이고 자동점화에 잘 저항한다.

실제 연료는 온갖 종류의 탄화수소로 구성된 매우 많은 수의 개별 탄화수소 화합물이 섞여있다:

알케인(파라핀), 시클란(나프틴), 알킨(올리핀), 방향족(3.3절과 알코올을 보라)이다. 연료의 노킹에 대한 저항성을 나타내는 좀더 실용적인 측정값이 필요하다: 그런 특성이 연료의 *옥탄가*이다. 이는 주어진 운전 조건에서 주어진 엔진이 노킹을 할지 안할지 결정한다: ON이 높을수록, 노킹에 대한 저항성도 높다. ON은 시험할 때의 운전조건이나 엔진 설계에 의존하기 때문에 하나의 값을 가진 양이 아니다. 표준 ON 스케일은 스케일의 양 끝을 정의하는 두 탄화수소에 기초를 두고 있다. 정의에 의해 노말 헵탄(*n*-heptane, C_7H_{16})이 제로, 아이소옥탄(C_8H_{18}, 2-2-4 트리메틸펜탄)의 ON값이 100이다. 이들 탄화수소가 선택된 이유는 그들의 노킹에 대한 저항이 크게 다르고, 스케일이 만들어질 당시 아이소옥탄이 시중의 가솔린보다 더 노킹에 대한 저항성이 높았기 때문이다. 이 두 탄화수소의 혼합물로 *주 참고 연료*(Primary Reference Fuel, PRF)를 만드는데 이들이 중간 ON에서의 안티노크성을 정의한다: 예를 들면, 10% *n*-헵탄과 90% 아이소옥탄 혼합물은 90의 ON을 갖는다. 연료의 ON은, 이 두 탄화수소의 혼합물이, 특별 스파크 점화기관에서 동일한 운전 조건에서 연료의 안티노크성을 매칭하는 PRF를 결정해서 측정한다.

연료에 대한 몇 가지 표준 옥탄 결정 방법이 개발되었다. 이 중의 두 가지—리서치 방법(ASTM D-2699)[1]과 모터 방법(ASTM D-2700)—가 표준 단기통 엔진에서 수행되었다. 모터 방법에서, 엔진 운전 조건은 더 엄중하다; 즉, 조건이 더 노킹을 잘 발생하게 한다. 거기다, 도로 옥탄가 측정 방법이 길에서 또는 샷시 다이나모에서 작동하는 차에서의 연료의 안티노크 특성을 정의하기 위해서 개발되었다. ASTM 리서치와 모터 방법에서 사용되는 엔진은 1931년 코오퍼러티브 연료 연구 위원회(Cooperative Fuel Research Committee)의 주관 하에 개

[1] ASTM은 American Society for Testing and Materials를 의미한다; 글자와 숫자는 특정 테스팅 코드를 정의한다.

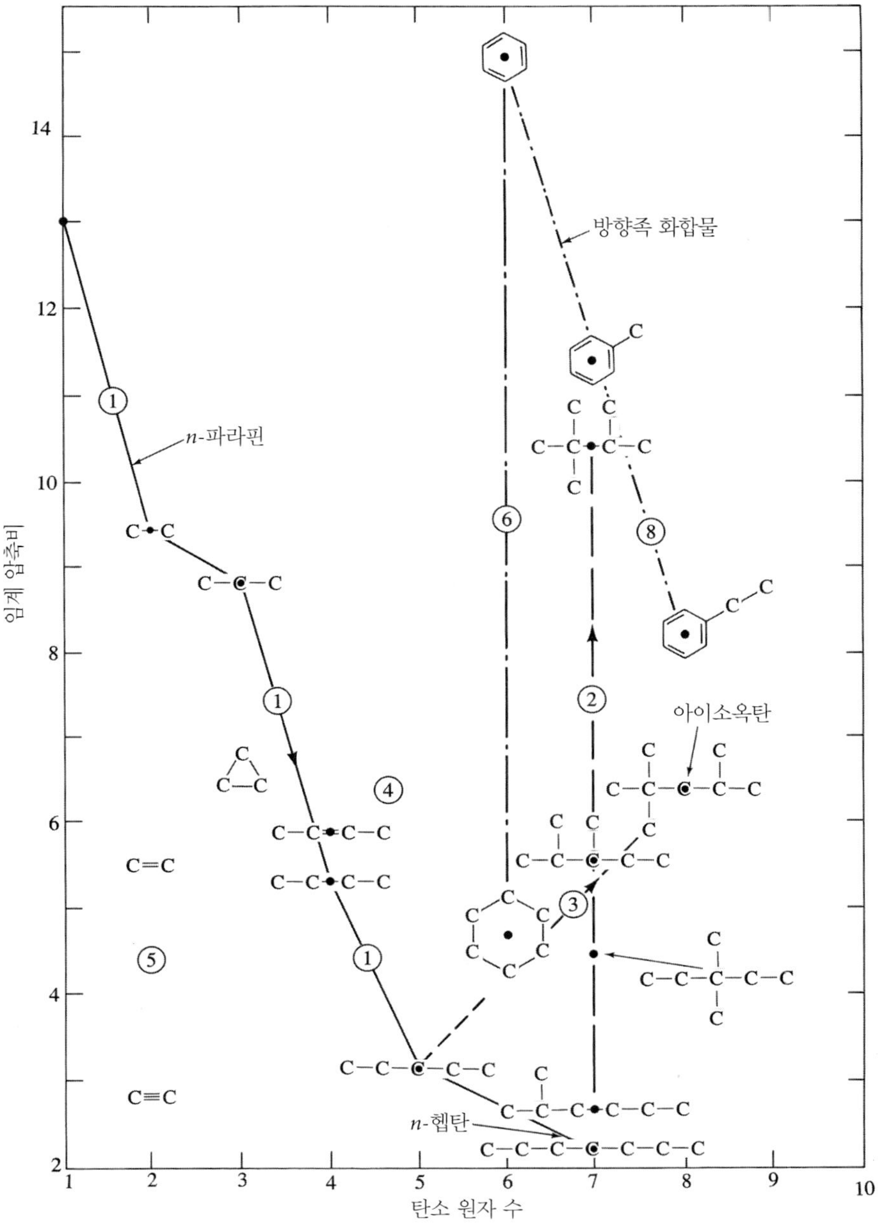

그림 9.65 분자 구조의 영향을 보여 주는, 탄화수소 분자의 탄소 원자 수의 함수로 그린 임계 압축비(600 rev/min와 450 K 냉각수 온도에서 노킹이 시작하는). (*Lovell*[86] 참고)

발된 단기통 엔진—CFR 엔진—이다.[m] 이 테스트 엔진은 튼튼한 4-행정 오버헤드-밸브 엔진으로 직경은 82.6 mm(3.25 in)이고 행정은 114.3 mm(5 in)이다. 압축비는 엔진 운전 중에 3에서 30까지 변화할 수 있고, 크랭크 케이스에 대해 상대적으로 실린더와 실린더 헤드를 올리거나 내리는 메커니즘을 갖추고 있다. 엔진은 몇 개의 연료 저장고를 가지며, 선택 밸브가 있어서 엔진의 다음 세 가지 연료 중 어느 하나로도 운전될 수 있다: 두 표준 연료(보통 *n*-헵

[m] Cooperative Fuel Research Committee는 현재 Coordinating Research Council, Inc이다.

표 9.7 리서치와 모터 방법의 운전 조건

	리서치 방법	모터 방법
입구 온도	52°C (125°F)	149°C (300°F)
입구 압력	대기압	
습도	3.6~7.2 g H_2O/kg dry air	
냉각수 온도	100°C (212°F)	
엔진 속도	600 rev/min	900 rev/min
스파크 진각	13°BTC (constant)	19~26° BTC (압축비에 따라 변함)
공기/연료비	최대 노킹을 하도록 조절	

탄과 아이소옥탄)와 옥탄가를 결정하려는 연료이다. 리서치와 모터 옥탄가를 결정하는 엔진 운전 조건은 표 9.7에 있다. 테스트 조건은 노킹이 가장 심하게 일어나는 엔진 운전 영역을 대표하도록 선택되었다.

테스트하는 연료의 연료/공기비는 최대 노킹이 일어나도록 조정한다. 그 다음 압축비를 조정하여 표준 강도의 노킹이 발생하도록 한다. 테스트 연료에서 얻은 노킹 레벨은, 옥탄가가 2 이상 차이 나지 않는(테스트 연료보다 하나는 더 노킹을 하는, 하나는 덜 하는) 두 표준 연료 혼합물 사이에 들어가도록 한다. 그리고 가솔린의 옥탄가는 두 표준 연료와 그들의 옥탄가 사이에서 노킹–미터 스케일 값을 보간하여 구한다. 100 ON 이하 연료에서는, *주 표준 연료*는 아이소옥탄과 *n*-헵탄이다; 혼합물의 아이소옥탄 퍼센트가 옥탄가이다. 100 ON 이상의 연료에서, 연료의 안티노크 특성은, 아이소옥탄에 단위 U.S. 갤론당 안티노크 첨가제, 테트라에틸 납의 밀리리터 단위 추가에 의해 결정한다.[n]

몇몇 개별 탄화수소 화합물과 일반적인 혼합 연료에 대한 옥탄가 값이 부록 D의 표 D.4에 있다. 실제적으로 모든 연료는 이들 리서치와 모터 옥탄가 사이에서 차이를 보인다. ON을 측정하는 운전 조건에서, 모터 방법이 리서치 방법보다 더 엄중한 조건을 사용한다(더 높은 입구 혼합물 온도, 더 높은 속도, 더 많이 진각된 스파크 타이밍). 그래서 모터 옥탄가(MON)가 리서치 옥탄가(RON)보다 낮다. 이 두 옥탄가의 차이를 *연료의 민감성*이라고 부른다:

$$\text{연료 민감성(Sensitivity) } S = \text{RON} - \text{MON} \tag{9.69}$$

연료 민감성은 연료의 조성에 따라 변하고, 그래서 원유의 소스와 정유 과정의 세부 내용에 따라 변한다. 주 표준 연료 자체는(아이소옥탄과 *n*-헵탄의 혼합물) 정의에 의해서 리서치와 모터 방법에서 같은 옥탄가를 갖는다. 주 표준 연료가 파라핀이기 때문에, 다른 파라핀도 민감성이 작거나 제로라고 예측할 수 있다. 대조적으로, 올레핀과 방향족은 알코올과 함께 높은 민감도를 갖는다. 그래서 일반적으로, 포화 탄화수소를 높은 퍼센트로 갖는 직류 가솔린은 낮은 민감성을 갖고, 불포화 탄화수소를 높은 퍼센트로 갖는 크랙 또는 개질된 가솔린은 높은 민감도를 갖는다. 일반(U.S.) 무연 휘발유는 보통 RON이 적어도 91, MON은 83 정도

[n] 연료의 옥탄가는 다음 식에 의해 계산하는데, $ON = 100 + 28.28T/[1.0 + 0.736T + (1.0 + 1.472T - 0.03521T^2)^{1/2}]$, T는 U.S. 갤론 당 밀리리터 단위의 테트라에틸 납이다. 테트라에틸 납, $(C_2H_5)_4Pb$은 64 중량 퍼센트 납을 포함한다; TEL 1 ml에 납 1.06 g이 있다.

를 갖고, 민감도는 옥탄가로 8~10 사이를 갖는다. 표준 등급 유럽 가솔린은 더 높은 RON과 MON값, 95와 85를 각각 갖는다.

리서치와 모터 옥탄 연료 값은 단기통엔진이 일정 속도, 전개 스로틀, 고정 스파크 타이밍에서 운전될 때 측정한다. 이들 방법은 자동차 엔진이 다양한 속도, 부하, 날씨 조건에서 운전할 때의 연료 행태를 언제나 예측할 수 있는 것은 아니다. 가솔린을 실제 차량에서, 실제 도로나 바깥 도로 조건을 모사하는 샷시 다이나모에서, 테스트하는 몇몇 방법이 개발되었다. 이들 방법은 연료의 *도로 옥탄가*를 결정한다. 좀더 넓게, 자동점화에 연관되는 측정 가능한 엔진 파라미터 z^{o}를 고정된 엔진 운전 조건에서 연료의 안티노크성과 다음 식에 의해 관계 맺을 수 있다.[88]

$$z = a(\text{RON}) + b(\text{MON}) + c$$

여기서 a, b, c는 실험적으로 찾은 상수이며 사용된 엔진과 그 운전 조건(예를 들면 속도와 부하)에 의존한다. 좀 더 일반적으로, 연료가 실제 세상 조건에서 자동점화하고 노킹하는 성향은 *옥탄 인덱스*, OI에 의해 정량화된다. 연료의 OI는 엔진이 어떤 특정한 조건에서 운전될 때 실제 연료의 노킹 시작을 매칭하는 주 표준 연료 조성을 결정해서 얻는다. 이 OI와 연료의 RON과 MON과의 관계를 가중인자 K를 이용해서 얻을 수 있다:[88, 89]

$$\text{OI} = (1 - K)\text{RON} + K\ \text{MON} = \text{RON} - KS \tag{9.70}$$

K는 연료에 독립적이라고 가정하고, 엔진 운전 조건에만 의존한다고 가정한다. 만약 $K = 0$이면, OI는 연료의 RON에 해당한다: $K = 1$은 OI = MON에 해당한다. 미국에서는. 소매 가솔린 펌프에 있는 OI는 (RON + MON)/2이고 *안티노크성 인덱스*라고 부른다. 그래서 $K = 0.5$가 연료의 "도로 상의" ON을 나타내기 위해 사용된다.

1900년대 중반부터 엔진, 차량, 연료가 모두 상당히 변했다. 최근에 이 옥탄 가중인자 K에 대해 지난 60년간의 차량-플리트 연구의 데이터를 이용해서 분석했다. 이 연구에서는 노킹을 피하기 위한 차량-내부-엔진의 연료 옥탄가 요구를 최대 차량 가속 테스트에서 결정한다. 기초 RON 테스트는 1930년에 도입되었다. 실제 사용에서의 연료의 안티노크 성능을 적절히 예측하지 못한다는 것이 밝혀졌다. 그래서 열적으로 더 가혹한 조건인 MON 테스트가 연료의 실제 안티노크 행태를 더 잘 반영하기 위해 개발되었다. 그동안의 검토[90]에 의하면, 평균적으로 K가 1950년대의 0.5에서 1970년대의 0.25 그리고 현재 제로에 가깝게 시간에 따라 감소했다(어떤 엔진과 운전 조건에서는 약간 제로보다 작게). 그래서 RON이 RON과 MON을 결합한 것보다 더 실제 연료의 안티노크 행태를 잘 예측해서, 유럽에서 사용된다.

또 같은 RON 값을 갖는 가솔린 중에 높은 민감도 S[식 (9.69) 참조]를 갖는 가솔린이 낮은 민감도의 가솔린보다 더 좋은 안티노크성(더 높은 OI)을 갖는다는 것이 명확해졌다. 이를 이해하기 위한 열쇠는 미연소 혼합물 온도 거동인데, 이는 흔히 노킹이 발생하기 시작할 때의 엔진의 흡입 공기 온도에 의해 특징이 결정된다. RON과 MON 테스트의 경우 이 공기 온도는 각각 52와 149°C이다: 최근 자연-흡기 엔진에서 이는 30°C 정도이고, 터보차저 엔진에서는 40°C 정도로 표준 테스트 값보다 훨씬 낮다.

높은 민감도를 갖는 대부분이 연료 성분은 파라핀에 비해 더 복잡한 분자 구조를 갖고 있다. 그렇지만, 민감도와 연료의 분자 구조 사이에 간단한 관계는 없다. 그림 9.66이 몇 가지 다른 클래스의 개별 탄화수소에 대해, MON을 RON 값에 대해 그렸다. 민감하지 않은 연료는 45°선인 MON ≈ RON 선에 있다. 이 경향은 파라핀이다. 더 높은 민감도 연료는 올레핀,

---

^{o} 예를 들면, z는 노킹에 의해 한계가 결정된 스파크 진각 또는 토크가 될 수 있다.

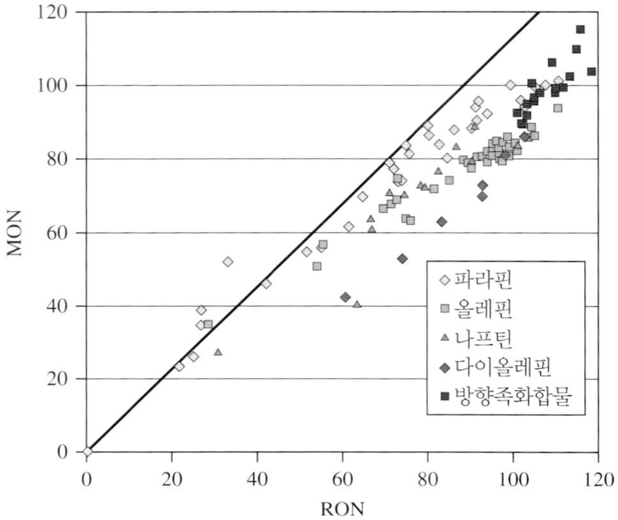

그림 9.66 모터 옥탄가(MON) 대 리서치 옥탄가(RON). 파라핀, 올레핀, 나프틴, 다이올레핀, 방향족을 포함한 여러 탄화수소. 민감하지 않은 연료들은 검은 대각선 상에 있고 민감한 연료들은 그 선 아래 있다. 각 클래스의 탄화수소들의 RON과 MON은 상당한 변동을 가짐에 유의하라.[91]

방향족, 다이올레핀, 나프틴이다. 알코올(그림에 포함되지 않은)은 높은 민감도를 갖는다.[p] 각 클래스 연료에서의 큰 변동에 주의하라.[91]

자동점화 연료 화학 반응에 미치는 혼합물 온도의 영향에 대한 연구들이, 왜 연료의 민감도 증가가 가솔린 엔진에서의 연료의 안티노크성을 높이는지에 대해 설명한다. 아이소옥탄, *n*-헵탄, 톨루엔, 에탄올 산화에 대한 상세 화학 반응 기구 모델(많은 수의 화학종과 반응들을 포함한; 14.5.6절 참조)이 엔진 작동 사이클 시뮬레이션에 의해 계산한 끝가스 온도와 압력과 연계해서, 위의 화합물들의 혼합물인 연료들의 민감도 증가에 따른 자동점화 특성 변화에 대해 해석하였다. 흡기 공기 온도의 함수로 자동점화가 일어나는 크랭크 각이 계산되었다. 민감도가 다른 세 가지 96RON 연료에 대한 결과가 그림 9.67에 있다. RON 테스트의 공기 온도는 52°C이고 MON 테스트의 공기 온도는 149°C이다. 요즈음 엔진은 30~40°C 사이의 흡입 공기 온도에서 작동한다. RON 테스트 온도보다 낮은 온도에서는(다른 민감도 연료의 결과가 비슷한 경우인데), 가장 높은 민감도 연료(S = 17)가 가장 큰 안티노크성을 보인다: 제로 민감도 연료(PRF 96)가 가장 낮은 안티노크성을 보인다. 공기 온도가 50°C보다 높은 경우, 민감도 경향은 뒤바뀐다—가장 낮은 민감도 연료가 가장 높은 안티노크성을 보인다.[91]

최근 가솔린 엔진에서 노킹 조건에 의해 제한되는 최대 끝가스 온도는 800에서 950 K 사이이다. 이 범위의 낮은 값에서는, 자동점화 화학 반응이 느린 저온 연소 영역인, 높은 민감도 연료가 더 성능이 좋다. 높은 온도 영역에서는($T_{u,max} \geq 900$ K), 화학 반응이 훨씬 빠른 높은 온도 연소 영역인, 덜 민감한 연료가 노킹 저항 성능이 좋다. 그 중간의 영역에서는, (오늘날 가솔린의 임계 노킹 발생 영역인) "네거티브" 온도 구배 점화 영역(그림 9.62 참조)에 해당하는, RON은 같지만 민감도가 다른 연료의 자동점화 지연 시간이 비슷하다. 이 중간 지점(≈825 K) 온도보다 낮은 끝가스 온도에서, 민감도가 높은 가솔린의 지연 시간이 온도에 대한 의존도 기울기가 더 급한데, 이는 자동점화 화학반응이 네거티브-온도 영역에서 낮은 온

[p] 에탄올, RON = 109, MON=90, S = 19; 메탄올, RON = 109, MON = 89, S = 20

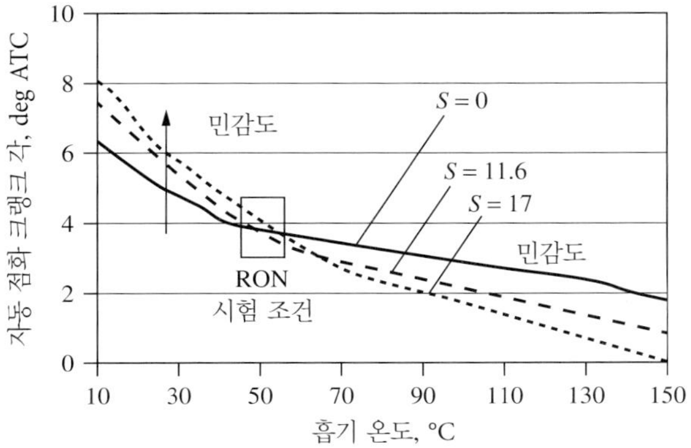

그림 9.67 흡입 공기 온도의 함수로 그린 계산된 자동점화 크랭크 각(ATC 각). 다른 민감도 S를 갖는 세 연료에 대한 그림: 주 표준 연료(PRF, RON 96), 톨루엔 표준 연료(78% 톨루엔, 22% n-헵탄 혼합물, RON = 96, S = 11.6)과 63.5% 에탄올, 36.5 n-헵탄 혼합물, RON = 96, S = 17). RON 테스트 조건이 그림 안에 박스로 표시되어 있다.[91]

도 영역으로 움직임에 따라 화학 반응이 더 느려지고, 더 민감도가 높은 연료가 더 큰 안티노크성을 갖게 되기 때문이다.[91]

정유업체와 자동차 생산업체들은 실제 도로에서 운행되는 차량 엔진이 요구하는 옥탄가 요구에 대해 관심이 많다. 엔진이나 차량–엔진 결합의 *옥탄가 요구*(OR)는 MBT 스파크 타이밍에서 주어진 엔진 속도와 부하 범위에서 노킹을 저지하는 최소의 연료 옥탄가라고 정의한다.

9.6.4 산발적인 조기점화(preignition)와 노킹

실린더 내의 압력이 엔진의 압축비와 터보차징의 증가 때문에 높아짐에 따라, 새로운 노킹 현상이 관찰되었는데, 이는 보기에 랜덤한 조기점화 과정에 의해 시작된다. 산발적으로, 실린더 내의 국소 미연소 혼합물이, 스파크 방전이 일어나기 훨씬 전 압축 행정 끝기에 자발적으로 점화한다. 이 조기첨화는 스파크가 방전되는 원하는 화염 전파 과정 시작 시기보다 훨씬 전에 시작한다. 결과적으로, 실린더 내 가스 압력(그리고 온도)이 이르게 증가하고 정상적 연소 경우보다 훨씬 높은 값을 TC에 가까운 피스톤 위치에서 갖는다. 이 같은 경우 "끝가스"는 빠르게 자동점화하고 극도로 강한 노킹에 이를 수 있다.[q] 이 조기점화 때문에, 엔진 사이클의 연소 과정이 매우 "과도–진각"되게 된다. 이 현상은 실린더 내 압력이 증가함에 따라 넓게 관찰되었고, 이를 피하기 위해 가솔린 스파크 점화기관(특히 터보차저 엔진)이 작동하는 압력 수준을 제한하게 되었다.

이 현상은 산발적이고, 20,000~40,000사이클마다 한 번 일어나고 하나나 몇 개의 연속 사이클에만 계속된다. 노킹 강도(노킹 압력 진동의 피크에서 피크까지 진폭)는 스파크 노킹보다 훨씬 높은 100~200 bar에 이른다.

그림 9.68이 강한 노킹 현상으로 변화하는 조기점화의 예를 보여준다.[92] 터보차저를 장착한 가솔린 엔진부터 얻은 실린더 내 압력 기록, 조건은 높은–부하, 2000 rev/min, 흡기압 2 bar—많이 지각한(2.3° CA BTC)—를 보여 준다. 조기점화가 없고 노킹이 없는 정상적인

[q] 이 현상을 "수퍼, 또는 메가 노킹"이라고 부른다.

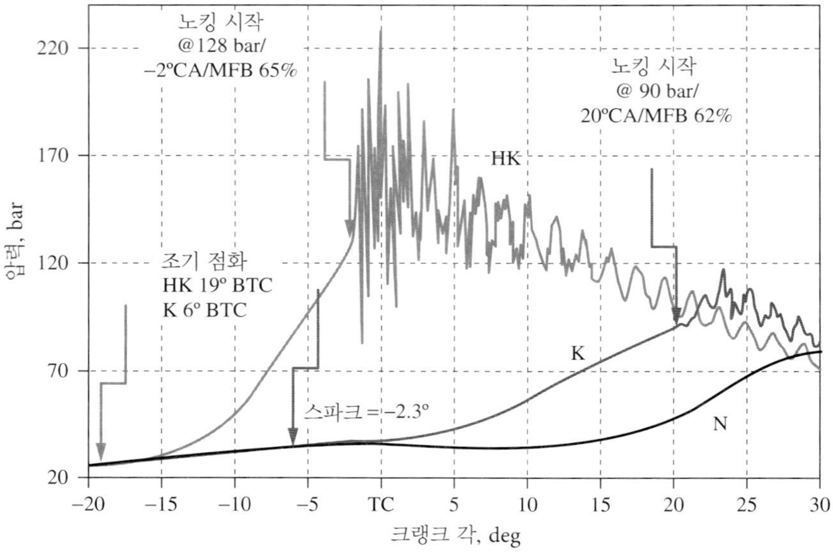

그림 9.68 터보차저 가솔린 엔진의 3사이클의 실린더 내 압력. 높은 부하(매니폴드 공기압력 2 bar), 2000 rev/min, 스파크 타이밍 지각시킴(TC 전 2.3° CA). 정상적 연소 사이클(N)은 약한 노킹은 낮은(≈80 bar) 그리고 늦은(30° ATC) 최고 압력을 갖는다. 중간–강도 노킹 사이클(K), 조기점화가 6° BTC에서 발생하는데, 노킹이 발생할 때 압력 90 bar를 갖고, 강한 노킹(19° BTC 조기점화) 사이클, HK의 노킹이 발생할 때 압력이 128 bar에 이른다. MFB는 연소 질량 분율이다.[92]

사이클(N)은 낮은 최고(그리고 늦은) 압력(80 bar)를 갖는데, 이는 이 엔진의 노킹 발생 조건에 가깝다. 다음 사이클(K)은 상당히 강한 노킹(KI ~ 24 bar)를 갖고 조기점화는 6° CA BTC에서 발생한다. 세 번째 사이클(HK)은 조기점화가 훨씬 이른 19° CA BTC에 발생하고 노킹 강도(피크에서 피크)가 150 bar에 이르는 "수퍼 노킹" 사이클이다.

이 세 사이클의 자동점화 시점에서의 압력과 미연소 혼합물(끝가스) 온도가 표 9.7에 있다. 이 세 사이클의 노킹 강도 차이는 자동점화 시의 미연소 혼합물 질량 분율로 설명할 수 없다. 오히려 이들은 자동점화 압력파가 바깥 방향으로 전파되는 과정과 속도에 의존하는데, 이들은 다른 미연소 가스 영역이 자동점화하고 강렬한 노킹 현상의 강한 압력 파를 형성하게 한다. 정상 사이클(노킹이 막 발생하는)은 상대적으로 느린 폭연(deflagration) 파 과정이다. 중간–노킹 강도 사이클은 디토네이션으로 발달하는 압력파 과정으로, 파가 시작한 화학 에너지 방출이 압력파를 드라이브하고 강화한다. 매우 강한 노킹 강도 사이클은 강한 발달 디토네이션 파의 결과인데, 높은 압력파가 점점 더 큰 화학 에너지방출을 시작하도록 하고 이는 파를 더 빠르게 하고 강도를 증가시킨다.

수퍼–노킹을 일으키는 조기점화 과정에 대한 타당한 설명은 실린더 내 연료–공기 혼합물에 있는 증발한 오일로 인한 것이라는 설명이다. 가솔린과 공기와 섞인 오일 증기는 가솔린/공기 혼합물보다 낮은 자기–점화 온도를 갖고, 그래서 더 낮은 미연소 혼합물 온도에서 자동점화할 것이다. 오일은 실린더 라이너와, 라이너와 피스톤 사이에 얇은 필름으로 존재한다. 라이너에 충돌한 가솔린은 필름으로부터 오일을 흡수하고 압축 행정에서 피스톤이 위로 움직일 때, 연료–공기 혼합물이 피스톤 랜드의 탑 링의 위와 아래 크레비스 공간에 모일 수 있다. 그래서 기체나 액체 상태의 오일–연료 혼합물이 이 영역에 모일 수 있다: 점차 충분한 혼합물이 모이고 크레비스를 나와 연소실 벽에서 떨어진 미연소 실린더 내 가스로 섞여 들어간다. 이 특정 사이클의 혼합물(또는 이 쌓인 오일과 연료 혼합물이 사라질 때까지의 몇 사이클)이 자발적으로 점화한다. 이 이른 조기점화 현상의 원천은 오일 증기, 가솔린 증기, 공기, 연소 가스(아마도 압축 중에서) 국소 영역이고 이들이 낮은 옥탄가 때문에 자동점화한다. 이 이른 연소 시작은 정상 경우보다 훨씬 높은 미연소 혼합물 압력과 온도를 가져오고, 이는 단지 반이나 2/3의 실린더 내 가솔린과 공기가 연소했을 때에 끝가스를 자동점화하여 그림 9.68에 있는 것과 같은 아주 강한 노킹을 발생시킨다. 이 설명을 테스트하기 위해 설계한 실험들(이 조기점화에 의한 수퍼–노킹 현상 빈도를 늘리기 위해 크레비스 부피를 줄이거나 휘발성이 낮은 오일을 사용한다거나)이 이를 확인하였다.[93]

9.6.5 노킹 억제

노킹을 억제하면 SI 엔진의 압축비와 터보차저를 장착한 엔진의 부스트 수준을 높여서 엔진의 성능과 효율을 개선할 수 있다. 노킹 발생을 억제하거나 늦추는 전략에는 연료 첨가제 사용, 높은–옥탄가 연료 혼합 화합물과 엔진 변경 등 아래에 요약되어 있는 방법들이 있다. 연료와 연관된 엔진 성능의 저감을 상쇄하기 위해 연료 첨가제가 많이 사용되어 왔다. 청정 첨가제는 흡기 시스템(연료 분사기, 흡기 밸브)과 연소 시스템(스파크 플러그, 연소실 벽면)에 침전물이 쌓이지 않고 원하는 성능을 유지하도록 사용된다. 부식 방지제가 가솔린에 포함되어 금속 표면에 얇은 보호막을 형성하여 물/습기에 의한 부식을 방지한다. 산화 방지제가 연료에 첨가되어 저장 성능을 개선한다.[51]

노킹–억제 연료 첨가제와 혼합 화합물

최근의 가솔린은 연료 품질을 개선하기 위해 설계된 여러 화학 첨가물을 포함하고 있다. 가솔린에 기초를 둔 재료도 옥탄가를 높이기 위해 산소를 포함한 유기 화합물과 섞는다. 가장 효율적인 안티노크 첨가제는 납 알킬이다. 테트라에틸레드(TEL), $(C_2H_5)_4Pb$는 1923년에 처음 도입되었다. 테트라메틸레드(TML), $(CH_3)_4Pb$는 1960년에 도입되었다. TML이 가솔린의 중간–영역(110°C)에서 끓기 때문에(TEL은 높은 쪽인 200°C에서 끓음), TML의 도입으로 엔진 실린더 사이에서 더 분포가 잘 된다. 1959년에는 MMT로 불리는 망간 안티노크 화합물(metylcyclopentadienyl manganese tricarbonyl)이 TEL 보조제로 도입되었다. 이 물질은 그 자체로도 안티노크제이다. 1970년대에 무연휘발유가 도입되었고 지금은 대부분 시장을 차지한다. 두 가지 요인이 납 알킬의 퇴출에 영향을 끼쳤다: 도시 환경에서의 납의 독성 특성에 대한 염려와 납에 의해서 피독되는 배기 제어용 촉매 변환기의 사용이다. MMT는 무연휘발유에 안티노크 첨가제로 더 이상 사용되지 않는데, 그 이유는 배기 촉매 변화기를 막을 수 있는 침착물 생성 때문이다.

주유소에는 보통 두(또는 세) 레벨의 다른 옥탄가를 갖는 (무연)휘발유가 있다. 미국에서는 옥탄가가 낮은 연료와 높은 연료가 각각 옥탄가 87과 93을 갖는데 "보통"과 "고급"으로 불린다. 유럽에서는 평균 가솔린 옥탄가가 2에서 3 ON 더 높다.[r] 정유 과정에서 이보다 높은 옥탄가 가솔린을 만들 수 있으나, 역사적으로 이를 얻기 위해 추가로 필요한 정유 과정에 들어가는 비용이 차량 이용 중 얻는 이익과 비슷하다고 알려졌다.

원유에서 얻는 (무연)휘발유의 정유 방식의 한계가 휘발유의 옥탄가를 높일 수 있는 다

---

[r] 리서치 옥탄가가 연료의 안티노크성을 나타내는 더 정확한 예측치이다. 미국에서는, 보통과 고급 휘발유가 92와 98 RON에 가까운 값을 갖는다. 유럽에서(AKI가 아닌 RON이 가솔린이나 페트롤의 레벨을 표시하는데) 표준과 고급 연료는 95와 98 RON 값을 갖는다.

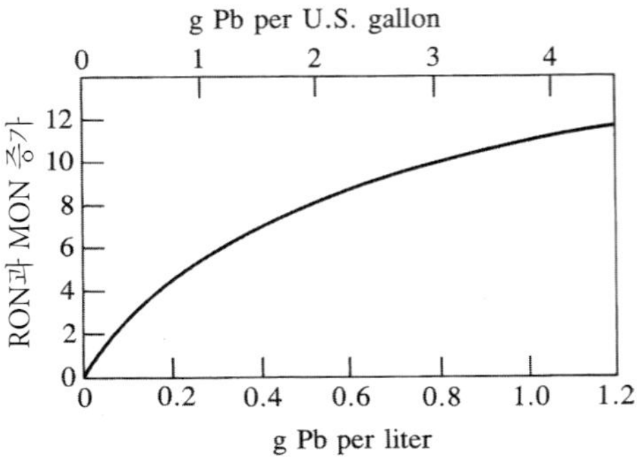

그림 9.69 안티노크 첨가제 테트라에틸레드 사용에 따른 가솔린의 옥탄가 증가. 증가는 연료 조성에 따라 달라진다: 평균값이 보여졌다.

른 방법에 대한 관심을 증가시켰다. 함산소화합물—알코올이나 에테르—은 연료의 옥탄가를 높이는 뛰어난 노킹 저항 특성 때문에 가솔린의 첨가물로 흔히 사용된다. 다음에 이들 첨가물과 혼합 화합물이 가솔린의 안티노크성을 높이는 메커니즘에 대해 설명한다.

납은 알려진 것 중에 가장 효과적인 안티노크제이다. 알킬 납의 형태로 매우 안정적이고 연료에 잘 녹는다. 일반적으로 알킬은 안티노크 활동을 하기 전에 분해된다고 알려져 있다. 분해된 물질—산화납, PbO—은 증기나 안개(작은 입자의 분산)의 형태로 연료-공기 혼합물의 자동점화 전 단계의 화염 전 체인-브랜칭 반응을 방해하여 전체 반응 속도를 늦춘다. 그렇지만, 납은 냉염 후까지는 2-단계 점화에 적은 효과를 가진다. 각각의 알킬은 연료의 조성과 연소 조건에 따라 다른 안티노크 특성을 보인다. 여러 보통 휘발유에서의 TEL 양에 따른 평균 효과가 그림 9.69에 요약되어 있다: TEL의 효과는 점진적 증가에 따라 감소한다. 리터당 0.8 g 납 첨가(U.S. 갤론당 3 g 납)는 평균적으로 약 옥탄가 10의 상승을 가져오는데, 납의 효과는 기본 연료의 화학 조성에 따라 달라진다. 알킬 납을 포함한 가솔린이 스파크 점화기관에서 연소할 때 비휘발성 연소 생성물을 만든다. 연소실 벽과 스파크 플러그에 쌓인 침착물이 스파크 플러그의 납-오염을 일으키고 플러그 절연체의 절연을 방해하고 고온의 배기 밸브의 부식을 가져온다. 상업화된 납을 포함하는 안티노크 유체는 그래서 스캐빈징 성분—에틸린 다이브로마이드와 에틸린 다이클로라이드 조합—을 포함해서 침착물이 될 산화납을 증발하는 납-브로마인 화합물로 만들어 연소 가스와 함께 배기로 대부분 나가게 한다.

가솔린의 연장 또는 대체재로서의 함산소화합물의 사용이 증가한다. 일부 경우에서는, 이는 함산소화합물이 원유가 아닌 다른 소스에서(예를 들면 바이오매스로부터의 에탄올) 얻을 수 있어서 전략적인 또는 경제적인 이익을 주기 때문이다. 다른 경우에는, 함산소화합물의 좋은 노킹 억제 혼합 특성 때문에 규제가 못하게 하거나 제한하는 알킬납을 대신해서 옥탄가를 만족시키는데 도움을 줄 수 있기 때문이다. 자동차 연료로서 몇 가지 함산소화합물이 사용되어 왔다: 가장 선호하는 것들은 에탄올(C_2H_5OH), 메탄올(CH_3OH), 터티어리 부틸 알코올(TBA, C_4H_9OH), 메틸 터티어리 부틸 에테르(MTBE)이다.

에탄올은 바이오매스로 만드는데, 특히 사탕수수나 옥수수를 사용한다. 표 9.8이 이들 화합물의 노킹 억제 특성에 대해 리스트를 하고 있고 가솔린에 대한 상대적인 물리적, 화학적 특성을 보여 준다. 이들 함산소화합물의 *혼합 옥탄가*는 화합물의 리서치 옥탄가와 같지 않고 혼합하는 가솔린의 조성(그리고 옥탄가)에 의존한다. MTBE-가솔린 혼합물은 물이 있을 때 우수한 안정성을 갖고, MTBE는 연료의 증기압과 물질 양립성에 거의 영향을 미치지 않는다. TBA는 수분의 추출과 손실에 취약하다. 에탄올은 고 옥탄가 추가제나 대체제로 기술적으로 매력적이며 가솔린에 5 또는 10% 혼합하여 사용하며, E85(보통 85% 에탄올과

표 9.8 노킹 발생 시의 끝가스 조건(그림 9.68 참조)

사이클	끝가스 자동점화			연소 질량 분율
	CA	p_a, bar	T_a, K	
노킹 발생 N	25° ATC	70	800	알려지지 않음
노킹 발생 K	20° ATC	90	850	0.62
이른 조기점화/ 강한 노킹	2° BTC	128	926	0.65

15% 가솔린)로 독립적인 연료로도 사용된다.

이들 함산소 탄화수소 복합물과 기본 가솔린의 연료 혼합에 대해 다음의 에탄올과의 예를 들어 설명한다. 에탄올이 혼합물의 옥탄가와 증발성을 높이기 때문에, 이는 낮은 옥탄가와 감소된 증발성의 기본 가솔린과 섞여 최종 가솔린–에탄올 혼합물이 연료의 조건과 규제를 만족할 수 있게 한다. 그림 9.70이 여러 기본 가솔린(함산소 혼합의 혼합 스톡, BOB이라고 표시한)과 에탄올의 혼합이 최종 연료의 리서치 옥탄가를 어떻게 증가시키는지 보여 준다. 여기서 혼합 스톡의 RON이 높아질수록, 각 RON 증가 기울기가 감소한다. 그림 9.70의 선형 부분(에탄올 15%까지)으로부터 도출한 에탄올의 혼합 RON은 기본 가솔린의 옥탄가가 84에서 98로 증가함에 따라 145에서 125로 감소한다. 또 에탄올 퍼센트가 30%를 넘어가면 포화 효과가 나타남을 주의하라.

메탄올은 천연 가스, 석탄, 바이오매스 물질에서 만들 수 있기 때문에 첨가제나 대체 연료로서의 가능성이 있다. 메탄올의 높은 혼합유–옥탄 특성(약 130 RON, 95 MON)—낮은 농도 (~5%) 메탄올–조용매–가솔린 혼합유로 사용될 때의—때문에 낮은 옥탄가 가솔린을 개선할 때 사용될 수 있다. 메탄올의 문제점은 수분이 있는 경우 가솔린에 잘 녹지 않는다는 것과 높은 유독성, 단위 부피당 에너지 양이 가솔린의 약 반에 불과하다는 것이다; 높은 증발 잠열(운전성이 나빠지는 데 기여할 수 있는), 일상적으로 사용되는 금속과 탄성중합체와 같

표 9.9 함산소화합물

	메탄올	에탄올	TBA	MTBE	가솔린
리서치 옥탄가(RON)	106	109	~105	~114	91–98
혼합물 옥탄가(RON)	130	129	~110	~125	NA
산소 무게 %	50	35	22	18	NA
화학양론비 (*A/F*)	6.5	9.0	11.2	11.7	14.5
비중	0.796	0.794	0.791	0.746	0.74
저위발열량, MJ/kg	20.0	26.9	32.5	35.2	42
증발 잠열, MJ/k†	1.16	0.84	0.57	0.34	0.35
끓는 점, °C	65	78	83	55	27–227

TBA, 터티어리 부틸 알코올; MTBE, 메틸 터티어리 부틸 에테르.

주의할 점은 혼합물 옥탄가는 기본 혼합용 가솔린의 옥탄가와 함산소화합물의 양에 의존한다는 것이다. 원전: 표 D.4; 모터 가솔린 기술 리뷰; Chevron Products Company, *모터 가솔린 기술 리뷰*, Chevron Corporation, 1996과 2009.[94]

† 온도의 함수임.

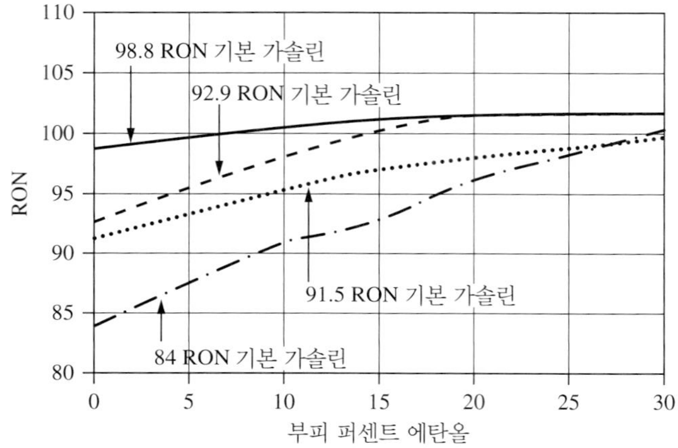

그림 9.70 RON 값이 84, 91.5, 92.9, 98.8의 네 가지 기본 가솔린에 섞는 에탄올의 부피 함량의 함수로 그린 리서치 옥탄가.[83]

이 사용할 수 없는 점, 상당한 부피의 부탄을 밀어낼 수도 있는 가솔린 증발성에 미치는 혼합 효과이다. 이들 문제 중에 일부는 TBA나 아이소부탄올 같은 조용매를 이용하여 감소시킬 수 있는 가솔린 증발성에 미치는 혼합 효과이다. 그러나 독자 연료로 사용되는 경우에는 가솔린보다 훨씬 낮은 에너지 양이 불리한 점이다.

엔진-차량 복합체의 옥탄가 요구는 운행에 따라 보통 어느 정도 증가할 수 있는데 주된 이유는 실린더 헤드나 피스톤 크라운에 쌓이는 침착물 때문이다. 이들 침착물이 엔진의 압축비를 약간 증가시키지만 그들의 가장 큰 효과는 흡입된 혼합물과 접촉하는 연소실 표면의 온도를 증가시킨다. 이는 흡입 과정에서의 이들 신기로의 열전달을 증가시키고 압축 과정에서 미연소 차지로부터의 열전달을 감소시킨다. 그래서 끝가스의 온도가 더 높고, 결과로 노킹이 발생할 확률이 높다. 연소실 침착물이 안정화하면(15,000 km 운행 후), 엔진의 옥탄가 요구는 보통 그 전에 비해 옥탄가가 5 정도 높아진다. 더 깨끗한 가솔린과 침착물 제어용 첨가제가 침착물에 의한 옥탄가 요구값 증가를 줄여준다.

엔진 노킹 제어 전략

엔진의 노킹을 시작하는 과정인 화염 전면에서의 끝가스의 자동점화는 주어진 연료 옥탄가에서 최대 미연소 혼합물 온도와 압력, 그리고 화염이 도달하기 전에 주어진 시간에 의존한다. 여기서 미연소 혼합물의 온도와 압력과 자동점화가 발달하는 데 주어진 시간에 영향을 주는, 또 변화를 주면 노킹 발생을 변화시킬 수 있는 스파크 점화기관 변수에 집중한다. 잘 알려진 것처럼, 노킹은 스파크 점화기관의 압축비를 제한하고 터보차저 SI 엔진의 가압 레벨을 제한하며, 그래서 최대 엔진 평균 유효 압력과 연료 변화 효율에 제한을 가져 온다.

노킹 발생을 결정하고 그래서 노킹을 제어하는 데 사용할 수 있는 엔진 변수는: 스파크 타이밍(MBT 타이밍에 대해 상대적인), 상대적 공기/연료비, 흡입 공기 온도, 냉각수 온도, 냉각된 배기 가스 재순환으로 희석, 그리고 액체 연료를 사용한 실린더 내 차지의 냉각 등이 있다. 좀 더 최근의 엔진에서 이들의 영향에 대해 연구한 결과를 리뷰한 결과[95]가 가솔린 연료를 사용한 스파크 점화기관의 옥탄가 요구(노킹을 피할 수 있는 최소한의 연료 옥탄가)에 미치는 몇몇 중요한 파라미터의 영향에 대해 안내해 준다. 결과는 표 9.10에 나타내었다.

스파크 지각이 엔진의 옥탄가 요구를 줄이기 위해 가장 흔히 사용되는 제어 방법이다.

표 9.10 엔진 옥탄가 요구에 대한 엔진 운전 변수 영향

변수	변수의 단위 변화에 대한 옥탄가 요구 변화
압축비	+ 5 ONR/unit r_c 증가
스파크 지각	− 1 ONR/1° 지각
공기/연료비*	− 2 ONR/unit A/F 변화
흡입 공기압†	+ 2–4 ONR/10 kPa 증가
배기 배압	+ 1 ONR/30 kPa 증가
흡기 온도	+ 1 ONR/7 deg C 증가
냉각수 온도	+ 1 ONR/10 deg C 증가
냉각 EGR 희석	− 3–4 ONR/10% 질량 희석
연료 분사 타입	− 4 ONR/PFI에 대한 DI
고도	− 1.4 ONR/300 m 증가 (0~1800 m 고도)
	− 2.5 ONR/300 m 증가 (1800~3600 m 고도)

* 옥탄가 요구는 화학량론비 보다 5% 농후할 때 최고값을 갖고 더 농후한(그리고 희박한) 혼합물에서는 감소함.
† 자연-흡기 엔진에서는 더 높은 값을 갖는다; 터보차저 엔진에서는 낮은 값을 갖는다.

MBT 타이밍에서 스파크를 지각시켜서 연소 과정 페이징을 늦춰서 최고 실린더 압력(ATC 후에 발생하는)을 낮추고 결과로 미연소 혼합물의 최고 온도를 낮춘다. 여러 연구에 의하면 크랭크 각 1도 만큼의 스파크 지각이 노킹을 방지하는 데 필요한 연료 RON 옥탄가를 1 낮춘다. MBT 타이밍으로부터 5도 정도 낮출 때까지는 토크, bmep, 효율 손실이 크지 않다가(그림 9.16 참조), 지각이 10도를 넘어가야 상당히 커지기 때문에 스파크 지각이 넓게 사용된다. 또 노킹에 미치는 그 영향이 즉각적이다.

스파크 점화기관은 자주 전개 스로틀에서 화학양론비보다 약 20% 연료 농후한 상태에서 작동하는데, 그 이유는 토크를 증가시키고, 배기 촉매 시스템(그리고 터보차저 엔진에서 터빈)의 열 부하를 낮추고, 엔진의 옥탄가 요구를 낮추기 위한 것이다. 그림 9.71이 관련 문헌의 리뷰[95]에 의거하여 상대 공기/연료비의 변화가 엔진 옥탄가 요구에 미치는 영향을 보여준다. 옥탄가 요구는 상대 공기/연료비가 0.95(화학양론비에서 5% 연료-농후) 근처에서 가장 높다. 이 최대의 양쪽으로 다 옥탄가 요구는 낮아진다—더 농후한 혼합물과 화학양론비를 거쳐 더 희박한 혼합물 둘 다에서. 이 감소의 민감도는 0.1 상대 공기/연료비 변화에 대해 3 ON 정도, 또는 단위 공기/연료비 변화에 대해 2 ON 정도이다. 비록 역사적으로 오랜 동안 가솔린 엔진의 전개 스로틀 운전에서 농후한 혼합물이 사용되었지만, 이는 높은 공기 오

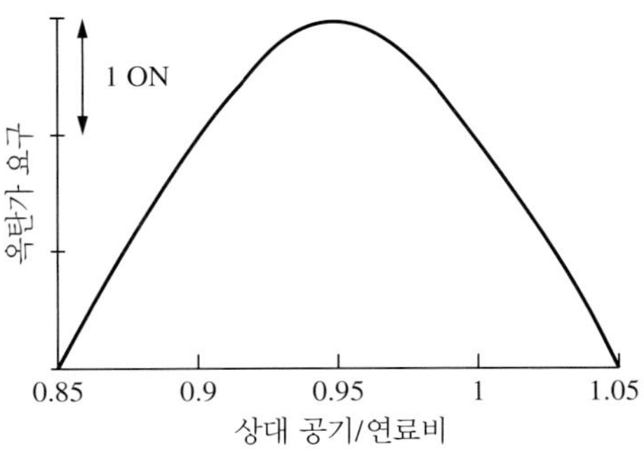

그림 9.71 엔진 옥탄가 요구에 미치는 상대 공기/연료비의 영향. $\lambda<1$, 농후 혼합물.[95]

염 배출 결과를 가져왔음에 주의하라. 그렇기 때문에, 최근의 여러 엔진은 WOT에서 화학양론비에서 운전하여 삼원 촉매가 계속 효과적이도록 한다. 그렇지만, 이는 더 높은 배기와 촉매 온도와(촉매 내에서의 HC, CO, H_2의 산화때문에) 더 높은 터빈 입구 온도를 초래한다.

실린더 내 미연소 혼합물 온도는 노킹에 이르는 자동점화 과정의 결정적인 변수이다. 이는 흡입 공기 온도와 실린더 내 잔류 가스의 양과 온도, 냉각수 온도(실린더 헤드, 피스톤, 라이너 온도에 영향을 미치고 그래서 미연소 혼합물의 열전달에—압축 과정 처음 반에 걸쳐 혼합물로의)에 영향을 받는다. 표 9.9가 이들 온도와 연관된 변수들의 옥탄가 민감도를 보여준다: 가장 중요한 것은 흡입 공기 온도이다.

실린더 안으로의 연료 직접 분사가 노킹을 억제하는데 도움이 된다. 동일한 PFI 값에 비해 ON이 4 정도 낮아진다. DI에서 연료 분무가 증발하면서 그 증발 잠열을 실린더 내 차지로부터 빼앗아서 차지의 냉각이 이루어진다. 가솔린에서 최대 실린더 내 차지 냉각 효과는 20 K에 조금 못 미친다. 실린더 내 가솔린(에탄올 없이) 직접 분사의 차지 냉각 효과를 흡기-포트 연료 분사와 비교한 결과에 의하면, 최대 가솔린 증발 냉각 효과의 약 70%인 13에서 14 K 정도이다. 이는 포트-연료 분사 시스템에서 실린더 내 연료-증발 차지 냉각이 일어난다는 것을 제시한다—최대 냉각 효과의 1/4 정도. 가솔린 직접 분사는 최대 냉각 효과에 거의 유사한 냉각을 이룰 것을 예상할 수 있는데 그 이유는 연소 전에 대부분의 연료가 증발하기 때문이다.

흡기 매니폴드 압력도 중요한 변수이다. 실린더 내 압력 증가는 자동점화 화학 반응을 가속시킨다. 데이터에 의하면 매니폴드 압력에 대한 옥탄가 요구 민감도는 WOT에서 자연-흡기 엔진(MAP 10 kPa 변화에 대하 3에서 4 ON 정도)이 MAP 2 bar까지의 터보차저를 장착한 엔진(MAP 10 kPa 변화에 대하 2 ON 정도)에 비해 높다(이는 부분적으로 TC 엔진의 최대 압력 제한에 기인하기도 한다.).

표 9.10의 옥탄가 요구 민감도는 엔진 설계와 운전 세부 사항 및 엔진이 터보차저를 장착했는지에 어느 정도 의존함을 주의하라. 엔진 개발과 설계 과정에서 엔진 노킹 요구 사항에 영향을 주는 여러 변수들은, 부분-부하 엔진 제동 연료-변화 효율과 전개-스로틀 토크(또는 bmep)를 원하는 연료 옥탄가에서 최적화하기 위해서는 서로에 대해 트레이드-오프를 하여야 한다.

노킹을 억제하는 한 가지 전략은 냉각 배기 가스 재순환(EGR)을 이용하는 것이다. 이는 엔진의 압축비와 가압 수준을 노킹이 상당히 제한하는 터보차저를 장착한 가솔린 엔진에서 많이 사용된다. 높은 부하에서의 EGR의 사용은 엔진의 실린더 내 연료/공기/연소 가스 혼합물을 희석해서 보통 주어진 배기량의 엔진이 생산하는 토크를 감소시킨다. 그렇지만, 노킹 억제 효과가 더 높은 압축비와 가압 수준을 사용할 수 있게 해서 차지 희석 효과를 상쇄하고도 남는다.

EGR로 미연소 혼합물을 희석하는 것은 엔진 운전에 다음과 같은 영향을 미친다. 연료/공기/연소 가스 혼합물의 불활성 기체—질소와 CO_2와 H_2O, 화학양론비 혼합물에서—가 증가하여 느린 층류 화염 속도에 의해(9.3.3절 참조) 화염 발달을 느리게 하고 빠른 연소 각을 늦춘다(그림 9.15 참조). 느린 연소는 최대 제동 토크를 얻기 위한 스파크 타이밍을 앞당기게 하는데 MBT 스파크 타이밍에서 노킹 발생에 대한 영향은 크지 않다.

냉각 EGR의 노킹 억제 효과에 대한 설명은 자동점화 지연—시간 관계식[식 (9.68)]에서의 기본 물리 변수-미연소 혼합물 압력과 온도—에 기초를 두고 있다. T_u와 p의 최댓값은 피스톤-운동-생산 압축 과정과 이와 연계된 미연소 혼합물을 추가 압축 하는 연소-생산 압

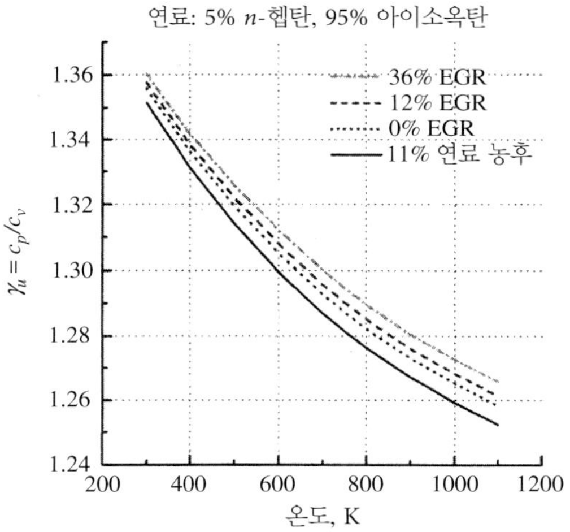

그림 9.72 희석비와 가스 온도의 함수로 그린 미연소 혼합물 비열비(c_p/c_v).[97]

력 증가에 의존한다.[96] 근사적으로 미연소 혼합물은 압력에 의해 단열로 압축된다고 할 수 있다.

$$\frac{\dot{T}_u}{T_u} = \frac{(\gamma_u - 1)}{\gamma_u} \frac{\dot{p}}{p} \tag{9.71}$$

압력 증가 속도는 엔진 실린더를 균일한 단일-영역으로 다루는 엔진 연소 과정에 대한 "열"이나 화학-에너지 방출 열역학 제1법칙 해석에 의해 얻을 수 있다[식 (9.27)에서 $V_{cr} \rightarrow 0$]:

$$\frac{\dot{p}V + p\dot{V}}{(\gamma - 1)} = \dot{Q} - p\dot{V}$$

이를 식 (9.71)과 결합하면

$$\frac{\dot{T}_u}{T_u} = \frac{(\gamma_u - 1)}{\gamma_u} \left[(\gamma - 1)\frac{\dot{Q}}{pV} - \gamma \frac{\dot{V}}{V} \right] \tag{9.72}$$

을 얻는다. γ는 단일-영역 에너지 방출 해석에서 가정한 균일한 가스의 평균 비열비이다: $\dot{Q}$은 순 열방출, $\dot{Q}_{ch} - \dot{Q}_{ht}$이다.

EGR의 증가가 미연소 혼합물 비열비 γ_u에 미치는 영향이 그림 9.72에 있다: EGR이 0에서 36%까지 증가할 때 식 (9.71)과 (9.72)의 $(\gamma_u - 1)/\gamma_u$ 값은 2.5% 증가한다. 그렇지만, 실린더 내 화학양론비 혼합물과 일정 연료 질량에서, 냉각 배기 가스 재순환 양이 증가할수록, 실린더 내 압력이 증가하는데 이는 고정된 연료 질량에서 EGR 증가 시 흡기 매니폴드 압력이 증가하기 때문이다. 사이클 시뮬레이션 결과에 의하면 스파크 전에 더 높은 γ_u가 미연소 혼합물의 온도를 높인다; 그렇지만, 연소가 시작한 후 더 높은 압력은 식 (9.72)[s]의 첫 번째 항을 감소시키고 $(\gamma_u - 1)/\gamma_u$의 증가 효과를 상쇄하고도 남는다. 그래서 냉각 EGR에 의해 미연소 혼합물 최고 온도는 감소한다. 그래서 자동점화 지연기간이 길어지고 노킹이 억제된다. 그림 9.73이 두 부하—하나는 자연-흡기, 다른 하나는 터보차저를 장착한 엔진의—에서 EGR의 함수로 미연 혼합물 최고 온도의 변화를 보여 준다. 최고 끝가스 온도의 감소는 10% EGR에서 5 K, 20% EGR에서 12 K이다.[96]

[s] $\dot{Q}$은 거의 변하지 않는다.

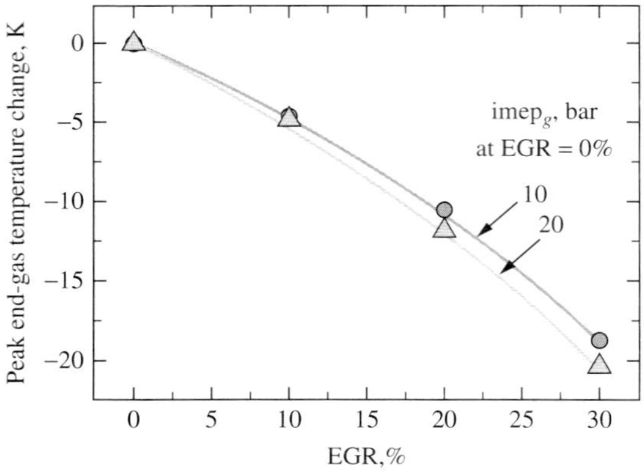

그림 9.73 냉각 EGR양의 함수로 그린 최고 끝가스(미연소 혼합물) 온도의 변화: 연료 질량 유동율은 일정. 두 곡선은 imepg = 10과 20 bar이고 EGR = 0%.[96]

터보차저를 장착한 가솔린 엔진에서 EGR을 노킹을 억제하기 위해 사용하려면 재순환 가스를 열교환기에서 냉각하고 제어 밸브를 통해 압축기 전에 흡기로 주입하여야 한다. 배기는 미연 탄화수소와 미세한 입자들과 함께 약 12%의 수분을 함유하고 있기 때문에, 거기다 윤활유 약간 양까지, 이들 EGR 시스템 부품에서의 침착물이 쌓이고 부식이 일어나는 것이 중요한 이슈이다.

연습문제

9.1 아래 표는 스파크 점화기관의 세 연료의 물성치를 보여 준다. 4기통 1.6리터 배기량 엔진의 설계와 운전 파라미터들을 엔진의 운전 부하와 속도 영역에서 각 연료에 대해 최적화하려고 한다. 각 엔진–연료 조합에 대해 어느 엔진 운전 조건에서나 총 도시 연료 변화 효율과 imep는 연료–공기 사이클 효율의 그 조건에서의 0.85배라고 가정한다. 그리고, 연료의 안티노크 값인 리서치 옥탄가가 95(가솔린 값) 이상에서 5 증가할 때, 압축비는 1 증가할 수 있다고 가정한다. 가솔린에서 엔진의 압축비는 9이므로 만약 연료의 옥탄가가 100이면 압축비 10을 사용할 수 있다.

(a) 부분 부하 조건에서–흡기 압력 0.5 bar, 속도 2500 rev/min–총 도시 연료 변화 효율과 연료소비율을 각 엔진–연료 조합에 대해 구하라. 각 엔진–연료 조합은 주어진 희박 한계에서 작동한다.

(b) 최대 출력의 해당 당량비에서, 흡기 압력은 1 bar이고 속도는 2500 rev/min일 때, 체적 효율이 주어졌다. 이 체적 효율 값에 대해 설명하라. 각 연료는 흡기 매니폴드에서 완전히 증발하고 흡기 혼합물 온도는 전 연료에서 일정하게 유지된다. 매니폴드와 밸브의 설계도 같다.

(c) (b)에서와 같은 조건에서, 천연가스와 메탄올을 연료로 사용하는 엔진의 최대 도시 평균 유효 압력의 가솔린 엔진의 최대 imep에 대한 비를 계산하라.

(d) 만약 메탄올 엔진이 가솔린 엔진에 비해 33% 빠르게 탄다면(즉 연소 과정에 걸린 시간이 3/4인 경우), 두 엔진의 압축 행정 중간부터 팽창 행정 중간까지에 대해, 크랭크 각에 대한 실린더 압력을 조심해서 정량적으로 스케치하라. 조건은 (b)에서와 같다. 각 엔진에 대해 모터와 연소 압력 커브를 그려라. 스파크 타이밍은 각 엔진에서 최대 제동 토크를 내도록 조정한다. 스파크 타이밍 위치와 최대 실린더 압력 위치 그리고 연소의 근사적인 끝 위치를 표시하라.

연료 물성치

연료	화학식	리서치 옥탄가	희박 운전 한계의 λ	화학 양론비 공기/연료비	발열량 MJ/kg	η_V
천연 가스	CH_4	120	1.4	17.2	50	0.78
메탄올	CH_3OH	105	1.25	6.4	20	0.75
가솔린	$(CH_2)_n$	95	1.1	14.9	44	0.85

λ = 상대 공기/연료비

9.2 아래 그림은 원판–모양 연소실의 가운데에서 바깥쪽으로 반경방향으로 전파되는 화염을 보여준다. 이런 장치에서의 연소는 스파크 점화기관 연소와 여러 면에서 유사한 특성을 보여 준다. 연소실 직경은 10 cm이고 높이는 1.5 cm이다. 이 문제에서, 화염은 얇은 원통형 시트(sheet)라고 생각할 수 있다. 그 반경은 시간에 선형적으로 비례해서 증가한다. 챔버의 부피는 일정하다. 연료는 일반적인 탄화수소

이다; 혼합물은 화학양론비이다; 초기 온도는 방 온도이다.

(a) 연소의 처음부터 끝까지 시간의 함수로 아래 양에 대해 정량적이지만 *신중하게 비례가 잡힌* 그래프를 스케치하라:

1. 초기 압력에 대한 챔버 내의 실제 압력 비
2. 초기 밀도에 대한 화염 전면 가스의 평균 밀도 비
3. 초기 밀도에 대한 화염 후면 가스의 평균 밀도 비

(b) 화염이 중심에서($r = 0$) 바깥쪽 벽으로($r = R_o$) 반경 방향으로 바깥쪽으로 전파해가는 연소 과정에서, r/R_o가 0, 0.5, 1.0에 있던 가스 입자가 어떻게 반경 방향 위치가 변하는지 시간에 대해서, 정량적이지만 *신중하게 비례가 잡힌* r/R_o 그래프를 그려라.

주의: 이 질문에 답하기 위해 정확한 수치 계산은 불필요하다. 평가는 당신의 다이어그램과 이를 뒷받침하는 당신의 논리에 대한 간단한 설명이 가진 물리적 직관의 양에 의해 이루어진다. 당신의 추론을 설명하는 데 도움이 되는 어떤 식이나 근사 수치 값도 표기해야 한다.

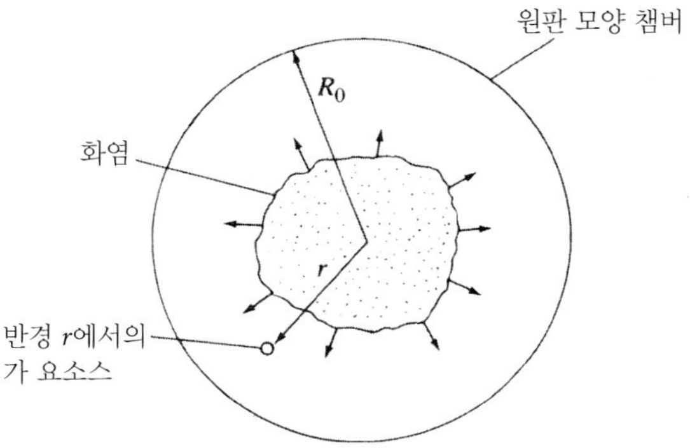

9.3 스파크 점화기관에서는 난류 화염이 실린더 내에서 균일하게 미리 섞여 있는 연료–공기 혼합물로 전파되고 연소실 벽에서 꺼진다.

(a) 대표적인 SI 엔진에서 최대 제동 토크에 맞춰진 스파크 타이밍의 전개 스로틀 상태에서, 크랭크 각 $-90° < \theta < 90°$ 사이에서 크랭크 각의 함수로 실린더 압력 p와 질량 연소 분율 x_b에 대하여, 신중하고 비례적인 정성적 그래프를 그려라. 스파크 방전, 화염 발달 기간(0에서 10% 연소)과 연소의 끝 시기에 대해, 상사점 크랭크 위치에 대해 상대적인 위치를, θ에 대한 P와 x_b 커브에 표시하라.

(b) 질량 연소 분율이 0.5(연소 과정의 반이 지났을 때)일 때, 연소 가스가 차지하는 실린더 부피 비율을 근사적으로 예측하라.

(c) 간단한 난류 화염에 대한 모델이 그림의 왼쪽에 있다. 차지의 연소율 dm_b/d_t는 다음과 같이 주어진다.

$$\frac{dm_b}{dt} = A_f \rho_u S_T$$

여기서 A_f는 화염 전면 면적(스파크 플러그 위치에 축 중심을 둔 실린더의 일부라고 근사화할 수 있는), ρ_u는 미연 혼합물 밀도, S_T는 난류 화염 속도(전면에 있는 미연 혼합물에 대해 상대적으로 전면이 움직이는 속도)이다. 그래서 질량 연소율은 연소실 형상(A_f를 통해서)만이 아니라 S_T에 영향을 주는 인자들(난류 강도, 연료/공기비, 잔류 가스 비율, EGR)에 의해서도 영향을 받는다. 그림의 연소실 A와 B를 비교하라. 질량의 50%가 연소했을 때의 화염 전면의 근사적 위치를 그려라. (신중한 정성적인 스케치이면 충분하다; 그렇지만, 스케치에 대한 정량적인 정당성을 제공하라). 각각 최대 제동 토크에 맞춰진 스파크 타이밍에서, 두 연소실의 크랭크 각에 대한 질량 연소 분율을 같은 그래프에 스케치하라. S_T값이 A와 B에 대해 같다고 가정한다.

(d) 같은 화염 전파 거리를 가졌지만 다른 모양의 연소실인 A와 C에 대해 비교하라. 어느 연소실이

1. 초기 반의 연소 과정에서 더 빠른 질량 연소율을 가졌는가?
2. 후기 반의 연소 과정에서 더 빠른 질량 연소율을 가졌는가?
3. 최대 제동 토크를 위해 더 진각된 타이밍을 가졌는가?

당신의 답을 설명하라.

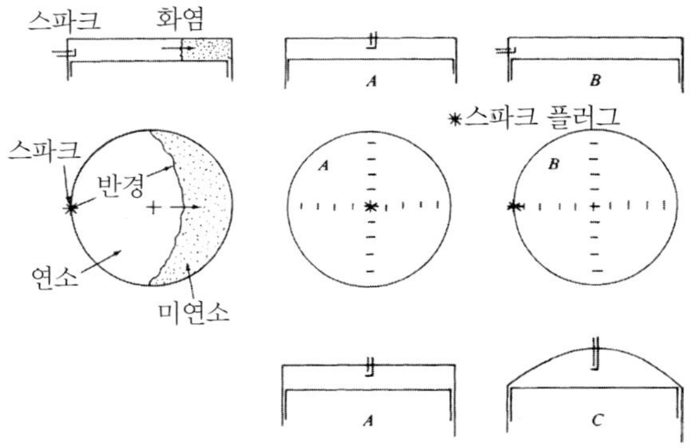

9.4 그림의 3-밸브 2-플러그 연소실과 실린더 축에 하나의 스파크 플러그가 있는 4-밸브 연소실을 비교한다. 스파크에서 시작하여 바깥쪽으로 성장하는 화염의 모양에 대해 근사적인 간단한 가정을 하라.

(a) 4-밸브 중심 플러그에 대해, 연소 과정 중의 화염 엔벨로프 면적(화염 바깥 주위) $A_f/2\pi h_0$를 r/r_o에 대해 그려라. 같은 그래프에, 3-밸브 2-플러그 설계의 해당 커브를 두 플러그가 동시에 점화한다고 가정하고 주의해서 스케치하라: 물리를 간단히 하기 의해 단순한 기하학적 계산이 필요하다.

(b) 45 CAD BTDC에서 45 CAD ATDC까지 두 연소실의 질량 연소 분율을 CAD에 대해 정성적이지만 신중하게 비례적으로 그려라. 그래프에 스파크 플러그 위치와 TDC, 최대 실린더 내 압력과 근사적인 연소의 끝을 표시하라. 두 연소실의 스파크 타이밍은 MBT 타이밍이다.

(c) 2-플러그 연소실에서 연소 속도는 하나의 플러그를 다른 하나보다 더 늦게 점화해서 늦출 수 있다. 그 후에는 두 번째 플러그 점화를 연기시켜도 전혀 연소율에 영향을 주지 않는 질량 연소 분율에 대해 근사적으로 추정하라.

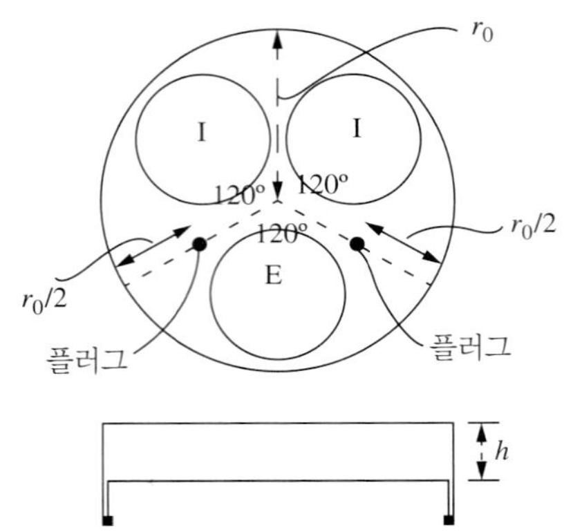

9.5 스파크 점화기관의 원판–모양 연소실에서, 화염이 중앙의 (실린더 축 상의) 스파크 플러그에서 반경방향으로 바깥쪽으로 전파된다. 화염은 주름 잡힌 난류 화염 안의 매끈한 시트로 모델링할 수 있다. 이는 미연소와 연소 가스를 평균적으로 분리한다.

(a) 연소 질량 분율 $x_b = m_b / m$을 r_f / r_o(r_f = 화염 반경, ro = 실린더 반경)와 밀도비 $r_d = \rho_u / \rho_b$의 함수로 표시하라. 적절한 r_d 값에 대해 이 커브를 그려라.

(b) 엔진이 부분부하에서 MBT 스파크 타이밍(30 CAD BTC)에서 작동할 때, x_b의 CAD에 대한 비례가 잘 맞는 그래프를 신중하게 그려라. T_C와 10 CAD에서의 연소 질량 분율을 표시하라. $\theta_{p\,max}$에서의 x_b는 0.75 정도이다.

p_{max}의 적절할 값을 예측하라. IVC(50 CAD ABC)에서의 실린더 내 압력은 흡기 압력, 즉 0.5 bar이다. IVC에서의 부피와 p_{max}에서의 부피의 비는 7.3이다. 혼합물은 화학양론비이며 압축비는 10이다. 필요한 어느 양이든지 합리적인 가정을 하라.

9.6 하나의 스파크 플러그를 가진[그림 (i)에서 실린더 축에서 $r_0 / 2$만큼 떨어진 A에 있는] 스파크 점화기관의 2-밸브 헤드를 연소 속도를 늘리기 위해 변경하려고 한다. 선택할 수 있는 사양은 B 위치에 스파크 플러그를 하나 더 장착하는 것과, 중앙 스파크 플러그를 갖는 4-밸브 헤드[그림 (ii)]를 사용하는 것이다. 간극 높이 h는 일정하고 두 연소실에서 같다고 가정한다(이들은 원판–모양 연소실이다).

(a) 각 스파크 플러그로부터 각 화염이 일정한 속도로 모든 방향으로 바깥쪽으로 전파된다고 가정하고, 화염 바깥(구형의) 싸인 면적 A_f를 $(2\pi r_0 h)$로 나눈 값 대 화염 반경 r_f / r_0을 원래의 하나의 플러그, 두 플러그, 중심 플러그에 대해 그려라. r_0는 실린더 반경이다. 각 축에서 1.0을 표시하라. 스케치와 간단한 기하학적 계산이 도움이 된다; 복잡한 계산은 필요하지 않다.

(b) 이들 그래프에 기초하여 이들 세 연소실에서 최적 스파크 타이밍이 어떻게 다른지 설명하라. 원래의 2-밸브 연소실에서(스파크 플러그가 A에 있는), 최적 스파크 타이밍은 30° BTC이고 50% 연소각은 10° ATC이다. 2-플러그 연소실(A와 B)과 중앙 플러그 연소실 C는 더 진각되는가 지각되는가? 왜 그런지 설명하라. 각 연소실의 국소 화염 속도는 일정하고 모든 연소실에서 같다고 가정한다.

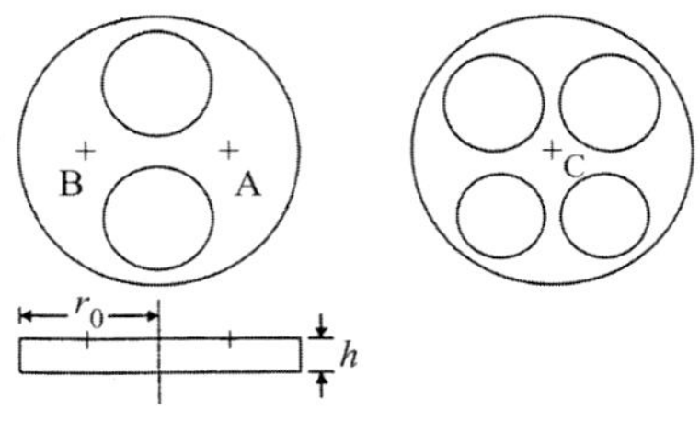

(i) (ii)

9.7 아래 그래프에 $\theta = 1.0$에서 작동하는 스파크 점화기관의 압력–크랭크 각 커브가 있다. 연소 질량 분율 x_b도 같이 있다. 여러 크랭크 각에서 반응물의 온도를 추정하여 T_u 대 θ 커브를 그려라. 압축이 시작될 때의 실린더 내 반응물은 333 K와 1 bar 압력에 있었다. 이 문제를 풀기 위해 단순화 가정을 하여야 하며 어떤 가정을 했는지 명확하게 설명하라; 이들은 아래 문제 9.8과 모순되지 않아야 한다.

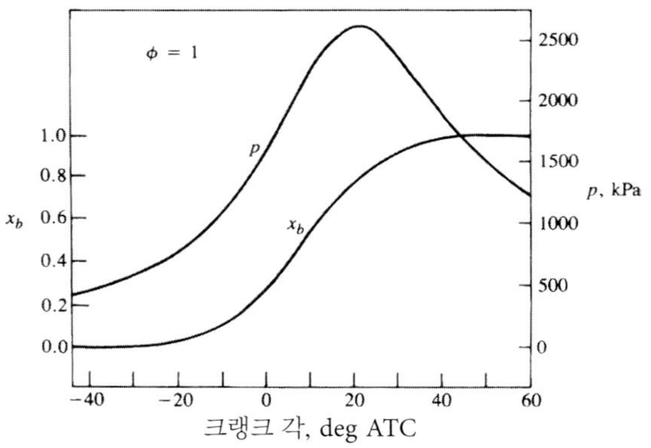

9.8 만약 연소가 아주 많은 얇은 가스 영역에서 점차로 발생한다고 하고 이들 영역 간에 아무 혼합이 일어나지 않는다고 하고 아래 값을 결정하라:

(a) −30°에서 타는 영역이 탄 직후의 온도;

(b) 0°에서 타는 영역이 탄 직후의 온도;

(c) +30°에서 타는 영역이 탄 직후의 온도

(d) 이들 세 영역의 +30°에서의 생성물의 온도

연소 후 실린더 내 온도의 공간 분포가 있는지 보이기 위해 위의 결과를 크랭크 각에 대해 그려라.

주의: 각 미연 가스 요소는 실질적으로 일정한 압력에서 타고 이에 따라 압축되며 그리고/또는 팽창한다. 차트(4장 참조)나 평형 컴퓨터 코드를 사용하라. 미연소 가스 상태는 문제 9.7에서 주어졌음.

9.9 주어진 속도와 흡입 혼합물 조건에서 스파크 타이밍이 매우 진각(예를 들면 60° BTC) 상태에서 TC에 가까운 각까지 변화할 때 왜 SI 엔진의 토크가 변하는지 설명하라. "가장 좋은" 스파크 타이밍이란 무엇인가? 이 값이 엔진 속도와 부하에 따라 어떻게 변하는지 설명하라.

9.10 **(a)** 스파크 점화기관에서 실린더 압력 대 크랭크 각과 imep가 왜 사이클 간 변하는지 그 원인에 대해 설명하라.

(b) 이 실린더 압력 변화가 엔진 작동에 어떤 영향을 주는가?

9.11 **(a)** 스파크 점화기관이 노킹을 할 때 무슨 일이 일어나는지 간단히 설명하라.

(b) SI 엔진 노킹은 주로 전개 스로틀과 낮은 엔진 속도에서 일어난다. 왜 그런지 설명하라.

(c) 노킹 센서가 있는 경우 일반적인 노킹 제어 전략은 노킹이 검출되면 노킹이 없어질 때까지 스파크 타이밍을 지각시키는 것이다. 왜 이 전략이 효과적인지 또 다른 방법에 비해 선호되는지(흡기를 스로틀링하거나 EGR을 더하거나) 설명하라.

(d) 노킹이 일어나는 엔진에서, 자동점화가 일어나는 크랭크 각과 그 결과로 생기는 압력 진동의 크기는 사이클 간 상당히 변한다. 왜 이런 일이 발생하는지 설명하라.

9.12 스파크 점화기관의 노킹은 비정상 연소 조건이다. 모터사이클이나 차를 모는 거의 대부분의 사람들이 언젠가 이런 경험을 하고, 보통 낮은 기어로 바꾸면 엔진이 이 조건에서 벗어난다. 다른 변수들의 변화가 가져오는 결과에 대한 당신의 경험과 이 책과 다른 참고문헌의 내용을 참고해서 제일 위 줄의 종속 변수에 대한 아래 표를 완성하라.

독립 변수는: 속도, 압축비, 연소실 표면/부피 비, 실린더 축으로부터의 스파크 플러그 거리, EGR 퍼센트, 흡입 혼합물 온도, 흡입 혼합물 압력, (F/A), 벽면 온도, 공기 스월, 스퀴시 운동, 연료 옥탄가이다. 이들 컬럼에서 종속 변수에 미치는 영향에 대해, 증가는 "+"로, 감소는 "−"로 표시하라. 엔진 시스템 독립 변수의 증가가 다음 값에 가져오는 영향을 보여라: 실린더 압력과 온도, 화염 속도, 전체 연소 시간, 자동점화 유도 기간, 노킹 경향. 가장 오른쪽 열에 간단히 답에 대한 설명을 제공하라.

엔진 독립 변수 증가의 영향	종속 변수						
	실린더		화염	전체	유도	노킹	
	압력	온도	속도	연소 시간	기간	경향	설명
속도, rev/min							

9.13 **(a)** 대표적인 점화 시스템 코일에 저장된 전기 에너지는 50 mJ이다. 글로우 방전 단계에서 이 에너지의 대부분은 코일에 전달된다. 만약 글로우 방전이 2 ms 동안 계속될 때, 그림 9.39의 데이터를 사용하여 글로우 방전의 전압과 전류를 추정하라.

(b) 이 에너지의 일부만이 스파크 플러그 전극 사이의 연료−공기 혼합물에 전달된다. 그림 9.39와 표 9.5의 데이터를 이용하여 방전 시의 브레이크다운과 글로우 단계에서의 에너지 전달을 추정하라.

(c) 전체적으로 연료−공기 혼합물에 코일 에너지의 약 1/10이 전달된다. 대표적인 부분−부하 조건(p_i = 0.5 atm, ϕ = 1.0)에서 이는 실린더 내용물의 화학 에너지($m_f Q_{LHV}$)의 몇 분의 몇에 해당하는가? 실린더 배기량은 500 cm^3로 가정한다. 스파크 직후의 화염 커널의 평균 연소 가스 온도가 3500 K이고 실린더 압력은 6 atm일 때, 커널에 전달된 전기 에너지와 같은 연료 화학 에너지를 가진 커널의 반경은 얼마인가?

9.14 노킹이 일어난 직후의 끝가스의 압력을 계산하는 근사적인 방법은 끝가스(화염 전면의 미연소 가스) 전체가 일정 부피에서 순간적으로 탄다고 가정하는 것이다. 우리는 끝가스가 자동점화하는 동안 연소 가스의 관성이 상당한 가스 움직임을 방지한다고 가정한다. 문제 9.7의 그림의 압력데이터에서, 자동점화가 크랭크 각으로 상사점 10도 후에 일어난다고 가정한다. 노킹이 일어난 후 끝가스에서 발생하는 최고 압력을 계산하라. 이 시기의 연소 질량 분율과 근사적인 평균 연소 가스 조건에서, 끝가스가 차지한 부피를 자동점화 직전의 실린더 부피의 %로 구하라. 차트(4장 참조) 또는 평형 가스 조성 컴퓨터 코드를 사용하라.

9.15 가솔린을 사용하는 자동차용 스파크 점화기관(보어 = 행정 = 85 mm이고 r_c = 9)에서, 스파크 타이밍은 30° BTC이고 속도는 2000 rev/min일 때, 실린더 압력은 7.5 atm이고 혼합물 온도는 650 K이다. 연료−공기 혼합물은 화학양론비이고 잔류 가스 분율은 8%이다. 급속 연소 각 $\Delta\theta_b$ = 35°이다. 다음을 추정하라. (*a*) 평균 피스톤 속도; (*b*) $\Delta\theta_b$에 기초를 둔 평균 화염 이동 속도(스파크 플러그는 실린더 축으로부터 15 mm 떨어져 있음); (*c*) TC에서의 난류 강도[식 (8.25) 참고]; (*d*) 스파크에서 층류 화염 속도; (*e*) 식 (9.56)과 (9.58)을 이용하여 계산한 TC에서의 난류 연소 속도 S_b(그림 9.4*a*에 적절한 연소와 모터링 압력이 있다); (*f*) TC에서의 연소 가스 평균 팽창 속도 u_b. 이들 속도의 상대 크기에 대해 논하라.

9.16 아래 연소실 설계 변화는 고정된 압축비, 보어, 속도, 흡입 혼합물 조건에서 스파크 점화기관의 질량 연소율을 증가시킨다. 각 변화가 연소율에 어떻게 영향을 주는지 설명하라.

(a) EGR 양의 감소

(b) 실린더 당 하나 대신 두개의 스파크 플러그 사용

(c) 실린더 헤드에 마스크를 장착하여 실린더 내 스월을 생성

(d) 스파크 플러그 근처에 더 높은 간극 높이를 가진 연소실과 더 중앙의 플러그 위치 사용

9.17 아래 인자들은 내연기관의 연소 과정의 사이클 간 변화에 기여하고, 그래서 각 사이클의 실린더 압력 모양과 토크 펄스의 변동에 기여한다. 이들 인자의 변화가 왜 연소 과정의 변동에 영향을 주는지, 그리고 어떻게 사이클 간 실린더 압력의 변동을 초래하는지 간단히 설명하라.

사이클 간 연소 변동의 원인:

1. 화염 커널 움직임
2. 스파크−생성 커널에 공급되는 전기 에너지
3. 커널에서 스파크 플러그로의 열손실
4. 플러그 근처의 극소 난류 특성
5. 실린더로 공급되는 연료/공기/EGR 양

6. 플러그 근방의 국소 혼합물 조성
7. 실린더 내 유동의 대형 스케일 특성
8. 실린더 내의 평균 난류

참고문헌

1. Nakamura, H., Ohinouye, T., Hori, K., et al.: "Development of a New Combustion System (MCA-JET) in Gasoline Engine," SAE paper 780007, *SAE Trans.*, vol. 87, 1978.
2. Rassweiler, G. M., and Withrow, L.: "Motion Pictures of Engine Flames Correlated with Pressure Cards," *SAE Trans.*, vol. 83, pp. 185–204, 1938. Reissued as SAE paper 800131, 1980.
3. Nakanishi, K., Hirano, T., Inoue, T., and Ohigashi, S.: "The Effects of Charge Dilution on Combustion and Its Improvement—Flame Photograph Study," SAE paper 750054, *SAE Trans.*, vol. 84, 1975.
4. Beretta, G. P., Rashidi, M., and Keck, J. C.: "Turbulent Flame Propagation and Combustion in Spark Ignition Engines," *Combust. Flame*, vol. 52, pp. 217–245, 1983.
5. Amann, C. A.: "Cylinder-Pressure Measurement and Its Use in Engine Research," SAE paper 852067, 1985.
6. Lavoie, G. A., Heywood, J. B., and Keck, J. C.: "Experimental and Theoretical Investigation of Nitric Oxide Formation in Internal Combustion Engines," *Combust. Sci. Technol.*, vol. 1, pp. 313–326, 1970.
7. Rassweiler, G. M., and Withrow, L.: "Flame Temperatures Vary with Knock and Combustion-Chamber Position," *SAE Trans.*, vol. 36, pp. 125–133, 1935.
8. Lavoie, G. A.: "Spectroscopic Measurement of Nitric Oxide in Spark-Ignition Engines," *Combust. Flame*, vol. 15, pp. 97–108, 1970.
9. LoRusso, J. A., and Tabaczynski, R. J.: "Combustion and Emissions Characteristics of Methanol, Methanol-Water, and Gasoline-Methanol Blends in a Spark-Ignition Engine," SAE paper 769019, *Proc. Eleventh Intersociety Energy Conversion Engineering Conference*, Lake Tahoe, NV, pp. 122–132, Sept. 12–17, 1976.
10. Lancaster, D. R., Kreiger, R. B., and Lienesch, J. H.: "Measurement and Analysis of Engine Pressure Data," SAE paper 750026, *SAE Trans.*, vol. 84, 1975.
11. Davis, R. S., and Patterson, G. J., "Cylinder Pressure Data Quality Checks and Procedures to Maximize Data Accuracy," SAE paper 2006-01-1346, 2006.
12. Gatowski, J. A., Balles, E. N., Chun, K. M., Nelson, F. E., Ekchian, J. A., and Heywood, J. B.: "Heat Release Analysis of Engine Pressure Data," SAE paper 841359, *SAE Trans.*, vol. 93, 1984.
13. Chun, K. M., and Heywood, J. B.: "Estimating Heat-Release and Mass-of-Mixture Burned from Spark-Ignition Engine Pressure Data," *Combust. Sci. Technol*, vol. 54, pp. 133–144, 1987.
14. Cheung, H. M., and Heywood, J. B.: "Evaluation of a One-Zone Burn-Rate Analysis Procedure Using Production SI Engine Pressure Data," SAE paper 902749, *SAE Trans.*, vol. 102, 1993.
15. Ayala, F. A., Gerty, M. D., and Heywood, J. B.: "Effects of Combustion Phasing, Relative Air-Fuel Ratio, Compression Ratio, and Load on SI Engine Efficiency," SAE paper 2006-01-0229, 2006.
16. Hires, S. D., Tabaczynski, R. J., and Novak, J. M.: "The Prediction of Ignition Delay and Combustion Intervals for a Homogeneous Charge, Spark Ignition Engine," SAE paper 780232, *SAE Trans.*, vol. 87, 1978.
17. Ayala, F. A., and Heywood, J. B.: "Lean SI Engines: The Role of Combustion Variability in Defining Lean Limits," SAE paper 2007-24-0030, 2007.
18. Stein, R. A., Chou, T., and Lyjak, J. C., "The Combustion System of the Ford 5.4L 3-Valve Engine," *Proc.* Sept. 22–25, 2003, Ann Arbor, MI, 2003.
19. Gatowski, J. A., Heywood, J. B., and Deleplace, C.: "Flame Photographs in a Spark-Ignition Engine," *Combust. Flame*, vol. 56, pp. 71–81, 1984.
20. Witze, P. O.: "The Effect of Spark Location on Combustion in a Variable-Swirl Engine," SAE paper 820044, *SAE Trans.*, vol. 91, 1982.
21. Heywood, J. B.: "Combustion Chamber Design for Optimum Spark-Ignition Engine Performance," *Int. J. Vehicle Design*, vol. 5, no. 3, pp. 336–357, 1984.
22. Wirth, M., Keller, P., and Peters, N.: "A Flamelet Model for Premixed Turbulent Combustion in SI Engines," SAE paper 932646, 1993.
23. Maly, R. R., and Herweg, R.: "Spark Ignition and Combustion in Four-Stroke Gasoline Engines," in *Flow and Combustion in Reciprocating Engines*, C. Arcoumanis and T. Kamimoto (eds), Ch. 1, pp. 1–66, Springer-Verlag, Berlin Heidelberg, 2009,
24. Gillespie, L.: "Aspects of Laminar and Turbulent Burning Velocity Relevant to SI Engines," SAE paper 2000-01-0192, 2000.
25. Merdjani, S., and Sheppard, C. G. W.: "Gasoline Engine Cycle Simulation Using the Leeds Turbulent Burning Velocity Correlations," SAE paper 932640, 1993.
26. Ziegler, G. F. W., Zettlitz, A., Meinhardt, P., Herweg, R., Maly, R., and Pfister, W.: "Cycle-Resolved Two-Dimensional Flame Visualization in a Spark-Ignition Engine," SAE paper 881634, *SAE Trans.*, vol. 97, 1988.
27. Abraham, J., Williams, F. A., and Bracco, F. V.: "A Discussion of Turbulent Flame Structure in Premixed Charges," SAE paper 850345, in *Engine Combustion Analysis: New Approaches* P-156 1985.
28. Pischinger, S., and Heywood, J. B.: "A Study of Flame Development and Engine Performance with Breakdown Ignition Systems in a Visualization Engine," SAE paper 880518, SAE Trans., vol. 97, 1988.
29. Spicher, U., and Backer, H.: "Correlation of Flame Propagation and In-Cylinder Pressure in a Spark Ignited Engine," SAE paper 902126, 1990.
30. Keck, J. C.: "Turbulent Flame Structure and Speed in Spark-Ignition Engines," *Proceedings of the Nineteenth International Symposium on Combustion*, The Combustion Institute, Pittsburgh, pp. 1451–1466, 1982.
31. Namazian, M., Hansen, S. P., Lyford-Pike, E. J., Sanchez-Barsse, J., Heywood, J. B., and Rife, J.: "Schlieren Visualization of the Flow and Density Fields in the Cylinder of a Spark-Ignition Engine," SAE paper 800044, *SAE Trans.*, vol. 89, 1980.
32. Winklhofer, E., Philipp, H., Fraidl, G., and Fuchs, H., "Fuel and Flame Imaging in SI Engines," SAE paper 930871, 1993.
33. Metghalchi, M., and Keck, J. C.: "Laminar Burning Velocity of Propane-Air Mixtures at High Temperature and Pressure," *Combust. Flame*, vol. 38, pp. 143–154, 1980.
34. Metghalchi, M., and Keck, J. C.: "Burning Velocities of Mixtures of Air with Methanol, Iso-octane, and Indolene at High Pressure and Temperature," *Combust. Flame*, vol. 48, pp. 191–210, 1982.
35. Milton, B. E., and Keck, J. C.: "Laminar Burning Velocities in Stoichiometric Hydrogen and Hydrogen-Hydrocarbon Gas Mixtures," *Combust. Flame*, vol. 58, pp. 13–22, 1984.

36. Rhodes, D. B., and Keck, J. C.: "Laminar Burning Speed Measurements of Indolene-Air-Diluent Mixtures at High Pressures and Temperature," SAE paper 850047, 1985.
37. Egolfopolous, N. N., Du, D. X., Law, C. K.: "A Study on Ethanol Oxidation Kinetics in Laminar Premixed Flames, Flow Reactors and Shock Tubes," 24th Symposium (International) on Combustion, the Combustion Institute, Pittsburgh, p. 833, 1992.
38. Groff, E. G., and Matekunas, F. A.: "The Nature of Turbulent Flame Propagation in a Homogeneous Spark-Ignited Engine," SAE paper 800133, *SAE Trans.*, vol. 89, 1980.
39. Tabaczynski, R. J., Trinker, F. H., and Shannon, B. A. S.: "Further Refinement and Validation of a Turbulent Flame Propagation Model for Spark-Ignition Engines," *Combust. Flame,* vol. 39, pp. 111–121, 1980.
40. Zhou, F., Harrington, D. L., and Lai, M.-C.: *Automotive Gasoline Direct-Injection Engines,* SAE Inc., Warrendale, PA, 2002.
41. Kulzer, A., Christ, A., Rauscher, M., Sauer, C., Würfel, G., and Blank, T.: "Thermodynamic Analysis and Benchmark of Various Gasoline Combustion Concepts," SAE paper 2006-01-0231, 2006.
42. Fansler, T. D., and Drake, M. C.: "Flow, Mixture Preparation and Combustion in Direct-Injection Two-Stroke Gasoline Engines," in *Flow and Combustion in Reciprocating Engines*, C. Arcoumanis and T. Kamimoto (eds), Ch. 2, pp. 67–136, Springer-Verlag, Berlin Heidelberg, 2009.
43. Matekunas, F. A.: "Modes and Measures of Cyclic Combustion Variability," SAE paper 830337, *SAE Trans.*, vol. 92, 1983.
44. Young, M. B.: "Cyclic Dispersion in the Homogeneous-Charge Spark-Ignition Engine—A Literature Survey," SAE paper 810020, *SAE Trans.*, vol. 90, 1981.
45. Ozdor, N., Dulger, M., and Sher, E.: "Cyclic Variability in Spark Ignition Engines, A Literature Survey," SAE paper 940987, 1994.
46. Kuroda, H., Nakajima, Y., Sugihara, K., Takagi, Y., and Muranaka, S.: "The Fast Burn with Heavy EGR, New Approach for Low NO_x and Improved Fuel Economy," SAE paper 780006, *SAE Trans.*, vol. 87, 1978.
47. Heywood, J. B.: "Combustion and its Modeling in Spark-Ignition Engines," The Third International Symnposium on Diagnostics and Modeling of Combustion in Internal Combustion Engines (COMODIA 94), Yokohama, Japan, July 1994.
48. Matsui, K., Tanaka, T., and Ohigashi, S.: "Measurement of Local Mixture Strength at Spark Gap of S.I. Engines," SAE paper 790483, *SAE Trans.*, vol. 88, 1979.
49. Quader, A. A.: "Lean Combustion and the Misfire Limit in Spark Ignition Engines," SAE paper 741055, *SAE Trans.*, vol. 83, 1974.
50. Quader, A. A.: "What Limits Lean Operation in Spark Ignition Engines—Flame Initiation or Propagation?" SAE paper 760760, *SAE Trans.*, vol. 85, 1976.
51. Bosch, R.: *Automotive Handbook*, 8th edition, Robert Bosch GmbH, Stuttgart, Germany, SAE, 2011.
52. Maly, R., and Vogel, M.: "Ignition and Propagation of Flame Fronts in Lean CH_4-Air Mixtures by the Three Modes of the Ignition Spark," *Proceedings of Seventeenth International Symposium on Combustion,* pp. 821–831, The Combustion Institute, Pittsburgh, 1976.
53. Maly, R.: "Ignition Model for Spark Discharges and the Early Phase of Flame Front Growth," *Proceedings of Eighteenth International Symposium on Combustion,* pp. 1747–1754, The Combustion Institute, Pittsburgh, 1981.
54. Heywood, J. B., and Sher, E.: *The Two-Stroke Cycle Engine: Its Development, Operation, and Design,* Taylor & Francis, Philadelphia, SAE, 1999.
55. Pischinger, S., and Heywood, J. B.: "A Model for Flame Kernel Development in a Spark-Ignition Engine," 23rd International Symposium on Combustion, pp. 1033–1040, The Combustion Institute, Pittsburgh, 1990.
56. Bosch, R.: *Automotive Handbook*, 4th edition, Robert Bosch GmbH, Stuttgart, Germany, SAE, 1976
57. Yoshida, K., Nakayama, K., and Suzuki, T., "Development of Next-Generation High Ignitability Spark Plug," SAE paper 2008-01-0467, 2008.
58. Lee, Y. G., Grimes, D. A., Boehier, J. T., Sparrow, J., and Flavin, C.: "A Study of the Effects of Spark Plug Electrode Design on 4-Cycle Spark-Ignition Engine Performance," SAE paper 2000-01-1210, 2000.
59. Geiger, J., Pischinger, S., Böwing, R., Koss, H.-J., and Thiemann, J., "Ignition Systems for Highly Diluted Mixtures in SI-Engines," SAE paper 1999-01-0799, 1999.
60. Nakamura, N., Baika, T., and Shibata, Y.: "Multipoint Spark Ignition for Lean Combustion," SAE paper 852092, 1985.
61. Miyashita, N., Matsubara, Y., Iwaa, K., and Ishikawa, M.: "Spark Plugs for Gasoline Direct Injection Engines," SAE paper 2001-01-1200, 2001.
62. Ziegler, G. F. W., Wagner, E. P., Saggau, B., and Maly, R. R.: "Influence of a Breakdown Ignition System on Performance and Emission Characteristics," SAE paper 840992, *SAE Trans.*, vol. 93, 1984.
63. Anderson, R. W., and Asik, J. R.: "Lean Air-Fuel Ignition System Comparison in a Fast-Burn Engine," SAE paper 850076,1985.
64. Dale, J. D., and Oppenheim, A. K.: "Enhanced Ignition for I.C. Engines with Premixed Gases," SAE paper 810146, *SAE Trans.*, vol. 90, 1981.
65. Douaud, A., and Eyzat, P.: "DIGITAP-An On-Line Autoignition and Processing System for Instantaneous Engine Data-Applications," SAE paper 770218, 1977.
66. Mittal, V., Revier, B. M., and Heywood, J. B.: "Phenomena that Determine Knock Onset in Spark-Ignition Engines," SAE paper 2007-01-0007, 2007.
67. Draper, C. S.: "Pressure Waves Accompanying Detonation in the Internal Combustion Engine," *Jnl. Of the Aeronautical Sciences*, vol. 5, p. 219 et seq, 1938.
68. Scholl, D., Davis, C., Russ, S., and Berash, T.: "The Volume Acoustic Modes of Spark-Ignited Internal Combustion Engines," SAE paper 980893, 1998.
69. Leppard, W. R.: "Individual-Cylinder Knock Occurrence and Intensity in Multicylinder Engines," SAE paper 820074,1982.
70. Cornetti, G. M., DeCristofaro, F., and Gozzelino, R.: "Engine Failure and High Speed Knock," SAE paper 770147, 1977.
71. Renault, F.: "A New Technique to Detect and Control Knock Damage," SAE paper 820073, 1982.
72. *The Relationship between Knock and Engine Damage,* Tentative Code of Practice, CEC Report M-07-T-83, Co-ordinating European Council (CEC), London, England, 1984.
73. Eng, J. A.: "Characterization of Pressure Waves in HCCI Combustion," SAE paper 2002-01-2859, 2002.
74. Nakajima, Y., Nagai, T., Iijima, T., Yokoyama, J., and Nakamura, K.: "Analysis of Combustion Patterns Effective in Improving Anti-Knock Performance of a Spark-Ignition Engine," *JSAE Rev.*, vol. 13, pp. 9–17, 1984.
75. Nakagawa, Y., Takagi, Y., Itoh, T., and Iijima, T.: "Laser Shadowgraphic Analysis of Knocking in S.I. Engine." SAE paper 845001; also in *XX FISITA Congress Proceedings,* vol. F–143, 1984.
76. Glassman, I.: *Combustion,* 2nd edition, Academic Press, Orlando, FL, 1987..
77. Halstead, M. P., Kirsch, L. J., Prothero, A., and Quinn, C. P.: "A Mathematical Model for Hydrocarbon Autoignition at High Pressures," *Proc. R. Soc.*, ser. A, vol. 346, pp. 515–538, 1975.

78. Benson, S. W.: "The Kinetics and Thermochemistry of Chemical Oxidation with Application to Combustion and Flames," *Prog. Energy Combust. Sci.*, vol. 7, pp. 125–134, 1981.
79. Alperstein, M., and Bradow, R. L.: "Investigations into the Composition of End Gases from Otto Cycle Engines," SAE paper 660410, *SAE Trans.*, vol. 75, 1966.
80. Wheeler, R. W.: "Abnormal Combustion Effects on Economy," in *Fuel Economy in Road Vehicles Powered by Spark-Ignition Engines*, J. C. Hilliard and G. S. Springer (eds), Ch. 6, pp. 225–276, Plenum Press, New York, 1984.
81. Livengood, J. C, and Wu, P. C.: "Correlation of Autoignition Phenomenon in Internal Combustion Engines and Rapid Compression Machines," *Proceedings of Fifth International Symposium on Combustion*, p. 347, Reinhold, Pittsburgh, 1955.
82. Douaud, A. M., and Eyzat, P.: "Four-Octane-Number Method for Predicting the Anti-Knock Behavior of Fuels and Engines," SAE paper 780080, *SAE Trans.*, vol. 87, 1978.
83. Kasseris, E., and Heywood, J. B., "Charge Cooling Effects on Knock Limits in SI DI Engines Using Gasoline/Ethanol Blends: Part 2-Effective Octane Numbers," SAE paper 2012-01-1284, 2012.
84. Halstead, M. P., Kirsch, L. J., and Quinn, C. P.: "Autoignition of Hydrocarbon Fuels at High Temperatures and Pressures—Fitting of a Mathematical Model," *Combust. Flame,* vol. 30, pp. 45–60, 1977.
85. Schäpertöns, H., and Lee, W.: "Multidimensional Modelling of Knocking Combustion in SI Engines," SAE paper 850502, 1985.
86. Lovell, W. G.: "Knocking Characteristics of Hydrocarbons," *Ind. Engng. Chem.*, vol. 40, pp. 2388–2438, 1948.
87. Lichty, L. C.: *Combustion Engine Processes,* McGraw-Hill, 1967.
88. Kalghatgi, G. T.: "Auto-Ignition Quality of Practical Fuels and Implications for Fuel Requirements of Future SI and HCCI Engines," SAE paper 2005-01-0239, 2005.
89. Mittal, A., and Heywood, J. B.: " The Relevance of Fuel RON and MON to Knock Onset in Modern SI Engine," SAE paper 2008-01-2414, 2008.
90. Mittal, V., and Heywood, J. B.: "The Shift in Relevance of Fuel RON and MON to Knock Onset in Modern SI Engines Over the Last 70 Years," SAE paper 2009-01-2622, 2009.
91. Mittal, V., and Heywood, J. B.: "The Underlying Physics and Chemistry behind Fuel Sensitivity," SAE paper 2010-01-0617, 2010.
92. Kalghatgi, G. T., Bradley, D., Andrae, J, and Harrison, A. J.: "The Nature of "Super-knock" and its Origins in SI Engines," paper C684028, *Conference on Internal Combustion Engines: Performance, Fuel Economy and Emissions*, ed. Institution of Mechanical Engineers, Chandos, London, 2009.
93. Zahdeh, A., Rothenberger, P., and Schäfer, J.: "Diagnosing Engine Combustion Using High Speed Photography in Conjunction with CFD," AVL Optical Diagnostics Conference, Baden-Baden, 2008.
94. Chevron Products Company, *Motor Gasolines Technical Review,* Chevron Corporation, 1996, and 2009.
95. Russ, S.: "A Review of the Effect of Engine Operating Conditions on Borderline Knock," SAE paper 960497, 1996.
96. Hoepke, B., Jannsen, S., Kasseris, E., and Cheng, W. K.: "EGR Effects on Boosted SI Engine Operation and Knock Integral Correlation," SAE paper 2012-01-0707, 2012.
97. Grandin, B., Angström, H.-K., Stälhammar, P. and Olofsson, E.: "Knock Suppression in a Turbocharged SI Engine by Using Cooled EGR," SAE paper 982476, 1998.

CHAPTER 10

압축 점화기관의 연소

Combustion in Compression-Ignition Engines

10.1 연소 과정의 주요 특징 _*Essential Features Of Process*

압축 점화 또는 디젤 엔진에서의 연소는 스파크 점화기관에서 연소와 다른 일련의 과정을 통해 발생한다. 디젤 연소 과정의 기본적인 특성은 다음과 같이 요약할 수 있다. 연료는 원하는 연소 시작(start of combustion, SOC) 직전, 압축 행정 말기에 연료 분사 시스템에 의해 실린더 내로 분사된다. 그림 1.26에서 1.30은 디젤 연료 분사 시스템의 주요 구성 요소를 나타낸다. 일반적으로 고속으로 분사되는 액체 연료는 여러 가지 제트의 형태로 인젝터 팁의 작은 오리피스나 노즐을 통과하여 작은 액적으로 미립화되고, 고온 · 고압 상태의 연소실 내로 들어간다. 연료는 증발하고 연료 증기는 공기와 혼합된다. 이렇게 생성된 고온의 연료-증기와 공기의 혼합기는 짧은 크랭크 각도의 지연 기간 후 자발적으로 착화하여 연소되기 시작한다. 실린더 압력은 혼합기의 연소가 진행됨에 따라 증가한다. 미연소 혼합기의 압축으로 인해 가연 한계 내 연료-공기 혼합기의 착화 지연 기간을 단축되고, 혼합기는 빠르게 연소된다. 그것은 또한 남아있는 액체 연료의 증발 시간을 단축시킨다. 원하는 양의 연료가 실린더 내로 공급될 때까지 분사는 계속된다. 미립화, 증발, 연료-공기 혼합, 그리고 연소는 모든 연료가 각 과정을 지날 때까지 계속된다. 또한 이미 연소된 가스와 실린더에 남아있는 공기의 혼합은 연소 및 팽창 과정 내내 계속된다. 따라서 대부분의 디젤 연소 과정에서 연료 연소 속도는 연료와 공기의 혼합 속도에 의해 제어된다.

"예혼합 되지 않은 화염(non-premixed flames)"은 (기체)연료와 공기가 서로 확산되어 반응해야 하기 때문에 일반적으로 *확산 화염*(*diffusion flame*)이라 불린다. 연료 화학 에너지의 대부분은 연료 증기와 공기가 화학양론적 혼합 비율에 도달하는 곳 근처의 얇은 반응 층(reaction sheet)에서 방출된다(그림 9.2 참고). 실린더 내 유동은 난류이기 때문에, 디젤 연소 과정은 주로 불안정한 확산 화염으로 발생한다. 분사가 시작될 때 실린더 내 고온 · 고압의 공기로 인한 자착화와 연료, 공기의 혼합이 연소 속도를 제어한다는 사실은 디젤 연소 과정의 구별되는 특징이다.

이 요약에서 압축 점화 연소 과정이 매우 복잡하다는 것은 명백하다[a]. 연소 과정의 세부사항은 연료 특성, 엔진의 연소실과 분사 시스템의 설계, 그리고 엔진의 운전 조건에 따라 달라진다. 그것은 복잡한 화학반응을 하는 불안정하고, 균일하지 않으며, 3차원적인 연소 과정이다. 디젤 엔진 연소에 대해 충분한 근거가 있는 개념적 이해가 발달하였지만, 현재까지 다

[a] 디젤 엔진에서 연료-공기 혼합기의 점화 특성을 나타내기 위해 널리 사용되는 *압축점화*라는 용어는 연소실 내에서 실제로 일어나는 과정을 훨씬 간략하게 표현한 것이다. 그 과정은 TC 근처에서 연료 분사 직후 압축행정으로 인한 높은 온도와 압력 때문에 연소실 내에서 연료-증기, 공기, 혼합기가 동시에 점화하는 것이다.

수의 중요한 개별적인 과정을 정량적으로 설명할 수 있는 능력은 불완전하다.

엔진 작동에서 연소 과정의 중요한 결과는 다음과 같다.

- 연소 시작 전에 분사가 시작되므로 스파크 점화기관과 같이 끝가스(end-gas)에서 예혼합된 연료와 공기의 자착화로 인한 노킹 한계가 없다. 따라서 압축 점화 엔진에서는 높은 압축비를 사용할 수 있어 SI 엔진에 비해 연료 변환 효율을 개선할 수 있다.
- 분사 시기는 연소 시기를 제어하는 데 사용되기 때문에 분사 시작(start of injection, SOI)과 연소 시작(start of combustion, SOC) 사이의 지연 기간은 짧게 유지되어야 한다(그리고 재현가능해야 한다). 또한 최대 실린더 가스 압력을 엔진이 견딜 수 있는 최대치 아래로 유지하기 위해 짧은 지연 기간이 필요하다. 따라서 연료-공기 혼합기의 자착화 특성은 특정 범위 내에서 유지되어야 한다. 따라서 디젤 연료는 특정 값 이상의 세탄가(전형적인 디젤 환경에서 해당 연료의 착화 용이성에 대한 척도, 10.6.2절 참고)를 가져야 한다.
- 연소 과정은 연료 분무 내부와 주위에서 발생하기 때문에 기본적으로 엔진 공기 유동이 변하지 않은 상태에서 엔진 토크는 사이클당 연료 분사량을 변화시켜 제어할 수 있다. 따라서 엔진은 언스로틀(unthrottled) 상태로 운전될 수 있어서 펌핑일의 요구조건은 낮다: 이로 인해 SI 엔진에 비해 부분 부하에서의 기계적 효율이 개선된다.
- 사이클당 분사되는 연료량이 증가함에 따라, 연소 중 공기 이용과 관련된 문제는 결국 배기 전에 연소될 수 없는 과도한 양의 수트(soot)를 생성한다. 배기 가스 내 과도한 수트 또는 검은 매연은 최대 엔진 출력의 화학양론비를 30% 희박한 값으로 제한한다. 따라서 (자연흡기 엔진 또는 터보차징 엔진의 주어진 부스트 수준에서) 최대 IMEP(indicated mean effective pressure)는 화학양론비에서 운전되는 동등한 스파크 점화기관보다 낮다.
- 디젤은 항상 희박한 연료/공기비(그리고 부분부하에서 매우 희박한 연료/공기비)로 운전되기 때문에, 팽창 행정 중 $\gamma\,(= c_p/c_v)$의 유효 값은 스파크 점화기관보다 높다. 이는 주어진 팽창비에서 스파크 점화기관보다 높은 연료 변환 효율을 제공한다(5.5.3절 참고).

디젤 연소실 설계에서 주요 과제는 분사된 연료와 실린더 내의 공기가 빠르게 혼합하여 비교적 상사점(top center, TC)에 가까운 적절한 크랭크 각 간격에서 완전연소를 하는 것이다. 앞서 논의한 내용은 혼합 속도가 연소 속도를 제어한다는 것을 나타낸다(그리고 보다 상세한 분석을 확인할 것이다). 상용 디젤 엔진은 실린더 크기의 범위로 제작되며 실린더 보어는 약 70~900 mm까지 다양하다. 최대 정격 출력에서의 평균 피스톤 속도는 이 크기 범위(2.2절 참고)에서 거의 일정하므로 최대 정격 *엔진* 속도는 행정(스트로크)에 반비례한다(식 2.9 참고). 따라서 연소에 대한 고정된 크랭크 각도 간격의 경우(높은 연료 변환 효율을 유지하기 위해서 약 40~50° 크랭크 각도 범위), 연소에 이용되는 시간은 행정에 따라 조정될 것이다. 따라서 디젤 엔진 크기 범위의 최대에 비해 최소에서, 분사된 연료와 공기의 혼합은 약 10배 짧은 시간 내에 이루어져야 한다. 따라서 엔진 연소실, 흡기포트 및 밸브, 그리고 연료 분사 시스템의 설계는 원하는 연료-공기 혼합률 달성에 필요한 실린더 내부의 연료와 공기 움직임을 제공하기 위해 이 크기 범위를 크게 변경해야 한다.

10.2 디젤 연소 시스템의 유형 _Types of Diesel Combustion Systems

전통적으로 디젤 엔진은 연소실 설계에 따라 두 가지 기본 범주로 구분되어 왔다: (1) 연료가 연소실 내로 바로 분사되는 단일 개방 연소실이 있는 *직접 분사*(direct-injection, *DI*) *엔진*과 (2) 체임버가 2개의 영역으로 나누어지고 연료는 노즐 또는 1개 이상의 오리피스를 통해 피스톤 크라운 위의 주 체임버와 연결된 예연소실(prechamber)로 분사되는 *간접 분사*(indirect-injection, *IDI*) *엔진*이 있다. IDI 엔진 설계는 작은 엔진 크기에서 광범위하게 사용되었지만 주로 고속 DI 엔진 설계로 대체되었다. 각 범주 내에는 여러 가지 다른 체임버 형상, 공기 유동 및 연료 주입 방식이 있다.

10.2.1 직접 분사 시스템

그림 10.1은 3개의 기본적인 DI 연소 시스템을 나타내는데, 이는 체임버 구조, 공기 운동, 그리고 연료 분무 방식으로 분류된다. 혼합 속도 요건이 덜 엄격한 대형 엔진에서는 그림 10.1*a*에 나타낸 퀴에슨트(quiescent) DI 시스템이 사용된다. 분사된 연료의 운동량과 에너지는 적절한 연료 분배 및 공기와의 혼합 속도를 달성하기에 충분하다. 추가적인 공기 운동은 필요하지 않다. 연소실 모양은 일반적으로 피스톤 크라운에 얕은 보울(shallow bowl) 모양이며 중앙에 멀티홀 인젝터를 사용한다.

엔진 크기가 감소함에 따라, 더 빠른 연료 혼합 속도를 위해 공기 스월을 증가시킨다. 공기 스월은 흡기 포트의 적절한 설계에 의해 생성된다(8.3절 참고). 공기를 실린더 축 방향으로 보울-인-피스톤 형태의 연소실로 밀어 넣음으로써 피스톤이 TC에 접근함에 따라 스월 속도는 증가할 수 있다. 그림 10.1*b*와 10.1*c*는 공통적으로 사용되는 스월형 DI 엔진의 두 가

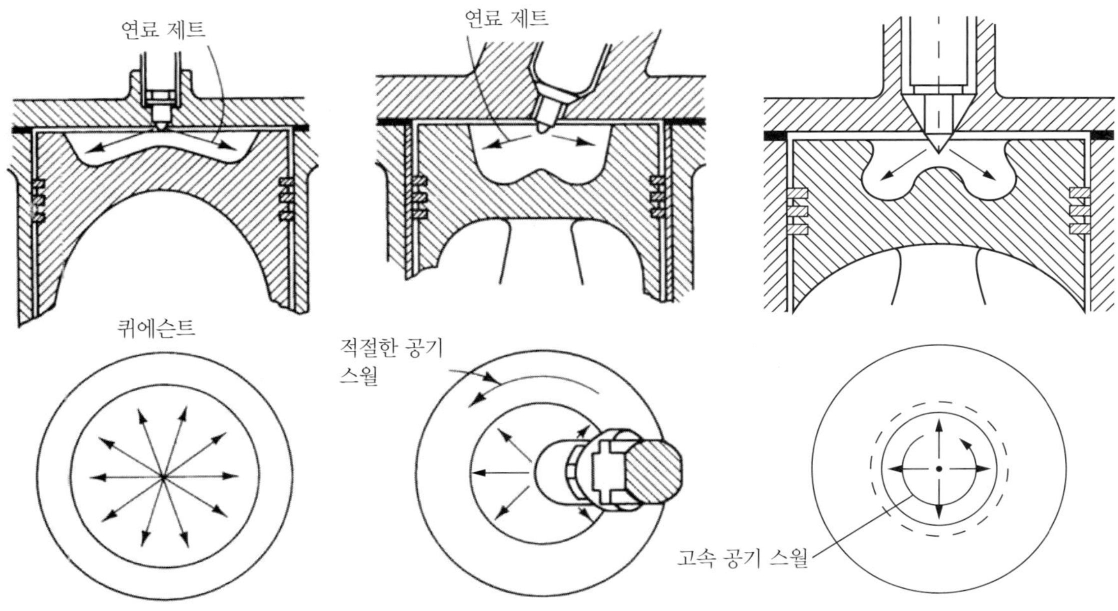

그림 10.1 직접 분사 디젤 엔진 연소 시스템의 일반적인 유형: (*a*) 대형 엔진의 멀티홀 노즐을 적용한 퀴에슨트 챔버; (*b*) 적절한 스월과 멀티홀 노즐을 적용한 보울-인-피스톤 챔버; (*c*) 고속 스월과 멀티홀 노즐을 적용한 리엔트런트 보울-인-피스톤 챔버: (*b*)와 (*c*)는 각각 중형 및 소형 DI 엔진 크기 범위에 사용된다.

지 유형을 보여준다. 그림 10.1*b*는 중앙에 멀티홀 인젝터 노즐이 위치한 중형 DI 엔진을 나타낸다. 여기서 설계 목표는 피스톤 볼 벽면에 충돌하는 액체 연료의 양을 최소화하는 것이다. 그림 10.1*c*는 높은 스월과 멀티 홀 인젝터 노즐을 사용하는 리엔트런트 보울-인-피스톤의 소형 고속 DI 엔진을 나타낸다. 이 두 가지 유형의 설계는 중형(10~15 cm 보어)디젤 엔진과 스월이 증가한 소형(7~9 cm 보어)디젤에서 사용된다.

10.2.2 다른 디젤 연소 시스템

그림 10.2*a*는 이전의 직접 분사 디젤 엔진에 의해 생성된 거친 연소 소음을 제어하기 위해 상용 차량 엔진용으로 개발된 M.A.N. 벽면 분배(wall-distribution) 연소 시스템이다. 이 Merer 또는 M-system을 사용하면 단일 홀 연료 분사 노즐이 깊은 "반구형" 보울-인-피스톤 연소실의 벽면에 연료를 분사하며, 이는 매우 높은 스월의 공기와 접하게 분사한다. 이것은 유사한 다중 분사 공기 분배 DI에서 발생하는 것보다 연료 증발 속도를 현저하게 느려지게 한다. 터보차징의 일반적인 사용과 DI 연료 분사 기술의 발전에 따라 M-system의 장점은 대부분 사라졌다.

역사적으로, 디젤 연소 시스템이 개발됨에 따라 압축 중에 피스톤 볼에 공기가 주입되어 증폭됨에도 불구하고 연료 공기 혼합 속도를 향상시키기 위해 공기 스월을 사용하는 것은 자동차에 사용되는 소형 고속 디젤에서 충분한 연료 공기 혼합 속도를 제공하지 못했다. 대신에 압축 행정 중, 예연소실에 연료를 분사하는 간접 분사 또는 분할 체임버 연소 시스템이 사용되었다. 두 가지 종류의 IDI 시스템이 발전되었다: (1) 스월 체임버 시스템과 (2) 예연소실 시스템 (그림 10.2*b*)이다. 압축 중에 공기는 노즐 또는 오리피스를 통하여 피스톤 위의 주 체임버로부터 보조 체임버로 공급된다. 따라서 압축이 끝날 때쯤 보조 체임버의 유동이 활발하

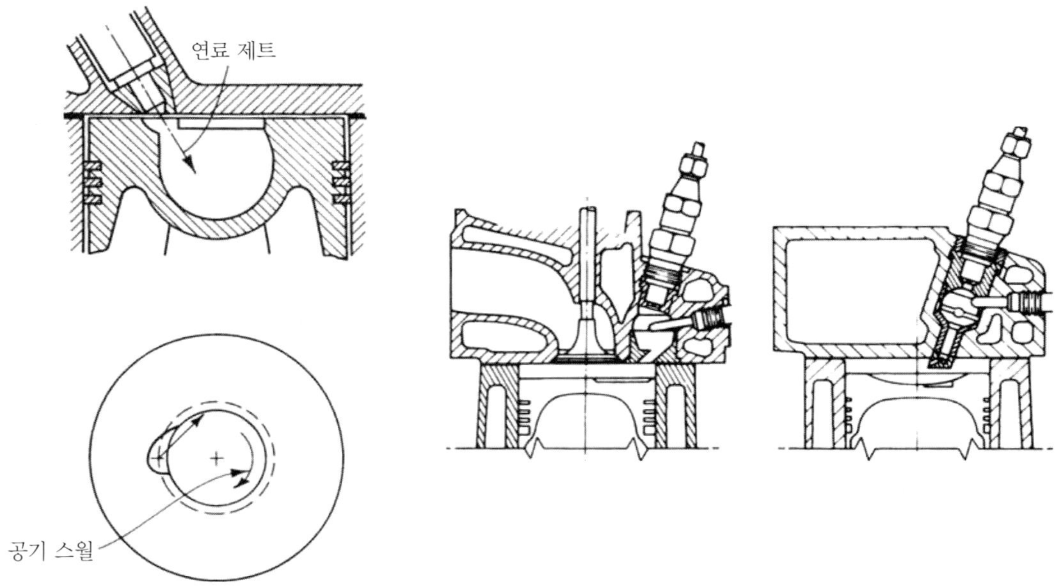

(*a*) (*b*)

그림 10.2 (*a*) 직접 분사: 피스톤 내 깊은 보울, 공기 스월, 단일 홀 노즐을 적용한 MAN, Meurer (또는 M) 연소시스템. (*b*) 소형 간접분사 방식 디젤 엔진 연소시스템의 두 가지 일반적인 형태: (좌) 스월 예혼합실 타입; (우) 난류 예혼합실 타입

게 되고; 스월 체임버 시스템의 경우, 연결 통로와 체임버가 보조 체임버 내의 유동이 빠르게 회전하도록 형성된다.

연료는 보조 체임버로 DI 시스템의 일반적인 압력보다 낮은 압력으로 분사되었으며, 핀틀 노즐(pintle nozzle)을 통해 단일 분무 형태로 분사되었다(그림 1.18 참고). 보조 체임버에서 연소가 시작된다; 연소와 관련된 압력 상승은 유체를 주 체임버 내로 되돌려 보내고, 노즐로부터 분사되는 연료는 주 체임버의 공기와 함께 섞이고 혼합된다. 그림 10.2*b*에서 예연소실 오른쪽에 있는 예열플러그는 냉간 시동 보조 장치이다. 이 플러그는 엔진 시동 전과 도중에 가열되어 엔진 시동 과정 초기의 연료 착화를 확실하게 한다. 이러한 스월 또는 예연소실 간접 분사 엔진은 더 이상 주된 디젤 엔진 기술이 아니다.

10.2.3 다른 연소 시스템 비교

디젤 엔진 개발을 시작한 이후 제안되고 시도된 다양한 유형의 연소실이 있다. 그러나 수년에 걸쳐 물리적 및 화학적 과정과 시장에서의 경쟁에 대한 이해가 증진됨에 따라 제한된 수의 엔진 설계만이 살아남았다. 현재 가장 일반적으로 사용되는 디젤 엔진 유형의 중요한 특성은 표 10.1에 요약되어 있다. 치수와 작동 특성에 대한 수치는 디젤 연소 시스템의 각 유형에 대한 대표적인 값이다.

발전 또는 해양 응용 분야에 사용되는 가장 큰 저속 엔진은 피스톤 크라운에서 디스크 모양에 가까운 개방형 퀴에슨트 체임버(quiescent chamber)를 사용한다: 연료 제트의 움직임은 연료와 공기를 나누고 혼합시키는 역할을 한다. 이들 중 가장 큰 엔진은 2-행정 사이클 엔진이다. 그 다음 크기 범위에서, 대형 트럭 및 기관차 엔진의 경우, 피스톤 크라운에서 얇은 접시 또는 보울 모양으로 구성된 퀴에슨트 체임버를 사용한다. 이러한 엔진에서 공기의 이용은 낮지만 높은 출력 밀도를 얻기 위해 과급 및 터보차저가 필요하다.

표 10.1 디젤 연소 시스템의 특성

	직접 분사시스템				다른 연소 시스템들	
	퀴에슨트 멀티 분무	중형 스월 멀티 분무	고속 스월 멀티 분무	고속 스월 “M”	스월 챔버	예연소실
크기	초대형	중형	초소형	중형	초소형	초소형
사이클	2-행정/4-행정	4-행정	4-행정	4-행정	4-행정	4-행정
TC/S/NA*	TC/S	TC/NA	NA/TC	TC/NA	NA/TC	NA/TC
최대 속도 (rev/min)	120~2100	1800~3500	2500	4000~4500	3600~5000	4500
보어(mm)	900~150	150~100	100~75	130-100	95~70	95~70
행정/보어	3.5~1.2	1.3~1.0	1.1~0.9	1.2~0.9	1.1~0.9	1.1~0.9
압축비	12~15	15~17	18~22	16~18	20~24	22~24
챔버	개방 또는 얕은 접시	보울-인-피스톤	리엔트런트 깊은 보울-인-피스톤	깊은 보울-인-피스톤	스월 예연소실	단일/멀티 오리피스 예연소실
공기 유동 패턴	퀴에슨트	중형 스월	가장 높은 스월	높은 스월	예연소실 내 매우 빠른 스월	예연소실 내 매우 높은 난류

* TC: 터보차저/S: 수퍼차저/NA: 자연흡기.

직접분사 범주에서, 엔진 크기가 감소하고 최대 속도가 증가함에 따라, 충분히 높은 연료 공기 혼합률을 얻기 위해 스월은 점점 더 많이 사용되고 있다. 스월은 적절한 형태의 흡기 포트에 의해 생성되며, 압축 중에 공기의 대부분을 실린더 축 방향으로 피스톤 내 보울을 향해 밀어 넣어 증폭시킨다. DI 고속 소형 디젤 엔진은 지난 35~50년 동안 자동차 시장을 위해 성공적으로 개발되었다. 이러한 엔진은 공기의 반경 내부 변위에 의해 강화된 높은 흡기 발생 스월을 사용하며, 4500~5000 rev/min(가솔린 SI 엔진의 최대 속도보다 낮지만 높은 부스트 수준의 터보차저로 허용 가능한 특정 최대 엔진 출력을 생산함.)의 엔진 속도에서 작동하기에 충분한 연료–공기 혼합 및 연소 속도를 달성하기 위해 깊은 리엔트런트 형태의 연소실에서 생성되는 강한 스퀴시 유동이 사용된다.

표 10.1은 세 가지 다른 디젤 연소 시스템의 특성을 열거한다: 그들은 더 이상 널리 사용되지 않는다. 중형 및 대형 트럭 엔진에 사용되는 멀티홀 노즐 스월 시스템의 대안은 단일 홀 핀틀 노즐로부터 분사되는 연료 대부분이 피스톤 크라운의 "구"형 보울 벽면에 묻는 M 시스템(또는 wall-wetting 시스템)이다. 역사적으로, 가장 작은 엔진 크기에서, IDI 시스템은 높은 연료–공기 혼합률에 필요한 활발한 보조 체임버의 공기 운동을 얻기 위해 사용되었다. 그림 10.2*b*와 같이 스월 체임버 및 난류 발생 예연소실의 두 가지 다른 유형의 보조 체임버가 사용되었다.

10.3 디젤 엔진 연소 _*Diesel Engine Combustion*

엔진 실린더 압력 데이터 분석과 결합하여 연료 분사 및 화염 거동을 시각화하는 광학적 진단을 사용한 디젤 엔진 연소 연구는 압축 착화 엔진 연소 과정에 대해 널리 인정되는 설명 모델로 이어졌다. *열 발생률*(*heat-release rate*)의 개념은 디젤 연소를 이해하는 데 중요하다. 열 발생률의 기본적인 개념은 연료의 화학적 에너지가 연소 과정에 의해 방출되는 속도이다. 열 발생률은 측정된 압력을 생성하는 데 필요한 에너지 발생률로서, 10.4절에 나타낸 기술을 사용하여 크랭크 각에 대한 실린더 압력으로부터 계산된다[b]. 연소 모델은 서로 다른 물리 및 화학적 과정에 의해 제어되는 디젤 연소의 몇 가지 뚜렷한 단계를 정의한다. 각 단계의 상대적 중요성은 사용되는 연소 시스템 및 엔진 운전 조건에 따라 달라지지만, 아래에 설명한 것처럼 모든 디젤 엔진에서 4가지 단계가 공통적이다.

10.3.1 디젤 연소의 광학적 연구

디젤 연소 과정을 시각화하기 위해 다양한 광학 기술이 사용되어 왔다. 이러한 연구의 대부분은 정상적인 엔진 운전 조건에서 실제 사용되는 엔진에 가까운 연소실에서 수행되었다. 시간 경과에 따른 연속적인 영상 정보는 여러 유형의 엔진에서 연소 과정에 대한 중요한 정보를 제공한다. 그림 10.3은 수십 년 전에 사진으로 연구된 4가지의 연소실 시스템을 보여주며, 이는 초기 연소 모델을 개발하는 데 도움을 주었다. (*a*) 산업, 해양 및 철도 견인 적용에 사용되는 대형 디젤 엔진의 전형적인 퀴에슨트 체임버(멀티 분무 연소 시스템의 단일 연료 분무 연소만 연구할 수 있음). (*b*) 스월 및 4개의 연료 제트가 중앙에 분사된 중속 DI 엔진. (*c*) M.A.N. "M" 시스템. (*d*) Ricardo Comet V 스월–체임버 IDI 시스템.[1]

컬러 필름에 기록된 그림 10.4의 연소 순서는 다음과 같은 특징을 나타낸다.

연료 분무(fuel spray). 연료 액적은 점 광원에서 나오는 빛을 반사하며, 완전히 증발하

---

[b] 이 정의(주로 순(*net*) 열 발생률이라고 함)는 실린더 벽면으로의 열 손실을 고려한 연소 에너지 방출양이다.

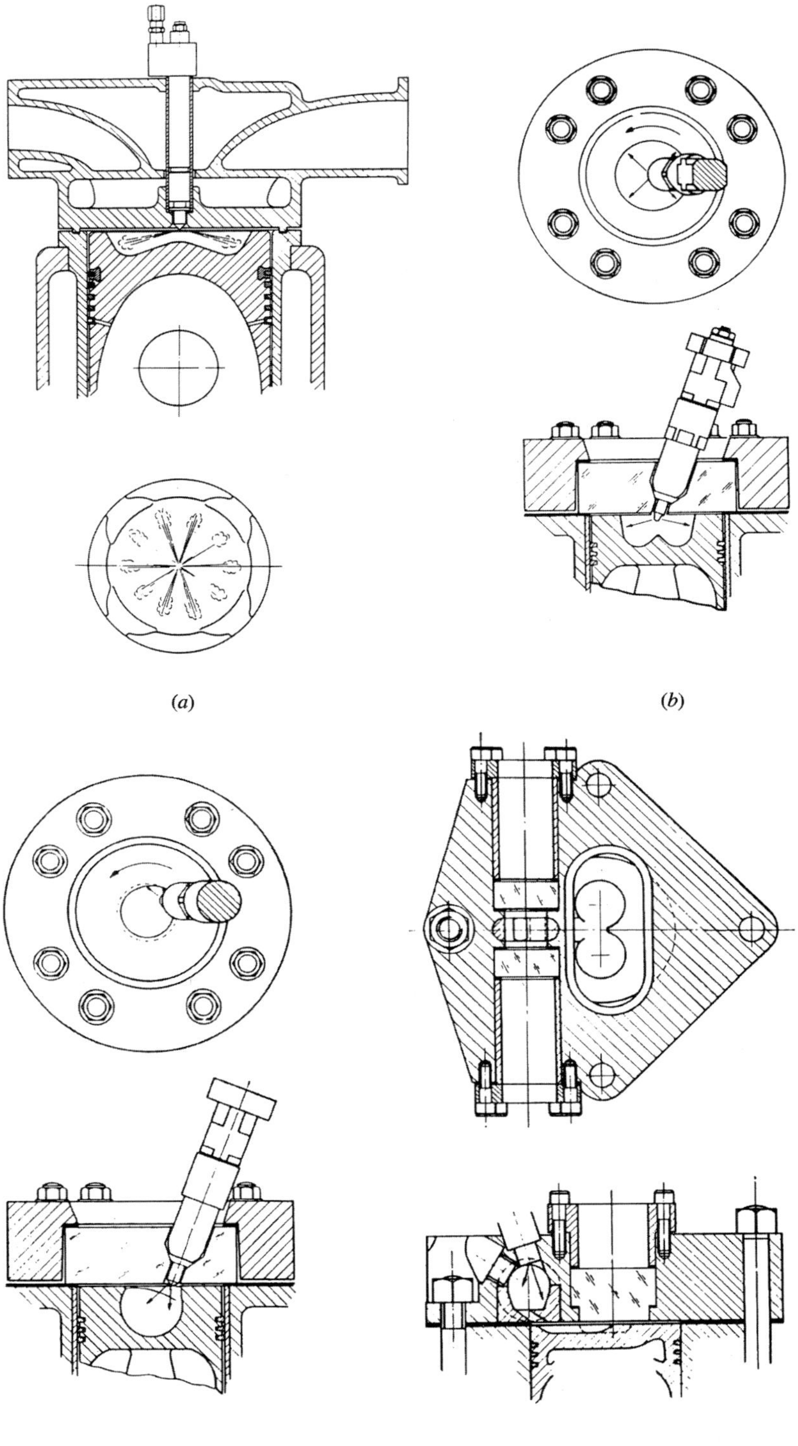

그림 10.3 그림 10.4의 압축 점화 연소 과정의 사진을 얻기 위해 사용된 4가지 디젤 연소실 체임버: (*a*) 퀴에슨트 DI 체임버; (*b*) 스월이 있는 멀티 홀 노즐 DI 체임버; (*c*) M.A.N. "M" DI 체임버; (d) Ricardo Comete IDI 스월 체임버[2, 3]

표 10.2 디젤 엔진 연소 사진의 해석1,2

그림자/컬러*	해설
어두운 회색	배경: 가스(초기 단계의 공기, 후반 연소 생성물)는 투명하고, 빛나지 않는다.
중간 회색(그린)	연소 단계 초기; 연료에 더해진 구리에 의해 가시화되는 낮은 발광 "예혼합" 차지 후기: 1800°C 이상의 연소된 가스
밝은 흰색(옅은 노란색)	확산 화염 내 연소된 탄소 입자 (2000~2500°C)
덜 밝은 흰색(노란색, 오렌지-레드)	낮은 온도에서의 확산 화염 내 연소된 탄소; 1000°C에서 막 내 마지막 가시화
흰색 영역 내 더 어두운 회색 영역(브라운)	연료가 매우 농후한 혼합기 영역 내에서 생성되는 수트 클라우드. 이들이 공기(회색)를 만나는 곳에서는 항상 뜨거운 화염의 흰색 프린지가 있다.

* 원본 사진은 컬러이다.[1]

기 이전에 액체 연료 분무의 범위를 정의한다.

예혼합 연소(premixed burning). 이 영역은 사용된 노출 수준으로 기록하기엔 광도가 너무 낮다. 연료에 구리 첨가제를 첨가하면 보통 파란색 화염을 볼 수 있을 정도로 밝은 녹색 화염을 낸다.

확산 연소(diffusion flame). (외부 공기로부터 불꽃 내부의 연료를 분리하는) 이 화염에서 타는 고온 탄소 입자는 적절한 광도 이상을 제공하며 황백색을 낸다. 화염이 식을 때, 산화 입자로부터 나오는 복사(radiation)는 주황색에서 빨간색으로 변한다.

과농 혼합기 화학 반응(over-rich mixture chemistry). 보통 흰색의 확산 불꽃으로 둘러싸인 갈색 영역은 수트 입자가 많이 생성되는 과도하게 농후한 영역을 나타낸다. 연료가 농후하고 수트가 많은 구름같은 것이 공기와 접촉하는 곳에 뜨거운(흰색) 화염이 있다.

표 10.2는 그림 10.4에 나타낸 사진에서 식별할 수 있는 이러한 여러 영역의 특성을 요약한 것이다.

그림 10.4*a*는 대형 퀴에스트 DI 엔진의 전형적인 조건에서 연소하는 단일 분무의 한 연소에서 나온 일련의 사진을 보여준다. 연료 분무가 체임버 안으로 침투하는 것이 나타난다. 인젝터로부터 멀지 않은 분무의 끝부분에 남아있는 연료-공기 혼합물의 착화는 −8°에서 발생한다. 그런 다음 화염이 분무 바깥쪽을 따라 분무 끝으로 빠르게 퍼지면서 체임버 안에서 긴 체류 시간을 가지는 연료 중 일부가 낮은 광도의 화염(원본에서 구리 연료 첨가제에 의한 녹색의 불꽃)을 내며 연소한다. 나머지 분무를 에워싸는 확산 화염은 농후한 분무의 중심에서 형성된 수트 입자의 연소로 인한 노란색을 가미한 빛나는 흰색이다. 이 단계(−1°)에서 연료의 약 60%가 분사되었다. 나머지는 화염이 있는 영역으로 분사되어 갈색 구름(11°)으로 보이는 매우 농후한 영역을 생성한다. 이 수트 클라우드는 체임버의 바깥쪽 영역(11~20°)으로 이동한다: 인젝터 근처에서 노란색을 가미한 흰색의 화염은 지속되며, 이는 인젝터 니들이 닫힐 때, 인젝터 노즐에서 나오는 연료의 액실(ligaments)가 연소하기 때문일 수 있다. 연소는 팽창 행정(31°)까지 지속된다.

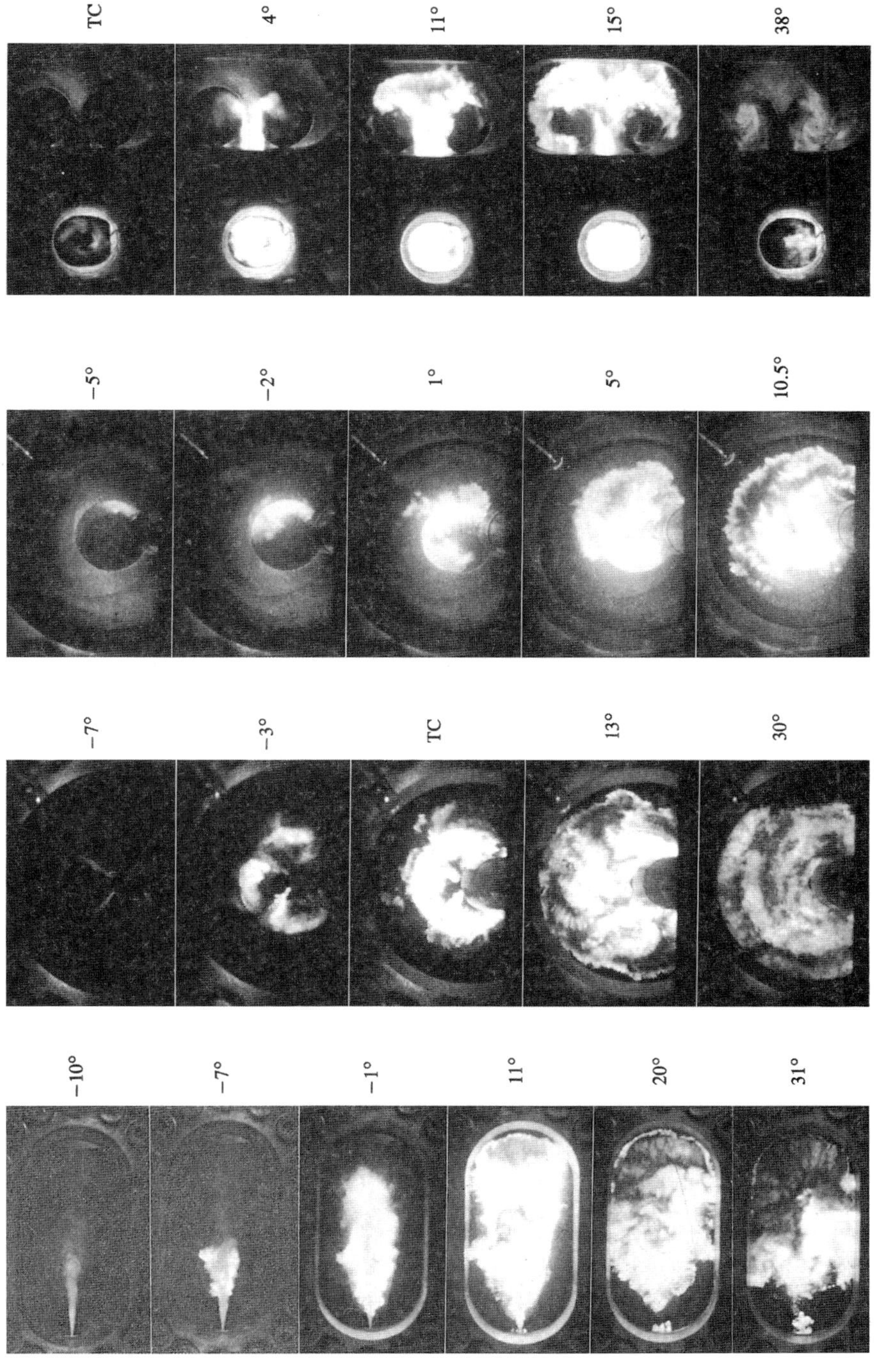

그림 10.4 그림 10.3의 특별 가시화 디젤 엔진에서 고속 영상으로 촬영한 연속 사진들(원본은 컬러임): (*a*) 대형 DI 엔진 조건에서의 단일 분무 연소; (*b*) 반시계 방향 스월이 있는 DI 엔진에서 4 개 분무의 연소 (*4홀 인젝터로부터 분사되는 분무의 연소); (*c*) M.A.N. "M" DI 디젤엔지니에서 단일 분무의 연소; (*d*) Ricardo Comet IDI 스월 체임버 디젤엔진에서 예연소실 연소(좌)와 주 연소실 연소(우). 1250 rev/min, imep = 827 kPa (120 lb/in2)[1,2] (*Ricarod Consulting Engineers* 제공)

이러한 순서는 이 유형의 DI 엔진에서 연소 과정 동안 연료 분배가 매우 균일하지 않음을 보여준다. 또한, 퀴에슨트 개방 체임버 디젤 엔진의 개별적인 연료 분무 사이의 공기는 연소되고 있는 각각의 분무와 상대적으로 느리게 혼합되어 이러한 유형의 연소실에서의 공기 활용도를 저하시킨다.

그림 10.4*b*는 스월을 포함한 DI 엔진[그림 10.3*b*에 나타낸 체임버]의 연소 순서를 보여준다. 내부 원은 피스톤 크라운의 깊은 보울에 해당하며, 외부 원은 실린더 라이너에 해당한

다. 연료의 분무는 처음에 −13°에서 나타난다. −7°에서 분무는 보울의 벽면에 닿는다; 분무의 끝은 반시계 방향의 스월에 의해 방향이 바뀐다. −3°에서 프레임은 첫 번째 착화를 나타낸다. 밝은 빛을 내는 화염 영역이 각 분무에 하나씩 나타난다. 스월에 의해 연료 증기가 날리는 보울 벽면의 외부에는 예혼합 연소를 나타내는 더 큰 연소 영역(원본 사진에는 녹색)이 보일 수 있다. 각 분무의 하류에 있는 연료는 농후한 영역에서 형성된 수트로 인해 노란색을 가미한 흰색으로 착화된다. 인젝터로의 화염 전파는 매우 빠르게 진행되며, TC에서는 화염으로 가득 찬다. 5° ATC에서 화염은 연소로 인해 생성된 가스의 팽창 및 역 스퀴시 유동 때문에 피스톤 크라운에서 실린더 벽을 향하여 퍼진다(8.5절 참고). 어두운 회색(갈색) 영역(13°)은 벽에 부딪히는 연료로부터 시작되는 농후한 혼합물의 수트가 가득하다. 마지막 프레임(30° ATC)은 수트 입자가 많은 영역이 과도한 공기와 혼합되어 점차적으로 감소하는 것을 보여준다. 마지막의 무딘 붉은색 연소는 팽창 행정 중 약 75° ATC에 있다.

그림 10.4*c*는 M-형 DI 엔진의 연소 순서를 보여준다[4]. 이 실험에 사용된 시스템에서 연료는 피스톤 크라운에 있는 구형 보울의 벽면에 접선 방향으로 향하는 주 분무와 연료의 일부가 직접 스월 유동과 혼합되는 보조 분무를 만드는 2-홀 노즐을 이용하여 분사된다. 연료의 분무는 −5°에서 보울의 중간 정도에 있다. 벽면 근처에 있는 연료가 공기와 충분히 혼합되면 착화는 금방 발생한다. 화염은 연료 분무를 감싸기 위해 빠르게 확산되며(−2°, 1°), 높은 스월 유동에 의해 보울 주변에 전달된다. TC 직후 화염이 보울을 채우고 피스톤 크라운 위로 퍼져나간다. 그림의 오른쪽 상단 부근에서 보이는 수트 클라우드는 5° ATC에서 화염이 있는 영역의 둘레 주위로 퍼진다. 과도한 공기가 화염 영역에 혼합될 때(10.5°), 수트 클라우드와 실린더 라이너 사이에는 항상 화염의 테두리가 있다. 화염은 탄소를 태우는 확산 화염 형태이다; 더 정확히 말하면, 연소 과정의 시작부분에서 약간의 예혼합 연소(원본 사진에는 녹색)가 보인다.

그림 10.4*d*는 Ricardo Comet V 설계의 연소실 IDI 엔진에서의 연소 순서를 보여준다. 스월 체임버(왼쪽)는 그림 10.3*d*의 하단 도면에서 볼 수 있다(스월 체임버의 왼쪽 하단에 접선 방향으로 들어가는 연결 통로가 시계 방향의 스월을 생성한다.). 메인 체임버는 그림 10.3*d*의 상단 도면에서 볼 수 있다. −11°에서 SOI 후에 인젝터 노즐로부터 2개의 분무가 나온다. 더 작은 방사형 보조 분무는 높은 스월에 의해 급격하게 방향이 바뀐다. 프레임 1은 메인 분무가 어떻게 체임버의 윤곽을 따르는지 보여준다; 보조 분무는 증발되어 더 이상 볼 수 없다. 녹색 방출은 보조 분무에서 증발된 연료가 연소될 때 −1°에서 먼저 나타나며, 예혼합 연소를 나타낸다. 연소는 주 분무로 확산되며(TC), 녹색 프린지가 있는 노란색을 가미한 흰색의 탄소 입자 연소 화염이 된다. 4° ATC에서 스월 체임버는 예연소실의 연소로 생성된 압력 상승에 의해 목(throat)을 통과하여 피스톤 크라운의 구석진 곳으로 불어지는 탄소-연소 화염으로 가득 찬다. 화염 제트는 주 체임버에서 공기를 수반하는 피스톤의 구석진 곳에 충돌하여 모든 탄소가 연소된 회색 영역(패치, patch)(원본 사진에는 녹색)를 남긴다(4°, 11°, 15° ATC). 어두운 회색(갈색) 수트 클라우드가 목으로부터 나온다. 15° ATC에서 이 수트 클라우드가 실린더 주변에 퍼져 나가고, 과도한 공기를 만나 연소될 때 밝은 노란색을 가미한 흰색 화염이 그 주변에 나타난다. 이 화염은 노란색이 되고 그 다음 수트 입자와 연소된 가스가 팽창 중에 냉각되면서 주황색을 가미한 빨간색이 된다. 38° ATC에서 화염의 대부분이 소실된다.

그림 10.5는 디젤 분무 발달과 연소 과정의 세부 사항을 보여준다. 고압의 디젤 연료 분사 시스템을 사용하여 단일 연료 분무(멀티홀 노즐에서 나오는 하나의 분무와 유사)를 디젤

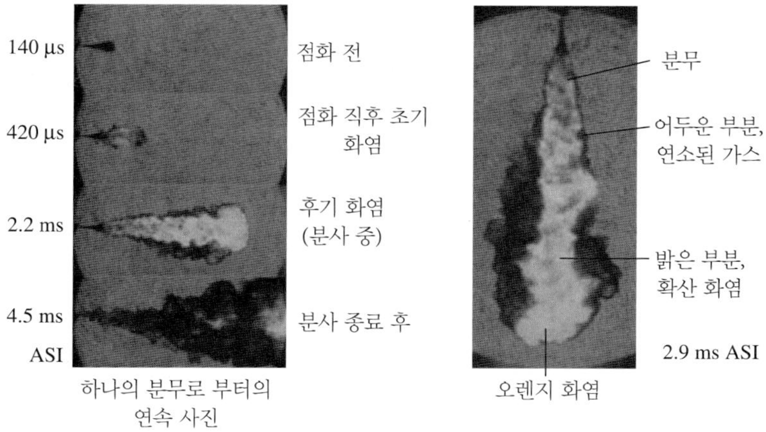

그림 10.5 TC에서 전형적인 디젤 엔진 차지 조건에서 정적 연소 장치 내 단일 디젤 분무 연소의 그림자 광학 영상 기법(shadowgraph)과 화염 복사 방출 영상. 4장의 연속 사진: 점화 전 분무, 초기 분무와 확산 화염, 후기 분무와 화염, 분사가 종료된 후 분무와 화염. 우측의 분리된 영상은 확산 화염으로부터 밖으로 확산되는 뜨거운 연소 가스(어두운 부분). ASI: 연료 분사 시작 후 시간(*Sandia National Laboratories*의 *Dr. Dennis Siebers* 제공)

엔진 압축 종료 조건에 해당하는 온도와 압력에서 퀴에슨트 가스(산소 21%)를 포함하는 정적 연소 체임버 안으로 분사하였다.[c] 그림자 광학 영상 기법으로 발생하는 연료 제트의 가시광 방출은 적절한 광학 장비를 사용하여 기록되었다. 그림 10.5는 한 실험으로부터 분사된 연료의 미립화, 침투, 공기 유입, 증발, 착화, 연소에 따른 4개의 이미지를 보여준다. 그림의 캡션과 라벨은 개별 분무 및 화염 이미지를 설명한다. 분사 말기를 확대한 이미지는 액체 연료를 포함하는 분무의 (초기) 영역, 노즐 홀 출구에서 확산되는 확산 화염의 lift-off, 연료가 풍부한(주황색/노란색) 불안정 난류 확산 화염을 보다 명확하게 식별할 수 있다. 화염 내 부분적으로 농후한 연료의 반응으로 생성된 수트 입자의 연소로 인해 빛을 발하는 화염으로, 그리고 확산 화염에서 바깥쪽으로 확산되는 뜨거운 연소 가스와 혼합되는 공기가 불규칙적인 난류 경계의 어두운 영역으로 그림자 광학 기법을 통해 식별된다. 전체적으로 분사된 액체의 운동량은 연료 액적을 "탄총 폭발(shotgun blast)"과 같이 연소실로 밀어내고, 고온의 공기가 분무 발달에 유입되어 연료 방울을 증발하게 한다(액체 분무 중심만 일부 침투한다). 초기 운동량은 현재 대부분 기체 상태의 분무를 연소실 전체로 계속해서 이동시키고, 분무 발달과 함께 더 많은 뜨거운 공기를 유입시킨다. 먼저 인젝터 노즐과 상당히 가까운 곳에서 화염이 가시화되고 분무 주변으로 빠르게 확산된다. 이 화염의 색깔(흰색-노란색-주황색)은 연료 입자들이 화염으로 확산되어 연소 됨에 따라 분무 내부의 부분적으로 농후한 영역에서 반응하여 형성된 작은 수트 입자로부터 광도가 방출되는 것을 나타낸다. 확산 화염 표면(그리고 확산 화염을 둘러싼 공기 바깥으로 확산되는 뜨거운 연소 가스의 경계)에서의 불규칙성은 이러한 모든 과정이 난해하다는 것을 분명히 보여준다.

---

[c] 연소실 내 이러한 가스 조건은 디젤 연료 분사 전 용기 내에서 질소, 산소, 아세틸렌, 수소의 적절한 혼합기를 연소시키고, 원하는 가스 온도, 압력, 밀도 및 산소 농도를 얻기 위한 평형 시간을 보냄으로써 (필요하면 냉각도 포함) 실현할 수 있다.

10.3.2 직접 분사 멀티 분무 시스템에서 연소

그림 10.6은 DI 디젤 엔진의 압축 및 팽창 행정을 통한 실린더 압력(p), 연료 분사율, 그리고 열 발생률을 보여준다. 엔진은 멀티홀 노즐로 보울-인-피스톤 연소실의 중앙으로 연료를 분사한다. 연료의 분사율은 인젝터를 하나 이상의 유동 제한으로 고려함으로써 연료 라인 압력, 실린더 압력, 노즐 형상, 그리고 니들 리프트 프로파일에서 얻을 수 있다[5]. SOI와 SOC 사이에는 몇 도의 지연이 있다[$p(\theta)$ 곡선의 기울기 변화에 의해 식별됨]. 압력은 몇 도의 크랭크 각도 동안 빠르게 상승한 다음 분사 시작 후 약 5°는 천천히 최댓값까지 상승한다. 분사는 일반적으로 연소 과정까지 잘 지속된다. 이 분사율과 실린더 압력 데이터에 상응하는 열 발생률 그래프[d]도 그림 10.6에서 확인할 수 있다. 열 발생률 곡선의 일반적인 모양은 이러한 유형의 멀티 분무 DI 엔진의 대표적인 모양이다. −20°의 SOI와 −15°의 SOC 사이에 짧은 *점화 지연*이 있다. 점화 지연기간 동안 약간의 "열"손실은 액체 연료로의 열 전달, 증발 및 가열, 그리고 벽면으로의 열 전달 때문이다. 연소 과정은 세 가지 구별 가능한 단계로 진행된다. 첫 번째 단계에서 연소 속도가 빠르고, 몇 도의 크랭크 각 정도만 지속되며, 열 발생률에서 증가하고 감소하는 "스파이크(spike)"를 생성한다. 그것은 실린더 압력이 빠르게 상승하는 기간에 해당한다. 두 번째 단계에서 그림 10.6과 같이 더 둥글게 증가하고 감소하는 열 발생률을 만든다. 이 단계는 주된 열발생 기간이며 일반적으로 약 30~40° 동안 지속된다. 총 연료 에너지의 약 90%가 이 두 단계에서 방출된다. 연료의 나머지 화학에너지가 방출되는 열 발생률 그래프의 "꼬리(tail)"는 주요 연소 과정에 참여하지 않은 초과 공기와 연소 된 가스가 혼합하고 평형을 유지함으로써 발생한다.

그림 10.6과 같은 분사율 및 열 발생률 그래프, 엔진 부하, 속도 및 분사 시기에 대한 연구에서 Lyn과 Austen[5, 6]은 다음과 같이 요약하였다. 첫째, 전체 연소 기간은 연료 분사 기간보다 상당히 길다. 둘째, 절대 완전 연소 속도는 엔진 속도가 증가함에 따라 비례하여 증가한다; 따라서 크랭크 각 기준에서, 연소 간격은 기본적으로 일정하게 유지된다(특정 연료 분사

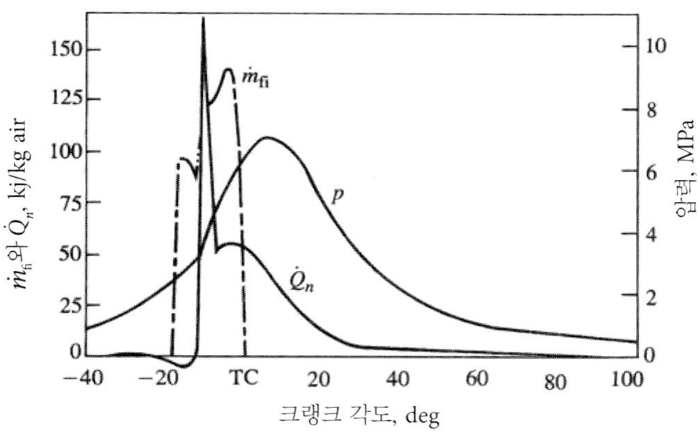

그림 10.6 소형 DI 디젤 엔진에서 크랭크 각도에 대한 실린더 내 압력 p, 연료의 분사율 $\dot{Q}_n$, p로부터 계산된 순(net) 열 발생률: 1000 rev/min, 정상 분사 시기, bmep = 620 kPa5

---

[d] 여기 그려진 열 발생률은 순 열 발생률(10.4절 참고)이다. 이것은 실린더 가스의 현(sensible) 내부에너지 변화와 피스톤에 의한 일의 합이다. 연소실 벽으로 전달되는 열로 연소가 방출하는 연료 에너지 비율과 연료 증발로 흡수되는 열 에너지와는 다르다. 벽면으로의 열 손실은 소형 엔진에서 연료의 열량 중 10~25% 정도 되며, 대형 엔진에서는 이 보다 조금 작다. 이 순 열발생은 열 손실이 작을 때 연료의 화학 에너지 방출에 대한 지표로 사용될 수 있다.

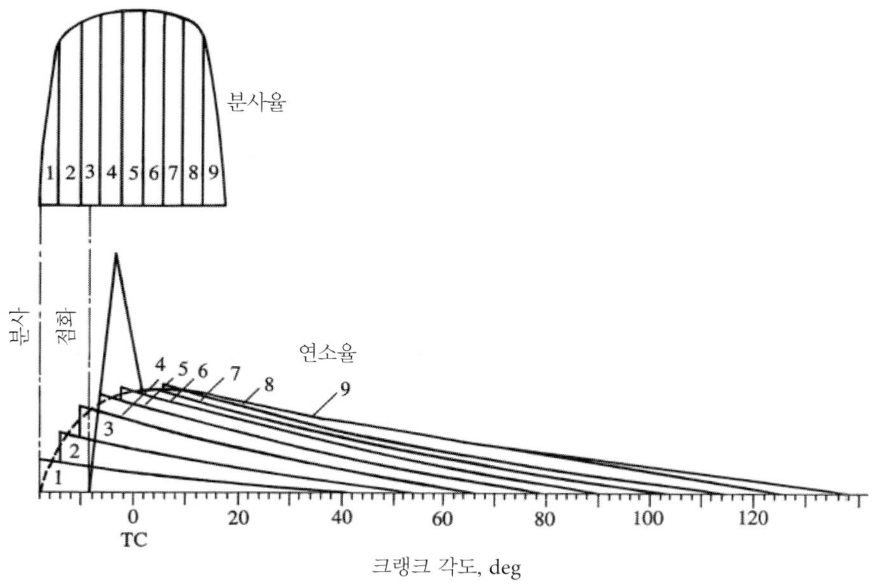

그림 10.7 분사율과 연료 연소율 또는 화학적 에너지 방출 관계에 대한 개략도[6]

량에 대해). 셋째, 연소율의 초기 최댓값의 크기는 점화 지연 기간에 따라 크게 달라지며, 점화 지연 기간이 길어질수록 높아진다. 이러한 고려사항은 엔진 연소 사진 연구와 더불어 디젤 연소에 대한 다음과 같은 전체적인 구조로 이어진다.

그림 10.7은 분사된 연료가 연소실로 들어갈 때의 여러 요소로 나누어져 있는 연료의 분사율과 열 발생률을 개략적으로 보여준다. 첫 번째 요소는 공기와 혼합되어 "연소 준비가 된" 요소(즉, 연소 가능 한계 내에서 혼합됨)로, 개념적으로 연소율 그래프에서 가로좌표(abscissa)를 따라 가장 낮은 삼각형으로 나타난다. 이 연료 요소 중 일부는 공기와 빠르게 혼합되지만 나머지는 더 천천히 혼합된다. 두 번째와 그 이후의 요소는 유사한 방식으로 공기와 혼합되며, 파선(dashed line)으로 둘러싸인 전체 "연소 준비" 그래프가 얻어진다. 이 그래프의 총 면적은 분사율 그래프와 동일하다. 그러나 지연 기간이 끝날 때까지 점화는 발생하지 않는다. 점 지점에서 이미 분사된 연료 중 일부는 가연성 한계 내에서 공기와 충분히 혼합되어 있다. 이렇게 "예혼합된" 연료–공기 혼합기(그림 10.7의 음영 부분)는 지연 기간이 끝난 후 연소 준비가 된 혼합물에 더해져 높은 초기 열 발생률을 발생시킨다. 이러한 열 발생률 프로파일은 일반적으로 이러한 유형의 자연 흡기 DI 디젤 엔진에서 관찰된다. 점화 지연 기간이 길면 예혼합된 "연소 준비" 혼합기의 양이 많아져 열 발생률의 최댓값이 높아진다. 점화 지연 기간이 짧으면(예를 들어, 예열된 터보차징 DI 디젤에서) 예혼합된 혼합물의 양은 상대적으로 훨씬 적으며 예혼합된 열 발생률의 최댓값(= 스파이크)은 훨씬 낮다.[e]

따라서 우리는 DI 엔진의 열 발생률 그래프(그림 10.8)에서 전체 압축 점화 디젤 연소 과정의 다음 단계를 확인할 수 있다.

점화 지연 기간(ab). $p\theta$ 그래프의 기울기 변화 또는 $p(\theta)$ 데이터의 열 발생 분석 또는 광도 검출기에서 결정된 연소실 내로의 연료 분사 시작과 SOC (연소의 시작) 사이의 기간.

---

[e] 이 2-단계 모델은 왜 열 발생률 프로파일에서 초기 예혼합된 빠른 연소 부분이 나타나는지 보여준다. 하지만, 10.3.4절에서 충분히 더 논의된 것처럼 이 모델의 두 번째 단계(연소 준비가 된 단계)는 여러 단(stage)을 포함하고 있다.

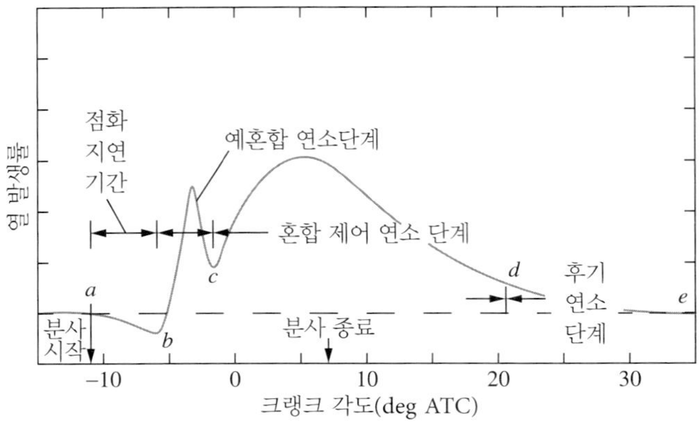

그림 10.8 디젤 연소 과정의 여러 구간을 나타내주는 전형적인 DI 엔진의 열 발생률 그래프.

예혼합 또는 급속 연소 단계(*bc*). 점화 지연 기간 동안 공기와 혼합되어 가연성 한계 내에 있는 연료의 화학적 에너지 방출은 크랭크 각 몇 도에서 빠르게 발생한다. 이 단계에서 연소 혼합물이 연소 및 연소 준비가 된 연료에 더해지면 높은 열 발생률 특성이 나타난다. 이렇게 빠른 에너지 방출은 각 분무 내의 농후한 혼합물의 연소에서 발생한다.

혼합 제어 연소 단계(*cd*). 착화 지연 기간 동안 예혼합 된 연료와 공기가 화학 에너지의 일부를 방출하면, 연소율(또는 열 발생률)은 혼합물이 연소할 수 있게 되는 비율에 의해 제어된다. 몇 가지 프로세스가 연관되지만(액체 연료 미립화, 증발, 공기 중 연료 증기와 혼합, 분무 내 농후한 혼합물의 화학반응), 디젤 연소의 확산 화염 단계에서 열 발생률은 주로 연료 증기 혼합 과정에 의해 제어된다.

후기 연소 단계(*de*). 열 발생률은 팽창행정에서 낮게 감소한다. 여기에는 몇 가지 원인이 있다. 연료의 일부가 아직 타지 않았을 수도 있다. 연료 에너지의 일부는 수트와 농후 연소 생성물에 남아 있고, 여전히 방출될 수 있다. 실린더 차지는 균일하지 않고 이 기간 동안 연소된 가스와 공기의 혼합은 상대적으로 완전 연소와 덜 해리되는 생성 가스를 촉진시킨다. 팽창 중에 실린더 가스의 온도가 낮아짐에 따라 최종 연소 과정의 속도(kinetics)는 느려진다.

10.3.3 열 발생률 분석

엔진 운전 사이클 중 압축 및 팽창 행정의 크랭크 각에 대한 실린더 압력 데이터를 사용하여 연소 진행에 대한 정량적 정보를 얻을 수 있다. 디젤 엔진 연소 과정을 통해 연료의 화학적 에너지 방출 속도(일반적으로 *열 발생률* 또는 연료 연소율이라고 불림)를 산출하는 적절한 분석 방법이 이제 설명될 것이다. 분석 방법은 스파크 점화기관의 경우 9.2.2절에서 설명한 것과 유사하며, 준정적(즉, 압력과 온도의 균일) 개방 시스템에 대한 열역학 제1법칙으로 시작한다. 이러한 시스템에 대한 첫 번째 법칙(그림 9.11 참고)은 dQ/dt는 시스템 경계에서 시스템으로의 열 전달률이고, $p(dV/dt)$는 시스템 경계 변위 때문에 시스템에 의해 수행된 일 전달률, $\dot{m}_i$는 시스템 경계를 걸친 위치 i에서 시스템으로 들어가는(시스템에서 나가는 것은 음수) 질량 유량, h_i는 시스템으로 들어오고 나가는 유입 i의 엔탈피, U는 시스템 경계 내부에 포함된 물질의 에너지이다.

$$\frac{dQ}{dt} - p\frac{dV}{dt} + \sum_i \dot{m}_i h_i = \frac{dU}{dt} \tag{10.1}$$

디젤 연소에 이 등식을 적용하기 어려운 요인은 다음과 같다.

- 연료는 실린더 내로 분사된다. 실린더에 분사된 액체 연료는 증발하여 공기와 혼합되고 불균일하고 시간에 따라 변하는 연료/공기 비율 분포를 생성한다.
- 연소된 가스(이 역시 불균일하다)의 조성은 알려져 있지 않다.
- 디젤 엔진의 열 전달을 예측하기 위한 상관관계의 정확성은 잘 정의되어 있지 않다(12장 참고).
- 틈새 영역(예: 피스톤, 링 및 실린더 벽 사이의 체적)은 간극 제척의 몇 %를 차지한다. 그러나 이 영역의 가스는 벽면 온도에 가깝게 냉각되어 밀도가 높아지므로 이 틈새의 상대적 중요성이 증가한다. 따라서 틈새는 열 전달을 증가시키고 연소하는 동안 연소실에 남아있는 공기의 밀도보다 높은 밀도의 무시할 수 없는 실린더 내 공기 함유량을 포함한다.

이러한 문제를 다루는 데 어려움이 있으므로 열 발생률 또는 연소율 분석 방법은 대략적인 답변만 제공한다.

연소 효율

열 발생량과 연소된 연료의 질량을 추정하는 데 있어 중요한 요소는 연소의 완전성이다. 디젤에서 공기 이용은 배기 가스의 검은 스모크가 발생함으로 인해 제한된다. 검은 스모크는 수트 입자이며 주로 탄소이다. 미연탄화수소(unburned hydrocarbons), 일산화탄소(carbon monoxide)와 같은 불완전 연소 생성물과 수트는 연소 비효율성을 나타낸다. 보통 연소 효율은 배기 가스의 가연성물질로부터 계산된다. 그러나 토크 손실은 연소가 끝날 때 실린더에 존재하는 CO, HC, 수트로 인한 비효율성으로 더 적절하게 추정된다; 단지 팽창 행정의 첫 1/3을 지나 약간의 추가적인 토크가 생성된다. 배기 가스의 농도에 근거했을 때, 그 비효율성의 크기는 작다. 최대 부하 조건에서, 공급된 연료의 0.5%만 배기 가스에 검은 스모크로 존재할 경우 그 결과는 허용되지 않을 것이다. 실린더에서의 수트 배출은 연료 화학 에너지의 0.1% 미만을 포함한다. 일반적으로 탄화수소 배출은 연료의 0.2%이다. 배출된 일산화탄소에 해당하는 에너지는 약 0.5%이다. 따라서, 연소 비효율성[식 (4.69)]은 보통 1% 미만이다: 연소 효율은 보통 약 99% 이상이다(그림 3.9 참고). 이러한 배기 오염물질은 공기오염 영향 측면에서 중요하지만(11장 참고), 에너지 변환 관점에서 볼 때 디젤 엔진에서의 연소 및 열 발생량이 본질적으로 완전하다고 간주하는 좋은 가정(approximation)이 될 수 있다.

열 발생량 분석: 직분사 엔진

이러한 유형의 엔진에서 실린더는 단일 개방 시스템이다(흡기 및 배기 밸브가 닫혀있는 동안). 시스템 경계를 통과하는 유일한 질량 유량은 연료 분사 및 틈새 유동이다. 틈새 유동을 포함하는 접근법은 9.2.2절에서 설명되었다; 여기서 틈새 유동 효과는 생략한다. 식 (10.1)은 다음과 같이 된다.

$$\frac{dQ}{dt} - p\frac{dV}{dt} + m_f h_f = \frac{dU}{dt} \tag{10.2}$$

식 (10.2)를 통해 압력 데이터로부터 연소 정보를 얻기 위한 두 가지 일반적인 방법이 사용된다. 두 가지 접근 방법에서 실린더는 연소 과정 동안 매 순간 온도가 균일하다고 가정한다. 일반적으로 사용되는 방법은 순(net) 연료 에너지 또는 열 발생률을 산출한다; 다른 방법은 연료 질량 연소율을 산출한다. 두 가지 방법 모두 정확히 결정할 수 없는 실제 값에 대한 근사치이기 때문에 이러한 값을 설명하기 위해 종종 *겉보기*(apparent)라는 용어가 사용된다.

식 (10.2)의 U와 h_f를 각각 실린더 내부의 현열 내부에너지와 분사된 연료의 현열 엔탈피라 한다면[f] dQ/dt는 연료의 연소에 의해 방출되는 화학적 에너지 또는 "열"('+')과 시스템(엔진에서 시스템으로부터의 열전달은 열역학적으로 '–'이다.)으로 부터의 열전달 사이의 차이가 된다. $h_{s,f} \approx 0$이기 때문에 식 (10.2)는 다음과 같이 된다.

$$\frac{dQ_n}{dt} = \frac{dQ_{\text{ch}}}{dt} - \frac{dQ_{\text{ht}}}{dt} = p\frac{dV}{dt} + \frac{dU_s}{dt} \tag{10.3}$$

총(gross) *열 발생률*(dQ_{ch}/dt)과 벽으로의 열 전달률(dQ_{ht}/dt)의 차이인 *순*(*net*) 열 발생률(dQ_n/dt)은 피스톤에서 발생하는 일률과 실린더 내부의 현열 내부에너지 변화율을 더한 값과 같다.

실린더 내부가 이상 기체로 모델링될 수 있다고 가정한다면, 식 (10.3)은 다음과 같이 된다.

$$\frac{dQ_n}{dt} = p\frac{dV}{dt} + mc_v\frac{dT}{dt} \tag{10.4}$$

이상기체 방정식 $pV{=}mRT$로부터 R을 상수로 가정하면 다음과 같다.

$$\frac{dp}{p} + \frac{dV}{V} = \frac{dT}{T} \tag{10.5}$$

식 (10.5)를 사용하여 식 (10.4)에서 T를 소거할 수 있다.

$$\frac{dQ_n}{dt} = \left(1 + \frac{c_v}{R}\right)p\frac{dV}{dt} + \frac{c_v}{R}V\frac{dp}{dt}$$

또는

$$\frac{dQ_n}{dt} = \frac{\gamma}{\gamma - 1}p\frac{dV}{dt} + \frac{1}{\gamma - 1}V\frac{dp}{dt} \tag{10.6}$$

여기서 γ는 비열비(c_p/c_v)이다. 디젤 열 발생량 분석을 위한 γ의 적절한 범위는 1.3~1.35이다. 식 (10.6)은 이 범위 내의 γ상수 값과 함께 사용된다. 디젤 엔진 열 발생량 분석에서 γ는 연소 전 압축 행정 끝의 공기 온도($\approx$1.35)와 연소 후 전체 당량비에서 연소된 가스($\approx$1.26 –1.3)에 적절한 값을 가질 것으로 예상할 수 있다. 가장 정확한 열 발생량 정보를 제공하는 연소 중에 대한 적절한 값은 잘 정의되지 않는다.[7, 8]

식 (10.2)에 기초한 보다 완전한 열 발생 분석 방법을 제안하고 사용하였다. 여기에는 연소 전, 연소 중, 연소 후의 가스 특성, 열 전달 및 틈새 효과에 대한 보다 정교한 모델이 포함된다.[8] 그러나 다음의 몇 가지 문제들을 해결해야 한다: (1) 혼합물의 비균일성(공연비 비균일성, 연소 및 미연소 가스 비균일성); (2) 사용된 열전달 모델의 정확성(12장 참고); (3) 틈새 영역의 효과. 더 복잡한 열 발생 모델이 가치가 있도록 이러한 추가 현상들은 동등한 수준의 정확도로 처리되어야 한다. 많은 공학적 응용 관점에서 식 (10.6)은 디젤 엔진 연소 분석에 적절하다.

식 (10.6)에서 생략된 가장 큰 효과에 대한 모델인 열 전달률 dQ_{ht}/dt(12장 참고)을 포함하여 추가적인 통찰을 얻을 수 있다. 따라서 우리는 *총*(*gross*) 열 발생률과 가까운 근사치를

---

[f] 즉, $U = Us = U(T) - U(298\text{ K})$이고, $hf = h_{s,f} = hf(T) - h_f(298\text{ K})$. 정의에 대해서는 5.5절 참고.

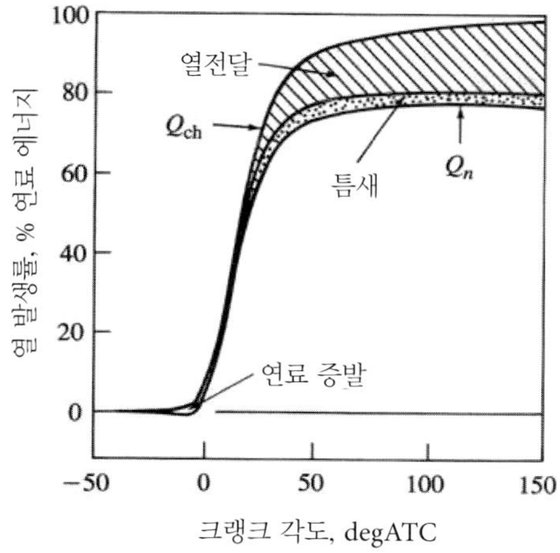

그림 10.9 중부하, 중속 조건에서 터보차징 DI 디젤 엔진의 연소 기간 동안 총 열 발생량과 순 열생량 프로파일. 열전달, 틈새, 연료 증발과 가열 효과의 상대 크기를 나타낸 것임.

구할 수 있다. 완전 연소 과정에 걸친 총 열 발생률의 적분 값은 분사된 연료의 질량 m_f와 연료의 저위 발열량 Q_{LHV}을 곱한 값과 같아야 한다(분석이 정확하지 않기 때문에 몇 % 이내).

$$Q_{ch} = \int_{t_{start}}^{t_{end}} \frac{dQ_{ch}}{dt} dt = m_f Q_{LVH} \tag{10.7}$$

물론 식 (10.1)에서 식 (10.4), 식 (10.6) 및 식 (10.7) 또한 시간 t 대신 크랭크 각 θ를 독립 변수로서 사용해도 된다.

그림 10.9는 중속, 중부하 범위에서 운전하는 터보차징 DI 디젤 엔진의 경우 총 열 발생량, 순 열 발생량, 열전달, 틈새 효과 그리고 연료의 증발열 및 가열의 상대적 크기를 나타낸다. 순 열 발생량은 총 열 발생량에서 연소로 인한 벽면으로의 열전달 손실, 틈새 효과, 연료 증발 및 가열 효과를 제외한 것이다(이것은 dU/dt에서 추가적인 질량 항을 무시함으로써 위에서 생략되었다.). 이 마지막 항은 무시할 수 있을 정도로 충분히 작다. 디젤 연료의 증발 엔탈피는 발열량의 1%보다 작다: 분사 온도에서 일반적인 압축 행정 말기 온도까지 연료를 가열하고 증발시키는 것과 관련된 에너지 변화는 연료 발열량의 약 3%이다. 연소 기간 동안 누적된 열전달량은 방출되는 총 열량의 10~25% 정도이다.

연료 질량 연소율 분석

식 (10.1)에서 연료, 공기 및 연소된 가스의 내부에너지가 일관된 데이터(consistent datum)에 대해 평가되었다면(4.5.2절에 설명된 것과 같이), 이 식을 사용하여 크랭크 각에 대한 실린더 압력 데이터로부터 '겉보기' *연료 질량 연소율*을 구할 수 있다[종(species) 에너지 기준에서 "열 발생량"은 내부에너지 및 엔탈피 항으로 설명된다.]. Krieger와 Borman[9]에 따르면 식 (10.2)는 다음과 같이 쓰인다.

$$\frac{d}{dt}(mu) = p\frac{dV}{dt} + \frac{dQ}{dt} + h_f \frac{dm}{dt} \tag{10.8}$$

여기서 Q는 연소실 내 가스로의 열전달(예: $Q = -Q_{ht}$), m은 연소실 내 질량, dm/dt는 $\dot{m}_f$으로 대체된다.

연소 중 실린더 내 가스 혼합기의 특성(물성)(압력 p와 평균 온도 T에서 균일하고 화학적 평형 상태라고 가정)은 일반적으로 p, T, 그리고 당량비 ϕ의 함수이다.

$$u = u(T,\ p,\ \phi) \text{ and } R = R(T,\ p,\ \phi)$$

그러므로,

$$\frac{du}{dt} = \frac{\partial u}{\partial T}\frac{dT}{dt} + \frac{\partial u}{\partial p}\frac{dp}{dt} + \frac{\partial u}{\partial \phi}\frac{d\phi}{dt} \tag{10.9a}$$

$$\frac{dR}{dt} = \frac{\partial u}{\partial T}\frac{dT}{dt} + \frac{\partial R}{\partial p}\frac{dp}{dt} + \frac{\partial R}{\partial \phi}\frac{d\phi}{dt} \tag{10.9b}$$

또한,

$$\phi = \phi_0 + \left(\frac{m}{m_0} - 1\right)\frac{1+(F/A)_0}{(F/A)_s} \tag{10.10}$$

그리고,

$$\frac{d\phi}{dt} = \frac{1+(F/A)_0}{(F/A)_s m_0}\frac{dm}{dt} \tag{10.11}$$

여기서 (F/A)는 연료/공기비이다; 첨자 0은 연료 분사 전 초깃값을 나타내고 첨자 s는 화학양론비 값을 나타낸다.

$$\frac{1}{m}\frac{dm}{dt} = \frac{-(RT/V)(dV/dt) - (\partial u/\partial p)(dp/dt) + (1/m)(dQ/dt) - CB}{u - h_f + D(\partial u/\partial \phi) - C[1 + (D/R)(\partial R/\partial \phi)]} \tag{10.12}$$

$$B = \frac{1}{p}\frac{dp}{dt} - \frac{1}{R}\frac{\partial R}{\partial p}\frac{dp}{dt} + \frac{1}{V}\frac{dV}{dt}$$

$$C = \frac{T(\partial u/\partial T)}{1 + (T/R)(\partial R/\partial T)}$$

$$D = \frac{[1+(F/A)_0]m}{(F/A)_s m_0}$$

식 (10.12)는 m_0, ϕ_0, $p(t)$가 주어진 $m(t)$에 대해 수치적으로 해결될 수 있고, 작동 유체 특성(4.7절 참고)과 열전달 항 dQ/dt(12장 참고)에 대한 적절한 모델이 될 수 있다.

그림 10.10은 개방 체임버 DI 디젤 엔진에 대한 실린더 압력 데이터와 이 데이터로부터 위의 방법을 사용하여 계산된 연료 질량 연소율 $dm/d\theta$를 나타낸다. Annand의 열 전달 모델이 사용되었다(12.4.3절 참고). 그 결과는 *겉보기* 연료 질량 연소율이다. 이는 연료의 발열

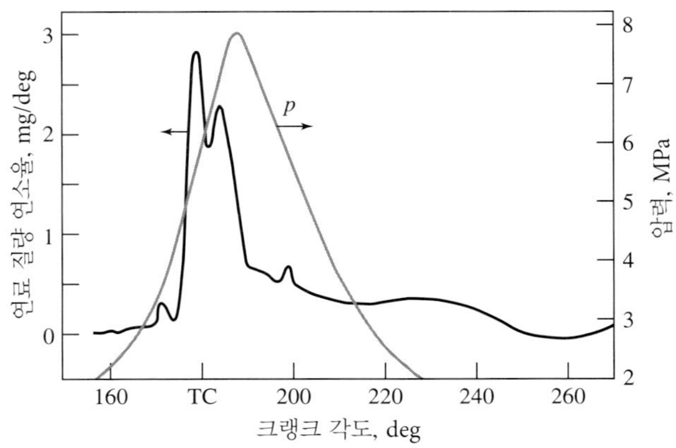

그림 10.10 3200 rev/min, 전부하 조건의 DI 디젤 엔진에서 크랭크 각도에 대한 실린더 내 압력 p와 Krieger와 Borman 방법[9]을 이용하여 압력 p로부터 계산된 연료 질량 연소율

량을 곱한 후, 연료 화학 에너지 또는 열 발생률로 해석하는 것이 가장 좋다. *실제* 연료 연소율은 모든 연료가 완전 연소의 생성물을 생성하기 위해 국부적으로 이용 가능한 공기를 충분히 이용하여 "연소"하는 것은 아니기 때문에 알 수 없다. 연료의 약 60%는 총 연소 기간의 1 / 3에서 연소된다. 연소 과정에 걸친 연료 질량 연소율의 적분은 연소된 총 연료 질량과 같아야 한다; 이 경우 분사된 연료의 총 질량보다 3% 정도 적다. 화학적 에너지는 계속해서 팽창 과정으로 잘 방출된다는 점에 유의하라. 그러나 열 전달 측정 오류가 겉보기 연료 연소율에 상당한 영향을 주기 때문에 이러한 유형의 계산 정확도는 감소한다.

Krieger와 Borman은 또한 중요한 가정과 변수에 대한 민감도 분석(sensitivity analysis)을 수행하였다. 그들은 생산 가스의 해리 효과는 무시할 수 있다는 것을 발견했다. 이것은 식 (10.12)를 단순하게 만든다. 해리 효과를 무시한다면 분자량 M이 거의 변하지 않으므로 $u = u(T, \phi)$와 $R = \tilde{R}/M$은 상수로 간주할 수 있다.

$$\frac{dm}{dt} = \frac{[1+(c_v/R)]p(dV/dt)+(c_v/R)V(dp/dt)-(dQ/dt)}{h_f+(c_v/R)(pV/m)-u-D(\partial u/\partial\phi)} \tag{10.13}$$

여기서 D는 전과 같이 $[1 + (F/A)_0]m / [(F/A)_s\ m_0]$이다. 열전달 모델에 내재된 불확실성과 불균일성 및 틈새의 무시를 감안할 때, 식 (10.13)은 적절히 정교한 수준을 나타낸다.

Krieger와 Borman이 연구한 다른 민감도 변화는 압력 데이터의 상(phasing)을 앞으로 2° 뒤로 2° 이동; 압력 데이터 ±34 kPa 변환; 열 전달 50% 변경; 초기 질량을 5% 증가시킨다. 초기 질량 변화는 연료 연소율 계산에 무시할 수 있는 정도이다. ±50%의 열 전달 변화는 연소된 연료의 질량을 약 ±5% 변화시켰다. 압력 데이터의 상 변화는 더 중요했다(크기 및 상에서). 정확한 압력 데이터는 유용한 열 발생량 또는 연료 질량 연소율 분석을 위해 중요한 요건이다.

열 발생률: 간접 분사 엔진

IDI 디젤 엔진에서, 연소 과정 동안 주 체임버와 보조 체임버의 압력은 동일하지 않다. 연소가 보조 또는 예연소실에서 시작되므로 예연소실에서 연료 에너지 방출은 주 체임버 압력 이상으로 상승한다. 연소실 설계와 운전 조건에 따라 예연소실 압력이 주 체임버의 압력보다 0.5~5 bar 높게 상승한다. 이 압력 차는 연료, 공기, 연소, 연소된 가스가 주 체임버로 흐르게 하며, 여기서 추가적인 에너지 방출이 발생한다. DI 디젤 엔진의 분석은 연소실 전체의 균일한 압력에 기초했다. IDI 엔진의 경우 체임버 간 압력 차이의 영향이 포함되어야 한다. IDI 디젤 엔진에 대한 열 발생률 분석을 수행하는 방법은 이 교재의 초판[1] 및 참고문헌에서 찾을 수 있다. IDI 디젤은 더 이상 널리 사용되는 기술이 아니므로 여기서 논의하지 않을 것이다.

10.3.4 DI 디젤 연소의 개념적 모델

지난 20여 년 동안, 디젤 연소와 오염물질 형성 과정, 그리고 가스 온도에 중요한 역할을 하는 다양한 연료와 화학 종의 분포를 측정하기 위해 레이저 광계측 기법을 사용하여 많은 정보를 얻었다. 상세한 유동과 연소 화학 모델링이 결합했을 때, 이 정보는 개발될 DI 디젤 연소 과정에 대한 보다 완전한 설명을 가능하게 했다. Dec[10]과 커민스(Cummins Inc.)와 미국 국립 연구소의 Flynn 등[11]에 의해 요약된 것을 기초로 하여 우리는 이제 보다 자세한 개념 모델을 검토할 것이다.

그림 10.11은 스월이 없는 멀티분무 DI 디젤 엔진에서 연료 분무 및 화염의 발달에 대한 설명에 도움이 되는 일련의 그림이다. 각 도식에 표시된 크랭크 각은 분사 시작 이후(ASI)이

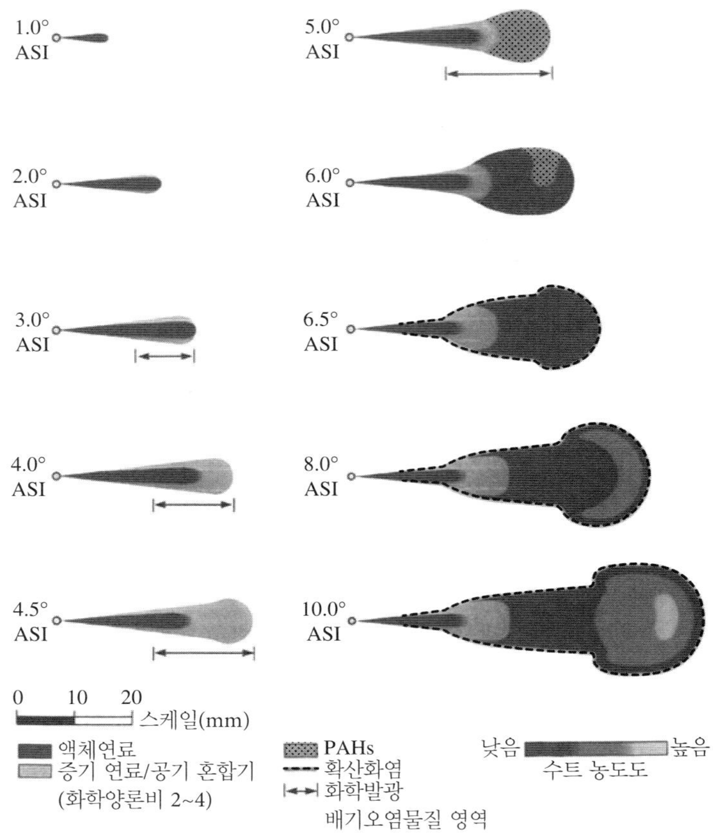

그림 10.11 DI 디젤 연소가 액체연료의 분사에서부터 준 안정 혼합 제어 연소 단계를 통해 어떻게 진행되는지 보여주는 시간 순서에 따른 개략도. 분무와 주변 화염의 위치를 각각 단계에서 표시하였다. 시간(분사 시작 후 크랭크 각도, ASI, 1° = 139 μs)과 분무 도달거리는 일반적인 운전조건에서 중형 크기 디젤 엔진의 연소에 상응한다. 분사기간은 표시된 10°보다 길다.[10]

다. 연료 분사의 시작과 끝을 결정하는 니들 리프트 프로파일과 이 그림에 대한 겉보기 열 발생률은 연료 분사 과정과 연료 화학 에너지 방출이 맞춰질 수 있도록 그림 10.12에 그려져 있다. 그림 10.13은 연소의 "준 안정" 혼합 제어 연소 단계에서 분무 및 화염 구조를 보다 상세하게 나타낸다. 서로 다른 음영 강도는 이러한 유형의 디젤 연소와 관련된 여러 가지 과정이 발생하는 연료 분사 영역을 나타낸다.

액체 연료가 노즐을 빠져 나가면 액실(liquid ligaments)과 큰 액적들은 작은 액적(~직경 10μm)으로 빠르게 미립화 되어 이것의 운동량이 작은 액적들을 "제트"로써 연소실 안으로 전달한다. 이러한 움직임이 뜨거운 공기를 분무로 유입시켜 가열되고 증발된 연료 액적들이 초기 분무 영역에 포함된다. 연료 공기 혼합기는 액적을 포함하는 영역 내에서 형성되며, 분사 시작 후(ASI) 최대 4.5도까지 분무 유입(그리고 감속)을 지속함에 따라 분무가 더 확장된다. 그 후 점화 화학 반응은 분무에 유입된 공기와 증발된 연료가 혼합하여 당량비가 약 2~4인 농후한 분무의 주요 영역(연소실 내에서 연료가 가장 멀리 떨어진 영역)에서 자발적으로 시작한다. 그 후 디젤 연료 분자는 조각으로 부서지기 시작하는데, 이것은 결합하여 다환식 방향족 탄화수소(polycyclic aromatic hydrocarbons, PAHs)를 형성하며, 이는 점점 크기가 커지는 수트 입자의 양을 증가시킨다.

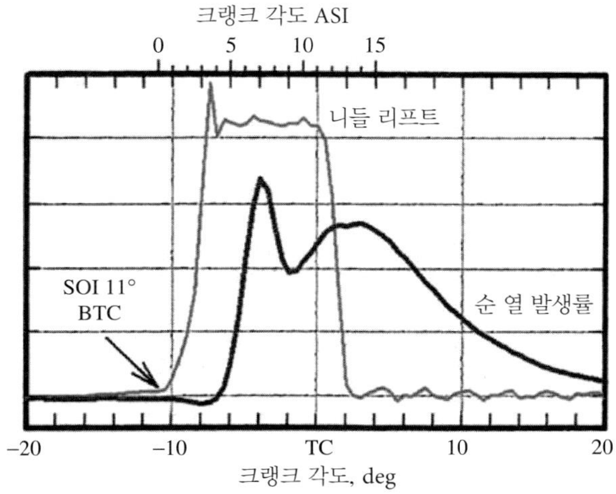

그림 10.12 그림 10.11의 엔진 조건에서 크랭크 각도에 대한 인젝터 니들 리프트 프로파일(분사의 시작과 끝을 나타냄)과 순(net) 열 발생률[11]

예혼합 연소 단계(이 예시에서 약 6~6.5° ASI)의 최대 열 발생률의 크랑크 각도에서, 혼합–제어 확산 화염이 형성되고 빠르게 제트를 둘러싼다. 이 확산 화염에 대한 "연료"는 부분적으로 반응하는 디젤 연료 증기, 유입된 공기, 연료 일부, PAHs 및 수트의 혼합물로, 모두 확산 화염 내에 있다. 완전 연소를 위한 확산 화염의 산소는 외부에서 화염으로 확산되는 공기에서 비롯된다. 그러므로 그림 10.13은 연료 분사가 계속되는 동안 준안정 단계에서의 디젤 연소 과정에 대한 설명을 요약하고 이러한 모든 과정은 표시된 대로 순차적으로 발생한다.(그림 10.11에서 약 8~10° ASI)

그림 10.13은 또한 이 준안정 단계에서 분무 내의 온도 분포를 보여준다. 체임버로 들어가는 액체 연료 제트는 미립화되고, 950K 정도에서 뜨거운 공기(잔류 가스 포함)를 끌어들이고 증발하여 약 650 K에서 더 차갑고 농후한 연료–공기 혼합물(ϕ ~ 4)을 생성한다. 이 혼합물은 확산 화염 내에 있는 분무 영역으로 들어가 부분적으로 산화된 농후 연소 생성물

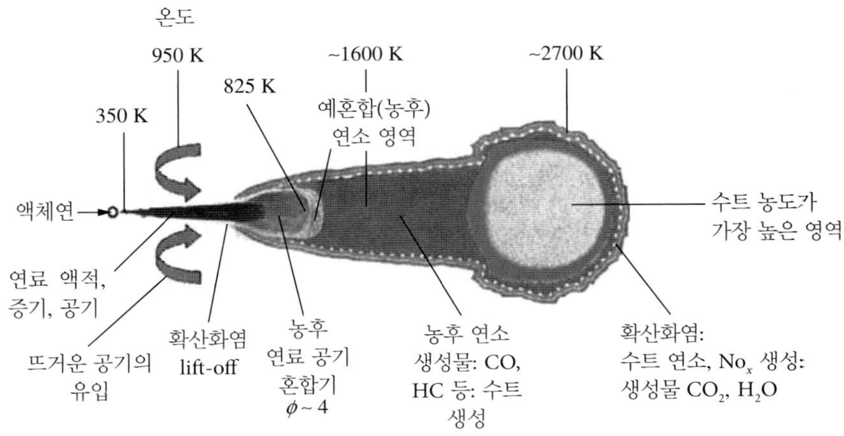

그림 10.13 DI 디젤 연료 분무의 주요 특징과 가스 온도 분포: 분사, 미립화, 공기 유입, 예혼합 연소 과정, 수트 형성 영역, 확산화염 위치, 노즐 오리피스로부터 화염의 lift-off (*참고문헌 11에서 인용됨*)

을 끌어들여 그것의 온도를 약 825 K로 상승시킨다. 그 후, 저온 산화 반응이 일어나 온도를 약 1150 K으로 상승시키기에 충분한 화학에너지를 방출한다. 산화가 더 빨리 일어나는 시점에, 농후한 혼합물은 국부적으로 이용 가능한 산소를 소비하고, 연료 화학 에너지의 10~15%를 방출하며, 1600 K의 온도에 도달하는 예혼합 농후 화염을 통과한다. 연료가 예혼합 반응 영역 또는 화염을 통과할 때, 발달하는 농후 연료 분무 내에서 수트 입자의 생성 기본 단위가 되는 탄화수소 조각을 형성한다. 이것들은 화염으로부터의 복사열에 의해 가열되는 입자 핵으로 형성되고 수트 입자로 성장하여 응집된다. 그러므로 가장 큰 수트 입자와 농도는 분무의 주요 영역에서 발견된다. 이러한 수트 입자를 포함하는 가스는 분무 주변의 확산 화염 반응 영역으로 이동하여 남아있는 연료 증기, 연료 파편, PAHs, 수트 입자들이 공기 바깥 면으로부터 화염 외곽으로 확산되는 산소를 사용하여 CO_2와 H_2O로 산화된다. 가장 높은 온도는 화학양론비에 가까운 연소가 발생하는 확산 화염에서 도달한다. 이 고온의 확산 화염 외곽(산소가 약간 과잉되는 곳) 내에서 대기오염물질인 질소산화물(NO)이 주로 형성된다. (11.2.4절 참고) 그 후 완전 연소의 생성물은 과잉 공기와 혼합되는 얇은 확산 화염 반응 영역에서 바깥쪽으로 확산되어 온도와 CO_2 및 H_2O의 해리 정도가 감소하고 그 과정에서 화학에너지를 방출하여 더 희박해진다.[11]

이보다 완벽한 현상학적인 디젤 분무 연소 모델(예열된 엔진에서)의 중요한 특징은 연료 액적이 연소실 안으로 제한적으로 침투하는 것, 연소 과정의 두 단계 특성 즉, 분무 내 연료가 농후한 예혼합 화염에 이어 분무를 둘러싸는 확산 화염에 의해 완전히 산화되면서 대부분의 화학 에너지를 방출한다. 이러한 화염 영역은 분무 내 농후한 혼합물을 만들기 위해 분무 중심으로 뜨거운 공기를 끌어들이는 인젝터 노즐 홀에서 분리된다(*lift-off*). 완전 연소에 필요한 상당량의 추가적인 산소는 외부로부터 분무를 둘러싸는 확산 화염 외곽으로 확산된다.

위의 디젤 분무 연소에 대한 개념 모델에 포함될 두 가지 중요한, 실용적인 요소는 공기 스월 과 연료의 다단 분사이다. 증가하는 공기 스월 수준은 엔진 크기(스트로크 및 보어)가 감소되고 최대 엔진 속도가 증가함에 따라 연료-공기 혼합 과정의 속도를 높이는데 사용된다. 각 초기 연료 분사 축에 직각으로 회전하는 공기 운동은 더 많은 공기를 분무 내부로 유입시킨다; 이는 분무의 연료/공기 당량비를 더 빠르게 감소시키고, 따라서 자착화 과정의 첫 "예혼합" 단계가 더 빨리 이루어지도록 분무 내에서 덜 농후한 혼합물을 얻는다. 스월 수준이 높을수록(8.3절) 이러한 효과는 증가한다. 디젤 연소에서 스월 영향은 10.6절에서 더 충분히 논의한다.

연료 분사 기술은 여러 번의 분사 펄스가 가능한 수준까지 발달되었다. 주 분사 직전 총 분사량 중 소량을 분사하는 파일럿 분사는 오랫동안 연소 소음 및 NO_x 배출을 줄이기 위해 사용되었다. 파일럿 분사는 주 연료 분무가 주입되는 곳을 뜨거운 환경으로 만듦으로써 점화 지연 기간을 단축시킨다. 포스트-주 분사 펄스는 현재 입자상 물질의 배출을 줄이거나, 배기 가스 온도를 높여 배기 시스템 매연 포집 필터에 포집 된 입자상 물질의 연소를 시작하거나, 디젤 산화 촉매의 탄화수소를 연소시켜 배기 가스 온도를 높이거나, 배기에서 화학종(species)을 감소시키기 위해 사용된다. 분명히, 사이클당 여러 번의 분사 각각은 이전 분사에 의해 만들어진 환경에서 일어난다. 디젤 연소에 대한 다단 분사 효과 주제는 10.7.1절에서 더 자세히 논의한다.

10.4 연료 분무의 거동 _Fuel Spray Behavior

10.4.1 연료 분사

연료는 노즐 오리피스를 통해 큰 압력차로 디젤 엔진의 실린더 내에 분사된다. 분사 시 실린더 압력은 일반적으로 50~100 bar(atm) 범위이다. 사용된 연소 시스템의 엔진 크기 및 유형에 따라 1000~2000 bar(atm) 범위의 연료 분사 압력이 사용된다. 이러한 인젝터 노즐을 통과하는 큰 압력 차이는 분사된 액체 연료 제트가 (1) 빠른 증발이 가능하도록 작은 크기의 액적으로 미립화하기 위해, (2) 충전된 공기를 완전히 사용하기 위하여 이용 가능한 시간에 연소실을 횡단할 수 있도록 충분히 빠른 속도로 연소실 내로 들어가도록 한다.

일반적인 디젤 연료 분사 시스템의 예는 1.7절에서 간략하게 설명되었고, 그림 1.26과 1.27에 묘사되었다. 연료 분사 시스템의 과제는 각 실린더와 사이클에 주어진 엔진 속도와 부하에 대한 적절한 연료량을 측정하고, 사용 중인 특정 연소실에 필요한 분무 형상과 원하는 속도로 적절한 시기에 분사하는 것이다. 분사가 깔끔하게 시작되고 끝나는 것과 2차 분사를 피하는 것은 중요하다. 이러한 과제를 수행하기 위해, 연료는 공급 펌프에 의해 연료 탱크로부터 필터를 거쳐 분사 펌프로 보내진다. 분사 펌프는 실린더 헤드에 위치한 인젝터 노즐로 연료를 운반하는 노즐 파이프로 연료를 보낸다. 남은 연료는 연료 탱크로 되돌아간다. 개별적인 구성 요소는 다른 디젤 연료 분사 시스템을 형성하기 위해 결합될 수 있다. 이 중 일부에서는 연료 공급 펌프 기능이 고압 펌프에 통합된다. 그림 10.14는 4기통 승용 디젤 엔진의 커먼레일 연료 분사 레이아웃을 나타낸다.[12]

직렬의 분사 펌프는 실린더 최대 출력 범위당 40~100 kW 엔진에 사용된다. 그것들은 각 엔진 실린더에 대해 플런저와 배럴(barrel) 어셈블리를 포함한다. 연료 계량과 분사 과정은 그림 10.15에 묘사되어 있다. 엔진 구동 캠은 플런저를 전달방향으로 이동시키고, 스프링

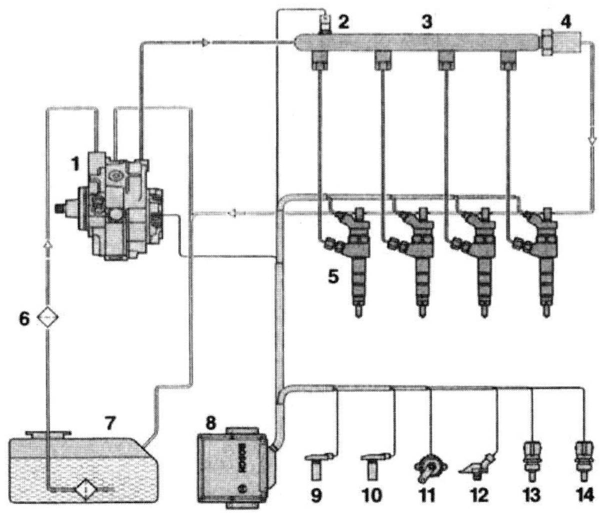

그림 10.14 전달 제어 고압 펌프가 있는 승용 디젤 엔진의 커먼레일 연료 분사시스템 개략도: ECU(전자 제어 유닛)를 위한 분사 시스템 구성 요소와 센서[12]: (1) 고압 펌프; (2) 레일 압력 센서; (3) "커먼레일" 연료 레일; (4) 압력 제한기; (5) 인젝터; (6) 연료 필터; (7) 1단계 필터가 있는 연료 탱크; (8) ECU; (9) 엔진 속도 센서; (10) 위상 센서; (11) 페달 이동 센서; (12) 부스트 압력 센서; (13) 공기 온도 센서; (14) 엔진 온도 센서 (*Robert Bosch GmbH*와 *SAE* 제공)

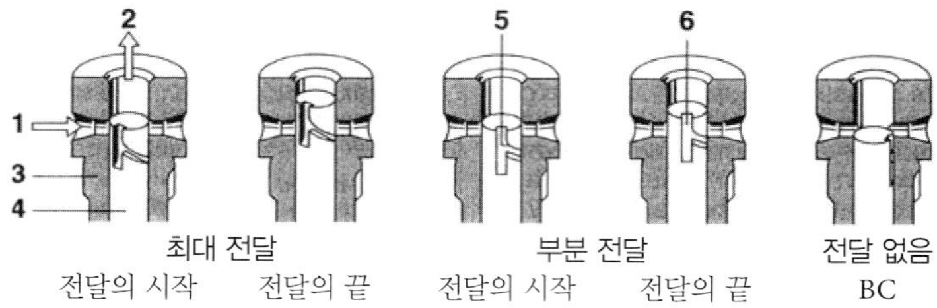

그림 10.15 직렬형 디젤 연료 분사 펌프에서 연료 전달을 제어하기 위해 사용되는 나선형 홈이 있는 배럴과 플런저[12]: (1) 연료 통로로부터; (2) 노즐로; (3) 배럴; (4) 플런저; (5) 아래쪽 나사선; (6) 수직(정지) 홈 (*Robert Bosch GmbH*와 *SAE* 제공)

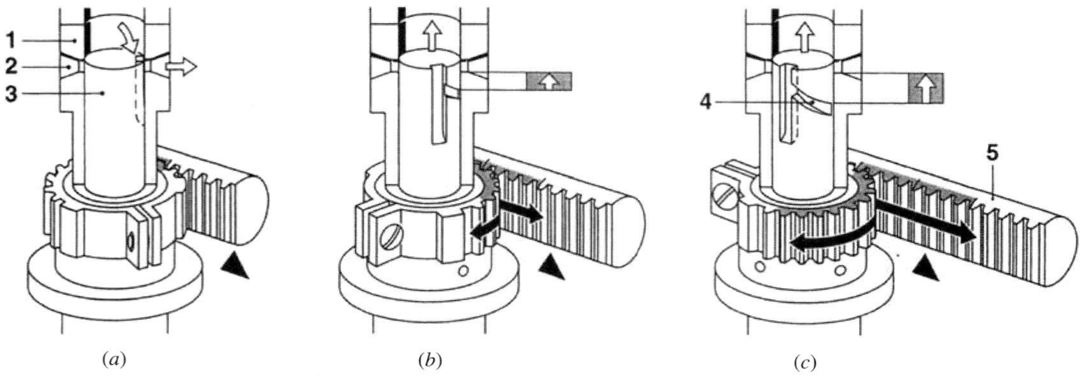

그림 10.16 엔진 부하에 따른 연료의 전달량 제어를 위한 플런저를 회전시키기 위해 사용되는 톱니 모양 제어 랙[12] (나사선 홈이 있는 경우, 그림 10.15 참고): (*a*) 전달 없음; (*b*) 부분 전달; (*c*) 최대 전달. (1) 펌프 배럴; (2) 입구 포트; (3) 펌프 플런저; (4) 나사선; (5) 제어 랙 (*Robert Bosch GmbH*와 *SAE* 제공)

은 플런저를 다시 초기 위치로 이동시킨다. 플런저 행정은 고정되어 있다. 플런저는 추가적인 밀봉 요소 없이 고압과 저속에서도 배럴 내에 충분히 정확하게 장착되어 밀봉된다. 전달되는 연료의 양은 유효 플런저 행정을 변화시킴으로써 달라진다. 이것은 펌프 하우징에서 움직이는 제어 로드(rod) 또는 랙(그림 10.16 참고)에 의해 이루어지며 제어 슬리브의 링 기어 또는 연결 레벨에 의하여 나선형 홈이 있는 플런저를 회전시킨다. 플런저 위의 고압 체임버는 플런저의 수직 홈에 의해 플런저 아래의 체임버와 연결된다. 플런저 나사선이 흡기 포트를 노출시킬 때(포트 개방), 플런저 체임버는 흡입 통로와 연결되어 연료 전달이 중단된다. 이것이 발생하는 경우는 플런저의 회전 위치에 따라 달라진다. 아래쪽 나사선(helix)의 경우, 항상 동시에 전달이 시작되지만(포트 닫힘), 플런저의 회전 위치에 따라 금방 종료된다. 위쪽 나사선이 있는 플런저의 경우, 포트 개방이 아닌 포트 닫힘(전달 시작)이 나사선에 의해 제어되고, 플런저를 회전시킴으로써 변화한다. 그림 10.16은 어떻게 플런저 나사선이 연료 전달을 제어하는지 나타낸 것이다.[12]

분배기 타입 연료 분사 펌프는 일반적으로 엔진 속도는 약 2,500 rpm, 분사압력은 2,000 bar(atm)까지이며, 실린더 최대 출력당 약 50 kW까지인 다기통 엔진에 사용된다. 이 펌프는 플런저와 배럴이 하나만 있다. 펌프 플런저는 회전 캠 플레이트에 의해 회전과 행정이 결합된 동작을 나타낸다. 분배기로서 동시에 작용하는 이 플런저에 의해 차례로 각 분사 노즐에 연료가 정확하게 계량된다. 이러한 장치는 직렬형(in-line) 펌프보다 더 작고 저렴하지만 고

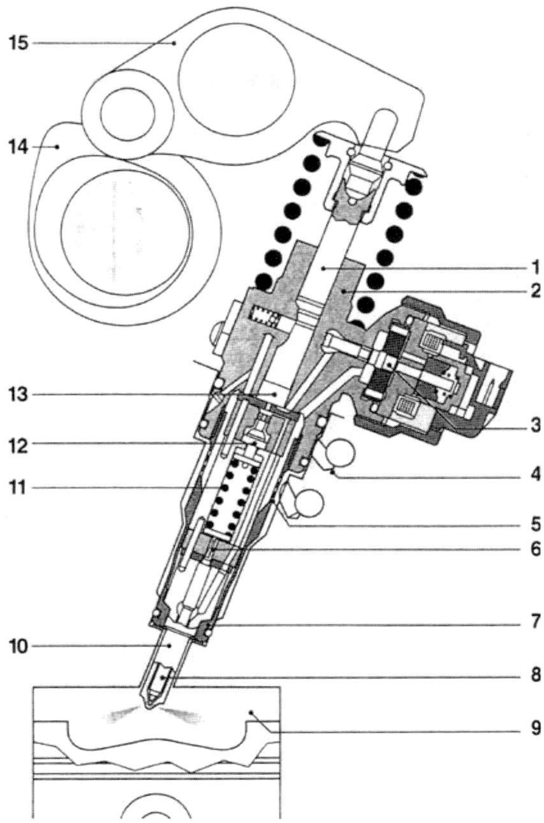

그림 10.17 승용 디젤 엔진에 사용되는 인젝터와 구동 메커니즘[12]. (1) 펌프 플런저; (2) 펌프 바디; (3) 솔레노이드 밸브 니들; (4) 연료 리턴 (저압 단계); (5) 입구 통로; (6) 유압 스톱(댐핑 유닛); (7) 리테이닝 너트(retaining nut); (8) 노즐 니들; (9) 엔진 연소실; (10) 통합 노즐; (11) 노즐 압축 스프링; (12) 어큐뮬레이터 바이패스 플런저; (13) 플런저 체임버; (14) 캠축; (15) 롤러 로커 암 (*Robert Bosch GmbH*와 *SAE* 제공)

압의 분사 압력을 생성하기 힘들다. 분배기형 연료 분사펌프는 자동 타이밍 장치, 조절기 그리고 공급 펌프와 결합되어 단일 장치를 형성한다.

펌프와 인젝터 노즐이 단일 장치로 결합된 유닛 인젝터는 소형 및 대형엔진에서 광범위하게 사용된다. 유닛 인젝터 및 그 구동 메커니즘의 예를 그림 17에 표시하였다. 연료를 분배하는 매니폴드를 통해 인젝터로 공급되는 연료는 계량 오리피스를 통해 공동 혹은 플런저 앞의 플런저 체임버로 들어간다. 연료가 분사 될 때, 로커 암을 경유하는 캠은 플런저를 밀어내어 계량 오리피스를 닫고 연료를 압축하여 체크 밸브를 통해 흐르게 하고, 인젝터 노즐 구멍을 통해 실린더로 배출되게 한다.

분사시스템의 가장 중요한 부분은 노즐이다. 다양한 노즐의 유형과 노즐 홀더의 조립 예가 그림 10.18에 나와 있다. 표시된 노즐은 니들이 스프링에 의해 밸브 시트에 힘이 가해지는 유체 제어 니들 밸브이다. 노즐홀 위의 압력 체임버 내의 연료의 압력은 노즐 니들의 원추형 표면에 작용하는 축방향의 힘에 의해 노즐을 개방한다. 니들밸브는 분사하지 않을 때, 노즐에서 연료가 새는 것을 방지하기 위해 사용된다. 분사가 끝나면 연료가 실린더로 흘러 들어가는 것을 방지하기 위해 니들과 노즐 오리피스 사이에 남은 연료가 들어갈 공간(sac volume)

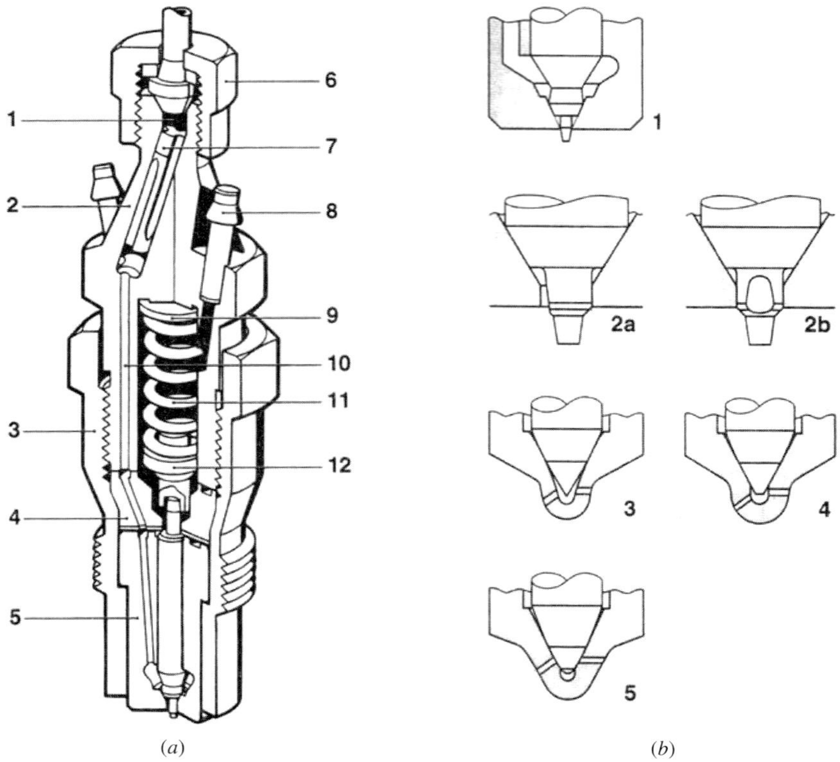

그림 10.18 (*a*) 스로틀링 핀틀이 있는 인젝터 노즐과 노즐 홀더 어셈블리의 레이아웃: (1) 입구; (2) 노즐 홀더 바디; (3) 노즐 리테이닝 너트; (4) 심(shim); (5) 노즐; (6) 고압 라인의 유니온 너트; (7) 엣지 필터; (8) 리크 연료 포트; (9) 압력 조정 심; (10) 압력 통로; (11) 압축 스프링; (12) 압력 핀. (*b*) 다른 노즐 형상과 노즐 홀의 예시: (1) 스로틀링-핀틀 노즐; (2) 플랫-컷 핀틀이 있는 스르톨링-핀틀 노즐; (3) 원뿔형 블라인드 홀이 있는 홀 타입 노즐; (4) 원통형 블라인드 홀이 있는 홀 타입 노즐; (5) Sac이 없는 노즐[12] (*Robert Bosch GmbH*와 *SAE* 제공)

을 가능한 한 작게 유지하여 탄화수소 배출을 조절하는 것이 중요하다(11.4.4절 참고). 멀티홀 노즐은 대부분 DI 디젤 엔진 시스템에 사용된다. 니들이 노즐 홀을 통과하여 돌출하는 형태의 핀틀 노즐은 IDI 엔진 시스템에 사용된다. 노즐 니들 끝의 핀 모양은 분무 패턴과 연료 공급 특성을 제어한다. 보조 노즐 홀은 때로 점화 및 시동을 돕기 위하여 작은 보조 분무를 생성하는 데 사용한다.

요즘은 전자 제어 분사방식이 널리 보급되었다. 그림 10.19*a*와 같은 전자 인젝터에서 솔레노이드로 작동되는 제어 밸브는 기계식 인젝터의 포트 및 나사선과 유사한 방식으로 분사 시기 및 계량 기능을 수행한다. 솔레노이드 밸브 폐쇄는 가압 및 분사를 시작하고, 솔레노이드의 열림은 분사압력의 감소 및 분사 종료를 유도한다. 솔레노이드 밸브의 닫힘 기간은 분사되는 연료의 양을 결정한다. 분사압력을 발생시키는 캠샤프트/로커암(camshaft/rocker arm) 구동 플런저를 사용하는 그림에 표시된 장치는 전통적인 설계에서의 니들-밸브 노즐을 사용한다. 연료 계량, 타이밍의 유연성 향상과 간단한 인젝터 설계는 중요한 장점이다.[1]

새로운 방법으로 솔레노이드 밸브 제어 방식이 아닌 피에조 액츄에이터로 노즐의 니들을 구동하는 피에조 인젝터가 있다(그림 10.19*b*). 여기서 여러 개의 얇은 쿼츠 크리스탈을 통해 전기 펄스가 힘(압력)을 생성하고, 유압상승을 이용하여 니들을 움직인다. 이것은 인젝터

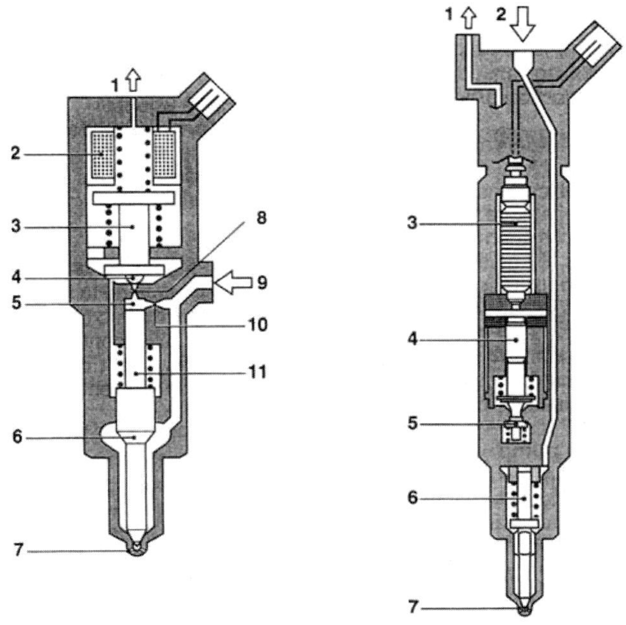

그림 10.19 전자 제어 인젝터의 예시. (*a*) 솔레노이드 밸브 인젝터: (1) 연료 리턴; (2) 솔레노이드 코일; (3) 솔레노이드 아마추어; (4) 밸브 볼; (5) 밸브 제어 체임버; (6) 노즐 니들 압력 쇼율더; (7) 분사 오리피스; (*b*) 피에조 인젝터. (1) 연료 리턴; (2) 고압 포트; (3) 피에조 액추에너터 모듈; (4) 유압 부스터; (5) 밸브; (6) 노즐 니들; (7) 분사 오리피스[12] (*Robert Bosch GmbH*와 *SAE* 제공)

내부의 니들 크기와 무게 및 마찰을 감소시켜 1) 작고 가벼운 인젝터, 2) 다중 분사, 3) 분사 사이의 짧은 시간 간격으로 각 분사의 보다 정확한 제어 가능과 같은 이점을 제공한다. 200 MPa에 가까운 압력을 가진 인젝터는 보다 우수한 연료의 미립화를 만들수 있고, 각 사이클마다 실린더에 최대 5회의 분사가 가능하다. 디젤 엔진에서 피에조 인젝터를 사용하면 엔진 소음 및 대기오염 물질 방출을 크게 줄이고 출력과 효율을 높일 수 있다.

분사 시스템 내의 연료 거동에 대한 정확한 예측은 정교한 유압 모델을 필요로 한다. 인젝터 노즐을 통한 대략적인 분사율은 다음과 같이 추정할 수 있다. 인젝터 노즐 상류의 압력이 추정 혹은 측정할 수 있고, 각 노즐을 통한 유동이 준안정적이고, 비압축성이며 1차원이라고 가정한다면, 노즐을 통해 분사되는 연료의 질량 유량 $\dot{m}_f$는 다음과 같이 주어진다.

$$\dot{m}_f = C_D A_n \sqrt{2\rho_f \Delta p} \tag{10.14}$$

여기서 A_n은 노즐의 최소 면적, C_D는 유량계수, ρ_f는 연료의 밀도 그리고 Δp는 노즐을 관통하는 압력강하이다. 노즐을 관통하는 압력 강하 및 노즐 개방 영역이 분사 기간 동안 일정하다면, 주입되는 연료의 질량은 다음과 같다.

$$m_f = C_D A_n \sqrt{2\rho_f \Delta p}\,\frac{\Delta\theta}{360N} \tag{10.15}$$

여기서 $\Delta\theta$는 노즐 개방 기간 동안 크랭크 각도이고, N은 엔진의 속도이다. 식 (10.15)는 주 분사 시스템과 엔진 파라미터에 대한 연료 분사량의 의존도를 브여준다.

10.4.2 전반적인 분무 구조

연료는 연료 공급 라인과 실린더 사이의 압력 차이가 큰 상태에서 하나 혹은 여러 개의 노즐과 오리피스를 통해 DI 디젤 엔진의 연소실 내부로 주입된다. 사용되는 연소시스템의 필요성 및 크기에 따라 다른 노즐을 사용한다(예: 단일 오리피스, 멀티 오리피스, 스로틀, 또는 핀틀; 그림 1.27 참고). 디젤 인젝터는 일반적으로 1000기압과 2500기압 사이의 연료 분사압력으로 작동한다.[g] 분사 시 실린더 내부의 공기는 50에서 100기압 정도 되며, 온도는 1000 K, 밀도는 15 kg/m^{3}에서 35kg/m^{3}이다. 노즐 홀 직경은 0.1~0.3 mm(자동차 적용)이며, 길이/지름비는 2에서 8이다. 전형적인 증류 디젤 연료의 특성은 연료온도 300 K에서 상대 비중 0.8, 점도 3~10 km/m · s, 표면장력 약 3×10^{-2} N/m이다. 그림 10.20은 일반적으로 DI엔진 연료 분무의 기본적인 특성을 보여준다. 액상의 제트가 노즐을 떠날 때 미세한 액적으로 미립화되어 모멘텀이 분무를 생성하고 주변 공기를 끌어들이면서 분무가 퍼진다. 초기 제트 속도는 100 m/s보다 크다. 노즐 출구에서 노즐을 떠나는 액실이 급속히 붕괴됨에 따라, 액체 제트의 외부 표면은 10 μm 이하의 액적으로 분열된다. 분사된 연료가 노즐에서 멀어짐에 따라 분무에 동반되는 공기 질량이 증가하고 분무가 발산하며 폭이 증가하고 속도가 감소한다. 뜨거운 공기의 유입 과정이 진행되면 연료 액적이 증발한다. 분무 끝단은 분사가 지속되며 연소실 내부로 더 침투하지만, 속도는 감소한다. 그림 10.21은 디젤 조건을 모방한 급속 압축기에서 정지한 공기에 분사되는 디젤 연료 분무의 사진이다.[13] 백 라이팅 기법(Back lighting)과

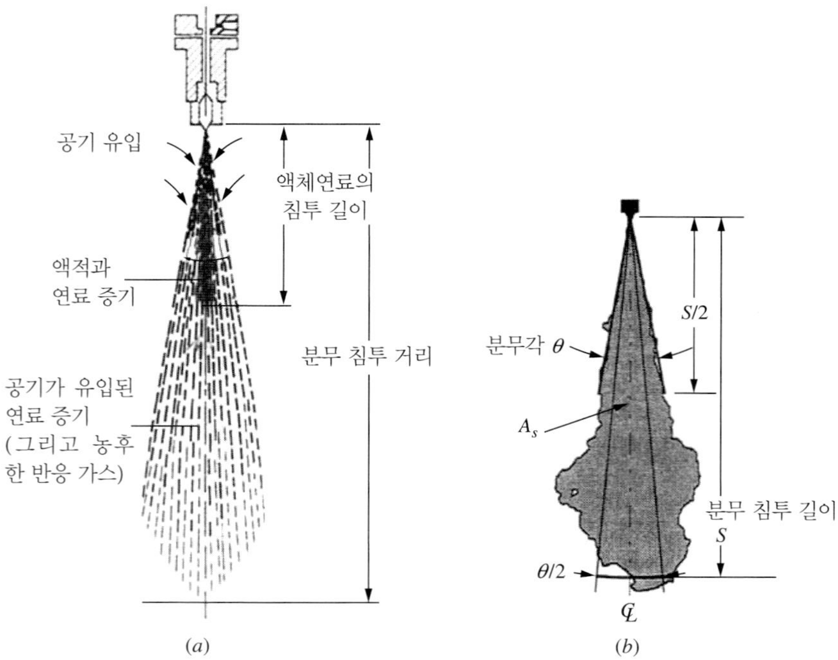

그림 10.20 디젤 연료 분무의 개략도 (*a*) 주요 특징, (*b*) 핵심 파라미터: 분무 축 ℄; 분무 침투 거리 *S*; 분무각 *θ*; 사영된 분무 면적(회색) A_s.

---

[g] 일반적인 수: 펌프와 분배 시스템-최대 1500 bar, 커먼레일 시스템-최대 1700 bar; 유닛 인젝터-최대 2500 bar, 피에조 인젝터-최대 1800 bar

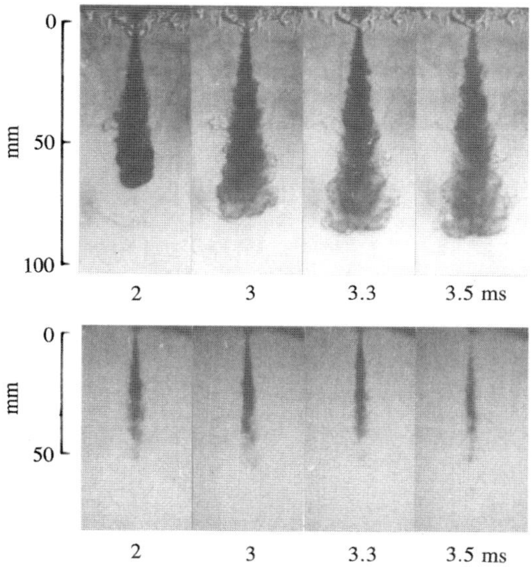

그림 10.21 급속 압축기에서 3.4 MP, 670 K인 질소가스 내로 분사된 증발 분무의 사진들(그림자 기법과 백 라이팅 기법으로 가시화됨). 사진에서 시간(ms)은 분사 후의 시간이다. 분사 기간 3.3 ms. 위(그림자 기법) 사진들은 전체 연료 증기 및 액체 영역을 보여준다. 아래(백 라이팅 기법) 사진들은 액체를 포함하는 중심 영역만 보여준다.[13]

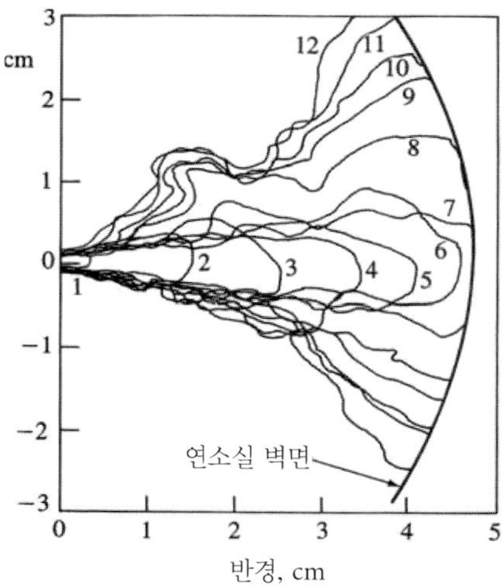

그림 10.22 연소 실의 원통형 벽면에서 증발하는 분무의 상호작용을 보여주는 12장의 연속된 급속 압축기 고속 그림자기법 프레임에서 디젤 연료 분무의 외부 증기 경계선 개요

그림자 기법(shadowgraph)[h] 두 가지 촬영 기법은 액체 코어와 액체 코어를 둘러싸는 분무의 연료 증기 영역의 범위를 구별하는 데 사용되었다. 분사가 3.3 ms에서 멈출 때까지 노즐에 가장 가까운 제트 영역에는 액상의 액적과 액실이 포함되어 있다; 분무의 주 영역은 잔여 액체연료를 포함하는 좁은 코어 둘레에 실질적인 연료 증기와 공기 구름으로 구성된다.

지금까지 우리는 연소가 시작되기 전에 연료 증발 분무에 더해 이야기했다. 농후한 연료

[h] 백 라이팅기법은 액실 또는 액적들과 같은 충분한 액체 연료가 있는 영역에서 빛을 감쇠하여 분무를 구분한다. 그림자 기법은 시험 영역에서 밀도의 차이(구배)에 반응을 보이며, 연료 증기가 있는 영역을 구분한다.

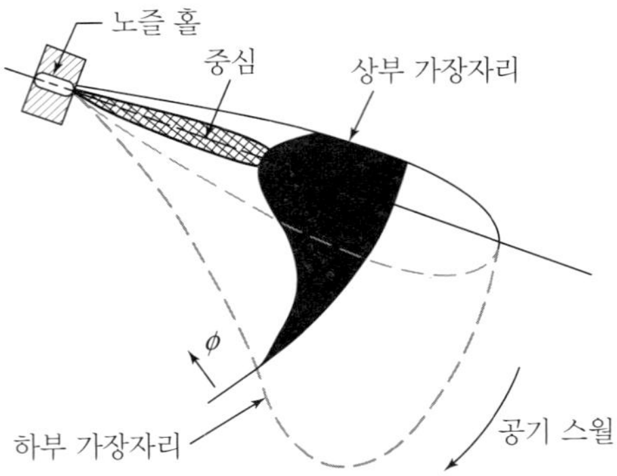

그림 10.23 스월 유동 안으로 챔버축으로부터 반경방향 외측으로 분사되는 연료 분무의 개략도. 분무 내 연료-공기 당량비(ϕ)의 분포를 표시하였다.

그림 10.24 특수한 IDI 디젤 엔진의 투명한 예연소실에서 스월 유동 안으로 분사되는 분무가 증발하는 슐리렌 사진. 좌: 분무의 증발 영역 경계를 보여주는 고 민감도 이미지. 우: 증기 영역과 비교하여 액체를 포함하는 중심(어두운 부분)을 보여주는 저 민감도 이미지[15]

조건에서 연료 증기와 유입된 고온 공기 분무 내에서 자착화 화학 반응은 연소 과정의 "예혼합 고속 연소" 첫 번째 단계에서 분무 내의 혼합 온도를 상승시킨다. 그 다음 확산 화염이 분무를 에워싸는 디젤 연소 과정의 "혼합-제어된" 두 번째 단계를 설정한다. 이 분무 연소 단계는 10.5절과 10.6절에서 자세히 논의한다.

다른 분무의 구성은 이 장의 앞부분에서 설명한 여러 가지 디젤 연소 시스템에서 사용된다. 가장 간단한 구성은 가장 큰 크기의 디젤에서 정지한 공기에 분사되는 분무를 포함한다(그림 10.1*a*). 그림 10.20과 그림 10.21은 이런 상황에서 벽면과의 상호작용이 발생할 때까지 각 분무의 필수적인 특징을 보여준다. 분무는 즉시 공기의 유입을 시작하고, 분무의 질량 유동이 증가함에 따라 분무의 확산되고 속도가 증가한다. 분무의 가장자리에 있는 액적이 먼저 증발하여 액상의 코어 주위에 연료 증기-공기 혼합물 막(sheath)이 생성된다. 이때, 제트 축에 가장 빠른 속도가 분포한다. 당량비는 전체적으로 중심선과 연료가 농후한 곳에서 가장 높으며 분무 경계에서 0으로 떨어진다. 분무가 연소실의 바깥쪽으로 침투되면, 연소실 벽과 상호작용을 한다. 분무는 벽을 따라 접선 방향으로 분리되어 흐른다. 결국 멀티 홀 노즐의 분무는 서로 상호작용한다. 그림 10.22는 전형적인 디젤 엔진 분사조건에서 급속 압축기에서 디스크형 연소실의 원통형 외벽과 상호작용하는 디젤연료 분사를 보여준다. 실린더 벽은 분무가 약 절반이 원주방향으로 분열되도록 한다. 인접한 분무는 연소실 축을 향해 반경 방향 내측으로 유동을 일으킨다.[14]

그림 10.1과 10.2에 있는 대부분의 다른 연소시스템들은 공기 스월을 사용하여 연료-공기 혼합 비율을 증가시킨다. 연료 제트가 스월 유동 안으로 반경 방향 외측으로 분사될 때 발

생하는 분무 패턴의 개략도는 그림 10.23에 나와 있다. 초기 제트와 공기 사이의 반경 방향과 접선 방향의 상대 운동이 있기 때문에 제트의 구조는 더 복잡하다. 분무가 공기를 끌어들이고 속도를 늦추면서 점점 스월 방향으로 휘어진다. 동일한 분사조건에서 스월이 있는 것보다 없는 경우 덜 침투한다. 분무의 중요한 특징은 액체 코어의 하류에 있는 큰 증기 영역이다. 그림 10.24는 시계방향으로 강하게 스월하는 높은 IDI 디젤 엔진 예연소실의 축에 분사된 4개의 연료 제트의 슐리렌 사진을 보여준다. 왼쪽의 고감도 사진은 분무의 연료 증기 영역의 바깥 쪽 경계선을 보여주고, 오른쪽의 저감도 사진은 분무의 액상 영역을 보여준다. 스월과 액체, 증기분무영역 사이의 상호작용은 분명하고, 분무가 연소실 벽과 상호작용하는 방식을 변경한다.

분무발달과정을 연소의 착화 단계와 결합하기 위하여 분사 과정 초기에 분사된 연료가 분무의 어느 영역에 포함되어 있는지 먼저 아는 것이 중요하다. 왜냐하면 처음에 자착화가 될 가능성이 높은 영역이기 때문이다. 각 분무는 다음과 같이 발달한다. 정지한 공기에 액체 연료가 분사 되기 시작할 때, 거의 즉시 노즐로부터 바깥쪽으로 작은 액적으로 분무되고, 공기가 분무에 동반되어 가속될 때 분무가 빠르게 감속된다. 이 시작 과정은 분무 선두(head)에 와류 또는 "퍼프(puff)"를 형성한다. 뒤이어 분사되는 연료는 저항이 작다. 따라서 처음 분사된 연료의 액적을 추월하여 분무의 주변으로 연료들이 나오게 된다. 이 분무가 발달할 때, 주변의 연료 증기, 동반된 공기와 함께 액적들은 높은 공기역학적 저항을 충족시키고 속도가 느려지지만, 분무 끝단에 지연된 혼합물이 계속해서 더 높은 운동량. 나중에 분사된 새로운 액적들로 대체되기 때문에, 분무는 공기로 계속해서 침투한다.[16] 그림 10.21과 10.24에 나와 있듯이, 이러한 액적들은 빠르게 증발한다.

10.4.3 미립화와 분무 발달

디젤 엔진 분사 조건 하에서, 노즐을 빠져 나가는 액체연료제트는 빠르게 미립화되어 원뿔 모양의 분무를 형성한다. 이러한 유형의 거동은 미립화 분열 영역에 속하며 노즐 출구 직경보다 훨씬 작은 크기의 액적을 생성한다. 이러한 거동은 액체 제트 분열의 다른 모드와 다르다. 낮은 제트 속도, Rayleigh 영역에서 액체 제트 분열은 표면장력에 의한 표면 파동의 불안정한 성장에 의한 것이고, 제트의 직경보다 큰 액적을 초래한다. 제트 속도가 증가함에 따라, 제트와 주변 공기의 상대 운동으로 인한 힘이 표면장력을 증가시키고, 제트 직경의 차수의 크기로 유도한다. 이것은 첫 번째 Wind-induced 분열 영역이라고 한다. 분무 제트 속도가 더 증가하면 노즐 본래의 분무 제트가 노즐 하류까지 더 발달한 후 제트가 분리되면서 분무 분열이 일어난다. 이러한 두 번째 Wind-induced 분열영역에서 액체와 주변 공기 사이의 상대 운동에 의해 유도된 단파장 파동의 불안정한 성장은 제트직경보다 평균적으로 작은 액적을 생성한다.[16-18]

주변 온도 조건에서 직경 0.34 mm와 $L_n/d_n = 4$의 노즐로부터의 액체 제트가 매우 짧은 노출 시간 동안 고압 질소 안으로 분사되는 일련의 과정은 그림 10.25와 같다. 이 그림은 이동 초기에 분무 끝단이 어떻게 침투하고 분무가 퍼지는지 보여준다.[18] 이런 데이터는 가스 및 액체 밀도, 액체 점도 및 노즐 형상이 분무 현상에 어떻게 영향을 주는지 조사하는 데 사용되었다.[18-22] 가장 중요한 변수인 기체/액체 밀도비 및 노즐 형상이 초기 제트의 분사각에 미치는 영향을 그림 10.26에 나타냈다. 일반적인 디젤 분사 조건에서 밀도 비율이 0.015~0.05라고 할 때, 주어진 형상(날카로운 코너가 있는 원통형 홀)에서 비증발 분무의 경우 그림 10.26*a*와 같이 가스/액체 밀도 비율이 증가함에 따라 초기 분사 확산 또는 분사각도 같이 증가한다.

몇 가지 다른 노즐 형상 파라미터에 대한 연구에서 길이/직경 비율이 가장 유의미한 것으로 나타났다(그림 10.26*b* 참고).

연료 분무 및 난류 공기 유입 과정의 영향을 통한 디젤 분사의 확산 각에 대한 다양한 파라미터의 역할은 아직 잘 이해되지 않고 있다. 그림 10.26은 기체와 액체의 밀도 비율의 함수로서 기화되지 않은 분무 발달(차가운 주변 기체 내로 연료가 분사되는 경우)과 기화(연소의 발생 없이 뜨거운 기체 내로 연료가 분사되는 경우)를 비교한 것이다. 표시된 확산각은 연료 제트의 준안정 부분에 대한 확산각, 즉 상류 부분을 말한다. 제트 분사 각 ($\tan(\theta/2)$로 정의됨; 그림 10.20*b* 참고)은 다음과 같이 경험적인 상관관계가 있다.[22]

$$\tan(\theta/2) = c_1\left[\left(\frac{\rho_a}{\rho_f}\right)^{0.19} - c_2\left(\frac{\rho_f}{\rho_a}\right)^{0.5}\right] \tag{10.16}$$

여기서 ρ_a와 ρ_f가 주위 가스와 액체 연료 밀도이고, c_1은 노즐 형상(0.26~0.4)에 따른 상수이고 c_2는 비 증발 분무에서는 0이고 증발 분무에서는 0.0043이다.[21, 23] 그림 10.26의 상관선은 식 (10.16)을 기초로 그려진 것이다. *증발* 분무와 *비증발* 분무의 거동은 다르다(심지어 같은 ρ_a/ρ_f 비에서도). 분무 내 연료 액적의 기화는 연료의 기화열로 인해 주변의 공기를 냉각시킨

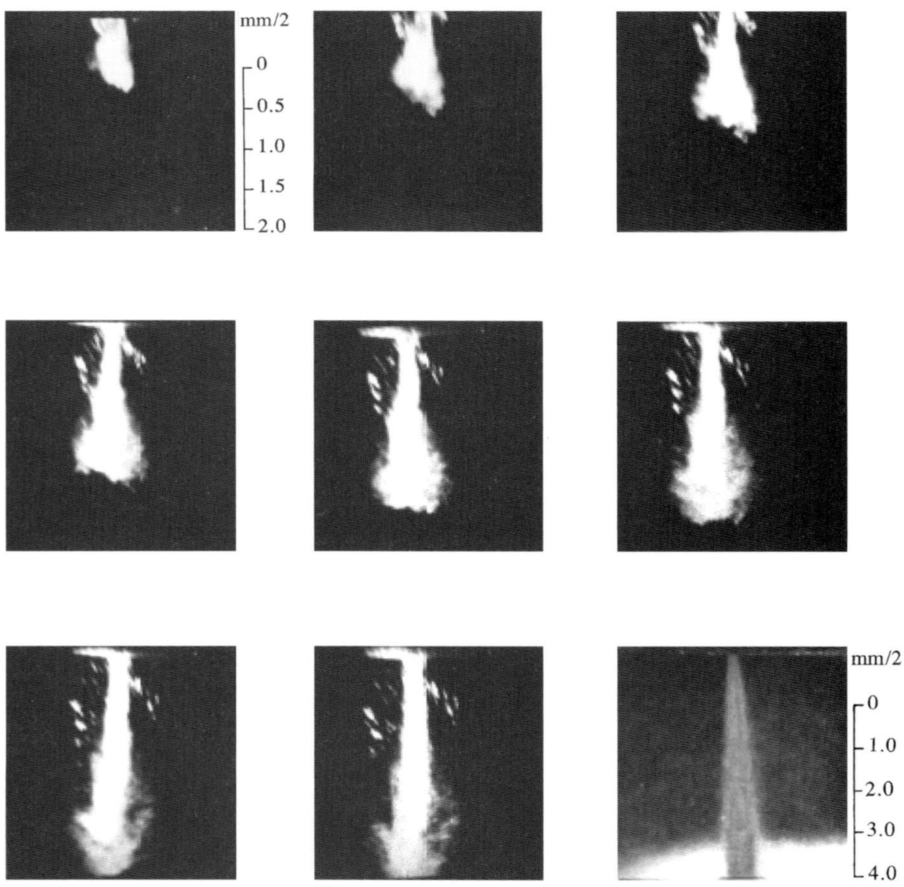

그림 10.25 노즐 오리피스로부터 분사되는 고압 액체 분무의 발달을 보여주는 사진. 프레임 간 시간 간격은 2.1 μs. 액체: 물, 가스: 1380 kPa의 질소, 압력차 = 11 MPa, 노즐 직경 = 0.34 mm[19]

다. 이러한 냉각은 비 증발 상황에 비하여 제트 내의 더 높은 밀도의 혼합물을 발생시키며, 제트 모멘텀 보전에 기초하여 침투가 느려진다. 이에 따라 증발로 인해 공기 유입이 줄어들어 제트의 속도가 줄어들고 확산 각이 감소한다.[22]

제트 분열 경향은 다음과 같이 요약할 수 있다. 가스 밀도가 증가함에 따라 초기 제트 발산 각도가 증가한다. 가스 밀도가 증가함에 따라 발산이 점진적으로 노즐에 더 가까운 곳에서 시작된다. 연료 점도가 감소함에 따라 제트 발산 각은 증가한다. 액체 점도가 일정 수준 이하가 되면 노즐 출구에서 발산이 시작된다. 노즐 설계는 제트 미립화 영역의 시작에 영향을 미친다. 노즐 길이가 증가함에 따라 제트 발산 각도는 감소한다. 동일한 길이의 경우 둥근 입구의 노즐은 날카로운 입구의 노즐보다 덜 발산하는 분사를 생성한다. 초기 제트 발산각 및

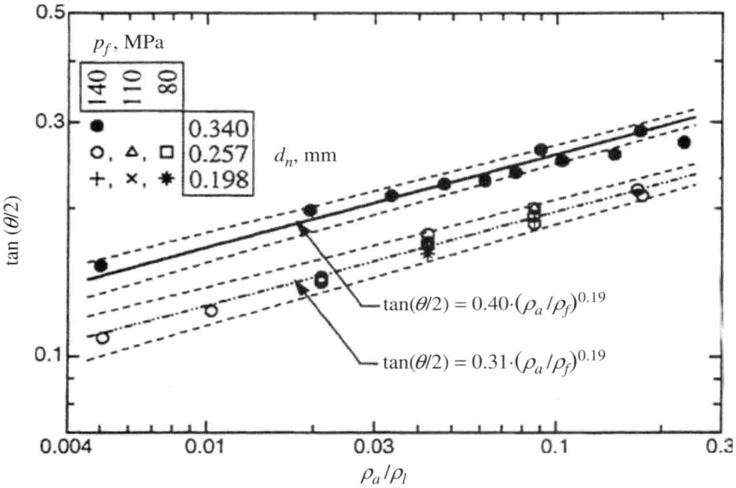

(*a*)

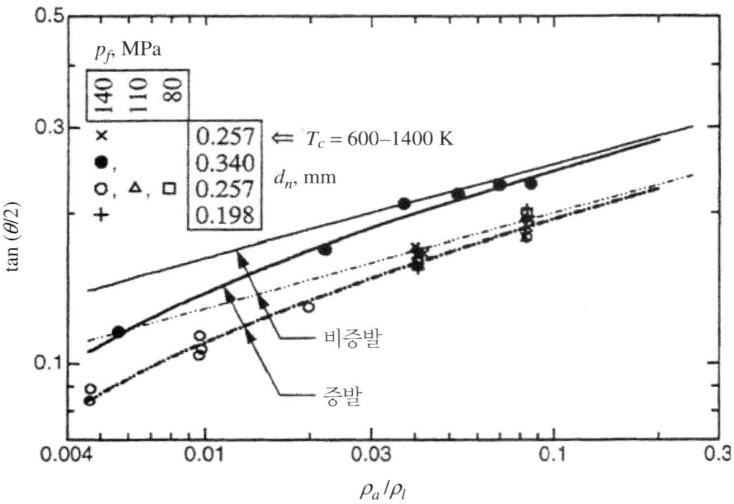

(*b*)

그림 10.26 (*a*) 여러 가지 노즐 형상과 액체 분사압력 80~140 MPa 조건에서 밀도비 (ρ_a/ρ_l = 가스 밀도/액체 밀도)에 대한 비증발 분무의 분무각 측정값. 노즐 직경 d_n = 0.2~0.34 mm. (*b*) 다양한 노즐 형상 범위에서 밀도비에 대한 분무각 측정값. d_n=0.2~0.34 mm, 같은 분사압력 범위. 식 (10.16)에서 계산된 분무각과의 관계도 함께 나타냄.[21, 23]

본래의 분무 길이는 약 20 μs보다 긴 스케일에서 발생하는 운전 조건의 변화에서 준 안정적이다.[19] 이 모든 결과는 증발이 일어나지 않는 조건에서 얻어졌지만, 미립화 및 초기 분무 발달 과정은 증발에 의해 크게 영향을 받지 않는다(10.4.6절 참고).

10.4.4 분무 침투 길이

연료 분무가 연소실을 가로질러 침투하는 속도 및 범위는 공기의 활용 및 연료–공기 혼합비에 중요한 영향을 미친다. 벽면이 뜨겁고 높은 공기 스월이 있는 몇몇의 엔진에서는 연료가 벽면에 충돌되도록 한다. 그러나 다중 분무 DI 디젤 연소 시스템에서 과도한 침투는 차가운 표면에 액체 연료가 충돌하고, 특히 적거나 없는 공기 스월은 부분적으로 혹은 전혀 연소되지 않은 배기 가스가 증가하고 낮은 혼합률을 야기한다. 주변에 있는 공기가 연료에 접촉되지 않기 때문에 공기 활용이 충분하지 않기도 한다. 따라서, 전형적인 디젤 엔진 조건에서 액체연료 분무의 침투 길이에 대해 광범위하게 연구되어 왔다.

연료의 분무 침투 길이에 대한 실험 데이터와 난류 가스 제트 이론을 기반으로 하는 많은 상관관계가 제안되어 왔다. 이러한 상관관계는 보다 큰 DI 엔진에서 연소실 전체에 걸쳐 정지한 공기에 분사되는 연료 분무 끝단의 시간에 따른 침투길이 *S*를 예측한다. 보다 최근의 연구[21, 22]에서는 증발 분무와 비증발 분무를 비교하였다. 짧은 시간과 침투길이, 긴 시간과 침투길이에서 제트 침투길이의 차이는 작다. 그 사이에서 차이가 더욱 중요하다.

고압의 정적용기에서 디젤이 분사된 후 시간의 함수로 분무 끝 단의 침투길이에 대해 연구되어 왔다.[22] 그림 10.27에 나와 있는 데이터는 1000 K의 온도에서 정지한 가스에 분사된 연료 제트의 주변 가스 상태에서 시간의 경과에 대한 분무 끝 단 위치를 나타낸다. 이러한 데이터는 액체 침투 길이에 대한 주변 저항을 정의하는 파라미터인 주변 가스 밀도(ρ_a) 변화의 영향을 보여준다. 특히 짧은 시간 범위에서는 분사 압력 또한 중요하다. 분사 압력이 높을수록 초기 액체연료 운동량이 높기 때문에 분무의 침투는 더 빨라진다. 식 (10.14)를 참고하라.

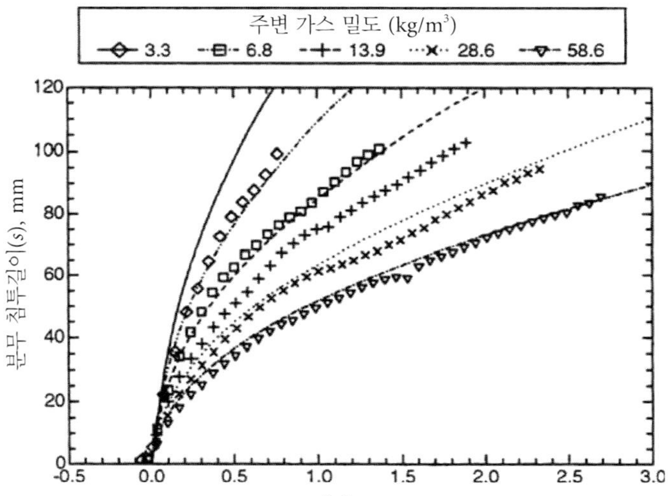

그림 10.27 증발하는 연료 분무(심볼)에 대해 시간의 경과에 따른 분무 침투 길이 데이터 측정값. 선은 식 (10.17)을 이용해 계산된 비증발 분무 침투 길이이다. 노즐 오리피스 직경, 오리피스를 지나는 압력차, 주변 가스 온도는 각각 241 μm, 137 MPa, 1000 K이다.[21]

Naber와 Siebers[21]에 의해 무차원화된 형태로 표현된 비증발(등온) 분무 침투 길이에 대한 스케일링 법칙은 다음과 같다.

$$\tilde{t} = \frac{\tilde{S}}{2} + \frac{\tilde{S}}{4}\sqrt{1+16\tilde{S}^2} + \frac{1}{16}ln\left(4\tilde{S} + \sqrt{1+16\tilde{S}^2}\right) \tag{10.17}$$

무차원화된 시간과 침투 길이는 다음과 같이 주어진다.

$$\tilde{t} = t / t^+ \quad \text{and} \quad \tilde{S} = S/x^+ \tag{10.18a, b}$$

연료 분무의 특성 시간 및 길이 스케일 t^+와 x^+는 다음과 같이 주어진다.

$$t^+ = \frac{d_n\sqrt{\tilde{\rho}}}{\tan(\alpha/2)U_f} \quad \text{and} \quad x^+ = \frac{d_n\sqrt{\tilde{\rho}}}{\tan(\alpha/2)} \tag{10.19a, b}$$

유효 오리피스 직경 d_n, 밀도 비 $\tilde{\rho}$, 노즐출구에서 액체연료의 속도 U_f, 는 다음과 같이 주어진다.

$$d_n = \sqrt{C_a d}, \tilde{\rho} = \rho_f / \rho_a, \tag{10.20a, b}$$

$$U_f = C_v\sqrt{2(p_f - p_a)/\rho_f} \tag{10.20c}$$

d는 노즐의 오리피스 직경, C_a그리고 C_v는 오리피스 면적 축소 계수 및 속도 계수이며, p_f와 p_a는 연료 인젝터 압력 및 주변 공기의 압력이다. 그림 10.28은 기화되지 않은 연료 분무 침투 데이터와 무차원 상관관계를 비교하였다[식 (10.17)]. 짧은 시간과 긴 시간의 침투 한계는 각각 시간의 제곱근과 선형적인 시간 의존성을 갖는다. $\tilde{t}$ = 1과 $\tilde{S}$ = 0.7에서 천이가 발생하고, 여기서 분무 거동은 분사된 연료에 의해 지배되는 것에서 유입된 가스에 의해 지배되는 것으로 전환된다.

식 (10.17)의 반대로, 침투 길이 $\tilde{S}$를 시간의 함수로 아래 식 (10.21)에 나타냈다.

$$\tilde{S} = \tilde{t}/(1+\tilde{t}^{n/2})^{1/n} \tag{10.21}$$

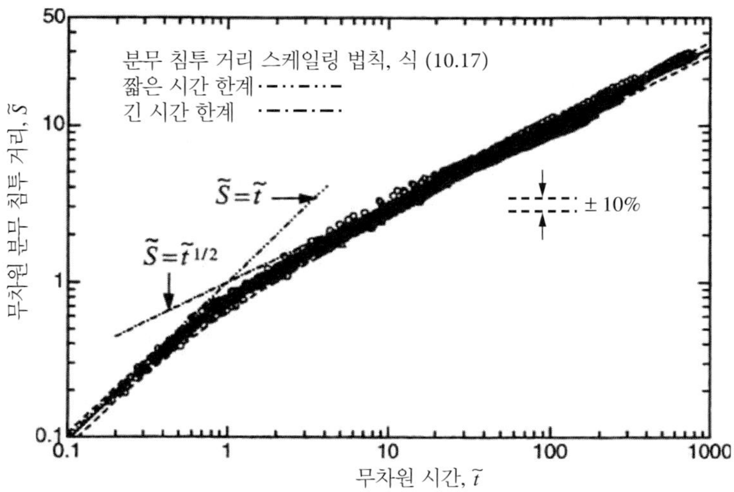

그림 10.28 분무 침투 거리 스케일링 법칙[식 (10.17)과 측정된 비 증발 연료 분무 침투 거리의 비교. 데이터는 넓은 범위의 조건을 모두 포함한다. 상관관계식은 데이터를 잘 예측한다.[21, 22]

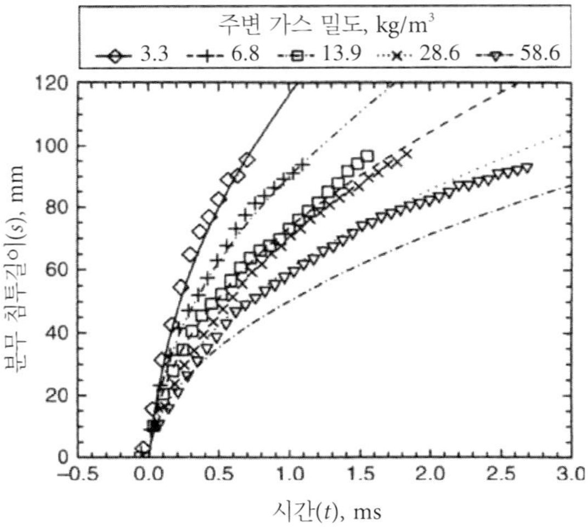

그림 10.29 다양한 분위기 밀도 범위에 대한 시간에 따른 연소 연료 분무의 분무 침투 길이 데이터. 오리피스 직경, 인젝터 오리피스를 지나는 압력 강하, 주변 가스 온도는 그림 10.27의 조건과 같다. 커브는 그림 10.27의 증발 연료 분무 침투 길이에 데이터에 대한 피팅값이다.[21, 22]

여기서 n=2.2이다. 이것은 near-field 및 far-field 한계에서 식 (10.17)과 밀접하게 일치하고, 과도 영역 5% 이내에 있다.[22]

그림 10.29는 분무발달에서 연소의 영향을 보여준다. 정적용기에서 단일 분사 연료 분무로 데이터를 취득하였다. 주변공기는 연소가 가능하도록 산소를 포함하고 있다. 이 선들은 연소 분무데이터와 마찬가지로 주변 가스(1000 K)가 아니라 산소가 없는 증발 분무 데이터에 적합하다. 연소 분무(특히, 높은 주변 가스 밀도 조건)는 분무 내의 화학 에너지 방출로 인하여 혼합기 온도가 증가함에 따라, 분무 밀도가 감소 하므로 분무 내의 혼합물이 빠르게 팽창하여 더 빠르게 전진한다.

그림 10.30은 증발되지 않은 분무의 상관관계[식 (10.17)]와 함께, 무차원 $\tilde{S}$ 대 $\tilde{t}$ 그래프에서 증기 연료 분무와 연소 분무로부터의 침투 거리 데이터를 비교한 것이다. 기화되지만 비연소 조건인 그림 10.30*a*에서 낮은 주변 밀도 조건에서 무차원 분무 침투는 20% 만큼 느려지는 것을 확인할 수 있다(그림 10.27 참고). 연료 액적 증발은 분무 내에서 혼합물을 냉각시켜 밀도를 증가시키고 운동량 보존을 통해 속도를 낮춘다. 이는 분무의 유입 감소로 인해 부분적으로 상쇄(offset)되어 분무의 속도를 높인다(제트 확산각의 감소로 확인됨; 그림 10.26*b* 참고). 그림 10.30*b*에서 증발 및 연소 분무 거동(실제 엔진의 조건)은 무차원 시간 $\tilde{t}$가 약 10까지($\tilde{S}$는 약 2)는 증발하지만 연소하지 않는 분무 거동과 유사하다. 자착화가 일어나고 화학 에너지 방출이 시작될 때까지 연소는 아무런 영향을 미치지 않는다. 그림 10.29에서 보다 높은 3가지 분위기 가스 밀도 조건에 대한 각각 중간, 최대 농도 범위에서 점화 시간은 0.6, 0.35 및 0.25 ms이다. 이러한 점화 시간을 초과하는 시간 동안 연소는 점점 더 큰 영향을 미치게 된다. 그 다음 분무는 약 10에서 20의 $\tilde{t}$를 초과하는 데이터에 의해 입증되는 대로 점점 더 느리게 감속한다 (보통 점화가 일어날 때). 궁극적으로 $\tilde{t}$가 약 30 이상으로 증가함에 따라, 연소 제트는 동등한 비 증발 제트보다 약 20% 더 침투한다.[22] 이것은 분무 주변의 확산 화염 내에서 생성된 고온 연소 생성물이 분무 경계로부터 안으로 (그리고 밖으로) 확산됨에 따라 분무 내 혼합물의 밀도가 감소하기 때문 일 수 있다(그림 10.5 참고). 분무 운동량은 보존되기 때문에 분무 밀도를 낮추면 분무 혼합 속도가 증가한다. 연소 연료 분무의 화염 높이 측정은 연소가 일반적으로 약 270, $\tilde{S}$가 16에서 완료된 것을 나타낸다. 확산 화염 종료 시간보다 $\tilde{t}$가 더 길면 연소 분무와 증발 분무의 경향은 수렴해야 한다. 그림 10.30*a*와 *b*는 이러한 현상이 발생하는 것을 나타내고 있다.

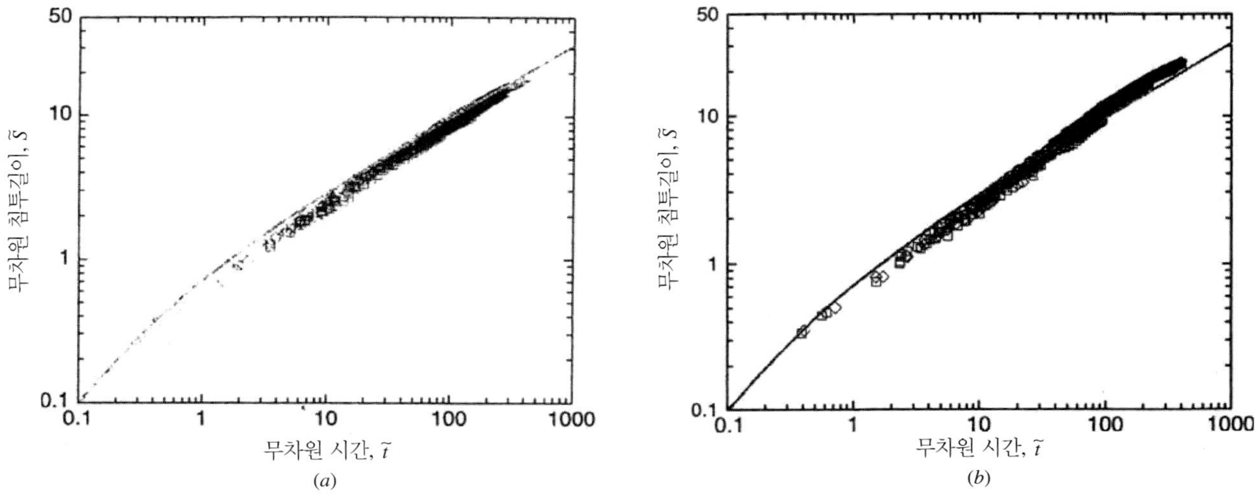

그림 10.30 (a) 무차원 시간과 무차원 침투 길이 좌표계에서 비증발 분무에 대한 침투거리 스케일링 법칙[식 (10.17)]과 전형적인 디젤 조건에서의 증발 분무에 대한 분무 침투 길이 측정값 비교, (b) 연소 분무 데이터와 비증발 분무 상관관계의 비교. 연소 실험 조건에서 주변 가스가 21% 산소를 갖는 것을 제외하고, 두 세트의 데이터 조건은 동일하다.[22]

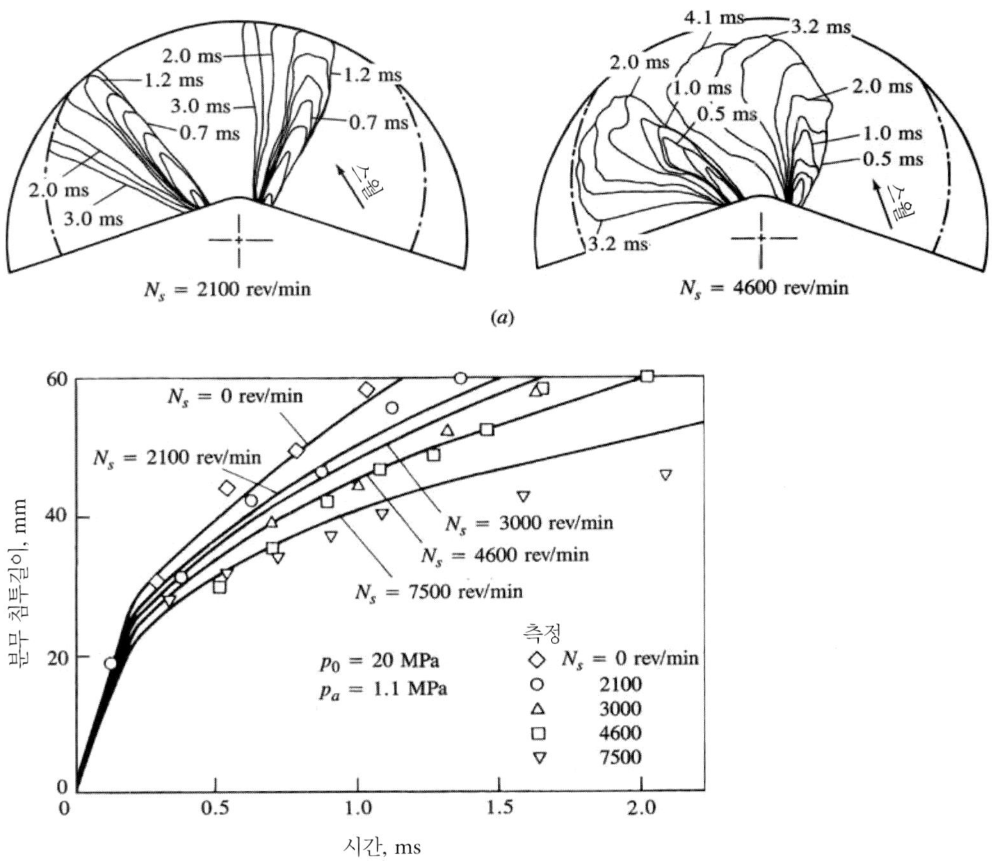

그림 10.31 (a) 스월 유동 내로 분사되는 분무의 외부 경계 측정, (b) 여러 가지 스월비에서 시간의 경과에 대한 분무 침투 길이. 실선은 식 (10.22)에 의한 것이다.[23]

특히, 고속 경량 DI 디젤 엔진의 중부하 조건에서는 연료–공기 혼합률(*maxing rate라고 되어 있음)을 증가시키기 위해 공기 스월이 사용된다. 실린더 크기가 감소하고 최대 엔진 속도가 증가함에 따라 흡기 과정에서 생성되고, 압축 과정 중 감소된 보울 직경/보어비와 깊어진 보울(그림 10.1 참고)을 갖는 실린더 내의 공기가 실린더 축을 향해 반경 방향으로 유입되면서 강화되는 점점 더 높은 스월(실린더 축에 대한 회전율)이 사용된다. 이 향상된 공기 스월은 실린더 축으로부터 피스톤 보울(바깥쪽)로 분사된 4~6개의 연료 분무 거동에 영향을 미친다.

공기 스월이 분무 침투거리에 미치는 영향은 중요하다. 그림 10.31은 스월이 증가함에 따라 분무의 형상과 위치가 어떻게 변화하는지 보여준다. 또한 시간과 스월비에 따라 분무 끝단의 침투가 변화하는 것도 나타낸다.[23] 저자들은 스월이 있는 분무 침투 거리에 관한 데이터 S_s를 스월 없이 동등한 침투 S와 상관계수를 이용해 비교하였다[식 (10.17)과 동등하게 주어짐]:

$$\frac{S_s}{S} = \left(1 + \frac{\pi R_s NS}{30 v_j}\right) \tag{10.22}$$

여기서 R_s는 분당 회전 수 N_s를 엔진속도 N(rev/min)으로 나눈 스월비이며, v_j는 초기 연료제트 속도(m/s)이다. 그림 10.31*b*의 곡선은 식 (10.22)에 부합한다. 스월은 분무의 반경 방향 침투 거리를 감소시키고, 분무를 스월 방향으로 더욱 빠르게 확산시킨다.

10.4.5 액적 크기의 분포

10.4절에서 우리는 디젤 연료 분무의 전반적인 특성, 즉 확산 정도와 연소실로의 침투에 대해 논의하였다. 연소실에 따른 분사 궤적을 통한 연료 분포가 중요하지만, 액체 연료가 증발할 수 있는 넓은 표면적을 생성하기 위해서는 액체 연료를 많은 작은 액적으로 빠르게 미립화시키는 것이 중요하다. 여기에서는 분사 파라미터 및 공기와 연료 특성에 따라 분무의 입자 크기가 어떻게 달라지는지 확인하고자 한다. 작동 중인 디젤 엔진의 액적의 특성을 측정하는 것은 아주 어렵기 때문에, 대부분의 결과들은 상온에서 고압의 기체로 채워진 정적 체임버에 연료를 분사했을 때 얻어진 연구 결과들이다.

분사 기간 동안 분사 압력, 노즐 오리피스 면적 및 분사 비율과 같은 분사 조건이 다를

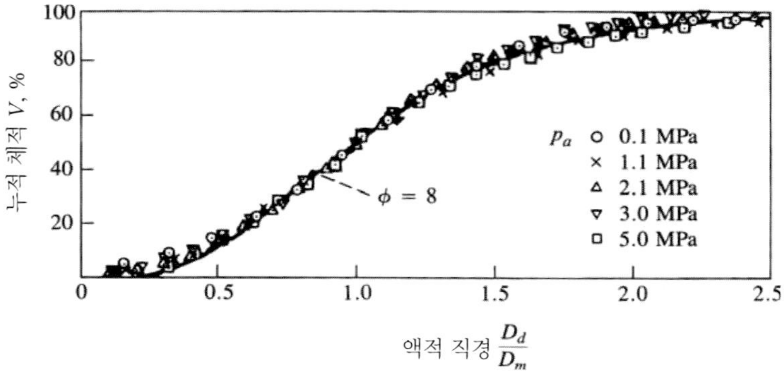

그림 10.32 상온 조건에서 분위기 압력이 0.1 MPa에서 5 MPa인 정적 체임버 내로 분사되는 분무의 정규화된 액적 크기의 누적 분포. 노즐 개방 압력이 9.9 MPa인 스로틀링 핀틀 노즐. D_d는 평균 액적 직경[식 (10.23) 참고]; 메디안 액적 지름 D_m = 1.22D_{SM}.[24]

수 있다. 결과적으로, 분사 기간 동안 분무의 주어진 위치에서의 액적 크기 분포 또한 시간에 따라 변할 수 있다. 더욱이 분무 중심과 가장자리에서 미립화 과정이 다르고, 각각 액적의 궤적은 크기, 초기 속도, 위치에 따라 다르기 때문에 분무 내의 입자 크기 분포는 위치에 따라 다를 수 있다. 이러한 변화는 아직 충분히 정량화되지 않았다.

10.4.3절(G. I. Taylor의 연구결과 기반)에 요약된 미립화 영역에서의 제트 분열의 공기역학적 이론은 초기 평균 액적 크기 D_d가 가장 불안정한 표면파의 길이에 비례한다는 예측을 유도한다.[16]

$$D_d = C\frac{2\pi\sigma}{\rho_g v_r^2}\lambda^* \tag{10.23}$$

여기에서 σ는 액체 연료의 표면장력, ρ_g는 기체 밀도, v_r은 액체와 기체 사이의 상대속도(평균 분사 속도 v_j로 간주됨), C는 차수 단위의 상수, λ^*는 가장 빠르게 성장하는 파의 무차원화된 파장이다. 레이놀즈 수와 웨버 수가 $Re_j = \rho_l v_j d_n/\mu_l$, $\mathrm{Wej}=\rho_l v_j^2 d_n \sigma$이고, 노즐 오리피스 직경이 d_n으로 주어질 때 λ^*는 무차원수의 함수(ρ_l/ρ_g) $(\mathrm{Re}_j/\mathrm{We}_j)^2$이다. 이 숫자가 1보다 커지면 λ^*는 3/2에 가까워진다. 노즐에 가까운 분무의 가장자리 근처에서 2~3의 지수에 의해 측정된 평균 액적 크기가 더 큰 것을 통해, 분사 속도, 연료 물성, 노즐 L/d, 그리고 노즐 직경에 대해 측정된 액적 크기 경향을 예측한다.[25] 그러나 분무가 집적된 (고밀도의) 초기영역에서 2차 미립화 현상(결합 및 분열, Coalescence and breakup)이 발생하여 액적 크기 분포 및 평균 직경을 변화시킨다. 디젤 분사 시스템에서 후속의 원뿔형 분무 액적 크기는 액적의 결합과 분열에 의해 현저하게 영향을 받는다. 결과적으로 결합이 감소하고(분무가 팽창하기 때문), 분열을 멈춤(액적과 유입되는 가스 사이의 상대 속도가 감소하기 때문)에 따라 균형이 이루어진다.[26]

모의 실험에서 디젤 분무 내의 액적 크기 분포 측정은 액적 크기가 위치에 따라 어떻게 변화하는 지를 나타낸다. 그림 10.32는 몇 가지 정규화된 누적 액적 크기 분포의 중첩이 범용에 가까운 곡선을 정의하는 것을 보여준다.

액적 크기 분포는 일반적으로 액적 체적의 분포 빈도로 표현된다. 만약 $f(D_d)dD_d$가 D_d와 $D_d + dD_d$ 사이의 직경을 가진 액적을 발견할 확률이라면,

$$\int_0^\infty f(D_d)dD_d = 1 \tag{10.24}$$

이며, 체적 분포는

$$\frac{1}{V}\frac{dV}{dD_d} = \frac{f(D_d)D_d^3}{\int_0^\infty f(D_d)D_d^3\, dD_d} \tag{10.25}$$

와 같다.

2000 rev/min에서 290~300 kW의 정격 12.9리터 중형 디젤 엔진의 고압 DI 디젤 연료 분사 시스템[예, 분사압력 1400 bar, 사이클당 연료 분사량 200 mm^3 (160 mg), 0.2 mm 오리피스 직경을 갖는 실린더당 8개의 노즐 홀]의 경우, 약 250 m/s의 속도로 노즐에서 분사되는 연료는 평균 초기 액적 직경의 크기는 약 10 μm이다. 인젝터 오리피스로부터 분무가 멀어짐에 따라, 분포에서 더 작은 액적들의 결합과 증발 때문에 평균 액적의 크기는 증가한다. 분무 축으로부터 바깥으로 빠르게 이동할 때, 동반되는 공기의 국부적으로 높은 농도와 더 높은 증발율로 인하여 평균 액적의 크기가 감소한다.

분무의 특성을 결정하기위해 입자 크기 분포 및 평균 직경에 대한 적절한 표현이 필요

하다. 적절하고 공통적으로 사용되는 평균 직경은 *Sauter 평균 직경*(*Sauter mean diameter*)이다.

$$D_{SM} = \left(\int D_d^3\, dn\right) \Big/ \left(\int D_d^2\, dn\right) \tag{10.26}$$

여기서 dn은 $D_d - dD_d/2$와 $D_d + dD_d/2$ 사이의 직경 D_d인 액적의 수이다. 적분은 일반적으로 적절한 수의 액적 크기 그룹을 합하여 수행된다. Sauter 평균 직경은 전체 분포와 동일한 표면/부피비를 갖는 액적의 직경이다.

액체분무에서 액적 크기의 분포에 대한 다양한 표현이 제안되어왔다. Hiroyasu와 Kadota24의 제안은 가능한 실험 데이터에 대한 카이 제곱 통계 분포에 근거하였다. 그림 10.32는 자유도가 8인 카이 제곱 분포가 측정에 잘 맞는 것을 보여준다. 여기서 D_m은 이 카이 제곱 곡선에서 $1.22D_{SM}$인 중간 액적 직경이다. 카이 제곱 분포에 의해 주어진 홀 노즐, 핀틀 노즐, 스로틀링 핀틀 노즐을 통해 분사된 분무 액적의 크기 분포에 대한 무차원 표현은 다음과 같다.

$$\frac{dV}{V} = 13.5\left(\frac{D_d}{D_{SM}}\right)^3 \exp\left[-3\left(\frac{D_d}{D_{SM}}\right)\right] d\left(\frac{D_d}{D_{SM}}\right) \tag{10.27}$$

전형적인 디젤 연료 특성에 대해 Hiroyasu와 Kadota[24]에 의해 제안된 Sauter 평균 직경 D_{SM} (μm 단위)에 대한 경험적 표현은 다음과 같다.

$$D_{SM} = A(\Delta p)^{-0.135} \rho_a^{0.121} V_f^{0.131} \tag{10.28}$$

여기서 Δp는 MPa 단위로 노즐을 지나는 평균 압력 강하, ρ_a는 kg/m^3 단위의 공기의 밀도, V_f는 mm^3/stroke 단위의 한 사이클당 실린더로 공급되는 연료량이다. A는 핀틀 노즐의 경우 25.1, 홀 노즐의 경우 23.9, 쓰로틀링 핀틀 노즐의 경우 22.4이다. D_{SM}을 예측하기 위한 다른 표현식은 참고문헌 27에서 찾을 수 있다.

디젤 연료 분사 노즐에서 얻어진 분무의 Sauter 평균 직경에 대한 분사 압력, 노즐 형상 및 크기, 공기 조건 및 연료 특성의 영향에 대한 연구가 광범위하게 진행되었다. 이러한 측정을 위해 다양한 Immersion, 사진 및 광학 기술이 사용된다. 안정적인 디젤 연료를 가압 용기에 분사하는 연구에서 광학적으로 결정된 평균 SMD (Sauter mean diameter)의 주요한 영향의 일부를 그림 10.33과 10.34에 나타냈다. 그림 10.33은 노즐 크기가 평균액적크기에 영

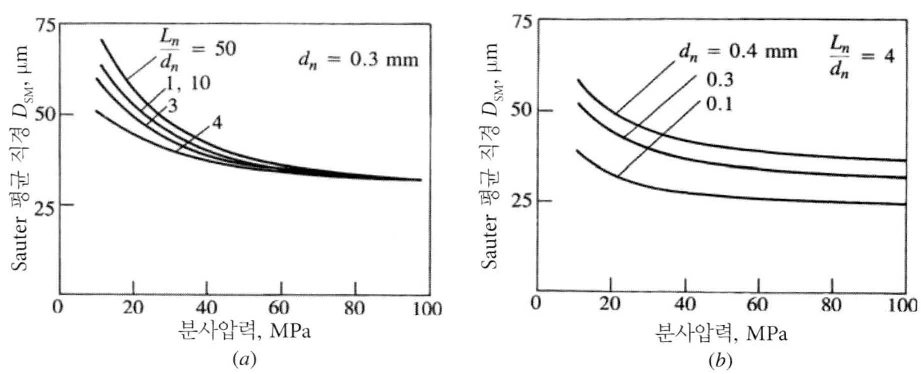

그림 10.33 Sauter 평균 직경에 대한 분사압력, 노즐 형상 및 크기의 영향: (*a*) 노즐 길이/직경비 (L_n/d_n)와 분사압력의 영향, (*b*) 노즐 직경 (d_n)과 분사압력의 영향[28]

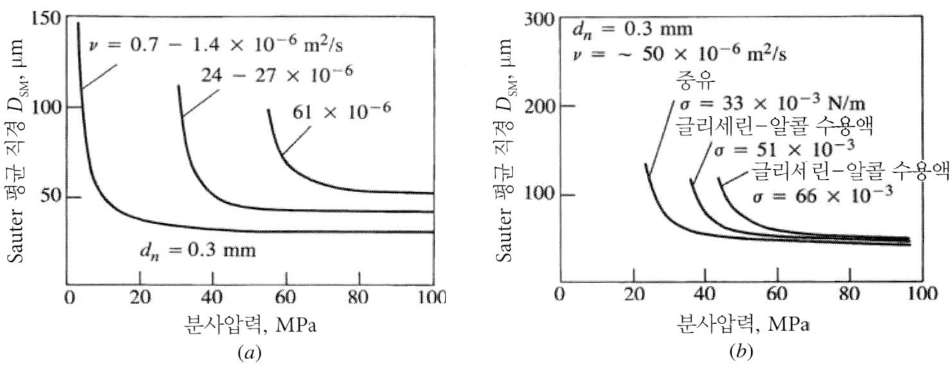

그림 10.34 분사압력 변화 조건에서 Sauter 평균 액적 직경에 대한 (*a*) 액체 점성 *ν*와 (*b*) 액체 표면장력 σ의 영향. 공기 조건: 3MPa, 상온.[27]

향을 준다는 예상된 결과를 보여준다. 노즐의 길이/직경비 또한 중요하다. $L_n/d_n = 4$일 때 낮거나 중간 정도의 분사압력에서 최소 평균 입자 크기가 나타난다. 이 L_n/d_n은 또한 분무 분열 길이의 최솟값과 최대 분무각에 부합한다. 연료 밀도와 표면장력은 그림 10.34와 같이 평균액적크기에도 영향을 미치며, 분사 압력이 낮을수록 영향이 크다.

10.4.6 분무 증발

분무를 형성하기 위해 노즐 출구 근처에서 작은 액적으로 분사되는 액체연료는 공기와 혼합이 되어 연소하기 전에 반드시 증발해야 한다. 그림 10.21은 대형 직분사 디젤 엔진의 전형적인 조건에서 증발 연료 분무의 기본구조를 보여준다. 액체연료의 액실 또는 액적이 빛을 감쇠하기에 충분한 밀도가 있을 때, 뒤쪽의 조명은 코어가 존재하는 것을 보여준다. 일단 분사의 초기 구간을 지나면, 이 액체 코어의 길이는 분사가 끝날 때까지 일정하게 유지된다. 이 코어는 훨씬 더 큰 증기 분무 영역으로 둘러싸여 있고, 분무 영역은 연소 체임버 내로 더 깊숙히 침투하며, 코어는 분무의 끝 단으로 일부만 연장된다.

증발 분무의 물리적 구조에 대한 추가적인 통찰력은 그림 10.35와 같이 공기의 스월이 있는 예연소실 엔진에서 분사가 끝난 직후 찍은 사진에서 얻을 수 있다. 최저 배율 사진 (A)는 전반적인 분무의 구조를 보여준다. 유일하게 명백한 액체 영역은 노즐의 가장 가까운 코어 부분으로 사진 왼쪽에 어둡게 나타난다. 스월 유동에 의해 체임버 주위로 옮겨지는 분무의 확산 증기 영역은 국부적인 난류 증기 농도 및 온도 변화로 인해 얼룩지게 보인다. 연료 증기 농도가 충분히 높아 형성된 수트 때문에 분무 증기 영역 내의 어두운 영역이 생긴다. 분열 길이 이후에 분무의 고밀도 액체 코어는 주로 액적들로 구성되지만, 빛이 완전히 소멸되는 빛의 경로를 따라 농도가 매우 높을 가능성이 있다. 그러나 노즐 팁(B)에 가까운 코어의 마지막 부분은 개별 형상이 분해될 수 있을 정도로 충분히 분산된다. 검은색 작은 점들은 20~100 μm 크기의 액체연료 액적들이다. 연료 액적 증기의 흔적은 다양한 증발 단계에 해당하는 최고 배율 사진 (C)에서 관찰 할 수 있다. 이들은 주변의 증기가 거의 보이지 않는 액적에서부터 선두(head)에 액체가 거의 남아있지 않은 증기 흔적까지 다양하다. 국부적인 공기의 난류 때문에 증기 흔적이 분무 축에 상대적으로 무작위한 방향을 나타내는 것으로 생각된다. 정상적인 엔진 작동 조건에서의 액적 증발 과정은 총 연소 기간에 비해 매우 짧다.[15]

이제 액적의 증발 과정을 자세히 살펴보려 한다. 일반적으로 압축이 끝나가는 엔진의 조건에서 주변 온도에 가까운 액적이 공기 중으로 분사된다고 생각해 보라. 이러한 조건에서 세 가지 현상이 액적의 이력을 결정할 것이다.

1. 공기역학적 항력으로 인한 액적의 감속
2. 공기로부터 액적까지의 열전달
3. 액적에서 떠난 기화된 연료의 물질 전달

고온 주변 공기로부터의 열전달로 액적 온도가 상승함에 따라 연료 증기압이 증가하고 증발

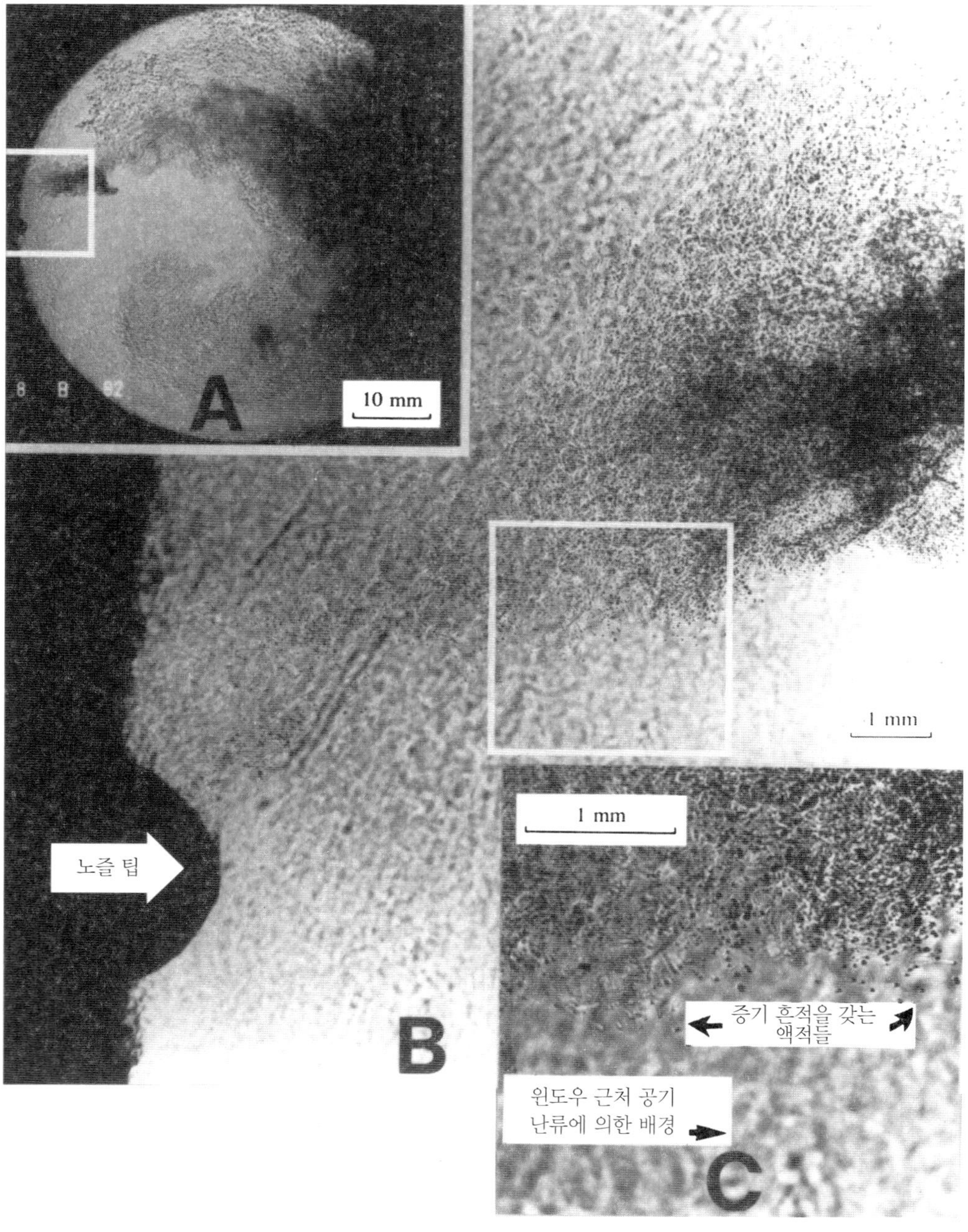

그림 10.35 광학창이 있는 디젤 엔진의 예연소실 내 스월 유동 안으로 분사되는 디젤 분무의 분사 직후 세 가지 배율에서 그림자기법으로 촬영한 사진들. 노즐 홀 직경 = 0.25 mm.[15]

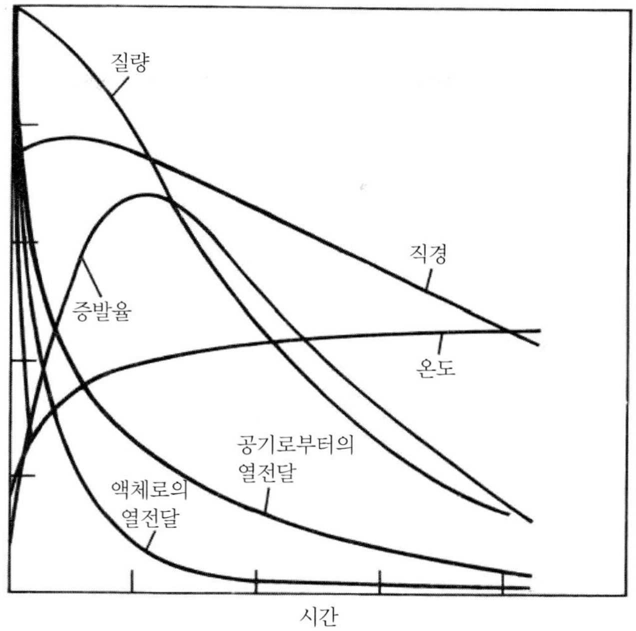

그림 10.36 분사 후 디젤 환경에서 개별 액적의 증발 과정 동안 질량, 직경, 온도, 증발률, 공기로부터의 열전달, 액적으로의 열전달 변화에 대한 개략도[29]

속도가 증가한다. 액적으로부터 떨어져 나가 멀어지는 증기의 물질 전달 속도가 증가함에 따라, 액적 표면으로 전달되는 열의 일부는 액적 온도를 추가로 증가시키는 데 이용가능하다. 액적의 속도가 감소함에 따라, 공기와 액적 사이의 대류 열전달 계수가 감소한다. 이 인자들의 조합은 그림 10.36은 이 인자들의 조합에 의한 거동을 보여준다. 또한 여기에 액적 질량,

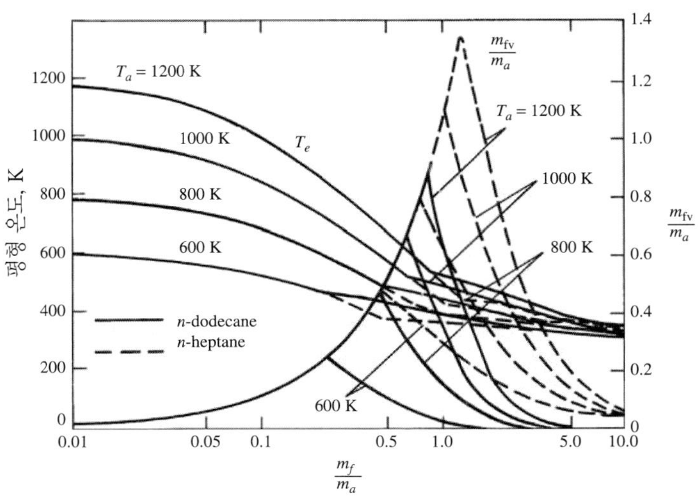

그림 10.37 초기 온도 300 K인 *n*-dodecane과 *n*-heptane를 초기 온도 T_a가 600 K~1200 K이고, 초기 밀도 6.5 kg/m^{3}인 공기 내로 분사했을 때 형성되는 평형 혼합물에 대한 단열 포화 조건들. 공기 질량(m_a)에 대한 총 연료 질량(m_f)의 비에 대한 함수로 나타낸 평형 혼합물 온도(T_e)와 공기 질량(m_a)에 대한 연료 증발 질량(m_{fv})의 비. 연료 증기는 m_{fv}/m_a 곡선에서 최고값(피크)의 왼쪽에만 나타냄: 액체 연료 역시 최고값(피크)의 오른쪽에만 나타냄.[31]

온도, 속도, 기화율 및 열전달은 분사 후 시간의 함수로서 도식적으로 표현되었다. 일반적인 디젤 조건에서 공기중에 분사되는 25 μm의 개별 연료 액적은 증발 시간이 대부분 1 ms 미만이다.[29, 30]

이러한 분석은 넓게 퍼져있는 액적과 관련이 있다(예, 분무의 가장 자리). 액적의 수 밀도(number density)가 높은 분무 코어에서, 증발 과정은 분무 내에서 공기의 온도와 연료-증기 농도에 상당한 영향을 미친다. 연료가 증발함에 따라, 국부적으로 공기 온도는 감소하고 연료 증기의 압력은 증가한다. 결과적으로 열역학적 평형 관계에 있으며, 이 과정은 단열 포화라고 한다.[29] 디젤 분사조건에서 *n*-dodecane과 *n*-heptane의 계산된 열역학적 평형 온도는 연료/공기 질량비의 함수로서 그림 10.37에서 확인할 수 있다. 초기 액체연료 온도는 300 K이다. 이러한 평형조건에서의 연료 증기, 공기질량의 비율도 표시하였다. m_{fv}/m_a 곡선 최고점의 왼쪽에는 연료 증기만이 존재한다. 이 최고점의 오른쪽에는 기상이 포화되어 있어 액상의 연료도 존재한다.[30] 액체연료의 기화는 기체 온도를 실질적으로 감소시킨다. 분무 내에서 이러한 평형상태가 되지 않을 수도 있지만, 이러한 결과는 증발 분무 내의 온도 분포를 이해하는 데 유용하다.

디젤연료 분무 내 연료의 기화 속도를 정확하게 정량화하기 위해서는 연소 체임버 내의 액상의 액적 및 공기에 대한 결합된 보존방정식의 해가 필요하다. 이러한 목적으로 다양한 현상론적 모델과 전산 유체역학 모델이 개발되어왔다(14.4.3절과 14.5.5절 참고). 이들 중 보다 정교한 것에서 분무는 각각 유사한 크기와 온도 등의 액적 무리를 나타내는 각각 계산된 입자로 구성되어있다. 연료 인젝터에 의해 생성된 액적의 크기, 속도, 온도 등의 분포 함수는 통계적으로 샘플링 되고, 그 결과로 생긴 각각의 입자들은 주변 기체와 상호작용하며 질량, 운동량 및 에너지를 교환하면서 라그랑지안 궤적을 따라간다. 액적은 충돌을 통하여 직접적으로 서로 상호작용하고, 주변 증기 농도 및 가스 온도 변화로 인한 증발을 통해 간접적으로 상호작용한다. 이 모델의 연구에 따르면, 일반적인 디젤 엔진조건에서 70~95%가 연소 시작 시 분사된 연료가 기상상태에 있음을 나타낸다. 약 1 ms 이후에 90% 이상 증발된다. 그러나 일반적인 중속 직접분사식 디젤 엔진에서 기화된 연료의 10~35%는 가연성 한계 내로 혼합된다. 따라서 연소는 증발보다는 혼합에 의해 크게 제한된다.[32] 물론 냉시동 조건하에 증발은 주요한 제약조건이 된다.

분무의 액체 코어의 범위는 중요한 요소이다. 초기에 연료 액적은 엔진의 연소실로 빠르게 이동하여 분무로의 공기 유입 및 연료-공기의 혼합을 촉진한다. 그림 10.21은 초기에 이 액체 코어가 전체 분무 내에서 연소실로 점점 침투하는 것을 보여준다. 그 다음 분무가 추진력으로 인해 계속 침투하는 동안에, 액체 코어를 구성하는 액체 연료가 증발하므로 액체 코어의 길이가 증가하지 않는다. 노즐 오리피스에서 연소실 벽까지 분무 축을 따른 거리에 대한 최대 코어 침투 거리는 중요한 연료 분사 시스템의 파라미터이다. 액체연료의 과도한 침투는 벽면의 젖음으로 이어져 연료의 증발을 늦추고 탄화수소 및 입자상물질의 배출을 증가시킨다. 연료 분무 내에서 액체의 길이라고 불리는 최대 액체 연료 침투 거리의 특성을 설명할 필요가 있다. 연료의 증발 파라미터(휘발 특성, 연료와 주변 기체의 온도)뿐만 아니라 기초적인 분무 초기 파라미터(액적 크기, 속도, 주변 기체의 밀도)에 의존한다. 디젤과 같은 조건 하에서 광학 기술은 일반적으로 밀폐된 용기에 분사되는 분무의 액체 코어 길이를 결정하는 데 사용된다.

그림 10.38은 디젤 작동과 관련된 일련의 조건에서 heptamethylnonane (HMN), 세탄 그리고 No.2 디젤 연료에 대한 오리피스 직경과 오리피스 압력 강하의 영향을 보여준다. 액

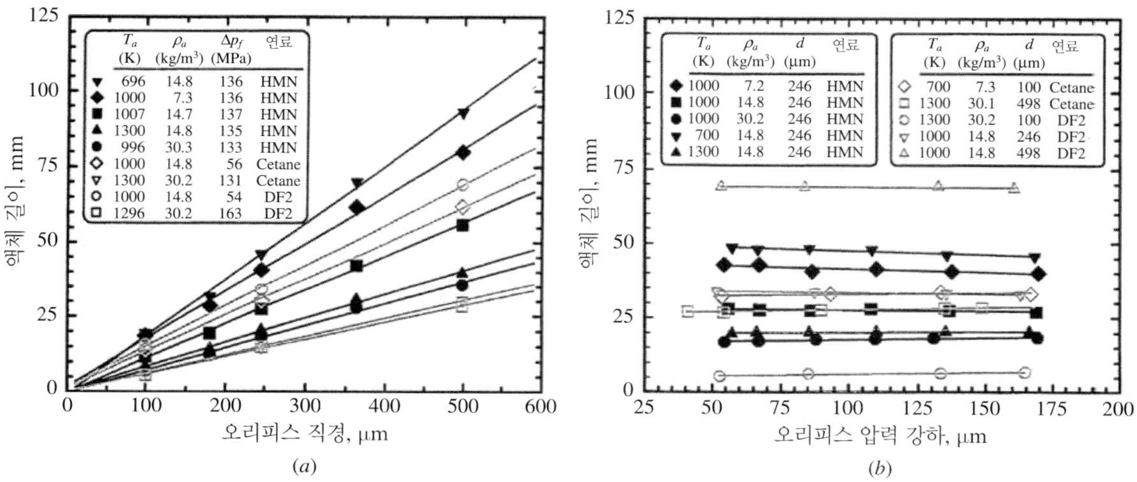

그림 10.38 (*a*) 노즐 오리피스 직경에 대한 액체 길이(최대 액체 연료 침투 거리)의 측정값, (*b*) 다양한 주변 기체 온도와 밀도 조건에서 오리피스 압력 강하에 대한 액체 길이의 측정값. 연료는 HMN, 세탄, No.2 디젤 연료이다. 선은 데이터에 대한 최소제곱법 피팅이다.[32]

체 길이는 오리피스 크기에 따라 선형적으로 증가하지만 본질적으로 오리피스의 압력강하와는 무관하다. 액적과 분무 감속에 영향을 미치는 주변 공기 밀도와 액적 증발 과정에 영향을 주는 주변 공기 온도는 모두 중요한 영향을 미친다.

혼합 한계 연료의 기화 과정은 이러한 결과를 설명해준다.[22] 연료 분사 비율은 오리피스 압력의 제곱근과 오리피스 직경 제곱에 따라 달라지는 분사 속도에 비례한다[식 (10.15) 참고]. 축 방향위치까지 분무로 동반되는 총 공기는 축 방향 거리, 오리피스 직경 및 분사 속도에 비례한다.[23] 이런 의존성은 연료를 완전히 증발시키기에 충분한 고온의 공기를 유입시키기 위하여, 데이터에 나타난 것처럼 오리피스 직경 증가에 비례하여 액체코어의 축 방향 범위는 증가할 것임을 의미한다. 연료 분사속도와 관련하여, 이러한 의존성은 주어진 축 방향 액체 코어 끝단 위치까지 유입되는 공기의 양과 연료 분사율이 분사 속도에 따라 확장되는 것을 의미한다. 따라서 그림 10.38*b*와 같이 *액체 길이*는 오리피스 압력 강하와 무관하다.[22]

액상 연료 침투에 대한 스케일링 법칙(scaling law)은 분무 질량 및 운동량 평형뿐만 아니라 증발 분무의 1차원 모델에 대한 에너지 평형으로부터 도출될 수 있다.[32] 최대 액체 코어의 침투(액체 길이)에서, 연료를 완전히 증발시키기 위해 유입된 고온의 공기에서 액상의 액적으로 충분한 에너지가 전달된다. 또한, 액체길이에서 포화된 연료 증기 조건이라고 가정하고, 증발 분무와 비증발 분무의 공기 유입 속도가 거의 다르지 않은 것으로 가정한다. 즉, 분무침투길이의 스케일링 법칙은 식 (10.17)이고, 이것은 전체 분무 거동을 정의하는 식 (10.21)의 반대이다.[32] 무차원 형태의 액체 길이의 스케일링 법칙은 다음과 같다.

$$\tilde{L} = 0.47\sqrt{\left(\frac{2}{B(T_a, p_a, T_f)} + 1\right)^2 - 1} \tag{10.29}$$

여기서 $\tilde{L} = L_t/x^+$이고, x^+는 식 (10.19*b*)에서 정의하였다. 그리고,

$$B(T_a, p_a, T_f) = \frac{Z_a(T_s, p_a - p_s)p_s M_f}{Z_f(T_s, p_s)(p_a - p_s)M_a} = \frac{h_a(T_a, p_a) - h_a(T_s, p_a - p_s)}{h_f(T_s) - h_f(T_f, p_a)} \tag{10.30}$$

B는 연료 분무의 에너지 균형과 상태방정식에서 유도된다. 식 (10.30)은 단일 성분 연료를 위한 것이다. 식 (10.30)은 연료 및 주변 가스의 물성, 초기 연료 및 주변 가스의 조건 측면에서 액체 길이의 포화 연료/주변 가스 혼합기 온도 T_s에 관한 방정식이다. T_a는 주변 가스의 온도이다. 액체길이에서 ρ_a와 ρ_s는 주변가스압력과 연료의 포화(예, 부분)압력이다. 따라서 연료 제트에서 동반되는 주변 기체의 분압은 ρ_a-ρ_s이다. (포화)연료 증기압 ρ_s는 연료의 포화 압력–온도 관계를 통해 포화 온도 ρ_a와 관련된다. 변수 h_f와 h_a는 연료와 주변 가스의 특정 엔탈피, M_f와 M_a는 연료와 주변가스의 분자량이고, Z_f와 Z_a는 포화조건에서 연료 증기와 주변기체의 압축률이다[이러한 조건에서 가스는 이상기체 거동에서 벗어난다는 점에 유의하라(부록 B 참고)]. 그리고 이상기체법칙은 $p = \rho\tilde{Z}RT/M$로 쓸 수 있다.) 노즐 오리피스 출구에서의 연료는 인젝터 팁 온도 T_f와 주위가스압력 p_a로 가정한다. 식 (10.30) 우변의 분자의 엔탈피 차이는 유입된 가스로부터 연료로 전달되는 비엔탈피이다. 분모의 엔탈피 차이는 액체연료를 가열하고 증발시키는 데 필요한 비엔탈피이다.

그림 10.39는 B의 함수로써 액체 길이 스케일링 상관관계인 식 (10.30)을 데이터와 비교한 것이다. HMN과 세탄 연료를 사용한 조건은 참고문헌 21에서 주어진 TC에서의 디젤 실린더 내 주변 조건을 나타낸다. 무차원 액체 길이 L_l/x^+가 약 5부터 1까지 감소함에 따라, B는 약 0.2에서 1.7까지 변화한다. 상관관계가 데이터에 잘 맞는다.

중형(heavy-duty) 직접분사식 디젤 엔진과 고속의 경량 직접분사식 디젤 엔진에 대한 액체 연료 코어 침투 길이의 관련성이 오랫동안 연구되어 왔다. 이 연구에서 예열된 조건과 냉간 시동 조건에서의 증발 분무의 거동에 대한 유용한 자료를 확인할 수 있다. 표 10.3은 12리터 6기통 대형트럭 엔진과 2리터 4기통 고속 승용차 엔진의 고려해야 할 두 가지 디젤 엔진의 기하학 및 작동 세부사항을 제시한다. 이 엔진의 피스톤 보울 연소 체임버는 그림 10.1.a와 c에 상응한다. 그림 10.40은 이 두 엔진의 액체 길이를 나타내고, 상관 관계 식 (10.29)를 실린더 내 주변 가스 온도(일반적으로 1000 K)에서 TC의 함수로 나타내었다. 더 어두운 음영 영역의 위쪽, 아래쪽 가장자리는 각각 0.7 bar, 3 bar의 부스트 압력에 해당한다. 더 밝은 회색 영역은 약 800 K의 TC에서 주변가스온도를 갖는 냉간 시동 조건에 해당된다. 더 작은 보어를 가진 엔진의 경우, 보울 벽면에 액체가 충돌할 가능성이 높다. 그러나 더 작은

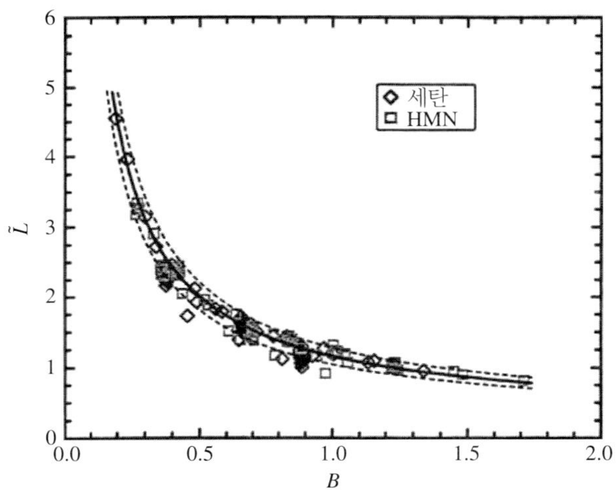

그림 10.39 B의 함수[식 (10.30) 참고]로써 무차원 액체 길이 [$\tilde{L} = L_l/x^+$; 식 (10.29) 참고], 연료 분무와 그 유입된 공기의 에너지 평형에서 도출된 표현, 그리고 연료 증기와 공기의 상태 방정식.[32]

표 10.3 중형 및 경량 DI 디젤 엔진에서 액체 길이 스켈일링 법칙에 사용된 파라미터[32]

	중형(heavy-duty)	경량(light-duty)	단위
보어	135~140	80~85	Mm
보울 직경/보어	0.75	0.5	–
압축비	15	19	–
오리피스 직경	194	160	Mm
오리피스 C_a	0.84	0.84	–
예열 조건:			
흡기 온도	60~160	45~120	°C
흡기 압력	0.7~3.0	0.7~2.3	bar
연료 온도	100	100	°C
냉간 시동:			
흡기 온도	0~40	0~40	°C
흡기 압력	0.7~1	0.7~1	Bar
연료 온도	0~40	0~40	°C

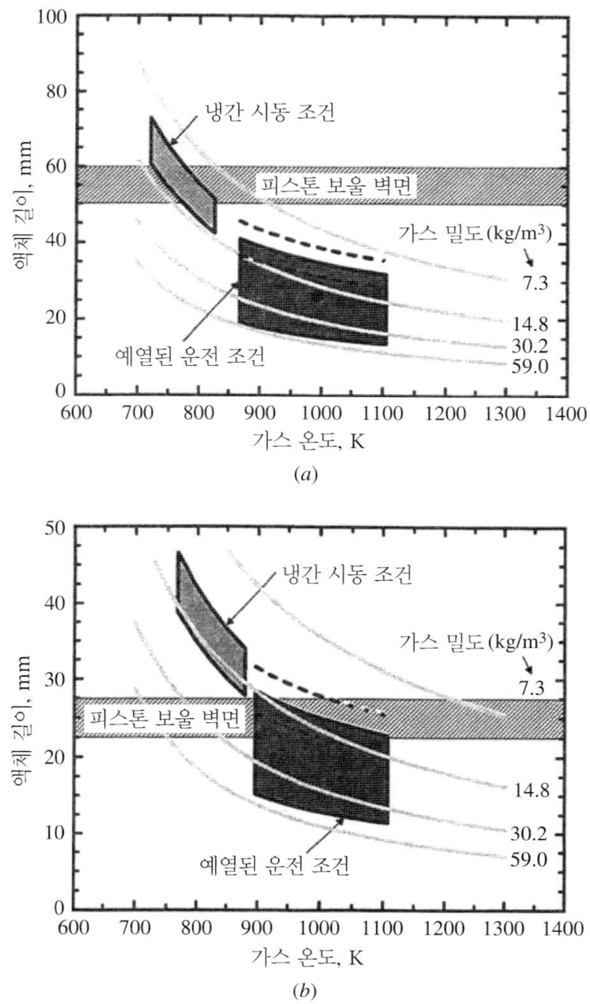

그림 10.40 표 10.3에서 정의된 (*a*) 중형 DI 디젤 엔진과 (*b*) (더 작은) 고속 DI 디젤 엔진에 대한 예측된 액체 길이. 어두운 회색 영역은 예결된 운전 조건이고, 밝은 회색 영역은 냉간 시동 조건을 나타낸다. 일반적인 인젝터 노즐 오리피스로부터 피스톤 보울 벽면 거리를 나타내었다. 밝은 회색 선은 압축 TC에서 일정한 실린더 내 기체 밀도를 나타낸다.[32]

고속엔진에서는 큰 스월이 있어 실제 액체 연료 침투가 스월이 없는 상관관계보다 다소 낮아질 수 있다.

10.5 점화 지연 기간 _Ignition Delay

10.5.1 정의 및 토의

디젤 엔진에서 점화 지연 기간(ignition delay)은 분사 시작과 연소 시작 사이의 시간(또는 크랭크 각도) 간격으로 정의된다. SOI (start of injection)는 보통 인젝터 니들이 들려지는 시기로 간주된다. SOC (start of combustion)는 정확하게 결정하기 어렵다. 그것은 흔히 10.3.3절에서 설명한 방법을 사용하여 실린더 압력 데이터로부터 계산된 열 발생률의 기울기 변화(음의 값에서 양의 값으로)로부터 확인된다. 이것은 검출 가능한 열(화학 에너지)이 시작된 직후에 발생하며, 이는 발달하는 분무 내에서 연료의 증발로 인한 실린더 압력의 작은 감소를 상쇄한다. 그러나 이 시점 이전의 분무 내에서 탄화수소 화학 반응은 발생하며, 광도(화학 발광)의 시작에 의해 입증된다. 이 광도는 연료 분자의 분해 및 부분적인 연료 산화의 시작을 효과적으로 정의하며, 압력 상승 지점보다 약 100 μs 또는 크랭크 각 1° 정도 앞선다.

분사된 액체 연료의 화학에너지가 방출되기 전에 물리적 및 화학적 과정은 모두 이루어져야 한다. 물리적 과정은 분사 노즐 출구에 가까운 액체 연료를 액적으로 미립화 하는 것; 이러한 연료 액적 일부가 증발; 분무에 유입된 공기와 연료 증기가 혼합하는 것이다. 화학적 과정은 자착화를 유도하는 연료, 공기, 잔류 가스 혼합물의 사전 열방출 연소 반응(pre-major-heat-releasing combustion reactions)이다. 이러한 과정은 엔진 설계와 작동 변수 그리고 연료 특성에 영향을 받으며 10.5절에서 검토할 것이다.

연료의 높은 분사압력, 인젝터 홀의 작은 직경, 적절한 연료 점성, 분사 시 높은 실린더 압력은 미립화를 돕는다(10.4.3절 참고). 연료 액적의 증발율은 액적의 크기, 분포, 속도와 연소실 내부의 압력 및 온도, 그리고 연료의 휘발성에 따라 달라진다. 연료-공기 혼합률은 인젝터와 연소실 설계에 의해 크게 제어된다. 일부 실린더 헤드와 피스톤 크라운의 모양은 압축 행정 동안 스월을 증폭시키고 난류가 발생하도록 설계된다. IDI 엔진은 빠른 연료-공기 혼합을 위해 예연소실 또는 스월 체임버를 사용하여 격렬한 공기 유동이 생성되도록 설계한다. DI 엔진에서 인젝터 홀의 개수와 공간 배열 같은 인젝터 설계 특성은 분사된 연료 분포를 결정한다. 각 노즐 홀의 세부사항은 분무각도에 영향을 미친다. 분무의 침투는 연료 액적의 크기, 분사 압력, 공기 밀도, 공기 유동 특성에 따라 달라진다. 분무의 배열, 분무각도, 분무 침투의 정도, 공기 유동 모두 분무로의 공기 유입율에 영향을 준다. 연료 분사 및 분무의 물리적 측면은 10.4절에서 검토되었다.

점화 지연 기간의 화학적 요소는 연료의 예연소 반응에 의해 제어된다. 예혼합 연료 공기 혼합물에서 자착화 또는 자발적인 탄화수소 산화에 대한 기초적인 논의는 9.6.2절에 제시되어 있다. 디젤 엔진 연소 과정은 불균일하기 때문에 자착화 과정은 특히 복잡하다. 점화는 연료 증기가 일부 공기와 섞여 큰 탄화수소 분자가 더 작은 분자로 열분해(부분 산화 반응)하여 발생한다. 이러한 화학적 과정은 각 분무 내에서 연료의 분포를 결정하는 위에서 설명한 물리적 과정뿐만 아니라 연료의 조성 및 실린더 온도와 압력에 따라서도 달라진다.

연료의 자착화 특성은 점화 지연 기간에 영향을 미치기 때문에, 연료의 특성은 연료 변환 효율, 엔진 작동의 원활성, 실화(misfire), 매연 배출, 소음, 시동의 용이성 같은 디젤 엔진 작동 특성을 결정하는 데 매우 중요하다. 연료의 점화성은 *세탄가*(*cetane number*)에 의해 정

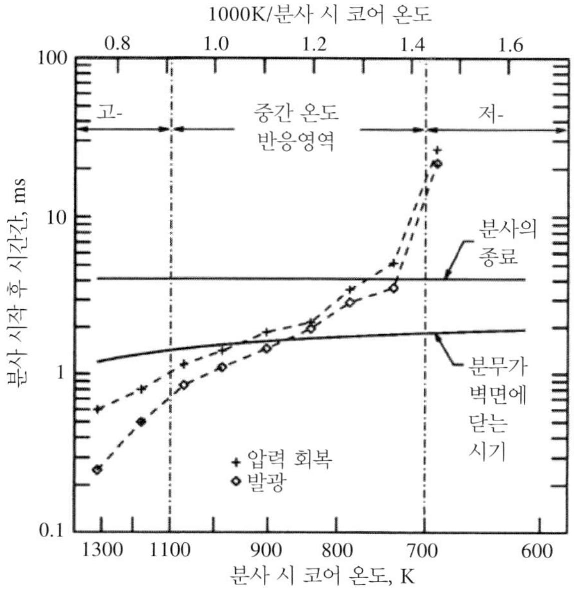

그림 10.41 분사 시기에 실린더 내 공기 온도의 함수로써 디젤 분무 자착화 과정의 몇 가지 기초적인 특징들의 타이밍. 심볼은 정적 연소 체임버에서 측정된 발광이 시작되는 시간과 압력 회복(상승)이 발생하는 시간. 실선은 분무가 체임버 벽면에 충돌하는 대략의 시간과 분사가 끝나는 시간. 점화는 가스 온도가 750 K 이하일 때 일어나지 않는다.[33]

의된다. 세탄가는 표준화된 엔진 시험에서 표준 연료 혼합물과와 점화 지연 기간을 비교함으로써 결정된다(10.5.2절 참고). 점화 지연 기간이 너무 긴 세탄가가 낮은 연료의 경우, 점화가 발생하기 전에 대부분의 연료가 분사될 것이며 이는 연소가 시작되면 높은 압력 상승률, 높은 최대 압력과 함께 매우 빠른 연소 속도를 초래할 것이다. 극단적인 조건 하에서 분사된 연료의 대부분이 오랜 지연 후에 자착화가 발생할 때(예: 냉간 시동 조건에서), 디젤 노크(diesel knock)라고 불리는 "노킹 사운드"를 발생시킨다. 점화 지연 기간이 짧은 세탄가가 높은 연료의 경우, 대부분의 연료가 분사되기 전에 점화가 발생한다. 열 발생률과 압력 상승률은 주로 분사율, 연료–공기 혼합률, 원활한 엔진 작동 결과에 의해 제어된다.

자착화 시작 시점의 다양한 측정과 연료 분사 과정 사이의 타이밍 관계는 SOI (TC에 가까운)에서 실린더 내 공기 온도의 함수에 따라 그림 10.41에 나타난다(참고: 1800 rpm에서 1 ms는 크랭크 각도 약 10.8°에 해당한다). 일반적으로 예열된 엔진에서 압축 행정 종료 시 온도는 1000 K에 가깝다. 1000 K에서 발광의 시작은 압력 회복 지점보다 약 0.2 ms(크랭크 각 약 2°)정도 앞선다. 냉간 시동 조건(750~800 K 공기 온도)에서 압력 상승 지연이 현저하게 길어진다. 자착화 화학 반응이 저온에서 중온 및 고온 반응 메커니즘으로 전환되는 혼합물 온도 값이 표시된다.[33] 10.5.3절에서 이러한 세부사항을 더 논의할 것이다.

파일럿 분사(주 분사 시작 약 10~20° 전에 연료의 5~10% 정도 분사)는 다단 연료 분사 기술의 개발로 가능해진 전략으로, 점화 지연 기간을 단축하는 데 사용된다. 자착화와 파일럿 연료의 연소는 주 분사 분무가 침투하는 연료 인젝터 주변에 국부적으로 더 뜨거운 가스 환경을 만든다. 주 분사 분문에 유입되는 주변 기체(주로 공기)의 온도가 높을수록 분무 내 혼합 온도가 높아져 예혼합 점화 화학 과정을 빠르게 한다.

10.5.2 연료 점화성

디젤 연료의 점화성은 *세탄가*로 정의된다. 세탄가를 이용하여 점화성을 결정하는 데 사용되는 방법은 옥탄가를 이용하여 가솔린의 안티-노크성(antiknock quality) 결정하는 방법과 유사하다. 세탄가 척도는 두 개의 순수한 탄화수소 기준 연료의 혼합으로 정의된다. 점화성이 높은 탄화수소인 세탄(*n*-hexadecane, $C_{16}H_{34}$)은 세탄가 100으로 척도의 상단을 나타낸다. 또한 점화성이 매우 낮은 이소-세탄[iso-cetane, 2-2-4-4-6-8-8 heptamethyl-nonane(HMN), 이 역시 $C_{16}H_{34}$]은 세탄가 15로 척도의 하단을 나타낸다.[i] 그러므로 세탄가(CN)는 다음과 같이 주어진다.

$$\text{CN} = \text{percent } n\text{-cetane} + 0.15 \times \text{percent HMN} \tag{10.31}$$

세탄가 결정에 사용되는 엔진은 특별한 부하와 보조 장비를 갖춘 표준화된 가변 압축비의 단기통 엔진이다. 엔진, 운전 조건, 시험 절차는 ASTM 시험방법 D613으로 명시된다.[34] 운전 요구사항은 엔진 속도 900 rpm, 냉각수 온도 100°C, 흡입공기 온도 65.6°C(150°F), 분사시기 BTC 13°, 분사압력 10.3 MPa(1500 lb/in^2)이다. 세탄가를 결정하기 위한 연료를 사용하여 엔진이 이 조건에서 작동을 할 때, 연소가 TC에서 시작할 때까지 압축비를 변화시킨다: 즉, 점화 지연 기간은 13°(900 rpm에서 2.4 ms)의 점화 지연 기간을 얻을 수 있다. 그 후 기준 연료 혼합물을 사용하여 위의 절차를 반복한다. 기준 연료를 사용할 때마다 압축비는 착화지연기간이 동일하게 13°가 되도록 조정된다. 실제 연료에 따라 요구되는 압축비가 두 기준 연료 혼합물에 의해 요구되는 값과 같은 범위가 되어 세탄가 차이가 5 이하일 때, 연료의 세탄가는 두 기준 연료 혼합물에 따라 요구되는 압축비 사이의 보간법에 의해 결정된다.

세탄가 시험의 비용 때문에, 디젤 연료의 물리적 특성에 기초하여 점화성을 예측하는 많은 상관관계가 개발되었다. 계산된 *세탄 지수*(calculated cetane index, CCI)는 종종 디젤 연료(ASTM D976[35])의 점화성을 추정하는 데 사용된다. 그것은 API 도(API gravity)와 중간 끓는점(50% 증발된 온도)에 기초한다. 그것은 직류(straight-run, 주원유의 증류에 의해 만들어지는) 연료, 촉매 반응으로 분해된 stocks, 그리고 이 둘의 혼합물에 적용할 수 있다. CCI는 대부분의 디젤연료에 적합하고 세탄가에 매우 근접한 값을 제공한다. *디젤 지수*(*diesel index*) 또한 사용된다. 이것은 점화성이 탄화수소 성분과 관련되어 있다는 사실에 근거한다: n-paraffin은 착화성이 높고, 방향족 및 naphthenic 화합물은 점화성이 낮다. 동일한 양의 연료와 아닐린(aniline)이 완전히 혼합될 수 있는 가장 낮은 온도인 아닐린 포인트(ASTM D611[36])은 디젤 지수를 제공하기 위해 API 도와 함께 사용된다.

$$\text{디젤 지수} = \text{아닐린 포인트}(^\circ\text{F}) \times \text{API 도}^{j}/100 \tag{10.32}$$

디젤 지수는 방향족 탄화수소가 비교적 낮은 온도에서 아닐린과 완전히 혼합된다는 사실에 달려있는 반면 파라핀(pafaffin)은 완전히 혼합되기 전 상당히 높은 온도를 필요로 한다. 마찬가지로 높은 API 도는 비중이 낮고 파라핀 특성(paraffincity)이 높으며 점화성이 좋음을 의미한다. 디젤 지수는 보통 세탄가 보다 약간 높은 값을 갖는다. 그것은 많은(전부는 아니지만) 경우에 점화성의 합리적인 표시이다.

---

[i] 오리지날 방법에서는 0의 세탄가를 갖는 α-메틸-나프탈렌($C_{11}H_{10}$)이 이 척도의 하단을 나타낸다.

[j] API (American Petroleum Institute, 미국 석유 학회) 도는 비중을 기본으로 하며, API 도(degrees) = 141.5 / (60 °F에서 비중) – 131.5로 계산된다.

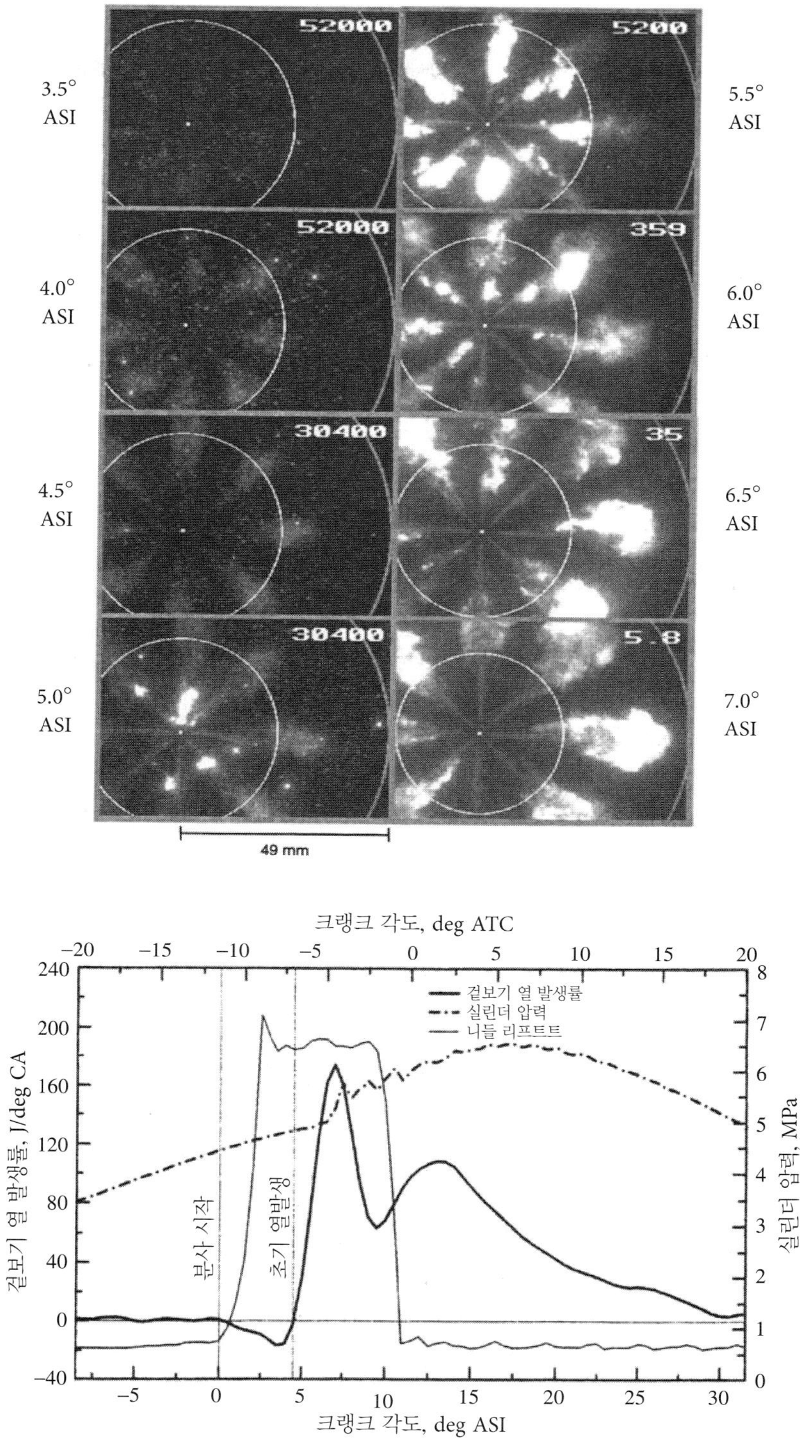

그림 10.42 1200 rev/min으로 운전되는 8개 분무, 140 mm 보어를 갖는 자연 흡기 광학 가시화 DI 디젤 엔진의 피스톤 크라운 윈도우를 통해 찍은 자연 화염 방출 이미지의 순서. 분사 시작 후 각 이미지의 타이밍(시기), 상대적인 빛 강도(각 이미지의 우측 상단)를 표시하였다. 그림의 아래: 크랭크 각도에 대한 겉보기 열 발생률, 실린더 압력, 인젝터 니들 거동 프로파일.[37]

10.5.3 자착화와 예혼합 연소

디젤 엔진과 관련된 조건에서 연료-공기 혼합물의 자착화가 발생하는 다양한 단계를 조사하기 위해 정상 유동 반응기, 급속 압축기, 정적 연소 체임버에서의 기초 연구가 주로 이용된다. 이 연구 중 일부에서는 연료와 공기는 예혼합되었고, 많은 경우에는 연료 분사가 사용되었다. 디젤 엔진의 압축 행정 중 TC 지점과 유사한 항온, 정압 환경에서 연료를 분사한 연구는 이 과정의 핵심 단계를 확인하였다. 디젤 연소 과정의 시작, 즉 자착화에 이은 짧고 빠른 "예혼합 연소" 과정은 크랭크 각도에 대한 연료 분사 프로파일(인젝터 니들 거동), 열 발생률, 실린더 압력을 보여주는 그래프와 함께 그림 10.42의 자연 화염 방출 이미지로 설명된다.[37] 희미한 (저강도) 화학 발광 방출은 이 8개의 연료 분무의 선행 영역(leading region)에서 초기 분사된 연료 증기/유입 공기 혼합기로부터 분사 시작 후(ASI) 3.5°에서 분명하게 나타난다. 이러한 영역은 분무 코어가 포함된 액체 연료의 최대 침투인 "액체 길이"를 벗어난다(10.4.6절 참고). 이 (연료 분자의 분해 및 부분적 산화가 발생하여 방출되는) 화학적 발광은 훨씬 강해지고(ASI 4.0~4.5°) 모든 분무의 하류 영역에서 뚜렷이 볼 수 있다. 예혼합 연소 진행 중, 열 발생률이 급격하게 증가한다.

(약한) 화학적 발광의 초기 단계는 농후 혼합기에서 "냉염(cool-flame)"과 "착화 전 불빛(glow)"에 상응하는 주로 포름알데히드(CH_2O)와 CH 배출의 결과[탄화수소 자착화 화학 반응의 개요인 식 (9.63) 참고]이다. 그리고 이러한 디젤 분무의 주요 영역은 당량비가 2~4 범위로 비교적 잘 혼합된 농후 연료 증기/공기 혼합물을 포함한다.[37, 38]

탄화수소 자착화 시작 메커니즘은 스파크 점화기관의 노킹이 시작되는 화학 작용과 비슷하다(9.6.2절 참고). 충분히 높은 온도에서 탄화수소-공기 혼합물은 급진적인 연쇄 전파와 분기 반응을 통해 증가하는 라디칼(고반응성 종)의 풀을 생성하는 일련의 반응 또는 연쇄 반응을 겪는다. 기본 탄화수소 분자의 결합이 연속적으로 끊어지면서, 화학 에너지 방출 속도가 처음에는 느리다가 그 후 빨라진다. 화학 반응 및 에너지 방출이 진행됨에 따라 라디칼 제거(연쇄 종료) 반응 또한 발생하여 여러 범위까지 급진적으로 퍼지는 반응을 상쇄한다. 식 (9.63)에서 이 과정을 추가로 기술하였다.

그림 10.42에서 더 밝은 방출 이미지(ASI 5~6°)는 수트 입자의 복사(radiation)로 인한 것이다. 초기 화학 발광 단계에서 분무 내 농후한 연료-증기/공기 혼합물의 연료 분자 분해는 수트 형성 과정의 전구체인 PAHs 형성을 유도한다(디젤 입자상 물질 형성 11.5.3절, 11.5.4절 참고). PAHs는 빠르게 형성되고, 핵으로 성장하며, 수트(주로 탄소) 입자로 성장하고 응집한다. 주요 화학 에너지 (열)방출은 그림 10.42의 ASI 6°에서 발생한다.

그림 10.42에서 마지막 사진인 ASI 6.5°와 7°는 개별 분무 주위의 확산 화염 발달을 보여준다. 연료의 산화가 완전히 일어난 확산 화염은 분무 경계에 위치하는데, 화염의 내부에는 "연료"(연료 증기, 부분적으로 반응된 연료 분자, PAHs, 수트 입자, CO, H_2로 구성된 매우 농후한 혼합물)가, 외부에는 공기가 있다. 그리고 열 방출의 대부분이 발생하는 디젤 연소의 두 번째 혼합 제어 단계를 구성한다. 열 발생률 곡선의 둥근 부분(혼합 제어 연소 단계)을 수평축의 왼쪽 끝에서 외삽함으로써 ASI 6~6.5°에서 확산 화염이 분명해야 하는 것을 알 수 있다. 이러한 발달하는 분무-연소 이미지는 이미 그림 10.11에 도식화된 이미지와 일치한다. TC에 가까운 연료 분사 시작 이후 각각의 발달하는 분무의 주요 영역에 있는 농후한 연료-증기/공기 혼합물에서 자착화는 보통 약간의 크랭크 각도로 시작하고, 결합 분해 과정을 시작하기 위해 충분히 높은 속도의 분자 충돌을 통하여 연료 분자가 분해되기 시작한다. 그런 다음 연료 탄화수소 입자가 PAHs가 되면서 (빠른) 예혼합 연소 단계로 전환되며 계속해서 분

자의 크기로 성장하여 수트 입자가 되고 이 과정에서 상당한 화학 에너지를 방출하고, 각 분무 내의 온도를 증가 시킨다(그림 10.13 참고).[37]

마지막으로 주목할 점은 예혼합 연소 최대 열 발생률 크기와 상대적 타이밍이 관련이 있다는 것이다(그림 10.42 참고). ρ_g와 T_g 같은 실린더 내 가스 상태가 변화하고 그 결과 점화 지연 기간이 짧아지거나 길어지기 때문에 예혼합 연소 최대 열 발생률이 감소하거나 증가한다. 점화 지연 기간이 짧아짐에 따라 분무 내 자착화가 발생할 준비가 된 농후한 연료–증기/공기 혼합물의 양은 감소하여 급속도의 방출을 위한 화학에너지가 감소한다. 혼합 제어 연소 열 발생률은 큰 변화 없이 연소되는 추가적인 연료를 흡수한다. 그러나 점화 지연 기간이 길어질수록(그리고 예혼합 연소 연료량이 상당히 증가), 혼합 제어 연소 단계는 더 눈에 띄게 영향을 받는다.[37]

실제 및 시뮬레이션 된 엔진 실험의 점화 지연 기간 데이터는 다음과 같은 방정식과 상

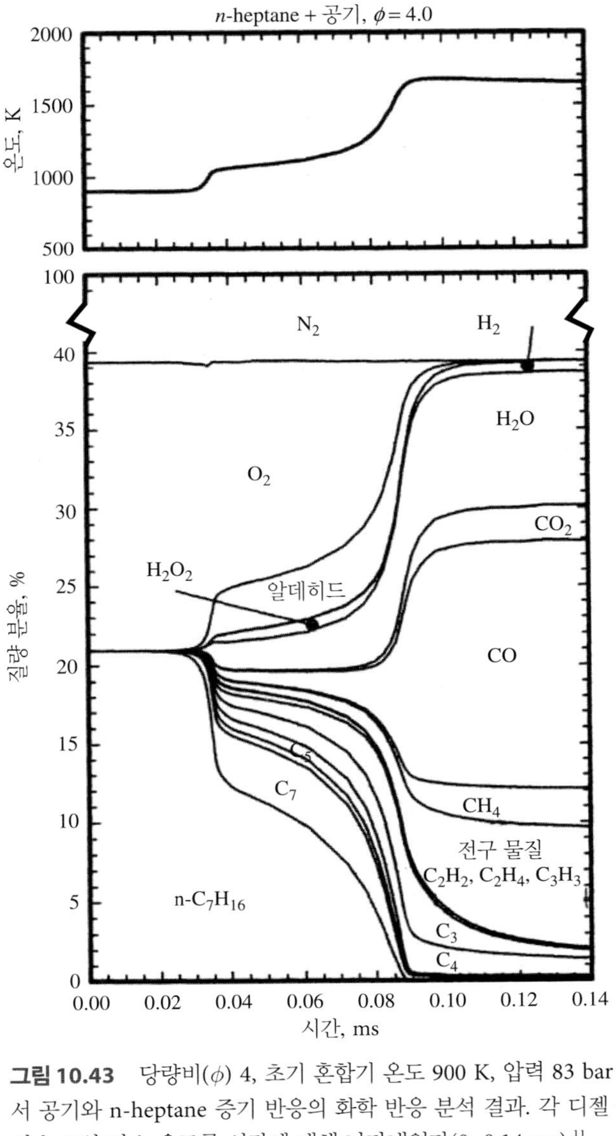

그림 10.43 당량비(ϕ) 4, 초기 혼합기 온도 900 K, 압력 83 bar 조건(일반적인 TC 디젤 엔지 조건)에서 공기와 n-heptane 증기 반응의 화학 반응 분석 결과. 각 디젤 분무 내 농후 혼합기에서 나타나는 종의 농도와 가스 온도를 시간에 대해 나타내었다(0~0.14 ms).[11]

관관계가 있다.

$$\tau_{id} = Ap^{-n} \exp\left(\frac{E_A}{\tilde{R}T}\right) \tag{10.33}$$

일반적으로 τ_{id}는 혼합물 온도, 압력, 당량비, 연료 특성의 함수이다(당량비의 변화에 대한 형태는 아직 확립되지 않음). 이 교재[1]의 초판에 요약되고 참조된 연구에서 연료는 연료의 증발과 가열 과정의 냉각 효과에 의해 압력과 온도만 변하는 균일한 공기 환경에 분사된다. 엔진에서 피스톤 운동으로 인한 압축 때문에 점화 지연 기간 동안 압력과 온도가 변한다. 조건 변화가 점화 지연 기간에 미치는 영향을 설명하기 위해 다음과 같은 경험적 적분 관계식이 사용된다.

$$\int_{t_{si}}^{t_{si}+\tau_{id}} \left(\frac{1}{\tau}\right) dt = 1 \tag{10.34}$$

여기서 t_{si}는 분사 시작 시기, τ_{id}는 착화지연기간, τ는 시간 t에 관련된 조건에서 점화 지연 기간이다. 조건의 변화가 중요한지 여부는 TC 이전의 분사량과 점화 지연 기간의 시간에 달려 있다.

이 교재[1]의 초판은 식 (10.33) 형식의 점화 지연 기간에 대해 몇 가지 발표된 Arrhenius 방정식을 비교했다. 참고문헌 39를 참고하라. 이러한 초기의 상관관계는 여러 가지 이유로 더 이상 유용해 보이지 않는다. 터보차저가 적용되고 가압 수준이 상승함에 따라 TC에서 실린더 내 압력과 온도는 계속 변화한다. 이러한 조건들은 엔진 외의 실험에서 실현하기 어렵다. 소형 고속 DI 엔진에서 분사 압력과 스월이 증가하면 이러한 물리적 과정이 점화 지연 기간에 미치는 영향은 줄어든다. 또한 자착화 과정의 전체적인 화학반응을 나타내기 위해 단일 Arrhenius 방정식을 사용하는 것은 실제로 복잡한 화학반응을 고려할 때 너무 단순하다.

이 화학반응에 대한 삽화가 그림 10.43에 나타나 있는데, 세탄가가 60인(디젤 연료는 약 50에 가까움) 단순한 탄화수소 분자 n-heptane(C_7H_{16})가 디젤 연료를 대체한다. 자세한 화학반응속도 모델(550 화학 종과 2454 반응 사용)은 참고문헌에 간략히 설명되어 있다[11]. 터보차저가 적용된 디젤 엔진의 연료 분무 내 화학반응 계산에서 시작 온도 900 K, 압력 83 bar, 당량비 4는 자착화와 예혼합 연소 시뮬레이션을 위한 적당한 조건이다. 자착화는 약 0.03 msec(약 ASI 3°)에서 발생하고 저온 첫 번째 단계(그리고 보통의) 에너지가 방출된다(약 150 K의 온도 상승). 0.07 msec (ASI 7°) 직후, 착화 과정의 두 번째 단계(고온) 화학 반응이 시작되어 더 큰 에너지 방출(약 400 K 또는 그 이상 상승)을 통해 분무 플럼(plume)의 앞쪽 절반의 온도가 1650 K까지 빠르게 상승한다(그림 10.14 참고). 0.1~0.15 msec(ASI 1~1.5°) 후, 분무 내 농후한 혼합물은 H_2O, CO_2, CO, CH_4, 수트 전구체(acetylene과 polyacetylenes), 60% 질소와 함께 저탄소 원자 탄화수소(C_3와 C_4)를 함유한다. 에너지 분율(질량 분율 × 발열량)에 의해, 가연성 물질 H_2, CO, CH_4, 수트 전구체, 저탄소수 탄화수소는 각각 방출되지 않은 농후 혼합물 화학에너지의 11, 21, 16, 40, 12%이다. 이 시점에 연료 전체 발열량의 약 25%가 방출된다. 이는 혼합 제어 연소 단계에서 확산 화염의 연료 측에 있는 "연료"이다.[11]

이러한 화학반응속도 자착화 모델링 연구는 주변 온도에 대한 반응시간에 따라 달라짐을 의미한다. 예를 들어, 주변 온도가 750 K에서 1000 K로 증가하면 반응시간은 1 ms에서 0.1 ms로 줄어든다. 정상적인 디젤 엔진의 작동을 위해서는 0.2~0.3 ms 정도인 크랭크 각 몇 도의 점화 지연 기간이 필요하다.[11]

10.5.4 점화 지연 기간에 영향을 미치는 물리적 요인

연료 분무의 발달 및 공기 차지 상태(압력, 온도, 속도)를 제어하는 물리적 변수는 점화 지연에 영향을 미친다. 점화 지연은 연료 분사 시스템과 연소실의 설계 및 운전 조건에 따라 달라진다. 연료 분무 발달에 영향을 미치는 분사 시스템 변수는 분사 시기, 분사량, 속도, 분사율, 액적 크기, 분무 형태 또는 유형이다. 관련된 차지 조건은 사용된 연소 시스템, 연소실 설계 세부사항, 흡입 공기 압력 및 온도, 압축비, 분사 시기, 잔류 가스의 양과 상태, 냉각수 및 오일 온도, 엔진 속도에 따라 달라진다. 이러한 상호 작용에 대한 데이터는 여러 유형의 디젤 엔진에 대해 이용할 수 있다. 세부적인 사항은 다를 수 있지만, 다른 디젤 연소 시스템에서 관찰되는 경향은 일반적으로 유사하다. 이 절에서는 완전히 예열 된 엔진 운전 중 경향에 대해 설명한다. 현대의 디젤 엔진은 점화 지연이 크랭크 각 몇 도 정도로 짧다. 따라서 예열된 엔진의 점화 지연 변화는 현재 덜 중요하다. 그러나 엔진 시동 및 예열 중 엔진 설계 및 작동 변수에 대한 점화 지연의 의존성은 중요하며, 공기 온도 및 압력이 낮은 것으로 인해 완전히 예열 된 엔진의 운전과 다를 수 있다.

분사 시기

일반적인 엔진 조건(저속–중속, 완전히 예열된 엔진)에서 최소 점화 지연은 대략 분사 시기 BTC 10°에서 발생한다. 공기 온도와 압력이 변하기 때문에 분사 시기가 이보다 빨라지거나 느려지면 점화 지연이 증가한다. 분사가 더 일찍 시작되면 초기 공기 온도와 압력이 낮기 때문에 점화 지연이 증가한다. (TC에 가깝게) 분사가 늦게 시작되면 초기 온도와 압력은 약간 높지만 점화 지연이 진행됨에 따라 감소한다. 점화를 위한 가장 유리한 조건은 그 사이에 있다.

분사량과 부하

그림 10.44는 점화 지연에 대한 분사량 또는 엔진 부하 증가의 효과를 나타낸다. DI 엔진의

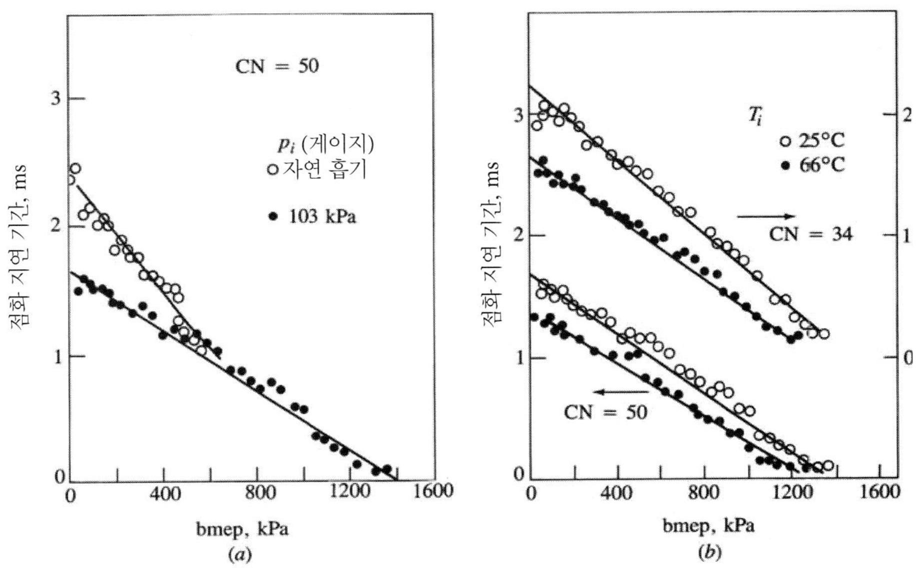

그림 10.44 1980 rev/min으로 운전되는 작은 DI 디젤 엔진에서 부하에 대한 점화 지연에 입구 공기 압력과 온도가 미치는 영향. (*a*) 자연 흡기 및 1 atm 부스트(2 bar 절대압력) 터보차징 엔진; 입구 온도 T_i = 25°C; 세탄가 50인 연료. (*b*) 자연흡기 엔진; T_i = 25, 66°C; 세탄가 34와 50.[40]

부하가 증가함에 따라 점화 지연은 거의 선형적으로 감소한다. 부하가 증가함에 따라 잔류 가스 온도와 실린더 벽 온도가 증가하고, 압축 초기 기간 동안 공기로의 열 전달이 증가한다. 이로 인해 분사 시 충전물의 온도(또는 충전물의 압력)가 높아져 점화 지연이 단축된다. 이렇게 증가하는 온도를 조절할 때, 분사된 연료의 양을 증가시키는 것은 정상 작동 조건에서 점화 지연 기간에 영향을 거의 미치지 않는 것으로 밝혀졌다. 그러나 엔진 시동 조건에서 엔진의 구성요소가 차갑고 실린더 내 공기가 뜨겁지 않으며, 압축 중에 공기 냉각이 현저하게 증가하여 혼합물 온도가 내려가기 때문에 점화 지연이 크게 증가한다. 추가적으로 분사된 연료의 증발이 혼합물 온도를 감소시키기 때문에 후자의 결과를 예상해야 한다.

액적 크기, 분사 속도 및 분사율

액적 크기, 분사 속도 및 분사율은 분사 압력, 인젝터 노즐 홀 크기, 노즐 유형 및 기하학적 형상에 의해 결정되지만, 점화 지연에는 거의 영향을 미치지 않는다. 정상 운전 조건에서, 분사 압력을 증가시키면 점화 지연이 약간 감소할 뿐이다. 연료 유량을 증가시키고(약 4배) 액적 크기를 증가시키기(약 30%) 위해 일정한 분사 압력에서 노즐 홀 직경을 2배로 증가시키는 것은 점화 지연에 큰 영향을 미치지 않았다. 기하학적 구조가 다른 노즐 홀에 대한 연구는 노즐의 길이/직경 비율이 중요하지 않다는 것을 보여주었다; 또한 노즐 유형(멀티 홀, 핀틀, 핀토)의 변화도 정상적인 엔진 조건에서 점화 지연을 크게 변화시키지 않았다.[38]

흡입 공기 온도와 압력

그림 10.44는 또한 분사 시 다양한 충전 온도와 압력에 대한 디젤 연료의 점화 지연 값을 보여준다. 흡입 공기 온도와 압력은 지연 기간 동안 차지 조건에 영향을 주는 것으로 점화 지연 기간에 영향을 준다. 그림은 엔진 부하에 따른 흡입 공기 압력과 온도의 영향을 보여준다. 사용 가능한 기본적인 점화 데이터는 분사 시 약 1000 K 미만의 충전 온도에서 점화 지연의 강한 의존성을 보여준다. 약 1000 K 이상의 데이터는 충전 온도가 더 이상 중요하지 않음을 나타낸다. 이 온도 범위에서는 분사 시 압력이 점화 지연에 영향을 주고 있음을 알 수 있다: 압력이 높을수록 점화 지연이 짧아지며, 충전 온도가 증가하고 점화 지연이 감소함에 따라 그 효과는 감소한다. 점화 지연 기간 동안의 공기 온도와 압력은 중요한 변수이기 때문에 분사 시 흡입 공기 상태와 충전 상태 사이의 관계에 영향을 미치는 다른 엔진 변수가 점화 지연에 영향을 준다. 따라서 압축비가 증가하면 점화 지연이 감소하며, 분사 시기는 주로 분사 시 충전 온도와 압력의 변화로 인해 (위에서 논의한 바와 같이) 점화 지연에 영향을 줄 것이다.

엔진 속도

일정한 부하에서 엔진 속도가 증가하면 ms 단위로 측정하였을 때 점화 지연이 약간 감소한다. 크랭크 각도 단위로 보면 점화 지연은 거의 선형적으로 증가한다. 엔진 속도의 변화는 온도/시간 및 압력/시간 관계를 변화시킨다. 또한 속도가 증가함에 따라 분사 압력이 증가한다. 압축 행정 중 열 손실의 감소로 인해 속도가 증가함에 따라 최대 압축 공기 온도가 증가한다.[40]

연소실 벽면 효과

연소실 벽면에 분무가 충돌하면 연료 증발 및 혼합 과정에 영향을 미친다. 연료 분무가 벽에 충돌하는 것은 거의 모든 소형, 고속 엔진에서 어느 정도 발생한다(그림 10.40 참고). 연료 분무가 벽에 충돌하는 것이 점화 지연에 미치는 영향을 조사하기 위해 엔진과 연소 봄베 실험이 수행되었다. 일관된 경향은 없는 것으로 나타났다. 발달하는 연료 분무가 연소실 보울에 충돌할 때 분무 끝이 약간 냉각될 것이다. 단, (예열된 엔진에서) 짧은 점화 지연으로 인해 자착화는 보통 분무가 벽에 충돌하기 전에 발생한다.

스월 속도

스월 속도의 변화는 연료 증발 및 연료 공기 혼합 과정을 변화시킨다(그림 10.23 및 10.24 참고). 또한 압축 중 벽면으로의 열 전달을 증가시켜 분사 시 충전 온도를 낮춘다. 스월 속도가 점화 지연에 미치는 영향에 대한 엔진 연구가 수행되었지만, 제한된 데이터만 사용할 수 있다. 정상 작동 엔진 조건에서 스월 속도 변화가 점화 지연에 미치는 영향은 작다. 엔진 시동 조건(낮은 엔진 속도 및 압축 온도)에서는 스월로 얻은 증발 및 혼합 비율이 높기 때문에 더 큰 영향을 미친다.

산소 농도

연료가 분사되는 차지 내의 산소 농도는 지연에 영향을 미칠 것으로 예상된다. 예를 들어, 질소 산화물의 배출을 줄이기 위해 배기 가스를 흡기 포트로 재순환시킬 때 산소 농도는 변화한다(11.2.4절 참고). 일정한 공연비(30:1), 매니폴드 온도, 분사 시기 및 엔진 속도(1800 rpm)에서 정해진 양의 냉각된 배기 가스를 재순환하여 산소 농도가 변화하여 작동하는 단일 실린더 DI 엔진으로 수행된 연구 결과가 그림 10.45에 나와 있다. 산소 농도는 EGR 없이 자연 흡입된 값에 의해 표준화된다. 산소 농도가 감소함에 따라 점화 지연은 증가한다.

10.5.5 연료 특성의 효과

디젤 연료

점화 지연 기간 중에 물리적 및 화학적 과정이 모두 발생하기 때문에 연료의 물리적 및 화학적 특성의 변화에 대한 영향이 연구되었다. 연료의 화학적 특성은 훨씬 더 중요하다. 세탄가에 의해 정의되는 연료의 점화성은 분명히 점화 지연에 영향을 미칠 것이다. 연료 분자 구조에 대한 세탄가의 의존도는 다음과 같다. 직선 체인 파라핀 화합물(노멀 알칸)은 가장 높은 점화성(자착화가 빠름)을 가지고 있으며, 사슬 길이가 증가함에 따라 개선되는 추세이다. 방향족 화합물은 알코올과 마찬가지로 점화성이 낮다(따라서, 압축 착화 엔진에서 대체 가능한

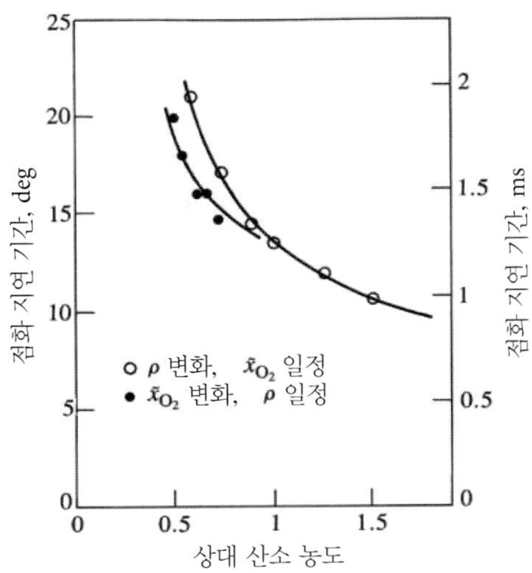

그림 10.45 1800 rev/min으로 운전 중인 압축비(r_c) 15, 배기량 1.3 dm^3인 단기통 DI 엔진에서 점화 지연 기간에 대한 기체 내 산소 밀도의 영향. 산소 밀도는 일정한 입구 밀도에서 재순환되는 배기 가스와 0.5에서 3 atm으로 바뀌는 공기의 입구 압력에 의해 변한다.[41]

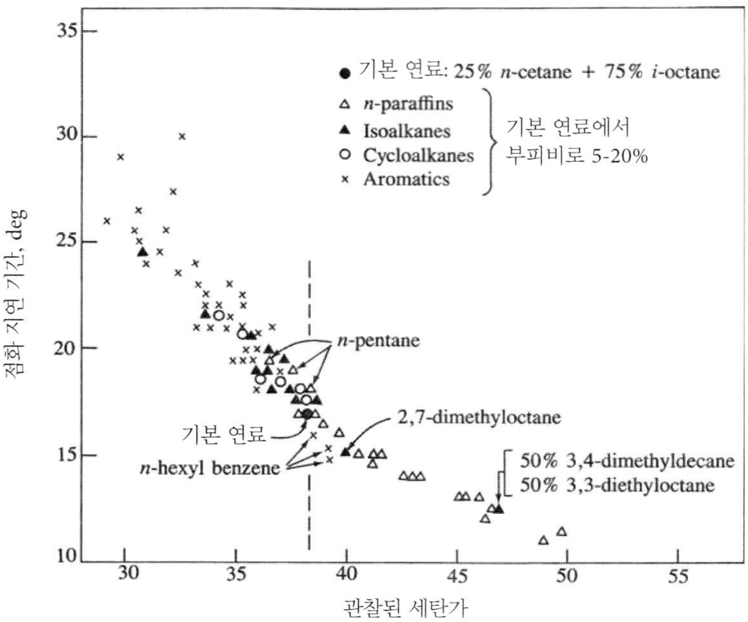

그림 10.46 일정한 압축비와 엔진 운전 조건을 갖는 DI 디젤 연소 과정에서 연료의 점화성에 대한 탄화수소 구조 유형의 영향[42]

연료로 메탄올과 에탄올은 사용이 어렵다). 그림 10.46은 이러한 효과를 설명한다. 기본 연료는 다양한 탄소 수의 순 파라핀 계(노멀, 이소–, 사이클로알칸), 방향족, 올레핀 계 탄화수소와 최대 20%까지 혼합되었다. 25%의 n-hexadecane과 75%의 iso-octane이 혼합된 기본 연료는 세탄가가 38.3이었다. 그림은 일정한 압축비와 엔진 운전 조건에서 점화 지연이 세탄가와 잘 연관됨을 보여준다. 노멀 알칸(normal alkanes, *n*-pentane과 탄소 수가 적은 알칸)을 첨가하면 점화성이 향상된다. 첨가된 파라핀의 사슬 길이가 길어질수록 (탄소 수가 많아질수록) 세탄가 개선 효과가 증가한다. Iso-alkanes은 분지화 정도(degree of branching)에 따라 점화성을 저하시킨다[분자의 한쪽 끝에 분기(branching)가 집중되어 있지 않으면 이러한 유형의 iso-alkanes이 점화성을 향상시킨다]. 사이클로알칸과 방향족 화합물은 일반적으로 고리에 긴 n-alkane 사슬이 붙어 있지 않으면 세탄가를 감소시킨다. 연료의 세탄가(자착화 능력에 대한 척도)는 일반적으로 옥탄가(자착화 저항 능력에 대한 척도; 노킹에 대한 탄화수소 구조의 영향은 그림 9.65를 참고)와 반비례한다. 상용 디젤 연료의 세탄가는 보통 40~55 범위에 있다.

세탄가는 원유 공급원, 정제 공정, 첨가제 또는 점화 촉진제에 의해 조절된다. 노킹방지제를 첨가하여 스파크 점화기관 연료의 노킹 또는 자착화를 줄일 수 있는 것처럼, 압축 점화기관 연료의 점화성을 향상시키는 첨가제가 있다. 일반적으로, 노킹 경향을 증가시키는 물질은 점화성을 향상시키며, 그 반대의 경우도 마찬가지이다. 점화 촉진 첨가제는 유기 과산화물(organic peroxides), 질산염(nitrates) 및 아질산염(nitrites)을 포함한다. 이들 중 상업적으로 가장 중요한 것은 알킬 질산염(alkyl nitrates)(isopropyl nitrate, primary amyl nitrates, primary hexyl nitrates, octyl nitrate)이다. 일반적으로, 증류된 연료 부피에 따른 이러한 첨가제의 약 0.5%는 기본 연료 조성에 따라 유효성이 달라질 수 있지만 연료의 점화성인 세탄가를 약 10 정도 증가시킨다. 세탄가가 높을수록 점화 촉진 첨가제의 효과는 감소한다.[40] 일반적으로 세탄가 개선 혼합물 사용으로 인한 점화 지연은 동일한 세탄가의 천연 디젤 연료 점화 지연과 동일하다. 점화 촉진 첨가제에 대한 두 가지 잠재적인 실용적 용도는 낮은 품질의 디젤 연료 점화 특성을 향상시키고 압축 점화기관에서 (더 많은 양의) 알코올을 사용할 수 있게 한다.

디젤 연료의 물리적 특성은 완전 또는 부분적으로 예열된 엔진의 점화 지연에 크게 영향을 미치지 않는다. 서로 다른 프론트–엔드(front-end) 휘발성(세탄가 범위 38~53)의 연료와 동일한 평균 세탄가에 대해 실질적으로 다른 프론트–엔드 점화성을 가진 테스트는 분명한 차이를 나타내지 않았다. 연료의 점도가 2.5를 넘어서도 유의미한 효과가 나타나지 않았다.[40] 따라서 예열된 엔진에서 연료 미립화, 분무 침투 및 증발 속도의 합리적인 범위의 변화는 점화 지연 기간에 크게 영향을 미치지 않는 것으로 보인다(연료 분무 증발에 관한 10.4.6절 참고).

바이오디젤

석유에서 파생되는 디젤 연료의 대체 연료는 *바이오디젤*이다. 이 연료는 긴 체인(long-chain) 알킬(메틸 또는 에틸) 에스테르로 구성된 식물성 기름 또는 동물성 지방을 기반으로 한다.[k] 바이오디젤은 메탄올 또는 에탄올과 지질(예: 식물성 오일, 동물성 지방)을 화학적으로 반응시킴으로써 만들어진다. 디젤 연료와 비슷하지만 차이점이 있다. 바이오디젤 생산에 사용되는 식물성 오일은 지방산의 조성에서 서로 다르며, 이들 오일의 전처리 과정과 바이오디젤 생산 과정의 차이도 성질의 변화를 일으킨다.

바이오디젤 생산을 위한 식물성 오일 생산에 사용되는 바이오 매스의 원재료는 유채(rapeseed), 콩(soybeans), 해바라기씨(sunflower seed), 야자나무(palm), 코코넛(coconut) 오일이 있다. 야자나무 오일에서 가장 많은 바이오디젤이 생산(4500~5000 liters / hectare)되고 있으며, 코코넛 오일에서 그 절반 정도 생산된다. 위에 열거된 나머지에서 약 500~1000 liters / hectare 정도 생산된다. 현재 예상되는 바이오디젤 생산 상한은 석유 디젤 생산량의 약 10%이다.

바이오디젤은 현재 기존 디젤 연료와 다른 특성의 영향을 최소화하기 위해 기존 디젤과 혼합되어 있다. 5~10%의 혼합연료(B_5와 B_{10})가 일반적으로 사용된다. B100은 디젤 엔진에 사용될 수 있지만 엔진의 개조가 필요하다.

디젤 엔진의 연소에 영향을 미칠 수 있는 바이오디젤의 특성에는 물리적 및 화학적 특성이 있다. 분자 크기(C_{16}-C_{18})는 디젤 연료 범위(C_{10}-C_{20})에 있지만 끓는점이 더 높다. 바이오디젤의 점도도 디젤 연료보다 높다. 바이오디젤의 단위 질량 또는 부피당 에너지 함량이 약 10% 낮다(저위 발열량은 조성에 따라 다르지만 약 38 MJ / kg). 세탄가(46~60)는 표준 디젤(40~55)보다 높다. 점도가 높기 때문에 디젤보다 윤활 특성이 좋다. 그러나 보다 활동적인 용매로 산화 저항력이 떨어지기 때문에 "유효 기간(shelf life)"이 훨씬 제한적이다. 따라서 석유 기반 디젤 연료와 혼합하여 사용하는 것이 실용적인 접근 방법이다.[43, 44]

10.5.6 엔진의 점화 지연에 대한 상관관계

엔진 및 공기 충전 변수의 함수로 점화 지연 기간을 예측하기 위한 많은 상관관계가 제안되었다. 이들은 보통 식 (10.33)의 형태를 가지며, 연소 용기와 유동식 반응기에 대한 보다 기초

[k] 이것들은 보통 지방산 메틸 에스테르(FAME)와 지방산 에틸 에스테르(FAEE)이다.

적인 실험의 데이터를 기반으로 했다. 상관관계의 적합성을 평가하는 데 중요한 요소는 점화 지연의 크기(정도)를 예측하는 데 사용되는 방법이다. 완전한 지연 과정(분사에서 연소까지 모든 물리적, 화학적 과정을 포함)을 예측하는 방정식이 요구된다면, 데이터는 방정식의 단순한 형태가 엔진 조건의 전체 범위에 대해 적합하지 않음을 보여준다. 점화 지연 기간 동안 예혼합된 연료-공기 혼합물의 자착화 과정의 보다 상세한 화학적 운동 모델은 발달하는 분무 과정을 예측하기 위한 연료 증발 및 연료-공기 혼합의 물리적 과정에 대한 모델과 함께 사용된다.

DI 엔진에서 점화 지연 기간을 예측하기 위해 Hardenberg와 Hase[45]가 개발한 경험식은 광범위한 엔진 조건에서 실험 데이터와 거의 일치하는 것으로 나타났다(그림 10.47 참고).[46] 이 공식은 다음과 같이 점화 지연 기간(TC 조건) 중 충전 온도 T(kelvins) 및 압력 p(bar)에 대한 점화 지연(크랭크 각 단위)을 제공한다.

$$\tau_{\text{id}}(\text{CA}) = (0.36 + 0.22\bar{S}_p)\exp\left[E_A\left(\frac{1}{\tilde{R}T} - \frac{1}{17{,}190}\right) + \left(\frac{21.2}{p - 12.4}\right)^{0.63}\right] \tag{10.35}$$

여기서 $\bar{S}_p$는 평균 피스톤 속도(m/s), $\tilde{R}$은 보편 기체 상수(8.3143 J/mol·K)이다. E_A(J/mol)는 겉보기 활성화 에너지로 다음과 같이 주어진다.

$$E_A = \frac{618{,}840}{\text{CN} + 25} \tag{10.36}$$

여기서 CN은 세탄가이다. 겉보기 활성화 에너지는 세탄가 증가에 따라 감소한다. 점화 지연 기간을 ms 단위로 나타내는 것은 다음과 같다.

$$\tau_{\text{id}}(\text{ms}) = \frac{\tau_{\text{id}}(\text{CA})}{0.006N}$$

여기서 엔진 속도 N은 분당 회전 수이다. T와 p의 값은 압축 과정에 대한 폴리트로픽 모델을 사용하여 추정할 수 있다.

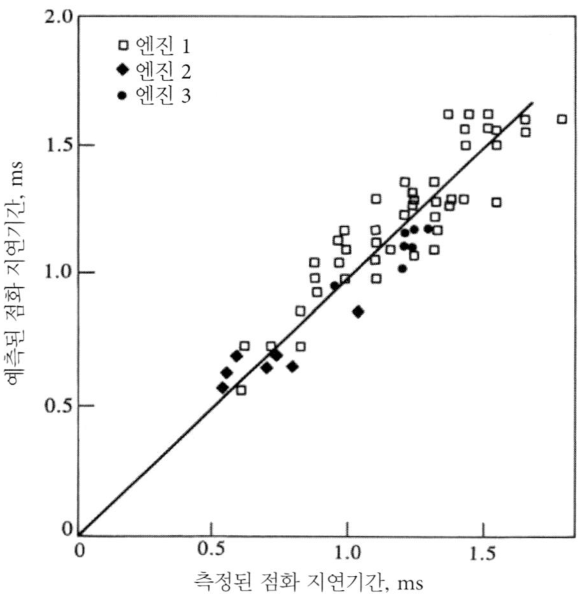

그림 10.47 식 (10.35)에 의해 예측된 엔진 점화 지연 기간과 상응하든 실측값의 비교[46]

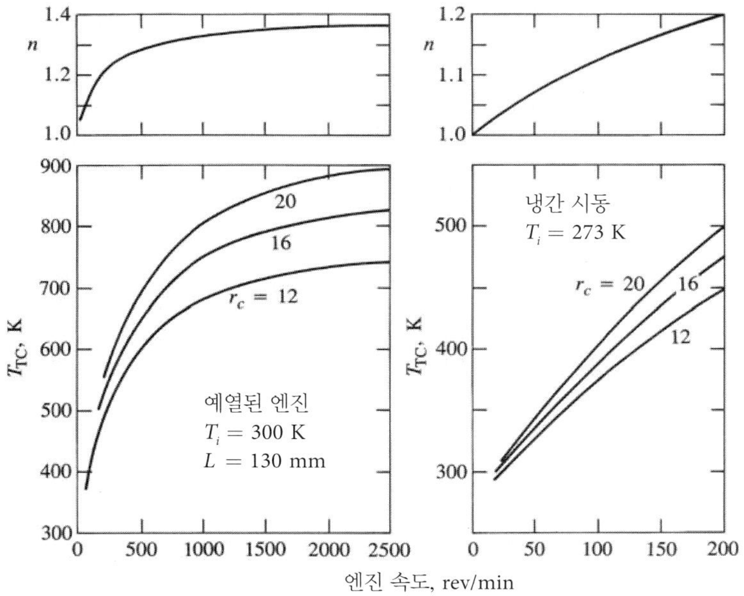

그림 10.48 식 (10.37)에서 압축 과정의 폴리트로픽 모델에 대한 지수 n과 TC에서 상응하는 압축 말기 공기 온도. 130 mm 행정을 갖는 예열 및 냉간 DI 디젤 엔진[45]

$$T_{TC} = T_i r_c^{n-1}, \; p_{TC} = p_i r_c^n \quad (10.37a, b)$$

여기서 n은 폴리트로픽 지수, r_c는 압축비, 아래 첨자 i는 흡기 매니폴드 조건을 나타낸다. 고온 및 저온 엔진 운전 조건에서 직접 분사 디젤의 경우 폴리트로픽 지수의 값이 그림 10.48에 제시되어 있다.

10.6 혼합–제어 연소 _Mixing-Controlled Combustion

10.6.1 배경

이 장의 앞 부분에서는 총 연료 분사–혼합–연소 순서–미립화, 증발, 분무 발달, 공기 유입, 점화 및 연소를 구성하는 개별 과정에 대한 이해를 설명하였다. 그림 10.5의 사진은 디젤 연소 과정의 세부 사항을 나타내며 그림 10.11의 개략도는 관련된 몇 가지 단계를 나타낸다. 이 절은 연소의 혼합–제어 단계에 초점을 맞춘다. 다양한 유형의 디젤 엔진에서 압축 점화 연소 과정의 사진인 그림 10.4와 10.5는 점화 및 예혼합 연소 단계의 시작에 이어 디젤 확산 화염이 어떻게 형성되어 급속하게 퍼지고 분무를 감싸는지 보여준다. 분무 구성에 따라 가시적인 화염이 연소실의 대부분을 채울 수 있다. 확산 화염 및 분무 형상은 밀접하게 관련되어 있다. 혼합 과정은 또한 점화 지연 기간 동안 매우 중요하다: 지연 기간은 "혼합"을 제어하는 분무 과정의 속도에 의해 큰 영향을 받지 않지만 가연성 한계 내에서 점화 지연 기간 동안 공기와 혼합되는 연료의 양(착화가 발생하면 압력 상승률에 영향을 미침)은 혼합 비율과 직접 관련된다.

그러나 디젤 연소가 일반적으로 연료–공기 혼합 비율에 의해 제어된다는 것이 수용되는 반면, 확산 화염이 형성되고 빠르게 퍼지며 안정화 되는 메커니즘은 잘 이해되지 않는다. 어려움은 두 가지가 있다. 첫째, 실제 디젤 연소 시스템의 분무 형상은 매우 복잡하다. 둘째, 반드시 설명되어야 하는 현상들(특히 불안정한 난류 확산 화염의 발달)이 충분하게 이해되지 않는 다는 점이다.

이러한 현상을 모델링하는 것은 14장에서 검토된다. 경험적 또는 현상적 난류-제트 기반 서브 모델에 의해 설명된 미립화, 증발 및 분무 발달이 포함되어 있는 디젤 연소 과정의 열역학적 기반 모델이 개발되어 연소율을 예측하는 데 사용되었다. 이것들은 14.4.3절과 14.4.4절에서 설명되었다. 이들은 합리적으로 보이지만 정확하게 데이터와 일치하지는 않는다. 공기 유동, 연료 분무 거동, 연소의 유체 역학 기반 모델이 개발되어 왔으며 아직 개발 중이다(14.5절 참고). 현재 실제 공기 유동 예측은 실현 가능하지만 분무 거동에 대한 예측은 덜 개발되었으며 연소율 예측은 여전히 연구해야 한다.

다음 절에서는 분무 특성을 화염 구조 및 연료 연소율과 관련한 자료와 함께 요약하였다.

10.6.2 분무 및 화염 구조

각 연료 분무의 구조는 중심의 좁은 액체(직경 20 μm의 액적으로 조밀하게 채워짐)를 연료 증기를 포함하는 훨씬 더 큰 기체 제트 영역(그림 10.21 참고)이 둘러싸고 있는 구조이다. 중심부의 연료 농도는 매우 높다: 분사 기간 동안 10 정도의 노즐 근처 국부적인 연료/공기 당량비가 측정되었다. 분무 내의 연료 농도는 임의의 시간에서 반경 방향 및 축 방향 위치가 증가함에 따라 감소하며, 분사가 끝나면 고정된 위치에서 시간에 따라 감소한다. 분무 내의 연료 분포는 주로 난류-제트 혼합 과정에 의해 제어된다. 디젤과 유사한 분무의 불안정한 증발에 대한 간섭 측정 연구에서 결정된 연료 증기 농도 등고선은 연료 분사가 종료되면 비교적 빠르게 증발하는 중심부의 액체 분무의 기체 난류-제트와 같은 구조를 확인한다.[47]

그림 10.42는 각 분무가 어떻게 자착화하는지, 그리고 침투하는 분무 가장자리 주변의

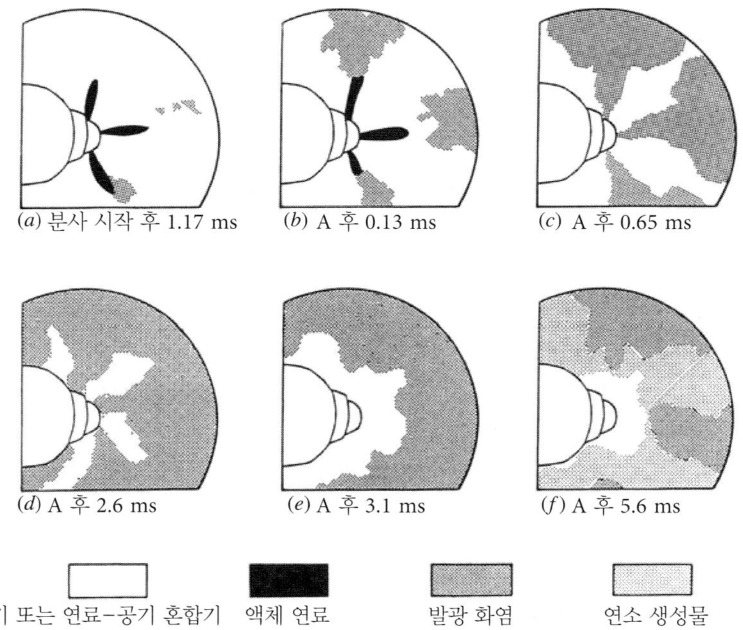

그림 10.49 급속 압축기에서 투명한 헤드에서 피스톤쪽을 바라보며 촬영된 디젤 연소의 고속 영상으로부터 얻어진 분무와 화염 내 액체 연료의 경계 추적. 분사 후 1.17 ms 시점인 A에서 첫 번째 발광 화염이 발생. D에서 분사 종료.[48]

확산 화염 후의 발달을 보여준다. 그림 10.49는 DI 퀴에슨트 체임버 디젤 엔진의 일반적인 조건에서 이 과정이 어떻게 지속되는지를 보여준다. 이것은 5개의 연료 제트를 디스크형 급속 압축기의 체임버 중앙으로 분사하고, 분사 및 연소 과정을 고속 카메라로 촬영하여 액체 분무 중심부 확산 화염 경계의 시작 및 확산을 보여준다.[48] 이러한 연구는 확산 화염이 먼저 분무의 가장자리 주위에서 형성된다는 것을 보여준다(연소실 벽과 상호작용이 있을 수도 있음). 이 확산 화염은 분무의 경계를 따라 인젝터 노즐을 향해 빠르게 이동한다. 시간이 경과함에 따라 연소 생성물은 그림 10.49와 같이 분무를 감싸는 확산 화염으로부터 바깥쪽으로 (그리고 안쪽으로) 확산된다. 이러한 (뜨거운) 연소 가스의 외부 확산은 단일 디젤 연료 분무의 자연광 방출 및 그림자 사진인 그림 10.5에서 분명히 나타난다.

연료 액적의 높은 속도(500 m/s)를 구현할 수 있는 현대의 높은 분사 압력(1000 bar 이상) 연료 시스템의 경우 화염이 인젝터까지 이동하지 않는다. 노즐 출구로부터 약간 떨어진 곳에 있는 분무 발달의 준안정화 단계 동안 안정화된다. 이 현상을 *화염 lift-off*라고 하며, 그림 10.13에 그려져 있다. 보여진 바와 같이, 상당한 양의 뜨거운 공기가 분무에 유입하는 것이 lift-off 길이를 따라 발생한다는 것이 중요하다.[l] 이는 분무 내 연료-공기 당량비에 큰 영향을 미치며, 혼합물의 온도 및 자착화에 영향을 미친다. 적절한 부하의 경우, 퀴에슨트 DI 디젤 엔진에서 연료의 완전 연소에 필요한 약 20%의 공기가 이 lift-off 거리에서 분무에 유입된다.

따라서, 디젤 엔진에서의 혼합-제어 연소 단계의 필수 요소인 확산 화염의 시작과 발달하는 분무 주변으로의 확산은 다음과 같이 발생한다. 예혼합 연소 단계가 진행됨에 따라, 분무의 선두 부분 내의 연료가 농후한 혼합물은 화학 에너지 방출과 실린더 내 압력 상승(공기 온도 상승)으로 인해 뜨거워진다. 1° 또는 몇 도의 크랭크 각 내에서, 하나 이상의 (국부적인) 확산 화염이 에너지 방출로 가스 온도를 더 높인다. 이러한 초기 확산 화염은 연료-공기 혼합물이 화학양론비보다 약간 농후하고 반응 속도가 가장 빠른 난류 분무 외부 경계 주변으로 빠르게 확산된다. 화염은 국부적인 제트 속도가 화염 확산에 대한 대류 저항이 제트 또는 분무의 시작으로부터 짧은 거리(lift-off 거리, 일반적으로 약 20 mm)인 확산 화염을 안정화 시킬 만큼 인젝터 노즐 오리피스를 향해 다시 이동한다.

그림 10.50은 기체 밀도 14.8 k/m^3, 분사 압력 138 MPa, 오리피스 직경 180 nm, 주변 온도 1000 K인 조건에서 연소하는 디젤 연료 분무를 보여준다. 회색 막대로 표시된 화염 lift-off 길이는 22 mm이다. 실험은 밀폐된 용기에서 수행되었다. 아래 그래프는 화염 lift-off 길이가 위에 열거된 조건(주변 기체 산소 농도 21%)에서 주변 기체 온도와 밀도에 따라 어떻게 변화하는지를 보여준다.

이러한 파라미터 및 다른 파라미터와 관련하여 lift-off 길이가 변경되면 각 분무에 유입되는 공기가 변화한다. 화염 lift-off 이전에 유입되는 공기의 양을 추정할 수 있다. 이 양은 분사되는 연료를 완전히 연소시키는 데 필요한 총 공기의 백분율, 즉 화학양론비 공기 조건으로 나타낼 수 있다. 이 양은 디젤 연소의 초기 단계 및 예혼합 연소를 하는 혼합물의 농후한 정도를 정의한다. 이 영역은 그림 10.13의 주석으로 표시된 개략도에 나타나 있다: 화염 lift-off의 바로 아래쪽에 있는 농후한 미 연소 혼합 영역의 하류에 있고, 더 깊은 하류에 있는 농후한 연소 지역의 생성물보다 앞선다. 이 백분율, ξ_{st}는 다음과 같이 주어진다.

---

[l] 그림 10.49와 같은 분무와 화염 추적은 이 화염 lift-off를 보여주지 못한다. 이는 이 오래된 연구에서 연료 분사 세부 사항으로 인해 lift-off 거리가 짧았기 때문일 수 있다.

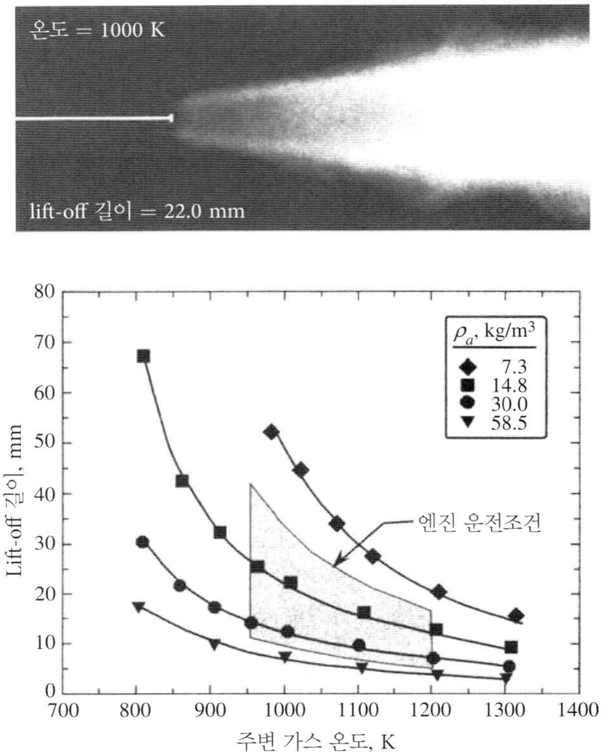

그림 10.50 확산 화염 lift-off 거리(22 mm)를 보여주는 디젤 압축 TC 조건에서 연소하는 디젤 연료 분무의 시간 평균 영상의 샘플. 퀴에슨트 연소 체임버(위 그림)에서 상세 조건은 교재를 참고하라. 아래 그림: 주변 기체 조건(온도와 밀도)의 함수에 따른 lift-off 길이. 주변 기체의 산소 농도는 21%, 오리피스를 통한 압력 강하는 138 MPa, 오리피스 직경은 180 μm이다. 회색 영역은 퀴에슨트 디젤 엔진의 일반적인 조건을 나타낸다.[22, 49]

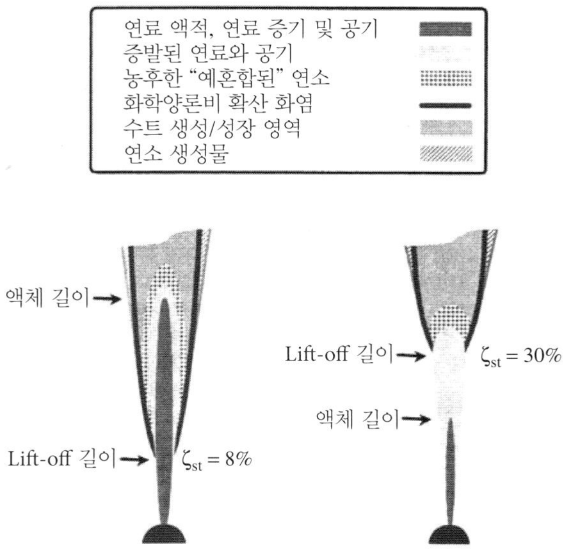

그림 10.51 연료 증발과 DI 디젤 연소 영역 사이의 상대적 공간 관계가 어떻게 변하는지 보여주는 개략도. 교재 내 토의를 참고하라. 왼쪽: 주변 기체 조건은 1100 K, 23 kg/m^3, 오리피스 압력 강하 40 MPa, 오리피스 직경 250 μm. 오른쪽: 주변 기체 조건은 1000 K, 20 kg/m^3, 오리피스 압력 강하 200 MPa, 오리피스 직경 100 μm.[49]

$$\xi_{st}(\%) = \frac{100}{\phi} = 100\left[\frac{(1+16\tilde{L}_{LO}^2)^{1/2}-1}{2(F/A)_s}\right] \tag{10.38}$$

여기서 $\tilde{L}_{LO}$는 화염 lift-off 길이/x^+이고, x^+은 식 (10.19*b*)에 의해 정의된 연료 분무의 특성 길이 척도이다.[22]

확산 화염 lift-off 길이에 영향을 주는 변수는 주변 기체 온도 및 밀도, 주변 기체 내 산소 농도(공기 또는 EGR이 추가된 공기), 오리피스 직경, 오리피스 압력 강하, 국부적인 연료-공기 당량비이다. 노즐 오리피스의 하류에서 안정된 lift-off 위치는 분무 외부 영역에서 하류(난류) 유동과 상류 확산 화염 영역 팽창 속도 사이의 균형이 되는 곳이다. 이는 국부적인 화학 에너지 방출의 속도에 의존하는 상류의 화염 전파에 대해 노즐로부터 화염을 대류시키는 하류의 분무 모멘텀이 균형을 맞춘다. 사실상 확산은 lift-off 거리에서 멈춘다. 화염 소멸이 쉬운 혼합물 상태에서 화염 lift-off는 인젝터 노즐에서 더 멀어진다: 화염 소멸이 어려운 혼합물 상태에서 화염은 노즐에 가까울수록 안정화된다.[22, 49]

분무의 액체 중심부 및 예혼합 연소와 확산 연소 단계에 대한 이전의 논의와 연관지을 때, 이 화염 lift-off 길이에 대한 논의는 공기 유입, 연료 증발 및 연소 영역 사이의 상대적인 공간 관계의 변화와 분무 내 조건이 실질적으로 변화하여 연소 영역이 달라질 수 있음을 제안한다. 그림 10.51에는 두 가지 극단적인 경우가 묘사되어 있다: 왼쪽 그림에서 액체 길이는 (짧은) 화염 lift-off 길이보다 실질적으로 길다; 그리고 오른쪽 그림에서는 반대로 액체 길이가 짧고 화염 lift-off 길이가 길다. 오른쪽 그림에서, (뜨거운) 공기의 유입된 양은 거의 화학양론비 공기의 1/3이며, 빠른 예혼합 연소 과정은 덜 농후(ϕ = 3)할 것이고, 이후에 형성되는 수트의 양은 더 적을 것이다(그림 10.56 참고). 왼쪽 그림에서, 유입되는 공기는 10% 이하이다: lift-off 지점에서의 ϕ는 매우 농후(ϕ ~ 10)하고, 추가적인 공기가 유입됨에 따라 길어진 예혼합 연소 영역을 통해 하류가 덜 농후할 것으로 예상된다. 여기서 더 농후해지면 수트 배출량이 증가할 것이다.

다양한 연소 시스템을 갖춘 엔진의 가스 샘플링 연구로부터 중형 및 소형 디젤 엔진에서 보다 빠른 연료-공기 혼합을 촉진하는 데 공기 스월 역할은 분명해졌다. 연소실의 임계 영역

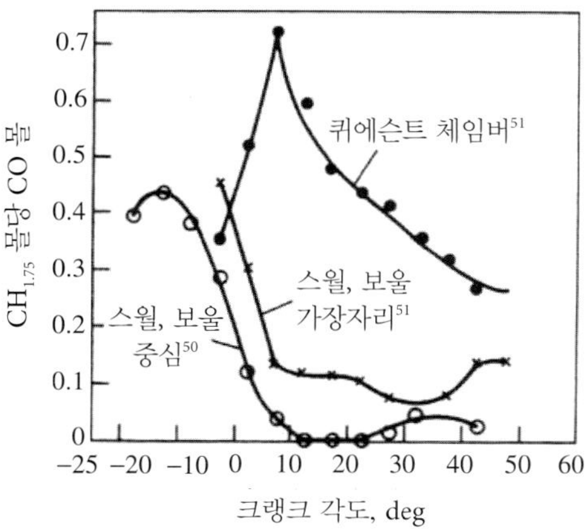

그림 10.52 퀴에슨트 연소실과 높은 스월 보울-인-피스톤 DI 디젤 엔진에서 급속 작동 샘플링 밸브로부터 얻어진 시간 변화에 따른 기체 성분 데이터. CO 농도 (몰 연료 $CH_{1.75}$ 당 몰 CO)가 (1) 큰 퀴에슨트 챔버 디젤 엔진의 분무 중심선을 따라, (2) 스월이 있는 엔진에서, 깊은 보울의 가장자리 그리고 얕은 보울 안에서 측정된 값을 보여준다.[50, 51]

내에서 가스 종류 및 미연 탄화수소 농도의 변화가 매핑(mapping)되었으며, 이러한 데이터는 분사 및 연소의 초기 단계 동안 스월에 의해 연소실 보울 주위로 대류가 발생하여 개별 분무의 경계가 구별될 수 있음을 보여준다. 연소실 내의 연료 분포는 균일하지 않다. 그러나 스

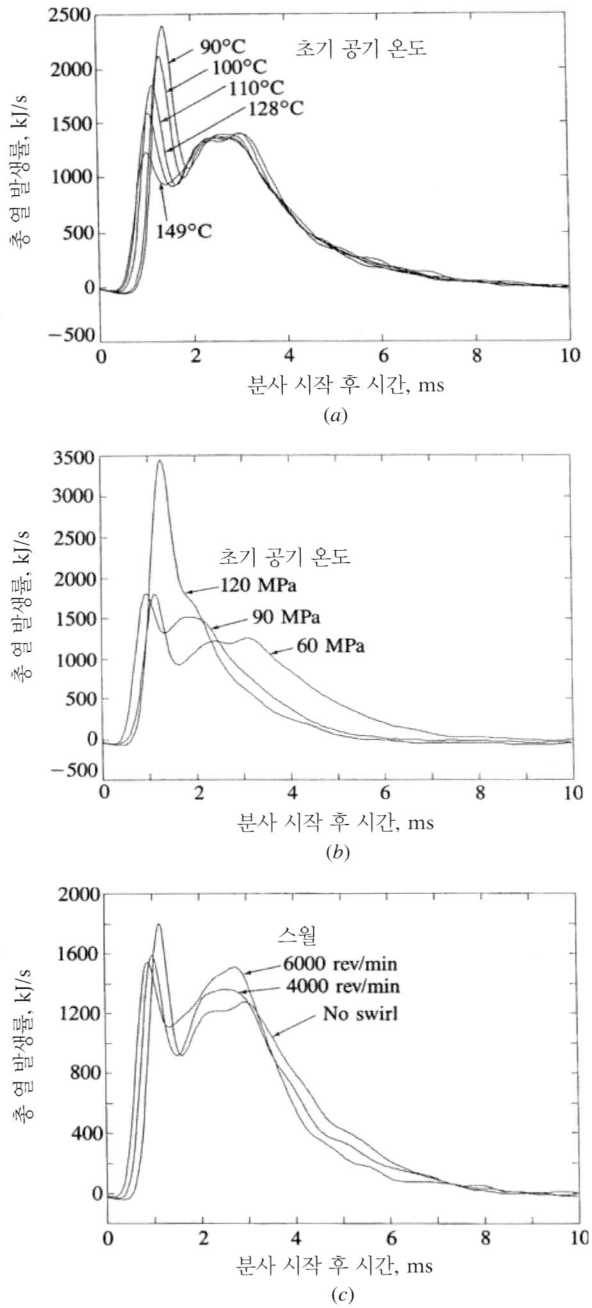

그림 10.53 분사 후 시간에 따른 순 열 발생률. 이것은 DI 디젤 연소를 위한 급속 압축기 연구로부터 얻어진 실린더 압력 데이터로 계산되었다. (*a*) 초기 공기 온도 변화의 영향: 4000 rev/min 스월, 분사압력 60 MPa, 식 (10.37*a*)의 약 900 K에 상응하는 100°C 초기 온도. (*b*) 분사 압력 변화의 영향: 스월 없음. (*c*) 스월 변화의 영향: 분사 압력 60 MPa.[14]

월에 의해 공기가 추가로 분무에 유입되어 분무 내의 연료-공기 당량비가 화학양론비에 더 가깝게 된다.[50] 스월이 있는 분무의 실질적인 다른 특징은 그림 10.52의 데이터로부터 명확해진다. 국부적인 ϕ값은 주어진 크랭크 각에서 분무 위치와 샘플 밸브 위치의 관계에 따라 달라지지만, 퀴에슨트 체임버에서 분사 및 연소 초기 기간 동안 상대적인 스월 값에 따른 몰 CO/몰 $CH_{1.75}$의 값(당량비)은 더 낮아지며, 이것은 스월이 연료-공기 혼합률을 상당히 높이고 있음을 나타낸다. 연소가 끝남에 따라 연소실 내의 연료 분포는 최소한 전체 기하학적 규모에서는 균일해진다. 그러나 그림 10.52에서 보여지는 것처럼 연소 과정 초기에 다른 디젤 연소 시스템에서 발견되는 높은 CO 수준은 연소된 가스가 부분적으로만 반응한다는 것을 나타낸다. 퀴에슨트 체임버의 경우 CO 수준이 높은 이유는 주로 산소가 부족하기 때문이다. 그러나 스월이 있는 경우, 많은 산소가 있다; 스월이 있지만 CO 수준이 높은 것이 운동학적 한계인지 또는 작은 규모 혼합물의 비 균일성 때문인지 확실하지 않다.

10.6.3 연료-공기 혼합 및 연소율

디젤 연소 동안 실린더 압력 데이터의 열 발생 분석으로부터 얻어진 에너지 발생 프로파일은 두 가지 주요 연소 단계를 나타낸다(그림 10.8 참고). 첫 번째는 예혼합 연소 단계로, 점화 지연 기간 동안 연료와 공기가 충분히 혼합하여 형성된 점화 가능한 농후 혼합물은 화학 에너지의 일부를 방출한다. 두 번째는 혼합-제어 연소 단계로, 확산 화염이 분무를 감싸고 연료 산화 과정을 완료한다. 열 발생 분석의 실험적 자료는 이 두 번째 혼합-제어 연소 단계에서 연료의 대부분(일반적으로 80% 이상)이 연소됨을 나타낸다.

주요 확산 화염 연소 과정에서의 연료 연소율 또는 열 발생률이 주로 혼합-제어된다는 것은 많은 유형의 자료에 의해 증명되었다. 분무의 다양한 난류-제트 모델에 기초하여 일반적인 엔진 조건 하에 디젤 분무 내에서 생성되고 연소성 한계 이내로 조성되는 연료-공기 혼합물의 생성 속도의 평가는 혼합률과 연소율의 크기 면에서 비교 가능하다는 것을 보여준다.

표 10.4 열 발생률에 대한 엔진 설계 및 운전 변수의 영향[1]

변하는 파라미터	~에 관한 영향			
	점화 지연 기간(τ_{id})	연료-공기 혼합률($\dot{m}_m$)	예혼합 연소 단계에서의 열 발생률($\dot{Q}_p$)	혼합-제어 연소 단계에서의 열 발생률($\dot{Q}_m$)
분사율 ↑	0	↑	↑	↑
터보차저 부스트 ↑	↓	0	↓	0
압축비 ↓	↑	0	↑	0
인젝터 홀 수 ↑	0	↑	↑	↑
분사 진각 ↑	↑	0	↑	0
스월 ↑	0	↑	↑	↑
흡기 온도 ↓	↑	0	↑	0
분사 압력 ↑	0	↑	↑	↑
속도 ↑	0	↑	↑	↑

τ_{id} 점화 지연 기간; $\dot{m}_m = (dm/dt)_m$, 연료-공기 혼합률; $\dot{Q}_p = (dQ/dt)_p$, 예혼합 연소 단계에서의 열 발생률, $\dot{Q}_m = (dQ/dt)_m$, 혼합-제어 단계에서의 열 발생률. ↑ 증가, ↓ 감소, 0 미미한 영향 (출처: Pleedhk Ahmad[39])

디젤 연소실에서 난류-제트 혼합 과정에 대한 특성 시간의 추정치는 열 발생 과정 지속 시간과 비교될 수 있으며, 연료 증발 및 얇은 확산 화염 화학 운동학의 특성 시간보다 길다. 그럼 다음, 연소의 이 주요 부분 동안 측정된 디젤 열 발생 프로파일은 주요 제어 요소인 연료 공기 혼합에 해당하는 엔진 설계 및 작동 매개 변수 변경의 추세를 보여준다. 그림 10.52에서 보여주는 디젤 연소의 급속 압축기 연구에서 측정한 열 발생 프로파일의 예는 이를 명확하게 보여준다. 급속 압축기는 10 cm 직경과 압축 과정의 끝에서 3.1 cm의 틈새 높이를 갖는 체적비 15.4의 디스크형 체임버이며 중앙에 위치한 5홀의 연료 인젝터 노즐이 사용되었다. 그림 10.53*a*는 서로 다른 점화 지연을 일으키는 초기(압축 이전) 공기 온도에 대한 열 발생 프로파일을 보여준다. 점화 지연 기간이 길수록 더 많은 연료가 가연성 한계 이내로 혼합될 수 있으므로 예혼합 열 발생률이 증가한다. 그러나 혼합-제어 연소 단계의 열 발생률 크기는 분무 혼합 과정이 공기 온도 변화에 거의 영향을 받지 않기 때문에 기본적으로 동일하다. 그림 10.53*b*와 *c*는 증가된 연료 분사율(연료 분사 압력을 증가하여 얻어짐)과 스월에 의해 연소 과정 절반에 걸친 열 발생률이 증가하는 것을 보여준다. 이 두 가지 변화 모두 연료 분무 내의 연료-공기 혼합률을 증가시키며, 따라서 혼합-제어 연소 단계 동안 열 발생률을 증가시킨다. 설계 및 작동 변수가 변경됨에 따라 디젤 엔진 열 발생률 경향은 유사한 방식으로 혼합률과 관련될 수 있다. 표 10.4는 조사된 경향을 요약한 것이다. 엔진 매개변수 변화가 착화 지연 기간과 연료-공기 혼합률에 미치는 직접적인 효과는 모두 예혼합 및 혼합 제어 열 발생률의 측정된 변화와 일치한다. 연소 시 디젤 엔진 연료 분무에서 연료 공기 혼합의 제어 역할은 명확하다.

10.7 대체 가능한 압축 점화 연소 방식 _*A lternative Compression-Ignition Combustion Approaches*

최근 디젤 엔진 분사 장비는 다중 연료 분사 펄스가 가능하고, 각 펄스의 분사율을 제어할 수 있다. 따라서 각 개별 연료 분무 내 농후한 "예혼합 화염"에 뒤이어 각 분무 주위의 확산 화염에서 농후한 혼합물을 완전 연소하는 기본적인 디젤 연소 과정을 수정할 수 있다.

관심이 있는 다양한 연소 방식은 크게 두 그룹으로 분류할 수 있다: 기본적인 디젤 연소 과정을 개선하기 위한 다단 연료 분사 및 표준 모드와 크게 다른 대체 연소 개념. 표 10.5는 대체 가능한 압축 점화 연소 방식을 분류하고, 이 방식들의 주요 특징 및 작동 특성을 요약한 것이다. 다단 연료 분사가 적용된 디젤 연소와 기존 디젤 엔진 연소의 연료-공기 혼합 및 연소 과정과는 다른 *첨단 연소 기법*은 10.7.1절과 10.7.2절에서 각각 논의될 것이다.

표 10.5에서 볼 수 있듯이, 다단 분사는 몇 가지 목적으로 사용되고 있다. 서로 다른 다단 분사 펄스는 (파일럿 분사를 통해) 주 연료 연소 과정의 점화 지연 기간을 줄이거나, (스플릿 분사를 통해) 주 연료 분사 펄스의 후반 부분 연소율을 높이거나, (후 분사를 통해) 실린더 내 입자상 물질을 줄일 수 있다. 탄화수소를 산화시키고 질소산화물을 줄이며 입자상물질을 여과하고 연소시키는 후처리 장치를 사용함에 따라, 국부적으로 배기 가스 온도를 상승시키기 위해 적절한 시기에 추가적인 연료 화학 에너지를 방출하는 늦은 연료 분사 펄스가 사용된다.[52] 그림 10.54는 이러한 분사 전략들을 나타내며 또한 여러 연료 분사 펄스의 상대적 크기(비율)도 표시한다.

표 10.5는 첨단 연소 기법을 기존 방식과 다른 두 가지 실질적인 차이점으로 나눈다: (1) 연료-공기를 혼합하여 연소시키는 *예혼합* 연소에 가까운 (일부) 연료의 조기 분사, (2) 실린더 내 오염물질 생성을 줄이는 후 연소(일반적으로 빠른 연소)를 위한 늦은 분사.

표 10.5 대체 가능한 압축 점화 연소와 분사 전략

특징	다단 분사 디젤	선행 연소	
		예혼합	후연소
주 목적	표준 디젤 연소의 소음, 배기 저감	배기 저감 효과와 함께 연소 가스 온도를 낮추기 위해서	
접근 방법	주 디젤 연소 과정을 개선하기 위한 파일럿 분사. (배기 후처리 장치를 통한) 대기오염물질 제어를 위한 추가 분사	조기 분사, 희박 또는 희석된 혼합기, 긴 흡입 기간, 예혼합 연료-공기 혼합기	늦은 분사, TC 이후 더 빠른 연소 과정을 얻기 위해 높은 EGR 레벨과 혼합률
주요 특징	피에조 인젝터를 이용한 커먼레일 고압 분사 시스템	조기 분사(흡기 또는 압축 초기), 잘- 또는 예혼합된 연료-공기 혼합기, 긴 흡입 기간 후 자발적인 점화	TC에 근처에서 분사, 높은 수준의 Cooled EGR, 높은 스월, 빠른 연료-공기 혼합, 보통의 점화 지연 기간
연소 특성	더 유동적이고 제어가능한 디젤 연소(예혼합 연소와 확산화염)	낮은 연소 가스 온도에서 희박하고/또는 희석된 예혼합 자착화 과정	희석되고, 빠른 연소; 자발적인 점화, 예온합 및 혼합-제어 연소 과정, 팽창 행정 조기
효율 증진 가능성	보통	높음	보통
대기오염물질 수준	표준 디젤 연소에 비해 개선된 PM과 NO_x	가장 낮은 PM과 NO_x 배출	표준 디젤 연소에 비해 낮은 NO_x, 개선된 PM
연료	표준 디젤 연료	낮은 세탄가 연료 필요	표준 디젤 연료

10.7.1 다단 분사 디젤 연소

앞 절에서 간략히 설명한 것처럼 그림 10.54는 일반적으로 TC 근처에서 점화하는 주 연료 분사에 관한 각각 다른 다단 연료 분사 전략을 설명한다. 각 분사의 주요 역할은 상대적인 분사 기간으로 표시된다.

파일럿 분사

전술한 바와 같이, 파일럿 분사는 일반적인 디젤 분사 전략 중 주 분사의 분사 시작과 연소 시작 사이의 점화 지연 기간을 단축시키기 위해 사용된다. 파일럿 분사의 목표는 주로 엔진 소음을 줄이는 것이다(15.7.1절 참고). 파일럿 분사의 연료가 공기와 함께 연소됨으로써 인젝터 주변 혼합물의 온도가 상승하여 주 분사 연료의 점화 지연 기간이 감소한다. 점화 지연 기

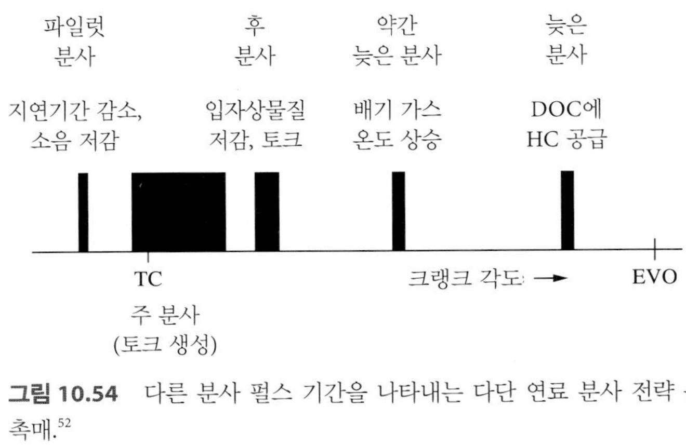

그림 10.54 다른 분사 펄스 기간을 나타내는 다단 연료 분사 전략 옵션의 개략도. DOC: 디젤 산화 촉매.[52]

간이 짧을수록 주 분사 연료의 초기 연소 속도가 느려진다. 빠른 연소를 위해 조기 분사되는 파일럿 분사 연료 "준비" 시간이 짧아지기 때문에 초기 연소로 생성되는 압력 상승률이 감소하여 소음 수준도 낮아진다. 이 파일럿 분사 효과는 엔진이 완전히 예열되기 전과 낮은 엔진 부하에서 유리하다. 높은 엔진 속도와 부하에서, 분사 시 실린더 내 가스는 뜨겁기 때문에 점화 지연 기간이 짧아지므로 파일럿 분사의 영향은 상당히 감소한다.

파일럿 분사의 두 번째 효과는 파일럿 연료의 연소로 인젝터 주변의 "공기"에 희석제(연소된 가스)가 첨가된다는 것이다. 따라서 주 분사 연료 분무를 둘러싸고 있는 확산 화염 내의 화염 온도가 감소한다. 왜냐하면 이러한 확산 화염에서 연소되는 산소는 공기 중의 질소와 이전 사이클에서 연소된 잔류가스뿐만 아니라 추가적인 희석제를 갖기 때문이다. 이것은 확산 화염의 NO_x 발생률을 감소시킨다(11.2.4절 참고): 이것은 또한 확산 화염 속 수트의 산화율을 감소시켜 입자상 물질 배출에 나쁜 영향을 끼칠 수 있다(11.5.5절 참고).

일반적으로 파일럿 연료 분사량은 총 연료의 5~15%이며, 분사 시기는 TC 이전 약 15-35 CA이다. 파일럿 연료 분사는 점화 지연 기간을 약 2배 정도 감소시킨다.

후(Post) 분사

후분사는 주로 입자상 물질 배출에 영향을 준다. 주분사의 끝과 후분사의 시작 사이에 비교적 짧은 지연(약 10~15°CA)을 갖는 후분사는 수트 배출량을 약 40% 감소시킨다. 입자상 물질 배출량은 보통 후분사 시기가 주분사의 끝에 가까워지거나 너무 나중에 분사하면 증가한다. 후분사의 사용은 주로 낮은 엔진 속도와 낮은 부하에서 입자상물질을 낮추기 위한 전략이다.

그림 10.54에 그려진 후분사는 배기 시스템 후처리 장치의 성능의 향상을 위해 사용된다. 팽창 행정 동안의 연료 분사(및 연소)는 배기 가스 온도를 상승시키고 입자상 물질 트랩/필터의 입자상 물질의 연소 또는 재생 프로세스를 시작하는 데 사용된다. 팽창 행정 후반부의 분사는 NO_x 제거에 사용되는 *선택적 환원 촉매*(*SCR, selective catalytic reduction*) 시스템을 사용하기 위해 희박한 배기 가스에 필요한 환원제(탄화수소)를 생성한다(11.6.3절 참고).

10.7.2 첨단 압축 점화 연소 개념

연료-공기 혼합기의 자착화(압축 점화)는 다양한 연료를 사용하여 엔진 연소를 시작할 수 있고, 연료 분사 및 혼합 전략을 사용할 수 있다. 이러한 대안적인 접근은 고효율과 낮은 질소산화물 및 입자상 물질 배출 가능성을 위해 연구되고 있다. 1970년대 후반 균일 혼합 2-행정 사이클 엔진(homogeneous charge two-stroke cycle engines)이 압축 착화로 작동하는 데 성공했다.[53] Najt와 Foster는 균일 예혼합 압축 점화(homogeneous charge compression ignition, HCCI)의 기초를 분석하여, 점화 과정이 저온 탄화수소 산화에 의해 제어되는 반면 주 에너지 방출 과정은 고온 탄화수소 산화에 의해 제어된다고 결론지었다.[54] 탄화수소-공기 혼합물의 자착화 화학 과정에 대해 더 자세하게 설명된 9.6.2절을 참고하라.

엔진에서 저온 산화 반응은 약 800 K에서 발생하기 시작한다. 알데히드와 같은 중간 종(intermediate species)은 연료 분자로부터 H-원자를 추출하여 생성된다. 이 과산화물은 빠른 속도로 화학에너지를 열에너지로 전환하면서 더 많은 활성 라디칼을 생성하기 위해 OH와 반응한다. 더 직접적인 산화 경로는 950~1000 K 사이의 온도에서 시작되며 올레핀(olefin)과 알킬기(alkyl radical) 같은 중간 생성물이 점점 더 빠르게 소비된다. 연료의 조성과 혼합 온도와 관련된 개별 탄화수소의 분자구조에 의해 좌우되는 저온 및 고온 경로의 상대속도

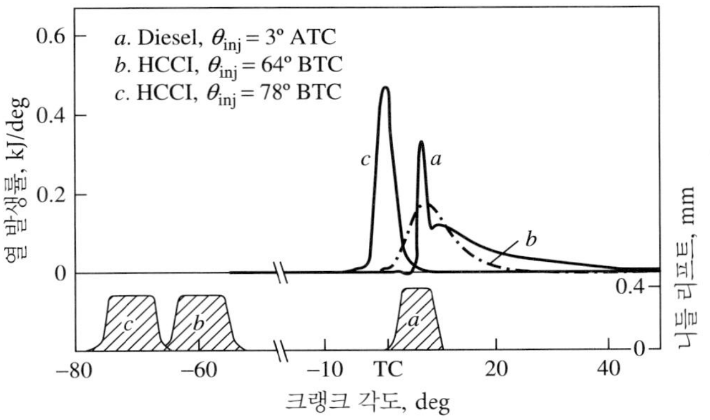

그림 10.55 (*a*) 분사시작(SOI)이 3° ATC이고, 연소의 시작(SOC)이 몇 도 정도 느린 표준 디젤 연소 과정의 열 발생률 프로파일과 (*b*) SOI가 64° BTC이고, SOC가 TC이 직후인 HCCI 열 발생률 프로파일, (*c*) SOI가 78° BTC, SOC가 4°BTC인 HCCI 열 발생률 프로파일의 비교.[56]

에 따라, (저온 산화가 더 느린 경우) 2단계 점화 과정이 발생할 수 있다. 또는 효과적으로 두 과정이 하나의 연속적인 과정으로 병합될 수 있다.[55]

1984년에 Oppenheim[57] (10.5.3절 참고)은 잔류 가스와 EGR의 양을 변화시켜 온도(및 희석)를 제어함으로써 엔진에서 압축 착화에 필요한 미연소 혼합물 조건을 달성한 HCCI의 개념을 제안했다. 또한 제어되는 자착화 연소과정에서 연료의 자착화 특성이 중요한 요소임을 분명히 하였다.

그림 10.55는 HCCI 연소 과정의 기본 특징을 기존의 디젤 연소 과정과 비교하여 보여준다. HCCI 연소 과정은 조기 분사에 의해 연료의 화학적 유도 시간(점화 지연 기간)이 길어져 (균일하게) 잘 혼합된 희박한 혼합물에서 발생한다. HCCI 연소의 대끄러운 2단계 열 발생률 윤곽은 뚜렷하며, HCCI 열 발생률은 빠르고 예혼합된 초기 연소 간계에 뒤이은 혼합-제어 확산 화염 단계의 기존의 디젤 열 발생률과 대비된다.

균일한 희박 혼합물 자착화의 이점은 연소 온도가 낮아 수트 형성 및 NOX 형성이 발생하는 당량비(ϕ)와 온도(T) 영역을 피한다는 것이다. 그림 10.56에서 볼 수 있듯이, HCCI 연소의 실린더 가스 온도(평균 실린더 내 값)는 1600 K 이하이며 비교적 균일하다. 기존의 디젤 연소의 경우, 실린더 가스 온도는 상당히 높으며(그리고 각 분무를 감싸는 확산 화염 내부는 약 2700 K에 도달함, 그림 10.13 참고) 농후한 분무 내에서 많은 수트를 생성하며, 화학양론비에 가까운 확산 화염에서 많은 NO를 형성한다. HCCI 연소 과정의 NO_x 배출 감소 가능성은 그림 10.55에 나타난 다른 연소 과정의 상대적인 NOX 배출 수준으로 설명된다. 기존 디젤 연소의 경우 (*a*), NO_x 수준은 400 ppm이었고, HCCI의 경우 (*b*)와 (*c*)는 각각 250 ppm 및 20 ppm이었다.[56]

잘 혼합된 희박 혼합물의 자착화를 통해 이러한 목적을 달성하는 여러 가지 접근법이 제안되고 검토되었다. 이러한 접근법은 그림 10.56에서 묘사하는 것처럼 대부분 *저온 연소*(*low temperature combustion, LTC*) 접근법이다. 이러한 연소 기법들은 "예혼합" 또는 "늦은" 연소 모드로 분류할 수 있다(표 10.5 참고). 이 연소 기법들은 연료와 공기를 예혼합하는 데 더 많은 시간을 허용하는 조기 연료 분사 방식과 점화 지연 기간을 길게 하여 기존 디젤 분사 및 연소 과정보다 더 나은 연료-공기 혼합을 유발하는 후분사 방식에 해당한다. 그러나 후분사의 경우, 최대 연소가스 온도를 낮추기 위해 EGR로 희석하는 것이 보통 필요하며, 이 두 가

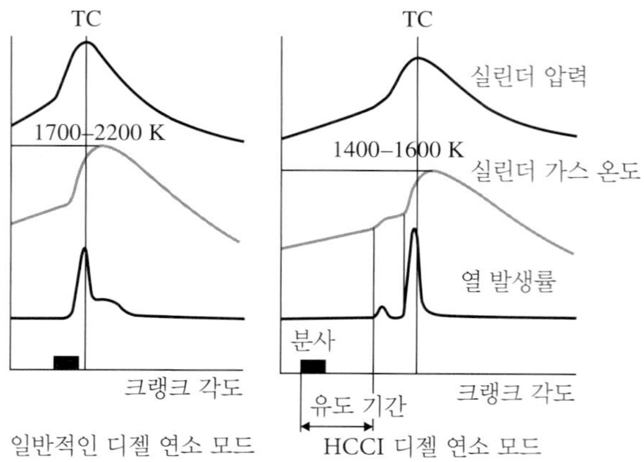

그림 10.56 표준 디젤 연소 과정과 HCCI 연소 과정에 대한 크랭크 각도에 대한 실린더 압력, 평균 가스 온도, 열 발생률의 프로파일. HCCI 연소의 훨씬 더 긴 점화 지연 기간은 연료 증기와 공기가 더 완전히 혼합할 수 있도록 한다. 따라서 디젤 연소의 혼합–제어 단계를 제거해준다.[55]

지 연소기법 모두 엔진 효율을 높이기 위해 연소 과정의 속도를 높여야 한다.

다양한 접근 방식에 대한 많은 다른 호칭이 제안되었다. 예를 들어, premixed charge compression ignition (PCCI), reaction controlled compression ignition (RCCI), modulated kinetics (MK)(후 분사 연소 개념). 이러한 각각의 이름들은 이러한 첨단 연소 기법의 필수적인 특징, 즉 충전물의 더 완전한 혼합(예혼합), 연소 화학 반응을 통한 연소 시기 및 단계 제어, 공기와 잔류 가스 또는 EGR로 희석하여 연소 가스(화염) 온도를 낮추는 기능들을 함축한다. 참고문헌 55를 참고하라.

조기 분사 및 후분사 저온 연소 개념의 당량비 온도 경로는 이러한 첨단 연소 기법의 기회와 문제들을 확인한다. 그림 10.57은 특정한 연료–공기 당량비와 온도 1000 K에서 디젤과 같은 연료와 공기의 균일 혼합물이 연소하여 발생하는 가스 온도를 보여준다. 매우 농후한 혼합물 ($\phi \geq 2$)의 경우, 이 온도는 흡열반응이 온도를 평형 값으로 낮추기 전에 연소가스 평형 온도를 수 백 K 초과할 수 있다. 연료 탄소가 수트로 전환되는 백분율이 표시된 수트 형성 영역(1600~2200 K 사이의 온도 T에서 $\phi \approx 2$보다 농후한 영역)과 NO 형성 영역은 그림 10.58에 보여진다. 또한 21%(공기), 15%, 10% 산소 라인(EGR 수준 증가에 해당)이 표시된다. 기존 디젤 연소 과정(공기 포함)에서 연료 덩어리의 대표적인 경로는 ϕ가 2~4 범위에서 점화되고, 농후한 혼합물 반응으로 수트 형성 영역에 진입한다; 이 때 확산 화염($\phi \approx 1$, T = 2700 K)에서 연소된 가스는 NO 형성 영역에 있다. A와 B는 디젤 연소 과정의 예혼합(빠른) 연소 단계와 혼합–제어(확산) 연소 단계를 나타낸다.

조기 분사 높은 희석 연소 개념의 경로 특성은 그림 10.58에 채워진 화살표(E)로 표시되어 있다. 이 경로의 대표적인 운전 조건은 10% 산소 농도(65% EGR)와 크랭크 각 BTC 20°의 SOI이다. 후연소의 예시(L, 속이 빈 화살표)의 경우, SOI는 TC에 가깝고 산소 농도는 약 15%이다. 더 긴 점화 지연 기간(기존 디젤 연소에 비해, A, 속이 찬 화살표)은 SOC에서 "덜 농후한" 혼합물 조성이 되도록 하지만 EGR 희석으로 인해 연소 과정의 대부분 동안 온도가 낮다. 후 분사의 경우 확산–제어 연소 과정이 여전히 존재하지만 희석 및 그 후의 반응으로 인하여 NO 형성 영향이 감소하여 최대 화염 온도가 낮아진다. 보다 빠르거나 덜 빠른 CO 산화 영역 사이에 온도 경계가 표시된다. 농후 혼합물의 경우($\phi > 1$), 연료의 화학에너지를

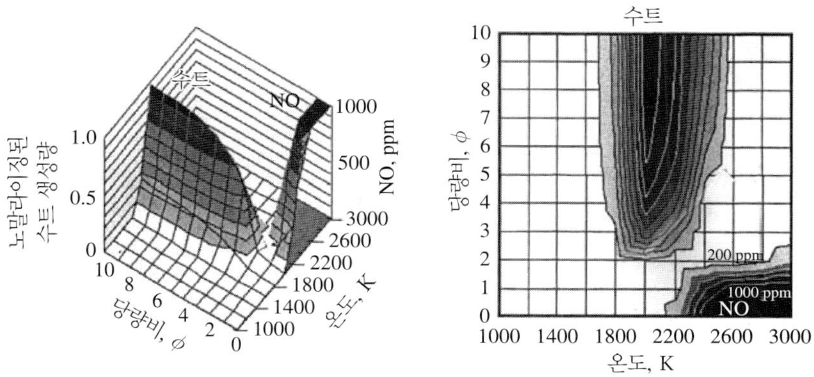

그림 10.57 수트 생성 (농후 혼합기)과 NO 생성 (고온, 화학양론비 근처) 영역을 보여주는 디젤 연소 해석에 해당하는 연소된 가스 온도에 대한 연료-공기 당량비 플롯.[58]

완전히 이용하기 위해 예혼합 연소의 생성물(CO, H_2, 기타 유기화합물)은 완전히 산화되어야 하기 때문에 이것은 중요하다.

이러한 다양한 HCCI 및 저온 연소 개념을 성공적으로 구현하면 첨단 연소 개념이 사용될 수 있는 엔진 운전 맵의 영역에서 더 높은 엔진 효율과 입자상 물질 및 NO 배출량을 줄일 수 있다. 그러나 이러한 영역은 일반적으로 매우 빠른 HCCI 연소 속도에 의해 저 부하(최대값보다 훨씬 낮은 평균 유효 압력)로 제한되며, 점화 후에는 노킹과 같은 압력 진동이 발생한다. 극도로 희박한 영역(그리고 EGR을 사용한 높은 희석률)에서 운전은 실화가 발생하여 HC 및 CO 배출량의 증가를 초래한다. 또한, 엔진 제어는 각 사이클의 충전 온도 및 조성을 적절히 관리하는 데 달려있으며, 연료-공기 혼합물의 자착화가 이러한 변수, 특히 온도에 크게 의존하기 때문에 어렵다. 온도 및 조성 계층화와 함께 "부분적으로 예혼합된" 연료-공기 잔류 가스 혼합물을 사용하면 이러한 어려움이 어느 정도 완화되지만, 광범위한 운전 범위에 대한 이러한 제한은 여전히 남아 있다.

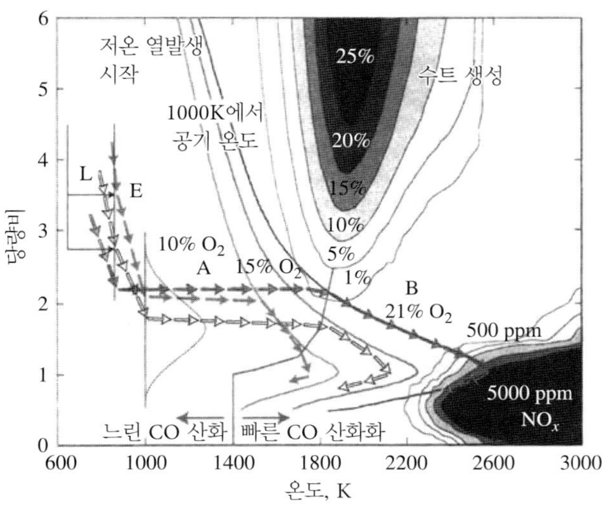

그림 10.58 연료-공기 당량비(ϕ)와 연소된 가스 온도(T) 평면에서 두 저온 연소 코드의 경로: 조기 분사(E), 늦은 분사(L), 표준 디젤 연소(A). 높은 EGR 윤곽(contour)(15, 10% O_2) 역시 나타내었다.[59]

기본적인 쟁점은 엔진이 일반적으로 넓은 속도 범위(예: SI 엔진 600~6000 rev/min)에서 작동해야 한다는 것이다. 디젤 엔진과 스파크 점화기관은 엔진 속도에 따라 확장되는 실린더 내 유체 난류와 비례하는 연소 과정을 사용한다. 동역학적으로 제어되는 엔진 연소 개념은 엔진 속도에 따른 고유의 연소 속도 척도를 가지고 있지 않다.

연습문제

10.1 직접 분사 압축 점화 엔진에서 분사 시스템의 액체 연료가 완전히 연소하기 전에 발생해야 하는 프로세스의 순서를 설명하라.

10.2 소형의 높은 스월 직접 분사 CI 엔진은 동급의 간접 분사 엔진의 전형적인 값보다 약 10% 높은 연료 변환 효율을 가지고 있다(IDI 엔진은 이전에 사용되었다). 이러한 높은 효율에 기여하는 DI와 IDI 디젤 엔진 사이의 연소 시스템 관련 차이는 무엇인지 설명하라.

10.3 디젤 엔진의 경우, 연료 분포가 균일하지 않기 때문에 연소된 가스 온도 또한 균일하지 않다. 처음 당량비 범위로 TC에서 1000 K, 6.5 MPa의 연료-공기 혼합기 요소를 생각하라. 각 원소는 기본적으로 일정한 압력에서 연소한다. 혼합물 당량비 0.4, 0.6, 0.8, 1.0, 1.2에 대한 연소 가스 온도를 계산하라(연료는 iso-octane으로 가정한다). 참고: 주 디젤 연소 단계(확산 화염)의 반응 영역은 화학양론비이다.

10.4 직분사 디젤 엔진의 배기 가스 내 가연성 성분이 HC 0.8 g/kWh, CO 3 g/kWh, 무시할 수 있는 만큼의 수소, 입자상물질 0.7 g/kW라고 하자. 만약 비연료소비량이 210 g/kWh 일 때, 연소 효율을 계산하라.

10.5 최대 출력 (210 kW), 2500 rev/min, 당량비 0.6으로 작동하는 터보차저가 장착된 8리터 6기통 직분사 디젤 엔진(그림 15.34 참고)이 있다. 보어 114 mm, 행정 130 mm, 압축비 16.5라고 할 때 다음을 계산하라.

- **(a)** 사이클당 각 실린더의 공기 질량, 사이클당 각 실린더에 분사되는 액체 디젤 연료의 질량과 체적.
- **(b)** 시간의 함수에 대한 분무 침투 길이 (증발 분무의) 액체 코어 길이, lift-off 길이, 평균 액적 크기. 10장의 관련 부분에서 식들을 이용하라. 엔진 운전 조건, 연료 분무 상세 조건을 정의해주는 파라미터들에 대한 몇 가지 가정이 필요할 것이다. 당신이 만든 가정을 쓰고, 자세히 설명하라.
- **(c)** 모든 연료 액적이 평균적인 크기로 같은 크기를 갖는다고 가정할 때, 분사 당 몇 개의 액적들이 만들어지는가? 만약 이 액적들이 TC에서 공기 차지 전체에 균일하게 분포한다면 액적 간 대략적인 거리는 어떻게 되는가? (이 가정들이 어느 것도 정확하지 않지만, 계산은 연료-공기 혼합 과정의 문제를 설명해준다.)

10.6 일반적인 직분사 디젤 연료 분무에 대한 다음의 정량적인 양들을 계산하라. 분사 압력은 500 bar이고, 분사하는 동안 실린더 압력은 50 bar이다.

- **(a)** 노즐 오리피스를 통한 유동은 비압축성이고 준 안정적이라고 가정할 때, 오리피스 출구에서 액체 연료의 속도를 계산하라. 이 속도에서 연료가 벽면에 도달하는데 얼마나 걸리는가? 보어는 125 mm 이다.
- **(b)** 각 노즐 오리피스 직경 d_n이 0.34 mm이고, L_n/d_n은 4이다. 분무 퍼짐 각도(분사각)을 계산하고, 시간에 대한 분무 끝단의 침투 거리(spray tip penetration)를 그려라.
- **(c)** 식 (10.28)을 사용하여 인젝터 노즐이 4개의 오리피스를 가지고, 1 ms 동안 위 (a)의 분사 과정을 지속한다고 가정할 때, 초기 평균 액적 크기를 계산하라.

10.7 디젤 연료는 상온에서 액체 상태로, 압축의 끝 TC에 가까울 때 50 bar, 800 K의 공기 안으로 분사된다. 만약 실린더 내 전체 당량비가 0.7이라고 하면, 연료가 완전히 증발하여 균일하게 혼합되었을 때 발생할 평균 공기 온도의 감소량을 계산하라. 이러한 혼합은 연소 전 일정한 부피에서 일어난다고 가정한다.

10.8 식 (10.35)를 이용하여 600 rev/min에서 작동하는 낮은 스월 DI 디젤 엔진, 1800 rev/min에서 작동하는 높은 스월 DI 디젤 엔진, 낮은 압축비 및 높은 압축비 각각의 운전 조건에서 밀리세컨드(ms)와 크랭크 각도(CA) 단위로 점화 지연기간을 계산하라. 다른 상세한 것들은 표 10.3에 나열하였다. 연료의 세탄가는 45, 행정은 각각 135와 83 mm이다. 예상되는 점화 지연기간의 차이에 대해 논의하라.

10.9 트럭 디젤 엔진의 압축비는 차가울 때 시동될 수 있도록 약 16으로 설정되어야 한다. 식 (10.35)와 (10.37)을 사용하여 압축비 12에서 20에 점화 지연 기간(τ_{id}, degree 단위)의 그래프를 그려라. p_i=1 bar, T_i=255 K, n=1.13, 속도 = 100 rev/min 보어=행정=120 mm, 연료 세탄가 = 45로 가정한다. 만약 만족스러운 출발을 위해 점화 지연기간이 20° CA 미만이어야 하는 경우, 어떤 압축비가 필요한가?

10.10 이 장의 데이터와 방정식은 직접 분사 디젤 엔진에 분사되는 연료의 비율을 계산하는 데 사용될 수 있으며, 이 연료는 예혼합 단계에서 연소된다. 이 정보를 사용하여 터보차저가 장착된 DI 디젤 엔진의 경우 예혼합 연소 단계에서 연소된 연료의 점화 지연 및 상대적 양이 자연 흡기 엔진의 경우보다 덜 중요한 이유를 설명하라.

참고문헌

1. Heywood, J. B.: *Internal Combustion Engine Fundamentals*, 1st edition, McGraw-Hill, New York, 1988.
2. Alcock, J. F., and Scott, W. M.: "Some More Light on Diesel Combustion," *Proc. Auto. Div., Instn Mech. Engrs,* No. 5, pp. 179–191, 1962–1963.
3. Scott, W. M.: "Understanding Diesel Combustion through the Use of High Speed Moving Pictures in Color," SAE paper 690002, *SAE Trans.*, vol. 78, 1969.
4. Neitz, A., and D'Alfonso, N.: "The M.A.N. Combustion System with Controlled Direct Injection for Passenger Car Diesel Engines," SAE paper 810479, 1981.
5. Austen, A. E. W., and Lyn, W.-T.: "Relation between Fuel Injection and Heat Release in a Direct-Injection Engine and the Nature of the Combustion Processes," *Proc. Instn Mech. Engrs*, No. 1, pp. 47–62, 1960–1961.
6. Lyn, W.-T.: "Study of Burning Rate and Nature of Combustion in Diesel Engines," in *Proc. Ninth International Symposium on Combustion,* pp. 1069–1082, The Combustion Institute, Pittsburg, PA, 1962.
7. Cheng, W., and Gentry, R.: "Effects on Charge Non-Uniformity on Diesel Heat Release Analysis," SAE paper 861568, 1986.
8. Gatowski, J. A., Balles, E. N., Chun, K. M., Nelson, F. E., Ekchian, J. A., and Heywood, J. B.: "Heat Release Analysis of Engine Pressure Data," SAE paper 841359, *SAE Trans.,* vol. 93, 1984.
9. Krieger, R. B., and Borman, G. L.: "The Computation of Apparent Heat Release for Internal Combustion Engines," ASME paper 66-WA/DGP-4, in *Proc. Diesel Gas Power,* ASME, 1966.
10. Dec, J. E.: "A Conceptual Model of DI Diesel Combustion Based on Laser-Sheet Imaging," SAE paper 970873, *SAE Trans.*, vol. 106, pp. 1319–1348, 1997.
11. Flynn, P. F., Durrett, R. P., Hunter, G. L., zur Loye, A.O., Akinyemi, O.C., Dec, J.E., and Westbrook, C.K.: "Diesel Combustion: An Integrated View Combining Laser Diagnostics, Chemical Kinetics, and Empirical Validation," SAE paper 1999-01-0509, *SAE Trans.*, vol. 108, pp. 587–600, 1999.
12. Bosch, R.: *Automotive Handbook,* 6th edition, Robert Bosch GmbH, SAE, 2004.
13. Kamimoto, T., Kobayashi, H., and Matsuoka, S.: "A Big Size Rapid Compression Machine for Fundamental Studies of Diesel Combustion," SAE paper 811004, *SAE Trans.*, vol. 90, 1981.
14. Balles, E.: "Fuel-Air Mixing and Diesel Combustion in a Rapid Compression Machine," Ph.D. Thesis, Department of Mechanical Engineering, MIT, Cambridge, MA, June 1987.
15. Browne, K. R., Partridge, I. M., and Greeves, G.: "Fuel Property Effects on Fuel/Air Mixing in an Experimental Diesel Engine," SAE paper 860223, 1986.
16. Bracco, F. V.: "Modeling of Engine Sprays," SAE paper 850394, 1985.
17. Kuo, T., and Bracco, F. V.: "Computations of Drop Sizes in Pulsating Sprays and of Liquid-Core Length in Vaporizing Sprays," SAE paper 820133, *SAE Trans.*, vol. 91, 1982.
18. Reitz, R. D., and Bracco, F. V.: "Mechanism of Atomization of a Liquid Jet," *Phys. Fluid,* vol. 25, no. 10, pp. 1730–1742, 1982.
19. Reitz, R. D., and Bracco, F. V.: "On the Dependence of Spray Angle and Other Spray Parameters on Nozzle Design and Operating Conditions," SAE paper 790494, 1979.
20. Wu, K.-J., Su, C.-C, Steinberger, R. L., Santavicca, D. A., and Bracco, F. V.: "Measurements of the Spray Angle of Atomizing Jets," *J. Fluids Engng,* vol. 105, pp. 406–413, 1983.
21. Naber, J. D., and Siebers, D. L.: "Effects of a Gas Density and Vaporization on Penetration and Dispersion of Diesel Sprays," SAE paper 960034, *SAE Trans.*, vol. 105, pp. 82–111, 1996.
22. Siebers, D. L.: "Recent Developments on Diesel Fuel Jets Under Quiescent Conditions," in *Flow and Combustion in Reciprocating Engines,* C. Arcoumanis and T. Kamimoto (eds), Ch. 2, Springer-Verlag, Berlin, 2009.
23. Hiroyasu, H., Kadota, T., and Arai, M.: "Supplementary Comments: Fuel Spray Characterization in Diesel Engines," in *Combustion Modeling in Reciprocating Engines,* J. N. Mattavi and C. A. Amann (eds), pp. 369–408, Plenum Press, New York, 1980.
24. Hiroyasu, H., and Kadota, T.: "Fuel Droplet Size Distribution in Diesel Combustion Chamber," SAE paper 740715, *SAE Trans.*, vol. 83, 1974.
25. Wu, K.-J., Reitz, R. D., and Bracco, F. V.: "Measurements of Drop Size at the Spray Edge near the Nozzle in Atomizing Liquid Jets," *Phys. Fluids,* vol. 29, no. 4, pp. 941–951, 1986.
26. Reitz, R. D., and Diwakar, R.: "Effect of Drop Breakup on Fuel Sprays," SAE paper 860469, 1986.
27. Hiroyasu, H.: "Diesel Engine Combustion and Its Modeling," in *Diagnostics and Modeling of Combustion in Reciprocating Engines,* pp. 53–75, COMODIA 85, Proceedings of Symposium, Tokyo, Sept. 4–6, 1985.
28. Arai, M., Tabata, M., and Hiroyasu, H.: "Disintegrating Process and Spray Characterization of Fuel Jet Injected by a Diesel Nozzle," SAE paper 840275, *SAE Trans.*, vol. 93, 1984.
29. El Wakil, M. M., Myers, P. S., and Uyehara, O. A.: "Fuel Vaporization and Ignition Lag in Diesel Combustion," in *Burning a Wide Range of Fuels in Diesel Engines, SAE Progress in Technol.,* vol. 11, pp. 30–44, SAE, 1967.
30. Borman, G. L., and Johnson, J. H.: "Unsteady Vaporization Histories and Trajectories of Fuel Drops Injected into Swirling Air," in *Burning a Wide Range of Fuels in Diesel Engines, SAE Progress in Technology,* vol. 11, pp. 13–29, SAE, 1967; also SAE paper 598C, 1962.
31. Kamimoto, T., and Matsuoka, S.: "Prediction of Spray Evaporation in Reciprocating Engines," SAE paper 770413, *SAE Trans.,* vol. 86, 1977.
32. Siebers, D. L.: "Scaling Liquid-Phase Fuel Penetration in Diesel Sprays Based on Mixing-Limited Vaporization," SAE paper 1999-01-0528, *SAE Trans.*, vol. 108, no. 3, pp. 703–708, 1999.
33. Edwards, C. F., Siebers, D. L., and Hoskin, D. H.: "A Study of the Autoingition Process of a Diesel Spray via High Speed Visualization," SAE paper 920108, *SAE Trans.*, vol. 101, sec. 3, pp. 187–204, 1992.
34. ASTM Method D 613, *Cetane Number of Diesel Fuels,* American Society of Testing and Materials.
35. ASTM D 976, *Standard Test Method for Calculated Cetane Index of Distillate Fuels*, American Society of Testing and Materials.
36. ASTM D 611, *Standard Test Methods for Aniline Point and Mixed Aniline Point of Petroleum Products and Hydrocarbon Solvents*, American Society of Testing and Materials.
37. Dec, J. E., and Espey, C.: "Chemiluminescence Imaging of Autoignition in a DI Diesel Engine," SAE paper 982685, *SAE Trans.*, vol. 107, sec. 3, pp. 2230–2254, 1998.
38. Higgins, B., Siebers, D., and Aradi, A.: "Diesel-Spray Ignition and Premixed-Burn Behavior," SAE paper 2000-01-0940, *SAE Trans.*, 2000.
39. Plee, S. L., and Ahmad, T.: "Relative Roles of Premixed and Diffusion Burning in Diesel Combustion," SAE paper 831733, *SAE Trans.*, vol. 92, 1983.
40. Wong, C. L., and Steere, D. E.: "The Effects of Diesel Fuel Properties and Engine Operating Conditions on Ignition Delay," SAE paper 821231, *SAE Trans.,* vol. 91, 1982.

41. Andree, A., and Pachernegg, S. J.: "Ignition Conditions in Diesel Engines," SAE paper 690253, *SAE Trans.*, vol. 78, 1969.
42. Glavincevski, B., Gulder, O. L., and Gardner, L.: "Cetane Number Estimation of Diesel Fuels from Carbon Type Structural Composition," SAE paper 841341, 1984.
43. Bosch, R.: *Automotive Handbook*, 8th edition, Robert Bosch GmbH, SAE, 2011.
44. Ryan, T., and Maly, R .R.: "Fuel Effects in Engine Combustion and Emissions," in *Flow and Combustion in Reciprocating Engines,* C. Arcoumanis and T. Yamimoto, T(eds), Ch. 8, Springer-Verlag, Berlin, Heidelberg, 2009.
45. Hardenberg, H. O., and Hase, F. W.: "An Empirical Formula for Computing the Pressure Rise Delay of a Fuel from Its Cetane Number and from the Relevant Parameters of Direct-Injection Diesel Engines," SAE paper 790493, *SAE Trans.*, vol. 88, 1979.
46. Dent, J. C, and Mehta, P. S.: "Phenomenological Combustion Model for a Quiescent Chamber Diesel Engine," SAE paper 811235, *SAE Trans.*, vol. 90, 1981.
47. Lakshminarayan, P. A., and Dent, J. C.: "Interferometric Studies of Vaporising and Combustion Sprays," SAE paper 830244, *SAE Trans.*, vol. 92, 1983.
48. Colella, K. J., Balles, E. N., Ekchian, J. A, Cheng, W. K., and Heywood, J. B.: "A Rapid Compression Machine Study of the Influence of Charge Temperature on Diesel Combustion," SAE paper 870587, 1987.
49. Siebers, D., and Higgins, B.: "Flame Lift-Off on Direct-Injection Diesel Sprays Under Quiescent Conditions," SAE paper 2001-01-0530, 2001.
50. Rhee, K. T., Myers, P. S., and Uyehara, O. A.: "Time- and Space-Resolved Species Determination in Diesel Combustion Using Continuous Flow Gas Sampling," SAE paper 780226, *SAE Trans.*, vol. 87, 1978.
51. Nightingale, D. R.: "A Fundamental Investigation into the Problem of NO Formation in Diesel Engines," SAE paper 750848, *SAE Trans.*, vol. 84, 1975.
52. Ikagemi, M., and Kamimoto, T.: "Conventional Diesel Combustion," in *Flow and Combuston in Reciprocating Engines,* C. Arcoumanis and T. Kamimoto (eds), Ch. 6, Springer-Verlag, Berlin, 2009.
53. Heywood, J. B., and Sher, E.: *The Two-Stroke Cycle Engine: Its Development Operatoin, and Design,* Taylor and Francis, Philadelphia, 1999.
54. Najt, P. M., and Foster, D.E.: "Compression-Ignited Homogeneous Charge Combustion," SAE paper 830264, *SAE Trans.*, 1983.
55. Ohsawa, K., and Kamimoto, T.: "Advanced Diesel Combustion," in *Flow and Combustion in Reciprocating Engines,* C. Arcoumanis and T. Kamimoto (eds), Ch. 7, Springer-Verlag, Berlin, 2009.
56. Hikosaka, N.: "A View of the Future of Automoyive Diesel Engines," SAE paper 972682, 1997: also in *Diesel Emissions and their Control,* W. A. Majewski and M. K. Khair (eds), SAE International, Warrendale, PA, 2006.
57. Oppenheim, A. K.: "The Knock Syndrome—Its Cures and its Victims," SAE paper 841339, 1984.
58. Akihama, K., Takatori, Y., Inagaki, K., Sasaki, S., and Dean, A.M.: "Mechanism of the Smokeless Rich Diesel Combustion by Reducing Temperature," SAE paper 2001-01-0655, 2001.
59. Kook, S., Bae, C., Miles, P.C., Choi, D., and Pickett, L.M.: "The Influence of Charge Dilution and Injection Timing on Low-Temperature Diesel Combustion and Emissions," SAE paper 2005-01-3837, 2005.

CHAPTER 11

오염물질 생성 및 제어

Pollutant Formation and Control

11.1 문제의 본질과 범위 _*Nature and Extent of Problem*

스파크 점화기관 및 디젤 엔진은 대기 오염 물질의 주요 배출 원인이다. 스파크 점화기관의 배기 가스는 질소 산화물(산화 질소, NO 및 소량의 이산화질소, NO_2—총괄적으로 NO_x로 알려짐), 일산화탄소(CO) 그리고 반응하지 않거나 부분적으로 반응한 연료 탄화수소(HC)인 유기 화합물을 포함한다. 엔진에서 나와 배기 가스로 유입되는 배출물의 상대적인 양은 엔진 설계 및 작동 조건에 따라 다르지만 다음과 같다: NO_x, 500~1000 ppm 또는 20 g/kg fuel; CO, 약 1% 또는 150 g/kg fuel; HC, 2000 ppmC_1 또는 15 g/kg fuel.[a] 배기 시스템의 촉매 변환기(Catalytic converters)는 엔진에서 나오는 배출물의 양을 90% 이상 감소시킨다. 피스톤 블로우바이 가스, 특히 엔진 정지 후 연료 시스템의 통풍구(vent)를 통한 대기로의 연료 증발 및 방출은 미연탄화수소의 추가 공급원이었다. 그러나 최근 개발된 엔진에서 비배기 미연탄화수소(non-exhaust sources)는 블로우바이 가스를 크랭크실에서 엔진 흡기 시스템으로 돌려보내고, 정상적인 엔진 작동 중에 엔진 흡입 공기의 일부로 퍼지(purge)되는 증기 흡수 탄소 캐니스터(vapor-absorbing carbon cannister)로 연료 탱크를 벤팅(venting)함으로써 제어된다.

디젤 엔진 배기 가스에서 NO_x의 농도는 SI 엔진과 유사하다. 디젤 배기 농도는 일반적인 SI 엔진보다 훨씬 낮지만 탄화수소 배출은 상당하다. 배기 가스 내의 탄화수소는 엔진 시동 및 예열 중에 응결되어 하얀 연기가 발생할 수 있다. 배기 가스 내의 특정 탄화수소 화합물은 디젤 냄새의 원인이 된다. 디젤 엔진은 입자상 물질 배출의 주요 원인이다; 연료 질량의 약 0.2~0.5%는 작은 입자(10~500 nm 지름)로 배출되며, 이 입자는 주로 추가적인 탄화수소 물질의 수트(soot)로 구성된다. 디젤 엔진은 일산화탄소의 주된 원인이 아니다.

이러한 엔진 중 하나에 알코올 연료를 사용하면 알데히드(aldehyde) 배출량이 상당히 증가한다. 함산소 연료와 휘발유가 혼합될 때(예: 가솔린에 10% 에탄올 혼합, E10) 알데히드는 광화학 스모그의 주요 원인이 된다. 많이 사용되는 연료인 가솔린과 디젤은 황을 함유하고 있으며, 그 양은 지역에 따라 다양하다. 황은 산화되어(즉, 연소되어) 이산화황(SO_2)을 생성하고 이 중 일부는 삼산화황(SO_3)으로 산화될 수 있다. 후자는 물과 결합하여 황산 에어로졸(sulfuric acid aerosol)을 형성할 수 있다. 시간이 지남에 따라 연료 내 포함된 황은 엔진 배기배출물을 줄이기 위해 널리 사용되는 배기 촉매의 효율을 저하시킨다. 세계의 많은 지역에서, 운송 연료의 황 함량은 엄격히 규제되며, 주요 선진국에서는 황 함량이 10 ppm(중량

[a] 백분율(퍼센트) 또는 ppm (parts per million)은 각각 몰분율 곱하기 100 또는 10^6이다. 배기 인덱스(Emission Indexes)는 연료 질량에 대한 배기오염물질의 질량(g pollutant / kg fuel)이다.

기준) 이하인 "무황 연료"가 요구된다. 연료의 품질은 지역에 따라 매우 다양하며, 품질 수준은 점점 좋아지고 있다(가솔린은 600 ppm, 디젤은 0.5% 수준까지 낮아짐).

일반적으로 내연기관 배기 가스에 있는 오염물질의 농도는 화학 평형을 가정하여 계산된 값과 다르다. 따라서 이러한 오염물질이 형성되는 상세한 화학적 메커니즘과 이러한 과정의 반응 속도(kinetics)는 배출 정도를 결정하는 데 중요하다. 일산화탄소, 유기화합물, 그리고 입자상물질과 같은 일부 오염물질의 경우, 생성 및 해리 반응은 주로 연료 연소 과정과 밀접하게 연관된다. 따라서 이러한 배출물 종류의 생성에 대한 이해는 연소 화학에 대한 지식을 필요로 한다. 질소산화물과 황산화물의 경우, 생성 및 해리 과정은 연료 연소 과정의 일부가 아니다. 그러나 이러한 종류를 생산하는 반응은 연소 반응에 의한 환경에서 일어나므로 두 과정은 여전히 연관되어있다. 내연기관에서 생성되는 오염물질에 대한 메커니즘의 요약이 이 장에서 소개된다. 이후 각 절에서는 각 오염물질의 기본 생성 메커니즘에 대한 세부사항과 스파크 점화 및 압축 점화 엔진의 연소 과정에서의 메커니즘 적용이 전개된다.

위에서 언급했듯이, 현재 촉매 컨버터와 입자상물질 트랩(particulate trap)이 엔진 배기 시스템에 내장되어 배기 가스가 배기관을 떠나 대기 중으로 배출되기 전에 배기 가스를 *정화*(clean up)한다. 배기 처리 장치는 11.6절에서 설명된다. 배기 처리 장치의 효율은 매우 높다: 엔진에서 나온 정화된 배출물의 비율이 보통 90% 이상이다. 그러나 HC, CO 및 NO_x를 제거하기 위해 사용된 촉매는 약 250°C에서 효과적이다. 그러므로 촉매의 예열 기간 동안 엔진에서 나오는 배출물의 수준은 *촉매 활성화*(light-off) 상태에 빠르게 도달하는 것만큼 중요하다. 일단 촉매 또는 입자상물질 트랩이 완전히 예열되면, 엔진의 과제는 적절한 조성(예를 들어, 적절한 공연비 또는 연공비) 및 온도의 배기 가스를 공급하여 효율을 높이고 배출물의 수준을 낮추는 것이다. 이것은 오염물질 형성에 대한 엔진 내 메커니즘을 검토하기 위한 배경이다.

기존의 스파크 점화 엔진의 실린더 내부에서 오염물질이 형성되는 과정은 그림 11.1에 설명되어 있다. 개략도는 엔진 작동 사이클의 4가지 단계(압축, 연소, 팽창, 배기)동안의 연소실을 보여준다. 산화 질소(NO)는 질소 및 산소의 원자와 분자를 포함하는 화학 반응을 통한 화염 뒤의 고온 연소 가스에서 형성된다: 이 질소/산소 시스템은 화학적 평형을 이루지 못한다. 연소 가스의 온도가 높을수록 NO의 생성률이 높아진다. 팽창 행정 중 연소 가스가 냉각됨에 따라 NO를 포함한 반응들은 멈추고, NO의 농도는 배출 조건에서의 평형에 상응하는 수준을 훨씬 초과한다. 일산화탄소 또한 연소 과정 동안 생성된다. 연료–공기 혼합물이 농후할 경우, 연료의 모든 탄소를 CO_2로 산화시키기에 산소가 충분하지 않다: 또한 혼합물이 희박할 경우라도, 고온 생성물 중 해리 과정은 많은 CO를 생성한다. 이후 팽창 행정에서 고온 가스 온도가 감소하면서 CO 산화 과정은 멈춘다.

탄화수소 배출의 원인은 여러 가지가 있다. 압축 및 연소 과정 동안, 증가하는 실린더 압력은 실린더 내 가스의 일부를 연소실과 연결된 좁은 부피의 틈새(crevice)로 밀어 넣는다: 피스톤, 링과 실린더 벽 사이의 체적이 이러한 틈새 중 가장 크다. 틈새에 있는 이 가스의 대부분은 연소되지 않은 연료–공기 혼합물인데, 이 틈새로 들어가는 입구가 화염이 닿지 못할 만큼 너무 좁기 때문에 1차 연소 과정이 발생하지 않는다. 팽창 및 배기 과정에서 이 틈새에 남아있던 가스가 탄화수소 배출의 주요 원인이다. 또 다른 원인은 연소실 벽에서의 소염(flame quenching) 현상이다. 미연소 및 부분적으로 연소된 연료–공기 혼합물을 포함하는 꺼짐층(quench layer)은 화염이 벽에 닿을 때 꺼져 벽에 남게 된다. 그러나 이러한 얇은 층($\leq$0.1 mm)의 HC는 소염 후 빠르게 연소되기 때문에 큰 원인은 아니다. 실제 운전 중인 엔진 벽면의 다공성 침전물이 소염으로 인한 HC 배출을 증가시키는 것으로 나타났다. 탄화수

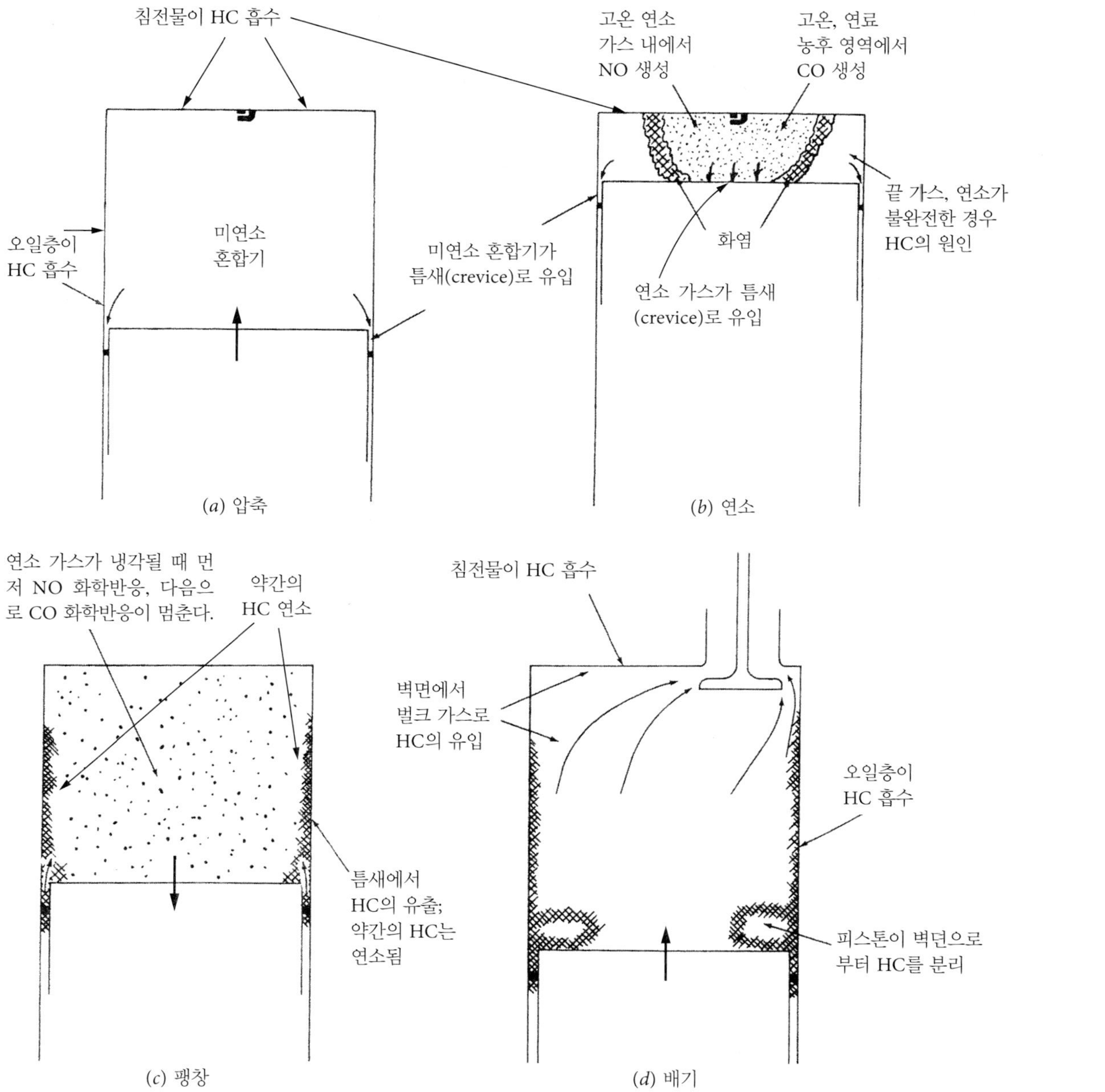

그림 11.1 스파크 점화 기관에서 HC, CO, NO 오염물질 생성 메커니즘의 요약

소 배출의 또 다른 원인은 실린더 라이너의 얇은 막에 남아 있는 엔진 오일이다. 이 오일층은 연소 전과 후에 연료 탄화수소 성분을 흡수 및 분해하여 연료의 일부분이 1차 연소 과정을 거치지 않게 한다. HC 배출의 마지막 원인은 연소가 느린 엔진 사이클의 일부분에서 화염의 벌크 소염(bulk quenching)으로 인한 불완전 연소이다(9.4.3절 참고). 이러한 조건은 공연비, 점화 시기 그리고 배기 가스 제어를 위한 EGR율이 적절하지 않은 순간 발생할 가능성이 높다.

미연 탄화수소는 블로우 다운 동안 대량-가스 유동(bulk-gas flow)에 유입되어 실린더 밖으로 빠져나가고, 배기 과정 말기에 피스톤이 벽으로부터 긁어 낸 가스가 배기 밸브 밖으로 빠져나간다. 위의 과정 중 어느 하나에 의해 1차 산화 과정을 거치지 않은 탄화수소의 산화는 팽창 및 배기 과정 동안 발생할 수 있다. 산화량은 대량-가스(bulk-gas)와 혼합될 때 HC의 온도 및 산소 농도 시간 이력에 따라 달라진다.

스파크 점화기관의 배기 오염물질을 결정하는 데 있어 가장 중요한 변수 중 하나는 상대 공기/연료비, λ이다. 그림 11.2는 NO, CO, HC 배기 오염물질이 상대 공기/연료비에 따라 어떻게 변하는지를 보여준다. 스파크 점화기관은 일반적으로 부드럽고 안정적인 운전을 위해 화학양론비에 가깝거나 약간 농후한 조건에서 운전되었다. 그림 11.2는 연소성(combustion quality)이 저하되어(결국 실화가 발생) HC 배출이 급격하게 증가하고 엔진 작동이 불규칙해지기 전까지 희박한 혼합물에서 CO와 HC의 배출이 낮다는 것을 보여준다. 그러나 NO 배출물은 화학양론비보다 10% 정도 희박한 경우 최댓값을 갖는다. 이 곡선의 모양은 배기 오염물질 제어의 복잡성을 나타낸다. 저온 엔진에서 연료의 증발이 느릴 때, 연료 유동을 증가시켜 가연성이 있는 약간 농후한 혼합물을 실린더에 제공할 수 있다. 그러나 그 이후 CO와 HC의 배출량이 높아진다. 부분 부하 조건에서 희박 혼합물은 CO와 HC의 배출을 줄이기 위해(최소한 연소성이 악화될 때까지) 사용될 수 있지만 NO 배출량이 증가할 것이다. 엔진 흡기 혼합물을 희석하기 위해 배기 가스를 재순환시키면 사용하면 NO 수준이 낮아지지만 연소성도 저하된다. 배기 가스 재순환(EGR)은 많은 엔진 제어 시스템에서 화학양론비 혼합물과 함께 사용된다. 가장 높은 동력 수준은 화학양론비보다 약간 농후한 혼합물에서 얻어지며 배기 가스를 재순환하여 유입되는 차지(charge)를 희석시키지 않는다는 점을 유의하라. 살펴본 것처럼, 전체 엔진 운전 조건에서 배출되는 세 가지 오염물질 모두를 저감시키기 위해서는 몇 가지 배기 오염물질 제어 기술이 필요하다.

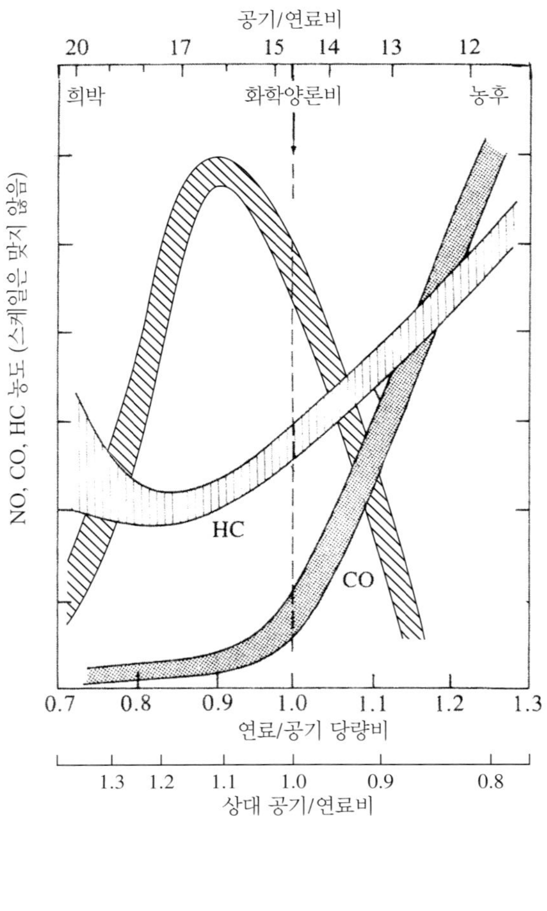

그림 11.2 일반적인 스파크 점화 기관에서 상대 공기-연료비 및 공기연료 화학양론비에 따른 HC, CO, NO 농도의 변화

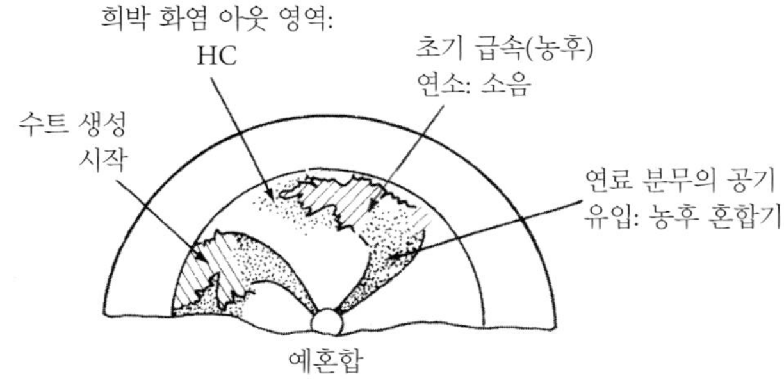

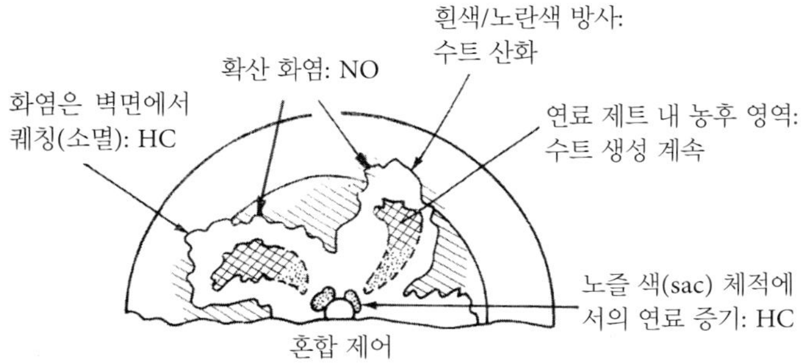

그림 11.3 "예혼합" 및 "혼합 제어" 연소 단계 동안 직접 분사식 디젤 엔진에서의 오염물질 생성 메커니즘 요약

디젤 엔진에서 연료는 연소가 시작되기 직전에 실린더에 주입되므로 사이클 중 대부분의 중요한 부분에서 연료 분포가 불균일하다. 오염 물질 형성 과정은 연료 분포 및 뜨거운 공기와의 혼합으로 인하여 시간에 따라 분포가 어떻게 변하는지에 크게 의존한다. 그림 11.3은 스월이 있는 직분사(DI) 엔진에서 디젤 연소의 "예혼합" 및 "혼합 제어" 단계 동안 연료 분무 및 확산 화염의 다양한 부분이 일산화질소(NO), 미연소 탄화수소(HC), 수트(또는 입자상 물질) 형성에 어떤 영향을 미치는지를 보여준다. 산화 질소는 고온 연소 가스 영역에서 형성되지만, 연소 가스 내의 온도 및 연료/공기비 분포는 불균일하며, 생성 속도는 화학양론비에 가까운 확산 화염 반응 영역에서 가장 높다. 연료가 유입된 고온의 공기(그리고 나중에는 연소 가스)와 혼합되어 증발된 후 미연소 연료를 포함한 연료 분무의 중심에서 수트가 형성된다. 수트는 확산 화염 영역에서 산소와 접촉할 때 산화되어, 노란 발광 화염을 보인다. 탄화수소와 알데히드는 화염이 벽에서 꺼지거나 공기가 과도하게 희석되어 연소 과정이 시작 또는 완료되지 못하는 영역에서 발생한다. 연소의 후기 단계 동안 노즐 색(sac) 체적에서 증발하는 연료 또한 HC의 원인이다. 연소가 만드는 소음은 점화 지연 기간 직후 초기에 급격히 열이 발생하는 예혼합(농후) 연소 과정의 초기 부분으로 제어된다.

11.2 질소산화물 _*Nitrogen Oxides*

11.2.1 NO 생성의 반응속도론

일산화질소(NO)와 이산화질소(NO_2)는 일반적으로 NO_x 배기 오염물질로 함께 분류되며, 일산화질소는 엔진 실린더 내부에서 생성되는 질소의 주된 산화물이다. NO의 주된 배출 원인은 질소분자의 산화이다. 대기 중 질소로부터의 NO 생성 메커니즘은 광범위하게 연구되어 왔다.[1] 일반적으로 거의 화학양론비에 가까운 혼합물의 연소에서 질소로부터 NO 생성을 지

배하는 주요 반응(그리고 그것의 해리)은 아래와 같다.[b]

$$N_2 + O = NO + N \tag{11.1}$$

$$N + O_2 = NO + O \tag{11.2}$$

$$N + OH = NO + H \tag{11.3}$$

이러한 반응에 대한 정반응률 및 역반응률 상수(k_i^+과 k_i^-)는 수많은 실험 연구에서 측정되었다. 이러한 데이터로 부터 얻은 반응률 상수에 대한 권장값이 표 11.1에 제시되어 있다. 각 반응에 대한 평형 상수, $K_{c,i}$(3.7.2절 참고)는 정반응률 및 역반응률 상수와 $K_{c,i} = k_i^+/k_i^-$인 관계가 있다는 점에 유의해야 한다. 반응식 (11.1)~(11.3)을 통한 NO의 생성률은 다음과 같이 주어진다[식 (3.55)와 (3.58) 참고].

$$\begin{aligned}\frac{d[NO]}{dt} &= k_1^+[N_2][O] + k_2^+[N][O_2] + k_3^+[N][OH] \\ &\quad - k_1^-[NO][N] - k_2^-[NO][O] - k_3^-[NO][H]\end{aligned} \tag{11.4}$$

여기서 [ ]은 k_i가 표 11.1에 주어진 값을 가질 때 입방 센티미터당 몰의 종 농도를 나타낸다. 반응식 (11.1)에 대한 정반응률 상수 및 반응식 (11.2)와 (11.3)에 대한 역반응률 상수는 NO 생성률의 강한 온도 의존성을 초래하는 큰 활성화 에너지를 갖는다.

표 11.1 NO 생성 메커니즘에 대한 속도 상수[1]

반응식	반응상수, $cm^3/mol \cdot s$	온도 범위, K	불확실성, 인수 또는 %
(1) $N_2 + O \rightarrow NO + N$	$7.6 \times 10^{13} \exp[-38{,}000/T]$	2000~5000	2
(−1) $N + NO \rightarrow N_2 + O$	1.6×10^{13}	300~5000	±20% at 300 K 2 at 2000–5000 K
(2) $N + O_2 \rightarrow NO + O$	$6.4 \times 10^9\ T \exp[-3{,}150/T]$	300~3000	±30% at 300–1500 K 2 at 3000 K
(−2) $O + NO \rightarrow O_2 + N$	$1.5 \times 10^9\ T \exp[-19{,}500/T]$	1000~3000	±30% at 1000 K 2 at 3000 K
(3) $H + OH \rightarrow NO + H$	4.1×10^{13}	300~2500	±80%
(−3) $H + NO \rightarrow OH + N$	$2.0 \times 10^{14} \exp[-23{,}650/T]$	2200~4500	2

식 (11.4)와 유사한 관계가 $d[N]/dt$에 대해 성립된다:

$$\begin{aligned}\frac{d[N]}{dt} &= k_1^+[N_2][O] - k_2^+[N][O_2] - k_3^+[N][OH] \\ &\quad - k_1^-[NO][N] - k_2^-[NO][O] - k_3^-[NO][H]\end{aligned} \tag{11.5}$$

[N]은 관심있는 다른 종의 농도(~10^{-8} 몰 분율)보다 훨씬 적기 때문에 정상 상태 근사치[c] 절하다: $d[N]/dt$는 0으로 설정되고 식 (11.5)는 [N]을 제거하기 위해 사용된다. 그러면 NO 생성율은 다음과 같이 된다.

---

[b] 이는 주로 확장 Zeldovich 메커니즘이라고 한다.[1] Zeldovich는 반응식 (11.1)과 (11.2)의 중용성을 처음으로 제안한 사람이다. Lavoie 등[2]은 반응식 (11.3)을 이 메커니즘에 추가하였다.

[c] 이 정상상태 가정은 화학종의 농도가 변화율이 반응종과 생성종이 준 평형상태를 유지할 만큼 충분히 빠를 때 사용된다.

$$\frac{d[\mathrm{NO}]}{dt} = 2k_1^+[\mathrm{N_2}][\mathrm{O}]\frac{1-[\mathrm{NO}]^2/(\mathrm{K}[\mathrm{O_2}][\mathrm{N_2}])}{1+k_1^-[\mathrm{NO}]/(k_2^+[\mathrm{O_2}]+k_3^+[\mathrm{OH}])} \tag{11.6}$$

여기서 $K=(k_1^+/k_1^-)(k_2^+/k_2^-)$이다.

화염 전과 화염 후 가스 모두에서 NO가 형성된다. 그러나 엔진에서는 고압에서 연소가 발생하므로 화염 반응 영역이 매우 얇고(~0.1 mm) 이 영역 내의 체류 시간이 짧다. 또한 연소 과정 대부분에서 실린더 압력이 상승하므로 연소 과정 초기에 생성된 연소 가스는 연소 직후보다 높은 온도로 압축된다. 따라서 화염 후 가스에서 NO 생성은 화염 전에 생성된 NO를 지배한다. 따라서 연소 화학반응과 NO 생성 과정이 분리되어 있다고 가정하고 국부적인 압력과 평형 온도에서 O, O_2, OH, H, N_2의 농도를 평형값으로 근사하는 것이 적절하다.

이 평형 가정을 도입하기 위해서 $R_1 = k_1[\mathrm{N_2}]_e[\mathrm{O}]_e = k_1^-[\mathrm{NO}]_e[\mathrm{N}]_e$의 표기법을 사용하는 것이 편리하며, 여기서 $[\ \ ]_e$는 반응식 (11.1)의 단방향 평형률에 대한 평형 농도를 나타내고, $R_2 = k_2^+[\mathrm{N}]_e[\mathrm{O_2}]_e = k_2^-[\mathrm{NO}]_e[\mathrm{O}]_e$와 $R_3 = k_3^+[\mathrm{N}]_e[\mathrm{OH}]_e = k_3^-[\mathrm{NO}]_e[\mathrm{H}]_e$에 대해 유사한 정의를 사용하는 것이 편리하다. 식 (11.6)에서 [O], $[\mathrm{O_2}]$, [OH], [H], $[\mathrm{N_2}]$를 $[\mathrm{O}]_e$, $[\mathrm{O_2}]_e$, $[\mathrm{OH}]_e$, $[\mathrm{H}]_e$, $[\mathrm{N_2}]_e$로 대체하면 다음과 같다.

$$\frac{d[\mathrm{NO}]}{dt} = \frac{2R_1\{1-([\mathrm{NO}]/[\mathrm{NO}]_e)^2\}}{1+([\mathrm{NO}]/[\mathrm{NO}]_e)R_1/(R_2+R_3)} \tag{11.7}$$

R_1, R_1/R_2, 및 $R_1/(R_2+R_3)$의 일반적인 값은 표 11.2에 나타나 있다. R_1/R_2와 $R_1/(R_2+R_3)$의 차이는 메커니즘에 대한 반응식 (11.3)에 추가되어 상대적 중요성을 나타낸다.

표 11.2 R_1, R_1/R_2, 및 $R_1/((R_2+R_3))$의 일반적인 값

당량비	R_1 †	R_1/R_2	$R_1/(R_2+R_3)$
0.8	5.8×10^5	1.2	0.33
1.0	2.8×10^5	2.5	0.26
1.2	7.6×10^6	9.1	0.14

* 10 atm 압력과 2600 K

† 단위 gmol / cm^3 · s

NO 생성률의 강한 온도 의존성은 $[\mathrm{NO}]/[\mathrm{NO}]_e \ll 1$일 때 $d[\mathrm{NO}]/dt$의 초기 값을 고려하여 증명할 수 있다. 식 (11.7)로부터

$$\frac{d[\mathrm{NO}]}{dt} = 2R_1 = 2k_1^+[\mathrm{N_2}]_e[\mathrm{O}]_e \tag{11.8}$$

평형 산소 원자 농도는 다음과 같이 주어진다.

$$[\mathrm{O}]_e = \frac{K_{p(\mathrm{O})}[\mathrm{O_2}]_e^{1/2}}{(\tilde{R}T)^{1/2}} \tag{11.9}$$

여기서 $K_{p(\mathrm{O})}$는 반응에 대한 평형 상수이다.

$$\tfrac{1}{2}\mathrm{O_2} = \mathrm{O}$$

그리고 다음과 같이 주어진다.

$$K_{p(\mathrm{O})} = 3.6\times 10^3 \exp\left(\frac{-31{,}090}{T}\right) \quad \mathrm{bar}^{1/2} \tag{11.10}$$

초기 NO 생성률은 식 (11.8), (11.9), (11.10)의 조합과 표 11.1의 k_1^+ 값으로 다음과 같이 쓸 수 있다.

$$\frac{d[\mathrm{NO}]}{dt}=\frac{6\times10^{6}}{T^{1/2}}\exp\left(\frac{-69{,}090}{T}\right)[\mathrm{O_2}]_e^{1/2}[\mathrm{N_2}]_e \quad \mathrm{mol/cm^3\cdot s} \tag{11.11}$$

$d[\mathrm{NO}]/dt$가 온도에 대해 기하급수적인 강한 의존성을 갖는다는 것은 명백하다. 높은 온도와 높은 산소 농도는 높은 NO 생성률을 초래한다. 그림 11.4는 화염 후 가스에서 가스 온도와 연료/공기 당량비의 함수로써 NO 생성률을 보여준다. 또한 초기 700 K와 15 bar의 일정한 압력에서 연료–공기 혼합물에 의해 도달되는 단일화염 온도를 나타낸다. 단열 정압 연소의 경우(엔진에서 연소되는 연료의 각 요소에 대한 적절한 모델), 초기 NO 생성률은 화학양론비 보다 10% 희박할 때 최대이며, 그보다 농후하거나 희박할수록 급격히 감소한다.

NO 생성 과정에 대한 특성 시간, τ_{NO}는 다음과 같이 정의될 수 있다.

$$\tau_{\mathrm{NO}}^{-1}=\frac{1}{[\mathrm{NO}]_e}\frac{d[\mathrm{NO}]}{dt} \tag{11.12}$$

$[\mathrm{NO}]_e$는 평형 상수로부터 얻어질 수 있다.

$$K_{\mathrm{NO}}=20.3\times\exp(-21{,}650/T)$$

반응의 경우

$$\mathrm{O_2}+\mathrm{N_2}=2\mathrm{NO}$$

$[\mathrm{NO}]_e=(K_{\mathrm{NO}}[\mathrm{O_2}]_e[\mathrm{N_2}]_e)^{1/2}$. 식 (11.11)과 (11.12)는 다음과 같이 합하여 질 수 있다.

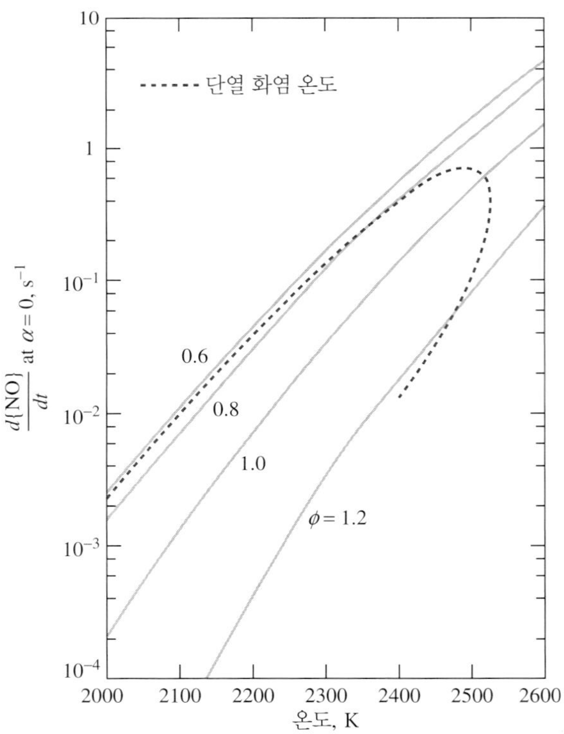

그림 11.4 당량비(ϕ)와 15 bar 압력에서 온도의 변화에 따른 초기 NO 생성률, 시간당 질량 분율 ($[\mathrm{NO}]/[\mathrm{NO}]_e \ll 1$). 점선은 700 K, 15 bar 공기와 케로신의 연소에 대한 단열화염온도를 나타낸다.[3]

$$\tau_{NO} = \frac{8 \times 10^{-16} T \exp(58{,}000/T)}{p^{1/2}} \tag{11.13}$$

여기서 τ_{NO}의 단위는 초, T의 단위는 K, p의 단위는 bar이다. $\tilde{x}_{N_2} \approx 0.71$이라는 사실이 사용되었다. 엔진 연소 조건의 경우, τ_{NO}는 보통 엔진 조건 변화의 특성 시간과 비슷하거나 길기 때문에 생성 과정이 제어된다. 그러나 최대 압력 및 연소 가스 온도에서 화학양론비 조건에 가까운 경우, τ_{NO}는 일반적인 연소 시간(1 ms)과 동일하며 평형 NO 농도가 된다. 이 NO 생성 모델은 엔진의 일반적인 조건에서 유효하다.[4]

11.2.2 NO_2의 생성

화학적 평형 고려사항은 일반적인 화염 온도에서 연소 가스의 경우 NO_2/NO의 비율이 무시할 수 있을 정도로 작아야 함을 나타낸다. 실험 데이터에 따르면 이것은 스파크 점화기관의 경우에 해당하는 반면 디젤 엔진의 경우 NO_2는 엔진에서 배출되는 총 질소산화물 중 10~30%가 될 수 있다.[5] NO_2의 생성 메커니즘은 다음과 같다.[6] 화염 영역에서 형성되는 NO는 다음과 같은 반응을 통해 빠르게 NO_2로 전환될 수 있다.

$$NO + HO_2 \rightarrow NO_2 + OH \tag{11.14}$$

만약 화염 내에서 생성된 NO_2가 차가운 유체와의 혼합으로 꺼지지 않는다면 식 (11.15)에 의해 NO로 전환된다.

$$NO_2 + O \rightarrow NO + O_2 \tag{11.15}$$

이 설명은 다시 NO로 전환되는 것을 막는 냉각 영역이 널리 퍼질 때 디젤 저부하에서 발생하는 가장 높은 NO_2/NO 비율과 일치한다.[5]

그림 11.5는 스파크 점화기관과 디젤 엔진의 NO 및 NO_2 배기 가스 데이터를 보여준다. SI 엔진에서(NO_2/NO) 비율의 최댓값은 상대 공기/연료비 약 1.2에서 2%이다. 디젤 엔진의 경우 엔진이 매우 희박한 조건에서 운전될 때 이 비율은 더 높으며, 또한 엔진 속도에 따라 달라진다.

화학 발광 분석기로 질소 산화물의 총 배출량인 NO+NO_2를 측정하고 NO_x로 부르는

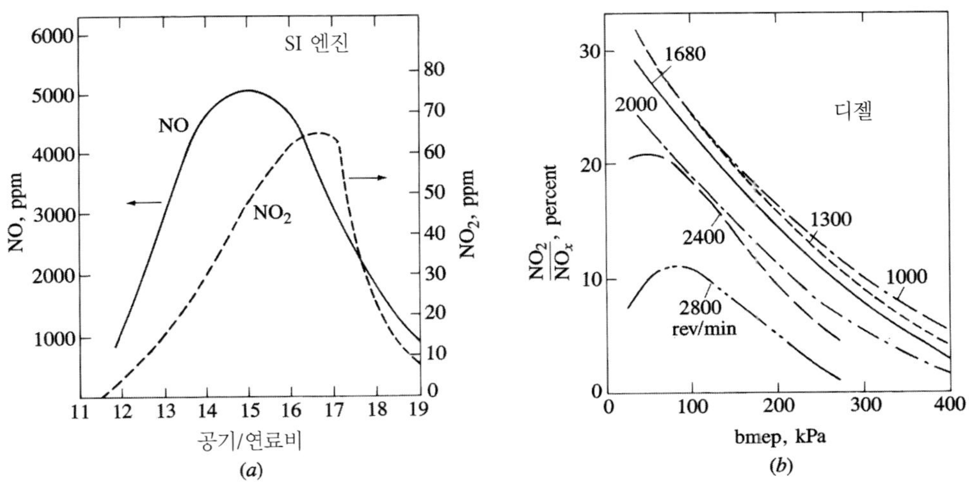

그림 11.5 (*a*) 1500 rev/min, 스로틀 전개조건에서 공기/연료비에 대한 SI 엔진 배출 배기 가스 중 NO와 NO_2 농도; (*b*) 부하와 속도에 대한 디젤 배출물 중 총 NO_x 중 NO_2의 백분율.[5]

것이 일반적이다. NO_x에 대한 배기 오염물질(specific emission) 데이터가 각각 30과 46의 분자량을 갖는 NO 또는 NO_2의 질량으로 주어지는지 주의 깊게 점검하는 것이 중요하다.

11.2.3 스파크 점화기관에서 NO 생성

기존 스파크 점화기관에서 연료 및 공기(및 임의의 재순환된 배기 가스)는 흡입 행정 중에 함께 혼합된다. 흡기 행정 중 실린더 내 잔류 가스와 활발한 혼합이 일어난다. 따라서, 연료/공기 비율과 희석량(잔류 가스+임의의 재순환된 배기 가스)은 연소하는 동안 실린더 내 차지(charge) 전체에 걸쳐 균일하게 된다.[d] 조성이 본질적으로 균일하기 때문에, 연소 및 팽창 과정 동안 실린더 내 연소 가스의 온도 분포 및 압력을 11.2.1절에서 설명한 반응 메커니즘과 결합하여 실린더 내의 NO 생성 과정의 특성을 이해할 수 있다. 연소실을 가로지르는 화염으로 인해 연소 가스에서 발생하는 온도 분포는 9.2.1절에서 논의되었다. 압축 행정 초기에 연소된 혼합물은 실린더 압력이 계속 상승함에 따라 연소 후 더 높은 온도로 압축된다; 나

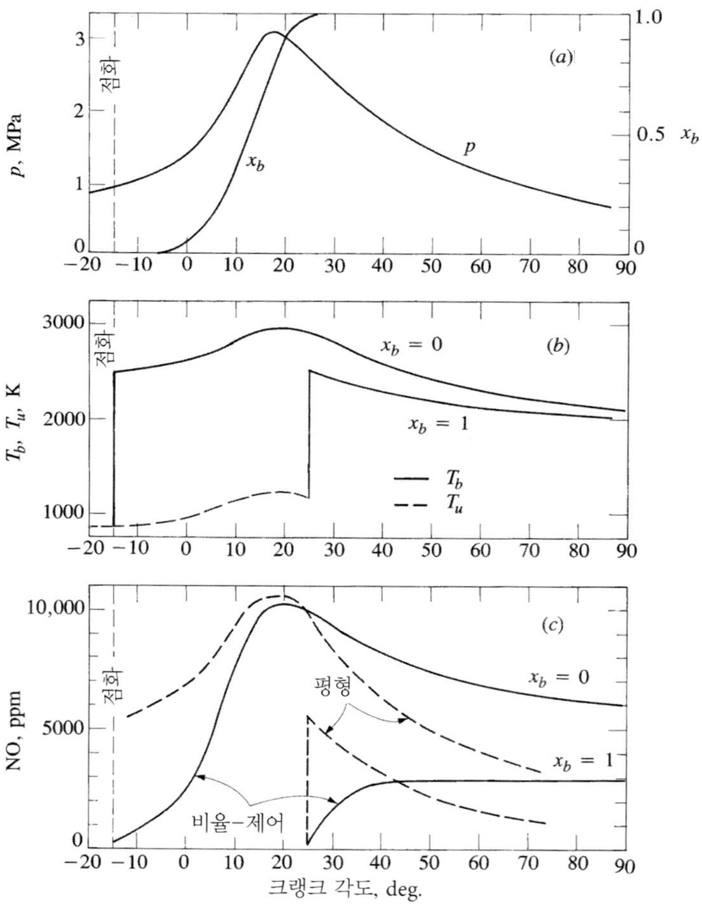

그림 11.6 SI 엔진 NO 생성 프로세스에 대한 삽화: (*a*) 측정된 실린더 압력 p와 계산된 연소 질량 분율 x_b; (*b*) 초기 및 후기 연소 성분에서 계산된 미연소 가스 온도 T_u와 연소 가스 온도 T_b; (*c*) 비율-제어 생성 모델에 대한 초기 및 후기 연소 성분에서의 계산된 NO 농도(평형 상태).[7]

[d] 실린더 내 혼합기 성분은 완전하게 균일하지 않고, 사이클 간 적당히 변하는 것은 잘 알려져 있다. 이 두 가지 요소들은 사이클 간 연소 변동에 영향을 준다. 현재 논의에서는 혼합기가 균일한 것으로 가정해도 좋다.

중에 연소되는 혼합물은 주로 미연소 혼합물로 압축되고 연소 가스 온도가 낮은 연소로 끝난다. 그림 11.6*a*와 *b*는 연소 가스의 질량 분율(x_b)과 스파크 점화 직후에 연소 가스 성분의 온도 그리고 연소 과정 끝에 연소 가스 성분의 추정값을 작동 엔진으로부터 측정된 실린더 압력 데이터와 함께 보여준다. 이러한 온도를 추정하는 데 사용된 모델은 다른 시간에 연소되는 혼합물 원소 간에 혼합이 없다고 가정한다. 이 가정은 연소 가스가 빠르게 혼합되어 균일하다는 이상적인 가정보다 더 현실적이다(9.2.1절 참고). NO 생성 반응 모델[식 (11.7)]을 사용하여 평균 연료/공기 당량비 및 혼합물의 연소 가스 분율에 해당하는 O, O_2, N_2, OH, H의 평형 농도에 따라 이러한 연소 가스 요소에서 NO 농도를 계산하고, 온도와 압력 프로파일이 그려지며, 그림 11.6*c*에서 반응속도 제한 농도 프로파일이 그려진다. 또한 이러한 조건에서의 화학적 평형에 상응하는 NO 농도가 표시된다. 비율-제어 농도(rate-controlled concentration)는 잔류 가스 NO 농도에서부터 상승하여 평형 수준보다 낮고, 이후에 평형 수준을 넘어 배기 가스 조건에 상응하는 평형 수준을 훨씬 넘어 “고정(freeze)”된다. 엔진 운전 조건의 세부 사항에 따라 비율-제어 농도는 최대 실린더 압력 및 가스 온도에서 평형 수준에 근접할 수도, 그렇지 않을 수도 있다. 또한 팽창 과정 중에 최대 NO 수준으로 해리된 양은 엔진 조건뿐만 아니라 혼합물 요소가 일찍 또는 늦게 연소 되는지 여부에 따라 달라진다.[7]

팽창 행정의 초기 단계에서 NO 화학 물질이 고정되면 모든 요소의 통합은 배기 가스 농도와 동일한 실린더 내의 평균 NO 농도가 주어진다. 따라서, 만약 {NO}가 NO의 국부적인 질량 분율이라면, 평균 배기 NO 질량 분율은 다음과 같이 주어진다.

$$\{\overline{\mathrm{NO}}\} = \int_0^1 \{\mathrm{NO}\}_f \, dx_b \tag{11.16}$$

여기서 $\{\mathrm{NO}\}_f$는 연소된 질량 분율이 x_b일 때, 연소된 충전물(차지) 요소의 최종 고정 NO 질량 분율이다. $\{\mathrm{NO}\} = [\mathrm{NO}]M_{\mathrm{NO}}/\rho$이며, 여기서 NO의 분자량 $M_{\mathrm{NO}} = 30$이다. 몰 분율에 따른 NO의 평균 배기 농도는 다음과 같이 주어진다.

$$\tilde{x}_{\mathrm{NO}_{av}} = \{\overline{\mathrm{NO}}\}\frac{M_{\mathrm{exh}}}{M_{\mathrm{NO}}} \tag{11.17}$$

그리고 ppm 단위의 배기 농도는 $\tilde{x}_{\mathrm{NO}_{av}} \times 10^6$이다. 차지(charge)가 일찍 연소된 분율은 늦게 연소된 분율 보다 NO 배출량이 더 많다: 일찍 연소된 요소에서 고정된 NO 농도는 늦게 연

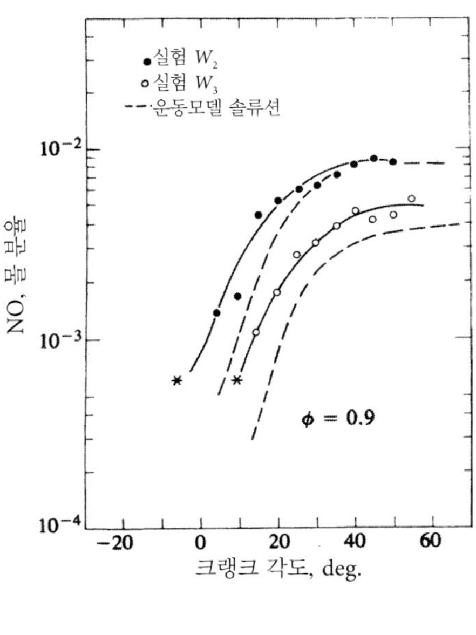

그림 11.7 특별히 제작된 L-헤드 SI 엔진에서 두 윈도우 W_3와 W_2를 통해 분광학적으로 측정된 NO 농도(W_2는 W_3보다 스파크에 더 가깝다.) 별표는 초기 조건과 화염 도달 시간을 의미한다. 점선은 이러한 화염이 도달하는 시간에서 차지(충전물) 연소 부분에 대한 계산된 비율-한계 농도이다(초기 NO 농도는 0).[10]

소된 요소에서의 농도보다 더 높을 수 있다. 크게 활발한 가스 유동이 없는 경우, 점화 플러그 근처에서 NO 농도가 가장 높다.

스파크 점화기관의 많은 실험적 증거가 NO 생성에 대한 이러한 설명을 뒷받침한다. 엔진 실린더에서 온도 구배로 인한 연소 가스의 NO 농도 구배는 가스 샘플링 기법[8, 9]과 NO + O → NO_2 + $h\nu$으로부터 화학 발광 기법을 사용하여 국부적인 NO 농도를 결정할 수 있다. 그림 11.7은 각각의 윈도우가 점화 플러그와 다른 거리에 있도록 특수 제작된 L-헤드 엔진의 헤드에 있는 두개의 윈도우를 통해 Lavoie[10]가 취득한 크랭크 각에 따른 NO 농도 데이터를 보여준다. 별 모양 표시는 각 윈도우에 화염이 도착할 때 새로운 차지(충전물)와 잔류 가스의 혼합에서 측정된 초기 NO 농도를 나타낸다. 관측된 몰 분율은 이러한 초기 값에서 팽창 프로세스의 약 1/3 지점까지 부드럽게 증가한다. 점화 플러그에 가장 가까운 W_2 영역에서 관측된 수준은 W_3 영역에서 관측된 수준보다 상당히 높았다. 점선은 각 영역에 화염 도착 시 연소된 요소에 대한 "혼합되지 않은" 열역학 분석으로 NO 생성 운동학적 모델을 사용하여 계산된 NO 농도를 보여준다. 계산된 값은 화염 전선의 농도 0에서 시작되었으므로 (별이 나타내는 희석 잔류 가스 NO 레벨이 아님) 계산은 초기에 데이터 아래로 떨어진다. 단, 두 측정 위치와 동결 수준의 차이는 합리적인 정확도로 예측된다. 따라서 비율 제한 생성 과정, 팽창 중 NO 화학 반응의 동결, 연소실 전체에 걸쳐 농도 구배가 없는 것이 모두 관찰되었다.

NO 배출에 영향을 미치는 가장 중요한 엔진 변수는 상대 공기/연료비(또는 연료/공기 당량비), 실린더 내 미연소 혼합물의 연소 가스 분율 및 점화 시기이다. 연소된 가스 분율은 잔류 가스 분율 뿐만 아니라 NO_x 배출 제어에 사용되는 재순환 배기 가스(EGR)와 같은 희석제의 양에 의존한다. 연료 속성은 또한 연소된 가스 조건에 영향을 미친다. 그러나 가솔린 특성의 정상적인 변화의 영향은 적다. 이러한 파라미터 변화의 효과는 위에 설명 된 NO 생성 메커니즘으로 설명 할 수 있다. 연소 과정 및 팽창 행정의 초기 부분에서 연소 가스의 온도 및 산소 농도의 시간 변화가 중요한 요소이다.[11]

당량비

그림 11.8은 연료/공기 비율이 NO 배출량에 미치는 영향을 보여준다. 최대 연소 가스 온도는 $\lambda \approx 0.9$에서 발생한다; 그러나 이 상대 공기/연료비에서 산소 농도는 낮다. 혼합기가 더 농후해질수록 연소 가스 온도는 낮아진다. 혼합기가 희박해질수록 증가하는 산소 농도는 초기에 감소하던 가스 온도를 상쇄시키고 $\lambda \approx 1.1$에서 NO 배출량이 최대가 된다. 연소 가스의

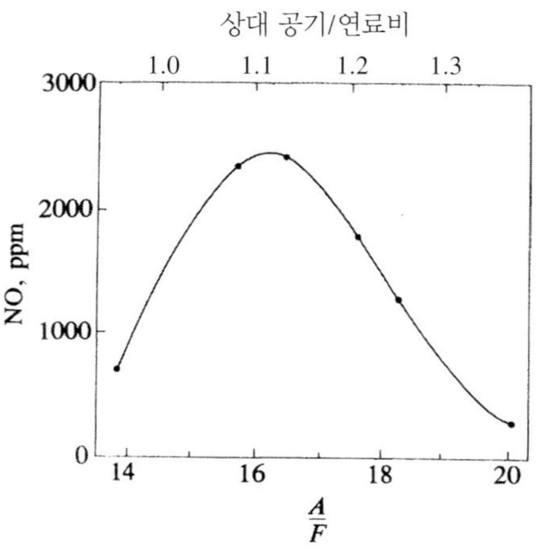

그림 11.8 *A/F*와 상대 공기/연료비에 대한 엔진배출 NO 농도의 변화. 스파크 점화 기관, 1600 rev/min, $\eta_v = 50\%$, MBT 타이밍.[12]

NO 농도에 대한 상세한 예측은 혼합기가 희박한 조건에서 시간에 따른 농도의 이력이 농후한 조건에서의 특성과 다름을 암시한다. 희박한 혼합기에서 NO 농도는 팽창 과정 초기에 동결되고 거의 분해되지 않는다. 농후한 혼합기에서 실린더 압력이 최대일 때, 최고 농도에서부터 NO의 상당한 분해가 발생한다. 그러므로 희박한 혼합기에서 최대 압력일 때 가스 조건이 특히 중요하다.[7]

연소 가스 분율

실린더 내 미연소 혼합기는 연료 증기, 공기, 연소 가스를 포함한다. 연소 가스는 이전 사이클의 잔류 가스와 NO_x 배출 제어를 위해 흡입 공기로 재순환된 모든 배기 가스이다. 잔류 가스 분율은 부하, 밸브 타이밍(특히 밸브 오버랩 범위)에 영향을 받고 6.4절에 설명된 것과 같이 엔진 속도, 공연비, 압축비에 영향을 덜 받는다. 연소 가스는 미연소 혼합기에서 희석제로 작용한다; 연소 이후 도달된 절대 온도는 연소 가스 질량 분율에 반비례한다. 따라서, 연소 가스 분율을 증가시키면 NO 배출 수준이 감소한다. 그러나 이는 또한 연소율을 감소시키므로 안정적인 연소가 어려워진다(9.4절 참고).

그림 11.9는 배기 가스를 스로틀 플레이트 바로 아래 흡기 시스템으로 재순환하여 연소 가스 분율 증가의 효과를 보여준다. NO 농도는 EGR률이 10~15%일 때 상당히 감소하며, 이는 정상적인 부분 스로틀 조건에서 엔진이 허용할 수 있는 최대 EGR 양에 해당한다. 물론 고정된 엔진 속도와 부하에서 EGR률을 증가시키는 것은 흡입 공기 압력을 증가시키지만, 연료 유동 및 공기 유동은 거의 일정하게 유지된다.

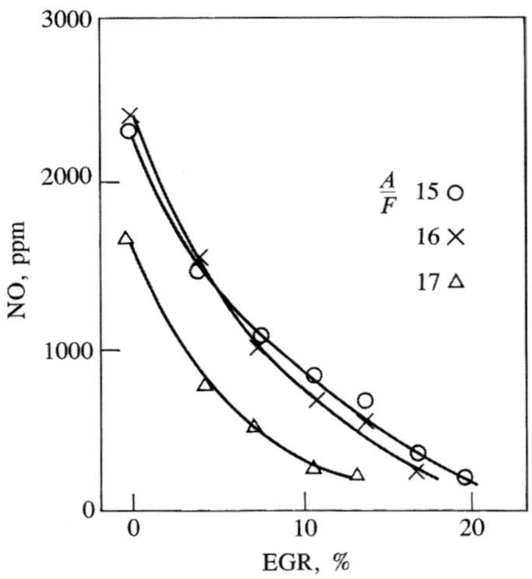

그림 11.9 재순환된 배기 가스(EGR) 백분율(%)에 대한 엔진 배출 NO 농도의 변화. 스파크 점화 기관, 1600 rev/min, $\eta_v = 50\%$, MBT 타이밍.[12]

NO 생성 과정 중 미연소 혼합기에서 희석제로 작용하는 연소 가스의 주요 효과는 연료의 단위 질량당 실린더 충전물의 열 용량을 증가시킴으로써 화염 온도를 감소시키는 것이다. 그림 11.10은 일정한 속도, 연료 유동, 공기 유동으로 작동되는 단기통 엔진에서 흡입 공기 유동에 추가된 다양한 희석 가스의 영향을 보여준다.[13] 그림 11.10*a*는 동일한 부피 백분율을 갖는 서로 다른 희석제에 따라 NO 배출량이 달라짐을 보여준다. 희석 열용량(희석제 질량 유량 × 비열, c_p)에 대해 그래프를 그릴 경우 동일한 데이터가 붕괴하여 단일 곡선에 근접한다.

밸브 오버랩, 압축비, EGR을 개별적으로 변화시켜 미연소 충전물에서의 연소 가스 분

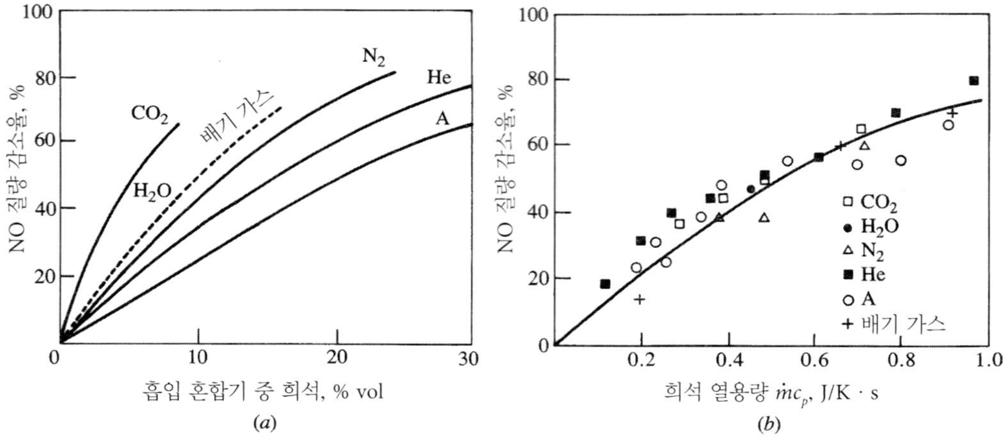

그림 11.10 (*a*) 다양한 희석제에 대한 질량 NO 저감 퍼센트. (*b*) 희석 열용량과 NO 저감의 상관관계. 1600 rev/min, 고정된 제동 부하(흡기 압력~0.5 atm), MBT 스파크 타이밍에서 운전되는 스파크 점화 기관.[13]

율이 달라지는 연구에서 보다 현실적인 엔진 운전 조건에서 중요한 것이 실린더 내 혼합물의 희석제 총 질량의 열용량임을 보여주었다. 밸브 오버랩, 압축비, EGR을 변화시켜 희석제의 질량이 변화되는지 여부는 중요하지 않다.[14] 먼저 EGR이 없는 실린더 내 연소 가스에 이상기체 방정식을 적용하면 동일한 크랭크 각도에서 한 쌍의 방정식이 산출된다.

$$pV = M_{\text{noEGR}} RT_{\text{noEGR}}; \quad pV = M_{\text{EGR}} RT_{\text{EGR}} \tag{11.18}$$

이 두 가지 식은 모두 일정한 엔진 토크에서 EGR을 추가했을 때의 영향을 설명한다. 동일한 크랭크 각도(연소 종료에 가까움)에서 체적은 동일하고 압력은 동일 토크에 대하여 밀접하게 비교될 것이다. 가스 상수는 연소 가스의 분자량 변화가 적기 때문에 EGR의 영향을 거의 받지 않을 것이다. 10% EGR의 경우, 동일한 토크에서 연료+공기 질량이 거의 같기 때문에 실린더 내 질량은 10% 정도 높아질 것이다. 따라서 온도는 약 10% 낮아질 것이고 이는 상당한 감소일 것이다(그림 11.4 참고). 연료 질량이 동일할 때 배기 가스를 희석제로 사용하는 경우, NO에 대한 영향은 EGR로 실린더 내 질량이 증가함에 따라 온도가 감소를 통해 발생한다. 단위 질량 당 비열의 변화는 미미하다.

과잉 공기 및 EGR

위와 같은 이유로 실린더 내 혼합기 구성(상대 공기/연료비 또는 연료/공기 당량비 및 가스 연료 비율)을 정의하는 두 가지 파라미터로 NO 배출물에 대한 엔진 작동 변수(예: 공연비, EGR, 엔진 속도 및 부하)의 영향을 연관시키는 것이 가능하다. 가스 연료 비율(G/F)은 공기 + 잔류가스 + EGR 질량으로부터 다음 식에 의해 계산된다.

$$\frac{G}{F} = \frac{\text{실린더 내 총 질량}}{\text{실린더 내 연료 질량}} = \frac{A}{F}\left(1 + \frac{x_b}{1 - x_b}\right) \tag{11.19}$$

여기서 x_b는 연소 가스 분율이다[식 (4.3)]. 이것들은 모두 실린더 내 혼합물에서 연료, 공기 및 연소 가스의 상대적인 비율을 정의하며, 따라서 NO 배출과 연관이 있을 것이다.[e] 그림 11.11은 공연비와 가스/연료 비율의 운전 조건 범위에 따라 4기통 SI 엔진에서 발생하는 NO

---

[e] 다음 부분에서 논의되는 것과 같이, 스파크 타이밍 역시 NO 배출물에 영향을 준다. 위의 논의는 MBT 스파크 타이밍 또는 최대 토크(및 그에 가까운) 이하 고정된 비율의 토크에서 운전되는 엔진 조건과 관련이 있다.

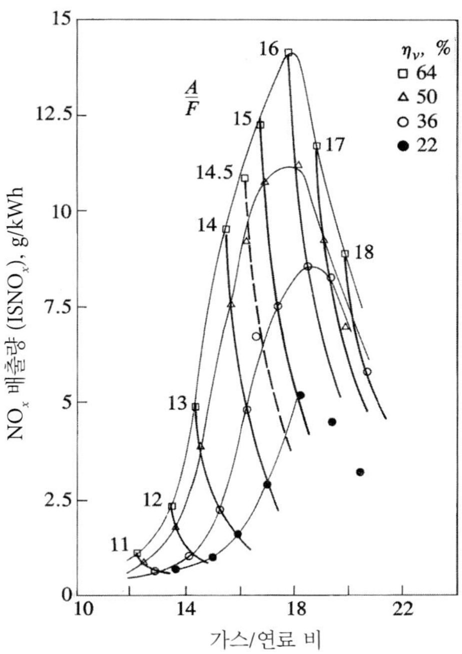

그림 11.11 다양한 공기/연료비(A/F) 및 체적효율(η_v)에서 가스/연료비(G/F)와 ISNO$_x$(indicated specific NO$_x$)의 상관관계. 최대 제동 토크의 0.95를 생성하는 지각된 스파크 타이밍 조건에서 1400 rev/min.으로 운전되는 스파크 점화 기관.[15]

배출물의 상관관계를 보여준다. 일정한 공연비와 체적 효율이 선으로 표시되었다; 일정한 공연비에서 우측 하단으로 갈수록 잔류 가스 및 EGR에 의한 희석이 증가한다. 지나치게 희석하면 연소성이 저하되어 부분적으로 연소되고 결과적으로 실화가 발생한다(9.4.3절 참고). 연료 소비량이 좋은 것(농후한 혼합기 사용을 피함)과 일치하는 가장 낮은 NO 배출량은 연소성이 지나치게 저하되지 않도록 엔진이 허용하는 만큼 희석하는 것과 화학양론비 혼합기로부터 얻어진다.[15] (높은 잔류 가스 및 EGR을 통해) 화학양론비에서 혼합물 희석을 증가시키면 일정한 잔류 가스 + EGR에서 더 희박한 운전조건(화학양론비 14.6절보다 높은 조건)보다 NO 배출이 더 빨리 감소한다는 점에 유의하라. 이는 희박한 조건에서 연소된 가스에 산소가 포함되어 있기 때문에 잔류 가스 및 EGR의 일부가 "공기"로 간주될 수 있기 때문이다.

NO 생성 모델(이 절의 시작 부분에서 설명)과 실험 데이터를 사용하여 예측한 결과를 비교하면 정상적인 희석량과 잘 일치한다.[16] 극도의 희석으로, NO의 버출량이 100 ppm 또는 그 이하일 때 화염 반응 영역 내에 형성된 NO는 무시할 수 없다. 화염 내에서 O, OH, H와 같은 라디칼의 농도는 실질적으로 평형 수준을 초과할 수 있으며, 그 결과 화염 이후의 가스에서보다 화염 내부에서의 생성률이 더 높을 수 있다. [반응식 (11.1)~(11.3)]의 메커니즘과 생성률 방정식 (11.6)은 여전히 유효하다. 그러나 O, OH, H의 높은 농도로 인해 더 빠른 NO의 화염 전면 형성률을 무시하는 것은 더 이상 적절한 가정이 아닐 스 있다.[17]

점화 시기

점화 시기는 NO 배출 수준에 상당한 영향을 미친다. 사이클에서 연소가 더 일찍 일어나도록 점화 시기를 진각시키면(더 많은 연료가 TC 이전에 연소되고 최대 압력은 실린더 체적이 가장 작은 TC에 가까워지기 때문에) 최대 실린더 압력이 증가한다; 점화 시기를 지각시키면(더 많은 연료가 TC 이후에 연소되기 때문에) 최대 실린더 압력이 감소한다. 최대 실린더 압력이 높을수록 연소 가스 온도가 높아지기 때문에 NO 생성률이 높아진다. 최대 실린더 압력이 낮을수록 NO 생성률이 낮아진다. 그림 11.12는 스파크 점화기관의 점화 시기에 따른 전

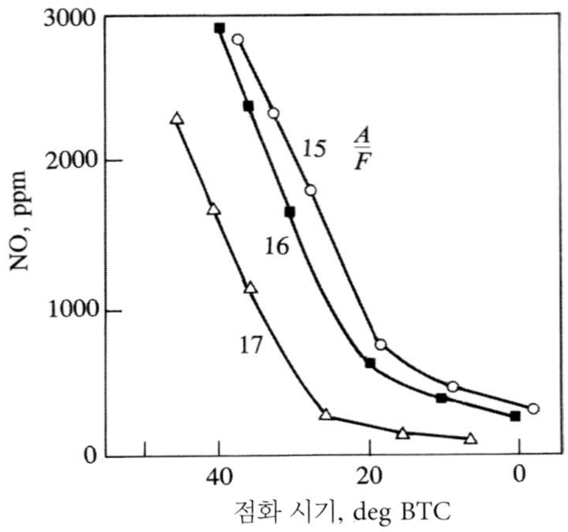

그림 11.12 점화 시기 지각에 따른 배기(엔진 배출) NO 농도의 변화. 1600 rev/min, η_v = 50%; 곡선의 좌측끝은 각 A/F에 대한 MBT 타이밍에 해당한다.[12]

형적인 NO 배출 데이터를 보여준다. 점화 시기가 최대 제동 토크(MBT) 시기로부터 지각되고 TC에 가까워짐에 따라 NO 배출량은 지속적으로 감소한다. MBT 타이밍의 정확한 결정이 어렵기 때문에 (MBT 주변의 시기 변화가 적은 경우 연료 소비율과 토크에는 중요하지 않음) MBT 타이밍에서 NO 배출량에 대한 불확실성이 항상 존재한다. 그러므로 종종 대체 기준 타이밍이 사용되는데, 이 타이밍에서 점화 시기는 MBT 타이밍으로부터 토크가 최대 토크의 약 1% 또는 2% 감소되는 지점까지 지각된다(보통 약 5° 지각). MBT 타이밍 운전 조건에서 정확한 NO 배출량을 측정하기 위해서 점화 시기에 대한 세심한 주의가 필요하다.

11.2.4 압축 점화기관에서 NO_x 생성

11.2.1절과 11.2.2절에서 기술된 NO 및 NO_2 생성에 대한 반응 메커니즘과 C-O-H 체계의 화학종 평형에 관하여 이루어진 가정은 스파크 점화기관뿐만 아니라 디젤 엔진에도 적용된다. 물론 중요한 차이는 연소가 시작되기 직전에 실린더 내에 연료가 분사되며, 불균일한 연료 분포로 인해 디젤 연소 과정 동안 연소 가스 온도 및 구성이 불균일하다는 것이다. 연료-공기 혼합과 연소 과정은 매우 복잡하다. 점화 지연 직후 "예혼합" 연소 단계 동안 2-4 사이의 연료 공기 당량비를 갖는 농후한 혼합기가 각각의 디젤 연료 분무 내에서 자착화로 인해 반응한다. 혼합 제어 연소 단계 동안 연소되는 혼합기는 화학양론비에 가깝다(화염 구조는 난류 확산 화염에 가깝다). 그러나 연소 과정 내내 연료 증기와 공기 사이에서 희박, 화학양론비, 농후한 연소 혼합기가 발생하여 실린더 내의 가스 요소의 조성을 변화시킨다. 혼합에 의한 이런 구성 요소(및 그에 따른 온도) 변화에 추가하여, 압축 및 팽창 행정으로 인한 온도 변화는 실린더 압력의 증가 및 감소에 따라 발생한다.

11.2.1절의 논의는 고온-고압 연소 가스에서 NO 생성에 대한 임계 당량비가 화학양론비에 가깝다는 것을 보여주었다. 여기에 그림 11.4가 관련되어 있다: 일반적인 탄화수소 연료와 공기의 혼합물을 연소시킴으로써(초기에는 700 K, 15 bar의 일정한 압력에서) 생성된 연소 생성물의 초기 NO 생성률을 보여준다. NO 생성률은 높고, $0.85 \lesssim \phi \lesssim 1.1$에 대하여 최댓값의 2배 이내이다. 따라서 농후한 예혼합 연소 단계에서 NO는 거의 형성되지 않는다; 거의 모든 NO는 혼합 제어 연소 단계에서 생성될 것이다. 각 연료 분무를 둘러싸고 있는 이 확산 화염에서 농후한 혼합기는 분무 내에서 화염으로 확산되고 공기는 외부에서 화염으로 확산된다. 화학 반응은 혼합기 조성이 화학양론비에 가까운 곳에서 중심이 되어 가장 높은 NO 생성률을 나타낸다. 이러한 연소 가스는 화염 면으로부터 연료가 농후한 분무 안쪽으로, 그리

고 주변 공기 바깥쪽으로 확산된다(그림 10.5 참고).

임계 시기는 연소 가스 온도가 최대일 때이다. 이 시기는 실린더 압력이 최대일 때에 가깝다. 연소가 진행되고 실린더 압력이 증가함에 따라, 미연소 혼합기 온도가 상승할 것이다. 최대 압력 시기 후에 연소 가스 온도는 실린더 가스가 팽창함에 따라 감소할 것이다. 가스의 팽창 및 고온 가스와 공기의 혼합으로 인해 감소하는 온도는 NO 반응의 속도를 늦추고 동결시킨다. 이 두 번째 효과(디젤에서만 발생)는 스파크 점화기관보다 동결이 더 빨리 발생하며 이는 NO의 분해량이 줄어든다는 것을 의미한다.

그림 11.13은 디젤의 NO 생성 과정에 대한 위의 논의를 설명한다. 이 그림은 각 디젤 연료 분무를 둘러싼 확산 화염의 중심에서 바깥쪽 방향으로 거리에 따른 NO 농도, 가스 온도, 산화제 농도, NO 생성률을 보여준다. 최대 NO 생성률은 화학양론비 보다 약간 희박할 때 발생하며(그림 11.4 참고), 생산 과정을 지배한다.[18]

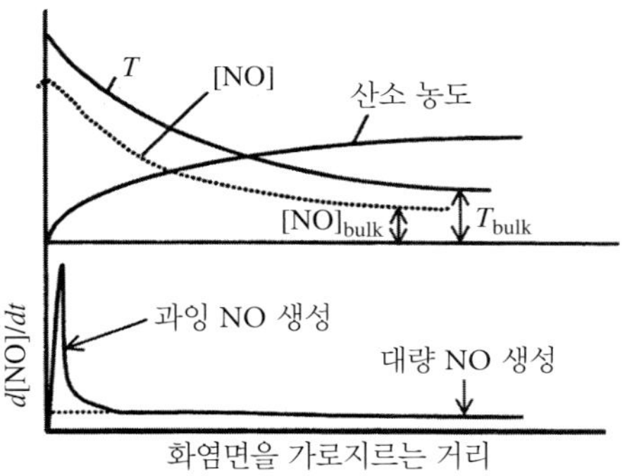

그림 11.13 디젤 연료 분무 주변 확산 화염면에서의 NO 생성 개략도(온도, 산소, NO 농도 프로파일). 좌측은 화염면의 농후한 부분; 우측은 실린더 내 대량의 공기 부분.[18]

위의 설명은 정상적으로 작동하는 디젤 엔진의 실린더 내에서 가스를 샘플링하여 분석한 실험에서 얻어진 화학종 농도 데이터에 의해 뒷받침된다. 그림 11.14는 쿼어센트 *직접 분사 디젤* 엔진에서 급속 반응 샘플링 밸브(1 ms 개방 시간)로 결정된 연소 과정을 통해 주요 화학종 농도의 시간에 따른 이력을 보여준다. 연소실 내의 다른 위치에서 농도가 파악되었다; 그림 11.14 데이터에 대한 샘플 밸브 위치가 표시되었다. 국부적인 NO 농도는 연소 시작 후 국부적으로 연소된 가스 당량비가 농후에서 희박으로 전환되는 시점(CO_2 농도가 최댓값을 갖는 시점)에 잔류 가스 값으로부터 상승한다. 과도한 공기와의 혼합으로 국부적으로 연소된 가스 당량비가 희박해짐에 따라 NO 농도는 주로 공기 희석으로 인해 형성이 느려지기 때문에 감소한다. 보울(15° ATC) 내 NO 농도가 최대일 때, 보울 내 대부분의 영역 온도가 감소한다.

직접 분사식 디젤 엔진의 실린더 내에서 NO 형성 과정 중 NO 총량 또한 측정되었다.[19] 한 사이클에서 미리 정해진 시간에 일단 예열된 엔진의 정상 상태 운전이 이루어지면 이전에 탱크 시스템을 밀봉한 다이어프램을 빠르게 절단하여 실린더의 내용물은 비워진 탱크로 들어갔다. 그림 11.15는 연소 과정 중 평균 실린더 NO 농도를 배기 농도로 나눈 비율이 어떻게 변화하는지를 보여준다. NO 농도는 최대 압력이 발생하는 시기 직후에 최댓값에 도달한다. 소량의 NO 분해가 있다. 엔진 속도는 이 곡선의 모양에 거의 영향을 미치지 않는다. 연소 시작 후 20°의 크랭크 각도가 임계 기간이다.

분사 시기와 부하가 다른 유사한 실린더-덤핑 실험의 결과 또한 연소 시작 후 20° 이내에 거의 모든 NO가 생성되었다. 분사 시기가 지각됨에 따라 연소 과정도 지연되었다: NO 생

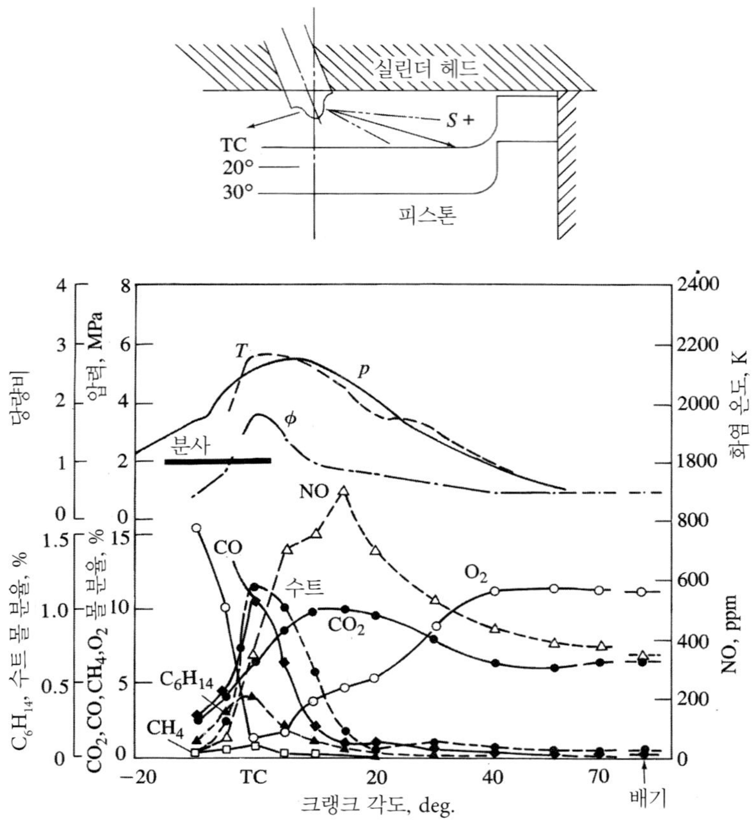

그림 11.14 빠른 샘플링 밸브가 있는 퀴에슨트 DI 디젤 엔진의 보울-인-피스톤 연소실(위치 *S*)의 외부 가장자리에서 측정된 수트, NO, 다른 연소 생성물(화학종)의 농도. 실린더 가스 압력 *p*, 평균 온도 *T*, 국부 당량비 ϕ 역시 그림에 표시되어 있다. 보어 = 95 mm, 행정 = 110 mm, 압축비(r_c) = 14.6. 홀 직경 0.2 mm인 4-홀 노즐.[20]

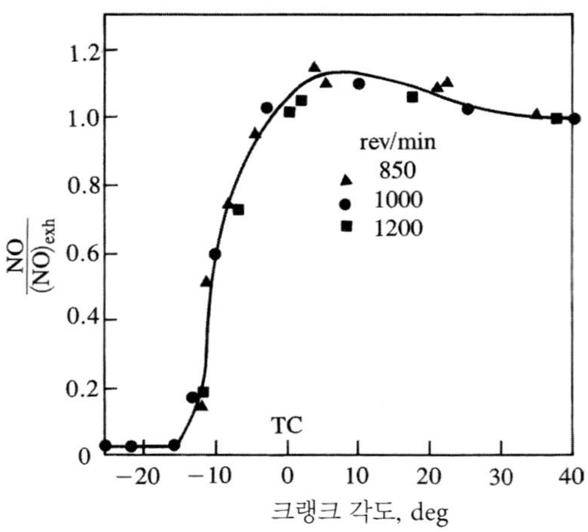

그림 11.15 배기 NO 농도에 대한 주어진 크랭크 각도에서의 실린더 평균 NO 농도(실린더-덤핑 실험으로 결정)의 비. DI 디젤 엔진, 당량비 = 0.6, 분사 시기는 27° BTC.[19]

성이 나중에 발생하였고, 최대 온도가 낮기 때문에 농도가 더 낮아졌다. 전체 당량비 또는 부하가 NO 농도에 미치는 영향이 그림 11.16에 나타나있다. 고부하에서, 최대 압력과 온도가 높아짐에 따라 화학양론비에 가까운 확산 화염으로 연소된 가스의 영역이 더 넓어지고 더 오래 지속되어 NO 배출량이 증가한다. NO와 NO_x 농도 모두 측정되었다; NO_2는 전체 NO_x의

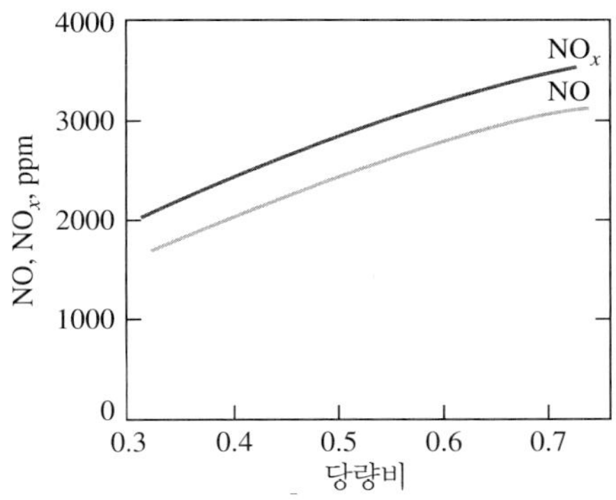

그림 11.16 전체 당량비 또는 엔진 부하에 대한 배기 NO_x 및 NO 농도. DI 디젤 엔진, 1000 rev/min, 분사시기 27° BTC.[19]

10~20%이다(그림 11.5*b* 참고). 전체적인 당량비가 감소함에 따라 NO 배출량은 감소하지만, 디젤 엔진의 경우 화학양론비 영역에서 NO 생성률이 가장 높기 때문에 스파크 점화기관의 경우(그림 11.8 참고)보다 훨씬 빠르게 감소한다. 전체적인 당량비가 감소함에 따라 이에 비례하여 연료 분사량이 감소하지만, 거의 모든 연료는 화학양론비에 가깝게 연소된다. 따라서 연소 가스 압력 및 확산 화염의 온도가 크게 변하지 않는다면 NO 배출량은 대략 분사된 연료의 질량에 비례해야 한다.

(배기 가스 재순환과 같이) 흡입 공기에 추가되는 희석제는 NO 생성률과 NO_x 배출량을 줄이는 데 효과적이다. 스파크 점화기관과 마찬가지로, 그 효과는 주로 주어진 질량의 연료와 연소된 산소에 대해 연소 가스 온도를 낮추는 것이다. 그림 11.17*a*는 N_2, CO_2가 흡입 공기에 희석될 때 NO_x 배출량에 미치는 영향을 보여준다.[21] 디젤 연소와 관련된 온도에서 CO_2의 (1몰당) 열용량은 N_2의 열용량의 약 2배이다. 배기 가스의 열용량은 N_2보다 약간 높다. 그러므로 이러한 데이터는 그 영향이 주로 연소 가스 온도를 감소시키는 것임을 보여준다. 디젤의 배기 가스 조성은 부하에 따라 달라짐을 유의하라. 공회전 상태에서는 배기 가스에 CO_2와 H_2O가 거의 없으며 공기와 많이 다르지 않다. 고부하에서는 재순환된 배기 가스에 CO_2

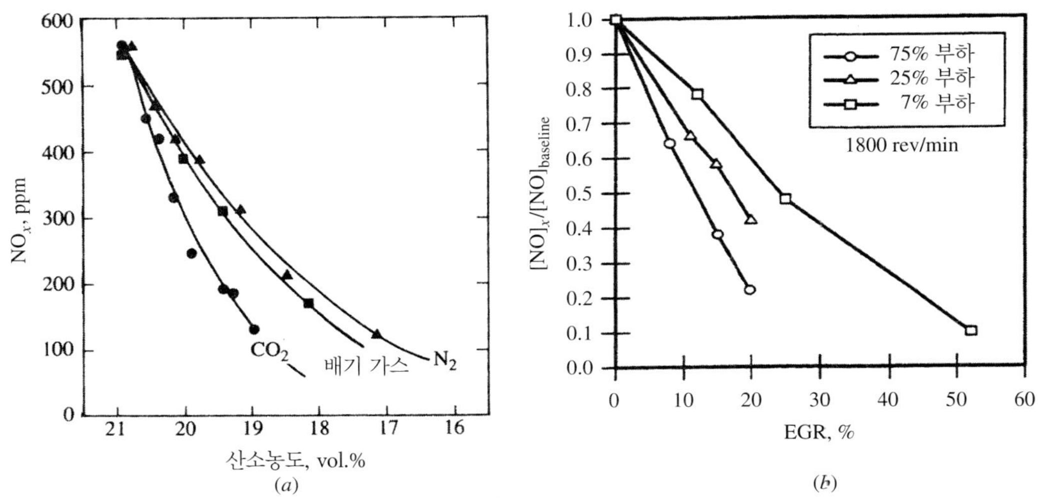

그림 11.17 (*a*) DI 디젤 엔진의 NO_x 배출에서 다른 희석제(배기 가스, CO_2, N_2) 사용에 따른 산소농도 감소 영향. 보어 = 140 mm, 행정 = 152 mm, 압축비(r_c) = 14.3, 엔진속도 = 1300 rev/min, 연료공급률 = 142 mm^3/stroke, 분사시기 4° BTC.[21] (*b*) 저, 중, 고부하에서 EGR의 영향. 1800 rev/min, 중형 디젤 엔진.[22]

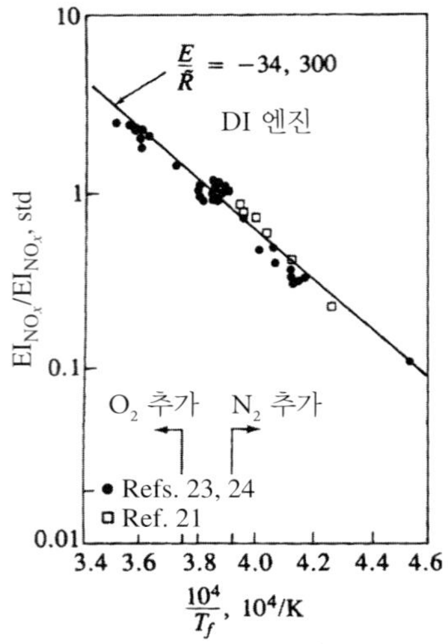

그림 11.18 DI 디젤 엔진에서 화학양론비 혼합기 화염 온도에 상응하는 넓은 범위의 엔진 운전 조건에 대한 NO_x 배기 오염물질 인덱스 EI_{NO_x}의 상관관계: 화염온도는 다른 희석제와 산소의 추가에 의해 변한다.[21, 23, 24] EI_{NO_x}의 값은 표준 조건에서 값으로 표준화된다.

와 H_2O의 농도가 상당히 높기 때문에 희석량(질량 × 불활성 가스의 비열)이 증가한다. 그림 11.17*b*는 고부하와 저부하에서 EGR 증가의 영향을 보여준다.[22] 엔진은 매우 희박한 운전 조건(ϕ~0.2)에서 EGR이 주로 "공기"이기 때문에 저부하에서 높은 EGR율(50%)을 견딜 수 있다. 부하와 전체적인 당량비가 증가함에 따라 혼합기는 덜 희박해지고, EGR 중 "화학양론비 연소 가스" 비율이 증가하고 "공기" 비율이 감소한다. 따라서 디젤 연소 과정에서 EGR은 스파크 점화기관에서의 EGR과 상당히 다르다. NO의 대부분이 생성되는 확산 화염의 화학양론비 영역에서 EGR의 일부분만이 희석제로서 작용을 한다.

화학양론비에 가까운 연소 가스 영역에서 NO가 생성되고, 화학양론비 연소 가스 온도의 크기가 NO 배출량을 제어한다는 것은 다음과 같이 확인된다. Plee 등[23, 24]은 흡입 공기 조성(EGR, 질소, 아르곤 및 산소 추가) 및 온도의 변화가 NO_x 배출에 대해 다음과 같은 상관관계가 있음을 보여주었다.

$$EI_{NO_x} = \text{constant} \times \exp\left(\frac{E}{\tilde{R}T_f}\right) \tag{11.20}$$

T_f(kelvins)는 화학양론비 단일 화염 온도(적절한 기준점에서 평가됨: TDC 압력과 공기 온도에서의 연료–공기 혼합물)이고, E는 전체적인 활성화 에너지이다. 그림 11.18은 TC 조건에서 이론 공연비 단일 화염의 몇 가지 하중과 속도에 대한 2개의 DI 엔진으로부터 표준 공기에 대해 얻어진 NO_x 배출량에 의해 표준화된 흡입 공기 조성과 온도의 범위에 대한 EI_{NO_x}를 보여준다. $E/\tilde{R}$의 단일 값은 10배 이상의 EI_{NO_x}와 연관성이 있다.[23] 사용된 모델이 지나치게 단순하고, 부하, 속도 및 기타 엔진 설계 및 작동 변수가 연소 과정에 영향을 미치기 때문에 약간의 편차가 존재하지만 이론 공연비에 가까운 확산 화염 연소 가스 온도가 중요하다는 것은 명백하다.

11.3 일산화탄소 _Carbon Monoxide_

내연기관에서 일산화탄소(CO) 배출은 주로 상대 공기/연료비 또는 연료/공기 당량비에 의해 제어된다. 그림 11.19는 몇 가지 다른 연료 구성에 대한 스파크 점화기관 배기 가스의 CO 수준을 보여준다.[25] 데이터를 상대 공기/연료비에 대해 도식화할 경우, 그림 11.19*b*와 같이

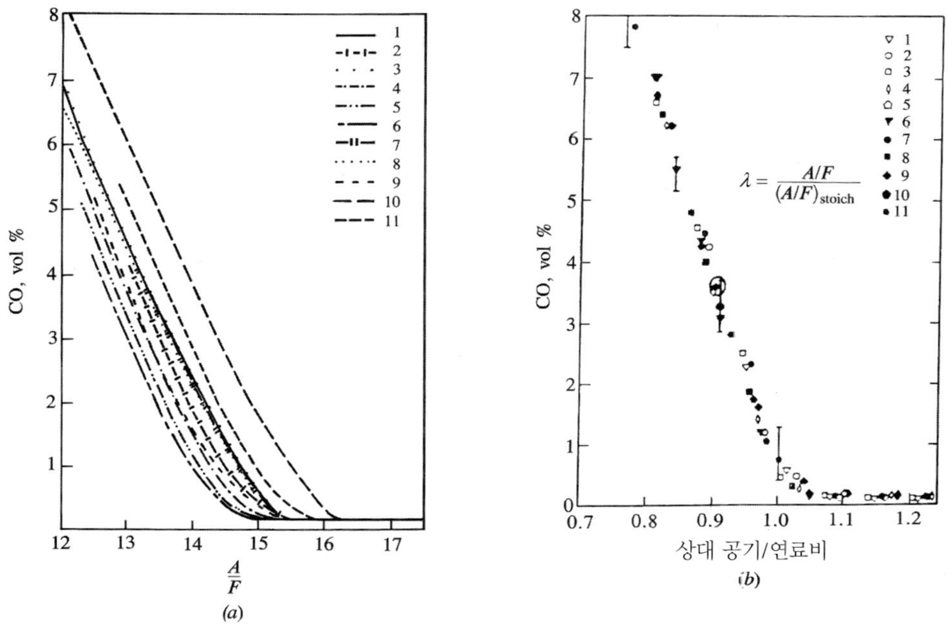

그림 11.19 H/C 비가 다른 11가지의 연료에 대한 SI 엔진 CO 배기 오염물질의 변화: (*a*) 공기/연료비에 대한 CO, (*b*) 상대 공기/연료비 (λ)에 대한 CO.[25]

단일 곡선의 상관관계를 보여준다. 농후한 혼합물의 경우, 연료량이 과도하게 증가함에 따라 상대 공기/연료비가 감소하면서 배기 가스의 CO 농도는 지속적으로 증가한다. 희박한 혼합물의 경우, 배기 가스 중의 CO 농도는 상대 공기/연료비에 따라 거의 변하지 않으며 10^{-3} 차수의 몰 분율로 낮은 편이다.

스파크 점화기관은 부분 부하에서 화학양론비로 운전되기 때문에 캘리브레이션에 따라 고부하에서 연료가 농후하여(7.1절 참고) CO 배출량이 높고, 제어할 필요가 있다. 그러나 디젤은 항상 화학양론비보다 희박한 조건에서 운전된다; 디젤 엔진에서 배출되는 CO 배출량은 낮으며, 더 이상 논의되지 않을 것이다.

스파크 점화기관의 배기 가스에서 관찰되는 CO 배출량은 연소실 내에서 측정된 최댓값보다 낮지만 배기 조건에 대한 평형값보다 상당히 높다. 따라서 CO 배출량을 결정하는 프로세스는 반응 속도로 제어된다. 예혼합된 탄화수소-공기 화염에서 CO 농도는 화염 영역에서 연료 공기 혼합물의 단열 연소에 대한 평형값보다 큰 최댓값으로 빠르게 증가한다. CO 생성은 탄화수소 연소 메커니즘의 주요 반응 단계 중 하나로 다음과 같이 요약할 수 있다.[1]

$$RH \rightarrow R \rightarrow RO_2 \rightarrow RCHO \rightarrow RCO \rightarrow CO \tag{11.21}$$

여기서 R은 탄화수소 라디칼(hydrocarbon radical)이다. 이 경로를 통해 연소 과정에서 생성된 CO는 CO_2로 더 느리게 산화된다. 탄화수소-공기 화염의 주요 CO 산화 반응은 다음과 같다.

$$CO + OH = CO_2 + H \tag{11.22}$$

이 반응에 대한 반응속도 상수는 다음과 같다.[1]

$$k^{+}_{CO} = 6.76 \times 10^{10} \exp\left(\frac{T}{1102}\right) \ \text{cm}^3/\text{gmol} \tag{11.23}$$

일반적으로 스파크 점화기관의 화염 후 연소 생성물은 최대 사이클 온도(2500~2800 K)와 압력(15~40 atm)에 가까운 조건에서 탄소−산소−수소 시스템이 평형화 된다고 가정한다. 따라서 화염 직후 연소 가스에서 CO 농도는 평형에 가깝다. 그러나 팽창 및 배기 과정 중에 연소 가스가 냉각되기 때문에 온도 및 냉각 속도에 따라 CO 산화 과정[반응식 (11.22)]은 국부적으로 평형을 유지하지 못할 수 있다.

Newhall은 최대 실린더 압력 지점에서 연소 가스가 균일하고 평형 상태라고 가정하여 엔진 팽창 행정에 대한 일련의 화학 반응 속도 계산을 수행하였다.[26] CO 화학반응에서 중요한 반응 중 다음과 같은 3-종(three-body) 라디칼−재결합 반응만이 속도 제어가 되는 것으로 밝혀졌다.

$$H + H + M = H_2 + M \tag{11.24}$$

$$H + OH + M = H_2O + M \tag{11.25}$$

$$H + O_2 + M = HO_2 + M \tag{11.26}$$

이분자 교환 반응과 CO 산화 반응식(11.22)은 연속적으로 평형을 이루기에 충분히 빠르다. 팽창 행정의 후반 단계에서만 그림 11.20과 같이 CO 농도가 평형을 벗어날 것으로 예측되었다. 이 기법을 사용하여(농후에서 희박까지의) 당량비 범위에 걸쳐 팽창이 끝난 시점의 평균 CO 수준을 예측한 Newhall[26]은 실험 데이터와 잘 일치한 결과를 얻었다(그림 11.21 참고). 따라서 CO 배출 메커니즘의 반응 속도 제어가 입증되었다.

이러한 상세한 연구의 결론은 농후한 혼합물에 대한 CO 배출 농도가 팽창 과정에서 연소된 가스의 평형 농도에 근접하다는 것을 보여준다. 화학양론비에 가까운 혼합물의 경우, 엔진에서 배출되는 CO는 배기 조건에 해당하는 CO 평형 농도보다 훨씬 높다. 희박한 혼합물의 경우 측정된 CO 배출량은 벌크 가스에 대한 화학 반응 속도 제어 분석에서 예측한 것보다 훨씬 높다. 이 희박한 혼합물의 경우, 예상과 일치하지 않는 것에 대한 한 가지 가능한 설명은 팽창 행정 중에 발생하는 탄화수소의 일부와 연소실 틈새, 오일막 또는 연소실 벽 침전물로부터 발생하는 배기 가스가 연소됨에 따라 CO로 부분 산화가 발생할 수 있다는 것이다.

실제로 CO 배출량은 상대 공기/연료비에 의해 결정된다. 지금까지 엔진 내에서 달성된 제어의 정도는 혼합물의 균일성을 향상시키고 흡입 공기 혼합물을 희박하게 하는 것에서 비

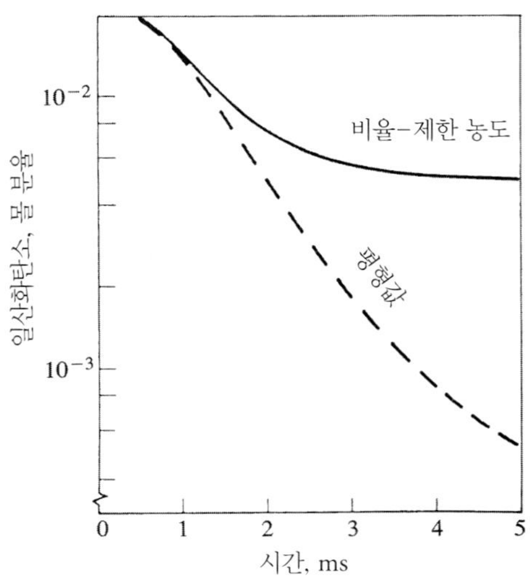

그림 11.20 SI 엔진에서 TC 연소 이후 팽창 행정 기간 동안 CO 농도의 동적 계산 및 평형 농도의 결과. 화학양론비 혼합물.[26]

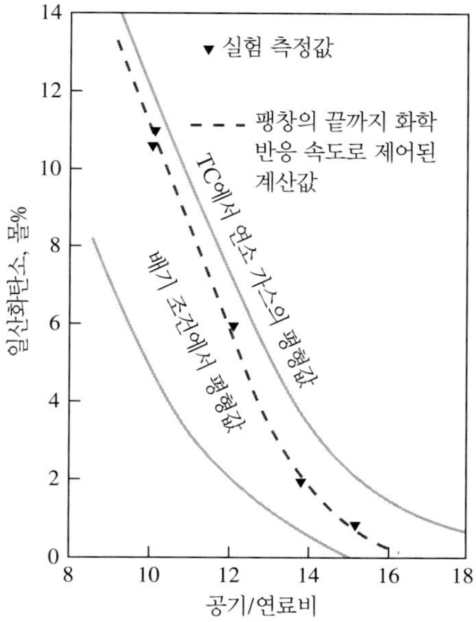

그림 11.21 공기/연료비의 함수로서 측정된 배기 농도와 비교하여 팽창 행정의 종료 시 예상되는 CO 농도. TC 연소에 및 배기 조건에서의 평형값도 표시되었다.[26]

롯되었다. 다기통 엔진의 경우, 흡입 공기 혼합물이 화학양론비보다 농후해짐에 따라 CO가 빠르게 증가하기 때문에 평균값에 대한 당량비의 실린더 간 편차가 중요하다: 화학양론비에 대한 연료와 공기의 불균일한 분포가 평균 배출량을 증가시킨다. 따라서 개선된 실린더 간 연료/공기 비율 분포는 필수적이다. 또한 엔진이 차가울 때 흡기 혼합물을 농후하게 할 필요가 있기 때문에 엔진 예열 중 CO 방출은 완전히 예열된 상태에서의 방출보다 높을 수 있다. 또한, 가속 및 감속 중 순간적인 엔진 운전에서 연료 계량 제어가 개선되어야 한다. 엔진에서 달성할 수 있는 것 이상의 CO 감소는 11.6절에서 검토되는 배기 촉매로 가능하다. 특별한 배기 후처리 장치를 사용하지 않는 배기 시스템에서 CO를 산화하는 것은 보통 배기 가스 온도가 너무 낮기 때문에 정상적으로 발생하지 않는다: CO 산화 반응은 연소 가스가 배기 시스템으로 통과할 때 효과적으로 멈춘다.[27]

11.4 탄화수소 _*Hydrocarbon Emissions*

11.4.1 배경

탄화수소 또는 보다 적절한 표현인 유기적인 배기 오염물질은 탄화수소 연료의 불완전한 연소 결과물이다. 가솔린 연료 스파크 점화기관의 배기 가스 중 미연 탄화수소(HC)의 배출 수준은 일반적으로 연료의 1~2%이다: 디젤 엔진의 경우 훨씬 적다. 이 수준은 일반적으로 ppmC$_1$(parts per million carbon atoms)단위로 표현되는 총 탄화수소 농도로 규정된다.[f] 총 탄화수소 배출은 연소 비효율성의 유용한 척도인 반면, 오염 배출 영향에 대한 적절한 지표

[f] 이것은 표준 검출 장치인 화염 이온화 검출기(FID, flame ionization detector)가 사실상 탄소 원자 계수기이기 때문이다. 예를 들어, 하나의 프로판(propane) 분자는 메탄 분자에 의해 생성되는 반응의 세 배를 생성한다. 문헌의 몇몇 자료에서는 ppm propane (C$_3$) 또는 ppm hexane (C$_6$)로 표현한다; ppmC1으로 변환하기 위해서는 각각 3 또는 6을 곱한다. 예전 탄화수소 배출물의 측정은 다른 탄화수소 화합물에 대해 다른 감도를 갖는 비분산 적외선(NDIR, nondispersive infrared) 검출기를 사용하였다. 비록 이러한 척도가 정확하지는 않지만, 가솔린 연료 엔진에서 FID 분석기로 측정된 HC 배출량은 NDIR 분석기로 측정된 양의 약 2배이다.[28]

는 아니다. 엔진 배기 가스는 매우 다양한 탄화수소 화합물을 포함한다. 표 11.3은 촉매 변환 장치 유무에 따른 가솔린 스파크 점화기관 배기 가스의 탄화수소 종류별 평균 분류를 보여준다. 이러한 탄화수소 중 일부는 본질적으로 불활성이며 일부는 광화학 스모그의 관점에서 거의 화학 반응을 일으키지 않는다. 다른 탄화수소는 스모그 발생 화학 물질에 대해 반응성이 높다(또한 일부 탄화수소는 알려진 발암물질이다: 11.5.2절 참고). 광화학 스모그에서 산화제 형성 가능성에 근거하여, 탄화수소 화합물은 반응성, 즉 대기 중의 오존 형성 가능성을 특징으로 한다. 표 11.4는 배기 가스 탄화수소 혼합물의 반응성을 평가하는 데 일반적으로 사용되는 반응성 척도를 보여준다: *증분 반응성 척도(incremental reactivity scale)*. 메탄을 제외한 모든 탄화수소는 충분한 시간을 두고 반응한다. 스파크 점화 및 디젤 엔진 배출물 HC 구성에 대한 더 자세한 설명은 문헌에서 확인할 수 있다. 특정 유기 화합물에 대한 표 11.4의 값은 배기 가스의 NMOG(non-methane organic gases, 비메탄 유기 가스)의 그램당 gO_3(광화학 스모그에 존재하는 지배적인 산화 종)이다: 최대 증분 반응값. 값의 범위는 유기종의 중요한 분류에 대해 주어진다. 낮은 분자량의 파라핀 화합물은 가장 낮은 값을 가지며, 대략 1이거나 1보다 작다. 올레핀은 가장 높은 값이며, 값은 4에서 10 범위이다. 가솔린에 있는 방향족 화합물도 2.7에서 10 정도이다. 이것들은 엔진이나 차량 배기 가스 내 탄화수소 혼합에서 주요 개

표 11.3 스파크 점화 기관 배기 배출물의 탄화수소 성분[29]

	탄소, 총 HC 중 %			
	파라핀	올레핀	아세틸렌	방향족
엔진 배출(engine-out) 배기 오염물질	33	27	8	32
촉매 배출(catalyst-out) 배기 오염물질	57	15	2	26

표 11.4 탄화수소의 다른 분류의 반응성

탄화수소	MIR 값 (gO_3/g NMOG)*
C_1–C_4 파라핀	0.25–1
C_5 및 분자량이 큰 파라핀	1–2
순환 파라핀	1–2.5
에틸렌	7.3
올레핀	4–10
디올레핀	10
벤젠	0.4
톨루엔	2.7
고 방향족	6–10
메탄올	0.6
에탄올	1.3
포름알데히드	7.2
아세트알데히드	5.5

* MIR: 표준화된 스모그 챔버 시험으로부터 측정되는 최대 증분 반응성(Maximum Incremental Reactivity) 값. 상세한 자료는 Carter의 자료를 참고하라.[30]

별 탄화수소 종의 농도에 의해 가중치가 부여되기 때문에 *증분 반응성*(incremental reactivies)으로 불려지고, 배기 가스 흐름의 전체적인 대기 반응성을 결정하기 위해 합쳐진다.

연료 조성은 유기물 배출의 구성과 크기에 큰 영향을 줄 수 있다. 높은 비율의 방향족 및 올레핀을 함유하는 연료는 비교적 더 높은 농도의 반응성 탄화수소를 생성한다. 그러나 배기 가스에서 발견되는 유기화합물 중 상당수는 연료에 존재하지 않으므로 연소 과정의 일부에서 상당한 열분해 및 합성이 발생함을 알 수 있다.

엔진 배기 가스에 존재하는 산화제는 광화학 스모그의 형성에 관여하는 것으로 알려져 있다. 일부 산화제는 자극제와 냄새를 유발한다. 산화제는 일반적으로 카르보닐(carbonyls), 페놀(phenols), 기타 비카르보닐(noncarbonyl)로 분류된다. 주목되는 카르보닐은 분자량이 낮은 알데히드 및 지방족 케톤이다. 휘발성 알데히드는 눈과 호흡기를 자극한다. 포름알데히드의 주요 성분이다(총 카르보닐의 20% 미만). 카르보닐은 디젤 승용차 엔진에서 나오는 HC 배출량의 약 10%를 차지하지만 스파크 점화기관의 경우는 HC 배출량의 불과 몇 %만 차지한다. 페놀은 알데히드보다 낮지만 자극제와 냄새를 유발한다. 기타 비카르보닐은 메탄올, 에탄올, 니트로 메탄, 메틸 포르메이트를 포함한다. 이것들이 탄화수소 연료에 중요한지 여부는 불분명하다. 알코올 연료를 독립적으로 사용하거나 휘발유와 혼합하여 사용하는 것은 산화제 배출량을 증가시킨다. 스파크 점화기관에서 가솔린 연료를 사용한 경우보다 메탄올을 사용할 경우, 메탄올과 알데히드 배출량이 상당히 증가한다.

11.4.2 화염 꺼짐(Flame quenching) 및 산화 기초

화염 꺼짐(quenching) 또는 소멸은 엔진 연소실의 벽에서 발생한다. 연소실의 차가운 벽은 화염 내부에서 생성된 열 에너지 및 활성 라디칼 종에 대해 싱크(sink) 역할을 한다. 화염의 꺼짐은 몇 가지 다른 기하학적인 구성에서 발생한다: 화염은 벽에 대해 수직, 평행, 또는 일정 각도로 전파될 수 있다. 화염은 틈새 체적(피스톤 크라운과 실린더 벽 사이의 영역처럼 연소실 내의 좁고 얇은 체적)에서 꺼질 수 있다. 화염이 꺼지면 화염 앞에 미연(unburned) 혼합물의 얇은 층이 남는다. 이것이 탄화수소 배출을 초래하는지 여부는 이들 꺼짐 영역 탄화수소가 이후에 산화될 수 있는 정도에 따라 달라진다.

화염 꺼짐 과정을 꺼짐이 막 발생하는 조건하에서 화염 내부의 열 방출과 실린더 벽으로의 열 손실을 연관시켜 분석하였다. Peclet 수(Pe)라고 하는 이 비율은 주어진 기하학적 구성에 대해 거의 일정하다. 연구를 위한 가장 간단한 구성은 2-평판 꺼짐 과정(two-plate quench process)이며, 화염이 전파되는 두 개의 평판 사이의 최소 간격을 결정한다. 이 두개의 판 구성에 대한 Peclet 수는 다음과 같다.

$$\mathrm{Pe}_2 = \frac{\rho_u S_L c_{p,f}(T_f - T_u)}{k_f(T_f - T_u)/d_{q2}} = \frac{\rho_u S_L c_{p,f} d_{q2}}{k_f} \tag{11.27}$$

이는 넓은 범위의 조건에서 거의 일정하다. ρ, S_L, c_p, T, k는 각각 밀도, 층류 화염 속도, 정압 비열, 가스 온도, 열전도도이다. d_{q2}는 두 개의 판의 꺼짐 거리이다. 벽 온도와 미연소 가스 온도는 같다고 가정한다. 이 가정은 압축 행정 중 열 경계층이 연소실 벽면에 최소 꺼짐 거리의 두께까지 축적될 수 있는 충분한 시간이 있기 때문에 엔진 상황에도 적절하다.

Lavoie[31]는 프로판–공기 혼합물의 2-평판 꺼짐 거리 데이터에 대한 경험적 상관관계를 개발했다. 3~40기압(atm)의 압력 범위에 있는 데이터는 다음과 같은 식에 의해 잘 일치한다.

$$\mathrm{Pe}_2 = \frac{9.5}{\phi}\left(\frac{p}{3}\right)^{0.26\times\min(1,1/\phi^2)} \tag{11.28}$$

여기서 p는 대기압, ϕ는 연료/공기 당량비이다. 2-평판 꺼짐 거리 d_{q2}는 식 (11.27)에 의해 얻어지고, Prandtl 수와 점성 관계로부터 구한다(4.8절 또는 참고문헌 31 참고). 그러므로 화염이 전파되는 최소 크기의 틈새 영역을 결정할 수 있다.

단일 벽에서 화염 앞 꺼짐 과정에는 많은 가능한 기하학 형상들이 있다. 가장 간단한 것은 화염 앞면이 벽면에 평행하여 정면으로 접근하는 것이다. 벽에 대한 반응 영역의 가장 근접한 접근 위치로 정의되는 단일 벽 꺼짐 거리 d_{q1}은 2-평판 꺼짐 거리와 유사한 방식으로 화염 특성에 따라 스케일링된다. 따라서, 단일 벽 Peclet 수 관계는 다음과 같이 형성될 수 있다:

$$\mathrm{Pe}_1 = \frac{\rho_u S_L c_{p,u} d_{q1}}{k_u} \approx 8 \tag{11.29}$$

여기서 첨자 u는 연소되지 않은 가스 조건에서 계산된 물성들을 나타낸다.

(열 경계층 두께가 일반적인 꺼짐 거리보다 크기 때문에) 국부적인 미연 가스 온도의 대표 값으로 벽 온도를 사용하여 Lavoie는 다음식이 단일 벽 꺼짐 데이터에 적합함을 보였다.

$$\frac{d_{q1}}{d_{q2}} = \frac{\mathrm{Pe}_1}{\mathrm{Pe}_2} = 0.2 \tag{11.30}$$

단일 벽 꺼짐 거리는 0.04~0.15 mm 범위이다. 스파크 점화기관 조건에 대한 일반적인 2-벽 꺼짐 거리는 0.2~0.6 mm이다; 이러한 거리는 화염이 들어갈 최소 틈새 크기를 나타낸다. 그러나, 엔진의 틈새 체적이 가장 큰 피스톤 크라운(톱 랜드)과 실린더 라이너 사이의 간격은 2-벽 또는 단일 벽 상황과는 다른 형상을 갖는다. 피스톤 크라운은 사실상 평평한 판이며, 라이너는 그것에 수직이다. 따라서 화염은 “구석”으로 전파되며 라이너는 추가적으로 국부적인 화염 냉각 효과를 제공할 것으로 예상된다. 이렇게 하면 실제 형상의 꺼짐 거리가 2-벽 꺼짐 거리보다 증가할 가능성이 있다. 틈새 체적의 효율 및 HC 배출에 대한 최근의 실험 데이터는 이를 뒷받침한다: 그림 11.27을 참고하라.[32]

연료 탄화수소의 일부분이 1차 연소 과정에서 연소되지 않거나 부분적으로만 반응할 수 있지만, 팽창 및 배기 행정 중에 이들 탄화수소의 일부가 산화될 수 있다. 탄화수소 산화율은 많은 연구에서 결정되었으며, 전반적인 반응 속도 방정식의 형태로 데이터의 여러가지 다른 경험적 상관관계가 제안되었다. 연소되지 않은 HC 연소에 대한 실험 데이터의 적합한 표현식은 다음과 같다:[31]

$$\frac{d[\mathrm{HC}]}{dt} = -6.7\times10^{15}\exp\left(\frac{-18{,}735}{T}\right)\tilde{x}_{\mathrm{HC}}\tilde{x}_{\mathrm{O_2}}\left(\frac{p}{RT}\right) \tag{11.31}$$

여기서 [ ]는 세제곱 센티미터당 몰의 농도, $\tilde{x}_{\mathrm{HC}}$와 $\tilde{x}_{\mathrm{O_2}}$는 각각 HC와 O_2의 몰분율, t는 초 단위, T는 켈빈 단위이며, 밀도 항(ρ/RT)는 세제곱 센티미터당 몰 단위를 가진다. 그러나 이 방정식에 대한 데이터의 산포는 상당하다.

밀폐된 용기의 고압 조건에서 예혼합된 연료–공기 혼합물의 연소 연구는 탄화수소가 완전 연소를 하지 않는 메카니즘을 확인하는데 유용하다. 연소 실험 후 용기에 남아있는 탄화수소는 주로 용기 벽의 틈새에서 나오는 것으로 나타났다. 따라서 벽 꺼짐 탄화수소는 연소된 가스로 확산되고 꺼짐 이후에 산화된다. 화염 꺼짐 과정과 탄화수소 산화 과정의 반응속도 모델을 이용한 꺼짐 후(postquench) 확산과 산화에 대한 분석적 연구는 이 평가와 일치한다. 화염 꺼짐은 두 단계 과정으로 생각할 수 있다. 첫 번째 단계는 차가운 벽에서 얼마 떨어

표 11.5 정상 연소 중 가솔린 화합물이 연소에 의해 빠져나가는 과정

- 가솔린 증기-공기 혼합물이 연소실 틈새 체적 안으로 압축됨.
- 가솔린 화합물이 실린더 라이너의 오일층으로 흡수됨.
- 가솔린이 실린더 헤드와 피스톤 크라운의 침전물 안으로 흡수되거나 포함됨.
- 화염이 벽면 가까이에서 꺼지면서 연소실 벽면에 소화 층(quench layer)이 남음.
- 화염이 벽면에 닿기 전에 꺼질 때 가솔린 증기-공기 혼합물은 연소되지 않은 상태로 남음.
- 증발하지 않고, 연소 종료 전에 연소하기에 충분한 공기와 혼합되는 실린더 내 액체 가솔린.
- (주로) 닫힌 배기 밸브를 통한 미연소 혼합물의 누출

지지 않은 거리에 있는 화염의 소멸이며, 열에너지가 고온 반응 영역에서 벽으로 전도와 화염 반응에 의해 반응 영역에서 방출되는 열에너지 사이의 균형에 의해 결정된다. 두 번째 단계는 소화 후 1 또는 몇 ms의 시간에서 발생하는 꺼짐 후 HC의 확산 및 산화이다. 확산 및 산화 과정은 궁극적으로 벽 꺼짐 탄화수소의 질량을 꺼짐 시점의 값보다 훨씬 낮은 수준으로 감소시킨다.

밀폐 용기 연소 실험은 또한 용기 벽에 있는 오일층의 연소가 완료된 후 잔류 HC 수준을 증가시키는 것을 보여주기 위해 사용되었다. 유막을 이용한 이러한 실험에서 발생하는 추가적인 HC는 주로 연료 분자이며 용기의 벽에 있는 오일의 양과 특정 연료의 용해도에 비례한다. 점화 전에 오일 내 연료 흡수가 발생하고, 연소가 완료된 후에 용허된 연료가 연소된 가스로 배출된다. 따라서 실린더 라이너 오일층으로의 연료 흡수 및 배출은 잠재적으로 중요한 엔진 HC 메커니즘이다.[33]

11.4.3 스파크 점화기관에서 HC 배출

스파크 점화기관의 배기 가스 내 탄화수소의 수준은 일반적으로 1,000~3,000 ppmC_1 범위에 있다. 일반적으로 이러한 HC 배출은 엔진으로 유입되는 연료의 약 1~2%이다. 그림 11.2에서 알 수 있듯이, HC 배출량은 혼합물이 화학양론비보다 농후해질수록 꾸준히 증가하고 1.15에 가까운 상대(희박) 공기/연료비에서 배출 수준이 유지된다. 매우 희박한 혼합물의 경우, 연소성이 악화됨에 따라 HC의 배출량은 엔진 작동 사이클의 극히 일부에서 불완전한 연소 또는 실화로 인해 급격히 상승한다. 11.1절에서 설명한 바와 같이 엔진 HC 배출에 기여하는 여러 가지 원인이 있다. 출처에 따라 1차 연소 단계에서 발생하는 므든 HC를 의미한다. 이러한 HC 중 일부는 팽창 및 배기 행정에서 완전히 또는 부분적으로 산화될 수 있다. 완전한 HC 배출 과정은 복잡하지만 전체 과정을 설명할 수 있는 충분한 정보가 있으며, 따라서 주요 엔진 변수가 엔진에서 배출되는 HC 수준에 영향을 미치는지를 설명할 수 있다.

스파크 점화기관(연료-공기 혼합물이 예혼합 됨)에 대한 HC 배출 생성 메커니즘이 몇 가지 제안되었다. 이들은 표 11.5에 나열되어 있으며 그림 11.22에 나와 있다. 이들 중 가장 큰 부분은 1차 연소 과정에서 벗어난 미연소 혼합물이 틈새 체적에 쌓이는 것이고, 이러한 미연 혼합물은 틈새 입구 근처에서 화염이 소화 되기 때문이다. 이러한 모든 과정을 통해 연료의 약 5~10%는 정상적인 예혼합 화염 연소 과정 동안 연소되지 않는다. 따라서 엔진의 HC 배출 원인일 뿐만 아니라 토크 및 효율의 상당한 손실을 초래한다.[32, 34]

이러한 모든 과정(실화 제외)은 실린더 내 가스의 대부분이 아닌 연소실 벽 가까이에서 미연탄화수소를 발생시킨다. 따라서 실린더 내의 이러한 HC 분포는 균일하지 않을 것이다. 대부분의 경우, 최고 압력에서 연소가 끝나면 HC는 틈새 체적에서 나와 실린더의 다량의 뜨

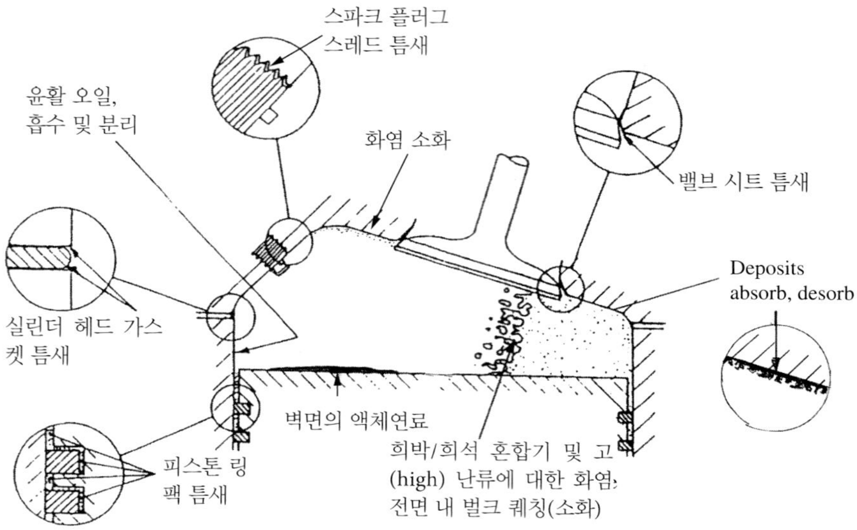

그림 11.22 연소 기간 동안 탄화수소(HC) 배출의 소스를 설명하기 위한 SI 엔진 실린더 헤드와 피스톤의 개략도.

표 11.6 미연 탄화수소가 산화되거나 실린더 밖으로 빠져나가는 과정

- 틈새 체적으로부터 미연 연료–공기 혼합기의 유출; 연소 가스와의 혼합; 틈새 HC 일부는 산화한다.
- 오일층 밖으로 탄화수소 증기의 확산과 연소 가스 안으로의 침전; 이 HC 중 일부는 산화한다.
- 벽면 및 벌크 소화 가스의 연소 가스와 혼합; 일부는 산화한다.
- 배기 블로다운 과정은 실린더 내 연소되지 않은 HC의 일부를 배기 시스템으로 보낸다.
- 배기 행정 중 피스톤에 의한 가스의 이동은 실린더 내 연소되지 않은 HC의 추가 부분을 배기 시스템으로 운반한다.
- 증발하지 않고 연소 종료 전에 연소하기에 충분한 공기와 혼합되는 실린더 내 액체 가솔린.
- 실린더에서 나오는 연소되지 않은 HC는 고온의 배기 가스와 혼합되며, 이러한 HC의 일부분은 배기 포트와 매니폴드에서 산화한다.

거운 연소 가스와 혼합되며, 온도가 충분히 높아지면 산화되기 시작할 것이다. 표 11.6은 정상적인 연소과정에서 연소를 피한 HC가 틈새, 오일 층 등을 떠나 연소 가스와 혼합한 다음 (부분적으로 또는 완전히) 산화되거나 배기 가스로 배출되는 과정을 요약한다. 그런 다음 배기 시스템에서 산화되거나 HC로 배출 될 수 있다. 그림 11.23은 정상 연소 과정 중 연료가 연소 과정을 벗어나는 다양한 원인(정상적인 연소 과정 중 연료가 연소를 피하는 메커니즘)으로부터 배기 가스 내 미연 HC 배출을 이끄는 모든 과정과 HC가 실린더 또는 배기 포트에서 산화되는지 여부와 그렇지 않은 경우 HC가 엔진에서 배출되는 과정을 보여준다. 이 그림은 엔진의(4행정) 작동 사이클을 통한 많은 단계의 결과를 음영 처리된 막대의 너비에 따라 대략적으로 정량화한다. 엔진에서 배출되는 HC는 연소 과정 동안 연소를 벗어난 HC의 대략 1/3이다. 엔진에서 배출되는 HC[g]는 매 사이클마다 실린더로 유입되는 연료의 1~2%에 해당하기 때문에 토크 및 효율의 손실이 상당하다.

[g] 이 HC의 약 절반은 연료 성분이다; 나머지 반은 부분적으로 반응하고, 분해된 연료 화합물들이다.

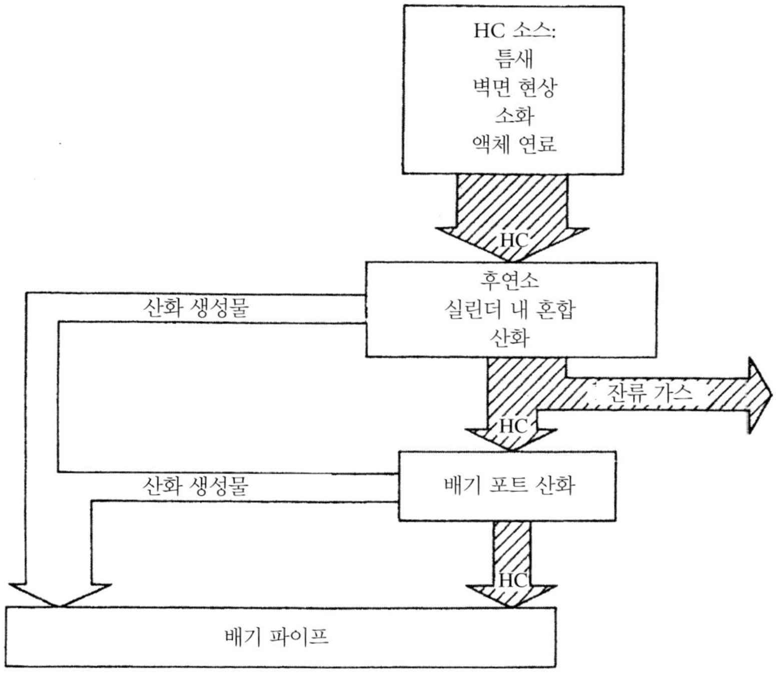

그림 11.23 전반적인 SI 엔진 탄화수소 메커니즘의 다양한 단계: HC 소스, 연소 후 혼합 및 산화, 유지 및 배기.[35] 음영 바의 폭은 HC 농도를 나타낸다.

배기 가스의 HC 농도는 배기 과정 중에 크게 변화한다. 그림 11.24는 우리의 현재 이해를 보여준다. HC의 배출원이 초기에는 연소실 바깥쪽에 있다; 이러한 탄화수소는 벽에서 연소 가스로 확산된다. 이러한 HC와 실린더 가스와의 혼합(그리고 일부 산화)은 팽창 행정 및 배기 블로우 다운 과정에서 발생한다. 나머지 미연소 HC는 대략 동일한 질량의 두 개의 최댓값으로 배출된다: 이들 중 첫 번째는 배기 블로우 다운 유동(실린더에서 질량의 대부분을 제거함)과 동시에 일어난다. 그런 다음 배기 행정의 최종 단계에서 피스톤 운동은 실린더 질량의 나머지 대부분(높은 HC 농도)을 배기 가스로 밀어 넣는다. 이는 실린더 내 잔류 가스에, 그리고 배기 포트 및 매니폴드에서 HC의 농도가 높게 유지되게 한다. 일반적인 연소 조건(저부하)에서 엔진 연소시 미연소 상태로 남겨진 탄화수소의 약 1/3이 실린더에 유지되어 재활용된다.[36,37]

전체 스파크 점화기관의 HC 배출 과정의 몇 가지 도식(그림 11.22, 11.23, 11.24)은 몇 가지 순차적 단계와 병렬적 경로를 설명한다. 우리는 보다 중요한 기여 메커니즘을 논의한 후에 전체적인 과정으로 돌아갈 것이다.

틈새 HC 메커니즘

화염이 침투할 수 없는 연소실 벽의 틈새(입구가 좋은 작은 체적)는 연소되지 않은 HC의 가장 큰 원인으로 나타났다. 이러한 틈새 영역 중 가장 큰 부분은 피스톤, 피스톤 링 및 실린더 벽 사이의 체적이다. 엔진의 다른 틈새 체적은 점화 플러그 주위의 나사산, 플러그 중심 전극 주위의 공간, 흡입 및 배기 밸브 헤드 주변의 틈새 및 헤드 가스킷 틈새 등이 있다. 표 8.1은 냉간 엔진 부품의 측정으로 결정된 전형적인 가솔린 엔진의 한 실린더 내 틈새 영역의 크기와 상대적 중요성을 보여준다. 총 틈새 체적은 간극 체적의 약 1.5~2.5%이며 피스톤과 링 팩

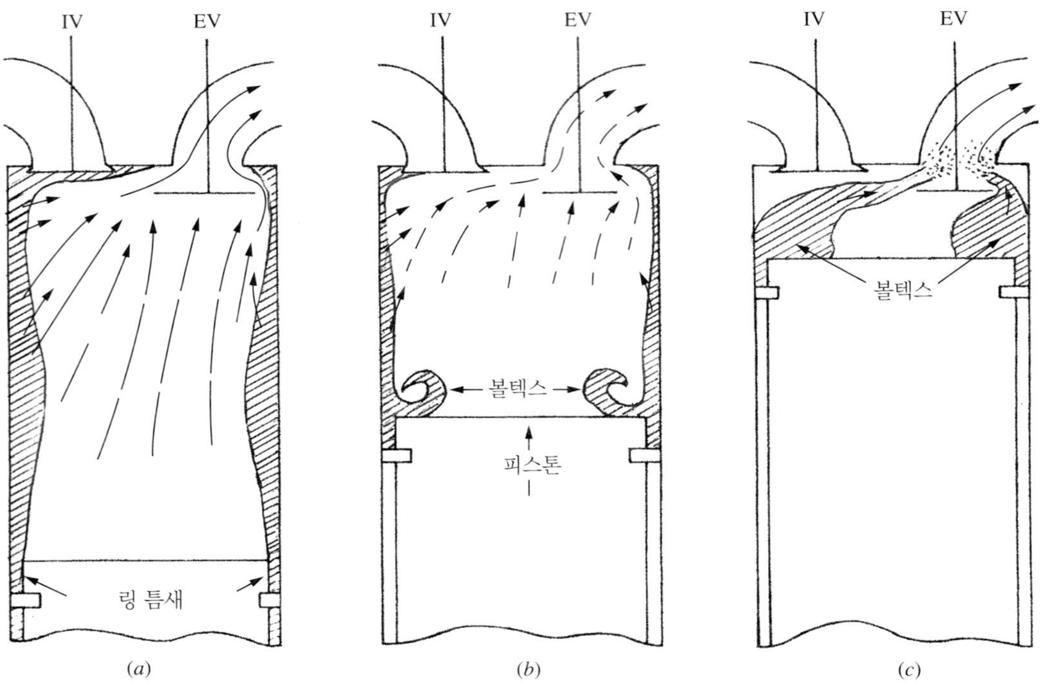

그림 11.24 탄화수소, 후연소가 다양한 공급원에서 대량 연소 가스로 확산되어 블로 다운 배기 흐름 (*a*)에 유입된 후 피스톤–구동 유출—(*b*)와 (*c*)—되는 실린더 내 유동 프로세스의 개략도.

틈새가 주 원인이다.[32]

엔진 사이클 중에 발생하는 틈새 과정의 순서는 다음과 같다. 압축 행정 중 실린더 압력이 상승함에 따라 미연소 혼합물이 틈새 영역으로 밀려 들어간다. 틈새 체적은 얇기 때문에 표면적/부피 비가 크므로 각 틈으로 유입되는 기체는 열 전달에 의해 벽 온도에 가깝게 냉각된다. 연소 중 압력이 계속 상승하는 동안 미연소 혼합물은 계속해서 틈새 체적으로 들어간다. 화염이 각 틈새에 도착하면 틈새로 전파되어 연료와 공기를 부분적으로 연소시킬 수 있고, 틈새 입구에서 꺼질 수 있다. 화염 꺼짐은 틈새 입구 형상, 미연소 혼합물의 구성 및 11.4.2절에 설명된 열역학적 상태에 따라 달라진다. 화염이 틈새 입구에 도착한 후 연소 가스는 실린더 압력이 감소하기 시작할 때까지 각 틈새로 유입된다. 실린더 압력이 최고점에 도달하여 감소하기 시작하면 가스가 각 틈새에서 실린더로 다시 흐른다.

이러한 틈새들 중 가장 중요한 것, 피스톤, 피스톤 링 그리고 실린더 벽 사이의 체적이 그림 8.32에 체계적으로 잘 나와 있다. 전체 피스톤 틈새 영역은 링 측면 간극 및 링 갭과 같은 유동 저항에 의해 연결된 일련의 체적으로 구성되며, 상부 또는 (대부분)하부 링을 밀봉하는 링 그루브에서 링이 위 아래로 움직이면서 형상이 변경된다. 가스 유동, 압력 분포 및 링 운동이 결합되며, 압축 및 팽창 행정 동안의 이러한 현상은 8.6절에서 이미 논의되었다. 압축과 대부분의 연소가 진행되는 동안 질량은 이 전체 틈새 체적 영역으로 흐른다. 실린더 압력이 감소하기 시작하면(MBT 점화 시기, 약 15° ATC), 가스는 그림 8.27의 틈새 영역의 상단에서 실린더로 실린더 벽 부근에서 저속으로 흐른다. 중요한 결과는 실린더 내 총 연료 질량의 일부(5~10%, 아래의 예제 11.1 참고)가 최고 실린더 압력 시점에 이러한 영역에 갇혀 1차 연소 과정을 벗어난다는 것이다. 이 갇힌 가스의 대부분은 팽창 과정에서 다시 실린더로 흘러 나온다. 상단 링 갭의 위치와 관련된 점화 플러그의 위치에 따라 이 가스의 절반 이상이 연소되지 않은 연료-공기 혼합물일 가능성이 있다. 연소되지 않은 HC 배출에 대한 잠재적인 기여도는 분명하다.

예제 11.1 사이클의 최고 압력 지점에서, 틈새의 가스 질량은 최대치에 있다. 틈새 (V_{crev}) 체적이 실린더 틈새 체적(V_c)의 2%일 경우, 틈새 가스는 평균 벽 온도(예: 라이너 100°C, 피스톤 크라운 200°C), 실린더 내 가스는 75% 연소(연소 가스 온도는 2700 K, 미연 가스는 800 K)되며, 15° ATC에서 실린더 부피는 간극 체적의 1.16배인 경우, 실린더 내 총 질량에 대한 틈새 내 가스의 질량을 계산하라. 만약, 틈새 가스가 2/3의 연소되지 않은 혼합물이라면, 사이클의 이 시점에서 연료의 어느 정도가 이 틈새에 있는지 설명하시오.

적절한 스케일링 관계는 다음과 같다.

$$\frac{m_{crev}}{m_{cyl}} = \frac{V_{crev}\rho_{crev}}{V_{cyl}\rho_{cyl}} = \frac{V_{crev}}{V_{cyl}}\left(\frac{p}{RT_{crev}}\right)\left(\frac{RT_{cyl}}{p}\right)$$

여기에 이상기체법칙, $p = \rho RT$가 적용되었다. 평균 틈새 가스 온도는 약 150°C (=423 K); 평균 실린더 가스 온도는 $(0.75 \times 2700 + 0.25 \times 800)$로 2225 K이다. 따라서,

$$\frac{m_{crev}}{m_{cyl}} = \frac{2}{100} \times \frac{2225}{423} = 0.105 \text{ or about } 10\%.$$

만약 미연소 가스가 2/3라면, 연소 기간 중 연소 과정을 벗어난 연료는 약 7%이다.

특히 틈새 HC 현상과 피스톤/링 틈새 영역에 대한 위의 설명을 뒷받침하는 실질적인 증거가 있다. 특수 엔진의 가시화 연구에 따르면 점화 플러그 틈새 우출, 최대 압력 시기 이후 첫 번째 링 위의 체적에서의 저속 가스 팽창, 팽창 과정 후반의 상단 링을 가로지르는 압력차 부호가 바뀔 때 상단 링 갭을 통과하는 제트형 유동이 확인되었다.[38] 상단 링 위의 체적으로부터 가스를 샘플링한 결과 샘플링 밸브 위치에 가장 가까운 틈새 입구에 화염이 도달할 때까지 이 영역의 가스 구성은 연소되지 않은 연료-공기 혼합물에 해당한다. 다음으로 실린더 압력이 계속 상승하면서 연소 가스는 틈새로 들어간다. 그 후, 팽창하는 동안 가스가 이 틈새 영역으로부터 흘러 나오면서 샘플링된 가스의 구성은 일찍 틈새 영역으로 들어간 미연소 혼합물의 구성으로 되돌아간다.[39] 화염 형상 계산에 따르면 점화 플러그 위치, 화염 면 전파의 균형에 따라 비율이 달라지겠지만 틈새 가스의 약 2/3가 연소되지 않은 연료, 공기, 잔류 가스 혼합물이라고 한다.[34]

피스톤 및 링 틈새 영역이 HC 배출물의 주된 원인이라는 직접적인 증거는 이 틈새 영역의 체적이 크게 변화하는 실험에서 밝혀진다. HC 배출량은 탑-랜드 틈새 체적이 증가함에 따라 증가한다. 탑-랜드 높이의 범위는 이 틈새 체적의 부피를 줄이기 위해 시간이 지남에 따라(10 mm에서 5 mm로) 감소한다. 반경 방향 틈새도 있다. HC 배출은 피스톤 틈새 체적의 크기 및 다른 틈새 체적의 감소와 함께 조정되지만, 틈새 HC의 부분 산화 및 기타 HC 발생 원인으로 인해 선형적인 관계보다 훨씬 복잡하다. 그림 11.25의 데이터는 피스톤 틈새에 갇힌 연료가 엔진의 연료 변환 효율에 미치는 영향을 통해 중요함을 확인시켜 준다. 데이터의 최소 제곱법이 선형적으로 적합하다는 것은 피스톤 탑-랜드 틈새가 1,000 mm^3(1 cm^3) 증가하면 순 도시 연료 변환 효율이 1~1.3% 감소함을 나타낸다. 효율의 이러한 변화(피스톤 탑-랜드 틈새 체적의 1,000 mm^3 변화)는 실린더에 유입되는 연료의 3%가 토크를 발생시키지 못할 만큼 일찍 연소하지 않는 것을 의미한다. 실린더 내 HC 산화(약 2/3), 잔류 가스

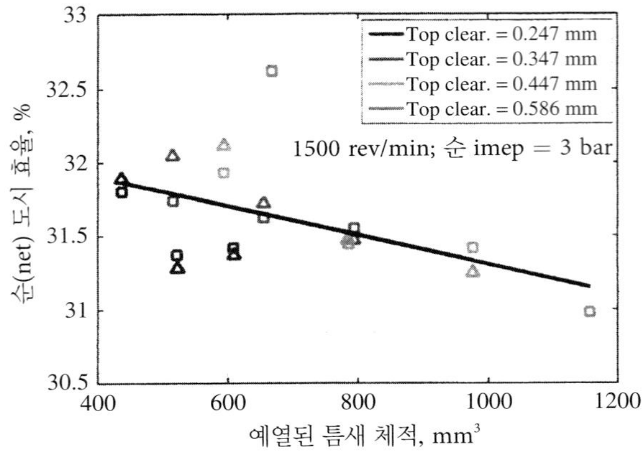

그림 11.25 순(net) 도시 연료 변환 효율에 대한 틈새 체적의 영향. 몇 가지 다른 피스톤 링-팩 제원 및 각각의 서로 다른 틈새 체적을 갖는 단기통 SI 엔진의 데이터: 1500 rev/min, 총(net) imep = 3.6 bar.[32]

내 HC 유지(1/3), 배기 포트 산화(또한 약 1/3)를 가정하면 연료의 0.4~0.5%는 HC를 초래한다. 따라서 전체 실린더 틈새 체적의 약 3/4인 피스톤 탑-랜드 틈새가 엔진에서 배출되는 HC의 약 40% 원인이다. 이 비율은 다른 추정치와 일치한다.[34]

화염이 틈새 입구에서 어떻게 꺼지는지는 부분적으로만 이해된다. 그림 11.26은 예열된 탑-랜드 간극을 냉간 피스톤 반경 방향 간극에 대한 2-평판 꺼짐 거리[식 (11.27) 및 (11.28)] 및 예측된 2-평판 꺼짐 거리와 비교한다. 이 연구에서 예열된 반경 방향 간극은 냉간 간극보다 0.08~0.09 mm 낮았으며, 이러한 비교를 통해 고부하 조건에서는 일부 화염이 틈새로 침투할 수 있음을 알 수 있다. 이전의 연구에서는 화염 도달 거리를 직접 측정하였다: 특정 피스

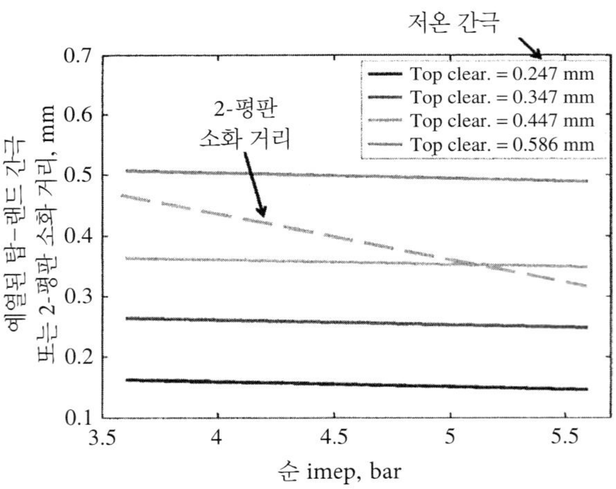

그림 11.26 엔진 부하의 함수로서 그림 11.25의 연구에서 시험된 4개의 다른 피스톤에 대해 예열된 피스톤-라이너 탑-랜드 간극의 비교(속도 변화 영향은 작다.).[32]

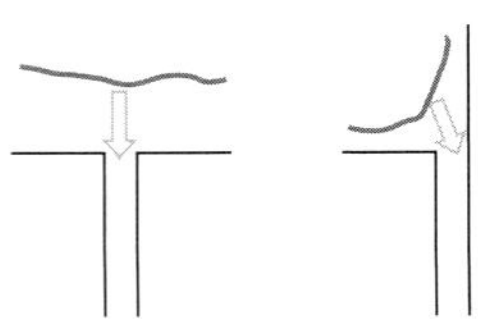

그림 11.27 2-평판 화염 꺼짐 과정(왼쪽)과 피스톤-라이너 틈새 화염 꺼짐 과정(오른쪽)에 대한 형상.

표 11.7 오늘날 스파크 점화 기관 하나의 실린더에서 다양한 틈새 체적(mm^3, 전체에 대한 %)[32]

	체적(mm^3)	퍼센트(%)
점화 플러그 틈새	187	18.0
밸브 시트 틈새	32	3.1
헤드 가스켓 틈새	37	3.6
피스톤 틈새	782	75.3
총 틈새 체적	1038	100.0
모간극 체적(mm^3)	45,400	
피스톤 틈새 체적/간극 체적(%)		1.72
총 틈새 체적/간극 체적(%)		2.28

톤 형상 및 작동 조건에서 화염 도달 거리는 0 mm에서 몇 mm(평균 1 mm 이상)까지 다양하기 때문에 대부분의 경우 중요하지 않았다.[40] 또한, 그림 11.27에 나타난 바와 같이 2-평판 화염 꺼짐 상황의 형상은 피스톤 틈새의 형상과 다르다.[32] 우측 그림의(피스톤 크라운보다 더 차가운) 수직 실린더 라이너 벽은 벽에 가까운 화염의 "절반"을 더 빨리 냉각시킬 것으로 예상되므로, 기본적인 2-평판 소화 연구가 나타내는 것보다 더 넓은 반경 방향 간극에서 꺼짐(quenching) 현상이 발생할 것이다. 따라서 우리는 현재 엔진 상황에서 피스톤 틈새 입구 근처에서 화염 소화가 발생할 것으로 예상할 수 있다.

그림 11.22에서 확인된 다양한 틈새 체적의 영향은 상대적인 체적에서 유추할 수 있다. 표 11.7은 현대의 스파크 점화기관에서 서로 다른 틈새 체적의 실제 크기와 전체 틈새 체적의 비율을 비교한 것이다. 시간이 지남에 따라 설계 개선을 통해 이러한 체적은 감소되었다. 탑-랜드 높이는 피스톤 림(rim) 강도 고려 사항에 의해 제한된다. 점화 플러그 틈새는 약 1/4이지만 피스톤 탑-랜드가 지배적이다(~75%). (상단과 두 번째 링 사이의 피스톤 2-랜드 부피의 기여도가 중요한지는 분명하지 않다. 이 영역의 가스 압력은 단지 몇 기압 정도이다.) 이전 연구에서 실린더 헤드와 피스톤이 TC에 가까운 실린더를 강철판 정적 연소실로 변환하고, 여러 틈새를 차례대로 밀봉하고 채운 후, 각 용기 내부의 연료-공기 혼합물을 연소시켜 HC 농도를 산출하였으며, 그 결과 HC 배출에 대한 각 틈새의 상대적인 기여도를 계산할 수 있었다.[41] 이 비율은 표 11.7의 체적 비율과 순위 및 규모 면에서 비교 가능하다.

*블로우바이*는 연소실에서 피스톤과 링을 지나 크랭크 케이스로 흐르는 가스이다. 이는 압축, 연소 및 팽창 행정 중 높은 실린더 내 가스 압력에 대한 반응으로 피스톤 라이너 링 어셈블리가 제공하는 모든 누출 경로를 통과해야 한다. 실린더로부터 크랭크 케이스로의 가스 블로우바이는 이 틈새 영역으로부터 가스를 제거함으로써 틈새 가스의 일부가 실린더로 되돌아가는 것을 방지한다. 크랭크 케이스 블로우바이 가스는 한때 대기로 직접 배출되었고 HC 배출의 중요한 원인이었다. 엔진의 크랭크 케이스는 이제 흡기 시스템으로 배출되고, 블로우바이 가스는 재순환되며, 이 HC 배출원은 이제 완전히 제어된다. 주어진 속도와 부하에서 블로우바이는 주로 실린더와 크랭크 케이스 사이의 유동 경로에서 가장 큰 흐름 저항에 의해 제어된다. 이것은 압축 링 갭 영역이다. 그림 8.35는 가장 작은 간격 영역에 대해 블로우바이가 어떻게 선형적으로 증가하는지 보여준다. 그림 11.28은 블로우바이가 증가하고 더 많은 틈새 HC가 크랭크 케이스로 흐를 때 배기 HC 수준이 어떻게 감소하는지를 보여준다. 블로우바이는 보통 엔진 크랭크 케이스에서 나오는 체적 유량(표준 대기압 및 온도에서)으로

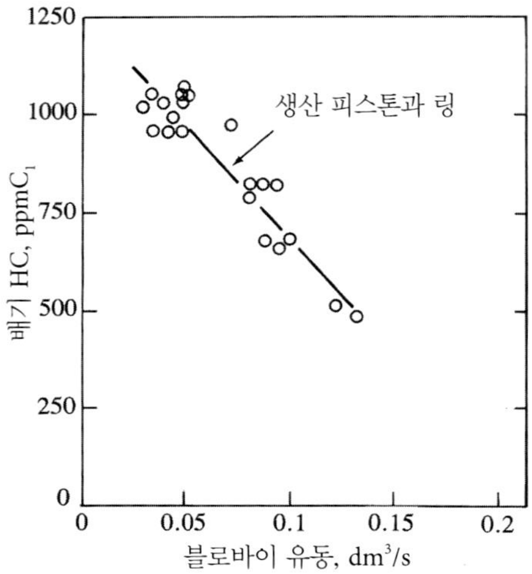

그림 11.28 탄화수소(HC) 배기 오염물질에 대한 크랭크 케이스 블로우바이 증가의 영향. 생산 피스톤과 링. 1200 rev/min에서 운전되는 SI 엔진, 흡기 매니폴드 압력 0.6 atm, A/F = 14.2. 블로우바이 유동은 각 실린더당이다. 500 cm^3 배기량 실린더, 중부하 조건에서 0.5 liter/s은 공기, 연료, EGR 유동의 약 1.2%에 해당한다.[42]

측정되지만 실린더로 유입되는 총 유량의(질량의 의한) 비율로 표현하는 것이 더 의미가 있다. 그 유동은 공기+연료+EGR이다. 중부하 및 저속에서의 전형적인 실린더 체적(500 cm^3)의 경우, 0.05 liter/s 블로우바이는 총 유량의 약 1%에 해당한다. 아래의 저부하 예시를 참고하라.

예제 11.2 전형적인 저부하 운전 조건인 0.5 bar의 매니폴드 공기 압력 및 1500 rev/min으로 작동하는 500 cm^3 배기량의 실린더는 0.05 dm^3(liters)/s의 블로우바이를 갖는다. 이 블로우바이를 실린더로 유입되는 총 질량 유량의 퍼센트로 추정하라.

엔진으로 들어가는 공기 유량은 다음 식으로 주어진다.

$$\dot{m}_a = \eta_v \rho_{a,i} V_d N/2$$

여기서 $\rho_{a,i}$는 흡입 공기 조건에서의 공기 밀도이다: $\eta_v \approx 0.8$. 공기의 밀도는 이상기체법칙으로부터 얻어진다.

$$\rho_{a,i} = \frac{p}{RT} = \frac{0.5 \times 100}{287 \times 310} = 0.56\ \text{kg/m}^3$$

그래서

$$\dot{m}_a = 0.8 \times 0.56 \times 500 \times 10^{-6} \times 1500/60 \div 2 = 2.8 \times 10^3\ \text{kg/s}$$

블로우바이 가스(연료와 공기, 연소 가스의 혼합물)는 표준압력 및 온도에서 공기 밀도(1.18 kg/m^3)와 비슷한 밀도를 갖는다고 가정하면, 0.05 liter/s의 블로우바이 유동은 다음과 같이 질량 유동으로 변환된다.

$$\dot{m}_{\text{by}} = 0.05 \times 10^{-3} \times 1.18 \times 10^3 = 0.059\ \text{g/s}$$

공기, 연료(화학양론비로 가정), EGR (배기 유동의 10%로 가정)의 실린더 흡기 유동은 다음과 같이 주어진다.

$$\dot{m} = \dot{m}_a + \dot{m}_f + \dot{m}_{\text{EGR}} = \dot{m}_a \left(1 + \frac{\dot{m}_f}{\dot{m}_a}\right) / (1 - x_{\text{EGR}})$$

따라서:

$$\dot{m}_i = 2.8(\text{g/s})(1+0.067)/(1-0.1) = 3.3\ \text{g/s}$$

그리고 총 흡기 유동의 함수로써 블로우바이 유동은

$$x_{\text{by}} = 0.059/3.3 = 0.018\ (=1.8\%)$$

이다. 블로우바이는 일반적으로 사이클당 실린더 내 질량의 1~2%이다. 실린더로부터 이 정도의 가스 손실이 토크에 주는 영향은 미미하다(블로우바이로 인해 실린더 압력은 조금 낮아진다). 그러나 블로우바이는 재순환하기 때문에 효율에 대한 영향은 무시할 수 있다.

크랭크 케이스 블로우바이 가스는 성능 손실을 나타낸다. 그러나 크랭크 케이스 가스는 이제 엔진 흡기 시스템으로 재순환되기 때문에 효율 손실은 더 작아졌다. 팽창 및 배기 행정 중 실린더로 다시 돌아갈 때의 틈새 HC가 어떻게 되는지는 잘 파악되지 않는다. (피스톤 탑-랜드 틈새로부터의) 매우 느린 저속 유동과(탑 링 간격으로부터의) 제트식 유동은 모두 관찰되었다(그림 8.34 참고). 후자는 고온의 연소 가스와 신속하게 혼합될 수 있지만, 실린더 벽 경계층에서 보다 차가운 가스로 유입되고, (아마도) 혼합되어 훨씬 더 천천히 연소될 것이다. 탄화수소 수송 및 산화 과정은 아래에서 더 자세히 논의된다.

엔진 오일의 HC 흡수 및 탈착

윤활유는 실린더 내 미연 혼합물에서 가솔린 성분을 흡수한다. 흡수 및 탈착은 각 엔진 사이클마다 실린더 내에서 발생하여 1차 연소 과정에서 연료의 일부가 연소되지 않는 또 다른 메커니즘을 제공한다.

이 흡수/탈착 메커니즘은 다음과 같이 작용한다고 생각된다. 실린더 라이너 상의 몇 마이크론 두께를 갖는 유막은 흡기 행정 동안 하강하는 피스톤에 의해 노출되고, 압축 행정 동안 피스톤에 의해 덮여 질 때까지 실린더 내 가스에 노출되어 있다. 이 기간 동안 유막은 연소되지 않은 연료 증기, 공기, 잔류 가스 혼합물(그리고 흡입 행정 중에 아마도 액체 연료에 노출됨)에 노출된다. 그림 11.29*a*는 흡기 및 압축 행정 중에 오일에 용해되는 가솔린 증기 성분의 예상 농도 프로파일을 보여준다. 결과적으로 이러한 증기 성분은 가스로부터 유막으로 전달된다. 일반적으로 각 증기 구성 요소 p_f의 부분 압력과 오일에 용해된 성분의 몰 분율 $\tilde{x}_f$를 관련시키는 Henry의 법칙은 유효하다고 가정한다:

$$\tilde{x}_f = \frac{p_f}{H} \tag{11.32}$$

여기서 $\tilde{x}_f$는 오일 내 연료 증기의 몰 분율, p_f는 가스 내 연료 증기의 부분 압력, H는 Henry

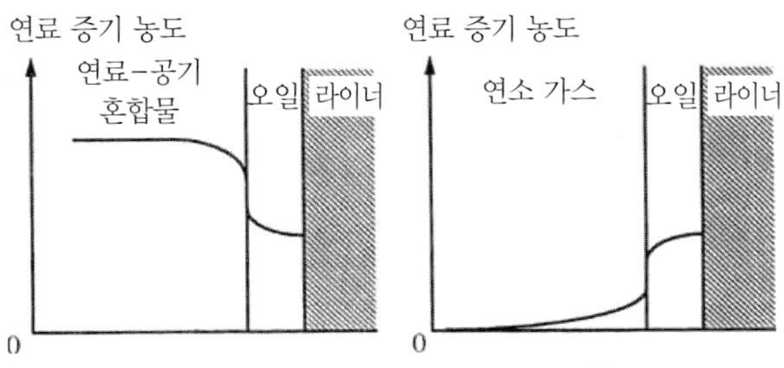

(*a*) (*b*)

그림 11.29 라이너의 오일층에서 HC의 흡수 및 탈착의 개략도. 실린더 라이너의 윤활 오일 및 실린더 내 가스에서의 가솔린 성분 증기 농도 프로파일: (*a*) 흡기 및 압축 행정 중, (*b*) 연소 후 및 배기 행정 중.

상수이다. 이 두 가지 특성을 관련 짓는 Henry 상수는 온도에 따라 크게 변화하기 때문에 오일에 흡수되는 증기의 양은 오일 온도가 낮을수록, (각 성분의 부분 압력을 통해) 가스 압력이 높을수록 상당히 높다.

팽창 및 배기 행정 동안 하강하는 피스톤에 의해 유출되는 라이너 상의 유막은 오일 내에 가솔린 화합물의 농도가 가솔린이 화학양론비로 연소하여 가스내 거의 0에 가까운 수준에 해당하는 것보다 높은 농도를 가지고 있다: 그림 11.29*b* 참고. 따라서 탄화수소는 유막 밖으로 탈착되어 실린더 가스로 확산된다. 만약 산화되지 않으면 실린더를 빠져나가 엔진에서 배출되는 미연 탄화수소가 된다. 유막이 충분히 얇아 확산 속도가 빠를 경우, 식 (11.32)를 사용하여 오일 안에 용해된 연료의 몰 분율을 추정할 수 있다. $p_f = n_{f,c}\tilde{R}T/V$ (여기서 $n_{f,c}$는 실린더 내 연료의 몰 수, T는 온도, V는 실린더 체적)이고, $n_o \gg n_{f,o}$ (여기서 $n_{f,o}$는 오일에 용해된 연료의 몰 수, n_o는 오일의 몰 수)일 경우 $x_f = n_f/(n_{f,o}+n_o) = n_{f,o}/n_o$이기 때문에,[43]

$$\frac{n_{f,o}}{n_{f,c}} = \frac{n_o\tilde{R}T}{HV} \tag{11.33}$$

만약 확산 시간 상수 τ_d가 특성 엔진 시간보다 훨씬 작은 경우, 식 (11.33)이 유효할 정도로 확산은 빠르다: 즉,

$$\tau_d \approx \frac{\delta^2}{D} \ll N^{-1}$$

여기서 δ는 유막의 두께, D는 오일 내 연료 증기의 확산 계수, N은 엔진 회전 속도이다. 엔진 오일을 통해 확산되는 탄화수소의 경우 D는 300 K에서 10^{-6} cm^2/s이고 400 K에서 10^{-5} cm^2/s이다. 실린더 벽 유막은 작동 사이클 동안 1 μm에서 10 μm로 변화한다. 따라서 엔진 조건에 따른 확산 시간은 10^{-1} s에서 10^{-3} s이므로 가장 얇은 유막의 경우 본질적으로 평형이 달성된다.

오일 흡수 및 탈착에 대한 증거는 피스톤 링과 스커트를 윤활하기 위하여 라이너에 유막이 있는 특수 설계된 스파크 점화기관이 정상적으로 작동한 후 오일 프리(oil free) 실험을 수행한 실험에서 확인할 수 있다.[46] 화학양론비 운전 조건에서 오일이 없는 경우, 저속 및 저부하 조건의 엔진 배기 가스 배출량은 일반적인 윤활 시스템의 경우보다 약 25% 적다. 다른 연구들은[47,48] 예열된 엔진의 경우 기여도가 약 10% 미만이 될 수 있다는 것을 보여준다. 엔진이 차가울 경우 오일 내 주요 연료 구성 요소의 용해도가 현저히 높으면 기여도가 높아질 수 있다. 엔진 온도가 더 낮은 조건에서는 기름통에 있는 오일 내에 가솔린 화합물(1~2%)이 존재하고, 링 팩 영역에 있는 오일 내에는 이보다 더 높은 수준의 가솔린 화합물이 존재한다. 이러한 조건 하에서 액체 연료가 라이너 유막에 충돌하여 링 팩으로 흐를 가능성이 있다. 오일 내 추가적인 가솔린은 엔진이 예열되고 추가적인 HC 배출원이 될 때 연소된 배기 가스로 HC를 탈착할 가능성이 있다.

엔진 오일 내 가솔린의 다양한 유기 화합물 용해도가 크게 다르기 때문에 이 메커니즘이 생성하는 HC의 양을 정확하게 예측하기 어렵다. 그러나 주로 실린더 라이너에 있는 실린더 내 유막이 미연소 HC 배출의 약 10~25%를 차지하는 원인임을 주장하는 실질적인 실험 및 이론적 증거가 있다.[34]

침전물의 영향

주행거리가 길어질 경우, 표준 가솔린으로 연료가 공급되는 스파크 점화기관의 연소실과 흡기 밸브에는 침전물이 쌓인다. 이러한 유형의 침전물은 모두 탄화수소 배출에 영향을 미친다.

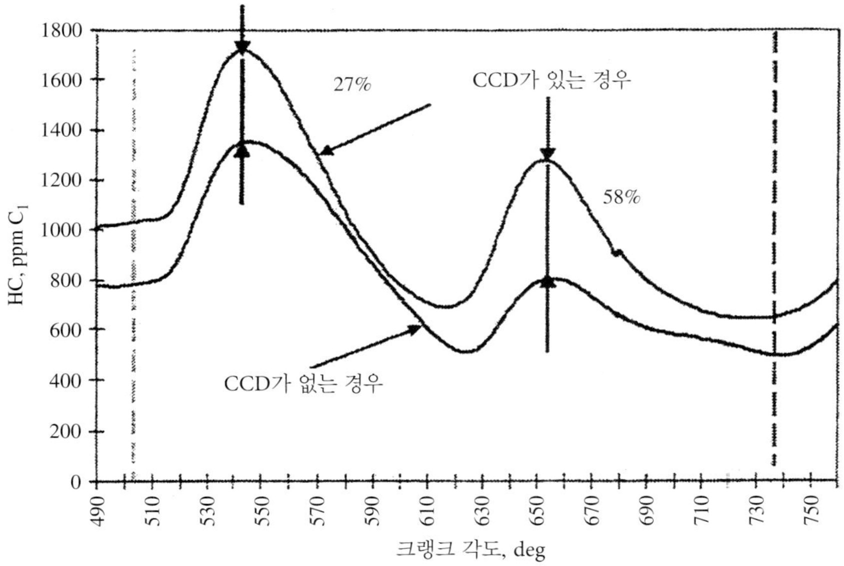

그림 11.30 연소실 침전물(CCDs, combustion chamber deposits)을 포함하거나 포함하지 않은 상태에서, 예열된 스파크 점화 기관의 배기 과정을 통한 시간 분해 HC 농도. 퍼센트는 CCD가 없는 깨끗한 엔진 위의 두 최고치에서 HC 증가율이다. 2리터, 4기통 자연 흡기 가솔린 엔진은 스로틀 전개, 2500 rev/min $\lambda = 0.9$의 조건에서 작동한다. EVO와 EVC는 각각 503°, 730°이다.[50]

흡기 밸브 바깥쪽의 침전물은 포트 연료 분사 시스템에서 밸브의 뒷면(흡기 측)으로 분사된 액체 연료의 일부를 흡수하여 엔진 과도기 동안 실린더로의 진입을 지연시킨다. 따라서 실린더 내 혼합물은 가속(스로틀 개방)하는 동안 의도한 것보다 희박하며 감속(스로틀 닫힘)하는 동안 의도한 것보다 농후하다. 혼합물 구성의 변화는 HC 배출에 영향을 미친다. 흡기 밸브 침전물은 주로 엔진 부하 변화, 시동 그리고 예열하는 동안 HC 배출에 영향을 미친다. 정상 상태 HC 배출에는 큰 영향을 미치지 않는다.

연소실 침전물은 과도기뿐만 아니라 정상 상태에서도 HC 배출을 증가시키는 것으로 알려져 있다. 실린더와 피스톤 크라운 벽에 침전물이 쌓이는 데는 안정화되기까지 약 10,000~15,000 km가 소요될 수 있지만 HC 배출에 대한 영향은 더 빠르게 발생한다. 엔진에서 배출되는 HC는 약 10시간의 운전에 걸쳐 가장 빠르게 증가하고 다음 20시간의 운전 동안 보다 느리게 증가하며, 침전물 두께가 계속 증가하더라도 다음 10~20시간 동안 안정화된다. 그러나 실제 연소실에 침전물이 쌓이는 정도는 정량화되지 않았으며, 사용 패턴뿐만 아니라 연료 사용, 오일 소비량, 오일 유형(윤활유는 침전물을 형성하는 주요 구성 요소임)에 따라 크게 달라질 수 있다. SI 엔진의 침전물은 구조적으로 다공성이다. 큰 구멍은 분명 "분산된 틈새"로 작용하고 연소 과정 중에 HC를 가둔다. 표면적 대비 부피 비율이 큰 작은 구멍은 침전물에 흡수된 엔진 오일로 상당한 HC를 흡수할 수 있으며, 이는 가솔린 연소 생성 라디칼과 반응하여 이러한 침전물을 형성한다. 오늘날의 스파크 점화기관에서 상당한 수준(예를 들어, 5~10 옥탄가의 옥탄 필요량을 증가시키는 수준)의 침전물은 정상 상태에서 HC 배출량을 현저하게 증가시킬 수 있다.[51]

위의 논의는 HC 배출량에 대한 실린더 내 침전물 축적 효과에 대한 데이터와 일치하며, HC 배출량은 주행거리 누적 방식에 따라 수천 마일에 걸쳐 크게 증가할 수 있음을 보여준다. 그림 11.30은 배기 과정(130° ATC EVO – 15° ATC EVC: 샘플링 시간 지연이 있음)을 통해 고속 응답 FID HC 분석기로 측정한 시간 분해 HC 농도를 보여주고, 클린 엔진(연소실 침전물 없음)과 침전물 수준이 안정화된 동일 엔진을 비교한다(CCD와 함께). 추적 결과에 따르면 첫 번째 블로우 다운의 질량 유량이 높은 단계에 총 HC가 높았으며 배기 행정 후반에는 HC가 더 높았다. HC를 동반하는 블로우 다운 유동의 이러한 패턴은 실린더 헤드에 가까운 곳에서 비롯된 HC와 동반하여 배기 행정의 1/3 동안 실린더를 빠져나가게 하고, 배기 행정 동안 실린더의 하부 및 중간에서 높은 HC 가스를 대체하는 피스톤 운동을 초래하는 것으로 여러 해 동안 알려져 왔다.[36] 그림 11.30에서 연료에서부터 실린더 헤드 침전물로 흡수된 추가 HC는 일찍 배출되고, 피스톤 크라운 침전물에서 배출되는 HC는 나중에 배출된다. 이 예에서 상당한 침전물을 가진 엔진의 침전물로 인한 시간 평균 HC 농도 차이는 20~25% 증가한다. 오늘날의 가솔린과 윤활유가 스파크 점화 기관에서 일반적으로 발견되는 연소실 침전물 수준이 HC 배출에 미치는 영향은 아직 충분히 문서화되지 못했다.

화염 꺼짐(flame quenching)

스파크 점화 기관 화염은 냉각된 연소실 벽으로부터 짧은 거리에서 소화(extinguish)되어 벽에 인접한 연소되지 않은 (또는 부분적으로만 반응한) 연료–공기 혼합물의 얇은 층을 남기는 것으로 오랫동안 알려져 왔다. 이것을 꺼짐층(quench layer)라고 한다. 원래는 연소되지 않은 HC 배출의 주요 원인이라고 생각되었지만, 이제 이러한 꺼짐층의 혼합물은 대부분의 엔진 운전 조건에서 층(layer) 외부의 고온 연소 생성물로 확산되어 팽창하는 동안 연소되는 것으로 알려져 있다.[37] 극도로 희박하거나 높은 EGR 운전 조건에서 더 두꺼운 꺼짐층이 완전히 연소되는지 여부는 아직 명확하지 않다. 그러나, 엔진 사이클이 완료되기 전에 꺼짐층 내의 혼합물이 완전히 연소되더라도 연소실 벽에서의 화염 소화는 여전히 정상적인 엔진 연소 과정 동안 연료의 작은 부분(약 0.5%)이 연소되는 것을 방지한다. 따라서 꺼짐층은 엔진 성능과 효율 면에서 약간의 손실을 가져온다.

위에서 설명한 바와 같이 연소실 벽에서 화염 꺼짐이 발생하기 전, 이른 시기에 화염 소화는 HC 배출에 더 중요한 원인이 될 수 있다. 이러한 소화는 엔진이 희석 운전 한계(예를 들어, 높은 EGR) 또는 희박 운전 한계에 근접하게 작동될 때 발생할 수 있다. 그런 다음 더 느린 연소 엔진 사이클에서 팽창 행정 후반에 화염이 충분히 느리게 연소실 벽에 도달할 수 있으며, 화염 앞의 미연 혼합물 내의 압력과 온도는 증가하는 것이 아니라 시간이 지날수록 감소한다. 이러한 상황에서 화염은 꺼질 수 있으며, 부분 연소 사이클을 초래하여 *이 사이클*에서 HC의 배출량은 증가한다. 평균 HC 배출의 영향은 이러한 부분 연소 사이클의 상대적 발생 빈도에 달려있다. 또한 스파크 방전에 의해 화염 발달 과정 초기에 꺼지면 EGR 또는 희박 한계치 근처에서 가끔 실화가 발생할 수 있다. 그런 다음, 연료와 공기가 실린더에 완전히 충전된 것과 가깝게 연소되지 않은 상태로 배출된다.

잘 설계된 고속 연소 시스템의 경우 정상적인 정상 상태 엔진 운전 조건에서 화염 꺼짐 현상이 HC 배출에 크게 기여하지 않을 것으로 예상한다. 그러나 과도기 동안 EGR 수준이 높고 타이밍이 지연된 경우 부분 연소 및 꺼짐 층 조차도 총 HC 배출량에 충분히 기여할 수 있다. 그림 11.31과 같이 엔진 작동 사이클의 작은 부분에서 부분 연소 및 실화로 인해 연소성이 떨어진 연소는 엔진 속도와 부하가 고정된 조건에서 EGR이 증가함에 따라 엔진에서 배출되는 HC가 증가한다. 그림은 EGR이 보통 수준에서 높은 수준으로 증가함에 따라 연소 속도가 어떻게 느려지고 악화되는지를 보여준다(COV_{imep}는 표준 편차로 각 사이클마다 imep를 평균 imep로 나눈 값이다). 9.4.3절을 참고하라. 작동 조건에 따라 2~5% 이하의 COV_{imep}

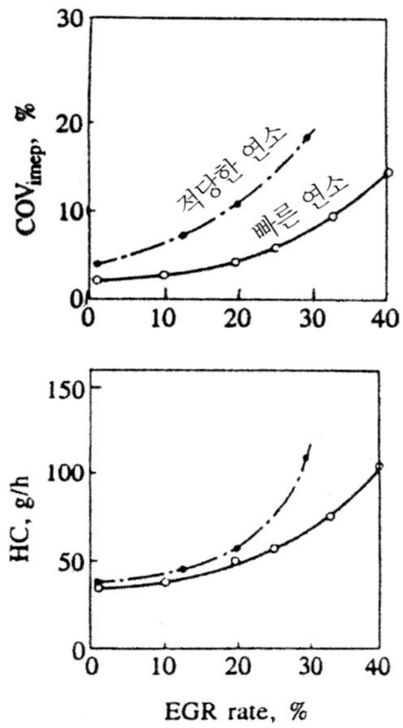

그림 11.31 COV$_{imep}$와 엔진-아웃 HC 배기 오염물질에 대한 EGR 증가의 영향(1400 rev/min, 324 kPa imep, 화학양론비 운전, MBT 스파크 타이밍)[34]

는 "안정적"인 연소로 간주한다. 보다 높은 EGR 수준에서 느린 연소 시스템과 빠른 연소 시스템의 차이점 중 하나는 연소 과정의 악화로 인해 나타난다. 그러나 정상적으로 작동하는 엔진에서는 큰 화염 꺼짐이 발생하지 않아야 한다.

실린더 벽의 액체 연료

포트 분사 가솔린 엔진과 직분사 가솔린 엔진은 모두 흔하게 사용된다. 포트 분사 엔진의 경우, 인젝터는 일반적으로 액체 가솔린을 흡기 밸브 뒤와 흡기 포트 표면 영역 주변으로 향하게 한다. 분사된 가솔린의 대부분은 이러한 표면에 충돌하지만, 연료의 일부는 미립화 과정에서 형성된 연료 액적으로부터 증발할 것이다. 분사 후 액체 연료의 거동은 흡기 밸브 개폐 시기에 대한 분사 시기에 크게 영향을 받는다. 닫힌 밸브에 분사하면 흡기 밸브 개방 직후 실린더에서 연소된 가스가 빠르게 역류하여 밸브 및 포트 표면에서의 연료 증발 과정을 돕는다;[52] 완전히 예열된 부분 부하 엔진 운전 조건에서 거의 모든 가솔린 연료는 증기 상태로 실린더에 유입된다. 그러나 개방 밸브를 향해 분사하면, 더 많은 연료가 액체로서 실린더에 유입될 것이며 액적(droplet)이나 액실(ligament)이 흡입 공기 유동에 수반된다. 이 액체의 대부분은 실린더 내 공기, 연료 증기 및 잔류 가스와 함께 증발하고 혼합되어 흡입 및 압축 과정에서 일반적인 가연성 혼합물을 형성한다. 남아있는 액체, 특히 휘발성이 적은 연료 성분은 액막을 형성하거나 연소실 내의 침전물, 유막, 또는 틈새에 저장될 수 있으며 팽창 및 배기 행정에 벌크 가스로 증발할 수 있다. 이 연료의 불완전한 산화는 탄화수소 배출에 기여할 것이다. 포트 분사로 실린더에 유입되는 액체 연료에 대한 식 (2.44)의 HC 배출 지수는 증기로서 유입되는 연료의 5배이지만, 이는 액체가 유입되는 밸브 시트 위치에 따라 크게 달라진다.[53]

실린더 내 아직 증발되지 않은 연료의 양은 엔진 시동 과정에서 특히 중요하다. 흡기 밸브와 포트, 그리고 흡입 공기는 차갑기 때문에 분사된 연료의 극히 일부만 증발한다: 빠르고 원활한 시동을 위해서는 요구되는 것보다 훨씬 많은 양의 완전히 증발된 연료를 분사해야 하며, 이 연료의 상당량은 가연성 충전 혼합물에 나타나지 않는다. 이 현상은 그림 11.32에 나타나 있다. 이 그림의 데이터는 고정된 엔진 속도(900 rev/min) 및 흡기 매니폴드 압력(0.5 bar)으로 작동하는 단일 실린더 엔진으로부터 얻은 것이다. 연소 전 실린더 내 탄화수소 증기

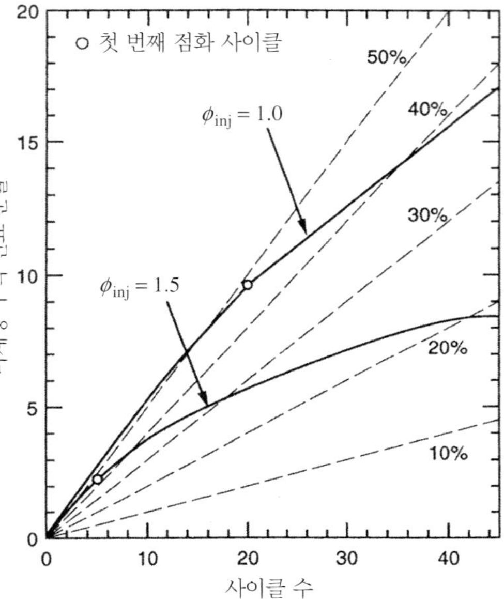

그림 11.32 엔진 시동 및 예열 기간 동안 사이클 수의 함수로서 "미계량" 연료 누적(1회 분사량에 의해 표준화됨): 900 rev/min, 흡기 매니폴드 압력 0.5 bar, 스파크 타이밍 20° BTC. 각 곡선 위의 원형 표시는 포지티브 imep인 첫 번째 사이클이다. 또한 분사된 연료를 기준으로 1.0 및 1.5의 고정 연료-공기 당량비 선도를 표시하였다.[34,54]

농도는 고속 반응 화염 이온화 HC 검출기에 의해 측정되었다. 이러한 HC 농도 값으로부터 가연성 혼합물을 형성하기 위해 증발된 연료 질량이 각 사이클에 대해 추정되었다. 남아 있는 연료량은 "미계량"으로 표시되었다. "미계량" 연료의 누적량은 그림 11.32에서 첫 번째 분사로부터 사이클 수의 함수로서 그려진다. 첫 번째 점화 사이클도 그림에 표시되어 있다. 처음에는 연료의 약 50%만이 실린더로 들어가 증발한다. 엔진 시동 시 농축을 위한 미계량 연료의 누적량은 약 10번 정도의 분사량일 수 있다. 증발하지 않거나 가연성 혼합 충전물과의 혼합없이 실린더로 유입되는 연료 분율 중 일부가 오일통으로 들어갈 수 있다. 그러나 나머지 부분은 사이클의 후반에 충전물과 혼합될 수 있으며, 산화되지 않은 경우 엔진에서 배출되는 탄화수소 배출에 기여한다.

미리 증발된 가솔린 연료와 포트 분사를 적용한 엔진의 HC 배출 수준을 비교하였다. 포트 분사 가솔린(indolene)의 경우, 정상 상태 HC 배출 수준은 미리 증발된 가솔린 연료의 경우보다 약 10% 정도 높다. 그러나 예열 과정 중 HC 배출 수준은 미리 증발된 연료의 경우보다 약 2배 정도 높다. 정상 상태로의 시간 척도는 200초이며, 이것은 미리 증발된 연료보다 훨씬 느린 시간이다. 예열 중에 HC 배출 수준이 높은 것은 연소실의 틈새/유막/침전물 영역에 액체 연료가 존재하기 때문이며 아마도 두가지 영향으로 인한 것이다: (1) 액체 연료의 존재는 더 많은 HC의 양이 이러한 영역에 저장된다는 것을 의미하며, (2) 이러한 "저장" 영역으로의 액체 연료 운송 과정은 연료 증기와 다르다. 두 영향 모두 높은 수준의 HC 배출에 기여할 것이다. 정상 상태의 HC 배출량이 미리 증발된 연료의 경우보다 약 10%만 높다는 것은 아마도 흡기 매니폴드와 흡기 밸브의 후면이 거의 완전한 증발을 달성할 수 있을 만큼 충분히 높은 온도에 도달했기 때문일 것이다. 따라서 가솔린이 액체 상태로 실린더에 유입되는 것이 거의 없는 것이다.

가솔린 직분사 엔진

직분사(DI) 연료 시스템이 점점 포트 분사 시스템을 대체(또는 보완)하고 있다. 직분사에서 연료는 각 실린더 헤드에 위치한 인젝터를 통해 연소실로 직접 분사된다. 실린더 내로 분사되는 액체 연료의 몇 가지 거동은 HC 배출에 영향을 미친다. 첫째, 포트 분사로 인해 흡기 포트와 밸브 벽에 형성된 액체 유막이 제거된다. 그러나 직분사를 사용하면 실린더 내 액체 연료가 훨씬 더 많아질 것이며, 특히 냉간 엔진의 경우 예열 중에는 연료 계량 보정이 급격히 변하고 과도 현상이 발생한다. 직분사 엔진에서 각 실린더로 들어가는 연료의 양은 정확히 분사된다. 포트 분사 시스템에서 흡기 포트 내 액체 연료막의 축적으로 인해 연료가 실린더로 유입되는데 지연이 발생하며, 엔진 시동 중에는 처음 몇 사이클 동안 실린더로 들어가는 것보다 훨씬 더 많은 연료가 분사되어야 한다. 그러므로 직분사 방식은 냉간 엔진 시 요구되는 연료의 양을 감소시킬 수 있는 잠재력이 있으며, 포트 분사 방식보다 복잡한 연료 계량 보정이 필요하다. 따라서 직분사를 사용하면 이러한 엔진 작동 단계 동안 배출되는 탄화수소 배출량을 줄일 수 있다.

가솔린을 사용한 균일한 차지(charge) 직분사 스파크 점화 기관의 경우, 준 평형 운전 조건에서 HC 배출 메커니즘은 기본적으로 포트 분사 엔진과 동일하다. 직분사 연료 분무의 거동은 실린더 라이너와 피스톤 크라운 표면이 연료에 젖지 않도록 주의 깊게 관리해야 한다. 벽을 적시고 액막을 형성하는 연료는 SI 엔진의 HC 배출을 증가시킨다. 왜냐하면 앞의 하위 절에서 설명한 바와 같이 벽에 있는 액체 연료를 증발시키고(화염이 액막을 통과한 후 뜨거운 연소 가스로부터 열이 전달됨), 이 연료 증기를 연소 가스 내 충분한 산소와 혼합하여 연료를 태우는 데 시간이 걸리므로, 팽창 행정에서 잘 발생한다.[55]

저부하 및 중부하 운전 조건에서 직분사 가솔린 엔진은 일반적으로 균일한 화학양론비 운전 직분사 엔진보다 HC 배출량이 높다. 이러한 외부 클라우드 영역(연료와 공기의 과도한 혼합에 의한)에서 매우 희박한 혼합물 때문에 화학양론비에 가까운 연료를 함유한 클라우드 근처에서 화염 꺼짐이 발생한다(9.3.5절 참고). 그 다음, 희박 혼합기 연소 가스의 온도가 화학양론비 연소 가스보다 낮기 때문에 이러한 HC의 연소 후 산화 가능성이 현저하게 감소한다. 또한, 이렇게 계층화된 직분사 모드에서 전체적으로 희박한 엔진 운전으로 인해 배기 가스 온도가 낮아지고(희박한 혼합기의 배기 가스 온도는 낮고 엔진 효율이 높은 것으로 인해), 배기 포트에서의 낮은 촉매 온도로 인해 산화 촉매 효율이 감소하여 HC의 후연소(after-burning)가 감소한다. 희박 성층화 직분사 가솔린 스파크 점화 기관에서 발생하는 높은 수준의 HC 배출은 희박 배기 가스로부터 NO_x를 제거하기 위한 촉매 시스템(예: Lean-NO_x trap, 11.6.3절)과 병행하여 주요 개발 과제 중 하나이다.[56]

배기 밸브 누설

엔진 배기 포트에서 고속 응답 화염 이온화 HC 검출기의 실험에 따르면 밸브가 닫힌 상태에서 주기적으로 포트에서 발생하는 HC 농도는 상승할 수 있다. 정상적으로 작동하는 배기 밸브 시스템을 사용하는 경우에도 배기 밸브 누설이 간헐적으로 발생할 수 있다고 생각된다. 연소실 침전물이 분해되어 결과적으로 배기 밸브 시트에 더 큰 입자가 짧은 시간 동안 묻힐 수 있다는 것이 그럴듯한 원인이다. 연소가 되기 전에 누설이 발생하면 미연 혼합물이 배기 가스로 흐를 수 있다. 대부분의 상황에서 이러한 HC 배출원은 무시할 수는 없지만 작을 것으로 예상된다. 유지 보수가 안되는 노후된 엔진의 경우, 엔진에서 배출되는 총 HC 배출량의 최대 7%까지 영향을 미치는 보다 중요한 배출원이 될 수 있다.

실린더 내 산화 및 유지

표 11.6에 요약된 바와 같이, 정상적인 연소 과정이 종료된 후 위에서 설명한 메커니즘을 통해 연소되지 않은 HC는 실린더 내에서 산화되거나 잔류 가스 내에 유지될 수 있으며, 따라서

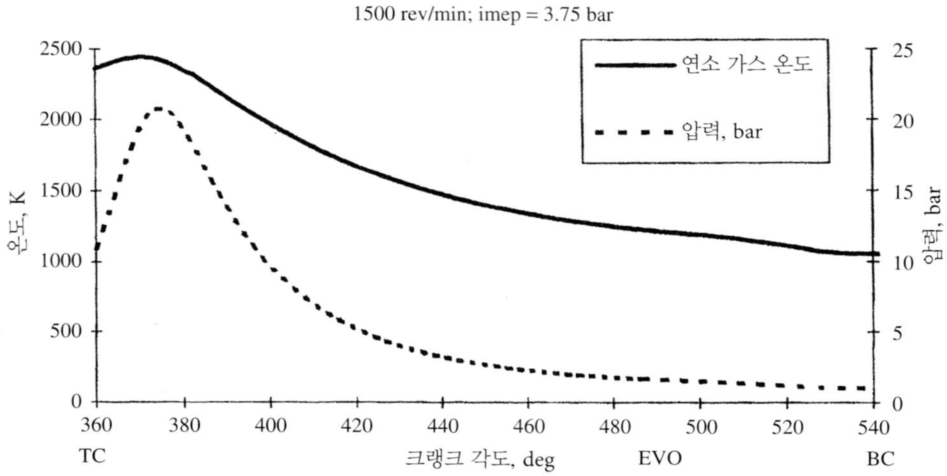

그림 11.33 SI 엔진 사이클의 팽창 및 배기 행정 중 실린더 압력과 평균 실린더 내(연소) 가스 온도. 1500 rev/min, 3.8 bar imep, 화학양론비(최고 압력에서 혼합기의 양 80%가 연소됨에 유의하라.).[34]

재순환 되거나 배기 포트 및 매니폴드에서 산화될 수 있다. 이 세 가지 과정은 각각 엔진에서 발생하는 미연소 HC의 양을 크게 감소시킨다. 총 HC 배출 메커니즘의 이 두 번째 단계는 중요함에도 불구하고 표 11.5에 요약된 위에서 설명한 메커니즘의 "원인" 부분보다 훨씬 적은 관심을 받았다.[h]

그림 11.33은 전형적인 부분 부하 운전 조건에서 팽창 및 배기 행정 중 실린더 내 평균 가스 온도의 변화를 보여준다. 위에서 설명한 배출원에서 미연 HC가 연소 가스와 충분히 일찍 혼합되고 충분한 산소가 존재한다면 연소될 것이다. 두 가지 유형의 배출원이 있다는 점을 유의하라. 틈새와 화염 꺼짐은 미연 *연료-공기 혼합물*을 생성한다. 여기서 연료를 연소시키는데 필요한 산소는 이미 연료 증기와 혼합되어 있다. 이와는 대조적으로 유막, 침전물, 액체 연료 메커니즘은 미연 탄화수소 증기를 생성하고 연소에 필요한 산소로부터 *분리시킨다*.

실린더 내 HC 산화에 대한 연구 결과에 따르면, 거의 침전물이 없는 연소실 벽의 꺼짐층 내에 있는 HC는 팽창 행정 동안 연소 가스로 확산되어 거의 완전히 산화됨을 알 수 있다. 엔진 사이클 시뮬레이션에 따르면 배기 밸브 개방 직후 블로우 다운 과정 중에 발생하는 실린더 내 가스 팽창 및 온도 감소가 실린더 내 산화 속도를 충분히 늦춰 추가적인 연소를 방지함을 알 수 있다. 약 1000 K 이하의 연소 가스 온도에서 실린더 내 이용 가능한 시간 내에 HC의 상당한 산화가 발생하지 않을 가능성이 있다. 다른 운전 조건에서 HC 배출 데이터 매트릭스에 물리적 혼합 모델과 전체적인 화학적 산화 모델을 적용한 Daniel[57]에 의해 실린더 내 총 HC 산화의 평가는 화염 후 산화의 양으로 추정되었다. 이 모델 적용 과정은 연소 프로세스를 빠져나가는 HC의 약 1/3이 실린더 내에서 완전히 산화됨을 나타낸다. 서로 다른 HC 배출원에 대한 산화의 양은 배출원 "유출"의 조성, 팽창 및 배기 중 유출 발생 시간, 실린더 내 배출원의 위치에 따라 달라질 수 있다. 이러한 질문에 대한 다양한 연구는 정상 연소 후 연료-공기 혼합물을 생산하는 공급원(틈새 및 화염 quenching)으로부터 나오는 HC가 연료 증기를 생산하는 공급원(유막, 침전물, 액체 연료막)으로부터 나오는 HC보다 훨씬 더 많이

---

[h] 배기밸브누설은 다른 종류의 "원인"이다. 그것(배기밸브누설)은 HC가 실린더 내 산화 과정을 우회하도록 한다; 이 원인은 일반적으로 작다.

산화될 것임을 보여준다.

실린더 내 미연 HC가 여전히 유지되는 것도 잘 알려져 있지 않다. 잔류 가스 분율은 정확하게 추정할 수 있지만 HC는 실린더 내에서 균일하게 분포하지 않는다: 배출원이 연소실의 벽에 있기 때문에 실린더 내 유지된 HC의 분율이 잔류 분율보다 더 클 수 있다. 배기 과정[36,58]을 통한 HC 농도 및 질량 유량 프로파일의 형상에 대한 이전의 분석은 배출된 HC의 약 절반이 블로우 다운 과정 동안 실린더에서 배출되고 절반은 배기 행정이 종료되는 쪽으로 배출되는 것을 나타낸다. 블로우 다운은 아마도 실린더 상단의 벽에 인접한 미연 HC의 대부분을 동반한다. 배기 행정은 실린더 라이너에 인접한 가스층(아마도 틈새와 유막으로부터 배출되어 남아있는 미연 HC를 포함)을 와류로 감아 올리는 것으로 알려져 있다(8.9절 참고). 그림 11.24는 연소실 바깥쪽에 위치한 다양한 HC 배출원으로부터 나오는 높은 HC 농도의 가스가 벌크 가스로 이동한 다음 배기 과정의 블로우 다운 및 피스톤의 변위 단계에서 실린더를 빠져나가는 방법을 보여준다.

배기에서 산화

예열된 엔진의 경우, 배기 포트 및 (일부 조건에서는) 배기 매니폴드의 가스 온도는 기체 상태의 HC가 산화될 정도로 충분히 뜨겁다. 이전의 분석과 측정에서 그림 11.23과 같이 예열된 엔진의 부분 부하에서 화학양론비 작동을 위해 엔진에서 배출되는 HC의 약 1/3이 연소됨을 확인할 수 있다. 연료가 농후한 운전 조건에서는 연소할 수 있는 적절한 산소를 사용할 수 있도록 포트에 공기를 추가함으로써 산화를 증진할 수 있다.

기체 상태의 탄화수소를 산화하려면 600°C를 초과하는 온도에서 50 ms의 체류 시간이 필요하다. 일산화탄소를 산화하려면 700°C 이상의 온도가 필요하다. 실린더 출구(배기 밸브 시트)의 평균 배기 가스 온도는 약 800°C이고, 배기 포트 출구에서의 평균 가스 온도는 약 600°C[i]이다. 그림 6.21은 부분 스로틀 작동 조건에서 배기 프로세스 중에 배기 포트 출구에서 측정된 실린더 압력과 가스 온도 및 포트로 유입되는 추정 질량 유량의 예를 보여 준다. 배기 포트 체류 시간 및 가스 온도는 프로세스를 통해 크게 변화한다. 이러한 변수의 정확한 값은 엔진 작동 조건에 따라 달라진다. 일반적으로 배기 포트(및 매니폴드의 업스트림 끝)에서만 상당한 기체 상태 HC 산화가 발생할 수 있다. MBT 타이밍에서 발생하는 스파크 지연은 특히 중요한 변수라는 점에 유의하라. 냉간 시동 HC 배출 제어를 위해 스파크 타이밍을 TC 이후까지 10초 이상 지연시키는 것이 HC, CO 및 H_2 연소율을 증가시키는 더 뜨거운 배기 유동을 만들고 더 빨리 가열하여 촉매를 활성화시키는 데 널리 사용된다.

2차 공기

탄화수소 배출량을 줄이기 위해 자동차 스파크 점화 기관의 배기 포트에 2차 공기를 주입하는 것은 오랜 역사를 가지고 있다. 효과적인 전략이지만 추가 시스템(공기 펌프, 구동 및 제어 장치)으로 인해 추가 비용을 발생시킨다. 또한 촉매로 들어가는 냉간 시동 HC 배기 가스를 상당히 감소시키고 촉매 활성화 과정의 속도를 높인다. 이 두 가지 이점 모두 극도로 낮은 차량 HC 배출 수준을 달성하는 데 도움이 된다. 또한 2차 공기는 시동 및 예열 중에 농후한 화학양론적 혼합물로 엔진 작동을 보완하는 데 사용할 수 있으며, 이는 보다 부드럽고 안정적인 연소를 달성하지만 엔진 출력 HC 배출량을 현저히 증가시킨다. 이 냉간 시동 전략의 중

---

[i] 배기과정 중 배기 가스의 온도에 상당한 변화가 있음에 유의하라. 먼저 배출된 가스는 과정의 끝에 배출된 가스보다 약 100 K 더 뜨겁다(6.5절 참고).

요한 부분은 상사점 이후 실린더의 연료 공기 혼합물을(약 20% 농후 범위에서 작동) 점화하여 피스톤 운동에 비례한 연소 위상을 지연시키는 것이다. 이러한 연소는 배기 가스 온도를 크게 증가시켜 HC와 CO를 훨씬 더 많이 연소시킬 수 있으며, 두 가지 효과가 결합되어 촉매를 훨씬 더 빠르게 활성화시킨다.

냉간 시동 시 배기 가스 배출, 배기 시스템 열 전달 및 촉매 활성화에 대한 2차 공기 분사 효과에 대한 연구에서 실린더 출구부터 촉매 변환 장치 배출구까지의 여러 위치에서 배출 수준과 온도를 정량화하는 다양한 기술을 사용하여, 어떤 일이 발생했는지에 대한 기본 사항을 확인하였다 엔진은 고정된 속도(1450 rev/min) 및 공기유동(11 g/s)에서 지연된 점화 시기(4~10° ATC)을 갖는 고정된 λ의 고속 공회전(즉, 냉간 엔진) 조건에서 작동되었다. 실린더 내 람다는 0.8에서 1.0까지 다양했다. 2차 공기 유량은 4기통 2.2 L의 자연 흡기 가솔린 엔진 흡기 유량의 0~100% 범위였다. 흡기 유동의 100%의 2차 공기 유동으로 20% 농후하게 작동시키는 것은 촉매 활성화 전에(4.2초에서) 가장 높은 촉매 공급 가스 온도를 산출했다. 배기 가스의 HC와 CO의 열 산화를 시작하려면 상당한 점화 지연이 필요하다. 엔진 배기 가스를 뜨겁게 유지하고 배기 포트 및 매니폴드에서 열 산화를 강화하려면 촉매 활성화 기간(대기 온도 냉간 시동에서 약 ~10초) 동안 점화 지연을 유지해야 한다. 이 열 산화를 최대화하기 위해 2차 공기는 배기 밸브에 최대한 가깝게 분사해야한다. 배기 포트에서 방출되는 화학 에너지는 2차 공기의 냉각 효과보다 크다. λ = 0.8일 때, 2차 공기는 실린더에서 배출되는 배기 가스 화학 에너지의 90%를 방출 할 수 있다. 전반적으로, 2차 공기 분사 시스템은 연구된 조건에서 작동 첫 25초 동안 HC 배출량을 약 50~90%, CO 배출량을 35~90% 줄였다.[59]

이 연구의 전체적인 결과는 그림 11.34와 같이 촉매 후 HC 배출 수준이 배기 상대 공기/연료비가 1.3까지 지속적으로 감소하고 2차 공기가 증가한다는 것이다. 배기 λ는 다음에 의해 정의된다.

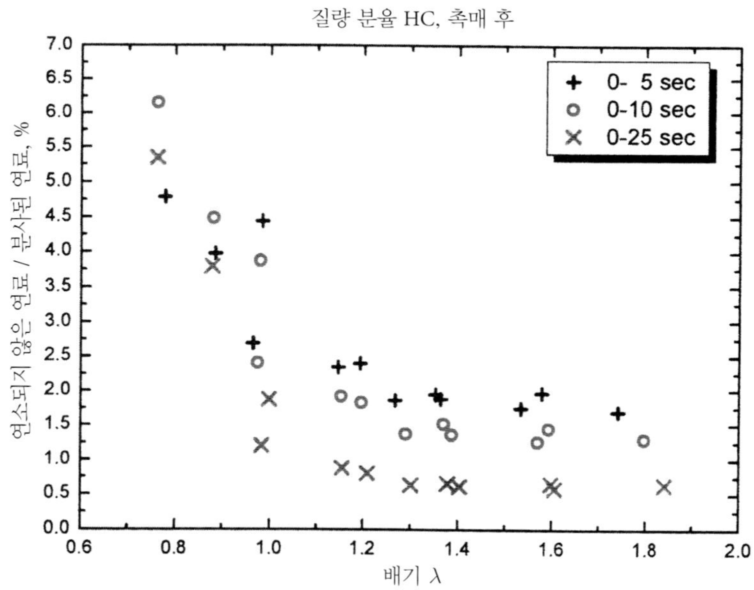

그림 11.34 시간 0~5초, 0~10초, 0~25초 및 배기 람다(λ)[상대 공기/연료비, 2차 공기 포함, 식(11.34)]의 함수로서 촉매 후 위치에서 분사된 연료량으로 표준화된 HC 배기 오염물질의 누적 질량.[59]

$$\lambda_{\text{exh}} = \left(\frac{\dot{m}_{a,i} + \dot{m}_{a,s}}{\dot{m}_f} \right) \Big/ (A/F)_s \tag{11.34}$$

여기서 첨자 i와 s는 흡기 및 2차 공기 유량을 나타낸다. 이 2차 공기 수준을 넘어서는 추가적인 이점은 없었다. 촉매 후 HC는 본질적으로 엔진의 상대 공기/연료비와 무관하게 된다.

모든 과정의 요약

위의 내용으로부터 스파크 점화 기관의 HC 배출물 생성 과정이 복잡하며, 작지만 중요한 양의 연료가 연소를 벗어나는 여러 가지 경로가 있다는 것을 알 수 있었다. 여기서는 스파크 점화 기관의 탄화수소 배출 문제의 전반적인 구조를 요약하고 그 문제가 다른 부분에 영향을 미치는 주요 요인과 엔진 변수를 확인하는 것이 적절하다. 표 11.8은 이어 대한 요약을 제공한다. 전체 과정은 4개의 순차적 단계로 나누어진다: (1) 미연소 탄화수소 발생 원인의 생성; (2) 고온 벌크 가스와 혼합한 후, 실린더 내 HC 일부의 산화; (3) 산화되지 않은 HC의 일부가 실린더에서 배기 가스로 유동; (4) 실린더를 빠져 나가는 일부 HC가 배기 시스템에서의 산화. 이 4가지 단계 각각에 유의한 방식으로 영향을 미치는 상세 과정과 설계 및 운용 변수가 나열되어 있다.

표 11.8에 특정 과정이 가장 중요한 순서로 나열되어 있다. 이러한 각각의 배출 메커니즘을 통해 연료 또는 연료-공기 혼합물이 1차 연소 과정을 빠져 나간다. 이러한 탄화수소는 팽창과 배기 과정을 지나야 하며, HC 배출 가스로서 대기 중에 배출되려면 산화없이 배기 시스템을 통과해야한다. HC가 고온 벌크 실린더 가스와 혼합하는 속도, HC가 혼합되는 가스의 온도 및 구성, 그리고 혼합물의 후속 온도 시간 및 구성 시간 이력이 실린더 내 산화의 양을 좌우할 것이다. 연소실 주변에서 HC의 분포는 불균일하다(그리고 시간에 따라 변한다). 이들은 연소실 벽 가까이에 집중되어 있다. 배기 과정 중 연소실을 빠져 나갈 HC의 비율은 배기 밸브를 통과하는 실린더 내 유동 패턴의 세부 사항에 따라 달라진다. 전체적으로 잔류 분율 크기가 하나의 주요 요인이 되겠지만, 잔류 가스는 일반 배기 가스보다 HC가 훨씬 풍부한 것으로 알려져 있다. 특히 피스톤이 배기 밸브를 향해 움직일 때 가스가 실린더 벽에서 긁어내 지므로 배기 행정 끝단 쪽으로 실린더의 유동 패턴이 중요할 것이다. 마지막으로 배기 밸브를 통해 실린더를 떠나는 미 연소 HC의 일부가 배기 시스템 내에서 연소된다. 배기 포트(그리고 배기 매니폴드의 뜨거운 부분에서 가능)에서 가스상 산화는 중요하다. 그 양은 가스 온도, 구성, 체류 시간에 따라 달라진다. 그런 다음 배기 시스템의 촉매는 HC 배출 수준을 추가적으로 상당히 감소시킨다. 배기 촉매와 그 작동 특성은 11.6.3절에 설명되어 있다.

우리는 이제 과정의 각 단계에 대한 이전의 논의를 바탕으로 전체 HC 배출 메커니즘에 포함된 연료 분율을 정량화하려고 한다. 전체적인 과제는 그림 11.23에 나타낸 도식도에서 각 단계 이후에 연료의 어떤 부분이 연소되지 않은 상태로 남아 있는지를 정량화하는 것이다. 이는 표 11.9의 세부사항에 의해 정의된 대표적인 부분 부하 작동 조건에 대해 수행되었다.[34]

매 사이클 마다 각 실린더에 유입되는 가솔린의 전체 흐름도가 그림 11.35에 나와 있다. 화학 반응 이전의 각 실린더 내의 연료(100%)가 맨 위에 있다. 즉, 정상적인 확산 화염 연소를 통해 90%가 연소하여 거의 모든 배기 가스를 포함하는 고온 연소 생성물 CO_2, CO, H_2O, H_2, N_2, ... (도표 왼쪽)을 생성한다. 촉매 진입 전 배기 가스의 탄화수소 배출 성분(오른쪽 하단)은 연료 질량의 약 1.8%이며, 일반적인 엔진 작동에 대해 약 ±0.5의 확산으로 잘 정의되었다. 일반적으로 이러한 HC의 약 절반은 연료 안에 있는 화합물이며, 절반은 연료 분자의 부분 반응 생성물이라는 점에 유의하라. 개별 HC 출처 및 표시된 양은 실린더 내 초기 연료

표 11.8 HC 배기 오염물질 메커니즘에서 중요한 단계 및 엔진 변수

1. 미연 HC의 원인
   (*a*) 틈새
   (1) 틈새 체적
   (2) (점화 플러그에 대한) 틈새 위치
   (3) 부하
   (4) 틈새 벽 온도
   (5) 혼합기 구성*
   (*b*) 오일층
   (1) 오일 소비량
   (2) 벽 온도
   (3) 엔진 속도
   (*c*) 불완전 연소
   (1) 연소속도 및 가변성
   (2) 혼합기 구성*
   (3) 부하
   (4) 점화 시기†
   (*d*) 연소실 벽
   (1) 침전물
   (2) 벽 거칠기

2. 실린더 내 혼합 및 산화
   (*a*) 벌크 가스와의 혼합율
   (1) 엔진 속도
   (2) 스월비
   (3) 연소실 형상
   (*b*) 팽창 및 배기 중 벌크 가스 온도
   (1) 엔진 속도
   (2) 점화 시기†
   (3) 혼합기 구성*
   (4) 압축비
   (5) 벽으로의 열손실
   (*c*) 벌크 가스 산소 농도
   (1) 상대(A/F) 비
   (*d*) 벽 온도
   (1) 벽 주변 HC 원인인 경우 중요
   (2) 틈새에 대해: 형상에 따라 중요

3. 실린더 밖으로 나오는 HC 비율
   (*a*) 팽창 행정 중 실린더 내 유동
   (1) 밸브 오버랩
   (2) 배기 밸브 크기 및 위치
   (3) 연소실 형상
   (4) 압축비
   (5) 엔진 속도
   (*b*) 잔류 비율
   (1) 엔진 부하
   (2) 배기 압력
   (3) 밸브 오버랩
   (4) 압축비
   (5) 엔진 속도

4. 배기 시스템에서 산화
   (*a*) 배기 가스 온도
   (1) 엔진 속도
   (2) 점화 시기†
   (3) 혼합기 구성*
   (4) 압축비
   (5) 2차 공기 유동
   (6) 실린더 및 배기 열손실
   (*b*) 산소 농도
   (1) 상대(A/F) 비
   (2) 2차 공기 유동 및 추가 지점
   (*c*) 잔류 시간
   (1) 엔진 속도
   (2) 엔진 부하
   (3) 배기 성분 체적
   (*d*) 배기 반응기‡
   (1) 산화 촉매
   (2) 삼원 촉매

* 상대 공기/연료비와 연소 가스 비율(잔류 가스 + 재순환된 배기 가스)
† MBT 점화 시기에 대한 상대값
‡ 11.6절 참고

의 백분율로 표현되는 *배출 지수*, 식 (2.44)이다. 이들은 *연료 단독 공급원*과 *연료-공기 혼합물* 공급원으로 분류된다(예: 각각 오일층 및 틈새). 이는 개별 공급원의 HC가 공기와 혼합된 연료일 때 연료 증기가 이미 그것을 태우는 데 필요한 산소를 가지고 있기 때문에 실린더에서 산화시키는 것이 더 쉽다는 증거를 제시하기 때문이다. 배출원이 HC 뿐일 경우(예를 들어, 라이너 상의 오일층으로부터 탈착하는 가솔린 화합물), 관련된 HC는 산화되기 전에 산소 및 고온 연소된 가스와 혼합되어야 한다. 실린더 내 산화 비율(각각 1/3 산화 또는 2/4가 연

표 11.9 연료 및 HC 유동 차트에 대한 부분 부하 운전 조건

연료 = 가솔린

화학양론비 A/F

엔진 속도 = 1500 rev/min

흡기 압력 = 0.46 atm

imep = 3.8 bar, bmep = 2.7 bar

점화 시기 = MBT (20° BTC)

예열된 냉각수 및 오일

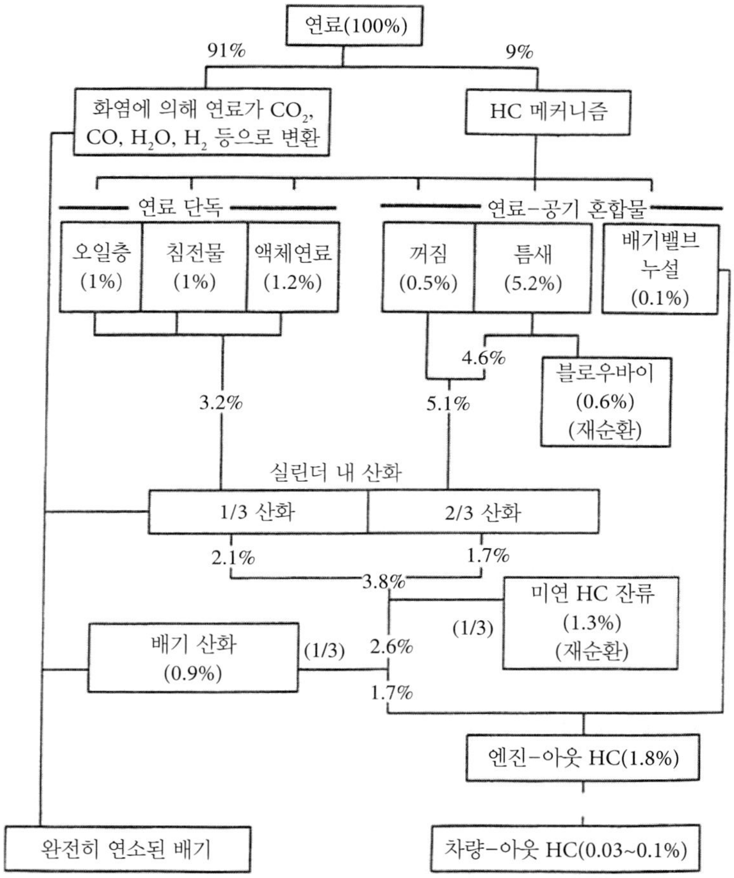

그림 11.35 정상 연소 과정과 총 HC 배출 메커니즘을 통해 흡기 종료 시 각 실린더 내의 가솔린 연료에 대한 유동 차트. 정상 연소 과정 중 연료의 일부가 연소되는 과정에서 빠져나가는 원인(소스) 또는 프로세스는 다이어그램 상단에 박스로 표시된다. 실린더 산화, 잔류 가스의 실린더 내 유지, 배기 포트 및 매니폴드 내 산화, 촉매 등은 아래 순서대로 표시된다. 괄호 안의 숫자는 전체 과정의 각 단계 후 HC 배출 지수(각 사이클 시작 시 실린더 내 가솔린의 비율)를 나타낸다.[34]

료와 연료-공기 혼합물로 산화됨)은 그러한 차이를 반영한다.

배기 과정 중에 실린더 내에서 산화되지 않은 HC(3.8%)는 실린더 내에 유지되고(부분 부하 조건에서), 2/3가 배출되고, 그 중 1/3은 배기 포트 내에서 산화된다. 따라서 정상 연소 중에 연소를 피한 연료의 원래 9%에서, 약 1.8%는 HC 배출로 배기 가스 내에 남아 있다.

표 11.10 HC 원인(소스): 전체 엔진 배출 HC 배기 오염물질의 크기 및 퍼센트

원인	정상 연소에서 벗어나는 연료의 %	전체 HC 엔진 배출물의 %
틈새	5.2	38*
꺼짐	0.5	5
오일층	1.0	16
침전물	1.0	16
액체 연료	1.2	20
배기 밸브 누설	0.1	5
전체	9.0	100

* 블로바이(0.6%) 제외

엔진의 흡기 시스템으로 되돌아오는 엔진 크랭크케이스(0.6%) 및 잔류 가스와 함께 실린더에 남아 있는 1.3%의 블로오바이를 통해 정상 연소를 빠져나가는 이 9%의 연료 중 1.9%가 실린더에 재활용된다는 점에 유의하라. 표 11.10은 각 HC 근원에 포함된 연료의 비율과 근원이 총 엔진에서 배출된 HC 배출량에 기여하는 비율을 요약한 것이다. 틈새의 중요성은 분명하다.

팽창 행정 동안 실린더 내 HC 산화가 피스톤으로 일을 전달하는 양($\int pdV$)에 의해 imep 손실은 9%보다 적다. 팽창 행정에서 HC 산화가 일에 기여하는 것은 TC와 가까운 곳에서 정상 연소(완전 팽창이 가능함) 중에 EVO와 BC 사이 0에 가깝게 발생하는 경우를 통합하여 감소한다. HC의 정상 연소 후 실린더 내 산화는 평균적으로 이 중 약 1/3에 기여할 가능성이 있다. 따라서 추가적인 imep 기여는 약 $[(3.2 + 5.1) - (2.1 + 1.7)] \div 3 \approx 1.5\%$가 될 것이다. 전체적인 imep 손실은 $(9.0 - 1.5) \approx 7.5\%$이다. 연료 변환 효율 손실은 블로우바이 및 잔여물이 “재활용”됨으로써 이익을 얻는다. 즉, $(7.5 - 1.9) \approx 5.6\%$의 효율 손실에 대해 $(0.6 + 1.3) \approx 1.9\%$이다. 약 2%의 HC 배출이 실제로 3~4배 더 큰 성능과 효율 손실을 나타낸다는 사실은 종종 인식되지 않는다.

11.4.4 디젤 엔진에서 탄화수소 배출 메커니즘

배경

디젤 연료는 가솔린보다 분자량이 크고 비등점이 높은 탄화수소 화합물을 함유하고 있다. 또한 디젤 연소 과정 동안 연료 분무 내에서 연료 화합물의 실질적인 열분해가 발생한다. 따라서 디젤 배기 가스 내의 미연소 및 부분 산화된 탄화수소의 조성은 복잡하고 스파크 점화 기관 배기 가스 내에 있는 것과 다르며, 더 큰 분자 크기 범위에 걸쳐 확장된다. 디젤 엔진에서 배출 되는 가스상 탄화수소는 고온 입자상 필터(190°C)를 지나 가열된 화염 이온화 검출기를 사용하여 측정된다. HC 성분은 메탄부터 가장 무거운 탄화수소에 이르기까지 다양하며, 이는 가열된 샘플링 라인(190°C로 유지됨)을 지나 증기 상태로 남아 있다. 이보다 무거운 탄화수소는 응축되며, 고체 상태의 수트와 함께 검출기 상류에서 여과된다. 입자상 물질 배출 측정 절차에는 총 엔진 탄화수소 배출량의 일부가 포함된다. 입자상 물질은 52°C 이하의 온도에서 희석된 배기 가스 유동에서 여과하여 수집한다. 이 온도 이하에서 응축되는 탄화수소는 수트에 흡수된다. 이들은 입자상 물질의 *추출 가능한 부분*이다: 즉, 일반적으로 강력한 용매에 의해 총 입자상 물질 질량의 약 15~45%가 제거될 수 있는 부분이다. 이 절에서는 기체 상태의 탄화수소 배출에 대해 논의된다; 입자상 물질(수트 및 추출 가능한 물질) 배출은 11.5절에서 논의된다.

연료 증발, 연료 증기, 공기 및 연소 가스 혼합, 농후 예혼합 연소, 확산 화염 연소가 순차적으로 발생할 수 있는 디젤 연소의 복잡한 특성은 10장에서 광범위하게 논의되었다. 이러한 복잡성의 결과로 디젤 엔진 탄화수소 배출에 기여할 수 있는 몇 가지 과정이 있다. 10장에서 연소 과정은 4가지 단계로 나누어 졌다: (1) 분사 시기와 점화 시기 사이의 시간인 착화지연기간; (2) 각 분무 내에 점화지연기간 동안 유입된 공기와 함께 많은 연료가 부분적으로 연소되는 예혼합 또는 급속 연소 단계; (3) 연료-공기 혼합 속도에 따라 연소 속도가 달라지는 혼합 제어 확산 화염 연소 단계; (4) 잔류 가연성 물질과 여분의 산소 혼합 및 산화 과정에 의해 낮은 속도로 열방출이 지속되는 후 연소 단계. 탄화수소가 연소되지 않은 상태로 이 디젤 연소 과정을 벗어날 수 있는 두 가지 일차적인 경로가 있다: 연소실 내 조건이 연료-공기 혼합물이 자착화 또는 화염이 발달하기에 너무 희박할 수 있다: 또는 1차 연소 과정 동안 연료-공기 혼합물이 너무 농후하여 점화되지 않을 수 있다. 이 연료는 가스 온도가 낮기 때문에 팽창 과정 후반부에서 느린 열 산화 반응에 의해서만 소비될 수 있다. 따라서, 탄화수소는 산화 과정의 꺼짐으로 인해 소비되지 않는다.[j]

그림 11.36은 이러한 과정이 어떻게 불완전 연소 생성물을 생산할 수 있는지 개략적으로 설명한다. 점화지연기간 동안 분사된 연료(그림 11.36*a*)는 증발되고 분무에 유입된 공기와 혼합하여 분무의 대부분에서 농후한($\phi \approx 2-4$) 연료 증기/공기 혼합물을 생성한다. 이러한 난류 연료 분무의 가장자리 주변에서는 더 많은 공기가 사용 가능하며 국부적으로 일부 연료는 연소실 내부의 조건에서 공기와 "과한 혼합"을 하여 자착화 및 연소가 어려운 희박 혼합물을 형성할 것이다(이 혼합물 중 일부는 팽창 행정 중 고온 연소 생성물과 혼합한다면 나중에 연소될 수 있음). 점화지연기간 뒤 "예혼합" 연소 단계에서, 점화는 대부분의 분무에서 발생하고, 여기서 농후한 혼합물을 자착화하기에 충분히 고온이며 화학에너지의 일부를 방출한다. 매우 농후한 혼합물의 완전 연소는 각 분무를 둘러싼 확산 화염에서 공기와 더 혼합하거나 더 이상의 팽창과 냉각이 발생하기 전에 이미 연소된 기체와 혼합하는 것의 여부에 따라 달라진다. 이러한 모든 가능한 메커니즘 중에서 과희박 혼합 경로가 가장 중요하다고 여겨진다.[21]

점화지연기간이 끝난 후 분사된 연료의 경우(그림 11.36*b*), 각 분무 주변 확산 화염에서 공기와 혼합되어 부분적으로 연소된 연료와 열분해 생성물의 빠른 산화는 완전 연소를 초래한다. 그러나 연료와 열분해 생성물이 공기와 느리게 혼합하면 너무 농후한 혼합물을 형성하거나 연소 반응의 꺼짐이 발생하여 불완전 연소 생성물, 열분해 생성물이 발생하고, 배기에 미연소 연료가 있을 수 있다.

디젤의 탄화수소 배출 수준은 운전 조건에 따라 매우 다양하며, 다양한 HC 생성 메커니즘은 운전 조건에 따라 더 중요하거나 덜 중요할 수 있다. 엔진 공회전 및 저부하 운전은 전부하 운전보다 매우 높은 탄화수소를 발생시킨다. 그러나 엔진에 연료를 과도하게 공급할 때 HC 배출량은 매우 크게 증가한다. 과혼합(과희박) 조건은 특히 저부하 운전 조건에서 HC 생성의 중요한 원인이다. 이는 아래에서 더 자세히 설명한다. 연소 기간 동안 매우 농후한 혼합을 초래하는 언더 믹싱(undermixing)은 인젝터 노즐 색 체적(sac volume)에 남아 있는 연

[j] 정상적인 엔진 운전 조건에서, 디젤 엔진 연소 비효율은 약 1%로 작다. 4.9.4절과 그림 3.9를 참고하라.

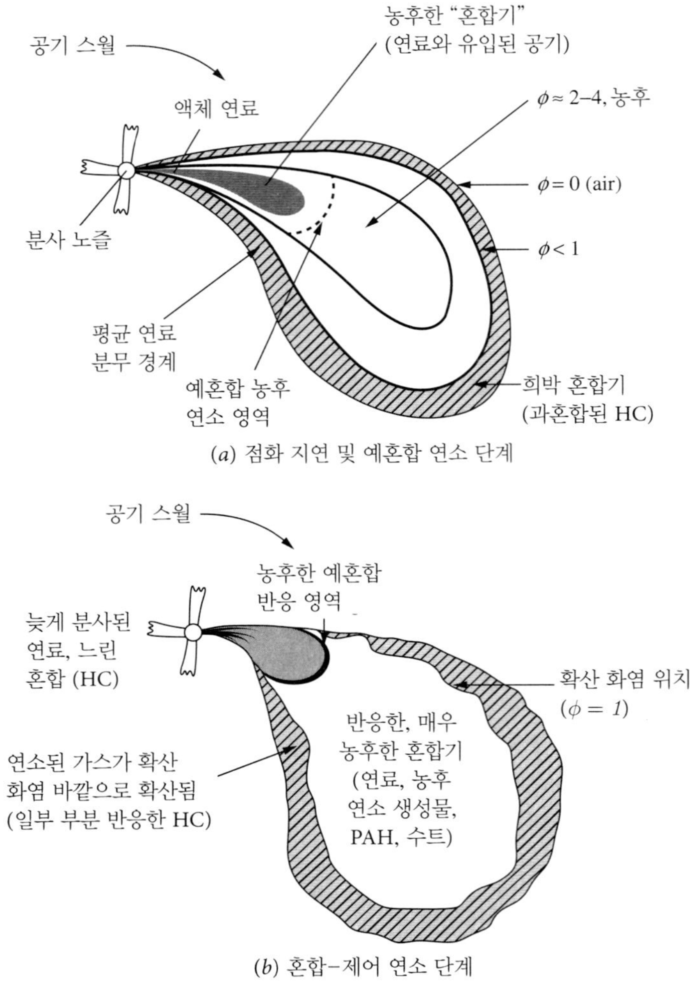

그림 11.36 몇 가지 구성요소를 구분하는 디젤 HC 생성 메커니즘의 개략적 표현: (*a*) 점화 지연 및 예혼합 연소 단계 중; (*b*) 혼합–제어 확산–화염 연소 단계 중.

료의 일부가 연소를 빠져나가는 메커니즘이며 연료가 과하게 공급될 때 높은 HC 배출의 원인이기도 하다. 벽 온도는 연소 화학 반응의 벽면 꺼짐(wall quenching) 또한 중요함을 시사하는 HC 배출에 영향을 준다.

과희박(Overleaning)

실린더로 연료 분사가 시작되자마자, 각 연료 분문에 대한 연료/공기 당량비 분포가 발생한다. 희박 연소 한계($\phi \approx 0.3$)보다 더 희박하게 혼합된 연료의 양은 그림 11.36*a*와 같이 시간이 지남에 따라 빠르게 증가한다. 각 연료 분무의 중심에서 혼합물은 상당히 농후하다. 그러나 분무 경계에 가까운 연료는 이미 희박 연소 한계 이상으로 혼합되어 자착화하지 않는다. 이 혼합물은 완전하지 않을 수도 있는, 상대적으로 느린 열–산화 반응에 의해서만 산화될 수 있다. 이 영역 내에서는 미연소 연료, 연료 분해 생성물, 부분 산화 생성물(알데히드와 다른 산화된 것들)이 존재할 것이며, 이들 중 일부는 연소되지 않고 실린더에서 빠져나갈 것이다. 이러한 과희박 영역으로부터 발생하는 연소되지 않은 HC의 크기는 점화지연기간 동안 분사된 연료량, 공기와의 혼합 속도, 그리고 현재 실린더 조건이 자착화에 도움이 되는 정도에 따

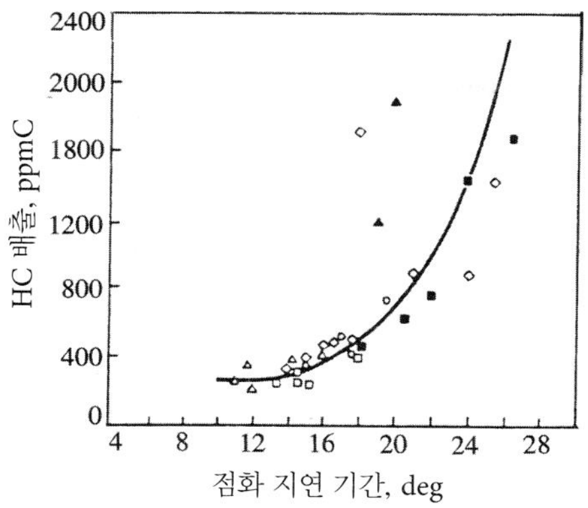

그림 11.37 DI 디젤 엔진에서 점화 지연 기간 동안 배출되는 HC 농도의 상관관계. 다양한 연료, 엔진 부하, 분사 시기, 부스트 압력, 2800 rev/min.[60]

라 달라진다. 연소되지 않은 HC 배출물과 점화지연기간의 상관 관계가 예상될 수 있다. 직분사 자연 흡기 엔진으로부터 얻은 그림 11.37의 데이터는 이러한 변수들 사이에 좋은 상관 관계가 있음을 보여준다. 점화지연기간이(엔진 운전 조건의 변화로 인해) 최솟값을 초과하여 증가함에 따라 HC 배출량은 증가한다.[60] 따라서 점화지연기간 동안 분사된 연료의 과희박은 탄화수소 배출의 중요한 원인이며, 특히 점화지연기간이 긴 조건에서 더 그렇다.

언더 믹싱(undermixing)

연소 중에 실린더로 들어가거나 공기와의 혼합이 느리거나 저해되어 HC 배출을 유발하는 두 가지 원인이 확인되었다. 하나는 연소 과정에서 종종 느린 속도로 인젝터 노즐을 떠나는 연료이다. 여기서 가장 중요한 원인은 노즐 색 체적(sac volume)인데, 문제가 심각하면 2차 분사로 인해 HC 배출량이 증가할 수 있다. 두 번째 원인은 과도한 연료 공급 조건에서 실린더로 연료가 과하게 들어가는 것이다.

연료 분사 과정의 끝에서, 인젝터 색 체적(니들 시트 이후 인젝터 끝에 남아 있는 작은 체적)은 연료로 채워져있다. 연소 및 팽창 과정이 진행됨에 따라, 이 연료는 가열되고 증발되어 노즐 홀을 통해 느린 속도로 실린더 안으로 들어간다. 이 연료 증기(아마도 연료 액적)는 공기와 비교적 천천히 혼합되어 1차 연소 과정을 피할 수 있다. 그림 11.38은 직분사 디젤

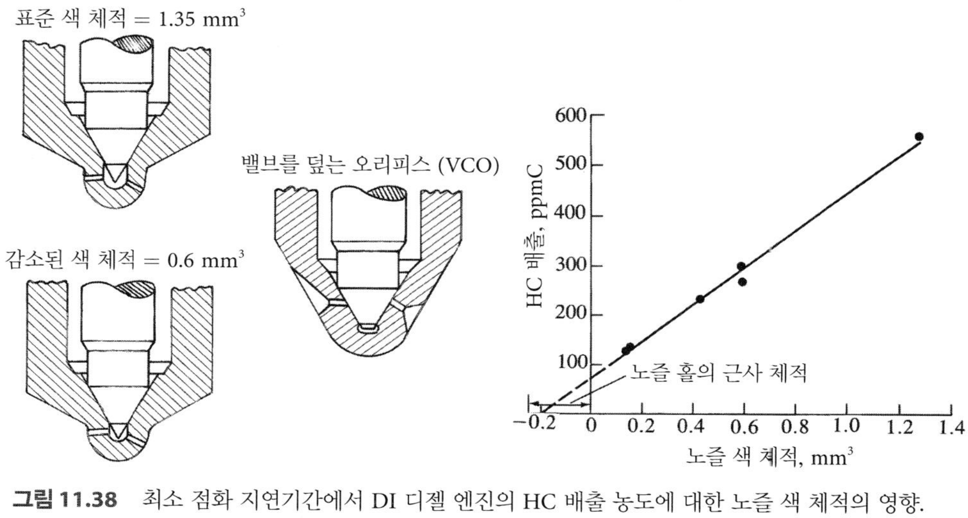

그림 11.38 최소 점화 지연기간에서 DI 디젤 엔진의 HC 배출 농도에 대한 노즐 색 체적의 영향. V_d = 1 liter/cylinder, 1700~2800 rev/min.[60]

엔진의 최소 점화지연기간에서 사용된 인젝터 노즐의 도면에 나타난 색 체적에 따른 HC 배출량을 보여준다. (과희박 메커니즘이 최소인 조건에서) HC 배출량과 색 체적 사이의 상관관계는 매우 두드러진다. 색 체적의 모든 연료가 미연 탄화수소로 배출되는 것은 아니다. 예를 들어, 그림 11.38에서 연료 체적 1 mm^3은 1700 ppm C_1인 반면에 색 체적 1 mm^3인 경우 350 ppm C_1이 배출되었다. 색 체적은 연료로 완전히 채워지지 않는다. 또한 높은 비등점을 갖는 연료의 일부가 노즐에 남아 있을 수 있다. 또한 상당한 산화가 발생할 수 있다. 현재 생산되는 노즐의 색 체적은 노즐 오리피스의 상류에 있는 연료 압력과 즉시 동일하게 하는 데 도움을 준다. 작은 색 체적은 균일화가 덜 이루어지며 스모크 배출 수준이 악화된다.

DI 디젤 엔진에서 검은색 배기 스모크는 전부하 당량비를 약 0.7로 제한한다. 엔진이 가속 과정을 거치는 과도기 조건에서는 과잉 연료 공급이 발생할 수 있다. 전체적인 당량비가 희박하더라도, 국부적으로 과농한 조건은 팽창 행정부터 배기 과정까지 지속될 수 있다. HC 배출량이 급격히 증가할 때 임계값이 약 0.9에 도달할 때까지 당량비 증가에 영향을 받지 않는다. 이 메커니즘은 정상 운전 조건에서는 중요하지 않지만 과잉 연료 공급이 발생하면 과도한 가속 조건에서 HC 배출량을 증가시킬 수 있다.

꺼짐과 실화(Quenching and Misfire)

탄화수소 배출은 오일과 냉각수 온도에 민감한 것으로 나타났다. 예를 들어, DI 엔진에서 이러한 온도를 40°C에서 90°C로 증가시키면 HC 배출량이 30% 감소하였다. 점화지연기간이 일정하게 유지되었기 때문에, 오버 믹싱 현상은 거의 동일하게 유지되어야 한다. 따라서 연소실 벽에 대한 분무 충돌 정도에 따라 화염 꺼짐이 HC 배출의 중요한 원인일 수도 있다.

디젤 엔진의 연소 과정에서 사이클 간 변동은 일반적으로 스파크 점화 기관보다 훨씬 적지만, 압축 온도 및 압력이 낮고 분사 시기가 지각되는 것과 같은 불리한 조건에서는 중요해질 수 있다. HC 배출량이 사이클 간 상당한 변화가 발생하는 것으로 간주된다. 한계치 내에서, 작동 사이클의 일부에서 실화(연소가 발생하지 않음)가 발생하면 실화의 비율이 증가함에 따라 엔진 HC 배출량이 증가한다. 그러나 잘 설계되고 적절하게 제어되는 디젤 엔진에서 완전한 실화는 정상 운전 범위 내에서 발생 가능성이 낮다.[21]

대부분의 디젤 엔진 운전 범위에서 탄화수소의 배출량은 낮다(연료의 0.1% 정도). 그러나 매우 낮은 부하(특히 엔진 공회전)에서는 연료의 일부로서 HC 배출량이 몇 배 증가할 수 있다. 이러한 부하에서 매우 희박해진 실린더 내 혼합물은 분사된 연료의 혼합 비율을 훨씬 높여 결과적으로 연소되지 않는다. 표 11.11에는 12리터 대형 엔진과 1.9리터 소형 엔진의 HC 및 입자상 물질 배출물(그리고 용매로 추출한 입자상 물질의 유기 성분, 즉 배기 및 샘플링 시스템에서 응축되는 HC)의 두 가지 예시가 수록되어 있다. 두 엔진 모두 과급기와 인터쿨러가 장착되어 있다. 소형 승용 엔진에서는 디젤 산화 촉매(DOC, 11.6.3절 참고)가 장착되어 있기 때문에 HC와 휘발성 유기 화합물을 흡수하는 입자상 물질 분율이 크게 감소한다. 대형 디젤 엔진에서 공회전(모드 4) 시 HC 배출량은 저부하 및 중부하에 비해 약 5배가 연료의 일부로서 배출된다. 그러나 사이클당 분사되는 연료는 매우 낮다(다른 모드의 경우 15~25 kg/h인 것에 비해 모드 4의 경우 약 2 kg/h). 소형 디젤 엔진에 사용되는 산화 촉매는 HC 배출량을 최대 토크의 약 40% 이상으로 줄이는 데 효과적이지만, 촉매 온도가 상당히 낮으면 저부하 및 공회전 시(모드 4와 5) 훨씬 덜 효과적이다. 촉매는 또한 입자상 물질의 용해성(휘발성) 유기물 분율을 현저히 감소시킨다.[61]

기본적으로 디젤 엔진에서 배출되는 HC 배출 수준은 낮지만, 분사 과정의 시작과 끝이

표 11.11 다양한 엔진 속도 및 부하 조건에서 HC, 입자상물질, 용해성 유기물 배출.[61]

모드	속도 rev/min	부하 %	HC g/kg fuel	TPM g/kg fuel	SOF % TPM
			대형 디젤 엔진*		
1	1700	31	0.94	1.07	32
2	1400	17	1.44	0.87	43
3	1200	36	0.65	0.46	43
4	800	Min.	5.64	1.25	74
			소형 디젤 엔진(산화 촉매 있음)†		
1	2620	36	0.17	0.50	12
2	2500	76	0.06	0.98	31
3	1900	50	0.07	0.60	6
4	1400	20	1.11	0.38	12
5	1200	Min.	2.44	0.53	22

HC = hydrocarbon, 탄화수소; TPM = total particulate mass, 총 입자상 물질량; SOF = soluble organic fraction of particulate 입자상 물질 중 용해성 유기 물질

* 6기통, 12리터 터보 차저가 장착된 후냉각 DI 디젤 엔진(2100 rev/min에서 정격 출력 312 kW, 1200 rev/min에서 최고 토크 2237 Nm)

† 4기통, 1.9리터 터보 차저가 장착된 후냉각 DI 디젤 엔진(정격 출력 66 kW). 디젤 산화 촉매(DOC) 포함.

여러 번 있는 다중 분사 전략으로 인해 HC 배출이 복잡해지고 악화될 가능성이 있다(10.7.1절 참고). 또한 정상적인 연소 과정이 발생하기 전에 연료와 공기의 "예혼합"이 발생하는 첨단 디젤 연소 모드는 NO_x 배출량이 현저히 낮지만 기존 디젤에 비해 HC 및 CO 배출량이 몇 배 더 높다(10.7.2절 참고). 또한, 배기 입자상 물질 트랩, NO_x 저감 촉매, DOC가 현재 총 디젤 엔진의 배기 가스 제어 시스템의 일부로 되어 있기 때문에 배기 가스의 탄화수소는 이러한 배기 처리 장치의 작동에 중요한 역할을 한다. HC는 이러한 장치에서 반응할 때 열 에너지의 원천으로 작용할 수 있다. 즉 NO_x가 N_2로 환원될 때 환원제 역할을 하거나, 산화될 때 활성종의 소스로 작용할 수 있다. 사용되는 배기 시스템 장치 및 재생 전략에 따라, HC 농도를 의도적으로 증가시켜(예를 들어, 후-주(post-main) 분사 및 늦은 분사) 배기 가스 제어를 강화할 수 있다.

11.5 입자상 물질 배출 _Particulate Emissions

입자상 물질 배출은 오랫동안 디젤 엔진의 문제였다. 10장에서 설명한 바와 같이 이러한 엔진에서 발달하는 연료 분무 내에 수트가 생성되고, 많은 수트가 실린더 내부에서 연소되지만, 일부는 연소되지 않고 배출된다. 그런 다음 배기관에서 배출되는 가스가 분산되는 동안 가스는 냉각되고 핵이 응축되며 작은 입자들을 형성한다. 분자량이 높은 탄화수소가 계속 응축되면서 수트 입자들로 흡수된다. 따라서 입자상 물질의 크기 분포가 형성된다: 큰 입자는 *축적 모드*(accumulation mode, 직경 범위 50~500 nm의 입자); 직경이 약 50 nm 미만인 작은 입자는 *핵 모드*(nucleation mode)를 구성한다. 포트 분사 가솔린 엔진의 경우, 입자상 물질 배출은 디젤에 비해 매우 낮다: 질량 기준으로 약 70배. 그러나 직분사 가솔린 엔진의 입자상

물질 배출량은 포트 분사 화학양론비 엔진보다 질량이 10배 가까이 높다.

디젤 및 직분사 가솔린 엔진의 배기 시스템에 장착되는 입자상물질 트랩이 개발되었으며, 디젤 엔진에서 주로 널리 사용되고 있다. 이러한 트랩은 다공성 세라믹 단일체의 얇은 벽을 필터로 사용하여 거의 모든 입자상물질을 배기 가스에서 제거한다. 시간이 지남에 따라 입자상물질 트랩의 압력 강하가 증가하며, 세라믹 필터는 재생되어야 한다. 일반적으로 필터의 입자상물질층을 연소시키도록 온도를 높여야한다. 입자상물질 트랩에 대한 자세한 설명은 11.6.4절을 참고하라.

11.5.1 스파크 점화 기관의 입자상 물질

전통적으로 세 종류의 스파크 점화 기관 입자상 물질이 정의되어 있다: 무기 입자(이 중 납 화합물이 지배적), 유기 입자(수트 포함), 황산염.

연료의 유황 함유량에 따라 산화 촉매가 장착된 엔진에서 상당한 황산염 배출이 발생할 수 있다. 가솔린은 10~500 ppm의 황을 함유할 수 있으며(정유 공장의 황 제거 정도에 따라 다름), 이들은 엔진 실린더 내에서 이산화황으로 산화된다. 이 SO_2는 배기 촉매에 의해 주변 온도의 물과 결합하여 황산 에어로졸을 형성하는 SO_3로 산화될 수 있다. 황산염 배출 수준은 연료 유황 함량, 엔진의 운전 조건 및 사용된 촉매 시스템의 세부 사항에 따라 다르다. 가솔린의 낮은 황 함량은 장기간 사용 시 높은 배기 촉매 효율성을 유지하는 데 중요하다.

0.15 g/liter의 납이 포함된 유연 가솔린으로 작동되는 자동차 엔진의 경우, 입자상 물질 배출율은 일반적으로 100~150 mg/km이다. 이 입자상 물질은 납 화합물에 의해 영향을 받으며, 배출된 질량의 25~60%가 납이다.[62] 입자상 물질 배출율은 시동 직후 엔진이 차가울 때 상당히 높다. 배기 온도는 배출 수준에 중요한 영향을 미친다. 납 연료를 포함한 입자 크기 분포는 직경 2 μm 이하의 입자가 질량의 80%, 직경 0.2 μm 이하는 약 40%이다. 이 입자들의 대부분은 응고에 의해 강화된 증기 상태의 응축으로 인해 배기 시스템에서 형성되고 성장하는 것으로 추정된다. 일부 입자는 축적되지 않고 직접 배출된다. 일부 입자는 배기 시스템 벽에 축적되거나 형성된다. 가속 중에 배출되는 입자의 질량 증가를 고려하면 이 중 다수는 녹(rust)과 함께 배기 유량이 갑자기 증가할 때 제거된다. 연료 내에 소비되는 납 중 일부만 소진되고 나머지는 엔진 및 배기 시스템 내에 축적된다.

현재의 무연 가솔린을 사용하는 포트 분사 방식 SI 엔진은 촉매 없이 수 mg/km의 입자상 물질을 배출한다. 향후 10년 동안 입자상 물질 배출 요구량은 최대 한계까지 감소할 것이다. 입자상 물질은 주로 응축된 유기 물질이지만, 지나치게 농후한 혼합물의 연소로 인해 수트(검은 연기)가 발생할 수 있다. 직분사 가솔린 엔진은 포트 분사 엔진보다 질량 기준으로 최대 10배 높은 입자상 물질을 배출하며, 입자상 물질 개수 밀도 기준으로도 유사하게 높다. 성층화된 차지 직분사 엔진은 균일한 화학양론비 DI 엔진보다 높은 입자상 물질을 배출한다(핵 모드 입자가 많음). 다음 예제는 차량(엔진)의 입자상 물질 배출 특성을 나타내는데 사용되는 다양한 방법을 보여준다: 예를 들어, 단위거리당 배출되는 입자의 개수와 질량, 배기 가스 내 입자 개수 밀도, 입자상 물질 배출 지수[식 (2.44)] g PM/kg-fuel.

예제 11.3 입자상 물질 배출은 다양한 방법으로 표현된다. mg PM/km, 입자 수 농도 PN/cm^3, g PM/kg fuel, #PN/km. 2014~2017년 승용차에 대한 유럽 PN 허용 기준치는 6×10^{11} #/km이다. 이 입자상 물질 수준을 위에 제시된 다른 파라미터로 변환하라.

필요한 입력값은 아래와 같다.

(*a*) 차량 연비 35 mile / gallon은 35 × 0.42 = 15 km / liter (6.7 liter / 100 km)와 같다. 연료 질량-소비율은 50 g / km 또는 80 g / mile이다. 가솔린의 밀도는 0.75 kg / liter = 0.75 g / cm^{3}이다.

(*b*) 화학양론비 가솔린 / 공기 혼합기: 따라서 연료의 질량에 대한 공기의 질량 + 연료 (배기의 질량과 같다)은

$$(m_a + m_f)/m_f = 15.6$$

표준 압력과 온도에서 배기 가스의 밀도(≈ 공기의 밀도)는 1.2 kg / m^{3}이다.

(*c*) PM의 밀도(수트의 밀도와 비슷함)는 약 2 g / cm^{3}이다. 평균 입자 크기(지름)는 80 nm 이다.

6 × 10^{11} #PN / km를 이용하여 배기 가스의 #PN / cm^{3}을 구하라. 곱셈의 순서는:

$$6\times10^{11}\left(\frac{\#}{\text{km}}\right)\times\frac{100}{6.7}\left(\frac{\text{km}}{\text{lit.fuel}}\right)\times\frac{1}{10^3}\left(\frac{\text{lit}}{\text{cm}^3}\right)\times\frac{1}{0.75}\left(\frac{\text{cm}^3\text{fuel}}{\text{g fuel}}\right)\times\frac{1}{15.6}\left(\frac{\text{g fuel}}{\text{g exh}}\right)\times1.2\times10^{-3}\left(\frac{\text{g exh}}{\text{cm}^3\text{exh}}\right)$$
$$=\underline{9.2\times10^5\,\#\text{PN/cm}^3\text{exh}}$$

6 × 10^{11} #PN / km을 mg PM / km로 변환하기 위한 곱셈의 순서는:

$$6\times10^{11}\left(\frac{\#}{\text{km}}\right)\times\frac{4}{3}\pi\left(\frac{80\times10^{-7}}{2}\right)^3(\text{cm}^3)\times2\left(\frac{\text{gPM}}{\text{cm}^3\text{PM}}\right)\times10^3\left(\frac{\text{mg}}{\text{g}}\right)=\underline{0.32\text{ mg PM/km}}$$

0.32 mgPM / km를 mgPM / g-fuel로 변환하기 위한 곱셈의 순서는:

$$0.32\left(\frac{\text{mg PM}}{\text{km}}\right)\times\frac{100}{6.7}\left(\frac{\text{km}}{\text{lit fuel}}\right)\times\frac{1}{0.75}\left(\frac{\text{cm}^3\text{fuel}}{\text{g fuel}}\right)\times10^3\left(\frac{\text{lit}}{\text{cm}^3}\right)=\underline{0.0064\text{ mg PM/g fuel}}$$

과 같다.

액체 연료를 실린더 내에 직접 분사할 때 입자상 물질 생성에 영향을 주는 두 가지 주요 질문이 있다: (1) 피스톤 크라운, 실린더 헤드 및 라이너가 액체 연료에 심각하게 젖어 있는가? (2) 본질적으로 연료가 완전히 증발할 시간이 충분히 있는가? 느린 증발은 연료 분무의 더 많은 침투를 일으키기 때문에 결국 같은 질문이 된다. 결과적으로 벽의 젖음 현상이 증가함에 따라 증발 속도와 시기가 훨씬 더 중요해진다. 입자상 물질의 고체 성분은 대부분 수트인데, 이는 벽의 액체 연료 막이 증발된 가솔린 증기가 뜨거운 연소 가스(적당한 양의 산소를 포함)와 혼합되어 연료가 매우 농후한 영역, 즉 수트가 생성되는 조건을 형성한다. 그리고 엔진이 전체적으로 화학양론비보다 농후한 쪽으로 이동함에 따라 축적 모드 PM이 증가하는데, 이는 연료가 증가하고 공기가 감소하여 농후한 탄화수소-증기 / 연소 가스 영역이 더욱 광범위해지고 농후해지기 때문이다. 흡기 행정(균일 DI)에서 압축 행정(희박 성층화 DI)까지 연료 분사 시기가 지각될 때, 증발 및 혼합 시간이 줄어들고 벽면 젖음 현상이 많아지기 때문에 축적 모드 PM이 증가한다. 에탄올이 가솔린 연료에 첨가됨에 따라 수트가 생성되는 농후한 증기 연료 연소 가스 영역에서 추가적인 산소를 사용할 수 있게 되어 생성률이 감소한다. 또한 엔진 시동 중과 시동 후 기간은 입자 생성률이 더 높은 기간이 될 것으로 예상된다.

핵 모드 입자상 물질은 주로 배기 과정 중에 응축되는 가솔린 연료의 고 분자량 탄화수소 성분, 그리고 큰 입자로 응집되기 전에 (화염이) 꺼지는 수트 전구체 핵으로부터 발생할 수 있다(수트 생성 메커니즘에 대해서는 11.5.4절 참고).

11.5.2 디젤 입자상 물질의 특성

측정 기술

디젤 입자상 물질은 주로 배기 가스의 유기 화합물이 흡수된 연소 생성물 탄소성 물질(수트)로 구성된다. 대부분의 입자상 물질은 연료 탄화수소의 불완전 연소로 인해 발생하며 일부는 윤활유에 의해 발생한다. 소형 디젤 엔진 자동차의 배기 배출율은 일반적으로 0.03 g/km이다. 더 큰 대형 직분사 엔진의 입자상 물질 배출율은 0.5~1.5 g/brake KWh이다. 입자상 물질의 조성은 엔진 배기 및 입자상 물질 수집 시스템의 상태에 따라 달라진다. 500°C 이상의 온도에서 개별적인 입자는 주로 다수의 작은 구 또는 탄소(소량의 수소 포함)의 구들로 이루어진 군집이며 개별적인 직경은 15~30 nm 사이이다. 온도가 500°C 이하로 떨어지면 입자는 미연 탄화수소, 산화 탄화수소[케톤(ketones), 에스테르(esters), 에테르(ethers), 유기산(organic acids)], 다핵 방향족 탄화수소를 포함한 흡착 및 응축된 고분자 유기 화합물로 코팅된다. 응축된 물질은(연료 내 황 함유량에 따라) 이산화황, 황산(또는 황산염)과 같은 종을 포함한다.

대부분의 입자상 물질 측정 기술의 목적은 대기 중으로 방출되는 입자상 물질의 양을 결정하는 것이다. 입자상 물질 측정 및 특성화를 위한 기술은 간단한 연기 불투명도 측정에서부터 배기 가스 희석 터널을 사용한 분석에 이르기까지 다양하다. 일반적으로 입자상 물질 배출율이 낮기 때문에 대부분의 측정 기술은 샘플 채취 시간이 길어야 한다. 방출된 종들이 불안정하며 표면에서의 손실, (응집을 통한) 크기 분포의 변화, 배기 가스 내의 다른 화학 종 사이의 화학적 상호 작용(샘플링, 저장, 검사 포함)을 통해 언제든지 변경될 수 있기 때문에 입자상 물질 측정이 이루어지는 물리적 조건은 중요하다. 가장 기본적인 정보는 일반적으로 중량 또는 질량 기준으로 얻어진다: 배기 유량의 알려진 분율이 희석된 배기에서 샘플링된다; 입자상 물질은 여과되고 세밀하게 제어된 조건에서 무게가 측정된다. 표준 조건에서 배출량은 차량의 경우 g/km, 엔진의 경우 g/kWh, g/kg-fuel, mg/m^3 exhaust로 표현된다. 매연 농도계는 배기 가스를 통과하는 빛의 상대적인 양 또는 여과지에 수집된 입자상 물질의 상대적인 반사율을 측정한다. 이 방법은 직접 질량을 측정하지 않는다. 가시적인 매연 배출량을 결정하고 질량 배출 수준을 대략적으로 나타내기 위해 사용된다. 대형 디젤 엔진은 고부하에서 발생하는 가시적인 매연이 규제된다. 표준 질량 배출 측정 절차에서 희석 터널을 사용하여 입자상 물질이 대기로 유입되는 동안 물리적 및 화학적 과정을 시뮬레이션한다. 희석 터널에서 순수 배기 가스를 외부 공기와 함께 52°C 이하로 희석하고, 희석된 배기 가스로부터 샘플링한 배기 가스를 여과하여 입자상 물질을 제거한다.

디젤 엔진에서 배출되는 입자상 물질의 개수를 줄이기 위한 다양한 노력으로 현재는 여러 가지 계측기를 이용하여 입자상 물질의 개수를 측정할 수 있다. 배기 규정을 준수하기 위한 입자 개수를 결정하기 위해 응축 입자 계수기(CPC, Condensation Particulate Counter)가 선택되었다. 입자 크기와 분포는 SMPS(Scanning Mobility Particle Sizer), ELPI(Electrical Low Pressure Impactor), DMS(Differential Mobility Spectrometer)와 같은 여러 장치를 사용하여 측정할 수 있다. *Bosch Automotive Handbook*에 이러한 입자상 물질 측정 방법과 장치가 간략하게 요약되어 있다.[63]

입자상 물질의 조성과 구조

위에서 언급한 바와 같이 디젤 배기의 입자상 물질 크기 분포는 핵 모드(지름 약 50 nm 이하)와 축적 모드(지름 약 50~500 nm)를 갖는다. 그림 11.39는 연소의 시작부터 대기 중으로 방출될 때까지 입자 및 가스 단계의 과정과 이러한 과정에 영향을 주는 요인을 도식화한 것

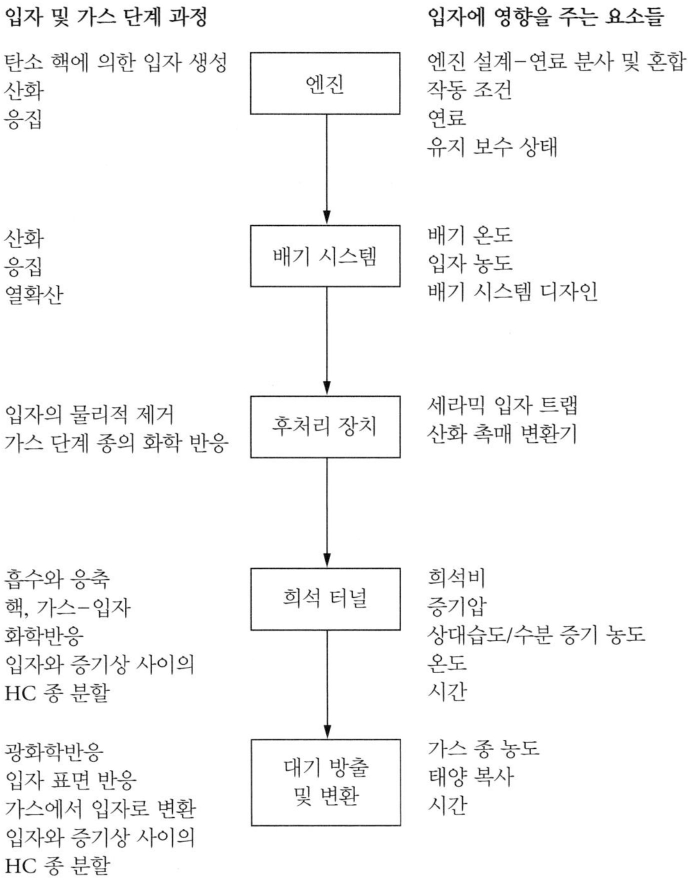

그림 11.39 입자 및 가스 단계 과정, 입자상 물질 크기 분포 및 대기 중으로 방출되는 디젤 엔진 입자상물질의 화학 성분에 영향을 주는 요소들에 대한 개략도.[64]

이다. 대기로의 분산과 변환이 계속된다. 요즘 엔진에서는 이 순서에 실린더 내 연소 과정, 배기 가스가 배기관을 빠져나올 때 배기 시스템 및 후처리 장치(입자상 물질 필터와 디젤 산화 촉매)에서 공기와 희석되고 냉각되는 일들을 포함하며, 대기 중 확산과 지속적인 희석이 포함된다.

배기 가스 내 입자상 물질의 양과 조성을 규정하기 위한 희석 터널의 사용은 입자상 물질을 함유하는 엔진의 배기 가스가 대기 중으로 유입될 때 실제로 발생하는 실제 혼합, 냉각 및 분산을 제어된 방식으로 시뮬레이션하는 것을 의미한다. 이러한 입자상 물질의 예는 그림 11.40에 나와 있다. 그림 11.40*a*와 *b*에서는 배기 밸브가 개방되고 150° ATC일 때 연소실에서 샘플링되었다. 샘플은 10~25 nm 직경의 1차 입자[소구체, 구형(spherules)]의 집합으로 구성되며 응집체(이후에 입자라고 함)로 뭉쳐진다. 개별 입자의 크기와 모양은 소규모의 무리(클러스터)에서 소구체의 체인(역자 註: 구 모양의 입자가 사슬과 같이 연결되어 있음)에 이르기까지 다양하다. 연소 중 샘플링된 응집체 입자는 상당히 커진다: EVO에 의해 전체 크기가 감소되었지만 응집된 구형 구조는 지속된다. EVO에서 소규모의 입자들은 약 20~100개 정도 포함할 수 있다.[65] 소구체들은 대부분 10~25 nm의 크기 범위를 가지며 연소로 생성된 수트 입자들이다. 그림 11.40*c*는 전형적인 축적 모드 입자와 훨씬 작은 구형 핵 모드 입자 몇 개를 보여준다. 이러한 것들은 디젤 엔진 배기 가스로부터 샘플링한 후 희석하여 여과하였다. 축적

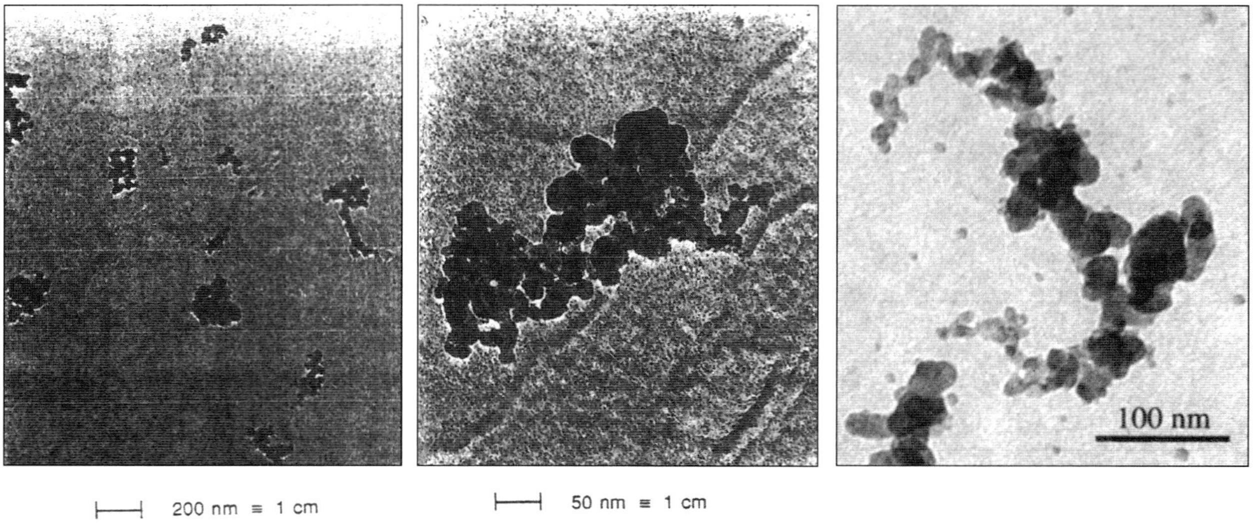

(*a*) (*b*) (*c*)

그림 11.40 실린더 내 가스 또는 희석된 배기 가스에서 샘플링된 디젤 입자상 물질의 광학 사진. 2000 rev/min, 5 bar bmep, 31% EGR 조건에서 추출된 실린더 내 샘플. 확대: (*a*) 50k, (*b*) 200k.[65] (*c*) 엔진 배기 가스로부터 샘플을 추출한 후, 트랜스미션 전자현미경 그리드에서 희석 및 수집함. 체인 같은 누적 모드 입자와 여러 개의 작은 구형 핵 모드 입자를 보여준다.[66]

입자, 수트 소구체의 사슬형 집합체, 그리고 몇 개의 작은 핵 모드 에어로졸 입자들이 설명된다.[66]

이러한 현미경 사진으로부터 입자 크기 분포를 결정하는 것은 복잡하고 불규칙한 응집체에 대표적인 차원을 부여하는 것이며, 2차원 입자 이미지만으로 특성을 부여하는 것이기 때문에 불확실성 또한 포함된다. 관성 임팩터와 전기 에어로졸 분석기를 기반으로 하는 다른 측정 방법이 있다. 이 데이터는 입자 크기 분포를 두 가지 모드로 나타낸다. 소형 핵 모드는 액체 탄화수소 액적, 개별 소구체, 황산염(H_2O-H_2SO_4) 핵으로 구성된다. 더 큰 크기의 축적 모드는 100~150 nm의 개수 평균 직경을 특징으로하는 응집된 소구체이다. 그림 11.41은 디젤 입자상 물질의 다양한 구성 요소에 대해 설명한다. 추가되는 또 다른 특징은 고 분자량 탄화수소가 개별 소구체와 응집된 입자 표면에 흡수된다는 것이다. 이러한 탄화수소는 C_{20}에서 C_{30}까지 다양하다. 응축된 탄화수소 및 황산염 그리고 개별 수트 소구체는 작은 핵 모드 입자로 구성된다.[65]

배기 입자상 물질은 보통 추출 용매로 용해성 물질과 건조 수트 부분으로 나뉘어진다. 일반적으로 사용되는 두 가지 용매는 다이클로로메테인(Dichloromethane)과 벤젠–에탄올 혼합물이다. 관측 범위가 더 크지만 일반적으로 15~30%의 질량을 추출할 수 있다. 열 중량 분석(샘플이 가열됨에 따라 중량이 측정됨)은 유사한 결과를 보여준다. 두 가지 종류 입자의 일반적인 평균 화학 조성이 표 11.12에 제시되어 있다. 건조한 수트는 추출 가능한 물질보다 H/C 비율이 훨씬 낮다. 대부분의 입자상 물질은 연료 탄화수소의 불완전 연소를 통해 생성되지만, 엔진 오일에서 생성되는 양도 상당한 것으로 보인다. 다양한 엔진 조건에서 표 11.12의 추출 가능한 물질의 개수 평균 분자량은 약 360~400 정도의 범위에 있다. 이는 연료의 평균 분자량(199)과 윤활유의 평균 분자량(신선한 경우 433, 오래된 경우 489) 사이이다.[67] 오일의 상당 부분이 추출 가능한 물질 배출에 영향을 준 것으로 보인다. 연료 내 다양한 개별 화합물의 기여도 또한 연구되었다. 파라핀, 올레핀, 방향족 등 조사한 모든 화합물은 입자상

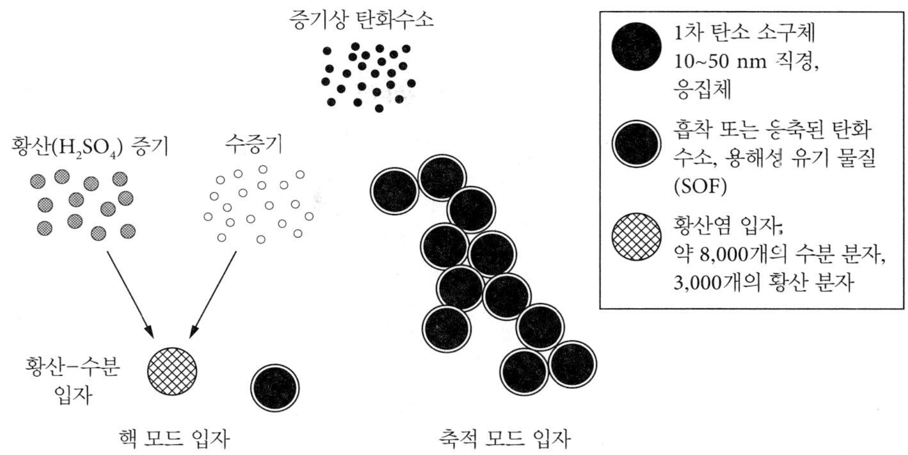

그림 11.41 디젤 입자상 물질의 조성에 대한 개략적인 그림: 축적 모드; 대부분 수트 소구체이며 응집되어 더 큰 입자를 형성한다: 핵 모드; 농축 탄화수소 입자, 개별 수트 소구체, 황산역 입자; 이 화합물은 응집체로 흡수된다.[65]

표 11.12 입자상물질의 화학 조성[67]

	공회전	48 km/h
추출가능한 물질 조성	$C_{23}H_{29}O_{4.7}N_{0.21}$	$C_{24}H_{30}O_{2.6}N_{0.18}$
H/C	1.26	1.63
건조 수트 조성	$CH_{0.27}O_{0.22}N_{0.01}$	$CH_{0.21}O_{0.15}N_{0.01}$
H/C	0.27	0.21

물질 배출에 기여하였으며, 방향족이 가장 크게 기여하였다.

표 11.12에 열거된 원소 이외에도 입자상 물질에서 미량의 유황, 아연, 인, 칼슘, 철, 실리콘, 크롬이 발견되었다. 디젤 연료에는 칼슘, 철, 실리콘, 크롬의 유황과 흔적이 발견되었다: 아연, 인, 칼슘 화합물이 윤활유 첨가제에 사용된다.[67] 디젤 입자상 물질과 관련된 황산염(SO_4)은 희석 터널 샘플링 중에 수집된다. 그것은 연료의 유황에서 비롯되며, SO_2로 산화되었다가 H_2O와 결합하여 H_2SO_4 증기를 형성하는 SO_3가 된다. 배기 가스가 희석되고 냉각될 때의 국부적인 조건(온도 및 농도/분압)에 따라 다수의 H_2O와 H_2SO_4 증기 분자가 충돌하여 분자 군집을 형성하며, 그 후 더 성장할 수 있다. 또는 국부적인 가스 조건에 따라 H_2O 및 H_2SO_4의 분자 군집은 안정되어 결국 분해될 만큼 충분한 에너지가 없을 수도 있다. 황산염 핵 모드 입자가 형성되는지 여부는 연료의 황 수준과 배기의 열역학적 상태 및 시스템의 운동에 따라 달라진다.[64] 차량 배기 가스 제어가 잘 되는 지역(국가)에서는 연료 내 황 함유량이 낮다(무게 기준으로 15 ppm S 미만). 역사적으로, 특히 개발도상국에서 증류 디젤 연료의 황 농도는 훨씬 높았다(5000 ppm 이상). 시간이 지남에 따라 연료 내 황 함유량 수치는 감소하고 있다.[k]

[k] 디젤 연료에 3000 ppm S의 황이 포함된 경우 총 입자상 물질에서 황산염은 약 5% 정도이다. 100 ppm S인 경우 0.4% 수준으로 낮아진다.[64]

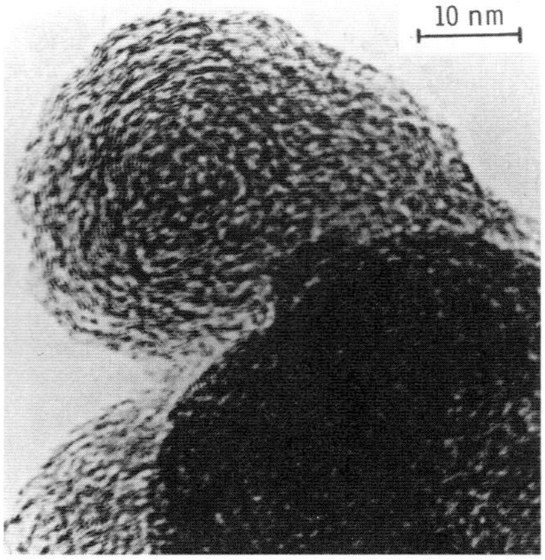

그림 11.42 축적 모드 디젤 입자에서 소구체의 현미경 격자 영상.[68]

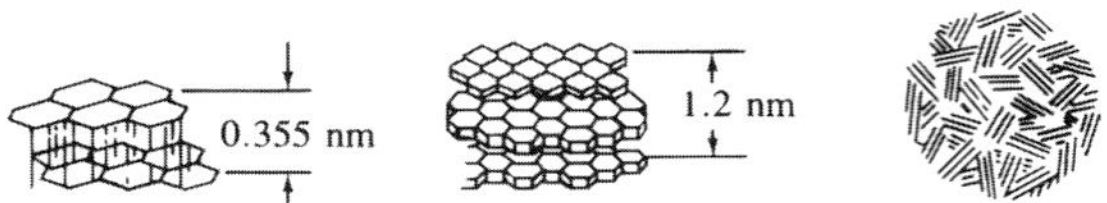

그림 11.43 탄소 입자의 하부 구조.[69]

디젤 입자 일부분의 격자 이미지가 그림 11.42에 나타나있다; 이것은 각 소구체의 중심 주변으로 동심원의 납작한 구조가 배열되어 있음을 보여준다. 동심원의 납작한 배열은 카본 블랙(carbon blacks)의 구조와 유사하다. 이것은 놀라운 일이 아니다; 디젤 수트가 생성되는 환경은 오일 퍼니스 블랙(oil furnace blacks)이 생성되는 환경과 비슷하다. 탄소 원자는 일반적으로 소판(platelet)이라고 하는 평면에서 육각형의 면 중심 배열로 함께 결합된다. 그림 11.43에 나타난 바와 같이, 평균 층 간격은 0.36 nm이다(흑연보다 약간 큼). 소판은 결정체를 형성하기 위해 층층이 배열된다. 전형적으로 결정체당 2~5개의 소판이 있으며, 소구체당 10^3개의 결정체가 있다. 결정체는 입자 표면에 다소 평행한 평면으로 배열되어 있다. 직경 10~25 nm의 이 소구체는 그림 11.41과 같이 입자를 형성하기 위해 서로 융합된다. 한 개의 소구체는 10^5~10^6개의 탄소 원자를 포함한다.[68,69]

디젤 수트의 표면적은 약 200 m^2/g으로 측정되었다. 표면이 매끄럽고 직경이 20 nm인 소구체(밀도 2 g/cm^3의 소구체)는 표면적/질량 비율이 150 m^2/g이므로 측정된 값은 표면적의 약 1.3배이다. 응집된 소구체 입자를 직경 200 nm의 단일 구체로 근사하면 표면적/질량 비율은 15 m^2/g이다.[69] 이러한 데이터와 단위 질량 당 표면적의 추정치는 디젤 수트의 다공성이 상대적으로 낮음을 나타낸다.

11.5.3 실린더 내 입자상 물질의 분포

위의 논의에서 알 수 있듯이, 연소가 시작되면 연료가 농후한 개별 분무의 중심 내에서 고체 성분(수트)이 먼저 형성된다. 입자상 물질(응축된 탄화수소 성분)과 핵 모드 입자의 용해성 유기 물질(SOF, Soluble Organic Fraction)은 배기 가스가 배기관을 통해 배출될 때 공기로 희석되면서 배기 과정 후반에 형성된다. 운전 중인 디젤 엔진의 연소실 내 입자상 물질 분포에 대한 많은 측정이 이루어졌다. 그 결과는 입자상 물질 생성과 산화 과정에 대한 정보와 그것들이 실린더 내 연료 분포와 열 방출 발달과 어떻게 관련되는지에 대한 정보를 제공한다. 입자상 물질 농도 데이터를 얻기 위해 사용되는 기법으로는 분석을 위한 특정 시간과 위치에서 소량 가스 샘플을 추출하는 급속 반응 포핏 또는 니들 사용, 광학 흡수 기법, 사이클에서 설정된 시간에 실린더 내용물이 빈 탱크로 빠르게 비워지는 실린더 덤핑이 있다. 엔진 사이클 중에 연소실 내의 특정 위치에서 취득한 농도 데이터는 일반적으로 반드시 실린더 내용물을 나타내는 것은 아니며, 주어진 가스 질량의 시간 이력을 나타낸 것도 아니다. 실린더 내 연료 분포, 혼합 및 열 방출 패턴은 수트 생성 과정 동안 매우 불균일하다.

직분사 디젤 엔진의 경우, 입자상 물질의 수트 구성 요소는 연료 분무 내 국부적인 평균 당량비가 매우 농후한 곳에서 형성된다(10.3.4절, 10.7.2절 참고). 수트 농도는 연소가 시작된 직후 급격히 상승한다. 연료가 농후한 각 분무 중심에서 연료 분자의 큰 부분이 반응하여 다고리 방향족을 형성하며 이는 수트 입자를 생성한다. 이렇게 농후한 영역어서 수트로 발견된

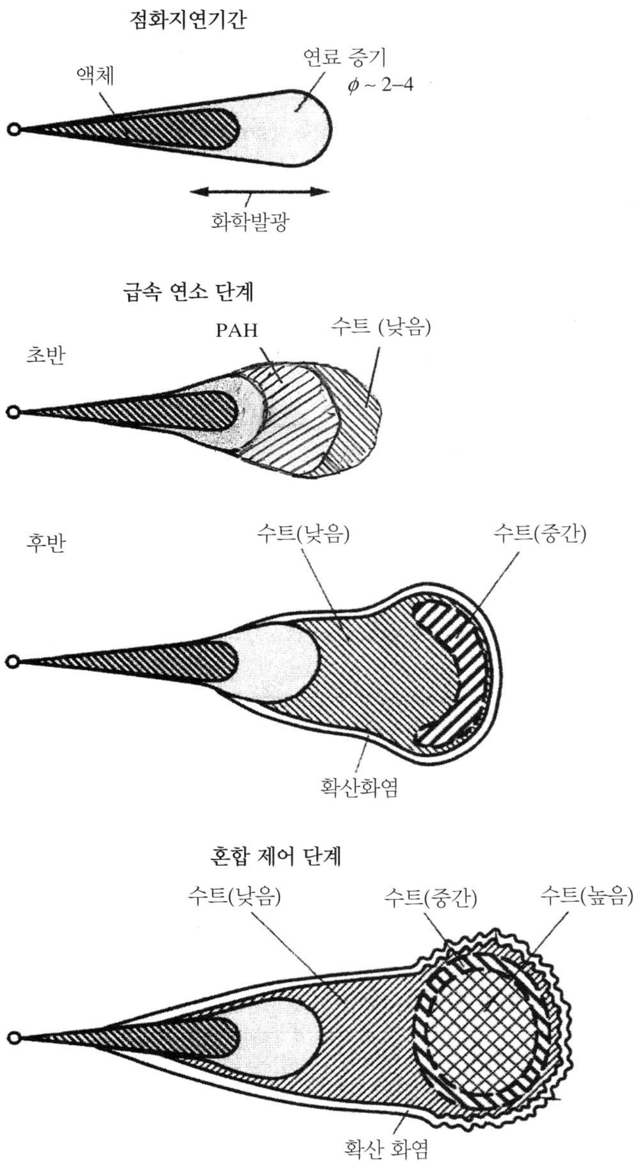

그림 11.44 주요 수트 생성 과정과 점화 지연, 예혼합 급속 연소 단계, 연소의 혼합 제어 확산 화염 단계에서 개별 디젤 연료 분무로부터 PAH 및 수트가 생성되는 영역을 보여주는 개략도.[70]

국소 연료 탄소 분율은 약 50% 정도로 높다. 수트 생성을 초래하는 물리 및 화학적 과정의 순서는 그림 11.44와 11.45에 나타나 있다. 그림 11.44는 퀴어센트 DI 디젤 연소실의 각 연료 분무 내에서 수트가 어떻게 발생하는지 보여준다. 점화지연기간 동안 분무는 연소실로 침투되고 압축 행정 끝에 고온의 공기를 유입시킨다. 연료 액적은 농후한 혼합물($\phi \approx 2-4$)을 형성하여 증발하는데, 이 혼합물은 몇 도의 크랭크 각도가 지나면 화학적으로 반응하기 시작하고, 화학 발광을 방출하며 화학 에너지의 약 20%를 방출한다. 자착화 화학 반응은 연료 분자를 폴리아세틸렌으로 분해하는데, 이 분자가 결합하여 다고리 방향족을 형성한다. 이러한 분자들은 분무 내에서 빠르게 성장하여 수트 입자 핵을 형성하고 분무 내의 혼합물이 노즐로부터 멀어짐에 따라 수트 소구체로 성장하며 축적 모드 입자로 응집된다. 따라서, 수트 농도는 분무를 따라 중간쯤 농후한 예혼합 연소 영역(확산 화염에 의해 둘러싸여 있음)에서부터 분무 끝(머리) 쪽을 따라 증가한다. 연료가 농후하고 부분적으로 반응함에 따라 연료-공기 혼합물은 각 분무를 둘러싸고 있는 확산 화염의 외부로 확산되며 수트 입자는 온도가 상승하고, 화염의 공기 측에서 사용할 수 있는 산소와 함께 대부분 연소된다.

그림 11.45는 각 연료 분무 내에서 발생하는 이 과정의 화학적 측면을 보여준다. 예혼합 연소 영역의 화학 에너지 방출(연료 전체 에너지의 약 20%)은 연료 분자가 조각나고(많은 중간 단계에서, 11.5.4절 참고), PAHs를 형성하며 이어서 분무 내 농후한 혼합물에서 수트가 생성됨에 따라 분무 내 가스 온도를 약 1600 K으로 상승시킨다. 이 "농후한 혼합물"(수트 함량이 높음)은 각 분무를 둘러싸고 있는 확산 화염으로 이동하여 가열되고 산소와 혼합하여 아직 배출되지 않은 화학 에너지를 거의 모두 방출한다. 이 혼합 제어 확산 화염 연소 과정이 완료됨에 따라 거의 모든 수트 입자들이 연소된다. 11.2.4절에서 언급한 바와 같이 이 영역은 또한 일차 NO 형성 영역이기도 하다.

11.5.4 수트(Soot) 생성의 기초

위의 두 절에서 특성이 설명된 수트 입자는 주로 디젤 연료의 탄소로부터 생성된다. 생성 과정은 H/C 비율이 약 2인 12~22개의 탄소 원자를 함유하는 연료 분자로 시작하여 결국 각각 10^5개의 탄소 원자를 함유하는 직경 10~25 nm의 소구체로 구성되고 H/C 비율은 약 0.1이다. 수트 생성의 기초에 관한 많은 정보는 단순 예혼합 및 확산 화염 연구, 교반식 반응기 연구, 충격파 관 연구, 정적 연소실 연구에서 비롯된다. 또한 카본 블랙(carbon black)의 생성에는 탄화수소 공급 원료의 열분해에 의한 수트의 높은 산출량이 필요하다. 이와 관련한 많은 문헌이 있다. 그러나 이러한 기본적인 연구와 다르게 높은 가스 온도와 압력, 복잡한 연료 구성, 난류 혼합의 중요성, 과정의 불안정성, 연료 분무의 3차원 형상 등과 같은 디젤 연소의 특성은 수트 생성에 관한 기본적인 해석을 어렵게 한다. 디젤 엔진의 수트 생성 과정에 대해 불완전하게 이해되는 부분이 많다.

수트 생성은 약 1600 K의 온도, 100 bar의 압력에서 연소되는, 그리고 분무 내 연료가 완전히 연소되는데 필요한 공기보다 적은 영역에서 발생한다. 연료 탄화수소의 수트 입자가 형성되는데 이용 가능한 시간은 ms 정도이다. 기체에서 고체 상태로 분산되어 생성된 에어로졸은 응축된 단계의 총량(수트 체적 분율, F_V, 수트 체적/총 체적으로 표현됨), 단위 체적당 수트 입자의 개수(N), 입자의 크기(예: 평균 직경 d)로 특징지어질 수 있다. F_V, N, d는 상호 의존적이며(예, 구형 입자 $F_V = (\pi/6)Nd^3$), 이들 변수 중 임의의 2개는 시스템을 특징 짓는다. N과 F_V는 각각 수트 입자 생성(N의 소스)과 성장(F_V의 소스) 단계의 "거의 별개"의 단계로 관련되기 때문에 독립 변수로 간주하는 것이 가장 편리하다.

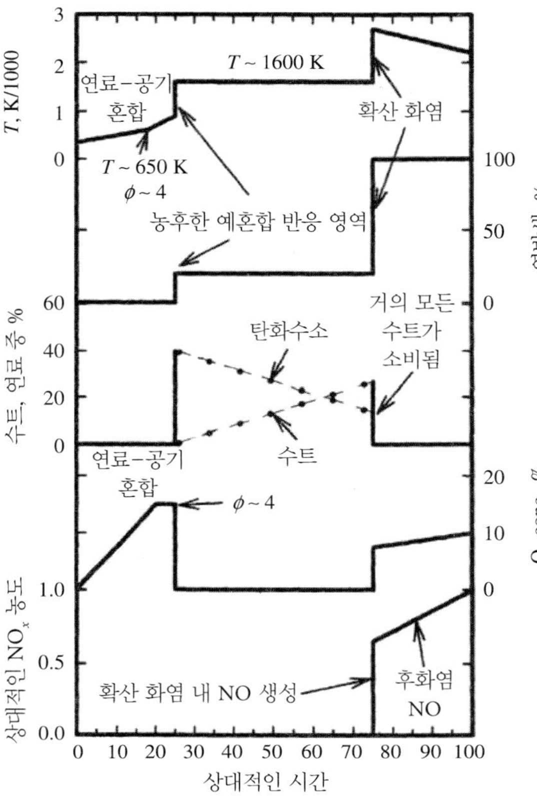

그림 11.45 DI 디젤 엔진 연료 분무에서 분무 발달, 연소, 연료 반응, 수트 생성 및 산화 기간 동안의 화학 반응 순서.[71]

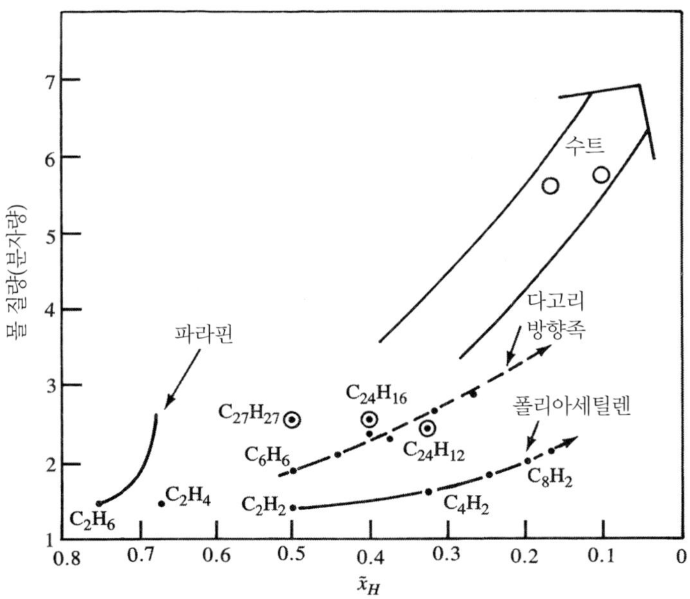

그림 11.46 종(species) 분자량 M과 수소 몰 분율 $\tilde{x}_H$의 플롯에서 수트 생성 경로.[72]

생성 과정은 다음과 같이 요약된다:[72]

1. 입자 생성, 여기서 첫 번째 응축 단계 물질은 부분 산화 및 열분해 생성물을 통해 연료 분자로부터 생성된다. 이러한 생성물은 전형적으로 다양한 불포화 탄화수소, 특

히 아세틸렌과 그 상위 유사체($C_{2n}H_2$), 다고리 방향족 탄화수소(PAH)를 포함한다. 이 두 종류의 분자는 화염에서 가장 지배적인 수트 전구체로 간주된다. 이와 같은 기체 상태 화학종의 응축 반응은 최초로 인지할 수 있는 수트 입자(흔히 핵으로 불림)의 출현으로 이어진다. 이러한 첫 번째 입자는 매우 작으며($d<2$ nm) 많은 수의 입자 형성은 수트가 생성되는 영역 내 최소 수트 로딩(loading)과 관련이 있다.

2. 표면적 증가, 응고 및 응집을 모두 포함하는 입자 성장. 고체 상태 물질의 대량 발생에 의한 표면적 증가는 입자 표면에 기체 상태 화학종의 부착 및 입자 상태로의 결합을 수반한다. 한 종의 분자량 로그(log)가 수소 몰 분율 $\tilde{x}_H$에 대해 도식화된 그림 11.46은 이 과정에 대한 몇 가지 중요한 점을 보여준다. $\tilde{x}_H \geq 0.5$인 연료 분자로 시작하여 폴리아세틸렌 사슬 성장이나 PAH 성장 모두 0.1~0.2 범위의 $\tilde{x}_H$를 갖는 수트 입자를 발생시키지 않을 것이 분명하다. 필요한 것은 적절한 수소 함량을 지닌 화학종의 응축 또는 수소 함량이 높은 종의 응축 후 탈수소화 또는 이 두 과정의 조합이다. 분명히 일부 폴리 아세틸렌과 일부 PAH는 포화 소판(platelets)처럼 이러한 요건을 충족할 수 있다(예: $C_{27}H_{27}$; 11.5.2절 참고). 표면적 성장 반응은 수트의 양(F_V)을 증가시키지만 입자의 수(N)는 본질적으로 변하지 않는다. 입자가 충돌하여 결합하는 응고에 의한 성장에 대해서는 그 반대여서 F_V 상수와 함께 N을 감소시킨다. 표면적 성장이 멈추면, 입자는 체인과 군집으로 계속 응집될 수 있다.

입자 생성과 성장의 이러한 단계가 수트 생성 과정을 구성한다. 과정의 각 단계에서 산화 종의 존재 하에 수트 또는 수트 전구체를 연소시켜 CO, CO_2와 같은 기체를 형성하는 산화가 발생할 수 있다. 엔진에서 발생하는 수트의 최종 배출량은 이러한 생성 과정과 연소 과정 사이의 균형에 따라 달라진다. 배출된 수트는 배기 가스가 냉각되고 공기로 희석됨에 따라 그 이상의 질량 추가 과정을 거친다. 수트 입자 표면으로의 흡착과 배기 가스 내 탄화수소 종의 새로운 입자가 형성되기 위한 응축은 배기 시스템과 대기에서 일어나는 일을 시뮬레이션하는 희석 터널에서 발생한다. 그림 11.47은 이러한 과정들 사이의 관계를 보여준다.[67] 별개의 과정으로 설명되지만 중복이 있으며 디젤 연소실 내의 특정 원소 혼합 영역에서 동시에 발생할 수 있다. 물론 혼합물의 비균일성, 연료 분사 기간 및 연소와의 중첩으로 인해, 주어진 시

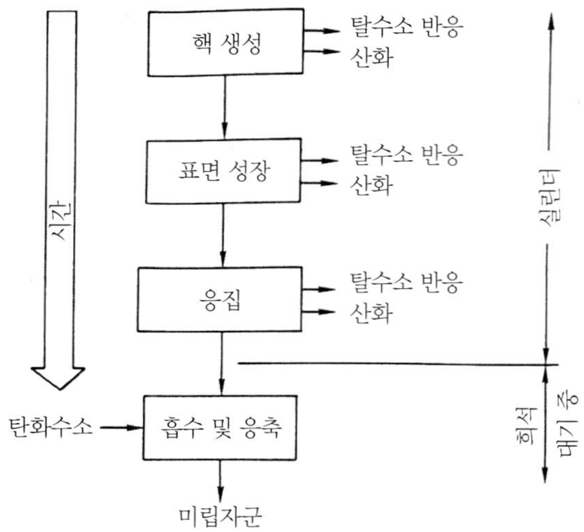

그림 11.47 디젤 입자상물질의 생성 과정.[67]

간 동안 다른 영역에서 다른 과정이 진행된다. 이러한 각 과정 각각의 기본 사항을 이제 검토할 것이다.

수트 입자 생성

경험적으로 탄소/산소 비율에 의해 화염에서 수트가 생성되기 시작할 때 연료-산소 혼합물의 구성을 정의하는 것이 유용한 것으로 밝혀졌다. 평형 상태는 전체 반응에서 m이 $2y$보다 클 때, 즉 C/O 비율이 1을 초과할 때 수트(C_S)이 생성됨을 보여준다.

$$C_mH_n + yO_2 \rightarrow 2yCO + \frac{n}{2}H_2 + (m-2y)C_S \tag{11.35}$$

이에 상응하는 연료/공기 당량비는 다음과 같다.

$$\phi = 2\left(\frac{C}{O}\right)(1+\delta) \tag{11.36}$$

여기서 $\delta = n/(4m)$: $n/m = 2$, $(C/O) = 1$일 때 ϕ는 3이다. 그러나 실험적으로 관찰된 임계 C/O 비율은 연료 구성과 실험 설정의 세부 사항에 따라 약 0.5에서 0.8까지 다양하다. 수트 생성에 대한 C/O 비율은 온도가 상승하면 증가하지만 압력에는 크게 영향을 받지 않는다. 탄소 생성 한계를 넘어서면 수트 산출량은 C/O 비율이 증가함에 따라 급격하게 증가하고 압력을 증가시킴으로써 증가한다.[72]

수트 생성은 비평형 과정임이 분명하다. 열분해 과정을 설명하기 위해 매우 농후한 연료 혼합물에서 발생하는 핵 생성에서 최고조에 달하는 광범위한 분해와 원자 재배열이라는 몇 가지 다른 이론들이 발전되었다. 종종 인용되는 메커니즘은 열분해로 연료 분자가 더 작은 분자로 분열되고 응축 및 중합 반응으로 인해 분자가 커지며, 탈수소는 수트가 될 수 있는 탄화수소의 H/C 비율을 낮추는 것이다. 형성 온도에 따라 수트 생성에 대한 3가지 경로가 존재한다. 가장 낮은 온도(≤1700 K)에서, 고분자량의 방향족 또는 고불포화 지방족 화합물만이 열분해를 통해 상당한 고체 탄소를 형성한다. 중간 온도(>1800 K)에서, 일반적으로 사용되는 모든 탄화수소 연료는 충분히 농후한 조건에서 연소될 경우 수트를 형성하지만 다른 경로를 따라 연소되는 것으로 보인다.

저온 및 중간 온도 범위에서의 핵 생성에 대한 간단한 기계적 모델을 그림 11.48에서 설명하였다. 이 모델은 실험으로도 상당히 증명되었다. 저온에서 방향족 탄화수소는 방향족 고리가 흑연과 같은 구조로 응축되는 비교적 빠른 직접 경로를 통해 수트를 생성할 수 있다. 그러나 약 1800 K 이상에서는 더 작은 탄화수소 조각으로 고리가 끊어지는 것을 수반하는 더 느리고 덜 직접적인 경로가 선호된다. 이러한 조각들이 중합되어 최종적으로 수트 핵을 생성

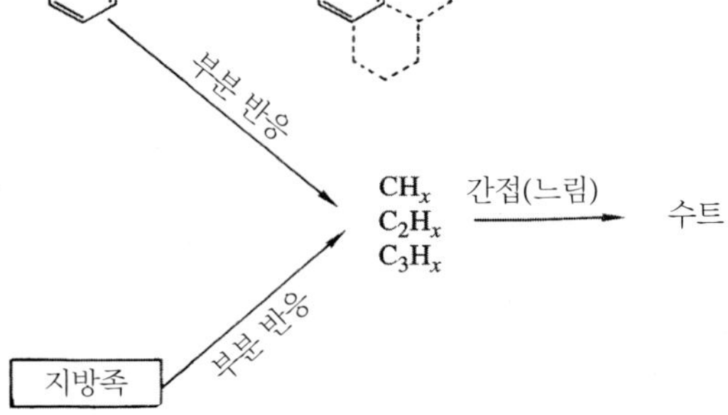

그림 11.48 방향족 및 지방족 탄화수소 성분으로부터의 수트 생성에 대한 기계적 모델.[67]

하는 더 큰 불포화 분자를 형성한다: 지방족 분자는 이 후자의 덜 직접적인 경로를 따라갈 수 있다. 화염에서의 실험적 측정은 다중 불포화 탄화수소 화합물이 핵 형성에 관여하고 아세틸렌 및 폴리아세틸렌이 형성되어 탄소의 질량이 증가함에 따라 농도가 감소하는 것으로 나타났다. 이러한 관찰은 그림 11.48의 간접 경로에 적합하다.

수트 입자 성장

핵은 적당한 수트 로딩으로 매우 작고 많은 입자를 생성한다. 고체상 물질의 대부분은 핵으로부터 발생하는 소구체의 표면상에 탄화수소 중간체의 가스상 침적을 포함하는 표면 성장에 의해 생성된다. 핵 및 표면 성장 동안 농후한 예혼합 화염에서 시간의 함수로 발생하는 변화에 대한 정성적 설명이 그림 11.49에 나타나있다. 가스의 단위 체적당 수트 체적 단위인 수트 분율 F_V는 개수 밀도 N과 수트 입자의 체적-평균 직경과 다음과 같이 관련이 있다.

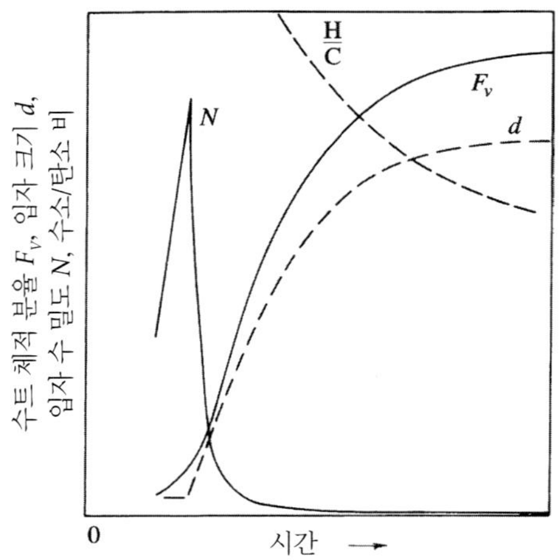

그림 11.49 화염 내에서 시간 변화에 따른 수트 체적 분율 F_V, 입자 수 밀도 N, 입자 크기 d, 수트 수소/탄소 비의 변화.[67]

$$F_V = \frac{\pi}{6} N d^3 \tag{11.37}$$

d는 소구체의 실제 직경 또는 응집된 입자에 대한 해당 체적 구체의 직경이다. 시간 t에 따른 입자 개수 밀도의 변화율은 다음과 같다.

$$\frac{dN}{dt} = \dot{N}_n - \dot{N}_a \tag{11.38}$$

여기서 $\dot{N}_n$은 새로운 핵이 나타나는 속도이고 $\dot{N}_a$는 충돌하고 점착하는 소구체나 입자의 응집률이다. N곡선의 최댓값에서 $\dot{N}_n = \dot{N}_a$이다. 최댓값의 왼쪽에서 $\dot{N}_a > \dot{N}_n$ 입자 직경은 검출 가능한 최소 직경에서 본질적으로 일정하고 수트 체적의(작은) 상승은 핵 형성에 의해 지배된다. N곡선 최댓값의 오른쪽은 $\dot{N}_a > \dot{N}_n$이다. 응집체 충돌 횟수는 개수 밀도가 높기 때문에 높다; 동시에 탄화수소 중간체의 기체 증착을 위한 충분히 분산된 표면적이 있기 때문에 핵 형성이 종료되어 새로운 핵을 생성할 확률은 0으로 떨어진다. 핵 형성이 N곡선 최댓값의 오른쪽으로 약간 정지되면, (대부분의) 수트 체적 분율 증가는 표면적 성장에서 비롯된다. 그림에서 N곡선 최댓값의 오른쪽의 경우, 개수 밀도는 3배 정도 감소한다. 이것은 입자의 직경 증가의 일부분을 담당하는 응집의 결과이다. 응집은 수트 체적 분율 F_V의 증가에 기여하지 않는다. 핵과 소구체에서 발생하는 표면적 성장은 소구체의 외부를 구성하고 덜 조직화된 소구체의 중심과 구별되는 동심원의 껍데기(약간 왜곡되고 뒤틀림)를 형성하는 역할을 한다(그림 11.42 및 11.43 참고). 응집된 입자의 표면적 성장은 그림 11.42에 나타난 명백한 결절 구조를 제공하기 위해 인접한 소구체의 접합부에서 틈새를 부분적으로 채울 수 있다.[67]

입자가 생성되면 입자 간 충돌로 인해 응집이 발생하여 입자 수가 줄어들고 크기가 커진다. 3가지 유형의 응집이 수트 생성에서 확인되었다. 입자 성장의 초기 단계에서, 두 구형 입자의 충돌은 단일 회전 타원체로의 응고를 야기할 수 있다. 이것은 수트 입자의 초기에 타르 액체(tarry liquid)의 점성을 가지고 있는 탄화수소 열분해에서 쉽게 볼 수 있다. 또한 개별 입자가 작을 때, 급속한 표면적 성장은 원래의 구형 모양을 빠르게 회복시킬 것이다. 이 과정은 약 10 nm의 직경까지 발생한다. 반면, 충돌 전에 소구체가 응고되어 표면 성장률이 감소하면, 그 결과로 생긴 입자는 원래의 소구체가 각각의 정체성을 상당 부분 유지하는 군집과 유사하다. 표면적 성장이 본질적으로 중단된 후에 수트 입자가 계속 유착되면 별개의 소구체들이 사슬 구조를 형성한다. 이것은 정전기력이 중요함을 의미한다. 이 입자 사슬에서 측정된 양전하가 사슬 모양 구조의 원인으로 제기된다.[67,69] 표면적 성장이 멈추면 이후의 유착은 *응집*이라고 불린다.

응고 중 입자 수 밀도의 감소율은 응고 계수와 개수 밀도 제곱에 비례한다는 것이 실험적으로 밝혀졌다:

$$-\frac{dN}{dt} = KN^2 \tag{11.39}$$

이것은 액체 콜로이드의 응고를 위한 Smoluchowski 방정식이다. 브라운 운동(Brownian motion)에 근거하여, 이 방정식은 Knudsen 수(입자 직경에 대한 평균 자유 경로의 비율)가 10을 초과할 때 적용할 수 있다. K는 입자의 크기와 모양, 크기 분포, 가스의 온도, 압력 및 밀도와 같은 인자에 의존한다. 식 (11.39)는 저압 수트 생성 화염의 응고율을 예측하는 데 사용되었다.[69,72] 이러한 연구는 엔진 화염과 가까운 조건에서 시간 t에 남은 초기 개수 밀도 N_0의 분율은 다음과 같이 주어진다는 것을 보여준다.

$$\frac{N}{N_0} \approx (KN_0 t)^{-1} \tag{11.40}$$

따라서 t가 증가함에 따라 N/N_0는 급격하게 감소한다. 이러한 응집 계산은 단순하지만(수트 입자가 초기에는 연소 연료가 농후한 분무 내에서 균일하게 분포하지 않고 단일적인 분산이 아니며 응집 중에 표면적 성장과 산화가 일어날 수 있기 때문에 많이 가정이 엄격하게 적용되지는 않음), 전체적인 결론은 소구체가 더 큰 입자로 응고되는 속도는 개수 밀도에 매우 민감하다는 것이다.

수트 생성 과정을 통해, 열분해, 핵 형성 과정에서 형성된 탄화수소와 수트 입자의 H/C 비율은 지속적으로 감소한다. H/C 비율은 샘플링 할 수 있는 가장 최근에 형성된 수트 입자의 경우 전형적인 엔진 연료의 약 2 값에서 1로 감소하고, 완전히 응집된 수트에서 표면적 성장이 중지되면 0.2~0.3으로 감소한다.[72] 이 과정의 후반 단계는 그림 11.49에 나와 있다. 수트 입자의 질량 증가는 기체상 분자와의 반응에 의해 발생한다. 반응하는 기체상 탄화수소는 주로 아세틸렌으로 보이며, 더 큰 중합체는 더 작은 중합체보다 더 빨리 추가된다. 작은 폴리아세틸렌은 핵으로 이어지는 동일한 메커니즘에 의해 가스 단계에서 더 많은 중합화를 겪는다. 더 큰 중합체를 우선적으로 추가한 결과, 입자의 H/C 비율은 정상 상태 값으로 감소한다. 따라서 추가된 대부분의 폴리아세틸렌은 분자량이 매우 높거나 탈수소화가 일어나야 한다.[69,72]

11.5.5 수트 산화

그림 11.47에 개략적으로 나타낸 전체 수트 생성 과정에서 전구체, 핵, 입자 단계에서 수트 산화가 발생할 수 있다. 11.5.3절에서 검토된 엔진 실린더 내 수트 농도 데이터는 분무 내에서 형성된 거의 모든 수트가 배기 과정이 시작되기 전에 산화되었음을 나타낸다. 10.3.1절의 디젤 연소에 대한 논의 중 원본 컬러 사진에서 어두운(갈색) 영역이 관찰되었다; 이러한 영역은 수트 입자 연기로 해석되었고, 이 화염에서 산화된 고온 수트 입자의 광도로 인해 확산 화염이 하얀색으로 둘러싸여 있는 것으로 보였다. 공기가 이러한 수트 농후 영역과 섞이면서 확산 화염은 입자를 연소시켜 시커먼 수트 연기를 제거한다.

일반적으로 수트의 산화와 같은 이종의 반응 속도는 산화 반응 속도뿐만 아니라 확산 화염 영역에 대한 반응물의 확산과 생성물에 따라 달라진다. 직경이 1 μm 미만인 입자의 경우 확산 저항이 최소화된다. 따라서 입자 크기가 이 한계보다 작기 때문에, 디젤 실린더의 수트 산화 과정은 반응속도에 의해 제어된다. 수트를 산화시킬 수 있는 확산 화염과 그 근처에는 많은 화학 종들이 있다: 예를 들어 O_2, O, OH, CO_2, H_2O. 화염에서 수트 산화에 대한 이전의 고찰은 높은 산소 분압에서 수트 산화가 화학양론비에 가까운 생성물에 기초한 준 경험식과 상관관계가 있을 수 있다고 가정하였다; 그러나 고온, 고압, 화학양론비 또는 약간 희박한 화염 조건에서(화염 내에 풍부한) OH기에 의한 산화가 중요할 수 있다. 그림 11.50은 이 준경험식이 온도와 산소 분압의 함수로서 예측하는 탄소 입자 표면 감소율을 보여준다.[67]

구조적 유사점을 근거하여 수트와 흑연의 산화 속도가 비슷해야 한다는 논쟁이 있어왔다. 이것은 중요한 단순화이지만, Nagle과 Strickland-Constable의 준경험식은 산소 분압 $p_{02} < 1$ atm 및 1100 K와 2500 K 사이의 온도에 대해 열분해-흑연 산화의 연관성을 보여주었다. 이 공식은 탄소 표면에 O_2가 침범할 수 있는 두 가지 유형의 지점이 있다는 개념에 기초한다. 보다 반응성이 높은 유형 A 지점의 경우, 산화 속도는 표면 산화물에 의해 덮히지 않은 지점의 분율로 제어된다(따라서 p_{O_2}에서 혼합된 차수는 0과 1 사이). 유형 B 지점은 반응성이 낮고 p_{O_2}에서 1 차수로 반응한다. A 지점을 B 지점으로 열적 재배열하는 것도 허용된다(속도 상수 k_T 포함). 이 메커니즘의 정상상태 분석은 표면 질량 산화 속도 w(gC/cm$^2\cdot$s)를 나타낸다:

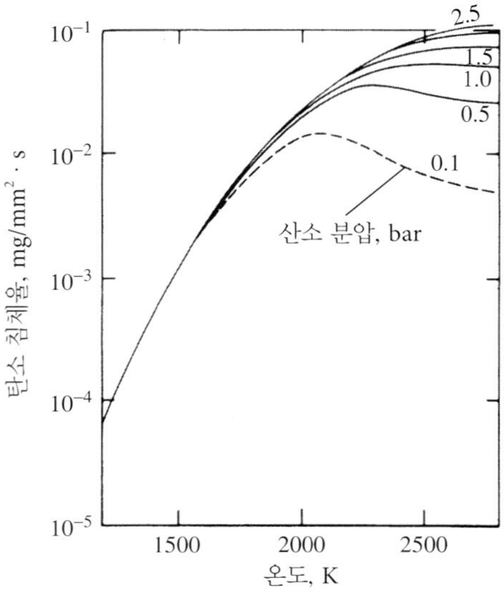

그림 11.50 온도와 산소 분압의 함수로 수트 산화율 예측 (Nagle와 Strickland-Constable, O_2 기반, 상관관계).[67]

표 11.13 Nagle과 Strickland-Constable 수트 산화 메커니즘에 대한 속도 상수[74]

속도 상수	단위
$k_A = 20\exp(-15{,}100/T)$	$g/cm^2 \cdot s \cdot atm$
$k_B = 4.46\times10^{-3}\exp(-7640/T)$	$g/cm^2 \cdot s \cdot atm$
$k_T = 1.51\times10^5\exp(-48{,}800/T)$	$g/cm^2 \cdot s$
$k_Z = 21.3\exp(2060/\mathrm{T})$	atm^{-1}

$$\frac{w}{12} = \left(\frac{k_A p_{O_2}}{1+k_Z p_{O_2}}\right)x + k_B p_{O_2}(1-x) \tag{11.41}$$

여기서 x는 유형 A가 점유하는 표면의 분율이며, 다음 식에 의해 주어진다.

$$x = \left(1+\frac{k_T}{p_{O_2}}\right)^{-1} \tag{11.42}$$

Nagle과 Strickland-Constable에 의해 결정된 이 모델의 경험적 속도 상수는 표 11.13에 열거되어 있다. 이 메커니즘에 따르면 반응은 낮은 산소 분압에서 1 차수이지만 높은 분압에서는 0 차수에 접근한다. 주어진 산소 압력에서 이 속도는 온도에 따라 기하급수적으로 증가한다(등가 활성화 에너지는 k_A/k_Z 또는 34,100 cal/mol이다). 특정 온도 이상에서는 열적 재배열이 덜 반응하는 B 지점의 형성을 선호하므로 속도가 감소한다. 충분히 높은 온도에서 표면이 B 유형으로 완전히 덮일 때, 속도는 산소 분압에서 1차수이며 온도에 함께 다시 증가한다.[72] Park과 Appleton[73]은 이 공식을 열분해 흑연 샘플, 카본 블랙 입자로부터 얻은 산화율 데이터 및 이용 가능한 화염 수트 산화 데이터와 비교하였다. 이 공식은 2의 인수 내에서 보여지는 데이터의 상관 관계를 나타낸다. 디젤 엔진 조건에서, O_2 분압은 화학양론비에 가까운 연소 가스의 온도(≤2800 K)가 될 수 있으므로 높아질 수 있다(~몇 기압). 그림 11.50은 이 공식이 온도와 산소 분압의 함수로 예측한 탄소 입자 표면 감소율을 보여준다.[67]

Nagle과 Strickland-Constable 관계는 일반적인 디젤 엔진에서 산화될 수 있는 수트의 양을 추정하는 데 사용되어 왔다. 사이클 중 선택된 시간에 확산 화염 내 화학양론비 연소 생성물에 수트가 존재하며 공기와의 혼합이 전체 연료/공기 당량비에 도달할 때까지 연소 가스 혼합물이 서로 다른 비율로 희박해진다고 가정하였다. 이 과정에서 표면 감소율이 계산되었다. 그림 11.51은 1600 rev/min의 엔진 속도와 0.58의 전체 실린더 당량비에서의 샘플 결과를 보여준다. 고속, 중간, 느린 혼합은 각각 30, 70, 140의 크랭크 각도에서 발생하였다. 표면 감소율은 p_{O_2}가 증가함에 따라 최대로 증가하고, 이후 가스 온도의 감소가 산소 농도의 증가를 상쇄하는 것보다 클 때 감소한다. 시간에 따른 표면 감소율 곡선의 형태는 혼합률에 따라 다르지만 연소된 총 탄소 양(그림 11.51b에서 각 곡선 아래 면적)의 거의 동일하다(0.1 μg/mm²). 그러나 수트 함유 연소 가스의 혼합물이 화학양론비를 통과하는 사이클의 지점은 훨씬 더 중요하다. 후기 혼합 요소(40° ATC에서 이론공연비보다 희박한 혼합)의 경우, 산화된 총 탄소 질량은 초기 혼합 계산의 40%에 불과하다. 이는 주로 팽창 행정이 진행됨에 따라 가스 온도가 감소하고 이용 가능한 연소 기간이 길어지지 않기 때문이다.[74]

구 모양의 수트 입자의 경우, 질량 연소율 w ($g/cm^2 \cdot s$)은 다음을 사용하여 표면 감소율로 변환할 수 있다.

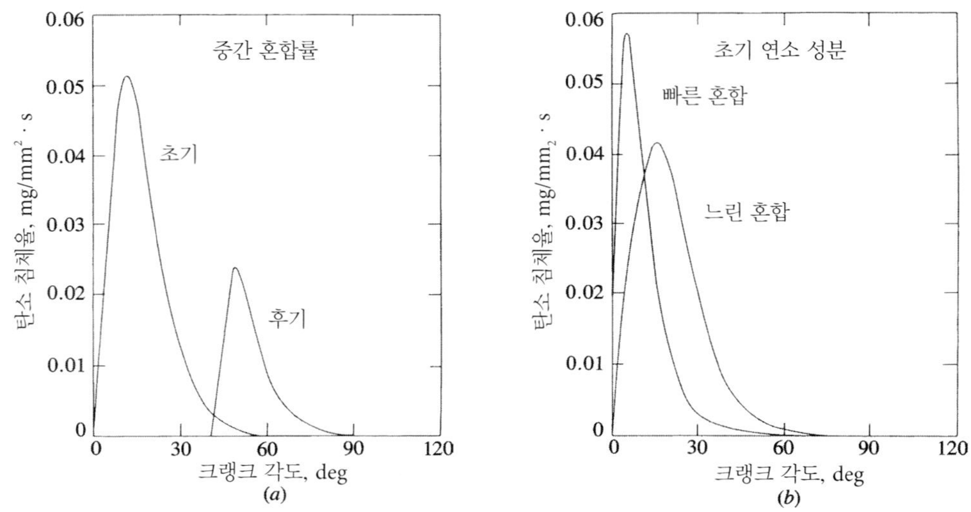

그림 11.51 디젤 연소 환경에서 수트 입자 연소율: (*a*) 중간 혼합률로 초기 및 후기 연소된 연료–공기 요소에서; (*b*) 초기 연소 요소에 대한 빠른 혼합 및 느린 혼합에 대해.[67]

$$\frac{dr}{dt} = \frac{-w}{\rho}$$

여기서 ρ는 밀도($\approx 2\ \mathrm{g/cm^3}$)이다. ρ로 나눈 $w(t)$를 적분한 값은 연소될 수 있는 수트 입자의 최대 반지름을 나타낸다. 0.1 $\mu\mathrm{g/mm^2}$의 적분값(TC 연소 시작 시 추정)은 반경 50 nm 또는 직경 100 nm에 해당한다. 개별 소구체의 직경은 약 30 nm 미만이므로 팽창 행정 초기에 연소된 가스를 함유한 산소와 혼합된 수트는 완전히 연소될 가능성이 있다. 따라서 배기 가스에 존재하는 수트는 산화 속도가 너무 늦어서 입자가 완전히 연소되기에 충분하지 않은 산소와 혼합되는 영역에서 발생할 것으로 예상된다.

응집은 표면적에 미치는 영향으로 산화되는 수트의 양에 간접적인 영향을 미칠 것이다. 제한적인 구 모양의 군집체의 경우, n개의 단분산 소구체($10 \leq n \leq 100$)는 동일한 부피의 단일 고체 구에 압축된 것으로 상상할 수 있다. 또는 동일한 n개의 소구체가 원래의 소구체와 동일한 직경의 실린더에 압축된 것으로 상상할 수 있다. 산화 어택(attack)은 외부 표면 현상이기 때문에 표면적/체적 비율은 수트 질량 연소율에 대한 입자 형상의 영향을 확인할 수 있는 적절한 수단이다. 단일 구, 단일 실린더 및 개별 구의 표면적/체적 비율은 각각 $n^{-1/3}$, 2/3, 1의 비율로 나타남을 알 수 있다. 따라서 응집은 상대적 산화 속도를 감소시킬 것이다. 제한된 범위 내에서 원형 군집체는 사슬형보다 바람직하지 않다; 군집체가 클수록 표면적의 상대적 감소량이 크다. 그러나 빽빽하게 채워진 소구체는 실제로 제한 범위에 접근하지 않는 것으로 보인다. 디젤 수트의 경우 비표면적은 약 200 $\mathrm{m^2/g}$로 측정되었다.[75] 밀도가 2 $\mathrm{g/cm^3}$이고 직경이 25 nm인 표면이 매끄러운 소구체는 표면적/질량 비율이 150 $\mathrm{m^2/g}$이다: 측정값은 약 1/3 더 높은 값으로, 다공성도가 낮고 밀집되어 있지 않은 응집력 구조를 나타낸다.[74]

수트 산화에 관한 연구 문헌(예: 참고문헌 76 및 77)은 OH기 침범에 의한 산화와 같은 대체 메커니즘을 제시한다. O_2 몰 분율이 낮은 농후하고 화학양론비에 가까운 연소 생성물이 있는 대기압 화염 환경에서 OH기 침범에 의한 산화가 O 또는 O_2에 의한 산화보다 더 중요하다. 따라서, OH기는 이론공연비에 가까운 디젤의 확산 화염에서 수트를 산화시키는 데 중요할 수 있다. 디젤 연소 상황에서 최대 수트 입자 표면적 감소율은 각 연료 분무를 둘러싸는 확산 화염에서 발생한다. 각 분무 내에 형성된 수트 입자(국부적으로 연료–공기 당량비가 매우 농후한 경우, $\phi \approx 2\sim4$)는 "연료 쪽"에서 화산 화염으로 들어간다; 산소는 각 분무 주위의 공기로부터 유입된다. 수트 입자는 화학양론비 화염 온도(약 2700 K)에 가깝게 가열되고 연소된다. 최대 산화율은 이러한 고온 입자를 포함하는 연소 생성물이 화학양론비에 가까운 확산 화염 반응 영역으로부터 바깥쪽으로 확산되어 공기와 혼합되기 때문에 산소가 과잉인 경우의 당량비 0.9(10% 희박)에서 발생할 가능성이 가장 높다. 이러한 외부 확산과 더 많은 공기와의 혼합이 계속됨에 따라 타지 않은 입자들은 냉각되어 수트 산화가 크게 느려진다. 이러한 입자는 엔진 배기 가스의 주요 성분이 된다.

11.5.6 흡착 및 응축

그림 11.47에 묘사된 입자상 물질 생성 순서의 마지막 과정은 탄화수소의 흡착과 응축이다. 이것은 배기 가스가 공기와 혼합되어 희석되고 냉각되기 때문에 실린더 가스가 엔진에서 배출된 후에 발생한다. 표준 입자상 물질 배출량 측정 과정에서 이는 실제 대기 희석 과정을 시뮬레이션하는 희석 터널에서 발생한다. 희석된 배기 가스 샘플을 여과하여 입자상 물질을 제거한다. 제어된 조건에서 수증기를 제거하기 위해 수집 필터의 평형을 유지시킨 후, 입자상 물질 질량을 측정하여 구한다. 규정된 EPA 절차에서 필터 온도는 52°C를 초과해서는 안된다. 특정 배기 가스 온도의 경우 필터(및 표본) 온도는 그림 11.52와 같이 희석비에 따라 달라진다.

총 샘플이 추출 및 비추출 부분으로 분할되는 표준 희석 터널에서의 희석비(및 종속 표본 온도)가 입자상 물질 질량에 미치는 영향은 다음과 같다. 비추출성 부분, 연소 중 생성된 탄소 함유 수트는 희석 과정의 영향을 받지 않는다. 희석이 없는 경우(희석비: 1), 총 질량과 비추출 질량의 차이는 작다. 추출 가능한 부분의 대부분은 배기 가스가 희석 공기와 혼합된 후에 얻어진다. 이 희석 과정에 대한 광범위한 연구는 흡착과 응축이 모두 발생하는 것을 보여주었다. 흡착은 화학적 또는 물리적(van der Waals) 힘에 의해 수트 입자의 표면에 미연 탄화수소의 분자가 부착되는 것을 포함한다. 이는 탄화수소가 차지하는 이용 가능한 입자 표면적의 분율과 흡착 과정을 유도하는 기체 탄화수소의 분압에 따라 달라진다. 희석비가 1 이상으로 증가함에 따라, 활성 흡수 지점의 수에 대한 온도 감소 효과가 지배적이며, 추출 가능한 부분이 증가한다. 높은 희석비에서 표본 온도는 희석비에 대하여 둔감하지만(그림 11.52 참고), 탄화수소 분압이 감소하면 추출 가능한 질량이 더 감소한다. 최대토 추출 가능한 부분은 전체 입자상 물질의 약 1/3이다. 응축은 기체 탄화수소 증기 압력이 포화 증기 압력을 초과할 때마다 발생한다. 희석량이 증가하면 탄화수소 농도가 감소하고 그에 따라 증기 압력이 감소한다. 그러나 이와 관련된 온도 감소는 포화 압력을 감소시키지 않는다. 탄화수소의 높

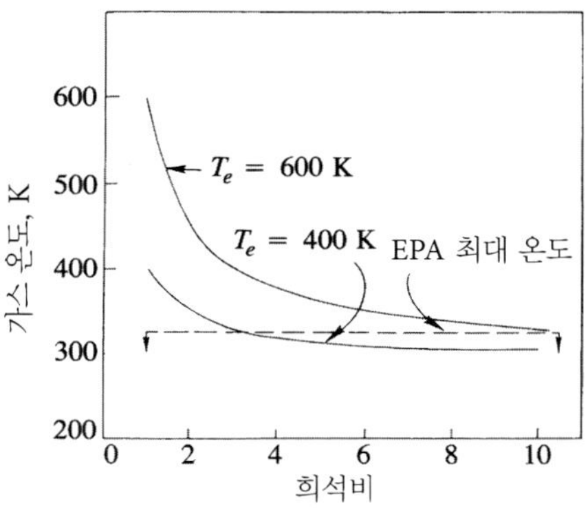

그림 11.52 엔진 배기 온도(T_e)의 함수로써, 포집된 입자상 물질 표본(샘플) 온도에 대한 배기 가스 희석비의 영향.[67]

은 배출 농도는 응축의 가장 중요한 조건이며, 응축 가능성이 가장 높은 탄화수소는 휘발성이 낮은 것이다. 저 휘발성 탄화수소의 출처는 연료의 높은 비등점, 연소 과정에서 열분해 되었지만 소비되지 않은 미연 탄화수소와 윤활유 등이다.[67]

오일에 방사성 추적기가 부착된 승용 디젤 엔진을 이용한 실험 결과, 오일은 총 입자 질량의 2~25% 정도 기여하며, 가장 큰 기여는 고속에서 발생하였다. 추출 가능한 질량의 약 절반은 오일로 추적할 수 있었다. 오일에 대해 추적 가능한 모든 물질은 추출 가능한 부분에서 발견되었는데, 이는 오일이 연소 과정에 참여하지 않았음을 나타낸다. 그러나 다른 디젤 엔진에서 연료가 추출 가능한 물질의 주요 공급원이 될 수 있기 때문에 오일이 항상 중요한 원인이 되는 것은 아니다.[67]

11.6 배기 가스 처리 _*Exhaust Gas Treatment*

11.6.1 사용 가능한 옵션

지금까지 우리의 논의는 *엔진 배출*에 초점을 맞추었다. 엔진 배기 시스템의 배기 가스에서 오염물질을 제거하면 상당한 배출량을 추가로 줄일 수 있다. 이 결과를 달성하기 위해 개발된 효과적인 장치로는 촉매 변환기(HC와 CO의 경우 산화 촉매, NO_x 환원 촉매, 세가지 오염 물질에 대한 삼원 촉매) 및 입자상 물질에 대한 트랩 또는 필터 등이 있다. 현재 및 예상되는 차량 대기 오염 규제의 강화에 따라 엔진에서 배출되는 배출량은 크게 줄여야 하므로 배기 시스템의 효과적인 후처리 촉매 및 필터 기술이 필수적이다.

스파크 점화 기관의 배기 가스 온도는 공회전 시 300~400°C에서 고출력 운전 시 약 900°C까지 변할 수 있다. 가장 일반적인 범위는 400~600°C이다. 스파크 점화 기관은 삼원 촉매 기술을 사용하기 위해 대부분의 시간 동안 화학양론비로 작동한다. 역사적으로 이러한 엔진은 노킹을 방지하고 배기 가스 온도를 낮추기 위해 높은 토크에서 농후한 조건으로 작동시켰지만 이 조건에서 HC 및 CO 배출량이 상당히 증가하기 때문에 많이 사용되지는 않는다. SI 엔진의 희박 운전은 부분 부하에서 엔진의 효율을 향상시키지만, 안정적인 연소와 엄격한 배기 제어를 달성해야 한다. 배기 가스는 소량의 산소(약간 희박한 경우) 또는 보다 많은 양의 CO(농후한 경우)를 포함할 수 있다. 대조적으로, 부하가 연료 분사량에 의해 제어되는 디젤 엔진은 항상 희박 조건에서 작동한다. 따라서 디젤의 배기 가스는 상당한 양의 산소를 함유하고 더 낮은 온도(200~500°C)에 있다. 엔진 실린더에서 배출된 배기 가스의 오염물질을 제거하는 것은 열 또는 촉매일 수 있다. 촉매 없이 기체 탄화수소를 산화 시키기 위해 약 50 ms의 체류 시간과 600°C를 초과하는 배기 온도가 요구된다. CO를 산화시키려면 700°C 이상의 온도가 필요하다. 균일한 열 산화를 위해 충분히 높은 온도는 점화 지연(효율 손실이 있음)을 통해 얻을 수 있으며 배기 포트와 매니폴드의 열 손실을 최소화할 수 있다. 체류 시간은 배기 매니폴드 부피를 증가시켜 *열 반응기*를 형성함으로써 증가될 수 있지만, 이러한 방법은 성공적이지 못했다.

촉매 후처리 장치는 배기 가스가 쉽게 제공할 수 있는 온도 수준에서 CO 및 HC를 CO_2 및 H_2O로 산화시키는 것이다. NO_x의 경우, 이용 가능한 배기 가스 온도 이하에서 N_2로 환원된다. 이러한 대기 오염 물질의 분자 결합을 깨기 위한 활성화 에너지(또는 에너지 장벽)가 평균 배기 가스 온도에서 사용할 수 있는 열 에너지보다 높기 때문에 가스상 화학반응이 이러한 변화를 발생시키기 위한 온도가 필요하다. 따라서 배기 시스템에서 오염 물질이 완만하게 감소한다. 촉매(예: 고 표면적 기질 위 금속 원자의 집합)는 이 에너지 장벽을 감소시켜 훨씬 낮은 온도(달성 가능한 온도)에서 반응이 일어날 수 있도록 하여 원하는 화학 작용을 촉진한다. 촉매 표면에서 CO 및 HC를 산화하기 위해서는 충분한 산소를 사용할 수 있어야 한다. 화학양론비 혼합물의 경우, CO 및 미연소 HC와 관련된 공기(산소)를 이용할 수 있다. 스파크 점화 기관의 NO 저감을 위해 배기 가스 내 환원제(CO, H_2 및 HC)가 있다. 희박 운전되는 디젤 엔진의 경우 암모니아(NH_3)와 같은 환원제가 추가되어 환원 효과를 가져온다. 종종 구현되는 두 가지 추가된 특징은 촉매가 특정(선택적) 화학 반응 속도를 목표로 하고 향상시키도록 제조될 수 있다는 것이다. 또한, 특정 오염 물질에 대한 저장 용량은 배기 가스 조성 변경으로 유발되는 방출 및 제거를 주기적으로 수행하여 촉매에 저장할 수 있다: 예를 들어, SI 엔진용 희박 NO_x 저장-환원 촉매에서 엔진이 희박 운전될 때 저장된 NO가 짧은 시간 동안 연료-농후 운전으로 전환될 때 방출되고 환원된다. CO와 탄화수소의 촉매 산화 및 배기 가스 내의 NO_x 감소는 250~300°C의 낮은 온도에서 발생할 수 있다. 따라서 이러한 오염 물질의 효과적인 제거는 HC와 CO의 기체상 열 산화를 통해 달성할 수 있는 것보다 훨씬 광범위한 온도에서 발생한다.

스파크 점화 기관 배기 가스에서 CO, HC, NO 제거를 위한 촉매가 동시에 널리 사용되고 매우 효과적이다. 그러나 이러한 *삼원 촉매*는 화학양론비 운전일 경우만 효과적이다. 정확히 이 조건에서 산화에 사용할 수 있는 산소가 있으며, 환원제(CO, H_2, HC)는 NO 환원에 사용할 수 있다. 희박 운전되는 디젤 엔진에서는 NO_x와 입자상 물질이 주로 배출되는 오염 물질이다. 디젤 산화 촉매는 탄화수소를 산화 시키기 위해 사용되는데, 제거하지 않으면 나중에 높은 분자량의 HC가 수트 입자에 흡수될 수 있기 때문이다. (기타 산화-환경에서) NO_x의 선택적 환원 촉매(SCR)는 NH_3를 배기 가스에 우레아(urea) 형태로 첨가하여 1차 환원제로 사용한다. 또한 희박 운전 엔진용 NO_x 저장 촉매는 NO가 NO_2로 전환되고 질산염으로 저장되는 곳에서 사용할 수 있다. 저장 용량이 가득 차면 엔진은 단기간 동안 농후하게 작동되고 질산염은 분해되어 NO_2로 방출되며, 농후한 배기 가스 내에 HC, CO 및 H_2에 의해 N_2로 환원된다.

효과적인 작동을 위해 배기 촉매가 고온(몇 백 °C), 배기 가스 유량(체류 시간을 정의함), 촉매의 크기 및 화학적 전환 작업과 일치하는 조성으로 작동해야 한다. 따라서 엔진 배기에 촉매를 설치하려면 촉매와 엔진이(센서와 피트백 루프가 있는) 두 개의 상호작용 시스템으로 설계되어야 한다. 냉간 엔진 시동 후 촉매의 예열은 하나의 중요한 영역이다. 촉매 표면 온도가 약 300°C에 도달해야 효과를 얻을 수 있으며, 배기 가스 유동과 온도는 이용 가능한 열 에너지원이다. 그림 11.53은 산화 촉매의 예열에 따른 HC 배출 영향을 보여준다. 스파크 점화 기관의 시동 및 예열 시 엔진에서 배출되는 HC의 배출량이 예열된 HC 배출량보다 높다. 그러나 촉매는 예열하는 것과 *활성화(라이트 오프, light-off)*되는 데 시간이 걸린다: 활성화 시간은 촉매가 촉매 효율(촉매에 의해 제거된 특정 오염 물질의 백분율로 정의)을 얻을 수 있는 온도에 도달하는 시간이다. 따라서 배기 시스템에서 초기에 배출된 HC는 냉간 엔진의 배출 HC이다. 촉매가 활성화된 후에 엔진에서 배출되는 HC 수준은 예열된 엔진 및 촉매에 의해 빠르게 감소한다(일반적으로 90% 이상 감소).

배기 가스 내 입자상 물질은 트랩이나 필터에 의해 제거될 수 있다. 입자의 크기가 작기 때문에 필터가 가장 효과적인 포집 방법이다. 다공성 세라믹 단일체 촉매-지지 기술은 배기 가스 여과에 대한 좋은 방법임을 입증하였다. 벽 유동 단일체 채널의 절반은 한쪽 끝이 막혀있고, 다른 절반은 다른 한쪽 끝이 막혀있다. 입자상 물질 트랩을 사용할 경우, 단일체 채널 벽의 다공성은 더 높고 세심하게 제어된다. 채널 또는 셀 밀도(약 200 cell/in^2 또는 30 cell/

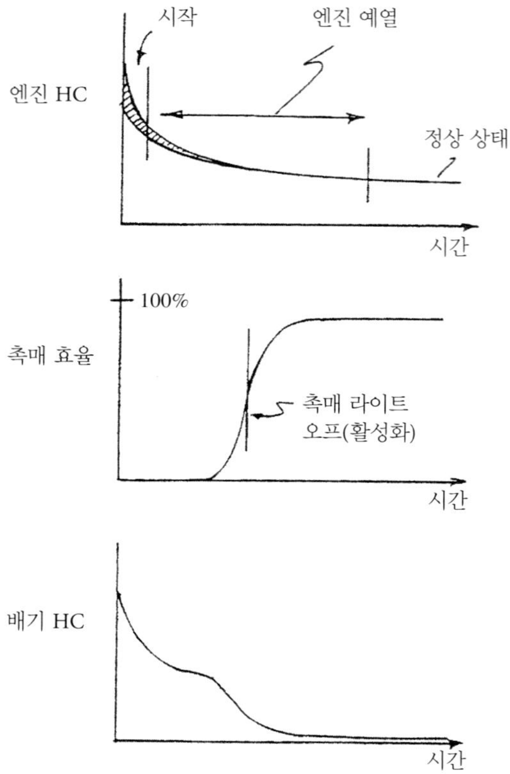

그림 11.53 스파크 점화 기관/촉매 시스템의 예열 거동의 삽화. 촉매 라이트 오프(활성화)에는 조건에 따라 약 10~30초 정도 걸린다.

cm^2)는 촉매 기질의 채널 또는 셀 밀도보다 2~4배 낮다. 디젤 자동차의 필터 벽 유동 단일체는 직경이 약 150 mm이고 길이가 250 mm이며, 따라서 약 5000개의 유동 채널(배기 가스가 흐르는 절반만)을 갖는다. 이러한 입자상 물질 필터는 일반적으로 디젤 산화 촉매(DOC)보다 선행되어 배기 가스 내의 탄화수소를 응축시키거나 수트 입자에 흡수되기 전에 제거된다. 트랩 내부에 질량이 축적되고 트랩 작동 시 배기 매니폴드 압력이 증가한다. 일단 갇히고 축적된 입자상 물질은 실린더나 매니폴드에서 여분의 연료를 연소시켜 배기 가스에 열에너지를 추가하면 트랩 온도가 상승하여 트랩 내에서 산화되고, 연소된다. 또는 트랩에 촉매 활성 물질이 함유되어 저온에서 입자상 물질의 연소를 발생시킬 수 있다. 입자상 물질 트랩의 작동은 11.6.4절에서 검토된다.

11.6.2 촉매의 기초

자동차 촉매에 대한 소개 이후, 우리는 이제 몇 가지 관련 기본 개념을 검토한다. 그림 11.54는 300~600°C의 온도에서 반응(예를 들어, 주어진 탄화수소 분자와 촉매 표면의 배기 가스 내 산소 사이의 반응)을 활성화하는 촉매의 역할을 더 자세히 보여준다. 이러한 그림은 반응물에서 생성물로 반응이 진행됨에 따라 반응물이 최종 생성물(위의 HCs의 예에서 CO_2 및 H_2O)로 변환될 때 반응물의 상태(enthalpy)를 나타낸다. 반응에 의해 방출되는 화학 에너지인 반응열(ΔH; 3.5.1절 및 그림 3.5 참고)은 촉매에 의해 변하지 않는다. 그러나 효과적인 촉매(예: 금속 백금)는 반응물 분자 내 분자 결합을 파괴시키는데 필요한 에너지(E_A)를 상당히 감소시킨다. 따라서 원하는 화학 작용은 가스 상에서 충분히 에너지가 큰 분자 충돌을 얻는데 필요한 것보다 상당히 낮은 온도에서 촉매 표면상의 활성 부위에서 발생한다. 촉매는 반응물이 생성물로 변환될 때보다 낮은 에너지 장벽(E_A)을 제공하여 반응 속도를 증가시킨다.

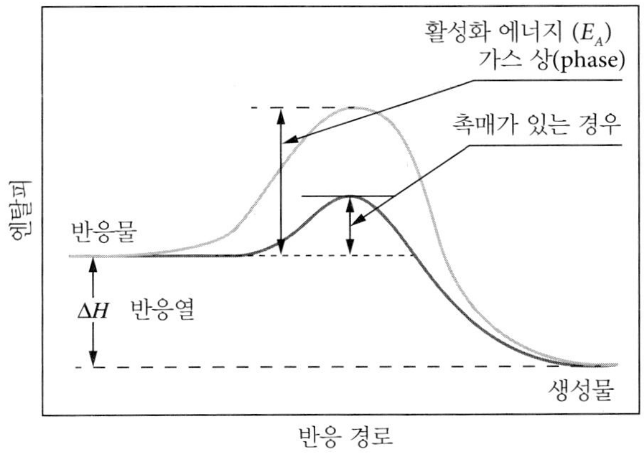

그림 11.54 활성화 에너지 장벽의 역할을 보여주는, 반응물이 생성물로 변환되는 반응 에너지 경로. 발열 반응의 경우(예, CO가 CO_2로 산화되는 반응), 열에너지는 방출된다(ΔH는 양수). 촉매가 있는 경우 반응에 대한 이러한 에너지 벽을 상당히 줄일 수 있다.

최종 상태에 이르기까지 엔탈피 ΔH와 자유 에너지 ΔG의 변화는 촉매에 의해 영향을 받지도 않으며 최종 평형 상태도 아니다. 반응 속도는 활성화 에너지에 반비례한다. 전체 반응에 대한 활성화 에너지 E_A는 전체적인 반응물이 생성물로 되는 화학적 과정과 관련된 모든 반응 단계 중 가장 느린 단계에 의해 제어된다. 이 가장 느린 단계는 전체 과정에서 속도를 제한하는 단계이다.

촉매는 *활성*과 *선택성*이라는 두 가지 기본적인 특성이 있다. 활성은 촉매가 화학 반응 속도를 증가시키는 정도와 관련이 있다. 일반적으로 주어진 상황보다 더 높은 활성(빠른 반응 속도)이 더 바람직하다. 반응 속도는 반응종의 농도에 비례하며, 각각의 반응들은 관련 화학 반응에서 화학양론적 계수의 힘으로 증가한다(3.7.2절 참고). 느린 반응에 대한 속도 상수의 표현과 값은 매우 중요하다. 촉매는 화학적 평형으로의 전환을 강화한다. 즉, 평형을 변화시키지 않는다(3.7.1절 참고).

촉매는 선택적일 수 있다: 즉, 특정 반응을 다른 반응보다 훨씬 더 가속시킨다. 일반적으로 촉매 조성(formulation)에 포함되는 원소에 의해 설계되는 촉매의 선택성은 보통 온도에 따라 달라진다: 그것은 일정한 온도 영역 내에서 특정 반응을 향상시킨다. 디젤 NO_x 촉매는 이러한 방식으로 "선택적"이다.

자동차용 촉매는 불균일 촉매이다: 즉, 활성 귀금속 촉매 물질이 고체 표면 위에 분산되어 있다. 이들의 구조와 작동 방식은 그림 11.55와 11.56에 설명되어 있다. 단일체(구조물 같은 결합체)는 자동차 응용 분야에서 지지대로 널리 사용된다. 그림 11.55와 같이 배기 가스는 사각 단면 채널[예를 들어, 400~600 channels/in^2, 60~90 channels/cm^2; 일부 15 cm (6 in)]을 통해 유도되며 충분한 시간 동안 넓은 표면적에 노출된다. 이러한 단일체는 돌출되어 있다. 마그네시아, 알루미나, 실리카의 조합인 합성 근청석이 사용된 재료이다. 높은 녹는점(1300°C 이상), 낮은 열팽창 계수(열충격 저항이 우수), 낮은 열용량(급속 예열용), 적절한 강도가 핵심 특성이다. 단일체는 그림과 같이 강철 통 안에 유연한 밀봉 부와 지지대로 둘러싸여 있다.

중요한 촉매 성분은 *워시코트*(washcoat)이다. 상업용 세라믹 단일체는 공극이 크고 표면적이 비교적 작다(예: 0.3 m^2/g). 높은 다공성을 통해 기질에 침착된 워시코트는 귀금속 촉매 물질을 분산시키는 넓은 표면적(100 m^2/g)을 제공한다. 또한 워시코트 물질은 촉매 성

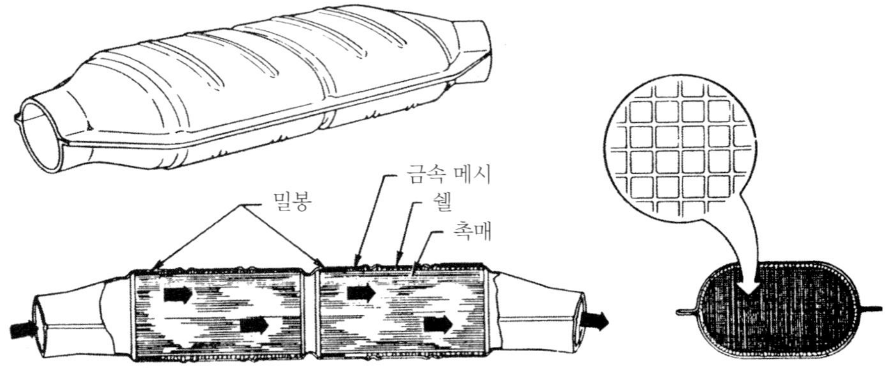

그림 11.55 스파크 점화 기관 배기 제어를 위한 촉매 변환기의 모놀리스 디자인

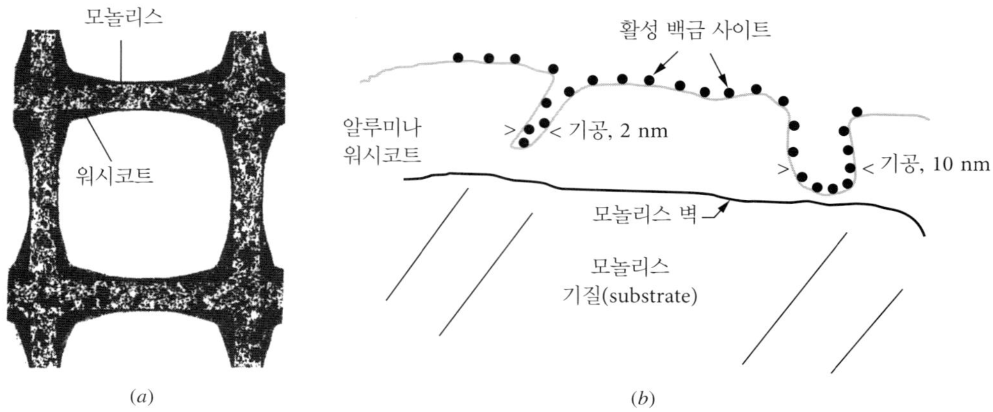

그림 11.56 (*a*) 모놀리스 채널과 워시코트를 보여주는 단면(약 1 mm^2 유동 면적); (*b*) 모놀리스 기질 벽에 침착되어 있는 워시코트 표면 위에 고르게 펼쳐져 있는 촉매 활성(백금) 사이트의 개략도.[78]

분/지지대 상호작용을 통해 촉매의 활성을 강화하고, 소결과 같은 비활성화 메커니즘에 대해 귀금속을 안정화시킬 수 있다. 그림 11.56*a*는 워시코트의 레이아웃(layout)과 역할을 보여준다. 기본 재료는 세륨(cerium), 란타늄(lanthanum), 철(iron), 니켈(nickel), 바륨(barium), 네오디뮴(neodymium) 등 여러 산화물이 첨가된 γ-알루미나(γ-alumina)이다. 단일체는 워시코트 슬러리(촉매 금속 포함)에 잠길 수 있다; 단일체가 먼저 비촉매층으로 코팅된 후 이를 워시코트 표면에 흡수된 촉매염을 함유한 용액에 담그는 2단계 과정에 사용할 수 있으며, 이 용액에 담그고 공기를 가열함으로써 이 용액을 워시코트 표면에 건조하여 석회화한다.

귀금속 촉매 원자는 그림 11.56*b*에 묘사된 대로 다공성 워시코트 표면 위에 분산되어 있다. 알루미나의 표면은 귀금속 촉매 물질이 결합할 수 있는 부위인 표면 OH^- 그룹이 풍부하다. 작은 라티늄(latinum)[및 팔라듐(palladium), 로듐(rhodium)] 입자의 크기가 작을수록 이러한 활성 부위는 더 분산되고 촉매 활성도가 높아진다.

촉매 표면에서 반응물이 생성물로의 전환은 다음의 물리 및 화학적 단계를 수반한다. 첫째, 각 채널 내에서 반응물이 벽을 향해 대량 확산된다. 이어 내부에 분산된 촉매 물질을 향해 워시코트의 공극 내로 확산이 일어난다. 다음으로, 반응물 분자는 표면에서 활성(촉매) 부위로 화학 흡착해야한다. 표면 온도가 충분히 높으면(반응물 분자가 그림 11.54에 표시된 활성화 에너지 장벽의 최고점 또는 그 이상이므로) 반응물은 화학 반응을 일으켜 생성물로 변환되어 촉매 부위에서 탈착된다. 그런 다음 생성물은 기공 망을 통해 외부 워시코트 표면으로 다시 확산된다. 마지막으로 생성물 종은 단일체 채널을 통해 흐르는 대량 가스로 확산된다.

생성물에 대한 역순서에 따라 반응물 질량 전달, 기공 확산, 화학 흡착 및 생성물에 대한 반응 등과 같은 이러한 단계는 온도에 따라 다른 속도로 발생한다. 화학 반응 속도는 온도에 의존하는 지수 $\exp(-E_A/RT)$를 따르며, 여기서 E_A는 활성화 에너지이다(그림 11.54 참고). 자동차 촉매에서 E_A는 전형적으로 40 kJ/mol 이상이다. 기공 확산은 기공 크기와 형상에 따라 크게 달라진다. 반응물과 생성물이 기공으로 확산되는 속도는 화학 반응 속도 상수의 제곱근에 따라 변하기 때문에 화학 반응의 약 절반인 25~40 kJ/mol의 효과적인 활성화 에너지를 제공한다. 벌크 확산/질량 전달율은 대략 $T^{3/2}$으로 다양하며, 이는 약 8~16 kJ/mol에 해당한다. 저온에서는 확산 속도에 비해 화학 반응 속도가 느리다. 온도가 상승함에 따라 가장 높은 활성화 단계(그리고 지수 의존성)가 나타나고 가장 빠르게 증가하여 기공 확산이 제한된다. 고온에서 화학 반응 및 기공 확산 속도는 충분히 빠르기 때문에 온도에 따른 벌크 확산 속도가 제한된다. 화학 반응과 종 확산 과정을 설명하는 방정식은 개별 공정의 순서를 정량화하여 이러한 단일체 고표면적 촉매에서 종 변환율의 추정치를 얻는 데 사용될 수 있다.[79]

자동차 촉매는 엔진 배기 가스에서 대기 오염 물질을 제거하는 데 매우 효과적으로 개발되었다. 촉매 유효성은 촉매에 의해 제거된 특정 대기 오염물질(예: HC)의 양과 촉매에 유입되는 오염물질 양의 비율로 정의되는 촉매 효율성을 통해 정량화된다:

$$\eta_{\mathrm{cat,HC}} = \frac{\dot{m}_{\mathrm{HC,in}} - \dot{m}_{\mathrm{HC,out}}}{\dot{m}_{\mathrm{HC,in}}} = 1 - \frac{\dot{m}_{\mathrm{HC,out}}}{\dot{m}_{\mathrm{HC,in}}} \tag{11.43}$$

그림 11.57은 화학양론비 운전을 위해 상대 공연비 센서가 있는 삼원촉매 시스템과 가솔린 엔진의 레이아웃을 보여주며, 촉매 효율성 정의에 대한 설명을 보여준다. 촉매 효율은 현재 90% 이상이며, 깨끗한 연료로 장거리 주행해도 이러한 높은 효율을 유지할 수 있다. $\dot{m}_{\mathrm{HC,out}}/\dot{m}_{\mathrm{HC,in}}$은 촉매 *비효율성*이며, 엔진 배출물에서 $100 \div 5 = 20$ 감소에 해당하는 95% 촉매 효율에 대하여 5%이다. 촉매 효율은 "S-자형" 곡선에서 온도가 증가함에 따라 증가한다. 곡선의 저온 끝에는 촉매 활동이 거의 없다. 어느 시점에서 촉매가 "활성화"하고 촉매 화학 활동이 중요해진다(HC 및 CO는 자동차 촉매를 산화시키고, 촉매 내에서 중요한 화학 에너지가 방출되어 온도를 더욱 상승시킨다). 일반적으로 사용되는 *활성화 온도* 정의는 촉매 효율이 50%에 도달하는 온도(T_{50})이다.

촉매 반응 동안에는 촉매를 소비하지 않지만 사용하면서 꾸준히(느리지만) 비활성화된다. 중요한 비활성화 모드는 피독, 오염 또는 마스킹, 열 비활성화 또는 소결이다. 그림 11.58은 이러한 촉매 비활성화 과정을 보여준다. 피독은 비활성화의 주요 원인이다. 납, 인, 유황

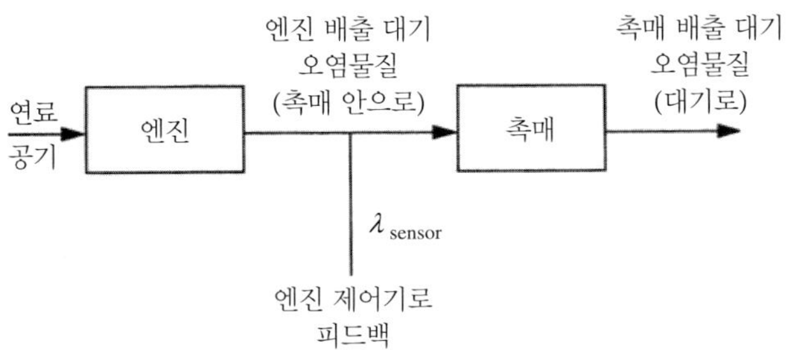

그림 11.57 스파크 점화 기관과 삼원촉매 시스템의 레이아웃(람다 센서와 엔진 제어 시스템으로의 피드백, 화학양론비 운전 유지).

및 기타 무기 금속과 같은 오염 물질(일반적으로 소비되는 연료 또는 오일)은 촉매 반응으로 활성 부위에 비활성 합금을 형성 또는 흡착하여 귀금속(예: Pt) 활성 부위를 비활성화하고 해당 부위를 추가적인 촉매 작용으로부터 차단한다. 이전 모드(예: 인 포함)는 영구적인 비활성화를 초래한다. 촉매 표면으로부터 독을 제거함으로써 후자의 위치 차단(예: 유황 포함)을 역전시킬 수 있다. 그림 11.58*a*는 이 촉매 피독 모드를 보여준다: 활성 부위의 수가 감소하여 활동이 감소한다. 그림 11.58*b*에 도시된 촉매 워시코트의 마스킹 또는 부착물은 오일로부터의 오일 첨가제 패키지의 성분, 부식, 먼지 등으로부터의 고분자량 HC가 물리적으로 축적되어 워시코트 표면의 일부를 덮은 것이다. 이러한 "침전물"은 배기 가스 종들이 활성 촉매 부위에 도달하는 것을 방지하고 또한 작은 워시코트 기공의 입구를 좁히거나 막는다. 세 번째 모드는 그림 11.58*c*와 *d*에 도시된 열적(고온) 비활성화 또는 소결이다. 여기서 의도한 표면 온도보다 높은 온도에서, 활성 부위(미세한 촉매 결정)가 표면 위로 이동하여 더 적은 활성 부위에서 큰 결정을 형성하여 촉매 활성을 감소시킬 수 있다. 여전히 높은 온도에서 알루미나 기반 워시코트의 다공성은 "캐리어 소결(carrier sintering)"을 통해 감소될 수 있다(그림 11.58*d*). 선택적 피독 또는 소결을 통한 활성 부위의 손실은 주로 반응 속도에 영향을 미친다: 따라서 주어진 활성 수준을 달성하기 위해서는 더 높은 온도가 필요하지만 최대 전환 효율은 영향을 받지 않을 수 있다. 기공 확산 저항의 증가로 인한 촉매 비활성화는 낮은 변환 효율로 나타나므로 온도에 따른 효율 곡선의 기울기가 변화한다. 마스킹은 활성(표면) 부위의 손실과 기공 차단을 유발한다. 따라서 변환 효율 곡선은 기울기가 상당히 감소하면서 고

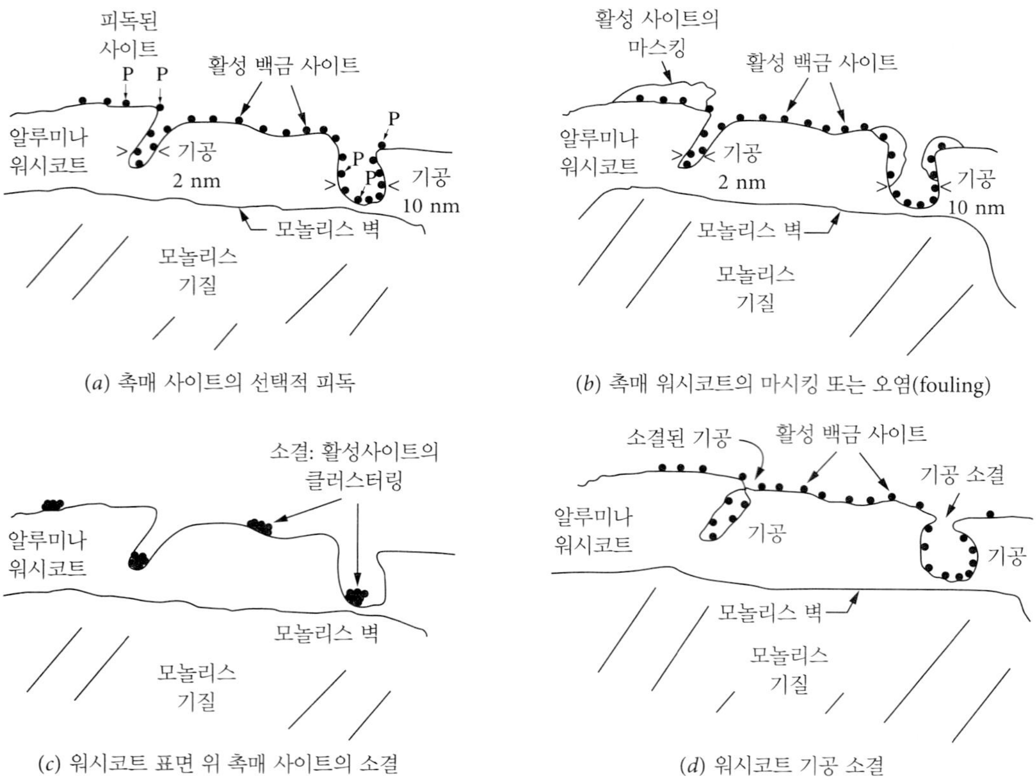

그림 11.58 촉매 비활성화 과정: (*a*) 활성 백금(Pt) 사이트의 선택적 피독(P); (*b*) 워시코트 표면 부분의 마스킹 또는 오염; (*c*) 의도한 온도보다 높은 온도로 인한 워시코트 표면 위 백금 활성사이트의 이동 및 병합; (*d*) 더 높은 온도로 인한 워시코트 기공 소결. 이로 인해 워시코트 기공성이 감소함.[78]

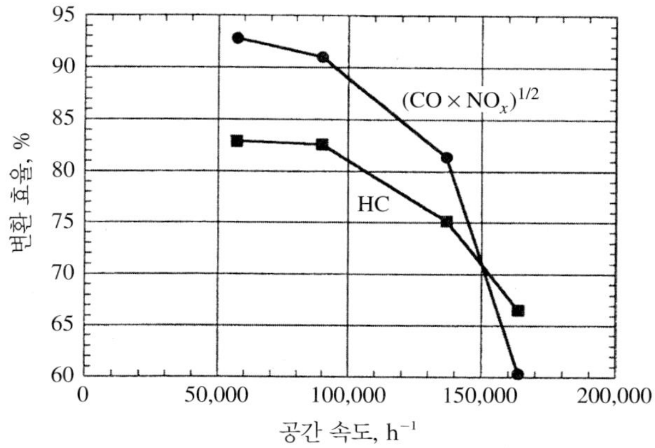

그림 11.59 촉매 변환 효율에 대한 공간 속도[space velocity, SV, 식 (11.44)에서 정의됨]의 영향. 최대 변환 효율은 50,000 (h^{-1}) 아래에서 얻을 수 있다.[80]

온 쪽으로 이동한다. 깨끗한 연료, 낮은 오일 소비 및 적절한 촉매 온도 제어로, 광범위한 사용(차량의 주행거리)으로 인한 촉매 효율의 저하를 허용 가능한 범위 내에서 유지할 수 있다는 점에 유의하라.[78,79]

위의 논의는 배기 가스로부터 제거되어야 할 대기 오염 물질이 완전히 제거되기 위해서는 촉매 내에서 일련의 과정을 완료하기 위한 충분한 시간을 보내야 함을 의미한다. 촉매의 크기는 엔진 운전 범위에 걸쳐 주어진 적용 조건에서 제약 조건이 충족 될 수 있도록 조정되어야 한다. 촉매 내 체류 시간은 배기 가스의 체적 유량 및 공간 속도 SV를 통한 촉매 체적으로 정의된다:

$$SV = \text{배기 가스의 체적유량} / \text{촉매 체적} \tag{11.44}$$

표준 대기압 및 온도에서의 체적 유량이다. 촉매 체적은 벌집형 단일체(모놀리스)의 체적이다.[l] 정상적인 단위는 시간의 역수 h^{-1}이다. 자동차에 적용할 경우 최대 공간 속도는 그림 11.59와 같이 약 50,000-100,000 h^{-1}로 제한된다. 공간 속도의 역수는 촉매 내의 배기 가스 체류 시간이다. 50,000 h^{-1}은 70 ms 체류 시간에 해당하며, 2000 rev/min에서 크랭크가 약 2회전하는 시간이다. 너무 높은 유량(너무 짧은 체류 시간)은 촉매 활성의 감소를 초래한다.

일반적인 승용 차량 도시 주행 조건(최대 토크의 1/4, 낮은 엔진 속도)에서 작동하는 스파크 점화 기관의 배기 가스 유량은 최대 정격 출력 조건(WOT 및 5000~6000 rev/min)에서의 약 10분의 1이다. 정상 주행 조건에서 공간 속도는 최대 출력 값보다 훨씬 낮다. 따라서 (적절한 촉매 온도로) 촉매 단일체 및 워시코트의 전방 축 방향 부분만이 높은 촉매 효율을 달성하기 위해 필요하다. 고속 고부하 조건, 즉 높은 공간 속도에서 배기 가스를 거의 모두 제거하기 위해서는 전체 촉매 길이에 근접해야 한다.

촉매 기질의 크기 및 형상도 촉매 변환기의 압력 강하에 영향을 미친다. 일반적인 단일체(모놀리스) 기질 변환기(그림 11.55 참고)는 입구 부분, 단일체 기질 부분(약 10,000개의 채널이 있음), 출구 부분을 가지고 있다. 출입구 헤더 부분의 유동 손실은 작으며 배기 파이프 직경 및 기타 기하학적 세부사항에 따라 달라진다. 단일체 구조가 야기하는 유량 막힘으

---

[l] 이러한 부피의 선택은 엄격히 정확하지는 않지만, 셀 밀도나 촉매 부하를 설명하지 않기 때문에 적용이 간단하고 널리 사용되고 있다.

로 인해 배기 가스가 단일체로 유입되거나 배출될 때 수축 및 팽창 손실이 발생한다. 따라서 전체적인 단일체 압력 강하 Δp_c는:

$$\Delta p_c = \Delta p_m + \Delta p_{\text{ch}} + \Delta p_{\text{out}} \tag{11.45}$$

채널 압력 강하 Δp_{ch}는 전체의 약 90%이다: Δp_{in}과 Δp_{out}은 비교적 작다.

단일체 채널의 유동은 층류이며, 압력 강하는 Darcy 방정식에 의해 주어진다.

$$\Delta p_{\text{ch}} = 4f(L/d_{\text{ch}})(\rho v^2/2) \tag{11.46}$$

여기서 f는 마찰 계수, L과 d_{ch}는 각 채널의 길이와 유압 직경, ρ는 배기 가스 밀도, v는 채널의 가스 속도이다(가스 속도는 엔진 질량 유량을 가스 밀도 및 기질 개방 면적으로 나눈 값이다).

촉매 단일체 채널의 유동은 항상 층류이므로 마찰 계수 f는 다음과 같이 주어진다.

$$f = K/(\text{Re}) \tag{11.47}$$

여기서 원형 채널의 경우 K는 16이고 정사각형 단면 채널의 경우 Reynold's 수(Re)<2100, 층류 흐름 체계로 인해 14.2이다. 단일체 채널의 내부 및 외부로의 수축 및 팽창 유동은 천이 유동이거나 난류 유동일 수 있다. 이러한 유동에 대한 마찰 계수는 다음 상관 관계를 통해 추정할 수 있다.

$$K_{\text{in}} = 1.08 - 0.415(A_F/A) \tag{11.48}$$

그리고

$$K_{\text{out}} = (1 - A_F/A)^2 \tag{11.49}$$

여기서 A_F/A는 전체 기질(개방형) 유량 면적에 대한 총 기질 단면적의 비율이다. 식 (11.45)~(11.49)는 총 촉매 기질 압력 강하를 제공한다:

$$\Delta p_c = [4f(L/d_{\text{ch}}) + K_{\text{in}} + K_{\text{out}}](\rho v^2/2) \tag{11.50}$$

이 압력 강하는 배기관 압력 강하 및 머플러 압력 강하와 크기가 비슷하다.

11.6.3 촉매 변환 장치

앞 절에서 설명한 바와 같이 엔진의 배기 가스를 정화하는 데 사용되는 촉매 변환 장치는 특수 설계된 금속 케이스의 세라믹 단일체 표면에 있는 활성 촉매 물질로 구성되며, 이는 배기 가스 유동을 촉매 장치로 유도한다. CO 및 HC 산화 또는 NO 환원에 사용되는 활성 물질(일반적으로 귀금속, 비금속 산화물이 사용될 수도 있음)은 가스 상과 활성 촉매 표면 사이의 물질 전달 특성이 100% 변환 효율에 근접할 수 있을 정도로 충분히 빠르도록 넓은 표면적에 균일하게 분포되어야 한다. 일반적으로 사용되는 변환 장치 구성은 그림 11.55에 나와 있다. 활성 귀금속 촉매 물질은 통로 벽에 도포되는 약 20 μm 두께의 다공성 알루미나 워시코트에 스며들어 있다. 일반적인 단일체는 얇은(0.15~0.3 mm) 다공성 벽으로 분리된 내부 치수가 ~1 mm인 사각 단면 통로를 가지고 있다. 1 cm^2 당 통로의 수는 약 60~100개(400~700개 통로/in^2)로 다양하다. 단일체 무게의 5~15%인 워시코트는 100~200 m^2/g의 다공성 표면적을 갖는다. 가스 유동은 큰 유동과 촉매 표면적, 그리고 저압 강하를 제공하는 것과 같이 촉매 장치를 통해 아래로 향한다. 배기 가스 유동은 난류이고, 단일체 촉매 통로에서는 층류이다.

산화 촉매

산화 촉매는 1970년대 가솔린 엔진의 HC 및 CO 배출을 줄이기 위해 널리 사용된 촉매 변환 장치의 첫 번째 형태이다. 1980년대에는 NO_x 배출에 대한 엄격한 규제가 의무화되었고, 화학양론비 운전에서 세 가지 오염 물질을 모두 제거하는 삼원 촉매가 SI 엔진 촉매 기술을 주도하여 산화 촉매의 사용은 감소하였다(아래 참고). 산화 촉매 엔진의 기능은 일반적으로 약 10%의 CO_2, 12%의 H_2O, 100~2000 ppm의 NO 및 SO_2, 1~2%의 O_2, 0.2~2%의 CO, 1000~ 5000 ppm C_1의 HC가 함유된 배기 가스에서 CO를 CO_2로, HC를 CO_2 및 H_2O로 산화시키는 것이다. SI 엔진에 의해 배출되는 탄화수소의 약 절반은 미연소 연료 화합물이다. 포화 탄화수소(약 20~30%를 차지)가 산화하기 가장 어렵다. 산화의 용이성은 분자량이 증가함에 따라 증가한다. CO와 HC를 산화시키려면 충분한 산소가 있어야 한다. 산소는 화학양론적으로 약간 희박한 엔진이나 밸브 바로 아래에 있는 배기 포트에 공기를 공급하는 보조 공기 펌프에 의해 공급될 수 있다(p. 648의 보조 공기 설명 참고).

귀금속은 본래 높은 활성 때문에 가장 효과적인 촉매 물질이다. 귀금속은 HC 산화에 대해 더 높은 비활성(specific activity)을 보이고, 저온 활성 손실에 대해 내열성을 가지며, 기본 금속 산화물보다 연료 내 황에 의해 불활성화 되는 것이 훨씬 적다. 백금(Pt)과 팔라듐(Pd)의 혼합물이 일반적으로 사용된다. CO, 올레핀, 메탄의 산화에 대해 Pd의 비활성은 Pt보다 높다. 방향족 화합물의 산화에 대해서는 Pt와 Pd 모두 유사한 활성을 갖는다. 파라핀 탄화수소(분자 크기가 C_3보다 큰 경우) 산화의 경우 Pt가 Pd보다 활성이 높다. 순수 귀금속은 배기 촉매에 의해 경험되는 500~900°C 온도 범위에서 빠르게 부식된다. 촉매 작용은 표면 원자에 의해서만 나타나기 때문에 귀금속은 입자–입자 간 접촉을 방지하고 소결을 방지하는 γ-A_2O_3와 같은 비활성 지지체에 가능한 정교하게 분산된다. 새로운 촉매에 들어있는 귀금속 입자의 크기는 50 nm 미만이다. 촉매가 차량 운전 중 고온의 배기 가스에 노출될 때 ~100 nm까지 증가할 수 있다. 상용 단일체 촉매의 전형적인 귀금속 농도는 1~2 g/L 사이이며 중량 기준으로 Pt/Pd ≈ 2이다. 경험상으로 요구되는 세라믹 벌집형 부피는 엔진 배기량의 약 절반이다. 이것은 변환 장치를 통과하는 공간 속도[배기 가스의 체적 유량을 변환 장치의 체적으로 나눈 값, 식 (11.44)]를 초당 5~20(20,000~70,000 h^{-1})으로 정상 엔진 작동 범위에 걸쳐 제공한다.

촉매의 *변환 효율*은 특정 오염 물질이 촉매에서 제거되는 비율이다[식 (11.43)]. 온도 변화에 따른 대표적인 산화 촉매 변환 장치의 변환 효율은 그림 11.60과 같다. 충분히 높은 온도에서 새로운 산화 촉매의 정상 상태 변환 효율은 일반적으로 CO의 경우 98~99%이고, HC의 경우 95% 이상이다. 그러나 촉매가 *활성화 온도*(약 250°C)(촉매가 50% 이상 효과가 나타나는 지점) 이상으로 가열되기 전까지 촉매는 효과가 없다.

위의 수치는 새로운 귀금속 산화 촉매에 적용된다: 촉매는 시간이 지남에 따라 그 효과가 악화된다. 촉매 작용은 높은 활성의 표면 부위에 반응물을 흡착시켜 화학 반응을 수행한 다음 생성물을 탈착하는 과정이 포함된다. 11.6.2절에서 설명하였듯이, 촉매 악화는 피독에

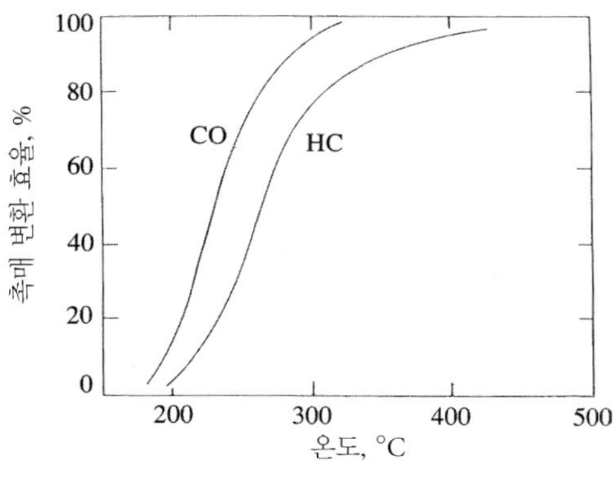

그림 11.60 일반적인 산화 촉매 변환기에서 온도에 따른 CO와 HC의 변환 효율.[35]

의한 이들 부위의 불활성화와 소결을 통한 유효 개수의 감소를 모두 포함한다. 피독은 촉매의 예열 및 정상 상태 성능에 영향을 미친다. 피독이 발생하면 활성 부위를 물리적으로 차단하거나 활성 물질과 화학적으로 상호작용하는 방해 요소와의 장기적 접촉을 통해 촉매 활성이 방해된다.

정상 상태의 1차원 플러그 유동 작동을 가정할 때, 촉매 단일체에 걸친 물질 균형(수지)은 다음과 같다.

$$\frac{d(vC)}{dz} = -R \tag{11.51}$$

여기서 v는 배기 유속, C는 관심 반응물의 농도(g-moles/cm^3), z는 축 방향 거리, R은 반응 속도(g-moles/cm^3 · s)이다. 반응물 농도가 낮으면 화학 에너지 방출량이 적기 때문에 유동은 등온으로 가정할 수 있으며, 식 (11.51)은 다음과 같이 단순화된다.

$$v\frac{dC}{dz} = -R \tag{11.52}$$

$C_{HC} \ll C_{O_2}$이기 때문에, O_2의 여분이 존재하므로 반응 속도는 탄화수소 농도에 의존한다: 예를 들어, 에테인(ethane) 산화의 경우,

$$C_2H_6 + \frac{7}{2}O_2 \rightarrow 2CO_2 + 3H_2O$$

반응 속도 방정식은

$$v\frac{dC_{C_2H_6}}{dz} = -k'C_{C_2H_6}$$

적분을 하면

$$\ln\frac{C_o}{C_i} = -\frac{k'z}{v} = -k't \tag{11.53}$$

여기서 첨자 o와 i는 촉매에서 나가고 촉매로 들어오는 농도를 나타내고, t는 촉매에서 C_2H_6의 체류 시간[공간 속도의 역수, 식 (11.44)]이다. k'와 같은 속도 상수는 실험적으로 결정된다.[79] 더 반응성이 있는 올레핀과 방향족 탄화수소의 산화율에 대하여 유사한 관계가 성립될 수 있다.

Pt 및 Pd 귀금속 촉매에 대한 CO 산화 반응 속도는 다음과 같다.

$$\frac{d[CO]}{dt} = \frac{K_1 p_{CO} p_{O_2}}{(1 + K_2 p_{CO} + K_3 p_{HC})^2 (1 + K_4 p_{NO}^n)} \tag{11.54}$$

여기서, K_1-K_4 그리고 n은 임의의 주어진 온도에서 상수이며, p_{CO}, p_{O_2}, p_{HC}, p_{NO}는 각각 일산화탄소, 산소, 탄화수소, 질소산화물의 분압이다. 이러한 관계는 높은 CO 및 반응성 HC 농도에 의해 HC와 CO 산화 속도가 억제되고, 0~1000 ppm 범위의 NO 농도 또한 HC와 CO 산화를 억제한다는 사실을 포함한다.[81]

산화 촉매가 장착된 차량은 황산 에어로졸을 방출할 수 있다. 가솔린은 중량에 따라(연료 성분에 따라 달라짐) 약 10에서 수 백 ppm 사이의 S(황)를 함유하고 있으며, 연소실에 SO_2로 남겨진다. 이 SO_2는 촉매에 의해 SO_3로 산화될 수 있으며, 이는 주위 조건에서 물과 결합하여 H_2SO_4 에어로졸을 형성한다. SO_3는 알루미나 촉매 표면 상에 화학 흡착될 수 있다. SO_3는 촉매 온도를 낮추거나 높여서 제어할 수 있다. 그림 11.61은 저온에서 SO_3 생성이 화학 반응적으로 제한되고, 고온에서는 SO_3 생성이 열역학적으로 제한됨을 보여준다. 팔라듐과 로듐

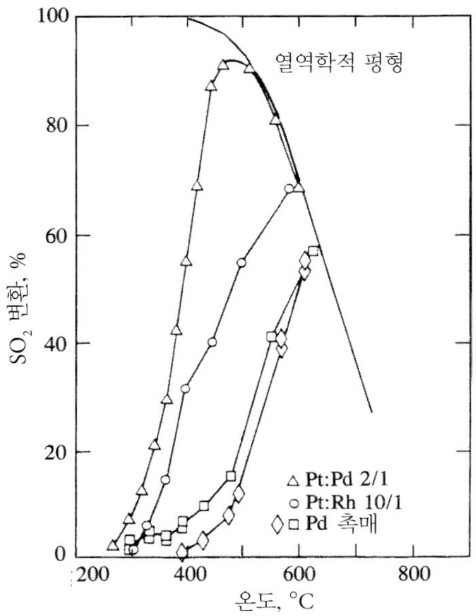

그림 11.61 산화 촉매 변환장치에서 온도에 따라 SO_2가 SO_3로 변환되는 비율(산소 5% 농도 및 환원 가스 없음). 공간 속도(촉매 체적당 배기 가스의 체적 유량)~$10s^{-1}$. Pt-Pd, Pt-Rh, Pd 촉매 적용 결과.[82]

촉매는 Pt보다 적은 SO_3를 생성하고 HC와 CO 촉매 활성이 유사하다. 촉매에 ~1% 남아 있는 산소를 감소시킴으로써 SO_3 생성을 상당히 줄일 수 있다.[81]

가솔린 엔진에서는 더 이상 널리 사용되지 않는 산화 촉매가 디젤 후처리 시스템의 중요한 구성 요소로 다시 등장하였다. 디젤의 HC의 산화는 고분자량의 탄화수소가 응축되어 입자상 물질(총 입자상 물질 중 용해성 유기 물질, SOF라고 함) 배출에 기여하기 때문에 규제적인 관점에서 중요해졌다. 데이터에 따른 디젤 입자상 물질의 SOF는 엔진 설계 세부사항 및 작동 조건에 따라 크게 다르지만, 총 입자상 물질의 약 1/3 정도가 될 수 있다.[83] 산화 촉매는 이 SOF의 대부분을 제거할 수 있지만 배기 가스 온도는 보통 PM의 불용성 수트를 산화시키기에는 너무 낮다. 디젤 배기 가스는 본질적으로 희박하기 때문에 과잉 산소가 항상 존재한다. 이는 효과적인 HC 및 CO 산화 촉매 활성화 온도를 낮추는 반면, 디젤 배기 가스는 화학양론비로 운전되는 가솔린 엔진보다 상당히 냉각되므로 전체적인 촉매 효율은 가솔린 엔진에서 달성되는 것보다 낮으며, HC는 약 70%, CO는 약 90%까지 근접한다. 그러나 DOC는 디젤 배기 악취의 원인이 되는 알데히드 및 케톤과 디젤 배기의 유독성 성분인 다환 방향족 탄화수소를 상당 부분 제거한다.[79,83]

삼원 촉매

가솔린 엔진이 화학양론비로 운전될 때, 단일 촉매 장치에서 NO 환원과 HC 및 CO 산화가 발생할 수 있다. 촉매는 이러한 배기 조건에서 배기 가스 조성물을 거의 평형 상태로 만든다; 즉, CO_2, H_2O, N_2의 조성. NO를 환원시킬 만큼 충분한 환원성 가스가 존재할 것이며, CO와 HC를 산화시키기에 충분한 O_2가 있을 것이다. 이러한 촉매는 3가지 오염 물질을 동시에 제거하기 때문에 *삼원 촉매*라고 불린다. 그림 11.62는 실제 및 상대 공기/연료비에 따른 NO, CO, HC의 변환 효율을 보여준다. 3가지 오염 물질 모두에 대하여 높은 변환 효율이 달성되는 공연비는 화학양론비에 가깝다. 이 영역의 폭은 약 0.1 공기/연료비(상대 공기/연료비 또는 당량비 단위로 7×10^{-3})로 좁으며, 촉매 조성 세부 사항 및 엔진 작동 조건에 따라 달라진다.

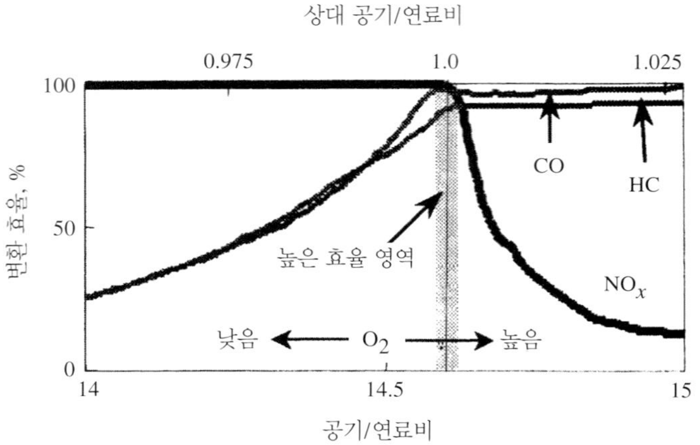

그림 11.62 배기 가스 공기/연료비에 따른 삼원촉매의 NO, CO, HC 변환 효율.[84]

화학 양론적 배출 조건에서 3가지 오염 물질을 제거하는 전체적인 화학적 변환은 다음과 같다.

산화:

$$CO + \text{산소} \rightarrow CO_2$$
$$HC + \text{산소} \rightarrow CO_2 \text{ 및 } H_2O$$

환원:

$$NO + CO, HC, \text{또는 } H_2 \rightarrow N_2 + CO_2, H_2O$$

일반적으로 CO 반응이 먼저 시작되고, 그 다음에 HC 및 NO 반응이 시작된다. 예열된 가솔린 엔진에서 배기 가스가 고온이 되면 화학 반응 속도가 빠르며, 전체적인 변환 속도는 기공 확산 및/또는 벌크 질량 전달에 의해 제어된다.[78]

산화 및 환원을 동시에 달성하기 위한 상대 공기/연료비 영역은 *피드백* 상대 공기/연료비 제어(closed-loop relative air/fuel ratio control)가 없는 엔진에서 실현하기에는 너무 좁다. 배기 가스 내 산소 센서는 엔진이 농후 또는 희박 조건으로 작동하는지 여부를 표시하고 원하는 공기-연료 혼합물을 얻을 수 있도록 연료 시스템을 제어하기 위한 신호를 제공한다(7.4절 참고). 피드백 시스템으로 당량비를 화학양론비에 가깝게 설정한 값으로 정확히 유지하는 것은 쉽지 않으므로, OSC(oxygen striate capacity)가 워시코트에 내장된다. 세리아(Ceria, CeO_2)는 가장 보편적으로 사용되는 산소 저장 요소이다. 촉매 표면의 배기 가스가 약간 농후하면 산소를 방출할 수 있다: Ce_2O_3는 CeO_2로 전환하여 가스가 희박할 때 촉매 표면에서 배기 가스로부터 산소를 흡착 및 저장할 수 있다: 즉,

$$2CeO_2 \rightleftarrows Ce_2O_3 + O$$

세리아는 $\gamma-Al_2O_3$ 워시코트 소재의 약 10~20%를 차지한다.[83] 워시코트에서 지르코니아(Zirconia)를 세리아에 첨가하면(거의 비슷한 양으로) 세리아의 안정성이 향상되고 산소 이온 이동성이 촉진되는 것으로 밝혀졌다.

엔진 배기 가스 내 임의의 상대 공기/연료비 변동에 대응하여 산소가 항상 방출되거나 흡수될 수 있는 상태에서 이 OSC를 유지하기 위해 엔진 공연비 제어 시스템은 주어진 진폭과 주파수에서 원하는 저장 수준을 유지하도록 농후 조건과 희박 조건을 반복한다. 0.5~1 Hz

사이의 주파수에서 ±0.5 공연비의 진폭은 최적의 성능을 제공한다. 따라서 3가지 오염 물질이 모두 효과적으로 제거되는 실제 배기 가스 상대 공기/연료비 영역은 상당히 넓어진다. 엔진에서 배출되는 배기 가스 조성은(의도적인 반복과 무작위적인 엔진 변화로 인해) 화학양론적 조성에 가깝게 다양해지는 반면, 산소 저장 능력은 삼원 촉매 표면의 가스 조성이 그림 11.62에 표시된 좁은 고효율 화학양론비에 가까운 대역 내에 유지되도록 한다.

TWC에서 사용되는 귀금속 촉매는 백금, 로듐, 팔라듐의 조합이다. 로듐은 NO를 제거하기 위한 Pt-Rh 촉매에 사용되는 주요 성분이다. 로듐은 NO 환원에 매우 능동적이고, CO와 황 화합물에 의해 훨씬 덜 억제되며, Pt보다 NH_3를 적게 생성한다. 약간 희박한 조건에서 NO를 환원시키기 위해 배기 가스가 촉매를 통과함에 따라 CO, H_2 또는 HC를 O_2보다 NO와 반응시켜야 한다. 로듐은 희박 조건에서 NO 환원을 보여준다. 농후한 측면에서는 삼원 촉매 영역이 탄화수소와 CO 제거에 의해 결정된다. 백금은 일반적으로 HC와 CO 산화를 위하여 사용된다; 백금은 이론공연비와 약간 희박한 조건에서 좋은 활성을 갖는다. 충분한 로듐이 존재할 경우 NO 환원을 위한 Pt의 참여는 미미하다. 농후한 조건에서 삼원 촉매는 배기 가스에 존재하는 모든 산소를 소비하며, 그 결과 이에 상응하는 양의 CO, H_2, 탄화수소를 제거한다; 먼저 H_2가 제거된다고 생각된다. 또한, 수성 가스 전환 반응

$$CO + H_2O \rightleftarrows H_2 + CO_2$$

그리고 증기 개질 반응은

$$\text{Hydrocarbon} + H_2O \rightarrow CO, CO_2, H_2$$

CO 및 HC를 소비할 수 있다(세리아는 또한 이러한 반응을 촉진한다.). 배기 가스는 H_2/CO 몰비가 약 1/3이다(4.9.1절 참고). 500°C에서의 당량비는 약 4이다. 수성 가스 전환 평형에 접근하면 상당한 CO 제거가 예상될 수 있다. 백금은 이 평형을 증진시키는 데 능동적이다. 분자량이 큰 파라핀 탄화수소 및 올레핀 및 방향족 탄화수소의 경우 증기 개질 반응에 대한 평형이 오른쪽에 있다. 따라서 이 반응은 상당한 탄화수소 제거로 이어질 수 있다. 로듐은 증기 개질 반응에서 특히 활발하며, 백금 또한 활발하다. 상업용 삼원 촉매는 백금 및 로듐을 함유한다(Pt/Rh 비율은 약 5이다). 사용된 양은 1리터당 몇 g의 Pt-Rh이다. 알루미나가 적절한 지지체이다. 세리아는 산소 저장 요소이다.[80] 팔라듐 또한 삼원 촉매에 단독으로, 또는 로듐과 함께 사용된다. 팔라듐은 더 많은 양(Pt-Rh의 약 몇 배의 10 g/L)이 사용된다. 팔라듐은 Pt-Rh 촉매보다 낮은 활성 온도를 갖는다. 그 성능은 Pt-Rh 촉매의 성능과 유사하다.[83]

촉매의 효과는 작동 온도, 반응 가스 전체에 걸쳐 혼합된 과잉 산소의 가용성 및 단일체 표면적에 따라 달라진다. 작동 온도는 흡입 가스 온도, 열 손실, 그리고 반응기에서 연소된 HC, CO, H_2의 양에 따라 달라진다. 이 후자의 요인이 중요하다: 1.5%의 CO 제거는 200 K의 온도 상승을 초래한다. 결과적으로 농후한 배기 가스와 여분의 산소가 있는 촉매 변환 장치는 희박한 배기 가스가 있는(여분의 공기가 필요하지 않음) 반응기보다 HC 및 CO 배출량을 더 크게 감소시킨다.

연료가 농후한 엔진 운전에서 촉매 효과에 대한 실질적인 한계는 배기 포트 및 매니폴드에서 여분의 공기와 배기 가스의 적절한 혼합이다. 종래 공기 펌프에 의한 여분 공기 유동은 배기 블로우 다운 과정에 의해 차단되고, 공기 및 배기 가스가 분리되기 때문에 배기 포트에서 거의 산화가 발생하지 않는다. 혼합은 촉매 입구 및 출구 포트를 적절히 배열하고 격자 모양의 벽을 사용하여 촉진될 수 있다.

DeNO$_x$ 촉매

배기 가스 내 CO, 탄화수소, H_2를 사용하여 NO를 환원시킬 수 있다. NO를 O_2와 N_2(열역학적으로 배기 가스 온도에서 선호됨)로 분해하기 위해 엔진에 사용하기에 충분히 활성화된(배기 가스에서 열역학적으로 선호되는) 촉매는 없다. 산화종(oxidizing species)보다 환원종(reduction species)이 많은 농후한 조건에서 NO는 환원될 수 있다. 이 촉매를 *NO 환원 촉매*라고 한다. 이러한 방법은 NO$_x$ 저장 용량이 한계에 도달하면 희박 NO$_x$ 트랩(LNT, lean NO$_x$ trap; 아래 참고)을 재생하는데 사용된다. 그러나 NO 환원에 필요한 농후한 운전은 연료 소비량 측면에서 불리하고, 제거된 NO의 일부가 N_2가 아닌 암모니아(NH_3)로 전환될 수 있기 때문에 NO 촉매의 성능을 제한한다. 암모니아가 NO로 다시 산화될 수 있기 때문에 농후한 조건에서 NH_3 형성은 작아야 한다. CO, HC, H_2에 의한 NO의 환원은 적절한 온도 범위(350~600°C)에서 비금속 촉매(예: CuO, NiO)로 달성될 수 있다. 그러나 “수동적인 deNO$_x$” 방법은 그렇게 효과적이지 못하다.

그러나 희박-저부하 가솔린 엔진(예: 성층화 DI 스파크 점화 기관) 또는 디젤 엔진 중 어느 것이든, 희박 운전 엔진에서 NO 환원 촉매는 배출물 제어에 필수이다. 지난 몇 년 동안 두 가지 방법이 광범위하게 연구되고 개발되었으며, 현재 생산 중에 있다. 하나는 희박 NO$_x$ 트랩(LNT, lean NO$_x$ trap)으로, 엔진이 희박하게 운전될 때 NO$_x$를 질산염으로 저장한 다음 질소산화물이 방출된 후 N_2로 환원될 때 짧은 시간 동안 연료가 농후한 상태로 작동한다. 두 번째 방법(소형 및 대형 디젤 엔진과 함께 사용)은 NO$_x$의 선택적 환원 촉매(SCR, selective catalyst reduction)이다. SCR 방법 중 주로 많이 쓰이는 것은 차량에 저장된 우레아가 배기 가스에 분사되어 환원제(암모니아)로 변환되며, NO$_x$ 감소에 준안정적으로 영향을 미친다. 두 번째 SCR 전략은 탄화수소를 환원제로 사용하는 것이다. 이제 이러한 방법을 검토하고자 한다.

희박 NO$_x$ 트랩

이 촉매 시스템은 산화 배기 가스가 LNT를 통과할 때 NO$_x$를 흡수하고 저장한다. 저장 용량이 제한되어 있기 때문에 환원 퍼지에 의해 주기적으로 재생된다. 이 퍼지 기간 동안 엔진은 농후하게 운전되므로 배기 가스 조성은 저장된 NO$_x$를 N_2로 환원시킬 수 있다.

그림 11.63은 이 과정을 보여준다. 희박 운전 조건에서 백금 촉매는 배기 가스 중의 NO를 NO_2로 산화시킨다. 그 다음, 촉매 표면에 알칼리 토류(비금속 M) 질산염으로 흡수되고 저장된다. 바륨은 일반적으로 흡장제이다: Ca, Sr, Mg 또한 효과적인 다른 알칼리 토류이다.

$$Ba + 2NO_2 + \frac{1}{2}O_2 = Ba(NO_3)_2 \tag{11.55}$$

귀금속 촉매 사이트는 염기성 질산염 저장 물질에 가까워야한다. 바륨에 알칼리 금속 흡장제

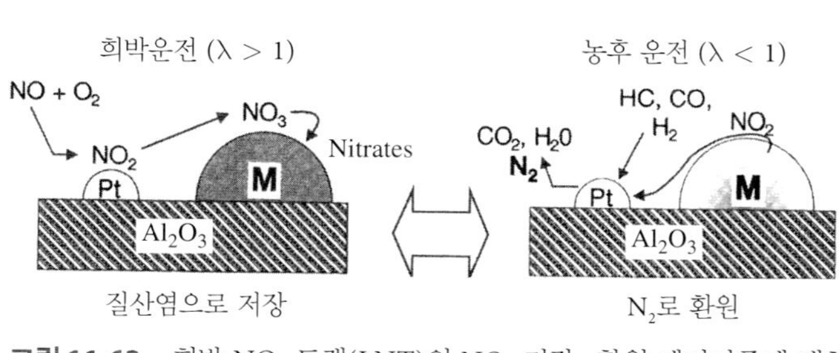

그림 11.63 희박 NO$_x$ 트랩(LNT)의 NO$_x$ 저장-환원 메커니즘에 대한 개략도.[85]

(Cs, K, Na)를 첨가하여 촉매 효율, 질산염 안정성 및 황 피독에 대한 내성을 향상시킨다: 아래를 참고하라.

질산염 저장 용량이 가득 찼을 때, 엔진을 농후 운전(A/F 11.5-12.5)으로 빠르게 전환시키면 트랩이 재생되므로 바륨 질산염이 분해되고 방출된 NO_2는 농후한 배기 가스의 CO, HC, H_2에 의해 환원된다. 바륨 질산염의 분해는 반응식 (11.55)의 역 또는 그와 동등한 반응을 통해 일어난다.

$$Ba(NO_3)_2 = BaO + 2NO + 1\frac{1}{2}O_2 \tag{11.56}$$

NO(및 NO_2) 환원: 예를 들어,

$$NO + CO = \frac{1}{2}N_2 + CO_2 \tag{11.57}$$

연료가 농후한 조건하에서 질산염 종은 상승된 온도에서 열역학적으로 불안정해지고 NO와 NO_2로 분해된다[식 (11.55)와 (11.56)]. 그리고 HC, CO, H_2는 귀금속 촉매에 있는 질소 산화물을 N_2, CO_2, H_2O로 변환시킨다. 저장 용량이 재생되면 엔진이 (정상) 희박 운전 모드로 되돌아간다.

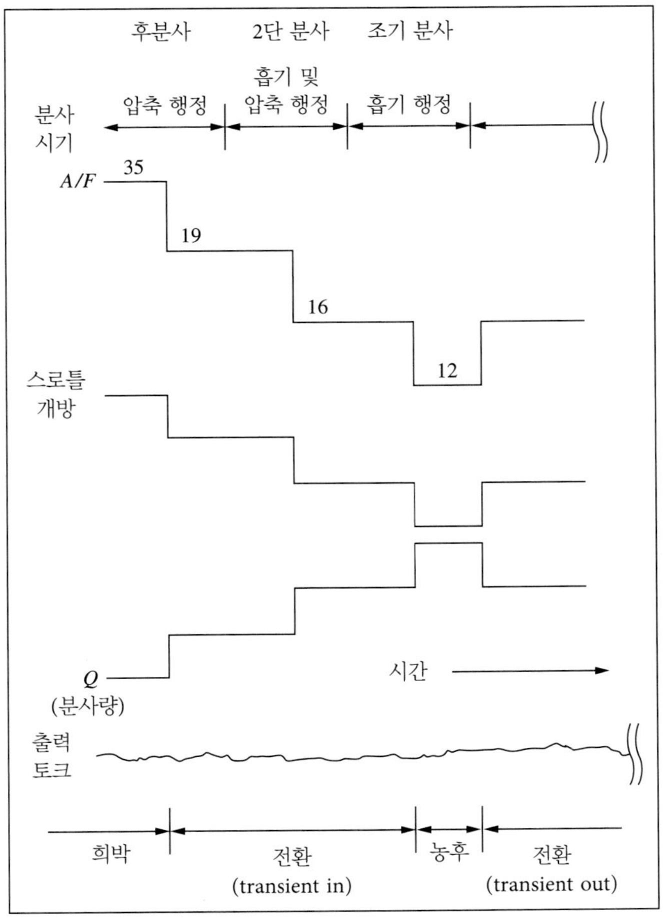

그림 11.64 희박 NO_x 트랩의 재생 제어 전략: 안정 상태 희박 운전 (NO_x 저장); 연료 농후 운전으로 전환; 연료 농후 재생 및 NO_x 환원; 다시 희박 운전으로 전환.[85]

그림 11.64는 이 재생 과정이 어떻게 제어되는지를 보여준다. 재생 과정이 시작되면 엔진의 당량비가 정상 저부하 희박 운전에서 단계별로 충분히 농후한(공연비 약 12) 조건으로 전환된다. 일정한 토크를 유지하기 위해 스로틀 개방이 감소하고 사이클당 연료 분사량이 증가한다.[m] 농후 운전 재생 기간은 짧다(1~3초). 재생이 완료되면 엔진을 정상적인 희박 운전 조건으로 다시 되돌린다. LNT의 경우 재생은 약 60초마다 발생한다. 그러므로 빈번한 주기적 재생 과정으로 인해 몇 퍼센트의 연비 불이익이 발생한다.

LNT의 한 가지 단점은 황 피독에 취약하다는 것이다. 바륨 및 기타 알칼리성 염기가 NO_x를 질산염으로 저장하듯이 황산화물을 황산염으로 저장할 수 있다. 장시간 운전 시 높은 촉매 효율을 유지하려면 연료의 황 함량이 매우 낮아야 한다(몇 ppm S). 세계 일부 지역에서는 휘발유와 디젤 연료의 황 함량이 낮은 수준이다. 그러나 많은 지역들은 그렇지 않다. 일반적으로 LNT의 황 피독은 가역적이며 황산염의 분해를 포함하는 탈황 과정에 의해 촉매 활성이 회복될 수 있다. 이것은 혼합물 농축과 함께 약 500~700°C 사이의 온도가 필요하다. 그러나 LNT의 탈황은 전체 질산염 저장 용량을 회복시키지 못하기 때문에 장기간 운전 시 높은 촉매 효율을 유지하기 위해서는 매우 낮은 황 함량의 연료가 요구된다.[79]

다양한 탈황 방법이 있다. 디젤 엔진 LNT의 경우, 추가 연료 분사로 배기 가스 온도를 높일 수 있다. 희박 운전을 하는 가솔린 엔진의 경우, 발열 반응을 하도록 신속하고, 큰 폭의 (A/F) 조절은 촉매 온도를 증가시킨다(그리고 SO_x보다는 H_2S의 생성을 최소화한다.) 또 다른 가능성은 LNT보다 앞에 황 트랩을 설치하는 것이다.

LNT에서 달성할 수 있는 촉매 효율과 황 및 탈황의 영향은 그림 11.65에 설명되어 있다. 90% 이상의 NO_x 변환 효율은 새로운 촉매 시스템(상단 곡선 세트)을 통해 300~400°C 범위에서 실현 가능하다. 추가 연구 개발로 고효율 온도 범위가 600°C까지 확장되었다. 황

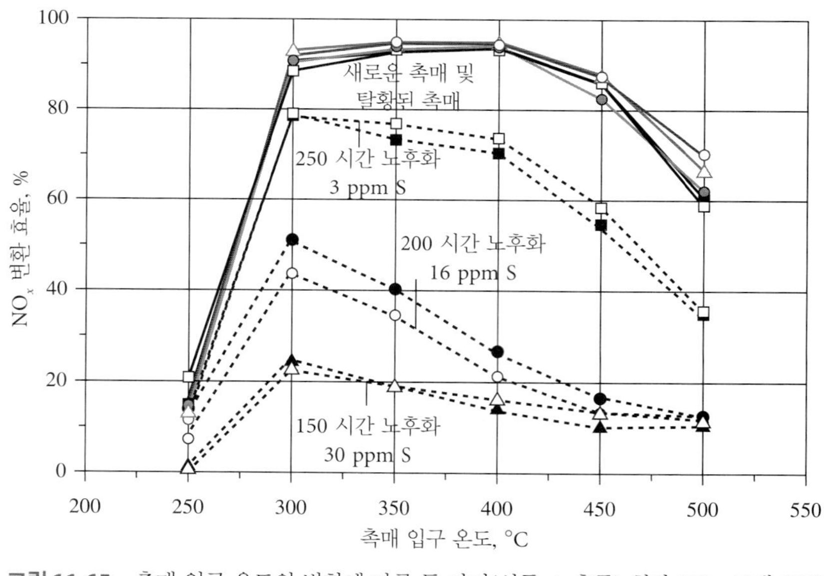

그림 11.65 촉매 입구 온도의 변화에 따른 두 가지(신품, 노후품) 희박 NOx 트랩 (LNT)의 변환 효율. 곡선은 신품 촉매와 노후화된 촉매(3~30 ppm의 황 함유), 탈황 후 촉매에 대한 결과를 보여준다.[86] 200 시간 노후화(aging)은 약 13,000 km 주행에 해당한다.

[m] 공기/연료비가 매우 희박한 값에서 화학양론비의 농후한 값으로 감소하면 엔진 효율은 낮아진다.

함유량이 3 ppm인 연료로 250시간 노후화하면 변환 효율이 약 20% 감소한다(다음 두 개의 낮은 곡선). 황 함유량이 높은 경우(200시간 동안 16 ppm S, 150시간 동안 30 ppm S)는 3번째 및 4번째 곡선에 표시된 대로 효율이 더욱 저하된다. 이처럼 촉매의 탈황은 NO_x 변환 효율을 회복하여 노후화 및 연료 황에 노출되기 전 효율에 근접하도록 복원한다. 연속 탈황은 깨끗한 촉매 수준에서 약간의 효율 손실이 있는 정도까지 회복시킨다. 200시간의 "노후화"는 자동차에서 약 13,000 km(8,000 miles) 주행에 해당한다.

선택적 NO_x 환원 촉매

승용차와 대부분의 중부하 및 비도로 차량의 디젤 엔진에 대한 NO_x 촉매 환원 접근 방식은 선택적 환원 촉매(SCR) 방식이다. 우레아는 일반적으로 이 촉매 시스템에서 환원제로 사용되는 암모니아(NH_3)의 공급원이다. 비록 지속적인 개발로 순위가 달라질 수 있지만, 현재는 SCR 촉매가 LNT보다 높은 효율을 갖는다.

전체 시스템은 복잡하며, 일반적인 배치는 그림 11.66과 같다.[87] 배기 가스는 먼저 산화 촉매(V)를 통과하고, 여기서 NO는 대부분 NO_2로 산화된다. SCR 촉매(S)로 들어가는 높은 NO_2/NO_x 비율이 중요하다. 배기 가스 중의 HC와 CO도 CO_2와 H_2O로 산화된다. 우레아 $(NH_2)_2CO$는 배기 가스에 주입되어 혼합되며 그 혼합물은 SCR 시스템의 첫 부분인 가수 분해 촉매(H)를 통과하고, 여기서 배기 가스의 물은 암모니아(NH_3)를 배출하는 우레아와 반응한다. 이 그림은 전체 과정의 각 단계에서 발생하는 전반적인 화학 반응을 보여준다. 암모니아는 SCR 촉매(S)의 환원제로서 산화 촉매에서 나오는 혼합물의 NO_2와 NO를 N_2로 변환시킨다. 우레아 유동 제어를 통해 공급되는 NH_3의 양은 NO_2 및 NO가 N_2로 환원되는 데 필요한 양보다 약간 초과(최대 20%)하여 제공하도록 제어된다. 그런 다음 최종 산화 촉매(O)로 산화시켜 과잉 NH_3를 제거한다.

그림 11.67에 나와 있듯이 전체 NO_x 변환 효율은 사용된 촉매에 따라 다른 특정 작동 온도 범위에서 높게 나타난다. 백금 촉매 기술은 고온에서 NO_x 환원이 잘 안되기 때문에 약 250°C 이하의 온도에서만 사용할 수 있다. 티타늄 산화 캐리어와 함께 바나듐 촉매는 500°C 이상에서 우수한 효율을 나타낸다. 이러한 촉매 물질은 황 및 HC 피독에 내성이 있다. 구리

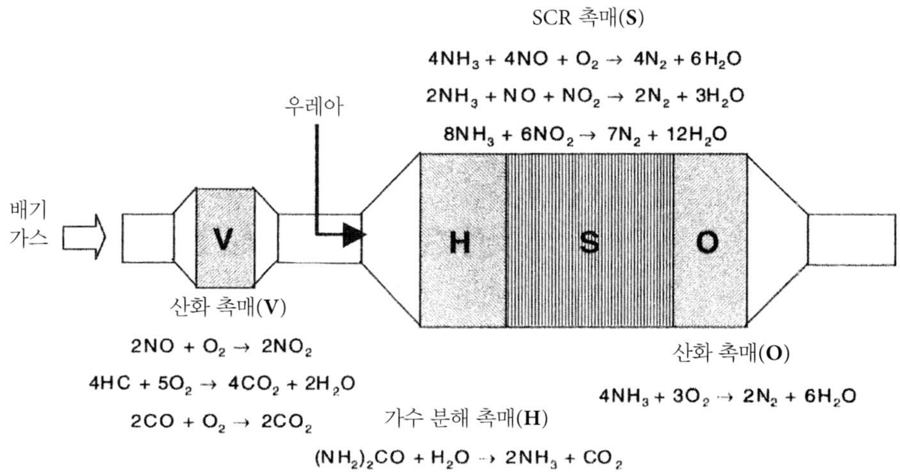

그림 11.66 희박 운전 디젤 엔진에서 NO_x 환원을 위한 다성분 선택적 환원 촉매(SCR, selective catalyst reduction)의 레이아웃: 산화 촉매(V); 우레아 가수 분해 촉매(H); SCR 촉매(S); 산화 촉매(O). 전반적인 화학 반응이 표시되어 있다.[87]

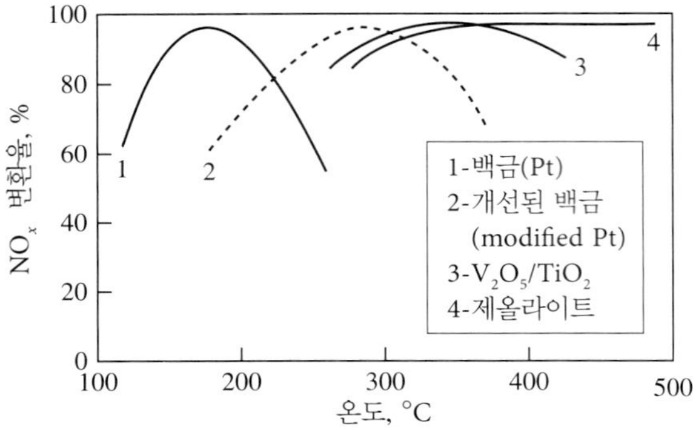

그림 11.67 여러 종류의 SCR 촉매에 대한 작동 온도 범위: 촉매 온도에 따른 NO_x 변환 효율.[79]

제올라이트(Cu zeolite) 촉매는 약 650°C까지의 넓은 온도 범위에서 높은 효율(> 95%)을 보인다. 철 제올라이트도 구리/철 복합 제올라이트처럼 SCR 촉매로 사용된다. 그림 11.67에서 그 결과를 보여주고 있으며, SCR 촉매 기술의 개발로 고효율 온도 범위는 확장되고 있다.

기타 중요한 요인은 NH_3의 영향이다: NO_x 비율, NO_x에서 NO_2의 분율, SCR 시스템으로 통한 암모니아 "슬립", N_2O(중요 온실 가스)의 생산 및 유황과 탄화수소에 의한 피독. 300°C 이상의 온도에서 NO_x 변환 효율은 NH_3가 증가함에 따라 선형적으로 증가한다: NO와 NH_3 사이의 화학양론적 반응에 대한 NO_x 몰 비율. 낮은 온도에서 이 비율의 임계값을 초과하면 변환 효율이 거의 증가하지 않고 암모니아 슬립이 발생한다. 또한 높은 SCR 촉매 $deNO_x$ 효율을 달성하기 위해서는 우레아를 과다 주입하는 것이 바람직하다. 그런 다음 과량의 NH_3는 슬립을 방지하기 위해 N_2로 산화시킬 필요가 있다. 이 암모니아를 (NO_x 및 N_2O가 아닌) N_2로 변환하기 위해 암모니아 슬립 촉매가 필요할 수 있다.

총 NO_x의 일부인 NO_2를 증가시키는 효과는 SCR 촉매 온도 및 공간 속도에 따라 다르다. NO_2/NO_x 몰 비를 약 0.5로 증가시키는 것은 저온 NO_x 변환 활성 및 효율을 증가시킨다. 보다 높은 비율에서 고온 활성 및 달성 가능한 NO_x 변환 효율은 상당히 감소한다. NO(1.0)를 변환시키는 것과 비교하여 NO_2(1.33)를 변환시키는 데 필요한 암모늄은 화학양론적으로 더 높고 NO_2와 NH_3의 느린 반응은 암모니아 슬립을 초래한다.[87] Pt 산화 촉매는 배기 가스(그림 11.16에서와 같이 일반적으로 디젤 배기 가스에서 10~15%)의 NO_2/NO_x 비율을 촉매 온도에 따라 80% 이상까지 증가시킬 수 있다.

Vanadia 기반 SCR 촉매는 황 피독에 보다 내성이 있으며 연료에 함유된 황의 수준이 높은 지역에서 사용된다. 황은 촉매 워시코트의 상단 층에 황산 암모늄으로 축적된다. 500°C로 가열하면 SCR 촉매 성능이 회복된다. 탄화수소는 보다 낮은 온도에서 촉매 표면 상에 흡수될 수 있고, 방출되는 에너지를 통해 촉매 표면의 열적 악화를 유발할 수 있다.[88]

11.6.4 입자상 물질 필터 또는 트랩

엔진 입자상 물질 배출을 실질적으로 감소시키는 배기 처리 기술은 입자상 물질 필터 또는 트랩이다. 내열성 필터 또는 트랩은 배기 가스 내 입자상 물질을 제거한다: 그 다음 필터는 누적된 입자를 재생 과정을 거쳐 산화시켜 "제거"한다. 디젤 입자상 물질 필터(DPF, diesel particulate filter)가 일반적으로 사용된다. 이 기술은 직분사 가솔린 엔진의 경우 디젤 엔진 배출 수준보다는 낮지만 포트 분사 가솔린 엔진보다 입자상 물질 배출량이 높기 때문에 가솔린 엔진에도 사용할 수 있다.

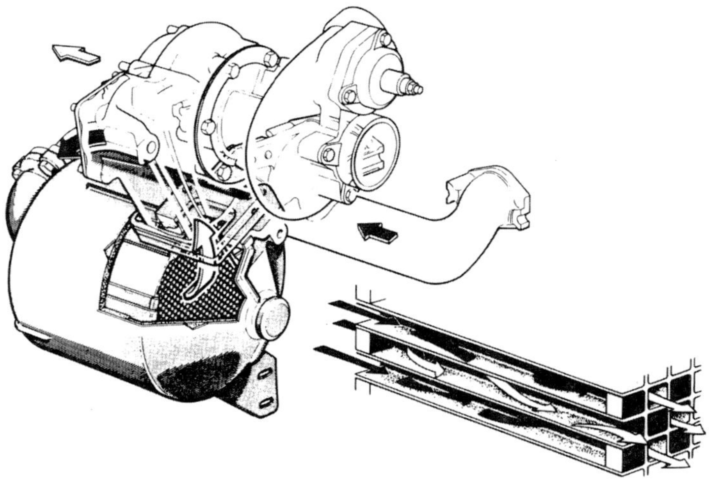

그림 11.68 터보차저가 장착된 디젤 엔진의 배기에 장착된 세라믹 모놀리스(단일체) 입자상 물질 필터.[89]

입자상 물질 필터 기술을 구현하기 위한 많은 어려움이 있다: (1) 필터는 엔진 배기 매니폴드의 압력을 증가시킨다(깨끗한 경우에도 마찬가지); (2) 이 압력 증가는 필터가 입자상 물질을 포집함에 따라 지속적으로 상승한다; (3) 디젤 엔진 정상 운전 조건에서 포집된 입자상 물질은 자발적으로 발화되고 산화되기에 충분히 뜨겁지 않다; (4) 일단 여과된 입자상 물질이 점화되면 연소 과정을 제어하여 과도한 고온과 트랩 손상 또는 파괴를 방지해야 한다. 입자상 물질 필터는 대형 디젤 엔진 뿐만 아니라 소형 디젤 엔진용으로도 현재 생산 중이다.

입자상 물질 필터의 유형은 다음과 같다: 벽유동 세라믹 단일체, 스테인리스강 와이어 메쉬의 소결 금속, 실리카로 짜여진(감고 밀접하게 결합시킨) 세라믹 섬유 등이 있다. 이들 각각은 고유한 압력 강화를 가지며 필터링 효율이 다르다. 필터의 대부분은 세라믹 벽 유동 또는 섬유 기반이며, 대부분이 그림 11.68과 같은 유형의 벽 유동 필터이다. 이러한 벽 유동 필터는 단일체 촉매 기질을 기반으로 하며, 여기서 셀의 절반은 입구 끝에서 다른 절반은 출구 끝에서 막는다. 따라서 배기 가스는 다공성 세라믹 벽을 통해 흐르게 된다. 이러한 벽의 두께와 다공성은 세심하게 제어되어 낮은 압력 강하로 우수한 입자상 물질 여과가 가능하다. 입자 분리는 필터 표면에 배기 가스 내 입자를 증착 시킴으로써 가능하다. 이것은 일반적으로 초기에 다공성 세라믹 벽 내에서 다양한 힘들이 발생하여 공극 표면(심층 여과)에 입자를 고정시킨다. 그런 다음 여과된 입자상 물질의 양이 증가함에 따라 미립자 층이 채널 벽면에 수집되어 체로 작용하여 미립자를 추가로 걸러낼 수 있다("케이크" 여과).

디젤 미립자의 낮은 충진 밀도(약 0.1 g/cm^3)로 인해 이러한 필터는 수트를 빠르게, 많이 축적한다. DPF 전체의 압력 강하는 입자상 물질이 축적됨에 따라 지속적으로 증가하며, 엔진의 배기 매니폴드에서 과도하게 높은 압력을 피하기 위해서는 필터를 재생해야 한다. 필터 재생에는 몇 가지 방법이 있다. 열 재생이 주된 방법이다. DPF에서 고체 입자(주로 수트)는 CO_2(일부 H_2O)로 산화된다. 수트의 산화 속도는 HC, CO와 같은 기체 배출물의 산화보다 현저히 낮다: 기체 상태 오염 물질을 제거하도록 설계된 산화 촉매 유동에서 고체 입자상 물질이 산화되지 않는 이유는 비교적 짧은 체류 시간 때문이다(11.6.3절 참고). 그림 11.69에 (제어된 조건에서) 온도에 따른 디젤 수트 산화 속도를 나타냈다: 촉매가 없는 경우 500°C 이상의 온도가 필요하다. 디젤 배기 가스의 온도는 일반적으로 이 수준보다 훨씬 낮다. 따라

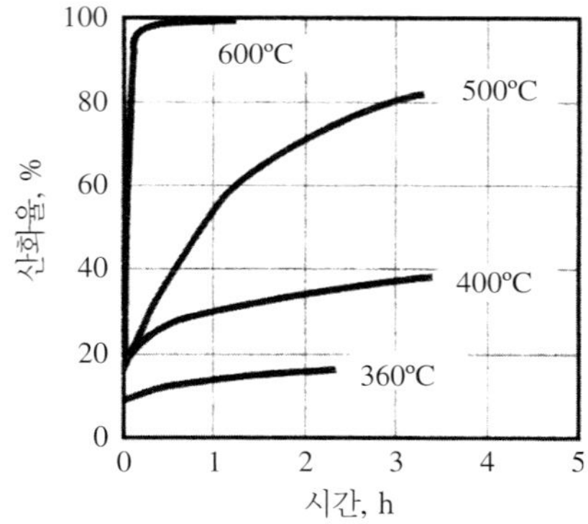

그림 11.69 온도에 따른 디젤 수트 산화율.[79]

서 배기 가스 온도를 높이거나 촉매를 사용하여 활성화 에너지를 줄이고 낮은 온도에서 적절한 산화 속도를 달성하기 위해 촉매를 사용해야 한다. 전자는 능동 재생, 후자는 수동 재생으로 분류된다.

능동적 접근 방식과 수동적 접근 방식의 조합이 연구되어 알려지고 있다. 재생에 대한 조합 방법 중 하나는 약 200초 동안 지속되는 입자상 물질 필터 재생 과정을 보여주는 그림 11.70에 설명되어 있다. 이 소형(light-duty) 디젤 차량의 DPF 시스템은 DPF 앞 배기 시스템에 DOC가 있는 필터(그림 11.68에 표시된 것과 같은)로 구성되어 있다. 엔진 커먼레일 연료 분사 시스템은 3가지 분사 펄스를 제공할 수 있다: (짧은 착화지연기간을 위한) 파일럿 또는 전(pre) 분사, 주로 bmep / 토크 발생을 담당하는 주(main) 분사, 그리고 입자상 물질 필터 재생 과정을 시작할 수 있도록 배기 가스 온도를 높이기 위해 팽창 과정에 분사하는 후(late or after) 분사가 있다. 그림 11.70은 후분사가 발생하는 25초에 재생이 시작하고 연료 연소 시작에서 에너지가 방출되어 배기 온도를 약 200°C 이상으로 상승시키는 것을 보여준다. 세 번째에 분사된 연료 펄스의 추가적인 산화를 통해 DOC는 DOC의 하류와 필터 상류의 배기 가스 온도를 추가로 상승시킨다. 175초에 필터 내 수트는 산화되고 화학 에너지가 방출되어 필터 출구 가스 온도가 급격히 상승한다. 재생 시작 후 DPF 내 수트가 연소됨에 따라 필터 압력 강하가 감소한다(하단 곡선).

이 DPF 시스템에서는 세륨 기반 연료 첨가제가 적당한 양으로 연료 탱크에 주입된다: 즉, 세리아는 필터 내의 수트 산화 과정에서 촉매로 작용하여 촉매가 없을 때 필요한 고온(약 600°C; 그림 11.69 참고)이 아니라 재생 시작이 약 400°C에서 발생할 수 있도록 한다. 그러나 금속 기반의 연료 첨가제는 안정적 촉매 활성, 비용, 환경 및 건강에 미치는 영향, 배기 가스 처리 시스템의 촉매 활성 저하 등 다양한 이유로 제어되어야 한다. 촉매 연료 첨가제에 대한 보다 영구적인 대안은 촉매를 필터 표면에 내장하여 "수동적"인 촉매 미립자 필터를 생성하는 것이다. 이들은 보통 백금 또는 염기 금속 촉매 물질을 사용한다. 전술한 DPF 예시와 같이 열 재생 전략은 종종 촉매 필터가 수트 산화 과정을 시작하여 트랩 또는 필터 재생 과정의 필요한 제어 수준을 달성할 수 있도록 배기 가스 온도를 높이기 위해 채택된다.[79]

산소를 사용하여 수트를 산화시키는 대안은 백금 촉매 작용을 하는 DPF에서 NO_2를 사용하는 것이다. NO_2는 디젤 배기 가스에서 NO_x의 대부분을 구성하는 산화 질소(NO)로부터 상류 산화 촉매를 사용하여 생성된다. 적절한 산화 촉매를 갖는 NO_2 분율은 약 300°C의 온도에서 NO_x의 약 3/4까지 증가할 수 있다. NO_2는 충분히 활성된 수트 산화제로서 필터를 촉매화 할 필요가 없다. 그러나 NO_2는 NO와 N_2로 환원되므로 deNO_x 촉매는 전체 배기 처리 시스템에서 DPF를 따라야 할 것이다.

재생 과정의 제어는 필터 시스템의 내구성 측면에서 중요하다. 재생을 위해 사용되는 모든 과정은 신뢰성 있고 견고해야 한다. 필터 시스템의 수트 저장 용량은 일반적으로 몇 시간이다. 일부 DPF 시스템은 연속적으로 재생되도록 설계되지만(예: 배기 가스 온도가 비교적 높은 곳에 촉매화된 필터), 하루에 한 번 또는 그 이상 자주 활성 재생 과정이 필요할 수 있다. (입자상 물질 질량 기준) DPF의 여과 효율[n]은 수트(주로 원소 탄소)의 경우 95~100%, 비금속 필터에 대해 낮은 값으로 흡수된 SOF의 경우 50~90%에 가깝다. 총 PM에 대한 전체 효율은 70~95% 범위이다. 윤활유 및 연료의 무기 물질에서 나온 재(ash)는 필터 안에 갇혀 재생 과정에서 연소되지 않는다. 따라서 재(ash)는 시간이 지남에 따라 점진적으로 필터에 누적되어 필터 압력 강하를 점차적으로 증가시킨다. 물을 이용한 세척이나 기공을 "뚫기(unblock)"위해서 필터 벽을 통한 "역 가스 유동(reverse gas flow)으로 주기적인(1년에 한 번 정도) "청소"가 필요하다.[79]

재생 중 입자상 물질과 필터 온도를 제어하는 것은 매우 중요한 과제이다. 재생 과정을 시작하기 위해서는 수트 산화 과정을 시작할 수 있을 만큼 온도가 높아야 한다. 위에서 설명한 바와 같이, 비 촉매 필터의 경우 이 온도는 더 높고, 촉매 필터는 낮다. PM 산화 과정은 화학 에너지(soot, SOF, HC)를 열 에너지(발열 반응)로 변환하여 배기 가스, 입자상 물질 및 필터 단층 구조를 가열한다. 필터 내 온도의 변화는 PM 연소율(배기 가스와 수트 온도에 따라 크게 달라짐)과 그에 따라 배출되는 열 에너지의 분할, 그리고 수트와 필터 재료에 따라 달라진다. 따라서, 그림 11.70과 같이, PM 산화율이 증가함에 따라 필터 하류의 가스 온도가 상승하고, 최대치에 도달한 다음 하락하며, 수트가 점점 소비되고 에너지 방출 속도가 감소한다. 그림 하단의 필터 압력 손실 곡선은 PM 연소율이 실제로 얼마나 되는지 나타낸다. 즉, PM 연소율이 먼저 증가했다가 감소한다. 재생 중 세라믹 필터 구조 내의 최고 온도는 재 소결 및

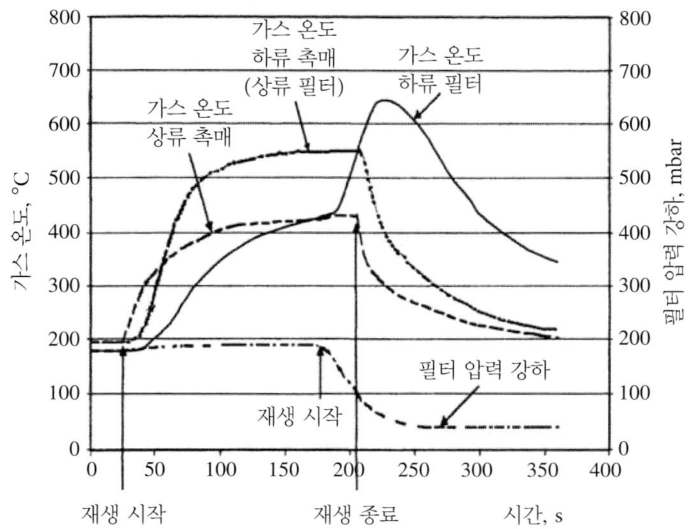

그림 11.70 정장 상태 조건의 승용 디젤 엔진 차량에서 입자상 물질 필터 재생 중 배기 가스 온도 변화의 예시.[90] 후분사는 배기 가스 온도를 증가시키고, 촉매를 활성화한다: 수트는 연소되고, 배압(back pressure)은 감소한다. 연료에 첨가되는 세륨은 촉매적으로 재생 온도를 낮추는 데 사용된다.

[n] 여과 효율은 필터로 들어오는 입자상 물질에 대한 필터에 포집된 입자상 물질의 질량 비이다.

필터 내 재와 코디어라이트(cordierite)의 반응으로 인해 약 1200°C 이하로 제한되어야 한다. 더 높은 온도에서는 코디어라이트 자체가 소결되고 녹을 수 있다.

벽 유동 DPF의 높은 입자 트래핑 효율은 결과적으로 높은 압력의 강하를 초래한다. 그리고 포집된 PM이 축적됨에 따라 압력 강하가 크게 증가한다. 압력 강하에는 몇 가지 요소가 있다: 상당한 수축과 팽창으로 인한 필터 단일체 입구와 출구에서의 압력 손실; 채널 벽 유동 마찰로 인한 압력 손실; 채널 벽을 가로 지르는 압력 강하; 그리고 증가하는 입자상 물질 적재로 인한 추가적인 채널 벽 압력 강하. 세라믹 벽면 기공에 미립자가 쌓이면서 처음에는 깨끗한 벽 유동 필터보다 높은 압력 강하가 빠르게 증가하다가, 미립자가 벽면 위에 층으로 쌓이면서 시간이 지남에 따라 지속적으로 상승한다. 이렇게 쌓인 그을음 퇴적층은 압력 강하의 가장 큰 부분을 구성한다. 깨끗한 필터가 있는 채널 벽의 압력 강하는 1~2 kPa 범위에 있으며, 적당히 로딩(loading)된 필터는 약 10 kPa의 압력 강하가 있다.[a] 이 압력 강하는 상당히 정확하게 모델링할 수 있으며, 트랩 재생을 시작하기 위한 DPF 입자장 물질 로딩 범위를 정의하는 신호로 사용할 수 있다.

입자상 물질 필터는 이제 입자상 물질 배출량을 크게 줄이는 실용적이고 효과적인 제어 기술이 되었다. 디젤 엔진의 경우, 트랩을 사용하여 입자상 물질 수(number) 밀도 배출량을 거의 두 배 감소시킬 수 있다. 이러한 배기 처리 장치의 가장 중요한 문제는 엔진 작동(특히 연료 소비 불이익)에 미치는 영향을 최소화하면서 신뢰성 있는 필터 재생과 비용이다. 입자상 물질 필터는 DI 가솔린 엔진(특히 이것이 성층화 DISI 엔진인 경우)과 함께 효과적으로 사용될 수 있지만 실린더 내 입자상 물질 감소와 관련하여 이 입자상 물질 배출 제어 기술을 사용하는 추가 비용이 중요한 요소이다.

11.6.5 배기 처리 시스템

특정 촉매 및 입자상 물질 트랩 장치는 배기 가스 후처리 시스템으로 결합될 필요가 있는데, 그 이유는 저감되어야 할 엔진 배기 가스에 여러 다른 오염 물질이 있기 때문이다. 스파크 점화(가솔린) 기관에서(특히, 차량에서) 세 가지의 엄격하게 규제되는 주요 대기 오염물질은 CO, 탄화수소 및 NO_x이다. 여기에 포트 분사 SI 엔진에서는 낮지만 직접 분사식 가솔린 엔진에서는 높게 배출되는 입자상 물질이 추가되었다. 디젤 엔진의 경우 주요 배기 가스 배출물은 입자상 물질과 NO_x이다. 이 두 가지 유형의 엔진(가솔린 엔진 및 디젤 엔진)에서 배출되는 배기 가스 구성(상대 공기/연료비 또는 연료-공기 당량비)과 배기 가스 온도 범위가 상당히 다르다는 점에 유의하라. 그래서 우리는 각 유형의 엔진에 대해 차례로 논의하고자 한다.

가솔린 SI 엔진

대부분의 후처리 시스템에는 화학양론비 운전과 함께 삼원 촉매 기술과 연료 피드백 제어를 위한 산소(λ) 센서가 통합되어 있다(7.8절 참고). 그림 11.71은 배기 가스 후처리 시스템의 역사적 발전을 개략도와 함께 보여준다. 먼저, 그림 11.71*a*는 1970년대 초반에 CO와 HC를 제거하기위해 산화 촉매를 사용하는 시스템이다. 엔진 작동 시 연료가 농후한 상태에서 배기 포트에 2차 공기를 주입하여 CO와 HC가 완전히 연소될 수 있도록 충분한 산소를 공급하는 옵션이 있었다. 그런 다음 배기 매니폴드에 람다 센서를 장착한 삼원 촉매가 등장하여 엔진의 상대 공기/연료비를 화학양론비에 가깝게 제어했다. 세 가지 오염물질 CO, HC, NO_x를

---

[a] 1기압은 100 kPa(1 bar)에 가깝다.

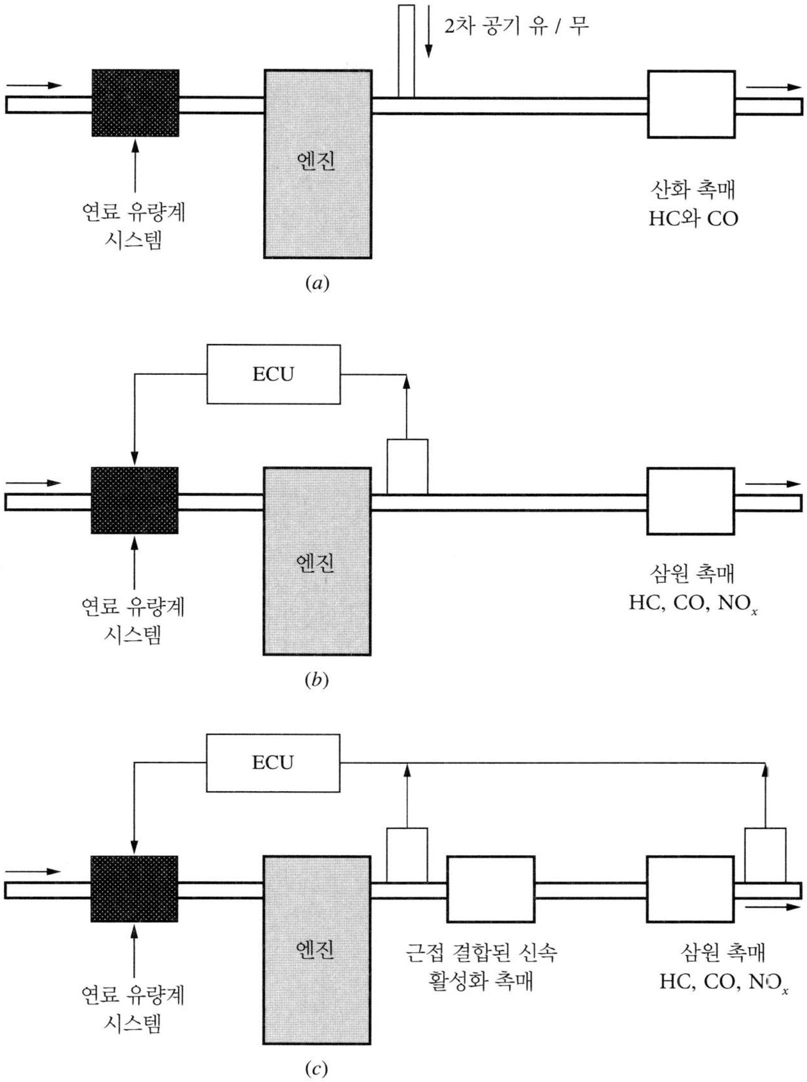

그림 11.71 가솔린 SI 엔진 배기 후처리 시스템의 발달: (*a*) CO와 HC 제거를 위한 산화 촉매, 1970년대 후반; (*b*) 배기 산소 센서와 연료 유량 피드백 제어가 포함된 삼원촉매, 1980년대; (*c*) 근접 결합된 신속 활성화 촉매(대부분 냉간 엔진 HC 제어)와 더 많은 HC, CO, NO_x 저감을 위한 언더-플로어(under-floor) 삼원 촉매(근접 장착 및 피드백 엔진 제어를 위한 하류 배기 산소 (λ) 센서, 촉매 산소 저장 진단)

동시에 효과적으로 제거하기 위해, 엔진 자체의 공연비 변화에도 불구하고 촉매 활성 표면의 가스가 항상 화학양론적으로 유지되도록 충분한 산소 저장을 보장하기 위해 세리아를 TWC 워시코트에 내장하였다.

그림 11.71*c*는 냉간 시동 후 빠르게 가열되도록 설계된 삼원 촉매의 근접 결합 고속 활성화 버전을 사용하여 시동 및 조기 예열 시 HC 방출을 제한하는 복잡한 시스템을 보여준다(그림 11.33 참조). 그런 다음 대형 TWC(소형차 바닥 아래)가 촉매의 HC, CO, NO_x 정화 작업을 완료한다. 일부 시스템은 이제 더 크고 단일의 근접 결합 고속 활성화 삼원 촉매를 사용한다. 앞에서 언급한 바와 같이, 매우 높은 촉매 효율(약 98%)을 이제 이러한 시스템으로

달성한다. 두 개의 람다 센서는 TWC의 산소 저장 기능이 효과적으로 작동하는지 점검한다. 업스트림 센서는 엔진 연료 제어 시스템이 촉매 표면에서 산소를 방출하거나 흡수할 수 있도록 산소 저장 용량을 유지하기 위해 구현하는 저주파(1 Hz) 람다 진동(연료 농후, 희박)을 따른다. 다운스트림 센서는 산소 방출 또는 촉매 내의 저장이 화학양론적으로 배기 가스를 유지할 때 일정한 비진동 신호를 제공한다.

엔진 예열 초기 단계에서 근접 결합 촉매의 신속한 활성화는 대개 낮은 열 관성 설계를 통해 달성되며, 엔진 시동 후 약 10초에서 100초 동안 상당한 스파크(즉, 연소)를 사용할 수 있다. 엔진 시동 중 연료가 농후한 혼합물이 스파크 지연과 배기 가스에 2차 공기 추가와 함께, 촉매 이전 배기 포트 및 매니폴드에서 CO와 HC 배출물을 연소시켜 더 뜨거운 배기 가스를 얻기 위해 사용될 수 있다(참고문헌 647~649 참고).

터보차저가 장착된 SI 엔진에서 터빈은 일반적으로 터빈 진입 전에 배기 가스 엔탈피 손실을 최소화하기 위해 배기 매니폴드 출구에 가깝게 장착되며, 엔진 부하 증가에 따라 터보차저 응답 시간을 단축한다. 근접 결합된 촉매 변환 장치의 업스트림 측의 배기 시스템에 터빈을 삽입하면 촉매 점화 시간을 길게 하여 배기를 악화시킬 수 있다. 그러나 터빈은 삼원 촉매보다 높은 배기 온도를 견딜 수 있으므로 배기 시스템에 높은 배기 가스 엔탈피 플럭스(flux)를 허용함으로써 부정적인 영향을 부분 상쇄할 수 있다.

디젤 엔진

디젤 엔진은 항상 연료가 희박한 조건에서 운전된다. 그래서 배기 가스 온도가 가솔린 SI 엔진보다 현저히 낮다. 그 결과 주로 배출되는 오염 물질은 NO_x(N_2로 환원되어야 하는 가스)와 입자상 물질(응축된 탄화수소가 흡착된 작은 입자)이며, 후처리 시스템은 더욱 복잡하고 주기적인 재생이 필요하다.

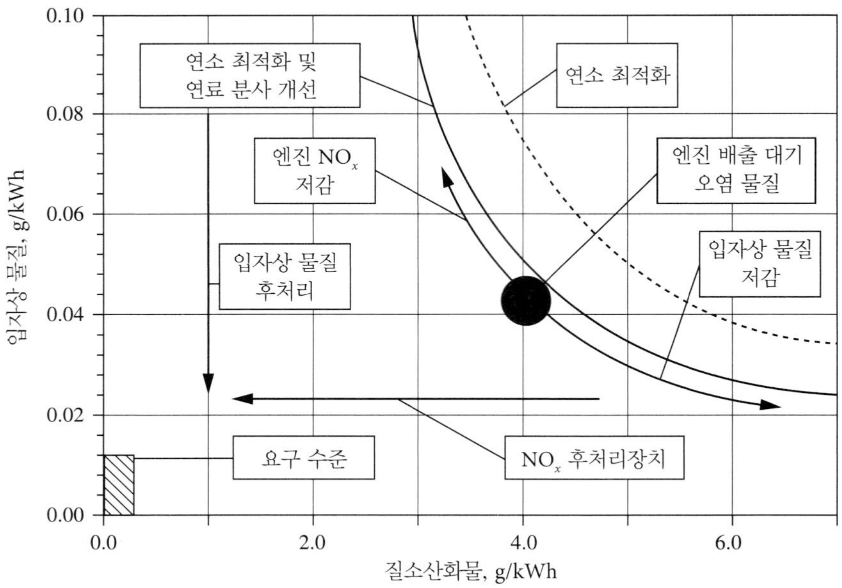

그림 11.72 일반적인 중형 디젤 엔진에 대한 입자상 물질과 NO_x 배출가스의 트레이드-오프 곡선(trade-off curve) (평균 시험 사이클에서의 g/kWh 값). 검은색 원은 엔진 배기 제어 장치가 있는 일반적인 엔진 배출 수준을 나타낸다. 빗금친 낮은 PM, NO_x 영역은 미국과 유럽의 배기 규제를 만족하기 위한 값을 나타낸다. 출처: 참고문헌 87.

디젤 엔진의 이 두 가지 주요 대기 오염 물질을 크게 줄이는 방법이 그림 11.72에 설명되어 있다. 그림 11.72에는 대형 디젤 엔진의 평균 시험 사이클 입자상 물질이 NO_x 배출의 함수로 표시되어 있다. 엔진 배기 가스 제어 기술(최적화된 연소, 저유황 연료 및 EGR)로 엔진에서 배출되는 입자상 물질은 약 0.04 g/kW·h, NO_x는 4 g/kW·h로 저감할 수 있다. 세계의 많은 지역에서 배출가스의 5~10배 정도 추가 감소를 요구한다. 따라서 입자상 물질 트랩과 NO_x 촉매의 사용은 필수적이다.

디젤 엔진은 이제 재생을 해야하는 입자상 물질 트랩을 필요로 한다. 여과된 입자상 물질을 연소시켜야 한다. 이는 팽창 행정에 추가 연료(그림 11.70 참고)를 분사함으로써 엔진의 배기 가스 온도를 상승시켜 트랩 재생을 시작하면 배기 가스와 갇힌 입자 온도를 상승시켜 입자상 물질이 연소되도록 함으로써 가능하다(그림의 예에서, 입자상 물질 산화 반응을 촉진하기 위해 연료 첨가제인 세리아를 사용했다.). 또는 입자상 물질 필터 표면에 촉매를 내장할 수 있다.

대형 및 소형 디젤 엔진의 주된 NO_x 후처리 제어 전략은 환원제 암모니아의 공급원인 우레아를 배기 가스에 첨가하는 선택적 환원 촉매(SCR)이다. 그림 11.73은 대형 엔진의 HC, CO, 입자상 물질 및 NO_x 배출을 줄이는 후처리 시스템의 예를 보여준다. 연속 재생 디젤 입자상 물질 필터(CRDPF)는 산화 촉매와 그 뒤에 벽 유동 입자상 물질 필터로 구성된다. 산화 촉매는 HC와 CO를 산화시키고, NO와 NO_2의 일부를 산화시킨다. NO_2는 필터 내의 입자상 물질을 훨씬 낮은 온도(250°C)에서 산화시킨다. NO_2에 의한 저온 미립자 산화는 트랩/필터 표면에서 수동적이고 연속적인 입자상 물질을 제거할 수 있다.[91]

SCR 시스템은 SCR 장치의 "가수 분해 촉매" 부분에서 급속 가수 분해를 통해 우레아 용액에서 생성된 NH_3를 사용한다: 그림 11.66 및 관련 텍스트를 참고하라.[87] 성공적인 구현을 위해서는 엔진에서 방출되는 NO_x의 양과 주입된 우레아의 양을 맞추어야 한다. 두 가지 방법이 사용된다: (1) 엔진 작동 정보(기본적으로 NO_x 배출물 맵핑을 기반으로 추정)를 기반으로 하는 우레아 분사맵 또는 (2) 배기 가스 NO_x 농도를 실시간으로 측정할 수 있는 NO_x 센서를 사용한다. SCR 촉매의 중간 부분은 암모니아를 환원제로 하여 NO 및 NO_2를 N_2로 환원시킨다. 마지막 부분(그림 11.73에 표시된 짙은 회색)은 과잉 NH_3를 N_2로 산화시키는 산화 촉매이다(그림 11.66 참고). 분사 노즐을 통해 CRDPF 장치의 엔진 배기 다운스트림으로 우레아를 운송하는 공기 유동을 제공하기 위한 우레아 탱크, 도징 제어 장치, 공기 탱크의

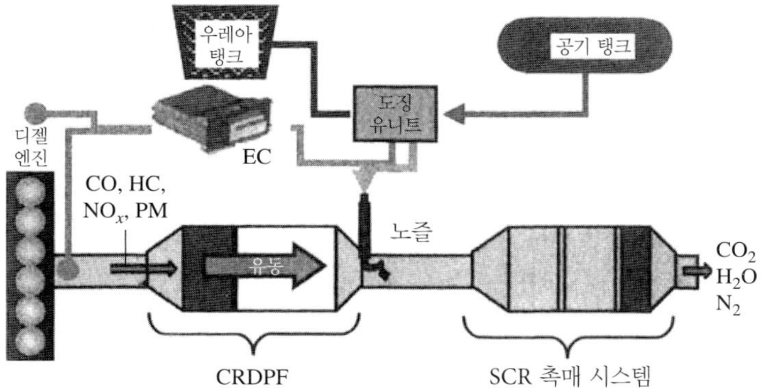

그림 11.73 연속 재생 디젤 입자상 물질 필터(CRDPF)와 표시된 우레아 분사 시스템이 NO_x 환원제인 암모니아를 제공하는 선택적 환원 촉매(SCR) 시스템을 포함하는 엔진 후처리 시스템의 레이아웃.

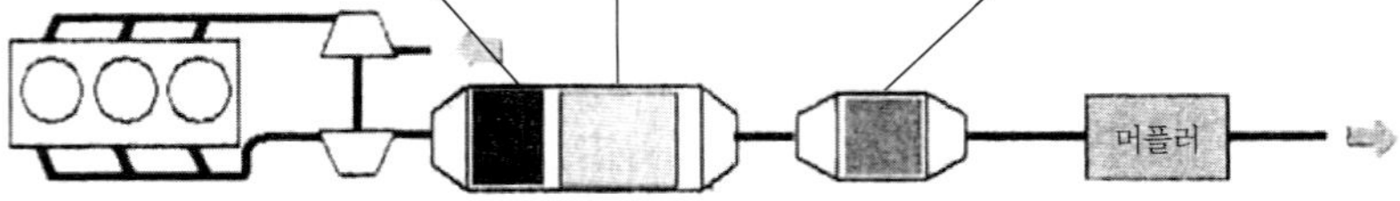

그림 11.74 촉매 변환된 수트 필터(cDPF)와 희박 NO_x 트랩(LNT)를 포함하는 소형 고속 디젤 후처리 시스템. cDPF와 LNT 둘 다 주기적인 재생이 필요하다.[92]

레이아웃이 그림 11.73에 표시되어 있다.

다른 디젤 배기 가스 후처리 방법이 그림 11.74에 나타나 있는데, 여기서는 LNT가 디젤 연료 희박 배기 가스의 NO_x 환원에 사용된다.[92] LNT의 작동은 그림 11.63에 나와 있으며 첨부된 텍스트에서 논의된다. 촉매 변환된 입자상 물질 필터는 DOC에 이어 첫 번째 후처리 시스템 장치이며, 그 다음이 LNT이다. 산화 촉매는 NO의 일부를 NO_2로 변환시킨다. NO_2는 산소보다 낮은 온도에서 미립자(수트)를 산화시키기 때문에 트랩 재생에 더 효과적이다. LNT를 재생하기 위한 엔진 고농후(enrichment) 전략, LNT 상류의 촉매 변환된 입자상 물질 필터 내 상당한 열 용량으로 인해 충분한 고온을 얻기 어렵고 후처리 시스템 전체에 걸쳐 구성 요소 온도를 제어해야 하는 필요성 때문에 탈황 등에 대한 자세한 내용을 참고문헌 92에서 확인할 수 있다. 표시된 레이아웃의 다른 방안은 LNT를 먼저 배치한 다음 촉매 변환된 입자상 물질 필터를 배치하는 것이다

약 60초마다 희박 NO_x 트랩을 재생(NO_2를 방출하고 NO_x를 N_2로 환원)시켜야 한다. 농후 재생 단계의 지속 시간은 약 3~5초이다. 따라서 몇 퍼센트의 엔진 연료 소비 불이익이 있다. 위의 방법은 대형 엔진보다 작은 소형 DI 디젤 엔진에 더 적합하다.

연습문제

11.1 그림 11.2는 상대 공기/연료비의 함수로서 스파크 점화 기관 배기의 NO, CO, HC 농도를 나타낸다. 농도의 스케일이 백만분의 1 (ppm)이라고 가정하자. 혼합물이 처음에는 농후하게 만들어지고, 후에 화학양론비보다 희박하게 되는 경향에 대해 설명하라.

11.2 그림 11.2는 스파크 점화 기관에 대한 것이다. 직접 분사 4행정 사이클 디젤 엔진에 대해 NO, CO 및 HC 농도 대 당량비의 정량적 그래프를 그리고, 그래프에 대해 설명하라.

11.3 스파크 점화 기관 엔진 차량은 평균적으로 마일당 120 g (120 g/mile)의 가솔린을 소비한다. 엔진의 평균 배출량은 NO_x (NO_2), HC, CO가 각각 1마일당 1.5 g, 2.0 g, 20 g 정도이다. 엔진은 화학양론비 조건에서 운전된다(가솔린-공기 혼합물). 엔진 배기 가스에서 NO, HC (ppm C_1), 및 CO의 평균 농도 (ppm)를 구하라.

11.4 문제 11.3에 제시된 스파크 점화 기관의 엔진 출력 배출 수준에 해당하는 평균 연소 비효율성을 계산하라. 배기 스트림에 존재할 것으로 추정되는 수소를 포함하라.

11.5 문제 11.3에서 삼원 촉매 변환기가 스파크 점화 기관에 장착되어 있다. 주행 시간의 10% 동안 촉매는 차갑고(cold), 효과가 없어, 엔진의 배출물을 저감하지 못하나, 주행 시간의 90% 동안 촉매는 뜨겁고, 그림 11.62에 나타난 것과 같은 변환 효율을 갖는다. 저온 촉매와 고온촉매에 대해, NO_x, HC, CO의 평균 차량 배출량을 g/mile로 계산하라.

11.6 그림 15.18은 속도와 부하 함수로써 NO와 HC 배출량의 변화를 농도(ppm)로 표시한 것이다. 이 데이터를 ISNO (g/kW · h) 및 ISHC(g/kW · h)로 변환하여 속도와 imep에 대해 그려라. (대기 공기 밀도 기준으로) η_v = imep (kPa) $\times 10^{-3}$.

11.7 그림의 데이터를 사용하여 다음을 계산하라.

(a) 사이클 중 최대 입자상 물질 로딩(loading)에 대한 분율(fraction)로 배기 입자상 물질 배출량

(b) 연료 탄소의 분율로 측정된 수트 로빙과 배기 수트 로딩의 최댓값

(c) 수(number) 밀도 피크(22° ATC) 및 배기에 있는 각 수트 입자의 등가 구형 크기

입자상 물질 밀도는 2 g/cm^{3}으로 가정한다. 그림의 가스 체적은 표준 온도 및 압력에서 측정된 것이다.

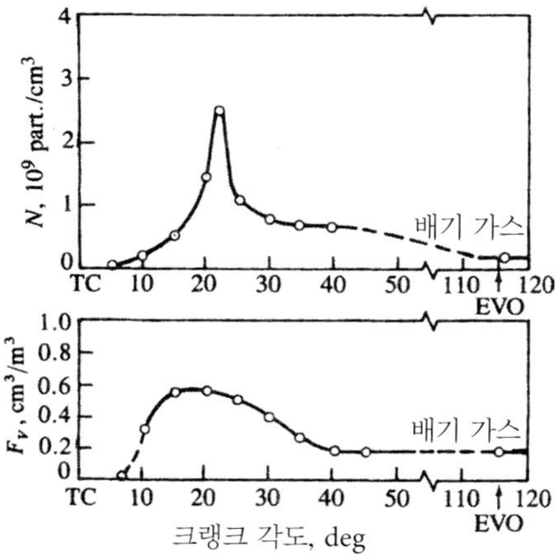

11.8 다음의 배기 가스의 배출량 경향을 설명하라. *중요한* 기술적 문제에 대한 간결하게 요약하라.

(a) 상대 공기/연료비 또는 연료/공기 당량비 ϕ가 다르기 때문에 디젤 엔진과 스파크 점화 기관의 질소 산화물(NO)은 상당히 다른 거동을 보인다(그림 11.8 및 11.16 참조). ϕ가 화학양론비의 희박한 부분으로 감소할 때, 이 그림을 같은 플롯(plot)에 다시 그리고, 두 종류의 엔진에 대해 다른 경향을 설명하라.

(b) 배기 가스의 일부 재순환은 부분 부하에서 질소 산화물 배출량을 제어하는 데 사용된다. 그림에서 보는 것과 같이 배기 가스 재순환은 보통 디젤보다 스파크 점화 기관에서 더 효과적이다. 왜 이러한 경향이 나타나는지 설명하라.

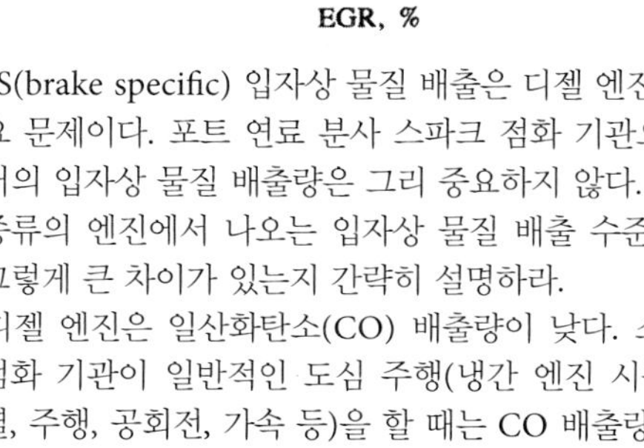

(c) BS(brake specific) 입자상 물질 배출은 디젤 엔진의 주요 문제이다. 포트 연료 분사 스파크 점화 기관으로부터의 입자상 물질 배출량은 그리 중요하지 않다. 이 두 종류의 엔진에서 나오는 입자상 물질 배출 수준이 왜 그렇게 큰 차이가 있는지 간략히 설명하라.

(d) 디젤 엔진은 일산화탄소(CO) 배출량이 낮다. 스파크 점화 기관이 일반적인 도심 주행(냉간 엔진 시동, 예열, 주행, 공회전, 가속 등)을 할 때는 CO 배출량이 상당하기 때문에, 효과적인 제어를 위해 산화 촉매가 필요하다. 디젤 엔진과 스파크 점화 기관에서 발생하는 평균 CO 배출량(촉매의 업스트림)의 차이에 대해 설명하라.

11.9 다음의 질문은 아래의 형상과 작동 특성을 가진 엔진에 대한 것이다. ϕ = 1.0, 압축비 8.1, 보어 85 mm, 행정 85 mm, 탑 링 위 피스톤 지름 84.4 mm, 피스톤 크라운에서 탑 링 까지의 거리 10 mm, 체적 효율 0.8, 압축 시작 시 실린더 내 온도 333 K, 압축 시작 시 실린더 내 압력 1 bar, 실린더로 들어오기 전 혼합물의 온도 30°C, 제동비연료소비(brake specific fuel consumption) 300 g/kWh이다.

스파크 점화 기관 탄화수소 배출의 상당 부분은 피스톤 크라운과 실린더 벽 사이의 틈에서 발생한다. 가스는 실린더 압력이 증가하면서 이 틈새(crevice)로 강제로 유입되고, 실린더 압력이 감소하면서 틈새를 빠져나간다. 틈새 가스는 벽 온도 400 K으로 가정한다. 화염 전면에서 틈새로 밀려 들어가는 가스는 미연소 혼합물이다; 화염 뒤에 밀려 들어가는 가스는 연소 혼합물이다. 틈새 가스의 약 2/3는 미연소 혼합물이다. 최대 실린더 압력은 3 MPa이다(아래 스케치 참조).

(a) (δ/B), (h/L), 실린더 최고 압력 크랭크 각도에서 실린더 볼륨 $V_{cyl}(\theta_{p\ max})$, 간극 체적 V_c, $\theta_{p\ max}$에서 평균 실린더 가스 온도, 벽 온도 T_w의 항으로 $\theta_{p\ max}$에서 이 피스톤 틈새 영역에 포함된 실린더 차지 부분에 대한 식을 유도하라. 틈새 압력이 실린더의 압력과 같고, 온도는 벽 온도 T_w와 같다고 가정한다.

(b) 평균 실린더 내 가스 온도가 2400 K일 때 피크 압력에서 피스톤과 실린더 벽 사이의 틈에 있고, 첫 번째 피스톤 링 위에 있는 실린더 가스의 질량 분율을 계산하라.

(d) 이 영역의 미연소 연료 절반은 실린더 내에서 산화되고, 1/3은 배기 포트에서 산환된다고 가정하면, 이 소스에서 배출되는 엔진-아웃 HC 배출량을 체적에 의한 ppm C_1 단위로 계산하라.

(d) 제동 비 연료 소비(brake specific fuel consumption)에 대한 제동 비 탄화수소(brake specific hydrocarbon) 배출량의 비를 계산하라.

(e) DI 엔잔을 사용하는 차량의 배기 HC 배출량은 0.1 g/mile이고, 가솔린은 25 mpg 소비된다. HC 촉매 효율은 0.96이다. 엔진 HC 배출량의 몇 %가 틈새로부터 발생하는가?

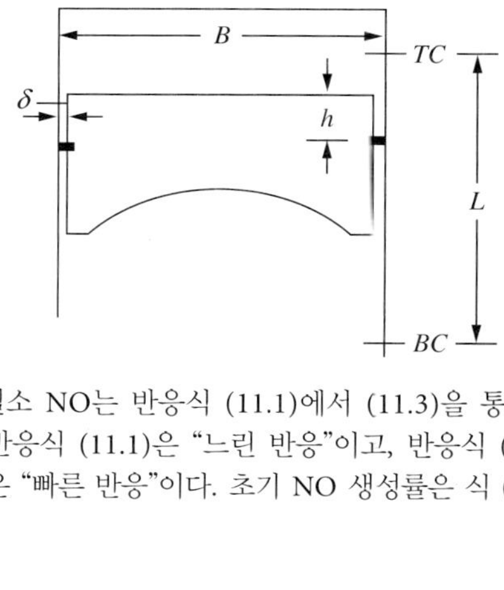

11.10 산화 질소 NO는 반응식 (11.1)에서 (11.3)을 통해 생성된다. 반응식 (11.1)은 "느린 반응"이고, 반응식 (11.2)와 (11.3)은 "빠른 반응"이다. 초기 NO 생성률은 식 (11.8)로

계산된다.

$$\frac{d[\text{NO}]}{dt} = 2k_1^+[\text{N}_2]_e[\text{O}]_e$$

여기서 [ ]는 g-mole /cm³단위로 농도를 나타내고, k_1^+는 반응식 (11.1)에 대한 속도 상수이다. 반응식 (11.1)에서 생성된 N 원자가 (11.2) 또는 (11.3)을 통해 즉시 반응하여 추가 NO 분자를 만들기 때문에 2의 인자가 들어간다.

$$k_1^+ = 7.6\times10^{13}\exp\left(\frac{-38,000}{T}\right)\text{cm}^3/\text{gmol}\cdot\text{s}$$

여기서 T의 단위는 캘빈(K)이다.

몰 분율 원자 산소(O), 분자 질소(N_2), 산화 질소(NO)에 대해 제공된 평형 구성 데이터를 사용하여 다음을 구하라.

(a) NO 생성률을 당량비 함수로서 3000 K, 5.5 MPa에서, 그리고 5.5 MPa 압력에서 화학양론적 혼합물의 온도 함수로 그려라.

(b) $\phi = 1$, 2750 K 및 3000 K, 5.5 MPa 압력에서 평형 NO 레벨에 도달하는 데 걸리는 시간을 대략적으로 추정하라.

(c) 엔진에 유입된 화학양론적 혼합물이 연소 후 3000 K, 5.5 MPa에 도달하는 경우(배기 가스 재순환 없음), NO 생성률을 4배 정도 낮추기 위해 흡기에 재순환 해야 하는 배기의 퍼센트(%)를 구하라(최종 압력은 5.5 MPa로 유지되고, 최종 온도는 배기 가스가 재순환 될 때 감소하는 것으로 가정한다).

p = 5.5 MPa

ϕ	T(K)	몰 분율	
		O	N_2
0.9	3000	2.1×10^{-3}	0.73
1.0	3000	2.1×10^{-3}	0.73
1.11	3000	2.1×10^{-3}	0.73

ϕ = 1.0, p = 5.5 MPa

T(K)	몰 분율		
	O	N_2	NO
2500	6×10^{-5}	0.73	-
2750	5×10^{-4}	0.73	4×10^{-3}
3000	1.5×10^{-3}	0.73	8×10^{-3}

11.11 다음의 데이터는 스로틀 전개, 2500 rev/min에서 화학양론비 조건으로 운전되는 2리터 가솔린 엔진과 관련된 것이다.

$$\dot{m}_{\text{air}} = 42\text{ g/s};\quad \dot{m}_{\text{fuel}} = 2.8\text{ g/s}$$

배기 가스 조성은

$$x_{CO_2} = 0.114;\ x_{CO} = 0.0114;\ x_{H_2O} = 0.120;$$

$$x_{H_2} = 0.0057;\ x_{O_2} = 0.0142;\ x_{CH_2} = 0.0038;\ x_{N_2} = 0.731$$

이다.

이 배기 가스는 완전히 산화되지 않은 엔진 배기 내의 종(species)들이 완전히 산화되는 산화 촉매 시스템을 통해 꾸준히 흐른다. 촉매로 들어가는 배기 가스 온도는 700 K이다. 촉매의 광범위한 표면적은 국부 촉매 및 가스 온도를 기본적으로 촉매를 통과하는 배기 유동과 동일하게 유지하며, 그 나머지 화학 에너지가 방출된다. 배기 가스의 완전한 산화를 위한 충분한 산소가 있음을 보이고, 외부 환경으로의 열손실은 무시하고, 촉매에서 나올 때 배기 가스의 온도를 계산하라. 배기 가스의 비열 c_p은 1.28 kJ/kg·K이다.

참고문헌

1. Bowman, C. T.: "Kinetics of Pollutant Formation and Destruction in Combustion," *Prog. Energy Combust. Sci.*, vol. 1, pp. 33–45, 1975.
2. Lavoie, G. A., Heywood, J. B., and Keck, J. G: "Experimental and Theoretical Investigation of Nitric Oxide Formation in Internal Combustion Engines," *Combust. Sci. Technol.*, vol. 1, pp. 313–326, 1970.
3. Heywood, J. B., Fay, J. A., and Linden, L. H.: "Jet Aircraft Air Pollutant Production and Dispersion," *AIAA J.*, vol. 9, no. 5, pp. 841–850, 1971.
4. Newhall, H. K., and Shahed, S. M.: "Kinetics of Nitric Oxide Formation in High-Pressure Flames," in *Proceedings of Thirteenth International Symposium on Combustion*, pp. 381–390, The Combustion Institute, Pittsburgh, 1971.
5. Hilliard, J. C, and Wheeler, R. W.: "Nitrogen Dioxide in Engine Exhaust," SAE paper 790691, *SAE Trans.*, vol. 88, 1979.
6. Merryman, E. L., and Levy, A.: "Nitrogen Oxide Formation in Flames: The Roles of NO_2 and Fuel Nitrogen," in *Proceedings of Fifteenth International Symposium on Combustion*, p. 1073, The Combustion Institute, Pittsburgh, 1975.
7. Komiyama, K., and Heywood, J. B.: "Predicting NO_x Emissions and Effects of Exhaust Gas Recirculation in Spark-Ignition Engines," SAE paper 730475, *SAE Trans.*, vol. 82, 1973.
8. Alperstein, M., and Bradow, R. L.: "Exhaust Emissions Related to Engine Combustion Reactions," SAE paper 660781, *SAE Trans.*, vol. 75, 1966.
9. Starkman, E. S., Stewart, H. E., and Zvonow, V. A.: "Investigation into Formation and Modification of Exhaust Emission Precursors," SAE paper 690020, 1969.
10. Lavoie, G. A.: "Spectroscopic Measurement of Nitric Oxide in Spark-Ignition Engines," *Combust. Flame*, vol. 15, pp. 97–108, 1970.
11. Blumberg, P., and Kummer, J. K.: "Prediction of NO Formation in Spark-Ignition Engines—An Analysis of Methods of Control," *Combust. Sci. Technol.*, vol. 4, pp. 73–96, 1971.

12. Sakai, Y., Miyazaki, H., and Mukai, K.: "The Effect of Combustion Chamber Shape on Nitrogen Oxides," SAE paper 730154, 1973.
13. Quader, A. A.: "Why Intake Charge Dilution Decreases Nitric Oxide Emission from Spark Ignition Engines," SAE paper 710009, *SAE Trans.,* vol. 80, 1971.
14. Benson, J. D., and Stebar, R. F.: "Effects of Charge Dilution on Nitric Oxide Emission from a Single-Cylinder Engine," SAE paper 710008, *SAE Trans.,* vol. 80, 1971.
15. Toda, T., Nohira, H., and Kobashi, K.: "Evaluation of Burned Gas Ratio (BGR) as a Predominant Factor to NO_x," SAE paper 760765, *SAE Trans.,* vol. 85, 1976.
16. Lavoie, G. A., and Blumberg, P. N.: "A Fundamental Model for Predicting Fuel Consumption, NO_x and HC Emissions of the Conventional Spark-Ignited Engine," *Combust. Sci. Technol,* vol. 21, pp. 225–258, 1980.
17. Lavoie, G. A., and Blumberg, P. N.: "Measurements of NO Emissions from a Stratified Charge Engine: Comparison of Theory and Experiment," *Combust. Sci. Technol,* vol. 8, p. 25, 1973.
18. Akinyemi, O. E., and Cheng, W. K., "A Flame Sheet Model for NO Production in Diesel Combustion Simulation," SAE paper 982586, 1998.
19. Vioculescu, I. A., and Borman, G. L.: "An Experimental Study of Diesel Engine Cylinder-Averaged NO_x Histories," SAE paper 780228, *SAE Trans.,* vol. 87, 1978.
20. Aoyagi, Y., Kamimoto, T., Matsui, Y., and Matsuoka, S.: "A Gas Sampling Study on the Formation Processes of Soot and NO in a DI Diesel Engine," SAE paper 800254, *SAE Trans.*, vol. 89, 1980.
21. Yu, R. C., and Shahed, S. M.: "Effects of Injection Timing and Exhaust Gas Recirculation on Emissions from a D.I. Diesel Engine," SAE paper 811234, *SAE Trans.,* vol. 90, 1981.
22. Dickey, D. W., Ryan III, T. W., and Matheaus, A. C., "NO_x Control in Heavy-Duty Diesel Engines—What is the Limit?" SAE paper 980174, 1998.
23. Plee, S. L., Ahmad, T., and Myers, J. P.: "Diesel NO_x Emissions—A Simple Correlation Technique for Intake Air Effects," in *Proceedings of Nineteenth International Symposium on Combustion,* pp. 1495–1502, The Combustion Institute, Pittsburgh, 1983.
24. Ahmad, T., and Plee, S. L.: "Application of Flame Temperature Correlations to Emissions from a Direct-Injection Diesel Engine," SAE paper 831734, *SAE Trans.,* vol. 92, 1983.
25. Harrington, J. A., and Shishu, R. C: "A Single-Cylinder Engine Study of the Effects of Fuel Type, Fuel Stoichiometry, and Hydrogen-to-Carbon Ratio and CO, NO, and HC Exhaust Emissions," SAE paper 730476, 1973.
26. Newhall, H. K.: "Kinetics of Engine-Generated Nitrogen Oxides and Carbon Monoxide," in *Proceedings of Twelfth International Symposium on Combustion,* pp. 603–613, Mono of Maryland, 1968.
27. Delichatsios, M. M.: "The Kinetics of CO Emissions from an Internal Combustion Engine," S.M. Thesis, Department of Mechanical Engineering, MIT, Cambridge, MA, June 1972.
28. Jackson, M. W.: "Analysis for Exhaust Gas Hydrocarbons—Nondispersive Infrared Versus Flame-Ionization," *J. Air Pollution Control Ass.,* vol. 16, p. 697–702, 1966.
29. Jackson, M. W.: "Effect of Catalytic Emission Control on Exhaust Hydrocarbon Composition and Reactivity," SAE paper 780624, *SAE Trans.,* vol. 87, 1978.
30. Carter, W. P. L.: *Updated Maximum Incremental Reactivity Scale and Hydrocarbon Bin Reactivities for Regulatory Applications,* Report to California Air Resources Board (Contract 07-339), University of California, Riverside, CA, January 28, 2010.
31. Lavoie, G. A.: "Correlations of Combustion Data for S.I. Engine Calculations—Laminar Flame Speed, Quench Distance and Global Reaction Rates," SAE paper 780229, *SAE Trans.,* vol. 87, 1978.
32. Smith, P., Cheng, W. K., and Heywood, J. B.: "Crevice Volume Effect on Spark Ignition Engine Efficiency," SAE paper 2014-01-2602, 2014.
33. Kaiser, E. W., Adamczyk, A. A., and Lavoie, G. A.: "The Effect of Oil Layers on the Hydrocarbon Emissions Generated During Closed Vessel Combustion," in *Proceedings of Eighteenth International Symposium on Combustion,* pp. 1881–1890, The Combustion Institute, Pittsburgh, 1981.
34. Cheng, W. K., Hamrin, D., Heywood, J. B., Hochgreb, S., Min, K., and Norris, M.: "An Overview of Hydrocarbon Emissions Mechanisms in Spark-Ignition Engines," SAE paper 932708, *SAE Trans., vol. 102, 1993.*
35. Amann, C. A.: "Control of the Homogeneous-Charge Passenger-Car Engine—Defining the Problem," SAE paper 801440, 1980.
36. Tabaczynski, R. J., Heywood, J. B., and Keck, J. C: "Time-Resolved Measurements of Hydrocarbon Mass Flow Rate in the Exhaust of a Spark-Ignition Engine," SAE paper 720112, *SAE Trans.,* vol. 81, 1972.
37. LoRusso, J. A., Lavoie, G. A., and Kaiser, E. W.: "An Electrohydraulic Gas Sampling Valve with Application to Hydrocarbon Emissions Studies," SAE paper 800045, *SAE Trans.,* vol. 89, 1980.
38. Namazian, M., and Heywood, J. B.: "Flow in the Piston-Cylinder-Ring Crevices of a Spark-Ignition Engine: Effect on Hydrocarbon Emissions, Efficiency and Power," SAE paper 820088, *SAE Trans.,* vol. 91, 1982.
39. Furuhama, S., and Tateishi, Y.: "Gases in Piston Top-Land Space of Gasoline Engine," *Trans. SAE J.,* no. 4, 1972.
40. Bignion, E., and Spicher, U.: "Investigation of the Influence of Top Land Crevice Geometry on Hydrocarbon Emissions from SI Engines," SAE paper 982560, 1998.
41. Adamczyk, A. A., Kaiser, E. W., and Lavoie, G. A.: "A Combustion Bomb Study of the Hydrocarbon Emissions from Engine Crevices," *Combust. Sci. Technol.,* vol. 33, pp. 261–277, 1983.
42. Wentworth, J. T.: "Piston and Ring Variables Affect Exhaust Hydrocarbon Emissions," SAE paper 680109, *SAE Trans.,* vol. 77, 1968.
43. Kaiser, E. W., LoRusso, J. A., Lavoie, G. A., and Adamczyk, A. A.: "The Effect of Oil Layers on the Hydrocarbon Emissions from Spark-Ignited Engines," *Combust. Sci. TechnoL,* vol. 28, pp. 69–73, 1982.
44. McGeehan, J. A.: "A Literature Review of the Effects of Piston and Ring Friction and Lubricating Oil Viscosity on Fuel Economy," SAE paper 780673, *SAE Trans.,* vol. 87, 1978.
45. Shin, K., Tateishi, Y., and Furuhama, S.: "Measurement of Oil-Film-Thickness between Piston Ring and Cylinder," SAE paper 830068, *SAE Trans.,* vol. 92, 1983.
46. Ishizawa, S., and Takagi, Y.: "A Sudy of HC Emission from a Spark-Ignition Engine (the Influence of Fuel Absorbed into Cylinder Lubricating Oil Film), *JSME Int. J.,* vol. 30, no. 260, pp. 310–317, 1987.
47. Gatellier, B., Trapy, J., Herrier, D., and Quelin, J.: "Hydrocarbon Emissions of SI Engines as Influenced by Fuel Absorption-Desorption in Oil Films," SAE paper 920095, 1992.
48. Kaiser, E., Siegl, N., and Russ, S.: "Fuel Composition Effects on Hydrocarbon Emissions from a Spark-Ignited Engine," SAE paper 952542, 1995.
49. Frottier, V., Heywood, J. B., and Hochgreb, S.: "Measurement of Gasoline Absorption into Engine Lubricating Oil," SAE paper 961229, in *Engine and Gear Lubricants (SP-1183).*
50. Tondelli, G., Carriero, M., and Pedicillo, A.: "Combustion Chamber Deposits: Fuel and Lubricant Effects on Exhaust Hydrocarbon Emissions Measured by Fast FID Analyzer,' SAE paper 2000-01-2024, 2000.
51. Valtadoros, T. H., Wong, V. W., and Heywood, J. B.: "Fuel Additive Effects on Deposit Build-Up and Engine Operating Characteristics,"

ACS Preprints, Vol. 36, No. 1, Symposium on Fuel Composition/Deposit Formation Tendencies, Division of Petroleum Chemistry, American Chemical Society, 1991.

52. Cheng, C.-O., Cheng, W. K., Heywood, J. B., Maroteaux, D., and Collings, N.: "Intake Port Phenomena in a Spark-Ignition Engine at Part Load," SAE paper 912401, *SAE Trans.*, vol. 100, 1991.
53. Landsberg, G. B., Heywood, J. B., and Cheng, W. K.: "Contribution of Liquid Fuel to Hydrocarbon Emissions in Spark Ignition Engines," SAE paper 2001-01-3587, *SAE Trans.*, vol. 110, 2001.
54. Fox, J. W., Min, K.-D., Cheng, W. K., and Heywood, J. B.: "Mixture Preparation in a SI Engine with Port Fuel Injection During Starting and Warm-Up," SAE paper 922170, *SAE Trans.*, vol. 101, 1992.
55. Costanzo, V., and Heywood, J. B.: "Effect of In-Cylinder Liquid Fuel Films on Engine-Out Unburned Hydrocarbon Emissions for an SI Engine," SAE paper 2012-01-1712, 2012.
56. Zhao, F., Harrington, D. L., and Lai, M.-C.: *Automotive Gasoline Direct-Injection Engines,* SAE, 2002.
57. Daniel, W. A.: "Why Engine Variables Affect Exhaust Hydrocarbon Emission," SAE paper 700108, *SAE Trans.*, vol. 79, 1970.
58. Ekchian, A., Heywood, J. B., and Rife, J. M.: "Time Resolved Measurements of the Exhaust from a Jet Ignition Prechamber Stratified Charge Engine," SAE paper 770043, *SAE Trans.*, vol. 86, 1977.
59. Lee, D., and Heywood, J. B.: "Effects of Secondary Air Injection During Cold Start of SI Engines," SAE paper 2010-01-2124, *SAE Journal of Engines*, V119-3EJ, December 2010.
60. Greeves, G., Khan, I. M., Wang, C. H. T., and Fenne, I.: "Origins of Hydrocarbon Emissions from Diesel Engines," SAE paper 770259, *SAE Trans.*, vol. 86, 1977.
61. Schaberg, P., Zarling, D. D., Waytulonis, R. W., and Kittleson, D. B.: "Exhaust Particle Number and Size Distributions with Conventional and Fischer-Tropsch Diesel Fuels," SAE paper 2002-01-2727, 2002.
62. Cadle, S. H., Nebel, G. J., and Williams, R. L.: "Measurements of Unregulated Emissions from General Motors' Light-Duty Vehicles," SAE paper 790694, *SAE Trans.*, vol. 88, 1979.
63. Bosch, R.: *Automotive Handbook*, 8th edition, Robert Bosch GmbH, SAE, 2011.
64. Baumgard, K. J., and Johnson, J. H.: "The Effect of Fuel and Engine Design on Diesel Exhaust Particle Size Distributions," SAE paper 960131, 1996.
65. Ladommatos, N., Balian, R., Horrocks, R., and Cooper, L.: "The Effect of Exhaust Gas Recirculation on Soot Formation in a High-Speed Direct-Injection Diesel Engine," SAE paper 960841, 1996.
66. Miller, A., Ahlstrand, G., Kittleson, D., and Jachanah, M.: "The Fate of Metal (Fe) during Diesel Combustion: Morphology, Chemistry, and Formation Pathways of Nanoparticles," *Combust. Flame, vol.* 149, pp. 129–143, 2007.
67. Amann, C. A., and Siegla, D. C.: "Diesel Particulates—What They Are and Why," *Aerosol Sci. Technol.*, vol. 1, pp. 73–101, 1982.
68. Lahaye, J., and Prado, G.: "Morphology and Internal Structure of Soot and Carbon Blacks," in *Particulate Carbon Formation during Combustion,* D. C. Siegla and G. W. Smith (eds), pp. 33–55, Plenum Press, New York, 1981.
69. Smith, O. I.: "Fundamentals of Soot Formation in Flames with Application to Diesel Engine Particulate Emissions," *Prog. Energy Combust. Sci.,* vol. 7, pp. 275–291, 1981.
70. Heywood, J. B., and Sher, E.: *The Two-Stroke Cycle Engine,* Taylor & Francis, Philadelphia, and SAE, 1999.
71. Flynn, P., Durrett, R., Hunter, G., zur Loye, A., Akinyemi, O., Dec, J., and Westbrook, C., et al.: "Diesel Combustion: An Integrated View Combining Laser Diagnostics, Chemical Kinetics, and Empirical Validation," SAE paper 1999-01-0509, 1999.
72. Haynes, B. S., and Wagner, H. G.: "Soot Formation," *Prog. Energy Combust. Sci.*, vol. 7, pp. 229–273, 1981.
73. Park, C., and Appleton, J. P.: "Shock-Tube Measurements of Soot Oxidation Rates," *Combust. Flame,* vol. 20, pp. 369–379, 1973.
74. Amann, C. A., Stivender, D. L., Plee, S. L., and MacDonald, J. S.: "Some Rudiments of Diesel Particulate Emissions," SAE paper 800251, *SAE Trans.,* vol. 89, 1980.
75. Otto, K., Sieg, M. H., Zinbo, M., and Bartosiewicz, L.: "The Oxidation of Soot Deposits from Diesel Engines," SAE paper 800336, *SAE Trans.,* vol. 89, 1980.
76. Fenimore, C.P., and Jones, G.W.: "Oxidation of Soot by Hydroxy Radicals," *The Journal of Physical Chemistry*, vol. 71, no. 3, 1967.
77. Kittleson, D. B., Sun, R., Blackshear, Jr., P. L., and Brehob, D. D.: "Oxidation of Soot Agglomerates in a Direct Injection Diesel Engine," SAE paper 920111, 1992.
78. Heck, R. M., and Farrauto, R. J.: *Catalytic Air Pollution Control,* Van Nostrand Reinhold, New York, 1995.
79. Majewski, W. A., and Khair, M. K.: *Diesel Emissions and their Control,* SAE International, 2006.
80. Takada, T., Itoh, H., and Yaegashi, T.: "Study of Divided Converter Catalytic System Satisfying Quick Warm Up and High Heat Resistance," SAE paper 960797, 1996.
81. Kummer, J. T.: "Catalysts for Automobile Emission Control," *Prog. Energy Combust. Sci.,* vol. 6, pp. 177–199, 1981.
82. Hammerle, R., and Truex, T.: "The Kinetics of SO_2 Oxidation for Various Catalyst Compositions," SAE paper 760090, 1976.
83. Eastwood, P.: *Critical Topics in Exhaust Gas Aftertreatment,* Research Studies Press Ltd., England, 2000.
84. Yoshida, T., Sato, A., Suzuki, H., Tanabe, T., and Takahashi, N.: "Development of High Performance Three-Way-Catalyst," SAE paper 2006-01-1061, 2006.
85. Harada, J., Tomita, T., Mizuno, H., Mashiki, Z., and Ito, Y.: "Development of Direct Injection Gasoline Engine," SAE paper 970540, 1997.
86. Johnson, T.V., "Vehicular Emissions in Review," SAE paper 2012-01-0368, *SAE Int., J. Engines*, vol. 5, pp. 216–234, 2012.
87. Gieshoff, J., Schafer-Sindinger, A., Spurk, P. C., van den Tillaart, A. A., and Garr, G.: "Improved SCR Systems for Heavy Duty Applications," SAE paper 2001-01-0189, in *Diesel Exhaust Aftertreatment 2000-2007*, M. Khair and F. Millo (eds), *SAE Int.*, 2008.
88. Johnson, T. V.: "Vehicular Emissions in Review," SAE paper 2013-01-0538, *SAE Int., J. Engines*, vol. 6, no. 2, pp. 699–715, 2013.
89. Abthoff, J., Schuster, H., Langer, H., and Loose, G.: "The Regenerable Trap Oxidizer—An Emission Control Technique for Diesel Engines," SAE paper 850015, 1985.
90. Salvat, O., Marez, P., and Belot, G.: "Passenger Car Serial Application of a Particulate Filter System on a Common Rail Direct Injection Diesel Engine," SAE paper 2000-01-0473, 2000.
91. Conway, R., Chatterjee, S., Beavan, A., Goersmann, C., and Walker, A.: "NO_x and PM Reduction Using Combined SCR and DPF Technology in Heavy Duty Diesel Applications," SAE paper 2005-01-3548, in *Diesel Exhaust Aftertreatment 2000-2007,* J. Khair and F. Millo (eds), SAE, 2008.
92. Herrmuth, H., Cartus, T., Ducellari, R., and Derschmidt, O.: "Combined NO_x and PM Exhaust Gas Aftertreatment Approaches for HSDI Diesel Engines," SAE paper 2004-01-1425, in *Diesel Exhaust Aftertreatment 2000-2007,* M. Khair and F. Millo (eds), SAE, 2008.

CHAPTER 12

엔진의 열전달

Engine Heat Transfer

12.1 열전달의 중요성 _*Importance of Heat Transfers*

열전달은 엔진 실린더 내에서 연료의 화학에너지가 열에너지로 변환될 대 발생되는 현상이다. 그 결과 효율의 손실이 발생한다. 내연기관의 실린더 내 최대 연소가스 온도가 2500 K 정도이므로, 이것은 본질적인 손실이라 할 수 있다. 연소실 내부의 최대 금속 온도는 많은 고려사항에 의해 더 낮게 제한되고, 실린더 헤드, 실린더, 피스톤에 대한 냉각이 필요하다. 이러한 조건들은 열 유속을 연소실 벽면으로 유도하며, 연소 기간 동안 최대 10 MW / m^{2}까지 도달할 수 있다. 하지만, 그 외 엔진의 운전 사이클 동안 열 유속은 거의 제로에 가깝다. 이 유속(흐름)은 위치에 따라 상당히 달라지며, 주기적이다. 빠르게 움직이는 고온 연소 가스에 의해 접촉되는 챔버 영역은 일반적으로 가장 높은 열 유속을 경험한다. 열 유속이 높은 영역에서, 열 응력은 피로 균열을 일으킬 수 있는 수준 이하로 유지되어야 한다(그래서 주철의 경우 약 400°C 이하, 알루미늄합금의 경우 300°C 이하여야 한다). 실린더 라이너의 가스 측면 표면은 윤활유 필름이 열화되지 않도록 약 180°C 이하로 유지되어야 한다. 점화플러그와 밸브는 노킹과 점화(preignition) 문제를 피할 수 있을 만큼 충분히 냉각되어야 한다. 이것은 과열된 점화 플러그 전극이나 배기 밸브에서 발생할 수 있다. 이러한 엔진 열전달 문제를 해결하는 것은 설계의 중요한 과제이다.

열전달은 엔진성능, 효율, 배기 가스에 영향을 준다. 실린더 내 특정 연료 질량의 경우, 연소실 벽면으로의 더 많은 열전달은 평균 연소 가스 온도와 압력을 낮추고, 피스톤에 전달되는 사이클 당 일의 양을 감소시킨다. 따라서 비 출력과 효율은 엔진 열전달의 크기에 영향을 받는다. 스파크 점화기관의 미 연소 혼합기와 연소실 벽면 사이의 열전달은 노킹의 시작에 영향을 주고, 이로 인한 압축비의 제한으로 엔진의 출력과 효율에도 영향을 주게 된다. 특히 중요한 것은 고온 배기 밸브와 피스톤 크라운에서 연소되지 않은 혼합기로의 열전달이다. 열전달에 의한 기체 온도의 변화는 엔진의 실린더 내부와 CO와 HC의 후 연소가 일어나는 배기계통에서 배기 배출물 생성 과정에 영향을 줄 수 있다. 또한 배기 온도는 터보차저의 터빈과 같이 배기에너지로 구동되는 장치의 출력이나 촉매나 매연저감장치와 같은 배기 후처리장치의 효율에 큰 영향을 미친다. 엔진 마찰은 엔진의 열전달에 영향을 받기도 하고, 냉각수 부하에 도움이 되기도 한다. 실린더 라이너 온도는 피스톤과 링 윤활 오일 필름 온도를 결정하며, 그에 따라 점도를 조절한다. 온도 불균형으로 인한 피스톤과 라이너의 변형은 엔진 마찰의 피스톤-링 구성 요소에 상당한 영향을 미친다. 마찰로 인한 소멸된 기계 에너지의 대부분은 냉각장치를 통해 대기 중으로 방출되어야 한다. 팬과 물 펌프의 출력 요건은 방출되는 열의 크기에 따라 결정된다. 엔진 열전달의 중요성은 분명하다. 열전달을 보다 완전하게 확인하려면, 엔진의 서브시스템을 고려하는 것이 좋다. 흡기 계통은 흡기 매니폴드와 흡기 포트, 밸브로 구성된다. 유입되는 흡입 공기에 대한 열전달은 체적 효율을 감소시킨다(6.2.1절 참고). 하지만 흡입구와 밸브 표면 온도가 높을수록 연료의 증발을 돕기도 한다. 엔진 실린더 내부에서 벽면 온도와 유동장에 대한 상대적인 흡입 공기의 온도는 사이클 전체에 걸쳐 상당히 다르다. 이 두 가지 모두 열전달에 큰 영향을 미친다. 흡입 과정 중에 유입되는 흡입 공기의 온도는 일반적으로 벽면의 온도보다 낮고, 유동 속도가 빠르다. 압축 과정 중의 흡입 공기의 온도는 벽면 온도 보다 높게 상승하고, 기체의 속도는 감소한다(8.2.2절 참고). 따라서 열전달은 방향을 바꾸어 실린더 가스에서 연소실 벽면으로 이동한다. 연소 중 가스 온도는 매우 높게 증가하며, 연료-공기 혼합기가 연소할 때 발생하는 국부적인 가스 팽창은 가스 운동을 증가시킨다. 이 시기는 벽면으로 가는 열전달률이 가장 높은 기간이다. 또한 실린더 압력이 상승함에 따라 실린더 내 혼합기의 일부가 크레비스 영역으로 밀려들어가고, 추가 열 손실이 발생한다(8.6절 참조). 팽창 과정 동안 가스 온도는 감소하기 때문에 열전달 속도는 감소한다. 그러나 배기 밸브가 열리면 블로다운 과정(6.5절 참고)은 실린더 내에서 높은 속도를 발생시키며 배기 밸브를 지나 배기 포트로 들어간다. 배기 가스에서 배기밸브, 포트 및 (낮은 범위까지) 매니폴드로의 상당한 열전달이 배기 과정 중에 발생한다. 작동유체, 흡기시스템, 연소실 및 배기 시스템 사이의 열전달 크기와 냉각수에 대한 열전달의 크기를 예측하는 능력은 엔진 설계자에게 매우 중요하다. Sitkei는 엔진 열전달에 대한 유용한 개요를 제공한다.[1]

12.2 열전달 모드 _*Modes of Heat Transfer*

다음 열전달 모드는 중요하다.

12.2.1 전도

열은 분자의 운동에 의해, 고체와 정지된 유체를 통해, 온도 변화로 인해 전달된다. 정상상태에서 전도에 의한 단위시간당, 단위면적당 열전달 $\dot{\mathbf{q}}$은 Fourier 법칙으로 나타난다.

$$\dot{\mathbf{q}} = k\nabla T \tag{12.1}$$

여기서 k는 열전도율이다. 1차원 정상상태에서의 온도 변화에 대해서는

$$\dot{q} = \frac{\dot{Q}}{A} = -k\frac{dT}{dx}$$

열은 실린더 헤드, 실린더 라이너 및 피스톤을 통해 전도되어 전달되며, 피스톤 링을 통해 실린더 벽으로 전달되고, 엔진 블록과 매니폴드를 통해 전달된다.

12.2.2 대류

열은 움직이는 액체를 통해, 그리고 유체와 고체 표면 사이에서 전달된다. 유체의 움직임이 중력이 아닌 힘에 의해 생성될 때 *강제대류*라고 한다. 엔진에서 유체의 유동은 난류이다(8장 참고)

열(더 정확히는 열에너지)은 유동, 압축, 팽창, 및 배기 과정 중에 실린더 헤드, 밸브, 실린더 벽면 및 피스톤 사이의 강제 대류에 의해 전달된다. 열은 실린더 벽과 헤드에서 냉각수(액체 또는 가스일 수 있음)로 강제 대류에 의해 전달되며, 윤활유가 피스톤 냉각수로 사용될 때 피스톤에서 전달된다. 배기 과정 중에 배기 밸브, 배기 포트 및 배기 매니폴드에 상당한 대류 열전달이 발생한다. 흡기 포트 및 밸브 표면으로부터 대류에 의한 열전달은 유입되는 흡

기의 온도를 높인다. 또한 열은 대류를 통해 엔진블록에서 주변 환경으로 전달된다.

정상유동 강제 대류 열전달 문제에서 온도 T에서 흐르는 유체부터 온도 T_w의 고체 표면으로 전달되는 열유속 $\dot{q}$은 다음의 관계에 의해 결정된다. 여기서 h_c는 열전달계수이다.[a]

$$\dot{q} = h_c(T - T_w) \tag{12.2}$$

다양한 유동 형상(예를 들면, 파이프 내 유동, 평면 위의 유동)에 대한 h_c는 다음의 상관관계에 의해 주어진다. 여기서 L과 v는 각각 특성 길이와 유체의 유동 속드를 나타낸다.

$$\left(\frac{h_c L}{k}\right) = \text{constant} \times \left(\frac{\rho v L}{\mu}\right)^m \left(\frac{c_p \mu}{k}\right)^n \tag{12.3}$$

왼쪽에서 오른쪽으로 괄호 안에 있는 용어는 각각 Nusselt, Reynolds, Prandtl 무차원수를 나타낸다. 기체의 경우 Prandtl 수 $(c_p\mu/k)$는 거의 차이가 없으며, 약 0.7이다(4.8절 참고). m과 n의 값은 일반적으로 0.8과 0.3이다. 수냉식 실린더 헤드의 냉각수측 고온 유속 영역의 경우처럼, 표면에서 핵비등이 발생하면(즉, 고온벽의 액체에서 증기 버블이 형성되는 경우) h_c는 증가하며, h_c에 대한 다른 관계를 사용해야 한다.

12.2.3 복사

복사에 의한 열 교환은 전자기파의 방출과 흡수를 통해 발생한다. 상당한 열에너지가 전달되는 파장은 가시거리(0.4 μm~0.7 μm)와 적외선(0.7~100 μm)에 있다. 복사에 의한 열전달은 고온 연소 가스 및 화염 영역에서 연소실 벽면으로 발생한다(대류 열전달에 대한 복사 열전달의 크기는 디젤 엔진에서만 유의미하다). 주위에 대한 복사 열전달은 엔진의 뜨거운 외부 표면에서 발생한다.

복사 열전달 이론은 '흑체'라는 개념에서 출발한다. 즉, 흑체는 반사 없이 일정한 온도에서 열적 평형을 이루어 복사만으로 열을 방출하는 물체이다. 온도 T_1인 흑체의 한 면으로부터 어떠한 흡수 물질도 없는 공간으로 (온도 T_2) 방출되는 열 유속은 식 (12.4)와 같으며, σ는 Stefan-Boltzmann 상수 (5.67×10^{-8} W/m^2·K^4)이다.

$$\dot{q} = \sigma(T_1^4 - T_2^4) \tag{12.4}$$

실제 표면은 "검은색"이 아니며, 파장에 따라 달라지는 정도로 방사선을 반사한다. 가스는 이러한 이상적인 흑체와는 다르다. 가스는 각 분자종의 특징인 특정 파장 대역 내에서 거의 독점적으로 방사선을 흡수하고 방출한다. 이러한 가스와 흑체의 거동 차이는 보통 식 (12.4)에 스케일 지수(scale factor)(*방사율*, ε)를 적용하여 처리한다. 마찬가지로, 어떤 실제 표면에도 방사선의 발생각도가 다르다는 점을 감안하여 형상 인자를 적용한다. 이러한 요인은 간단한 경우에 대하여 계산할 수 있다.

12.2.4 전반적인 열전달 과정

그림 12.1은 실린더 내 연소실 벽면에서 냉각수 유동방향으로 고온 가스에 의해 일어나는 전반적인 열전달 과정의 개략도다. 벽으로 들어가는 열 유속은 일반적으로 대류 성분과 복사 성분을 모두 가지고 있다. 열 유속은 벽을 통해 전도된 후 벽에서 냉각수 쪽으로 전달된다. 그림 12.1은 평균 가스 온도($\bar{T}_g$) 및 냉각수 온도($\bar{T}_c$)의 도식화된 온도 프로파일을 나타낸 것이다.

---

[a] h_c는 경험상수이다. 보통 실험데이터의 상관관계에 의해 결정된다. 12.4절 참고.

내연기관에서 각 엔진 작동 사이클 동안, 열전달은 다양한 가스 압력과 온도의 조건에서 일어나며, 흡기 포트와 연소실 형상에 따라 다소 빠르게 변화하는 국부 영역의 속도와 함께 일어난다(8장 참고). 또한 연소실의 표면적은 사이클 동안 변화한다. 벽면으로의 열 유속은 흡입 과정 중 작은 음수 값에서 팽창 과정 초기에 연소가 진행되는 동안 평방미터당 수 메가와트 양의 수준으로 연속적으로 변화한다. 유속 변동은 가스 온도 변화보다 조금 늦지만, 연구자들은 열전달과정이 준 *정상상태*라는 가정이 대부분의 목적에 충분히 정확하다는 결론을 내렸다. 하지만, 연소실 내에서 가스 온도와 속도가 다르기 때문에 연소실 벽면에 대한 열 유속 분포 또한 균일하지 않다.

그림 12.1과 같이 벽면을 통과하는 1차원 정상 열 유동에 대한 열 유속과 온도는 식 (12.5)와 식 (12.6)으로 표현할 수 있다.

가스 측면:
$$\dot{q} = \dot{q}_{\text{CV}} + \dot{q}_{\text{R}} = h_{c,g}(\bar{T}_g - T_{w,g}) + \sigma\varepsilon(\bar{T}_g^4 - \bar{T}_{w,g}^4) \tag{12.5}$$

ε는 방사율이다. SI 엔진에서 복사(radiation) 항은 보통 무시한다.

벽:
$$\dot{q} = \dot{q}_{\text{CN}} = \frac{k(T_{w,g} - T_{w,c})}{t_w} \tag{12.6}$$

냉각수:
$$\dot{q} = \dot{q}_{\text{CV}} = h_{c,c}(T_{w,c} - \bar{T}_c) \tag{12.7}$$

만약 $h_{c,g}$와 $h_{c,c}$를 알고 있다면, 온도 $\bar{T}_g$, $T_{w,g}$, $T_{w,c}$, $\bar{T}_c$는 서로 연결될 수 있다.

식 (12.5), (12.6), (12.7)은 온도차를 갖는 다른 열전달 모드 스케일에 대한 단위 면적당 열 유속을 나타낸다 [예, 고온 유체와 벽면 사이, 가스 측 대류용 식 (12.5) 전도용 실린더 헤드의 뜨겁고 차가운 측면]. 전기회로거동과 분명히 유사하다. 열유속은 사실상 전류와 유사하고, 구동되는 온도 차이는 전압의 차이로 볼 수 있다. $I = V/R$이므로, 이러한 방정식은 열전달 순서(그림 12.1에 나타난 바와 같이)에 관련된 세 가지 열 저항을 식 (12.8*a*, *b*, *c*)로 정의할 수 있다.

$$R_{\text{CV},g} = \frac{1}{h_{c,g}A},\ R_{\text{CN}} = \frac{t_w}{kA},\ R_{\text{CV},c} = \frac{1}{h_{c,c}A} \tag{12.8a, b, c}$$

만약 "전류"가 $\dot{Q}$가 아니라 $\dot{q}$라면 표면적 A는 빠져야 함에 주의해야 한다. 또한, 스파크 점화기관에서 식 (12.5)의 방사항은 무시할 수 있어 생략되었다. 디젤의 기체-벽면 열전달 과정

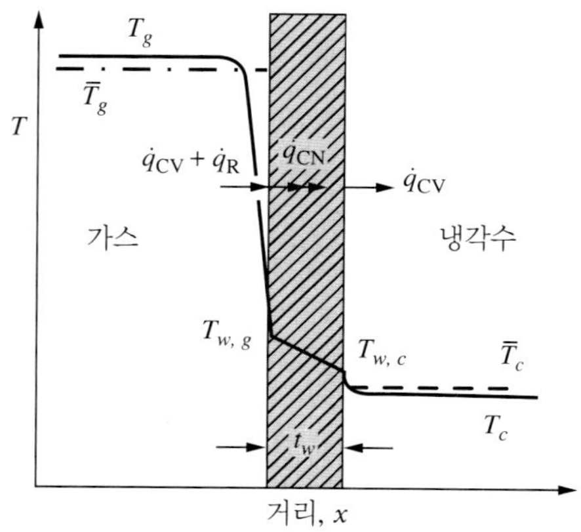

그림 12.1 연소실 벽면에서의 온도 분포와 열 유동에 대한 개략도

에서 중요한 방사항은 $(\bar{T}_g - \bar{T}_w)$로 선형화될 수 있다.[b]

금속 연소실 벽면과 냉각수의 열적 관성이 크기 때문에 열전달 과정은 사실상 준 평형상태이다. 따라서 열적 "회로"는 3개의 직렬 저항으로 작용하고, 따라서 전체 저항은 다음과 같다.

$$\frac{1}{hA} = \frac{1}{h_g A} + \frac{t_w}{kA} + \frac{1}{h_c A} \tag{12.9}$$

다시, 만약 단위면적당 열 유속 $\dot{q}$가 $\dot{Q}$로 대체될 수 있다면, 식 (12.9)의 각 항으로부터 A는 제거될 수 있다. 그림 12.1에서 기체–금속 열전달 저항[식 (12.9)의 오른쪽 첫 번째 항]을 나타내는 온도 분포는 실린더 내 기체 온도가 벽 온도보다 훨씬 높을 때 사이클의 일부 중에서 가장 크다. 알루미늄 벽의 k는 주철 k의 3배(180과 60 W/m · K)이다.

전기저항 네트워크와 유사한 이 *열 저항* 접근방법은 보다 복잡한 열전달 문제를 해결하는데 주로 사용된다. 물론, 불안정한 엔진 열전달 상황을 분석하는 것은 정전용량과 유사한 열 용량과의 결합이 가능하다.

그림 12.2는 엔진(피스톤, 엔진 블럭, 실린더 헤드, 배기매니폴드)의 실린더 하나에 대한 저항–콘덴서 네트워크 모델의 샘플을 보여준다.[2] 이러한 모델은 정상상태 및 과도 엔진 작동 조건에 대한 엔진 열 유속 및 구성 요소 온도를 시뮬레이션 할 수 있다. 집중용량은 열 용량 과도를 모델링하는데 사용된다. 열전달 서브 모델(예, 전도, 대류)은 저항 결합을 제공한다. 이러한 집중 매개변수 방법은 시스템의 각 노드에 에너지 보존을 적용한다. 여기에는 노드의 세 가지 타입이 포함되어있다. 용량 노드들은 열 용량을 가지고 있어 시뮬레이션의 동적 요소를 제공한다.

산술 노드들은 질량 혹은 열 용량이 없어서 주변 노드의 온도 변화에 즉각적으로 반응한다. 이것은 노드의 응답 시간 상수가 모델 나머지의 시간상수보다 훨씬 짧은 경우에 적합하다. 특정 온도를 가지는 노드의 세 번째 유형은 경계조건이다. 각 노드는 단지 인접한 노드들과 전도, 대류, 복사열 흐름을 통해 저항으로 모델링 되고 보여진다. 엔진의 유체(흡기 유동–공기와 연료, 연소된 실린더 내 가스들, 배기 유동, 냉각수 유동, 오일 유동)는 이러한 네트워크에 구동되거나 반응한다. 보다 자세한 내용과 결과는 참고문헌 2에 주어진다.

12.3 열전달과 엔진의 에너지 평형 _*Heat Transfer and Engine Energy Balance*

엔진에 대한 전반적인 에너지 균형의 첫 번째 법칙은 초기 연료 에너지 기질에 대한 유용한 정보를 제공한다. 엔진을 둘러싸는 검사체적에서(그림 3.8 참고), 정상유동 에너지 보존 방정식은 다음과 같다.

$$\dot{m}_f h_f + \dot{m}_a h_a = P_b + \dot{Q}_{\text{cool}} + \dot{Q}_{\text{misc}} + (\dot{m}_f + \dot{m}_a) h_e \tag{12.10}$$

표에서 P_b는 제동력, $\dot{Q}_{\text{cool}}$은 냉각 매체로의 열전달률, $\dot{Q}_{\text{misc}}$는 오일로의 열 방출률(별도로 냉각되었을 때)과 엔진 외부 표면으로부터의 대류와 복사를 더한 것이다. 배기 엔탈피 h_e를 현열 부분 $h_{e,s} = h_e(T) - h_e(298\text{ K})$과 배기 기준 상태 엔탈피로 나누는 것이 편리하다(4.5절 참고). 그러면 식 (12.10)은 아래와 같이 쓸 수 있다.

---

[b] 식 (12.5)에서 $(\bar{T}_g^4 - \bar{T}_{w,g}^4)$은 $(\bar{T}_g^2 + \bar{T}_w^2)(\bar{T}_g + \bar{T}_w)(\bar{T}_g - T_w)$로 다시 쓸 수 있으며, 합리적인 가정으로 $(\bar{T}_g - T_{w,g})$와 선형적으로 축척(scaled)될 수 있다.

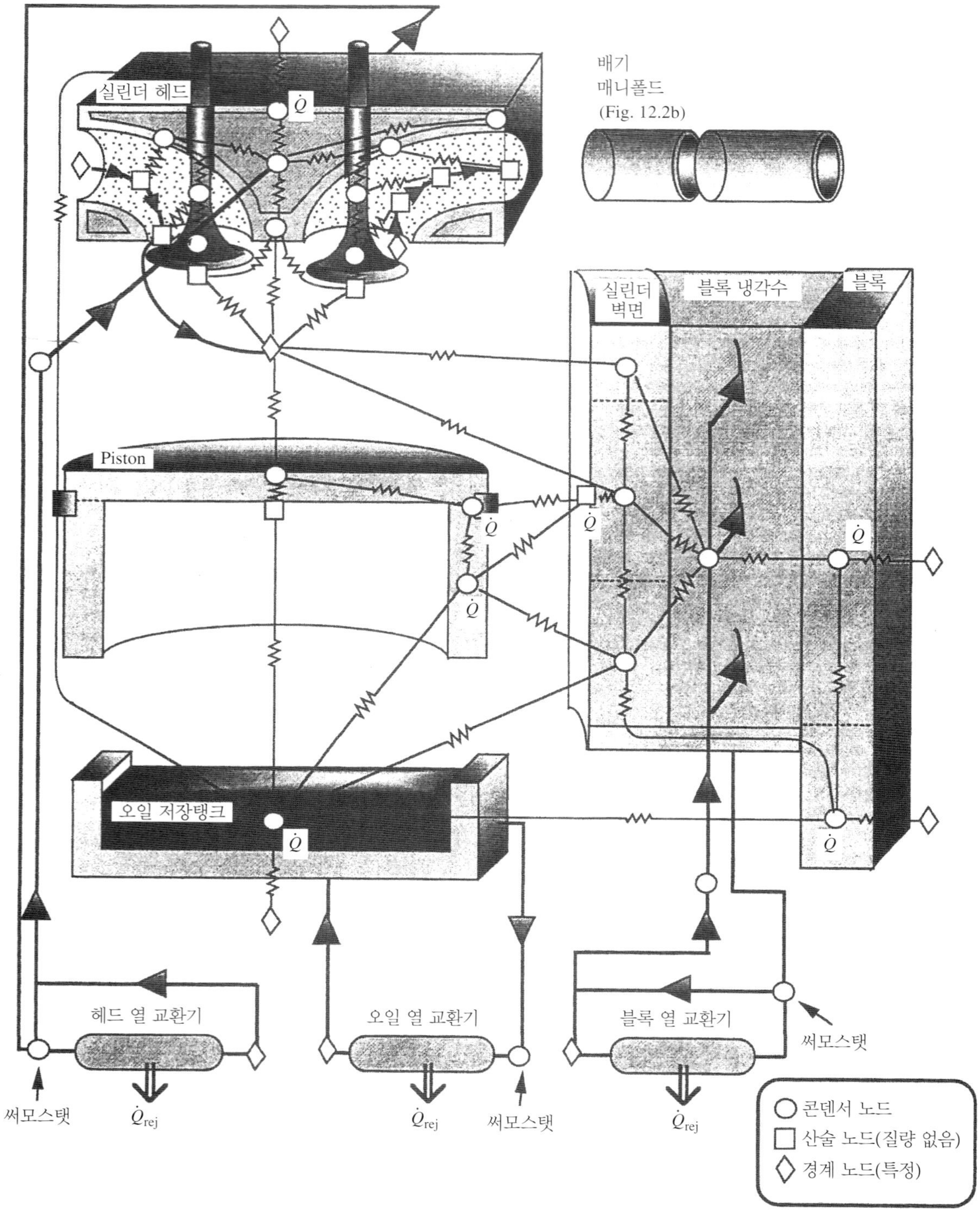

그림 12.2 (*a*) 열 유동을 해석하기 위한 저항-콘덴서 네트워크 모델과 내연기관 (냉각수와 오일 시스템이 있는 피스톤, 실린더 라이너, 실린더 헤드와 밸브들)의 요소들의 온도. (*b*) (*a*)에서 엔진 블록 네트워크와 연결되어 있는 배기 매니폴드의 저항-콘덴서 네트워크 모델[2]

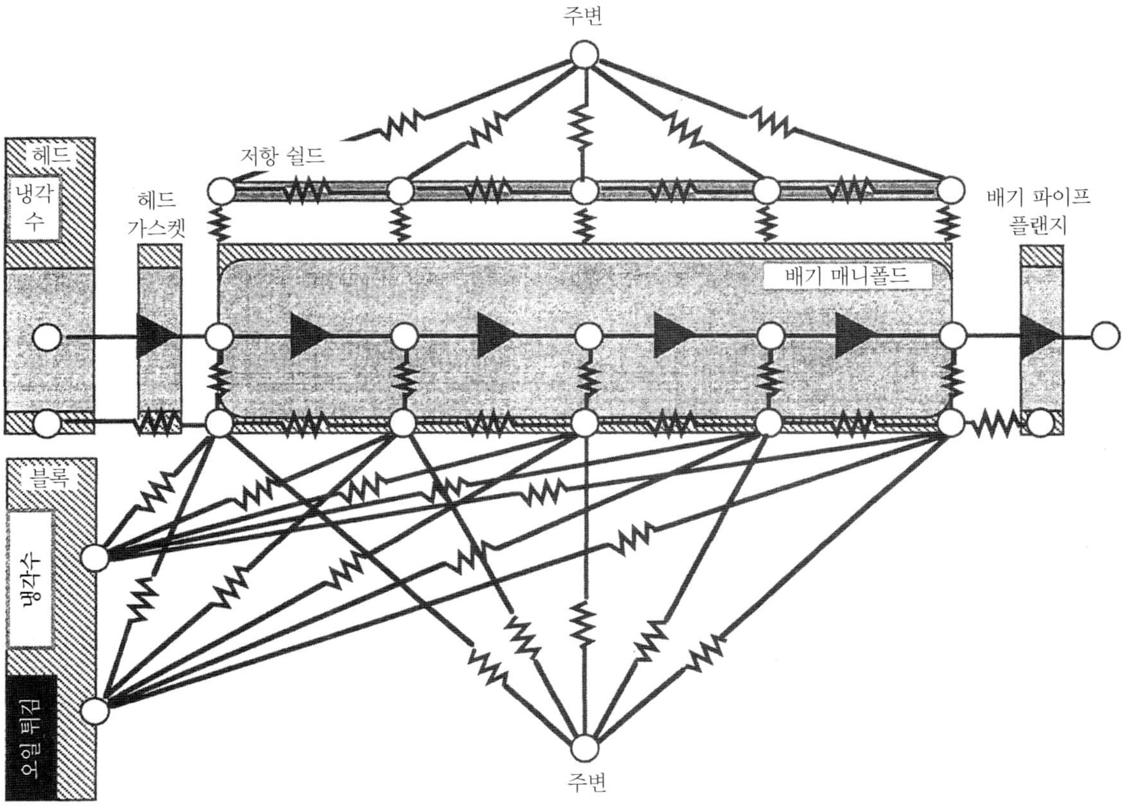

그림 12.2 (계속)

$$P_b + \dot{Q}_{\text{cool}} + \dot{Q}_{\text{misc}} + \dot{H}_{e,\text{ic}} + \dot{m}h_{e,s} = \dot{m}_f Q_{\text{LHV}} \quad (12.11)$$

여기서, $\dot{H}_{e,\text{ic}}$은 연료의 불완전연소로 인한 배기 엔탈피 손실을 나타낸다. 연료의 유속 × 발열량과 관련한 항의 각 일반적인 값은 표 12.1에 나와있다.

엔진 내의 에너지 평형은 보다 복잡하며, 그림 12.3에 에너지 흐름도를 표시하였다. 도시출력은 제동력과 마찰력의 합이다. 마찰력의 상당부분은 피스톤 스커트와 링 그리고 실린더 벽 사이에서 소산되어 열에너지로 냉각 매체에 전달된다. 나머지 마찰 동력은 베어링, 밸브 메커니즘, 구동 부속 장치에서 소산되며 열에너지의 형태로 냉각수, 오일, 주변($\dot{Q}_{\text{misc}}$)으로 전달된다. 실린더를 빠져나가는 배기 가스의 엔탈피는 다음과 같은 요소로 세분화될 수 있다: 현열 엔탈피(70%), 불완전연소 항(10%), 배기 시스템으로 열전달(12%)(그 중 일부는 주변으

표 12.1 최대출력에서 자동차 엔진에 대한 에너지 평형

	P_b	$\dot{Q}_{\text{cool}}$	$\dot{Q}_{\text{misc}}$	$\dot{H}_{e,\text{ic}}$	$\dot{m}h_{e,s}$
	(연료의 발열량 당 퍼센트)				
SI 엔진	25–30	17–25	5–10	6–15	25–35
디젤 엔진	35–40	20–35	2–6	1–2	22–35

출처: Sitkei[1], Khovakh[3], Burke et al.[4], Gruden et al.[5]

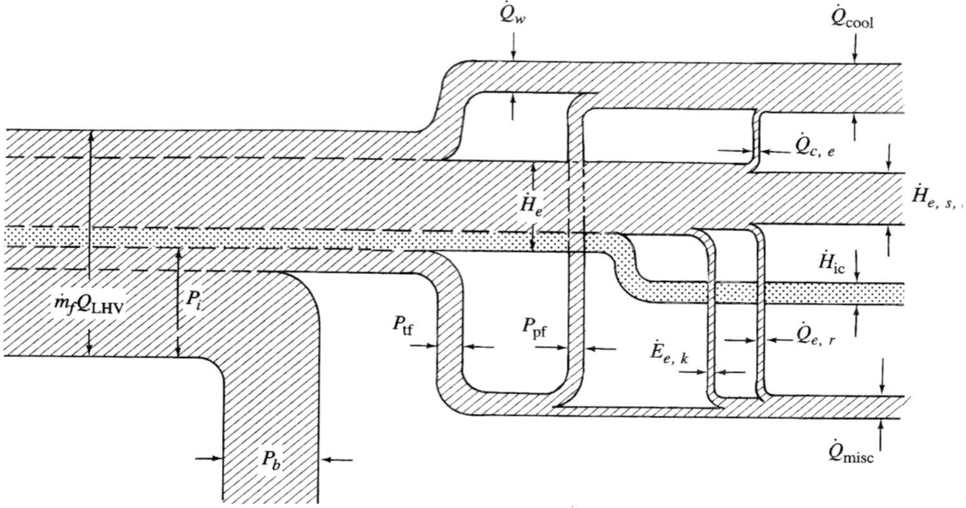

그림 12.3 가솔린 SI 엔진에 대한 에너지 흐름도. $(\dot{m}_f \dot{Q}_{LHV})$ = 연료 유동률 × 저위 발열량, $\dot{Q}_w$ = 연소실 벽으로의 열전달률, $\dot{H}_e$ = 배기 가스 엔탈피 유속, P_b = 제동출력, P_{tf} = 총 마찰력, P_i = 도시 출력, P_{df} = 피스톤 마찰력, $\dot{Q}_{cool}$ = 냉각수로의 열 방출률, $\dot{Q}_{c,e}$ = 배기 포트에서 냉각수로의 열 방출률, $\dot{Q}_{oil}$ = 오일로의 열 방출률, $\dot{H}_{e,s,a}$ = 대기로 들어가는 배기 현열 엔탈피 유속, $\dot{H}_{e,ic}$ = 불완전 연소로 인한 배기 화학 엔탈피 유속, $\dot{Q}_{e,r}$ = 배기 시스템으로부터 방사되는 열 유속, $\dot{E}_{e,k}$ = 배기 반응 에너지 유속, $\dot{Q}_{misc}$ = 남은 에너지 유속들과 엔진 외부 표면으로 부터의 복사 및 대류와 같은 전달에너지의 합.

로 방사되고, 나머지는 냉각 매체로 전달된다).[c]

따라서, 냉각 매체에 의해 운반되는 열은 실린더 내의 가스로부터 연소실 벽으로 전달되는 열, 배기 과정에서 배기 밸브 및 포트로 전달되는 열 및 마찰 작용의 대부분으로 구성된다. 연소실 벽($\dot{Q}_w$)으로 전달되는 열(열에너지)과 냉각수에 이르는 열에너지는 같지 않다(그림 12.3과 같이 연결되긴 하지만). 이 차이는 중요하다. 첫째, ($\dot{Q}_w$)는 주로 연소실 내부에서 일어나는 과정에 영향을 주기 때문에 중요하다: 둘째, $\dot{Q}_{cool}$은 엔진 냉각 시스템의 설계를 결정하기 때문에 중요하다. 연소실 벽의 열 손실은 냉각수 열 부하의 약 2/3에 불과하다. 엔진 마찰에 의해 생성된 열에너지는 나머지 1/3이다.

그림 12.4는 수냉식 스파크 점화기관의 에너지 평형을 부하(bmep)의 함수로 나타낸 것이다. 전체 초기 연료 화학에너지는 노멀라이징 계수로 사용되었다.

연료 화학 에너지의 백분율로 표현되는 제동 출력 P_b는 엔진의 제동 연료 변환 효율이며, 부하가 높아질수록 약 15%(저부하)에서 34%(고부하)까지 증가한다(토크를 증가시키고, 노킹을 방지하기 위해 혼합물을 화학양론비 이상으로 농후해질 때까지 효율을 떨어뜨리고, 저하시킨다). 부분 부하에서 연료 화학 에너지의 더 많은 부분이 냉각수와 오일에 흡수되어 배기 가스의 열에너지 형태로 빠져나간다. 저속 및 저부하에서, 전체 냉각수의 열전달률은 제동 출력의 약 2배이다. 엔진의 질량 유속이 증가함에 따라 약 3/4 부하에서 배기 운동에너지($\dot{E}_{e,k}$)가 중요해짐에 유의해야 한다. 최대 출력을 증가시키고, 노킹을 방지하기 위하여 부하 이상으로 혼합기의 연료-공기 당량비를 농후(서서히 화학양론비 이상으로 증가)하게 만들기

[c] 퍼센트는 대략적인 값이다. 디젤 엔진에서 배기 화학 에너지는 상당히 낮음에 유의해라.

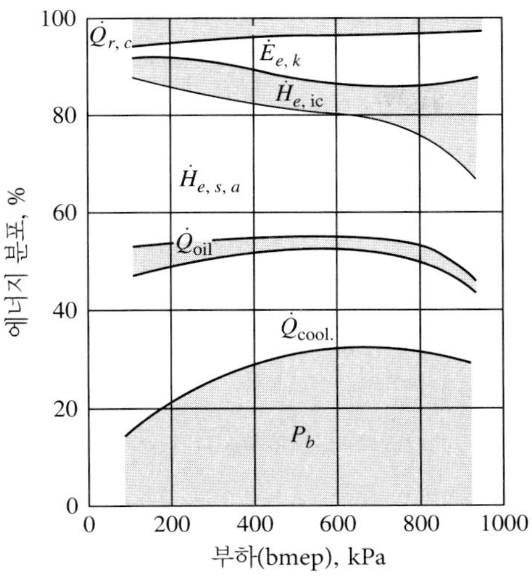

그림 12.4 부하의 함수에 대한 가솔린 스파크 점화기관의 에너지 평형: 제동출력, 냉각수, 오일 열 부하, 현열 배기 엔탈피, 배기 화학 및 반응 에너지, 블록과 헤드로부터 주변 공기로의 복사 및 대류 열전달; 연료 유동률×열량의 백분율로의 에너지 전달. 작동 조건: 2000 rev/min, 100~920 kPa bmep.[5]

때문에, 배출되지 않은 배기 가스(CO, H_2, and HC)의 화학에너지도 이 SI 엔진의 예시에서 3/4 부하 이상으로 증가한다.

열 손실은 투입된 연료에너지의 상당 부분이지만, 열 손실을 제거하면 연소실 및 배기 포트 벽으로 전달되는 열의 일부만 유용한 일로 전환 될 수 있다. 나머지는 현열 배기 엔탈피로 엔진을 빠져나간다. 압축비가 15인 자연흡기식 고속 압축 점화 엔진을 예로 들어보자. 도시 효율은 45%이며, 연료에너지의 25%는 냉각수에 의해 제거된다. 이 25% 중 약 2%는 마찰로 인한 것이다. 나머지 23% 중 약 8%는 연소 중 열 손실, 6%는 팽창 중 열 손실, 9%는 배기 중 열 손실 이다. 연소 중 손실된 8% 중 절반(또는 연료에너지의 4%)은 피스톤에서 유용한 일로 전환될 수 있다(그림 5.9 참조). 팽창하는 동안 6%의 열 손실 중 약 1/3(또는 연료에너지의 2%)이 활용되었을 수 있다. 그러므로 냉각 시스템에서 손실된 25% 중 약 6% (1/4) 만이 피스톤의 유용한 일로 전환될 수 있다. 이러한 상한은 엔진의 도시 효율을 45%에서 51%로 증가시킨다.

스파크 점화기관의 경우, 압축비가 낮기 때문에 유용한 일로의 변환이 낮다. 그러나 그림 12.4에서 볼 수 있듯이 부분 부하(자동차 사용을 위해 중요한 작동 영역)에서의 열 손실은 연료 발열량보다 훨씬 더 크다. SI 엔진 작동 사이클의 컴퓨터 시뮬레이션 연구에 따르면, 전형적인 부분 부하 작동 조건에서 연소실 벽 손실 10% 감소는 이에 비례하여 약 3%의 제동 연료 전환 효율의 상대적 증가(개선)로 이어진다.[6]

12.4 대류 열전달 _*Convective Heat Transfer*

12.4.1 차원해석

전반적인 냉매로의 시간-평균 열전달은 설계 목적에 따라 적절하지만, 실린더 내 가스와 연소실 벽 사이의 엔진 사이클 중 순간 열 유속은 실제 사이클 계산에 필요한 입력 인자이며(14.4절 참고), 작동 중인 엔진의 다양한 부분에 열 유속 분포를 얻기 위한 기본적은 입력 인자를 제공한다. 식 (12.5), (12.6), (12.7)은 열전달 과정이 준 안정적이라는 전제하에 열 유속 $\dot{q}$를 계산하기 위한 기본적인 틀을 제공한다. 예를 들어 $\bar{T}_g$, $\bar{T}_{w\,g}$ 및 $h_{c,g}$가 사이클의 각 지점에서 계산될 수 있는 경우, 복사를 무시한다면 $\dot{q}(\theta)$를 얻을 수 있다. 또는, $\bar{T}_c$, $h_{c,c}$, $\bar{T}_g$, $h_{c,g}$를 알고 있다면 $\dot{q}$, $T_{w,g}$, $T_{w,c}$를 계산할 수 있다.

차원 해석은 가스 측 열전달 계수를 지배하는 관계의 함수의 형태를 개발하는 데 사용될 수 있다.[7] 엔진 대류 열전달 과정은 길이 차수, 즉 실린더 및 연소실 형상을 정의하는 보어 B와 길이 비율 y_1, y_2, y_3 등(그 중 하나는 축 방향 실린더 길이 z를 보어로 나눈 것(z/B)이다)을 이용해 기하학적으로 나타낼 수 있다. 마찬가지로 유동 패턴은 하나의 선택된 속도 v와 일련의 속도 비율 u_1, u_2, u_3 등으로 나타낼 수 있다. 열전도도 k, 동점성계수 μ, 비열 c_p, 밀도 ρ는 가스의 중요한 물성이다. 만약 연소를 한다면, 단위 체적당 화학에너지 발산율 $\dot{q}_{ch}$가 중요할 수 있다. 엔진의 속도 N과 크랭크 각도 θ로 표시된 사이클의 상대 위치는 프로세스의 주기적 특성을 도입한다. 그러므로,

$$f(h_c, B, z, y_1, y_2, \ldots y_m, v, u_1, u_2, \ldots, u_n, k, \mu, c_p, \rho, \dot{q}_{ch}, N, \theta) = 0$$

질량, 길이, 시간 및 온도를 독립 차원으로 사용하여 차원 해석을 적용하면 실제 변수의 세트가 네 가지보다 적은 무차원 그룹으로 축소된다.

$$F\left(\frac{h_c B}{k}, \frac{\rho v B}{\mu}, \frac{c_p \mu}{k}, \frac{c_p T}{v^2}, \frac{NB}{v} \frac{\dot{q}_{ch}}{\rho c_p NT}, \frac{z}{B}, y_1, \ldots, y_m, u_1, \ldots, u_n, \theta\right) = 0$$

처음 세 그룹은 익숙한 Nusselt, Reynolds, Prandtl 수이다. $c_p T$는 음속에 비례하기 때문에 다음은 마하 수의 형태를 갖는다. 마하 수가 1보다 훨씬 작으면, 마하 수 의존성이 작아 생략할 수 있다. 평균 피스톤 속도 $\bar{S}_p = 2LN$를 v로 취하는 것이 일반적이다. 그 다음 보어/행정 비율 B/L을 도입하면 NB/v라는 용어가 제거된다. z/B는 압축비 r_c, 커넥팅 로드와 크랭크 반경 $R = l/a$ 그리고 θ의 함수이다. 그러므로

$$F\left(\frac{h_c B}{k}, \frac{\rho \bar{S}_p B}{\mu}, \frac{c_p \mu}{k}, \frac{B}{L}, \frac{\dot{q}_{ch}}{\rho c_p NT}, r_c, R, y_1, \ldots, y_m, \theta, u_1, \ldots, u_n\right) = 0 \tag{12.12}$$

무차원 그룹은 조합에 의해 변경될 수 있다(수는 감소되지 않음). 반면에 식 (12.12)는 그룹 간의 관계의 함수 형태에 대해 아무 것도 밝히지 않았지만 제안된 상관관계를 평가 할 수 있는 근거를 제공한다.

즉각적인 엔진 열전달 계수를 계산하는 많은 공식이 개발되었다(복습을 위해 참고문헌 8을 보라). 이 상관 관계의 기초는 Nusselt, Reynolds 및 Prandtl 수의 관계가 파이프 및 평평한 판의 난류 유동에 사용되는 것과 동일한 형태를 가질 것이라고 가정한다.

$$\text{Nu} = a\,\text{Re}^m\,\text{Pr}^n \tag{12.13}$$

연소실 벽면으로의 *시간-평균* 열 유속, 챔버 벽으로의 *순간 공간적 평균* 열 유속(엔진 성능 분석에 요구되는) 및 *순간적인 국부* 열 유속(연소실 전체에 걸쳐 균일하지 않으며 열 응력 계산에 필요할 수 있음)을 예측하기 위한 상관관계 사이에 차이가 있어야 한다. 이러한 열전달 상관관계를 사용할 때, (1) Reynolds 수에 사용되는 속도; (2) 식 (12.13)에서 가스 성질의 가스 온도; (3) 식 (12.2)에서 대류 열전달 방정식에 사용되는 가스의 온도는 중요하다.

가장 널리 사용되는 상관관계와 그 도출의 기초가 이제 요약된다. CI 엔진에서 이러한 상관관계를 평가하기 위한 실험데이터에는 대류 및 복사 열 유속이 모두 포함하므로, 이러한 상관관계와 데이터의 비교는 12.6.4절에서 다룬다.

12.4.2 시간-평균 열 유속의 상관관계

Taylor와 Toong[9]은 19개의 다른 엔진에서 얻은 전반적인 열전달 데이터를 연관시켰다. 냉각

수와 벽 온도는 설계와 거의 차이가 없었으며, 기하학적 차이의 영향은 작다고 가정하였다. 따라서 주어진 연료/공기비에서, 열 유속의 대류 부분은 Reynolds 수와 관련이 있어야 한다. 연료/공기 비율의 변화를 허용하기 위해 Taylor와 Toong은 엔진 사이클 동안 평균 유효 가스 온도 $T_{g,a}$를 정의하였다.

$$\int Ah_c(T - T_{g,a})d\theta = 0$$

$T_{g,a}$는 벽 외부에서 열이 제거되지 않으면 벽이 안정화되는 온도이다. $T_{g,a}$는 가스 측 연소 챔버 표면 온도와 구성된 평균 열전달 데이터를 제로 데이터 축으로 다시 외삽하여 얻었다. Nusselt 수는 다음과 같이 정의된다.

$$\text{Nu} = \frac{\bar{\dot{Q}}B}{(\pi B^2/4)(T_{g/a} - T_c)k_g} = \frac{4\bar{\dot{Q}}}{\pi B k_g (T_{g,a} - T_c)} \tag{12.14}$$

다음과 같이 정의된 Reynolds 수에 따라 구성된다.

$$R_e = \frac{\dot{m}B}{\mu_g(\pi B^2/4)} = \frac{4\dot{m}}{\pi \mu_g B} \tag{12.15}$$

$\dot{m}$은 질량 유량이고, 그림 12.5에 나와 있다. Taylor와 Toong은 식 (12.13)에서 m이 0.75[d]와 같다는 Reynolds 수 power law를 제안하였다. Annand[7]는 경사가 0.7인 세가지 유형의 엔진으로 나누어 제안한다. 디젤 유형은 스파크 점화기관 유형보다 약 25% 더 높다(디젤에 있는 복사 열 유속 성분의 일부에 해당함). 공랭식 엔진 유형은 표면 온도가 높아서 액체 냉각 유형보다 낮다. Taylor와 Toong에 의해 개발된 평균 가스 온도 값은 그림 12.5에 삽입되었다.

12.4.3 순간적인 공간 평균 계수에 대한 상관관계

Annand[7]는 선택된 실린더 헤드 위치의 순간 열 유속에 대해 이전에 발표된 실험 데이터와 일치하는 다음과 같은 대류 열전달 상관관계를 만들었다.

$$\left(\frac{h_c B}{k}\right) = a\left(\frac{\rho \bar{S}_p B}{\mu}\right)^b \tag{12.16}$$

값 a는 차지 모션의 강도와 엔진 설계에 따라 다양하다. 정상적인 연소의 경우, $b = 0.7$일 때, $0.35 \le a \le 0.8$이고, 증가하는 차지 모션의 강도에 따라 a가 증가한다. 가스 물성은 실린더 평균 충전 온도 $\bar{T}_g$에서 평가된다.

$$\bar{T}_g = \frac{pVM}{m\tilde{R}} \tag{12.17}$$

대류열유속을 얻기 위하여 식 (12.2)에서 동일한 온도를 사용한다.

이 상관관계를 만들 때, 엔진들 간의 기하학 및 유동 패턴의 차이의 효과[식 (12.12)에서 비 $y_1, \ldots, y_m$과 $u_1, \ldots, u_n$가 비례상수 a에 포함되어 있으며, 화학 에너지 방출 효과가 생략되어 있다. 반면에 실린더 헤드 열 전대 위치의 데이터만이 상관 관계의 기초로 사용되었지만 전체 연소실에 대한 순간 공간 평균 열 유속을 추정하는 데 종종 사용되었다.

Woschni[10]는 다음과 같은 형태의 상관관계를 가정하였다.

$$\text{Nu} = 0.035\ \text{Re}^m \tag{12.18}$$

---

[d] Taylor와 Toong은 또한 $a = 10$일 때에도 잘 맞는다는 것을 찾았다. $n \approx 3$에서 가스에 대한 Pr^n은 1에 가깝다는 것에 유의하라.

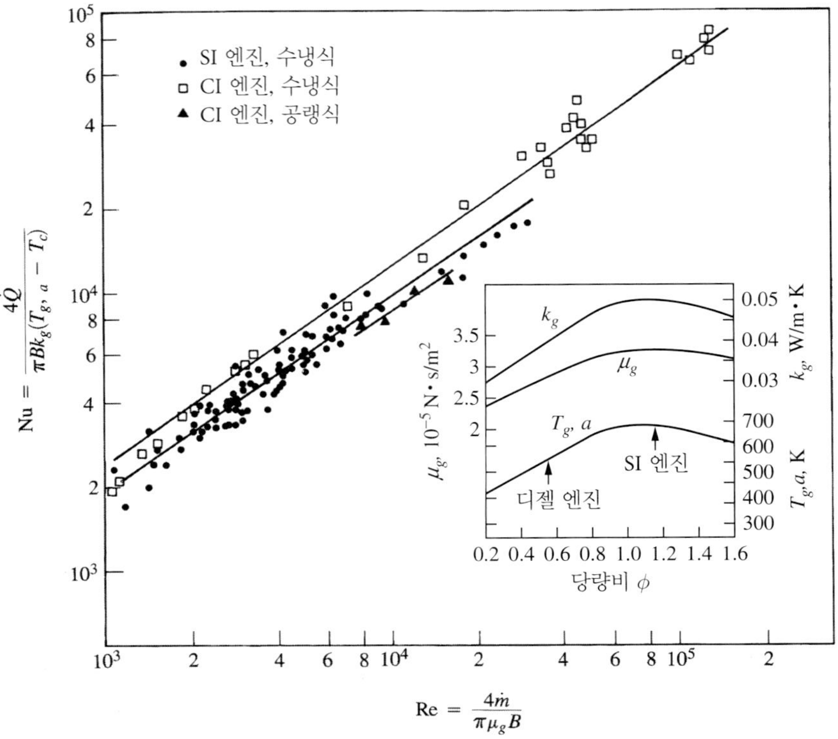

그림 12.5 전반적인 엔진 열전달 상관관계: 다양한 IC 엔진 형태에 대한 가스 측면 Nusselt 수 대 Reynolds 수. 심볼들의 정의는 교재를 참고하라. 삽입된 그래프는 유효 가스 온도(단열 작동에 대한 벽 온도), 가스 점도 μ_g, 열전도도 k_g. 선의 기울기는 0.7이다.[7, 9]

실린더 보어 B를 특성 길이로 취하고, 실린더 내에서의 국부 평균 가스 속도로서 w를 사용하고, $k \propto T^{0.75}$, $\mu \propto T^{0.62}$ 그리고 $p = \rho RT$로 가정하면 위 상관관계는 다음과 같이 쓸 수 있다.

$$h_c = CB^{m-1}p^m w^m T^{0.75-1.62m} \tag{12.19}$$

흡기, 압축, 배기 과정 중에 Woschni는 평균 가스 속도가 평균 피스톤 속도에 비례해야 한다고 주장했다. 연소 및 팽창 과정 중에, 그는 평균 피스톤 속도(~10m/s)에 필적하는 연소로 인한 밀도 변화에 의해 유도된 가스 속도를 직접 설명하려고 시도하였다. 따라서 연소로 인한 압력 상승에 비례하는 항($p - p_m$)이 추가되었다(p_m은 실린더 모터링 압력이다). 평균 피스톤 속도 및 ($p - p_m$)에 대한 국소 평균 가스 속도 w와 관련된 계수는, 스월이 없는 직접 분사식 4밸브 디젤의 광범위한 엔진 작동조건에서 냉각수로의 시간–평균 열전달 측정에 대한 상관관계를 피팅함으로써 결정된다. 식 (12.19)의 T는 식 (12.17)에서 정의된 평균 실린더 가스 온도이고, 열전달 계수 h_c로부터 열 유속을 얻기 위해 동일한 온도가 사용된다. 따라서 이 상관관계는 *공간적으로 평균된* 연소실의 열 유속을 나타낸다.

스월이 없는 4행정, 수냉식, 4밸브 직접분사 CI 엔진에 대해 결정된 평균 실린더 가스 속도 w(m/s)는 다음과 같이 정의된다.

$$w = \left[C_1\bar{S}_p + C_2\frac{V_dT_r}{p_rV_r}(p - p_m)\right] \tag{12.20}$$

여기서 V_d는 행정체적(배기량), p는 순간 실린더 압력, p_r, V_r, T_r은 각각 기준상태에서의 작동 유체의 압력, 체적, 온도이고, p_m은 동일한 크랭크 각 p에서 모터링 실린더 압력일 때 다음과 같다.

가스 교환 기간 동안:	$C_1 = 6.18$,	$C_2 = 0$
압축 기간 동안:	$C_1 = 2.28$,	$C_2 = 0$
연소 및 팽창 기간 동안:	$C_1 = 2.28$,	$C_2 = 3.24 \times 10^{-3}$

스월이 있는 고속 엔진의 후속 연구는 예측된 속도보다 더 높은 열전달을 나타냈다. 스월이 있는 엔진의 경우, 식 (12.20)에서 실린더 평균 가스 속도가 주어지고, 다음을 동반한다.

가스 교환 기간 동안: $C_1 = 6.18 + 0.417 \dfrac{v_s}{\bar{S}_p}$

나머지 주기 동안: $C_1 = 2.28 + 0.308 \dfrac{v_s}{\bar{S}_p}$

여기서, 스월 속도 v_s는 $B\omega_p/2$이고, ω_p는 스월 속도를 측정하기 위해 사용된 외륜(paddle wheel)의 회전속도이다(8.3.1절 참고).[11] 스파크 점화기관 시험에 따르면 위의 속도는 이 유형의 엔진에도 적절한 예측을 제공한다.[12]

식 (12.19)의 지수 m이 0.8인 Woschni의 상관관계는 널리 사용되며 다음과 같이 요약될 수 있다.

$$h_c(\mathrm{W/m^2 \cdot K}) = 3.26B(\mathrm{m})^{-0.2}\, p(\mathrm{kPa})^{0.8}\, T(\mathrm{K})^{-0.55}\, w(\mathrm{m/s})^{0.8} \tag{12.21}$$

w는 위 식 (12.20)에서 정의되었다.

Hohenberg[13]는 Woschni의 식을 이용하여 스월이 있는 직접 분사식 디젤 엔진에서 프로브로 측정한 시간-평균 열 유속에 대해 더 나은 예측을 하도록 변경하였다. 수정된 사항에는 보어 대신 순간 실린더 체적에 근거한 길이의 사용, 유효가스 속도의 변화 및 온도 항의 지수가 포함된다. Han 등[14]은 변수 (B, p, T, w)는 같지만 지수를 변형시킨 것과 압축, 연소, 팽창과정에서 실린더내의 가스 속도를 계산하는 다른 방법을 이용하여, 식 (12.21)와 유사한 형태의 경험적 상관관계를 제안했다. 그들은 가솔린을 연료로 사용하는 SI 엔진에서 시간분해된 표면 온도 측정을 통해 결정한 열전달 계수와 일치하는 것으로 나타났다.

12.4.4 순간적인 국소 계수의 상관관계

LeFeuvre 등[15]과 Dent와 Sulaiman[16]은 평판 강제 대류 열전달 상관 관계의 사용을 제안했다.

$$\left(\frac{h_c l}{k}\right) = 0.036\left(\frac{\rho v l}{\mu}\right)^{0.8}\left(\frac{\mu c_p}{k}\right)^{0.333} \tag{12.22}$$

여기서 l은 평판의 길이, v는 평판 위의 유속이다. 이 식은 스월이 있는 DI 디젤 엔진에 적용되어왔으며, l과 v는 반경 r에서 다음과 같이 계산된다.

$$l = 2\pi r \qquad v = r\omega$$

ω는 차지의 고체 각속도이다. 임의의 반경 $r(\mathrm{Pr} = 0.73)$에서 열 유속은 다음과 같이 주어진다.

$$\dot{q}(r) = 0.023 \frac{k}{r}\left(\frac{\omega r^2}{\nu}\right)^{0.8} [\bar{T}_g(r) - T_w(r)] \tag{12.23}$$

크랭크 각에 따른 스월 변화를 알고 있고(8.3절 참고), 적절한 국소 가스 온도를 결정할 수 있다면, 이 식을 사용할 수 있다. 연소하는 동안 연소된 가스와 아직 연소되지 않은 혼합기 사이

온도는 불균일 하므로, 식 (12.17)에 주어진 실린더 평균 가스 온도를 사용하는 것은 일관성이 없다.

다른 방법으로는 연소실이 각각의 자체 온도, 열전달 계수 및 열전달 표면적을 갖는 상대적으로 몇 개의 영역(zone)으로 나누어지는 Zonal 모델링이다. 이 접근법은 연소 중 실린더 내 가스가 화염 뒤의 고온 연소 가스 영역과 화염 전의 저온 미 연소 가스 영역으로 분명하게 구분되는 스파크 점화기관(예: 참고문헌 17)에 적용되었다(그림 9.6 참고). 연소 및 미 연소 가스 영역과 접촉하는 연소실 표면으로의 열전달은 각각 다음과 같이 주어진다[식 (12.2)에 대한 상사].

$$\dot{Q}_u = A_{u,w}h_{c,u}(T_u - T_w) \quad \dot{Q}_b = A_{b,w}h_{c,b}(T_b - T_w) \tag{12.24a, b}$$

h_c는 국소가스특성 및 속도에 따라 다르기 때문에 $h_{c,u}$와 $h_{c,b}$는 반드시 동일하지 않다. 연소 과정 동안 피스톤, 실린더 헤드 및 라이너의 연소가스 젖음 부위가 어떻게 변화하는지의 예는 그림 14.8에 제시되어 있다. 연소 가스 온도 T_b는 미연소가스의 온도보다 훨씬 크기 때문에 연소가스 영역에서 나오는 열 유속이 지배적이다.

이 2 구역 방법(two-zone approach)의 하나의 유용한 점은 연소된 가스 구역을 인접한 핵과 열 경계층으로 나누는 것이다. 장점은 다음과 같다. (1) 이는 실제 온도 분포에 더 근접한다(12.6.5절을 보라).; (2) 경계층 흐름에 대한 모델은 열전달계수를 평가하기 위하여 보다 근본적인 기초를 제공한다. 국소 열 유속은 다음과 같이 주어진다.[18]

$$\dot{q} = \frac{k_e(T_{ac} - T_w)}{\delta} \tag{12.25}$$

여기서 k_e는 경계층에서의 유효 열전도도, T_{ac}는 인접한 핵의 온도, δ는 경계층 두께이다. 층류 영역 δ는 $t^{1/2}$로 성장하고, 난류 영역 δ는 $t^{0.8}$로 성장한다. 두 성장 영역이 모두 관찰된다.

Zonal 모델은 또한 DI 디젤 엔진의 열전달을 설명하기 위해 사용되어 왔다.[19] 보울-인-피스톤 챔버는 연소 중에 3개의 유동 영역과 2개의 가스온도영역으로 나뉘어진다. 유효 속도는 열전달계수를 얻기 위해 사용되었는데, 여기서 U_x와 U_y는 경계층 바깥 표면과 평행한 두 개의 속도 성분이고, k는 난류 운동 에너지다.

$$w = (U_x^2 + U_y^2 + 2k)^{1/2}$$

Zonal 모델은 Global 모델보다 더 정확할 것으로 예상된다. 하지만 제한적인 검증만 진행되었다.

12.4.5 배기 및 흡기 시스템 열전달

흡기 및 배기 시스템의 대류 열전달은 실린더 내 열전달보다 높은 유동 속도에 의해 구동된다. 흡기 시스템의 열전달은 보통 안정적인 난류 pipe-low 상관관계로 설명된다.[7] 흡기에 액체 연료가 있으면 열전달 현상이 더욱 복잡해진다(7.6절 참고). 배기 블로 다운 과정 중에 발생한 매우 높은 가스 속도와 높은 가스 온도 때문에 배기 유동 열전달률은 전체 사이클에서 가장 크다. 배기시스템의 열전달은 배기 포트, 촉매 또는 입자상물질 트랩의 배기 가스 연소량에 영향을 미치기 때문에 특히 중요하다: 배기시스템의 열전달은 터보차저 성능에도 영향을 미치며, 엔진 냉각 요구사항에 크게 기여한다.

가장 높은 열전달률은 배기 밸브와 포트로의 배기 블로 다운 과정 중에 발생한다. 자세한 배기 포트 대류 열전달 상관관계가 개발 및 테스트 되었다. 이것들은 Nusselt-Reynolds 수 상관관계를 기초로 한다. 밸브 개방 기간 동안 식의 관계는 다음과 같이 제안되고 평가되었다.[20]

$$\mathrm{Nu} = K\,\mathrm{Re}_j^n \tag{12.26}$$

$L_v/D_v \lesssim 0.2$의 경우 유동은 제트 형태로 밸브를 빠져나가고, $\mathrm{Re}_j = v_j D_v/\nu$이다. 여기서, D_v는 밸브직경, v_j는 배기 가스의 속도, ν는 동점성계수이다. $L_v/D_v \lesssim 0.2$의 경우, 포트는 한계 유동 영역이고, 파이프 유동 모델은 $\mathrm{Re} = v_p D_p/\nu$이 더 적합하다. v_p는 포트내 가스 속도, D_p는 포트 직경이다.

밸브가 닫힌 기간 동안 상관관계는 다음과 같다.

$$\mathrm{Nu} = 0.022\overline{\mathrm{Re}}_D^{0.8} \tag{12.27}$$

여기서 $\overline{\mathrm{Re}}_D = \bar{v}_p D_p/\nu$이고, $\bar{v}_p$는 시간-평균 배기 포트 가스 속도 그리고 D_p는 포트 직경이다.

포트의 배기 파이프 하류의 직선 구간에서 파이프로의 평균 열전달률 측정에 기초한 경험적 상관관계가 도출된다.[21]

$$\mathrm{Nu} = 0.0483\,\mathrm{Re}^{0.783} \tag{12.28}$$

Reynolds 수는 파이프 직경과 가스 속도에 기초한다. 파이프에서 지속적으로 발생하는 난류의 열전달 상관관계는 배기 가스 유동이 맥동이기 때문에, 식 (12.28)에서 주어진 값의 약 절반을 예측한다. 가솔린 엔진 배기 시스템의 열전달에 대한 자세한 분석은 참고문헌 21에서 확인할 수 있다. 여기에서 엔진 예열 과정 중 벽 온도 및 열 유속 측정 및 물 응축 효과 측정이 포함된다.

흡기 시스템 벽과 흡입 공기량 사이의 열전달(+연료 분사에 의한 흡기 유동 내부에서의 연료 유동)은 배기 유동 열전달에 비해 훨씬 적지만, 엔진으로 유입되는 공기의 가열로 인하여 엔진의 체적 효율, 고 부하에서 노킹 경향 및 NO_x 배출에 영향을 미친다. 냉간 엔진의 주변 단계에서 예열 엔진의 준 안정 단계까지 예열 중에 흡기 포트 벽 및 밸브 표면 온도가 상승한다(흡기 포트 벽면은 냉각수 온도에 가깝다: 흡기 밸브 헤드 표면 온도는 운전 조건에 따라 10~250°C이다). 흡기 유동의 대부분이 실린더를 향하지만, 밸브 오버랩 기간 동안, 특히 스로틀 엔진 작동으로 인하여 실린더에서 흡기 포트로 뜨거운 연소가스가 강하게 역류한다. 이러한 제한적인 작동조건에서 흡기 압력은 배기압력보다 현저히 낮기 때문에 이 역류는 높은 가스 속도로 발생하며 밸브에 가까운 밸브 헤드와 포트 벽에 상당한 영향을 미치는 원뿔형 제트로서 밸브 시트 영역을 벗어나게 된다. 짧은 시간 동안(20~40 CA (크랭크 각도), 액 2~4 ms), 이러한 뜨거운 가스 역류 때문에 흡기 밸브와 상류 포트 일부가 가열된다. 포트 연료 분사 시스템을 사용하는 경우, 이러한 몇 가지 흡기 열 현상으로 인해 발생하는 연료 증발 과정에 영향을 미칠 만큼 흡기 포트와 밸브 표면 온도가 충분히 높다. 차가운 엔진(~20°C)의 경우 분사된 가솔린이 기화되는 정도는 작다(~10%). 그러나 표면온도가 상승하면서 완전히 예열된 엔진의 경우 기화되는 정도가 점점 빠르게 상승하며 100%에 가까워진다.[22]

흡기 밸브 표면 온도에 대한 흡기 시스템 열전달률(사이클당, 그리고 cycle resolved)의 추가 세부 사항, 포트 연료 분사 엔진의 연료 기화에 대한 영향은 참고문헌 23~26에서 확인할 수 있다. 일반적으로 흡기 밸브와 포트 벽에서 열이 전달됨에 따라 가솔린 또는 디젤 엔진의 실린더로 유입되는 흡기 혼합물의 온도는 흡기 매니폴드의 공기 온도보다 20~30°C 높다.

12.5 복사 열전달 _*Radiative Heat Transfer*

실린더 내부에는 두 가지 복사 열전달 원이 있다: 고온 연소 가스와 디젤 엔진 화염에서 연소되는 수트 입자. 스파크 점화기관에서 화염은 점화지점부터 이전에 혼합된 연료와 공기를 통해 연소실을 가로질러 전파된다. 비록 화염의 앞부분이 약간 발광하지만(그림 9.1을 보라), 반응 과정에서 발생하는 모든 화학 매개체는 기체이다. 연소는 기본적으로 팽창 행정의 1/3 안에 완료된다. 압축 점화 엔진에서 연료는 각 분무 내의 농후한 반응영역에서 부분적으로 연소된다. 연소는 난류 확산 화염에서 계속된다. 부분적으로 반응하는 연료와 공기가 함께 섞이면서 연소된다. 이 확산 화염은 연료 분무를 주변 공기와 분리한다(그림 10.4와 10.5 참고). 화염은 연료 분무 내에 수트 입자들(대부분 탄소)이 형성되어 확산 화염으로 들어가 연소하며 뜨거워지고, 방사되기 때문에 발광성이 높다. 디젤 엔진 화염의 수트 입자에서 발생하는 방사선은 고온 가스 연소 생산물에서 발생하는 방사선의 약 5배이다. 기존 스파크 점화기관의 복사 열전달은 고온 연소가스로부터의 대류 열전달에 비해 작다. 단, 디젤 엔진의 복사 열전달은 무시할 수 없으며, 총 열전달의 20~30%와 최대 열전달의 더 높은 부분을 기여한다.

12.5.1 기체로부터의 복사

기체는 고체표면처럼 연속스펙트럼이 아닌 좁은 파장대역에서 방사선을 흡수하고 방출한다. H_2, O_2, N_2와 같은 단순한 기체 분자는 방사선에 대해 본질적으로 알기 쉽다. 연소에 중요한 기체 중 CO, CO_2, H_2O는 고려해야 할 충분한 에너지를 방출한다. 기체에서, 방사선의 방출과 흡수는 기체 부피 전체에 걸쳐 발생한다. 이러한 과정은 방사선 경로를 따라 온도와 분자의 수에 의해 좌우된다. 각 종에 대해, 후자는 종 부분 압력 p_i와 경로 길이 l의 곱에 비례하게 된다. 또한 복사 용량은 기체 온도 T_g에 따라 달라진다. 따라서 기체의 방사율 ε_g은 다음과 같이 표현할 수 있다.

$$\varepsilon_g = f(T_g, p_1 l, \ldots, p_n l) \tag{12.29}$$

표면적이 A인, 체적 V의 평균 경로 길이는 충분한 정확도로 다음과 같이 주어진다.

$$l = 0.9 \times \frac{4V}{A} \tag{12.30}$$

$4V/A$는 반구형 인클로저(enclosure)의 평균 경로 길이다.

Hottel 등에 의해 CO_2 및 H_2O 혼합물의 ε_g 추정을 위한 표준 방법이 개발되었다(참고문헌 27 참고). 실험 데이터에 기초한 도표는 $p_i\, l$과 T_g의 함수로 ε_{CO_2}와 ε_{H_2O}를 제공한다. 보정 계수는 1 atm 이상의 총 압력과 CO_2 및 H_2O의 스펙트럼 대역이 겹치는 경우에 적용된다. 최대 조건에서 엔진 연소 가스에 대한 추정치는 $\varepsilon_g \approx 0.1$과 0.2 MW/m^2 오더의 기체 방사선으로 인한 최대 열유속를 제공한다. 이는 최대 대류 열전달의 약 5 %에 해당한다. 기체 복사는 $T_g^{\,4}$에 비례하므로, 이 복사 유속은 온도가 하락함에 따라 대류 열 유속보다 더 빠르게 최댓값에서 떨어져 나가고, 주기에 걸쳐 통합되면 무시할 수 있다.

12.5.2 화염 복사

디젤 엔진의 화염 복사는 복사 영역의 상세한 형상과 화학적 구성이 잘 정의되지 않기 때문에 훨씬 더 복잡한 과정이다. 광학적으로 알기 쉬운 스파크 점화기관의 비-발광 화염에서 나오는 복사는 작기 때문에, 우리는 복사가 백열 수트 입자에서 나오고 연속 스펙트럼이 있는 발광성-불투명 화염 만 다룰 것이다. 디젤의 입자 크기 분포, 수 밀도, 온도, 화염 형상은 쉽게 정량화 되지 않기 때문에 화염 복사는 첫 번째 원리로 계산할 수 없다. 화염 복사의 직접 측정이 필요하다. 디젤 엔진 연소실에서 발생하는 복사의 크기 및 스펙트럼 분포에 대한 여러 가지 측정이 수행되었다(요약은 참고문헌 8을 보라). Flynn 등[28]은 직접 분사 디젤 엔진에서 단색기(monochromator)를 사용하여 7개의 파장에서 복사 강도를 측정했다. 보이는 경로는 피스톤 크라운을 통해 보울-인-피스톤 연소실의 중앙 영역을 관통한다. 연료는 5홀 노즐을 통해 분사되었고, 약간의 공기 스월도 생성하였다. 주어진 크랭크 각에서 7개의 파장에 대한 에너지 분포를 사용해 전체 에너지 스펙트럼을 재구성하고 외관 복사 온도와 광학 두께를 계산했다. 이 방법은 많은 사람들에 의해 사용되어 왔다.[29]

복사 에너지 분포는 회색체(gray-body) 모델에서 편향된다(방사선은 파장과 무관함). 단색 복사는 화염 내 수트 입자 클라우드의 방사율을 설명하기 위한 Hottel과 Broughton 등[30]에 의해 사용된 식 (12.31)의 식과 잘 맞는다.

$$\varepsilon_\lambda = 1 - \exp\left(\frac{-kl}{\lambda^\alpha}\right) \tag{12.31}$$

α의 적절한 값에 대해서는 많은 논의가 있으며, 0.95값이 주로 사용된다. 그림 12.6은 단색복사 출력과 단색 방사율에 대한 표본 결과를 보여준다. 식 (12.31)과 흑체 단색 방사율에 대한 Plank의 식은 다음과 같다.

$$e_{b,\lambda} = \frac{2\pi K_1}{\lambda^5 (e^{K_2/\lambda T_R} - 1)} \tag{12.32}$$

여기서 $K_1 = 0.59548 \times 10^{-16}$ W·m², $K_2 = 1.43879$ cm·K이며, 복사 매체에 대한 겉보기 복사 온도 T_R과 광학 두께 kl을 정의한다. 겉보기 회색체 방사율 ε_a는 ε_a의 표준 정의로부터 다음과 같이 계산될 수 있다.

$$\varepsilon_a = \frac{\int \varepsilon_\lambda e_{b,\lambda} d\lambda}{\int e_{b,\lambda} d\lambda}$$

방법에 대한 추가 세부사항은 참고문헌 29에서 확인할 수 있다.

그림 12.7은 낮은 스월, Mexican 모자 모양의 연소실을 가진 Cummins N14 터보차저 6기통 직렬형 DI 디젤 엔진의 단기통 버전에서 측정한 복사 열 유속(MW/m²)을 나타낸다. 5개의 다른 개별 사이클과 200개 이상의 사이클 평균을 나타냈다. 각 개별 확산 화염의 발달 간 차이로 인해 프로파일에 상당한 사이클 간 변화가 있다.

이러한 복사 열 유속 프로파일의 모양은 두 번째 혼합-제어 확산 화염, 겉보기 열 방출

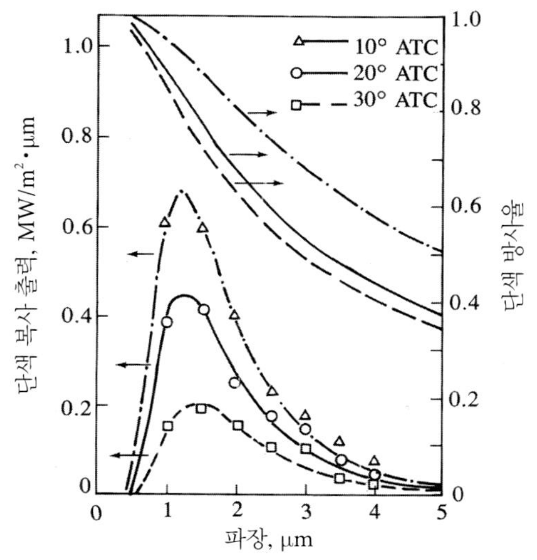

그림 12.6 세 가지의 크랭크 각도에서 파장에 대한 단색 복사 출력과 방사율의 변동. 114 mm 보어, 1995 rev/min, 전반적인 당량비 0.46을 갖는 DI 디젤 엔진. 피스톤 크라운의 컷아웃(cut-out)을 통해 측정된 피스톤 보울로부터의 복사.[28]

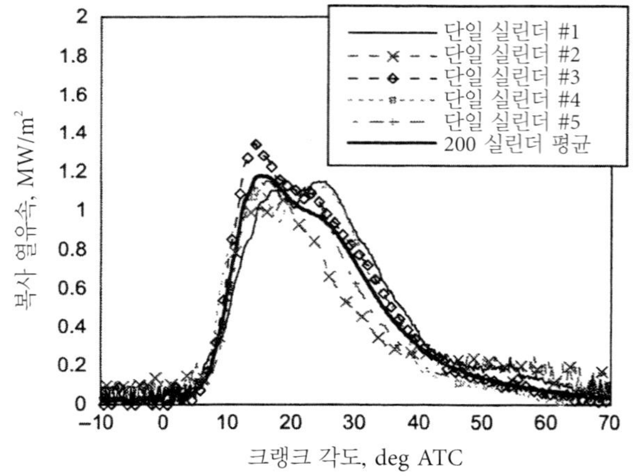

그림 12.7 고부하 조건의 DI 디젤엔젠이서 크랭크 각도에 대한 다섯개의 개별 사이클과 200 사이클 평균에 대한 복사 열유속. 상세한 엔진 및 측정 조건: 연료/공기 당량비 0.635, 1200 rev/min.[29]

률(AHRR) 프로파일(그림 12.8과 10.3.3절 참고)을 따른다. 이는 AHRR이 연료 연소율에 따라 확장되므로 각 연료 분무를 둘러싼 확산 화염의 표면적이 예상된다. 이 근사 스케일링은 그림 12.8에 표시된 두 개의 복사 유속 및 AHRR 프로파일에서 높은 부하(왼쪽)와 낮은 부하(오른쪽)로 분명하게 나타난다.

최대 복사기간동안 겉보기 방사율은 0.8~0.9이며, 이후 팽창 과정이 진행됨에 따라 감소한다.[28] 복사열과 총 열 유속(최대와 평균 둘 다)을 비교한 결과 복사열유속은 최대 열 유속의 상당한 부분이 될 수 있다. 평균 복사열유속은 평균 총 유속의 약 20%이다. 이 비율은 부하에 따라 달라진다.

여러 연구자들에 의해 디젤 엔진에서 측정된 복사 및 겉보기 화염 온도는 일관된 결과를 보여준다(그림 12.9를 보라). 또한, 연소 및 팽창 과정 중의 다음 값들이 포함된다. (1) 아직 연료 또는 연소된 가스와 혼합되지 않은 공기의 온도, (2) 실린더 내용물의 평균 온도, (3) 최대 화염 온도 [표시된 온도의 공기와 약간 농후한 혼합기 ($\phi = 1.1$)의 연소에 해당한다]. 측정된 복사 온도는 최대 화염 온도와 벌크 온도 사이에 존재한다. 관련 온도를 얻기 위한 모델이 사용 가능한 데이터에 적합하도록 제안되었고(예: 확산 화염 반응 영역은 화학양론비 조건이다.[16, 19]), 적절한 화염 온도를 정의하는 데 사용되었다.[31]

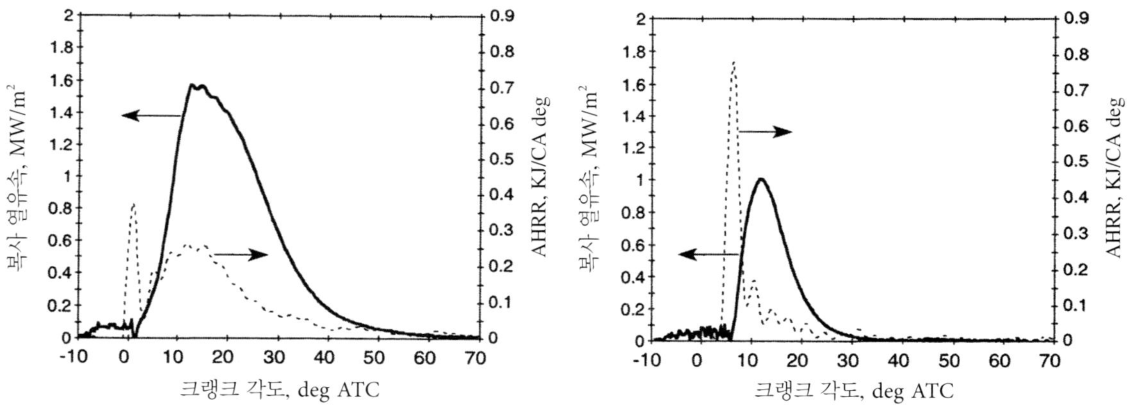

그림 12.8 100% 부하(좌측)와 50% 부하(우측)에서 복사 열유속과 겉보기 열발생율 (AHRR) 프로파일: 분사시작(SOI) TC 전 14.5° CA, 1500 rev/min; Cummins N14 터보차저 DI 디젤 엔진의 단기통 버전.[29]

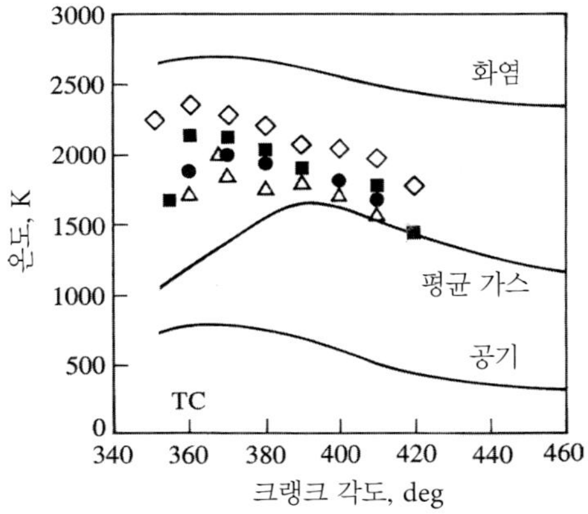

그림 12.9 연소시간 동안 계산된 최대 단열 화염, 실린더 평균 온도, 공기 온도와 비교한 디젤 엔진에서 측정된 겉보기 복사 온도. 단열 화염 온도는 당량비 1.1의 연료와 공기 온도에서 연소되는 공기로부터 얻어진 온도이다(*Dent*와 *Sulaiman*[16], *Flynn* 등[28], *Lyn*[32], *Kamimoto* 등[33], *Assanis*와 *Heywood*[31]에 의해 계산된 커브들로부터의 자료).

백열 수트-연소 화염의 방사율은 다음과 같은 단색 흡수 계수로부터 계산할 수 있다.

$$k_\lambda = 36\pi \frac{c_s}{\rho_s} \frac{n^2\kappa}{\lambda[(n^2 + n^2\kappa^2)^2 + 4(n^2 - n^2\kappa^2 + 1)]} = 36\pi \frac{c_s}{\rho_s} f(\lambda, T) \tag{12.33}$$

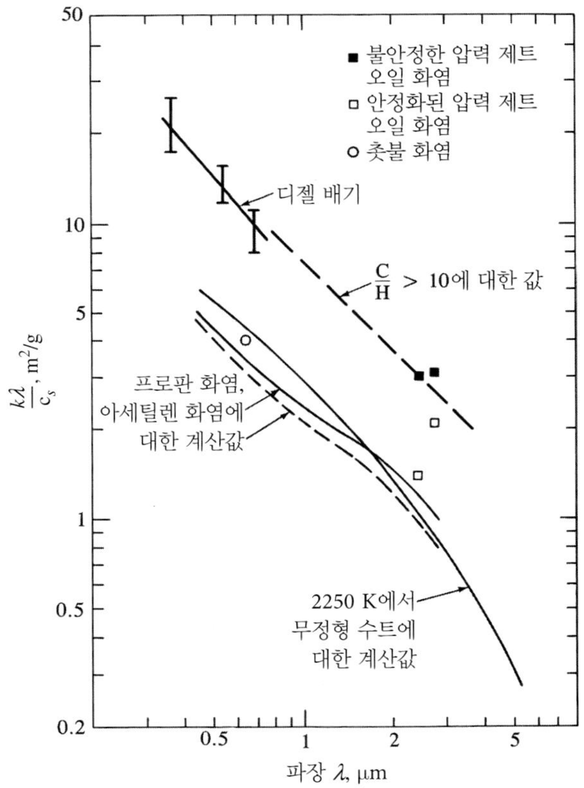

그림 12.10 파장 λ의 함수로 k_λ/c_s의 측정 및 계산된 값. k_λ는 단색 흡수 계수, c_s는 수트 농도이다. (Field 등[34]과 Greeves와 Meehan[35]으로부터의 자료)

여기서 n은 굴절 지수, k는 복합 굴절 지수에서의 흡수 항, c_s는 세제곱 미터당 킬로그램(kg/m^3)의 수트 농도, ρ_s는 수트 입자의 밀도(≈ 2 g/m^3)이다.[34] 흡수 계수는 파장과 온도에 따라 달라지며 입자 크기와 무관하며 수트 질량 부하에만 의존한다. 그림 12.10은 λ 함수로서 k_λ/c_s의 여러 추정치를 보여준다. λ에 대한 강한 의존성은 수트 입자의 클라우드가 회색이 아니라는 것을 보여준다. 표시된 다른 추정치에는 상당한 차이가 있다. 이는 다른 수트 조성(C/H 비는 광학 물성에 영향을 준다)과 온도의 결과일 수 있다. 광범위한 복사 스펙트럼의 흡수 계수에 대한 평균값을 찾으려면 다음 식을 사용한다.

$$k_a = \frac{\int k_\lambda e_{b,\lambda} d\lambda}{\int e_{b,\lambda} d\lambda}$$

예를 들어, 온도 1800 K에서 흑체의 복사의 경우, 평균 흡수 계수는 미터당 약 $1300c_s$이며, 여기서 c_s는 세제곱미터당 킬로그램이다. 더 높은 흑체 온도에서는, k_a 값이 더 높을 것이다.

Annand[36]는 디젤 엔진에 이 방법을 적용하였다. 겉보기 화염 방사율은 다음 식에서 보는 것과 같이 겉보기 평균 흡수율과 관련이 있다.

$$\varepsilon_a = 1 - \exp(-k_a l) \tag{12.34}$$

Flynn의 데이터의 경우, 최대 방사율은 0.8이며, $k_a\ l = 1.6$이다. $l \approx 0.07$ m이기 때문에 이것은 연소 중에 디젤 엔진에서 측정된 값과 비교할만한 수트 부하인 $k_a \approx 22$ m^{-1}, $c_s \approx$ g/m^3(≈ 1 g/m^3 at NTP)이 된다(11.5.2절 참고).

디젤 엔진의 복사열유속에 대해 잘 알려진 예측 공식은 없다. Annand는 다음의 형태로 복사 항을 제안했다.

$$\dot{q}_R = \beta\sigma(\bar{T}_g^4 - T_w^4) \tag{12.35}$$

여기서 σ는 Stefan-Boltzmann 상수, $\bar{T}_g$는 평균 가스 온도, T_w는 벽 온도다. 이 항은 총 열 유속 예측에 대한 상관관계를 제안하기위해 대류 열 유속 항과 결합하였다. 첫 번째 평가에서 식 (12.14)와 결합할 때 $\beta = 0.6$이 제안되었다.[8] 수정된 대류 열전달 상관관계[37]를 가진 이후 연구에서 $\beta \approx 1.6$이 제안되었다.

12.6 순간 열전달률의 측정 _Measurements of Instantaneous Heat-Transfer Rates

12.6.1 측정방법

연소실벽으로의 순간 열 유속 값은 순간표면온도 측정으로 구할 수 있다. 벽의 온도변화는 가스/벽의 경계에서 시간-변화 경계 조건의 결과이다. 이것은 벽면으로부터 작은 거리(~1 mm)이내에서 감쇠 되므로 반드시 표면에서 측정해야 한다. 다양한 유형의 열전대 또는 서미스터(thermistor)가 사용되어 왔다.[8] 벽으로 들어가는 1차원 불안정 열전도를 가정한다.

$$\frac{\partial T}{\partial t} = \frac{1}{\rho c}\frac{\partial}{\partial x}\left(k\frac{\partial T}{\partial x}\right) \tag{12.36}$$

반무한고체로의 열 유속의 시간에 따른 사인 파 변화는 위상이 90° 변위된 동일한 주파수의 표면 온도의 사인파 변동을 생성할 수 있다. 표면 온도 T_w는 푸리에 급수로 표현된다.

$$T_w = T_m + \sum_{n=1}^{N}[A_n \cos(n\omega) + B_n \sin(n\omega)] \tag{12.37}$$

여기서 T_m은 T_w, A_n의 시간–평균 값이며, B_n은 푸리에 계수, n은 조화 수(harmonic number), ω는 각 진동수(radian / sec)이다. 경계 조건은 $x=0$에서 $T=T_w(t)$이고, $x=l$에서 $T=T_l$ (constant)이다. 식 (12.37)의 해는 다음과 같다.[38]

$$T(x,t)=T_m-(T_m-T_l)\frac{x}{l}+\sum_{n=1}^{N}\exp(-\phi_n x)F_n(x,t) \tag{12.38}$$

여기서,
$$F_n=A_n\cos(n\omega-\phi_n x)+B_n\sin(n\omega-\phi_n x)$$

$\phi_n=(n\omega/2\alpha)^{1/2}$이며, α는 벽의 재료의 열 확산율 $k/(\rho c)$이다.

시간에 따른 변동을 유발한 각 주파수에서의 열 유속 구성요소는 푸리에 법칙[식 (12.1)]을 통해 계산할 수 있으며, 시간에 따른 열 유속의 총 변동을 계산 할 수 있다.

$$\dot{q}=\frac{k}{l}(T_m-T_l)+k\sum_{n=1}^{N}\phi_n[(A_n+B_n)\cos(n\omega)-(A_n-B_n)\sin(n\omega)] \tag{12.39}$$

식 (12.36)을 해결하기 위한 다른 방법은 열 유속에 대한 전기적 아날로그의 사용과 수치적 방법을 이용한 것이다. 후자는 연소실 침전물 및 일부 절연 세라믹 재료처럼 벽 재료 특성이 온도에 크게 의존할 경우 필요하게 된다. 스파크 점화 및 디젤 엔진에서 이 유형의 측정이 여러 번 수행되었다. 이러한 측정을 요약한 것은 참고문헌 8에서 확인할 수 있다. 광사파이어 창과 초전 열 감지기에 의해 보호되는 광 검출기, 적외선 단색기, 열 전대와 같은 몇몇 기술로 복사열유속을 직접적으로 결정할 수 있다.

12.6.2 스파크 점화기관의 측정

그림 12.11은 부분 부하 및 저속 작동조건에서 스파크 점화기관의 실린더헤드에 대한 크랭크 각도에 따른 표면 온도 변화 및 계산한 열 유속의 변화를 보여준다. 이 지점의 표면온도는 7 K 정도 흔들린다(실린더 축 상 점화 플러그에서 실린더 벽까지 중간 정도). 화염이 측정 위치에 도달하면 열 유속은 빠르게 상승하고, 연소 가스 온도가 최고점에 도달했을 때 최대 실린더 압력 시간 근처에서 최댓값을 가지며(9.2.1절 참고), 팽창하며 60° ATC까지 비교적 낮은 수준까지 연소 가스를 냉각시킨다. 1~3 MW / m^2의 실린더 헤드 최대 열 유속은 정상 엔진 속도와 부하 범위에 걸쳐 측정되었다.[39, 41]

열 유속 프로파일은 주어진 엔진에서 위치에 따라 변하며, 또한 한 사이클에서 다음 사

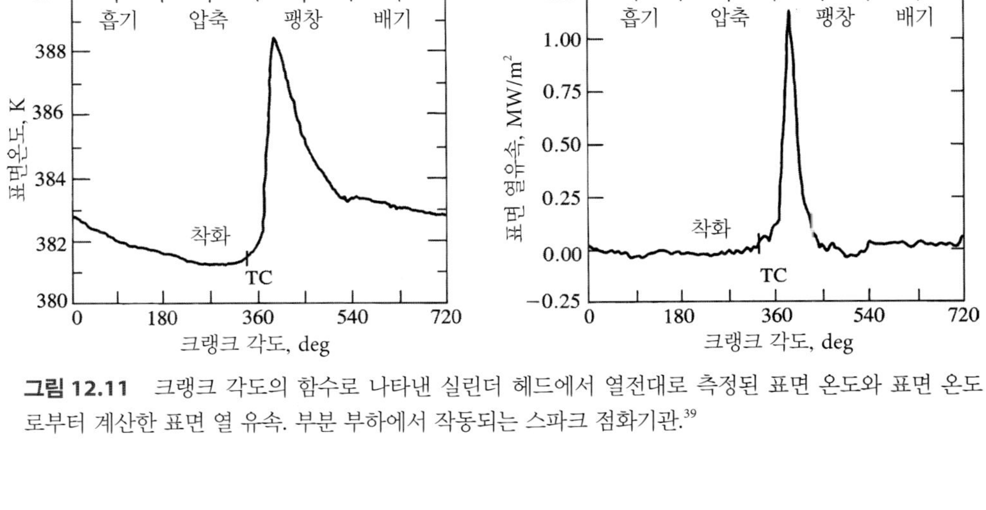

그림 12.11 크랭크 각도의 함수로 나타낸 실린더 헤드에서 열전대로 측정된 표면 온도와 표면 온도로부터 계산한 표면 열 유속. 부분 부하에서 작동되는 스파크 점화기관.[39]

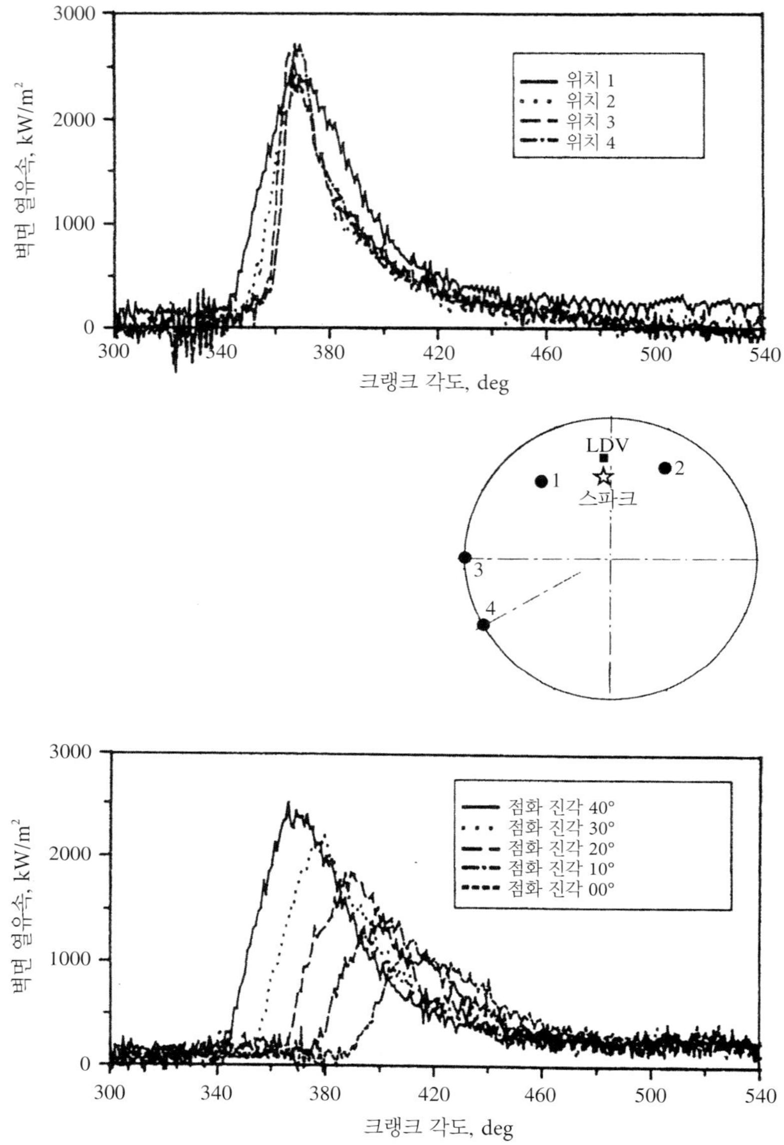

그림 12.12 (*a*) 자연 흡기 스파크 점화기관의 실린더 헤드에서 4개의 온도 측정 위치에 크랭크 각도에 따른 표면 열 유속의 변동: 속도 1000 rev/min, 화학양론비 운전, 체적 효율 0.8, 점화 진각 40° BTC. (*b*) 열 유속 프로파일, 위치 1, (*a*)와 동일한 스파크 점화기관 작동 조건에서 40° BTC에서 TC까지 10° CA 단위로 점화 시기 지각의 영향.[40]

이클까지의 사이클 간에도 변한다(그림 12.7은 DI 디젤 엔진에 대한 전형적인 사이클 간 변동을 보여준다). 열 유속의 급격한 상승은 측정 위치에서의 화염 도착 시간에 따라 달라진다. 그 결과, 많은 사이클에 걸쳐 평균을 낸 표면 온도 데이터에서 결정된 열 유속은 일반적으로 급격한 상승률을 나타낸다. 또한 그림 12.12는 주어진 위치에 대한 점화 지연의 영향을 보여준다. 측정 위치에 화염이 더 늦게 도달하면 열 유속의 급격한 상승의 시작을 지연시킨다. 또한, 최대압력이 더 느리고 낮기 때문에 연소가 지연됨에 따라 최고 열 유속의 크기는 감소되고, 최대 연소가스 온도도 결과적으로 낮아진다.

그림 12.13은 엔진 부하(엔진의 체적 효율에 의해 정의됨)와 속도가 열 유속 프로파일에

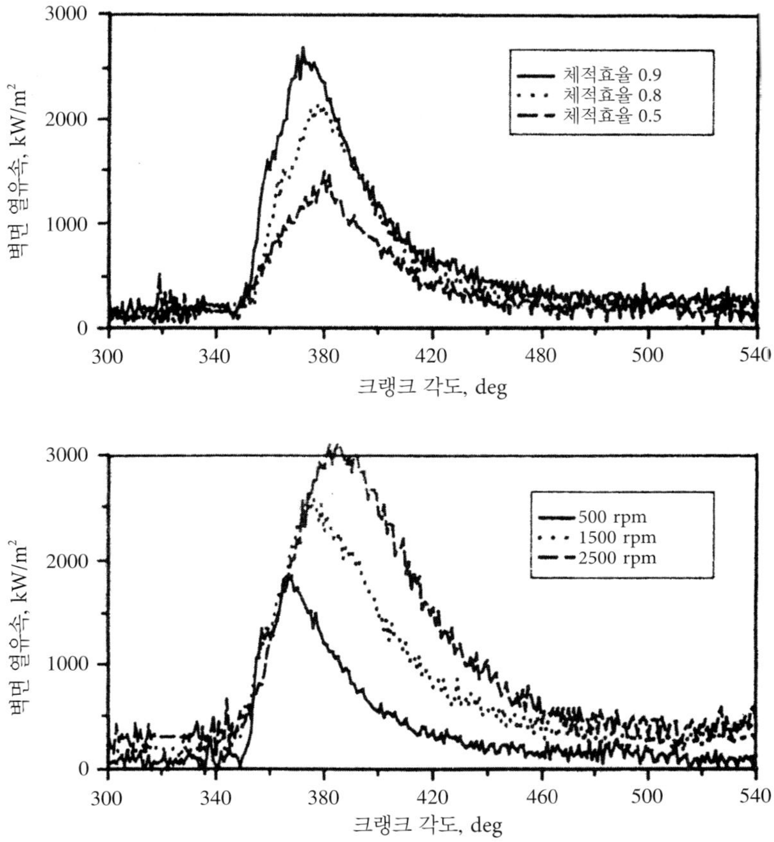

그림 12.13 엔진 부하(체적효율)와 속도에 대한 표면 열유속의 변화: η_v = 0.5(중부하), 0.8과 0.9(고부하); 속도(rev/min), 500, 1500, 2500, 위치 1. 그림 12.12와 동일한 스파크 점화기관. 동일한 기본 운전 조건.[40]

미치는 영향을 보여준다. 이러한 측정 결과는 엔진 부하와 엔진 속도의 증가가 표면 열 유속의 증가로 이어진다는 보여준다.[39-41] 이러한 모든 추세는 엔진 작동의 변화로 인한 연소가스 온도의 변화로부터 예상할 수 있다.

12.6.3 디젤 엔진의 측정

디젤 엔진에서 순간 열 유속을 측정한 결과 유사한 특징이 나타난다. 연소실 벽에 대한 열 유속 분포는 일반적으로 균일하지 않다. 또한 개별 사이클에 따른 열 유속 프로파일 간 변화도 존재한다. 그림 12.14는 열 방출 프로파일과 관련하여, 중간 정도의 스월 DI 디젤 엔진에서 피스톤 보울(더 높은 열 유속) 위에 있는 표면 열 유속과 피스톤 스퀴시 영역 위의 다른 두 위치를 나타낸다. 열 유속은 연소가 시작되면 빠르게 증가하고 최대 실린더 압력 시간에 근접한 최대치에 도달하며 40~60° ATC의 낮은 값으로 감소한다. 주 연소실 표면(피스톤 보울과 보울 바로 위의 헤드)에 대한 최대열유속은 10 MW/m^{2}이다.

스월이 있는 소형 디젤 엔진에서 피스톤 보울 내의 피스톤에 대한 평균 열 유속은 일반적으로 실린더헤드에 대한 평균 열 유속 및 피스톤 크라운의 고리모양 스퀴시 부분보다 높다(약 2배(factor of two) 정도).[16, 37] 이것은 피스톤 보울이 대부분의 연소가 일어나는 구역이고 가스 속도가 가장 높기 때문으로 예상될 수 있다. 또한 피스톤 보울 내, 헤드 및 피스톤 크라

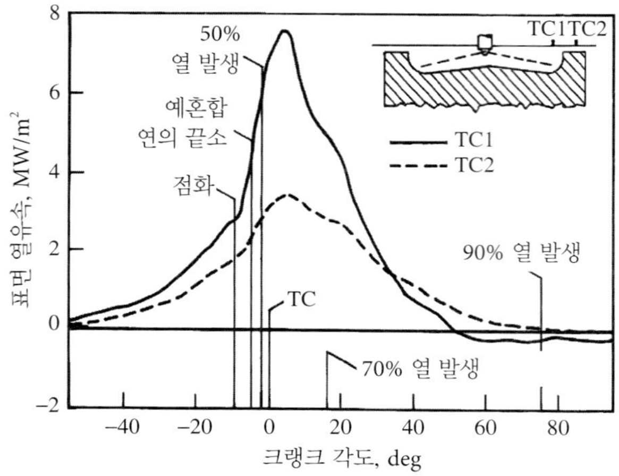

그림 12.14 중간 정도의 스월 DI 디젤 엔진에서 실린더 헤드 내 두 지점에서 측정된 표면 열 유속. 피스톤 보울 위의 TC1, 피스톤 스퀴시 영역 위의 TC2. 열 발생의 백분율이 나타내어져 있다. 보어=행정=114 mm, 압축비(r_c) = 16, 2000 rev/min, 전체적인 당량비 = 0.5, 흡기 압력 = 1.5 atm.[42]

운의 고리모양의 영역의 다양한 위치에서 열 유속이 상당히 변화한다.

피스톤 직경의 약 절반인 직경의 보울-인-피스톤 연소실을 가진 스월이 있는 소형 고속 (7~9 cm 보어)디젤에서 얻은 위의 결과와 달리, 중속 30 cm의 보어를 가진 퀴에슨트 얕은-보울 피스톤 직분사 슈퍼 차저 디젤에 대한 시험 결과가 연소실 벽 위로 훨씬 균일한 열 유속이 나타났다.[43]

실린더 라이너에 대한 열 유속은 여전히 훨씬 낮고(연소실 표면에 대한 최고 유속보다 작은 크기의 정도), 균일하지 않다. 그림 12.15는 라이너를 따라 세 개의 위치에서 실린더 헤

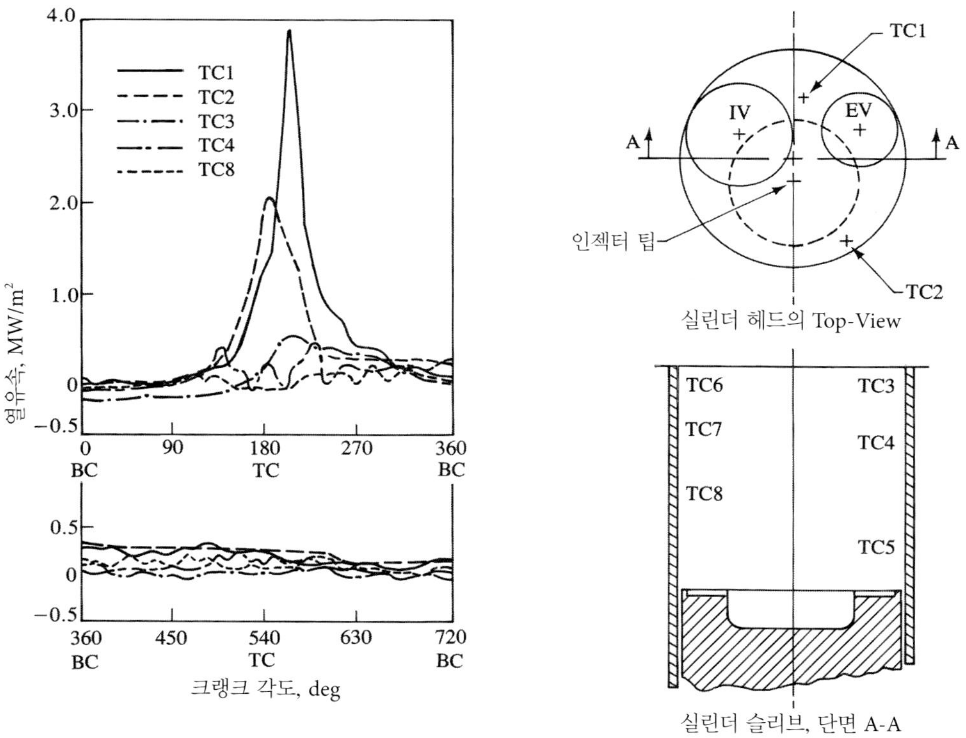

그림 12.15 자연 흡기 4-행정 사이클 DI 디젤 엔진 실린더 헤드와 라이너의 다른 위치에서 측정된 표면 열유속. 보어 = 행정 = 114 mm, 2000 rev/min, 전체 당량비 = 0.45.[15]

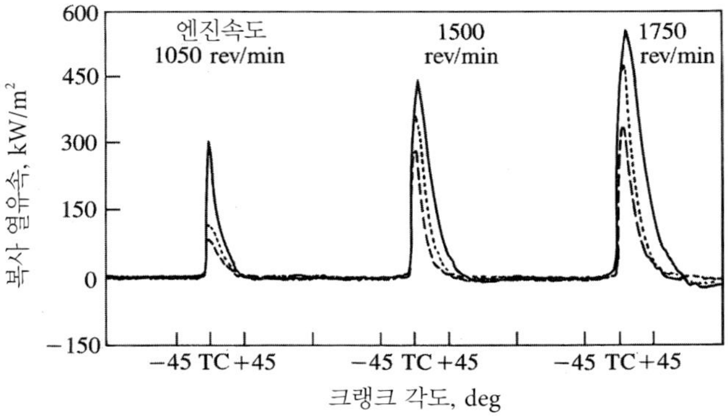

그림 12.16 부하와 속도가 변할 때 높은 스월 수준의 DI 디젤 엔진에서 피스톤 보울 위에서 실린더 헤드에 대한 복사 열 유속 측정. 실선: 80% 부하, 점선: 40% 부하, 대쉬: 무부하.[16]

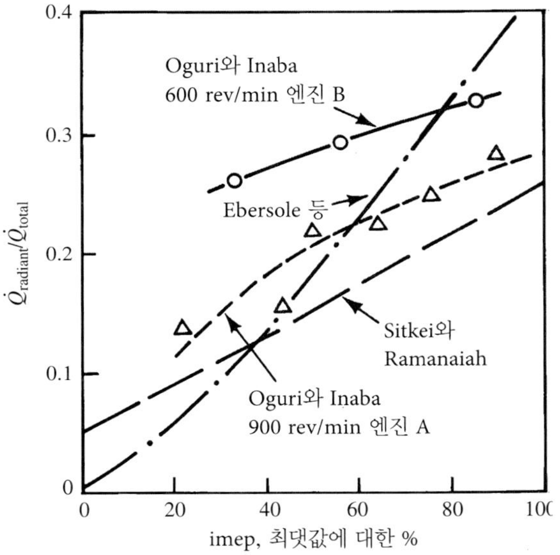

그림 12.17 몇 가지 다른 디젤 엔진에서 부하 범위에 대한 총 열 유속의 비율에 따른 복사 열 유속. 엔진 데이터 자료에 대해서는 참고문헌 8을 보라.

드에 대한 열 유속을 비교한 것이다. 라이너의 상단에서도 최대 열 유속은 주 연소실 표면에 대한 유속의 15~20%에 불과하다. 연소가스는 최고 연소온도보다 훨씬 낮은 온도인 팽창 행정 후반까지 실린더 벽의 하단부에 접촉하지 않기 때문에 예상할 수 있는 일이다.

그림 12.16은 엔진 속도 및 부하 함수로써 중간 정도 스월이 있는 DI 디젤 엔진의 피스톤 보울 위에서 측정한 복사 열유속의 예를 보여준다.[16] 사용 가능한 제한적인 복사 열유속 데이터는 다음과 같은 경향을 보여준다. 연소 후 복사 열유속의 급격한 증가는 연소로 인한 압력 상승 시작과 비교하여 약 5° 정도 지연된다. 이러한 지연은 속도가 증가함에 따라 같이 증가하며, 디젤 연소 과정의 두 번째 확산-화염 단계에서 연소되는 수트의 의한 복사가 발생하기 때문에 발생한다. 최대 복사 유속은 당량비가 $\phi \approx 0.5$까지 증가할 때까지는 거의 일정하게 유지된다. 당량비가 더 증가하면 복사 유속이 감소한다. 시간-평균 복사 열유속은 매니폴드 압력이 증가함에 따라 거의 선형적으로 증가하지만, 최대 복사 유속 수준은 본질적으로 변하지 않았다. 낮은 화염 온도로 인해 분사타이밍이 지연됨에 따라 복사열유속의 최댓값과 시간-평균 값이 감소하였다.

디젤 엔진에서 복사열전달의 상대적 중요도는 연소실표면의 위치, 크랭크 각도, 엔진 부하, 엔진 크기 및 엔진 설계 상세도에 따라 달라진다. 시간–평균 복사열전달은 그림 12.17에 표시된 바와 같이 부하가 증가함에 따라 총 열전달의 비율로 증가한다.[8] 높은 부하에서 복사열유속은 총 시간–평균 열 유속의 25~40%이다.

12.6.4 열전달 상관관계의 평가

가용 대류(또는 대류와 복사의 통합) 열 유속 상관관계를 순간적인 엔진의 열전달 측정과 비교했다. 이러한 평가에서 크랭크 각도의 함수로서 평균 챔버 열유속을 예측하기 위한 상관관계와의 비교를 위해 실험 데이터로부터 공간–평균 연소실 열유속을 결정하는 것은 어려운 일이다. 스파크 점화기관 조건에 대해 Woschhni의 식 (12.19)를 이용한 면적 평균 순간 열유속 예측은 일반적으로 실린더 헤드의 측정된 열유속 크기와 유사한 것으로 밝혀졌다(예, 참고문헌 44).

디젤 엔진의 데이터와 예측을 비교하였다. Annand의 상관관계[$a = 0.06$, $b = 0.85$, $\beta = 0.57$(연소 단계에서만)을 갖는 식 (12.14), 식 (12.35)]는 순간 실린더 헤드 열유속과 중속 퀴에슨트 DI 디젤 엔진의 전반적인 시간 평균 열 유속과 합리적으로 일치하였다.[43] 스월이 있는 소형 고속 디젤에서 $a = 0.13$, $b = 0.7$, $\beta = 1.6$의 값은 피스톤에 대한 순간적인 면적–평균 열 유속[37] 및 시간–평균 열 유속 추정치에 합당한 값을 제공한다.[45] Annand와 Woschhni 상관관계를 비교한 결과 Annand 상관관계는 동일한 크랭크 각도에서 다소 높은 열 유속을 예측한다.[10] Dent와 Sulaiman이 12.4.3절과 12.4.4절에서 요약한 세 가지 상관관계를 스월이 있는 소형 고속 디젤 엔진에서 모두 실험 데이터와 비교하였다.[16] 평균 실험 열 유속은 연소실 표면 주위의 서로 다른 지점에 위치한 여러 열전대 측정에서 추정되었다. 그림 12.18은 비교를 보여준다. Woschhni 상관관계는 연소로 인한 속도 항이 더 작기 때문에 가벼운 부하에서 다른 것보다 낮다. 팽창 행정 열 유속은 세 가지 상관 관계에서 모두 충분히 예측되지

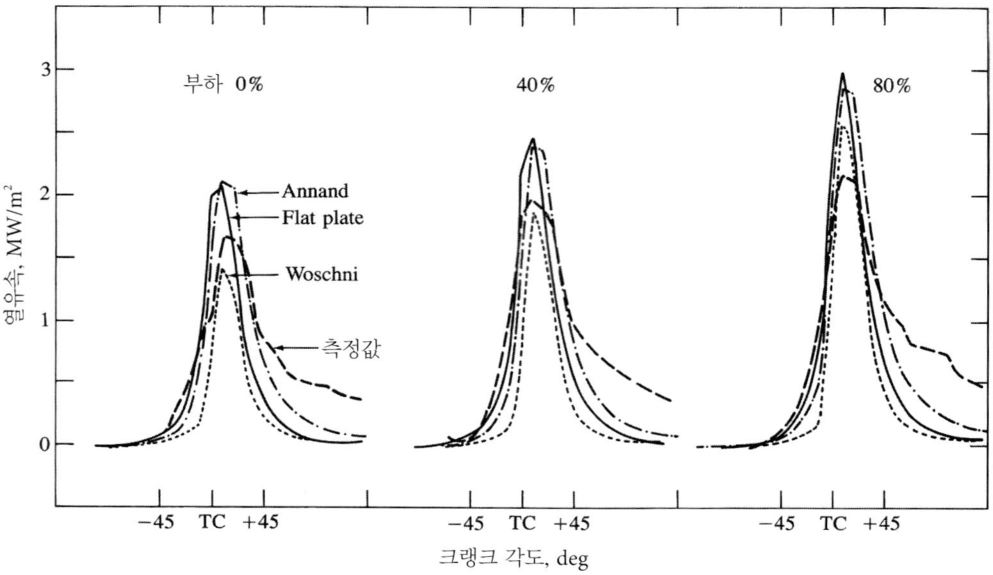

그림 12.18 다양한 예측 방정식으로 연소된 고속 스월 DI 디젤 엔진 1050 rev/min에서 실린더 헤드에 대한 평균 열 유속 측정값의 비교. Annand, 식 (12.14); Woschni 식 (12.19); 평판, 식 (12.20), 측정된 가스 모션 이용.[16]

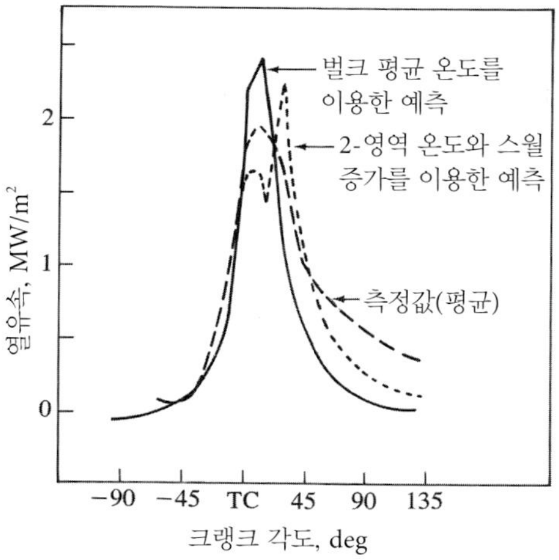

그림 12.19 1050 rev/min, 40% 부하에서 연소된 높은 스월 DI 디젤 엔진의 실린더 헤드에서 열유속 측정값과 벌크 평균 가스 온도, 2-영역 (공기와 연소된 가스) 모델에 기초한 온도를 사용한 예측값의 비교.[16]

않는다. 측정치를 평균 열 유속 값으로 변환하는 불확실성을 고려할 때, 이정도의 일치는 상당히 타당하다.

Dent는 실린더 평균 가스 온도에 기초하는 평판 공식[식 (12.20)]의 추가 수정을 검토했다. 연소하는 동안에는 2-영역 모델(two-zone model)이 더 적합하다. 연소된 가스에 대한 당량비(Dent는 화학양론비 조건으로 가정하였다)를 가정하면, 연소 영역의 온도는 다음의 관계로 결정할 수 있다.

$$\bar{T}_b = \frac{m\bar{T}_g - m_a T_a}{m_b}$$

여기서 m_a는 공기의 질량, T_a는 공기의 온도, m_b는 연소된 가스의 질량, 그리고 $m_b = m - m_a$이다. 또한, 연소 때문에 발생하는 관찰된 스월 강화는 열전달 상관 관계에 사용된 스월 속도를 비율의 제곱근에 곱하여 포함되었다(모터링 케이스에서의 공기 밀도/연소 케이스에서 연소 가스의 밀도). 두 효과의 조합(그림 12.19 참고)은 최댓값을 넓히고 낮춤으로써 예측의 모양을 개선한다.

설명된 각각의 대류-열전달 상관관계는 실험 결과로 확인할 수 있다. 단, 엔진 설계 및 작동 조건과 상관관계가 유도되는 조건이 다르기 때문에 예측을 주의 깊게 봐야 한다. Woschhni의 상관관계는 공간적으로 평균된 순간 대류 열 유속을 예측하는 데 가장 광범위하게 사용되는 상관관계다. SI 엔진에서 엔진 에너지 평형에서 추정된 열 손실 값과 Woschni의 상관관계를 사용하여 계산된 평균 열전달 속도가 잘 비교된다.[46] 그러나 평균 피스톤 속도와 연소-유도 가스 운동을 Reynolds 수에 사용된 속도와 연관시키는 경험 상수는 Woschni에 의해 결정되며, 모든 다른 유형의 엔진에 반드시 적용되는 것은 아니다. 국부적인 속도가 알려진 경우, 평판 기반 상관관계가 최선의 접근방법이다. Annand의 상관관계는 가장 사용하기 쉬운 상관관계인 장점이 있다. 디젤 엔진 열전달에 있어 복사의 구성요소는 일반적으로 총량의 20~40%이므로, 그 값에 대한 근사 추정치로 충분할 수 있다. 이러한 열전달 상관관계에 대한 보다 광범위한 검토와 엔진 연소실 벽으로의 열전달에 관한 실험 데이터[44]와의 비교는 유사한 결론에 도달한다. 이러한 상관관계의 기능적 형태(관련된 무차원수들에 기초)는 충분히 근거가 있지만, 본질적, 경험적, 개념적으로 지나치게 단순화된다. 엔진 실린더 내부에서 발생하는 연소, 열 및 유체 흐름 현상은 매우 복잡하여 상당한 모델링 및 측정 문제를 발생한다.

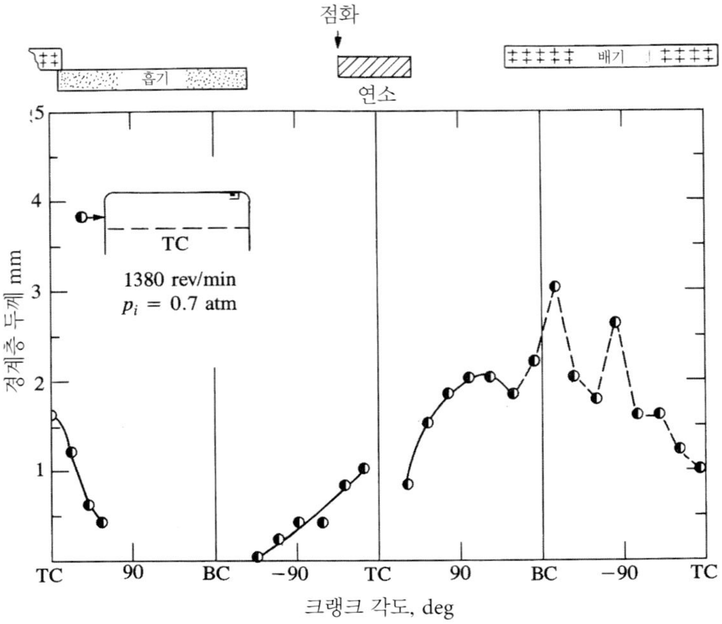

그림 12.20 특별한 가시화 스퀘어 피스톤 스파크 점화 엔진에서 슐리렌 가시화 측정 방법으로 얻어진 간극 체적 내 실린더 벽의 상단에서의 열 경계층 두께.[47]

12.6.5 경계층 거동

작동 중인 스파크 점화기관의 열 경계층 두께 측정은 유동-가시화 엔진의 슐리렌 사진을 사용하여 진행되었다. 그림 12.20은 점화 플러그 반대쪽 간극 체적에서 실린더 벽에 대한 측정의 한 세트를 보여준다. 경계층 두께는 흡기 동안 감소하며, 압축 과정과 팽창기간 동안 2 mm까지 꾸준히 증가한다. 이는 배기 과정 동안 성장을 멈추고 불안정해져서 실린더 벽에서 분리되어 실린더를 떠나는 벌크 가스에 동반된다. 챔버 전체에서 열 경계층의 두께는 서로 다른 위치에서 상당히 다르다. 크랭크 각의 경향은 비슷했지만, 실린더 헤드와 피스톤 크라운의 층은 연구된 단순한 디스크 모양의 챔버 에서 압축과 팽창 과정 중에 두껍게 나타났다(약 2~3배까지).[47] 이러한 다른 거동은 아마도 헤드와 피스톤 크라운 근처에 벌크 유동이 없기 때문에 발생한 것으로 생각된다.

성장하는 층에 대한 대류-열전달 상관관계와 열에너지 보존을 기반으로 하는 스파크 점화기관의 열 경계층 두께 추정치는 이러한 측정에 합리적인 두께를 제공한다. 실린더 질량의 상당 부분이 열 경계층 내에 포함되어 있음에 유의해야한다. 예를 들어, 팽창 도중 90° ATC에서 평균 두께가 3 mm인 경우, 경계층의 체적은 일반적인 엔진 치수에 대한 연소실 체적의 20%다. 경계층의 평균 밀도는 벌크 가스의 약 2배이므로, 실린더 질량의 약 30~40%가 이 경계 층 내에 포함될 것이다.

12.7 열 부하와 구성요소 온도 _*Thermal Loading and Component Temperatures*

연소실 벽에 대한 열 유속은 엔진 설계 및 작동 조건에 따라 달라진다. 또한 연소실을 구속하는 다양한 표면에 대한 열 유속이 균일하지 않다. 이 균일하지 않은 열 유속은 연소실 표면의 위치와 냉각 유체의 위치 간에 서로 다른 열 임피던스와 결합되어 엔진구성요소 내에서 표면 온도와 온도 분포를 다르게 만든다. 이 절에서는 연소실을 구성하는 구성 부품에 대한 열 유속의 변화와 이러한 구성 부품의 온도 분포를 검토한다.

12.7.1 엔진 변수의 영향

다음 변수들은 엔진 연소실의 서로 다른 표면에 대한 열 유속의 크기에 영향을 미치고, 챔버를 결합한 구성부품의 온도 분포에도 영향을 준다; 엔진 속도; 엔진 부하; 전반적인 당량비; 압축비; 점화 또는 분사 시기; 스월 및 스퀴시, 혼합기 입구 온도; 냉각수 온도 및 조성; 벽면 재료; 벽면 침전물. 이러한 변수 중 속도와 부하가 가장 큰 영향을 미친다. Nusselt-Reynolds 수 관계로부터 유도된 식 (12.19),

$$h_c = \text{constant} \times B^{-0.2} p^{0.8} T^{-0.55} w^{0.8}$$

와 단위면적당 열전달률의 관계 식 (12.2),

$$\dot{q} = h_c(T - T_w)$$

는 엔진 작동 및 설계 변수가 바뀔 때 열 경향을 예측하는데 유용하다. 위의 두 방정식에서 온도 T는 실린더 내 가스의 평균 온도이다. 평균 가스 온도는 실린더 압력(측정 또는 계산할 수 있음), 이상 기체 법칙 ($pV = mR\bar{T}$) 및 실린더의 질량으로 쉽게 구할 수 있다. 그러나 연소실 벽으로의 열전달은 고온 연소 가스가 이러한 벽에 닿거나 "젖을 때(wet, 습윤)"가 가장 중요하다. 그림 12.21은 연소 중 확산 화염 뒤에 있는 연소가스가 실린더 헤드와 피스톤 크라운의 일부에만 접촉하는 스파크 점화기관의 상황을 보여준다. 연소가스 구역으로부터의 열전달은 다음을 통해 이루어진다.

$$\dot{Q}_b = \sum_i A_{ci,b} h_b (T_b - T_{w,i}) \tag{12.40}$$

여기서 $A_{ci,b}$는 온도 T_b에서 고온연소가스에 의해 습윤된 연소실 표면의 영역이다. 연소되지 않은 가스 구역으로부터의 열전달은

$$\dot{Q}_u = \sum_i A_{ci,u} h_u (T_u - T_{w,i}) \tag{12.41}$$

여기서 $\dot{Q}_u$는 미연소 구역으로부터의 열전달, $A_{ci,u}$는 연소되지 않은 가스에 의해 습윤된 연소실의 영역이며, 아래 첨자 u로 표시된다. 다른 기호는 식 (12.40)의 정의와 유사하지만 연소

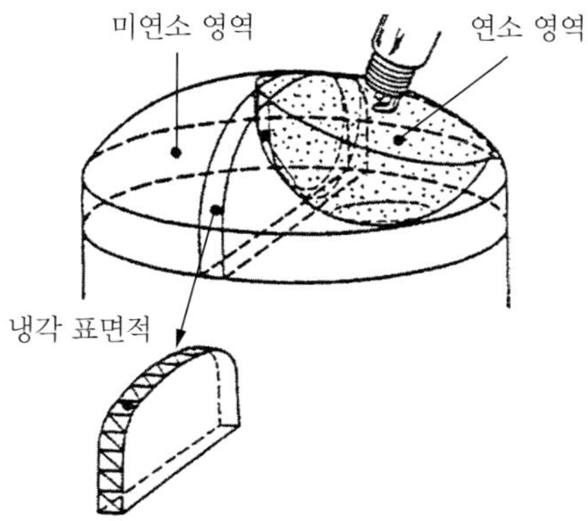

그림 12.21 스파크 점화기관에서 연소 기간 동안 열전달 과정을 나타내는 삽화. 연소된 가스는 뜨겁다 (~2500 K); 미연소 가스는 상당히 차갑다(400~800 K). 연소된 가스에 의해 젖어진 영역과 미연소 가스를 나타내며, 연소 영역과 미연소 영역 열 유속을 계산할 수 있다[식 (12.40), 식 (12.41) 참고].

되지 않은 가스 구역의 정의와 유사하다. T_b는 T_u(in K)보다 4배 정도 높기 때문에 연소된 구역의 열 유속은 연소되지 않은 구역의 열 유속보다 훨씬 크다.

기본적으로 엔진 열전달 프로세스에 대한 이 설명은 엔진 설계 및 작동 변수 변화의 열전달 효과를 평가하기 위해 사용하는 적절한 모델이다. 그림 12.22는 중속, 고부하에서의 스파크 점화기관의 사이클 시뮬레이션에서 이 2구역(two-zone) 연소 및 열전달 모델로 얻은 결과를 보여준다. 연소가 진행됨에 따라, 연소된 질량 분율 x_b는 점화 시 0에서 상승하여 약 30° CA ATC에서 1에 접근하게 되며, 미연소 및 연소 가스 영역에서의 가스 온도처럼 실린더 압력이 상승한다. 열전달률은 점화 방출 이전(미연소 혼합기는 상대적으로 낮은 온도(600 K보다 낮은 온도)에 있다) 의 낮은 값에서부터 약 15° CA ATC에서 최고 압력과 연소 가스 온도 (약 2500 K) 시점에서 최댓값(규모가 더 큰 오더 이상)까지 상승한다. 그런 후에 약 60° CA ATC만큼 피크 속도의 1/4로 감소한다. 연소 초기 단계에서는 연소되지 않은 총 가스 습윤 구역이 연소된 가스 습윤 구역보다 훨씬 크다(그림 12.21 참조). 연소하는 동안 연소된 가스 밀도는 연소되지 않은(훨씬 낮은 온도) 가스의 4분의 1이다. 이 습윤 면적 비율(미연소/연소)은 1을 지나 1보다 훨씬 적은 값으로 전환된다. 따라서, $A_{c,u}$, $A_{c,b}$의 변화하는 상대적 크기는 식 (12.40)과 (12.41)에서 $(T_b - T_w)$, $(T_u - T_w)$ 사이의 실질적인 차이를 상쇄한다. 이는 실린더 내 가스의 평균 온도와 총 연소실 표면적을 기준으로 한 열전달 추정치가 그림 12.22와 같은 2-구역 모델 추정치와 크게 다르지 않는 주요 이유이다(경계층 두께는 80~90 mm 실린더 보어의 약 3% 정도 성장한다. 예를 들어, 그림 12.20에서 측정된 값과 일치하는 몇 mm 정도).[e]

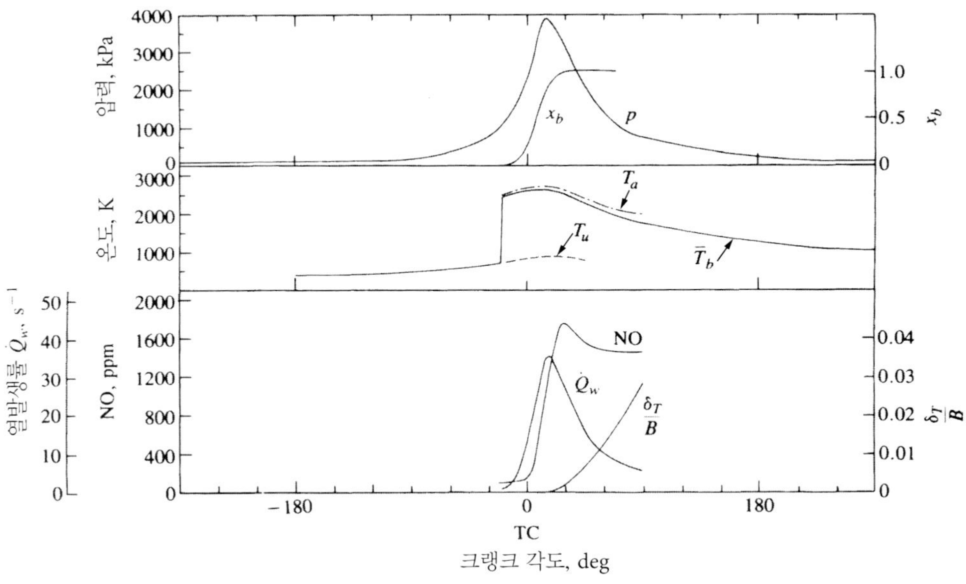

그림 12.22 4-행정 엔진 운전 사이클에서 열역학 기반 사이클 시뮬레이션으로 예측된 실린더 압력 p, 연소된 질량 분율 x_b, 미연소 및 연소 가스 온도 (T_u = 미연소, T_a = 단열 연소 코어, $\bar{T}_b$ = 평균 연소 가스 온도), 열전달률 $\dot{Q}_w$ (연료 유동률 × 발열량으로 표준화됨), 열 경계층 두께 δ_T, 연소 가스 내 평균 질소산화물 농도. 전개 스로틀, 2500 rev/min, 당량비 1.1 조건으로 운전되는 5.7 dm^3 배기량의 8기통 엔진. 총(gross) 도시 평균 유효 압력은 918 kPa, 비 연료 소모량은 254 g/kW · h이다.[48]

[e] 이 모델은 벽에 대한 열적 에너지 유속과 두꺼워지는 열 경계층 영역으로 들어가서 가스 온도가 감소되는 추가적인 단열 코어 연소 가스 사이의 준 안정적인 평형을 이용하여 경계층 두께를 계산한다.

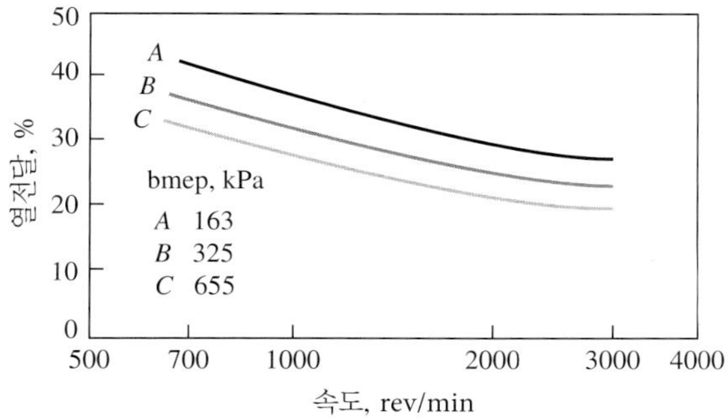

그림 12.23 8기통 5.7 dm³ 스파크 점화기관의 속도와 부하의 함수로써, 연소실 벽에 대한 예측된 평균 열전달률(연료 유동률 × QLHV의 백분율). 화학양론비 운전; MBT 타이밍.[48]

고온연소가스에서 연소실 벽으로의 열 에너지 손실에 대한 기본적인 설명으로, 위에 나열된 변수들의 변화가 엔진과 구성품의 열 유속에 미치는 영향을 요약할 것이다. 이어지는 내용은 주로 스파크 점화기관에 적용된다. 압축점화엔진에서는 고온 연소 가스 구역과 공기의 기본 형상이 다르며, 열 유속 및 온도의 분포는 실린더의 크기와 연소실 및 실린더 내 유동에 따라 크게 달라진다.

속도, 부하 및 당량비

대류 벽 열유속은 엔진 속도와 부하에 따라 크게 달라진다. 가솔린 스파크 점화기관에서 측정된 시간-분해 값(kW/m² 단위)은 그림 12.12와 12.13에 표시하였다.[40] 4가지 측정 위치에서 열유속 프로파일은 합당한 최댓값을 나타내지만 항상 그런 것은 아니다. 식 (12.19)에서 나타난 것과 같이 열전달률 측면에서 부하 스케일링(체적 효율 기준: 90%는 전부하에 해당, 50%는 절반 정도 부하)과 속도 스케일링은 중요하다. 가스 압력(load)과 속도 스케일링의 지수는 0.8이다.

속도와 부하의 함수로써 스파크 점화기관 연소실 열전달(사이클 당)의 사이클 시뮬레이션 예측은 그림 12.23에 나타나있다. 사이클 열전달은 연료의 화학 에너지(연료의 질량 × Q_{LHV})의 백분율로 표현된다. 총 연소실 표면(배기 포트 제외)으로의 열전달은 열역학 기반의 사이클 시뮬레이션을 사용하여 계산했다(14.4절 참고). 속도와 부하가 증가함에 따라 *사이클 당* 열손실의 상대적 중요성은 감소한다(그림 12.23): 그러나 단위시간당 평균 열전달은 속도와 부하가 증가함에 따라 증가한다(그림 12.13).

속도와 부하가 식 (12.19)의 p, T, w에 영향을 미치기 때문에, 실험데이터로부터 직접 구성요소의 열유속을 예측하기 위해 보다 간단한 상관관계가 개발되었다. 여러 연소실 위치에서 시간-평균 열유속은 경험적 표현으로 챔버 벽의 온도 구배 측정으로 결정된다.

$$\dot{q} = \text{constant} \times \left(\frac{\dot{m}_f}{A_p} \right) \tag{12.42}$$

n은 0.5와 0.75 사이의 값을 갖는다(n값은 엔진 유형 및 연소실 내 위치와 피스톤 크라운 면적 Ap에 따라 달라진다). 적절한 n값을 갖는 몇 가지 스파크 점화 및 디젤 엔진 설계에 대한 결과는 참고문헌 49부터 51에서 확인할 수 있다. 이 상관관계는 차원이 없고 식 (12.19)와 다르지만 실험 열유속 데이터의 스케일링을 위한 편리한 방법을 제공한다. 스파크 점화기관의 실린더 헤드 및 라이너에 대한 열 유속은 $n = 0.6$인 식 (12.42)에 의해 잘 계산되었다. 여러 개의 DI 디젤 엔진에 대한 0.195 kg/s · m²의 단위 피스톤면적당 연료유량에서 실린더 헤드에서의 열유속 분포는 크기가 비슷했다. 스로틀 전개 시 속도가 스파크 점화기관의 구성요소

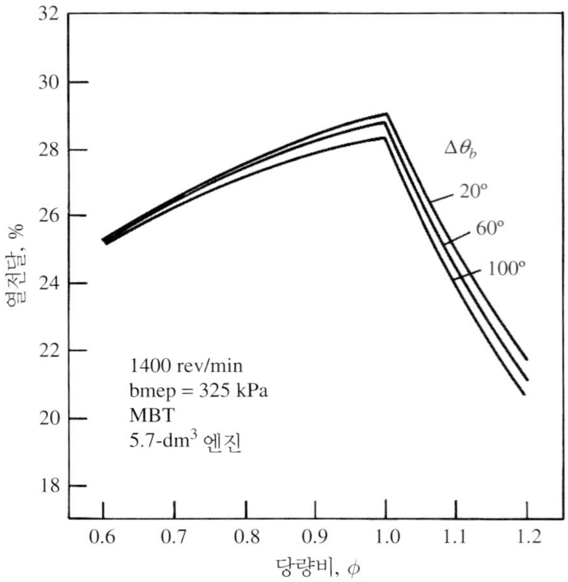

그림 12.24 당량비와 연소율의 함수로써 8기통 5.7 dm^3 스파크 점화기관의 연소실 벽에 대한 예측 평균 열전달률(연료 유량 × Q_{LHV}의 백분율) ($\Delta\theta_b$ = 연소 기간).[48]

온도에 미치는 영향은 참고문헌 51에서 확인할 수 있다. 연료 유량의 함수로서 Comet 예연소실 디젤 엔진의 배기 밸브, 피스톤크라운, 탑 링 홈, 노즐 통로(throat) 온도를 참고문헌 49에서 확인할 수 있다.

최대 출력을 위한 혼합기 당량비 $\phi \approx 1.1$에서 SI 엔진의 최대 열유속이 발생하고, ϕ가 값으로부터 희박해지거나 농후 해짐에 따라 감소한다. 식 (12.2), (12.19)의 가스 온도를 통해 주요 영향이 발생한다. 그러나 연료의 화학적 에너지의 일부로서, 사이클 당 열전달은 $\phi = 1.0$에서 최대이며, 그림 12.24의 열역학적 기반 사이클 시뮬레이션 예측에서 볼 수 있듯이 혼합기가 농후해지거나 희박해지는 경우 감소한다.

DI 디젤(2.3리터 실린더 크기)엔진에서 엔진 속도와 부하 변화의 영향에 대한 측정과 예측은 SI 엔진과 유사한 경향을 보여준다. 연소실 표면 위치에 따른 상당한 변화가 관찰되었으며, 피스톤 보울과 보울 위 실린더 헤드는 이러한 표면과 고온 연소 가스에 더 높은 최대 열유속이 근접하는 것을 보여주었다. 이 위치에서는 대류 및 복사 열전달률이 높아질 것으로 예상한다. CI 엔진에서 전체 공기/연료비 변화는 부하변동효과에 직접 포함된다.[52]

압축비

SI 엔진에서 압축비를 증가시키면 $r_c \approx 10$까지는 냉각수의 총 열 유속이 감소하고, 그 후 r_c가 증가함에 따라 열 유속이 조금 증가한다.[53] 변화의 크기는 완만하다. 예를 들어 r_c가 7.1에서 9.4로 증가하면 최대 열유속(밸브 브릿지에서)이 10% 감소한다.[49] 압축비가 증가하면(고정된 스로틀 설정) 몇 가지 가스 특성이 변화한다: 실린더 가스 압력 및 최대 연소가스 온도가 상승하고; 가스 움직임이 증가하고; 연소가 빨라지며; TC에 근접한 표면/체적 비율이 증가하며; 팽창 행정 후 배기 행정 동안 가스의 온도가 감소한다. 측정된 평균 배기 가스 온도가 낮은 압축비에서 경향을 지배하는 마지막 시점을 확인한다.

압축비 변화가 구성요소 온도에 미치는 영향은 위치에 따라 달라진다. 일반적으로 느린 팽창과 배기 행정의 낮은 온도 때문에, 압축비가 증가하면 헤드 밸브와 배기 밸브의 온도가 감소한다. 일정한 스로틀 설정에서, 높은 압축비에서 높은 최고 연소 온도 때문에 피스톤과

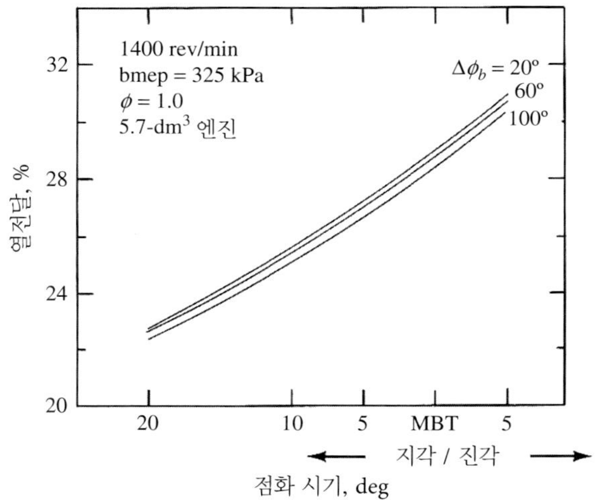

그림 12.25 점화시기와 연소율의 함수로써 8기통 5.7 dm^3 스파크 점화기관의 연소실 벽에 대한 예측 평균 열전달률(연료 유량 × Q_{LHV}의 백분율) ($\Delta\theta_b$ = 연소 기간).[48]

점화 플러그 전극 온도가 증가한다. 노킹이 발생할 경우(9.6절 참고), 열유속이 증가하고 구성요소 온도가 상승한다. 그림 12.25를 참조해라.

점화 시기

자연 흡기 SI 엔진에서 점화 시기를 지연시키면 그림 12.12*b*, 12.25와 같이 열유속이 감소한다. 지연된 분사 시기를 갖는 CI 엔진에서도 유사한 경향이 예상된다. 실린더 체적이 크면 연소가 더 늦게 발생하기 때문에 타이밍이 지연될수록 연소가스 온도가 감소한다. 표면 온도 경향은 구성요소에 따라 다르다. 피스톤과 점화 플러그 전극 온도는 타이밍 변화에 따라 가장 많이 변화하며, 더 높은 배기 가스 온도 때문에 타이밍이 지연될수록 배기 밸브 온도가 증가한다.[49] 터보차저 SI 엔진에서 엔진의 배기 가스 온도가 증가하여 터보차저를 더 빠르게 구동하기 때문에 지연 연소의 영향이 더욱 복잡하다. 엔진이 제어되는 방식에 따라 압축기 부스트 레벨 및 공기 유동이 증가할 수 있다. 인터쿨러 성능에 따라 흡기 온도가 증가하여 연소가스 온도가 증가할 수 있다. 그러나 연소실 벽으로 전달되는 대류 열은 실린더 내 가스 온도와 벽 온도의 차이에 의해 구동된다. 그러므로 가장 중요한 것은 더 높은 연소가스 온도를 얻는 것이다. 이러한 온도는 엔진 작동 조건에 크게 영향을 받지 않는다.

스월과 스퀴시

스월 혹은 스퀴시 움직임으로 인해 가스 속도가 증가하면 열 유속이 높아진다. 식 (12.19)는 퀴에슨트 엔진 설계에서 국부적인 열 유속에 미치는 영향은 0.8 출력까지 상승된 국소 가스 속도에 비례해야 함을 나타낸다. 실험 중 증거는 이러한 경향을 뒷받침한다.[41]

입구 온도

사이클 전체의 가스 온도가 증가하기 때문에 입구 온도가 증가함에 따라 열유속이 증가한다. 100 K의 증가는 열 유속을 13% 증가시킨다.[40]

냉각수 온도 및 구성

냉각수온도가 증가하면 액체냉각수에 의해 직접 냉각되는 구성 요소의 온드가 증가한다. 그림 12.26은 스파크 점화기관에서 냉각수 온도가 50 K 상승한 결과를 보여준다. 배기 밸브와 점화 플러그 온도는 변하지 않았다. 냉각수 온도변화에 대한 금속 온도의 더 작은 반응은 높

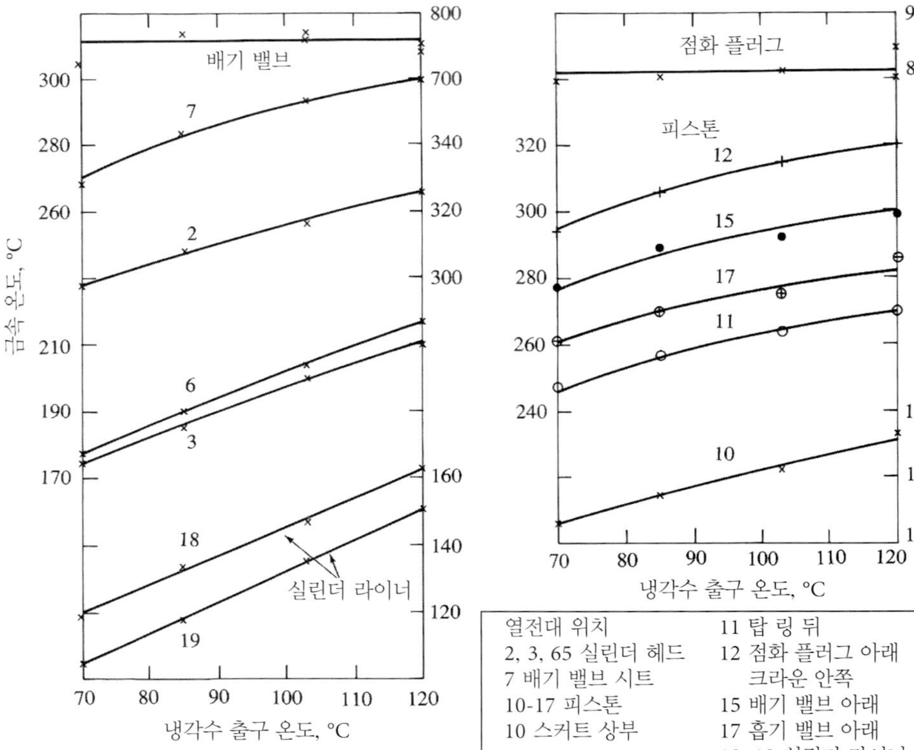

열전대 위치	
2, 3, 65 실린더 헤드	11 탑 링 뒤
7 배기 밸브 시트	12 점화 플러그 아래 크라운 안쪽
10-17 피스톤	15 배기 밸브 아래
10 스커트 상부	17 흡기 밸브 아래
	18, 19 실린더 라이너

그림 12.26 실린더 헤드, 라이너, 배기 밸브, 밸브 시트, 피스톤과 점화 플러그 메탈 온도에 대한 냉각수 온도의 영향. 5520 rev/min, 스로틀 전개 조건의 스파크 점화기관. $r_c = 8.5$.[49]

은 열 유속 위치(예, 밸브 브리지)에서 발생하고 냉각수로의 열전달은 해당 영역의 핵 비등 영역으로 들어간 것을 나타낸다. 열 유속이 더 낮은 경우에(예, 실린더 라이너) 반응이 더 커서 냉각수로의 열전달이 대부분 강제 대류에 의해 이루어짐을 나타낸다. 핵 비등이 발생할 때(예, 비록 냉각수의 벌크 온도가 포화 온도보다 낮다하더라도, 금속 표면에서 증기 버블이 액체 내부에서 생성될 때), 금속 온도는 냉각수 온도 및 속도와 거의 무관하다.

냉각수 통로 표면온도가 높은 경우(예, 실린더 헤드에서 인접한 배기 밸브 시트들 사이) 강제 대류열전달에 핵 비등 열전달에 주는 영향을 그림 12.27에 나타내었다.[54] 열유속 측정은 벽면을 통과하여 흐르는 다양한 열유속에서 벽 위로 일정한 속도(0.1~1 m/s)로 흐르는 냉각수의 영향을 나타낸다. 그 결과 표면온도를 측정하였다. 냉각수 온도는 95°C였다. 열유속이 증가하면 벽 온도는 약 125°C까지 각 유동 속도에서 선형적으로 증가한다. 벽 온도의 증가율과 열 유속의 증가율은 대략 반반이다. 벽 표면 온도가 상당히 낮게 증가하면 높은 열 유속을 수용할 수 있다. 핵 비등의 발생은 높은 열 유속의 영향을 완화시킨다. 그러나 훨씬 높은 열 유속에서 핵 비등은 너무 많은 증기를 발생시킬 수 있기 때문에 증기막을 형성하며, 그 증가는 벽 표면에 인접한 절연층 역할을 하며 표면 온도를 훨씬 더 높이고, 잠재적으로 손상시킬 수 있다.

자동차용 액체냉각수는 에틸렌 글리콜(혹은 프로필렌 글리콜)과 물을 같은 질량 비로 혼합한 것이다. 높은 비열과 밀도를 가진 물은 매우 좋은 냉각액이지만, 어는점(0°C) 때문에 더 추운 지역에 적용하기에는 적합하지 않다. 글리콜(보통 에탄올 글리콜)이 "부동액"으로 써 추

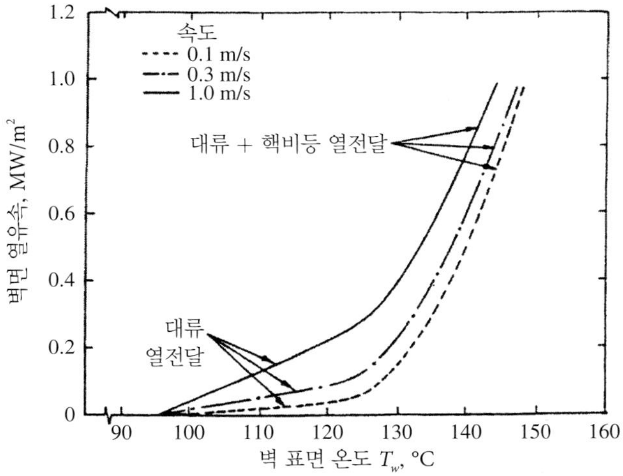

그림 12.27 강제 대류 엔진 냉각에 대한 핵 비등 열전달의 영향: 열유속과 벽 표면 온도 사이의 관계에 대한 냉각수 속도의 영향 (냉각수 온도 95°C, 압력 2 bar).[54]

표 12.2 물−글리콜 혼합물의 얼음 결빙 및 비등점[55]

글리콜 %(체적)	얼음 결빙점(어는점) (°C)	끓는점 (°C)
10	−4	101
20	−9	102
30	−17	104
40	−26	106
50	−39	108

가된다. 글리콜을 사용하면 물은 더 이상 얼지 않고 얼음 결정체를 형성하는 소위 얼음 결빙점(ice flaking point)이 엔진의 냉각 회로를 통해 계속 펌핑 될 수 있다. 냉각수의 끓는점 또한 상승한다. 표 12.2는 글리콜의 첨가 비율이 물의 어는점과 끓는점에 미치는 영향을 나타낸다. 냉각수에는 또한 금속 냉각 시스템 구성요소가 부식되지 않도록 보호하고, 거품이 생기는 것을 방지하고, 산화로부터 글리콜을 보호하기 위한 첨가제가 포함되어 있다.

글리콜과 물의 혼합물은 다른 물리적 특성 때문에 물만큼 효과적인 냉각수는 아니다. 자동차 냉각수의 물리적 특성 값은 표준 참고문헌에서 확인 할 수 있다(예, 참고문헌 56). Alshamani[57]에 의해 50% 글리콜 수용액 혼합물에 대한 온도와 자동차 냉각수의 관련 물리적 특성 변화에 대한 방정식이 개발되었다.

벽 재료

주철과 알루미늄의 일반적인 금속 성분 재료는 열 특성이 상당히 다르지만, 둘 다 연소가스 온도에 비해 상대적으로 낮은 연소실 표면 온도(200~400°C)에서 작동한다. 작동 유체의 열 손실을 줄이기 위해 훨씬 더 높은 온도에서 작동할 수 있는 물질을 탐색하는 데 관심이 계속되고 있다. 질산규소나 지르코니아와 같은 세라믹 재료는 주철보다 열전도도가 훨씬 낮으며, 높은 온도에서 작동하여 엔진을 절연 시킨다. 이러한 물질의 열적 특성은 표 12.3에 열거되어

표 12.3 벽 재료의 열물성

재료	열 전도도 k, W/m · K	밀도 ρ, kg/m^3	비열 c, J/kg · K	열확산계수 α, m^2/s	$k\rho c$	표면 깊이 δ, mm	최고 온도 스윙, K
주철	54	7.2×10^3	480	1.57×10^{-5}	1.8×10^8	2.8	18
알루미늄	155	2.8×10^3	915	6.2×10^{-5}	3.9×10^8	5.4	12
질산규소	5–10	2.5×10^3	710	2.8×10^{-6}	1.3×10^7	1.2	70
분무된 지르코니아	1.2	5.2×10^3	732	3.2×10^{-7}	4.6×10^6	0.39	95

있다. 이처럼 절연 물질을 이용해 벽을 통한 열전달을 상당히 줄일 수 있다.

이 방법은 기존의 엔진 냉각수 시스템을 제거할 가능성이 있는 디젤 엔진에 대해 고려되어 왔다. 냉각수 측 열전달은 각 사이클 동안 기본적으로 안정적이므로, 벽 재료의 높은 열 저항은 사이클의 순 열전달을 0에 가깝게 할 수 있다. 그러나 실린더의 작동 유체와 연소실 벽 사이에 여전히 상당한 열전달이 있다. 표면 온도 약 800 K의 세라믹 소재를 사용하는 터보 컴파운드 디젤 엔진 작동 사이클의 열역학적 시뮬레이션은 정상적인 금속 벽면 케이스에 비해 순 열전달이 크게 감소하는 것을 보여준다. 하지만, 흡기(체적 효율 감소)와 압축(압축 행정일 증가) 과정 중 세라믹 벽으로부터 가스로 상당한 열전달이 있고, 연소 및 팽창 시 기체로 인한 열전달도 여전히 현저하다. 높은 연소실 표면 온도로 인해 발생하는 부정적인 영향은 효율성 감소이다.[31] 스파크 점화기관의 경우, 고온 벽에서 유입되는 차지로의 열전달은 단열재를 더 쓸모 없게 만든다. 이러한 차지 가열 열전달은 연소되지 않은 혼합물의 온도를 증가시켜 끝 가스 연료–공기 혼합기의 자착화, 노킹의 초기 시작을 유도한다(9.6절을 보라).

벽과의 열전달 상호작용의 본질적인 불안정 특성은 시간에 따라 연소실 온도가 변하게 만든다. 연소 및 팽창 중에 기체에서 벽으로 전달되는 열 에너지는 표면에 인접한 벽 재료의 얇은 층에 저장된다. 이 열 에너지의 일부가 벽을 통해 확산되는 동안, 흡기와 압축 중에 많은 부분이 현재 저온 실린더 내용물로 다시 전달된다. 물질에 대한 열 파장(thermal wave)의 침투 깊이, 표면 깊이 δ는 $\sqrt{\alpha/\omega}$에 비례하며, 여기서 $\alpha = k/(\rho c)$는 열 확산도, ω는 파동의 주파수(엔진 속도에 비례)이다. 표 12.3에서 주어진 엔진 속도 1900 rev/min의 α, δ값은 $\sqrt{\alpha}/\delta \approx 1.4$(단위: $s^{-1/2}$)로 일정하다. 온도 변동의 크기(이것은 변동하는 열 응력의 원인이기 때문에 중요)는 $(\delta\rho c)^{-1}$에 비례하고, $(k\rho c)^{-1/2}$만큼 변한다. 표 12.3의 재료에 대한 예상 최대 표면 온도 변화는 도표로 정리되어 있다.

노킹

SI 엔진의 노킹은 화염이 연소실을 가로질러 전파 될 때 연소되지 않은 "끝–가스"가 화염 앞에서 자연적으로 점화되는 것을 말한다. 이는 가스 압력과 온도가 정상 연소 수준 이상으로 상승하는 결과를 초래한다(9.6절 참고). 피스톤, 실린더 헤드 및 라이너의 영역이 자동–점화된 끝–가스와 접촉할 때, 노킹은 국소 열유속의 증가를 초래한다. 최종 가스 영역의 정상 열유속보다 2배에서 3배까지 증가되는 것이 측정되었다. 높은 국소 압력 진동과 높은 재료 온도의 조합으로 인한 금속 피로 때문에, 이 영역의 피스톤 크라운에 대한 일차적인 노킹 손상이 발생한다고 생각된다.

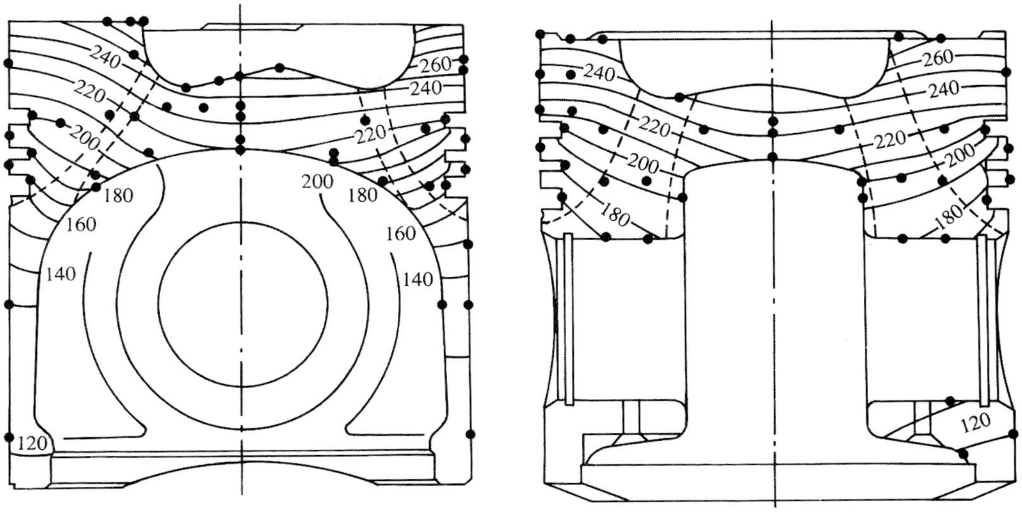

그림 12.28 고속 DI 디젤 엔진의 피스톤 온도 분포에서 측정된 등온 컨투어(실선)과 열 유동 경로(대쉬선). 보어 125 mm, 행정 110 mm, $r_c = 17$, 3000 rev/min, 전부하.[58]

12.7.2 구성요소 온도분포

이 장에서는, 다양한 엔진구성요소에서 측정된 온도 분포의 예를 보여준다. 일반적으로 연소실 표면으로의 열유속은 각 실린더 헤드의 중앙 영역, 배기 밸브 시트 영역 및 피스톤 크라운 중앙에서 가장 높고, 실린더 라이너에서 가장 낮다. 주철 피스톤은 알루미늄 피스톤보다 온도가 약 40~80°C 더 높다. 평평한-윗면을 가진 피스톤을 사용하는 경우 크라운 중심은 가장 뜨겁고 바깥쪽 가장자리 쿨러는 20~50°C다. 디젤 엔진 피스톤 크라운 표면온도는 SI 엔진 등 동등한 온도보다 약 50°C 높다. 그림 12.28과 같이, DI 디젤 엔진의 최대 피스톤 온도는 보울의 끝에 있다. 예연소실 디젤 엔진에서 예연소실을 빠져나가는 뜨거운 제트가 피스톤 크라운에 충돌하는 곳에서 최대 챔버 온도가 발생한다.

그림 12.29는 4기통 SI 엔진 실린더 헤드의 다양한 위치에서의 온도를 보여준다. 최대 온도는 열유속이 높고 냉각이 제한되는 경우에 발생한다. 이러한 경우로 밸브와 인접한 실린더의 배기 밸브 사이의 브리지가 있다. 그림 12.30은 DI 디젤 엔진에서 라이너의 길이에 따라 평균 열량과 온도가 어떻게 변화하는지를 보여준다. 라이너의 하단 영역은 상당한 가스 팽창이 발생한 후 사이클의 일부 동안만 연소 생성물에 노출되기 때문에 열 유속과 온도는 실린더 헤드로부터의 거리에 따라 크게 감소한다. 피스톤과 라이너의 마찰에 의해 발생하는 열 $\dot{q}_{GL}$(가스-라이너 열유속)과 $\dot{q}_L$(라이너 안으로 들어가는 총 열유속)의 차이는 라이너 열 하중의 상당한 부분이라는 점에 유의한다.

배기 밸브는 스템과 가이드, 밸브 시트를 통해 냉각된다. 소형 밸브에서는 스템을 통해 많은 열전달이 발생하고, 밸브가 커지면서 밸브 시트가 더 높은 열 부하를 전달한다. 그림 12.31은 고부하에서 2-행정 DI 디젤 엔진의 배기 밸브 내 온도 분포를 나타낸다. 650~700°C의 최고 배기 밸브 온도는 고부하 엔진 작동의 전형이다. 배기밸브헤드의 추가 냉각이 필요한 경우, 극한 조건에서 나트륨 냉각 밸브를 사용할 수 있다. 여기서 밸브 스템은 속이 비어 있고, 나트륨으로 채워진다. 스템 내 나트륨의 용해 및 열적 대류 운동은 밸브 헤드 영역에서 밸브 가이드 내 스템의 해당영역으로 열 에너지를 전달한다.

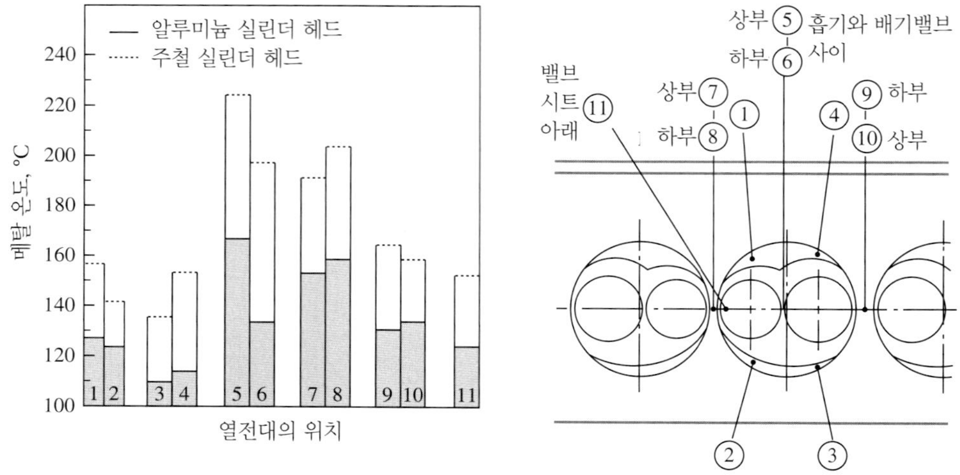

그림 12.29 2000 rev/min, 스로틀 전개, 95°C, 2 atm의 냉각수 조건으로 운전되고 있는 스파크 점화 엔진의 측정 위치에서 실린더 헤드 온도의 변화.[54]

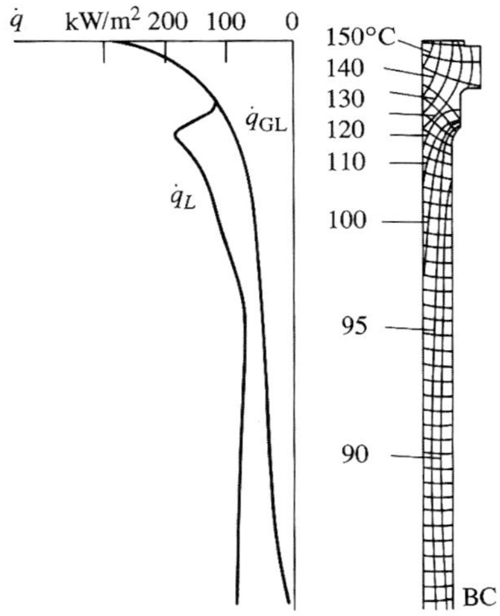

그림 12.30 1500 rev/min, bmep = 11 bar 조건에서 운전하는 고속 DI 디젤 엔진의 실린더 라이너에서 온도와 열유속 분포. $\dot{q}_L$은 라이너로 들어가는 열 유속이고, $\dot{q}_{GL}$은 가스에서 라이너로의 열유속이다: 차이는 마찰에서 발생하는 열유속이다.[61]

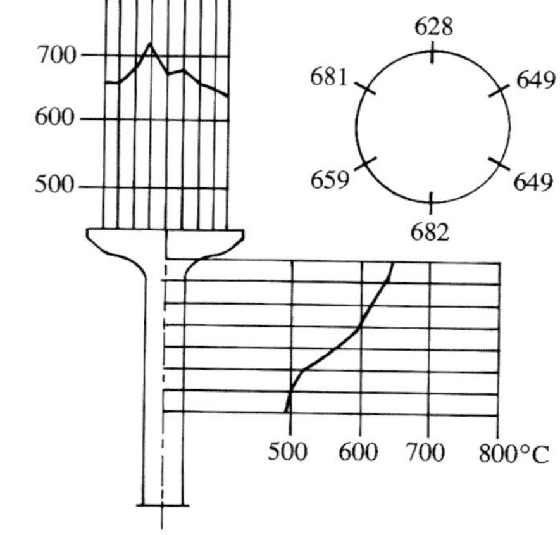

그림 12.31 2-행정 사이클 유니플로 DDA4-53 DI 디젤 엔진의 4개의 배기 밸브 중 하나에서의 온도 분포. 보어 = 98 mm, 행정 = 114 mm.[62]

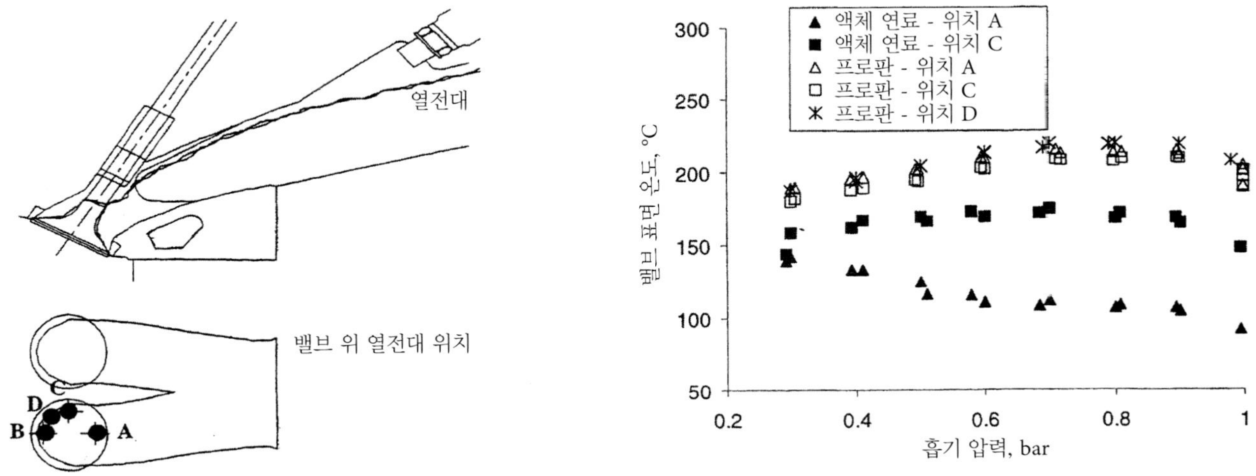

그림 12.32 부하의 함수로써(흡기 매니폴드 압력 범위), 가솔린과 프로판으로 운전되는 스파크 점화기관에서 몇몇 지점의 흡기 밸브–표면 온도. 1500 rev/min.[26]

예열된 엔진의 흡기 밸브 온도는 냉각수 온도(≈ 90°C)보다 높지만 배기 밸브 온도보다는 현저히 낮다. 밸브 헤드는 고온 실린더 내부 연소 가스로부터의 열전달에 의해 가열된다(그리고 흡기 밸브가 열릴 때, 뜨거운 잔류 가스가 흡기 내부로의 역류에 의해서도 가열됨). 이것은 흡기에 의해 냉각되며, 밸브 헤드와 스템 표면에서 포트 연료 주입을 통해 액체 연료를 증발시키면서 냉각된다. 그림 12.32는 가솔린과 프로판 연료가 주입된 2 L, 4기통 스파크 점화기관의 부하 범위에 따른 밸브 표면 온도를 보여준다. 밸브 표면 온도(밸브 헤드 위 몇몇 지점)는 부하가 증가함에 따라 다소 상승한다. 단, 연료 분무가 직접 충돌하거나 양이 상당한 경우는 제외한다(열전대 위치 A). 헤드 온도는 약 40도 정도 된다. C는 액체 증발이 없는 프로판 연료로 더 높다. 가솔린을 이용한 연료 증발이 밸브 헤드 전체를 냉각시킨다. 직접적인 충돌이 있는 위치에서는 부하와 액체연료의 양이 증가함에 따라 표면 온도(위치 A)가 지속적으로 감소한다. 일반적인 가솔린 엔진 작동 조건에서 흡기 밸브 헤드 온도는 150~200°C 범위에 있다.[24, 26]

엔진 구성요소의 온도 분포는 유한 요소 분석기법을 사용한 구성 요소 표면 전체의 열유속으로 계산할 수 있다. 정상 상태 엔진 작동의 경우(사이클 중 열유속의 변화에 의해 야기되는) 불안정한 온도 변동이 침투하는 구성 요소 내의 깊이가 작기 때문에 준 안정적인 해로 만족한다. 스파크 점화기관 피스톤에 대한 계산의 결과는 이 방법을 나타낸다.[63] (14.4절에서 설명한 유형의 사이클 시뮬레이션 입력값을 이용하여) 연소실 가스에서 피스톤 크라운으로의 평균 열전달계수와 평균 챔버 가스 온도가 정의되었다. 이것은 피스톤으르 들어가는 시간–평균 열량을 정의한다. 피스톤의 서로 다른 표면[돔의 하부, 링–랜드 영역, 링 영역, 스커트 내외부 표면, 피스톤 핀(wrist pin) 베어링 등]에 대한 열전달 계수를 추정했다. 실제 피스톤 형상은 피스톤의 한 사분면에 대한 3차원 격자로 근사치를 냈다. 피스톤을 통과하는 열유속의 표준 유한요소 분석은 피스톤 내부의 온도 분포를 산출한다. 그 다음 열 응력을 계산하여 기계적 응력 필드에 추가하여 총 응력 분포를 결정할 수 있다. 이러한 결과는 실제 피스톤 설계에서 잠재적 피로 영역을 정의하는데 사용될 수 있다. 그림 12.33은 측정값(점으로 표시됨)과 비교하여 이 방법으로 계산한 온도 분포를 나타낸다. 스커트와 실린더 라이너 사이의 열전달률이 과대평가되는 피스톤 스커트를 제외하고 결과가 일치한다.

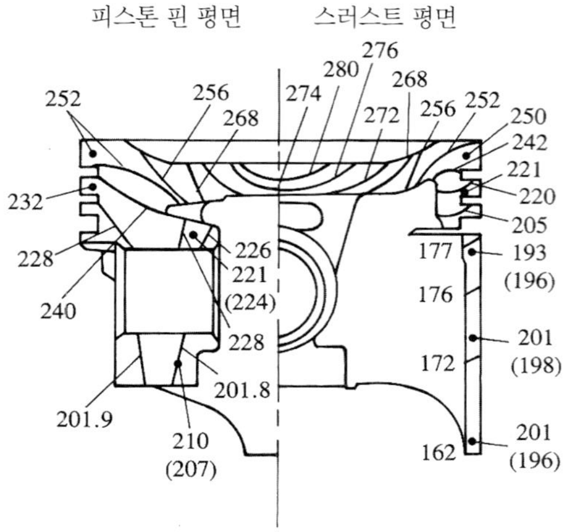

그림 12.33 4600 rev/min, 전개 스로틀 조건에서 운전하는 4기통, 2.5리터 스파크 점화기관의 피스톤 핀과 스러스트 면에서 측정된 온도(점)와 계산된 온도.[63]

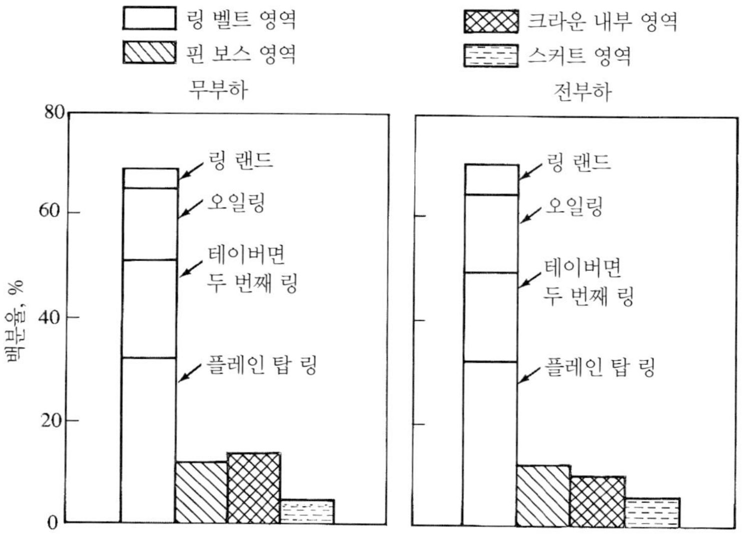

그림 12.34 연소실로부터 나오는 열의 백분율로써, 피스톤의 다양한 영역으로부터 나오는 열. 고속 DI 디젤 엔진, 125 mm 보어, 110 mm 행정, r_c는 17.[58]

피스톤의 온도 분포에 대한 상세한 측정으로 다른 피스톤 표면에서 흘러나오는 열의 상대적인 양을 추정할 수 있다. 그림 12.34는 무부하 및 전부하 DI 디젤 엔진에서의 추정치를 보여준다. 약 70%의 열이 링 영역을 통해 흘러나오고, 훨씬 적은 양이 크라운과 스커트 밑의 핀 보스 영역을 통과한다. 대형 디젤 엔진과 고부하 디젤 엔진에서는 보통 하나 이상의 냉각 채널이 피스톤 크라운에 통합되어 있다. 이는 링 영역을 통과하는 열 유속을 크게 감소시킨다.[64]

12.7.3 엔진 예열

지금까지 우리는 주로 예열된 엔진의 열전달 과정에 초점을 맞추었다. 상당한 셧-다운 기간 후 엔진이 시동될 때, 구성요소들은 대기 온도에 근접해 있다. 따라서 식 (12.2)의 벽 온도 T_w는 앞 절에서 설명한 예열 값보다 훨씬 낮아서, 벽 열전달($T_g - T_w$에 의해 만들어짐)이 더 높다. 엔진구성요소는 작동 조건에 따라 정상상태온도에 도달하는 데 1분에서 10분 정도 걸린다. 구성요소의 온도(및 배기 가스 온도)에 따라 엔진의 성능, 효율성 및 배기가 달라진다. 이것들은 모두 엔진의 열전달 과정의 영향을 받기 때문에, 엔진의 예열 과정은 중요하다.

엔진의 예열 과정은 구성요소 표면과 냉각수 온도를 측정하고 전체 엔진의 구성요소를 통과하는 열 유속을 분석하여 연구할 수 있다. 그림 12.2는 열 유속과 각 주요 구성 요소 및 관련 유체의 열 상태(온도)를 포착하기 위하여 열 저항 네트워크와 노드에서 열 용량을 사용하여 유형을 분석하는 데 사용되는 모델의 개요를 보여준다. 이러한 분석의 결과는 그림 12.35[65]에 있으며, 저부하, 전개 스로틀 상태(스로틀이 완전히 열림)에서 가솔린 SI 엔진 주요 구성 요소의 시간에 대한 온도를 보여준다. [엔진 구조의 블록 다이어그램에서 Biot 수(hd/k)—유체/고체 표면 경계에서 열 경계층을 가로지르는 대류 열 유속 저항에 대한 고체 내 전

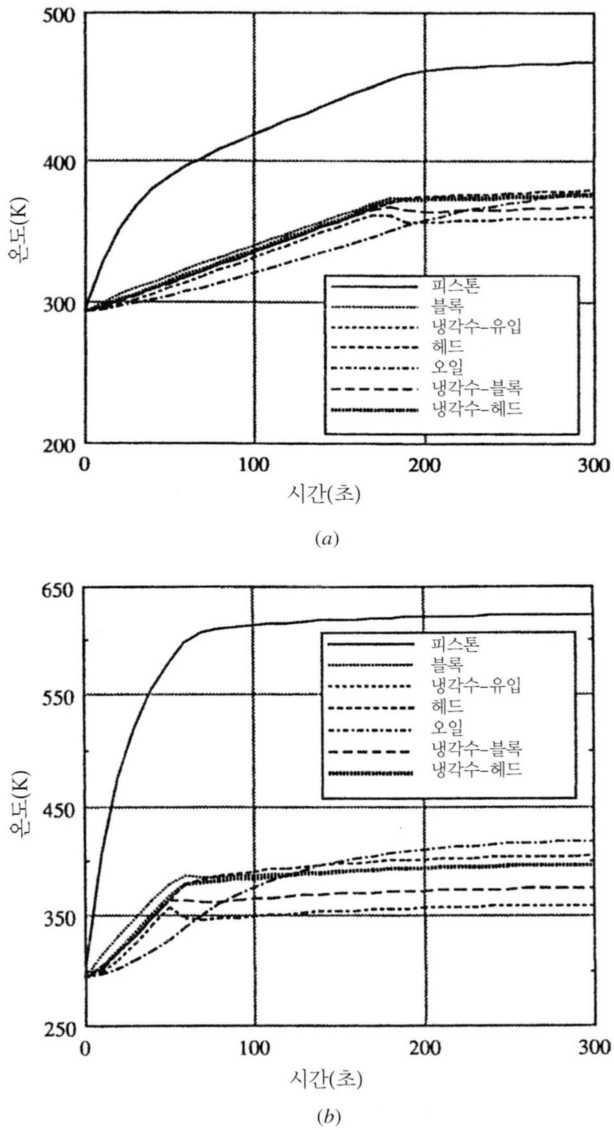

그림 12.35 냉간 (20°C) 시동 후 시간에 따른 주요 구성 요소의 온도 예측. 1.9리터, 4기통 SI 엔진; 냉각수 50% 에틸린 글리콜, 유량 0.57 kg/ms; 오일 유량 0.08 kg/s. (*a*) 1500 rev/min, 260 kPa bmep; (*b*) 2500 rev/min, 스로틀 전개 조건. 대류 열전달 계수($W/m^2 \cdot K$): 헤드 10, 블록 25, 오일 팬 70.[65]

도에 대한 저항의 비—가 1보다 작기 때문에 각 구성 요소는 각각의 평균 온도로 특징지어진다.]

엔진 작동 조건은 앞의 절에서 설명한 것처럼 구성 요소 온도에 상당한 영향을 미친다. 그림 12.35*a*는 저부하, 저속 상태(일반적인 승용 차량 주행의 전형)를 나타낸다: 온도는 약 200초 이상 상승한다. (냉각수에 의해 직접 냉각되지 않기 때문에) 피스톤의 온도는 다른 구성 요소보다 약 100 K 정도 더 뜨겁다. 처음 50초 동안 빠르게 상승한 후 천천히 블록, 헤드, 냉각수 온도를 같게 만든다. 냉각 회로 써모스탯이 열리고, 냉각수가 라디에이터로 흐를 때까지 약 175초가 소요된다. 열에너지가 두 개의 과정을 통해 공급되기 때문에 오일 온도는 떨어진다. 나머지 구성요소가 더 높은 온도에 도달할 때까지 오일로의 열전달 속도는 작다. 더

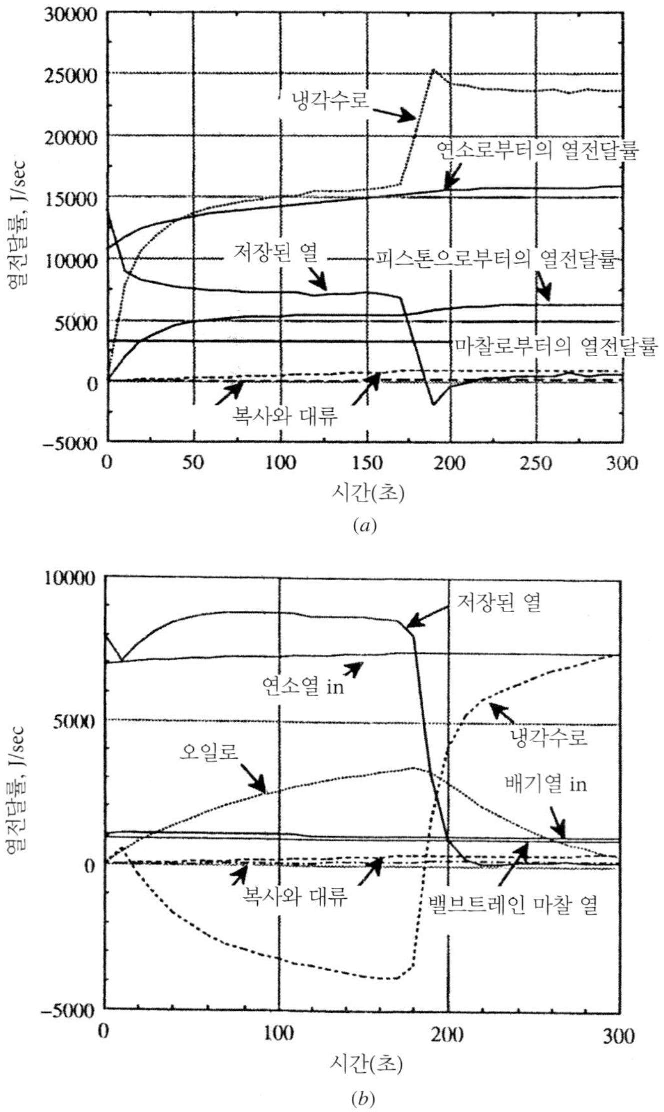

그림 12.36 (*a*) 4 기통 스파크 점화기관의 엔진 블록 내외부로 흐르는 열 유동과 블록 내부 열에너지 저장율의 예측. (*b*) 실린더 헤드에 대한 열 유동률과 저장의 예측. 화학양론비 공기/연료비, MBT 점화 시기, 1500 rev/min, bmep 260 kPa로 운전되는 1.9리터, 4기통 가솔린 엔진.[65]

높은 부하와 속도에서 구성 요소 온도가 더 빠르게 더 높은 값까지 상승하며, 시동 후 약 60초 후에 써모스탯이 열린다. 이러한 가속 거동은 주로 엔진 속도가 높기 때문에 전개 스로틀 조건에서 상당히 높은 열 유속 (W/m^2)에서 발생한다.[65] 구성 요소 예열을 위한 특성 시간은 부하에 의해 크게 영향을 받지 않는 반면에, 열 유속의 영향이 크고(그림 12.23 참고), 정상상태 예열 온도의 영향은 더 크다.[66]

주요 엔진 구성요소에서 예열 과정의 복잡성을 그림 12.36에 표시하였다. 여기서 엔진 블록 및 실린더 헤드로의 열 유동률과 구성요소에 저장된 열에너지의 증가를 시간의 함수로 표시하였다. 그림 12.36*a*는 블록을 통과하는 열 유동을 보여준다. 가장 큰 열전달은 냉각수로 가는 것이다. 165초에서 냉각수에 대한 열유속이 빠르게 증가되는 것은 써모스탯이 열리면서 차가운 물이 흐르기 때문이다. 피스톤에서 라이너까지의 열유속은 이 구성요소를 가열하는 데 중요한 역할을 하며, 뜨거운 실린더 내 연소가스의 직접적인 열 유속에 거의 40%를 더한다. 이 지점을 벗어난 준 안정상태에서 연소로 인한 실린더 고온 가스에 의해 구동되는 열전달은 냉각수로의 열 유속의 약 70%에서 차단된다. 추가적인 냉각수 열 부하는 피스톤에서 실린더 라이너를 통해 냉각수까지의 열유속이며, 마찰 손실에 의해 생성된 윤활유의 열에너지에 의해 증가한다.[65]

그림 12.36*b*는 엔진 실린더 헤드에 대한 유사한 결과를 보여준다. 시뮬레이션 결과는 냉각수가 처음에 블록에서 열 에너지를 흡수하여 실제로 헤드를 가열하고 있음을 나타낸다. 오일은 라디에이터 써모스탯이 열릴 때까지 헤드의 열을 제거한다. 잠시 후(그림 12.35*a* 참고) 헤드보다 높은 온도에 도달하여 이 구성요소의 열에너지원이 된다.

이러한 논의는 과도 엔진 예열 과정의 복잡성을 나타낸다. 이러한 많은 세부사항 및 경향은 실험 데이터에 의해 확인된다(예, 참고문헌 67). 엔진 예열 중 구성요소와 가스 온도를 정량화하는 것은 여러가지 이유로 중요하다. 정상상태 온도보다 낮은 온도는 엔진의 마찰을 증가시킨다. 20°C에서 기계적 마찰의 동력 손실은 예열된 엔진의 거의 2배이다.[67] 예열 중 배기 가스 온도가 낮아지면서 터보차저의 터빈 성능에 부정적인 영향을 미친다. 배기시스템의 촉매 및 입자상 물질 트랩의 빠른 활성화는 엔진 배기 가스의 열에너지 플럭스의 영향을 받으며, 예열 중에 더 낮다.

연습문제

12.1 연소실 내 복사를 무시할 수 있다면, 식 (12.5), (12.6), (12.7)은 엔진으로부터의 시간 평균 열전달에 근접한 다음과 같은 식으로 통합할 수 있다.

$$\dot{q} = h_{c,o}(\bar{T}_g - \bar{T}_c)$$

실린더 고운 가스로부터 벽을 통과하여 냉각수로의 열 에너지 흐름을 위한 열전달 계수 $h_{c,o}$에 대한 식을 유도하라.

12.2 두께 1 cm의 주철 라이너에서 특정 영역을 통과하는 평균 열유속 0.2 MW/m^2, 냉각수 온도 85°C이며, 냉각수 측 열전달계수 7500 W/m^2 · K일 때, 해당 영역에서 연소실과 라이너의 냉각수 측면에서 평균 표면 온도를 구하라.

12.3 그림 12.1은 연소실 내부 가스(기체)에서 냉각수 사시의 온도 프로파일의 개략도를 보여준다. 엔진 사이클의 다음 지점에서 온도 프로파일을 개략적으로 보여주는 등가(equivalent) 그림을 그려라. (*a*) 흡기 행정의 후반, (*b*) 연소 직전, (*c*) 연소 직후, (*d*) 배기 행정 중 스케치는 비례해야 한다.

12.4 무차원 분석을 이용하여 동일한 imep와 출력에서 작동하는 두 개의 기하학적으로 유사한 SI 엔진(동일한 보어/행정비, 동일한 커넥팅 로드/행정 비)의 상대적 열손실을 비교하라. 엔진 A는 엔진 B의 실린더당 버기량의 2배이다. 양쪽 엔진의 벽 온도와 가스 온도가 같다고 가정한다.

12.5 **(a)** Woschni의 실린더 내 열전달 상관관계를 이용하여, 0에서 5까지 스월비 상승 시 평균 피스톤 속도가 10 m/s인 엔진에서 예상되는 열전달 증가율을 평가하라. 흡기 과정에 대해서만 비교하라. 엔진 보어는 0.15 m이고, 엔진 속도는 2000 rev/min이다.

(b) 스월 생성과 열전달의 변화가 엔진의 체적 효율에 어떻게 영향을 미치는지 설명하라.

12.6 (a) 내연기관 연소실 벽의 열경계층 두께를 추정하는 방법을 설명하라.

(b) 대표적인 데이터를 이용하여 연소 직후 SI 엔진 연소실의 열경계층 두께와 경계층 내 포함된 실린더 질량의 비율을 대략적으로 추정하라. B ≈ 100 mm. 물성은 4.8절에 제시되어 있다.

12.7 (a) 12.6.1절의 분석을 이용하여 온도 변동의 진폭이 표면 진폭의 1%로 감쇠된 표면 아래의 깊이를 계산하라. 벽 소재는 알루미늄이며, 4-행정 사이클 엔진은 2500 rev/min으로 작동하고 있다. 이 추정에 대해, 엔진 점화 주파수와 동일한 주파수를 갖는 온도 진동만 고려하라 ($\omega = 2\pi N/n_R$).

(b) 5000 rev/min 엔진 운전 조건에서 이 계산을 반복하라.

(c) 표면 온도 변동의 진폭에 대한 침투 깊이의 연관성은 무엇인가?

12.8 스파크 점화 가솔린 엔진에서 실린더 가스에서 연소실 벽으로의 순간적인 열전달률 $\dot{Q}$은 대략 다음 식으로 계산할 수 있다.

$$\dot{Q} = h_c A(\bar{T}_g - \bar{T}_W)$$

여기서 h_c는 열전달계수, A는 표면적, $\bar{T}_g$는 실린더 내 가스의 평균 온도, $\bar{T}_w$는 평균 벽 온도이다. 열전달계수는 Nusselt, Reynolds, Prandtl 수의 관계로부터 구할 수 있다.

$$\text{Nu} = C(\text{Re})^m(\text{Pr})^n$$

여기서 $C = 0.4$, $m = 0.75$, $n = 0.4$이다. 이 관계에 사용되는 특성 속도와 길이 스케일은 평균 피스톤 속도와 실린더 보어이다.

엔진 형상에 대한 적절한 값들과 다음의 엔진 운전 조건을 가정한다. 400 K 벽 온도, 스로틀 전개 2500 rev/min. 그림 12.22의 크랭크 각도에 대한 실린더 압력 프로파일을 사용하라. 다음을 계산하라.

(a) $\theta = -180°, -90°, 0°, 20°, 40°, 90°, 150°$에서 실린더 내 가스의 *평균* 온도

(b) 이 크랭크 각도에서 하나의 실린더 내 가스에서 연소실 벽면으로의 순간 열전달계수 h_c와 열전달률 $\dot{Q}$. 크랭크 각도(θ)에 대한 이 결과들을 그려라.

(c) 압축 및 팽창 과정 동안 실린더 벽으로 전달되는 연료 에너지의 비율을 추정하라.

점도 $\mu = 7 \times 10^{-5}$ kg/m·s, 열 전도도 $k = 1.5 \times 10^{-1}$ J/m·s·K, 몰 질량 = 28, Prandtl 수 0.8인 가스로 가정한다. 연소실은 디스크 모양이며, $B = 102$ mm, $L = 88$mm, $r_c = 9$로 가정한다.

참고문헌

1. Sitkei, G.: *Heat Transfer and Thermal Loading in Internal Combustion Engines*, Akademiai Kiado, Budapest, 1974.
2. Bohac, S. V., Baker, D. M., and Assanis, D. N., "A Global Model for Steady State and Transient S.I. Engine Heat Transfer Studies," SAE paper 960073, SP-1168 Modeling of SI and CI Engines, SAE, 1996.
3. Khovakh, M. (ed.): *Motor Vehicle Engines*, Ch. 12, Mir Publishers, Moscow, 1971.
4. Burke, C. E., Nagler, L. H., Campbell, E. C., et al.: "Where Does All the Power Go," *SAE Trans.*, vol. 65, pp. 713–738, 1957.
5. Gruden, D., Kuper, P. F., and Porsche, F.: "Heat Balance of Modern Passenger Car SI Engines," in *Heat and Mass Transfer in Gasoline and Diesel Engines*, D. Spalding and N. H. Afgan (eds), Hemisphere Publishing Corp., New York, 1989.
6. Novak, J. M., and Blumberg, P. N.: "Parametric Simulation of Significant Design and Operating Alternatives Affecting the Fuel Economy and Emissions of Spark-Ignited Engines," SAE paper 780943, *SAE Trans.*, vol. 87, 1978.
7. Annand, W. J. D.: "Heat Transfer in the Cylinders of Reciprocating Internal Combustion Engines," *Proc. Instn Mech. Engrs*, vol. 177, no. 36, pp. 973–990, 1963.
8. Borman, G., and Nishiwaki, K.: "A Review of Internal Combustion Engine Heat Transfer," *Prog. Energy Combust. Sci.*, vol. 13, pp. 1–46, 1987.
9. Taylor, C. F., and Toong, T. Y.: "Heat Transfer in Internal Combustion Engines," ASME paper 57-HT-17, 1957.
10. Woschni, G.: "Universally Applicable Equation for the Instantaneous Heat Transfer Coefficient in the Internal Combustion Engine," SAE paper 670931, *SAE Trans.*, vol. 76, 1967.
11. Sihling, K., and Woschni, G.: "Experimental Investigation of the Instantaneous Heat Transfer in the Cylinder of a High Speed Diesel Engine," SAE paper 790833, 1979.
12. Woschni, G., and Fieger, J.: "Experimental Investigation of the Heat Transfer at Normal and Knocking Combustion in Spark Ignition Engines," *MTZ*, vol. 43, pp. 63–67, 1982.
13. Hohenberg, G. F.: "Advanced Approaches for Heat Transfer Calculations," SAE paper 790825, *SAE Trans.*, vol. 88, 1979.
14. Han, S. B., Chung, Y. J., Kwon, Y. J., and Lee, S.: "Empirical Formula for Instantaneous Heat Transfer Coefficient in Spark Ignition Engine," SAE paper 972995, SP-1306 Diesel and SI Engine Modeling, SAE, 1997.
15. LeFeuvre, T., Myers, P. S., and Uyehara, O. A.: "Experimental Instantaneous Heat Fluxes in a Diesel Engine and Their Correlation," SAE paper 690464, *SAE Trans.*, vol. 78, 1969.
16. Dent, J. C., and Sulaiman, S. J.: "Convective and Radiative Heat Transfer in a High Swirl Direct Injection Diesel Engine," SAE paper 770407, *SAE Trans.*, vol. 86, 1977.
17. Krieger, R. B., and Borman, G. L.: "The Computation of Apparent Heat Release for Internal Combustion Engines," ASME paper 66-WA/DGP-4, in *Proceedings of Diesel Gas Power*, ASME, 1966.
18. Borgnakke, C., Arpaci, V. S., and Tabaczynski, R. J.: "A Model for the Instantaneous Heat Transfer and Turbulence in a Spark Ignition Engine," SAE paper 800287, 1980.
19. Morel, T., and Keribar, R.: "A Model for Predicting Spatially and Time Resolved Convective Heat Transfer in Bowl-in-Piston Combustion Chambers," SAE paper 850204, 1985.
20. Caton, J. A., and Heywood, J. B.: "An Experimental and Analytical Study of Heat Transfer in an Engine Exhaust Port," *Int. J. Heat Mass Transfer*, vol. 24, no. 4, pp. 581–595, 1981.

21. Heller, S., and Wachtmeister, G.: "Analysis and Modeling of Heat Transfer in the SI Engine Exhaust System During Warm-Up," SAE paper 2007-01-1092, in SP-2079 *Modeling of SI and Diesel Engines*, SAE, 2007.
22. Shayler, P. J., Colechin, M. J. F., and Scarisbrick, A.: "Fuel Film Evaporation and Heat Transfer in the Intake Port of an S.I. Engines," SAE paper 961120, 1996.
23. Shayler, P. J., Colechin, M. J. F., and Scarisbrick, A.: "Heat Transfer Measurements in the Intake Port of a Spark Ignition Engine," SAE paper 960273, 1996.
24. Alkidas, A. C.: "Intake-Valve Temperature and the Factors Affecting It," SAE paper 971729, in SP-1280 *Mixture Preparation in SI and Diesel Engines*, SAE, 1997.
25. Bauer, W., Balun, P., Heywood, J. B., and Gronniger, S.: "Heat Transfer and Mixture Vaporization in the Intake Port of a Spark-Ignition Engine," SAE paper 972983, in SP-1305 *Preparing Mixtures for Diesels and SI Engines*, SAE, 1997.
26. Cowart, J., and Cheng, W.: "Intake Valve Thermal Behavior During Steady-State and Transient Engine Operation," SAE paper 1999-01-3643, 1999.
27. Hottel, H. C., and Sarofim, A. F.: *Radiative Transfer*, McGraw-Hill, New York, 1967.
28. Flynn, P., Mizuszwa, M., Uyehara, O. A., and Myers, P. S.: "Experimental Determination of Instantaneous Potential Radiant Heat Transfer within an Operating Diesel Engine," SAE paper 720022, *SAE Trans.*, vol. 81, 1972.
29. Struwe, F. J., and Foster, D. E.: "In-Cylinder Measurement of Particulate Radiant Heat Transfer in a Direct Injection Diesel Engine," SAE paper 2003-01-0072, in *CI Engine Combustion Processes & Performance with Alternative Fuels,* SP-1737, SAE, 2003.
30. Hottel, H. G., and Broughton, F. P.: "Determination of True Flame Temperature and Total Radiation From Luminous Gas Flame," Industrial and Engineering Chemistry, Analytical Edition, vol. 4, 1932.
31. Assanis, D. N., and Heywood, J. B.: "Development and Use of Computer Simulation of the Turbocompounded Diesel System for Engine Performance and Components Heat Transfer Studies," SAE Paper 860329, 1986.
32. Lyn, W. T.: "Diesel Combustion Study by Infra Red Emission Spectroscopy," *J. Instn Petroleum*, vol. 43, 1957.
33. Kamimoto, T., Matsuoka, S., Matsui, Y., and Aoyagi, Y.: "The Measurement of Flame Temperature and Thermodynamic Analysis of the Combustion Process in a Direct Injection Diesel Engine," paper C96/75, in *Proceedings of Conference on Combustion in Engines*, Cranfield, Institution of Mechanical Engineers, 1975.
34. Field, M. A., Gill, D. W., Morgan, B. B., and Hawksley, P. G. W.: *Combustion of Pulverised Coal*, British Coal Utility Research Association, Leatherhead, U.K., 1967.
35. Greeves, G., and Meehan, J. O.: "Measurements of Instantaneous Soot Concentration in a Diesel Combustion Chamber," paper C88/75, in *Proceedings of Conference on Combustion in Engines*, Cranfield, England, Institution of Mechanical Engineers, London, 1975.
36. Annand, W. J. D.: "Heat Transfer from Flames in Internal Combustion Engines," in *Heat Transfer from Flames*, N. Afgan and J. M. Beer (eds), Ch. 24, John Wiley, New York, 1974.
37. Annand, W. J. D., and Ma, T. H.: "Instantaneous Heat Transfer Rates to the Cylinder Head Surface of a Small Compression-Ignition Engine," *Proc. Instn Mech. Engrs*, vol. 185, no. 72/71, pp. 976–987, 1970–1971.
38. Overbye, V. D., Bennethum, J. E., Uyehara, O. A., and Myers, P. S.: "Unsteady Heat Transfer in Engines," SAE paper 201C, *SAE Trans.*, vol. 69, pp. 461–494, 1961.
39. Alkidas, A. C.: "Heat Transfer Characteristics of a Spark-Ignition Engine," *Trans. ASME, J. Heat Transfer*, vol. 102, pp. 189–193, 1980.
40. Gilaber, P., and Pinchon, P.: "Measurements and Multidimensional Modeling of Gas-Wall Heat Transfer in a S.I. Engine," SAE paper 880516, 1988.
41. Alkidas, A. C., and Myers, J. P.: "Transient Heat-Flux Measurements in the Combustion Chamber of a Spark-Ignition Engine," *Trans. ASME, J. Heat Transfer*, vol. 104, pp. 62–67, 1982.
42. Van Gerpen, J. H., Huang, C.-W., and Borman, G. L.: "The Effects of Swirl and Injection Parameters on Diesel Combustion and Heat Transfer," SAE paper 850265, 1965.
43. Whitehouse, N. D.: "Heat Transfer in a Quiescent Chamber Diesel Engine," *Proc. Instn Mech. Engrs*, vol. 185, no. 72/71, pp. 963–975, 1970–1971.:
44. Finol, C. A., and Robinson, K.: "Thermal Modeling of Model Engines: A Review of Empirical Correlations to Estimate In-cylinder Heat Transfer Coefficient," *Proc. I. Mech. E.: J. Automobile Engineering, Part D*, vol. 220, no. 12, pp. 1765–1781, 2006.
45. Ramchandani, M., and Whitehouse, N. D.: "Heat Transfer in a Piston of a Four Stroke Diesel Engine," SAE paper 760007, 1976.
46. Shayler, P. J., May, S. A., and Ma, T.: "Heat Transfer to the Combustion Chamber Walls in Spark Ignition Engines," SAE paper 950686, 1995.
47. Lyford-Pike, E. J., and Heywood, J. B.: "Thermal Boundary Layer Thickness in the Cylinder of a Spark-Ignition Engine," *Int. J. Heat Mass Transfer*, vol. 27, no. 10, pp. 1873–1878, 1984.
48. Watts, P. A., and Heywood, J. B.: "Simulation Studies of the Effects of Turbocharging and Reduced Heat Transfer on Spark-Ignition Engine Operation," SAE paper 800289, 1980.
49. French, C. C. J., and Atkins, K. A.: "Thermal Loading of a Petrol Engine," *Proc. Instn Mech. Engrs*, vol. 187, 49/73, pp. 561–573, 1973.
50. Brock, E. K., and Glasspoole, A. J.: "The Thermal Loading of Cylinder Heads and Pistons on Medium-Speed Oil Engines," in *Proceedings of Symposium on Thermal Loading of Diesel Engines*, vol. 179, part 3C, pp. 3–18, Institution of Mechanical Engineers, 1964–1965.
51. French, C. C. J., and Hartles, E. R.: "Engine Temperatures and Heat Flows under High Load Conditions," in *Proceedings of Symposium on Thermal Loading of Diesel Engines*, vol. 179, part 3C, pp. 126–135, Institution of Mechanical Engineers, 1964–1965.
52. Morel, T., Wahiduzzaman, S., Tree, D. R., and DeWitt, D. P., "Effect of Speed, Load, and Location on Heat Transfer in a Diesel Engine—Measurements and Predictions," in SP-700, *Adiabatic Engines and Systems,* SAE, 1987.
53. Kerley, R. V., and Thurston, K. W.: "The Indicated Performance of Otto-Cycle Engines," *SAE Trans.*, vol. 70, pp. 5–30, 1962.
54. Finlay, I. C., Harris, D., Boam, D. J., and Parks, B. I.: "Factors Influencing Combustion Chamber Wall Temperatures in a Liquid-Cooled, Automotive, Spark-Ignition Engine," *Proc. Instn Mech. Engrs*, vol. 199, no. D3, pp. 207–214, 1985.
55. Bosch, R.: *Automotive Handbook*, 8th edition, Robert Bosch GmbH, SAE, 2011.
56. American Society of Heating, Refrigerating and Air Conditioning Engineers (ASHRAE), *Fundamentals Handbook,* Ch. 20, pp. 20.1–20.13, Atlanta, GA, 1997.
57. Alshamani, K., "Equations for Physical Properties of Automotive Coolants," SAE paper 2003-01-0532, 2003.
58. Furuhama, S., and Suzuki, H.: "Temperature Distribution of Piston Rings and Piston in High Speed Diesel Engine," *Bull. JSME*, vol. 22, no. 174, pp. 1788–1795, 1979.
59. Lee, W., and Schaefer, H. J.: "Analysis of Local Pressures, Surface Temperatures and Engine Damages Under Knock Conditions," SAE paper 830508, *SAE Trans.*, vol. 92, 1983.

60. Syrimis, M., and Assanis, D. N.: "Piston Heat Transfer Measurements Under Varying Knock Intensity in a Spark-Ignition Engine," SAE paper 971667, 1997.
61. Woschni, G.: "Prediction of Thermal Loading of Supercharged Diesel Engines," SAE paper 790821, 1979.
62. Worthen, R. P., and Raven, D. G.: "Measurements of Valve Temperatures and Strain in a Firing Engine," SAE paper 860356, 1986.
63. Li, C-H.: "Piston Thermal Deformation and Friction Considerations," SAE paper 820086, 1982.
64. Woschni, G., and Fieger, J.: "Determination of Local Heat Transfer Coefficients at the Piston of a High Speed Diesel Engine by Evaluation of Measured Temperature Distribution," SAE paper 790834, *SAE Trans.*, vol. 88, 1979.
65. Kaplan, J. A., and Heywood, J. B.: "Modeling the Spark Ignition Engine Warm-Up Process to Predict Component Temperatures and Hydrocarbon Emissions," SAE paper 910302, 1991.
66. Morel, T., and Keribar, R.: "Warm-Up Characteristics of a Spark-Ignition Engine as a Function of Speed and Load," SAE paper 900683, 1990.
67. Shayler, P. J., Christian, S. J., and Ma, T.: "A Model for the Investigation of Temperature, Heat Flow and Friction Characteristics During Engine Warm-Up," SAE paper 931153, 1993.

CHAPTER 13

엔진 마찰과 윤활

Engine Friction and Lubrication

13.1 배경 _*Background*

실린더 내부에 있는 고압 가스로부터 피스톤으로 전달되는 모든 일(도시일, indicated work)이 구동 축에서 모두 사용 가능한 것은 아니다. 전달된 일 중 사용할 수 없는 일은 대게 마찰일(friction work)이라고 불려진다. 마찰일 또는 마찰 동력은 도시일 또는 동력의 상당히 큰 부분이며, 저속, 전부하에서 약 10%, 저부하에서 50%, 공회전 또는 무부하에서 100%까지 달라진다. 마찰 손실은 최대 제동 토크와 최소 제동 연료 소비율에 직접 영향을 미친다. 따라서 마찰 손실은 엔진 냉각 시스템의 크기에 영향을 미친다. 마찰 동력에 대한 지식은 그림 13.1에 나타낸 것처럼 도시 동력과 유효한 출력에 영향을 미치는 엔진의 연소 특성과 관련시키기 위해 필요하다.

마찰일은 실린더 내의 작동 유체로부터 피스톤으로 전달되는 일과 구동축으로 전달되어 사용 가능한 일의 차이로 정의되고 다음과 같이 확장된다:

- 흡기 시스템을 통해 새로운 혼합기를 실린더 내로 유입시키고, 실린더에서 연소된 가스를 배기 시스템 밖으로 배출시키는 것. 이것을 보통 펌핑일이라고 한다.
- 엔진의 모든 움직이는 부품의 상대 운동에 대한 저항을 극복하는 것. 여기에는 피스톤 링 및 피스톤 스커트와 실린더 벽 사이의 마찰; 피스톤 핀의 마찰; 커넥팅 로드의 작고 큰 끝단; 크랭크축 및 캠축의 베어링과 실(seal); 밸브 작동 기구의 마찰; 기어와 엔진 부속품을 구동하는 풀리 및 벨트의 마찰 등이 포함된다.
- 엔진 부속품을 구동하는 것. 여기에는 일반적으로 물 펌프, 오일 펌프, 연료 펌프, (사용되는 경우) 배기 제어를 위한 2차 공기 펌프, 팬 및 발전기가 포함된다. 다양한 펌프들은 엔진의 *필수적인* 부속품이다.

펌핑일은 자연 흡기 및 터보차저가 달린 엔진에서 다르게 취급된다. 자연 흡기 엔진에서 흡입 행정 동안 실린더 내 압력은 총 흡기 시스템의 유동 저항에 의해 대기압 이하이며, 배기 행정 중에는 대기압보다 높다. 따라서 사이클당 펌핑일(배기 및 흡기 행정에 대한 $\int pdV$)은 음수이므로 총 도시일(gross indicated work)의 일부가 손실된다(그림 6.1 참고). 터보차저가 달린 엔진에서 흡기 및 배기 시스템의 동일한 유동 저항과 압력 강하가 있지만 실린더 내 흡기 및 배기 압력은 주로 터보차저 압축기와 터빈에 의해 제어된다. 고부하에서 발생하는 압축기의 공기 압력 상승은 흡기 유동 저항에 의한 압력 손실보다 훨씬 크다. 그리고 더 높은 엔진 부하에서 터빈(그리고 압축기)을 구동하는 데 필요한 압력 차가 배기 유동 저항 압력 강하보다 높다(그림 6.2 참고). 터보차저가 달린 엔진의 저속 저부하에서 유동 저항 압력이 떨

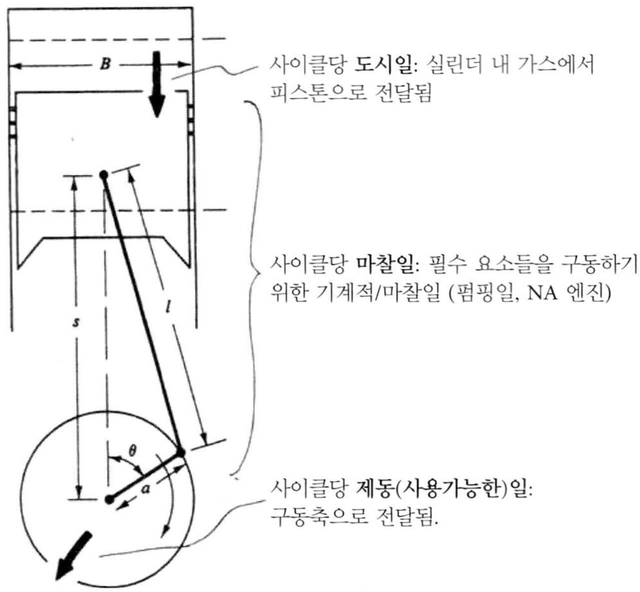

그림 13.1 엔진 내 일의 흐름: 도시일은 실린더 내 가스에서 피스톤으로 전달된다.; 이 중 일부가 마찰일로 소산된다; 그런 후 제동일이 구동축에서 사용이 가능하다.

어지고 터보차저가 흡기 및 배기 행정 실린더 내 압력에 미치는 영향은 작다는 점을 유의하라. 부하와 속도가 증가함에 따라 유동 저항은 증가하지만(6.2.3절 참고) 압축기 출구와 터빈 입구 압력이 훨씬 더 증가한다. 이러한 고부하 조건에서 배기 및 흡기 행정에 대한 펌핑일은 양수가 되고 총 도시일에 *추가*된다. 스파크 점화기관의 배기 가스 온도가 디젤 엔진의 배기 가스 온도보다 훨씬 높다는 점을 유의하라. 따라서, 디젤 엔진에서 터빈을 구동하는 데 필요한 배기 매니폴드 압력은 스파크 점화기관 보다 높다. 결과적으로 디젤 고부하에서 (양의) 펌핑일은 더 작다.

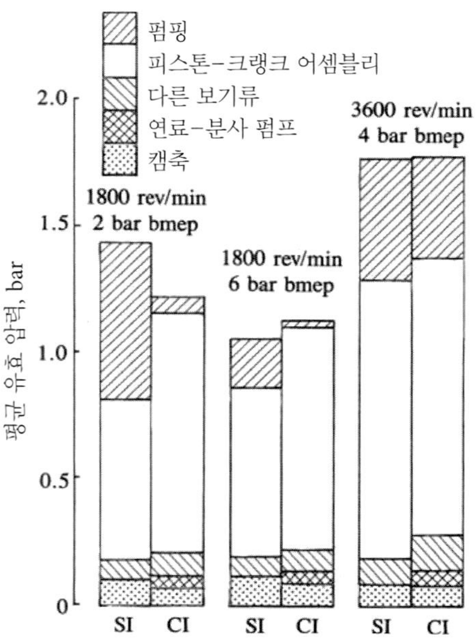

그림 13.2 마찰 손실의 주 카테고리 비교: 1.6리터 4기통 오버헤드 캠 자동차 스파크 점화(SI) 및 압축 점화(CI) 엔진에서 부하와 속도에 따른 마찰 평균 유효 압력(FMEP).[1]

이 모든 일은 결국 열 에너지로 소모된다: 따라서 마찰일 또는 마찰 동력이라는 용어가 적절하다. 이 장에서는 일반적인 자동차의 SI 및 디젤 엔진에서 이러한 구성 요소의 다양한 부하 및 속도에 따른 상대적 중요성에 대해 알아볼 것이다. 전체 마찰일의 절대값은 부하에 따라 다르며, 속도가 증가할수록 증가한다. 피스톤 및 커넥팅 로드 어셈블리는 가장 큰 마찰의 구성요소이다.

저중속, 저부하에서 자연 흡기 가솔린 SI 엔진 마찰 구성요소의 상대적 중요성을 그림 13.2에 나타내었다. 일반적인 마찰 손실의 범위는 크랭크축 10~15%, 왕복운동(피스톤과 콘로드) 25~30%, 밸브 트레인 10~15%, 보조 장치 10~15%, 펌핑 30~45%이다. 터보차저가 있는 소형 디젤 엔진은 동일한 작동 조건에서 펌핑일이 훨씬 낮고(몇 %) 실린더 내 압력이 높아 왕복운동 요소가 크다. 고압 연료 펌프 구동 조건(가솔린 엔진에서는 작음)은 물과 오일 펌프 구동 조건과 비슷하다.

엔진 마찰의 *크기*는 중요하며 공학 연구, 개발 및 설계 개선을 통해 수년간 꾸준히 감소해왔다. 도시 엔진 출력에 대한 마찰의 *상대적* 중요성 또한 중요하다. 엔진의 고유 출력이 꾸준히 증가함에 따라 마찰의 상대적(부정적) 영향이 줄어들었다. 자연 흡기 SI 엔진의 펌핑일은 동일한 CI 엔진보다 크며 엔진이 점차적으로 스로틀됨에 따라 저부하에서 문지르는(rubbing) 마찰과 비슷하다.

13.2 정의 _Definitions

다음 용어는 엔진 마찰을 논의하는 데 사용된다.

펌핑일(pumping work, W_p). 실린더 내 가스가 흡입 및 배기 행정 중에 피스톤으로 수행한 사이클당 정미일(net work)이다. W_p는 4-행정 사이클 엔진에 대해서만 정의된다. 자연 흡기 가솔린 SI 엔진의 경우, 그림 2.6*b*의 면적($B + C$)에 해당한다.[a]

기계적 마찰일(mechanical friction work, W_{mf}). 사이클당일은 엔진 내 인접한 부품의 상대 운동으로 인한 마찰을 극복하는 데 소모된다. 여기에는 위에서 열거한 엔진 마찰의 두 번째 범주에 나열된 모든 항목이 포함된다. 이것은 또한 *문지르는(rubbing) 마찰일*이라고 한다.

부속품일(accessory work, W_a). 엔진의 필수 부속품(예: 물, 오일, 연료 펌프, 팬, 발전기 등)을 구동하는데 필요한 사이클당일이다. 일반적으로 엔진 작동에 필수적인 부속품만 포함된다.

전체 마찰일(total friction work, W_{tf}). 전체 마찰일은 위의 세 가지 일의 합이다. 즉,

$$W_{tf} = W_p + W_{mf} + W_a \tag{13.1}$$

도시 출력(indicated output)과 제동 출력(brake output)의 차이는 종종 사이클당일을 단위 행정체적으로 나눈 *평균 유효 압력(mean effective pressure, mep)*과 출력 측면에서 논하는 것이 유용하다:

$$\text{mep} = \frac{W_c}{V_d}$$

출력과 mep는 다음과 같이 연관되어 있다.

---

[a] 커텍팅로드의 상부 질량은 종종 커넥팅 로드의 무게중심 위의 질량으로 취급된다.

$$P = \text{mep} \times V_d \times \frac{N}{n_R}$$

여기서 2-행정 사이클 또는 4-행정 사이클에 대하여 n_R(사이클당 회전 수)=1 또는 2이다. 따라서 우리는 W_p, W_{mf}, W_a, W_{tf}로부터 펌핑 유효 압력 및 출력(pmep 및 P_p), 기계적 마찰 평균 유효 압력 및 출력(mfmep 및 P_{mf}), 부속품 평균 유효 압력 및 출력(amep 및 P_a), 총 마찰 평균 유효 압력 및 출력(tfmep 및 P_{tf})을 각각 정의할 수 있다.

제동 평균 유효 압력 및 출력(bmep 및 P_b), 도시 평균 유효 압력 및 출력(imep 및 P_i), 그리고 기계 효율(mechanical efficiency)은 이미 2.3절, 2.4절, 2.5절, 2.7절에서 정의되었다. 4-행정 엔진의 경우 도시 출력의 두 가지 의미가 사용된다. 이것들은 다음과 같이 지정되었다:

총 도시 평균 유효 압력(gross indicated mean effective pressure, imep$_g$). 압축 및 팽창 행정 동안 피스톤으로 전달되는 사이클당일을 단위 행정체적으로 나눈 것.

정미 도시 평균 유효 압력(net indicated mean effective pressure, imep$_n$). 전체 4-행정 동안 피스톤으로 전달되는 사이클당일을 단위 행정체적으로 나눈 것.

위의 정의로부터 자연 흡기 4-행정 엔진의 경우 :

$$\text{imep}_g = \text{imep}_n + \text{pmep} \tag{13.2a}$$

$$\text{tfmep} = \text{pmep} + \text{mfmep} + \text{amep} \tag{13.2b}$$

그리고

$$\text{bmep} = \text{imep}_g - \text{tfmep} \tag{13.2c}$$

터보차저가 있는 4-행정 사이클 엔진의 경우 :

$$\text{imep}_n = \text{imep}_g + \text{pmep} \tag{13.2d}$$

$$\text{tfmep} = \text{mfmep} + \text{amep} \tag{13.2e}$$

그리고

$$\text{bmep} = \text{imep}_n - \text{tfmep} \tag{13.2f}$$

두 유형의 엔진의 경우, 이러한 방정식에서 pmep는 양의 값이다: 열역학적으로, 자연 흡기 엔진에 대한 사이클당 펌핑일($\int pdV$)은 음의 값이고 $p_i > p_e$인 터보차저 엔진에서 고부하의 경우, 양의 값을 갖는다(중부하의 경우 0에 접근하고 엔진 부하가 낮을수록 음의 값이 된다).

도시 출력에 대한 두 가지 다른 정의는 마찰일 및 출력을 결정하는 두 가지 다른 접근 방법에 따라 사용된다. 표준 엔진 시험 코드 절차에서 마찰 동력은 고온의 *모터링*(*motoring*) 시험에서 측정된다: 엔진은 연소하고 있는 엔진에서 유지되는 물과 오일 온도로 운전되며, 스로틀 설정은 연소하고 있는 엔진 위치와 동일하다(SI 엔진에서). 이것은 펌핑, 기계적 또는 rubbing 마찰, 그리고 보조 동력 요구량의 합을 측정한다. 이 방법으로 결정된 제동 동력과 마찰 동력의 합은 총 도시 동력이다. 또는 전체 사이클에 걸쳐 실린더 압력의 정확한 데이터를 사용할 수 있는 경우, 펌핑 출력을 직접 결정할 수 있다: 기계적 마찰과 부속품 출력의 합은 전체 사이클에 걸친 $\int pdV$로부터 결정된 정미 도시 출력과 제동 출력이 사이의 차이가 된다.

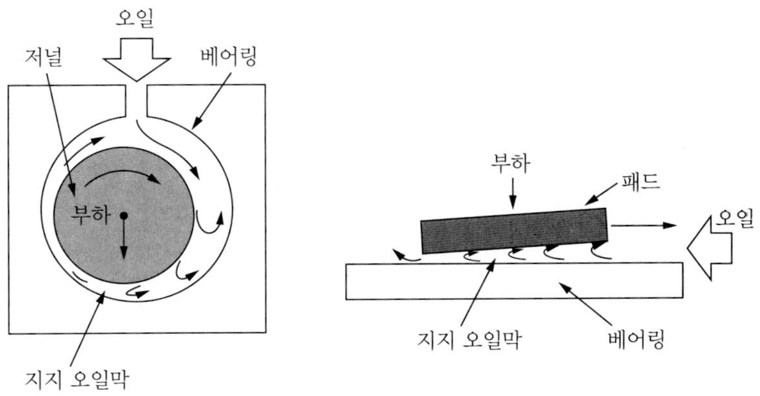

그림 13.3 윤활 저널 베어링과 슬라이딩 베어링의 개략도

13.3 마찰 기본 사항 _Friction Fundamentals

13.1절에서 설명된 마찰 손실은 발생하는 손실 유형에 따라 두 그룹으로 분류할 수 있다. 한 가지 유형은 윤활유가 있는 두 개의 금속 표면 사이의 상대 운동에 따른 마찰이다. 다른 유형은 난류 유동에 의한 손실이다.

13.3.1 윤활 마찰

엔진의 윤활유가 있는 표면 사이의 마찰을 이해하는데 가장 큰 문제는 관련된 힘의 크기가 폭넓게 변한다는 것이다. 따라서 다양한 윤활 방식이 발생할 수 있다. 그림 13.3은 윤활 부품에 대한 두 가지 공통된 기하학적 구조인 저널 베어링(journal bearing)과 슬라이더 베어링(slider bearing)을 보여준다. 윤활 마찰의 다른 방식은 그림 13.4에 보여지는 Stribeck 도표에 의해 설명된다. 여기서 저널 베어링에 대한 마찰 계수 f(접선 방향 힘과 법선 방향 힘

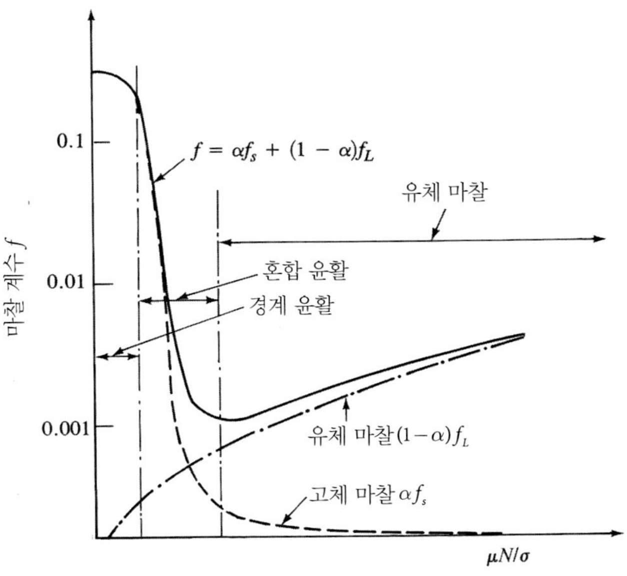

그림 13.4 저널 베어링에 대한 Stribeck 다이어그램: 무차원 듀티 파라미터 $\mu N/\sigma$에 대한 마찰 계수 f. 여기서 μ는 윤활유의 동점성 계수, N은 축의 회전속도, σ는 단위 면적당 하중이다.

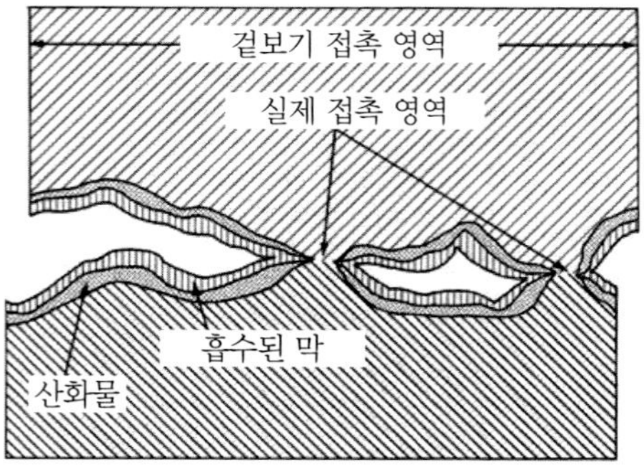

그림 13.5 경계 윤활 조건에서 상대 운동을 하는 두 표면의 개략도.[2]

의 비)는 무차원 듀티(duty) 파라미터 $\mu N/\sigma$에 대해 표시된다. μ는 윤활유의 동점성 계수, N은 축의 회전속도, σ는 단위 면적당 하중이다. 슬라이딩 표면의 경우 무차원 듀티 파라미터는 $\mu U/(\sigma b)$가 되고, 여기서 U는 두 표면의 상대 속도, b는 슬라이딩 패드의 운동 방향 길이이다.

마찰 계수는 다음과 같이 표현할 수 있다.

$$f = \alpha f_s + (1-\alpha) f_L \tag{13.3}$$

여기서 f_s는 건식 마찰의 금속 간 계수(metal-to-metal coefficient)이고, f_L은 유체 마찰계수, α는 금속 간 접촉 상수로서 0과 1사이에서 변한다. $\alpha \rightarrow 1$, $f \rightarrow f_s$에 따라, 마찰은 *경계 마찰*(*boundary friction*)이라 한다; 즉, 고체 마찰(solid friction)에 가깝다. 이 윤활유 막은 금속 간 표면 거칠기 사이의 접촉을 예방하지 못할 정도로 얇다. $\alpha \rightarrow 0$, $f \rightarrow f_L$에 따라, 마찰은 *유체*(*hydrodynamic*) 또는 *점성*(*viscous*) 또는 *두꺼운 필름*(*thick film*) 윤활이라고 한다. 이 윤활유 막은 상대 운동에서 표면이 완전히 분리될 정도로 충분히 두껍다. 이러한 영역들 사이에는 경계로부터 유체 윤활로 전환되는 혼합 또는 부분적 윤활 영역이 있다. 그림 13.4가 저널 베어링에 적용되는 동안, 이 논의는 윤활유를 사이에 두고 상대 운동이 있는 엔진 부품들에 대하여 적용된다.

경계 윤활 조건에서 상대 운동으로 인한 두 표면 사이의 마찰은 윤활제 특성뿐만 아니라 표면 특성에 의해서도 결정된다. 중요한 표면 특성에는 거칠기, 경도, 탄성, 가소성, 전단 강도, 열 전도성, 윤활유에 대한 습윤성(wettability)이 있다. 중요한 윤활유 특성은 고체 표면에 닿는 윤활유(그리고 첨가제) 분자의 특성을 좌우하는, 주로 표면적이거나 화학적인 특성이다. 그림 13.5는 경계 윤활 조건하에서 두 개의 표면을 보여준다. 표면 거칠기 때문에 실제 접촉 면적은 외관상 접촉 면적보다 훨씬 작다. 실제 접촉 면적 A_r은 수직 하중 F_n을 재료의 항복 응력 σ_m으로 나눈 값과 같다:

$$A_r = F_n/\sigma_m$$

접선 운동을 일으키는 데 필요한 힘은 실제 접촉 면적과 재료의 전단 강도 τ_m를 곱한 값과 같다:

$$F_t = A_r \tau_m$$

그러므로 마찰계수 f는 다음과 같다.

$$f = F_t/F_m = \tau_m/\sigma_m \tag{13.4}$$

다른 종류의 재료인 경우, 약한 재료의 특성이 마찰 거동을 지배한다. 그림 13.5에서 볼 수 있듯이, 표면은 산화막과 흡착된 윤활유 막으로 덮여 있기 때문에, 식 (13.4)에 나와 있는 재료의 전단 강도는 표면 막의 전단 강도이다. 경계 윤활 조건 하에서, 마찰 계수는 기본적으로 속도와 무관하다. 경계 윤활은 시동 및 정지 중에 엔진 부품 사이에서, 그리고 정상적으로 작동하는 동안에 피트톤이 상사점 및 하사점에 있을 때 피스톤 링/실린더 표면, 과부하 부품 사이, 밸브 스템, 로커 암, 크랭크축 타이밍 기어 및 체인과 같이 느리게 움직이는 부품 사이에서 발생한다.

유체 윤활 조건은 (윤활된) 슬라이딩 표면의 모양 및 상대 운동이 표면을 분리할 수 있는 압력이 충분한 액막을 형성할 때 발생한다. 운동에 대한 저항성은 경계 윤활의 경우처럼 표면 불규칙성 사이의 상호작용에서 발생하는 것이 아니라 액막 내의 전단력에서 초래된다. 상대 운동에서 두 표면 사이 액막에서의 전단 응력 τ는 다음과 같이 주어진다.

$$\tau = \mu\left(\frac{dv}{dy}\right)$$

여기서 μ는 유체 점도이고 (dv/dy)는 막에 대한 속도 구배이다. 따라서 이 영역에서의 마찰계수(전단 응력/수직 하중 응력)는 점도 × 속도 ÷ 하중에 비례하며, 기본적으로 Stribeck 선도에서 직선이 된다. 완전한 유체 윤활 또는 점성 마찰은 부품의 재료 또는 거칠기와 무관하며 유일하게 관련된 윤활유의 특성은 점도이다. 유막이 형성될 때마다 서로 관련하여 비교적 고속으로 움직이고 제한된 하중을 견디는 두 개의 수렴 표면 사이에 유체 윤활이 존재한다. 이러한 유형의 윤활은 높은 슬라이딩 속도에 대해 엔진 베어링, 피스톤 스커트와 실린더 라이너 사이, 피스톤 링과 라이너 사이에서 발생한다.

액막 두께가 표면 거칠기의 높이와 거의 같아지면 유체 윤활이 분해된다. 그 때 거친 곳의 돌출부에서 금속 간 고체 마찰이 점성 마찰에 추가된다. 유체 윤활 조건과 경계 윤활 조건이 공존한다. 표면 질감은 유체 조건에서 혼합 윤활로의 전환을 제어한다: 더 거친 표면은 저부하에서 전환한다. 부하 또는 속도의 갑작스러운 변화, 기계적 진동이 이러한 전환의 원인이 될 수 있다. 이 현상은 유막의 파손으로 인한 주기적인 금속 간 접촉이 있는 커넥팅 로드와 크랭크축 베어링에서 발생한다. 링과 실린더 사이의 접촉 영역은 속도, 하중 및 온도의 급격한 변화로 인해 윤활이 혼합된 영역이다. 간헐적인 금속 간 접촉은 유막 파손의 결과로 발생한다.[3]

13.3.2 난류 소산 _*Turbulent Dissipation*

전체 마찰일의 일부는 유동 제한을 통해 유체를 펌핑하는 데 사용된다. 실린더 가스, 냉각수, 오일은 엔진을 통해 펌핑된다; 팬은 엔진의 라디에이터를 통해 공기를 펌핑한다. 일은 이러한 난류 점성 유동을 유도하여 소산된다. 이러한 유체를 유로 주변으로 펌핑하는 데 필요한 압력차는 ρv^2에 비례하며, 여기서 v는 대표적인 유체 속도이다. 비례 상수는 주로 유로 구조의 세부적인 사항에 따라 달라진다. 따라서 유체 펌핑과 관련된 마찰력은 N^2(또는 피스톤 운동이 유체를 강제로 움직이는 경우 $(\bar{S}_p^2)$에 비례한다.

13.3.3 전체 마찰

전체 마찰의 각 요소 i에 대한 사이클당일은 마찰력 F_f를 사이클에 동안의 변위 dx에 대해 적분함으로써 얻어진다.

$$W_{f,i} = \int F_{f,i}(\theta)\, dx$$

마찰력 구성요소는 속도에 독립적(경계 마찰)이거나 속도에 비례(유체 마찰) 또는 속도 제곱에 비례(난류 소산)하거나, 또는 이들을 일부 조합한 것이다. 따라서 주어진 엔진 형상에 대한 사이클당 전체 마찰일(그리고 마찰 평균 유효 압력)은 다음과 같이 속도에 따라 달라질 것이다.

$$W_{tf}\,(\text{or tfmep}) = C_1 + C_2N + C_3N^2 \tag{13.5}$$

유체 윤활 마찰 및 난류 소산의 일부 구성요소는 크랭크축 회전 속도 N이 아닌 평균 피스톤 속도에 따른다. 피스톤 스커트와 링 마찰, 흡기 및 배기 밸브를 통과하는 가스 유동과 관련된 압력 손실이 그 예다. 기존 엔진 형상에서 크랭크축 회전 속도는 평균 피스톤 속도가 아닌 전체 마찰 데이터를 스케일(scale)하기 위해 사용된다.

13.4 측정 방법 _ *Measurement Methods*

점화 엔진에서 마찰에 대한 실제 측정은 사이클 전체에 걸쳐 실린더 압력을 정확하게 측정하여 결정된 도시 출력에서 제동 출력을 뺌으로써 얻을 수 있다. 그러나 이 방법은 도시 출력의 실린더 간 차이와 충분히 정확한 압력 데이터를 얻기 어렵기 때문에 다기통 엔진에 사용하기 쉽지 않다. 결과적으로, 마찰은 종종 모터 구동 엔진에서 측정된다. 점화 및 모터 구동 엔진의 마찰 구성 요소는 아래의 몇 가지 이유로 인해 다르다. 먼저 일반적인 측정방법을 설명할 것이다.

1. *imep에서 fmep 측정*. 총 도시 평균 유효 압력은 4-행정 엔진의 압축 및 팽창 행정에 대한, 그리고 2-행정 엔진의 전체 사이클에 대한 $\int pdV$로 얻어진다. 이를 위해서는 체적에 따른 정확하고 동일한 위상의 압력 데이터가 필요하다. 각 실린더로부터 압력 변환기와 각도 지시계를 사용하여 크랭크 각에 따른 정확한 압력 데이터를 얻어야 한다. 크랭크 각에 따른 체적 값을 계산할 수 있다. 정확한 imep 데이터를 얻기 위해서는 세심한 주의가 필요하다.[4] Imep$_g$와 pmep 모두 p-V 데이터로부터 얻어진다. 제동 평균 유효 압력을 뺌으로써 기계/문지르는 마찰 + 보조 요구 조건인 mfmep + amep가 얻어진다.
2. *직접적인 운전 시험*. 연소에 가까운 조건에서 엔진의 직접적인 운전은 마찰 손실을 측정하기 위한 또 다른 방법으로 사용된다. 엔진 온도는 가능한 정상 작동 온도에 가깝게 유지되어야 한다. 이는 냉각수와 오일을 가열하거나 엔진이 연소에서 모터 작동으로 빠르게 전환되는 "grab" 모터 테스트를 수행하여 유지할 수 있다. 엔진을 구동하는데 필요한 동력은 펌핑 동력을 포함한다. 부분 부하 SI 엔진 테스트에서 스로틀 설정은 변경되지 않는다. 점차적으로 분해된 엔진에 대한 "모터링(motoring)" 테스트는 엔진의 각 주요 부품이 전체 마찰 손실에 미치는 기여도를 확인하는 데 사용될 수 있다.
3. *Willans 선*. 디젤 엔진에 대한 직접적인 운전 시험과 대략적으로 비슷한 값은 Willans 선 방법으로 얻을 수 있다. 고정된 속도에서 엔진 시험으로 얻어진 제동 출력에 따른 연료 소비량 그래프는 연료 소비량을 0으로 추정한다. 그림 13.6에 예시가 나타나있다. 일반적으로, 그래프는 약간 곡선의 형태여서 정확한 추정은 어렵다. 운전 시험 결과와 일치하는 것이 보여진다.
4. *Morse 시험*. Morse 시험에서 다기통 엔진의 개별 실린더는 연소로부터 차단되고, 제동 토크 감소는 같은 엔진 속도를 유지하면서 결정된다. 나머지 실린더는 절단된다. 한 실린더를 절단하는 일이 다른 실린더로 유입되는 연료나 혼합물의 유동을 크게 방해하지 않도록 주의를 기울여야 한다.

이 네 가지 방법 중 첫 번째 방법만이 운전되는 엔진의 실제 마찰을 측정할 수 있다. 나머지 세 가지 방법은 엔진을 구동하는 데 필요한 동력을 측정한다. 모터링 손실과 연소 손실

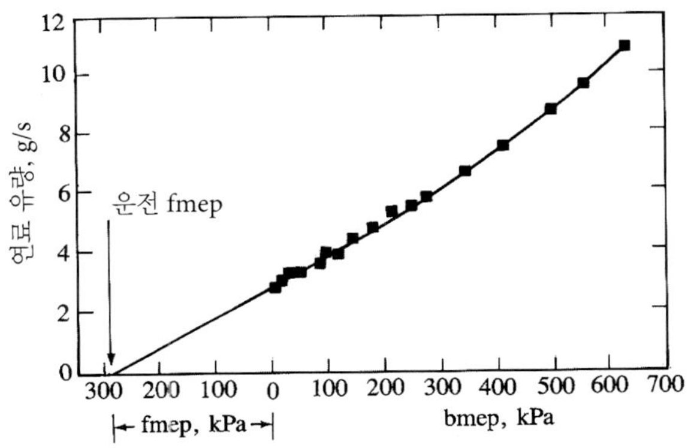

그림 13.6 마찰 평균 유효 압력을 결정하기 위한 Willans 선 방법.[6]

은 다음과 같은 이유로 다르다.

- 피스톤, 피스톤 링, 베어링에는 전체 연소 압력이 아닌 압축 압력만 작용한다. 운전 중 가스 하중이 낮을수록 문지르는 마찰이 낮아진다.
- 피스톤과 실린더 보어 온도는 모터 구동 운전에서 더 낮다. 이로 인해 윤활유 점도가 높아져 점성 마찰이 증가한다. 또한, 모터가 작동하는 동안 피스톤-실린더 간격이 크기 때문에 마찰이 감소하는 경향이 있다. 그러나 연소 운전 시 행정 상단에 가까운 상단 링(top ring)의 윤활은 링 뒤쪽의 높은 가스 압력으로 정상적인 유체 윤활을 유지하기에 부적절하다. 이 영역에서 초래되는 경계 마찰은 연소 엔진의 마찰을 더 높인다. 전반적으로, 모터 구동 운전 동안 피스톤 및 실린더의 낮은 온도 순 영향은 명확하지 않다.
- 모터 구동 운전에서, 배기 블로우 다운 단계가 빠지며 배기 행정 후반부에서 배출되는 가스는 연소 조건보다 높은 밀도를 갖는다. 이러한 효과로 인해 펌핑일이 달라질 수 있다.
- 모터 구동 시, 압축 및 팽창 행정 동안 가스에서 벽으로의 열 손실과 블로우바이로 인한 가스 손실 때문에 순 일이 발생한다. 이 일은 연소 엔진의 실제 전체 마찰일의 일부가 아니며 제동일을 얻기 위한 연소 엔진의 도시일에서 제외해서는 안된다; 열 손실과 블로우바이는 도시일, 마찰일, 제동일에 추가로 에너지를 전달한다.

전반적으로 연소 엔진과 모터 구동 엔진의 마찰 차이는 양수와 음수이며, 순수한 차이는 매우 작다. 따라서 모터 구동 시험이 마찰의 전체 또는 개별적인 요소를 측정하기 위해 널리 사용된다. 그러나 전체 엔진 마찰에 대한 합리적인 합의가 각 마찰 구성요소에 대해 동일하게 좋은 일치를 의미하지 않는다는 점을 유의하라.

13.5 엔진 마찰 데이터 _*Engine Friction Data*

13.5.1 SI 엔진

그림 13.7은 엔진 속도에 대한 함수로서, 845~2000 cm^3의 배기량 사이의 스로틀 전개(wide-open throttle, WOT)된 4-행정 4기통 SI 엔진에 대한 전체 모터 구동 마찰 mep를 보여준다. (구형 엔진의) 이러한 데이터는 실린더 크기와 형상 범위에 대하여 마찰 평균 유효 압력이 엔

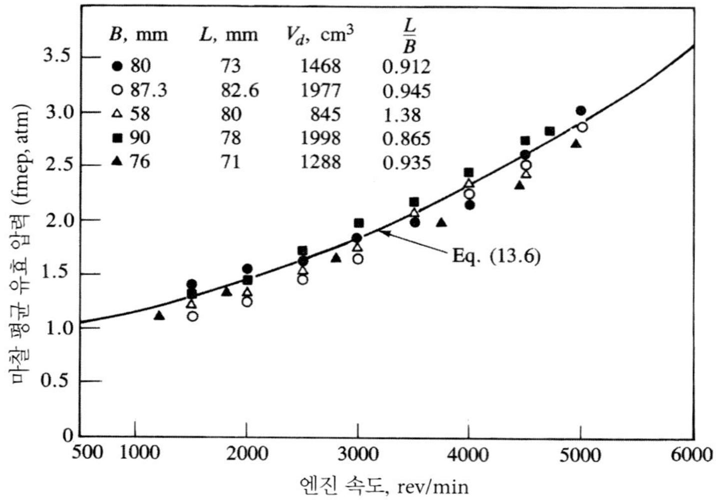

그림 13.7 여러 가지 4기통 스파크 점화기관에 대해 전개(WOT) 및 모터 구동 조건에서 마찰 평균 유효 압력.[7]

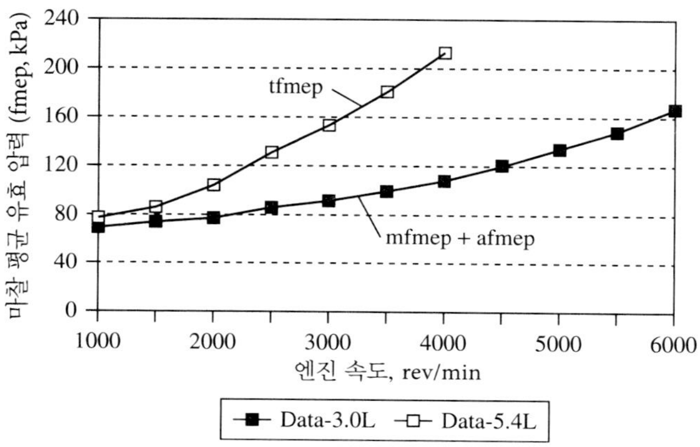

그림 13.8 펌핑 마찰의 중요성을 나타내는 두 자연 흡기 스파크 점화기관에 대한 마찰 평균 유효 압력: 5.4리터, V-8, 실린더당 2밸브(tfmep); 3.0리터, V-6, 실린더당 4밸브, 밸브트레인 롤러-팔로워 엔진.[8]

진 마찰의 적절히 표준화된 척도임을 나타낸다.[7]

그림 13.8은 스로틀 전개 시 엔진 속도에 대한 함수로서, 보다 최신의 5.4 L V-8 자연 흡기 가솔린 엔진(실린더 밸브 기구당 단일-오버헤드-캠-2밸브)에 대한 전체 마찰 평균 유효 압력을 보여준다. 또한 유사한 3.0 LV-6엔진(실린더당 4개의 밸브, 이중-오버헤드-캠 롤러 핑거 팔로워 포함)에 대한 기계 마찰 + 부속품 마찰을 보여준다. 이 두 곡선의 기울기가 다른 것은 WOT에서 엔진 속도가 증가함에 따라 펌핑 가스 교환 손실이 증가하기 때문이다. 낮은 엔진 속도에서는 WOT 펌핑 손실이 적고 두 fmep 곡선의 크기는 비슷하다. 그러나 속도가 증가할수록 피스톤(및 엔진) 속도의 제곱에 따라 pmep가 빠르게 증가한다. 좋은 기계적 효율을 위해 높은 엔진 속도를 피하는 것이 중요하다. 자동차의 정상적인 엔진 운전 조건에서, 전체 마찰 평균 유효 압력이 약 10 kPa 감소하면 차량 연료 소비량이 약 2% 개선된다.[7]

그림 13.8의 WOT 전체 마찰 평균 유효 압력 데이터(5.4리터 엔진)는 상관관계에 의해

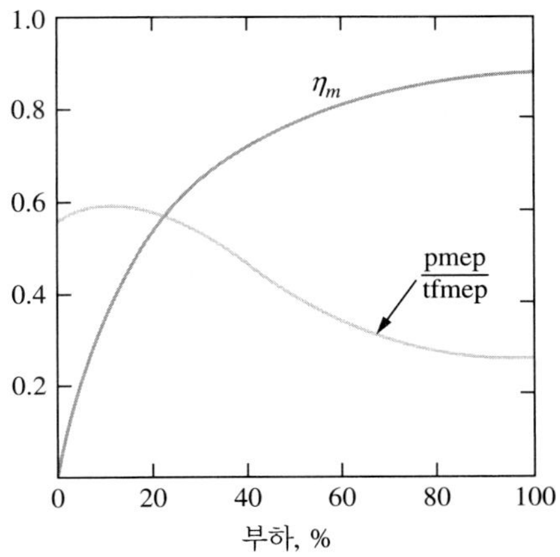

그림 13.9 고정된 (주)속도에서 운전되는 일반적인 스파크 점화기관에서 부하의 함수로써 총 마찰 mep에 대한 펌핑 mep의 비와 기계 효율 η_m.[2]

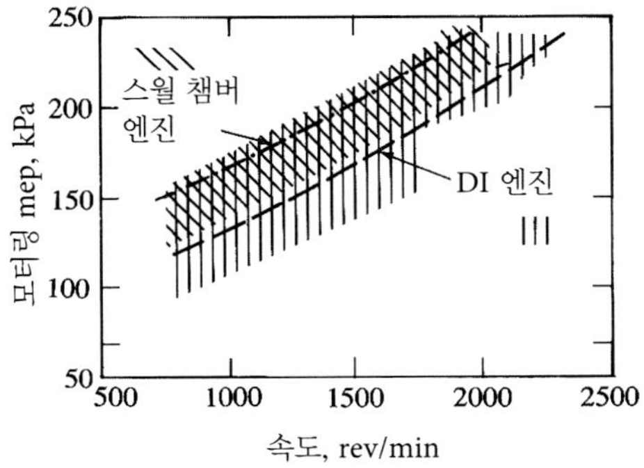

그림 13.10 여러 가지 DI 디젤 엔진(100~137 mm 보어 크기)과 IDI 스월 챔버 디젤 엔진(100~121 mm 보어 크기)에서 속도의 함수로써 모터 구동 총 마찰 평균 유효 압력. $r_c = 15$, $L = 142$ mm (DI 엔진), $r_c = 16$, $L = 142$ mm (IDI 엔진)에 대한 상관관계.[6]

잘 맞는다.

$$\text{tfmep(kPa)} = 57 + 15\left(\frac{N}{1000}\right) + 5.5\left(\frac{N}{1000}\right)^2 \tag{13.6}$$

여기서 N은 분당 회전 수이다. 이 보정 값과 1980년대의 동등한 상관관계를 비교해보면, 전체 평균 유효 압력은 지난 20년 동안 상당히 감소하였음을 알 수 있다: 저속에서 30~40%, 중속에서 20~25%, 고속에서 10~15%, 저속에서 밸브트레인 마찰이 반감되고, 고속에서는 유량 저항이 현저하게 감소하였다.

마찰의 상대적 중요성은 기계 효율(η_m = bmep / imep)에 의해 정량화된다. SI 엔진의 경우, 엔진이 공회전 상태일 때 0으로부터, (저중속에서)고부하일 때 0.9에 가까운 값으로 증가한다. 이러한 거동과, 부하가 증가함에 따른 펌핑 마찰(pmep)의 중요성 감소는 고정된(중) 속도로 운전하는 스파크 점화기관에 대하여 그림 13.9에 나타나 있다.

13.5.2 디젤 엔진

그림 13.10은 직접 분사 CI 엔진에 대한 모터 구동 시험으로 결정된 전체 마찰을 보여준다. 각 유형의 일반적인 디젤에 대한 상관관계는 다음과 같다:

$$\text{Motoring mep (kPa)} = C_1 + 48\left(\frac{N}{1000}\right) + 0.4\bar{S}_p^2 \tag{13.7}$$

여기서 N은 분당 회전 수, $\bar{S}_p$의 단위는 m / s이다. 직접 분사 엔진의 경우 C_1 = 75 kPa이다.

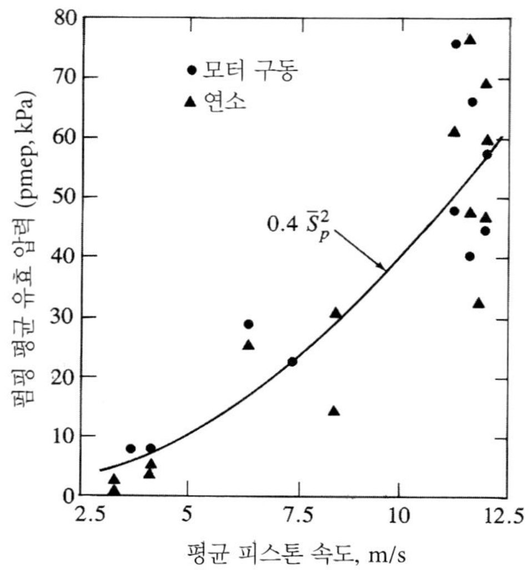

그림 13.11 여러 가지 자연 흡기 디젤 엔진에서 평균 피스톤 속도의 함수로써 펌핑 평균 유효 압력.[6]

평균 피스톤 속도는 식 (13.7)에서 마지막 항에 대하여 엔진 속도(N) 보다 더 나은 상관관계를 제공한다.

연소 및 모터 구동 조건 모두에서 자연 흡기 디젤 엔진에 대한 펌핑 평균 유효 압력 데이터가 그림 13.11에 나타나있다. 실선으로 그려진 곡선은 식 (13.7)에서 $0.4\bar{S}_p^2$ 항이며, 단위는 $\bar{S}_p$ m / s이다.

13.6 기계 마찰 구성요소 _*Mechanical Friction Components*

이번 절에서는 엔진 윤활 시스템에 대한 개요와 함께 기계적 엔진 마찰의 주요 구성요소에 대하여 보다 자세한 분석을 제시한다. 펌핑일과 엔진 부속품 마찰은 13.7절과 13.8절에서 논의된다.

13.6.1 모터 구동 엔진 분해 시험

엔진이 단계적으로 분해되는 모터 구동 엔진 시험은 엔진의 주요 어셈블리와 관련된 마찰을 결정하는데 사용될 수 있다. 이 시험 절차는 실제 엔진 운전의 연소로 생성된 힘과 같진 않지만, 이러한 시험은 개별적인 마찰 구성요소의 상대적 중요성을 평가하는 데 유용하다. 다양한 스파크 점화기관에서 피스톤 어셈블리(피스톤, 링, 커넥팅 로드), 밸브트레인, 크랭크축 베어링 및 씰)로부터 기계 마찰에 대한 기여를 분리하는 분해 시험의 결과는 전체적인 기계 마찰의 분율을 나타낸다: 피스톤 어셈블리 60%, 밸브트레인 25%, 크랭크축 15%. 그러나 엔진의 속도 범위에 따라 상대적 중요도가 달라진다는 점을 유의하라. 다양한 범주의 가솔린 자연 흡기 엔진에 대한 전체 엔진 마찰의 전형적인 분포(저속 저부하에서)가 표 13.1에 제시되어 있다. 펌핑일을 포함하여 기계 마찰 + 부속품 마찰에 대한 백분율 분석이 나타나있다. 승용차를 도시 주행하는 전형적인 저부하에서, 약 0.5 bar의 매니폴드 압력으로 인한 펌핑일 손실(주로 엔진 흡입 유량 제어로 인한)은 약 30%이다. 이러한 운전 조건에서, 엔진 제동 연료 변환 효율은 약 20%가 될 것이다.

가솔린 SI 엔진 및 디젤 엔진에 대한 모터 구동 마찰 분해가 그림 13.12와 13.13에 각각 나타나있다. 4기통 가솔린 엔진의 경우, 가장 큰 구성 요소는 속도가 증가함에 따라 크게 상

표 13.1 일반적인 마찰 분포: 저부하 가솔린 엔진[9]

크랭크 축	15	11
피스톤, 커넥팅 로드	33	23
밸브트레인	28	20
오일 펌프	15	11
워터 펌프	9	6
중간 합계	100	
펌핑 일		~30
합계		100

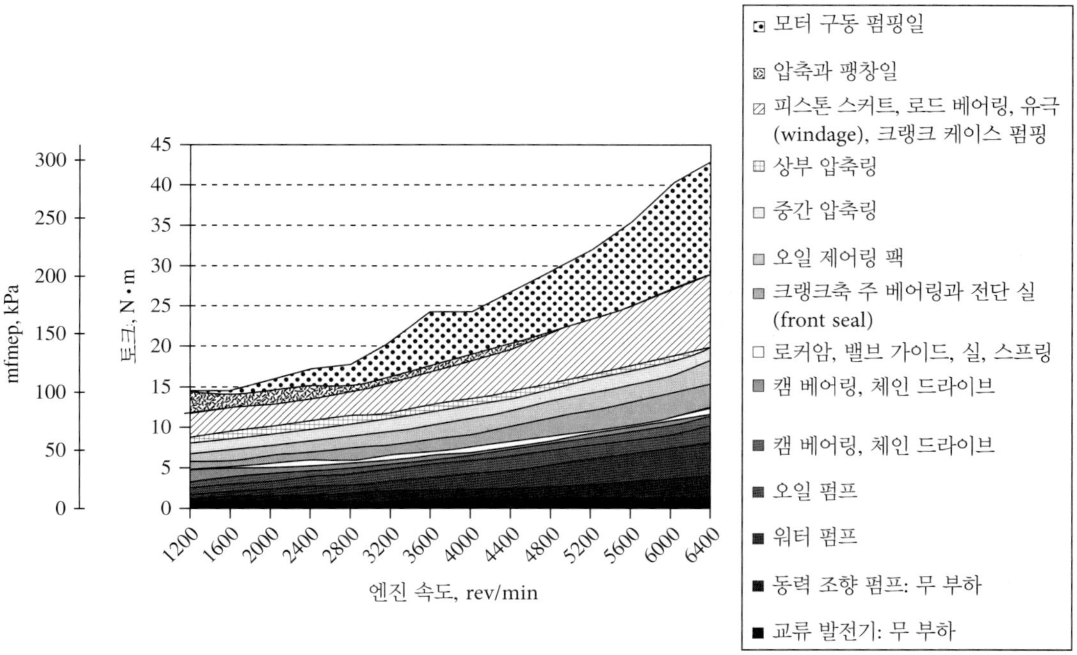

그림 13.12 1.6리터, 4기통, 4밸브 스파크 점화기관에서 엔진 속도에 대한 모터 구동 마찰 분석; 오일과 냉각수 온도는 88°C.[10]

승하는 모터 구동 펌핑일과 피스톤, 링, 커넥팅 로드 어셈블리의 기계(rubbing) 마찰 구성요소들이다.

그림 13.13은 중형 디젤 엔진의 모터 구동 분해 시험으로 얻은 마찰 평균 유효 압력 데이터를 엔진 속도에 따라 나타낸 것이다. 전체 흡기 및 배기 시스템에서의 유량 손실은 높은 엔진 속도, 특히 실린더 헤드의 포트 및 밸브 전반에서 피스톤, 링, 커넥팅 로드에서의 기계 마찰과 마찬가지로 중요하다.

13.6.2 엔진 윤활 시스템

엔진의 움직이는 부품에서 슬라이딩 표면의 윤활은 기계 마찰을 결정하는 필수 요소이다. 그림 13.14는 엔진의 다양한 윤활 기계적 구성요소를 보여주고, 이 구성요소가 작동되는 슬라이딩 접촉 윤활 방식(경계, 혼합 및 유체)을 식별한다(13.3.1절 참고). 유체 마찰보다 훨씬 높

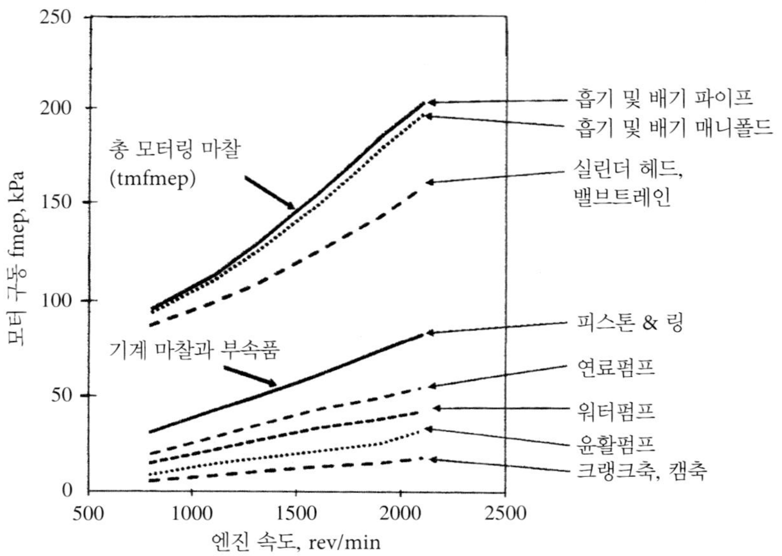

그림 13.13 HD (heavy-duty) 디젤 엔진의 모터 구동 분해 시험(tear-down test)으로 측정된 펌핑 기계 마찰과 부속품 손실.[11]

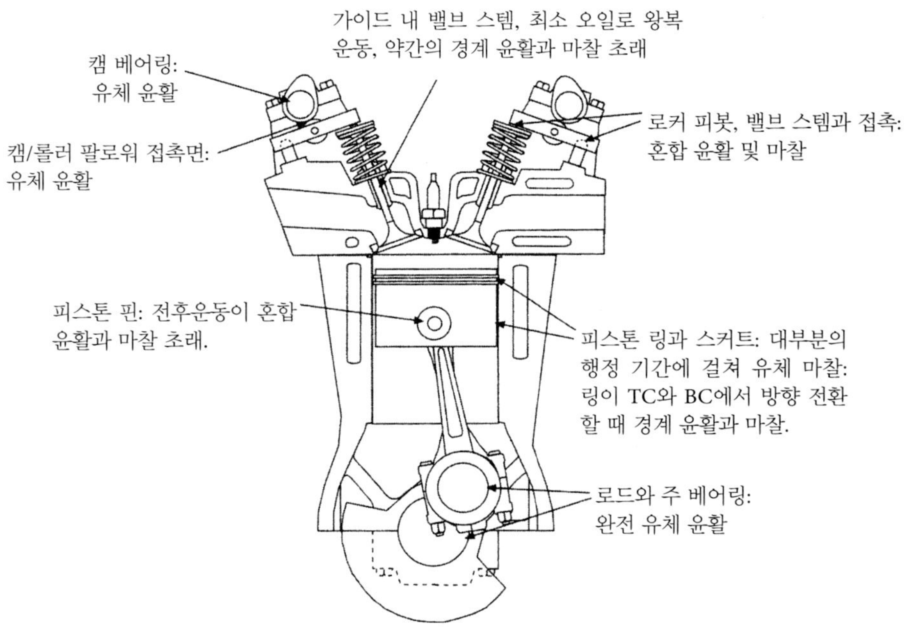

그림 13.14 두 표면 사이에 상대 운동이 일어나는 엔진 구성품들과 윤활과 마찰이 지배적인 구성품들: 경계, 혼합, 수력학.[12]

은 경계 윤활 마찰은 회전 및 미끄럼 구성요소가 정지할 때, 그리고 (수직) 항력이 높을 때 발생한다. 엔진이 시동 또는 정지할 때를 제외하고 저널 베어링에서 축이 연속적으로 회전하는 경우 일반적으로 오일 층(유체 윤활)은 유지될 수 있다. 예를 들면 크랭크축, 캠축, 커넥팅 로드 크랭크 핀 베어링, 캠 로브에 의해 구동되는 캠 롤러 팔로워, 기어 구동 시스템의 톱니 접촉 등이 있다. 경계 윤활 및 표면 간 접촉 가능성은 피스톤 링, 피스톤 스커트, 실린더 라이너

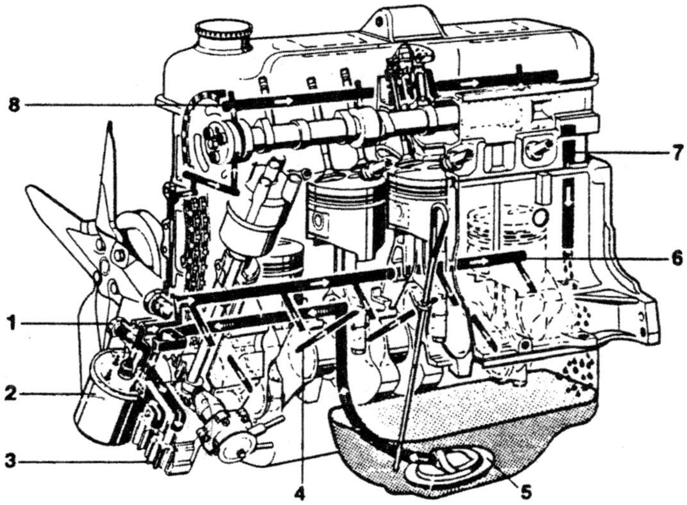

그림 13.15 강제 주입 엔진 윤활 시스템의 레이아웃: (1) 압력 릴리프 밸브; (2) 오일 필터; (3) 기어 펌프; (4) 주 베어링에서 커넥팅로드 베어링으로의 연결; (5) 흡입 스테이너; (6) 크랭크축 베어링으로의 가압된 메인 오일 라인; (7) 타이밍-기어 케이스에서 크랭크케이스로 리턴 유동; (8) 캠축 베어링으로의 오일 통로.[13] (*Robert Bosch GmbH*와 *SAE* 제공)

사이, 또는 밸브 구동 시스템의 다양한 부품에도 존재한다. 표면 접촉(경계 마찰)이 발생하는지 여부는 지지하는 유막이 존재하는지 여부(예를 들어, 피스톤이 TC 도는 BC에서 정지할 때) 및 하중이 가해지는 상태에서 표면 간 얇은 틈 속에 유막이 밀어지는지에 따라 달라진다.[12]

그림 13.14에서 볼 수 있는 엔진 부품 구동 원리는 가압 시스템으로부터 오일을 공급함으로써 확실하게 윤활된다. 엔진 윤활 시스템의 예가 그림 13.15에 나타나 있다. 오일 펌프는 엔진 섬프(engine sump)로부터 흡입 스트래이너(suction strainer)를 사용하여 오일을 흡인한 후, 제어 밸브를 사용하여 오일 쿨러(그림에는 없음)로 전달한다. 그런 다음 오일은 필터를 지나 메인 오일 갤러리로 전달된다. 메인 오일 갤러리로부터 메인 크랭크축 베어링과 커넥팅로드 크랭크 핀 베어링으로 분배된다. 이와 동시에 오일은 캠축 베어링으로 전달된다. 이 베어링의 통로를 통하여 오일은 밸브 태핏으로 흐른다. 태핏이 움직이는 동안 태핏 및 태핏 브릿지의 오일 통로가 정렬됨에 따라 로커 암(rocker arms)과 밸브 스템은 태핏(존재한다면 푸쉬로드)을 통해 맥동 윤활(pulse-lubricated)된다. 냉각 피스톤과 윤활 실린더의 경우, 오일이 크랭크로부터 비산되거나 주 베어링에 연결된 노즐을 통해 피스톤 아래쪽으로 뿌려진다. 주 타이밍 트레인(main timing train)의 기어는 비산 윤활(splash lubricated)된다. 이러한 윤활된 엔진 영역의 오일은 섬프로 되돌아간다. 윤활유의 특성은 13.10.2절에서 검토된다.

기계적 엔진 마찰은 오일의 점도가 온도의 함수이기 때문에 다양한 윤활 영역에서 윤활유의 온도에 따라 달라진다. 엔진이 냉간 시동될 때, 구성 요소와 오일 온도가 주변 공기 온도와 가깝기 때문에 점도가 상당히 높아진다. 엔진이 예열되면 구성요소, 냉각수 및 오일 온도가 정상상태 값(엔진 부하 및 속도에 따라 달라짐)으로 상승한다. 오일 온도가 엔진의 기계적 마찰에 미치는 영향은 상당하다. 그림 13.16에서 볼 수 있듯이 엔진 냉각수 온도가 20°C에서 약 90°C로 증가함에 따라 전체 마찰 동력 손실은 2배 감소하며 안정화된다. Fmep는 imep(실린더 압력 데이터로부터 얻어짐)와 측정된 bmep의 차이로 결정된다.[14] 냉각수 온도(국부

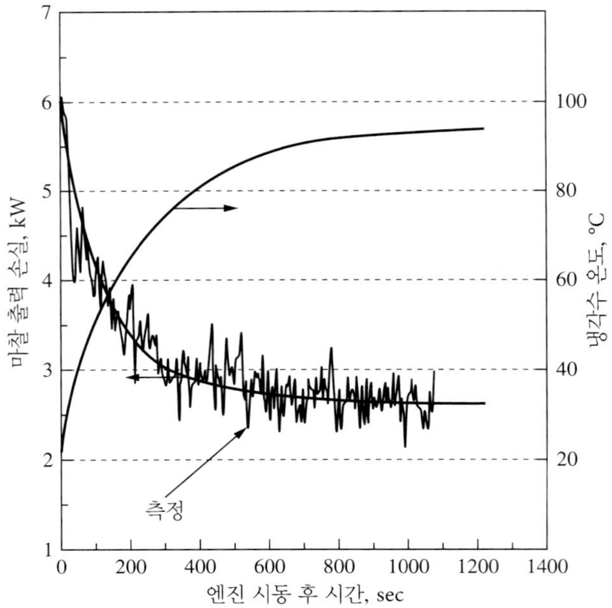

그림 13.16 엔진 초기 1.1리터, 4기통 가솔린 엔진의 시간에 따른 냉각수 온도와 마찰 동력 손실.[14]

적인 윤활유 온도에 대한 지표로 사용됨)는 마찰 모델로부터 추정된다. 예열되는 동안 엔진은 저속 저부하에서 운전된다. 이러한 저부하 조건(정상 주행)에서 엔진 예열은 약 10분이 소요된다.

다음 절에서 전체 엔진 마찰은 다음과 같은 주제로 논의된다: 피스톤 어셈블리 마찰, 밸브트레인 마찰, 크랭크축 베어링 마찰, 펌핑 마찰(13.7절에서) 부속품 동력 필요조건(13.8절에서).

13.6.3 피스톤 어셈블리 마찰과 윤활

일반적인 가솔린 자동차와 디젤 트럭 엔진의 피스톤과 링 어셈블리의 구조 및 명명법을 그림 13.17에 표시하였다. 피스톤 스커트는 실린더 보어 내에서 피스톤이 하중-지지 표면(load-bearing surface)으로 적절히 정렬되도록 한다. 피스톤 스커트는 커넥팅 로드가 실린더 축에 대해 각이 있을 때 존재하는 측면 하중을 전달한다. 링은 피스톤과 링 표면 및 라이너 사이의 윤활유의 거동을 제어한다. 자동차 엔진은 보통 3개의 링을 사용한다. 이러한 링은 다음과 같은 작업을 수행한다: (1) 상단 링(top ring)은 피스톤과 실린더 사이의 틈새를 밀봉하여 실린더 내 가스 압력을 유지하고 블로우바이를 최소화한다; (2) 두 번째 링(흔히 오일 스크래퍼 링이라고 함)은 상단 링이 적절하게(과하지 않게) 윤활되도록 라이너 위에 있는 오일의 양을 제어한다; (3) 하단의 오일링(oil control ring)은 링 팩 아래 영역에서 이 하단 링(bottom ring) 위의 세 번째 랜드 영역으로의 오일 유동을 제어한다. 오일링은 총 오일 유동 관리(gross oil flow management)를 수행하고(이 링 아래에 오일이 많이 있음) 오일 스크래퍼 링은 피스톤과 링이 실린더 아래로 이동할 때 라이너에 남아 있는 오일을 미세하게 제어한다. 오일링 그루브의 뒤쪽에 구멍이 있어 과도한 오일을 크랭크 케이스로 반환할 수 있다.

압축 링의 많은 설계가 채택되며, 이들 사이의 차이는 단면 형상(및 이에 따른 상대적 유연성) 및 내마모성 표면 처리의 사용에 있다. 상단 압축 링은 보통 구상흑연주철(nodular cast iron) 또는 강철로 만들어진다. 링 프로파일은 유체 윤활을 용이하게 하기 위해 선택된

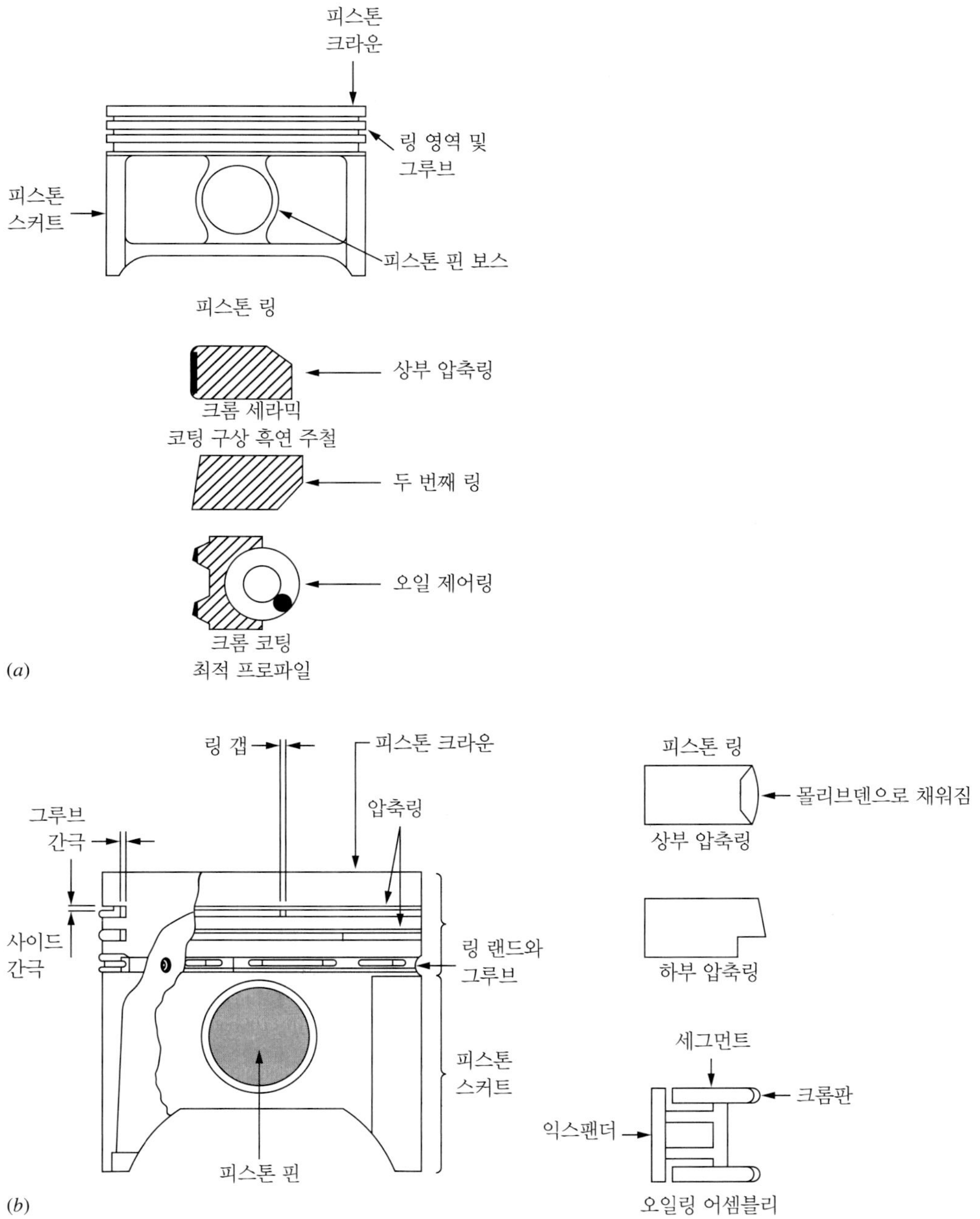

그림 13.17 일반적인 피스톤과 링 어셈블리의 구조와 표시(nomenclature): (*a*) 스파크 점화 가솔린 기관; (*b*) 디젤 엔진

다. 일반적인 형상은 내부와 외부 모서리가 홈에 고착되지 않도록 모따기가 되고, 짧은 피스톤 스커트로 발생하는 피스톤의 회전을 수용할 수 있도록 배럴 모양의 작업면이 있는 직사각형 단면이다(그림 13.17*a*에 보여진 것과 같이). 외부 링 표면에는 보통 내마모성 코팅(경질 크롬을 덮거나 몰리브덴을 삽입)이 적용된다. 링은 원형 단면 라이너에 삽입될 때 링 간격이 대부분 닫히기 때문에 링에서 생성된 링 장력을 통해 라이너 표면 바깥쪽으로 힘을 받는다. 그림 13.17*a*의 자동차 상단 및 두 번째 링 프로파일의 모따기는 링의 *비틀림*을 유발한다. 표시된 상단 압축 링의 경우, 오른쪽 상단 모따기는 이 링 상단의 반지름 폭을 감소시켜 상단

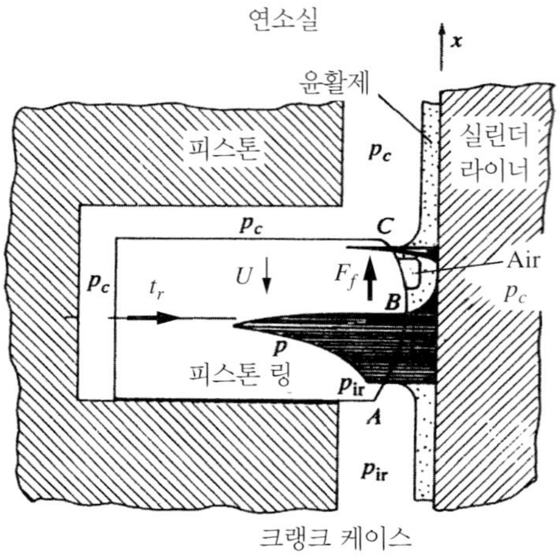

그림 13.18 팽창 행정 동안 윤활 오일 막 내부와 압축링 주변의 압력 분포에 대한 개략도. 오일 막 내 압력프로파일은 수평 쉐이딩에 의해 표시된다.[2]

에서의 *강성*을 하단보다 작게 한다. Positive(그림 13.17*a*의 상단 링 프로파일에 대해 반시계 방향으로) 링 비틀림이 발생한다. 두 번째 링은 주로 라이너에 남아 있는 오일의 양을 미세하게 조정하는 역할을 한다(추가적으로 압력이 새지 않도록 함). 운전 환경이 덜 어렵기 때문에 두 번째 링은 “오일 스크랩핑”과 negative 비틀림을 생성하는 모따기를 통해 더 나은 오일 제어를 제공하도록 보다 유연하게 만들어질 수 있다. 이러한 링 비틀림은 작다는 점을 유의하라. 링 하단 가장자리 접촉은 하향 행정에서 원하는 오일 스크랩 작업을 수행한다. 오일링은 크랭크축 시스템에 의해 실린더 라이너로 유입된 오일을 계량 및 분배하여 과도한 오일을 크랭크 케이스 섬프로 반환한다. 실린더 라이너에 대해 충분한 압력을 가하고 적절한 형태의 와이핑(wiping) 가장자리(보통 두 개의 얇은 강철 링)를 가져야 하며 적절하게 오일을 배출해야 한다. 슬롯형 또는 복합형 링이 일반적으로 사용된다.

모든 피스톤 링의 장력은 실린더 벽에 기대어 이들을 지탱하며, 실린더 보어 변형은 높은 링 적합성이 요구된다. 압축 링 뒤의 가스 압력은 반경 방향 힘을 증가시킨다. 이러한 모든 요인은 피스톤 어셈블리 마찰에 기여한다. 두 번째 링 뒤의 가스 압력은 첫 번째 링보다 상당히 낮다. 링 뒤의 가스 압력은 엔진 부하의 함수이다. 3개의 링 모두 피스톤 어셈블리 마찰에 크게 기여한다. 오일링은 두 개의 레일 설계와 높은 링 장력으로 인해 부분적으로 경계 윤활 하에서 작동할 수 있으며, 각 압축 링 마찰력의 약 2배에 이를 수 있다. 링 팩 마찰 mep는 4~12 kPa 범위에 있다.

피스톤 어셈블리는 엔진 문지름(rubbing) 마찰의 주요 원인이다. 마찰에 기여하는 구성 요소는 링(위에서 언급한 바와 같음), 피스톤 스커트, 피스톤 핀이다. 피스톤 어셈블리에 작용하는 힘에는 정적 링 장력(링 설계 및 재료에 따라 다름); 가스 압력(엔진 부하에 따라 다름); 관성력(구성 요소 질량 및 엔진 속도에 관련됨)이 포함된다. 피스톤 어셈블리 마찰에 영향을 미치는 주요 설계 인자는 링 폭, 링 표면 프로파일, 링 장력, 링 간격(링 간 가스 압력을 제어), 라이너 온도, 링–랜드 폭 및 간극, 스커트 형상, 스커트–보어 간극이다.

피스톤 어셈블리 마찰은 링 마찰에 의해 지배된다. 팽창 행정 중에 실린더 라이너 아래로 이동함에 따라 얇은 유막이 윤활된 압축 링에 작용하는 힘은 그림 13.18에 나타나 있다. 이러한 유체역학적 접촉의 분석은 링에 작용하는 힘이 시간에 따라 변하고 링 표면 형상의 작은 변화는 계산된 결과에 큰 영향을 미칠 수 있기 때문에 복잡하다. 실린더 압력 p_c는 일반적으로 링의 상단과 후면에 작용한다. 실린더 압력과 지형의 형상, 링 홈, 링(특히 링 간격)에 따라 달라지는 링 간 가스 압력 p_{ir}은 유막과 링의 하단부에 작용한다. 링 간 영역으로 유입 및 유출되는 가스 유동의 특성과 링 움직임에 미치는 영향이 8.6절에서 논의되었다. 팽창 행정 후반부에 압력 역전이 일어나서 링이 홈의 상단 표면으로 이동하거나 그 사이에서 흔들릴 수 있는 원인이 될 수 있다. 링 장력 t_r은 링을 라이너에 밀어 넣기 위해 작용한다. 링 하향 동작에 의해 발생하는 윤활유 막의 압력은 표면 *A-B*로 도시된 바와 같다. 유막은 *B*와 *C* 사이에서 캐비테이션을 일으킬 수 있다; 만약 그렇다면, 압력이 감소한 후 p_c로 증가한다. 운동 방향이 바뀌면 *C-B*가 압력 생성면이 된다. 윤활유 막에서 발생하는 압력은 링 표면을 라이너로부터 떨어져 유지시킨다.

링과 유막 거동에 대한 모델이 개발되었다. 유막 두께 *h*가 링 너비보다 훨씬 작은 실제적인 경우에 대해 액막 운동에 대한 Navier-Stokes 방정식은 다음과 같은 형태의 1차원 레이놀즈 방정식이 된다:

$$\frac{\partial}{\partial x}\left(h^3\frac{\partial p}{\partial x}\right)=6U\mu\frac{\partial h}{\partial x}+12\mu\frac{\partial h}{\partial t} \tag{13.8}$$

여기서 *h*는 국부적인 막 두께, *m*은 액체 점도, *U*는 두 표면 사이의 상대 속도이다. 이 방정식은 링에 대한 적절한 힘의 균형과 함께 결합된 막과 링 거동을 해결할 수 있다.

피스톤 어셈블리 내의 유막 두께 측정은 위에서 설명한 많은 현상을 보여준다. 그림 13.19는 자동차의 가솔린 엔진에서 피스톤 링 및 라이너 사이의 유막 두께와 피스톤 랜드 및 오일 축적의(윤활유에 형광 염료가 첨가된 경우) 점 레이저 유도 형광(laser induced fluorescence, LIF) 측정 기법으로 얻은 결과를 나타낸다. 피스톤 프로파일은 상단 링 홈, 스크래퍼 링 홈, 오일링 홈의 위치가 그래프 하단에 표시되었다. 피스톤 스커트는 좌측에 있다. 측정 보정에 사용되는 두 개의 25 μm 깊이 홈이 피스톤 스커트 바로 위에 위치한다. 피스톤의 상단에서 1~2 μm 유막 두께가 관찰된다(수평 축 오른쪽 끝의 0과 +5 mm 사이). 하강하는 피스톤에 의해 라이너에 남겨진 이 막은 피스톤이 상승할 때 상단 링을 윤활시킨다. 라이너와 두 개의 상단 링 사이의 유막 두께는 최소 1.5 μm이다. 다른 곳에서는, 주로 피스톤 랜드에서 오일링의 하강하는 두 개의 레일이 두 번째 오일 스크래퍼 링처럼 피스톤 스커트 영역에서 상당 부분의 오일을 아래쪽으로 운반한다. 라이너 표면 온도와 오일 온도는 이 오일 분포 패턴에 큰 영향을 미치지 않는다. 피스톤 및 링 어셈블리 내의 이러한 오일 분포는 오일 소비에 큰 영향을 미친다(13.10.1절).[16]

그림 13.20은 엔진 작동 사이클 동안 피스톤 링 거동의 중요한 면을 보여준다. 이 엔진은 정격 출력에서 작동하는 보어 114 mm, 행정 길이 144.5 mm, 압축비 16.6의 중형 디젤 엔진이다.[17] 상단 그래프는 상단 링 위, 상단 링과 두 번째 링 사이, 두 번째 링 아래의 가스 압력을 나타낸다. 팽창 행정의 후반부 동안, 두 번째 랜드 압력은 본질적으로 상단 링 위의 압력과 동일하다는 것에 유의해야 한다. 왜냐하면 상단 링의 홈 아래에 상단 링을 고정시키는 상당한 압력이 더 이상 없기 때문에 일반적으로 바람직하지 않다(그림 13.18 참고). 이 기간 동안 그림 13.20과 같이, 상단 링이 상대 링 리프트에 대한 시뮬레이션 결과와 스케치가 나타내듯이 홈 내에서 위 아래로 진동할 수 있다. 이 상단 링의 *흔들림(flutter)*과 링 아래쪽 높은 가스 압력의 결과는 링 아래에서 사용할 수 있는 오일을 연소실 위쪽으로 운반할 수 있는 링 주변의 진동(역방향) 가스 유동으로, 오일 소비량에 기여한다(13.10.1절).

두 번째 링 리프트 거동은 상단 중앙 점화 피스톤 위치 주변의 홈에서 축 방향 위쪽으로 이동한다. 이것은 두 번째 링 뒤의 하향 가스 유동을 가능하게 하여 두 번째 랜드 압력을 줄이는데 도움이 될 수 있다. 상단 및 두 번째 링 거동과 각 홈의 흔들림에서 초래되는 가스 유

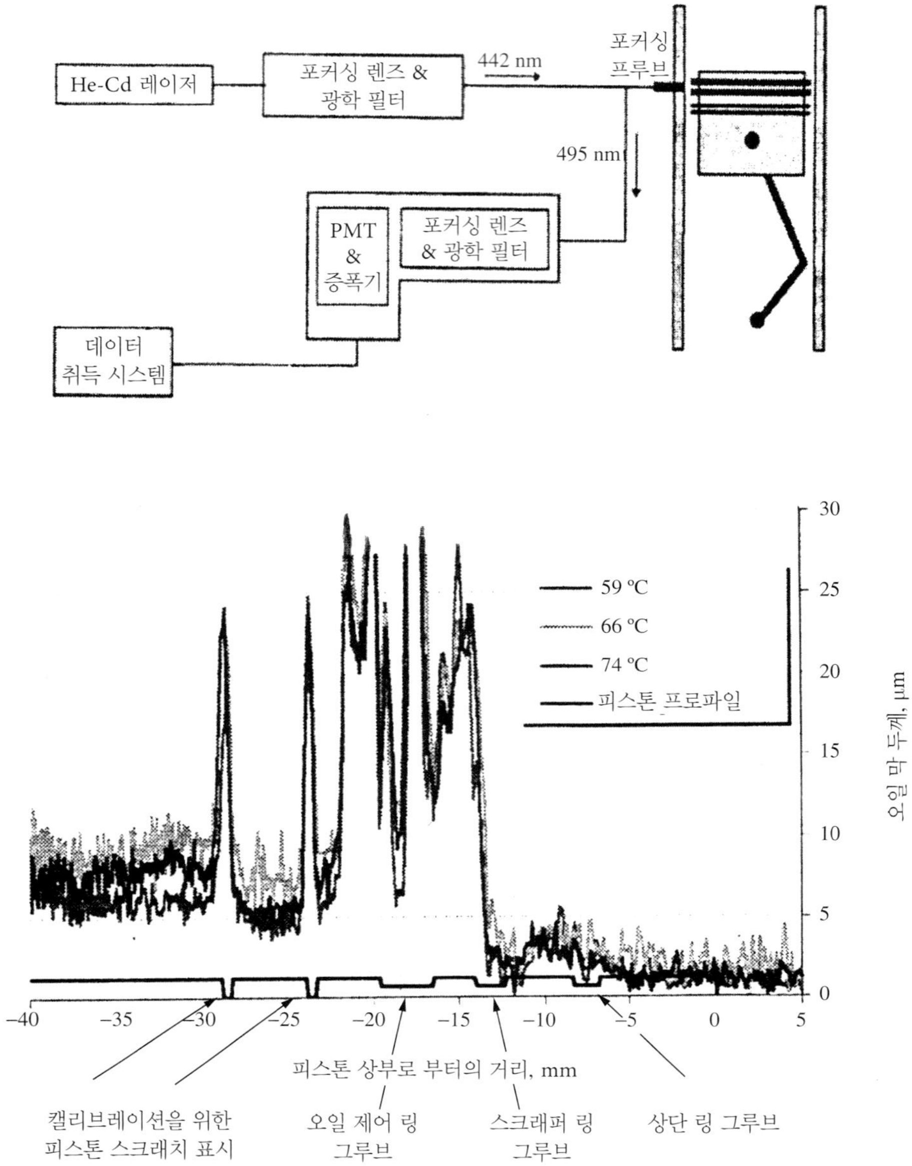

그림 13.19 상부 그림에 표시된 것과 같은 레이저 유도 형광 기법을 이용하여 피스톤, 피스톤 링, 라이너 사이의 오일막 두께 측정. 피스톤 프로파일은 하단(bottom)을 따른다. 커브는 작동하는 가솔린 스파크 점화기관의 서로 다른 라이너 온도에 따른 오일막 두께를 보여준다(미크론 단위, μm).[16]

동은 링 간격(비교적 작은 영역)을 통과하는 유동보다 상당히 크다는 점에 유의하라.[17]

피스톤 링도 홈 내에서 원주방향으로 회전한다. 상단 및 두 번째 링은 보통 서로 독립적이며 임의로 움직인다. 엔진 운전 조건의 변경은 일반적으로 링 간격의 위치를 변경한다. 링의 회전 속도는 상단 링의 경우 0.2~0.4 rev/min 범위에 있고, 두 번째 링의 경우 두 배가 될 수 있다. 저속에서 링 회전은 더 쉽다. 일반적으로 두개의 상단 링의 링 간격은 서로 다른 원주 위치에 있다: 따라서 상단 링 간격을 통해 축 방향 아래로 흐르는 블로바이 가스는 두 번째 랜드 영역을 중심으로 원주 방향으로 흘러야 두 번째 링 간격을 통과할 수 있다. 링 간격이 정렬될 때(때때로 그럴 수 있기 때문에), 블로바이 유동 경로가 더 직접적이다. 링 팩 가스

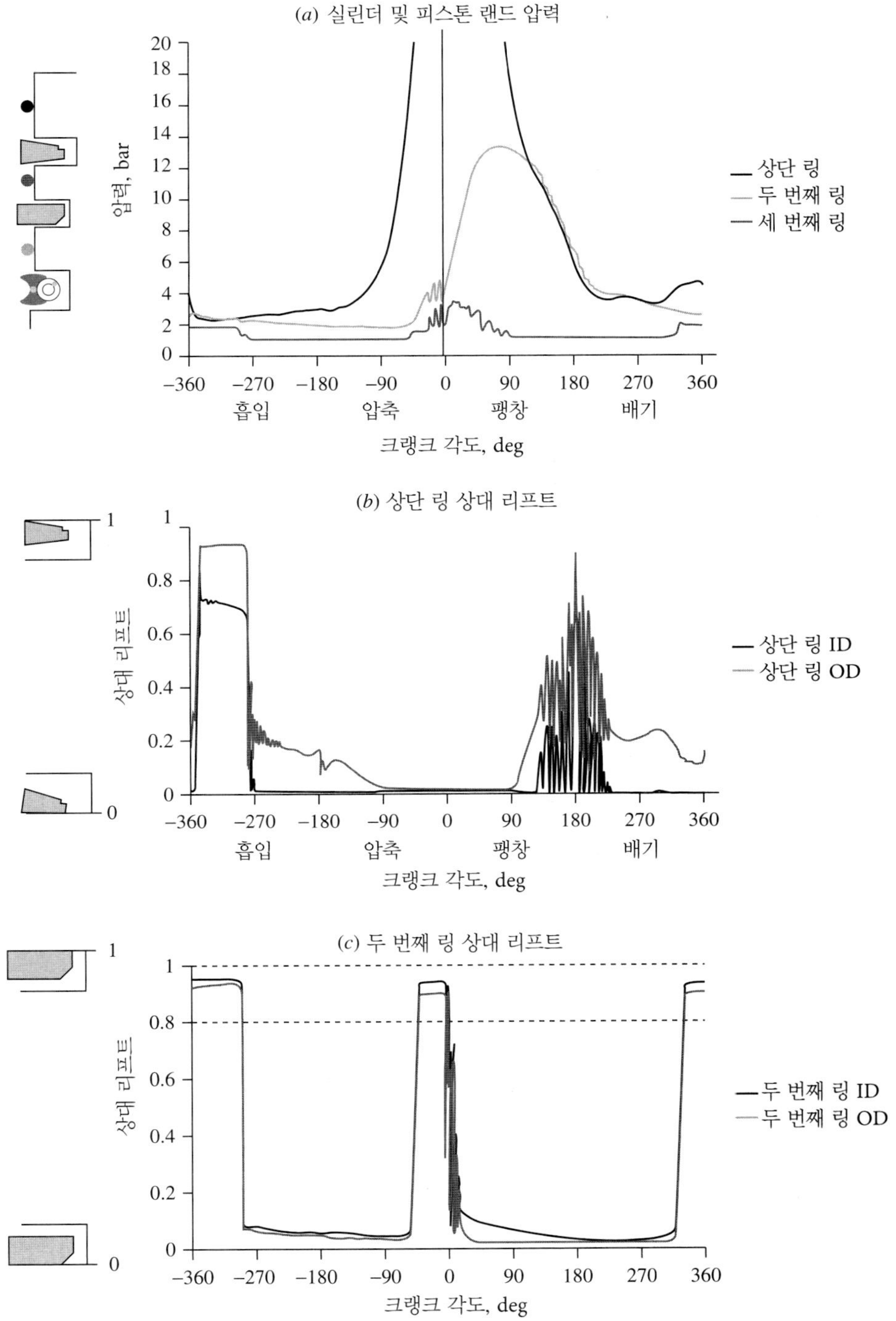

그림 13.20 8.9 리터 Heavy-duty 디젤 엔진의 실린더 하나에서 작동하는 동안 링 그루브 내 피스톤 링 움직임: (*a*) 실린더와 피스톤 랜드 압력; (*b*) 상단 링 상대 리프트; (*c*) 두 번째 링 상대 리프트.[17]

유동에 관한 추가적인 설명은 8.8절을 참고하라. 링 간격을 통과하는 유동은 오일 소비에 영향을 준다(13.10.1절 참고).[18]

4-행정 작동 사이클 동안 피스톤이 실린더 위아래로 움직일 때 원하는 링 거동은 다음과 같이 요약될 수 있다. 피스톤이 흡입 행정 동안 실린더 아래로 가속함에 따라 링 마찰 및 관

성력은 링을 홈의 상단으로 이동시킨다. 이 하향 행정 동안, 오일 링 및 오일 스크래퍼 링은 라이너에 축적 된 오일을 크랭크 케이스로 다시 "긁는다(scrape)". 피스톤이 BC에 접근하면서 감속함에 따라 링의 관성이 지배적이다. 링은 홈의 바닥으로 이동한다. 피스톤이 압축 행정 동안 위로 올라감에 따라 링의 마찰 및 관성력에 의해 홈의 하단에 링이 고정된다. 피스톤이 TC에 근접할 때, 상단 링 위로 증가하는 가스 압력은 그것을 홈 하단에 유지시킨다. 낮은 인터링 압력(interring pressure)은 압축 행정 후반부에 감속함에 따라 두 번째 링이 홈 상단으로 이동할 수 있게 한다. 이러한 상향 행정 동안 링은 하향 행정 동안 라이너에 남아 있는 오일에 의해 윤활된다. 팽창(동력) 행정 동안, 높은 실린더 가스 압력은 상단 링을 홈 하단에 고정시킨다: 상승하는 링 간 가스 압력은 두 번째 링을 홈 하단에 가압한다. 다시 하향 행정 시, 하강하는 오일 링과 스크래퍼 링은 라이너에 남은 오일을 "긁은" 후 크랭크 케이스로 다시 유도한다. 배기 행정 초기에 링 마찰이 지배하며, 상단 및 두 번째 링은 홈 하단에 얹혀진다. 행정 후반부에 피스톤이 느려지고 가스 압력이 낮을 때 관성은 양쪽 링을 홈의 상단으로 이동시킨다.[12]

실린더 라이너 및 피스톤 링 표면 마감은 피스톤 어셈블리의 오일 거동과 마찰에 영향을 준다. 라이너는 라이너 표면의 용량을 향상시키기 위해 *연마*된다: 즉, 1.5~3 μm 깊이의 홈이 촘촘한 간격이 있는 십자 무늬 패턴으로 라이너에 가공하여 오일과 잔해물을 유지한다. 연마 작업은 표면을 매끄럽게 한다. 이러한 표면 변경은 특히 엔진 마모 작동 시 피스톤 어셈블리 마찰을 감소시킨다.

그림 2.1의 피스톤, 커넥팅 로드, 크랭크축 메커니즘에 관련된 힘의 분석은 다음과 같이 이어진다. 축 방향 힘의 균형은 피스톤 질량 m과 순 축방향 힘에 대한 가속도와 관련된다.

$$m\frac{dS_p}{dt} = -F_r\cos\phi + \frac{\pi B^2}{4}p \mp F_f \tag{13.9}$$

여기서 ϕ는 실린더 축과 커넥팅 로드 사이의 각, p는 실린더 게이지 압력이다. 피스톤 가속도 $a_p\ (= dS_p/dt)$는 식 (2.14)에 의해 주어진다.

횡 방향의 힘 균형은 다음과 같이 주어진다.

$$F_t = F_r\sin\phi = \left(-m\frac{dS_p}{dt} + \frac{\pi B^2}{4}p \mp F_f\right)\tan\phi \tag{13.10}$$

여기서 F_r은 커넥팅 로드(압축 시 positive)의 힘이며 F_f는 피스톤 어셈블리의 마찰력(피스톤이 크랭크축 쪽으로 이동할 때 음수, 피스톤이 크랭크축에서 멀어질 때 양수)이다.

식 (13.10)에 의해 주어진 횡 방향 힘 F_t는 주로 피스톤 스커트를 통해 라이너로 전달된다. 피스톤이 상단 중앙과 하단 중앙 위치를 통과함에 따라 방향이 바뀐다. 마찰력은 이러한 위치에서 부호가 바뀌고 팽창 시 가스 압력이 압축 시보다 크기 때문에 팽창 또는 출력 행정 중 횡 방향 힘이 더 크다. 큰 힘에 저항하는 라이너의 측면(그림 2.1의 좌측)을 *주 스러스트 면*(main thrust side)이라고 한다. 다른 쪽(우측)은 *부 스러스트 면*(minor thrust side)이라고 한다. 터보차저가 달린 가솔린 엔진(최대 실린더 압력 115 bar, 고유 출력 87 kW/liter)에서 작동 사이클을 통한 이 피스톤 횡력(side force)의 변화는 그림 13.21과 같다.[19] 두 개의 피스톤 스커트가 라이너의 양 측면에 힘을 가하는 억지 끼워 맞춤의 저-마찰 경량 피스톤에 대한 것뿐만 아니라 헐거운 맞춤의 표준 피스톤에 대한 데이터도 확인할 수 있다. 피스톤 위치 TC에서 연소로 발생한 높은 실린더 내 가스 압력으로 인한 높은 사이드 스커트의 부하는 명백하다.

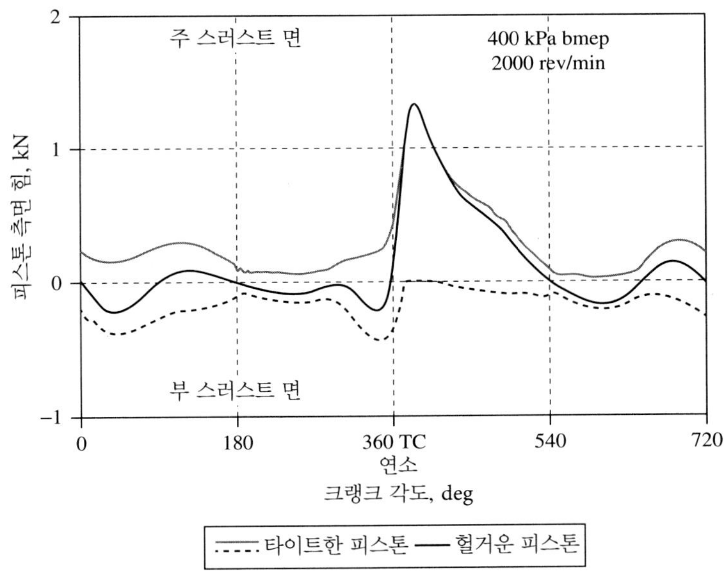

그림 13.21 터보차저가 장착된 가솔린 엔진의 운전 사이클에 대한 피스톤 측면 힘: 400 kPa bmep, 2000 rev/min.[19]

피스톤 스커트는 이 사이드 스러스트의 대부분을 전달하므로 피스톤 어셈블리 마찰에 기여한다. 스커트와 라이너 사이의 큰 접촉 영역은 링 접촉 영역에 비해 하중(힘/면적)이 가벼워지고 유체 윤활을 촉진한다. 최근 몇 년 동안 피스톤 스커트 면적은 피스톤 높이와 질량, 접촉 면적을 줄이기 위해 상당히 축소되었다. 스커트 마찰 감소로 이어지는 횡 방향 힘의 추가적인 감소는 오프셋 리스트 핀(offset wrist pin)을 사용한 표준 설계였다. 수직 위치를 변경하지 않고 핀 축을 주요 스러스트 면으로 약 1 mm 오프셋함으로써 피스톤이 보어를 가로지르고 다른 측면을 "slaps"하는 크랭크 각이 TC이전으로 진각되므로 연소가 실린더 가스 압력을 크게 증가시키기 전에 발생한다.

크랭크 축을 실린더 축으로부터 주 스러스트 면을 향해 보어의 약 15 %만큼의 오프셋은 피스톤 횡력과 피스톤 마찰을 다소 줄일 수 있다. 이것은 일부 생산용 가솔린 엔진에서 수행된다. 또한, R(크랭크 비, $R = a/l$; 2.2절 참고)의 변화는 피스톤 횡력과 마찰을 변화시킨다. 피스톤 횡력이 일정 수준 이하일 경우 피스톤 어셈블리 마찰은 횡력에 의해 크게 영향을 받지 않는다는 점이 주목된다. 따라서 크랭크 비를 약 3.5 이하로 감소시키면 횡력이 증가하여 팽창 행정 마찰이 증가하지만 R을 3.5 이상으로 증가시키면 영향이 거의 없다. 크랭크 축 오프셋은 팽창 행정의 첫 번째 부분(약 30°~90° ATC) 동안 피스톤 fmep를 감소시킨다. 80 mm의 행정 길이에서 약 15 mm의 최적 크랭크 오프셋(0.1~0.15, 크랭크 오프셋: 크랭크로드 길이)은 피스톤 어셈블리 마찰의 10%를 감소시켰다. 이러한 감소는 감소된 피스톤 횡력뿐만 아니라 TC와 관련하여 부 스러스트 면에서 라이너의 주요 스러스트 면으로 피스톤 운동 시기가 변화하는 것에서 발생한다.[20]

피스톤 어셈블리 마찰과 오일 소비의 추가적인 요인은 실린더 보어 변형이다. 엔진 블록 및 실린더 헤드에 작용하는 기계적 힘, 가스 압력, 열 팽창으로 인해 실린더 라이너가 "out of round"될 수 있다. 엔진 조립 중에 발생하는 기계적 변형을 최소화하기 위해 다양한 블록 설계와 제조 방식이 사용된다. 의도된 링 기능과 거동에 대한 이전의 논의는 다중 실린더 엔진의 라이너가 크게 변형하면 마찰 및 오일 소비량이 증가한다는 것을 명백히 보여준다.

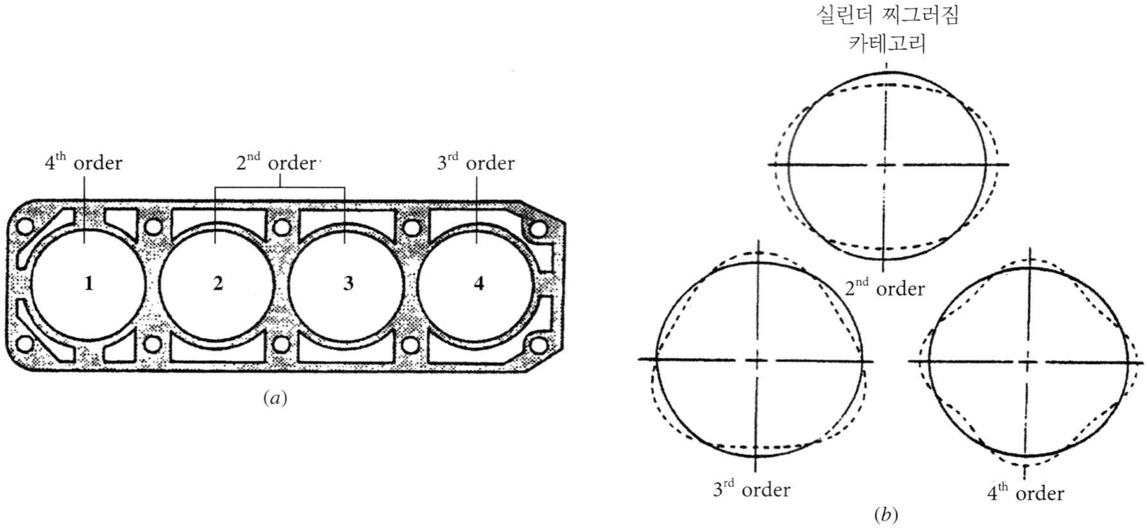

그림 13.22 2차, 3차, 4차 보어 찌그러짐과 이러한 찌그러짐에 영향을 받기 쉬운 블록 디자인 그림.[21]

그림 13.22는 어떻게 1차, 2차, 3차, 4차 순서로 실린더 변형이 분류되는지 보여준다. 그림 13.22*a*는 실린더 라이너가 다른 방법으로 고정되어 있는 가상 엔진 블록 레이아웃을 보여준다. 실린더 라이너 2번과 3번은 양쪽에 구속되어 있어 2차 변형이 일어나기 쉽다. 실린더 4번은 3개의 원주 위치에서 블록에 효과적으로 부착되고 3차 변형에 취약하다. 실린더 1번은 4개의 클램핑 포인트가 있어 4차 변형이 가능하다. 그림 13.22*b*는 보어 변형의 3가지 순서를 보여준다.[21]

최대 반경 보어 변형은 최대 ±30 μm까지 가능하고 피스톤 링은 유연하고 적절한 링 장력으로 라이너 변형을 어느 정도 준수 할 수 있도록 설계된다. 2차 변형은 진폭이 가장 크고 4차 변형은 상당히 작다는 것을 유의하라. 피스톤 링은 링 간격이 있기 때문에 변형된 보어에 대한 적합성은 원주상으로 균일하지 않다.

보어 변형 및 불완전한 링 적합성의 결과는 상단 링(배럴 모양의 외부 표면 포함)과 라이너 사이의 오일막 두께가 링 둘레에서 변한다는 것이다. 라이너의 길이를 따라 라이너의 변형이 발생할 수 있다. 링 적합성은 부하에 따라 달라질 것으로 예상된다(가스 압력이 높을수록 적합성이 높아짐). 상단 링과 라이너 사이의 유막 두께에 대한 제한적인 측정은 실질적으로 다를 수 있음을 보여준다(예: 피스톤이 720° 엔진 작동 사이클의 위치에 따라 1 mm 미만에서 10 mm, 심지어는 20 mm까지). 유막은 정상적인 거동(대부분을 덮지만 상단 링의 표면을 덮지는 않음)에서 “fully flooded”거동 또는 상당히 “starved”한 거동까지 다양할 수 있다.[22]

피스톤 어셈블리와 관련된 마찰력의 측정이 수행되었다. 가장 보편적인 기술은 실린더 라이너의 축 방향 힘이 하중 변환기로 직접 측정되는 특수 엔진을 사용하는 것이다. 피스톤 어셈블리 마찰은 실린더 압력 및 커넥팅로드 반력 변화에서도 확인할 수 있다(그림 13.1 참고). 그림 13.23은 터보차저가 달린 소형 가솔린 엔진의 작동 사이클에 걸쳐 측정된 마찰력(fmep)을 보여준다. 이 데이터는 저속 저부하 조건에서 측정된 것이다. 마찰력은 압축 행정이 끝날 때쯤 상사점 직전과 직후에 가장 높다. 점화 조건에서 팽창 행정 시작 시 높은 마찰력 값은 피스톤 slap impulse에 의해 발생되고,[21] 그 후 높은 실린더 가스 압력(15°~20° ATC

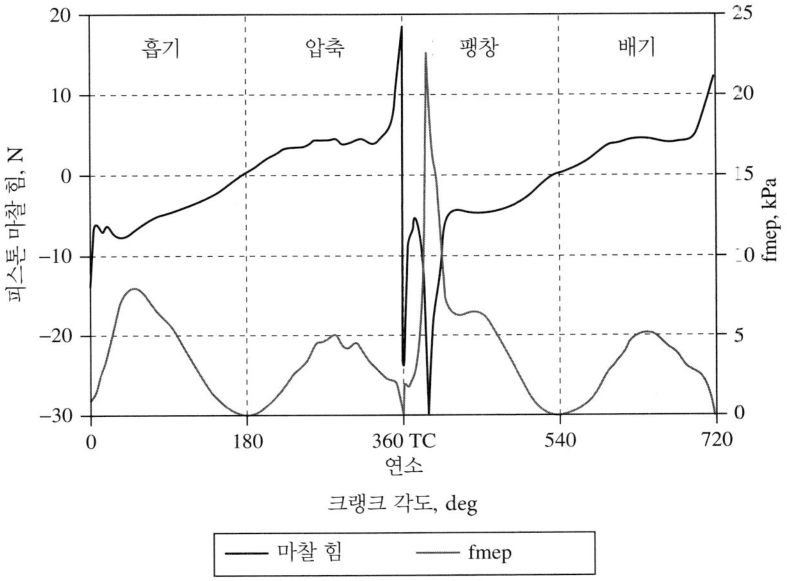

그림 13.23 가솔린 스파크 점화기관의 작동 사이클에서 피스톤 마찰 힘 변동과 그에 따른다. 가벼운 저 마찰 피스톤 설계: 400 kPa bmep, 2000 rev/min.[19]

에서 최고치)으로 인한 피스톤 스커트의 높은 스러스트 면 힘과 링에 작용하는 연소 가스 압력 하중에 의해 발생한다. 그림은 또한 피스톤 마찰 평균 유효 압력(사이클당 마찰일/행정 체적)을 나타낸다. fmep에 N/2(초당 사이클 수)를 곱하면 마찰 동력이 발생한다. 피스톤이 TC와 BC 위치에 놓이게 되면, 동력 손실(마찰을 극복하기 위한 일률)은 0이 된다. 더 높은 마찰력을 갖는 팽창 행정의 전반부는 다른 행정보다 더 많은 동력을 소비한다.[19]

13.6.4 크랭크 샤프트 마찰

크랭크 샤프트 마찰은 저널 베어링(커넥팅 로드 빅 엔드, 주 및 부속품 또는 균형 축) 및 관련된 실(seal)에서 발생한다. 유체윤활 하에서 작동하는 저널베어링의 개략도를 그림 13.24에 나타냈다. 윤활유 막에 의해 상대적으로 움직이는 두 표면이 완전히 분리되기 때문에, 정상적인 작동조건에서 에너지 손실이 적은 저널 베어링은 큰 하중을 전달할 수 있다. 피스톤/커넥팅 로드 메커니즘의 관성 부하가 실린더 가스 부하에 주로 기인하기 때문에, 크랭크 샤프트 저널 베어링의 부하는 크기와 방향에 따라 다양하다[식 (13.15) 참고]. 커넥팅 코드 빅-엔드 베어링에 대한 일반적인 하중과 그에 따른 저널 편심도는 그림 13.25와 같다. 저널 편심도로부터 최소 오일 막 두께를 결정할 수 있다. 저널과 베어링 표면 사이의 최소 분리 거리는 베어링의 설계 변수이다. 만약 막의 두께가 너무 얇으면 부식물이 오일 필름을 뚫고 들어가 마찰과 마모를 상당히 증가시킬 것이다. 저널베어링은 보통 약 2 μm의 최소 필름 두께를 만족하도록 설계되어 있다.

베어링 영역, 오일 점성 및 오일 내 평균 속도 구배를 통해 베어링의 마찰력 F_f는 대략 정해진다.

$$F_f \approx (\pi D_b L_b)\mu\left(\frac{\pi D_b N}{\bar{h}}\right) = \frac{\pi^2 \mu D_b^2 L_b N}{\bar{h}} \tag{13.11}$$

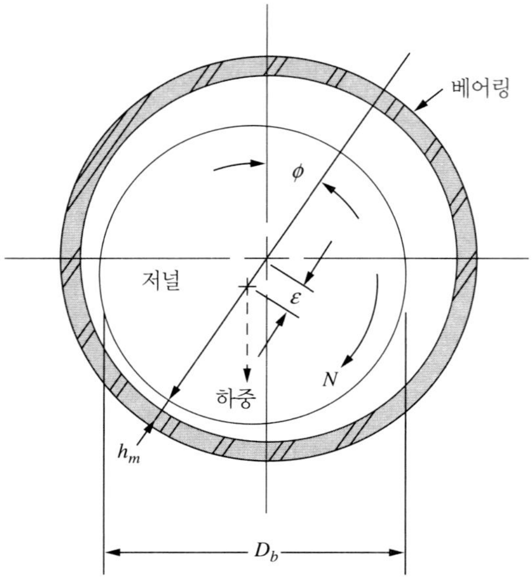

그림 13.24 유체역학적으로 윤활된 저널 베어링의 개략도.[3]

여기서 D_b와 L_b는 베어링의 직경과 길이, $\bar{h}$는 평균 반경 간극이며, N은 샤프트 회전속도이다. 유체역학적으로 윤활 된 베어링의 마찰에 대한 보다 정교한 분석은 다음과 같다.[20]

$$F_f = \frac{\pi^2 \mu D_b^2 L_b N}{(1-\varepsilon^2)^{1/2}\bar{h}} + \frac{\bar{h}\varepsilon W}{D_b}\sin\phi \tag{13.12}$$

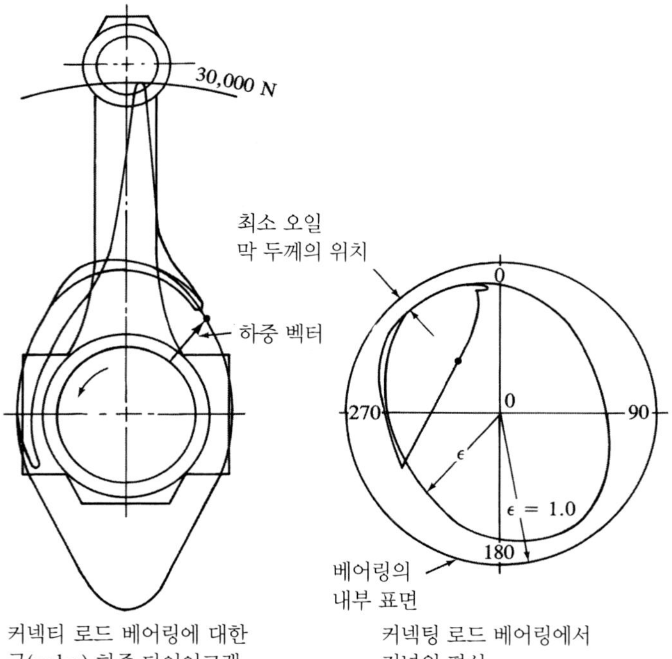

그림 13.25 일반적인 엔진 저널 베어링 하중과 편심 다이어그램.[3]

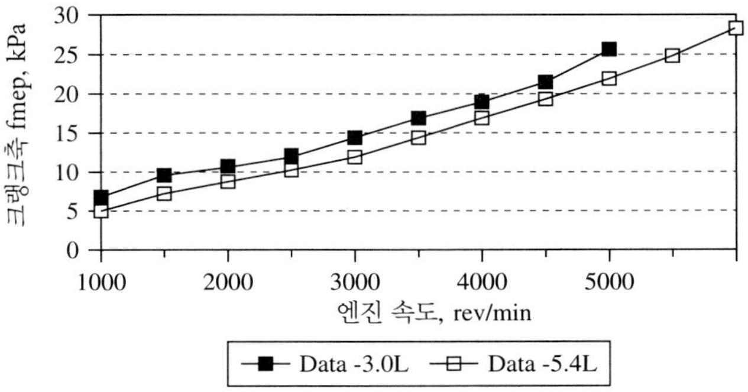

그림 13.26 3.0리터/V-6 및 5.4리터/V-8 자연흡기 가솔린 스파크 점화기관으로부터 얻은 크랭크축 마찰 평균 유효 압력 데이터(모터 구동 엔진 분해 시험으로부터).[8]

여기서 ε은 편심비 $(\bar{h} - h_m)/\bar{h}$이고, h_m은 최소 간극이다. 첫 번째 항은 식 (13.11)에 제시된 근사치와 밀접하게 일치한다. 인자 $1/(1-\varepsilon^2)^{1/2}$와 두 번째 항은 베어링 중심을 기준으로 저널 중심의 오프셋을 수정한다. W는 베어링의 하중, ϕ는 자세 각도(attitude angle)이다. 첫째, 유체역학적 윤활로 마찰력은 베어링 부하에 크게 의존하지 않는다. 만약 σ가 베어링의 단위 투영 면적당 하중 $[W/(L_b D_b)]$ 이라면, 마찰계수는 다음과 같이 주어진다.

$$f = \frac{F_f}{W} \approx \frac{\pi^2 \mu D_b^2 L_b N}{\sigma L_b D_b \bar{h}} = \frac{\pi^2 D_b}{\bar{h}} \frac{\mu N}{\sigma} \tag{13.13}$$

주어진 베어링 또는 일련의 기하학적으로 유사한 베어링의 경우 마찰계수는 $\mu N/\sigma$에 비례한다. 그러나, $\mu N/\sigma$가 작으면 실제 베어링의 유체역학적 압력은 샤프트 하중을 지지하지 못하고, 오일 필름이 불완전해진다. 혼합 윤활이 발생하면 마찰계수가 급격히 증가한다.

그림 13.26은 3리터 및 5.4리터 자연 흡기식 가솔린 엔진에 대한 크랭크 샤프트 마찰 측정을 나타낸 두 가지 예를 나타낸 것이다. 2개의 엔진은 엔진 속도가 증가함에 따라 꾸준히 상승하는 크랭크축의 마찰계수를 나타낸다. 전방 및 후방 주 베어링 실(seal)은 크랭크축 조립품 마찰에도 기여한다. 1500 rev/min에서 크랭크축에 의한 마찰의 약 20 %를 차지한다. Hoag[12]는 베어링 및 크랭크 샤프트 설계 요구 사항에 대한 유용한 요약을 제공했다.

13.6.5 밸브 트레인 마찰 _Valvetrain Friction

밸브트레인은 엔진의 전체 속도 범위에서 높은 부하를 전달한다. 낮은 속도의 밸브트레인에서 작용하는 하중은 주로 스프링 힘에 기인하는 반면, 높은 속도에서는 구성품의 질량 관성 힘이 지배한다. 밸브 트레인 설계는 구성 유형별로 분류할 수 있다. 그림 13.27에 일반적인 밸브 트레인 구성의 예가 나와 있다. 작고, 충분히 강하며, 가볍고, 밸브의 오프닝과 폐쇄 매커니즘을 적은 비용으로 제공하는 것이 목표다(밸브 공기유동과 배기 유동특성은 6.3절에서 논의하였다). 그림 13.27*a*는 오버헤드 캠 구동장치 배열을 나타내고, *b*에 있는 배치는 캠 구동식 푸시 로드 배열을 나타낸다. 후자는 대형 엔진을 위한 전통적인 밸브 트레인 설계로, 캠축은 엔진블록의 “vee”에 위치할 수 있다. 즉, 비용은 낮지만 질량은 높고 강성이 작다. 오버헤드 캠 시스템은 밸브에 더 직접적으로 작용하고, 더 가볍고, 더 작은 고속엔진에서 선호된다. 표시된 직접-작동 시스템은 가장 간단한 구성이지만, 캠로브는 전체 밸브 리프트가 제공되어야 하므로 더 큰 캠과 캠축이 필요하다. 중앙 및 측면-피봇 시스템은 캠 로브 높이보다 큰 밸브 리프트(약 1.2에서 1.5배까지)를 제공한다. 따라서 직접 작동 시스템은 엔진 높이를

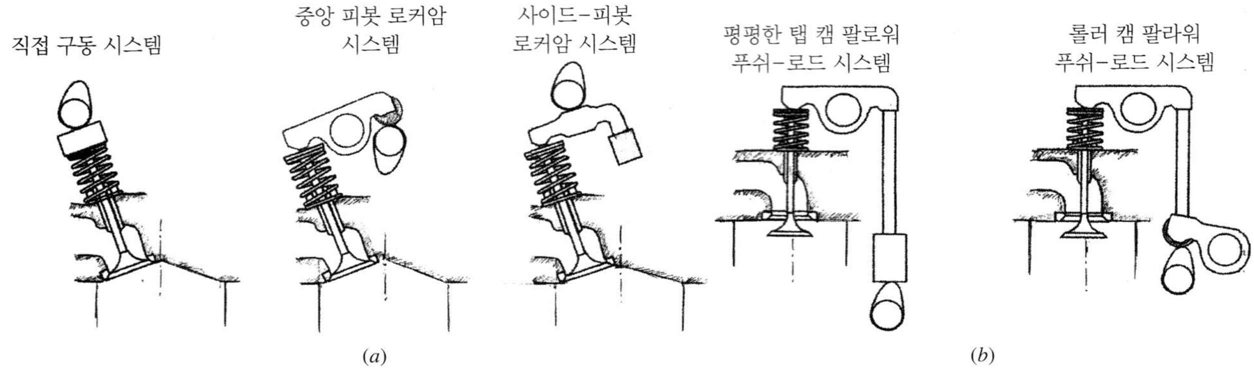

그림 13.27 다른 밸브 트레인 배열: (*a*) 오버헤드 캠 형상; (*b*) 푸쉬-로드 형상: 롤러 캠-팔로워 역시 그려져 있다.[12]

가장 많이 증가시킨다. 밸브 트레인 마찰은 캠축 저널베어링, 로커 암 지주(fulcrum) 및 캠/태핏 인터페이스와 같은 중요한 접촉 영역에 의해 분류할 수 있다. 캠과 슬라이딩 접촉 시 평평한 태핏은 대부분 유체윤활이 일어난다. 로커 암과 밸브 스템, 로커암 지주/피봇 사이의 접촉에서도 필름 윤활이 일어난다. 롤러 캠 팔로워(중앙 피봇과 롤러-팔로워 푸쉬 로드 그림에 보이는 것)를 사용하면 인터페이스에서 하중이 평평한 슬라이딩 태핏의 약 두 배가 된다. 롤러와 캠 표면 사이의 유체 윤활이 유지되는 경우, 롤러 팔로워(roller followers)를 사용하면 밸브 트레인 마찰을 크게 줄일 수 있다(특히 낮은 속도에서).[12]

밸브가 열리고 닫힐 때, 관성력(유효 질량 × 밸브 가속도)과 밸브 트레인 마찰력이 필요한 구동력을 결정한다. 엔진 작동 사이클을 통한 밸브 리프트, 속도 및 가속도 프로파일은 그림 13.28과 같다. 대표적인 배기 및 흡기 밸브 리프트 프로파일은 그림 왼쪽에 표시되어 있다. 밸브 속도 프로파일 L_v'는 시간에 대한 밸브 리프트의 미분을 통해 얻어진다. 두 번째 미분은 밸브 가속도 L_v''를 산출한다. 밸브가 시트에 가까이 올라오면, 충격으로부터 정지상태까지 가속을 최소화하기 위해 속도가 천천히 증가(또는 감소)한다. 그 후, 속도가 빠르게 증가하여 큰 밸브 개방 영역에 빠르게 도달한다. 최대 상승 시 밸브가 정지하고, 과정이 역전된다. 밸브가 최대 리프트의 약 절반에 도달하고 밸브 속도가 빠르게 증가할 때, 최대 가속도가 발생한다.

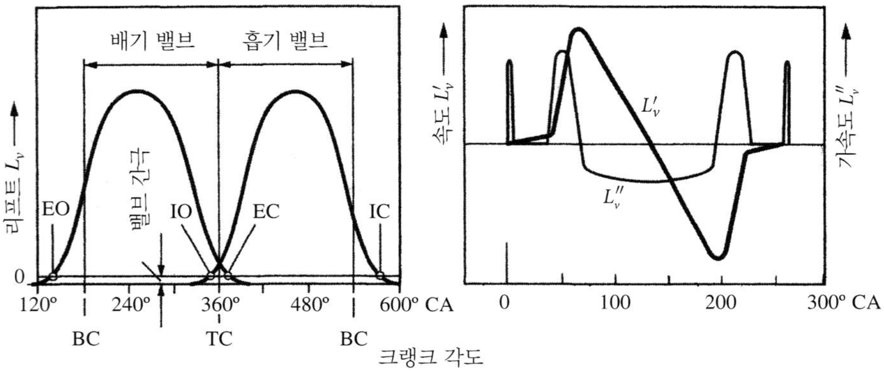

그림 13.28 좌측: 크랭크 각도에 따른 배기 및 흡기 밸브 리프트 L_v 프로파일; 개방 및 닫힘 (EO, IO, EC, 그리고 IC)은 밸브트레인 시스템에서 slack과 동등한 적절한 리프트에서 정의된다. 우측 그림은 밸브 개방 기간 동안 밸브 속도 L_v'와 가속도 L_v''를 나타낸다.

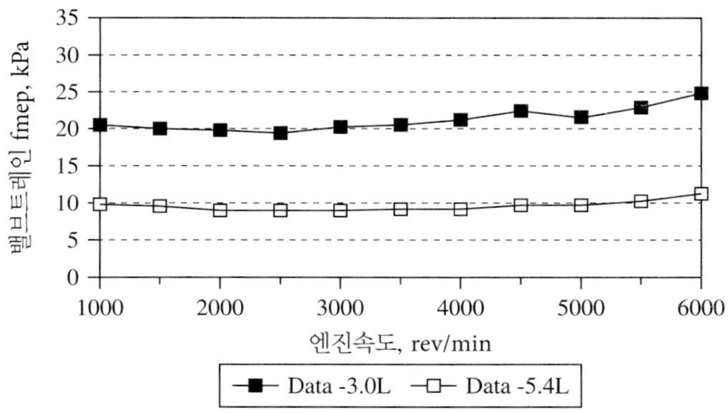

그림 13.29 두 대의 자연 흡기 가솔린 엔진의 밸브트레인 마찰 평균 유효 압력(모터 구동 엔진의 분해 시험): 3.0리터(4밸브) V-6와 5.4리터(2밸브) V-8.[8]

이 시스템들 간의 마찰 차이는 정량화하기 어렵다. 일반적으로 밸브 트레인 마찰 측정은 중간 및 높은 엔진속도에서 특히 상당한 변화를 보여준다.

그림 13.29는 자연흡기 가솔린 엔진에 대한 밸브 트레인 마찰 평균 유효 압력의 두 가지 예를 보여 준다. 5.4L V-8 엔진은 실린더당 2개의 밸브, 단일 오버헤드 캠, 직접 작동 밸브 메커니즘을 가지고 있다. 3.0 L V-6 엔진은 실린더당 밸브가 4개이며, 롤러 핑거 팔로워가 장착된 이중 오버헤드 캠이다. fmep 값은 상당히 다르다. 구형 엔진은 저속에서 경계마찰이 발생하고 속도가 증가함에 따라 경계마찰 주기가 감소하는 것으로 여겨지고 엔진 속도가 증가함에 따라 밸브트레인의 fmep가 감소하는 것으로 나타났다. 밸브 트레인 마찰의 현저한 감소가 실현되었고, 밸브트레인 fmep는 이제 속도와는 거의 무관하다. 경계마찰 발생량이 상당히 감소하였다.[8]

효과적인 밸브 트레인 마찰감소방법은 (1) 스프링 부하 및 밸브질량 감소 (2) 태핏 롤러 캠 팔로워 사용 (3) 로커 암 지주 니들 베어링 사용 등이다. 낮은 마찰 밸브 트레인 설계에 대한 연구는 롤러 캠 팔로어가 가장 큰 이점을 제공한다는 것을 보여준다. 즉, 밸브 트레인 마찰의 주문 50%를 줄일 수 있다. 밸브, 스프링 및 태핏 질량을 감소시키면 벌브 트레인 마찰도 감소한다. 예를 들어, 2000 rpm 이상의 속도에서 밸브트레인 마찰 토크가 30% 감소한다.[23]

13.7 펌핑 마찰 _*Pumping Friction*

흡기 과정 중 엔진에 공기를 주입하고 배기 과정 중 연소된 가스를 배출하려면(4-행정 엔진 사이클에서), 실린더 내 가스와 피스톤 간의 일 전달이 필요하다. 실린더 헤드의 외부, 흡기 및 배기 시스템, 즉 공기 필터, 덕트, 스로틀, 흡기 매니폴드, 배기 매니폴드 및 테일 파이프, 촉매변환기 및 머플러의 몇 가지 제한적인 유동은 압력강하를 유발한다. 마찬가지로 흡입구, 배기포트 및 밸브의 압력손실도 중요하다. 스파크 점화기관에서 부하가 감소하면 스로틀을 부분적으로 닫아 유동을 더 제한하며 공기의 유동이 감소한다. 스로틀링일의 증가는 유동일의 감소보다 더 빠르다. 일정한 부하에서 엔진 속도가 증가함에 따라 스로틀링일과 유동일이 모두 증가한다.

위의 요약은 자연흡기 엔진 및 터보차저가 장착된 엔진, 가솔린 및 디젤 엔진(디젤 엔진은 스로틀을 사용하지 않음) 모두에 적용된다. 그러나 터보차저가 포함되던 중간 이상의 부하에서 흡기 및 배기 압력이 크게 변화한다. 13.2절에서 펌프일이 자연흡기 및 터보차저 엔진에서 정의되는 다양한 방법을 설명하였다. 이러한 차이점의 주된 이유는 자연흡기 엔진에서 펌프일은 항상 음수(일 손실)이므로 엔진 마찰 구성요소로 간주되기 때문이다. 고출력 터보차저 엔진에서는 펌핑일이 양수이며, 엔진 출력에 추가된다. 그리고 엔진 마찰 구성요소로 계산하지 않는다. 그러나 저부하에서 터보차저의 영향이 적으면 펌핑일은 손실이 된다. 따라서 펌핑일을 음 또는 양으로 평가할 때, 초기 유동 저항, 엔진의 스로틀링 정도, 터보차저를 통한 엔진 부스트 등에 대한 3가지 요인을 고려해야 한다. 펌핑일에 대한 고전적인 정의와 펌핑 평균 유효 압력은 2.5절(그림 2.6)과 5.3절[식 (5.22), (5.23)]에 나와 있다. 팽창과 배기 과정에 대한 $\int pdV$를 간단히 말하면,

$$\text{pmep} = \frac{W_p}{V_d} = \bar{p}_e - \bar{p}_i \tag{13.14}$$

여기서 $\bar{p}_e$는 배기 과정 동안 평균 실린더 내 압력이고, $\bar{p}_i$는 흡기 과정 중 평균 실린더 내 압력이다. 자연흡기엔진에서 $\bar{p}_i$는 $\bar{p}_e$보다 작으며 W_p와 pmep는 음이 된다. $\bar{p}_i$가 $\bar{p}_e$보다 클 때, 펌프일이 양이 된다. 자연흡기 가솔린 엔진의 경우, 제동 mep가 2 bar 일 때, $\bar{p}_e - \bar{p}_i$는 0.6 bar가 될 수 있다. 고부하 및 저속에서, $\bar{p}_e - \bar{p}_i$는 0.2-0.3bar, bmep는 10 bar가 된다. 고부하 상태의 터보차저 엔진에서, bmep가 20bar가 되는 것과 함께 $\bar{p}_e - \bar{p}_i$는 최대 1 bar에 이를 수 있다. 터보차저 디젤 엔진이 가속 조건일 경우, $\bar{p}_i$는 보통 SI 엔진보다 높지만, 디젤 배기 가스 온도 및 에너지가 낮기 때문에 $\bar{p}_e$도 높다.

펌핑손실은 실린더 헤드 밸브 구조, 엔진질량유량 및 엔진 속도와 같은 변수를 사용한 다양한 연구에서 서로 관련되어 있다. 아래의 펌핑 mep 식은 자연 흡기 가솔린 엔진의 전체 마찰 모델에서 비롯되고, 각 엔진은 기본 스케일링 법칙과 경험데이터에 기초해 각 마찰 구성요소에 대한 하위 모델을 결합한다.[8]

$$\text{pmep (kPa)} = (p_a - p_i) + 3.0\times10^{-3}\left(\frac{p_i}{p_a}\right)^2\left(\frac{\bar{S}_p^2}{n_v^2 r_i^4}\right)$$

$$+\,0.178\left(\bar{S}_p^2\,\frac{p_i}{p_a}\right) + 3.0\times10^{-3}\left(\frac{p_i}{p_a}\right)^2\left(\frac{\bar{S}_p^2}{n_v^2 r_e^4}\right) \tag{13.15}$$

여기서, p_a는 대기압, p_i는 흡기 매니폴드 압력, $\bar{S}_p$는 평균피스톤속도(m/s), n_v는 실린더당 밸브의 수, r_i는 흡기 밸브의 직경/보어이며, 모든 압력은 kPa 단위이다. 첫 번째 항은 흡기시스템 압력 손실(스로틀링 포함), 두 번째 항은 흡기 포트 및 밸브 손실, 세 번째 항은 배기 시스템 손실, 네 번째 항은 배기 밸브 및 포트 손실을 나타낸다.[8]

그림 13.30은 엔진 속도와 부하의 함수로 자연 흡기식 6.4 L V-10 가솔린 엔진에 대한 펌핑 mep와 모델[식 (13.15)]의 결과를 보여준다. 일반적인 저부하 엔진 작동(MAP = 0.5 bar, 50 kPa)에서 pemp는 약 0.5 bar이며 엔진 속도에 따라 다소 달라진다. 높은 MAP 값(0.8 bar 이상)에서도 pemp는 무시할 수 없으며, 엔진 속도가 증가함에 따라 크게 증가한다.

가변밸브제어의 등장으로 인해, 펌핑 및 도시일에 대한 수정된 접근방식이 도입되었다. 위에서 논의된 고전적 접근법은 팽창 및 압축 행정 중에 발생하는 밸브 구동 영향을 무시한다. 가변 밸브 타이밍을 사용하면 밸브 작동이 엔진 작동 주기의 4-행정 모두에 중요한 영향을 줄 수 있다. 결과적으로 순 도시 성능의 변화는 에너지 전환 효율 효과와 펌프일의 변화로 쉽게 분리 될 수 없다. 다음의 접근법은 펌핑 mep와 총 도시 mep 고전적인 정의를 조정하여 가스교환과정과 관련된 일을 보다 완벽하게 계산한다.[24]

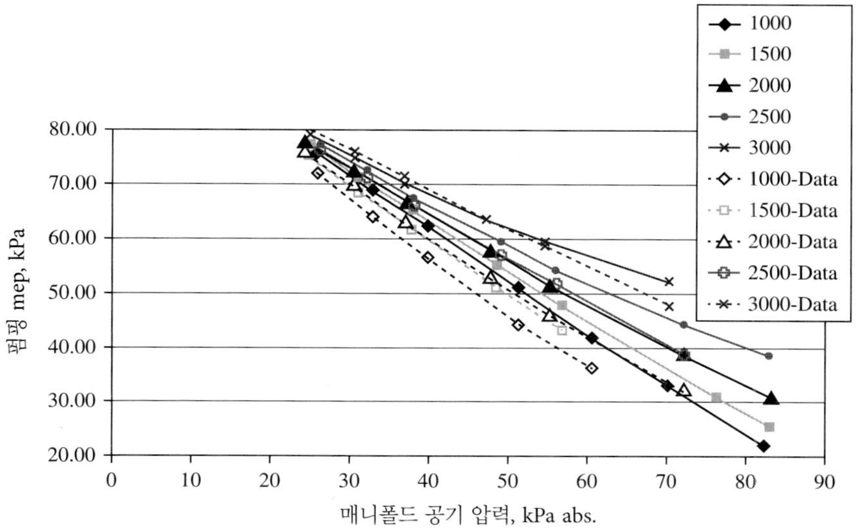

그림 13.30 (절대) 매니폴드 공기 압력(MAP)의 함수로써 펌핑 평균 유효 압력(pmep): 엔진 속도 1000~3000 rev/min. 6.4리터, V-10 NA 가솔린 엔진. 데이터개방 심볼 및 점선; 모델 결과, 식 (13.15) – 채워진 심볼과 실선.[8]

밸브타이밍이 고정된 엔진의 경우, 배기 밸브 개방 각(EVO)은 고속 펌핑일과 저속 팽창일이 반비례 관계이다.[25] 따라서 *p-V* 선도(그림 13.31*a*, 우측 상단)에 표시된 것처럼 저속에서의 팽창 행정일 손실이 발생한다. 팽창일 손실량은 그림과 같이 pV^n = constant 관계를 사용하여 EVO 전에 팽창행정을 외삽하고 해당 외삽과 측정된 실린더 압력 사이의 영역을 적분하여 계산할 수 있다.

고정된 흡기 캠 타이밍으로 흡기 밸브는 일반적으로 압축 행정의 약 50° ABC에서 닫힌

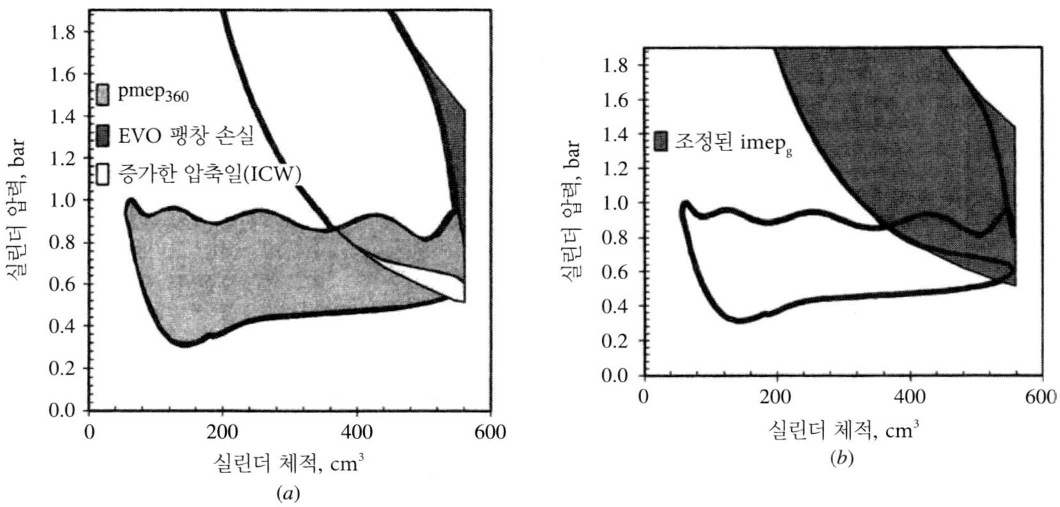

그림 13.31 EVO에서 압축행정까지 실린더 압력 대 실린더 체적 다이어그램: (*a*) 어두운 부분은 조정된 펌핑일로 정의되는 가스 교환 일을 나타낸다; (*b*) 어두운 영역은 밸브 타이밍 효과에 대해 조정된 사이클당 총 도시 일 (2.5절). 2.6 bar bmep, 1500 rev/min에서의 엔진 데이터.[24]

다. 따라서 그림 13.27*a*에서도 볼 수 있듯이, 실제의 실린더 내 가스 압력이 IVC에서 BC까지 외삽된 pV^n = constant에서 압축 행정 선보다 높기 때문에 압축 행정일은 약간 더 높다.

$$\text{imep(g)}_{\text{adj}} = \text{imep(g)} + \text{ICW} + \text{EVO}_{\text{exp loss}} \tag{13.16}$$

$$\text{pmep}_{\text{adj}} = \text{pmep}_{360} + \text{ICW} + \text{EVO}_{\text{exp loss}} \tag{13.17}$$

그러므로 순 imep(720° 완전 사이클 $\int pdV$)는 다음과 같다.

$$\text{imep(n)} = \text{imep(g)}_{\text{adj}} - \text{pmep}_{\text{adj}} \tag{13.18}$$

이는 고전접근식과 동등한 관계다.

$$\text{imep(n)} = \text{imep(g)} - \text{pmep}_{360} \tag{13.19}$$

총(gross) 및 순(net) imep 정의는 사이클당 총 및 순 도시일에 기초하는 표준 정의이다(2.5절). ICW는 *압축일 증가*, $\text{EVO}_{\text{exp loss}}$는 초기 배기 밸브 개방(둘 다 V_d로 나눔으로써 mep로 변환됨)으로 인한 팽창일 손실이고, pmep_{360}은 표준 배기+흡기 행정(360°) 펌핑일의 정의다.

식 (13.18)과 (13.19)는 순(net) imep에 대해 동일한 값을 제공한다. 그러나 여기에 요약된 imep와 pmep의 조정과 함께, 엔진의 고유한 에너지 변환 효과를 결정하는 가스 교환 과정일/손실, 실린더 내 연료 화학 에너지와 가스 압력 에너지가 피스톤 시퀀스로 이송되는 데 미치는 영향이 완벽하게 분리되었다.

그림 13.32는 자연 흡기 표준 가솔린 엔진에서 부하 변화에 따른 mep와 펌핑 mep를 보여주며, 1500 rpm의 imep와 bmep에서 이 조정된 pmep 접근법의 역할(그리고 기계 마찰 mep의 역할)을 나타낸다. 그림 13.32*a*는 조정된 pmep가 어떻게 엔진의 imep(g)를 감소시키는 지를 보여주며, 특히 저부하에서의 상대적인 특징을 보여준다. 그 후, 높은 실린더 압력으로 인한 높은 구성요소 힘으로 인해 부하에 따라 증가하고 (유용한) bmep에 대한 imep(n)을 감소시키는 기계적 마찰 mep의 추가 영향을 보여준다. 그림 13.32*b*는 부하가 증가함에 따라 조정된 pemp가 pemp_{360} 보다 얼마나 지속적으로 높은지 보여준다. (이 자연흡기 엔진

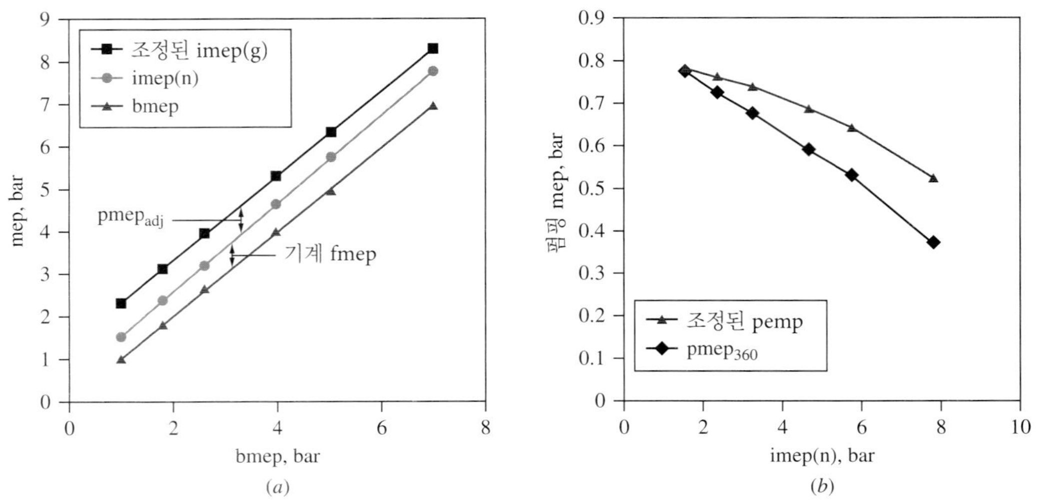

그림 13.32 (*a*) 1500 rev/min에서 bmep 스윕(sweep)에 따른 평균 유효 압력 파라미터; (*b*) bmep 스윕(sweep)에 대한 펌핑일 mep의 비교, 1500 rev/min에서 imep(n)에 대해 그려짐.[24]

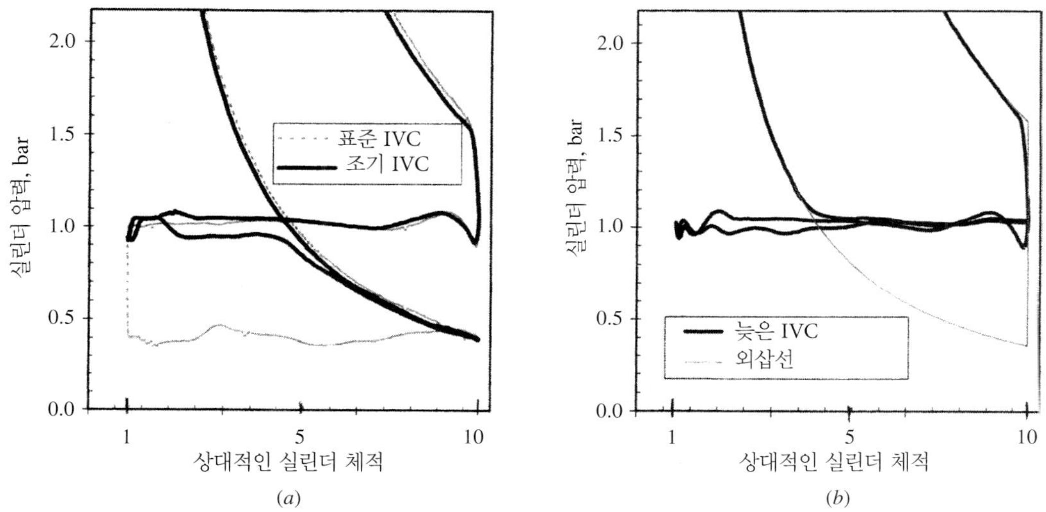

그림 13.33 EVO에서 압축행정까지 실린더 압력 대 실린더 체적 다이아그램: (*a*) 표준 IVC와 조기 흡기 밸브 닫힘(IVC)의 비교; (*b*) BC까지 외삽된 압축선을 포함한 늦은 IVC 조건. 2.6 bar bmep, 1500 rev/min에서의 엔진 데이터.[24]

의) 고부하에서 실제 펌핑 평균 유효 압력은 저속에서도 중요하다.[24]

가변 밸브 제어(6.3.3절 참고)를 통해 펌핑일을 줄일 수 있다. 이것은 특히 더 낮은 부하와 더 낮은 속도에서 중요하다. 자동차에 적용할 때 엔진 조건도 중요하다. 이러한 조건에서 목적은 $\bar{p}_i$를 증가시키고 이에 따라 펌핑 mep ($\bar{p}_e - \bar{p}_i$)를 줄이는 것이다. 준 평형 조건의 IVC에서,

$$p_{IVC}V_{IVC} = mRT_{IVC} \tag{13.20}$$

이다.

필요한 토크를 생성하기 위해서는 공기와 연료의 특정 질량이 필요하다. 따라서 m은 본질적으로 일정하고[b], R과 T_{IVC}(캘빈, K)도 마찬가지다. 따라서 식 (13.20)은 실린더 부피가 작을 때, 흡기 밸브를 닫는 데 더 높은 흡기 매니폴드 압력이 필요함을 나타낸다.

펌핑일의 감소가능성은 그림 13.33에 나타나있다. 식 (13.20)에서 *흡입* 행정 동안 IV부분을 닫거나 압축 행정에서 나중에 닫으면 감소된 V_{IVC}를 얻을 수 있다. 이 두 가지 전략은 각각 그림 13.33*a*와 *b*와 같이 *p-V* 선도에 나타나있다. 엔진 테스트는 광범위한 밸브 제어 유연성을 제공하기 위해 캠리스(camless) 밸브 트레인–전자 밸브 액츄에이션(electrical valve actuation, EVA) 메커니즘을 사용했다. (흡기 행정 중) 초기 밸브 닫힘은 흡입 행정 후 재 압축에 따른 가스 팽창을 통해 압축 행정일을 감소시킨다. 고정 밸브 타이밍 엔진 펌핑일은 크게 줄어든다. 늦은 IVC에서 압축 행정을 절반 이상 통과하면 압축 행정일이 증가하지만, 펌핑일은 기본적으로 제거된다.[24]

일부 생산 가솔린 엔진에 사용되는 펌핑을 줄이는 다른 방법은 연소하는 실린더의 수를 줄이는 것이다. 예를 들어 V-8엔진은 4개의 실린더만 점화하며, V-6는 3개 또는 2개의 실린더만 점화하는 것이다. 이것은 부분 부하 연료소비 개선 전략이다. 연소하는 실린더의 수를 줄이면 엔진은 여전히 필요한 토크를 전해주기 위하여, 각 연소 실린더는 더 높은 bmep로 작동해야한다(실린더 연소를 절반으로 줄이면, bmep는 대략 2배가 됨). 따라서 연소 실린더는

[b] 이는 감소된 펌핑일로부터 얻어지는 효율 이득의 2차(second-order) 효과를 무시한다.

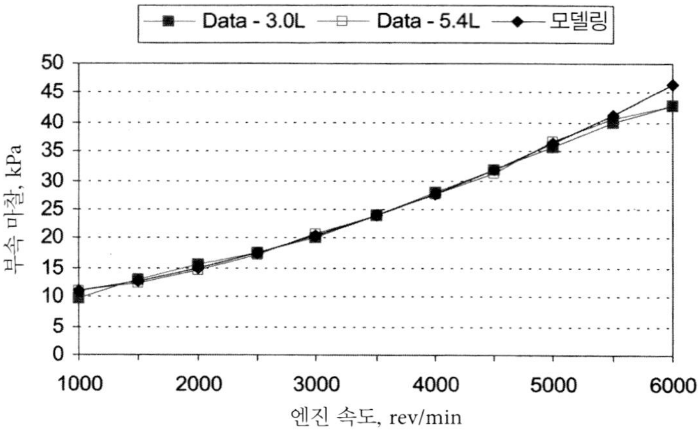

그림 13.34 3.0 리터, V-6 및 5.4 리터, V-8 자연 흡기 가솔린 엔진에서 엔진 속도에 대한 부속 마찰 평균 유효 압력 (모터 구동 엔진 분해 데이터). 모델은 식 (13.21)이다.[8]

상당히 높은 흡기 매니폴드 압력에서 작동하고, 펌프일은 bsfc와 함께 감소한다. 모든 실린더의 기계적 및 부속 마찰은 실린더의 절반이 점화되는 경우에도 도시일의 일부로 오프셋 되어야 한다. 실린더 비 활성화는 점화되지 않는 실린더의 밸브 구동 메커니즘을 분리함으로써 구현된다. 이러한 실린더에서 갇힌 가스의 질량은 사이클을 거듭하여 압축되고 팽창한다.[26]

마지막으로, 터보 과급의 이점 중 하나는 펌핑일이 감소하는 것이다(*그리고* 주어진 엔진 배기량에서 출력의 증가로 엔진의 크기를 줄일 수 있는 것). 자동차 적용에서 전형적인 차량 주행은 해당 엔진의 최대 토크/bmep의 약 1/4인 토크(또는 bmep) 레벨에 집중된다. 터보 과급은 최대 bmep를 약 50~100% 증가시킨다. 따라서 이 일반적인 부분 하중 bmep는 자연 흡기 엔진의 2~3 bar에서 5 bar 이상으로 증가한다. 펌핑 mep는 그에 상응하여 감소한다.

펌핑일에 대한 위의 논의는 엔진 마찰의 영향을 줄이는 데 사용할 수 있는 두 가지를 강조한다: (1) 엔진 마찰 구성요소의 *절대 크기* 감소와 (2) 마찰의 *상대적 중요성* 감소. 후자의 경우 엔진의 터보 과급이 단위 엔진 배기량 당 출력을 증가시킬 뿐만 아니라, 엔진의 기계적 효율 η_m[식 (2.24)]를 개선하여 엔진 마찰의 상대적 중요성을 정량화하는 주요 원인이다.

13.8 부속품 동력 소요 _A ccessory Power Requirements

냉각수/물 펌프, 오일펌프, 연료 펌프는 내장된 부속품으로 엔진 작동에 필수적이며, 일반적으로 엔진의 일부로 간주된다. 완전히 장착된 엔진은 일반적으로 팬과 발전기와 같은 추가 부속품을 포함한다. 자동차에서 종종 동력 조향 펌프, 에어컨 심지어 배기 가스 조절을 위한 공기 펌프까지 포함한다. 이러한 부속품 중 일부는 엔진 크랭크축에서 구동되지만, 엔진 속도에 따른 스케일링(scaling)으로부터 성능을 분리하기 위해 전기적으로 구동시킬 수 있다. 마찰벨트구동[예: 골이 파인 V-벨트와 텐션 풀리가 있는 서펀틴(serpentine) 구동]은 캠축, 물 펌프, 교류 발전기, 동력 조향 펌프 및 에어컨 컴프레서를 구동하는 데 일반적으로 사용된다. 체인 드라이브는 디젤 엔진의 캠축, 오일펌프 및 연료 펌프를 구동하는 데 사용될 수 있으며, 이러한 중요한 부속품은 강력하고 유지보수가 필요 없는 작동을 제공하기 때문에 연료 펌프의 필요 전력이 중요하다.[27]

추가 팬, 발전기 및 파워스티어링 펌프의 요구 전원은 일반적으로 "부속 마찰(accessory

friction)"에 포함되지 않는다. 이 중 팬의 요구사항이 가장 크고, 직접 구동과 함께 속도의 세제곱에 따라 증가한다. 점성이 있는 드라이브와 같은 다른 커플링은 높은 엔진속도에서 팬 속도와 힘을 상당히 감소시킨다. 파워 스티어링 펌프는 간헐적으로 고압을 공급할 때만 필요하다. 유압식 파워 보조 시스템의 경우 유체 펌프 손실만 엔진에 대해 충전된다. 전력 보조 조향시스템도 사용된다. 이 조향시스템은 전기 시스템에 의해 구동되는 전기 모터에 의해 구동된다.[13]

완전히 장착된 엔진에서 공급되는 동력(순 동력 net power)은 부속품들의 동력 소요로 인해 기본 엔진에서 공급되는 동력보다 낮다. 물 펌프, 교류 발전기, 오일 펌프 및 연료 펌프(diesel)의 구동과 관련된 마찰 평균 유효 압력은 총 엔진 마찰의 약 20%까지 차지한다. 물 펌프 fmep는 일반적으로 1500 rpm에서 약 7 kPa 미만이다. 이 속도에서 오일 펌프는 4~10 kPa이며, 교류발전기는 7~10 kPa이 필요하다. 이 수치는 부품의 설계 세부사항에 따라 크게 달라진다. 발전기 전력은 필요한 전기 부하 및 발전기 송풍기 설계에 따라 달라진다. 평균 발전기 전력은 최대 전력의 약 2/3이다.

미국 자동차의 대다수는 에어컨이 기본사양이다. 공기조화 압축기에는 추가 동력이 필요하다. 또한, 압축된 냉매는 두 번째 라디에이터에서 응축되기 때문에, 결합된 라디에이터 시스템을 통한 추가 공기를 흡입하기 위해 큰 팬이 필요하다. 엔진 배기 포트로 공기를 펌핑하는 공기 펌프는 SI 엔진 배기 가스 제어시스템의 일부일 수 있다(11.6절 참고). 그 다음 그것들의 필요 동력을 부속 마찰 소요(정상 엔진 속도에서 ~1 kW)에 추가해야한다.

3.0 L 및 5.4 L 자연흡기 가솔린 엔진에 대한 속도의 함수로서 부속 마찰 mep는 그림 13.34에 나와 있다. 아래 식 (13.21)에서 모터구동엔진 데이터와 예측 모두 표시되며 잘 일치한다.

$$\text{afmep (kPa)} = 8.3 + 1.86\left(\frac{N}{1000}\right) + 0.75\left(\frac{N}{1000}\right)^2 \tag{13.21}$$

여기서 N은 엔진 속도(rpm)이다. 여기서 부속 마찰 mep는 물 펌프, 오일펌프 및 (unloaded) 교류 발전기를 포함한다. 디젤 연료의 경우 연료펌프 구동 요건이 중요해진다. 부속드라이브 요구사항이 시간이 지남에 따라 감소하고 있다는 것을 유의해야한다.[8]

13.9 엔진 마찰 모델링 _*Engine Friction Modeling*

이 장에서 분명히 밝혔듯이, 엔진 마찰은 각 마찰 구성요소에서 중요하고 실질적인 상이한 세부사항을 가진 다중구성요소 프로세스이다. 이러한 구성요소에 대한 상세 모델과 이러한 구성요소를 결합한 모델은 이미 개발되었으며, 지금도 계속 개발되고 있다. 도시 엔진 성능과 효율에서 제동값으로 변환하려면 통합 마찰 모델이 필요하다. 이러한 구성요소는 널리 사용되는 엔진 작동 사이클 시뮬레이션에서 필요한 구성요소로 유동, 연소 및 열 전달 모델이 기본적으로 *도시* 엔진 작동을 예측한다. 상세 구성요소모델(예: 피스톤 링 팩)은 임계 마찰 및 윤활 현상에 대한 이해를 발전시키고 개선을 위한 근본적인 관점에서 식별한다. 엔진 마찰이 지속적으로 감소하고 있으므로, 일반적으로 측정된 데이터에 대한 보정이 필요한 마찰 모델을 주기적으로 업데이트해야 한다.

통합 모델은 보통 모터구동엔진 분해 시험에서 얻어진 엔진 구성요소 마찰데이터에 기초한다. 각각의 주요 마찰구성요소(피스톤 어셈블리, 크랭크축, 밸브트레인, 엔진 부속품, 펌핑일)의 모델은 유체역학 및 혼합(경계 및 유체 모드의 결합) 윤활에 대한 스케일링 법칙 및 난류 확산에 기초한 용어를 사용하여 하위 구성요소 수준에서 개발된다(예를 들어, Sandoval과 Heywood[8]에 의해 확장 및 업데이트 된 Patton 등[28]의 이론). 그러한 스케일링 법칙은 엔진 분해 시험 데이터에 대해 보정된다. 따라서 총 마찰 평균 유효 압력은 다음과 같이 주어진다.

$$\text{tfmep} = \sum_i (\text{component fmep})_i \tag{13.22}$$

여기서 각 구성요소 fmep 항은 유체 및 혼합 윤활 항과 함께 하위구성요소 항의 합이다. 이러한 구성요소 모델에는 다음과 같은 변수가 포함된다. 윤활유 점성(및 오일 온도에 따른 스케일링); 실린더 보어, 행정, 압축비, 실린더 수, 실린더당 밸브 수, 밸브 리프트, 밸브 직경, 엔진 속도, 평균 피스톤 속도, 링의 장력, 흡기 및 배기 매니폴드 압력, 밸브 트레인 상수, 물론 여러 개의 교정 상수가 필요하다.[c]

중요한 문제는 오일, 냉각수 및 라이너 온도가 엔진 기계 마찰에 미치는 영향이다. 트라이볼로지 (마찰, 마모, 윤활 관련 학문) 문헌은 유체 마찰조건에서 오일 점도 스케일링이 다음과 같은 형태를 가져야 함을 보여준다.[29]

$$\mu_{\text{scaling}} = \sqrt{\frac{\mu(T)}{\mu_0(T_0)}} \tag{13.23}$$

$\mu(T)$는 마찰 예측이 이루어지는 엔진의 오일 점도이고, $\mu_0\,(T_0)$는 모델을 보정하기 위한 데이터를 제공한 엔진에 사용되는 오일의 기준 점도이다. 여러가지 다른 오일 등급에 대한 점도 값은 아래 식 (13.25)와 표 13.3(13.11절 참고)에서 구할 수 있다. 오일의 밀도는 본질적으로 일정하므로 동적 점성 μ는 동점성 계수 ν에 따라 스케일링된다고 가정한다. 따라서,

$$\mu_{\text{scaling}} = \sqrt{\frac{\nu(T)}{\nu_0(T_0)}} \tag{13.24}$$

여기서 ν_0는 기준 온도 T_0에서의 동점성계수이다.

오일(cSt 단위)의 낮은 전단율 점성 ν_0는 Vogel 방정식을 이용한 온도와 관련이 있다.

$$\nu_0 = k\exp\left(\frac{\theta_1}{\theta_2 + T}\right) \tag{13.25}$$

k(단위; cSt)는 오일의 경우 θ_1및 θ_2(°C)와 같이 상관 상수 이며, T는 오일의 온도(°C)이다. 낮은 전단 점도[식 (13.25)]는 대부분의 윤활 엔진 구성요소가 멀티 등급 오일이 "shear thinning"을 나타내고 높은 점단영역에서 작동하기 때문에 μ_∞ / μ_0비를 곱하여 높은 전단율 점도로 변환한다(13.11절 및 표 13.3 참고). 식 (13.23), (13.24), (13.25)를 사용하여 윤활유 온도가 기계 마찰에 미치는 영향을 모델링 할 수 있다.[8]

그림 13.35*a*는 5.4L 자연흡기 가솔린 엔진의 2000 rpm에서 15 W-40 오일용 기계 마찰 구성 요소에 대한 오일 온도(냉각수 온도에 스케일되는 것으로 가정)의 영향을 보여준다. 오일 온도의 실질적인 효과: 20°C에서 막 시동 걸린 엔진의 마찰은 90~100°C의 냉각수 온도에서 예열된 엔진의 두 배이다(그림 13.16과 관련 본문 참고).

그림 13.35*b*는 Patton, Sandoval 및 Heywood 통합 마찰 모델과 모터가 있는 조건에서 총 엔진 마찰을 비교한 것이다. 운동 마찰의 크기와 엔진 속도에 대한 의존도가 정확하게 모

---

[c] 가솔린 엔진에서 연료 펌프는 전기적으로 구동되고, 동력 소요는 작다; 연료 압력을 약 800 bar까지 높여야 하는 디젤 연료 펌프는 포함되어야 한다.[27]

델링되었다. 이 장의 앞선 그림들(그림 13.30, 13.34)은 이 모델의 펌핑 및 부속 마찰구성요소의 결과를 측정된 데이터와 비교하였다.[8]

13.10 오일 소비 _Oil Consumption

엔진의 윤활시스템과 그 기능은 13.6.2절에 요약되어 있다. 여기서 엔진오일 소비, 작동 비용

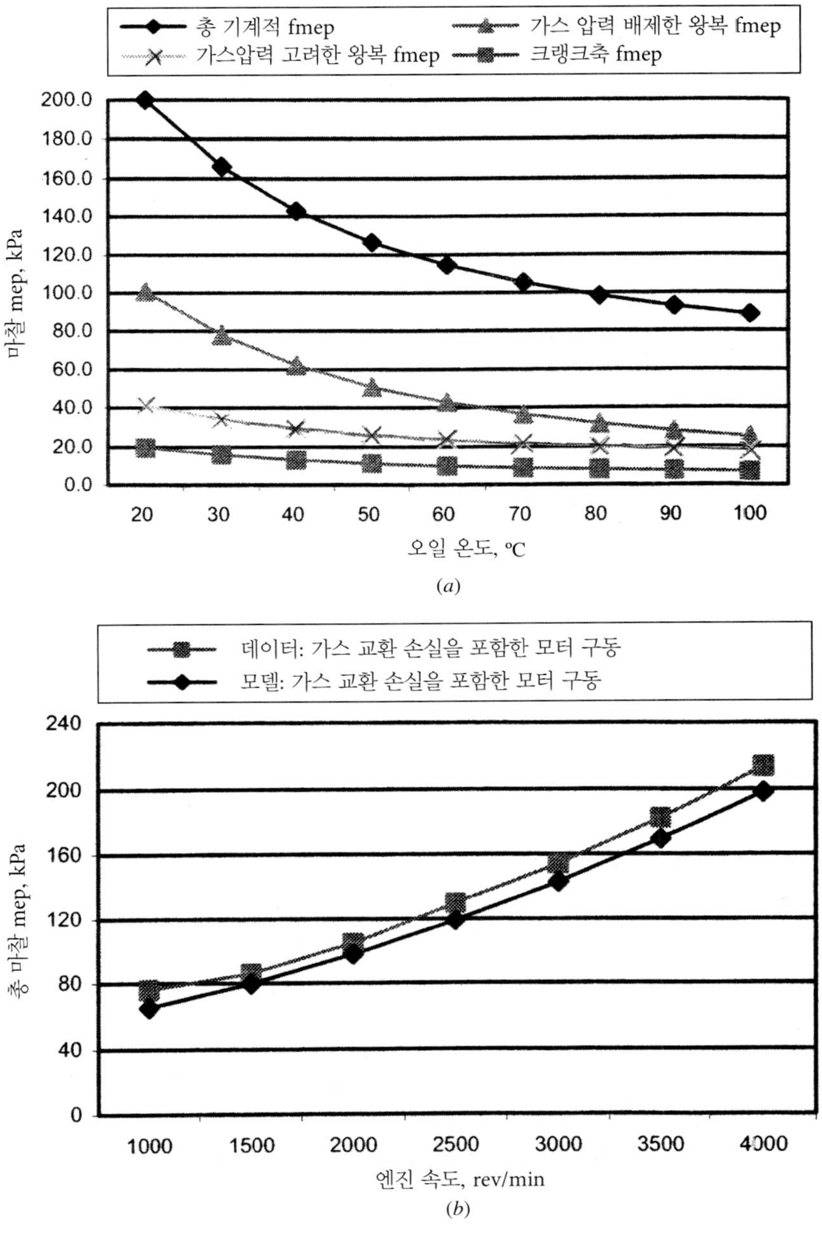

그림 13.35 (*a*) 베어링과 밸브트레인 내부, 피스톤 링 및 스커트(냉각수 온도로 스케일링 되는 것으로 가정)의 윤활유(15 W-40) 온도에 대한 총 기계 마찰 mep. 또한 (실린더 내 가스 압력 및 가스 압력으로 인한 추가 fmep 영향이 없는) 왕복 fmep와 크랭크축 fmep를 보여줌. 2000 rev/min에서 5.4리터, V-8 자연 흡기 엔진. (*b*) 가스 교환 손실이 포함된 총 마찰 mep 데이터(모터 구동)와 마찰 모델 결과.[8]

에 대한 영향, 엔진 배출에 대한 기여, 배기 촉매 및 입자상 물질 트랩 성능을 저하시키는 윤활유의 역할에 대한 중요한 복합 엔진 및 문제를 야기하는 과정에 대해 논의한다(11.6.3절과 11.6.4절 참고).

13.10.1 오일 소비 현황

엔진오일 소비량은 일반적으로 엔진 배기량 1리터당 약 2mg/sec이다. 이 오일 손실은 차량 용도에서 사용되는 연료 1%의 약 1/3이다. 오일 소비율은 엔진 유형, 엔진 설계 및 엔진작동조건(오일 소비는 일반적으로 저부하 및 저속에서 가장 낮다)에 따라 크게 달라진다. 오일은 정상 상태 엔진 작동 조건 및 과도 상태 시작 시 피스톤과 링 어셈블리의 오일 분포가 과도 종료 시 정상 상태 오일 분포와 현저하게 다를 때 급속한 엔진 부하 과도 상태에서 소비된다. 13.6.3절서 알 수 있듯이, 엔진 작동 사이클 중 피스톤 링과 피스톤의 상세한 동작은 복잡하다. 피스톤 링의 거동에 따라 달라지는 이 영역 내의 오일 운동 과정도 오일 소비 메커니즘에 영향을 미친다. 따라서 오일의 소비는 부분적으로만 이해된다.

그림 13.36에 오일 소비의 몇 가지 원인이 나타나 있다:[30] 각 개략도는 오일이 소비되는 실린더로의 다른 오일 이송 과정을 보여준다. 액체 오일은 피스톤 어셈블리의 가속과 감속에 의해 발생하는 관성력 때문에 피스톤 상단 랜드 영역에서 연소 챔버로 배출될 수 있다(그림 13.36*a*). 링-팩 가스 유동은 피스톤과 링 영역 내에서 오일을 이송하는 것으로 알려져 있다(8.8절과 13.6.3절 참고). 두 번째 랜드 영역의 가스 압력은 엔진 작동 사이클의 특정 지점에서 실린더 압력 이상으로 상승 할 수 있다(그림 13.20 참고). 이것은 액체 또는 안개 형태의 오일을 연소실로 운반 할 수 있는 상단 링 갭(그림 8.33)을 통해 역류 가스 유동을 일으킨다(그림 13.36*b*). 이 오일의 이송 과정은 첫 번째 링 갭보다 낮은 두 번째 랜드에 오일을 보충해야 하며, 엔진의 저부하 영역에서 발생할 가능성이 더 높다.

피스톤 어셈블리를 엔진의 크랭크 케이스로 "블로바이"하는 실린더 내 가스도 오일 소비원이다. 블로바이 가스는 일부 오일을 크랭크케이스와 오일 배수 조(sump)로 운반한다. 유극(windage)을 통해 회전하는 크랭크에서 "떨어지는" 오일은 오일 액적과 오일 미스트(mist)를 생성할 수 있다. 고출력 엔진(예: 디젤 엔진)에서 피스톤 아래의 오일 제트는 추가적인 피

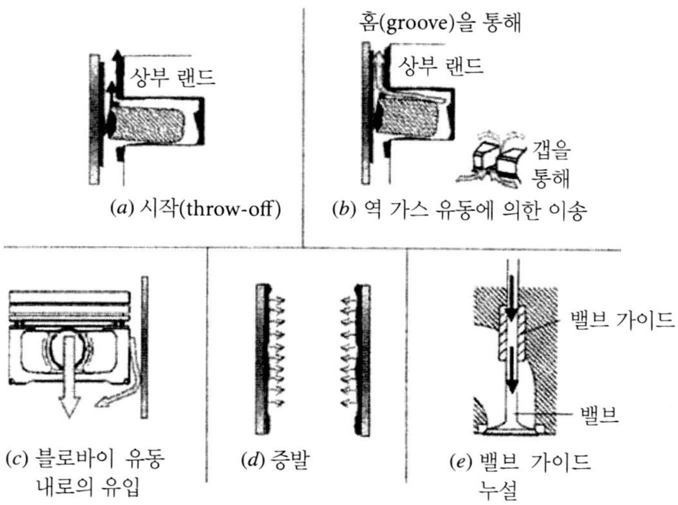

그림 13.36 다른 오일 이송 및 소비 메커니즘을 나타내는 개략도: 본문 참고.[30]

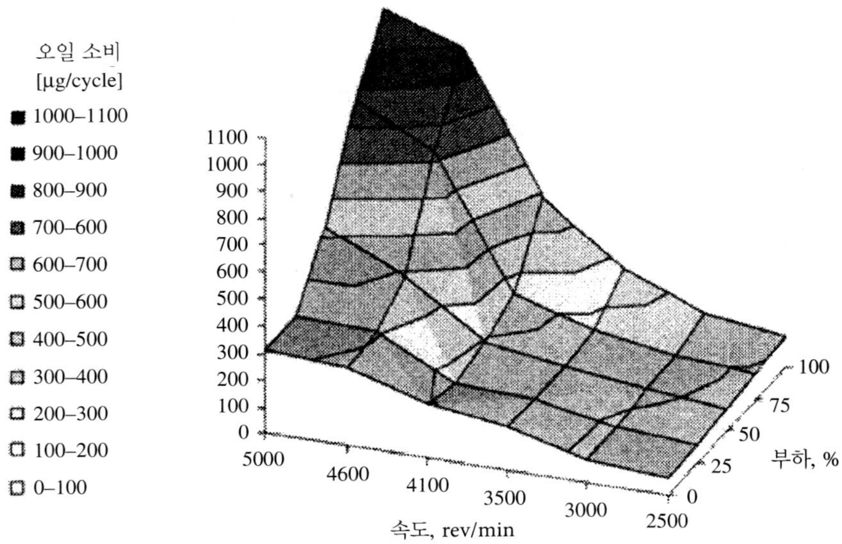

그림 13.37 1.8리터, 4기통 자연 흡기 가솔린 엔진의 엔진 속도와 부하(%)에 따른 오일 소비 맵.[30]

스톤 냉각 역할을 한다. 크랭크케이스로 유입되는 가스는 크랭크케이스 출구에서 오일 분리기를 포함하는 블로바이 가스 환원 장치(positive crankcase ventilation, PCV)를 통해 엔진 실린더로 재활용된다. 오일분리기가 있음에도 불구하고 재활용된 블로바이 가스에는 일부 오일이 들어있으며, 이 오일은 흡기 매니폴드를 통해 연소실로 들어가 연소된다. 터보차저 엔진에서, 터보차저 베어링보다 높은 터빈 압력의 압축기로 지나치게 높은 부스트 수준에서 공기의 터보차저 블로바이 누설 또한 오일 소비경로이다.

주로 실린더 라이너의 오일막에서 나오는 오일 증발도 오일 소비의 원인이 된다(그림 13.36*d*). 증발된 오일의 양은 오일막/라이너온도에 따라 달라진다. 높은 출력에서 엔진 열부하가 증가하면 라이너 온도가 높아져 오일의 증발이 더 많아진다.

초기 스파크 점화기관 설계에서, 실린더 헤드에서 밸브가이드를 통해 흡기 포트(그림 13.36*e*)로 오일을 이송하는 것은 흡기 매니폴드 압력이 대기보다 훨씬 낮을 때, 부분 부하 작동 중 오일 소비량에 기여하였다. 이 오일 누출 경로는 효과적인 밸브 스템 씰을 사용함으로써 현대 엔진에서 크게 방지되었다. 밸브 스템 누출은 현재 엔진설계에서 오일 소모에 거의 기여하지 않는다.[30]

일반적인 4기통 1.8 L 자연흡기 가솔린 엔진의 오일 소비 경향은 그림 13.37의 오일 소비 맵에 나타나있다. 오일 소비 데이터(μg/cycle)는 이러한 변수(엔진속도와 부하)가 증가함에 따라 엔진 속도와 부하에 대한 의존도가 뚜렷하게 나타난다. 오일 소비량은 고속(>4500 rev/min)과 고부하(>75%)에서, 저속 및 저부하의 오일 소비량에 비해 최소 10배(μg/cycle) 이상이었다.[30]

13.10.2 실린더로의 오일 이송

여기서 다루는 질문은 오일이 (많은 오일이 있는) 오일 컨트롤 링 아래의 피스톤 스커트 영역에서 상단(압축)링 위의 피스톤 상부(top) 랜드 영역까지 어떻게 이송되는가이다. 거기서부터 관성력과 역방향 블로바이 가스 유동은 오일을 연소실로 운반하여 연소할 수 있다.

이전의 논의(8.8절과 13.6.3절)는 홈(grooves)에서 피스톤 링의 거동과 이들 다양한 피

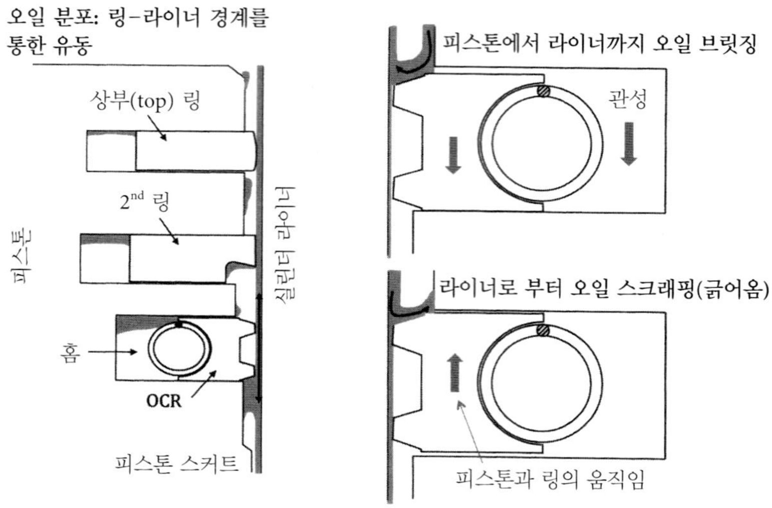

그림 13.38 피스톤, 피스톤 링, 스커트, 실린더 라이너, 주요 오일 유동 경로를 나타내는 영역을 보여주는 개략도.[31]

스톤 랜드 영역으로 유입 및 유출되는 가스의 유동을 설명했다(그림 8.33). 여기서, 우리는 이 피스톤 링에서 발생하는 오일 유동과 가스 유동 상황에 초점을 맞춘다.[d] 그림 13.38은 오일이 축적될 수 있는 피스톤/링/스커트 시스템의 영역과 오일이 운송될 수 있는 위치를 개략적으로 보여준다. 라이너 오일 막은 기본 링과 스커트 윤활 작업을 한다. 오일은 피스톤 랜드와 링 홈 안에 있을 수 있으며, 오일은 라이너에서 랜드로, 그리고 그 반대로도 "scraped"된다. 오일은 링 갭 위치 아래 또는 위로 오일이 축적될 때, 링 갭의 압력 차이에 의해 직접 구동 되거나 링 갭 가스에 의해 운반되는 오일 분무가 위 또는 아래로 흐를 수 있다. 링 갭이 일렬로 늘어서면 가스 유동이 증가한다. 그것들이 일렬로 정렬되지 않은 경우, 원주 가스에 의해 한 링 간격에서 다음 링으로 끌려가면서 피스톤 접지의 원주 오일 유동이 발생할 수 있다. 링이 그루브에서 위아래로 움직이거나 흔들릴 때, 오일이 홈 안에 축적되거나 홈 엔트리에서 축적되면 링의 뒤쪽으로 이동한다.

실린더 보어 뒤틀림(13.6.3절)은 보어 뒤틀림의 크기와 링이 그 뒤틀림과 일치하는 정도에 따라 링/라이너 경계면에서 오일 유동을 증가시킬 수 있다(그림 13.38*a* 참고). 링-라이너 간격이 커지면 링을 지나 더 큰 오일 유동이 발생한다.

피스톤 및 링 어셈블리에서 이러한 오일 이송 유동을 유도하는 몇 가지 요인은 링을 가로지르는 압력차, 오일을 유입시키는 링 갭 가스 유동, 랜드의 가스 유동과 오일 막 사이의 전단력, 오일에 작용하는 관성력 피스톤이 가속 및 감속 등이 있다.

가장 중요한 것은 피스톤 상부에 있는 오일의 양이다. 두 번째는 링 위의 영역이 중요하며, 역방향 블로바이 상단 링 갭의 유동은 중요한 오일 소비 원인이다. 연소실 안으로 오일이 직접 흘러 들어가는 것(throw off)과 라이너의 추가 오일에서 나오는 오일의 증발(다음 절 참고)도 주요 원인이다. 그림 13.39는 피스톤에서 오일막 두께 분포의 예와 함께 속도 및 부하의 함수로서 상단 및 제2랜드에서 측정 된 오일막 두께를 보여준다(그림 13.39*a*). 막 두께 프로파일은 링 막과 라이너 표면 사이의 약 2 μm 두께의 오일막과 그 사이에 있는 랜드에 오일

[d] 이러한 오일 유동은 개괄적인 의미에서 논의되며, 유동의 세부적인 것들은 부분적으로만 이해된다.

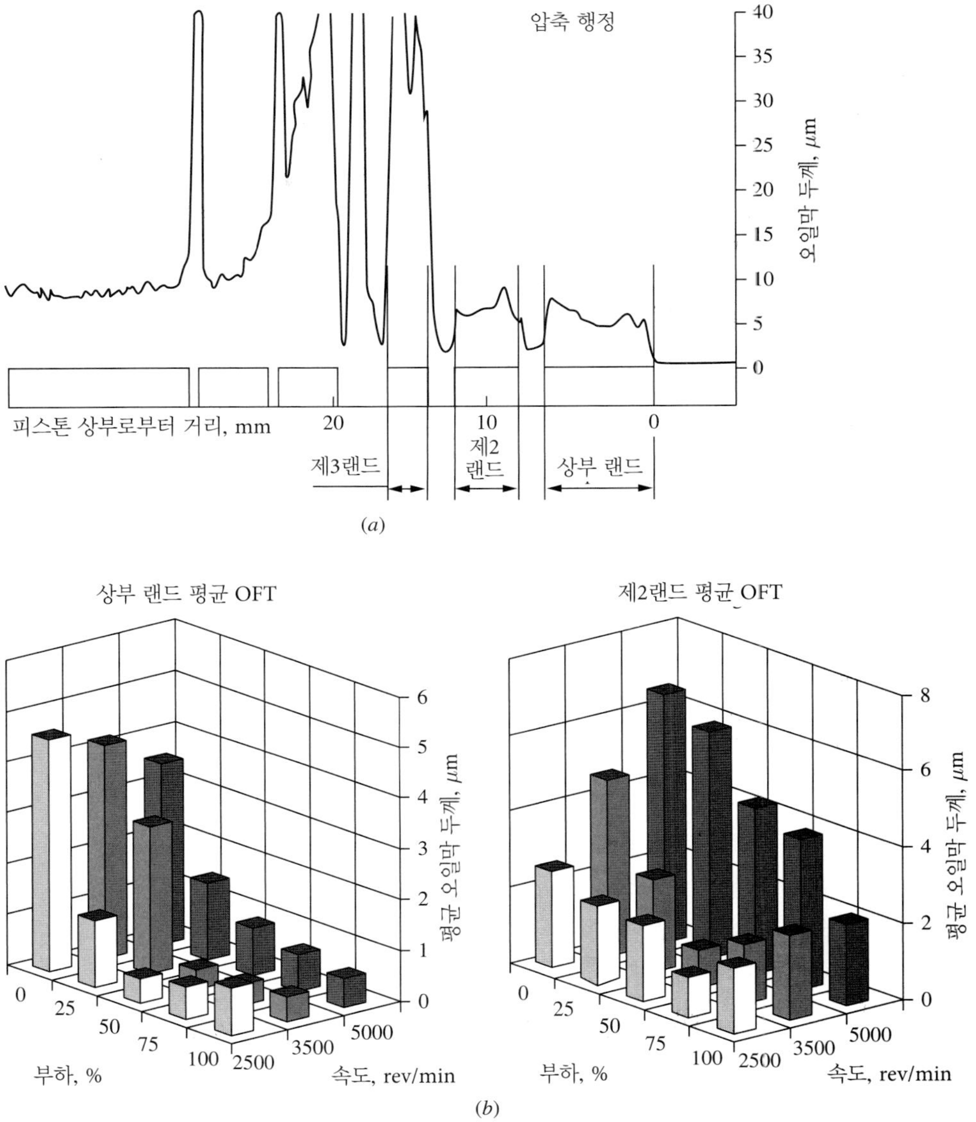

그림 13.39 (*a*) 피스톤과 라이너 사이 피스톤과 링 프로파일을 따라 오일막 두께 분포를 나타낸 예시. (*b*) 엔진 속도와 부하의 함수로써 피스톤 상부 랜드와 제2랜드에서의 평균 오일막 두께. 오일막 두께는 연소하는 1.8리터, 4기통 가솔린 엔진에서 그림 13.20과 같은 레이저 유도 형광(laser-induced fluorescence) 광학 측정 방법을 이용하여 측정되었다.[30]

이 실질적으로 축적되어 있음을 나타낸다.[32]

13.10.3 오일 증발

피스톤-링-라이너 시스템에서 증발하는 오일은 전체 오일 소비에 크게 기여한 것으로 여겨진다. 오일 증발 과정은 오일의 휘발성, 증발이 일어나는 영역의 열 조건 및 오일 막 표면의 가스 대류의 영향을 받는다. 증발이 일어나는 물리적 상황은 그림 13.40에 나와 있다. 라이너의 오일층과 인접한 가스 사이의 오일 농도(ξ)와 온도 프로파일을 나타낸다. 표준 10 W-40오일(13.11절 참고)과 합성 오일의 증류 곡선도 표시된다. 휘발성이 큰 오일 성분이 확실히 쉽

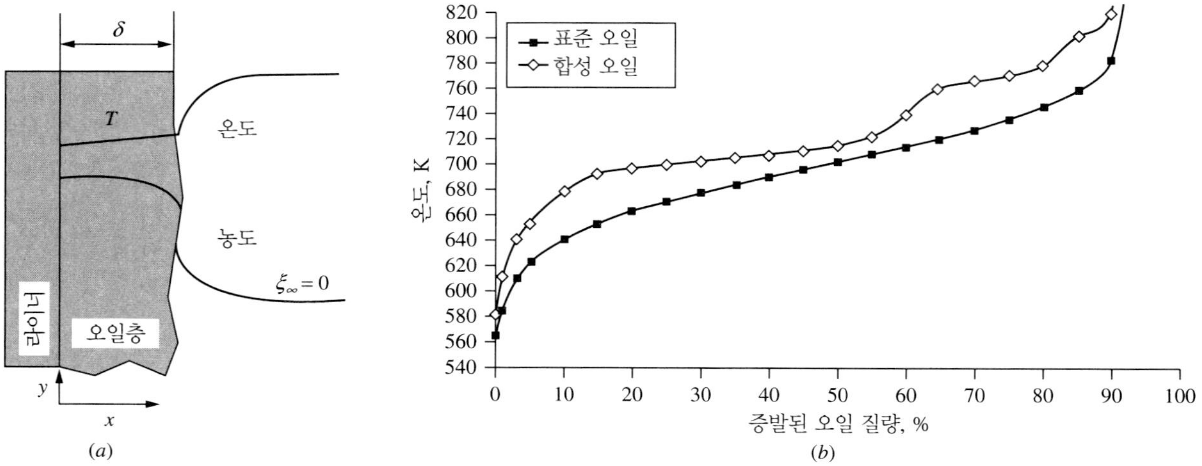

그림 13.40 (*a*) 오일 증발을 유도하는 실린더 라이너 오일막의 물리적 환경. (*b*) 표준 10W-40오일과 합성오일에 대한 증류 곡선(증발된 오일 백분율에 대한 온도).[30]

게 증발한다.[32]

증발은 주로 라이너의 오일 막에서 발생하며, 특히 오일 컨트롤 링의 TC 위치보다 높은 곳에서 발생한다. 라이너의 이 부분이 가장 뜨거운 영역이며, 오일이 잘 공급된다. 휘발성이 다른 오일을 사용하면 이 상부 라이너에서 증발–오일–소비원의 변화에 의해 오일 소비량을

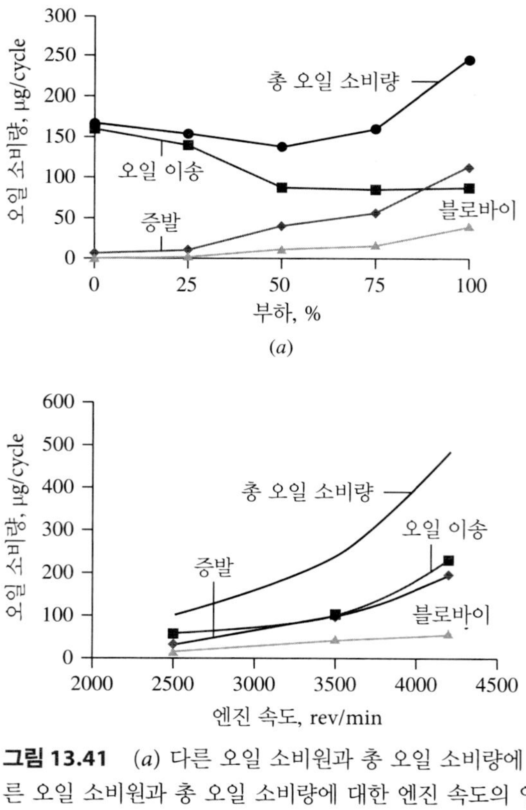

그림 13.41 (*a*) 다른 오일 소비원과 총 오일 소비량에 대한 엔진 부하의 영향(3500 rev/min); (*b*) 다른 오일 소비원과 총 오일 소비량에 대한 엔진 속도의 영향(4기통, 1.8리터 가솔린 엔진. 표준 오일 이용 100% 부하)[30]

변화시킨다. 엔진 부하가 증가함에 따라 열 부하가 증가하고, 라이너 온도가 높아지며 오일의 증발량이 증가한다. 또한 엔진 속도가 증가함에 따라, 라이너 온도가 상승하고 질량 전달 대류 속도가 높아져 오일의 증발량도 증가한다.

그림 13.41은 1.8리터, 4기통 자연 흡기 가솔린 엔진의 3가지 주요 오일 소비량을 부하 및 속도의 함수로 나타낸 것이다.[30] 위에서 요약 한 바와 같이, 오일 증발(주로 라이너의 노출된 오일막)은 하중과 속도가 증가함에 따라 크게 증가한다. 오일 이송 소비원은 낮은 엔진 부하에서 지배적이며 약 80% 부하에서 증발원과 유사하다. 증가하는 인진 속도와 함께 증발 및 이송원(transport sources)이 증가한다. 블로바이는 오일 소비 메커니즘으로, 전체 오일 소비량의 약 10%보다 훨씬 작다(3.10.3절 참고).

13.10.4 블로바이와 오일 유입

블로바이 가스는 크랭크케이스로 들어가고 엔진 흡기 매니폴드를 통해 연소 챔버로 재순환된다. 증기 형태의 모든 탄화수소와 블로바이 가스 환원 장치(positive crankcase ventilation) 시스템의 일부인 관성 오일 분리기를 통과하는 오일 "안개(mist)"가 연소된다. 따라서 소모되는 오일은 오일 총 소모량의 약 10%를 차지한다. 블로바이 유동은 주로 링 간격을 통과하는 유동이다. 블로바이 오일 소모량은 엔진 부하와 속도가 증가함에 따라 증가한다(그림 13.41 참고). 그림 13.42는 1.8리터 4기통 NA 가솔린 엔진의 경우, 저속에서 부하가 약 7~23 cm^3/cycle(실린더 내 가스의 약 1%)으로 증가함에 따라 실린더 압력이 증가하기 때문에 블로바이 가스량(cm^3/cycle)이 증가하는 것을 나타낸다. 블로바이는 모든 부하에서 속도가 증가함에 따라 링 간격에 흐르는 시간에 제한이 있기 때문에 감소한다(단위: cm^3/cycle). 블로바이는 저부하에서 오일 소모량에 거의 영향을 미치지 않는다. 고부하에서 블로바이는 약 20%를 차지하며, 오일 운반과 증발에 각각 40%를 차지한다.[30]

13.11 윤활 _*Lubricants*

윤활유는 두 표면을 상대 운동으로 분리한다. 얇은 윤활층에서 발생하는 압력을 통해 표면을

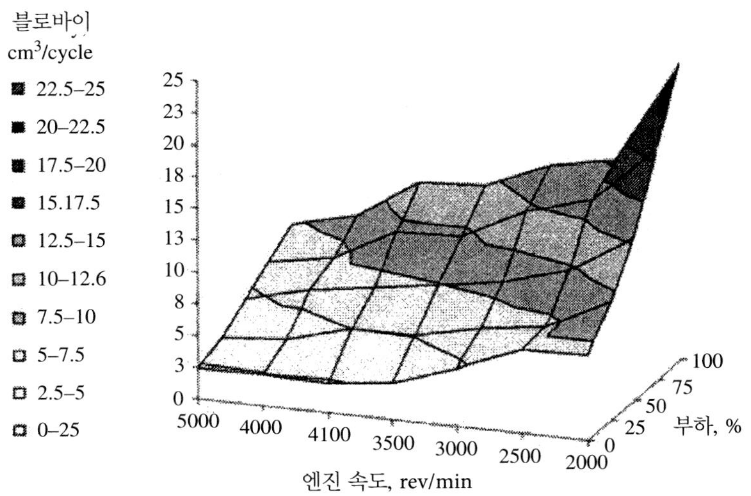

그림 13.42 (표준 대기압과 온도에서) 피스톤 링 팩을 통과하여 크랭크케이스 안으로 들어가는 블로바이 가스 유동: 엔진 속도와 부하에 대한 의존도.[30]

강제로 분리함으로써 두 개의 고체 표면 사이의 직접적인 접촉을 방지(또는 최소한 감소)하여 마모를 최소화하고 마찰을 감소시킨다. 또한 윤활유는 냉각, 마찰–표면 밀봉제(sealant), 부식 방지제 역할을 하기도 한다.

윤활유 및 윤활 시스템은 다음과 같은 기능을 수행한다:[3]

- 마찰을 줄이고 기계적 효율을 높이기 위해 엔진의 움직이는 부품 사이의 마찰 저항을 최소화한다.
- 엔진 부품들이 마모되지 않도록 한다.
- 마찰일이 낭비되는 엔진의 영역 및 피스톤을 냉각한다.
- 윤활된 영역에서 유해한 불순물과 입자를 제거한다.
- 가스 및 오일의 누출(특히 링 영역에서)을 허용 가능한 최소 수준으로 유지한다.

엔진 윤활유의 원료 구성물(오일의 약 75~85%(체적 기준))은 주로 점성 특성에 따라 선택된 고분자량 탄화수소 화합물의 혼합으로 구성된다. 원료 구성물에서 이러한 탄화수소는 원유로부터 정제되거나 합성 윤활제를 화학 처리하여 생성할 수 있다. 윤활유의 나머지 부분은 윤활 성능을 향상시키기 위해 선택된 다양한 화학적 화합물을 포함하는 첨가제들이다. 일반적으로 이러한 첨가제들에는 분산제, 세제, 과도한 염기(산성 중화) 첨가제, 마모 및 부식 방지 첨가제, 점도 향상제 및 산화 방지제가 포함된다.[12]

스파크 점화기관 시동 시, 특히 주위 환경이 추울 경우, 가솔린 연료가 피스톤 링을 지나 오일과 혼합될 수 있다는 점에 유의해야한다. 엔진과 오일 예열로 오일 속의 가솔린이 증발한다. 상당한 양의 휘발유(또는 SI 엔진의 다른 액체연료)가 윤활유에 섞이면 중요한 특성 중 많은 부분이 저하된다.

표 13.2는 윤활 시스템의 주 기능을 수행하는 데 필요한 엔진 오일의 특성을 나열한다. 이러한 특성은 다음과 같은 제목으로 요약할 수 있다.[33]

산화 안정성

접촉하고 있는 엔진 부품들과 오일의 온도, 산소의 존재, 금속 표면과 이물질의 성질, 그리고 연료 연소의 생성물은 모두 윤활유 탄화수소 성분 산화에 영향을 미친다. 고온이 1차적인 요인이고, 상단 피스톤 링 홈과 크랭크케이스가 취약한 영역이다. 상단 링 홈의 온도는 250°C에 쉽게 도달할 수 있다. 이러한 조건에서 윤활유는 장기간 운전 후에도 산화에 의한 침전물을 형성하지 않아야 한다. 이러한 침전물은 결국 링 고착으로 이어져 과도한 블로바이를 초래하게 된다. 고온에서 오일의 산화된 부분은 침전물과 관련이 있다. 크랭크케이스의 오일 온도는 약 120~130°C이지만, 오일은 더 높은 고온에 노출될 수 있다. 이 온도에서 오일은 베어링 합금에 악영향을 미칠 수 있는 산 생성물과 침전물을 형성하는 불용성 생성물을 형성해서는 안된다. 그러나 고급 무기질 오일은 시간이 지남에 따라 오일이 도달하는 온도 범위에 잘 맞는 산화 및 부식 방지제가 사용된다.

세정력 / 분산력

오일 내 침전물은 오일의 세정력으로 제어된다. 형성된 침전물의 양은 연료 사용량, 연소 품질, 윤활유 및 냉각수의 온도, 피스톤 링에서의 가스 밀봉 효과에 따라 달라진다. 세정력 특성은 Straight mineral oil에 첨가제를 추가함으로써 얻어진다; 세정 첨가제의 기능은 형성된 침전물의 양을 줄이고 쉽게 제거할 수 있도록 하는 것이다.

표 13.2 엔진 오일에 요구되는 기능과 품질

필요한 주요 기능	어디에, 언제	필요한 품질
마찰 저항 감소	냉간 시동 시 커넥팅 로드/크랭크축 베어링과 저널 사이 피스톤, 링, 실린더 사이	좋은 펌핑을 제공하고, 과도한 크랭킹 저항을 방지하기 충분한 낮은 점도 온도, 속도, 부하의 변하는 조건 하에서 금속 간 접촉이 없는 최소 점도 고온에서 충분히 높은 점도; 특히 TC에서 유체역학적 조건을 벗어난 양호한 윤활 특성 내고착성(특히 길들이기 운전(run-in) 기간 동안)
부식과 마모 방지	셧-다운 시 또는 저온 주행 시 정상 운전 시	연료 분해 산물(물, SO_2, HBr, HC1 등)의 부식 작용으로부터 금속 표면을 보호해야 한다. 분해 억제(산화억제, 열 안정성 양호) 특히 비철금속에서 연료 및 윤활유 분해 산물의 고온에서 반응해야 한다. 마찰 메커니즘에 개입하여 피할 수 없는 금속 대 금속 접촉의 결과를 줄여야 한다. 윤활 (긴급 또는 분산 작용)에 영향을 미칠 수 있는 침전물 형성을 억제해야 한다. 먼지 및 기타 오염물질 제거에 기여해야 함(분산 작용)
밀봉 보조	링 영역에서 (특히, TC)	고온에서 충분한 점도와 낮은 휘발성을 가져야 함. 링과 라이너 마모를 제한해야 함.
냉각 기여	주로 피스톤, 링, 커넥팅 로드 베어링	우수한 열 안정성 및 산화특성을 가져야 함. 낮은 휘발성을 가져야 함. 점도는 너무 높지 않아야 함.
불필요한 물질의 제거 촉진	대기 먼지를 제거하기 위한 오일 드레인 중 디젤 엔진의 수트, 소금, 마모 이물질, 연소된 연료와 윤활유의 유기물, 퇴적물 또는 마모를 촉진하는 기타 오염물	온도, 물리적, 화학적 조건(물)이 무엇이든 모든 고체 물질에 대한 미세한 서스펜션을 유지할 수 있어야 함. 약간의 유기 화합물을 용해할 수 있어야 함. 특히, 과도한 산화물.

약어: From Schilling.[33]

저온에서 침전물은 주로 연료 연소의 부산물이며, 세정 기능은 오일을 부유물 또는 오일에 용해시켜 유지하는 것이다. 고온일 때 오일의 산화된 부분에서 침전물이 형성된다. 세정 기능은 이러한 생성물을 부유물 상태로 유지하고 니스와 광택제의 형성에 이르는 반응을 억제하는 것이다. 또한 디젤 엔진에서, 연료 내 황화합물에서 나오는 산성 반응 생성물을 중화시키는데 도움이 된다.

마모 감소

마모는 부식, 접촉(즉, 금속간 접촉), 연마의 개별적이거나 복합적인 효과에 의해 발생한다. 연소의 산성 물질에 의한 부식성 영향은 실린더와 링 마모의 주요 원인 중 하나이다. 이 영향은 실린더 벽의 온도가 낮을 때 가장 나쁘다. 디젤 엔진의 경우, 연료 내 모든 황이 부식 마모를 증가시킨다. 부식성 마모는 부식성 산이 중화되는 세정 오일을 사용하고 금속 온도를 적절하게 제어하도록 냉각 시스템을 설계함으로써 효과적으로 방지된다.

접촉성 마모는 엔진의 특정 부분에 영향을 미친다. 상부 실린더에서 엔진 상단에 오일이 부족하기 때문에 피스톤, 링 및 실린더 벽 사이의 금속간 접촉은 엔진 시동(특히 냉간 시동)때마다 발생한다. 마모 방지 첨가제가 함유된 오일과 낮은 온도에서 점도가 낮은 오일은 어느 정도 해결책이 된다. 또한 접촉 마모는 캠, 태핏, 구동 장치, 로커 암 끝, 밸브 시스템과 같은 요소에서 발생한다. 흔히 사용되는 마모 방지 첨가제는 zinc-dialkyl-dithio-phosphates(ZDDPs)이다.

연마는 공기 중의 먼지가 존재하고 윤활유에 부식 및 마모에 의한 금속 파편이 생겨 발생한다. 따라서 효율적인 공기 여과가 가장 중요하다(공기 필터에 관한 설명은 참고문헌 34 참고). 여과 및 주기적인 오일 교체로 오일 시스템의 불순물을 제거하는 것이 필수적이다.

점성

크랭킹(cranking)에 대한 낮은 저항력, 시동 용이성, 차가운 엔진에서 오일이 빠르게 분배되기 때문에 낮은 주변 온도에서 오일은 낮음 점성이 필요하다. 엔진(및 오일)이 완전히 예열될 때 피스톤의 적절한 밀봉, 허용 오일 소비량, 낮은 유체 마찰 손실에 대해 점성의 적절한 범위는 중요하다. 그러므로 낮은 엔진 온도와 정상적인 엔진 온도(약 200 K)에서 오일의 점성을 중요하다. 윤활유의 점성은 온도가 증가함에 따라 감소한다. *유동점*(pour point), *점성*(viscosity) 및 *점도 지수*(viscosity index)는 엔진 작동의 이러한 측면에 대한 윤활유의 거동을 특성화 하는 데 사용된다.

*유동점*은 시험 용기가 수직에서 수평으로 회전할 때 오일의 움직임을 5초 이내에 지각할 수 없을 때까지 시험 용기 내의 오일 샘플을 냉각하여 결정된다; 이 온도보다 5°F 높은 온도가 유동점이다.

윤활유의 점성은 일정한 온도의 수조에 담겨있는 모세관이나 오리피스를 통해 지정된 양의 오일이 흐르기 위해 필요한 시간을 측정하여 결정된다. *동점도*(kinematic viscosity) $\nu(\nu = \mu/\rho)$는 이 방법으로 결정된다. 지정된 직경의 오리피스가 있는 Saybolt관의 사용은 미국의 표준 측정 방식이다. 점성은 60 cm^3의 오일이 흐르는 데 필요한 시간 t(초)를 측정하여 얻어지며, Saybolt universal seconds, SUS로 표시된다. 센티스톡스(Centistokes)의 대략적인 변환은 다음을 통해 얻을 수 있다.

$$\nu = at - \frac{b}{t}$$

여기서 $115 > t > 34\,s$인 경우, $a = 0.224$, $b = 185$이고, $215 > t > 115\,s$인 경우, $a = 0.223$, $b = 115$이며, $t > 215\,s$인 경우, $a = 0.2158$, $b = 0$이다.[35]

윤활유의 점성은 온도가 증가함에 따라 감소한다. 엔진 오일은 일정 범위의 온도에서 사용되어야 하므로 감소율을 측정하는 것이 중요하다. *점도 지수*는 온도 변화가 점성에 미치는 영향을 나타내는 경험적인 숫자로서 이 목적에 사용된다;[36] 점도 지수가 낮으면 온도에 대한 점성의 변화가 비교적 크다. 점도 지수를 증가시키기 위해 윤활유에 "점도 지수 향상제"가 첨가된다. 이것은 고분자량(분자량이 약 10^3~10^4) 화합물이며, 주된 기능은 온도에 따른 점성 변화를 줄이는 것이다.

윤활유 점성과 온도에 대한 설명은 13.9절에서 찾을 수 있다. 식 (13.23)에서 (13.25)는 점성 ν과 윤활유 온도 T 사이의 관계를 정의한다. 표 13.3은 엔진 운전 시 윤활유와 관련된 값을 얻기 위해 낮은 전단 점성 ν_0값과 스케일링 비(scaling ratio) μ_∞/μ_0와 관련된 상수를 제공한다.[33]

윤활유 분류 중 SAE 분류가 가장 광범위하게 사용된다.[38] 이것은 오직 오일의 점성에만 의존한다. 7개의 분류 번호 5 W, 10 W, 20 W, 20, 30, 40, 50은 점성의 범위에 해당한다; 그

표 13.3 다양한 엔진 오일 등급에 대한 윤활유의 점성 데이터

오일 등급	k (cSt)	θ_1 (°C)	θ_2 (°C)	μ_∞ / μ_0	점도, v (cSt)	
					40°C	100°C
0 W-40	0.01341	1986.4	189.7	0.67		
5 W-20	0.4576	1224	134.1	0.94	49	8.6
5 W-30					66	11
5 W-40	0.15	1018.74	125.91	0.8		
10 W-30	0.1403	869.72	104.4	0.76	75	10.8
10 W-40					99	14.4
20 W-50	0.0639	1255.46	117.7	0.84	174	19
SAE10	0.0258	1345.42	144.58	1		
SAE30	0.0246	1432.29	132.94	1		
SAE50	0.0384	1349.94	115.16	1		

출처: Sandoval과 Heywood[8], Yilmaz[32], Taylor 등[37]

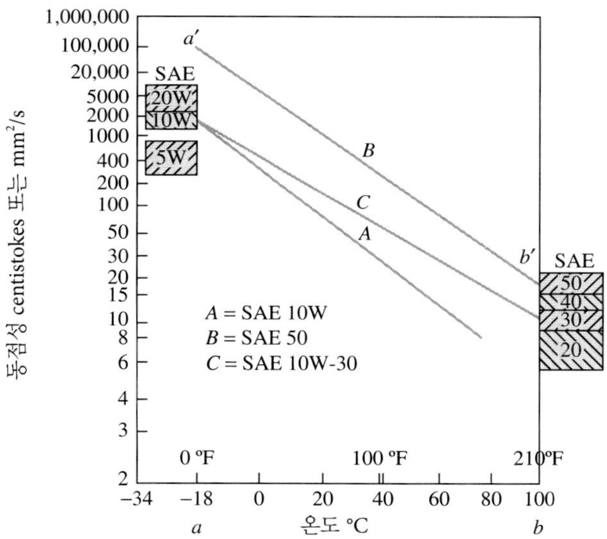

그림 13.43 SAE 윤활 오일 등급을 나타내는 점성 대 온도 커브[33]

림 13.43에 보여진 것처럼 수가 증가할수록 점성이 증가한다. SAE 번호 뒤에 오는 W (winter의 약자)는 추운 기후에서 사용하기 위한 오일을 말하며, 점성은 −18°C (0°F)에서 결정된다. W가 없는 SAE 번호는 따뜻한 조건에서 일반적으로 사용되는 엔진 오일에 적용되며, 점성은 99°C (210°F)에서 결정된다. 다중 등급 오일(예: 10 W-40)은 SAE 분류 측면에서 낮은 온도 뿐만 아니라 높은 온도에서도 서비스 요구사항을 만족시킨다. 첫 번째 번호는 −18°C에서 점성을 나타낸다. 두 번째 번호는 99°C에서 결정된 것이다. 예시를 그림 13.29에 나타내었다. 다중 등급 오일은 단일 등급 오일보다 점도 지수가 높기 때문에 엔진 적용에 더욱 유리하다.

연습문제

13.1 (a) 4-행정 사이클 엔진의 마찰 평균 유효 압력을 제동 출력 P_b, 엔진 속도 N, 배기량 V_d, 그리고 압축 및 팽창 행정 상에서 $\int pdV$ ($W_{c,ig}$) 에서 얻을 수 있는 방법을 설명하라.

(b) 압축 및 팽창 행정에서 $\int pdV$와 관련된 펌핑 평균 유효 압력은 전체 4-행정 사이클에서는 어떻게 되는가?

(c) 측정된 제동 토크가 32 N · m, 총(gross) imep 933 kPa, 순(net) imep 922 kPa인 1800 rev/min에서 작동하는 4-행정 사이클 SI 엔진의 제동 출력, 총 마찰력, 총 마찰 imep, 펌핑 imep를 구하라. $V_d = 0.496$ 리터.

13.2 13.3절에는 경계 마찰, 유체(또는 완전 윤활) 마찰, 난류 방산의 세 가지 범주가 설명되어 있다. 식 (13.6)을 이용하여, 3000 rev/min에서 작동하는 4기통 자동차 스파크 점화기관의 각 카테고리에서 사이클당 총 마찰일의 상대적 비율을 추정하라.

13.3 전부하 및 1/3 부하, 중속(2000 rev/min)에서 4-행정 사이클 자연 흡기 멀티-실린더 스파크 점화기관 및 디젤 엔진에 대해, 펌핑 mep, 문지름(rubbing) 마찰 mep, 부속 마찰 mep 등 세 가지 범주의 총 마찰 mep의 백분율을 대략 추정하라. 또한, 당신이 이러한 추정을 한 방법과 부속품으로 포함한 것을 명시적으로 설명하라.

13.4 제동 및 총 도시 출력 또는 직접 측정된 mep 사이의 차이를 제외한 모든 마찰 측정 절차는 모터 구동 엔진 마찰과 점화 엔진 마찰이 밀접하게 비슷하다고 가정한다. 이것은 펌핑 구성 요소에 대한 정확한 가정은 아니다. 이 두 조건에서 펌핑 작업이 크게 다를 수 있는 고정 부품 부하 스로틀 설정에서 스파크 점화기관의 모터 및 점화 조건에서 가스 교환 프로세스 간의 차이를 요약하라.

13.5 피스톤, 실린더, 커넥팅 로드, 크랭크 메커니즘의 정확하게 비례하는 스케치에서 (그림 2.1과 유사), 흡기 행정(120° ATC), 압축 행정(60° BTC), 팽창 행정(60° ATC), 그리고 배기 행정 (120° BTC) 중 피스톤에 작용하는 각 힘(압력 경도력(pressure force), 커넥팅 로드로부터의 힘, 마찰력, 관성력)을 화살표로 그려라. 각 힘의 포지티브 방향을 명확히 표시하라. 각 힘을 실린더 압력p_c, 크랭크케이스 압력 p_{cc}, 마찰력F_f, 피스톤 영역A_p, 유효 피스톤 (및 커넥팅 로드의 일부) 질량m_p, 피스톤 가속a, 커넥팅 로드 힘F_{cr} 단위로 표현하라.

13.6 (a) 그림 P13.6에 표시된 DI 디젤 엔진 마찰력 데이터의 경우 피스톤에 가해지는 최대 압력 경도력 (최대 하중 조건에서)과 관성력의 대략적인 크기를 추정하라 [커넥팅 로드의 질량 (7 kg) × (S_p) × (N/4)]. 이러한 힘을 최대 압력 시 피스톤 마찰력과 비교하라.

(b) 그림은 무부하 및 전부하 점화 조건에서 DI 디젤 엔진의 피스톤에 작용하는 마찰력의 변화를 나타낸 것이다. 이러한 마찰력과 동일한 그래프에서 크랭크 각도의 함수로써 피스톤에 가해지는 실린더 압력 경도력의 형상(방향과 대략적인 크기를 나타냄)을 스케치하라. 이 그래프를 사용하여 사이클의 4-행정 동안 피스톤의 마찰력의 변화를 설명하라.

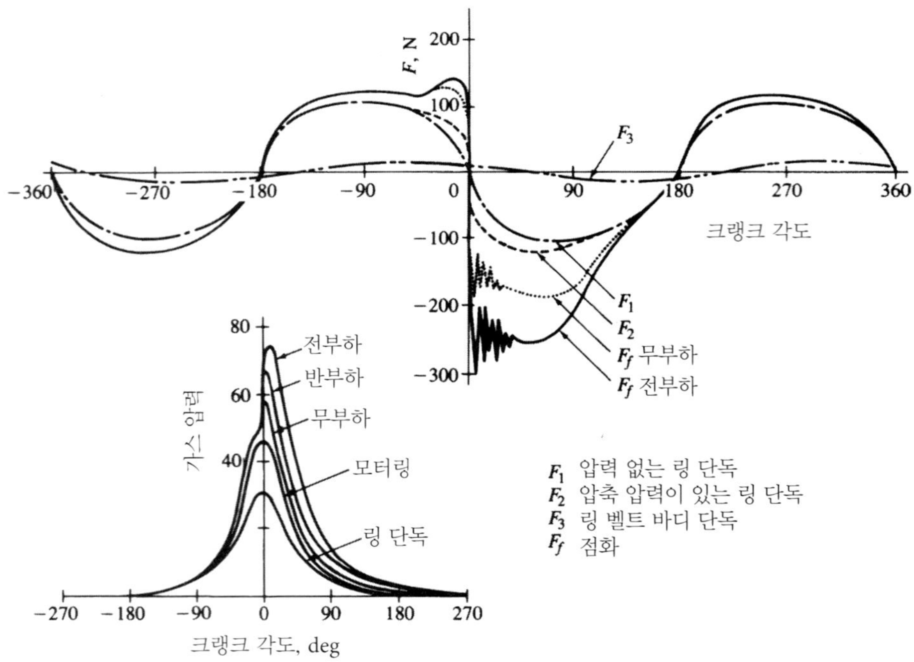

그림 P13.6 보어 137 mm, 행정 135 mm인 단기통 DI 디젤 엔진에서 측정된 마찰력. 1200 rev/min, 냉각수 온도 80°C, 실린더 라이너 내부 온도 90°C.[15]

13.7 저널 베어링의 마찰을 지배하는 변수의 무차원 분석을 보여라 (마찰력 F_f, 오일 점도 μ, 베어링 지름 D_b, 길이 L_b, 평균 간극 $\bar{h}$, 축 회전 속도 N)

$$\frac{F_f}{\mu D_b^2 N} = f\left(\frac{L_b}{D_b}, \frac{\bar{h}}{D_b}\right)$$

식 (13.11)과 같은 형태의 식을 얻기 위해 필요한 추가적인 물리 가정은 무엇인가?

13.8 엔진 마찰의 다음 각 구성 요소가 (1) 크랭크축 회전 속도 N, (2) 평균 피스톤 속도 S_p, (3) 또는 이 두 변수에 따라 달라질 것으로 예상되는지 여부를 설명하라. 크랭크축 저널 베어링, 커넥팅 로드 베어링, 밸브 트레인, 피스톤 링, 피스톤 스커트, 워터 펌프, 팬, 밸브 유동 손실(흡기 및 배기 밸브를 통과하는 유동에 저항함)

참고문헌

1. Ball, W. F., Jackson, N. S., Pilley, A. D., and Porter, B. C.: "The Friction of a 1.6 Litre Automotive Engine-Gasoline and Diesel," SAE paper 860418, 1986.
2. Rosenberg, R. C.: "General Friction Considerations for Engine Design," SAE paper 821576, 1982.
3. Schilling, A.: *Automobile Engine Lubrication*, Scientific Publications Ltd., Broseley, England, 1972.
4. Lancaster, D. R., Krieger, R. B., and Lienesch, J. H.: "Measurement and Analysis of Engine Pressure Data," SAE paper 750026, *SAE Trans.*, vol. 84, 1975.
5. Davis, R. S., and Patterson, G. J.: "Cylinder Pressure Data Quality Checks and Procedures to Maximize Data Accuracy," SAE paper 2006-01-1346, 2006.
6. Millington, B. W., and Hartles, E. R.: "Frictional Losses in Diesel Engines," SAE paper 680590, *SAE Trans.*, vol. 77, 1968.
7. Barnes-Moss, H. W.: "A Designer's Viewpoint," in *Passenger Car Engines, Conference Proceedings*, pp. 133–147, Institution of Mechanical Engineers, London, 1975.
8. Sandoval, D., and Heywood, J. B.: "An Improved Friction Model for Spark-Ignition Engines," SAE paper 2003-01-0725, *SAE Trans.*, vol. 112, *Journal of Engines*, 2003.
9. Fahl, E., and Haas, A.: "Potential for Friction Reduction on Passenger Car Engines," paper 940922, SIA Congress, Paris, Nov. 1994.
10. Regueiro, A.: "Dailmer-Chrylser's New 1.6 L, Multi-Valve 4-Cylinder Engine Series," SAE paper 2001-01-0330, 2001.
11. Stanton, D. W.: "Systematic Development of Highly Efficient and Clean Engines to Meet Future Commercial Vehicle Greenhouse Gas Regulations," SAE paper 2013-01-2421, L. Ray Buckendale Lecture, *SAE Int. J. Engines*, vol. 6, no. 3, pp. 1395–1480, 2013.
12. Hoag, K. L.: *Vehicular Engine Design*, SAE International, Warrendale, PA, Springer-Verlag, Vienna, 2006.
13. Bosch, R.: *Automotive Handbook*, 8th edition, Robert Bosch GmbH, SAE, 2011.
14. Shayler, P. J., Christian, S. J., and Ma, T.: "A Model for the Investigation of Temperature, Heat Flow and Friction Characteristics During Engine Warm-up," SAE paper 931153, *SAE Trans.*, vol. 102, 1993.
15. Furuhama, S., Takiguchi, M., and Tomizawa, K.: "Effect of Piston and Piston Ring Designs on the Piston Friction Forces in Diesel Engines," SAE paper 810977, *SAE Trans.*, vol. 90, 1981.
16. Yilmaz, E., Tian, T., Wong, V. W., and Heywood, J. B.: "An Experimental and Theoretical Study of the Contribution of Oil Evaporation to Oil Consumption," SAE paper 2002-01-2684, 2002.
17. Zottin, W., Bacchin, P. V., and Gracia, A. F.: "Numerical Simulation Study of Carbon Build-Up and Oil Consumption in a Heavy Duty Diesel Engine," SAE paper 2012, 01-1326, 2012.
18. Min, B. S., Kim, J.-S., Oh, D.-Y., Choi, J.-K., and Jin, J.-H.: "Dynamic Characteristics of Oil Consumption-Relationship Between the Instantaneous Oil Consumption and the Location of Piston Ring Gap," SAE paper 982442, 1998.
19. Hanke, W., Fahr, M., Rehl, A., Voigt, M., and Ando, H.: "Friction Reduction in Power Cylinder Systems for Downsize Gasoline Engines with Modern Surface Technologies of Aluminum Crankcases," SAE paper 2012-01-1332, 2012.
20. Wakakayhashi, R., Takiguchi, M., Shimaca, T., Mizuno, Y., and Yamanchi, T.: "The Effects of Crank Ratio and Crankshaft Offset on Piston Friction Losses," SAE paper 2003-01-0983, *SAE Trans.*, vol. 112, 2003.
21. Amann, C.: "Engineering the Spark-Ignition Engine: The Piston-Ring-Cylinder Wall Interface," SAE paper 885056, 1988.
22. Yamada, T., Kobayashi, H., Kusama, K., Sagawa, J., Takiguchi, M., and Shikawa, T.: "Development of a Technique to Predict Oil Consumption with Consideration for Cylinder Deformation-Prediction of Ring Oil Film Thickness and Amount of Oil Passing Across Running Surface under Cylinder Deformation," SAE paper 2003-01-0982, *SAE Trans.*, vol. 112, 2003.
23. Fukuoka, W., Hara, X., Mori, Y., and Ohtsubo, Z.: "Friction Loss Reduction by New Lighter Valve Train System," *JSAE Review*, vol. 16, pp. 107–111, 1997.
24. Shelby, M. H., Stein, R. A., and Warren, C. C.: "A New Analysis Method for Accurate Accounting of SI Engine Pumping and Indicated Work," SAE paper 2004-01-1262, 2004.
25. Asmus, T. W.: "Valve Events and Engine Operation," SAE paper 820749, *SAE Trans.*, vol. 91, 1982.
26. Leone, T. G., and Pozar, M.: "Fuel Economy Benefit of Cylinder Deactivation-Sensitivity to Vehicle Application and Operating Constraints," SAE paper 2001-01-3591, 2001.
27. Taraza, D., Henein, N. A., Ceausu, R., and Bryzik, W.: "Engine Friction Model for Transient Operation of Turbocharged, Common Rail Diesel Engines," SAE paper 2007-01-1460, 2007.
28. Patton, K. J., Nitschke, R. G., and Heywood, J. B.: "Development and Evaluation of a Performance and Efficiency Model for Spark-Ignition Engines," SAE paper 890836, *SAE Trans.*, vol. 98, pp. 1441–1461, 1989.
29. Williams, J. A.: *Engineering Tribology*, Oxford University Press, New York, 1994.
30. Yilmaz, E., Tian, T., Wong, V. W., and Heywood, J. B.: "The Contribution of Different Oil Consumption Sources to Total Oil Consumption in a Spark Ignition Engine," SAE paper 2004-01-2909, 2004.
31. Baelden, C.: "A Multi-Scale Model for Piston Ring Dynamics, Lubrication and Oil Transport in Internal Combustion Engines," Ph.D. Thesis, Department of Mechanical Engineering, MIT, Cambridge, MA, 2014.
32. Yilmaz, E.: "Sources and Characteristics of Oil Consumption in a Spark-Ignition Engine, Ph.D. Thesis, Department of Mechanical Engineering, MIT, Cambridge, MA, 2003.
33. Schilling, A.: *Motor Oils and Engine Lubrication*, Scientific Publications Ltd., Broseley, England, 1968.

34. Annand, W. J., and Roe, G. E.: *Gas Flow in the Internal Combustion Engine*, Haessner Publishing, Newfoundland, NJ, 1974.
35. ASTM Standards, Part 17, Petroleum Products, American Society for Testing and Materials.
36. ASTM D 2270-98, Standard Practice for Calculating Viscosity Index from Kinematic Viscosity at 40 and 100°C, American Society for Testing and materials, 1998.
37. Taylor, R. I., Brown, M. A., Thompson, D. M., and Bell, J. C.: "The Influence of Lubricant Rheology on Friction in the Piston Ring Pack," SAE paper 94981, 1994.
38. SAE J300a, Crankcase Oil Viscosity Specification, SAE International, Warrendale, PA.

CHAPTER 14

실제 엔진의 유동과 연소 과정 모델링

Modeling Real Engine Flow and Combustion Processes

14.1 모델링의 목적과 분류 _*Purpose and Classification of Models*

공학에서 프로세스 모델링은 프로세스의 중요 특성을 분석하기 위해 가정과 방정식을 적절히 조합하여 개발하고 사용하는 것을 의미한다. 관심 현상에 대한 물리학과 화학에 대한 기본적인 이해의 폭이 넓어지고 복잡한 방정식을 풀이하는 컴퓨터의 능력이 지속적으로 증가함에 따라 엔진 프로세스의 모델링은 계속 발달하고 있다. 모델링은 다음과 같이 다양한 수준의 보편적이거나 세부적인 수준의 엔진 엔지니어링에 중요한 기여를 할 수 있다.

- 모델 공식화 관련 법칙을 연구함으로써 프로세스에 대한 완벽한 이해
- 주요 제어 변수를 확인하여 보다 체계적인 구조로 저렴한 비용의 실험 개발을 하기 위한 가이드 라인 제공
- 주요 하드웨어 프로그램을 수행하기 전 개념을 화면에 표시하고 경향과 상충관계를 결정하고, 모델이 충분히 정확하면 설계와 제어를 최적화하기 위해 광범위한 설계 및 운영 변수에 대한 엔진 동작 예측
- 설계 혁신을 위한 합리적인 근거 제공

이러한 기여가 엔진 엔지니어링의 가치이다. 모델이 한 단계에서 다음 단계로 넘어갈 준비가 되었는지는 모델의 실제 프로세스가 나타내는 정확성, 테스트 및 검증된 범위, 모델을 광범위한 계산에 사용하고 결과를 해석하는 데 필요한 시간과 노력에 따라 달라진다.

이 장에서는 엔진 성능, 연료 소비량 및 배기 가스 특성을 설명하는 데 사용되는 모델 유형과 주요 구성 요소를 검토한다. 이러한 모델들은 엔진 성능을 지배하는 열역학, 유체 유동, 열전달, 연소 및 배기 가스 형성 현상을 설명한다. 모델의 많은 구성 요소는 이전 장에서 설명하였다. 이 장의 목적은 유체역학, 열전달, 열역학 및 동역학의 기본 요소를 다양한 수준의 정교함과 복합성으로 결합하여 내연기관 연소 및 배기 프로세스, 엔진 작동 특성을 예측할 수 있는 방법을 보여준다.

엔진 성능과 배기 배출물 지배 프로세스의 경우 두 가지 기본 유형의 모델이 개발되었다. 이 두 유형은 모델의 지배적인 구조 방정식이 에너지 보존을 기반으로 하는지 또는 유체 거동의 전체 분석에 기반하는지에 따라 *열역학* 또는 *유체역학*으로 분류할 수 있다. 열역학 기반 에너지 보존 기반 모델에 부여된 다른 이름들은 다음과 같다: 0차원 해석(유동 모델링이 없는 상태이므로 유체 거동의 기하학적 특징을 예측할 수 없음), 현상학적 해석(에너지 보존 방정식 이외에 추가 세부 사항이 각 현상에 차례로 추가됨), 준-차원(quasi-dimensional) 해석 (특정 기하학적 특성, 예를 들어, 기본 열역학 접근법에 스파크 점화 엔진 화염 또는 디젤

연료 분무 형상이 추가되는 경우). 유체 역학 기반 모델(전산 유체 역학, CFD 모델)은 유동 지배 방정식의 해로 유동 거동에 대한 자세한 기하학적 정보를 제공하는 고유의 특성으로 인해 종종 다차원(multi-dimensional)이라고 불린다.

엔진 프로세스 모델에 대한 일부 일반적인 관측은 다음과 같은 세부 사항에 대한 진의(context)를 제공한다. 관련된 물리적, 화학적 과정은 매우 복잡하다. 이러한 프로세스에 대해서는 많이 알려져 있지만, 근본적으로는 완전히 이해되지는 않는다. 현재로서는 기본적인 지배 방정식만으로 엔진 운전을 예측하는 모델을 구축할 수 없다. 따라서 모델링의 목표는 명확하게 정의되어야 하며, 모델의 구조와 상세 내용은 이러한 목적에 적합해야 한다. 엔진 운전의 *모든* 중요한 측면을 설명하기 위한 모델을 구축하는 것은 아직 불가능하기 때문에 목표를 제한하는 것이 적절하다.

이러한 엔진 프로세스의 복잡성과 근본적인 수준에서의 불충분한 이해로 대부분의 엔진 모델은 불완전하다. 중요한 현상에 대한 우리의 이해의 차이를 좁히기 위해 경험적 관계와 *근사치*가 종종 필요하다. 계속해서 더 완전하고 일반적인 모델이 개발되기 때문에, 이 장에서 강조하는 것은 이러한 모델의 현재 상태보다는 엔진 프로세스 모델에 사용되는 기본적인 관계이다.

마지막으로 전체 엔진 모델에서 중요한 문제는 프로세스 서브 모델과의 복잡성과 세부 사항의 균형이다. 모델은 가장 약한 링크보다 정확하지 않다. 따라서 비교할만한 수준의 정교함과 관련된 핵심 현상을 설명하는 것이 타당하다.

14.2 열역학적 개방계에 대한 지배 방정식 _Governing Equations for an Open Thermodynamic System

열역학적 시스템으로 엔진 영역을 모델링해야 하는 경우가 종종 있다. 예를 들어 실린더 체적, 흡기 및 배기 매니폴드(또는 이러한 영역 중 일부)가 있다. 이러한 접근법은 시스템 경계 내부의 각 시점에서 기체의 조성 및 상태가 균일하게 가정될 수 있고, 상태 및 조성이 열전달, 경계를 가로지르는 일 전달 및 질량 유동으로 인해 시간에 따라 변할 때 적절하다. 이러한 개방계는 그림 14.1에 설명되어 있다. 여기서 중요한 방정식은 질량과 에너지 보존이다. 열역학 기반 엔진 모델의 구성요소는 시간 또는 크랭크각을 독립 변수로 하는 개방계에 대한 방정식이다.

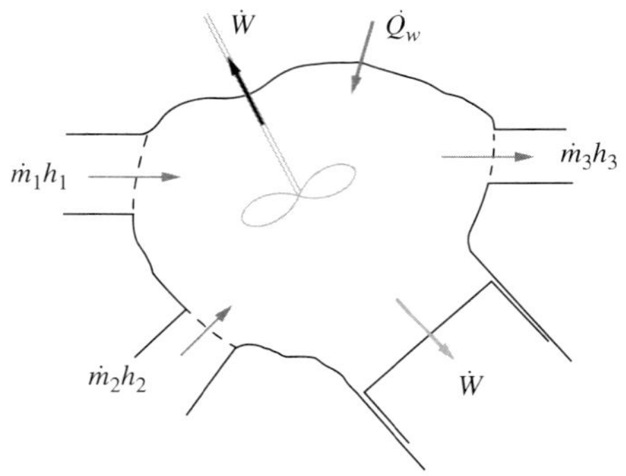

그림 14.1 열역학적 개방계의 개략도.

14.2.1 질량보존

개방계의 전체 질량 m의 변화율은 시스템에 유입 및 유출되는 질량 유량의 합과 같다, $\dot{m}_j$:

$$\dot{m} = \sum_j \dot{m}_j \tag{14.1}$$

질량 유량은 계(system)로 양의 값으로 유입되고, 음의 값으로 유출된다. 연료 화학 성분의 보존을 위해 m_f/m으로 정의되는 연료 분율 f를 사용하는 것이 편리하며, m_f는 개방계에서 연료(또는 연소 생성물의 연료 요소)의 질량을 나타낸다.

$$\dot{m}_f = \frac{d}{dt}(mf) = \sum_j \dot{m}_{f,j} = \sum_j \dot{m}_j f_j \tag{14.2}$$

식 (14.2)는 연료 분율의 변화율에 대한 방정식으로 이어진다.

$$\dot{f} = \sum_j \left(\frac{\dot{m}_j}{m}\right)(f_j - f) \tag{14.3}$$

연료/공기 당량비 ϕ는 $\phi = f/[(F/A)_s(1-f)]$와 같이 f와 관련된다. 따라서 개방계에서 재료의 당량비 변화율은 다음과 같다.

$$\dot{\phi} = \frac{1}{(F/A)_s}\frac{\dot{f}}{(1-f)^2} \tag{14.4}$$

14.2.2 에너지 보존

그림 14.1에서 개방계에서 열역학 제1법칙은 다음과 같이 쓸 수 있다:

$$\dot{E} = \dot{Q}_w - \dot{W} + \sum_j \dot{m}_j h_j \tag{14.5}$$

$\dot{Q}_w$는 계의 경계를 통과해 계로 들어가는 총 열전달률이며 각 경계의 열전달률의 합인 $\Sigma_i \dot{Q}_{w,i}$와 같다. $\dot{W}$는 경계를 통한 계에서의 일 전달률(Work-transfer rate)이다: 피스톤이 움직이는 경우 일 전달률은 $p\dot{V}$와 같다. 모든 에너지와 엔탈피는 동일한 데이터(4.5.3절 참조)에 비례하여 표현되기 때문에 식 (14.5)에서 연소에 의해 방출되는 열을 분명하게 구분할 필요는 없으며 이미 에너지 및 엔탈피 조건에서 설명하였다.

다음은 $\dot{T}$와 $\dot{p}$의 관점에서 개방계의 상태 변화율을 정의하는 것이다. 열역학적 특성 루틴들(routines)이 내부 에너지(u)에 대한 값을 제공하는지 또는 엔탈피(h) 값을 제공하는지에 따라 일반적으로 두 가지 방법이 사용된다. 따라서 식 (14.5)의 $\dot{E}$는 다음과 같이 표현할 수 있다.

$$\dot{E} = \frac{d}{dt}(mu) \quad \text{or} \quad \dot{E} = \frac{d}{dt}(mh) - \frac{d}{dt}(pV) \tag{14.6a,b}$$

시스템은 T, P 그리고 ϕ로 특성화될 수 있다고 가정한다. 그러므로

$$u = u(T,p,\phi) \quad h = h(T,p,\phi) \quad \rho = \rho(T,p,\phi) \tag{14.7}$$

u, h, ρ의 변화율은 다음과 같은 형태로 쓰여질 수 있다.

$$\dot{\alpha} = \left(\frac{\partial \alpha}{\partial T}\right)\dot{T} + \left(\frac{\partial \alpha}{\partial p}\right)\dot{p} + \left(\frac{\partial \alpha}{\partial \phi}\right)\dot{\phi} \tag{14.8}$$

여기서 α는 u, h 또는 ρ이다. 두 가지 형태의 이상 기체 법칙을 사용하여, $p = \rho RT$와 $pV = mRT$,

그리고 식 (14.8)의 $\dot{\alpha}$에 대해, $\dot{p}$에 대한 방정식이 도출될 수 있다:

$$\dot{p} = \frac{\rho}{\partial\rho/\partial p}\left(-\frac{\dot{V}}{V} - \frac{1}{\rho}\frac{\partial\rho}{\partial T}\dot{T} - \frac{1}{\rho}\frac{\partial\rho}{\partial\phi}\dot{\phi} + \frac{\dot{m}}{m}\right) \tag{14.9}$$

다시 에너지 보존 방정식[식 (14.5)]으로 돌아가서 $\dot{E}$를 $\dot{u}$ 또는 $\dot{h}$로 표현하고, $\dot{u}$ 또는 $\dot{h}$를 T, P 및 ϕ에 대한 편도 함수로 표현하며, 식 (14.9)로 $\dot{p}$를 대체하면 다음과 같은 방정식을 얻을 수 있다.

$$\dot{T} = \left[B - \frac{p}{D}\frac{\partial u}{\partial p}\left(\frac{\dot{m}}{m} - \frac{\dot{V}}{V} + \frac{\partial R}{\partial\phi}\frac{\dot{\phi}}{R}\right) - \frac{\partial u}{\partial\phi}\dot{\phi}\right]\Bigg/\left(\frac{\partial u}{\partial T} + \frac{C}{D}\frac{p}{T}\right) \tag{14.10}$$

여기서

$$B = -RT\frac{\dot{V}}{V} + \frac{1}{m}\left(\dot{Q}_w + \sum_j \dot{m}_j h_j - \dot{m}u\right)$$

$$C = 1 + \frac{T}{R}\frac{\partial R}{\partial T}, \quad \text{and} \quad D = 1 - \frac{p}{R}\frac{\partial R}{\partial p}$$

(참고문헌 1 참고). 참고문헌 2로부터

$$\dot{T} = \frac{B'}{A'}\left[\frac{\dot{m}}{m}\left(1 - \frac{h}{B'}\right) - \frac{\dot{V}}{V} - \frac{C'}{B'}\dot{\phi} + \frac{1}{B'm}\left(\sum_j \dot{m}_j h_j - \dot{Q}_w\right)\right] \tag{14.11}$$

여기서

$$A' = \frac{\partial h}{\partial T} + \frac{\partial\rho/\partial T}{\partial\rho/\partial p}\left(\frac{1}{\rho} - \frac{\partial h}{\partial p}\right),$$

$$B' = \frac{1 - \rho(\partial h/\partial p)}{\partial\rho/\partial p}, \quad \text{and} \quad C' = \frac{\partial h}{\partial\phi} + \frac{\partial\rho/\partial\phi}{\partial\rho/\partial p}\left(\frac{1}{\rho} - \frac{\partial h}{\partial p}\right)$$

이제 시간 함수로서 실린더 내 기체의 상태(p와 T로 정의)를 얻기 위해 방정식 (14.1), (14.3), (14.4), (14.9), (14.10) 또는 (14.11)을 사용할 수 있다. $\dot{V}$는 식 (2.6)으로부터 얻어지고, 열역학적 특성과 도함수는 4장에서 설명된 모델로부터 얻어진다

종종 특정 용도의 경우 위의 방정식을 상당히 단순화할 수 있다. 흡기 및 배기 시스템(또는 매니폴드(manifold) 또는 플레넘(plenum)과 같은 이러한 시스템의 섹션)의 경우 $\dot{V}$는 0이며 해리 영향 ($\partial u/\partial p$, $\partial h/\partial p$ 및 $\partial R/\partial p$ 항)은 대개 무시될 수 있다. 압축 과정 중 실린더의 경우에도 역시 해리는 무시될 수 있다. 연소 중 이러한 방정식의 적용은 사용된 연소 모델과 관련이 있다. 디젤 엔진 시뮬레이션에 자주 사용되는 단일 영역 모델(single-zone model)의 경우(10.4항 참조), 연소실 전체를 하나의 계로 다룬다. 스파크 점화기관 시뮬레이션에 사용되는 두 영역 모델(two-zone model)의 경우, 미연소 혼합 영역과 연소 혼합 영역은 $V_u + V_b = V$인 각각 V_u 및 V_b 체적을 갖는 별도의 개방계로 취급된다. 여기서 열 경계층 영역을 포함하는 경우(12.6.5절 참조) 추가적인 개방계를 정의해야 한다.

이 개방계 에너지 보존 방법은 GT-Power[3] 및 WAVE[4]와 같은 엔진 "사이클 시뮬레이션(cycle-simulation)" 코드에 내장되어 있다.

14.3 흡기 및 배기 유동 모델 _Intake and Exhaust Flow Models

14.3.1 배경

흡기 및 배기 시스템의 거동은 엔진 실린더로의 공기 유동과 연소된 가스의 배출을 제어하기 때문에 중요하다. 주어진 속도의 최대 부하에서 최대 공기 유동을 유도하고 엔진 실린더 내에서 질량을 유지하는 것이 주요 설계 목표이다. 공기 유동이 많을수록 연소될 수 있는 연료의 양이 많아지고 생성되는 동력은 커진다. 배기 및 흡기 거동은 실린더 내부에 남아 있는 고온의 잔류 기연 가스(burned gas)의 양을 제어한다. 공기 유동의 중요한 파라미터는 체적 효율(4-행정 사이클 엔진의 경우) 또는 소기 및 급기 효율(2-행정 엔진의 경우)과 각 엔진 실린더의 공기 유동이 동일하다는 것이다(6.2절, 6.6절, 7.6.2절 참조).

모든 매니폴드 모델의 목적에 따라 복잡성과 구조는 중요한 관계가 있다. 목표가 실린더 내 프로세스의 상세한 모델에 입력 또는 경계 조건을 제공하는 것이라면 정교한 흡기 및 배기 시스템 모델이 반드시 필요한 것은 아니다. 매니폴드 유동이 주된 초점이라면, 비정상 가스 유동 현상을 적절하게 기술한 모델이 필요하다. 그런 다음 실린더 내 현상에 대한 간단한 모델로 흡기 및 배기 과정을 연결하기에 충분하다. 흡기 및 배기 유동에 주요 제한이 되는 밸브 및 포트는 주로 매니폴드를 실린더에서 분리한다.

흡기 및 배기 유동의 세부 정보를 계산하기 위해 다음과 같이 세 가지 유형의 모델이 개발 및 사용되고 있다:

1. 밸브 및 포트(및 다른 구성 요소)가 제공하는 제한 사항을 통과하는 유동에 대한 준 평형 모델
2. 중요한 매니폴드 구성 요소의 유한 체적을 설명하는 채움(filling) 및 비움(emptying) 모델
3. 매니폴드 전반에 걸친 유동과 압력의 공간적 변화를 설명하는 가스 역학 모델

이러한 각 유형의 모델은 엔진 거동을 분석하는 데 유용할 수 있다. 목적, 시간 그리고 노력에 따라 적절한 모델 선택은 달라질 수 있다. 이제 각각의 모델에 대해 검토해보자.

14.3.2 준 평형 유동 모델

본 유동 모델에서 매니폴드는 일련의 상호 연관된 구성 요소로 간주되며, 각 요소는 흡기 시스템의 에어 클리너, 스로틀 밸브, 포트 및 밸브와 같은 상당한 유동 제한을 구성한다. 이러한 각 구성요소에 의한 유동 제한은 기하학적 형상과 유량 계수에 의해 정의되며, 보통 정상 상태 조건에서 경험적으로 결정된다. 각 구성 요소를 통과하는 가스 유량은 정상 1차원 유동 방정식[부록 C, 식 (C.8) 및 (C.9) 참조]을 사용하여 계산되며 실제 유동은 준 정상으로 가정한다. 이 구성 요소들은 이들을 통과하는 가스 유동 및 이들 사이의 압력비에 의해 연결되며 구성 요소 간의 질량 축적은 무시된다.

준 정상 모델에서, 관련 프로세스의 시간에 따라 변하는 측면이 충분히 느려(충분한 시간 상수를 가짐) 정상 과정이 준 정상 과정(일반적으로 유동 내의 압력 파)에 가깝게 유지 될 만큼 빠르다고 가정한다. 이러한 모델은 종종 입구 및 배기 밸브를 통해 실린더 안팎으로 유입되는 유동을 계산하는 데 사용된다(6.3절, 6.5절 및 그림 6.20 참조). 밸브의 상류에서 시간에 따른 압력 변화가 알려지거나 혹은 작으면 이는 대체로 큰 플레넘과 짧은 매니폴드 파이프 길이에서 발생하므로 이러한 방법은 유용할 만큼 정확하다. 이 방법은 열역학 기반 분석

에서 엔진 성능 특성을 예측하고 실린더 안팎으로의 질량 유속을 계산하는 엔진 사이클 시뮬레이션과 함께 광범위하게 사용되고 있다(14.4절 참조). 그러나 이러한 방법은 엔진 속도에 따른 체적 효율의 변화를 정확하게 예측할 수 없다. 이는 이러한 변동을 지배하는 현상 중 일부가 이 모델링 방법에서 생략되기 때문이다(6.2절과 6.12절 참조).

14.3.3 채움 및 비움 방법

"채움 및 비움" 모델에서, 매니폴드(또는 매니폴드의 부분)는 가스 질량이 시간에 따라 증가하거나 감소할 수 있는 유한 체적으로 표현된다. 이 모델은 전체 흡기 또는 배기 시스템을 단일 체적으로 취급하는 것부터 흡기 시작 시 공기 청정기, 스로틀 밸브 또는 흡기 밸브와 같은 유동 제한, 체적 간 또는 끝 부분에 있는 여러 영역으로 이러한 시스템을 분할하는 것까지 다양하다. 그런 다음 각 체적은 균일한 상태의 가스를 포함하는 검사 체적(고정된 체적의 개방계)으로 처리된다. 14.2절[식 (14.1), (14.3), (14.9), 그리고 (14.10) 또는 (14.11)]에서 전개된 질량 및 에너지 보존 방정식은 각 체적에 유입 및 유출되는 질량 유속에 대한 정보(예를 들어, 식 (C.8)과 (C.9)와 같이 제한 요소를 통과하는 유동에 대한 방정식에 의해 결정되는 경우)와 함께 각 검사체적의 가스 상태를 정의하는 데 사용된다. 흡기 및 배기 유동의 경우, 이 방정식은 체적이 고정되어 있고($\dot{V} = 0$) 가스 조성은 고정될 수 있기 때문에 단순화될 수 있다($\partial u/\partial p$, $\partial h/\partial p$ 및 $\partial R/\partial p = 0$). 역류가 발생하거나 배기 재순환 가스를 배기 제어에 사용하지 않는 한 연료 분율의 변화는 크지 않으며 흡기 시스템의 경우 벽으로의 열전달($\dot{Q}_w$)을 생략할 수 있다. 이 방법은 단일 기체 온도, 압력 및 조성을 갖는 매니폴드(또는 그 영역)의 내용물(contens)을 특성화한다. 이는 각 실린더가 차례로 흡기 시스템에서 내용물을 끌어당기고 배기 시스템으로 방출될 때 시간에 따라 주기적으로 변화한다. 또한, 엔진 부하 및/또는 속도가 시간에 따라 변하는 과도 조건 하에서, 매니폴드 조건은 새로운 엔진 정상 상태 조건이 성립 될 때까지 변할 것이다. Watson과 Janota[5]는 매니폴드에 채움과 비움 모델의 적용을 보다 자세히 논의했다. 이 모델은 분석되는 각 체적에 해당하는 각 매니폴드 영역에 대해 공간적으로 평균화된 시간 가변성 현상을 특성화 할 수 있지만 매니폴드의 비정상 가스 동역학으로 인한 압력(및 기타 가스 특성)의 공간적 변화를 설명할 수 없다.

스파크 점화기관의 흡기 매니폴드에 채움 및 비움 모델을 적용하는 방법은 7.6.2절에 설명되어 있다. 매니폴드는 스로틀 판이 매니폴드로의 질량 유량을 제어하고 엔진 실린더가 질량 유량을 제어하는 단일 검사 체적으로 분석되었다. 매니폴드 압력 변화율에 대한 방정식 (7.9)을 도출하여 부분 스로틀 조건에서 차량 가속 시작 후 스로틀 개방 각도가 증가함에 따라 스로틀을 통과하는 공기 유량이 어떻게 변화했는지 설명하였다(그림 7.24 참조).

두 번째 예제는 채움 및 비움 모델이 유용할 정도로 정확한 예측을 제공하는 조건을 설명한다. 이는 단기통 2-행정 사이클 루프 소기식(loop-scavenging) 직접 분사 디젤 엔진에 관한 것이다. 엔진은 유동 제한으로 연결된 3개의 개방계(흡기 시스템, 실린더 및 배기 시스템)로 모델링되었다. 매니폴드 출구의 노즐을 사용하여 배기 구동 터빈을 시뮬레이션하여 다양한 배기 매니폴드 체적 및 형상을 조사했다. 실린더 내 모델은 측정된 엔진 성능과 일치하도록 조정되었다. 그림 14.2는 2개의 배기 시스템 체적(V_e)에 대한 배기 시스템 출구에서 예측되고 측정된 압력 변화를 보여준다. 콤팩트 매니폴드의 경우, 측정되고 예측된 압력은 잘 일치했다. 그림의 하단에 표시된 더 큰 배기 시스템 ($V_e/V_d = 5.2$)과 컴팩트 매니폴드에서 역시 일치했다. 더 큰 체적과 긴 파이프 배기 시스템에서만 상당히 불안정한 기체 역학 효과로 인한 압력 변화를 확인하였다. 이는 적절한 비움 및 채움 모델을 사용하면 유용한 예측 도구가 될 수 있다.

14.3.4 가스 역학 모델

흡기 및 배기 시스템의 많은 설계 변수는 성능에 영향을 준다. 이러한 변수에는 1차 통로(primary runners)와 2차 통로(secondary runners)의 길이와 단면적 영역, 다양한 통로(various runners)와 결합하는 플레넘들 또는 결합점(junction)들의 체적과 위치, 접합부에서 통로의 입구 또는 출구각, 엔진 실린더의 수 및 치수, 흡기 및 배기 포트와 밸브 설계, 밸브 양정 및 개폐 시기 등이 포함된다(6.2절, 6.3절, 6.7절 및 7.6절 참조). 대부분의 기하학적인 세부사항은 위에서 논한 모델에 포함될 수 있는 수준을 벗어난다. 각 실린더에 유입 및 유출되는 맥동 특성과 결합하여 이러한 세부 사항은 흡기 및 배기 유동에 상당한 가스 동적 영향을 미치므로 보다 완벽한 모델링 접근이 필요하다.

가스 역학 모델은 엔진 가스 교환 과정을 연구하기 위해 수 년간 사용되었다. 이 모델은 흡기 및 배기의 비정상 압축성 유동에 대해 질량, 운동량 및 에너지 보존 방정식을 사용한다. 일반적으로 *1차원* 비정상 유동 방정식이 사용된다.[a] 이러한 모델은 흡기 및 배기 유동을 연결하기 위해 실린더 내 프로세스의 열역학 분석을 사용하는 경우가 많다. 과거에는 기체 역학 방정식을 푸는 데 특성 곡선법(method of characteristics)이 사용되었다. 유한차분법은 보다 최근의 흡기 및 배기 유동 모델에 사용된다. 이 모델의 기본 방정식과 가정을 검토하려 한다.[7]

비정상 유동 방정식

그림 14.3에 나와 있는 곧은 덕트(straight duct) 내에서 검사 체적을 통한 유동을 고려해보자. 검사 체적의 길이(δx)에 대한 면적 변화가 작기 때문에 유동은 본질적으로 1차원이라고

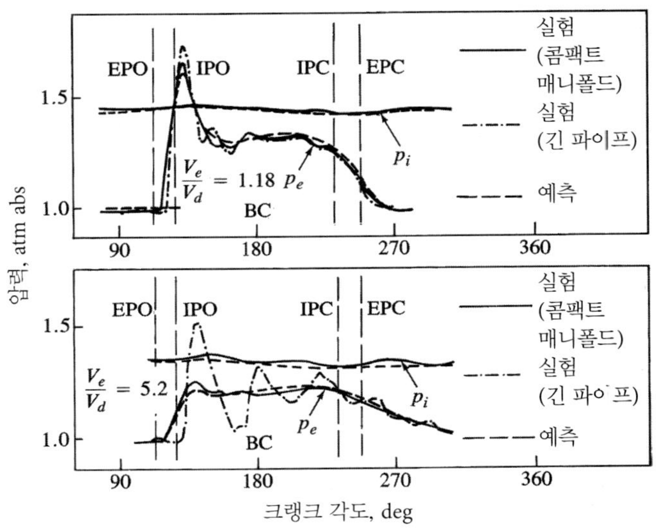

그림 14.2 흡기 및 배기 매니폴드 압력의 비교, 실험데이터 및 채움과 비움의 방법으로 예측된 p_i와 p_e. 단기통 2-행정 루프-소기 직접 분사 디젤 엔진. 상부 및 하부: 배기량 V_d에 대한 배기 시스템 체적 V_e의 다른 비와 배기 매니폴드 형상.[6] EPO, 배기 포트 개방; IPO, 흡기 포트 닫힘; EPC, 배기 포트 닫힘.

[a] 2차원 및 3차원 효과가 때로 중요하며, 14.5절에서 설명된 다차원 유동 모델과 함께 모델링된다.

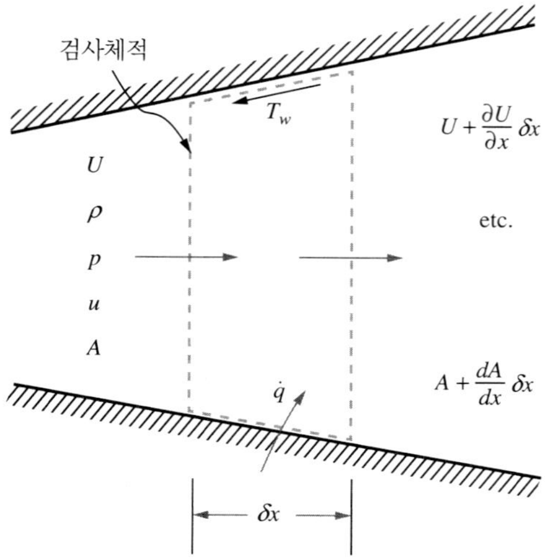

그림 14.3 비정상 1-차원 유동 해석에 대한 검사 체적.

가정한다. 질량 보존은 검사체적 내의 질량 변화 속도가 검사 체적으로 유입되는 순 유동과 동일해야 한다. 즉,

$$\frac{\partial}{\partial t}(\rho A\delta x) = \rho AU - \left[\rho AU + \frac{\partial}{\partial x}(\rho AU)\delta x\right] \tag{14.12}$$

이 방정식은 1차만 유지하면 다음과 같이 단순화된다.

$$\frac{\partial \rho}{\partial t} + \frac{\partial}{\partial x}(\rho U) + \frac{\rho U}{A}\frac{dA}{dx} = 0 \tag{14.13}$$

운동량 보존 방정식은 순 압력과 제어 체적 표면에 작용하는 벽 전단력이 검사체적 내에서 운동량의 변화율과 제어 체적의 순 운동량을 더한 것과 같다. 순 힘과 운동량의 변화는 다음과 같다.

압력 힘: (식)

$$pA - \left(p + \frac{\partial p}{\partial x}\delta x\right)\left(A + \frac{dA}{dx}\delta x\right) + p\frac{dA}{dx}\delta x = -A\frac{\partial p}{\partial x}\delta x$$

전단력 (식)

$$-\tau_w \pi D\delta x = -\xi\frac{\rho U^2}{2}\pi D\delta x$$

여기서 D는 상당 지름($(4A/\pi)^{1/2}$)이며, ξ는 $\tau_w/(\rho U^2/2)$로 주어지는 마찰계수이다.

검사체적 내에서 운동량의 변화율은 다음과 같다.

$$\frac{\partial}{\partial t}(U\rho A\delta x)$$

그리고 검사 체적 표면을 통한 운동량의 순 유출은 다음과 같다.

$$\left(\rho + \frac{\partial \rho}{\partial x}\delta x\right)\left(U + \frac{\partial U}{\partial x}\delta x\right)^2\left(A + \frac{dA}{dx}\delta x\right) - \rho U^2 A = \frac{\partial}{\partial x}(\rho U^2 A)\delta x$$

이 항들을 운동량 보존 방정식에 결합하면 다음과 같은 식이 된다.

$$-A\frac{\partial p}{\partial x}\delta x-\xi\frac{\rho U^2}{2}\pi D\,\delta x=\frac{\partial}{\partial t}\left(\rho UA\,\delta x\right)+\frac{\partial}{\partial x}(\rho U^2 A)\,\delta x \tag{14.14}$$

이를 다시 배열하여 질량보존 방정식(14.13)과 결합하면 다음과 같은 결과를 얻을 수 있다.

$$\frac{\partial U}{\partial t}+U\frac{\partial U}{\partial x}+\frac{1}{\rho}\frac{\partial p}{\partial x}+2\xi\frac{U^2}{D}=0 \tag{14.15}$$

에너지 보존

검사체적에 대한 열역학 제1법칙은 검사체적 표면 내의 열 및 전단일 전달과 검사체적 표면을 통한 유동에 의한 정체 엔탈피의 순 유출로 인해 검사체적 내의 에너지가 변한다는 것을 나타낸다. 정체 엔탈피(h_0)는 다음과 같다.

$$h_0=h+\frac{U^2}{2}=u+\frac{p}{\rho}+\frac{U^2}{2}$$

여기서 u는 유체의 비내부에너지(specific internal energy)이다 (종종 $c_v T$로 근사된다). 검사체적 표면을 통한 전단 일 전달은 0이다. 열전달률 $\dot{Q}_w$는 다음과 같이 주어진다.

$$\delta\dot{Q}_w=\dot{q}\rho A\,\delta x$$

여기서 $\dot{q}$는 검사체적 안으로의 단위 시간당 유체의 단위 질량당 열전달을 나타낸 것이다.

검사체적 내의 에너지 변화율은 다음과 같다.

$$\frac{\partial E}{\partial t}=\frac{\partial}{\partial t}\left[(\rho A\,\delta x)\left(u+\frac{U^2}{2}\right)\right]$$

정체 엔탈피의 순 유출은 다음과 같다.

$$\frac{\partial}{\partial x}\left[(\rho UA)\left(u+\frac{p}{\rho}+\frac{U^2}{2}\right)\right]\delta x$$

따라서 에너지 보존 방정식은 다음과 같다.

$$\frac{\partial}{\partial t}\left[(\rho A\,\delta x)\left(u+\frac{p}{\rho}+\frac{U^2}{2}\right)\right]+\frac{\partial}{\partial x}\left[(\rho UA)\left(u+\frac{p}{\rho}+\frac{U^2}{2}\right)\right]\delta x-\dot{q}\rho A\,\delta x=0 \tag{14.16}$$

추가로 단순화가 가능하다. 식 (14.16)을 확장하고 질량 및 운동량 보존 방정식을 사용하면 다음 식으로 단순화할 수 있다.

$$\frac{\partial u}{\partial t}+U\frac{\partial u}{\partial x}=\dot{q}+2\xi\frac{U^3}{D}-\frac{p}{\rho A}\frac{\partial(UA)}{\partial x} \tag{14.17}$$

만약 u를 $c_v T$로 나타낼 수 있고, $R/c_v=\gamma-1$이 일정하다면, 식 (14.17)은 다음과 같이 재배열하고 단순화할 수 있다.

$$\frac{\partial p}{\partial t}+U\frac{\partial p}{\partial x}-a^2\left(\frac{\partial \rho}{\partial t}+U\frac{\partial \rho}{\partial x}\right)-(\gamma-1)\rho\left(\dot{q}+2\xi\frac{U^3}{D}\right)=0 \tag{14.18}$$

여기서 이상 기체의 음속 a는 다음과 같이 주어진다.

$$a^2=\left(\frac{\partial p}{\partial \rho}\right)_s=\gamma\frac{p}{\rho} \tag{14.19}$$

마찰 및 열전달 효과가 무시될 정도로 작으면 식 (14.15)와 (14.18)을 상당히 단순화 할 수 있다. 이러한 효과가 없으면 유동은 *등엔트로피*(isentropic)이다. 시간에 따라 일정한 균일한 엔트로피를 가지며 종종 *등엔트로피 유동*(homentropic flow)이라고 불린다. 덕트 면적을 무시할 수 있다면 연속 방정식 (14.13) 역시 단순화할 수 있다.

이러한 1차원 비정상 유동 방정식은 자연 흡기 및 터보 차징 방식의 스파크 점화 및 디젤 엔진의 흡입 및 배기 시스템에서의 유동을 연구하기 위해 수년 동안 사용되어왔다. 이 방정식을 풀기 위해 (1) 특성 곡선법과 (2) 유한 차분법과 같은 두 가지 방법이 사용되었다. 특성곡선법은 시공간적으로 1차원적인 수치 정확도를 가지며, 단파장 변이의 분해능이 중요하다면 많은 계산 지점이 필요하다. 유한 차분법은 고차원적이며 보다 효율적이다.[8] 현재는 이 방법이 선호된다. 다음은 유한 차분법에서 경계 조건을 처리하는 방법을 설명한다.

유한차분법

흡기 및 배기 매니폴드에서 1차원 비정상 유동 방정식을 푸는 유한 차분법은 특성 곡선법보다 효율적이고 유연하다. 보존 방정식 (14.13), (14.14), (14.16)을 다시 배열하여 다음과 같이 행렬 형태로 작성할 수 있다.

$$\frac{\partial}{\partial t}\begin{pmatrix}\rho \\ \rho U \\ \rho u\end{pmatrix}+\frac{\partial}{\partial x}\begin{pmatrix}\rho U \\ \rho U^2+p \\ p+\rho U u\end{pmatrix}=\begin{pmatrix}-\rho U\dfrac{dA}{dx} \\ -\rho\dfrac{U^2}{A}\dfrac{dA}{dx}-\rho\dfrac{2\xi U|U|}{D} \\ -\dfrac{4h_c(T-T_w)}{D\rho}-\dfrac{1}{A}\dfrac{dA}{dx}\left(\dfrac{1}{2}\rho U^3+\dfrac{\gamma}{\gamma-1}Up\right)\end{pmatrix} \tag{14.20}$$

점성 전단 유체(fluid viscous shear)는 운동량 방정식의 벽에서의 마찰에 비해 작으며, 열전도 및 점성 소산은 에너지 보존 방정식의 벽에서의 대류 열전달에 비해 무시할 만하다고 판단된다. 이 방정식은 벡터 형태를 가지고 있다.

$$\frac{\partial F}{\partial t}+\frac{\partial G}{\partial x}=H \tag{14.21}$$

여기서 G와 H는 F의 함수이다. 식 (14.21)을 푸는 데 몇 가지 유한 차분법이 사용되었다(예: 참고문헌 7, 8 및 9 참조). 단일 Lax-Wendroff 방법(one-step Lax-Wendroff method)을 설명한다.[9] 식 (14.21)은 시간에 대해 테일러 급수로 전개될 수 있고, 그림 14.4에서와 같이 격자점 주위의 중심 차분(central differences)에 의해 근사화된 시간 및 공간 미분은 다음과 같이 표현 될 수 있다.

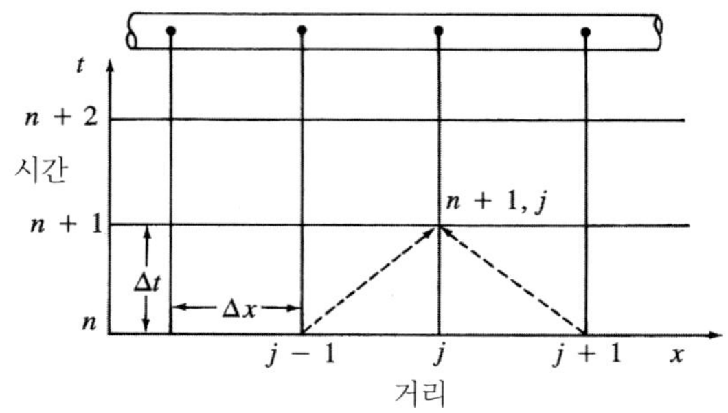

그림 14.4 흡기 또는 배기관에 단일 Lax-Wendroff 방법을 적용하기 위한 시간–거리 평면의 격자.

$$
\begin{aligned}
F_j^{n+1} &= F_j^n - \frac{1}{2}\frac{\Delta t}{\Delta x}(G_{j+1}^n - G_{j-1}^n) + \Delta t\, H_j^n \\
&\quad + \frac{1}{4}\left(\frac{\Delta t}{\Delta x}\right)^2 [(G_{j+1}'^n + G_j'^n)(G_{j+1}^n - G_j^n) - (G_j'^n + G_j'^n)(G_j^n - G_{j-1}^n)]
\end{aligned}
\tag{14.22}
$$

여기서 $G' = \partial G/\partial F$이다. 이 방정식은 H가 작지 않다면 1차 정확도(first-order accurate)이다. 통합 프로세스의 안정성을 위해 시간 간격과 메쉬 크기가 다음 조건을 충족해야 한다.

$$
C = (|U| + a)\frac{\Delta t}{\Delta x} < 1 \tag{14.23}
$$

여기서 C는 쿠란트 수(Courant number)이다.

이러한 유한차분법은 일반적으로 불안정성과 큰 비(non)−물리적 진동이 급격한 기울기를 가진 비선형 문제가 발생하는 것을 방지하기 위해 소산(dissipation) 또는 댐핑(damping)이 요구된다. 물리적 점성(physical viscosity)의 증폭과 인위적 점성(artificial viscosity)의 추가, 댐핑 및 평활화 항(smoothing terms)은 식 (14.22)에 자주 사용되는 기법이다.

파이프 끝과 교차점의 경계 조건은 표 14.1에 나와 있는 것처럼 적절한 보존 방정식과 압력 관계로부터 얻어진다. 유출과 유입은 분명히 질량과 에너지를 보존한다. 제한 조건을 통한 유동의 경우 하류의 압력 회복이 없다. 제한 조건을 통한 유동의 경우 상류 유동은 등엔트로피이다. 파이프 교차점의 경우 보존 방정식이 표의 스케치에서 점선으로 표시된 검사체적(V)에 적용된다. 압력 경계 조건은 실험적으로 결정된 손실 계수(그림 6.7 참조)로부터 계산된 각 파이프 출구 또는 입구에서의 압력 손실로 간단한 일정 압력 가정을 수정하여 가장 쉽게 추정할 수 있다.

해당 기술을 이용한 흡기 및 배기 유동 계산은 허용 범위의 정확도에서 단일 및 다중 실

표 14.1 비정상 1차원 유한요소해석을 위한 경계조건[10]

파이프 끝			
유출(out-flow)	질량	$\rho_1 U_1 A_1 = \rho_2 U_2 A_2$	
	에너지	$c_p T_1 + \frac{U_1^2}{2} = c_p T_2 + \frac{U_2^2}{2}$	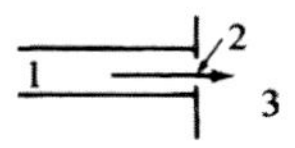
	등압	$p_2 = p_3$	
유입(in-flow)	질량	$\rho_1 U_1 A_1 = \rho_2 U_2 A_2$	
	에너지	$c_p T_3 = c_p T_2 + \frac{U_2^2}{2} = c_p T_1 + \frac{U_1^2}{2}$	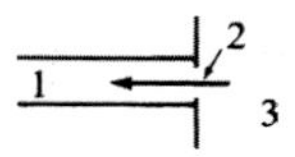
	등엔트로피	$p_2 / \rho_2^\gamma = p_3 / \rho_3^\gamma$	
파이프 교차점			
	질량	$V\frac{\partial \rho}{\partial t} = \sum_i \rho_i U_i A_i$	
	에너지	$\rho V \frac{\partial u}{\partial t} = \sum_i (\rho_i U_i A_i)\left(c_p T_i + \frac{U_i^2}{2}\right)$	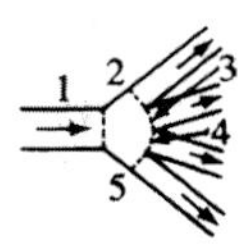
	압력	$p_1 + \Delta p_1 = p_2 + \Delta p_2 = p_3 + \Delta p_3 = \ldots$ $\Delta p_i / p_i = C_i (U_i / a_i)^2$	

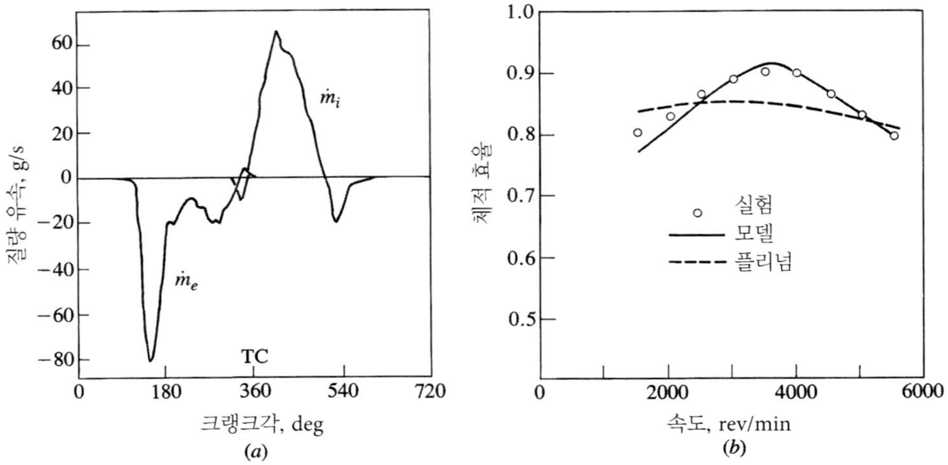

그림 14.5 (*a*) 1번 실린더의 배기 밸브($\dot{m}_e$)와 흡기 밸브($\dot{m}_i$)를 통한 예상 질량 유동; 와이드 오픈 스로틀과 1500 rev/min에서의 4기통 4-행정 스파크 점화 엔진. 실린더로 유입되는 유동은 양(+)이고, 밖으로 배출되는 유동은 음(−)이다. (*b*) 4기통 불꽃 점화 엔진에 대한 와이드 오픈 스로틀에서의 예상 및 측정된 체적 효율. 실선 : 일차원 비정상 유동 모델. 점선: 매니폴드에 대한 무한 플레넘을 기반으로 한 준정상 유동 계산.[8]

린더 엔진의 흡기 및 배기 매니폴드 압력의 변화를 크랭크 각도로 예측한다(예: 그림 6.10 참조).[8,10] 또한, 엔진 속도, 매니폴드 설계, 밸브 치수 및 타이밍과 함께 측정된 체적 효율 변화도 적절하게 예측된다. 그림 14.5*a*는 1500 rev / min의 스로틀 전개(wide-open throttle)에서의 4기통 스파크 점화기관 1번 실린더에 대한 순간 배기 및 흡기 질량 유량을 보여준다. 가스역학 영향이 배기 유동을 왜곡시키는 것에 유의해야 한다. 또한 역류는 배기 밸브를 지나서 실린더로 흐르고, 배기 과정의 끝에서 흡기 밸브를 지나면서 실린더 밖으로 흐르고, 낮은 엔진 속도에서 흡입 과정이 끝날 때 더 큰 역류를 보였다. 그림 14.5*b*는 속도의 함수로서 예측된 질량 유량에 기초한 해당 엔진의 체적 효율을 보여준다. 실험값과 준 정상 유동 방정식 및 매니폴드에 대한 무한 플레넘으로 예측된 값도 표시하였다. 이러한 결과는 흡기 및 배기 시스템 가스 동역학이 피크 breathing 효율이 발생하는 엔진 속도와 전체 엔진 속도 범위의 공기 차징 특성을 결정하는 데 중요한 역할을 한다는 것을 분명히 보여준다.[8]

14.4 열역학 기반의 실린더 모델 _*Thermodynamic-Based in-Cylinder Models*

14.4.1 배경 및 전반적인 모델 구조

흡기 및 배기 중 실린더 내부와 외부로의 물질 전달, 실린더 내 가스와 실린더 헤드, 피스톤 및 실린더 라이너 사이의 열전달 및 연소율(또는 연료로부터의 에너지 방출 속도)이 모두 알려져 있는 경우에 에너지 및 질량 보존 방정식으로 실린더 압력과 피스톤으로의 일 전달을 계산할 수 있다. 이러한 유형의 엔진 모델은 엔진 운전 특성(도시 출력, 평균 유효 압력, 연료 소모율 등)을 예측하고 배기 계산을 위한 가스 상태를 정의하기 위해 광범위하게 개발되고 사용되었다. 이 모델은 엔진의 흡입, 압축, 연소, 팽창 및 배기 과정을 통해 작동 유체의 열역학적 및 화학적 상태 변화를 효과적으로 따른다. 그런 다음 엔진의 도시 성능이 계산되면 마

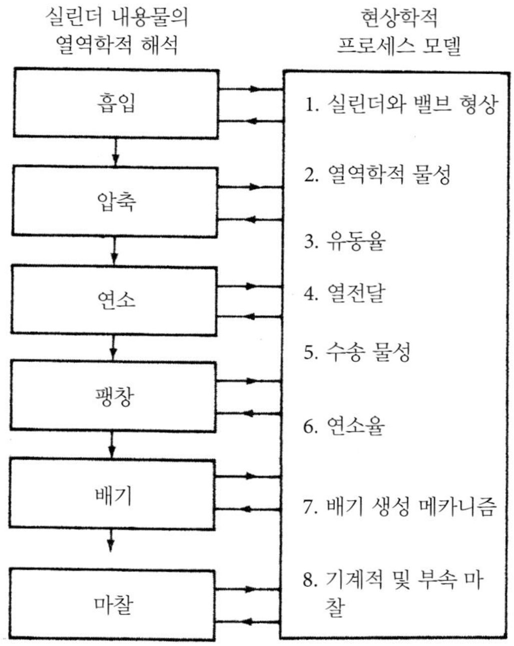

그림 14.6 내연기관 작동 사이클의 열역학 기반 시뮬레이션 논리 구조.

찰일 또는 손실이 차감된다. 펌핑 요소는 흡기 및 배기 프로세스 분석에 포함된다. 여기에서 필요한 현상학적 모델은 기계적(마찰(rubbing)) 및 부속 마찰이다. 총 모델(그림 14.6에 요약)은 흔히 엔진 *사이클 시뮬레이션*이라고 한다

이러한 사이클 시뮬레이션의 시작점은 14.2절에서 개발된 개방계에 대한 열역학 제1법칙이다. 이것은 엔진의 작동 사이클을 순차적으로 구성하는 흡입, 압축, 연소, 팽창 및 배기 과정의 실린더 체적에 적용된다. 이러한 유형의 엔진 시뮬레이션 구조는 그림 14.6에 나와 있다. 그런 다음 각 과정에서 실린더 및 밸브 또는 포트의 기하학적 특성, 미연소 및 연소 가스의 열역학적 특성, 시스템 경계를 통한 질량 및 에너지 전달 및 연소 과정을 설명하기 위해 서브 모델이 사용된다.

흡입 및 압축 중 실린더 체적은 단일 개방계로 모델링된다. 흡기에 대한 식 (14.1), (14.3), (14.10) 또는 (14.11)의 형태로 보존 방정식을 적용한 다음 압축 과정은 다음과 같다.[2]

흡기:

$$\dot{m} = \dot{m}_i - \dot{m}_e \tag{14.24}$$

$$\dot{f} = \frac{\dot{m}_i}{m}(f_i - f) - \frac{\dot{m}_e}{m}(f_e - f) \tag{14.25}$$

$$\dot{T} = \frac{B}{A}\left[\frac{\dot{m}}{m}\left(1 - \frac{h}{B}\right) - \frac{\dot{V}}{V} - \frac{C}{B}\dot{\phi} + \frac{1}{Bm}(\dot{m}_i h_i - \dot{m}_e h_e - \dot{Q}_w)\right] \tag{14.26}$$

여기서 m은 실린더 내의 가스의 질량이다. $\dot{m}_i$와 $\dot{m}_e$는 흡기 밸브와 배기 밸브를 통과하는 질량 유량이고, f는 연료 분율(m_f/m)이다. 첨자 i와 e는 각각 흡기 밸브와 배기 밸브를 통과하는 유동의 특성을 나타낸다. 이러한 유동에 대한 열역학적 특성은 밸브의 상류(upstream) 값이며, 따라서 유동이 실린더 안팎으로 흐르는지 여부에 따라 달라진다.

압축:

$$\dot{m}=0 \quad \dot{f}=0 \tag{14.27a,b}$$

$$\dot{T}=\frac{B}{A}\left(-\frac{\dot{V}}{V}-\frac{\dot{Q}_w}{Bm}\right) \tag{14.28}$$

압력은 식 (14.9)로부터 결정된다.

흡입 및 압축과정 중 작동 유체 혼합물은 변화가 없다. 혼합물과 열역학적 물성은 4.2절과 4.7절에서 설명된 모델을 사용하여 결정할 수 있다. 개방 밸브를 통한 질량 유량은 일반적으로 제한 요소를 통하는 유동(부록 C 및 6.3.2절과 14.3.2절 참조) 또는 채움 및 비움 모델(14.3.3절)에 대한 1차원 압축성 유동 방정식을 사용하여 계산된다. 14.3.4절에 설명된 보다 정확한 비정상 기체 역학 흡기 (및 배기) 유동 모델은 엔진 유량의 속도 변화가 특히 중요한 경우 완전한 엔진 사이클 시뮬레이션에서 엔진 실린더로의 질량 유량을 계산하는 데 사용할 수 있다. 하지만 계산 시간이 증가한다는 단점이 있다. 흡입 및 압축 중 열전달은 12.4.5절에서 설명한 난류 대류 열전달에 대한 Nusselt-Reynolds 수 관계 중 하나를 사용하여 계산된다. 이 상관 관계에 사용된 수송 특성, 점도 및 열전도도는 식 (4.52)~(4.55)와 같은 관계식에서 얻을 수 있다.

스파크 점화기관의 스파크 방전과 압축 점화기관에서 발달된 연료–공기 제트의 자발적 발화로 시작하는 연소 기간 동안 모델링해야 할 실제 프로세스는 더욱 복잡해진다. 연소 또는 화학 에너지 방출 속도를 예측하는 많은 방법이 다양한 시뮬레이션 목적을 성공적으로 충족시키기 위해 사용되었다. 가장 간단한 방식은 단일 열역학 시스템이 전체 연소실을 나타내며, 시뮬레이션 입력의 일부로 지정된 경험 기반 함수의 에너지 방출 속도가 정의되는 단일 구역 모델을 사용하는 것이다. 또는 스파크 점화기관의 경우 난류 예혼합 화염의 준 기하학적 모델이 연소실 내용물(연소되지 않은 가스 영역 및 연소된 가스 영역)의 2구역 분석과 함께 사용하는 것이다. 압축 점화기관의 경우, 발달한 연료–공기 제트의 다중 구역(멀티존) 모델을 사용하여 연소 과정 및 불균일한 실린더 구성 및 상태에 대한 보다 상세한 예측을 할 수 있다. 이러한 연소 모델은 다음 절(14.4.2절 및 14.4.3절)에서 검토될 것이며 *연소 과정*에 대한 적절한 보존 방정식이 개발될 것이다. 디젤 엔진에서 복사열전달은 연소 과정에서 더 중요하다(12.6.3절 참조).

*팽창 과정*은 연소 과정의 연속으로 취급되거나, 일단 연소가 끝나면 압축 중에 유지되는 질량, 연료 및 에너지 보존 방정식의 형태를 사용할 수 있다[식 (14.27), (14.28) 참조]. 실린더 내용물의 단일 구역 개방계 모델에 대한 배기 과정 보존 방정식은 다음과 같다.

배기:

$$\dot{m}=-m_e \quad \dot{f}=-\frac{\dot{m}_e}{m}(f_e-f) \tag{14.29a,b}$$

$$\dot{T}=\frac{B}{A}\left[-\frac{\dot{m}_e}{m}\left(1-\frac{h}{B}\right)-\frac{\dot{V}}{V}-\frac{C}{B}\dot{\phi}+\frac{1}{Bm}(-\dot{m}_e h_e-\dot{Q}_w)\right] \tag{14.30}$$

여기서, 배기 밸브를 통과하는 유동의 엔탈피인 h_e는 실린더에서 배출되는 시점에서의 실린더 평균 엔탈피 또는 실린더로의 역류가 발생할 때 배기 시스템 가스 엔탈피이다.

엔진 운전 사이클은 작동 유체가 시작한 상태와 동일한 상태로 종료되어야 한다. 그림 14.6의 프로세스 순서의 첫 번째 계산의 경우 실린더에서 유체의 초기 상태를 정의하는 물성값이 가정된다. 첫 번째 사이클이 끝날 때 이들 특성 값이 가정된 값과 다른 경우, 불일치가 충분히 작아질 때까지 적절한 새로운 초기 값을 사용하여 사이클 계산이 반복된다. 사이클 시뮬레이션과의 수렴을 위해 몇 번의 반복 계산이 수행된다.

작동 유체 상태는 운전 사이클 전체에 걸쳐 정의된다. 사이클당 피스톤으로의 일 전달을 얻을 수 있다.

$$W_c = \oint p dV \tag{14.31}$$

W_c, 연료 및 공기 흡입 중량, m_f 및 m_a 및 엔진 속도 N에서 엔진의 모든 *도시*(indicated) 성능 파라미터들, 즉 출력, 평균 유효 압력, 비(specific) 연료 소비, 연료 변환 효율성, 체적 효율성, 잔류 가스 분율, 총 열전달 등을 계산할 수 있다. 마찰 모델을 사용하면 도시(indicated) 양을 제동 양(토크 포함)으로 변환할 수 있다.

이와 같이 열역학 기반의 엔진 사이클 시뮬레이션이 보다 정교해지면 엔진 배기 가스 예측에 대해 충분히 상세하게 사이클 전반에 걸쳐 작동 유체 상태를 정의할 수 있다. 배기 가스 형성 메커니즘에 대한 11장에서의 논의는 오염 물질이 어떻게 형성되는지(예: NO_x, CO)에 대한 이해가 합리적으로 완성되어 모델링될 수 있음을 나타낸다. 모델링 현상에 대한 이해가 지속적으로 개선되고 있지만 다른 오염 물질(미연소탄화수소 및 입자상물질)의 형성 과정은 아직 충분히 이해되지 않았다. 엔진 배기 가스 예측 모델의 주요 특징은 11장에서 논의되었다.

연료, 공기, 잔류 가스 혼합물이 기본적으로 균일한 스파크 점화기관용 사이클 시뮬레이션 및 연소 모델은 14.4.2절에서 논의된다. 압축 점화기관 시뮬레이션과 그 연소 모델은 14.4.3절에서 논의된다. 예연소실 엔진 모델에 필요한 특수 기능은 14.4.4절에서 검토된다. 마지막으로 더 복잡한 엔진 시스템인 다기통, 터보차저 및 터보 콤파운드 엔진(turbo compound engine)에 대한 열역학 기반 모델이 14.4.5절에서 논의된다.

14.4.2 스파크 점화기관 모델

이 모델들은 대개 그림 14.6에 나타난 개념 구조를 따른다. 우리는 여기서 성공적으로 개발되고 사용된 연소 서브 모델에 초점을 맞춘다. 열역학 모델링에 대한 단순화된 가정을 허용하는 스파크 점화기관 연소 과정의 특징은 다음과 같다: (1) 연료, 공기, 잔류 가스 차지는 기본적으로 균일하게 예혼합된다. (2) 연료-공기 산화 과정이 실제로 일어나는 반응 구역에 의해 점유된 체적은 간극 체적에 비해 작다-화염이 발달할 때 난류에 의해 주름(wrinkled)지고 복잡하게 되더라도 반응면은 얇다(9.3절 참조). (3) 열역학 분석의 경우 연소 중의 연소실 내용을 2개 구역(미연소 및 연소 구역)으로 분석할 수 있다

유용한 연소실 설계 정보는 화염의 간단한 기하학적 모델로 생성될 수 있다. 강한 스월이 없는 경우, 화염 위치를 정의하는 표면은 구형(sphere) 표면의 일부로 근사될 수 있다. 평균 연소 가스면은 유사하게 근사 될 수 있다. 따라서, 주어진 연소실 형상 및 가정된 화염 중심 위치(예: 스파크 플러그 전극)에 대해, 구형 연소 영역[A_b, 식 (9.43) 참조], 연소된 가스 체적[V_b, 식 (9.42) 참조] 및 연소된 가스에 의해 "젖은(wetted)" 연소실 표면은 주어진 화염 반경(r_b) 및 피스톤 위치에 대해 계산 될 수 있다(크랭크 각도에 의해 정의됨).[b] "모델" 계산의 실질적인 중요성은 첫 번째로, 주어진 연소 속도(S_b, 국부적인 난류 및 혼합 구성에 따라 다름)에 대한 질량 연소율이 식 (9.47)에 의해 주어진 구형 연소 면적(A_b)에 비례하고, 두 번째로, 열전달은 연소된 가스와 벽 사이에서 크게 발생하고 연소된 가스($A_{b,w}$)에 의해 젖은 챔버

[b] 특히, 일부 스월이 있는 경우, 이 구의 중심은 스파크 플러그 위치에서 멀리 대류될 수 있음에 유의하라. 하지만, 강한 스월과 스퀴시 유동만이 화염 표면의 형상의 주요 왜곡을 만든다.

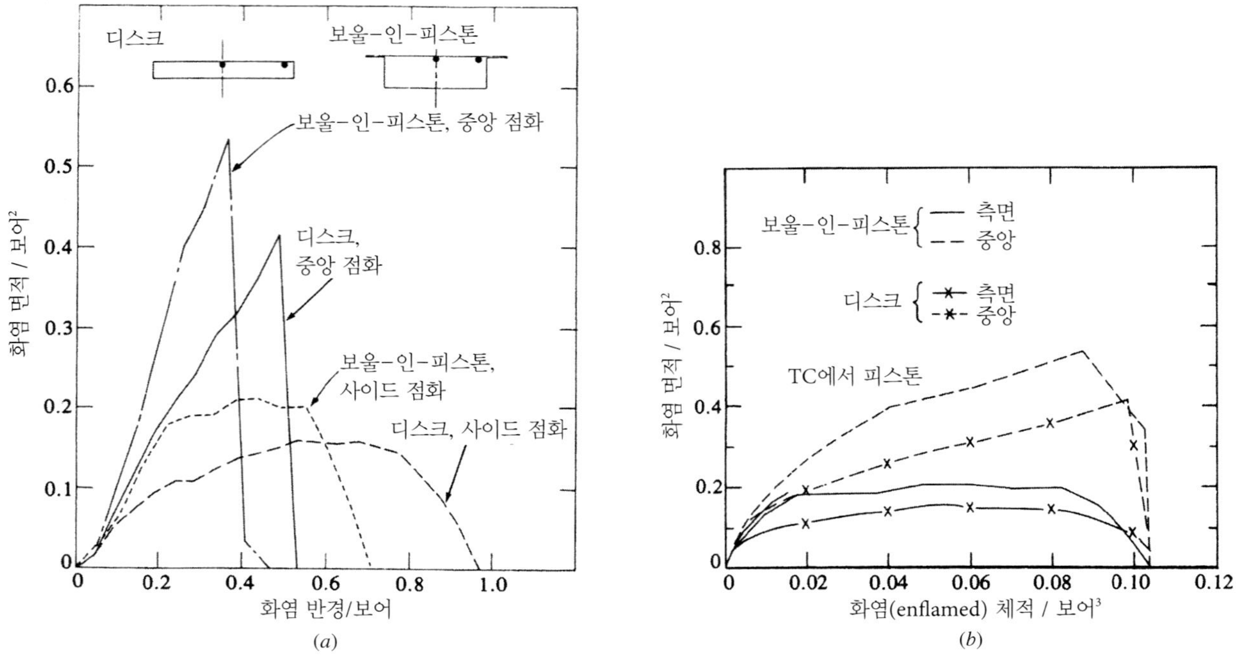

그림 14.7 계산된 불꽃 점화 엔진의 구형 화염 표면적은 실린더 내경 제곱에 의해 스케일링된다: (*a*) 다른 연소실 형상 및 점화 플러그 위치에 대한 화염 반경의 함수 (*b*) 입방체의 부피에 의해 비대칭 볼륨의 함수. 피스톤은 상사점 위치이다.[11]

표면적에 비례한다(그림 12.21 참조). 마지막으로 화염을 가로지르는 밀도 비율(ρ_u/ρ_b)이 대략 일정하고 약 4와 동일하며, 미 연소 가스 부피(V_u) 및 연소된 가스 부피(V_b)는 각각 미 연소 질량 분율($1 - x_b$) 및 연소 질량 분율(x_b)과 관련될 수 있다.

그림 14.7과 14.8은 화염의 기하학적 구조에 대한 계산 결과의 예시이다.[11] 그림 14.7*a*는 2개의 다른 챔버와 2개의 플러그 위치와 상사점의 피스톤 위치에 대한 화염 반경(r_b)의 함수로서 구형 화염 영역(A_b)을 보여준다. 중앙 플러그 위치의 훨씬 큰 화염 영역과 짧은 화염 이동 길이는 명백하다. 이러한 영역 데이터는 그림 14.7*b*에서 보여지는 바와 같이 연소된 가스 부피(V_b)의 함수로 그려질 수 있으므로 연소된 동일한 질량 분율에서 다른 챔버에 대한 $A_b(r_b)$의 비교가 이루어질 수 있다. 중앙 간극 높이가 더 높은 보다 컴팩트한 챔버의 장점은 분명하다. 그림 14.8은 중앙 점화가 있는 개방형 챔버의 화염 반경 및 크랭크 각도의 함수로 실린더 헤드, 실린더 벽 및 피스톤의 연소 가스 젖은 벽면 영역을 보여준다. 실린더 헤드와 피스톤은 연소 가스 온도와 열유속이 가장 높은 팽창 행정 초기에 지배적인 영역이다.

그림 9.4, 그림 9.8 및 그림 9.10에서 볼 수 있듯이, 실린더 압력 데이터의 1법칙 분석에서 결정된 질량 분율과 크랭크 각도 프로파일은 그림 9.15와 같이 무차원 형상을 갖는다. 이 일반적인 연소 프로파일을 계산 입력값으로 사용한 엔진 시뮬레이션을 통해 많은 유용한 분석이 되었다. S자(S-shaped) 질량 분율 연소 프로파일은 흔히 위배(Wiebe) 함수로 표현된다.

$$x_b = 1 - \exp\left[-a\left(\frac{\theta - \theta_0}{\Delta\theta}\right)^{m+1}\right] \tag{14.32}$$

여기서 θ는 크랭크 각도, θ_0는 연소 시작, $\Delta\theta$는 총 연소 지속 시간($x_b = 0$ to $x_b \approx 1$), a와 m은 곡선의 모양을 고정하는 조정 가능한 파라미터이다. 실제 질량 분율 연소 곡선은 $a = 5$ 및 $m = 2$로 맞추었다.[12]

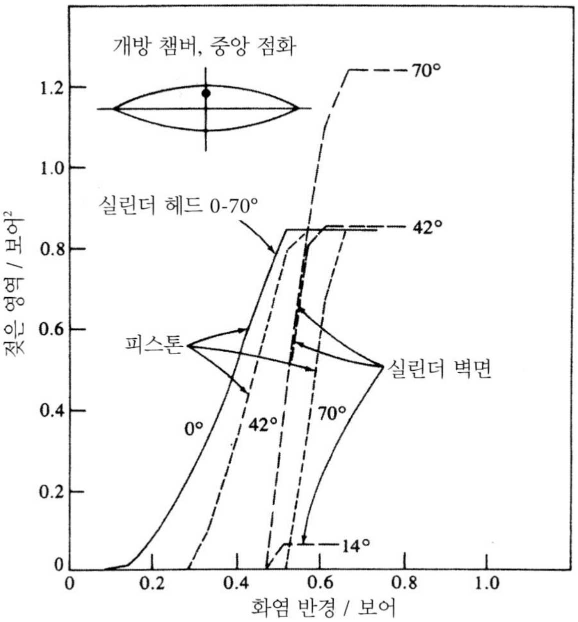

그림 14.8 내경 제곱으로 정규화된 중심 플러그 위치를 가진 개방형 챔버 SI 엔진의 구형 화염 모델을 기초한 반경의 함수로서 계산된 연소 가스 젖은 벽면 영역(피스톤 위치: 0°, 42°, 7°).[11]

개방계에서 보존 방정식[식 (14.1), (14.10) 또는 (14.11)]은 이제 화염 앞의 미연소 가스 구역과 화염 뒤의 연소 구역에 차례대로 적용된다(그림 9.4 참조). 예혼합 엔진의 경우 $\dot{f}$와 $\dot{\phi}$는 0이다. 연소 중 식 (14.10) 또는 식 (14.11)의 $\dot{m}$ 및 $\dot{m}_j$는 화염면을 가로 지르는 질량 유량이다. 이것은 연소되지 않은 구역 시스템의 경우 $-\dot{m}_b$이고 연소된 구역 시스템의 경우 $+\dot{m}_b$이다. $\dot{m}_b$는 $m\dot{x}_b$로 주어지고, $\dot{x}_b$는 식 (14.32)를 미분함으로써 얻어진다.

연소된 가스 상태에 대한 열전달의 영향을 보다 정확하게 계산하기 위해 그림 9.6의 연소된 가스 구역은 단열 코어와 경계층 영역의 두 부분으로 모델링 할 수 있다. 이렇게 하는 이유는 벽에 대한 열 손실은 주로 벽에 인접한 연소된 가스를 냉각시키고, 열 손실로 인한 압력 변화를 통해 간접적으로만 코어 가스(core gas)에 영향을 미친다는 사실을 설명하기 위한 것이다. 개방계의 보존 방정식[(14.1) 및 (14.10) 또는 (14.11)]은 이제 코어 및 경계층 영역에 별도로 적용된다. 경계층 영역은 그림 12.21에서 보여지는 것처럼 연소된 가스에 의해 젖은 연소실 벽 부분을 덮는다. 시간에 따라 증가하는 경계층 영역의 두께 δ_T이다. 경계층 구역의 온도(균일하다고 가정)는 일반적으로 벽 온도와 연소된 가스 코어 온도의 평균으로 취해진다. 식 (14.10) 또는 식 (14.11)은 경계층 가장자리를 가로지르는 질량 유동(엔탈피가 코어-가스 엔탈피와 같음), 벽으로의 열전달, 질량과 상태 변화로 인한 경계층 시스템 내의 에너지 변화, 부피 변화에 따른 작업 전달로 인한 엔탈피 플럭스(flux)를 관련 짓는 데 사용된다.

스로틀 전개 조건과 2500 rev/min에서의 5.7리터 8기통 엔진을 가정한 실린더 압력, 미연소 및 연소 가스 온도, 열전달 속도 및 경계층 두께에 대한 예측에 대한 예시는 그림 14.9와 같다. 이러한 유형의 열역학 모델을 사용하여 만들어진 전체 엔진 성능 파라미터의 적절한 예측은 엔진 데이터와 잘 일치한다. 그림 14.10은 고정 부하 및 속도에서 연료/공기 당량비의 함수로서 도시 연료 소비율 및 배기 가스 온도의 예측을 보여준다. 도시 연료 소비율 예측과 데이터는 잘 일치한다(지연된 타이밍의 매우 희박한 혼합물과 같이 사이클 간의 연소 변

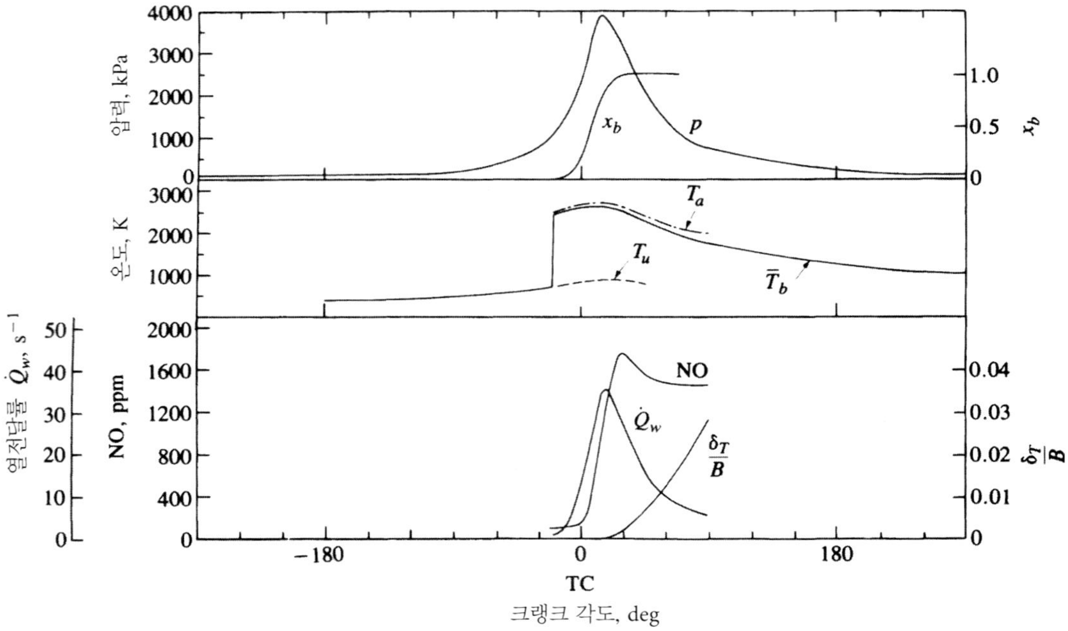

그림 14.9 4-행정 SI 엔진 운전 사이클을 통해 실린더 압력(p), 연소된 질량 분율(x_b), 미 연소 및 연소 가스 온도(T_u = 미 연소, T_a = 단열 연소 코어, $\bar{T}_b$ = 평균 연소 가스 온도), 열전달률($\dot{Q}_w$, 연료 유량 × 발열량값에 의해 정규화됨) 열 경계층 두께(δ_T) 및 연소된 가스의 평균 산화 질소 농도가 열역학 기반 사이클 시뮬레이션에 의해 예측된다. 연료/공기 당량비 = 1.1인 와이드 오픈 스로틀에서 작동하는 5.7 리터 변위 8기통 엔진(2500 rev/min). 총 지시 평균 유효 압력은 918 kPa이고 연료 소비율은 254 g/kW·h이다.[14]

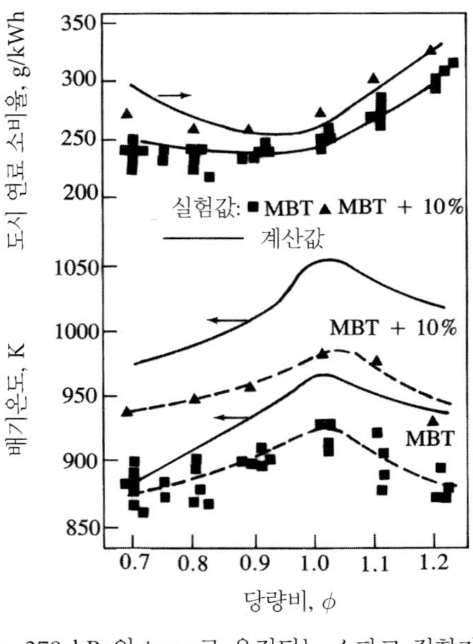

그림 14.10 1250 rev/min, 379 kPa의 imep로 운전되는 스파크 점화기관에서 연료/공기 당량비 변화에 따른 예측 및 측정된 도시 연료 소비율과 배기 온도. MBT: 최대 제동 토크 타이밍, MBT + 10%: MBT 대비 10% 연료 소비 페널티가 있는 지각된 연소 타이밍.[13]

동이 꽤 커서 평균 사이클을 기반으로 한 예측이 정확도가 낮아지는 경우는 제외). 배기 온도에 대한 예측 곡선은 실험 데이터와 동일한 경향을 보여준다. 그러나 배기 온도는 배기 과정

에서 열 손실의 과소하게 적용되었기 때문에 더 높다.[13]

이러한 열역학 기반 사이클 시뮬레이션의 결과는 주요 변수가 엔진 성능 및 효율에 미치는 영향을 예측하는 지표로서 연료-공기 사이클을 대체한다.

이러한 예측의 가치에 대한 유용한 예가 그림 14.11에 나와 있으며, 일정한 연료/공기 당량비, 부하 및 속도에서의 연료 소비가 총 연소 지속 시간 및 챔버 벽에 대한 열 손실의 함수로 계산된다. 그 결과, 연소 증가 지속 시간 및 열 손실은 모두 연료 소비를 악화시킨다.[15] 이러한 데이터는 열전달 감소(예, 연소실 표면적 감소) 및 연소속도 증가로 인한 효율 향상을 평가하는 데 사용될 수 있다. 0~100% 연소 크랭크 각도 기간이 약 60°(약 50°의 $\Delta\theta_{0\text{-}90\%}$에 해당)인 상태에서 bsfc에 대한 열손실의 영향은 약 1/3이다. 사이클당 열손실의 10% 감소(상대적)는 최대 부하 약 1/4에서 3~3.5% 감소를 초래한다. 분명히 엔진 설계 및 운전 파라미터에 대한 연소율 의존은 모델링되지 않는다. 연소율 프로파일은 계산 입력 값이다. 이러한 모델은 다음 중 하나가 가장 유용하다: (1) 연소율 프로파일이 연구 중인 문제에 *중요하지 않은 경우*. (2) 필요한 정보를 가정된 연소율 프로파일의 *범위* 예측이 제공하는 경우.

지금까지는 연소 과정의 세부 사항이 입력값으로 지정된 엔진 사이클 시뮬레이션에 대해 논의했다. 동일한 열역학 기반 시뮬레이션 구조를 연료 연소율을 예측하는 연소 모델과 함께 사용할 수 있다. 다양한 연소 모델이 제안되어 이러한 목적으로 사용되었다. 이들 중 일부는 경험에 기초한다. 더 유용한 모델은 9.3절에 설명된 주름진 얇은 반응 시트 화염 모델에 기초한다. 이 모델은 전반적인 화염 형태가 점화 플러그 또는 그 근처에 중심에 있는 구의 일부에 가깝다고 가정한다. 화염 발달, 급속 연소 및 종료와 같은 연소 과정의 세 가지 단계를 기본 유동 및 화학 원리에서 설명하는 것이 중요하다. 임계 유동 특성은 실린더 내 난류 수준이다(연소 중 국소 rms 속도 변동(u')으로 특징지어짐). 연료-공기 혼합물 구성에 대한 화염

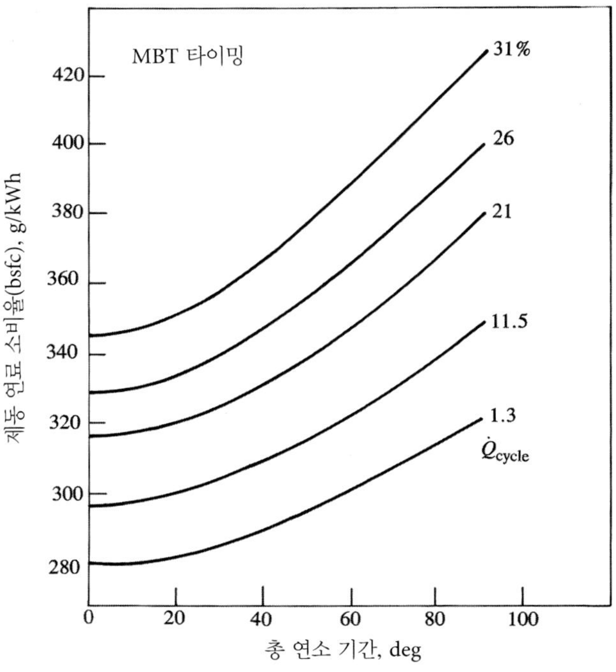

그림 14.11 연소실 벽면에 대한 사이클당 열전달(연료 발열량의 백분율) 함수로써 예측된 제동 연료 소비율과 총 연소 기간[식 (14.32)에서 $\Delta\theta$]. 1250 rev/min, 262 kPa bmep, 상대 공기/연료비 = 1.1, 최대 제동 토크 점화 타이밍.[15]

화학 의존성은 혼합물의 층류 화염 속도를 통해 적절하게 통합될 수 있다.

이러한 기본 틀을 가진 스파크 점화기관 연소 모델이 개발되어 광범위하게 사용되고 있다. 화염면 위치와 실린더 압력 데이터의 결합 분석에 기반하여 Keck과 동료들은[16-18] 다음과 같은 엔트레인먼트(entrainment) 기반의 연소 법칙을 유도했다.

엔트레인먼트 비율(화염 영역으로의 층류 확산 + 난류 엔트레인먼트) :

$$\frac{dm_e}{dt} = \rho_u A_f S_L + \rho_u A_f u_T (1 - e^{-t/\tau_b}) \tag{14.33}$$

혼합물의 연소율(층류 화염 발달 + 유입된 아직 연소되지 않은 질량의 연소) :

$$\frac{dm_b}{dt} = \rho_u A_f S_L + \frac{m_e - m_b}{\tau_b} \tag{14.34}$$

여기서 A_f는 화염 전면(flame envelope) 영역(구의 부분), S_L은 국소 층류 화염 속도, u_T는 난류 엔트레인먼트 속도($u_T \approx u'$), $\tau_b = l_T/S_L$은 특성 연소 시간이며, 여기서 l_T는 난류 유동의 특성 길이 척도다.

그림 14.12는 이 모델의 물리적 기반을 설명한다. 식 (14.33)의 첫 번째 항인 엔트레인먼트식은 "두꺼운" 난류 화염의 대략적인 구형 전면을 가로 지르는 혼합물의 층류 확산을 나타낸다. 두 번째 항은 난류 운동으로 인해 화염에 혼합물이 유입되는 것을 나타낸다. 미 연소 혼합물의 연소 속도를 설명하는 식 (14.34)에서, 첫 번째 항은 층류 화염 전파로 인한 연소를 나타내며, 두 번째 항은 난류 화염 "브러시"(turbulent flame brush) 내의 연소되지 않은 혼합물의 연소율을 나타낸다.

연소 혼합물은 유입된 질량과 난류에 의한 얇은 반응면의 왜곡 및 신축이 발생하는 "주름" 및 "섬(island)"내에 함유된 연소된 양(amount) 간의 차이이다. 이를 흔히 "엔트레인먼트" 또는 "에디 연소(eddy-burning)" 모델이라고 한다. 식 (14.33)에서 괄호 안의 지수 용어는 화염면이 처음에는 구면이고 "유사 층류"임을 나타낸다: 난류 화염으로 발달하려면 약 τ_b의 시간이 필요하다.[c]

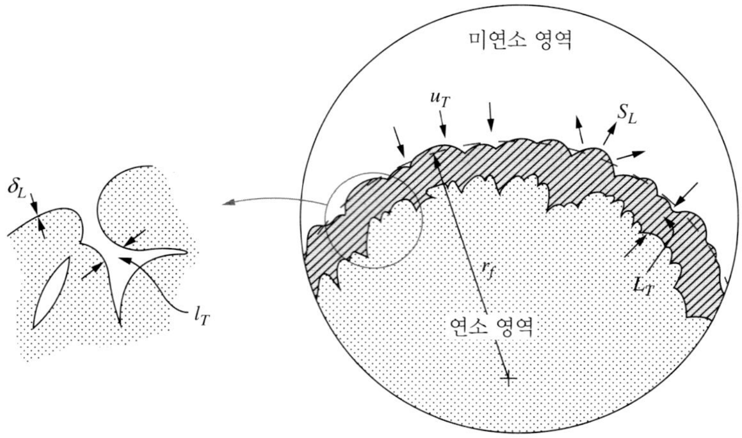

그림 14.12 식 (14.33) 및 (14.34)의 연소 법칙에 대한 물리적 근거를 설명하는 난류 예혼합 불꽃 점화 엔진 화염의 개략도. 대략적으로 구면인 "두꺼운" 난류 화염(점선)은 층류 속도(S_L)에서 바깥쪽으로 확산하고, 새로운 혼합물은 난류 대류로 인해 특성 속도(u_T)에서 이 화염면을 가로지른다. 왼쪽의 개략도는 상세한 화염 구조를 보여준다: δ_L은 반응면 두께이고, l_T는 화염면의 주름에 대한 특성화 스케일이다.

[c] 이 초기 층류 화염 발달 과정은 난류 화염으로의 전환이 발생하는 화염 반경의 항로 표현할 수 있다.[19]

네 가지 중요한 제한조건에서 식 (14.33) 및 (14.34)의 거동은 다음과 같다.

1. 정지 혼합물의 경우, $u_T \to 0$ 또는 $l_T \to \infty$
$$S_b \to S_L \tag{14.35a}$$

2. 초기에, $t \to 0$으로
$$S_b \to S_L \tag{14.35b}$$

3. 준 정상 상태에서 dm_b/dt과 dm_e/dt이 같은 경우
$$S_b \approx u_T + S_L \tag{14.35c}$$

4. 화염 전면이 벽에 도달한 후 최종 연소 단계, $t \geq t_w$ ($\boldsymbol{A}_f \to 0$일 때)
$$\dot{m}_b / \dot{m}_b(t_w) = e^{-(t-t_w)/\tau_b} \tag{14.35d}$$

식 (14.33)과 (14.34)를 적용하기 위해, u_T와 τ_b(또는 $l_T = \tau_b S_L$)의 양을 평가해야 한다. 이를 위해 두 가지 방법을 취하였다. (1) 엔진 화염 데이터로부터 유도된 이들 변수에 대한 경험적 상관 관계의 사용(9.3.4절에서 기술); (2) 이러한 양을 예측하기 위한 보다 근본적인 모델의 사용.

Keck은 여러 세트의 엔진 연소 데이터에 대한 식 (14.33) 및 (14.34)의 적용을 기반으로 u_T 및 l_T 에 대해 다음 상관 관계를 유도했다.

$$u_T = 0.08\bar{u}_i \left(\frac{\rho_u}{\rho_i}\right)^{1/2} \tag{14.36}$$

$$l_T = 0.8L_{\text{iv}} \left(\frac{\rho_i}{\rho_u}\right)^{3/4} \tag{14.37}$$

u_T는 $\sqrt{\rho_u}$에 비례하고(점화 시) 평균 입구 가스 속도($\bar{u}_i = \eta_v (A_p / A_{\text{iv}}) \bar{S}_p$)와 잘 일치하는 것으로 나타났다. 여기서 η_v는 체적 효율, A_p는 피스톤 면적, A_{iv}는 입구 밸브의 최대 개방 면적, $\bar{S}_p$는 평균 피스톤 속도이다. l_T는 밸브 리프트(L_{iv})와 함께 확장되는 것처럼 보인다. l_T는 밀도가 $\rho_u^{-3/4}$에 비례하는 비율로 증가하면 감소한다. u_T와 l_T는 연소 과정에서 일정하지 않지만, 그 변동은 적다.[16]

그림 14.13는 프로판 및 수소 연료 공기 혼합물의 예측과 측정된 화염 반경을 시간의 함수로 정량적으로 비교한 것이며, 전반적으로 서로 다른 거동을 보였다.[16] 이 그림은 모델의 거동과 유효성을 모두 나타낸다. 예측된 연소 가스 팽창 속도 u_b [식 (9.46) 참조]는 연소된 가스 반경의 함수로서 그림 14.13*a*와 같다. 파라미터 u_T 및 l_T는 프로판 데이터에 적합하도록 선택되었다. 그림 14.13*b*는 측정된 화염면 반경 r_f가 예측된 화염과 연소 가스 반경 r_f와 r_b와 잘 일치함을 보여준다. 수소의 초기 팽창 속도는 프로판의 초기 팽창 속도의 약 10배이다. 초기에 $r_f \approx r_b$이고, $S_b \approx S_L$이므로 이 비율이 예상된다. r_b가 커짐에 따라 $(r_f - r_b) \to u_T \tau_b$로 수소 공기 혼합물은 프로판 공기 혼합물보다 몇 배 더 작다.

Tabaczynski와 공동 연구자[20,21]가 개발한 이 방법의 적용은 난류 화염 전파의 다음 모델을 기반으로 한다. 난류 유동장에서의 와도(vorticity)는 Kolmogorov 스케일(l_k)에 필적하는 크기의 와류 층에 집중되어 있다[식 (8.11) 참조]. 이러한 와류 층은 식 (8.15)에 의해 표시된 바와 같이 적분 길이 스케일(l_I) 및 난류 레이놀즈 수의 함수인 테일러 마이크로 스케일(l_M)의 차수의 특성 간격을 갖는 것으로 가정된다. 이러한 난류에 대한 가정들은 점화 지점들이 속

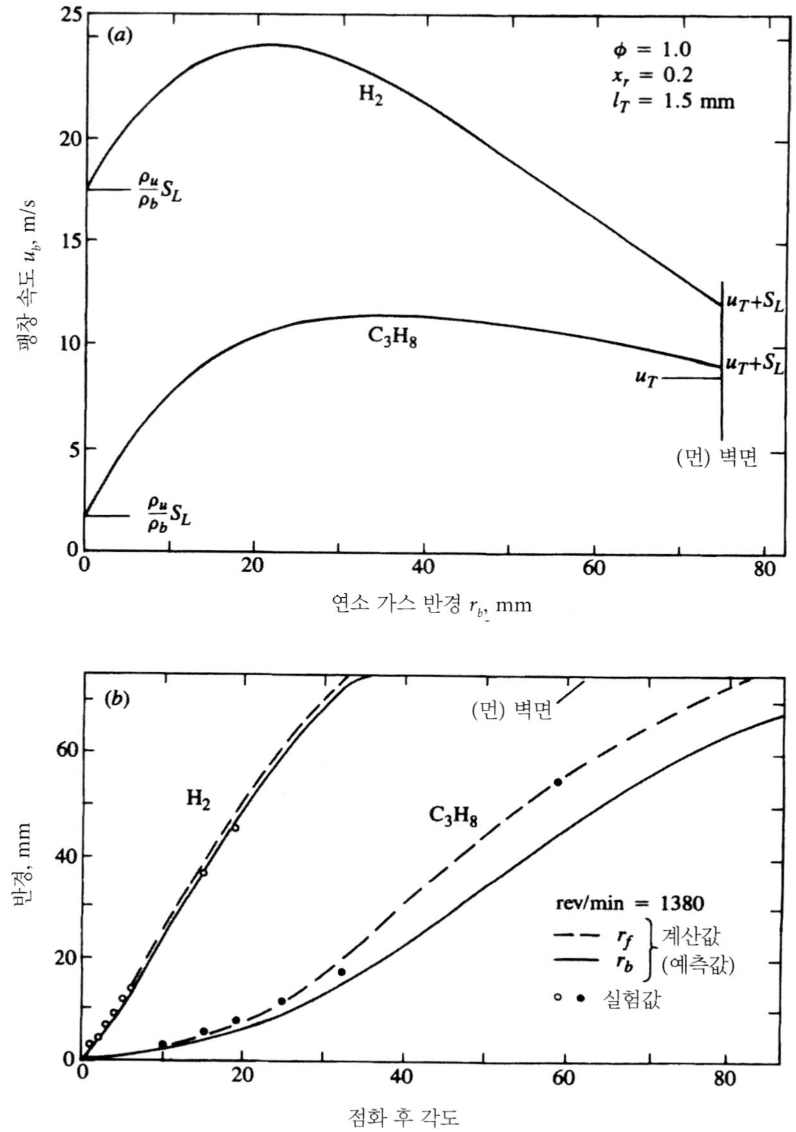

그림 14.13 (*a*) 화학 양론적 수소–공기 및 프로판–공기 혼합물에서 연소 가스 반경(r_b)의 함수에 대한 계산된 연소 가스 팽창 속도(u_b). (*b*) 크랭크 각도의 함수로서 실험에 의해 측정된 값(점)과 계산된 (점선) 화염 반경(r_f)의 비교. 연소 가스 반경(r_b)은 실선으로 표시.[16]

도 $u' + S_L$ (여기서, u'는 국부 난류 강도)로 와류층을 따라 전파된다고 할 수 있다. 와류층들 사이의 반응면의 전파는 층류 과정으로 가정된다. 따라서 식 (14.33)과 (14.34)에서 u_T와 τ_b는 다음과 같이 주어진다.

$$u_T \approx u' \quad \text{and} \quad \tau_b = \frac{l_T}{S_L} \approx \frac{l_M}{S_L} \tag{14.38}$$

여기서, 마이크로 스케일인 l_M은 난류가 균질하고 등엔트로피임을 가정하여, 식 (8.15)를 통해 적분 규모와 난류 레이놀즈 수로부터 결정된다. 그러므로 과제는 u'와 l_I을 평가하는 것 중 하나가 된다.

사용된 한 가지 방법은 연소 과정 시작에서의 난류 강도를 밸브를 통한 평균 흡기 유속과 관련시키는 것이다. 예를 들어,[22]

$$u_0' = \frac{C\overline{S}_p B^2}{L_{iv} D_{iv}} \tag{14.39}$$

여기서 $\overline{S}_p$는 평균 피스톤 속도, B는 보어, L_{iv} 및 D_{iv}는 흡입 밸브의 리프트 및 직경이다. 연소 시작 시 적분 길이 스케일($l_{I,0}$)은 특성 유동 차원, 보통 간극 높이(h)에 비례한다고 가정한다. 그런 다음, 연소하는 동안, 흡기의 미연소 부분은 등엔트로피 압축을 충분히 거친 것으로 간주되어 "에디(eddies)"의 각운동량이 보존되고 길이 스케일은 에디 크기를 따른다. 즉, 단순하고 빠른 변동 과정이 발생한다.

$$u' = u_0' \left(\frac{\rho}{\rho_0} \right)^{1/3} \quad l_I = l_{I,0} \left(\frac{\rho_0}{\rho} \right)^{1/3} \tag{14.40}$$

이 모델은 실험을 통해 부분적으로만 확인되는 난류 강도의 증가와 압축에 따른 길이 척도의 감소를 예측한다.

좀 더 정교한 접근 방법은 주요한 난류 파라미터에 대한 하나 이상의 속도 방정식을 사용하여 난류의 동적 거동을 기술하는 것이다. k는 난류 운동 에너지이고, ε는 k의 소산 속도이다. 난류는 유동장에 의해 생성, 확산 및 소산되므로 난류 운동 에너지 k의 변화율은 다음과 같이 쓸 수 있다.

$$\frac{dk}{dt} = P_k + D_k - \rho\varepsilon \tag{14.41}$$

여기서 P_k는 난류의 체적 생산(volumetric production)을 나타내고, 확산항 D_k는 층류 확산 과정을 지배하는 효과적인 난류 점도를 갖는 구배확산으로서 모델링할 수 있다. 이러한 적용으로, 식 (14.41)은 연소 챔버(또는 챔버 영역)에 통합되어 공간 평균 난류 예측을 제공한다. 그러면 확산 항이 경계 플럭스가 된다. 예를 들어 입구 또는 배기 밸브를 통과하는 유동으로 인해 연소실 경계를 가로 질러 운동 에너지가 전달된다. 소산율(ε)은 다음의 적분 길이 스케일과 관련된다.

$$\varepsilon = C_D k^{3/2} / l_I, C_D = 0.09 \tag{14.42}$$

l_I은 간극 높이에 비례하여 취할 수 있거나($l_I \approx 0.22\ h$), 두 번째 난류 매개 변수에 대한 추가 속도 방정식, 소산율(ε)을 사용할 수 있다. $k - \varepsilon$ 난류 모델이 보다 완전할 때,[23] ε 식은 생산, 확산 및 소산항을 갖는 k식과 유사하다. 이러한 $k - \varepsilon$ 난류 모델은 14.5.2절에서 더 자세히 논의된다.

이 난류 모델은 스파크 점화기관 연소 모델에 포함된다. 참고문헌 24~27에서 세부 사항을 확인할 수 있다.[24-27] 해당 유형의 모델을 통해 질량 연소율의 경향을 예측하는 데 상당한 성공을 거두었다. 확인된 설계 변수에는 스월, 스퀴시, 밸브 양정, 보어/행정 비율이 포함된다. 이러한 모델의 장점은 계산이 간단하여 포괄적인 파라미터 집합이 가능하다는 것이다. 단점은 그럴듯한 다소 임의적인 가정을 포함하는 난류 및 화염 모델의 특별한 특성이다. 그림 14.14는 디스크 모양의 연소실이 있는 엔진의 운전 주기 동안 난류 강도(u')의 변화를 보여주는 샘플 예측이다. 정상적인 밸브 양정 프로파일과 감소된 최대 밸브 양정 프로파일(1/4 표준)이 표시되어 있다. 흡기 과정의 전반부 동안 발생된 높은 난류 수준은 압축 행정의 후반 단계에서 일부 증폭되기 전 실질적으로 감소한다. 감소된 밸브 양정은 잘 알려진 바와 같이,

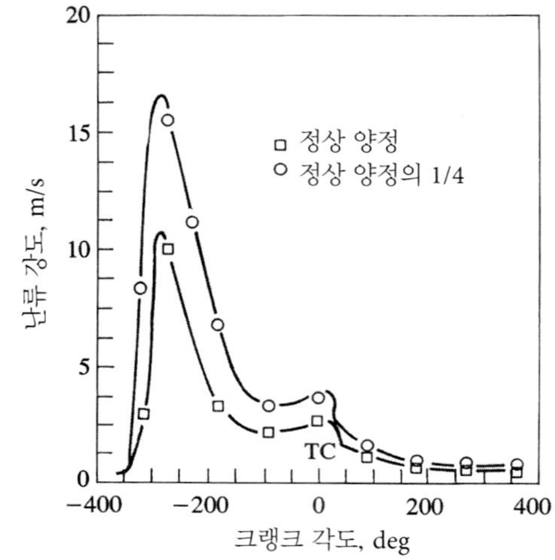

그림 14.14 압축비가 10이고, 1,500 rev/min, 414 kPa imep로 운전되는 가솔린 엔진에서 크랭크 각도와 밸브 양정에 대한 난류 강도 u'의 예측(계산).[26]

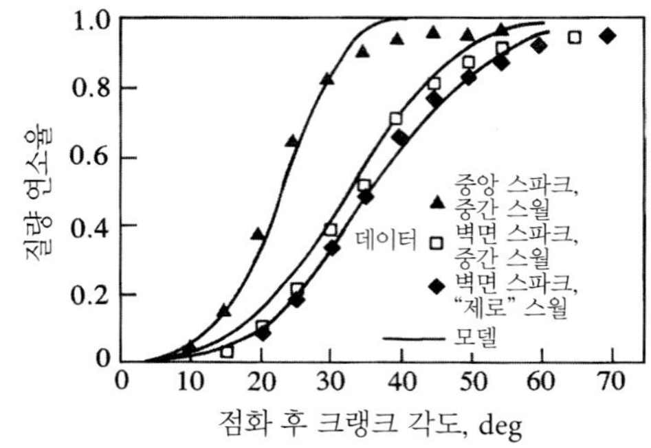

그림 14.15 다양한 스월 레벨과 플러그 위치에 대한 크랭크 각도 프로파일 대 계산 및 측정된 질량연소율.[27]

연소 시에 보다 높은 난류 강도를 생성한다. 연소 중 예측된 난류 거동은 적당한 (약 10%) 상승 및 하강을 나타낸다. 스월은 난류 강도를 증가시키는 것으로 나타났다. 스월이 낮으면 u'가 약 25% 증가한다. 다양한 스월 수준과 플러그 위치에 대한 크랭크 각도 대 예측 및 측정된 질량 분율 연소 프로파일의 비교는 그림 14.15에 나와 있다. 스월의 영향이 적기 때문에 규모가 큰 화염 영역(여기에 표시된 두 개의 제한 플러그 위치: 측면 벽과 중심)의 영향과 중요성이 올바르게 모델링 된다. 이러한 모델은 화염 발달 및 화염 전파 변화의 예측을 통해 스파크 점화기관 설계 및 작동 변수의 변화를 엔진 성능의 변화와 연관시키는 데 유용하다.

위 유형의 연소 모델은 엔진 설계 및 작동 변수의 함수로서 화염 발달 및 빠른 연소 각에 대한 명시적인 관계를 얻는데 사용되었다.[28] 질량 연소율 식 [(14.33) 및 (14.34)]에 대한 식은 전체 연소 과정의 관련 부분에 효과적으로 통합되었다. 난류 특성 속도는 평균 피스톤 속도 ($\bar{S}_p$)에 비례한다고 가정했다. 화염 발달 각은 다음과 같이 다른 것으로 확인되었다.

$$\Delta\theta_d = C(\bar{S}_p \nu)^{1/3}\left(\frac{h}{S_L}\right)^{2/3} \tag{14.43}$$

여기서 ν는 동점성계수($\nu = \mu/\rho$)이고 h는 점화 시의 간극 높이이다. C는 엔진의 기하학적 구조에 의존하고 식 (14.43)을 엔진 데이터와 일치시킴으로써 결정되는 상수이다. 빠른 연소 각(여기서 $x_b = 0.01$과 1.0 사이의 크랭크각으로 취함)은 다음과 같다.

$$\Delta\theta_b = C'\left(\frac{B}{h^*}\right)\left(\frac{\rho_i}{\rho_u^*}\right)^{10/9}(\bar{S}_p\nu^*)^{1/3}\left(\frac{h_i}{S_L^*}\right)^{2/3} \tag{14.44}$$

여기서 C'는 엔진의 형상에 의존하는 상수, B는 보어, 아래 첨자 i는 점화시의 값, 위 첨자 *는 $x_b = 0.5$인 실린더 조건에서의 값을 나타낸다. 이 표현들은 $\Delta\theta_d$와 $\Delta\theta_b$의 경향성과 합리적인 일치를 보여준다.

14.4.3 직접 분사식 엔진 모델

직접 분사식 디젤 엔진의 경우 점화 직전에 하나 또는 여러 개의 인젝터에서 액체 연료가 실린더로 분사된다. 대형 직접 분사 압축 점화기관의 경우, 실린더의 공기 유동은 보통 정지 상태이다. 그러나 중형 및 소형 DI 엔진의 경우 연소 중 피스톤 보울 안의 공기는 일반적으로 크랭크축 회전 속도의 10배까지 실린더 축을 중심으로 소용돌이 치고, 이러한 소용돌이 치는 공기 유동 패턴은 연료 제트 내로 공기가 유입되는 속도를 증가시켜 연료–공기 혼합율을 증가시킨다. 따라서 직접 분사식 디젤 엔진의 점화 및 연소 프로세스(성능) 모델링은 예혼합 스파크 점화기관보다 훨씬 복잡하다. 비정상 액체–연료 제트 현상—미립화, 액체 제트 및 액적 거동, 연료 증발, 공기 유입, 연료—공기 혼합 및 점화 화학—는 모두 열 방출 과정에서 중요한 역할을 한다(10장 참조). 이러한 프로세스의 많은 부분이 아직 충분히 이해되지 않았으므로, 가장 정교한 유체 역학 기반 코드를 사용하더라도 근본적인 기초에서 모든 현상을 모델링하는 것은 아직 불가능하다(14.5절 참조). 그러나 다양한 수준의 자세하고 경험적인 모델이 개발되어 직접 분사식 디젤 엔진 분석에 유용함이 입증되었다.

직접 분사식 가솔린 SI 엔진의 모델링 또한 추가적인 복잡함이 있다. 9.3.5절에서 논의된 바와 같이, DI 가솔린 엔진은 연소 중 실린더 내 연료 분포의 특성에 따라 두 가지(균일 혼합기와 성층화)로 구분된다. 실린더로의 연료 분사가 약간의 복잡성을 추가하는 반면, (흡기 행정 중의) 초기 분사는 연소 시작에 따라 혼합물이 비교적 균일하게 된다(흡기 포트로의 연료 분사, 흡기 밸브 및 포트 표면에서의 기화, 밸브 헤드 및 시트를 지나가는 유동 중에 공기와 혼합하는 것은 보다 균일 한 실린더 내 혼합물을 생성한다). 압축 행정 중반 또는 후반부에 연료가 실린더 내로 분사되는 성층화 DI 운전을 통해 분무 거동, 연료 기화 및 분무/공기 거동 상호 작용이 모두 중요해진다. 그러나 (DI 디젤 엔진에 비해) 분사 시기가 다르기 때문에 이러한 과정은 크게 다르다. 우리는 이 절의 마지막 부분에서 성층화 DI 가솔린 SI 엔진 연소 모델링을 검토한다. 균일 DI 가솔린 SI 엔진은 일반적으로 미리 분사된 균일한 연료 증기, 공기 및 연소된 가스 혼합물에 가깝게 운전할 때 포트 분사식 가솔린 엔진과 같이 모델링된다. 우리는 DI 엔진 연소의 현상학적 모델에 대한 논의를 역사적인 관점에서 접근한다. 그 이유는 전체적인 연소 과정의 중요한 특성을 우선시하는 데 도움이 되기 때문이다. 추가 세부 사항은 제공된 참고 자료에서 찾을 수 있다.

디젤 엔진

이 절에서는 단일 구역(싱글존, single-zone) 열 방출 모델과 디젤에 대한 현상학적 분무 기반 연소 모델의 중요한 특징을 검토한다. 이 모델은 상대적으로 단순하고 적절한 컴퓨터 시간이 요구되기 때문에 디젤 사이클 시뮬레이션 및 광범위한 엔진 시스템 연구에 특히 유용하다.

단일 구역 모델은 실린더 내용물이 평균 상태를 나타내는 특성 값으로 적절하게 설명될 수 있고, 하나 이상의 대수식을 사용하여 열 방출률을 정의한다고 가정한다. 이 공식의 기능적 형태는 실험적으로 관찰된 열 방출 프로파일과 일치하도록 선택된다(10.3.3절 참조). 엔진 설계 세부 사항 및 작동 조건에 따라 달라질 수 있는 이 공식의 계수는 데이터를 적용하여 경험적으로 결정된다. 초기 모델은 점화 지연 기간, 예혼합 연료 연소 단계 및 혼합 제어 연료 연소 단계의 세 가지 주요 단계로 구성된 Lyn에 의해 개발된 디젤 연소의 현상학적 기술(10.3.2절 참조)을 사용했다. 점화 지연 상관 관계는 10.5.6절에서 검토되었다. 주요 열 방출이 발생할 때 두 번째 및 세 번째 단계에 대한 모델이 요약된다(광범위한 검토를 위해 참고자료 29를 참조). 단일 구역 열 방출 방식의 접근법은 간단하다. 그러나 연소 과정을 구성하는 복잡한 현상을 단순화했으므로 실질적인 경험적 입력값을 사용해야한다. 1구역 열 방출 모델은 연료의 화학 에너지 방출 속도를 나타내는 간단한 방정식을 사용한다. 때로는 추정되는 물리적 또는 화학적 제어 프로세스를 모델로 하고 데이터와 비교하여 항상 보정된다.

Watson 등[30]이 개발한 해당 유형에서 광범위하게 사용되는 모델 중 하나는 특히 연소 프로세스의 세부 사항이 주요 목적이 아닌 디젤 엔진의 전반적인 시스템 시뮬레이션에 사용하기 적합하다. 이것은 Lyn의 압축 점화 연소 기술에 기반한다(빠른 예혼합 연소 이후 더 느린 혼합 제어 연소). 각 단계에서 연소되는 분사된 연료 분율은 점화 지연 기간과 경험적인 값으로 연결되어 있다. 하나의 대수 함수는 미리 혼합된 열 방출 단계를 설명하는 데 사용되고 두 번째 함수는 혼합 제어 열 방출 단계를 나타낸다. 이 두 함수는 크게 점화 지연의 함수인 위상 비례 계수 β로 가중치를 부여한다. 그러므로:

$$\frac{m_{f,b}(t')}{m_{f,0}} = \beta f_1 + (1-\beta) f_2 \tag{14.45}$$

여기서 $m_{f,b}$는 연소된 연료의 질량, $m_{f,0}$은 실린더당 사이클당 주입되는 총 연료 질량이며, t'는 연소에 허용된 총 시간으로 무차원화된 시간이다[$= (t - t_{\text{ign}})/\Delta t_{\text{comb}}$].[d] 예혼합 연소 함수 f_1은 다음과 같다.

$$f_1 = 1 - \left(1 - t'^{K_1}\right)^{K_2} \tag{14.46}$$

그리고 혼합 제어 함수 f_2는 다음과 같다.

$$f_2 = 1 - \exp\left(-K_3 t'^{K_4}\right) \tag{14.47}$$

여기서 K_1, K_2, K_3 및 K_4는 경험적 계수이다. 비례 요인 β는 다음과 같이 주어진다.

$$\beta = 1 - \frac{a\phi^b}{\tau_{\text{id}}^c} \tag{14.48}$$

여기서 ϕ는 전반적인 연료/공기 당량비이고 a, b 및 c는 경험 상수이다. 일반적인 터보차저 트럭 엔진의 데이터와의 상관 관계는 K_1에서 K_4까지의 표현으로 나타낸다.[e]

이러한 단일 구역 열 방출 모델은 단순하기 때문에 유용할 수 있다. 하지만 이 모델은 엔진 설계 및 작동 변수를 연소 과정의 세부 사항과 관련시킬 수 없다. 경험에 따르면 단 하나의 함수식만 있는 단일 영역 연소 모델은 일반적으로 충분한 정확도를 가진 실험적으로 결정된 열 방출 프로파일과 맞지 않았다. 단일 구역 열 방출 모델은 실험적으로 유도된 열 방출

[d] 연소 기간 Δt_{comb}는 연소가 완료되어야 하는 임의의 기간이다. 위에서는 125도(크랭크 각도)가 사용되었다.

[e] $K_1 = 2 + 1.25\times10^{-8}\left(\tau_{\text{id}}N\right)^{2.4}$, $K_2 = 5000$, $K_3 = 14.2/\phi^{0.644}$, $K_4 = 0.79K_3^{0.25}$. 여기서 τ_{id}는 점화 지연 기간(ms), N은 엔진 속도 (rev/min)이다. 이 연구에서는 $0.8 < a < 0.95$; $0.25 < b < 0.45$; $0.25 < c < 0.5$를 제공한다.[30]

프로파일을 확인하여 필요한 경우에는 예측을 사용하기 전에 다시 보정해야 한다.

디젤 엔진 성능 및 배기 가스를 예측하기 위한 완전한 열역학 기반의 현상학적 모델의 전반적인 구조는 연소 모델 이상의 모델을 필요로 한다. 모든 중요한 프로세스(흡입, 압축, 연소, 팽창, 열전달, NO_x 및 입자상 물질 배출물 생성 메커니즘)가 포함되고 연결되어야 한다. 그림 14.16은 이러한 *엔진 사이클 시뮬레이션*의 주요 구성 요소와 레이아웃을 보여준다. 분명히 알 수 있듯이, 다양하고 많은 복잡한 하위 모델들이 모여야 한다. 디젤 분무 개발 및 연소 모델의 예가 그림 14.17에 나타나 있다. 이것은 분사부터 연소까지 동일한 연료량을 가진 많은 작은 패킷(packets)들을 가진 분무 모델을 기반으로 한다. 해당 모델의 목적은 스월링 공기 유동 내에서의 분무 발달과 연소실 벽면과의 분무 상호 작용을 추종하는 것이다. 인젝터 노즐을 통해 연소실로 들어가는 액체 연료는 많은 작은 질량 요소로 나누어진다. 분무 거동은 실험에 기반을 둔 상관 관계에 의해 정의된다. 공기 유입은 모멘텀 보존 및 해당 상관 관계에 의해 예측된 분무 속도의 감소로 계산된다. 각 요소 내에서 발생하는 프로세스는 그림 14.17에 설명되어 있다. 연료 액적이 증발하고, 연료 증기가 유입된 공기와 혼합된다. 점화가 발생하면 점화 전 준비된 가연성 혼합물이 급속하게 연소된다. 연소 과정의 지속은 증발에 의한 연료 증기의 생성 속도 또는 유입 속도에 의한 공기의 가용성에 의해 제한 될 수 있다(그림 14.17에서 경로 *A*와 *B*). 분무의 발달은 각 요소로의 공기 유입 및 각 요소의 연소에 의한 팽창으로 결정된다. 분무가 벽면에 도달하면, 분무는 벽을 따라 퍼지는 것으로 가정한다. 분무 주변부가 이웃 분무의 주변부에 도달하면 분무의 측면 성장은 멈추고 벽을 따라

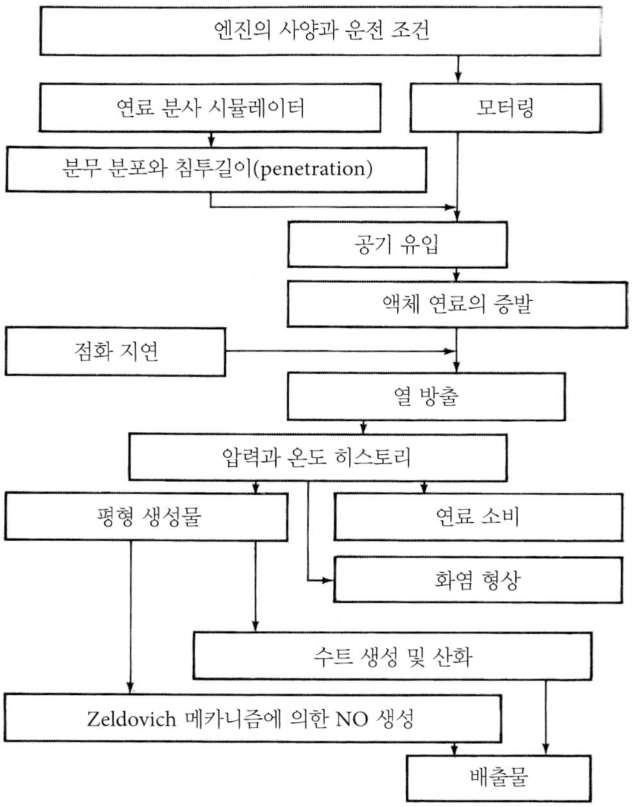

그림 14.16 엔진 성능과 배출물을 예측하기 위한 열역학 기반 DI 디젤 시뮬레이션의 구조.[31]

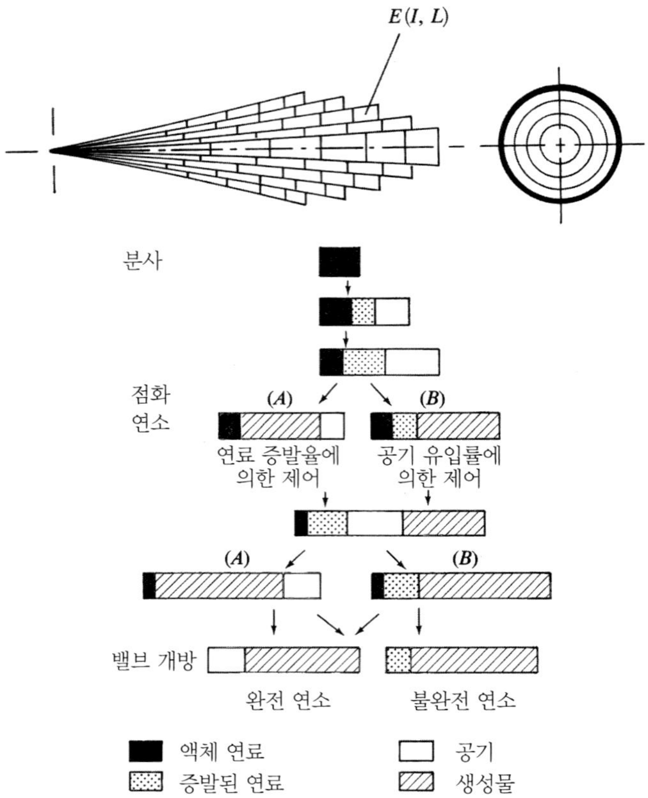

그림 14.17 많은 작은 패키지(각각은 동일한 연료량을 가짐)를 가진 분무 모델과 각 패키지 내에서 일어나는 과정들의 개략도. Hiroyasu 등에 의해 개발되고 사용됨.[32]

요소의 두께가 증가한다. 스월 효과는 접선방향 운동량 고려 사항으로부터 계산된다.

연소실의 열 방출률은 각 요소의 열 방출을 합산하여 구한다. 일산화질소와 수트 생성

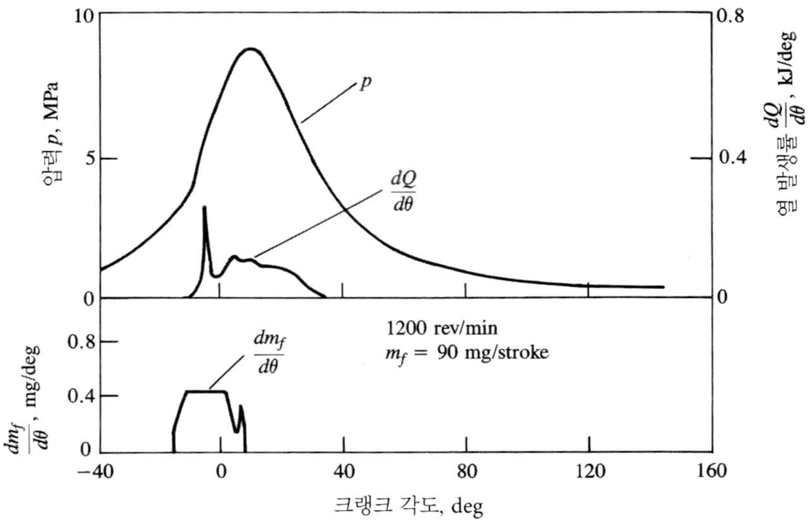

그림 14.18 현상학적인 DI 디젤 사이클 시뮬레이션으로 예측된 연료 분사율, 열 발생률 프로파일, 연소실 압력.[31]

계산은 각 요소의 온도, 기화된 연료, 공기 및 연소 생성물의 시간 이력을 기반으로 한다. 그림 14.18은 위 모델의 결과에 대한 예를 보여준다. 분사율 다이어그램, 가정된 Sauter 평균 입경 크기 및 공기 스월이 분무 현상을 결정하여 열 방출 속도를 예측한다. 이는 실린더 압력 프로파일 역시 결정한다. 예측된 엔진 성능 결과는 데이터와 합리적으로 잘 일치한다. Hiroyasu[33]가 이러한 형태의 제트 모델에 대한 정보를 제공하였다.

디젤 연료 분무 거동에 대한 이해는 이러한 역사적인 모델이 가정하고 구현할 수 있는 것에서 상당히 발전했다. 현재 디젤 연료 분무의 발달을 설명하는 광범위한 상관 관계들을 확인할 수 있다(10.4.2절부터 10.4.6절을 참조). 분무의 리프트-오프(lift-off) 부분을 따라 각각의 분무에 대한 공기 유입 과정이 정량화되었다. 우리는 이제 연료 과농 조건에서 "급속 예혼합" 연소 (2번째) 단계가 각 분무 내에서 발생하고, 주요 연소 단계는 발달하는 각 연료 분무를 빠르게 감싸는 확산 화염에서 발생한다는 것을 이해하고 있다(10.3.4절 참조).

DI 가솔린 엔진

직접 분사식 가솔린 연료 스파크 점화기관은 *균일*(homogeneous) 또는 *성층화*(stratified) 모드로 운전할 수 있다. 균일 모드에서 연소 중 실린더 내 차지(charge)는 일반적으로 균일하게 모델링되기 때문에 충분히 혼합된다. 그러나 실린더 내 차지에 직접 분사하면 분무가 증발함에 따라 해당 차지가 상당히 냉각된다. 가솔린 연료의 경우, 차지 온도의 최대 감소량은 약 20°C이다. 에탄올은 휘발유보다 훨씬 더 높은 기화열을 가지고 있다[100% 에탄올의 경우 최대(잠재적인) 온도 감소는 약 80도]. 에탄올과 가솔린의 혼합물은 증발 냉각 영향을 끼치며 그 사이에 선형적으로 작용한다. 또한 균일 모드에서, 특히 엔진이 충분히 예열되지 않은 경우, DI 분무의 침투(penetration) 및 경로(trajectory)와 그에 따른 액체 연료에 의한 벽 젖음이 중요 할 수 있다. 이 두 가지 효과를 모두 모델링해야 한다.

성층화 모드의 목적은 일반적으로 낮은 부하나 중간부하에서의 실린더 내 균일한 혼합이 아니다. 분사된 연료는 충분한 공기와 혼합되어야 하지만 화학 양론적 혼합물에 가까운 "구름(cloud)"을 형성하기 위해 발달하는 분무 (또는 분무 세트) 내에 머물러 있어야 한다. 따라서 연료 분무 경로와 분산을 모델링하는 것은 중요한 작업이다.

그림 14.19는 분무 모델링 접근법과 모델 결과의 예를 보여준다. 분사된 분무는 준 정상 1차원 난류 가스 제트으로 분석된다.[34] 그림 14.19*a*에서 볼 수 있듯이, 시간의 함수로서 제트의 위치를 기술하고자 한다. 제트 속으로의 공기의 유입은 제트 표면을 따르는 각 지점에서 제트와 그 지점에서 주변 공기 사이의 속도 차이에 비례하는 비율로 발생한다고 가정한다. 제트 축 방향 및 횡 방향의 상대 운동에 대한 비례 상수에 두 가지 경험적 유입 계수가 사용된다.[35] 제트 경로와 크기를 결정하기 위해 연료 질량과 총 질량, 운동량(2개 또는 3개의 직각 방향)에 대한 보존 방정식이 사용된다. 제트는 공기 유입으로 인해 속도가 느려진다.

제트의 굴절은 제트 축에 수직 한 운동량 성분을 갖는 공기의 유입을 형성하고, 제트를 지나가는 공기 흐름의 수직 성분으로 인하여 항력을 형성한다. 이 접근 방법에서 제트 전반에 걸친 속도 및 농도 프로파일은 정의하지 않는다. 모든 제트 축 위치에서의 평균값만 계산한다. 원형 대칭 난류 제트[36]에 대한 실험적으로 결정된 반경 프로파일이 종종 가정된다. 연료 분무가 초기에는 주로 액체이지만, 연료 액적은 기화 및 공기 유입으로 인해 곧 제트 부피의 작은 부분이 된다. 초기 액체 분열 영역의 하류에서, 기화된 연료 및 공기의 속도에 비해 액적의 속도가 작기 때문에, 분무는 기체 제트로 작용한다.

그림 14.19*b*, *c* 및 *d*에 제시된 가스 제트 모델과 실험용 엔진 분무의 비교에서 단일 연료

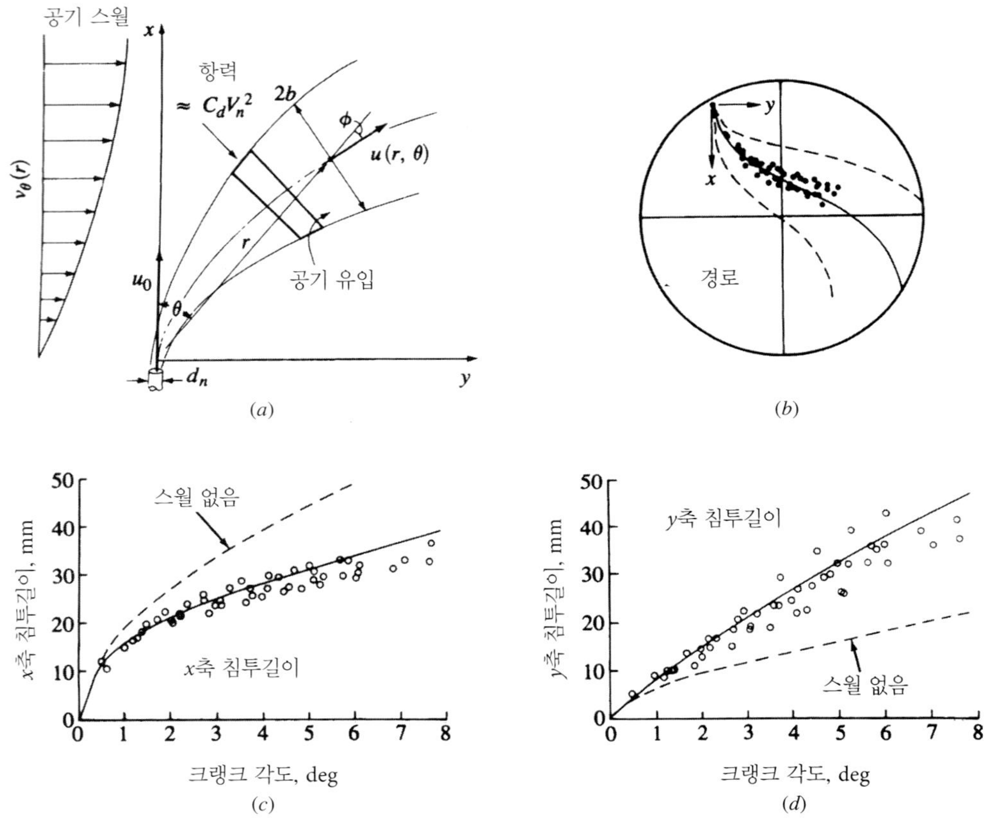

그림 14.19 (*a*) 외부로 향하는 분무가 스월 공기 유동과 상호작용할 때, 분무의 중심선 경로와 폭을 정의하는 데 사용되는 1차원 준-정상 연료 분무 모델의 개략도. (*b*) (*a*)와 같은 형태의 1차원준-정상 분무모델을 이용하여 계산한 분무 경로와 폭(직접 분사 가시화 성층화-차지 엔진에서 얻은 실험 데이터와 비교). (*c*)와 (*d*) 스월의 유무와 시간에 따른 제트 분무 침투길이.[37]

제트를 표시된 위치의 디스크 모양 챔버에 분사하고 슐리렌(Schlieren) 사진을 이용하여 분무 경로를 관찰하였다. 분무 중심선은 대체로 일치하였으며(스월 효과에 유의), 예측된 분무 경계와 측정된 분무 경계도 적절히 일치하였다.

DI 가솔린 엔진의 성층화 운전을 위한 연소 모델은 더욱 복잡하다. 성층화된 실린더 내 혼합기의 연소는 보통 두 단계로 발생한다(9.3.5절 참조). 연료 공기 혼합물의 대부분이 쉽게 연소되는 분무 영역 또는 연료 증기/공기 구름(화학 양론적으로 가깝고 층류 화염 속도가 빠르기 때문에)은 스파크 방전에 의해 점화되며, 난류의 얇은 주름진 층류 화염이 부분적으로 예혼합된 영역을 통해 전파된다. 그 다음에 희박한 지역의 산소와 주위의 공기 중 일부가 뜨거운 후 화염(post flame) 기체로 혼합됨에 따라 화염 표면 뒤의 국부적으로 농후한 지역의 여전히 빠른 연소가 뒤따른다. 그런 다음 연료가 농후한 나머지 포켓(pockets)의 느린 혼합 제어 연소가 발생한다. 이는 마지막에 분사된 연료는 낮은 속도로 연소실로 들어가며, 연료의 미립화가 잘 되지 않아 더 느린 속도로 연료 혼합이 발생하기 때문이다.

연료 분무의 발달 및 기하학적 세부 사항(분무 위치 및 구성과 관련하여 점화 플러그 및 피스톤 보울의 위치)에 포함된 복잡한 연소 프로세스를 분석하는 모델은 GT-Power[3]와 같은 전문 엔진 시뮬레이션 소프트웨어에 내장되어 있다(14.4.5절 참조).

14.4.4 예연소실 엔진 모델

예전에는 소형 고속 압축 점화 엔진은 높은 연료-공기 혼합 비율을 달성하기 위해 보조 연소 챔버 또는 예연소실을 사용했다. 예연소실은 노즐, 통로 또는 하나 이상의 오리피스를 통해 피스톤 위의 주 연소 챔버에 연결되어 있다(1.9, 8.7, 10.2.2절 참조). 보조 챔버는 때때로 스파크 점화기관에서도 사용되어왔다. 9.5.3절에 설명된 플라즈마 및 스파크 점화 시스템은 하나 이상의 오리피스를 통해 주 챔버에 연결되는 작은 예혼합실 또는 구멍에 점화 플러그를 둘러 싼다. 예연소실의 기능은 화염의 초기 성장 속도를 증가시키는 것이다. 주 연소실 내 연소는 점화 프로세스와 후속 에너지 방출에 의해 생성된 예연소실에서 방출되는 하나 이상의 화염 제트에 의해 시작된다(연료 분사 또는 별도의 예연소실의 흡입 밸브로 인해—1.9절 참조). 예연소실 내의 혼합물이 주 연소실의 혼합물보다 풍부하면 이를 성층화-차지 엔진이라 한다.

예연소실이 기존의 연소실 엔진에 비해 추가되는 현상은 다음과 같다. (1) 피스톤 운동으로 인해 메인 연소실과 예연소실 사이의 노즐 또는 오리피스를 통해 가스가 흐른다. (2) 연소 생성으로 인한 압력 상승으로 연소실 사이에서 가스가 흐른다. (3) 연소실 사이의 유동으로 인해 열이 노즐 또는 통로 벽으로 전달된다. 이러한 현상 중 첫 번째는 주로 압축 행정 중의 가스 이동으로 인해 주 연소실과 예연소실 사이의 불균일한 조성 및 온도 분포를 초래하고, 연소 직전의 압축 말기에 예연소실 내의 유동장 특성을 결정한다. 두 번째 현상은 주 연소실에서 에너지 방출 속도를 제어한다. 통로 및 기존의 개방 챔버에 비해 예연소실 설계로 인한 추가적인 연소실 면적으로 인한 열 손실은 엔진 성능 및 효율을 저하시킨다. 따라서 예연소실 개념이 엔진 운전을 예측하기 위해 모델링 되어야하는 엔진 프로세스를 더 복잡하게 한다.

다음 변수는 단일 연소실 엔진의 운전을 지배하는 설계 및 작동 변수 외에 예연소실 엔진 성능 및 배기 가스 특성에 중요하다: 예연소실 형상—크기, 형태, 유동 영역 및 연결 통로 모양; 주 연소실 형상과 관련된 예연소실의 위치; 보조 예연소실 밸브의 형상 및 타이밍; 예연소실 압축-점화 또는 성층화 차지 엔진에서의 연료 제어 전략. 열역학 기반 모델이 개발되어 이러한 변수의 전반적인 영향을 조사한다(참고문헌 38 참조). 또한 CFD 모델(14.5절 참조)은 특정 예연소실 엔진 유동 및 연소 프로세스를 조사하는 데 사용되었다.

예연소실 및 주연소실 내의 연료, 공기 및 잔류 가스 분포 및 해당 온도에 대한 유용한 예측은 간단한 가스 이동 모델을 통해 얻을 수 있다. 연소 중에 발생하는 노즐 또는 오리피스를 가로 지르는 압력 차는 모델링에 필수적인 크기로 충분히 크다. 연소 직전의 상태를 결정하는 중요한 과정인 압축 중 균일 한 압력의 가정은 연소실들 사이의 유동의 계산에 거의 오류를 발생시키지 않는다. 8.5절은 이러한 피스톤 운동에 의한 가스 이동에 대한 적절한 방정식을 개발한다. 14.2절에 주어진 총 질량, 연료 질량, 잔류 가스 및 에너지, 주 연소실 및 예연소실에 대해 열린계에 대한 보존 방정식을 사용한 다음, 이 유동에 따른 시간 함수로 각 연소실의 평균 구성과 온도 변화를 제시한다.

연소하는 동안, 연소실 사이의 연결 통로 또는 오리피스 사이에서 발생하는 압력 차는 유동의 추진력이 된다. 연소가 예연소실에서 시작하기 때문에, 초기 유동은 주 연소실로 유입된다; 나중에, 주 연소실의 열 방출이 지배적이 될 때, 유동은 방향을 바꾸어 예연소실로 들어갈 수 있다. 열역학 기반 모델에서 부록 C에 주어진 제한을 통한 1차원 준 정상 이상 기체에 대한 방정식은 이 두 유동을 두 연소실 간의 압력 차와 관련시키는 데 사용된다. 개방계의 보존 방정식은 각 연소실에서 평균 물성을 계산하는 데 다시 사용된다.

사용된 연소 모델은 경험에 기초하거나(예를 들어, 식 (14.32)와 같은 특정 열방출 또는 질량 연소율 사용[39] 직접 분무 증발, 연료-공기 혼합 및 점화 지연 과정이 포함된 직분사 압

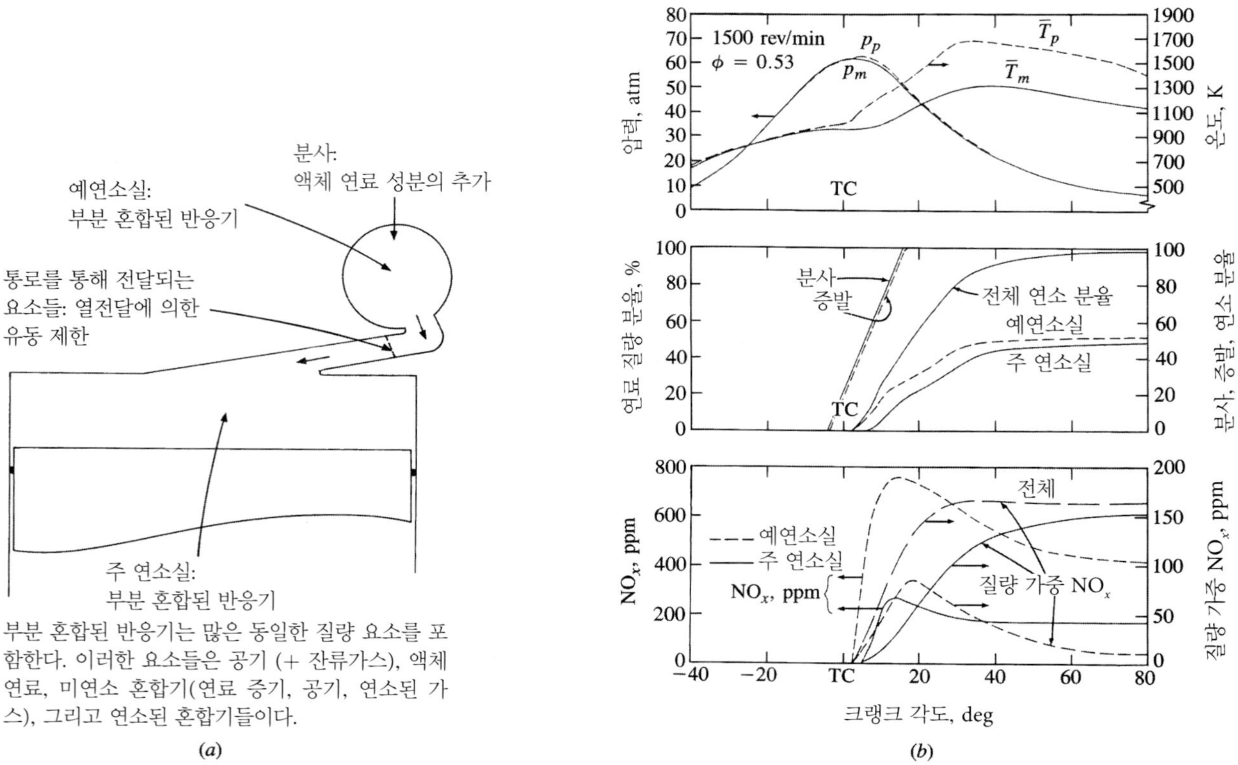

그림 14.20 (*a*) 연결 통로가 있는 예연소실 및 주 연소실에 어떻게 확률통계적인 혼합 모델을 적용하여 난류 혼합 과정과 압력 구동 유동을 시뮬레이션 하는지 보여주는 IDI 디젤 엔진의 개략도 (*b*) 엔진의 운전 사이클을 통한 시뮬레이션 예측의 예시. 그림에 보여지는 것은 예연소실 및 주 연소실의 압력, 평균 가스 온도, 예연소실 및 주 연소실에서 분사, 증발 및 연소된 연료 질량; 각 연소실(그리고 전체)에서의 평균 NO_x 농도[ppm(체적기반), 질량 가중 ppm (연소실의 질량 × 연소실의 NO_x 농도/ 실린더의 총 질량)][43]

축 점화 엔진 모델로부터 개발되었다.[40] 예연소실 엔진 형상에서 이러한 과정은 복잡하기 때문에 상당한 단순화 가정과 경험을 사용해야 한다.

통로와 챔버 벽으로의 열전달은 챔버 사이의 유동에 영향을 받는다. 통로 내에서의 높은 속도는 통로 벽에 대한 높은 열전달 속도를 가져오고, 통로 출구 흐름에 의해 설정된 활발한 유동은 예연소실 또는 주연소실과 같은 연소실의 벽에 열전달 속도를 증가시킨다. 열전달 계수를 Nusselt-Reynolds 수 관계를 통해 평균 유동장 변수와 관련시키는 표준 엔진 열전달 상관 관계는 일반적으로 이러한 열전달 과정을 설명하는 데 사용된다. 길이 척도는 예연소실 또는 주 연소실 또는 통로 치수와 일치하도록 선택한다. 이러한 관계의 특성 속도는 엔진 운전 사이클의 해당 시간에서 이들 각 영역에서의 유동을 나타내는 속도와 동일하다.[41,42]

이러한 예연소실 엔진 성능과 배기 가스 모델의 보다 정교한 효용은 그림 14.20에 표시된 결과로 설명된다. 간접 분사 압축 점화 엔진의 유동 및 연소 과정에 대한 시뮬레이션은 확률 통계학적 혼합 모델을 사용하여 연료/공기 비율 분포 및 연료−에너지 방출 분포를 설명하고, 그에 따라 예연소실 및 주 연소실 내 가스 압력 및 가스 온도 분포를 설명한다(불균일). 가스 조성과 상태가 정의되면 11.2.1절에서 설명된 NO 형성 모델은 NO_x 배출량을 예측하는 데 사용된다. 예 연소실, 주연소실 및 통로 혼합물의 발달을 설명하기 위해 사용된 방법은 그림 14.20*a*에 요약되어 있다.

실린더 내용물은 많은 수의 요소로 나뉘어져 있다. 한 쌍의 요소는 무작위로 선택되어 각 영역의 난류와 관련된 빈도에서 "난류 혼합" 상호 작용을 겪는다. 증발, 점화, NO 형성 속도 과정은 이러한 혼합물의 상호 작용 사이에서 각 요소 내에서 진행된다. 그림 14.20*b*는 샘플 결과를 보여준다. 상사점 근처에서 분사된 연료의 일부가 증발되고 점화 지연이 끝나면 예연소실에서 연소가 시작되고 예연소실 압력(P_p)이 주연소실 압력(P_m)보다 높아진다. 이로 인해 공기, 연료 및 연소된 가스가 예연소실에서 주연소실로 흐른다. 연료 및 농후한 생성물들은 이제 공기와 혼합되어 주 연소실에서 연소될 수 있다. NO는 각 원소의 조성과 상태에 따른 속도로 연소되면 각 질량 원소에 형성되기 시작한다. 대부분의 NO는 예연소실 내에서 형성되고 팽창 과정이 진행됨에 따라 주연소실로 유입된다. 이러한 형태의 배기 가스 계산이 좋은 점은 동역학적으로 제어되는 NO 생성 계산이 평균 및 난류 불균일을 근사화하는 방식으로 국부적인 가스 구성 및 온도에 직접적으로 기초한다는 것이다. 엔진 운전과 배기 가스 예측은 데이터와 잘 일치했다.[43]

14.4.5 다기통 및 복잡한 엔진 시스템 모델

14.4절 이전에 논의된 모델은 내연기관의 각 실린더 내에서 발생하는 프로세스에 중점을 두었다. 대부분의 엔진은 다기통 엔진이며 개별 실린더는 흡기 및 배기 매니폴드를 통해 상호 작용한다. 또한 많은 엔진 시스템은 더 복잡하다. 내연기관을 터보차저 또는 터보 컴파운드로 과급할 수 있으며, 매니폴드는 압축기 또는 터빈을 통해 대기에 연결된다(그림 6.45와 6.8절 참조). 이미 설명된 모델 구성 요소의 유형으로 구성된 관련 엔진 프로세스의 열역학 기반 시뮬레이션은 이와 같은 복잡한 엔진 시스템의 거동을 연구하는 데 매우 유용하다. 엔진의 운전 사이클 전반에 걸쳐 이러한 시스템의 개별 구성 요소와 실린더 사이의 질량 및 에너지 흐름을 설명함으로써 전체 시스템 성능을 예측할 수 있다. 이러한 모델은 일정한 부하 및 속도에서 엔진의 정상 상태와 과도 상태 동안 일정 부하 및 속도 변화(예를 들어, 개별 실린더의 흡기 및 배기로 인한 매니폴드의 시간 변화 조건이 다기통 엔진 거동에 영향을 미치는 경우)에 대한 전체 시스템 응답을 검사하는 데 사용되었다.

그림 14.21의 터보차저 및 터보 컴파운드 디젤 엔진 시스템의 블록 다이어그램은 시스템 구성 요소 간 상호 작용을 보여준다. 구성 요소 간의 질량 및 에너지 흐름과 각 구성 요소 내에서 열 및 일 전달을 설명함으로써 전체 시스템 동작을 연구할 수 있다. 이러한 엔진 시뮬레이션에서, 왕복 실린더, 흡기 매니폴드 및 배기 시스템의 다양한 부분은 연결된 개방계로 간주된다. 이러한 체적들에 유입 및 유출되는 유동은 14.2절의 개방계 보존 방정식을 사용하여 14.3.3절에서 설명된 준-정상 비움 및 채움 접근법을 사용하여 일반적으로 분석된다.

왕복 사이클은 흡입, 압축, 연소 팽창 및 배기와 같은 각 실린더 내에서 일련의 프로세스로 처리된다. 이들은 14.4.1에서 14.4.4절에 이전에 설명한 접근 방법을 사용하여 모델링된다. 열전달은 실린더 내 프로세스에 중요한 영향을 미친다. 또한 터보차저 터빈 및 컴파운드 터빈의 성능은 터빈 입구에서의 가스 상태에 의존하기 때문에 배기 시스템에서 중요하다. 터보 기계 부품의 성능은 일반적으로 각 부품의 효율, 압력비, 질량 유량 및 샤프트 속도를 상호 관련시키는 맵에 의해 정의된다(6.8.2절부터 6.8.4절까지 참조).

왕복 엔진이 터보 기계와 결합 할 때 매니폴드는 더 이상 대기와 직접 연결되지 않는다. 압축기와 터빈의 압력 수준과 질량 유량이 엔진의 압력 수준과 질량 유량과 일치하도록 하는 절차가 필요하다. 다음과 같은 대응 과정은 보다 간단한 유형의 터보차저 엔진에 사용되는 전형적인 방법이다(단일 압축기와 터보차저). 주어진 시간에 다양한 시스템 구성 요소의 상태를 설명하는 변수의 값을 알 수 있다(이전 시간 단계에 걸친 지배방정식의 통합으로). 여기에는 흡기 및 배기 매니폴드 압력과 터보차저 로터 속도가 포함된다. 압축기 입구 압력은 대기압에서 흡기 필터의 압력 강하를 뺀 값이다. 터빈 출구 압력은 대기압과 후 처리 시스템, 배기 시스템 및 머플러 압력 강하를 더한 값이다. 압축기 배출 압력을 흡기 매니폴드 압력에 관련시키고 터빈 입구 압력을 배기 매니폴드 압력(압력강하를 적절하게 통합)에 관련시킴으로써, 각 기계에 걸친 압력비가 결정된다. 따라서 계산된 압력비와 로터 속도를 입력으로 사용하여 압축기 및 터빈 맵을 입력 할 수 있다(후자는 압축기와 터빈 모두 동일). 맵 보간 루틴(map interpolation routines)의 출력은 다음 시간 단계의 각 구성 요소의 질량 유량 및 효율을 결정한다. 이들로부터 압축기($-\dot{W}_C$)를 구동하고 터빈(W_T)을 구동하는 데 필요한 출력(또는 출력 부족)은 각각 식 (6.42) 및 (6.48)에서 결정된다. 초과 동력은 터보차저 동역학 방정식에 따라 로터 속도를 변경한다

$$\dot{W}_C + \dot{W}_T = I_{TC}\omega\frac{d\omega}{dt} + B\omega^2 \tag{14.49}$$

여기서 I_{TC}는 터보차저의 회전 관성이고, ω는 각속도이고, B는 회전 감쇠이다. 다음 시간 단계에 대한 다른 상태 변수의 값은 터보 기계 맵 보간 루틴의 출력에서 압축기 및 터빈 질량 유량을 취하여 각 열린계의 대한 질량 및 에너지 보존 방정식의 해에 의해 결정된다.

이 접근법은 초기 상태를 가정한 변수들로부터 정상 상태 엔진 작동 특성을 설정하는 데 사용될 수 있다(물론, 실린더 내외로의 유동의 맥동 특성으로 인해, 이러한 상태 변수는 고정

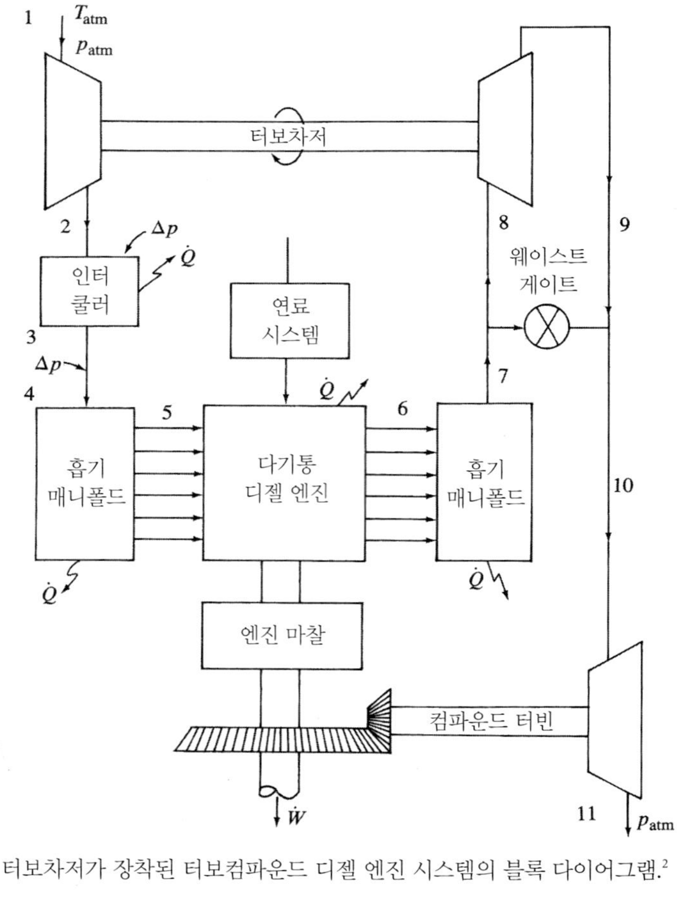

그림 14.21 터보차저가 장착된 터보컴파운드 디젤 엔진 시스템의 블록 다이어그램.[2]

된 엔진 부하 및 속도에서 엔진 사이클 전체에 걸쳐 주기적으로 변할 것이다). 이 접근법은 부하 또는 속도가 정상 상태 조건에서 달라지므로 과도 엔진 운전을 추적하는 데에도 사용할 수 있다. 필요한 추가 입력은 연료 펌프 랙의 위치와 속도의 함수로서의 연료 펌프 전달 특성이며, 후자는 연료 시스템의 동적 거동에 대한 적절한 모델로부터 평가된다. 엔진의 제동 토크[도시(indicated) 토크에서 마찰 토크를 뺀 값], 부하에 필요한 토크(T_L), 엔진 및 부하 I_E 및 I_L의 관성, 연료 속도 또는 엔진 속도의 변화에 대한 엔진 및 부하의 동적 응답은 다음 식으로부터 얻을 수 있다.

$$T_B - T_L = (I_E + I_L)\frac{d\omega}{dt} \tag{14.50}$$

이러한 유형의 엔진 모델의 출력 예시가 그림 14.22에 나타나 있으며, 여기서 전체 부하의 0에서 95%까지의 부하 증가에 대한 터보차저 DI 디젤 엔진의 반응이 표시된다. 예측은 그림 14.21에 표시된 유형의 모델에서 비롯되며 엔진 세부 정보는 실험 구성과 일치한다.[44] 시뮬레이션은 합당한 정확도로 과도 상태 엔진의 데이터를 추적한다. 가정된 연료 분사 시스템 응답으로, 이 과도기간 동안 갇힌 혼합물의 당량비는 공기 유동의 증가가 연료 유동의 증가보다 뒤떨어지기 때문에 화학양론비에 가깝게 상승한다. 이로 인해 과도한 스모크가 배출된다. 이러한 모델은 과도 응답에 대한 엔진 시스템 설계 변경의 영향을 조사하는 데 매우 유용하다.[45]

2단 터보차저 또는 터보 컴파운드 시스템의 경우 엔진 터보차저 매칭 프로세스가 더 복잡하다. 그림 14.21의 두 터빈 사이의 배기 매니폴드와 대기 사이의 압력비의 분배는 선험적으로 알려지지 않았다. 또한 2대의 압축기는 알려진 흡입 압력 비율 분포와 다르다. 가정된 질량 유량에 기초한 반복적인 절차로 2개의 터빈 사이의 압력 수준을 결정하여 배기 시스템을 통한 질량 흐름 및 압력 연속성이 충족되도록 한다(예시, 참고문헌 2 참조).

현재 다양한 유형과 크기의 내연기관의 성능과 배출물을 분석하기 위한 상업용 엔진 시뮬레이션 소프트웨어가 높은 수준의 정교함과 완전성으로 제공된다. GT-Power[3]는 널리 사

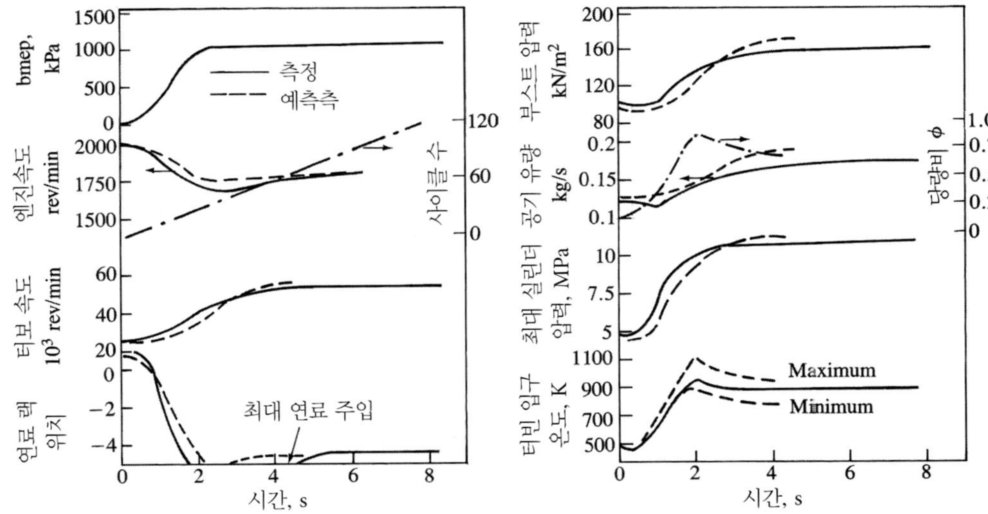

그림 14.22 부하 증가에 따른 터보차저가 장착된 직접 분사식 디젤 엔진의 예측(---) 및 측정(−)된 반응.[44]

용되고 있는 포괄적인 모델 중 하나이다. GT-Power는 다양한 연료조건에서 작동하는 자연흡기 엔진, 터보차저, 수퍼 차저, 터보 컴파운드가 장착된 엔진, 스파크 점화 엔진, 디젤 엔진, 균일 차지 압축 점화(HCCI) 엔진을 분석하는 데 사용될 수 있다. 또한 이 소프트웨어는 정상상태 또는 과도상태의 엔진 운전을 예측할 수 있으며, 가변 밸브 타이밍 및 리프트가 통합되어 있다. 이 절에서 검토된 기본 원리에서 공기 유동 및 체적 효율, 연료 소비 및 연료 전환율, 토크 및 출력 곡선 및 배기 가스를 계산한다. 흡기 및 배기 시스템의 음향 분석, 배기 가스 후처리 시스템(촉매와 필터)의 배기 가스 분석 분석, 매니폴드 및 실린더 부품의 유한 요소 열분석을 수행한다.

14.4.6 엔진 프로세스의 열역학 제2법칙 분석

발전소 성능을 평가하는 열역학 제1법칙 기반의 방법은 엔진 시스템 내에서 작동 유체의 열역학적 상태의 회복 불가능한 저하를 야기하는 프로세스를 명확하게 식별하지 않는다. 그러나 열역학 제2법칙 기반의 분석 방법은 이러한 복구 불가능한 에너지 저하를 식별하고 정량화하는 기능을 제공한다. 따라서 이러한 손실을 개별 엔진 프로세스와 관련시키는 인과 관계를 결정할 수 있다. 이 절(14.4절)에 요약된 제1법칙 해석 방법은 에너지가 모든 엔진 구성요소 및 프로세스에서 보존된다는 사실에 기반한다. 따라서 이 방법은 화학 물질, 열 및 기계와 같은 에너지를 한 형태에서 다른 형태로 전환시키는 것을 고려한다. 제2법칙 분석은 에너지는 보존되지만 다양한 형태의 에너지가 유용한 일로 변환되는 정도가 다르다는 것을 나타낸다. 유용한 일을 수행하는 이 기능은 *유용성(availability)*으로 정의된다.

주어진 상태에서 계의 유용성은 계가 대기와 평형을 이루기 위한 가역적인 과정을 거치기 때문에 계와 그 주변 대기의 조합으로부터 얻을 수 있는 유용한 일의 양으로 정의된다. 이것은 계와 계가 상호 작용하는 환경의 특성이며 그 값은 계의 상태와 대기의 특성에 따라 달라진다. 유용성은 보존되는 특성이 아니다. 유용성은 계가 겪는 모든 프로세스에서 비가역적으로 파괴된다. 유용성 파괴가 발생하면 시스템이 유용한 일을 수행할 가능성이 영구적으로 줄어 든다. 따라서 엔진 시스템 내에서 발생하는 프로세스를 적절히 평가하려면 에너지와 유용성을 동시에 고려해야 한다.

내연기관 프로세스의 현실적인 모델에 대한 가용성 분석의 기초는 5.7절에서 이미 설명되었다. 계의 경계에서 일, 열 및 물질 전달이 발생하는 프로세스(그림 5.13 참조)를 거치는 시스템의 유용성 변화는 다음과 같이 나타낼 수 있다.

$$\Delta A = A_{\text{in}} - A_{\text{out}} - A_{\text{destroyed}} \tag{14.51}$$

여기서 A_{in} 및 A_{out}은 계의 경계를 통해 계에 대한 유용성 전달을 나타낸다. 유용성은 보존되는 양이 아니므로 이 방정식은 유용성 파괴항($A_{\text{destroyed}}$)을 풀 때만 사용할 수 있다. 표 14.2는 계의 유용성 변화에 대한 식과 5.7절에서 설명된 계의 경계를 통한 일, 열 및 물질 전달과 관련된 유용성 전달을 요약한 것이다.

유용성 균형은 다음과 같이 내연기관 작동 사이클에 적용된다. 이 절(14.4절) 위에서 설명한 유형의 제1법칙 기반의 사이클 분석은 작동 유체의 열역학적 상태 변화와 총 엔진 사이클을 구성하는 각 프로세스에서 발생하는 일, 열 및 물질 전달을 정의하는 데 사용된다. 각 프로세스의 기간 동안 유용성 균형을 통합한 다음 해당 프로세스 중에 발생하는 유용성 파괴의 정도를 정의한다.

이 절차를 설명하기 위해 224 kW의 정격 출력과 2100 rev/min의 속도로 작동하는 10리터 6기통의 터보차저가 장착된 후냉각(aftercooled) 직접 분사 4-행정 사이클 디젤 엔진의

표 14.2 다양한 과정에서 가용한 에너지 방정식

메커니즘	방정식
일 전달	$dA_w = dW$
열전달	$dA_Q = dQ(1 - T_0 / T)$
가스 전달	$dA_g = dm_g[(h - h_0) - T_0(S - S_0)]$
액체 연료 전달	$dA_f = dm_f(1.0338Q_{\text{LHV}})$
검사 체적 저장	$dA_{cv} = d\{m_{cv}[(u - u_0) - T_0(s - s_0) + p_0(v - v_0)]\}$

* 연료의 가용성은 연료 저위 발열량의 1.0338배이다(5.7절 참고).
하첨자 0는 표준 대기 조건에서의 물성치를 표시함에 유의하라

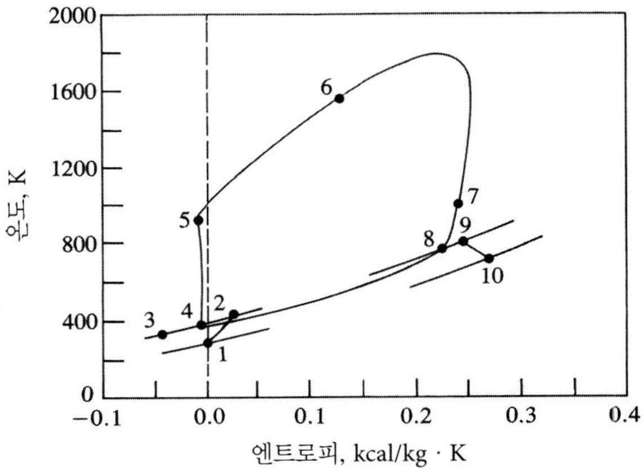

그림 14.23 터보차저가 장착된 후냉각 DI 디젤 엔진의 흡기에서 배기까지의 과정에 따른 작동 유체에 대한 *T-s* 다이어그램. 10리터 6기통 엔진은 정격 출력(224 kW) 및 속도(2100 rpm/분)에서 작동한다. 텍스트는 번호가 매겨진 최종 상태에 발생하는 프로세스와 관련이 있다.[46]

운전 사이클을 고려하였다. 온도, 에너지 및 엔트로피의 변화는 제1법칙 기반 분석으로 결정된다. 그림 14.23은 대기로부터의 공기 유입구(상태1)에서 대기로 배출되는 배기 가스(상태 10)까지 일련의 과정을 거치면서 작동 유체에 대한 *T-s* 다이어그램을 보여준다.[46] 유입 공기는 터보 압축기에서 상태 2로 압축되고(비가역성 요소) 후냉각장치(aftercooler)에 의해 상태 3으로 냉각된다. 상태 3에서의 공기는 실린더 내로 흡입되어 흡기 과정의 끝에서 실린더 가스가 나타날 될 때까지 잔류 가스와 혼합(비가역적)된다. 그 혼합물은 이어서 상태 5로 압축(적당한 열손실 발생)된다.

연료 공급은 상태 5 근처에서 시작한다. 후속 연소는 라인 5~6을 따라 연소실 압력 및 온도를 증가시킨다. 상태 6에서 열 방출, 열전달 및 체적 변화율은 최대 실린더 압력에 도달(상사점에서 약간 지난 지점)하는 정도이다. 상태 6부터 7까지 연소가 완료되면 연소된 가스가 계속 팽창하여 피스톤 일을 하고 벽면으로 열을 잃는다. 상태 7에서 배기 밸브가 열리면서 상태 8에 해당하는 압력으로 배기 매니폴드와의 신속한 압력 평형이 시작된다. 가스가 실린더에서 배기 매니폴드로 배출된다. 흡기 밸브가 열리면 실린더 내 잔류 가스는 상태 3에서 유입 공기와 혼합되어 상태 4에서 가스를 생성하여 사이클을 완료한다. 실린더에서 배출된 배기 가스는 추가 열역학적 손실을 겪고 상태 9로 나타낼 수 있다. 그 다음 이들 가스는 터보 과급기 터빈을 상태 10으로 통과하여 압축기를 구동 시키는 데 필요한 일을 제공한다.

표 14.3 6기통 14리터 자연 흡기 및 터보차저 디젤 엔진(2100 rev/min)에 대한 제1 및 제2법칙 분석 비교[47]

	자연흡기		터보차저
	제1법칙, % 연료 에너지	제2법칙, %연료 유용성	
도시일*	40.3	39.1	43.9
연소 손실	—	15.9	19.2
실린더 열전달	25.1	21.4	17.6
흡기 밸브 스로틀링	—	0.7	0.7
배기 밸브 스로틀링	—	2.5	2.3
압축기 손실	—	—	1.4
터빈 손실	—	—	0.8
대기로 배출	34.6	20.4	14.1
전체	100.0	100.0	100.0
제동 출력, kW	185	185	220

* 2법칙 평형에 대한 도시일은 1법칙 평형에 대한 것보다 더 낮음에 유의하라. 이는 연료의 유용성이 연료 발열량의 1.0317배이기 때문이다.

자연 흡기식 디젤 엔진의 제1법칙 및 제2법칙을 표 14.3에서 비교하였다. 또한 해당 엔진의 터보차저 방식에 대한 제2법칙 분석도 표시하였다. 이 결과는 각 프로세스에서 발생하는 유용성 손실에 대해 정의한 값을 보여준다.

자연 흡기 엔진에 대한 제1법칙 및 제2법칙 분석 결과를 고려해보자. 연료 에너지의 25.1%가 열전달 형태로 연소실을 빠져나가는 동안 유용성 전달은 연료 유용성의 21.4%에 해당한다. 일로 변환될 수 있는 열전달의 최대양을 나타내는 것은 후자의 숫자이다. 표는 연료 에너지의 34.6%가 배기 가스로 엔진에서 배출되는 것을 보여준다. 그러나 제2법칙에 따르면 배기 가스에는 연료의 사용 가능한 에너지의 20.4%만 포함되어 있다. 이 양의 비율은 이상적인 열역학적 장치를 사용하여 배기 에너지의 약 60%만이 일로 변환 될 수 있음을 보여준다.[f] 배기 가스는 고온의 주변 압력 상태에서 시스템을 떠나며, 따라서 (P_0, T_0와 같은 기준 상태 대비) 높은 엔트로피를 갖는다. 이는 표 14.2의 가스 전달 방정식에 따라 배기 가스 유동의 유용 에너지를 감소시킨다.

표 14.3에서 연소 손실로 지칭되는 양은 연소 기간 동안의 연소실에 대한 유용성 평형으로부터 결정된다. 식 (14.51)에서 "유용성 파괴(availability destroyed)"라는 용어는 실제 연소 과정과 완전히 가역적인 과정의 편차를 나타낸다. 제2법칙 분석은 연소 비가역과 관련된 유용성 손실이 연료 유용성의 16% 또는 19%임을 보여준다. 이 손실은 그림 5.17에 표시된 것처럼 엔진이 작동하는 전체 당량비에 따라 달라진다. 터보차저가 장착된 엔진에서 입증된 바와 같이 희박한 공기/연료 비율의 연소는 증가된 과잉 공기 및 낮은 벌크 온도 조건에서 연료-공기 연소 생성물의 혼합으로 인해 보다 높은 부분 유용성 손실을 제공할 것이다. 전반적으로 이러한 비교에서 가장 중요한 점은 연소실 벽과 엔진에서 나오는 배기량에 대한 열손실의 가능성이 실린더에서 전달된 에너지의 크기만큼 크지 않다는 점이다. 이상적인 열역

[f] 물론 실제 열역학적 장치들은 이상적인 장치들보다 더 적은 일을 생산한다.

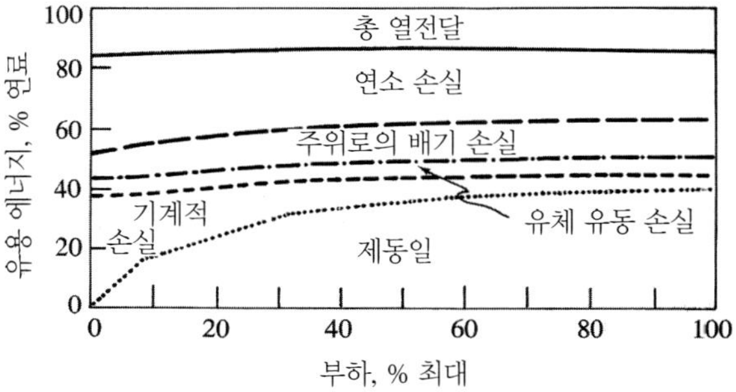

그림 14.24 그림 14.23에서 설명한 엔진에 대한 부하 변화에 따른 유용 에너지의 분포 특성.[46]

학적 일을 생산하는 장치로도 이러한 에너지 전달 중 일부는 궁극적으로 열의 형태로 주위에 방출되어야 한다.

표 14.3의 두 번째와 세 번째 열을 비교해 보면 제1법칙 및 제2법칙 분석을 통해 얻은 결과는 터보차저가 어떻게 자연 흡기 엔진의 성능을 향상시키는지 보여준다. 터보차저가 장착된 엔진의 제동 연료 변환 효율은 33.9%에서 39.2%로 상당히 향상되었다. 이 표는 터보 차징을 통해 열손실 및 배기 가스 유동과 관련된 유용성 전달이 41.8%에서 31.7%로 감소하고 (약 10% 차이), 연소 및 추가 터보 기계 유용성 손실이 15.9%에서 21.4%로 증가함(약 5%의 차이)을 보여준다. 터보 차징을 통해 다음과 같은 변경 사항이 적용되었다. 과급 엔진의 보다 희박한 공기/연료 비율 운전은 과잉 공기를 혼합하고 가열하기 위해 연료 화학 에너지의 더 많은 부분을 사용하기 때문에 연소 유용성 손실을 증가시키지만, 연소 가스 온도가 낮을수록 열손실이 감소하고 실린더 배기 온도가 낮아진다. 또한 터보차저는 실린더 배기 가스에서 유효 에너지를 흡입 공기로 전달한다. 감소된 열손실과 더 낮은 최종 배기 가스의 유용성 수준은 상당한 성능 향상을 제공한다.[47]

제2법칙 분석 결과를 해석하기 위해서는 원하는 결과가 제동일이고, (주어진 연료 유동에서) 이 값이 증가하면 성능과 효율성이 향상된다는 것을 기억해야한다. 다른 모든 유용성 조건은 시스템에서 손실 또는 바람직하지 않은 전달을 나타내며, 이러한 현상을 줄이면 개선 효과가 있다. 이러한 바람직하지 않은 유효 에너지 전달 및 파괴 조건은 5가지 범주로 나뉜다: (1) 열전달; (2) 연소; (3) 유체 유동; (4) 대기로 배출; (5) 기계적 마찰. 열전달로 구분되는 유효 에너지 유동은 열전달로 인해 발생하는 모든 유용성 전달의 합을 나타낸다. 이들 중 가장 중요한 것은 실린더 내 및 후냉각 열방출이다. 연소 손실은 연료의 화학 포텐셜을 열에너지로 방출하고 연소 생성물을 과잉 공기와 혼합 할 때 발생하는 비가역으로 인해 파괴된 유효 에너지의 양을 나타낸다. 유체 유동 손실은 유체 전단 및 스로틀링으로 인해 압축기, 후냉각기, 흡기 밸브, 배기 밸브, 배기 매니폴드 및 터빈의 작동 유체 내에서 파괴된 유효 에너지를 포함한다. 윤활제 전단 및 기계적 마찰로 인해 파괴된 유용성은 이러한 작동 유체 과정 가용성 손실과 별개이다.

그림 14.24는 엔진 부하의 함수로서 연료 유용성의 백분율로 표현된 터보차저가 장착된 6기통 10리터 배기량의 직접 분사 디젤 엔진에 대한 이러한 카테고리의 유용성 전달 또는 손실을 보여준다. 열전달과 관련된 연료 유용성의 백분율은 부하 범위에 따라 거의 변하지 않는다. 연소 손실은 엔진의 점점 희박한 운전으로 인해 부하가 감소함에 따라 22%에서 33%로 증가한다. 유체 마찰 손실(%)은 더 큰 질량 유량으로 인해 부하가 증가함에 따라 약간 증가한다. 총 엔진 마찰은 절대값에서 거의 일정하므로 제동 출력이 0이 되면 상대적 중요도가

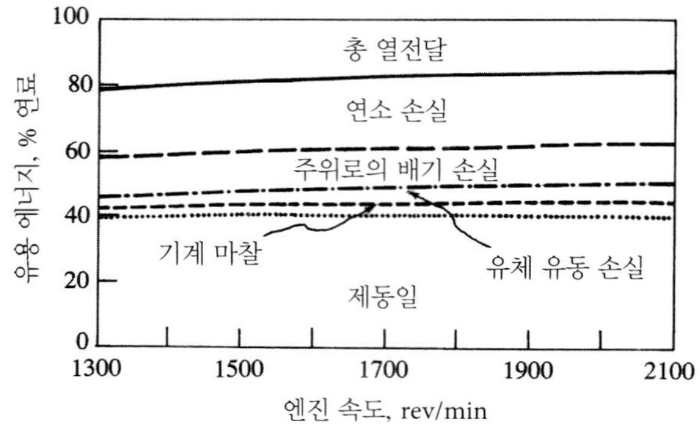

그림 14.25 그림 14.23에서 설명한 엔진에 대한 엔진 속도 변화에 따른 유용 에너지의 분포 특성.[46]

크게 증가한다. 부하가 100%에서 0%로 감소함에 따라 배기 유량이 12%에서 8%로 감소한다.

그림 14.25는 (전부하에서) 다양한 엔진 속도의 영향을 보여준다. 열전달과 관련된 유용성은 16~21%의 속도 범위에서 변경된다. 각 사이클 중 더 많은 시간이 더 낮은 속도에서 열전달이 발생한다. 유체 유동과 마찰 손실은 속도가 감소함에 따라 약간 감소한다. 다른 유용성 손실은 기본적으로 연료 유용성의 일정 비율로 유지된다.[46]

14.5 유체역학 기반 다차원 모델 _*Fluid-Mechanic-Based Multi-Dimensional Models*

14.5.1 기본 접근법과 지배방정식

지배 보존 방정식의 수치 해법에 의해 엔진 내에서의 유동장의 상세한 예측, 그리고 그 유동장에 의존하는 열전달 및 연소 과정은 중요한 공학적 목표가 되었다. 이러한 전산유체역학(CFD) 기반 모델링 접근 방법은 지난 수십 년 동안 개발되어 왔다. 이제 실제 형상으로 엔진 구성 요소에서 복잡한 유체 유동을 예측할 수 있다. 흡기 및 배기 유동의 전반적인 동적 거동은 1차원 비정상 유동−동적 계산으로 유용하게 연구될 수 있지만(14.3.4절 참조), 실린더 내, 흡기 및 배기 포트 내에서의 유동은 일반적으로 불안정하고 3차원이다. 계산 능력의 증가와 충분히 근거가 제시된 난류 및 연소 모델의 개발은 현실적인 3차원 계산을 가능하게 한다. 가스 유동 패턴이 가장 잘 예측 될 수 있다. 연료 분무 거동에 대한 예측은 완전하지 않으며, 근본적으로 기초 연소 및 배기 가스 계산은 여전히 정확성 문제가 제시된다.

이 CFD 기반 엔진 분석 코드는 질량, 운동량, 에너지 및 종(species) 농도의 보존을 위한 편미분 방정식을 해결한다. 연속체 문제(실린더 내부의 유동장)의 해에 디지털 컴퓨터를 적용하려면 연속체를 유한 수의 개별 요소로 나타내야 한다. 이산화의 통상적인 방법은 다수의 작은 구역 또는 셀로 관심 영역을 나누는 것이다. 이 셀은 편미분 방정식에 대한 유한 체적 근사를 구성하기 위한 프레임 워크(framework) 역할을 하는 그리드 또는 메시를 형성한다. 시간 변수는 유사하게 작은 시간 단계들의 연속으로 이산화된다. 시간 t_{n+1}에서의 솔루션은 시간 t_n에서 알려진 솔루션으로부터 계산된다. 가장 실제적인 엔진 계산에는 유한 차분 방정식의 3차원 공식이 필요하다.

이러한 다차원 엔진 유동 모델의 주요 구성 요소는 다음과 같다.[48]

- 유동 프로세스를 설명하는 데 사용되는 수학 방정식. 특히 중요한 것은 난류 모델로

서, 직접 계산으로는 쉽게 접근할 수 없는 유동의 소규모 특성을 설명한다.

- 수학적 모델의 미분 방정식을 움직이는 밸브와 피스톤이 있는 연소실의 형상에 부합하는 계산 메쉬에 대해 속도, 압력, 온도 등의 이산 값 사이의 대수 관계로 변환하는 데 사용되는 이산화 절차.
- 대수 방정식을 푸는 솔루션 알고리즘.
- 수치 알고리즘을 컴퓨터 언어로 번역하고 정보의 입력과 출력을 위한 쉬운 인터페이스를 제공하는 컴퓨터 코드.

실린더 내 유동 계산 방법의 기본 방정식은 질량, 운동량(Navier-Stokes 방정식-3개 세트), 에너지 및 종 농도의 보존 법칙을 나타내는 미분 방정식이다. 위의 순서로 이 방정식을 다음과 같이 쓸 수 있다.

$$\frac{D}{Dt}\begin{pmatrix}1\\u_i\\e\\Y_\alpha\end{pmatrix}=\begin{pmatrix}0\\0\\Q\\S_\alpha\end{pmatrix}-\frac{\partial}{\partial x_j}\begin{pmatrix}0\\\tau_{ij}\\q_j\\J_{\alpha i}\end{pmatrix} \tag{14.52}$$

첫 번째 항(등호의 오른쪽)은 소스텀(source terms)을, 두 번째 항은 확산 이동을 제공한다. D/Dt 연산자는 대류성 이동 항을 제공하며 다음과 같다.

$$\frac{Df}{Dt}\equiv\frac{\partial(\rho f)}{\partial t}+\frac{\partial}{\partial x_j}(\rho u_j f) \tag{14.53}$$

여기서, ρ는 밀도, u_i는 i번째 속도 성분, e는 단위 질량당 내부 에너지, Y_α는 단위 질량당 종의 농도이다.

IC 엔진 맥락에서, 열에너지 소스텀(Q)는 점성 소산항 및 연료-공기 혼합물의 화학 반응으로부터 발생하는 소스텀을 포함한다. Q와 종의 소스텀(S_α)은 화학 속도 방정식에 따라 달라지며, 화학 방정식은 문제를 종결시키는 것으로 알려져 있다. 다양한 종의 확산은 전도성 열 확산 외에도 내부 에너지(q_j)의 확산 유동에 기여한다는 점에 유의해야 한다.

난류 유동이 다양한 범위의 스케일에서 중요한 공간적, 시간적 변화를 나타낸다는 사실(상단 끝은 챔버 치수로, 하단 끝은 점성 소산 프로세스로 결정, 8.2.1절 참조)은 지배 방정식의 직접 수치 해법이 복잡한 엔진 유동에 비현실적이라는 것을 의미한다. 따라서 소규모 거동의 직접 계산 필요성을 없애주는 어떠한 형태의 평균화 또는 필터링에 대한 리커스(recourse)를 만들어야 한다. 이러한 난류 모델링 문제를 해결하기 위해 두 가지 접근 방법이 개발되었다. 즉, 통계 유속 모델링(statistical flux modeling)이라고도 불리는 full-field modeling과 large-eddy simulation (LES) 또는 subgrid-scale simulation이다. FFM에서는 유동의 모든 위치에서 동일한 방정식을 사용하여 적절하게 평균된 양을 설명하는 편미분 방정식을 사용한다. 주기적인 엔진 유동의 경우 시간 평균은 앙상블 또는 위상 평균으로 대체해야 한다(8.2.1절 참조). 변수는 속도장, 열역학 상태 변수, 난류 운동 에너지, 난류 응력 텐서 등 다양한 평균 난류 파라미터를 포함한다. FFM에서는 난류 양의 다양한 평균에 대한 모델이 필요하다. 이 모델들은 난류 운동의 모든 스케일의 기여를 포함해야 한다.

Large-eddy simulation (LES)은 유동의 단일 실현에서 큰 스케일의 3차원 시간 의존 난류 구조를 실제로 계산하는 접근법이다. 따라서, 소규모 난류만 모델링하면 된다. 소규모 난류 구조가 대규모 구조보다 등방성이고 대규모 유동장의 변화에 신속하게 반응하므로, 소규모 운동과 관련된 통계적 유속의 모델링은 대규모 난류를 포함해야 하는 FFM에서 다뤄지는 것보다 더 간단한 작업이다.

FFM과 LES의 중요한 차이점은 난류의 정의이다. FFM에서의 난류는 공간과 진동 위상 [즉, 식 (8.16) 또는 (8.18)에서 정의된 속도 변동]식의 동일한 지점에서 유동의 여러 엔진 사이클에 걸쳐 평균으로부터 임의의 순간에 유동 편차이다. 따라서, FFM에서 난류는 사이클별 유동 변화로부터의 일부 기여를 포함한다. LES는 지역 평균에 대한 변동으로 난류를 정의한다. 따라서 LES 난류는 현재 주기의 사건과 관련이 있다.[49]

14.5.2 난류모델

Full-field modeling (FFM)에서, 평균 변수에 대한 방정식은 식 (14.52)로부터 만들어진다. 주기적인 엔진 유동에서는 위상 또는 앙상블 평균을 사용해야한다(8.2.1절 및 8.2.2절 참조). 엔진 사이클 동안의 유동이 압축되고 팽창되기 때문에, 질량 가중 평균(Favre 평균화로 불림)은 평균 압축성 유동 방정식이 비압축성 유동에 대한 평균 방정식과 거의 동일하게 보이도록 하는데 사용될 수 있다. 결합된 앙상블 – 파브르(ensemble-Favre) 평균화 접근법은 다음과 같다.[49]

우리는 위상 평균화 과정을 { }로 나타낸다. 즉:

$$\{\rho(\mathbf{x},t)\} = \lim_{N\to\infty}\frac{1}{N}\sum_{n=1}^{N}\rho(\mathbf{x},t+n\tau) \tag{14.54}$$

여기서 τ는 운전 주기이다. 또한, $\{\rho\}=\tilde{\rho}$이고, ρ를 $\rho=\tilde{\rho}+\rho'$로 분해하였다. 질량 가중된 위상 평균 양(overbar로 표시)은 다음과 같이 정의된다.

$$\rho(\mathbf{x},t)\bar{f}(\mathbf{x},t) = \lim_{N\to\infty}\sum_{n=1}^{N}\rho(\mathbf{x},t+n\tau)f(\mathbf{x},t+n\boldsymbol{\tau}) \tag{14.55}$$

여기서 모든 유동 변수(밀도와 압력 제외)는 $f=\bar{f}+f'$로 분해된다. $\{\rho'\}$는 0이고 $\{\bar{f}\}=\bar{f}$이며, f'의 질량 가중 위상 평균은 0이지만 $\{f'\}$는 0이 아니다. 다음 정의를 사용한다.

$$\begin{aligned}
&\{\rho f\} = \tilde{\rho}\bar{f}\\
&\{\rho f'\} = 0\\
&\{\rho fg\} = \tilde{\rho}\left(\bar{f}\bar{g}+\overline{fg'}\right)\\
&\{\rho fgh\} = \tilde{\rho}\left(\bar{f}\bar{g}\bar{h}+\bar{f}\,\overline{g'h'}+\bar{g}\,\overline{f'h'}+\bar{h}\,\overline{f'g'}+\overline{f'g'h'}\right)
\end{aligned} \tag{14.56}$$

위상 평균화 방정식 (14.54)[49]

$$\frac{\bar{D}}{Dt}\begin{pmatrix}1\\ \bar{u}_i\\ \bar{e}\\ \bar{Y}_\alpha\end{pmatrix} = \begin{pmatrix}0\\ 0\\ \{Q\}\\ \{S_\alpha\}\end{pmatrix} - \frac{\partial}{\partial x_j}\begin{pmatrix}0\\ \{\tau_{ij}\}\\ \{q_j\}\\ J_{\alpha j}\end{pmatrix} - \frac{\partial}{\partial x_j}\begin{pmatrix}0\\ \tilde{\rho}\overline{u_i'u_j'}\\ \tilde{\rho}\overline{e'u_j'}\\ \tilde{\rho}\overline{Y_\alpha'u_j'}\end{pmatrix} \tag{14.57}$$

여기서

$$\frac{\bar{D}\bar{f}}{Dt} = \frac{\partial}{\partial t}(\tilde{\rho}\bar{f}) + \frac{\partial}{\partial x_j}(\tilde{\rho}\bar{u}_j\bar{f}) \tag{14.58}$$

식 (14.57)의 왼쪽에 있는 항은 솔루션 변수 $\tilde{\rho}$, $\bar{u}_i$, $\bar{e}$, $\bar{Y}_\alpha$만 포함하므로 모델링이 필요 없다. 그러나 오른쪽의 모든 항에서 특히 난류를 나타내는 마지막 항은 난류 변동량을 포함하며 솔루션 변수로 모델링해야 한다. 소스텀 $\{Q\}$와 $\{S_\alpha\}$는 모델링 하기가 조금 까다롭다. 열 방출 Q가 온도에 지수적으로 의존하기 때문에 $\{Q\}$는 온도 변화에 크게 영향을 받는다. 이러한 문제는 14.5.5절과 14.5.6절에서 더 자세히 논의된다.

운동량 방정식은 난류 응력을 나타내는 항$(\tilde{\rho}\overline{u_i'u_j'})$을 포함한다(레이놀즈 응력이라 불림). 이 항들은 식 (14.57)이 "닫히기(closed)" 전에 추가 방정식을 사용하여 모델링해야 하며, 해결될 수(풀 수) 있다. 가장 널리 사용되는 난류 모델 또는 방정식 세트는 *k-ε 모델*이다.[49-52] 이것은 난류 응력과 평균 변형률 사이의 뉴턴 관계를 가정하고, 이 관계에 나타나는 (가상의) 난류 점도를 국부 난류 운동 에너지 k와 그 소산 속도 ε에서 계산한다. k를 지배하는 방정식은 식 (14.52)의 u_i 식에 u_i를 곱하고, 이 식에서 식 (14.57)의 $\bar{u}_i$ 방정식에 $\bar{u}_i$를 곱하여 얻어진 식을 뺀 후 위상 평균한 결과로 구할 수 있다. 그렇게 얻어진 방정식은 다음과 같다.

$$\frac{\bar{D}\bar{k}}{Dt} = \tilde{\rho}(P - \varepsilon) - \frac{\partial}{\partial x_j} J_k \tag{14.59a}$$

여기서 P는 단위 질량 당 난류 생성률이다.

$$P = \overline{u_i'u_j'}\frac{\partial \bar{u}_i}{\partial x_j} \tag{14.59b}$$

그리고 J_k는 확산 수송을 나타낸다.

가장 일반적으로 사용되는 2-방정식 k-ε 모델에서 모든 알려지지 않은 난류량은 에너지 소산 율의 정의에서 난류 속도 스케일($k^{1/2}$) 및 난류 길이 스케일($k^{3/2}/\varepsilon$)로부터 구해진다.

$$\varepsilon \propto \frac{k^{3/2}}{l} \tag{14.60}$$

그 근거는 에너지 소산 비율은 큰 에디(eddy)들이 소량의 소산된 스케일에 에너지를 공급하는 비율에 의해 제어되며, 소산된 스케일은 이 에너지를 처리하도록 조정된다는 것이다.[49]

난류 점도(μ_T)는 다음과 같이 정의된다.

$$\mu_T = \frac{C_0\tilde{\rho}k^2}{\varepsilon} \tag{14.61}$$

여기서 C_0는 모델 상수이다. 식 (14.57)과 (14.59)에 나타나는 난류 응력 항은 준 뉴턴 방식으로 모델링된다.

$$\tilde{\rho}\overline{u_i'u_j'} = \frac{2}{3}\tilde{\rho}k\delta_{ij} + \frac{2}{3}\mu_T\nabla\cdot\bar{\mathbf{u}}\delta_{ij} - 2\mu_T\bar{S}_{ij} \tag{14.62}$$

여기서 $\bar{S}_{ij}$는 $\bar{u}_i$ 장의 변형률이다.

$$\bar{S}_{ij} = \frac{1}{2}\left(\frac{\partial \bar{u}_i}{\partial x_j} + \frac{\partial \bar{u}_j}{\partial x_i}\right) \tag{14.63}$$

운동량 방정식의 점성–응력 항은 뉴턴 식 구성 관계를 사용하여 평가된다. 다양한 수송 방정식에서의 난류 확산 항은 난류 확산 계수를 사용하여 모델링된다. 확산 플럭스의 양(ϕ)은 다음과 같이 주어진다.

$$J_{\phi_i} = \frac{\mu_T}{\sigma_\phi}\frac{\partial \phi}{\partial x_i} \tag{14.64}$$

여기서 σ_ϕ는 ϕ에 대한 난류 프란틀 수이다.

모델은 ε에 대한 수송 방정식으로 완성된다. 정확한 방정식은 나비에–스톡스(Navier-Stokes) 방정식의 적절한 조작에 의해 개발될 수 있다. 모든 ε 방정식 모델은 형식이다.[49]

$$\frac{\bar{D}\varepsilon}{Dt} = W - \frac{\partial H_i}{\partial x_i} \tag{14.65}$$

여기서 W는 소스텀이고 H_i는 다른 확산 항과 유사하게 모델링된 $\tilde{\rho}\varepsilon$의 확산 플럭스이다. 적절한 형태의 W는 많은 논란의 대상이다. 비압축성 유동의 경우, W는 다음과 같이 적절하게 모델링될 수 있다

$$W = \left(C_1 \frac{P}{\varepsilon} - C_2 \right) \frac{\tilde{\rho}\varepsilon^2}{k} \tag{14.66}$$

C_1과 C_2는 상수이다. C_2항은 균질 등방성 난류의 적절한 거동을 만들어 내고 C_1항은 균질 전단에 대한이 거동을 수정한다. 그러나 압축과 팽창이 있는 유동의 경우, 팽창에 의해 생성된 ε의 변화를 설명하기 위해 식 (14.66)의 추가 항이 필요하다. 이 추가 항에 대한 몇 가지 형식이 제안[49,50,53] $(C_3\tilde{\rho}\varepsilon\nabla\cdot\bar{\mathbf{u}})$되고 비교되었다.[51] 목표는 관련 엔진 조건 하에서 적절한 물리적 거동을 예측하는 W를 구성하는 것이다. 이 용어를 모델링하는 다양한 선택이 결과에 영향을 미치지만(특히, 사이클 동안 난류 길이 스케일의 거동[50]), 평균 유량 및 난류 강도의 예측은 크게 다르지 않다.[51]

엔진에 적용된 FFM은 *레이놀즈 응력 모델*(Reynolds Stress Model, RSM)이다. 이 모델은 가장 일반적인 형태로 6개의 응력 성분과 소산 속도(ε)에 대해 7개의 동시 편미분 방정식을 포함한다. 이것은 분명히 2-방정식 k-ε 모델에 비해 계산 부담이 크다. 그 결과는 유동장의 RSM 예측이 간단한 k-ε 모델 예측보다 측정 데이터에 더 가깝다.[52]

난류 모델링에 대한 LES 접근법은 엔진에도 적용된다. 여기서는 대규모 3차원 시간 의존 유동 구조를 직접 계산하기 때문에 그리드 크기보다 규모가 작은 난류만 모델링해야한다. 따라서 이들을 종종 서브 그리드 스케일 모델(subgrid-scale models)이라고도 한다. 메쉬에서 분해되기에 너무 작은 난류 길이 스케일의 단위 질량당 운동 에너지를 나타내기 위해 새로운 종속 변수(q)가 도입되었다. 이 변수는 q의 생성과 붕괴 및 대류와 확산에 대한 항을 포함하는 수송 방정식을 만족시킨다. 이 등식은 다음과 같은 형식을 취한다.

$$\frac{\partial}{\partial t}(\rho q) + \nabla\cdot(\rho q\mathbf{u}) = -\frac{2}{3}\rho q\nabla\cdot\mathbf{u} + \boldsymbol{\sigma}:\nabla\mathbf{u} + \nabla\cdot(\mu\nabla q) - C\rho L^{-1}q^{3/2} + \dot{W}_s \tag{14.67}$$

여기서 σ는 난류 응력 텐서, μ는 난류 점도, C는 차수 균일도, L은 메시 간격의 두 배 정도의 특성 길이이다. $\dot{W}_s$는 연료 분무가 중요한 상황에서 연료 액적의 움직임에 의한 난류 생성을 나타내는 소스텀이다.

식 (14.67) 항의 물리적 의미는 다음과 같다. $\nabla\cdot(\rho q\mathbf{u})$ 항은 분해된 (대규모) 속도 장에 의한 난류의 대류이다. $-\frac{2}{3}\rho q\nabla\cdot\mathbf{u}$ 항은 압축성 항으로 pdV 일의 난류 아날로그이다. $\boldsymbol{\sigma}:\nabla\mathbf{u}$ 항은 분해 속도 장에서 전단에 의한 난류 생성을 나타낸다. $\nabla\cdot(\mu\nabla q)$은 확산 계수 μ/ρ로 난류의 자체 확산이다. $-C\rho L^{-1}q^{3/2}$ 항은 열 에너지로의 난류 에너지의 감쇠를 나타낸다. 이 항은 또한 $\boldsymbol{\sigma}:\nabla\mathbf{u}$ 항 대신에 열 내부 에너지 방정식의 소스 항으로 반대 기호로 나타나며, 이는 분해된 거동의 운동 에너지가 난류에 의해 소산되는 속도로 생각할 수 있다. 소산되기 전에 분해된 속도 장의 운동 에너지는 먼저 서브 그리드 스케일의 난류 에너지(q)로 변환되고, 그 다음 감쇠 항($C\rho L^{-1}q^{3/2}$)에 의해 열로 변환된다.[53]

대부분의 상황에서 엔진 실린더의 속도 및 온도 경계층은 너무 얇아 실용적인 계산 메시로는 명시적으로 해결할 수 없다. 그러나 이 층들은 수치 해석을 위한 필수 경계 조건인 벽

전단 및 열유속을 결정하고 실용적인 중요성(8.3절 및 12.6.5절 참조)을 갖기 때문에 중요하다. 벽 함수로 지칭되는 이러한 경계층에 대한 특수 서브 모델은 벽 전단 응력, 열유속 및 벽 온도 등을 경계 층의 바깥 가장자리 조건과 연결하는 데 사용된다. 이렇게 하면 레이어 내에 격자 점을 배치할 필요가 없습니다. 경계층은 일반적으로 난류이기 때문에 대수적인 "벽의 난류 법칙"이 일반적으로 사용된다.

14.5.3 수치 방법

다차원 방법의 세 가지 중요한 수치적 특징은 다음과 같다. 유동 파라미터가 계산되는 위치의 수와 위치를 정의하는 계산 그리드 배열; 수학 모델의 미분 방정식을 대수 방정식으로 변환하는 데 사용되는 이산화 사례. 그리고 이산 방정식으로부터 유동 파라미터를 얻기 위해 사용된 해법 알고리즘이다.[54]

계산격자

계산격자의 요구사항은 다음과 같다.

- 움직이는 요소를 포함하여 연소실 또는 흡기 포트의 영역과 적합해야 한다.
- 주어진 격자 수에서 최대 정확도를 얻기 위해 국소 해상도를 제어할 수 있어야 한다.
- 각 내부 격자 점이 동일한 수의 인접 지점과 연결되어 있어야 한다.

첫 번째 사항은 분명히 엔진 형상의 변경 효과를 시뮬레이션해야 할 필요성에서 비롯된다. 두 번째 요구 사항은 계산 시간이 메쉬 포인트의 수에 따라 선형적으로 증가한다는 사실에서 기인한다. 따라서 메쉬는 제트 및 경계층과 같이 급격한 구배가 존재하는 영역에서 격자점의 집중을 가능하게하는 것이 바람직하다. 세 번째 요구사항은 메쉬 시스템에 대한 효율적인 방정식 풀이를 할 수 있도록 변형된 공간에서 메쉬가 기하학적으로 직사각형이어야 한다는 필요성에서 비롯된다.

엔진 정보에서 가장 단순한 격자는 원통형-극(polar) 프레임의 좌표면에 의해 정의된다. 이러한 접근은 연소실 벽이 좌표면과 일치하는 경우에만 가능하다. 이는 제한된 수의 챔버 형상에서 발생한다(예를 들어 디스크형 및 원통형 보울-인-피스톤 형상). 이러한 경우에도 입구 및 배기 밸브 둘레는 일반적으로 그리드를 가로 질러 절단된다(그림 14.26*a* 참조). 경계가 일치하지 않는 경우에 대해 격자에 대한 차분 방정식을 수정하기 위한 절차가 고안되었지만, 바람직한 방법은 보울에 직교-곡선형인 메쉬인 디젤 엔진 연소실을 보여주는 그림 14.26*b*와 같이 표면을 챔버 형상으로 만들 수 있는 유연한 "바디 피팅" 좌표 프레임/그리드를 사용하는 것이다. 이것은 보울 형상을 정확하게 나타낼 수 있게 해주더 표면의 경계층을 보다 상세하게 해석할 수 있게 한다. 피스톤 크라운과 실린더 헤드 표면 사이의 영역에는 피스톤 운동을 수용하도록 축 방향으로 팽창 및 수축하는 바이폴라(bipoloar) 시스템으로 피팅된다. 이 격자의 직교성 제약은 유용성을 제한한다. 일반적인 3차원 형상에 대한 직교 격자 생성에는 시간이 많이 소요되고, 그 결과 격자는 종종 최적 상태에서 멀어진다. 이러한 문제는 KIVA에서 사용된 것과 같은 "임의"의 비직교 라그랑지안-오일러 격자에 의해 크게 상쇄될 수 있다.[54] 이것은 스웝(swept) 볼륨의 격자 포인트가 축 방향으로 이동하도록 제한되지 않는다는 장점이 있다. 모션은 임의로 지정할 수 있다.[48] 그림 14.26*c*는 실린더 헤드와 4 밸브 실린더 가솔린 직접 분사 스파크 점화기관의 라이너에 대한 전체 CFD 격자를 보여준다. 격자 생성의 복잡성은 명백하다.

이산화 실행

이러한 다차원 엔진 유동 모델은 지배 미분 방정식에 대한 유한 차분 근사를 풀 수 있는 시간 진행 프로그램이다. 격자 또는 그리드에 의해 형성된 개별 셀은 이러한 대수 유한 차분 방정식을 구성하기위한 공간 프레임워크 역할을 한다. 시간 변수는 유사하게 시간 간격이라고하는 작은 시간 간격의 시퀀스로 이산화된다. 시간 t_{n+1}에서의 솔루션은 시간 t_n에서 알려진 솔루션으로부터 계산된다. 사용된 공간 차분 과정은 발산 정리를 사용하여 검사체적으로 사용된 전형적인 셀의 부피와 발산항을 표면 적분으로 변환하여 기본 방정식을 다르게 하는 것이다.[54]

종속 변수(ϕ)에 대한 이산화된 방정식은 일반적인 형태는 다음과 같다:

$$A_p \phi_p^{i+1} = \sum_n A_n \phi_n^{i+1} + S_{\phi,p} V_p + A_p^i \phi_p^i \tag{14.68}$$

여기서 A's는 대류 및 확산의 결합된 영향을 나타내는 계수이고, $S_{\phi,p} V_p$는 셀 부피(V_p)에 대한 소스 적분이며, 첨자 p는 격자의 전형적인 노드점을 나타내며, Σ는 그것의(6개의) 가장 가까운 이웃 윗첨자 $i + 1$과 i는 각각 시간 $t + \delta t$와 t에서 “새로운” 값과 “오래된” 값을 나타낸다. 여기서 δt는 시간 간격의 크기이다.

역사적으로, 모든 방법은 후자에 대한 전후 2차 중앙 차분을 위해 1차 상향 차분의 혼합을 사용하여 대류 및 확산 수송을 계산하기 위해 유사한 공간적 근사를 포함했다. 불행히도, 모든 이산화 실행은 어떤 종류의 부정확성을 가져오고, 표준 1차 upwind 방법은 실제 확산과 같은 방식으로 작용하여 공간적 확산 오차를 만들어 냄으로써 해를 “부드럽게” 한다. 격자 밀도가 증가함에 따라 수치 확산의 크기는 감소한다. 최근의 발전은 과거에는 가짜 극한을 생성하는 경향이 있는 “고차원”의 공간 근사를 도입 한 것이다. 이 문제는 “플럭스 블렌딩(flux blending)” 기술의 사용으로 해결되었다. 일차 upwind 및 고차 근사는 적절한 비율로 혼합되어 후자의 오버슈트(overshoot)를 제거한다.

해석 알고리즘

압축성 유동의 수치 계산은 대류 및 음파(sount waves)와 전파와 관련된 시간 척도 간의 차이가 크기 때문에 낮은 마하(Mach) 수에서는 비효율적이다. 모든 방법이 1차 시간적 이산화를 사용하고 비슷한 정확도를 가지지만 순방향 또는 역방향 차분이 전달 방정식에 적용되어 음해적(implicit) 또는 양해적(explicit) 이산 방정식으로 이어진다는 점에서 다르다. 양해적 기법(explicit schemes)에서, 음속 안정성 조건을 만족 시키는 데 필요한 시간 간격은 대류 안정 조건만을 만족시키는 데 필요한 시간 간격보다 훨씬 작기 때문에 비효율성이 발생한다. 음해적(implicit schemes) 기법에서 비효율은 각 시간 간격에서 음해적(동시적) 방정식 시스템을 해결하는 데 필요한 추가 연산 작업에서 나타난다. 이 솔루션은 대개 반복적인 기술로 수행된다.

이 두 가지 접근법의 계산 시간 요건은 다음과 같이 방정식의 수(n) 및 격자점의 개수(m)에 따라 결정된다. 양해적 기법의 경우, 시간 단위를 nm로 계산하지만 시간 간격은 위에 요약된 안정성 조건에 의해 제한된다. 음해적 기법의 경우, n^3m 및 Δt와 같은 시간 스케일 계산은 정확도 고려 사항에 의해서만 제한된다. 전진 차분으로 인한 음해적 방정식은 모든 변수에 대한 동시 세트로 구성되므로 보다 정교한 해법이 필요한다. 그러나 본질적인 안정성에는 제약이 없다. 이 방정식 세트의 솔루션을 위한 충분한 반복 솔루션 알고리즘은 보다 효율적인 동시 선형 방정식 솔버로 대체되고 있다.[55]

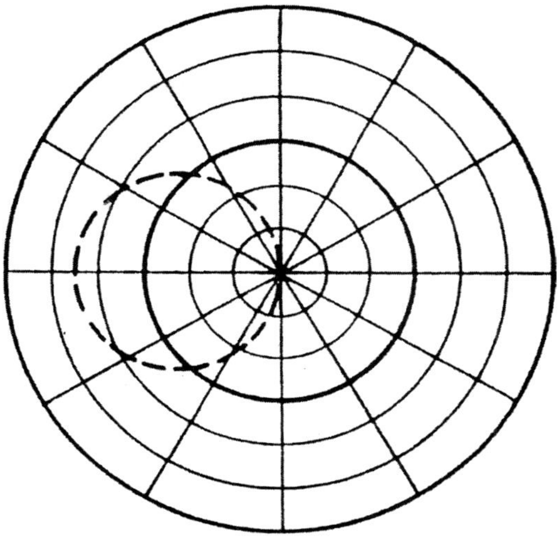

(*a*)

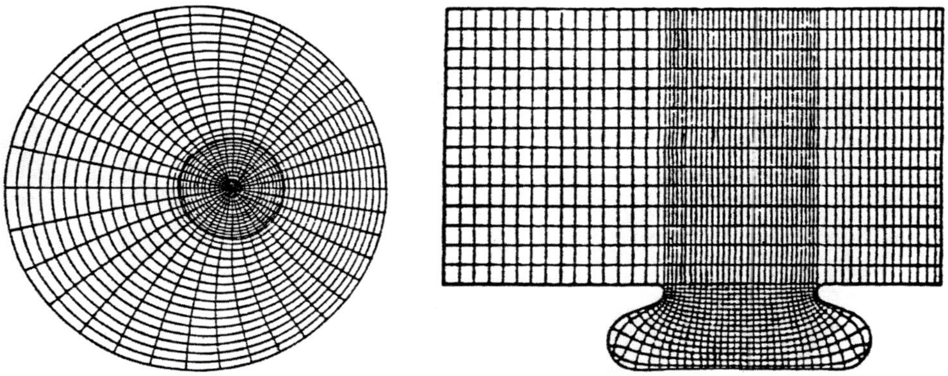

(*b*)

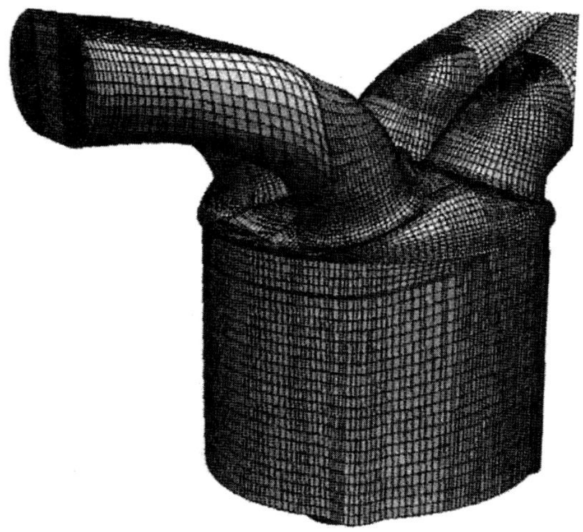

그림 14.26 엔진 연소실에 대한 다양한 유형의 전산 격자 배열의 예. (*a*) 원통형 극 격자; 점선은 흡기 밸브 헤드 둘레를 나타낸다.[55] (*b*) DI 디젤 연소실 보울에 적합한 Body-fitted 직교 곡선 격자.[56] (*c*) 실린더 헤드(흡기 및 배기 포트 포함), 펜트 루프 연소실 및 라이너.[57]

14.5.4 유동장 예측

IC 엔진 유동의 다차원 모델링 기능을 설명하기 위해 계산 예시들이 이제 검토될 것이다. 다수의 유체 유동 및 상태 변수에 대한 많은 양의 정보가 각 계산에 따라 생성되며, 정보의 처리, 구성 및 표시는 해당 생성과 비교할 수 있는 범위의 작업이다. 유동장 결과는 일반적으로 적절하게 선택된 평면에서 격자의 각 그리드 지점에서의 가스 속도 벡터로 표시된다. 화살표는 대개 각 벡터의 방향과 크기(길이에 의해)를 나타내는 데 사용된다. 흡기 과정에서의 실린더 내 유동 패턴의 이러한 구성의 예를 그림 14.27에 표시하였다.[58] 유동장은 흡입 행정 중 60° ATC로 표시된다. 나선형 흡기 포트는 일반적인 스월에 사용되며 밸브 커튼 영역(6.3.2절 참조)을 통과하는 유동의 세부 사항(계산을 위한 입구 경계 조건)은 측정에 의해 결정된다. 계산은 그림 14.26*b*에 표시된 유형의 약 16,000 격자 지점을 사용하여 곡선, 축 확장 및 축소 그리드를 사용하였다. 그것은 표준 upwind 차분과 k-ε 난류 모델을 가진 완전 반복적인 해법을 사용했다. 그림 14.27은 밸브와 실린더 축(좌측 상단)을 통과하는 평면, 밸브 축을 통과하는 수직 평면(좌측 하단), 실린더 헤드와 피스톤 사이의 원주 반경 평면에서의 속도 성분을 나타낸다(우측). 대형 회전 유동은 피스톤이 아래쪽으로 이동할 때 설정되며 흡기 밸브 헤드를 지나 원추형의 고속 유동에 의해 만들어진다.

입구 밸브를 통과하는 원추형 제트의 주요 특징은 분명하다(8.1절 참조). 그러나 실린더에서 벗어난 밸브 및 나선형 포트에 의해 생성된 스월은 상당히 추가적인 복잡함을 초래한다. 그림의 글자는 국소 재순환 영역을 보여준다. 영역 A와 B는 보다 단순한 기하학에서 관찰된 회전 유동 구조에 해당한다(그림 8.3 참조). 그러나 영역 C에서 F까지는 스월 모션이 강체 회전과는 거리가 먼 것을 나타낸다.[58]

그림 14.28은 실린더 내 유동장의 3차원 예측과 데이터를 비교 한 것이다. 계산 영역과 실험 형상은 밸브 개방 영역을 통한 흡입 유동 속도와 엔진 속도와 같이 일치되었다. 이 그림은 흡기 행정 동안 68° ATC에서 기존의 입구 포트와 밸브 구성을 사용하여 실린더 내부의 예측된 평균 유속과 난류 강도를 보여준다.[59] 실험값은 LDA로 측정된 값이다(8.2.2절 참조).

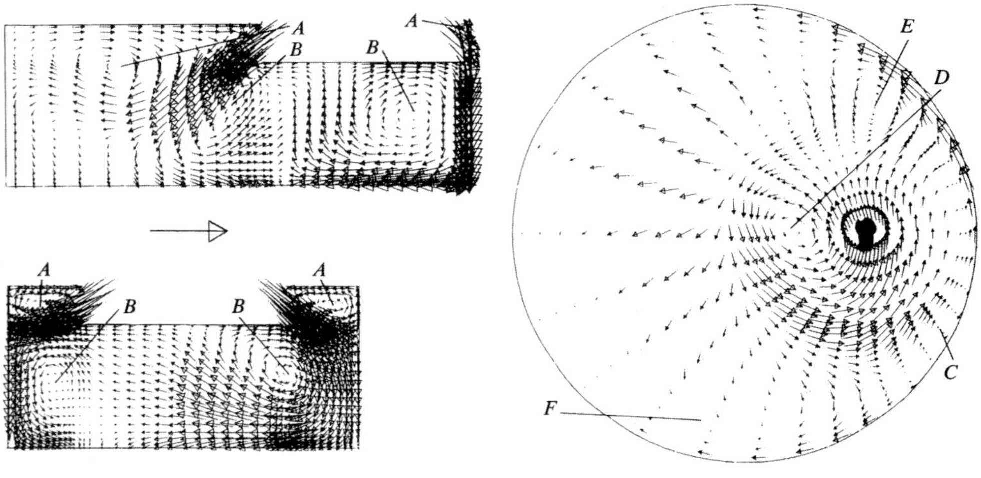

그림 14.27 흡기 행정 동안 60° ATC에서 계산된 실린더 내 속도장. 좌측 상단: 실린더와 흡기 밸브 축을 통과하는 평면. 좌측 하단: 밸브 축을 통과하는 직교 평면. 우측: 피스톤과 실린더 헤드 사이의 원주-방사면 중간. 기준 벡터 화살표는 132 m/s의 속도를 나타낸다. 문자는 토로이달 유동 구조의 중심을 나타낸다.[58]

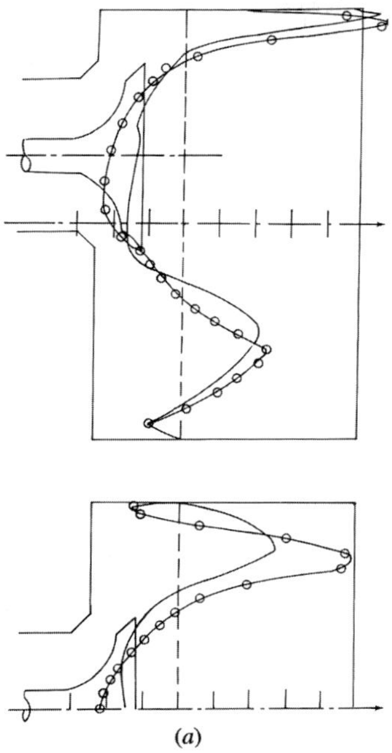

그림 14.28 (*a*) 측정 및 계산된 축방향 속도 프로파일의 비교, (*b*) 흡기 행정 중 68° ATC에서 측정 및 계산된 난류 강도. 측정값(데이터): 포인트가 있는 선. 계산값: 포인트가 없는 선. 실린더 축 스케일의 간격은 평균 피스톤 속도의 2배에 해당한다.[59]

대칭 평면에서 헤드쪽으로 실린더 라이너를 따라 흐르는 재순환 흐름과 같은 일부 세부 사항은 예측되지 않지만 평균 유동의 일반적인 특징은 합리적인 정확도로 모델에 의해 재현된다. 난류 강도 수준의 대략적인 크기는 예측되지만, 원추형 흡입 제트 내의 값은 과소 평가된다.

서로 다른 난류 모델,[51] 차분법[48, 55] 및 격자 지점 수[48]에 대한 비교 다차원 모델링 연구는 다음과 같다. k-ε 난류 모델에서의 확산항의 형태와 계수의 차이는 유동장 예측에 단지 약간의 영향을 미친다. 고차 난류 모델은 향상된 정확도를 제공한다.[55] 메쉬의 개선, 더 세밀하게 배치된 격자 지점 및 고차 차분법의 사용은 계산 요구 사항의 상당한 증가와 함께 예측의 정확성을 향상시킨다.[48]

다른 유형의 엔진 유동 프로세스에 대한 예는 다음과 같다. 스월이 있는 보울-인-피스톤 연소실로에서 스퀴시 유동이 광범위하게 분석되었다. 그림 14.29는 보울-인-피스톤 고속 직접 디젤 엔진 내부 및 내부의 유동장을 보여준다. 그림은 축 방향 평면에서 모델링된 속도 분포를 보여준다. 음영/색상은 압축 행정 끝에서 연소 종료까지 접선/방위각 속도 성분을 나타내며, TC에 대해 −10~40 크랭크 각도(CAD)이다. 연소는 약 2° ATC에서 시작되고 열방출은 약 15° ATC에서 3/4 정도 완료된다. 6개의 연료 분무 축은 보울의 가장 낮은 우측으로 17.5° 아래쪽으로 향한다. 표시된 r-z 평면은 연료 분무 중 하나의 축에 해당한다.

−10 CAD에서 강한 반경 방향 내측 스퀴시 거동이 명확하다. 이 크랭크 각도에서 위로 향하는 피스톤 거동 시 스퀴시 유동은 최댓값에 도달한다(그림 8.23 참조). 이 내부 유동은 실린더/피스톤 보울 축을 관통하지 않으며, 보울 내의 높은 스월 유동(평균 피스톤 속도의 2~3배)에 의해 생성된 압력장에 의해 느려지고 아래로 빗나가게 된다. 브울 내에서 r-z 평면의 회전 유동(해당 표현에서는 시계방향)이 생성된다. 피스톤이 TC에 가까워지면서 반경 방향 내측 스퀴시 유동이 급격히 감소함에 따라, 연료 분사는 보울 내에서 r-z 평면 회전을 보

충한다. 연료 분무는 공기를 끌어 들이고 피스톤 보울의 상부 중앙 영역으로부터 낮은 각 운동량 유체를 외부로 운반하는 것으로 보여진다. 보울 내의 연소로 생성된 가스의 팽창(0~10 CD)은 가스 회전을 가속시키고 스월을 증가시킨다. 피스톤이 실린더 아래로 이동함에 따라 보울 내의 높은 스월 영역 크기가 증가한다. 보울을 떠나고 반경 방향으로 바깥쪽으로 움직이는 가스(역 스퀴시 유동)의 실린더 축에 대한 회전 속도가 유지되고, 그 반경이 증가한다.[60]

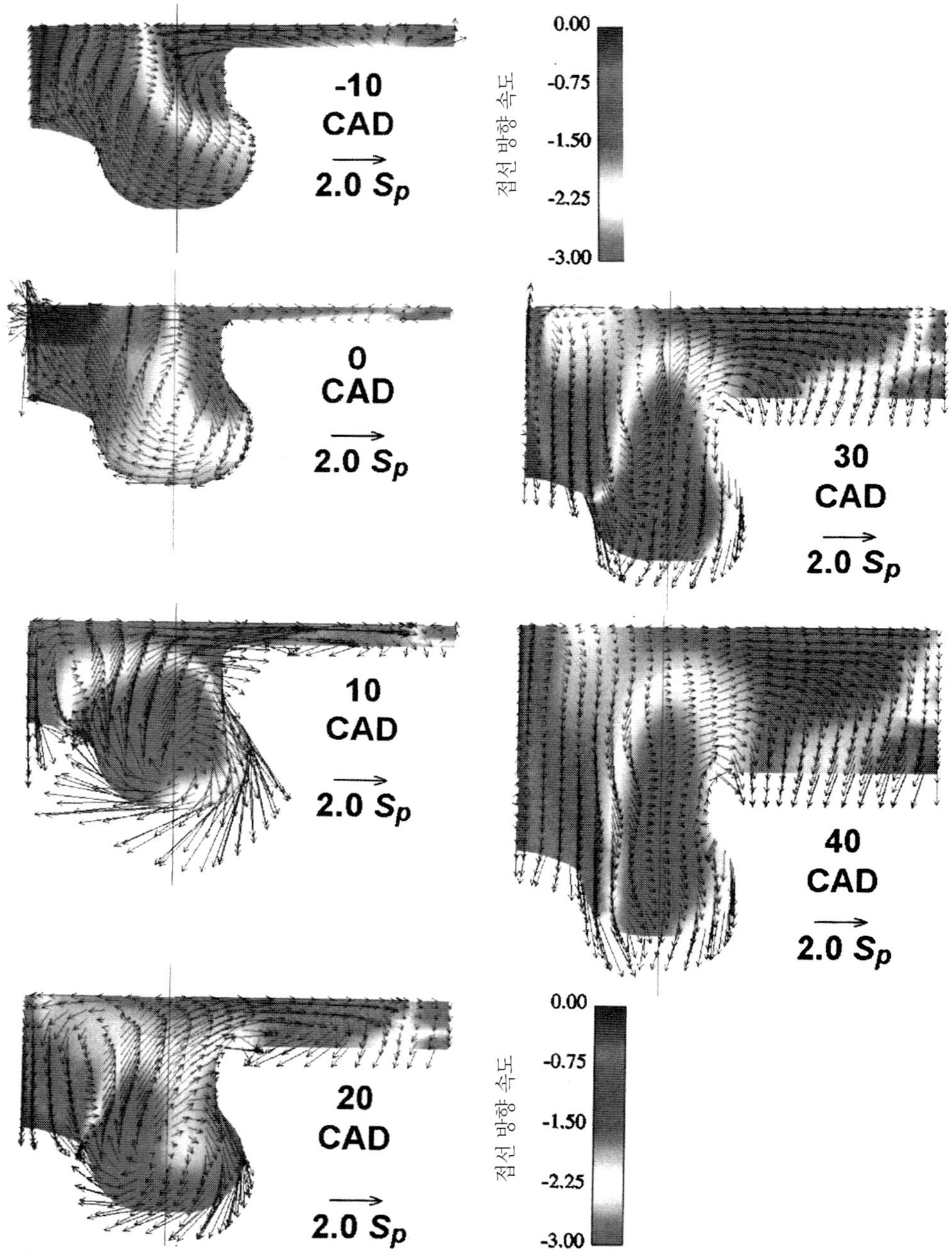

그림 14.29 6개 중 하나의 분무 축에 맞추어진 r-z 평면에서의 유동 속도 벡터. 접선/방위각 속도의 크기 ($\bar{S}_p$의 단위)는 그레이 스케일로 나타내었다. 연료 분사의 시작-TC 전 1.5 CAD; 분사의 종료-TC 후 2.5 CAD; 연소의 시작-TC 후 2 CAD; TC 후 15 CAD까지 연소의 3/4 완료. TC 후 약 35 CAD에서 연소 종료.[60]

현재의 CFD 엔진 모델에 의해 예측된 난류 강도 u'는 일반적으로 평균 제곱근 속도 측정치와 일치하지만, 때로는 상당한 편차를 보인다. 그림 14.29에서 볼 수 있듯이, 보울 상단부의 분사 및 연소 중 평균 제곱근 반경 속도 및 접선 속도 성분은 약 $0.6\bar{S}_p$이었으며 완만하게 감소 하였다. 난류는 이방성이다. 모델링과 병행하여 수행된 측정은 디젤 확산 화염 내에서 연소 시 가스 팽창에 의해 야기될 수 있는 피스톤 보울 위, 내부의 연소 중, 그리고 연소 후 증가된 평균 제곱근 속도 변동의 일부 증거를 보여준다.[60] 이러한 난류 강도의 수준은 2~3 m/s로 엔진 속도에 비례하고 연료와 공기의 혼합 비율 및 실린더의 과잉 공기가 포함된 연소 생성물(연소 후)에 영향을 미친다. 난류 강도 결과는 종종 등고선 플롯에 표시된다. 스퀴시 유동에 의해 생성된 고속 영역(그림 14.29)과 높은 난류 강도 사이에는 상응하는 점이 있다. 일반적으로 보울 전체에 걸친 강도의 상당한 변화가 예측된다. 컴퓨터로 계산된 속도장의 3차원 투시도는 매우 의미가 있다.

특히 3차원 계산에서 다차원 모델 결과를 표시하는 다른 방법은 입자 추적을 사용하는 것이다. 무한 입자는 주어진 크랭크각(흥미있는 프로세스의 시작 지점)에서 유동장의 주요 위치에 놓이고 그들의 궤도는 시간의 함수로서 속도장으로부터 계산된다. 입자 추적은 흡기구, 포트, 밸브 및 실린더 내의 유선 흐름을 보여준다. 흡입 행정 중 실린더 내 입자 추적의 예시(그림 14.30)는 사실적인 흡기 포트 및 밸브 형상으로 인한 스월 유동의 복잡성을 나타낸다.[61]

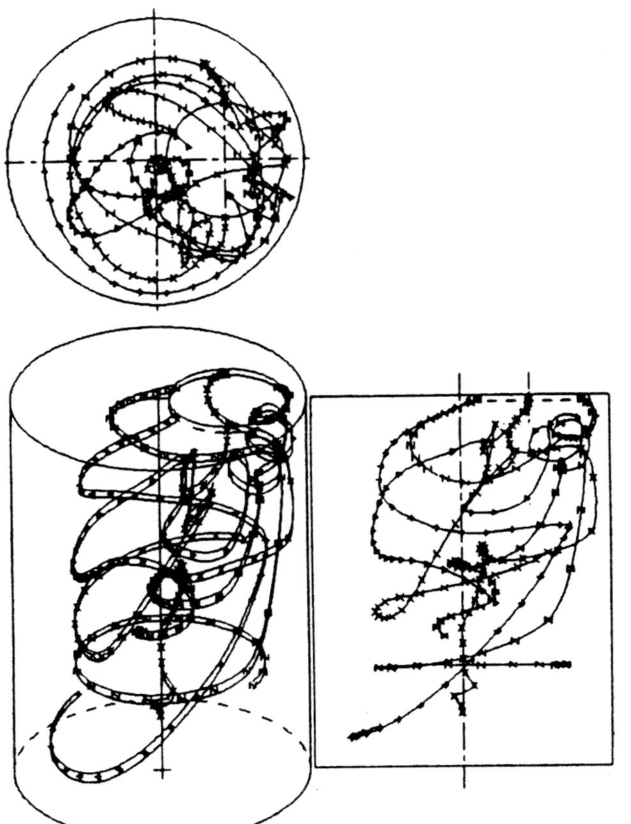

그림 14.30 흡기 과정 시작 시 TC에서 밸브 커튼 영역 주위에 균일한 간격을 갖는 6개의 가스 입자에 대한 흡기 행정 중 계산된 경로(접선 방향 입구 포트). 실린더는 흡기 행정의 끝인 BC 상태임.[61]

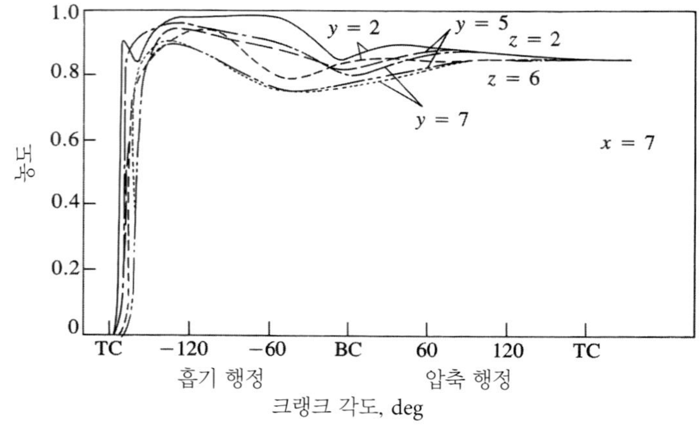

그림 14.31 스파크 점화기관의 흡입 및 압축 행정 중 실린더 내 새로운(fresh) 연료–공기 혼합기와 잔류 가스의 계산된 농도 분포. 농도는 전체 혼합기 질량에 대한 새로운 혼합기 질량으로 계산함(새로운 혼합기 질량/전체 혼합기 질량). $z = 2$는 실린더 헤드 근처, $z = 7$은 피스톤 근처; $y = 2$는 실린더 축 근처, $y = 7$은 실린더 라이너 근처; $x = 7$은 흡기 밸브 아래를 통과하는 반경을 따름. 2000 rev/min, 스로틀 전개 조건.[63]

이 그림은 TC에서 접선 방향으로 향한 흡입구가 있는 흡기 행정 동안 흡기 과정의 시작에서 TC에서 밸브 커튼 영역 주위에 처음에 고르게 위치한 여섯 개의 입자에 의해 추적된 경로를 보여준다. 모든 입자가 실린더 내에서 나선형 경로를 따르지만 이 경로의 급경사는 각 입자의 초기 위치에 따라 다르다.

다차원 모델은 국소 혼합물 구성 정보도 제공한다. 분무에서 공기와 연료의 혼합, 2-행정 사이클 소기 유동(참고문헌 62 참조) 및 4-행정 사이클 엔진에서의 새로운 혼합기와 잔류 가스 사이의 혼합에 대한 연구가 수행되었다(예시, 참고문헌 63). 그림 14.31은 스파크 점화기관 4-행정 사이클의 흡입 및 압축 행정 중 새로운 연료와 공기 및 잔류 가스의 혼합이 어떻게 진행되는지 보여준다. 실린더 내 다른 위치의 농도(새로운 혼합기 질량/총 혼합기 질량으로 정의)는 크랭크 각도에 대해 표시되었다($z = 2$는 실린더 헤드 근처, $z = 7$은 피스톤 근처, $y = 2$는 실린더 축 근처, $y = 7$은 실린더 라이너 근처). 새로운 가스와 잔류 가스가 혼합되기 위해서는 비교적 오랜 시간이 필요하며, 30° BTC에서는 여전히 몇 % 정도 불균일하다. 잔여물에 대한 분율이 높은 부하에서는 이러한 차이가 더 커질 것으로 예상된다.[63]

14.5.5 연료 분무 모델

DI 성층 흡기 스파크 점화 및 디젤 엔진에서 발생하는 것처럼 엔진 실린더에 분사될 때의 액체 연료 분무의 물리적 거동은 이미 9.3.5절 및 10.4절에서 설명하였다. 이번 절에서는 실린더 내에서 다차원 가스 유동 모델과 함께 사용되는 분무 거동 모델의 현재 상태에 대해 검토한다. 직접 연료 분사 내연기관은 수치 시뮬레이션에 특히 어려운 문제를 제시한다. 연료 분무는 불균일한 연료–공기 혼합기를 생성한다. 분무는 실린더 내에서의 유동 패턴 및 온도 분포와 강하게 상호 작용하여 영향을 준다. 연료는 액체로 분사되고, 넓은 범위의 크기를 가진 많은 수의 작은 액적으로 분무되고, 액적은 주변 공기를 통해 분무가 이동함에 따라 분산 및 증발하고, 액적의 유착 및 분리가 발생할 수 있으며, 연료 증기 및 공기가 발생하고 마지막으로 연소된다. 분무의 2상(phase) 구조를 명시적으로 처리하는 모델은 질량, 운동량 및 에너지에 대한 미분 보존 방정식의 관점에서 분무 거동을 설명한다.

일반적으로 연속체 액적 모델(CDM, continuum droplet model) 및 불연속 액적 모델(DDM, discrete droplet model)이라고 하는 두 가지 종류의 분무 모델이 있다. 두 방법은 액적 크기에 필적하는 규모에서 발생하는 유동 과정에 대한 평균을 나타내그로 가스 액적 계면에서 발생하는 상호 작용의 독립적인 모델링이 필요하다. 일반적으로 액적 항력 및 열 및 물질 전달에 대한 상관 관계로 수행된다. CDM은 가장 일반적인 경우에 시간, 3개의 공간 좌표, 액적 반지름 및 액적 속도 벡터의 3가지 성분을 포함하는 오일러(Euler) 편미분 분무 확률 방정식을 통해 모든 액적의 움직임을 나타낸다. 이 접근법은 높은 연산 요구사항을 부과한다. DDM은 통계적 접근 방식을 사용한다. 개별 액적의 대표적인 표본으로, 각 액적은 "꾸러미(parcel)"라고 불리는 동일한 비 상호작용 액적 그룹의 성분이며, 인젝터 시작점으로부터 시간을 독립 변수로 하는 움직임의 상미분 방정식을 해결함으로써 라그랑지안(Lagrangian) 방식으로 추적된다.

이 후자의 모델은 엔진 분무 분석에 사용된다.[64] 액적 꾸러미는 가정되거나 알려진 크기 분포, 초기 분사각, 또는 분사율에 따라 "분무 구역"에서 지정된 꾸러미에서의 위치, 크기, 속도, 개수의 특정 초기 조건을 사용하여 연료 분사 과정을 통해 연속적으토 도입된다. 연료 분사율 및 노즐 출구에서의 연료 온도를 포함한다. 이 파라미터의 값은 분무 내에서 이러한 모든 값을 통계적으로 나타내기 위해 선택된다. 그런 다음 가스 위상 편미분 보존 방정식을 푸는데 사용되는 계산 격자를 통해 라그랑지안 방식으로 추적된다.

각각의 액적의 거동을 설명하는 방정식은 다음과 같다.[65]

$$\frac{d}{dt}\mathbf{x_k} = \mathbf{u_k} \tag{14.69}$$

$$\frac{d}{dt}(m_k \mathbf{u_k}) = -\frac{m_k}{\rho_k}\nabla p + F_{D,k}(\mathbf{u} - \mathbf{u_k}) \tag{14.70}$$

$$m_k \frac{dh_k}{dt} = \dot{q}_k + (h_v - h_k)\frac{dm_k}{dt} \tag{14.71}$$

여기서 $\mathbf{x}_k$는 액적(k)에 대한 위치 벡터이며 $\mathbf{u}_k$는 액적의 속도이다. 또한, m_k는 액적의 질량, ρ_k는 액적의 밀도, $\mathbf{u}$는 가스 속도, h_k는 액적의 비엔탈피, $\dot{q}_k$는 액적에서 가스로의 열전달률, h_v는 연료 증기의 비엔탈피이다. $F_{D,k}$는 액적의 항력함수이다.

$$F_{D,k} = \frac{1}{2}\pi r_k^2 \rho C_D \,|\mathbf{u} - \mathbf{u_k}| \tag{14.72}$$

여기서 r_k은 액적의 반지름, μ와 ρ는 가스의 점성과 밀도이며 C_D는 항력계수이다. $F_{D,k}$는 스토크스 항력과 형상 항력의 합이며 $\mathrm{Re} = 2r_k\rho|\mathbf{u} - \mathbf{u}_k|/\mu$로 하는 $C_D = 24/\mathrm{Re}$인 층류 한계는 $6\pi r_k \mu$이다.

증발률에 대한 방정식은 이 세트를 완성한다. 일반적으로 액적은 습구 온도(T_s)에서 열평형 상태에 있다고 가정한다. 그 후, 액적으로의 열전달과 연료 증기에 의해 제거된 기화 잠열 사이의 균형이 존재한다:

$$(h_v - h_k)\frac{dm_k}{dt} = -\dot{q}_k \tag{14.73}$$

액적 수명의 상당 부분이 이 평형 상태에서 사용되지만, 식 (14.73)에 항을 추가하여 액적 온도가 초기 값에서 T_s로 증가하는 가열 단계를 설명할 수 있다.[65] 열 및 질량 교환율은 레이놀즈 수(Reynolds number), 프란틀 수(Prandtl number) 및 슈미트 수(Schmidt number)의 함수로서 액적에 대한 실험 기반 상관관계인 누셀(Nusselt) 및 셔우드(Sherwood) 수로부터

계산된다.[66]

이제 가스와 액체 사이 결합의 양방향 특성을 고려해야 한다. 액적 방정식을 푸는 데 필요한 가스 속도, 밀도, 온도 및 연료 증기 농도는 액적 꾸러미가 있는 격자 셀에서 우세한 값을 취한다. 동시에, 소스 필드는 계면 간 질량, 운동량 및 에너지 전달을 위해 모아지며, 이후 이들 단계 사이의 보존을 유지하는 가스상 솔루션으로 다시 공급된다.[67] 기상 질량, 운동량 및 에너지 보존 방정식은 입자의 변위 효과, 연료 증기와의 혼합과 관련된 밀도 변화, 액적의 항력, 액적 표면에서 증발된 연료와 주변 가스 사이 및 액적으로의 열전달로 발생하는 초기 운동량 차이 및 엔탈피 차이를 설명하기 위해 추가 항이 요구된다.[65]

위의 처리는 액적이 입자 간 상호 작용이 중요하지 않게 충분히 떨어져있는 "얇은 분무"로 제한된다. 이 가정은 인젝터 바로 옆이나 좁은 원추 분무에서는 유효하지 않다. "두꺼운 분무"에서는 입자 간 상호 작용(유착을 초래하거나 액적의 재분열을 초래할 수 있는 충돌)이 중요하다.

Monte Carlo 기반의 이산 입자 기술에 의한 분무 모델은 미립화된 연료 분무를 가장 완벽하게 나타낸다.[54, 66] 분무는 액적 분포 함수, 즉 액적 위치, 속도, 반경 및 온도의 위상 공간에서의 액적 수 밀도로 설명된다. 이 분포 함수의 발달은 소위 분무 방정식에 의해 결정된다.

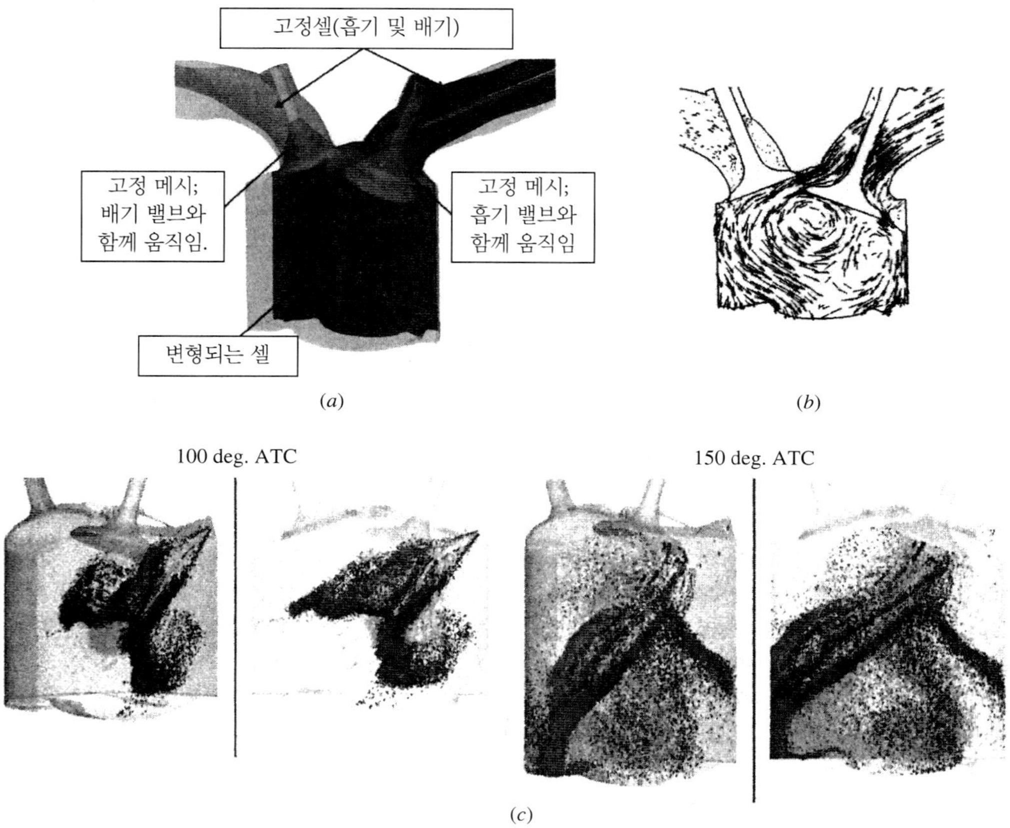

그림 14.32 DI 가솔린 엔진에서 주요 실린더 내 유동 예측: (*a*) 밸브 및 피스톤의 움직임을 따르는 고정 메시 설정; (*b*) 연료 분사의 시작 시 실린더 내부 및 내부로 유입되는 유동장의 해석(최대 속도 30 m/s); (*c*) 100° ATC 흡기(연료 분사는 85° ATC에서 시작한다)와 150° ATC 흡기에서 멀티 홀 노즐 연료 분무의 발달을 보여주는 이미지.[67]

분포 함수는 통계적으로 샘플링되고, 생성된 이산 입자는 위의 라그랑지 액적 방정식을 사용하여 가스와 질량, 운동량 및 에너지를 국부적으로 상호 작용하고 교환한다. 각 불연속 액적은 액적의 그룹 또는 꾸러미를 나타낸다. 액적 충돌은 분무 방정식에 적절한 항으로 설명된다.

그림 14.32는 분무 모델이 생성 할 수 있는 결과의 예시이다. 계산은 직접 분사 가솔린 엔진에서의 연료-공기 혼합을 포함한다. Eulerian-Lagrangian 접근 방식은 멀티홀(multi-hole) 인젝터에서 나오는 연료 분무를 모델링하는 데 사용되었다. 서브 모델은 연료 분사, 분무 분열, 액적의 벽면과의 상호 작용 및 액체 벽막 역학을 위해 개발되어 사용되었다. 참고문헌 67에서 해당 분무 모델의 세부 사항을 확인할 수 있다. DI 엔진은 균일 모드(homogeneous mode)에서 1500 rev/min 및 14.5 bar bmep에서 화학양론적으로 운전되었다. 엔진은 실린더 당 4개의 밸브, 348 cm^3/cylinder의 배기량, 76 mm에 가까운 보어와 행정을 가지고 있다. 흡입 행정의 85° ATC에서 분사 시작과 함께 80 bar 분사 압력으로 실린더에 가솔린을 분사했다. 그림 14.32*a*는 계산 격자 설정을 보여준다. 동적 메시 레이어링(dynamic mesh layering)은 피스톤 거동 중 셀 크기를 최적화하는 데 사용된다. 흡기와 배기구의 대부분은 고정된 셀을 사용한다. 밸브 시트와 헤드 둘레에는 고정된 메시가 밸브와 함께 움직이다. 실린더의 변형 셀은 피스톤 운동을 따른다. 그림 14.32*b*는 분사 시작 시 흡기 및 배기 밸브 스템의 평면에서 계산된 실린더 내 유동장을 나타내며 흡입 행정의 약 절반 아래에 위치한다. 흡기 밸브 헤드를 지나가는 유동에 의해 생성된 흡기 유동 와류가 확인된다. 표시된 최대 유속은 30 m/s이다. 그림 14.32*c*는 흡입 행정의 100도 및 150도 ATC의 두 크랭크 각도에서 액적이 어떻게 확산되고 분산되는지를 나타내는 분무 구성을 두 가지 관점으로 보여준다.[67]

14.5.6 연소 모델링

반응 유동의 수치 계산에서 계산 시간 및 저장 제약으로 과거에는 통합될 수 있는 반응 메커니즘의 복잡성을 제한했다. 현재는 CFD 엔진 시뮬레이션 코드에서 탄화수소-공기 혼합물의 연소를 위한 상세한 화학 메커니즘을 포함하는 것이 가능하다. 메탄, n-헵탄, 이소옥탄, 톨루엔, 에탄올 및 메탄올과 같은 보다 간단한 탄화수소 연료의 산화 반응에 대한 자세한 반응 모델을 이용할 수 있다. 고급 탄화수소 화합물 및 많은 수의 탄화수소가 혼합된 실용적인 연료에 대해서는 상세한 메커니즘이 아직 개발되지 않았다. 과거에는 다차원 엔진 계산에서 연소 과정을 나타내기 위해 하나 또는 최대 몇 개의 반응식 또는 경험적 방정식으로 단순화된 화학 반응식을 사용했다. 이러한 모델은 유용한 결과를 제공하기 위해 제한된 범위의 엔진 조건의 실험 데이터로 보정 할 수 있지만 근본적인 기초는 부족하다.

일반적인 방법은 연소 과정을 Arrhenius 형태의 단일 속도 방정식에 의해 지배되는 연료 + 산화제 → 생성물로 가정하는 것이다.

$$R_f = A\rho^2 x_f^a x_{\text{ox}}^b \exp\left(-\frac{E_A}{\tilde{R}T}\right) \tag{14.74}$$

여기서 R_f는 미연소 연료의 소멸 속도, x_f 및 x_{OX}는 미연소 연료 및 산화제 질량 분율, $\tilde{R}$은 보편 기체 상수, a, b, A 및 E_A는 상수이다(대체로 a와 b는 통합되거나 0.5값을 가짐). 사전 실험 요인인 A 및 활성화 에너지(E_A)에 대한 값은 실험식으로 결정된 연소율에 이러한 방정식을 일치시킴으로써 얻어진다.

이 방법은 보정될 때 그 예측이 데이터와 합당한 일치를 보일 수 있다는 의미에서 효과가 있지만, 세 가지 주요한 문제가 있다. 첫 번째는 복합 탄화수소-연료 산화 과정이 단일(또는 한정된 수) 전체 반응에 의해 적절하게 표현될 수 있다는 가정이다. 일반적으로 엔진 설계 및 운전 파라미터가 변함에 따라 식 (14.74)의 상수를 조정할 필요가 있다는 사실이 해당 문제를 나타내는 하나의 지표이다. 둘째로, 식 (14.74)는 국부 반응 속도를 계산하기 위해 농도와 온도의 국부 *평균* 값을 사용하는 반면, *순간* 국부 값은 반응 속도를 결정한다. 이 두 비율은 화학 반응의 시간 척도가 난류 변동의 시간 척도보다 상당히 길면 동등할 것이지만 엔진 연소는 그렇지 않다. 셋째, 연소 속도의 화학반응속도론에 대한 내재된 강한 의존성은 엔진 연소에 대한 알려진 실험적 증거와는 다르다(9.3.2절 및 10.3절 참고). 열 및 질량 확산 계수의 증가를 제외하고, 연소 속도에 대한 난류의 영향은 식 (14.74) 형태의 식으로 표현되지 않는다.

대안 또는 직접적인 접근법은 난류 혼합이 속도 제어 과정인 것으로 가정하는 것이다. 즉 화학 반응 모델링이 중요하지 않을 만큼 반응 속도가 빠르며, 난류 유동의 소규모 와류에서 작은 분자 수준에서 혼합이 발생하면 반응이 빠르게 완료된다: 속도 제어 프로세스는 대규모 와류 간의 소멸과 상호작용이다. 따라서 반응 속도는 k/ε와 동등한 난류 혼합 시간 $\tau_T(=l_I/u')$에 반비례한다. 연료 또는 산소 농도가 제한적인지, 화염 확산을 보장하기에 충분한 고온이 필요한지 여부도 포함된다. 매우 희박한(또는 풍부한) 혼합물의 경우, 반응은 동적

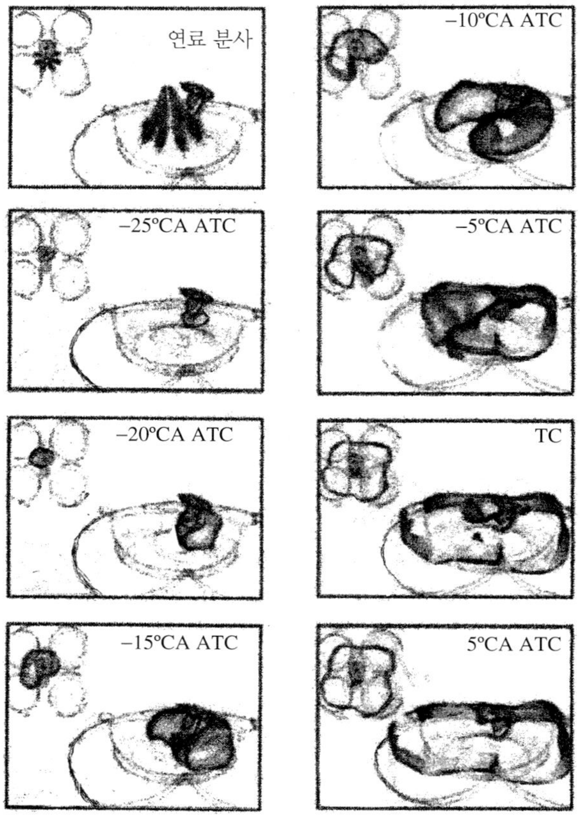

그림 14.33 3D CFD 기반 엔진 시뮬레이션 코드로 모델링된 분무 유동 성층화 DI 가솔린 엔진에서 발생하는 연소 과정에 대한 삽화. 분무 거동은 멀티 성분 연료 증발 방법을 사용하는 DDM (discrete droplet model)과 피스톤 보울에 분무가 충돌되는 모델을 이용하여 계산되었다. 점화(29° BTC), 초기 화염 핵 성장, 완전 발달된 난류 화염 전면 전파는 상세한 기초 기반 모델로 추적되었다. 첫 번째 프레임은 연료 분무를 보여준다. 연속된 프레임들은 보울-인-피스톤 연소실 내부의 어두운 부분은 화염이 발달함에 따라 성장하는 화염 경계를 보여준다. 각 프레임의 좌측 상단에 화염의 외부 경계가 전체 연소실의 평면뷰를 보여준다. 텍스트와 참고문헌에서 상세한 내용을 확인할 수 있다.[68]

으로 조절될 수 있다. 식 (14.74)와 위의 혼합 제어 모델 사이의 선택은 난류 혼합 시간에 대한 화학 반응 시간의 비율이 1보다 크거나 작은 지에 따라 결정될 수 있다.

그림 14.33의 분무 유도 성층화, 희박 운전, 가솔린 DI 스파크 점화기관에서의 점화 및 화염 전파의 3차원 계산의 예는 압축 행정 후반부터 주 연소 과정까지의 크랭크 각도의 함수로서 개별 프로세스 모델(연료 분무 발달 및 증발, 점화 및 난류 화염 전파)의 순서를 나타낸다. 연료 분무 모델은 TC보다 32° CA 앞에서 분사가 시작된 후 연료 액적과 증기의 침투 및 확산과 공기와의 혼합을 예측한다. 분무 발달 내에서 (TC 이전의 29° CA에서) 점화 방전은 스파크 채널로 모델링된다. 자동 점화를 포함하는 화염(flamelet) 방정식은 스파크 방전에서 화염핵(flame kernel)으로 전환하는 데 사용되며, 조건이 맞으면 난류 사전 혼합 전파로 발전한다. 난류 화염은 9장(그림 9.22와 9.3절 참조)에서 설명한 대로 화염 구조 물리학 및 화학(층류화염속도를 통해)을 통합한다. 예시에서 분무는 분사 시작 후 피스톤 연소실로 침투한다. 29° BTC에서 점화 한 후 난류 화염 모델은 화염핵이 성장함에 따라 발달한다. 그림은 점화 위치에서 바깥쪽으로 전파되는 난류 화염의 성장을 보여준다. 그 모양은 피스톤 보울과 연소실 형상, 스퀴시 유동(보울 내부와 외부로의) 및 후기 분사로 인한 연료 분무의 발달에 의해 생성된 혼합기 성층화에 의해 유도되는 상대적으로 높은 실린더 내 유동 속도의 영향을 반영한다. 이 특정 유형의 가솔린 연료 DI 스파크 점화기관에 적용된 이 CFD 모델은 실린더 내 압력과 연소 속도 프로파일과 같은 엔진의 성능 특성을 정확하게 예측했다.

엔진 연소의 3D CFD 수치 시뮬레이션의 사용에 대한 마지막은 직접 분사 디젤이다. 10장(압축 점화기관의 연소)에서 논의된 바와 같이, 연료 분무 발달과 디젤 연소의 3단계(자착화, 급속 예혼합 연료 농후 연소 단계 및 혼합 제어 확산 화염 과정)는 개별적으로 복잡하고, 연결되어 있으며, (연소 중) 복잡한 HC 산화 화학반응과 함께 난류 대류 프로세스를 결합해야 한다. 그런 다음 NO_x 형성 및 입자 생성 및 산화 모델은 디젤 연소 모델에 기초한다.

다차원 엔진 모델의 주요 구성 요소인 디젤 연소 모델의 선택은 기본 물리학 및 화학에 대한 단순화된 설명(실험 데이터와 비교하여 보정된다)에 기초하는 현상학적 모델 또는 세부적인(혹은 간략한) 화학 메커니즘의 화학반응속도론의 직접적분이다. 후자의 방법은 연소 중 더 나은 예측 정확도와 유용한 중간 종(species) 정보를 제공한다. 그러나 이것은 계산 시간을 상당히 연장시킨다.[g] 보다 광범위하게, CFD 유동 시뮬레이션에 사용되는 디젤 연소 모델은 연료 분무의 발달, 분무 내 자동 점화 및 연료 연소 프로세스를 완료하는 혼합 제어 확산 화염을 예측하는 서브 모델을 필요로 한다. 그런 다음 NO 및 수트 생성 과정을 연소 모델에 연결하기 위해 추가 서브 모델이 필요하다.

이러한 디젤 연소 모델의 전체 결과 예시가 그림 14.34에 나와 있다.[69] 관련된 엔진은 2리터, 4기통(보어와 행정은 86 mm), 압축비 18.2 : 1, 스월이 있는 깊은 re-entrant 보울–인–피스톤 방식의 연소실 및 파일럿 분사가 있는 초고속 자동차 직접 분사 디젤 엔진이다. 상세한 연료 분무 분열, 미립화 및 증발 모델이 사용되었다. 점화 지연을 모사하기 위해 다단계 일반 화학 모델(Shell 모델)이 사용되었다. 배치된 연소 모델(Coherent Flame Sheet 모델)은 자발화 프로세스와 디젤 연소 프로세스의 예혼합 및 확산 화염 단계를 구현한다. NO 생성 과정(11.2.1절 참고)의 동역학 모델은 입자 생성 및 산화에 대한 현상학적 모델과 함께 포함되었다.[69]

[g] KIVA 특성–시간 연소(CTC, characteristic-time combustion) 모델과 KIVA-Chemkin 모델과 같은 이러한 옵션에 대한 상세한 논의는 참고문헌 53에서 확인할 수 있다.

그림 14.34*a*는 실린더 압력 및 열발생률 프로파일에 대한 계산 결과를 실험으로 취득된 프로파일과 비교하여 보여준다. 그림 14.34*b*는 측정된 엔진 배기 가스 값과 함께 시뮬레이션

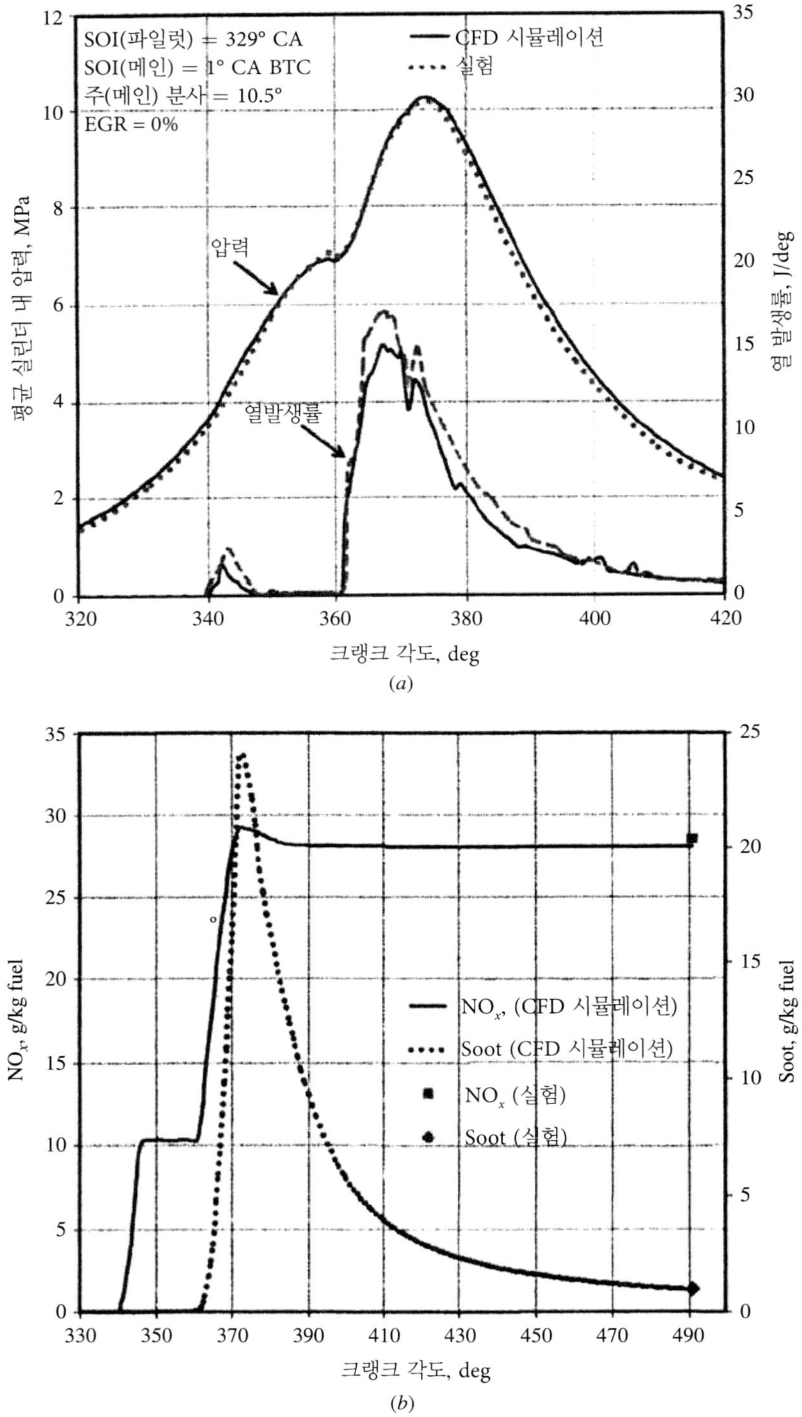

그림 14.34 (*a*) 실린더 내 압력과 열 발생률에 대한 실험 및 CFD 엔진 시뮬레이션 결과, (*b*) NO_x 및 Soot 배기배출물의 실험 및 CFD 엔진 시뮬레이션 결과. 리엔트런트 보울-인-피스톤 연소실을 갖고 있는 2리터, 4기통, 고속 직접분사 디젤 엔진. 1600 rev/min, 파일럿 분사.[69]

의 NO_x 및 수트 예측값을 보여준다. 파일럿 분사 연료(주 연료 분사의 2.5%)의 연소는 아마도 화학양론비에 가까운 연소 과정으로 인해 실린더 내부에 형성된 최대 NO_x 레벨의 1/3이 생성되며, 온도 상승으로 인해 주 확산 화염의 NO 생성률이 증가한다는 점에 유의해야 한다. 주 분사의 연료가 연소되기 시작하면 연료가 농후한 분무에서 수트가 빠르게 생성된다. 최대 열 발생률 지점 이후, 수트가 화염 반응 구역으로 이동함에 따라, 확산 화염으로 둘러싸인 연료가 농후한 분무 내에서 형성된 수트의 90% 이상이 연소된다. CFD 기반 시뮬레이션 결과와 측정치가 잘 일치하는 것을 확인할 수 있다. 이 결과는 상세 다차원 CFD 모델이 제공할 수 있는 가치를 보여준다.

참고문헌

1. Streit, E. E., and Borman, G. L.: "Mathematical Simulation of a Large Turbocharged Two-Stroke Diesel Engine," SAE paper 710176, *SAE Trans.*, vol. 80, 1971.
2. Assanis, D. N., and Heywood, J. B.: "Development and Use of Computer Simulation of the Turbocompounded Diesel System for Engine Performance and Component Heat Transfer Studies," SAE paper 860329, 1986.
3. GT-Power Engine Simulation Software (Engine Performance Analysis Modeling), Gamma Technologies: www.gtisoft.com.
4. WAVE: Engine Powertrain and Simulation Software. www.ricardo.com.
5. Watson, N., and Janota, M. S.: *Turbocharging the Internal Combustion Engine*, John Wiley, New York, 1982.
6. Janota, M. S., Hallam, A. J., Brock, E. K., and Dexter, S. G.: "The Prediction of Diesel Engine Performance and Combustion Chamber Component Temperatures Using Digital Computers," *Proc. Instn Mech. Engrs*, vol. 182, pt. 3L, pp. 58–70, 1967–1968.
7. Benson, R. S.: *The Thermodynamics and Gas Dynamics of Internal Combustion Engines*, in J. H. Horlock and D. E. Winterbone (eds.), vol. 1, Clarendon Press, Oxford, 1982.
8. Chapman, M., Novak, J. M., and Stein, R. A.: "Numerical Modeling of Inlet and Exhaust Flows in Multi-Cylinder Internal Combustion Engines," in T. Uzkan (ed.), *Flows in Internal Combustion Engines*, ASME, 1982.
9. Bulaty, T., and Niessner, H.: "Calculation of 1-D Unsteady Flows in Pipe Systems of I.C. Engines," ASME paper ASME-WA7, 1984.
10. Takizawa, M., Uno, T., Oue, T., and Yura, T.: "A Study of Gas Exchange Process Simulation of an Automotive Multi-Cylinder Internal Combustion Engine," SAE paper 820410, *SAE Trans.*, vol. 91, 1982.
11. Poulos, S. G., and Heywood, J. B.: "The Effect of Chamber Geometry on Spark-Ignition Engine Combustion," SAE paper 830334, *SAE Trans.*, vol. 92, 1983.
12. Heywood, J. B., Higgins, J. M., Watts, P. A., and Tabaczynski, R. J.: "Development and Use of a Cycle Simulation to Predict SI Engine Efficiency and NO_x Emissions," SAE paper 790291, 1979.
13. Lavoie, G. A., and Blumberg, P. N.: "A Fundamental Model for Predicting Fuel Consumption, NO_x and HC Emissions of the Conventional Spark-Ignited Engine," *Combust. Sci. and Technol*, vol. 21, pp. 225–258, 1980.
14. Watts, P. A., and Heywood, J. B.: "Simulation Studies of the Effects of Turbocharging and Reduced Heat Transfer on Spark-Ignition Engine Operation," SAE paper 800289, 1980.
15. Novak, J. M., and Blumberg, P. N.: "Parametric Simulation of Significant Design and Operating Alternatives Affecting the Fuel Economy and Emissions of Spark-Ignited Engines," SAE paper 780943, *SAE Trans.*, vol. 87, 1978.
16. Keck, J. C.: "Turbulent Flame Structure and Speed in Spark-Ignition Engines," *Proceedings of Nineteenth Symposium (International) on Combustion*, pp. 1451-1466, The Combustion Institute, Pittsburgh, 1982.
17. Beretta, G. P., Rashidi, M., and Keck, J. C.: "Turbulent Flame Propagation and Combustion in Spark Ignition Engines," *Combust. Flame*, vol. 52, pp. 217–245, 1983.
18. Keck, J. C., Heywood, J. B., and Noske, G.: "Early Flame Development and Burning Rates in Spark-Ignition Engines," SAE paper 870164, 1987.
19. Heywood, J. B.: "Combustion and Its Modeling in Spark-Ignition Engines," *Proceedings of Third International Symposium on Diagnostics and Modeling of Combustion in Internal Combustion Engines*, COMODIA 94, pp. 1-15, Yokohama, July 11–14, 1994.
20. Tabaczynski, R. J., Ferguson, C. R., and Radhakrishnan, K.: "A Turbulent Entrainment Model for Spark-Ignition Engine Combustion," SAE paper 770647, *SAE Trans.*, vol. 86, 1977.
21. Tabaczynski, R. J., Trinker, F. H., and Shannon, B. A. S.: "Further Refinement and Validation of a Turbulent Flame Propagation Model for Spark-Ignition Engines," *Combust. Flame*, vol. 39, pp. 111–121, 1980.
22. Borgnakke, C.: "Flame Propagation and Heat-Transfer Effects in Spark-Ignition Engines," in J. C. Hilliard and G. S. Springer (eds.), *Fuel Economy in Road Vehicles Powered by Spark Ignition Engines*, Ch. 5, pp. 183–224, Plenum Press, New York, 1984.
23. Launder, B. E., and Spalding, D. B.: *Lectures in Mathematical Models of Turbulence*, Academic Press, New York, 1972.
24. Borgnakke, C., Arpaci, V. S., and Tabaczynski, R. J.: "A Model for the Instantaneous Heat Transfer and Turbulence in a Spark Ignition Engine," SAE paper 800287, 1980.
25. Borgnakke, C., Davis, G. C., and Tabaczynski, R. J.: "Predictions of In-Cylinder Swirl Velocity and Turbulence Intensity for an Open Chamber Cup in Piston Engine," SAE paper 810224, *SAE Trans.*, vol. 90, 1981.
26. Davis, G. C., Tabaczynski, R. J., and Belaire, R. C.: "The Effect of Intake Valve Lift on Turbulence Intensity and Burnrate in S.I. Engines," SAE paper 840030, *SAE Trans.*, vol. 93, 1984.
27. Davis, G. C., Mikulec, A., Kent, J. C., and Tabaczynski, R. J.: "Modeling the Effect of Swirl on Turbulence Intensity and Burn Rate in S.I. Engines and Comparison with Experiment," SAE paper 860325, 1986.
28. Hires, S. D., Tabaczynski, R. J., and Novak, J. M.: "The Prediction of Ignition Delay and Combustion Intervals for a Homogeneous

Charge, Spark Ignition Engine," SAE paper 780232, *SAE Trans.*, vol. 87, 1978.
29. Primus, R. J., and Wong, V. W.: "Performance and Combustion Modeling of Heterogeneous Charge Engines," SAE paper 850343, 1985.
30. Watson, N., Pilley, A. D., and Marzouk, M.: "A Combustion Correlation for Diesel Engine Simulation," SAE paper 800029, 1980.
31. Hiroyasu, H., Kadota, T., and Arai, M.: "Development and Use of a Spray Combustion Modeling to Predict Diesel Engine Efficiency and Pollutant Emissions (Part 2. Computational Procedure and Parametric Study)," paper 214-13, *Bull. JSME*, vol. 26, no. 214, pp. 576–583, 1983.
32. Hiroyasu, H., Kadota, T., and Arai, M.: "Development and Use of a Spray Combustion Modeling to Predict Diesel Engine Efficiency and Pollutant Emission (Part 1)," paper 214-12, *Bull. JSME*, vol. 26, no. 214, pp. 569–575, 1983.
33. Hiroyasu, H.: "Diesel Engine Combustion and Its Modeling," in *Proceedings of International Symposium on Diagnostics and Modeling of Combustion in Reciprocating Engines*, COMODIA 85, pp. 53-75, Tokyo, September 4–6, 1985.
34. Rife, J. M., and Heywood, J. B.: "Photographic and Performance Studies of Diesel Combustion with a Rapid Compression Machine," SAE paper 740948, *SAE Trans.*, vol. 83, 1974.
35. Ricou, F. P., and Spalding, D. B.: "Measurements of Entrainment by Axisymmetric Turbulent Jets," *J. Fluid Mech.*, vol. 9, pp. 21–32, 1961.
36. Abramovich, G. M.: *The Theory of Turbulent Jets*, MIT Press, Cambridge, MA, 1963.
37. Sinnamon, J. F., Lancaster, D. R., and Steiner, J. C.: "An Experimental and Analytical Study of Engine Fuel Spray Trajectories," SAE paper 800135, *SAE Trans.*, vol. 89, 1980.
38. Blumberg, P. N., Lavoie, G. A., and Tabaczynski, R. J.: "Phenomenological Models for Reciprocating Internal Combustion Engines," *Prog. Energy Combust. Sci.*, vol. 5, pp. 123–167, 1979.
39. Hires, S. D., Ekchian, A., Heywood, J. B., Tabaczynski, R. J., and Wall, J. C.: "Performance and NO_x Emissions Modeling of Jet Ignition Prechamber Stratified Charge Engine," SAE paper 760161, *SAE Trans.*, vol. 85, 1976.
40. Hiroyasu, H., Yoshimatsu, A., and Arai, M.: "Mathematical Model for Predicting the Rate of Heat Release and Exhaust Emissions in IDI Diesel Engines," paper C102/82, *Proceedings of Conference on Diesel Engines for Passenger Cars and Light Duty Vehicles*, Institution of Mechanical Engineers, London, 1982.
41. Watson, N., and Kamel, M.: "Thermodynamic Efficiency Evaluation of an Indirect Injection Diesel Engine," SAE paper 790039, *SAE Trans.*, vol. 88, 1979.
42. Mansouri, S. H., Heywood, J. B., and Radhakrishnan, K.: "Divided-Chamber Diesel Engine, Part I: A Cycle-Simulation which Predicts Performance and Emissions," SAE paper 820273, *SAE Trans.*, vol. 91, 1982.
43. Mansouri, S. H., Heywood, J. B., and Ekchian, J. A., "Studies of NO, and Soot Emissions from an IDI Diesel using an Engine Cycle Simulation," paper CI20/82, in *Diesel Engines for Passenger Cars and Light Duty Vehicles*, Institution of Mechanical Engineers Conference Publication 1982-8, pp. 215–227, 1982.
44. Watson, N., and Marzouk, M.: "A Non-Linear Digital Simulation of Turbocharged Diesel Engines under Transient Conditions," SAE paper 770123, *SAE Trans.*, vol. 86, 1977.
45. Marzouk, M., and Watson, N.: "Load Acceptance of Turbocharged Diesel Engines," paper C54/78, *Proceedings of Conference on Turbocharging and Turbochargers*, Institution of Mechanical Engineers, London, 1978.
46. Primus, R. J., and Flynn, P. F.: "Diagnosing the Real Performance Impact of Diesel Engine Design Parameter Variation (A Primer in the Use of Second Law Analysis)," in *Proceedings of International Symposium on Diagnostics and Modeling of Combustion in Reciprocating Engines*, COMODIA 85, pp. 529–538, Tokyo, September 4–6,1985.
47. Primus, R. J., Hoag, K. L., Flynn, P. F., and Brands, M. C.: "An Appraisal of Advanced Engine Concepts Using Second Law Analysis Techniques," SAE paper 841287, *SAE Trans.*, vol. 93, 1984.
48. Gosman, A. D.: "Computer Modeling of Flow and Heat Transfer in Engines, Progress and Prospects," in *Proceedings of International Symposium on Diagnostics and Modeling of Combustion in Reciprocating Engines*, COMODIA 85, pp. 15–26, Tokyo, September 4–6, 1985.
49. Reynolds, W. C.: "Modeling of Fluid Motions in Engines—An Introductory Overview," in J. N. Mattavi and C. A. Amann (eds.), *Combustion Modeling in Reciprocating Engines*, pp. 41–68, Plenum Press, New York, 1980.
50. Morel, T., and Mansour, N. N.: "Modeling of Turbulence in Internal Combustion Engines," SAE paper 820040, 1982.
51. Ahmadi-Befrui, B., Gosman, A. D., and Watkins, A. P.: "Prediction of In-Cylinder Flow and Turbulence with Three Versions of k-ε Turbulence Model and Comparison with Data," in T. Uzkan (ed.), *Flows in Internal Combustion Engines—II*, FED—vol. 20, p. 27, ASME, New York, 1984.
52. El Tahry, S. H.: "k-ε Equation for Compressible Reciprocating Engine Flows," *J. Energy*, vol. 7, no. 4, pp. 345–353, 1983.
53. Wang, H., Reitz, R. D., and Yao, M., "Comparison of Diesel Combustion CFD Models and Evaluation of the Effects of Model Constants," SAE paper 2012-01-0134, in *Multi-Dimensional Engine Modeling 2012*, SP-2331, SAE, 2012.
54. Amsden, A. A., Butler, T. D., O'Rourke, P. J., and Ramshaw, J. D.: "KIVA—A Comprehensive Model for 2-D and 3-D Engine Simulations," SAE paper 850554, 1985.
55. Gosman, A. D.: "Multidimensional Modeling of Cold Flows and Turbulence in Reciprocating Engines," SAE paper 850344, 1985.
56. Gosman, A. D., and Johns, R. J. R.: "Computer Analysis of Fuel-Air Mixing in Direct-Injection Engines," SAE paper 800091, *SAE Trans.*, vol. 89, 1980.
57. Benz, C., Nocke, J., and Hassel, E.: "Turbulence-Chemistry-Interaction Modeling in 3D-CFD for Study of Autoignition Phenomena," SAE paper 2012-01-0158, 2012.
58. Brandstatter, W., Johns, R. J. R., and Wigley, G.: "The Effect of Inlet Port Geometry on In-Cylinder Flow Structure," SAE paper 850499, 1985.
59. Gosman, A. D., Tsui, Y. Y., and Watkins, A. P.: "Calculation of Unsteady Three-Dimensional Flow in a Model Motored Reciprocating Engine and Comparison with Experiment," presented at Fifth International Turbulent Shear Flow Meeting, Cornell University, August 1985.
60. Miles, P., Megerle, M., Sick, V., Richards, K., Nagel, Z., and Reitz, R.: "The Evolution of Flow Structure and Turbulence in a Fired HSDI Diesel Engine," SAE paper 2001-01-3501, 2001.
61. Wakisaka, T., Shimamoto, Y., and Isshiki, Y.: "Three-Dimensional Numerical Analysis of In-Cylinder Flows in Reciprocating Engines," SAE paper 860464, 1986.
62. Heywood, J. B., and Sher, E.: *The Two-Stroke Cycle Engine: Its Development, Operation, and Design,* Taylor & Francis, Philadelphia, SAE, Warrendale, PA, 1999.
63. Yamada, T., Inoue, T., Yoshimatsu, A., Hiramatsu, T., and Konishi, M.: "In-Cylinder Gas Motion of Multivalve Engine—Three Dimensional Numerical Simulation," SAE paper 860465, 1986.
64. Watkins, A. P., Gosman, A. D., and Tabrizi, B. S.: "Calculation of Three Dimensional Spray Motion in Engines," SAE paper 860468, 1986.
65. Butler, T. D., Cloutman, L. D., Dukowicz, J. K., and Ramshaw, J. D.: "Toward a Comprehensive Model for Combustion in a

Direct-Injection Stratified-Charge Engine," in J. N. Mattavi and C. A. Amann (eds.), *Combustion Modeling in Reciprocating Engines*, pp. 231–260, Plenum Press, New York, 1980.

66. Bracco, F. V.: "Modeling of Engine Sprays," SAE paper 850394, 1985.
67. Lucchini, T., D'Errico, G., Onorati, A., Bonandrini, G., Venturoli, L., and Gioia, R. D.: "Development of a CFD Approach to Model Fuel-Air Mixing in Gasoline Direct-Injection Engines," SAE paper 2012-01-0146, in *Multi-Dimensional Engine Modeling, 2012*, SP-2331, SAE, 2012.
68. Dahms, R. N., Drake, M. C., Grover, R. O., Solomon, A. S., and Fansler, T. D.: "Detailed Simulations of Stratified Ignition and Combustion Processes in a Spray-Guided Gasoline Engine using the Spark CIMM/G-Equation Modeling Framework," SAE paper 2012-01-0132, in *Multi-Dimensional Engine Modeling, 2012*, SAE, 2012.
69. Mobasheri, R., and Peng, Z.: "Analysis of the Effects of Re-Entrant Combustion Chamber Geometry on Combustion Process and Emission Formation in a HSDI Diesel Engine," SAE paper 2012-01-0144, in *Multi-Dimensional Engine Modeling, 2012*, SP-2331, SAE, 2012.

내연기관

Internal Combustion Engine Fundamentals

CHAPTER 15

엔진 운전 특성

Engine Operating Characteristics

이 장에서는 일반적인 스파크 점화 및 압축 점화 엔진의 운전 특성을 검토한다. 엔진의 성능, 효율 및 배기 그리고 주요 설계 및 작동 변수 변경의 영향은 이전 장에서 엔진 연소, 열역학, 유체 유동, 열 전달 및 마찰에 대한 보다 근본적인 요소들과 관련된다. 이 장의 목적은 실제 엔진 운전 특성에 대한 데이터와 설명을 제공하는 것이다.

15.1 엔진 설계 목적 _*Engine Design Objectives*

내연기관은 주로 도로 운송수단으로 이용되고 있지만 그 외에도 다양한 용도로 사용된다. 주요 엔진 설계 목적 및 운전 요구 사항은 표 15.1에 나열되어 있는 것과 같이 다른 용도에도 공통적으로 적용된다. 이 중 몇 가지 목적은 중요하며 모두 충족시키기 위해서는 절충안이 필요하다.

표 15.1의 항목 1, 2 및 3은 설계 요구 사항이다. 스로틀 전개(wide-open-throttle) 토크와 동력은 엔진 속도의 함수로서 높은 부하 조건에서 원하는 출력을 생성할 수 있는 엔진 성능을 정의한다. 많은 응용 분야에서 엔진이 고출력(고속력)으로 유지되는 시간은 제한적이다. 그러므로 엔진 대부분의 시간 동안 작동하는 토크 수준은 최대치보다 훨씬 낮은 조건이며, 이 조건에서의 연료 소비 및 배기 수준이 가장 중요하다.[a] 예를 들어 소형 차량(light-duty vehicle)의 경우 엔진은 최대 토크의 약 1/4에서 비교적 낮은 속도로 대부분의 시간 동안 작동한다(1500~2000 rev/min).

엔진의 HC, CO, NO_x 및 입자상 물질 배출은 엔진 연소 과정과 (만약 후처리 장치가 포함되어 있다면) 배기 후처리 시스템의 효율에 따른다. 일반적으로 후처리 시스템은 배기 배출물의 90% 이상을 정화한다. 그럼에도 엔진에서 배출되는 배기 수준은 여전히 중요하다(특히, 배기 촉매의 활성화를 위해 충분히 예열되기 전에는 더 중요하다). 배기 생성 및 제어에 대한 자세한 설명은 11장을 참고하기 바란다.

엔진 적용 영역에 따라 다르지만 엔진의 작동 대부분은 준-안정(quasi-steady) 거동으로 간주될 수 있으며, 천이(과도, transient) 거동(표 15.1의 항목 4) 역시 중요하다. 항목 5, 6 및 7은 중요한 실제 엔진 설계 요건이다.

내연기관은 시간이 지남에 따라 꾸준히 개선되어 왔다.[2,3] 이는 기회와 제약에 대한 이해 증진, 향상된 통합 설계, 발명, 보다 정교한 제어, 개선된 새로운 재료 및 제조 비용 절감과 같은 많은 개선 및 변화의 결과이다. 또한, 엔진 시장에서의 강력한 경쟁과 석우 연료를 사용하는 IC 엔진에 대한 대안 개발의 압력이 이러한 개선을 이루었다.[4] 내연기관은 성능 및 작동의

---

[a] 여기서 사용되는 *부하*(load)는 상대 토크의 의미이다. 따라서 높은 부하는 스로틀 전개 또는 최대 토크에 가까움을 의미한다.

표 15.1 엔진 설계 목적[1]

1. 고성능 (WOT 토크, 최대 출력)
2. 부분 부하 시 우수한 연료 소비
3. 대기 오염 물질 배출 규제 만족
4. 우수한 과도 반응 (예, 차량의 맥락에서)
5. 조용한 운전, 낮은 진동, 우수한 사운드 퀄리티
6. 낮은 무게, 벌크 볼륨 (패키징)
7. 높은 신뢰성, 낮은 유지보수, 낮은 오일 소비
8. 가능한 가장 낮은 가격

꾸준하고 지속적인 개선으로 광범위한 응용 분야에서 우위를 점하고 있다. 엔진 성능 파라미터는 매년 약 1~2%씩 향상된다. 지난 수십 년 동안의 개선으로 내연기관은 상당한 발전을 했지만, 그 평균 변화 속도는 점차 완만해지고 있다. 주요 관심사의 변화는 종종 동시에 일어난다(예를 들어, 터보 차징 및 다운 사이징 가솔린 스파크 점화 엔진에 대한 중요성 증가).

이 장에서는 석유 기반 연료, 가솔린(휘발유) 또는 증류 디젤 연료를 주로 사용하는 스파크 점화기관 및 디젤 엔진의 운전 특성에 중점을 두고자 한다. 세계 많은 지역의 가솔린에는 현재 5~10% 정도 에탄올이 포함되어 있으며, 디젤 연료에는 약간의 바이오 디젤(10.5.5절 참조)이 포함되어 있다. 이러한 혼합에서 에탄올은 노킹(knock) 저항성이 우수하고, E5 또는 E10 혼합물은 기본 가솔린 원료의 옥탄가를 향상시킴에도 연료 특성의 변화는 적다. 다른 연료를 사용하는 엔진에 대한 향후 전망은 분명하지 않다:[4] 해당 내용은 이 장의 마지막 부분에서 논의할 것이다. 천연 가스는 스파크 점화기관의 연료로 사용되며, 천연 가스가 엔진 운전에 미치는 영향도 검토할 것이다.

15.2 엔진 성능 _Engine Performance

15.2.1 SI 및 디젤 엔진의 기본 특성

잘 알고 있는 바와 같이, 가솔린 엔진과 디젤 엔진의 점화 및 연소 프로세스는 근본적으로 다르다(희박 성층 모드가 아닌 이상). 가솔린 SI 엔진은 대부분 난류 주름 층류 화염의 전파를 통해 연소되는 예혼합된 연료-증기/공기 혼합물(보통 화학양론비)로 운전된다. 피스톤 운동에 대한 연소의 위상 조정은 일반적으로 최대 제동 토크(MBT, maximum brake torque) 또는 최소 연료 소비량에 영향을 끼친다. 부하(토크)는 일반적으로 흡기 매니폴드 플레넘의 스로틀 밸브 상류를 통해 흡입 시스템 압력을 변경하여 제어된다. 스로틀이 점점 더 닫히면 스로틀을 통한 압력 강하가 증가하고 실린더 내로 유입되는 공기량이 적어지며 더 작은 토크가 생성된다. 터보차저 가솔린 엔진의 경우, 스로틀이 활짝 열려있는 상태에서 공기 유동은 터보차저 압축기의 부스트 수준에 따라 다르다. 대기압보다 높은 부스트 압력은 유입되는 공기의 양을 늘려 연료의 양을 증가 시킬 수 있기 때문에 엔진의 토크는 상승한다.

디젤 엔진의 연소는 상당히 다르다. 디젤 엔진은 스로틀이 조절되지 않으므로 실린더 내부로의 공기 유동은 엔진 속도에 따라 달라진다. 중부하 영역 이상에서 터보차저를 작동 할 때 압축기는 엔진으로의 공기 유동을 증가시키는 부스트를 일으킨다. 연료는 각 피스톤이 TC에 접근할 때 실린더에 직접 몇 개의 노즐 구멍을 통해 상대적으로 짧은 펄스로 분사된다.

(짧은 지연 기간 후) 증발된 연료 분무 안으로 공기의 부분 유입 및 혼합은 각각의 분무 내에서 농후한 연료-증기/공기 혼합물의 자발화를 초래하여 연료의 화학 에너지의 일부를 신속하게 방출한다. 그런 다음, 확산 화염이 각 분무 주위에서 발달하고 "연료"(농후 혼합물 연소의 생산물, 디젤 연소 과정의 첫 번째 단계)가 분무 내부에서 분무를 둘러싸는 확산 화염으로 확산됨에 따라 연소 프로세스의 주요 확산 화염 단계가 발생한다. 동시에 공기가 분무 외부에서 화염 안으로 확산된다. 연료의 화학 에너지를 방출하는 연소는 화학 양론비 조건에 가까운 확산 화염에서 발생한다. 부하(토크)는 사이클당 주입되는 연료의 양에 의해 제어된다(디젤 엔진은 희박조건에서 운전되기 때문에 항상 공기가 충분하다). 자연 흡기식 디젤 엔진의 경우, 부하가 변함에 따라 공기 유동이 조금씩 변한다. 터보차저가 장착된 디젤 엔진에서는 터보차저가 부스트를 생성 할 때 엔진 부하와 압축 부스트 사이에 약간의 피드백이 있기 때문에 공기 유동이 있다. 저부하에서 터보차저는 효과적이지 않으며 전체 엔진 연료/공기 당량비는 매우 희박하다. 최대 토크에서 연료/공기 당량비는 매연이 발생하는 ϕ 값의 바로

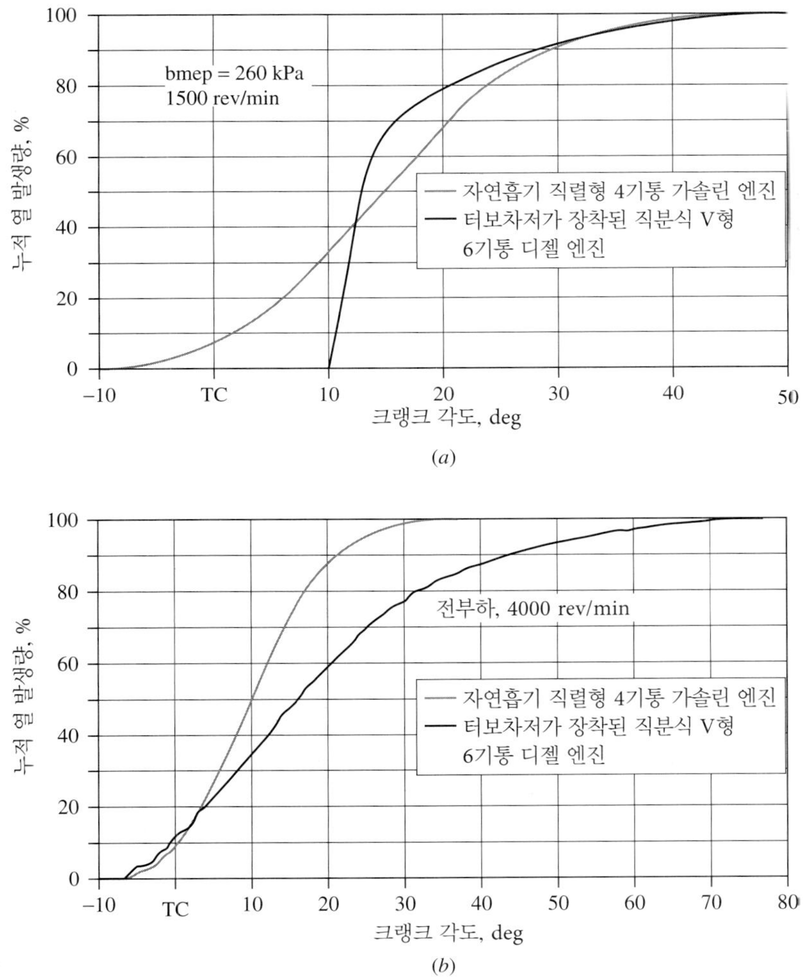

그림 15.1 열 발생량 비교: 자연 흡기 2리터, 4기통 SI 가솔린 엔진과 3리터, V형 6기통 터보차저가 장착된 디젤 엔진. (*a*) 두 엔진 모두 저부하 – bmep = 2.6 bar, 1500 rev/min. (*b*) 두 엔진 모두 전 부하 및 4000 rev/min.[5]

아래인 0.7까지 증가한다. 따라서 디젤의 전반적인 당량비는 부하(토크)가 낮은 수준에서 높은 수준으로 증가함에 따라 꾸준히 증가한다. 연소 지연(분사 시작의 지연으로 제어됨)은 실린더 내 최고 압력 수준, 배기 가스 온도 및 엔진 배출 대기 오염물질을 조절하는 데 사용된다.

그림 15.1은 소형 차량 엔진의 두 가지 작동 조건에서 두 종류의 연소 과정(SI 및 디젤 엔진)을 보여준다. 분사된 총 연료의 화학 에너지($m_f Q_{HV}$)의 백분율에 대한 누적 열 발생량이 크랭크 각도에 대해 도시되어 있다. 그림 15.1*a*는 저부하 (260 kPa bmep) 및 저속(1,500 rev/min)에서 연소 프로파일을 비교한 것이다. 그림 15.1*b*는 전부하 및 4,000 rev/mi에서의 유사한 비교를 보여준다. 저부하 시 디젤 연소 프로세스는 초기에 매우 빠르며 연료의 절반 정도가 연소되면 속도가 느려진다. 가솔린 엔진의 연소 프로파일은 화염 발달 과정(약 15도 CA)과 비슷한 종료 과정(90% 이상 연소)을 보여준다. 고속, 고부하에서 가솔린 엔진 연소 프로세스가 디젤에 비해 짧아지는 것을 확인할 수 있다. 그러나 가솔린 엔진의 연소 기간($\Delta\theta_{10\text{-}90\%}$, 크랭크 각도)은 정상 부하 및 속도 범위에 따라 약간 변한다. 이는 난류 화염 속도가 피스톤 운동을 통한 엔진 속도에 비례하여 가스 속도와 대략적으로 비례하기 때문이다. 디젤 엔진의 고부하 영역에서 분사되는 연료의 양은 저부하에 비해 약 5배 많으며, 엔진 속도는 거의 세 배이기 때문에 분사 기간이 훨씬 길어 디젤 연소 프로파일 역시 더 길다(크랭크 각도로). 디젤 연소 과정의 확산 화염 연소 단계는 종종 *혼합 제어*로 기술되지만, 스파크 점화기관의 예혼합 화염 전파 과정과 마찬가지로 엔진 속도에 따라 스케일링되지 않는다는 것을 유의해야한다. 따라서 디젤 엔진의 고부하 토크는 가솔린 엔진 토크(약 6,000 rev/min)보다 낮은 엔진 속도(4,500 rev/min)에서 제한되며, 이는 디젤 엔진의 속도 증가로 인해 혼합기 비율이 증가하고 연소 속도가 증가하기 때문이다.

이러한 연소에 대한 요약은 두 가지 유형 내연기관의 성능 및 운전 특성의 차이에 대한 유용한 정보를 제공한다.

15.2.2 엔진 성능 특성

관심있는 실제 성능 파라미터는 엔진의 최대 출력과 엔진 속도의 함수로서 이용 가능한 최대 토크 및 엔진의 연료소비율이다. 출력과 토크는 다음의 관계가 있다.

$$\text{출력} = 2\pi \times \text{ 토크 } \times \text{ 속도}$$

출력 및 토크는 엔진의 실린더 행정 체적에 따라 다르다. 엔진이 터보 차징되는 경우는 엔진의 실린더 입구로 들어가는 공기의 부스트 압력에 따라 다르다.[b]

2장에서는 엔진 크기의 영향을 없애기 위해 정규화되고, 무차원화된 성능 및 배기 파라미터들을 정의했다. 이러한 파라미터로 출력, 토크 및 연료 소비율이 있었고(2.4절 및 2.8절), 엔진의 부하 및 속도 범위에 대한 이러한 파라미터의 중요성이 논의되었다(2.15절). 정규화된 주요 파리미터는 사이클당 일을 행정 체적으로 나눈 값인 평균 유효 압력(mep, mean effective pressure, 2.7절 참고)이 있으며 다음과 같다.

$$\text{mep} = \frac{Pn_R}{V_d N} = \frac{2\pi n_R T}{V_d} \tag{15.1}$$

---

[b] 기본은 흡기 시스템에서의 공기 밀도이다. 공기 온도(Kelvin, K)는 많이 바뀌지 않기 때문에, 밀도와 절대압력은 서로 비례한다. 그래서 매니폴드 공기 압력(MAP, manifold air pressure)는 종종 부스트 수준을 특정하는 데 사용된다.

여기서 n_R은 동력 행정당 크랭크 회전 수이고(n_R = 4-행정 엔진의 경우 2, 2-행정 엔진의 경우 1), 연료소비율(단위 출력당 연료소비량)은 다음과 같이 정의된다.

$$\text{sfc} = \frac{\dot{m}_f}{P} \tag{15.2}$$

이 파라미터는 *제동*(*brake*) 및 순(net)/총(gross) *도시*(*indicated*) 값을 가질 수 있다. 구동 축이 제공하는 회전 모멘트인 토크는 "제동" 파라미터이므로 bmep는 행적 치적으로 정규화된 엔진의 토크이다: 식 (15.1) 참조. 이러한 정규화된 파라미터를 통해 엔진 크기의 영향을 명확하게 나타낼 수 있다. 출력(P)은 다음과 같이 나타낼 수 있다.

$$\begin{aligned} P &= \text{mep } A_p\bar{S}_p/4 \quad \text{(4-행정 사이클)} \\ P &= \text{mep } A_p\bar{S}_p/2 \quad \text{(2-행정 사이클)} \end{aligned} \tag{15.3}$$

토크(T)는 다음과 같다.

$$\begin{aligned} T &= \text{mep } V_d/(4\pi) \quad \text{(4-행정 사이클)} \\ T &= \text{mep } V_d/(2\pi) \quad \text{(2-행정 사이클)} \end{aligned} \tag{15.4}$$

따라서 평균 유효 압력 및 피스톤 속도의 최댓값이 (자연 흡기 엔진에서의)유동 한계 또는 (터보차저가 장착된 엔진에서의) 응력 한계인 잘 설계된 엔진의 경우, 출력은 피스톤 면적에 비례하고, 토크는 행정 체적에 비례한다. 평균 유효 압력은 2장에서 정의된 구차원 효율의 관점으로 표현 될 수 있다. 4-행정 사이클 엔진의 경우, 식 (2.48)인

$$\text{mep} = \eta_f \eta_v Q_{\text{HV}} \rho_{a,i} \left(\frac{F}{A}\right) \tag{15.5}$$

이며, 2-행정 사이클 엔진은 다음과 같다.

$$\text{mep} = \eta_f \eta_{\text{tr}} \Lambda Q_{\text{HV}} \rho_{a,i} \left(\frac{F}{A}\right) \tag{15.6}$$

높은 연료 변환 효율, 흡기 용량 및 흡입 공기 밀도의 중요성은 명확하다. 연료소비율은 식 (2.24)에 의한 연료 변환 효율과 관련된다.

$$\text{sfc} = \frac{1}{\eta_f Q_{\text{HV}}} \tag{15.7}$$

이 파라미터에는 제동(brake) 및 도시(indicated) 값이 있다(2.3절, 2.4절 및 2.5절 참조). 두 양의 차이는 엔진의 마찰(및 펌핑)에 관련된 것이며, 그 비(ratio)는 기계 효율(η_m)이다.

이 파라미터들의 상대적인 중요성은 엔진의 운전 속도 및 부하 범위에 따라 다르다. 최대 또는 적정 제동력(2.1절 참조)과 이로부터 파생된 bmep(2.7절 참조)와 같은 양은 엔진의 모든 잠재력을 정의한다. 엔진의 속도 범위에 대한 최대 제동 토크(여기서 bmep가 유도된다.)는 설계자가 최고 속도 범위에서 엔진을 통해 높은 공기 유동을 얻고 그 공기를 효과적으로 사용할 수 있음을 나타낸다. 그런 다음 전체 엔진 운전 범위에서도, 특히 엔진에서 오랜 기간 동안 작동할 해당 범위의 부품, 엔진 연료 소비 및 효율, 엔진 배기가 중요하다. 가솔린 스파크 점화기관과 압축 점화 디젤 엔진의 운전 및 배기 특성이 크게 다르므로 각 엔진 유형은 별도로 다룬다.

15.2.3 토크, 출력 그리고 평균 유효 압력

그림 15.2는 터보차저가 장착된 고속 DI 디젤 엔진뿐만 아니라 자연 흡기 및 터보차저 가솔린 엔진의 속도에 따른 스로틀 전개 시 정규화된 토크(bmep)와 비출력(kW / liter)을 보여준다. 15.2.1절에서 설명한 바와 같이, 이와 같은 소형 고속 디젤 엔진은 가솔린 엔진보다 좁은 속도 범위에서 작동한다(둘 다 정규화된 성능 파라미터이기 때문에 엔진 크기는 이 비교의 요소가 아니다). 최대 출력은 연료–공기 혼합 속도(크랭크 각도)가 너무 느려져서 충분한 연소율을 얻을 수 없는 엔진 속도 약 4,500 rev / min(평균 피스톤 속도: 13 m / s)에서 발생한다. 자연 흡기 가솔린 엔진은 약 6,000 rev / min, 평균 피스톤 속도 17 m / s에서 최대 출력을 생성한다. 자연 흡기 가솔린 엔진의 출력을 최대화하기 위해 흡기 유동 초킹 포인트(chocking point)까지 작동된다(6.2.5절 참조). 터보차저를 사용하면 엔진 속도가 *느려지지만*, 부스트 수준을 높임으로써 낮은 속도(5,500 rev / min, 15 m / s)에서도 최대 출력을 얻을 수 있다. 그림 15.2에서 엔진 속도가 약 1,250 rev / min에서 2,000 rev / min으로 증가함에 따라 두 터보차저 엔진의 토크가 급격히 상승함을 보여준다. 자연 흡기 가솔린 엔진의 경우 정규화된 토크값은 2배 정도 낮다. 이러한 NA 엔진은 터보차저가 장착된 엔진이 2,000 rev / min에서 최대 bmep를 얻는 것과 달리 약 4,500 rev / min에서 12 bar의 최대 bmep를 발생한다. 스로틀 전개 조건의 가솔린 엔진은 화학양론비 또는 약 20% 연료 농후 상태에서 작동한다(노킹 및 배기 가스 온도가 제어되는 경우 출력은 약간 더 높다). 따라서 실린더 내로 유입되는 공기를 최대한 활용해야 한다. 디젤의 최대 상대 연료소비율은 $\phi \leq 0.7$이므로 공기가 완전하게 사용되지 않는다.

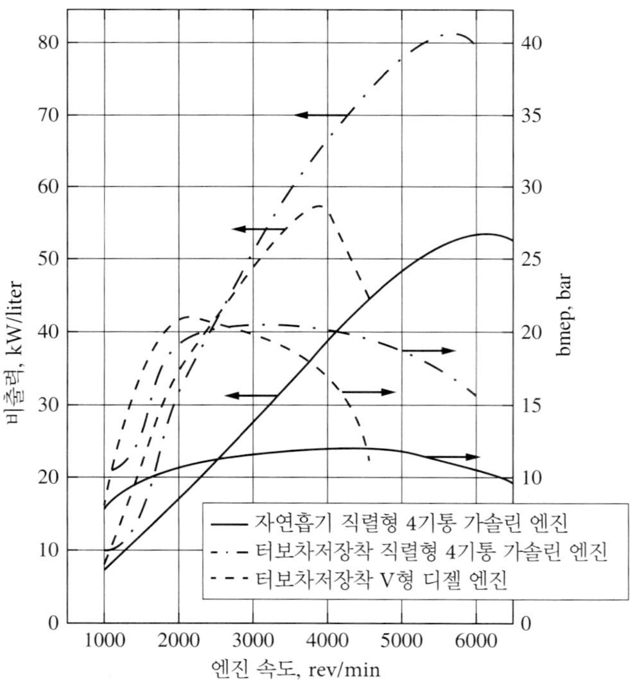

그림 15.2 세 가지 종류 내연기관의 엔진 속도에 대한 전부하 bmep(bar)와 비출력(kW/liter): (*a*) 2리터, I-4(직렬형 4기통), 자연흡기 가솔린 SI 엔진; (*b*) 1.4리터, I-4 터보차저 장착 가솔린 엔진; (*c*) 3리터, V-6 터보차저 장착 DI 디젤 엔진.

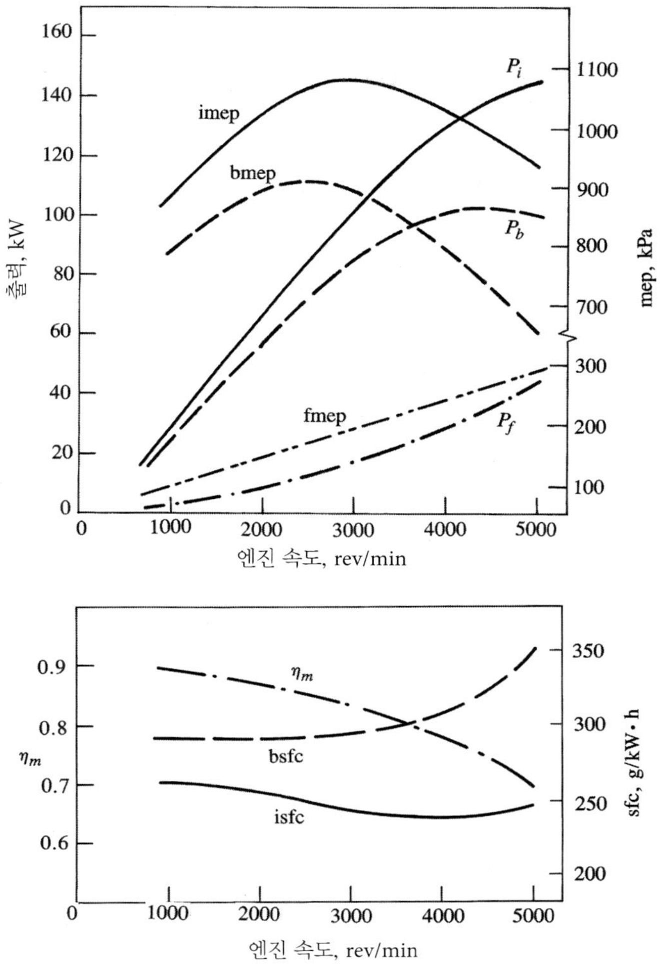

그림 15.3 3.8리터, 6기통 자연 흡기 스파크 점화기관 자동차의 총 도시/제동/마찰 출력(P_i, P_b, P_f), 도시/제동/마찰 평균 유효 압력, 도시 및 제동 연료소비율, 기계 효율[스로틀 전개, 노어 = 96.8 mm, 행정 = 86 mm, 압축비(r_c) = 8.6].[7]

터보차저 엔진은 일반적으로 압축기와 실린더 헤드 사이에 차지(charge) 공기 냉각기인 *인터쿨러*를 사용한다. 실린더로 들어가기 전 공기의 온도를 낮추는 인터쿨러는 몇 가지 중요한 이점을 가지고 있다. 주어진 압축기 출구 압력에서 공기를 냉각하면 밀도가 증가한다. 또한, 낮은 흡입 공기 온도는 연소된 가스 온도 및 엔진 실린더 내에 형성된 NO_x의 양을 감소시키며, 자발화 화학 반응을 느리게 하여 가솔린 엔진의 노킹 발생을 지연시킨다.

스파크 점화기관 자동차의 스로틀 전개 작동 특성이 그림 15.3에 나와 있다. 제동 출력은 기본 엔진 부속품을 포함하여 기본 엔진이 발생시킬 수 있는 출력이다. 도시(총) 출력은 마찰 출력을 제동 출력에 더함으로써 얻어진다. 이것은 엔진 사이클(2.4절 참조)의 압축 및 팽창 행정 동안 엔진 실린더의 가스에서 피스톤으로의 평균 일 전달률이다. 도시 평균 유효 압력(imep)은 3,000 rev/min 미만 엔진의 중속 범위에서 최대치를 나타낸다. 도시 출력 곡선은 imep에 엔진 속도를 곱한 것이다. 전부하 도시 연료 소비율(및 도시 연료변환효율은 전체 엔진 속도 범위에 걸쳐 거의 변하지 않기 때문에, 속도에 대한 전부하 imep 및 출력의 변화는 주로 체적 효율(η_v, volumetric efficiency)의 변화에 기인한다[식 (15.5) 참조].[c] 마찰 평균 유효 압력(fmep, friction mean effective pressure)은 속도와 함께 증가하기 때문에 마찰력은 더욱 빠르게 증가한다. 기계 효율은 속도 증가와 함께 저속에서 최대 약 0.9부터 5,000 rev/min에서 0.7로 감소한다. 따라서 bmep는 imep보다 낮은 속도에서 최고점에 도달한다. 제동 출력은 구형 가솔린 엔진에서 약 4,300 rev/min에서 최댓값을 나타내며, 이 값보다 높은 속도로 증가하면 P_b는 감소한다. 도시 연료 변환 효율은 주로 속도 증가에 따른 사이클당 열 전달의 중요성 감소로 인해 1,000~4,000 rev/min 속도 범위에서 0.31에서 0.34로 약 10% 증가한다. 터보차저가 장착된 가솔린 엔진의 경우, WOT imep 및 bmep 값은 상당히 높아지지만, fmep는 약간만 증가한다. 따라서 기계 효율은 높아진다(터보차저의 중요한 이점).

그림 15.4는 속도의 함수로서 자연 흡기 DI 디젤 엔진의 전부하 도시 및 제동 출력, 도시 및 제동 평균 유효 압력을 보여준다. 높은 엔진 속도를 제외하면, 제동 토크와 mep는 디젤 엔진의 흡기 시스템이 스로틀 및 흡기 시스템 연료 수송이 있는 SI 엔진의 흡기보다 더 큰 유동 면적을 가질 수 있기 때문에 엔진 속도와 함께 완만하게 변한다(사이클당 분사되는 연료량이 일정한 경우). 부분 부하 토크 및 bmep 특성은 그림 15.2의 전부하 특성과 유사하다. 엔진 속도가 증가함에 따라 토크 및 bmep가 감소하는 것은 주로 속도에 따라 마찰 mep가 증가하기 때문이다(그림 13.7, 그림 13.11, 그림 13.12 참조). 속도가 증가함에 따라 사이클당 엔진의 열전달 감소와 공기 공기량의 감소는 약간의 추가 영향을 끼친다.

15.2.4 엔진 성능 맵

전부하 및 속도 범위에 걸쳐 내연기관의 운전 특성을 나타내는 일반적인 방법 중 하나는 토크(또는 제동 평균 유효 압력) 대 엔진 속도의 그래프에 일정한 제동-연료 소비율의 등고선(contours)을 그리는 것이다.

이를 엔진 *성능맵(performance map)*이라고 한다. 동력계에 연결된 엔진을 부하와 속도 범위에서 운전하면서, 토크와 연료 유량 데이터를 생성하고, 이를 이용하여 성능맵을 도출할 수 있다. 식 (15.1) 및 (15.2), 식 (2.25), (2.26) 및 (2.28)은 bmep 및 bsfc가 토크, $\dot{m}_f$, 속도 및 출력과 관련있음을 보여준다. 그림 15.5는 자연 흡기 가솔린 스파크 점화기관에 대한 성능맵의 예를 보여준다. 맵 상단의 포락선(envelope)*은 스로틀 전개 성능 곡선이다. 이 곡선 아래의 점은 (지속적으로 공기 조절 스로틀 값을 닫음으로써) 부분 부하 작동 특성을 정의한다. 세부 사항은 엔진마다 다르지만 (그리고 터보차저가 장착된 엔진은 속도 곡선 대비 최대 부하가 현저히 높다; 그림 15.2 참조), 성능맵의 전반적인 경향은 매우 유사하다. 성능맵은 일반적으로 크랭크 축 회전 속도로 표시된다. 평균 피스톤 속도($\bar{S}_p = 2LN$)가 사용되는 경우 특정 유형의 엔진에 대한 맵의 정량적 유사성이 더 분명하다.

그림 15.5는 자연 흡기 가솔린 엔진의 성능맵을 보여준다. (약 4,500 rev/min에서의) 최대 토크는 1,200 kPa의 bmep에 해당한다. (사분면의 상단 좌측 부분) 237 g/kW·h의 가장 좋은 bsfc 값은 35%의 제동 연료 변환 효율에 해당한다. 맵의 하단 부분에서 bsfc와 효율이 크게 악화된다. 일반적인 차량 엔진의 저부하(최대 bmep 대비 약 1/4 수준의 bmep와 중간 엔진 속도)에서 bsfc는 약 380 g/kW·h이고 $\eta_{(f,b)}$는 22%이다.

그림 15.6은 터보차저가 장착된 자동차용 고속 디젤 엔진의 성능맵을 보여준다. 맵의 상

---

[c] 자연 흡기 가솔린 엔진의 imep 곡선 형태는 흡기 매니폴드가 중속 및 고속 범위에서 엔진의 흡기 능력을 크게 향상시키기 위해 조정되지 않았음을 나타낸다. 그림 6.12와 관련 텍스트를 참고하라.

* 포락선(envelope): 일정한 조건을 만족하는, 한 무리의 직선이나 곡선에 접하는 곡선(출처: 표준국어대사전)

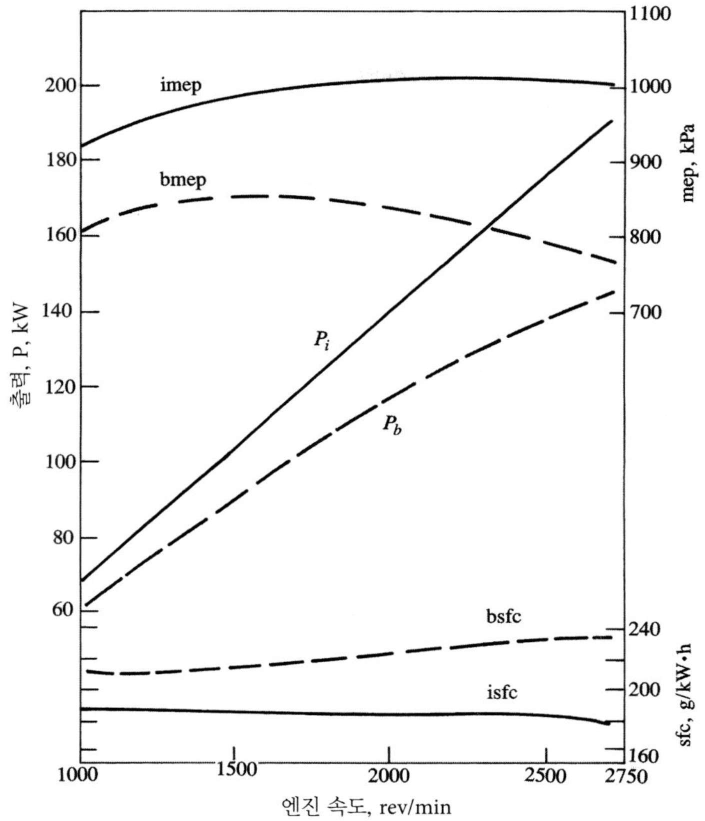

그림 15.4 8.4리터, 6기통, 자연흡기 직접 분사식 디젤 엔진의 총 도시 및 제동 출력(P_i, P_b), 평균 유효 압력(imep, bmep), 연료소비율(isfc, bsfc). 보어 = 115 mm, 행정 = 135 mm, 압축비(r_c) = 16.[8]

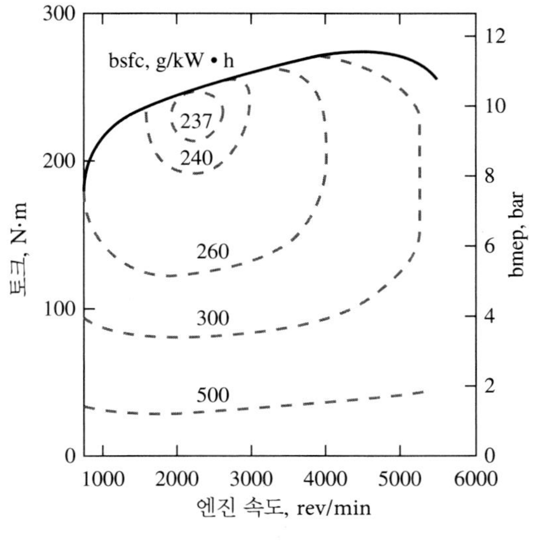

그림 15.5 자연 흡기 가솔린 SI 엔진의 성능맵: 엔진 속도와 토크/bmep에 대한 bsfc (g/kW·h)를 등고선으로 나타냄. 3리터, V-6, 실린더당 4밸브, 포트 연료 분사 엔진, 압축비(r_c) 10, 최대 출력 143 kW (5,200 rev/min), 보어와 행정길이는 각각 88 mm와 83 mm 이다.[9]

단 경계에서 최대 토크 커브는 터보차저 엔진의 일반적인 형상을 보여준다. 1,000rev/min에서 2,000의 rev/min까지 토크/bmep가 급속히 상승하다가 엔진이 중속에서 고속 범위를 지나면서 터보차저와 엔진의 상대적인 크기에 따라 거의 일정하거나 감소하거나 또는 약간 최

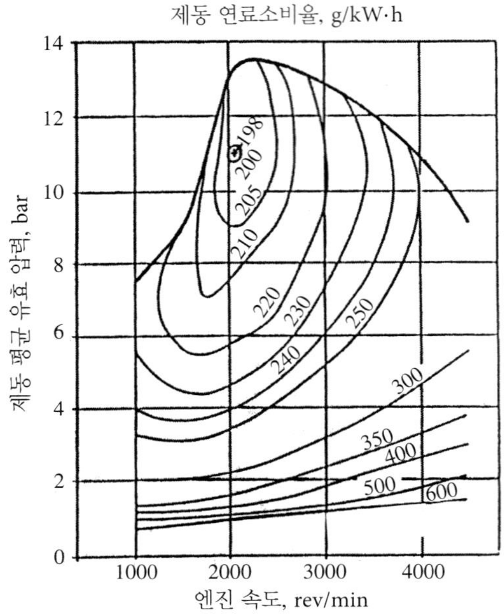

그림 15.6 터보차저가 장착된 2.5리터, DI 5기통 디젤 엔진: 엔진 속도와 bmep의 변화에 따른 제동 연료 소비율(g/kW·h)을 등고선으로 나타냄. 넓은 속도 범위(1500~3300 rev/min)에서 240 N·m를 초과하는 가능한 토크: 최대 토크 265 N·m, 최대 bmep = 13.5 bar (2,250 rev/min), 압축비 = 21, 보어와 행정은 86 mm.[10]

대 토크가 상승한다. 디젤의 연료 소비량은(자연 흡기)가솔린 엔진보다 낮으며(그림 15.5), 제동 효율은 더 높다. 가장 효율적인 디젤 운전 조건(높은 토크, 저속에서 중속)은 bsfc 값이 200 g/kW·h에 근접하고, $\eta_{f,b}$ 값은 42~44%이다. 일반적인 자동차 엔진 조건(최대 토크/bmep의 1/4 및 중속)에서 연료 소비와 효율은 각각 약 260 g/kW·h와 33%로 악화된다.

자연 흡기 가솔린과 터보차저 장착 디젤 엔진을 비교한 결과, 가장 효율적인 운전 조건(고부하, 저속)에서 디젤:휘발유의 연료 소비 비율은 0.8에서 0.85로 나타났다. 일반적인 저부하 및 저속에서 이 비율은 0.65 내지 0.7이다. 즉, 부하가 감소함에 따라, 디젤의 효율 이점이 상당히 증가한다. 디젤 엔진과 가솔린 엔진의 차이점은 다음과 같다. 디젤 엔진은 전체적으로 연료가 희박한 상태로 작동하며, 압축비(유효 팽창)가 높다. 이 두 가지 모두 엔진 연료 소비 및 효율성에 직접적인 영향을 준다. 또한, 저부하에서 자연 흡기 가솔린 엔진은 충분히 스로틀된다. 이 때 일반적으로 최대 하중의 1/4의 지점에서 흡기 매니폴드 압력은 약 0.5 bar(절대압력)이다. 이것은 엔진 마찰을 크게 증가시킨다(13.7절 참조).

이러한 성능맵에 대한 전반적인 엔진 연료 소비 및 효율 거동은 그림 15.7에 표시된 세 가지 맵으로 설명된다. 각 맵은 일정한 값을 가진 라인들이 서로 다른 효율을 보여 준다: (*a*) 총 도시 연료 변환 효율($\eta_{f,ig}$) (*b*) 기계 효율(η_m) (*c*) 제동 연료 변환 효율($\eta_{f,b}$). 가솔린 엔진의 경우(화학양론비 조건에서 운전), 표시된 전체 연료 변환 효율은 작동맵에서 거의 일정하다. 가운데 맵(그림 15.7*b*)은 일정한 기계 효율의 선들을 보여준다(η_m = bmep/imep = 1 − fmep/imep). 고부하 및 저속에서 기계 효율은 약 0.9이다. 속도에 따른 fmep의 상승으로 일정한 bmep에서 속도가 증가함에 따라 기계 효율은 감소한다. 무엇보다도 엔진 속도가 일정할 때, 부하가 감소함에 따라 η_m이 현저하게 감소한다. 마찰 토크/fmep는 부하에 따라 그다지 변하지 않는다[자연 흡기 엔진에서 펌핑일 마찰이 총 마찰에 포함되는 경우 부하 감소로 펌핑일이 증가하면 전체 마찰이 증가한다(그림 13.30 참조)]. 따라서 부하가 감소함에 따라 마찰은 피스톤에 공급되는 일에 비해 상대적으로 훨씬 중요해진다(대체로 tfmep/imep는 증가함). 최대 토크의 1/4에서, 일반적으로 구동하는 엔진의 토크 요구 사항에서 자연 흡기 가솔린 엔진의 기계 효율은 0.5~0.6이다. 해당 조건에서 엔진 피스톤으로 전달되는 일의 거의

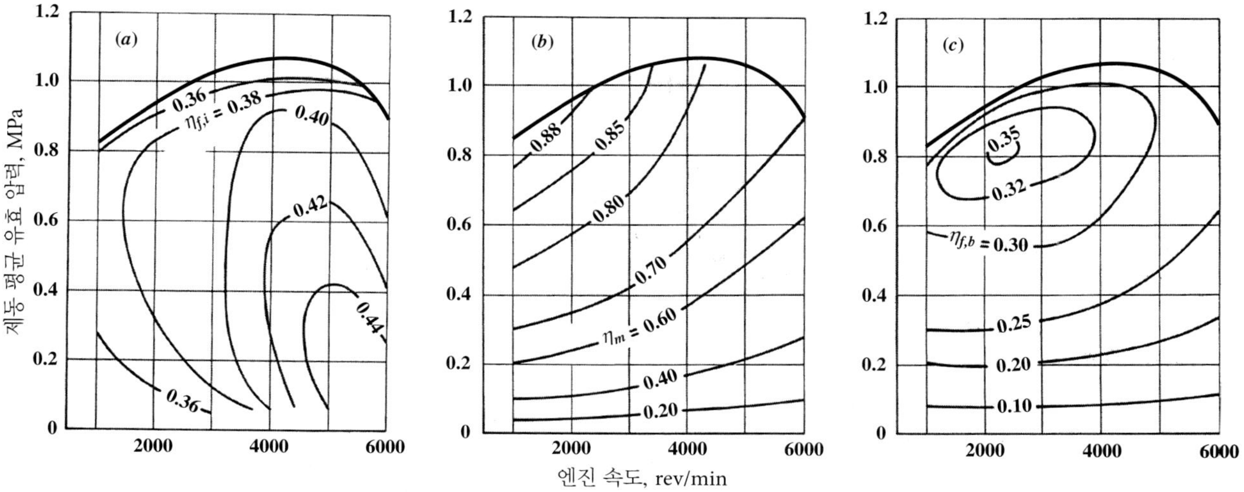

그림 15.7 표준 자연 흡기 가솔린 엔진의 세 가지 형태 성능맵: (*a*) 총 도시 연료 변환율, (*b*) 기계 효율, (*c*) 제동 연료 변환 효율.[11]

절반이 엔진 마찰을 극복하는 데 사용된다(정의에 따라 공회전 조건에서 η_m은 0이다).

이 같은 논리는 터보차저가 장착된 엔진 및 디젤 엔진과 관련이 있으며, 다음과 같은 추가 요인이 있다. 엔진을 터보 차징하면 최대 bmep 선이 약 2배 증가한다. 마찰은 그만큼 증가하지 않는다. 따라서 기계 효율은 부하가 감소하는 정도 만큼 감소하지 않는다. 그림 15.7에서 최대 bmep가 두 배가 되면 최대 bmep의 1/4 지점에서의 η_m은 0.6에서 약 0.75로 증가한다. 이는 전형적인 부분 부하 제동 연료 소비율 및 효율을 실질적으로 증가시킬 것이다. 디젤 엔진에서 중요한 추가 요소 중 하나는 부하가 감소하면 엔진의 전반적인 연료–공기 당량비도 감소한다는 것이다. 점점 혼합물이 희박하게 되면 *비*(specific) 연료 변환 효율이 증가하게 된다.

엔진 성능에 대한 논의에서 중요한 문제는 엔진의 크기(각 실린더 크기)이다. 이 장에서 정규화된 성능 파라미터가 유용하고 유익하다는 것을 확인하였다. 실제로, 엔진은 요구되는 최대 토크 및 출력의 관점에서 특정 작업에 대해 엔진 크기를 조정한다. 비출력 및 bmep가 다른 여러 유형의 엔진을 비교할 때 동일한 실제 작업을 수행하려면 서로 다른 배기량이 필요하다. 아래의 예는 터보차저가 장착된 가솔린 엔진을 소형화하여 더 큰 자연 흡기 엔진과 맞춘 것이다.

예제 15.1 270 kW (300hp) 제동 출력과 515N·m (380 lb_f ft) 토크 성능을 가진 5.0리터 자연 흡기 엔진의 성능과 일치하는 터보차저 장착 가솔린 SI 엔진의 배기량을 구하여라.

토크, 제동 평균 유효 압력 관계는 다음과 같다.

$$\text{bmep} = W_{\text{cycle,brake}}/V_d = 4\pi T/V_d$$

다음 표는 5리터 NA 엔진과 3.5리터 TC 엔진의 성능 특성을 보여준다.

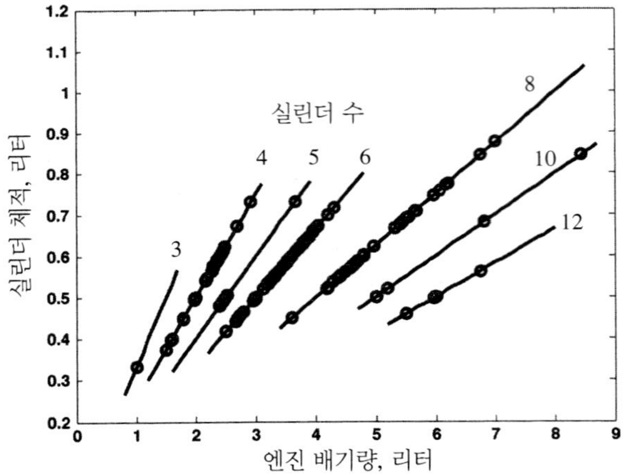

그림 15.8 3, 4, 5, 6, 8, 10 및 12기통 엔진의 엔진 크기에 대한 실린더 체적. 자료: 2008년형 북미 소형 가솔린 엔진 차량.[3]

성능 파라미터	자연흡기 엔진	터보차저 장착 엔진
배기량	5.0 L	3.5 L
최대 출력	270 kW	272 kW
최대 토크	515 N·m	570 N·m
최대 bmep	1294 kPa	2045 kPa
1/4 최대 bmep	324 kPa	511 kPa
총 fmep	130 kPa	150 kPa
기계 효율	0.7	0.77
제동 연료 변환 효율	25%	28%

최종 결과: TC 엔진은 동일한 최대 출력에서(절대값과 상대값에서) 마찰이 작기 때문에 저속에서 더 높은 토크를 제공하고, 부분 부하 연료 소비율과 제동 효율을 10~15% 향상시킨다.

다양한 유형의 가솔린 및 디젤 엔진에서 최대 bmep 수준은 점차 증가하고 있다. 이는 엔진 흡기 및 연소, 압축비 증가, 마찰 감소 및 터보차저 엔진 증가와 관련된 개선 때문이다. 따라서 동일한 토크와 동력을 생산하는 데 필요한 배기량은 감소한다. 실용적인 성능 요구사항에 대한 정규화된 엔진 성능의 발전과 함께 엔진 크기는 점차 작아졌다. 배기량이 감소함에 따라, 실린더의 수 및 실린더의 크기가 감소될 수 있다. 실린더 크기, 실린더 수 및 배기량 사이의 기하학적 관계가 그림 15.8에 나와 있다. 3, 4, 5, 6, 8, 10 및 12기통 엔진의 라인은 완전히 기하학적이다. 해당 자료[3]는 2008년형 북미 가솔린 엔진이다(대부분이 자연 흡기 방식). 실린더 체적의 범위는 330 cm^3(3기통, 1리터 엔진)에서 750 cm^3(대형, 8기통 엔진)이다. 미국의 평균 실린더 크기는 500 cm^3에서 600 cm^3이다. 세계의 다른 대부분의 지역에서는 평균 실린더 크기가 미국에 비해 약 25% 작을 것이다(400 cm^3에서 450 cm^3).

15.3 SI 엔진 성능, 효율 그리고 배기에 영향을 미치는 작동 변수들 _*Operating Variables that Affect SI Engine Performance, Efficiency, and Emissions*

주어진 부하 및 속도에서 스파크 점화기관의 성능, 효율 및 배기에 영향을 주는 주요 작동 변수는 점화 시기, 화학양론비에 따른 연료/공기 또는 공기/연료비, NO_x 배기 제어를 위해 재순환되는 배기 가스의 비율이다. 물론 부하는 입구 매니폴드 압력을 변화시킴으로써 변화된다. 자연 흡기와 터보차저 가솔린 SI 엔진 모두 보편적으로 사용된다. 전자의 경우, 최대 매니폴드 공기압(MAP)은 엔진의 스로틀이 완전히 열리면 1기압보다 약간 낮으며 스로틀 판이 닫히는 방향으로 회전함에 따라 감소한다. 터보차저 가솔린 엔진에서 터보차저 압축기는 스로틀이 열리고 흡기 매니폴드 압력이 대기압 이상으로 상승함에 따라 부스트를 제공하기 시작한다.[d] 이제 이 변수들의 영향을 검토하고자 한다.

15.3.1 점화 시기

그림 9.5와 첨부된 텍스트는 점화 시기의 변화(그리고 $\theta_{50\%}$ 질량 분율 연소 지점으로 정의되는 연소 위상)가 SI 엔진 실린더의 압력 발생에 어떻게 영향을 미치는지 설명한다. 기본적으로는 피스톤에 전달되는 일을 결정하는 것은 피스톤 운동에 대한 연소 과정의 위상이다. 연소가 사이클 중 너무 일찍 시작되면, 압축 행정이 끝날 때 피스톤에서 실린더 내 가스로의 일 전달이 너무 크다. 연소가 너무 늦게 시작되면 실린더 최고 압력이 감소되고 팽창 행정에서 가스에서 피스톤으로의 일 전달이 감소한다. 연소 위상의 변화는 열 손실의 상대적 중요도에도 영향을 미친다. 고정된 속도와 혼합물 구성 및 유속에서 최대 엔진 토크가 발생되는 특정 점화 시기가 있다. 이를 MBT—최대 제동 토크—타이밍이라고 한다. 이 타이밍은 최대 제동 출력과(부스트된 엔진을 제외) 최소 제동 연료 소비율을 제공한다. 그림 15.9a는 양산 8기통

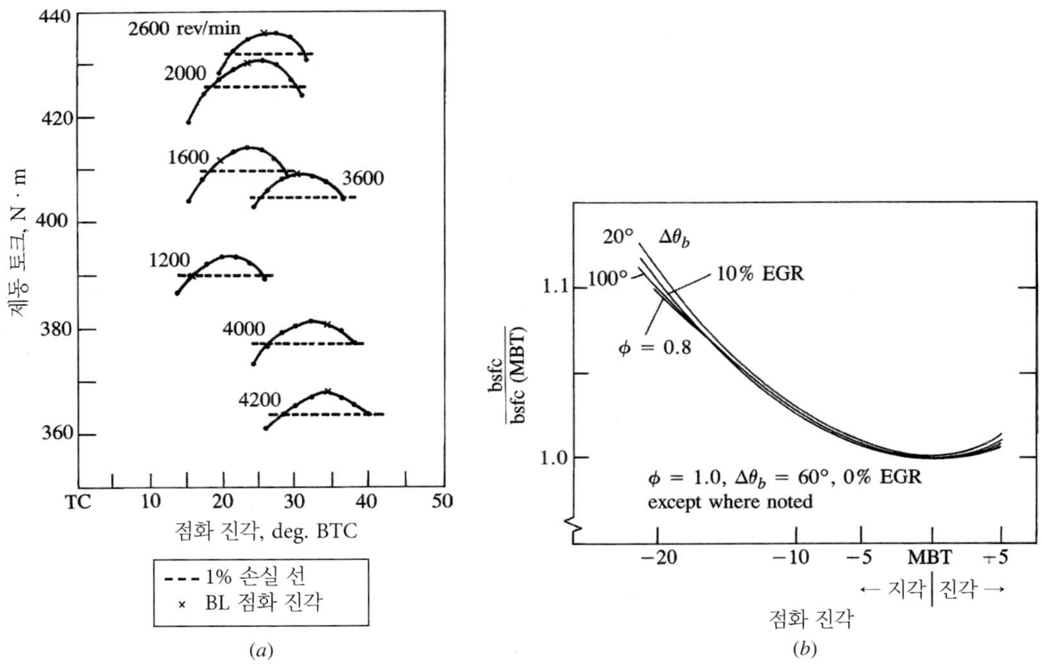

그림 15.9 (a) 점화 진각에 따른 제동 토크의 변화(스로틀 전개, 엔진 속도 1200~4200 rev/min, 8기통, 자동차용 스파크 점화기관). MBT에서 1%의 토크 손실과 경계선(BL) 노크에 대한 점화 진각이 표시됨.[12] (b) 다양한 부분 부하 엔진 조건에서 점화 지각에 따른 (MBT에서의 bsfc로 정규화된) 제동 연료소비율(brake specific fuel consumption) 변화 예측.[13]

[d] 이 교재에서 우리는 *절대*(absolute) 압력값(0은 완전 진공이다)을 사용한다. MAP값은 때로 *게이지*(gauge) 압력으로 주어진다: 즉, 1기압(≈1 bar)에 대한 상대값.

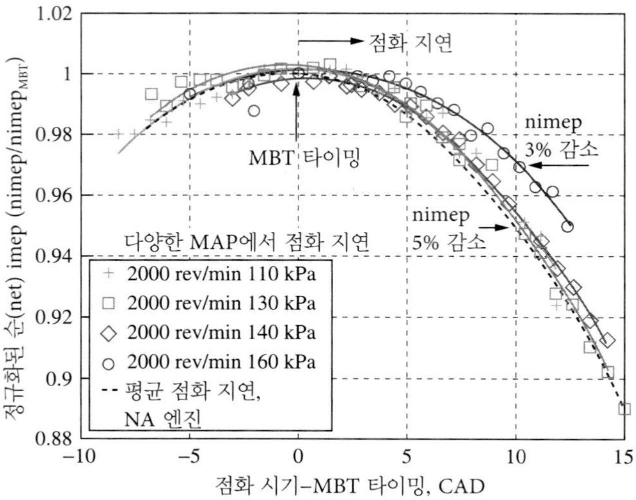

그림 15.10 몇 가지 흡기 매티폴드 압력(절대압), 자연 흡기 및 터보차저가 장착된 SI 엔진(E25 연료 적용)에서 정규화된 순(net) 평균 유효 압력에 대한 MBT 점화 시기에서 점화 지연의 영향; MBT 타이밍에서의 net imep에 비해 3~5% 감소함으로 보여준다.[14]

엔진에 대해 1,200 rev/min과 4,200 rev/min 사이의 지정된 속도에서 스로틀 전개 제동 토크에 대한 점화 진각 변화의 영향을 보여준다. 각 엔진 속도에서 점화가 초기 지연 설정에서 진각될 때 토크는 최대로 상승한 다음 감소한다. MBT 타이밍은 속도에 따라 다르다. 속도가 증가함에 따라 연소 기간(크랭크 각도)이 증가하기 때문에 최적의 타이밍을 유지하기 위해 점화를 진각해야 한다. 최적의 점화 시기는 부하에 따라 다르다. 흡기 매니폴드 압력과 부하가 감소함에 따라 최적의 엔진 성능을 유지하기 위해 점화 시기를 더 진각해야 한다.

그림 15.9*a*의 각 제동 토크 곡선의 최댓값은 비교적 평평하다. 따라서 MBT 타이밍을 정확하게 결정하는 것은 어렵지만 NO 및 HC 배출량이 점화 시기에 따라 크게 달라지므로 중요하다. 실제로 점화 시기를 보다 정확하게 정의하기 위해, 종종 점화를 약간 지연시켜 최댓값에서 토크를 1 또는 2% 감소시키는 경우가 있다.

그림 15.9*a*에서 혼합물 구성과 유동 속도는 각 엔진 속도에서 일정하게 유지되었다. 혼합물 유속이 일정한 제동 토크를 유지하도록 조정되면 일정한 엔진 부하에서의 연료 소비에 대한 점화 시기 변화의 영향을 평가할 수 있다. 그림 15.9*b*는 엔진 작동 사이클의 컴퓨터 시뮬레이션으로 얻은 결과이다.[13] 다른 부분 부하 작동 조건과 연소 기간(빠른 속도에서 느린 속도까지)에 대한 곡선이 정규화되어 기본적으로 각각 최고점에서 떨어졌다.

최대(MBT) 연소 시기 값에 의해 표준화된 순(net) imep에 대한 점화 지연의 영향은 그림 9.16의 다양한 *자연 흡기* 엔진 데이터에 나와 있다. 가로축이 $\theta_{sp} - \theta_{sp,MBT}$이면 몇 가지 데이터 변화가 있는 공통 곡선이 있다. 가로축이 $(\theta_{50\%} - \theta_{50\%,MBT})$일 때, 좀 더 일반적인 곡선이 얻어진다.[e]

그림 15.10은 다양한 부스트 수준에서 터보차저 가솔린 엔진에 대한 데이터를 보여준다. MBT 타이밍의 지연 측면에서 부스트 레벨이 상승하면 표준화된 순 imep 값도 증가한다. 이

[e] 주의: 순(net) 도시 mep와 연소 지연 사이의 이러한 일반적인 거동은 연소된 $\theta_{50\%}$ 질량 분율로 정의된다. 연소 단계 제어 및 연소 과정의 중간점이 피스톤 위치에 대한 연소 단계를 효과적으로 정의하는 것이 피스톤에 대한 도시 일 전달이다.

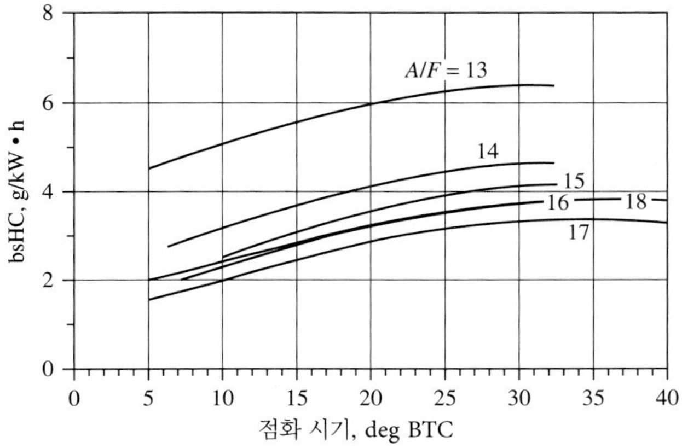

그림 15.11 5기통 가솔린 V-8 스파크 점화기관의 *A/F*와 점화진각에 따른 제동 비(specific) 탄화수소(BSHC, brake specific hydrocarbon) 엔진 배출 특성. 화학양론비 $A/F = 14.6$, 작동 조건: bmep = 2.6 bar, 엔진 속도 = 1500 rev/min, EGR 없음.

것은 일정한 λ에서 연소가 지연됨에 따라 배기 에너지가 증가하기 때문이다. 이렇게 증가된 배기 에너지/온도는 터보차저를 보다 강력하게 구동하여 압축기의 공기 유동 및 배출구의 압력을 증가시킨다. 따라서 이러한 (더 높은) 부스트 조건에서 점화 지연을 갖는 nimep 감소는 줄어든다. 그러나 연료 소비율에 대한 이점은 없다: 더 높은 공기 유동(일정한 화학양론비 조건)으로 연료 유동이 증가하고, 지연된 연소로 인해 엔진은 덜 효율적이다.

점화 시기는 실린더 최고 압력값에 영향을 미치므로 미연소 및 연소 가스 최고 온도에 영향을 준다(9.2.1절 참고). 최적 상태로부터 점화 시기를 지연시키는 것은 이러한 변수를 감소시킨다. 따라서 지연된 점화 시기는 NO_x 배출 제어 및 노킹(9.6.1절 참조)을 피하기 위해 사용된다(그림 11.12와 관련된 텍스트 참조). 배기 온도는 점화 시기의 영향을 받는다. MBT에서 지연되는 점화 시기는 팽창 행정 후 배기 온도를 증가시키므로 엔진 효율과 연소실 벽에 대한 열 손실이 모두 감소된다(그림 12.12*b* 참조). 엔진 공회전 시 지각된 점화 시기를 사용하여 실화 방지 조건이 더 유리한 TC에 점화 지점을 가깝게 할 수 있다.

점화 지연은 실린더 최대 압력을 낮추고, 최고 연소 가스 온도도 낮추어 엔진 배기 가스에 영향을 준다. CO 배출에 미치는 영향은 적지만 MBT 타이밍에서 점화 시기를 늦추는 것은 NO_x 및 HC 배출을 효과적으로 줄인다. 그림 11.12는 NO_x에 대한 영향을 보여준다: MBT 타이밍으로부터 크랭크 각도(CA) 5도 점화 지연은 화학량론비 저부하 조건에서 약 20 %의 엔진 배출 대기 오염물질을 감소시킨다. 지연된 점화 시기는 *A/F* 범위(농후에서 희박)에 대한 그림 15.11과 같이 엔진에서 배출되는 HC 배출량을 줄인다. 점화 지연이 HC 배출에 미치는 주요 영향은 실린더 내에서 후기 팽창과 배기 가스 온도를 증가시켜 정상적인 연소 프로세스가 끝날 때 연소되지 않은 상태로 남은 HC의 후연소 양을 증가시키는 것이다. 배기 가스 온도의 증가는 감소된 엔진 효율의 결과이다. 배기 가스 온도 수준은 촉매 활성화 및 정상 상태 촉매 온도, CO 및 HC 산화 효율에 영향을 준다는 점에 유의하라.

15.3.2 혼합물 구성

엔진 실린더의 미연소 혼합물은 연료(보통 증발된 연료), 공기 및 연소 가스로 구성된다. 연소 가스 분율은 NO_x 제어에 사용된 잔류 가스와 모든 재순환 배기 가스의 합이다. 연소 중 혼합물 구성은 엔진의 운전 특성을 좌우하는 연소 과정의 발달을 결정하기 때문에 가장 중요하다. 실린더에서 균일한 혼합물을 조성하기 위한 노력에도 일부 불균일한 혼합물은 존재한다(9.4.2절 참조). 주어진 실린더에서 평균 흡기 혼합물의 사이클 간 변동이 있다. 또한, 주어진 엔진 사이클의 각 실린더 내에서, 연료, 공기, EGR 및 잔류 가스는 완전히 혼합되지 않으며, 흡기과정에서 혼합물의 비균일성은 중요하다.[f] 이들은 함께 점화 플러그 위치(화염 발달의 초기 단계 이후 연소 영역의 나머지 부분에 영향을 미치는 임계 영역)에서 ±10% 정도의 피크(peak, 최고치) 간 차이의 조성 변화를 만든다. 또한 다기통(multi-cylinder) 엔진의 경우 각 실린더에 대한 평균 공기, 연료 및 EGR 유량은 동일하지 않다. 일반적인 실린더 간 변동은 정상 상태의 엔진 운전에서 공기 유량 및 연료 유량(공기/연료비에서 최대 ±7% 변동 발생)에 대한 평균 ±5%의 표준 편차를 갖는다. EGR 실린더 간 유량은 보다 높은 변동을 가질 수 있다. 비정상적인 엔진 운전 조건에서 이러한 편차는 더 커질 수 있다.

두 가지 운전영역에서 엔진 작동 및 배기 특성에 대한 혼합기 구성 변화의 영향을 고려할 필요가 있다: (1) 스로틀 전개(WOT) 또는 전부하 및 (2) 부분 스로틀 또는 부분 부하. WOT에서 엔진의 공기 유동은 엔진이 흡입하는 최대 값이다.[g] 스로틀 전개 조건에서 연료 유량은 다양하지만 공기 유동은 엔진 설계 변수와 속도로 결정된다. 부분 스로틀에서 공기 유동, 연료 유동 및 EGR 유동은 다양할 수 있다. 부분 부하에서 혼합물 구성 변화에 대한 평가는 고정된(제동) 부하 및 속도와 같이 엔진이 특정 속도에서 원하는 토크 수준을 제공하는 조건에서 가장 잘 이루어진다. 혼합물 구성이 변할 때 토크(또는 bmep)를 일정하게 유지하려면 스로틀 설정(EGR이 변경되면, EGR 유량 제어 밸브 설정을 변경해야 함)을 변경해야 한다. 일정한 스로틀 설정(본질적으로 일정한 공기 유동이 발생함)이 아닌 특정 토크 또는 bmep에서의 부분 부하 비교는 엔진 마찰의 펌프일 요소가 혼합물 구성이 변함에 따라 일정한 엔진 부하에서 변하기 때문에 중요하다. 일정한 스로틀 설정 및 속도에서 펌프일은 기본적으로 변하지 않는다.

상대 공연비(Air/Fuel ratio) 또는 당량비(Equivalence ratio)

엔진 시험에서 공기와 연료 유량은 직접 측정할 수 있고, 연료 시스템이 각 속도와 부하에 따라 실제 공기 유동에 적절한 연료 유동을 제공하도록 설계되어 있기 때문에 일반적으로 혼합기 구성의 영향은 공기/연료비(또는 연료/공기비)의 측면에서 논의된다. 그러나 연료와 공기의 상대적 비율은 연료/공기 당량비(ϕ, 화학 양론적 연료/공기비로 나눔으로써 정규화된 실제 연료/공기비, 식 (3.8) 참조) 또는 상대 공기/연료비[λ, 식 (3.9) 참조]의 관점에서 보다 일반적으로 설명될 수 있다. 연료-공기 혼합물의 연소 특성과 엔진 성능, 효율 및 배기 가스를 제어하는 연소 생성물의 특성은 화학 양론적 혼합 비율과 관련하여 광범위한 연료에 가장 잘 연관된다. 상대 공기/연료비 또는 당량비가 결정 변수로 사용될 수 있다[식 (7.1) 참조]. 가솔린 엔진의 경우 상대 공기/연료비 λ가 더 보편적으로 사용된다.

당량비 변화 영향을 이해하기 위한 이론적 근거는 도시 연료 변환 효율과 평균 유효 압력이 연료/공기 당량비(ϕ)의 함수로 표시되어 있는 그림 5.9와 5.10의 연료-공기 사이클 결과이다. 평균 유효 압력은 $\phi = 1$과 1.1 사이에서 약간 농후하게 화학양론적으로 최고점을 갖

[f] 이 혼합물의 비균일성은 잘 정의되어있다. 새로운 혼합기(연료, 공기 및 EGR)와 잔류 가스의 혼합은 특히 저부하에서 잔류 가스 분율이 가장 높을 때 불완전할 수 있다(그림 14.31 참고). 흡기 포트 연료 분사 시스템에서 공기 유동과 연료 유동 과정이 동시에 일어나지 않기 때문에 불완전한 연료-공기 혼합이 일어난다. 엔진이 차가울 때, 실린더 내 연료 분포는 더 불균일한 것으로 알려져있다.

[g] WOT에서 보통 가용한 최대 토크가 요구되기 때문에, EGR은 대체로 0이다.

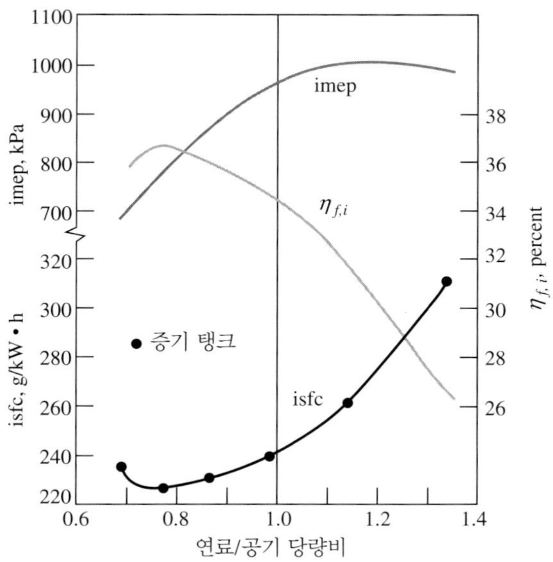

그림 15.12 스로틀 전개 및 1,200 rev/min 운전 조건에서 자연 흡기 6기통 스파크 점화기관의 도시 평균 유효 압력(imep), 연료소비율(sfc), 연료변환 효율에 대한 연료/공기 당량비의 영향. 증기 탱크를 가지고 있는 가솔린 연료 SI 엔진으로부터의 자료.[15]

는다. 연소 후 높은 가스 온도에서의 해리로 인해 산소 분자가 화학양론적 조건하에서 연소된 가스에 있으므로 일부 연료가 추가되고 부분적으로 연소될 수 있다. 이는 실린더 내 연소된 가스의 온도 및 몰수를 증가시킨다. 이러한 효과는 압력을 증가시켜 출력과 mep을 증가시킨다. 연료 변환 효율은 농후한 혼합물과 관련된 연소 효율 감소로 인해 혼합물이 화학양론비 이상($\phi > 1$)으로 농후해지기 때문에 대략 $1/\phi$ 만큼 감소한다.

희박한 화학양론 혼합물의 경우, 이론 연료 변환 효율은 ϕ가 1.0 미만으로 감소함에 따라 선형적으로 증가한다. 화학양론비보다 희박한 혼합물의 연소는 더 낮은 온도에서 생성물을 생성하고, 삼원자 분자인 CO_2 및 H_2O의 해리가 덜 발생하기 때문에 과잉 산소와 더 많은 질소를 포함한다(이원자 분자도 포함). 따라서 TC 근처에서 현열(sensible) 에너지로 방출되는 연료의 화학 에너지 분율이 더 크다. 결과적으로, 연료의 에너지 중 더 많은 부분이 팽창하는 동안 피스톤에 일(work)로 전달되고, 배기 가스 시스템에서 방출되는 연료의 유용 에너지의 비율은 감소한다. 팽창 행정에서 비열비(γ)가 높을수록 연료의 화학 에너지는 일부 증가한다(5.7절 참조). 화학량론적 관점에서 연료 변환 효율 및 imep 곡선에 불연속성이있다: 연소 가스 조성은 $\lambda = 1$을 기준으로 농후 및 희박 측면에서 현저하게 다르다.

요약하면, 그림 15.12는 스로틀 전개 및 1,200 rev/min에서의 6기통 스파크 점화기관에 대한 총 도시 연료소비율(gross indicated specific fuel consumption) 데이터와 isfc에서 도출된 총 도시 평균 유효 압력(gross imep) 및 연료 변환 효율을 보여준다. 이러한 엔진 테스트에서, 연료–공기 혼합물은 흡기 혼합물의 균일성을 보장하기 위해 가열된 증발 탱크에서 준비되었다. 연료 증발 및 혼합 탱크를 사용하면 혼합물의 비균일성을 제거하고 약 $\phi = 0.7$, $\lambda = 1.4$로 희박한 실화 한계를 확장할 수 있다. 그러나 $\eta_{f,i}$는 이 시점 이전에 감소하기 시작한다. 그 이유는 혼합기가 희박해짐에 따라 사이클 간 압력 변화와 연소 과정의 총 지속 시간이 증가하기 때문이다. 이 두 가지 요인 모두 엔진 효율을 저하시킨다. 점화 진각이 평균 사이클에 대해 설정되기 때문에 사이클 간 변동이 증가하면 최적이 아닌 점화 시기로 인해 "평균

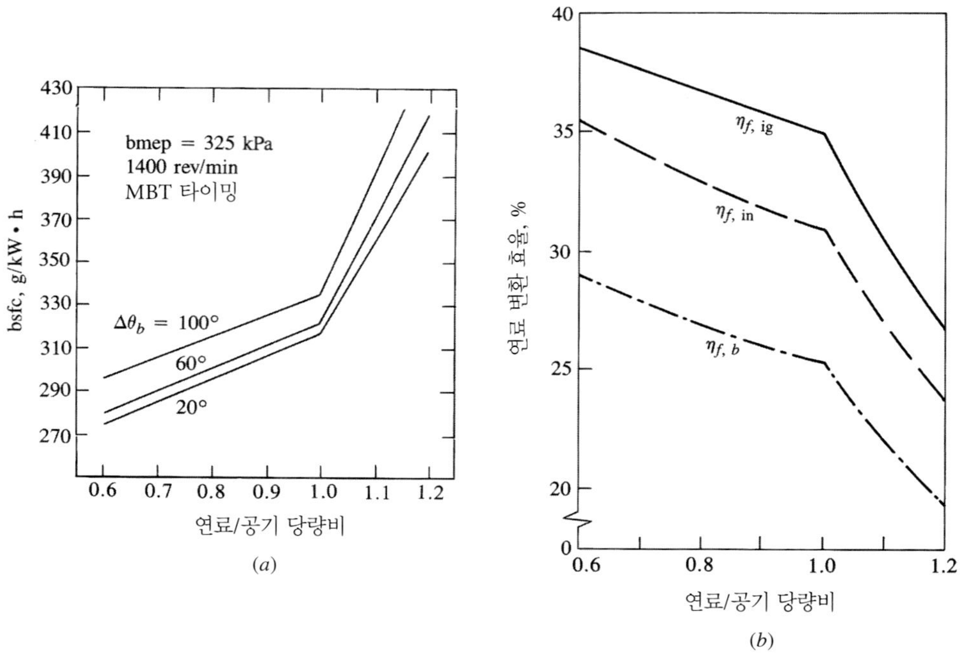

그림 15.13 (*a*) 스파크 점화기관 제동 연료소비율에 대한 연소 챔버 연소율의 영향; MBT 점화 시기에서 325 kPa bmep, 1400 rev/min으로 운전되는 5.7리터, 8기통 엔진의 사이클에 대한 열역학 기반 컴퓨터 시뮬레이션값. (*b*) 고정된 연소 기간(0~100%, 60 deg.CA) 동안 일정한 부분 부하 bmep (325 kPa)와 엔진 속도(1400 rev/min)에서 총(gross) 및 순(net) 도시, 제동 연료 변환 효율(이것 또한 열역학 기반 사이클 시뮬레이션으로 계산된 것임.)[13]

이 아닌" 사이클에서 imep 손실이 증가한다. 연소 지속기간이 길어지는 것은 사이클 변동이 없는 경우에도 직접적으로 효율을 감소시킨다.

충분히 희박 조건에서의 엔진 연료 소비와 효율은 엔진의 연소 또는 연소율에 따라 크게 달라진다. 그림 15.13*a*는 스파크 점화기관 운전 사이클의 열역학 기반 컴퓨터 사이클 시뮬레이션에서 얻은 bsfc 결과를 보여준다(325 kPa bmep 및 1400 rev/min).[13] 엔진의 연료 소비는 연소실에서의 연소 특성에 따라 달라진다. 천천히 연소하는 챔버($\Delta\theta_b$ = 100°)는 훨씬 높은 bsfc를 보여주며, 적절한 연소율(60°)에서는 bsfc를 크게 향상시킨다. 매우 빠른 연소는 bsfc를 향상시키지만 앞선 만큼은 아니다. 혼합물이 화학양론비로부터 희박해짐에 따라, 연소율은 증가하지만 초기에는 천천히 증가한다. 따라서 bsfc의 향상은 느려지고 bsfc는 최솟값에 도달한 다음 가속률이 증가함에 따라 상승한다.

부분 부하에서, 일정한 제동 부하에서 공기/연료비가 변함에 따라 펌핑일도 변한다. 이는 또한 당량비에 따른 제동 연료소비율 및 효율 변화에 영향을 준다. 그림 15.13*b*는 엔진의 운전 사이클에 대한 열역학 기반의 컴퓨터 시뮬레이션을 사용하여 계산된 부분 스로틀, 일정 부하 및 속도 지점(325 kPa bmep 및 1400 rev/min)에서 당량비의 함수로서 총(gross) 연료 변환 효율 및 순(net) 연료 변환 효율, 제동 효율을 보여준다. 표시된 순(net) 곡선과 총(gross) 곡선의 차이는 펌핑일 변화의 크기를 보여준다. 자연 흡기 엔진이 희박해짐에 따라 펌프일의 영향이 감소된다.

엔진 데이터는 대개 화학양론비 지점을 지남에 따라 농후하고 희박한 특성 간의 원활한 전환을 나타내지만, 계산된 sfc 및 효율 특성은 기울기의 불연속점을 나타냈다. 차이는 실린더 간 및 사이클 간 혼합물 구성 변동뿐만아니라 이러한 혼합물의 변동이 없는 경우에도 사이클 간 실린더 압력 변동이 있기 때문이다. 이러한 변동에 대해 평균을 구하면 λ 또는 $\phi = 1.0$에서 기울기의 불연속성은 완화된다.

위에서 스파크 점화기관의 전부하 및 속도 범위에 대한 상대 공기/연료비 영향이 성능 및 효율의 관점에서 설명되었다. 그러나 엔진에서 배출되는 배기는 λ에 따라 다르기 때문에 배기 가스 제어 요건은 다른 엔진 보정을 요구할 수도 있다. 혼합물 요건은 일반적으로 *정상*(steady)상태와 *과도*(transient)상태의 엔진 운전에서 논의된다. 정상상태의 운전은 예열된 엔진의 여러 엔진 사이클에 걸쳐 주어진 속도 및 부하에서의 운전이 포함된다. 과도상태의 작동에는 엔진 시동, 정상 상태의 온도가 되기까지의 엔진 예열 및 한 엔진 부하 및 속도에서 다른 속도 및 부하로 빠르게 변경되는 것이 포함된다.

점화 시 가연성 혼합물 구성에 의해 정의된 엔진의 혼합물 요건은 속도와 부하에 따라 다소 차이가 있지만 모든 엔진 운전 모드에서 기본적으로 동일하다.[h] 그러나 액체 연료가 사용될 때 실린더로 들어가기 전 혼합물을 준비하는 방법은 액체 연료가 사용되는 경우 과도 모드에서 바뀌어야 한다. 또한 공기 유동이 변하고, 매니폴드의 압력이 변함에 따라 흡기 포트와 밸브 영역의 액체 연료 유동과 연료 증발률이 변한다. 적절한 혼합물 준비를 위한 과도 상태의 연료 측정 조건은 7장에서 논의되었다.

배기 가스 온도는 상대 공기/연료에 따라 변한다. 배기 가스 온도는 또한 가스가 엔진 실린더를 떠나 배기 포트, 매니폴드, 파이프(6.5절 참조)를 통해 유동함에 따라 연속적으로 변화하므로, 이 변동을 정량화하기 위한 평균 배기 가스 온도의 적절한 정의가 사용되어야 한다. 그러나 배기 시스템의 특정 위치에서 열전대를 이용한 시간 평균 온도 측정은 경향을 파악하는데 유용한 정보를 제공한다. 그림 14.10은 시간 평균 측정법으로 비교한 당량비에 따른 배기 포트 출구에서의 엔탈피 평균 배기 가스 온도의 예시이다. 엔탈피 평균 온도는 식 (6.22)에서 정의되었다. 이들은 일반적으로 시간 평균 측정보다 50~100 K 높다. 배기 가스 온도는 화학양론비 지점에서 최고점에 이르며, 혼합물이 어느 한쪽으로 농후해 지거나 희박해지는 경우 감소한다.

상대 공기/연료비는 스파크 점화기관의 배기를 제어하는 중요한 파리미터이다. 상대 공기/연료비에 의해 좌우되는 엔진 배출 대기 오염 물질에 영향을 주는 중요한 요소는 산소 농도와 연소 가스의 온도이다. 과량의 산소는 화학양론적으로 희박한 연소 가스에서 가능하다. 최대 연소 가스 온도는 팽창 행정이 시작하여 화학양론적으로 약간 농후할 때 발생하며, 팽창 행정이 끝나고 배기 과정 중에 화학양론비 조성에서 발생한다. 그림 11.2는 이미 논의된 당량비에 대한 엔진에서 배출되는 대기 오염 물질의 일반적인 경향을 보여준다. 물론, 배기 가스 후처리 시스템의 작동은 전반적인 엔진 배기 가스를 크게 제어한다. 그 거동은 엔진 배기의 구성과 온도에 영향을 받는다(11.6.1절 참고).

전통적으로 가솔린 엔진은 고부하에서 연료가 농후하게 운전되었다. 여기에는 몇 가지 이유가 있다. 고부하 운전 영역에서는 모든 산소가 다 소모되기 때문에 공기 이용이 극대화된다. 과잉 연료의 증발로 인해 흡기 추가 냉각이 된다. 작동 유체의 비열비(γ)는 유리하게 변경된다: 압축 행정 동안 미연소 혼합물의 비열비는 온도 상승이 적기 때문에 낮고, 연소 가스가 팽창하는 동안 비열비가 더 높기 때문에(더 적은 CO_2 및 H_2O) 팽창 행정에서 발생하는 일이 더 크다. 직접 분사로 증발 냉각 효과가 현저히 증가한다. 연료가 더 농후한 조건에서의

[h] 시동 및 냉간 운전 구간을 제외하고, 실린더 내 연료의 상당한 양이 액상(liquid phase)일 수 있다.

엔진 작동은 배기 가스 온도를 낮추는데, 이는 터보차저가 장착된 가솔린 엔진에서 중요하다. 그러나 배기 가스 제어 및 연비 향상을 위해 스로틀 전개까지의 모든 화학양론비 운전이 선호된다.

그림 15.11은 혼합물이 농후한 상태에서 화학양론비 조건을 거쳐 희박해지는 과정에서 미연소 탄화수소 배출량에 대한 당량비 변화의 영향을 보여준다. 농후한 혼합물의 경우 엔진 배기의 HC 배출량이 현저히 높다. 이는 주로 실린더 및 배기 시스템 내 1차 연소 과정에서 연소되지 못한 탄화수소의 후연소를 위한 산소가 부족하여 연소되지 못하기 때문이다. 화학량론비 지점이 가까워지면 HC 배출량이 감소한다. 산소 농도가 증가하고 팽창 및 배기 행정 온도가 높아지면 HC 연소량이 증가한다. 적당히 희박한 혼합물의 경우, HC 배출은 상대 공기/연료비에 따라 거의 변하지 않는다. 연료 농도를 감소시키고 산소 농도를 증가시키는 것은 본질적으로 벌크 가스 온도 감소 효과를 상쇄시킨다. 엔진이 희박 운전 한계에 도달하면, 연소의 질이 현저하게 악화되고 HC 방출은 종종 부분 연소 사이클의 발생으로 다시 상승하기 시작한다($A/F = 17\sim18$). 더욱 희박한 혼합물의 경우 HC 연소는 부분 연소 사이클의 빈도 증가와 실화 사이클의 발생으로 인해 더욱 빠르게 상승한다(9.4.3절 참고). 부분 연소 및 실화 사이클이 시작되는 당량비는 엔진 연소 및 연료 준비 시스템의 세부 사항과 부하 및 속도 지점에 따라 다르다.

CO 배출량에 대한 당량비 변화의 효과는 11.3절에서 이미 설명했다(그림 11.19 참고). 농후한 혼합물의 경우, 불충분한 산소로 인해 탄소 연료를 CO_2로 완전히 산화시킬 수 없기 때문에 CO 수준이 높다. 희박한 혼합물의 경우, CO 수준은 약 0.5% 이하 혹은 더 낮은 수준에서 대략 일정하다.

위의 논의는 적절한 부분 부하 조건에서 안정된 운전 한계가 연료가 충분히 희박하도록 엔진을 설계하고 작동시킬 수 있다면 우수한 연료 소비와 엔진 배출 NO, HC 및 CO의 실질적인 제어가 달성될 수 있음을 제시한다. 이러한 방법은 혼합물 준비 및 고속 연소 연소실 설계(15.4.1절 참조)의 우수한 제어를 필요로 한다. 그러나 이 희박 엔진 방법은 화학양론비에 가까운 혼합물로 NO, HC 및 CO 배출을 상당히 감소시키는 3원 촉매 시스템(11.6.3절 참고)과 양립할 수 없다.

배기 가스 재순환(Exhaust Gas Recycle)

배기 가스 재순환(EGR)은 SI 엔진의 실린더 내 NO_x 생성을 제어하기 위해 사용되는 주요 기술이다(11.2.3절 참조). 배기 가스의 일부가 배기 밸브로부터 엔진 흡기 시스템의 제어 밸브를 통해 재순환된다. 재순환된 배기 가스는 일반적으로 스로틀 밸브 바로 아래에서 흡입 공기와 혼합된다. EGR은 부분 부하에서 미연소 가스 혼합물을 추가적으로 희석시켜 최고 연소 가스 온도 및 NO 생성 속도를 감소시킨다. EGR은 희석제 역할을 하는 실린더 내 미연소 혼합물 중 총 연소 가스의 부분임을 유의해야 한다. 이 연소 가스는 이전 사이클의 잔류 가스와 흡입 가스로 재순환된 배기 가스로 구성된다. 6.4절에서 설명했듯이, 잔류 가스 분율은 부하 및 밸브 타이밍에 영향을 받고(특히 밸브 오버랩에서), 공기/연료비 및 압축비에 의해 영향을 받는다. 총 연소 가스 질량 분율은 식 (4.3)에서 주어진다. 연소 가스가 미연소 혼합물을 희석하기 때문에, 연소 후 도달한 절대 온도는 연소 가스 질량 분율에 반비례하여 변화한다. 따라서 연소 가스 분율을 증가시키면 NO 배출의 형성 속도가 감소한다.

그림 11.9는 배기 가스를 흡기 시스템으로 재순환하여 연소 가스 분율을 증가시키는 엔진-엔진 배출 NO에 대한 영향을 보여준다. NO 농도의 실질적인 감소는 10~25% EGR로 달성된다. 그러나 EGR은 연소 속도를 감소시켜 안정적인 연소를 달성하기는 어렵다(9.4.3절

과 그림 9.36 참고). 특정 연소실이 허용하는 EGR의 양은 연소 특성, 엔진 속도 및 부하, 상대 A/F비에 따라 달라진다. 일반적으로 부분 스로틀 조건의 스파크 점화기관이 허용하는 최대 EGR 비율은 15에서 25 범위 정도이다. 빠른 연소 엔진은 저속 연소 엔진보다 더 많은 EGR을 허용한다. 연소율의 감소와 사이클 별 연소 변동의 증가로 인해 그림 11.31에서 볼 수 있듯이 탄화수소 배출량은 EGR이 증가함에 따라 증가한다. 처음에는 HC의 증가가 적고, 주로 팽창 및 배기 가스 온도가 낮아 HC 연소량이 감소하기 때문이다. HC 증가는 느린 연소, 부분 연소가 발생하다가 결국 실화가 차례로 증가함에 따라 더욱 빠르게 된다. EGR은 엔진 CO 배출에 유의미한 영향을 미치지 않는다.

EGR이 $\lambda \geq 1.0$인 혼합물에 대한 엔진 성능 및 효율에 미치는 영향은 과잉 공기의 영향과 유사하다. EGR 및 과잉 공기 모두 미연소 혼합물을 희석시킨다. 실제로 EGR은 부분 스로틀 조건에서만 사용되며, NO_x 배출 제한이 심각한 곳에서는 삼원 촉매가 널리 사용되기 때문에 $\lambda \approx 1.0$에서는 EGR로 희석하는 데 가장 중점을 둔다. 그림 15.14는 엔진의 작동 사이클에 대한 열역학 기반의 컴퓨터 시뮬레이션을 사용하여 예측한 일정한 bmep에서의 bsfc 및 엔탈피 평균 배기 온도[식 (6.22)에서 정의]에 대한 EGR 증가 영향을 보여준다. MBT 점화 시기에서 화학양론비 혼합물에 대한 다양한 연소 기간에 대한 예측이 표시된다. 일정한 연소 기간에서, bsfc 및 배기 온도는 EGR이 증가함에 따라 감소한다. 매우 긴 연소 과정에 대해서만 연소율이 특히 중요하다. EGR이 증가함에 따라 연료 소비량이 증가하는 것은 (1) 일정한 제동 부하에서 EGR이 증가함에 따라 펌핑일 감소(흡기 압력이 증가하기 때문에 연료 및 공기 유동이 거의 일정하게 남아있음) (2) 연소 가스 온도가 낮으므로 벽면으로의 열 손실 감소 (3) 저온 연소 가스에서 연료의 화학 에너지가 TC 근처에서 현열에너지로 전환될 수 있도록 해리되는 양이 감소하기 때문이다($\gamma = C_p / C_v$ 감소). 이러한 다양한 효과는 규모면에서 비교 가능하다.

흡기 혼합물에 EGR을 추가하면 화염 발달 및 전파 과정이 모두 길어진다. 연소 속도가 빠른 연소실은 15~20% EGR에 도달할 때까지 상당한 bsfc가 감소하기 때문에 연소 속도와 연소의 질이 훨씬 더 빠르게 악화된다. 연소가 느린 연소실의 경우 EGR의 희석되는 허용치가 훨씬 적다. 더 빠른 연소 시스템의 이점은 15.4절에서 논의된다.

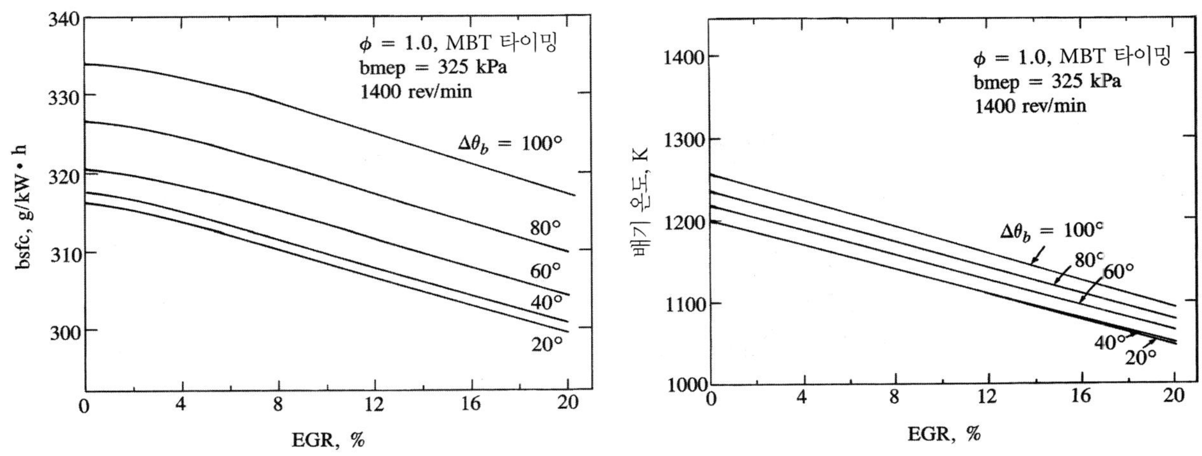

그림 15.14 일정 bmep, 엔진속도, 화학양론비 혼합물, 다양한 연소 기간(20°~100°) 조건에서 제동 연료소비율과 배기 가스 온도에 대한 EGR의 영향. 열역학 기반 사이클 시뮬레이션으로 예측된 결과.[13]

희박 운전과 EGR

스파크 점화기관의 희박 운전은 향상된 연료 소비 관점에서 매력적인 방법으로 오랫동안 고려되어 왔다. 이는 주로 부분 부하에서 사용될 수 있다. 고부하에서 희박 운전은 엔진 실린더에 유입되는 공기를 충분히 활용하지 못한다. 따라서 주어진 크기의 자연 흡기 엔진에서 최대 토크와 출력 수준이 감소한다. 터보차저 엔진에서 보다 적은 흡입 공기 사용량은 높은 압축기 부스트 압력을 사용하여 상쇄할 수 있다. 희박 운전의 장점은 높은 엔진 도시 효율(낮은 연료 소비율)과 잠재적으로 엔진에서 배출되는 배기를 낮춘다는 것이다(세부 사항에 따라 다르다). 단점은 주로 연소 질이 낮아지고(낮은 연소율과 높은 사이클 가변성), 매우 효과적인 희박 NO_x 촉매(LNT)가 필요하다(희박운전에서는 매우 효율적인 삼원 촉매 기술을 사용 할 수 없다). 잠재적 이점에 대한 평가가 이루어졌다. 물론 이는 가정된 기본 조건과 비교조건에서 일정하게 유지된다.

과잉 공기(희박 운전 조건)와 EGR은 배기 배출물을 저감 시킬 수 있다. 이는 별도로 사용할 수도 있고 결합하여 사용할 수도 있다. 광범위하게 연구되는 방법 중 하나는 DI 가솔린 엔진으로, 저부하에서는 일부 EGR을 사용하여 성층화(매우 희박)한 다음, 중부하에서 균일 희박 EGR을 사용하며, 고부하에서 화학양론비 조건으로 운전하는 것이다. 이는 그림 15.15에 나타낸 성능 맵에 설명되어 있다. 특히, EGR은 더 낮은 부하에서 성층화되었을 때 점화 플러그 주변의 화학양론비에 가까운 혼합물을 통해 점화 플러그로부터 예혼합 화염이 전파되는 경우 최고 연소 가스 온도를 줄이기 위해 추가적으로 사용된다.

연소 안정성, 연료 소비 및 엔진에서 배출되는 HC 및 NO_x 배출에 대한 과잉 공기 및 화학 양론비 운전 조건에서 배기 재순환에 따른 배기의 희석 증가 효과가 그림 15.16에 나와 있다. EGR(그림에서 흰색 원)은 NO_x 배출을 줄이는 데 매우 효과적이다. 15% EGR은 약 3배의 NO_x를 감소시킨다. 그러나 EGR 수준이 20%를 초과하면 정상 상태 운전 조건에서 연소 안정성(COV_{imep})이 심각하게 악화되고 bsfc는 최소로 낮아진다. 동일한 연소 안정성 수준(COV_{imep} 1% 미만)에서 과잉 공기로 40% 희석된 희박 운전은 상당히 높은 $bsNo_x$가 발생하고 bsHC는 약간 높아지지만 bsfc 이점은 거의 두 배가 된다(약 6%에서 약 10% 정도). 따라서 3 bar bmep 저부하 운전 조건에서는 비교 가능한 연소 안정성 한계에서 EGR 희석과 비교하여 희박 희석의 이점이 추가로 bsfc를 6% 가량 낮춘다. 이러한 예시는 희박 가솔린 엔진

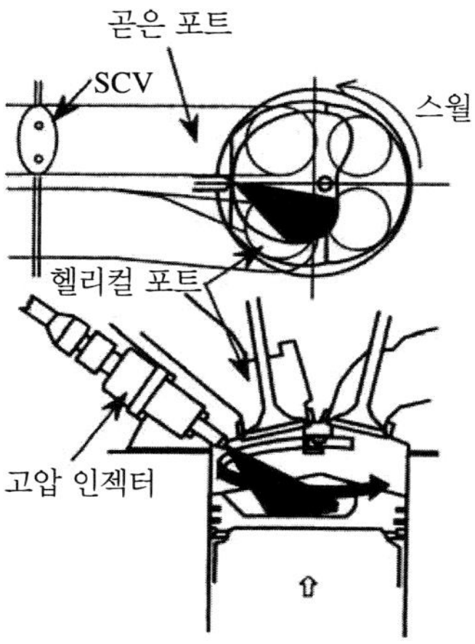

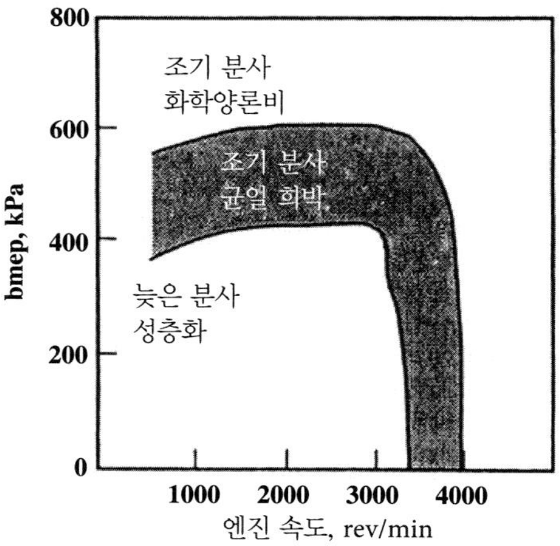

그림 15.15 희박 성층화, 희박 균일(둘 다 EGR 적용), 화학양론비(고부하)의 다양한 영역에서 성층 DI 가솔린 엔진의 성능맵[16]

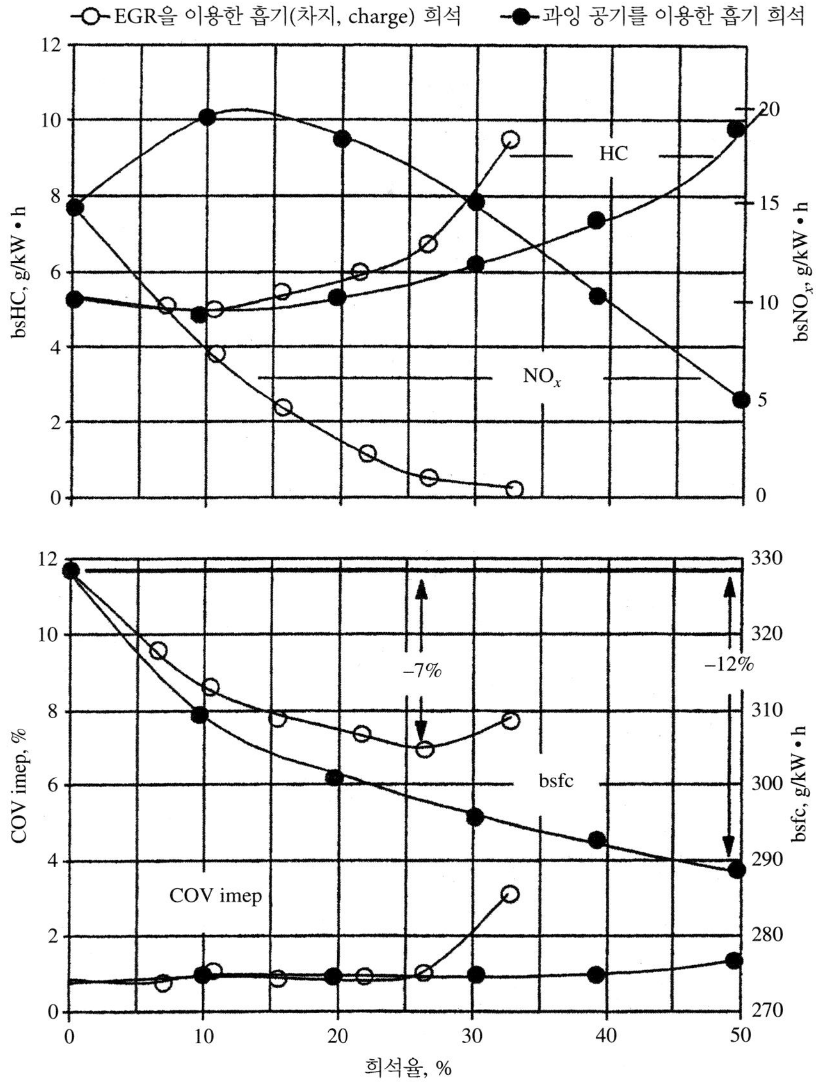

그림 15.16 가솔린 엔진 연소 안정성, $bsNO_x$, bsHC, bsfc에 대한 과잉공기 또는 EGR을 이용한 흡기(차지, charge) 희석 효과의 비교: 2000 rev/min, 2 bar bmep, MBT 점화 시기에서 운전되는 2리터, 4밸브, 직렬형 4기통(I-4) 엔진. 화학양론비 운전에서의 EGR.[17]

운전으로 인한 잠재적인 연료 소비(효율) 이점에 대한 대략적인 크기를 보여준다.

15.3.3 부하 및 속도

전부하 및 속도 범위에 걸친 내연기관의 운전 특성은 종종 토크 또는 제동 평균 유효 압력 대 엔진 속도의 그래프에서 일정한 제동연료소비율 선으로 표시된다. 이러한 *성능맵*은 이미 15.2.3절에서 소개되었다. 여기서 우리는 부하 및 속도가 스파크 점화기관의 연료 소비, 효율 및 배기에 미치는 영향을 조사하였다. 세부 사항은 엔진마다 다르지만, 가솔린 엔진에 대한 성능맵의 전체 모양은 매우 유사했다. 그림 15.17은 1.6리터 4기통 자연 흡기 가솔린 엔진의 전부하 및 속도 범위에 대한 성능맵이다.

스로틀 전개 bmep 곡선 대 속도는 자연 흡기 SI 엔진에 대해 예상되는 형상을 가지며

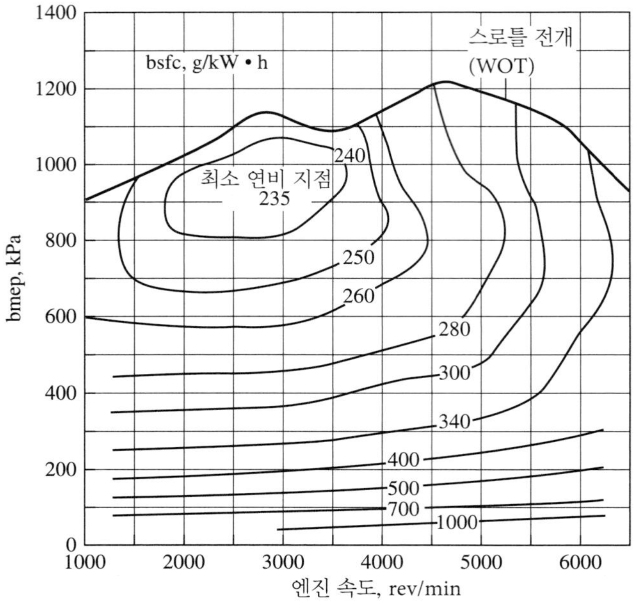

그림 15.17 1.6리터, 4기통 자연 흡기 SI 엔진의 bsfc (g/kW·h) 등고선을 나타내는 성능맵.[18]

두 개의 튜닝 피크(tuning peak)가 있다. 최대 bmep는 4,500 rev/min에서 발생한다. 최소 bsfc 영역은 WOT 선 바로 아래의 더 낮은 속도에 있다. 이러한 맵 특성은 식 (15.5)와 (15.7)를 통해 체적 효율(η_v), 총 연료 전환 효율($\eta_{f,\,ig}$) 및 기계 효율(η_m), 상대 A/F, EGR(사용되는 경우) 및 열 손실 및 마찰의 중요성의 관점에서 이해할 수 있다. 최대 bmep 곡선은 η_v의 속도 변화, $\overline{S}_p$가 증가함에 따라 η_m의 감소, $\overline{S}_p$가 증가함에 따라 $\eta_{f,\,ig}$의 감소가 사이클당 열전달의 중요성 감소로 인해 증가함을 반영한다.

bsfc 등고선 경향은 다음과 같이 설명 할 수 있다. 최소 bsfc 지점에서 시작하여, 일정한 부하에서 속도가 증가하면 주로 고속에서 마찰 mep가 증가함에 따라 bsfc가 증가한다(η_m 감소). 속도가 증가함에 따라 $\eta_{f,\,ig}$는 다소 증가하지만, 마찰로 인한 증가가 우세하다. 일정한 부하에서의 속도 감소는 사이클당 열전달의 중요성 증가로 bsfc가 증가한다($\eta_{f,\,ig}$ 감소). 마찰도 감소하고, η_m을 증가시키지만, 이것은 부차적인 이유이다. 또한 충분히 반복적인 연소 과정을 유지하고 낮은 엔진 속도에서 노킹을 피하기 위해 요구되는 혼합물의 농후함도 기여한다. 점차적으로 엔진의 공기 유동이 제한 되는 경우 또는 노킹을 피하기 위해 혼합물의 농후함이 토크를 증가시키는 데 사용되는 경우 bsfc가 최소 속도에서 일정 속도로 증가한다. 이러한 농후함의 유무에 관계없이 점화 지연은 bsfc를 다소 악화시킨다. 일정한 속도에서 부하 감소는 마찰 크기의 증가(펌핑일의 증가로 인하여), imep와 관련된 마찰 mep의 중요성 증가 및 열전달의 중요성 증가로 인해 bsfc를 증가시킨다($\eta_{f,\,ig}$ 감소).

NO 및 HC 배출에 대한 속도와 부하 변동의 영향은 그림 15.18에 나와 있다.[19] NO 농도는 일정한 부하에서 속도가 증가함에 따라 완만하게 증가한다. 낮은 부하에서 NO의 비례적 증가는 높은 부하에서 보다 크다.[13] 잔류 가스 분율은 속도가 증가함에 따라 감소하며, 이 효과는 더 낮은 입구 매니폴드 압력에서 더 크다(낮은 부하). 이는 그림 6.26에서 확인할 수 있다. 또한, 사이클당 열 전달의 상대적 중요성은 속도가 증가함에 따라 적으며(그림 12.25 참조), 이는 또한 NO 농도를 증가시킬 것으로 예상된다. 부하가 증가함에 따라(일정 속도에서) NO 농도도 증가한다. 다시 말하면 입구 매니폴드 압력 및 부하가 증가함에 따라, 잔류 가스

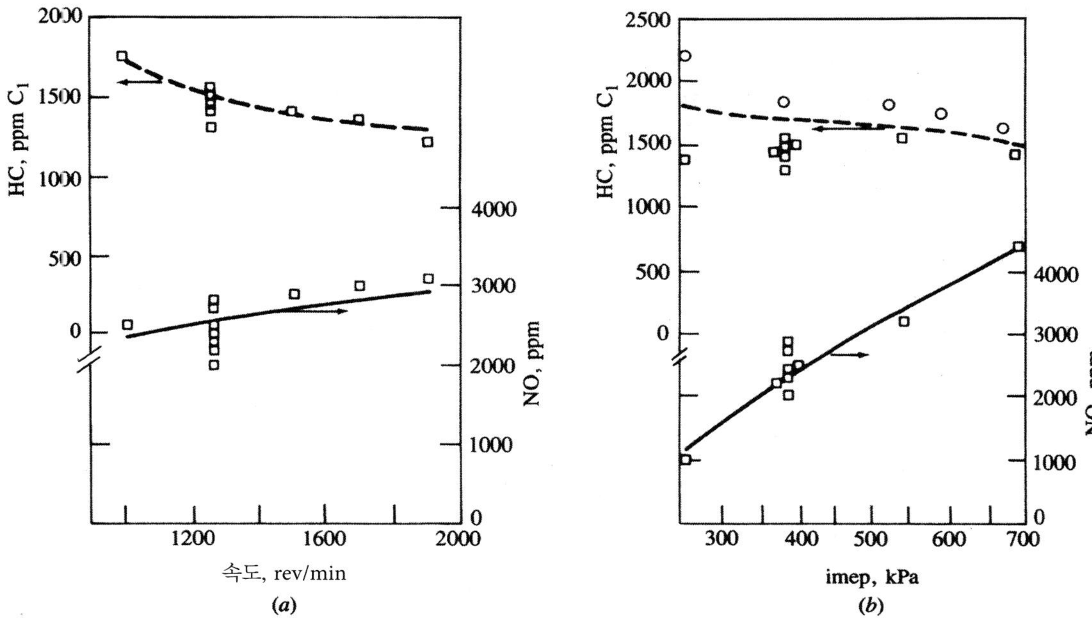

그림 15.18 스파크 점화 엔진의 엔진 배출 HC 및 NO의 변화 (*a*) 330 kPa imep에서 엔진 속도에 따른 변화, (*b*) 1250 rev/min 엔진 속드에서 부하(또는 imep)에 따른 변화. 상대 공기/연료비 = 1.1, MBT 점화 시기, 압축비 (r_c) = 7.[19]

분율은 감소한다(그림 6.26 참조). 또한 사이클당 열 전달의 상대적 중요성은 부하가 증가함에 따라 감소한다(그림 12.23 참조).

속도 및 부하 변동에 따른 탄화수소 농도 경향은 NO 농도 경향과 반대이다. 표 11.8에서 볼 수 있듯이, 속도와 부하는 벌크 가스에서 정상적인 연소가 되지 않은 미연소 탄화수소의 실린더 내 혼합과 배기 가스로 빠져나가는 실린더 내 HC의 분율과 같이 몇 가지 HC 생성 메커니즘에 영향을 미칠 수 있다. 산소가 공급되는 경우에 속도가 증가함에 따라 사이클당 열전달의 중요성이 감소되어 팽창 행정 및 배기 과정 가스 온도가 증가하므로 실린더 내 및 배기 시스템 내 미연소 탄화수소의 산화는 속도가 증가함에 따라 현저하게 향상된다. 이는 실린더와 배기의 감소된 잔류 시간을 상쇄하는 것 이상의 효과를 가진다. 엔진 속도의 함수로서 배기 포트에서 반응된 HC의 비율을 측정하면 그림 15.11의 배기 가스 데이터와 동일한 비례 감소가 나타난다.[20] 부하에 대한 HC 변동의 근거는 명확하지 않다. 일정한 속도에서 부하가 증가함에 따라 팽창 및 배기 행정의 온도가 증가하고, 산소가 공급되면 실린더 내 산화율이 증가한다. 그러나 배기 가스 유량이 증가함에 따라, 배기 시스템의 임계 단면에서의 배기 가스 체류 시간이 감소하고 배기 포트 HC 산화 감소가 발생한다.[21] 순 경향(net trend)은 엔진에서 배출되는 HC 농도가 부하가 증가함에 따라 완만하게 감소하는 경향을 보였다.

이제 터보차저 가솔린 엔진과 자연 흡기 엔진의 운전을 비교해보자. 터보차저의 경우, MAP이 1 bar를 초과하면 더 높은 부하에서 실린더에 들어가는 공기의 밀도가 증가하므로 식 (15.5)에 따라 imep가 증가한다. 따라서 터보차저 엔진을 소형화해도 자연 흡기 엔진과 동일한 토크를 발생시킬 수 있고, 엔진의 배기량은 크게 줄어 들었다. 그림 15.19는 1.8리터 터보차저 직분사 스파크 점화기관과 2.6리터 V-6 자연 흡기 포트 연료 분사 엔진의 성능맵 비교이다. 두 엔진 모두 동일한 최대 토크(약 260 N·m)를 가지지만 bmep 값(TC DISI 1850 kPa, NA PFI 1200 kPa)은 달랐으며, 1250~2500 rev/min의 저속 토크 수준도 크게 달랐다.

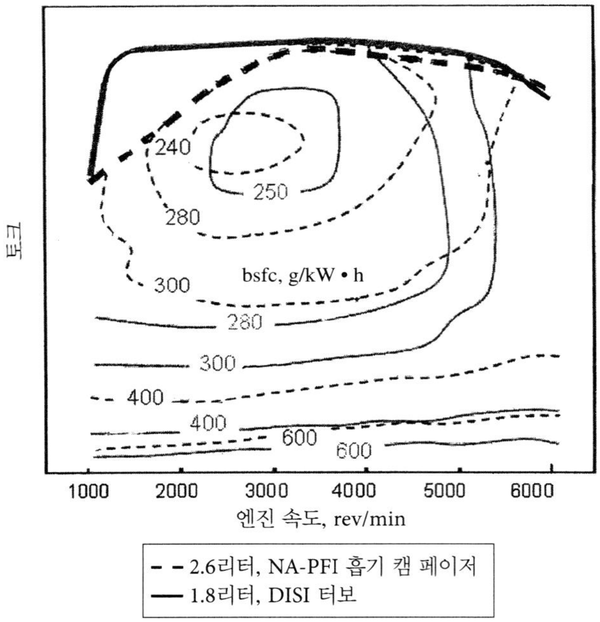

그림 15.19 동일 최대 토크와 출력을 갖는 2.6리터, 자연 흡기 포트 연료 분사 가솔린 V-6 엔진(캠 페이저 있음)과 1.8리터, 직렬형 4기통 터보 직분사 SI 엔진의 성능맵 비교. 스로틀 전개선(실선–TC 엔진, 점선–NA 엔진)은 3000~5500 rev/min의 엔진 속도에서 일치한다. 일정한 bsfc(g/kW·h)선은 다음과 같이 구분된다: 실선–TC 엔진, 점선–NA 엔진.[22]

터보 DISI 엔진의 최소 bsfc는 자연 흡기 엔진(235 g/kW·h)에 가까운 약 245 g/kW·h이다. 그러나 부하가 낮은 경우, 최대 토크의 약 4분의1 값과 2,000 rev/min에서 TC 엔진의 bsfc(300 g/kW·h)는 더 큰 배기량을 가진 NA 엔진의 bsfc(365 g/kW·h)보다 18% 정도 감소하여 현저히 낮아졌다.

DI 터보차저 엔진과 PFI 자연 흡기 방식 엔진의 이러한 차이점에는 몇 가지 요인이 있다. 압축비는 DI 터보차저 엔진의 경우 10.5, PFI NA 엔진이 10.0으로 비슷하다. 터보차저는 고부하에서 노킹 문제를 악화시키며, 실린더 내 흡기의 증발 냉각을 통한 연료의 직분사 방식으로 해당 문제를 해결할 수 있다. 이 연료 소비 차이의 가장 큰 요인은 엔진 마찰의 영향 감소이다. 두 가지 유형 엔진의 총 마찰 mep 값은 비슷하다. 부분 부하에서 NA 엔진의 펌핑 mep는 높아지지만, 배기량이 작은 TC 엔진의 압력이 높을수록 기계 마찰 mep가 증가한다. TC 엔진의 마찰 토크의 크기를 같은 비율만큼 감소시키는 TC 엔진의 크기 감소는 이에 더 큰 영향을 끼친다. TC 엔진의 bmep가 약 40% 증가하지만 fmep이 거의 변하지 않기 때문에 기계 효율(η_m)이 크게 증가한다. 일반적인 엔진 다운 사이징 방식으로 인해 부분 부하 bsfc 및 효율에 대한 터보차저의 마찰 관련 이점은 매우 중요하다.

그림 15.20은 2리터 4기통 터보차저 DI 가솔린 엔진의 제동 연료 변환 효율을 2000 rev/min에서 엔진 부하의 함수로 나타낸 것이다. 2개의 연료에 대한 데이터가 표시된다(각각 화학양론비 혼합물). 에탄올(E85)과 가솔린의 경향은 2000 rev/min에서 약 600 kPa 이상의 bmep의 경우 32% 이상의 제동 연료 변환 효율로 비슷하다. 일반적인 자동차 부분 부하가 최대 bmep의 약 1/4인 경우 효율은 여전히 30%에 가깝다. 이 두 연료에 대한 성능맵의 제동 효율 등고선은 기본적으로 동일하다. 이 두 가지 연료 모두 옥탄가가 높기 때문에 고출

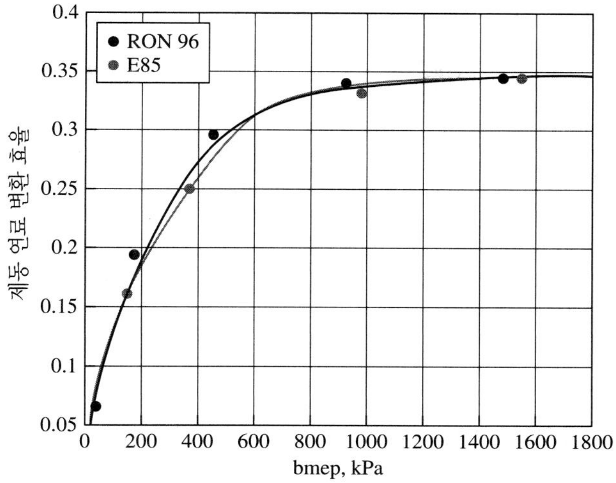

그림 15.20 20리터, 4기통 터보차저 DI 스파크 점화기관의 가솔린(RON96)과 에탄올(E85) 연료, 2000 rev/min에서의 제동 연료 변환 효율.[23]

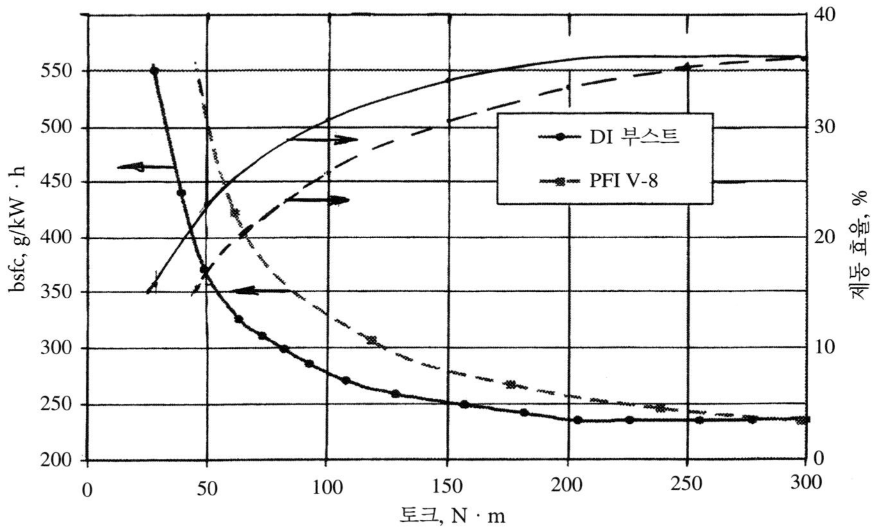

그림 15.21 터보차저 및 자연 흡기 가솔린 엔진의 토크 및 출력에 대한 제동 연료 소비율과 연료 변환 효율: 3.5리터, V-6 부스트 DI TC 엔진과 5.7리터, V-8 PFI NA 엔진. 최대 출력과 토크는 매우 비슷하다. 2000 rev/min에서 화학양론비 운전.[24]

력에서의 엔진 성능은 노킹에 의해 제한되지 않는다. 따라서 성능맵은 기본적으로 "연료 중립(fuel neutral)"이다. 왜냐하면 화학양론비 혼합물의 화학 에너지 함량이 거의 같고, (최적화된 MBT 점화 시기를 갖는) 연소가 빠른 엔진(g/kW·h)에서 연소율의 적당한 차이는 엔진 효율에 거의 영향을 미치지 않기 때문이다. 그러나 E85의 저위 발열량(Q_{HV})은 가솔린 발열량의 약 70%이기 때문에 이 두 연료의 연료소비율 수치는 현저히 다르다.[i] 따라서 고부하에서 노킹이 발생할 때까지, 주어진 상대 공기/연료비에서 제동 연료 변환 효율로 표현된 주어

---

[i] 에탄올과 공기의 주어진 화학양론비 혼합에서, 에탄올의 저위 발열량은 가솔린에 비해 더 높은 F/A비에 의해 상쇄되므로, 단위 질량 또는 연료증기/공기 혼합물의 체적 당 열량에는 거의 차이가 없다.

진 유형의 엔진에 대한 성능맵은 기본적으로 연료와 무관하다.

그림 15.21은 2000 rev/min에서 비슷한 최대 출력(DI boost 283 kW, PFI NA 298 kW)과 토크(DI boost 560 N·m, PFI NA 536 N·m)를 갖는 압축비가 10.5 : 1인 DI 터보차저 3.56리터, V6 가솔린 엔진과 5.7리터 V8 자연 흡기 PFI 엔진의 bsfc와 제동 연료 변환 효율을 토크 범위에서 비교한 것이다. 두 엔진의 최대 bmep 값은 각각 DI 부스트 및 PFI NA 엔진의 경우 1980 kPa 및 1180 kPa이다. 전부하 시 제동 효율(36%)은 비슷하다. 그러나 제동 효율(NA 엔진의 최대 토크의 약 절반 이하)의 급격한 감소는 부스트 엔진으로 상당히 지연된다.

터보차저 가솔린 엔진에서 최대 동력 및 토크는 종종 최대 실린더 압력 한계 또는 노킹에 의해 제한된다. 이러한 한계를 구현하기 위해(배기 가스는 터보차저를 구동할 수 있는 충분한 열 에너지를 포함하고 있기 때문에 매우 높은 부스트를 제공함) 터빈 바이 패스 밸브 또는 배기 바이패스(waste gate)가 압축기의 공기 압축을 제한하는 데 사용된다. 6.8.5절에서는 엔진/터보차저 매칭에 대해 설명하고 배기 바이패스를 사용한 전체 시스템 구성을 보여 준다.

위의 논의는 실제 엔진 성능 파라미터(토크와 출력)와 정규화된 파라미터(bmep, kW/liter, bsfc)를 함께 사용하여 서로 다른 배기량(실질적인 성능은 동일한)을 가진 부스트된 가솔린 엔진(터보차저와 슈퍼차저)과 자연흡기 가솔린 엔진을 설명하고 비교하는 방법을 나타낸다. 또한 이는 전체 성능맵을 통해 중요한 무차원 엔진 효율(총 및 순 도시 연료 변환 효율, 기계적 효율, 제동 연료 변환 효율)을 계산하고, 이러한 효율을 사용하여 엔진 효율을 개선하고 엔진 성능 및 제약 조건을 이해할 수 있는 기회를 나타낸다. 성능 및 효율성에 대한 개별 엔진 변수의 역할을 조사하여 특정 변수가 근본적인 관점에서 여러 가지 효율(체적 효율을 포함하여) 중 어느 것에 영향을 미치는지 확인하기에 유용하다. 예를 들어, 우리가 다음에 검토하는 압축비는 피스톤에 도시 일 전달 및 도시 연료 변환 효율에 직접적인 영향을 미치지만, 엔진 마찰에는 약간만 영향을 미치므로 제동 효율에 미치는 영향은 직접적이지 않다.

15.3.4 압축비

5장의 이상적인 사이클 분석은 식 (5.31)에 따라 압축비와 함께 연료 변환 효율이 지속적으로 증가함을 보여 주었다. $\gamma = 1.3$일 때, 이 관계는 또한 연료-공기 사이클 예측을 $\phi \approx 1.0$으로 가깝게 일치시킨다. 그러나 실제 엔진에서 엔진 성능 및 효율에 영향을 미치는 다른 프로세스는 압축비의 변화에 따라 달라진다. 즉, 연소율, 연소 안정성, 열전달 그리고 마찰에 따라 달라진다. 부하 및 속도 범위에 따라 이들 과정이 출력과 효율에 미치는 영향도 다르다. 그러므로 식 (5.31)의 적용 가능성은 의문의 여지가 있다. 또한 기하학적인 압축비(최대 실린더 체적과 최소 실린더 체적의 비율)가 잘 정의되어 있지만 엔진의 실제 압축 및 팽창 과정은 밸브 타이밍의 세부 사항과 밸브가 열리거나 닫히는 동안 밸브를 통과하는 유동의 중요성(엔진의 속도에 의존함)에 따라 달라진다. 물론 엔진의 압축비를 높이는 능력은 사용 가능한 연료의 옥탄가와 노킹에 의해 제한된다(9.6.1절 참조).

또한 이상적인 사이클의 경우 팽창 비율(TC에 대한 BC)은 압축 비율과 같다. 압축비라는 용어가 표준이 된 것은, 오래 전에, 저품질 연료가 노킹이 발생되기 전까지의 압축 정도를 심하게 제한했기 때문일 가능성이 있다. 그러나 이상적인 사이클에서 팽창 행정일의 크기는 압축 행정일의 약 5배이다. 따라서 엔진 효율에 주로 영향을 끼치는 것은 압축비가 아니라 *팽창비*이다. 실제 엔진에서 유효 압축비와 팽창비는 흡기 밸브 폐쇄 및 배기 밸브 개방 크랭크

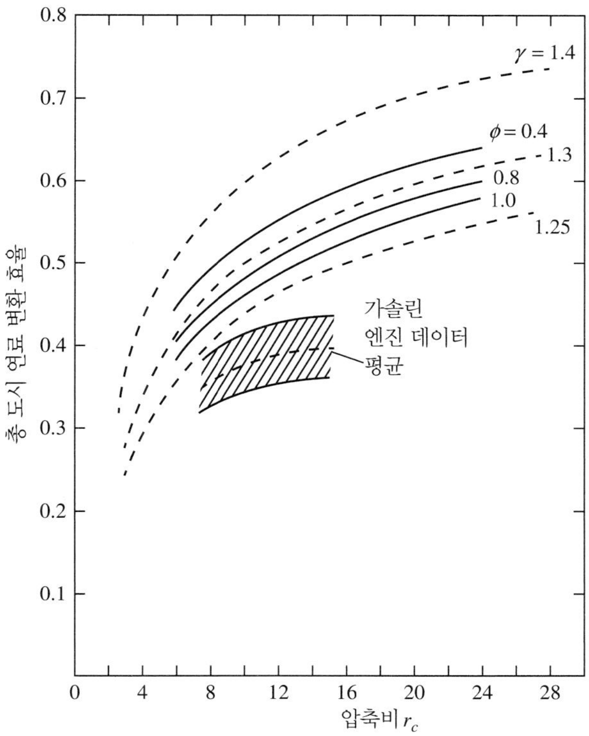

그림 15.22 다양한 비열비(γ−점선)를 갖는 이상 기체 정적 사이클과 다양한 연료-공기 당량비(ϕ)의 연료-공기 사이클(5.5.1절 참고)에서 압축비에 대한 총 도시 연료 변환 효율. 가용한 현대 가솔린 SI 엔진 데이터.[25]

각도에 따라 다르기 때문에 반드시 동일하지는 않다. 또한 요즘 엔진의 경우 가변 밸브 타이밍이 일반적인 특징이다. 평균 흡기 밸브 폐쇄가 BC 후 약 50°이고 BC 이전에 배기 밸브 개방이 55°이지만, 이러한 평균값에 대해 약 ±20°의 변동이 발생한다. *효과적인* 압축 및 확장비라는 용어는 종종 실제 엔진의 압축 및 팽창 과정을 보다 명확히 정의하는 데 사용된다. 이들은 각각 흡기 밸브 닫힘 및 배기 밸브 개방 크랭크 각도에서의 실린더 체적에 의해 규정된다.

그림 15.22는 다양한 압축비, 비열비 및 당량비에 대한 이상 기체 정적 사이클 및 연료-공기 사이클 결과이다. 압축비가 증가함에 따라 *도시* 연료 변환 효율이 증가할 것으로 예상되지만 해당 결과로 감소율이 증가할 것으로 예상된다. 그러나 광범위한 SI 엔진 데이터의 분석은 다른 경향을 보여주었다. 다양한 엔진 설계 및 작동 조건에 걸쳐 효율이 크게 분산되어 있으며 예상대로 엔진 효율은 이상적인 사이클 값보다 약 15% 정도 낮았다. 압축비가 증가함에 따라 효율은 증가하지만 피스톤의 간극 높이가 감소(즉, 일정한 엔진 행정 체적에서)함에 따라 주어진 엔진의 압축비가 변경되는 여러 실험 연구에서(기하학적) 압축비는 약 15 : 1에서 최대치에 도달한다.

엔진 효율 데이터는 이상적인 사이클 값보다 낮으며, 더 높은 압축/팽창 비율은 다른 경향을 보이지만 이는 놀라운 것은 아니다. 이는 본문에서 논의된 바와 같이 몇 가지 *손실*이 엔진 효율에 기여하기 때문이다.

- 변화하는 기체 물성(비열비, γ)은 온도가 증가함에 따라 감소함
- 연소 과정에서 모든 연료의 화학 에너지를 방출하지 않음

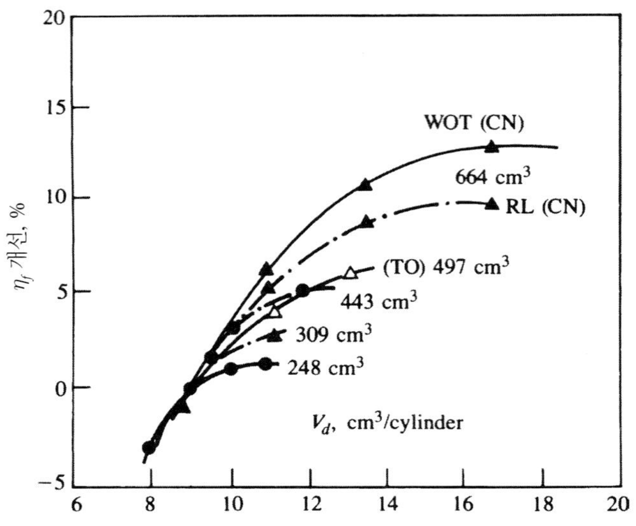

그림 15.23 서로 다른 실린더당 배기량을 가진 스파크 점화기관의 압축비 증가에 따른 상대 제동 연료 변환 효율 개선: 제일 위 곡선은 스로틀 전개, CN[26]; 도로 부하(RL, road load), CN[26]; 다른 곡선들은 부분 부하, MTJ[27]; TO.[28]

- 연소 과정은 빠르지만 압축 및 팽창 행정의 한정적인 부분만을 차지함
- 연소 가스로 인한 심각한 열 손실은 가스 압력을 감소시킴
- BC가 전체 팽창 행정일의 일부를 잃기 전에 배기 밸브가 열리면서 블로우 다운(blowdown) 과정이 발생

해당 손실은 압축 행정과 팽창 행정에 걸쳐 발생하므로 엔진의 총 성능 및 효율에 영향을 미친다. 사이클의 전체 4-행정에 걸친 최종 출력($\int pdV$)은 추가 펌핑일을 포함한다(자연 흡기 가솔린 엔진의 손실; 1 bar 이상의 흡기 압력에서 운전되는 터보차저 가솔린 엔진). 제동 성능과 효율은 엔진 마찰의 크기에 의해 추가 영향을 받는다(기계 및 부속 부품: 펌핑일은 순도시 값에 포함됨).

압축비가 스파크 점화기관 성능에 미치는 영향과 광범위한 압축비에 대한 효율성을 조사한 연구는 한정적이다. 그림 15.22는 최근 광범위하게 분석된 연구 결과를 보여준다.[25]

다른 크기의 엔진 실린더에 대한 압축비 변화의 영향은 중요하다. 엔진 성능과 터보 차징/다운사이징을 개선하면 엔진 크기가 줄어 든다. 그림 15.23은 실린더 체적이 다른 엔진의 제동 연료 변환 효율 데이터를 보여준다. 최대 효율을 위한 압축비와 최대 효율은 실린더 크기에 따라 다르다. 스로틀 전개 및 도로 부하 데이터(상위 두 곡선[26])에서 부분 부하 시 압축비의 증가에 따른 효율 증가는 세부 엔진 운전에 따라 상당히 다르다는 것을 확인하였다. 압축비 범위가 9에서 11인 경우 실린더 크기 및 운전 조건에 따라 상대 효율 향상이 압축비 증가당 1~3% 사이였다. 자연 흡기 가솔린 엔진 실린더 크기는 실린더당 약 500 cm^3이다(2015년 기준). 더 작은 터보차저 엔진이 점점 보편화되고 있다(예: 1리터 3기통 엔진의 실린더 크기는 333 cm^3이다).

최대 효율에 해당하는 압축비에 도달할 때까지 압축비와 효율이 증가함에 따라 배기 온도는 감소한다. 또한 압축비와 효율이 증가함에 따라 연소실 벽으로 연료의 화학 에너지 중

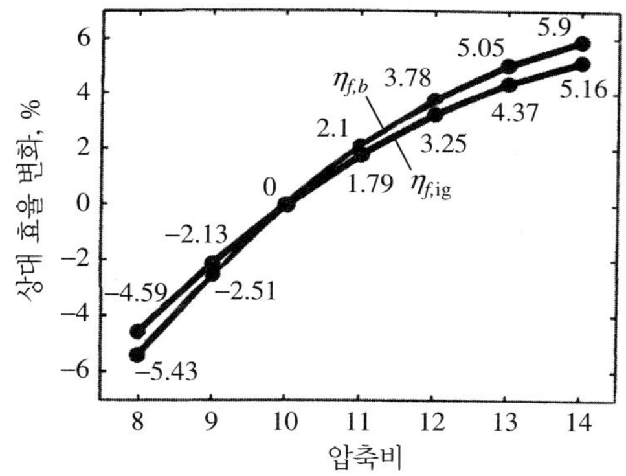

그림 15.24 가솔린 SI 엔진에서, 압축비 변화에 대한 평균 상대 총 도시 및 제동 연료 변환 효율. 단위 압축비 변화에 대한 상대 효율 변화가 퍼센트(%)로 표시되었다: 압축비 10:1에 대해 정규화된 자료임.[25]

일부의 열 손실도 감소하는 것으로 나타났다.[26]

NO 배출량에 대한 압축비 변화의 효과는 작다. 일부 연구에서는 일정 부하와 속도에서 압축비가 증가함에 따라 특정 NO 배출량이 완만하게 증가하는 것으로 나타났다. 다른 연구들에서는 약간의 감소를 보였다. 압축비를 높이면 탄화수소 배출량이 증가한다. 이러한 원인은 다음과 같이 설명할 수 있다. r_c가 높을수록 틈새 간격의 중요성이 증가; 팽창 행정 후반부의 가스 온도를 낮추어 실린더에서의 HC 산화의 감소; 잔류 가스 분율이 감소하여 배출되는 실린더 내 HC의 비율 증가; 배기 온도가 더 낮아져 배기 시스템에서의 산화 감소.

엔진 효율에 대한 압축비 증가의 전반적인 영향은 다음과 같이 요약할 수 있다. 압축비는 현재 자연 흡기 PFI 가솔린 엔진의 경우 10:1, 터보 PFI 엔진의 경우 9 : 1, 터보 DI 엔진의 경우 10.5 : 1 정도이다. 고부하에서 터보차저 엔진의 압력이 높아질수록 노킹(화염 전파에 앞서 연료 혼합물이 자동 점화되는 현상) 발생 가능성이 더 커진다. 직접 분사식 액체 가솔린 분무의 증발을 통한 실린더 내 흡기 냉각은 노킹의 시작을 지연시키고 더 높은 압축비를 사용할 수 있게 한다. 압축비는 시간이 지남에 따라 꾸준히 증가해 왔으며,[3] 이러한 경향은 지속될 것으로 예상되며, 더 나은 노킹 감지 및 제어에 기초한 가변 흡기 밸브 닫기, 더 균일한 실린더 헤드 냉각, 더 정교한 스파크 지연 전략의 사용 증가에 의해 가능할 것으로 보인다.

그림 15.24는 $r_c = 10$으로 정규화된 압축비에 대한 도시 및 제동 효율(백분율로 표시)의 상대적 변화를 보여준다. 두 곡선(각 데이터 베이스의 평균값)의 차이는 적다. 저(1에서 3 bar bmep), 중(4.5에서 7 bar bmep), 고(7.5에서 9.5 bar bmep)부하에서의 효율 차이 또한 작다. 전반적으로, *일정한 엔진 행정 체적*에서 r_c를 10에서 11로 올리면 효율이 2% 상승하고, 12에서 13으로 올리면 1.3% 향상되며, 15 : 1보다 높으면 효율은 기본적으로 크게 증가하지 않는다는 것을 알 수 있다. 따라서 향후 압축비 증가는 약 15:1을 상한점으로 이점은 감소된다.

그러나 압축비가 증가하면 엔진의 최대 토크도 증가한다. 그러면 (높은 압축비 엔진이 동일한 작업을 수행하므로) 토크는 일정하게 유지하면서 엔진의 배기량은 감소시킬 수 있다. 엔진을 다운 사이징하면 그림 15.25와 같이 압축비를 높이는 이점이 크게 늘어난다. 엔진을 다운 사이징하지 않는 경우, r_c가 9.8에서 13.4로 증가하여 제동 효율이 6% 가까이 증가한다(그림 15.24의 다른 연구에서의 값과 비슷하다). 일정한 최대 토크를 유지하기 위해 엔진 크기를 조정하면 효율이 향상된다. 적절한 엔진 다운 사이징과 함께 일정한 토크 비교는 가장 큰 관심사이다. 사실상, 그림 15.24에 제시된 다운 사이징이 적용되는 실제 응용 분야에서 일정한 엔진 배기량에서 이점은 실제 잠재력을 과소 평가한다.[29] 추가 이점은 엔진이 자연 흡기인지 터보차저인지에 따라 다르다. 또한 다운사이징의 효과가 평가되는 bmep 수준에서의 부

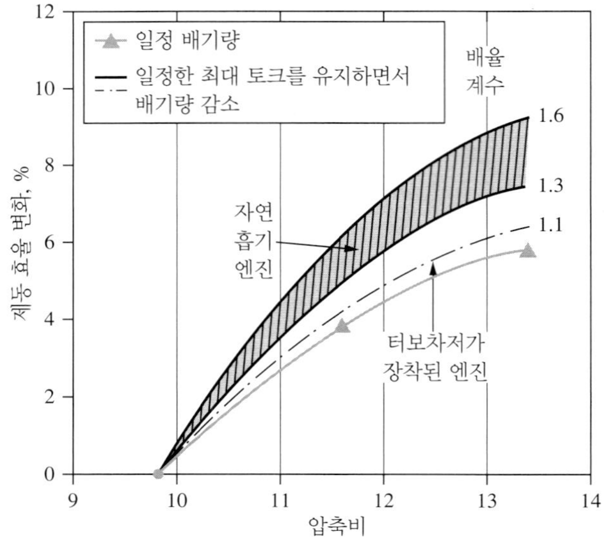

그림 15.25 압축비 증가에 따른 가솔린 엔진의 저-, 중-부하 제동 연료 변환 효율의 예상되는 증가; 상단 곡선-최대 엔진 토크를 일정하게 유지하기 위해 엔진 다운 사이징. 오른쪽에 자연 흡기 및 터보차저 장착 엔진의 효율 편익 배율 계수 표시(배율 계수는 일정한 배기량에서의 효율 변화에 대한 다운사이징 된 엔진의 효율에 대한 변화이다.)[29, 30]

하로 인한 효율의 변화율에 따라 달라진다. 더 낮은 부하의 경우, 자연흡기 가솔린 엔진은 1.3에서 1.6 범위에서 배율이 더 높다(그림 15.25 참조). 더 높은 부하에서, 향상 요소는 터보 차징 가솔린 엔진의 경우 약 1.1로 더 낮다.

15.4 SI 엔진 연소 시스템 설계 _*SI Engine Combustion System Design*

15.4.1 목표 및 선택사항

요구 사항과 우리의 지식 기반이 변화함에 따라 SI 엔진 연소실 설계는 계속 발전하고 있다. 실린더 헤드와 피스톤 크라운 형태, 점화 플러그 위치, 밸브의 크기와 개수, 흡기 포트 설계에 대한 몇 가지 선택 사항이 있다. 연소실의 긴밀함, 표면/부피비, 화염 이동 길이, 연료 분사 방법 및 위치, 스월, 텀블 및 스퀴시를 사용한 혼합기의 거동 등이 관련된다. 그림 15.26은 몇 가지 일반적인 연소실 형태의 예를 보여준다. 연소실 설계 시 연소를 보다 빠르게 하는 것을 중점으로 하는 데 의견이 모아졌다. 연료 연소 과정이 신속하게 이루어지는 연소실 설계는 배기 제어 및 효율 향상을 동시에 제공하고, 보다 견고하고 반복적인 연소 과정을 만든다. 더 짧은 연소 시간을 가진 더 빠른 연소 챔버(연소실)는 엔진의 부드러움과 반응의 정상적인 제한 내에서 보다 많은 양의 EGR 또는 보다 희박한 혼합물로 운전할 수 있다. 따라서 엔진 내에서 더 향상된 배기 가스 제어가 이루어질 수 있고, 부분 부하에서 더 빠른 연소실은 연소된 가스의 온도와 해리 양의 감소로 인한 펌핑일 감소, (더 낮아진 연소 가스 온도로 인한) 열전달 감소 및 γ 증가로 인한 연료 소비를 개선할 수 있다.

엔진 성능 및 배기와 관련된 주요 연소실 설계 목적은 다음과 같다.

- 전체 엔진 운전 범위에서 사이클 간 변동이 적은 빠른 연소 프로세스
- 스로틀 전개에서 높은 체적 효율

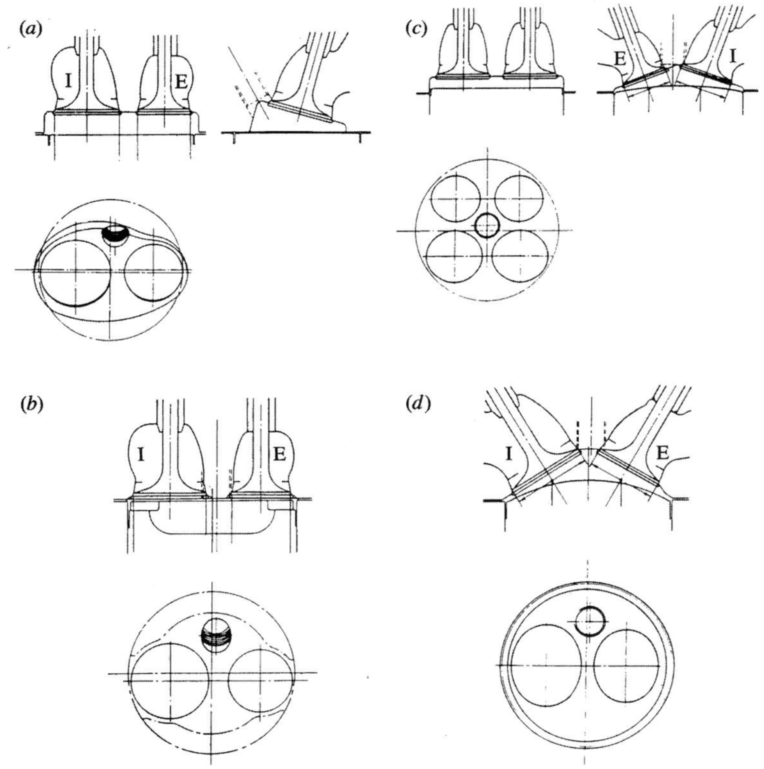

그림 15.26 다른 스파크 점화 엔진 연소실 형태의 예시: (*a*) 욕조 및 쐐기(bathtub and wedge); (*b*) 보울-인-피스톤(bowl-in-piston); (*c*) 4밸브 펜트 루프; (*d*) 반구(hemispherical).[31]

- 연소실 벽으로의 열손실 최소화
- 낮은 연료-옥탄가 요구
- 낮은 엔진-아웃 대기오염물질 배출(특히, 냉간 시동 시)

더 "빠른 연소"를 위해 많은 방법이 제안되었다. 여기에는 연소실 모양을 보다 소형으로 만드는 방법, 두 개의 점화플러그를 사용하여 챔버 내에서 보다 중앙에 위치시키는 방법, 실린더 내부로 공기가 유입되는 과정에서 텀블링 또는 스월 유동을 만들어 실린더 내부의 가스 운동을 증가시키는 방법이 포함된다.

연소 속도가 느린 구형 엔진에 비해 연소 과정이 빠르면 직접적인 엔진 효율이 상승하고 다른 요인들이 동일해진다. 직접적인 이득은 비교적 작다. 엔진 효율에 대한 느린 속도에서 중간 정도의 속도로 연소율이 증가하는 효과에 대한 실험적 연구는 중요하다. 일정한 엔진 부하, 속도 및 혼합기 구성으로 중간 연소에서부터 빠른 연소에 이르기까지 연소 속도 효과는 몇 퍼센트 정도이며, 그 이상은 아니다(빠른 연소에서 매우 빠른 연소 역시 여전히 작은 퍼센트를 얻음).[32] 엔진 운전 사이클에 대한 컴퓨터 시뮬레이션으로 이러한 실험적 관측 결과를 확인할 수 있다. 전체 연소 기간이 100°에서 60°로 감소하면 bsfc가 4% 감소하고 연소 기간이 60°에서 20°로 감소하면 bsfc 단 1.5% 감소한다.[13]

중요한 것은 연소 과정이 더 빠를수록 엔진의 연소 질이 크게 저하되지 않으면서 EGR을 더 많이 하거나 훨씬 더 희박하고 더 긴 점화 지연을 해도 엔진이 만족스럽게 운전될 수 있다는 사실이다. 더 빠른 연소실 설계는 사이클당 변동성이 훨씬 적다. 짧은 연소 기간과 낮은 사이클당 연소 변동성을 유지하면서 부분 부하에서 더 큰 희석 상태로 운전되는 이 능력은 HC 배출량을 상당히 증가시키지 않고 엔진 내에서 15%의 EGR로 더 많은 No_x 를 제어하거나 훨씬 더 희박해진 작동을 할 수 있다(그림 11.31 참조). 두 경우 희석을 줄이면서 운전해야 하는 보통의 연소 속도 엔진에 비해 효율이 높다.[33]

높은 체적 효율은 가능한 최고 출력 밀도를 얻기 위해 필요하다. 설계 시 실린더 헤드의 크기와 모양은 밸브의 크기에 영향을 준다. 밸브 수, 밸브 지름 및 리프트에 따라 달라지는 유효 밸브 개방 면적은 체적 효율에 직접적인 영향을 준다. 텀블과 스월은 연소과정을 가속화하고 연소 안정성을 높이는 챔버 설계의 구성 요소이다. 흡기 생성 텀블(8.4절 참조)은 특히 실린더 내에서 연소 속도를 높이기 위한 효과적인 유동이다. 연소 중 챔버 내에서 더 높은 난류가 발생하므로 화염 발생 및 전파 속도가 증가한다. 흡기 과정에서 텀블이 발생하면 체적 효율이 감소한다.

연소실 벽으로의 열전달은 엔진 효율에 중요한 영향을 미친다. 이것은 실린더 헤드 및 피스톤 크라운 표면적, 연소 및 팽창 행정 중 실린더 내 가스 속도의 크기, 가스 온도 및 벽 온도에 의해 영향을 받는다. 연소실의 열 전달 의미는 설계 과정에 포함되어야 한다.

노킹은 모든 연소실에서 사용할 수 있는 최대 압축비를 효과적으로 제한한다. 따라서 효율에 직접적인 영향을 미친다. 노킹은 위에서 논의한 대부분의 연소실 특징에 영향을 받는다. 이러한 복잡성 때문에 설계 과정에서 모든 제약 조건을 통합하는 것이 가장 어렵다.

스파크 점화기관 연소, 실린더 내 가스 운동 및 열 전달의 기본 지식은 최적의 연소실 개발 및 설계를 위해 이러한 요인를 평가하는 합리적인 절차를 정의할 수 있을 정도로 발전하였다. 다음 두 절에서는 이러한 논리를 전개하고자 한다.

15.4.2 연소를 제어하는 요인

화염이 연소실을 가로질러 발달하고 전파될 때 스파크 점화기관의 화염 구조에 대한 이해를 통해 이 과정을 제어하는 물리적 및 화학적 요인을 연소 시스템 설계 및 작동 파라미터와 관련시킬 수 있다. 화염 발달 및 전파 과정에 영향을 미치는 요인은 다음과 같다.

- *기하학적 구조*(geometry). 연소실 형상과 점화 플러그 위치.
- *유동장 특성*. 연소 과정 중 연소되지 않은 혼합물의 평균 속도, 난류 강도, 그리고 특성 난류 길이 스케일.
- *미연소 혼합물의 조성 및 상태*. 연료, 상대 공기/연료비, 연소 가스 분율, 혼합물 압력 및 온도.

기하학 구조는 주로 화염면 영역을 통한 연소에 영향을 미친다. 실린더 내 거동에 미치는 영향을 통해 연소 발달에 미치는 영향이 적다. 화염면이 점화 플러그를 중심으로 구의 일부로 모델링 될 수 있다는 가정에 기초한 기하학적 계산(14.4.2절 참조)은 화염 반경 및 피스톤 위치의 함수로 연소실 내에 포함된 화염면 및 화염면 뒤의 체적(enflamed 체적)에 대한 데이터를 제공한다.

화염 영역은 주어진 enflamed 체적에 대해 챔버 형상 마다 크게 다르다. 그림 14.7의 예에서 보울-인-피스톤 챔버는 상단 중앙 주위 동등한 조건에서의 디스크 챔버의 화염 표면적이 30%~45% 더 크다. 반구형 및 개방형 또는 clamshell 챔버는 동등한 디스크 구성에 비해 약 30%의 이점을 보였다. 주어진 챔버 형태의 경우, 화염면은 플러그 위치가 훨씬 더 중요하다. 또한, 그림 14.7은 보울-인-피스톤 챔버에서 플러그를 측면에서 중심으로 이동시키는 경우 최대 화염 면적을 150% 증가시켰음을 보여준다. 반구형 및 개방형 첨버의 경우 보울-인-피스톤 챔버와 유사한 위치로 이동시킨 경우에 화염 면적의 증가는 각각 75% 및 90% 였다.[34]

서로 다른 크랭크 각 위치에서 반경의 함수로써 화염면 맵은 다음과 같은 패턴을 나타낸다. 측면 점화가 있는 챔버 형상의 경우, 화염 반경이 화염 면적을 증가시키므로 먼저 화염 면적이 천천히 상승한 다음 대략적으로 일정하게 유지한 뒤 천천히 0으로 감소한다.

대조적으로, 중앙 점화를 갖는 챔버는 화염 반경이 증가함에 따라, 화염면이 화염 이동 중에 피크까지 상승하고, 그 후에 화염이 실내 벽에 부딪히면서 급격히 감소하는 것을 보여준다. 플러그 위치를 챔버의 중심쪽으로 이동시키면 챔버 형상을 보다 콤팩트하게 만드는 것(이것이 긍정적인 영향을 미치지만) 보다 화염면 면적을 더 크게 증가시킨다.

연소율에 대한 챔버 형상의 영향은 다양한 유형의 연소 모델을 사용한 열역학 기반 엔진 사이클 시뮬레이션을 사용하여 연구되었다(예를 들어 Keck과 그의 동료들에 의해 개발된 유형; 14.4.2절 참조). 그림 15.27은 그러한 연구에서 얻은 결과를 보여준다.[34] 일정한 부분 부하 엔진 운전 조건에서 10개의 다른 챔버 형상의 연소 특성을 비교했다. 화염 발달 및 전파 단계는 0~10%와 10~90% 질량 분율 연소 시간으로 구분하었다. 그런 다음, 가장 느린 연소 챔버(측면 점화가 있는 디스크 형상)의 동등한 연소 시간으로 정규화했다. 챔버 형상은 10~90%의 연소 시간에 가장 큰 영향을 미친다. 0~10% 시간에 미치는 영향은 중요하지만, 상당히 작다. 점화 플러그 위치를 최적화하여 각 챔버 모양에 대해 최악의 위치와 최적의 위치를 비교하여 총 연소 시간을 20%에서 30%까지 줄일 수 있다. 또한, 최악의 챔버 형상과 최상의 챔버 형상을 비교하여 일정한 플러그 위치에서 전체 연소 시간을 약 10%까지 줄일 수 있다.

연소 시 미연소 혼합물의 난류가 증가하면 연소율이 증가한다. 난류는 일반적으로 흡입 과정에서 스월을 생성하여 증가한다(8.3.2절과 하단을 참조). 사이클 시뮬레이션을 통한 연구는[34] 연소 중 난류 수준이 증가 할 때 연소 과정의 초기 단계와 주 단계의 지속 기간이 감소함을 보였다. 연소 과정이 빠를수록 주로 난류 강도가 높기 때문에 화염 전파 속도가 증가한다. 그러나 또한 증가된 난류를 동반하는 감소된 특성 난류 규모로 인하여 특성 연소 시간[식 (14.38)과 관련 텍스트 참조]이 더 짧아지기 때문에 중요하다. 동일한 운전 조건에서 더 높은 난류 챔버의 연료 변환 효율은 더 높은 실린더 속도를 수반하는, 더 높은 열전달 속도로 인해 더 빠른 연소 속도에도 불구하고 정상 챔버보다 반드시 높을 필요는 없다는 점에 유의해야한다. 예를 들어, 식 (14.33)과 (14.35)에서 정의된 특성 혼합물 대류 속도(u_T)가 2배 증가된 연소 모델에 기초한 예측은 0~10% 및 10~90%의 연소 지속 시간이 약 1/3 감소하였다. 그러나 도시 연료변환효율은 사이클당 열 전달이 15% 증가할 것으로 예상되어 약 6% 감소했다.[34]

혼합물 조성과 상태는 온도, 압력, 연료/공기 당량비 및 연소 가스 분율(잔류 가스와 EGR)에 대한 층류 화염 속도의 의존성으로 연소율에 영향을 미친다[9.3.3절과 식 (14.33)에서 (14.35) 참조]. 표 15.2는 화학량론비 혼합물, $\phi = 0.8$의 희박 혼합물, 20% EGR의 화학양론비 혼합물의 연소 기간을 비교한 것이다. 점화 시의 층류 화염 속도의 값도 함께 주어져있다(점화 조건과 조성은 각 조건 마다 다름). 혼합물이 더 희석되면 연소 기간이 더 길어지는 것은 명확하다. 희석제로서의 EGR은 거의 동일한 희석 수준에서 공기보다 연소에 훨씬 더 해로운 영향을 끼친다.

위에서 설명한 모든 요인(화염 기하학, 유체 거동 및 혼합물 구성)은 사이클 간 변할 수 있으며, 따라서 연소 변동성에 기여 할 수 있다(9.4절 참조). 점화 플러그 주변 가스 거동의 주기적 차이는 발달 초기 단계에서 화염 거동에 차이를 초래한다. 난류의 차이는 화염 커널

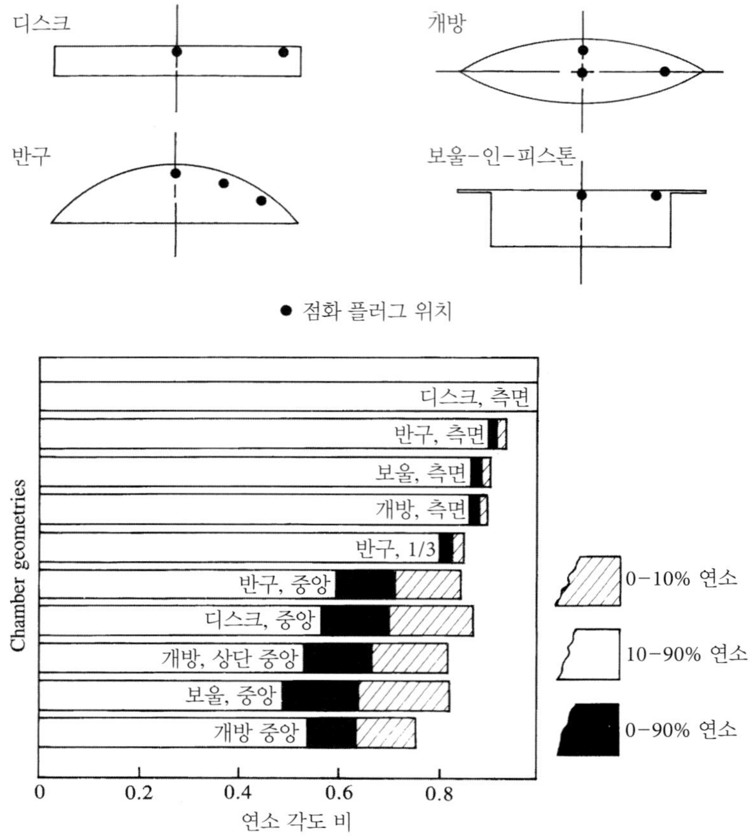

그림 15.27 10가지 다른 스파크 점화기관 연소실 형상 및 점화 플러그 위치에 대한 연소 기간(각도) [0~10% 연소, 10~90% 연소, 0~90% 연소(그림 9.15 참고)]의 비교. 연소 기간(각도)은 가장 느린 연소실(측면에 플러그가 위치한 디스크형 연소실)의 연소 기간으로 표준화되었다.[34]

표 15.2 과잉 공기와 재순환된 배기 가스 연소 기간에 미치는 영향

λ	EGR, %	θ_s, deg	연소 기간, deg		θ_s에서 S_L, cm/s
			0~10%	10~90%	
1.0	0	340	22	17	75
1.25	0	336	26	21	52
1.0	20	324	31	28	23

실린더당 400 cm^3 배기량, 80 mm 보어, 8.5 압축비, 디스크 연소실, 중앙에 점화 플러그 위치. 1500 rev/ min, 화학양론비 운전, θ_s = 점화시기(MBT), 입구 압력 0.5 atm, 입구 온도 350 K, S_L = 층류 화염 속도.[35]

의 초기 매끄러운 표면이 유동에 의해 주름 지거나 구불구불해지는 비율의 차이를 발생시킨다. 또한, 다른 초기 화염 중심 거동은 화염 전파 과정의 후반에서 연소실 벽과 화염면의 기하학적 상호 작용을 변화시킨다. 또한, 각 실린더 사이클에 들어가는 연료, 공기 및 EGR의 양, 유입되는 흡기의 불균일한 조성과 실린더 내 잔류 가스와 흡기의 불완전한 혼합은 연소의 가변성에 영향을 준다. 이러한 조성 불균일성은 화염 발생의 초기 단계에서 차이를 가져온다.

표 15.3 SI 엔진 사이클 간 연소 변동 원인

연소의 단계
- 1단계 초기 화염 발달
- 2단계 화염 전파
- 3단계 연소의 후기 단계

SI 엔진의 사이클 간 변동에 영향을 주는 요인들
- (a) 가스 내 점화 에너지 퇴적(1단계)
- (b) 화염 커널 움직임(1단계)
- (c) 커널에서 점화 플러그로의 열손실(1단계)
- (d) 점화 플러그 주변 국부적인 난류 특성(1단계)
- (e) 점화 플러그 주변 국부적인 혼합기 구성(1단계)
- (f) 전반적인 차지 성분–공기, 연료, 잔류 가스, EGR(2, 3단계)
- (g) 연소실 내 평균 난류(2, 3단계)
- (h) 실린더 내 유동의 큰 스케일 특징(3단계)
- (i) 연소실 벽면과 화염의 형상의 상호 작용(3단계)

각 실린더 사이클 마다 그리고 그 혼합물의 균일성에 들어가는 연료, 공기 및 EGR 양의 변화는 엔진 설계자가 어느 정도 제어할 수 있는 요인이다.

빠른 연소 과정은 표 15.3에 요약된 요인을 통해 사이클의 연소 변동성을 감소시킨다. 연소가 빠를 경우, 최적의 점화 타이밍은 상단 중앙에 가깝다. 점화가 발생하는 시점의 혼합물은 온도와 압력이 높기 때문에 연소 시작 시 층류 속도가 빨라진다. 이것은 연소 속도가 빠른 연소 시스템의 높은 난류와 결합되어 보다 빠른 화염 커널의 발달 속도를 높인다. 초기 화염의 빠른 성장은 중요한 화염 발달 단계 동안 화염 중심 이동의 변동을 감소시킨다. 따라서 화염면/챔버 벽 상호 작용에서 발생하는 기하학적 변화가 감소된다. 따라서 이러한 기하학적 변화로 인한 연소율의 변화를 감소시킨다. 또한, 연소 과정이 빨라지면 팽창 행정에서 끝난다. 따라서 팽창 행정 중 가스 온도가 하락하면서 연소 과정이 정지되어 정상적인 연소 조건에서 희석 혼합물로 발생하는 간헐적인 연소 사이클, 부분 연소 사이클 및 최종적으로 실화 문제는 대부분 피할 수 있다(9.4.3절 참조).

15.4.3 성능을 제어하는 요인

체적효율

연소실 형상은 최대 밸브 크기에 대한 제약 조건과 요구되는 연소 특성을 달성하기 위한 챔버와 포트 설계로 인해 생성되는 텀블이나 스월(만약에 존재한다면)을 통해 체적 효율에 영향을 미친다. 최대 성능을 얻고 펌핑 손실을 줄이기 위해서는 밸브 헤드의 크기가 가능한 큰 2개의 흡기 밸브(4밸브, 3밸브 실린더 헤드)가 실용적이다. 허용 할 수 있는 밸브 크기는 실린더 헤드의 레이아웃에 따라 다르다. 표 6.1은 몇 가지 공통적인 챔버 형상에서 허용 할 수 있는 일반적인 최대 밸브 크기를 보여준다(그림 15.26 참조). 최대 출력에서의 평균 피스톤 속도는 각 엔진 설계가 펌핑 할 수 있는 최대 공기 유동을 측정한 것이다. 기울어진 밸브 스템을 사용한 실린더 헤드 구성은 주어진 보어에 대해 밸브 및 포트 개방 영역이 더 크기 때문에 더 큰 최대 공기 유동을 허용한다. 4개의 밸브와 기울어진 밸브 스템을 통한 4밸브 펜트 루프 설계는 가장 큰 밸브와 포트 영역을 허용하기 때문에 나열된 조건 중 가장 좋다.

표 15.4는 실린더당 밸브 수(vpc, valves per cylinder)와 고정 및 가변 밸브 타이밍의 영

표 15.4 표준화된 성능: 2008 북미 엔진[3]

밸브 형상 등	엔진의 수, 총 203	최대 bmep (최대 토크), kPa	비출력 ($P_{b,max}$/V$_d$), kW/liter	최대 출력에서 bmep, kPa	최대 출력/ 최대 bmep에서 bmep	$P_{b,max}$에서 최대 $\bar{S}_p$
12 vpc	42	1082	42.9	4970	0.90	15.8
3 vpc	7	1162	45.7	1018	0.88	17.2
4 vpc, 고정	47	1177	51.6	1039	0.88	17.3
4 vpc, 가변	81	1230	56.9	1109	0.90	18.1
4 vpc, 수퍼차저	44	1734	75.6	1487	0.85	18.6
4 vpc, 터보차저	22	1817	80.2	1688	0.93	16.9

* vpc: valves pher cylinder, 실린더당 밸브

향을 2008년형 북미 소형차 중 약 200여 종의 가솔린 엔진 연구 결과와 함께 주요 엔진 성능 파라 미터에 대한 영향을 보여준다. 다양한 구성이 공기 유동의 증가 순서로 나열되어 있다. 자연 흡기 엔진(표 15.4의 처음부터 네 라인)의 경우 실린더 헤드 유입 유동 저항이 감소함에 따라 최대 bmep, $P_{b,max}/V_d$ 그리고 $P_{b,max}$에서의 $\bar{S}_p$가 증가한다. 부스팅(슈퍼차저와 터보차저)으로 출력을 상당히 증가시키면 터보 차징으로 최대 평균 피스톤 속도가 감소되어 매우 높은 엔진 속도에서 엔진 마찰의 부정적인 영향을 제한 할 수 있다. 이러한 감소되는 속도를 상쇄하기 위해 추가 부스트가 사용될 수 있다.

텀블과 스월

가솔린 SI 엔진에서 적당한 *텀블*(혹은 *스월*)은 실린더 내 유체의 난류 수준을 높임으로써 빠른 연소 속도를 얻는 데 사용된다(그림 8.4와 8.19 참조). 실린더 내 텀블 유동을 만들기 위해 그림 8.19과 같이 실린더 헤드는 실린더로 유입되는 공기 유동이 흡기 밸브 헤드의 상단을 지나서 실린더를 가로 질러 통과하도록 흡기 포트 축이 낮게 설계된다. 피스톤이 실린더 아래로 움직일 때, 이 유동은 아래쪽으로 이동 한 다음 실린더를 가로 질러 그림과 같이 회전 유동이 발생된다. BC 후 피스톤이 위로 올라감에 따라 텀블링 유동은 압축 행정 중 "찌그러지고(squashed)", 작은 에디(eddies)로 먼저 분해된 후 난류가 되어 화염 전파 과정을 가속화 한다.

스파크 점화기관의 연소 특성에 대한 텀블 및 스월의 전반적인 영향은 그림 15.28에 나와 있다. 텀블비를 높이면 연소 과정이 크게 빨라진다. 화염 발달 기간($\Delta\theta_{sprak\text{-}5\%}$)과 연소 기간($\Delta\theta_{5\text{-}90\%}$)이 모두 감소한다. 포트 비활성화 스월 생성 시스템은 중간 및 높은 텀블을 가지는 경우의 중간 범위에 있다. 이는 안정된 SI 엔진 연소를 달성하기 위해 적당한 텀블이 일반적으로 적절한 선택이라는 광범위한 평가와 일치한다. 즉, 높은 속도와 부하에서 비교적 빠른 유량 계수를 유지하면서 연소 속도 효율 장점의 대부분을 실현할 수 있을 정도로 충분히 빠른 연소 속도를 제공한다. 일반적으로 저부하, 저속 조건에서 약 20° 및 25° 이하의 화염 발달 기간 및 연소 기간이 필요하다.

텀블의 대안으로, 적절한 포트, 밸브 및 헤드 설계를 통해 흡기 과정 중에 *스월*이 발생할 수 있다. 흡기 밸브를 통과하는 유동이 실린더 내로 접선 방향으로 향하게 하여 가스가 밸브 개방부의 한 쪽을 우선적으로 흐르게 하거나[예를 들어, 마스크 위치에서의 유동을 제한하기 위한 마스크의 사용을 통해, 또는 접선 방향 포트 또는 밸브 바로 상류 포트에서 유동 편향기

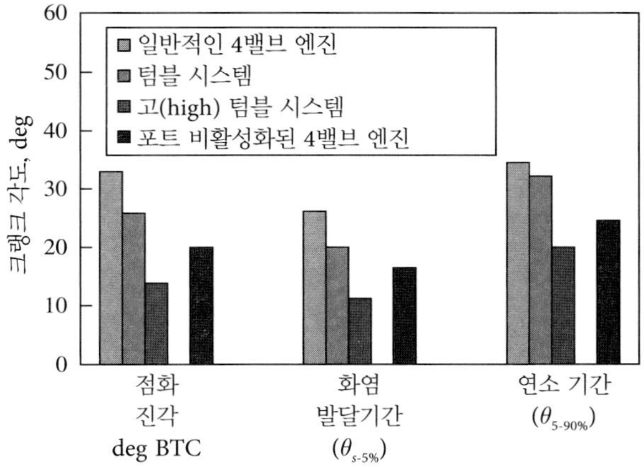

그림 15.28 SI 엔진 화염 발달과 전파에 대한 여러 가지 실린더 내 유동의 영향. 3 bar bmep와 2000 rev/min에서 화학양론비 운전. 일반적인, 4밸브 펜트 루프 연소실(그림 15.26 참고): 텀블비 3~6인 텀블 시스템; 포트 비활성화(그림 8.28 참고)는 약 2 정도의 스월비를 생성한다.[36]

(director)의 사용], 공기가 실린더 내부로 유입되기 전에 밸브 스템 주위에서 유동의 회전을 발생시키는 헬리컬 흡기 포트의 사용이 필요하다. 두 경우 모두 유동은 스월이 없는 경우보다 높은 속도로 실린더에 유입되므로 포트와 밸브에서의 압력 강하가 증가하고 실린더를 통과하는 최대 공기 유동이 감소한다. 잘 설계된 나선형 스월 생성 포트(8.3.2절 참조)는 스월를 만드는 가장 좋은 방법으로 보인다. 가솔린 엔진의 경우 기하학적 구조 및 생산 제한으로 인해 종종 이러한 포트가 실린더 헤드 설계에 통합되는 것을 어렵기 때문에 다른 스월 생성 방식을 사용해야한다. 상당한 스월 발생과 관련된 엔진 최대 출력 페널티는 5% 정도이다.

연소 속도의 향상이 가장 중요한 부분 스로틀 운전에서는 텀블 또는 스월이 필요하고, 유동 제한 페널티가 가장 중요한 완전 개방 스로틀에서는 일반적으로 텀블 또는 스월이 필요하지 않기 때문에, 부분 스로틀 공기 유동이 가능한 변경된 유로가 있는 흡기 시스템이 매력적인 옵션이다. 그러나 유동 제어를 위해 각 포트에 필요한 이중 통로 및 개별 스로틀 밸브의 포트 및 매니폴드의 복잡성으로 인해 체적 효율의 이점은 높은 비용 때문에 상쇄된다.

소형 DI 디젤 엔진의 경우, 피스톤이 상단 중앙으로 움직이면서 실린더 내 흡기의 관성 모멘트를 감소시킴으로써 보울-인-피스톤 연소실로 압축하는 동안 스월이 강화되어 각속도(8.3.3절 참조)가 증가한다. 여기서 장점은 흡기 중 발생하는 스월 수준이 차지(charge)의 압축에 의해 생성된 반경 방향 내부 유동없이 필요한 수준보다 작다는 것이다. 피스톤 운동에 의한 반경 방향 내측 스퀴시 거동(8.5절 참조)이 실린더 내 난류 및 연소에 미치는 영향은 복잡하다. 상당한 스퀴시를 가진 연소실은 더 조밀하기 때문에 이런 이유만으로도 연소가 더 빨리된다.

열 교환기

연소실 벽으로의 대류 열전달은 식 (12.2)의 식으로 설명된다. 열전달 계수는 일반적으로 Nusselt, Reynolds 및 Prandtl 수(12.4절 참조)와 관련된 식 (12.3)의 형태로 표현된다. 따라서, 연소실 표면적, 특히 연소 가스와 접촉하는 표면적은 중요한 변수이다. 실린더 내 가스 속도는 또한 레이놀즈 수를 통한 열전달률에 영향을 주기 때문에 중요하다. 레이놀즈 수에서 열전달을 위해 평균 피스톤 속도, 평균 실린더 내 가스 속도, 난류 강도를 개별적으로 또는 조합하는 방법과 같은 다양한 특성 속도가 사용 되었다. 이러한 변수, 면적 및 속도는 연소실 설계에 의해 영향을 받는다.

엔진 운전 사이클(14.4절 참조)의 열역학 기반 시뮬레이션을 이용한 엔진 성능에 대한 연구는 열전달 변화의 중요성을 나타내는 데이터를 제공한다. 부분 스로틀 운전 조건에서 이러한 시뮬레이션 계산은 연소실 열손실이 10% 변화하면 제동 연료 소비율이 2~5% 사이에서 변하는 것을 보여준다. 상대적인 열전달 변화의 크기의 약 3분의 1의 평균 연료 소비(상대적인) 변화는 적절한 경험 법칙이다.[34,37] 스로틀 전개에서 평균 유효 압력에 대한 효과는 비슷하다. 10%의 열전달 변화는 약 3%의 bmep 변화를 초래한다.

열전달이 엔진 효율 및 성능에 미치는 영향은 열전달에 영향을 미치는 연소실 세부 사항의 중요성을 강조한다. 그림 15.27과 같은 챔버 형상의 경우 일정한 엔진 속도 및 흡기 조건에서 연료 에너지의 일부로서 총 열손실도 계산된다. 챔버 형상과 점화 플러그 위치 모두 벽과 접촉하는 고온 연소 가스의 표면적을 지배하기 때문에 열손실에 영향을 미친다. 개방 및 반구형 챔버는 열전달이 가장 적었다. 더 넓은 표면적을 갖는 보울-인-피스톤과 같은 형상은 약 10% 더 높은 열전달을 갖는다. 플러그를 측면에서 중심으로 이동시키는 효과는 챔버 모양에 달려 있다. 개방 피스톤 챔버와 보울-인-피스톤 챔버는 거의 변화를 보이지 않았다. 반구형 챔버는 4% 감소를 보였다. 전반적인 챔버 형상 선택을 고려할 때, 실제 설계의 세부 사항도 중요하다. 피스톤 컷-아웃(piston cutout), 플러그 보스(plug bosses), 실린더 헤드 마스킹(cylinder head masking) 및 측정 가능한 수준으로 챔버 성능을 저하시킬 수 있는 스퀴시 영역이 있는 실질적인 표면적을 쉽게 추가할 수 있다.

실린더 내 높은 속도는 열전달 상관 관계에서 레이놀즈 수 항을 통해 열전달률에 영향을 준다. 텀블, 스월, 스퀴시가 생성된 유동은 실린더 내 가스 속도를 증가시키므로 열전달 속도를 증가시킨다.

15.4.4 연소실 옥탄 요건

노킹(knock)이라고 불리는 비정상적인 연소 현상은 스파크 점화기관의 압축비를 제한하여 성능과 효율을 제한한다. 노킹의 보다 기본적인 측면은 9.6.2절에서 검토되었다. 노킹은 화염 앞의 연료-공기 끝-가스(end-gas) 혼합물이 정상 화염 전파 과정에 의해 연소되기 전 자발적으로 점화 할 때 발생한다. 노킹의 경향은 화염이 도달하기 전에 끝-가스 온도, 압력 및 고온/고압 상태로 유지되는 시간에 영향을 미치는 엔진 설계 및 작동 변수에 따라 달라진다.

엔진의 노킹 유무는 연료의 *옥탄가*(octane number)로 정의되는 연료의 항노크(anti-knock, 안티-노크) 특성에 따라 달라진다(9.6.3절 참조). 옥탄가는 주어진 운전 조건 및 엔진에서 연료가 노킹되는지 여부를 결정한다: 옥탄가가 높을수록 자동 점화 및 노킹에 대한 저항이 높아진다. 엔진의 *옥탄가 요건*은 속도와 부하 범위에서 노킹에 저항하는 최소 연료 옥탄가로 정의된다. 다음 요소들은 엔진의 옥탄 요건에 영향을 미친다: (1) 연료의 조성 (2) 챔버 형상 및 크기 (3) 흡기 거동 (4) 점화 진각 (5) 흡기 공기, 흡기 포트 및 밸브, 워터 재킷 온도 (6) 공연비 (7) 압력, 온도, 상대 습도와 같은 주변 공기 조건.

그림 15.29에서 볼 수 있듯이, 연료 옥탄가와 고부하에서의 엔진 운전 변수 사이의 상호 작용은 스로틀 전개에서 작동하는 엔진의 점화 진각, 토크 및 속도 사이의 관계를 보여준다. 노킹을 피하기 위해 옥탄가가 충분히 높은 연료로 측정된 점선은 일정 비율 토크 감소에 대한 점화 진각 한계와 함께 MBT 타이밍을 속도의 함수로 나타낸 것이다. 위의 실선은 특정 가솔린을 사용하여 노킹 경계에 대한 점화 진각을 나타낸 것이. 해당 연료로 노킹이 발생하는 것을 피하기 위해 점화 진각은 800 rev/min에서 엔진 토크의 1%를 잃도록 설정되었

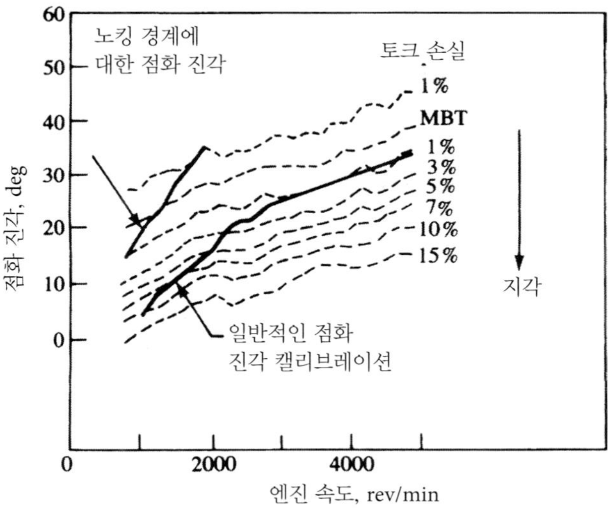

그림 15.29 특정 가솔린에 대한 노킹 한계를 보여주는 스로틀 전개 운전 스파크 점화기관의 점화 진각, 속도 및 토크 손실 사이의 관계와 노킹 문제를 방지하는 일반적인 점화 진각 계획.[38]

으며 1200 rev/min에서 토크 손실은 제로로 감소하였다. 해당 속도 이상으로 해당 특정 연료는 MBT 타이밍에서 노킹 없이 작동할 수 있다. 아래쪽 실선은 WOT에서의 일반적인 점화 진각 계획을 나타낸다. 다음과 같은 이유 때문에 노킹 경계가 진행된다(이러한 결과는 추가적인 토크 손실을 동반한다). 하나는 동일한 리서치법 옥탄가(research octane number)를 가진 다른 상용 가솔린이 엔진 작동 조건의 변화에 다르게 반응할 수 있다는 것이다. 엔진 캘리브레이션(예, 점화 진각, *A/F*, EGR의 스케줄 설정)은 엔진의 전체 운전 조건에서 정상 범위의 상용 가솔린을 사용하여 불만족스러운 노킹 현상을 피하기 위해 충분한 여유를 두고 수행해야 한다. 두 번째 이유는 현대 생산 공학의 엄격한 치수 공차에도 불구하고 엔진과 엔진의 생산 변동성이다. 예를 들어, 다기통 엔진의 각 실린더의 유효 압축 압력은 형상과 링 팩(ring-pack)의 차이로 인해 동일하지 않다. 압축 압력이 가장 높은 실린더가 가장 노킹을 일으키기 쉽다. *A/F*, EGR율, 점화 시기에서의 실린더 간 변동에 상응하는 영향을 고려하면, 다기통 엔진의 주어진 운전 상태에 대해, 하나의 실린더가 다른 실린더보다 노킹이 발생할 가능성이 더 크다는 것은 명백하며, 노킹이 발생하는 실린더는 점화 진각을 제한한다.[j] 주어진 엔진과 연료에 대한 실제 점화 진각 보정과 노킹 한계 사이의 불일치에 대한 세 번째 이유는 연장된 주행 거리에서 실린더 헤드와 피스톤에 대한 침전물 축적으로 인한 옥탄 요건의 증가이다(9.6.3절 참조).

예시에서 확인 할 수 있는 것처럼 엔진 속도가 낮을 때 노킹이 발생하면 보정된 점화 진각이 지연 될 수 있다. 특정 엔진의 저속, 중속 또는 고속 노킹이 제한 요소인지 여부는 연료의 민감도, 엔진 설계 세부 사항 및 엔진의 MBT에 대한 점화 진각 요건에 따라 다르다. 도로 옥탄 등급 테스트(road octane rating tests)에서 결정된 노킹 제한 점화 진각은 엔진 속도와 연료 감도에 따라 달라질 수 있다. 일반적으로 더 높은 속도와 부하에서 고감도 연료는 옥탄가 지수가 높지만 일부 엔진에서는 감도가 낮은 연료가 노킹에 더 잘 견딘다.

그림 15.29에서 알 수 있듯이, MBT 점화 시기로부터의 점화 지연은 노킹 시작을 지연

[j] 동일한 실린더가 같은 모델의 모든 엔진에서 주범이고, 모든 작동 조건에서 주어진 엔진이 주범이라는 보장은 없다.

시키는 효과적인 방법이며, 이는 끝-가스 최고 압력 및 온도를 즉각적으로 감소시킬 수 있기 때문이다. 엔진의 특정 연료 옥탄 요건과 함께 노킹을 방지하기 위해 엔진의 저속 및 중속에서의 점화 지연이 엔진 캘리브레이션에 내장되어 있다. 중속에서 고속의 터보차저 엔진의 경우 이 전략은 MBT로부터의 주어진 점화 지연으로 인한 토크 손실이 감소되기 때문에 더욱 효과적이다(그림 15.10 참조). 그러나 점화 지연으로 인해 엔진 배기 가스 온도가 증가하므로, 최대 터빈 흡기 가스 온도 제한을 초과하지 않도록 해야 한다.

잘 알려진 바와 같이, 옥탄 요건은 압축비 증가에 따라 증가한다. 그러나 동일한 압축비라 하더라도 챔버의 종류에 따라 요구되는 옥탄 요건에는 차이가 있다. 임계 치수는 *화염 이동 거리*, 즉 점화 플러그 전극과 가장 먼 연소실 벽 사이의 거리이다. 따라서 챔버와 실린더 보어의 점화 플러그 위치는 중요한 요소이며 플러그 위치가 중앙일수록 더 좋고, 실린더의 크기가 클수록 좋지 않다. 난류 유동이 더 많이 발생하는 현대 연소실이 옥탄 요건에 영향을 미치는지는 불분명하다. 즉, 실린더 내 열손실 증가와 빠른 연소는 최고 압력에 정반대의 영향을 미친다. 후자의 현상은 또한 화염 이동 시간을 감소시킨다(주어진 크기의 엔진에 대한). 이러한 효과는 그렇게 큰 것으로 보이지 않다.

연소 중 끝-가스의 온도 또는 압력 시간 이력, 미연소 연료, 공기, 잔류 혼합물의 기본적인 자착화 특성에 영향을 주는 운전 변수는 엔진의 옥탄 요건에도 역시 영향을 미칠 것이다. 일정한 방식으로 옥탄 요건을 증가 또는 감소시키는 가장 중요한 추가 변수는 표 15.5에 제시 되어있다. 상대적인 점화 진각은 노킹에 상당한 영향을 미친다. 이는 조정하기 쉽기 때문에 노킹을 제어하는 데 가장 일반적으로 사용되는 엔진 변수이다. 연구에 따르면 일반적으로 지각 정도당 0.5~1.0 RON이 감소되는 것으로 나타났다. 대기 조건-압력, 온도 및 습도는 모두 엔진의 옥탄가 요구량에 영향을 미친다. 연료/공기 당량비는 엔진의 옥탄 요건에 영향을 준다. 가장 높은 요건은 약간 농후한 혼합물에 대한 것이다(그림 9.71 참조). 이 점에 대한 농후함과 희박함을 증가 시키면 옥탄 요구량이 상당히 감소한다.

터보차저 엔진의 경우 노킹 한계가 보다 제한적이며 압축비는 대개 자연 흡입 엔진과 비교하여 약 한 단위 낮다. 그림 15.28은 연료 옥탄 요건, 흡기 온도 상대 연료/공기 당량비 및 압축비가 터보차저가 장착된 가솔린 엔진의 노킹 제한 부스트 압력에 미치는 영향을 보여준다. 위의 모든 파라미터는 중요한 영향을 미친다. 인터쿨러가 실린더에 들어가기 전 흡기 공기를 냉각시키는 것은 분명하며, 옥탄가가 높은 연료의 중요성도 분명하다. 이미 언급했듯이 직접 연료 분사에서 흡기의 증발에 따른 냉각 효과로 인해 이 분사 기술은 터보차저 엔진에

표 15.5 옥탄가 요건에 영향을 주는 엔진 조건들

옥탄가 요건이 *증가*하는 경우	옥탄가 요건이 *감소*하는 경우
1. 점화 시기가 진각될 때	1. 점화 시기가 지각될 때
2. 넓은 스로틀 개방 또는 높은 대기압으로 인한 공기 밀도가 증가할 때	2. 엔진이 높은 고도 또는 좁은 스로틀 개방 또는 낮은 대기압 조건에서 운전될 때
3. 습도 또는 공기의 수분이 감소할 때	3. 공기의 습도가 증가할 때
4. 흡입 공기 온도가 증가할 때	4. 흡입 공기 온도가 감소할 때
5. 냉각수 온도가 증가할 때	5. 공기/연료비가 최대 노킹을 발생하는 것 보다 농후하거나 희박할 때 ($\lambda \approx 0.95$)
6. 부동액(글리콜/물 혼합)이 사용될 때	6. 배기 가스가 재순환될 때
7. 엔진 부하가 증가할 때	7. 엔진 부하가 감소할 때

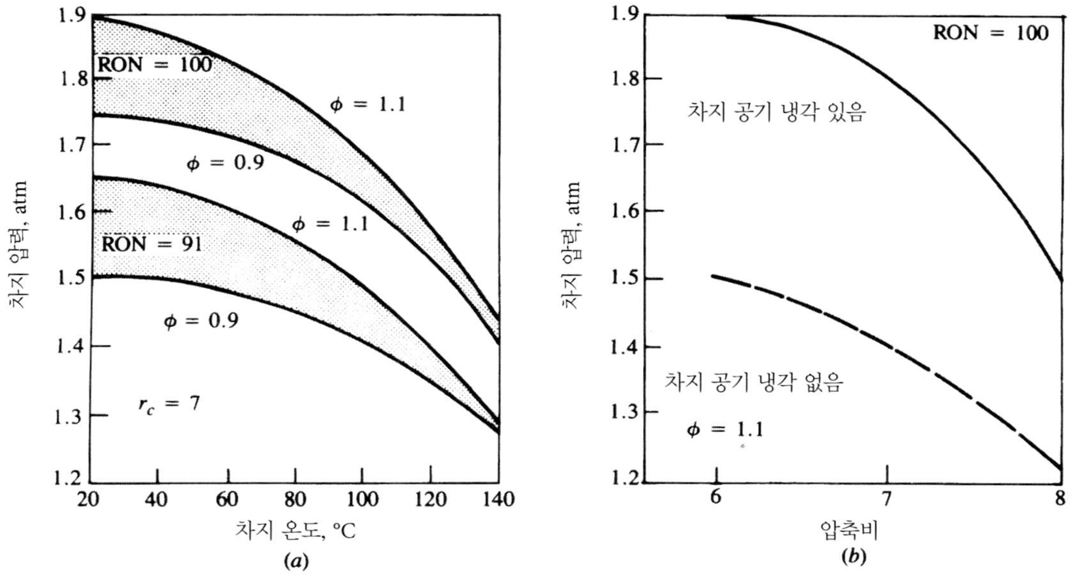

그림 15.30 터보차저가 장착된 가솔린 엔진 노킹 한계의 의존도: (*a*) 차지 압력 및 온도, 당량비 ϕ. 압축비 7, 2500 rev/min, MBT 타이밍, 91과 100 리서치 옥탄가 연료; (*b*) 차지 압력과 압축비, 차지 공기 냉각(60°C 까지)의 유무. MBT 타이밍, ϕ = 1.1, 100 RON 연료.[40]

서 특히 매력적이다. 가솔린을 사용한 DI의 이론적인 실린더 내 증발 냉각 영향은 약 20도이다. 연구에 따르면 포트 연료 분사 시스템과 관련된 DI 연료 시스템은 실제 엔진에서 이 한계보다 약 70%를 더 실현한다고 보고되었다(예, 약 14도). 연료에 에탄올을 첨가하면(U.S 가솔린은 보통 10%에 가까운 에탄올을 함유하고 있다) 가솔린보다 훨씬 더 높은 증발열로 인해 증발 냉각 효과가 크게 증가한다. E10은 추가적으로 5도의 냉각 냉각을 제공한다.[39]

엔진 부하가 감소함에 따라 엔진의 옥탄 요건은 현저히 감소한다. 그림 15.31은 3개의 엔진 속도에서 노킹를 방지하는 데 필요한 기본 기준 연료(PRF)[k]의 엔진 부하에 대한 옥탄가(RON)를 보여준다. 기울기가 완만한 높은 부하(대략 800 kPa bmep 이하)에서와 기울기가 훨씬 더 가파른 낮은 부하(대략 600 kPa bmep 이하)에서 두 가지 뚜렷한 경향을 보인다.

분명히 주어진 적용법에서 가솔린 SI 엔진은 고부하(90에서 100 RON)에서 노킹을 방지하는 데 필요한 옥탄가보다 훨씬 낮은 옥탄가(50 RON)로 노킹없이 작동할 수 있다. 앞으로 엔진에 공급되는 연료 옥탄을 실제 엔진의 운전 조건에 대한 옥탄 요구량과 가깝게 일치시킬 것인지 여부는 불분명하다. 현재 모든 엔진 부하 및 속도에 대해 단일 고옥탄 등급의 가솔린 연료(높은 엔진부하에서 노킹을 충분히 피할 수 있을 정도로 높은 수준)를 사용하는 우리의 방법이 더 간단하고 경제적이다.

낮은 비율의 에탄올-가솔린 혼합물(예, 유럽의 E5, 미국의 E10)을 사용하면 에탄올이 업그레이드하는 저옥탄 기반 탄화수소 가솔린 사용이 가능하다. 이러한 에탄올 옥탄 혼합의 이점은 그림 9.70에 나와 있다. 기본 가솔린 성분과 옥탄에 따라, 10% 에탄올은 기본 옥탄 RON을 3-7 옥탄가만큼 증가시킨다.

---

[k] PRF는 이소옥탄/노말-헵탄 혼합물이다. 수는 혼합물에서 이소옥탄의 퍼센트이다. 일반적인 RON 범위(85~95 RON)에서, 동일한 RON의 PRF와 가솔린의 노킹 저항성은 거의 비슷하다.

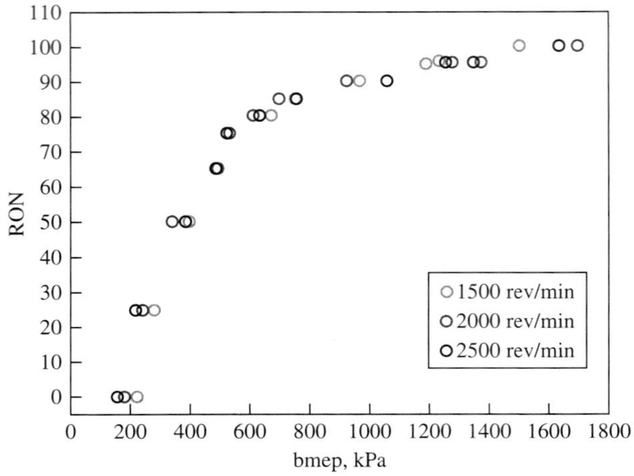

그림 15.31 2리터, 4기통 터보차저 장착 가솔린 SI 엔진의 엔진 부하(bmep)에 따른 옥탄 요건(표준 연료, primary reference fuel, PRF). 1500, 2000, 2500 rev/min 운전속도. MBT 점화시기에서 화학양론비 운전.[41]

15.4.5 SI 엔진의 대기 오염 물질

고속 연소 시스템은 상당한 양의 EGR(대략 15%까지)을 사용하여 엔진 배출 NO_x를 제어하고 bsfc를 향상 시키며 EGR에 의해 생성되는 HC 배출량을 적당한 수준으로 유지시킨다. 이러한 이점은 그림 15.32의 그래프들에 설명되어 있으며, 여기서 주요 연소 및 배출 파라미터는 일정한 엔진 운전 조건에서 EGR 비율에 대해 표시되어 있다. MBT 점화 진각, COV_{imep}

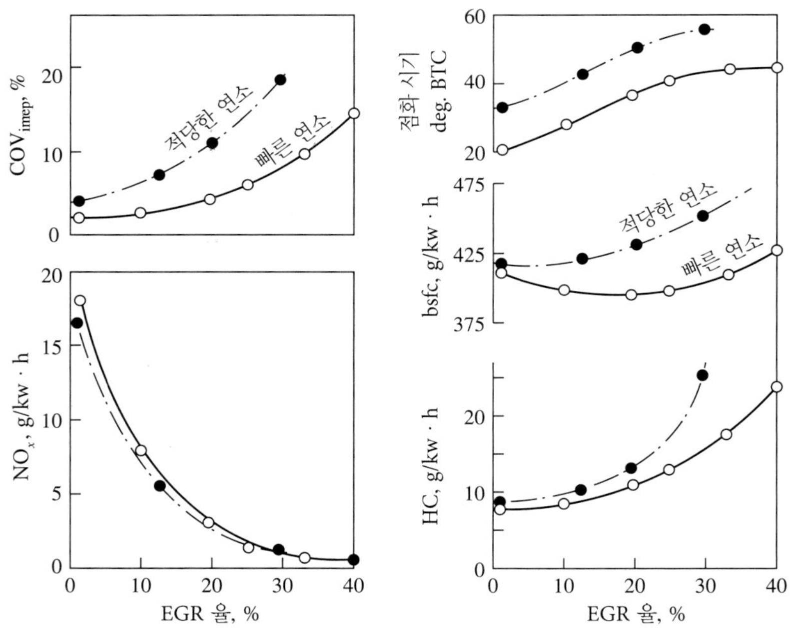

그림 15.32 빠른 연소 시스템이 연소 안정성을 유지하면서 어떻게 EGR 허용 한계를 확장하는지, 엔진 배출 NO_x, HC, 연료 소비량을 개선하는지 보여주는 그래프. 4기통 가솔린 엔진에서 화학양론비 운전, MBT 점화시기, 30N·m 토크, 1400 rev/mim 운전 조건으로 얻은 데이터. COV는 변동계수(coefficient of variation)이다.[33]

(연소의 주기적 변동을 정의), bsfc 및 $bsNO_x$ 및 bsHC 는 적당한 연소 및 고속 연소 시스템에서 EGR 증가와 함께 표시하였다. 연소 속도의 차이는 MBT 점화 진각에서도 차이가 있다. 연소가 느릴수록 10~15도 정도 더 진각해야 한다. 연소가 빠른 시스템에서는 연소 변동이 작다. 특히 EGR에 의한 희석이 중요해질수록 더 연소 변동이 작다. 허용 가능한 imep의 COV는 부하에 따라 약간 차이가 있지만, 몇 퍼센트 정도이다. 고속 연소 시스템은 이러한 수준을 약 15% EGR까지 유지할 수 있다. 연소율과 무관하게 EGR이 증가함에 따라 상당한 양의 NO_x가 감소된다. 빠른 연소 시스템에서만 가능한 연소 안정성을 제공한다. 또한, 이 EGR 수준까지는 HC 배출량의 증가는 더 적다.

특히 중요한 것은 연료 소비에 대한 빠른 연소의 영향이다. EGR을 적용한 연료-공기 혼합물의 희석 증가는 다음과 같은 몇 가지 이점을 가진다: (1) 낮은 연소 가스 온도(해리 감소)에 따른 더 높은 팽창 행정 γ; (2) 연소실 벽에 대한 열 손실의 감소; (3) 동일한 엔진 부분 부하 토크에서 흡기 시스템 압력의 증가 및 펌핑일의 감소. 이러한 모든 효과는 대체로 화염 속도와 무관하다. 그러나 EGR을 증가시키면 연료 소비가 악화되는 화염 속도가 느려진다. 느린 연소 시스템의 경우, 부정적인 연소율의 영향은 위에 나열된 세 가지 긍정적인 요소를 거의 즉각 상쇄하고, 그 다음 이러한 긍정적인 요소들을 압도한다. 빠른 연소 시스템의 경우, 이 부정적인 영향은 훨씬 적으며 EGR 수준이 약 15% 이상으로 높아질 때만 유의미하다. 이 때, EGR을 작동시키지 않을 때에 비해 빠른 연소로 인한 연료 소비 이점은 약 5%이다. 이와 같이 우수한 연소 특성을 유지하면서 상당한 EGR의 사용을 통해 고속 연소시스템에서 얻을 수 있는 효율과 배기 가스가 결합된 이점은 중요한 발전이었다.

15.4.6 최적화

연소 시스템 최적화는 가솔린 엔진의 성능과 효율을 향상시키고 엔진 배출 대기 오염물질을 줄이기 위한 핵심 요건이다. 터보차저 장착 SI 엔진(가솔린 연료)과 관련된 목표 및 과제는 그림 15.33의 성능맵에 요약되어 있다. 맵에서 두 개의 개별 영역(토크 또는 bmεp 대 속도)이 자동차 적용에 중요하다: 스로틀 전개 곡선; 그리고 SI 엔진 적용의 경우 일반적으로 1/4 최대 토크와 1500~2000 rev/min($\bar{S}_p$를 통한 실린더 크기에 따른 평균 피스톤 속도)의 부분 스로틀 출력 부하 및 속도 음영 영역.[l] 스로틀 전개를 "상부 및 외부"로 확장하는 것은 명백히 유리하다. 엔진 출력이 증가하면 엔진의 소형화가 가능 해져 부분 부하 연료 소비가 크게 향상된다. 터보 엔진의 경우 상승하는 저속 토크 경계를 더 낮은 속도로 전환하는 것이 특히 중요하며, 이는 빠른 스로틀 개방에 대한 엔진의 응답 시간을 향상시키기 때문이다(*터보-랙* 문제 감소). 노킹은 WOT에서 저속에서, 그리고 중속과 고속에서도 제약 조건이다.

보다 상세한 수준에서, 연소실 개발 프로세스에서 다음과 같은 일련의 단계가 가장 논리적이다. 첫 번째로 최적의 챔버 형상을 선택해야한다. 기하학적 최적화는 상당한 이점을 가져올 수 있으며, 중요한 패널티를 받지 않는다. 챔버 구조는 실린더 헤드와 피스톤 크라운 모양 및 점화 플러그 위치를 포함한다. 중앙 플러그 위치 근처에 있는 펜트 루프 또는 반구형 실린더 헤드와 같은 개방형 챔버는 최대 화염면 영역(빠른 연소)에 근접하고, 연소 가스와 접촉하는 챔버 표면적이 가장 작으며(더 낮은 열전달) 높은 체적 효율을 제공하는 기울어진 밸브를 가지고 있다. 챔버의 중심에 가까운 점화 플러그 위치는 빠른 연소 속도를 얻는 데 특히

[l] 자연 흡기 가솔린 엔진에 대한 성능맵은 대체로 비슷하다. 그러나 스로틀 전개 토크 곡선은 다른 형태와 약 절반의 bmep 레벨을 갖는다(그림 15.2 참고). 연료 소비 및 배출물이 중요한 부분 부하 영역에서는 NA 엔진 최대 토크 레벨의 약 1/4에 다시 집중될 것이다.

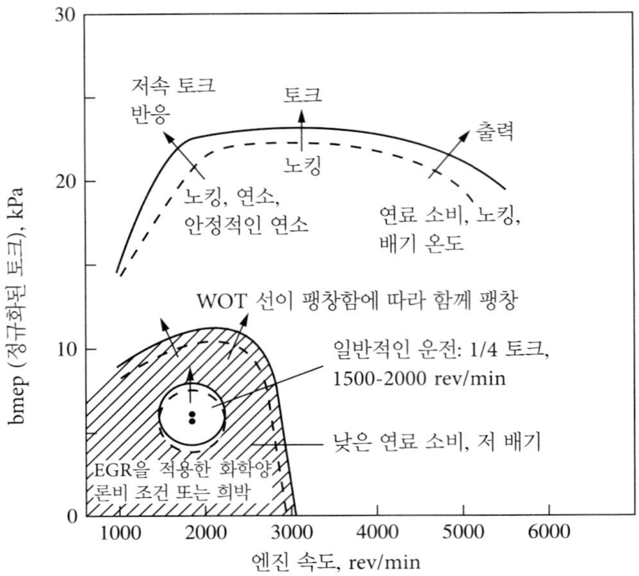

그림 15.33 주요 스로틀 전개 및 부분 부하 저속 엔진 운전 체계에서 터보차저가 장착된 가솔린 엔진 성능맵에 대한 개선 기회 및 제약 조건(참고문헌 42번 참고).

중요하다.

첫 번째 단계 다음에 두 가지 문제가 남아있을 수 있다. 챔버가 원하는 것보다 높은 옥탄 요건을 가질 수 있으며 연소 속도가 배기 가스 및 연료 소비 목표를 충족하기 위해 부분 부하에서 필요한 EGR 또는 과도한 공기 희석을 흡수할 만큼 빠르지 않을 수 있다. 점화 플러그를 가능한 한 실린더 축에 가깝게 배치하면 특정 챔버 모양에 대한 옥탄 요건이 감소한다. 챔버 설계 세부 사항에 따라 일부 스퀴시 영역을 도입 할 수 있다. 그러나 상당한 스퀴시를 포함하는 챔버 설계의 옥탄 이점은 적어도 부분적으로 높은 열손실에 의해 상쇄된다. 예를 들어, 단위 압축비가 증가하면 부분 부하에서 효율이 3% 증가한다(토크를 일정하게 유지하도록 다운사이징). 그러나 압축비를 높이기 위해 필요한 조치로 열전달이 10% 증가하면 엔진 효율이 향상되지 않는다.

다음 단계는 실린더 내 연료, 공기 및 EGR 혼합물의 균일성을 개선하여 연소 과정의 사이클 변동성을 가능한 최대 범위까지 줄이는 것이다. 각각의 실린더에 동일한 양의 각 성분을 공급하고, 흡기 공정에서 성분들 간의 우수한 혼합을 제공하며, 엔진 과도 기간 동안 혼합물 조성의 정확한 조절이 특히 중요하다. 따라서 모든 실린더에서 동일한 연소 속도를 얻기 위해 흡기 행정 동안 각 엔진 실린더 내에서 매우 유사한 유동 패턴을 달성해야 한다. 이러한 흡기 과정 및 혼합물 준비 세부 정보는 항상 엔진 운전을 개선하며 성능 저하를 수반하지 않는다.

그러나 특히 화염 발달의 초기 단계에서 연소 속도는 아직 충분히 빠르지 않을 수 있으며, 여전히 엔진 운전 목표를 달성하기에는 사이클 변동성이 너무 높을 수 있다. 그러므로 연소 중 높은 난류 수준을 달성해야 한다. 이것은 일반적으로 유도 과정 중에 더 강한 텀블링 유동을 생성함으로써 가장 잘 수행된다. 이를 수행하는 적절한 방법은 모든 기하학적 제조 제약과 비용 문제에 따라 달라진다. 기하학적 구속 조건이 없을 때, 가능하면 흡입 포트 스로틀 판이 있는 경우, 흡기 포트 축이 낮은 4밸브 실린더 헤드의 사용은 저부하에서 유동을 적절히 유도할 수 있기 때문에 가장 낮은 동력 손실이 발생한다. 이 단계에서 전반적인 성능 목표를 달성하는 데 필요한 최소한의 추가 난류만을 추가하는 것이 특히 중요하다. 실린더 내의 필요한 가스 속도보다 높으면 과도한 열손실이 발생하고 체적 효율이 낮아진다.

요약하면, 높은 체적 효율, 낮은 열전달 및 허용 옥탄 요건을 갖는 빠르고, 반복적이며, 강건한 연소 과정의 목적을 충족시키기 위해, 연소 챔버 개발은 다음 단계를 통해 진행되어야한다.[35]

- 최대 화염면, 최소 연소 가스/챔버 벽 접촉 면적 및 최대 흡기 밸브 크기에 대해 설계 제약 조건 내에서 챔버 형상의 최적화
- 혼합기 분포와 균일성을 개선하고 각 실린더에 동일한 유동 패턴을 생성하여 주기적인 연소 변동성의 추가적인 감소.
- 실린더 내 난류를 필요한 수준까지 증가시켜 목적을 달성하는데 필요한 연소 속도 및 사이클 변동성의 추가적인 향상. 이는 일반적으로 흡기 과정 중 텀블을 생성하여 가장 잘 수행됨.

15.5 디젤 엔진 성능, 효율, 배기 가스에 영향을 주는 변수들 _*Variables that Affect Diesel Engine Performance, Efficiency, and Emissions*

엔진의 부하 및 속도 범위에 대한 터보차저가 장착된 고속 DI 디젤 엔진 자동차의 성능 특성은 이미 15.2.3절에서 소개되었다. 이번 절에서는 디젤 성능맵을 더 자세히 살펴보려 한다.

15.5.1 부하와 속도

SI 엔진과 마찬가지로 bsfc 등고선이 토크 그래프 또는 bmep 대 엔진 속도에 그려지는 성능맵은 일반적으로 부하 및 속도 변화의 영향을 설명하는 데 사용된다. 그림 15.34는 4-행정 사이클 중형 스월 터보차저 및 후냉각 DI 디젤 엔진 트럭의 성능맵을 보여준다(그림 1.31과 유사). 배기량 8리터인 직렬 6기통 엔진의 최대 정격 출력은 2500 rev/min에서 188 kW이고, 최대 토크는 1500 rev/min에서 800 N·m에 가깝고, 최소 bsfc(1200 rev/min)는 200 g/kW·h 미만이다. 이러한 실제 파라미터는 1260 kPa의 제동 평균 유효 압력(bmep) 및 42.5%의 제동 연료 변환 효율에 해당한다. 표시된 총 연료 전환 효율은 50% 이상이다.

터보 차져 디젤 엔진 성능맵은 일반적으로 모양이 비슷하다. 토크와 bmep는 엔진 속도가 약 1000 rev/min 이상으로 증가함에 따라 빠르게 상승하다가, 최대 출력이 실현되는 정격 속도에 근접하기 위해 중간 속도 범위에서 비교적 평탄한 상태를 유지한다. 그림 15.6은 최대 4500rev/min까지 작동하는 훨씬 작은 크기의 고속 소형 디젤 자동차의 성능맵을 보여준다. 이 2.46리터 직렬 5기통 엔진의 개별 실린더 배기량(492 cm^3/cylinder)은 그림 15.34의 배기량 8리터인 중형 직렬 6기통 엔진의 실린더 크기보다 훨씬 적다(1333 cm). 그림 15.34와 같은 디젤의 경우 평균 피스톤 속도가 10~12 m/s에서 최대 동력이 발생한다: 그림 15.6의 HSDI 소형 디젤의 경우 14 m/s에서 최대 동력이 발생한다.[10] 일정한 부하에서 속도가 증가하면서 bsfc가 최솟값에서 증가하는 것은 마찰 mep의 증가 때문이며, 부분적으로 사이클당 열 손실의 중요성이 감소하는 효율에 대한 영향으로 상쇄된다. 일정한 속도에서 부하가 감소함에 따라 bsfc가 증가하는 것은 bmep가 감소함에 따라 감소하는 기계 효율에 의해 좌우된다. 도시 연료 변환 효율은 연료/공기 당량비가 감소함에 따라 부분적으로 상쇄된다. 일정 속도에서 부하를 증가시키고 최소 부하에서 일정 부하로 속도를 증가시킬 때 bsfc의 경향은 적당하다. 그것들은 (1) 부하(그리고 연료/공기 당량비)가 증가함에 따라 기계 효율

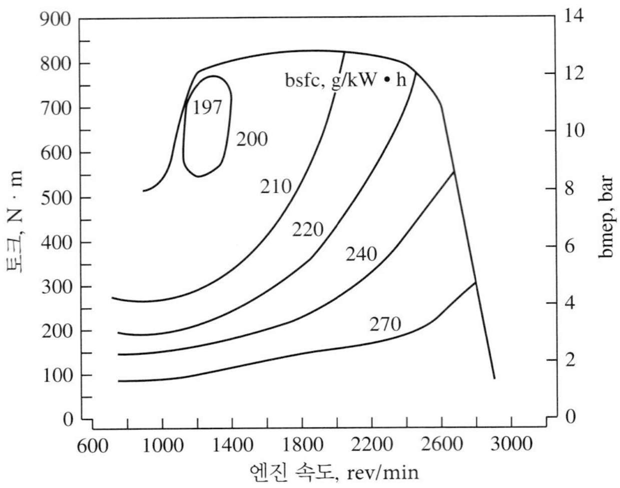

그림 15.34 8리터, 직렬형 6기통, 터보차저와 후냉각 시스템이 장착된 DI 디젤 엔진의 성능맵(중간 정도의 스월, 중앙 분사, 멀티홀 노즐 연소 시스템). 동일 bsfc의 등고선이 g/kW·h 단위로 표시되어 있다. 보어 = 114 mm, 행정 = 130 mm, 압축비 16.5.[43]

이 증가하고 연료 변환 효율이 낮아지고, (2) 속도 손실이 감소함에 따라 열손실의 중요성이 증가하고 도시 효율이 감소하고 기계 효율이 증가하는 결과이다. 부하가 감소함에 따라 효율이 떨어지는 것(bsfc의 증가)은 부하가 최대 부하의 약 3분의 1 아래로 떨어질 때까지 그다지 크지 않다는 점(10%)에 유의해야한다. 디젤 엔진의 주요 이점 중 하나는 가솔린 엔진에 비해 디젤의 부분 부하 효율은 훨씬 뛰어나다는 점이다.

디젤 엔진의 성능과 효율은 꾸준히 향상되고 있다. 터보차저가 장착된 디젤 엔진에서 더 높은 부스트 압력(4 bar 이상)을 사용하면 bmep는 약 20 bar 이상 증가한다. 최고의 제동 연료 변환 효율은 40% 중반까지 높아진다.

그림 15.35는 자연 흡기 DI 디젤 엔진의 배기 배출물인 NO_x 및 HC 배출에 대한 부하의 영향을 보여준다. 이 DI 엔진의 경우 일정한 분사 시기에서 연료/공기 비율이 증가함에 따라 NO_x 농도가 꾸준히 상승한다. 사이클당 분사되는 연료의 양이 증가함에 따라 최고 압력 및 온도 근처에서(11.2.4절 참조) 화학양론비에 근접한 확산 화염 연소의 양이 증가하게 된다. 공회전 및 저부하 시의 높은 HC는 연료 혼합으로 인해 당량비가 너무 낮게 연소되기 때문으로 생각된다. 디젤 엔진이 고부하에서 연료가 많이 공급되면 HC 배출량이 급격히 증가한다. 이러한 HC 메커니즘은 11.4.4절에 설명되어 있다. 분사 시기는 아래 15.5.3절에서 논의 된 것처럼 NO_x 및 HC 배출에 상당한 영향을 미친다.

구조적으로 견고한 구성 요소 설계를 통해 스월형 후냉각 터보차저 중속 디젤 엔진은 더 높은 부스트를 활용할 수 있으며, 훨씬 더 높은 bmep를 생성할 수 있다. 보통, 부스트 수준에서의 웨이스트 게이트 제어는 더 이상 필요하지 않다. 그림 15.36은 압축기 맵과 전부하 부스트 특성을 가진 V-8 디젤 엔진의 성능 특성을 보여준다. 이 터보차저 인터쿨러 엔진은 최대 토크(2700 N·m)에서 약 16 bar의 최대 bmep를 갖고, 최대 토크 속도와 정격 출력 사이에서 200 g/kW·h 미만의 bsfc를 보여준다. 최대 부하에서 부스트 압력은 엔진 속도 범위에서 지속적으로 증가한다. 이 크기의 TC 엔진 최대 평균 피스톤 속도는 10 m/s이다.

2단 터보 차져 후냉각 디젤 엔진의 경우 그림 6.45*d*와 *f*에 표시된 것과 같이 더 높은 출력을 얻을 수 있다. 배기량 14리터의 높은 bmep (17.4 bar) 6기통 엔진의 성능 특성은 그림

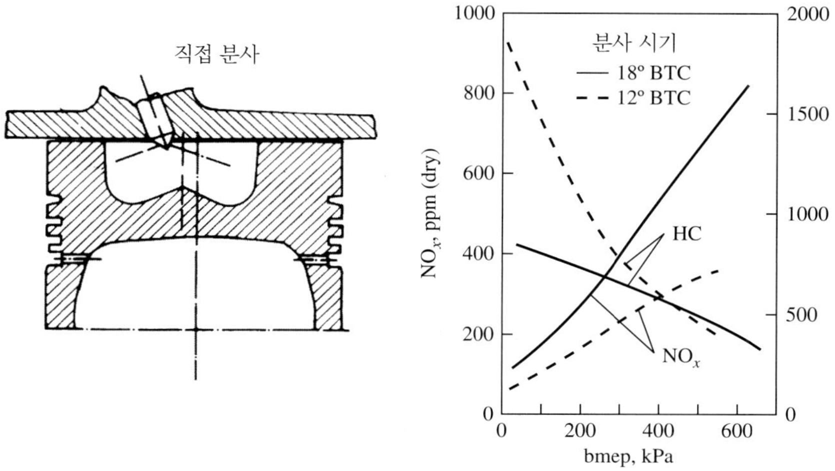

그림 15.35 정격 속도에서 자연 흡기 DI 디젤 엔진의 엔진 배출 NO_x 및 HC에 대한 엔진 부하의 영향(두 가지 분사 시기 조건–18° BTC, 12° BTC). 직접 분사 연소 시스템이 그려져 있다. 6기통, 5.9리터 배기량 엔진, 압축비 17, 정격 속도 = 2800 rev/min.[44]

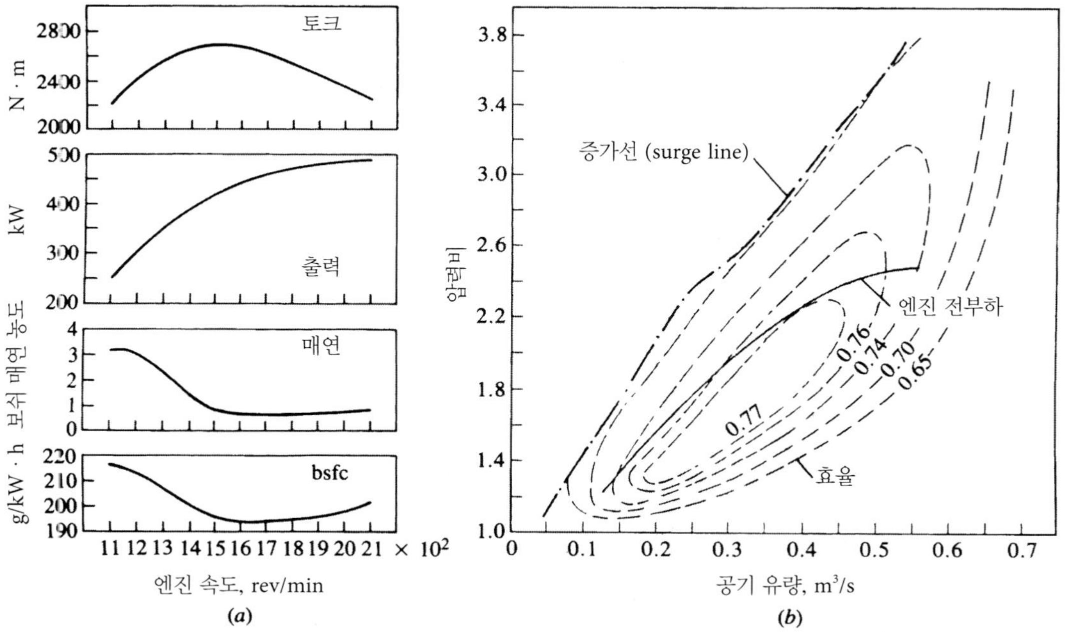

그림 15.36 중속, 터보차저 장착된 후냉각 DI 디젤 엔진의 성능 특성: (*a*) V형 12기통 (V-12), 21.6리터 엔진의 토크, 출력, 보쉬 매연 농도(Bosch smoke number, BSN), bsfc; (*b*) V형 8기통 (V-8), 14.4리터 엔진의 압축기 특성과 엔진 전부하 곡선. 보어 = 128 mm, 행정 = 140 mm, 압축비 = 15.[45]

15.37에 나와 있다. 높은 공기 유동은 해수면 조건에서 전체 압력비 3을 필요로 한다(3658 m 고도에서 4로 상승). 이것은 다단 단일 터보차저 보다 직렬로 두 개의 터보 차저를 사용하는 경우 비용이 더 저렴하기 때문이다. 정격 조건에서 최대 실린더 압력은 12.7 MPa이고 최대 평균 피스톤 속도는 10.6 m/s이다.

중대형 자동차 디젤 엔진의 효율은 터보 컴파운드로 향상할 수 있다. 배기 가스의 가용

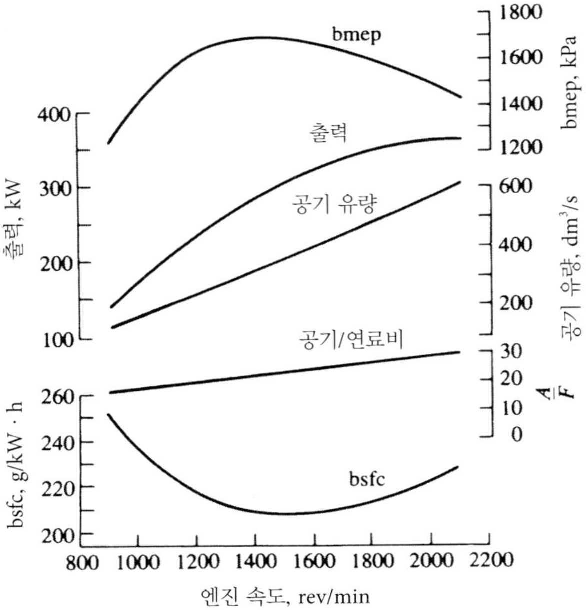

그림 15.37 14리터, 6기통, 2단 터보차저, 후냉각 퀴에슨트 챔버 DI 디젤 엔진의 작동특성. 최대 bmep = 17.4 bar, 정격 출력에서 부스트 압력 비 = 3, 보어 = 140 mm, 행정 = 152 mm.[46]

에너지 중 일부는 엔진 구동축에 직접 연결되는 추가 터빈에서 얻을 수 있다. 위의 설명은 전형적인 터보차저 DI 디젤 엔진이 약 200 g/kW·h 수준의 bsfc를 얻을 수 있음을 나타낸다. 실린더 압력 허용치 증가, 더 높은 연료 분사 압력, 더 낮은 온도의 후냉각으로 보다 낮은 bsfc를 얻을 수 있다. 터보 컴파운딩으로 bsfc 값은 정격 출력에서 180 g/kW·h로 약 5% 더 감소하거나 또는 약 50%의 제동 효율을 얻을 수 있다.

가장 큰 4-행정 DI 디젤 엔진은 해양 추진기에 사용된다. 예를 들어 Sulzer 400mm 보어, 480mm 행정의 엔진이 580 rev/min($\overline{S}_p$ = 9.3 m/s)으로 실린더당 640 kW를 생성한다. 매우 높은 bmep 수준(22 bar)은 더 높은 최대 실린더 압력을 허용하는 터보차저 설계 및 엔진 개선의 진행을 통해 최대 연속 정격 출력에서 달성된다. 이것들은 가스 교환 및 연소 공정의 최적화와 결합하여 185~190 g/kW·h의 bsfc 값을 달성한다(45~46의 제동 효율).[47]

높은 출력 및/또는 효율을 보장하는 많은 디젤 시스템 개념이 검토되고 있다. 가변 형상 터보차저(VGT, variable geometry turbocharger) 터빈 노즐은 보다 낮은 엔진 속도에서 이용 가능한 배기 가스 에너지의 활용도를 높이기 위해 광범위하게 사용된다. 디젤 엔진 시스템은 복합 터빈 및 배기 가열 랭킨 사이클 및 열전 시스템과 같은 장치에서 추가 배기 에너지 회수를 통해 출력을 증가시킬 수 있다.

15.5.2 연소 시스템 설계

10.2절에서 논의된 바와 같이, 다양한 연소 시스템(연소실 형상, 공기 거동, 연료 분사와 분무 형상)이 저연비 및 저오염 배기배출물을 위해 사용된다. 그림 10.1은 엔진 크기 범위(보어 75에서 150 mm)에서 사용되는 실린더 내 공기 거동 유형과 기본적인 보울-인-피스톤 형상을 보여준다. 그림 15.38은 중형 디젤 엔진의 연소 과정을 보여 주며, 중요한 연소 시스템 설계 특징을 나타낸다.

각각의 연료가 농후한 분무 주위(주 디젤 연소 단계)의 화학량론비 확산 화염 근처의 높

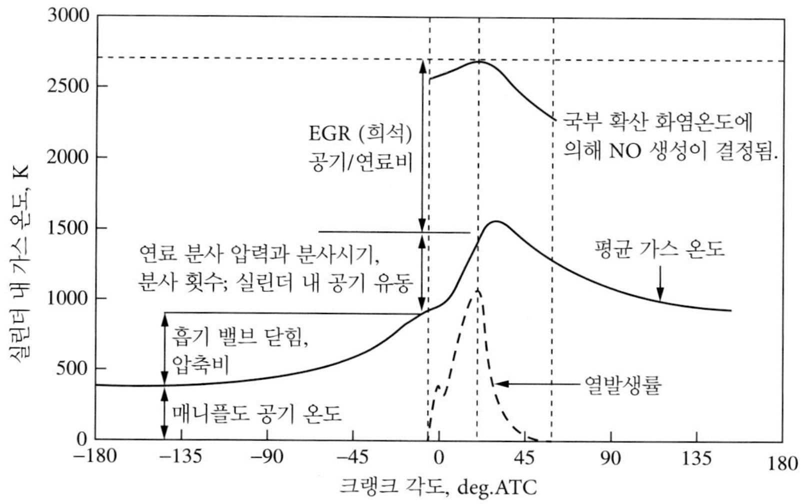

그림 15.38 중요한 연소 시스템 설계 특징: 중형 디젤 엔진의 열발생률 및 연소실 내 가스 온도 프로파일 전형.[48]

은 가스 온도는 가장 우선적으로 NO가 형성되는 영역이다. 이러한 확산 화염 온도는 평균 실린더 내 가스 온도보다 훨씬 높다. 부분 부하에서의 재순환 배기 가스는 디젤 엔진의 NO_x 배출을 줄이기 위해 사용된다. 디젤 엔진은 공기 유동을 조절하지 않고 운전되기 때문에 일부 부하에서는 배기 가스의 CO_2 및 H_2O 농도가 낮다. 그들은 본질적으로 전체 연료/공기비에 비례한다. 이 때문에 엔진 배기 가스의 NO_x 배출을 크게 줄이기 위해서는 높은 수준의 EGR이 필요하다. 그림 11.17*b*는 DI 디젤 엔진 입구 공기 유동이 일정한 연료 공급 비율로 희석됨에 따라 NO_x 농도가 감소하는 것을 보여준다. 희석은 희석 후 혼합물 내의 산소 농도로 표현될 수 있다. 그림 15.39는 EGR 증가가 흡기 산소 농도를 감소시킬 때 엔진 배기 가스 NO_x 배출이 어떻게 감소하는지 보여준다. EGR의 영향은 15.5.3절에서 더 자세히 논의된다.

그림 15.38에서 알 수 있듯이 연료 분사 시스템 압력과 연료 분사 시기(최소 bsfc를 제공하는 분사 시기와 비례하여)는 열 발생률에 영향을 미치므로 최대 실린더 압력에도 영향을 준다. 또한 다단 분사(파일럿 분사)의 경우 연료 연소 속도 프로파일에 영향을 받는다. 혼합율은 스월 및 최적의 보울-인-피스톤 연소실 모양을 사용하여 증가시킬 수 있으므로 화학 에너지 방출 속도에 영향을 미친다. 마지막으로, 공기 압축의 양(대략 IVC에서 상사점까지)과 흡기 온도는 연소가 시작되기 직전 혼합물 온도에 영향을 미친다. 이는 혼합기의 연소 속도와 최고(확산 화염) 온도에 영향을 미친다.

엔진 크기가 감소하고 최대 엔진 속도가 증가함에 따라 실린더 내 증가된 스월 공기량은 직접 분사 디젤 엔진에서 적절하게 빠른 연료-공기 혼합비(10.2.1절 참조)를 달성하는 데 사용된다. 소형 엔진에서는 보울-인-피스톤 연소실(그림 10.1*b*와 *c* 참조)을 사용하므로 압축 과정이 끝나면 상당한 스월 수준이 증폭된다(8.3.3절 참조). 여기서, 다양한 종류의 공기 스월이 이러한 유형의 DI 엔진의 성능 및 배출 특성에 미치는 영향을 검토한다.

스월은 발달한 연료 분무로의 공기 유입을 증가시켜 연료-공기 혼합비를 증가시킨다. 따라서 스월 수준이 증가함에 따라 연소 과정 전체 기간이 단축되고, 연소 수준에 따라 국부적인 연료/공기 당량비에 의존하는 배기 배출물이 줄어들 것으로 예상된다. 총 연소 기간이 감소하기 때문에 스월 비율이 증가함에 따라 최소 bsfc를 위한 분사시기가 TC 쪽으로 이동한다. 각 연소실 설계에 대해 최소 bsfc에 대한 최적의 스월 비율이 있다. 높은 스월 수준은

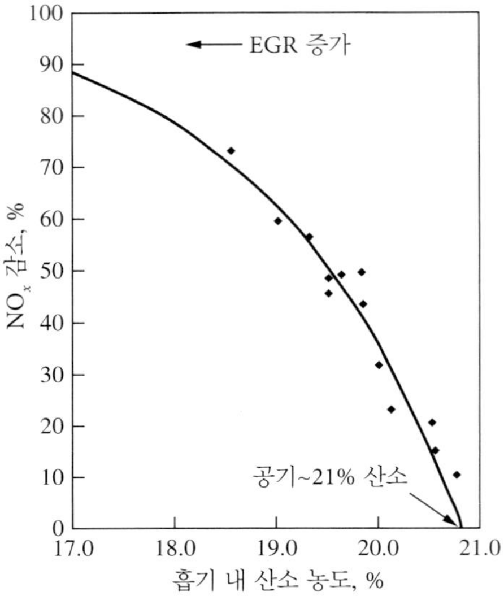

그림 15.39 엔진-아웃 NO_x 배출에 대한 EGR 증가(흡기 공기와 EGR 혼합물 내 산소 농도의 감소로 표현됨)의 영향.[48]

계속해서 연료-공기 혼합비를 증가시키지만 열전달 또한 증가하고 결과적으로 증가된 혼합비 증가량을 상쇄한다. 입자상 물질과 CO 배출은 보다 빠른 연료-공기 혼합과 분무 내 혼합기의 감소로 인해 스월이 증가함에 따라 감소한다. NO_x 배출량은 스월 수준이 증가함에 따라 증가한다. 그러나 일정한 분사 시기에서, 증가한 NO_x 배출량 일부는 연소 과정이 짧아짐에 따라 최적 시기보다 분사 진각의 효과에 기인한다.

상용 엔진에서 그림 8.14에 표시된 다양한 유형의 포트 설계를 흡기 과정 중 스월을 생성하는 데 사용할 수 있다. 이 중 헬리컬 포트는 체적 효율의 손실을 최소화하면서 상대적으로 균일하고, 높은 스월을 생성하는 데 가장 효과적이다.

보울-인-피스톤 연소실의 기하학적 구조는 흡기 시 발생된 스월이 압축 과정 중에 증폭되는 정도를 제어한다. 연료 분사 중 보울 내의 유동장은 스월 유동과 피스톤 크라운의 상단이 실린더 헤드에 접근함에 따라 발생하는 스퀴시 거동 간의 상호 작용에 의존한다(8.5절 참조). 멀티 홀 DI 엔진에 대한 두 가지 유형의 보울-인-피스톤 설계가 그림 15.40에 나와 있다. 상당히 높은 혼합 비율이 요구되지 않을 때는 기본적으로 보울면이 실린더 라이너와 평행을 이루도록 설계된다(예, 그림 15.32*a*). 밸브로 인한 기하학적 제약으로 보울 축을 실린더 축과 인젝터 노즐 홀 위치에 대해 오프셋 해야 할 수 있다는 점에 유의해야한다.

더 작은 연소실에서 더 빠른 속도를 만들기 위한 설계는 보울 내부에서 보다 빠른 연료-공기 혼합을 촉진하기 위해 리엔트런트(reentrant, 안쪽으로 오목하게 파여진 형태) 보울(그림 15.40*b*)을 사용한다. 리엔트런트 보울과 스퀴시-스월의 상호 작용은 그림의 아래쪽에 있는 직경 평면에 설정된 두 가지 유동 패턴에 의해 보여지는 것과 같이 리엔트런트 보울이 아닌 연소실 형상에서의 상호 작용과 현저하게 다르다. 직선형 보울을 사용하면 보울에 유입되는 스월 공기가 보울의 바닥으로 흐른 다음 도넛 형태의 거동으로 위쪽 및 아래쪽으로 흐른다. 리엔트런트 보울에서 보울 안으로 들어오는 스월 공기가 아래로 흐르고 언더컷 영역으로 바깥쪽으로 퍼지며, 보울 면으로 솟아오르는 유동(stream)과 보울 밑면을 따라 흐르는 유동으로 나뉜다. 리엔트런트 챔버는 압축 행정 끝 부분에서 높은 스월을 만들고, 팽창 행정에서 더 높은 스월 수준을 유지한다.[49] 리엔트런트 챔버에서는 일반적으로 지연된 분사 시기에서 HC 및 매연 배출량이 낮고, bsfc도 약간 낮다.

연료 분사가 발생할 때 보울-인-피스톤 연소실 내의 공기 유동장은 매우 복잡하다. 그

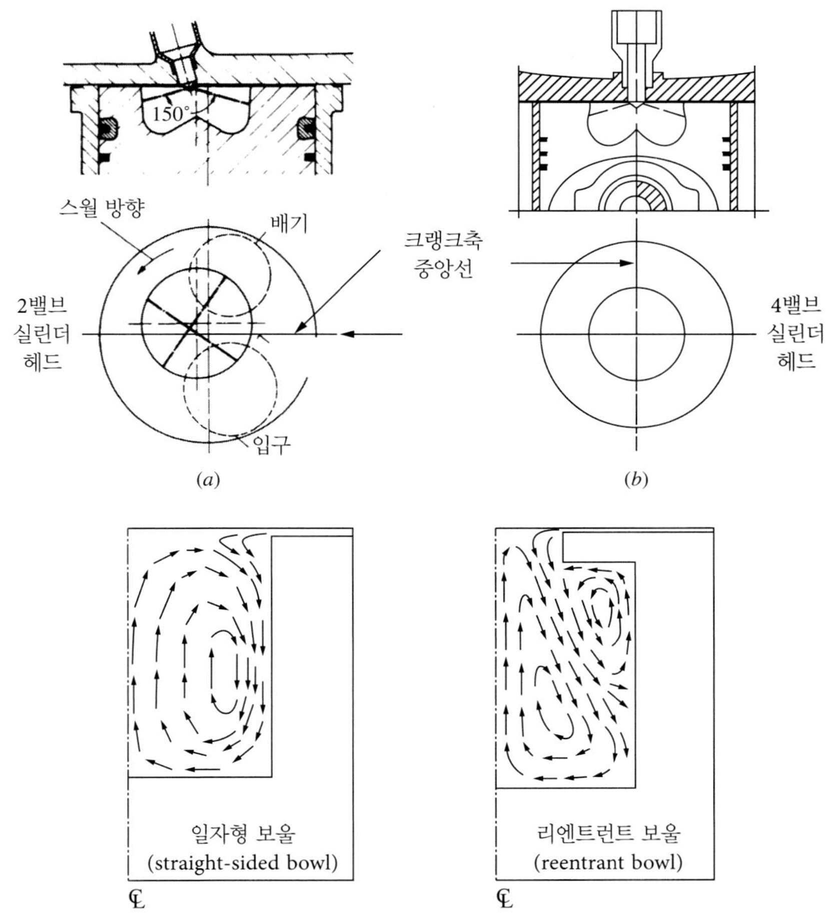

그림 15.40 스월이 있는 DI 디젤 엔진의 보울-인-피스톤 챔버 설계: (*a*) 일자형 보울; (*b*) 리엔트런트 보울. 아래는 일자형 보울과 리엔트런트 보울 연소실에서 스퀴시-스월 상호작용에 의한 직경면에서 설정된 유동 패턴. 본문 내 고찰 참고.[44, 49]

러나 특정한 일반화가 유지된다. 예를 들어, 일정한 압축비에서 보울 직경을 줄이면 TC에서 보울의 스월 수준이 높아져 매연이 감소되고 NO_x 및 HC 배출이 증가한다(8.3.3절과 관련 텍스트 참조). 그러나 스퀴시와 스월의 상호 작용을 밝혀내는 것은 쉽지 않다.

15.5.3 연료 분사와 EGR

연료 분사 시기는 기본적으로 연소가 시작되는 크랭크 각도를 제어한다. 연료가 분사되는 공기의 상태는 분사 시기가 변함에 따라 변하며, 이에 따라 점화 지연이 변하기 때문에, 이러한 영향들은 예측이 가능하다(10.5.4절 참조). 연료 분사 비율, 연료 노즐 설계(분공 개수 포함), 사이클당 분사 횟수 및 연료 분사 압력은 모두 디젤 연료 분무의 특성 및 연소실에서 공기와의 혼합에 영향을 미친다.

그림 15.41은 엔진 속도 사이클당 분사되는 연료량이 동일한 조건에서 중형 스월 DI 디젤 엔진의 다양한 분사 시기가 성능과 배기 가스에 미치는 영향을 보여준다. DI 엔진은 주어진 분사 기간 동안 특정 분사 시작 시에 최적의 bsfc 및 bmep를 보여준다. 이 최적의 분사 시기는 최대 제동 토크를 제공하지만, 지정 MBT 시기는 SI 엔진에 비해 디젤 엔진에서 덜 사

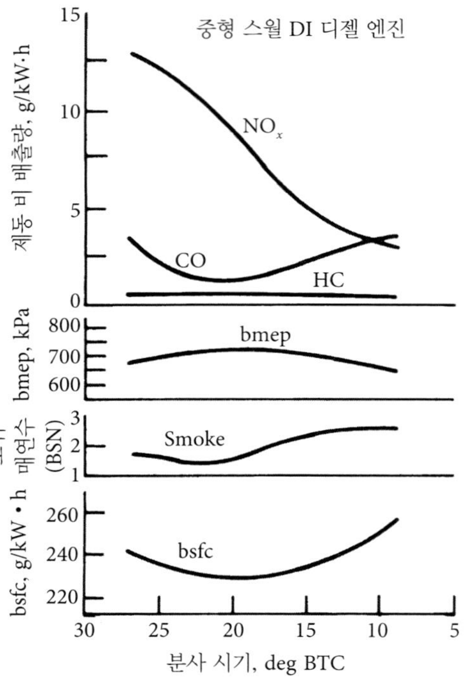

그림 15.41 디젤 엔진 성능 및 배출물에 대한 분사 시작의 영향: 깊은 연소실 보울과 4개의 인젝터 홀, 2500 rev/min, 연료 분사량 75 mm^3/cycle, 연료/공기 당량비 0.69 조건에서의 중형–스월 DI 디젤 엔진.[44]

용된다.

분사 시기 변화는 DI 디젤 엔진의 NO_x 배출에 큰 영향을 미친다. 지연된 분사는 일반적으로 NO_x를 제어하는 데 사용된다. 처음에는 적당한 bsfc 패널티로 상당한 NO_x를 감소시킨다. DI 엔진의 경우 고부하에서 HC 배출량은 적으며 분사 시기에 따라 조금씩 다르다. 낮은 부하에서, 연료 분사가 최적 상태에서 현저하게 지연되면 HC 배출은 더 많아지고, 증가한다. 이러한 경향은 아이들(공회전) 상태에서 특히 두드러진다. 분사 시기 지연은 일반적으로 입자상물질과 매연 배출을 증가 시킨다(디젤 엔진의 유형 및 설계에 따라 그 경향은 다르다). 분사가 지연되면 입자상 물질의 양이 증가한다.

분사율은 연료 인젝터 노즐 개방 영역 및 분사 압력에 따라 달라진다. 분사율이 높을수록 연료–공기 혼합비가 높아져서 열 발생률이 높아진다(10.6.3절 참조). 사이클당 각각의 실린더에 분사된 연료의 양에 대해, 분사 속도가 증가함에 따라 최적 분사 시기는 TC에 더 가깝게 이동한다. 증가된 분사 속도로 인한 더 높은 열 발생률과 더 짧은 전체 연소 과정은 최적의 분사시기에서 최소 bsfc를 감소시킨다. 그러나 이러한 이점은 한계가 있다.

분사율을 높이면 NO_x 배출량이 증가하고 매연 및 입자상물질의 배출량이 감소한다. 물리적 과정을 제어하는 것은 연소실에서의 연료–공기 혼합율이므로, 사이클당 각각의 실린더에서 일정한 연료 분사 시 일정한 노즐 오리피스 영역(분사 기간 감소)에서 분사 압력 증가와 일정한 분사 기간에서 감소된 노즐 면적은 이러한 경향을 만든다.

디젤 엔진에서 NO_x 제어의 주요한 방법은 배기 가스 재순환, EGR의 적용이다. 배기 배출물에 대한 EGR의 영향에 대한 기본 사항은 11.2.4절에서 논의되었다. 흡입 공기로 재순환되는 배기 가스 내 질소, CO_2 및 H_2O는 희석비에 따라 연소 가스 온도를 감소시키는 추가 희석제의 역할을 한다. 디젤 엔진은 항상 희박 운전($\phi \leq 0.7$)을 하므로, 재순환된 배기 가스는 화학양론비 연소 가스의 특정 양과 혼합된 공기라고 생각할 수 있다. 디젤의 전체 운전(낮은 엔진 부하)이 희박할수록 공기와 혼합된 화학양론비 연소 가스의 비율은 더 작다. 화학양

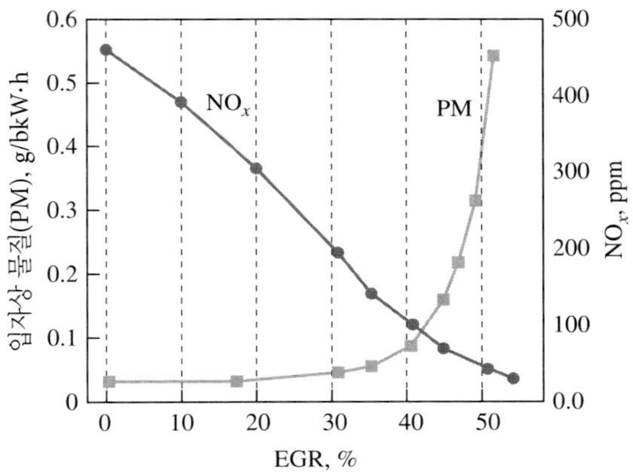

그림 15.42 EGR율에 대한 엔진 배출 BSPM(brake specific particulate matter)과 질소산화물(ppm)의 일반적인 특성. 중형 DI 디젤 엔진.[48]

론비 연소 가스(CO_2, H_2O, N_2)만이 "진정한" 희석제 역할을 한다. EGR 내 "공기 구성 요소"는 흡기 공기처럼 작용한다. 따라서 엔진 운전이 희박 할수록 흡기 혼합물의 실제 희석 수준을 달성하기 위해 재순환되는 전체 배기 가스의 비율이 높아야 한다. 그림 11.17*b*는 엔진 배출 NO_x에 대한 EGR의 영향을 통해 이 효과를 보여준다.

EGR은 높은 수준에서 수트(soot) 입자로 주로 구성된 입자상 물질 배출(종종 매연으로 불림)을 현저하게 증가시킨다. 그림 15.42는 EGR의 함수로서 전형적인 NO_x 및 PM 배출 데이터를 보여준다. PM에 대한 EGR의 부정적인 영향은 주로 배기 가스가 재순환될 때 연료-공기 혼합물의 산소 비율이 감소하기 때문이다. 이것은 수트가 생성되는 분무 내의 혼합물과 수트가 산화되는 확산 화염 온도(그림 15.38 참조)에 모두 영향을 미친다.

이와 같이 제동 비-입자상 물질(BSPM, brake specific particulate matter) 배출과 NO_x 배출 사이의 상반 관계(trade-off)는 잘 알려져 있으며, 주어진 디젤 엔진 구성의 경우 분사 시기와 EGR 수준이 다양하기 때문에 거의 보편적이다.

엔진 설계자의 목표는 분명히 배기 기준에 의한 제약 조건을 충족시킬 수 있을 만큼 낮은 배기 수준으로 가능한 최상의 bsfc를 달성하는 것이다. 위에서 설명한 상반 관계를 포함한 엔진 bsfc, NO_x 및 입자상물질 배출의 변동은 이러한 목표를 달성하는 것을 특히 어렵게 한다. 위에서 언급했듯이 bsfc와 $bsNO_x$는 상반 관계에 있다. 최적의 분사 시기에서 분사 지연은 $bsNO_x$를 감소 시키며 bsfc의 증가시킨다. 두 번째로 중요한 상충 관계는 그림 15.42에서 DI 디젤 엔진의 NO_x 배출과 입자상 물질 배출 사이의 관계이다.

15.5.4 전체 시스템 거동

터보차저가 장착된 디젤 엔진의 성능을 제한하는 요소는 터보차저 스파크 점화기관을 제한하는 요소와 다르다. 자연 흡기 디젤 엔진의 출력은 약 0.7의 전체 당량비 값에서 발생하는 최대 허용 매연 배출 수준에 의해 제한된다. 터보차저 디젤 엔진 출력은 일반적으로 중요한 기계적 구성 요소의 응력 수준에 의해 제한된다. 이러한 최대 응력 수준은 연속 운전 시 견딜 수 있는 최대 실린더 압력을 제한하지만, 중요한 구성 요소의 열 부하도 제한할 수 있다. 부스트 압력이 상승함에 따라 엔진 설계 및 작동 조건이 변경되지 않으면 최대 압력과 열 부하가 거의 비례하여 증가한다. 실제로, 최고 압력 및 열 부하를 허용 가능한 수준으로 유지하기 위해 터보차저 엔진(자연 흡기 엔진에 비해)에서 사용되는 압축 비율을 줄이고 최대 연료/공기 당량비를 감소시켜야 한다.

내연기관을 과급하는 다양한 방법들이 6.8절에서 검토되었다. 압축기를 이용한 터보차

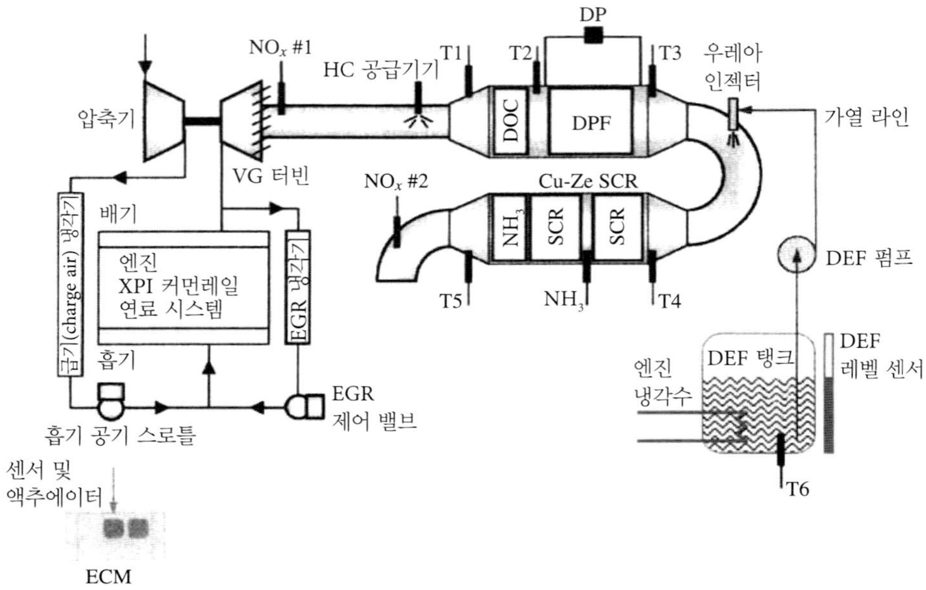

그림 15.43 중형 트럭에 적용되는 터보차저 장착 디젤 엔진, 대기 오염 물질 제어, 후처리 시스템 레이아웃.[48]

저 및 기계적 과급은 디젤 엔진의 성능을 향상시키는 대체 방법이다. 흡기 공기의 밀도는 흡기량 및 토크를 결정하는 파라미터이다. 압축기에서 나오는 공기를 열교환기에서 후냉각하는 것은 이제 표준 기술이다: 엔진에 유입되는 공기의 밀도를 증가시키며, 더 낮은 공기 온도는 엔진 배출 NO_x를 결정하는 중요한 요소인 실린더 내의 모든 온도를 감소시킨다.

그림 15.43은 일반적인 대형 트럭 디젤 엔진의 레이아웃을 보여준다(엔진, 터보차저, 제어 장치, 배기 가스 후처리 시스템). 엔진 배출 대기 오염물질, 연료 소비, 상반 관계는 터보차저 압축기의 다운 스트림 급기(charge air) 냉각기(후냉각기), 냉각 EGR 시스템(고압 EGR은 가변 노즐 형상(VG, variable nozzle geometry) 터빈의 상류로 추출되어 냉각되고, 압축기 공기압을 조절하는 공기 스로틀의 하류 공기 흡입구로 공급되어 엔진 배기 가스 압력 이하가 되도록 한다)[m] 및 다중 촉매 배기 가스 감소 후 처리 시스템을 통해 처리된다.

이 후처리 시스템은 디젤 산화 촉매(DOC, diesel oxidation catalyst), 디젤 입자상물질 필터(DPF, diesel particulate filter), 요소(urea)–암모니아 변환 촉매(NH_3) 및 선택적 촉매 환원 장치(SCR, selective catalytic reduction)로 구성된다. 이들은 다음과 같이 작동한다. DOC는 배기 가스 대부분의 NO를 NO_2로 산화시켜 "능동 재생(passive regeneration)"을 통해 상대적으로 낮은 온도에서 DPF에 모인 수트를 태운다. 보다 높은 배기 가스 온도가 요구될 때, 도시된 바와 같이 탄화수소는 DOC 상류에 추가된다. DPF의 하류에는 우레아(urea, $CO(NH_2)_2$, DEF(diesel emissions fluid)가 분사되고, 가수 분해 촉매는 NH_3와 반응하여 NO와 NO_2가 N_2로 환원되는 SCR 시스템용 환원제인 암모니아를 생성한다. NO_x 및 NH_3 센서와 HC 분사/공급은 이러한 다성분 후처리 시스템의 엄격한 제어를 가능하게 한다. 이러한 후처리 구성 요소의 작동은 11.6절에서 보다 자세히 논의되었다.

[m] 고압 EGR 시스템의 대안은 터빈 하류로부터의 EGR을 (대기압 상태의) 공기를 압축기 내로 공급하는 저압시스템이다.

15.6 2-행정 사이클 엔진 _Two-Stroke Cycle Engines

이 절에서는 2-행정 스파크 점화 및 압축 점화기관의 여러 유형의 운전 특성을 검토한다. 주요 설계 및 작동 변수의 변화가 작동 특성에 미치는 영향은 소기, 유체 유동, 열역학, 연소, 열전달 및 마찰과 같은 보다 기본적인 엔진 프로세스와 관련된다. 해당 절의 목적은 실제 엔진 작동–성능, 효율 및 배기 가스에 대한 데이터와 설명을 제공하는 것이다.

15.6.1 성능 파라미터

관심있는 실질적인 엔진 성능 파라미터는 출력, 토크, 제동 연료소비율 및 배기 가스이다. 2장에서의 정의에 따라, 왕복 기관의 제동 출력과 토크는 다음과 같이 제동 평균 유효 압력(bmep)으로 나타낼 수 있다.

$$P_b = \begin{cases} \text{bmep} \times A_p \bar{S}_p/2 & \text{(2행정 사이클)} \\ \text{bmep} \times A_p \bar{S}_p/4 & \text{(4행정 사이클)} \end{cases} \tag{15.8}$$

$$T = \begin{cases} \text{bmep} \times V_d/(2\pi) & \text{(2행정 사이클)} \\ \text{bmep} \times V_d/(4\pi) & \text{(4행정 사이클)} \end{cases} \tag{15.9}$$

따라서, bmep 및 평균 피스톤 속도의 최댓값이 공기 유동(또는 응력)에 제한되는 잘 설계된 엔진의 경우, 출력은 피스톤 면적에 비례하고 토크는 행정 체적에 비례한다. 6.6.2절의 급기효율(trapping efficiency) 및 급기비(delivery ratio)와 식 (2.24) 및 (2.29)의 기계 및 연료 변환 효율의 정의를 도입하면 bmep는 다음과 같은 다른 기본 파라미터로 표현할 수 있다.

$$\text{bmep} = \eta_m(\eta_{\text{tr}}\Lambda)\eta_{f,i}\rho_{a,i}\frac{Q_{\text{HV}}}{\lambda(A/F)_s} \tag{15.10}$$

식 (15.8)과 (15.10)은 2-행정 엔진 출력과 토크가 급기 효율과 급기비에 의존하는 것을 보여준다. 4-행정 엔진의 경우 급기비와 급기 효율의 곱은 체적 효율로 대체된다.

제동 연료소비율 및 배출 수준의 표준화된 지표는 두 엔진 유형에 대해 동일한 정의 및 정의된 식을 갖는다. 배기 가스는 엔진의 출력(비출력) 또는 연료 유량에 의해 표준화 될 수 있다.

동급의 2-행정 엔진과 4-행정 엔진의 성능을 비교하기 위해 전부하 및 부분 부하 운전에 대한 일반적인 수치를 사용하는 것이 좋다. 동일한 배기량의 전형적인 스파크 점화기관의 경우 동일한 공기/연료비에서 최대 토크의 비율은 다음과 같다.

$$\frac{T_{\text{2-stroke}}}{T_{\text{4-stroke}}} = \frac{\left[\eta_m(\eta_{\text{tr}}\Lambda)\eta_{f,i}/2\right]_{\text{2-stroke}}}{\left[\eta_m(\eta_v)\eta_{f,i}/4\right]_{\text{4-stroke}}} \tag{15.11}$$

$$\approx \frac{[0.85\times(0.8\times0.9)\times0.3/2]}{[0.8\times(0.95)\times0.34/4]} = 1.4$$

이는 실린더당 4밸브 4-행정 SI 엔진의 1200 kPa 값과 비교하여 이 유형의 2-행정 엔진의 경우 약 850 kPa의 일반적인 최대 bmep 값과 일치한다. 이것은 다음과 같은 토크비 [식 (15.9)]를 가진다.

$$\frac{T_{\text{2-stroke}}}{T_{\text{4-stroke}}} = \frac{2\times\text{bmep}_{\text{2-stroke}}}{\text{bmep}_{\text{4-stroke}}} \approx \frac{2\times850}{1200} = 1.4 \tag{15.12}$$

두 엔진의 bmep가 같을 수 있다면(실제로는 일어나지 않음), 토크비는 2.0이 된다.

이 두 개의 다른 사이클 엔진에서 최대 출력의 비교는 간단하지 않다. 왜냐하면 2-행정의 최대 출력이 엔진의 소기 성능에 크게 좌우되기 때문이다. 이것은 소기 시스템, 포트 설계, 특히 배기 시스템의 정교함과 튜닝에 달려 있다. 2-행정 SI 엔진의 경우 비출력(specific power)은 약 30~80 kW/liter로 다양하다. 이는 고성능 오토바이 엔진의 일반적인 상한값이다. 고성능 자연 흡기 4-행정 승용차 SI 엔진은 평균 약 50~60 kW/liter이다.

유사한 방식으로, 동일한 운전 조건과 동등한 엔진에서 우리는 제동 연료소비율을 추정할 수 있으며, 다음과 같다.

$$\frac{\text{bsfc}_{\text{2-stroke}}}{\text{bsfc}_{\text{4-stroke}}} = \frac{(\eta_m \eta_{f,i})_{\text{4-stroke}}}{(\eta_m \eta_{f,i})_{\text{2-stroke}}} \approx \frac{(0.6 \times 0.38)}{(0.75 \times 0.36)} = 0.85 \tag{15.13}$$

2-행정 엔진의 부분 부하 조건에서 펌핑 손실이 자연 흡기 4-행정 엔진보다 작고 4-행정 가스 교환 크랭크 회전(gas-exchange crank revolution)의 마찰이 없기 때문에 기계 효율이 더 높다. 따라서 2-행정의 연료 변환 효율은 다소 낮지만 동일한 연료/공기비 및 엔진 행정 체적에 대해 직접 분사 2-행정 SI 엔진의 일반적인 부분 부하 운전 조건에서의 제동 연료소비율은 표준 현대식 4-행정 SI 엔진보다 약 15% 낮은 수준이다. 2-행정 SI 엔진이 기화기 방식이거나 흡기 포트–연료 분사 방식인 경우, 연료가 실린더를 단락(short-circuiting)시킴으로써 이러한 이점은 근본적으로 사라진다는 점에 유의해야 한다.

15.6.2 2-행정 가솔린 SI 엔진

표준 형태의 2-행정 스파크 점화기관은 흡기 이동 이전에 기밀된 크랭크실 유도 및 압축을 사용하고, 압축을 가한 다음 흡기 전달 후 엔진 실린더에서 점화한다. 새로운 혼합물은 연소 가스를 효과적으로 제거하기 위해 실린더에 들어가기 전 배기 시스템 압력 이상으로 압축되어야 한다. 2-행정 사이클 소기 과정은 6.6절에서 논의되었다. 2-행정 가솔린 엔진은 특히 간단하고 가벼운 엔진 컨셉으로 휴대용 전원 또는 오토바이의 장점을 최대한 활용할 수 있다. 표준 형태의 내재적 약점은 소기 과정에서 실린더를 배기 시스템에 직접 단락시키는 신선한 연료–공기 혼합물이 상당한 연료 소비 패널티를 초래하여 과도한 미연소 탄화수소 배출을 초래한다는 것이다.

이 절에서는 작은 크랭크실 압축 2-행정 사이클 SI 엔진의 성능 특성을 검토한다. 이러한 엔진의 성능 특성(출력과 토크)은 행정 체적이 새로운 혼합물로 채워지는 정도이다. 즉, 흡기 효율[식 (6.27)]에 따라 달라진다. 연료 소비는 급기 효율[식 (6.24)]과 흡기 효율에 따라 달라진다. 그림 15.44*a*는 2기통 347 cm^3 배기량 오토바이 크랭크실 압축 엔진의 여러 엔진 속도에서 급기비(Λ)가 증가함에 따라 급기 비율(η_{tr})이 어떻게 달라지는지를 보여준다. 급기비는 공회전 상태의 약 0.1에서 스로틀 전개 상태의 0.7~0.8로 증가한다. 실선은 일정한 흡기 효율(η_{ch})을 나타낸다[$\Lambda\eta_{tr}$과 동일하며, 식 (6.28) 참조]. 그림 15.44*b*는 이러한 흡기 효율에 대해 도시된 bmep를 나타내며, 새로운 흡기 질량에 대한 선형 의존도가 명확한 것을 확인할 수 있다.

3기통 450 cm^3 2-행정 소형 자동차 엔진의 성능 곡선은 그림 15.45에 나와 있다. 최대 bmep는 약 4000 rev/min에서 640 kPa이다. 더 작은 오토바이 엔진은 더 높은 속도(7000 rev/min)에서 약간 더 높은 최대 bmep를 달성 할 수 있다. 최대 bmep 지점에서의 연료 소비량은 약 400 g/kW·h이다. 평균 연료 소비량은 대개 4-행정 사이클 엔진의 1.5배에서 2배이다.

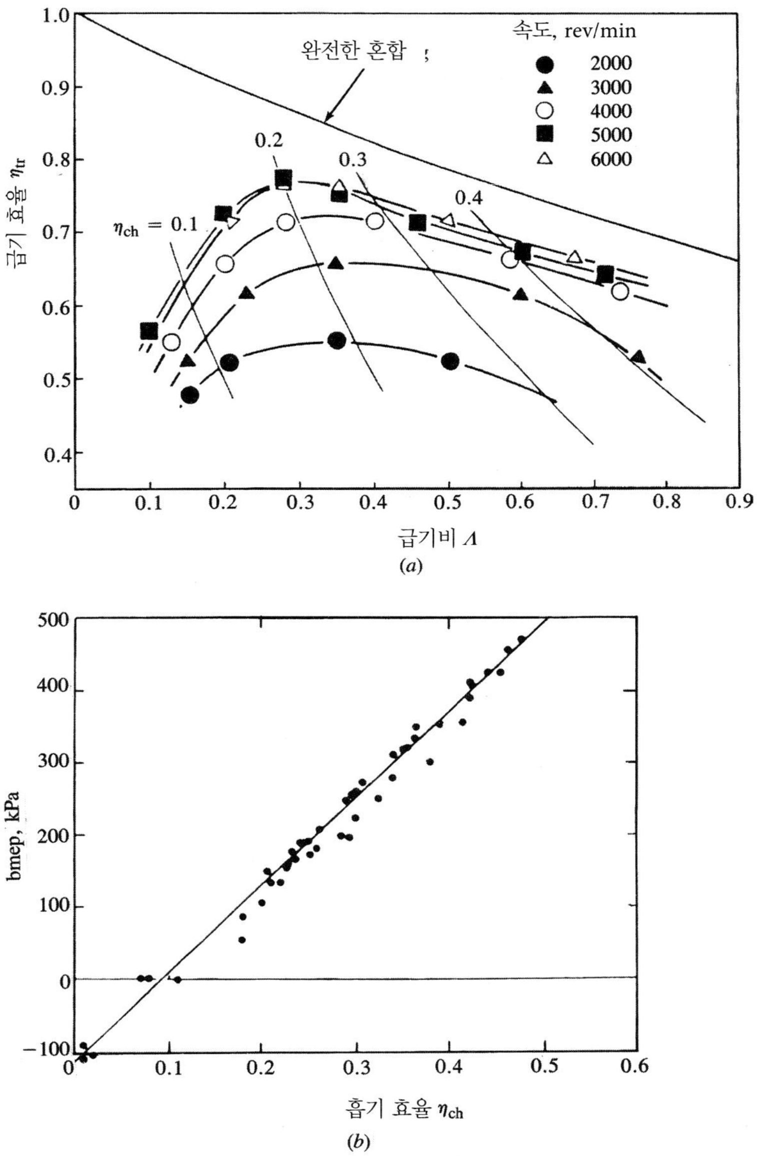

그림 15.44 (*a*) 급기비에 따른 급기 및 흡기 효율과 (*b*) 흡기 효율로 정의되는 새로운 공기 질량에 대한 제동 평균 유효 압력(bmep)의 의존성. 2기통, $347 cm^3$ 배기량, 2-행정 사이클 스파크 점화기관.[50]

2-행정 사이클 엔진의 CO 배출량은 주로 4-행정 사이클 엔진과 유사한 방식으로 연료/공기 당량비에 따라 달라진다(그림 11.19 참조). 특히 중~저 부하에서 낮은 흡기 효율로 인한 잔류 가스 분율이 높기 때문에 NO_x 배출량은 4-행정 엔진보다 현저히 낮다. 기화기 또는 매니폴드 연료 분사 2-행정 엔진의 연소되지 않은 탄화수소 배출물은 새로운 혼합물이 소기 중에 실린더를 단락시킴으로써 동일한 4-행정 엔진보다 약 5배 높다. 배기 질량 탄화수소 배출량은 대략 $\Lambda(1 - \eta_{tr})\phi$와 같이 다양하며, 여기서 ϕ는 연료/공기 당량비이다.[50]

표 15.6은 비슷한 용도로 설계된 2-행정 및 4-행정 선박 엔진의 연료 소비와 배출량을 비교 한 것이다. 연료 소비 및 배출량 데이터는 서로 다른 부하 및 속도 지점에 대한 가중 평균(weighted averages)이다. 2-행정 엔진은 CO 및 HC 수준에서 4-행정 엔진보다 열등하지

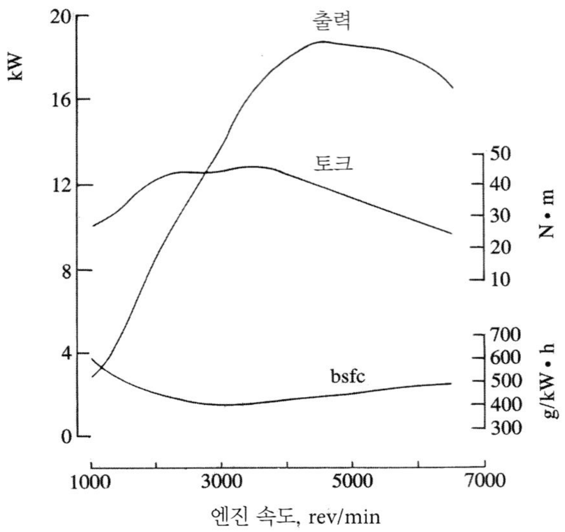

그림 15.45 3기통, 450 cm^3, 2-행정 사이클 스파크 점화기관의 성능 특성. 최대 bmep = 640 kPa, 보어 = 58 mm, 행정 = 56 mm.[51]

표 15.6 2-행정 및 4-행정, 2기통 카뷰레터식 해양 엔진의 연료 소비와 배기 가스 성분 비교.[52, 53]

엔진	2-행정 OMC J10RCSE		4-행정 Honda BF9.9A	
정격 출력(kW)	7.4 (5000 rev/min)		7.4 (5000 rev/min)	
배기량(cm^3)	216		280	
연료/오일비	50:1		NA	
연료 소비(g/kW·h)	910		550	
CO (g/kW·h)	520	EI = 570	370	EI = 670
CO_2 (g/kW·h)	1300	EI = 1430	1050	EI = 1920
HC (g/kW·h)	240	EI = 260	32	EI = 58
NO_x (g/kW·h)	0.73	EI = 0.80	3.4	EI = 6.2

만 NO_x 배출이 뛰어나다. 첫 번째 두 부분은 부분적으로 이 유형의 2-행정 엔진에 사용된 엔진 윤활 방식에 기인한다. 피스톤 링과 스커트 내부 실린더 윤활제는 연료와 혼합되어 연료 시스템을 통해 유입된다. 이러한 연료-공기 예 혼합으로 소기 과정에서 배기 포트를 통해 연료가 단락 될 수 없으므로 높은 HC 배출 및 연료 소비는 불가피하다.

간단한 구조, 소형화, 높은 출력 대 중량비 및 저렴한 비용으로 작은 기화기식 2-행정 엔진이 휴대용 장비에 널리 사용되었다. 위에서 설명한 것처럼 가장 심각한 단점은 높은 HC 배출과 배기 포트로의 연료 단락으로 인한 낮은 열효율이다. 연료와 공기가 미리 혼합 되어있는 이 유형의 2-행정 엔진은 현재 부과된 엄격한 배기 가스 규제를 충족시킬 수 없다.

대체로 2-행정 스파크 점화 엔진은 엄격한 배기 가스 규제를 피하기 위해 연구되었다. 이들 중 몇 개는 프로토 타입 단계로 개발되었다. 표 15.7은 우리가 간략히 설명 할 세 가지 개념을 요약한 것이다. 자세한 내용은 엔진 레이아웃 도면과 함께 참고문헌 52에 나와 있다.

표 15.7에 나열된 세 가지 엔진은 실린더에 연료를 직접 분사하는 방식을 사용한다. 이

표 15.7 세 종류의 2-행정 사이클 가솔린 엔진 프로토타입

	오비탈(Orbital)	도요타(Toyota)	혼다(AR)
엔진 형태	DI, 2-행정	DI, 2-행정	DI, 2-행정
소기 유동	Cross-소기, 포트	U-소기 밸브	Schnürle(루프)
공기 압축	크랭크케이스	슈퍼차저, 루트 블로워	크랭크케이스
연료 시스템	공기 보조, DI	고압(10 MPa) 액체 연료, DI	공압(250 kPa), DI
연소	SI 예혼합 화염	SI 예혼합 화염	활성 라디칼 연소
배기량	1.2 dm^3, 3기통	804 cm^3, 2기통	402 cm^3, 1기통
보어/행정	81/78 mm	80/80 mm	80/80 mm
최대 출력/속도	66 kW/5500 rev/min	47 kW/4000 rev/min	33 kW/6900 rev/min
비 P_b : bmep	55 kW/ℓ: 600 kPa	58 kW/ℓ: 877 kPa	85kW/ℓ: 713 kPa
압축비		8.5(형상)	6.1(급기)
최대 P_b에서 $\overline{S}_p$	14.3 m/s	10.7 m/s	18.4 m/s
윤활	오일 분무, 건조 섬프	습식 오일 섬프	
배기 포트/밸브 개방/닫힘	(포트, 스로틀)	70° BBC/50° ABC (밸브)	94° BBC/94° ABC (포트, 스로틀)
흡기 포트/밸브 개방/닫힘		50° BBC/70° ABC (밸브)	57° BBC/57° ABC
연료 소비	감소	감소	훨씬 감소
배기 HC	5배 감소	5배 감소	훨씬 감소
배기 NO_x	적음	2배 감소	적음

출처: Heywood와 Sher[52]: 1990년대 프로토타입 엔진

는 소기 과정에서의 단락으로 인한 연료 손실을 막아 주며, 이는 연료 소비 및 HC 배출에 대한 중요한 개선 방법이다. 세 가지 엔진은 각기 다른 형태의 직접 연료 분사를 사용한다. 이는 미세 분무 미립화를 실현하기 위한 공기 보조 장치(6 bar 정도의 공기압), 고압 액체 연료 분사, 저압 공기 구동 분사이다. 오비탈(Orbital) 2-행정 엔진은 특정 연소실 설계를 가지고 있지만, 연소 프로세스는 급속 연소 4-행정 SI 엔진 연소 시스템과 유사하다. 도요타(Toyota)의 균일 소기 밸브 엔진(실린더당 두개의 흡기 밸브와 3개의 배기 밸브)은 더 높은 성능을 자랑한다(최대 출력 조건에서 가장 높은 bmep를 달성함).

혼다(Honda) 엔진은 일반적인 스파크 점화 화염 발생 및 전파와는 다른 연소 과정을 사용한다. 소기 과정 종료 시 실린더 내에 갇힌 고온 잔류 가스의 양을 제어함으르써 연료 증기, 공기, 잔류 가스의 온도를 TC 직후 흡기가 자동 점화를 할 수 있을 정도로 충분히 높은 수준으로 제어하여 화염 전파 과정이 아닌 체적(volume) 연소를 통해 화학 에너지를 방출할 수 있다(빠르게, 그러나 너무 빠르진 않음). 일본에서 처음 개발된 이 새로운 2-행정 연소 모드는 활성 라디칼(active-radical) 연소로 불린다(1979).[52,54] 2-행정 엔진에서 발생하는 이 자발적 연소 과정으로 인한 압력 상승은 쉽게 제어 할 수 있고, 사이클 별로 높은 반복성을 나타낸다. 배기 포트의 유효 개방 영역을 제어하는 밸브는 원하는 수준의 제어를 달성하는 핵심 구성 요소이다. 이 운전 모드는 중간 부하까지 작동한다. 이는 현재 4-행정 사이클 엔진을 위해 연구되고 개발중인 HCCI 프로세스의 선구적인 기술이다(10.7.2.절 참조). 직분사 2-행정

가솔린 엔진의 이러한 3가지 예는 양산에 아직 사용되지 않은 프로토 타입 개념이라는 점에 유의해야한다.

15.6.3 2-행정 사이클 CI 엔진

대형 선박용 디젤 엔진(0.4 m에서 1 m 크기의 보어를 가짐)은 2-행정 사이클을 이용한다. 상대적으로 적은 실린더를 가진 저속 엔진은 선박의 동력/속도 요건을 간단한 직접 구동 프로펠러 배열로 충족시킬 수 있기 때문에 해양 추진에 적합하다. 이 엔진은 높은 제동 평균 유효 압력과 비출력을 달성하기 위해 터보차저가 사용된다. 이 엔진 중 가장 큰 엔진은 55%까지의 제동 효율을 달성할 수 있다. 대형 해양 2-행정 엔진의 예가 그림 1.36에 나와 있다. 지난 수십 년 동안 이러한 엔진의 실린더당 출력은 2배 이상 증가했으며 연료 소비는 25% 감소했다. 이러한 변화는 최대 점화 압력을 약 15 MPa로 높이고 연료 분사, 연소, 과급 및 소기와 같은 중요한 엔진 프로세스를 개선함으로써 달성되었다. 단류 소기(uniflow scavenging) 프로세스는 높은 행정/보어비에서보다 높은 소기 효율을 달성하고 팽창비를 증가시킬 수 있기 때문에 루프 소기하는 것이 바람직하다.

행정/보어 비가 2.9인 580 mm 보어 Sulzer 2-행정 해양 디젤 엔진의 성능 특성이 그림 15.46에 나와 있다. 실선은 표준 터보차저 엔진 특성을 보여준다. 엔진의 정격 속도는 최대 평균 피스톤 속도 7.2 m/s에 해당하는 125 rev/min이다. 정격 출력에서의 bmep는 1.66 MPa이다. 최소 bsfc는 175 g/kW·h이고 이는 48%의 제동 연료 변환 효율과 동일하다. 대형 저속 엔진의 경우 효율이 50% 이상으로 높다. 점선은 터보 컴파운드를 통해 이 엔진의 성능을 향상시킬 수 있는 방법을 보여준다. 50% 이상의 부하에서 엔진 배기 유동의 일부는 유성

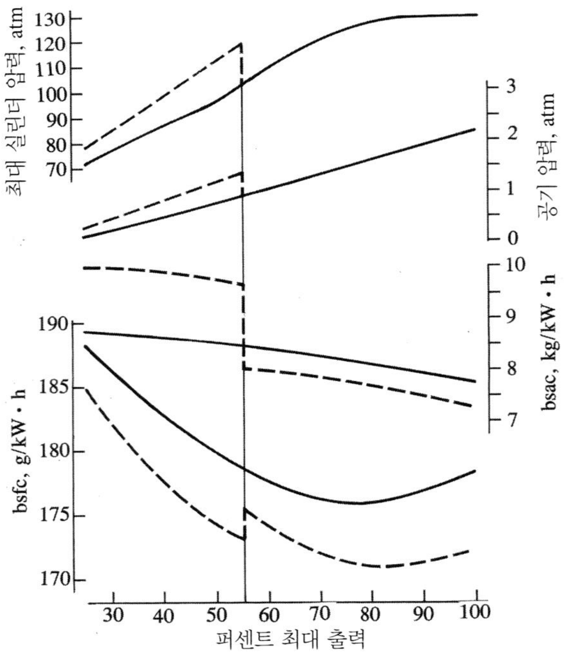

그림 15.46 대형 해양 2-행정 사이클 단류 소기 DI 디젤 엔진의 성능 특성. 보어 = 580 mm, 행정/보어 = 2.9, 최대 정격 속도 = 125 rev/min (평균 피스톤 속도 = 7.2 m/s), 정격 출력에서의 bmep = 1.66 MPa. 실선: 표준 터보차저. 점선: 50% 부하 이상에서 평행 터보 컴파운드. bsac: brake specific air consumption, 제동 공기소비율.[47]

속도 감속 기어(epicyclic speed reduction gear) 및 유체 커플링을 통해 터보차저 입구로부터 엔진 출력 기어에 연결된 별도의 터빈으로 전환된다. 이러한 방식으로 엔진 배기 유동에서 회수된 추가 출력은 bsfc를 5 g/kW·h 향상시킨다. 부분 부하에서 전체 배기 유동이 터보차저를 통과할 때, 전체 배기 유동으로 얻어지는 보다 높은 소기 압력(따라서 실린더 압력이 상승함) 때문에 효율 이점 또한 얻어진다.

대형 보어 해양 2-행정 디젤 엔진의 연소 특성은 그림 15.47에 몇 가지 다른 부하에 대해 표시되어있다. 열 발생률 프로파일(하단 그래프)은 부하가 증가함에 따라 길어진다. 고부하에서 연소의 혼합 제어 확산 화염 단계는 연소 기간 동안 길어지고 더 지배적이다. 실린더 최고 압력과 (평균) 실린더 내 가스 압력은 부하 및 전체 연료-공기 당량비가 증가함에 따라 증가한다. 디젤 엔진은 항상 희박하기 때문에 평균 최고 가스 온도는 SI 엔진의 연소 가스 온도보다 상당히 낮다. 각 열 발생률 프로파일의 적분은 이들 상이한 부하에서 사이클당 분사되는 연료의 양을 나타낸다.

대형 해양 디젤 엔진(또는 이러한 엔진이 발전용으로 사용되는 경우)에서 배출되는 NO_x는 반드시 제어되어야 한다. 엔진의 NO_x 배출량은 특별한 관심사이다. 그림 15.47, 15.48의

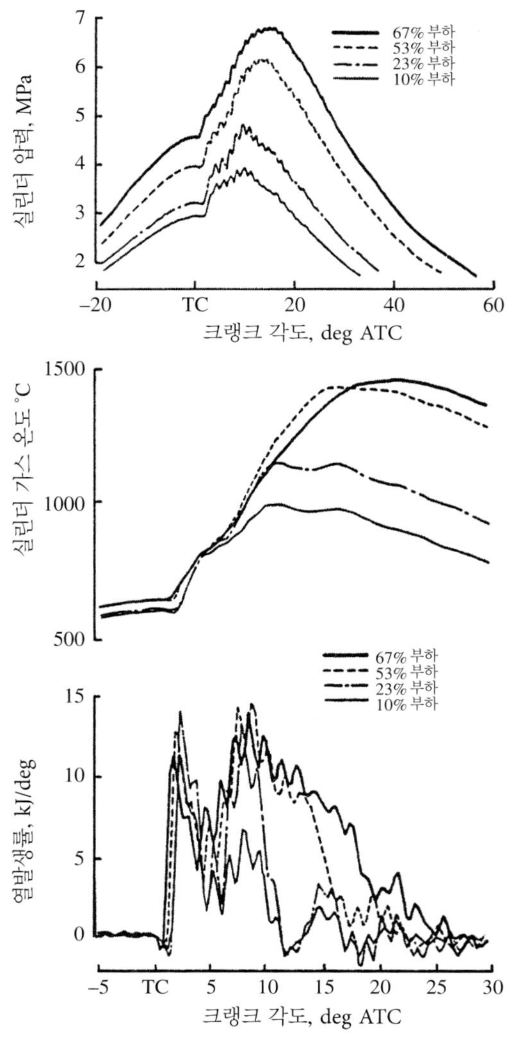

그림 15.47 대형 보어 터보차저 장착 2-행정 사이클 단류 소기 해양 디젤 엔진의 연소 특성. 보어 = 450 mm, 행정 = 750 mm. 최대 정격 출력은 2.8 kW, 최대 bmep는 1.0.[55]

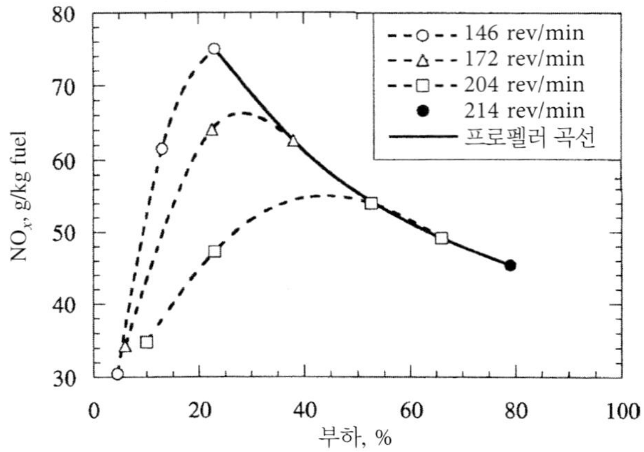

그림 15.48 엔진 배출 NO_x에 대한 엔진 부하와 속도의 영향(13% 산소로 보정된 배기 내 ppm): 대형 보어 2-행정 해양 디젤 엔진.[55]

연소 세부 사항이 나와 있는 동일한 대형 보어 디젤의 경우 다양한 속도에서 부하 함수로서 엔진 출력 NO_x 배출량을 보여준다. 해당 엔진은 대형 선박용(예시; 유조선)으로 프로펠러를 작동하는 데 사용되었다. 여기서 NO_x 배출량은 연료 유량에 의해 정규화되었다(NO_x 배출 지수로 사용). 절대적으로 NO_x 배출량(gNO_x/h)은 부하가 증가함에 따라 증가한다(예상대로 ϕ는 증가함). EI_{NO_x}와 같은 연료 유량과 비교하여 NO_x는 감소한다. 상대적인 배기 가스는 부하가 증가함에 따라 연료/공기 당량비가 증가하고 공기 유동이 증가하며 연소 기간이 길어지기 때문에 해석하기가 더 어렵다.

이 대형 보어 엔진보다 작은 크기의 2-행정 디젤 엔진은 철도, 산업, 해양 및 석유 시추와 같은 여러 용도에 사용된다. 부분 부하에서 단류(uniflow) 소기식인 80 mm 보어와 포트 루프 소기 가스 교환 프로세스가 있는 트윈 터보차저 2-행정 DI 디젤 엔진의 성능과 배출 특성은 그림 15.49에 나와 있다. 이러한 소형 2-행정 사이클 DI 디젤 엔진은 또한 해양, 산업 및 건설 시장에서 4-행정 사이클 엔진과 경쟁한다. 엔진 세부 사항은 표 15.7에 나와있다. 단류 소기식 설계에 포함된 보다 효과적인 소기 과정은 그림 15.49의 데이터에 나타나있다. 두 엔진 모두 공기/연료비는 부하가 증가함에 따라 감소한다. ISHC 배출량이 감소하고 매연 농도(smoke number, SN)와 NO_x 배출량이 모두 증가한다. 연료소비율은 최대 부하의 약 80%에서 최소에 도달한다. 부하가 최댓값의 50% 미만으로 감소할 때 ISCO 배출량이 증가하면 실린더 부품 내에서 혼합이 잘 이루어지지 않음을 나타낸다. 포트 루프 소기 엔진의 경우 SN은 300 kPa imep에서 1.0의 값을 초과하고 약 500 kPa에서 2.5의 최대 부하 한계에 도달한다.

단류 소기 엔진의 경우 매연 농도는 상당히 낮다. 결과적으로, 더 낮은 연료 분사 압력이 이용 될 수 있고, 여전히 적절한 연료–공기 혼합 비율을 달성한다. 포트 루프 소기식 엔진의 연료 소비량은 10% 높다(부분적으로는 표면 대 부피 비율이 낮기 때문). $ISNO_x$ 배출 수준은 비슷하다.

15.7 소음, 진동과 잡음 _*Noise, Vibration, and Harshness*

소음, 진동과 잡음(noise, vibration, and harshness, NVH)은 운전자, 사용자 또는 행인이 경험하는 엔진에서 발생하는 소리 및 촉각 장애를 설명하는 데 사용되는 문구이다. 아마도 가장 중요한 적용 분야인 차량 내 엔진, 엔진 자체, 이러한 장애를 발생시키는 진동 에너지의

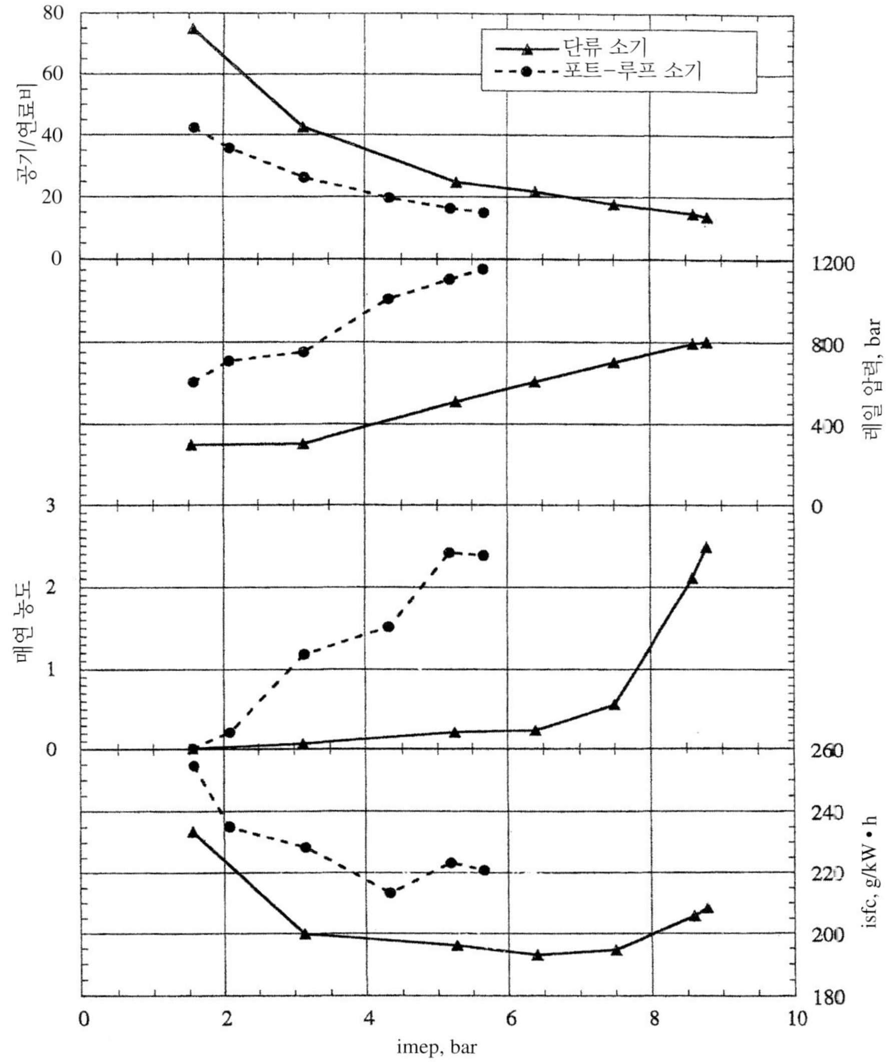

그림 15.49 소형 보어 루프-소기식 및 단류 소기식 2-행정 디젤 엔진의 (*a*) 부분 부하 작동 특성과 (*b*) 엔진-아웃 배출물 특성.ª 상세한 엔진 정보는 표 15.8 참고.[52, 56]

원천에서 차량 탑승자가 부정적인 경험을 하는 추가 장애로 이어지는 차량 구조와 결합된다. 이러한 장애를 일으키는 메커니즘과 그 영향을 줄이는 방법이 이 절의 주제이다. 소음은 15.7.1절에서 논의된다. 왕복 엔진의 동력 전달 구성 요소(피스톤, 커넥팅 로드 및 크랭크 축)와 관련된 힘의 동력을 다룬 후(15.7.2절), 다기통 엔진의 균형 문제에 대한 검토가 다음에 설명된다(15.7.3절). 1.5절(다기통 엔진), 2.2절(왕복 엔진의 기하학적 관계) 및 2.3절(왕복 운동 기구의 힘)은 이러한 주제에 대한 중요한 배경 자료를 제공한다.

잡음(Harshness)은 주로 과도하게 빠른 엔진 연소 과정으로 인한 청각적인 충격(audible impact)을 나타낸다. 이것이 생성하는 빠른 실린더 압력 상승률은 "시끄럽고", 엔진 운전자에

ª 이 엔진들은 2-행정 사이클 엔진의 자동차 적용 가능성을 확인하기 위해 사용된 프로토 타입 엔진이다.

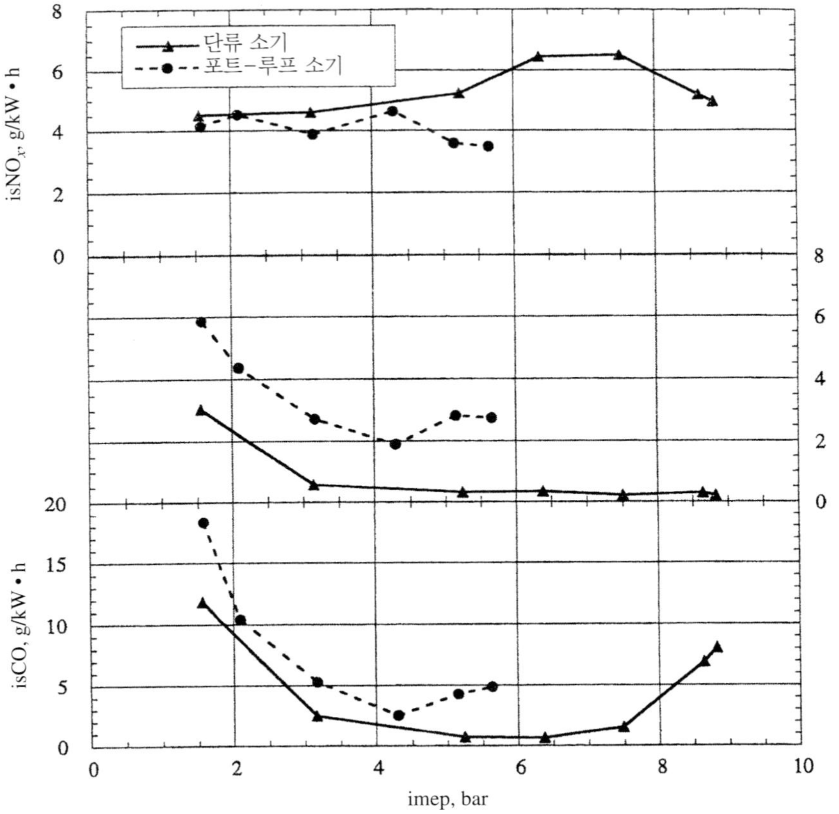

(b)

그림 15.49 계속

표 15.8 다임러-벤츠 직접 분사식 2-행정 디젤 엔진 비교[52, 56]

엔진 형태	포트 루프 소기	단류 소기
보어/행정	80/70 mm	80/98 mm
배기량(1기통)	350 cm^3	494 cm^3
연소실	실린더 헤드 내 보어	피스톤 내 보어
소기 공기	크랭크케이스 압축	외부 압축기

게는 매력적이지 않다. 따라서 통제가 필요하다. 스파크 점화기관(9절) 및 디젤 엔진(10절)의 연소율을 제어하는 요소는 이미 논의되었다. 가솔린 엔진에서 연소 시스템 설계(15.4.6절 참조)는 원하는 효율과 배기 가스의 이점을 얻기 위해 저부하에서 중부하까지 신속하게 연소를 시킨다. 그러나 엔진 부하가 증가함에 따라 연소율이 증가하므로(스로틀이 개방되므로) 스로틀 전개 작동과 같이 연소 과정이 거칠어지면 문제가 될 수 있다. 디젤 엔진은 본질적으로 다른 연소 프로파일을 가지며(그림 15.1 참조), 초기 연소율은 빠르고 이후 연소 속도는 훨씬 느리며, 그에 상응하는 압력 상승률은 증가한다. 이러한 요소는 엔진이 차가울 때 악화되며, 점화 지연이 길수록 초기 연소율이 더 빨라진다. 사전 또는 파일럿 분사는 지연 기간을 줄임으로써 초기 압력 상승률을 낮추는 데 도움이 된다.

지나치게 빠른 압력 상승은 실린더 라이너와 헤드 벽에 강한 진동을 주어 엔진 주변으로 들리는 음파를 생성한다.

15.7.1 엔진 소음

소음은 종종 "원치 않는 소리"로 정의된다. 이는 내연기관, 특히 디젤 엔진 및 소형 2-행정 가솔린 엔진의 중요한 문제이다. 효과적인 소음 억제는 대개 엔진 출력을 감소시키고, 엔진 부피 크기와 무게를 증가시키고, 비용을 증가시켜 대부분 엔진 시장의 경쟁력에 역행하기 때문에 해결하기 어려운 문제이다. 소음은 광범위하고 잘 정의된 분야로, 그 자체의 어휘와 문헌이 있어 엔진 작동의 보다 분명한 측면으로부터 분리할 수 있다. 그러나 점점 더 엔진의 소음에 대한 한계가 엄격 해짐에 따라 엔진 소음 감소는 엔진 설계에 대한 시스템 접근 방식에 통합되어야 한다. 엔진 소음에 대한 광범위한 접근은 이 책의 범위를 벗어나지만 이 절에서는 독자가 내연기관의 소음원(sources of noise)과 이를 줄이기 위해 사용할 수 있는 수단을 이해할 수 있도록 주제의 기본 사항을 충분히 전개하였다. 추가적인 세부 정보와 보다 광범위한 검토는 Annand와 Roe,[57] Blair,[58] 및 Bosch Automotive Handbook[59]에서 확인할 수 있다.

기초 및 정의

소리는 압력의 변동에 따라 매체를 통해 전파된다. 이러한 변동의 주파수가 소리의 *피치*(pitch)를 결정한다. 사람의 귀는 20 Hz에서 최대 15,000~20,000 Hz의 주파수를 감지할 수 있다. 간단한 정현파 압력 진동은 *순수한 톤*(pure tone)이라고 불리는 음파를 생성한다. 일반적으로 소리는 기본 주파수에서 작은 진폭 고조파(이 기본 주파수의 단순 배수)로 구성된다. 이 주파수의 혼합은 소리에 "톤"을 만든다. 상당한 진폭의 고주파 성분은 특히 소리를 불쾌하게 만든다.

소음원에 의해 발생하는 압력 변동은 분자 충돌을 통해 에너지를 외부로 전달한다. 더 많은 에너지가 전달될수록 소음 수준(sound level)이나 음량(sound volume)이 높아진다. *소리의 강도*(I, W/m^2)는 파동 전파 방향에 수직인 단위 면적에서 음파에 의한 단위 시간당 에너지 전달로 정의된다. 소리의 강도는 음파와 관련된 실제 에너지 플럭스를 정량화한다. 일반적으로 유효 음압, 즉 평균 제곱근(root-mean-square, rms) 변동 압력(δp)은 측정된 것이다. 평면 또는 구형파에서 다음과 같다.

$$I = (\delta p)^2/(\rho a) \tag{15.14}$$

여기서 ρ는 중밀도(대기조건에서 $\rho = 1.184$ kg/m^3)이며, a는 음속이다($(\gamma RT)^{1/2}$에서 25°C 공기인 경우 346 m/s). 국부화된 소음원을 사용하면 소리의 강도(I)와 rms 변동 압력(δp)의 제곱이 소음원으로 부터의 거리의 제곱으로 떨어진다.

사람이 들을 수 있고 견딜 수 있는 소리의 강도의 범위는 10^{-12} W/m^{2}에서 1 W/m^{2}로 매우 커서 로그 스케일(logarithmic scale)이 사용된다. 따라서 *소음의 강도 수준*(L_I)은 다음과 같이 정의된다.

$$L_I = 10\log_{10}(I/I_0) \tag{15.15}$$

여기서 I_0는 선택된 기준 레벨이다. 이 상대 강도의 단위는 데시벨(dB)이다. 식 (15.15)는 음압 수준(L_p)으로 표현할 수 있으며 다음과 같다.

$$L_p = 10\log_{10}[(\delta p)^2/(\delta p_0)^2] = 20\log_{10}(\delta p/\delta p_0)\ \text{dB} \tag{15.16}$$

여기서 δp_0는 기준 음압 수준이다. 표준 기준 수준은 청각 임계값에 해당하며, 여기서 I_0 =

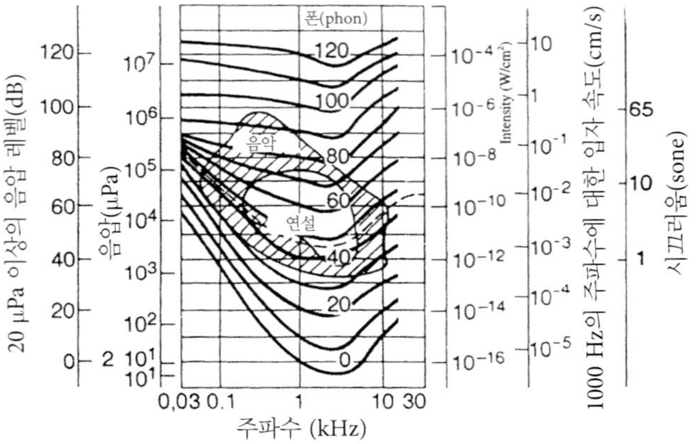

그림 15.50 동일한 시끄러운 레벨의 소음 곡선에 대하여, 주파수의 함수로써 객관적(음압 레벨, 데시벨 단위) 및 주관적[A-가중치 소음계(sound-meter) 곡선, 폰(phons) 단위] 스케일.[52, 59] (*Robert Bosch GmbH와 SAE 제공*)

10^{-12} W/m²이고, $\delta p_0 = 5 \times 10^{-5}$ Pa이다. 식 (15.14)부터 (15.16)을 사용하면 귀에서 통증을 느끼기 시작하는 소음 수준인 1 W/m²의 소리의 강도는 평균 유효 음압 20 Pa, 음압 수준은 120 dB에 해당한다.[52]

500~5000 Hz의 주파수 범위에서 귀는 음의 세기에 거의 대수적으로 반응하기 때문에 로그 스케일의 데시벨은 적절하다. 그러나 동일하게 사람이 시끄러운 것으로 느끼는 다른 피치나 주파수의 소리는 강도가 같지 않다. 주관적 *시끄러움*(loudness)에 대한 정량적 측정을 제공하기 위해 음향은 똑같이 큰 소리로 나타나는 1 kHz 주파수의 순음(pure tone)의 강도 레벨과 동일한 폰(phon, 소리의 강도의 단위)의 음량을 갖는다고 한다. 그림 15.50은 평균적인 청취자에게 특정 감각의 소리를 내기 위해 필요한 실제 강도가 주파수에 따라 어떻게 달라지는지를 보여준다. 표시된 가중치는 *A-가중치*로 알려져 있으며, 40폰에서의 귀 응답에 해당한다. A-가중 필터(weighting filter)는 일반적으로 소음계(압력의 변화를 전압의 변화로 변환하는 마이크로폰) 측정에 자동으로 적용되며 dB(A)로 지정된다. 가장 자극적인 주파수는 약 1~5 kHz이며, 주파수가 감소하고 해당 범위보다 아래로 및 위로 증가함에 따라 음압 레벨이 더 높아지며 동일한 소음을 낸다.[52]

반사되지 않는 환경과 소스로부터 충분히 멀리 떨어져있는 하나 이상의 음원의 경우와 같은 결합 효과는 각각 평면 음파이기 때문에 절대 소스 강도를 추가함으로써 얻어진다. 예를 들어, I_1과 I_2의 두 가지 소스 강도의 경우, 결합된 강도 I_{12}는 다음과 같다.

$$I_{12} = I_1 + I_2 \tag{15.17}$$

여기서 식 (15.15)으로부터

$$I_1 = I_0 \,\text{antilog}_{10}(L_{I1}/10) \quad \text{and} \quad I_2 = I_0 \,\text{antilog}_{10}(L_{I2}/10)$$

결과 소리 강도 레벨은 다음과 같이 주어진다.

$$\begin{aligned} L_{I12} &= 10 \log_{10}(I_{12}/I_0) \\ &= 10 \log_{10}[\text{antilog}_{10}(L_{I1}/10) + \text{antilog}_1(L_{I2}/10)] \end{aligned} \tag{15.18}$$

만약 두 개의 소스(1, 2)가 동일할 경우, 식 (15.18)은 다음과 같이 주어진다.

$$\begin{aligned} L_{12} &= 10 \log_{10}[2 \,\text{antilog}_{10}(L_{I1}/10)] \\ &= 10[\log_{10} 2 + (L_{I1}/10)] = L_{I1} + 3.01 \text{ dB} \end{aligned}$$

즉, 소리의 강도를 두 배로 하면 소리 강도 레벨이 3dB 증가한다. 하나의 소스가 다른 소스보다 실질적으로 더 큰 경우, 예를 들어, 두 소스가 100 dB와 90 dB일 때, 두 소스는 다음과 같이 주어진다.

$$L_{I12} = 10 \log_{10}[\text{antilog}_{10} 9] = 100.4 \text{ dB}$$

여기서, 작은 소스는 결합된 사운드 레벨에 거의 기여하지 않는다.[52]

엔진의 소음 수준을 줄이기 위한 두 가지 중요한 결과는 다음과 같은 소음 기초 검토에 따른다.[58]

- 엔진의 여러 소음원인 중 가장 큰 소리가 전체 음압 수준을 결정하는 데 가장 중요하다. 소음 배출을 줄이려면 먼저 그 소음원을 효과적으로 처리해야 한다.
- 높은 주파수 범위는 낮은 주파수보다 동일한 소리 강도 레벨에서 사람의 귀에 훨씬 더 불쾌하다. 따라서 소음을 처리하기 위해서는 이 높은 주파수 범위에 우선 초점을 맞추어야 한다.
- 주요 소음원이 시간에 따라 변화하고 짧은 강렬한 펄스를 생성하는 경우, 이러한 소음은 매우 불쾌하며 소음 처리 시스템에 의해 크게 감쇠되어야 한다.[57]

엔진 소음의 원인

엔진 소음에는 세 가지 주요 원인이 있다: 배기, 흡기, 기계적 영향과 진동. 배기 소음은 이해하기가 가장 쉽다. 배기 소음의 기원은 각 실린더의 배기 블로우다운 과정에 의한 배기 시스템에서 생성되는 압력파이며, 귀에 들리는 소음은 이 압력파가 대기중으로 들어갈 때 생성된다. 흡기 소음은 흡기 유동이 주기적으로 각 실린더로 유입될 때 만들어지는 압력파에 의해 생성된다. 기계적으로 생성되는 소음은 보통 배기 소음이나 흡기에 의해 만들어지는 소음 보다 낮다. 여기에는 몇 가지 원인이 있다. 하나는 실린더 블록과 실린더 헤드 벽면에서 대기중으로 전달되는 빠른 연소에 의한 압력 상승이다[*종종 귀에 거슬리는 소음*(*harshness, 잡음*)으로 불린다]. 또 다른 원인은 피스톤이 실린더 라이너에 부딪혀 실린더 블록이 흔들릴 때 발생한다. TC 피스톤 위치에 가까울 때, 피스톤에 작용하는 힘이 피스톤 라이너의 한쪽에서 다른 쪽으로 흔들리게 하기도 하고, 이것이 실린더 블록을 진동시킨다. 기계적 소음 역시 크랭크축 베어링의 진동력에서 발생한다. 가끔 크랭크케이스와 밸브트레인에 사용되는 롤러 베어링은 오일 필름이 기계적 진동을 감쇠시키는 표준 윤활 플레인 베어링보다 더 소음이 크다. 공기 냉각 엔진에서는 실린더와 헤드 냉각 핀이 진동하여 소음을 발생시킨다. 엔진의 액체 냉각은 블록의 진동을 흡수하고, 그렇지 않으면 헤드 구조가 전달한다. 기어 및 체인 드라이브도 상당한 기계적 소음의 발생원인이다.[57, 58]

부스트 엔진에서 추가적인 소음의 원인은 터보차져이다. 터빈 상류에 있는 가스 저장장치를 사용하여 전체 터빈 성능을 개선하기 위해 배기 블로 다운 압력 펄스를 감쇠하는 상시 압력 터보차져 시스템은 터빈이 배기 압력 맥동을 이용하도록 설계된 대체 임펄스 시스템보다 훨씬 조용하다. 디젤 엔진에서는 고압 연료 분사 시스템도 소음의 한 원인이 된다.[52]

이제 엔진 소음 수준과 스펙트럼의 몇 가지 예를 보여주려 한다. 소음측정기는 여러 가지 방법으로 소음 정보를 제공한다. 하나는 다른 주파수에서 음압 수준을 측정한 후 통합하여 전체 음강도를 판독하는 것이다. 앞서 언급한 A-가중치는 40-폰 수준에서 평균 귀의 반응에 해당하는 것으로 엔진 및 차량 소음 시험에 주로 사용된다. 하지만 소음 스펙트럼 분포에 대한 지식은 소음 억제 시스템을 설계할 때 유용하다.

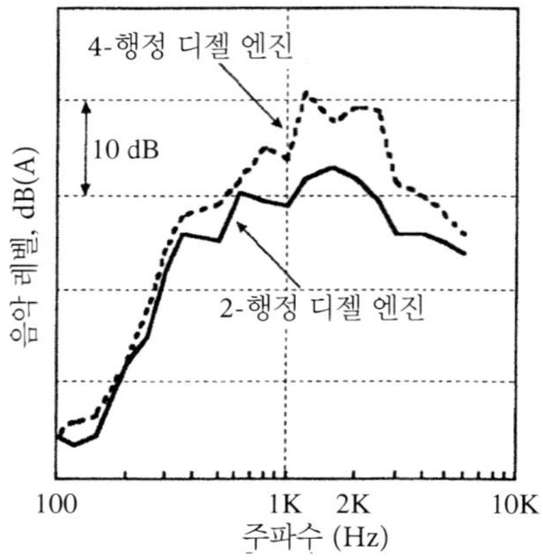

그림 15.51 자동차 디젤 엔진으로부터 발생하는 소음 범위[dB(A)](40 폰에서 귀의 반응에 해당하는 A-가중치). 아래 곡선: 1800 rev/min에서 320 N·m 토크, 3400 rev/min에서 100 kW 출력을 내는 2.5리터, 4기통, 2-행정 슈퍼차저 장착된 CI 엔진; 보어/행정 96/88 mm, 압축비 = 18. 위 곡선: 동등한 4-행정 사이클 디젤 엔진.[60]

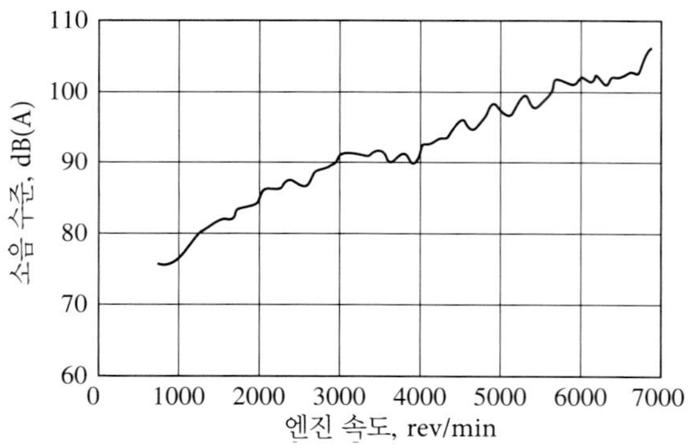

그림 15.52 4.5리터, V-8형, 자연 흡기 가솔린 엔진에서 엔진 속도에 대한 스로틀 전개 시 소음 수준[dB(A)].[61]

그림 15.51에서는 동등한 4-행정 사이클과 2-행정 사이클 디젤 엔진의 소음 스펙트럼을 비교하였다. 음압 수준은 1~3 kHz 범위에서 가장 높았으며, 고주파 및 저주파에서는 현저하게 감소한다. 점화 지연이 짧고(따라서 초기 연소 발생 압력 상승 속도가 더 느림), 엔진 최고 압력이 낮기 때문에 2-행정 엔진의 최대 소음 수준은 약 8 dB(*a*) 낮다. 같은 엔진 속도에서 2-행정 엔진의 2배 더 높은 발화 주파수(firing frequency)는 기계적 진동을 상당히 감소시키고, 그로 인해 발생하는 기계적 소음도 상당히 감소시킨다.[60]

그림 15.52는 엔진 속도에 대한 함수로서 여러 가지 소음 감소 기능을 통합한 4.5 L V-8형 자연 흡기 가솔린 엔진의 소음 수준을 dB(A) 단위로 나타낸 것이다. 소음 수준은 저속에서 고속으로 약 30 dBP(A)정도 상승하는데, 이는 가솔린 엔진의 전형적인 수준이다.[61]

엔진 소음의 저감

비출력 증가와 차량 무게 감소와 같은 변화하는 요구사항들은 엔진 크기와 무게, 연료 소비량 감소를 더욱 요구하고 있다. 실린더 내 압력의 증가 및 엔진 중량 감소로 소음 및 진동 감소가 더욱 중요하게 되었다. NVH 특성을 좋게하기 위한 엔진 개선의 예는 다음과 같다.

딱딱한(stiffer) 블록 구조는 진동과 음파(sound radiation)를 감소시킨다. 크랭크 케이스 구조가 더 단단할 수록, 오일막이 더 얇고, 엔드 베어링이 단단한 크랭크 축 직경이 더 클수록 크랭크 축 진동은 감소된다. 더 낮은 소음을 발생하는 경량의 소형 피치 체인 드라이브는 더 부드러운 링크와 스프로킷 콘트랙트(contract)로 개발되었으며, 체인 구동 액세서리는 블록에 더욱 견고하게 장착되어 소음 발생을 감소시켰다. 부드러운 장착 및 강화 오일 팬, 체

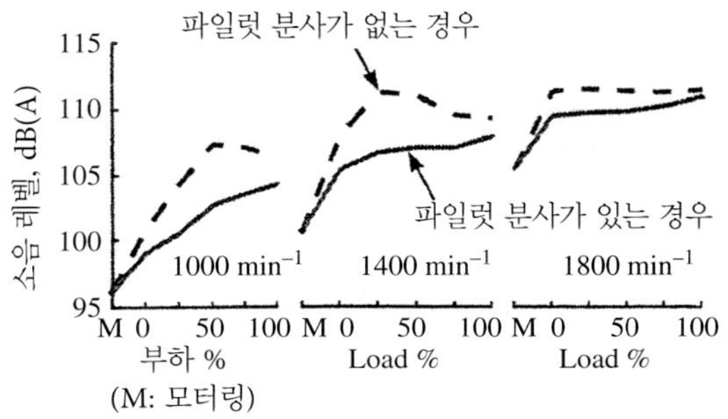

그림 15.53 19리터, V형 8기통 터보차저 장착 DI 디젤 엔진에서 파일럿 분사 적용에 의한 소음 저감(dB(A)). 파일런 연료 분사량은 분사당 2~6 mm^3; 주 분사량은 분사당 120~220 mm^3.[62]

인 드라이브 커버가 생성되는 소음을 보다 효과적으로 흡수한다.

간단한 2-행정 사이클 가솔린 엔진은 가볍고 컴팩트하게 설계되어 있어 엔진 표면은 소음을 더 쉽게 발산하며, 소음 억제 장치에 사용할 수 있는 공간은 제한된다. 이 작은 2-행정 엔진은 보통 출력을 최대화하기 위해 초크(chocked)된 최종 출구단을 갖는 튜닝 된 배기 시스템을 사용한다. 이 배기 시스템 기능은 출력에 미치는 영향이 최소화된 소음기−머플러 설계 작업을 용이하게 한다. 또한 각 실린더에 공기를 주입하는 효율이 낮기 때문에 2-행정 SI 엔진은 4-행정보다 피크 실린더 압력이 낮다. 따라서 주요 엔진 구성요소에서 발생하는 진동력은 더 낮으며 기계적 소음도 더 낮다.

디젤 엔진에서도 이와 동일한 기회를 얻을 수 있다. 또한 디젤의 연소 과정은 연료의 분사 전략과 분사율(그리고 분사 시점에서의 연소실 내 공기 온도 및 압력) 특성에 따르기 때문에 연소 잡음(harshness)을 야기하는 연소 압력의 빠른 증가를 감소시킬 수 있는 기회가 있다. 또한 파일럿 분사는 디젤 연소의 초기에 빠른 연소 단계를 완화하고, 초기 압력 상승률을 감소시킨다. 10.5.4절 및 10.7.1절을 참조하기 바란다. 19리터, V형 8기통 터보 차져 및 중간 냉각 디젤 엔진에 대한 수반되는 소음 저감을 그림 15.53에 나타냈다. 파일럿 분사의 영향은 50% 미만의 엔진 부하, 600~3000 Hz 주파수 범위에서 가장 크다. 주 분사 시작 전 소량의 파일럿 연료(2~6 mm^3/injection)가 15~20도 정도 분사(120~220 mm^3/injection)될 때 최대의 이익이 실현되었다.[62]

2-행정 사이클 엔진이 주로 사용되고 있는 대형 선박 디젤 엔진 응용 분야에서 주요 소음 과제는 엔진실 전체 소음으로, 엔진 외부 표면에서 약 1 m 떨어진 2~3 m 높이의 여러 위치에서 측정하여 100 dB(A) 이하로 유지해야 한다. 소음은 주로 개별 엔진 구성 요소와 표면에서 발생한다. 배기 가스 소음은 높은 주파수의 감쇠에 특히 효과적인 대형 흡수 소음기를 이용하여 약 25 dB(A)까지 감소시킬 수 있다.

배기 소음

배기 소음은 배기시스템의 개방부를 통해 외부 공기로 빠져나가는 배기시스템의 압력 파장과 이러한 압력 파동으로 인한 배기 시스템 표면 진동에 의한 결과이다. 배기 소음을 줄이기 위해 다양한 머플러(소음기) 기술들과 배기 시스템 구성이 개발되었다. 엔진 출력 수준에 미치는 영향이 최소화된 적절한 방법의 선택과 전체 배기 시스템에 대한 통합은 엔진 적용(및 공간, 중량 제약)에 따라 달라진다.

머플러에는 여러 가지 형태가 있으며, 특정 배기 시스템에서 둘 이상의 유형을 사용할 수 있다. 흡수와 반사의 두 가지 기본 원칙이 적용되어 있다. 머플러는(주로 흡수와 반사 모두 일어나지만) 어떤 원리가 관련되는지에 따라 두 가지 유형으로 나뉘어진다. 머플러는 배기 시스템과 함께 자연 공명 주파수를 가진 발진기를 형성하므로 배기구의 머플러의 위치가

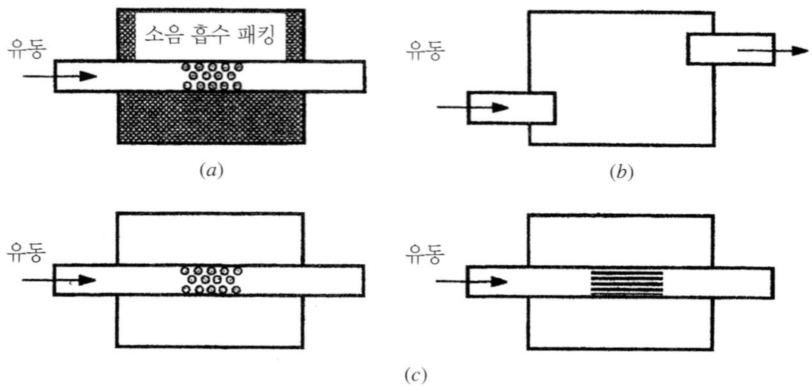

그림 15.54 (*a*) 흡수 머플러 요소; (*b*) 확산 머플러 요소; (*c*) 측면–공명기 머플러 요소.[57]

매우 중요하다. 구조물의 의한 소음을 방지(하고 열 절연을 제공)하기 위해 머플러에는 종종 이중벽과 절연된 외부 층이 있다.[59]

흡수식 머플러(그림 15.54 참조)는 방음재로 채워진 하나의 챔버를 배기파이프가 관통하도록 만들어진다. 흡수 물질은 보통 120~150 g/L의 부피 밀도를 가진 긴 섬유 미네랄울(광질면)이다. 머플러의 수준은 흡수재의 벌크 밀도와 음향을 흡수하는 특성, 머플러 길이 및 재료 두께에 따라 달라진다. 감쇠는 넓은 주파수 대역에서 발생하지만 높은 주파수에서만 시작된다(약 1 kHz 이상). 흡수식 머플러는 보통 후면 머플러로 사용된다: 이러한 형태는 대형 2-행정 디젤 엔진에서 가장 흔하게 사용되는 디자인이다.[63]

반사형 머플러는 파이프에 의해 서로 연결된 다양한 치수의 챔버로 구성된다. 파이프와 챔버의 횡단면 차이, 배기 가스 흐름의 분산 및 파이프를 챔버에 연결하여 형성된 공명기는 모두 incident 압력 변동을 감소시킨다. 확산 머플러 또는 소음기(그림 15.54*b* 참조)는 팽창 박스가 공명하는 주파수가 아닌 주파수에서 소음을 흡수한다. 측면 공명기(그림 15.54*c*)는 유량이 파이프 벽의 구멍이나 슬릿을 통해 별도의 밀폐된 챔버와 연결되며, 기본적인 배기펄스 주파수와 같은 특정 주파수에서 소음을 흡수한다. 챔버를 많이 사용할수록 머플러의 기능은 더 효과적이다.[52]

이러한 반사형 머플러는 몇몇 다른 원리를 통해 배기 가스로부터 생성되는 소음들을 제거한다. 그림 15.54*b*의 팽창 박스 머플러의 작동은 다음과 같이 설명할 수 있다. 격리된 머플러 또는 소음기의 성능은 주로 *전달 손실*(transmission loss)로 표현된다. 압력 변동의 상대 진폭이 너무 크지 않고, 소음원이 머플러의 반사에 영향을 받지 않는다면, 주어진 주파수에서의 소음 강도는 고정된 분율(fraction) 만큼 감소한다. 따라서 강도 수준은 일정한 수의 데시벨로 감소한다. 이러한 데시벨 감소는 전달 손실이다. 팽창 박스를 통과하는 단일 통로의 전달손실은 팽창 면적비($m = A_2/A_1$)와 음파의 파장(λ)에 대한 박스 길이의 비에 대한 함수이다. 전달 손실 T_{loss}는 식 (15.19)와 같이 나타낼 수 있다.[57]

$$T_{\text{loss}} = 10\log_{10}\left[1+\frac{1}{4}\left(m-\frac{1}{m}\right)^2 \sin^2\left(\frac{2\pi L}{\lambda}\right)\right] \text{dB} \tag{15.19}$$

박스는 반파장의 정수가 길이 L과 맞을 때마다 공명한다(예를 들면, $f = a(2L)$, a/L, $3a/(2L)$, $2a/L$ 등의 주파수에서 $\lambda = 2L, L, 2L/3, L/2$ 등): 이 때 전달 손실은 0이 된다. 전달 손실의 최댓값은 식 (15.20)으로 나타낼 수 있다.

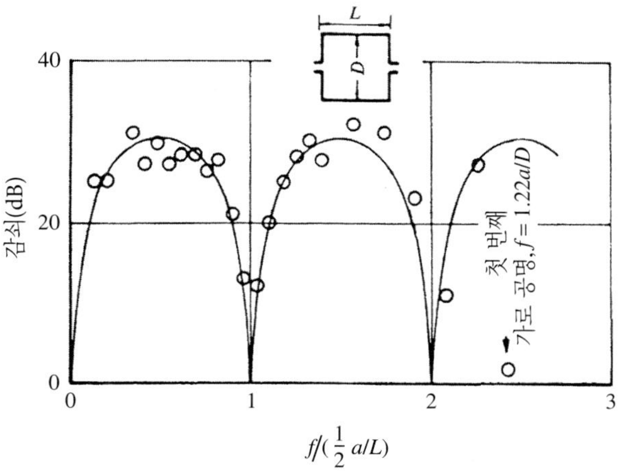

그림 15.55 처음 두 종방향 공명 주파수에서 패스 밴드를 보여주는 원형 단면 팽창 박스의 전달 손실(감쇠).[57]

$$T_{\text{loss,max}} = 10\log_{10}\left[\frac{1}{4}\left(m+\frac{1}{m}\right)^2\right]\text{dB} \tag{15.20}$$

실험측정결과 박스가 가로 또는 반지름 모드에서 공명할 수 있는 주파수에 도달할 때까지 이론과 잘 일치한다(그림 15.55 참고). 원형 단면이 있는 상자의 경우, 그림과 같이 $1.22a/D$의 주파수에서 첫 번째 방사상 공진이 발생한다.[57]

측면 공명기 머플러(그림 15.54*c* 참조)에 사용되는 박스에 연결된 구멍 또는 슬릿으로 구멍이 뚫린 파이프는 박스 또는 측면 캐비티의 자연 주파수에서 강하게 흡수된다.

전도도 K의 개구부를 통해 단면적 A_p의 파이프에 연결된 부피 V의 측면 공명기 소자의 전송 손실은 다음 식 (15.21)과 같다.

$$T_{\text{loss}} = 10\log_{10}\left[1+KV\Big/\left\{2A_p\left(\frac{f}{f_n}-\frac{f_n}{f}\right)\right\}^2\right]\text{dB} \tag{15.21}$$

개구부의 전도성(길이의 치수를 갖는 것)은 대략 식 (15.22)에 의해 주어지는데,

$$K = \pi r^2/[l+(\pi/2)r] \tag{15.22}$$

여기서 r은 개구부의 반지름이고, l는 공동(cavity)으로 통하는 파이프의 길이(단순한 구멍의 경우 0, $K = 2r$일 때)이다.

$$f_n = \frac{a}{2\pi}\sqrt{\frac{K}{V}} \tag{15.23}$$

전송손실은 공동의 공명주파수 근처에서 매우 높다. 이 주파수에서 벗어나면, 그림 15.56에서 보는 바와 같이 손실은 $\sqrt{KV}/A_p$, $\sqrt{KV}/A_p$의 높은 값으로, 넓은 주파수 범위에서 상당한 전송 손실이 발생한다.

구멍이 여러 개 있는 경우 전도성은 개별 값의 합이다. 길이 l 및 폭 b의 직사각형 슬릿의 경우 두께 t의 시트(sheet)에서 K는 식 (15.24)와 같으며,

$$K = bl\big/(t+0.92k\sqrt{bl}) \tag{15.24}$$

이 식에서 k는 $l = b$인 경우 1.0, $l = 20b$인 경우 0.6으로 감소한다. 측면 공동 공명기의 장점

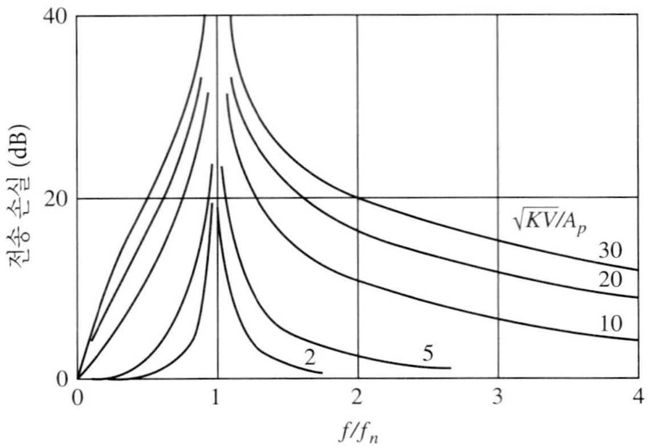

그림 15.56 단순한 측면 공명기 머플러 요소의 전송 손실.[57]

은 주(main) 관을 통과하는 유동이 사실상 방해 받지 않는다는 것이다.[57]

실용적인 머플러는 종종 둘 이상의 확장 상자 및/또는 측면의 조합이다. 그래서 그들의 작동은 이 단순한 삽화보다 더 복잡하다. 앞의 변속기 손실 표현은 반사가 없는 머플러 출구에 대한 것이다. 테일 파이프의 개방 출구는 반사가 없는 것이 아니다. 출구 압력파는 희박파(rarefaction wave)만큼 강하게 개방형 파이프에서 반영된다. 배기시스템에서 머플러의 위치 또한 중요하다. 머플러가 배기 상류에 있는 배기시스템은 한쪽 끝(엔진 끝)이 닫혀 있고, 한쪽 끝이 열린 오르간 파이프라고 생각할 수 있으며, 머플러가 배기시스템의 하류에 있는 것은 양쪽 끝이 열려 있는 것으로 생각할 수 있다. 결과적으로 그것들의 공명 거동은 달라질 것이다. 소음 감소 기능을 포함하는 배기시스템의 설계는 이제 광범위한 경험적 데이터에 기초할 뿐만 아니라 비정상 1차원 가스 역학 컴퓨터 코드(14.3.4절 참고)로 수행된다.[52]

흡기 소음

배기 소음과 관련하여 흡기 소음은 놀라울 정도로 높으며, 특히 스로틀 전개 조건에서 더욱 그러하다. 흡기 소음은 개별 실린더로 공급되는 것에 해당하는 맥동 흡기 유동에서 발생한다. 유동 제한은 엔진 출력을 감소시킬 수 있기 때문에 흡기 소음 감소가 어렵다. 기본 유동 펄스 주파수는 식 (15.25)와 같으며, 여기서 n_c는 실린더의 수이다.

$$f = n_c N(\text{rev/min})/60 \tag{15.25}$$

소형 엔진의 흡기 소음 감소는 대개 공기 필터를 다운스트림 끝에 통합하는 팽창 박스 소음기를 통해 이루어진다. 팽창 박스 또는 공동(cavity)은 식 (15.23)에 의해 주어진 공명 주파수를 가지고 있으며, 여기서 진입 덕트는 반지름과 관련하여 길기 때문에 전도도 K는 A_p/l이다[식 (15.22) 참조]. 흡기유동손실은 A_p의 최솟값을 제한한다. 원하는 깊은 톤의 소리는 더 높은 주파수의 효과적인 감쇠가 필요하다. 이 경우 공명기의 낮은 자연 주파수가 필요하며(감쇠가 발생하지 않는 경우), $V/K = lV$에 높은 값이 필요하다. 또한 높은 $\sqrt{KV}/A_p$ [식 (15.21) 참조] 값 또는 큰 팽창 박스 공동 부피가 필요하다. 실제로 고유 주파수는 높은 부하가 발생하는 최저 엔진 속도에 해당하는 주파수 이하로 설정되며, 식 (15.25)를 사용하여 결정되고, 10~20 $V_d\sqrt{n_c}$ 사이의 박스 부피 V를 사용한다. 여기서 V_d는 각 실린더의 행정 체적이다. 그러한 시스템이 생성하는 흡기 소음 감쇠는 공동의 공명 주파수에서 0이며, 주파수가 증가함에 따라 약 15~20 dB까지 꾸준히 상승하며, 추가 파동 현상은 추가 개선을 효과적으로 제한한다.[59]

15.7.2 왕복 메커니즘 역학

내연기관의 왕복 메커니즘 움직임 측면은 NVH, 특히 진동에 영향을 미친다. 이 링크 장치들은 실린더를 오르내릴 때 커넥팅 로드의 진동 운동을 통해 피스톤에 작용하는 순 압력 힘을 회전 크랭크축으로 전달한다(그림 2.1 참조). 2.3절에서 설명했듯이, 피스톤에 작용하는 가스 압력 힘(다른 힘과 함께)은 그림 2.3에서 표시한 대로 크랭크축(토크)에 대한 회전 모멘트를 생성한다. 개별 실린더에 대한 크랭크 각도의 함수로서 이 시간에 따라 변하는 토크(엔진 마찰 극복에 필요한 것에 의해 감소됨. 그림 2.7)는 그림 2.4에 나타나 있다. 따라서 각 실린더의 각 연소 이벤트는 엔진의 부하를 구동하는 데 사용되는 토크 펄스를 생성한다.

대부분의 엔진은 1.5절에서 설명한 이유와 같이 다중 실린더 엔진이다. 그래서 적절한 크랭크 각도 단계와 개별 피스톤, 커넥팅 로드 및 크랭크 운동 메커니즘의 운동을 함께 요약한다. 물론, 큰 장점은 더 많은 실린더(그리고 더 작은 변위 실린더)가 더 빈번하고, 더 작은 토크 펄스를 발생시키고 따라서 엔진 작동이 더 원활해진다는 것이다. 중요한 단점은 시간에 따른 힘의 변화와 여러 피스톤/커넥팅 로드 조합의 운동 동력이 반드시 완전히 *균형*을 이루지는 못한다. 이것은 엔진 구조물의 진동을 유발할 수 있는 엔진 구성품에 대한 순 하중 변동을 발생시킨다. 이 절에서는 다중 실린더 엔진의 피스톤, 커넥팅 로드 및 크랭크축 거동에 대해 살펴본다. 다음 15.7.3절에서는 이 분석 결과를 엔진 밸런싱 작업에 적용하고자 한다.

높은 엔진 속도에서 왕복 질량(피스톤 어셈블리 및 커넥팅 로드의 상부 부분)을 가속 및 감속하는 데 필요한 힘이 중요해진다. 이러한 힘을 *관성력*(질량 × 가속)이라고 하며, 다중 실린더 엔진에서는 이러한 힘이 균형을 이루도록 하여 순 엔진 관성력이 0이 되도록 한다. 불균형한 수직 또는 측면 관성 힘은 충분히 클 경우 엔진이 진동하여 차량 구조물에 잠재적으로 흥미로운 진동을 일으킬 수 있다.

Den Hartog[64]의 분석에 따라, 식 (2.6)에 의해 정확한 형태로 주어진 피스톤의 변위는 $1/R$ (대부분 엔진의 경우 0.3에 가까운)에서 멱급수로 제곱근항을 확장하고, 그 팽창의 첫 번째 항만 유지함으로써 이러한 목적을 위해 피스톤의 변위를 단순화할 수 있다. 이는 피스톤 간극인 c에 대한 근사치를 TC 위치로부터 식 (15.26)과 같이 산출한다.

$$\frac{c}{a} = \left(1 + \frac{1}{4R}\right) - \left(\cos \omega t + \frac{1}{4R}\cos 2\omega t\right) \tag{15.26}$$

여기서 $R = l/a$ (l은 커넥팅 로드의 길이, a는 크랭크 반경)이고, 3.0과 3.5 사이에 있으며, ω는 라디안/초(radian/s) 단위로 크랭크축의 회전 속도이며, ωt는 크랭크축이 시간 t에서 회전한 크랭크 각과 같다.

시간에 대해 한 번 미분하면 피스톤 속도 (S_p)가 구해지고, 두 번 미분하면 가속도(a_p)를 얻을 수 있다.

$$S_p = a\omega\left(\sin \omega t + \frac{1}{2R}\sin 2\omega t\right) \tag{15.27}$$

$$a_p = a\omega^2\left(\cos \omega t + \frac{1}{R}\cos 2\omega t\right) \tag{15.28}$$

피스톤 질량으로 곱한 후, 이 표현들은 각각 피스톤의 수직 운동력과 관성력이 된다. 이들은 두 개의 항으로 구성되어 있는데, 하나는 크랭크축 회전과 동일한 주파수로 변화하고, 하나는 주(primary) 또는 1차(first-order) 항으로 알려져 있으며, 다른 하나는 2차(second-order)항

으로 알려진 이 주파수의 2배로 변화한다.[o]

만약 커넥팅 로드가 무한히 길다면($R \to \infty$), 식 (15.28)의 두 번째 항은 없어지고, 피스톤은 고조파 운동을 하게 된다. 정상적인 커넥팅 로드 길이($l \approx 3.5a$)에서는 두 번째 항은 의미가 있다.

피스톤 관성력은 m_a와 a_p의 곱으로 주어진다. 피스톤 질량은 피스톤, 링, 피스톤 핀 및 커넥팅 로드의 상부 부분의 질량이다. 일반적으로 이 커넥팅 로드(왕복)질량은 실제 커넥팅 로드를 2개의 농축 질량(concentrated mass) (베어링 축의 로드 양쪽 끝마다 하나씩)으로 교체하여 전체 로드 질량을 무게 중심의 위치와 마찬가지로 변경하지 않고 유지함으로써 결정된다.[p] 커넥팅 로드의 움직임은 복잡하며, 상단 베어링 축은 직선으로 위아래로 움직이고, 하단 베어링 축은 원을 그리며 움직인다. 하지만, 이 단순한 질량 분포 모델에서 무게중심의 경로가 이 대체물에 의해 변하지 않는다면, 커넥팅 로드에 가해지는 총 관성력은 동일하다. 요컨대, 피스톤의 관성력은 식 (15.29)와 같다.

$$F_{p,i} = (m_p + m_{r,\text{rec}})a_p \tag{15.29}$$

일반적으로 커넥팅 로드 질량의 왕복 구성요소는 전체 질량의 3분의 1에 가깝다. 참고로, 중요하게도, 식 (15.29)의 관성력의 크기는 식 (15.28)의 피스톤 가속도를 통해 엔진 속도의 제곱으로 증가한다. 따라서 6000 RPM에서 그것은 1500 RPM에서의 크기에 비해 16배 더 크며, 지배적인 힘이 된다. 낮은 엔진 속도에서 이는 거의 중요하지 않으며, 일반적으로 무시된다.

우리는 직렬형 4기통 엔진에 대한 피스톤 관성력의 1차 및 2차 구성요소를 조사하여 위 분석의 사용을 설명한다. (자체 실린더에서) 각 피스톤의 왕복운동이 180° 떨어져 있기 때문에 이 다중실린더 구성은 가장 이해하기 쉽다.

그림 15.57*a*는 크랭크축이 회전할 때 네 개의 크랭크 위치를 도식적으로 보여준다. 실린더 번호 1에 대한 크랭크각도 위치가 θ [식 (15.28)에서 ωt와 동일]인 경우, 실린더 2, 4 및 3의 경우, 작동 사이클의 등가 지점에서의 크랭크각도는 그림과 같이 각각($\theta + 180$), ($\theta + 360$), ($\theta + 540$)도 이다.[q] 따라서 각 피스톤에 대한 식 (15.28)의 $\cos(\omega t)$는 L로 대체된다. θ가 45도인 경우, 각 실린더의 크랭크 위치는 Positive, Negative, Positive, Negative이다. 하지만, 4개의 피스톤 각각에 대한 cos ($2\omega t$)항은 각도가 현재 2배로 증가하여 모두 같은 기호를 갖는다(θ가 45도라면 모두 Positive임). 주어진 다중실린더 엔진 구조에 대한 개별 피스톤 1차 및 그 다음 2차 관성력의 조합은 엔진의 균형 여부에 대한 유용한 시각적 표현을 제공한다. 그림 15.57*b*는 4기통 직렬형 엔진 균형(밸런스)에서 1차(기본) 관성력을 나타낸다. 2차 힘은 그렇지 않다: 그림과 같이 동일한 기호를 가지고 2차 힘은 모두 서로서로 더한다. 그래서 이 2차 관성력은 *균형이 맞지 않다*. 4기통 직렬형 엔진으로 원활한 작동을 위해 균형축은 이러한(회전) 2차 균형 외 관성력을 상쇄하기 위해 종종 사용된다(15.7.3절 참조).

소음과 진동을 발생시킬 수 있는 피스톤 동작의 추가적인 동적 특성은 *피스톤 슬랩*이다. 피스톤이 상단 중앙 위치를 통과할 때 피스톤과 라이너 사이의(반드시 필요한) 간극 때문에 그림 15.58과 같이 피스톤이 라이너 한쪽에서 다른 쪽으로 전환될 때 피스톤이 약간 회전한다. 압축행정을 하는 동안 커넥팅 로드의 반응힘은 그림 15.58[부(minor) 추력 측]의 우측

---

[o] 식 (2.6)의 제곱근 항 확장에서, $1/R$의 연속에서, 세 번째 이상 순서의 항은 작기 때문에 생략되었음에 유의한다.

[p] 커넥팅 로드 질량을 두 개의 별개 질량으로 구분하는 것은 관성력을 결정하기 위한 적절한 방법이다. 하지만, 이러한 힘의 모멘트를 결정하기 위한 정확한 방법은 아니다.

[q] 4기통, 직렬형 엔진의 점화 순서는 실린더 1, 2, 4, 3번 순서 혹은 1, 3, 4, 2번 순서이다.

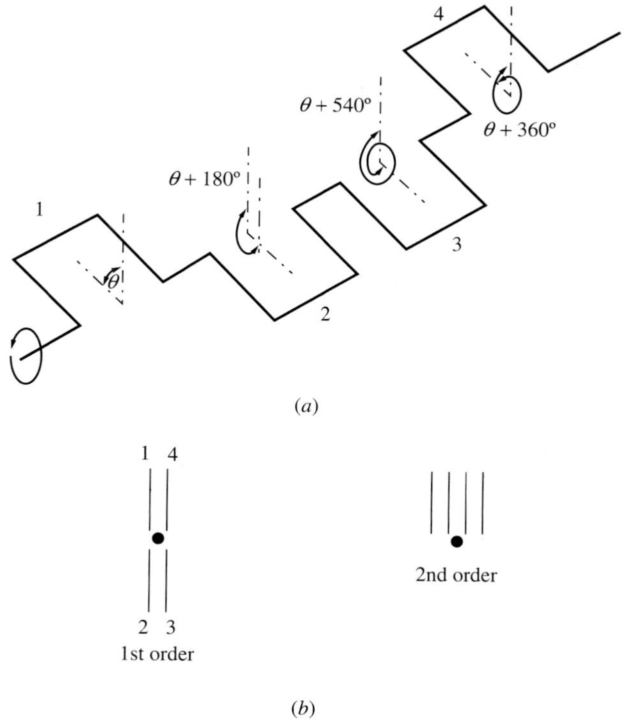

그림 15.57 (*a*) 4기통, 직렬형 엔진에서 크랭크 스로(crank throws)와 개별 실린더 및 피스톤의 단계를 보여주는 개략도. (*b*) 1차(기본) 및 2차 개별 피스톤 왕복 관성력의 스타 다이어그램. 1차 관성력은 균형을 이루지만, 2차 관성은 균형을 이루지 못한다.

으로 피스톤을 민다. 팽창 동력 행정 동안 커넥팅 로드는 피스톤을 주(major) 추력 측인 좌측으로 민다. TC에서 이러한 전환이 일어나면서 피스톤은 그림과 같이 회전한 다음 곧게 된다. 피스톤에 가해지는 힘은 연소가 진행됨에 따라 사이클의 이 지점에서 높고, 증가한다. 피스톤이 주 추력측을 "슬랩"하면 라이너 진동 및 소음이 발생할 수 있다. 2.2절에서, 우리는 피스톤 핀 축이 일반적으로 피스톤에 가해지는 힘이 더 낮을 때 라이너의 부 추력 측에서 이 피스톤 전환을 시작함으로써 이러한 충격을 줄이기 위해 라이너의 주 추력측으로 향하는 보어의 1.5%만큼 상쇄된다고 설명했다. 그림에서 알 수 있듯이, 이 전환은 TC보다 15도 먼저 시작하여 TC 이후 5도에서 끝난다.

15.7.3 엔진 균형(밸런싱)

왕복 엔진 메커니즘에 관련된 시간–변화 힘은

- 진동 질량(피스톤, 커넥팅 로드의 상단부)
- 회전 질량(크랭크축, 커넥팅 로드의 빅엔드)
- 주기적인 힘(실린더 압력)

로부터 발생한다.

앞서 논의한 바와 같이, 높은 엔진 속도에서는 이러한 질량을 가속 및 감속시키는 힘(관성력–질량 시간 가속이라고 함)이 중요하다. 멀티 실린더 엔진에서는 크랭크축의 순 힘이 0이 되도록 하여 이러한 관성력의 "균형"잡기를 원한다. 균형이 맞지 않는 힘은 엔진의 진동

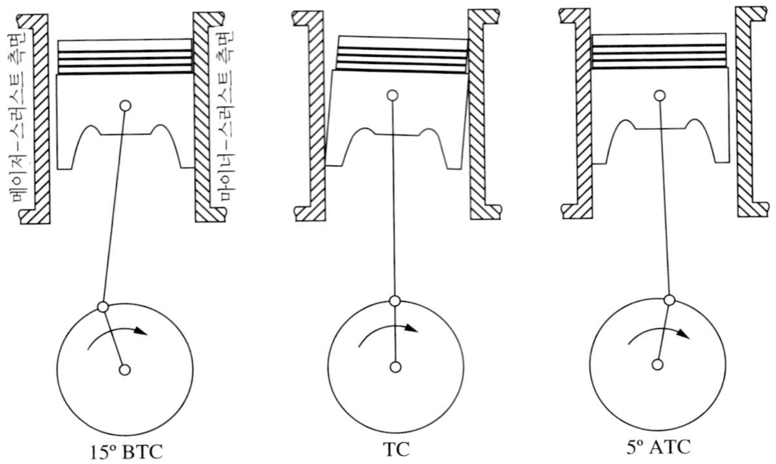

그림 15.58 연소 초기 TC 직전 라이너의 한 쪽에서 반대쪽으로의 피스톤 움직임. 피스톤 핀 오프셋이 있는 경우, 이동(transition)은 TC 이전에 일어나며, 피스톤 슬랩은 감소한다.[65]

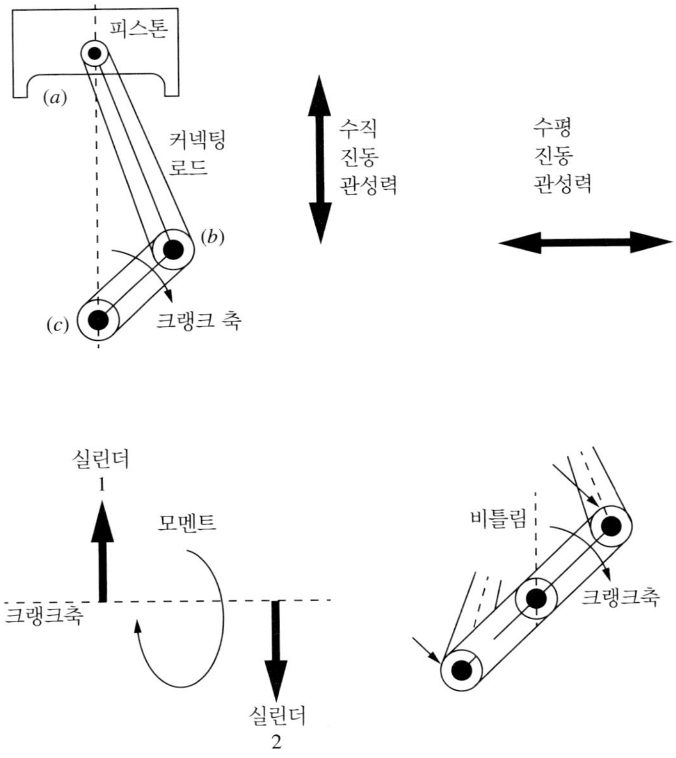

그림 15.59 각 피스톤 어셈블리의 실린더 축을 따라 (수직) 횡방향(수평)으로 진동하는 관성력을 나타내는 개략도. 또한, 멀티 실린더 엔진에서 피스톤 및 커넥팅 로드의 움직임에 의해 부과되는 힘의 상이한 크기 및 분리로 인해 크랭크축을 흔들거나 비틀리는 경향을 나타냄.

과 차량의 진동을 유발한다.

그림 15.59는 각 피스톤에 작용하는 수직(축) 및 수평(횡단) 진동 관성력, 크랭크축을 흔들려는 모멘트(다중 실린더 엔진), 크랭크 스로(crank throws)에 가해지는 힘이 일정하지 않아 발생하는 비틀림 크랭크축 모멘트와 같은 현상을 나타낸다.

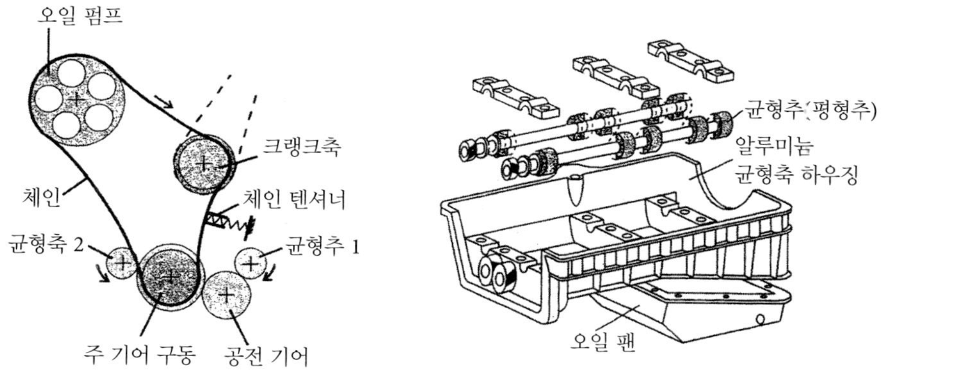

그림 15.60 균형추와 축 위치, 기어 구동 메커니즘을 보여주는 4기통, 직렬형 가솔린 엔진의 균형 축 시스템 예시.[66]

회전 질량은 균형을 이루기가 가장 쉽다: 균형추(counterweight)는 원심력에 대항하기 위해 주로 사용된다. 예를 들어, 적절한 균형추는 크랭크 스로와 커텍팅 로드 빅엔드의 회전 관성을 쉽게 상쇄할 수 있다. 진동하는 질량은 크랭크축 각속도에서 1차, 2차에서 2배의 속도로 확실하게 변화하는 힘을 생성한다. 균형은 적절한 속력과 방향으로 회전하는 불균형한 시스템을 보상함으로써 도달할 수 있다.

앞 절에서 설명한 4기통 직렬형 엔진에서는 1차 관성력이 균형을 이룬다. 균형을 벗어난 2차 관성력은 크랭크축의 두 배 속도로 반대 방향으로 회전하는 동일한 보조 축 두 개를 사용하여 상쇄할 수 있다. 그림 15.60과 같이 적절한 질량의 균형 가중치가 이러한 축에 부착된다. 두 축은 크랭크축에 의해 크랭크축 회전율의 2배로 구동되며, 한 축의 회전 방향을 반전시키기 위한 아이들러 기어가 있다. 이러한 편심 균형추가 생성하는 수직 관성력은 4개의 피스톤의 2차 관성력의 수직 구성요소를 정확히 상쇄한다. 각각의 회전하는 균형 추 축이 생성하는 관성의 횡방향 구성요소는 축이 반대 방향으로 회전하므로 상쇄된다. 따라서 역회전 균형 축이 있는 4기통 직렬형 엔진의 관성력은 완전히 균형을 이루게 된다.

다중 실린더 엔진의 관성력은 크랭크축 스로의 배치에 따라 각 개별 피스톤–실린더 시스템의 중첩에서 발생한다. 또한 실린더 간 간격의 결과로 자유 모멘트가 생성된다. 표 15.9는 다중 실린더 엔진에서 발생할 수 있는 가능한 횡단 및 종방향 적정 모멘트, 축 자유 관성력 및 진동 모드를 요약한 것이다.

표 15.9 멀티 실린더 엔진에서 횡방향 및 종방향 기울임(tilting) 모멘트, 그리고 축방향 자유–관성력, 진동의 모드

엔진에서 힘과 모멘트	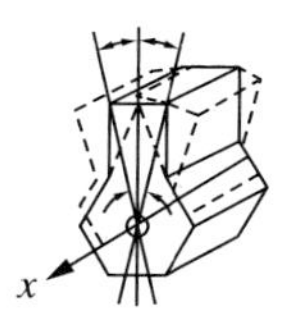	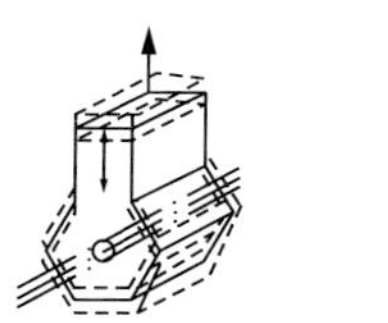	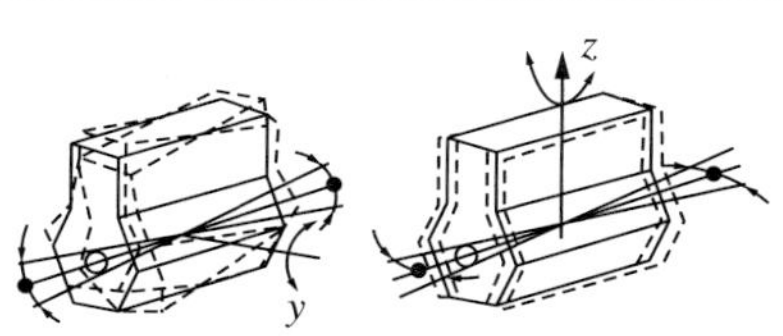	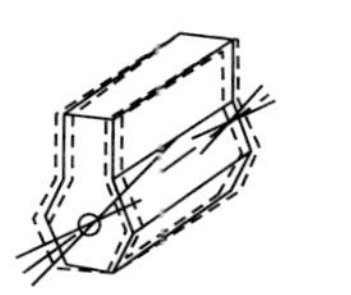
진동 모드	실린더 축에 대한 진동 토크: 엔진 횡방향 틸팅 모멘트	자유 왕복 축 관성력	자유 관성 모멘트: y(횡방향) 축에 대한 종방향 틸팅 모멘트; z(수직) 축에 대한 피칭 모멘트, 및 롤링 모멘트	내부 굴곡/비틀림 모멘트

출처: Bosch Automotive Handbook.[59]

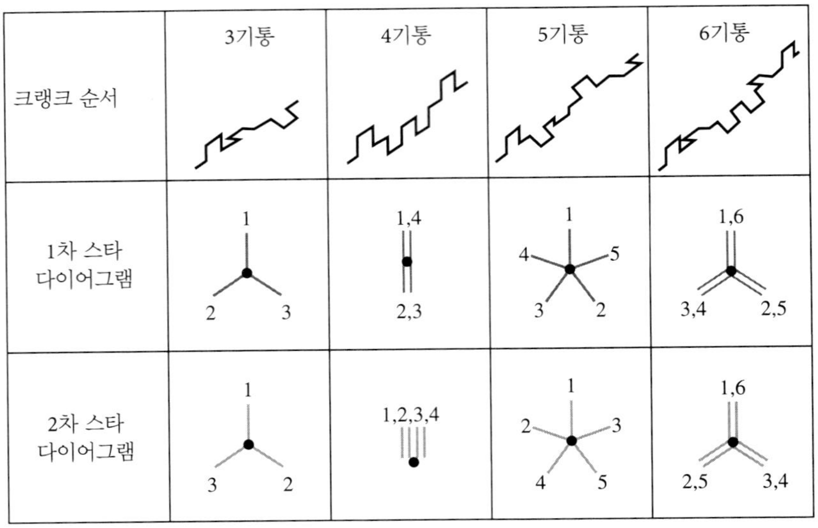

그림 15.61 왕복 관성(자유)력의 1차 및 2차 성분에 대한 크랭크 배열 및 스타 다이어그램. 3기통에서 6기통 직렬형 엔진.[59]

관성력의 상호 균형은 엔진의 실린더수와 레이아웃의 선택을 결정하는 요소이다. 모든 움직이는 크랭크축 조립 부품의 공통 무게 중심이 크랭크축의 중간점에 있는 경우 즉, 전면에서 볼 때 크랭크축이 대칭인 경우 관성 하중은 균형을 이룬다.[59] 그림 15.61은 직렬형 엔진의 1차 및 2차 관성력에 대한 크랭크 배열과 스타 다이어그램을 나타낸 것이다. 모든 것이 첫 번째 순서에 따라 균형을 이룬다. 4기통 직렬형 엔진을 제외한 모든 엔진은 두 번째 순서로 균형을 맞춘다.

따라서 3기통 엔진(관성)의 힘은 1차 및 2차 순서로 균형을 이룬다. 첫 번째와 두 번째 모멘트는 그렇지 않다. 4기통 직렬형 엔진은 1차에서는 균형을 이루지만, 2차에서는 균형이 맞지 않는다. 수평 대형 4기통 엔진은 2차 모멘트를 제외하고는 균형을 이룬다. 5기통 엔진은 자유력 측면에서 균형을 이루지만 자유 모멘트에서는 균형을 이루지 못한다. 6기통 직렬형 엔진은 완전히 균형을 이루며(종종 원활한 작동을 위해 선택되는 경우가 많다.) V-6 엔진(60도 및 90도 V 각도)은 관성력 측면에서 균형을 이루지만 자유 모멘트는 균형을 이루지 못한다. 대향 6기통 엔진(6개 크랭크 스로를 가진)은 완전히 균형을 이룬다. 8기통 90도 V형 엔진 관성력은 1차 및 2차에서 균형을 이루지만, 자유 모멘트에서는 그렇지 못하다. 자세한 내용은 Bosch Automotive 핸드북에서 확인할 수 있다.[59]

15.8 엔진 성능과 연료 요약 _*Engine Performance and Fuels Summary*

엔진

이 장에서는 스파크 점화 및 압축 점화(디젤) 엔진의 주요 성능 특성을 설명하고 전반적인 동향을 강조하였다. 엔진 성능과 효율은 시간이 지남에 따라 지속적으로 개선되고 있으며, 배기가스 배출 수준은 계속 감소하고 있음을 유의하기 바란다. 엔진 구성과 용도는 매우 다양하며, 이들 각각에 대한 설계와 작동 특성의 차이가 있다. 그럼에도 불구하고, 보다 중요한 유형의 내연기관에 대한 다양한 성능 파라미터의 대표값에 대한 우리의 논의는 다음과 같이 요약할 수 있다.

1. 특정 범주의 엔진(예, 자연흡기 4-행정 SI 엔진) 내에서 최대 토크에서의 최대 bmep, 최대 정격 출력에서 비출력과 $\overline{S}_p$, 낮은 엔진속도 및 스로틀 전개 근처에서 최고 bsfc와 같은 성능 특성은 매우 유사하다.
2. 엔진 사이즈가 큰 범주의 엔진 카테고리 내에서는 사이클당 마찰 및 열 손실의 상대적 중요성이 감소함에 따라 엔진 크기가 커질수록 최대 bmep는 증가하고, 최소 bsfc는 감소한다.
3. 동급의 디젤 엔진과 비교했을 때 가솔린 연료 SI 엔진의 최대 bmep가 더 높은 것은 스로틀 전개 조건에서 SI 엔진이 화학양론비에 가깝게 운전되기 때문이다.
4. 슈퍼차징 또는 터보차징은 흡입 공기 압력을 증가시켜 흡입 공기 밀도를 높임으로써 최대 bmep와 비출력을 증가시킨다. *후냉각(aftercooling)*을 사용한 공기 압축은 동일한 매니폴드 공기 압력 수준에서 후냉각이 없는 터보차징에 비해 bmep가 더 증가한다. 터보차저가 있는 SI 엔진의 최대 bmep는 허용 가능한 최대 압력과 노킹의 발생에 의해 제한된다. 터보차저가 있는 압축 점화기관의 최대 bmep는 응력 한계까지이다. CI 엔진이 크면 클수록 더 높은 최대 실린더 압력을 허용할 수 있도록 설계되며, 이에 따라 더 높은 부스트 압력을 활용할 수 있다.
5. 2-행정 사이클 가솔린 SI 엔진은 동급의 4-행정 사이클 SI 엔진보다 낮은 bmep와 높은 bsfc를 갖는다.
6. 현대의 고속(터보차저가 장착된) 직접 분사식 디젤 엔진의 최고 효율은 자연 흡기 방식의 가솔린 엔진보다 약 15~20% 높다. 그러나 디젤 엔진은 낮은 펌핑일과 훨씬 더 희박한 공연비 조건에서의 운전으로 인해 저부하에서 더 큰 장점을 갖는다. 약 1/4의 최대 부하와 낮은 엔진 속도에서 제동 연료 변환 효율은 30~40% 더 높다.
7. 80 cm~1 m 보어 크기 범위에서 사용되는 직접 분사식 디젤 엔진의 최대 bmep와 최고의 제동 연료 변환 효율은 실린더 크기의 증가와 함께 지속적으로 개선되고 있다. 이것은 사이클당 마찰 및 열 손실의 영향이 감소하기 때문이며, 열 손실의 감소는 더 높은 최대 실린더 압력을 가능하게 한다(따라서 더 높은 공기 부스트 수준을 달성한다). 또한, 이러한 대형 엔진의 출력과 효율은 터보 컴파운드를 통해 유용하게 증가될 수 있다.

연료

이 책은 주로 석유 기반 연료, 가솔린(또는 휘발유) 및 디젤로 작동하는 내연기관에 초점을 맞추고 있다. 이러한 연료는 고유 에너지 밀도가 높고 다성분의 원유로부터 정확히 분리될 수 있는 액체연료 현재 엔진 사용에서 우위를 차지하고 있으며, 각 연료의 평균 특성이 각 엔진 유형(SI기관용 가솔린, CI기관용 디젤)의 연료 요구량에 맞게 제어될 수 있다. 이러한 연료의 현재 비용(추출, 처리 및 공급 비용의 합)은 여러가지 의미에서 엔진 사용자가 이용할 수 있는 가장 매력적인 옵션이다. 그러나 이러한 연료들은 85%의 탄소(질량기준)를 함유하고 있어, 주요한 온실가스인 CO_2의 주 원인이 되고 있다.

천연가스(NG), 액화석유가스(LPG), 에탄올, 메탄올, 바이오디젤 등 몇 가지 대체 연료가 제한적으로 사용 중이거나 수송용으로 사용하는 것을 검토하고 있다. 세계적인 규모로 볼 때, 이러한 대안들의 사용은 지금으로써는 아직 적절한 것으로 보인다.[4]

디젤 연료 수요는 전 세계적으로 가솔린 수요보다 빠르게 증가하고 있기 때문에, 압축

착화 연소 과정(자발적으로 또는 파일럿 디젤 연료 분사 방식)의 디젤 타입의 엔진에서 휘발유/가솔린 사용을 이 두 연료의 수요 균형을 더 잘 맞추기 위한 방법으로 탐구하고 있다. 이것은 새로운 RCCI (reaction-controlled compression-ignition) 연소 모드에 대한 더 유망한 기회 중 하나를 나타낸다.

천연가스는 주요 세제 혜택으로 매력적인 시장이 형성되는 몇몇 국가에서 적절한 수준에서 SI 엔진에 사용되고 있다. 그것은 분명히 가스 연료일 뿐, 액체 연료는 아니다. 천연가스의 연소 특성은 가솔린과 크게 다르지 않다. 디젤의 대안으로 대형 SI 엔진에서도 사용된다. 가솔린보다 노킹 저항이 높지만 상당한 공기(약 10%)를 대체한다. 차량 내 연료 저장소는 고압 가스 또는 극저온 탱크에서 액화된다. 이 두 가지 모두 상당한 비용, 공간 및 에너지 소비 저하에 해당한다. 천연가스와 함께 추출되는 액화석유가스는 적당한 가압으로 액화하여 저장할 수 있으며, 제한된 양 범위 내에서 사용되고 있다. 가솔린/휘발유 SI 엔진 전환(또는 가솔린 장착 이중 연료 시스템) 비용은 높다.

알코올인 에탄올과 메탄올은 가솔린의 보충제로 도입되었다. 예를 들어, 미국에서 에탄올은 휘발유와 혼합된 E10(10%)으로 사용된다. 주로 옥수수(미국)와 사탕수수(브라질)에서 생산된다. 그것은 가솔린 보다 옥탄 등급이 훨씬 더 높고(노킹 저항성이 더 높으며), 이 수준에서 혼합되면 기본 휘발유가 업그레이드 된다. 메탄올은 에탄올과 비슷한 이점을 제공하며, 중국에서는 적당한 수준에서 사용되고 있다. 이 두 알코올은 모두 매력적인 특성을 가지고 있지만, 또한 부정적인 요소들, 즉 탄화수소 연료에 비해 에너지 밀도가 낮은 것(에탄올 약 70%, 메탄올 약 50%), 물이 존재할 때 가솔린과 알코올 혼합물로부터 분리되는 것, 독성 등이 있다. 현재 에탄올과 메탄올 비용은 휘발유(에너지 단위당)보다 높다. 미래의 전망과 바이오매스 공급 제약은 불확실하다. 에탄올과 메탄올의 전체 라이프사이클 온실가스 배출 영향은 여전히 논의되고 있다. 바이오디젤(10.5.5절 참고)도 몇 퍼센트 수준에서 사용되고 있다. 이 수준에서 석유 기반 디젤 연료와 혼합되어, 그 이점과 단점은 중간정도이다.

플러그인 하이브리드와 배터리 전기 추진 시스템에서 전기 사용이 발생하고 있다. 훨씬 더 큰 규모의 전기 사용 가능성은 불분명하다. 상대적 비용의 문제, 주행 범위(EV의 경우), 공급 시스템 재충전 기능 및 충전 시간, 전기 발생에서의 배출은 아직 해결되지 않았다.

전반적으로, 석유 기반 가솔린과 디젤 엔진의 대안은 다음과 같은 어려운 상황에 직면해 있다. 이러한 주류 연료들은 거대한 연료 생산과 공급 시스템을 지배하고 있다. 대체 연료가 오랜 기간 동안 연구/개발되어 높은 효율과 적은 비용으로 연료를 생산하고 있는 기존 시스템과 쉽게 호환되지 않는다면, 사용하기 편리하고 광범위하게 기반을 둔 대체연료 이용을 확립하고 개발하는 것은 정말 어려운 일이다.[4]

연습문제

15.1 개략도는 세 가지의 서로 다른 4-행정 사이클 스파크 점화 기관의 연소실을 보여준다. A와 B는 2밸브 엔진, C는 4밸브 엔진(동시에 열리는 2개의 흡기 밸브와 2개의 배기 밸브). 밀리미터(mm) 단위의 치수가 표시되어 있다. A와 C는 일반적인 흡기 포트를 가지고 있으며, 어떠한 스월을 생성하지 않는다. B는 헬리컬 흡기 포트를 가지고 있으며 상당한 양의 스월을 생성한다. 점화 플러그 위치가 표시되어 있다. 세 가지 엔진 모두 동일한 흡기 혼합물 구성, 온도, 압력을 가지며, 동일한 속도(3000 rev/min)에서 작동된다. 엔진 배기량도 동일하다.

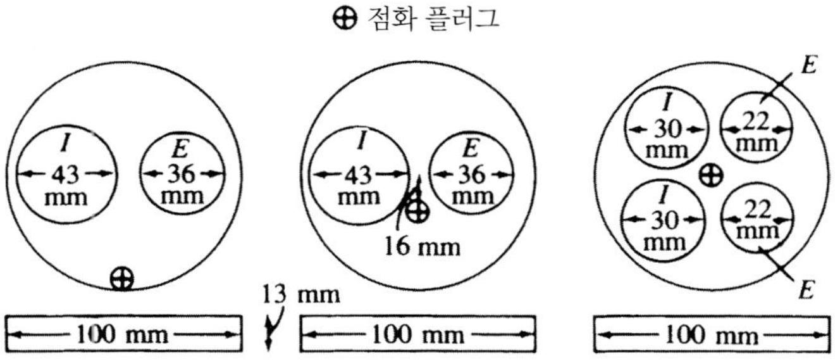

(a) 체적 효율의 순서로 챔버 1, 2, 3을 표시하라(1= 가장 높은 체적효율 η_v).

(b) 연소된 질량 분율이 0.2이고, 피스톤이 TC에 있을 때, 챔버의 화염 전면 면적 순서에 따르 순위를 정하라(1 = 가장 높음)

(c) 이 상대적 화염 전면 면적 순위를 고려하여, 질량 연소율 dm_b/dt에 따른 순위가 화염 면적 순위와 다른지 여부를 논의하라.

(d) 이 세 가지 챔버 설계의 노킹 가능성에 대해 간략히 설명하라. 노킹 문제가 가장 심각할 것 같은 것은 어떤 챔버인가?

15.2 그림 15.5와 15.6은 각각 부하와 속도의 함수로서 포트 분사식 스파크 점화(SI) 기관과 고속 DI 디젤 엔진에 대한 제동 연료소비율(bsfc)의 변화를 보여준다. 이 그래프에서 제동 연료소비율을 계산하고, 그림으로 표시하라: (1) 전부하에서 속도의 함수로, (2) 2500 rev/min의 중속에서 부하의 함수로 두 엔진 모두 자연 흡기 방식이다. 엔진의 상세 제원은 다음과 같이 가정한다.

	압축비	당량비 범위	배기량, dm^3
디젤 엔진	22	0.3~0.75	2.5
SI 엔진	9	1.0-1.2	3.0

(a) 제동 연료소비율을 결정하는 주요 엔진 설계 및 작동 변수를 나열하라.

(b) 표시된 곡선의 형태와 디젤 및 SI 엔진 곡선의 상대적인 관계에 대해 간략하게 설명하라.

(c) 2500 rev/min에서 어떤 엔진이 더 높은 최대 제동력을 제공하는지 평가하라.

15.3 그림에 표시된 디젤 시스템은 멀티 실린더 왕복 DI 디젤 엔진, 터보차저(압축기 C와 터빈 T_T가 서로 기계적으로 연결되어 있음), 인터쿨러(I), 그리고 엔진 구동축에 맞춰진 동력 터빈(T_P)으로 구성된다. 가스 및 연료 유동 경로와 번호가 매겨진 지점의 가스 상태를 표시한다. 전체 시스템에서 가스의 정압비열은 1.2 kJ/kgK, 비열비 $\gamma = c_p/c_v = 1.333$으로 가정한다. 엔진은 1900 rev/min에서 작동한다. 연료의 저위 발열량은 42 MJ/kg이다.

(a) 터보차저 터빈(T_T)가 생성해야 하는 출력(kW)은? 터보차저 터빈 출구의 가스 온도는 얼마인가?

(b) 동력 터빈 출력은?

(c) 엔진의 열손실은 연료 화학에너지의 약 15%이다. 엔진 출력, 총 시스템 출력 및 총 시스템 제동 연료변환효율을 구하여라(엔진과 동력 터빈의 마찰 효과는 이러한 장치 내부에 있으므로 명시적으로 평가할 필요는 없다).

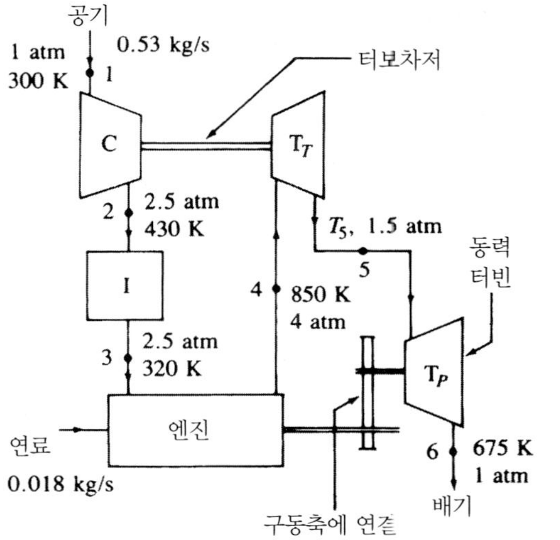

15.4 그래프는 4-행정 사이클 단기통 스파크 점화기관의 제동출력과 연료소비량(specific fuel consumption)이 스로틀 전개에서 연료/공기 당량비에 따라 어떻게 달라지는지를 보여준다. 또한 다음과 같은 효율이 당량비에 따라 어떻게 달라지는지를 보여준다.

체적 효율: η_v

기계 효율: η_m

연소 효율: η_c

도시 연료 변환 효율: $\eta_{f,i}$

도시 열 변환 효율: $\eta_{t,i}$

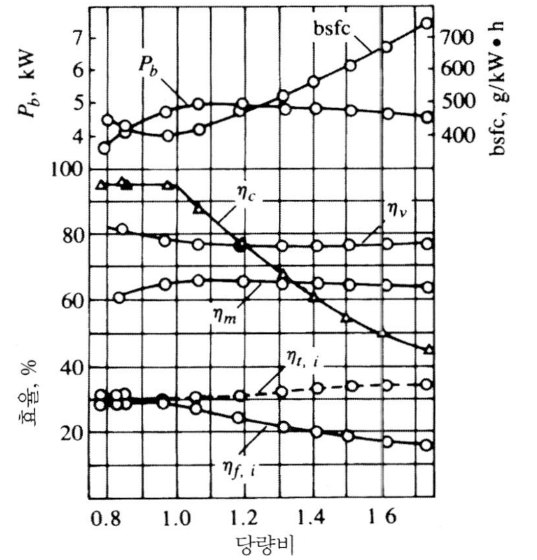

(a) 변수 $\eta_{f,i}$, η_c, $\eta_{t,i}$ 사이의 관계를 유도하라.

(b) 제동 출력 P_b와 η_v, η_m, η_c, $\eta_{t,i}$ 그리고 기타 필요한 엔진 및 연료 파라미터와 관련된 식을 도출하라.

(c) 그림에서 당량비에 대한 η_v, η_m, η_c, $\eta_{f,i}$, $\eta_{t,i}$의 변화가 표시된 형태를 갖는 이유를 간략히 설명하라(예: 파라미터가 대략 일정하거나 최대/최소 또는 농후함 및 희박함의 증가에 따라 감소/증가하는 이유 등)

15.5 자동차용 스파크 점화기관은 연비의 개선과 탄화수소(HC) 및 질소산화물(NO) 배출을 줄이기 위해 "빠른 연소 기술"을 적용한다. 이 질문은 연소가 더 빠른 연소실이 더 적당한 연소율 챔버에 비해 이점이 있음을 보여주는 실험 데이터에 대해 설명하라는 것이다.

(a) 그림 9.36*b*는 각 조건에서 MBT에 대해 타이밍이 조정된 상태에서 일정한 속도와 부하로 적당한 연소율 엔진에서 흡기(NO_x 제어용)로 재활용된 배기 가스의 비율을 증가시키는 효과를 나타낸다. COV_{imep}는 imep를 평균 imep로 나눈 표준 편차이다(퍼센트). 연소 유형은 다음과 같다: 9.4.3절에 정의된 실화, 부분 연소, 느린 연소, 정상 연소. 주파수는 이러한 각 범주에서 사이클의 백분율이다. 스파크 점화 엔진 화염 전파 과정과 HC 배기 가스 메커니즘에 대한 지식을 활용하여 EGR이 증가함에 따라 COV_{imep}, HC 및 주파수의 이러한 추세를 설명하라.

(b) 이 급속 연소실은 2개의 점화 플러그를 사용하여 흡입구에 베인을 위치시켜 공기가 접선방향으로 챔버에 들어가도록 유도함으로써 챔버 내부에 스월을 발생시킨다. 흡입구 끝에서 실린더의 스월 각속도는 크랭크축 각속도의 6배이다. 단일 점화 플러그 및 상대적으로 조용한(퀴에슨트, quiescent) 실린더 내 유동을 가진 적당한 연소율 챔버에는 스월이 없다. 표에는 이 두 엔진의 점화 시기, 최고 압력의 펴균 시간, 평균 화염 발달 각도(0~10% 질량 연소) 및 급속 연소 기간(10~90% 질량연소)이 나와 있다. 그림 15.32는 EGR율이 증가함에 따라 고속 연소율 및 보통 연소율 엔진의 작동 및 배출 특성이 어떻게 변하는지 보여준다. COV_{imep}, bsfc (제동 연료소비율) 및 HC, NO_x의 유사성 등에서 이러한 추세에 차이가 나는 이유를 설명하라. 운전 조건은 전과 동일한 값으로 일정하게 유지된다.

	빠른 연소	보통 연소	
점화 시기	18°	35°	BTC
평균 P_{max}의 크랭크 각도	15°	16°	ATC
0~10% 연소	24°	24°	
10~90% 연소	20°	35°	

15.6 두 가지 대체연료인 메탄올과 수소가 휘발유를 대체할 수 있는 잠재적 미래의 스파크 점화 엔진 연료로 연구되고 있다(이소옥탄 C_8H_{18}에 의해 모델링). 이 표에는 이러한 연료의 관련 특성이 제시되어 있다.

(a) 각 연료에 대해 1 atm 및 350 K에서 연료 증기와 공기의 화학양론비 혼합물의 단위 부피당 에너지 함량(J/m³)을 계산하라. 일반 기체 상수는 8314 J/kmol·K이다. 이러한 연료로 화학양론비 혼합물로 작동하는 고정된 형상 엔진의 최대 출력과 관련하여 이 숫자들로부터 어떤 의미를 얻을 수 있는지 설명하라.

(b) 각 연료의 옥탄 등급과 그에 따라 각 연료에 최적화된 엔진의 노킹 제한 압축비는 다르다. 가솔린 연료 엔진에 대한 메탄올 및 수소 연료 엔진의 최대 도시 평균 유효 압력의 비를 추정하라(화학양론비 혼합물에 대한 각 연료의 노킹 제한 압축비에서 흡기(1 atm, 350 K) 에너지 밀도 효과를 허용한다). 에너지 밀도가 동일할 때 이소옥탄에 대한 연료-공기 사이클 결과(0.85까지 스케일링됨)가 메탄올과 수소 사이클에도 상당한 근사치까지 적용된다고 가정한다.

(c) 세 연료의 희박 작동 한계는 도시된 것과 같이 다르다. 동일한 흡기 압력(0.5 atm)에서 희박 한계 및 노킹 제한 압축비에서 가솔린에 대한 메탄올 및 수소의 도시 연료 변환 효율 비를 구하라. 이러한 조건에서 출력이 낮아지는 순서로 연료-엔진 조합의 순위를 정하라.

	가솔린 (이소옥탄) C_8H_{18}	메탄올 CH_3OH	수소 H_2
화학양론비 *F/A*	0.066	0.155	0.0292
저위 발열량, MJ/kg	44.4	20.0	120.1
연료의 분자량	114	32	2
화학양론비 혼합물의 분자량	30.3	29.4	21
리서치 옥탄가	95	106	~90
노킹 한계 압축비	9	12	8
희박 실화 한계에서의 당량비	0.9	0.8	0.6

15.7 엔진의 최대 정격 속도에서 200 kW의 출력을 공급하기 위해 자연 흡기 직분사 디젤 4-행정 사이클이 개발되고 있다. 우수한 엔진 설계를 위해 최대 출력과 속도로 중요한 엔진 작동 파라미터의 일반적인 값에 대해 2장, 5장 및 15장에서 사용할 수 있는 정보를 사용하여 다음을 추정하라.

(a) 최대 출력을 제공하는 적절한 엔진 설계의 배기량, 압축비, 실린더 수, 실린더 보어 및 행정, 최대 정격 속도

(b) 최대 출력 작동 지점에서 이 엔진 설계의 제동 연료소비율

(c) 엔진을 3 bar의 공기 부스트 레벨로 터보 차징할 경우 발생하는 제동 출력의 대략적인 증가

15.8 천연가스[100% 메탄(CH_4)에 가까움]는 스파크 점화기관의 연료로 간주되고 있다. 메탄과 가솔린(이소옥탄과 동일한 물성치로 가정)의 물성치 및 엔진 상세 조건은 아래 표와 같다(ϕ는 연료/공기 당량비이다).

	천연가스	가솔린
조성	CH_4	C_8H_{18}
발열량, MJ/kg	50.0	44.3
리서치 옥탄가	120	94
압축비	14	8
배기량	2	2
희박 실화 한계	$\phi = 0.5$	$\phi = 0.8$
부분 부하 당량비	$\phi = 0.6$	$\phi = 0.9$
전부하 당량비	$\phi = 1.1$	$\phi = 1.2$

표에 표시된 바와 같이, 천연가스로 변환할 때 엔진의 배기량은 변하지 않는다. 그러나 압축비를 증가시키기 위해 간극 높이가 감소된다.

(a) 두 연료가 모두 기체 상태로 있을 때, 가솔린 연료의 체적효율에 대한 천연 가스로 작동하는 엔진의 체적효율의 비를 구하라(스로틀 전개 및 2000 rev/min 조건).

(b) 가솔린 엔진의 최대 출력에 대한 천연가스로 작동하는 엔진의 최대 도시 출력의 비를 구하라.

(c) 주어진 부분 부하 조건에서 가솔린 엔진에 대한 천연가스 엔진의 총 도시 연료 변환 효율의 비를 구하라.

(d) 천연가스 엔진의 부분 부하 조건에서 NO, CO, 탄화수소 배출물(단위 도시 출력 당, 단위 시간 당 오염물질의 배출량(g), g/kW·h)이 가솔린 엔진의 NO, CO, 및 HC 배출물보다 높거나, 거의 같거나, 낮을지 여부를 설명하라. 그 이유에 대해서도 설명하라. 이소옥탄 공기 혼합물에 대해 도출된 연료–공기 사이클 결과는 메탄–공기 혼합물에도 적합하다고 가정한다.

15.9 4-행정 사이클 직접 분사 디젤 엔진에 대해:

(a) 제동 평균유효압력이 다음과 같은 관계가 있음을 평균 유효 압력의 정의에서 보여라.

$$\text{bmep} \propto \eta_m \eta_{f,i} \eta_v \rho_{a,i} (F/A)$$

여기서 bmep = 제동 평균 유효 압력,
η_m = 기계 효율,
$\eta_{f,i}$ = 도시 연료 변환 효율,
η_v = 체적 효율,
$\rho_{a,i}$ = 흡기 매니폴드 내 공기의 밀도,
F/A = 연료/공기비 이다.

(b) 전부하에서 속도 N에 대한 η_m, $\eta_{f,i}$, η_v, $\rho_{a,i}$ 그리고 $(F/A)/(F/A)_{stoich}$의 정성적인 그래프를 스케치하고, 곡선의 모양에 대한 이유를 설명하라. 그 후, 최대 bmep 대 속도 곡선이 아래 그림에 표시된 모양을 갖는지 이유를 설명하라.

(c) 최소 제동 연료소비율은 그림의 별표(*)로 표시된다(그림 15.34 참고). 제동 연료소비량이 최고 효율/bsfc 지점에서 (1) 속도의 증가, (2) bmep의 증가, (3) bmep 감소와 함께 증가하는 이유를 설명하라.

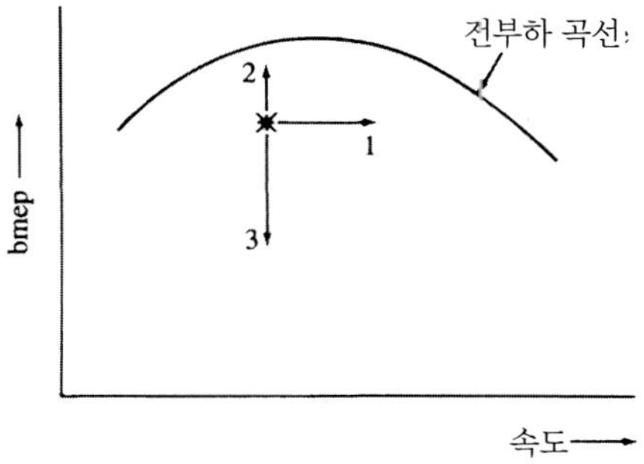

15.10 그림 15.7은 실린더당 2개의 밸브와 표준 고정 밸브 타이밍의 2리터 자연 흡기 가솔린 연료 스파크 점화기관에 대한 3개의 성능맵을 보여준다. 각 성능맵에는 bmep(w_e)가 수직축(1 kJ/liter = 1000 kPa), 엔진 속도가 수평축이다. 위쪽 곡선은 스로틀 전개 bmep이다. 그래프 (*a*)는 일정한 (총) 도시 연료 변환 효율을 보여준다. 그래프 (*b*)와 (*c*)는 기계 효율 및 제동 연료 변환 효율을 보여준다.

(i) 어떤 프로세스 및 어떤 변수가 (*a*) 총 도시 연료 변환 효율과 총 imep, (*b*) 기계 효율, (*c*) 제동 연료 변환 효율과 bmep에 영향을 주는지 설명하라.

예를 들어, 엔진 열전달은 과정(프로세스)이고, 엔진 속도는 변수라는 점에 유의하라. 또한 엔진의 기초가 상당한 직접적인 역할을 하는 프로세스와 변수만 나열하라. 예를 들어, 엔진 열전달은 도시 성능에 직접 영향을 미치며, 도시 성능에 미치는 영향을 통해서만 제동 성능에 간접적으로 영향을 미친다. 완전하고 잘 설명된 목록이 필요하다.

(ii) 이것은 위에서 설명한 대로 표준 생산 가솔린 엔진이다. 최대 bmep를 개선할 새로운 생산 엔진에 대해, 그리고 0.26 kJ/dm^3 (260 kPa) 및 1500 rev/min에서 제동 연료 변환 효율을 대폭 개선하고, 엔진 설계의 구체적인 개선과 엔진 작동 방식, 실현 가능하다고 판단하는 방법을 제안하라. 엔진은 자연 흡기 방식이다. 개선이 이루어질 수 있음을 나타내는 각 영역에 대략적인 백분율(퍼센트) 개선을 제공하고, 이를 결합하여 달성할 수 있다고 판단할 수 있는 전체 bmep 및 부분 부하 제동 연료 변환 효율의 최대 개선 비율을 표시하라. 논리를 분명하게 설명하라.

15.11 당신은 매사추세츠 캠브리지시의 환경부(Environmental Affairs Department)에 있으며, 당신의 임무는 천연가스 연료 스파크 점화 엔진 버스와 동등한 디젤 엔진 버스에서 1 마일당 CO_2 배출량을 비교하는 것이다. 두 버스는 모두 낮은 대기 오염 물질 배출량을 달성해야 한다. 두 엔진 모두 터보차저 및 인터쿨링되어 있으며 비슷한 출력을 가지고 있다.

디젤 버스 엔진의 압축비는 16이며, 전체 연료–공기 당량비는 0.4이고, 흡기 매니폴드 압력은 1.5 bar(150 kPa)이다. 배기 압력은 기본적으로 흡기 압력 1.5 bar와 동일하다. 이 조건에서 엔진의 기계 효율은 0.7이다. 환원제로서 우레아를 갖는 입자상 물질 트랩 및 선택적 환원 촉매(NO_x 촉

매)는 대기 오염 물질 배출을 허용 가능한 수준으로 감소시킨다. 이러한 배기 가스 후처리 시스템은 평균 엔진 bsfc를 6%까지 증가시킨다. 디젤 연료의 화학식은$(CH_{1.8})_n$이며, 황 함유량이 낮다.

천연 가스 연료 엔진의 압축비는 12이다. 천연 가스는 엔진의 흡기로 분사되어, 천연 가스가 공기를 대체한다(그림 6.5 참고). 엔진은 화학양론비로 작동하며, 평균 운전 조건에서 흡기 압력은 0.8 bar(80kPa)이고, 배기압력은 1.05 bar(105kPa)이다. 기계 및 부수적인 마찰 평균 유효 압력은 디젤 엔진과 같다. 이 엔진은 연료 소비 페널티 없이 대기 오염 물질을 줄이기 위해 삼원촉매를 사용한다. 천연 가스는 몰비로 90% CH_4와 10% C_2H_6이며, H : C 비는 메탄의 4보다 작다.

디젤 연료의 저위 발열량은 43.2 MJ/kg이고, 천연가스는 45 MJ/kg이다.

(a) 기술된 작동 조건에서 이 두 엔진의 bsfc를 계산하라.

(b) 각각의 평균 운전 조건(이것은 비슷한 엔진과 차량 성능을 제공한다.)에서 디젤 엔진으로부터 배출되는 CO_2에 대한 천연 가스 엔진에서 배출되는 CO_2의 비를 구하여라. 유용한 단위는 g CO_2/MJ 또는 g CO_2/kW·h이다.

15.12 스파크 점화기관의 부분 부하 효율을 향상시키는 유망한 방법 중 하나는 실린더의 절반을 비활성화하는 것이다. 예를 들어, 부분 부하에서 8기통 엔진은 완전한 4-행정 사이클을 통해 닫힌 4기통의 흡기 및 배기 밸브로 작동하는 반면, 다른 4기통은 정상 밸브 타이밍으로 작동하는 것이다. 저부하에서 정상적으로 작동하는 8개의 실린더가 생성하는 것과 동일한 토크를 생성하려면 이 실린더 비활성화 모드에서 스로틀이 더 열려 있어야 한다.

(a) 연료–공기 정적 연소 사이클을 모델로 사용하여, 하나의 실린더에 대해 세 개의 나란히 비례하는(정성적인) 실린더 압력 P 대 실린더 체적 V 다이어그램을 그려라. (i) 흡기압력 45 kPa(0.45 bar)으로 정상 작동하는 8기통 엔진; (ii) 비활성화된 엔진 작동 모드에서 4개의 연소 실린더; (iii) 4개의 비활성화된 실린더. V 축의 최대 및 최소 체적, 대기압에 대한 배기 및 흡기 압력, 3개의 각 다이어그램에서 압축 압력의 끝과 최대 압력의 상대적(정성적) 크기를 구분하라. 흡기 행정 직후 흡기 및 배기 밸브가 비활성화됨에 유의하라. 다이어그램을 간략히 설명하라.

(b) 4리터 배기량, V형 8기통 엔진은 이 저부하 조건에서 80 N·m의 제동 토크를 발생해야 한다. 기계적 마찰과 부가적인 마찰 평균 유효 압력은 120 kPa이며, 모든 실린더(정상적으로 작동하는 실린더와 비활성화된 실린더)에 대해 동일하다. 8기통 모두 작동할 때 이 실린더의 imep와 비활성화된 모드에서 4개의 연소 실린더 imep 및 흡기 매니폴드 압력을 구하라. 엔진은 화학양론비에서 운전되며, 압축비는 10이다.

(c) 실린더 비활성화의 의도는 상기 (*a*) 및 (*b*)와 같은 부분 부하 조건에서 제동 연료 변환 효율을 증가시키는 것이다. 실린더 비활성화 모드의 엔진 (*b*)에서 엔진의 제동 연료 변환 효율 대 정상 8기통 연소 모드의 제동 연료 변환 효율의 비를 계산하라.

참고: 평균 유효 압력의 표준 정의는 모든 실린더가 연소되는 것으로 가정한다. 0.85를 곱한 연료–공기 사이클 결과는 일반적으로 실제 엔진 실린더를 연소하는데도 적용된다. 실린더 절반이 연소되고, 절반이 비활성화되면 이러한 표준 정의 및 결과가 사용되는 방식에 맞게 적절히 조정되어야 한다.

15.13 압축비가 9.1인 1.6리터 4기통 엔진에 대해, 피스톤이 겪는 힘을 느끼고자 한다. 보어가 행정과 같고, 커넥팅 로드의 길이가 132 mm, 크랭크 반경에 대한 커넥팅 로드 길이의 비가 3.5, 유효 피스톤 왕복 질량이 0.57 kg(이는 피스톤 질량과 커넥팅 로드의 일부를 포함한다)이라고 가정한다. 크랭크 케이스 압력은 100 kPa이다. 고부하에서 일반적인 연소 압력은 다음과 같다.

힌트: 피스톤 가속도에 대한 좋은 가정은

$$\ddot{s} = 2\pi^2 N^2 L \cdot \left(\cos\theta + \frac{1}{R}\cos 2\theta\right)$$

이 식에서 N은 엔진 속도, L은 행정, θ는 크랭크 각도, 상단 중앙에서 측정, R은 크랭크 반경에 대한 커넥팅 로드 길이의 비이다.

(a) 피스톤의 자유 물체도(free body diagram, FBD)를 그려라(자유 물체도는 물체에 작용하는 모든 힘과 모멘트가 있는 주변으로부터 "자유"로운 물체를 보여준다).

(b) 엔진 속도가 1000 rev/min과 6000 rev/min인 경우, 피스톤의 최대 관성력(질량 × 가속도) 및 압력을 계산하라. 또한 엔진 출력에 대한 실린더 수의 영향을 조사하고자 한다. 총 배기량이 1.6리터인 4기통 실린더 대신 동일한 배기량의 대형 단기통을 고려하라.

(c) 이 엔진에 의해 생성되는 최대 출력의 비를 계산하라.

(d) 이 엔진에 의해 생성되는 최대 토크의 비를 계산하라.

(e) 4기통 설계가 단기통 설계보다 우수하도록 해주는 요소들을 간략히 설명하라.

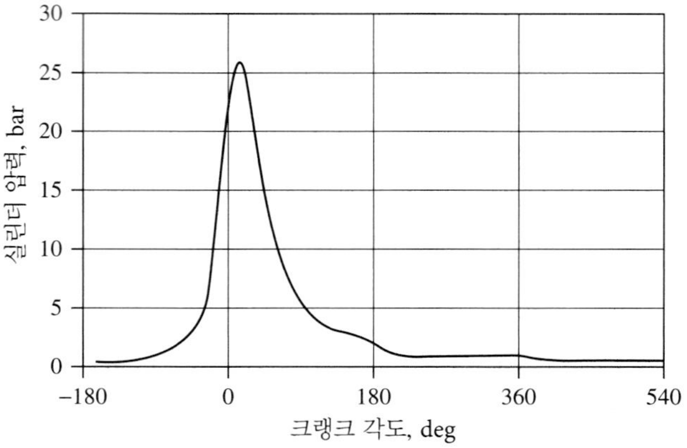

참고문헌

1. Yasuda, M., and Maruyama, H.: "A New 1.6-liter Twin-Cam 16-Valve Nissan Engine," SAE paper 910677, 1991.
2. Chon, D. M., and Heywood, J. B.: "Performance Scaling of Spark-Ignition Engines: Correlation and Historical Analysis of Production Engine Data," SAE paper 2000-01-0565, in *Modeling for SI Engine*, SP-1511, SAE, 2000.
3. Heywood, J. B., and Welling, O. Z.: "Trends in Performance Characteristics of Modern Automobile SI and Diesel Engines," SAE paper 2009-01-1892, *SAE Int. J. Engines*, vol. 2, no. 1, pp. 1650–1662, 2009.
4. Heywood, J. B., MacKenzie, D., et al.: *On the Road Toward 2050: Potential for Substantial Reductions in Light-Duty Vehicle Energy Use and Greenhouse Gas Emissions*, MIT Energy Initiative Report, November 2015.
5. Fulton, B., and Belaire, R.: personal communication, 2005.
6. Pirelli, M., DiCaprio, F., and Torella, E.: "Fun to Drive and Fuel Economy: The New 1.4 16v Turbo Gasoline Engine from FIAT," SAE paper 2007-24-0062, 2007.
7. Armstrong, D. L., and Stirrat, G. F.: "Ford's 1982 3.8L V6 Engine," SAE paper 820112,1982.
8. Okino, M., Okada, K., and Abe, M.: "Isuzu New 8.4L Diesel Engine," SAE paper 850258, 1985.
9. Noguchi, T., Kuramoto, A., Kono, T., and Kawakita, T.: "New Light Weight 3-liter V6 Toyota Engine with High Output Torque, Good Fuel Economy and Low Exhaust Emission Levels," SAE paper 950805, 1995.
10. Stock, D., and Bauder, R.: "The New Audi 5-Cylinder Turbo Diesel Engine," SAE paper 900648, 1990.
11. Gruden, D., Küper, P. F., and Porsche, F.: "Heat Balance of Modern Passenger Car SI Engine," in *Heat and Mass Transfer in Gasoline and Diesel Engines*, D. B. Spalding and N. H. Afgan (eds), Hemisphere Publishing Corporation (member of the Taylor & Francis Group), 1989.
12. *General Motors Automotive Engine Test Code For Four Cycle Spark Ignition Engines*, 6th ed., General Motors Corp., Detroit, 1975.
13. Heywood, J. B., Higgins, J. M., Watts, P. A., and Tabaczynski, R. J.: "Development and Use of a Cycle Simulation to Predict SI Engine Efficiency and NO_x Emissions," SAE paper 790291, 1979.
14. Jo, Y. S.: "More Effective Use of Octane in a Turbocharged Gasoline Engine: Combustion, Knock, Octane, Efficiency, and Fuel Economy," Ph.D. Thesis, Mechanical Engineering Department, MIT, Cambridge, MA, January 2016.
15. Robison, J. A., and Brehob, W. M.: "The Influence of Improved Mixture Quality on Engine Exhaust Emissions and Performance," *J. Air Pollution Control Ass.*, vol. 17, no. 7, pp. 446–453, July 1967.
16. Harada, J., Tomita, T., Mizuno, H., Mashiki, Z., and Ito, Y.: "Development of Direct Injection Gasoline Engine," SAE paper 970540, 1997.
17. Bandel, W., Fraidl, G. K., Mikulic, L. A., Quissek, F., and Carstensen, H.: "Investigation of Mixture Preparation and Charge Motion Effects on the Combustion of Fast-Burn Gasoline Engines," SAE paper 890160, 1989.
18. Regueiro, A.: "DaimlerChrysler's New 1.6L Multi-Valve 4-Cylinder Engine Series," SAE paper 2001-01-0330, 2001.
19. Lavoie, G. A., and Blumberg, P. N.: "A Fundamental Model for Predicting Fuel Consumption, NO_x and HC Emissions of a Conventional Spark-Ignited Engine," *Combust. Sci. Technol.*, vol. 21, pp. 225–258, 1980.
20. Caton, J. A., Heywood, J. B., and Mendillo, J. V.: "Hydrocarbon Oxidation in a Spark-Ignition Engine Exhaust Port," *Combust. Sci. Technol.*, vol. 37, nos. 3 and 4, pp. 153–169, 1984.
21. Caton, J. A., and Heywood, J. B.: "Models for Heat Transfer, Mixing and Hydrocarbon Oxidation in an Exhaust Port of a Spark-Ignited Engine," SAE paper 800290, 1980.
22. Kleeberg, H., Tomazic, D., Lang, O., and Habermann, K.: "Future Potential and Development Methods for High Output Turbocharged Direct Injected Gasoline Engines," SAE paper 2006-01-0046, 2006.
23. Jo, Y. S., Lewis, R., Bromberg, L., and Heywood, J. B.: "Performance Maps of Turbocharged SI Engines with Gasoline-Ethanol Blends: Torque, Efficiency, Compression Ratio, Knock Limits, and Octane," SAE paper 2014-01-1206, 2014.
24. Woldring, D., Landenfeld, T., and Christie, M.: "DI Boost: Application of High Performance Gasoline Direct Injection Concept," SAE paper 2007-01-1410, 2007.
25. Smith, P., Heywood, J. B., and Cheng, W. K.: "Effects of Compression Ratio on Spark-Ignition Engine Efficiency," SAE paper 2014-01-2599, 2014.
26. Caris, D. F., and Nelson, E. E.: "A New Look at High Compression Engines," *SAE Trans.*, vol. 67, pp. 112–124, 1959.
27. Muranaka, S., Takagi, Y., and Ishida, T.: "Factors Limiting the Improvement in Thermal Efficiency of S.I. Engine at Higher Compression Ratio," SAE paper 870548, 1987.
28. Thring, R. H., and Overington, M. T.: "Gasoline Engine Combustion—The High Ratio Compact Chamber," SAE paper 820166, *SAE Trans.*, vol. 91, 1982.
29. Leone, T. G., et al.: "The Effect of Compression Ratio, Fuel Octane Rating, and Ethanol Content on Spark-Ignition Engine Efficiency," *Env. Sci. & Technol.*, vol. 49, no. 18, pp. 10778–10789, 2015.
30. Gerty, M. D., and Heywood, J.B.: "An Investigation of Gasoline Engine Knock-Limited Performance and the Effects of Hydrogen Enhancement," SAE paper 2006-01-0228, in *SI Combustion and Direct Injection SI Engine Technology*, SP-2016, SAE, 2006.
31. Barnes-Moss, H. W.: "A Designers Viewpoint," paper C343/73, in *Proceedings of Conference on Passenger Car Engines*, pp. 133–147, Institution of Mechanical Engineers, Conference Publication 19, London, 1973.
32. Thring, R. H.: "The Effects of Varying Combustion Rate in Spark Ignited Engines," SAE paper 790387, 1979.
33. Harada, M., Kadota, T., and Sugiyama, Y.: "Nissan NAPS-Z Engine Realizes Better Fuel Economy and Low NO_x Emission," SAE paper 810010, 1981.
34. Poulos, S. G., and Heywood, J. B.: "The Effect of Chamber Geometry on Spark-Ignition Engine Combustion," SAE paper 830334, *SAE Trans.*, vol. 92, 1983.
35. Heywood, J. B.: "Combustion Chamber Design for Optimum Spark-Ignition Engine Performance," *Int. J. Vehicle Des.*, vol. 5, no. 3, pp. 336–357, 1984.
36. Endres, H., Neuber, H., and Wurms, R., "Influence of Swirl and Tumble on Economy and Emissions of Multi Valve SI Engines," SAE paper 920516, 1992.
37. Novak, J. M., and Blumberg, P. N.: "Parametric Simulation of Significant Design and Operating Alternatives Affecting the Fuel Economy and Emissions of Spark-Ignited Engines," SAE paper 780943, *SAE Trans.*, vol. 87, 1978.
38. Amann, C. A.: "Control of the Homogeneous-Charge Passenger-Car Engine: Defining the Problem," SAE paper 801440, 1980.
39. Kasseris, E., and Heywood, J. B.: "Charge Cooling Effects on Knock Limits in SI DI Engines Using Gasoline/Ethanol Blends: Part 1—Quantifying Charge Cooling," SAE paper 2012-01-1275, 2012.
40. Hiereth, H., and Withalm, G.: "Some Special Features of the Turbocharged Gasoline Engine," SAE paper 790207, 1979.

41. Jo, Y. S., Blomberg, L., and Heywood, J. B.: "Octane Requirement of a Turbocharged Spark Ignition Engine in Various Driving Cycles," SAE paper 2016-01-0831, 2016.
42. Schwarz, C., Schüremannm, E., Durst, B., Fischer, J., and Witt, A.: "Potentials of the Spray-Guided BMW DI Combustion System," SAE paper 2006-01-1265, 2006.
43. Mano, T., Kawasaki, T., and Miyakawa, K.: "Development of Low Fuel Consumption, High Durability, and Low Emissions J-Series Engines," SAE paper 1999-01-0830, 1999.
44. Pischinger, R., and Cartellieri, W.: "Combustion System Parameters and Their Effect upon Diesel Engine Exhaust Emissions," SAE paper 720756, *SAE Trans.*, vol. 81, 1972.
45. Schittler, M.: "MWM TBD 234 Compact High-Output Engines for Installation in Heavy Equipment and Military Vehicles," SAE paper 850257, 1985.
46. Robinson, R. H., and Schnapp, J. P.: "Cummins NTC-475 Series Turbocharged Engine," SAE paper 820982, 1982.
47. Lustgarten, G. A.: "The Latest Sulzer Marine Diesel Engine Technology," SAE paper 851219, 1985.
48. Stanton, D. W.: "Systematic Development of Highly Efficient and Clean Engines to Meet Future Commercial Vehicle Greenhouse Gas Regulations," SAE paper 2013-01-2421, Buckendale Lecture, *SAE Int. J. Engines*, vol. 6, issue 3, 2013.
49. Arcoumanis, C., Bicen, A. F., and Whitelaw, J. H.: "Squish and Swirl-Squish Interaction in Motored Model Engines," *ASME Trans., J. Fluids Engng*, vol. 105, pp. 105–112, 1983.
50. Tsuchiya, K., and Hirano, S.: "Characteristics of 2-Stroke Motorcycle Exhaust HC Emission and Effects of Air-Fuel Ratio and Ignition Timing," SAE paper 750908, 1975.
51. Uchiyama, H., Chiku, T., and Sayo, S.: "Emission Control of Two-Stroke Automobile Engine," SAE paper 770766, *SAE Trans.*, vol. 86, 1977.
52. Heywood, J. B., and Sher, E.: *The Two-Stroke Cycle Engine: Its Development, Operation, and Design*, Taylor and Francis, Philadelphia, and SAE, Warrendale, PA, 1999.
53. Barton, P. J., and Fearn, J.: "Study of Two and Four Stroke Outboard Marine Engine Exhaust Emissions Using a Total Dilution Sampling System," SAE paper 972740, 1997.
54. Onishi, S., Jo, H. S., Shoda, K., Jo, P. D., and Kato, S.: "Active Thermo-Atmospheric Combustion (ATAC)—A New Combustion Process for Internal Combustion Engines," SAE paper 790501, *SAE Trans.*, vol. 88, 1979.
55. Maeda, K., Yasunari, M., Hikasa, S., and Mirishita, S.: "Characteristics and Reduction Methods of NO_x Emission from Two-Stroke Marine Diesel Engine," *Bull. M.E.S.J.*, vol. 22, no. 1, pp. 1–7, 1994.
56. Abthoff, J., Duvinage, F., Hardt, T., Kramer, M., and Paule, M.: "The Two-Stroke DI Diesel Engine with Common Rail Injection for Passenger Car Application," SAE paper 981032, 1998.
57. Annand, W. J. D., and Roe, G. E.: *Gas Flow in the Internal Combustion Engine*, G.T. Foulis, Yeovil, U.K., 1994.
58. Blair, G. P.: *Design and Simulation of Two-Stroke Engines*, SAE, Warrendale, PA, 1996.
59. Bosch, R., *Automotive Handbook*, 8th edition, Robert Bosch GmbH and SAE, 2011.
60. Nomura, K., and Nakamura, N.: "Development of a New Two-Stroke Engine with Poppet Valves: Toyota S-2 Engine," in *A New Generation of Two-Stroke Engines for the Future?* P. Duret (ed.), Proceedings of the International Seminar, Nov. 29–30, Rueil-Malmaison, France, Editions Technip, Paris, 1993.
61. Okuzumi, T., et al.: "Development of New High-Performance Nissan V8 Engine," SAE paper 2001-01-0329, 2001.
62. Fujino, Y., Itabashi, K, Kamikubo, H., and Takami, K.: "New Mitsubishi V8 19-liter Turbocharged and Intercooled Diesel Engine," SAE paper 971673, 1997.
63. MAN B&W, *Engines and the Environment-Noise*, MAN B&W Diesel A/S, Copenhagen, Denmark, 1989.
64. Den Hartog, J. P.: *Mechanical Vibrations*, McGraw-Hill, New York, 1947.
65. Amann, A. C.: "Engineering the Spark-Ignition Engine—The Piston-Rings-Cylinder Wall Interface," SAE paper 885056, 1988.
66. Huegen, S., Warren, G., Menne, R., Wolschendorf, J., Schwaderlapp, M., and Schoenherr, C.: "A New 2.3L DOHC Engine with Balance Shaft Housing—Steps of Refinement and Optimization," SAE paper 970921, 1997.

APPENDIX A

단위 변환 계수

Unit Conversion Factors

이 표는 흔히 사용되는 물리적 양의 측정 단위를 표준 단위(SI: International System)로 변환하는 계수를 제공한다. 변환 계수는 두 가지 방식으로 표현된다: 2열과 3열은 기본 또는 유도된 표준 단위와, 6 또는 그 이하의 소수점 자리를 포함한 1에서 10까지의 수에 10의 몇 승을 곱한 형식으로 표시한다; 4열과 5열은 추천된 표준 단위의 배수 또는 약수로의 변환 계수이며 0.1과 1000 사이의 4 단위의 수이다.

1 에서 변환	2 로	3 곱하기	4 로	5 곱하기
면적				
foot^2	m^2	$9.290\ 304 \times 10^{-2}$	cm^2	929.0
inch^2	m^2	$6.451\ 600 \times 10^{-4}$	cm^2	6.452
에너지, 열, 일				
Btu (International Table)	J	$1.055\ 056 \times 10^{3}$	kJ	1.055
calorie (thermochemical)	J	$4.184\ 000 \times 10^{0}$	J	4.184
erg	J	$1.000\ 000 \times 10^{-7}$	μJ	0.1000
foot pound-force (ft · lbf)	J	$1.355\ 818 \times 10^{0}$	J	1.356
horsepower-hour (hp · h)	J	$2.684\ 520 \times 10^{6}$	MJ	2.685
kilowatt-hour (kW · h)	J	$3.600\ 000 \times 10^{6}$	MJ	3.600
meter kilogram-force (m · kgf)	J	$9.806\ 650 \times 10^{0}$	J	9.807
에너지(단위 질량당, 비열)				
Btu (IT)/lb	J/kg	$2.326\ 000 \times 10^{3}$	kJ/kg	2.326
Btu (IT)/lb · °F	J/kg · K	$4.186\ 800 \times 10^{3}$	kJ/kg · K	4.187
calorie (thermo.)/g	J/kg	$4.184\ 000 \times 10^{3}$	kJ/kg	4.184
calorie (thermo.)/g · °C	J/kg · K	$4.184\ 000 \times 10^{3}$	kJ/kg · K	4.184
힘				
dyne	N	$1.000\ 000 \times 10^{-5}$	μN	10.00
kilogram-force	N	$9.806\ 650 \times 10^{0}$	N	9.807
pound-force	N	$4.448\ 222 \times 10^{0}$	N	4.448
단위 길이당 힘(표면장력 포함)				
dyne/centimeter	N/m	$1.000\ 000 \times 10^{-3}$	mN/m	1.000
pound-force/inch	N/m	$1.751\ 268 \times 10^{2}$	N/m	175.1
pound-force/foot	N/m	$1.459\ 390 \times 10^{1}$	N/m	14.59
연료 소비(연비)				
pound/horsepower-hour	kg/J	$1.689\ 660 \times 10^{-7}$	g/kW · h	608.3
gram/kilowatt-hour	kg/J	$2.777\ 778 \times 10^{-10}$	μg/J	0.2778
mile/gallon (U.S.)	m/m^3	$4.251\ 437 \times 10^{5}$	km/dm^3	0.4251
mile/gallon (Imp.)	m/m^3	$3.540\ 060 \times 10^{5}$	km/dm^3	0.3540

(계속)

1 에서 변환	2 로	3 곱하기	4 로	5 곱하기
열 유속(열전도율 포함)				
Btu (IT) · in/h · ft^2 · °F	W/m · K	$1.442\ 279 \times 10^{-1}$	W/m · K	0.1442
Btu (IT)/ft^2	J/m^2	$1.135\ 653 \times 10^{4}$	kJ/m^2	11.36
Btu (IT)/h · ft^2 · °F	W/m^2 · K	$5.678\ 263 \times 10^{0}$	W/m^2 · K	5.678
calorie (thermo.)/cm^2	J/m^2	$4.184\ 000 \times 10^{4}$	kJ/m^2	41.84
길이				
foot	m	$3.048\ 000 \times 10^{-1}$	m	0.3048
inch	m	$2.540\ 000 \times 10^{-2}$	mm	25.40
micron	m	$1.000\ 000 \times 10^{-6}$	μm	1.000
mile	m	$1.609\ 344 \times 10^{3}$	km	1.609
질량				
ounce	kg	$2.834\ 952 \times 10^{-2}$	g	28.35
pound	kg	$4.535\ 924 \times 10^{-1}$	kg	0.4536
ton (long or Imp., 2240 lb)	kg	$1.016\ 047 \times 10^{3}$	Mg	1.016
ton (short, 2000 lb)	kg	$9.071\ 847 \times 10^{2}$	Mg	0.9072
tonne (metric)	kg	$1.000\ 000 \times 10^{3}$	Mg	1.000
단위 시간당 질량(유동)				
pound/second	kg/s	$4.535\ 924 \times 10^{-1}$	kg/s	0.4536
pound/minute	kg/s	$7.559\ 873 \times 10^{-3}$	g/s	7.560
pound/hour	kg/s	$1.259\ 979 \times 10^{-4}$	g/s	0.1260
단위 부피당 질량				
gram/gallon (U.S.)	kg/m^3	$2.641\ 724 \times 10^{-1}$	g/dm^3	0.2642
pound/foot^3	kg/m^3	$1.601\ 846 \times 10^{1}$	kg/m^3	16.02
pound/inch^3	kg/m^3	$2.767\ 990 \times 10^{4}$	kg/dm^3	27.68
pound/gallon (Imp.)	kg/m^3	$9.977\ 644 \times 10^{1}$	kg/dm^3	0.0998
pound/gallon (U.S.)	kg/m^3	$1.198\ 264 \times 10^{2}$	kg/dm^3	0.1198
동력, 열 유량				
Btu (IT)/hour	W	$2.930\ 711 \times 10^{-1}$	W	0.2931
horsepower (550 ft · lbf/s)	W	$7.456\ 999 \times 10^{2}$	kW	0.7457
horsepower (metric, CV, PS)	W	$7.354\ 99 \times 10^{2}$	kW	0.7355
압력, 응력(단위 면적당 힘)				
atmosphere (normal, 760 torr)	Pa	$1.013\ 250 \times 10^{5}$	kPa	101.3
inch of mercury (60°F)	Pa	$3.376\ 85 \times 10^{3}$	kPa	3.377
kilogram-force/centimeter^2	Pa	$9.806\ 650 \times 10^{4}$	kPa	98.07
mm of mercury, 0°C (torr)	Pa	$1.333\ 224 \times 10^{2}$	Pa	133.3
pound-force/foot^2	Pa	$4.788\ 026 \times 10^{1}$	Pa	47.88
pound-force/inch^2 (psi)	Pa	$6.894\ 757 \times 10^{3}$	kPa	6.895
온도 간격				
degree Celsius	K	$1.000\ 000 \times 10^{0}$		
degree Fahrenheit	K	$5.555\ 556 \times 10^{-1}$	K	0.5556
온도				
temperature (°C)	K	°C + 273.15		
temperature (°F)	K	(°F + 459.67)/1.80	°C	(°F − 32)/1.80
토크				
kilogram-force meter	N · m	$9.806\ 650 \times 10^{0}$	N · m	9.807
pound-force foot	N · m	$1.355\ 818 \times 10^{0}$	N · m	1.356

(계속)

1 에서 변환	2 로	3 곱하기	4 로	5 곱하기
속도				
foot/second	m/s	$3.048\,000 \times 10^{-1}$	m/s	0.3048
kilometer/hour	m/s	$2.777\,778 \times 10^{-1}$	m/s	0.2778
mile/hour	m/s	$4.470\,400 \times 10^{-1}$	km/h	1.609
점도				
centipoise	Pa · s	$1.000\,000 \times 10^{-3}$	mPa · s	1.000
centistoke	m^2/s	$1.000\,000 \times 10^{-6}$	mm^2/s	1.000
poise	Pa · s	$1.000\,000 \times 10^{-1}$	Pa · s	0.1000
stoke	m^2/s	$1.000\,000 \times 10^{-4}$	mm^2/s	100.0
부피				
barrel (42 U.S. gallon)	m^3	$1.589\,873 \times 10^{-1}$	m^3	0.1590
foot^3	m^3	$2.831\,685 \times 10^{-2}$	dm^3	28.32
gallon (Imp.)	m^3	$4.546\,092 \times 10^{-3}$	dm^3	4.546
gallon (U.S.)	m^3	$3.785\,412 \times 10^{-3}$	dm^3	3.785
inch^3	m^3	$1.638\,706 \times 10^{-5}$	cm^3	16.39
liter	m^3	$1.000\,000 \times 10^{-3}$	dm^3	1.000
단위 시간당 부피				
foot^3/minute (cfm)	m^3/s	$4.719\,474 \times 10^{-4}$	dm^3/s	0.4719
foot^3/second	m^3/s	$2.831\,685 \times 10^{-2}$	dm^3/s	28.32
gallon (U.S.)/minute (gpm)	m^3/s	$6.309\,020 \times 10^{-5}$	cm^3/s	63.09

주의

1. 토크(newton · meter, N · m) 같은 유도된 단위는 명확하게 하기 위해서 각 요소 사이에 점을 넣어서 표시했다. 실제 사용할 때는 자주 이 점을 생략한다.
2. Mobil Technical Bulletin SI Units, *The Modern Metric System*. Copyright Mobil Oil Corporation, 1974에서 가져왔음. Mobil Oil Corporation의 허락 하에 게재하였음.

APPENDIX B

이상 기체 관계식

Ideal Gas Relationships

B.1 이상기체식 _*IDEAL GAS LAW*

내연기관내에서의 작동 유체를 구성하는 가스 원소들(예, 산소, 질소, 이산화탄소, 등)은 보통 이상 기체로 다룰 수 있다. 이 부록은 이상 기체의 열역학적 물성치 간의 관계식을 검토한다. 이상 기체의 압력 p, 부피 v, 절대 온도 T는 이상기체식에 의해 관계지워진다.

$$pv = RT \tag{B.1}$$

각 가스의 원소에서 R은 상수이다(기체 상수). 이 값은 각 가스에서 다른 값을 갖는데, 다음 식에 의해 주어진다.

$$R = \frac{\tilde{R}}{M} \tag{B.2}$$

여기서 $\tilde{R}$은 보편기체상수(이상 기체의)이고 M은 가스의 분자량이다. 질량 m을 갖는 부피 V의 비체적인 v는 V/m이이서 식 (B.1)은 다음과 같이 쓸 수 있다.

$$pV = mRT = \frac{m\tilde{R}T}{M} \tag{B.3}$$

B.2 몰 _*THE MOLE*

물질의 분자 구조에 기초한 몰이라는 질량 단위를 도입하는 것이 편리하다.

몰은 어떤 분자가 탄소-12의 12그램에 있는 탄소 원자의 수만큼 있을 때의 양이다.[a]

그래서 가스의 몰 수는 다음 식에 의해 주어진다.

$$n = \frac{m}{M} \tag{B.4}$$

식 (B.3)은 다음과 같이 된다.

$$pV = n\tilde{R}T \quad \text{or} \quad p = \rho RT \tag{B.5}$$

---

[a] 이는 몰에 대한 표준 단위의 정의이다; 이는 공식적으로 그램-몰이라고 불렀다. 킬로그램-몰(kmol)로 사용된다; 이는 몰보다 1000배 크다.

표 B.1 보편기체상수 $\tilde{R}$값

8314.3 J / kmol · K
8.3143 J / mol · K
1.9859 Btu / lb mole · °R
1543.3 ft · lbf / lb mole · °R

다른 단위의 보편기체상수의 값이 표 B.1에 있다. 표준 단위에서의 값은 8314.3 J / kmol · K 이다. 표준 상태(101.33 kPa, 25°C)에서의 건조 공기의 밀도는 1.184 kg / m^3이다.

B.3 열역학적 물성치 _THERMODYNAMI C PROPERTIES

식 (B.1)에서 이상기체의 내부 에너지 u^b는 온도만의 함수임을 알 수 있다.

$$u = u(T) \tag{B.6}$$

엔탈피 h는 $u+pv$임으로

$$h = h(T) \tag{B.7}$$

이상기체의 정적, 정압 비열 c_v와 c_p는 다음과 같이 정의된다.

$$c_v = \left(\frac{\partial u}{\partial T}\right)_v = \frac{du}{dT} \tag{B.8}$$

$$c_p = \left(\frac{\partial h}{\partial T}\right)_p = \frac{dh}{dT} \tag{B.9}$$

식 (B.1)에서

$$c_p - c_v = R \tag{B.10}$$

비열비 γ는 유용한 물성치이다:

$$\gamma = \frac{c_p}{c_v} \tag{B.11}$$

자주 비열을 상수로 좀 더 제한하는 가정이 사용된다. 이는 이상기체 관계식에 꼭 필요한 부분은 아니다.

일반적으로, 어떤 기준 온도 T_0에 대한 온도 T에서의 상대적인 이상기체의 내부 에너지와 엔탈피가 다음 식에 의해 주어진다.

$$u = u_0 + \int_{T_0}^{T} c_v(T)\, dT \tag{B.12}$$

그리고

$$h = h_0 + \int_{T_0}^{T} c_p(T)\, dT \tag{B.13}$$

[b] 심볼 u는 단위 질량의 내부 에너지에, $\bar{u}$는 단위 몰의 내부 에너지에, U는 질량 m의 정의된 시스템의 내부 에너지에 사용된다. 비슷한 표기법이 단위 질량 또는 단위 몰의 엔탈피, 엔트로피, 비열에 사용된다.

어떤 기준 상태 T_0, v_0, p_0에 대해 T, v, p에서의 상대적인 엔트로피는 다음 식에 의해 주어진다.

$$ds = \frac{c_v}{T}dT + R\frac{dv}{v} = \frac{c_p}{T}dT - R\frac{dp}{p} \tag{B.14}$$

적분하면

$$s = s_0 + \int_{T_0}^{T}\frac{c_v}{T}dT + R\ln\frac{v}{v_0} \tag{B.15a}$$

$$s = s_0 + \int_{T_0}^{T}\frac{c_p}{T}dT - R\ln\frac{p}{p_0} \tag{B.15b}$$

물성치 u, h, s는 단위 질량 또는 단위 몰에 대해 구할 수 있다. 질량 단위로 계산하는 경우 c_v, c_p, R은 J/kg · K (Btu/lbm · °R) 단위를 갖는다; 몰 단위로 하는 경우 u, h, s는 $\tilde{u}$, $\tilde{h}$, $\tilde{s}$로 대치된다. R은 보편 가스 상수 $\tilde{R}$로, c_v, c_p는 $\tilde{c}_v$, $\tilde{c}_p$로 대치되고 $\tilde{R}$는 J/kmol · K (Btu/lb-mol · °R) 단위를 갖는다.

B.4 이상기체의 혼합물 _MIXTURES OF IDEAL GASES

내연 기관의 작동 유체는 가스의 혼합물이다. 이상기체 혼합물의 원소는 다음의 각 원소의 물성치를 이용해서 표현할 수 있다.

분압 p_i. 각 원소의 압력은 각 원소가, 혼합물의 온도에서 혼합물의 부피를 다 차지하고 있을 때 가지는 압력과 같다.

부피비 V_i/V. 혼합물의 온도와 압력에서, 혼합물에서 분리했을 때 혼합물 부피에 대해 각 원소가 차지하는 부피 분율.

질량 분율 x_f. 각 원소의 질량 m_i를 전체 혼합물 질량 m으로 나눈 값.

몰 분율 $\tilde{x}_i$. 각 원소의 몰 수를 전체 혼합물 몰 수 n으로 나눈 값.

식 (B.5)로부터

$$\frac{p_i}{p} = \frac{V_i}{V} = x_i\frac{M}{M_i} = \tilde{x}_i \tag{B.16}$$

이상기체 혼합물의 열역학적 물성치는 다음 관계식에서 계산할 수 있다.

분자량

$$M = \frac{1}{n}\sum_i n_i M_i = \sum_i \tilde{x}_i M_i \tag{B.17}$$

내부 에너지, 엔탈피, 엔트로피

단위 질량 당:

$$u = \sum_i x_i u_i \quad h = \sum_i x_i h_i \quad s = \sum_i x_i s_i \tag{B.18a, b, c}$$

단위 몰 당:

$$\tilde{u} = \sum_i \tilde{x}_i \tilde{u}_i \quad \tilde{h} = \sum_i \tilde{x}_i \tilde{h}_i \quad \tilde{s} = \sum_i \tilde{x}_i \tilde{s}_i \tag{B.19a, b, c}$$

APPENDIX C

저항을 지나는 유동에 관한 식

Equations for Fluid Flow through a Restriction

엔진 사이클의 많은 부분에서 유체의 유동은 저항이나 감소된 면적을 지난다. 이런 경우의 실제 유동은 보통 이에 대응하는 이상 유동과 관계지워진다. 이 대응 이상 유동은 동일한 모양과 치수를 가진 관을 통과하는 이상 유체의 정상 단열 가역(무 마찰) 유동이다. 실제 유체 유동에서, 위에 나열한 이상적 가정으로부터 이탈은 유동 계수 또는 유량 계수에 의해 계산되는데 이는

$$C_D = \frac{\text{실제 질량 유동}}{\text{이상 질량 유동}}$$

다른 방식으로는, 유량 계수는 관의 유효 단면적과 기준 면적에 의해 정의될 수 있다. 기준 면적 A_R은 보통 최소 단면적을 사용한다. 이 경우 유동 저항 유효 면적 A_E는, 상류 정체 압력을 갖는 상류의 큰 저장소와 측정된 정적 압력을 갖는 하류의 큰 저장소 사이에서 측정된 질량 유동을 일어나게 하는 마찰이 없는 노즐 목의 단면적이다. 그래서

$$C_D = \frac{A_E}{A_R}$$

C.1 액체 유동 _*LIQUID FLOW*

그림 C.1에 보인 바와 같은 오리피스를 지나는 액체 유동에 대해 고려해 보자. 이상 유동의 경우 베르누이 식은 다음과 같이 쓸 수 있다.

$$p_1 + \rho\frac{V_1^2}{2} = p_2 + \rho\frac{V_2^2}{2}$$

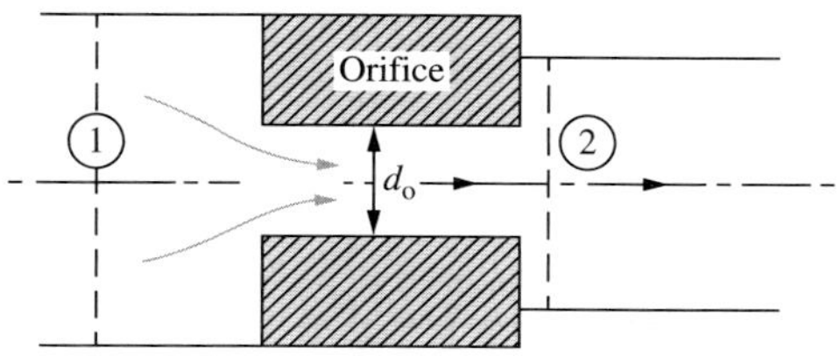

그림 C.1 오리피스를 지나는 액체 유동 개략도

비압축성 유동에서, 연속방정식은 $V_1A_1 = V_2A_2$이고 오리피스를 지나는 이상 질량 유동률은 다음과 같다.

$$\dot{m}_{\text{ideal}} = A_2\left[\frac{2\rho(p_1 - p_2)}{1-(A_2/A_1)^2}\right]^{1/2} \tag{C.1}$$

실제 질량 유동률은 유량 계수를 도입하여 얻는다.

$$\dot{m}_{\text{real}} = C_D A_2 \left[\frac{2\rho(p_1 - p_2)}{1-(A_2/A_1)^2} \right]^{1/2} \tag{C.2}$$

유량 계수는 오리피스의 치수, 모양과 표면 조도, 질량 유동, 유체 물성치(밀도, 표면 장력, 점도)의 함수이다. 오리피스 레이놀즈 수

$$\text{Re}_o = \frac{\rho V_2 D_2}{\mu} = \frac{V_2 D_2}{\nu}$$

와 오리피스 직경비 d_o/D_2는 CD의 연관 파라미터인데, $\dot{m}$, ρ, ν, d_o와 D_2의 영향을 근사적으로 잘 반영한다.[1]

C.2 기체 유동 _GAS FLOW

그림 C.2에 보인 것과 같은 관을 지나는 일정 비열을 가진 이상 기체 유동을 고려한다. 이상 유동에서는, 정체 온도와 압력, T_0와 p_0는 관의 다른 위치에서의 조건과 정상 유동 에너지 식에 의해 관계지어진다.

$$T_0 = T + \frac{V^2}{2c_p}$$

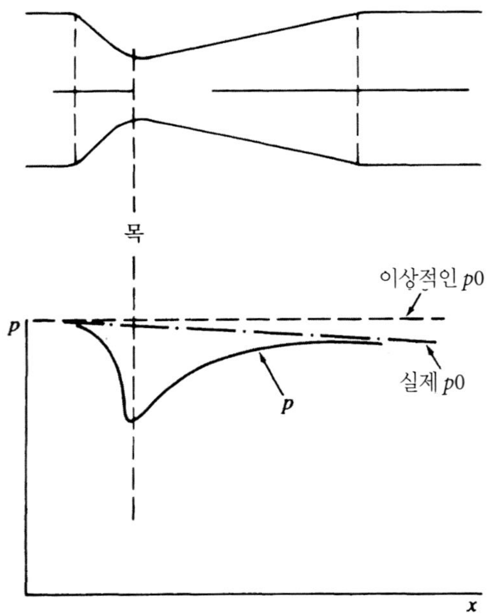

그림 C.2 노즐을 지나는 기체 유동의 압력 분포

등엔트로피 식은

$$\left(\frac{T}{T_0}\right) = \left(\frac{p}{p_0}\right)^{(\gamma-1)/\gamma}$$

a가 음속 $(=\sqrt{\gamma RT})$일때 마하 수 $M = V/a$를 도입하면 아래 식을 얻을 수 있다:

$$\frac{T_0}{T} = 1 + \frac{\gamma - 1}{2} M^2 \tag{C.3}$$

$$\frac{p_0}{p} = \left(1 + \frac{\gamma - 1}{2} M^2\right)^{\gamma/(\gamma-1)} \tag{C.4}$$

질량 유동률 $\dot{m}$은

$$\dot{m} = \rho A V$$

이상기체식과 위의 p와 T에 대한 식을 이용하고 재배치하면 다음 식을 얻는다.

$$\frac{\dot{m}_{\text{ideal}}\sqrt{\gamma R T_0}}{A p_0} = \gamma M \left(1 + \frac{\gamma - 1}{2} M^2\right)^{-(\gamma+1)/2(\gamma-1)} \tag{C.5}$$

또는

$$\frac{\dot{m}_{\text{ideal}}\sqrt{\gamma R T_0}}{A p_0} = \gamma \left(\frac{p}{p_0}\right)^{1/\gamma} \left\{\frac{2}{\gamma - 1}\left[1 - \left(\frac{p}{p_0}\right)^{(\gamma-1)/\gamma}\right]\right\}^{1/2} \tag{C.6}$$

주어진 p_0와 T_0값에서, 최대 질량 유동률은 최소 면적이나 목에서 속도가 음속에 도달할 때 발생한다. 이 조건을 초킹 또는 임계 유동이라고 부른다. 유동이 초킹되는 경우 목에서의 압력, p_T는 정체 압력 p_0와 다음 관계식을 갖는다.

$$\frac{p_T}{p_0} = \left(\frac{2}{\gamma + 1}\right)^{\gamma/(\gamma-1)}$$

이 비율을 임계 압력비라고 부른다. 임계 압력비보다 같거나 낮은 (p_T/p_0)에서는

$$\frac{\dot{m}_{\text{ideal}}\sqrt{\gamma R T_0}}{A_T p_0} = \gamma \left(\frac{2}{\gamma + 1}\right)^{(\gamma+1)/2(\gamma-1)} \tag{C.7}$$

임계 압력비는 $\gamma = 1.4$일 때 0.528, $\gamma = 1.3$일 때 0.546이다.

실제 유동에서는 유량 계수를 도입한다. 이 경우 임계 이하에서의 유동에서 실제 질량 유동률은 최소 면적 또는 목에서의 조건에 의해 다음 식으로 주어진다.

$$\dot{m}_{\text{real}} = \frac{C_D A_T p_0}{\sqrt{R T_0}} \left(\frac{p_T}{p_0}\right)^{1/\gamma} \left\{\frac{2\gamma}{\gamma - 1}\left[1 - \left(\frac{p_T}{p_0}\right)^{(\gamma-1)/\gamma}\right]\right\}^{1/2} \tag{C.8}$$

초킹된 유동에서는

$$\dot{m}_{\text{real}} = \frac{C_D A_T p_0}{\sqrt{R T_0}} \gamma^{1/2} \left(\frac{2}{\gamma + 1}\right)^{(\gamma+1)/2(\gamma-1)} \tag{C.9}$$

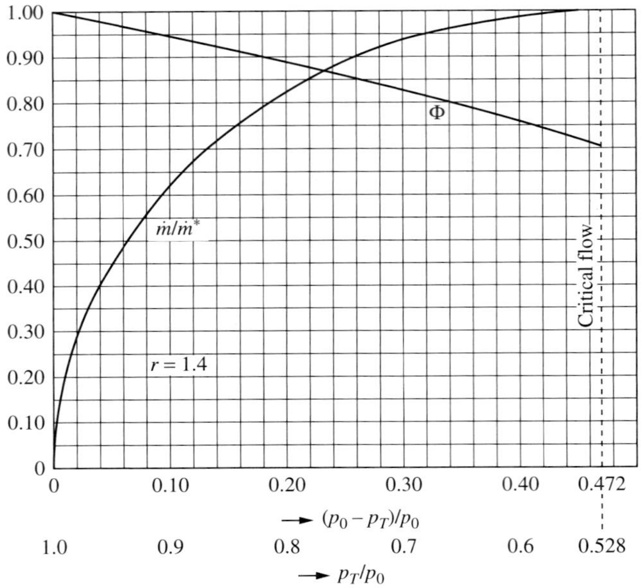

그림 C.3 $\gamma = 1.4$인 이상기체에서 노즐이나 유동 저항의 압력비의 함수로 표현한 상대 질량 유동률 $\dot{m}/\dot{m}^*$와 압축 유동 함수 Φ[식 (C.11)](*Taylor.*[2])

식 (C.8)은 식 (C.2)와 같은 형으로 다시 쓸 수 있다($A_2 \ll A_1$일 때)

$$\dot{m}_{\text{real}} = C_D A_R [2\rho_0 (p_0 - p_T)]^{1/2} \Phi \tag{C.10}$$

여기서 Φ는 다음 식으로 주어진다.

$$\Phi = \left\{ \frac{[\gamma/(\gamma-1)][(p_T/p_0)^{2/\gamma} - (p_T/p_0)^{(\gamma+1)/\gamma}]}{1 - p_T/p_0} \right\}^{1/2} \tag{C.11}$$

그림 C.3이 Φ와 $(\dot{m}/\dot{m}^*)_{\text{ideal}}$의 변화를 $(p_0 - p_T)/p_0$의 함수로 보여준다. 여기서 $\dot{m}^*$는 초킹 유동 조건에서의 유동 저항을 지나는 질량 유동률이다(목에서의 마하 수가 1일 때). 초킹 유동의 60%보다 낮은 유동률에서는 질량 유동률에 미치는 압축성 영향은 5% 이하이다.

유동 계수는 실험적으로 정하며 통로의 모양, 유동의 레이놀즈 수와 마하 수, 기체 물성치의 함수이다. 마하 수가 0.7 정도보다 작고 비슷한 모양을 갖는 통로에서 유동 계수는 근본적으로 레이놀즈 수만의 함수이다.

기체 유동률을 측정하기 위해 오리피스 판이 자주 사용된다. 오리피스 판을 이용하여 유동을 측정하는 표준 방식이 참고문헌 3에 있다.

참고문헌

1. White, F. M.: *Fluid Mechanics*, 4th edition, McGraw-Hill, New York, 1999.
2. Taylor, C. F.: *The Internal Combustion Engine in Theory and Practice*, vol. I, p. 506, MIT Press, Cambridge, MA, 1966.
3. *Marks' Standard Handbook for Mechanical Engineers*, 8th ed., McGraw-Hill, New York, 1978.

APPENDIX D

작동 유체 데이터

Data on Working Fluids

표 D.1 낮은 밀도에서의 공기의 열역학적 물성치

T, K	h, kJ/kg	u, kJ/kg	Ψ	Φ	p_r	v_r	c_v	c_v	γ
			kJ/(kg · K)				kJ/(kg · K)		
250	409.9	338.1	4.4505	7.6603	38.81	1849.0	1.003	0.715	1.401
275	435.0	356.0	4.5187	7.7559	54.14	1458.0	1.003	0.716	1.401
300	460.1	374.0	4.5811	7.8432	73.39	1173.0	1.004	0.717	1.400
325	485.2	391.9	4.6385	7.9236	97.13	960.6	1.006	0.718	1.400
350	510.4	409.9	4.6919	7.9982	125.9	797.8	1.007	0.720	1.399
375	535.6	427.9	4.7416	8.0678	160.5	670.8	1.010	0.723	1.397
400	560.8	446.0	4.7884	8.1330	201.4	570.0	1.013	0.725	1.396
425	586.2	464.2	4.8324	8.1945	249.6	488.9	1.016	0.729	1.394
450	611.6	482.5	4.8742	8.2527	305.6	422.7	1.020	0.733	1.392
475	637.2	500.8	4.9139	8.3079	370.4	368.1	1.024	0.737	1.390
500	662.8	519.3	4.9518	8.3606	445.0	322.6	1.028	0.741	1.387
525	688.6	537.9	4.9881	8.4109	530.2	284.3	1.033	0.746	1.385
550	714.5	556.6	5.0229	8.4590	627.1	251.8	1.039	0.752	1.382
575	740.5	575.5	5.0565	8.5053	736.8	224.0	1.044	0.757	1.379
600	766.7	594.5	5.0888	8.5499	860.6	200.1	1.050	0.763	1.376
625	793.0	613.6	5.1201	8.5929	999.5	179.5	1.056	0.768	1.374
650	819.5	632.9	5.1503	8.6344	1155.0	161.5	1.061	0.774	1.371
675	846.1	652.3	5.1796	8.6745	1329.0	145.9	1.067	0.780	1.368
700	872.9	671.9	5.2081	8.7135	1521.0	132.1	1.073	0.786	1.365
725	899.8	691.7	5.2358	8.7512	1735.0	119.9	1.079	0.792	1.362
750	926.8	711.5	5.2628	8.7879	1972.0	109.2	1.085	0.798	1.360
775	954.0	731.6	5.2891	8.8236	2233.0	99.63	1.091	0.804	1.357
800	981.4	751.7	5.3147	8.8584	2520.0	91.12	1.097	0.810	1.354
825	1008.9	772.1	5.3397	8.8922	2836.0	83.52	1.103	0.816	1.352
850	1036.5	792.5	5.3641	8.9252	3181.0	76.71	1.108	0.821	1.350
875	1064.3	813.1	5.3880	8.9574	3559.0	70.58	1.114	0.827	1.347
900	1092.2	833.8	5.4114	8.9889	3971.0	65.07	1.119	0.832	1.345
925	1120.2	854.7	5.4342	9.0196	4419.0	60.08	1.124	0.837	1.343
950	1148.4	875.7	5.4566	9.0496	4907.0	55.58	1.129	0.842	1.341
975	1176.7	896.8	5.4786	9.0790	5436.0	51.49	1.134	0.847	1.339
1000	1205.1	918.1	5.5001	9.1078	6009.0	47.77	1.139	0.852	1.337

(계속)

표 D.1 낮은 밀도에서의 공기의 열역학적 물성치(계속)

			Ψ	Φ			c_v	c_v	
T, K	h, kJ / kg	u, kJ / kg	kJ / (kg · K)		p_r	v_r	kJ / (kg · K)		γ
1025	1233.7	939.4	5.5212	9.1360	6629.0	44.39	1.144	0.856	1.335
1050	1262.3	960.9	5.5419	9.1636	7299.0	41.30	1.148	0.861	1.333
1075	1291.1	982.5	5.5622	9.1907	8020.0	38.48	1.152	0.865	1.332
1100	1319.9	1004.1	5.5821	9.2172	8797.0	35.90	1.157	0.870	1.330
1125	1348.9	1025.9	5.6017	9.2432	9632.0	33.53	1.161	0.874	1.329
1150	1378.0	1047.8	5.6209	9.2688	10529.0	31.35	1.165	0.878	1.327
1175	1407.1	1069.8	5.6399	9.2939	11490.0	29.36	1.168	0.881	1.326
1200	1436.4	1091.9	5.6585	9.3185	12520.0	27.51	1.172	0.885	1.324

† Abstracted with permission from *Thermodynamic Properties in SI* (Graphs, Tables, and Computational Equations for Forty Substances), by W. C. Reynolds, published by the Department of Mechanical Engineering, Stanford University, Stanford, CA 94305, 1979.

표 D.2 원소의 표준 생성 엔탈피와 분자량

Species	Formula	Molecular weight, g / mole	State†	$\Delta\tilde{h}_f^o$ MJ / kmol	$\Delta\tilde{h}_f^o$ kcal / mol
Oxygen	O_2	32.00	gas	0	0
Nitrogen	N_2	28.01	gas	0	0
Carbon	C	12.011	solid	0	0
Carbon monoxide	CO	28.01	gas	−110.5	−26.42
Carbon dioxide	CO_2	44.01	gas	−393.5	−94.05
Hydrogen	H_2	2.016	gas	0	0
Water	H_2O	18.02	gas	−241.8	−57.80
Water	H_2O	18.02	liquid	−285.8	−68.32
Methane	CH_4	16.04	gas	−74.9	−17.89
Propane	C_3H_8	44.10	gas	−103.8	−24.82
Isooctane	C_8H_{18}	114.23	gas	−224.1	−53.57
Isooctane	C_8H_{18}	114.23	liquid	−259.28	−61.97
Cetane	$C_{16}H_{34}$	226.44	liquid	−454.5	−108.6
Methyl alcohol	CH_3OH	32.04	gas	−201.2	−48.08
Methyl alcohol	CH_3OH	32.04	liquid	−238.6	−57.02
Ethyl alcohol	C_2H_5OH	46.07	gas	−234.6	−56.08
Ethyl alcohol	C_2H_5OH	46.07	liquid	−277.0	−66.20

† At 298.15 K (25°C) and 1 atm.

표 D.3 C, CO, CO_2, H_2, H_2O, N_2, O_2의 엔탈피

T(k)	$\tilde{h}°(T)-\tilde{h}°(298.15)$, kcal/mol						
	C	CO	CO_2	H_2	H_2O	N_2	O_2
298	0.000	0.000	0.000	0.000	0.000	0.000	0.000
300	0.004	0.013	0.016	0.013	0.015	0.013	0.013
400	0.250	0.711	0.958	0.707	0.825	0.710	0.724
500	0.569	1.417	1.987	1.406	1.654	1.413	1.455
600	0.947	2.137	3.087	2.106	2.509	2.125	2.210
700	1.372	2.873	4.245	2.808	3.390	2.853	2.988
800	1.831	3.627	5.453	3.514	4.300	3.596	3.786
900	2.318	4.397	6.702	4.226	5.240	4.355	4.600
1000	2.824	5.183	7.984	4.944	6.209	5.129	5.427
1100	3.347	5.983	9.296	5.670	7.210	5.917	6.266
1200	3.883	6.794	10.632	6.404	8.240	6.718	7.114
1300	4.432	7.616	11.988	7.148	9.298	7.529	7.971
1400	4.988	8.446	13.362	7.902	10.384	8.350	8.835
1500	5.552	9.285	14.750	8.668	11.495	9.179	9.706
1600	6.122	10.130	16.152	9.446	12.630	10.015	10.583
1700	6.696	10.980	17.565	10.233	13.787	10.858	11.465
1800	7.275	11.836	18.987	11.030	14.964	11.707	12.354
1900	7.857	12.697	20.418	11.836	16.160	12.560	13.249
2000	8.442	13.561	21.857	12.651	17.373	13.418	14.149
2100	9.029	14.430	23.303	13.475	18.602	14.280	15.054
2200	9.620	15.301	24.755	14.307	19.846	15.146	15.966
2300	10.212	16.175	26.212	15.146	21.103	16.015	16.882
2400	10.807	17.052	27.674	15.993	22.372	16.886	17.804
2500	11.403	17.931	29.141	16.848	23.653	17.761	18.732
2600	12.002	18.813	30.613	17.708	24.945	18.638	19.664
2700	12.602	19.696	32.088	18.575	26.246	19.517	20.602
2800	13.203	20.582	33.567	19.448	27.556	20.398	21.545
2900	13.807	21.469	35.049	20.326	28.875	21.280	22.493
3000	14.412	22.357	36.535	21.210	30.201	22.165	23.446

Source: JANAF Thermochemical Tables, National Bureau of Standards Publication NSRDS-NBS37, 1971.

표 D.4 연료 물성치 데이터

연료	식(상)[a]	분자량	비중(밀도,[b] kg/dm³)	증발 잠열 kJ/kg[c]	비열 액체 kJ/kg·K	비열 증기 c_p kJ/kg·K	고위 발열량 MJ/kg	저위 발열량 MJ/kg	화학양론비 혼합물의 LHV MJ/kg[d]	$(A/F)_s$	$(F/A)_s$	연료 옥탄가 RON	연료 옥탄가 MON
실제 연료													
가솔린	$C_nH_{1.87n}$(l)	~100	0.72–0.78	350	2.4	~1.7	46.3	43.0	2.76	14.6	0.0685	91–99	82–89
E10 가솔린	$C_nH_{1.94n}O_{0.043n}$(l)	~100	~0.75	400	2.4	~1.7	44.5	41.5	2.82	13.7	0.0730	96[e]	85[e]
경질 디젤	$C_nH_{1.8n}$(l)	~170	0.78–0.84	270	2.2	~1.7	46.1	43.2	2.79	14.5	0.0690	—	—
중질 디젤	$C_nH_{1.7n}$(l)	~200	0.82–0.88	230	1.9	~1.7	45.5	42.8	2.85	14.4	0.0697	—	—
천연가스	$C_nH_{3.8n}N_{0.1n}$(g)	~18	(~0.79)	—	—	~2	50	45	2.9	15.7[f]	0.0637	—	—
순수 탄화수소													
메탄	CH_4(g)	16.04	(0.72)	509	0.63	2.2	55.5	50.0	2.72	17.23	0.0580	120	120
프로판	C_3H_8(g)	44.10	0.51 (2.0)	426	2.5	1.6	50.4	46.4	2.75	15.67	0.0638	112	97
아이소옥탄	C_8H_{18}(l)	114.23	0.692	308	2.1	1.63	47.8	44.3	2.75	15.13	0.0661	100	100
세탄	$C_{16}H_{34}$(l)	226.44	0.773	358	2.2	1.6	47.3	44.0	2.78	14.82	0.0675	—	—
벤젠	C_6H_6(l)	78.11	0.879	433	1.72	1.1	41.9	40.2	2.82	13.27	0.0753	125	115
톨루엔	C_7H_8(l)	92.14	0.867	412	1.68	1.1	42.5	40.6	2.79	13.50	0.0741	120	109
알코올													
메탄올	CH_4O(l)	32.04	0.792	1100	2.6	1.72	22.7	20.0	2.68	6.47	0.155	109	89
에탄올	C_2H_6O(l)	46.07	0.785	900	2.5	1.93	29.7	26.9	2.69	9.00	0.111	109	90
기타 연료													
탄소	C(s)	12.01	~2	—	—	—	33.8	33.8	2.70	11.51	0.0869	—	—
일산화탄소	CO(g)	28.01	(1.25)	—	—	1.05	10.1	10.1	2.91	2.467	0.405	106	—
수소	H_2(g)	2.015	(0.090)	—	—	1.44	142.0	120.0	3.40	34.3	0.0292	120–140	—

[a] (l) 액체상, (g) 기체상, (s) 고체상

[b] 0°C, 1 atm.에서의 밀도(kg/m³)

[c] 액체 연료에서는 1기압 25°C, 기체 연료에서는 1기압, 끓는 온도

[d] 3.5에서 3.7 MJ/m³ 사이

[e] 10% 에탄올 첨가의 경우 옥탄가가 2~5 정도 증가: RON과 MON은 기본 가솔린의 값에 의존.

[f] $(A/F)_s$는 N_2 와 CO_2 양에 영향을 받음.

RON은 리서치 옥탄가; MON은 모터 옥탄가

Sources:

E. M. Goodger, Hydrocarbon Fuels: Production, Properties and Performance of Liquids and Gases, Macmillan, London, 1975.

C. F. Taylor, The Internal Combustion Engine in Theory and Practice, vol. I, MIT Press, 1966.

J. W. Rose and J. R. Cooper (eds.), Technical Data on Fuel, 7th ed., British National Committee, World Energy Conference, London, 1977.

J. C. Guibet, Fuels and Engines: Technology—Energy—Environment, vols. 1 and 2, Editions TECHNIP, Paris, 1999.

J. A. Topinka, M. D. Gerty, J. B. Heywood, and J. C. Keck, "Knock Behavior of a Lean-Burn, H2 and CO Enhanced, SI Gasoline Engine Concept," SAE paper 2004-01-0975, 2004.

J. E. Anderson, U. Kramer, S. A. Mueller, and T. J. Wellington, "Octane Numbers of Ethanol- and Methanol-Gasoline Blends Estimated from Molar Concentrations," Energy & Fuels, vol. 24, pp. 6576–6585, 2010.

찾아보기

****** 한글 ******

[가]

[나]

[다]

[라]

[마]

[바]

[사]

[아]

[자]

[차]

[카]

[타]

[파]

[하]

****** 영문 · 숫자 ******